KB149661

주기율표

주요 내용

원자 번호 → 6
기호 → C
이름 → Carbon
평균 원자 질량 → 12.01
원소

주기 / 주족 / 족 번호 / 전이 금속

주기 \ 족	1A 1	2A 2	3B 3	4B 4	5B 5	6B 6	7B 7	8B 8	8B 9	8B 10	1B 11	2B 12	3A 13	4A 14	5A 15	6A 16	7A 17	8A 18
1	1 H Hydrogen 1.008																	2 He Helium 4.003
2	3 Li Lithium 6.941	4 Be Beryllium 9.012											5 B Boron 10.81	6 C Carbon 12.01	7 N Nitrogen 14.01	8 O Oxygen 16.00	9 F Fluorine 19.00	10 Ne Neon 20.18
3	11 Na Sodium 22.99	12 Mg Magnesium 24.31											13 Al Aluminum 26.98	14 Si Silicon 28.09	15 P Phosphorus 30.97	16 S Sulfur 32.07	17 Cl Chlorine 35.45	18 Ar Argon 39.95
4	19 K Potassium 39.10	20 Ca Calcium 40.08	21 Sc Scandium 44.96	22 Ti Titanium 47.87	23 V Vanadium 50.94	24 Cr Chromium 52.00	25 Mn Manganese 54.94	26 Fe Iron 55.85	27 Co Cobalt 58.93	28 Ni Nickel 58.69	29 Cu Copper 63.55	30 Zn Zinc 65.41	31 Ga Gallium 69.72	32 Ge Germanium 72.64	33 As Arsenic 74.92	34 Se Selenium 78.96	35 Br Bromine 79.90	36 Kr Krypton 83.80
5	37 Rb Rubidium 85.47	38 Sr Strontium 87.62	39 Y Yttrium 88.91	40 Zr Zirconium 91.22	41 Nb Niobium 92.91	42 Mo Molybdenum 95.94	43 Tc Technetium (98)	44 Ru Ruthenium 101.1	45 Rh Rhodium 102.9	46 Pd Palladium 106.4	47 Ag Silver 107.9	48 Cd Cadmium 112.4	49 In Indium 114.8	50 Sn Tin 118.7	51 Sb Antimony 121.8	52 Te Tellurium 127.6	53 I Iodine 126.9	54 Xe Xenon 131.3
6	55 Cs Cesium 132.9	56 Ba Barium 137.3	71 Lu Lutetium 175.0	72 Hf Hafnium 178.5	73 Ta Tantalum 180.9	74 W Tungsten 183.8	75 Re Rhenium 186.2	76 Os Osmium 190.2	77 Ir Iridium 192.2	78 Pt Platinum 195.1	79 Au Gold 197.0	80 Hg Mercury 200.6	81 Tl Thallium 204.4	82 Pb Lead 207.2	83 Bi Bismuth 209.0	84 Po Polonium (209)	85 At Astatine (210)	86 Rn Radon (222)
7	87 Fr Francium (223)	88 Ra Radium (226)	103 Lr Lawrencium (262)	104 Rf Rutherfordium (267)	105 Db Dubnium (268)	106 Sg Seaborgium (271)	107 Bh Bohrium (272)	108 Hs Hassium (270)	109 Mt Meitnerium (276)	110 Ds Darmstadtium (281)	111 Rg Roentgenium (280)	112 Cn Copernicium (285)	113 Uut Ununtrium (284)	114 Fl Flerovium (289)	115 Uup Ununpentium (288)	116 Lv Livermorium (293)	117 Uus Ununseptium (293)	118 Uuo Ununoctium (294)

란타넘 계열 6

57 La Lanthanum 138.9	58 Ce Cerium 140.1	59 Pr Praseodymium 140.9	60 Nd Neodymium 144.2	61 Pm Promethium (145)	62 Sm Samarium 150.4	63 Eu Europium 152.0	64 Gd Gadolinium 157.3	65 Tb Terbium 158.9	66 Dy Dysprosium 162.5	67 Ho Holmium 164.9	68 Er Erbium 167.3	69 Tm Thulium 168.9	70 Yb Ytterbium 173.0

악티늄 계열 7

89 Ac Actinium (227)	90 Th Thorium 232.0	91 Pa Protactinium 231.0	92 U Uranium 238.0	93 Np Neptunium (237)	94 Pu Plutonium (244)	95 Am Americium (243)	96 Cm Curium (247)	97 Bk Berkelium (247)	98 Cf Californium (251)	99 Es Einsteinium (252)	100 Fm Fermium (257)	101 Md Mendelevium (258)	102 No Nobelium (259)

금속 / 비금속 / 준금속

List of the Elements with Their Symbols and Atomic Masses*

Element	Symbol	Atomic Number	Atomic Mass†	Element	Symbol	Atomic Number	Atomic Mass†
Actinium	Ac	89	(227)	Manganese	Mn	25	54.938045
Aluminum	Al	13	26.9815386	Meitnerium	Mt	109	(276)
Americium	Am	95	(243)	Mendelevium	Md	101	(258)
Antimony	Sb	51	121.760	Mercury	Hg	80	200.59
Argon	Ar	18	39.948	Molybdenum	Mo	42	95.94
Arsenic	As	33	74.92160	Neodymium	Nd	60	144.242
Astatine	At	85	(210)	Neon	Ne	10	20.1797
Barium	Ba	56	137.327	Neptunium	Np	93	(237)
Berkelium	Bk	97	(247)	Nickel	Ni	28	58.6934
Beryllium	Be	4	9.012182	Niobium	Nb	41	92.90638
Bismuth	Bi	83	208.98040	Nitrogen	N	7	14.0067
Bohrium	Bh	107	(272)	Nobelium	No	102	(259)
Boron	B	5	10.811	Osmium	Os	76	190.23
Bromine	Br	35	79.904	Oxygen	O	8	15.9994
Cadmium	Cd	48	112.411	Palladium	Pd	46	106.42
Calcium	Ca	20	40.078	Phosphorus	P	15	30.973762
Californium	Cf	98	(251)	Platinum	Pt	78	195.084
Carbon	C	6	12.0107	Plutonium	Pu	94	(244)
Cerium	Ce	58	140.116	Polonium	Po	84	(209)
Cesium	Cs	55	132.9054519	Potassium	K	19	39.0983
Chlorine	Cl	17	35.453	Praseodymium	Pr	59	140.90765
Chromium	Cr	24	51.9961	Promethium	Pm	61	(145)
Cobalt	Co	27	58.933195	Protactinium	Pa	91	231.03588
Copernicium	Cn	112	(285)	Radium	Ra	88	(226)
Copper	Cu	29	63.546	Radon	Rn	86	(222)
Curium	Cm	96	(247)	Rhenium	Re	75	186.207
Darmstadtium	Ds	110	(281)	Rhodium	Rh	45	102.90550
Dubnium	Db	105	(268)	Roentgenium	Rg	111	(280)
Dysprosium	Dy	66	162.500	Rubidium	Rb	37	85.4678
Einsteinium	Es	99	(252)	Ruthenium	Ru	44	101.07
Erbium	Er	68	167.259	Rutherfordium	Rf	104	(267)
Europium	Eu	63	151.964	Samarium	Sm	62	150.36
Fermium	Fm	100	(257)	Scandium	Sc	21	44.955912
Flerovium	Fl	114	(289)	Seaborgium	Sg	106	(271)
Fluorine	F	9	18.9984032	Selenium	Se	34	78.96
Francium	Fr	87	(223)	Silicon	Si	14	28.0855
Gadolinium	Gd	64	157.25	Silver	Ag	47	107.8682
Gallium	Ga	31	69.723	Sodium	Na	11	22.98976928
Germanium	Ge	32	72.64	Strontium	Sr	38	87.62
Gold	Au	79	196.966569	Sulfur	S	16	32.065
Hafnium	Hf	72	178.49	Tantalum	Ta	73	180.94788
Hassium	Hs	108	(270)	Technetium	Tc	43	(98)
Helium	He	2	4.002602	Tellurium	Te	52	127.60
Holmium	Ho	67	164.93032	Terbium	Tb	65	158.92535
Hydrogen	H	1	1.00794	Thallium	Tl	81	204.3833
Indium	In	49	114.818	Thorium	Th	90	232.03806
Iodine	I	53	126.90447	Thulium	Tm	69	168.93421
Iridium	Ir	77	192.217	Tin	Sn	50	118.710
Iron	Fe	26	55.845	Titanium	Ti	22	47.867
Krypton	Kr	36	83.798	Tungsten	W	74	183.84
Lanthanum	La	57	138.90547	Uranium	U	92	238.02891
Lawrencium	Lr	103	(262)	Vanadium	V	23	50.9415
Lead	Pb	82	207.2	Xenon	Xe	54	131.293
Lithium	Li	3	6.941	Ytterbium	Yb	70	173.04
Livermorium	Lv	116	(293)	Yttrium	Y	39	88.90585
Lutetium	Lu	71	174.967	Zinc	Zn	30	65.409
Magnesium	Mg	12	24.3050	Zirconium	Zr	40	91.224

*These atomic masses show as many significant figures as are known for each element. The atomic masses in the periodic table are shown to four significant figures, which is sufficient for solving the problems in this book.

†Approximate values of atomic masses for radioactive elements are given in parentheses.

Chemistry Fourth Edition

Julia Burdge

일반화학

4판

Julia Burdge 지음

박경호 외 옮김

McGraw Hill Education

청문각

Chemistry, 4thEdition

1 2 3 4 5 6 7 8 9 10 CMG   20 17

Original: Chemistry, 4thEdition©2016
By Julia Burdge
ISBN 978-0-07-802152-7

This authorized Korean translation edition is jointly published by McGraw-Hill Education Korea, Ltd. and Cheong Moon Gak Publishing Co.. This edition is authorized for sale in the Republic of Korea

This book is exclusively distributed by Cheong Moon Gak Publishing Co..

When ordering this title, please use ISBN 978-89-6364-341-0

Printed in Korea

저자에 관하여

Julia Burdge는 1994년 미국 Idaho 주 Moscow 시에 위치한 University of Idaho에서 박사 학위를 받았다. 그녀의 연구 및 학위 논문은 공기 중 미량의 유황 화합물 분석을 위한 장비 개발과 검출 한계 부근의 데이터에 대한 통계적 평가에 중점을 두었다.

1994년 Ohio 주 Akron에 있는 University of Akron에서 조교수 겸 Introductory Chemistry Program의 디렉터로 일했다. 2000년에 Julia Burdge는 교육, 서비스 및 화학 교육에 대한 연구의 공로로 University of Akron의 부교수로 승진하면서 종신직을 얻었다. General Chemistry Program을 지도하고 대학원생의 연구 활동을 감독하는 것 외에도 미래의 교수 개발 프로그램을 수립하는 데 도움을 주었으며 대학원생 및 박사 후 연구원의 멘토 역할을 담당했다. Julia Burdge는 최근에 가족과 가까운 북서부로 이주했다. Idaho 주 Boise 시에 거주하며 Nampa 시의 College of Western Idaho에서 겸임 교수직을 맡고 있다.

여가 시간에는 세 자녀와 그녀의 남편이자 가장 친한 친구인 Erik Nelson과 소중한 시간을 보내고 있다.

역자 머리말

2017년 Julia Burdge의 Chemistry 번역에 참여하면서 저자 Julia Burdge가 여러 학생들을 가르치며 개발한 많은 노하우(know how)가 이 책에 들어 있다는 것을 느낄 수 있었다. 먼저 각 장에 제시된 여러 예제에서는 전략, 계획, 풀이라는 과정을 통해 학생들이 화학이라는 과목을 학습하면서 범할 수 있는 오류들에 대하여 생각하게 하고 상세히 설명하였다. 또한 예제에 이어 추가문제 1, 2, 3을 제시하여 학생들이 스스로 개념을 정립하고 응용할 수 있도록 하였고, 이 사이에 자리한 '생각해 보기'를 통해서는 문제를 해결하면서 가질 수 있는 오류를 제시함으로써 더 세밀하게 문제를 접할 수 있는 기회를 제공하고 있다. 또한 다른 교재들과는 다르게 각 장에서 중요한 내용을 포함한 큰 그림을 제시하여 이 교재를 가지고 학습하는 독자의 이해를 돕도록 하였다. 대부분의 장에서 두 페이지에 걸쳐 문제 해결 방법이나 계산 방법 또는 중요한 화학적인 개념을 실험적으로 설명함으로써 학생들이 쉽게 이해할 수 있도록 했다. 마지막으로 이 교재의 문제들은 다양한 유형으로 되어 있다. 역자가 보기에도 학생들이 풀어 보면 좋을 것 같은 문제들을 수록되어 있어, 저자인 Julia Burdge가 University of Akron에서 General Chemistry Program을 진행하면서 화학 교육에 대한 많은 연구를 수행하였고, 그 결과로서 이 책이 만들어지게 되었다는 것을 알 수 있었다. 이런 점들이 이제까지 번역된 일반화학 교재와는 다른 이 책만의 특징이라는 생각이 든다.

본 역자도 수년 동안 대학에서 일반화학 과목을 강의하면서 많은 학생들이 화학이라는 과목을 굉장히 어려워하는 모습을 보아 왔으며, 고등학교 과정에서 화학을 충분이 학습하지 않고도 화학과에 진학할 수 있는 아이러니한 입시 제도 때문에 우리 학생들이 느끼게 되는 어려움을 조금은 알고 있다. 하지만 많은 경우 외국 교수자에 의해 만들어진 교재를 번역하여 사용함에 따라, 이러한 우리 학생들의 어려움을 해소시켜주지 못하고 있는 실정이다. 또한 최근 많은 곳에서 자기 주도적 학습을 주장하고는 있지만 막상 자기 주도적으로 학습할 수 있는 좋은 교재들이 많이 있는 것 같지는 않다. 하지만 저자 Julia Burdge가 쓴 이 책은 현재 우리 학생들이 가지고 있는 어려움을 해소시킬 수 있을 만큼 자세한 설명과 많은 자료들을 제공하고 있으므로 교재로 사용하기에 적합하다고 생각한다. 또한 이 책으로 학습하는 학생들은 이 책을 통해 자기 주도적인 학습이 가능하고 화학이라는 과목이 어렵다는 선입견을 조금이나마 없앨 수 있을 것이라고 본다.

끝으로 이 책의 번역에 참여하면서 저자 Julia Burdge가 학생들을 생각하는 마음이 어떤지 느낄 수 있었다. 본 역자도 이 시대에 대학에서 강의를 하는 한 명의 교수자로서 책임감을 느끼며, 우리 학생들의 실정에 맞는 훌륭한 일반화학 교재가 빨리 만들어질 수 있기를 바라면서 역자 머리말을 마치고자 한다.

2017년 10월
역자 대표 박경호

차례

1 화학: 과학의 중심
Chemistry: The Central Science

2 원자, 분자 및 이온
Atoms, Molecules, and Ions

3 화학량론: 결합 비
Stoichiometry: Ratios of Combination

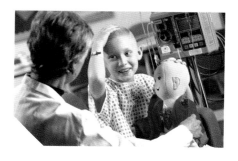

4 수용액에서의 반응
Reactions in Aqueous Solutions

5 열화학
Thermochemistry

6 양자 이론과 원자의 전자 구조
Quantum Theory and the Electronic Structure of Atoms

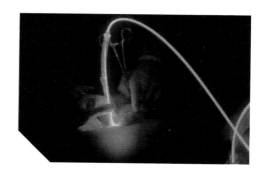

7 전자 배치와 주기율표
Electron Configuration and the Periodic Table

8 화학 결합 I: 기본 개념
Chemical Bonding I: Basic Concepts

9 화학 결합 II: 분자 기하 구조와 결합 이론
Chemical Bonding II: Molecular Geometry and Bonding Theories

10 기체
Gases

11   분자 간 힘, 액체와 고체의 물리적 성질

Intermolecular Forces and the Physical Properties of Liquids and Solids

12 용액의 물리적 성질
Physical Properties of Solutions

13 화학 반응 속도론
Chemical Kinetics

14 화학 평형
Chemical Equilibrium

15 산과 염기
Acids and Bases

16 산-염기의 평형과 용해도 평형
Acid-Base Equilibria and Solubility Equilibria

17 엔트로피, 자유 에너지 및 평형
Entropy, Free Energy, and Equilibrium

18 전기 화학
Electrochemistry

19 핵 화학
Nuclear Chemistry

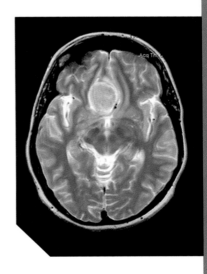

20 유기 화학
Organic Chemistry

홈페이지(http://www.cmgpg.co.kr/) 자료실에 수록

책 소개

홍미롭고 역동적인 화학의 세계에 오신 것을 환영합니다! 이 일반화학 교재는 학생과 교수자들에 대한 저의 관심을 바탕으로 쓰여졌습니다. 수년 동안 일반화학을 직접 가르치고 새로운 선생님들과 미래의 교수자들을 위한 일반화학 교수법을 개발하면서, 화학의 기본 개념을 배우는 학생들과 그들을 가르치는 교수님들이 접하게 되는 공통적인 문제와 오해들에 대한 새로운 접근법을 개발했다고 생각합니다. 나는 이 교재가 화학의 경이와 가능성을 전달하면서도 이 문제들 중 많은 부분을 다룰 수 있다고 생각합니다. 이러한 생각으로 일관된 단계별 문제 해결 방식과 혁신적인 기술을 활용하면서 필요한 기본 개념과 실제 사례 및 응용 프로그램의 균형을 맞추어 저술했습니다.

주요 특징들

문제 해결 방법론

예제는 학생들이 문제를 해결하는 과정을 단계별로 안내하는 실제 사례입니다. 각 예제는 전략, 계획, 풀이 및 생각해 보기(확인)와 같은 네 단계의 방법을 따릅니다.

각 예제 다음에는 세 가지 실습 문제인 추가문제 1(시도), 추가문제 2(구성), 추가문제 3(개념)을 추가하였습니다.

전략: 문제를 해결하기 위한 방법을 제시합니다.

계획: 필요한 정보를 수집하고 정리합니다.

풀이: 문제의 해결 방법을 보여줍니다.

생각해 보기:
- 결과를 평가해 봅니다.
- 결과 또는 기술의 관련성을 보여주는 정보를 제공합니다.
- 때로는 같은 대답에 대한 대체 경로를 보여줍니다.

예제 4.8

포도당($C_6H_{12}O_6$) 수용액에 대하여 다음을 계산하시오.
(a) 포도당 50.0 g을 포함하는 용액 2.00 L의 몰농도
(b) 포도당 0.250 mol을 포함하는 이 용액의 부피
(c) 이 용액 0.500 L 중 포도당의 mol

전략 포도당의 질량을 mol로 변환하고, 몰농도를 계산하기 위한 식을 사용하여 계산한다.

계획 포도당의 몰질량은 180.2 g이다.

$$포도당의 \ mol = \frac{50.0 \ g}{180.2 \ g/mol} = 0.277 \ mol$$

풀이 (a) 몰농도 $= \dfrac{0.227 \ mol \ C_6H_{12}O_6}{2.00 \ L \ 용액} = 0.139 \ M$

이 용액의 농도를 나타내는 일반적인 방법은 "이 용액은 포도당 0.139 M이다."라고 말하는 것이다.

(b) 부피 $= \dfrac{0.250 \ mol \ C_6H_{12}O_6}{0.139 \ M} = 1.80 \ L$

(c) 0.500 L의 $C_6H_{12}O_6$의 mol $= 0.500 \ L \times 0.139 \ M = 0.0695 \ mol$

> **생각해 보기**
> 답의 크기가 논리적인지 확인해 보자. 예를 들어, 문제에서 주어진 질량은 0.277 mol의 용질에 해당한다. (b)에서와 같이 mol이 0.277보다 작은 용액의 부피에 대해 묻는다면, 답은 원래 부피보다 작아야 한다.

추가문제 1 설탕($C_{12}H_{22}O_{11}$)에 대하여 다음 문제를 계산하시오.
(a) 설탕 235 g을 포함한 용액 5.00 L의 몰농도
(b) 이 설탕 용액 중 1.26 mol의 설탕을 포함하는 부피
(c) 이 용액 1.89 L 중 설탕의 mol

추가문제 2 염화 소듐(NaCl)의 수용액에 대하여 다음을 계산하시오.
(a) 염화 소듐 155 g을 포함하는 용액 3.75 L의 몰농도
(b) 4.58 mol의 염화 소듐을 포함하는 이 용액의 부피
(c) 이 용액 22.75 L 중 염화 소듐의 mol

추가문제 3 다음 그림은 두 가지 농도의 용액을 나타낸다. 용액 2가 용액 1의 5.00 mL와 같은 양의 용질을 포함하면 그 부피는 몇 mL인가? 용액 1이 용액 2의 30.0 mL와 같은 양의 용질을 포함하면 그 부피는 몇 mL인가?

용액 1

용액 2

추가문제 1은 학생들에게 예제와 유사한 문제를 해결하기 위해 동일한 전략을 적용해 줄 것을 요구합니다. 일반적으로 풀이의 동일한 계획 및 일련의 단계를 사용하여 추가문제 1을 해결할 수 있습니다.

추가문제 1

추가문제 2는 예제와 추가문제 1에서 요구되는 기술과 동일한 기술을 가능한 모든 곳에 적용하고 숙달하는 것을 평가합니다. 추가문제 2는 예제와 추가문제 1에 사용된 것과 동일한 전략을 사용하여 해결할 수 없습니다. 이것은 학생들에게 독립적으로 전략을 개발할 수 있는 기회를 제공하고 화학 문제를 해결할 때, 일부 학생들이 사용하는 일정한 틀에 접근하고자 하는 방식에 맞서고 있습니다.

추가문제 2

추가문제 3은 학생들이 가지고 있는 물질에 대한 개념적 이해를 조사할 수 있는 연습을 제공합니다. 추가문제 3은 때때로 개념과 분자 기술이 포함됩니다.

추가문제 3

각 장의 마지막에 나오는 '배운 것 적용하기'는 통합 문제로 시작됩니다. 이러한 통합 문제에는 장의 여러 개념이 통합되어 있으며, 문제의 각 단계는 학생들이 방향을 필요로 할 때 적절한 예제에 대하여 구체적인 참고 내용을 제공합니다.

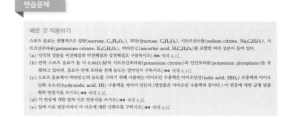

연습문제

배운 것 적용하기
스포츠 음료는 전형적으로 설탕(sucrose, $C_{12}H_{22}O_{11}$), 과당(fructose, $C_6H_{12}O_6$), 시트르산소듐(sodium citrate, $Na_3C_6H_5O_7$), 시트르산포타슘(potassium citrate, $K_3C_6H_5O_7$), 비타민 C(ascorbic acid, $H_2C_6H_6O_6$)를 포함한 여러 성분들이 들어 있다.
(a) 각각의 성분을 비전해질과 약전해질과 강전해질로 구분하시오.[◀◀ 예제 4.1]
(b) 만약 스포츠 음료가 둘 다 $0.0015 M$의 시트르산포타슘(potassium citrate)과 인산포타슘(potassium phosphate)을 포함하고 있다면, 음료수 안에 포타슘 전체 농도는 얼마인지 구하시오.[◀◀ 예제 4.11]
(c) 스포츠 음료에서 비타민 C의 농도를 구하기 위해 사용하는 아이오딘 수용액은 아이오딘산(iodic acid, HIO_3) 수용액과 아이오딘화 수소산(hydroiodic acid, HI) 수용액을 섞어서 만든다.(생성물은 아이오딘 수용액과 물이다.) 이 반응에 대한 균형 맞춤 화학 반응식을 쓰시오.[◀◀ 예제 3.3]
(d) 이 반응에 대한 알짜 이온 반응식을 쓰시오.[◀◀ 예제 4.3]
(e) 알짜 이온 반응식에 각 이온에 대한 산화수를 구하시오.[◀◀ 예제 4.5]

새로운 교육학

주요 내용

장이 끝나기 직전에 새로 추가된 주요 내용은 해당 장의 특정 문제 해결 기술을 검토하는 모듈입니다. 이것은 저자가 알고 있는 이후의 장에서 성공적인 학습을 위한 필수적 기술입니다. 주요 내용은 학생들이 추후 장의 맥락에서 이전 장의 특정 기술을 연마하는 연습할 수 있는 방법을 쉽게 찾을 수 있도록 설계되어 있습니다.

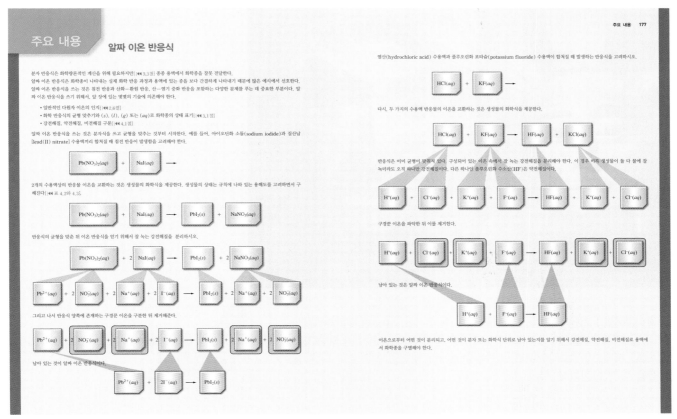

Julia Burdge(juliaburdge@hotmail.com)

화학: 과학의 중심

Chemistry: The Central Science

유행성 전염병 기념 가면들. Washington 주 Tacoma에 위치한 워싱턴 주립 역사 박물관에 전시되어 있고 5명의 아메리카 원주민 예술가들에 의해 제작되었으며, 아메리카 원주민에게 유행했던 천연두와 다른 질병들을 각각 상징한다.

과학적 방법론이 천연두 퇴치를 어떻게 도왔는가

과학에 대한 이해를 높이기 위하여 연구자들은 '과학적 방법론'으로 알려진 일련의 가이드라인을 활용한다. 이 가이드라인은 신중한 관찰, 합리적 추론 그리고 대규모 실험을 거쳐 가설과 이론으로 발전시키는 과정을 포함한다. 이러한 과학적 방법론이 성공적인 결과를 도출한 주목할 만한 예가 천연두(smallpox)의 퇴치 과정이다.

천연두는 미국 질병통제예방센터(Centers for Disease Control and Prevention, CDC)에서 카테고리 A 병원체(category A bioterrorism agent)로 분류한 질병 중 하나이다. 이 질병은 인류의 역사에 막대한 영향을 미친 바 있다. 16세기경 유럽의 탐험가들이 천연두를 아메리카 대륙으로 전파했고, 이에 원주민의 인구가 급격히 줄어 침략이 용이해졌으며 신세계의 정복이라는 형태로 이어졌다. 천연두는 20세기에만 전 세계적으로 5억 명의 사망자와 수많은 후유 장애와 시력 상실을 야기했다.

18세기 말경 영국의 의사 Edward Jenner는 유럽에 천연두가 유행하던 중에도 우유를 짜는 사람들은 이 병에 잘 걸리지 않는다는 사실에 주목하였다. 그는 천연두와 유사하지만 훨씬 덜 해로운 질병인 **우두**(cowpox)에 걸린 젖소와 사람들이 자주 접촉하면 천연두에 대한 자연적인 면역력이 발생한다고 추론하였고, 우두 바이러스를 의도적으로 접종하면 동일한 면역력이 생길 것으로 예상하였다. Jenner는 1796년에 Sara Nelmes라는 우유 짜는 사람의 우두 환부로부터 고름을 채취하여 James Phipps라는 8세 남자아이에게 우두 바이러스를 접종하였다. 6주 후 Jenner는 Phipps에게 천연두 바이러스를 접종하였으나 소년은 천연두에 걸리지 않았다. 동일한 방법으로 진행된 이후의 실험을 통하여 천연두에 대한 면역력이 유도될 수 있다는 사실을 확인하였다. 이 면역력 형성 방법은 후에 소를 의미하는 라틴어 *vacca*를 본 따 **vaccination**이라는 용어로 대체되었다.

자연적인 천연두는 1977년 소말리아에서 마지막으로 발병하였고, 1980년 세계보건기구(WHO)는 천연두가 박멸되었음을 공식적으로 선언하였다. 치명적인 질병과 싸워 이루어낸 이 역사적인 승리는 20세기의 의학이 이루어낸 위대한 발전의 좋은 예이다. 이 승리는 Jenner의 통찰력 있는 관찰, 합리적 추론, 그리고 신중한 실험으로부터 시작하였고, 이는 **과학적 방법론**(scientific method)의 핵심 요소이다.

학생 노트
카테고리 A 병원체(category A agent)는 일반 대중의 건강에 미치는 위험성이 가장 크고 대규모 감염을 일으킬 수 있을 것으로 판단되는 병원체이다.

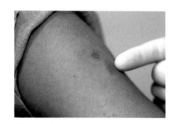

최근까지도 대부분의 사람들은 천연두 백신을 접종받았으며 대체로 팔 위쪽에 그 흉터가 남아 있다.

학생 노트
자연적으로 발병하는 천연두는 멸종했지만 미국, 구 소련을 비롯한 몇몇 국가에서는 비공식적으로 이 바이러스를 비축하고 있을 것으로 추측된다.

이 장의 끝에서 천연두 백신에 대한 몇몇 문제를 풀 수 있게 될 것이다[▶▶ 배운 것 적용하기, 46쪽].

1.1 화학 학습하기

화학은 **과학의 중심**이라고 하는데, 이는 화학 원리에 대한 지식이 물리학, 생물학, 지질학, 천문학, 해양과학, 공학, 의학 등 과학의 다른 분야에서의 이해를 수월하게 하기 때문이다. **화학**(chemistry)은 **물질**(matter) 자체와 물질이 겪는 **변화**(change)를 다루는 학문이다. 물질은 우리의 신체, 소유물, 물리적인 환경은 물론 실제로 우리가 존재하는 우주 전체를 구성하는 성분이다. **물질**(matter)은 질량을 가지고 공간을 점유하는 어떠한 것도 모두 해당한다.

이미 알고 있는 화학

여러분은 화학에서 사용하는 용어들과 이미 친숙할 수도 있다. 이 과정이 첫 번째 화학 수업이라고 할지라도 이미 **분자**(molecule)라는 용어를 접해봤을 것이고, 이것이 물질의 매우 작은 조각이며 너무 작아서 볼 수도 없다는 정도는 알 수도 있다. 게다가 분자가 **원자**(atom)라는 물질의 더 작은 조각들로 이루어져 있다는 것을 알 수도 있다. 또 화학식이라는 용어는 몰라도 H_2O가 물을 의미한다는 것은 알 것이다. 여러분들은 **화학 반응**

그림 1.1 친숙한 많은 과정이 화학적 반응에 해당한다. (a) 가스 난로의 불꽃은 메테인이 주성분인 천연가스의 연소이다. (b) 소화 불량에 사용하는 제산정을 물에 녹일 때 생기는 거품은 알약에 포함된 두 성분이 물에 녹은 후 화학 반응을 일으켜 발생되는 이산화 탄소이다. (c) 녹이 스는 현상은 철, 물, 산소가 함께 있을 때 일어나는 화학 반응이다. (d) 빵이나 쿠키 같은 제품들은 대체로 이산화 탄소가 발생하는 화학 반응에 의해 부풀어 오른다. (e) 범죄 현장을 조사할 때 루미놀(luminol)을 이용하여 혈흔을 추적하는 것은 루미놀이 혈액 성분과 반응하여 빛이 발생하는 화학 반응을 이용한 것이다.

(chemical reaction)이라는 용어를 사용했을 수도 있고, 아니면 최소한 들어보기는 했을 것이다. 그림 1.1에 나오는 다양한 화학 반응들은 이미 익숙한 것들이다.

그림 1.1의 반응들은 **거시적 수준**(macroscopic level)에서 관찰할 수 있다. 이러한 과정과 결과들은 가시적으로 볼 수 있는 반응이라는 의미이다. 화학의 학습에서 이러한 과정을 **분자 수준**(molecular level)에서 이해하고 머릿속에 그리는 방법을 배우게 될 것이다.

물질은 서로 다른 다양한 형태로 존재할 수 있지만, 모든 물질은 **원소**(element)라고 하는 단순한 성분들의 다양한 조합으로 구성되어 있다. 물질의 성질은 물질이 포함하는 원소의 종류와 이 원자들이 어떤 식으로 배열되어 있는지에 따라 달라진다.

과학적 방법론

실험은 화학 또는 그 밖의 다른 과학 분야에 대한 이해를 증진하기 위한 핵심 요소이다. 과학자들이 실험을 수행하기 위하여 똑같은 방법을 사용하지는 않지만 해당 분야에서 그들의 연구 결과를 주된 지식 체계에 편입시키기 위하여 **과학적 방법론**(scientific method)이라고 알려진 일련의 가이드라인을 따른다. 그림 1.2의 순서도는 이 기본 과정을 나타낸다. 이 방법론은 관찰과 실험을 통하여 데이터를 수집하는 것으로부터 시작한다. 과학자들은 이러한 데이터를 연구하여 그 안에서 **경향**이나 **형식**을 찾아내려 노력한다. 형식이나 경향을 찾게 되면 그 현상 간의 관계를 설명하는 간단한 문구나 수식인 **법칙**(law)으로 발견한 바를 요약한다. 그리고 나면 그 관찰된 바를 잠정적인 설명해주는 **가설**(hypothesis)을 수립하고, 이 가설을 검증하기 위하여 추가 실험을 설계한다. 만약 실험 결과가 가설이 옳지 않음을 나타내면 초기 데이터에 대한 새로운 해석을 만들어 내고자 노력하게 된다. 그 후 실험을 통하여 이 새로운 가설을 검증하고 이 가설이 옳다고 판정되면 이 가설은 이론으로 발전하게 된다. **이론**(theory)은 실험상의 관찰을 설명하고 그것을 뒷받침하는 법칙을 모두 설명하는 통합된 원리이다. 이론은 관련된 현상을 예측하는 데에 이용되기도 하고, 이를 통하여 지속적으로 검증된다. 만약 어떤 이론이 실험을 통하여 옳지 않음이 증명되면 그 이론은 폐기되거나 수정되어 실험적 관찰과 일치하게 된다.

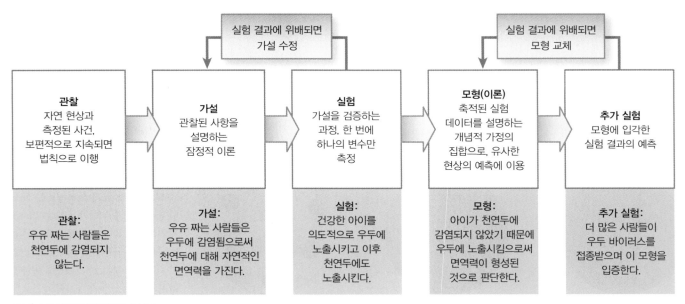

그림 1.2 과학적 방법론의 순서도

1.2 물질의 분류

화학자들은 물질을 **순물질**(substance) 또는 **혼합물**(mixture of substance)로 분류한다. 순물질은 **원소**(element)와 **화합물**(compound)로 분류된다. **순물질**(substance)은 일정한 조성과 뚜렷이 구별되는 성질을 가지는 물질의 형태로 소금, 철, 물, 수은, 이산화 탄소, 산소 등이 그 예이다. 순물질은 철, 수은, 산소 같은 원소일 수도 있고 소금, 물, 이산화 탄소 같은 화합물일 수도 있다. 순물질들은 조성면에서 서로 다르고 외견, 냄새, 맛 또는 여타 성질에서도 서로 다르다.

물질의 상태

모든 순물질은 원칙적으로 그림 1.3에 표시된 세 가지 물리적 상태인 고체, 액체, 기체의 상태로 존재할 수 있다. 고체와 액체는 합쳐서 **응축상**(condensed phase)으로 불리기도 하고 액체와 기체는 합쳐서 **유체**(fluid)로 불리기도 한다. 고체 상태에서 입자들은 움직임의 자유가 크게 제한된 규칙적인 방식으로 서로 가깝게 붙잡혀 있다. 그 결과 고체는 그것을 담은 용기의 모양에 맞춰 형태가 바뀌지 않는다. 액체 상태에서도 입자들은 서로 가깝게 붙어 있지만 각 위치에서 견고하게 붙잡혀 있지 않아 서로를 지나쳐 움직일 수 있다. 따라서 액체는 그것을 담고 있는 용기의 모양에 맞춰 채우는 형태가 된다. 기체 상태에서는 입자들이 입자 크기에 비해 먼 거리에서 위치하여 서로 분리되어 있다. 기체는 그것을 담고 있는 용기의 모양과 크기에 맞춰 형태와 부피가 정해진다.

물질의 세 가지 상태는 각 물질의 화학적 조성의 변화 없이 서로 변환이 가능하다. 열을 가하면 고체(얼음)는 녹아서 액체(물)가 된다. 계속 가열하면 액체는 증기화되어 기체(수증기)가 된다. 이와는 반대로 기체를 냉각하면 응축되어 액체가 되고 액체를 더 냉각하면 얼어서 고체 형태가 된다. 그림 1.4는 물의 세 가지 물리적 상태를 나타낸다.

그림 1.4 고체, 액체 그리고 기체 상태의 물(호흡하는 공기 중에 포함된 산소와 질소를 볼 수 없듯이 물의 증기도 실제로 볼 수는 없다. 물이 끓을 때 발생하는 수증기나 구름 등은 기체 상태의 물이 차가운 공기와 만나면서 응축된 형태의 증기이다.)

그림 1.3 고체, 액체, 기체의 분자 모식도

원소

원소(element)는 화학적 방법으로 더 이상 간단하게 분리되지 않는 물질이다. 철, 수은, 산소, 수소는 현재까지 밝혀진 118개의 원소 중 4개의 원소에 해당한다. 알려진 원소의 대부분은 지구상에 자연적으로 존재한다. 그 외는 핵융합 과정을 통하여 과학자들이 만들어 낸 것이다. 이 부분은 19장에서 다시 논의할 것이다. 그림 1.5(a)와 (b)에서 보이듯이 원소는 원자 또는 분자로 이루어진다.

편의를 위하여 화학자들은 각 원소를 상징하는 간단한 기호를 사용하는데, 이 기호의 첫 번째 철자만 대문자로 쓴다. 이 책의 앞 표지 안쪽에 원소와 원소 기호의 목록이 나와 있다. 원소 기호들 중 H는 수소를 뜻하는 hydrogen, Co는 코발트를 뜻하는 cobalt, Br은 브로민을 뜻하는 bromine으로부터 각각 만들어지는 등 대체로 원소의 영어 이름을 따라 만들어졌으나, 일부 원소 기호는 원소의 라틴어 이름을 따라 만들어졌다. 예를 들면, Ag는 은을 뜻하는 라틴어 *argentum*, Pb는 납을 뜻하는 라틴어 *plumbum*, Na는 소듐을 뜻하는 라틴어 *natrium*으로부터 각각 만들어졌다.

(a)

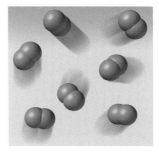

(b)

화합물

대부분의 원소는 다른 원소와 결합하여 화합물을 이루게 된다. 예를 들어, 수소 기체는 산소의 존재하에서 연소되어 물을 형성하는데 물은 수소나 산소와는 확연히 다른 성질을 가지게 된다. 따라서 물은 일정한 비율에 따라 둘 이상의 원소 또는 원자가 화학적으로 결합한 물질인 **화합물**(compound)이다[그림 1.5(c)]. 화합물을 이루는 원소는 화합물의 **구성 원소**(constituent element)로 불린다. 예를 들면, 물은 수소와 산소가 그 구성 원소인 것이다.

화합물은 물리적 과정을 통해서는 더 간단한 물질로 분리되는 것이 불가능하다. 물리적 과정[◀◀ 1.4절]으로는 물질의 본질을 바꾸지 못한다. 물리적 과정의 예로는 끓고, 얼고, 걸러지는 과정 등이 있다. 화합물을 구성 원소로 분리하려면 물리적 과정 대신 **화학 반응**(chemical reaction)이 필요하다.

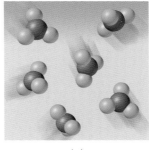

(c)

혼합물

혼합물(mixture)은 둘 이상의 순물질이 각각의 고유의 본질을 유지한 상태로 혼합되어 있는 것이다[그림 1.5(d)]. 순수한 물질과 마찬가지로 혼합물도 고체, 액체 또는 기체 상태로 존재한다. 혼합물의 잘 알려진 예로는 혼합 땅콩스낵, 14k 금, 사과 주스, 우유, 공기 등이 있다. 혼합물은 정해진 일정한 조성비가 없고, 따라서 서로 다른 장소에서 채취한 공기 시료는 고도, 오염도, 그 외의 요소의 차이에 따라 조성이 서로 다르다. 서로 다른 제조사의 사과 주스는 사용한 사과의 종류나 공정과 포장의 차이에 따라 그 조성이 서로 다르다.

혼합물은 **균일**(homogeneous)하거나 **불균일**(heterogeneous)하다. 설탕 한 숟갈을 물 한 컵에 녹이면 **균일 혼합물**(homogeneous mixture)을 얻을 수 있다. 이 혼합물은 조성비가 혼합물 전체에 걸쳐 동일하다. 그러나 만약 모래를 쇳가루와 섞으면 모래와 쇳가루는 서로 다름을 뚜렷이 알아볼 수 있는 상태가 된다(그림 1.6). 이런 종류의 혼합물은 그 조성비가 혼합물 전체에 걸쳐 동일하지 않으므로 **불균일 혼합물**(heterogeneous mixture)이라고 부른다.

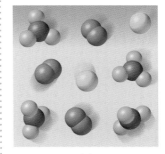

(d)

그림 1.5 (a) 개별 원소로 분리된 원자 (b) 단일 원소 분자 (c) 두 개 이상의 원소로 구성된 화합물 분자 (d) 원자, 단일 원소 분자 그리고 화합물로 이루어진 혼합물

학생 노트
화합물은 분자로 구성될 수도 있고 이온으로 구성될 수도 있다. 이 내용은 2장에서 다루게 된다.

그림 1.6 (a) 쇳가루와 모래의 불균일 혼합물 (b) 자석을 이용하여 이 혼합물로부터 쇳가루를 분리한 상태

(a)　　　　　　　　　　　　(b)

　　혼합물은 균일한지 불균일한지에 상관없이 고유의 성질의 변화 없이 물리적 방법에 의해 순수한 구성 성분으로 분리할 수 있다. 따라서 설탕은 수용액으로부터 증류와 건조에 의해 회수가 가능하고, 물은 증발한 수증기를 응축하여 회수할 수 있다. 모래와 쇳가루 혼합물의 경우는 모래가 자석에 이끌리지 않으므로 자석을 이용하여 모래로부터 쇳가루만 분리할 수 있다[그림 1.6(b) 참조]. 혼합물의 각 구성 성분은 분리 후에 분리하기 전과 동일한 조성비와 성질을 유지하게 된다. 순물질, 원소, 화합물, 혼합물 간의 관계를 그림 1.7에 요약하였다.

1.3　과학적 측정

　　과학자들은 물질의 성질을 측정하기 위하여 다양한 도구를 사용한다. 미터자는 길이를 측정하는 데에 쓰이고, 뷰렛, 피펫, 눈금 실린더, 부피 플라스크 등은 부피를 측정하기 위하여 사용되고(그림 1.8), 저울은 질량을 측정하기 위해 사용되며, 온도계는 온도를 측정하기 위하여 사용된다. 측정이 가능한 성질은 **양적**(quatitative) 성질이라고 하는데, 이는 숫자를 이용하여 표현이 가능하기 때문이다. 측정된 양을 숫자로 표현할 때에는 언제나 적합한 단위를 사용하여야 하며, 그렇지 않으면 그 측정은 아무 의미가 없다. 예를 들어, 수영장의 깊이가 3이라고만 말하는 것은 **3피트**(0.9미터)인지 **3미터**(9.8피트)인지 구별하기에 충분하지 않다. 단위는 측정 결과를 정확하게 보고하기 위하여 필수적이다.

　　다른 나라에서는 **야드-파운드법**(피트, 갤런, 파운드 등 English system)과 **미터법**(미터, 리터, 킬로그램 등 metric system)이 사용된다. 최근 미국이나 영연방 등지에서 미터

그림 1.7 물질 분류 순서도

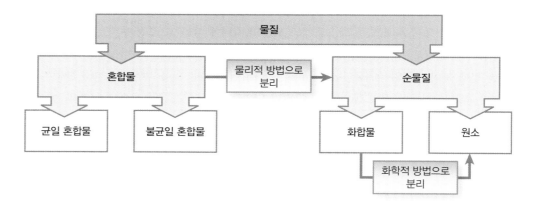

법의 사용이 점차 확대되고 있지만 야드−파운드 단위는 아직도 빈번하게 사용된다. 그러나 과학자들이 오랜 기간 미터 단위로 측정 결과를 기록해 왔기 때문에 1960년 국제 도량형 총회에서 수정된 미터법이 과학자들에 의해 통일된 단위 체계로 제안되었다. 이 책에서는 미터법과 수정된 미터법을 사용할 것이다.

학생 노트
미국 미터법협회(U.S. Metric Association, USMA)에 따르면 미터법을 따르지 않는 주요 국가로는 미국이 유일하다. 주요 국가는 아니지만 미얀마(구 버마)와 라이베리아도 전통 계량 단위를 고수하고 있다.

SI 기본 단위

수정된 미터법은 **국제단위계**(International System of Units, 프랑스어 *Systéme Internationale d'Unités*를 따라 약어로 SI로 표기)라고 부른다. 표 1.1에 7가지 SI 기본 단위가 나열되어 있다. 그 외의 측정 단위는 이 기본 단위로부터 유도가 가능하다. 예를 들어, **부피**(volume)를 나타내는 **SI 단위**(SI unit)는 **길이**(length)를 나타내는 SI 기본 단위를 3제곱하여 유도한다. 표 1.2에 나열된 접두사들은 SI 단위가 10분의 1씩 감소하거나 10배씩 증가함을 나타낸다. 이는 과학자들이 단위를 적용할 때 적절한 규모로 맞추어 사용할 수 있게 한다. 예를 들어, 미터(m)는 수업 시간에 차원을 설명하기에 적합하고, 킬로미터(km)는 두 도시 간의 거리를 표현하기에 적합하다. 화학을 공부하면서 접하게 되는 주요 단위는 질량, 온도, 부피, 밀도 등이 될 것이다.

질량

질량(mass)과 **중량**(또는 무게, weight)은 종종 의미를 구분하지 않고 혼용되지만 똑같은 개념은 아니다. 엄격히 구분하자면 중량은 중력에 의해 물체나 시료에 가해지는 힘이고, **질량**(mass)은 물체나 시료의 양에 대한 측정값이다. 중력은 장소에 따라 달라지기 때문에 측정하는 장소에 따라 중량이 달라진다. 달에서의 중력은 지구 중력의 1/6 정도이므로 똑같은 물체나 시료의 중량이 달에서는 지구에서의 중량의 1/6밖에 되지 않는다. 그러나 질량은 측정 장소가 어디든 상관없이 언제나 일정하다. 질량의 SI 기본 단위는 킬로그램(kg)이지만 화학 분야에서는 1/1000에 해당하는 그램(g)이 편리하여 일반적으로 쓰인다.

$$1\,kg = 1000\,g = 1 \times 10^3\,g$$

온도

화학 분야에서는 온도에 대하여 두 가지 척도를 사용한다. 하나는 섭씨온도(℃)이고 다른 하나는 켈빈 온도(K)이다. 섭씨온도는 순수한 물의 해수면에서의 어는점(0℃)과 끓는점(100℃)을 기준으로 정의된 온도 체계이다. 표 1.1에 나타나 있듯 온도의 SI 기본 단위는 **켈빈**(kelvin)이다. 켈빈 온도는 최저 온도인 0 K가 절대 영도라는 의미에서 **절대 온도 체계**(absolute temperature scale)로도 알려져 있다. **도**(degree, °)라는 단위는 켈빈 온도 체계에서는 사용하지 않는다. 켈빈 온도 체계의 이론적 기초는 기체의 행동과 관련이 있으며, 이는 10장에서 다루게 될 것이다.

섭씨온도와 **켈빈 온도**의 단위상의 크기는 서로 같아서 섭씨온도의 1℃ 크기는 켈빈 온도의 1 K 크기와 동일하다. 따라서 어떤 물체의 온도가 섭씨온도로 5℃만큼 상승하면, 켈빈 온도로도 5 K만큼 상승한다. 켈빈 온도의 절대영도는 섭씨온도의 −273.15℃에 해당한다. 따라서 섭씨온도 단위를 켈빈 온도 단위로 바꾸는 데에 사용하는 환산식은 다음과 같다.

$$K = ℃ + 273.15$$

[◀◀ 식 1.1]

표 1.1	SI 기본 단위	
기본 물리량	**단위 이름**	**기호**
길이	미터	m
질량	킬로그램	kg
시간	초	s
전류	암페어	A
온도	켈빈	K
물질의 양	몰	mol
광도	칸델라	cd

학생 노트
SI 기본 단위 중 kg만이 접두사를 포함한다.

표 1.2	SI 단위에 사용되는 접두사		
접두사	**기호**	**의미**	**예**
테라(tera−)	T	$1 \times 10^{12}(1,000,000,000,000)$	1 teragram(Tg)$=1 \times 10^{12}$ g
기가(giga−)	G	$1 \times 10^{9}(1,000,000,000)$	1 gigawatt(GW)$=1 \times 10^{9}$ W
메가(mega−)	M	$1 \times 10^{6}(1,000,000)$	1 megahertz(MHz)$=1 \times 10^{6}$ Hz
킬로(kilo−)	k	$1 \times 10^{3}(1,000)$	1 kilometer(km)$=1 \times 10^{3}$ m
데시(deci−)	d	$1 \times 10^{-1}(0.1)$	1 deciliter(dL)$=1 \times 10^{-1}$ L
센티(centi−)	c	$1 \times 10^{-2}(0.01)$	1 centimeter(cm)$=1 \times 10^{-2}$ m
밀리(milli−)	m	$1 \times 10^{-3}(0.001)$	1 millimeter(mm)$=1 \times 10^{-3}$ m
마이크로(micro−)	μ	$1 \times 10^{-6}(0.000001)$	1 microliter(μL)$=1 \times 10^{-6}$ L
나노(nano−)	n	$1 \times 10^{-9}(0.000000001)$	1 nanosecond(ns)$=1 \times 10^{-9}$ s
피코(pico−)	p	$1 \times 10^{-12}(0.000000000001)$	1 picogram(pg)$=1 \times 10^{-12}$ g

그림 1.8 (a) 부피 플라스크는 실험실에서 정확한 부피의 용액을 제조할 때 사용된다. (b) 눈금 실린더는 액체의 부피를 측정할 때 사용된다. 이 기구는 부피 플라스크보다는 정확성이 떨어진다. (c) 부피 피펫은 정확한 양의 액체를 옮길 때 사용된다. (d) 뷰렛은 어떤 용기에 옮겨지는 액체의 양을 측정할 때 사용된다. 액체를 옮기기 전과 옮긴 후의 값의 차이로 옮겨진 양을 측정한다.

부피 플라스크

(a)

눈금 실린더

(b)

피펫

(c)

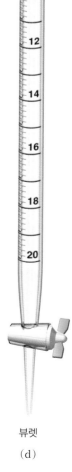

뷰렛

(d)

그러나 정확한 환산이 필요하지 않을 때에는 섭씨온도에 273.15 대신 273을 더해서 켈빈 온도로 사용하기도 한다.

예제 1.1은 이 두 온도 단위 환산에 대한 연습이다.

예제 1.1

건강한 사람의 체온은 하루 동안 변화하는데, 이른 아침에는 약 36°C이고 오후가 되면 약 37°C가 된다. 이 두 온도와 온도가 변화하는 구간을 켈빈 온도로 환산하시오.

전략 섭씨온도를 켈빈 온도로 환산할 때에는 식 1.1을 사용한다. 1°C가 1 K과 같다는 것에 명심하고 구간의 온도를 섭씨온도에서 켈빈 온도로 환산한다.

계획 식 1.1은 이미 섭씨온도를 켈빈 온도로 환산할 수 있는 형태로 구성되어 있다. 이 식을 더 변환할 필요는 없다. 켈빈 온도에서의 변화 구간은 섭씨온도에서의 변화 구간과 같다.

풀이 36°C+273=309 K, 37°C+273=310 K, 그리고 1°C의 구간은 1 K의 구간과 같다.

> ### 생각해 보기
> 계산을 다시 점검해 보고. 섭씨온도를 켈빈 온도로 변환하는 것과 섭씨온도의 차이를 켈빈 온도에서의 차이로 변환하는 것은 다르다는 것을 기억하자.

추가문제 1 물의 어는점(0°C), 물의 끓는점(100°C), 그리고 두 온도 사이의 구간을 켈빈 온도로 변환하시오.

추가문제 2 미국 항공우주국(National Aeronautics and Space Administration, NASA)에 따르면 우주의 평균 온도는 2.7 K이다. 이 온도를 섭씨온도로 환산하시오.

추가문제 3 섭씨온도로 1도에 해당하는 물리량을 오른쪽 그림 중 가장 왼쪽 사각형으로 표현한다면, 켈빈 온도 1도에 해당하는 물리량을 표현할 수 있는 사각형을 오른쪽 4개의 사각형 중에서 고르시오.

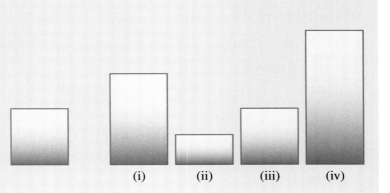

(i)　　(ii)　　(iii)　　(iv)

생활 속의 화학

화씨온도 체계

과학이라는 테두리를 벗어나면 미국을 비롯한 여러 나라에서 화씨온도 체계(Fahrenheit temperature scale)도 흔히 사용된다. Daniel Gabriel Fahrenheit(독일의 물리학자, 1686~1736)가 화씨온도를 정립하기 전에는 임의로 정의된 수많은 온도 체계가 있었지만, 어떤 것도 일관된 측정 체계가 정립되지 못하였다. Fahrenheit가 이 화씨온도 체계를 어떻게 고안했는지는 출처에 따라 그 설명이 조금씩 다르다. 일설에 따르면 Fahrenheit는 1724년에 당시 기술로 만들 수 있는 최저 온도를 0°로 설정하였고(당시에는 물, 얼음, 염화 암모늄의 혼합물로 −32°까지 온도를 낮출 수 있었다), 전통적인 12진법에 따라 건강한 성인의 체온을 12도로 정하였다. 이 온도 체계에서는 물의 어는점이 4도가 된다. 이 온도 체계를 더 세밀하게 만들기 위해 1도를 8단계의 작은 단위로 나누었다. 이렇게 세분화하면 물의 어는점은 32°가 되고, 체온은 96°가 된다. 현대에서 정상 체온은 96°F보다는 약간 높은 것으로 간주한다. 물의 끓는점은 212°F인데, 이것은 어는점과 끓는점 사이가 180 단위(212°−32°)로 나누어진다는 것을 의미한다. 이 숫자는 섭씨온도 체계에서 물의 어는점과 끓는점이 100 단위로 나누어지는 것에 비해 상당히 크다. 이 차이 때문에 화씨온도의 단위가 섭씨온도 단위의 100/180 또는 5/9에 해당하는 작은 값을 가지게 된다. 식 1.2와 1.3은 화씨온도와 섭씨온도 사이의 관계를 잘 보여준다.

$$\text{섭씨온도}(^{\circ}\text{C}) = [\text{화씨온도}(^{\circ}\text{F}) - 32\,^{\circ}\text{F}] \times \frac{5\,^{\circ}\text{C}}{9\,^{\circ}\text{F}}$$ [◀◀ 식 1.2]

$$\text{화씨온도}(^{\circ}\text{F}) = \frac{9\,^{\circ}\text{F}}{5\,^{\circ}\text{C}} \times [\text{섭씨온도}(^{\circ}\text{C})] + 32\,^{\circ}\text{F}$$ [◀◀ 식 1.3]

예제 1.2는 섭씨온도 체계와 화씨온도 체계 간의 환산에 대한 예시이다.

예제 1.2

체온이 39℃ 이상이면 고열로 진단한다. 이 온도를 화씨온도 체계로 환산하시오.

전략 이 문제에서는 섭씨온도가 제시되었고, 이를 화씨온도로 환산하여야 한다.

계획 식 1.3을 사용한다.

$$[\text{화씨온도}(^{\circ}\text{F})] = \frac{9\,^{\circ}\text{F}}{5\,^{\circ}\text{C}} \times [\text{섭씨온도}(^{\circ}\text{C})] + 32\,^{\circ}\text{F}$$

풀이

$$[\text{화씨온도}(^{\circ}\text{F})] = \frac{9\,^{\circ}\text{F}}{5\,^{\circ}\text{C}} \times 39\,^{\circ}\text{C} + 32\,^{\circ}\text{F} = 102.2\,^{\circ}\text{F}$$

생각해 보기
정상 체온이 화씨온도로 약 99°F 정도(정확히는 98.6°F라고 알려짐)인 것을 감안하면 102.2°F는 타당한 답이라고 볼 수 있다.

추가문제 1 45.0℃와 90.0℃를 화씨온도로 환산하고, 두 온도의 차이를 화씨온도 단위로 환산하시오.

추가문제 2 1953년에 발간된 Ray Bradbury의 소설 '화씨 451도'에서 451°F는 책이 발화하는 온도로 묘사된다.(이 부분은 후에 삭제된다.) 451°F를 섭씨온도로 환산하시오.

추가문제 3 화씨온도 체계의 단위가 왼쪽 사각형으로 표시된다면 섭씨온도 체계의 단위는 어떤 것인지 선택하시오. 또 켈빈 온도 체계에서의 단위는 어떤 것인지 선택하시오.

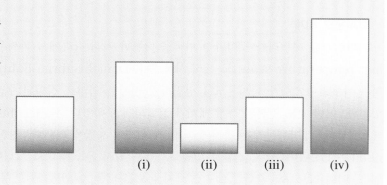

유도 단위: 부피와 밀도

앞서 언급한 질량 외에도 부피, 밀도 등 양에 대한 개념은 많고 이에 대한 단위도 필요하지만 이에 대한 SI 기본 단위는 없다. 이럴 때엔 기본 단위를 조합하여 그 개념에 적합한 단위를 **유도**해야 한다.

부피에 대한 SI 유도 단위는 세제곱미터(m^3)이지만 이는 대부분의 실험실에서 실제 사용하는 단위에 비하여 너무 큰 단위이다. 일반적으로 사용하는 단위는 **리터**(liter, L)인데, 이는 **데시미터**(decimeter, 미터의 1/10)를 세제곱하여 유도되므로 세제곱데시미터(dm^3)라고 불리기도 한다. 흔히 사용되는 단위 중에는 **밀리리터**(milliliter, mL)도 있는데, 이는 센티미터(미터의 1/100)를 세제곱하여 유도된다. 밀리리터도 세제곱센티미터(cm^3)로도 불린다. 그림 1.9는 리터(또는 dm^3)와 밀리리터(또는 cm^3) 사이의 관계를 보여준다.

물 위에 뜬 기름은 밀도의 차이를 보여주는 익숙한 예이다.

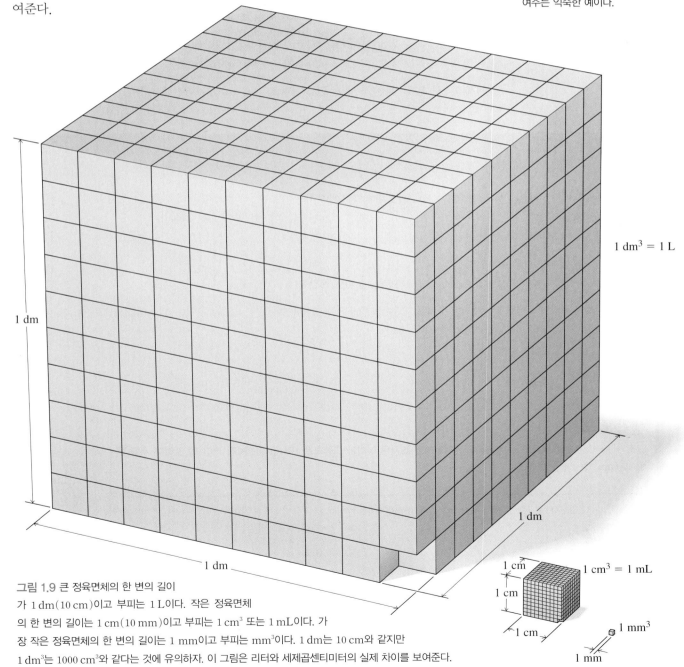

그림 1.9 큰 정육면체의 한 변의 길이가 $1\,dm(10\,cm)$이고 부피는 $1\,L$이다. 작은 정육면체의 한 변의 길이는 $1\,cm(10\,mm)$이고 부피는 $1\,cm^3$ 또는 $1\,mL$이다. 가장 작은 정육면체의 한 변의 길이는 $1\,mm$이고 부피는 mm^3이다. $1\,dm$는 $10\,cm$와 같지만 $1\,dm^3$는 $1000\,cm^3$와 같다는 것에 유의하자. 이 그림은 리터와 세제곱센티미터의 실제 차이를 보여준다.

밀도(density)는 부피에 대한 질량의 비율이다. 기름은 물에 뜨는데 그 이유는 기름과 물이 섞이지 않기 때문이기도 하지만 기름이 물보다 밀도가 낮기 때문이다. 다시 말하면 두 액체를 놓고 동일한 부피를 취했을 때 기름의 질량이 물보다 **작다**는 의미이다. 밀도는 다음 식을 통하여 계산한다.

$$d = \frac{m}{V}$$

[◀◀ 식 1.4]

여기에서 d, m, V는 각각 밀도, 질량, 부피를 의미한다. 밀도에 대한 SI 유도 단위는 세제곱미터당 킬로그램(kg/m^3)이다. 이 단위는 일반적으로 사용하기에는 너무 커서 대부분의 액체와 고체의 밀도를 표시할 때에는 세제곱센티미터당 그램(g/cm^3)이 주로 쓰이며, 이는 밀리리터당 그램(g/mL)과 같다. 예를 들어, 물의 밀도는 4°C에서 $1.00\ g/cm^3$로 표시한다. 기체의 밀도는 매우 낮아서 대체로 리터당 그램(g/L)을 단위로 사용한다.

$$1\ g/cm^3 = 1\ g/mL = 1000\ kg/m^3$$
$$1\ g/L = 0.001\ g/mL$$

예제 1.3은 밀도 계산에 대한 연습이다.

예제 1.3

얼음은 물 위에 뜬다. 그 이유는 얼음의 밀도가 물의 밀도보다 작기 때문이다.
(a) 0°C에서 정육면체 얼음의 한 변의 길이가 2.0 cm이고 질량은 7.36 g이다. 이 얼음의 밀도를 구하시오.
(b) 0°C에서 23 g의 얼음이 차지하는 부피를 구하시오(위에서 구한 밀도 사용).

전략 (a) 질량을 부피로 나누어서 밀도를 계산한다(식 1.4).
(b) 위에서 계산된 밀도를 이용하여 주어진 질량이 차지하는 부피를 계산한다.

계획 (a) 얼음의 질량이 주어졌지만 부피는 주어진 계량값을 이용하여 계산하여야 한다. 얼음의 부피는 $(2.0\ cm)^3$이므로 $8.0\ cm^3$이다.
(b) 부피를 구할 수 있도록 식 1.4를 재배치한다($V = m/d$).

풀이

(a) $d = \dfrac{7.36\ g}{8.0\ cm^3} = 0.92\ g/cm^3$ 혹은 $0.92\ g/mL$　　　(b) $V = \dfrac{23\ g}{0.92\ g\ cm^3} = 25\ cm^3$ 혹은 $25\ mL$

생각해 보기

밀도가 $1\ g/cm^3$보다 작은 시료는 세제곱센티미터로 표시된 부피가 그램으로 표시된 질량보다 커야 할 것이다. 예를 들면, $25(cm^3)$는 $23(g)$보다 크다.

추가문제 1 수은 25.0 mL의 질량이 340.0 g일 때 다음을 계산하시오.
(a) 수은의 밀도　　　　　　　　　　　　　(b) 수은 120.0 mL의 질량

추가문제 2 다음을 계산하시오.
(a) 정육면체이고 한 변의 길이가 2.33 cm이며 질량이 117 g인 고체 물질의 밀도
(b) 위와 동일한 물질로 한 변의 길이가 7.41 cm인 정육면체의 질량

추가문제 3 오른쪽 그림을 보고 눈금 실린더 안에 들어 있는 물질들(아래)의 밀도가 증가하는 순서로 쓰시오.
파란색 액체, 붉은색 액체, 노란색 액체, 회색 고체, 파란색 고체, 초록색 고체

1.4 물질의 성질

순물질은 그 조성뿐만이 아니라 성질에 의해서도 구별된다. 순물질의 성질은 **양적**(quantitative, 측정 가능하고 숫자로 표시 가능)이기도 하고, 또는 **질적**(qualitative, 측정 불가)이기도 하다.

물리적 성질

색깔, 녹는점, 끓는점, 물리적 상태 등은 물리적 성질에 해당한다. **물리적 성질**(physical property)은 물질 정체성의 변화 없이 관찰과 측정이 가능하다. 예를 들면, 얼음 덩어리를 가열하여 얼음이 물로 바뀌는 온도를 측정함으로써 얼음의 녹는점을 측정할 수 있다. 물과 얼음은 외양에서의 차이는 있지만 원소 조성면에서는 둘 다 H_2O로 다르지 않다. 용융은 **물리적 변화**(physical change)로 물질의 상태가 변하는 것이지만 물질의 정체성은 바뀌지 않는다. 녹아버린 얼음을 다시 회수하려면 물이 얼 때까지 냉각하면 된다. 따라서 순물질의 녹는점은 **물리적**(physical) 성질이다. "이산화 질소 기체의 색깔은 갈색이다."라는 말은 물질의 색깔이라는 물리적 성질을 말하는 것이다.

화학적 성질

"수소 기체는 산소 존재하에서 연소되어 물을 형성한다"는 명제는 수소의 **화학적 성질**(chemical property)을 묘사하는 것이다. 이 성질을 관찰하기 위해서는 '산소 존재하에서의 연소'라는 **화학적 변화**(chemical change)가 일어나야 하기 때문이다. 화학적 변화가 일어난 후에는 원래의 순물질(여기에서는 수소 기체)은 더 이상 존재하지 않는다. 남아 있는 것은 완전히 다른 물질(여기에서는 물)이다. 끓이거나 얼리는 등의 물리적 과정을 통해서는 원래의 순물질인 수소 기체를 회수할 수 없다.

쿠키를 구울 때에도 화학적 변화가 일어난다. 쿠키 반죽에 들어가는 탄산수소 소듐(sodium bicarbonate, 베이킹파우더)은 반죽을 가열하면 이산화 탄소를 생성하는 화학적 변화를 겪게 된다. 이산화 탄소 기체는 굽는 과정에서 수많은 작은 기체 방울을 형성하여 쿠키가 부풀어 오르게 한다. 일단 쿠키가 구워지고 나면 쿠키를 아무리 냉각하거나 어떠한 물리적 과정을 거쳐도 탄산수소 소듐을 회수할 수가 없다. 쿠키를 먹으면 소화하고 대사하는 동안 화학적 변화가 계속 진행된다.

크기 성질과 세기 성질

물질의 모든 성질은 **크기**(extensive) 성질과 **세기**(intensive) 성질로 분류된다. **크기 성질**(extensive property)의 값은 물질의 양에 좌우된다. **질량**(mass)은 크기 성질이다. 물질의 양이 많을수록 질량도 커진다. 동일한 크기 성질은 서로 더하여 계산할 수 있다. 금 덩어리 두 개의 무게는 각각의 무게를 합하여 계산하고 시내버스 두 대의 길이는 각 버스의 길이를 더하면 된다. 이와 같이 크기 성질의 값은 물질의 양에 좌우된다.

세기 성질(intensive property)의 값은 물질의 양과는 관계가 없다. **밀도**(density)와 **온도**(temperature)는 세기 성질이다. 작은 비커 두 개에 같은 온도의 물을 채우고 큰 비커에 합쳐놓아도 온도와 밀도는 두 개의 비커에 나누어 담겨 있을 때와 똑같다. 합산이 가능한 질량이나 길이와는 달리 온도나 밀도 등의 세기 성질은 더하여 계산할 수 있는 값이 아니다.

예제 1.4는 화학적 과정과 물리적 과정을 분리하는 방법을 보여준다.

그림 (a)는 두 개의 서로 다른 원자로 이루어진 화합물의 액체 상태를 나타낸다(초록색 구와 빨간색 구). (b)부터 (d)까지의 그림 중 물리적 변화를 나타낸 것은 어느 것인가? 또 화학적 변화를 나타낸 것은 어느 것인가?

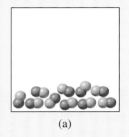 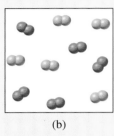 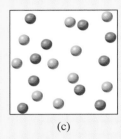 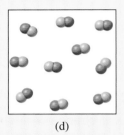

| (a) | (b) | (c) | (d) |

전략 물리적 변화와 화학적 변화에 대한 논의를 다시 짚어보자. 화학적 변화가 물질의 **정체성**을 바꾸는 반면 물리적 변화는 물질의 정체성을 바꾸지 않는다.

계획 그림 (a)는 서로 다른 두 원자를 포함하는 화합물의 분자로 구성된 물질을 나타낸다. 그림 (b)에는 같은 수의 초록색 구와 빨간색 구가 표시되어 있지만 그림 (a)와 같은 방식으로 배열되어 있지는 않다. 그림 (b)에서는 각 분자가 두 개의 같은 원자로 이루어져 있다. 이 분자는 화합물이 아니고 **원소**(element)로 이루어진 물질의 분자를 나타낸다. 그림 (c)에도 그림 (a)와 같은 수의 빨간색 구와 초록색 구가 있지만 모든 원자가 분리되어 존재한다. 이것은 화합물의 분자 같은 것이 아니고 단순한 원자를 나타낸 것이다. 그림 (d)에는 초록색 구 하나와 빨간색 구 하나가 하나의 분자를 이루는 방식으로 배열되어 있다. 그림 (d)에서는 분자들이 서로 멀리 떨어져 있지만 분자 자체는 그림 (a)에 나오는 분자와 동일하다.

풀이 그림 (b)와 (c)는 화학적 변화를 나타내고, 그림 (d)는 물리적 변화를 나타낸다.

> ## 생각해 보기
> 화학적 변화는 물질의 정체성을 바꾼다. 물리적 변화는 물질의 정체성을 바꾸지 않는다.

추가문제 1 다음 과정 중에서 물리적 변화를 고르시오.
(a) 물의 증발
(b) 수소와 산소가 조합되어 물을 생성
(c) 설탕이 물에 용해
(d) 염화 소듐(소금)을 소듐과 염소로 분해
(e) 설탕이 연소하여 물과 이산화 탄소를 생성

추가문제 2 왼쪽 그림은 어떤 과정이 일어나기 직전의 상태를 나타낸다. 그림[(i)~(iv)] 중에서 물리적 변화 후의 상태를 나타내는 그림과 화학적 변화 후의 상태를 나타내는 그림을 고르시오.

| | (i) | (ii) | (iii) | (iv) |

추가문제 3 왼쪽 그림은 어떤 과정의 결과를 나타낸 것이다. 이 과정이 물리적 변화일 때 이 과정의 시작 상태를 그림[(i)~(iii)] 중에서 고르시오. 이 과정이 화학적 변화일 때 이 과정의 시작 상태를 고르시오.

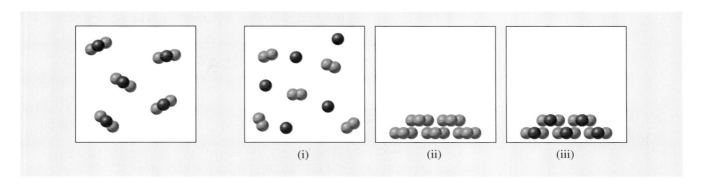

(i) (ii) (iii)

1.5 측정의 불확실성

화학은 두 종류의 수를 사용한다. 정확한 수와 부정확한 수이다. **정확한**(exact) 수의 예로는 정의된 값이 있다. 1 inch(in)＝2.54 cm에서의 2.54, 1 kg＝1000 g에서의 1000, 1다스＝12개에서의 12 등이 정확한 수이다.(각 식에서 1도 역시 정확한 수이다.) 개수나 횟수처럼 하나씩 세어서 획득한 수도 정확한 수이다. 그러나 하나씩 센 것이 아닌 측정에 의해 획득한 수는 **부정확한**(inexact) 수이다.

측정된 수는 측정하는 데에 사용된 장비나 그 장비를 운용하는 사람에 따라 다를 수 있어 부정확한 수이다. 예를 들어, 정확하지 않은 자를 이용하여 길이를 측정한다면 아무리 신중하게 측정한다고 해도 측정값은 오차를 포함한 측정이 된다. 정확한 자를 이용한다고 해도 측정 대상의 길이에 비해 자의 단위가 너무 크면 역시 오차가 발생한다. 적합한 단위를 가진 정확한 자가 있다고 해도 측정된 값을 어떻게 해석하는지는 개인에 따라 다를 수밖에 없다.

유효숫자

부정확한 수는 그 불확실성이 드러나도록 표기해야 한다. 이를 위해 유효숫자를 사용한다. **유효숫자**(significant figure)는 표기하는 숫자에서 의미 있는 **자릿수**(meaningful digit)이다. 그림 1.10에서 보듯 자를 이용하여 메모리 카드의 너비를 측정하는 경우에 위쪽 자로 측정하면 메모리 카드의 너비는 2 cm와 3 cm 사이이므로 2.5 cm로 기록할 수도 있다. 그러나 이 자에는 2 cm와 3 cm 사이에 더 작은 단위가 없으므로 두 번째 자릿수를 **추정**(estimate)해야 한다. 2.5 cm라는 측정값에서 2는 확실한 숫자이지만 5는 확실하지 않다. 측정된 숫자의 마지막 자릿수는 **불확실한 자릿수**(uncertain digit)로 불리며 측정된 숫자의 불확실성은 마지막 자릿수에 ±1의 오차가 있는 것으로 간주한다. 따라서 이 메모리 카드의 너비를 2.5 cm라고 기록하면 실제로는 2.5±0.1 cm라는 의미를 가진다. 불확실한 자릿수를 포함하여 측정된 수의 각 자릿수는 유효숫자이다. 이 메모리 카드의 너비로 기록된 2.5 cm는 두 개의 유효숫자를 가진다. mm 단위까지 측정할 수 있는 자를 사용하면 두 번째 자릿수까지는 확실하게 측정할 수 있고 세 번째 자릿수는 추정할 수 있다. 이제 아래쪽의 자를 이용하여 측정해 보자. 측정값은 아마 2.45 cm가 될 것이다. 이번에도 측정이 가능한 자릿수의 다음 자릿수는 추정하게 된다. 너비로 기록된 2.45 cm는 세 개의 유효숫자를 가진다. 2.45 cm라고 기록하지만 사실은 2.45±0.01 cm라는 의미가 된다.

어떤 숫자에 포함된 유효숫자의 개수는 다음의 규정을 따라 결정된다.

그림 1.10 이 메모리 카드의 너비는 측정을 위해 사용한 측정 자에 따라 달라진다.

학생 노트
측정된 숫자에 실제보다 더 큰 정확성이 포함되지 않도록 하는 것이 중요하다. 예를 들어, 그림 1.10에서 메모리 카드의 너비를 측정할 때 2.4500 cm 라고 표기하는 것은 적절하지 않다. 이렇게 표기하면 이 측정값에 ±0.0001의 정확도가 부여되기 때문이다.

1. 각 자릿수에 있는 숫자는 0이 아닌 이상 모두 유효숫자이다.(112.1은 유효숫자가 4개이다.)

2. 0이 아닌 자릿수 사이에 있는 0은 유효숫자이다.(305의 유효숫자는 3개이다.)

3. 0이 아닌 첫 번째 자릿수 앞에 있는 0은 모두 유효숫자가 아니다.(0.0023은 유효숫자가 2개이다.)

4. 소수점을 포함하는 수에서는 0이 아닌 마지막 자릿수 뒤에 있는 0은 모두 유효숫자이다.(1.200의 유효숫자는 4개이다.)

5. 소수점을 포함하지 않는 수에서는 0이 아닌 마지막 자릿수 뒤에 있는 0은 유효숫자일 수도 있고 아닐 수도 있다.(100은 유효숫자가 1개일 수도 있고, 2개일 수도 있으며, 3개일 수도 있다─추가 정보가 없으면 몇 개인지 알 수 없다.) 이런 경우에는 모호함을 피하기 위하여 과학적 표기법을 사용하는 것이 좋다[◀◀ 부록 1]. 유효숫자가 1개면 1×10^2로 표기하고 유효숫자가 2개면 1.0×10^2로 표기하며 유효숫자가 3개면 1.00×10^2로 표기한다.

측정에 의해 얻어진 값들은 위에서 언급한 대로 유효숫자를 가진다. 따라서 모든 측정값들은 소수점을 포함하여 표기하여야 한다. 예제 1.5는 유효숫자 개수를 결정하는 연습이다.

예제 1.5

다음 각 측정값에서 유효숫자의 개수를 결정하시오.
(a) 443 cm　　　　　　　(b) 15.03 g　　　　　　　(c) 0.0356 kg
(d) 3.000×10^{-7} L　　　(e) 50 mL　　　　　　　(f) 0.9550 m

전략　0이 아닌 숫자는 모두 유효숫자이다. 따라서 목표는 측정값에 포함된 0 중에서 어떤 것이 유효숫자인지 결정하는 것이다.

계획　다른 숫자 사이에 끼어 있거나 소수점 뒤에 나오는 0은 유효숫자이다. 정수의 경우에 마지막에 있는 0은 유효숫자일 수도 있고 아닐 수도 있다.

풀이　(a) 3　　　　(b) 4　　　　(c) 3　　　　(d) 4
(e) 1 또는 2, 결정할 수 없다.　(f) 4

> **생각해 보기**
> 0이 유효숫자인지 아닌지 결정했다면 그 결정을 확인하자. (b), (d), (f)에 있는 0은 유효숫자이고, (c)에 있는 0은 유효숫자가 아니다. (e)의 경우에는 유효숫자인지 아닌지 결정할 수 없다.

추가문제 1　다음 측정값에서 유효숫자의 개수를 결정하시오.
(a) 1129 m　　　　　(b) 0.0003 kg　　　(c) 1.094 cm　　　(d) 3.5×10^{12}원자
(e) 150 mL　　　　　(f) 9.550 km

추가문제 2　다음 각 숫자에서 유효숫자의 개수를 결정하고 과학적 표기법을 배제하여 표기하시오. 과학적 표기법으로 표기되지 않은 숫자에서 유효숫자의 개수를 다시 결정하시오.
(a) 3.050×10^{-4}　　　(b) 4.3200×10^2　　　(c) 8.001×10^{-7}
(d) 2.006080×10^5　　(e) 1.503×10^{-5}　　　(f) 6.07510×10^4

추가문제 3　사각형 그림 안에 존재하는 물체의 개수를 각각 결정하고, 각 측정값에 대해 유효숫자의 개수를 결정하시오.

측정값을 포함한 계산

원하는 결과를 계산하기 위하여 때로는 여러 개의 측정 수치를 사용하기 때문에 이런 계산 과정에서 유효숫자를 어떻게 처리할지에 대한 기준이 필요하다.

1. 덧셈과 뺄셈에서는 소수점 이하에서의 유효숫자 개수를 기준으로 계산한다. 계산된 숫자는 소수점 이하에서의 유효숫자 개수가 가장 작은 수에 맞춘다.

$$
\begin{array}{r}
102.50 \\
+\ 0.231 \\
\hline
102.731
\end{array}
$$

← 소수점 이하 유효숫자가 2개
← 소수점 이하 유효숫자가 3개
← 102.73으로 반올림(소수점 이하 유효숫자를 2개로 맞춤)

$$
\begin{array}{r}
143.29 \\
-\ 20.1 \\
\hline
123.19
\end{array}
$$

← 소수점 이하 유효숫자가 2개
← 소수점 이하 유효숫자가 1개
← 123.2로 반올림(소수점 이하 유효숫자를 1개로 맞춤)

이 반올림 과정은 다음과 같이 진행한다. 102.13과 54.86을 소수점 이하 첫째 자리로 반올림(round up)한다고 가정해 보자. 우선 반올림할 자리의 수를 확인해야 한다. 반올림할 자릿수 중 가장 오른쪽의 수가 5보다 작으면 그 수는 버린다. 따라서 102.13은 102.1로 반올림(round down)된다. 54.86처럼 반올림(round up)할 자릿수 중 가장 오른쪽의 수가 5보다 크거나 같으면 그 수는 올리게 되고 바로 앞 자릿수에 1을 더하게 된다.

2. 곱셈이나 나눗셈에서는 계산 결과의 유효숫자의 개수를 계산 전 값의 유효숫자 개수가 적은 쪽에 맞춘다. 다음 예를 보고 이 규칙을 이해하자.

$$1.4 \times 8.011 = 11.2154$$

← 11로 반올림 (1.4의 유효숫자가 2개이므로 계산 결과도 유효숫자를 2개로 제한)

$$\frac{11.57}{305.88} = 0.037825290964$$

← 0.03783(11.57의 유효숫자가 4개이므로 계산 결과도 유효숫자를 4개로 제한)

3. **정확한 수**(exact number)는 유효숫자의 개수가 무한한 것으로 간주하며, 어떠한 계산 결과에서도 유효숫자 개수를 제한하는 요소가 되지 않는다. 예를 들어, 질량이 2.5 g인 동전이 세 개 있을 때 총 질량은 다음과 같이 계산한다.

$$3 \times 2.5\,g = 7.5\,g$$

이 계산 결과에서 3의 유효숫자가 1개이므로 8로 반올림하는 것은 잘못된 생각이다. 여기서의 3은 정확한 값이므로 유효숫자에 제한이 없다.

> **학생 노트**
> 동전의 개수(3)는 질량이 아니므로 정확한 수이다.

4. 여러 단계의 계산을 거쳐야 할 때 단계마다 반올림하면 반올림 오차가 발생한다. 다음의 두 단계 계산을 생각해 보자.

첫 번째 단계: $A \times B = C$

두 번째 단계: $C \times D = E$

여기에서 $A = 3.66$, $B = 8.45$, $D = 2.11$로 각각 가정하자. 총 계산 결과인 E값은 첫 번째 단계의 결과인 C값을 두 번째 단계에 적용하기 전에 반올림을 하는지 아닌지에 달려 있다.

방법 1	방법 2
$C = 3.66 \times 8.45 = 30.9$	$C = 3.66 \times 8.45 = 30.93$
$E = 30.9 \times 2.11 = 65.2$	$E = 30.93 \times 2.11 = 65.3$

일반적으로는 방법 2에서 보듯 계산 결과를 반올림할 때 유효숫자 개수보다 하나 더 많은 자릿수로 반올림하는 것이 반올림 오차를 최소화하기 위해 적절하다.

예제 1.6과 1.7은 계산 과정에서 유효숫자가 어떻게 다루어지는지를 보여준다.

예제 1.6

다음 계산을 수행하고 유효숫자의 개수에 유의하여 표기하시오.

(a) $317.5 \text{ mL} + 0.675 \text{ mL}$ (b) $47.80 \text{ L} - 2.075 \text{ L}$ (c) $13.5 \text{ g} \div 45.18 \text{ L}$

(d) $6.25 \text{ cm} \times 1.175 \text{ cm}$ (e) $5.46 \times 10^2 \text{ g} + 4.991 \times 10^3 \text{ g}$

전략 유효숫자를 포함한 숫자의 계산법을 적용하고, 계산값을 적절한 유효숫자의 개수에 맞추어 반올림한다.

계획 (a) 답은 소수점 이하 자리를 하나 포함하게 된다. 소수점 이하 자릿수가 작은 쪽인 317.5에 맞추어야 하기 때문이다.

(b) 답은 소수점 이하 자릿수가 작은 쪽인 47.80에 맞추어 소수점 이하 자리를 두 개 포함하게 된다.

(c) 답은 유효숫자 개수가 작은 쪽인 13.5에 맞추어 3개의 유효숫자를 포함하게 된다.

(d) 답은 유효숫자 개수가 작은 쪽인 6.25에 맞춘다.

(e) 과학적 표기법으로 표현된 숫자를 더하려면 10의 거듭제곱 부분의 크기를 동일하게 맞추어야 한다. 즉, 4.991×10^3은 49.91×10^2으로 바꾸고 소수점 이하 자릿수를 두 숫자에 맞추어 계산한다.

풀이

(a)
$$\begin{array}{r} 317.5 \text{ mL} \\ + \ 0.675 \text{ mL} \\ \hline 318.175 \text{ mL} \end{array}$$
← 318.2 mL로 반올림

(b)
$$\begin{array}{r} 47.80 \text{ L} \\ - \ 2.075 \text{ L} \\ \hline 45.725 \text{ L} \end{array}$$
← 45.73 L로 반올림

(c) $\dfrac{13.5 \text{ g}}{45.18 \text{ L}} = 0.298804781 \text{ g/L}$ ← 0.299 g/L로 반올림

(d) $6.25 \text{ cm} \times 1.175 \text{ cm} = 7.34375 \text{ cm}^2$ ← 7.34 cm²로 반올림

(e)
$$\begin{array}{r} 5.46 \times 10^2 \text{ g} \\ + \ 49.91 \times 10^2 \text{ g} \\ \hline 55.37 \times 10^2 \text{ g} = 5.537 \times 10^3 \text{ g} \end{array}$$

생각해 보기

문제 (e)의 정답은 소수점 이하 자릿수가 3개인데, 이것은 소수점 이하 자릿수가 작은 쪽에 맞추어야 하는 규칙에 따라 2개여야 하는 것이라고 생각할 수도 있다. 그러나 이 규칙은 55.37×10^2 g라는 해답을 도출할 때 적용한 것이고, 이 숫자를 과학적 표기법으로 다시 표현할 때에는 유효숫자의 개수가 4개라는 것에 초점을 맞추어야 한다. 과학적 표기법으로 표현할 때에는 유효숫자의 개수를 동일하게 맞추어 주는 것이 중요하고 소수점 이하 자릿수는 바뀔 수도 있다.

추가문제 1 다음 계산을 수행하고 유효숫자 개수에 유의하여 결과를 표시하시오.

(a) $105.5 \text{ L} + 10.65 \text{ L}$ (b) $81.058 \text{ m} - 0.35 \text{ m}$ (c) 3.801×10^{21}원자 $+ 1.228 \times 10^{19}$원자

(d) $1.255 \text{ dm} \times 25 \text{ dm}$ (e) $139 \text{ g} \div 275.55 \text{ mL}$

추가문제 2 다음 계산을 수행하고 유효숫자 개수에 유의하여 결과를 표시하시오.

(a) $1.0267 \text{ cm} \times 2.508 \text{ cm} \times 12.599 \text{ cm}$ (b) $15.0 \text{ kg} \div 0.036 \text{ m}^3$ (c) $1.113 \times 10^{10} \text{ kg} - 1.050 \times 10^9 \text{ kg}$

(d) $25.75 \text{ mL} + 15.00 \text{ mL}$ (e) $46 \text{ cm}^3 + 180.5 \text{ cm}^3$

추가문제 3 Florida 주의 한 오렌지 상인은 노점에서 오렌지를 100개들이 상자 단위로 판매한다. 각 상자에는 고객에게 봉사하는 의미에서 1개부터 3개까지의 오렌지가 더 들어 있다. 오렌지 한 개의 무게는 평균 204 g이고 오렌지 한 상자의 무게는 평균 1.45 kg 이다. 이 오렌지 100개들이 상자 5개의 무게를 계산하시오.

예제 1.7

부피가 9.850×10^2 cm³인 빈 상자의 질량을 측정하였더니 124.6 g이었다. 이 상자를 어떤 기체로 채우고 질량을 다시 측정하였더니 126.5 g이었다. 유효숫자 개수에 유의하여 이 기체의 밀도를 구하시오.

전략 이 문제를 풀기 위해서는 2단계의 계산이 필요하다. 기체의 질량을 구하기 위한 뺄셈 단계와 밀도를 구하기 위한 나눗셈 단계 이다. 각 단계마다 유효숫자 계산 규칙을 적용한다.

계획 상자와 기체를 포함한 질량에서 상자만의 질량을 빼는 계산에서는 결과값이 소수점 이하 자리를 하나만 포함하도록 표기한다. 따라서 기체의 질량을 상자의 부피로 나눌 때에는 결과값이 유효숫자를 두 개만 포함하게 된다.

풀이

$$
\begin{array}{r}
126.5 \text{ g} \\
- \ 124.6 \text{ g} \\
\hline
\text{기체의 질량} = \quad 1.9 \text{ g}
\end{array}
\quad \leftarrow \text{소수점 이하 자리 하나(유효숫자 두 개)}
$$

$$
\text{밀도} = \frac{1.9 \text{ g}}{9.850 \times 10^2 \text{ cm}^3} = 0.00193 \text{ g/cm}^3 \leftarrow 0.0019 \text{ g/cm}^3 \text{로 반올림}
$$

기체의 밀도는 1.9×10^{-3} g/cm³이다.

생각해 보기
이 경우에 계산을 시작한 세 가지 숫자의 유효숫자 개수는 각각 네 개지만 해답은 두 개의 유효숫자만을 가진다.

추가문제 1 부피가 150.0 cm³인 빈 상자의 질량을 측정하였더니 72.5 g이었다. 이 상자를 어떤 액체로 채우고 질량을 다시 측정하였더니 194.3 g이었다. 이 액체의 밀도를 유효숫자의 개수에 유의하여 계산하시오.

추가문제 2 부피를 모르는 어떤 상자의 질량이 81.2 g이다. 이 상자를 밀도가 1.015 g/cm³인 액체로 채우고 상자의 질량을 다시 측 정하였더니 177.9 g이 되었다. 이 상자의 부피를 유효숫자 개수에 유의하여 구하시오.

추가문제 3 질량의 총 합이 11.63 g인 알루미늄 조각을 물이 들어 있는 눈금 실린더에 넣어 부피를 구하고자 한다. 오른쪽 그림은 알루미늄을 넣기 전과 넣은 후의 눈금 실린더의 상태이다. 이 그림을 보고 얻은 정보를 이용하여 알루미늄의 밀도를 유효숫자 개수에 유의하여 구하시오.

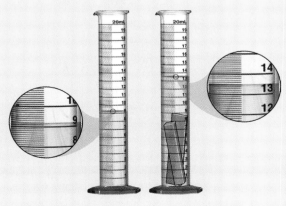

정확도와 정밀도

　　정확도와 정밀도는 측정된 수치들의 질적 수준을 보여주는 두 척도이다. 두 개념의 다른 점이 크게 부각되지 않더라도 실제로는 중요하다. **정확도**(accuracy)는 측정값이 **참값**(true value)에 얼마나 가까운지를 나타내고, **정밀도**(precision)는 반복되는 측정에서 측정된 수치들이 서로 얼마나 가까운지를 나타낸다(그림 1.11).

　　학생 세 명에게 아스피린 한 알의 질량을 결정하도록 요구했다고 가정해 보자. 학생들은 아스피린 한 알의 질량을 세 차례에 걸쳐 각자 측정하였고, 그 결과는 다음과 같다(단위는 g).

	학생 A	학생 B	학생 C
	0.335	0.357	0.369
	0.331	0.375	0.373
	0.333	0.338	0.371
평균값	0.333	0.357	0.371

이 알약 질량의 참값은 0.370 g이다. 학생 A의 결과는 학생 B의 결과에 비해 정밀하다. 그러나 두 결과 모두 매우 정확하다고 할 수는 없다. 학생 C의 결과는 정밀하고(개별 측정값이 평균값으로부터의 편차가 매우 작다) 정확하다(평균값이 참값에 매우 가깝다). 그림 1.12는 세 학생의 알약 질량의 참값과 학생들의 측정 결과 간의 상관 관계를 보여준다. 고도로 정확한 측정은 대체로 정밀하다. 그러나 매우 정밀한 측정이라고 해도 정확한 측정임을 보장하지는 못한다. 정확하지 않은 줄자나 저울을 이용해도 정밀한 측정은 가능할 수 있지만 이 측정값들은 올바른 값과는 현저히 다를 수밖에 없다.

 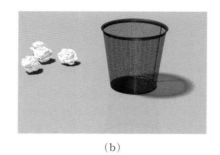 

(a)　　　　　　　　　　　　　　　(b)　　　　　　　　　　　　　　　(c)

그림 1.11 종이 뭉치의 분포는 정확도와 정밀도의 차이를 보여준다. (a) 정확도와 정밀도가 모두 높은 상태　(b) 정확도는 낮지만 정밀도는 높은 상태 (c) 정확도와 정밀도가 모두 낮은 상태

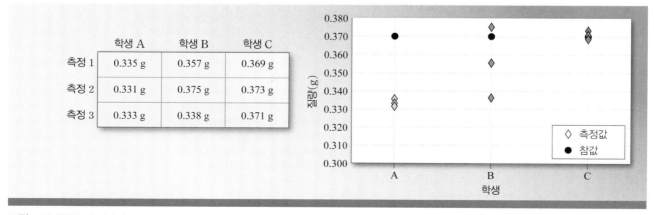

	학생 A	학생 B	학생 C
측정 1	0.335 g	0.357 g	0.369 g
측정 2	0.331 g	0.375 g	0.373 g
측정 3	0.333 g	0.338 g	0.371 g

그림 1.12 학생들의 데이터를 그래프로 그리면 정확도와 정밀도가 드러난다. 학생 A의 결과는 측정값들이 서로 가까이에 위치하여 정밀도가 높지만 그 평균값이 참값과는 차이가 크므로 정확도는 낮다. 학생 B의 결과는 정확도와 정밀도가 모두 낮다. 학생 C의 결과는 정확도와 정밀도가 모두 높다.

1.6 단위 사용과 문제 해결

화학에서 문제를 정확하게 해결하려면 숫자와 단위를 신중하게 다루어야 한다. 화학이든 아니면 다른 과학 수업에서든 단위에 주의를 기울이면 수업이 진행됨에 따라 크게 도움이 된다.

환산 인자

환산 인자(conversion factor)는 동일한 양을 다르게 표현하기 위하여 곱해주거나 나누어주는 비율이다. $1\,in = 2.54\,cm$를 보자. 이 등식으로부터 환산 인자를 다음과 같이 유도할 수 있다.

$$\frac{1\,in}{2.54\,cm}$$

분자와 분모가 동일한 길이이므로 이 분수의 값은 1과 같다. 따라서 이 환산 인자는 아래와 같이 쓸 수도 있다.

$$\frac{2.54\,cm}{1\,in}$$

두 환산 인자 모두 값은 1과 같으므로 이 계수 중 어느 것을 곱해도 원래 값에는 변화가 없다. 이것은 주어진 양이 원하지 않는 단위로 표현되었을 때 그 단위를 바꾸기 위해 유용하다. 예를 들어, 길이가 in로 표현된 것을 cm로 바꾸고 싶으면 in로 표현된 그 길이에 적합한 환산 인자를 곱해주면 된다.

$$12.00\,\cancel{in} \times \frac{2.54\,cm}{1\,\cancel{in}} = 30.48\,cm$$

두 가지 환산 인자 중에서 선택할 때에는 in 단위를 상쇄하고 cm 단위를 만들어 줄 수 있는 쪽으로 선택한다. 단위 환산의 결과값은 네 개의 유효숫자를 가진다. 환산 인자는 정확한 수(exact number)이므로 정의에 따라 계산 결과에서 유효숫자의 개수를 제한하지 않는다. 따라서 환산 결과에서 유효숫자의 개수는 12.00의 4개만 사용해야 하고, 2.54에서는 유효숫자를 고려하지 않는다.

차원 분석-단위 추적

문제를 풀 때 환산 인자를 사용하는 것을 **차원 분석**(dimensional analysis) 또는 **인자표지법**(factor-label method)이라고 한다. 문제를 풀 때 환산 인자는 대체로 여러 번 사용하게 된다. 예를 들어, 12.00 in를 m 단위로 환산할 때 두 단계를 거치게 된다. 앞서 다루었던 것처럼, 우선 in 단위를 cm 단위로 환산하고 cm 단위를 다시 m 단위로 환산하게 된다. 두 번째 환산 인자는 $1\,m = 100\,cm$라는 등식으로부터 유도되며 다음과 같이 두 가지로 기술할 수 있다.

$$\frac{100\,cm}{1\,m} \quad \text{혹은} \quad \frac{1\,m}{100\,cm}$$

이 두 환산 인자 중에서 m 단위를 도입하고 cm 단위를 상쇄할 환산 인자를 선택해야 한다(여기서는 오른쪽 환산 인자). 이런 종류의 문제는 단위 환산 단계를 다음과 같이 하나의 연결된 식으로 배열하면 각 단계의 중간값을 계산할 필요가 없다.

학생 노트
만약 실수로 환산 인자를 역수로 적용하였다면 결과는 3048 cm²/m가 될 것이다. 그러나 이것은 단위도 맞지 않고 숫자도 타당하지 않으므로 납득할 수 없는 결과이다. 12 in가 1 ft인데 1 ft가 수천 m라는 결과에는 동의할 수 없다.

$$12.00 \text{ in} \times \frac{2.54 \text{ cm}}{1 \text{ in}} \times \frac{1 \text{ m}}{100 \text{ cm}} = 0.3048 \text{ m}$$

단위를 세심하게 추적하고 상쇄하는 것은 계산 결과를 점검하는 데에도 유리하다. 만약 환산 인자를 실수로 **역수**(reciprocal)로 적용하였다면 결과로 나온 단위는 m가 아닐 것이다. 예상하지 못한 단위나 이해가 되지 않는 단위가 결과로 나왔다면 문제 풀이에서 실수가 있었다는 것이다.

예제 1.8은 환산 인자를 어떻게 유도하고 단위 환산에서 어떻게 사용하는지를 보여준다.

예제   1.8

미국 식품의약국(FDA)이 권장하는 소듐의 하루 권장 섭취량은 2400 mg이다. 이 권장 섭취량은 몇 파운드(lb)인가?(1 lb = 453.6 g)

전략   이 문제는 두 단계의 차원 분석이 필요하다. 밀리그램을 그램으로 환산하고 그램을 다시 파운드로 환산하여야 하기 때문이다. 일단 2400이라는 숫자의 유효숫자를 4개라고 간주하고 진행한다.

계획   필요한 환산 인자는 1 g = 1000 mg과 1 lb = 453.6 g이라는 등식에서 유도한다.

$$\frac{1 \text{ g}}{1000 \text{ mg}} \quad \text{혹은} \quad \frac{1000 \text{ mg}}{1 \text{ g}} \quad \text{그리고} \quad \frac{1 \text{ lb}}{453.6 \text{ g}} \quad \text{혹은} \quad \frac{453.6 \text{ g}}{1 \text{ lb}}$$

각 환산 인자 중에서 단위를 상쇄하여 원하는 단위가 결과로 나오도록 하는 적합한 환산 인자를 선택한다.

풀이
$$2400 \text{ mg} \times \frac{1 \text{ g}}{1000 \text{ mg}} \times \frac{1 \text{ lb}}{453.6 \text{ g}} = 0.005291 \text{ lb}$$

생각해 보기

결과의 규모가 타당한지 확인하고, 단위가 올바르게 상쇄되어 적합한 단위가 결과로 나왔는지 확인하자. lb는 mg에 비해 매우 큰 값이므로 주어진 질량은 mg 값일 때보다 훨씬 작은 lb 값이 될 것이다. 만약 1000과 453.6으로 나누지 않고 실수로 곱했다면 결과값(2400 mg × 1000 mg/g × 453.6 g/lb = 1.089 × 10⁹ mg²/lb)은 터무니없이 큰 값이 될 것이다. 게다가 단위도 제대로 상쇄되지 않았을 것이다.

추가문제 1   미국 심장협회는 콜레스테롤의 하루 권장 섭취량을 300 mg으로 제한하고 있다. 이 권장 섭취량을 온스(oz)로 환산하시오(1 oz = 28.3459 g). 단, 300 mg은 유효숫자를 하나만 포함하는 것으로 가정한다.

추가문제 2   어떤 물체의 질량이 24.98 oz이다. 이 질량은 몇 g인가?

추가문제 3   오른쪽 그림은 색깔 블록과 회색 연결 막대로 만들어진 물체이다. 이 물체들은 같은 숫자의 블록들이 같은 배열 방식으로 구성되어 서로 동일하다는 것에 주목하자. 다음 각 계산을 수행할 수 있는 적합한 환산 인자를 제시하시오.
(a) 물체의 개수를 알고 있는 상태에서 빨간색 블록의 숫자를 구하고자 한다.
(b) 노란색 블록의 개수를 알고 있는 상태에서 물체의 개수를 구하고자 한다.
(c) 노란색 블록의 개수를 알고 있는 상태에서 흰색 블록의 개수를 구하고자 한다.
(d) 회색 연결 막대의 개수를 알고 있는 상태에서 노란색 블록의 개수를 구하고자 한다.

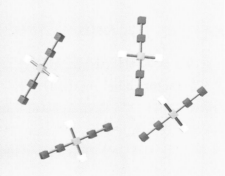

많은 익숙한 여러 양적인 개념들은 기본 단위를 거듭 제곱하여 사용한다. 예를 들어, 면적은 **길이** 단위의 제곱으로 표현한다[제곱미터(m²) 또는 제곱인치(in²) 등]. 부피 역시 길이 단위의 **세제곱**으로 표현하기도 한다[세제곱피트(ft³) 또는 세제곱센티미터(cm³) 등].

부피는 리터(L)나 밀리리터(mL)로 표현하는 것이 일반적이지만 L나 mL는 세제곱한 길이 단위의 관용명으로, 실제로는 같다는 것을 잊어서는 안 된다. L는 데시미터(dm)의 세제곱으로 정의되고($1\,L = 1\,dm^3$), mL는 cm의 세제곱으로 정의된다($1\,mL = 1\,cm^3$). 그림 1.9에서 확인하자. 단위가 제곱 또는 세제곱되었을 때에는 차원 분석을 적용할 때 더욱 세심한 주의가 필요하다. 예를 들어, m^3를 cm^3로 환산하려면 다음과 같은 조작이 필요하다.

$$1\,m^3 \times \frac{100\ cm}{1\ m} \times \frac{100\ cm}{1\ m} \times \frac{100\ cm}{1\ m} = 1.00 \times 10^6\ cm^3$$

또는 다음과 같다.

$$1\,m^3 \times \left(\frac{100\ cm}{1\ m}\right)^3 = 1.00 \times 10^6\ cm^3$$

환산 인자를 제곱할 때 단위 자체의 차원에 제대로 맞추지 못하는 실수가 종종 일어난다. 특히 L나 mL에는 '3차'라는 차수가 단위에 표시되어 있지 않기 때문에 부피 단위 환산에서 실수가 잦은 편이다.

예제 1.9는 차원 분석에서 환산 인자가 제곱 또는 세제곱되어 있는 문제들을 어떻게 다루는지를 보여준다.

예제 1.9

성인은 평균 5.2 L의 혈액을 보유하고 있다. 이 부피는 몇 m^3인가?

전략 이런 문제를 푸는 방법은 여러 가지가 있지만 여기에서는 L를 cm^3로 환산하고, cm^3를 m^3로 환산하는 방법을 쓴다.

계획 $1\,L = 1000\,cm^3$ 그리고 $1\,cm = 1 \times 10^{-2}\,m$이다. 단위가 10의 제곱항을 포함하면 환산 인자도 그에 맞추어 10의 제곱항을 포함하는 형태로 바꾸어 단위를 상쇄할 때를 대비하여야 한다.

풀이

$$5.2\,L = \frac{1000\ cm^3}{1\ L} \times \left(\frac{1 \times 10^{-2}\ m}{1\ cm}\right)^3 = 5.2 \times 10^{-3}\ m^3$$

생각해 보기

앞서 보았던 환산 인자에 따르면 $1\,L = 1 \times 10^{-3}\,m^3$이다. 따라서 혈액 5 L는 $5 \times 10^{-3}\,m^3$와 같고, 이것은 계산된 결과값과 매우 가까운 값이다.

추가문제 1 은의 밀도는 $10.5\,g/cm^3$이다. 이 밀도는 kg/m^3 단위로는 얼마인가?

추가문제 2 수은의 밀도는 $13.6\,g/cm^3$이다. 이 밀도는 mg/mm^3 단위로는 얼마인가?

추가문제 3 다음 각 그림은 정육면체 공간에 포함된 물체들을 나타낸다. 각각의 경우에 한 변의 길이가 5배 긴 정육면체에 포함될 물체의 개수를 유효숫자에 유의하여 계산하시오.

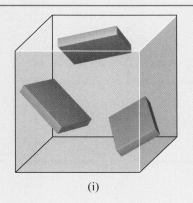

(i)

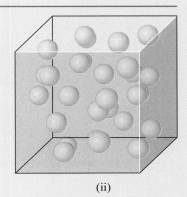

(ii)

화학 문제를 풀 때에는 측정값과 상수의 수학적 조합이 종종 포함된다. 환산 인자는 등식으로부터 유도된 비율이다. 예를 들어, 1인치는 정의에 의해 2.54센티미터와 같다.

$$\boxed{1 \text{ in}} \quad = \quad \boxed{2.54 \text{ cm}}$$

여기에서 환산 인자는 두 가지가 유도될 수 있다.

$$\boxed{\frac{1 \text{ in}}{2.54 \text{ cm}}} \quad \text{혹은} \quad \boxed{\frac{2.54 \text{ cm}}{1 \text{ in}}}$$

둘 중에 어떤 환산 인자를 사용해야 하는지는 어떤 단위로 시작하는지와 어떤 결과를 도출해야 하는지에 달려 있다. cm로 주어진 길이를 in로 바꾸려면 첫 번째 환산 인자를 사용해야 한다.

$$\boxed{37.6 \text{ cm}} \quad \times \quad \boxed{\frac{1 \text{ in}}{2.54 \text{ cm}}} \quad = \quad \boxed{14.8 \text{ in}}$$

인치로 주어진 길이를 cm로 바꾸려면 두 번째 환산 인자를 사용해야 한다.

$$\boxed{5.23 \text{ in}} \quad \times \quad \boxed{\frac{2.54 \text{ cm}}{1 \text{ in}}} \quad = \quad \boxed{13.3 \text{ cm}}$$

각각의 경우에 단위는 결과에서 원하는 단위를 제공하도록 상쇄된다.

예를 들어, 면적(cm^2) 또는 부피(cm^3)의 경우에 단위가 제곱항으로 표현되었다면, 환산 인자도 제곱항으로 표현되어야 한다. cm^2로 표현된 면적을 in^2로 환산하려면 환산 인자도 제곱해야 하고, cm^3로 표현된 부피를 m^3로 환산하려면 환산 인자도 세제곱해야 하는 것이다. 다음의 순서도는 cm^2로 표현된 면적을 m^2로 환산하는 과정으로, 환산 인자 제곱의 이유를 잘 보여준다.

$$\boxed{48.5 \text{ cm}^2} \Rightarrow \boxed{48.5 \text{ cm}} \times \boxed{\text{cm}}$$

$$\boxed{\left(\frac{1 \text{ in}}{2.54 \text{ cm}}\right)^2} \Rightarrow \boxed{\frac{1 \text{ in}}{2.54 \text{ cm}}} \times \boxed{\frac{1 \text{ in}}{2.54 \text{ cm}}}$$

$$\boxed{48.5 \text{ cm}} \times \boxed{\text{cm}} \times \boxed{\frac{1 \text{ in}}{2.54 \text{ cm}}} \times \boxed{\frac{1 \text{ in}}{2.54 \text{ cm}}} = \boxed{7.52 \text{ in}^2}$$

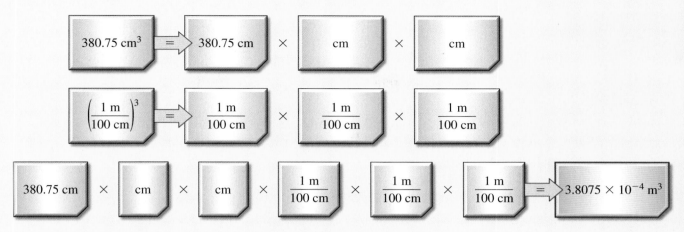

환산 인자를 합당하게 제곱하지 않으면 단위의 상쇄도 제대로 이루어지지 않는다.

문제를 풀 때에는 때때로 여러 가지 다른 환산 과정이 필요하기도 한데 이 과정은 한 줄로 조합될 수도 있다. 예를 들어, 체중이 157 lb인 운동선수가 시속 7.09 mi로 달릴 때 분당 산소 소모량이 55.8 cm³라면 이 선수가 10.5 mi로 달릴 때 소모하는 산소량을 계산할 수 있다 (1 kg=2.2046 lb, 1 L=1 dm³).

주요 내용 문제

1.1
금의 밀도가 $19.3 \, g/cm^3$일 때 질량이 $5.98 \, g$인 금 덩어리의 부피를 구하시오

(a) $3.23 \, cm^3$　　　　(b) $5.98 \, cm^3$
(c) $115 \, cm^3$　　　　(d) $0.310 \, cm^3$
(e) $13.3 \, cm^3$

1.2
에너지를 나타내는 SI 단위는 줄(J)이며 1줄은 질량이 2.00 kg인 물체가 1.00 m/s의 속도로 움직이는 운동 에너지와 같다. 이 속도를 시간당 마일 단위로 환산하시오(1 mi=1.609 km).

(a) $4.47 \times 10^{-7} \, mph$　　(b) $5.79 \times 10^6 \, mph$
(c) $5.79 \, mph$　　　　(d) $0.0373 \, mph$
(e) $2.24 \, mph$

1.3
한 변의 길이가 0.750 m이고, 질량이 14.56 kg인 정육면체의 밀도를 g/cm^3로 구하시오.

(a) $0.0345 \, g/cm^3$　　(b) $1.74 \, g/cm^3$
(c) $670 \, g/cm^3$　　　(d) $53.8 \, g/cm^3$
(e) $14.6 \, g/cm^3$

1.4
체중이 28 kg인 아이는 안전한 최대 허용 섭취량을 지키는 한도 내에서 어린이용 아세트아미노펜을 최대 8시간 동안 23정을 먹을 수 있다. 이 알약 한 정당 80 mg의 아세트아미노펜이 들어있을 때, 체중 1 lb당 1일 최대 허용 섭취량은 얼마인가?

(a) $80 \, mg/lb$　　　　(b) $90 \, mg/lb$
(c) $430 \, mg/lb$　　　(d) $720 \, mg/lb$
(e) $3.7 \, mg/lb$

연습문제

배운 것 적용하기

자연적으로 발생한 천연두가 세계보건기구(World Health Organization)와 세계 각지의 의료인들의 훌륭한 협력에 의해 퇴치되었으나 미국이 천연두를 카테고리 A 병원체로 분류함에 따라 그 처치와 예방에 대한 관심이 다시 대두되었다. 게다가 천연두 백신이 비교적 안전하기는 하지만 위험성이 전혀 없는 것은 아니다.

미국 질병통제센터(CDC)는 이 백신에 대해 잠재적으로 치명적인 부작용이 일어날 확률을 백만 명 중에 14~52명 정도로 추산하고 있다. 이러한 상황에서는 즉각적인 의학적 처치가 필요하다. 1차 요법으로는 VIG(vaccinia immune globulin, 우두 항체)를 사용한다. 환자가 VIG 투여에 반응하지 않으면 2차 요법으로 시도포비어(cidofovir)를 투여한다. 시도포비어는 면역 체계에 문제가 있는 사람들의 망막 주변 특정 바이러스 감염에 사용하도록 미국 식품의약국(FDA)에서 승인한 약물이다.

시도포비어는 비스타이드(Vistide)라는 상품명으로 출시되었는데, 375 mg의 약물이 5 mL의 물에 용해된 형태로 작은 유리병(vial)에 담겨 판매된다. 제조사에서는 이 약물을 실온(68°F~77°F)에서 보관하도록 지정한다. 이 유리병의 내용물은 우선 생리 식염수로 희석된 후 체중 1 kg당 시도포비어 5 mg이 되도록 정맥 주사로 투여한다.

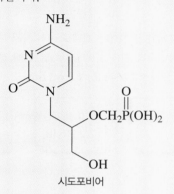

시도포비어

(a) 시도포비어의 권장 보관 온도를 섭씨온도 체계로 바꾸시오[◀◀ 예제 1.2].

(b) 만약 시도포비어 유리병 내용물의 부피가 5.00 mL이고 무게가 5.89 g이면, 그 밀도는 얼마인가[◀◀ 예제 1.3]? 유효숫자에 유의하여 계산하시오[◀◀ 예제 1.6].

(c) 몸무게가 177 lb인 남자에게 투약해야 할 시도포비어의 질량은 얼마인가[◀◀ 예제 1.8]?
(단, 1 lb = 0.4536 kg)

(d) 문제 (b)에서 구한 밀도의 단위를 g/L에서 kg/m³로 환산하시오[◀◀ 예제 1.9].

1.1절: 화학 학습하기

1.1 다음 서술을 각각 가설, 법칙, 이론으로 분류하시오.
(a) 물체에 작용하는 힘은 질량과 그 가속도의 곱과 같다.
(b) 알고 있듯이 우주는 빅뱅으로부터 시작했다.
(c) 다른 행성에는 인류보다 더 발전한 많은 문명이 존재한다.

1.2절: 물질의 분류

1.2 다음 각 원소의 원소 기호를 제시하시오(앞표지 안쪽 표 참조).
(a) 포타슘(potassium)　(b) 주석(tin)
(c) 크로뮴(chromium)　(d) 붕소(boron)
(e) 바륨(barium)　(f) 플루토늄(plutonium)
(g) 황(sulfur)　(h) 아르곤(argon)
(i) 수은(mercury)

1.3 다음을 원소, 화합물, 균일 혼합물, 불균일 혼합물로 각각 분류하시오.
(a) 바닷물　(b) 헬륨 기체　(c) 염화 소듐(소금)
(d) 탄산음료　(e) 밀크셰이크　(f) 병 안에 든 공기
(g) 콘크리트

1.4 다음 각 그림을 원소 또는 화합물로 구별하시오.

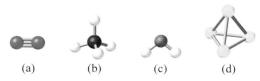

(a)　　(b)　　(c)　　(d)

1.3절: 과학적 측정

1.5 브로민은 적갈색 액체이다. 브로민 586 g의 부피가 188 mL일 때, 이 물질의 밀도를 계산하시오.

1.6 다음 온도를 섭씨온도 또는 화씨온도로 환산하시오.
(a) 뜨거운 여름날 온도 95°F　(b) 추운 겨울날 온도 12°F
(c) 체온 102°F　　　　　　(d) 용광로 1852°F
(e) −273.15°C(이론적으로 가장 낮은 온도)

1.7 40°C에서 물의 밀도는 0.992 g/mL이다. 이 온도에서 물 27.0 g의 부피는 얼마인가?

1.8 다음 온도를 켈빈 온도로 환산하시오.
(a) 황의 녹는점 115.21°C　(b) 정상 체온 37°C
(c) 수은의 끓는점 357°C

1.9 다음 두 그림 중 섭씨온도와 켈빈 온도를 이용하여 물의 끓는점을 잘 나타낸 것은 어느 쪽인가? 설명하시오.

1.4절: 물질의 성질

1.10 다음 서술을 양적 서술과 질적 서술로 분류하고 이유를 간략히 설명하시오.
(a) 태양은 지구로부터 약 9300만 마일 떨어져 있다.
(b) 레오나르도 다빈치는 미켈란젤로보다 더 우수한 화가였다.
(c) 얼음은 물보다 밀도가 낮다.
(d) 버터는 마가린보다 맛있다.
(e) 단 한 번의 적절한 대처가 헛발질 열두 번보다 낫다.

1.11 다음 서술이 나타내는 것이 화학적 변화인지 물리적 변화인지 결정하시오.
(a) 풍선 안에 들어있는 헬륨 기체는 몇 시간 후에는 새어나가기 마련이다.
(b) 손전등 빛은 점차 약해져서 결국 꺼진다.
(c) 얼어붙은 오렌지 주스는 물을 부으면 다시 액체 주스로 만들 수 있다.
(d) 식물의 생장은 광합성 과정에 필요한 태양 에너지에 의존한다.
(e) 소금 한 숟갈이 국 한 그릇에 녹아 들어간다.

1.12 37.2 g의 납 알갱이를 20℃에서 62.7 g의 납 알갱이와 혼합하였다. 이 합쳐진 납 알갱이들의 질량, 온도, 밀도를 구하시오. 20℃에서의 납의 밀도는 11.35 g/cm³이다.

1.5절: 측정의 불확실성

1.13 다음 숫자들을 소수로 표현하시오.
(a) 1.52×10^{-2} (b) 7.78×10^{-8}
(c) 1×10^{-6} (d) 1.6001×10^{3}

1.14 다음 계산의 결과를 과학적 표기법에 따라 표기하시오.
(a) $0.0095 + (8.5 \times 10^{-3})$ (b) $653 \div (5.75 \times 10^{-8})$
(c) $850,000 - (9.0 \times 10^{5})$
(d) $(3.6 \times 10^{-4}) \times (3.6 \times 10^{6})$

1.15 다음 각 측정값의 유효숫자 개수를 구하시오.
(a) 0.006 L (b) 0.0605 dm (c) 60.5 mg
(d) 605.5 cm² (e) 9.60×10^3 g (f) 6 kg
(g) 60 m

1.16 다음 수식들을 측정값의 계산으로 가정하고 결과를 유효숫자 개수와 단위에 유의하여 표기하시오.
(a) 7.310 km ÷ 5.70 km
(b) $(3.26 \times 10^{-3} \, \text{mg}) - (7.88 \times 10^{-5} \, \text{mg})$
(c) $(4.02 \times 10^{6} \, \text{dm}) + (7.74 \times 10^{7} \, \text{dm})$

1.17 X, Y, Z라는 세 명의 봉제 실습생에게 바지 이음새의 길이를 측정하는 작업을 지시하였다. 세 실습생은 각각 3회의 측정을 수행하였다. X의 측정 결과는 31.5, 31.6, 31.4였고, Y의 측정 결과는 32.8, 32.3, 32.7이었으며, Z의 측정 결과는 31.9, 32.2, 32.1이었다(단위는 인치). 길이의 참값은 32.0 in이다. 각 학생들의 결과의 정확도와 정밀도에 대해 언급하시오.

1.6절: 단위 사용과 문제 해결

1.18 다음 환산을 수행하시오.

(a) 242 lb를 mg으로 환산 (b) 68.3 cm³를 m³로 환산
(c) 7.2 m³를 L로 환산 (d) 28.3 μg을 lb로 환산

1.19 태양년 1년(365.24일)은 몇 분(minute)인가?

1.20 어떤 사람이 1마일의 거리를 가는데 천천히 뛰어서 13분 걸려서 주파하였다. 이 속도를 다음 각 단위로 계산하시오.
(a) in/s (b) m/min
(c) km/h(1 mi = 1609 m, 1 in = 2.54 cm)

1.21 미국 Texas 주의 한적한 고속도로의 제한 속도는 85 mph이다. 이 제한 속도는 시간당 km 단위로는 얼마인가(1 mi = 1609 m)? 해답과 풀이 과정을 모두 제시하시오.

1.22 인체의 혈액 중에 존재하는 납의 정상 농도는 0.40 ppm(part per milion, 백만 분의 일)이다. 혈중 납 농도가 0.80 ppm에 도달하면 위험한 것으로 간주된다. 혈중 납 농도가 0.62 ppm일 때 6.0×10^{3} g의 혈액에 포함된 납은 몇 g인가?(6.0×10^{3} g은 성인의 평균 혈액량이다.)

1.23 다음 환산을 수행하시오.
(a) 185 nm를 m로 환산
(b) 45억 년을 초로 환산(45억 년은 지구의 연령 추정치, 1년을 365일로 가정한다.)
(c) 71.2 cm³를 m³로 환산 (d) 88.6 m³를 L로 환산

1.24 어떤 조건에서 암모니아 기체의 밀도는 0.625 g/L이다. 밀도를 g/cm³ 단위로 환산하시오.

1.25 어떤 분자가 x cm의 거리를 확산해 나갈 때 걸리는 평균 시간은 다음과 같이 계산할 수 있다.

$$t = \frac{x^2}{2D}$$

여기에서 t는 시간(단위는 초)이고 D는 확산 계수이다. 확산 계수가 5.7×10^{-7} cm²/s일 때, 포도당 한 분자가 10 μm의 거리(일반적인 세포 크기의 어림값)를 확산해 갈 때 걸리는 시간을 계산하시오.

추가 문제

1.26 다음 각 경우에서 적절한 유효숫자 개수를 사용하여 파란색 직사각형의 길이를 구하시오.
(a) 직사각형 위에 있는 자를 사용하시오.
(b) 직사각형 아래에 있는 자를 이용하시오.

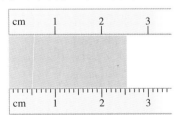

1.27 다음 서술 중 화학적 성질과 물리적 성질을 구별하시오.
(a) 철은 잘 녹슨다.
(b) 산업 지대에서는 빗물이 산성인 경우가 많다.
(c) 헤모글로빈 분자는 붉은색이다.
(d) 컵에 담긴 물이 햇빛에 노출되면 물이 점차 줄어든다.
(e) 공기 중에 존재하는 이산화 탄소는 식물의 광합성 과정에 의해 복잡한 분자로 변환된다.

1.28 다음 각 경우의 질량을 계산하시오.

(a) 반지름이 10.0 cm인 금 구슬(단, 반지름이 r인 구의 부피는 $4/3\pi r^3$이고, 금의 밀도는 19.3 g/cm³이다.)

(b) 한 변의 길이가 0.040 mm인 정육면체(단, 밀도는 21.4 g/cm³이다.)

(c) 에탄올 50.0 mL(단, 밀도는 0.798 g/mL이다.)

1.29 어떤 플라스크의 부피를 결정하기 위하여 다음과 같은 방법을 사용하였다. 우선 플라스크의 건조 중량을 측정한 후 물로 채웠다. 만약 빈 플라스크와 물로 채운 플라스크의 질량이 각각 56.12 g과 87.39 g이고 물의 밀도가 0.9976 g/cm³라면 이 플라스크의 부피는 몇 cm³인가?

1.30 물 242.0 mL가 담긴 눈금 실린더에 무게가 194.3 g인 은 (Ag) 조각을 넣었더니 실린더의 눈금이 260.5 mL가 되었다. 이 데이터를 이용하여 은의 밀도를 계산하시오.

1.31 어떤 납 구슬의 질량이 1.20×10^4 g이고 그 부피가 1.05×10^3 cm³이다. 납의 밀도를 계산하시오.

1.32 섭씨온도계와 화씨온도계가 같은 숫자를 가리키는 온도는 몇 도인가?

1.33 바닷물의 총 부피는 1.5×10^{21} L이다. 바닷물에는 염화 소듐이 질량 기준으로 3.1% 녹아 있고 그 밀도는 1.03 g/mL이다. 바닷물에 녹아 있는 염화 소듐의 총 질량을 kg과 ton으로 계산하시오(1 ton=2000 lb, 1 lb=453.6 g).

1.34 한 학생에게 작은 용광로를 주고 이것이 순수한 백금으로 만들어진 것인지 증명하도록 지시했다. 이 학생은 우선 이 용광로의 무게를 공기 중에서 측정한 후 다시 물(밀도= 0.9986 g/mL)에 넣어서 무게를 측정하였다. 무게는 각각 860.2 g과 820.2 g으로 각각 측정되었다. 이 측정값과 백금의 밀도(21.45 g/cm³)를 근거로 판단할 때 이 학생은 어떻게 판단할지 예상하시오.(힌트: 유체 안에 떠 있는 물체는 물체에 의해 밀려난 유체의 질량에 의해 부력을 받아 뜨게 된다. 단, 이 경우 공기의 부력은 무시한다.)

1.35 "트로이 온스(troy ounce, oz. t.)"라는 단위는 금(Au)이나 백금(Pt) 등의 귀금속을 다룰 때 종종 쓰인다(1 oz. t.=31.103 g).

(a) 무게가 2.41 oz. t.인 금화의 질량을 g으로 환산하시오.

(b) 1 oz. t.는 1 oz보다 무거운가? 아니면, 가벼운가(단, 1 lb=16 oz, 1 lb=453.6 g)?

1.36 다음 측정의 오차를 %로 계산하시오.

(a) 에탄올의 밀도를 계산하였더니 0.802 g/mL로 나왔다 (참값=0.798 g/mL).

(b) 금으로 된 귀걸이의 질량이 0.837 g인 것으로 분석되었다(참값=0.864 g).

1.37 어떤 액체가 있을 때 이 액체가 순물질인지 균일 혼합물인지 구별할 수 있는 방법을 단계별로 제시하시오.

1.38 20℃에서 용량이 250 mL인 유리병에 242 mL의 물을 담아 밀봉하였다. 이 병을 평균 기온이 −5℃인 실외에 하룻밤 동안 놓아두었다. 어떤 일이 일어났을지 예측하시오. 20℃에서 물의 밀도는 0.998 g/cm³이고, −5℃에서 얼음의 밀도는 0.916 g/cm³이다.

1.39 1999년도 당시 1 mi 달리기 세계 기록은 3분 43.13초였다. 이 속도로 2 km를 달린다면 시간이 얼마나 걸리겠는가?(단, 1 mi은 1609 m이다.)

1.40 다음 각 물질이 균일 혼합물인지 불균일 혼합물인지 말하시오.

(a) 뚜껑이 닫혀 있는 병 안의 공기

(b) New York 시 상공의 공기

1.41 바닷물 1.0 mL는 약 4.0×10^{-12} g의 금을 포함하고 있다. 바닷물의 총 부피는 1.5×10^{21} L이다. 바다 전체에 존재하는 금의 양이 얼마인지 계산하고 그 총 가치가 얼마인지 계산하시오(1 oz. t.=31.103 g, 금의 가치는 1 oz. t.당 1350 달러). 이렇게 많은 양의 금이 바다에 포함되어 있는데 이 금으로 부자가 된 사람이 왜 아무도 없는지 설명하시오.

1.42 지각이라고 불리는 지구 표면의 얇은 층은 지구 총 질량의 0.50%에 불과하지만 거의 모든 원소를 포함하고 있다. 산소 질소를 비롯한 몇몇 기체 성분은 대기권에 존재한다. 규소 (Si)는 지각에서 가장 풍부한 원소(질량 기준 27.2%)이다. 지각에 존재하는 규소의 총 질량을 kg으로 계산하시오(지구 질량=5.9×10^{21} ton, 1 ton=2000 lb, 1 lb=453.6 g).

1.43 눈금 실린더에 미네랄 오일이 40.00 mL가 되도록 채웠다. 눈금 실린더의 질량은 124.966 g이고 미네랄 오일이 들어 있는 상태의 질량은 159.446 g이었다. 다른 실험으로 같은 실린더에 질량이 18.713 g인 금속 구를 넣고 눈금이 40.00 mL가 되도록 미네랄 오일을 채웠다. 미네랄 오일과 금속 구 질량의 합은 50.952 g이었다. 이 금속 구의 반지름과 밀도를 계산하시오. 반지름이 r인 구의 부피는 $4/3\pi r^3$이다.

1.44 19세기에 어떤 화학자가 미지의 순수한 물질을 제조해냈다. 이것이 화합물인지 원소인지 판별하려 할 때 일반적으로 어떤 쪽이 더 판별하기 어려운가? 설명하시오.

1.45 지구의 원유 매장량은 약 2.0×10^{22} J에 해당한다. J은 에너지 단위로 1 J은 1 kg·m²/s²이다. 현재 원유를 소모하는 속도가 연간 1.8×10^{20} J이라면 원유가 고갈될 때까지 얼마나 걸리겠는가?

1.46 주요한 구리(Cu) 광석인 황동광은 질량 기준으로 34.63%의 구리를 포함한다. 이 구리 광석 7.35×10^3 kg으로부터 제련해 낼 수 있는 구리의 양은 몇 g인가?

1.47 휘발유 1 gal(갤런)이 자동차에서 연소되면 온실 효과를 일으켜 지구 온난화의 원인이 되는 이산화 탄소가 평균 9.5 kg 정도 생성된다. 미국 내에 자동차가 4000만 대가 있고 각 자동차가 1 gal당 20 mi의 에너지 소모율로 1년 동안 5000 mi을 운행한다면, 이산화 탄소는 연간 몇 kg이 생성되겠는가?

1.48 플루오린화 공정은 충치 예방을 위하여 플루오린 화합물을 물에 첨가하는 과정이다. 충치 예방 목적으로는 1 ppm의 농도면 충분하다. 플루오린화 공정을 위하여 사용되는 플루오린 화합물은 플루오린화 소듐이 일반적으로 쓰이고 이 화합물은 치약에도 사용된다. 인구 5만 명의 도시에서 사람들의 일일 물 사용량이 1인당 150 gal이라면, 필요한 플루오린화 소듐의 양은 몇 kg인지 계산하시오. 만약 사람들이 마시거나 요리하는 데 사용한 물이 6.0 L라면 충치 예방에 쓰이지 못하고 낭비되는 플루오린화 소듐의 양은 몇 %인가? 단, 플루오린화 소듐에는 질량 기준으로 45.0%의 플루오린이 존재한다(1 gal=3.79 L, 1년=365일, 1 ton=2000 lb, 1 lb=453.6 g, 물의 밀도=1.0 g/mL).

1.49 휴식을 취하고 있는 성인은 약 240 mL의 산소 기체를 필요로 하고 1분당 12회의 호흡을 한다. 호흡할 때 부피 기준으로 산소를 20% 포함하는 공기를 흡입하고 산소를 16% 포함하는 공기를 배출한다면, 1회 호흡에 필요한 공기의 양은 얼마인가?(단, 흡입하는 공기의 양과 배출하는 공기의 양은 동일하다고 가정한다.)

1.50 미국 가정에서 사용되는 체온계는 ±0.1°F까지 측정할 수 있지만 병원에서 사용하는 체온계는 ±0.1°C의 정확도를 가진다. 우리는 참값과 측정값의 차이의 절댓값을 참값으로 나누어 퍼센트 오차를 계산한다.

$$\text{퍼센트 오차} = \frac{|\text{참값} - \text{측정값}|}{\text{참값}} \times 100\%$$

이 수식에서 수직선 기호는 절댓값을 나타낸다. 체온이 38.9°C로 측정되었을 때, 이 두 온도계의 퍼센트 오차를 계산하시오.

1.51 페로몬은 곤충 암컷이 수컷을 유혹하기 위해 분비하는 화합물이다. 일반적으로 페로몬 1.0×10^{-8} g이면 반경 0.50 mi 내에 존재하는 모든 수컷을 유혹하기에 충분하다고 한다. 이 경우 반지름이 0.50 mi이고 높이가 40 ft인 원통형 공간에 존재하는 페로몬의 밀도를 L당 g으로 계산하시오.(단, 반지름이 r이고 높이가 h인 원통의 부피는 $\pi r^2 h$이다.)

종합 연습문제

영국의 작가이며 수필가인 Lady Mary Wortley Montagu (1689~1762)는 여러 나라를 돌아다니며 여행하였고 다른 나라의 풍습에 매료되었다. 터키에 머무르는 동안 터키 사람들이 증상이 약한 천연두에 일부러 걸리게 하여 천연두에 면역력을 갖게 하는 천연두 접종을 목격하였다. 이에 그녀는 천연두 접종의 안전성과 효능에 확신을 가지게 되었고 그녀의 두 아이들에게 천연두 접종을 하게 하였다. 그녀는 어린 시절에 천연두에 걸리고도 살아남은 경험이 있었다. Lady Montagu는 영국으로 돌아간 후 천연두 접종을 시행할 것을 널리 알렸고 의사들과 종교 지도자들의 강한 반대에도 불구하고 접종은 대중화되었다. 이 방식은 후에 Jenner가 백신을 개발할 때까지 수십년 간 천연두라는 끔찍한 재앙에 맞서는 1차 방어수단으로 사용되었다.

1. 이 글의 요지는
   a) Lady Montagu는 어린 시절에 천연두에 걸리고도 살아남았다.
   b) Lady Montagu는 천연두 접종을 터키에서 영국으로 가져왔다.
   c) 18세기 영국의 의사들은 천연두 접종을 반대하였다.
   d) Jenner는 백신을 개발하였다.

2. 이 글에 따르면 Lady Montagu는
   a) 의사일 것이다.
   b) 터키인일 것이다.
   c) 천연두에 의한 흉터가 심하다.
   d) 저명한 영국 가문의 일원일 것이다.

3. 저자는 Lady Montagu가 천연두에 걸리고도 살아남은 바를 언급하여
   a) Lady Montagu가 천연두 접종에 매료된 이유를 설명하고자 하였다.
   b) Lady Montagu를 당시 영국의 의사들 및 종교 지도자들과 비교하고자 하였다.
   c) Lady Montagu가 천연두 접종을 스스로에게 시행하지 않은 이유를 설명하고자 하였다.
   d) Lady Montagu가 다른 문화에 매료되었다는 것을 강조하고자 하였다.

4. 이 글에 따르면 저자는 Lady Montagu가
   a) 잘 교육받았고 영향력이 있는 사람이라고 생각하는 듯하다.
   b) 영국에서의 천연두 예방에 큰 영향을 끼치지 않았다고 생각하는 듯하다.
   c) 과학과 의학 교육을 잘 받았다고 생각하는 듯하다.
   d) 터키에 파견된 영국 외교관의 부인이라고 생각하는 듯하다.

예제 속 추가문제 정답

1.1.1 273 K와 373 K, 구간=100 K **1.1.2** −270.5°C **1.2.1** 113°F, 194°F; 차이=81°F **1.2.2** 233°C **1.3.1** (a) 13.6 g/mL (b) 1.63×10^3 g **1.3.2** (a) 9.25 g/cm^3 (b) 3.76×10^3 g **1.4.1** (a)와 (c) **1.4.2** 물리적 변화: iv, 화학적 변화: ii와 iii, 둘 다 아님: i **1.5.1** (a) 4 (b) 1 (c) 4 (d) 2 (e) 2 또는 3 (f) 4 **1.5.2** (a) 4, 0.0003050, 4 (b) 5, 432.00, 5 (c) 4, 0.0000008001, 4 (d) 7, 200608.0, 7 (e) 4, 0.00001503, 4 (f) 6, 60751.0, 6 **1.6.1** (a) 116.2 L (b) 80.71 m (c) 3.813×10^{21} 원자 (d) 31 dm^2 (e) 0.504 g/mL **1.6.2** (a) 32.44 cm^3 (b) 4.2×10^2 kg/m^3 (c) 1.008×10^{10} kg (d) 40.75 mL (e) 227 cm^3 **1.7.1** 0.8120 g/cm^3 **1.7.2** 95.3 cm^3 **1.8.1** 0.01 oz **1.8.2** 708.2 g **1.9.1** 1.05×10^4 kg/m^3 **1.9.2** 13.6 mg/mm^3

CHAPTER 2

원자, 분자 및 이온

Atoms, Molecules, and Ions

조개에는 철분이 많이 들어 있다. 철분이 풍부한 다른 음식에는 고기, 계란, 채소와 철분 강화 시리얼 등이 있다. 음식만으로 철분을 충분히 섭취하지 못하는 경우에는 철분 보충제를 먹어야 한다.

원자, 분자 및 이온이 인간의 건강에 미치는 영향

원자, 분자와 이온은 우리가 매일 접하는 물질이다. 어떤 물질은 균형 잡힌 식사의 중요한 성분이다. 세계 인구의 약 25%가 세계에서 가장 흔한 영양 부족인 철 결핍증에 걸려 있다. 철은 산소를 운반하는 적혈구의 성분인 헤모글로빈의 생산에 필요하다. 철의 공급이 불충분하여 생기는 헤모글로빈의 결핍은 철 결핍성 빈혈(iron deficiency anemia, IDA)을 일으킬 수 있다. IDA의 증상에는 피로, 쇠약, 창백한 안색, 식욕 부진, 두통과 어지럼증이 있다.

혈액을 잃거나 철의 흡수가 저조하면 IDA가 생길 수 있으나, 가장 흔한 이유는 식사에 철분이 부족해서이다. 식이성 철분은 고기, 달걀, 푸른 잎줄기 채소, 말린 콩과 말린 과일 같은 음식에 들어 있다. Cream of Wheat 같은 아침식사용 시리얼은 **원소 형태의**(elemental) 혹은 **환원된**(reduced) 철이라고도 부르는 철분이 강화되어 있다. 식이성 철분은 비타민 C(아스코르브산)와 같이 섭취하면 흡수가 더 잘 된다. 음식만으로 충분히 철분을 공급할 수 없다면, 결핍을 예방하기 위하여 영양 보조제가 필요할 수도 있다. 많은 보조제에는 **황산 철(II)**(ferrous sulfate 또는 ion (II) sulfate)이라고 부르는 화합물의 형태로 철이 들어 있다.

원소 철, 아스코르브산과 황산 철(II)의 철 이온은 인간의 건강에 꼭 필요한 **원자, 분자 및 이온**의 몇 가지 예이다.

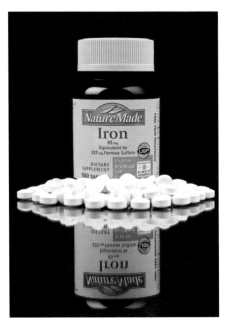

> **학생 노트**
> 철은 Crohn 병 같은 질병이 있거나 어떤 약을 복용하는 경우 그 흡수가 감소할 수 있다.

이 장의 끝에서 철, 황산 철과 아스코르브산에 관한 일련의 문제를 풀 수 있게 될 것이다 [▶▶ 배운 것 적용하기, 88쪽].

B.C. 5세기에 그리스의 철학자인 Democritus는 모든 물질은 매우 작고 나눌 수 없는 입자로 이루어져 있다고 제안하였으며, 그는 이 입자를 **아토모스**(atomos, 쪼갤 수 없거나 나눌 수 없음을 의미)라고 불렀다. 그와 동시대 사람(특히 Plato와 Aristotle)들은 Democritus의 생각을 받아들이지 않았으나, 어쨌든 이러한 생각이 사라지지는 않았다. 초기의 과학적 연구에서 "원자론" 개념을 지지하는 증거가 얻어지면서 점차로 원소와 화합물의 현대적 정의가 생겨나게 되었다. 1808년에 영국 과학자이자 학교 교사였던 John Dalton[1](그림 2.1)이 원자라고 부르는 물질의 나눌 수 없는 구성 성분을 정확하게 정의하였다.

Dalton의 연구는 화학의 현대적 시대의 시작을 알렸다. Dalton의 원자론의 기초를 이루는 물질의 성질에 관한 가설은 다음과 같이 요약할 수 있다.

1. 원소는 원자라고 부르는 극히 작은 입자로 이루어져 있다. 같은 원소의 원자는 모두 동일하며 크기, 질량 및 화학적 성질이 같다. 원소가 다르면 원자도 다르다.
2. 화합물은 두 가지 이상의 원소의 원자로 이루어져 있다. 같은 화합물에서는 같은 종류의 원자가 항상 같은 상대적 개수만큼 들어 있다.
3. 화학 반응에서는 화합물의 원자의 배열이 변한다. 원자는 만들어지거나 없어지지 않는다.

그림 2.2는 이러한 가설을 그림으로 보여 주고 있다.

Dalton의 원자 개념은 Democritus의 개념보다 훨씬 더 자세하고 구체적이었다. 첫 번째 가설은 한 원소의 원자는 다른 모든 원소의 원자와 다르다는 것이다. Dalton은 원자의 구조나 조성을 기술하지는 않았다—그는 원자가 정말로 어떻게 생겼는지는 전혀 몰랐다. 하지만 수소 원자가 산소 원자와 같지 않다고 가정하면 수소와 산소의 서로 다른 성질을 설명할 수 있을 것이라는 점은 알고 있었다.

그림 2.1 (a) John Dalton (b) Dalton은 기호 체계를 고안하여 원소를 표현하는 데 사용하였다. (c) Dalton의 유일한 여가 활동은 매주 목요일 오후에 에일 맥주를 마시고 잔디 볼링 게임을 하는 것이었다고 전해진다. 게임 공이 오늘날의 분자 모형과 얼마나 비슷한지를 주목하자.

(a)   (b)   (c)

---

1. John Dalton(1766~1844). 영국의 화학자, 수학자 및 철학자. 원자론 말고도 기체 법칙을 만들기도 하였으며, 지금은 "적록 색맹(Daltonism)"이라고 부르는 본인이 앓았던 색맹의 종류를 처음으로 자세하게 기술하였다. 또한 오늘날 사용하는 값과는 크게 다르지만 원소의 상대적 무게를 정하였다. 그의 친구에 따르면 그는 겁이 많고 사람들과 잘 어울리지 않았다고 한다.

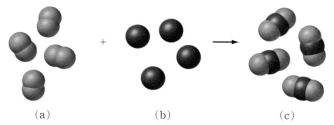

$$(a) \qquad\qquad (b) \qquad\qquad (c)$$

그림 2.2 원소의 산소와 탄소 사이의 화학 반응을 표현한 것이다. (a) 산소는 보통 조건에서는 고립된 원자로 존재하지 않고 두 개의 산소 원자로 이루어진 분자로 존재한다. 산소 원자(빨간색 공)는 서로 같은 것처럼 보인다는 것을 주목하기 바란다(가설 1). (b) 마찬가지로 탄소 원자(검은색 공)도 모두 서로 같은 것처럼 보인다. 탄소는 산소보다 더 다양하고 복잡한 분자의 형태로 존재한다. 탄소는 그림을 간단하게 만들기 위해 고립된 원자로 표현하였다. (c) 화합물 CO_2는 각 탄소가 두 산소 원자와 결합할 때 생긴다(가설 2). 마지막으로, 반응에서는 원자의 재배열이 일어나나 반응 전에(화살표 왼쪽) 존재하였던 모든 원자는 반응 후에도(화살표 오른쪽) 존재한다(가설 3).

두 번째 가설은 특정한 화합물을 얻으려면 원소의 원자가 올바른 **종류**(kind)일 뿐만 아니라 이들 원자의 일정한 **개수**(number)가 필요하다는 것을 제안하고 있다. 이러한 생각은 프랑스 화학자인 Joseph Proust가 1799년에 발표한 법칙을 확장한 것이다. Proust의 **일정 성분비의 법칙**(law of definite proportions)에 따르면, 같은 화합물이면 시료가 다를지라도 그 시료에는 항상 구성 원소가 같은 질량 비(ratio)로 들어 있어야 한다. 따라서 Mexico City의 자동차에서 나오는 배기가스나 Maine 북부의 소나무 숲 같이 다른 출처에서 채취한 이산화 탄소 시료를 분석한다면, 각 시료는 산소 대 탄소의 질량비가 같아야 할 것이다. 출처가 모두 다른 세 이산화 탄소 시료의 분석 결과는 다음과 같다.

시료	O의 질량(g)	C의 질량(g)	비(g O : g C)
123 g 이산화 탄소	89.4	33.6	2.66 : 1
50.5 g 이산화 탄소	36.7	13.8	2.66 : 1
88.6 g 이산화 탄소	64.4	24.2	2.66 : 1

순수한 이산화 탄소의 어느 시료에서나, 탄소 1 g당 2.66 g의 산소가 들어 있다. 이러한 일정 질량비는 원소가 질량이 일정한 작은 입자(원자)로 존재하고 화합물은 각각의 입자가 일정한 수만큼 결합하여 생긴다고 가정하면 설명할 수 있다.

Dalton의 두 번째 가설은 또한 **배수 비례의 법칙**(law of multiple proportions)을 설명한다. 이 법칙에 따르면 두 원소가 결합하여 두 가지 이상의 화합물을 만들 때 한 원소의 일정한 질량과 결합하는 다른 원소의 질량 사이에는 간단한 정수비가 성립한다. 즉, 같은 원소로 이루어졌으나 화합물이 서로 다르면, 이들 화합물에서 결합하고 있는 원소의 원자 수는 다르다. 예를 들어, 탄소는 산소와 결합하여 이산화 탄소와 일산화 탄소를 만들 수 있다. 순수한 일산화 탄소의 시료에서는 탄소 1 g당 1.33 g의 산소가 들어 있다.

시료	O의 질량(g)	C의 질량(g)	비(g O : g C)
16.3 g 일산화 탄소	9.31	6.99	1.33 : 1
25.9 g 일산화 탄소	14.8	11.1	1.33 : 1
88.4 g 일산화 탄소	50.5	37.9	1.33 : 1

따라서 이산화 탄소에서 산소 대 탄소 비는 2.66이다. 그리고 일산화 탄소에서 산소 대 탄소 비는 1.33이다. 배수 비례의 법칙에 따르면 이 두 비는 작은 정수로 표현할 수 있다.

$$\frac{\text{이산화 탄소에서 산소 대 탄소 비}}{\text{일산화 탄소에서 산소 대 탄소 비}} = \frac{2.66}{1.33} = 2:1$$

그림 2.3 배수 비례의 법칙의 설명

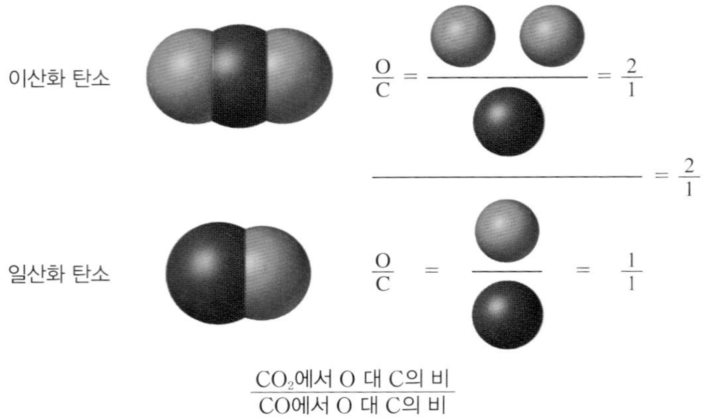

$$\frac{\text{CO}_2\text{에서 O 대 C의 비}}{\text{CO에서 O 대 C의 비}}$$

탄소의 질량이 같은 시료에서 이산화 탄소에 있는 산소 대 일산화 탄소에 있는 산소의 비는 2:1이다. 현대적 측정에 따르면 탄소 한 원자가 이산화 탄소에서는 산소 두 원자 그리고 일산화 탄소에서는 산소 한 원자와 결합을 이루고 있다. 이 결과는 배수 비례의 법칙에 부합된다(그림 2.3).

Dalton의 세 번째 가설은 물질은 생성되거나 없어지지 않는다는 **질량 보존의 법칙**[2](law of conservation of mass)을 달리 표현하고 있는 것이다. 물질은 화학 반응에서 변하지 않는 원자로 만들어져 있기 때문에 질량도 보존되어야 한다. 물질의 본질에 대한 Dalton의 예리한 통찰은 19세기 화학의 급격한 발전을 일으킨 주된 자극제였다.

예제 2.1은 몇몇의 흔한 화합물이 어떻게 배수 비례의 법칙을 따르는지를 보여주고 있다.

예제 2.1

(a) 물(H_2O)과 과산화 수소(H_2O_2)는 둘 다 수소와 산소로 이루어져 있다. 물을 그 구성 원소로 분해시키면 산소 1 g당 0.125 g의 수소가 생긴다. 과산화 수소를 분해시키면 산소 1 g당 0.063 g의 수소가 얻어진다. 물에서의 산소 1 g당 수소의 질량 대 과산화 수소에서의 산소 1 g당 수소의 질량의 정수비를 구하여 배수 비례의 법칙이 성립함을 보이시오.

(b) 황과 산소가 결합하면 이산화 황(SO_2)과 삼산화 황(SO_3) 같은 화합물이 생길 수 있다. 이산화 황은 황 1 g당 0.9978 g의 산소를 가지고 있고 삼산화 황은 황 1 g당 1.497 g의 산소를 가지고 있다. 이산화 황에서의 황 1 g당 산소의 질량 대 삼산화 황에서의 황 1 g당 산소의 질량의 정수비를 구하시오.

전략 다른 두 원소로만 이루어진 두 화합물의 경우 한 원소 대 다른 원소의 질량비를 알고 있다. 각 경우에 주어진 자료가 배수 비례의 법칙에 부합하는지를 보이기 위해서는 더 큰 비를 더 작은 비로 나누면 된다.

계획 (a) 물에서의 수소 대 산소의 질량비는 과산화 수소에서보다도 더 크다. 그러므로 물에서의 산소 1 g당 수소의 질량을 과산화 수소에서의 값으로 나눈다.

(b) 삼산화 황에서의 산소 대 황의 질량비는 이산화 황에서보다도 더 크다. 그러므로 삼산화 황에서의 황 1 g당 산소의 질량을 이산화 황에서의 값으로 나눈다.

풀이

(a) $\dfrac{\text{물에서의 산소 1 g당 수소의 질량}}{\text{과산화 수소에서의 산소 1 g당 수소의 질량}} = \dfrac{0.125}{0.063} = 1.98:1 \approx 2:1$

---

2. Albert Einstein에 따르면 질량과 에너지는 질량-에너지라고 부르는 하나의 값을 서로 다르게 표현한 것이다. 화학 반응에서는 열이나 다른 종류의 에너지의 획득이나 손실이 일어난다. 따라서 반응에서 에너지를 잃어버리면 질량도 잃어버리게 된다. 하지만 핵 반응(19장 참조)을 제외하고 화학 반응에서의 질량 변화는 너무 작아서 검출할 수 없다. 그러므로 실제적 목적으로는 질량은 보존된다.

(b) $\dfrac{\text{삼산화 황에서의 황 1 g당 산소의 질량}}{\text{이산화 황에서의 황 1 g당 산소의 질량}} = \dfrac{1.497}{0.9978} = 1.50 : 1 \quad$ 2를 곱하면 3:2이다.

> **생각해 보기**
>
> 계산 결과가 정수가 아니라면 (a)에서처럼 결과치를 정수로 반올림하기에 충분히 정수에 가까운지 아니면 (b)에서처럼 곱하면 정수가 얻어지는지를 결정하여야 한다. 정수에 매우 가까운 수만 반올림하여야 한다. 예를 들어, 대략 .25, .33, .5로 끝나는 수는 각각 4, 3, 2를 곱하면 정수가 얻어진다.

추가문제 1 각 경우에 적절한 비를 계산하여 주어진 정보가 배수 비례의 법칙에 부합하는지를 보이시오.

(a) 암모니아(NH_3)와 하이드라진(N_2H_4)은 모두 질소와 수소로 이루어져 있다. 암모니아는 질소 1 g당 0.2158 g의 수소가 있다. 하이드라진은 질소 1 g당 0.1439 g의 수소가 있다.

(b) 질소와 산소로 이루어진 두 화합물은 일산화 질소라고도 부르는 산화 질소(nitric oxide, NO)와 일산화 이질소인 아산화 질소(nitrous oxide, N_2O)이다. 산화 질소는 질소 1 g당 1.142 g의 산소가 있다. 아산화 질소는 질소 1 g당 0.571 g의 산소가 있다.

추가문제 2 (a) 탄소와 수소로만 이루어진 두 개의 간단한 화합물은 메테인과 에테인이다. 메테인은 탄소 1.00 g당 0.3357 g의 수소가 있고 메테인에서의 g 수소/1.00 g 탄소와 에테인에서의 g 수소/1.00 g 탄소의 비가 4:3이라면, 에테인에서 탄소 1 g당 수소의 그램 수를 구하시오.

(b) 제논(Xe)과 플루오린(F)은 제논 1 g당 0.2894 g의 플루오린이 있는 XeF_2 같은 몇 가지 화합물을 만들 수 있다. 배수 비례의 법칙을 이용하여 다른 화합물 XeF_n에서 Xe의 1 g당 0.8682 g의 플루오린이 있을 때 n을 구하시오.

추가문제 3 다음 그림 중에서 어느 것이 배수 비례의 법칙을 설명하는가?

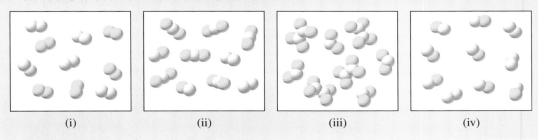

(i) (ii) (iii) (iv)

2.2 원자의 구조

Dalton의 원자론에 의하면 **원자**(atom)를 화학 반응에 참여하는 원소의 기본 단위로 정의할 수 있다. Dalton은 원자가 매우 작고 나눌 수 없다고 상상하였다. 하지만, 1850년부터 시작되어 20세기까지 계속된 일련의 연구에 의하여 원자에 내부 구조가 실재한다는 점이 밝혀졌다. 즉, 원자는 **아원자 입자**(subatomic particle)라고 부르는 더 작은 입자로 이루어져 있다. 이러한 연구에 의하여 전자, 양성자 및 중성자가 발견되었다.

전자의 발견

1890년대에 많은 과학자들이 파동의 형태로 공간에 걸쳐서 에너지를 방출하는 **방사선**(radiation)에 관한 연구를 수행하고 있었다. 이러한 연구에서 얻어진 지식은 원자 구조를 이해하는 데 크게 기여하였다. 이러한 현상을 연구하는 데 흔히 사용하는 한 가지 도구는 구형 텔레비전과 컴퓨터 모니터에서 사용되었던 관의 전신인 음극선관이었다(그림 2.4).

음극선관은 대부분의 공기를 뺀 유리관 내부에 두 금속판을 붙인 것이다. 금속판을 고전압 원에 연결하면 음으로 하전된 **음극**(cathode) 판에서 보이지 않는 선이 방출된다. 음극선은 **양극**(anode)이라고 부르는 양으로 하전된 판 쪽으로 끌리고 구멍을 통과한 후 관의 반대쪽 끝으로 계속 이동한다. 음극선이 인으로 칠해진 표면에 충돌하면 밝은 빛이 나온다.

실험 결과가 음극을 만든 물질에 전혀 무관하였기 때문에 음극선은 모든 물질의 한 가지 성분인 것처럼 보였다. 더군다나, 그림 2.4에 나온 것처럼 음극선의 경로는 자기장과 전기장에 의하여 휘어질 수 있었기 때문에 음극선은 전하를 띤 **입자**(particle)의 흐름에 틀림이 없었다. 전자기 이론에 따르면 움직이는 하전체는 자석처럼 행동하고 그것이 통과하는 전기장과 자기장과 상호 작용을 하여야 한다. 음극선은 양전하를 띤 판에 이끌리고, 음전하를 띤 판에는 밀려나기 때문에 음극선은 음으로 하전된 입자로 이루어져야 한다. 이러한 음으로 하전된 입자를 **전자**(electron)라고 부른다. 그림 2.5에서 전자 흐름이 막대 자석의 S극에서 멀어지면서 휘어지는 것을 볼 수 있다. 전자의 경로에 미치는 이러한 영향이 텔레비전 스크린에 가까이 자석을 갖다 대었을 때 텔레비전의 그림이 잠깐 뒤틀리는 이유이다.

영국의 물리학자인 J. J. Thomson은 음극선관에 그가 알고 있는 전자기 이론에 대한 지식을 적용하여 전자의 전하 대 질량비를 결정할 수 있었다. 그가 계산한 전하 대 질량비는 1.76×10^8 C/g이었으며, C는 전하의 SI 단위인 **쿨롬**(coulomb)을 나타낸다.(SI 기본 단위에서 1 C＝1 A·s이다. A와 s는 각각 SI 기본 단위인 **암페어**(ampere)와 **초**(second)이다[◀◀ 1.3절, 표 1.2].) 그 후에, 1908년과 1917년 사이에 행해진 일련의 실험에서 미국의 물리학자인 R. A. Millikan은 정밀하게 전자의 전하를 측정하는 데 성공하였다. Millikan은 공기의 입자로부터 정전하를 얻은 작은 기름 방울 하나의 운동을 관찰하였다.

그림 2.4 전기장이 음극선의 방향과 외부 자기장에 수직한 음극선관. 기호 N과 S는 자석의 북극과 남극을 나타낸다. 음극선은 자기장이 걸려 있을 때에는 A점 그리고 전기장이 걸려 있을 때에는 B점에 도달한다.(외부 장이 없거나 전기장과 자기장의 효과가 서로 상쇄되는 경우에는 음극선이 휘어지지 않고 직선으로 움직여서 둥근 스크린의 가운데에 도달한다.)

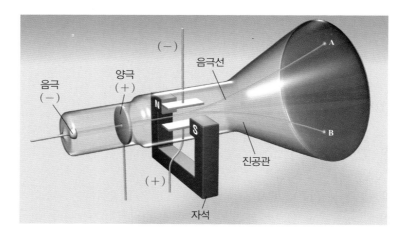

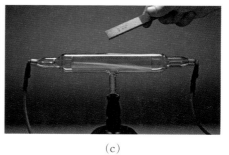

(a) 　　　　　　　　　　(b) 　　　　　　　　　　(c)

그림 2.5 (a) 방전관에서 만들어지는 음극선. 선 자체는 보이지 않으나 유리에 형광물질인 황화 아연을 바르면 초록색으로 보인다. (b) 음극선은 자석의 한 극의 방향으로 휘어지고 (c) 반대 극으로부터는 멀리 휘어진다.

전기장을 가하여 전하를 띤 방울이 공기 중에서 떠 있게 만든 후에 현미경으로 그 운동을 추적하였다(그림 2.6). 그의 연구에 의하여 각 전자의 전하는 정확히 -1.6022×10^{-19} C의 배수임이 증명되었다. Millikan은 Thomson의 전하 대 질량비와 자기 자신의 실험에서 얻은 전하를 사용하여 전자의 질량을 구하였다.

$$\text{전자의 질량} = \frac{\text{전하}}{\text{전하/질량}} = \frac{-1.6022 \times 10^{-19} \text{ C}}{-1.76 \times 10^8 \text{ C/g}} = 9.10 \times 10^{-28} \text{ g}$$

이 값은 **극히** 작은 질량이다.

학생 노트
Millikan은 실제로는 다중 전하로 대전된 전하를 구하였다. 그가 구한 전하는 항상 -1.6022×10^{-19} C의 정수배(multiple)였다.

방사능

1895년에 독일의 물리학자인 Wilhelm Röntgen은 음극선을 유리나 금속에 쪼이면 다른 종류의 선이 나온다는 것을 알았다. 이 선은 에너지가 충분히 커서 물질을 통과하였고, 가려 놓은 사진 건판을 검게 만들었으며, 이 선에 쪼인 다양한 물질에서 **형광이 방출** (fluoresce)되었다. 음극선과는 다르게 이 선은 자석에 의하여 휘어지지 않았기 때문에 전하를 띤 입자는 아니었다. Röntgen은 이 선을 잘 알지 못하였기 때문에 이 선을 X선이라고 불렀다.

Röntgen의 발견 후에 얼마 지나지 않아서 Paris의 물리학 교수인 Antoine Becquerel은 물질의 형광 성질을 연구하기 시작하였다. 아주 우연하게 두껍게 감싼(빛이 들어오지 못하도록) 사진 건판을 우라늄에 노출시켰더니 음극선의 자극이 없더라도 사진 건판이 검게 변한다는 점을 발견하였다. X선처럼 우라늄에서 나오는 선은 매우 에너지가 컸으며 자석에 의하여 휘어지지 않았으나 X선과는 다르게 자발적으로 방출되었다. Becquerel의 학생 중 한 명인 Marie Curie는 이러한 입자 및/혹은 방사선의 자발적 방출을 나타내기 위하여 **방사능**(radioactivity)이라는 말을 제안하였다. 오늘날, **방사성**(radioactive)이라는 용어는 자발적으로 방사선을 방출하는 원소를 기술할 때 사용한다.

우라늄 같은 방사성 물질이 **붕괴**(decay)하면 세 가지 종류의 방사선이 나온다. 이 중에서 둘은 반대로 하전된 금속판 사이를 통과할 때 휘어진다(그림 2.7). **알파선**[alpha(α) ray]은 α **입자**(α particle)라고 부르는 양전하를 띤 입자로 이루어져 있으며, 양으로 하

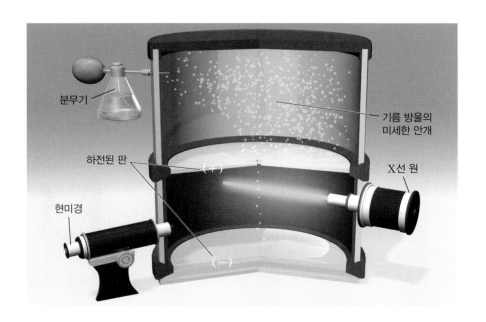

그림 2.6 Millikan의 기름 방울 실험의 개략도

분무기

기름 방울의 미세한 안개

하전된 판

(＋)

X선 원

현미경

(－)

그림 2.7 방사성 원소가 방출하는 세 종류의 선. 소위 β선은 실제로는 음으로 하전된 입자(전자)로 이루어져 있으므로 양으로 하전된 판 쪽으로 당겨진다. 이와 반대의 경우가 소위 α선이다. 이 선은 실제로는 양으로 하전된 입자이므로 음으로 하전된 판 쪽으로 당겨진다. γ선은 입자가 아니고 전하가 없으므로 외부 전기장의 영향을 받지 않는다.

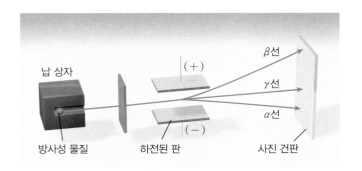

전된 판으로부터 멀리 휘어진다. **베타선**[beta(β) ray] 혹은 **β 입자**(β particle)는 **전자**(electron)이므로 음으로 하전된 판으로부터 멀리 휘어진다. 방사선의 세 번째 종류는 고에너지 **감마선**[gamma(γ) ray]이다. X선처럼 γ선은 전하가 없으며 외부 전기장이나 자기장의 영향을 받지 않는다.

양성자와 핵

1900년대 초반에 과학자들은 원자는 전자를 가지고 있으나 전기적으로는 중성이라는 점을 알았다. 원자가 중성이기 위해서는 양전하와 음전하의 양이 같아야 한다. 그래서 Thomson은 음으로 하전된 전자가 마치 한 숟가락의 박하맛 초콜릿 칩 아이스크림에 들어 있는 초콜릿 칩처럼 양으로 하전된 물질로 이루어진 구에 고르게 박혀 있는 원자를 제안하였다. 이러한 소위 플럼-푸딩(plum-pudding) 모델은 몇 년간 받아들여졌다.

1910년에 Cambridge 대학교에서 Thomson 아래에서 공부했던 뉴질랜드의 물리학자인 Ernest Rutherford는 α 입자를 사용하여 원자의 구조를 밝히고자 하였다. 조수인 Hans Geiger와 학부생인 Ernest Marsden과 함께 Rutherford는 방사성 원에서 나오는 α 입자를 금 같은 금속의 매우 얇은 박에 충돌시키는 일련의 실험을 수행하였다. 그들은 대부분의 입자가 완전히 휘어지지 않고 그대로 금박을 통과하거나 아니면 매우 작은 각도로만 휘어짐을 발견하였다. 하지만 때때로 α 입자가 매우 큰 각도로 산란되거나 휘어졌다. 어떤 경우에는 α 입자가 실제로 방사성 원의 방향으로 되돌아왔다. 이는 극히 놀라운 발견이었다. Thomson의 원자 모형에 의하면 양전하가 널리 퍼져 있기 때문에 상당히 무겁고 양으로 하전된 α 입자는 휘어지지 않거나 조금만 휘어지면서 금박을 모두 통과해야만 했다. 이러한 발견을 처음으로 들은 Rutherford의 최초의 반응을 인용하면 "화장지에 15인치 포탄을 발사하였는데 되돌아와서 당신을 맞힌 것처럼 매우 믿기 어려웠다." 그림 2.8은 α-산란 실험의 결과를 보여준다.

원자핵 모형

Rutherford는 원자의 새로운 모형을 제안하여 α-산란 실험의 결과를 설명하였다. Rutherford에 따르면 원자는 대부분 빈 공간이다. 그러면 대부분의 α 입자가 작게 휘어지거나 전혀 휘어지지 않고 금박을 통과한 점을 설명할 수 있다. Rutherford는 원자의 양전하는 원자 내의 극히 밀도가 큰 **중심부**(core)인 **핵**(nucleus)에 모두 집중되어 있다고 제안하였다. 산란 실험에서 α 입자가 핵에 가까이 접근하면, 큰 반발력을 느끼게 되고 그러면 크게 휘어질 것이다. 더군다나, 직접 핵을 향하여 정면으로 충돌한 α 입자는 완전히 밀어내지기 때문에 그 방향이 뒤바뀔 것이다.

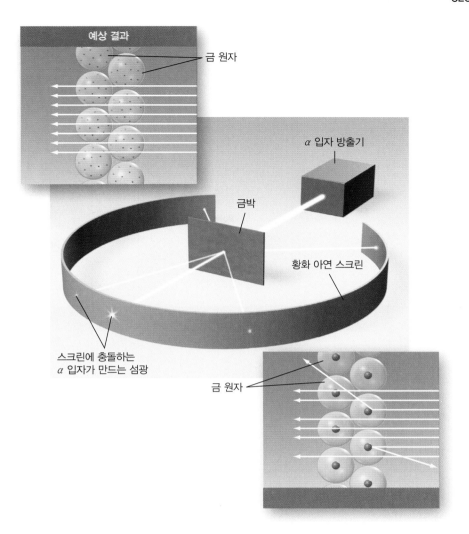

예상 결과

금 원자

α 입자 방출기

금박

황화 아연 스크린

스크린에 충돌하는
α 입자가 만드는 섬광

금 원자

그림 2.8 금박에 의한 α 입자의 산란을 측정하는 Rutherford의 실험 장치. 플럼-푸딩 모델은 α 입자가 휘어지지 않은 채로 금박을 통과할 것이라고 예측하였다. 실제 결과에서는 대부분의 α 입자가 조금 휘어지거나 전혀 휘어지지 않고 금박을 통과하지만 몇몇은 큰 각도로 산란된다. 때때로, α 입자는 금박에서 튕겨져서 공급원 쪽으로 되돌아온다. 핵 모형은 Rutherford의 실험 결과를 설명한다.

핵에서 양으로 하전된 입자를 **양성자**(proton)라고 부른다. 별도의 실험에서 양성자는 전하의 크기는 전자와 같으나(부호만 반대) 질량은 1.67262×10^{-24} g인 것으로 밝혀졌다. 이 값은 극히 작은 질량이지만 그래도 전자 질량의 약 2000배이다.

이러한 자료에 의하여 원자의 대부분의 질량을 차지하지만 원자 부피의 매우 작은 부분만을 차지하는 핵으로 이루어져 있다고 믿게 되었다. 원자(그리고 분자)의 크기는 SI 단위인 **피코미터**(picometer, pm)를 이용하여 나타낸다.

$$1 \text{ pm} = 1 \times 10^{-12} \text{ m}$$

전형적인 원자 반지름은 100 pm인 반면에 원자핵의 반지름은 겨우 5×10^{-3} pm에 불과하다. 원자가 New Orleans 슈퍼돔의 크기라면 핵의 부피는 조약돌만 하다고 상상해 보면 원자와 그 핵의 상대적 크기를 짐작할 수 있을 것이다. 양성자는 원자핵에만 묶여 있지만 전자는 핵에서 상대적으로 큰 거리에서 핵 주위에 퍼져 있다.

원자 반지름의 개념은 실험적으로는 유용하지만, 원자가 잘 정의된 경계나 표면을 가질 것이라는 느낌을 받으면 안된다. 6장에서 원자의 외부 영역은 상대적으로 "어렴풋하고 (fuzzy)" 예리하게 정의되어 있지 않다는 것을 배울 것이다.

학생 노트
원자 반지름은 흔히 옹스트롬 (angstrom) 단위로 나타내며, 1 angstrom(Å) $= 1 \times 10^{-10}$ m이다. 옹스트롬을 사용하면, 전형적인 원자 반지름은 약 1 Å이고 핵의 반지름은 약 5×10^{-5} Å이다.

중성자

Rutherford의 원자 구조 모형은 한 가지 중요한 문제를 풀지 않고 내버려 두었다. 가

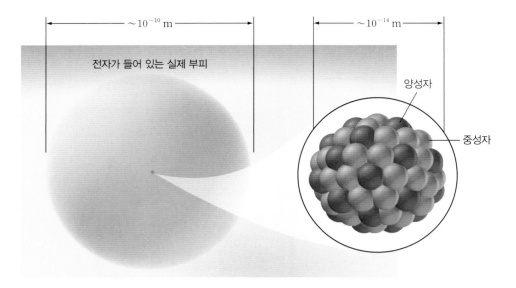

그림 2.9 양성자와 중성자는 핵의 작은 부피에 들어 있다. 전자는 핵을 둘러싸고 있는 구 안에 분포되어 있다.

표 2.1	아원자 입자들의 질량과 전하		
입자	**질량(g)**	**전하(C)**	**전하 단위**
전자*	9.10938×10^{-28}	-1.6022×10^{-19}	-1
양성자	1.67262×10^{-24}	$+1.6022 \times 10^{-19}$	$+1$
중성자	1.67493×10^{-24}	0	0

*더 정밀하게 측정하였더니 Millikan의 원래 값보다는 약간 다른 값이 얻어졌다.

장 간단한 원자인 수소는 양성자가 하나만 있고 헬륨 원자는 두 개가 있다고 알려져 있었다. 그러므로 헬륨 원자와 수소 원자의 질량비는 2:1이어야 한다.(전자는 양성자보다 훨씬 가볍기 때문에 이러한 분석에서는 원자 질량에 전자가 기여하는 정도는 무시할 수 있다.) 하지만 실제적으로 그 질량비는 4:1이다. Rutherford와 다른 과학자는 원자핵에 다른 종류의 아원자 입자가 있음에 틀림이 없다고 가정하였는데, 이에 대한 증거를 영국 물리학자인 James Chadwick이 1932년에 발견하였다. Chadwick이 얇은 베릴륨 판에 α 입자를 충돌시켰더니 전기장이나 자기장에 의하여 휘어지지 않는 고에너지 방사선이 금속에서 방출되었다. 이 선은 γ선과 흡사하지만 후속 실험에서 실제로 세 번째 아원자 입자로 이루어진 것으로 판명되었고, Chadwick은 이 입자가 전기적으로 중성이고 양성자보다 약간 무겁기 때문에 **중성자**(neutron)라고 명명하였다. 이제 질량비에 대한 의문을 설명할 수 있게 되었다. 헬륨 핵은 양성자가 둘 그리고 중성자가 둘인 반면에 수소 핵은 양성자만 한 개 들어 있다. 그러므로 질량비는 4:1이다.

그림 2.9는 기본 입자(양성자, 중성자, 전자)의 위치를 보여준다. 다른 아원자 입자도 있으나 전자, 양성자, 중성자가 화학에서 중요한 세 가지의 원자 기본 구성 성분이다. 표 2.1에 이들 세 기본 입자의 질량과 전하가 나와 있다.

2.3　원자 번호, 질량수 및 동위 원소

원자는 원자에 들어 있는 양성자와 중성자의 수로 구별할 수 있다. **원자 번호**(atomic number, Z)는 한 원소의 각 원자핵에 들어 있는 양성자의 수이다. 또한 원자가 **중성**(neutral)이면 양성자와 전자의 수는 같아야 하므로 이 값은 한 원자의 **전자**(electron)의 수이기도 하다.

한 원자의 화학적 정체성은 그 원자 번호만으로도 알 수 있다. 예를 들어, 질소의 원자 번호는 7이다. 따라서 질소 원자는 양성자가 7개이고 전자도 7개이다. 달리 말하면, 우주에서 양성자가 7개인 원자는 모두 질소 원자이다.

질량수(mass number, A)는 한 원소의 원자핵에 들어 있는 중성자와 양성자의 전체 개수이다. 중성자 없이 양성자가 한 개만 있는 수소의 가장 흔한 종류를 제외하고, 모든 원자핵에는 양성자와 중성자가 둘 다 들어 있다. 양성자와 중성자를 합하여 **핵자**(nucleon)라고 부른다. 핵자는 핵 내부의 입자이다. 일반적으로 질량수는 다음과 같이 주어진다.

$$\text{질량수}(A) = \text{양성자 수}(Z) + \text{중성자 수}$$

한 원자의 중성자 수는 질량수와 원자 번호의 차이, 즉 $(A-Z)$와 같다. 예를 들어, 플루오린 원자의 질량수는 19이고 원자 번호는 9(핵에 9개의 양성자가 있음을 의미)이다. 따라서 플루오린 원자의 중성자 수는 $19-9=10$이다. 원자 번호, 중성자 수 및 질량수는 모두 양의 정수이다.

한 원소(X)의 원자의 원자 번호와 질량수는 다음과 같이 나타낸다.

질량수
(양성자 수 + 중성자 수) $\longrightarrow$ $^{A}_{Z}\mathbf{X}$ $\longleftarrow$ 원소 기호
원자 번호(양성자 수)

학생 노트
이 기호는 핵자의 수를 표시하여 동위 원소를 나타내므로 핵(nuclear) 기호라고도 부른다.

Dalton의 원자론의 첫 번째 가설과는 다르게 한 원소의 원자 모두가 질량이 같지는 않다. 대부분의 원소에는 원자 번호(Z)는 같으나 질량수(A)는 다른, 둘 이상의 **동위 원소**(isotope)가 있다. 예를 들어, 수소에는 **수소**[hydrogen, 혹은 **프로튬**(protium)], **중수소**(deuterium), **삼중수소**(tritium)라고 부르는 세 종류의 수소 동위 원소가 있다. 수소는 핵에 양성자가 한 개이나 중성자는 없다. 중수소는 양성자가 한 개 그리고 중성자가 한 개이며, 삼중수소는 양성자가 한 개 그리고 중성자가 두 개이다. 따라서 수소의 동위 원소는 다음과 같이 나타낼 수 있다.

$$^{1}_{1}\text{H} \qquad\qquad ^{2}_{1}\text{H} \qquad\qquad ^{3}_{1}\text{H}$$

수소 중수소 삼중수소

비슷하게 질량수 235와 238인 우라늄($Z=92$)의 두 동위 원소는 각각 다음과 같이 적을 수 있다.

$$^{235}_{92}\text{U} \qquad\qquad ^{238}_{92}\text{U}$$

핵에 $235-92=143$(개)의 중성자가 있는 첫 번째 동위 원소는 핵 반응기와 원자 폭탄에서 사용되나, 중성자가 146개인 두 번째 동위 원소는 이러한 용도로 사용하기에는 성질이 부족하다. 각 동위 원소가 다른 이름을 가진 수소를 제외하고 원소들의 동위 원소는 질량수로 확인할 수 있다. 우라늄의 두 동위 원소는 우라늄-235(영어로는 "uranium two thirty-five"라고 읽음)와 우라늄-238(영어로는 "uranium two thirty-eight"이라고 읽음)이라고 부른다. 아래 첨자의 원자 번호는 원소 기호로부터 알 수 있으므로 표현식에서 생략해도 좋다. 기호 ^{3}H과 ^{235}U는 삼중수소와 우라늄-235 동위 원소를 각각 나타내는 데 충분하다.

한 원소의 화학적 성질은 원자의 양성자와 전자의 수로 주로 결정되고, 중성자는 보통의 조건에서는 화학 반응에 참여하지 않는다. 따라서 같은 원소의 동위 원소는 화학적 성질이 매우 비슷하므로 같은 유형의 화합물을 생성하며 반응성도 비슷하다.

예제 2.2는 원자 번호와 질량수를 이용하여 양성자, 중성자, 전자의 수를 구하는 방법을 보여주고 있다.

예제 2.2

다음 각 화학종에서 양성자, 중성자, 전자의 수를 결정하시오.

(a) $^{35}_{17}Cl$ (b) $^{37}_{17}Cl$ (c) ^{41}K (d) 탄소−14

전략 위 첨자는 질량수(A), 아래 첨자는 원자 번호(Z)를 나타낸다는 점을 기억한다. (c)와 (d)에서처럼 아래 첨자가 없는 경우에는 원소 기호나 원소명으로부터 원자 번호를 알 수 있다. 전자의 수를 알려면 원자는 중성이므로 전자의 수는 양성자의 수와 같다는 점을 기억한다.

계획 양성자의 수$=Z$, 중성자의 수$=A-Z$, 전자의 수$=$양성자의 수. 탄소−14에서 14는 질량수임을 상기하자.

풀이

(a) 원자 번호가 17이므로 양성자는 17개이다. 질량수는 35이므로 중성자의 수는 $35-17=18$(개)이다. 전자의 수는 양성자의 수와 같으므로 전자는 17개이다.

(b) 원소는 Cl(염소)이므로 원자 번호는 17이고, 따라서 양성자는 17개이다. 질량수는 37이므로 중성자의 수는 $37-17=20$(개)이다. 전자의 수는 양성자의 수와 같으므로 전자도 17개이다.

(c) K(포타슘)의 원자 번호는 19이므로 양성자는 19개이다. 질량수는 41이므로 중성자의 수는 $41-19=22$(개)이다. 전자는 19개이다.

(d) 탄소−14는 ^{14}C라고 나타낼 수도 있다. 탄소의 원자 번호는 6이므로 양성자는 6개이고 전자는 6개이다. 중성자는 $14-6=8$(개)이다.

생각해 보기

각 예에서 양성자의 수와 중성자의 수를 합하면 주어진 질량수와 같다는 것을 확인한다. 예를 들어, (a)에서 양성자는 17개이고 중성자는 18개이므로 이 값을 합하면 질량수 35가 나오는데, 이 값은 문제에 주어진 값과 같다. (b)에서는 양성자 17+중성자 20=37이다. (c)에서는 양성자 19+중성자 22=41이다. (d)에서는 양성자 6+중성자 8=14이다.

추가문제 1 (a) $^{10}_5B$ (b) ^{36}Ar (c) $^{85}_{38}Sr$ (d) 탄소−11 의 원자에 몇 개의 양성자, 중성자, 전자가 있는가?

추가문제 2 (a) 양성자 4개, 전자 4개, 중성자 5개 (b) 양성자 23개, 전자 23개, 중성자 28개 (c) 양성자 54개, 전자 54개, 중성자 70개 (d) 양성자 31개, 전자 31개, 중성자 38개를 포함하는 원자의 올바른 기호를 적으시오.

추가문제 3 핵자의 수로부터 다음 그림의 핵 기호를 쓰시오.

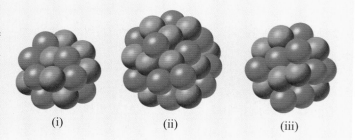

(i) (ii) (iii)

2.4 주기율표

오늘날 알려진 원소의 절반 이상이 1800년에서 1900년 사이에 발견되었다. 이 기간 동안에 원소들의 어떤 묶음은 물리적 성질과 화학적 성질이 비슷한 점이 밝혀졌다. 이러한 유사성과 원소의 구조와 성질에 관한 점점 더 늘어나는 정보를 조직화할 필요가 생겨서 화학적 성질과 물리적 성질이 비슷한 원소를 서로 묶어 놓은 표인 **주기율표**(periodic table)가 개발되었다. 그림 2.10은 현대적 주기율표로서 원자 번호(원소 기호 위에 나와 있는)의 순서로 원소가 **주기**(period)라고 부르는 수평인 행(row)과 **족**(group 또는 family)이라고 부르는 수직인 **열**(column)로 배열되어 있다. 족이 같은 원소는 물리적 성질과 화학적 성질이 비슷한 경향이 있다.

원소는 금속, 비금속이나 준금속으로 분류할 수 있다. **금속**(metal)은 열과 전기의 전도에 좋은 도체이나 **비금속**(nonmetal)은 열과 전기의 나쁜 도체이다. **준금속**(metalloid)은 그 성질이 금속과 비금속의 중간이다. 그림 2.10을 보면 대부분의 알려진 원소는 금속임을 알 수 있다. 17개의 원소만이 비금속이고 10개 미만의 원소가 준금속이다. 이 책을 포함하여 대부분의 자료에서는 원소 B, Si, Ge, As, Sb와 Te를 준금속으로 분류하지만 원소 Po와 At에 대해서는 자료마다 다르다. 이 책에서는 Po와 At 둘 다를 준금속으로 분류할 것이다. 어느 주기든지 원소의 물리적 성질과 화학적 성질은 왼쪽에서 오른쪽으로 갈수록 금속성에서 비금속성으로 점점 변하게 된다.

종종 원소를 한꺼번에 주기율표의 족 번호(1A족, 2A족 등)로 부른다. 하지만 어떤 족은 특별한 이름으로 부르는 것이 편리할 수 있다. H를 제외하고 1A족 원소(Li, Na, K, Rb, Cs, Fr)는 **알칼리 금속**(alkali metal)이라 부르고, 2A족 원소(Be, Mg, Ca, Sr, Ba, Ra)는 **알칼리 토금속**(alkaline earth metal)이라고 부른다. 6A족 원소(O, S, Se, Te, Po)는 때때로 **칼코젠**(chalcogen)이라고 부른다. 7A족 원소(F, Cl, Br, I, At)는 **할로젠**(halogen)이라고 부르며, 8A족 원소(He, Ne, Ar, Kr, Xe, Rn)는 **비활성 기체**(noble gas) 또는 희유 기체(rare gas)라고 부른다. 1B족과

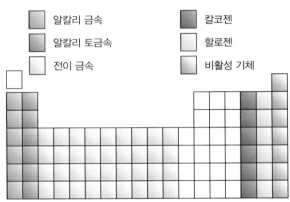

알칼리 금속
알칼리 토금속
전이 금속
칼코젠
할로젠
비활성 기체

그림 2.10 현대적 주기율표

원소는 각 원소 기호 위에 나와 있는 원자 번호의 순서로 배열되어 있다. 수소(H)를 제외하면 비금속은 표의 오른쪽 끝에 나타낸다. 표의 본체 아래에 나와 있는 두 줄은 표가 너무 넓어지지 않도록 떼어 놓은 것이다. 실제로 세륨(58)은 란타늄(57) 다음에 나오고, 토륨(90)은 악티늄(89) 바로 다음이다. 1~18족 이름은 국제순수·응용화학연합(IUPAC)에 의하여 추천되었지만 아직 널리 쓰이지는 않는다. 이 교재에서는 표준 미국 이름(1A~8A 및 1B~8B)을 사용할 것이다.

3B~8B족 원소는 **전이 원소**(transition element) 또는 **전이 금속**(transition metal)이라고 부른다.

주기율표는 원소의 성질을 체계적인 방식으로 서로 연관시켜서 편리하게 화학적 성질을 예측하는 데 도움을 준다. 20세기로 들어오면서 주기율표는 "모든 과학 중에서 가장 예측적인 도구"가 되었다. 7장에서 화학의 이러한 핵심을 더 자세하게 살펴볼 것이다.

다음 생활 속의 화학에서는 지구 지각의 원소의 분포를 다루고 있다.

생활 속의 화학

지구상 원소의 분포

지구의 지각은 지표면에서 약 40 km(약 25 mi)의 깊이까지 걸쳐 있다. 기술적인 어려움 때문에 지각처럼 지구의 내부를 쉽게 그리고 철저하게 연구할 수는 없다. 하지만 지구의 중심에는 대부분 철로 이루어진 고체 핵심부가 있을 것으로 믿고 있다. 철, 탄소, 규소와 황으로 이루어진 뜨거운 유체인 **맨틀**(mantle)이라고 부르는 층이 핵심부를 감싸고 있다.

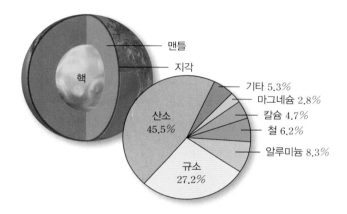

자연에서 발견되는 83개 원소 중에서 12개가 지구 지각 질량의 99.7%를 차지한다. 이를 천연 존재비가 감소하는 순서로 나열하면 산소(O), 규소(Si), 알루미늄(Al), 철(Fe), 칼슘(Ca), 마그네슘(Mg), 소듐(Na), 포타슘(K), 타이타늄(Ti), 수소(H), 인(P), 망가니즈(Mn)이다. 원소의 자연 함량을 논의할 때 원소는 지구의 지각에 골고루 퍼져 있지 않으며, 대부분의 원소는 다른 원소와 화학적으로 결합하고 있다는 점을 명심해야 한다. 순수한 상태로 자연에서 발견되는 원소에는 금, 구리와 황 등이 있다.

2.5 원자 질량 척도와 평균 원자 질량

양성자, 중성자 및 전자의 수에 의하여 결정되는 원자의 질량을 아는 것은 실험에서 중요하다. 하지만 육안으로 감지할 수 있는 가장 작은 먼지 조각도 1×10^{16} 개의 원자로 이루어져 있다. 원자 하나의 무게를 잴 수는 없어도 한 원자의 다른 원자에 대한 상대적인 질량을 실험적으로 결정할 수는 있다. 먼저 어떤 정해진 원소의 한 원자의 질량에 특정값을 부여하고 이 값을 표준으로 사용하는 것이다.

국제 협약에 의하여 **원자 질량**(atomic mass)은 원자 질량 단위로 나타낸 한 원자의 질량이다. **원자 질량 단위**(atomic mass unit, amu)는 정확히 탄소−12 원자 질량의 12분의 1로 정의한다. 탄소−12는 양성자가 여섯이고 중성자가 여섯인 탄소의 동위 원소이다. 탄소−12의 원자 질량을 12 amu로 정하면 이 값이 다른 원소의 원자 질량의 측정 시 표준이 된다. 예를 들어, 실험에 의하면 수소 원자(^{1}H)는 탄소−12 원자의 8.3985% 무게이다. 그러면 탄소−12 원자의 질량이 정확히 12 amu이므로 수소의 원자 질량은 0.083985 × 12 amu, 즉 1.0078 amu일 것이다.(탄소 원자의 질량은 정확한 수이므로[◀◀ 1.5절], 계산 결과에서 유효숫자의 자릿수를 제한하지 않는다.) 비슷하게 계산하면 플루오린−19의 원자 질량은 18.9984 amu이고 산소−16은 15.9949 amu임을 알 수 있다. 따라서 산소−16 원자 하나의 질량은 측정할 수 없어도 이 원자가 수소−1 원자보다 약 16배만큼 무겁다는 것은 알 수 있다.

이 책의 표지 안쪽에 있는 표에서 탄소의 원자 질량을 찾아보면 이 값이 12.00 amu가 아니라 12.01 amu임을 알 것이다. 이러한 차이가 생기는 이유는 자연에 존재하는 대부분의 원소(탄소를 포함하여)에는 두 개 이상의 동위 원소가 있기 때문이다. 즉, 어떤 원소의 원자 질량을 결정할 때 자연에 존재하는 동위 원소의 혼합물의 평균 원자 질량을 사용하여야 한다. 예를 들어, 탄소−12와 탄소−13은 각각 98.93%와 1.07%로 자연에 존재한다. 탄소−13의 원자 질량은 13.003355 amu이므로 자연에 존재하는 탄소의 평균 원자 질량은 다음과 같이 구할 수 있다.

$$(0.9893)(12.00000 \text{ amu}) + (0.0107)(13.003355 \text{ amu}) = 12.01 \text{ amu}$$

백분율이 포함된 계산에서 각 백분율 존재비(percent abundance)를 분획 존재비(fractional abundance)로 환산하여야 한다. 예를 들어, 98.93%는 98.93/100, 즉 0.9893이 된다. 자연에는 탄소−13보다 탄소−12 원자가 더 많으므로 평균 원자 질량은 탄소−13의 질량보다 탄소−12의 질량에 훨씬 가깝다.

탄소의 원자 질량이 12.01 amu라고 말할 때 우리는 평균치를 말하는 것이다. 자연에 존재하는 탄소의 원자를 하나씩 조사한다면 원자 질량이 정확히 12 amu이거나 아니면 13.003355 amu인 원자는 있어도 12.01 amu인 원자는 절대로 찾지 못할 것이다. 주기율표의 원자 질량은 **평균 원자 질량**(average atomic mass)이다. 평균 원자 질량 대신에 **원자량**(atomic weight)이라는 용어를 사용하기도 한다.

많은 동위 원소의 원자 질량은 다섯 혹은 여섯 자리 유효숫자까지 정확하게 결정되었다. 하지만 대부분의 목적에서는 일반적으로 네 자리 유효숫자까지 주어지는 평균 원자 질량을 사용할 것이다(표지 안쪽에 있는 원자 질량 표 참조). 원소의 원자 질량을 논의할 때에는 **평균**(average)이라는 단어는 생략하기로 한다.

원자나 분자 질량을 구하는 가장 직접적이고 가장 정확한 방법은 질량 분석법(mass spectrometry)이다. 그림 2.11과 같은 **질량 분석기**(mass spectrometer)에서는 기체상 시료에 고에너지 전자빔을 쪼여 충격을 준다. 전자와 기체상 원자(혹은 분자)가 서로 충돌하면 원자나 분자에서 전자 하나가 빠져나오면서 **이온**(ion)이라고 부르는 양으로 하전된 화학종이 생긴다. 이 양이온(질량이 m이고 전하는 e)은 반대 전하로 하전된 두 판 사이를 통과하면서 가속된다. 판을 통과한 이온은 자석에 의하여 굽은 경로를 따라 휘어진다. 이 경로의 반지름은 전하 대 질량비(즉, e/m)에 달려 있다. e/m 비가 작은 이온은 e/m 비가 더 큰 이온보다 더 폭이 넓은 곡선을 그리게 되므로 전하는 같으나 질량이 다른 이온을 분

그림 2.11 질량 분석기의 개략도

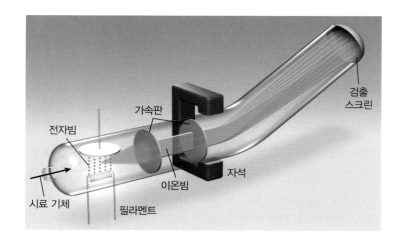

그림 2.12 네온의 질량 스펙트럼

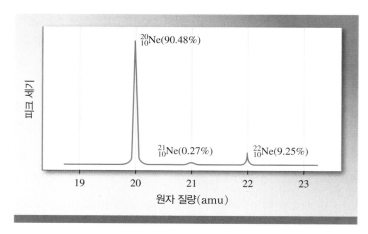

리할 수 있다. 각 이온(따라서 그 어미 원자나 분자)의 질량은 휘는 정도로 결정된다. 이온이 검출기에 도달하면 검출기는 각 이온이 만드는 전류를 감지하게 된다. 이때 발생하는 전류의 양은 이온의 수에 직접 비례하므로 동위 원소의 상대적 존재비를 구할 수 있게 된다.

1920년대에 영국의 물리학자인 F. W. Aston이 최초의 질량 분석기를 개발하였는데 오늘날의 기준으로 보면 조잡한 장비였다. 그럼에도 불구하고 네온-20(천연 존재비 90.48%)과 네온-22(천연 존재비 9.25%) 같은 동위 원소의 존재를 명백하게 증명할 수 있었다. 과학자들은 더 정교하고 감도가 높은 질량 분석기가 나오고 나서 네온에 천연 존재비가 0.27%인 세 번째 안정한 동위 원소(네온-21)가 있음을 발견하고 놀랐다(그림 2.12). 이 예는 화학 같은 정량적 과학에서 실험의 정확도가 얼마나 중요한지를 보여주고 있다. 초기의 실험에서는 네온-21의 천연 존재비가 너무 작아서 검출할 수 없었던 것이다. 10,000개의 Ne 원자 중에서 27개만이 네온-21이다.

예제 2.3은 산소의 평균 원자 질량을 구하는 방법을 보여준다.

예제 2.3

산소는 지구의 지각과 신체 모두에서 가장 흔한 원소이다. 세 가지 안정한 동위 원소 $^{16}_{8}O$(99.757%), $^{17}_{8}O$(0.038%), $^{18}_{8}O$(0.205%)의 원자 질량은 각각 15.9949, 16.9991, 17.9992 amu이다. 괄호에 주어진 상대적 존재비를 이용하여 산소의 평균 원자 질량을 구하시오.

전략 각 동위 원소는 그 상대적 존재비에 근거하여 평균 원자 질량에 기여한다. 각 동위 원소의 질량을 분획 존재비(백분율을 100으로 나눈 값)로 곱하면 평균 원자 질량에 대한 기여도를 알 수 있다.

계획 각 백분율 존재비를 분획 존재비로 환산한다. 99.757%는 99.757/100=0.99757, 0.038%는 0.038/100=0.00038, 0.205%는 0.205/100=0.00205로 바꾼다. 각 동위 원소가 평균 원자 질량에 기여하는 값을 구한 후, 이 값을 합하면 평균 원자 질량을 구할 수 있다.

풀이 $(0.99757)(15.9949 \text{ amu})+(0.00038)(16.9991 \text{ amu})+(0.00205)(17.9992)=15.999 \text{ amu} \approx 16.00 \text{ amu}$

> **생각해 보기**
> 평균 원자 질량은 가장 흔한 동위 원소(이 경우에는 산소−16)의 원자 질량에 근사하여야 하고, 이 책의 표지 안쪽에 있는 주기율표에 나와 있는 값과 네 자리 유효숫자까지 같아야 한다(이 경우에는 16.00 amu).

추가문제 1 구리의 두 안정한 동위 원소 $^{63}_{29}\text{Cu}$(69.17%)와 $^{65}_{29}\text{Cu}$(30.83%)의 원자 질량은 각각 62.929599, 64.927793 amu이다. 구리의 평균 원자 질량을 구하시오.

추가문제 2 질소의 평균 원자 질량은 14.0067 amu이다. 질소의 두 안정한 동위 원소 ^{14}N과 ^{15}N의 원자 질량은 각각 14.003074002, 15.00010897 amu이다. 이 정보를 이용하여 질소의 각 동위 원소의 백분율 존재비를 구하시오.

추가문제 3 다음 그림은 금속 구를 나타내고 있다. 각 그림은 서로 다른 색으로 표현된 두 개 이상의 다른 종류의 금속으로 이루어져 있다. 금속 구의 질량은 다음과 같다. 흰색=2.3575 g, 검은색=3.4778 g, 파란색=5.1112 g. 각 그림에서 금속 구의 평균 질량을 구하시오.

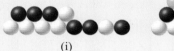
(i)

(ii)

(iii)

2.6 이온과 이온성 화합물

모든 원소 중에서 주기율표의 8A족(He, Ne, Ar, Kr, Xe, Rn)의 여섯 비활성 기체만 보통의 조건에서 단일 원자로 존재한다. 이러한 이유로 이들을 **단원자**(monatomic, 원자 하나를 의미) 기체라고 부른다. 대부분의 물질은 이 절에서 다루는 **이온**(ion) 혹은 2.7절에서 논의할 **분자**(molecule)로 이루어져 있다. 원자핵의 양으로 하전된 양성자는 보통의 화학 반응에서 변하지 않으나, 음전하를 띤 전자는 잃어버리거나 얻어질 수 있고 그러면 **이온**이 생성된다. **이온**(ion)은 알짜 양 혹은 음전하를 띤 원자 혹은 원자**단**(group of atoms)이다. 이온성 화합물을 생성하는 이온은 **이온 결합**(ionic bond)[◀◀ 8.2절]으로 알려진 강한 정전기적 힘으로 서로 붙들려 있다.

원자 이온

원자 이온(atomic ion) 혹은 **단원자 이온**(monatomic ion)은 양 혹은 음전하를 띤 원자 하나로 이루어진 이온이다. 원자가 전자를 하나 이상 잃으면 알짜 **양전하를 띤 양이온**(cation)이 얻어진다. 예를 들면, 소듐 원자(Na)는 쉽게 전자 하나를 잃을 수 있는데, 그러면 Na^+로 나타내는 소듐 양이온이 생긴다.

	Na 원자	**Na⁺ 이온**
	양성자 11개	양성자 11개
	전자 11개	전자 10개

음이온(anion)은 전자의 수가 증가하여 알짜 음전하를 띤 이온이다. 예를 들어, 염소 원자 (Cl)가 전자 하나를 얻으면 염화 이온(Cl^-)이 된다.

	Cl 원자	**Cl⁻ 이온**
	양성자 17개	양성자 17개
	전자 17개	전자 18개

소금으로 불리우는 염화 소듐($NaCl$)은 양이온(Na^+)과 음이온(Cl^-)으로 이루어져 있기 때문에 **이온성 화합물**(ionic compound)이라고 부른다.

> **학생 노트**
> 복수의 전하는 부호 앞에 숫자를 써서 나타낸다. 따라서 +2가 아니라 2+이다.

원자는 둘 이상의 전자를 잃거나 얻을 수도 있다. 이러한 예에는 Mg^{2+}, Fe^{3+}, S^{2-} 그리고 N^{3-} 등이 있다. 그림 2.13은 주기율표를 가로질러 얻어지는 단원자 이온의 전하를 보여주고 있다. 몇 가지 드문 예를 제외하고 금속은 양이온을, 비금속은 음이온을 만드는 경향이 있다. 1A족에서 7A족까지의 원소에서 유래하는 단원자 이온의 전하는 상당히 잘 예측할 수 있다. 1A, 2A 및 3A족의 원소에서 생기는 양이온의 전하는 각 족 번호와 같다. 4A족에서 7A족까지의 원소에서 생기는 대부분의 음이온의 전하는 대응하는 족 번호에서 8을 뺀 값이다. 예를 들면, 산소(6A족)에서 생기는 단원자 음이온의 전하는 $6-8=-2$이다. 주기율표만을 이용하여 1A족에서 7A족까지의 원소(흔한 이온 하나만을 만드는 원소 모두)에서 유래하는 이온의 전하를 예측할 수 있어야 한다.

단원자 양이온의 이름은 단순히 원소의 이름에 단어 **이온**(ion)을 붙여 만든다. 따라서 포타슘의 이온(K^+)은 포타슘 이온이다. 비슷하게, 원소 마그네슘과 알루미늄에서 생기는 양이온(Mg^{2+}와 Al^{3+})은 각각 마그네슘 이온과 알루미늄 이온이라고 부른다. 그 전하는 족 번호와 같기 때문에 이온의 전하를 이름에 표시할 필요는 없다.

특히 **전이 금속**(transition metal) 같은 금속은 전하가 두 가지 이상이 가능한 양이온을 만들 수 있다. 예를 들면, 철은 Fe^{2+}와 Fe^{3+}를 형성할 수 있다. 아직도 제한적으로 쓰이는 옛 명명법에서는 양전하가 더 적은 양이온에 "제1−"이라는 접두사를 붙이고 양전하가 더 많은 양이온에는 "제2−"라는 말을 붙인다.(영문명에서는 양전하가 더 **적은** 양이온에는 "−ous", 양전하가 더 **많은** 양이온에는 "−ic"라는 접미사를 사용한다.)

그림 2.13 주기율표에서의 위치로 배열된 흔한 단원자 이온. 수은 (I) Hg_2^{2+}는 실제로는 다원자 이온이다.

1A 1	2A 2	3B 3	4B 4	5B 5	6B 6	7B 7	8B 8	8B 9	8B 10	1B 11	2B 12	3A 13	4A 14	5A 15	6A 16	7A 17	8A 18
Li^+													C^{4-}	N^{3-}	O^{2-}	F^-	
Na^+	Mg^{2+}											Al^{3+}		P^{3-}	S^{2-}	Cl^-	
K^+	Ca^{2+}				Cr^{2+} Cr^{3+}	Mn^{2+} Mn^{3+}	Fe^{2+} Fe^{3+}	Co^{2+} Co^{3+}	Ni^{2+} Ni^{3+}	Cu^+ Cu^{2+}	Zn^{2+}				Se^{2-}	Br^-	
Rb^+	Sr^{2+}									Ag^+	Cd^{2+}		Sn^{2+} Sn^{4+}		Te^{2-}	I^-	
Cs^+	Ba^{2+}										Hg_2^{2+} Hg^{2+}		Pb^{2+} Pb^{4+}				

$$Fe^{2+}: \text{제1철 이온(ferrous ion)}$$
$$Fe^{3+}: \text{제2철 이온(ferric ion)}$$

이온의 이러한 명명법은 몇 가지 분명한 제약이 있다. 첫째로, 제1- 그리고 제2-라는 단어는 실제 전하가 아니라 두 양이온의 상대적 전하를 표시한다. 따라서 Fe^{3+}는 제2철 이온이나 Cu^{2+}는 제2구리 이온이다. 또한, 제1-과 제2- 단어는 전하가 다른 두 양이온만 명명할 수 있다. 망가니즈(Mn) 같은 몇몇 금속은 세 가지 이상의 전하가 서로 다른 양이온을 형성할 수 있다.

그러므로 흔히 Stock[3] 체계를 이용하여 양이온의 전하를 로마 숫자로 나타낸다. 이 체계에서는 망가니즈의 예에서 알 수 있듯이 로마 숫자 I은 양전하 하나, II는 양전하 둘 등을 나타낸다.

$$Mn^{2+}: \text{망가니즈(II) 이온}$$
$$Mn^{3+}: \text{망가니즈(III) 이온}$$
$$Mn^{4+}: \text{망가니즈(IV) 이온}$$

이러한 이름은 "망가니즈-이 이온", "망가니즈-삼 이온", "망가니즈-사 이온"이라고 각각 부른다. Stock 체계를 이용하면 제1철과 제2철 이온은 각각 철(II)와 철(III) 이온이다. 이 책에서는 혼란을 피하고 현대적 관습에 맞추어서 화합물을 명명할 때 Stock 체계를 이용할 것이다.

단원자 음이온은 원소명의 어간에 "-화(-ide)"라는 단어를 붙이고, 이온을 붙여 명명한다. 따라서 염소의 음이온(Cl^-)은 **염화 이온**(chloride ion)이다. 탄소, 질소 및 산소의 음이온(C^{4-}, N^{3-}, O^{2-})은 **탄화**(carbide), **질화**(nitride) 및 **산화**(oxide) 이온이라고 각각 부른다. 비금속에서 생기는 이온은 가능한 전하가 하나뿐이므로 이온의 이름에 그 전하를 표시할 필요는 없다. 표 2.2에 많은 수의 흔한 단원자 이온을 알파벳순으로 배열하였다.

다원자 이온

둘 이상의 원자로 이루어진 이온을 **다원자 이온**(polyatomic ion)이라고 부른다. 다원자 이온을 만드는 원자는 공유 결합[◀◀ 8.3절]으로 서로 결합하고 있다. 일반화학에서 이러한 이온을 자주 만나게 되므로 표 2.3에 나와 있는 다원자 이온의 이름, 화학식 그리고 전하를 배우고 기억하는 것은 중요하다. 다원자 이온은 흔히 음이온이지만 몇몇은 양이온이다.

이온성 화합물의 화학식

이온성 화합물의 화학식은 이온이 결합하여 전기적으로 중성인 물질이 생기는 데 필요한 가장 적은 정수비를 나타낸다. 예를 들면, 염화 소듐에서 소듐 이온과 염화 이온은 1:1 비로 결합하여 화학식 NaCl을 만든다. 염화 마그네슘에서는 마그네슘 이온과 염화 이온이 1:2 비로 결합하여 화학식 $MgCl_2$를 만든다. 결합의 비를 나타내는 이러한 화학식을 **실험식**(empirical formula)이라고 부른다. **실험**(empirical)이라는 말은 "경험에서 나온" 혹은 화학식의 맥락으로는 "실험에서 구한"을 의미한다.

---

3. Alfred E. Stock(1876~1946). 독일의 화학자. 그는 붕소, 베릴륨과 규소 화합물의 합성과 확인에 관한 연구를 주로 수행하였다. 또한 수은 중독 연구의 선구자였다.

표 2.2	몇 가지 흔한 단원자 이온의 이름과 식
이름	**화학식**
양이온	
알루미늄	Al^{3+}
바륨	Ba^{2+}
카드뮴	Cd^{2+}
칼슘	Ca^{2+}
세슘	Cs^+
크로뮴(III)	Cr^{3+}
코발트(II)	Co^{2+}
구리(I)	Cu^+
구리(II)	Cu^{2+}
수소	H^+
철(II)	Fe^{2+}
철(III)	Fe^{3+}
납(II)	Pb^{2+}
리튬	Li^+
마그네슘	Mg^{2+}
망가니즈(II)	Mn^{2+}
수은(II)	Hg^{2+}
포타슘	K^+
은	Ag^+
소듐	Na^+
스트론튬	Sr^{2+}
주석(II)	Sn^{2+}
아연	Zn^{2+}
음이온	
브로민화 이온	Br^-
염화 이온	Cl^-
플루오린화 이온	F^-
수소화 이온	H^-
아이오딘화 이온	I^-
질화 이온	N^{3-}
산화 이온	O^{2-}
황화 이온	S^{2-}

표 2.3	일반적인 다원자 이온
이름	**화학식/전하**
양이온	
암모늄 이온	NH_4^+
하이드로늄 이온	H_3O^+
수은(I) 이온	Hg_2^{2+}
음이온	
아세트산 이온	$C_2H_3O_2^-$
아자이드 이온	N_3^-
탄산 이온	CO_3^{2-}
염소산 이온	ClO_3^-
아염소산 이온	ClO_2^-
크로뮴산 이온	CrO_4^{2-}
사이안산 이온	CN^-
다이크로뮴산 이온	$Cr_2O_7^{2-}$
인산이수소 이온	$H_2PO_4^-$
탄산수소 이온 또는 중탄산 이온	HCO_3^-
인산수소 이온	HPO_4^{2-}
황산수소 이온 또는 중황산 이온	HSO_4^-
수산화 이온	OH^-
하이포아염소산 이온	ClO^-
질산 이온	NO_3^-
아질산 이온	NO_2^-
옥살산 이온	$C_2O_4^{2-}$
과염소산 이온	ClO_4^-
과망가니즈산 이온	MnO_4^-
과산화 이온	O_2^{2-}
인산 이온	PO_4^{3-}
아인산 이온	PO_3^{3-}
황산 이온	SO_4^{2-}
아황산 이온	SO_3^{2-}
싸이오사이안산 이온	SCN^-

학생 노트

몇 가지 산소산 음이온은 중심 원자가 같고 전하도 같으나 산소 원자의 수가 다른, 일련의 이온으로 존재한다.

과염소산 이온	ClO_4^-
염소산 이온	ClO_3^-
아염소산 이온	ClO_2^-
하이포아염소산 이온	ClO^-
질산 이온	NO_3^-
아질산 이온	NO_2^-
인산 이온	PO_4^{3-}
아인산 이온	PO_3^{3-}
황산 이온	SO_4^{2-}
아황산 이온	SO_3^{2-}

이온성 화합물은 개별적 단위로 존재하지 않는다—NaCl **입자**(particle)라는 것은 없다. 대신 **격자**(lattice)라고 부르는 번갈아 존재하는 양이온과 음이온이 고도로 질서를 이룬 배열로 이루어져 있다. 예를 들면, 고체 염화 소듐(NaCl)은 양이온 Na^+와 음이온 Cl^- 이온이 같은 수로 삼차원 망에서 교대로 배열된 구조이다(그림 2.14). 그림 2.14에서 보듯이 NaCl에 있는 어느 Na^+ 이온도 특정 Cl^- 이온과 결합되어 있지 않다. 실제로, 각 Na^+ 이온은 여섯 Cl^- 이온에 의하여 둘러싸여 있다. 다른 이온성 화합물에서도 실제 구조는 다를 수도 있으나, 양이온과 음이온은 화합물이 전기적으로 중성을 이루도록 배열되어 있다. 이온성 화합물의 화학식에는 양이온과 음이온의 전하는 표시하지 않는다.

이온성 화합물이 전기적으로 중성이기 위해서는 각 화학식 단위에서 양이온과 음이온의 전하의 합은 0이어야 한다. 양이온과 음이온의 전하가 같다면 이온은 1:1 비로 결합할 것이다. 양이온과 음이온의 전하가 다른 경우에는 다음 지침에 따라서 화학식을 전기적으로 중성으로 만들 수 있다.(그러면 실험식을 얻을 수 있다.) 음이온의 전하값과 같은 숫자를 양이온의 아래 첨자로 쓰고, 양이온의 전하값과 같은 숫자를 음이온의 아래 첨자로 쓴다.

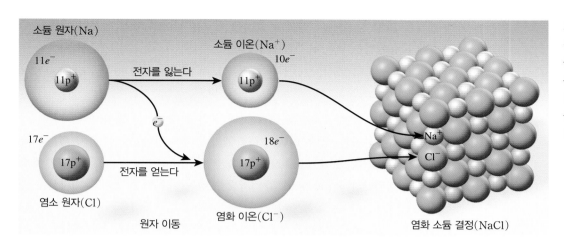

소듐 원자(Na)
11e^-
11p^+
전자를 잃는다
소듐 이온(Na$^+$)
10e^-
11p^+
17e^-
17p^+
전자를 얻는다
18e^-
17p^+
염소 원자(Cl)
원자 이동
염화 이온(Cl$^-$)
Na$^+$
Cl$^-$
염화 소듐 결정(NaCl)

그림 2.14 소듐 원자에서 전자 하나가 원소 원자로 이동하면 소듐 이온과 염화 이온이 생긴다. 반대로 하전된 이온은 정전기적으로 서로 끌리고 고체 격자를 형성한다.

NaCl과 MgCl$_2$의 경우에서 보았듯이 아래 첨자가 1인 경우에는 이 값을 식에 포함시키지 않는다.

몇 가지 예를 보자.

브로민화 포타슘(potassium bromide): 포타슘 이온(K$^+$)과 브로민 이온(Br$^-$)이 결합하면 이온성 화합물 **브로민화 포타슘**이 생긴다. 전하의 합은 $1+(-1)=0$이므로 아래 첨자는 불필요하다. 화학식은 KBr이다.

아이오딘화 아연(zinc iodide): 아연 이온(Zn^{2+})과 아이오딘화 이온(I$^-$)이 결합하면 **아이오딘화 아연**이 생긴다. Zn^{2+} 이온의 전하와 I$^-$ 이온의 전하의 합은 $(+2)+(-1)=+1$이다. 전하를 합하여 0이 되도록 하려면 음이온의 -1 전하에 2를 곱하고 아래 첨자 "2"를 아이오딘의 기호에 붙인다. 따라서 아이오딘화 아연의 화학식은 ZnI$_2$이다.

염화 암모늄(ammonium chloride): 양이온은 NH$_4^+$이고 음이온은 Cl$^-$이다. 전하의 합은 $1+(-1)=0$이므로 이온은 1:1 비로 결합하여 화학식 NH$_4$Cl이 얻어진다.

산화 알루미늄(aluminum oxide): 양이온은 Al^{3+}이고 음이온은 O^{2-}이다. 다음 그림을 사용하여 이 화합물에 쓰일 아래 첨자를 구할 수 있다.

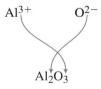

Al^{3+} O^{2-}

Al$_2$O$_3$

산화 알루미늄에서 전하의 합은 $2(+3)+3(-2)=0$이므로, 화학식은 Al$_2$O$_3$이다.

인산 칼슘(calcium phosphate): 양이온은 Ca^{2+}이고 음이온은 PO$_4^{3-}$이다. 다음 그림을 사용하여 아래 첨자를 구할 수 있다.

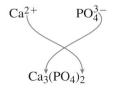

Ca^{2+} PO$_4^{3-}$

Ca$_3$(PO$_4$)$_2$

전하의 합은 $3(+2)+2(-3)=0$이므로, 인산 칼슘의 화학식은 Ca$_3$(PO$_4$)$_2$이다. 다원자

이온에 아래 첨자를 붙일 때 이온의 화학식 둘레에 괄호를 넣어서 아래 첨자가 다원자 이온의 모든 원자에 적용된다는 점을 표시하여야 한다.

이온성 화합물의 명명

상대적으로 소수의 화합물만 알려진 현대 화학의 초기 시대에서는 화학자가 화합물 이름을 기억하는 것은 가능하였다―많은 이름이 화합물의 물리적 형상, 성질, 출처 혹은 사용 분야에서 유래하였다. **Milk of magnesia, 웃음 기체**(laughing gas), **베이킹 소다**(baking soda) 및 **개미산**(formic acid, *formica*는 개미의 라틴 학명이고 개미산은 개미가 물 때 쏘는 느낌을 일으키는 화합물이다) 등이 그 예이다.

오늘날 알려진 화합물의 수는 수백만이고 매년 많은 물질이 발견되거나 합성되므로 이들 이름을 모두 기억하는 것은 불가능할 것이다. 수년에 걸쳐서 화학자들은 화학 물질을 명명하는 편리한 체계를 고안하였기 때문에 다행히도 이들의 이름을 기억할 필요는 없다. 이 규칙은 전 세계적으로 동일하기 때문에 화학자 사이의 교류가 촉진되고 엄청나게 다양한 종류의 물질을 부르는 유용한 방법을 제공하고 있다. 이 규칙을 공부하게 되면 화학 공부를 하는 데 매우 유용할 것이다. 여러분은 화학식을 보고서 화합물의 이름을 알아야 하고 또한 이름에서 화합물의 화학식을 쓸 수 있어야 한다.

이온성 화합물은 단순히 음이온의 이름을 먼저 쓰고, 양이온의 이름을 나중에 써서 명명한다. 이때 이온이라는 단어는 두 이온에서 뺀다.(영문 표기에서는 양이온을 먼저 쓰고 음이온을 나중에 쓴다.) 몇 가지 예가 앞에서 이온성 화합물의 화학식을 다룬 절에서 나온 바 있다. 다른 예는 사이안화 소듐(NaCN), 과망가니즈 포타슘($KMnO_4$) 및 황산 암모늄[$(NH_4)_2SO_4$]이다. 이온성 화합물의 이름은 결합비를 뚜렷하게 표시하지 않는다는 점을 주목하자.(하지만 화학식은 표시한다.) 이들 예에서 중성 조합은 하나만 가능하다. 리튬 이온은 항상 전하가 +1이다. 사이안화 이온은 항상 전하가 −1이다. 결합의 비는 1:1일 수밖에 없다. 전하가 또한 +1과 −1인 과망가니즈 포타슘에서도 그렇다. 항상 암모늄 이온은 전하가 +1이고 황산 이온은 전하가 −2이므로 암모늄 이온과 황산 이온은 2:1의 비로 결합해야 유일한 중성 조합이 생긴다. 이온성 화합물의 경우 이온의 전하가 알려져 있으므로 그 이름에 조합비를 포함시킬 필요는 없다.

금속 양이온이 둘 이상의 전하를 가질 수 있는 경우에는 전하를 이온명에 로마 숫자를 괄호에 써서 표시한다는 것을 상기하자. 따라서 화합물 $FeCl_2$와 $FeCl_3$의 이름은 각각 **염화 철(II)**[iron(II) chloride]와 **염화 철(III)**[iron(III) chloride]이다.(이 이름은 "염화 철-이"와 "염화 철-삼"이라고 부른다.)

예제 2.4와 2.5는 이온성 화합물의 명명법과 표 2.2와 2.3에 나온 정보에 근거하여 이온성 화합물의 화학식을 쓰는 법을 보여 준다.

예제 2.4

다음 이온성 화합물을 명명하시오.
(a) MgO
(b) $Al(OH)_3$
(c) $Fe_2(SO_4)_3$

전략 각 화합물의 양이온과 음이온을 확인한 후 이온이라는 말을 빼면서 각 이름을 합한다.

계획　MgO에는 마그네슘 이온 Mg^{2+}와 산화 이온 O^{2-}가 들어 있다. $Al(OH)_3$에는 알루미늄 이온 Al^{3+}와 수산화 이온 OH^-가 들어 있다. $Fe_2(SO_4)_3$에는 철(III) 이온 Fe^{3+}와 황산 이온 SO_4^{2-}가 들어 있다. $Fe_2(SO_4)_3$에서 철은 황산 이온과 2:3 비로 결합하고 있으므로 철은 철(III) Fe^{3+}임을 알 수 있다.

풀이　(a) 양이온과 음이온의 이름을 합하고 각각의 이온의 이름에서 이온이라는 말을 빼면 MgO의 이름은 산화 마그네슘이 된다. (b) $Al(OH)_3$는 수산화 알루미늄이다.　　　　　　　(c) $Fe_2(SO_4)_3$는 황산 철(III)이다.

> ### 생각해 보기
> 화학식의 아래 첨자를 금속 이온의 전하로 혼동하지 않도록 주의한다. 예를 들어, (c)에서 Fe의 아래 첨자는 2지만 철(III) 화합물이다.

추가문제 1　다음 이온성 화합물을 명명하시오. (a) Na_2SO_4　　(b) $Cu(NO_3)_2$　(c) $Fe_2(CO_3)_3$

추가문제 2　다음 이온성 화합물을 명명하시오. (a) $K_2Cr_2O_7$　　(b) $Li_2C_2O_4$　　(c) $CuNO_3$

추가문제 3　다음 그림은 빨간색 공이 질산 이온, 회색 공이 철 이온을 나타내는 이온성 화합물의 조그마한 시료를 그린 것이다. 이 화합물의 올바른 화학식과 이름을 유추하시오.

예제　2.5

다음 이온성 화합물의 화학식을 유추하시오.
(a) 염화 수은(I)　　　　　　　　(b) 크로뮴산 납(II)　　　　　　　(c) 인산수소 포타슘

전략　각 화합물에서 이온을 확인하고 각각에서 양이온과 음이온의 전하를 사용하여 결합비를 구한다.

계획　(a) 염화 수은(I)은 Hg_2^{2+}와 Cl^-의 결합이다.[수은(I)은 표 2.3에 나온 양이온의 한 예이다.] 화합물이 중성이기 위해서는 이 두 이온은 1:2 비로 결합하여야 한다. (b) 크로뮴산 납(II)은 Pb^{2+}와 CrO_4^{2-}의 결합이다. 이들 이온은 1:1 비로 결합한다. (c) 인산수소 포타슘은 K^+와 HPO_4^{2-}의 결합이다. 이들 이온은 2:1 비로 결합한다.

풀이　화학식은 (a) Hg_2Cl_2　(b) $PbCrO_4$　(c) K_2HPO_4이다.

> ### 생각해 보기
> 각 화합물의 화학식에서 전하의 합이 0인지를 확인한다. 예를 들어, (a)에서 $Hg_2^{2+} + Cl^- = (2+) + 2(-1) = 0$, (b)에서는 $(+2) + (-2) = 0$, (c)에서는 $2(+1) + (-2) = 0$이다.

추가문제 1　다음 이온성 화합물의 화학식을 유추하시오.
(a) 염화 납(II)　　　　　　　　(b) 탄산 마그네슘　　　　　　　(c) 인산 암모늄

추가문제 2　다음 이온성 화합물의 화학식을 유추하시오.
(a) 황화 철(III)　　　　　　　　(b) 질산 수은(II)　　　　　　　(c) 아황산 포타슘

추가문제 3　다음 그림은 노란색 공이 아황산 이온, 파란색 공이 구리 이온을 나타내는 이온성 화합물의 조그마한 시료를 그린 것이다. 이 화합물의 올바른 화학식과 이름을 유추하시오.

산소산 음이온

산소산 음이온(oxoanion)은 하나 이상의 산소 원자와 다른 원소의 한 원자("중심 원자")로 이루어진 다원자 음이온이다. 그 예는 염소산 이온(chlorate, ClO_3^-), 질산 이온

(nitrate, NO_3^-)과 황산 이온(sulfate, SO_4^{2-}) 등이다. 종종, 둘 이상의 산소산 음이온이 중심 원자는 같으나 산소 원자 수는 다를 수 있다(예: NO_3^-와 NO_2^-). 이름이 **−산 이온**(−ate)으로 끝나는 산소산 음이온에서 시작하여 이들 이온을 다음과 같이 명명한다.

1. **−산** 이온보다 O 원자가 하나 더 있는 이온은 **과...산**(per...ate) 이온이라고 명명한다. 따라서 ClO_3^-가 염소산 이온이므로 ClO_4^-는 **과염소산**(perchlorate) 이온이다.
2. **−산** 음이온보다 O 원자가 하나 덜 있는 이온은 **아...산**(−ite) 이온이라고 명명한다. 따라서 ClO_2^-는 **아염소산**(chlorite) 이온이다.
3. **−산** 이온보다 O 원자가 두 개 덜 있는 이온은 **하이포아...산**(hypo...ite) 이온이라고 명명한다. 따라서 ClO^-는 **하이포아염소산**(hypochlorite) 이온이다.

적어도 이름이 **−산 이온**으로 끝나는 산소산 음이온의 식과 전하를 기억해야 이 지침을 필요할 때 적용할 수 있을 것이다.

예제 2.6은 산소산 음이온의 명명법을 다룬다.

예제 2.6

다음 화학종을 명명하시오.
(a) BrO_4^- (b) HCO_3^- (c) SO_3^{2-}

전략 각 화학종은 산소산 음이온이다. 각각에 대하여 "표준 산소산 음이온"[이름이 −산 이온(−ate)으로 끝나는]을 확인하고 규칙을 적용하여 적절한 이름을 결정한다.

계획 (a) 염소, 브로민과 아이오딘(7A족 구성원)은 모두 하나에서 네 개까지의 산소 원자가 있는 산소산 음이온의 유사 계열을 이룬다. 따라서 표준 산소산 음이온은 염소산 이온(ClO_3^-)과 유사한 브로민산 이온(BrO_3^-)이다.
(b) HCO_3^-는 탄산 이온 (CO_3^{2-})보다 수소 원자가 하나 더 있다.
(c) 표준 이온은 황산 이온(SO_4^{2-})이다.

풀이 (a) BrO_4^-는 브로민산 이온(BrO_3^-)보다 산소 원자가 하나 더 많으므로 BrO_4^-는 **과브로민산** 이온이다.
(b) CO_3^{2-}는 탄산 이온이다. HCO_3^-는 이온화 수소 원자가 하나이므로 **탄산수소 이온**이라고 부른다.
(c) SO_3^{2-}는 표준 이온보다 산소 원자가 하나 적으므로 **아황산** 이온이다.

생각해 보기
이름이 −산 이온으로(영문 표기법에서는 −ate) 끝나는 산소산 음이온의 이름을 기억하면 다른 이온의 이름과 화학식을 쉽게 기억할 수 있다.

염소산 이온	ClO_3^-	질산 이온	NO_3^-	브로민산 이온	BrO_3^-	옥살산 이온	$C_2O_4^{2-}$	인산 이온	PO_4^{3-}
아이오딘산 이온	IO_3^-	탄산 이온	CO_3^{2-}	황산 이온	SO_4^{2-}	크로뮴산 이온	CrO_4^{2-}	과망가니즈산 이온	MnO_4^-

추가문제 1 다음 화학종을 명명하시오.
(a) BrO^- (b) HSO_4^- (c) $C_2O_4^{2-}$

추가문제 2 다음 화학종을 명명하시오.
(a) IO_2^- (b) $HCrO_4^-$ (c) $HC_2O_4^-$

추가문제 3 다음 그림은 산소산 음이온의 한 계열의 모형이다. 이름이 −산 이온으로(영문 표기법에서는 −ate) 끝나는 산소산 음이온을 나타내는 모형은 어떤 것인가?

(i) (ii) (iii) (iv)

수화물

수화물(hydrate)은 고체 구조에 물 **분자**(molecule)를 포함하는 **이온성** 화합물이다. 예를 들면, 보통 상태에서는 황산 구리(Ⅱ)의 각 식 단위는 다섯 개의 물 분자를 포함하고 있다. 이런 화합물의 체계명은 황산 구리(Ⅱ) 오수화물[copper(Ⅱ) sulfate pentahyd-rate]이고 식은 $CuSO_4 \cdot 5H_2O$로 쓴다. 가열하면 물 분자가 떨어져 나갈 수 있다. 이러한 일이 생기면 $CuSO_4$ 화합물이 얻어지고 흔히 무수 황산 구리(Ⅱ)라고 부른다. **무수**(anhydrous)라는 말은 이 화합물에 더 이상 물 분자가 포함되어 있지 않다는 것을 의미한다. 수화물과 그 무수 화합물은 종종 물리적 성질과 화학적 성질이 다르다(그림 2.15).

몇 가지 다른 수화물은 다음과 같다.

그림 2.15 $CuSO_4$는 하얗다. 오수화물 $CuSO_4 \cdot 5H_2O$는 파랗다.

$BaCl_2 \cdot 2H_2O$	염화 바륨 이수화물(barium chloride dihydrate)
$LiCl \cdot H_2O$	염화 리튬 일수화물(lithium chloride monohydrate)
$MgSO_4 \cdot 7H_2O$	황산 마그네슘 칠수화물(magnesium sulfate heptahydrate)
$Sr(NO_3)_2 \cdot 4H_2O$	질산 스트론튬 사수화물(strontium nitrate tetrahydrate)

2.7 분자와 분자 화합물

분자(molecule)는 **공유 결합**(covalent chemical bond)[◂◂ 8.3절]이라고 알려진 정전기적 힘에 의하여 적어도 두 개 이상의 원자가 일정한 배열로 결합하고 있으면서 전기적으로 중성인 원자의 집합체이다. 분자는 같은 원소의 원자만을 포함할 수도 있고 일정 성분비의 법칙[◂◂ 2.1절]에 따라서 둘 이상의 원소가 일정한 비로 결합된 원자를 포함할 수도 있다. 따라서 분자는 원소일 수도 있고 아니면 정의에 의하여 둘 이상의 원소로 이루어진 화합물일 수도 있다[◂◂ 1.2절]. 예를 들면, 수소 기체는 원소이나 두 H 원자로 이루어진 분자이다. 다른 한편으로 물은 두 H 원자와 한 개의 O 원자를 포함하는 분자로 이루어진 화합물이다.

H_2로 나타내는 수소 분자는 원자 두 개를 포함하므로 **이원자 분자**(diatomic molecule)라고 부른다. 보통 이원자 분자로 존재하는 원소는 질소(N_2), 산소(O_2)와 7A족 원소-플루오린(F_2), 염소(Cl_2), 브로민(Br_2) 및 아이오딘(I_2)이다. 이들 분자의 원자는 같은 원소이기 때문에 **동종핵**(homonuclear) 이원자 분자라고 부른다. 이원자 분자는 또한 다른 원소의 원자를 포함할 수 있다. 이러한 **이종핵**(heteronuclear) 이원자 분자의 예는 염화 수소(HCl)와 일산화 탄소(CO)이다.

대부분의 분자에는 셋 이상의 원자가 있으며 오존(O_3)과 백린(P_4)에서처럼 모두 같은 원소의 원자일 수도 있고 물(H_2O)과 메테인(CH_4)에서처럼 둘 이상의 다른 원소가 조합될 수도 있다. 원자가 세 개 이상 있는 분자를 **다원자 분자**(polyatomic molecule)라고 부른다.

동종핵 이원자   이종핵 이원자   다원자

분자식

그림 2.16 물 분자를 표현하는 몇 가지 방법

화학식(chemical formula)은 물질의 조성(composition)을 나타낸다. **분자식**(molecular formula)은 분자에서 각 원소의 원자의 정확한 수를 나타낸다. 분자를 논의할 때 각 예에 분자식을 괄호에 표시하였다. 따라서 H_2는 수소, O_2는 산소, O_3는 오존 그리고 H_2O는 물의 분자식이다. 아래 첨자 숫자는 분자에 존재하는 한 원소의 원자 수를 나타낸다. H_2O의 산소에는 아래 첨자가 없는데 그 이유는 물 분자에서 산소 원자는 하나뿐이기 때문이다. 이온성 화합물의 식에서처럼 아래 첨자로서 1은 쓰지 않는다. 산소(O_2)와 오존(O_3)은 산소의 동소체이다. **동소체**(allotrope)는 한 원소의 두 가지 이상의 다른 형태 중의 하나를 말한다. 탄소 원소의 두 동소체(다이아몬드와 흑연)는 성질이 매우 다르다 (그리고 가격도 크게 다름).

분자는 또한 **구조식**으로 나타낼 수 있다. **구조식**(structural formula)은 원소의 조성만이 아니라 분자 내 원자의 연결 순서(arrangement)를 나타낸다. 물의 경우 두 수소 원자는 산소 원자에 연결되어 있다. 그림 2.16에 물의 분자식, 구조식과 분자 모형(공–막대 모형과 공간 채움 모형)이 나와 있다. 두 원자 사이의 화학 결합은 점 두 개나 선으로 표시할 수 있다.

8장과 9장에서 분자식을 이용하여 구조식과 분자의 삼차원 배열을 유추하는 법을 배울 것이다. 이 책에서는 분자를 표현하는 이런 방법을 모두 사용할 것이기 때문에 각 방법과 이것이 알려주는 정보에 익숙해야 한다.

예제 2.7은 분자 모형을 보고 분자식을 쓰는 법을 보여주고 있다.

예제 2.7

에탄올의 공–막대 모형을 보고, 그 분자식을 쓰시오.

전략 원자의 색깔을 참조한다.(또는 표 1.1을 보시오.)

계획 탄소 원자는 둘, 수소 원자는 여섯, 산소 원자는 하나이므로 C의 아래 첨자는 2, H의 아래 첨자는 6이고 산소에는 아래 첨자를 붙이지 않는다.

풀이 C_2H_6O

에탄올

> **생각해 보기**
> 에탄올 같은 유기 화합물의 분자식은 종종 분자에서의 원자의 실제 위치가 더 가깝게 표현되도록 쓴다. 따라서 에탄올의 분자식은 흔히 C_2H_5OH로 쓴다.

추가문제 1 클로로폼은 19세기에 출산과 외과 수술 시 마취제로 사용되었다. 분자 모형을 참조하여 클로로폼의 분자식을 쓰시오.

클로로폼

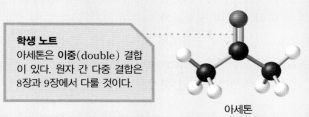

추가문제 2 분자 모형을 참조하여 아세톤의 분자식을 쓰시오.

학생 노트
아세톤은 **이중**(double) 결합
이 있다. 원자 간 다중 결합은
8장과 9장에서 다룰 것이다.

아세톤

추가문제 3 다음에 나오는 공을 사용하여 에탄올의 공-막대 모형을 만든다면 몇 개의 모형이 가능한가? 각 색깔의 공은 몇 개가 남겠는가?

분자 화합물의 명명

어떤 분자 물질은 **이성분 화합물**(binary compound)로서 두 가지의 다른 원소의 원자로 이루어져 있다. 이성분 분자 화합물에는 두 가지의 다른 **비금속**(nonmetal)이 들어 있다(그림 2.10 참조).[이성분이라는 용어는 두 다른 원소(금속과 비금속)로 이루어진 이온성 화합물에도 사용될 수 있다.] 이성분 분자 화합물을 명명할 때 먼저 두 번째 원소명의 어간에 −**화**(−ide)를 붙인 후, 첫 번째 원소명을 더한다.(영문 표기에서는 먼저 화합물의 첫 번째 원소명을 쓰고 두 번째 원소명의 어간에 −ide를 붙인다.) HCl의 경우 두 번째 원소는 염소이므로 염소(chlorine)를 염화(chloride)로 바꾼다. 첫 번째 원소는 수소이다. 따라서 HCl의 체계명은 **염화 수소**(hydrogen chloride)이다. 비슷하게, HI는 아이오딘화 수소(hydrogen iodide, iodine → iodide)이고 SiC는 탄화 규소(silicon carbide, carbon → carbide)이다.

특정한 비 하나로만 결합하는 이성분 이온성 화합물과는 다르게 두 비금속성 원소는 몇 가지 다른 이성분 분자 화합물을 흔히 형성할 수 있다. 이러한 경우에, 각 원소의 원자 수를 나타내는 수치 접두사를 사용하면 혼동을 피할 수 있다.(영문 표기에서는 그리스어 수치 접두사를 사용한다.) 표 2.4에 몇 가지 그리스어 접두사가 나와 있고, 표 2.5에 접두사를 사용하여 명명한 몇 가지 화합물의 예가 나와 있다.

표 2.4	그리스어 접두사		
접두사	뜻하는 숫자	접두사	뜻하는 숫자
모노(mono−)	1	헥사(hexa−)	6
다이(di−)	2	헵타(hepta−)	7
트라이(tri−)	3	옥타(octa−)	8
테트라(tetra−)	4	노나(nona−)	9
펜타(penta−)	5	데카(deca−)	10

표 2.5	그리스어 접두사를 사용한 몇 가지 화합물의 이름		
화합물	이름	화합물	이름
CO	일산화 탄소 (carbon monoxide)	SO_3	삼산화 황 (sulfur trioxide)
CO_2	이산화 탄소 (carbon dioxide)	NO_2	이산화 질소 (nitrogen dioxide)
SO_2	이산화 황 (sulfur dioxide)	N_2O_5	오산화 이질소 (dinitrogen pentoxide)

접두사 **일**(mono−)은 첫 번째 원소에 대해서는 생략한다. 예를 들면, SO_2는 **이산화 일 황**(monosulfur dioxide)이 아니라 **이산화 황**(sulfur dioxide)이라고 명명한다. 따라서 첫 번째 원소에 접두사가 없으면 분자에는 그 원소의 원자가 하나뿐이다. 또한 발음이 편하도록 산화물의 명명에서 "o"나 "a"로 끝나는 접두사의 마지막 글자는 생략한다. 따라서 N_2O_5의 영어명은 dinitrogen pentaoxide가 아니라 **dinitrogen pentoxide**이다.

예제 2.8에 화학식에서 이성분 분자 화합물을 명명하는 연습 문제가 나와 있다.

예제 2.8

다음 이성분 분자 화합물을 명명하시오.

(a) NF_3　　　　　　　　　　　　　　　　(b) N_2O_4

전략　각 화합물을 체계명을 사용하여 명명한다.(영문 표기에서는 필요하면 적절한 그리스어 접두사를 사용한다.)

계획　이성분 화합물의 경우에는 먼저 화학식에 두 번째로 나오는 원소의 이름에 "−화"를 붙여 쓴 후 첫 번째로 나오는 원소명을 적는다. 각 원소의 개수를 표시해야 하는 경우에는 접두사를 사용한다. (a)에서는 질소 원자가 하나이고 플루오린 원자는 세 개이다. 질소는 식에서 처음에 나오므로 접두사 **일−**(mono−)을 생략하고 플루오린 원자는 접두사 **삼−**(tri−)으로 나타낸다. (b)에서 분자에 두 질소 원자와 네 산소 원자가 있으므로 접두사 **이−**(di−)와 **사−**(tetra−)를 사용하여 화합물을 명명한다. 영문 표기에서는 산화물의 이름에서 "a"나 "o"로 끝나는 마지막 글자는 생략한다.

풀이　(a) 삼플루오린화 질소(nitrogen trifluoride)　　(b) 사산화 이질소(dinitrogen tetroxide)

> ### 생각해 보기
> 분자식의 아래 첨자와 접두사가 일치하고 영문 이름에서는 단어 oxide 앞에 글자 "a"나 "o"가 바로 나오지 않는지를 확인한다.

추가문제 1　다음 이성분 분자 화합물을 명명하시오.
(a) Cl_2O　　　　　　　(b) $SiCl_4$

추가문제 2　다음 이성분 분자 화합물을 명명하시오.
(a) ClO_2　　　　　　　(b) CBr_4

추가문제 3　다음 그림의 이성분 분자 화합물을 명명하시오.

주어진 체계명에서 분자 화합물의 화학식을 쓰는 일은 간단하다. 예를 들어, **삼염화 붕소**(boron trichloride)라는 이름은 붕소 원자 하나(수치 접두사가 없음)와 세 염소 원자(삼−)의 존재를 나타내므로 분자식은 BCl_3이다. 영문 체계에서 원소의 순서는 이름과 식에서 모두 같다.

예제 2.9에 이름에서 이성분 분자 화합물의 식을 결정하는 연습 문제가 나와 있다.

예제 2.9

다음 이성분 분자 화합물의 화학식을 쓰시오.

(a) 사플루오린화 황　　　　　　　　　　　(b) 십황화 사인

전략　화합물의 화학식은 체계 명명법 지침을 사용하면 쓸 수 있다.

계획 (a)에서 황에는 접두사가 없으므로 화합물의 분자에 황 원자는 하나만 있다. 따라서 식에서 S에는 접두사를 사용하지 않는다. 접두사 사–는 네 개의 플루오린 원자를 의미한다. (b)에서 접두사 **사**–와 **십**–은 각각 네 개의 원자와 열 개의 원자를 의미한다.

풀이 (a) SF_4 (b) P_4S_{10}

생각해 보기
화학식의 아래 첨자가 화합물 이름의 접두사와 일치하는지를 이중 검토한다. (a) 4＝사 (b) 4＝사 그리고 10＝십

추가문제 1 다음 각 화합물의 분자식을 쓰시오.
(a) 이황화 탄소 (b) 삼산화 이질소

추가문제 2 다음 각 화합물의 분자식을 쓰시오.
(a) 육플루오린화 황 (b) 십플루오린화 이황

추가문제 3 삼산화 황의 분자 모형을 그리시오.

수소를 포함하는 분자 화합물의 이름은 흔히 체계명을 따르지 않는다. 관습적으로 이러한 화합물은 비체계명인 관용명(common name)이나 존재하는 H 원자의 수를 분명하게 표시하지 않은 이름으로 부른다.

B_2H_6 다이보레인(diborane) PH_3 포스핀(phosphine)
SiH_4 실레인(silane) H_2O 물(water)
NH_3 암모니아(ammonia) H_2S 황화 수소(hydrogen sulfide)

이러한 수소를 포함하는 화합물에서 원소를 쓰는 순서조차도 비규칙적이다. 물과 황화 수소에서는 H를 먼저 쓰나 다른 화합물에서는 마지막에 쓴다.

간단한 산

산(acid)은 분자 화합물의 다른 중요한 부류이다. **산**(acid)의 한 가지 정의는 물에 녹았을 때 수소 이온(H^+)을 생성하는 물질을 말한다. 몇 가지 이성분 분자 화합물은 물에 녹으면 수소 이온이 생기므로 산이다. 이러한 경우 화학식은 같아도 두 가지 다른 이름을 쓸 수 있다. 예를 들면, HCl **염화 수소**(hydrogen chloride)는 기체상 화합물이다. 하지만, 이것이 물에 녹으면 **염화 수소산**(염산, hydrochloric acid)이라고 부른다. 이러한 종류의 간단한 산의 명명 규칙은 다음과 같다. 기체상 화합물의 이름 말미에 –산을 붙인다. [영문 표기에서는 수소(hydrogen)의 말미에서 –gen을 제거하고(hydro–가 남는다), 두 번째 원소명의 말단 –ide를 –ic로 변경한 후 두 단어를 합하고 글자 acid를 붙인다.]

학생 노트
탄소와 수소를 포함하는 이성분 화합물은 유기(organic) 화합물로서 다른 분자 화합물과 같은 명명법을 따르지 않는다. 유기 화합물과 그 명명법은 20장에서 다룬다.

학생 노트
15장에서 산과 염기를 더 자세하게 다룰 것이다. 그리고 산과 염기를 정의하는 다른 방법이 있음을 알게 될 것이다.

학생 노트
이온은 전하를 띤(charged) 화학종이다.

표 2.6	몇 가지 간단한 산	
식	**이성분 화합물 이름**	**산 이름**
HF	플루오린화 수소(hydrogen fluoride)	플루오린화 수소산(hydrofluoric acid)
HCl	염화 수소(hydrogen chloride)	염화 수소산(염산, hydrochloric acid)
HBr	브로민화 수소(hydrogen bromide)	브로민화 수소산(hydrobromic acid)
HI	아이오딘화 수소(hydrogen iodide)	아이오딘화 수소산(hydroiodic acid)
HCN*	사이안화 수소(hydrogen cyanide)	사이안화 수소산(hydrocyanic acid)

*HCN은 이성분 화합물은 아니지만, 화학적으로 HF, HCl, HBr, HI와 비슷하므로 이 표에 포함한다.

hydrogen chloride+−ic acid → hydrochloric acid

비슷하게 플루오린화 수소(hydrogen fluoride, HF)는 **플루오린화 수소산**(hydrofluoric acid)이 된다. 표 2.6에 몇 가지 다른 예가 나와 있다.

물에 녹았을 때 수소 이온이 화합물에서 생성되려면 **이온화 수소 원자**(ionizable hydrogen atom)가 적어도 하나는 있어야 한다. 이온화 수소 원자는 물에 녹였을 때 분자에서 분리되어 수소 이온(H^+)이 되는 원자이다.

산소산

간단한 산 이외에도 이온화하였을 때 수소 이온과 산소산 음이온을 생성하는 **산소산**(oxoacid)이라고 부르는 다른 중요한 부류의 산이 있다. 산소산의 화학식은 산소산 음이온에 H^+ 이온을 첨가하여 알짜 전하가 없는 식이 나오도록 하여 정할 수 있다. 예를 들면, 질산 이온(NO_3^-)과 황산 이온(SO_4^{2-})에서 얻어지는 산소산의 식은 각각 HNO_3와 H_2SO_4이다. 산소산 음이온의 이름에서 유래하는 산소산의 이름은 다음과 같은 방법으로 얻어진다.

1. **−산**(−ate) 이온에서 유래하는 산은 **−산**(. . . ic acid)이라고 부른다. 따라서 $HClO_3$는 **염소산**(chloric acid)이다.
2. **아. . .산**(−ite) 이온에서 유래하는 산은 **아. . .산**(. . . ous acid)이라고 부른다. 따라서 $HClO_2$는 **아염소산**(chlorous acid)이다.
3. 산소산 음이온 이름의 접두사는 산소산의 이름에도 계속 쓰인다. 따라서 $HClO_4$와 $HClO$는 각각 **과염소산**(perchloric acid)과 **하이포아염소산**(hypochlorous acid)이다.

H_2SO_4와 H_3PO_4 같은 산소산은 이온화 수소 원자가 둘 이상인 **다양성자 산**(polyprotic acid)이다. 이러한 경우 인산에서 유래하는 음이온의 경우에서처럼 하나 이상의(하지만 모두는 아님) 수소 이온이 제거된 음이온의 이름은 남아 있는 수소 원자의 수를 표시하여야 한다.

H_3PO_4	인산 (phosphoric acid)	HPO_4^{2-}	인산수소 이온 (hydrogen phosphate ion)
$H_2PO_4^-$	인산이수소 이온 (dihydrogen phosphate ion)	PO_4^{3-}	인산 이온 (phosphate ion)

예제 2.10에 산소산을 명명하는 연습 문제가 나와 있다.

예제 2.10

아황산의 화학식을 쓰시오.

전략 산의 이름 앞의 아−는 산이 아−로 시작하는 산소산 음이온에서 유래한다는 것을 의미한다. 산소산 음이온의 식과 전하를 결정한 후 화학식이 중성이 되도록 수소를 더한다.

계획 아황산 음이온은 SO_3^{2-}이다.

풀이 아황산의 식은 H_2SO_3이다.

> **생각해 보기**
>
> 산소산의 이름은 접두사 하이드로−(hydro−)로 절대 시작하지 않는다. 산의 이름에서 접두사 하이드로−는 그 산이 이성분임을 나타낸다.

추가문제 1 과브로민산의 화학식을 결정하시오(예제 2.6 참조).

추가문제 2 크로뮴산의 화학식을 결정하시오.

추가문제 3 예제 2.6의 추가문제 3의 그림을 참조하여 어느 이온이 접두사로 시작하는 이름을 가진 산의 일부분인가?

탄소를 포함한 CN^-와 CO_3^{2-} 같은 화학종을 무기물이라고 보지만 지금까지의 명명법에 관한 논의는 탄소를 포함하지 않는 화합물로 정의하는 **무기 화합물**(inorganic compound)에 초점을 맞추었다. 분자 물질의 다른 중요한 부류는 **유기**(organic) 화합물로서 자체적인 명명법 체계를 갖추고 있다. **유기 화합물**(organic compound)은 탄소와 수소를 포함하고 있으며 산소, 황 및 할로젠 같은 다른 원소도 들어 있을 수 있다. 탄소와 수소만을 포함하는 가장 간단한 유기 화합물을 **탄화수소**(hydrocarbon)라고 부른다. 탄화수소 중에서 가장 간단한 예는 **알케인**(alkane)이라고 부르는 화합물이다. 알케인의 이름은 분자의 탄소 원자의 수에 의하여 정해진다. 표 2.7에 몇 가지 간단한 알케인의 분자식, 체계명과 공−막대 모형이 나와 있다.

많은 유기 화합물은 수소 원자가 **작용기**(functional group)라고 부르는 원자단으로 치환된 알케인의 유도체이다. 작용기에서 화학 반응이 일어나므로 작용기는 한 화합물의 화학적 성질을 결정한다. 표 2.8에 몇 가지 중요한 작용기의 이름과 공−막대 모형이 나와 있다.

예를 들면, 알코올 음료의 알코올인 에탄올(ethanol)은 에테인(C_2H_6)의 수소 하나가 알코올(−OH)기로 치환된 분자이다. 그 이름은 탄소 두 개를 포함하는 **에테인**(ethane)에서 유래한다.

에탄올의 분자식은 C_2H_6O로 쓸 수도 있으나, C_2H_5OH가 분자의 구조에 대하여 더 많은 정보를 제공한다. 유기 화합물과 몇 가지 작용기는 20장에서 더 자세히 다룰 것이다.

에탄올

분자 물질의 실험식

지금까지 배웠던 것에 덧붙이면 이온성 물질처럼 분자 물질도 **실험식**(empirical formula)을 이용하여 쓸 수 있다(2.6절로 되돌아갈 것). 실험식은 분자에 존재하는 원소의 종류와 이들이 결합하고 있는 원자들의 최소 정수비를 나타낸다. 예를 들면, 과산화 수소의 분자식은 H_2O_2이나 실험식은 그냥 HO이다. 로켓 연료로 사용되는 하이드라진(hydrazine)은 분자식이 N_2H_4이므로 실험식은 NH_2이다. 분자식(N_2H_4)과 실험식(NH_2) 둘 다 질소 대 수소의 비는 1:2이나 분자식만이 하이드라진 분자에 존재하는 N 원자(둘)와 H 원자(넷)의 실제 수를 알려준다.

많은 경우에 실험식과 분자식은 같다. 예를 들면, 물의 경우 O 원자 대 H 원자의 비를 나타내는 더 작은 정수비가 없으므로 실험식은 분자식 H_2O와 같다. 표 2.9에 몇 가지 화합물의 분자식과 실험식이 나와 있다.

실험식은 **가장 간단한**(simplest) 화학식이다. 분자식의 아래 첨자를 가능한 가장 작은 정수로 환산하면(원자의 상대적 수는 변하지 않고) 얻어진다. 분자식은 분자의 **참된**(true) 화학식이다. 3장에서 보듯이 화학자가 미지의 화합물을 분석할 때 첫 번째 단계는 대개 그 화합물의 실험식을 결정하는 것이다.

표 2.7	몇 가지 간단한 알케인의 화학식, 이름과 모형	
화학식	이름	모형
CH_4	메테인(methane)	
C_2H_6	에테인(ethane)	
C_3H_8	프로페인(propane)	
C_4H_{10}	뷰테인(butane)	
C_5H_{12}	펜테인(pentane)	
C_6H_{14}	헥세인(hexane)	
C_7H_{16}	헵테인(heptane)	
C_8H_{18}	옥테인(octane)	
C_9H_{20}	노네인(nonane)	
$C_{10}H_{22}$	데케인(decane)	

표 2.8	유기 작용기	
이름	작용기	모형
알코올(alcohol)	$-OH$	
알데하이드(aldehyde)	$-CHO$	
카복실산(carboxylic acid)	$-COOH$	
아민(amine)	$-NH_2$	

표 2.9	분자식과 실험식			
화합물	분자식	모형	실험식	모형
물	H_2O		H_2O	
과산화 수소	H_2O_2		HO	
에테인	C_2H_6		CH_3	
프로페인	C_3H_8		C_3H_8	
아세틸렌	C_2H_2		CH	
벤젠	C_6H_6		CH	

예제 2.11은 분자식에서 실험식을 결정하는 문제이다.

예제   2.11

다음 분자의 실험식을 쓰시오.

(a) 혈당으로 알려진 글루코스(포도당, $C_6H_{12}O_6$)

(b) 비타민 B_4인 아데닌($C_5H_5N_5$)

(c) 마취제("웃음 가스")와 거품 크림의 에어로졸 추진제로 쓰이는 아산화 질소 기체(N_2O)

전략 실험식을 쓰려면 분자식의 아래 첨자를 가능한 가장 작은 정수(원자의 상대적 수는 변하지 않고)로 줄여야 한다.

계획 (a)와 (b)의 분자식은 각각 공통 수로 나눠지는 아래 첨자가 있다. 그러므로 분자식에서보다 더 작은 정수로 화학식을 나타낼 수 있다. (c)에서는 분자에 O 원자가 하나만 있으므로 이 식을 더 간단하게 만드는 것은 불가능하다.

풀이 (a) 글루코스의 분자식의 각 아래 첨자를 6으로 나누면 실험식 CH_2O가 얻어진다. 아래 첨자를 2나 3으로 나누면 각각 식 $C_3H_6O_3$와 $C_2H_4O_2$가 얻어진다. 각 식에서 탄소 대 수소 대 산소의 비는 맞지만(1:2:1), 아래 첨자가 가능한 가장 작은 비가 아니므로 이 식이 가장 간단한 식은 아니다.

(b) 아데닌 분자식의 각 아래 첨자를 5로 나누면 실험식 CHN이 얻어진다.

(c) 아산화 질소의 화학식에서 아래 첨자가 이미 가능한 가장 작은 정수이므로 실험식은 분자식 N_2O와 같다.

생각해 보기

실험식에서의 비가 분자식에서와 같은지 그리고 아래 첨자가 가능한 가장 작은 정수인지를 확인한다. 예를 들어, (a)의 분자식에서 C:H:O의 비는 6:12:6이고 이 값은 실험식에서의 비인 1:2:1과 같다.

추가문제 1 다음 분자의 실험식을 쓰시오.

(a) 차와 커피에 들어 있는 흥분제인 카페인($C_8H_{10}N_4O_2$)

(b) 담배 라이터에서 쓰이는 뷰테인(C_4H_{10})

(c) 아미노산인 글리신($C_2H_5NO_2$)

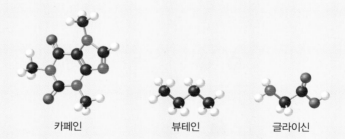

카페인   뷰테인   글라이신

추가문제 2 다음 분자식 중에서 괄호에 나와 있는 실험식이 올바른 것은 어느 것인가?

(a) $C_{12}H_{22}O_{11}(C_{12}H_{22}O_{11})$ (b) $C_8H_{12}O_4(C_4H_6O_2)$ (c) $H_2O_2(H_2O)$

추가문제 3 다음 분자 중에서 아세트산($HC_2O_2H_3$)과 그 실험식이 같은 것은 어느 것인가?

폼알데하이드   벤즈알데하이드   글루코스

2.8 화합물 복습

화합물은 이온과 분자로 만들어질 수 있다는 것을 배웠다. 화학식을 보고 화합물이 이온성 화합물인지 분자 화합물인지를 구별할 수 있는 것은 중요하다. 많은 경우에 흔한 다원자 이온을 알아야만 이러한 일이 가능할 것이다. 또한 화합물을 체계적으로 명명하는 방법을 배웠다. 관습에 따라서 분자 화합물에서 조합비를 표시할 경우 그리스어 접두사를 사용한다는 점을 기억하기 바란다. 하지만 이온성 화합물에서는 접두사가 없더라도 구성 이온의 전하를 알기 때문에 접두사를 쓸 필요는 없다. 그림 2.17에 분자 및 이온성 화합물의 명명 과정을 단계별로 요약하였다.

어떤 화합물은 체계명보다는 관용명으로 더 잘 알려져 있다. 익숙한 예가 표 2.10에 나와 있다.

학생 노트
일반적으로 다음과 같은 질문을 하면, 한 화합물이 분자 화합물인지 이온성 화합물인지를 알 수 있다. 화합물이 비금속으로만 이루어져 있는가? 그렇다면 아마도 분자 화합물일 것이다. 화합물에 금속 양이온이나 NH_4^+ 이온이 들어 있는가? 그렇다면 아마도 이온성 화합물일 것이다.(NH_4^+ 이온이 있다면 비금속 원자만 들어 있어도 이온성 화합물일 수가 있다.)

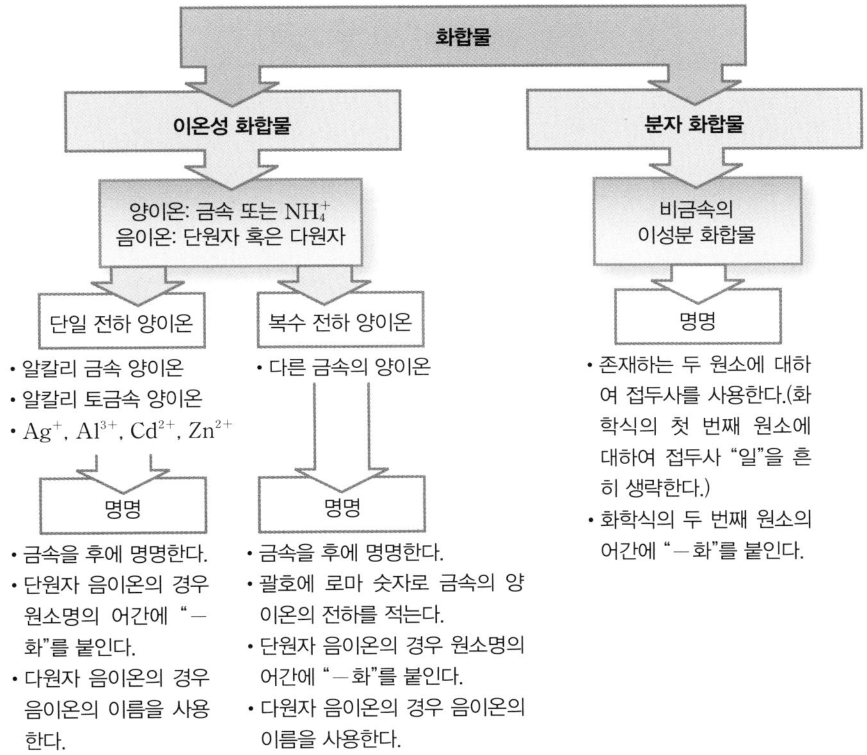

그림 2.17 분자 화합물과 이온성 화합물의 이름을 쓰는 단계

표 2.10	몇 가지 흔한 무기 화합물의 관용명과 체계명	
식	**관용명**	**체계명**
$CaCO_3$	대리석, 분필, 석회석	탄산 칼슘
$NaHCO_3$	베이킹 소다	탄산수소 소듐
$Mg(OH)_2$	Milk of magnesia	수산화 마그네슘
H_2O	물	일산화 이수소
NH_3	암모니아	질소화 삼수소
CO_2	드라이아이스	고체 이산화 탄소
$NaCl$	소금	염화 소듐
N_2O	아산화 질소, 웃음 가스	일산화 이질소
$MgSO_4 \cdot 7H_2O$	엡섬 염	황산 마그네슘 칠수화물

화합물의 명명

이성분 분자 화합물의 명명은 2.7절에서 요약된 과정을 따른다. 화학식에서 뒤에 나타나는 원소를 먼저 명명하고 첫 번째 원소명을 그 다음에 쓴다.(영문 표기법에서는 식의 첫 번째 원소를 먼저 명명하고 두 번째 원소의 말미를 –ide로 바꾼다.) 원자의 수는 수치 접두사로 나타낸다.(영문 표기법에서는 그리스 접두사를 사용하며 화학식의 첫 번째 원소가 원자 하나만 있는 경우에는 접두사 mono–는 사용하지 않는다.)

예:

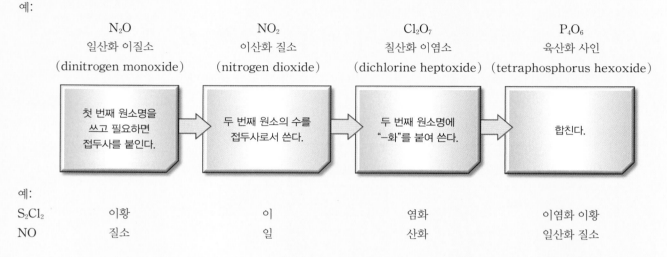

N_2O	NO_2	Cl_2O_7	P_4O_6
일산화 이질소	이산화 질소	칠산화 이염소	육산화 사인
(dinitrogen monoxide)	(nitrogen dioxide)	(dichlorine heptoxide)	(tetraphosphorus hexoxide)

첫 번째 원소명을 쓰고 필요하면 접두사를 붙인다. → 두 번째 원소의 수를 접두사로서 쓴다. → 두 번째 원소명에 "–화"를 붙여 쓴다. → 합친다.

예:

S_2Cl_2	이황	이	염화	이염화 이황
NO	질소	일	산화	일산화 질소

이성분 이온성 화합물의 명명은 2.6절에서 요약된 간단한 과정을 따른다. 다원자 이온이 들어 있는 화합물의 명명은 근본적으로 같은 과정을 따른다. 하지만 흔한 다원자 이온을 알아보아야 한다[◀◀ 표 2.3]. 많은 이온성 화합물에 다원자 이온이 들어 있으므로 그 이름, 식과 전하를 쉽게 알아차릴 정도로 아는 것은 중요하다.

결합비가 1:1이 아닌 이온성 화합물의 경우에는 아래 첨자를 사용하여 식에 있는 각 이온의 수를 나타낸다.

　　예: $CaBr_2$, Na_2S, $AlCl_3$, Al_2O_3, FeO, Fe_2O_3

주족 원소의 흔한 이온은 전하를 예측할 수 있으므로 이들을 포함한 화합물을 명명할 때 그 수를 나타내기 위하여 접두사를 사용할 필요는 없다. 따라서 위에 나온 첫 번째 네 가지 예의 이름은 브로민화 칼슘, 황화 소듐, 염화 알루미늄과 산화 알루미늄이다. 마지막 두 개의 예시에는 전하가 둘 이상이 가능한 전이 금속 이온이 있다. 이러한 경우에는 모호함을 방지하기 위하여 금속 이온의 전하는 로마 숫자를 괄호에 써서 나타낸다. 이 두 화합물의 이름은 각각 산화 철(II)과 산화 철(III)이다.

다원자 이온의 아래 첨자가 필요한 경우에는 이온의 식을 먼저 괄호로 묶어야 한다.

　　예: $Ca(NO_3)_2$, $(NH_4)_2S$, $Ba(C_2H_3O_2)_2$, $(NH_4)_2SO_4$, $Fe_3(PO_4)_2$, $Co_2(CO_3)_3$

　　이름: 질산 칼슘, 황화 암모늄, 아세트산 바륨, 황산 암모늄, 인산 철(II), 탄산 코발트(III)

화학식에서 이온성 화합물의 이름을 쓰는 과정은 다음 흐름도로 요약할 수 있다.

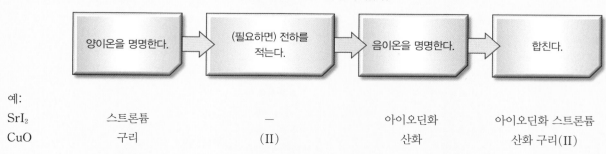

양이온을 명명한다. → (필요하면) 전하를 적는다. → 음이온을 명명한다. → 합친다.

예:

SrI_2	스트론튬	—	아이오딘화	아이오딘화 스트론튬
CuO	구리	(II)	산화	산화 구리(II)

이름에서 이온성 화합물의 화학식을 쓸 수 있는 것도 중요하다. 다시 흔한 다원자 이온을 아는 것은 매우 중요하다. 주어진 이름에서 이온성 화합물의 이름을 쓰는 과정은 다음과 같이 요약할 수 있다.

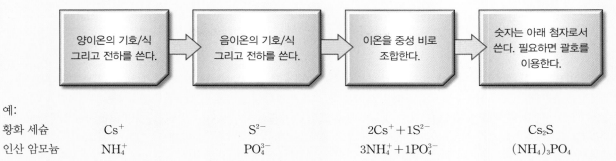

예:

| 황화 세슘 | Cs^+ | S^{2-} | $2Cs^+ + 1S^{2-}$ | Cs_2S |
| 인산 암모늄 | NH_4^+ | PO_4^{3-} | $3NH_4^+ + 1PO_4^{3-}$ | $(NH_4)_3PO_4$ |

주어진 이름에서 분자 화합물의 이름을 쓰는 과정은 다음과 같이 요약할 수 있다.

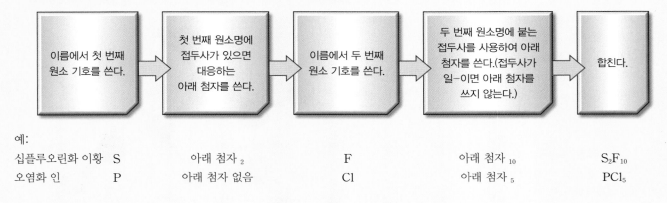

예:

| 십플루오린화 이황 | S | 아래 첨자 2 | F | 아래 첨자 10 | S_2F_{10} |
| 오염화 인 | P | 아래 첨자 없음 | Cl | 아래 첨자 5 | PCl_5 |

주요 내용 문제

2.1
$CaSO_4$의 올바른 이름은 무엇인가?
(a) 칼슘 설폭사이드(calcium sulfoxide)
(b) 아황산 칼슘(calcium sulfite)
(c) 산화 칼슘 황(calcium sulfur oxide)
(d) 황산 칼슘(calcium sulfate)
(e) 사산화 황화 칼슘(calcium sulfide tetroxide)

2.2
과염소산 니켈(II)의 올바른 식은 무엇인가?
(a) $NiClO_4$　　(b) Ni_2ClO_4　　(c) $Ni(ClO_4)_2$
(d) $NiClO_3$　　(e) $Ni(ClO_3)_2$

2.3
NCl_3의 올바른 이름은 무엇인가?
(a) 염화 삼질소(trinitrogen chloride)
(b) 염화 일질소(mononitrogen chloride)
(c) 삼염화 질소(nitrogen trichloride)
(d) 삼염화 나이트라이드(nitride trichloride)
(e) 염화 모노나이트라이드(mononitride chloride)

2.4
오염화 인(phosphorus pentachloride)의 올바른 식은 무엇인가?
(a) PCl_5　　(b) P_5Cl　　(c) $P(ClO)_5$
(d) PO_4Cl　　(e) $PClO$

연습문제

배운 것 적용하기

철은 필수 원소이지만 또한 독성 물질일 수도 있다. 혈색소 침착증은 흔한 유전 질병의 하나로서 조직과 장기에 "철 과부하" 혹은 과량의 철의 저장을 유발한다. 혈색소 침착증 환자는 주기적 정맥 절개술을 받아서(혈액의 제거) 저장된 과량의 철을 제거하여야 한다. 그렇지 않으면 간과 신장 같은 내부 장기에 돌이킬 수 없는 손상을 입게 된다. 철을 너무 많이 저장하는 경향이 있는 사람은 아스코르브 산(비타민 C)처럼 철 흡수를 촉진하는 물질과 함께 철이 풍부한 음식을 섭취하지 않도록 주의하여야 한다.

철의 독성 때문에 철분 보충제는 특히 아동에게 위험할 수도 있다. 사실, 철 중독은 어린 아동에서 가장 흔한 중독 비상 사태이다. 그 이유는 철분 보충제가 캔디를 닮았기 때문이다. 철을 함유한 대부분의 비타민은 과다 복용 사고를 막기 위하여 아이들이 열 수 없는 뚜껑이 달려 있다. 미국 식품의약국(FDA)은 어린이가 위험한 양을 섭취하는 것을 더 어렵게 만들기 위하여 일회 복용량이 30 mg보다 더 많은 철이 들어 있는 보충제는 일회량 블리스터 팩(blister pack)으로 팔 것을 권고하고 있다.

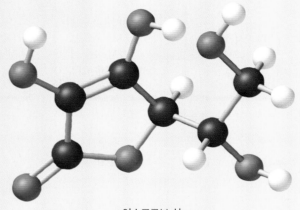

아스코르브 산

(a) 철의 천연 동위 원소는 네 가지이다. ^{54}Fe(53.9396 amu), ^{56}Fe(55.9349 amu), ^{57}Fe(56.9354 amu), ^{58}Fe(57.9333 amu). 각 동위 원소에서 핵의 중성자 수를 구하시오[|◀◀ 예제 2.2].

(b) 네 동위 원소의 천연 존재비가 각각 5.845, 91.754, 2.119, 0.282%라면 철의 평균 원자 질량을 구하시오[|◀◀ 예제 2.3].

(c) 황산 제1철[황산 철(II)]의 식을 쓰시오[|◀◀ 예제 2.5].

(d) 아스코르브산의 분자식을 쓰시오(공–막대 모형 참조)[|◀◀ 예제 2.7].

(e) 아스코르브산의 실험식을 쓰시오[|◀◀ 예제 2.11].

2.1절: 원자론

2.1 원소 황과 산소는 다양한 화합물을 형성할 수 있으며, 그 중에서 가장 흔한 예는 SO_2와 SO_3이다. 이 두 화합물의 시료를 각 구성 원소로 분해하였다. 한 시료에서는 O 1 g당 1.002 g의 S가 얻어졌고, 다른 시료에서는 O 1 g당 0.668 g의 S가 얻어졌다. 이 결과가 배수 비례의 법칙에 부합하는지를 보이시오.

2.2 황이 플루오린과 반응하면 세 다른 화합물이 얻어진다. 각 화합물에서 플루오린 대 황의 질량비는 다음 표에 나와 있다.

화합물	질량 F : 질량 S
S_2F_{10}	2.962
SF_4	2.370
SF_6	3.555

이 결과가 배수 비례의 법칙에 부합하는지를 보이시오.

2.3 두 화합물의 그림에서 다음 비를 구하시오.

$$\frac{g \text{ 파란색} : 1.00 \text{ g 빨간색(오른쪽)}}{g \text{ 파란색} : 1.00 \text{ g 빨간색(왼쪽)}}$$

2.2절: 원자의 구조

2.4 원자의 반지름은 핵보다 대략 10,000배만큼 크다. 원자를 그 핵의 반지름이 2.0 cm가 되도록 늘리면 미터와 마일(1 mi = 1609 m)로 원자의 반지름은 얼마가 될 것인가?

2.3절: 원자 번호, 질량수 및 동위 원소

2.5 ^{239}Pu의 중성자 수를 구하시오.

2.6 다음 화학종에서 양성자, 중성자, 전자의 수를 구하시오.
$^{15}_{7}N$, $^{33}_{16}S$, $^{63}_{29}Cu$, $^{84}_{38}Sr$, $^{130}_{56}Ba$, $^{186}_{74}W$, $^{202}_{80}Hg$

2.7 다음 동위 원소의 적절한 기호를 쓰시오.
(a) $Z = 74$, $A = 186$
(b) $Z = 80$, $A = 201$
(c) $Z = 34$, $A = 76$
(d) $Z = 94$, $A = 239$

2.8 다음 원자의 질량수를 구하시오.
(a) 중성자가 11인 플루오린 원자
(b) 중성자가 16인 황 원자
(c) 중성자가 45인 비소 원자
(d) 중성자가 120인 백금 원자

2.4절: 주기율표

2.9 주기율표에서 (a) 족 아래로 (b) 왼쪽에서 오른쪽으로 옮겨갈 때 성질의 변화(금속성에서 비금속성 혹은 비금속성에서 금속성)를 서술하시오.

2.10 다음 원소 중에서 비슷한 화학적 성질을 보일 것으로 예측되는 쌍끼리 그룹을 만드시오.

K, F, P, Na, Cl, N

2.11 아래 주기율표에 다음과 같은 생물적으로 중요한 원소에 해당하는 기호를 쓰시오.

철(산소를 운반하는 헤모글로빈에 존재), 아이오딘(갑상선에 존재), 소듐(세포 내 및 세포 외 액체에 존재), 인(뼈와 치아에 존재), 황(단백질에 존재), 마그네슘(클로로필에 존재)

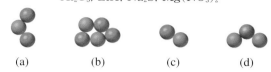

2.5절: 원자 질량 척도와 평균 원자 질량

2.12 $^{204}Pb(1.4\%)$, $^{206}Pb(24.1\%)$, $^{207}Pb(22.1\%)$, $^{208}Pb(52.4\%)$의 원자 질량은 각각 203.973020, 205.974440, 206.975872, 207.976627 amu이다. 납의 평균 원자 질량을 구하시오. 괄호 안의 백분율은 상대적 존재비를 나타낸다.

2.13 ^{6}Li와 ^{7}Li의 원자 질량은 각각 6.0151 amu, 7.0160 amu이다. 이 두 동위 원소의 천연 존재비를 구하시오. 리튬의 평균 원자 질량은 6.941 amu이다.

2.14 8.4 g은 원자 질량 단위로 얼마인가?

2.6절: 이온과 이온성 화합물

2.15 다음과 같은 흔한 이온의 양성자와 전자의 수는 얼마인가?

Na^+, Ca^{2+}, Al^{3+}, Fe^{2+}, I^-, F^-, S^{2-}, O^{2-}, N^{3-}

2.16 다음 이온성 화합물의 식을 쓰시오.

(a) 산화 소듐

(b) 황화 철(Fe^{2+} 이온 포함)

(c) 황산 코발트(Co^{3+}와 SO_4^{2-} 이온 포함)

(d) 플루오린화 바륨

2.17 다음 화합물 중에서 이온성일 것으로 보이는 것은 무엇인가?

$SiCl_4$, LiF, $BaCl_2$, B_2H_6, KCl, C_2H_4

2.18 다음 화합물을 명명하시오.

(a) KH_2PO_4 (b) K_2HPO_4 (c) HBr(기체)

(d) HBr(물에서) (e) Li_2CO_3 (f) $K_2Cr_2O_7$

(g) NH_4NO_2 (h) HIO_3 (i) PF_5

(j) P_4O_6 (k) CdI_2 (l) $SrSO_4$

(m) $Al(OH)_3$

2.19 다음 화합물의 식을 쓰시오.

(a) 아질산 루비듐 (b) 황화 포타슘 (c) 황화 수소 소듐

(d) 인산 마그네슘 (e) 인산 수소 칼슘 (f) 탄산 납(II)

(g) 플루오린화 주석(II) (h) 황산 암모늄

(i) 과염소산 은 (j) 삼염화 붕소

2.20 다음 이온성 화합물과 각 그림을 연결하시오.(초록색 공은 양이온을, 빨간색 공은 음이온을 나타낸다.)

Al_2O_3, LiH, Na_2S, $Mg(NO_3)_2$

(a)   (b)   (c)   (d)

2.7절: 분자와 분자 화합물

2.21 다음 각각의 그림이 이원자 분자, 다원자 분자, 화합물이 아닌 분자, 화합물인 분자 혹은 물질의 원소 형태를 나타내는지를 결정하시오.

  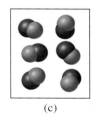

(a)   (b)   (c)

2.22 다음이 원소인지 화합물인지를 결정하시오.

NH_3, N_2, S_8, NO, CO, CO_2, H_2, SO_2

2.23 다음 화합물의 실험식을 쓰시오.

(a) C_2N_2 (b) C_6H_6 (c) C_9H_{20}

(d) P_4O_{10} (e) B_2H_6

2.24 단백질 합성에 사용되는 아미노산인 알라닌(alanine)의 분자식을 쓰시오. 색 코드는 검은색(탄소), 파란색(질소), 빨간색(산소), 흰색(수소)이다.

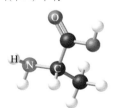

2.25 다음 이성분 분자 화합물을 명명하시오.

(a) NCl_3 (b) IF_7

(c) P_4O_6 (d) S_2Cl_2

2.26 다음 화합물의 분자식과 이름을 쓰시오.

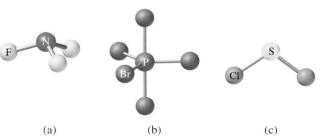

(a)   (b)   (c)

추가 문제

2.27 다음 용어를 정의하시오.

산, 염기, 산소산, 산소산 음이온, 수화물

2.28 다음 쌍 중에서 어느 것이 화학적 성질이 서로 가장 비슷하 겠는가. 그 이유를 설명하시오.

(a) $_1^1H$와 $_1^1H^+$ (b) $_7^{14}N$과 $_7^{14}N^{3-}$ (c) $_6^{12}C$와 $_6^{13}C$

2.29 비금속 원소의 한 동위 원소는 질량수가 31이고 핵의 중성 자는 16개이다. 이 동위 원소의 음이온은 전자가 18개이다. 이 음이온의 화학 기호를 쓰시오.

2.30 네 개의 NaCl 분자라는 말은 무엇이 잘못되었거나 모호한 가?

2.31 다음 중에서 어느 것이 원자이고, 어느 것이 분자이지만 화 합물이 아니고, 어느 것이 분자가 아니지만 화합물이고, 어 느 것이 화합물이면서 분자인가?

(a) SO_2 (b) S_8 (c) Cs
(d) N_2O_5 (e) O   (f) O_2
(g) O_3 (h) CH_4 (i) KBr
(j) S   (k) P_4 (l) LiF

2.32 정확히 12 amu의 원자 질량을 탄소−12 동위 원소의 원자 질량으로 정의하는 의미를 논하시오.

2.33 다음 표의 빈 곳을 채우시오.

기호		$_{26}^{54}Fe^{2+}$			
양성자	5			79	86
중성자	6		16	117	136
전자	5		18	79	
알짜 전하			−3		0

2.34 다음 각각에서 얻어지는 일반적인 이온의 식을 쓰시오.

(a) Li   (b) S   (c) I
(d) N   (e) Al   (f) Cs
(g) Mg

2.35 7A족 원소를 포함하는 이성분 산의 화학식과 이름을 쓰시오. 3A, 4A, 5A, 6A족 원소에 대해서도 동일하게 구하시오.

2.36 비활성 기체(8A족 원소)인 $_2^4He$, $_{10}^{20}Ne$, $_{18}^{40}Ar$, $_{36}^{84}Kr$, $_{54}^{132}Xe$ 에 대하여 (a) 각 원자핵에 있는 양성자와 중성자의 수를 구하시오. (b) 각 원자핵에서 중성자 대 양성자의 비를 구 하시오. 원자 번호가 증가함에 따라 이 비가 변화하는 방식 에서 발견되는 일반적 경향에 대하여 기술하시오.

2.37 1B족 금속인 Cu, Ag, Au는 주화 금속(coinage metal) 이라고 부른다. 특히 어떠한 성질 때문에 이들 금속이 동전 과 장신구를 만드는 데 적당한가?

2.38 산화 칼슘의 화학식은 CaO이다. 산화 마그네슘과 산화 스 트론튬의 화학식은 무엇인가?

2.39 두 원자에서 ●●로 표현할 수 있는 화합물이 생성된다. 같 은 두 원소가 결합하면 몇 가지 다른 화합물도 생기며, 이 를 다음 그림으로 나타낼 수 있다. 각각의 화합물에서의 g 빨강: 1.00 g 파랑 대 ●●에서의 g 빨강 : 1.00 g 파랑의 비를 구하시오.

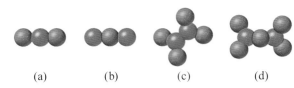

(a)   (b)   (c)   (d)

2.40 플루오린은 수소(H) 및 수소의 동위 원소인 중수소($_1^2H$) (D)와 반응하여 플루오린화 수소(HF)와 플루오린화 중 수소(DF)를 형성한다. 일정량의 플루오린은 수소의 두 동 위 원소의 다른 양과 반응하겠는가? 이 점은 일정 성분비 의 법칙에 위배되는가? 설명하시오.

2.41 다음 각 원소는 무엇인가?

(a) 음이온의 전자 수가 36인 할로젠
(b) 양성자가 86개인 방사성 비활성 기체
(c) 음이온의 전자가 36개인 6A족 원소
(d) 양이온의 전자가 36개인 알칼리 금속
(e) 전자가 80개인 4A족 양이온

2.42 다음 표의 빈 곳을 채우시오.

양이온	음이온	화학식	이름
			중탄산 마그네슘
		$SrCl_2$	
Fe^{3+}	NO_2^-		
			염소산 망가니즈(II)
		$SnBr_4$	
Co^{2+}	PO_4^{3-}		
Hg_2^{2+}	I^-		
		Cu_2CO_3	
			질소화 리튬
Al^{3+}	S^{2-}		

2.43 두 번째 각주에서 질량과 에너지는 질량−에너지라고 부르 는 하나의 값을 서로 다르게 표현한 것이라고 언급한 바 있 다. 이 두 물리량의 관계가 Einstein의 식, $E = mc^2$이며 이 식에서 E는 에너지, m은 질량이고 c는 빛의 속도이다. 연소 실험에서 12.096 g의 수소 분자가 96.000 g의 산소 분자와 결합하여 물을 생성하면서 1.715×10^3 kJ의 열이 방출되었다. Einstein의 식을 이용하여 이 과정의 질량 변 화를 구하고 보통의 화학 반응에서 질량 보존의 법칙이 성 립하는지 혹은 성립하지 않는지에 대하여 언급하시오.

2.44 다음 산을 명명하시오.

2.45 에테인과 아세틸렌은 두 기체상 탄화수소이다. 화학 분석 에 의하면 에테인의 한 시료에서 2.65 g의 탄소가 0.665 g 의 수소와 결합하고 있고, 아세틸렌의 시료에서는 4.56 g의 탄소가 0.383 g의 수소와 결합하고 있다. (a) 이 결과는 배 수 비례의 법칙과 부합하는가? (b) 이들 화합물의 가능한 분자식을 쓰시오.

2.46 (a) 원자핵의 모양이 구형이라고 가정하였을 때, 반지름 r 은 질량수 A의 세제곱근에 비례함을 보이시오.

(b) 일반적으로 핵의 반지름은 $r = r_0 A^{1/3}$이며, r_0는 1.2×10^{-15} m로 주어지는 비례상수이다. Li 핵의 부피를 구하시오.

(c) $_3^7$Li 원자의 반지름이 152 pm이면, 원자 부피에서 핵이 차지하는 비율을 구하시오. 여러분의 결과는 Rutherford의 원자 모형을 지지하는가?

종합 연습문제

물리학과 생물학

탄소의 방사성 동위 원소인 탄소-14는 **탄소 연대 측정**(carbon dating)이라고 부르는 방법으로 화석의 나이를 결정하는 데 사용된다. 탄소-14는 상층 대기권에서 우주선의 중성자가 질소-14를 때릴 때 생성된다. ^{14}C는 β 방출이라는 과정에 의하여 핵의 중성자가 붕괴되면 양성자와 전자가 생성된다. 전자인 β 입자는 핵에서 방출된다. ^{14}C의 생성과 붕괴는 자발적으로 일어나기 때문에 대기의 ^{14}C의 전체 양은 일정하다. 식물은 CO_2의 형태로 ^{14}C를 흡수하고 동물은 식물과 다른 동물을 섭취한다. 따라서 생명체는 모두 ^{12}C와 ^{14}C의 비가 일정하다. 생명체가 죽으면 생명체의 ^{14}C는 계속 붕괴하나 보충되지 않기 때문에 시간이 지나갈수록 ^{12}C와 ^{14}C의 비가 변하게 된다. ^{12}C 대 ^{14}C의 비를 측정하면 한때 살았던 재료의 나이를 결정할 수 있다.

1. 대기 조건이 변하여 ^{14}C가 현재 속도의 두 배로 생성된다면,

a) ^{14}N의 세계적 공급량이 완전히 소비될 것이다.
b) 살아 있는 생명체의 ^{12}C와 ^{14}C의 비가 증가할 것이다.
c) 살아 있는 생명체의 ^{12}C와 ^{14}C의 비가 감소할 것이다.
d) 살아 있는 생명체의 ^{12}C와 ^{14}C의 비는 변하지 않을 것이다.

2. ^{14}N 핵이 중성자와 충돌하였을 때 ^{14}C 핵 이외에 어느 것이 또 생성되는가?

a) 없음   b) 다른 중성자
c) 전자   d) 중성자

3. 지문에서 β 방출에 대한 서술에 근거하여 ^{14}C가 β 방출로 붕괴하면 어떠한 핵이 생기는가?

a) ^{14}N   b) ^{13}N
c) ^{12}C   d) ^{13}C

4. 탄소 연대 측정의 정확도는 다음 가정에 의존한다.

a) ^{14}C는 검사하는 시료의 유일한 방사성 화학종이다.
b) ^{14}C의 붕괴 속도는 일정하다.
c) ^{12}C와 ^{14}C는 같은 속도로 방사성 붕괴가 일어난다.
d) ^{14}C 핵이 붕괴하면 ^{12}C 핵이 얻어진다.

예제 속 추가문제 정답

2.1.1 (a) 3:2 (b) 2:1
2.1.2 (a) 0.2518 g (b) $n = 6(XeF_6)$
2.2.1 (a) p=5, n=5, e=5 (b) p=18, n=18, e=18
  (c) p=38, n=47, e=38 (d) p=6, n=5, e=6
2.2.2 (a) $_4^9$Be (b) $_{23}^{51}$V (c) $_{54}^{124}$Xe (d) $_{31}^{69}$Ga
2.3.1 63.55 amu **2.3.2** 99.64% ^{14}N, 0.36% ^{15}N
2.4.1 (a) 황산 소듐 (b) 질산 구리(II) (c) 탄산 철(III)
2.4.2 (a) 중크로뮴산 포타슘 (b) 옥살산 리튬 (c) 질산 구리(I)
2.5.1 (a) $PbCl_2$ (b) $MgCO_3$ (c) $(NH_4)_3PO_4$
2.5.2 (a) Fe_2S_3 (b) $Hg(NO_3)_2$ (c) K_2SO_3

2.6.1 (a) 하이포아브로민산 이온 (b) 황산 수소 이온
  (c) 옥살산 이온
2.6.2 (a) 아이오딘산 이온 (b) 크로뮴산 수소 이온
  (c) 옥살산 수소 이온
2.7.1 $CHCl_3$ **2.7.2** C_3H_6O
2.8.1 (a) 일산화 이염소 (b) 사염화 규소
2.8.2 (a) 이산화 염소 (b) 사브로민화 탄소
2.9.1 (a) CS_2 (b) N_2O_3 **2.9.2** (a) SF_6 (b) S_2F_{10}
2.10.1 $HBrO_4$ **2.10.2** H_2CrO_4
2.11.1 (a) $C_4H_5N_2O$ (b) C_2H_5 (c) $C_2H_5NO_2$ **2.11.2** (a)

화학량론: 결합 비

Stoichiometry: Ratios of Combination

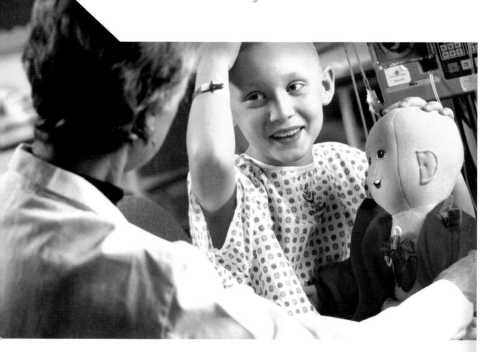

소아암 환자와 그들의 가족을 위한 행복한 소식들이 들리고 있다. St. Jude 어린이 연구 병원은 지난 50년 동안 10대 소아암에 대한 생존율이 급격히 증가하였다고 보고하였다. 이러한 생존율의 증가는 조기 진단과 치료 방법의 개선에 기인한다. 시스플라틴은 많은 암 치료제의 중요한 성분이다.

이 장의 목표

화학 반응을 나타내기 위해 화학 반응식을 어떻게 사용하는가? 다양한 문제들을 풀기 위해 균형 맞춤 화학 반응식이 어떻게 사용되는지를 배운다.

들어가기 전에 미리 알아둘 것

- 평균 원자 질량 [◀◀2.5절]
- 분자식 [◀◀2.7절]

의약품 대량 생산에서 화학량론의 중요성

화학량론은 화학 반응에서 소비되고 생산되는 물질들 사이의 정량적인 관계를 나타낸다. 이러한 정량적인 관계는 암 치료를 위한 화학 요법제 같은 약품의 대량 생산 기술의 개발에 중요하다.

암 치료제의 가장 성공적인 발견 중의 하나는 우연한 기회에 시작되었다. 1964년 Michigan 주립 대학의 Barnett Rosenberg와 그의 동료들은 박테리아 성장에 대한 전기장의 효과를 연구하고 있었다. 백금 전극을 이용하여 박테리아 배양액에 전류를 통하였다. 그러자 놀랍게도, 배양액에서 세포들의 분열이 멈추었다. 연구자들은 백금 전극으로부터 만들어진 백금을 포함하는 화합물, 시스플라틴[cisplatin, $Pt(NH_3)_2Cl_2$]의 영향이라고 결론지었다. 게다가, 암은 비정상 세포의 통제되지 않는 분열의 결과이므로 이 화합물이 항암제로 효과가 있을 것이라고 추론하였다.

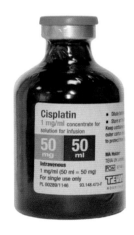

시스플라틴은 Platinol이라는 이름으로 출시되었고 1978년 FDA로부터 전이성 고환암과 난소암 치료제로 공인받았다. 오늘날에도 시스플라틴은 다양한 암에 대한 화학요법에 사용되면서 가장 널리 처방되는 항암제 중의 하나이다. 또한, 이것은 다른 많은 암 치료에도 중요한 역할을 하기 때문에 종종 "화학 요법제의 페니실린"이라고도 불린다. 시스플라틴은 암세포의 DNA에 붙어 DNA의 복제를 방해한다. 손상을 입은 암세포는 인체의 면역 시스템에 의해 파괴된다. 안타깝게도 시스플라틴은 신장에 심한 손상을 주는 등의 심각한 부작용을 나타낸다. 현재 연구진들은 약효가 크고 독성이 덜한 유사 화합물을 발견하기 위해 노력 중이다.

1964년에 시스플라틴은 의도치 않게 백금 전극과 배양액 속에 존재하는 암모니아와 염소 이온이 반응하여 만들어졌지만, 오늘날에는 화학량론의 원리를 적용하여 더 효과적이고 경제적으로 대량 생산이 가능하다.

이 장의 끝에서 시스플라틴에 관련된 몇 개의 문제를 풀 수 있게 될 것이다[▶▶ 배운 것 적용하기, 126쪽].

3.1 분자 질량과 화학식 질량

분자식과 주기율표의 원자 질량을 이용하여 원자 질량 단위(atomic mass unit, amu)로 각 분자들에 대한 **분자 질량**(molecular mass)을 나타낼 수 있다. 분자 질량은 간단히 그 분자를 구성하는 원자들의 원자 질량의 합과 같다. 분자에 존재하는 원자의 수에 그 원자의 원자 질량을 곱하고 각 원소의 질량을 모두 합한다. 예를 들면, 다음과 같다.

$$물(H_2O)의 \ 분자 \ 질량 = 2 \times [수소(H)의 \ 원자 \ 질량] + [산소(O)의 \ 원자 \ 질량]$$
$$= 2 \times (1.008 \ amu) + 16.00 \ amu = 18.02 \ amu$$

주기율표의 원자 질량은 평균 원자 질량이므로 위에서 구한 결과는 평균 분자 질량 즉, **분자량**(molecular weight)을 나타낸다. 원자 질량으로 나타내는 것과 같이 이 책에서는 분자 질량으로 나타낼 것이다.

비록 이온성 화합물은 분자 질량을 갖지는 않지만 실험식(empirical formula)을 이용하여 **화학식 질량**[formula mass, 종종 **화학식량**(formula weight)이라 불리는]으로 나타낸다. 예제 3.1에서 분자 질량과 화학식 질량을 어떻게 결정하는지를 알아본다.

예제 3.1

다음의 각 화합물들에 대해 분자 질량 또는 화학식 질량을 계산하시오.
(a) 프로페인(propane, C_3H_8) (b) 수산화 리튬(lithium hydroxide, LiOH)
(c) 아세트산 바륨[barium acetate, $Ba(C_2H_3O_2)_2$]

전략 구성하는 모든 원자의 원자 질량을 합하여 분자 화합물에 대해서는 분자 질량을, 이온성 화합물에 대해서는 화학식 질량을 구한다.

계획 각 화합물의 화학식을 이용하여, 존재하는 각 원소의 원자 수를 구한다. 프로페인 분자는 3개의 탄소 원자와 8개의 수소 원자를 포함한다. (b)와 (c)의 화합물은 이온성 화합물이므로 분자 질량이 아니라 화학식 질량으로 표현된다. 수산화 리튬의 최소 단위는 리튬 원자 1개, 산소 원자 1개 그리고 수소 원자 1개를 포함한다. 아세트산 바륨의 최소 단위는 바륨 원자 1개, 탄소 원자 4개, 수소 원자 6개와 산소 원자 4개를 포함한다.(괄호 뒤의 첨자 2는 탄소 원자 2개, 수소 원자 3개와 산소 원자 2개를 포함하는 아세트산 이온이 2개가 있다는 것을 의미한다.)

풀이 각 화합물에 대해 존재하는 원소의 원자 수에 그 원자 질량을 곱하고 모든 원소들의 값을 더한다.
(a) 프로페인의 분자 질량은 $3(12.01 \ amu) + 8(1.008 \ amu) = 44.09 \ amu$이다.
(b) 수산화 리튬의 화학식 질량은 $6.941 \ amu + 16.00 \ amu + 1.008 \ amu = 23.95 \ amu$이다.
(c) 아세트산 바륨의 화학식 질량은 $137.3 \ amu + 4(12.01 \ amu) + 6(1.008 \ amu) + 4(16.00 \ amu) = 255.4 \ amu$이다.

생각해 보기
각 화합물에서 원자 수를 정확하게 세었는지 그리고 주기율표에서 원자 질량을 제대로 사용했는지를 검토한다.

추가문제 1 다음의 각 화합물들에 대해 분자 질량 또는 화학식 질량을 계산하시오.
(a) 염화 마그네슘(magnesium chloride, $MgCl_2$)
(b) 황산(sulfuric acid, H_2SO_4)
(c) 옥살산(oxalic acid, $H_2C_2O_4$)

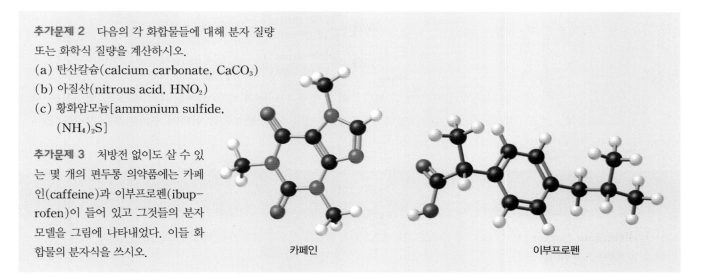

추가문제 2 다음의 각 화합물들에 대해 분자 질량 또는 화학식 질량을 계산하시오.
(a) 탄산칼슘(calcium carbonate, $CaCO_3$)
(b) 아질산(nitrous acid, HNO_2)
(c) 황화암모늄[ammonium sulfide, $(NH_4)_2S$]

추가문제 3 처방전 없이도 살 수 있는 몇 개의 편두통 의약품에는 카페인(caffeine)과 이부프로펜(ibuprofen)이 들어 있고 그것들의 분자 모델을 그림에 나타내었다. 이들 화합물의 분자식을 쓰시오.

카페인

이부프로펜

3.2 화합물의 조성 백분율

화합물의 화학식은 화합물의 기본 단위에 들어 있는 각 원소의 원자 수를 나타낸다. 분자식 또는 실험식으로부터 화합물의 총 질량에 대해 각 원소가 차지하는 백분율을 계산할 수 있다. 각 원소의 질량에 대한 백분율을 그 화합물의 **질량 조성 백분율**(percent composition by mass)이라 한다. 화합물의 순도를 검증하는 방법 중 하나는 계산으로 구한 질량 조성 백분율과 실험적으로 구한 질량 조성 백분율을 비교하는 것이다. 조성 백분율은 기본 단위 화합물에 들어 있는 각 원소의 질량을 분자 질량 또는 화학식 질량으로 나누고 100을 곱하여 구할 수 있다. 수학적으로 화합물에서 각 원소의 질량 백분율은 다음과 같이 나타낼 수 있다.

$$\text{원소의 질량 백분율} = \frac{n \times \text{원소의 원자 질량}}{\text{화합물의 분자 질량 또는 화학식 질량}} \times 100\% \qquad [\blacktriangleleft 식 3.1]$$

여기서 n은 화합물의 기본 단위에 들어 있는 각 원소의 원자 수를 나타낸다. 예를 들면, 과산화수소(hydrogen peroxide, H_2O_2) 한 분자에는 2개의 수소 원자와 2개의 산소 원자가 있다. 수소 원자와 산소 원자의 원자 질량은 각각 1.008 amu와 16.00 amu이므로 H_2O_2의 분자 질량은 34.02 amu이다. 그러므로 H_2O_2의 조성 백분율은 다음과 같이 계산할 수 있다.

$$\%\text{H} = \frac{2 \times 1.008 \text{ amu H}}{34.02 \text{ amu } H_2O_2} \times 100\% = 5.926\%$$

$$\%\text{O} = \frac{2 \times 16.00 \text{ amu O}}{34.02 \text{ amu } H_2O_2} \times 100\% = 94.06\%$$

계산된 조성 백분율의 합은 5.926% + 94.06% = 99.99%이다. 100%와의 작은 차이는 각 원소의 원자 질량으로부터 계산할 때 발생하는 반올림 오차에 기인한다. 과산화 수소의 실험식인 HO에 대해서도 같은 방법으로 계산할 수 있다. 이 경우에 분자 질량 대신 **실험식량**(empirical formula mass)을 사용한다.

$$\%H = \frac{1.008 \text{ amu H}}{17.01 \text{ amu}} \times 100\% = 5.926\%$$

$$\%O = \frac{16.00 \text{ amu O}}{17.01 \text{ amu}} \times 100\% = 94.06\%$$

분자식과 실험식 모두 화합물의 조성을 나타내기 때문에 계산된 질량 조성 백분율은 서로 같다는 것을 알 수 있다. 예제 3.2는 질량 조성 백분율을 어떻게 구하는지를 알려준다.

예제 3.2

탄산리튬(lithium carbonate, Li_2CO_3)은 조울증 치료제로 FDA 인증을 받은 최초의 기분 안정제이다. 탄산리튬의 각 원소의 질량 조성 백분율을 구하시오.

전략 화합물에서 각 원소의 질량 백분율을 구하기 위해 식 3.1을 이용한다.

계획 탄산리튬은 Li, C 그리고 O로 구성된 이온성 화합물이다. 화학식에서 2개의 리튬 원자, 1개의 탄소 원자 그리고 3개의 산소 원자를 가지므로 화학식 질량은 $2(6.941 \text{ amu}) + 12.01 \text{ amu} + 3(16.00 \text{ amu}) = 73.89 \text{ amu}$이다.

풀이 각 원소에 대해 원자 질량에 원자 수를 곱하고 화학식 질량으로 나눈 후 100을 곱한다.

$$\%Li = \frac{2 \times 6.941 \text{ amu Li}}{73.89 \text{ amu Li}_2\text{CO}_3} \times 100\% = 18.79\%$$

$$\%C = \frac{12.01 \text{ amu C}}{73.89 \text{ amu Li}_2\text{CO}_3} \times 100\% = 16.25\%$$

$$\%O = \frac{3 \times 16.00 \text{ amu O}}{73.89 \text{ amu Li}_2\text{CO}_3} \times 100\% = 64.96\%$$

생각해 보기

각 성분들에 대한 조성 백분율의 합은 거의 100%임을 확인한다.(이 문제에서 조성 백분율의 합은 $18.79\% + 16.25\% + 64.96\% = 100\%$로 정확히 100%이다. 그러나 반올림 오차 때문에 합이 100%와는 조금 차이가 생길 수 있음을 유념한다.)

추가문제 1 인공 감미료인 아스파탐(aspartame, $C_{14}H_{18}N_2O_5$)에 대해 질량 조성 백분율을 구하시오.

추가문제 2 질량 비로 탄소 원자가 62.04%, 수소 원자가 10.41% 그리고 산소 원자가 27.55%인 가장 간단한 화합물의 분자식을 구하시오.

추가문제 3 타이레놀과 같이 처방전 없이 살 수 있는 진통제의 활성 성분인 아세트아미노펜(acetaminophen)의 질량 조성 백분율을 구하시오.

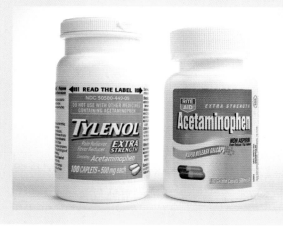

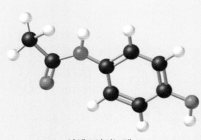

아세트아미노펜

3.3 화학 반응식

　Dalton의 원자론[◀◀ 2.1절]의 세 번째 가설에 기술된 **화학 반응**(chemical reaction)은 물질에서 원자의 재배열에 관한 것이다. 예를 들어, 쇠에 녹이 스는 것과 수소 기체와 산소 기체가 반응하여 물을 생성하는 것을 들 수 있다. **화학 반응식**(chemical equation)은 화학 반응에서 일어나는 변화를 표현하기 위해 화학 기호를 이용한다. 화학자들이 화학 기호를 이용하여 원소와 화합물을 어떻게 표현하는지, 화학 반응식을 이용하여 화학 반응을 어떻게 표현하는지 알아보자.

화학 반응식의 이해와 쓰기

　화학 반응식은 **화학적 진술**(chemical statement)을 나타낸다. 화학 반응식을 접할 때, 문장으로 표현할 수 있도록 해야 된다. 다음 화학 반응식은 "암모니아와 염화수소가 반응하여 염화암모늄을 생성한다"와 같이 표현된다.

$$NH_3 + HCl \longrightarrow NH_4Cl$$

다음 화학 반응식은 "탄산칼슘은 반응하여 산화칼슘과 이산화 탄소를 생성한다"와 같이 읽을 수 있다. 더하기 기호(+)는 간단히 "와(과)"로 해석되고 화살표(→)는 "반응하여 ~을(를) 생성한다"와 같이 해석된다.

$$CaCO_3 \longrightarrow CaO + CO_2$$

　화학 반응식의 의미를 파악하는 것 외에 반응을 나타내기 위해 화학 반응식을 쓸 수 있어야 한다. 예를 들면, 황과 산소가 반응하여 이산화황을 생성하는 반응의 화학 반응식은 다음과 같다.

$$S + O_2 \longrightarrow SO_2$$

마찬가지로 삼산화황과 물이 반응하여 황산을 생성하는 반응의 화학 반응식은 다음과 같다.

$$SO_3 + H_2O \longrightarrow H_2SO_4$$

화학 반응식에서 화살표의 왼쪽에 나타나는 모든 화학종은 **반응물**(reactant)이라 하고 화학 반응이 진행됨에 따라 소비되는 물질들을 나타낸다. 화살표의 오른쪽에 나타나는 모든 화학종은 **생성물**(product)이라 하고 화학 반응이 진행됨에 따라 생성되는 물질들을 나타낸다.

　흔히 화학자들은 반응물과 생성물의 물리적 상태를 각 화학종의 화학식 뒤의 괄호 안에 이탤릭체로 표시한다. 기체, 액체 그리고 고체는 각각 (g), (l) 그리고 (s)로 표시한다. 물에 녹아 있는 화학종은 **수용액**(aqueous solution)이라는 의미로 (aq)로 나타낸다. 앞에서 예를 든 반응식은 다음과 같이 쓴다.

$$NH_3(g) + HCl(g) \longrightarrow NH_4Cl(s) \qquad S(s) + O_2(g) \longrightarrow SO_2(g)$$
$$CaCO_3(s) \longrightarrow CaO(s) + CO_2(g) \qquad SO_3(g) + H_2O(l) \longrightarrow H_2SO_4(aq)$$

　어떤 경우에서는 물리적 상태가 좀 더 명확하게 표현되어야 한다. 예를 들어, 탄소는 다이아몬드와 흑연의 두 가지 다른 고체 상태를 갖는다. 탄소의 고체 상태를 나타내기 위해 $C(s)$라고 간단히 쓰기보다는 C(다이아몬드) 또는 C(흑연)과 같이 분명하게 표시해야 한다.

학생 노트
학생들은 때때로 익숙하지 않은 화학 반응의 생성물을 결정하라는 문제에 두려움을 느끼고 그렇게 할 수 없는 경우도 있을 것이다. 3장과 4장에서 여러 유형의 반응에서 생성물을 어떻게 추론하는지를 배우게 될 것이다.

$$C(\text{다이아몬드}) + O_2(g) \longrightarrow CO_2(g)$$
$$C(\text{흑연}) + O_2(g) \longrightarrow CO_2(g)$$

다음 장에 나오는 어떤 문제들은 반응물과 생성물의 상태가 분명해야지만 문제를 풀 수가 있다. 화학 반응식을 쓸 때, 반응물과 생성물의 물리적 상태를 반드시 표기하는 습관을 들이는 것이 좋다.

화학 반응식은 **물리적** 과정을 나타낼 때도 사용된다. 예를 들어, 설탕(sucrose, $C_{12}H_{22}O_{11}$)이 물에 녹는 것은 물리적 과정으로[|◀◀ 1.2절] 다음과 같이 나타낼 수 있다.

$$C_{12}H_{22}O_{11}(s) \xrightarrow{H_2O} C_{12}H_{22}O_{11}(aq)$$

위 반응식에서 화살표 위의 H_2O는 물질이 물에 녹는 과정이라는 것을 의미한다. 비록 간단히 하기 위해 생략하기는 하지만, 반응이 일어나는 조건을 표시하기 위해 반응식의 화살표 위에 화학식이나 기호를 쓸 수 있다. 예를 들면, 다음의 반응식에서 Δ 기호는 $KClO_3$가 반응하여 KCl과 O_2를 생성하기 위해서는 가열이 필요하다는 것을 나타낸다.

$$2KClO_3(s) \xrightarrow{\Delta} 2KCl(s) + 3O_2(g)$$

화학 반응식의 균형 맞추기

앞에서 배운 내용을 상기하면 수소 기체와 산소 기체가 폭발적으로 반응하여 물을 생성하는 반응의 화학 반응식은 다음과 같이 쓸 수도 있다.

$$H_2(g) \quad + \quad O_2(g) \quad \longrightarrow \quad H_2O(l)$$

그러나 이렇게 표현된 반응식은 4개의 원자(수소 원자 2개와 산소 원자 2개)가 반응하여 3개의 원자(수소 원자 2개와 산소 원자 1개)만을 생성하기 때문에 질량 보존의 법칙에 맞지 않는다.

반응식은 화살표 양쪽에 나타나는 각 원자의 수가 같도록 반드시 균형이 맞추어져야 한다. 화학식의 왼쪽에 적절한 **화학량론 계수**(stoichiometric coefficient, 종종 간단히 **계수**라 불리는)를 사용하여 반응식의 균형을 맞출 수가 있다. 이 반응에서 $H_2(g)$와 $H_2O(l)$의 왼쪽에 계수 2를 써 준다.

$$2H_2(g) \quad + \quad O_2(g) \quad \longrightarrow \quad 2H_2O(l)$$

이제는 화살표 양쪽에 모두 수소 원자 4개와 산소 원자 2개가 있다. 화학 반응식의 균형을 맞출 때, 화학식 안에 있는 첨자가 아니라 화학식 앞에 있는 계수를 변화시켜야 한다. 첨자의 변화는 반응에 관여하는 물질의 화학식을 변화시키게 된다. 예를 들면, H_2O로부터 H_2O_2로 생성물을 변화시키는 것은 반응식 양쪽의 각 원자의 수를 맞출 수는 있지만 우리가 균형 맞추어야 할 반응식은 수소 기체와 산소 기체가 반응하여 과산화 수소를 생성하는 것이 아니라 물을 생성하는 반응식이다. 더불어, 균형을 맞추기 위해 화학 반응식에 반응

학생 노트
전기 화학을 자세히 배우게 되면, H_2O, H^+ 그리고 OH^-가 관여하는 반응의 균형 맞추는 방법을 배우게 될 것이다[▶▶ 18.1절].

물이나 생성물을 추가해서는 안 된다. 그렇게 하는 것은 전혀 다른 반응을 나타내는 반응식이 얻어지게 되는 것이다. 화학 반응식은 정성적인 화학적 상황을 변화시키지 않고 정량적인 면에서만 수정되어야 한다.

화학 반응식의 균형을 맞추기 위해서는 몇 번의 시행착오가 필요하기도 하다. 어떤 특정한 반응물이나 생성물의 계수만 고려하였을 때 나중에 다시 변경해야 할 수도 있다. 일반적으로 다음과 같은 단계로 반응식의 균형을 맞춘다.

1. 원소 물질(예: O_2)의 계수를 변화시키기 전에 화합물(예: CO_2)의 계수를 변화시킨다.
2. 반응식 양쪽에 존재하는 다원자 이온(예: CO_3^{2-})들은 구성 원자를 개별적으로 계산하기보다는 단체로 한번에 계산한다.
3. 원자와 다원자 이온의 개수를 정확히 세고 계수를 변화시켜 그것들의 수를 맞춘다.

연소(combustion)는 산소가 있을 때 물질이 타는 것을 의미한다. 뷰테인(butane)과 같은 탄화수소(hydrocarbon)의 연소는 이산화 탄소와 물을 생성한다. 뷰테인 연소의 화학 반응식을 맞추기 위해서는 화살표 양쪽에 존재하는 각 원자의 개수를 알아야 한다.

$$C_4H_{10}(g) + O_2(g) \longrightarrow CO_2(g) + H_2O(l)$$
$$4-C-1$$
$$10-H-2$$
$$2-O-3$$

균형을 맞추지 않은 위의 반응식에서 탄소 원자는 왼쪽에 4개와 오른쪽에 1개가 있고 수소 원자는 왼쪽에 10개와 오른쪽에 2개가 있으며 산소 원자는 왼쪽에 2개와 오른쪽에 3개가 있음을 알 수 있다. 첫 번째 단계로 생성물 쪽의 $CO_2(g)$ 앞에 계수 4를 넣는다.

$$C_4H_{10}(g) + O_2(g) \longrightarrow 4CO_2(g) + H_2O(l)$$
$$4-C-4$$
$$10-H-2$$
$$2-O-9$$

이 반응식은 탄소 원자에 대해서는 균형을 맞추었지만 수소 원자와 산소 원자에 대해서는 그렇지 않다. 다음으로 생성물 쪽의 $H_2O(l)$ 앞에 5를 넣고 양쪽의 원자 수를 비교하면 다음과 같다.

$$C_4H_{10}(g) + O_2(g) \longrightarrow 4CO_2(g) + 5H_2O(l)$$
$$4-C-4$$
$$10-H-10$$
$$2-O-13$$

이제 반응식은 탄소 원자와 수소 원자에 대해서는 균형을 맞추었지만 산소에 대해서는 그렇지 않다. 생성물 쪽에 산소 원자가 13개(CO_2 분자에 8개와 H_2O 분자에 5개) 있으므로 반응물 쪽에도 산소 원자가 13개 있어야 한다. 산소 분자는 2개의 산소 원자를 가지므로 $O_2(g)$ 앞에 계수 $\frac{13}{2}$을 넣는다.

$$C_4H_{10}(g) + \frac{13}{2}O_2(g) \longrightarrow 4CO_2(g) + 5H_2O(l)$$
$$4-C-4$$
$$10-H-10$$
$$13-O-13$$

반응식 양쪽에서 각 원자들이 개수가 같으므로 이 반응식은 균형이 맞추어졌다. 그럼 반응식의 **전체** 계수를 이용하여 균형 맞춤 반응식에 대해서 연습해 보자. 각 계수에 2를 곱하면 균형 맞춤 반응식은 다음과 같다.

$$2C_4H_{10}(g) + 13O_2(g) \longrightarrow 8CO_2(g) + 10H_2O(l)$$
$$8 - C - 8$$
$$20 - H - 20$$
$$26 - O - 26$$

예제 3.3으로 화학 반응식 쓰기와 균형 맞추기를 연습해 보자.

예제 3.3

수용액에서 수산화 바륨(barium hydroxide)과 과염소산(perchloric acid)이 반응하여 과염소산 바륨(barium perchlorate)을 생성하는 반응에 대해 반응식을 쓰고 균형을 맞추시오.

전략 모든 반응물과 생성물에 대해 물리적 상태와 화학식을 결정하고 화학적 기술에 부합되는 화학 반응식을 적는다. 마지막으로 반응 화살표 양쪽에서 각 원소의 개수가 일치하도록 계수를 조절한다.

계획 반응물은 $Ba(OH)_2$와 $HClO_4$이고 생성물은 $Ba(ClO_4)_2$와 H_2O이다[|◀◀ 2.6절과 2.7절]. 반응은 수용액 상태에서 일어나므로 반응식에서 H_2O를 제외한 모든 화학종에 (aq)를 붙인다. 액체인 H_2O에 대해서는 (l)을 붙인다.

풀이 "수산화 바륨과 과염소산이 반응하여 과염소산 바륨을 생성한다." 화학적 기술은 다음과 같은 균형을 맞추지 않은 화학 반응식으로 쓸 수 있다.

$$Ba(OH)_2(aq) + HClO_4(aq) \longrightarrow Ba(ClO_4)_2(aq) + H_2O(l)$$

과염소산 이온(perchlorate ion, ClO_4^-)은 반응식의 양쪽에 나타나므로 개개의 원자들의 수를 세지 않고 한번에 이온의 개수를 센다. 화학 반응식 양쪽에서 원자와 이온의 개수는 다음과 같다.

$$1 - Ba - 1$$
$$2 - O - 1 \quad (ClO_4^- \text{ 이온의 O 원자는 고려하지 않는다.})$$
$$3 - H - 2$$
$$1 - ClO_4^- - 2$$

바륨 원자는 이미 균형이 맞추어져 있으므로 $HClO_4(aq)$의 앞에 계수 2를 붙여 과염소산 이온의 균형을 맞춘다.

$$Ba(OH)_2(aq) + 2HClO_4(aq) \longrightarrow Ba(ClO_4)_2(aq) + H_2O(l)$$
$$1 - Ba - 1$$
$$2 - O - 1 \quad (ClO_4^- \text{ 이온의 O 원자는 고려하지 않는다.})$$
$$4 - H - 2$$
$$2 - ClO_4^- - 2$$

$H_2O(l)$ 앞에 2를 넣어 O와 H의 균형을 맞추면 최종적인 균형 맞춤 반응식은 다음과 같다.

$$Ba(OH)_2(aq) + 2HClO_4(aq) \longrightarrow Ba(ClO_4)_2(aq) + 2H_2O(l)$$
$$1 - Ba - 1$$
$$2 - O - 2 \quad (ClO_4^- \text{ 이온의 O 원자는 고려하지 않는다.})$$
$$4 - H - 4$$
$$2 - ClO_4^- - 2$$

생각해 보기

반응식에서 각 원소의 개수를 세어 균형이 맞추어졌는지 확인한다.

$$1-Ba-1$$
$$10-O-10$$
$$4-H-4$$
$$2-Cl-2$$

추가문제 1 프로페인(propane)의 연소를 나타내는 균형 맞춤 반응식을 쓰시오(즉, 프로페인 기체와 산소 기체가 반응하여 이산화 탄소와 액체 물을 생성하는 반응).

추가문제 2 황산과 수산화 소듐(sodium hydroxide)이 반응하여 물과 황산 소듐(sodium sulfate)을 생성하는 반응의 균형 맞춤 반응식을 쓰시오.

추가문제 3 다음 그림에서 나타내는 반응의 균형 맞춤 반응식을 쓰시오.

생활 속의 화학

신진대사의 화학량론

사람이 섭취하는 탄수화물(carbohydrate)과 지방은 소화기 계통에서 작은 분자들로 분해된다. 탄수화물은 포도당(glucose, $C_6H_{12}O_6$) 같은 간단한 당으로 분해되고 지방은 지방산(fatty acid, 탄화수소 사슬을 포함하는 카복실산)과 글리세롤(glycerol, $C_3H_8O_3$)로 분해된다. 소화 과정에서 생성되는 작은 분자들은 복잡하고 연속적인

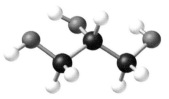

글리세롤

생화학 반응에 의해 차츰 소비된다. 비록 간단한 당과 지방산일지라도 그 신진대사는 상대적으로 복잡한 과정을 거치지만, 그 결과는 연소와 근본적으로 같다. 즉, 간단한 당 및 지방산은 산소와 반응하여 이산화 탄소와 물을 생성하면서 에너지를 방출한다. 포도당의 신진대사에 대한 균형 맞춤 반응식은 다음과 같다.

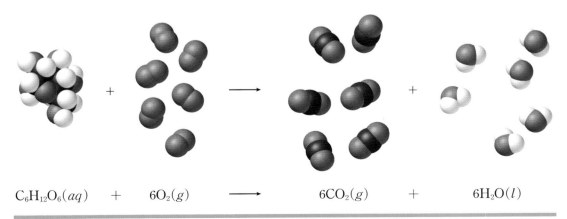

$$C_6H_{12}O_6(aq) \quad + \quad 6O_2(g) \quad \longrightarrow \quad 6CO_2(g) \quad + \quad 6H_2O(l)$$

예제 3.4는 신진대사에 관여하는 화학 반응식에서 어떻게 균형을 맞추고 사용하는지를 보여준다.

낙산(butyric acid, $C_4H_8O_2$, 일명 뷰테인산)은 유지방에서 발견되는 많은 화합물 중 하나이다. 1869년 부패한 버터에서 처음으로 분리된 낙산은 항암제로 가능성이 커서 최근에 많은 관심을 받고 있다. 낙산의 신진대사로 CO_2와 H_2O만 생성된다고 가정할 때 균형 맞춤 반응식을 쓰시오.

전략 문제에서 제시된 반응물과 생성물을 고려하여 균형 맞추지 않은 반응식을 먼저 쓰고 반응식의 균형을 맞춘다.

계획 본문에 제시된 신진대사는 $C_4H_8O_2$가 O_2와 반응하여 CO_2와 H_2O를 생성하는 것을 나타낸다.

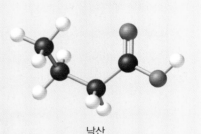

낙산

풀이
$$C_4H_8O_2(aq) + O_2(g) \longrightarrow CO_2(g) + H_2O(l)$$
CO_2의 계수를 1에서 4로 바꾸어 C 원자의 개수를 맞춘다.
$$C_4H_8O_2(aq) + O_2(g) \longrightarrow 4CO_2(g) + H_2O(l)$$
H_2O의 계수를 1에서 4로 바꾸어 H 원자의 개수를 맞춘다.
$$C_4H_8O_2(aq) + O_2(g) \longrightarrow 4CO_2(g) + 4H_2O(l)$$
마지막으로 O_2의 계수를 1에서 5로 바꾸어 O 원자의 개수를 맞춘다.
$$C_4H_8O_2(aq) + 5O_2(g) \longrightarrow 4CO_2(g) + 4H_2O(l)$$

생각해 보기

반응식이 올바르게 균형이 맞추어졌는지를 확인하기 위해 반응 화살표 양쪽의 각 원소의 수를 센다. 반응물과 생성물 모두에 4개의 탄소 원자, 8개의 수소 원자와 12개의 산소 원자가 있으므로 반응식은 균형 맞추어져 있다.

추가문제 1 항암 효과와 항비만 효과를 갖는 유지방에서 발견되는 또 다른 화합물은 컨쥬게이션된(conjugated) 리놀레산(linoleic acid, CLA, $C_{18}H_{32}O_2$)이다. CO_2와 H_2O만 생성된다고 가정할 때 리놀레산의 신진대사에 대한 균형 맞춤 반응식을 쓰시오.

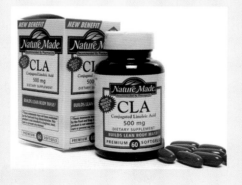

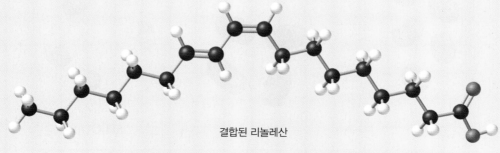

결합된 리놀레산

추가문제 2 암모니아 기체와 고체 산화 구리(II)[copper(II) oxide]가 반응하여 구리 금속, 질소 기체 그리고 액체 상태 물을 생성하는 반응의 균형 맞춤 반응식을 쓰시오.

추가문제 3 그림의 왼쪽의 화합물은 이산화 질소(nitrogen dioxide)와 반응하여 오른쪽의 화합물과 아이오딘(iodine)을 생성한다. 이 반응의 균형 맞춤 반응식을 쓰시오.

아이오딘화 메틸   나이트로메테인

3.4 몰과 몰질량

균형 맞춤 화학 반응식은 화학 반응에서 어떤 화학종이 소비되고 생성되는지뿐만 아니라 상대적으로 얼마만큼 소비되고 생성되는지를 알려준다. 수소와 산소가 반응하여 물을 생성하는 반응에서 균형 맞춤 반응식으로부터 2개의 H_2 분자가 1개의 O_2 분자와 반응하여 2개의 H_2O 분자가 생성됨을 알 수 있다. 그러나 화학자들은 이런 반응을 연구할 때 물질을 분자 단위로 다루지 않는다. 아주 많은 수의 분자가 들어 있는 거시적인 양을 다룬다. 수의 많고 작음에 상관없이 분자들은 균형 맞춤 반응식에서 규정된 비율로 반응한다. 20개의 수소 분자는 10개의 산소 분자와 반응하고 20억 개의 수소 분자는 10억 개의 산소 분자와 반응한다. 실험실에서 분자 단위를 이용하여 이렇게 큰 숫자로 물질의 양을 표현하는 것은 매우 불편하다. 대신에 화학자들은 **몰**(mole)이라는 측정 단위를 이용한다.

몰(mol)

혼자서 도넛을 먹을 때는 도넛을 개수 단위로 사겠지만 화학과 전체 인원이 도넛을 먹기 위해서는 도넛을 다스(dozen) 단위로 사는 것이 더 편할 것이다. 도넛 한 다스에는 정확히 12개의 도넛이 들어 있다. 사실 어떤 물건이라도 1다스는 12개를 의미한다. 연필 1갑에는 12개의 연필이 들어 있고 12갑이 좀 더 큰 상자로 포장되어 문구점으로 배송된다. 그러므로 1상자에 들어 있는 연필의 총 개수는 144개이다. 어떤 단위이건 타당하고 잘 규정된 정확한 수로 표현할 수 있다면 다스 또는 상자와 같이 묶음으로 계산하는 것이 더 편할 것이다.

화학자들 역시, 거시적인 상태에서 물질에 대한 분자(또는 원자와 이온)의 수를 쉽게 표현하기 위해 이러한 방법을 응용하였다. 원자나 분자는 도넛이나 연필보다는 아주 크기가 작고 이를 위해 화학자들이 사용하는 숫자는 다스보다는 비교할 수 없을 정도로 큰 숫자이다. 화학자들은 기본 단위(원자, 분자, 화학식 단위 등)에 들어 있는 물질의 양을 규정하기 위해 **몰**(mole, mol)을 사용한다. 1 mol은 탄소-12(^{12}C)의 정확히 0.012 kg(12 g)에 들어 있는 탄소 원자의 수에 해당되는 양을 의미한다. 실험적으로 결정된 탄소-12의 12 g에 들어 있는 원자의 수는 이탈리아 과학자인 Amedeo Avogadro[1]를 기념하여 **Avogadro 수** (Avogadro's number, N_A)라 한다. 현재, 공인된 Avogadro 수는 6.0221418×10^{23}이

1. Lorenzo Romano Amedeo Carlo Avogadro di Quaregua e di Cerret(1776~1856). 이탈리아의 수리 물리학자. 과학에 관심을 갖기 전에는 수년 동안 법률을 공부하였다. 그의 가장 유명한 업적인 Avogadro의 법칙(10장 참조)은 그가 살아 있는 동안은 받아들여지지 않았다. 19세기 말에 들어서야 원자 질량을 결정하는 중요한 근거가 되었다.

그림 3.1 못을 팔 때 파운드(lb)로 판다. 1파운드당 몇 개의 못이 들어 있는지는 못의 종류와 크기에 따라 다르다.

못의 종류	크기(인치)	못/lb
3d 상자 못	1.5	635
6d 상자 못	2	236
10d 상자 못	3	94
4d 포장 못	1.5	473
8d 포장 못	2.5	145
2d 보통 못	1	876
4d 보통 못	1.5	316
6d 보통 못	2	181
8d 보통 못	2.5	106

고, 간단히 반올림해서 6.022×10^{23}으로 사용한다. 그래서 도넛 한 다스에 12개의 도넛이 들어 있는 것처럼 산소 기체 1 mol에는 6.022×10^{23}개의 산소 분자가 들어 있다는 것을 의미한다. 다스는 정확히 물질의 개수를 셀 수 있지만 mol은 분자의 수를 직접 세서 결정할 수 있는 양이 아니다. 거시적 관점에서 물질의 양에 들어 있는 원자나 분자의 수는 직접 세기에는 너무 큰 수이다. 대신에 물질 일정 양에 들어 있는 원자나 분자의 수는 철물점에서 못을 팔 때(그림 3.1)와 같이 물질의 질량을 측정하여 결정한다. 담장을 만들거나 집을 건축할 때 필요한 못의 수는 아주 많다. 그래서 프로젝트 수행을 위해 못을 구입할 때 **개수를 세서** 사는 것이 아니라 **무게로 달아서** 구매한다. 1파운드(pound, lb)당 몇 개의 못이 들어 있는지는 못의 종류와 크기에 따라 다르다.

예를 들면, 1.5인치 4d 보통 못 1000개를 살 때 못 1000개를 세는 것이 아니라 대략 3 lb 정도를 저울로 잰다. 그림 3.1의 표를 이용하면 정확한 양은 다음과 같이 구할 수 있다.

$$1000 \text{ 4d 보통 못} \times \frac{1 \text{ lb}}{316 \text{ 4d 보통 못}} = 3.16 \text{ lb}$$

저울로 잰 양에서 못의 개수를 알고 싶으면 다음과 같이 같은 환산 인자를 이용하여 구할 수 있다.

$$5.00 \text{ lb} \times \frac{316 \text{ 4d 보통 못}}{1 \text{ lb}} = 1580 \text{ 4d 보통 못}$$

서로 다른 종류의 못의 경우에는 같은 질량이라 하더라도 서로 개수가 다름을 유념해야 된다. 예를 들면, 3인치 10d 상자 못 5 lb에 들어 있는 못의 개수는 다음과 같다.

$$5.00 \text{ lb} \times \frac{94 \text{ 10d 상자 못}}{1 \text{ lb}} = 470 \text{ 10d 상자 못}$$

각 경우에서 못의 개수는 못 샘플의 질량을 재서 결정하고 주어진 질량에서 못의 개수는 못의 종류에 따라 다르다. 기본 양(elementary entities)에 들어 있는 못 개수 역시 못 샘플의 **질량을 재서** 결정한다. 질량당 들어 있는 기본 양의 단위 수는 샘플에서 기본 양의 **유형**(type)에 따라 다르다. 그림 3.2는 몇 가지 물질에 대해서 1 mol에 해당되는 양을 보여준다.

수소 기체와 산소 기체로부터 물이 생성되는 반응을 생각해 보자. 존재하는 분자의 수가 얼마나 많은지에 상관없이, 관여하는 분자의 비는 반응하는 H_2가 2, O_2가 1 그리고 생성되는 H_2O가 2로 항상 일정하다. 그러므로 H_2 분자 2개가 O_2 분자 1개와 반응하여 H_2O 분자 2개를 생성하는 것과 같이 수소 분자 2 mol($2 \times N_A$ 또는 12.044×10^{23} H_2 분자)이 산소 분자 1 mol(6.022×10^{23} O_2 분자)과 반응하여 물 2 mol(12.044×10^{23} H_2O 분자)을 생성한

그림 3.2 몇 가지 친숙한 물질의 1 mol: (왼쪽) 황, (가운데) 구리, (오른쪽) 수은, 그리고 (풍선 안) 헬륨

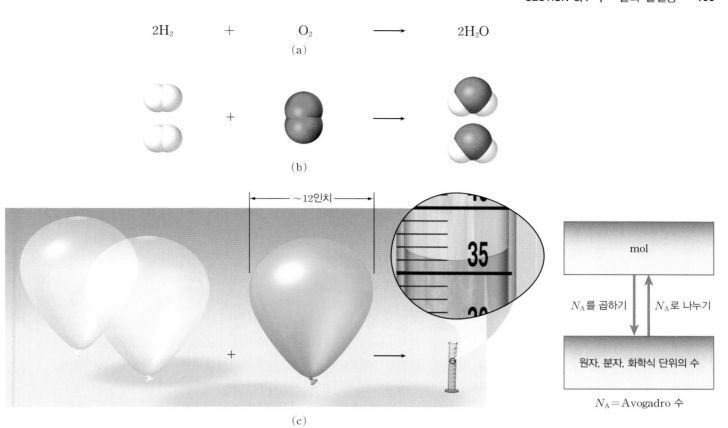

$$2H_2 \quad + \quad O_2 \quad \longrightarrow \quad 2H_2O$$
(a)

(b)

~12인치

35

mol

N_A를 곱하기 N_A로 나누기

원자, 분자, 화학식 단위의 수

N_A = Avogadro 수

(c)

그림 3.3 H_2와 O_2가 반응하여 H_2O를 생성하는 반응의 표현 (a) 균형 맞춤 반응식 (b) 분자 모델 (c) 실험(0°C 1 atm) H_2 44.8 L가 O_2 22.4 L와 반응하여 액체 물 36.0 mL 생성

다. 그래서 mol 단위에서 이 반응의 반응식을 같은 내용으로 해석할 수 있다. 그림 3.3은 이 반응을 분자 수준에서와 거시적 관점에서 비교하였다.

예제 3.5를 통해 mol과 원자 수 사이의 변환을 연습해 보자.

예제 3.5

칼슘(calcium)은 인체에서 가장 흔한 금속이다. 일반적으로 인체에는 대략 30 mol의 칼슘이 들어 있다. (a) 칼슘 30.00 mol에 들어 있는 칼슘 원자의 수와 (b) 칼슘 원자가 1.00×10^{20}개 들어 있는 칼슘 샘플의 mol을 구하시오.

전략 mol을 원자 수로 그리고 원자 수를 mol로 바꾸기 위해 Avogadro 수를 사용한다.

계획 mol을 알면 Avogadro 수를 곱하여 원자 수를 구한다. 원자 수를 알면 Avogadro 수로 나누어 mol을 구한다.

풀이 (a) $30.00 \text{ mol Ca} \times \dfrac{6.022 \times 10^{23} \text{ Ca 원자}}{1 \text{ mol Ca}} = 1.807 \times 10^{25} \text{ Ca 원자}$

(b) $1.00 \times 10^{20} \text{ Ca 원자} \times \dfrac{1 \text{ mol Ca}}{6.022 \times 10^{23} \text{ Ca 원자}} = 1.66 \times 10^{-4} \text{ mol Ca}$

▌생각해 보기

위의 풀이에서 단위가 적절하게 약분되는 것을 알 수 있다. 예를 들면, (a)에서 30 mol은 1 mol보다 많으므로 원자 수는 Avogadro 수보다 크다. (b)에서 원자 수 1.00×10^{20}은 Avogadro 수보다 작으므로 물질의 양은 1 mol보다 적다.

추가문제 1 포타슘 (potassium)은 인체에서 두 번째로 많은 금속이다.
(a) 포타슘 7.31 mol에 들어 있는 원자의 수와 (b) 8.91×10^{25}개 원자가 들어 있는 포타슘의 mol을 구하시오.

추가문제 2 (a) 헬륨 1.05×10^{-6} mol에 들어 있는 원자의 수와 (b) 2.33×10^{21}개 원자가 들어 있는 헬륨의 mol을 구하시오.

추가문제 3 그림은 어떤 물체들의 집단을 나타낸다. 각 물체들의 양을 다스로 나타내시오.(유효숫자 4개로 답을 구하고 어떤 물체에 대해서는 유효숫자가 4개보다 더 많아야 하는지 그 이유를 설명하시오.)

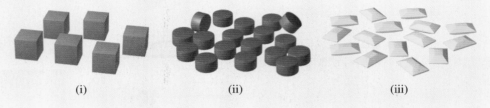

(i)   (ii)   (iii)

몰질량의 결정

학생 노트
mol은 입자(원자, 분자 또는 이온)의 수를 나타내므로 환산 인자로 몰질량을 이용하여 물체의 질량으로부터 입자의 수를 구할 수 있다.

화학자들은 물질들 간의 mol 비를 비교하길 원하지만, mol을 직접 바로 구할 수 있는 방법은 없다. 대신에, 물질의 질량(보통 g 단위)을 측정하여 mol이 얼마인지를 결정한다. 물질의 몰질량은 질량을 mol로 변환하는 데 사용된다.

몰질량(molar mass, $\mathcal{M}$)은 그램(g) 단위로 물질 1 mol의 질량을 나타낸다. 정의에 의해 탄소-12 1 mol의 질량은 정확하게 12 g이다. 탄소의 몰질량은 숫자적으로 원자 질량과 정확하게 같다. 마찬가지로 칼슘의 원자 질량은 40.08 amu, 몰질량은 40.08 g이고, 소듐의 원자 질량은 22.99 amu, 몰질량은 22.99 g이다. 일반적으로 원소의 g 단위의 몰질량은 amu 단위의 원자 질량과 같은 숫자를 갖는다. 2.5절에서

$$1 \, amu = 1.661 \times 10^{-24} \, g$$

이었음을 상기하자. 이것은 Avogadro 수의 역수이며 다음과 같이도 나타낼 수 있다

$$1 \, g = 6.022 \times 10^{23} \, amu$$

어떤 화합물도 몰질량(g 단위)은 amu 단위의 분자 질량 또는 화학식 질량과 같은 숫자를 가진다. 예를 들면, 물의 몰질량은 18.02 g이고 염화 소듐의 몰질량은 58.44 g이다.

산소 또는 수소와 같은 원소 물질의 몰질량을 나타내고자 할 때, 원소 물질이 어떤 상태인지를 주의 깊게 고려해야만 한다. 예를 들어, 산소는 주로 이원자 분자인 O_2 상태로 존재한다. 그래서 "산소(oxygen)"라고 하면 O_2를 의미하고 분자 질량은 32.00 amu이며 몰질량은 32.00 g이다. 한편으로 산소 원자에 대해서는 몰질량은 16.00 g이고 원자 질량은 16.00 amu로 역시 숫자가 같다. 원소가 어떤 형태로 있는지 분명히 나타내야 하며 예를 들어 설명하면 다음과 같다.

내용	산소의 의미	몰질량
물을 생성하기 위해 2 mol의 수소와 반응하는 수소는 몇 mol인가?	O_2	32.00 g
1 mol의 물에 들어 있는 산소는 몇 mol인가?	O	16.00 g
공기에는 대략 산소가 21% 있다.	O_2	32.00 g
많은 유기 물질은 산소를 포함한다.	O	16.00 g

비록 몰질량은 적절한 단위로 간단히 그램(g)을 이용하여 물질 1 mol의 질량을 의미하지만, 종종 mol이 관여하는 계산에서 몰질량을 mol당 그램(g/mol) 단위로 표현한다.

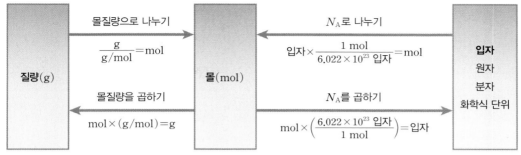

그림 3.4 질량, mol 그리고 입자수 간의 변환 흐름도

질량, 몰, 입자수 간의 변환

몰질량은 질량에서 mol로 또는 그 역으로 환산하고자 할 때 환산 인자이다. mol과 입자수 사이의 변환에는 Avogadro 수가 환산 인자 역할을 한다. 여기서 **입자**(particle)란 원자, 분자, 이온 또는 화학식 단위체를 통틀어 의미한다. 그림 3.4는 이들 간의 변환 과정을 정리하였다.

예제 3.6과 3.7은 변환이 어떻게 이루어지는지를 설명한다.

예제 3.6

(a) 탄소 10.00 g의 mol과 (b) 염화 소듐(sodium chloride) 0.905 mol의 질량을 구하시오.

전략 질량을 mol로 그리고 mol을 질량으로 바꾸기 위해 몰질량을 사용한다.

계획 탄소의 몰질량은 12.01 g/mol이다. 화합물의 몰질량은 화학식 질량과 같은 숫자를 가진다. 염화 소듐(NaCl)의 몰질량은 58.44 g/mol이다.

풀이 (a) $10.00 \text{ g C} \times \dfrac{1 \text{ mol C}}{12.01 \text{ g C}} = 0.8326 \text{ mol C}$

(b) $0.905 \text{ mol NaCl} \times \dfrac{58.44 \text{ g NaCl}}{1 \text{ mol NaCl}} = 52.9 \text{ g NaCl}$

> ### 생각해 보기
> 문제에서 단위 약분이 일어날 때 항상 검산을 한다. 몰질량이 환산 인자로 사용될 때 잘못 계산하기 쉽다. 몰질량보다 작은 질량을 갖는 물질의 mol은 1보다 작다.

추가문제 1 (a) 2.75 mol 포도당($C_6H_{12}O_6$)의 질량을 g 단위로 구하시오.
(b) 59.8 g 질산 소듐(sodium nitrate, $NaNO_3$)의 mol을 구하시오.

추가문제 2 (a) 금속 구리(copper) 87.2 g과 같은 mol을 갖는 소듐 금속의 질량을 구하시오.
(b) 네온(neon) 4.505 mol과 같은 질량을 갖는 헬륨의 mol을 구하시오.

추가문제 3 어떤 제과점의 보통 도넛의 평균 질량은 32.6 g이고 잼을 넣은 도넛의 평균 질량은 40.0 g이다.
(a) 보통 도넛 1다스의 질량과 잼을 넣은 도넛 1다스의 질량을 구하시오.
(b) 보통 도넛 1 kg의 도넛 개수와 잼을 넣은 도넛 1 kg의 도넛 개수를 구하시오.
(c) 잼을 넣은 도넛 1 kg의 도넛 개수와 같은 수를 갖는 보통 도넛의 질량을 구하시오.
(d) 잼을 넣은 도넛보다 3배 많은 보통 도넛으로 구성된 1다스 도넛의 총 질량을 구하시오.

예제 3.7

(a) 물 3.26 g에 들어 있는 물 분자의 수와 수소 원자와 산소 원자의 수를 구하시오.
(b) 7.92×10^{19}개 이산화 탄소 분자의 질량을 구하시오.

전략 질량과 분자 수 간의 변환을 위해 몰질량과 Avogadro 수를 사용한다. 산소 원자와 수소 원자의 수를 구하기 위해 물의 화학식을 이용한다.

계획 (a) 질량(물 3.26 g)으로부터 물의 mol을 구하기 위해 몰질량(18.02 g/mol)을 이용한다. mol로부터 물 분자 수를 구하기 위해 Avogadro 수를 이용한다. (b)에서 이산화 탄소의 분자 수를 질량으로 바꾸기 위해 (a) 과정을 역으로 계산한다.

풀이 (a) $3.26\ \text{g H}_2\text{O} \times \dfrac{1\ \text{mol H}_2\text{O}}{18.02\ \text{g H}_2\text{O}} \times \dfrac{6.022 \times 10^{23}\ \text{H}_2\text{O 분자}}{1\ \text{mol H}_2\text{O}} = 1.09 \times 10^{23}\ \text{H}_2\text{O 분자}$

분자식을 이용하여 3.26 g의 물에 들어 있는 수소 원자와 산소 원자의 수를 다음과 같이 구한다.

$1.09 \times 10^{23}\ \text{H}_2\text{O 분자} \times \dfrac{2\ \text{H 원자}}{1\ \text{H}_2\text{O 분자}} = 2.18 \times 10^{23}\ \text{H 원자}$ $1.09 \times 10^{23}\ \text{H}_2\text{O 분자} \times \dfrac{1\ \text{O 원자}}{1\ \text{H}_2\text{O 분자}} = 1.09 \times 10^{23}\ \text{O 원자}$

(b) $7.92 \times 10^{19}\ \text{CO}_2\ \text{분자} \times \dfrac{1\ \text{mol CO}_2}{6.022 \times 10^{23}\ \text{CO}_2\ \text{분자}} \times \dfrac{44.01\ \text{g CO}_2}{1\ \text{mol CO}_2} = 5.79 \times 10^{-3}\ \text{g CO}_2$

> **생각해 보기**
> 단위를 바르게 약분하였는지 점검하고 결과의 크기가 적절한지 확인한다.

추가문제 1 (a) 35.5 g O_2에 들어 있는 산소 분자의 수와 산소 원자의 수를 구하시오.
(b) 9.95×10^{14}개 SO_3 분자의 질량을 구하시오.

추가문제 2 (a) 1.00 kg 물에 들어 있는 산소 원자의 수와 수소 원자의 수를 구하시오.
(b) 1.00 mol의 산소 원자를 포함하는 탄산칼슘(calcium carbonate)의 질량을 구하시오.

추가문제 3 한 기념 주화 세트는 1.00온스 은화 2개와 0.500온스 금화 3개로 구성된다.
(a) 49.0 lb(파운드) 주화 세트에는 몇 개의 금화가 있는가?
(b) 총 질량이 63.0 lb인 기념 주화 소장품 세트에는 몇 개의 은화가 있는가?
(c) 은화 93개를 포함하는 기념 주화 소장품 세트의 총 질량은 얼마인가?
(d) 9.00 lb의 금화를 갖는 기념 주화 소장품 세트에서 은화의 질량은 얼마인가?

조성 백분율에서 실험식 구하기

3.2절에서 질량 백분율을 구하기 위해 화학식(분자식 또는 실험식)을 어떻게 사용하는지를 공부하였다. 이제 mol과 몰질량의 개념을 이용하여 화합물의 실험식을 구하기 위해 실험에서 결정된 조성 백분율을 어떻게 이용하는지를 공부할 것이다. 예제 3.8이 이것을 보여준다.

예제 3.8

질량 백분율이 질소가 30.45%이고 산소가 69.55%인 화합물의 실험식을 구하시오.

전략 문제에서 제시된 백분율만큼 100 g의 화합물 시료에 질소와 산소가 들어 있다고 가정한다. 분자 질량을 이용하여 각 원소의 질량을 mol로 바꾼다. 실험식의 첨자로 계산된 값을 적고 최종 답으로 가장 작은 정수비를 갖는 값을 구한다.

계획 N과 O로 구성된 화합물의 실험식은 N_xO_y이다. N과 O의 몰질량은 각각 14.01 g/mol과 16.00 g/mol이다. 질소가 30.45%이고 산소가 69.55%인 화합물 100 g에는 30.45 g N과 69.55 g O가 들어 있다.

풀이 $30.45 \text{ g N} \times \dfrac{1 \text{ mol N}}{14.01 \text{ g N}} = 2.173 \text{ mol N}$ $\qquad 69.55 \text{ g O} \times \dfrac{1 \text{ mol O}}{16.00 \text{ g O}} = 4.347 \text{ mol O}$

이것을 이용하여 구한 식은 $N_{2.173}O_{4.347}$이다. 둘 중 작은 수로 나누어($2.173/2.173 = 1$, $4.347/2.173 \approx 2$) 가장 작은 정수비로 얻은 실험식은 NO_2이다. NO_2 또는 N_2O_4 모두 실험식이 NO_2이므로 이것은 분자식일 수도 있고 아닐 수도 있다. 몰질량을 알지 못하면 정확히 판단할 수 없다.

> **생각해 보기**
>
> 예제 3.2에서 설명한 방법대로 실험식 NO_2에서 조성 백분율을 구하고 이 문제에서 주어진 것과 같음을 확인한다.

추가문제 1 질량으로 탄소가 52.15%, 수소가 13.13% 그리고 산소가 34.73%인 화합물의 실험식을 구하시오.

추가문제 2 질량으로 탄소가 85.63% 그리고 수소가 14.37%인 화합물의 실험식을 구하시오.

추가문제 3 예제 3.7의 추가문제 3에서 질량으로 금화가 60%이고 은화가 40%인 가장 작은 기념 주화 소장품 세트는 무엇인가?(금화는 순금이고 은화는 순은으로 가정하자.)

3.5 연소 분석

3.4절에서 보았던 것처럼 물질의 실험식은 물질 시료에 포함되어 있는 각 원소의 질량으로부터 구할 수 있다. 실제 사용하는 방법은 **연소 분석**(combustion analysis)을 이용하여 실험식을 실험적으로 결정하는 것이다.

유기 화합물(탄소, 수소 그리고 간혹 산소를 포함하는)은 그림 3.5에서 보여주는 장치를 이용하여 연소 분석을 한다. 질량을 알고 있는 시료를 화로에 넣고 산소를 흘려주면서 가

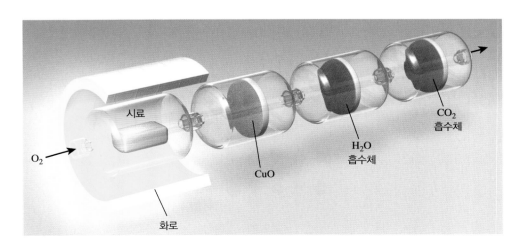

그림 3.5 연소 분석 장치의 개념도. 연소 과정에서 생성된 CO_2와 H_2O를 포집하여 질량을 측정한다. 생성물의 양으로부터 얼마나 많은 탄소와 수소가 시료에 들어 있었는지를 결정한다.(CuO는 모든 탄소를 CO_2로 완전히 연소시키기 위해 사용된다.)

O_2

시료

CuO

H_2O 흡수체

CO_2 흡수체

화로

열한다. 연소 반응으로 탄소와 수소로부터 생성된 이산화 탄소와 물을 각각 "트랩(trap)"에 수집하여 연소 전과 후의 질량을 비교한다. 각 트랩의 반응 전과 반응 후의 질량 차이는 수집된 생성물의 질량이다. 각 생성물의 질량으로부터 화합물의 조성 백분율을 구하면 그로부터 실험식을 결정할 수 있다.

실험식의 결정

포도당과 같은 화합물이 연소될 때 이산화 탄소와 물이 생성된다. 산소 기체만이 반응에서 첨가되기 때문에 생성물 중의 탄소와 수소는 포도당에서만 나온 것이다. 생성물 중의 산소는 포도당에서 나온 것일 수도 있고 첨가된 산소 기체에서 나온 것일 수도 있다. 포도당 18.8 g을 태웠을 때 27.6 g의 CO_2와 11.3 g의 H_2O가 생성되었다고 하자. 원래 18.8 g의 포도당 시료에 들어 있었던 탄소와 수소의 질량은 다음과 같이 계산할 수 있다.

$$\text{탄소의 질량}=27.6\,\text{g CO}_2\times\frac{1\,\text{mol CO}_2}{44.01\,\text{g CO}_2}\times\frac{1\,\text{mol C}}{1\,\text{mol CO}_2}\times\frac{12.01\,\text{g C}}{1\,\text{mol C}}=7.53\,\text{g C}$$

$$\text{수소의 질량}=11.3\,\text{g H}_2\text{O}\times\frac{1\,\text{mol H}_2\text{O}}{18.02\,\text{g H}_2\text{O}}\times\frac{2\,\text{mol H}}{1\,\text{mol H}_2\text{O}}\times\frac{1.008\,\text{g H}}{1\,\text{mol H}}=1.26\,\text{g H}$$

18.8 g의 포도당에는 7.53 g의 탄소와 1.26 g의 수소가 들어 있다. 나머지 질량[18.8 g−(7.53 g+1.26 g)=10.0 g]은 산소의 질량이다.

18.8 g의 포도당에 들어 있는 각 원소의 mol은 다음과 같다.

$$\text{탄소의 mol}=7.53\,\text{g C}\times\frac{1\,\text{mol C}}{12.01\,\text{g C}}=0.627\,\text{mol C}$$

$$\text{수소의 mol}=1.26\,\text{g H}\times\frac{1\,\text{mol H}}{1.008\,\text{g H}}=1.25\,\text{mol H}$$

$$\text{산소의 mol}=10.0\,\text{g O}\times\frac{1\,\text{mol O}}{16.00\,\text{g O}}=0.626\,\text{mol O}$$

학생 노트
연소 데이터로 실험식을 결정하는 방법은 반올림 오차에 크게 영향을 받는다. 이러한 문제를 풀 때, 마지막까지 반올림을 하지 않는다.

그러므로 포도당의 실험식은 $C_{0.627}H_{1.25}O_{0.626}$과 같이 쓸 수 있다. 실험식의 첨자는 정수여야 하므로 가장 작은 수 0.626으로 나누면(0.627/0.626≈1, 1.25/0.626≈2 그리고 0.626/0.626=1) 실험식으로 CH_2O를 구할 수 있다.

분자식의 결정

실험식은 분자에서 각 원자들의 조성비만 알려주므로 많은 화합물들이 같은 실험식을 가질 수 있다. 화합물의 몰질량을 대략적으로라도 안다면 실험식으로부터 분자식을 결정할 수 있다. 포도당의 몰질량은 대략 180 g이다. CH_2O의 **실험식량**(empirical−formula mass)은 대략 30 g[12.01 g+2(1.008 g)+16.00 g]이다. 분자식을 구하기 위해 먼저 몰질량을 실험식량으로 나눈다(180 g/30 g=6). 이는 포도당 한 분자에 6개의 실험식 단위가 있다는 것을 알려준다. 각 첨자에 6을 곱하면(여기서 아무 첨자도 없는 것은 1을 의미한다) 분자식 $C_6H_{12}O_6$를 구할 수 있다.

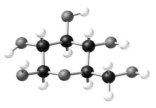

포도당

예제 3.9는 연소 데이터와 몰질량으로부터 화합물의 분자식을 어떻게 결정할 수 있는지
를 알려준다.

예제 3.9

5.50 g 벤젠 시료를 연소시키면 18.59 g의 CO_2와 3.81 g의 H_2O를 생성한다. 벤젠의 몰질량은 대략
78 g/mol이다. 벤젠의 실험식과 분자식을 구하시오.

벤젠

전략 생성물의 질량으로부터 5.50 g 벤젠 시료에 들어 있는 탄소의 질량과 수소의 질량을 구한다.
탄소와 수소의 질량을 더한다. 탄소와 수소의 총질량과 시료의 질량과의 차이는 산소의 질량이다(만
약 벤젠에 산소가 있다면). 각 원소의 질량을 mol로 바꾸고 화학식의 첨자를 결정한다. 가장 작은 수
로 나누어 첨자의 최소 정수비를 구한다. 이것이 실험식이다. 분자식을 결정하기 위해 문제에서 주어
진 몰질량을 실험식량으로 나눈다. 얻어진 값을 실험식의 첨자에 곱하여 분자식의 첨자로 사용한다.

계획 필요한 몰질량은 CO_2 44.01 g/mol, H_2O 18.02 g/mol, C 12.01 g/mol, H 1.008 g/mol
그리고 O 16.00 g/mol이다.

풀이 5.50 g의 시료로부터 만들어진 생성물에서 탄소와 수소의 질량을 다음과 같이 구한다.

$$\text{탄소의 질량} = 18.59 \text{ g } CO_2 \times \frac{1 \text{ mol } CO_2}{44.01 \text{ g } CO_2} \times \frac{1 \text{ mol C}}{1 \text{ mol } CO_2} \times \frac{12.01 \text{ g C}}{1 \text{ mol C}} = 5.073 \text{ g C}$$

$$\text{수소의 질량} = 3.81 \text{ g } H_2O \times \frac{1 \text{ mol } H_2O}{18.02 \text{ g } H_2O} \times \frac{2 \text{ mol H}}{1 \text{ mol } H_2O} \times \frac{1.008 \text{ g H}}{1 \text{ mol H}} = 0.426 \text{ g H}$$

생성된 탄소와 수소의 총 질량은 5.073 g + 0.426 g = 5.449 g이다. 탄소와 수소를 합한 질량이 원래 시료의 전체 질량과 거의 비슷하
므로(5.499 g ≈ 5.50 g)이 화합물은 산소를 포함하지 않는다. 화합물에 존재하는 각 원소의 mol은 다음과 같이 구한다.

$$\text{탄소의 mol} = 5.073 \text{ g C} \times \frac{1 \text{ mol C}}{12.01 \text{ g C}} = 0.4224 \text{ mol C}$$

$$\text{수소의 mol} = 0.426 \text{ g H} \times \frac{1 \text{ mol H}}{1.008 \text{ g H}} = 0.423 \text{ mol H}$$

얻어진 식은 $C_{0.4224}H_{0.423}$이다. 정수비로 바꾸어(0.4224/0.4224 = 1, 0.423/0.4224 ≈ 1) 얻은 실험식은 CH이다.
마지막으로 대략적인 몰질량(78 g/mol)을 실험식량(12.01 g/mol + 1.008 g/mol = 13.02 g/mol)으로 나누면 6(78/13.02 ≈ 6)이
얻어진다. 실험식의 첨자에 6을 곱하여 벤젠의 분자식 C_6H_6를 구할 수 있다.

생각해 보기

결과에서 얻은 분자식으로부터 계산한 몰질량과 문제에서 주어진 몰질량과 일치하는지 확인한다. C_6H_6에 대해 몰질량은 6(12.01 g/
mol) + 6(1.008 g/mol) = 78.11 g/mol로 문제에서 주어진 78 g/mol과 일치한다.

추가문제 1 28.1 g 아스코르브산(ascorbic acid, vitamin C) 시료를 연소시키면 42.1 g의 CO_2와 11.5 g의 H_2O를 생성한다. 아
스코르브산의 실험식과 분자식을 구하시오. 아스코르브산의 몰질량은 대략 176 g/mol이다.

추가문제 2 실험식이 CH_4O인 화합물 1.05 g을 연소시켰을 때 생성되는 CO_2와 H_2O의
질량을 구하시오.

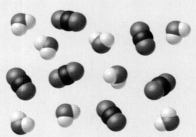

추가문제 3 그림에서 보이는 모델은 연소–분석 실험에서 생성된 분자들을 나타낸다.
(a) 화합물이 탄소와 수소만 포함할 때, (b) 화합물이 탄소, 수소 그리고 산소를 함유하고
몰질량이 대략 60 g/mol일 때, 화합물의 실험식을 구하시오. (c) 위의 두 다른 화합물이
어떻게 동일한 양의 같은 생성물을 생성할 수 있는지 설명하시오.

3.6 균형 맞춤 화학 반응식을 이용한 계산

사람들은 반응물의 주어진 양으로부터 특정 생성물이 얼마나 많이 만들어지는지 알고 싶어 한다. 한편으론 실험을 수행하여 생성물의 양을 측정하고 이로부터 반응물의 조성 및 양을 예측하기도 한다. 균형 맞춤 화학 반응식은 이러한 문제를 푸는 데 있어 아주 강력한 도구이다.

반응물과 생성물의 몰

일산화 탄소와 산소가 반응하여 이산화 탄소를 생성하는 반응식에 의하면 2 mol의 CO가 1 mol의 O_2와 결합하여 2 mol의 CO_2를 생성한다. 화학량론 계산에 있어 2 mol의 CO는 2 mol의 CO_2에 해당하고(동등하고) 다음과 같이 나타낸다.

$$2CO(g) + O_2(g) \longrightarrow 2CO_2(g)$$

$$2 \text{ mol CO} \simeq 2 \text{ mol } CO_2$$

여기서 기호 $\simeq$는 "화학량론적으로 동등한" 또는 간단히 "같은(동등한)"을 의미한다. 소비된 CO와 생성된 CO_2의 mol 비는 2:2 또는 1:1이다. 반응에서 소비된 CO의 mol이 얼마이든 같은 mol의 CO_2가 생성된다. 이러한 일정 비에 대해 환산 인자를 다음과 같이 쓸 수 있다.

$$\frac{2 \text{ mol CO}}{2 \text{ mol } CO_2} \quad \text{또는} \quad \frac{1 \text{ mol CO}}{1 \text{ mol } CO_2}$$

환산 인자는 역수를 이용하여 다음과 같이 쓸 수도 있다.

$$\frac{2 \text{ mol } CO_2}{2 \text{ mol CO}} \quad \text{또는} \quad \frac{1 \text{ mol } CO_2}{1 \text{ mol CO}}$$

이 환산 인자는 주어진 양의 CO가 반응했을 때 CO_2가 얼마나 생성되는지 또는 일정 양의 CO_2를 생성하기 위해 얼마나 많은 CO가 필요한지를 계산할 수 있게 해준다. 3.82 mol의 CO가 CO_2를 생성하기 위해 완전히 반응한다고 하자. 생성되는 CO_2의 mol을 계산하기 위해 분자에 CO_2를 분모에 CO를 갖는 환산 인자를 사용하여 다음과 같이 계산한다.

$$\text{생성되는 } CO_2\text{의 mol} = 3.82 \text{ mol CO} \times \frac{1 \text{ mol } CO_2}{1 \text{ mol CO}} = 3.82 \text{ mol } CO_2$$

마찬가지로 균형 맞춤 반응식의 다른 비를 환산 인자로 사용할 수 있다. 예를 들면, 1 mol $O_2 \simeq 2$ mol CO_2 그리고 2 mol CO $\simeq 1$ mol O_2로 쓸 수 있다. 이러한 환산 인자를 이용하여 주어진 양의 O_2로 생성되는 CO_2 양이 얼마인지 그리고 한 반응물의 양이 주어졌을 때 완전히 반응시키기 위한 다른 반응물의 양이 얼마나 필요한지를 계산할 수 있다. 앞의 예에서 **화학량론적 O_2의 양**(stoichiometric amount of O_2)을 계산할 수 있다(3.82 mol CO와 반응하는데 필요한 O_2의 mol).

$$\text{필요한 } O_2\text{의 mol} = 3.82 \text{ mol CO} \times \frac{1 \text{ mol } O_2}{2 \text{ mol CO}} = 1.91 \text{ mol } O_2$$

예제 3.10은 균형 맞춤 화학 반응식을 이용하여 반응물과 생성물의 양을 어떻게 구하는지를 설명한다.

예제 3.10

요소[urea, $(NH_2)_2CO$]는 단백질의 신진대사 과정에서 생기는 부생성물이다. 이것은 간에서 생성되고 신장에서 혈액으로부터 여과되어 소변으로 배출된다. 요소는 실험실에서 암모니아와 이산화 탄소를 반응시켜 합성하고 반응식은 다음과 같다.

$$2NH_3(g) + CO_2(g) \longrightarrow (NH_2)_2CO(aq) + H_2O(l)$$

(a) 5.25 mol의 암모니아가 완전히 반응하여 생성되는 요소의 양을 구하시오.

(b) 5.25 mol의 암모니아와 반응하는 데 필요한 이산화 탄소의 화학량론적 양을 구하시오.

전략 균형 맞춤 화학 반응식을 이용하여 적절한 화학량론적 환산 인자를 구하고 주어진 암모니아의 mol에 곱한다.

계획 균형 맞춤 화학 반응식에 의하면 암모니아와 요소에 대한 환산 인자는 다음과 같다.

$$\frac{2\ mol\ NH_3}{1\ mol\ (NH_2)_2CO} \quad \text{또는} \quad \frac{1\ mol\ (NH_2)_2CO}{2\ mol\ NH_3}$$

암모니아의 mol을 곱하고 단위를 적절히 약분하기 위해 분모에 암모니아 mol이 있는 환산 인자를 이용한다.

마찬가지로 암모니아와 이산화 탄소에 대한 환산 인자는 다음과 같다.

$$\frac{2\ mol\ NH_3}{1\ mol\ CO_2} \quad \text{또는} \quad \frac{1\ mol\ CO_2}{2\ mol\ NH_3}$$

같은 방법으로 암모니아 mol이 약분되도록 분모에 암모니아 mol이 있는 환산 인자를 이용한다.

풀이   (a) 생성된 $(NH_2)_2CO$의 mol $= 5.25\ mol\ NH_3 \times \dfrac{1\ mol\ (NH_2)_2CO}{2\ mol\ NH_3} = 2.63\ mol\ (NH_2)_2CO$

(b) 필요한 CO_2의 mol $= 5.25\ mol\ NH_3 \times \dfrac{1\ mol\ CO_2}{2\ mol\ NH_3} = 2.63\ mol\ CO_2$

생각해 보기

언제나 그렇듯이 단위가 적절하게 약분되었는지 확인하여야 한다. 균형 맞춤 반응식은 소비된 암모니아보다 생성된 요소의 mol이 작다는 것을 알려준다. 그러므로 계산된 요소의 mol(2.63)은 문제에서 주어진 암모니아의 mol(5.25)보다 작아야만 한다. 균형 맞춤 반응식에서 이산화 탄소와 요소의 화학량론 계수는 서로 같으므로 이 문제에서 계산한 답에서도 이들 두 화학종의 결과는 같아야 한다.

추가문제 1   질소와 수소는 다음 반응식과 같이 반응하여 암모니아를 생성한다.

$$N_2(g) + 3H_2(g) \longrightarrow 2NH_3(g)$$

0.0880 mol의 질소와 반응하기 위해 필요한 수소의 mol과 생성되는 암모니아의 mol을 계산하시오.

추가문제 2   십산화 사인(tetraphosphorus decoxide, P_4O_{10})은 반응하여 물과 인산(phosphoric acid)을 생성한다. 이 반응의 반응식을 쓰고 균형을 맞추시오. 5.80 mol의 인산이 생성되기 위해 필요한 각 반응물의 mol을 구하시오.

추가문제 3   그림은 질산(nitric acid)과 금속 주석(tin, Sn)이 반응하여 메타주석산(metastannic acid, H_2SnO_3), 물 그리고 이산화 질소를 생성하는 것을 모델로 나타낸 것이다. H_2SnO_3 8.75 mol을 생성하기 위해 필요한 질산의 mol을 구하시오.(반응식의 균형을 맞추는 것을 잊지 말자.)

반응물과 생성물의 질량

균형 맞춤 화학 반응식은 mol 단위에서 반응물과 생성물의 상대적인 양을 알려준다. 그러나 실험실에서는 반응물과 생성물의 질량을 측정하기 때문에 mol이 아니라 질량으로 계산을 시작하는 경우가 많다. 예제 3.11은 질량 차원에서 반응물과 생성물의 양을 어떻게 결정하는지를 설명한다.

예제   3.11

"웃음 기체"로 알려진 아산화 질소(nitrous oxide, N_2O)는 치과에서 마취제로 흔히 사용된다. N_2O는 질산 암모늄(ammonium nitrate)을 가열하여 대량 생산하고 이에 대한 균형 맞춤 반응식은 다음과 같다.

$$NH_4NO_3(s) \xrightarrow{\Delta} N_2O(g) + 2H_2O(g)$$

(a) 10.0 g의 아산화 질소를 생성하기 위해 가열해야 할 질산 암모늄의 질량을 계산하시오.

(b) 이 반응에서 생성되는 물의 질량을 구하시오.

전략   (a)에서 주어진 아산화 질소의 질량을 mol로 바꾸기 위해 아산화 질소의 몰질량을 이용한다. 질산 암모늄의 mol을 구하기 위해 적절한 화학량론적 환산 인자를 이용하고, 질산 암모늄의 몰질량을 이용하여 질산 암모늄의 질량을 구한다. 아산화 질소의 몰질량을 이용하여 (b)에서 주어진 아산화 질소의 질량을 mol로 바꾼다. 질산 암모늄의 mol로부터 물의 mol을 구하기 위해 적절한 화학량론적 환산 인자를 이용하고, 물의 몰질량을 이용하여 물의 질량을 구한다.

계획 NH_4NO_3, N_2O 그리고 H_2O의 몰질량은 각각 80.05 g/mol, 44.02 g/mol 그리고 18.02 g/mol이다. 아산화 질소와 질산 암모늄, 그리고 아산화 질소와 물 사이의 환산 인자는 각각 다음과 같다.

$$\frac{1 \text{ mol } NH_4NO_3}{1 \text{ mol } N_2O} \quad \text{그리고} \quad \frac{2 \text{ mol } H_2O}{1 \text{ mol } N_2O}$$

풀이   (a) $10.0 \text{ g } N_2O \times \dfrac{1 \text{ mol } N_2O}{44.02 \text{ g } N_2O} = 0.227 \text{ mol } N_2O$

$0.227 \text{ mol } N_2O \times \dfrac{1 \text{ mol } NH_4NO_3}{1 \text{ mol } N_2O} = 0.227 \text{ mol } NH_4NO_3$

$0.227 \text{ mol } NH_4NO_3 \times \dfrac{80.05 \text{ g } NH_4NO_3}{1 \text{ mol } NH_4NO_3} = 18.2 \text{ g } NH_4NO_3$

그러므로 10.0 g의 아산화 질소를 얻기 위해 18.2 g의 질산 암모늄을 가열하여야 한다.

(b) (a)의 첫 번째 단계에서 계산된 아산화 질소의 mol로부터 다음과 같이 구한다.

$0.227 \text{ mol } N_2O \times \dfrac{2 \text{ mol } H_2O}{1 \text{ mol } N_2O} = 0.454 \text{ mol } H_2O$

$0.454 \text{ mol } H_2O \times \dfrac{18.02 \text{ g } H_2O}{1 \text{ mol } H_2O} = 8.18 \text{ g } H_2O$

그러므로 8.18 g의 물이 생성된다.

생각해 보기

답을 검토하기 위해 질량 보존의 법칙을 활용한다. (a)에서 구한 반응물의 질량이 생성물들을 합한 질량과 같은지 확인한다. 이 경우에(적절한 유효숫자로 반올림한) 10.0 g + 8.18 g = 18.2 g이다. 결과에서 작은 차이는 반올림 때문이라는 것을 유념한다.

추가문제 1   56.8 g의 포도당이 분해되어 생성되는 물의 질량을 구하시오.(필요한 반응식은 생활 속의 화학을 참고한다.)

추가문제 2   물 175 g을 생성하기 위해 신진대사에 필요한 포도당의 질량은 얼마인가?

추가문제 3 그림은 이산화 질소와 물이 반응하여 일산화 질소(nitrogen monoxide)와 질산을 생성하는 것을 모델로 나타낸 것이다. HNO_3 100.0 g 을 생성하기 위해 필요한 이산화 질소의 질량을 구하시오.(반응식의 균형을 맞추는 것을 잊지 말자.)

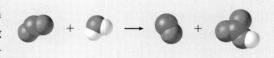

3.7 한계 반응물

화학자들이 반응을 시킬 때, 대개는 반응물들을 화학량론적으로 준비하지 않는다. 반응의 목표가 시작 물질로부터 유용한 물질을 최대한 생성하는 것이기 때문에 좀 더 비싸거나 중요한 반응물이 원하는 생성물로 완전히 반응할 수 있도록 보통 다른 반응물을 과량으로 넣는다. 결론적으로, 과량으로 들어간 몇몇의 반응물은 반응이 끝난 후에도 남아 있게 된다. 반응에서 모두 소비되는 반응물은 생성물의 양을 제한하기 때문에 **한계 반응물(limiting reactant)**이라 한다. 한계 반응물이 모두 반응하게 되면 생성물은 더 이상 만들어지지 않는다. **초과 반응물(excess reactant)**은 한계 반응물과 반응하기 위해 필요한 양보다 더 많은 양이 들어 있는 물질들이다.

한계 반응물의 개념은 햄 샌드위치를 만드는 것과 같은 일상의 작업에도 적용된다. 만약 여러분이 빵 2장과 햄 1장으로 구성된 햄 샌드위치를 가능한 많이 만들기를 원한다고 하자. 지금 8장의 빵과 6장의 햄이 있다면 얼마나 많은 샌드위치를 만들 수 있는가? 샌드위치 4개를 만들고 나면 빵이 더 이상 없기 때문에 답은 4개이다. 비록 햄이 2장 남아 있지만 빵이 없기 때문에 더 이상 샌드위치를 만들 수 없다. 이 경우에 있어서 빵이 한계 반응물이고 햄이 초과 반응물이다.

> **학생 노트**
> 한계 반응물과 초과 반응물은 한계 시약(limiting reagent)과 과잉 시약(excess reagent)이라고도 한다.

한계 반응물의 결정

한계 반응물을 포함하는 문제에서 첫 번째 단계는 한계 반응물이 무엇인지 파악하는 것이다. 한계 반응물이 확인된 후, 문제의 나머지는 3.6절에서 설명된 방법으로 해결할 수 있다. 일산화 탄소와 수소로부터 메탄올(methanol, CH_3OH)을 생성하는 반응을 생각해 보자.

$$CO(g) + 2H_2(g) \longrightarrow CH_3OH(l)$$

그림 3.6(a)에서 보여주는 바와 같이 반응 전에 5 mol의 일산화 탄소와 8 mol의 H_2가 있다고 하자.

CO가 모두 반응하기 위해 얼마나 많은 H_2가 필요한지 계산하기 위해 화학량론적 환산 인자를 활용한다. 균형 맞춤 반응식으로부터 1 mol $CO \approx 2$ mol H_2임을 알 수 있다. 그러므로 5 mol CO와 반응하기 위해 필요한 H_2는 다음과 같다.

$$H_2의\ mol = 5\ mol\ CO \times \frac{2\ mol\ H_2}{1\ mol\ CO} = 10\ mol\ H_2$$

이용 가능한 H_2가 8 mol만 있기 때문에 모든 CO와 반응하기에는 H_2가 부족하다. 그러므로 H_2가 한계 반응물이고 CO가 초과 반응물이다. 그림 3.6(b)에서 보여지는 것처럼 H_2가 먼저 다 소비되고 H_2가 없어지면 메탄올의 생성이 멈추면서 CO가 남게 된다. 반응이 완결

그림 3.6 (a) H_2와 CO가 (b) CH_3OH를 생성하는 반응. 각 분자는 1 mol을 나타낸다. 이 경우에서 H_2가 한계 반응물이고 반응이 끝난 후 1 mol의 CO가 남는다.

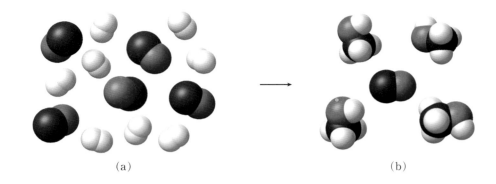

(a)   (b)

되었을 때 얼마나 많은 CO가 남는지 계산하기 위해 8 mol의 H_2와 반응하는 CO의 양을 다음과 같이 계산한다.

$$CO의 \ mol = 8 \ mol \ H_2 \times \frac{1 \ mol \ CO}{2 \ mol \ H_2} = 4 \ mol \ CO$$

4 mol의 CO가 소비되므로 1 mol(5 mol − 4 mol)이 남는다. 예제 3.12는 한계 반응물의 개념과 질량과 mol 사이의 환산을 어떻게 결부시키는지를 보여준다. 그림 3.7(118~119쪽)은 이런 유형의 문제에서 계산 단계들을 잘 보여준다.

예제 3.12

Alka-Seltzer 알약은 아스피린, 중탄산소듐(sodium bicarbonate)과 구연산(citric acid)를 포함한다. 이것들이 물과 접촉하면 중탄산소듐($NaHCO_3$)과 구연산($H_3C_6H_5O_7$)이 반응하여 이산화 탄소 기체를 발생시킨다.

$$3NaHCO_3(aq) + H_3C_6H_5O_7(aq) \longrightarrow 3CO_2(g) + 3H_2O(l) + Na_3C_6H_5O_7(aq)$$

알약이 물에 떨어지면 CO_2가 생성되면서 특유의 소리를 낸다. Alka-Seltzer 알약은 1.700 g의 중탄산소듐과 1.000 g의 구연산을 포함한다. 물에 녹은 알약 1정에 대해 (a) 어떤 성분이 한계 반응물인지 결정하고 (b) 반응이 끝났을 때 남아 있는 초과 반응물의 질량과 (c) 생성되는 CO_2의 질량을 구하시오.

중탄산소듐과 구연산의 반응은 Alka-Seltzer 알약 특유의 끓는 소리를 낸다.

전략 각 반응물의 질량을 mol로 바꾼다. 필요한 화학량론 환산 인자를 구하기 위해 균형 맞춤 반응식을 활용하고 어떤 것이 한계 반응물인지 결정한다. 남아 있는 초과 반응물의 mol과 생성된 CO_2의 mol을 구하기 위해 화학량론 환산 인자를 다시 이용한다. 마지막으로, 각각의 몰질량을 이용하여 초과 반응물과 CO_2의 mol을 질량으로 바꾼다.

계획 필요한 몰질량은 중탄산소듐이 84.01 g/mol, 구연산이 192.12 g/mol, CO_2가 44.01 g/mol이다. 균형 맞춤 반응식으로부터 3 mol $NaHCO_3 \simeq 1 \ mol \ H_3C_6H_5O_7$, 3 mol $NaHCO_3 \simeq 3 \ mol \ CO_2$, 1 mol $H_3C_6H_5O_7 \simeq 3 \ mol \ CO_2$임을 알 수 있다. 필요한 화학량론 환산 인자는 다음과 같다.

$$\frac{3 \ mol \ NaHCO_3}{1 \ mol \ H_3C_6H_5O_7} \qquad \frac{1 \ mol \ H_3C_6H_5O_7}{3 \ mol \ NaHCO_3} \qquad \frac{3 \ mol \ CO_2}{3 \ mol \ NaHCO_3} \qquad \frac{3 \ mol \ CO_2}{1 \ mol \ H_3C_6H_5O_7}$$

풀이

$$1.700 \ g \ NaHCO_3 \times \frac{1 \ mol \ NaHCO_3}{84.01 \ g \ NaHCO_3} = 0.02024 \ mol \ NaHCO_3$$

$$1.000 \ g \ H_3C_6H_5O_7 \times \frac{1 \ mol \ H_3C_6H_5O_7}{192.12 \ g \ H_3C_6H_5O_7} = 0.005205 \ mol \ H_3C_6H_5O_7$$

(a) 한계 반응물이 무엇인지 파악하기 위해 중탄산소듐 0.02024 mol과 완전히 반응하는 데 필요한 구연산의 양을 계산한다.

$$0.02024 \; \text{mol NaHCO}_3 \times \frac{1 \; \text{mol H}_3\text{C}_6\text{H}_5\text{O}_7}{3 \; \text{mol NaHCO}_3} = 0.006745 \; \text{mol H}_3\text{C}_6\text{H}_5\text{O}_7$$

중탄산소듐 0.02024 mol과 완전히 반응하는 데 필요한 구연산의 양은 알약 1정이 포함하는 양보다 많다. 그러므로 구연산이 한계 반응물이고 중탄산소듐이 초과 반응물이다.

(b) 남아 있는 초과 반응물(NaHCO$_3$)의 질량을 구하기 위해 먼저 반응하는 NaHCO$_3$의 양을 구한다.

$$0.005205 \; \text{mol H}_3\text{C}_6\text{H}_5\text{O}_7 \times \frac{3 \; \text{mol NaHCO}_3}{1 \; \text{mol H}_3\text{C}_6\text{H}_5\text{O}_7} = 0.01562 \; \text{mol NaHCO}_3$$

0.01562 mol NaHCO$_3$가 소비되고 0.00462 mol이 반응하지 않고 남는다. 반응하지 않은 양을 질량(g 단위)으로 바꾼다.

$$0.00462 \; \text{mol NaHCO}_3 \times \frac{84.01 \; \text{g NaHCO}_3}{1 \; \text{mol NaHCO}_3} = 0.388 \; \text{g NaHCO}_3$$

(c) 생성된 CO$_2$의 질량을 구하기 위해 먼저 소비된 한계 반응물(H$_3$C$_6$H$_5$O$_7$)의 mol로부터 생성된 CO$_2$의 mol을 구한다.

$$0.005205 \; \text{mol H}_3\text{C}_6\text{H}_5\text{O}_7 \times \frac{3 \; \text{mol CO}_2}{1 \; \text{mol H}_3\text{C}_6\text{H}_5\text{O}_7} = 0.01562 \; \text{mol CO}_2$$

이 값을 질량(g 단위)으로 바꾼다.

$$0.01562 \; \text{mol CO}_2 \times \frac{44.01 \; \text{g CO}_2}{1 \; \text{mol CO}_2} = 0.6874 \; \text{g CO}_2$$

결과를 요약하면 (a) 한계 반응물은 구연산 (b) 반응하지 않고 남아 있는 중탄산소듐의 양은 0.388 g (c) 생성된 CO$_2$의 양은 0.6874 g이다.

생각해 보기

이와 같은 문제에서 답을 검토하기 위해 다른 생성물의 양을 계산해 보는 것이 좋은 방법이다. 질량 보존의 법칙에 따라 두 반응물의 처음 질량의 합(1.700 g + 1.000 g = 2.700 g)은 반응이 끝난 후 생성물과 남아 있는 초과 반응물의 질량의 합이 같아야 한다. 이 경우에 생성된 H$_2$O와 Na$_3$C$_6$H$_5$O$_7$의 질량은 각각 0.2815 g과 1.343 g이다. 생성된 CO$_2$의 질량은 0.6874 g[(c)에서]이고 남아 있는 NaHCO$_3$의 질량은 0.388 g이다[(b)에서]. 총량 0.2815 g + 1.343 g + 0.6874 g + 0.388 g은 2.700 g으로 반응물의 총 질량과 같다.

추가문제 1 암모니아는 질소와 수소가 다음 반응식과 같이 반응하여 생성된다. N$_2(g) + 3$H$_2(g) \longrightarrow 2$NH$_3(g)$. 질소 35.0 g과 수소 12.5 g이 반응하였을 때 생성되는 암모니아의 질량을 구하시오. 초과 반응물은 무엇이며 반응이 끝난 후 얼마나 남아 있는가?

추가문제 2 수산화포타슘과 인산은 다음 반응식과 같이 반응하여 인산포타슘과 물을 생성한다. 3KOH$(aq) + H_3PO_4(aq) \longrightarrow$ K$_3$PO$_4(aq) + 3$H$_2$O(l). 반응 후 K$_3$PO$_4$가 55.7 g이 생성되고 H$_3$PO$_4$가 89.8 g이 반응하지 않고 남아 있다면 처음에 있었던 각 반응물의 질량을 구하시오.

추가문제 3 다음 그림은 화학 반응 전과 후의 반응 혼합물을 나타낸 것이다. 균형 맞춤 반응식을 쓰고 한계 반응물을 확인하시오.

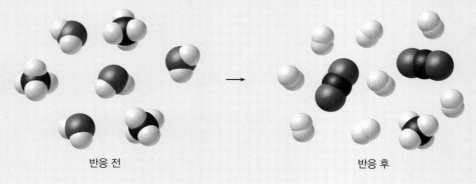

반응 전   반응 후

그림 3.7

한계 반응물 문제

START

반응식에 따라 84.06 g N_2와 22.18 g H_2가 반응할 때 생성되는 NH_3의 질량을 구하시오.

$$N_2 + 3H_2 \longrightarrow 2NH_3$$

mol로 변환

$$\frac{84.06 \text{ g } N_2}{28.02 \text{ g/mol}} = 3.000 \text{ mol } N_2$$

$$\frac{22.18 \text{ g } H_2}{2.016 \text{ g/mol}} = 11.00 \text{ mol } H_2$$

NH_3 mol 결정

반응 전 총 질량

$$84.06 \text{ g } N_2 + 22.18 \text{ g } H_2 = 106.24 \text{ g}$$

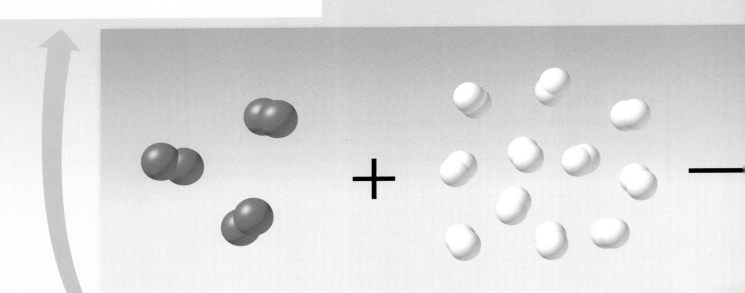

반응 전과 반응 후의 총 질량을 비교한다. 작은 차이는 반올림 오차에 기인한다.

반응 후 총 질량 = 102.2 g NH_3 + 4.03 g H_2 = 106.2 g

반응 후 총 질량을 구하기 위해 생성물의 질량과 반응 후 남은 초과 반응물의 질량을 더한다.

환산 인자로 계수를 사용한다.

방법 1

$$3.000 \text{ mol N}_2 \times \frac{2 \text{ mol NH}_3}{1 \text{ mol H}_2} = 3.000 \text{ mol N}_2$$

$$11.00 \text{ mol H}_2 \times \frac{2 \text{ mol NH}_3}{3 \text{ mol H}_2} = 7.333 \text{ mol NH}_3$$

또는

방법 2

$$3.000 \text{ N}_2 + 9.000 \text{ H}_2 \longrightarrow 6.000 \text{ NH}_3$$

$$3.667 \text{ N}_2 + 11.00 \text{ H}_2 \longrightarrow 7.333 \text{ NH}_3$$

실제 양을 이용하여 균형 맞춤 반응식을 다시 쓴다. 균형 맞춤 반응식에 따르면 11.00 mol H_2와 반응하기 위해 3.667 mol N_2가 필요하다.

둘 중 더 적은 양의 생성물을 생성하는 게 옳다.

6.000 mol NH₃

g으로 변환

$$6.000 \text{ mol NH}_3 \times \frac{17.03 \text{ g NH}_3}{1 \text{ mol NH}_3} = 102.2 \text{ g NH}_3$$

CHECK

N_2가 한계 반응물이다. H_2가 얼마나 남는지 계산한다.

$$2.00 \text{ mol H}_2 \times \frac{2.016 \text{ g H}_2}{1 \text{ mol H}_2} = 4.03 \text{ g H}_2$$

g으로 변환

11.00 mol (처음에)
$-$ 9.00 mol (소비된)
────────────
2.00 mol (남은 H_2)

요점은 무엇인가?

여러 가지 방법의 풀이가 있다. 여기서 한계 반응물 문제는 답을 얻기 위한 2가지 방법을 보여주고 결과가 합당한지 아닌지를 판단하기 위해 문제에서 주어진 정보와 어떻게 비교하는지를 보여준다.

반응 수득량

반응에서 화학량론을 이용하여 구한 생성물의 양을 반응의 **이론 수득량**(theoretical yield)이라 한다. 이론적인 수득량은 원하는 생성물을 만들기 위해 한계 반응물 전부가 반응하였을 때 생성된 생성물의 양을 일컫는다. 이것은 균형 맞춤 반응식에 의해 예측되는 얻을 수 있는 최대의 양이다. 그러나 반응에서 실제로 얻어지는 생성물의 양인 **실제 수득량** (actual yield)은 거의 항상 이론 수득량보다 적다. 실제 수득량과 이론 수득량이 차이가 나는 데는 몇 가지 이유가 있다. 예를 들어, 반응물 중 일부가 원하는 생성물을 만들기 위해 반응하지 않았을 수가 있다. 종종 **부반응**(side reaction)이라고 불리는 다른 생성물을 만드는 반응이 일어날 수도 있고 그냥 반응하지 않고 그대로 남아 있을 수도 있다. 게다가 반응이 끝난 후 생성물 모두를 분리하지 못할 수도 있다. 화학자들은 **이론 수득량에 대한 실제 수득량의 백분율**로 다음과 같이 **수득 백분율**(percent yield)을 계산하여 반응의 효율을 계산하기도 한다.

$$\text{수득 백분율}(\%) = \frac{\text{실제 수득량}}{\text{이론 수득량}} \times 100\%$$

[◀◀ 식 3.2]

수득 백분율은 아주 작은 값에서부터 100%의 범위를 갖는다.(100%를 초과할 수 없다.) 화학자들은 여러 가지 방법을 써서 수득 백분율을 최대화시키려고 노력한다. 온도 및 압력을 포함하여 수득 백분율에 영향을 주는 요인들에 대해서 14장에서 논의할 것이다. 예제 3.13은 의약품 대량 생산 과정에서 수득 백분율을 어떻게 계산하는지를 보여준다.

예제 3.13

아스피린이라고 알려진 아세틸살리실산(acetylsalicylic acid, $C_9H_8O_4$)은 세계에서 가장 널리 사용되는 진통제이다. 아스피린은 살리실산(salicylic acid, $C_7H_6O_3$)과 무수아세트산(acetic anhydride, $C_4H_6O_3$)을 다음과 같이 반응시켜 생성한다.

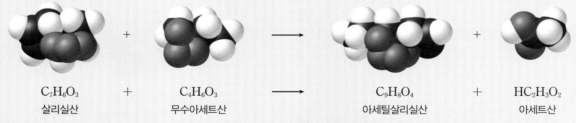

| $C_7H_6O_3$ | + | $C_4H_6O_3$ | ⟶ | $C_9H_8O_4$ | + | $HC_2H_3O_2$ |
| 살리실산 | | 무수아세트산 | | 아세틸살리실산 | | 아세트산 |

아스피린 합성에서 살리실산 104.8 g과 무수아세트산 110.9 g을 반응시켰다. 아스피린 105.6 g이 생성되었을 때, 반응의 수득 백분율을 구하시오.

전략 반응물의 질량을 mol로 바꾸고, 한계 반응물이 무엇인지 판단한다. 균형 맞춤 반응식을 이용하여 생성될 수 있는 아스피린의 mol을 구하고 질량으로 바꾸어 이론 수득량을 결정한다. 수득 백분율을 구하기 위해 문제에 주어진 실제 수득량과 이론 수득량을 이용한다.

계획 필요한 몰질량은 살리실산이 138.12 g/mol, 무수아세트산이 102.09 g/mol, 아스피린이 180.15 g/mol이다.

풀이

$$104.8 \text{ g } C_7H_6O_3 \times \frac{1 \text{ mol } C_7H_6O_3}{138.12 \text{ g } C_7H_6O_3} = 0.7588 \text{ mol } C_7H_6O_3$$

$$110.9 \text{ g C}_4\text{H}_6\text{O}_3 \times \frac{1 \text{ mol C}_4\text{H}_6\text{O}_3}{102.09 \text{ g C}_4\text{H}_6\text{O}_3} = 1.086 \text{ mol C}_4\text{H}_6\text{O}_3$$

두 반응물이 1:1 mol이 비로 반응하므로 가장 작은 mol로 존재하는 반응물(여기서는 살리실산)이 한계 반응물이다. 균형 맞춤 반응식에 따라 살리실산 1 mol이 소비되면 아스피린 1 mol이 생성된다.

$$1 \text{ mol 살리실산}(\text{C}_7\text{H}_6\text{O}_3) \simeq 1 \text{ mol 아스피린}(\text{C}_9\text{H}_8\text{O}_4)$$

그러므로 이론 수득량은 0.7588 mol이다. 아스피린의 몰질량을 이용하여 다음과 같이 질량으로 바꾼다.

$$0.7588 \text{ mol C}_9\text{H}_8\text{O}_4 \times \frac{180.15 \text{ g C}_9\text{H}_8\text{O}_4}{1 \text{ mol C}_9\text{H}_8\text{O}_4} = 136.7 \text{ g C}_9\text{H}_8\text{O}_4$$

그래서 이론 수득량은 136.7 g이다. 실제 수득량이 105.6 g이라면 수득 백분율은 다음과 같다.

$$수득 \text{ 백분율}(\%) = \frac{105.6 \text{ g}}{136.7 \text{ g}} \times 100\% = 77.25\%$$

생각해 보기

적절한 몰질량을 사용했는지 확인하고 수득 백분율은 100%를 초과할 수 없음을 유념한다.

추가문제 1 다이에틸 에터(diethyl ether)는 다음 반응식에 의해 에탄올(ethanol)로부터 생성된다.

$$2\text{CH}_3\text{CH}_2\text{OH}(l) \longrightarrow \text{CH}_3\text{CH}_2\text{OCH}_2\text{CH}_3(l) + \text{H}_2\text{O}(l)$$

68.6 g의 에탄올이 반응하여 16.1 g의 다이에틸 에터가 생성되었다면, 이때 수득 백분율을 구하시오.

추가문제 2 221 g의 에탄올이 반응하여 수득 백분율이 68.9%라면 생성된 에터의 질량은 얼마인가?

추가문제 3 다음 그림은 예제 3.12의 추가문제 3에서 소개된 화학 반응에 대해 반응 전의 반응 혼합물과 반응 후의 생성물과 반응하지 않은 생성물의 혼합물을 분자 모델로 나타낸 것이다. 한계 반응물을 확인하고 이산화 탄소의 수득 백분율을 구하시오.

시작 물질   반응 후 혼합물

반응 전   반응 후

화학 반응의 유형

화학을 계속 배우게 되면 매우 다양한 화학 반응을 접하게 될 것이다. 워낙 다른 반응들이 많아 부담을 가질 수 있지만 대부분의 반응은 몇 가지 유형으로 분류될 수 있다. 이런 몇 가지 유형의 반응에 친숙해지고 반응성의 패턴을 인식하게 되면 이 책에서 언급하는 반응을 이해하는 데 도움이 될 것이다. 가장 흔히 접하는 세 가지 반응 유형은 **결합**(combination), **분해**(decomposition) 그리고 **연소**(combustion)이다.

결합. 둘 또는 그 이상의 반응물이 결합하여 한 가지 생성물을 생성하는 반응을 **결합 반응**(combination reaction)이라 한다. 예를 들면, 암모니아와 염화 수소가 반응하여 염화 암모늄을 생성하는 반응이다.

$$NH_3(g) + HCl(g) \longrightarrow NH_4Cl(s)$$

질소와 수소가 반응하여 암모니아를 생성하는 반응도 결합 반응이다.

$$N_2(g) + 3H_2(g) \longrightarrow 2NH_3(g)$$

분해. 한 가지 반응물로부터 둘 또는 그 이상의 생성물이 생성되는 반응을 **분해 반응**(decomposition reaction)이라 한다. 분해 반응은 본질적으로 결합 반응의 반대이다. 분해 반응의 예는 탄산칼슘이 분해되어 산화 칼슘(calcium oxide)과 이산화 탄소를 생성하는 반응을 들 수 있다.

$$CaCO_3(s) \xrightarrow{\Delta} CaO(s) + CO_2(g)$$

과산화 수소(hydrogen peroxide)의 분해는 물과 산소 기체를 생성한다.

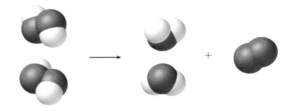

$$2H_2O_2(aq) \longrightarrow 2H_2O(l) + O_2(g)$$

연소. 3.3절에서 배운 것처럼 **연소 반응**(combustion reaction)은 산소가 있을 때 물질이 타는 반응이다. C와 H(또는 C, H 그리고 O)를 포함하는 화합물의 연소는 이산화 탄소 기체와 물을 생성한다. 관례상 연소 반응에서 생성된 물은 액체 상태 물로 간주한다. 연소 반응의 예는 폼알데하이드(formaldehyde)의 연소이다.

$$CH_2O(l) + O_2(g) \longrightarrow CO_2(g) + H_2O(l)$$

메테인(methane)의 연소는 다음과 같다.

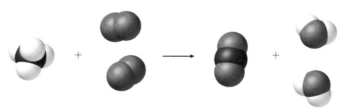

$$CH_4(g) + 2O_2(g) \longrightarrow CO_2(g) + 2H_2O(l)$$

여기서 연소 반응은 균형 맞춤 반응식으로 주었지만 완전 연소를 보장하기 위해 산소를 과잉으로 공급하는 것이 일반적이다.

예제 （3.14）

다음 각 반응식이 결합 반응, 분해 반응 그리고 연소 반응 중 어느 것인지 결정하시오.
(a) $H_2(g) + Br_2(g) \longrightarrow 2HBr(g)$
(b) $2HCO_2H(l) + O_2(g) \longrightarrow 2CO_2(g) + 2H_2O(l)$
(c) $2KClO_3(s) \longrightarrow 2KCl(s) + 3O_2(g)$

전략 둘 또는 그 이상 반응물이 한 가지 생성물로 결합하는지(결합 반응), 한 가지 반응물이 둘 또는 그 이상의 생성물로 분해하는지(분해 반응), 또는 주 생성물이 이산화 탄소 기체와 물인지(연소 반응)를 균형 맞춤 반응식에서 살펴본다.

계획 (a)에서 반응식은 2개의 반응물과 1개의 생성물을 나타낸다.
(b)에서 반응식은 C, H 그리고 O를 포함하는 화합물이 O_2와 반응하여 CO_2와 H_2O를 생성하는 것을 나타낸다.
(c)에서 반응식은 한 개의 반응물로부터 두 개의 생성물이 생성되는 것을 나타낸다.

풀이 반응식 (a)는 결합 반응 (b)는 연소 반응 그리고 (c)는 분해 반응을 나타낸다.

> **생각해 보기**
> 결합 반응은 (a)처럼 오직 한 가지 생성물만을, 분해 반응은 (c)처럼 오직 한 가지 반응물만을 포함하고, 연소 반응은 (b)처럼 CO_2와 H_2O만 생성하는 것을 확인한다.

추가문제 1 다음 각 반응식이 결합 반응, 분해 반응 그리고 연소 반응 중 어느 것인지 결정하시오.
(a) $C_2H_4O_2(l) + 2O_2(g) \longrightarrow 2CO_2(g) + 2H_2O(l)$
(b) $2Na(s) + Cl_2(g) \longrightarrow 2NaCl(s)$
(c) $2NaH(s) \longrightarrow 2Na(s) + H_2(g)$

추가문제 2 임의의 화학종 A_2, B, AB를 이용하여 결합 반응의 균형 맞춤 반응식을 쓰시오.

추가문제 3 다음 그림은 화학 반응의 전과 후에 대해서 반응 혼합물들을 분자 모델로 표현한 것이다. 각 반응이 결합, 분해 그리고 연소 중 어느 것을 나타내는지 확인하시오.

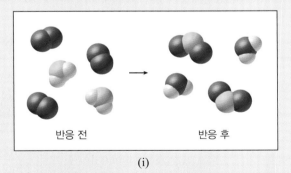

반응 전   반응 후

(i)

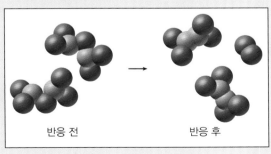

반응 전   반응 후

(ii)

한계 반응물

화학 반응에서 얻을 수 있는 생성물의 양은 한계 반응물이라고 알려진 한 반응물의 양에 의해 결정된다. 한계 반응물을 확인하고, 생성물의 최대 가능한 양을 계산하고, 수득 백분율과 초과 반응물의 남아 있는 양을 계산하기 위해서는 몇 가지 기술이 필요하다.

- 화학 반응식의 균형 맞추기 [|◀◀ 3.3절]
- 몰질량 결정 [|◀◀ 3.4절]
- 질량과 mol 사이의 변환 [|◀◀ 3.4절]
- 화학량론 환산 인자 이용 [|◀◀ 3.6절]

하이드라진(hydrazine, N_2H_4)은 사산화 이질소(dinitrogen tetroxide, N_2O_4)와 반응하여 산화 질소(nitrogen monoxide, NO)와 물을 생성한다. 10.45 g의 N_2H_4와 53.68 g의 N_2O_4가 반응하였을 때, 생성되는 NO의 질량을 구하시오. 균형 맞추지 않은 반응식은 다음과 같다.

$$N_2H_4 + N_2O_4 \longrightarrow NO + H_2O$$

먼저 반응식의 균형을 맞추면 다음과 같다.

$$N_2H_4 + 2N_2O_4 \longrightarrow 6NO + 2H_2O$$

다음으로 필요한 몰질량은 다음과 같다.

N_2H_4: $2(14.01) + 4(1.008) = \dfrac{32.05\ g}{mol}$ N_2O_4: $2(14.01) + 4(16.00) = \dfrac{92.02\ g}{mol}$ NO: $14.01 + 16.00 = \dfrac{30.01\ g}{mol}$

문제에서 주어진 반응물의 질량을 mol로 바꾼다. 균형 맞춤 반응식으로부터 유도된 적절한 화학량론 환산 인자를 적용하여 반응물의 mol을 곱하여 각 반응물의 mol로부터 얻을 수 있는 생성물의 양을 구한다. 균형 맞춤 반응식에 따르면 다음과 같다.

1 mol $N_2H_4 \simeq$ 6 mol NO   그리고   2 mol $N_2O_4 \simeq$ 6 mol NO

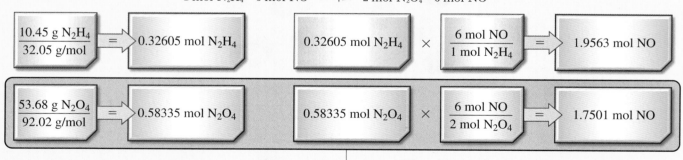

더 적은 생성물을 생성하는 반응물이 한계 반응물이며 이 경우에서는 N_2O_4이다.

N_2O_4의 주어진 양으로부터 반응에 의해 얻을 수 있는 NO의 양을 이용하여 문제를 계속 해결한다. mol을 질량(g)으로 바꾸기 위해 NO의 몰질량에 NO의 mol을 곱한다.

반응에 의해 52.52 g의 NO가 생성될 수 있다. 계산이 끝날 때까지 여분의 유효숫자를 유지한다.
남아 있는 초과 반응물의 질량을 구하기 위해서는 반응에서 소비된 양을 먼저 알아야 한다. 적절한
화학량론 환산 인자를 적용하여 한계 반응물(N_2O_4)의 mol을 곱한다. 균형 맞춤 화학 반응식에 따르면 다음과 같다.

$$1 \text{ mol } N_2H_4 \simeq 2 \text{ mol } N_2O_4$$

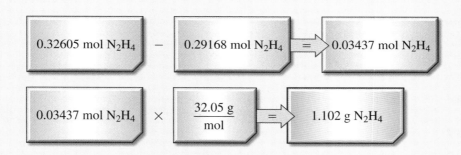

이것은 소비된 N_2H_4의 양이다. 남아 있는 양은 이것과 처음 있었던 양의 차이이다. N_2H_4의 몰질량을 이용하여 남아 있는 mol을 질량(g)으로 바꾼다.

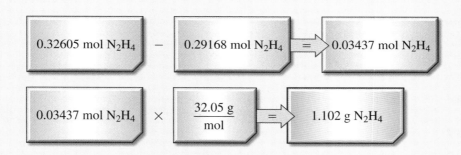

반응 후 1.102 g의 N_2H_4가 남아 있다.

물과 같은 다른 생성물의 질량을 계산해 보면 이 문제에서 얻은 결과를 검산할 수 있다. 모든 생성물의 질량과 남아 있는 모든 반응물의 질량의 합은 처음 시작한 반응물의 질량의 합과 같아야 한다.

주요 내용 문제

3.1
위의 예에서 생성된 물의 질량을 구하시오.
(a) 21.02 g   (b) 10.51 g   (c) 11.61 g
(d) 11.75 g   (e) 5.400 g

다음 정보를 이용하여 질문 3.2, 3.3, 3.4에 답하시오.

인화 칼슘(calcium phosphide, Ca_3P_2)은 물과 반응하여 수산화 칼슘(calcium hydroxide)과 수소화 인(phosphine, PH_3)을 생성한다. 실험에서 225.0 g의 Ca_3P_2와 125.0 g의 물이 반응하였다.(반응식의 균형을 맞추시오.)

$$Ca_3P_2(s) + H_2O(l) \longrightarrow Ca(OH)_2(aq) + PH_3(g)$$

3.2
얼마나 많은 PH_3가 생성될 수 있는가?
(a) 350.0 g   (b) 235.0 g   (c) 78.59 g
(d) 83.96 g   (e) 41.98 g

3.3
얼마나 많은 $Ca(OH)_2$가 생성될 수 있는가?
(a) 91.51 g   (b) 274.5 g   (c) 513.8 g
(d) 85.63 g   (e) 257.0 g

3.4
반응이 완결된 후 얼마나 많은 초과 반응물이 남아 있는가?
(a) 14.37 g   (b) 235.0 g   (c) 78.56 g
(d) 83.96 g   (e) 41.98 g

연습문제

배운 것 적용하기

시스플라틴[cisplatin, $Pt(NH_3)_2Cl_2$]은 많은 여러 종류의 암 치료에 효과적이기 때문에 종종 항암제의 페니실린(penicillin)이라 불린다. 시스플라틴은 테트라클로로백금(II)산 암모늄[ammonium tetrachloroplatinate(II)]과 암모니아를 반응시켜 합성한다.(다음의 반응식은 균형을 맞추지 않은 반응식이다.)

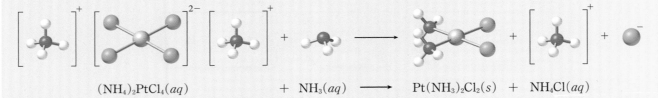

$$(NH_4)_2PtCl_4(aq) \qquad + \quad NH_3(aq) \longrightarrow Pt(NH_3)_2Cl_2(s) \quad + \quad NH_4Cl(aq)$$

이 과정은 $(NH_4)_2PtCl_4$가 역사적으로 금 가격의 2배 정도 되는 백금을 포함하기 때문에 매우 값비싼 방법이다. 대량 생산할 때 암모니아를 과량으로 사용하여 고가의 반응물이 원하는 생성물로 최대한 반응하도록 한다.

(a) 테트라클로로백금(II)산 암모늄과 시스플란틴에 대해 몰질량과 질량 조성 백분율을 구하시오[◀◀ 예제 3.1과 3.2].
(b) 테트라클로로백금(II)산 암모늄과 암모니아로부터 시스플라틴이 생성되는 반응의 균형을 맞추시오[◀◀ 예제 3.3].
(c) 시스플라틴 50.00 g에서 각 원자들의 수를 구하시오[◀◀ 예제 3.7].
(d) 172.5 g의 $(NH_4)_2PtCl_4$가 과잉의 NH_3와 반응한다. 한계 반응물이 모두 생성물로 반응한다고 가정할 때, 생성되는 $Pt(NH_3)_2Cl_2$의 질량은 얼마인가[◀◀ 예제 3.11]?
(e) (d)에서 실제로 얻어진 $Pt(NH_3)_2Cl_2$의 질량이 129.6 g이라면 수득 백분율은 얼마인가[◀◀ 예제 3.13]?

3.1절: 분자 질량과 화학식 질량

3.1 다음의 물질들에 대해 분자 질량(amu 단위로)을 계산하시오.
(a) CH_3Cl (b) N_2O_4 (c) SO_2
(d) C_6H_{12} (e) H_2O_2 (f) $C_{12}H_{22}O_{11}$
(g) NH_3

3.2 다음의 물질들에 대해 분자 질량 또는 화학식 질량(amu 단위로)을 계산하시오.
(a) CH_4 (b) NO_2 (c) SO_3
(d) C_6H_6 (e) NaI (f) K_2SO_4
(g) $Ca_3(PO_4)_2$

3.2절: 화합물의 조성 백분율

3.3 주석(tin, Sn)은 지구의 지각에 SnO_2 형태로 존재한다. SnO_2에서 Sn과 O의 질량 조성 백분율을 구하시오.

3.4 다음에 나열된 모든 물질들은 토양에서 질소를 공급하는 비료들이다. 질량 백분율에 근거하여 질소 성분이 가장 높은 것은?

    (a) 요소[urea, $(NH_2)_2CO$]

    (b) 질산암모늄(ammonium nitrate, NH_4NO_3)

    (c) 구아니딘[guanidine, $HNC(NH_2)_2$]

    (d) 암모니아(NH_3)

3.5 치아의 법랑질(enamel)의 성분은 $Ca_5(PO_4)_3(OH)$이다. 존재하는 원소의 질량 백분율을 구하시오.

3.6 라면 "종합 팩(variety pack)"에는 닭고기 맛 라면 6팩, 쇠고기 맛 라면 3팩, 채소 맛 라면 3팩으로 총 세 가지 종류의 라면 12팩이 들어 있다.

    (a) 20, 4.667, 0.25개의 종합 팩에는 각각 몇 팩의 채소 맛 라면이 들어 있는가?

    (b) 72, 3, 10개의 쇠고기 맛 라면을 제공하기 위해서는 각각 몇 개의 종합 팩이 필요한가?

    (c) 30개의 닭고기 맛 라면, 2개의 닭고기 맛 라면, 25개의 쇠고기 맛 라면을 제공하는 종합 팩에는 각각 몇 팩의 채소 맛 라면이 들어 있는가?

3.3절: 화학 반응식

3.7 다음 반응들에 대해 균형 맞추지 않은 반응식을 쓰시오.

    (a) 수산화 포타슘과 인산이 반응하여 인산화 포타슘과 물 생성

    (b) 아연과 염화은이 반응하여 염화아연과 은 생성

    (c) 탄산수소소듐이 반응하여 탄산소듐, 물, 이산화 탄소 생성

    (d) 질산암모늄이 반응하여 질소와 물 생성

    (e) 이산화 탄소와 수산화 포타슘이 반응하여 탄산포타슘과 물 생성

    (f) (a)~(e) 반응에 대해 균형 맞춤 반응식을 쓰시오.

3.8 다음의 균형 맞추지 않은 화학 반응식에 대해 적절한 화학적 의미를 쓰시오.

    (a) $K + H_2O \longrightarrow KOH + H_2$

    (b) $Ba(OH)_2 + HCl \longrightarrow BaCl_2 + H_2O$

    (c) $Cu + HNO_3 \longrightarrow Cu(NO_3)_2 + NO + H_2O$

    (d) $Al + H_2SO_4 \longrightarrow Al_2(SO_4)_3 + H_2$

    (e) $HI \longrightarrow H_2 + I_2$

3.9 3.3절에서 설명한 방법을 이용하여 다음 반응식의 균형을 맞추시오.

    (a) $N_2O_5 \quad N_2O_4 + O_2$

    (b) $KNO_3 \longrightarrow KNO_2 + O_2$

    (c) $NH_4NO_3 \longrightarrow N_2O + H_2O$

    (d) $NH_4NO_2 \longrightarrow N_2 + H_2O$

    (e) $NaHCO_3 \longrightarrow Na_2CO_3 + H_2O + CO_2$

    (f) $P_4O_{10} + H_2O \longrightarrow H_3PO_4$

    (g) $HCl + CaCO_3 \longrightarrow CaCl_2 + H_2O + CO_2$

    (h) $Al + H_2SO_4 \longrightarrow Al_2(SO_4)_3 + H_2$

    (i) $CO_2 + KOH \longrightarrow K_2CO_3 + H_2O$

    (j) $CH_4 + O_2 \longrightarrow CO_2 + H_2O$

    (k) $Be_2C + H_2O \longrightarrow Be(OH)_2 + CH_4$

    (l) $Cu + HNO_3 \longrightarrow Cu(NO_3)_2 + NO + H_2O$

    (m) $S + HNO_3 \longrightarrow H_2SO_4 + NO_2 + H_2O$

    (n) $NH_3 + CuO \longrightarrow Cu + N_2 + H_2O$

3.10 다음 반응식 중에서 그림의 반응을 가장 잘 표현한 것은?

    (a) $A + B \longrightarrow C + D$

    (b) $6A + 4B \longrightarrow C + D$

    (c) $A + 2B \longrightarrow 2C + D$

    (d) $3A + 2B \longrightarrow 2C + D$

    (e) $3A + 2B \longrightarrow 4C + 2D$

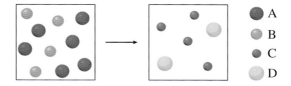

3.4절: 몰과 몰질량

3.11 종이 한 장의 두께는 0.0036인치(in, 1 in = 2.54 cm)이다. 어떤 책이 Avogadro 수와 같은 쪽수를 가진다면, 이 책의 두께는 광년 단위로 얼마인가?(힌트: 1광년은 거리의 천문학적 측정값으로 빛이 1년(365일) 동안 이동한 거리에 해당하며 빛의 속도는 3.00×10^8 m/s이다.

3.12 코발트(cobalt, Co) 원자 6.00×10^9개는 Co 몇 mol인가?

3.13 금(au) 15.3 mol은 몇 g인가?

3.14 (a) Si (b) Fe에서 원자 한 개의 질량은 각각 몇 g인가?

3.15 구리(Cu) 25.85 g에서 원자의 개수는 얼마인가?

3.16 납 원자 2개와 헬륨 5.1×10^{-23} mol 중 어느 것이 더 큰 질량을 갖는가?

3.17 0.372 mol의 질량이 152 g인 화합물의 몰질량을 구하시오.

3.18 포도당($C_6H_{12}O_6$) 1.50 g에 들어 있는 C, H, O 원자의 개수를 구하시오.

3.19 HgS를 생성하기 위해 246 g의 수은(Hg)과 완전히 반응하는 데 필요한 황(S)의 질량은 얼마인가?

3.20 플루오린화 주석[tin(II) fluoride, SnF_2]은 충치 예방을 위하여 치약에 첨가되는 물질이다. 24.6 g의 플루오린화 주석에 몇 g의 F가 있는가?

3.21 다음의 조성을 갖는 화합물의 실험식을 결정하시오.

    (a) C 40.1%, H 6.6%, O 53.3%

    (b) C 18.4%, N 21.5%, K 60.1%

3.22 카페인의 몰질량은 194.19 g이다. 카페인의 분자식은 $C_4H_5N_2O$와 $C_8H_{10}N_4O_2$ 중 무엇인가?

3.23 독성학자들은 LD_{50}을 실험 동물 50%를 사망시키는 주사량으로, 동물 체중 1 kg당 독성 물질의 질량(g)으로 정의한다. 실험 동물과 사람이 같은 LD_{50}을 갖는다고 가정하고

184 lb(1 lb=0.454 kg)인 사람에 대해 0.015의 값을 갖는 LD_{50}에 해당하는 산화 비소(VI)[arsenic(VI) oxide] 분자의 수를 구하시오.

3.24 미생물의 침입에 반응하여 어떤 식물의 세포들은 다른 세포들이 대비하고 미생물에 대한 면역을 증강시킬 수 있도록 분자 "조명탄(distress flare)"이라고 알려진 아젤라산(azelaic acid)을 분비한다. 아젤라산에 대한 실험식과 분자식을 쓰고 각 원소에 대한 질량 조성 백분율을 구하시오.

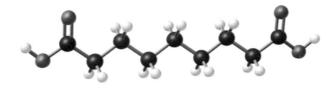

3.5절: 연소 분석

3.25 멘톨(menthol)은 페퍼민트 기름에서 추출되는 향료로 C, H, O로 구성되어 있다. 연소 분석에서 멘톨 10.00 mg은 11.53 mg의 H_2O와 28.16 mg의 CO_2를 생성하였다. 멘톨의 실험식은 무엇인가?

3.26 아미노산 시스테인은 "이황화물 다리(disulfide bridge)"를 형성하여 단백질의 3차원 구조에 중요한 역할을 한다. 시스테인의 질량 조성 백분율은 C가 29.74 %, H가 5.82 %, O가 26.41 %, N이 11.56 %, S가 26.47 %이다. 몰질량이 대략 121 g이라면 분자식은 무엇인가?

3.27 다음 그림에서 (a) 아세틸렌(C_2H_2) (b) 에틸렌(C_2H_4)의 연소 후 생성물을 나타내는 것은 어느 것인가?

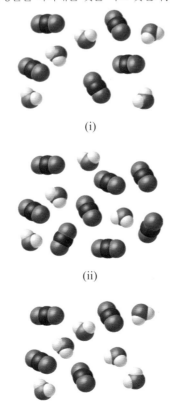

(i)

(ii)

(iii)

3.6절: 균형 맞춤 화학 반응식을 이용한 계산

3.28 사염화 규소($SiCl_4$)는 염소 기체와 Si를 같이 가열하여 생성한다.

$$Si(s) + 2Cl_2(g) \longrightarrow SiCl_4(l)$$

0.507 mol의 $SiCl_4$가 생성되었다면 반응에 사용된 염소 분자의 mol은 얼마인가?

3.29 뷰테인(C_4H_{10})의 연소 반응은 다음과 같다.

$$2C_4H_{10}(g) + 13O_2(g) \longrightarrow 8CO_2(g) + 10H_2O(l)$$

충분한 양의 O_2와 5.0 mol의 C_4H_{10}이 반응하였을 때 생성되는 CO_2의 mol을 구하시오.

3.30 베이킹 소다(sodium bicarbonate 또는 sodium hydrogen carbonate, $NaHCO_3$)가 가열될 때, 쿠키, 도넛 그리고 빵을 부풀어 오르게 하는 이산화 탄소가 방출된다. (a) 분해 반응의 균형 맞춤 반응식을 쓰시오.(생성물 중의 하나는 Na_2CO_3이다.) (b) 20.5 g의 CO_2를 생성하는 데 필요한 $NaHCO_3$의 질량을 구하시오.

3.31 발효는 포도당을 에탄올과 이산화 탄소로 분해하는 양조 공정의 복잡한 화학 반응이다.

$$\underset{\text{포도당}}{C_6H_{12}O_6} \longrightarrow \underset{\text{에탄올}}{2C_2H_5OH} + 2CO_2$$

500.4 g의 포도당으로부터 주어진 반응에 의해 얻을 수 있는 에탄올의 최대 질량과 부피는 얼마인가(에탄올의 밀도=0.789 g/mL)?

3.32 오랜 기간 동안 금을 추출(즉, 다른 물질로부터 금의 분리)하기 위해 사이안화 포타슘을 사용하여 왔다.

$$4Au + 8KCN + O_2 + 2H_2O$$
$$\longrightarrow 4KAu(CN)_2 + 4KOH$$

금 29.0 g을 추출하기 위해 필요한 KCN의 최소량은 몇 mol인가?

3.33 아산화 질소(nitrous oxide, N_2O)는 웃음 기체라고도 불린다. 이것은 질산암모늄(NH_4NO_3)의 열분해에 의해 H_2O와 같이 생성된다. (a) 이 반응에 대한 균형 맞춤 반응식을 쓰시오. (b) 0.46 mol의 NH_4NO_3가 반응한다면 생성되는 N_2O의 질량은 얼마인가?

3.34 보통 실험실에서 산소 기체는 염소산포타슘(potassium chlorate, $KClO_3$)을 열분해하여 발생시킨다. 완전히 분해되었다고 가정했을 때, 46.0 g의 $KClO_3$로부터 얻을 수 있는 O_2 기체의 질량은 얼마인가?(생성물은 KCl과 O_2이다.)

3.7절: 한계 반응물

3.35 다음 반응에 대해 답하시오.

$$MnO_2 + 4HCl \longrightarrow MnCl_2 + Cl_2 + 2H_2O$$

0.86 mol의 MnO_2와 48.2 g의 HCl이 반응한다면 어떤 반응물이 먼저 모두 없어지는가? 생성되는 HCl의 질량은 얼마인가?

3.36 포스젠(phosgene)과 암모니아는 다음 화학 반응식에 따라 반응하여 요소와 고체 염화 암모늄을 생성한다.

$$COCl_2(g) + 4NH_3(g)$$
$$\longrightarrow CO(NH_2)_2(s) + 2NH_4Cl(s)$$

52.68 g의 $COCl_2(g)$와 35.50 g의 $NH_3(g)$를 섞었을 때 얻을 수 있는 각 생성물의 질량은 얼마인가? 어떤 반응물이 모두 반응하는가? 반응이 모두 끝났을 때 남아 있는 반응물은 얼마인가?

3.37 황산과 수산화 포타슘은 수용액 중에서 반응하여 물과 황산 포타슘을 생성한다. 균형 맞추지 않은 반응식은 다음과 같다.

$$H_2SO_4(aq)+KOH(aq) \longrightarrow H_2O(l)+K_2SO_4(aq)$$

물 250 mL에 100.0 g H_2SO_4가 녹은 용액과 물 225 mL에 100.0 g KOH가 녹은 용액을 섞었을 때 생성되는 물의 질량을 구하시오. 반응이 완결된 후, 각 물질(물을 제외한)의 남아 있는 질량을 구하시오.

3.38 나이트로글리세린($C_3H_5N_3O_9$)은 강력한 폭약이다. 나이트로글리세린의 폭발 분해 반응은 다음과 같이 표현될 수 있다.

$$4C_3H_5N_3O_9 \longrightarrow 6N_2+12CO_2+10H_2O+O_2$$

이 반응은 많은 양의 열과 기체 생성물을 발생한다. 기체 물질이 갑작스럽게 생성되면서 빠르게 팽창되어 폭발이 일어난다.

(a) 2.00×10^2 g의 나이트로글리세린이 반응하여 발생할 수 있는 산소의 질량은 얼마인가?

(b) 발생한 산소의 양이 6.55 g이라면 이 반응의 수득 백분율은 얼마인가?

3.39 화공 산업의 중요한 유기 물질인 에틸렌(C_2H_4)은 헥세인(C_6H_{14})을 가열하여 800°C에서 생성한다.

$$C_6H_{14} \xrightarrow{\Delta} C_2H_4+\text{다른 생성물}$$

에틸렌 생성의 수득 백분율이 42.5%라면 481 g의 에틸렌을 생성하기 위해 필요한 헥세인의 질량은 얼마인가?

3.40 염화 이황(disulfide dichloride, S_2Cl_2)은 고무의 가황 공정에 사용된다. 대기 중에서 염소와 황을 함께 가열하여 합성한다.

$$S_8(l)+4Cl_2(g) \xrightarrow{\Delta} 4S_2Cl_2(l)$$

4.06 g의 S_8과 6.24 g의 Cl_2를 가열하였을 때 S_2Cl_2의 이론적 수득량은 얼마인가? S_2Cl_2의 실제 수득량이 6.55 g이라면 수득 백분율은 얼마인가?

3.41 다음 그림은 빨간색 구가 산소를 나타내고 파란색 구가 질소를 나타내는 반응식이다. 한계 반응물을 확인하고 균형 맞춤 반응식을 쓰시오.

3.42 다음 반응식에 대하여 답하시오.

$$N_2+3H_2 \longrightarrow 2NH_3$$

다음 그림에서 각 모델이 물질 1 mol을 나타낸다면 반응이 완결된 후 남은 반응물의 mol과 생성물의 mol을 구하시오.

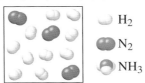

○	H_2
●	N_2
◑	NH_3

3.43 다음의 각 반응식이 결합 반응, 분해 반응 그리고 연소 반응 중 무엇인지 결정하시오.

(a) $C_3H_8+5O_2 \longrightarrow 3CO_2+4H_2O$

(b) $2NF_2 \longrightarrow N_2F_4$

(c) $CuSO_4 \cdot 5H_2O \longrightarrow CuSO_4+5H_2O$

추가 문제

3.44 다음은 수소 기체와 산소 기체의 반응을 나타낸다.

$$2H_2(g)+O_2(g) \longrightarrow 2H_2O(g)$$

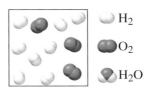

○	H_2
●	O_2
◑	H_2O

반응이 완결되었을 때 다음 그림 (a)~(d) 중 반응 후 남은 반응물과 생성물의 양을 나타내는 것은?

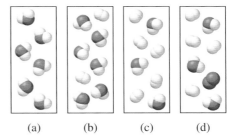

(a)　(b)　(c)　(d)

3.45 0.212 mol C와 반응하여 (a) CO (b) CO_2를 만들기 위해 각각 필요한 O의 mol은 얼마인가?

3.46 Cl과 O로 이루어진 화합물 시료가 과잉의 H_2와 반응하여 0.233 g의 HCl과 0.403 g의 H_2O를 생성한다. 이 화합물의 실험식을 구하시오.

3.47 철봉(iron bar)의 질량은 664 g이다. 이 봉이 한 달 동안 수분에 노출되어 정확히 철의 1/8이 녹(Fe_2O_3)슬었다. 철봉과 녹의 질량을 구하시오.

3.48 한 변의 길이가 1.0 cm인 마그네슘으로 만들어진 정육면체가 있다.

(a) 정육면체에 있는 마그네슘 원자의 수를 구하시오.

(b) 원자들의 모양은 구이다. 정육면체 부피의 74%만을 마그네슘 원자들이 차지한다면 마그네슘 원자의 반지름을 피코미터(picometer) 단위로 구하시오.(마그네슘의 밀도는 1.74 g/cm³이고 반지름이 r인 구의 부피는 $4\pi r^3/3$이다.)

3.49 0.72 g의 O_2와 0.0011 mol의 클로로필($C_{55}H_{72}MgN_4O_5$) 중 질량이 더 큰 것은?

3.50 다음 화합물에서 양이온과 음이온의 수를 각각 구하시오.

(a) 8.38 g의 KBr　(b) 5.40 g의 Na_2SO_4

(c) 7.45 g의 $Ca_3(PO_4)_2$

3.51 Avogadro 수는 amu와 질량(g) 사이의 환산 인자로 기술된다. 예로 플루오린 원자(19.00 amu)를 이용하여 원자 질량 단위(amu)와 질량(g) 사이의 관계를 설명하시오.

3.52 2.445 g의 탄소와 3.257 g의 산소가 반응하여 일산화 탄소 (CO)를 생성한다. 탄소 원자의 몰질량이 12.01 amu라면 산소 원자의 질량은 얼마인가?

3.53 다음 물질 중 염소의 질량이 가장 큰 것은?

(a) 5.0 g Cl_2 (b) 60.0 g $NaClO_3$ (c) 0.10 mol KCl
(d) 30.0 g $MgCl_2$ (e) 0.50 mol Cl_2

3.54 백금은 염소와 반응하여 두 종류의 다른 화합물을 생성한다. 하나는 Cl의 질량 백분율이 26.7%이고 다른 하나는 Cl의 질량 백분율이 42.1%이다. 두 화합물의 실험식을 결정하시오.

3.55 화합물 X는 망가니즈(Mn)의 질량 백분율이 63.3%이고 산소의 질량 백분율은 36.7%인 망가니즈의 산화물이다. X를 가열하면 산소가 발생되고, 망가니즈의 질량 백분율이 72.0%이고 산소의 질량 백분율이 28.0%인 새로운 화합물 Y가 생성된다. (a) X와 Y의 실험식을 구하시오. (b) X의 Y로 변환에 대한 균형 맞춤 반응식을 쓰시오.

3.56 질소 대기 중에서 0.273 g의 Mg를 가열하면 화학 반응이 일어나 0.378 g의 생성물이 얻어진다. Mg과 N으로 구성된 이 화합물의 실험식을 구하고, 이름을 지으시오.

3.57 공기는 여러 가지 기체들의 혼합물이다. 그러나 평균 몰질량을 계산할 때에는 주요 성분인 질소, 산소, 아르곤만을 고려한다. 해수면에서 공기 1 mol이 78.08%의 질소, 20.95%의 산소, 그리고 0.97%의 아르곤으로 구성된다면 공기의 몰질량은 얼마인가?

3.58 금속 M은 Br의 질량 백분율이 53.79%인 불소 화합물을 생성한다. 화합물의 화학식은 무엇인가?

3.59 NaCl, Na_2SO_4, $NaNO_3$가 섞여 있는 혼합물을 원소 분석하였더니 Na가 32.08%, O가 36.01%, Cl이 19.51%였다. 혼합물에서 각 화합물의 질량 백분율을 구하시오.

3.60 프로페인(C_3H_8)은 천연가스의 미량 성분이고 난방 및 가정용 취사 연료로 사용된다.

(a) 프로페인의 연소 반응을 나타내는 다음 반응식의 균형을 맞추시오.

$$C_3H_8 + O_2 \longrightarrow CO_2 + H_2O$$

(b) 3.65 mol의 프로페인을 연소시켰을 때면 생성될 수 있는 CO_2의 질량은 얼마인가? 산소가 초과 반응물이라고 가정한다.

3.61 순수하지 않은 아연(Zn) 시료를 과잉의 황산(H_2SO_4)으로 처리하면 황산아연($ZnSO_4$)과 수소 기체가 생성된다.

(a) 균형 맞춤 반응식을 쓰시오.

(b) 3.86 g의 시료로부터 0.0764 g의 H_2가 얻어진다면 시료의 순도(%)는 얼마인가?

(c) (b)를 구하기 위해 필요한 가정은 무엇인가?

3.62 산업용 수소 기체는 400°C에서 프로페인(C_3H_8) 기체와 수증기를 반응시켜 생산한다. 생성물은 일산화 탄소와 수소 기체이다.

(a) 균형 맞춤 반응식을 쓰시오.

(b) 2.84×10^3 kg의 프로페인으로부터 얻을 수 있는 수소 기체의 질량은 몇 kg인가?

3.63 석탄 시료에서 S의 질량 백분율은 1.6%이다. 석탄이 연소될 때 황은 이산화 황으로 변한다. 대기 오염을 막기 위해 이산화 황을 산화 칼슘(CaO)으로 처리하여 아황산칼슘($CaSO_3$)으로 변화시킨다. 하루에 6.60×10^6 kg의 석탄을 사용하는 발전소에서 하루에 필요한 CaO의 질량은 얼마인가?

3.64 C, H, O로 구성된 젖산(lactic acid)은 격한 운동 후에 근육 통증을 유발시키는 물질로 알려져 있다. 10.0 g의 젖산 시료의 연소에서 14.7 g의 CO_2와 6.00 g의 H_2O가 생성된다면 젖산의 실험식을 결정하시오.

3.65 인체의 필수 아미노산 중의 하나인 라이신(lysine)은 C, H, O, N으로 구성된다. 2.175 g의 라이신을 완전 연소시켜 3.94 g의 CO_2와 1.89 g의 H_2O가 생성되었다. 다른 실험에서 1.873 g의 라이신은 0.436 g의 NH_3를 발생시켰다.

(a) 라이신의 실험식을 결정하시오.

(b) 라이신의 몰질량이 대략 150 g이라면 라이신의 분자식은 무엇인가?

3.66 겨자 가스($C_4H_8Cl_2S$)는 제1차 세계 대전 중에 많이 사용되었으나 그 후에 사용 금지된 독가스이다. 겨자 가스는 인체 섬유조직을 파괴하여 아주 큰 수포를 생성시킨다. 효과적인 해독제는 아직 알려져 있지 않다. 겨자 가스에서 각 원소의 질량 백분율을 구하시오.

3.67 헤모글로빈($C_{2952}H_{4664}N_{812}O_{832}S_8Fe_4$)은 혈액 중에 들어 있는 산소 운반체이다.

(a) 몰질량을 구하시오.

(b) 성인은 대략 평균 5.0 L의 혈액을 갖는다. 혈액 1 mL에는 약 5.0×10^9개의 적혈구가 들어 있고, 적혈구 1개에는 2.8×10^8개의 헤모글로빈 분자가 들어 있다. 보통 성인의 몸에 들어 있는 헤모글로빈의 평균 질량은 얼마인가?

3.68 다음 그림에서 보여지는 아이소플루레인(isoflurane)은 통상 사용되는 흡입 마취제이다. 분자식을 쓰고 몰질량을 구하시오.

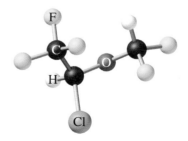

3.69 1980년 5월 18일에 폭발한 St. Helens 화산은 하루에 약 4.0×10^5 ton의 SO_2를 대기 중으로 분출하였다. SO_2 모두가 황산으로 변했다면 몇 ton의 H_2SO_4가 생성되었겠는가?

3.70 퍼옥시아실질산염(peroxyacylnitrate, PAN)은 스모그의 성분 중의 하나이고 C, H, O, N으로 구성된 화합물이다. 각 원소의 질량 백분율은 C 19.8%, H 2.50%, N 11.6%일 때, 산소의 질량 백분율과 실험식을 구하시오. 몰질량이 약 120 g이면 분자식은 무엇인가?

3.71 포타쉬(potash)는 포타슘이 들어 있는 모든 포타슘 광물을 일컫는 말이다. 미국에서 생산되는 포타쉬의 대부분은 비료로 사용된다. 포타쉬의 주요 원료는 염화포타슘(KCl)과 황산포타슘(K_2SO_4)이다. 포타쉬 생성량은 종종 산화포타슘(K_2O) 해당량이나 또는 주어진 광물로부터 만들어질 수 있는 K_2O의 양으로 보고된다.

(a) KCl 가격이 \$0.55/kg이라면 같은 양의 포타슘을 제공하기 위한 K_2SO_4의 가격은 얼마여야 하는가?

(b) 1.00 kg의 KCl과 같은 mol의 K 원자를 얻기 위해 필요한 K_2O의 질량은 몇 kg인가?

3.72 다음은 스테아릭산(stearic acid, $C_{18}H_{36}O_2$)을 이용하여 자릿수(order of magnitude) 수준에서 Avogadro 수를 측정할 수 있는 아주 간단하면서 효과적인 방법이다. 스테아르산 한 방울을 물에 떨어뜨리면 스테아르산 분자는 물 표면에 모이고 분자 한층의 두께를 갖는 단분자층을 이룬다. 스테아르산 분자의 단면적은 약 $0.21 \, nm^2$로 측정된다. 지름이 20 cm인 접시를 단분자층으로 덮기 위해 $1.4 \times 10^{-4} \, g$의 스테아르산이 필요하였다. 이를 토대로 Avogadro 수를 구하시오.(반지름이 r인 원의 면적은 πr^2이다.)

종합 연습문제

물리학과 생물학

인 비료를 생산하는 첫 번째 단계는 인산염 광석인 플루오르 인화석(fluorapatite)을 황산으로 처리하여 인산이수소칼슘, 황산칼슘, 그리고 불화수소 기체를 생성하는 것이다. 각 반응물 1 kg씩을 사용하였을 때 다음 질문에 답하시오.

1. 문제에서 기술한 반응을 나타내는 균형 맞춤 반응식 중 옳은 것은?

a) $2CaPO_4F(s) + 2H_2SO_4(aq)$
$\longrightarrow CaH_2PO_4(aq) + CaSO_4(aq) + HF(g)$

b) $2CaPO_4F(s) + H_2SO_4(aq)$
$\longrightarrow CaH_2PO_4(aq) + CaSO_4(aq) + HF(g)$

c) $Ca_5(PO_4)_3F(s) + 3H_2SO_4(aq)$
$\longrightarrow 3Ca(H_2PO_4)_2(aq) + 2CaSO_4(aq) + HF(g)$

d) $2Ca_5(PO_4)_3F(s) + 7H_2SO_4(aq)$
$\longrightarrow 3Ca(H_2PO_4)_2(aq) + 7CaSO_4(aq) + 2HF(g)$

2. 한계 반응물 모두가 생성물로 바뀌었을 때 생성된 인산이수소칼슘의 질량은 얼마인가?

a) 464 g   b) 696 g   c) 92.8 g   d) 199 g

3. 반응하지 않고 남은 초과 반응물의 질량은 얼마인가?

a) 319 g   b) 681 g   c) 406 g   d) 490 g

4. 197 g의 인산이수소칼슘이 생성되었다면 반응의 수득 백분율은 얼마인가?

a) 99.0%   b) 42.5%   c) 28.3%   d) 21.2%

예제 속 추가문제 정답

3.1.1 (a) 95.21 amu (b) 98.09 amu (c) 90.04 amu

3.1.2 (a) 100.09 amu (b) 47.02 amu (c) 68.15 amu

3.2.1 57.13% C, 6.165% H, 9.521% N, 27.18% O

3.2.2 C_3H_6O

3.3.1 $C_3H_8(g) + 5O_2(g) \longrightarrow 3CO_2(g) + 4H_2O(l)$

3.3.2 $H_2SO_4(aq) + 2NaOH(aq) \longrightarrow$
$Na_2SO_4(aq) + 2H_2O(l)$

3.4.1 $C_{18}H_{32}O_2(aq) + 25O_2(g) \longrightarrow 18CO_2(g) + 16H_2O(l)$

3.4.2 $2NH_3(g) + 3CuO(s) \longrightarrow 3Cu(s) + N_2(g) + 3H_2O(l)$

3.5.1 (a) 4.40×10^{24} K 원자 (b) 1.48×10^2 mol K

3.5.2 (a) 6.32×10^{17} He 원자 (b) 3.87×10^{-3} mol He

3.6.1 (a) 495 g (b) 0.704 mol

3.6.2 (a) 31.5 g (b) 22.71 mol

3.7.1 (a) 6.68×10^{23} O_2 분자, 1.34×10^{24} O 원자

(b) 1.32×10^{-7} g

3.7.2 (a) 3.34×10^{25} O 원자, 6.68×10^{25} H 원자 (b) 33.4 g

3.8.1 C_2H_6O **3.8.2** CH_2 **3.9.1** $C_3H_4O_3$와 $C_6H_8O_6$

3.9.2 1.44 g CO_2, 1.18 g H_2O

3.10.1 0.264 mol H_2와 0.176 mol NH_3

3.10.2 $P_4O_{10} + 6H_2O \longrightarrow 4H_3PO_4$
1.45 mol P_4O_{10}, 8.70 mol H_2O

3.11.1 34.1 g   **3.11.2** 292 g

3.12.1 42.6 g 암모니아; 질소가 한계 반응물이고 4.95 g의 수소가 남는다.

3.12.2 44.2 g KOH, 115.5 g H_3PO_4

3.13.1 29.2%   **3.13.2** 122 g

3.14.1 (a) 연소 반응 (b) 결합 반응 (c) 분해 반응

3.14.2 $A_2 + 2B \longrightarrow 2AB$

수용액에서의 반응

Reactions in Aqueous Solutions

스포츠 음료인 Gatorade는 대학 운동 선수들의 고갈된 혈당, 혈액량 및 전해질의 균형을 치료하기 위해 개발되었다.

이 장의 목표

물에 용해된 물질로 인하여 바뀌는 수용액의 성질과 여러 반응들에 대해서 배운다. 또한, 수용액의 농도를 어떻게 표현하고 이 농도를 사용하여 정량적인 문제를 해결할 수 있을지에 대해서 배운다.

들어가기 전에 미리 알아둘 것

- 이온성과 분자 화합물을 구별하기 [◀◀ 2.6절과 2.7절]
- 일반적인 다원자 이온의 이름, 화학식, 전하 [◀◀ 표 2.3]

몸속의 전해질이 운동 능력과 성과에 어떤 영향을 끼칠까

1965년, 미국 University of Florida(UF)의 보조 코치인 Dwayne Douglas는 Gators로 불리는 UF 미식축구선수들의 건강에 대해 고민해 왔다. 그는 더운 날 연습과 경기하는 동안 운동선수에 대해 다음 사항을 기록하였다. (1) 몸무게가 많이 빠진다. (2) 거의 소변을 보지 않는다. (3) 운동 능력에 한계에 다다르고 특히, 연습이나 경기의 후반전 때 이런 현상이 자주 일어난다. 그는 지구력이 약한 운동선수들의 원인을 규명하는 논문을 낸 UF의 의학대학 신장 질환 전문의이자 연구원인 Dr. Robert Cade에게 이러한 원인에 대하여 논의를 했다. 심한 운동으로 인한 체온의 상승을 해소하기 위하여 많은 땀을 낸 선수들은 공통적으로 혈당 수치와 혈액량이 낮고, 혈액 내의 전해질에 불균형이 일어남을 알아낼 수 있었다. Cade와 그의 연구원들은 부족한 혈당, 수분, 전해질이 포함된 음료를 섭취함에 따라 운동선수들의 문제를 해결할 수 있다는 이론을 제시하였다. 이 이론을 통해, 그들은 땀 속에 존재하는 수분, 당, 소듐과 포타슘 염을 같은 비율을 갖는 음료를 개발하였다. 이러한 결과를 통해 만들어진 음료는 정말 맛이 없었다. Robert Cade의 아내인 Mary Cade는 좀 더 맛있는 음료로 만들기 위해 레몬 주스를 첨가하자고 제안했고, 이를 통해 Gatorade가 탄생하게 되었다. 1966년 시즌에, Gators팀은 '후반부'에 강한 팀으로서 알려지고, 종종 3, 4쿼터에 역전을 통하여 팀의 승리를 이루었다. Gators의 코치인 Ray Graves는 혈당, 혈압, 전해질 균형을 보충하는 새로운 보조 음료의 개발이 팀에 후반부 경기의 강세를 유지하는 데 기여하였다고 생각했다. 스포츠 음료는 현재 수십억 달러의 시장이고, 여러 브랜드 중 아직까지 Gatorade가 가장 독보적이다.

혈당을 보충하고 전해질 균형을 맞춰주는 스포츠 음료의 발달은 이 장에서 배우는 **수용액**(aqueous solution)의 성질들에 대한 이해를 필요로 한다.

이 장이 끝에서 스포츠 음료와 수용성 반응 분석에 관련된 몇 가지 문제를 해결할 수 있게 될 것이다[▶▶ 배운 것 적용하기, 178쪽].

4.1 수용액의 일반적인 성질

용액(solution)은 2개 이상의 물질이 균일하게 섞인 혼합물이다[|◀◀ 1.2절]. 용액들은 기체(공기 같은 것들), 고체(황동 같은 것들), 액체(소금물 같은 것들) 상태로 존재할 수 있다. 일반적으로 용액에서 많은 양을 차지하는 물질은 **용매**(solvent)로 불리고 적은 양을 차지하는 물질은 **용질**(solute)로 불린다. 예를 들어, 만약 물 한 컵에 설탕 한 스푼을 녹이면 물은 용매이고 설탕은 용질이 된다. 이 장에서는 물이 용매로 쓰이는 수용액의 성질에 대해 초점을 맞출 것이다. 이 장에서 **용액**은 수용액을 말한다.

전해질과 비전해질

Gatorade 같은 스포츠 음료에 표기된 전해질이라는 단어를 본 적 있을 것이다. 우리 몸 안의 전해질은 신경 전달과 근육 수축 같은 생리적인 과정을 하기 위한 중요한 전기적 신호의 전달에서 꼭 필요한 물질이다. 일반적으로 **전해질**(electrolyte)이란 용액 안에 녹아 전도성을 갖는 물질을 말한다. 반면에, **비전해질**(nonelectrolyte)이란 용액 안에 녹여도 전도성을 갖지 않는 물질을 말한다. 물에 녹는 모든 물질들은 이 두 가지 중 하나에 속하게 된다.

학생 노트
특정 용매에 녹는(dissolve) 물질은 해당 용매에 용해된다고 한다. 이 장에서는 수용성을 의미하는 용해성(soluble)이라는 단어를 사용할 것이다.

전도성을 갖는 수용액과 갖지 않는 수용액 사이의 차이는 **이온**(ion)의 존재 유무이다. 예를 들어, 설탕물과 소금물의 녹는 과정을 생각해 보자. 설탕(sucrose, $C_{12}H_{22}O_{11}$)과 염화 소듐(sodium chloride, NaCl)이 물에 녹는 물리적 과정을 다음과 같은 화학식으로 표현할 수 있다.

$$C_{12}H_{22}O_{11}(s) \xrightarrow{H_2O} C_{12}H_{22}O_{11}(aq)$$

$$NaCl(s) \xrightarrow{H_2O} Na^+(aq) + Cl^-(aq)$$

설탕은 녹을 때 그대로 남아서 수용성 설탕 분자로 남아 있는 반면, NaCl은 해리되어 수용성 소듐 이온과 수용성 이온이 된다. **해리**(dissociation)란 물에 녹아서 이온성 화합물이 양이온과 음이온으로 분리되는 과정을 뜻한다. NaCl이 해리되어 생성된 이온들이 수용액상에서 전기를 통하게 한다. 그러므로 염화 소듐은 **전해질**(electrolyte)이 되고 설탕은 **비전해질**(nonelectrolyte)이 된다.

설탕처럼 분자 형태의 화합물을 갖는[|◀◀ 2.7절] 많은 수용성 분자 화합물들은 비전해질이다. 몇몇 분자 화합물들은 해리되면서 이온을 생성함으로써 전해질이 된다. **이온화**(ionization)란 분자 화합물들이 해리되어 이온을 생성하는 과정이다. 2장에서 다룬 산은 물에서 해리되어 수소 이온을 생성하는 화합물이다[|◀◀ 2.7절]. 예를 들어, HCl은 해리되어 H^+과 Cl^- 이온을 생성한다.

$$HCl(g) \xrightarrow{H_2O} H^+(aq) + Cl^-(aq)$$

학생 노트
염기는 암모니아(NH_3)와 같은 분자성(molecular) 또는 이온성(ionic)인 수산화소듐(NaOH)과 같은 분자일수 있다.

산들은 전해질인 분자 화합물의 2가지 형태들 중 한 형태로 구성된다. 분자 화합물의 다른 형태인 **염기**가 또 다른 전해질 성질을 갖는다. **염기**(base)란 물에 녹아 수산화물(OH^-) 이온을 생성하는 화합물을 말한다. 예를 들어, 암모니아(NH_3)는 물에 녹아 암모늄 이온(NH_4^+)과 수산화(OH^-) 이온들을 생성한다.

$$NH_3(g) + H_2O(l) \rightleftharpoons NH_4^+(aq) + OH^-(aq)$$

강전해질과 약전해질

염화 소듐은 물에서 완전히 해리되어 100% 이온의 형태로 존재한다. 그러므로 염화 소듐과 같은 이온성 화합물을[◀◀ 2.6절] 완전히 해리되는 물질이라고 부른다. 이와 같이 완전히 해리되는 물질을 **강전해질**(strong electrolyte)로 부른다. 모든 수용성 이온성 화합물은 완전히 해리되므로 강전해질이다.

강전해질의 특징을 가지는 분자 화합물들은 매우 적다. 표 4.1에 7개의 강산이 있다. 강산은 완전히 이온화되고 수용액은 수소 이온과 이에 상응하는 음이온을 가지게 되어 분자 형태의 산은 존재하지 않게 된다.

전해질들 중 대부분의 분자 화합물들은 약전해질이다. **약전해질**(weak electrolyte)은 일부만 해리되어 이온을 생성하고 대부분은 이온화되지 않은 분자들로 존재한다. 대부분의 산들(표 4.1의 목록을 제외한)은 약전해질이다. 아세트산($HC_2H_3O_2$)은 표 4.1에 있는 강산이 아니므로 약산이다. 아세트산은 물에 이온화되면 다음과 같은 화학 반응이 일어난다.

$$HC_2H_3O_2(l) \rightleftharpoons H^+(aq) + C_2H_3O_2^-(aq)$$

이 반응식과 표 4.1의 한 개의 반응식을 포함한 이전의 두 개의 반응식에서 이중 화살표($\rightleftharpoons$)가 사용되었다. 이것은 반응이 양방향으로 일어나고, 결과로 반응물(아세트산)이 대부분의 생성물(수소 이온과 아세트산 이온)로 될 수 없음을 의미한다. 대신에, 정반응과 역반응이 함께 일어나는 **동적 평형**(dynamic chemical equilibrium) 과정에 있다.

비록 아세트산 분자들은 이온화되지만, 그 결과로 생산된 이온들은 다시 아세트산 분자들로 돌아가려는 경향이 강하게 된다. 결국에는 이온화를 통해 생성된 이온들의 생성 속도와 반응물로 되돌아가는 속도가 같아져, 더 이상 아세트산 분자, 수소 이온 또는 아세트산 이온들의 수는 변하지 않게 된다. 이온들이 재결합되는 경향이 분자들이 이온화되는 경향보다 크기 때문에, 아세트산의 경우 대부분의 물질들은 이온화되지 않은 형태(반응물)로 존재하게 된다. 적은 비율의 아세트산만이 수소 이온과 아세트산 이온들(생성물)의 형태로 존재한다.

약염기의 이온화도 약산의 이온화와 비슷하게 설명할 수 있다. 암모니아(NH_3)는 일반적인 약염기이다. 물에서 암모니아가 이온화되는 과정은 다음의 화학 반응식으로 표현할 수 있다.

$$NH_3(g) + H_2O(l) \rightleftharpoons NH_4^+(aq) + OH^-(aq)$$

학생 노트
동적 화학 평형(dynamic chemical equilibrium) 상태 또는 단순한 평형(equilibrium) 상태에서는 정반응 및 역반응이 계속 발생한다. 그러나 이들이 동일한 속도로 발생하기 때문에 시간의 경과에 따른 반응물 또는 생성물의 양적 변화가 관찰되지 않는다. 화학 평형은 14장에서 16장까지에서 다루고 있다.

표 4.1	강산
산	**이온화 반응식**
염화수소산	$HCl(aq) \longrightarrow H^+(aq) + Cl^-(aq)$
브로민화수소산	$HBr(aq) \longrightarrow H^+(aq) + Br^-(aq)$
아이오딘화수소산	$HI(aq) \longrightarrow H^+(aq) + I^-(aq)$
질산	$HNO_3(aq) \longrightarrow H^+(aq) + NO_3^-(aq)$
염소산	$HClO_3(aq) \longrightarrow H^+(aq) + ClO_3^-(aq)$
과염소산	$HClO_4(aq) \longrightarrow H^+(aq) + ClO_4^-(aq)$
황산*	$H_2SO_4(aq) \longrightarrow H^+(aq) + HSO_4^-(aq)$
	$HSO_4^-(aq) \rightleftharpoons H^+(aq) + SO_4^{2-}(aq)$

*각 황산 분자는 2개의 이온화가 가능한 수소 원자를 가지고 있지만, H_2SO_4 분자당 하나의 H^+ 이온과 하나의 HSO_4^- 이온을 생성하여 첫 번째 이온화가 완전히 진행된다. 두 번째 이온화는 매우 적은 비율로 발생한다.

암모니아 분자는 이온들로 깨지면서 이온화되지 않는다. 이것은 물 분자를 이온화시킴으로써 일어난다. 용액 속에서 물 분자로부터 나온 H^+ 이온은 암모니아 분자와 결합하여 암모늄 이온(NH_4^+)을 만들고 OH^- 이온이 남는다.

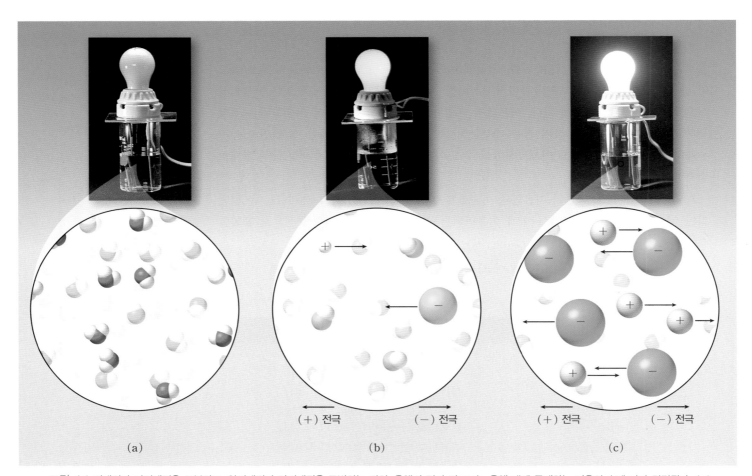

$$NH_3(g) \quad + \quad H_2O(l) \quad \rightleftharpoons \quad NH_4^+(aq) \quad + \quad OH^-(aq)$$

약산의 이온화처럼 약염기에서도 역반응이 잘 일어나, NH_3 분자들이 NH_4^+와 OH^- 이온들보다 더 많이 존재하게 된다.

그림 4.1에서의 장치를 이용하여 전해질과 비전해질을 쉽게 구별할 수 있다. 전구는 전지와 비커 안에 있는 용액과 회로로 연결되어 있다. 전구가 켜지기 위해서는 용액에서 전류가 흘러야만 한다. 순수한 물의 경우 전도성이 매우 낮은데, 이는 이온화되는 물 분자의 양이 매우 적기 때문이다. 순수한 물은 거의 이온이 없기 때문에 비전해질로 부른다. 하지만 만약 염(염화 소듐)을 약간이라도 첨가하면, 물에서 염이 해리되어 전구가 빛을 낼 것이

(a)   (b)   (c)

그림 4.1 전해질과 비전해질을 구분하고, 약전해질과 강전해질을 구별하는 장치. 용액의 전기 전도도는 용액 내에 존재하는 이온의 수에 따라 결정된다. (a) 순수한 물은 이온을 거의 포함하지 않으며 전류가 흐르지 않는다. 따라서 전구가 켜지지 않는다. (b) $HF(aq)$와 같은 약전해질을 포함한 용액은 적은 수의 이온을 포함하고 있으며, 전구는 희미하게 점등되어 있다. (c) $NaCl(aq)$과 같은 강전해질을 포함한 용액은 많은 양의 이온을 포함하고 전구는 밝게 빛난다. (b)와 (c)의 비커에 용해된 물질의 mol은 동일하다.

다. 염화 소듐($NaCl$)은 물에서 Na^+와 Cl^-의 형태로 완전히 해리된다. $NaCl$ 수용액은 전기 전도성을 가지기 때문에 $NaCl$을 전해질이라고 부른다.

그림 4.1(a)와 같이 켜지지 않은 전구는 용액에 녹은 물질이 비전해질임을 말한다. 그림 4.1(b)와 (c) 같이 켜진 전구는 용액에 녹인 물질이 전해질임을 의미한다. 용액의 양이온들은 음전하 전극으로 끌리고, 음이온들은 양전하 전극으로 끌린다. 이러한 이온들의 움직임이 용액에서 전류를 흐르게 하며, 이는 전자가 구리 도선을 따라 흐르는 것과 같은 원리이다. 전구의 밝기는 용액 속 이온들의 양에 의존한다. 그림 4.1(b)에서 용액은 약전해질을 포함하고, 따라서 상대적으로 적은 수의 이온이 존재하기 때문에 전구 빛이 약하다 그림 4.1(c)의 용액은 상대적으로 많은 이온들을 생성하는 강전해질을 포함하고 있기 때문에 전구 빛이 매우 강하다.

전해질 확인하기

그림 4.1에서 표현한 실험 방법은 유용할 수 있지만, 종종 물질의 화학식만으로 비전해질, 약전해질, 강전해질을 구별해야 한다. 이를 구별하기 위한 가장 좋은 첫 번째 방법은 물질이 이온성 화합물인지 혹은 분자 화합물인지를 구별하는 것이다.

이온성 화합물은 **양이온**(금속 이온 혹은 암모늄 이온)과 **음이온**(단원자 혹은 다원자로 이루어진)으로 구성되어 있다. 금속과 비금속으로 이루어진 이원자 물질은 대부분 이온성이다. 이는 표 2.3[◀◀ 2.6절]에 있는 다원자 이온에 대해 복습할 좋은 기회이다. 화합물의 화학식에서 다원자 이온들을 찾아낼 수 있어야 한다. 물에 용해되는 모든 이온성 화합물은 강전해질이다.

만약 화합물에 금속 양이온 혹은 암모늄 양이온이 없다면, 이 물질은 분자 화합물이다. 이 경우 이 물질이 산인지 아닌지를 구별할 필요가 있다. 산은 일반적으로 그들의 화학식을 쓸 때 이온화될 수 있는 수소를 먼저 쓰는 방식으로 구분될 수 있다. $HC_2H_3O_2$, H_2CO_3, H_3PO_4는 아세트산, 탄산, 인산이다. 아세트산 같은 카복실산들의 화학식은 종종 작용기와 함께 이온화할 수 있는 수소 원자를 마지막에 쓴다. 그러므로 $HC_2H_3O_2$나 CH_3COOH 둘 다 아세트산이 맞다. 산 같은 화합물을 좀 더 쉽게 구별하기 위하여, 이 장에서는 모든 산들의 H^+ 이온들이 어떻게 이온화되는지를 써볼 것이다. 만약 화합물이 산이라면 이 물질은 전해질이다. 만약 이 화합물이 표 4.1에 있다면 이 물질은 강산이고 강전해질이다. 표 4.1에 없는 산은 약산이므로 약전해질이다.

만약 분자 화합물이 산이 아니라면 약염기인지 아닌지를 구별해야만 한다. 많은 약염기들은 질소 원자에 결합된 수소 원자와 탄소 원자로 구성된 아민과 관련되어 있다. 예를 들어, 메틸아민(CH_3NH_2), 피리딘(C_5H_5N), 수산화아민(NH_2OH)이다. 약염기는 약전해질이다.

만약 분자 화합물이 산도 약염기도 아니라면, 비전해질이다. 그림 4.2는 수용성 화합물을 구별하는 데 유용할 것이다.

예제 4.1은 물질의 화학식을 사용하여 전해질인지 비전해질인지를 구별하는 것을 연습할 수 있다.

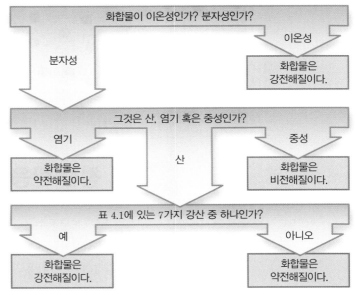

그림 4.2 화합물의 강전해질, 약전해질 또는 비전해질 결정을 위한 순서도

예제 4.1

다음 화합물을 각각 비전해질, 약전해질, 또는 강전해질로 분류하시오.

(a) 메탄올(CH_3OH)　　　　　　　　　　　　(b) 수산화소듐($NaOH$)

(c) 에틸아민($C_2H_5NH_2$)　　　　　　　　　　(d) 플루오린화 수소산(HF)

전략　각 화합물을 이온성 또는 분자성으로 분류한다. 수용성 이온성 화합물은 강전해질이다. 각 분자 화합물을 산, 염기 또는 중성으로 분류한다. 산이나 염기가 아닌 분자 화합물은 비전해질이다. 염기인 분자 화합물은 약전해질이다. 마지막으로 산을 강산 혹은 약산으로 분류한다. 강산은 강전해질이며 약산은 약전해질이다.

계획　(a) 메탄올은 금속 양이온도 아니고 암모늄 이온도 포함하고 있지 않다. 그러므로 분자성이다. 그 수식은 H로 시작하지 않으므로 산이 아니며, 질소 원자를 포함하지 않으므로 약염기가 아니다. 산이나 염기가 아닌 분자 화합물은 비전해질이다.

(b) 수산화 소듐은 금속 양이온(Na^+)을 포함하기 때문에 이온성이다. 또한 강염기 중 하나이다.

(c) 에틸 아민은 양이온을 포함하지 않으므로 분자성이다. 또한 암모니아와 비슷하게 질소를 포함한 염기이다.

(d) 플루오린화 수소산은 그 이름에서 알 수 있듯이 산성이다. 하지만, 표 4.1의 강산 목록에 없으므로 약산이다.

풀이　(a) 비전해질　　　　(b) 강전해질　　　　(c) 약전해질　　　　(d) 약전해질

> ### 생각해 보기
> 화합물이 이온성인지 분자성인지 확인하자. 강산은 강전해질이고, 약산과 약염기는 약전해질이며, 강염기는 강전해질인 것을 기억하자(수용성 이온성 화합물이기 때문). 산과 약염기를 제외한 분자 화합물은 비전해질이다.

추가문제 1　다음 화합물을 비전해질, 약전해질 혹은 강전해질로 구분하시오.
　　　　　　　에탄올(C_2H_5OH), 아질산(HNO_2), 탄산수소소듐($NaHCO_3$, 중탄산염이라고도 알려져 있다.)

추가문제 2　다음 화합물을 비전해질, 약전해질 혹은 강전해질로 구분하시오.
　　　　　　　인산(H_3PO_3), 과산화 수소(H_2O_2), 황산 암모늄$[(NH_4)_2SO_4]$

추가문제 3　다음의 화합물을 포함한 수용액을 나타낸 것은 어느 것인지 고르시오.(빨간색과 파란색 구는 다른 화학종을 나타낸다.)
　　　　　　　$LiCl$, $CuSO_4$, K_2SO_4, H_2CO_3, $Al_2(SO_4)_3$, $AlCl_3$, Na_3PO_4

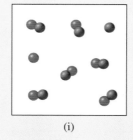　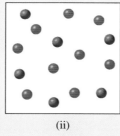　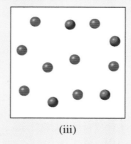　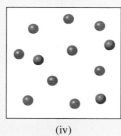

(i)　　　　　　　　　(ii)　　　　　　　　　(iii)　　　　　　　　　(iv)

4.2 침전 반응

요오드화 소듐(NaI) 수용액에 질산납(II)$[Pb(NO_3)_2]$ 수용액을 첨가하면 황색 침전물인 아이오딘화 납(II)(PbI_2)이 형성된다. 용액에는 다른 반응 생성물인 질산 소듐($NaNO_3$)이 있다. 그림 4.3이 이 반응의 과정을 보여준다. 이 용액에 있는 용해되지 않는 고체 생성물을 **침전물**(precipitate)이라고 부르고, 침전물이 생기는 화학 반응을 **침전 반응**(precipitation reaction)이라고 한다.

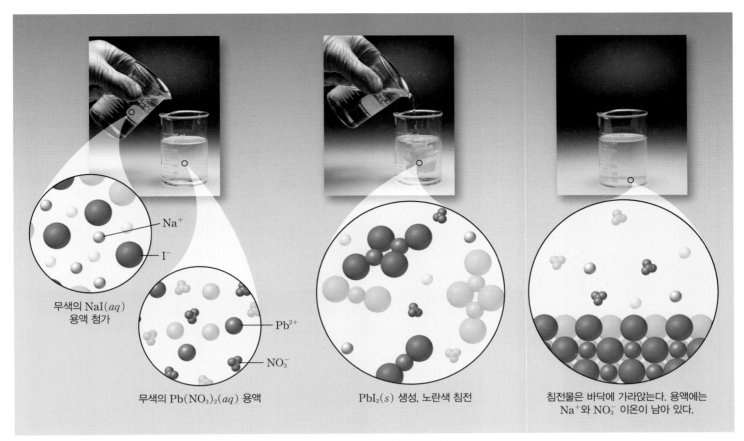

무색의 NaI(aq) 용액 첨가

Na⁺

I⁻

무색의 Pb(NO₃)₂(aq) 용액

Pb²⁺

NO₃⁻

PbI₂(s) 생성, 노란색 침전

침전물은 바닥에 가라앉는다. 용액에는 Na⁺와 NO₃⁻ 이온이 남아 있다.

그림 4.3 무색의 NaI 수용액을 무색의 Pb(NO₃)₂ 수용액에 첨가하였을 때, 노란색 침전물인 PbI₂가 생성되었고 Na⁺와 NO₃⁻ 이온은 용액 속에 남아 있다.

침전 반응은 일반적으로 이온성 화합물에서 일어나지만, 두 전해질 용액을 혼합할 때마다 침전물이 형성되는 것은 아니다. 대신에 2가지 용액이 혼합될 때 침전물이 형성되는 것은 생성물의 용해도에 따라 달라진다.

물에서 이온성 화합물의 용해도

염화 소듐 같은 이온성 물질이 물에 녹을 때, 물 분자가 3차원 구조를 형성하면서 각각 이온을 분리하고 둘러싸게 된다. 이 과정은 **수화 작용**(hydration)이라 불리고 그림 4.4와 같다. 물은 **극성** 분자이기 때문에 이온성 화합물을 용해시키기 좋은 용매이다. 즉, 물 분자의 산소 원자는 부분적으로 음전하를 띠어 δ⁻로 표기하고, 수소 원자는 부분적으로 양전하를 띠어 δ⁺로 표기되는 것처럼 전하가 분리되어 있다. 물 분자의 산소 원자는 양이온에 끌리고, 수소 원자는 음이온에 끌린다. 이 인력은 각 이온 주변 물 분자의 방향을 말해준다. 결합된 물 분자로 인해 양이온과 음이온들이 다시 결합하는 것을 막아준다.

용해도(solubility)는 특정 온도에서 정해진 용매에 녹을 수 있는 최대 용질의 양으로 정의된다. 물에서 모든 이온성 화합물이 녹는 것은 아니다. 이온성 화합물이 수용성인지의 여부는 물 분자의 인력이 다른 이온과 이온 사이의 인력의 상대적이 크기에 따라 달려 있다. 이온에 대한 물 분자의 인력이 이온과 이온 간의 인력의 세기보다 크면, 이온성 화합물은 용해될 것이다. 각각 이온의 인력이 물 분자와 다른 이온에 대한 인력보다 크다면, 이 화합물은 녹지 않는다. 이러한 이온성 화합물에서 인력의 세기를 8장에서 좀 더 배우지만, 이온성 화합물의 용해도를 예측할 수 있는 몇 가지 항목을 알면 좋다. 표 4.2는 **가용성** 화

학생 노트
산소 원자와 수소 원자의 부분 전하는 0이 된다. 물 분자는 극성이지만 알짜 전하를 가지고 있지 않다. 부분 전하와 분자 극성에 대해서는 8장과 9장에서 자세히 배울 수 있다.

그림 4.4 가용성 이온성 화합물의 양이온과 음이온의 수화. 물 분자는 부분적으로 양전하를 띠는(H 원자) 부분이 음이온 쪽으로 향해 음이온을 둘러싼다. 그리고 부분적으로 음전하를 띠는(O 원자) 부분이 양이온 쪽으로 향해 양이온을 둘러싼다.

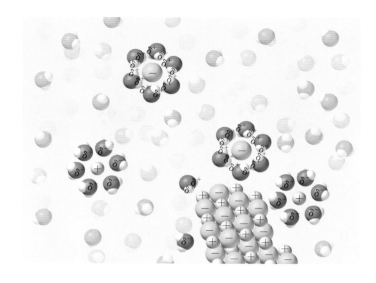

표 4.2	용해도 규칙: 가용성 화합물	
수용성 화합물		**예외적인 불용성 화합물**
알칼리 금속 양이온(Li^+, Na^+, K^+, Rb^+, Cs^+)을 포함하는 화합물 혹은 암모늄 이온(NH_4^+)		
질산염 이온(NO_3^-)을 포함한 화합물, 아세테이트 이온($C_2H_3O_2^-$), 혹은 염소산 이온(ClO_3^-)		
염소 이온(Cl^-)을 포함한 화합물, 브로민화 이온(Br^-), 아이오딘화 이온(I^-)		Ag^+, Hg_2^{2+} 혹은 Pb^{2+}를 포함한 화합물
황산염 이온(SO_4^{2-})을 포함한 화합물		Ag^+, Hg_2^{2+}, Pb^{2+}, Ca^{2+}, Sr^{2+} 혹은 Ba^{2+}를 포함한 화합물

표 4.3	용해도 규칙: 불용성 화합물	
불용성 화합물		**예외적인 가용성 화합물**
탄산 이온(CO_3^{2-}), 인산 이온(PO_4^{3-}), 크로뮴산 이온(CrO_4^{2-}) 또는 황화 이온(S^{2-})을 포함하는 화합물		Li^+, Na^+, K^+, Rb^+, Cs^+ 혹은 NH_4^+를 포함하는 화합물
수산화 이온(OH^-)을 포함하는 화합물		Li^+, Na^+, K^+, Rb^+, Cs^+ 혹은 Ba^{2+}를 포함하는 화합물

합물과 예외적으로 **불용성**인 화합물의 예를 보여준다. 표 4.3은 **불용성** 화합물과 예외적으로 **가용성**인 화합물의 예를 보여준다.

예제 4.2는 용해도를 예측하는 연습을 할 수 있다.

예제 4.2

다음 화합물을 물에서 가용성 혹은 불용성으로 분류하시오.
(a) $AgNO_3$ (b) $CaSO_4$ (c) K_2CO_3

전략 표 4.2와 4.3의 규칙을 이용하여 각 화합물이 수용성일 것으로 예상되는지 여부를 결정한다.

계획 (a) $AgNO_3$는 질산 이온(NO_3^-)을 포함한다. 표 4.2에 따르면, 질산 이온을 포함한 모든 화합물은 가용성이다.
(b) $CaSO_4$는 황산 이온(SO_4^{2-})을 포함한다. 표 4.2에 따르면 황산 이온을 포함한 화합물은 양이온이 Ag^+, Hg_2^{2+}, Pb^{2+}, Ca^{2+}, Sr^{2+}, 혹은 Ba^{2+}가 아니면 가용성이다. 따라서, Ca^{2+} 이온은 불용성 예 중 하나이다.
(c) K_2CO_3는 표 4.2에 따라 불용성 예외가 없는 알칼리 금속 양이온(K^+)을 포함한다. 또한 표 4.3은 탄산 이온(CO_3^{2-})을 포함한

대부분의 화합물이 불용성이지만 K^+와 같은 1A족 양이온을 포함한 화합물은 예외적으로 가용성임을 보여준다.

풀이 (a) 가용성 (b) 불용성 (c) 가용성

> ### 생각해 보기
> 각 화합물의 이온을 표 4.2 및 4.3과 대조하여 올바른 결론을 이끌어냈는지 확인해 보자.

추가문제 1 다음 화합물을 물에서 가용성인지 혹은 불용성인지 분류하시오.
(a) $PbCl_2$ (b) $(NH_4)_3PO_4$ (c) $Fe(OH)_3$

추가문제 2 화합물을 물에 가용성인지 혹은 불용성인지 분류하시오.
(a) $MgBr_2$ (b) $Ca_3(PO_4)_2$ (c) $KClO_3$

추가문제 3 표 4.2와 4.3을 사용하여 각 수용액들을 황산 철(III) 수용액에 첨가하였을 때, 두 가지 다른 불용성 이온성 화합물이 침전되는 화합물인지 확인하시오.

분자 반응식

그림 4.3에 나온 반응은 다음 화학 반응식으로 표현된다.

$$Pb(NO_3)_2(aq) + 2NaI(aq) \longrightarrow 2NaNO_3(aq) + PbI_2(s)$$

이 화학 반응식에서는 금속 양이온들과 음이온들이 서로 교환되는 것처럼 보일 수 있다. 즉, 원래 NO_3^- 이온과 짝인 Pb^{2+} 이온은 I^- 이온들과 짝을 이룬다. 이와 비슷하게, 각각 원래 I^- 이온과 짝을 이루던 Na^+ 이온은 NO_3^- 이온과 짝을 이루게 된다. 이 반응식을 **분자 반응식**(molecular equation)이라고 부르고, 이 반응식은 화학식으로 표현된 모든 화합물을 표시하며 마치 분자로 용액에 있는 것처럼 표현한다.

> **학생 노트**
> 화합물이 이온을 교환하는 반응을 때로는 상호 교환(metathesis) 또는 이중 치환(double replacement) 반응이라고 한다.

이 화학 반응의 생성물을 충분히 예측할 수 있다. 간단히 반응물의 화학식을 써보고, 반응물의 양이온들이 어떤 음이온들과 교환되는지를 써보시오. 예를 들어, 황산 소듐과 수산화 바륨의 용액을 혼합 시 일어나는 반응에 대한 반응식을 알고 싶다면, 먼저 반응물의 화학식을 써야 한다[◀◀ 2.6절].

$$Na_2SO_4(aq) + Ba(OH)_2(aq) \longrightarrow$$

그런 다음 첫 번째 반응물의 Na^+ 양이온을 두 번째 반응물의 OH^-의 음이온과 합쳐서 첫 번째 생성물의 화학식을 쓴다. 그런 후 두 번째 반응물의 Ba^{2+}의 양이온을 첫 번째 반응물의 SO_4^{2-}와 합쳐서 두 번째 생성물의 화학식을 쓴다. 그러면 다음의 균형 맞춤 화학 반응식을 만들 수 있지만[◀◀ 3.3절], 아직 생성물의 상태에 대해 적지 않았다.

$$Na_2SO_4(aq) + Ba(OH)_2(aq) \longrightarrow 2NaOH + BaSO_4$$

이러한 반응의 마지막 단계는 용액에서의 생성물의 상태를 예측하는 것이다. 이는 이온성 화합물의 용해도 규칙을 사용하여 예측할 수 있다(표 4.2와 4.3). 첫 번째 생성물($NaOH$)은 1A족 양이온(Na^+)에 속하므로 언제나 수용성이다. 따라서 수용성(aq)으로 기입한다. 두 번째 생성물($BaSO_4$)은 황산 이온(SO_4^{2-})을 포함하고 있다. 황산 이온은 Ag^+, Hg_2^{2+}, Pb^{2+}, Ca^{2+}, Sr^{2+} 혹은 Ba^{2+}과 같은 양이온을 만나면 불용성이다. 그러므로 $BaSO_4$은 불용성이고 이를 (s)로 기입한다.

$$Na_2SO_4(aq) + Ba(OH)_2(aq) \longrightarrow 2NaOH(aq) + BaSO_4(s)$$

이온 반응식

물론 분자 반응식이 일반적으로 사용할 때 유용하지만 현실적이지 못할 때가 있다. 수용성인 이온성 화합물은 **강전해질**이다[|◀◀ 4.1절]. 이것들은 분자 화합물이 아닌 수화된 이온 상태로 용액에 존재한다. 그러므로 $Na_2SO_4(aq)$와 $Ba(OH)_2(aq)$는 다음의 이온 상태로 표현하는 게 좀 더 현실적이다.

$$Na_2SO_4(aq) \longrightarrow 2Na^+(aq) + SO_4^{2-}(aq)$$
$$Ba(OH)_2(aq) \longrightarrow Ba^{2+}(aq) + 2OH^-(aq)$$
$$NaOH(aq) \longrightarrow Na^+(aq) + OH^-(aq)$$

수화된 이온의 형태로 용해된 화합물을 표현하기 위해 반응식을 다시 쓰면, 다음과 같다.

$$2Na^+(aq) + SO_4^{2-}(aq) + Ba^{2+}(aq) + 2OH^-(aq)$$
$$\longrightarrow 2Na^+(aq) + 2OH^-(aq) + BaSO_4(s)$$

이 반응식을 **이온 반응식**(ionic equation)으로 부르고, 용액 중에 완전하게 혹은 대부분이 이온으로 존재하는 화합물을 이러한 형태로 표현하게 된다. 분자 반응식에서 불용성이거나 분자의 형태로 완전히 또는 거의 용액에 존재하는 화합물은 화학 반응식으로 표현한다.

알짜 이온 반응식

$Na^+(aq)$와 $OH^-(aq)$는 둘 다 반응물과 생성물로 나타난다. $Na_2SO_4(aq)$와 $Ba(OH)_2(aq)$의 반응에 대한 이온 반응식에서 반응식에 있는 화살표의 양쪽에 나오는 이온들은 반응에 참여하지 않기 때문에 **구경꾼 이온**(spectator ion)이라고 부른다. 구경꾼 이온들은 이온 반응식에서 동일한 항이 서로를 상쇄하기 때문에 구경꾼 이온들을 실제 화학 반응식에 나타내지 않아도 무방하다.

$$2\cancel{Na^+(aq)} + SO_4^{2-}(aq) + Ba^{2+}(aq) + 2\cancel{OH^-(aq)}$$
$$\longrightarrow 2\cancel{Na^+(aq)} + 2\cancel{OH^-(aq)} + BaSO_4(s)$$

구경꾼 이온을 제거한 반응식은 다음과 같다.

$$Ba^{2+}(aq) + SO_4^{2-}(aq) \longrightarrow BaSO_4(s)$$

> **학생 노트**
> 반응물은 알짜 이온 반응식에서 순서대로 쓰이지만, 양이온이 먼저 표시되고 음이온이 두 번째로 표시되는 것이 일반적이다.

이 반응식은 **알짜 이온 반응식**(net ionic equation)이라고 부르고, 반응에 실질적으로 참여한 화학종만을 포함한 화학 반응식이다. 특히, 알짜 이온 반응식은 황산 소듐과 수산화 바륨의 수용액을 섞을 때 실제로 일어나는 반응을 보여준다.

침전 반응에 대한 분자, 이온 및 알짜 이온 반응식을 결정하는 데 필요한 단계는 다음과 같다.

1. 분자 반응식을 쓰고 균형을 맞춘 후 양이온들과 음이온들의 교환을 통해 생성물을 예측한다.
2. 강전해질에 포함된 이온들을 나누어 이온 반응식을 쓴다.
3. 반응식의 양쪽에 존재하는 구경꾼 이온을 확인 후 제거하여 알짜 이온 반응식을 쓴다.

만약 반응의 두 생성물이 모두 강전해질인 경우 용액의 모든 이온은 구경꾼 이온이 된다. 이 경우 알짜 이온 반응식과 반응이 없게 된다.

예제 4.3은 분자, 이온, 알짜 이온 반응식을 결정하는 과정을 보여준다.

예제 (4.3)

아세트산 납과 염화 칼슘 수용액이 결합할 때 일어나는 반응에 대한 분자, 이온, 알짜 이온 반응식을 쓰시오.

전략 이온 교환 및 반응식의 균형 맞춤을 통해 생성물을 예측한다. 표 4.2 및 4.3의 용해도 규칙에 따라 침전될 생성물을 결정한다. 강전해질을 이온으로 표현한 식으로 고쳐 쓴다. 그리고 구경꾼 이온을 확인하고 제거한다.

계획 반응 생성물은 $PbCl_2$와 $Ca(C_2H_3O_2)_2$이다. Pb^{2+}는 일반적으로 용해되는 염화물에 대하여 불용성 예외 중 하나이기 때문에 $PbCl_2$는 불용성이다. 모든 아세테이트가 용해되기 때문에 $Ca(C_2H_3O_2)_2$는 가용성이다.

풀이 분자 반응식은 다음과 같다.

$$Pb(C_2H_3O_2)_2(aq) + CaCl_2(aq) \longrightarrow PbCl_2(s) + Ca(C_2H_3O_2)_2(aq)$$

이온 반응식은 다음과 같다.

$$Pb^{2+}(aq) + 2C_2H_3O_2^-(aq) + Ca^{2+}(aq) + 2Cl^-(aq) \longrightarrow PbCl_2(s) + Ca^{2+}(aq) + 2C_2H_3O_2^-(aq)$$

알짜 이온 반응식은 다음과 같다.

$$Pb^{2+}(aq) + 2Cl^-(aq) \longrightarrow PbCl_2(s)$$

생각해 보기

화합물 내의 이온들에 대한 전하의 합은 0이 되어야 하는 것을 기억하자. 생성물에 대한 화학식을 올바르게 작성하고 반응식의 균형이 맞는지 확인하자. 반응식의 균형을 맞추는 데 어려움이 있는 경우, 생성물의 화학식이 올바른지 확인하자.

추가문제 1 $Sr(NO_3)_2(aq)$와 $Li_2SO_4(aq)$의 분자, 이온, 알짜 이온 반응식을 쓰시오.

추가문제 2 $KNO_3(aq)$와 $BaCl_2(aq)$의 분자, 이온, 알짜 이온 반응식을 쓰시오.

추가문제 3 동일한 농도의 질산 바륨과 인산 포타슘을 동일한 양으로 혼합했을 때의 결과를 가장 잘 나타낸 것은 무엇인가?

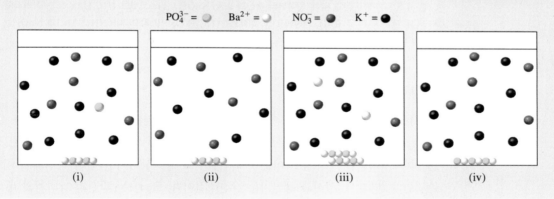

4.3 산-염기 반응

산과 염기를 섞는 경우 다른 반응이 일어나게 된다. 일상생활에서 흔하게 산과 염기를 만난다(그림 4.5). 예를 들어, 아스코르브산은 비타민 C로 알려져 있다. 아세트산은 식초의 신맛과 독특한 냄새를 가진다. 염산은 강산이면서 위액(위산)의 주성분이다. 암모니아는 많은 세척 제품에서 볼 수 있고, 수산화 소듐은 배수관 세정제에서 많이 발견된다. 산-염기 화학은 생물학적 과정에서 매우 중요하다. 산-염기의 특성을 알아보고 산-염기 반응을 알아보도록 하자.

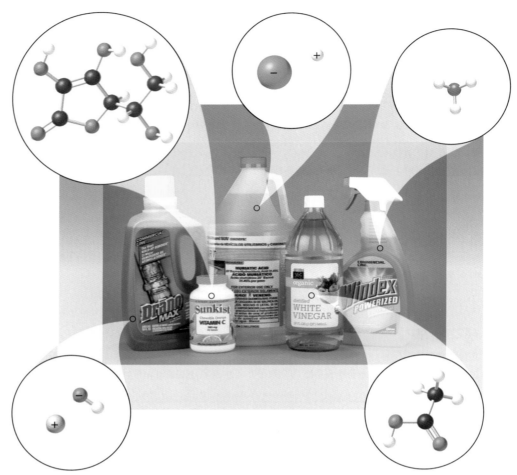

그림 4.5 일반적인 산과 염기. 왼쪽부터 수산화 소듐($NaOH$), 아스코르브 산($C_6H_8O_6$ 또는 이의 이온화 수소를 먼저 써서, $H_2C_6H_6O_6$로 표기), 염산(HCl), 아세트산($HC_2H_3O_2$) 및 암모니아(NH_3). HCl과 $NaOH$는 모두 강전해질이며 용액 속에서 이온으로만 존재한다. 물 분자는 보이지 않는다.

강산과 강염기

4.1절에서 나온 것처럼, 용액 속에서 완전히 이온화되는 7가지의 강산이 표 4.1에 나열되어 있다. 다른 모든 산들은 약산이다. 강염기는 1A족과 무거운 2A족 금속들의 수산화물들이다. 이들은 수용성인 이온성 화합물이고 용액상에서 완전히 해리되어 이온 상태로 존재한다. 따라서, 강산과 강염기는 강전해질이다. 표 4.4는 강산과 강염기의 목록이다. 이러한 화합물은 꼭 알아두자.

학생 노트
2A족의 수산화물 중 세 가지 [$Ca(OH)_2$, $Sr(OH)_2$, $Ba(OH)_2$]가 강염기로 분류되더라도, $Ba(OH)_2$만이 충분히 용해되어 실험에서 일반적으로 사용된다. 모든 이온성 화합물에서 용해되는 것은 그 양이 적은 양일지라도 완전히 해리한다.

표 4.4	강산과 강염기
강산	**강염기**
HCl	$LiOH$
HBr	$NaOH$
HI	KOH
HNO_3	$RbOH$
$HClO_3$	$CsOH$
$HClO_4$	$Ca(OH)_2$
H_2SO_4	$Sr(OH)_2$
	$Ba(OH)_2$

Brønsted 산과 염기

2.7절에서 물속에서 H^+ 이온을 만드는 물질을 산으로 정의하고, OH^- 이온을 만드는 물질을 염기로 정의하였다. 이 정의는 스웨덴의 화학자 Svante Arrhenius[1]에 의해서 알려졌다. **Arrhenius 산**과 **염기**는 유용했지만, 수용액에서 제한된 화합물에만 적용되었다. 더 포괄적인 정의는 1932년에 덴마크의 화학자 Johannes Brønsted[2]에 의해 정의되었다. **Brønsted 산**은 양성자 **주개**이고 **Brønsted 염기**는 양성자 **받개**이다. 이 장에서, **양성자**는 전자를 잃은 상태의 수소 원자를 의미하며, 다음과 같이 **수소 이온**(H^+)으로 표현한다. 수소 원자는 양성자(proton)와 전자(electron)로 구성되어 있다. 전자를 잃으면 양성자만 남게 되어 **양성자**란 용어를 쓰게 된다. 약염기인 암모니아(NH_3)를 생각해 보자.

$$NH_3(aq) + H_2O(l) \rightleftharpoons NH_4^+(aq) + OH^-(aq)$$

이 반응식은 NH_3가 Arrhenius 정의로는 염기임을 보여준다. 여기서 암모니아는 OH^-를 생성한다. Brønsted 정의에서도 염기가 되는데, 이는 양성자(H^+)를 받아 암모늄 이온 (NH_4^+)으로 되기 때문이다.

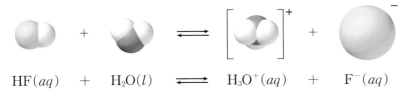

$$NH_3(aq) + H_2O(l) \rightleftharpoons NH_4^+(aq) + OH^-(aq)$$

그럼 약산인 플루오린화 수소산(HF)의 이온화를 생각해 보자.

$$HF(aq) \rightleftharpoons H^+(aq) + F^-(aq)$$

HF은 용액 속에서 H^+를 생성하기 때문에 Arrhenius 정의에서 산이다. 또한, 수용액에 양성자를 주기 때문에 Brønsted 정의에서도 산이다. 그러나 수용성 양성자(H^+)는 수용액에서 따로 분리된 상태로 존재하지 않는다. 오히려 다른 수용액 이온들과 수화된 상태로 존재한다[◀◀ 4.2절]. 양전하를 가지는 양이온은 부분적 음전하를 띠는 물 분자의 산소에 결합한다. 그러므로 HF의 이온화를 표현하는 반응식은 다음이 더 현실적이다.

$$HF(aq) + H_2O(l) \rightleftharpoons H_3O^+(aq) + F^-(aq)$$

이온화한 양성자에 물 분자를 추가한다.(H_3O^+를 $H_2O \cdot H^+$로 나타내며, 이는 양성자와 결합한 물 분자임을 보여준다.) 이 반응식에 적힌 것처럼, HF는 H_2O에게 양성자를 주고 그 결과 물 분자는 **하이드로늄 이온**(hydronium ion, H_3O^+)으로 표현할 수 있다.

$$HF(aq) + H_2O(l) \rightleftharpoons H_3O^+(aq) + F^-(aq)$$

H^+와 H_3O^+는 화학 반응식에서 자주 쓰일 것이다. 이는 수용액에서 같은 화학종을 나타낸다.

> **학생 노트**
> 실제로 수용성 양성자는 다른 이온과 마찬가지로 물 분자에 의해 둘러싸여 있다. 양성자가 용액에서 수화된다는 것을 강조하기 위해 H_3O^+를 사용한 물 분자가 포함된 식을 사용한다. 수소 이온(hydrogen ion), 양성자(proton), 하이드로늄 이온(hydronium ion), H^+ 및 H_3O^+라는 용어 및 기호는 모두 동일한 수용성 종을 지칭하며 상호 교환적으로 사용된다.

---

1. Svante August Arrhenius(1859~1927). 스웨덴의 화학자. 화학, 역학 및 전해질 용액 연구에 중요한 공헌을 했다.(그는 또한 생명체가 다른 행성에서 지구로 왔다고 추측했다.) 1903년에 노벨 화학상을 수상했다.
2. Johannes Nicolaus Brønsted(1879~1947). 덴마크의 화학자. 그는 산과 염기에 관한 이론 외에도 열역학과 동위 원소로의 수은 분리에 관한 연구를 수행했다. 일부 서적에서는 Brønsted 산과 염기를 Brønsted−Lowry 산과 염기라고 한다. Thomas Martin Lowry(1874~1936). 영국의 화학자. Brønsted와 Lowry는 1923년에 산−염기 이론을 발전시켰다.

Brønsted의 산과 염기 정의는 수용액이 아닌 상태에서도 적용된다. 기체 상태에서도 Brønsted 산-염기 반응은 일어난다. 예를 들어, 기체 상태의 HCl과 NH_3 반응에서 HCl은 NH_3에게 양성자를 주기 때문에 Brønsted 산으로서 작용하고, NH_3는 양성자를 받기 때문에 Brønsted 염기가 된다. 이 양성자의 이동으로 염화 이온(Cl^-)과 암모늄 이온(NH_4^+)이 생기며, 이는 결합하여 이온성 고체 염화 암모늄[$NH_4Cl(s)$]을 형성한다.

$$HCl(g) + NH_3(g) \longrightarrow NH_4Cl(s)$$

대부분의 강산은 **일양성자 산**(monoprotic acid)으로 하나의 양성자를 줄 수 있다. 강산 중 하나인 H_2SO_4는 **이양성자 산**(diprotic acid)으로 2개의 양성자를 줄 수 있음을 뜻한다. 다른 이양성자 산은 옥살산($H_2C_2O_4$)과 탄산(H_2CO_3)이다. 또한 **삼양성자 산**(triprotic acid)도 있고, 이들은 3개의 양성자를 가지지만 상대적으로 일양성 자산과 이양성자 산보다는 적게 존재한다. 예를 들어, 인산(H_3PO_4)과 구연산($H_3C_6H_5O_7$)이 있다. 일반적으로, 하나 이상의 양성자를 갖는 산을 **다양성자 산**(polyprotic acid)이라고 부른다.

다양성자 산 중에서 황산만 강산이다. 표 4.1을 보면, 물에서 H_2SO_4는 첫 번째 양성자가 이온화될 때만 강산이다. H_2SO_4는 첫 번째 이온화는 완전히 해리되어 H^+와 HSO_4^-를 생성하지만, 황산 수소 이온(HSO_4^-)의 두 번째 이온화도 약간 발생한다. 황산의 경우에는 하나의 화살표와 이중 화살표로 두 개의 해리 반응식을 쓸 수 있다.

$$H_2SO_4(aq) \longrightarrow H^+(aq) + HSO_4^-(aq)$$
$$HSO_4^-(aq) \rightleftharpoons H^+(aq) + SO_4^{2-}(aq)$$

모든 다양성자 산에 대해 각각의 이온화는 불완전하므로 이중 화살표를 반응식에 사용한다. 인산의 첫 번째, 두 번째, 세 번째 이온화 과정은 다음과 같다.

$$H_3PO_4(aq) \rightleftharpoons H^+(aq) + H_2PO_4^-(aq)$$
$$H_2PO_4^-(aq) \rightleftharpoons H^+(aq) + HPO_4^{2-}(aq)$$
$$HPO_4^{2-}(aq) \rightleftharpoons H^+(aq) + PO_4^{3-}(aq)$$

학생 노트
이 상대적인 농도는 다른 용해된 화합물을 포함하지 않은 인산 수용액에서만 유효하다. 15장에서 다양성자 산 수용액에서 농도를 결정하는 방법을 자세하게 살펴볼 것이다.

위의 반응식에서 보여지는 화학종들은 인산 용액 속에 존재한다. 각각의 연속적인 이온화는 점점 더 작아지기 때문에 용액 속 화학종들의 상대적인 농도는 다음과 같다.

$$[H_3PO_4] > [H^+] \approx [H_2PO_4^-] > [HPO_4^{2-}] > [PO_4^{3-}]$$

일부 산이 하나 이상의 H^+ 이온을 생성하는 것처럼, 일부 강염기도 하나 이상의 OH^- 이온을 생성한다. 예를 들어, 수산화 바륨은 1 mol의 $Ba(OH)_2$가 해리되어 2 mol의 수산화 이온을 생성한다.

$$Ba(OH)_2(s) \xrightarrow{H_2O} Ba^{2+}(aq) + 2OH^-(aq)$$

이와 같은 화합물들은 **이염기성** 염기(dibasic base)라고 불리며 화합물, 1 mol당 2 mol의 수산화 이온을 생성한다. NaOH같이 수산화 이온을 1 mol 생성하는 것들은 **일염기성** 염기(monobasic base)라고 부른다.

산-염기 중화 반응

중화 반응(neutralization reaction)은 산-염기 사이의 반응이다. 일반적으로 수용액의 산-염기 반응은 물과 **염**(salt)을 생성하고, 염은 염기에서 나온 양이온과 산에서 나온 음이온으로 구성된 이온성 화합물이다.[음이온이 산화물(O^{2-}) 또는 수산화물(OH^-)인 화합물은 염으로 간주하지 않는다.] NaCl은 염의 대표적인 예이다. NaCl은 산-염기 반응의 생성물이다.

$$HCl(aq) + NaOH(aq) \longrightarrow H_2O(l) + NaCl(aq)$$

그러나 산, 염기, 염은 모두 강전해질이기 때문에 용액상에서 이온 상태로 모두 존재하게 된다. 이온 반응식은 다음과 같다.

$$H^+(aq) + Cl^-(aq) + Na^+(aq) + OH^-(aq) \longrightarrow H_2O(l) + Na^+(aq) + Cl^-(aq)$$

알짜 이온 반응식은 다음과 같다.

$$H^+(aq) + OH^-(aq) \longrightarrow H_2O(l)$$

Na^+와 Cl^-는 구경꾼 이온이다. 화학량론적으로 HCl과 NaOH의 반응을 본다면[◀◀ 3.6절] 반응 후에 남은 산이나 염기가 없는 중성의 상태가 된다.

다음은 분자 반응식으로 표현된 산-염기 중화 반응의 다른 예이다.

$$HNO_3(aq) + KOH(aq) \longrightarrow H_2O(l) + KNO_3(aq)$$
$$H_2SO_4(aq) + 2NaOH(aq) \longrightarrow 2H_2O(l) + Na_2SO_4(aq)$$
$$2HC_2H_3O_2(aq) + Ba(OH)_2(aq) \longrightarrow 2H_2O(l) + Ba(C_2H_3O_2)_2(aq)$$
$$HCl(aq) + NH_3(aq) \longrightarrow NH_4Cl(aq)$$

> **학생 노트**
> 침전 반응과 같은 산-염기 중화 반응[◀◀ 4.2절]은 두 종이 이온을 교환하는 복분해 반응이다.

마지막 반응식은 반응식에 물을 나타내지 않았다는 점이 다른 반응식과 다르다. 그러나 $NH_3(aq)$는 물에서 이온화하여 $NH_4^+(aq)$와 $OH^-(aq)$가 된다. $NH_3(aq)$ 대신 두 이온을 반응물로 쓰면 반응식은 다음과 같이 된다.

$$HCl(aq) + NH_4^+(aq) + OH^-(aq) \longrightarrow H_2O(l) + NH_4Cl(aq)$$

예제 4.4는 산-염기 중화 반응을 보여준다.

예제 4.4

처방전 없이 구매할 수 있는 제산제인 Milk of magnesia는 수산화 마그네슘[$Mg(OH)_2$]과 물의 혼합물이다. $Mg(OH)_2$는 물에 불용성이기 때문에(표 4.3 참조), Milk of magnesia는 용액이 아니라 **현탁액**(suspension)이다. 용해되지 않은 고체상의 우유는 유백색 외관을 나타낸다. Milk of magnesia에 HCl과 같은 산이 첨가되면, 분산되어 있는 $Mg(OH)_2$가 용해되고, 그 결과 깨끗하고 무색의 용액이 된다. 균형 맞춤 반응식을 쓰고 이 반응에 대한 이온 및 알짜 이온 반응식을 쓰시오.

> **학생 노트**
> 대부분의 부유 고형물은 병 바닥에 가라앉아 사용하기 전에 잘 흔들어야 한다. 진동은 액체 전체에 고형물을 재분배한다.

(a) Milk of magnesia   (b) HCl 첨가   (c) 맑은 용액의 결과

전략 반응에 대한 생성물을 결정한다. 그리고 반응식을 쓰고 균형을 맞춘다. 반응물 중 하나인 $Mg(OH)_2$가 고체임을 기억하자. 강전해질을 확인하고 강전해질을 이온으로 나타낸 반응식을 다시 작성하자. 그 후 구경꾼 이온을 확인하고 지운다.

계획 이 반응은 산−염기 중화 반응이기 때문에 생성물 중 하나는 물이다. 다른 생성물은 염기의 양이온인 Mg^{2+}이고, 산의 음이온인 Cl^-이다. 수식을 중성으로 맞추기 위하여, 이온들을 1:2 비율로 결합하면 화학식 $MgCl_2$가 된다.

풀이

$$Mg(OH)_2(s) + 2HCl(aq) \longrightarrow 2H_2O(l) + MgCl_2(aq)$$

분자식의 화학종들 중에서 오직 HCl과 $MgCl_2$만이 강전해질이다. 따라서 이온 반응식은 다음과 같다.

$$Mg(OH)_2(s) + 2H^+(aq) + 2Cl^-(aq) \longrightarrow 2H_2O(l) + Mg^{2+}(aq) + 2Cl^-(aq)$$

Cl^-은 구경꾼 이온이다. 알짜 이온 반응식은 다음과 같다.

$$Mg(OH)_2(s) + 2H^+(aq) \longrightarrow 2H_2O(l) + Mg^{2+}(aq)$$

> **생각해 보기**
>
> 반응식의 균형을 맞추고, 강전해질만 이온으로 보아야 한다. $Mg(OH)_2$는 불용성이므로 수용성 이온으로 나타내지 않는다.

추가문제 1 $Ba(OH)_2(aq)$과 $HF(aq)$ 사이의 반응에 대한 균형 맞춤 반응식을 쓰고, 이온 및 알짜 이온 반응식을 쓰시오.

추가문제 2 $NH_3(aq)$와 $H_2SO_4(aq)$ 사이의 반응에 대한 균형 맞춤 반응식을 쓰고, 이온 및 알짜 이온 반응식을 쓰시오.

추가문제 3 다음 중 수산화 바륨 및 브로민화 수소산이 결합된 후 용액에 남아 있는 이온을 화학량론적으로 가장 잘 나타낸 것은 어떤 것인가?

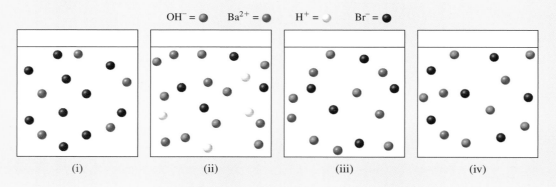

4.4 산화−환원 반응

4.2절과 4.3절에서 두 전해질 용액이 섞였을 때 일어날 수 있는 두 종류의 화학 반응을 보았다. 이온성 화합물이 이온 교환을 통한 **침전 반응**, 산에서 염기로 양성자가 전달되는 **산−염기 중화 반응**(acid−base neutralization)이 있다. 이 절에서는 또 다른 반응인 산화−환원 반응에 대해 알아본다. **산화−환원 반응**(oxidation−reduction reaction, redox reaction)은 전자가 한 반응물에서 다른 반응물로 이동하는 화학 반응이다. 예를 들어, 구리 이온이 들어 있는 용액에 아연 금속 조각을 넣으면 다음 반응이 발생한다.

$$Zn(s) + Cu^{2+}(aq) \longrightarrow Zn^{2+}(aq) + Cu(s)$$

이 반응은 그림 4.6에 나와 있다. 이 과정에서 아연 원자는 **산화되고**(전자를 잃는다) 구리 이온은 **환원된다**(전자를 얻는다). 아연 원자는 2개의 전자를 잃어 아연 이온이 되고,

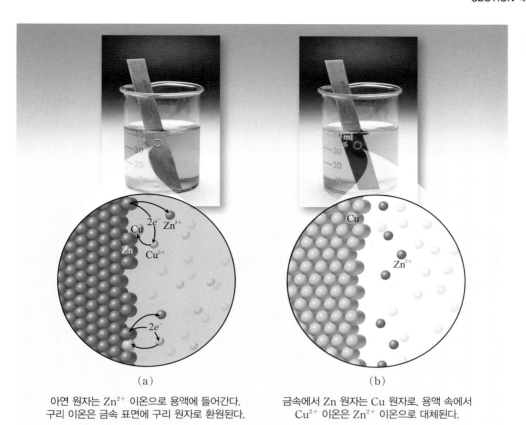

그림 4.6 황산구리(II) 용액에서 아연의 산화

(a) 아연 원자는 Zn^{2+} 이온으로 용액에 들어간다. 구리 이온은 금속 표면에 구리 원자로 환원된다.

(b) 금속에서 Zn 원자는 Cu 원자로, 용액 속에서 Cu^{2+} 이온은 Zn^{2+} 이온으로 대체된다.

$$Zn(s) \longrightarrow Zn^{2+}(aq) + 2e^-$$

구리 이온은 2개의 전자를 얻어서 구리 원자가 된다.

$$Cu^{2+}(aq) + 2e^- \longrightarrow Cu(s)$$

두 반응식에서 전자는 아연 반응에서는 생성물에, 구리 반응에서는 반응물 쪽에 보여진다. 이 두 반응식은 각각의 **반쪽 반응**(half-reaction)을 나타내며, 산화-환원 반응에서 산화 반응 또는 환원 반응을 나타낸다. 두 반쪽 반응의 합이 산화-환원 반응의 전체 반응식이다.

$$Zn(s) \longrightarrow Zn^{2+}(aq) + 2e^-$$
$$+Cu^{2+}(aq) + 2e^- \longrightarrow Cu(s)$$
$$\overline{Zn(s) + Cu^{2+}(aq) + 2e^- \longrightarrow Zn^{2+}(aq) + Cu(s) + 2e^-}$$

이 두 과정은 각각의 반쪽 반응식으로 나타낼 수 있지만, 용액 안에서 따로 발생될 수 없다. 전자를 얻으려면 다른 반응에서 전자를 잃어야 하고, 그 반대의 경우도 마찬가지이다.
  산화(oxidation)는 전자를 잃는 것이다. 반대로 전자를 **얻는** 과정을 **환원**(reduction)이라고 부른다. Zn과 Cu^{2+}의 반응에서 Zn은 **환원제**(reducing agent)라고 부르는데, 이는 Zn이 전자를 제공하여 Cu^{2+}를 환원시키기 때문이다. 반면에 Cu^{2+}는 **산화제**(oxidizing agent)라고 부르며, 이는 전자를 받아들여 Zn을 산화시키기 때문이다.
  산화-환원 반응의 다른 예는 구성 원소들로부터 산화 칼슘(CaO)의 형성이다.

$$2Ca(s) + O_2(g) \longrightarrow 2CaO(s)$$

이 반응에서 칼슘 원자는 두 개의 전자를 잃고(산화됨), 산소 원자는 두 개의 전자를 얻는다(환원됨). 여기에 상응하는 반쪽 반응은 다음과 같다.

학생 노트
원래 산화(oxidation)라는 용어는 어느 한 화학자에 의해 "산소와의 반응"을 의미하기 위해 사용되었다. 그러나 산과 염기의 정의와 마찬가지로 전자가 소실되는 반응을 포함하도록 재정의 되었다.

$$2Ca \longrightarrow 2Ca^{2+} + 4e^-$$
$$O_2 + 4e^- \longrightarrow 2O^{2-}$$

생성된 Ca^{2+} 및 O^{2-} 이온은 결합하여 CaO를 형성한다.

산화−환원 반응은 원소마다 전자를 얻는 경향이 다르기 때문에 발생한다. 예를 들어, 산소는 칼슘보다 전자를 얻는 경향이 훨씬 크다. 칼슘은 금속이기 때문에 전자를 잃는 경향이 크다. 일반적으로 화합물 중에서 전자를 얻는 경향과 잃는 경향의 차가 큰 화합물들이 이온성이다. 이러한 화합물에서 단원자 이온에 대한 전하를 알면 잃어버린 혹은 얻은 전자의 개수를 쉽게 알 수 있다.

산화수

전자를 얻는 경향이 비슷한 원소들이 결합하면, 그들은 각각의 원소들로부터 HF와 NH_3의 형성처럼 분자 화합물을 형성하는 경향이 있다.

$$H_2(g) + F_2(g) \longrightarrow 2HF(g)$$
$$N_2(g) + 3H_2(g) \longrightarrow 2NH_3(g)$$

따라서, 플루오린화 수소산(HF)의 형성에서 플루오린은 전자를 얻지 않고 수소는 전자를 잃지 않는다. 그러나 실험적 증거는 H에서 F로 전자의 부분 전달이 있었음을 보여준다. 산화수는 화학 반응식에서 전자와 관련하여 "화학 반응식의 균형 맞추기" 방법을 제공한다. **산화수**(oxidation number) 또는 **산화 상태**(oxidation state)는 전자가 완전히 전달되었을 때 원자가 갖는 전하량이다. 예를 들어, 다음 식과 같이 HF와 NH_3의 형성에 대한 반응식을 다시 쓸 수 있다.

$$\begin{array}{ccccc} H_2(g) & + & F_2(g) & \longrightarrow & 2HF(g) \\ 0 & & 0 & & +1 -1 \\ N_2(g) & + & 3H_2(g) & \longrightarrow & 2NH_3(g) \\ 0 & & 0 & & -3 +1 \end{array}$$

각각의 원자 아래의 숫자는 산화수이다. 두 반응 모두에서 반응물은 모두 같은 동핵 이원자 분자이다. 따라서 한 원자에서 다른 원자로의 전자 전달은 없다고 생각하면 각각의 원자의 산화수는 0이다. 그러나 생성물의 경우, 산화수를 결정하기 위해서는 완전한 전자 전달이 일어나서 각 원자가 하나 이상의 전자를 얻거나 잃어버린다고 생각한다. 산화수는 움직였다고 가정되는 전자의 수를 반영한다.

산화수는 쉽게 반응을 통하여 산화되고 환원되는 원소를 알 수 있게 한다. 앞선 실험에서 수소는 산화수가 **증가**하는데, 이는 산화되었기 때문이다. 반면에 플루오린 및 질소는 산화수가 **감소**하는데, 이는 환원되었기 때문이다.

각 원자의 산화수는 화합물 전체의 전하를 보여준다. $HF[(+1)+(-1)=0]$와 NH_3 $[(-3)+3(+1)=0]$에서의 전체 산화수는 0이 됨을 보인다. 화합물은 전기적으로 중성이기 때문에 화합물의 산화수는 0이 된다. 다원자 이온의 경우, 이온을 이루고 있는 원자들의 산화수를 모두 더하면 이온의 전하와 같아진다.(단원자 이온의 산화수는 그 전하와 같다.)

다음 규칙에 따라 산화수를 계산할 수 있다. 기본적으로 두 가지 규칙이 있다.

1. 모든 원소의 산화수는 원소 형태일 때 0이다.
2. 어떤 화학종의 산화수들 합은 화학종의 전체 전하량과 일치한다. 즉, 산화수는 모든 중성 분자에 대해 0이고, 다원자 이온의 경우는 이온을 이루고 있는 원자들의

산화수를 모두 더하면 이온의 전하와 같아진다. 단원자 이온의 산화수는 이온의 전하와 같다.

이 두 가지 규칙에 추가로, 항상 또는 대부분의 경우에 같은 산화수를 갖는 원소들을 알아둘 필요가 있다. 표 4.5에는 산화수가 신뢰성 있는 원소들을 신뢰성이 떨어지는 순서로 나열하고 있다.

화합물 또는 다원자 이온에서 산화수를 결정하려면 단계적으로 접근해야 한다. 화학식의 원소 기호 아래에 원을 그린다. 그런 다음 각 원 아래에 사각형을 그린다. 원 안에 원소의 산화수를 쓴다. 사각형 안에는 해당 원소가 가지는 총 전하를 쓴다. 알고 있는 원소의 산화수부터 써가면서 모르는 원소의 산화수를 알아낸다. 다음이 그 예이다.

$$KMnO_4$$

산화수
전하에 대한 총 기여도
○ ○ ○
□ □ □

표 4.5의 목록을 참고하여 가장 큰 산화수를 갖는 원소부터 쓴다. 포타슘(K)은 1A족 금속이다. 이 원소는 항상 +1의 산화수를 가진다. 그러므로 K 아래의 원에 +1을 써준다. 이 화학식에 K 원자는 1개 있기 때문에 전하에 대한 총 기여도는 +1이므로 K 아래의 사각형에도 +1을 써준다.

$$KMnO_4$$

산화수
전하에 대한 총 기여도
(+1) ○ ○
[+1] □ □

다음 순서로는 산소(O)이다. 일반적으로 O는 -2의 산화수를 가지므로, -2의 산화수로 생각해준다. 화학식에는 4개의 O 원자가 있기 때문에 O 원자에 의한 전하에 대한 총 기여도는 $4(-2) = -8$이다.

$$KMnO_4$$

산화수
전하에 대한 총 기여도
(+1) ○ (−2)
[+1] □ [−8]

사각형의 숫자, 즉 전체 전하량의 산화수는 모두 0으로 계산되어야 한다. Mn 원자 아래의 사각형에는 +7을 써준다. 이 화학식에는 Mn 원자는 1개이기 때문에, 이 원자의 전하는 산화수와 동일하다. 그러므로 $(+1) + (+7) + (-8) = 0$이다.

$$KMnO_4$$

산화수
전하에 대한 총 기여도
(+1) (+7) (−2)
[+1] [+7] [−8]

표 4.5	화합물 및 다원자 이온에서 몇 가지 산화수를 갖는 원소	
원소	**산화수**	**예외**
플루오린(F)	-1	
1A족 혹은 2A족 금속	각각 $+1$ 혹은 $+2$	
수소(H)	$+1$	금속 수소화물을 형성하기 위한 1A족 혹은 2A족 금속과의 조합 예를 들어, LiH와 CaH_2(두 가지 예에서 H의 산화수는 -1이다.)
산소(O)	-2	목록에서 다른 산화수를 필요로 하는 어떤 것과의 조합(산화수 할당을 위한 규칙 2 참조) 예를 들어, H_2O_2와 KO_2(H_2O_2에 대한 O의 산화수는 -1이고, KO_2에 대한 O의 산화수는 $-1/2$이다.)
7A족 [플루오린(F) 제외]	-1	다른 산화수를 필요로 하는 어떤 것과의 조합(산화수 할당을 위한 규칙 2 참조) 예를 들어, ClF, BrO_4^- 및 IO_3^-(Cl, Br 및 I의 산화수는 각각 $+1$, $+7$ 및 $+5$이다.) 이러한 예외 사항은 화합물의 일부인 경우 항상 -1의 산화 상태를 갖는 플루오린에는 적용되지 않는다는 것을 기억하자.

예제 4.5는 3개의 화합물과 하나의 다원자 이온에 대한 산화수를 계산하는 문제이다.

예제 4.5

다음 화합물과 이온이 가진 각 원자의 산화수를 결정하시오.

(a) SO_2 (b) NaH (c) CO_3^{2-} (d) N_2O_5

전략   각 화합물에 대해 먼저 표 4.5에 수록된 원소에 산화수를 할당한다. 그런 다음 규칙 2를 사용하여 다른 원소의 산화수를 결정한다.

계획   (a) O는 표 4.5에 나타나지만 S는 나타나지 않으므로 산화수 −2를 O에 대입한다. 분자 내에 2개의 O 원자가 있기 때문에 O에 의한 전하에 대한 총 기여도는 2(−2)=−4이다. 따라서 S 원자는 전체 전하에 +4를 기여해야 한다.

(b) Na와 H는 모두 표 4.5에 있지만 Na는 표에서 더 높게 나타나므로 Na에 산화수 +1을 할당한다. 이것은 H가 전체 전하에 −1을 기여해야 함을 의미한다.(H^-는 수소화 이온이다.)

(c) 산화수 −2를 O에 대입한다. 탄산 이온에 3개의 O 원자가 있기 때문에 O에 의한 전하에 대한 총 기여도는 −6이다. 전하를 합한 값이 (−2) 전하가 되기 위해 C 원자는 +4를 기여해야 한다.

(d) 산화수 −2를 O에 할당한다. N_2O_5 분자 내에 5개의 O 원자가 있기 때문에, O에 의한 전하에 대한 총 기여도는 −10이다. 총 전하를 0으로 맞추기 위해서는 N의 기여도가 +10이어야 하며, 두 개의 N 원자가 있기 때문에 각 기여도는 +5가 되어야 한다. 따라서 N의 산화수는 +5이다.

풀이

(a) SO_2에서 S와 O의 산화수는 각각 +4와 −2이다.

(b) NaH에서 Na와 H의 산화수는 각각 +1과 −1이다.

(c) CO_3^{2-}에서 C와 O의 산화수는 각각 +4와 −2이다.

(d) N_2O_5에서 N과 O의 산화수는 각각 +5와 −2이다.

생각해 보기

원형과 사각형 시스템을 사용하여 할당한 산화수가 실제로 각 종의 전체 전하와 일치하는지 확인하자.

추가문제 1   다음 화합물의 각 원자에 대하여 산화수를 결정하시오.

$$H_2O_2, \ MnO_2, \ H_2SO_4$$

추가문제 2   다음의 다원자 이온의 각 원자에 대하여 산화수를 결정하시오.

$$O_2^{2-}, \ ClO^-, \ ClO_3^-$$

추가문제 3   다음 그림의 반응에 대한 균형 맞춤 반응식을 쓰고 반응 전후 각 원소에 대한 산화 상태를 결정하시오.

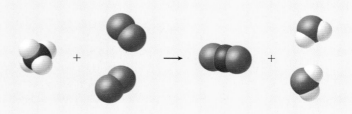

수용액에서 금속의 산화

이 절의 첫 부분에서 아연 금속이 수용액에서 구리 이온과 반응하여 아연 이온과 구리 금속을 형성하는 것을 보여줬다. 이 반응이 일어날 수 있는 방법은 그림 4.6에 나오듯이 아연 금속을 황산구리(II)($CuSO_4$) 용액에 담그는 것이다. 이 반응에 대한 분자 반응식은 다음과 같다.

$$Zn(s) \quad + \quad CuCl_2(aq) \quad \longrightarrow \quad ZnCl_2(aq) \quad + \quad Cu(s)$$

구리와 같은 금속은 너무 반응성이 작기 때문에 자연에서 결합되지 않은 상태로 발견된다.

이 예를 **치환 반응**(displacement reaction)이라고 한다. 아연은 Zn에서 Zn^{2+}로 산화되면서 녹아 있는 염의 구리와 **치환된다**. 구리는 Cu^{2+}에서 Cu로 환원되면서 염으로부터 치환된다.(그리고 용액으로부터 제거된다.) 산화되거나 환원되지 않은 염화물(Cl^-)은 이 반응에서 구경꾼 이온이다.

구리 금속을 염화 아연($ZnCl_2$)이 들어 있는 용액에 넣으면 어떻게 될까? $Zn(s)$이 $Cu^{2+}(aq)$에 의해 $Zn^{2+}(aq)$로 산화되는 방식처럼 $Cu(s)$가 $Zn^{2+}(aq)$에 의해 $Cu^{2+}(aq)$로 산화될까? 아니다. 사실, $ZnCl_2$ 수용액에 구리 금속을 담그면 반응이 일어나지 않는다.

$$Cu(s) + ZnCl_2(aq) \longrightarrow \text{반응이 일어나지 않는다}$$

아연은 구리보다 더 쉽게 산화되기 때문에 $Cu(s)$와 $Zn^{2+}(aq)$ 사이에서는 반응이 일어나지 않지만 $Zn(s)$과 $Cu^{2+}(aq)$ 사이에서는 반응이 좀 더 쉽게 일어난다.

활동도 계열(activity series, 표 4.6)은 산화도가 감소하는 순서로 위에서 아래로 금속의 목록을 표기하였다. 두 번째 열은 첫 번째 열의 각 원소에 대한 산화 반쪽 반응을 보여준다. 표의 아연과 구리의 위치를 확인해 보자. 아연이 표에서 좀 더 위에 있기 때문에 더 쉽게 산화될 수 있다. 사실, 이 활동도 계열의 원소는 그 아래에 있는 원소 이온에 의해 산화될 것이다. 표 4.6에 따라 아연 금속은 Cr^{3+}, Fe^{2+}, Cd^{2+}, Co^{2+}, Ni^{2+}, Sn^{2+}, H^+, Cu^{2+}, Ag^+, Hg^{2+}, Pt^{2+}, Au^{3+} 이온 중 하나가 들어 있는 용액에 의해 산화된다. 반면에, 아연은 Mn^{2+}, Al^{3+}, Mg^{2+}, Na^+, Ca^{2+}, Ba^{2+}, K^+ 또는 Li^+ 이온들이 들어 있는 용액에서는 산화되지 않는다.

활동도 계열의 상단에 있는 금속을 **활성 금속**(active metal)이라고 한다. 여기에는 알칼리 금속과 알칼리 토금속이 포함된다. 이 금속들은 반응성이 매우 좋기 때문에 원소의 형태로 자연에서 발견되지 않는다. 구리, 은, 백금 및 금같이 활동도 계열의 아래에 있는 금속은 반응성이 거의 없기 때문에 **귀금속**(noble metal)이라고 한다. 이들은 보석과 동전으로 자주 사용되는 금속이다. 수소 이온이 수소 기체로 환원되는 반응은 **수소 치환**(hydrogen displacement) 반응으로 알려져 있다.

> **학생 노트**
> 금속이 수용액에 의해 산화(oxidized)되면 수용성 이온이 된다.

간단한 산화-환원 반응식의 균형 맞추기

산화-환원 반응식의 균형을 맞추는 방법을 배우기 위해, 균형 맞춤 화학 반응식을 다시 공부해야 한다. 3장에서는 반응식 화살표의 양쪽에 있는 원자의 수를 계산하여 균형 맞춤 화학 반응식을 적는 방법을 배웠다. 또한 균형 맞춤 산화-환원 반응식을 알기 위해서는 전자의 개수를 알아야 한다. 예를 들어, 크로뮴 금속과 니켈 이온의 반응에서 알짜 이온 반응

표 4.6	활동도 계열	
	원소	**산화 반쪽 반응**
	리튬	$Li \longrightarrow Li^+ + e^-$
	포타슘	$K \longrightarrow K^+ + e^-$
	바륨	$Ba \longrightarrow Ba^{2+} + 2e^-$
	칼슘	$Ca \longrightarrow Ca^{2+} + 2e^-$
	소듐	$Na \longrightarrow Na^+ + e^-$
	마그네슘	$Mg \longrightarrow Mg^{2+} + 2e^-$
	알루미늄	$Al \longrightarrow Al^{3+} + 3e^-$
	망가니즈	$Mn \longrightarrow Mn^{2+} + 2e^-$
	아연	$Zn \longrightarrow Zn^{2+} + 2e^-$
	크로뮴	$Cr \longrightarrow Cr^{3+} + 3e^-$
	철	$Fe \longrightarrow Fe^{2+} + 2e^-$
	카드뮴	$Cd \longrightarrow Cd^{2+} + 2e^-$
	코발트	$Co \longrightarrow Co^{2+} + 2e^-$
	니켈	$Ni \longrightarrow Ni^{2+} + 2e^-$
	주석	$Sn \longrightarrow Sn^{2+} + 2e^-$
	납	$Pb \longrightarrow Pb^{2+} + 2e^-$
	수소	$H_2 \longrightarrow 2H^+ + 2e^-$
	구리	$Cu \longrightarrow Cu^{2+} + 2e^-$
	은	$Ag \longrightarrow Ag^+ + e^-$
	수은	$Hg \longrightarrow Hg^{2+} + 2e^-$
	백금	$Pt \longrightarrow Pt^{2+} + 2e^-$
	금	$Au \longrightarrow Au^{3+} + 3e^-$

(표 왼쪽 세로 화살표: 산화에 의한 양이온의 증가)

식을 생각해 보자.

$$Cr(s) + Ni^{2+}(aq) \longrightarrow Cr^{3+}(aq) + Ni(s)$$

이 반응식의 양쪽의 원자들은 같지만 반응물에는 +2 전하가 있고 생성물에는 +3 전하가 있기 때문에 균형이 맞지 않는다. 균형을 맞추기 위해서 이들의 반쪽 반응을 따로 써볼 수 있다.

$$Cr(s) \longrightarrow Cr^{3+}(aq) + 3e^-$$
$$Ni^{2+}(aq) + 2e^- \longrightarrow Ni(s)$$

전체 반응식을 알기 위해 반쪽 반응들을 더했을 때, 전자들은 반드시 상쇄되어야 한다. 한 원자가 잃은 전자들은 반드시 다른 원자가 얻어야만 하기 때문에, 전자들은 전체 화학 반응식에 보여지면 안 된다. 따라서 이 두 반쪽 반응을 더하기 전에 크로뮴 반쪽 반응에 2를 곱해준다.

$$2[Cr(s) \longrightarrow Cr^{3+}(aq) + 3e^-]$$

그리고 니켈 반쪽 반응에는 3을 곱해준다.

$$3[Ni^{2+}(aq) + 2e^- \longrightarrow Ni(s)]$$

그런 다음 반쪽 반응을 더해서 전자는 상쇄되고 균형 맞춤 전체 반응식을 얻는다.

$$2Cr(s) \longrightarrow 2Cr^{2+}(aq) + 6e^-$$
$$\underline{+3Ni^{2+}(aq) + 6e^- \longrightarrow 3Ni(s)}$$
$$2Cr(s) + 3Ni^{2+}(aq) \longrightarrow 2Cr^{3+}(aq) + 3Ni(s)$$

이러한 방법으로 산화-환원 반응식의 균형을 맞추는 방법은 **반쪽 반응 방법**(half-reaction method)으로 알려져 있다. 18장에서 더 복잡한 산화-환원 반응을 고려할 때 이 방법을 자주 쓸 것이다.

활동도 계열은 특정 염을 가지고 있는 용액 또는 산에 의해 금속이 산화될지를 알 수 있게 한다. 예제 4.6과 4.7은 이러한 방법을 통해 균형 맞춤 산화-환원 반응식을 구하는 방법을 연습하게 된다.

예제 4.6

다음과 같은 반응이 일어날 것인지 예측하고, 일어날 일들에 대하여 알짜 이온 반응식을 쓰고, 어느 원소가 산화되고 환원되는지를 나타내시오.

(a) $Fe(s) + PtCl_2(aq) \longrightarrow$?
(b) $Cr(s) + AuCl_3(aq) \longrightarrow$?
(c) $Pb(s) + Zn(NO_3)_2(aq) \longrightarrow$?

전략 각 반응식의 염(반응물 쪽의 화합물)은 강전해질이라는 것을 알아야 한다. 중요한 것은 염 속 금속 양이온의 정체성이다. 표 4.6을 참고하여 각 식에 대하여 염에서의 금속 양이온과 고체 금속의 위치를 비교하여 고체 금속의 산화 여부를 결정한다. 양이온이 표에서 더 낮게 나타난다면, 고체 금속은 산화될 것이다.(즉, 반응이 일어난다.) 양이온이 표에서 더 높게 나타난다면, 고체 금속은 산화되지 않을 것이다.(즉, 반응이 일어나지 않을 것이다.)

계획 (a) $PtCl_2$의 양이온은 Pt^{2+}이다. 표 4.6에서 백금은 철보다 더 낮게 나타나므로 $Pt^{2+}(aq)$는 $Fe(s)$를 산화시킬 것이다.
(b) $AuCl_3$의 양이온은 Au^{3+}이다. 표 4.6에서 금은 크로뮴보다 더 낮게 나타나므로 $Au^{3+}(aq)$는 $Cr(s)$을 산화시킬 것이다.
(c) $Zn(NO_3)_2$의 양이온은 Zn^{2+}이다. 표 4.6에서 아연은 납보다 더 높게 나타나므로 $Zn^{2+}(aq)$는 $Pb(s)$를 산화시키지 않을 것이다.

풀이 (a) $Fe(s) + Pt^{2+}(aq) \longrightarrow Fe^{2+}(aq) + Pt(s)$; 철은 산화되고(0에서 +2), 백금은 환원된다(+2에서 0).
(b) $Cr(s) + Au^{3+}(aq) \longrightarrow Cr^{3+}(aq) + Au(s)$; 크로뮴은 산화되고(0에서 +3), 금은 환원된다(+3에서 0).
(c) 반응이 일어나지 않는다.

생각해 보기

각각의 문제를 역으로 풀어서 결과를 확인해 보자. 예를 들어, (b) 같은 경우, 생성물을 반응물로 사용하여 알짜 이온 반응식을 역순으로 작성해 보자: $Au(s) + Cr^{3+}(aq) \longrightarrow$?. 이제 표 4.6에서 금과 크로뮴의 위치를 다시 비교하자. 크로뮴이 높기 때문에 크로뮴(III) 이온은 금을 산화시킬 수 없다. 이것은 앞으로 반응(금 이온에 의한 크로뮴의 산화)이 일어날 것이라는 결론으로 해석할 수 있다.

추가문제 1 다음의 반응 중 일어날 반응을 예측하고, 일어날 반응에 대해 알짜 이온 반응식을 쓰고, 또 어떤 원소가 산화되고 환원되는지를 쓰시오.
(a) $Co(s) + BaI_2(aq) \longrightarrow$?
(b) $Sn(s) + CuBr_2(aq) \longrightarrow$?
(c) $Ag(s) + NaCl(aq) \longrightarrow$?

추가문제 2 다음의 반응 중 일어날 반응을 예측하고, 일어날 반응에 대해 알짜 이온 반응식을 쓰고, 또 어떤 원소가 산화되고 환원되는지를 쓰시오.
(a) $Ni(s) + Cu(NO_3)_2(aq) \longrightarrow$?
(b) $Ag(s) + KCl(aq) \longrightarrow$?
(c) $Al(s) + AuCl_3(aq) \longrightarrow$?

추가문제 3 다음의 데이터가 주어졌을 때, A, B, C, D, E의 다섯 가지 금속에 대해 표 4.6과 유사한 활동도 계열을 구성하시오. 데이터는 금속과 금속 이온의 특정 조합의 결과를 나타낸다.

실험 1: $A(s) + D^+(aq) \longrightarrow A^+(aq) + D(s)$ 실험 2: $C(s) + B^+(aq) \longrightarrow C^+(aq) + B(s)$

실험 3: $D(s) + B^+(aq) \longrightarrow$ 반응하지 않음   실험 4: $C(s) + A^+(aq) \longrightarrow$ 반응하지 않음

실험 5: $B(s) + E^+(aq) \longrightarrow B^+(aq) + E(s)$ 실험 6: $D(s) + E^+(aq) \longrightarrow$ 반응하지 않음

예제 4.7

다음 반응 중 일어날 반응을 예측하고 이에 대한 균형 맞춤 반응식을 쓰고, 어떤 원소가 산화되고 환원될 것인지 쓰시오.

(a) $Al(s) + CaCl_2(aq) \longrightarrow ?$

(b) $Cr(s) + Pb(C_2H_3O_2)_2(aq) \longrightarrow ?$

(c) $Sn(s) + HI(aq) \longrightarrow ?$

전략   예제 4.6과 같이 수용성 화학종에서 양이온을 확인하고 각 반응식에 대해 표 4.6에서 고체 금속과 양이온의 위치를 비교하여 고체 금속이 산화될 여부를 결정하시오.

계획   (a) $CaCl_2$의 양이온은 Ca^{2+}이다. 칼슘은 표 4.6에서 알루미늄보다 높게 나타나므로 $Ca^{2+}(aq)$는 $Al(s)$를 산화시키지 않는다.
(b) $Pb(C_2H_3O_2)_2$의 양이온은 Pb^{2+}이다. 납은 크로뮴보다 표 4.6에서 더 낮게 나타나므로 $Pb^{2+}(aq)$는 $Cr(s)$를 산화시킬 것이다.
(c) HI의 양이온은 H^+이다. 표 4.6에서 수소는 주석보다 낮게 나타나므로 $H^+(aq)$는 $Sn(s)$을 산화시킨다.

풀이   (a) 반응하지 않는다.
(b) 두 반쪽 반응은 다음과 같다.

산화: $Cr(s) \longrightarrow Cr^{3+}(aq) + 3e^-$

환원: $Pb^{2+}(aq) + 2e^- \longrightarrow Pb(s)$

전하의 균형을 맞추기 위해 산화 반쪽 반응에 2를 곱하고 환원 반쪽 반응에 3을 곱한다.

$$2 \times [Cr(s) \longrightarrow Cr^{3+}(aq) + 3e^-] = 2Cr(s) \longrightarrow 2Cr^{3+}(aq) + 6e^-$$
$$3 \times [Pb^{2+}(aq) + 2e^- \longrightarrow Pb(s)] = 3Pb^{2+}(aq) + 6e^- \longrightarrow 3Pb(s)$$

두 반쪽 반응을 더하여 전자를 제거할 수 있다.

$$2Cr(s) + 3Pb^{2+}(aq) \longrightarrow 2Cr^{3+}(aq) + 3Pb(s)$$

전체적으로 균형 맞춤 반응식은 다음과 같다.

$$2Cr(s) + 3Pb(C_2H_3O_2)_2(aq) \longrightarrow 2Cr(C_2H_3O_2)_3(aq) + 3Pb(s)$$

크로뮴은 산화되고(0에서 +3) 납은 환원된다(+2에서 0).
(c) 두 반쪽 반응은 다음과 같다.

산화: $Sn(s) \longrightarrow Sn^{2+}(aq) + 2e^-$ 환원: $2H^+(aq) + 2e^- \longrightarrow H_2(g)$

두 반쪽 반응을 더하여 양쪽의 전자를 제거하면,

$$Sn(s) + 2H^+(aq) \longrightarrow Sn^{2+}(aq) + H_2(g)$$

전체적으로 균형 맞춤 반응식은 다음과 같다.

$$Sn(s) + 2HI(aq) \longrightarrow SnI_2(aq) + H_2(g)$$

주석은 산화되고(0에서 +2) 수소는 환원된다(+1에서 0).

생각해 보기

각각의 문제를 역으로 풀어서 결과를 확인해 보자. 각 식을 역순으로 작성하고 활동도 계열의 위치를 비교해 보자.

추가문제 1   다음의 반응 중 일어날 반응과 일어나지 않을 반응을 예측하고, 일어날 반응에 대하여 균형 맞춤 반응식과 어느 원소가 산화되고 환원되는지 적으시오.

(a) $Mg(s) + Cr(C_2H_3O_2)_3(aq) \longrightarrow$?

(b) $Cu(s) + HBr(aq) \longrightarrow$?

(c) $Cd(s) + AgNO_3(aq) \longrightarrow$?

추가문제 2 어떤 반응이 일어날지 예측하고, 일어날 반응에 대해 어떤 원소가 산화되고 환원되는지를 적으시오.

(a) $Pt(s) + Cu(NO_3)_2(aq) \longrightarrow$?

(b) $Ag(s) + AuCl_3(aq) \longrightarrow$?

(c) $Sn(s) + HNO_3(aq) \longrightarrow$?

추가문제 3 금속 M과 N은 각각 노란색과 흰색 구로 표시되었다. 반응 전후의 그림을 바탕으로 해당 균형 맞춤 반응식을 작성하고, 금속과 이온에 산화수를 작성하시오.

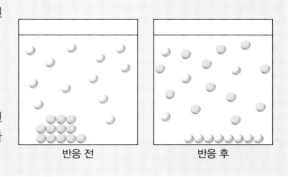

반응 전 　　　　 반응 후

여러 형태의 산화–환원 반응

이전에 보았던 반응의 유형들 중 일부는 산화–환원 반응이다.

결합 반응

구성 원소들로 암모니아를 형성하는 것과 같이 결합 반응은 산화와 환원이 일어날 수 있다.

$$N_2(g) \quad + \quad 3H_2(g) \quad \longrightarrow \quad 2NH_3(g)$$

이 반응에서 질소는 0에서 -3으로 환원되지만, 수소는 0에서 $+1$로 산화된다. 결합의 다른 예는 그림 4.7에 나와 있다.

분해

분해는 다음의 예와 같이 산화–환원 반응이 동반될 수도 있다.

$$2NaH(s) \quad \longrightarrow \quad 2Na(s) \quad + \quad H_2(g)$$

$$2KClO_3(s) \quad \longrightarrow \quad 2KCl(s) \quad + \quad 3O_2(g)$$

$$2Na \quad + \quad Cl_2 \quad \longrightarrow \quad 2NaCl$$
(a)

$$2H_2 \quad + \quad O_2 \quad \longrightarrow \quad 2H_2O$$
(b)

그림 4.7 (a) 염화 소듐을 형성하기 위한 소듐과 염소의 반응과 (b) 수소와 산소가 물을 형성하는 반응. 각 원소에 대해 산화수는 원 안에 나타나며 총 전하 기여도는 그 아래 사각형에 나타난다.

$$2H_2O_2(aq) \longrightarrow 2H_2O(l) + O_2(g)$$

앞의 반응식에 나타난 과산화 수소의 분해는 한 원소에서 산화와 환원이 일어나는 **불균등화 반응**(disproportionation reaction)의 예이다. H_2O_2의 경우, O의 산화수는 초기에는 -1이다. 분해 산물에서 O는 산화수가 H_2O에서 -2이고 O_2에서는 0이다.

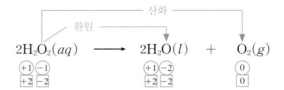

마지막으로 **연소**(combustion)[◀◀ 3.3절]도 산화–환원 과정이다.

$$CH_4(g) + 2O_2(g) \qquad CO_2(g) + 2H_2O(l)$$

그림 4.8은 화합물 중 산화수가 알려진 화합물을 나타내며 주기율표의 위치에 따라 정렬되어 있다.

1 1A	2 2A	3 3B	4 4B	5 5B	6 6B	7 7B	8	9 8B	10	11 1B	12 2B	13 3A	14 4A	15 5A	16 6A	17 7A	18 8A
1 **H** +1 −1																	2 **He**
3 **Li** +1	4 **Be** +2											5 **B** +3	6 **C** +4 +2 −4	7 **N** +5 +4 +3 +2 +1 −3	8 **O** +2 −½ −1 −2	9 **F** −1	10 **Ne**
11 **Na** +1	12 **Mg** +2											13 **Al** +3	14 **Si** +4 −4	15 **P** +5 +3 −3	16 **S** +6 +4 +2 −2	17 **Cl** +7 +6 +5 +4 +3 +1 −1	18 **Ar**
19 **K** +1	20 **Ca** +2	21 **Sc** +3	22 **Ti** +4 +3 +2	23 **V** +5 +4 +3 +2	24 **Cr** +6 +5 +4 +3 +2	25 **Mn** +7 +6 +4 +3 +2	26 **Fe** +3 +2	27 **Co** +3 +2	28 **Ni** +2	29 **Cu** +2 +1	30 **Zn** +2	31 **Ga** +3	32 **Ge** +4 −4	33 **As** +5 +3 −3	34 **Se** +6 +4 −2	35 **Br** +5 +3 +1 −1	36 **Kr** +4 +2
37 **Rb** +1	38 **Sr** +2	39 **Y** +	40 **Zr** +4	41 **Nb** +5 +4	42 **Mo** +6 +4 +3	43 **Tc** +7 +6 +4	44 **Ru** +8 +6 +4 +3	45 **Rh** +4 +3 +2	46 **Pd** +4 +2	47 **Ag** +1	48 **Cd** +2	49 **In** +3	50 **Sn** +4 +2	51 **Sb** +5 +3 −3	52 **Te** +6 +4 −2	53 **I** +7 +5 +1 −1	54 **Xe** +6 +4 +2
55 **Cs** +1	56 **Ba** +2	71 **Lu** +3	72 **Hf** +4	73 **Ta** +5	74 **W** +6 +4	75 **Re** +7 +6 +4	76 **Os** +8 +4	77 **Ir** +4 +3	78 **Pt** +4 +2	79 **Au** +3 +1	80 **Hg** +2 +1	81 **Tl** +3 +1	82 **Pb** +4 +2	83 **Bi** +5 +3	84 **Po** +2	85 **At** −1	86 **Rn**

그림 4.8 각 원소의 산화수를 보여주는 주기율표. 가장 일반적인 산화수는 빨간색으로 표시되었다.

4.5 용액의 농도

수용액에서 반응에 영향을 주는 요인 중 하나는 농도이다. 용액의 **농도**(concentration) 는 주어진 용매나 용액에 녹아 있는 용질의 양이다. 그림 4.9에서 나온 아이오딘의 두 가지 용액을 보자. 왼쪽의 용액은 오른쪽의 용액보다 진하다. 즉, 용질/용매 비율이 높다. 반대로 오른쪽의 용액은 묽다. 따라서 농축되어 있는 용액의 색깔이 더 진하다. 종종 반응물의 농도에 따라 화학 반응 속도가 결정되기도 한다. 예를 들어, 산의 농도가 더 높으면 마그네슘 금속과 산의 반응이 더 빨라진다[◀◀ 4.4절]. 12장에서 배우겠지만, 용액의 농도를 표현하는 방법에는 몇 가지가 있다. 이 장에서는 가장 일반적으로 사용하는 농도 단위인 몰농도를 소개한다.

몰농도

몰농도(molarity, molar concentration, M)는 용액 1 L당 용질의 mol로 정의된다. 따라서 1.5 M $C_6H_{12}O_6$로 표시되는 포도당($C_6H_{12}O_6$)은 용액 1 L에 1.5 mol의 포도당이 용해되어 있다. 동일한 농도를 갖는 용액의 0.5 L에는 0.75 mol의 포도당이 용해되어 있고, 1 mL의 용액에는 1.5×10^{-3} mol의 포도당이 용해되어 있다.

> **학생 노트**
> 몰농도는 mmol/mL로 나타낼 수도 있다. 이는 몇 가지 계산을 통하여 단순화할 수 있다.

$$\text{몰농도}(M) = \frac{\text{용질의 mol}}{\text{용액의 부피(L)}} \qquad [\text{◀◀ 식 } 4.1]$$

용액의 몰농도를 계산하기 위해, 용액의 부피에 따른 용질의 mol을 L로 나눈다.

식 4.1을 이용하여 3가지 단위, 즉 몰농도(M), 용질의 mol, 또는 용액의 부피(L)를 구할 수 있다.

$$(1)\ M = \frac{\text{mol}}{\text{L}} \qquad (2)\ \text{L} = \frac{\text{mol}}{M} \qquad (3)\ \text{mol} = M \times \text{L}$$

> **학생 노트**
> 때때로 이 반응식에서 단위가 상쇄되는 것에 어려움을 느낄 수 있다. 완전히 반응식을 익힐 때까지 M을 mol/L로 쓰는 것이 도움이 될 수 있다.

그림 4.9 벤젠 속 2가지 아이오딘 용액. 왼쪽 용액의 농도가 더 진하다. 오른쪽 용액은 농도가 묽다.

진한 용액:
단위 부피당 많은 용질 입자 수

옅은 용액:
단위 부피당 적은 용질 입자 수

그림 4.10

고체로부터 용액 준비하기

무게를 잰 질량이 정확하게 계산된 숫자가 아님을 명심하자.

무게를 잰 $KMnO_4$를 부피 플라스크에 잘 넣는다.

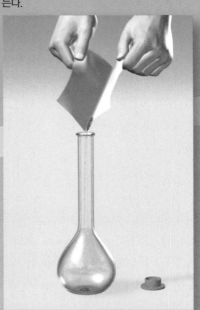

고체의 $KMnO_4$의 무게를 잰다.(디지털 저울에 유산지를 올리고 tare 버튼을 누르면 자동으로 종이의 무게를 뺀다.)

만들고자 하는 $0.1\ M$ 농도의 $KMnO_4$에 해당하는 질량을 계산한다.

$$\frac{0.1\ mol}{L} \times 0.2500\ L = 0.02500\ mol$$

$$0.02500\ mol \times \frac{158.04\ g}{mol} = 3.951\ g\ KMnO_4$$

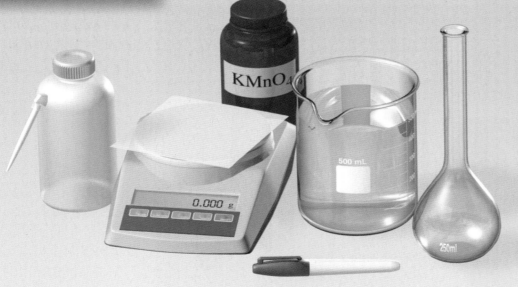

KMnO₄를 용해시키기 위해 충분한 물을 첨가한다.

고체를 녹이기 위해 플라스크를 잘 돌려준다.

물을 더 첨가한다.

스포이트를 이용하여 물을 플라스크의 표선까지 정확히 채워준다.

완벽하게 용액을 섞기 위해 플라스크의 뚜껑을 닫고 뒤집은 후, 실제 농도를 계산한다.

$$3.896 \text{ g } KMnO_4 \times \frac{1 \text{ mol}}{158.04 \text{ g}} = 0.024652 \text{ mol}$$

$$\frac{0.024652 \text{ mol}}{0.2500 \text{ L}} = 0.09861 \text{ } M$$

요점은 무엇인가?

목표는 정확하게 알려진 농도의 용액을 준비하는 것이며, 그 농도는 0.1 M의 목표 농도에 매우 가깝다. 0.1은 지정된 숫자이므로 주의하자. 이 숫자에서 유효숫자의 수를 제한하지는 않는다.

예제 4.8은 이 식을 사용하여 몰농도, 용액의 부피 및 용질의 mol을 계산하는 방법을 보여준다.

예제 4.8

포도당($C_6H_{12}O_6$) 수용액에 대하여 다음을 계산하시오.
(a) 포도당 50.0 g을 포함하는 용액 2.00 L의 몰농도   (b) 포도당 0.250 mol을 포함하는 이 용액의 부피
(c) 이 용액 0.500 L 중 포도당의 mol

전략   포도당의 질량을 mol로 변환하고, 몰농도를 계산하기 위한 식을 사용하여 계산한다.

계획   포도당의 몰질량은 180.2 g이다.

$$포도당의 \; mol = \frac{50.0 \; g}{180.2 \; g/mol} = 0.277 \; mol$$

풀이   (a) 몰농도 $= \dfrac{0.227 \; mol \; C_6H_{12}O_6}{2.00 \; L \; 용액} = 0.139 \; M$

이 용액의 농도를 나타내는 일반적인 방법은 "이 용액은 포도당 0.139 M이다."라고 말하는 것이다.

(b) 부피 $= \dfrac{0.250 \; mol \; C_6H_{12}O_6}{0.139 \; M} = 1.80 \; L$

(c) 0.500 L의 $C_6H_{12}O_6$의 mol $= 0.500 \; L \times 0.139 \; M = 0.0695 \; mol$

생각해 보기

답의 크기가 논리적인지 확인해 보자. 예를 들어, 문제에서 주어진 질량은 0.277 mol의 용질에 해당한다. (b)에서와 같이 mol이 0.277보다 작은 용액의 부피에 대해 묻는다면, 답은 원래 부피보다 작아야 한다.

추가문제 1   설탕($C_{12}H_{22}O_{11}$)에 대하여 다음 문제를 계산하시오.
(a) 설탕 235 g을 포함한 용액 5.00 L의 몰농도
(b) 이 설탕 용액 중 1.26 mol의 설탕을 포함하는 부피
(c) 이 용액 1.89 L 중 설탕의 mol

추가문제 2   염화 소듐(NaCl)의 수용액에 대하여 다음을 계산하시오.
(a) 염화 소듐 155 g을 포함하는 용액 3.75 L의 몰농도
(b) 4.58 mol의 염화 소듐을 포함하는 이 용액의 부피
(c) 이 용액 22.75 L 중 염화 소듐의 mol

추가문제 3   다음 그림은 두 가지 농도의 용액을 나타낸다. 용액 2가 용액 1의 5.00 mL와 같은 양의 용질을 포함하면 그 부피는 몇 mL인가? 용액 1이 용액 2의 30.0 mL와 같은 양의 용질을 포함하면 그 부피는 몇 mL인가?

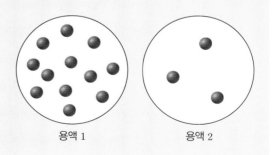

용액 1   용액 2

몰농도를 알고 있는 용액을 준비하는 과정은 그림 4.10(160~161쪽)에 나와 있다. 먼저, 용질의 무게를 정확하게 측정하고 원하는 부피의 부피 플라스크에 깔때기를 이용하여 넣어 준다. 다음으로 물을 플라스크에 넣어 용질을 잘 용해시켜 준다. 모든 용질이 잘 용해된 후 부피 플라스크의 표선까지 물을 천천히 잘 부어준다. 마지막으로 플라스크를 잘 닫은 후 거꾸로 뒤집어서 용액이 잘 섞이도록 흔들어준다. 플라스크 안의 용액 부피와 용질의 양을 알면 식 4.1을 사용하여 용액의 몰농도를 알 수 있다. 여기에서는 추가된 물의 정확한 양은 알 필요가 없다. 다만 몰농도를 구하는 식 때문에 용액의 전체 부피는 알고 있어야 한다.

학생 노트
몰농도는 용매의 부피가 아니라 용액의 부피로 정의된다는 것을 기억하는 것이 중요하다. 대부분의 경우 이 둘은 동일하지 않다.

희석

일반적으로 사용되는 "농축" 용액은 실험실에 보관된다. 종종 이 용액을 사용하기 전에 희석할 필요가 있다. **희석**(dilution)은 더 농축된 용액으로부터 덜 농축된 용액을 만드는 과정이다. $1.00\ M$ $KMnO_4$ 용액으로부터 $0.400\ M$ $KMnO_4$ 용액 $1.00\ L$를 제조한다고 가정해 보자. 이를 위해서는 $0.400\ mol$의 $KMnO_4$가 필요하다. $1.00\ M$ $KMnO_4$ 용액 $1.00\ L$에 $1.00\ mol$의 $KMnO_4$가 존재하기 때문에, 같은 용액 $0.400\ L$에는 $0.400\ mol$의 $KMnO_4$가 존재한다.

$$\frac{1.00\ mol\ KMnO_4}{1.00\ L의\ 용액} = \frac{0.400\ mol\ KMnO_4}{0.400\ L의\ 용액}$$

그러므로 $1.00\ M$ $KMnO_4$ 용액에서 $400\ mL(0.400\ L)$를 정밀하게 채취하여 $1.00\ L$ 부피 플라스크에 넣고 $1.00\ L$가 될 때까지 물을 넣어 희석하여야 한다. 이 방법은 $0.400\ M$ $KMnO_4$ 용액 $1.00\ L$를 제공한다.

희석할 때, 주어진 양의 저장액에 보다 많은 용매를 첨가하면 용액에 존재하는 용질의 mol을 변화시키지 않고 용액의 농도를 변화(감소)시킬 수 있다는 것을 기억하자[그림 4.11].

$$희석\ 전\ 용질의\ mol = 희석\ 후\ 용질의\ mol \qquad [\!|\blacktriangleleft\blacktriangleleft 식\ 4.2]$$

희석 전 용질의 mol과 희석 후 용질의 mol은 같기 때문에 식 4.1을 재배열한 것들 중 (3)을 이용하여 용질의 mol을 계산할 수 있다.

$$M_c \times L_c = M_d \times L_d \qquad [\!|\blacktriangleleft\blacktriangleleft 식\ 4.3]$$

아래 첨자 c와 d는 각각 **원액**(concentrated)과 **희석**된(dilute) 용액을 의미한다. 따라서 원액의 몰농도(M_c), 원하는 농도의 용액의 몰농도(M_d)와 부피(L_d)를 알면 희석에 필요한 원액의 양(L_c)을 계산할 수 있다.

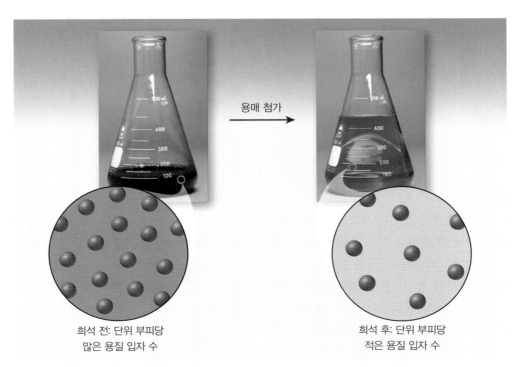

용매 첨가

희석 전: 단위 부피당
많은 용질 입자 수

희석 후: 단위 부피당
적은 용질 입자 수

그림 4.11 희석은 용액의 농도를 변화시킨다. 하지만 이것은 용액에서 용질의 mol을 변화시키지 않는다.

실험실에서 측정되는 대부분의 부피의 단위는 L가 아닌 mL이기 때문에 식 4.3은 mL 단위로 식을 바꿀 수 있다.

$$M_c \times mL_c = M_d \times mL_d \qquad [\blacktriangleleft\blacktriangleleft 식\ 4.4]$$

이 식에 대해서, 양변은 몰(mol)보다 밀리몰(mmol)을 사용한다.

예제 4.9에서 식 4.4를 적용해 보자.

예제 4.9

0.125 M 염산(HCl) 용액 250.0 mL를 준비하기 위해서 실험실에서 주로 쓰는 12.0 M 염산 원액 몇 mL가 필요한가?

전략 희석을 위해 필요한 12.0 M 염산의 부피를 알아내기 위해서 식 4.4를 사용한다.

계획 $M_c = 12.0\ M$, $M_d = 0.125\ M$, $mL_d = 250.0\ mL$

풀이

$$12.0\ M \times mL_c = 0.125\ M \times 250.0\ mL$$

$$mL_c = \frac{0.125\ M \times 250.0\ mL}{12.0\ M} = 2.60\ mL$$

생각해 보기

식 4.4에 각각의 값을 대입한 뒤, 양쪽 식에서 농도와 부피의 곱이 같음을 확인하자.

추가문제 1 0.25 M 황산(H_2SO_4) 500 mL를 준비하기 위해서 6.0 M 황산은 몇 mL가 필요한가?

추가문제 2 6.0 M 황산(H_2SO_4) 125 mL를 희석하여 0.20 M 황산은 몇 mL를 만들 수 있는가?

추가문제 3 다음 그림은 진한 원액(왼쪽)과 희석액(오른쪽)을 나타낸다. 동일한 희석 농도를 가지고 다음과 같은 최종 부피가 되기 위해서는 진한 원액 몇 mL가 필요한가?

(a) 50.0 mL　　　(b) 100.0 mL　　　(c) 250.0 mL

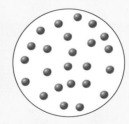

연속 희석

원액으로부터 점차 희석되는 용액을 준비하기 위하여 연속 희석을 할 수 있다. 이 방법은 이전에 말한 바와 같이 용액을 제조하고, 희석된 용액을 만들기 위해 준비된 용액을 희석하는 것을 포함한다. 예를 들어, 0.400 M KMnO₄ 용액을 점차적으로 10배씩 낮아지는 5종류 농도의 용액들을 제조하는 데 사용할 수 있다. 부피 측정용 피펫을 사용하여 그림 4.12(a)와 같이 0.400 M 용액 10.00 mL를 채취하여 100.00 mL 부피 플라스크에 넣는다. 그리고 부피 플라스크의 표선까지 희석을 하고, 뚜껑을 닫아 흔들어 섞는다. 새롭게 준비한 용액의 농도는 식 4.4를 이용하여 구할 수 있다. 이 식을 이용할 때 M_c는 0.400 M, mL_c와 mL_d는 각각 10.00 mL와 100.00 mL이다.

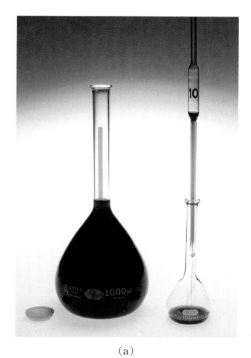

(a)   (b)

그림 4.12 연속 희석. (a) 농도가 정확한 용액을 부피 플라스크에 준비한다. 용액을 정확한 부피만큼 두 번째 부피 플라스크에 옮긴 뒤 희석한다. (b) 두 번째 용액을 정확한 부피만큼 세 번째 부피 플라스크에 옮긴 뒤 희석한다. 과정을 여러 번 반복하면 각각 희석된 용액이 생겨난다. 이 예에서 농도는 각 단계별로 10배 비율로 희석된다.

$$0.400\ M \times 10.00\ \text{mL} = M_\text{d} \times 100.00\ \text{mL}$$

$$M_\text{d} = 0.0400\ M \quad \text{혹은} \quad 4.00 \times 10^{-2}\ M$$

이 과정을 네 번 반복할 때마다 가장 최근에 만든 농도의 용액을 사용하고, 10.00 mL에서 100.00 mL로 10배 희석할 때 $4.00 \times 10^{-2}\ M$, $4.00 \times 10^{-3}\ M$, $4.00 \times 10^{-4}\ M$, $4.00 \times 10^{-5}\ M$ 그리고 $4.00 \times 10^{-6}\ M$의 총 5종류의 농도를 가진 $KMnO_4$ 용액을 만들 수 있다[그림 4.12(b)]. 이런 유형의 연속 희석은 정량 분석을 위해 사용되는 정확한 농도의 표준 용액을 준비하는 데 일반적으로 사용된다.

예제 4.10은 표준 HCl 용액을 준비하기 위한 연속 희석 방법을 설명한다.

예제 4.10

2.00 M 염산(HCl) 용액을 기준으로 하여, 각 용액 10.00 mL를 순차적으로 250.00 mL로 희석해서 4개의 표준 용액(1~4)을 제조한다. (a) 모든 4개 표준 용액의 농도와 (b) 각 용액에 포함되어 있는 염산의 mol을 구하시오.

전략 (a)에서 부피가 mL로 주어졌기 때문에, 각각의 표준 용액의 몰농도를 구하기 위해(M_d를 풀기 위해) 재배열되어 있는 식 4.4를 사용할 것이다.

(b)에서 각각의 mol을 계산하기 위해서 재배열된 식 4.1을 이용할 수 있다. 단위를 간략하게 하기 위해서 각각의 부피를 L로 변환해야 한다.

계획

(a) $M_\text{d} = \dfrac{M_\text{c} \times \text{mL}_\text{c}}{\text{mL}_\text{d}}$

(b) $\text{mol} = M \times \text{L}$, $250.00\ \text{mL} = 2.500 \times 10^{-1}\ \text{L}$

풀이

(a) $M_{d1} = \dfrac{2.00\ M \times 10.00\ \text{mL}}{250.00\ \text{mL}} = 8.00 \times 10^{-2}\ M$

$M_{d2} = \dfrac{8.00 \times 10^{-2}\ M \times 10.00\ \text{mL}}{250.00\ \text{mL}} = 3.20 \times 10^{-3}\ M$

$M_{d3} = \dfrac{3.20 \times 10^{-3}\ M \times 10.00\ \text{mL}}{250.00\ \text{mL}} = 1.28 \times 10^{-4}\ M$

$M_{d4} = \dfrac{1.28 \times 10^{-4}\ M \times 10.00\ \text{mL}}{250.00\ \text{mL}} = 5.12 \times 10^{-6}\ M$

(b) $\text{mol}_1 = 8.00 \times 10^{-2}\ M \times 2.500 \times 10^{-1}\ \text{L} = 2.00 \times 10^{-2}\ \text{mol}$

$\text{mol}_2 = 3.20 \times 10^{-3}\ M \times 2.500 \times 10^{-1}\ \text{L} = 8.00 \times 10^{-4}\ \text{mol}$

$\text{mol}_3 = 1.28 \times 10^{-4}\ M \times 2.500 \times 10^{-1}\ \text{L} = 3.20 \times 10^{-5}\ \text{mol}$

$\text{mol}_4 = 5.12 \times 10^{-6}\ M \times 2.500 \times 10^{-1}\ \text{L} = 1.28 \times 10^{-6}\ \text{mol}$

생각해 보기

연속 희석은 동종 희석법의 기본적인 방법 중 하나이다. 몇몇 희석법은 최종 물질에 원래 물질의 극소량만 있는 것도 있다.

추가문제 1　$6.552\ M$ 질산(HNO_3) 용액을 기초로 하여, 연속 희석을 통해 5개의 표준 용액을 준비하였다. 각 단계에서 25.00 mL 용액은 100.00 mL로 희석된다. 이때 질산 표준 용액 각각의 (a) 농도와 (b) mol을 구하시오.

추가문제 2　10.00 mL에서 150.00 mL로 연속적으로 희석되는 단계를 통해 5개의 브로민화 수소산(HBr) 표준 용액을 제조하였다. 가장 마지막에 희석된 용액의 농도가 $3.22 \times 10^{-6}\ M$이라면, 원래 브로민화 수소산 원액의 농도를 구하시오.

추가문제 3　첫 번째 그림은 진한 원액의 강전해질 상태를 나타낸다. 시료의 원액을 희석하면 용액 (i)~(iv) 중 어떤 상태로 되는가? 가능한 것 모두를 고르시오.

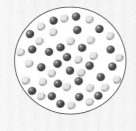
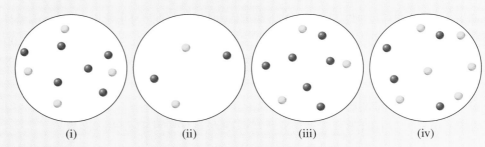

(i)　　　　(ii)　　　　(iii)　　　　(iv)

용액 화학량론

$KMnO_4$와 같은 가용성인 이온성 화합물은 강해질이기 때문에, 용해 시 완전히 해리되며 용액 내에서 이온으로 존재한다. 예를 들어, $KMnO_4$는 모두 해리되어 포타슘 이온 1 mol과 과망가니즈산염 이온 1 mol을 제공한다. 따라서 0.400 M의 $KMnO_4$ 용액은 K^+에 대하여 0.400 M이 될 것이고, MnO_4^-에 대하여 0.400 M이 될 것이다.

구성 이온의 1:1 조합 이외의 용해되는 이온성 화합물의 경우, 용액 내 각 이온의 농도를 결정하기 위해 화학식의 첨자를 사용해야 한다. 예를 들어, 황산 소듐(Na_2SO_4)은 황산 이온보다 2배 많은 소듐 이온을 제공하기 위해 해리된다.

$$Na_2SO_4(s) \xrightarrow{H_2O} 2Na^+(aq) + SO_4^{2-}(aq)$$

그러므로 0.35 M Na_2SO_4 용액은 Na^+에 대하여 0.70 M이고 SO_4^{2-}에 대하여 0.35 M이

다. 대개 용해된 화학종의 몰농도는 대괄호를 사용하여 표현된다. 즉, 0.35 M Na$_2$SO$_4$ 용액에서 화학종의 농도는 다음과 같이 표현될 수 있다. $[Na^+]$=0.70 M, $[SO_4^{2-}]$=0.35 M. 만약 개별 이온의 농도가 아니라 화합물의 농도를 표현해야 한다면, 이 용액의 농도를 $[Na_2SO_4]$= 0.35 M로 표현할 수 있다.

예제 4.11에서 용액의 화학량론을 이용하여 화합물의 농도와 개별 이온의 농도 관련 연습을 할 수 있다.

학생 노트
화학종 주변의 대괄호는 화학종의 "농도"라고 읽는다. 예를 들어, $[Na^+]$는 "소듐 이온의 농도"라고 읽는다.

예제 (4.11)

대괄호 표기법을 사용하여, 다음을 구하시오.
(a) 1.02 M의 염화 알루미늄(AlCl$_3$) 용액에서의 염화 이온(Cl$^-$) 농도
(b) 0.451 M 질산칼슘[Ca(NO$_3$)$_2$] 용액에서의 질산 이온(NO$_3^-$) 농도
(c) $[Na^+]$=0.124 M인 탄산소듐(Na$_2$CO$_3$) 용액의 농도

전략 각각의 경우에 주어진 농도와 특정 이온 또는 화합물의 농도를 결정하기 위해 상응하는 화학식에 표시된 화학량론을 사용한다.

계획 (a) 1 mol의 염화 알루미늄에는 언제나 3 mol의 염화 이온이 존재한다.

$$AlCl_3(s) \xrightarrow{H_2O} Al^{3+}(aq) + 3Cl^-(aq)$$

그래서 염화 이온의 농도는 염화 알루미늄의 농도의 3배일 것이다.
(b) 1 mol의 질산칼슘에는 항상 2 mol의 질산 이온이 존재한다.

$$Ca(NO_3)_2(s) \xrightarrow{H_2O} Ca^{2+}(aq) + 2NO_3^-(aq)$$

$[NO_3^-]/[Ca(NO_3)_2]$그래서 질산 이온 농도는 항상 질산칼슘 이온 농도의 2배이다.
(c) 1 mol의 탄산소듐에는 언제나 2 mol의 소듐 이온이 존재한다.

$$Na_2CO_3(s) \xrightarrow{H_2O} 2Na^+(aq) + CO_3^{2-}(aq)$$

그래서 탄산소듐의 농도는 소듐 이온 농도의 절반이다.(탄산소듐은 용액상에서 소듐 이온 형태로만 존재한다고 가정한다.)

풀이

(a) $[Cl^-] = [AlCl_3] \times \dfrac{3 \text{ mol } Cl^-}{1 \text{ mol } AlCl_3}$

$= \dfrac{1.02 \text{ mol } AlCl_3}{L} \times \dfrac{3 \text{ mol } Cl^-}{1 \text{ mol } AlCl_3}$

$= \dfrac{3.06 \text{ mol } Cl^-}{L}$

$= 3.06 \ M$

(b) $[NO_3^-] = [Ca(NO_3)_2] \times \dfrac{2 \text{ mol } NO_3^-}{1 \text{ mol } Ca(NO_3)_2}$

$= \dfrac{0.451 \text{ mol } Ca(NO_3)_2}{L} \times \dfrac{2 \text{ mol } NO_3^-}{1 \text{ mol } Ca(NO_3)_2}$

$= \dfrac{0.902 \text{ mol } NO_3^-}{L}$

$= 0.902 \ M$

(c) $[Na_2CO_3] = [Na^+] \times \dfrac{1 \text{ mol } Na_2CO_3}{2 \text{ mol } Na^+}$

$= \dfrac{0.124 \text{ mol } Na^+}{L} \times \dfrac{1 \text{ mol } Na_2CO_3}{2 \text{ mol } Na^+}$

$= \dfrac{0.0620 \text{ mol } Na_2CO_3}{L}$

$= 0.0620 \ M$

생각해 보기

단위가 정확하게 상쇄되었는지 확인하자. 이온의 농도는 용해된 모체 화합물의 농도보다 적을 수 없음을 기억하자. 모체 화합물의 농도와 화학식의 화학량론적 첨자는 항상 같다.

추가문제 1 대괄호 표기법을 사용하여 $0.750\ M$ 황산 알루미늄$[Al_2(SO_4)_3]$의 용액 속에 들어 있는 이온들의 농도를 구하시오.

추가문제 2 대괄호 표기법을 사용하여 $0.250\ M$ 염화 소듐(NaCl) 용액과 $0.25\ M$ 염화 마그네슘$(MgCl_2)$ 용액에서 각각의 염소 이온 농도를 구하시오.

추가문제 3 염화 소듐(NaCl)과 염화 바륨$(BaCl_2)$을 둘 다 포함하는 수용액을 나타내는 그림은 다음 중 어떤 것인가?

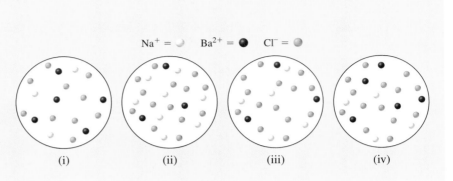

$Na^+ =$ 　 $Ba^{2+} =$ 　 $Cl^- =$ 　

(i)　　　(ii)　　　(iii)　　　(iv)

4.6 수용액 반응과 화학 분석

존재하는 물질의 양을 측정하는 실험을 **정량 분석**(quantitative analysis)이라고 한다. 특정 수용성 반응은 시료 내에 특정 물질이 얼마나 존재하는지 결정하는 데 유용한 근거가 된다. 예를 들어, 물 시료 내의 납의 농도를 알거나 산의 농도를 알아야 할 때, 침전 반응, 산−염기 반응 및 용액 화학량론에 대한 지식이 유용하다. 이러한 정량 분석의 두 가지 일반적인 유형은 **중량 분석**(gravimetric analysis)과 **적정**(titration)이다.

중량 분석

중량 분석(gravimetric analysis)은 질량 측정을 기반으로 하는 분석 기술이다. 중량 분석 실험의 한 유형은 $AgCl(s)$과 같은 침전물의 형성과 분리를 포함한다.

$$AgNO_3(aq) + NaCl(aq) \longrightarrow NaNO_3(aq) + AgCl(s)$$

이 반응은 반응물을 순수한 형태로 얻을 수 있기 때문에 중량 분석에서 종종 사용된다. 알짜 이온 반응식은 다음과 같다.

$$Ag^+(aq) + Cl^-(aq) \longrightarrow AgCl(s)$$

예를 들어, Cl의 질량 백분율을 구함으로써 NaCl의 순도를 구한다고 가정하자. 먼저, NaCl의 무게를 정확하게 측정하여 물에 녹인다. 이 혼합물 내에 존재하는 모든 Cl^- 이온을 AgCl로 침전시킬 정도로 충분한 $AgNO_3$ 용액을 첨가한다.(이 과정에서 NaCl이 한계 반응물이고, $AgNO_3$가 초과 반응물이다.) 그 이후 AgCl 침전물을 분리, 건조 및 계량한다. 측정된 AgCl의 질량으로부터 AgCl 내의 Cl의 질량 백분율을 사용하여 Cl의 질량을 계산할 수 있다. 침전물 내의 Cl은 모두 용해된 NaCl에서 나온 것이기 때문에 계산한 Cl의 양은 원래 NaCl 시료 내에 존재하는 양이다. 그 다음 NaCl 내의 Cl의 질량 백분율을 계산하고 NaCl의 조성과 비교하여 순도를 결정할 수 있다.

중량 분석은 시료의 질량을 정확하게 측정 가능하기 때문에 상당히 정확한 기술이다. 하지만, 이 방법은 반응이 완벽하게 종결되거나, 거의 100%의 수율이 보이는 반응에서만 적용 가능하다. 게다가, AgCl이 어느 정도 용해된다면 원래 용액 내에 있는 모든 Cl^- 이온을 제거하는 것은 불가능하고, 차후 계산은 오류가 생길 것이다.

예제 4.12는 중량 분석 실험에 관한 계산 문제이다.

예제 4.12

염화 이온과 미지의 금속 이온을 포함하는 0.8633 g의 이온성 화합물을 물에 녹인 뒤 과량의 질산은($AgNO_3$)으로 적정하였다. 만약 1.5615 g의 염화 은($AgCl$)이 석출되었다면, 본래 화합물에서 염화 이온의 질량 백분율은 몇 %인가?

전략 불용성 염인 염화 은의 질량 및 조성비를 사용하여, 침전물에 염화 이온의 질량이 얼마나 포함되어 있는지를 구한다. 침전물에서 염화 이온은 원래 미지 이온 화합물에 있었다. 염화 이온의 무게와 본래 시료의 무게를 이용해서 화합물에서 염화 이온의 %를 구한다.

계획 염화 은에서 염화 이온의 농도를 구하기 위해서, 염화 이온의 몰질량을 염화 은의 몰질량으로 나누시오.

$$\frac{35.45\,g}{35.45\,g+107.9\,g}\times100\%=24.73\%$$

침전물에서 염화 이온의 무게는 $0.2473\times1.5615\,g=0.3862\,g$이다.

풀이 미지 화합물에서 염화 이온의 질량 백분율은 침전물에서의 염화 이온 무게를 원래 시료의 무게로 나눈 것이다.

$$\frac{0.3862\,g}{0.8633\,g}\times100\%=44.736\%\ Cl$$

생각해 보기

어떤 숫자가 어떤 수량에 해당하는지 주의 깊게 살펴보자. 이러한 유형의 문제에서 침전물의 질량이 어느 정도인지 그리고 원래의 시료인지를 추적하기가 쉽다. 잘못된 질량으로 나누면 잘못된 답이 나온다.

추가문제 1 브로민 이온(Br^-)을 포함하는 0.5620 g의 이온성 화합물을 물에 녹인 뒤 과량의 질산은($AgNO_3$)로 적정하였다. 만약 브로민화 은($AgBr$) 침전물의 무게가 0.8868 g이라면, 원래 화합물에서 브로민화 이온의 무게는 몇 %를 차지하는가?

추가문제 2 63.9% 무게를 차지하는 시료를 물에 녹인 뒤 과량의 질산은($AgNO_3$)으로 적정하였다. 만약 염화 은($AgCl$) 침전물의 무게가 1.085 g이라면, 원래 시료의 무게는 얼마인가?

추가문제 3 과량의 질산은($AgNO_3$) 추가로 인해 염화 이온이 제거된 용액(원래 염화 소듐을 포함)을 가장 잘 나타내는 그림은 어느 것인가?

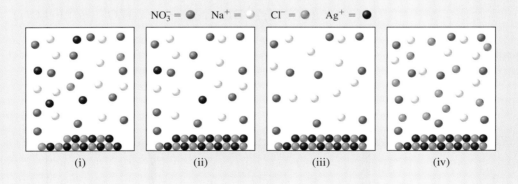

중량 분석은 정성 분석이 아닌 정량 분석이기 때문에, 미지 시료의 성분을 밝히는 데 쓰는 방법으로는 옳지 않다. 따라서 예제 4.12의 결과는 양이온을 식별하지 못한다. 그러나 Cl의 질량 백분율을 아는 것은 이러한 문제 해결에 조금 도움이 된다. 동일한 음이온(또는 양이온)을 포함한 두 가지 화합물이 동일한 중량 조성을 가지고 있지 않기 때문에, 이전 화합물로부터 계산된 질량 백분율의 비교는 미지 화합물의 동일성을 나타낼 수 있다.

산−염기 적정

산−염기 중화 반응의 정량적 연구는 적정법으로 알려진 방법을 사용하여 편리하게 수행할 수 있다. **적정**(titration) 시, **표준 용액**(standard solution)이라 불리는 정확하게 알려진 농도의 용액을 그림 4.13과 같이 두 용액 사이의 반응이 완료될 때까지 미지 농도의 용액에 서서히 첨가한다. 적정에 사용된 표준 용액과 미지 용액의 양을 알면, 표준 용액의 농도를 이용하여 미지 용액의 농도를 계산할 수 있다.

강염기성 수산화 소듐 용액을 적정의 표준 용액으로 사용할 수 있지만, 용액 내의 수산화 소듐이 공기 중의 이산화 탄소와 반응하여 시간에 따라 농도가 불안정해지기 때문에 먼저 **표준화**(standardized)해야 한다. 정확하게 알려진 농도의 산 용액에 적정하여 수산화 소듐 용액을 표준화할 수 있다. 이 표준화를 할 때 자주 사용하는 산은 프탈산수소포타슘(potassium hydrogen phthalate, KHP)이라는 이름을 가진 일양성자 산이며 분자식은 $KHC_8H_4O_4$이다. KHP는 매우 순수한 형태로 시판 중인 흰색의 가용성 고체이다. KHP와 NaOH의 반응은 다음과 같다.

$$KHC_8H_4O_4(aq) + NaOH(aq) \longrightarrow KNaC_8H_4O_4(aq) + H_2O(l)$$

> **학생 노트**
> 표준화(standardization)는 용액의 정확한 농도를 결정하는 것이다.

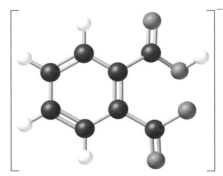

$$HC_8H_4O_4^-$$

그리고 알짜 이온 반응식은 다음과 같다.

$$HC_8H_4O_4^-(aq) + OH^-(aq) \longrightarrow C_8H_4O_4^{2-}(aq) + H_2O(l)$$

그림 4.13 적정을 위한 장치

KHP는 **일양성자** 산이기 때문에 KHP로 NaOH 용액을 표준화하기 위해, 일정량의 KHP를 삼각 플라스크에 옮기고 일부 증류수를 첨가하여 용액을 만든다. 다음으로, 모든 산이 염기와 반응할 때까지 NaOH 용액을 뷰렛으로 KHP 용액에 조심스럽게 첨가한다. 산이 완전히 중화된 적정점을 **당량점**(equivalence point)이라고 한다. 일반적으로 지시약이 용액의 색깔을 급격하게 변화시키는 **종말점**(endpoint)에서 신호가 나타난다. 산-염기 적정에서 **지시약**(indicator)은 산, 염기성 매체에서 뚜렷하게 다른 색상을 가지는 물질이다. 흔히 사용되는 지시약 중 하나는 페놀프탈레인으로, 산성 및 중성에서는 무색이지만 염기성 용액에서는 붉은색을 띤다. 당량점에서 모든 KHP는 NaOH에 의해 중화되었고 용액의 색은 여전히 무색이다. 하지만 뷰렛으로 NaOH 용액을 몇 방울 첨가하면, 용액은 염기성으로 바뀌어 즉시 붉은색으로 변한다. 예제 4.13에서 이런 적정을 연습할 수 있다.

학생 노트
적정에서 종말점은 대략 당량점으로 사용되고 있다. 15장에서 논의할 예정인 지시약의 신중한 선택은 근사치를 합리적으로 만들도록 도와준다. 페놀프탈레인(phenolphthalein)이 주로 사용되지만 모든 산-염기 적정에서 적절하지는 않다.

예제 4.13

적정 실험에서 한 학생이 25.49 mL 수산화 소듐(NaOH)을 중화 적정하는 데 0.7137 g의 프탈산수소포타슘(KHP)이 필요하다는 것을 찾았다. 수산화 소듐 용액의 농도는 얼마인가[몰농도(M)로]?

전략 프탈산수소포타슘의 주어진 질량과 분자량을 사용하여 프탈산수소포타슘의 mol을 구한다. 주어진 부피에서 수산화 소듐의 mol은 프탈산수소포타슘의 mol과 같다는 것을 인식한다. 몰농도를 얻기 위해서 수산화 소듐의 mol을 부피(L)로 나눈다.

계획 프탈산수소포타슘의 분자량은 $KHC_8H_4O_4 = [39.1\,g + 5(1.008\,g) + 8(12.01\,g) + 4(16.00\,g)] = 204.2\,g/mol$이다.

풀이
$$KHP의\ mol = \frac{0.7137\,g}{204.2\,g/mol} = 0.003495\,mol$$

프탈산수소포타슘의 mol과 수산화 소듐의 mol은 같기 때문에, 수산화 소듐의 mol = 0.003495 mol이다.

$$NaOH의\ 몰농도 = \frac{0.003495\,mol}{0.02549\,L} = 0.1371\,M$$

생각해 보기

몰농도는 또한 mmol/mL로도 정의될 수 있음을 기억하자. mmol을 사용해서 문제를 풀려고 노력한 뒤 같은 답을 얻을 수 있음을 확인해 보자.

$$0.003495\,mol = 3.495 \times 10^{-3}\,mol = 3.495\,mmol$$

그리고 다음과 같다.

$$\frac{3.495\,mmol}{25.49\,mL} = 0.1371\,M$$

추가문제 1 0.1205 M 수산화 소듐(NaOH) 용액 22.36 mL를 중화시키기 위해서는 프탈산수소포타슘(KHP) 몇 g이 필요한가?

추가문제 2 프탈산수소포타슘(KHP) 10.75 g을 중화시키기 위해서 0.2550 M 수산화 소듐(NaOH) 용액 몇 mL가 필요한가?

추가문제 3 어떤 그림의 용액이 **당량점**(equivalence point) 상태를 가장 잘 나타내는가?[수산화 소듐(NaOH) 적정의 표준화를 위해 프탈산수소포타슘(KHP)을 원래 함유한다.] 또한 **종말점**(endpoint) 상태를 가장 잘 나타내는 것은 어떤 것인가?

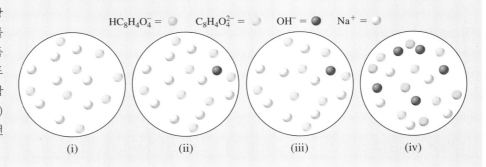

$HC_8H_4O_4^- = $ ○ $C_8H_4O_4^{2-} = $ ○ $OH^- = $ ● $Na^+ = $ ○

(i)   (ii)   (iii)   (iv)

KHP와 NaOH의 반응은 산–염기 중화 반응이다. 적정할 때 KHP 대신 황산(H_2SO_4)과 같은 이양성자 산을 사용했다고 가정해 보자. 반응은 다음과 같이 나타난다.

$$2NaOH(aq) + H_2SO_4(aq) \longrightarrow Na_2SO_4(aq) + 2H_2O(l)$$

HCl과 같은 일양성자 산과 동일한 몰농도와 부피의 H_2SO_4 용액과 완전히 반응하기 위해 두 배의 NaOH가 필요하다. 반면에 $Ba(OH)_2$ 1 mol은 2 mol의 OH^- 이온을 생성하기 때문에 같은 농도와 부피의 NaOH 용액에 비해 $Ba(OH)_2$ 용액을 중화시키는 데 2배의 HCl이 필요하다.

$$2HCl(aq) + Ba(OH)_2(aq) \longrightarrow BaCl_2(aq) + 2H_2O(l)$$

모든 산–염기 적정에서 산과 염기가 반응하는 양에 관계 없이 당량점에서 반응한 H^+ 이온의 총 mol은 반응한 OH^- 이온의 총 mol과 같아야 한다.

예제 4.14는 이양성자 산으로 NaOH 용액의 적정을 다룬다.

예제 4.14

0.188 M 황산(H_2SO_4) 용액 25.0 mL를 중화시키기 위해서는 0.203 M 수산화 소듐(NaOH) 몇 mL가 필요한가?

전략 먼저, 중화 반응 반응식을 쓰고 계수를 맞춘다.

$$2NaOH(aq) + H_2SO_4(aq) \longrightarrow 2H_2O(l) + Na_2SO_4(aq)$$

염기와 이양성자 산은 2:1 비율로 반응한다($2NaOH:H_2SO_4$). 황산의 mmol을 구하기 위해서 주어진 부피와 몰농도를 이용한다. 수산화 소듐의 mmol을 구하기 위해서 황산의 mmol을 이용한다. 수산화 소듐의 mmol과 주어진 농도를 사용하여, 정확한 수산화 소듐의 분자 수를 포함하고 있는 용액의 부피를 구한다.

> **학생 노트**
> 기억할 것: 몰농도 × mL = mmol. 적정 문제를 풀 때 단계를 간소화해준다.

계획 필요한 전환 요소는

균형이 잡힌 식으로부터 $\dfrac{2\,mmol\ NaOH}{1\,mmol\ H_2SO_4}$이고,

주어진 수산화 소듐의 mol로부터 $\dfrac{1\,mL\ NaOH}{0.203\,mmol\ NaOH}$이다.

풀이

황산의 mmol $= 0.188\,M \times 25.0\,mL = 4.70\,mmol$

요구된 수산화 소듐의 mmol $= 4.70\,\cancel{mmol\ H_2SO_4} \times \dfrac{2\,mmol\ NaOH}{1\,\cancel{mmol\ H_2SO_4}} = 9.40\,mmol\ NaOH$

0.203 M 수산화 소듐의 부피 $= 9.40\,\cancel{mmol\ NaOH} \times \dfrac{1\,mL\ NaOH}{0.203\,\cancel{mmol\ NaOH}} = 46.3\,mL$

> **생각해 보기**
>
> 0.203 M과 0.188 M 두 농도는 비슷하다는 것에 주목하자. 둘 다 동일한 값(~0.20 M)에서 두 개의 유효숫자로 반올림된다. 따라서 거의 동일한 농도의 일염기성의 염기와 이양성자 산의 적정은 산의 초기 부피의 약 2배의 염기가 필요하다. $2 \times 25.0\,mL \approx 46.3\,mL$

추가문제 1 0.336 M 수산화 포타슘(KOH) 용액 95.5 mL를 중화하기 위해서는 1.42 M 황산(H_2SO_4) 몇 mL가 필요한가?

추가문제 2 0.0350 M 수산화 바륨[$Ba(OH)_2$] 용액 275 mL를 중화하기 위해서는 0.211 M 염산(HCl) 몇 mL가 필요한가?

추가문제 3 수산화 바륨[$Ba(OH)_2$] 용액을 염산(HCl)으로 적정할 때 당량점에서 이온 상태를 가장 잘 보여주는 그림은 어느 것인가?

H^+ = 🟡　　Cl^- = 🔵　　Ba^{2+} = ⚫　　OH^- = ⚫

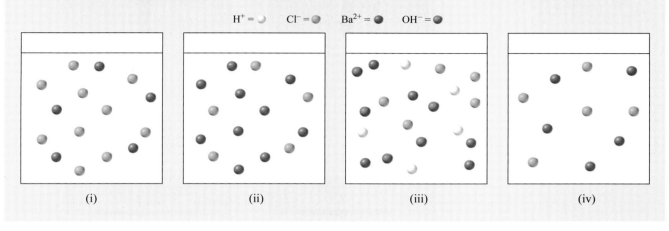

(i)　　　　　　(ii)　　　　　　(iii)　　　　　　(iv)

예제 4.15는 표준 염기로 적정하여 미지 산의 몰질량을 결정하는 방법을 보여준다.

예제 4.15

0.1216 g 일양성자 산 물질을 25 mL의 물에 녹인 뒤, 녹인 용액을 0.1104 M 수산화 소듐($NaOH$)으로 적정하였다. 중화 반응을 완료하는 데 12.5 mL의 수산화 소듐이 필요했다. 산의 몰질량을 구하시오.

전략 염기의 부피와 농도를 사용하여 산을 중화하는 데 필요한 염기의 mol을 구할 수 있다. 그런 뒤 산의 mol을 구하고 산의 질량을 방금 구한 산의 mol로 나누어서 산의 분자량을 구한다.

계획 산이 일양성자 산이기 때문에, 산과 염기는 1:1 비율로 반응할 것이다. 그러므로 산의 mol은 염기의 mol과 같을 것이다. 염기의 부피는 0.0125 L이다.

풀이

$$염기의\ mol = 0.0125\ L \times 0.1104\ mol/L = 0.00138\ mol$$

염기의 mol = 산의 mol이기 때문에, 산의 mol = 0.00138 mol이다. 그러므로 다음과 같다.

$$산의\ 몰질량 = \frac{0.1216\ g}{0.00138\ mol} = 88.1\ g/mol$$

> **생각해 보기**
>
> 이런 기술적인 문제를 해결하기 위해서는 일양성자 산, 이양성자 산, 또는 다양성자 산을 알아야 한다. 예를 들어, 이양성자 산은 염기와 1:2 비율로 결합하고, 결과는 2배 정도 클 것이다.

추가문제 1 0.205 g의 시료를 중화시키기 위해 0.0788 M 수산화 소듐($NaOH$) 용액 28.1 mL가 필요하다면, 일양성자 산의 분자량은 얼마인가?

추가문제 2 0.1365 g의 시료를 중화시키기 위해 0.1112 M 수산화 소듐($NaOH$) 용액 30.5 mL가 필요하다면, 이양성자 산의 분자량은 얼마인가?

추가문제 3 두 가지 다른 종류의 산이 있다. 각각의 용액은 똑같은 산의 무게를 사용하고, 완벽한 중화를 위해 0.10 M 수산화 소듐($NaOH$)이 필요하지만 두 산은 분자량이 다르다. 이것이 어떻게 가능한지 설명하시오.

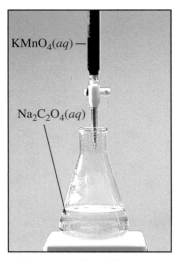

그림 4.14 지시약과 산화제로서 과망가니즈산포타슘[KMnO₄(*aq*)]을 사용한 옥살산(oxalate)의 산화−환원 적정. 당량점 이전에 플라스크 안의 용액은 거의 색이 없다. 종말점에서 모든 환원제가 사용되었고, 과량의 과망가니즈산 이온(MnO₄⁻)은 용액을 보라색으로 바꾸어 놓는다.

산화−환원 적정

또 다른 정량 분석법은 **산화−환원 적정법**(redox titration)이다. 산화−환원 적정은 하나의 반응물이 뷰렛을 통해 전달되는 산화−환원 반응을 포함한다. 일반적인 산화−환원 적정에서는 산화제와 지시약 역할을 하는 과망가니즈산포타슘 용액이 적정액으로 사용된다. 예를 들어, 옥살산 이온 분석에서 과망가니즈산 이온은 식에 따라서 옥살산 이온과 반응한다.

$$2MnO_4^-(aq) + 5C_2O_4^{2-}(aq) + 16H^+(aq) \longrightarrow 2Mn^{2+}(aq) + 10CO_2(aq) + 8H_2O(aq)$$

당량점에서 용액은 거의 무색에 가깝다. 모든 옥살산 이온이 소비되었을 때, 과망가니즈산포타슘 용액 한 방울을 가해주면 용액이 자주색으로 변한다. 이 현상은 종말점을 나타낸다[그림 4.14 참조].

몇몇의 산화−환원 적정에서는 별도의 지표가 사용된다. 예를 들어, 몇 가지 일반적인 산화−환원 적정 방법은 산화제로 아이오딘(I₂) 용액을 사용하고 지시약으로 녹말 가루를 사용한다. 모든 환원제가 소비되면, 과량의 아이오딘이 녹말 지시약과 결합하여 푸른색을 생성한다. 아이오딘 용액을 적정액으로 사용하면 반응이 완료되었을 때 파란색을 띠게 된다.

예제 4.16은 산화−환원 적정을 다루고 있다.

예제 4.16

Gatorade나 다른 스포츠 음료수에 들어 있는 비타민 C(ascorbic acid, C₆H₈O₆)는 아이오딘(iodine) 용액을 사용한 적정으로 측정할 수 있다. 반응에 대한 반응식은 다음과 같다.

$$I_2(aq) + C_6H_8O_6(aq) \longrightarrow 2I^-(aq) + C_6H_6O_6(aq) + 2H^+(aq)$$

만약 350 mL 병 속 Gatorade 용액에 25.0 mL가 종말점에 도달하기 위해서 0.00125 M 아이오딘(I_2) 용액 29.25 mL가 필요하다면, 포함되어 있는 비타민 C의 무게는 몇 mg인지 구하시오.

전략 반응한 아이오딘의 mol을 구하기 위해서 아이오딘 용액의 부피와 농도를 사용한다. 그리고 반응된 25.0 mL의 비타민 C의 mol을 구하기 위해서 균형 맞춤 화학 반응식을 사용한다.(이 경우 반응은 1:1이다.) 마지막으로 총 부피(350 mL)에 들어 있는 비타민 C의 무게를 구한다.

계획 비타민 C의 몰질량은 176.1 g/mol이다. 아이오딘 용액의 부피는 0.02925 L이다.

풀이

$$0.02925 \text{ L} \times 0.00125 \ M = 3.656 \times 10^{-5} \text{ mol 아이오딘} = 3.656 \times 10^{-5} \text{ mol 비타민 C}$$

$$3.656 \times 10^{-5} \text{ mol} \times \frac{176.1 \text{ g 비타민 C}}{\text{mol}} = 6.44 \times 10^{-3} \text{ g}$$

$$6.44 \times 10^{-3} \text{ g} \times \frac{1000 \text{ mg}}{1 \text{ g}} = 6.440 \text{ mg (Gatorade 25.0 mL에 들어 있는 비타민 C의 양)}$$

$$\frac{6.440 \text{ mg}}{25.0 \text{ mL}} \times 350 \text{ mL} = 90 \text{ mg}$$

생각해 보기

이 문제는 몰(mole) 대신 밀리몰(millimole)을 사용하는 단계를 이용해서 푼다.

추가문제 1 아이오딘은 또한 와인에 포함되어 있는 이산화 황을 검출하는 데 사용된다. 실질적으로 아이오딘과 반응하는 화학종은 아황산(H_2SO_3)이고, 반응식은 다음과 같다.

$$I_2(aq) + H_2SO_3(aq) \longrightarrow 2I^-(aq) + HSO_3^-(aq) + 3H^+(aq)$$

와인 750 mL 중 50.0 mL를 0.00115 M 아이오딘 수용액과 반응시켰을 때 14.75 mL에서 종말점에 도달한다면, 와인 속에 아황산이 총 몇 mg이 들어 있는지 구하시오.

추가문제 2 마시는 물에 들어 있는 철은 과망가니즈산포타슘 용액을 사용한 적정으로 측정된다. 반응은 다음과 같이 나타낼 수 있다.

$$5Fe^{2+}(aq) + KMnO_4^-(aq) + 8H^+(aq) \longrightarrow 5Fe^{3+}(aq) + Mn^{2+}(aq) + 4H_2O(l)$$

물 25.0 mL를 $2.175 \times 10^{-5} \ M$의 과망가니즈산포타슘($KMnO_4$) 용액에 반응시켰을 때 21.30 mL에서 종말점에 도달한다면, 물속에 철이 얼마나[ppm(mg/L)] 들어 있는지 구하시오.

추가문제 3 아이오딘(iodine) 자체는 물에 잘 녹지 않기 때문에, 산화-환원 적정에 사용되는 "아이오딘" 용액은 보통 삼중 아이오딘화 이온(I_3^-)을 포함하고 있다. 그러므로 비타민 C의 아이오딘 적정에 관한 공식은 다음과 같이 쓰여진다.

$$C_6H_8O_6(aq) + I_3^-(aq) \longrightarrow C_6H_6O_6(aq) + 3I^-(aq) + 2H^+(aq)$$

어떤 그림이 비타민 C의 아이오딘 적정 중 종말점에서 용액의 이온 상태를 가장 잘 나타내는가?(구경꾼 이온은 표시되지 않는다.)

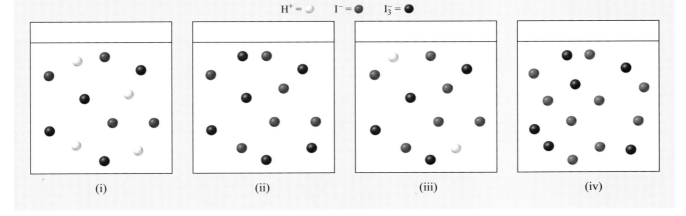

H^+ = ☽ I^- = ● I_3^- = ●

(i)   (ii)   (iii)   (iv)

알짜 이온 반응식

분자 반응식은 화학량론적인 계산을 위해 필요하지만[|◀◀ 3.3절] 종종 용액에서 화학종을 잘못 전달한다.

알짜 이온 반응식은 화학종이 나타내는 실제 화학 반응 과정과 용액에 있는 종을 보다 간결하게 나타내기 때문에 많은 예시에서 선호한다. 알짜 이온 반응식을 쓰는 것은 침전 반응과 산화−환원 반응, 산−염기 중화 반응을 포함하는 다양한 문제를 푸는 데 중요한 부분이다. 알짜 이온 반응식을 쓰기 위해서, 앞 장에 있는 몇몇의 기술에 의존해야 한다.

- 일반적인 다원자 이온의 인지[|◀◀ 2.6절]
- 화학 반응식의 균형 맞추기와 (s), (l), (g) 또는 (aq)로 화학종의 상태 표기[|◀◀ 3.1절]
- 강전해질, 약전해질, 비전해질 구분[|◀◀ 4.1절]

알짜 이온 반응식을 쓰는 것은 분자식을 쓰고 균형을 맞추는 것부터 시작한다. 예를 들어, 아이오딘화 소듐(sodium iodide)과 질산납[lead(II) nitrate] 수용액끼리 합쳐질 때 침전 반응이 발생함을 고려해야 한다.

$$Pb(NO_3)_2(aq) \ + \ NaI(aq) \ \longrightarrow$$

2개의 수용액상의 반응물 이온을 교환하는 것은 생성물의 화학식을 제공한다. 생성물의 상태는 규칙에 나와 있는 용해도를 고려하면서 구해진다[|◀◀ 표 4.2와 4.3].

$$Pb(NO_3)_2(aq) \ + \ NaI(aq) \ \longrightarrow \ PbI_2(s) \ + \ NaNO_3(aq)$$

반응식의 균형을 맞춘 뒤 이온 반응식을 얻기 위해서 잘 녹는 강전해질을 분리하시오.

$$Pb(NO_3)_2(aq) \ + \ 2\,NaI(aq) \ \longrightarrow \ PbI_2(s) \ + \ 2\,NaNO_3(aq)$$

$$Pb^{2+}(aq) \ + \ 2\,NO_3^-(aq) \ + \ 2\,Na^+(aq) \ + \ 2\,I^-(aq) \ \longrightarrow \ PbI_2(s) \ + \ 2\,Na^+(aq) \ + \ 2\,NO_3^-(aq)$$

그리고 나서 반응식 양쪽에 존재하는 구경꾼 이온을 구분한 뒤 제거해준다.

$$Pb^{2+}(aq) \ + \ 2\,NO_3^-(aq) \ + \ 2\,Na^+(aq) \ + \ 2\,I^-(aq) \ \longrightarrow \ PbI_2(s) \ + \ 2\,Na^+(aq) \ + \ 2\,NO_3^-(aq)$$

남아 있는 것이 알짜 이온 반응식이다.

$$Pb^{2+}(aq) \ + \ 2I^-(aq) \ \longrightarrow \ PbI_2(s)$$

염산(hydrochloric acid) 수용액과 플루오린화 포타슘(potassium fluoride) 수용액이 합쳐질 때 발생하는 반응식을 고려하시오.

$$HCl(aq) \;+\; KF(aq) \longrightarrow$$

다시, 두 가지의 수용액 반응물의 이온을 교환하는 것은 생성물의 화학식을 제공한다.

$$HCl(aq) \;+\; KF(aq) \longrightarrow HF(aq) \;+\; KCl(aq)$$

반응식은 이미 균형이 맞춰져 있다. 구성되어 있는 이온 속에서 잘 녹는 강전해질을 분리해야 한다. 이 경우 비록 생성물이 둘 다 물에 잘 녹더라도 오직 하나만 강전해질이다. 다른 하나인 플루오린화 수소산(HF)은 약전해질이다.

$$H^+(aq) + Cl^-(aq) + K^+(aq) + F^-(aq) \longrightarrow HF(aq) + K^+(aq) + Cl^-(aq)$$

구경꾼 이온을 파악한 뒤 이를 제거한다.

$$H^+(aq) + \boxed{Cl^-(aq)} + \boxed{K^+(aq)} + F^-(aq) \longrightarrow HF(aq) + \boxed{K^+(aq)} + \boxed{Cl^-(aq)}$$

남아 있는 것은 알짜 이온 반응식이다.

$$H^+(aq) \;+\; F^-(aq) \longrightarrow HF(aq)$$

이온으로부터 어떤 것이 분리되고, 어떤 것이 분자 또는 화학식 단위로 남아 있는지를 알기 위해서 강전해질, 약전해질, 비전해질로 용액에서 화학종을 구별해야 한다.

주요 내용 문제

4.1

황산포타슘(K_2SO_4)과 염화 철($FeCl_2$) 수용액을 섞을 때, 황산철($FeSO_4$)(s) 침전에 대한 균형 맞춤 알짜 이온 반응식은 어떤 것인가?

(a) $2K^+(aq)+SO_4^{2-}(aq)+Fe^{2+}(aq)+2Cl^-(aq) \longrightarrow$
$$FeSO_4(s)+2K^+(aq)+2Cl^-(aq)$$

(b) $Fe^{2+}(aq)+SO_4^{2-}(aq) \longrightarrow FeSO_4(s)$

(c) $K_2SO_4(aq)+FeCl_2(aq) \longrightarrow FeSO_4(s)+2KCl(aq)$

(d) $Fe^{2+}(aq)+2SO_4^{2-}(aq) \longrightarrow FeSO_4(s)$

(e) $2K^+(aq)+SO_4^{2-}(aq)+Fe^{2+}(aq)+2Cl^-(aq) \longrightarrow$
$$FeSO_4(s)$$

4.2

알짜 이온 반응식은 다음과 같다. $Cd^{2+}(aq)+2OH^-(aq)$ $\longrightarrow Cd(OH)_2(s)$. 만약 이온 반응식에서 구경꾼 이온이 $NO_3^-(aq)+ K^+(aq)$라면, 이 반응에 대한 분자식은 어느 것인가?

(a) $CdNO_3(aq)+KOH(aq) \longrightarrow$
$$Cd(OH)_2(s)+KNO_3(aq)$$

(b) $Cd^{2+}(aq)+NO_3^-(aq)+2K^+(aq)+OH^-(aq) \longrightarrow$
$$Cd(OH)_2(s)+2K^+(aq)+NO_3^-(aq)$$

(c) $Cd(NO_3)_2(aq)+2KOH(aq) \longrightarrow$
$$Cd(OH)_2(s)+2KNO_3(aq)$$

(d) $Cd(OH)_2(s)+2KNO_3(aq) \longrightarrow$
$$Cd(NO_3)_2(aq)+2KOH(aq)$$

(e) $Cd^{2+}(aq)+NO_3^-(aq)+K^+(aq)+OH^-(aq) \longrightarrow$
$$Cd(OH)_2(s)+K^+(aq)+NO_3^-(aq)$$

4.3

아세트산(HC_2H_3O)과 수산화 리튬[$LiOH(aq)$]에 대한 중화 반응의 알짜 이온 반응식은 어느 것인가?

(a) $H^+(aq)+OH^-(aq) \longrightarrow H_2O(l)$

(b) $H^+(aq)+C_2H_3O_2^-(aq) \longrightarrow HC_2H_3O_2(aq)$

(c) $HC_2H_3O_2(aq)+OH^-(aq) \longrightarrow H_2O(l)+C_2H_3O_2^-(aq)$

(d) $HC_2H_3O_2(aq)+Li^+(aq)+OH^-(aq) \longrightarrow$
$$H_2O(l)+LiC_2H_3O_2(aq)$$

(e) $H^+(aq)+C_2H_3O_2^-(aq)+OH^-(aq) \longrightarrow$
$$H_2O(l)+C_2H_3O_2^-(aq)$$

4.4

강철 솜이 황산구리[$CuSO_4(aq)$] 용액 속에 존재할 때, 철에 구리 금속이 코팅되고, 용액의 파란색 특성은 점점 연해진다. 이 반응에 대한 알짜 이온 반응식은 무엇인가?

(a) $Fe(s)+CuSO_4(aq) \longrightarrow FeSO_4(aq)+Cu(s)$

(b) $Fe^{2+}(aq)+Cu(s) \longrightarrow Fe(s)+Cu^{2+}(aq)$

(c) $FeSO_4(aq)+Cu(s) \longrightarrow Fe(s)+CuSO_4(aq)$

(d) $Fe(s)+Cu^{2+}(aq) \longrightarrow Fe^{2+}(aq)+Cu(s)$

(e) $Fe(s)+Cu(aq) \longrightarrow Fe(aq)+Cu(s)$

연습문제

배운 것 적용하기

스포츠 음료는 전형적으로 설탕(sucrose, $C_{12}H_{22}O_{11}$), 과당(fructose, $C_6H_{12}O_6$), 시트르산소듐(sodium citrate, $Na_3C_6H_5O_7$), 시트르산포타슘(potassium citrate, $K_3C_6H_5O_7$), 비타민 C(ascorbic acid, $H_2C_6H_6O_6$)를 포함한 여러 성분이 들어 있다.

(a) 각각의 성분을 비전해질과 약전해질과 강전해질로 구분하시오[|◀◀ 예제 4.1].

(b) 만약 스포츠 음료가 둘 다 $0.0015\,M$의 시트르산포타슘(potassium citrate)과 인산포타슘(potassium phosphate)을 포함하고 있다면, 음료수 안에 포타슘 전체 농도는 얼마인지 구하시오[|◀◀ 예제 4.11].

(c) 스포츠 음료에서 비타민 C의 농도를 구하기 위해 사용하는 아이오딘 수용액은 아이오딘산(iodic acid, HIO_3) 수용액과 아이오딘화 수소산(hydroiodic acid, HI) 수용액을 섞어서 만든다.(생성물은 아이오딘 수용액과 물이다.) 이 반응에 대한 균형 맞춤 화학 반응식을 쓰시오[|◀◀ 예제 3.3].

(d) 이 반응에 대한 알짜 이온 반응식을 쓰시오[|◀◀ 예제 4.3].

(e) 알짜 이온 반응식에서 각 이온에 대한 산화수를 구하시오[|◀◀ 예제 4.5].

4.1절: 수용액의 일반적인 성질

4.1 염화 소듐(NaCl)이 물에 녹을 때 수화 상태를 가장 잘 나타낸 그림은 어느 것인가? Cl^- 이온은 Na^+ 이온보다 크기가 더 크다.

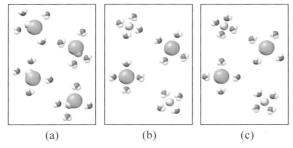

(a)   (b)   (c)

4.2 다음의 물질들이 강전해질인지 약전해질인지 비전해질인지 구별하시오.
(a) $Ba(NO_3)_2$
(b) Ne
(c) NH_3
(d) NaOH

4.3 다음과 같은 상황에서 전류가 흐르는지에 대해 예측하고 설명하시오.
(a) 고체 NaCl
(b) 용융 NaCl
(c) 수용액 NaCl

4.4 왜 염산(HCl)은 벤젠(benzene)에 녹이면 전류가 흐르지 않지만 물에 녹이면 전류가 흐르는지 설명하시오.

4.2절: 침전 반응

4.5 질산은($AgNO_3$) 수용액과 염화 소듐(NaCl) 수용액을 섞었다. 다음 그림 중에서 혼합물의 상태를 가장 잘 나타낸 것은 어떤 것인가?

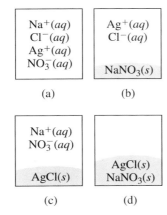

(a)   (b)

(c)   (d)

4.6 다음 화합물이 물에 녹는지 안 녹는지 설명하시오.
(a) $Ca_3(PO_4)_2$ (b) $Mn(OH)_2$
(c) $AgClO_3$ (d) K_2S

4.7 다음 반응에 대한 이온 반응식과 알짜 이온 반응식을 쓰시오.
(a) $AgNO_3(aq) + Na_2SO_4(aq) \longrightarrow$
(b) $BaCl_2(aq) + ZnSO_4(aq) \longrightarrow$

(c) $(NH_4)_2CO_3(aq) + CaCl_2(aq) \longrightarrow$

4.8 다음 과정 중 어떤 침전 반응이 일어날 것인지 쓰시오. 침전 반응을 위한 알짜 이온 반응식을 적으시오.
(a) $NaNO_3$ 용액과 $CuSO_4$ 용액을 섞는다.
(b) $BaCl_2$ 용액과 K_2SO_4 용액을 섞는다.

4.3절: 산–염기 반응

4.9 Brønsted 산과 염기 또는 산–염기 둘 다 쓰일 수 있는 것을 구분하시오.
(a) PO_4^{3-} (b) ClO_2^-
(c) NH_4^+ (d) HCO_3^-

4.10 다음 반응의 균형을 맞추고, 그 반응에 대한 이온, 알짜 이온 반응식을 쓰시오(해당하는 경우).
(a) $HC_2H_3O_2(aq) + KOH(aq) \longrightarrow$
(b) $H_2CO_3(aq) + NaOH(aq) \longrightarrow$
(c) $HNO_3(aq) + Ba(OH)_2(aq) \longrightarrow$

4.4절: 산화–환원 반응

4.11 제시된 산화–환원 반응을 위해서 각 반응을 반쪽 반응으로 나타내고 산화제와 환원제를 구분하시오.
(a) $2Sr + O_2 \longrightarrow 2SrO$
(b) $2Li + H_2 \longrightarrow 2LiH$
(c) $2Cs + Br_2 \longrightarrow 2CsBr$
(d) $3Mg + N_2 \longrightarrow Mg_3N_2$

4.12 황 원자의 산화수가 증가하는 순서로 다음의 화합물을 나열하시오.
(a) H_2S (b) S_8 (c) H_2SO_4
(d) S^{2-} (e) HS^- (f) SO_2
(g) SO_3

4.13 다음 분자와 이온에서 밑줄 친 원자의 산화수를 구하시오.
(a) $\underline{Cl}F$ (b) $\underline{I}F_7$ (c) $\underline{C}H_4$
(d) $\underline{C}_2H_2$ (e) $\underline{C}_2H_4$ (f) $K_2\underline{Cr}O_4$
(g) $K_2\underline{Cr}_2O_7$ (h) $K\underline{Mn}O_4$ (i) $Na\underline{H}CO_3$
(j) $\underline{Li}_2$ (k) $Na\underline{I}O_3$ (l) $K\underline{O}_2$
(m) $\underline{P}F_6^-$ (n) $K\underline{Au}Cl_4$

4.14 다음 분자와 이온에서 밑줄 친 원자의 산화수를 구하시오.
(a) $\underline{Cs}_2O$ (b) $Ca\underline{I}_2$ (c) $\underline{Al}_2O_3$
(d) $H_3\underline{As}O_3$ (e) $\underline{Ti}O_2$ (f) $\underline{Mo}O_4^{2-}$
(g) $\underline{Pt}Cl_4^{2-}$ (h) $\underline{Pt}Cl_6^{2-}$ (i) $\underline{Sn}F_2$
(j) $\underline{Cl}F_3$ (k) $\underline{Sb}F_6^-$

4.15 질산은 강력한 산화제이다. 질산이 아연 금속과 같은 강한 환원제와 반응할 때 생성될 가능성이 가장 적은 화합물은 무엇인지 설명하고 그 이유를 설명하시오.
$$N_2O,\ NO,\ NO_2,\ N_2O_4,\ N_2O_5,\ NH_4^+$$

4.16 NO, N_2O, SO_2, SO_3, P_4O_6 산화물 중 하나는 산소 분자와 반응하지 않는다. 산화수를 기준으로 어느 것이 반응하지 않는지 설명하시오.

4.17 다음 산화−환원 반응을 결합, 분해 또는 치환으로 분류하시오.

(a) $2H_2O_2 \longrightarrow 2H_2O + O_2$

(b) $Mg + 2AgNO_3 \longrightarrow Mg(NO_3)_2 + 2Ag$

(c) $NH_4NO_2 \longrightarrow N_2 + 2H_2O$

(d) $H_2 + Br_2 \longrightarrow 2HBr$

4.5절: 용액의 농도

4.18 5.00×10^2 mL의 $2.80\ M$ 용액을 준비하기 위해 필요한 g 단위의 KI 질량을 계산하시오.

4.19 $0.100\ M$ $MgCl_2$ 용액 60.0 mL 중에 몇 mol의 $MgCl_2$가 존재하는가?

4.20 다음 용액의 각각의 몰농도를 계산하시오.

(a) 에탄올(C_2H_5OH) 29.0 g이 담긴 545 mL의 용액

(b) 설탕($C_{12}H_{22}O_{11}$) 15.4 g이 담긴 74.0 mL의 용액

(c) 염화 소듐(NaCl) 9.00 g이 담긴 86.4 mL의 용액

4.21 주어진 농도의 용액에 해당하는 부피를 mL 단위로 계산하시오.

(a) $0.270\ M$ 염화 소듐 용액 2.14 g

(b) $1.50\ M$ 에탄올 용액 4.30 g

(c) $0.30\ M$ 아세트산($HC_2H_3O_2$) 용액 0.85 g

4.22 $2.00\ M$ HCl 용액을 시작으로 $0.646\ M$ HCl 용액 1.00 L를 만드는 방법을 설명하시오.

4.23 $4.00\ M$ HNO_3의 원액에서 $0.200\ M$ HNO_3 60.0 mL를 어떻게 만들겠는가?

4.24 (a) 다음 용액 각각의 염화 이온 농도를 구하시오.

$0.150\ M$ $BaCl_2$, $0.566\ M$ NaCl, $1.202\ M$ $AlCl_3$

(b) 질산 이온의 농도가 $2.55\ M$일 때, $Sr(NO_3)_2$ 용액의 농도는 얼마인지 구하시오.

4.25 $0.992\ M$ 질산포타슘 95.0 mL와 $1.570\ M$ 질산칼슘 155.5 mL를 혼합할 때 생성되는 질산 이온 농도를 구하시오.

4.6절: 수용액 반응과 화학 분석

4.26 $0.150\ M$ $CaCl_2$ 30.0 mL를 $0.100\ M$ $AgNO_3$ 15.0 mL에 첨가하였을 때 생성되는 AgCl 침전물의 질량을 구하시오.

4.27 2.50×10^2 mL의 $0.0113\ M$ $AgNO_3$ 용액으로부터 대부분의 Ag 이온을 침전시키기 위해서는 몇 g의 NaCl이 필요한가? 반응에 대한 알짜 이온 반응식을 쓰시오.

4.28 다음 용액을 적정하기 위해 필요한 $1.420\ M$ NaOH 용액의 부피를 mL 단위로 계산하시오.

(a) 25.00 mL의 $2.430\ M$ HCl 용액

(b) 25.00 mL의 $4.500\ M$ H_2SO_4 용액

(c) 25.00 mL의 $1.500\ M$ H_3PO_4 용액

4.29 $0.135\ M$ $Pb(NO_3)_2$ 50.0 mL와 $0.250\ M$ KCl 50.0 mL가 혼합되었을 때 침전되는 물질의 질량을 구하시오.

4.30 175.5 mL의 $0.1225\ M$ K_2SO_4와 75.00 mL의 $0.2705\ M$ KCl을 혼합할 때 침전되는 물질의 질량을 구하시오.

4.31 각각의 짝지어진 혼합물에서 생성되는 고체의 무게가 더 큰 것을 고르시오

(a) 105.5 mL $1.508\ M$ $Pb(NO_3)_2$와 250.0 mL $1.2075\ M$ KCl 또는

138.5 mL $1.469\ M$ $Pb(NO_3)_2$와 100.0 mL $2.115\ M$ KCl

(b) 32.25 mL $0.9475\ M$ Na_3PO_4와 92.75 mL $0.7750\ M$ $Ca(NO_3)_2$ 또는

52.50 mL $0.6810\ M$ Na_3PO_4와 39.50 mL $1.555\ M$ $Ca(NO_3)_2$

(c) 29.75 mL $1.575\ M$ $AgNO_3$와 25.00 mL $2.010\ M$ $BaCl_2$ 또는

52.80 mL $2.010\ M$ $AgNO_3$와 73.50 mL $0.7500\ M$ $BaCl_2$

4.32 그림 (a)는 중화 반응 전의 염기와 산의 용액을 보여준다. 반응 후에도 (b)~(d)는 각각 HCl, H_2SO_4, H_3PO_4와 같은 반응 산물을 나타낸다. 어떤 그림이 어떤 산과 일치하는지 고르시오. 파란색 구=OH^- 이온, 빨간색 구=산 분자, 초록색 구=산의 음이온을 나타낸다. 모든 산−염기 중화 반응이 완료된다고 가정하자.

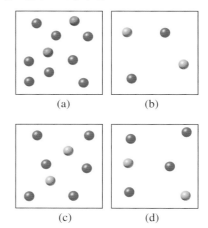

(a)　　　(b)

(c)　　　(d)

추가 문제

4.33 이 장에서 배운 유형에 따라 다음 반응을 분류하시오.

(a) $Cl_2 + 2OH^- \longrightarrow Cl^- + ClO^- + H_2O$

(b) $Ca^{2+} + CO_3^{2-} \longrightarrow CaCO_3$

(c) $NH_3 + H^+ \longrightarrow NH_4^+$

(d) $2CCl_4 + CrO_4^{2-} \longrightarrow 2COCl_2 + CrO_2Cl_2 + 2Cl^-$

(e) $Ca + F_2 \longrightarrow CaF_2$

(f) $2Li + H_2 \longrightarrow 2LiH$

(g) $Ba(NO_3)_2 + Na_2SO_4 \longrightarrow 2NaNO_3 + BaSO_4$

(h) $CuO + H_2 \longrightarrow Cu + H_2O$

(i) $Zn + 2HCl \longrightarrow ZnCl_2 + H_2$

(j) $2FeCl_2 + Cl_2 \longrightarrow 2FeCl_3$

4.34 25℃에서 최고의 전기 전도체가 될 것으로 예상되는 수용액을 고르고 그 이유를 설명하시오.

(a) 0.20 M NaCl

(b) 0.60 M HC$_2$H$_3$O$_2$

(c) 0.25 M HCl

(d) 0.20 M Mg(NO$_3$)$_2$

4.35 7.89 g의 아연과 반응할 수 있는 0.156 M CuSO$_4$ 용액의 부피를 계산하시오.

4.36 다음 화합물을 각각 비전해질, 약전해질 또는 강전해질로 구분하시오.

(a) 에탄올 아민(C$_2$H$_5$ONH$_2$)

(b) 플루오린화 포타슘(KF)

(c) 질산암모늄(NH$_4$NO$_3$)

(d) 아이소프로판올(C$_3$H$_7$OH)

4.37 문제 4.33의 수용액에서 각 화합물에 대한 주된 화학종(두 개 이상 있을 수 있음)을 구하시오.

4.38 일양성자 산 3.664 g를 물에 용해시켰다. 산을 중화하기 위해 20.27 mL의 0.1578 M NaOH 용액이 필요했다. 산의 몰질량을 계산하시오.

4.39 질산포타슘(KNO$_3$)의 15.00 mL 용액을 125.0 mL로 희석하고, 이 용액 25.00 mL를 1.000×10^3 mL로 희석시켰다. 최종 용액의 농도는 0.00383 M이다. 원래 용액의 농도를 계산하시오.

4.40 2.27 L의 0.0820 M Ba(OH)$_2$가 3.06 L의 0.0664 M Na$_2$SO$_4$와 혼합될 때, 형성된 침전물의 질량을 계산하시오.

4.41 60.0 mL의 0.513 M 포도당(C$_6$H$_{12}$O$_6$) 용액을 120.0 mL의 2.33 M 포도당 용액과 혼합한다. 최종 용액의 농도는 얼마인가? 부피는 대략적으로 가정하자.

4.42 무색의 액체가 있다. 이 액체가 물임을 보여줄 수 있는 3가지 화학 테스트를 설명하시오.

4.43 0.568 M 질산칼슘[Ca(NO$_3$)$_2$] 용액 46.2 mL를 1.396 M 질산칼슘 용액 80.5 mL와 혼합한다. 최종 용액의 농도를 계산하시오.

4.44 그림 중 어느 것이 AgOH(s)와 HNO$_3$(aq) 사이의 반응에 해당하는가? 반응에 대한 균형 맞춤 화학 반응식을 쓰시오.(단순화를 위해 물 분자는 표시되지 않는다.)

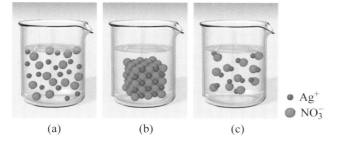

● Ag$^+$
● NO$_3^-$

(a)   (b)   (c)

4.45 알려지지 않은 분자식의 가용성 화합물이 주어졌다.

(a) 그 화합물이 산성임을 보여주는 세 가지 실험을 기술하시오.

(b) 화합물이 산인 것으로 확인되면, 알려진 농도의 NaOH 용액을 사용하여 몰질량을 결정하는 방법을 설명하시오.(산이 일양성자라고 가정하시오.)

(c) 약산인지, 강산인지 어떻게 알 수 있는가? NaCl의 시

료와 비교를 위해 그림 4.1과 같은 장치가 주어진다.

4.46 다음 반응이 산화−환원 반응인지 설명하시오.

$$3O_2(g) \longrightarrow 2O_3(g)$$

4.47 산−염기 반응과 산과 탄산염 화합물의 반응을 통해 아이오딘화 포타슘(KI)을 어떻게 만드는지 설명하시오.

4.48 다음과 같은 화합물을 어떻게 합성할지 설명하시오.

(a) Mg(OH)$_2$ (b) AgI   (c) Ba$_3$(PO$_4$)$_2$

4.49 각각의 경우에 다음과 같은 수용액에서 양이온이나 음이온을 분리하는 방법을 설명하시오.

(a) NaNO$_3$와 Ba(NO$_3$)$_2$

(b) Mg(NO$_3$)$_2$와 KNO$_3$

(c) KBr과 KNO$_3$

(d) K$_3$PO$_4$와 KNO$_3$

(e) Na$_2$CO$_3$와 NaNO$_3$

4.50 아황산염(SO$_3^{2-}$ 이온을 포함한 화합물)은 말린 과일과 채소 및 와인 제조 시 방부제로 사용된다. 과일에 아황산염의 존재를 알아보는 실험에서, 학생은 먼저 물에 몇 개의 말린 살구를 밤새 담갔다가 모든 고체 입자를 제거하기 위해 용액을 여과했다. 그리고 과산화수소(H$_2$O$_2$)로 용액을 처리하여 아황산 이온을 황산 이온으로 산화시켰다. 최종적으로 용액을 수방울의 염화 바륨(BaCl$_2$) 용액으로 처리하여 황산 이온을 침전시켰다. 앞의 각 단계에 대한 균형 맞춤 반응식을 작성하시오.

4.51 염소는 +1, +3, +4, +6, +7의 산화수를 갖는 많은 산화물을 형성한다. 이 화합물들의 각각에 대한 식을 작성하시오.

4.52 1.615 g의 Mg(NO$_3$)$_2$를 포함하는 22.02 mL 용액을 1.073 g NaOH를 포함하는 28.64 mL 용액과 혼합하였다. 반응이 완료된 후 용액에 남아 있는 이온의 농도를 계산하시오. 부피는 변하지 않은 것으로 가정한다.

4.53 1.66 M KMnO$_4$ 용액 35.2 mL의 부피를 0.892 M KMnO$_4$ 용액 16.7 mL와 혼합하였다. 최종 용액의 농도를 계산하시오.

4.54 다음 각 반응에 대해 화학적으로 설명하시오.

(a) 칼슘 금속을 황산 용액에 가하면 수소 기체가 발생한다. 몇 분 후, 반응물이 전혀 소모되지 않아도 반응 속도가 느려지고 결국 멈춘다.

(b) 활동도 계열에서 알루미늄은 수소보다 높지만 금속은 염산보다 반응성이 없는 것처럼 보인다. 이유를 설명하시오.(힌트: Al은 표면에 Al$_2$O$_3$ 산화물을 형성한다.)

(c) 소듐과 포타슘은 활동도 계열에서 구리보다 위에 위치한다. CuSO$_4$ 용액의 Cu^{2+} 이온이 소듐과 포타슘 금속 첨가 시 왜 금속 구리로 전환되지 않는지 설명하시오.

(d) 금속 M은 수증기와 천천히 반응한다. 옅은 초록색의 황산 철(II) 용액에 넣을 때 눈에 보이는 변화는 없다. 활성도 계열에 M을 어디에 배치해야 하는지 쓰시오.

(e) 전기 분해에 의해 알루미늄 금속이 얻어지기 전에 염화 알루미늄(AlCl$_3$)을 활성 금속으로 환원시켜 제조하였다. 이런 식으로 알루미늄을 생산하기 위해 어떤

금속을 사용해야 하는가?

4.55 $CaBr_2$와 $NaBr$의 혼합물 $0.9157\,g$을 물에 용해시키고, $AgNO_3$를 용액에 첨가하여 $AgBr$ 침전물을 형성시켰다. 침전물의 질량이 $1.6930\,g$인 경우, 원래 혼합물의 $NaBr$의 질량 백분율은 얼마인지 구하시오.

4.56 $325\,mL$의 미지 용액은 $25.3\,g$의 $CaCl_2$를 포함하고 있다.
 (a) 이 용액에서 Cl^-의 몰농도를 계산하시오.
 (b) 이 용액의 $0.100\,L$에 몇 g의 Cl^- 이온이 있는지 구하시오.

4.57 다음 산−염기 반응을 나타내는 분자 모델을 그리시오.
 (a) $OH^- + H_3O^+ \longrightarrow 2H_2O$
 (b) $NH_4^+ + NH_2^- \longrightarrow 2NH_3$
 각 경우에 Brønsted 산과 염기를 확인하시오.

4.58 알려진 농도의 용액을 준비할 때, 부피 플라스크를 채우는 단계에서 충분한 용매를 첨가하기 전에 먼저 고체를 완전히 용해시켜야 하는 이유를 설명하시오.

4.59 인산(H_3PO_4)은 비료, 세제 및 식품 산업에 사용되는 중요한 산업 화학 물질이다. 인산은 두 가지 방법으로 생산된다. (electric furnace method)에서 원소 인(P_4)은 공기 중에서 연소되어 P_4O_{10}을 형성하고, 물과 결합하여 H_3PO_4를 생성한다. 습식 공정에서 광물 인산염 암석[$Ca_5(PO_4)_3F$]을 황산과 반응시켜 H_3PO_4(HF 및 $CaSO_4$)를 얻는다. 이 과정에 대한 반응식을 작성하고 각 단계를 침전, 산−염기 또는 산화−환원 반응으로 분류하시오.

4.60 할로젠화 수소(HF, HCl, HBr, HI)는 많은 산업 및 실험실에서 반응성이 매우 높은 화합물로 알려져 있다.
 (a) 실험실에서 CaF_2와 $NaCl$을 진한 황산과 혼합하여 HF와 HCl을 생성할 수 있다. 반응에 대한 적절한 반응식을 작성하시오.(힌트: 이것은 산화−환원 반응이 아니다.)
 (b) HBr과 HI는 $NaBr$과 NaI를 진한 황산과 혼합하여 유사하게 준비할 수 없는 이유는 무엇인가?(힌트: H_2SO_4는 Br_2 및 I_2보다 더 강한 산화제이다.)
 (c) HBr은 삼브로민화인(PBr_3)을 물과 반응시킴으로써 제조할 수 있다. 이 반응에 대한 반응식을 쓰시오.

4.61 초산화 포타슘(KO_2)는 소방관의 자가 호흡 장비에 사용한다. 이것은 호흡한 공기에서 이산화 탄소와 반응하여 탄산포타슘과 산소 기체를 형성한다.
 (a) 이 반응에 대한 반응식을 쓰시오.
 (b) 산소 이온의 산화수를 구하시오.
 (c) 호흡한 공기 1 L당 $0.063\,g$의 이산화 탄소가 포함되어 있다면 호흡량의 얼마나 많은 공기가 KO_2 $7.00\,g$과 반응할 수 있는가?

4.62 아세틸살리실산($HC_9H_7O_4$)은 일반적으로 "아스피린"으로 알려진 일양성자 산이다. 그러나 대부분의 정제된 아스피린은 산의 양이 적다. 조성을 결정하는 실험에서 정제된 아스피린을 분쇄하고 물에 용해시켰다. 용액을 중화시키기 위해 $12.25\,mL$의 $0.1466\,M$ $NaOH$가 필요했다. 정제된 아스피린 입자 수를 계산하시오(한 알$=0.0648\,g$).

4.63 질산 이온(NO_3^-)을 포함하는 오염된 물 시료의 납 이온(Pb^{2+}) 농도는 물 $500\,mL$에 고체 황산소듐(Na_2SO_4)을 가하여 결정한다.
 (a) 반응에 대한 분자 및 알짜 이온 반응식을 쓰시오.
 (b) $PbSO_4$로서 Pb^{2+} 이온의 완전한 침전을 위해 $0.00450\,g$의 Na_2SO_4가 필요한 경우, Pb^{2+}의 몰농도를 계산하시오.

4.64 특정 산업 설비에서 배출되는 물(황산 이온을 포함함)의 Cu^{2+} 이온 농도는 과량의 황화 소듐(Na_2S) 용액 $0.800\,L$를 가하여 결정한다. 이때의 분자식은 다음과 같다.
$$Na_2S(aq) + CuSO_4(aq) \longrightarrow Na_2SO_4(aq) + CuS(s)$$
$0.0177\,g$의 고체 CuS가 형성된다면 시료에서 Cu^{2+}의 몰농도를 계산하고 알짜 이온 반응식을 작성하시오.

4.65 경찰은 종종 술에 취한 것으로 의심되는 운전자를 테스트하기 위해 음주 측정기를 사용한다. 장치 중에는 술에 취한 운전자의 호흡이 다이크로뮴산포타슘($K_2Cr_2O_7$)과 황산(H_2SO_4)을 포함하는 오렌지색 용액을 통해 지나가면 거품이 발생되는 유형이 있다. 운전자가 호흡할 때 나오는 알코올은 다이크로뮴산 이온과 반응하여 무색의 아세트산($HC_2H_3O_2$)과 황산 크로뮴(III)[$Cr_2(SO_4)_3$]을 생성한다. 주황색에서 초록색으로 변하는 정도는 혈중 알코올 농도를 추정하는 데 사용되는 호흡 샘플의 알코올 농도를 나타낸다. 음주 측정기 반응의 균형 맞춤 반응식은 다음과 같다.

$$3CH_3CH_2OH(g) + 2K_2Cr_2O_7(aq) + 8H_2SO_4(aq) \longrightarrow$$
$$3HC_2H_3O_2(aq) + 2Cr_2(SO_4)_3(aq) + 2K_2SO_4(aq) + 11H_2O(l)$$

 (a) 음주 측정기의 반응 속에서 각 화합 물질을 강전해질, 약전해질 또는 비전해질로 분류하시오.
 (b) 음주 측정기 반응에 대한 이온 및 알짜 이온 반응식을 작성하시오.
 (c) 전체 반응식에서 각 원소의 산화수를 결정하시오.
 (d) 음주 측정기의 한 제조사는 부피당 0.025%의 다이크로뮴산포타슘 농도(용액 $100\,mL$당 $0.025\,g$ $K_2Cr_2O_7$)를 구별한다. 이 농도를 몰농도로 표현하시오.
 (e) $250\,mL$의 규정 농도의 용액을 만들기 위해 $0.014\,M$ $K_2Cr_2O_7$을 어느 정도의 부피를 사용하여 희석해야 하는가?
 (f) 대괄호 표기법을 사용하여 지정된 농도의 $K_2Cr_2O_7$ 용액에서 각 이온의 몰농도를 나타내시오.

종합 연습문제

물리학과 생물학

산성비를 유발하는 대기 오염 물질 중 하나는 이산화 질소(NO_2)이다. NO_2의 주요 공급원은 자동차 배기가스이다. 공기 중 질소가 내연 기관에서 연소되면 질소 산화물(NO)로 변환된다.

$$N_2(g) + O_2(g) \longrightarrow 2NO(g) \qquad \text{[식 I]}$$

NO는 대기 중에서 산화되어 NO_2를 형성한다

$$2NO(g) + O_2(g) \longrightarrow 2NO_2(g) \qquad \text{[식 II]}$$

NO_2는 인구 밀도가 높은 일부 도시에서 볼 수 있는 오렌지색이 도는 갈색 연무의 주 요인인 갈색 기체이다. 이것은 무색의 이합체 평형 상태에 있다.

$$2NO_2(g) \rightleftharpoons N_2O_4(g) \qquad \text{[식 III]}$$

대기 중 NO_2는 물과 반응하여 질산 및 아질산을 형성한다.

$$2NO_2(g) + H_2O(l) \longrightarrow HNO_3(aq) + HNO_2(aq) \qquad \text{[식 IV]}$$

1. 식 I에서 환원제는 무엇인가?
   a) N_2 b) O_2
   c) NO d) 식 I에 환원제가 없다.

2. 식 IV에 따라, 5 g의 NO_2가 1355 mL의 물과 반응한다면 생성되는 HNO_3와 HNO_2의 농도는 각각 어느 것인가?(생성된 용액의 부피가 물의 부피와 같다고 가정하자.)
   a) 0.04 M과 0.01 M b) 0.04 M과 0.04 M
   c) 0.08 M과 0.02 M d) 0.08 M과 0.08 M

3. 식 IV는 어떤 반응인가?
   a) 불균등 b) 분해
   c) 결합 d) 연소

4. N_2, NO_2, N_2O_4, HNO_3 그리고 HNO_2에서 N에 대한 정확한 산화수는 무엇인가?
   a) +1, +4, +2, +6, +4 b) 0, −2, +4, +5, +5
   c) 0, +4, +4, +5, +3 d) +1, +2, +4, +6, +4

예제 속 추가문제 정답

4.1.1 비전해질, 약전해질, 강전해질 **4.1.2** 약전해질, 비전해질, 강전해질 **4.2.1** 불용성, 가용성, 불용성 **4.2.2** 가용성, 불용성, 가용성 **4.3.1** $Sr(NO_3)_2(aq) + Li_2SO_4(aq) \longrightarrow SrSO_4(s) + 2LiNO_3(aq)$, $Sr^{2+}(aq) + 2NO_3^-(aq) + 2Li^+(aq) + SO_4^{2-}(aq) \longrightarrow SrSO_4(s) + 2Li^+(aq) + 2NO_3^-(aq)$, $Sr^{2+}(aq) + SO_4^{2-}(aq) \longrightarrow SrSO_4(s)$ **4.3.2** $2KNO_3(aq) + BaCl_2(aq) \longrightarrow 2KCl(aq) + Ba(NO_3)_2(aq)$, $2K^+(aq) + 2NO_3^-(aq) + Ba^{2+}(aq) + 2Cl^-(aq) \longrightarrow 2K^+(aq) + 2Cl^-(aq) + Ba^{2+}(aq) + 2NO_3^-(aq)$, 알짜 이온 반응식 없음(반응이 일어나지 않았다.) **4.4.1** $Ba(OH)_2(aq) + 2HF(aq) \longrightarrow BaF_2(s) + 2H_2O(l)$, $Ba^{2+}(aq) + 2OH^-(aq) + 2HF(aq) \longrightarrow BaF_2(s) + 2H_2O(l)$, $Ba^{2+}(aq) + 2OH^-(aq) + 2HF(aq) \longrightarrow BaF_2(s) + 2H_2O(l)$ **4.4.2** $2NH_3(aq) + H_2SO_4(aq) \longrightarrow (NH_4)_2SO_4(aq)$, $2NH_3(aq) + H^+(aq) + HSO_4^-(aq) \longrightarrow 2NH_4^+(aq) + SO_4^{2-}(aq)$, $2NH_3(aq) + H^+(aq) + HSO_4^-(aq) \longrightarrow 2NH_4^+(aq) + SO_4^{2-}(aq)$ **4.5.1** H = +1, O = −1, Cl = +5, O = −2, H = +1, S = +6, O = −2 **4.5.2** O = −1, Cl = +1, O = −2, Mn = +4, O = −2 **4.6.1** (a) 반응이 일어나지 않았다. (b) $Sn(s) + Cu^{2+}(aq) \longrightarrow Sn^{2+}(aq) +$ $Cu(s)$ (c) 반응이 일어나지 않았다. **4.6.2** (a) $Ni(s) + Cu^{2+}(aq) \longrightarrow Ni^{2+}(aq) + Cu(s)$ (b) 반응이 일어나지 않았다. (c) $Al(s) + Au^{3+}(aq) \longrightarrow Al^{3+}(aq) + Au(s)$ **4.7.1** (a) $3Mg(s) + 2Cr(C_2H_3O_2)_3(aq) \longrightarrow 3Mg(C_2H_3O_2)_2(aq) + 2Cr(s)$, Mg가 산화되고 Cr이 환원된다. (b) 반응이 일어나지 않았다. (c) $Cd(s) + 2AgNO_3(aq) \longrightarrow 2Ag(s) + Cd(NO_3)_2(aq)$, Cd가 산화되고 Ag가 환원된다. **4.7.2** (a) 반응이 일어나지 않았다. (b) Au는 환원되고 Ag는 산화된다. (c) H가 환원되고 Sn이 산화된다. **4.8.1** (a) 0.137 M (b) 9.18 L (c) 0.259 mol **4.8.2** (a) 0.707 M (b) 6.48 L (c) 16.1 mol **4.9.1** 21 mL **4.9.2** 3.8 mL **4.10.1** 1.638 M, 0.4095 M, 0.1024 M, 2.559×10^{-2} M, 6.398×10^{-3} M (b) 0.1638 mol, 4.095×10^{-2} mol, 1.024×10^{-2} mol, 2.559×10^{-3} mol, 6.398×10^{-4} mol **4.10.2** 2.45 M **4.11.1** $[Al^{3+}] = 1.50$ M, $[SO_4^{2-}] = 2.25$ M **4.11.2** $[Cl^-] = 0.250$ M과 0.50 M **4.12.1** 67.13% **4.12.2** 0.420 g **4.13.1** 0.5502 g KHP **4.13.2** 206.4 mL **4.14.1** 11.3 mL **4.14.2** 91.2 mL **4.15.1** 92.6 g/mol **4.15.2** 80.5 g/mol **4.16.1** 21 mg **4.16.2** 5.17 ppm

CHAPTER 5

열화학

Thermochemistry

도넛은 일반적으로 지방과 칼로리가 많지만 매우 인기가 높다. 도넛 같은 식품의 에너지 함량은 열화학의 원리를 이용하여 구한다.

이 장의 목표

화학 반응과 물리적 과정에서 일어나는 에너지 변화를 공부한다. 또한 이러한 과정에서 방출되거나 흡수되는 에너지를 측정하기 위하여 어떻게 열계량법이 사용되는지를 배운다.

들어가기 전에 미리 알아둘 것

- 단위를 추적하기 [◀◀ 1.6절]
- 화학 반응식의 계수 맞추기 [◀◀ 3.3절]

어떻게 열화학이 "다이어트"용 도넛의 기만적인 표시를 적발하는 데 도움을 주었는가

미국 식품의약국(FDA)과 미국 농무부(USDA)는 거의 모든 조제 음식에 "영양 분석" 라벨의 부착을 요구하고 있다. 이러한 라벨에는 1회 제공량, 1회 제공량당 지방의 그램수 및 1회 제공량당 칼로리 같은 내용이 나와 있다. 건강을 의식하는 소비자는 전형적으로 식품 라벨을 잘 살펴보며, 이를 참조하여 음식을 선택한다. 또한 체중을 줄이는 식이요법에 국가적으로 열광하므로 많은 미국인들은 맛이 있으면서도 또한 지방과 칼로리가 낮은 포장 식품을 사는 데 기꺼이 더 많은 비용을 지불하려고 한다. 이러한 이유로 포장 식품의 라벨은 정확한 정보를 포함해야 한다.

FDA는 소비자와 의료계 종사자로부터의 수많은 불평에 자극을 받아서 1997년에 Kentucky와 Illinois에 포장 시설을 갖춘 체중−감량 제품 회사의 실례에 대한 조사를 시작하였다. 회사는 "저지방, 캐럽 코팅된" 도넛을 팔았는데, 포장 라벨에 따르면 도넛 하나에는 지방 3 g과 135칼로리만 들어 있었다. FDA의 분석에 의하면, 도넛은 실제로는 초콜릿으로 코팅되었으며 지방 18 g과 530칼로리를 포함하고 있었다. FDA 조사에 따르면, 그 회사는 Chicago의 제과점에서 보통의 도넛을 구매한 후 "다이어트" 도넛으로 재포장하면서 가격을 2배로 올렸다. 조사는 결국 범죄 기소로 이어졌다.

음식의 열량을 실험적으로 결정하려면 통열량계에 무게를 단 식품 시료를 집어넣고 연소시킨다. 연소에 의하여 생성된 열량은 식품의 에너지 함량과 같으며, 열량계의 온도 증가를 측정하여 구한다. 열계량법은 **열화학**(thermochemistry) 원리의 실제적 응용의 한 예이다.

Nutrition Facts		
Serving Size 3/4 Cup (27g)		
Amount Per Serving	Cereal	With 1/2 Cup Skim Milk
Calories	90	130
Calories from Fat	10	10
		% Daily Value
Total Fat 1g*	2%	2%
Saturated Fat 0g	0%	0%
Trans Fat 0g	0%	0%
Cholesterol 0mg	0%	0%
Sodium 190mg	8%	11%
Potassium 85mg	2%	8%
Total Carbohydrate 23g	8%	10%
Dietary Fiber 5g	20%	20%
Sugars 5g		
Protein 2g		
Vitamin A	0%	4%
Vitamin C	10%	15%
Calcium	0%	15%
Iron	2%	2%

학생 노트
캐럽(Carob)은 지중해에서 자라는 캐럽 나무의 꼬투리에서 만드는 초콜릿 대용품이다.

학생 노트
세포 호흡은 생명체가 섭취하는 음식을 에너지, 이산화 탄소 및 물로 전환하는 복잡한 다단계 과정이다. 연소는 1단계로 일어나나 세포 호흡과 전체적 과정은 같고 생성물도 같다.

이 장의 끝에서 도넛의 지방과 칼로리 함량과 연관된 일련의 문제를 풀 수 있게 될 것이다 [▶▶ 배운 것 적용하기, 218쪽].

5.1   에너지와 에너지 변화

물질은 물리적 변화 및 화학적 변화가 일어날 수 있다는 점을 이미 배운 바 있다[|◀◀ 1.4 절]. 예를 들어, 얼음이 녹는 것은 다음 식으로 표현할 수 있는 물리적 변화이다.

$$H_2O(s) \longrightarrow H_2O(l)$$

그 구성 원소로부터 물이 생기는 반응은 화학적 변화의 예로서 다음 식으로 나타낼 수 있다.

$$2H_2(g) + O_2(g) \longrightarrow 2H_2O(l)$$

각 변화에는 에너지가 관여한다. 얼음을 녹이려면 에너지(열의 형태로)를 공급하여야 하며, 반면에 수소와 산소 기체가 폭발적으로 결합하면 에너지(열과 빛의 형태로)가 생성된다. 사실, 물질이 수행하는 모든 변화에서는 에너지의 흡수나 방출이 일어난다. 이 장에서는 물리적 및 화학적 과정에서 일어나는 에너지 변화를 집중적으로 살펴볼 것이다.

에너지의 종류

에너지(energy)는 흔히 일을 하거나 열을 전달할 수 있는 능력으로 정의한다. 모든 종류의 에너지는 운동 에너지이거나 혹은 퍼텐셜 에너지이다. **운동 에너지**(kinetic energy)는 **운동**(motion)에 의하여 생기는 에너지로서 다음 식으로 구할 수 있다.

$$E_k = \frac{1}{2}mu^2 \qquad\qquad [|◀◀ \text{식 5.1}]$$

학생 노트
어떤 교과서는 속도를 문자 v 로 나타낸다.

이 식에서 m은 물체의 질량이고 u는 그 속도이다. 화학자가 특별히 관심을 가지고 있는 운동 에너지의 한 가지 종류는 **열 에너지**(thermal energy)로서 원자와 분자의 무질서한 운동과 관련된 에너지이다. 온도 변화를 측정하면 열 에너지의 변화를 구할 수 있다.

퍼텐셜 에너지(potential energy)는 물체의 위치 때문에 물체가 가지고 있는 에너지이다. 화학자가 가장 흥미를 가지고 있는 두 가지 종류의 퍼텐셜 에너지는 화학 에너지와 정전기적 에너지이다. **화학 에너지**(chemical energy)는 화학 물질의 구조적 단위(분자 혹은 다원자 이온) 내에 저장되어 있는 에너지이다. 물질의 한 시료에 들어 있는 화학 에너지의 크기는 시료를 구성하는 구조적 단위의 원자의 종류와 배열에 달려 있다.

정전기적 에너지(electrostatic energy)는 하전된 입자의 상호작용으로 생기는 퍼텐셜 에너지이다. 반대로 하전된 입자는 서로를 **당기**(attract)지만 전하가 같은 입자는 서로 **밀어**(repel)낸다. 정전기적 퍼텐셜 에너지의 크기는 두 전하(Q_1와 Q_2)의 곱을 전하 사이의 거리(d)로 나눈 값에 비례한다.

$$E_{el} \propto \frac{Q_1 Q_2}{d} \qquad\qquad [|◀◀ \text{식 5.2}]$$

전하 Q_1와 Q_2가 반대이면(즉, 하나는 양 그리고 다른 하나는 음), E_{el} 값은 음이며 이는 **당김**(attraction)을 의미한다. 같은 전하(즉, 둘 다 양이거나 둘 다 음)의 경우에는 E_{el} 값은 양이며 이는 **반발**(repulsion)을 나타낸다.

운동 에너지와 퍼텐셜 에너지는 상호 변환될 수 있다. 즉, 한 형태에서 다른 형태로 전환될 수 있다. 예를 들어, 물체를 아래로 떨어뜨리면 퍼텐셜 에너지가 운동 에너지로 전환된다. 비슷하게, 열을 방출하는 화학 반응에서는 화학 에너지(퍼텐셜)가 열 에너지(운동)로 전환된다. 에너지는 상호 변환될 수 있는 여러 가지 다른 형태를 취할 수 있지만, 우주에서 에너지의 총량은 일정하다. 한 가지 형태의 에너지가 소멸되면 같은 크기의 에너지가 다른 형태로 반드시 생성되어야 한다. 이러한 원리를 **에너지 보존의 법칙**(law of conservation of energy)이라고 부른다.

화학 반응에서의 에너지 변화

화학 반응과 관련된 에너지 변화를 검토하기 위하여 먼저 **계**(system)를 정의하여야 한다. 계는 우리가 관심을 가지고 있는 우주의 특정한 부분이다. 화학자는 흔히 화학적 변화나 물리적 변화가 일어나고 있는 물질을 포함하여 계라고 정의한다. 예를 들어, 산−염기 중화 실험에서 계는 HCl과 NaOH가 서로 반응하고 있는 비커의 내용물이라고 할 수 있다. 비커도 포함하여 계 밖의 모든 우주를 **주위**(surroundings)라고 정의한다.

많은 화학 반응은 생성물을 얻기 위한 목적이 아니라, 에너지 변화를 이용하는 목적으로 일어난다. 예를 들어, 화학 연료가 관여하는 연소 반응은 그 생성물인 이산화 탄소와 물을 얻기 위해서가 아니라 반응에서 방출되는 열 에너지를 얻기 위해서 수행된다.

열 에너지와 열의 차이를 이해하는 것은 중요하다. **열**(heat)은 온도가 서로 다른 두 물체 사이의 열 에너지의 이동이다. 열이라는 용어 자체는 에너지의 이동을 암시하지만, 한 과정에서 일어나는 에너지 변화를 서술할 때, "흡수된 열" 혹은 "방출된 열"을 의미하는 "열 흐름"이라는 말을 관례상 사용한다. **열화학**(thermochemistry)은 화학 반응에서 열 (열 에너지의 이동)에 대한 연구이다.

산소 존재하에서 일어나는 수소 기체의 연소 반응은 상당한 양의 에너지를 방출하는 화학 반응의 한 예이다(그림 5.1).

$$2H_2(g) + O_2(g) \longrightarrow 2H_2O(l) + \text{에너지}$$

이 경우에 반응물과 생성의 혼합물(수소, 산소 및 물 분자)을 **계**(system)라고 부른다. 에너지는 창조되거나 소멸될 수 없으므로, 계가 방출한 에너지는 주위에서 흡수되어야 한다. 따라서 연소 반응에서 생성된 열은 계에서 주위로 이동한다. 이러한 반응은 열을 방출하는 과정(열 에너지가 계에서 주위로 이동)인 **발열 과정**(exothermic process)의 한 예이다. 그림 5.2(a)에 수소 기체의 연소에 대한 에너지 변화가 나와 있다.

이제 다른 반응으로 높은 온도에서 일어나는 산화 수은(HgO)의 분해 반응을 살펴보자.

$$\text{에너지} + 2HgO(s) \longrightarrow 2Hg(l) + O_2(g)$$

그림 5.1 수소 기체로 채워진 독일 Hindenburg 비행선은 1937년에 New Jersey의 Lakehurst에 착륙하면서 끔찍한 화재로 파괴되었다.

그림 5.2 (a) 발열 반응. 계는 열을 방출한다. (b) 흡열 반응. 계는 열을 흡수한다.

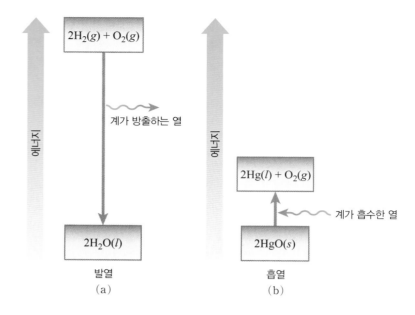

이 반응이 일어나려면 주위에서 계로(즉, HgO로) 열이 공급되어야 하므로[그림 5.2(b)] 이 반응은 **흡열 과정**(endothermic process)이다. 따라서 흡열 과정에서는 열 에너지가 주위에서 계로 이동한다.

그림 5.2에서 볼 수 있듯이 발열 반응에서 생성물의 에너지는 반응물의 에너지보다 낮다. 반응물(H_2와 O_2)과 생성물(H_2O) 사이의 에너지 차이는 계가 주위에 방출하는 열이다. 반면에 흡열 반응에서는 생성물의 에너지는 반응물의 에너지보다 더 높다. 이 경우 반응물(HgO)과 생성물(Hg와 O_2) 사이의 에너지 차이는 계가 주위로부터 흡수하는 열이다.

> **학생 노트**
> 이 예에서 계가 방출하거나 흡수한 모든 에너지는 열의 형태이다. 5.2절에서는 에너지의 어떤 것이 일의 형태인 예를 볼 것이다.

에너지 단위

에너지의 SI 단위는 물리학자 James Joule[1]의 이름에서 유래한 **줄**(joule, J)이다. 줄은 에너지가 상당히 작은 양이다. 이 값은 2 kg의 물체가 1 m/s의 속도로 움직일 때 가지는 운동 에너지에 해당한다.

$$E_k = \frac{1}{2}mu^2 = \frac{1}{2}(2\,kg)(1\,m/s)^2 = 1\,kg \cdot m^2/s^2 = 1\,J$$

또한 줄은 1뉴턴(N)의 힘이 1 m 거리에 걸쳐서 작용할 때 가해지는 에너지의 양으로도 정의할 수 있다.

$$1\,J = 1\,N \cdot m$$

여기에서

$$1\,N = 1\,kg \cdot m/s^2$$

이다. 줄의 크기는 매우 작기 때문에 화학 반응의 에너지 변화를 킬로줄(kJ)이라는 단위를 사용하여 흔히 나타낸다.

$$1\,kJ = 1000\,J$$

예제 5.1은 운동 에너지와 퍼텐셜 에너지를 계산하는 법을 보여주고 있다.

---

1. James Prescott Joule(1818~1889). 영국의 물리학자. 청년 시절에 John Dalton에게서 배웠다. 그는 역학적 에너지와 열 에너지 사이의 변환인 열의 일당량을 결정한 것으로 가장 유명하다.

예제 5.1

(a) 125 m/s의 속도로 움직이는 헬륨 원자 하나의 운동 에너지를 구하시오.

(b) 전자 하나와 양성자 세 개가 들어있는 핵 사이의 정전기적 인력은 전자 하나와 양성자 하나가 들어 있는 핵 사이의 정전기적 인력보다 얼마나 더 큰가?(각 경우에 핵과 전자 사이의 거리는 같다고 가정한다.)

전략 (a) 식 5.1($E_k = \frac{1}{2}mu^2$)을 사용하여 원자 하나의 운동 에너지를 구한다. 원자의 질량은 kg 단위로 알 필요가 있다.

(b) 식 5.2($E_{el} \propto Q_1 Q_2 / d$)를 사용하여 각 경우에 두 하전된 입자 사이의 정전기적 퍼텐셜 에너지를 비교한다.

계획 (a) 헬륨 원자 하나의 질량은 4.003 amu이다. 킬로그램 단위로 그 질량은 다음과 같다.

$$4.003 \text{ amu} \times \frac{1.661 \times 10^{-24}\,\text{g}}{1 \text{ amu}} \times \frac{1\,\text{kg}}{1 \times 10^3\,\text{g}} = 6.649 \times 10^{-27}\,\text{kg}$$

(b) 양성자가 세 개인 핵의 전하는 +3이고, 양성자가 하나인 핵의 전하는 +1이다. 각 경우에, 전자의 전하는 −1이다. 두 경우에 반대 전하 사이의 거리는 주어지지 않았지만, 두 경우 모두 거리는 같다고 하였다. 각 경우에 식 5.2를 사용하고 한 식을 다른 것으로 나누면 상대적 크기를 결정할 수 있다.

풀이

(a) $E_k = \frac{1}{2}mu^2$

$$= \frac{1}{2}(6.649 \times 10^{-27}\,\text{kg})(125\,\text{m/s})^2$$

$$= 5.19 \times 10^{-23}\,\text{kg} \cdot \text{m}^2/\text{s}^2$$

$$= 5.19 \times 10^{-23}\,\text{J}$$

줄의 기본 단위는 kg·m²/s²이다.

(b) $E_{el} \propto \dfrac{Q_1 Q_2}{d}$

$$\frac{Z = +3 \text{일 때의 } E_{el}}{Z = -1 \text{일 때의 } E_{el}} = \frac{E_{el} \propto \dfrac{(+3)(-1)}{d}}{E_{el} \propto \dfrac{(+1)(-1)}{d}} = 3$$

+3과 −1 전하 사이의 정전기적 퍼텐셜 에너지는 +1과 −1 전하 사이보다 세 배 더 크다.

생각해 보기

원자는 매우 빠르게 움직이지만 원자의 에너지는 극히 작을 것이라고 예상할 수 있다. 그리고 더 큰 전하 사이의 인력은 작은 전하 사이의 인력보다 더 클 것이라고 예측할 수 있다.

추가문제 1 (a) 655 m/s의 속도로 움직이는 5.25 g 물체의 에너지를 줄 단위로 구하시오.

(b) +2와 −2 전하를 띤 입자 사이의 정전기적 에너지는 +1과 −1 전하를 띤 입자 사이보다 얼마나 더 클까?(입자 사이의 거리는 같다고 가정한다.)

추가문제 2 (a) $E_k = 23.5$ J인 0.340 g 물체의 속도(m/s)를 구하시오.

(b) 하전된 입자의 다음 거리가 d만큼 떨어져 있는 +1과 −2 전하 혹은 거리가 $2d$만큼 떨어져 있는 +2와 −2 전하 쌍 중에서 어느 것이 입자 사이의 정전기적 에너지가 더 큰지를 결정하시오.

추가문제 3 거리가 d만큼 떨어져 있는 +2와 −2 전하의 정전기적 퍼텐셜 에너지는 E이다. 단위 E로, 다음 전하 쌍 사이의 정전기적 퍼텐셜 에너지를 구하시오.

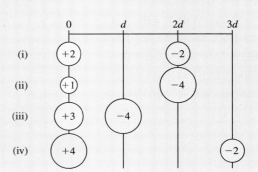

에너지를 표현하는 데 사용하는 다른 단위로는 칼로리(calorie, cal)가 있다. 칼로리는 SI 단위는 아니지만, 아직도 흔히 사용된다. 칼로리는 줄로 다음과 같이 정의한다.

$$1\ cal \equiv 4.184\ J$$

이 식은 정의이므로 숫자 4.184는 정확한 수이고 따라서 계산에서 유효숫자의 수를 제한하지 않는다[|◀◀ 1.5절]. 영양 표기에 나오는 **칼로리**(calorie)라는 용어와 친숙할 것이다. 사실, 식품 포장에 나오는 "칼로리"는 실제로는 **킬로칼로리**(kilocalorie)이다. 식품의 에너지 함량을 나타낼 때 흔히 "calorie"의 "C"를 대문자로 표시하여 구별한다.

$$1\ Cal \equiv 1000\ cal$$

그리고 다음과 같다.

$$1\ Cal \equiv 4184\ J$$

5.2 열역학 서론

열화학은 열과 다른 종류의 에너지 사이의 상호 변환을 과학적으로 다루는 학문인 **열역학**(thermodynamics)이라고 부르는 더 넓은 주제의 일부이다. 열역학 법칙은 과정의 에너지 이론과 방향을 이해하는 데 유용한 지침을 제공한다. 이 절에서는 열화학 연구와 특별히 관계가 많은 열역학 제1법칙을 소개할 것이다. 17장에서 열역학에 대하여 계속 다룰 것이다.

계를 연구하는 우주의 한 부분이라고 정의한 바 있다. 계에는 세 가지 종류가 있다. **열린계**(open system)는 주위와 물질 및 에너지를 교환할 수 있다. 예를 들어, 열린계는 그림 5.3(a)에 나타낸 것과 같이, 열린 용기에 들어있는 물일 수 있다. 그림 5.3(b)와 같이 플라스크를 닫아서 수증기가 나가지도 못하고 용기 내로 응축하지도 못하게 하면, **닫힌계**(closed system)가 얻어진다. 닫힌계에서는 에너지는 이동이 가능하나 물질은 이동할 수 없다. 그림 5.3(c)와 같이 물을 단열된 용기에 넣으면, **고립계**(isolated system)가 얻어지며, 이 계에서는 물질이나 에너지 모두 주위와 교환되지 않는다.

상태와 상태 함수

열역학에서는 **계의 상태**(state of a system)의 변화를 연구하는데, 계의 상태는 물질

그림 5.3 (a) 열린계는 에너지와 물질 모두가 주위와 교환될 수 있다. (b) 닫힌계는 에너지의 교환은 가능하나 물질은 불가능하다. (c) 고립계는 에너지와 물질의 교환이 모두 허용되지 않는다.(이 플라스크는 절연된 진공 커버로 둘러싸여 있다.)

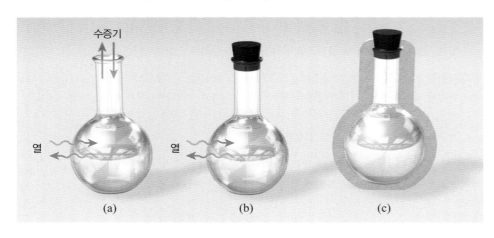

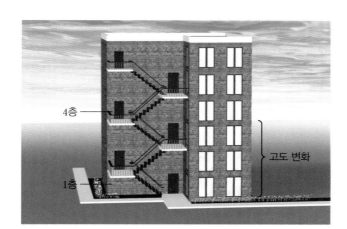

그림 5.4 건물의 1층에서 4층으로 올라갈 때 일어나는 고도의 변화는 택한 경로에 의존하지 않는다.

의 조성, 에너지, 온도, 압력, 부피와 같이 관련된 모든 거시적 성질의 값으로 정의된다. 에너지, 압력, 부피와 온도를 **상태 함수**(state function)라고 부르며, 그 성질은 주어진 조건에 도달한 과정에는 상관없이 계의 상태에 의해서만 결정된다. 달리 말하면, 계의 상태가 변할 때 임의의 상태 함수가 변하는 크기는 계의 초기 상태와 최종 상태에만 의존하고 그 변화가 일어난 과정에는 무관하다.

예를 들어, 6층짜리 건물에 있다고 하자. 고도는 여러분이 있는 층에 달려있다. 1층에서 4층까지 계단을 올라가서 고도를 변화시키면, 고도의 변화는 초기 상태(1층−시작한 층)와 최종 상태(4층−올라간 층)에만 의존할 것이다. 이 값은 4층까지 직접 올라갔는지 아니면 6층까지 올라갔다가 4층으로 내려왔는지에 전혀 의존하지 않는다. 전체 고도 변화는 어떠한 방식이든지 같으며 그 이유는 이 값은 여러분의 초기 고도와 최종 고도에만 의존하기 때문이다. 따라서 고도는 상태 함수이다.

다른 한 편으로, 1층에서 4층까지 올라가는 데 들인 노력의 양은 올라간 방식에 의존한다. 1층에서 6층으로 올라갔다가 다시 4층으로 내려올 때 들인 노력은 1층에서 한 번에 4층으로 올라갈 때 들인 노력보다 더 클 것이다. 따라서 고도 변화에 들인 노력은 상태 함수가 아니다. 더군다나, 1층으로 다시 내려온다면, 초기 상태와 최종 상태가 같기 때문에 전체 고도 변화는 0일 것이다. 하지만 1층에서 4층까지 올라갔다가 다시 1층으로 내려오는 과정에서 들인 노력의 양은 0이 아니다. 초기 상태와 최종 상태는 같을지라도, 계단을 올랐다가 내려올 때 들인 노력을 회수할 수는 없다.

에너지도 상태 함수이다. 퍼텐셜 에너지를 예로 들면, 1층에서 4층까지 어떻게 올라왔을 지에는 상관없이 중력장에서의 퍼텐셜 에너지의 알짜 증가분은 항상 같을 것이다(그림 5.4).

열역학 제1법칙

열역학 제1법칙(the first law of thermodynamics)은 에너지 보존의 법칙에 기초하며, 에너지는 한 형태에서 다른 형태로 전환될 수는 있지만, 창조되거나 파괴될 수 없다는 것을 말한다. 우주의 전체 에너지 양을 측정하여 이 법칙을 증명한다는 것은 불가능할 것이다. 사실, 물질의 작은 시료에 들어 있는 전체 에너지 양을 결정하는 것도 극히 어려울 것이다. 다행히도 에너지는 상태 함수이기 때문에, 한 과정의 초기 상태와 최종 상태 사이에서 계의 에너지 변화를 측정하면 제1법칙의 타당성을 보여줄 수 있다. 내부 에너지 변화 ΔU는 다음과 같이 주어진다.

$$\Delta U = U_f - U_i$$

이 식에서 U_i와 U_f는 각각 초기 상태와 최종 상태의 계의 내부 에너지이다. 그리고 부호 Δ는 **최종**(final)에서 **초기**(initial)를 빼는 것을 의미한다.

한 계의 내부 에너지는 운동 에너지와 퍼텐셜 에너지라는 두 가지 구성 요소를 가진다. 운동 에너지는 여러 가지 종류의 분자 운동과 분자 내의 전자들의 운동으로 구성된다. 퍼텐셜 에너지는 각 분자에 있는 전자와 핵 사이의 인력, 전자와 전자 사이의 반발력과 핵과 핵 사이의 반발력뿐만 아니라 분자 간 상호작용에 의하여도 결정된다. 이러한 모든 힘을 정확하게 측정하는 것은 불가능하므로 주어진 계의 전체 에너지를 정확하게 계산할 수는 없다. 반면에 에너지 변화는 실험적으로 구할 수 있다.

황 1 mol과 산소 1 mol이 반응하여 이산화 황 1 mol이 생기는 반응을 고려하자.

$$S(s) + O_2(g) \longrightarrow SO_2(g)$$

학생 노트
원소 황은 S_8 분자로 존재하나 흔히 화학 반응식을 간단하게 하기 위하여 그냥 S로 나타낸다.

이 경우, 계는 반응물 분자와 생성물 분자로 구성되어 있다. 반응물이나 생성물이 가지고 있는 내부 에너지는 알 수 없지만, 에너지 함량의 **변화** ΔU는 정확하게 측정할 수 있으며, 그 값은 다음 식으로 주어진다.

$$\Delta U = U(생성물) - U(반응물)$$
$$= SO_2(g) \text{ 1 mol의 에너지 함량} - S(s) \text{ 1 mol과 } O_2(g) \text{ 1 mol의 에너지 함량}$$

이 반응은 열을 방출하므로 생성물의 에너지는 반응물의 에너지보다 작고, 따라서 ΔU는 음의 값이다.

이 반응에서 열이 방출된다는 것은 계에 포함된 화학 에너지의 일부가 열 에너지로 전환되었다는 점을 의미한다. 또한 계가 방출한 열 에너지는 주위에 의하여 흡수된다. 계에서 주위로 에너지가 이동하여도 우주의 전체 에너지는 변화하지 않는다. 즉, 에너지 변화의 합은 0이어야 한다.

$$\Delta U_{계} + \Delta U_{주위} = 0$$

이 식에서 "계"와 "주위"라는 아래 첨자는 각각 계(system)와 주위(surroundings)를 나타낸다. 이와 같이 주어진 계에서 에너지 변화 $\Delta U_{계}$가 일어나면, 우주의 나머지 부분인 주위의 에너지 변화는 계의 에너지 변화와 크기는 같으나 부호는 반대여야 한다.

$$\Delta U_{계} = -\Delta U_{주위}$$

한 장소에서 방출된 에너지는 다른 어딘가에서 얻어져야 한다. 더군다나 에너지는 한 형태에서 다른 형태로 전환될 수 있기 때문에 어떤 계에서 잃은 에너지는 다른 계에서는 다른 형태로 얻을 수도 있다. 예를 들어, 발전소에서 석탄이 탈 때 방출되는 에너지는 최종적으로 가정에서 사용하는 전기 에너지, 열, 빛과 같은 형태로 변하게 된다.

일과 열

학생 노트
열과 일의 단위는 줄, 킬로줄, 칼로리 같은 에너지 단위이다.

5.1절에서 에너지는 일을 하거나 열을 전달할 수 있는 능력으로 정의하였다. 계가 열을 방출하거나 흡수하면, 그 내부 에너지가 변한다. 비슷하게 계가 주위에 일을 하거나 주위가 계에 일을 할 때에도 계의 내부 에너지가 변한다. 계의 내부 에너지의 전체 변화는 다음과 같이 주어진다.

$$\Delta U = q + w \qquad \text{[◀◀ 식 5.3]}$$

이 식에서 q는 열(계가 방출하거나 흡수하는)이고 w는 일(계에 대하여 하거나 계가 하는)

표 5.1	열(q)과 일(w)에 대한 부호 관습	
	과정	**부호**
계가 흡수한 열(흡열 과정)		q는 양수
계가 방출한 열(발열 과정)		q는 음수
계에 대하여 주위가 한 일(예: 부피 감소)		w는 양수
계가 주위에 한 일(예: 부피 증가)		w는 음수

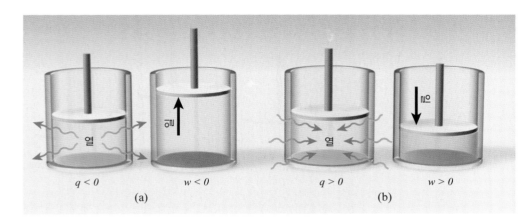

그림 5.5 (a) 계가 열을 방출하면(주위에) q는 음수이다. 계가 일을 하는 경우에는(주위에) w은 음수이다. (b) 계가 열을 흡수하면(주위로부터) q는 양수이다. 계에 대하여 일이 행해지면(주위에 의하여) w는 양수이다.

이다. 열과 일이 서로 상쇄되어 계의 내부 에너지 변화가 없을 수도 있다. 흥미롭게도 q나 w는 둘 다 상태 함수가 아니지만(계의 초기 상태와 최종 상태 사이의 경로에 의존한다) U는 상태 함수이므로 둘의 합인 ΔU는 초기 상태와 최종 상태 사이의 경로에 의존하지 않는다.

화학자는 주위보다는 계와 관련된 에너지 변화에 더 많은 흥미를 느끼기 때문에 다르게 표시되지 않는 이상, ΔU는 $\Delta U_{계}$를 의미한다. q와 w의 부호에 대한 관습은 다음과 같다. q는 흡열 과정이면 양수이고 발열 과정이면 음수이며, w는 주위가 계에 대하여 일을 하였으면 양수이고 계가 주위에 대하여 일을 한 경우에는 음수이다. 표 5.1은 q와 w의 부호에 대한 관습을 요약한 것이다.

그림 5.5에 나와 있는 그림은 q와 w의 부호 관습 뒤에 숨어 있는 논리를 설명하고 있다. 계가 열을 주위에 방출하거나 주위에 대해서 일을 한다면[그림 5.5(a)], 에너지가 줄어드는 과정이므로 내부 에너지는 감소할 것이라고 예상할 수 있을 것이다. 이러한 이유 때문에 q와 w는 둘 다 음수이다. 반대로, 열이 계에 더해지거나 일이 계에 행해지면[그림 5.5(b)], 계의 내부 에너지는 증가하고 q와 w는 둘 다 양수이다.

예제 5.2는 계의 내부 에너지의 전체 변화를 구하는 법을 보여준다.

예제 5.2

188 J의 열을 흡수하고 주위에 141 J의 일을 한 계의 전체 내부 에너지 변화 ΔU(J 단위)를 구하시오.

전략 식 5.3과 q 및 w에 대한 부호 관습을 이용하여 내부 에너지에 대한 두 기여도를 합친다.

계획 계가 열을 흡수하므로 q는 양수이다. 계가 주위에 대하여 일을 하므로 w는 음수이다.

풀이 $\Delta U = q + w = 188\,\text{J} + (-141\,\text{J}) = 47\,\text{J}$

> ### 생각해 보기
> 표 5.1을 참조하여 q와 w에 대한 올바른 부호를 사용하였는지를 확인한다.

추가문제 1 $1.34 \times 10^4 \, \text{kJ}$의 열을 방출하고 주위에 대하여 $2.98 \times 10^4 \, \text{kJ}$의 일을 한 계의 전체 내부 에너지 변화를 구하시오.

추가문제 2 $7.05 \times 10^5 \, \text{kJ}$의 일을 주위에 대하여 행하고 전체 내부 에너지 변화가 $-9.55 \times 10^3 \, \text{kJ}$인 계에 대하여 q를 구하시오. 계가 열을 흡수하는지 혹은 방출하는지를 나타내시오.

추가문제 3 다음 중 가장 왼쪽의 그림은 어떤 과정이 일어나기 전의 계를 보여주고 있다. 오른쪽의 어느 그림이 계가 열을 흡수하고 ΔU가 양수인 어떤 과정을 거친 후의 계를 표현하는가?

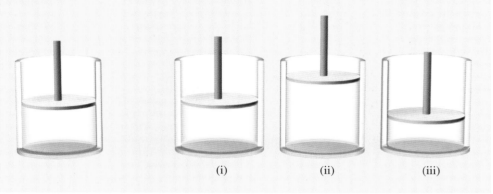

(i) (ii) (iii)

5.3 엔탈피

ΔU를 구하려면, q와 w의 값과 부호를 둘 다 알아야 한다. 5.4절에서 배우겠지만, q는 온도 변화를 측정하여 얻는다. w를 구하려면, 반응이 일정–부피 혹은 일정–압력 조건에서 일어나는지를 알아야 한다.

일정 부피 혹은 일정 압력에서 일어나는 반응

> **학생 노트**
> NaN$_3$의 폭발적 분해는 자동차 에어백을 부풀리는 반응이다.

아자이드화 소듐(NaN_3)을 두 개의 다른 실험에서 분해시킨다고 가정하자. 첫 번째 실험에서는 부피가 고정된 금속 실린더에서 반응을 수행한다. NaN_3가 폭발하면서 반응이 일어나면, 부피가 고정된 용기 내에서 많은 양의 N_2 기체가 생성된다.

$$2NaN_3(s) \longrightarrow 2Na(s) + 3N_2(g)$$

이 반응의 효과는 탄산음료 병을 열기 전에 병을 심하게 흔든 경우에 일어나는 것과 비슷하게 용기 내의 압력의 증가일 것이다.(압력이라는 개념은 10장에서 자세히 살펴볼 것이다. 하지만 자동차나 자전거의 타이어에 공기를 넣은 적이 있다면, 이 개념에 익숙할 것이다.)

> **학생 노트**
> 압력–부피 일과 전기적 일은 화학 반응에 의하여 수행되는 두 중요한 종류의 일이다. 전기적 일은 18장에서 더 자세하게 다룰 것이다.

이제 같은 반응을 움직일 수 있는 피스톤이 장착된 금속 실린더에서 수행하였다고 상상하자. 폭발적 분해가 일어나면서 금속 실린더의 피스톤이 움직일 것이다. 이 반응에서 생성된 기체는 피스톤을 위로 밀어 올리고 그러면 용기의 부피가 증가하면서 압력은 증가하지 않을 것이다. 이 예는 화학 반응이 수행하는 역학적 일의 간단한 예이다. 구체적으로 이러한 종류의 일을 **압력–부피 일**(pressure–volume work) 혹은 *PV* 일이라고 부른다. 이러한 과정에 의하여 행해지는 일의 양은 다음 식으로 주어진다.

$$w = -P\Delta V \qquad [\blacktriangleleft\blacktriangleleft \text{식 } 5.4]$$

이 식에서 P는 외부에서 누르는 압력이고 ΔV는 피스톤이 위로 올라가면서 생기는 용기의 부피 변화이다. 표 5.1의 부호 관습을 맞추기 위하여, 부피가 증가하면 w는 음수이며, 반면에 부피가 감소하면 w는 양수이다. 그림 5.6은 (a) 일정 부피와 (b) 일정 압력에서 일어나는 반응을 묘사하고 있다

화학 반응이 일정 부피에서 일어나면 식 5.4에서 $\Delta V = 0$이므로 PV 일은 없다. 식 5.3으로부터, 다음 식이 얻어진다.

$$\Delta U = q - P\Delta V \qquad [\blacktriangleleft\blacktriangleleft \text{식 } 5.5]$$

또한, 일정 부피에서는 $P\Delta V = 0$이므로,

$$q_V = \Delta U \qquad [\blacktriangleleft\blacktriangleleft \text{식 } 5.6]$$

아래 첨자 "V"를 이용하여 이 과정이 일정-부피 과정(과정이 일어나는 동안 부피 변화 없음)임을 나타낸다. 이 등식은 처음에는 이상하게 보인다. 앞에서 q는 상태 함수가 아니라고 말하였다. 하지만 일정-부피 조건에서 일어나는 과정의 경우 q는 오직 특정한 값 하나만을 가질 수 있고, 이 값이 바로 ΔU와 같다. 다른 말로서, q는 상태 함수가 아니지만 q_V는 그렇다.

일정-부피 조건은 종종 불편하고 어떤 경우에는 이 조건을 얻는 것이 불가능하기도 하다. 대부분의 반응은 열린 용기에서 일정 압력 조건 아래에서(흔히 대기압) 일어난다. 일반적으로 일정-압력 과정에 대하여 다음과 같이 쓸 수 있다.

$$\Delta U = q + w = q_P - P\Delta V$$

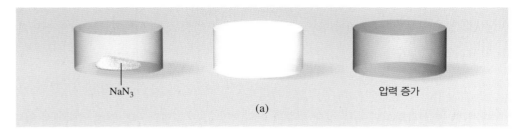

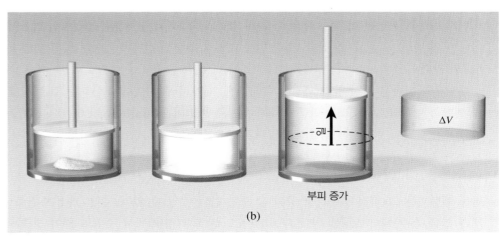

그림 5.6 (a) 일정 부피에서 폭발적으로 NaN_3가 분해되면 용기 내의 압력이 증가한다. (b) 움직이는 피스톤이 장착된 용기에서 일정 압력에서 분해가 일어나면 부피가 증가한다. 부피 변화 ΔV를 알면 계가 수행한 일을 구할 수 있다.

또는 다음과 같다.

$$q_P = \Delta U + P\Delta V \qquad [\text{◀◀ 식 5.7}]$$

여기서 아래 첨자 "P"는 일정 압력을 나타낸다.

엔탈피와 엔탈피 변화

엔탈피(enthalpy, H)라고 부르는 계의 열역학적 함수는 다음과 같이 정의한다.

$$H = U + PV \qquad [\text{◀◀ 식 5.8}]$$

이 식에서 U는 계의 내부 에너지이고 P와 V는 각각 계의 압력과 부피이다. U와 PV는 에너지 단위를 가지므로, 엔탈피도 에너지 단위를 가진다. 또한, U, P, V는 모두 상태 함수이기 때문에 $(U + PV)$의 변화는 초기 상태와 최종 상태에만 의존한다. 따라서 H의 변화인 ΔH도 초기 상태와 최종 상태에만 의존한다. 결국, H는 상태 함수이다.

어떤 과정에 대하여, 엔탈피 변화는 다음 식으로 주어진다.

$$\Delta H = \Delta U + \Delta(PV) \qquad [\text{◀◀ 식 5.9}]$$

압력이 일정하게 유지된다면,

$$\Delta H = \Delta U + P\Delta V \qquad [\text{◀◀ 식 5.10}]$$

ΔU에 대하여 식 5.10을 풀면,

$$\Delta U = \Delta H - P\Delta V$$

그 다음에 ΔU의 값을 식 5.7에 대입하면, 다음 식이 얻어진다.

$$q_P = (\Delta H - P\Delta V) + P\Delta V$$

$P\Delta V$ 항은 상쇄되므로, 일정 압력 과정에서는 계와 주위 사이에 교환되는 열은 엔탈피 변화와 같다.

$$q_P = \Delta H \qquad [\text{◀◀ 식 5.11}]$$

다시 한 번 언급하지만, q는 상태 함수가 아니지만 q_P는 그렇다. 즉, 일정 압력에서 일어나는 열 변화는 특정한 값 하나만을 가질 수 있고 이 값이 바로 ΔH이다.

이제 반응과 관련된 ΔU와 ΔH의 두 가지 양을 알고 있다. 일정부피 조건에서 반응이 일어나면 열 변화 q_V는 ΔU와 같다. 한편 반응이 일정 압력 조건에서 일어나면 열 변화 q_P는 ΔH와 같다.

대부분의 반응은 일정 압력 과정이기 때문에, 계와 주위 사이에 교환되는 열은 그 과정의 엔탈피 변화와 같다. 모든 반응에 대하여 **반응 엔탈피**(enthalpy of reaction, ΔH)라고 부르는 엔탈피 변화를 생성물의 엔탈피와 반응물의 엔탈피 사이의 차이로 정의한다.

$$\Delta H = H(\text{생성물}) - H(\text{반응물}) \qquad [\text{◀◀ 식 5.12}]$$

반응 엔탈피는 그 과정에 따라서 양의 값 또는 음의 값일 수 있다. 흡열 과정(주위로부터 계가 열을 흡수)에서 ΔH는 양($\Delta H > 0$)이고, 발열 과정(계에서 주위로 열이 방출)에서

ΔH는 음($\Delta H < 0$)이다.

이제 엔탈피 변화의 개념을 두 가지 흔한 과정인 물리적 변화와 화학적 변화에 적용하여 보자.

열화학 반응식

해수면에서 보통의 대기 조건하에서 얼음을 0℃ 이상의 온도에 노출시키면, 얼음은 녹아서 액체 물이 된다. 이 조건에서 액체 물로 변하는 얼음 1 mol에 대하여 계(얼음)가 흡수한 열 에너지는 6.01 kJ로 측정된다. 압력이 일정하기 때문에 열 변화는 엔탈피 변화 ΔH와 같다. 얼음이 주위에서 열을 흡수하므로 이 과정은 **흡열** 과정($\Delta H > 0$)이다[그림 5.7(a)]. 이러한 물리적 변화를 식으로 쓰면 다음 같다.

$$H_2O(s) \longrightarrow H_2O(l) \qquad \Delta H = +6.01 \text{ kJ/mol}$$

ΔH에 대한 단위에서 "mol당(per mole)"이라는 말은 엔탈피 변화가 반응식에 쓰인 대로 반응(혹은 과정)의 mol당 엔탈피 변화라는 것을 의미한다.

이제 천연가스의 주성분인 메테인(CH_4)의 연소를 생각하여 보자.

$$CH_4(g) + 2O_2(g) \longrightarrow CO_2(g) + 2H_2O(l) \qquad \Delta H = -890.4 \text{ kJ/mol}$$

경험적으로 천연가스가 연소할 때 주위에 열을 방출하는 것을 알고 있기 때문에 이는 발열 과정이다. 일정 압력 조건에서는 이러한 열 변화는 엔탈피 변화와 같고 ΔH는 반드시 음의 부호여야 한다[그림 5.7(b)]. 다시 말하지만, ΔH에 대한 "mol당" 단위는 CH_4 1 mol이 O_2 2 mol과 반응하여 CO_2 1 mol과 액체 H_2O 2 mol이 생길 때, 890.4 kJ의 열이 주위로 방출되는 것을 의미한다. 특정한 양의 열이 방출된다고 명기할 때, 음의 부호를 포함할 필요는 없다.

ΔH 값(kJ/mol)은 특정한 반응물이나 생성물의 양이 **mol당**(per mole)임을 의미하지 않는다는 것을 기억하는 것은 중요하다. 이 값은 균형 맞춤 반응식에서 계수에 해당하는 mol만큼의 모든 화학종에 해당된다. 따라서 메테인의 연소에 대하여 -890.4 kJ/mol의 ΔH 값은 다음과 같은 방식으로 모두 표현할 수 있다.

$$\frac{-890.4 \text{ kJ}}{1 \text{ mol } CH_4} \qquad \frac{-890.4 \text{ kJ}}{2 \text{ mol } O_2} \qquad \frac{-890.4 \text{ kJ}}{1 \text{ mol } CO_2} \qquad \frac{-890.4 \text{ kJ}}{2 \text{ mol } H_2O}$$

ΔH를 kJ/mol 단위로(그냥 kJ이 아니라) 쓰는 것의 중요성은 열역학을 더 자세히 공부할 때[◀◀ 17장] 분명해지지만, 이제 이러한 관습을 배우고 익숙해져야 한다.

> **학생 노트**
> 엄밀하게 말하면 양수에 부호를 포함하는 것은 불필요하지만, 열화학적 부호 관습을 강조하기 위하여 모든 양의 ΔH 값에 부호를 포함할 것이다.

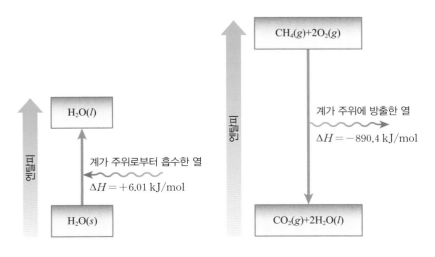

그림 5.7 (a) 0℃에서 얼음 1 mol이 녹으면(흡열 과정), 엔탈피가 6.01 kJ($\Delta H = +6.01$ kJ/mol)만큼 증가한다. (b) 산소 기체가 존재하는 조건에서 메테인 1 mol이 연소하면(발열 과정), 계의 엔탈피가 890.4 kJ($\Delta H = -890.4$ kJ/mol)만큼 감소한다. 이 두 과정의 엔탈피 그림은 같은 척도로 그린 것은 아니다.

얼음이 녹거나 메테인이 연소하는 반응에 쓴 식은 **열화학 반응식**(thermochemical equation)의 예이며 질량 관계뿐만이 아니라 엔탈피 변화도 보여 주는 화학 반응식이다. 반응의 엔탈피 변화를 말할 때, 균형 맞춤 반응식을 명시하는 것이 중요하다. 다음 지침은 열화학 반응식을 해석하고, 쓰고, 다룰 때 도움이 된다.

1. 열화학 반응식을 쓸 때 모든 반응물과 생성물의 물리적 상태를 항상 표시하여야 실제 엔탈피 변화를 알 수 있다. 예를 들어, 메테인의 연소식에서 액체 물을 수증기로 바꾸면 ΔH 값이 변한다.

$$CH_4(g) + 2O_2(g) \longrightarrow CO_2(g) + 2H_2O(g) \qquad \Delta H = -802.4 \, \text{kJ/mol}$$

   엔탈피 변화는 $-890.4 \, \text{kJ}$이 아니라 $-802.4 \, \text{kJ}$이다. 액체 물 2 mol을 수증기 2 mol로 바꾸려면 88.0 kJ이 더 필요하기 때문이다.

$$2H_2O(l) \longrightarrow 2H_2O(g) \qquad \Delta H = +88.0 \, \text{kJ/mol}$$

학생 노트
이 맥락에서 "mol당"이라는 말은 반응의 mol당이라는 의미이고 이 경우에서는 물의 mol당은 아니다.

2. 열화학 반응식의 각 변에 n을 곱하면, ΔH도 n배만큼 변하여야 한다. 따라서 얼음이 녹는 과정의 경우 n이 2이면 다음과 같다.

$$2H_2O(s) \longrightarrow 2H_2O(l) \qquad \Delta H = 2(6.01 \, \text{kJ/mol}) = +12.02 \, \text{kJ/mol}$$

3. 반응식을 역으로 쓰면, 반응물과 생성물의 역할이 변한다. 따라서 이 반응식에 대한 ΔH의 크기는 같지만 부호는 바뀐다. 예를 들어, 어떤 반응이 주위에서 열 에너지를 흡수하면(흡열) 그 역반응은 열 에너지를 주위에 방출하여야 하고(발열), 엔탈피 변화식의 부호도 바뀌어야 한다. 그래서 얼음이 녹는 과정과 메테인의 연소 반응을 역으로 쓰면, 열화학 반응식은 다음과 같이 변한다.

$$H_2O(l) \longrightarrow H_2O(s) \qquad \Delta H = -6.01 \, \text{kJ/mol}$$

$$CO_2(g) + 2H_2O(l) \longrightarrow CH_4(g) + 2O_2(g) \qquad \Delta H = +890.4 \, \text{kJ/mol}$$

흡열 과정이었던 것이 역과정에서는 발열 과정이 되고 발열 과정은 흡열 과정이 된다.

예제 5.3는 열화학 반응식을 사용하여 생성물의 질량을 반응에서 소비되는 에너지와 관련시키는 문제이다.

예제　5.3

광합성의 열화학 반응식은 다음과 같다.

$$6H_2O(l) + 6CO_2(g) \longrightarrow C_6H_{12}O_6(s) + 6O_2(g) \qquad \Delta H = +2803 \, \text{kJ/mol}$$

$C_6H_{12}O_6$ 75.0 g을 생산하는 데 필요한 태양 에너지를 구하시오.

전략　열화학 반응식에 의하면 생산되는 $C_6H_{12}O_6$ mol당 2803 kJ가 흡수된다. $C_6H_{12}O_6$ 75.0 g의 생산에 얼마나 많은 에너지가 흡수되는지를 알 필요가 있다. 먼저 $C_6H_{12}O_6$ 75.0 g의 mol을 구하여야 한다.

계획　$C_6H_{12}O_6$의 몰질량은 180.2 g/mol이므로, $C_6H_{12}O_6$ 75.0 g의 mol은 다음과 같다.

$$75.0 \, \text{g} \times \frac{1 \, \text{mol} \; C_6H_{12}O_6}{180.2 \, \text{g}} = 0.416 \, \text{mol}$$

엔탈피 변화를 포함하여 열화학 반응식에 0.416을 곱하면, 올바른 양의 $C_6H_{12}O_6$가 나오는 식을 쓸 수 있다.

풀이

$$(0.416 \, \text{mol})[6H_2O(l) + 6CO_2(g) \longrightarrow C_6H_{12}O_6(s) + 6O_2(g)]$$

그리고 $(0.416 \, \text{mol})(\Delta H) = (0.416 \, \text{mol})(2803 \, \text{kJ/mol})$에서 다음 식이 얻어진다.

$$2.50 \, H_2O(l) + 2.50 \, CO_2(g) \longrightarrow 0.416 \, C_6H_{12}O_6(s) + 2.50 \, O_2(g) \qquad \Delta H = +1.17 \times 10^3 \, \text{kJ}$$

그러므로 $C_6H_{12}O_6$ 75.0 g의 생산에는 햇빛의 형태로 $1.17 \times 10^3 \, \text{kJ}$의 에너지가 소비된다. ΔH의 "mol당" 단위는 $C_6H_{12}O_6$의 mol로 열화학 반응식을 곱할 때 상쇄되는 점을 주목하기 바란다.

> ### 생각해 보기
>
> $C_6H_{12}O_6$의 구한 양은 0.5 mol보다 작다. 그러므로 구해야 할 엔탈피 변화 값은 $C_6H_{12}O_6$ 1 mol의 생산에 대하여 열화학 반응식에 나와 있는 엔탈피 변화값의 절반보다 작을 것이라고 예상할 수 있다.

추가문제 1 $C_6H_{12}O_6$ 5255 g을 얻기 위하여 필요한 태양 에너지를 구하시오.

추가문제 2 $2.49 \times 10^4 \, \text{kJ}$의 태양 에너지가 소비되었을 때 광합성으로 생산되는 O_2의 질량을 g 단위로 구하시오.

추가문제 3 다음 그림은 두 개의 연관된 화학 반응의 전과 후의 계를 표현한 것이다. 처음 반응의 ΔH는 1755.0 kJ/mol이다. 두 번째 반응의 ΔH 값을 구하시오.

 $\Delta H = 1755.0 \, \text{kJ/mol}$  $\Delta H = ?$

| 반응 전 | 반응 후 | | 반응 전 | 반응 후 |

5.4 열계량법

열화학의 연구에서 물리적 및 화학적 과정에서 일어나는 열 변화는 특별하게 고안된 닫힌 용기인 **열량계**(calorimeter)로 측정할 수 있다. 열 변화를 측정하는 방법을 **열계량법** (calorimetry)이라고 부르는데, 이에 대한 논의를 하기 전에 먼저 **비열**(specific heat) 과 **열용량**(heat capacity)이라는 두 가지 중요한 용어를 정의하여야 한다.

비열과 열용량

비열(specific heat, s)은 어떠한 물질 1 g의 온도를 1℃만큼 올리는 데 필요한 열량이다. **열용량**(heat capacity, C)은 어떤 물체의 온도를 1℃만큼 올리는 데 필요한 열량이다. 한 물질의 비열을 알면 일정한 양의 물질의 열용량을 구할 수 있다. 예를 들어, 물의 비열 $4.184 \, \text{J}/(\text{g}\cdot\text{℃})$를 사용하여 물 1 kg의 열용량을 구할 수 있다.

> **학생 노트**
> 물질이 아니라 물체에 대해서도 열용량을 쓸 수 있지만, "물체"는 주어진 양의 특정한 물질일 수도 있다.

$$\text{물 1 kg의 열용량} = \frac{4.184 \, \text{J}}{1 \, \text{g}\cdot\text{℃}} \times 1000 \, \text{g} = 4184 \quad \text{또는} \quad 4.184 \times 10^3 \, \text{J}/\text{℃}$$

비열의 단위는 $\text{J}/(\text{g}\cdot\text{℃})$이고 열용량의 단위는 $\text{J}/\text{℃}$이다. 표 5.2에 몇 가지 흔한 물질의 비열이 나와 있다. 어떤 물질의 비열과 양을 알면, 시료의 온도 변화(ΔT)로부터 그 과정에서 흡수되거나 방출되는 열량(q)을 구할 수 있다. 온도 변화와 관련된 열량을 계산하는 데 쓰이는 식은 다음과 같다.

표 5.2	몇 가지 흔한 물질의 비열			
물질	**비열(J/g·°C)**		**물질**	**비열(J/g·°C)**
Al(s)	0.900		Fe(s)	0.444
Au(s)	0.129		Hg(l)	0.139
C(흑연)	0.720		H$_2$O(l)	4.184
C(다이아몬드)	0.502		C$_2$H$_5$OH(l) (에탄올)	2.46
Cu(s)	0.385			

$$q = sm\Delta T \qquad \text{[◀◀ 식 5.13]}$$

이 식에서 s는 비열, m은 온도 변화가 일어나는 물질의 질량 그리고 ΔT는 온도 변화 ($\Delta T = T_{\text{최종}} - T_{\text{초기}}$)이다. 온도 변화에 관련된 열량을 구하는 다른 식은 다음과 같다.

$$q = C\Delta T \qquad \text{[◀◀ 식 5.14]}$$

학생 노트
$C = sm$임을 주목하자. 비열은 물질의 성질이고 열용량은 물체의 성질이지만, 정해진 양의 물질을 "물체"라고 정의하고 그 질량과 비열을 사용하여 열용량을 정의할 수 있다.

이 식에서 C는 열용량이고, ΔT는 온도 변화이다. q의 부호를 붙이는 관습은 엔탈피 변화에 대한 부호에서와 같다. 즉, 흡열 과정이면 q는 양의 값이고 발열 과정이면 음의 값이다.

예제 5.4는 물질의 비열을 이용하여 물질의 온도를 특정한 양만큼 올리는 데 필요한 열량을 구하는 법을 보여주고 있다.

예제 5.4

물 255 g을 25.2°C에서 90.5°C까지 가열하는 데 필요한 열량(kJ)을 구하시오.

전략 식 5.13($q = sm\Delta T$)을 사용하여 q를 구한다.

계획 $m = 255$ g, $s = 4.184$ J/g·°C, 그리고 $\Delta T = 90.5$°C $-$ 25.2°C $= 65.3$°C이다.

풀이

$$q = \frac{4.184\,\text{J}}{\text{g}\cdot{}^{\circ}\text{C}} \times 255\,\text{g} \times 65.3\,{}^{\circ}\text{C} = 6.97 \times 10^4\,\text{J} \quad \text{또는} \quad 69.7\,\text{kJ}$$

생각해 보기
단위의 상쇄를 주의 깊게 살펴보고 kJ 단위의 수는 J 단위의 수보다 작다는 것을 확인한다. 이러한 종류의 환산에서는 나누는 대신에 1000을 곱하는 실수가 흔히 일어난다.

추가문제 1 물 1.01 kg을 0.05°C에서 35.81°C로 가열하는 데 필요한 열량(kJ)을 구하시오.

추가문제 2 처음 온도가 10.0°C인 물 514 g 시료에 90.8 kJ을 가하면 물의 최종 온도는 얼마가 되겠는가?

추가문제 3 다음에 같은 물질로 이루어진 두 개의 시료가 있다. 두 시료에 같은 양의 열을 가하였을 때, 왼쪽 시료의 온도는 15.3°C만큼 증가하였다. 오른쪽 시료의 온도 증가를 구하시오.

일정-압력 열계량법

간이 일정-압력 열량계는 그림 5.8에서 보인 대로 스티로폼 커피 컵 두 개로 만들 수 있다. 커피컵 열량계라고 부르는 이 도구는 산-염기 중화열, 용해열 및 묽힘열 같은 다양한 과정에서 계와 주위 사이에 교환되는 열량을 측정하는 데 사용할 수 있다. 압력은 일정하므로 과정의 열 변화(q)는 엔탈피 변화(ΔH)와 같다. 이러한 실험에서는 반응물과 생성물을 계, 열량계의 물을 주위라고 간주한다. 스티로폼 컵의 열용량은 작기 때문에 계산에서 무시한다. 발열 반응의 경우, 계가 방출하는 열은 물(주위)이 흡수하므로 온도가 올라간다. 열량계의 물의 질량, 물의 비열 그리고 온도 변화를 알면, 다음 식을 사용하여 계의 q_P를 구할 수 있다.

$$q_\text{계}=-sm\Delta T \qquad [\blacktriangleleft\blacktriangleleft \text{식 } 5.15]$$

ΔT가 양의 값이면(즉, 온도가 증가하면) 마이너스 부호는 $q_\text{계}$를 음수로 만든다. 이는 표 5.1에 나와 있는 부호 관습에 부합된다. 음의 ΔH 혹은 음의 q는 발열 과정을 의미하며 반면에 양의 ΔH 혹은 양의 q는 흡열 과정을 의미한다. 표 5.3에 일정-압력 열량계로 연구할 수 있는 몇 가지 반응이 나와 있다. 그림 5.9(202~203쪽)는 일정-압력 열량계를 이용하여 반응의 ΔH를 구하는 법을 보여주고 있다.

일정-압력 열량계는 또한 물체의 열용량이나 비열을 결정하는 데에도 사용할 수 있다. 예를 들어, 질량이 26.47 g인 납의 온도가 89.98°C라고 하자. 납을 22.50°C의 물 100.0 g이 들어 있는 일정-압력 열량계에 넣었더니 물의 온도가 23.17°C로 올라갔다고 하자. 이 경우에 납은 계이고 물을 주위라고 간주할 수 있다. 여기서 측정하는 것은 주위의 온도이고 $q_\text{계}=-q_\text{주위}$이므로 식 5.15를 다음과 같이 다시 쓸 수 있다.

$$q_\text{주위}=sm\Delta T$$

그러면, 물의 $q_\text{물}$은

$$q_\text{물}=\frac{4.184\text{ J}}{\text{g}\cdot°\text{C}}\times100.0\text{ g}\times(23.17°\text{C}-22.50°\text{C})=280\text{ J}$$

이고 $q_\text{납}$은 -280 J이다. 음의 부호는 열이 납 덩어리에서 **방출**되었음을 나타낸다. $q_\text{납}$을 온도 변화(ΔT)로 나누면, 납의 열용량($C_\text{납}$)이 얻어진다.

$$C_\text{납}=\frac{-280\text{ J}}{23.17°\text{C}-89.95°\text{C}}=4.19\text{ J/}°\text{C}$$

또한 납의 질량을 알고 있으므로 납의 비열($s_\text{납}$)을 구할 수 있다.

$$s_\text{납}=\frac{C_\text{납}}{m_\text{납}}=\frac{4.19\text{ J/}°\text{C}}{26.47\text{ g}}=0.158\text{ J/g}\cdot°\text{C} \quad \text{또는} \quad 0.16\text{ J/g}\cdot°\text{C}$$

온도계

젓개

스티로
폼 컵

반응
혼합물

그림 5.8 스티로폼 컵 두 개로 만든 일정-압력 커피컵 열량계. 컵을 겹쳐 놓으면 반응 혼합물을 주위로부터 단열시키는 데 도움이 된다. 같은 온도에서 알려진 부피의 두 반응물의 용액을 열량계에서 조심스럽게 혼합한다. 반응에 의하여 생성되거나 흡수되는 열은 온도 변화를 측정하여 구할 수 있다.

학생 노트
물의 온도와 납 조각의 온도가 같아질 때 수온은 더 이상 변화하지 않는다. 따라서 납 조각의 최종 온도는 또한 23.17°C이다.

표 5.3	일정 압력에서 측정한 몇 가지 반응과 물리적 과정	
반응의 종류	**예**	ΔH(kJ/mol)
중화열	$HCl(aq)+NaOH(aq)\longrightarrow H_2O(l)+NaCl(aq)$	-56.2
이온화열	$H_2O(l)\longrightarrow H^+(aq)+OH^-(aq)$	$+56.2$
용융열	$H_2O(s)\longrightarrow H_2O(l)$	$+6.01$
기화열	$H_2O(l)\longrightarrow H_2O(g)$	$+44.0^*$

*25°C에서 측정. 100°C에서 그 값은 $+40.79$ kJ이다.

그림 5.9

일정−압력 열계량법에 의한 $\Delta H^{\circ}_{반응}$의 결정

한번에 하나씩 용액을 열량계에 붓는다.

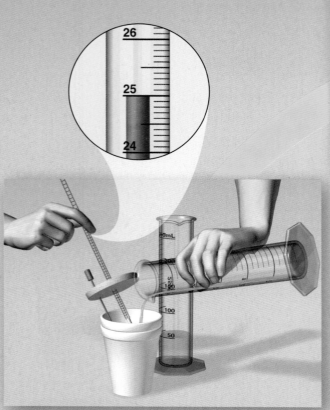

50.0 mL의 $1.00\,M$ HCl과 $1.00\,M$ NaOH 용액에서 각각
시작한다. 두 용액은 모두 이 예에서는 25.0°C인 실온에 있다.
반응을 나타내는 알짜 이온 반응식은 다음과 같다.

$$\mathrm{H^{+}}(aq)+\mathrm{OH^{-}}(aq) \longrightarrow \mathrm{H_2O}(l)$$

각 반응물은 $0.0500\ \mathrm{L} \times 1.00\,M = 0.0500\ \mathrm{mol}$이다.

두 용액을 모두 넣은 후 에너지가 주위로 빠져나가는 것을
막기 위하여 열량계를 마개로 막고 용액이 완전히 혼합되
도록 젓개로 저어준다

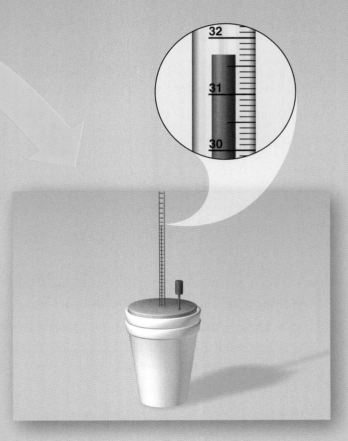

반응이 일어나면서 반응에서 방출되는 열을 물이 흡수
하므로 수온이 올라간다. 최대 수온은 31.7℃이다.

용액의 밀도, 비열은 물의 밀도, 비열과 같다고 간주하고(1 g/mL, 4.184 J/g ℃),
다음과 같이 $q_{용액}$을 구한다.

$$q_{용액} = 물의\ 비열 \times 물의\ 질량 \times 온도\ 변화$$
$$= \frac{4.184\ J}{1\ g\cdot ℃} \times 100.0\ g \times (31.7 - 25.0)\ ℃ = 2803\ J$$

열량계의 열용량을 무시할 정도라고 가정하면, $q_{용액} = -q_{반응}$이므로 다음과 같이
쓸 수 있다.

$$q_{반응} = -2803\ J$$

이 값은 H^+ 0.0500 mol이 OH^- 0.0500 mol과 반응하였을 때의 반응열이다.
$\Delta H_{반응}$을 구하기 위해서 $q_{반응}$을 mol로 나눈다.(반응물은 화학량론적 양으로 존재
한다. 한계 시약이 있다고 하면, 한계 시약의 mol로 나눈다.)

$$\Delta H_{반응} = \frac{-2803\ J}{0.0500\ mol} = -5.61 \times 10^4\ J/mol \quad 또는 \quad -56.1\ kJ/mol$$

이 결과는 식 5.12를 사용하여 얻는 값 그리고 부록 2의 자료에 매우 근사하다.

요점은 무엇인가?

일정−압력 열량계는 균형 맞춤 반응식이 나타내는 양만큼
의 반응물이 반응할 때의 반응열인 $\Delta H_{반응}$을 구하기 위해서
사용된다. 하지만 실험실에서 열계량법 실험을 수행할 때
흔히 화학 반응식에서 표현되는 양보다 훨씬 더 작은 양의
반응물을 사용한다. 주위(반응물이 녹아 있는 알려진 양의
물)의 온도 변화를 측정하면 실험에 사용된 반응물의 양에
대한 $q_{반응}$을 결정할 수 있다. $q_{반응}$을 반응물의 mol로 나누면
$\Delta H_{반응}$을 구할 수 있다.

예제 5.5는 일정−압력 열량계를 이용하여 물체의 열용량(C)을 구하는 방법을 보여준다. 그림 5.10(206~207쪽)은 일정−압력 열량계를 이용하여 금속의 비열을 구하는 과정을 보여주고 있다.

예제 5.5

초기 온도가 88.4℃이고 질량이 100.0 g인 금속 조각을 원래 온도가 25.1℃인 물 125 g에 떨어뜨렸다. 금속과 물의 최종 온도는 둘 다 31.3℃였다. 금속의 열용량(J/℃)을 구하시오.

전략 식 5.13($q=sm\Delta T$)을 사용하여 물이 흡수한 열을 구한다. 다음에는 식 5.14($q=C\Delta T$)를 이용하여 금속 조각의 열용량을 구한다.

계획 $m_물$=125 g, $s_물$=4.184 J/g·℃, 그리고 $\Delta T_물$=31.3℃−25.1℃=6.2℃이다. 물이 흡수한 열은 금속이 방출하여야 한다. $q_물$ = −$q_금속$, $m_금속$=100.0 g, $\Delta T_금속$=31.3℃−88.4℃=−57.1℃이다.

풀이 식 5.13으로부터 다음과 같이 쓸 수 있다.

$$q_물=\frac{4.184\,J}{g\cdot℃}\times125\,g\times6.2℃=3242.6\,J$$

따라서

$$q_금속=-3242.6\,J$$

이다. 식 5.14로부터 다음 식이 성립한다.

$$-3242.6\,J=C_금속\times(-57.1℃)$$

따라서 다음과 같다.

$$C_금속=57\,J/℃$$

생각해 보기
단위가 적절하게 상쇄되면 열용량의 적절한 단위가 얻어진다. 또한 금속의 온도가 내려가므로 $\Delta T_금속$은 음수이다.

추가문제 1 초기 온도가 95℃인 예제 5.5의 금속을 초기 온도가 23.8℃인 물 218 g 시료에 떨어뜨렸다면, 최종 온도는 얼마가 되겠는가?

추가문제 2 초기 온도가 116℃인 예제 5.5의 금속은 얼마나 많은 양의 물을 23.8℃에서 46.3℃로 온도를 증가시킬 수 있겠는가?

추가문제 3 같은 물질로 이루어진 두 개의 시료가 다음에 나와 있다. 두 시료의 온도는 온도계로 알 수 있다. 두 시료를 합쳤을 때 어느 것이[(ⅰ), (ⅱ), (ⅲ)] 실제의 최종 온도를 가장 잘 표현하는가?

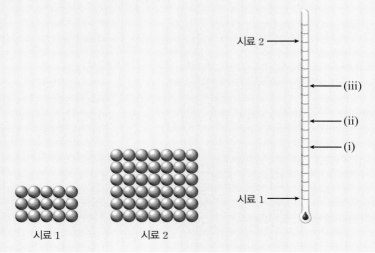

시료 1   시료 2

생활 속의 화학

열용량과 저체온증

따뜻한 금속 조각처럼, 신체도 차가운 물에 담그면 열을 잃는다. 사람은 온혈 동물이므로 체온은 약 37℃ 근처에서 유지된다. 질량으로 신체의 약 70%가 물이고, 물은 매우 비열이 크다. 따라서 체온의 변동은 대개 매우 작다. 25℃(흔히 "실온"이라고 기술하는)의 공기는 공기의 작은 비열(약 1 J/g·℃)과 작은 밀도 때문에 따뜻하게 느껴진다. 따라서 신체에서 주위로 열이 별로 빠져나가지 않는다. 몸을 25℃의 물에 담그면 이러한 상황은 크게 달라진다. 물에 담근 신체가 잃어버리는 열은 같은 온도의 공기에서 잃어버리는 것보다 수천 배가 더 크다.

저체온증(hypothermia)은 신체의 메커니즘이 만들고 유지하는 열보다 더 많은 열이 주위로 빠져나갈 때 일어난다. 저체온증은 위험하고 치명적일 수도 있지만, 어떠한 상황에서는 유익하기도 하다. 체온이 낮아지면 정상적인 생화학적 반응이 모두 느려지므로, 뇌가 산소를 덜 필요로 하게 되고 소생에 걸리는 시간을 연장할 수 있게 된다. 때때로 오랫동안 물에 잠긴 익사 직전의 희생자가 기적적으로 회생한 소식을 듣곤 한다. 대개 이러한 희생자는 얼음물에 빠진 작은 어린이이다. 몸이 작기 때문에 열용량이 작고 따라서 몸이 빠르게 식는다. 그러면 저산소증으로부터 보호를 받을 수 있다.(익사하는 희생자가 사망하는 것은 산소의 부족 때문이다.)

학생 노트
개심 수술을 받는 환자에게는 흔히 저체온증을 유발시킨다. 그러면 신체의 산소 요구량이 급격하게 감소한다. 이러한 조건에서는 수술 동안 심장을 정지시킬 수 있다.

인간(생존한)에 대하여 기록된 가장 낮은 체온은 13.7℃였다. 29세의 Anna Bagenholm은 언 강물의 얼음을 뚫고서 머리부터 떨어지면서 한 시간 동안 잠겨 있었다. 강물에서 꺼냈을 때 임상적으로는 사망하였지만, 완전히 회복하였다. 저체온증 환자를 치료하는 의사들 사이에서는 다음과 같은 속담이 떠돈다. "따뜻하게 죽기까지는 아무도 죽은 것이 아니다."

그림 5.10

일정-압력 열계량법에 의한 비열의 측정

금속 구슬 125.0 g을 시험관에 넣고 모든 금속이 물의
끓는점(100.0°C)까지 가열되도록 시험관을 끓는 물에
충분히 오랫동안 담가 놓는다.

열량계에 물 100.0 mL(100.0 g)를 담는다.
이 물의 온도는 25.0°C이다.

금속 구슬(125.0 g, 100.0°C)을 물에 넣고 에너지
가 주위로 빠져나가는 것을 막기 위하여 열량계를
마개로 막는다.

에너지가 금속 구슬에서 물로 전달되면서 수온이 올라가고 금속 구슬의 온도는 내려간다. 젓개를 사용하여 잘 혼합되도록 한다. 온도계는 수온을 측정한다.

금속 구슬과 물의 온도가 같을 때 수온은 최대치에 도달한 것이다. 이 온도를 34.1℃로 기록한다.

$q_{물} = -q_{금속}$이다.

주어진 정보로 치환하면 다음과 같이 쓸 수 있다.

$q_{물} = $ 물의 비열 × 물의 질량 × 온도 변화

$$= \frac{4.184\,\text{J}}{1\,\text{g} \cdot \text{℃}} \times 100.0\,\text{g} \times (34.1 - 25.0)\,\text{℃} = 3807\,\text{J}$$

$q_{금속} = $ 금속의 비열 × 금속의 질량 × 온도 변화

$$= x \times 125.0\,\text{g} \times (34.1 - 100.0)\,\text{℃} = -8238\,x\,\text{g} \cdot \text{℃}$$

그리고

$$3807\,\text{J} = -(-8238\,x)\,\text{g} \cdot \text{℃}$$

$$x = \frac{3807\,\text{J}}{8238\,\text{g} \cdot \text{℃}} = 0.46\,\text{J/g} \cdot \text{℃}$$

따라서 금속의 비열은 $0.46\,\text{J/g} \cdot \text{℃}$이다.

요점은 무엇인가?

온도와 질량을 알고 있는 금속을 온도와 질량을 알고 있는 물과 혼합하면 금속의 비열을 구할 수 있다. 열량계의 열용량은 무시할 수 있다고 가정하면 더 뜨거운 금속이 잃는 에너지 양은 더 차가운 물이 얻는 에너지 양과 같다.

일정−부피 열계량법

연소열은 흔히 일정−부피 열계량법으로 측정한다. 일반적으로, 분석할 화합물의 일정−**부피통**(constant−volume bomb) 혹은 간단하게 **통**(bomb)이라고 부르는 강철 용기에 넣고 산소를 채운다. 그림 5.11에서처럼, 밀폐된 통을 단열 용기에 담긴 알려진 양의 물에 담근다.[강철 통 그리고 통이 잠긴 물을 합친 것이 **열량계**(calorimeter)를 이룬다.] 시료는 전기적으로 점화하며 시료의 연소에 의하여 방출된 열은 통과 물이 흡수한다. 이 열은 수온의 증가를 측정하여 구할 수 있다. 이러한 종류의 열량계는 반응이 일어나고 온도 변화를 측정하는 데 걸리는 시간 동안 열(혹은 질량)이 주위로 잃지 않도록 특별하게 설계되어 있다. 그러므로 통열량계와 이 열량계가 잠겨 있는 물을 **고립**(isolated)계라고 부를 수 있다. 반응 과정에서 열의 출입이 없기 때문에 계의 열 변화($q_{계}$)는 0이어야 한다. 이것을 식으로 쓰면

$$q_{열량계} = -q_{반응}$$

여기에서 $q_{열량계}$와 $q_{반응}$은 각각 열량계와 반응에 대한 열 변화이다. 따라서 다음과 같다.

$$q_{반응} = -q_{열량계}$$

$q_{열량계}$를 계산하기 위해서는, 열량계의 열용량($C_{열량계}$)과 온도 변화를 알아야 한다.

$$q_{열량계} = C_{열량계}\Delta T \qquad [|◀◀ 식 5.16]$$

또한, $q_{반응} = -q_{열량계}$이므로 다음과 같다.

$$q_{반응} = -C_{열량계}\Delta T \qquad [|◀◀ 식 5.17]$$

열량계의 열용량($C_{열량계}$)은 연소열이 정확하게 알려져 있는 물질을 태워서 구한다. 예를 들어, 벤조산(C_6H_5COOH) 1.000 g의 시료를 태우면 26.38 kJ의 열이 방출된다고 알려져 있다. 온도가 4.673°C만큼 증가하였다면, 열량계의 열용량은 다음과 같이 주어진다.

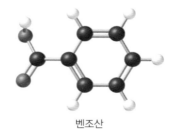

벤조산

그림 5.11 일정−부피 통열량계. 열량계를 버킷에 담기 전에 고압에서 산소로 채운다. 시료는 전기적으로 점화되며, 반응에 의하여 생성된 열은 통을 둘러싼 알려진 양의 물의 온도 증가를 측정하여 구한다.

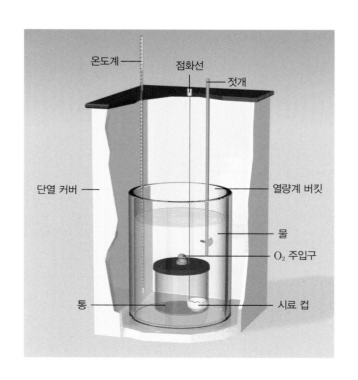

$$C_{열량계} = \frac{q_{열량계}}{\Delta T} = \frac{26.38\ kJ}{4.673\,^\circ C} = 5.645\ kJ/J\,^\circ C$$

일단 $C_{열량계}$가 결정되면, 그 열량계는 다른 연소열을 측정하는 데 사용될 수 있다. 통열량계에서 일어나는 반응은 일정 압력 조건이 아니라 일정 부피 조건에서 일어나기 때문에, 열 변화는 **엔탈피**(enthalpy) 변화(ΔH)가 아니라 **내부 에너지**(internal energy) 변화(ΔU)에 해당한다(식 5.6과 5.11을 참조). 측정한 열 변화를 수정하여 ΔH 값을 얻을 수는 있지만, 대개 그 차이는 매우 작기 때문에 여기서는 자세하게 다루지 않을 것이다.

예제 5.6에 물질의 g당 에너지 함량을 정하기 위하여 일정–부피 열계량법을 사용하는 방법이 나와 있다.

예제 5.6

무게가 7.25 g인 Famous Amos 한 입 크기의 초콜릿 칩 과자의 에너지 함량을 구하려고 과자를 통열량계에서 태웠다. 열량계의 열용량은 39.97 kJ/℃이다. 연소 후에 열량계의 수온은 3.90 ℃만큼 올랐다. 과자의 에너지 함량(kJ/g)을 구하시오.

전략 식 5.17($q_{반응} = -C_{열량계}\Delta T$)을 사용하여 과자가 연소하면서 방출한 열을 구한다. 방출한 열을 과자의 질량으로 나누면 g당 에너지 함량이 얻어진다.

계획 $C_{열량계} = 39.97$ kJ/℃, $\Delta T = 3.90\,^\circ C$

풀이 식 5.17로부터 다음 식을 얻는다.

$$q_{반응} = -C_{열량계}\Delta T = -(39.97\ kJ/^\circ C)(3.90\,^\circ C)$$
$$= -1.559 \times 10^2\ kJ$$

결과의 음의 부호는 연소에 의한 열의 방출을 나타낸다. 에너지 함량은 양수이므로 다음과 같이 쓴다.

$$g당\ 에너지\ 함량 = \frac{1.559 \times 10^2\ kJ}{7.25\ g} = 21.5\ kJ/g$$

초콜릿 칩 과자 상자에 있는 영양 분석 라벨

생각해 보기

과자 봉지의 라벨에 의하면 1회 제공량은 과자 네 개, 즉 29 g이며 150 Cal이 들어있다. g당 에너지를 1회 제공량당 칼로리로 환산하여 결과를 검증하자.

$$\frac{21.5\ kJ}{g} \times \frac{1\ Cal}{4.184\ kJ} \times \frac{29\ g}{1회\ 제공량} = 1.5 \times 10^2\ cal/1회\ 제공량$$

추가문제 1 Grape–Nuts 시리얼(5.80 g)의 1회 제공량을 열용량이 43.7 kJ/℃인 통열량계에서 연소하였다. 연소 후에 열량계의 수온은 1.92℃만큼 올랐다. Grape–Nuts의 에너지 함량(kJ/g)을 구하시오.

추가문제 2 건포도 식빵의 에너지 함량은 13.1 kJ/g이다. 예제 5.6의 열량계에서 건포도 식빵(32.0 g) 조각을 태웠을 때 온도 증가를 구하시오.

추가문제 3 열량계를 보정하였을 때 사용하였던 물보다 더 작은 양의 물이 들어 있는 열량계를 사용하여 식품의 에너지 함량을 구하는 실험을 하였다고 가정하자. 이런 경우 실험 결과에 어떠한 영향이 있을지를 설명하시오.

5.5 Hess의 법칙

엔탈피는 상태 함수이므로 반응물이 생성물로 변환될 때 일어나는 엔탈피의 변화는 반응이 한 단계로 일어나든 여러 단계로 일어나든 같다. 이러한 관찰을 **Hess[2]의 법칙**(Hess's law)이라고 부른다. Hess의 법칙을 건물의 층에 비유하여 설명할 수 있다. 예를 들어, 건물의 1층에서 6층까지 엘리베이터를 탔다고 가정하자. 중력장에서 얻은 퍼텐셜 에너지의 알짜 증가(전체 과정의 엔탈피 변화에 비유할 수 있는)는 6층까지 한번에 올라가든, 각 층마다 섰다 올라가든(이동을 단계별로 쪼개면서) 같을 것이다.

메테인 1 mol의 연소에 대한 엔탈피 변화는 생성물인 물이 액체 혹은 기체인지에 따라 다르다고 5.3절에서 언급한 적이 있다. 액체 물을 생성하는 반응은 더 많은 열을 방출한다. 이 반응의 첫 번째 반응이 두 단계로 일어난다고 상상함으로써 Hess의 법칙을 설명하는 데 이 예를 이용할 수 있다. 단계 1에서 메테인과 산소가 이산화 탄소와 액체 물로 변하면서 열을 방출한다.

$$CH_4(g) + 2O_2(g) \longrightarrow CO_2(g) + 2H_2O(l) \qquad \Delta H = -890.4 \, kJ/mol$$

단계 2에서 액체 물이 기화하며 이 과정은 열의 투입이 필요하다.

$$2H_2O(l) \longrightarrow 2H_2O(g) \qquad \Delta H = +88.0 \, kJ/mol$$

대수 방정식을 더하는 것처럼 균형 맞춤 화학 반응식을 더하면 반응식 화살표 양변에 나오는 같은 항목을 상쇄할 수 있다.

$$
\begin{array}{ll}
CH_4(g) + 2O_2(g) \longrightarrow CO_2(g) + 2\cancel{H_2O(l)} & \Delta H = -890.4 \, kJ/mol \\
+ \quad 2\cancel{H_2O(l)} \longrightarrow 2H_2O(g) & \Delta H = +88.0 \, kJ/mol \\
\hline
CH_4(g) + 2O_2(g) \longrightarrow CO_2(g) + 2H_2O(g) & \Delta H = -802.4 \, kJ/mol
\end{array}
$$

열화학 반응식을 더할 때, ΔH 값도 같이 더한다. 그러면 알짜 반응의 전체 엔탈피 변화가 얻어진다. 이 방법을 사용하면, 많은 반응의 엔탈피 변화를 구할 수 있고, 그중에는 직접 수행하기가 불가능한 반응도 있다. 일반적으로 Hess의 법칙을 적용하려면 일련의 화학 반응식(일련의 계단에 해당)을 그 합이 원하는 전체 반응식이 나오도록 배열하여야 한다. 종종, Hess의 법칙을 사용할 때 반응식에 적당한 계수를 곱하거나, 반응식을 역순으로 쓰거나 아니면 두 조작을 모두 하여 반응식을 수정하여야 한다. 열화학 반응식을 다루는 지침[◀◀ 5.3절]을 따르고 각 단계의 엔탈피 변화에도 대응하는 변화를 주는 것은 중요하다.

예제 5.7에 이 방법을 사용하여 ΔH을 구하는 법이 나와 있다.

예제 5.7

다음 열화학 반응식을 이용하여,

$$NO(g) + O_3(g) \longrightarrow NO_2(g) + O_2(g)$$
$$\Delta H = -198.9 \, kJ/mol$$

$$O_3(g) \longrightarrow \frac{3}{2}O_2(g)$$
$$\Delta H = -142.3 \, kJ/mol$$

$$O_2(g) \longrightarrow 2O(g)$$
$$\Delta H = +495 \, kJ/mol$$

---

2. Germain Henri Hess(1802~1850). 스위스의 화학자. 스위스에서 태어났으나 일생의 대부분을 러시아에서 보냈다. Hess의 법칙을 만들었기 때문에 열화학의 아버지라고 불린다.

다음 반응의 엔탈피 변화를 구하시오.

$$NO(g) + O(g) \longrightarrow NO_2(g)$$

전략 주어진 열화학 반응식을 배열하여 그 합이 원하는 반응식이 나오도록 한다. 엔탈피 변화도 적절하게 변경한 후 그 값을 더하여 원하는 엔탈피 변화를 얻는다.

계획 첫 번째 반응식에서 NO가 반응물이고 계수도 맞으므로 그대로 사용한다.

$$NO(g) + O_3(g) \longrightarrow NO_2(g) + O_2(g) \qquad \Delta H = -198.9 \text{ kJ/mol}$$

두 번째 반응식을 뒤집어 써야만 첫 번째 반응식에서 나온 O_3가 상쇄된다.(O_3는 전체 반응식에는 나오지 않는다.) 또한 대응하는 ΔH 값의 부호를 변경하여야 한다.

$$\frac{3}{2}O_2(g) \longrightarrow O_3(g) \qquad \Delta H = +142.3 \text{ kJ/mol}$$

이들 두 단계를 합치면 다음 식이 얻어진다.

$$NO(g) + O_3\cancel{(g)} \longrightarrow NO_2(g) + O_2\cancel{(g)} \qquad \Delta H = -198.9 \text{ kJ/mol}$$
$$+\frac{1}{2}O_2(g) \; \frac{3}{2}\cancel{O_2(g)} \longrightarrow \cancel{O_3(g)} \qquad \Delta H = +142.3 \text{ kJ/mol}$$
$$\overline{NO(g) + \frac{1}{2}O_2(g) \longrightarrow NO_2(g) \qquad \qquad \Delta H = -56.6 \text{ kJ/mol}}$$

그 다음에 마지막 식을 포함시켜서 왼쪽의 $\frac{1}{2}O_2(g)$를 O로 대체한다. 그러려면 세 번째 식을 2로 나누고 뒤집어야 한다. 그러면서 ΔH 값도 2로 나누고 그 부호를 바꾼다.

$$O(g) \longrightarrow \frac{1}{2}O_2(g) \qquad \Delta H = -247.5 \text{ kJ/mol}$$

마지막으로 모든 단계를 합하고 엔탈피 변화를 더한다.

풀이

$$NO(g) + O_3\cancel{(g)} \longrightarrow NO_2(g) + O_2\cancel{(g)} \qquad \Delta H = -198.9 \text{ kJ/mol}$$
$$\frac{3}{2}\cancel{O_2(g)} \longrightarrow O_3\cancel{(g)} \qquad \qquad \Delta H = +142.3 \text{ kJ/mol}$$
$$+O(g) \longrightarrow \frac{1}{2}\cancel{O_2(g)} \qquad \qquad \Delta H = -247.5 \text{ kJ/mol}$$
$$\overline{NO(g) + O(g) \longrightarrow NO_2(g) \qquad \qquad \Delta H = -304 \text{ kJ/mol}}$$

생각해 보기

화학 반응식의 균형을 맞추는 법을 처음으로 배웠을 때, 가능한 작은 정수를 계수로 사용해야 한다는 점을 배웠을 것이다 [◄◄ 3.3절]. Hess의 법칙을 사용하기 위해서는 종종 계수로서 분수를 사용해야 할 경우도 있다. 균형 맞춤 반응식은 대수 방정식으로 간주할 수 있고, 따라서 반응 엔탈피를 포함하여 전체식에 원하는 어떤 수라도 곱할 수 있다.

추가문제 1 예제 5.7에 나와 있는 열화학 반응식을 이용하여 반응 $2NO(g) + 4O(g) \longrightarrow 2NO_2(g) + O_2(g)$의 엔탈피 변화를 구하시오.

추가문제 2 예제 5.7에 나와 있는 열화학 반응식을 이용하여 반응 $2NO_2(g) \longrightarrow 2NO(g) + O_2(g)$의 엔탈피 변화를 구하시오.

추가문제 3 다음 그림은 서로 다른 다섯 개의 화학종이 관여하는 화학 반응의 전과 후에 대한 네 가지 계를 표현하고 있다. 다른 화학종은 다른 색의 구로 표시하였다. 처음 세 개에 대해서는 ΔH 값이 나와 있다. 마지막 반응의 ΔH를 구하시오.

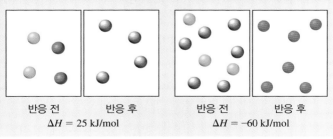

반응 전　　반응 후　　　반응 전　　반응 후
$\Delta H = 25 \text{ kJ/mol}$　　　$\Delta H = -60 \text{ kJ/mol}$

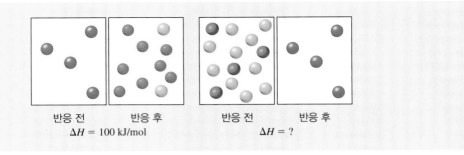

반응 전   반응 후   반응 전   반응 후
ΔH = 100 kJ/mol ΔH = ?

5.6 표준 생성 엔탈피

지금까지 반응 엔탈피 변화는(일정 압력에서) 흡수 혹은 방출되는 열을 측정하여 구할 수 있다는 것을 배웠다. 식 5.12에 따르면, 모든 반응물과 생성물의 엔탈피를 안다면 ΔH 도 구할 수 있다. 하지만 물질의 **절대**(absolute) 엔탈피 값을 측정하는 방법은 없다. 다만 임의의 기준에 대한 **상대적인**(relative) 값만을 구할 수 있다. 이 문제는 어떤 산이나 계곡의 고도를 나타내려고 할 때 지리학자가 마주치는 상황과 비슷하다. "절대적인" 고도 척도(아마도 지구의 중심으로부터의 거리에 근거하여)보다는 공통된 약속에 의하여 모든 지리적 높이와 깊이는 고도를 "0" m로 정한 임의의 기준인 해수면으로부터 측정된다. 마찬가지로 화학자들은 엔탈피에 대하여 임의의 기준점을 사용하고 있다.

모든 엔탈피 표현식에서 "해수면" 기준점을 **표준 생성 엔탈피**(standard enthalpy of formation, ΔH_f°)라고 부르며, 어떤 화합물 1 mol이 표준 상태에 있는 그 구성 원소로부터 생성될 때 일어나는 열 변화로 정의한다. 위 첨자 "°"는 표준 상태 조건을 나타내고, 아래 첨자 "f"는 **생성**(formation)을 의미한다. "표준 상태에 있는"이라는 구절은 보통의 대기 압력(1 atm)에서 원소의 가장 안정한 원소의 형태를 나타낸다. 예를 들어, 산소는 산소 원자(O), 이원자 산소(O_2), 혹은 오존(O_3)으로 존재할 수 있다. 하지만 보통의 대기 압력에서 가장 안정한 형태는 이원자 산소이다. 따라서 산소의 표준 상태는 $O_2(g)$이다. 표준 상태는 특정한 온도에서 정의되지는 않았지만, 25°C에서 측정된 ΔH_f° 값을 항상 사용할 것이다.

부록 2에 더 많은 원소와 화합물에 대한 표준 생성 엔탈피가 수록되어 있다. 관습에 의하여, 가장 안정한 형태로 존재하는 모든 원소의 표준 생성 엔탈피는 0이다. 다시 한번 산소 원소를 예로 들면 $\Delta H_f^\circ(O_2)=0$이라고 쓸 수 있지만, $\Delta H_f^\circ(O_3)\neq0$ 그리고 $\Delta H_f^\circ(O)\neq0$이다. 비슷하게, 표준 조건과 25°C에서 흑연은 다이아몬드보다 더 안정한 탄소의 동소체이므로 $\Delta H_f^\circ(\text{흑연})=0$이고 $\Delta H_f^\circ(\text{다이아몬드})\neq0$이다.

표준 생성 엔탈피가 중요한 점은 일단 이 값을 알면, 표준 조건에서 일어나는 반응의 엔탈피인 **표준 반응 엔탈피**(standard enthalpy of reaction, $\Delta H_{\text{반응}}^\circ$)를 구할 수 있기 때문이다. 예를 들어, 다음과 같은 가상적인 반응을 고려하여 보자.

$$a\text{A}+b\text{B} \longrightarrow c\text{C}+d\text{D}$$

여기서 a, b, c, d는 화학량론 계수이다. 이 반응에 대한 $\Delta H^\circ_{\text{반응}}$은 다음 식으로 주어진다.

$$\Delta H^\circ_{\text{반응}} = [c\Delta H^\circ_{\text{f}}(\text{C}) + d\Delta H^\circ_{\text{f}}(\text{D})] - [a\Delta H^\circ_{\text{f}}(\text{A}) + b\Delta H^\circ_{\text{f}}(\text{B})] \qquad [\blacktriangleleft\blacktriangleleft \text{식 5.18}]$$

식 5.18을 다음과 같이 일반화시킬 수 있다.

$$\Delta H^\circ_{\text{반응}} = \sum n\Delta H^\circ_{\text{f}}(\text{생성물}) - \sum m\Delta H^\circ_{\text{f}}(\text{반응물}) \qquad [\blacktriangleleft\blacktriangleleft \text{식 5.19}]$$

여기서 m과 n은 각각 반응물과 생성물의 화학량론 계수이고, $\sum$(시그마)는 "합"을 의미한다. 이 계산에서 화학량론 계수는 단위가 없는 수로 취급한다. 따라서 그 결과는 단위가 kJ/mol이고, 다시 말하지만, "per mole"은 쓴 반응식에서 반응의 mol당을 의미한다. 식 5.19를 이용하여 $\Delta H^\circ_{\text{반응}}$을 계산하려면, 반응에 참여하는 화합물의 $\Delta H^\circ_{\text{f}}$ 값을 알아야 한다. 부록 2에 나와 있는 이 값은 직접법이나 간접법으로 구할 수 있다.

직접(direct)법은 원소로부터 쉽고 안전하게 합성할 수 있는 화합물의 $\Delta H^\circ_{\text{f}}$의 측정에 사용된다. 이산화 탄소의 생성 엔탈피를 알고 싶다고 가정하자. 표준 상태에 있는 탄소(흑연)와 산소 분자가 표준 상태에서 이산화 탄소로 변환되는 반응의 엔탈피를 측정하여야 한다.

$$\text{C(흑연)} + \text{O}_2(g) \longrightarrow \text{CO}_2(g) \qquad \Delta H^\circ_{\text{반응}} = -393.5 \text{ kJ/mol}$$

경험적으로 이 연소 반응은 완결된다는 점을 알고 있다. 따라서 식 5.19로부터 다음과 같이 쓸 수 있다.

$$\Delta H^\circ_{\text{반응}} = \Delta H^\circ_{\text{f}}(\text{CO}_2) - [\Delta H^\circ_{\text{f}}(\text{흑연}) + \Delta H^\circ_{\text{f}}(\text{O}_2)] = -393.5 \text{ kJ/mol}$$

흑연과 O_2는 각 원소의 가장 안정한 동소체이므로, $\Delta H^\circ_{\text{f}}(\text{흑연})$와 $\Delta H^\circ_{\text{f}}(\text{O}_2)$는 둘 다 0이다. 따라서

$$\Delta H^\circ_{\text{반응}} = \Delta H^\circ_{\text{f}}(\text{CO}_2) = -393.5 \text{ kJ/mol}$$

즉

$$\Delta H^\circ_{\text{f}}(\text{CO}_2) = -393.5 \text{ kJ/mol}$$

표준 상태에 있는 각 원소에 대하여 $\Delta H^\circ_{\text{f}}$를 임의로 0으로 정하여도 계산 결과에는 아무런 영향을 주지 않는다. 열화학에서 엔탈피의 절댓값은 실험적으로 구할 수 없으나 엔탈피 변화는 실험적으로 결정할 수 있기 때문에 엔탈피 변화에만 관심을 가지고 있는 점을 기억하자. 엔탈피에 대한 "기준점"으로서 0을 사용하는 이유는 계산이 쉬워지기 때문이다. 다시 지표면의 고도를 계산하는 방법을 예로 들면, Everest 산(세계에서 가장 높은 산)은 Denali 산(미국에서 가장 높은 산)보다 8708 ft만큼 더 높다. 이 고도 차이는 기준 고도로서 해수면을 고르든지 지구의 중심을 고르든지에 상관없이 같을 것이다.

직접법으로 연구할 수 있는 다른 화합물에는 SF_6, P_4O_{10}, CS_2 등이 있다. 이들 화합물의 합성 반응을 식으로 나타내면 다음과 같다.

$$\text{S(사방)} + 3\text{F}_2(g) \longrightarrow \text{SF}_6(g)$$
$$\text{P}_4\text{(백린)} + 5\text{O}_2(g) \longrightarrow \text{P}_4\text{O}_{10}(s)$$
$$\text{C(흑연)} + 2\text{S(사방)} \longrightarrow \text{CS}_2(l)$$

S(사방)과 P(백린)은 1 atm과 25°C에서 각각 황과 인의 가장 안정한 동소체이므로 ΔH_f° 값은 0이다.

예제 5.8은 $\Delta H_{반응}^{\circ}$을 구하기 위하여 어떻게 ΔH_f° 값이 사용되는지를 보여 주고 있다.

예제 5.8

부록 2의 자료를 사용하여, $Ag^+(aq)+Cl^-(aq) \longrightarrow AgCl(s)$의 $\Delta H_{반응}^{\circ}$을 구하시오.

전략 식 5.19 $[\Delta H_{반응}^{\circ}=\sum n\Delta H_f^{\circ}(생성물)-\sum m\Delta H_f^{\circ}(반응물)]$과 부록 2의 ΔH_f° 값을 사용하여 $\Delta H_{반응}^{\circ}$을 구한다.

계획 $Ag^+(aq)$, $Cl^-(aq)$, $AgCl(s)$의 ΔH_f° 값은 각각 $+105.9$, -167.2, $-127.0\,kJ/mol$이다.

풀이 식 5.19를 이용하여,

$$\Delta H_{반응}^{\circ}=\Delta H_f^{\circ}(AgCl)-[\Delta H_f^{\circ}(Ag^+)+\Delta H_f^{\circ}(Cl^-)]$$
$$=-127.0\,kJ/mol-[(+105.9\,kJ/mol)+(-167.2\,kJ/mol)]$$
$$=-127.0\,kJ/mol-(-61.3\,kJ/mol)=-65.7\,kJ/mol$$

> **생각해 보기**
> 음의 부호를 잘못 쓰거나 빠뜨리지 않았는지를 살핀다. 이 단계에서 부호를 놓치기 쉽다.

추가문제 1 부록 2의 자료를 사용하여, $CaCO_3(s) \longrightarrow CaO(s)+CO_2(g)$의 $\Delta H_{반응}^{\circ}$을 구하시오.

추가문제 2 부록 2의 자료를 사용하여, $2SO(g)+\dfrac{2}{3}O_3(g) \longrightarrow 2SO_2(g)$의 $\Delta H_{반응}^{\circ}$을 구하시오.

추가문제 3 다음 그림은 화학 반응 전과 후의 계를 표현하고 있다. 반응에 참여하는 화학종에 대한 ΔH_f° 값이 나와 있는 표를 사용하여, 그림이 표현하고 있는 과정에 대하여 $\Delta H_{반응}^{\circ}$을 구하시오.

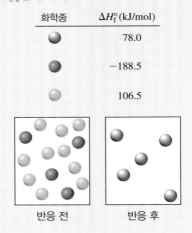

많은 화합물은 원소로부터 직접 합성할 수 없다. 어떤 경우에는 반응이 너무 느리거나 부반응이 일어나서 원하는 화합물이 아닌 다른 물질이 생기기도 한다. 이러한 경우에는 Hess의 법칙을 이용하는 **간접적인** 방법으로 ΔH_f°를 구할 수 있다. $\Delta H_{반응}^{\circ}$을 측정할 수 있는 일련의 반응을 알고 있다고 하자. 이들 반응식을 적절하게 배열하여 더한 반응식이 구하고자 하는 화합물의 생성 반응에 대응하면, 이 화합물의 ΔH_f°를 구할 수 있다.

예제 5.9에 구성 원소로부터 쉽게 합성할 수 없는 화합물에 대하여 간접법을 사용하여 ΔH_f° 값을 계산하기 위하여 어떻게 Hess의 법칙을 사용하는지가 나와 있다.

예제 5.9

다음 자료로부터, 그 구성 원소로부터 아세틸렌(C_2H_2)이 만들어지는 반응의 표준 생성 엔탈피를 구하시오.

$$C(흑연) + O_2(g) \longrightarrow CO_2(g) \qquad \Delta H°_{반응} = -393.5 \, kJ/mol \qquad (1)$$

$$H_2(g) + \frac{1}{2}O_2(g) \longrightarrow H_2O(l) \qquad \Delta H°_{반응} = -285.8 \, kJ/mol \qquad (2)$$

$$2C_2H_2(g) + 5O_2(g) \longrightarrow 4CO_2(g) + 2H_2O(l) \qquad \Delta H°_{반응} = -2598.8 \, kJ/mol \qquad (3)$$

전략 문제에 나와 있는 식을 배열하여 그 합이 원하는 식으로 나오도록 한다. 이를 위해서 식을 역순으로 쓰거나 곱해야 할 수도 있다. 이러한 식을 변경할 때 $\Delta H°_{반응}$ 값도 알맞게 바꿔야 한다.

계획 아세틸렌의 표준 생성 엔탈피에 대응하는 식은 다음과 같다.

$$2C(흑연) + H_2(g) \longrightarrow C_2H_2(g)$$

식 (1)과 $\Delta H°_{반응}$ 값에 2를 곱한다.

$$2C(흑연) + 2O_2(g) \longrightarrow 2CO_2(g) \qquad \Delta H°_{반응} = -787.0 \, kJ/mol$$

식 (2)와 $\Delta H°_{반응}$ 값은 그대로 쓴다.

$$H_2(g) + \frac{1}{2}O_2(g) \longrightarrow H_2O(l) \qquad \Delta H°_{반응} = -285.8 \, kJ/mol$$

식 (3)을 역으로 쓰고 2로 나눈다. (즉, $\frac{1}{2}$을 곱한다.)

$$2CO_2(g) + H_2O(l) \longrightarrow C_2H_2(g) + \frac{5}{2}O_2(g) \qquad \Delta H°_{반응} = +1299.4 \, kJ/mol$$

식 (3)의 원래 $\Delta H°_{반응}$ 값의 부호를 바꾸고 2로 나눈다.

풀이 얻어지는 식과 대응하는 $\Delta H°_{반응}$ 값을 합친다.

$$2C(흑연) + 2O_2(g) \longrightarrow 2CO_2(g) \qquad \Delta H°_{반응} = -787.0 \, kJ/mol$$
$$H_2(g) + \frac{1}{2}O_2(g) \longrightarrow H_2O(l) \qquad \Delta H°_{반응} = -285.8 \, kJ/mol$$
$$+ \quad 2CO_2(g) + H_2O(l) \longrightarrow C_2H_2(g) + \frac{5}{2}O_2(g) \qquad \Delta H°_{반응} = +1299.4 \, kJ/mol$$
$$\overline{2C(흑연) + H_2(g) \longrightarrow C_2H_2(g) \qquad \Delta H°_f = +226.6 \, kJ/mol}$$

생각해 보기

음의 부호를 잘못 쓰거나 빠뜨리지 않았는지를 살핀다. 이 단계에서 부호를 놓치기 쉽다.

추가문제 1 다음 자료를 사용하여 $CS_2(l)$의 $\Delta H°_f$를 구하시오.

$$C(흑연) + O_2(g) \longrightarrow CO_2(g) \qquad \Delta H°_{반응} = -393.5 \, kJ/mol$$
$$S(사방) + O_2(g) \longrightarrow SO_2(g) \qquad \Delta H°_{반응} = -296.4 \, kJ/mol$$
$$CS_2(l) + 3O_2(g) \longrightarrow CO_2(g) + 2SO_2(g) \qquad \Delta H°_{반응} = -1073.6 \, kJ/mol$$

추가문제 2 염화 수소[$HCl(g)$]의 $\Delta H°_f$는 $-92.3 \, kJ/mol$이다. 다음 자료를 사용하여, 빠져 있는 두 개의 생성물이 무엇인지를 밝히고, 식 (3)에서의 $\Delta H°_{반응}$을 구하시오. [힌트: 먼저 $HCl(g)$의 $\Delta H°_f$에 대응하는 반응식을 쓴다.]

$$N_2(g) + 4H_2(g) + Cl_2(g) \longrightarrow 2NH_4Cl(s) \qquad \Delta H°_{반응} = -630.78 \, kJ/mol \qquad (1)$$
$$N_2(g) + 3H_2(g) \longrightarrow 2NH_3(g) \qquad \Delta H°_{반응} = -92.6 \, kJ/mol \qquad (2)$$
$$NH_4Cl(s) \longrightarrow \qquad (3)$$

추가문제 3 다음 그림은 $\Delta H°_{반응}$이 $-2624.9 \, kJ/mol$인 어떤 화학 반응의 전과 후의 계를 표현하고 있다. 이 정보를 이용하여 반응에 참여하는 화학종에 대한 $\Delta H°_f$ 값을 수록한 표를 완성하시오.

	반응 전	반응 후
화학종		$\Delta H°_f \, (kJ/mol)$
🔵		-148.7
🟢		?
⚫		255.1

반응 엔탈피

표에 나와 있는 ΔH_f° 값과 식 5.19를 이용하면, 표준 반응 엔탈피($\Delta H_{\text{반응}}^\circ$)를 구할 수 있다.

$$\Delta H_{\text{반응}}^\circ = \sum n \Delta H_f^\circ \text{(생성물)} - \sum m \Delta H_f^\circ \text{(반응물)}$$

반응 엔탈피 같은 열역학적 양을 구하는 이 방법은, 이 장에서만이 아니라 18과 19장에서도 중요하다. 다음 예는 식 5.19와 부록 2 자료를 이용하는 예를 보여주고 있다. 각 예는 이 방법의 중요한 면을 구체적으로 보여주고 있다.

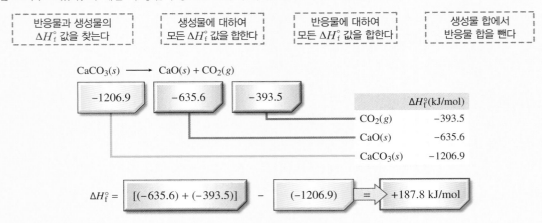

각 ΔH_f° 값은 균형 맞춤 반응식에서의 대응하는 화학량론 계수로 곱해져야 한다.

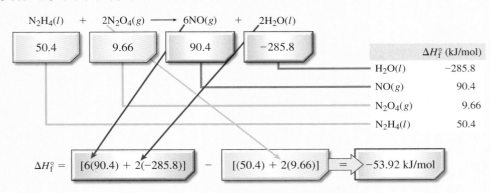

$$Ba(s) + 2H_2O(l) \longrightarrow Ba(OH)_2(aq) + H_2(g)$$

정의에 의하면, 표준 상태에 있는 원소의 표준 생성 엔탈피는 0이다. 또한 부록 2를 포함하여 열역학적 자료를 수록한 많은 표에 수산화 바륨 같은 수용성 강전해질에 대한 값은 나오지 않는다. 하지만, 표에는 각각의 수용성 이온에 대한 값이 나와 있다. 그러므로 $Ba(OH)_2$이 포함된 반응식을 각각의 이온이 나오는 식으로 다시 써야만 이러한 반응의 반응 엔탈피를 구할 수 있다.

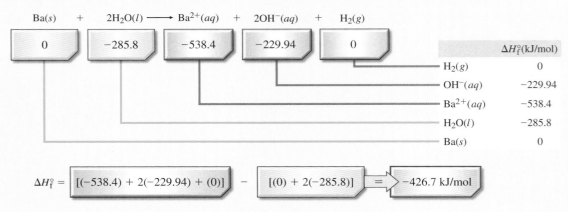

물 같은 어떤 물질은 ΔH_f° 값이 두 개 이상 표에 나오는 것을 발견할 것이다. 화학 반응식에서 나오는 물질의 상에 대응하는 값을 선택하는 것은 매우 중요하다. 앞의 예에서 물은 균형 맞춤 반응식에서 액체로 나타났다. 하지만 기체로도 나타날 수 있다.

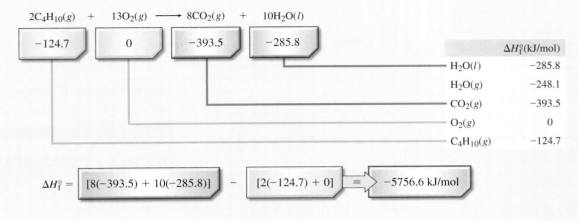

주요 내용 문제

5.1
부록 2의 자료를 사용하여, 다음 반응의 표준 반응 엔탈피를 구하시오.

$$Mg(OH)_2(s) \longrightarrow MgO(s) + H_2O(l)$$

(a) $-608.7 \, kJ/mol$ (b) $-81.1 \, kJ/mol$

(c) $-37.1 \, kJ/mol$ (d) $+81.1 \, kJ/mol$

(e) $+37.1 \, kJ/mol$

5.2
부록 2의 자료를 사용하여, 다음 반응의 표준 반응 엔탈피를 구하시오.

$$4HBr(g) + O_2(g) \longrightarrow 2H_2O(l) + 2Br_2(l)$$

(a) $-426.8 \, kJ/mol$ (b) $-338.8 \, kJ/mol$

(c) $-249.6 \, kJ/mol$ (d) $+426.8 \, kJ/mol$

(e) $+338.8 \, kJ/mol$

5.3
부록 2의 자료를 사용하여, 다음 반응의 표준 반응 엔탈피를 구하시오.(먼저 식의 균형을 맞추어야 한다.)

$$P(적린) + Cl_2(g) \longrightarrow PCl_3(g)$$

(a) $-576.1 \, kJ/mol$ (b) $-269.7 \, kJ/mol$

(c) $-539.3 \, kJ/mol$ (d) $-602.6 \, kJ/mol$

(e) $+639.4 \, kJ/mol$

5.4
정수인 계수만을 사용하여, 헥세인의 연소는 다음과 같이 쓸 수 있다.

$$2C_6H_{14}(l) + 19O_2(g) \longrightarrow 12CO_2(g) + 14H_2O(l)$$
$$\Delta H^\circ = -8388.4 \, kJ/mol$$

부록 2의 자료를 사용하여, 헥세인의 표준 생성 엔탈피를 구하시오.

(a) $-334.8 \, kJ/mol$ (b) $-167.4 \, kJ/mol$

(c) $-669.6 \, kJ/mol$ (d) $+334.8 \, kJ/mol$

(e) $+669.6 \, kJ/mol$

연습문제

배운 것 적용하기

최근 다이어트 방법 중에서 가장 인기 있는 방법의 하나가 식이지방을 줄이는 것이었다. 지방 섭취를 피하는 한 가지 이유는 지방의 칼로리 함량이 높다는 것이다. 열량이 g당 4 Cal(17 kJ/g)인 탄수화물이나 단백질에 비교하면, 지방에는 g당 9 Cal(38 kJ/g)가 들어 있다. 전형적인 지방인 트라이스테아린(tristearin)은 다음 식에 따라서 대사 작용이 일어난다.(연소된다.)

$$C_{57}H_{110}O_6(s) + 81.5O_2(g) \longrightarrow 57CO_2(g) + 55H_2O(l)$$

$$\Delta H^\circ = -37{,}760 \text{ kJ/mol}$$

식품 산업은 우리가 먹는 거의 모든 것의 저지방 판을 생산하는 데 성공하였지만, 아직까지 맛있는 저지방 도넛을 생산하는 데에는 실패하였다. 풍미, 감촉 그리고 산업계에서 도넛의 "식감"이라고 부르는 것은 주로 튀기는 과정에서 나오는 것이다. 도넛 사업에 종사하는 사람에게는 다행스럽게도 고지방을 포함한 도넛의 인기는 감소하지 않고 있다. www.krispykreme.com에서 구한 정보에 의하면, 무게가 52 g인 오리지널 글레이즈 Krispy Kreme 도넛에는 200 Cal와 지방 12 g이 들어 있다.

(a) 도넛의 지방이 트라이스테아린에 대하여 쓴 반응식처럼 대사된다고 가정하여, 각 도넛에 들어 있다고 보고된 지방 12 g에 해당하는 칼로리(Cal)를 구하시오[|◀◀ 예제 5.3].

(b) Krispy Kreme 도넛에 포함된 모든 에너지(지방에 있는 것 말고도)가 처음 온도가 25.5 °C인 물 6.00 kg으로 이동하였다면, 물의 최종 온도는 몇 °C가 될까[|◀◀ 예제 5.4]?

(c) 무게가 101 g인 Krispy Kreme 사과 튀김을 $C_{열량계}$=95.3 kJ/°C인 통열량계에서 태웠더니 온도가 16.7 °C만큼 증가하였다. Krispy Kreme 사과 튀김의 칼로리(Cal)를 구하시오[|◀◀ 예제 5.6].

(d) 트라이스테아린 지방 1 mol의 대사 과정에서 액체 대신에 기체상 물이 생성되었다면, ΔH° 값은 얼마일까[|◀◀ 예제 5.7]?[힌트: 부록 2의 자료를 이용하여 반응 $H_2O(l) \longrightarrow H_2O(g)$의 ΔH° 값을 구한다[|◀◀ 예제 5.8].]

Nutrition Facts

Serving Size 1 donut (about 52g)
Servings Per Container 12

Amount Per Serving

Calories 200 **Calories From Fat** 100

	%Daily Value*
Total Fat 12g	18%
Saturated Fat 3g	15%
Trans Fat 4g	
Cholesterol 5mg	1%
Sodium 95mg	4%
Total Carbohydrate 22g	7%
Dietary Fiber <1g	1%
Sugars 10g	
Protein 2g	

Vitamin A	0%	Vitamin C	2%
Calcium	6%	Iron	4%

*Percent of Daily Values (DV) are based on a 2,000 calorie diet.

글레이즈를 입힌 Krispy Kreme 도넛의 영양 분석 라벨

5.1절: 에너지와 에너지 변화

5.1 화학량론은 질량 보존의 법칙에 근거를 두고 있다. 열화학은 무슨 법칙에 근거를 두고 있는가?

5.2 분해 반응은 대개 흡열 과정이지만 결합 반응은 대개 발열 과정이다. 이러한 경향을 정성적으로 설명하시오.

5.2절: 열역학 서론

5.3 기체를 압축하는 데 47 J의 일이 행해졌다. 그 결과로서 93 J의 열이 주위에 방출되었다. 기체의 내부 에너지 변화를 구하시오.

5.4 415 J의 열이 방출되었고 ΔU=510 J일 때 w를 구하고, 계가 일을 하였는지 아니면 계에 대하여 일이 행해졌는지를 결정하시오.

5.5 가장 왼쪽의 그림은 과정 전의 계를 나타낸다. 다음 과정이 일어난 후에 계를 나타내는 그림을 오른쪽에서 고르시오.
(a) 계는 열을 흡수하고 ΔU는 음수이다.
(b) 계는 열을 흡수하고 주위에 일을 한다.
(c) 계는 열을 방출하고 주위에 일을 한다.

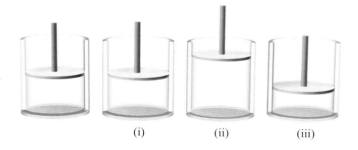

(i)   (ii)   (iii)

5.3절: 엔탈피

5.6　어떤 기체 시료의 부피가 26.7에서 89.3 mL로 일정 온도에서 팽창한다. 기체가 (a) 진공에 대하여, (b) 1.5 atm의 일정 압력에 대하여, (c) 2.8 atm의 일정 압력에 대하여 팽창하였을 때 행해진 일을 줄 단위로 구하시오($1\,\text{L}\cdot\text{atm}=101.3\,\text{J}$).

5.7　황화 아연 광석에서 아연을 공업적으로 회수하는 과정의 첫 단계는 열을 가하여 ZnS를 ZnO로 변환하는 로스팅(roasting)이다.

$$2\text{ZnS}(s)+3\text{O}_2(g)\longrightarrow 2\text{ZnO}(s)+2\text{SO}_2(g)$$
$$\Delta H=-879\,\text{kJ/mol}$$

로스팅된 ZnS의 g당 발생하는 열(kJ)을 구하시오.

5.8　다음 반응을 고려해 보자.

$$2\text{H}_2\text{O}(g)\longrightarrow 2\text{H}_2(g)+\text{O}_2(g)$$
$$\Delta H=+483.6\,\text{kJ/mol}$$

어떤 온도에서 외부 압력 1.00 atm에 대하여 부피가 32.7 L 만큼 증가하였다면, 이 반응의 ΔU는 얼마인가?($1\,\text{L}\cdot\text{atm}=101.3\,\text{J}$)

5.9　다음 그림은 두 연관된 화학 과정에서 반응 전과 후의 계를 표현하고 있다. 첫 번째 반응의 ΔH는 $-595.8\,\text{kJ/mol}$이다. 두 번째 반응의 ΔH 값을 구하시오.

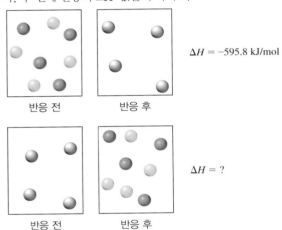

5.4절: 열계량법

5.10　구리 금속 6.22 kg 조각을 20.5℃에서 324.3℃로 가열하였다. 금속이 흡수한 열을 kJ 단위로 구하시오.

5.11　18.0℃의 금판 10.0 g을 55.6℃의 철판 20.0 g 위에 평평하게 올려 놓았다. 합쳐진 금속의 최종 온도는 얼마인가? 열은 주위로 빠져나가지 않는다고 가정한다.(힌트: 금이 얻는 열은 철이 잃어버리는 열과 같다. 금속의 비열은 표 5.2에 나와 있다.)

5.12　열용량을 무시할 수 있는 일정−압력 열량계에서 $0.862\,M$ HCl 2.00×10^2 mL를 $0.431\,M$ Ba(OH)$_2$ 2.00×10^2 mL와 섞었다. HCl과 Ba(OH)$_2$ 용액의 초기 온도는 둘 다 20.48℃였다. 반응

$$\text{H}^+(aq)+\text{OH}^-(aq)\longrightarrow \text{H}_2\text{O}(l)$$

에서 중화열이 $-56.2\,\text{kJ/mol}$이면, 섞은 용액의 최종 온도는 얼마인가? 용액의 비열은 순수한 물의 비열과 같다고 가정한다.

5.13　일정−압력 열량계에서 35.6℃의 메탄올 25.95 g 시료를 24.7℃의 에탄올 38.65 g 시료에 가하였다. 합친 액체의 최종 온도가 28.5℃이고 열량계의 열용량이 $19.3\,\text{J}/℃$이면, 메탄올의 비열은 얼마인가?

5.14　질량이 둘 다 100 g이고 초기 온도가 20℃인 두 금속 A와 B를 고려하자. 비열은 A가 B보다 더 크다. 같은 가열 조건에서 어느 금속이 온도 21℃에 도달하는 데 시간이 더 걸리겠는가?

5.5절: Hess의 법칙

5.15　다음과 같은 열화학 자료가 있다.

$$\text{A}+6\text{B}\longrightarrow 4\text{C}\qquad \Delta H=-1200\,\text{kJ/mol}$$
$$\text{C}+\text{B}\longrightarrow \text{D}\qquad \Delta H=-150\,\text{kJ/mol}$$

다음 각 반응의 엔탈피 변화를 구하시오.

(a) $\text{D}\longrightarrow \text{C}+\text{B}$　　(b) $2\text{C}\longrightarrow \frac{1}{2}\text{A}+3\text{B}$

(c) $3\text{D}+\frac{1}{2}\text{A}\longrightarrow 5\text{C}$　(d) $2\text{D}\longrightarrow 2\text{C}+2\text{B}$

(e) $6\text{D}+\text{A}\longrightarrow 10\text{C}$

5.16　다음과 같은 자료가 있다.

$$\text{S(사방)}+\text{O}_2(g)\longrightarrow \text{SO}_2(g)$$
$$\Delta H^{\circ}_{\text{반응}}=-296.4\,\text{kJ/mol}$$
$$\text{S(단사)}+\text{O}_2(g)\longrightarrow \text{SO}_2(g)$$
$$\Delta H^{\circ}_{\text{반응}}=-296.7\,\text{kJ/mol}$$

다음 변환의 엔탈피 변화를 구하시오.

$$\text{S(사방)}\longrightarrow \text{S(단사)}$$

(단사 황과 사방 황은 원소 황의 서로 다른 동소체이다.)

5.17　다음과 같은 연소열로부터,

$$\text{CH}_3\text{OH}(l)+\frac{3}{2}\text{O}_2(g)\longrightarrow \text{CO}_2(g)+2\text{H}_2\text{O}(l)$$
$$\Delta H^{\circ}_{\text{반응}}=-726.4\,\text{kJ/mol}$$
$$\text{C(흑연)}+\text{O}_2(g)\longrightarrow \text{CO}_2(g)$$
$$\Delta H^{\circ}_{\text{반응}}=-393.5\,\text{kJ/mol}$$
$$\text{H}_2(g)+\frac{1}{2}\text{O}_2(g)\longrightarrow \text{H}_2\text{O}(l)$$
$$\Delta H^{\circ}_{\text{반응}}=-285.8\,\text{kJ/mol}$$

메탄올이 그 원소로부터 생성되는 반응의 생성 엔탈피를 구하시오.

$$\text{C(흑연)}+2\text{H}_2(g)+\frac{1}{2}\text{O}_2(g)\longrightarrow \text{CH}_3\text{OH}(l)$$

5.18　다음에 나오는 열역학 자료를 이용하여, 이산화 황과 오존이 삼산화 황으로 변하는 기체상 반응의 엔탈피 변화를 구하시오.

$$2\text{SO}(g)+\text{O}_2(g)\longrightarrow 2\text{SO}_2(g)$$
$$\Delta H^{\circ}_{\text{반응}}=-602.8\,\text{kJ/mol}$$
$$3\text{SO}(g)+2\text{O}_3(g)\longrightarrow 3\text{SO}_3(g)$$
$$\Delta H^{\circ}_{\text{반응}}=-1485.03\,\text{kJ/mol}$$
$$\frac{3}{2}\text{O}_2(g)\longrightarrow \text{O}_3(g)\qquad \Delta H^{\circ}_{\text{반응}}=142.2\,\text{kJ/mol}$$

5.19 각 그림은 대응하는 반응 엔탈피와 함께 화학 반응 전과 후의 계를 보여 주고 있다. 나와 있는 마지막 반응의 반응 엔탈피를 구하시오.

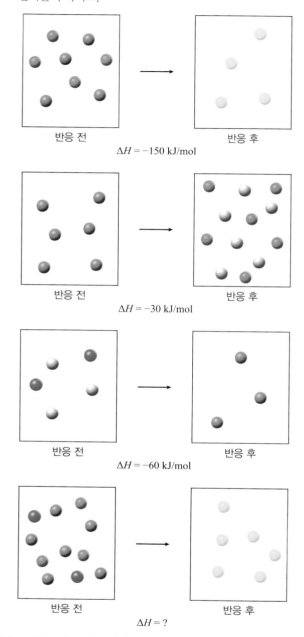

반응 전   반응 후

$\Delta H = -150$ kJ/mol

반응 전   반응 후

$\Delta H = -30$ kJ/mol

반응 전   반응 후

$\Delta H = -60$ kJ/mol

반응 전   반응 후

$\Delta H = ?$

※ 다음 그림은 서로 다른 다섯 개의 화학종이 관여하는 세 가지 다른 화학 반응을 묘사하고 있으며, 각 화학종은 다른 색의 구로 표시하였다. 이러한 정보를 사용하여 문제 5.20을 푸시오.

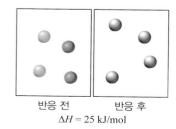

반응 전   반응 후
$\Delta H = 25$ kJ/mol

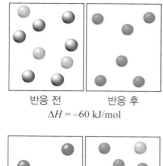

반응 전   반응 후
$\Delta H = -60$ kJ/mol

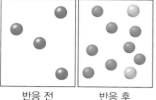

반응 전   반응 후
$\Delta H = 100$ kJ/mol

5.20 다음 반응의 ΔH 값을 구하시오.

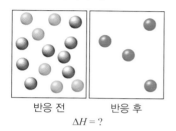

반응 전   반응 후
$\Delta H = ?$

5.6절: 표준 생성 엔탈피

5.21 다음 중에서 표준 생성 엔탈피 값이 25°C에서 0이 아닌 것은?

$$\text{Na}(s), \text{Ne}(g), \text{CH}_4(g), \text{S}_8(\text{단사}), \text{Hg}(l), \text{H}(g)$$

5.22 25°C에서 어느 것의 ΔH_f° 값이 더 음수인가?

$$\text{H}_2\text{O}(l) \text{ 혹은 } \text{H}_2\text{O}(g)$$

5.23 부록 2에 수록된 표준 생성 엔탈피로부터 다음 반응의 연소열을 구하시오.

(a) $2\text{H}_2(g) + \text{O}_2(g) \longrightarrow 2\text{H}_2\text{O}(l)$

(b) $2\text{C}_2\text{H}_2(g) + 5\text{O}_2(g) \longrightarrow 4\text{CO}_2(g) + 2\text{H}_2\text{O}(l)$

5.24 메탄올, 에탄올과 n−프로판올은 세 흔한 알코올이다. 이들 알코올 1.00 g을 공기 중에서 태웠을 때 발생하는 열은 다음과 같다.

(a) 메탄올(CH_3OH), −22.6 kJ

(b) 에탄올($\text{C}_2\text{H}_5\text{OH}$), −29.7 kJ

(c) n−프로판올($\text{C}_3\text{H}_7\text{OH}$), −33.4 kJ

이들 알코올의 연소열을 kJ/mol 단위로 구하시오.

5.25 표준 생성 엔탈피로부터 다음 반응의 $\Delta H_\text{반응}^\circ$을 구하시오.

$\text{C}_6\text{H}_{12}(l) + 9\text{O}_2(g) \longrightarrow 6\text{CO}_2(g) + 6\text{H}_2\text{O}(l)$

$\text{C}_6\text{H}_{12}(l)$, $\Delta H_f^\circ = -151.9$ kJ/mol

5.26 다음 반응을 고려해 보자.

$\text{N}_2(g) + 3\text{H}_2(g) \longrightarrow 2\text{NH}_3(g)$

$$\Delta H = -92.6 \text{ kJ/mol}$$

1 atm과 어떤 온도에서 N_2 2 mol이 H_2 6 mol과 반응하여 NH_3 4 mol을 생성하였을 때, 부피가 98 L만큼 감소하였

다. 이 반응의 ΔU를 구하시오.(환산 인자는 $1\,L\cdot atm =$ 101.3 J이다.)

5.27 펜타보레인-9(pentaborane-9, B_5H_9)은 산소에 노출되면 불꽃을 내면서 폭발하는 무색의 매우 반응성이 큰 액체이다. 이 반응식은 다음과 같다.

$$2B_5H_9(l) + 12O_2(g) \longrightarrow 5B_2O_3(s) + 9H_2O(l)$$

이 화합물 1g이 산소와 반응하였을 때 방출하는 열을 kJ 단위로 구하시오. B_5H_9의 표준 생성 엔탈피는 73.2 kJ/mol이다.

5.28 25°C에서 다음 원소의 ΔH_f° 값이 0일지, 0보다 클지 혹은 0보다 작을지를 예측하시오.

(a) $Br_2(g)$, $Br_2(l)$　　　(b) $I_2(g)$, $I_2(s)$

5.29 원소로부터 $Ag_2O(s)$와 $CaCl_2(s)$의 ΔH_f° 값을 측정할 수 있는 방법(적당한 반응식을 포함하여)을 제안하시오.(계산은 필요 없다.)

추가 문제

5.30 25°C에서 표준 상태에 있는 가장 안정한 원소에 0의 엔탈피 값을 임의로 정하는 관습은 반응 엔탈피를 구하는 편리한 방법이다. 이러한 관습이 핵 반응에는 적용될 수 없는 이유를 설명하시오.

5.31 다음 반응에 따른 질산 은의 열분해 반응의 표준 엔탈피 변화 ΔH°는 +78.67 kJ이다.

$$AgNO_3(s) \longrightarrow AgNO_2(s) + \frac{1}{2}O_2(g)$$

$AgNO_3(s)$의 표준 생성 엔탈피는 −123.02 kJ/mol이다. $AgNO_2(s)$의 표준 생성 엔탈피를 구하시오.

5.32 99.0°C의 미지의 금속 시료 44.0 g을 24.0°C의 물 80.0 g이 들어 있는 일정-압력 열량계에 넣었다. 계의 최종 온도는 28.4°C였다. 금속의 비열을 구하시오.(열량계의 열용량은 12.4 J/°C이다.)

5.33 다음 자료로부터

$$H_2(g) \longrightarrow 2H(g) \qquad \Delta H^\circ = 436.4\,kJ/mol$$
$$Br_2(g) \longrightarrow 2Br(g) \qquad \Delta H^\circ = 192.5\,kJ/mol$$
$$H_2(g) + Br_2(g) \longrightarrow 2HBr(g)$$
$$\Delta H^\circ = -72.4\,kJ/mol$$

다음 반응의 ΔH°를 구하시오.

$$H(g) + Br(g) \longrightarrow HBr(g)$$

5.34 에탄올(C_2H_5OH)과 휘발유(모두 옥테인 C_8H_{18}이라고 간주한다)는 둘 다 자동차 연료로 쓰인다. 휘발유가 \$2.20/gal으로 팔린다면, 달러당 동일한 열량을 제공하려면 에탄올의 가격은 얼마가 되어야 하겠는가? 옥테인의 밀도와 ΔH_f°는 각각 0.7025 g/mL와 −249.9 kJ/mol이고, 에탄올의 밀도와 ΔH_f°는 각각 0.7894 g/mL와 −277.0 kJ/mol이다(1 gal=3.785 L).

5.35 액체의 증발열($\Delta H_{증발}$)은 액체 1.00 g을 그 끓는점에서 증발시키는 데 필요한 에너지이다. 어떤 실험에서 액체 질소 60.0 g(끓는점=−196°C)을 55.3°C의 물 2.00×10^2 g이 들어있는 스티로폼 컵에 부었다. 물의 최종 온도가 41.0°C

였다면, 액체 질소의 mol당 증발열은 얼마인가?

5.36 다음 반응 중에서 어느 것이 $\Delta H_{반응}^\circ = \Delta H_f^\circ$인가?

(a) $H_2(g) + S(사방) \longrightarrow H_2S(g)$

(b) $C(다이아몬드) + O_2(g) \longrightarrow CO_2(g)$

(c) $H_2(g) + CuO(s) \longrightarrow H_2O(l) + Cu(s)$

(d) $O(g) + O_2(g) \longrightarrow O_3(g)$

5.37 초기 부피가 0.050 L인 기체가 0.50 L로 팽창하였다. 다음과 같은 조건에서 기체가 팽창하였을 때 기체가 행한 일을 구하시오.(환산 인자는 $1\,L\cdot atm = 101.3$ J이다.)

(a) 진공에 대하여 (b) 0.20 atm의 일정 압력에 대하여

5.38 벤조산(C_6H_5COOH)의 연소 엔탈피는 일정-부피 통열량계를 보정하는 데 표준 물질로 흔히 사용된다. 그 값은 정확하게 −3226.7 kJ/mol로 결정되었다. 벤조산 1.9862 g을 열량계에서 태웠더니, 온도가 21.84°C에서 25.67°C로 올라갔다. 통의 열용량은 얼마인가?(통을 둘러싼 물은 정확히 2000 g이다.)

5.39 CO_2의 생성 엔탈피와 다음 정보로부터 일산화 탄소(CO)의 표준 생성 엔탈피를 구하시오.

$$CO(g) + \frac{1}{2}O_2(g) \longrightarrow CO_2(g)$$
$$\Delta H^\circ = -283.0\,kJ/mol$$

왜 다음 반응의 엔탈피를 측정하여 표준 생성 엔탈피를 직접 얻을 수 없는가?

$$C(흑연) + \frac{1}{2}O_2(g) \longrightarrow CO(g)$$

5.40 에탄올(C_2H_5OH)의 표준 생성 엔탈피를 표준 연소 엔탈피(−1367.4 kJ/mol)로부터 구하시오.

5.41 23°C에서 청량음료 361 g이 들어 있는 스티로폼 컵에 0°C의 얼음을 넣었다. 음료수의 비열은 물의 비열과 같다. 얼음과 청량음료가 평형 온도 0°C에 도달한 후에도 약간의 얼음은 남아 있다. 녹은 얼음의 질량을 구하시오. 컵의 열용량은 무시한다.(힌트: 0°C에서 얼음 1 g을 녹이는 데 334 J이 필요하다.)

5.42 298 K인 일정-부피 통열량계에서 나프탈렌($C_{10}H_8$) 1.034 g을 태웠더니 41.56 kJ의 열이 방출되었다. 이 반응의 mol당 ΔU와 w를 구하시오.

5.43 불순한 포도당($C_6H_{12}O_6$) 4.117 g 시료를 열용량이 19.65 kJ/°C인 일정-부피 열량계에서 태웠더니 온도가 3.134°C 만큼 올라갔다. 시료에 들어 있는 포도당의 질량 백분율을 구하시오. 불순물은 연소 과정에 영향을 주지 않고 $\Delta U = \Delta H$라고 가정한다. 부록 2의 열역학 자료를 참조하시오.

5.44 일정-압력 열량계 실험에서 21.8 kJ의 열이 방출되었다. 열량계에는 초기 온도가 23.4°C인 물 150 g이 들어 있었다. 물의 최종 온도는 얼마인가? 열량계의 열용량은 무시할 정도로 작다.

5.45 다음 상황에 대한 한 가지 예를 드시오.

(a) 계에 열을 가하면 온도가 올라간다.

(b) 계에 열을 가하면 온도가 올라가지 않는다.

(c) 계에 열을 가하지 않거나 제거하지 않아도 계의 온도는 변한다.

5.46 제목을 q, w, ΔU, ΔH로 쓴 표를 만드시오. 다음 각 과정에서 각각의 값이 양수($+$), 음수($-$) 혹은 영(0)인지를 유추하시오.
  (a) 벤젠의 응고
  (b) 소듐과 물의 반응
  (c) 액체 암모니아의 끓음
  (d) 얼음의 녹음
  (e) 일정 온도에서 기체의 확산

5.47 열용량이 496 J/°C인 일정−압력 열량계에서 0.200 M Ba(OH)$_2$ 50.0 mL 용액과 0.400 M HNO$_3$ 50.0 mL 용액을 섞었다. 두 용액의 초기 온도는 둘 다 22.4°C이다. 섞인 용액의 최종 온도는 얼마인가? 용액과 물의 비열은 같다고 가정하고 몰 중화열은 −56.2 kJ/mol이다.

5.48 발생로 가스(일산화 탄소)는 공기를 빨갛게 달궈진 코크스 위로 통과시켜 만든다.
$$C(s) + \frac{1}{2}O_2(g) \longrightarrow CO(g)$$
수성 가스(일산화 탄소와 수소의 혼합물)는 증기를 빨갛게 달궈진 코크스 위로 통과시켜 만든다.
$$C(s) + H_2O(g) \longrightarrow CO(g) + H_2(g)$$
다년간 발생로 가스와 수성 가스는 산업과 가정용 연료로 사용되었다. 이 가스의 대규모 제조는 번갈아가면서 실시된다. 즉, 먼저 발생로 가스를 만든 후 수성 가스를 만들고 다시 발생로 가스를 만든다. 열화학적 논리를 사용하여 왜 이러한 방법을 쓰는지를 설명하시오.

5.49 그림 5.8에 그려진 것과 비슷한 일정−압력 열량계에서 과량의 아연 금속을 0.100 M 질산 은 용액 50.0 mL에 넣었다. 다음과 같은 반응이 일어나면서,
$$Zn(s) + 2Ag^+(aq) \longrightarrow Zn^{2+}(aq) + 2Ag(s)$$
온도가 19.25°C에서 22.17°C로 올라갔다. 열량계의 열용량이 98.6 J/°C이면, 이 반응의 mol당 엔탈피 변화는 얼마인가? 용액의 밀도와 비열은 물의 그것과 같다고 가정하고 금속의 비열은 무시한다.

5.50 한 가스 회사는 천연가스(CH$_4$) 1 mol당 27센트를 부과한다. 물 200 mL(커피나 차 한 잔 만들기에 충분한)를 20°C에서 100°C로 가열하는 데 드는 비용을 계산하시오. 연소에 의하여 생기는 열의 50%가 물을 덥히는 데 사용되고 나머지는 주위로 잃어버린다고 가정한다.

5.51 응축상(액체와 고체)에서 일어나는 반응의 경우, ΔH와 ΔU의 차이는 대개 매우 작다. 이것은 대기 조건에서 일어나는 반응에 대해서는 성립한다. 하지만, 어떤 지질화학적 과정의 경우, 외부 압력이 매우 크므로 ΔH와 ΔU 사이의 차이는 상당히 클 수 있다. 잘 알려진 예는 지표면 아래에서 흑연이 천천히 다이아몬드로 변환되는 과정이다. 50,000 atm의 압력에서 흑연 1 mol이 다이아몬드 1 mol로 변하는 과정에 대한 $\Delta H - \Delta U$ 값을 구하시오. 흑연과 다이아몬드의 밀도는 각각 2.25 g/cm³ 그리고 3.52 g/cm³이다.

5.52 태평양의 전체 부피는 7.2×10^8 km³로 추정된다. 중간 규모의 원자 폭탄은 폭발 시 1.0×10^{15} J의 에너지를 방출한다. 태평양의 수온을 1°C만큼 올리는 데 필요한 원자 폭탄의 수를 구하시오.

5.53 광합성에서는 이산화 탄소와 물로부터 포도당(C$_6$H$_{12}$O$_6$)과 산소가 만들어진다.
$$6CO_2(g) + 6H_2O(l) \longrightarrow C_6H_{12}O_6(s) + 6O_2(g)$$
  (a) 이 반응의 $\Delta H^\circ_{반응}$ 값을 실험적으로 어떻게 구하겠는가?
  (b) 태양 복사에 의하여 지구에서 매년 약 포도당 7.0×10^{14} kg이 생산된다. 대응하는 ΔH° 변화는 얼마인가?

5.54 46 kg인 사람이 대략 칼로리가 3.0 kJ/g인 우유 500 g을 마셨다. 우유에 들어 있는 에너지의 17%만이 기계적 일로 전환된다면, 이 에너지를 섭취하였을 때 얼마나 높이(m) 오를 수 있겠는가?[힌트: 오를 때 해야 하는 일은 mgh로 주어지며, 이 식에서 m은 질량(kg), g는 중력 가속도(9.8 m/s²), h는 높이(m)이다.]

5.55 차갑고 축축한 공기와 뜨겁고 습한 공기는 같은 온도의 건조한 공기보다 왜 더 불쾌할까?[수증기와 공기의 비열은 각각 약 1.9 J/(g·°C)와 1.0 J/(g·°C)이다.]

5.56 잠수함에서 선원이 내뿜는 이산화 탄소는 종종 수산화 리튬 수용액과 반응시켜 제거한다.
  (a) 이 반응의 균형 맞춤 반응식을 쓰시오.(힌트: 생성물은 물 그리고 물에 녹는 염이다.)
  (b) 선원 한 사람이 매일 1.2×10^4 kJ의 에너지를 소비하고 이 에너지가 포도당(C$_6$H$_{12}$O$_6$)의 물질 대사에 의해서만 전부 공급된다고 가정하면, 생성되는 CO$_2$의 양과 공기를 정화하는 데 필요한 LiOH의 양은 얼마인가?

5.57 아세틸렌(C$_2$H$_2$)은 탄소화 칼슘(CaC$_2$)을 물과 반응시켜 만든다.
  (a) 이 반응의 반응식을 쓰시오.
  (b) CaC$_2$ 74.6 g으로부터 시작하여 아세틸렌의 연소로부터 얻을 수 있는 열의 최대량은 줄 단위로 얼마인가?

5.58 포도당과 과당은 둘 다 분자식 C$_6$H$_{12}$O$_6$으로 같은 단순당이다. 설탕(C$_{12}$H$_{22}$O$_{11}$)은 과당 분자에 결합된 포도당 분자로 이루어져 있다.(설탕이 생길 때 물 분자 하나가 제거된다).
  (a) 포도당 2.0 g 알약을 공기 중에서 태웠을 때 방출되는 에너지를 구하시오.
  (b) 방출된 에너지의 30%만이 일에 사용된다면, 그러한 알약을 먹고 나서 65 kg인 사람이 얼마나 높이 올라갈 수 있겠는가?(문제 5.51의 힌트를 보시오.) 설탕 2.0 g 알약에 대해서도 계산을 반복하시오.

5.59 산화 칼슘(CaO)은 석탄을 태우는 발전소에서 발생되는 이산화 황을 제거하는 데 사용된다.
$$2CaO(s) + 2SO_2(g) + O_2(g) \longrightarrow 2CaSO_4(s)$$
SO$_2$ 6.6×10^5 g을 이러한 과정으로 제거하였을 때 엔탈피 변화를 구하시오.

5.60 사막의 평균 온도는 낮에는 높으나 밤에는 매우 춥다. 반면에 해안가 지역은 더 온화하다. 설명하시오.

5.61 하이드라진(N_2H_4)이 분해되면 암모니아와 질소 기체가 생긴다.

(a) 이 과정의 균형 맞춤 화학 반응식을 쓰시오.

(b) 하이드라진의 표준 생성 엔탈피가 50.42 kJ/mol이면, 그 분해 반응의 $\Delta H^\circ_{\text{반응}}$은 얼마인가?

(c) 하이드라진과 암모니아는 둘 다 산소에서 연소하여 $H_2O(l)$와 $N_2(g)$를 생성한다. 이 과정의 균형 맞춤 화학 반응식을 쓰고 각 반응의 $\Delta H^\circ_{\text{반응}}$을 구하시오.

(d) 같은 질량의 하이드라진과 암모니아가 별도의 통열량계 실험에서 연소하였을 때, 온도가 더 많이 증가하는 것은 어느 것인가?

5.62 질량이 362 g인 은 조각의 열용량은 85.7 J/℃이다. 은의 비열은 얼마인가?

종합 연습문제

물리학과 생물학

통열량계를 벤조산($C_7H_6O_2$) 1.013 g을 태워서 보정하였다($\Delta U_{\text{연소}}$ $=3.221\times10^3$ kJ/mol). 보정 연소 과정 동안에 열량계의 온도 변화는 5.19℃였다. 그 다음에 영양 화학자가 식품의 에너지 함량을 구하기 위하여 보정된 열량계를 사용하였다. 화학자는 조심스럽게 음식 시료를 건조시킨 후 시료 0.8996 g을 열량계에 넣고 산화가 완결되도록 충분한 산소를 가하였다. 식품 시료가 연소하여 열량계의 온도가 4.42℃만큼 증가하였다.

1. 보정 연소 과정에서 소비된 O_2 기체는 대략 몇 mol인가?

a) 0.008
b) 0.2
c) 0.1
d) 0.06

2. 열량계의 열용량(C_V)은 얼마인가?

a) 5.15 kJ/℃
b) 5.08 kJ/℃
c) 5.12 kJ/℃
d) 4.97 kJ/℃

3. 식품의 에너지 함량은 얼마인가?

a) 22.8 kJ/℃
b) 4.97 kJ/℃
c) 25.3 kJ/℃
d) 0.201 kJ/℃

4. 식품을 열량계에 집어넣기 전에 식품이 완전히 건조되지 않았다면 결과에 어떠한 영향이 있을까?

a) 시료의 연소가 불완전할 것이다.
b) g당 계산된 에너지 함량이 너무 낮게 나올 것이다.
c) g당 계산된 에너지 함량이 너무 높게 나올 것이다.
d) 결과에 아무런 영향이 없을 것이다.

예제 속 추가문제 정답

5.1.1 (a) 1.13×10^3 J (b) 4

5.1.2 (a) 372 m/s (b) 둘 다 아니다.

5.2.1 -4.32×10^4 kJ

5.2.2 6.95×10^5 kJ, 열은 흡수된다.

5.3.1 8.174×10^4 kJ

5.3.2 1.71×10^3 g

5.4.1 151 kJ

5.4.2 52.2℃

5.5.1 28℃

5.5.2 42 g

5.6.1 14.5 kJ/g

5.6.2 10.5℃ 증가한다.

5.7.1 -1103 kJ/mol

5.7.2 113.2 kJ/mol

5.8.1 177.8 kJ/mol

5.8.2 -697.6 kJ/mol

5.9.1 87.3 kJ/mol

5.9.2 $NH_3(g)+HCl(g)$, 176.8 kJ/mol

CHAPTER 6

양자 이론과 원자의 전자 구조

Quantum Theory and the Electronic Structure of Atoms

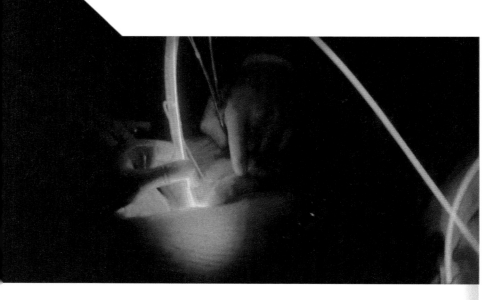

빛은 특정 암 치료 등을 포함한 다양한 의학적 시술에 사용된다. 사진의 광 에너지 요법(레이저를 이용한 암 치료법)에서 사용된 빛은 가시광선이다.

이 장의 목표

전자기 복사 또는 빛의 특성을 배우고 그러한 특성이 어떻게 원자의 전자 구조를 연구하고 설명하는 데 이용되는지를 배운다. 또한 원자를 가진 전자들을 배치하는 방법을 배운다.

들어가기 전에 미리 알아둘 것

- 추적 장치 [|◀◀1.6절]
- 원자핵 모형 [|◀◀2.2절]

전자 구조에 대한 이해가 어떻게 의학을 발전시켰는가

한 세기 이상 방사선은 암치료에 사용되어 왔다. 전통적인 요법에서는 X선과 감마선 같은 강력한 **전리 방사선**(ionizing radiation)[|◀◀ 19장]이 주로 이용되었다. 전리 방사선은 암세포의 DNA를 손상시켜 계속되는 암세포의 복제를 막지만, 같은 원리로 암세포가 아닌 다른 건강한 세포도 손상시킨다. 시간이 지나면서 의사들과 기술자들은 건강한 조직의 손상을 최소화하는 방법들을 발전시켰으나, 전리 방사선을 사용하는 방법에 내재된 위험은 여전히 존재하므로 치료를 할 때 안전에 대한 부분을 엄중하게 지켜야만 한다.

최근 몇 십 년 동안 새로운 유형의 방사선 요법인 **광에너지 요법**(photodynamic therapy, PDT)이 출현하였고 점점 널리 사용되고 있다. PDT는 **가시광선**(visible light)을 이용하는 방법으로 X선이나 γ선에 비하여 에너지가 훨씬 작아서 사용하기에 더 안전하다. 치료는 암세포가 있는 조직에 선택적으로 흡수되는 **감광제**(photosensitizer, 빛을 받았을 때 반응하는 물질)를 투약하는 것으로부터 시작된다. 그 다음으로 가시광선의 특정한 파장을 가진 빛을 조사하여 감광제가 특별히 반응성이 큰 산소의 형태인 **단일항 산소**(singlet oxygen)를 생성하도록 하고, 이 단일항 산소가 암세포를 손상시켜 계속되는 암세포의 복제를 방지하게 된다.

광에너지 요법에 이용되는 가시광선은 원자 내의 전자 전이의 결과이다. Rutherford의 금박 실험을 통하여 양성자와 중성자의 위치를 특정할 수 있는 원자 모형이 밝혀졌으나 **전자**(electron)의 위치 및 행동을 밝히는 데에는 실패하였다. 20세기 초에 실험적인 증거를 해석하는 데 천재적인 Max Planck, Albert Einstein 등의 여러 과학자들과 물리학에서 **양자 이론**(quantum theory)이라고 불리우는 새로운 라디칼 이론에 의하여 최근 배우는 원자의 **전자 구조**(electronic structure of atom)가 정립되었다.

이러한 전자 구조의 이해가 광에너지 요법 등의 새로운 기술을 가능하게 한다.

이 장의 끝에서 빛의 본성과 원자의 전자 구조에 대한 다양한 문제를 풀 수 있게 될 것이다[▶▶| 배운 것 적용하기, 265쪽].

6.1 빛의 특성

"빛"이라고 이야기 할 때의 빛은 일반적으로 우리 눈에 보이는 가시광선을 의미한다. 그러나 가시광선은 **전자기 스펙트럼**(electromagnetic spectrum)을 구성하는 연속된 복사선의 아주 작은 부분이다. 전자기 스펙트럼은 그림 6.1에 나타난 것처럼 가시광선뿐만 아니라 라디오파, 마이크로파, 적외선, 자외선, X선과 γ선 등을 포함한다. 이중 몇몇 용어는 익숙하다. 예를 들면, 자외선 복사에 대한 노출 위험 때문에 선크림(자외선 차단제)을 바르고 전자레인지에서 발생하는 마이크로파를 이용하여 음식을 데우고 팝콘을 조리한다. 정기적인 치과 검진 때나 뼈가 부러졌을 때 X선을 이용하고 2장에서 배운 것처럼 몇몇 방사성 물질은 γ선을 내놓는다. 이러한 모든 현상이 각각 서로 다르고 가시광선과도 매우 다르게 보이지만 이들 모두는 **파동**(wave)의 형태로 나타나는 에너지의 전달이다.

파동의 특성

파동의 근본적인 특성이 그림 6.2에 나타나 있다. 파동은 고유한 파장, 진동수, 진폭을 가진다. **파장**[wavelength, λ(lambda)]은 파동의 특정 지점과 연속된 파동의 동일 지점(예를 들어, 파동의 마루에서 그 다음 마루, 또는 파동의 골에서 그 다음 골) 사이의 거리이다. **진동수**[frequency, ν(nu)]는 1초 동안 일정한 지점을 지나는 파동의 수이고, **진폭**(amplitude)은 파동의 중간 지점에서 마루까지의 높이 또는 골까지의 깊이이다.

파동의 속도는 파동의 종류와 파동이 진행하는 매질의 유형(예를 들어, 공기, 불 또는 진공)에 따라 달라진다. 진공에서의 빛의 속도(광속, c)는 2.99792458×10^8 m/s이다. 속도와 파장, 진동수의 관계를 다음 식에 나타내었다.

> **학생 노트**
> 진공에서의 빛의 속도(광속)은 2.99792458×10^8 m/s로 정의된다. 이는 정확한 숫자이므로 계산 결과의 유효숫자 개수에 제한을 주지 않는다. 따라서, 대부분의 계산에서 광속(c)은 유효숫자 세 개인 3.00×10^8 m/s로 사용한다.

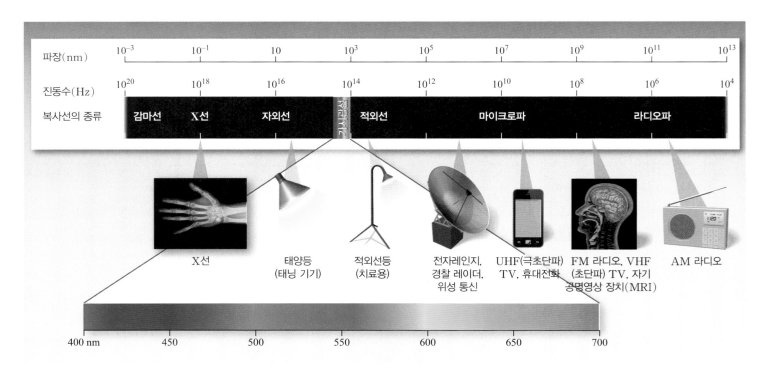

그림 6.1 전자기 스펙트럼. 특정 영역의 파장 또는 진동수로 각각의 복사선을 나타내었다. 가시광선의 영역은 400 nm(보라색)에서 700 nm(빨간색) 사이이다.

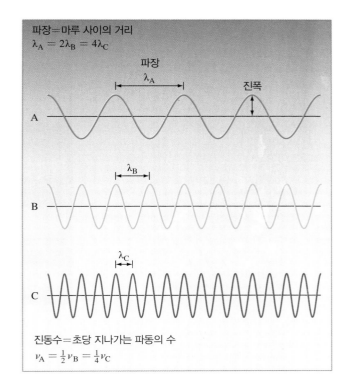

그림 6.2 파동의 특징: 파장, 진폭, 진동수

$$c = \lambda \nu \qquad [|\blacktriangleleft\blacktriangleleft \text{ 식 } 6.1]$$

파장(λ)은 미터(m)로, 진동수(ν)는 초의 역수(s^{-1})로 나타낸다. 이 식에서는 파장을 m 단위로 표시하는 것이 편하지만 전자기 복사선의 파장을 표현할 때 복사선의 종류에 따라 관례적으로 다른 단위를 사용하기도 한다. 예를 들어, 가시광선은 나노미터[nanometer (nm 또는 10^{-9} m)] 단위를, 마이크로파는 센티미터[centimeter(cm 또는 10^{-2} m)] 단위를 사용한다.

학생 노트
진동수는 특정 지점을 지나는 파동의 수를 초로 나눈 것으로 주로 초의 역수(s^{-1}) 또는 헤르츠(Hz)를 사용한다.

전자기 스펙트럼

1873년 James Clerk Maxwell이 가시광선은 전자기파들로 구성되어 있다고 제안하였다. Maxwell의 이론에 의하면 **전자기파** (electromagnetic wave)는 전기장과 자기장으로 구성되어 있다. 이 두 영역이 같은 파장과 진동수, 속도를 갖고 서로 수직인 평면에서 진행한다(그림 6.3). Maxwell 이론의 중요한 의의는 일반적인 빛의 행동을 수학적으로 기술하는 방법을 제공한 것이다. 특히 Maxwell 모형은 복사선 형태의 에너지가 전기장과 자기장을 진동하면서 어떻게 공간을 통해 전파되는지를 정확하게 묘사할 수 있다.

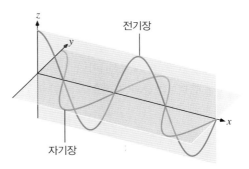

그림 6.3 전기장과 자기장이 전자기파를 구성한다. 이 두 요소는 동일한 파장과 진동수 그리고 진폭을 갖지만 두 개의 상호 수직인 평면에서 진동한다.

그림 6.4 이중 슬릿 실험. (a) 빨간 선은 보강 간섭의 결과로 생긴 최대 강도의 빛을 나타내고 파란색 점선은 상쇄 간섭으로 생긴 최소 강도의 빛을 나타낸다. (b) 간섭 무늬는 밝은 선과 어두운 선이 번갈아 나타난다.

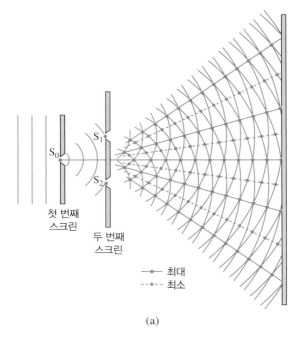

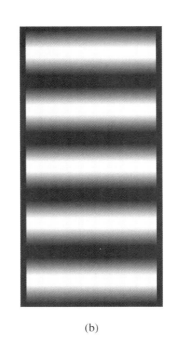

첫 번째 스크린

두 번째 스크린

●── 최대
----- 최소

(a)   (b)

이중 슬릿 실험

간섭 현상(interference)은 간단하지만 확실하게 빛의 파동성을 입증한다. 빛이 **슬릿**(slit)이라고 부르는 좁은 틈을 통과하여 지나갈 때 반원형의 밝은 선이 나타난다. 그 빛이 이웃한 두 슬릿 사이를 통과하고 나면 그림 6.4에서 볼 수 있는 것처럼 각각의 슬릿을 통과한 두 개의 밝은 선이 나타나는 것이 아니라 **간섭 무늬**(interference pattern)라고 알려진 밝은 선과 어두운 선이 교대로 나타난다. 빛이 슬릿을 통과하여 다시 합쳐질 때 위상이 **맞게 겹치면**(파동의 마루끼리 겹치면) **보강 간섭**(constructive interference, 밝은 선)이 나타나고 위상이 **반대로 겹치면**(파동의 마루와 골이 겹치면) **상쇄 간섭**(destructive interference, 어두운 선)이 나타난다. 보강 간섭과 상쇄 간섭은 파동의 특징이다.

그림 6.1에 나타낸 다양한 전자기 복사선은 서로 다른 파동과 진동수를 갖는다. 가장 긴 파장과 가장 작은 주파수를 갖는 라디오파는 방송국의 큰 안테나에서 방출된다. 보다 짧은 가시광선은 원자나 분자 내의 전자의 움직임에 의하여 발생한다. 가장 짧고 가장 높은 진동수를 갖는 γ선(gamma ray)은 핵 반응의 결과이다[◀◀ 2.2절]. 곧 알게 되겠지만 진동수가 높을수록 강한 에너지를 갖는 복사선이다. 따라서 자외선, X선, γ선 등은 높은 에너지 복사선인 반면 적외선, 마이크로파, 라디오파 등은 낮은 에너지 복사선이다.

예제 6.1은 파장과 진동수의 변환에 관한 문제이다.

예제   6.1

네오디뮴(neodimium)으로 도핑된 이트륨(yttrium)−알루미늄(aluminium)−가넷(garnet)(Nd:YAG) 레이저는 피부에 생긴 갈색 반점을 치료하는 데 사용되는 레이저 종류의 하나이다. 치료에 사용하는 레이저의 파장이 532 nm일 때 진동수를 구하시오.

전략   파장과 진동수의 관계는 식 6.1($c = \lambda v$)에 나와 있고 따라서 식 6.1을 진동수를 구하는 식으로 다시 정리해야 한다. 전자기파의 파장이 나노미터(nm)로 주어져 있으므로 광속 $c = 3.00 \times 10^8$ m/s를 이용하기 위해서 파장을 m 단위로 바꾸어야 한다.

계획 진동수에 관한 식 $v=c/\lambda$를 구하고 파장을 m 단위로 환산한다.

$$\lambda(\text{m 단위})=532 \text{ nm}\times\frac{1\times10^{-9} \text{ m}}{1 \text{ nm}}=5.32\times10^{-7} \text{ m}$$

풀이

$$v=\frac{3.00\times10^8 \text{ m/s}}{5.32\times10^{-7} \text{ m}}=5.64\times10^{14} \text{ s}^{-1}$$

> **생각해 보기**
>
> 단위는 정확하게 환산되어야 한다. 이러한 유형의 문제에서 가장 하기 쉬운 실수는 파장을 m로 환산하지 않는 것이다.

추가문제 1 파장이 1.03 cm인 전자기파의 진동수(s^{-1})를 구하시오.

추가문제 2 진동수가 $1.61\times10^{12} \text{ s}^{-1}$인 전자기파의 파장을 m 단위로 구하시오.

추가문제 3 다음 중 가시광선의 파장/진동수가 가시광선의 색을 가장 바르게 표현한 것을 고르시오.

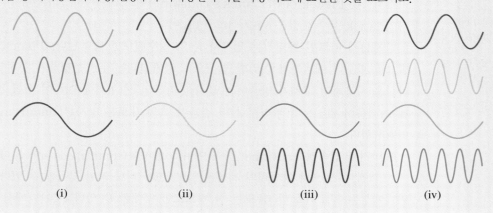

(i)　　　　(ii)　　　　(iii)　　　　(iv)

6.2 양자 이론

　19세기 물리학자들이 원자 구조를 밝히기 위해 했던 시도는 부분적인 성공만을 거두었다. 이는 원자 구성 입자의 행동을 이해하는 데 거시적인 물체의 행동에 대한 고전 물리학 법칙을 이용하였기 때문이다. 원자를 구성하는 작은 입자의 특성은 큰 입자들과 똑같은 물리학 법칙으로는 이해할 수 없다는 사실을 인식을 하기까지 오랜 시간이 걸렸고, 이를 받아들이는 데에는 더 오랜 시간이 걸렸다.

에너지의 양자화

　고체가 800 K 이상의 온도로 가열되면 가시광선을 포함한 전자기파를 방출하는데, 이를 **흑체 복사**(blackbody radiation)라 한다. 고체의 온도가 올라갈수록 방출되는 빛은 빨간색에서 주황색, 노란색을 거쳐 흰색으로 바뀐다. 19세기 후반에 측정된 결과는 특정 온도에서 물체가 내놓는 에너지의 양은 방출되는 복사선의 파장에 의존함을 보여준다. 이미 정립되어 있던 파동 이론과 열역학 법칙으로 이 같은 의존성을 설명하기 위한 시도는 별다른 성공을 거두지 못하였다. 짧은 파장과의 연관성을 설명한 이론은 긴 파장과의 연관성을 설명하는 데 실패하였고 긴 파장과의 연관성을 설명한 이론은 짧은 파장과의 연관성을 설명하지 못하였다. 어떤 단일 이론도 이것을 에너지 양의 연관성을 설명하는 데 실패하면서 고전 물리학 법칙에 기본적인 무엇인가가 빠져있는 것은 아닌가 하는 의구심이 생겨났다.

1900년에 Max Planck[1]가 해법을 제시하면서 기존의 개념과는 급격하게 달라진 새로운 생각을 바탕으로 물리학의 새 시대를 시작하게 되었다. 고전 물리학에서 복사 에너지는 연속적인 것으로 간주되고 이는 복사 에너지가 어떠한 크기로도 흡수되거나 방출될 수 있다는 것을 의미한다. 하지만 흑체 복사 실험 결과를 바탕으로 Planck는 복사 에너지가 오직 작은 꾸러미나 묶음과 같은 특정한 불연속적인 양으로만 흡수 또는 방출된다고 제안하였다. Planck는 전자기 복사의 형태로 흡수 또는 방출되는 에너지의 가장 작은 양을 **양자** (quantum)라고 불렀다. 하나의 양자가 갖는 에너지(E)는 식 6.2에 나타나 있다.

$$E = h\nu \qquad \text{[◀◀ 식 6.2]}$$

여기서 h는 **Planck 상수**(Planck's constant)이고 ν는 복사선의 **진동수**(frequency)이다. Planck 상수의 값은 6.63×10^{-34} J·s이다.

학생 노트
미국 표준기술연구소(The National Institute of Standards and Technology, NIST)는 Planck 상수 값을 $6.6260693 \times 10^{-34}$ J·s 로 정하였다. 일반적으로 문제를 풀 때에는 유효숫자 세 개면 충분하다.

양자론에 따르면 에너지는 언제나 $h\nu$의 정수배로만 방출된다. Planck가 그의 이론을 발표할 때, 왜 에너지가 이러한 방식으로 양자화되는지는 설명하지 못하였다. 그러나 이 가설을 사용하면 고체가 방출하는 복사선 파장의 전 영역에 대하여 실험 결과를 설명하는 데 어려움이 없었으며 따라서 실험 결과가 그의 새로운 **양자론**(quantum theory)을 뒷받침하였다.

에너지가 **연속적**(continuous)이 아니라 **양자화**(quantized)되어 있다는 생각은 낯설게 느껴질 수 있으나 양자화의 개념은 일상생활에서도 많이 찾아볼 수 있다. 예를 들어, 자판기에서는 음료수를 한 캔 또는 한 병으로만 구매할 수 있다.(자판기에서 음료수를 반 병씩 구매할 수는 없다.) 각 캔이나 병이 음료수의 양자 하나이다. 살아 있는 생명체에서 일어나는 과정도 양자화 개념을 포함한다. 암탉이 낳는 달걀도 양자화되어 있다.(암탉은 오직 정수 개의 달걀을 낳는다.) 비슷한 예로 개나 고양이가 새끼를 낳을 때도 언제나 정수이다. 강아지나 새끼 고양이가 양자 하나인 셈이다. Planck의 양자론은 물리학의 대변혁을 일으켰다. 뒤따라 나온 여러 연구들은 자연에 대한 인류의 생각을 변화시켰다.

예제 6.2는 다양한 파장의 광자가 가진 에너지를 어떻게 비교하는지를 보여준다.

생활 속의 화학

레이저 포인터

일반적으로 사용되는 레이저 포인터는 630~680 nm 파장 영역의 붉은색 가시광선을 방출한다. 저렴한 가격과 편리성 덕분에 선생님이나 연사들뿐만 아니라 청소년이나 어린이들까지도 사용하는 경우가 많아 안전성에 관한 우려가 커지고 있다. 사람은 계속 눈을 깜빡이므로 이러한 기기들에 의해 심각하거나 영구적인 부상을 입을 가능성은 적으나 레이저 포인터의 빛을 의도적으로 오랜 시간 동안 눈에 비추는 것은 위험할 수 있다. 532 nm 의 파장을 갖는 초록색 레이저 포인터의 경우 더 조심하여야 한다. 이러한 레이저 기기들은 1064 nm의 적외선도 같이 방출하지만 적외선 방출을 차단하는 장치가 갖춰져 있다. 그

---

1. Max Karl Ernst Ludwig Planck(1858~1947). 독일의 물리학자. 양자론으로 1918년 노벨 물리학상을 수상하였다. 그는 열역학과 물리학의 다른 분야에도 많은 기여를 하였다.

러나 몇몇 값싸게 수입된 레이저 기기들은 적절한 안전 표시가 없고 차단 장치도 쉽게 제거되므로 위험한 복사선을 방출할 가능성이 있다. 비록 파장이 1064 nm인 레이저 빔이 532 nm인 레이저 빔보다 더 적은 에너지를 갖고 있긴 하지만 가시광선에만 반응하는 눈의 깜빡거림이 일어나지 않는 적외선 영역의 빛이므로 눈에는 더욱 위험하다. 1064 nm 빔은 가시광선이 아니지만 눈 앞쪽 구조를 통과하여 망막에 손상을 입힌다. 레이저 빔이 가시광선이 아니므로 손상이 금방 나타나지는 않으나 영구적이다.

예제 6.2

532 nm의 파장을 가진 초록색 빛의 광자 하나가 가진 에너지가 635 nm의 파장을 갖는 빨간색 빛의 광자 하나가 가진 에너지보다 얼마나 더 큰지 계산하시오.

전략 식 6.1을 이용하여 파장을 진동수로 변환하고 식 6.2를 이용하여 광자 하나가 가진 에너지를 계산한다.

계획 파장을 m 단위로 환산하시오.

$$532 \text{ nm} \times \frac{1 \times 10^{-9} \text{ m}}{1 \text{ nm}} = 5.32 \times 10^{-7} \text{ m}$$

$$635 \text{ nm} \times \frac{1 \times 10^{-9} \text{ m}}{1 \text{ nm}} = 6.35 \times 10^{-7} \text{ m}$$

Planck 상수 h는 6.63×10^{-34} J·s이다.

풀이 532 nm 파장의 초록색 빛으로 계산하면

$$\nu = \frac{c}{\lambda} = \frac{3.00 \times 10^8 \text{ m/s}}{5.32 \times 10^{-7} \text{ m}} = 5.64 \times 10^{14} \text{ s}^{-1}$$

그리고 다음과 같다.

$$E = h\nu = (6.63 \times 10^{-34} \text{ J·s})(5.64 \times 10^{14} \text{ s}^{-1}) = 3.74 \times 10^{-19} \text{ J}$$

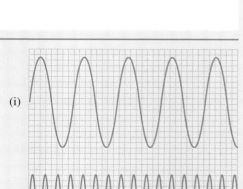

532 nm 파장을 갖는 초록색 빛의 광자 하나의 에너지는 3.74×10^{-19} J이다.

같은 방법으로 계산하면 파장 635 nm의 빨간색 빛의 광자 하나가 갖는 에너지는 3.13×10^{-19} J이다. 두 값의 차이를 계산하면 $(3.74 \times 10^{-19} \text{ J}) - (3.13 \times 10^{-19} \text{ J}) = 6.1 \times 10^{-20}$ J이고 따라서 초록색 빛($\lambda = 532$ nm)의 광자가 빨간색 빛($\lambda = 635$ nm)의 광자보다 6.1×10^{-20} J의 에너지를 더 갖는다.

생각해 보기
파장이 짧아질수록 진동수는 커지고 진동수와 비례하는 에너지도 증가한다.

추가문제 1 $\lambda = 680$ nm(빨간색 빛)인 광자와 $\lambda = 442$ nm (파란색 빛)인 광자의 에너지 차이를 J 단위로 계산하시오.

추가문제 2 가시광선의 파란색 빛($\lambda = 442$ nm)의 광자 하나가 가진 에너지의 두 배인 에너지를 갖는 광자는 전자기 스펙트럼의 어느 영역에 위치하는가?

추가문제 3 진동수와 진폭이 다른 두 종류의 파동이 있다. 복사선의 강도(광자의 수/s)가 진폭과 비례한다고 가정하자. 어떤 파동이 더 큰 에너지의 광자로 구성되어 있는가? 어떤 파동이 일정한 시간 동안 더 많은 광자를 전달하는가? 어떤 파동이 일정 시간 동안 더 큰 에너지 총량을 전달하는가?

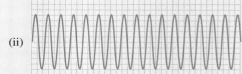

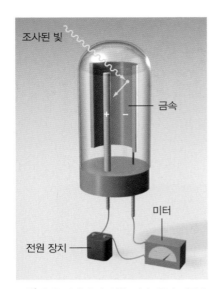

조사된 빛

금속

미터

전원 장치

그림 6.5 광전 효과 실험 기기. 특정 진동수의 빛이 깨끗한 금속 표면에 조사되면 방출된 전자들이 양의 전극으로 끌려간다. 전자의 흐름은 검출기에 기록된다.

광자와 광전 효과

Planck가 양자론을 발표한 지 5년밖에 지나지 않은 1905년, Albert Einstein[2]이 양자론을 이용하여 또 다른 이해하기 힘든 물리적 현상이었던 **광전 효과**(photoelectric effect), 즉 금속 표면에 특정한 **한계 진동수**(최소 진동수, threshold frequency) 이상의 빛을 비추면 전자가 튀어나오는 현상을 설명하였다(그림 6.5). 방출되는 전자의 수는 빛의 강도(밝기)에 비례하였으나 전자의 에너지는 달랐다. 한계 진동수보다 작은 진동수의 빛은 아무리 밝아도 전자의 방출이 없었다.

광전 효과는 빛의 에너지가 강도와 연관된다는 파동 이론으로는 설명이 불가능하였다. 그러나 Einstein은 실제로 빛이 입자의 흐름이라고 하는 놀라운 가정을 제안하였고, **빛의 입자**(particle of light)를 **광자**(photon)라고 불렀다. Planck의 복사선에 대한 양자론을 시작점으로 하여, Einstein은 각 **광자**(photon)는 다음 식으로 나타낸 에너지를 소유한다고 추론하였다. 이 식에서 h는 Planck 상수이고 v는 빛의 진동수이다.

$$E_{photon} = hv$$

전자는 인력에 의해 금속에 묶여 있으므로 금속에서 전자를 자유롭게 하려면 충분히 높은 진동수를 가진 빛(충분히 큰 에너지를 가진 빛)이 필요하다. 금속의 표면에 빛을 비추는 것은 금속 원자에 **광자들**(photons)을 쏘는 것으로 생각할 수 있다. 만약 광자의 진동수로 구한 에너지가 금속과 전자 사이를 결합시키는 에너지의 크기(hv)와 같다면 그 빛은 금속과 전자 사이의 결합을 끊을 수 있다. 만약 빛의 진동수가 더 크다면 단순히 결합을 끊는 것이 아니라 전자들이 특정 운동 에너지를 가질 수 있게 되고 이 관계를 다음 식으로 요약할 수 있다.

$$hv = KE + W \qquad [\blacktriangleleft\blacktriangleleft \text{식 } 6.3]$$

여기서 KE는 방출된 전자가 갖는 운동 에너지(kinetic energy)이고 W는 금속과 전자의 결합 에너지이다.[결합 에너지는 일반적으로 전자 볼트(electron volts, eV) 단위를 사용하며, $1\,eV = 1.602 \times 10^{-19}$ J이다.] 식 6.3을 운동 에너지에 대해 정리해 보면 다음과 같다.

$$KE = hv - W$$

광자의 에너지가 클수록(즉, 진동수가 높을수록), 방출된 전자의 운동 에너지가 커진다는 것을 알 수 있다. 만약 빛의 진동수가 한계 진동수보다 작다면 광자는 금속의 표면을 맞고 튕겨 나가게 되어 광전자가 방출되지 않는다. 광자의 진동수가 한계 진동수와 같다면 가장 느슨하게 묶여있던 전자가 방출되고, 한계 진동수보다 크다면 광전자가 방출만 되는 것이 아니고 운동 에너지까지 갖게 된다.

한계 진동수보다 큰 같은 진동수를 가졌으나 강도가 다른 두 종류의 빛을 고려해 보자. 강도가 큰 빛은 광자의 수가 많은 빛이고 따라서 금속의 표면에서 나오는 전자의 수도 작은 강도의 빛보다 많다. 그러므로 강도가 큰 빛은 금속에서 많은 수의 광전자를 방출시키

---

2. Albert Einstein(1879~1955). 독일에서 태어난 미국 물리학자. 세계에서 가장 위대한 두 명의 물리학자 중 한 명으로 알려져 있다(다른 한 명은 Isaac Newton). 그가 스위스 베른의 스위스 특허청의 기술 조교로 있던 1905년 발표한 세 개의 논문(특수 상대성 원리, 브라운 운동 그리고 광전 효과)은 물리학의 발전에 엄청난 영향을 주었다. 1921년 광전 효과에 대한 설명으로 노벨 물리학상을 수상하였다.

고 진동수가 큰 빛은 방출된 전자의 운동 에너지를 크게 한다.

예제 6.3은 주어진 진동수를 이용하여 광자 하나의 에너지를 결정하는 방법과 광전 효과를 통해 방출된 전자의 최대 운동 에너지를 결정하는 방법에 대한 문제이다.

한편으로 빛에 대한 Einstein의 이론은 광전 효과를 설명하였으나 다른 한편으로는 빛의 입자성이 그때까지 알려져 있던 빛의 파동 특성과 일치하지 않아서 과학자들에게 딜레마를 안겨주었다. 이 딜레마를 해결하는 유일한 길은 빛이 파동의 특성과 입자의 특성 모두를 가지고 있다는 생각을 인정하는 것이었다. 실험에 의하면 빛은 파동이거나 입자의 흐름인 것처럼 행동한다. 이러한 개념은 오랜 기간 동안 물리학자들이 받아들여 왔던 입자와 빛에 대한 생각과 완전히 달랐다. 6.4절에서 입자와 파동의 특성을 모두 가진 것은 빛만이 아니라 전자를 포함한 모든 입자의 성질임을 배울 것이다.

예제 6.3

(a) 파장 5.00×10^4 nm(적외선 영역) 빛의 광자 하나가 가진 에너지를 계산하시오(J 단위).
(b) 파장 52 nm(자외선 영역) 빛의 광자 하나가 가진 에너지를 계산하시오(J 단위).
(c) (b)의 빛이 결합 에너지 3.7 eV인 금속에 비추었을 때 방출되는 전자의 운동 에너지를 계산하시오.

전략 (a)와 (b)는 주어진 빛의 파장을 식 6.1을 이용하여 진동수로 바꾸고 난 후 식 6.2를 이용하여 광자의 에너지를 구해야 한다. (c)에서 방출된 전자의 운동 에너지를 구하기 위하여 식 6.3을 이용해야 한다. 전자 전압으로 주어진 단위를 J로 환산해야만 문제를 풀 수 있다.

계획 파장은 nm에서 m로 환산해야 한다.

(a) 5.00×10^4 nm $\times \dfrac{1 \times 10^{-9}\ m}{1\ nm} = 5.00 \times 10^{-5}$ m

(b) 52 nm $\times \dfrac{1 \times 10^{-9}\ m}{1\ nm} = 5.2 \times 10^{-8}$ m

Planck 상수 h는 6.63×10^{-34} J·s이다.

(c) $W = 3.7$ eV $\times \dfrac{1.602 \times 10^{-19}\ J}{1\ eV} = 5.9 \times 10^{-19}$ J

풀이 (a) $v = \dfrac{c}{\lambda} = \dfrac{3.00 \times 10^8\ m/s}{5.00 \times 10^{-5}\ m} = 6.00 \times 10^{12}\ s^{-1}$

그리고 다음과 같다.

$E = hv = (6.63 \times 10^{-34}\ J \cdot s)(6.00 \times 10^{12}\ s^{-1}) = 3.98 \times 10^{-21}$ J

이 값이 파장 5.00×10^4 nm의 빛의 광자 하나가 갖는 에너지이다.

(b) (a)의 풀이 과정을 이용하여 52 nm 빛의 광자 하나가 갖는 에너지를 구하면 3.8×10^{-18} J이다.

(c) $KE = hv - W = 3.8 \times 10^{-18}$ J $- 5.9 \times 10^{-19}$ J $= 3.2 \times 10^{-18}$ J

생각해 보기

진동수와 파장은 반비례 관계임을 기억하자(식 6.1). 따라서 파장이 줄어들면(decrease), 진동수와 에너지는 늘어난다(increase). 충돌하는 광자의 에너지가 증가할수록 금속의 결합 에너지는 덜 중요해진다.

추가문제 1 (a) 파장 2.11×10^2 nm인 광자의 에너지를 계산하시오(J 단위).
(b) 진동수 1.78×10^8 s^{-1}인 광자의 에너지를 계산하시오(J 단위).
(c) (a)의 광자가 결합 에너지가 4.66 eV인 금속에 충돌하였을 때 나오는 전자의 운동 에너지(J 단위)를 계산하시오.

추가문제 2 (a) 광자당 에너지가 1.89×10^{-20} J인 빛의 파장을 nm 단위로 계산하시오.

(b) 파장이 410 nm인 빛의 J당 광자의 수를 구하시오.

(c) (b)의 광자를 충돌시켰을 때 나온 전자의 운동 에너지가 2.93×10^{-19} J이다. 금속의 결합 에너지(eV)를 계산하시오.

추가문제 3 파란색 당구공 하나가 편평한 바닥에 놓여 있다. 빨간색 당구공이 1.20 m/s보다 작은 속도로 파란색 공에 부딪히면 파란색 공은 움직이지 않는다(i). 빨간색 공이 정확하게 1.20 m/s의 속도로 부딪히면, 파란색 공은 움직이기 시작한다(ii). 속도가 1.75 m/s인 빨간색 공이 파란색 공에 부딪힐 경우 파란색 공의 속도를 계산하시오(iii).

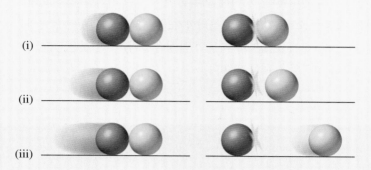

6.3 수소 원자에 대한 Bohr 이론

Planck의 양자론과 Einstein의 아이디어는 광전 효과를 설명하는 것뿐만 아니라 또 다른 19세기 물리학의 미스터리였던 원자의 선 스펙트럼을 해결할 수 있게 하였다.

17세기, Newton은 태양빛이 다양한 색의 빛으로 구성되어 있으며 이런 빛들을 다시 합치면 흰색 빛(백색광)이 된다는 사실을 보였다. 그 이후로 화학자들과 물리학자들은 **방출 스펙트럼**(emission spectrum)의 특징을 연구하기 시작하였다. 방출 스펙트럼은 시료 물질에 열에너지나 다른 형태의 에너지(시료 물질이 기체 상태라면 높은 전압으로 방전시킬 때)를 공급할 때 보여진다. 불 속에서 꺼낸 "고온의 붉은색"이거나 "고온의 흰색" 쇠막대는 특유의 빛을 나타낸다. 그 빛은 방출 스펙트럼의 가시광선 부분이다. 동일한 쇠막대에서 방출되는 열은 방출 스펙트럼의 또 다른 부분인 적외선 영역이다. 태양빛과 가열된 고체에서 나오는 방출 스펙트럼의 공통점은 모두 연속적이라는 것이고, 이는 각각의 스펙트럼에 가시광선의 모든 파장이 포함되어 있다는 것이다(그림 6.6).

원자 선 스펙트럼

태양이나 고온의 흰색 쇠막대와는 다르게 기체 상태의 원자가 방출하는 스펙트럼은 빨간색에서 보라색까지의 연속된 파장의 빛을 방출하는 것이 아니고 가시광선의 특정한 영역의 밝은 선으로 나타난다. 이러한 **선 스펙트럼**(line spectrum)은 오직 **특정한 파장**(specific wavelength)의 빛만을 방출한다. 그림 6.7은 방출 스펙트럼을 연구하는 데 사용된 방전관의 모식도이다.

모든 원소는 독특한 방출 스펙트럼을 가지므로 지문으로 신원을 확인하는 것처럼 원자 스펙트럼의 특징적인 선들은 원소를 확인하는 화학적 분석법에 사용된다. 미지 시료의 방

(a)   (b)

그림 6.6 볼 수 있는 백색광은 (a) 태양 (b) 뜨거운 흰색 쇠막대에서 방출된다. 각각의 경우 백색광은 가시광선 영역의 모든 파장의 빛이 조합된 것이다(그림 6.1 참조).

출 스펙트럼이 알고 있는 원소의 방출 스펙트럼과 일치한다면 동일한 원소라고 확신할 수 있다. 선 스펙트럼을 이용하여 원소의 종류를 확인하는 화학적 분석법은 오랜 기간 동안 사용되고 있었으나 선 스펙트럼의 근원에 대하여는 20세기 초까지 알려진 것이 거의 없었다. 그림 6.8은 몇 가지 원소의 선 스펙트럼을 보여준다.

1885년 Johann Balmer[3]는 수소의 방출 선 스펙트럼이 보여주는 4가지 가시광선 영역 빛의 파장을 계산하는 데 놀랄만큼 간단한 식을 찾아내었다. Johannes Rydberg[4]는 Balmer의 식을 더 발전시켜 **가시**(visible)광선 영역의 파장뿐만 아니라 수소 선 스펙트럼의 모든 영역의 빛의 파장을 계산할 수 있도록 하였다.

$$\frac{1}{\lambda} = R_\infty \left(\frac{1}{n_1^2} - \frac{1}{n_2^2} \right)$$ [◀◀ 식 6.4]

Rydberg 식(Rydberg equation)으로 알려진 식 6.4에서 λ는 스펙트럼 선의 파장, R_∞는 Rydberg 상수($1.09737316 \times 10^7 \, \text{m}^{-1}$), 그리고 n_1과 n_2는 양의 정수($n_2 > n_1$)이다.

> **학생 노트**
> Rydberg 식은 실험 결과로부터 유도해낸 수학적인 관계식이다. Rydberg 식은 양자론보다 몇 십년 앞선 식으로, 수소 원자 같은 단전자계에 주로 잘 맞는다.

수소 원자의 선 스펙트럼

Planck와 Einstein의 발견이 얼마 지나지 않은 1913년, 수소 원자의 방출 스펙트럼에 대한 덴마크의 물리학자 Niels Bohr[5]의 이론적인 설명이 발표되었다. Bohr의 설명은 복잡하고 모든 세부 사항이 다 옳은 것은 아니라는 것이 지금은 밝혀져 있지만, 여기에서는 관찰된 스펙트럼 선을 설명하고 양자론을 이해하는 데 꼭 필요한 단계를 제공한 그의 중요한 가정과 마지막 결과에만 집중하도록 한다.

Bohr가 이 문제에 접근하였을 때 물리학자들은 원자는 전자와 양성자로 구성되어 있다는 사실을 알고 있었다. 그들은 원자를 원자핵 주위에 전자들이 빠른 속도로 원형 궤도를

---

3. Johann Jakob Balmer(1825~1898). 스위스의 수학자. 1859년부터 1898년 사망할 때까지 스위스 바젤의 여자 중등학교에서 수학을 가르쳤다. 물리학자들은 그의 사후에도 오랜 기간 동안 그의 방정식을 이해하지 못하였으나 나중에 수소 원자 선 스펙트럼의 가시광선 영역에 그의 이름을 붙였다.
4. Johannes Robert Rydberg(1854~1919). 스웨덴의 물리학자이자 수학자. 많은 원자들의 스펙트럼을 분석하여 원소들의 주기적인 특성을 이해하는 데 공헌하였다. 두 번이나 노벨 물리학상 후보에 올랐으나 수상은 못하였다.
5. Niels Henrik David Bohr(1885~1962). 덴마크의 물리학자. 현대 물리학의 창시자 중 한 명으로, 수소 원자의 선 스펙트럼을 설명한 이론으로 1922년 노벨 물리학상을 수상하였다.

그림 6.7 (a) 원자와 분자의 선 스펙트럼을 연구하기 위한 실험 장치. 두 개의 전극을 가진 방전관에 시료 기체를 넣는다. 음의 전극에서 양의 전극으로 흐르는 전자들이 기체 입자와 충돌하고 충돌의 결과로 원자 (또는 분자)에서 빛이 방출된다. 방출된 빛은 프리즘을 통하여 각각의 빛으로 분리된다. (b) 수소의 선 스펙트럼

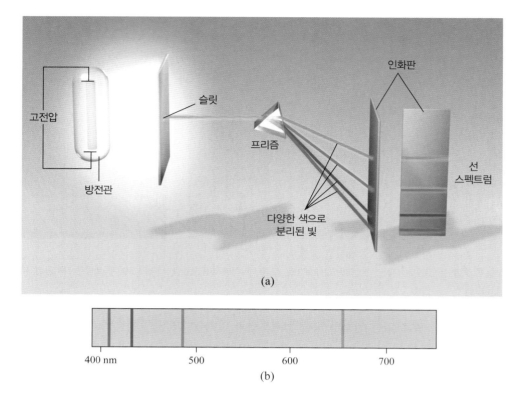

그림 6.8 몇몇 원소의 방출 스펙트럼

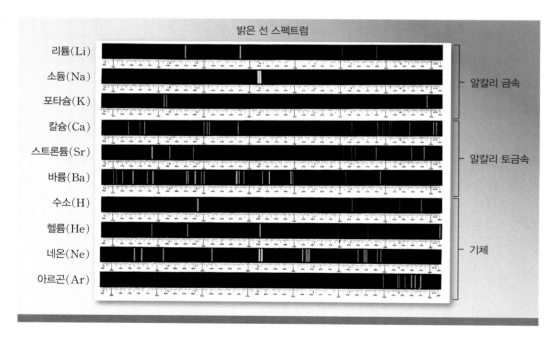

따라 돌고 있는 독립체로 생각하였다. 이는 태양 주위 행성의 움직임과 유사한 매력적인 설명이었으나, 고전 물리학 법칙에 따르면 수소 원자에서 궤도를 도는 전자는 전자기파의 형태로 방출되는 에너지에 의해 원자핵 쪽으로 끌려 들어가게 되고, 급격하게 나선형 궤도를 그리면서 원자핵으로 끌려간 전자는 양성자와 만나 소멸되어야 한다. Bohr는 이러한 현상이 일어나지 않는 이유를 설명하기 위하여 전자가 특정한 에너지를 갖는 정해진 궤도에서만 움직인다고 가정하였다. 다른 말로 하면 전자의 에너지는 양자화되어 있다. 특정 궤도의 전자는 에너지를 방출하지 않아서 원자핵으로 끌려가지 않는다.

Bohr는 고에너지 수소에서 방출되는 선은 에너지가 높은 궤도의 전자가 낮은 궤도로 떨어지면서 잃게 되는 양자(광자)의 에너지가 빛의 형태로 나타나는 것이라고 설명하였다 (그림 6.9, 238~239쪽). Bohr는 정전기 인력과 Newton의 법칙을 이용하여 수소 원자의 전자가 가지는 에너지에 대한 식을 유도하였다.

$$E_n = -2.18 \times 10^{-18} \, \mathrm{J} \left(\frac{1}{n^2} \right) \qquad \text{[◀◀ 식 6.5]}$$

여기서 n은 정수($n=1, 2, 3, \cdots$)이고 음의 부호는 관례적으로 원자핵에서 무한히 떨어진 **자유 전자**(free electron)에 비하여 원자 내 전자의 에너지가 더 **낮음**(lower)을 보여주기 위하여 부여된 것이다. 자유 전자의 에너지 값은 임의로 0으로 정하는데 수학적으로 이 값은 식 6.5의 n 값에 무한대(∞)를 대입한 값과 같다.

$$E_\infty = -2.18 \times 10^{-18} \, \mathrm{J} \left(\frac{1}{\infty^2} \right) = 0$$

전자가 원자핵에 가까워질수록(n 값이 작아질수록) E_n의 절댓값은 커지지만 점점 음의 값이 된다. $n=1$에 도달하였을 때 가장 작은 음수가 되고 이는 에너지가 가장 안정한 상태를 의미한다. 원자의 **가장 낮은**(lowest) 에너지 상태를 **바닥상태**(ground state)라고 한다. 전자의 안정성은 n 값이 증가함에 따라 작아지고 $n > 1$ 경우의 에너지를 **들뜬상태** (excited state)라고 한다. 각 들뜬상태의 에너지는 바닥상태일 때보다 크고 수소 원자의 경우 n 값이 1보다 크면 들뜬상태이다.

Bohr 모형의 각 전자 궤도의 반지름은 n^2 값에 의존한다. n 값이 1, 2, 3 순서로 커질 때 궤도 반지름은 급격하게 증가한다. 들뜬상태 쪽으로 갈수록 전자가 원자핵에서 더 멀어지게 된다.(원자핵이 잡아당기는 힘이 작아진다.)

Bohr의 이론은 수소 원자의 선 스펙트럼을 설명할 수 있도록 해준다. 원자가 흡수한 복사 에너지는 전자를 바닥상태($n=1$)에서 들뜬상태($n>1$)로 이동시킨다. 역으로 전자가 들뜬상태에서 바닥상태로 이동하면서 복사 에너지(광자의 형태로)를 **방출한다**(emitted).

에너지 준위들 사이에서의 전자의 움직임은 계단에서의 테니스 공의 움직임과 유사하다 (그림 6.10). 공은 계단의 어느 칸에도 놓일 수 있지만 칸과 칸 사이에는 놓일 수 없다. 낮은 단에서 높은 단으로 올라가는 것은 에너지를 흡수하는 과정이고, 높은 단에서 낮은 단으로 내려가는 것은 에너지를 방출하는 과정이다. 어떤 방향으로의 변화이든지 에너지의 양은 시작 단계와 최종 단계의 거리에 따라 다르다. 유사하게, Bohr 원자 모형의 전자가 움직일 때 필요한 에너지 양도 처음 상태와 최종 상태의 에너지 준위 차이에 따라 결정된다.

식 6.5를 수소 원자의 에너지 방출 과정에 적용하기 위하여 전자가 처음 위치한 들뜬상태를 n_i로 가정하자. 에너지를 방출하면서 전자는 낮은 에너지 상태 n_f로 떨어진다.[아래 첨자 i와 f는 **최초**(initial)와 **최종**(final)을 나타낸다.] 낮은 에너지 상태는 바닥상태일 수도 있지만 초기 들뜬상태보다 낮은 어떤 상태여도 된다. 초기 상태와 최종 상태의 에너지 차이는 다음과 같다.

$$\Delta E = E_f - E_i$$

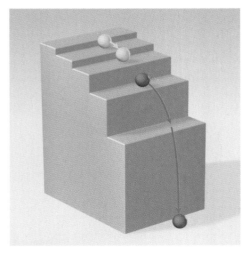

그림 6.10 방출 과정의 기계적 유추. 공은 어느 단에도 놓일 수 있지만 단 사이에는 놓일 수 없다.

그림 6.9
수소의 방출 스펙트럼

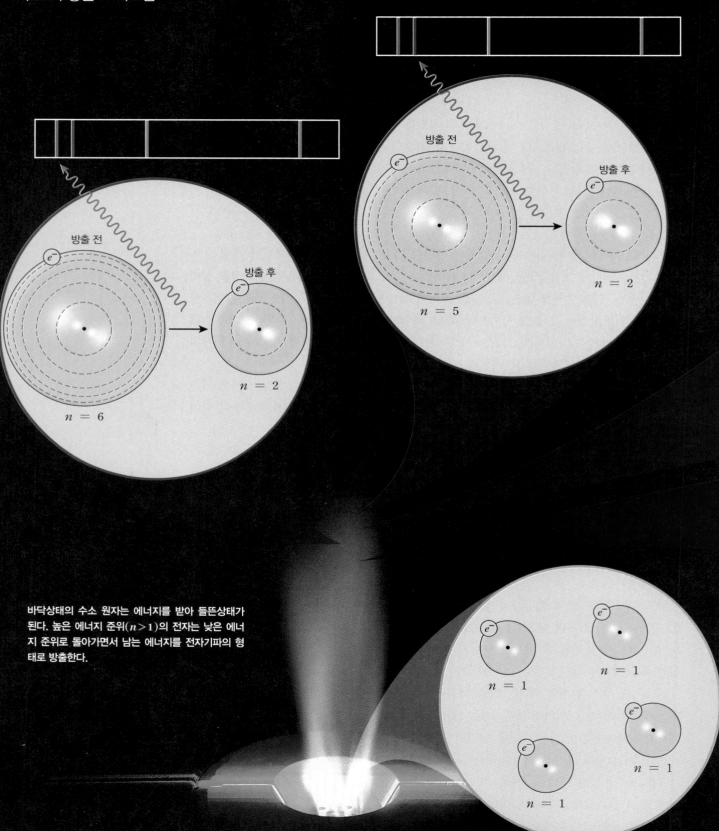

바닥상태의 수소 원자는 에너지를 받아 들뜬상태가 된다. 높은 에너지 준위($n > 1$)의 전자는 낮은 에너지 준위로 돌아가면서 남는 에너지를 전자기파의 형태로 방출한다.

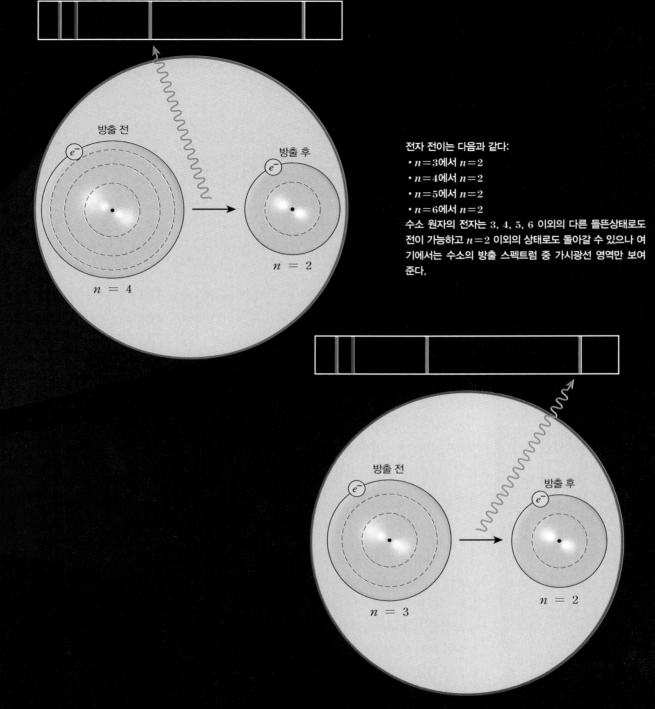

전자 전이는 다음과 같다:
- $n=3$에서 $n=2$
- $n=4$에서 $n=2$
- $n=5$에서 $n=2$
- $n=6$에서 $n=2$

수소 원자의 전자는 3, 4, 5, 6 이외의 다른 들뜬상태로도 전이 가능하고 $n=2$ 이외의 상태로도 돌아갈 수 있으나 여기에서는 수소의 방출 스펙트럼 중 가시광선 영역만 보여 준다.

요점은 무엇인가?

수소의 방출 스펙트럼 중 가시광선 영역은 들뜬상태($n=3, 4, 5, 6$)에서 낮은 들뜬상태($n=2$)로의 전자 전이의 결과이다. 초기와 최종 상태의 에너지 차이가 방출되는 빛의 파장을 결정한다.

식 6.5를 이용하면,

$$E_f = -2.18 \times 10^{-18} \, \text{J} \left(\frac{1}{n_f^2} \right)$$

따라서

$$E_i = -2.18 \times 10^{-18} \, \text{J} \left(\frac{1}{n_i^2} \right)$$

그리고 다음과 같다.

$$\Delta E = \left(\frac{-2.18 \times 10^{-18} \, \text{J}}{n_f^2} \right) - \left(\frac{-2.18 \times 10^{-18} \, \text{J}}{n_i^2} \right)$$

$$= -2.18 \times 10^{-18} \, \text{J} \left(\frac{1}{n_f^2} - \frac{1}{n_i^2} \right)$$

이러한 전자 이동이 진동수 v와 에너지 hv의 광자 방출의 결과로 나타난다(식 6.6).

$$\Delta E = hv - 2.18 \times 10^{-18} \, \text{J} \left(\frac{1}{n_f^2} - \frac{1}{n_i^2} \right) \qquad [\text{◀◀ 식 6.6}]$$

결과적으로 $n_i > n_f$일 때, 즉 괄호 안이 **양수**(positive)일 때 ΔE는 **음수**(negative)가 되 어 광자가 방출된다.(에너지를 주위로 잃는다.) 반대로 $n_f > n_i$일 때는 괄호 안이 **음수** (negative)가 되고 ΔE는 **양수**(positive)가 되어 광자를 흡수한다. 수소 원자 방출 스펙 트럼의 각 선들은 수소 원자의 특정한 전이와 일치한다. 많은 수의 수소 원자를 연구하면 가능한 모든 전이, 즉 모든 스펙트럼 선을 관찰할 수 있다. 스펙트럼 선의 밝기는 동일한 파장을 가진 광자가 얼마나 많이 방출되는지에 따라 결정된다.

방출선의 파장을 구하기 위하여 식 6.6에 진동수 v 대신 c/λ를 대입하고 hc로 나눈다. 파장과 진동수는 언제나 양의 값이므로 식의 오른쪽 부분의 절댓값만 취한다.(이 경우는 음의 부호를 없애고 계산한다.)

$$\frac{1}{\lambda} = \frac{2.18 \times 10^{-18} \, \text{J}}{hc} \left(\frac{1}{n_f^2} - \frac{1}{n_i^2} \right) \qquad [\text{◀◀ 식 6.7}]$$

수소 원자의 방출 스펙트럼은 적외선부터 자외선까지 폭넓은 파장 범위를 포함한다. 표 6.1에 각각의 n_f 값에 따른 수소의 방출 스펙트럼 종류를 나타내었다. 각 영역은 발견한 사 람을 이름을 붙여 명명하였다(Lyman, Balmer, Paschen, Brackett). 이 중 가시광선 이 포함된 Balmer 영역이 가장 먼저 연구되었다.

그림 6.11은 각 스펙트럼 선들과 연관된 전자 전이를 나타낸다. 각각의 가로선은 수소 원자의 전자가 가질 수 있는 에너지 준위를 나타내고 각 준위는 n 값으로 구분하였다.

예제 6.4는 식 6.7을 이용하는 방법을 보여준다.

표 6.1	**수소의 방출 스펙트럼 종류**		
구분	n_f	n_i	스펙트럼의 영역
Lyman	1	2, 3, 4, ⋯	자외선
Balmer	2	3, 4, 5, ⋯	가시광선과 자외선
Paschen	3	4, 5, 6, ⋯	적외선
Brackett	4	5, 6, 7, ⋯	적외선

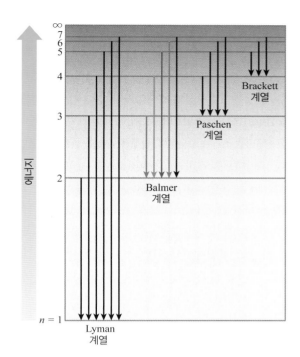

그림 6.11 원자의 에너지 준위와 다양한 방출 스펙트럼. 각 스펙트럼은 전자의 최종 위치(n)가 다르다.

예제 6.4

수소 원자의 전자가 $n=4$에서 $n=2$로 전이할 때 방출되는 광자의 파장(nm)을 계산하시오.

전략 식 6.7을 이용하여 λ를 구한다.

계획 문제에 따르면 전자가 $n=4$에서 $n=2$로 전이하였고, 이는 $n_i=4$, $n_f=2$로 해석할 수 있다. 필요한 상수는 Planck 상수 $h=6.63\times10^{-34}$ J·s와 광속 $c=3.00\times10^{8}$ m/s이다.

풀이

$$\frac{1}{\lambda}=\frac{2.18\times10^{-18}\text{ J}}{hc}=\left(\frac{1}{n_f^2}-\frac{1}{n_i^2}\right)=\frac{2.18\times10^{-18}\text{ J}}{(6.63\times10^{-34}\text{ J·s})(3.00\times10^{8}\text{ m/s})}$$

$$=\left(\frac{1}{2^2}-\frac{1}{4^2}\right)=2.055\times10^{6}\text{ m}^{-1}$$

최종 결과를 구할 때 반올림에 의한 착오가 생기지 않도록 중간 과정의 답은 적어도 하나의 자릿수를 더 구하는 것을 기억하자[◀◀ 1.5절]. 따라서, 다음과 같다.

$$\lambda=4.87\times10^{-7}\text{ m}=487\text{ nm}$$

> ### 생각해 보기
> 그림 6.7의 수소 선 스펙트럼을 다시 보고 문제의 결과가 그 선들 중 하나와 맞는지 확인하자. 방출선이라면 n_i 값은 항상 n_f보다 커야만 식 6.7이 양수인 결과를 나타낸다.

추가문제 1 수소 원자의 전자가 $n=3$에서 $n=1$로 전이할 때 방출되는 광자의 파장(nm)을 계산하시오.

추가문제 2 수소 원자의 전자가 바닥상태로 돌아갈 때 파장 93.14 nm의 광자를 방출했다면 초기 상태, 즉, n_i 값은 얼마인가?

추가문제 3 다음 각 쌍의 전자 전이 중에서 어느 것이 더 큰 에너지를 방출하는지 고르시오.

(a) $n=6$에서 $n=3$으로 전이 $n=3$에서 $n=2$로 전이

(b) $n=3$에서 $n=1$로 전이 $n=10$에서 $n=2$로 전이

(c) $n=2$에서 $n=1$로 전이 $n=99$에서 $n=2$로 전이

생활 속의 화학

레이저

레이저(laser)라는 단어는 "복사선 유도 방출에 의한 빛의 증폭(light amplification by stimulated emission of radiation)"이라는 뜻의 머리글자로 구성된 단어이다. 레이저는 원자(atom)나 분자(molecule)의 전자 전이를 포함하는 특수한 형태의 복사선이다. 1960년에 최초로 개발된 레이저는 루비(ruby) 레이저였다. 루비는 산화알루미늄(Al_2O_3)을 주성분으로 하는 강옥(corundum)으로 구성된 짙은 빨간색 광물로, 몇몇 알루미늄 이온(Al^{3+})이 크로뮴 이온(Cr^{3+})으로 치환되어 있다. 원통형 루비 결정이 두 개의 평행한 거울 사이에 놓여 있고, 거울 중 하나는 부분적으로만 반사된다. 섬광등(flashlamp)이라고 부르는 광원을 이용하여 크로뮴 원자를 높은 에너지 단계로 들뜨게 한다. 불안정해진 들뜬 원자들 중 몇몇은 붉은색 영역($\lambda = 694.3\,nm$) 광자를 방출하면서 바닥상태로 돌아간다. 광자의 방출은 모든 방향으로 가능하나 양쪽 거울을 향하여 똑바로 방출된 광자만 반사된다. 반사된 광자가 루비 결정을 통과하면서 동일한 방향으로 더 많은 광자가 방출되도록 자극한다. 이렇게 방출된 광자들이 계속하여 루비 결정으로 반사되면서 점점 더 많은 광자들이 나오게 된다. 빛의 파동은 위상이 있어서, 즉 최고점(마루)과 최저점(골)이 공존하므로 광자들이 서로를 자극하여 거울 사이의 관 속에서 계속 힘을 증가시키게 된다. 빛이 특정 강도에 도달하게 되면 부분적으로 반사되는 거울을 통하여 레이저 빔의 형태로 나오게 된다. 레이저 빛은 세 가지 특징이 있다: **강도**(intense), 정확하게 알려진 파장, 즉 **에너지**(energy)와 **평행성**(coherent)이다.

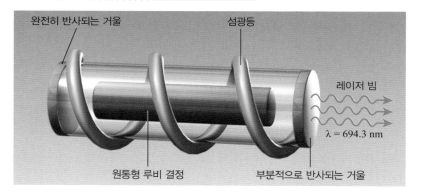

완전히 반사되는 거울 · 섬광등 · 레이저 빔 · $\lambda = 694.3\,nm$ · 원통형 루비 결정 · 부분적으로 반사되는 거울

레이저는 많은 의학 기기 등을 비롯하여 다양하게 사용되고 있다. 높은 강도와 초점을 맞추기 쉬운 특성 때문에 금속에 구멍을 뚫거나 용접을 하거나 핵융합을 할 때도 사용된다. 높은 직진성과 정확하게 알려진 파장은 레이저를 원거리 통신에 적합하게 한다. 또한 레이저는 동위 원소 분리, 화학적 분석, 입체 사진술(holography), CD 플레이어, 상점의 스캐너 등에 사용된다.

6.4 입자의 파동성

Bohr의 이론은 매력적인 수수께끼였다. 수소에 대한 실험 결과에는 적합하였지만 물리학자들은 그 이론의 근간을 이해할 수는 없었다. 예를 들면, '왜 전자는 고정된 특정 거리에서 원자핵 주위를 궤도 운동하는가?' 같은 의문이 남아 있었다. 십 년 동안 아무도, 심지어 Bohr 자신도 논리적으로 설명하지 못하였다. 1924년 Louis de Broglie[6]가 이 수수께끼를 풀 해법을 제시하였다. De Broglie는 만약 에너지(빛)가 어떤 환경에서 입자의 흐름처럼 행동한다면, 전자 같은 입자도 특정 환경에서 파동의 특성을 가진 것처럼 행동할 것이라고 추론하였다.

De Broglie 가설

De Broglie는 양자화된 행동으로 나타나는 거시적인 현상에 대한 관찰을 기본으로 그의 혁신적인 이론을 발전시켰다. 예를 들어, 그림 6.12(a)에 나타난 것처럼 기타줄은 이산된(연속적이지 않은) 특정한 진동수만을 가진다. 기타줄을 튕겨서 만드는 파동은 줄을 따라 움직일 수 없는 **정상파**(standing 또는 stationary waves)이다. **마디**(node)라고 부르는 줄의 특정한 점들은 움직이지 않는다. 즉, 파동의 진폭이 0(zero)이다. 줄의 각 끝은 마디가 되고 중간에는 하나 이상의 마디가 있다. 진동수가 커질수록 정상파의 파장은 짧아지고, 마디의 수도 많아진다. De Broglie에 따르면 원자의 전자도 **정상파**(standing wave)처럼 행동하지만 그림 6.12에서 볼 수 있듯이 오직 특정 파장만이 **허락된다**.

De Broglie는 만약 수소 원자의 전자가 정상파처럼 행동한다면 파장이 궤도의 둘레에 정확하게 맞을 것이라고, 즉, 궤도의 원주가 그림 6.12(b)처럼 파장의 정수배일 거라고 주장하였다. 그렇지 않다면, 파동은 연속적으로 궤도를 돌 때 스스로의 상쇄 간섭에 의해 빠르게 줄어들어서 진폭이 0이 되어 소멸될 것이다.

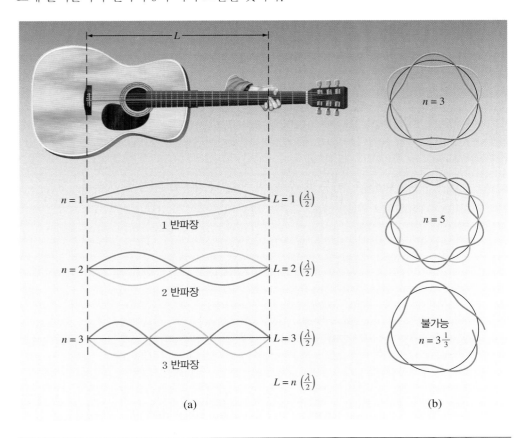

그림 6.12 (a) 진동하는 기타줄의 정상파. 줄의 길이는 반드시 반파장($\lambda/2$)의 정수배와 같아야 한다. (b) 원형 궤도에서 오직 파장의 정수배만 가능하다. 파장의 분수배는 상쇄 간섭으로 인해 파동이 무효화된다.

---

6. Louis Victor Pierre Raymond Duc de Broglie(1892~1987). 프랑스의 물리학자. 유서 깊은 귀족 가문의 한 사람으로 나중에 공작 작위를 받았다. 박사 학위 논문에서 물질과 복사선은 파동과 입자의 특성 모두를 가진다고 제안하였다. 이 업적으로 1929년 노벨 물리학상을 수상하였다.

식 6.8은 허락된 궤도의 둘레($2\pi r$)와 전자 파동의 파장(λ)의 관계를 나타낸 식이다.

$$2\pi r = n\lambda \qquad [\blacktriangleleft\blacktriangleleft \text{식 6.8}]$$

이 식에서 r은 궤도의 반지름, λ는 전자 파동의 파장 그리고 n은 양의 정수이다(1, 2, 3, …). n이 정수이므로 r은 n이 증가함에 따라 특정한 값(파장의 정수배)만이 가능하다. 그리고 전자의 에너지는 궤도의 크기(또는 반지름)에만 의존하므로 에너지 또한 특정한 값만이 가능하다. 그러므로 수소 원자의 전자가 정상파처럼 행동한다면, 전자가 갖는 에너지는 반드시 양자화되어 있다.

De Broglie의 사고는 파동은 입자처럼 행동하고 입자는 파동의 특성을 나타낸다는 결론에 도달한다. De Broglie는 입자와 파동의 특성을 다음의 식으로 관계지었다.

$$\lambda = \frac{h}{mu} \qquad [\blacktriangleleft\blacktriangleleft \text{식 6.9}]$$

> **학생 노트**
> 질량(m)은 반드시 kg 단위로 계산해야만 식 6.9에서 단위가 알맞게 지워진다.

이 식에서 λ, m 그리고 u는 움직이는 입자의 파장, 질량 그리고 속도이다. 식 6.9는 움직이는 입자는 파동처럼 여길 수 있고 파동도 입자의 특성을 나타낸다는 의미를 나타낸다. 식 6.9의 왼쪽 부분의 파장은 파동의 특성을, 질량을 포함한 오른쪽 부분은 입자의 특성을 대표한다는 것을 꼭 기억하자. 식 6.9를 통하여 계산된 파장은 특별히 **de Broglie 파장**(de Broglie wavelength)이라 하고 계산된 질량을 **de Broglie 질량**(de Broglie mass)이라고 한다.

예제 6.5는 de Broglie 이론과 식 6.9를 적용하는 문제이다.

예제   6.5

다음 두 경우의 "입자"에 대해 de Broglie 파장을 계산하시오.
(a) 속도 612 m/s로 운동하는 25 g의 총알
(b) 속도 63.0 m/s로 운동하는 전자($m = 9.109 \times 10^{-31}$ kg)

전략   식 6.9를 이용하여 de Broglie 파장을 계산한다. 식 6.9의 질량은 반드시 kg 단위를 사용해야 한다는 것을 기억한다.

계획   Planck 상수 h는 6.63×10^{-34} J·s이지만 단위를 쉽게 지우기 위해서는 6.63×10^{-34} kg·m²/s를 사용하시오. 1 J=1 kg·m²/s²임을 상기하자.

풀이

(a) $25\,\text{g} \times \dfrac{1\,\text{kg}}{1000\,\text{g}} = 0.025\,\text{kg}$

$\lambda = \dfrac{h}{mu} = \dfrac{6.63 \times 10^{-34}\,\text{kg} \cdot \text{m}^2/\text{s}}{(0.025\,\text{kg})(612\,\text{m/s})} = 4.3 \times 10^{-35}\,\text{m}$

(b) $\lambda = \dfrac{h}{mu} = \dfrac{6.63 \times 10^{-34}\,\text{kg} \cdot \text{m}^2/\text{s}}{(9.109 \times 10^{-31}\,\text{kg})(63.0\,\text{m/s})} = 1.16 \times 10^{-5}\,\text{m}$

> ### 생각해 보기
> 만일 이런 문제가 낯설다면 Planck 상수의 단위를 J·s 대신 kg·m²/s로 바꾸어 보자. 이렇게 하면 단위를 지워 나가는 과정에서 질량을 kg 대신 g으로 잘못 쓰는 흔한 실수도 찾기 쉽다. 총알처럼 작다고 해도 거시적인 물체의 파장은 극도로 짧다. 적어도 원자의 구성 입자 정도의 크기가 되어야만 관찰 가능한 파장을 가질 수 있다.

추가문제 1   1500 cm/s의 속도로 움직이는 수소 원자($m=1.674\times10^{-27}$ kg)의 de Broglie 파장(nm)을 계산하시오.

추가문제 2   식 6.9를 이용하여 파장 810 nm인 광자의 **운동량**(momentum. 질량과 속도의 곱 $m\times u$으로 정의된다) p를 계산하시오. 광자의 속도는 광속 c를 이용하시오.

추가문제 3   초기 전자 회절 실험이 입자의 움직임에 대한 과학자들의 이해에 미친 충격을 고려해 보자. 다음 가상의 거시적인 실험들 중 전자 회절의 주목할 만한 결과와 가장 부합하는 것을 고르시오.

(a) 하나의 물결 무늬와 다른 무늬를 한 가지 방법으로 결합하면 두 개의 무늬가 생기고, 다른 방법으로 결합하면 네 개의 무늬가 생긴다.

(b) 하나의 물결 무늬와 다른 무늬를 한 가지 방법으로 결합하면 두 개의 무늬가 생기고, 다른 방법으로 결합하면 무늬가 없어진다.

(c) 하나의 물결 무늬와 다른 무늬를 어떠한 방법으로 결합하든지 언제나 두 개의 무늬가 생긴다.

> **학생 노트**
> 운동량의 단위는 kg·m/s 또는 N·s이고, N은 뉴턴(newton)으로 힘(force)의 SI 단위이다. 뉴턴은 SI 단위로 1 N $=1$ kg·m/s²이다.

전자의 회절

De Broglie 식이 소개되고 전자가 파동의 특성을 나타낼 것이라고 예측한 지 얼마 지나지 않아 미국의 Clinton Davisson[7]과 Lester Germer[8] 그리고 영국의 G. P. Thomson[9]이 전자 회절 실험에 성공하였다. 이 실험들은 정말로 전자가 파동의 특성을 지닌다는 것을 보여주었다. Thomson이 전자 입자 빔을 얇은 금박에 쏘았을 때 일련의 동심원이 스크린에 나타났고 이는 X선을 사용하였을 때와 유사한 패턴이었다. 그림 6.13은 알루미늄에 X선과 전자를 쏘았을 때의 회절 무늬를 보여준다.

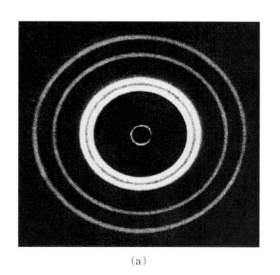

(a)

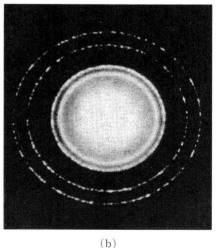

(b)

그림 6.13 (a) 알루미늄 박의 X선 회절 무늬 (b) 알루미늄 박의 전자 회절 무늬. 두 패턴의 유사성이 전자가 X선처럼 행동하여 파동의 특성을 나타낸다는 것을 보여준다.

---

7. Clinton Joseph Davisson(1881~1958). 미국의 물리학자. 그와 Thomson은 전자의 파동성을 나타낸 공로로 1937년 노벨 물리학상을 공동 수상하였다.
8. Lester Halbert Germer(1896~1972). 미국의 물리학자. Davisson과 함께 전자의 파동성을 발견하였다.
9. George Paget Thomson(1892~1975). 영국의 물리학자. J. J. Thomson의 아들로, 1937년 Davisson과 함께 전자의 파동성을 나타낸 공로로 노벨 물리학상을 수상하였다.

6.5 양자 역학

파동은 입자 같은 특징이 있고 입자는 파동 같은 특징이 있다는 발견은 가히 혁신적이었다. 비록 과학자들이 오랫동안 에너지와 입자를 별개의 개체로 생각하였지만, 적어도 원자 단계에서는 더 이상 둘 사이의 구별이 분명하지 않다. Bohr의 이론은 수소의 선 스펙트럼을 설명할 때는 완전히 성공적이지만, 하나 이상의 전자를 가진 원자의 스펙트럼을 설명하는 데는 실패하였다. 전자는 어떤 환경에서는 입자처럼 행동하지만 또 다른 환경에서는 파동처럼 행동한다. 어떠한 서술도 원자 내 전자의 행동을 완벽하게 설명할 수는 없었으며 이는 과학자들이 원자 내 전자의 위치를 정확하게 이해하기 위한 탐구를 좌절시켰다.

불확정성 원리

파동처럼 움직이는 원자 구성 입자의 위치를 찾기 위하여 Werner Heisenberg[10]는 하 **Heisenberg의 불확정성 원리**(Heisenberg uncertainty principle)라고 알려진 공식을 발표하였다. 이는 특정한 순간에 입자의 **운동량**(momentum, p)과 **위치**(position, x)를 동시에 아는 것은 불가능하다는 것을 나타내는 식으로 수학적으로는 다음과 같이 표현된다.

> **학생 노트**
> De Broglie 파장에 대한 식처럼, 식 6.11은 kg 단위로 구해진 질량이 필요하다. 단위를 지우기 쉽게 하려면 Planck 상수의 단위를 J·s 대신 kg·m²/s로 하여 적용하는 것이 유리하다.

$$\Delta x \cdot \Delta p \geq \frac{h}{4\pi}$$

[◀◀ 식 6.10]

입자의 질량 m에 대해서,

$$\Delta x \cdot m\Delta u \geq \frac{h}{4\pi}$$

[◀◀ 식 6.11]

여기서 Δx는 위치의 불확정성이고 Δu는 속도의 불확정성이다. 기호 $\geq$는 다음과 같은 의미이다. 만일 대략적인 실험에서 측정된 위치와 속도의 불확정성이 크다면 두 값의 곱은 $h/4\pi$보다 많이 클 것이다(기호 $>$). 식 6.11의 중요성은 좀 더 정확하고 정밀한 실험에서 측정된 위치와 속도의 불확정성을 곱한 값이 절대 $h/4\pi$보다 작을 수는 없다는 데에 있다(기호 $=$). 그러므로, 입자의 속도를 **더욱** 정확하게 측정할수록(즉, Δu가 **작은** 양일수록) 상대적으로 위치는 정확하게(즉, Δx가 더 **큰** 양이 되도록) 측정된다는 의미이다. 유사하게, 입자의 위치가 더 정확하게 알려질수록 속도의 측정은 덜 정확해진다.

Heisenberg의 불확정성 원리를 수소 원자에 적용해 보면, 전자가 Bohr의 생각대로 원자핵 주위의 정해진 궤도를 돌 수 없다는 것을 알게 된다. 만약, 전자가 Bohr의 생각대로 움직인다면 궤도의 반지름으로부터 전자의 위치를, 운동 에너지로부터 전자의 속도를 동시에 정확하게 결정할 수 있어야 하지만 이는 불확정성 원리에 어긋난다.

예제 6.6은 Heisenberg의 불확정성 원리를 적용하는 방법에 대한 문제이다.

---

10. Werner Karl Heisenberg(1901~1976). 독일의 물리학자. 현대 양자론의 창시자 중 한 명으로, 1932년 노벨 물리학상을 수상하였다.

예제 6.6

수소 원자의 전자 속도는 5×10^6 m/s$\pm 1\%$로 알려져 있다. 불확정성 원리를 이용하여 전자 위치 불확정성의 최솟값을 구하시오. 주어진 수소 원자의 지름이 1 Å보다 작다면 전자 위치 불확정성과 수소 원자의 크기를 상대적으로 비교하시오.

전략 속도의 불확정성(Δu)은 5×10^6 m/s의 1%이다. 식 6.11을 이용하여 Δx를 계산하고 수소 원자의 지름과 비교한다. 단, 1 Å$=1 \times 1^{-10}$ m이다[◀◀ 2.2절].

계획 전자의 질량은 9.11×10^{-31} kg (표 2.1)이고 Planck 상수 h는 6.63×10^{-34} kg·m^2/s이다.

풀이

$$\Delta u = 0.01 \times 5 \times 10^6 \text{ m/s} = 5 \times 10^4 \text{ m/s}$$

$$\Delta x = \frac{h}{4\pi \cdot m \Delta u}$$

그러므로 다음과 같다.

$$\Delta x = \frac{6.63 \times 10^{-34} \text{ kg·m}^2/\text{s}}{4\pi (9.11 \times 10^{-31} \text{ kg})(5 \times 10^4 \text{ m/s})} \geq 1 \times 10^{-9} \text{ m}$$

위치 불확정성의 **최솟값**(minimum)은 1×10^{-9} m$=10$ Å이고, 전자 위치의 불확정성은 수소 원자 크기의 10배이다.

> ### 생각해 보기
>
> 가장 흔한 실수는 입자의 질량을 kg이 아니라 g으로 표현하는 것이지만 단위를 지워나가는 과정을 주의 깊게 하다보면 모순점을 발견할 수 있다. 한 불확정성이 작다면 다른 불확정성은 반드시 크다. 불확정성 원리는 오직 극미립자에만 적용 가능하다. 전자 질량보다 훨씬 큰 질량을 가진 거시적인 물체의 경우 물체의 크기와 비례하여 위치와 속도의 불확정성이 작다.

추가문제 1 예제 6.5에 나온 25 g 총알의 위치 불확정성의 최솟값을 계산하시오. 속도 불확정성은 (a) $\pm 1\%$ (b) $\pm 0.01\%$로 가정하시오.

추가문제 2 (a) 위치 불확정성이 3 Å일 때 물체의 운동량 불확정성의 최솟값을 계산하시오.
(b) 입자가 중성자(질량$=1.0087$ amu)일 때 속도 불확정성의 최솟값을 계산하시오.
(c) 전자(질량$=5.486 \times 10^{-4}$ amu)일 때 속도 불확정성의 최솟값을 계산하시오.

추가문제 3 식 6.11을 이용하면, 대리석 조각 같은 거시적인 물체를 포함한 어떠한 움직이는 물체라도 위치 또는 속도의 불확정성을 계산할 수 있다. 2.5 m/s($\pm 5\%$) 속도로 움직이는 10 g 대리석의 위치 불확정성을 계산하고 결과에 대한 의견을 제시하시오.

Schrödinger 방정식

Bohr는 원자를 이해하는 데 큰 기여를 하였고 원자 내 전자의 에너지가 양자화되어 있다는 그의 제안은 의심의 여지가 없지만, 그 이론이 원자 내 전자의 행동을 완벽하게 서술하지는 못하였다. 1926년 오스트리아의 물리학자 Erwin Schrödinger[11]는 복잡한 수학적 방법을 사용하여 극미립자의 에너지와 행동을 일반적으로 서술할 수 있는 방정식을 고안하였고, 이 식은 거시적 물체의 움직임에 대한 Newton 법칙과 유사하였다. **Schrödinger 방정식**(Schrödinger equation)은 풀어내는 데 고등 계산법이 필요하므로 여기에서는 언급하지 않도록 한다. 방정식은 질량 m과 연관된 입자 행동과 원자 속의 전자와 같은 계의 공간 내 위치에 의존하는 **파동 함수**[wave function, ψ(psi)]와 연관된 파동 행동 모두를 포함하고 있다.

---

11. Erwin Schrödinger(1887~1961). 오스트리아의 물리학자. 그는 현대 양자 이론의 기초가 된 파동 역학을 공식으로 만들었다. 1933년 노벨 물리학상을 수상하였다.

파동 함수 그 자체로는 직접적인 물리학적 의미가 없지만 공간 내의 특정한 지역에서 전자를 찾을 확률은 파동 함수의 제곱(ψ^2)에 비례한다. ψ^2을 확률과 연관시키는 생각은 파동 이론의 유사점에서 시작하였다. 파동 이론에 따르면 빛의 강도는 파동 진폭의 제곱, 또는 ψ^2에 비례한다. 가장 광자를 찾기 쉬운 지역은 빛의 강도가 가장 큰, 즉 ψ^2의 값이 가장 큰 곳이다. 비슷한 논거로 ψ^2과 원자핵을 둘러싼 공간에서 전자를 발견할 가능성을 연관시킬 수 있다.

Schrödinger의 방정식은 **양자 역학**(quantum mechanics) 또는 **파동 역학**(wave mechanics)이라고 부르는 완전히 새로운 분야를 창시하였고, 물리학과 화학의 새 시대를 시작하게 하였다. 1913년 Bohr가 수소 원자 모형을 발표한 후부터 1926년 Schrödinger 방정식이 발표되기 전까지 발전된 양자 이론은 "고전 양자 이론"이라고 한다.

수소 원자의 양자 역학적 표현

Schrödinger 방정식은 수소 원자의 전자가 점유할 수 있는 가능한 에너지 상태를 구체화하고 일치하는 파동 함수(ψ)를 밝혀내었다. 에너지 상태와 파동 함수는 한 세트의 **양자수**(quantum number)에 의해 규정되고 양자수를 이용하여 종합적인 수소 원자 모형을 구성할 수 있다.

양자 역학으로 원자 내 전자의 정확한 위치를 지정하지는 못하지만 주어진 시간에 전자가 존재할 확률이 가장 큰 지역은 알 수 있다. **전자 밀도**(electron density)라는 개념은 원자의 특정 지역에서 전자가 발견될 확률을 알려준다. 파동 함수의 제곱 ψ^2은 원자핵을 둘러싼 3차원 공간에 분포된 전자 밀도로 정의된다. 높은 전자 밀도를 갖는 영역은 전자가 존재할 확률이 높다(그림 6.14).

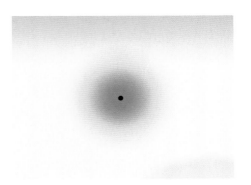

Bohr의 원자 모형과 원자의 양자 역학적 모형을 구별하기 위하여 궤도 대신, 원자 **오비탈**(orbital)이란 표현을 사용한다. **원자 오비탈**(atomic orbital)은 원자 내 전자의 파동 함수로 생각할 수 있다. 전자가 특정 오비탈에 있다고 표현하는 것은 전자 밀도의 분포 또는 공간에 전자가 위치할 확률이 그 오비탈과 연관된 파동 함수의 제곱으로 나타낼 수 있다는 의미이다. 그러므로 원자 오비탈은 전자 밀도의 특징적인 분포뿐만 아니라 특정한 에너지를 갖고 있다.

그림 6.14 수소 원자핵 주위의 전자 밀도 분포. 핵에 가까울수록 전자를 찾을 확률이 크다.

6.6 양자수

수소 원자에 대한 Bohr 모형에서는 전자의 위치를 표현하기 위해 오직 하나의 숫자 n만 필요하였다. 양자 역학에는 원자 내 **전자 밀도의 분포**(distribution of electron density)를 나타내기 위하여 세 개의 **양자수**(quantum number)가 필요하고 이 수들은 수소 원자에 대한 Schrödinger 방정식의 수학적인 해에서 얻어진다. 세 개의 양자수는 각각 **주양자수**(principal quantum number), **각운동량 양자수**(angular momentum quantum number) 그리고 **자기 양자수**(magnetic quantum number)라고 부른다. 원자 오비탈은 고유한 세 개의 양자수 조합으로 정해진다.

> **학생 노트**
> 세 개의 양자수 n, ℓ, m_ℓ은 오비탈의 크기(size), 모양(shape), 그리고 방향(orientation)을 특정한다.

주양자수(n)

주양자수(principal quantum number, n)는 원자의 **크기**를 결정한다. n 값이 커질수록 원자핵으로부터 오비탈의 전자까지의 거리가 멀어지고 따라서 오비탈의 크기가 커진다. 주양자수는 1, 2, 3 등의 정수값을 가지며 수소 원자에 대한 Bohr 모형의 양자수와 일치한다. 식 6.5에서 보았듯이 수소 원자에선 n 값 단독으로 오비탈의 에너지를 결정한다.(곧 배우게 되겠지만, 전자가 두 개 이상인 원자에서는 해당되지 않는다.)

각운동량 양자수(ℓ)

각운동량 양자수(angular momentum quantum number, ℓ)는 원자 오비탈의 **모양**을 나타낸다(6.7절 참조). 각 운동량 양자수(ℓ)는 주양자수(n)에 따라 결정되며 0부터 $n-1$까지의 값을 가진다. 만일, $n=1$이라면 오직 하나의 ℓ 값, 즉, 0($n-1$, $n=1$일 때)만 가능하다. 만일 $n=2$라면, 두 개의 ℓ 값, 즉, 0과 1, $n=3$이면, 세 개의 ℓ 값, 즉, 0, 1, 2를 갖게 된다. ℓ 값은 문자 s, p, d, f로 다음과 같이 나타낸다.[12]

ℓ	0	1	2	3
오비탈 명	s	p	d	f

따라서, $\ell=0$이면 s 오비탈, $\ell=1$이면 p 오비탈이라고 명명한다.

동일한 n 값을 갖는 오비탈들의 모임을 **껍질**(shell)이라고 하고 n 값이 같고 ℓ 값이 다른 경우 **부껍질**(subshell)이라고 한다. 예를 들어, $n=2$인 껍질은 두 개의 부껍질, 즉, $\ell=0$과 $\ell=1$($n=2$일 때 허용되는 두 개의 값)로 구성된다. 이 부껍질들은 $2s$와 $2p$ 부껍질이라고 부르고 2는 n을, 그리고 s와 p는 ℓ을 표시한다.

자기 양자수(m_ℓ)

자기 양자수(magnetic quantum number, m_ℓ)는 공간에서 오비탈의 **방향**(orientation)을 나타낸다(6.7절 참조). 부껍질에서 m_ℓ 값은 ℓ 값에 의해 결정되고 ℓ 값 하나에 대해 다음과 같이 ($2\ell+1$)개의 m_ℓ 값이 가능하다.

$$-\ell, \ldots 0, \ldots, +1$$

$\ell=0$이면 가능한 m_ℓ 값은 한 개: 0, $\ell=1$이면, 가능한 m_ℓ 값은 세 개: -1, 0, $+1$, 그리고 $\ell=2$인 경우에는 m_ℓ 값은 다섯 개: -2, -1, 0, $+1$, $+2$이다. 즉, m_ℓ 값은 특정한 ℓ 값을 가진 부껍질에 들어있는 오비탈의 수를 지정한다. 각 m_ℓ 값은 다른 오비탈을 나타낸다.

표 6.2에서 세 개의 양자수(n, ℓ, m_ℓ)의 가능한 조합을 요약하였고 그림 6.15는 세 개의 양자수와 원자의 각 껍질에 들어 있는 부껍질과 오비탈의 관계를 도식적으로 나타내었다.

예제 6.7은 가능한 양자수를 구하는 내용에 관한 문제이다.

학생 노트
각 껍질속의 부껍질 수는 n 값과 같다. 껍질의 오비탈 수는 n^2과 같다. 부껍질의 오비탈 수는 $2\ell+1$과 같다.

---

12. 특이한 문자들의 조합(s, p, d 그리고 f)는 역사적인 기원이 있다. 원자의 방출 스펙트럼을 연구하던 물리학자들은 스펙트럼 선을 관찰한 결과를 에너지 전이 상태와 연관 지으려 하였고 각 방출선을 sharp, principal, diffuse 그리고 fundamental로 명명하여 머리글자로 오비탈의 이름을 정하였다.

그림 6.15 양자수와 전자 껍질, 부껍질 그리고 오비탈의 관계

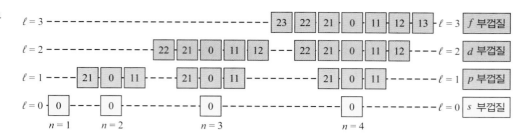

표 6.2	가능한 양자수 n, ℓ, m_ℓ		
n	**ℓ**	**ℓ**	**m_ℓ**
1	오직 0	0	오직 0
2	0 또는 1	0	오직 0
		1	−1, 0 또는 +1
3	0, 1 또는 2	0	오직 0
		1	−1, 0 또는 +1
		2	−2, −1, 0, +1 또는 +2
4	0, 1, 2 또는 3	0	오직 0
		1	−1, 0 또는 +1
		2	−2, −1, 0, +1 또는 +2
		3	−3, −2, −1, 0, +1, +2 또는 +3
.	.	.	.
.	.	.	.
.	.	.	.

예제 6.7

주양자수(n)가 3이고 각운동량 양자수(ℓ)가 1일 때 가능한 자기 양자수(m_ℓ)를 구하시오.

전략 가능한 자기 양자수(m_ℓ)를 구하는 방법을 사용한다. 자기 양자수(m_ℓ)는 주양자수(n)가 아닌 각운동량 양자수(ℓ)에 의해 결정된다.

계획 가능한 m_ℓ 값은 $-\ell, \ldots, 0, \ldots, +\ell$이다.

풀이 가능한 자기 양자수(m_ℓ)는 −1, 0, +1이다.

생각해 보기

표 6.2를 참고하여 답이 맞는지 확인하자. 표 6.2에서 m_ℓ 값을 확정하기 위해서는 n 값이 아니라 ℓ 값으로 결정해야 한다.

추가문제 1 (a) 주양자수(n)가 2이고 각운동량 양자수(ℓ)가 0일 때 가능한 자기 양자수(m_ℓ)를 구하시오.
(b) 주양자수(n)가 3이고 각운동량 양자수(ℓ)가 2일 때 가능한 자기 양자수(m_ℓ)를 구하시오.

추가문제 2 (a) 각운동량 양자수(ℓ)가 1일 때 가능한 주양자수(n) 중에서 가장 작은 수를 구하시오.
(b) 주양자수(n)가 4이고 자기 양자수(m_ℓ)가 0일 때 가능한 각운동량 양자수(ℓ)를 구하시오.

추가문제 3 구두 수선공이 신발 보관을 위해 V자형 신발장을 사용한다고 상상해 보자. 그중 4개의 신발장이 다음과 같다. 수선을 위해 가져온 한 켤레의 신발은 각 장의 상자에 보관된다. 각 신발의 위치는 신발장(cabinet, C), 선반(shelf, S) 그리고 특정 상자(specific box, B), 이렇게 세 개의 문자를 조합하여 기록한다.

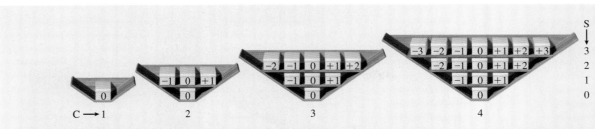

각 신발장은 신발장 속의 선반 개수와 동일한 번호를 갖게 되어 C의 값은 1, 2, 3, 4이다. 각 신발장의 선반들은 제일 아래 선반을 0으로 시작해서 연속적으로 번호를 붙인다. 하나의 선반을 가진 제일 작은 신발장은 0으로 정해지고 다른 신발장들은 0부터 C−1까지의 번호를 붙인다. 그리고 각 상자는 가장 아랫줄의 상자를 0으로 하고, 0 바로 위의 상자도 0으로 정한다. 0의 왼쪽에 있는 상자는 1씩 빼면서 숫자를 지정하고, 0의 오른쪽으로는 1씩 더하면서 숫자를 지정한다. 이러한 방법으로 구두 수선공은 세 개의 숫자 조합, C, S 그리고 B를 이용하여 신발의 위치를 지정한다. 즉, 세 숫자의 조합(C, S, B)이 신발의 위치를 결정한다. 다음의 숫자 조합 중에서 신발의 위치를 지정할 수 없는 조합을 구하고 이유를 설명하시오.

(a) (1, 0, 0)   (b) (0, 0, 0)   (c) (3, 2, −2)   (d) (2, 0, 0)   (e) (4, 3, +1)   (f) (2, 2, +2)

전자 스핀 양자수(m_s)

원자 오비탈을 표시할 때는 세 개의 양자수로 충분하였으나 오비탈을 점유하는 전자를 나타내기 위해서는 추가적인 양자수가 필요하였다.

수소 원자와 소듐 원자의 방출 스펙트럼 실험 결과 외부 자기장의 영향을 받을 때 스펙트럼의 각 선은 두 개로 나누어지는 것을 발견하였다. 물리학자들이 이 같은 결과를 설명할 수 있는 유일한 방법은 전자가 작은 자석처럼 행동한다고 가정하는 것이다. 만약 전자가 지구가 자전하는 것처럼 고유의 축을 가지고 회전한다면 이러한 자기성을 설명할 수 있다. 전자기 이론에 의하면 회전하는 전하는 자기장을 생성하므로 전자의 회전이 전자를 자석처럼 행동하도록 한다. 그림 6.16은 두 가지 가능한 전자의 회전을 나타내며, 하나는 시계 방향이고 다른 하나는 반시계 방향이다. 전자의 스핀을 특정하기 위해서 **전자 스핀 양자수**(electron spin quantum number, m_s)를 사용한다. 서로 반대인 두 개의 회전 방향을 나타내기 위하여 m_s는 $+\frac{1}{2}$와 $-\frac{1}{2}$ 두 개의 값을 갖는다. 같은 오비탈에 있는 반대 방향의 두 전자를 "**짝지어진**(paired)" 전자라고 한다.

전자 스핀에 대한 결정적인 증거는 1924년 Otto Stern[13]과 Walther Gerlach[14]에 의해 확립되었다. 기본 실험 장치가 그림 6.17에 나와 있다. 고온의 발열원에서 생성된 기체상 원자 빔을 불균등한 자기장에 통과시키면 전자와 자기장의 상호 작용 때문에 원자가 직선 경로에서 방향을 바꾸게 된다. 전자 스핀의 방향이 무작위여서 원자들 **절반**의 전자는 한 방향으로 회전하여 원자의 방향이 한쪽으로 휘어진다. 나머지 원자들의 전자는 스핀이 **반대** 방향이어서 다른 방향으로 진행하게 된다. 따라서 감지 스크린의 두 곳에 같은 강도의 점이 관찰된다.

요약하자면, **오비탈**(orbital)은 **세 개**의 양자수(three quantum numbers) 조합으로 지정할 수 있다. 세 개의 양자수는 각각 오비탈의 크기(n), 모양(ℓ) 그리고 방향(m_ℓ)을 지정한다. 네 번째 양자수(m_s)는 오비탈 속의 전자의 스핀을 정하기 위해 필요하다.

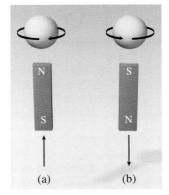

그림 6.16 (a) 시계 방향 전자 스핀. (b) 반시계 방향 전자 스핀. 두 가지 스핀 운동으로 발생하는 자기장은 두 개의 자석의 움직임에 의한 자기장과 유사하다. 위 방향과 아래 방향 화살표는 스핀의 방향을 나타내기 위해 사용한다.

---

13. Otto Stern(1888~1969). 독일의 물리학자. 원자의 자기적 특성과 기체의 운동 이론에 대한 연구에 큰 기여를 하였고 1943년 노벨 물리학상을 수상하였다.
14. Walther Gerlach(1889~1979). 독일의 물리학자. 그의 연구는 양자론에 큰 기여를 하였다.

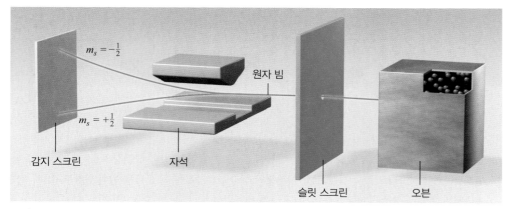

그림 6.17 전자 스핀을 나타내기 위한 실험 장치. 원자 빔이 자기장에 직선으로 쏜다. 하나의 전자를 가진 수소 원자는 전자 스핀의 방향에 따라 두 방향으로 나뉘어 진행한다. 여러 개의 원자로 구성된 빔은 두 종류 스핀이 동일한 정도로 나뉘어져 같은 강도의 점이 스크린의 두 곳에 나타난다.

6.7 원자 오비탈

엄밀하게 말하면, 원자 오비탈은 전자 파동이 원자핵으로부터 무한하게 확장될 수 있기 때문에 명확한 모양을 가지고 있지 않다. 그러한 점에서 오비탈이 어떻게 생겼다고 말하기는 어려우나, 특정한 모양을 가졌다고 생각하는 것이 분명 유용하다. 원자 오비탈의 모양을 상상하는 것은 8장과 9장에서 배울 화학 결합과 분자 구조를 이해하는 데 꼭 필요하다. 이 절에서 우리는 각 오비탈에 대해 알아볼 것이다.

s 오비탈

어떤 주양자수(n) 값에 대해서도 가능한 각운동량 양자수(ℓ) 값은 0이고, $\ell = 0$일 때 자기 양자수(m_ℓ) 값도 오직 0이므로 이 경우 s 부껍질에 해당한다. 따라서 모든 껍질에 s 부껍질이 있고 각 s 부껍질은 오직 하나의 오비탈, **s 오비탈**(s orbital)만 가진다.

그림 6.18은 전자 분포를 나타내는 세 가지 방법이다: 수소 원자의 $1s$, $2s$ 그리고 $3s$ 오비탈의 확률 밀도, 전자 밀도의 구형 분포, 그리고 방사상 확률 분포(전자를 찾을 확률을 원자핵으로부터의 거리에 따른 함수로 표시한 것). 원자 오비탈의 경계면(구 모양의 가장 바깥 표면)을 나타내는 가장 일반적인 방법은 주어진 시간에 전자를 찾을 확률이 90%인 부피로 나타내는 것이다.

모든 s 오비탈은 구 모양이고 주양자수가 증가하면 크기가 커진다. $1s$ 오비탈에 대한 방사상 확률 분포는 원자핵으로부터 52.9 pm(0.529 Å) 거리에서 최대이다. $2s$와 $3s$ 오비탈에 대한 방사상 확률 분포 곡선은 핵으로부터 거리에 따라 2개, 3개의 최댓값을 갖는데, n 값이 증가할수록 커진다. $2s$ 오비탈의 두 최댓값 사이에는 확률이 0으로 떨어지는 지점이 있는데 이 점을 전자 밀도의 **마디**(node)라고 하고 정상파의 진폭이 0이다. $3s$ 오비탈의 방사상 확률 분포에는 이런 마디가 2개 있다.

비록 s 오비탈의 경계면 도식이 마디의 개수를 나타내지는 못하지만 원자 오비탈의 전체적인 모양과 **상대적인**(relative) 크기 등의 중요한 특징을 나타낼 수 있다.

학생 노트
방사상 확률 분포는 "전자가 대부분의 시간을 보내는 공간"이라고 생각할 수 있다.

학생 노트
흥미롭게도 이 거리는 수소 원자에 대한 Bohr 모형에서 $n=1$을 이용하여 구한 오비탈의 반지름 값과 동일하여 이를 Bohr 반지름(Bohr radius)이라고 한다.

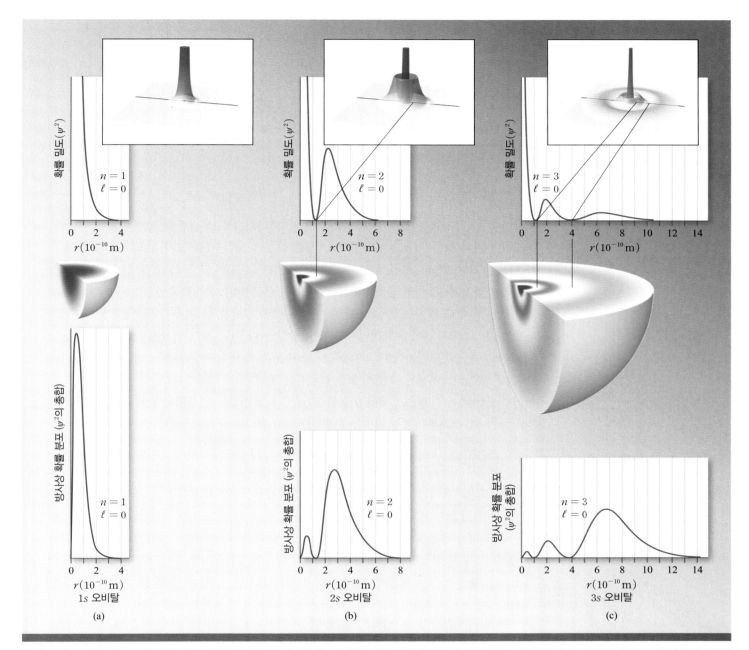

그림 6.18 위에서부터 수소 원자의 (a) $1s$, (b) $2s$, (c) $3s$ 오비탈에 대한 **확률 밀도**(probability density)와 그에 해당하는 입체 지도, 음영으로 전자 밀도 분포를 나타낸 구 모양 입체 지도, 그리고 방사상 확률 분포(radial probability distribution)

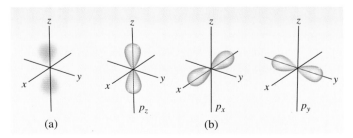

그림 6.19 (a) p 오비탈의 전자 분포 (b) p_x, p_y, p_z 오비탈의 경계면 도식

그림 6.20 d 오비탈의 경계면 도식

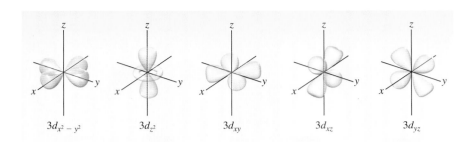

$3d_{x^2-y^2}$　　　$3d_{z^2}$　　　$3d_{xy}$　　　$3d_{xz}$　　　$3d_{yz}$

p 오비탈

주양자수(n)가 2 이상이고 각운동량 양자수(ℓ)가 1인 부껍질을 p 부껍질이라 한다. $\ell=1$이면 자기 양자수(m_ℓ)는 세 가지 가능한 값 -1, 0, $+1$을 갖게 되고 각각의 값이 각기 다른 **p 오비탈**(p orbital)을 나타낸다. 그러므로, $n\geq2$인 모든 껍질에는 p 부껍질이 있고 p 부껍질은 세 개의 p 오비탈을 포함한다. 세 개의 p 오비탈은 p_x, p_y, p_z(그림 6.19)로 명명하고 아래 첨자는 각 오비탈이 향하는 축의 방향을 나타낸다. 세 개의 p 오비탈은 크기, 모양 그리고 에너지가 동일하고 오직 방향만 다르다. 자기 양자수(m_ℓ) 값과 x, y, z 축 방향은 특별한 관계가 없다. 기억해야 할 내용은 자기 양자수(m_ℓ)는 세 개의 값이 가능하고 세 개의 p 오비탈은 다른 방향을 갖는다는 것이다.

그림 6.19의 p 오비탈 경계면 도식을 보면 각 p 오비탈은 원자핵의 반대편에 있는 두 로브로 되어 있다. s 오비탈과 같이 p 오비탈도 $2p$, $3p$, $4p$ 순서로 크기가 커진다.

d 오비탈과 다른 고에너지 오비탈

주양자수(n)가 3 이상이고 각운동량 양자수(ℓ)가 2인 부껍질을 d 부껍질이라 한다. $\ell=2$이면 자기 양자수(m_ℓ)는 다섯 가지 가능한 값 -2, -1, 0, $+1$, $+2$를 갖게 되고 각각의 값이 각기 다른 **d 오비탈**(d orbital)을 나타낸다. 다시 한번, 자기 양자수(m_ℓ) 값과 오비탈의 방향은 직접적인 관계가 없다. 원자의 모든 $3d$ 오비탈은 에너지가 같고 아래 첨자 x, y, z를 이용하여 평면이나 축 등의 방향을 표시한다. 높은 주양자수를 가진 d 오비탈($4d$, $5d$, $\cdots$)은 그림 6.20에 보여진 $3d$ 오비탈과 거의 유사한 모양이다.

f 오비탈(f orbital)은 원자 번호 57번 이상인 원자들의 행동을 설명할 때 중요하지만 그 모양을 나타내기는 어렵다. 일반 화학에서 각운동량 양자수(ℓ) 값이 2 이상인 오비탈의 모양은 크게 고려하지 않는다.

예제 6.8 은 양자수를 이용하여 오비탈에 번호를 붙이는 방법에 대한 문제이다.

예제　6.8

$4d$ 부껍질의 각 오비탈에 대한 n, ℓ, m_ℓ 값을 구하시오.

전략　$4d$라는 표현에 포함된 숫자와 문자를 고려하여 n과 ℓ 값을 구한다. ℓ 값으로부터 여러 개의 m_ℓ 값을 추론할 수 있다.

계획　오비탈의 이름을 시작하는 정수는 주양자수(n)에 의해 결정된다. 그 다음 문자는 각운동량 양자수(ℓ)에 의해 정해지고 자기 양자수(m_ℓ)는 $-\ell$, $\ldots$, 0, $\ldots$, $+\ell$까지의 정수이다.

풀이 n 값은 4, ℓ 값은 2이므로 가능한 m_ℓ 값은 -2, -1, 0, $+1$, $+2$까지이다.

> **생각해 보기**
>
> 그림 6.15를 참고하여 답이 정확한지 확인하자.

추가문제 1 $3d$ 부껍질의 각 오비탈에 대한 n, ℓ, m_ℓ 값을 구하시오.

추가문제 2 양자수를 이용하여 $2d$ 부껍질이 불가능한 이유를 설명하시오.

추가문제 3 예제 6.7의 추가문제 3에 나왔던 신발장, 선반 그리고 신발 상자를 기억해 보자. 다음 그림에서 다른 색으로 표시된 상자의 세 양자수 조합을 구하시오.

오비탈의 에너지

수소 원자나 단원자 이온의 경우 오비탈의 에너지는 오직 주양자수(n)에만 의존하고 n 값이 커질수록 에너지도 증가한다. 이런 이유로 부껍질의 종류에 관계없이 같은 껍질에 있는 오비탈의 에너지는 모두 동일하다(그림 6.21).

$$1s < 2s = 2p < 3s = 3p = 3d < 4s = 4p = 4d = 4f$$

그래서 두 번째 껍질에 있는 네 개(한 개의 $2s$와 세 개의 $2p$)의 오비탈도 같은 에너지(same energy)를 갖고, 세 번째 껍질에 있는 아홉 개(한 개의 $3s$와 세 개의 $3p$ 그리고 다섯 개의 $3d$)의 오비탈도 같은 에너지, 네 번째 껍질에 있는 열여섯 개(한 개의 $4s$와 세 개의 $4p$, 다섯 개의 $4d$ 그리고 일곱 개의 $4f$)의 오비탈도 같은 에너지를 갖는다. 다전자 원자의 에너지 준위는 수소 원자에 비하여 복잡하고 다음의 6.8절에서 설명할 것이다.

> **학생 노트**
> 오직 하나의 양자수만 가진 Bohr 모형은 수소 원자의 전자 에너지를 정확하게 계산할 수 있다.

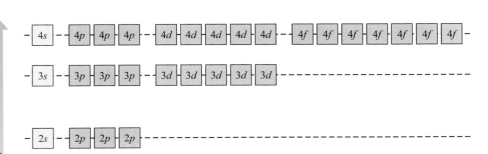

그림 6.21 수소 원자의 오비탈 에너지 준위. 각 상자는 하나의 오비탈을 나타낸다. 같은 주양자수(n)를 갖는 오비탈은 같은 에너지를 갖는다.

6.8 전자 배치

수소 원자는 전자가 단 하나인 특별히 간단한 계로 전자는 주로 $1s$ 오비탈(**바닥상태**, ground state)에 존재하지만 에너지가 높은 오비탈(**들뜬상태**, excited state)에서 발견되기도 한다. 다전자계에서 바닥상태의 **전자 배치**(electron configuration)는 다양한 원자 오비탈에 전자를 분배하는 방법이 필요하고 이를 위하여 단전자계와는 다른 다전자 원자의 원자 오비탈들의 상대적인 에너지를 알아야만 한다.

다전자 원자의 오비탈 에너지

그림 6.22의 두 가지 방출 스펙트럼을 고려해 보자. 헬륨의 스펙트럼은 수소보다 더 많은 선이 있고 이는 헬륨 원자가 수소 원자보다 가시광선 영역에서 더 많은 전이가 가능하다는 증거이다. 이 현상은 헬륨 원자가 가진 두 전자들 간의 정전기적 상호 작용으로 인한 에너지 준위의 **나누어짐**(splitting) 때문이다.

그림 6.23은 다전자 원자의 오비탈 에너지의 일반적인 순서를 보여준다. 오비탈의 에너지가 오직 주양자수 n 값에만 의존하는 수소 원자(그림 6.21)와는 다르게 다전자 원자의 오비탈 에너지는 주양자수 n과 각운동량 양자수 ℓ 값 모두의 영향을 받는다. 예를 들면, $3p$ 오비탈들은 동일한 에너지를 갖지만 $3s$ 오비탈의 에너지보다는 크고 $3d$ 오비탈의 에너지보다는 작다. 다전자 원자에서 n 값이 동일할 경우 오비탈의 에너지는 ℓ 값에 따라 증가한다. 특정 껍질의 d 오비탈 에너지와 그 다음 껍질의 s 오비탈 에너지 간의 관계는 에너지 준위의 나누어짐 현상의 중요한 결과 중 하나이다. 그림 6.23에서 볼 수 있듯이 $4s$ 오비탈의 에너지는 $3d$보다 작고, $5s$ 오비탈의 에너지도 $4d$보다 작다. 이 사실은 원자 내에서 전자가 원자 오비탈에 어떻게 분포하는 지를 결정하는 데 매우 중요하다.

Pauli의 배타 원리

Pauli[15]**의 배타 원리**(Pauli exclusion principle)에 의하면 같은 원자의 어떤 두 전자도 4개의 양자수가 모두 같을 수는 없다. 만일 원자의 두 전자가 같은 n, ℓ 그리고 m_ℓ 값을 가진다 해도[즉, 동일한 **오비탈**(orbital)을 점유한다고 해도], 반드시 다른 m_s 값을 갖는다. 한 전자의 m_s가 $+\frac{1}{2}$이면 다른 전자의 m_s는 $-\frac{1}{2}$이다. m_s 값은 두 가지만 가능하고 동일한 오비탈의 두 전자는 같은 m_s 값을 가질 수 없으므로 원자 오비탈은 최대 **두 개**의

그림 6.22 수소(H)와 헬륨(He)의 방출 스펙트럼 비교

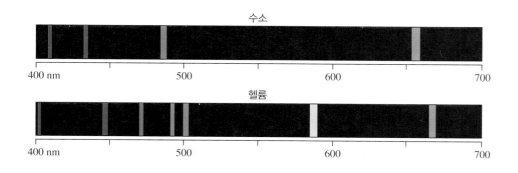

15. Wolfgang Pauli(1900~1958). 오스트리아의 물리학자. 양자 역학의 창시자 중 한 명으로 1945년 노벨 물리학상을 수상하였다.

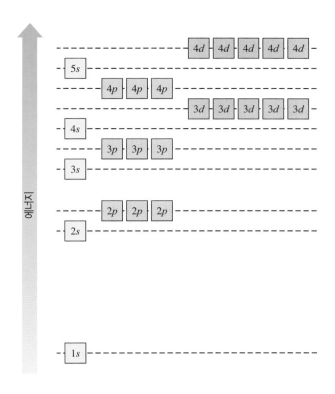

전자가 들어갈 수 있고 두 개의 전자는 반드시 반대 스핀을 갖는다. 한 오비탈에 있는 반대 스핀의 두 전자를 **짝지어진 스핀**(paired spins)이라고 한다.

원자 오비탈의 전자 배열을 각 오비탈(또는 부껍질) 기호와 그 안에 들어있는 전자의 수를 이용하여 다음과 같이 표기할 수 있다. 따라서, 수소 원자의 바닥상태 전자 배열은 $1s^1$ 로 표기한다.

> **학생 노트**
> $1s^1$은 "일 s 일(one s one)"로 읽는다.

오비탈이나 부껍질의 전자수를 표시
$1s^1$
주양자수 n을 표시 · · · 각운동량 양자수 ℓ을 표시

전자 배치는 각 오비탈을 표시된 상자로 묘사하는 **오비탈 도표**(orbital diagram)를 이용하여 표시하는 방법도 있다. 오비탈 도표를 이용한 수소 원자의 바닥상태 전자 배치는 다음과 같다.

$$\text{H} \quad \boxed{\uparrow} \atop 1s^1$$

위 방향 화살표는 수소 원자의 가능한 두 스핀 중 하나를 표시하며(관례적으로 $m_s = +\frac{1}{2}$), 아래 방향 화살표는 반대 스핀(관례적으로 $m_s = -\frac{1}{2}$)을 나타낸다. 앞으로 살펴볼 내용에서 알게 되겠지만, 특정 상황에서 전자의 위치를 분명하게 표시하는 것은 매우 유용하다.

헬륨 원자의 바닥상태 오비탈 도표는 다음과 같다.

> **학생 노트**
> 다전자 원자의 바닥상태(ground state)는 모든 전자가 가장 낮은 에너지의 오비탈을 점유하고 있는 상태이다.

$$\text{He} \quad \boxed{\uparrow\downarrow} \atop 1s^2$$

$1s^2$라는 표시는 $1s$ 오비탈에 **두 개**의 전자가 들어 있다는 뜻이다. 상자 안의 화살표로 표시할 때에는 반대 방향 전자 스핀을 나타내기 위하여 반대 방향 화살표를 사용한다. 일반적으로 오비탈 도표가 홀전자를 포함할 때 홀전자는 위 방향 화살표(비록 위 방향과 아래

> **학생 노트**
> $1s^2$는 "일 s 제곱(one s squared)"이 아니라 "일 s 이(one s two)"라고 읽는다.

방향일 확률이 동일한 걸 알지만)로 나타낸다. 이러한 방법은 임의로 정한 것이고 오비탈의 에너지에는 영향을 주지 않는다.

쌓음 원리

원소의 전자 배치를 쓸 때 오비탈 에너지 순서와 Pauli의 배타 원리에 기초한다. 이러한 과정은 원소들의 주기율표를 "만들 수(build)" 있게 하고 원소의 전자 배치를 단계적으로 할 수 있게 하는 **쌓음 원리**(Aufbau principle)를 기본으로 한다. 각 단계는 양성자 하나씩을 원자핵에 더하고 전자 하나씩을 적당한 오비탈에 더하는 과정을 포함한다. 이러한 과정을 통해 원소의 전자 배치에 대한 자세한 지식을 얻을 수 있다. 이 장의 뒷부분에서 보겠지만 전자 배치에 대한 지식은 원소의 특성을 이해하고 예측하는 데 도움을 줄 뿐만 아니라 왜 그 원소가 주기율표의 특정 자리에 정확하게 들어 맞는지를 설명해 준다.

주기율표의 헬륨 다음 원소는 세 개의 전자를 가진 리튬이다. Pauli의 배타 원리 때문에 오비탈에는 두 개를 초과한 전자가 들어갈 수 없다. 따라서 세 번째 전자는 $1s$ 오비탈에 들어갈 수 없고 대신 그 다음으로 가장 낮은 에너지를 가진 오비탈에 들어가야 한다. 그림 6.23에 의하면 그 다음 오비탈은 $2s$이다. 그러므로 리튬의 전자 배치는 $1s^2 2s^1$이고 오비탈 도표는 다음과 같다.

$$\text{Li} \quad \boxed{\uparrow\downarrow}_{1s^2} \quad \boxed{\uparrow}_{2s^1}$$

비슷한 과정을 통해 베릴륨의 전자 배치는 $1s^2 2s^2$로 쓸 수 있고 오비탈 도표는 다음과 같다.

$$\text{Be} \quad \boxed{\uparrow\downarrow}_{1s^2} \quad \boxed{\uparrow\downarrow}_{2s^2}$$

$1s$와 $2s$ 오비탈이 전부 채워지면 다음 원자인 붕소(boron)의 전자 배치를 하기 위해 $2p$ 부껍질이 사용된다. 세 개의 $2p$ 오비탈은 동일한 에너지를 가졌고, 즉 **축퇴**(degenerate) 되어 있으므로 전자는 $2p$ 오비탈 중 아무 데나 들어가도 되지만 관례적으로 첫 전자는 오비탈 도표를 그릴 때 $2p$ 오비탈의 첫 번째 상자에 넣는다.

$$\text{B} \quad \boxed{\uparrow\downarrow}_{1s^2} \quad \boxed{\uparrow\downarrow}_{2s^2} \quad \boxed{\uparrow\,\Big|\,\Big|\,}_{2p^1}$$

Hund의 규칙

탄소의 전자 배치를 표시할 때 여섯 번째 전자는 이미 전자가 하나 들어 있는 $2p$ 오비탈이나 비어 있는 두 개의 $2p$ 오비탈 중 하나에 들어갈 수 있다. **Hund**[16]**의 규칙**(Hund's rule)에 의하면 동일한 에너지를 갖는 오비탈들의 가장 안정한 전자 배치는 같은 방향 스핀을 가진 홀전자의 수가 최대가 될 때이다. 앞에서 본 것처럼 어떤 오비탈의 두 전자도 같은 방향 스핀을 가질 수 없으므로 동일한 스핀을 가진 홀전자들은 모두 다른 오비탈에 들어가야 한다. 즉, 축퇴된 부껍질에서 전자는 이미 하나가 채워진 오비탈보다는 비어 있는 오비탈에 들어가며 그 이유는 음전하로 하전된 전자들이 서로 반발하기 때문이다. 분리된 오비

> **학생 노트**
> 같은 방향 스핀을 갖는 전자들을 평행 스핀(parallel spins)이라고 한다.

---

16. Frederick Hund(1896~1997). 독일의 물리학자. 그의 연구는 양자 역학의 근간을 이루며 화학 결합의 분자 오비탈 이론이 발전하는 데 큰 공헌을 하였다.

탈에 평행한 스핀이 최대로 배열될 때 부껍질에서 전자-전자 간 반발력이 최소가 된다.

따라서 탄소의 전자 배치는 $1s^2 2s^2 2p^2$이고, 오비탈 도표는 다음과 같다.

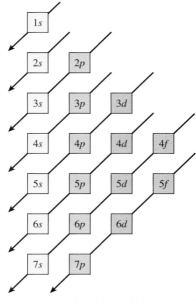

C $\boxed{\uparrow\downarrow}$ $\boxed{\uparrow\downarrow}$ $\boxed{\uparrow\;\uparrow\;\;}$
     $1s^2$ $2s^2$ $2p^2$

Hund의 규칙에 따라 질소의 전자 배치는 $1s^2 2s^2 2p^3$이고 오비탈 도표는 다음과 같다.

N $\boxed{\uparrow\downarrow}$ $\boxed{\uparrow\downarrow}$ $\boxed{\uparrow\;\uparrow\;\uparrow}$
     $1s^2$ $2s^2$ $2p^3$

모든 $2p$ 오비탈에 전자가 하나씩 들어간 이후에는 전자들이 추가될 때 오비탈을 채우면서 들어가게 되므로 O, F, Ne의 전자 배치와 오비탈 도표는 다음과 같다.

O $1s^2 2s^2 2p^4$ $\boxed{\uparrow\downarrow}$ $\boxed{\uparrow\downarrow}$ $\boxed{\uparrow\downarrow\;\uparrow\;\uparrow}$
                            $1s^2$ $2s^2$ $2p^4$

F $1s^2 2s^2 2p^5$ $\boxed{\uparrow\downarrow}$ $\boxed{\uparrow\downarrow}$ $\boxed{\uparrow\downarrow\;\uparrow\downarrow\;\uparrow}$
                            $1s^2$ $2s^2$ $2p^5$

Ne $1s^2 2s^2 2p^6$ $\boxed{\uparrow\downarrow}$ $\boxed{\uparrow\downarrow}$ $\boxed{\uparrow\downarrow\;\uparrow\downarrow\;\uparrow\downarrow}$
                            $1s^2$ $2s^2$ $2p^6$

그림 6.24 오비탈의 전자 채우는 순서를 외우는 간단한 방법

전자 배치 표기의 일반적 규칙

위의 예시들을 기본으로 하여 원소의 바닥상태 전자 배치를 결정할 때 일반적인 규칙들을 다음과 같이 정리해 볼 수 있다.

1. 전자는 가능한 가장 낮은 에너지를 갖는 오비탈에 넣는다.
2. 각 오비탈은 최대 두 개의 전자만 들어갈 수 있다.
3. 축퇴된 오비탈 중 비어 있는 오비탈이 있다면 전자는 쌍을 이루지 않는다.
4. 오비탈들은 그림 6.23과 6.24에 나타난 순서에 적합하게 차례대로 채워져야 한다.

예제 6.9는 원자의 바닥상태 전자 배치를 결정하는 과정에 관한 문제이다.

학생 노트
이 책에서 축퇴된(degenerate)의 의미는 "동일한 에너지의"라는 뜻이다. 같은 부껍질의 오비탈들은 축퇴되어 있다.

예제 6.9

칼슘(Ca) 원자($Z=20$)의 전자 배치를 쓰고 오비탈 도표를 그리시오.

전략 일반 규칙과 쌓음 원리를 이용하여 칼슘 원자의 전자 배치를 완성하고 오비탈 도표로 표현한다.

계획 $Z=20$이므로 칼슘 원자는 20개의 전자를 갖는다. 그림 6.23에 나온 순서를 기본으로 Pauli의 배타 원리와 Hund의 규칙에 맞게 오비탈의 순서를 정하면 $1s$, $2s$, $2p$, $3s$, $3p$, $4s$ 순이다. 각 s 부껍질은 최대 두 개의 전자가 채워지지만 각 p 부껍질은 최대 여섯 개의 전자가 채워진다.

풀이

Ca $1s^2 2s^2 2p^6 3s^2 3p^6 4s^2$ $\boxed{\uparrow\downarrow}$ $\boxed{\uparrow\downarrow}$ $\boxed{\uparrow\downarrow\;\uparrow\downarrow\;\uparrow\downarrow}$ $\boxed{\uparrow\downarrow}$ $\boxed{\uparrow\downarrow\;\uparrow\downarrow\;\uparrow\downarrow}$ $\boxed{\uparrow\downarrow}$
                          $1s^2$ $2s^2$ $2p^6$ $3s^2$ $3p^6$ $4s^2$

생각해 보기

그림 6.23을 보고 올바른 순서로 오비탈을 채웠는지 전자의 총합이 20개인지 확인하자. $4s$ 오비탈이 $3d$ 오비탈보다 먼저 채워진다는 것을 잊지 말자.

추가문제 1   루비듐(Rb) 원자($Z=37$)의 전자 배치를 쓰고 오비탈 도표를 그리시오.

추가문제 2   브로민(Br) 원자($Z=35$)의 전자 배치를 쓰고 오비탈 도표를 그리시오.

추가문제 3   자기 양자수 m_l이 $-(\ell+1)$ . . . 0 . . . $+(\ell+1)$ 값을 갖는 다른 우주를 가정해 보자. 그 다른 우주에서 주양자수가 3인 어떤 원자가 있을 때 전자는 최대 몇 개가 들어갈지 계산하시오.

6.9 전자 배치와 주기율표

수소와 헬륨을 제외한 모든 원자의 전자 배치는 대상 원자의 바로 앞 주기의 비활성 기체 원자를 괄호 안에 표기한 **비활성 기체 핵심**(noble gas core)과 가장 바깥 껍질 전자를 나타낸 축약 표기법을 이용하기도 한다. 그림 6.25는 수소 원자(H, $Z=1$)부터 뢴트게늄(Rg, $Z=111$)까지 원소의 가장 바깥 껍질의 바닥상태 전자 배치를 보여준다. 리튬($Z=3$)부터 네온($Z=10$)까지의 전자 배치와 소듐($Z=11$)부터 아르곤($Z=18$)까지의 전자 배치 유형이 유사하다. 예를 들면, Li와 Na는 동일하게 ns^1의 최외각 전자 배치를 나타내며 Li는 $n=2$이고, Na는 $n=3$이다. F와 Cl도 최외각 전자 배치가 ns^2np^5로 동일하고 $n=2$이면 F, 그리고 $n=3$이면 Cl이다.

6.8절에서 언급한 것처럼 다전자 원자에서 $4s$ 부껍질이 $3d$ 부껍질보다 먼저 채워진다(그림 6.23 참조). 따라서, 포타슘($Z=19$)의 전자 배치는 $1s^22s^22p^63s^23p^64s^1$이다. 아르곤의 전자 배치가 $1s^22s^22p^63s^23p^6$이므로 포타슘의 전자 배치는 축약 표기법으로 하면 $[\text{Ar}]4s^1$이고, 이때 $[\text{Ar}]$은 "아르곤 핵심"을 의미한다.

$$\text{K} \qquad \underbrace{1s^22s^22p^63s^23p^6}_{[\text{Ar}]}4s^1 \qquad\longrightarrow\qquad [\text{Ar}]\,4s^1$$

실험적 증거가 포타슘의 마지막 전자가 $3d$ 오비탈이 아니라 $4s$ 오비탈에 들어 있음을 강하게 뒷받침한다. 포타슘의 물리적, 화학적 특성은 알칼리 금속의 첫 두 원소인 리튬, 소듐의 특성과 매우 유사하다. 리튬과 소듐 모두 마지막 전자는 s 오비탈에 들어 있다.($1d$ 또는 $2d$ 부껍질은 존재하지 않으므로 가장 마지막 전자가 s 오비탈에 들어 있다는 것은 의심의 여지가 없다.) 다른 알칼리 금속과의 유사성을 고려하면 포타슘의 전자 배치도 다른 알칼리 금속과 비슷하게 마지막 전자는 $3d$ 오비탈이 아닌 $4s$ 오비탈에 들어갈 것이다.

3B족부터 1B족까지의 원소들을 **전이 금속**(transition metal)이라고 한다[◀◀ 2.4절]. 전이 금속은 불완전하게 채워진 d 부껍질을 갖거나 또는 불완전하게 채워진 d 부껍질을 갖는 양이온이 되기 쉬운 원소이다. 스칸듐($Z=21$)부터 구리($Z=29$)에 이르는 첫 주기 전이 금속들은 전자가 하나씩 더해질 때 Hund의 규칙에 따라 $3d$ 오비탈에 차례로 채워진다. 그러나 이 원소들 중에는 두 가지 예외가 있다. 크로뮴($Z=24$)의 전자 배치는 우리가 예상한 $[\text{Ar}]4s^23d^4$가 아닌 $[\text{Ar}]4s^13d^5$이고, 구리의 전자 배치도 $[\text{Ar}]4s^23d^9$가 아닌

> **학생 노트**
> 비록 아연을 비롯한 2B족 원소들은 때때로 "전이 금속"이라고 분류되기도 하지만 이들 원소들은 불완전하게 채워진 d 부껍질을 갖거나 또는 불완전하게 채워진 d 부껍질을 갖는 양이온이 되기 쉬운 원소가 아니다. 엄밀하게 말하면 이 원소들은 전이 금속이 아니다.

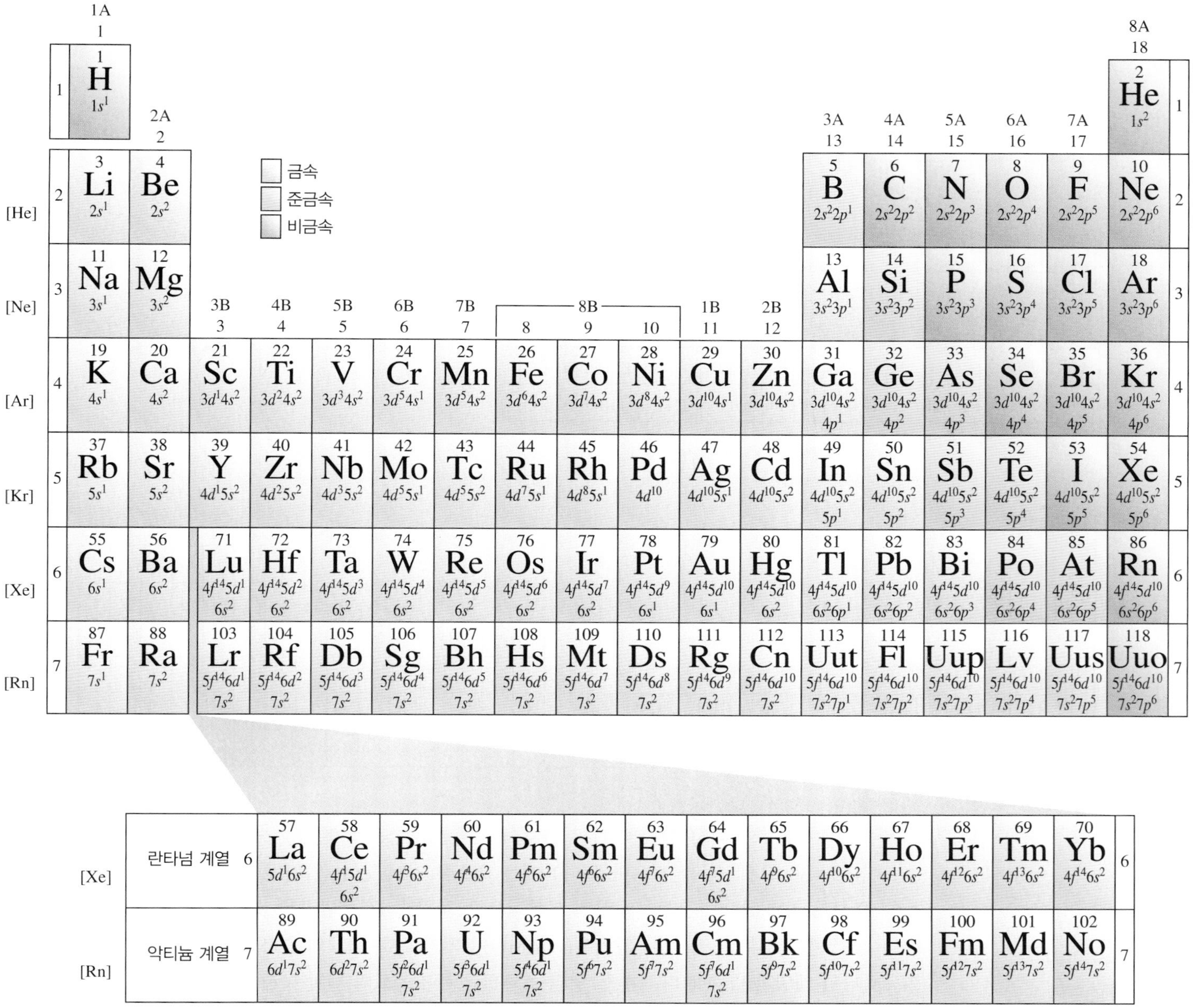

	1A 1																	8A 18	
1	1 **H** $1s^1$	2A 2											3A 13	4A 14	5A 15	6A 16	7A 17	2 **He** $1s^2$	1
2 [He]	3 **Li** $2s^1$	4 **Be** $2s^2$											5 **B** $2s^2 2p^1$	6 **C** $2s^2 2p^2$	7 **N** $2s^2 2p^3$	8 **O** $2s^2 2p^4$	9 **F** $2s^2 2p^5$	10 **Ne** $2s^2 2p^6$	2
3 [Ne]	11 **Na** $3s^1$	12 **Mg** $3s^2$	3B 3	4B 4	5B 5	6B 6	7B 7	8 8B 9		10	1B 11	2B 12	13 **Al** $3s^2 3p^1$	14 **Si** $3s^2 3p^2$	15 **P** $3s^2 3p^3$	16 **S** $3s^2 3p^4$	17 **Cl** $3s^2 3p^5$	18 **Ar** $3s^2 3p^6$	3
4 [Ar]	19 **K** $4s^1$	20 **Ca** $4s^2$	21 **Sc** $3d^1 4s^2$	22 **Ti** $3d^2 4s^2$	23 **V** $3d^3 4s^2$	24 **Cr** $3d^5 4s^1$	25 **Mn** $3d^5 4s^2$	26 **Fe** $3d^6 4s^2$	27 **Co** $3d^7 4s^2$	28 **Ni** $3d^8 4s^2$	29 **Cu** $3d^{10} 4s^1$	30 **Zn** $3d^{10} 4s^2$	31 **Ga** $3d^{10} 4s^2$ $4p^1$	32 **Ge** $3d^{10} 4s^2$ $4p^2$	33 **As** $3d^{10} 4s^2$ $4p^3$	34 **Se** $3d^{10} 4s^2$ $4p^4$	35 **Br** $3d^{10} 4s^2$ $4p^5$	36 **Kr** $3d^{10} 4s^2$ $4p^6$	4
5 [Kr]	37 **Rb** $5s^1$	38 **Sr** $5s^2$	39 **Y** $4d^1 5s^2$	40 **Zr** $4d^2 5s^2$	41 **Nb** $4d^3 5s^2$	42 **Mo** $4d^5 5s^1$	43 **Tc** $4d^5 5s^2$	44 **Ru** $4d^7 5s^1$	45 **Rh** $4d^8 5s^1$	46 **Pd** $4d^{10}$	47 **Ag** $4d^{10} 5s^1$	48 **Cd** $4d^{10} 5s^2$	49 **In** $4d^{10} 5s^2$ $5p^1$	50 **Sn** $4d^{10} 5s^2$ $5p^2$	51 **Sb** $4d^{10} 5s^2$ $5p^3$	52 **Te** $4d^{10} 5s^2$ $5p^4$	53 **I** $4d^{10} 5s^2$ $5p^5$	54 **Xe** $4d^{10} 5s^2$ $5p^6$	5
6 [Xe]	55 **Cs** $6s^1$	56 **Ba** $6s^2$	71 **Lu** $4f^{14} 5d^1$ $6s^2$	72 **Hf** $4f^{14} 5d^2$ $6s^2$	73 **Ta** $4f^{14} 5d^3$ $6s^2$	74 **W** $4f^{14} 5d^4$ $6s^2$	75 **Re** $4f^{14} 5d^5$ $6s^2$	76 **Os** $4f^{14} 5d^6$ $6s^2$	77 **Ir** $4f^{14} 5d^7$ $6s^2$	78 **Pt** $4f^{14} 5d^9$ $6s^1$	79 **Au** $4f^{14} 5d^{10}$ $6s^1$	80 **Hg** $4f^{14} 5d^{10}$ $6s^2$	81 **Tl** $4f^{14} 5d^{10}$ $6s^2 6p^1$	82 **Pb** $4f^{14} 5d^{10}$ $6s^2 6p^2$	83 **Bi** $4f^{14} 5d^{10}$ $6s^2 6p^3$	84 **Po** $4f^{14} 5d^{10}$ $6s^2 6p^4$	85 **At** $4f^{14} 5d^{10}$ $6s^2 6p^5$	86 **Rn** $4f^{14} 5d^{10}$ $6s^2 6p^6$	6
7 [Rn]	87 **Fr** $7s^1$	88 **Ra** $7s^2$	103 **Lr** $5f^{14} 6d^1$ $7s^2$	104 **Rf** $5f^{14} 6d^2$ $7s^2$	105 **Db** $5f^{14} 6d^3$ $7s^2$	106 **Sg** $5f^{14} 6d^4$ $7s^2$	107 **Bh** $5f^{14} 6d^5$ $7s^2$	108 **Hs** $5f^{14} 6d^6$ $7s^2$	109 **Mt** $5f^{14} 6d^7$ $7s^2$	110 **Ds** $5f^{14} 6d^8$ $7s^2$	111 **Rg** $5f^{14} 6d^9$ $7s^2$	112 **Cn** $5f^{14} 6d^{10}$ $7s^2$	113 **Uut** $5f^{14} 6d^{10}$ $7s^2 7p^1$	114 **Fl** $5f^{14} 6d^{10}$ $7s^2 7p^2$	115 **Uup** $5f^{14} 6d^{10}$ $7s^2 7p^3$	116 **Lv** $5f^{14} 6d^{10}$ $7s^2 7p^4$	117 **Uus** $5f^{14} 6d^{10}$ $7s^2 7p^5$	118 **Uuo** $5f^{14} 6d^{10}$ $7s^2 7p^6$	7

금속 / 준금속 / 비금속

		57 **La** $5d^1 6s^2$	58 **Ce** $4f^1 5d^1$ $6s^2$	59 **Pr** $4f^3 6s^2$	60 **Nd** $4f^4 6s^2$	61 **Pm** $4f^5 6s^2$	62 **Sm** $4f^6 6s^2$	63 **Eu** $4f^7 6s^2$	64 **Gd** $4f^7 5d^1$ $6s^2$	65 **Tb** $4f^9 6s^2$	66 **Dy** $4f^{10} 6s^2$	67 **Ho** $4f^{11} 6s^2$	68 **Er** $4f^{12} 6s^2$	69 **Tm** $4f^{13} 6s^2$	70 **Yb** $4f^{14} 6s^2$	
란타넘 계열 6 [Xe]																6
악티늄 계열 7 [Rn]		89 **Ac** $6d^1 7s^2$	90 **Th** $6d^2 7s^2$	91 **Pa** $5f^2 6d^1$ $7s^2$	92 **U** $5f^3 6d^1$ $7s^2$	93 **Np** $5f^4 6d^1$ $7s^2$	94 **Pu** $5f^6 7s^2$	95 **Am** $5f^7 7s^2$	96 **Cm** $5f^7 6d^1$ $7s^2$	97 **Bk** $5f^9 7s^2$	98 **Cf** $5f^{10} 7s^2$	99 **Es** $5f^{11} 7s^2$	100 **Fm** $5f^{12} 7s^2$	101 **Md** $5f^{13} 7s^2$	102 **No** $5f^{14} 7s^2$	7

그림 6.25 알려진 원소들에 대한 바닥상태 최외각 전자 배치

[Ar]$4s^1 3d^{10}$이다. 이러한 예외가 나타나는 이유는 반이 채워진 부껍질($3d^5$)과 전부 채워진 부껍질($3d^{10}$)이 갖는 비교적 큰 안정성 때문이다.

Cr [Ar] ⬆ | ⬆ ⬆ ⬆ ⬆ ⬆
　　　　　$4s$　　$3d$ $3d$ $3d$ $3d$ $3d$

Cu [Ar] ⬆ | ⬆⬇ ⬆⬇ ⬆⬇ ⬆⬇ ⬆⬇
　　　　　$4s$　　$3d$ $3d$ $3d$ $3d$ $3d$

> **학생 노트**
> 전자 배치를 쓸 때는 d 부껍질을 먼저 쓸 수도 있다. 예를 들면, [Ar]$4s^1 3d^{10}$과 [Ar]$3d^{10} 4s^1$ 둘 중 어느 전자 배치나 사용 가능하다.

Zn($Z=30$)부터 Kr($Z=36$)까지는 $3d$, $4s$, $4p$ 부껍질이 순서대로 채워진다. 루비듐($Z=37$)부터 전자는 $n=5$ 준위에 채워진다.

전이 원소의 두 번째 주기[이트륨($Z=39$)부터 은($Z=47$)] 중 몇몇 원소들은 규칙적이지 않고 이러한 불규칙한 자세한 내용들은 이 책의 범위를 넘어서기 때문에 고려하지 않기로 한다.

주기율표의 여섯 번째 주기는 전자 배치가 $[\text{Xe}]6s^1$인 세슘($Z=55$)과 $[\text{Xe}]6s^2$인 바륨($Z=56$)으로 시작된다. 바륨 다음에는 **희토류**(rare earth)인 **란타넘 계열**(lanthanide series)이 있다. 란타넘 계열은 부분적으로 채워진 $4f$ 부껍질을 갖거나 쉽게 부분적으로 채워진 $4f$ 부껍질을 갖는 **양이온**(cation)이 되기 쉬운 14개의 원소들이 연속되어 있다. 란타넘 계열과 나중에 다루게 될 악티늄 계열은 주기율표의 제일 아래에 따로 나타내 놓았다.

이론적으로 란타넘 계열은 일곱 개의 축퇴된 $4f$ 오비탈에 전자를 하나씩 채워 나가야 하지만 실제로는 $5d$와 $4f$ 오비탈의 에너지가 거의 같아서 이 원소들의 전자 배치에 때로 $5d$ 오비탈이 포함되기도 한다. 예를 들어, 란타넘($Z=57$) 원자의 $4f$ 오비탈 에너지가 $5d$ 오비탈의 에너지보다 커서 란타넘의 전자 배치는 $[\text{Xe}]6s^24f^1$이 아니라 $[\text{Xe}]6s^25d^1$이다.

$4f$ 부껍질이 완전히 채워지고 나면 루테튬($Z=71$)의 다음 전자는 $5d$ 부껍질에 들어간다. 루테튬과 하프늄($Z=72$)을 포함해서 수은($Z=80$)까지의 원소들은 차례로 $5d$ 부껍질에 전자가 들어간다. 그 이후 라돈($Z=86$)까지 전자는 $6p$ 부껍질에 채워진다.

프란슘($Z=87$, 전자 배치 $[\text{Rn}]7s^1$)과 라듐($Z=88$, 전자 배치 $[\text{Rn}]7s^2$)이 제일 앞에 나타나는 7주기의 세 번째 칸에는 악티늄($Z=89$)에서 시작하여 노벨륨($Z=102$)으로 끝나는 **악티늄 계열**(actinide series)이 있다. 이 원소들 대부분은 자연 상태에서는 발견되지 않으며 19장에서 배우게 될 핵 반응을 이용하여 합성되었다. 악티늄 계열은 부분적으로 채워진 $5f$ 또는 $6d$ 부껍질을 갖는다. 로렌슘($Z=103$)부터 다름슈타튬($Z=110$)까지의 원소들은 채워진 $5f$ 부껍질을 갖고 $6d$ 부껍질을 채워나가면서 특징을 나타낸다.

학생 노트
$n=4$이고 $\ell=3$이면 f 부껍질이다. $\ell=3$일 때 m_ℓ 값은 -3, -2, -1, 0, $+1$, $+2$, $+3$이므로 f 오비탈은 일곱 개이다.

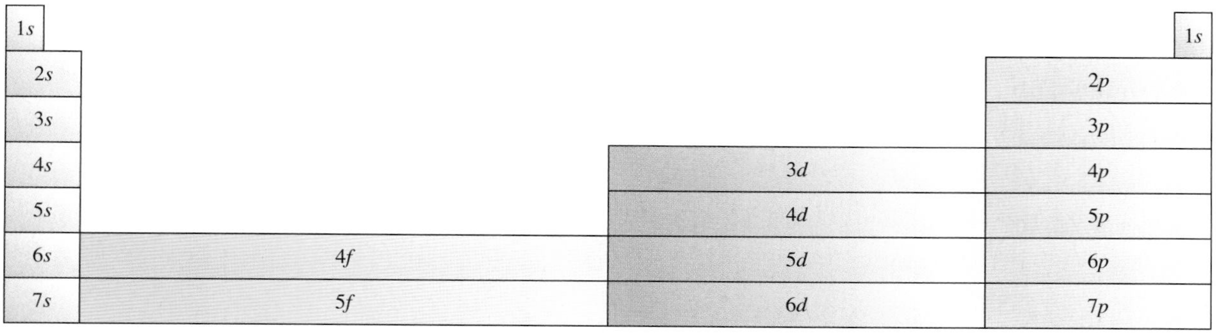

그림 6.26 마지막 전자가 채워진 부껍질의 종류에 따라 분류한 주기율표의 원소들

몇 가지 예외는 있지만 그림 6.23이나 6.24를 이용하면 대부분 원소의 전자 배치를 쓸 수 있다. 전이 금속과 란타넘 계열, 악티늄 계열을 나타낼 때에는 특별한 주의를 기울여야 한다. 가돌리늄($Z=64$)과 퀴륨($Z=96$)의 전자 배치를 할 때는 반만 채워진 f 부껍질은 큰 안정성을 나타낸다는 것을 고려해야 한다. 앞부분에서 다룬 것처럼 주양자수 n이 큰 값일수록 부껍질의 에너지 준위가 근접하게 붙어 있으므로 전자가 채워지는 순서는 불규칙적이다.

그림 6.26에서 원소들을 가장 바깥 전자가 위치하는 부껍질의 종류에 따라 묶어 놓았다. 가장 마지막 전자가 s 부껍질에 있는 원소들을 $s-$블록 원소로, 가장 마지막 전자가 p 부껍질에 있는 원소들을 $p-$블록 원소로 표시하였다.

예제 6.10은 전자 배치를 쓰는 방법에 대한 문제이다.

예제 6.10

그림 6.25를 보지 않고 비소 원자($Z=33$)의 바닥상태 전자 배치를 완성하시오.

전략 그림 6.23이나 6.24를 이용하여 부껍질이 채워질 순서를 결정하고 적합한 부껍질에 전자를 배치한다.

계획 As의 비활성 기체 핵심은 [Ar]이고 아르곤의 원자 번호는 18번이다. 비활성 기체 전자 배치 다음으로 배치될 부껍질의 순서는 $4s$, $3d$, $4p$이며 아르곤 전자 배치를 하고 난 후 남는 15개의 전자들은 이 순서에 따라 채워져야 한다.

풀이 $[Ar]4s^2 3d^{10} 4p^3$

생각해 보기

비소 원자($Z=33$)는 $p-$블록 원소이다. 그러므로 비소의 최외각 전자는 p 부껍질에 있을 것으로 예상할 수 있다.

추가문제 1 그림 6.25를 참고하지 않고 라듐($Z=88$) 원자의 바닥상태 전자 배치를 쓰시오.

추가문제 2 그림 6.25를 참고하지 않고 다음 전자 배치를 보고 어떤 원소인지 찾으시오.
$$[Xe]6s^2 4f^{14} 5d^{10} 6p^5$$

추가문제 3 예제 6.9의 추가문제 3에 나왔던 자기 양자수 m_ℓ이 $-(\ell+1)\,.\,.\,.\,0\,.\,.\,.\,+(\ell+1)$ 값을 갖는 다른 우주를 다시 한번 생각해 보자. 다른 우주에서 사용하는 주기율표의 첫 네 주기 원소들의 바닥상태 전자 배치 중에서 쌓음 원리로 예측한 전자 배치와 다르게 나타나는 원소의 원자 번호를 쓰시오. (힌트: 우리가 사용하는 주기율표의 첫 네 주기에서는 원자 번호 24번과 29번 원소의 전자 배치가 쌓음 원리로 예측한 전자 배치와 다르다.)

주기율표를 이용하여 바닥상태 원자가 전자 배치 결정하기

원소의 바닥상태 전자 배치를 결정하는 쉬운 방법은 주기율표를 이용하는 것이다. 주기율표는 원자 번호에 의해 배열되어 있지만 원소의 가장 바깥 전자들의 유형에 따라 구역으로 나누어져 있다. 가장 바깥 원자가 전자가 s 오비탈에 들어 있으면 노란색 s–블록, p 오비탈에 들어 있으면 파란색 p–블록의 형태로 나타내었다.

1 $1s$ 1																	2 $1s$ 2
3 $2s$ 1	4 2											5 $2p$ 1	6 2	7 3	8 4	9 5	10 6
11 $3s$ 1	12 2											13 $3p$ 1	14 2	15 3	16 4	17 5	18 6
19 $4s$ 1	20 2	21 $3d$ 2	22 3	23 4	24 5	25 6	26 7	27 8	28 9	29 10	30	31 $4p$ 1	32 2	33 3	34 4	35 5	36 6
21 $5s$ 1	22 2	39 $4d$ 2	40 3	41 4	42 5	43 6	44 7	45 8	46 9	47 10	48	49 $5p$ 1	50 2	51 3	52 4	53 5	54 6
55 $6s$ 1	56 2	71 $5d$ 2	72 3	73 4	74 5	75 6	76 7	77 8	78 9	79 10	66	81 $6p$ 1	83 2	84 3	85 4	86 5	6
87 $7s$ 1	88 2	103 $6d$ 2	104 3	105 4	106 5	107 6	108 7	109 8	110 9	111 10	112	113 $7p$ 1	114 2	115 3	116 4	117 5	118 6

57 $4f$ 1	58 2	59 3	60 4	61 5	62 6	63 7	64 8	65 9	66 10	67 11	68 12	69 13	70 14
89 $5f$ 1	90 2	91 3	92 4	93 5	94 6	95 7	96 8	97 9	98 10	99 11	100 12	101 13	102 14

특정 원소의 바닥상태 전자 배치를 결정하기 위해서 그 원소 앞의 가장 가까운 비활성 기체 핵심 전자 배치를 완성하는 것으로 시작하고, 그 다음 남는 원자가 전자를 세어 배치한다. 예를 들어, 원자 번호 17번인 염소(Cl)의 전자 배치를 하려면, 염소 앞쪽의 가장 가까운 비활성 기체인 원자 번호 10번 네온(Ne)을 찾아 비활성 기체 핵심 전자 배치 [Ne]을 쓰는 것으로 시작한다. 대괄호 안에 쓰여진 비활성 기체 원소 기호는 완전하게 채워진 p 부껍질을 가진 핵심부 전자를 나타낸다.

전자 배치를 완성하기 위해서 빨간색 화살표로 보여지는 것처럼 3주기의 왼쪽에서부터 가장 마지막 전자를 하나씩 더해가면서 작은 화살표들이 구역의 범위와 이름을 나타낸다. 비활성 기체 핵심부 전자에 총 7개의 전자가 더해지고 그중 두 개는 s 부껍질에, 다섯 개는 p 부껍질에 채워진다. 3주기를 채워가면서 특정 부껍질이 원자가 전자를 올바르게 포함하게 되고 최종적으로 정확한 바닥상태 전자 배치에 도달하게 된다: $[Ne]3s^2 3p^5$

원자 번호 31번인 갈륨(Ga) 앞에 가장 가까운 비활성 기체는 원자 번호 18번인 아르곤(Ar)이다. 초록색 화살표로 나타낸 4주기를 가로질러 바닥상태 전자 배치를 하면 다음과 같다: $[Ar]4s^2 3d^{10} 4p^1$

이런 방법으로 전자 배치를 할 경우 정확하게 되지 않는 원소가 몇 개 존재한다. 예를 들어, 어떤 원소도 바닥상태 원자가 전자 배치에 $3d^4$나 $3d^9$ 같은 배치를 가질 수 없다. 대신, Cr과 Cu는 $[Ar]4s^1 d^5$와 $[Ar]4s^1 d^{10}$의 전자 배치를 가진다. 이 같은 결과는 반만 채워지거나 전부가 채워진 부껍질의 특이한 안정성 때문이라는 것을 기억해야 한다[◀◀ 6.9절].

특정 원소의 바닥상태 전자 배치를 안다면 주기율표를 이용하여 그 원소를 찾을 수 있다. 예를 들어, 주어진 전자 배치가 $[Ne]3s^2 3p^4$라면, 가장 마지막 전자 배치 $3p^4$에 집중해야 하고 여기에서 3주기(3), p-블록(p), 그리고 네 개의 전자가 p 부껍질(위 첨자 4)에 들어 있음을 알 수 있다. 이는 원자 번호 16과 일치하며, 따라서 이 원소는 황(S)이다.

주요 내용 문제

6.1
다음 중 몰리브데넘(Mo)에 알맞은 비활성 기체 핵심을 고르시오.
(a) Ar   (b) Kr   (c) Xe
(d) Ne   (e) Rn

6.2
바나듐(V) 원자의 알맞은 바닥상태 전자 배치를 고르시오.
(a) $[Ar]3d^5$ (b) $[Ar]4s^2 3d^2$
(c) $[Ar]4s^2 3d^4$ (d) $[Ar]4s^2 3d^3$
(e) $[Kr]4s^2 3d^3$

6.3
바닥상태 전자 배치가 $[Kr]5s^2 4d^{10} 5p^1$인 원소를 고르시오.
(a) Sn   (b) Ga   (c) In
(d) Tl   (e) Zr

6.4
루테튬(Lu) 원자의 알맞은 바닥상태 전자 배치를 고르시오.
(a) $[Xe]6s^2 4f^{14}$ (b) $[Xe]6s^2 5d^1$
(c) $[Xe]6s^2 4f^{13}$ (d) $[Xe]6s^2 4f^{14} 5d^1$
(e) $[Xe]4f^{14}$

연습문제

배운 것 적용하기

광에너지 요법에 가장 널리 사용되는 레이저는 두 종류로 488 nm(파란색)과 514 nm(초록색)의 아르곤(Ar) 이온 레이저와 635 nm(빨간색) 다이오드 레이저이다. 이 파장의 빛들은 생물학적인 조직을 깊게 침투하지 못하나 최근에는 피부 표면의 바로 위나 아래의 종양, 또는 빛을 쪼일 수 있는 방광이나 식도 등의 장기 내막의 종양을 치료할 때 사용된다.
(a) 635 nm 파장을 가진 다이오드 레이저의 진동수와 광자 하나가 가진 에너지를 계산하시오[◀◀ 예제 6.1과 6.2].
(b) 아르곤(Ar) 이온 레이저의 두 종류 파장 빛의 광자당 에너지의 차이를 계산하시오. 어떤 파장의 빛이 더 큰 에너지를 갖는가 [◀◀ 예제 6.3]?
(c) 아르곤(Ar) 원자가 1000 m/s로 움직일 때의 de Broglie 파장을 계산하시오[◀◀ 예제 6.5].
(d) 아르곤(Ar) 원자의 $3p$ 오비탈에 대한 n, ℓ, m_ℓ 값을 구하시오[◀◀ 예제 6.8].
(e) 아르곤(Ar) 원자의 전자 배치를 하시오[◀◀ 예제 6.9와 6.10].

6.1절: 빛의 특성

6.1 (a) 8.6×10^{13} Hz 진동수를 가지는 빛의 파장(nm)은 얼마인가?

(b) 566 nm 파장을 가지는 빛의 진동수(Hz)는 얼마인가?

6.2 시간의 SI 단위는 세슘 원자에서 방출되는 복사선의 9,192,631,770주기(cycle)로 정의되는 초(second)이다. 이 복사선의 파장을 세 개의 유효숫자로 계산하시오. 전자기 스펙트럼의 어느 영역에서 이 파장을 발견할 수 있는가?

6.3 화성에서 지구까지의 평균 거리는 1.3×10^8마일(mile)이다. 화성 표면의 탐사선에서 보낸 영상이 지구에 도달하는 데 걸리는 시간을 계산하시오(1 mile = 1.61 km).

6.2절: 양자 이론

6.4 705 nm의 파장을 갖는 광자가 있다. 광자의 에너지를 J 단위로 계산하시오.

6.5 진동수가 6.5×10^9 Hz인 광자가 있다.

(a) 진동수를 파장으로 환산하시오(nm). 이 진동수는 가시광선 영역인가?

(b) 광자 한 개의 에너지를 계산하시오(J 단위).

(c) 이 진동수를 갖는 광자 1 mol의 에너지를 계산하시오(J 단위).

6.6 구리가 고에너지 전자와 충돌하면 X선이 방출된다. 0.154 nm의 파장을 갖는 X선의 광자가 갖는 에너지를 계산하시오(J 단위).

6.7 사람 눈의 망막은 복사선의 에너지가 적어도 4.0×10^{-17} J 이상인 빛이 도달해야만 감지할 수 있다. 585 nm의 파장을 가진 빛을 망막에서 감지하려면 몇 개 이상의 광자가 필요한가?

6.8 광합성은 가시광선을 이용하여 화학적 변화를 일으킨다. 적외선 복사의 형태로 방출되는 열에너지가 광합성에 왜 효과적이지 않은지 설명하시오.

6.9 450 nm(파란색)와 560 nm(노란색), 두 종류의 레이저 빔을 깨끗한 금속 표면에 비추었을 때 방출되는 전자의 수와 운동 에너지를 측정하였다. 어떤 빛이 더 많은 수의 전자를 방출하는가? 어떤 빛이 방출한 전자의 운동 에너지가 더 큰가? 각 레이저 빔을 통하여 금속 표면에 도달한 에너지의 크기는 같고 두 레이저의 진동수 모두 한계 진동수 이상이라고 가정하시오.

6.3절: 수소 원자에 대한 Bohr 이론

6.10 Balmer 계열(Balmer series)의 첫 번째 선의 파장은 656.3 nm이다. 이 스펙트럼선의 방출에 관여하는 두 에너지 준위의 에너지 차이를 구하시오.

6.11 수소 원자의 전자가 $n = 4$에서 $n = 3$으로 떨어질 때 방출된 광자의 진동수(Hz)와 파장(nm)을 계산하시오.

6.12 수소 원자의 전자가 주양자수 n_i에서 $n = 1$ 상태로 전이되었다. 만약 광자가 94.9 nm의 파장을 방출하였다면 n_i의 값은 얼마인가?

6.13 구리의 불꽃 반응색은 초록색이다. 어떻게 그 빛이 하나의 파장인지 둘 이상 파장의 혼합인지 알아낼 수 있는가?

6.14 천문학자들이 먼 곳의 별이 방출하는 전자기 복사선을 분석하는 과정을 통하여 어떻게 별을 구성하는 원소를 결정할 수 있는지 설명하시오.

6.4절: 입자의 파동성

6.15 열중성자들은 실온에서 공기 분자와 비교할 수 있는 속도로 움직이는 중성자들이다. 이러한 중성자들은 ^{235}U 동위원소 중에서 핵 연쇄반응을 개시하는 데 가장 효과적이다. 7.00×10^2 m/s(중성자의 질량 = 1.675×10^{-27} kg)로 움직이는 중성자 빔의 파장(nm)을 계산하시오.

6.16 1.20×10^2 mph(1 mile = 1.61 km) 속도로 날고 있는 12.4 g의 벌새의 de Broglie 파장(cm)을 계산하시오.

6.5절: 양자 역학

6.17 열중성자의 속도(문제 6.15 참조)는 2.0 km/s 이내로 알려져 있다. 열중성자의 위치 불확실성의 최솟값을 구하시오.

6.18 질량이 2.80 g인 날아가는 탁구공의 위치를 찾기 위해 파장이 430 nm인 푸른빛의 광자를 사용하였을 때 위치 불확실성은 한 파장과 같다고 가정하자. 탁구공 속도에 대한 불확실성의 최솟값은 얼마인가?

6.6절: 양자수

6.19 어떤 원자의 전자가 $n = 2$ 준위에 있다. 이 전자의 모든 가능한 ℓ과 m_ℓ 값을 구하시오.

6.20 주양자수 $n = 4$일 때 가능한 부껍질과 오비탈을 모두 쓰시오.

6.7절: 원자 오비탈

6.21 다음 각 오비탈과 연관된 양자수들을 구하시오.

(a) $2p$ (b) $3s$ (c) $5d$

6.22 $1s$와 $2s$ 오비탈의 유사점과 차이점을 쓰이오.

6.23 $3s$, $3p$, $3d$ 오비탈은 수소 원자에서는 같은 에너지를 갖고 다전자 원자에서는 다른 에너지를 나타내는가?

6.24 다음은 수소 원자의 오비탈이다. 각 쌍에서 에너지가 높은 오비탈을 고르시오.

(a) $1s$, $2s$ (b) $2p$, $3p$ (c) $3d_{xy}$, $3d_{yz}$

(d) $3s$, $3d$ (e) $4f$, $5s$

6.25 다음은 $3s$ 오비탈을 나타낸 그림이다. 이 그림을 이용하여 다른 네 오비탈의 상대적인 크기를 보이고 다음 물음에 답하시오.

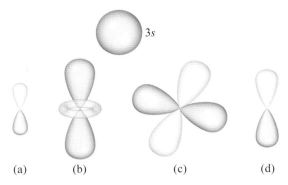

(a) n 값이 가장 큰 오비탈은 무엇인가?

(b) $\ell=1$인 오비탈은 몇 개인가?

(c) 문제 (b)에서 구한 오비탈과 모양과 n 값이 같은 다른 오비탈은 몇 개인가?

6.8절: 전자 배치

6.26 각 항에 들어갈 수 있는 최대 전자 수를 계산하시오.

(a) 하나의 s 오비탈

(b) 세 개의 p 오비탈

(c) 다섯 개의 d 오비탈

(d) 일곱 개의 f 오비탈

6.27 다음 각 부껍질에서 발견될 수 있는 전자의 최대 개수를 구하시오.

$$3s, \; 3d, \; 4p, \; 4f, \; 5f$$

6.28 다음 양자수 조합 중에서 불가능한 것을 고르고 이유를 설명하시오.

(a) $\left(1, 1, +\frac{1}{2}, -\frac{1}{2}\right)$

(b) $\left(3, 0, -1, +\frac{1}{2}\right)$

(c) $\left(2, 0, +1, +\frac{1}{2}\right)$

(d) $\left(4, 3, -2, +\frac{1}{2}\right)$

(e) $\left(3, 2, +1, 1\right)$

6.29 다음 각 원자의 홀전자 수를 구하시오.

B, Ne, P, Sc, Mn, Se, Kr, Fe, Cd, I, Pb

6.30 다음 중 홀전자의 수가 가장 많은 화학종을 고르시오.

$$S^+, \; S, \; S^-$$

6.9절: 전자 배치와 주기율표

6.31 쌓음 원리(Aufbau principle)를 사용하여 테크네튬(technetium)의 바닥상태 전자 배치를 쓰시오.

6.32 다음 원소들의 바닥상태 전자 배치를 쓰시오.

Ge, Fe, Zn, Ni, W, Tl

추가 문제

6.33 현대 과학의 관점에서 다음 문장의 옳고 그름을 판단하시오.

(a) 수소 원자의 전자는 원자핵에서 100 pm보다 가까운 궤도에는 존재하지 않는다.

(b) 원자의 흡수 스펙트럼은 전자가 낮은 에너지 준위에서 높은 에너지 준위로 전이한 결과이다.

(c) 다전자 원자는 여러 개의 행성을 가진 태양계처럼 행동한다.

6.34 다음 양자수를 갖는 전자의 최대 개수를 구하고 그 전자들이 들어 있는 오비탈의 종류를 쓰시오.

(a) $n=2, \; m_s=+\frac{1}{2}$

(b) $n=4, \; m_\ell=+1$

(c) $n=3, \; \ell=2$

(d) $n=2, \; \ell=0, \; m_s=-\frac{1}{2}$

(e) $n=4, \; \ell=3, \; m_\ell=-2$

6.35 다음의 그래프를 보고 물음에 답하시오.

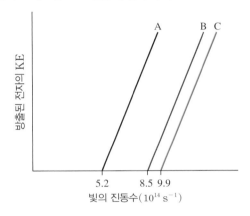

(a) 각 금속의 결합 에너지(W)를 계산하고 가장 높은 금속을 찾으시오.

(b) 세 금속에 파장이 333 nm인 광자를 쏘았다면 어떤 금속에서 전자가 방출될 것인지 찾으시오.

6.36 He 이온은 수소처럼 하나의 전자만 가지고 있다. He^+ 이온이 방출하는 Balmer 계열 빛 중에서 처음 네 개의 파장을 계산하여 커지는 순서대로 나열하시오. 수소에 대해서도 똑같은 과정을 거쳐 파장을 계산하고 차이점에 대해 설명하시오. (He의 Rydberg 상수는 $4.39 \times 10^7 \text{ m}^{-1}$이다.)

6.37 다음의 전자 배치를 갖는 원자의 오비탈 도표를 그리시오.

(a) $1s^2 2s^2 2p^5$

(b) $1s^2 2s^2 2p^6 3s^2 3p^3$

(c) $1s^2 2s^2 2p^6 3s^2 3p^6 4s^2 3d^7$

6.38 수소 원자의 전자가 바닥상태에서 $n=4$ 상태로 들뜨게 되었다. 다음 각 문항을 옳고 그름(true 또는 false)을 결정하시오.

(a) $n=4$는 첫 번째 들뜬상태이다.

(b) $n=4$의 전자를 제거하는 데 필요한 에너지가 바닥상태의 전자를 제거하는 데 드는 에너지보다 크다.

(c) 평균적으로 $n=4$의 전자가 바닥상태의 전자보다 핵과의 거리가 더 멀다.

(d) 전자가 $n=4$에서 $n=1$로 떨어질 때 방출되는 빛의 파장이 $n=4$에서 $n=2$로 떨어질 때보다 길다.

(e) $n=1$에서 $n=4$로 전이할 때 원자가 흡수하는 파장은 $n=4$에서 $n=1$로 전이할 때 방출하는 파장과 같다

6.39 이 장에서 언급된 전자 배치는 기체 상태 원자의 바닥상태 전자 배치이다. 원자가 에너지 양자를 흡수하여 전자 하나가 높은 에너지 상태로 전이하였을 때를 들뜬상태 전자 배치라고 한다. 몇몇 원자의 들뜬상태 전자 배치가 다음과 같을 때 어떤 원자인지 밝히고 바닥상태 전자 배치를 쓰시오.
(a) $1s^1 2s^1$
(b) $1s^2 2s^2 2p^2 3d^1$
(c) $1s^2 2s^2 2p^6 4s^1$
(d) $[Ar]4s^1 3d^{10} 4p^4$
(e) $[Ne]3s^2 3p^4 3d^1$

6.40 수소 원자의 전자가 에너지 준위 사이를 전이할 때 주양자수 n의 초기값과 최종값에 대한 제한이 없다. 반면, 양자역학적으로 각운동량 양자수 ℓ의 초기값과 최종값에는 제한이 있다. 이를 $\Delta\ell=\pm1$로 나타나는 **선택 규칙**(selection rule)이라고 하고 전이될 때 ℓ 값은 오직 1만큼만 늘어나거나 줄어들 수 있다는 것이다. 이 규칙에 의하여 다음의 전이 중 가능한 것을 고르시오.
(a) $1s \longrightarrow 2s$ (b) $2p \longrightarrow 1s$
(c) $1s \longrightarrow 3d$ (d) $3d \longrightarrow 4f$
(e) $4d \longrightarrow 3s$
선택 규칙의 관점에서 그림 6.11의 다양한 방출선이 관찰되는 이유를 설명하시오.

6.41 수소 원자의 들뜬상태 전자는 두 가지 방법으로 바닥상태로 돌아간다.
(a) 광자의 파장이 λ_1인 빛을 방출하고 직접 돌아가는 방법
(b) 광자의 파장이 λ_2인 빛을 방출하면서 중간의 들뜬상태로 전이하고, 그 후 파장이 λ_3인 또 다른 광자를 방출하면서 바닥상태로 돌아가는 방법. 세 파장(λ_1, λ_2, λ_3) 사이의 관계를 식으로 나타내시오.

6.42 수소 원자의 $2s$ 오비탈 파동 함수는 다음과 같다.

$$\psi_{2s} = \frac{1}{\sqrt{2a_0^3}}\left(1-\frac{\rho}{2}\right)e^{-\rho/2}$$

여기서 a_0는 첫 번째 Bohr 궤도의 반지름 0.529 nm, ρ는 $Z(r/a_0)$, r은 핵으로부터의 거리(m)이다. $2s$ 파동 함수의 마디와 핵 사이의 거리(nm)를 계산하시오.

6.43 아인슈타인의 특수 상대성 이론에 따르면 움직이는 입자의 질량 m_{moving}은 정지 상태의 질량 m_{rest}와 다음 식으로 연관되어 있다.

$$m_{moving} = \frac{m_{rest}}{\sqrt{1-(u/c)^2}}$$

여기서 u와 c는 입자와 빛의 속도이다.
(a) 입자 가속기 안에서 양성자, 중성자 그리고 다른 전하를 띤 입자들은 거의 빛의 속도에 가깝게 가속된다. 속도가 광속의 50.0%로 움직이는 양성자의 파장(nm)을 계산하시오. 양성자의 질량은 1.67×10^{-27} kg이다.
(b) 63 m/s의 속도로 움직이는 테니스 공(정지 상태의 질량 6.0×10^{-2} kg)의 질량을 계산하고 결과를 설명하시오.

6.44 3.14×10^{11} J/mol의 에너지를 가지고 방출된 감마 입자의 파장과 진동수를 계산하시오.

6.45 광전 실험에서 특정 금속에서 전자가 방출되는 데 필요한 진동수보다 큰 진동수의 빛을 사용하였다. 그러나 사용하는 빛의 진동수가 일정하더라도 금속의 동일한 지역에 오랜 시간 동안 계속 빛을 비추면 방출되는 전자의 최대 운동 에너지가 감소하기 시작한다. 이 현상을 설명하시오.

6.46 전자 현미경에서 전자들은 전위 차이를 가로지르며 가속된다. 전자가 갖게 되는 에너지는 전압과 전자의 전하를 곱한 값이다. 따라서 1 V의 전압 차이는 전자에 운동 에너지 1.602×10^{-19} V·C(1.602×10^{-19} J)을 전달한다. 5.00×10^3 V로 가속된 전자의 파장을 계산하시오.

6.47 과학자들은 우주 공간의 수소 원자의 주양자수 n이 수백 가지인 것을 알게 되었다. 수소 원자가 $n=236$에서 $n=235$로 전이될 때 방출되는 빛의 파장을 계산하고 이 파장이 속하는 전자기 스펙트럼의 영역을 찾으시오.

6.48 어떤 선글라스는 염화은(AgCl)의 작은 결정이 렌즈 안에 삽입되어 적당한 파장의 빛에 노출되면 다음 반응이 일어난다.

$$AgCl \longrightarrow Ag + Cl$$

Ag 원자는 균일한 회색을 나타내어 눈부심을 줄여준다. 이 반응의 ΔH가 248 kJ/mol일 때 반응을 일어나게 하는 빛의 최대 파장을 계산하시오.

6.49 피부를 타게 하는 자외선 영역은 320에서 400 nm이다. 1초 동안 지표(cm^2)에 도달하는 이 영역의 광자는 2.0×10^{16}개이고 노출된 피부의 면적은 0.45 m^2, 노출된 시간은 2.5 h일 때 인체에 흡수된 총 에너지(J 단위)를 계산하시오.

6.50 흑체 복사는 특정 온도를 갖는 물체가 방출하는 복사 에너지의 파장과 온도의 관계를 설명할 때 사용되는 용어이다. Planck는 이 관계를 설명하기 위해 양자 이론을 제안하였다. 그림은 태양에서 방출하는 복사 에너지와 파장의 관계를 나타내었다. 이 곡선은 온도가 약 6000 K, 즉 태양의 표면 온도에서 나타나는 특징적인 선이다. 더 높은 온도라면 곡선의 모양은 유사하지만 최고점은 좀 더 짧은 파장으로 옮겨간다.
(a) 이 곡선이 밝혀낸 지구에서 생물학적으로 매우 중요한 두 가지 결과가 무엇인가?
(b) 천문학자들은 일반적으로 별의 표면 온도를 어떻게 결정하는가?

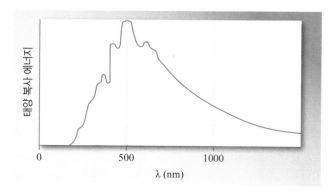

6.51 파장이 1.22×10^8 nm인 전자레인지를 사용하여 물 150 mL의 온도를 20℃에서 100℃로 올렸다. 전자레인지가 방출한 에너지의 92.0%가 물의 열에너지로 전환된다면 이 반응을 위하여 필요한 광자의 수를 계산하시오.

6.52 질량 368 g의 물에 이산화 탄소 레이저를 이용하여 파장이 1.06×10^4 nm인 적외선 복사를 흡수시켰다. 흡수된 모든 복사가 열로 전환된다고 가정하자. 물의 온도를 5.00℃ 높이기 위하여 필요한 광자의 수를 계산하시오.

종합 연습문제

물리학과 생물학

Wien의 법칙(Wien's law)에 의하면 흑체 복사의 최대 강도 파장 λ_{max}는 복사체의 온도와 반비례한다. 수학적으로는 다음과 같다.

$$\lambda_{max} = \frac{b}{T}$$

여기서 b는 Wien의 대체 상수(Wien's displacement constant, 2.898×10^6 nm·K)이고 T는 복사체의 절대 온도이다. 태양은 주로 수소로 구성되어 있고 광구라고 불리는 지역에서 연속 스펙트럼을 방출하며 최대 강도 파장은 약 500 nm이다.

1. 태양의 표면 온도는 대략 얼마인지 구하시오.

   a) 60,000 K   b) 6000 K
   c) 1500 K   d) 500 K

2. 최대 강도 파장 λ_{max}의 진동수를 구하시오.

   a) 6.0×10^{14} s^{-1} b) 5.0×10^{14} s^{-1}
   c) 2.5×10^2 s^{-1} d) 5.9×10^{-14} s^{-1}

3. 5200 K의 흑체가 방출하는 λ_{max}의 광자가 갖는 에너지를 구하시오.

   a) 5.4×10^{-14} J   b) 5.4×10^{14} J
   c) 3.6×10^{-19} J   d) 5.6×10^{-7} J

4. 전자기 스펙트럼의 가시광선 영역은 약 400 nm에서 700 nm이다. 흑체에서 방출되는 최대 강도 파장이 자외선 영역에 들어가려면 온도가 얼마 이상이어야 하는지 구하시오.

   a) 71,000 K   b) 9100 K
   c) 7300 K   d) 64,000 K

예제 속 추가문제 정답

6.1.1 2.91×10^{10} s^{-1} **6.1.2** 1.86×10^{-4} m   **6.2.1** 1.58×10^{-19} J
6.2.2 UV   **6.3.1** (a) 9.43×10^{-19} J (b) 1.18×10^{-25} J
(c) 1.96×10^{-19} J   **6.3.2** (a) 1.05×10^4 nm (b) 2.1×10^{18}
(c) 1.2 eV   **6.4.1** 103 nm   **6.4.2** 7   **6.5.1** 26 nm
6.5.2 8.2×10^{-28} kg·m/s   **6.6.1** (a) 3×10^{-34} m
(b) 3×10^{-32} m   **6.6.2** (a) $\pm 2 \times 10^{-25}$ kg·m/s
(b) $\pm 1 \times 10^2$ m/s (c) $\pm 2 \times 10^5$ m/s

6.7.1 (a) 오직 0 (b) -2, -1, 0, $+1$, $+2$
6.7.2 (a) 2 (b) 0, 1, 2, 3
6.8.1 $n=3$, $\ell=2$, $m_\ell=-2$, -1, 0, $+1$, $+2$
6.8.2 d 오비탈의 경우 $\ell=2$이지만 $n=2$, ℓ은 2가 될 수 없다.
6.9.1 $1s^2 2s^2 2p^6 3s^2 3p^6 4s^2 3d^{10} 4p^6 5s^1$
6.9.2 $1s^2 2s^2 2p^6 3s^2 3p^6 4s^2 3d^{10} 4p^5$ **6.10.1** [Rn]$7s^2$
6.10.2 At(아스타틴)

CHAPTER 7

전자 배치와 주기율표

Electron Configuration and the Periodic Table

가장 널리 사용되는 양념의 하나인 식용 소금은 1A족 금속을 포함한다.

이 장의 목표

원소의 물리적, 화학적 성질과 이러한 성질이 주기율표 내에서의 원소의 위치와 어떠한 관련이 있는지를 배운다.

들어가기 전에 미리 알아둘 것

- 원자의 이온 [◄◄2.6절]
- 전자 배치와 주기율표 [◄◄6.9절]

주기율표의 원자 위치가 우리에게 알려주는 사실

주기율표의 같은 족에 속한 원소들은 비슷한 물리적, 화학적 성질을 나타낸다. 예를 들어, 알칼리 금속들(Li, Na, K)은 모두 유사한 성질을 가진 염화물을 생성한다. 염화 소듐(NaCl)과 성질이 유사하므로 염화 리튬(LiCl)과 염화 포타슘(KCl)은 저염식을 해야 하는 사람들에게 소금 대용으로 사용되었다. 그러나 유사한 성질에도 불구하고 소금 대용 염화물 중 단 한 가지만 안전하다고 판명되었다. 1940년대, 저염식을 해야 하는 심장병 환자들에게 염화 소듐 대용으로 모양과 맛이 거의 같은 염화 리튬이 제공되었다. 통제되지 않은 염화 리튬 섭취는 많은 환자들이 심각한 리튬 독성 증상을 나타내고 몇몇 환자들이 사망하는 재앙 수준의 결과를 초래하였다. 오늘날 사용되는 저염 소금은 염화 소듐과 모양과 맛이 거의 동일한 염화 **포타슘**(potassium chloride)이 포함되어 있다. 이러한 화합물의 모양과 맛의 유사성은 거의 이 물질들을 구성하는 1A족 원소의 화학적 유사성에 기인한다.

1A 1																	8A 18	
1	2A 2												3A 13	4A 14	5A 15	6A 16	7A 17	1
2	Li																	2
3	Na	3B 3	4B 4	5B 5	6B 6	7B 7	8B 8	9	10	1B 11	2B 12							3
4	K																	4
5																		5
6																		6
7																		7

비록, 이 원소들의 생화학적인 성질은 다를지라도 알칼리 금속의 물리적, 화학적 성질은 거의 유사하다. 이런 이유로 알칼리 금속들은 주기율표의 같은 족, 즉 첫 번째 세로줄에 위치한다. 같은 족에 속한 원소들은 같은 원자가 전자 배치를 갖는다는 것이 밝혀졌다.

이 장의 끝에서 알칼리 금속과 알칼리 금속이 생성하는 이온들에 대한 질문의 답을 찾을 수 있게 될 것이다 [▶▶ 배운 것 적용하기, 306쪽].

7.1 주기율표의 발전

19세기에 화학자들은 원자와 분자에 대해서 모호한 생각만 있었고 전자와 양성자에 대해서는 알지 못했다. 그럼에도 불구하고, 그 당시 많은 원소의 원자 질량이 정확하게 측정되어 있었고 화학자들은 원자 질량에 대한 지식을 이용하여 주기율표를 고안하였다. 원소의 화학적 행동이 어느 정도 원자 질량과 연관되어 있다고 믿는 화학자들은 원소들을 주기율표에 원자 질량 순서대로 배열하는 것이 논리적이라 생각하였다.

1864년 영국의 화학자 John Newlands[1]는 원소들을 원자 질량 순서로 배열하면 8번째마다 원소들이 유사한 성질을 나타낸다고 발표하였다. Newlands는 이 특이한 관계를 **옥타브 규칙**(law of octaves)이라고 명명하였다. 그러나 이 "규칙"은 칼슘 다음의 원자들에게는 맞지 않았고 Newlands의 연구는 과학자들 사이에서 인정받지 못했다.

1869년 러시아의 화학자 Dmitri Mendeleev[2]와 독일의 화학자 Lothar Meyer[3]는 **주기성**(periodicity)이라고 알려진, 규칙적으로 반복되는 특성에 따라 더 정확하게 원소들을 배열한 표를 각각 제안하였다.

Mendeleev의 분류 체계는 두 가지 면에서 Newlands의 분류 체계보다 크게 발전한 형태이다. 첫 번째는 원소들은 특성에 따라 더 정확하게 그룹화하였고, 두 번째는 이러한 방법을 통하여 그동안 발견되지 않았던 몇몇 원소들의 특성을 예측할 수 있었다는 점이다. 예를 들어, Mendeleev는 그때까지 발견되지 않았던 원소의 존재를 제안하고 그 원소를 에카-알루미늄이라 명명하고 몇 가지 특성을 예측하여 발표하였다.[에카(*Eka*)는 산스크리트어로 "첫 번째"라는 뜻이고, 알루미늄과 같은 족의 알루미늄 바로 아래 첫 번째 원소라는 의미로 붙인 단어이다.] 4년 후 갈륨(gallium) 원소가 발견되었을 때 그 원소의 특성은 예측하였던 에카-알루미늄의 특성과 거의 맞아떨어졌다.

	에카-알루미늄(Ea)	갈륨(Ga)
원자 질량	68 amu	69.9 amu
녹는점	낮음	$30.15^\circ C$
밀도	$5.9\,g/cm^3$	$5.94\,g/cm^3$
산화물의 화학식	Ea_2O_3	Ga_2O_3

그림 7.1 원소들을 발견된 시기에 따라 분류한 주기율표

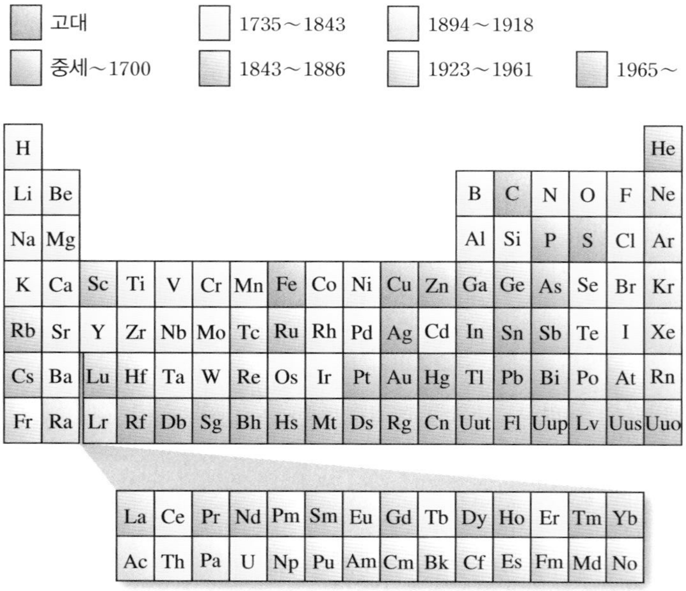

| 고대 | 1735~1843 | 1894~1918 |
| 중세~1700 | 1843~1886 | 1923~1961 | 1965~ |

Mendeleev의 주기율표는 그 당시 알려진 66개의 원소를 포함하였고 1900년까지 30개의 원소가 더해졌으며, 그중 몇몇은 비어 있던 주기율표의 자리를 채웠다. 그림 7.1은 각 원소가 발견된 시기를 나타낸 표이다.

이 주기율표는 놀랄 만큼 성공적이었으나 초기에는 간과하기 어려운 몇몇 모순점이 있었다. 예를 들어, 아르곤의 원자 질량(39.95 amu)은 포타슘의 원자 질량

1. John Alexander Reina Newlands(1838~1898). 영국의 화학자. 그의 연구는 원소를 분류하는 올바른 방향으로의 첫 걸음이었다. 불행하게도 칼슘 이후의 원자에는 맞지 않는 단점으로 인하여 많은 비판과 조롱을 당했지만, 1887년 업적을 인정받아 영국 왕립 학회의 회원이 되었다.
2. Dmitri Ivanovich Mendeleev(1836~1907). 러시아의 화학자. 많은 사람들은 원소들을 주기율표로 분류한 그의 연구를 19세기 화학에서 가장 중요한 업적으로 생각한다.
3. Julius Lothar Meyer(1830~1895). 독일의 화학자. 주기율표에 기여하였을 뿐만 아니라 헤모글로빈과 산소 사이의 화학적 친화성도 발견하였다.

(39.10 amu)보다 크지만 아르곤은 주기율표에서 포타슘의 앞에 위치한다. 만약 원소들을 오직 원자 질량순으로만 배열한다면 아르곤은 현대의 주기율표에서 포타슘의 위치에 놓일 것이고(표지 안쪽 참조), 어떤 화학자도 반응성이 없는 기체인 아르곤을 가장 반응성이 큰 금속인 리튬 그리고 소듐과 같은 족에 놓지 않을 것이다. 이런 현상과 몇몇 다른 모순점 때문에 주기성을 나타나게 하는 특성은 원자 질량이 아닌 다른 특성일 것이라고 제안되었고 Mendeleev와 동료들이 몰랐던 그 특성은 원자핵 속의 양성자 수였다는 것이 나중에 밝혀졌다.

1913년 젊은 영국의 물리학자 Henry Moseley[4]는 그가 **원자 번호**(atomic number) 라고 부르는 값과 원소에 고에너지 전자를 쏘았을 때 방출되는 X선 진동수 사이의 관계를 발견하였다. Moseley는 대체로 원자 질량이 증가하면 원소에서 방출되는 X선의 진동수 도 증가하지만 아르곤과 포타슘처럼 몇몇 부분에서는 예외가 있다는 것을 밝혔다. 아르곤 의 원자 질량이 포타슘보다 크기는 하지만 방출되는 X선 진동수에 의하면 포타슘의 원자 번호가 더 크고, 원자 번호 순서대로 원소들을 나열한 주기율표는 그 전까지 학자들이 풀지 못한 몇몇 모순점을 모두 해결하였다. Moseley는 원자 번호가 원자핵 속의 양성자 수와 같고 원자가 가진 전자 수와 같다고 결론 내렸다.

현대의 주기율표에는 원소의 원자 번호와 원소 기호가 나타나 있다. 원소의 전자 배치는 원소들의 물리적, 화학적 특징의 주기성을 설명하는 데 도움이 된다. 주기율표의 중요성과 효용성은 어떤 원소든지, 심지어 흔히 보지 못한 원소라 할지라도 주기율표에서 족과 주기를 알면 그 원소의 일반적인 특성을 상당히 정확하게 알 수 있다는 것이다.

예제 7.1은 원소들 특성의 유사성과 차이점을 예측하는 데 어떻게 주기율표를 이용할 수 있는지를 보여준다.

예제 7.1

어떤 원소들이 염소(chlorine)의 특성과 거의 유사한 성질을 나타낼 것인지 예측하시오.

전략 같은 족의 원소들이 유사한 성질을 나타내는 경향이 있으므로 염소와 같은 족의 원소들을 찾아야 한다.

계획 염소는 7A족 원소이다.

풀이 플루오린(fluorine), 브로민(bromine), 아이오딘(iodine)이 7A족의 비금속들이므로 염소와 유사한 성질을 갖는 원소들 이다.

생각해 보기

아스타틴(astatine, At)도 7A족이다. 그러나 아스타틴은 준금속으로 분류되며, 비금속을 준금속(metalloid) 또는 금속(metal)과 비 교할 때 매우 주의를 기울여야 한다. 준금속인 아스타틴의 특성은 염소와 유사한 다른 7A족 원소들의 특성과 다르다. (실제로 아스타틴은 방사성 원소이고 그 성질에 대해서는 알려진 것이 별로 없다.)

추가문제 1 규소(silicon, Si)와 유사한 성질을 나타낼 거라 예측되는 원소를 찾으시오.

---

4. Henry Gwyn-Jeffreys Moseley(1887~1915). 영국의 물리학자. X선 스펙트럼과 원자 번호 사이의 관계를 발견하였다. 영국 육군 공병대의 중위였던 그는 터키의 Gallipoli 전투에서 28살의 나이로 전사하였다.

추가문제 2 다음의 5A족 원소들을 질소(N)와 비교하여 유사성이 커지는 순서로 배열하시오.

As, Bi, P

추가문제 3 다음 주기율표는 세 부분으로 나누어져 있다. 세 부분 중 유사한 성질을 갖는 원소들의 수가 가장 많은 부분을 고르고 이유를 설명하시오.

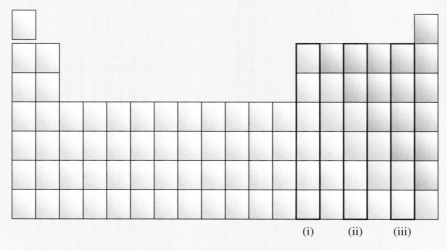

생활 속의 화학

생명의 화학 원소들

최근 알려진 117개의 원소들 중에서 생명체에 필수적인 원소는 몇 가지뿐이다. 실제로 세포의 대부분을 구성하는 원소들은 오직 6가지 비금속, C(탄소), H(수소), O(산소), N(질소), P(인), S(황)이다. 이 원소들이 단백질, 핵산, 탄수화물의 구성 원소들이다. 비록 자연계에서 탄소의 존재량은 매우 적지만(질량비로 지각의 0.1%), 탄소는 거의 모든 생물학적 분자에 존재한다. 탄소는 여러 형태의 화학 결합을 할 수 있으므로 가장 다양하게 존재할 수 있는 원소이다. 탄소 원자들은 서로 결합을 형성하여 셀 수 없을 만큼 다양한 사슬과 고리 형태로 연결된다.

금속 원소들은 생명체에서 여러 가지 다양한 역할을 한다. 양이온(Na^+, K^+, Ca^{2+}, Mg^{2+})의 형태로 세포 안과 밖 체액의 균형을 맞추고 신경 전달과 다른 활동에 참여한다. 또한 금속들은 단백질 작용에도 필요하다. 예를 들어, 철(II) 이온(Fe^{2+})은 헤모글로빈 분자 속에서 산소와 결합하고 구리(Cu^{2+}), 아연(Zn^{2+}) 그리고 마그네슘(Mg^{2+}) 이온들은 효소 작용에 반드시 필요하다. 칼슘은 수산화 삼인산오칼슘[$Ca_5(PO_4)_3(OH)$]과 인산 칼슘[$Ca_3(PO_4)_2$]의 형태로 치아와 뼈를 구성하는 필수 원소이다.

주기율표에 생체에 필수적인 원소들을 강조하여 표시하였다. 그중에서도 특별한 관심을 기울일 부분은 **미량 원소들**(trace elements)로 분류되는 철(Fe), 구리(Cu), 아연(Zn), 아이오딘(I), 코발트(Co), 셀레늄(Se), 플루오린(F) 원소이고, 이 원소들은 모두 합해 봐야 인체 질량의 0.1% 정도이다. 비록 이 원소들은 매우 작은 양이 체내에 존재하지만 우리의 건강에 매우 중요한 원소들이고 여전히 그 원소들의 정확한 생물학적인 역할은 완전히 밝혀지지 않았다.

이러한 원소들은 생장, 물질 대사에서의 산소 운반 그리고 병에 대한 저항 등의 생물학적 작용에 필요하다. 이 원소들은 우리 몸에 특정한 양이 존재해야 하고, 만약 아주 약간이라도 많거나 적은 양이 존재하는 기간이 길어진다면 심각한 병이나 발달 장애, 심지어 사망에 이를 수도 있다.

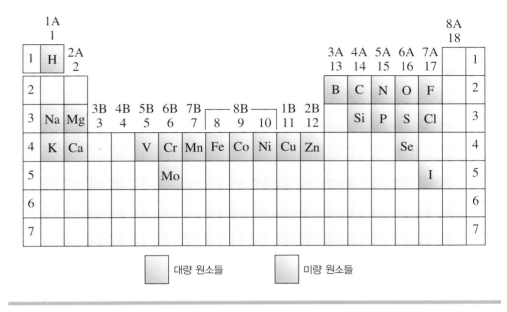

<table>
</table>

☐ 대량 원소들　　☐ 미량 원소들

7.2 현대의 주기율표

그림 7.2는 원소의 바닥상태 최외각 전자 배치를 나타낸 주기율표이다.(원소의 전자 배치는 그림 6.25에도 나타나 있다.) 수소 원자부터 시작하여 원자 부껍질이 순서대로 채워지는 과정이 그림 6.23에 나타나 있다[|◀◀ 6.8절].

원소의 분류

최외각 전자(outermost electron)가 포함되어 있는 전자 부껍질의 종류에 따라서 원소들은 주족 원소, 비활성 기체, 전이 원소(또는 전이 금속), 란타넘 계열 그리고 악티늄 계열로 나누어진다. **주족 원소**(main group element) 또는 **전형 원소**(representative element)라고 부르는 원소들은 1A족부터 7A족 원소들이다. 헬륨을 제외한 모든 비활성 기체들(noble gases), 즉 8A족 원소들은 완전히 채워진 p 부껍질을 갖는다. 헬륨의 최외각 전자 배치는 $1s^2$이고, 다른 비활성 기체들의 최외각 전자 배치는 ns^2np^6인데, 이때 n 값은 가장 바깥 껍질의 주양자수이다.

전이 금속은 1B족과 3B족에서부터 8B족까지의 원소들이다. 전이 금속들은 부분적으로 채워진 d 부껍질을 갖거나 또는 부분적으로 채워진 d 부껍질을 가진 양이온을 잘 만드는 원소들이고, 이 정의에 의하면 2B족 원소들은 전이 금속이 아니다. 2B족 원소들은 대부분 +2가 이온을 형성하지만 +1가 이온도 만들 수 있고 두 경우 모두 전자 배치는 완전히 채워진 d 부껍질을 갖는다[|◀◀ 7.6절]. 아연, 카드뮴, 수은이 이런 특징을 갖는 d−블록 원소들이지만, 일반적으로 전이 금속에 대한 내용에 포함하는 경우가 많다.

> **학생 노트**
> 이 책에서 최외각(outermost) 전자는 쌓음 원리를 이용하여 전자 배치를 하였을 때 가장 **마지막** 오비탈에 놓이는 전자를 말한다[|◀◀ 6.8절].

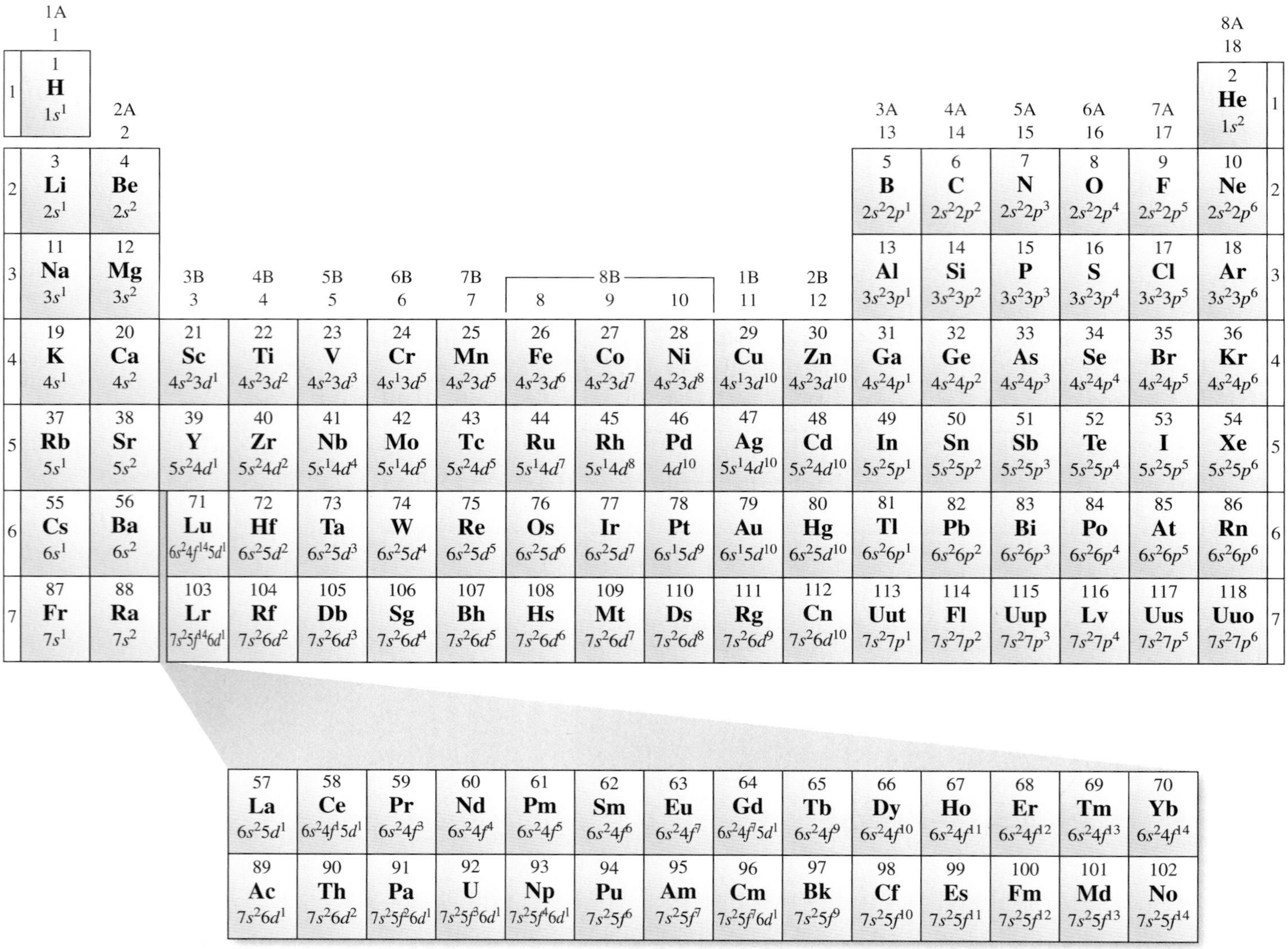

그림 7.2 원소의 원자가 전자 배치. 간결하게 표현하기 위하여 72번에서 86번, 그리고 104번에서 118번 원소들의 완전히 채워진 f 부껍질은 생략하였다.

1A (1)	2A (2)	3B (3)	4B (4)	5B (5)	6B (6)	7B (7)	8B (8)	8B (9)	8B (10)	1B (11)	2B (12)	3A (13)	4A (14)	5A (15)	6A (16)	7A (17)	8A (18)
1 **H** $1s^1$																	2 **He** $1s^2$
3 **Li** $2s^1$	4 **Be** $2s^2$											5 **B** $2s^22p^1$	6 **C** $2s^22p^2$	7 **N** $2s^22p^3$	8 **O** $2s^22p^4$	9 **F** $2s^22p^5$	10 **Ne** $2s^22p^6$
11 **Na** $3s^1$	12 **Mg** $3s^2$											13 **Al** $3s^23p^1$	14 **Si** $3s^23p^2$	15 **P** $3s^23p^3$	16 **S** $3s^23p^4$	17 **Cl** $3s^23p^5$	18 **Ar** $3s^23p^6$
19 **K** $4s^1$	20 **Ca** $4s^2$	21 **Sc** $4s^23d^1$	22 **Ti** $4s^23d^2$	23 **V** $4s^23d^3$	24 **Cr** $4s^13d^5$	25 **Mn** $4s^23d^5$	26 **Fe** $4s^23d^6$	27 **Co** $4s^23d^7$	28 **Ni** $4s^23d^8$	29 **Cu** $4s^13d^{10}$	30 **Zn** $4s^23d^{10}$	31 **Ga** $4s^24p^1$	32 **Ge** $4s^24p^2$	33 **As** $4s^24p^3$	34 **Se** $4s^24p^4$	35 **Br** $4s^24p^5$	36 **Kr** $4s^24p^6$
37 **Rb** $5s^1$	38 **Sr** $5s^2$	39 **Y** $5s^24d^1$	40 **Zr** $5s^24d^2$	41 **Nb** $5s^14d^4$	42 **Mo** $5s^14d^5$	43 **Tc** $5s^24d^5$	44 **Ru** $5s^14d^7$	45 **Rh** $5s^14d^8$	46 **Pd** $4d^{10}$	47 **Ag** $5s^14d^{10}$	48 **Cd** $5s^24d^{10}$	49 **In** $5s^25p^1$	50 **Sn** $5s^25p^2$	51 **Sb** $5s^25p^3$	52 **Te** $5s^25p^4$	53 **I** $5s^25p^5$	54 **Xe** $5s^25p^6$
55 **Cs** $6s^1$	56 **Ba** $6s^2$	71 **Lu** $6s^24f^{14}5d^1$	72 **Hf** $6s^25d^2$	73 **Ta** $6s^25d^3$	74 **W** $6s^25d^4$	75 **Re** $6s^25d^5$	76 **Os** $6s^25d^6$	77 **Ir** $6s^25d^7$	78 **Pt** $6s^15d^9$	79 **Au** $6s^15d^{10}$	80 **Hg** $6s^25d^{10}$	81 **Tl** $6s^26p^1$	82 **Pb** $6s^26p^2$	83 **Bi** $6s^26p^3$	84 **Po** $6s^26p^4$	85 **At** $6s^26p^5$	86 **Rn** $6s^26p^6$
87 **Fr** $7s^1$	88 **Ra** $7s^2$	103 **Lr** $7s^25f^{14}6d^1$	104 **Rf** $7s^26d^2$	105 **Db** $7s^26d^3$	106 **Sg** $7s^26d^4$	107 **Bh** $7s^26d^5$	108 **Hs** $7s^26d^6$	109 **Mt** $7s^26d^7$	110 **Ds** $7s^26d^8$	111 **Rg** $7s^26d^9$	112 **Cn** $7s^26d^{10}$	113 **Uut** $7s^27p^1$	114 **Fl** $7s^27p^2$	115 **Uup** $7s^27p^3$	116 **Lv** $7s^27p^4$	117 **Uus** $7s^27p^5$	118 **Uuo** $7s^27p^6$

57 **La** $6s^25d^1$	58 **Ce** $6s^24f^15d^1$	59 **Pr** $6s^24f^3$	60 **Nd** $6s^24f^4$	61 **Pm** $6s^24f^5$	62 **Sm** $6s^24f^6$	63 **Eu** $6s^24f^7$	64 **Gd** $6s^24f^75d^1$	65 **Tb** $6s^24f^9$	66 **Dy** $6s^24f^{10}$	67 **Ho** $6s^24f^{11}$	68 **Er** $6s^24f^{12}$	69 **Tm** $6s^24f^{13}$	70 **Yb** $6s^24f^{14}$
89 **Ac** $7s^26d^1$	90 **Th** $7s^26d^2$	91 **Pa** $7s^25f^26d^1$	92 **U** $7s^25f^36d^1$	93 **Np** $7s^25f^46d^1$	94 **Pu** $7s^25f^6$	95 **Am** $7s^25f^7$	96 **Cm** $7s^25f^76d^1$	97 **Bk** $7s^25f^9$	98 **Cf** $7s^25f^{10}$	99 **Es** $7s^25f^{11}$	100 **Fm** $7s^25f^{12}$	101 **Md** $7s^25f^{13}$	102 **No** $7s^25f^{14}$

그림 7.3 주족 원소, 비활성 기체, 전이 금속, 2B족 원소, 란타넘 계열, 악티늄 계열을 색별로 나타낸 주기율표

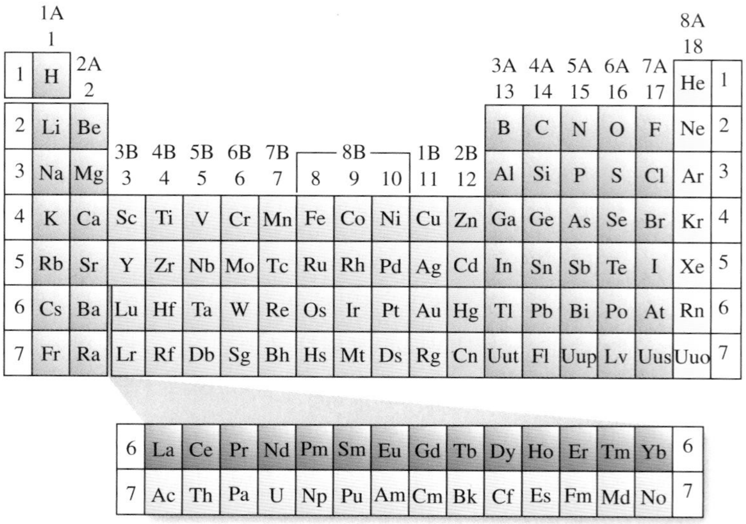

1A (1)	2A (2)	3B (3)	4B (4)	5B (5)	6B (6)	7B (7)	8B (8)	8B (9)	8B (10)	1B (11)	2B (12)	3A (13)	4A (14)	5A (15)	6A (16)	7A (17)	8A (18)
H																	He
Li	Be											B	C	N	O	F	Ne
Na	Mg											Al	Si	P	S	Cl	Ar
K	Ca	Sc	Ti	V	Cr	Mn	Fe	Co	Ni	Cu	Zn	Ga	Ge	As	Se	Br	Kr
Rb	Sr	Y	Zr	Nb	Mo	Tc	Ru	Rh	Pd	Ag	Cd	In	Sn	Sb	Te	I	Xe
Cs	Ba	Lu	Hf	Ta	W	Re	Os	Ir	Pt	Au	Hg	Tl	Pb	Bi	Po	At	Rn
Fr	Ra	Lr	Rf	Db	Sg	Bh	Hs	Mt	Ds	Rg	Cn	Uut	Fl	Uup	Lv	Uus	Uuo

6	La	Ce	Pr	Nd	Pm	Sm	Eu	Gd	Tb	Dy	Ho	Er	Tm	Yb
7	Ac	Th	Pa	U	Np	Pu	Am	Cm	Bk	Cf	Es	Fm	Md	No

표 7.1	1A족과 2A족 원소들의 전자 배치		
1A족 원소		**2A족 원소**	
Li	$[He]2s^1$	Be	$[He]2s^2$
Na	$[Ne]3s^1$	Mg	$[Ne]3s^2$
K	$[Ar]4s^1$	Ca	$[Ar]4s^2$
Rb	$[Kr]5s^1$	Sr	$[Kr]5s^2$
Cs	$[Xe]6s^1$	Ba	$[Xe]6s^2$
Fr	$[Rn]7s^1$	Ra	$[Rn]7s^2$

학생 노트
수소 원자의 전자 배치는 $1s^1$ [◀◀ 6.9절, 그림 6.25]이므로 수소는 비금속이고 1A족 원소가 아니다.

란타넘 계열과 악티늄 계열은 부분적으로 채워진 f 부껍질을 가지므로 때로 f-블록 전이 원소라고 부르고 그림 7.3에 구별하여 나타내었다.

특정 족 원소들의 전자 배치는 뚜렷한 특징이 나타난다. 예를 들어, 표 7.1의 1A족과 2A족 원소들의 전자 배치를 살펴 보자. 1A족 원소는 모두 비활성 기체의 전자 배치에 하나의 전자가 더해진 형태, 즉 알칼리 금속의 일반적인 전자 배치는 [비활성 기체]ns^1이고 2A족 알칼리 토금속의 전자 배치는 비활성 기체와 같은 내부 전자에 ns^2의 최외각 전자 배치가 더해진다.

원자의 최외각 전자 중에서, 원자들 사이의 화학 결합을 형성하는 데 관여하는 전자를 **원자가 전자**(valence electron)라고 한다. 원자가 전자 배치의 유사성(이를 테면, 원자가 전자의 수와 종류가 같은 경우)이 원소들을 같은 족에 속하게 하고 화학적으로 비슷하게 만든다. 이런 특징은 다른 주족 원소들에도 적용되며 따라서 할로젠(7A족) 원소들은 모두 ns^2np^5의 최외각 전자 배치를 갖고 화학적으로 유사하다.

3A족에서 7A족 원소들의 성질을 예측할 때, 각 족에는 금속과 비금속으로 분류되는 원소들이 모두 포함되어 있다는 것을 고려해야 한다. 예를 들어, 4A족 원소들은 모두 ns^2np^2의 최외각 전자 배치를 갖지만 탄소는 비금속, 규소와 저마늄은 준금속, 그리고 주석과 납은 금속이므로 이들의 화학적 성질은 매우 다르다.

비활성 기체들은 같은 족 원소들의 성질이 거의 같다는 것을 확실히 보여준다. 완전하게 채워진 ns와 np 부껍질을 가지므로 반응성이 없고 비정상적일만큼 안정하다.

비록 전이 금속들의 최외각 전자 배치가 족 안에서 항상 같은 것도 아니고 같은 주기의 원자들끼리도 전자 배치의 규칙성이 나타나지 않지만 모든 전이 금속들은 서로 많은 특징 (다양한 산화수, 짙은 색의 화합물, 자기적 성질 등)을 공유하므로 다른 원소들과 구별된다. 이러한 특징들은 모두 전이 금속들이 부분적으로 채워진 d 부껍질을 가져서 유사하게 나타난다. 이와 비슷하게 란타넘 계열과 악티늄 계열 원소들도 부분적으로 채워진 부껍질을 가져서 서로 유사한 성질을 보인다.

예제 7.2는 원자의 전자 개수를 이용하여 전자 배치를 완성하는 방법에 대한 문제이다.

예제　7.2

주기율표를 사용하지 않고 다음 원자들의 바닥상태 전자 배치를 완성하고 원자들을 블록 분류법(s-, p-, d- 또는 f-블록)으로 나누고 주족 원소인지 전이 금속인지 구별하시오.

(a) 17개의 전자를 가진 원자　　　(b) 37개의 전자를 가진 원자　　　(c) 22개의 전자를 가진 원자

전략 6.8절에서 배운 쌓음 원리를 이용하여 전자를 주양자수 $n=1$인 전자껍질부터 그림 6.23에 나와 있는 순서대로 차례로 채워 나간다.

계획 그림 6.23에 따르면 오비탈은 다음의 순서대로 채워진다: $1s$, $2s$, $2p$, $3s$, $3p$, $4s$, $3d$, $4p$, $5s$, $4d$, $5p$, $6s$ 등. s 부껍질에는 한 개, p 부껍질은 세 개, 그리고 d 부껍질은 다섯 개의 오비탈이 있고 각 오비탈에는 최대 두 개의 전자가 채워진다. 원소의 블록 분류법은 쌓음 원리에 따라 전자를 채울 때 가장 마지막 전자가 들어가는 부껍질의 종류에 따른다.

풀이

(a) $1s^22s^22p^63s^23p^5$, p-블록, 주족 원소

(b) $1s^22s^22p^63s^23p^64s^23d^{10}4p^65s^1$, s-블록, 주족 원소

(c) $1s^22s^22p^63s^23p^64s^23d^2$, d-블록, 전이 금속

> **생각해 보기**
>
> 그림 6.25를 이용하여 해답을 확인하자.

추가문제 1 주기율표를 사용하지 않고 다음 원자들의 바닥상태 전자 배치를 완성하고 원자들을 블록 분류법(s-, p-, d- 또는 f-블록)으로 나누시오.

(a) 15개의 전자를 가진 원자

(b) 20개의 전자를 가진 원자

(c) 35개의 전자를 가진 원자

추가문제 2 다음의 전자 배치를 갖는 원소를 찾으시오.

(a) $1s^22s^22p^63s^23p^1$

(b) $1s^22s^22p^63s^23p^64s^23d^{10}$

(c) $1s^22s^22p^63s^23p^64s^23d^{10}4p^65s^2$

추가문제 3 다음 주기율표에 표시된 각 원자의 전체 전자 수와 **원자가**(valence) 전자 수를 구하시오.

원소 상태 물질의 화학식 표현

바닥상태 전자 배치에 따라 원소들을 나누었다면 이제는 화학자들이 화학식에서 원소 물질을 표현하는 방법을 배울 것이다.

금속 금속은 전형적으로 분리된 분자 단위로 존재하지 않고 원자들의 3차원적인 구조로 이루어진 복합체의 형태로 존재하므로 화학식에는 실험식의 형태로 표기한다. 원소를 나타내는 실험식은 원소 기호와 동일하다. 예를 들어, 철의 실험식은 Fe로 원소 기호와 같다.

비금속 원소 상태의 비금속을 화학식에 나타내는 방법은 한 가지가 아니다. 예를 들어, 여러 가지 형태의 동소체로 존재하는 탄소는 이런 동소체에 관계없이 화학식에서 실험식, 즉 원소 기호인 C로 나타낸다. 실험식 C 옆에 괄호를 사용하여 탄소가 특정 동소체임을 나타내는 방법을 흔히 사용하는데, 다음 식은 탄소가 각기 다른 동소체인 흑연에서 다이아몬드로 변하는 과정을 나타내는 화학식이다.

> **학생 노트**
> 동소체는 같은 원소로 이루어진 다른 물질이다[◀◀ 2.6절].

$$\text{C(흑연)} \longrightarrow \text{C(다이아몬드)}$$

비금속은 주로 다원자 분자로 존재하므로 일반적으로 다음과 같은 분자식을 사용한다: H_2, N_2, O_2, F_2, Cl_2, Br_2, I_2, P_4. 그러나 황의 경우에는 분자식인 S_8보다 실험식인 S를 사용하는 경우가 많으므로 황의 연소식은

$$S_8(s) + 8O_2(g) \longrightarrow 8SO_2(g)$$

식보다 다음의 식을 사용한다.

$$S(s) + O_2(g) \longrightarrow SO_2(g)$$

하지만 과학적으로는 두 식 모두 옳은 식이다.

비활성 기체 모든 비활성 기체는 독립된 원자로 존재하므로 원소 기호를 그대로 쓴다: He, Ne, Ar, Kr, Xe, Rn

준금속 준금속도 금속과 마찬가지로 3차원 복합체 형태를 나타내므로 실험식, 즉 원소 기호를 사용하여 나타낸다: B, Si, Ge 등

7.3 유효 핵전하

원소의 전자 배치는 원자 번호가 증가하면서 주기적으로 변한다. 지금부터는 어떻게 전자 배치가 원소의 물리적, 화학적 성질을 주기적으로 변화시키는지를 알아볼 것이다. **유효 핵전하**(effective nuclear charge)라는 개념을 소개하면서 시작해 보자.

핵전하(Z)는 간단히 원자핵 안의 양성자 수이다. **유효 핵전하**(effective nuclear charge, Z_{eff})는 원자 내 전자들이 실제로 "경험하는" 양전하의 크기이다. 핵전하와 유효 핵전하가 같은 유일한 원자는 전자를 한 개만 갖는 수소이다. 모든 다른 원자들의 전자는 원자핵이 끌어당기는 힘과 전자들 간에 반발하는 힘을 동시에 받고 있고 그 결과 **가리움**(shielding)이라는 현상이 나타난다. 다전자 원자의 전자들은 핵의 양전하가 끌어당기는 힘이 원자 내의 다른 전자들에 의해 부분적으로 가려진다

원자 내 전자들이 서로를 가리는 현상을 확인하는 한 가지 방법은 그림 7.4에서 보여지는 대로 헬륨의 두 전자를 떼어내는 데 필요한 에너지 양을 비교하는 것이다. 실험 결과 헬륨의 첫 번째 전자를 떼어내는 데는 3.94×10^{-18} J, 두 번째 전자를 떼어내는 데는 8.72×10^{-18} J의 에너지가 필요하다. 첫 번째 전자가 제거된 이후에는 가리움 현상이 없어져서 두 번째 전자는 +2의 핵전하가 모두 작용하므로 떼어내기가 더 어렵기 때문이다.

비록 원자 안의 모든 전자들은 서로 가리지만 그중에서도 **내부 전자들**(core electrons)에 의한 가리움 효과가 가장 강력하다. 그 결과 주기율표의 같은 주기에서는 내부 전자 수가 일정하므로 왼쪽에서 오른쪽으로 갈수록 유효 핵전하(Z_{eff})가 증가한다.[같은 주기에서는 양성자수(Z)가 늘어날 때 오직 **원자가 전자**(valence electron) 수만 증가한다.] 2주

학생 노트
가리움(shielding)은 또한 차폐(screening)라고도 한다.

학생 노트
내부 전자란 완전하게 채워진 안쪽 껍질의 전자들이다.

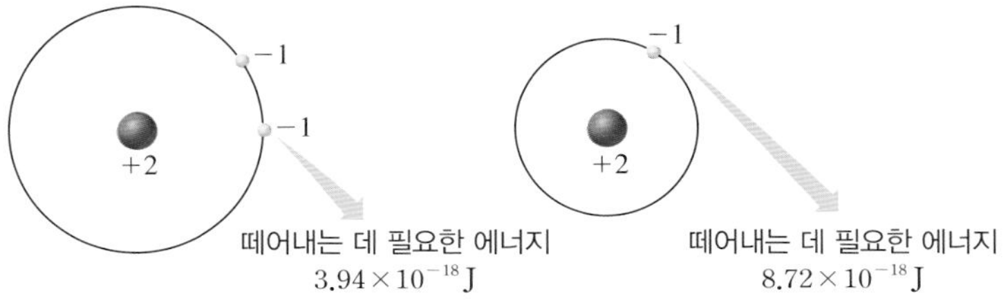

그림 7.4 가리움 현상 때문에 헬륨의 두 번째 전자를 제거하는 데 필요한 에너지가 첫 번째 전자를 제거하는 데 필요한 에너지보다 작다.

떼어내는 데 필요한 에너지
3.94×10^{-18} J

떼어내는 데 필요한 에너지
8.72×10^{-18} J

기 원소들은 핵전하가 1씩 증가할 때 **유효 핵전하**(effective nuclear charge)는 평균 0.64씩만 증가한다.(만약, 원자가 전자들이 서로 가리지 않는다면 유효 핵전하도 동일하게 1씩 증가할 것이다.)

	Li	**Be**	**B**	**C**	**N**	**O**	**F**
양성자수 Z	3	4	5	6	7	8	9
유효 핵전하 Z_{eff}(원자가 전자가 느끼는)	1.28	1.91	2.42	3.14	3.83	4.45	5.10

일반적으로 유효 핵전하는 다음의 식으로 계산된다.

$$Z_{eff} = Z - \sigma$$

[|◀◀ 식 7.1]

이 식에서 σ는 0보다 크고 Z보다 작은 가리움 상수이다.

같은 족의 위에서 아래로 내려갈 때 유효 핵전하(Z_{eff})의 변화는 같은 주기에서의 변화보다 크지 않다. 같은 족에서 한 칸씩 내려갈 때마다 핵전하가 크게 변하기는 하지만 내부 전자의 껍질도 하나씩 늘어나서 원자핵으로부터 원자가 전자를 효과적으로 가리기 때문이다. 결과적으로 같은 족에서 **유효**(effective) 핵전하는 핵전하에 비하여 적게 변한다.

7.4 원소 특성의 주기적 경향

원소의 몇몇 물리적, 화학적 특징은 유효 핵전하에 따른다. 이런 경향을 이해하기 위해서 원자의 전자가 **껍질**(shell)에 존재한다고 시각적으로 표현하는 방법이 도움이 된다. 주양자수(n)가 핵으로부터의 거리에 따라 증가한다고 배웠다[|◀◀ 6.7절]. 이 내용을 글자 그대로 보면 하나의 껍질에 있는 모든 전자는 핵으로부터의 거리가 같은 음전하를 띤 구에 퍼져 있고 핵과의 거리는 n 값에 의해 결정된다고 할 수 있다. 이 내용을 시작점으로 하여 앞으로 원자 반지름, 이온화 에너지 그리고 전자 친화도의 주기적 경향을 살펴볼 것이다.

원자 반지름

직관적으로 원자를 특정한 경계가 있는 구 모양으로 생각하기 때문에 **원자 반지름**(atomic radius)을 원자핵과 원자가 껍질(즉, 하나 이상의 전자가 존재하는 최외각 껍질) 사이의 거리로 생각한다. 그러나 양자 역학 모형에 의하면 핵으로부터의 거리가 아무리 멀어도 전자가 발견될 확률이 있으므로[|◀◀ 6.7절] 원자 반지름은 특정한 정의가 필요하다.

원자 반지름은 보통 두 가지 방법으로 정의한다. 하나는 **금속 반지름**(metallic radius)으로 두 개의 동일한 금속 원자가 최대한 인접한 상태에서 원자핵 사이의 거리를 측정하여 반으로 나눈 값이다[그림 7.5(a)]. 다른 하나는 **공유 반지름**(covalent radius)으로 동일한 두 원자가 분자를 형성했을 때 원자핵 사이의 거리를 반으로 나눈 값이다[그림 7.5(b)].

그림 7.6은 주족 원소들의 원자 반지름을 주기율표의 위치에 따라 나타내었고 두 가지 뚜렷한 경향을 찾을 수 있다. 원자 반지름은 같은 주기에서는 왼쪽에서 오른쪽으로 갈수록 **감소하고**(decrease) 같은 족에서는 위에서 아래로 갈수록 **증가한다**(increase). 족에서의 증가는 비교적 쉽게 설명할 수 있는데 족의 아래로 내려갈수록 주양자수 n 값이 증가하여 전자 껍질수가 늘어나므로 최외각 껍질과 핵 사이의 거리가 멀어져서 원자 반지름이 커진다.

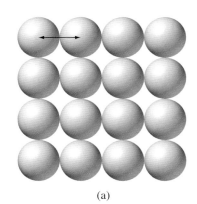

(a)

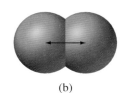

(b)

그림 7.5 (a) 금속의 원자 반지름은 인접한 금속 원자의 핵간 거리의 반으로 정의된다. (b) 비금속의 원자 반지름은 동일한 이원자 분자의 핵간 거리의 반으로 정의된다.

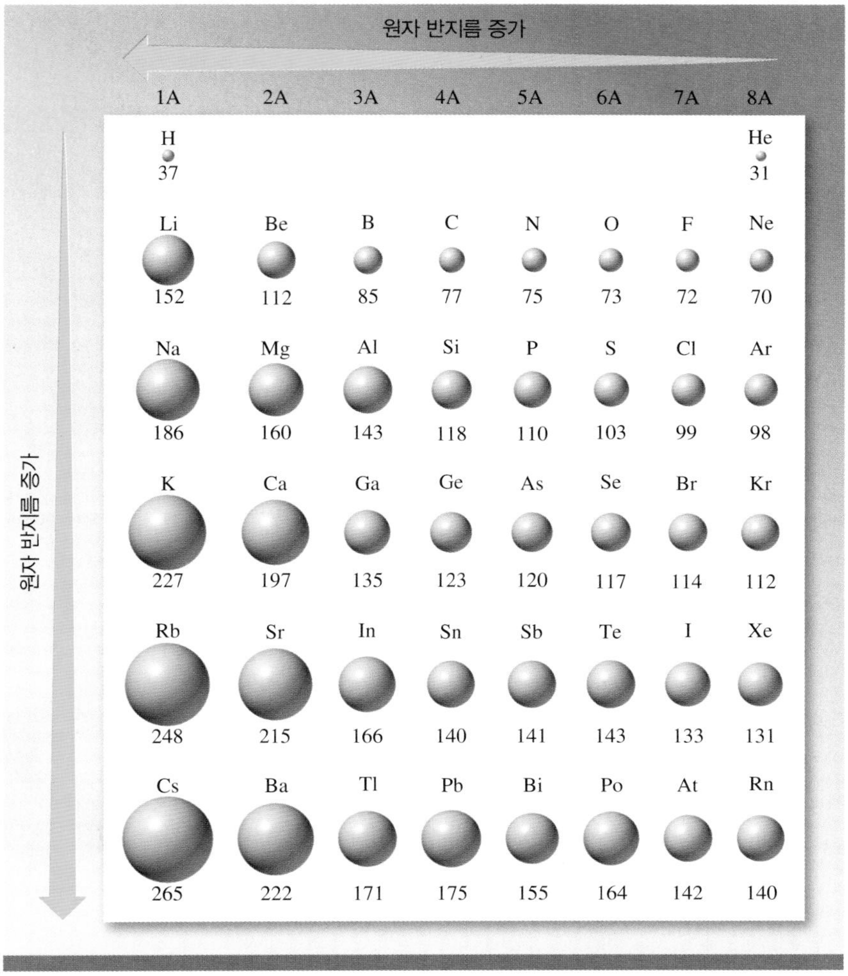

그림 7.6 주족 원소들의 원자 반지름

같은 주기에서 오른쪽으로 갈수록 원자 반지름이 작아지는 경향은 처음 봤을 때 직관적으로 받아들이기 어렵다. 원자 번호가 커지면서 원자가 전자의 수는 많아지고 주양자수(n)가 같은 주기이므로 원자핵으로부터 거리가 일정한 껍질에 원자가 전자가 존재할 거라 생각된다. 같은 주기에서 오른쪽으로 갈수록 유효 핵전하와 원자가 껍질의 전자수가 증가하므로 Coulomb의 법칙에 의하여 원자핵과 원자가 껍질 사이에 전하량 증가에 따른 강한 정전기적 인력이 발생하게 된다. 그 결과 같은 주기에서 오른쪽으로 갈수록 원자가 껍질이 원자핵에 세게 당겨져서 원자 반지름(atomic radius)이 작아진다. 그림 7.7은 2주기 원소들의 유효 핵전하와 원자가 껍질의 전하 크기 그리고 원자 반지름의 변화를 나타낸다. 그림에서 모든 원자들의 원자가 껍질을 처음에는 모두 같은 것(주양자수 n에 의해 정해진)으로 그렸으나 증가된 Z_{eff}와 원자가 전자 수에 의해 강해진 인력 때문에 작아졌음을 보였다.

학생 노트
전이 원소의 원자 반지름도 대체적으로는 같은 주기에서는 감소하고 같은 족에서는 증가하지만, 실제 측정한 원자 반지름은 주족 원소와는 다르게 주기적인 경향에서 벗어나는 경우가 많다.

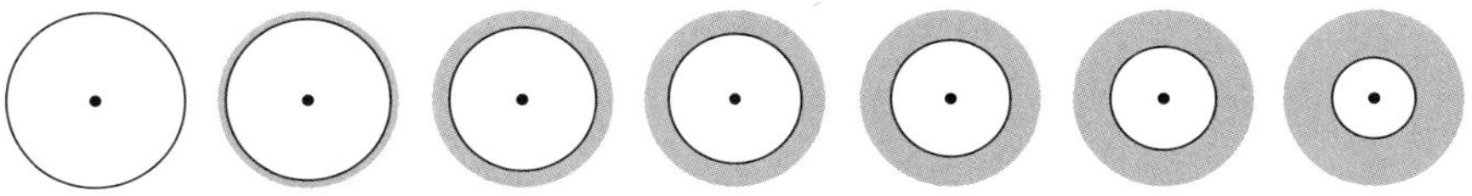

유효 핵전하 (Z_{eff})	Li 1.28	Be 1.91	B 2.42	C 3.14	N 3.83	O 4.45	F 5.10
원자가 껍질의 전하	−1	−2	−3	−4	−5	−6	−7
$F \propto$	$\dfrac{(+1.28)(-1)}{d^2}$	$\dfrac{(+1.91)(-2)}{d^2}$	$\dfrac{(+2.42)(-3)}{d^2}$	$\dfrac{(+3.14)(-4)}{d^2}$	$\dfrac{(+3.83)(-5)}{d^2}$	$\dfrac{(+4.45)(-6)}{d^2}$	$\dfrac{(+5.10)(-7)}{d^2}$

그림 7.7 유효 핵전하와 원자가 껍질의 전하 사이의 정전기적 인력의 증가로 같은 주기에서 왼쪽에서 오른쪽으로 갈수록 원자 반지름은 감소한다. 흰색 원은 각 원자의 크기를 보여주고 핵과 원자가 껍질 사이의 인력의 크기는 Coulomb의 법칙을 이용하였다.

예제 7.3은 이러한 경향을 이용하여 다른 원자들 간의 반지름을 비교하는 문제이다.

예제 7.3

오직 주기율표만을 사용하여 인(P), 황(S), 산소(O)의 원자 반지름을 증가하는 순서대로 나열하시오.

전략 왼쪽에서 오른쪽(감소), 위에서 아래(증가)의 경향을 이용하여 세 개의 원소 중 두 개씩 비교한다.

계획 황은 3주기에서 인의 오른쪽에 위치하므로 인보다 반지름이 작고 산소는 6A족에서 황 위에 위치하므로 산소가 황보다 작다.

풀이 O<S<P

생각해 보기

그림 7.6을 참고하여 순서를 다시 한번 확인하자. 두 원소의 반지름을 비교할 때 이러한 경향만을 아는 것은 충분하지 않고 주기율표와 함께 사용해야만 염소의 반지름($r=99$ pm)이 산소($r=73$ pm)보다 크다고 결정할 수 있다.

추가문제 1 주기율표만을 사용하여 Ge, Se, F 원자를 반지름이 커지는 순서로 나열하시오.

추가문제 2 다음 원소의 쌍 중에서 주기율표만으로 원자 반지름을 비교할 수 없는 것을 고르시오.

P와 Se, Se와 Cl, P와 O

추가문제 3 주기율표와 크기를 이용하여 다음 색깔의 구들을 Al, B, Mg, Sr로 구별하시오.

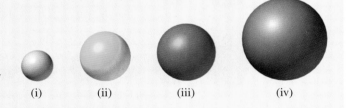

(i)   (ii)   (iii)   (iv)

이온화 에너지

이온화 에너지(ionization energy, IE)는 기체 상태의 원자로부터 전자 하나를 떼어내는 데 필요한 에너지의 최솟값이다. 일반적으로 이온화 에너지 값은 kJ/mol 단위를 사용하고 이는 기체 상태의 원자 1 mol에서 전자 1 mol을 떼어내는 데 필요한 에너지를 나타낸다. 예를 들어, 소듐의 이온화 에너지 495.8 kJ/mol은 기체 상태의 소듐 원자 1 mol에서 전자 1 mol을 떼어내는 데 필요한 최소의 에너지를 의미한다.

$$\text{Na}(g) \longrightarrow \text{Na}^+(g) + e^-$$

정확하게 말하자면 이 값은 소듐의 **1차**(first) 이온화 에너지(IE_1, Na)이고 가장 느슨하게 원자핵에 잡혀 있던 전자를 제거하는 데 사용된 에너지이다. 그림 7.8(a)는 주기율표에서 주족 원소들의 위치에 따른 1차 이온화 에너지(IE_1)를 나타내고, 그림 7.8(b)는 IE_1를 원자 번호에 따라 나타낸 그래프이다.

일반적으로 유효 핵전하가 증가하면 이온화 에너지도 증가하므로 같은 주기에서 오른쪽으로 갈수록 이온화 에너지도 증가할 것으로 생각되지만, 그림 7.8(b)의 그래프에서 보는 대로 3A족 원소의 IE_1은 2A족 원소보다 작고 이와 비슷하게 6A족 원소의 IE_1도 5A족보다 작다. IE_1의 이러한 **변이**(interruption)는 전자 배치를 이용하여 설명이 가능하다.

다전자 원자의 전자가 갖는 에너지는 주양자수(n)뿐만 아니라 각운동량 양자수(ℓ)에

> **학생 노트**
> 원자 반지름과 이온화 에너지는 비슷한 경향으로 변하지만 전이 금속들의 경우 불규칙하게 변한다.

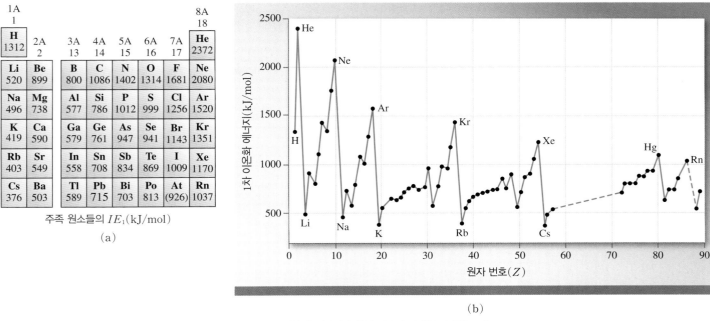

그림 7.8 (a) 주족 원소의 1차 이온화 에너지(kJ/mol) (b) 1차 이온화 에너지와 원자 번호의 관계를 나타낸 그래프

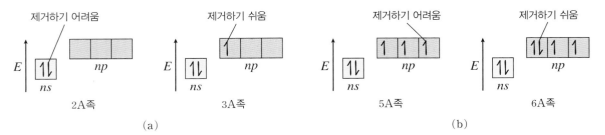

그림 7.9 (a) 같은 주양자수를 갖는 경우 s 오비탈에 있는 전자가 p 오비탈에 있는 전자보다 제거하기 쉽다. (b) p 부껍질 전자는 오비탈에 하나만 있을 때보다 두 개의 전자가 있는 경우 떼어내기 쉽다.

의해서도 영향을 받는다[◀◀ 6.8절, 그림 6.23]. 같은 전자 껍질에서도 ℓ 값이 큰 전자의 에너지가 크므로(원자핵에 의해 느슨하게 잡혀 있으므로) 제거하기가 더 **쉽다**. 그림 7.9(a)는 s 부껍질($\ell=0$)과 p 부껍질($\ell=1$)의 상대적 에너지를 보여준다. 2A족 원소를 이온화시키려면 s 오비탈의 전자를 제거해야 하는 반면, 3A족 원소는 p 오비탈의 전자를 제거하면 되므로 3A족 원소의 이온화 에너지가 2A족 원소보다 작다.

6A족 원소와 5A족 원소 모두 p 오비탈의 전자를 제거하는 데 이온화 에너지가 사용되지만 6A족 원소는 **짝지어진**(paired) 전자를 떼어내므로 이온화 에너지가 작다. 한 오비탈의 두 전자 간 반발력이 전자를 떼어내기 쉽게 만들기 때문에 6A족 원소의 이온화 에너지가 5A족 원소보다 작다.[그림 7.9(b)를 확인하자.]

같은 족의 위에서 아래로 갈수록 1차 이온화 에너지(IE_1)가 감소하는 이유는 원자 반지름이 증가하기 때문이다. 같은 족의 아래로 갈수록 유효 핵전하는 별로 변하지 않지만 주양자수(n)가 증가하면서 전자 껍질이 하나씩 증가하므로 원자 반지름도 커지고 Coulomb의 법칙에 따라 유효 핵전하와 원자가 전자 간의 인력이 점점 **약해진다**. 이런 이유로 전자를 제거하기 쉬워져서 1차 이온화 에너지(IE_1)가 감소한다.

표 7.2		원자 번호 3번에서 11번까지 원소들의 이온화 에너지(kJ/mol)*									
	Z	IE_1	IE_2	IE_3	IE_4	IE_5	IE_6	IE_7	IE_8	IE_9	IE_{10}
Li	3	520	7,298	11,815							
Be	4	899	1,757	14,848	21,007						
B	5	800	2,427	3,660	25,026	32,827					
C	6	1,086	2,353	4,621	6,223	37,831	47,277				
N	7	1,402	2,856	4,578	7,475	9,445	53,267	64,360			
O	8	1,314	3,388	5,301	7,469	10,990	13,327	71,330	84,078		
F	9	1,681	3,374	6,050	8,408	11,023	15,164	17,868	92,038	106,434	
Ne	10	2,080	3,952	6,122	9,371	12,177	15,238	19,999	23,069	115,380	131,432
Na	11	496	4,562	6,910	9,543	13,354	16,613	20,117	25,496	28,932	141,362

*파란색 칸은 내부 전자를 제거할 때의 이온화 에너지이다.

　　한 원소로부터 전자를 순차적으로 제거할 때의 이온화 에너지(IE_2, IE_3, ……)를 측정할 수 있다. 예를 들어, 소듐의 2차, 3차 이온화는 다음 식으로 나타낸다.

$$Na^+(g) \longrightarrow Na^{2+}(g) + e^- \quad 그리고 \quad Na^{2+}(g) \longrightarrow Na^{3+}(g) + e^-$$

그러나 순차적으로 전자를 제거할 때 이온화 에너지는 계속 증가하는데, 그 이유는 원자에서보다 양이온에서 전자를 떼어내기가 더 어렵기 때문이다.(또한 양이온의 전하가 커질수록 더 어려워진다.) 표 7.2는 2주기 원소와 소듐의 순차적 이온화 에너지를 나타낸다. 표를 보면 원자가 전자를 떼어내는 것보다 내부 전자를 떼어낼 때 더 큰 에너지가 필요하다. 이런 현상에는 두 가지 이유가 있는데 첫째는 내부 전자들이 원자핵과 더 가깝기 때문이고, 둘째는 내부 전자들은 가리는 전자 껍질의 수가 적어서 더 큰 유효 핵전하를 경험하기 때문이다. 이런 요인 모두가 전자를 떼어내기 위해 극복해야 하는 전자와 원자핵 사이의 인력에 영향을 준다.

　　예제 7.4는 주기성을 이용하여 특정 원자들의 1차 이온화 에너지와 순차적 이온화 에너지를 비교하는 문제이다.

예제 7.4

Na과 Mg 중에서 1차 이온화 에너지(IE_1)가 더 큰 원소와 2차 이온화 에너지(IE_2)가 더 큰 원소를 고르시오.

전략　유효 핵전하와 전자 배치를 고려하여 이온화 에너지를 비교한다. 유효 핵전하는 같은 주기에서 오른쪽으로 갈수록 증가하고 (그러므로 IE도 증가), 짝지어진 내부 전자를 제거하는 것이 혼자 있는 원자가 전자를 제거하는 것보다 어렵다.

계획　Na는 1A족이고 Mg는 바로 옆에 있는 2A족 원소이다. Na는 원자가 전자가 1개이고 Mg는 2개이다.

풀이　$IE_1(Mg) > IE_1(Na)$이다. 왜냐하면 Mg는 주기율표에서 Na의 바로 오른쪽에 위치하므로 유효 핵전하가 커서 전자를 제거하기가 더 어렵다. $IE_2(Na) > IE_2(Mg)$이다. Mg의 두 번째 이온화는 여전히 원자가 전자를 제거하는 것이지만 Na는 내부 전자를 제거하는 과정이므로 더 어렵다.

생각해 보기

Na과 Mg의 1차 이온화 에너지는 각각 496 kJ/mol과 738 kJ/mol이지만, 2차 이온화 에너지는 각각 4562 kJ/mol과 1451 kJ/mol이다.

추가문제 1 Mg와 Al 중에서 1차 이온화 에너지가 더 큰 원소와 3차 이온화 에너지가 더 큰 원소를 고르시오.

추가문제 2 왜 Rb의 IE_1이 Sr보다 작은지, Sr의 IE_2가 Rb보다 작은지 설명하시오.

추가문제 3 s 부껍질에 하나가 아닌 **두 개**의 오비탈이 있고 p 부껍질에 세 개가 아닌 **네 개**의 오비탈이 있는 세계를 상상해 보자. 이런 세계에서는 어느 족 원소의 1차 이온화 에너지가 이례적으로 작을지 예측하시오.

전자 친화도

전자 친화도(electron affinity, EA)는 기체 상태 원자가 전자를 받을 때 방출되는 에너지(ΔH의 부호가 음)이다. 기체 상태의 염소 원자가 전자를 받는 과정은 다음과 같다.

$$\mathrm{Cl}(g) + e^- \longrightarrow \mathrm{Cl}^-(g) \qquad \Delta H = -349.0\,\mathrm{kJ/mol}$$

음수인 ΔH 값은 발열 과정을 나타내므로[◀◀ 5.3절], 기체 상태의 염소 원자 1 mol이 전자 1 mol을 받아들이면 349.0 kJ/mol의 에너지가 방출(전자 친화도의 정의)된다. 양수인 전자 친화도(즉, 음수인 ΔH)는 에너지 면에서 선호되는 반응이라는 의미이다. 일반적으로 전자 친화도의 값이 더 큰 양수일 때 원자가 전자를 받는 반응이 잘 일어난다. 그림 7.10은 주족 원소들의 전자 친화도를 보여준다.

이온화 에너지처럼 전자 친화도 또한 같은 주기의 오른쪽으로 갈수록 증가한다. 이런 경향은 유효 핵전하가 커질수록 음전하를 띠는 전자를 받기 쉬워서 EA가 증가하기 때문에 나타난다. IE_1에서 나타난 것처럼 EA도 주기에서 오른쪽으로 가는 과정에서 변칙적인 감소가 발견되지만 이온화 에너지와 같은 원소들은 아니다. 2A족 원소들의 EA는 바로 왼쪽의 1A족보다 작고 5A족 원소들의 EA는 바로 옆 4A족 원소보다 작다. 이런 예외는 원자의 전자 배치 때문에 발생한다.

같은 주기에서 2A족 원소(ns^2)에 전자를 더하는 것은 1A족 원소(ns^1)에 더하는 것보다 어려운데, 그 이유는 2A족 원소에 더해지는 전자는 더 높은 에너지를 갖는 오비탈(s가 아닌 p 오비탈)에 들어가기 때문이다. 비슷한 이유로 5A족 원소(ns^2np^3)에 전자를 더하기도 4A족 원소(ns^2np^2)보다 어려운데 5A족 원소에 들어가는 전자는 이미 전자가 들어 있는 오비탈에 놓기 때문이다. 그림 7.11에 이 내용이 잘 나타나 있다. 같은 족의 아래로 내려갈 때 전자 친화도의 변화는 규칙적이지 않고 그다지 중요하지도 않다[그림7.10(a)].

원자에서 하나 이상의 전자를 제거할 수 있듯이 하나 이상의 전자를 더할 수도 있다. 많은 1차 전자 친화도가 양수인 반면 2차 전자 친화도는 항상 음수이다. 음이온과 전자 사이의 반발력을 극복하는 데 상당한 에너지가 필요하기 때문이다. 기체 상태의 산소 원자에 두 개의 전자를 더하는 과정은 다음과 같다.

과정	ΔH(kJ/mol)	전자 친화도
$\mathrm{O}(g) + e^- \longrightarrow \mathrm{O}^-(g)$	-141	$EA_1 = 141\,\mathrm{kJ/mol}$
$\mathrm{O}^-(g) + e^- \longrightarrow \mathrm{O}^{2-}(g)$	744	$EA_2 = -744\,\mathrm{kJ/mol}$

사실 어떤 기체 상태 음이온도 전자와 "친화도"를 갖지는 않으므로 **2차 전자 친화도**(second electron affinity)라는 명칭은 잘못된 것이다. 8장에서 다루겠지만 기체상 O^- 이온에 전자가 더해지는 엄청난 **흡열**(endothermic) 과정은 오직 필요한 에너지를 공급하기에 충분한 하나 이상의 **발열**(exothermic) 과정이 있을 때만 가능하다.

학생 노트
어떤 책은 전자 친화도를 정의할 때 ΔH에 음의 부호를 붙이지 않고 ΔH 자체로 사용하기도 하는데, 이 경우 사용하는 전자 친화도와 부호만 다를 뿐이다.

학생 노트
IE와 EA 모두 주기에서 오른쪽으로 갈수록 증가하지만 IE의 증가는 원자에서 전자를 제거하기가 어렵다는 의미인 반면, EA가 증가하는 것은 원자가 전자를 받아들이기가 쉽다는 의미이다.

그림 7.10 (a) 주족 원소의 전자 친화도(kJ/mol) (b) 전자 친화도와 원자 번호를 나타낸 그래프

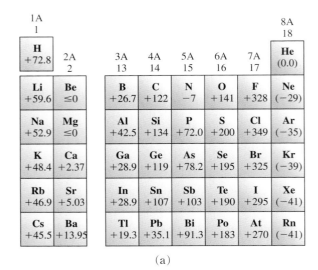

(a)

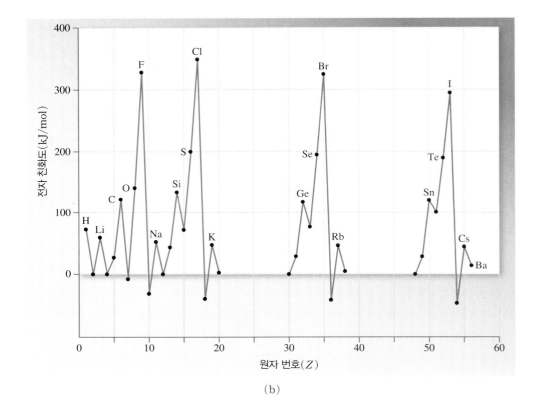

(b)

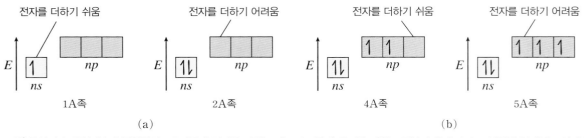

그림 7.11 (a) 주양자수가 동일하면 s 오비탈에 전자를 더하는 게 p 오비탈에 전자를 더하는 것보다 쉽다. (b) p 부껍질 안에서는 이미 전자를 포함한 오비탈보다 비어 있는 오비탈에 전자를 더하는 것이 쉽다.

예제 7.5는 주기율표를 이용하여 원소들의 전자 친화도를 비교하는 문제이다.

예제 7.5

각 쌍의 원소에서 더 큰 1차 전자 친화도(EA_1)를 갖는 원소를 고르시오.
(a) Al과 Si   (b) Si와 P

전략 유효 핵전하와 전자 배치를 고려하여 전자 친화도를 비교한다. 유효 핵전하는 같은 주기의 오른쪽으로 갈수록 증가하고(따라서 대략적으로 EA도 증가), 부분적으로 채워진 오비탈에 전자를 더하는 것이 비어 있는 오비탈에 더하는 것보다 어렵다. 이런 문제를 풀 때에는 오비탈 도표를 사용하여 원자가 전자 배치를 쓰는 것이 도움이 된다.

계획 (a) Al은 3A족 원소이고 Si는 바로 옆 4A족 원소이다. Al은 세 개의 원자가 전자($[Ne]3s^23p^1$)를 갖고 Si는 네 개의 원자가 전자($[Ne]3s^23p^2$)를 갖는다.

(b) P는 5A족 원소(Si의 바로 오른쪽)이므로 다섯 개의 원자가 전자($[Ne]3s^23p^3$)가 있다.

풀이 (a) $EA_1(Si) > EA_1(Al)$이다. 왜냐하면 Si가 Al의 오른쪽 원소이므로 유효 핵전하가 더 크다.

(b) $EA_1(Si) > EA_1(P)$이다. 비록 P가 Si보다 유효 핵전하가 큰 오른쪽 원소이긴 하지만 P 원자에 전자가 더해질 때는 부분적으로 채워진 $3p$ 오비탈에 들어가야 한다. 유효 핵전하가 큰 원자에 전자가 더해질 때 안정해지는 에너지의 평균값보다 **짝지어진** 전자쌍이 생길 때의 에너지 비용이 더 크기 때문이다.

$3s^2$ $3p^1$
Al의 원자가 오비탈 도표

$3s^2$ $3p^2$
Si의 원자가 오비탈 도표

$3s^2$ $3p^3$
P의 원자가 오비탈 도표

> ### 생각해 보기
> Al, Si, P의 1차 전자 친화도는 각각 42.5, 134, 72.0 kJ/mol이다.

추가문제 1 Mg와 Al 중에서 더 큰 EA_1을 가질 것으로 예측되는 원소를 고르시오.

추가문제 2 왜 Ge의 EA_1이 As의 EA_1보다 큰지 설명하시오.

추가문제 3 예제 7.4의 추가문제 3과 똑같은 가정을 하였을 때 이례적으로 작은 전자 친화도가 나타날 것으로 예측되는 족을 찾으시오.

금속성

금속은 다음의 성질을 보인다.

- 빛나는 광택이 있고 전성이 있다.
- 열과 전기의 좋은 도체이다.
- 작은 이온화 에너지를 갖는다.[보통 **양이온**(cation)을 생성한다.]
- 염소 원자와 이온성 화합물을 만든다(금속 염화물).
- 산소와 염기성 이온성 화합물을 만든다(금속 산화물).

반면, 비금속의 성질은 다음과 같다.

- 색이 다양하고 금속에 비하여 빛이 나지 않는다.
- 펴지지 않고 잘 부서진다.
- 열과 전기의 부도체이다.
- 산소와 산성 분자 화합물을 만든다.
- 큰 전자 친화도를 갖는다.[보통 **음이온**(anion)을 생성한다.]

> **학생 노트**
> 전성(malleability)은 금속이 얇은 판으로 펴지는 성질이고, 연성(ductility)은 금속이 긴 실처럼 뽑히는 성질이다.

금속성은 족의 아래로 내려갈수록 증가하고 주기의 오른쪽으로 갈수록 감소한다.

준금속(metalloid)은 금속과 비금속의 중간 성질을 갖는다. 금속성을 정의할 때 여러 성질을 복합적으로 고려하기 때문에 원소를 준금속으로 분류하는 방법이 다양하다. 아스타틴(At)은 준금속으로 분류되는 경우도 있고 비금속으로 분류되기도 한다.

주기적 경향에 대한 설명

원소의 특성에 보이는 많은 주기적 경향들은 전하를 띤 두 입자 사이에 작용하는 힘(F)은 두 전하량(Q_1과 Q_2)의 곱에 비례하고 두 입자 간 거리(d)의 제곱에 **반비례**(inversely)한다는 **Coulomb의 법칙**(Coulomb's law)으로 설명이 가능하다. 반대 전하를 띤 두 입자 사이에 작용하는 **에너지**(E_{el})는 거리(d)에 반비례한다는 것을 배웠다[◀◀ 5.1절, 식 5.2]. 힘의 SI 단위는 뉴턴($1\,N = 1\,kg \cdot m/s^2$)이고, 에너지의 SI 단위는 줄($1\,J = 1\,kg \cdot m^2/s^2$)이다.

$$F \propto \frac{Q_1 \times Q_2}{d^2}$$

두 전하가 반대 부호이면 힘은 음수이고 이는 두 입자 사이에 **인력**(attractive force)이 작용한다는 뜻이고, 두 전하가 같은 부호이면 힘은 양수이며 **척력**(repulsive force)이 작용한다는 의미이다. 표 7.3은 고정된 거리에 있는 반대 전하로 하전된 두 입자 간의 인력이 전하량의 크기에 따라 얼마나 변하는지를 보여준다.

예제 7.6은 Coulomb의 법칙을 이용하여 두 입자 간의 인력을 비교하는 문제이다.

표 7.3	고정된 거리($d=1$)에 있는 반대 전하 입자 사이의 인력	
Q_1	Q_2	인력이 비례하는 값
+1	−1	1
+2	−2	4
+3	−3	9

예제 7.6

탄소와 질소의 1차 이온화를 한다고 가정하였을 때, 그림 7.7의 유효 핵전하와 그림 7.6의 원자 반지름을 이용하여 각 원자핵과 원자가 전자 사이의 인력을 비교하시오.

전략 Coulomb의 법칙을 이용하여 비교 가능한 인력의 크기를 구한다.

계획 그림 7.7을 보면 C와 N의 유효 핵전하는 3.14와 3.83이고, C와 N의 원자 반지름은 각각 77 pm과 75 pm이다. 1차 이온화 에너지는 1086 kJ/mol(C)과 1402 kJ/mol(N)이고 원자가 전자의 전하량은 모두 −1로 한다.

풀이 C: $F \propto \dfrac{3.14 \times (-1)}{(77\,\text{pm})^2} = -5.3 \times 10^{-4}$

N: $F \propto \dfrac{3.83 \times (-1)}{(75\,\text{pm})^2} = -6.8 \times 10^{-4}$

이런 형태의 비교에서 두 전하 간 거리는 어떤 단위를 사용하든 상관없다. 정확한 인력을 계산하려는 것이 아니고 두 인력의 크기만 비교하면 되기 때문이다.

생각해 보기

힘이 음의 부호면 인력이라는 뜻이다. 질소의 인력을 계산하면 탄소보다 28% 더 크다.

추가문제 1 다음 두 전하를 띤 입자들 중에서 더 큰 인력을 나타내는 것을 고르시오. 거리가 1.5 pm이고 전하량이 +3.26과 −1.15인 두 입자와 거리가 2.5 pm이고 전하량이 +2.84와 −3.63인 두 입자

추가문제 2 거리가 2.16 pm이고 전하량이 +4.06과 −2.11인 두 입자 사이의 인력과 전하량이 +2.25와 −1.86인 두 입자 간 인력이 같아지려면 거리가 얼마여야 하는지 계산하시오.

추가문제 3 다음 그림의 대전 입자쌍들을 인력이 커지는 순서대로 배열하시오.

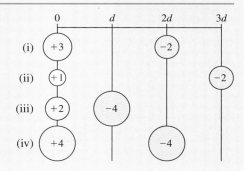

7.5 이온의 전자 배치

많은 이온성 화합물이 단원자 양이온과 음이온으로 구성되므로 이온들의 전자 배치를 쓰는 방법을 아는 것이 도움이 된다. 원자에서와 마찬가지로 바닥상태 양이온과 음이온의 전자 배치를 위해 Pauli의 배타 원리와 Hund의 규칙을 이용한다.

2장에서 주기율표를 이용하여 주족 원소 이온의 전하를 예측하는 방법을 배웠다. 1A족 원소와 2A족 원소는 각각 +1가와 +2가 양이온이 되고, 6A족 원소와 7A족 원소는 각각 −2가와 −1가 음이온이 된다. 전자 배치에 대해 알게 되면 이런 전하량이 이해된다.

주족 원소의 이온

7.4절에서 원자가 전자를 잃거나 얻는 경향에 대해 배웠다. 주기율표의 모든 주기에서 가장 큰 1차 이온화 에너지(IE_1)를 갖는 원소는 8A족 원소, 즉 비활성 기체이다[그림 7.8(b) 참조]. 또한 8A족은 모든 원소가 전자를 받는 경향이 전혀 없는 유일한 족으로 모두 음의 EA 값을 갖는다[그림 7.10(b) 참조]. 높은 이온화 에너지와 낮은 전자 친화도는 비활성 기체를 거의 반응성이 없는 원소로 만든다. 궁극적으로 이런 반응성의 부족은 전자 배치 때문이다. He의 $1s^2$ 전자 배치와 다른 비활성 기체의 ns^2np^6($n \geq 2$) 원자가 전자 배치는 원소들을 비정상적으로 안정하게 만든다. 다른 주족 원소들이 전자를 얻거나 잃는 이유는 이런 비활성 기체의 전자 배치에 가까워지려 하기 때문이다. 전자 배치가 동일한 화학족들을 **등전자**(isoelectronic) 계열이라고 한다.

주족 원소 이온의 전자 배치를 하기 위해서는 먼저 원자의 전자 배치를 하고 적당한 수의 전자를 더하거나 뺀다. 소듐 이온과 염화 이온의 전자 배치는 다음과 같다.

> **학생 노트**
> 같은 원자가 전자 배치를 하는 화학종과 등전자 계열을 혼동해서는 안된다. 예를 들어, F^-와 Ne는 등전자 화학종이고 F^-와 Cl^-는 아니다.

Na: $1s^2 2s^2 2p^6 3s^1 \longrightarrow$ Na$^+$: $1s^2 2s^2 2p^6$　(총 10개의 전자, Ne와 등전자)

Cl: $1s^2 2s^2 2p^6 3s^2 3p^5 \longrightarrow$ Cl$^-$: $1s^2 2s^2 2p^6 3s^2 3p^6$　(총 18개의 전자, Ar과 등전자)

또한 이온의 전자 배치에도 비활성 기체를 이용한 축약법을 사용할 수 있다.

Na: [Ne]$3s^1 \longrightarrow$ Na$^+$: [Ne]

Cl: [Ne]$3s^2 3p^5 \longrightarrow$ Cl$^-$: [Ne]$3s^2 3p^6$　또는　[Ar]

예제 7.7은 주족 원소 이온의 전자 배치를 연습하는 문제이다.

예제 7.7

다음 주족 원소 이온의 전자 배치를 쓰시오.

(a) N^{3-} (b) Ba^{2+} (c) Be^{2+}

전략 먼저 원자의 전자 배치를 쓰고 전하에 맞추어 음이온은 전자를 더하고 양이온은 전자를 뺀다.

계획 (a) N^{3-}는 주족 비금속인 $N(1s^2 2s^2 2p^3$ 또는 $[He]2s^2 2p^3)$에 전자 3개를 더한다.

(b) Ba^{2+}는 $Ba(1s^2 2s^2 2p^6 3s^2 3p^6 4s^2 3d^{10} 4p^6 5s^2 4d^{10} 5p^6 6s^2$ 또는 $[Xe]6s^2)$에서 전자 2개를 뺀다.

(c) Be^{2+}는 $Be(1s^2 2s^2$ 또는 $[He]2s^2)$에서 전자 2개를 뺀다.

풀이 (a) $[He]2s^2 2p^6$ 또는 $[Ne]$

(b) $[Kr]5s^2 4d^{10} 5p^6$ 또는 $[Xe]$

(c) $1s^2$ 또는 $[He]$

생각해 보기

음이온 생성 시 전자가 더해지고 양이온 생성 시 전자가 제거된다.

추가문제 1 다음 이온의 전자 배치를 쓰시오.

(a) O^{2-} (b) Ca^{2+} (c) Se^{2-}

추가문제 2 다음의 전자 배치를 갖는 모든 화학종(원자 또는 이온)을 쓰시오.

$$1s^2 2s^2 2p^6$$

추가문제 3 다음 중 Mg^{2+} 이온과 S^{2-} 이온의 원자가 오비탈 도표로 옳은 것을 고르시오

d-블록 원소의 이온

6.8절에서 배운 대로 d-블록의 첫 번째 줄의 원소들(Sc부터 Zn까지)에 전자가 채워질 때 $4s$ 오비탈이 $3d$ 오비탈보다 먼저 채워진다[◀◀ 6.8절]. 주족 원소 이온의 전자 배치 방법대로 하면 Fe^{2+} 이온이 형성될 때 잃는 전자는 $3d$ 부껍질의 전자일 것으로 예측되지만 실제로 원자는 주양자수(n) 값이 **가장 높은** 껍질의 전자를 먼저 잃는다. Fe의 경우는 $4s$ 부껍질의 전자가 된다.

$$Fe: [Ar]4s^2 3d^6 \longrightarrow Fe^{2+}: [Ar]3d^6$$

철은 또한 Fe^{3+} 이온도 형성하는데, 이때 제거되는 세 번째 전자는 $3d$ 부껍질 전자이다.

$$Fe: [Ar]4s^2 3d^6 \longrightarrow Fe^{3+}: [Ar]3d^5$$

일반적으로 d-블록 원소들이 이온이 될 때 항상 ns 부껍질 전자를 먼저 잃고 그 다음에

$(n-1)d$ 부껍질의 전자를 잃는다. 이 현상은 많은 전이 금속들이 $+2$가 양이온을 생성하는 원인의 한 부분이기도 하다.

예제 7.8은 $d-$블록 원소 이온의 전자 배치를 하는 문제이다.

다음 $d-$블록 원소 이온의 전자 배치를 쓰시오.

(a) Zn^{2+} (b) Mn^{2+} (c) Cr^{3+}

전략 먼저 원자의 전자 배치를 쓰고 전하에 맞추어 음이온은 전자를 더하고 양이온은 전자를 뺀다. $d-$블록 원소에서 먼저 제거되는 전자는 부분적으로 채워진 d 부껍질 전자가 아니라 가장 바깥 s 부껍질의 전자이다.

계획 (a) Zn^{2+}는 $Zn(1s^2 2s^2 2p^6 3s^2 3p^6 4s^2 3d^{10}$ 또는 $[Ar]4s^2 3d^{10})$이 두 개의 전자를 잃을 때 생긴다.

(b) Mn^{2+}는 $Mn(1s^2 2s^2 2p^6 3s^2 3p^6 4s^2 3d^5$ 또는 $[Ar]4s^2 3d^5)$이 두 개의 전자를 잃을 때 생긴다.

(c) Cr^{3+}는 $Cr(1s^2 2s^2 2p^6 3s^2 3p^6 4s^1 3d^5$ 또는 $[Ar]4s^1 3d^5)$이 세 개의 전자(하나는 $4s$ 부껍질에서, 두 개는 $3d$ 부껍질에서)를 잃을 때 생긴다. Cr의 전자 배치는 반만 채워진 d 부껍질을 만들기 위하여 변칙적으로 $4s$ 오비탈에 하나의 전자만 들어간다는 것을 다시 한번 기억해야 한다[◀◀ 6.9절].

풀이 (a) $[Ar]3d^{10}$ (b) $[Ar]3d^5$ (c) $[Ar]3d^3$

> **생각해 보기**
> 음이온 생성 시 전자가 더해지고 양이온 생성 시 전자가 제거된다. 또한 $d-$블록 원소에서 먼저 제거되는 전자는 $(n-1)d$ 부껍질 전자가 아니라 가장 바깥 ns 부껍질의 전자이다.

추가문제 1 다음 이온의 전자 배치를 쓰시오.

(a) Co^{3+} (b) Cu^{2+} (c) Ag^+

추가문제 2 그림 2.14를 보고 Zn^{2+}와 등전자인 $d-$블록 이온을 찾으시오.

추가문제 3 다음 중 Fe^{2+} 이온과 Fe^{3+} 이온의 원자가 오비탈 도표로 옳은 것을 고르시오.

7.6 이온 반지름

원자가 전자를 잃거나 얻어서 이온이 될 때 반지름이 변한다. **이온 반지름**(ionic radius)은 양이온과 음이온의 반지름으로 이온성 화합물의 물리적, 화학적 성질에 영향을 준다. 이온성 화합물의 3차원 구조는 양이온과 음이온의 상대적인 크기에 영향을 받는다.

이온 반지름과 원자 반지름 비교

원자가 전자를 잃어 양이온이 되면 원자가 껍질에 존재하는 전자들 간의 반발력이 줄어들어서(즉, 가리움 현상이 작아지므로) 크기가 작아지지만 이는 주된 요인이 아니다. 반지름의 주된 감소는 주족 원소가 비활성 기체와 같은 전자 배치를 갖기 위하여 원자가 전자를 **모두** 제거할 때 나타난다. Na를 예로 들면, $3s$ 전자를 잃고 Na^+ 이온이 된다.

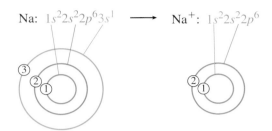

$$Na: 1s^2 2s^2 2p^6 3s^1 \longrightarrow Na^+: 1s^2 2s^2 2p^6$$

Na과 Na^+의 원자가 오비탈

Na의 원자가 전자는 주양자수 $n=3$이므로 이 전자를 제거한 후 Na^+ 이온에는 더 이상 $n=3$ 껍질에 전자가 없다. Na^+ 이온의 최외각 전자의 주양자수 $n=2$이고 주양자수가 원자핵에서의 거리를 결정하므로 이온의 크기가 작아진다.

원자가 하나 이상의 전자를 얻어서 음이온이 되면 반지름은 전자 간 반발력 때문에 커진다. 전자가 추가되면서 원자가 껍질에 있던 나머지 전자들이 서로 간 거리를 최대로 하기 위하여 널리 퍼지기 때문이다.

그림 7.12는 비활성 기체와 등전자인 주족 원소 이온의 이온 반지름과 원래 원자의 반지름을 비교하여 나타내었다. 이온 반지름도 원자 반지름처럼 족의 아래로 갈수록 커진다.

그림 7.12 주족 원소의 원자 반지름과 비활성 기체와 등전자인 그들의 이온 반지름(pm) 비교

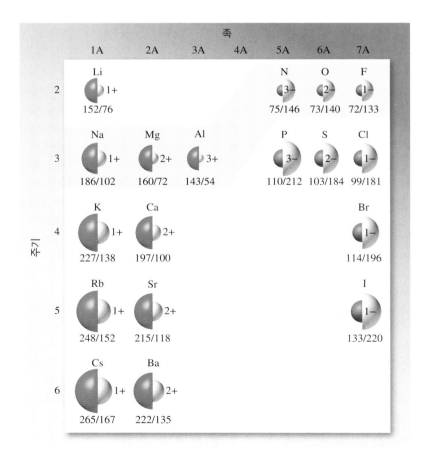

등전자 계열

등전자 계열(isoelectronic series)은 핵전하는 다르지만 동일한 전자 배치를 갖는 두 개 이상 연속된 화학종들이다. 예를 들어, O^{2-}, F^- 그리고 Ne는 등전자 계열을 구성한다. 이 세 화학종은 동일한 전자 배치를 갖지만 반지름은 모두 다르다. 등전자 계열에서는 핵전하(즉, 원자 번호)가 가장 작은 화학종의 반지름이 제일 크고 핵전하가 가장 큰 화학종의 반지름이 가장 작다.

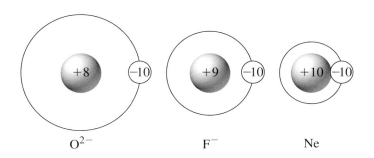

$$O^{2-} \qquad F^- \qquad Ne$$

예제 7.9는 등전자 계열을 찾고 반지름의 크기 순서로 나열하는 방법에 대한 문제이다.

예제 7.9

다음 화학종들 중에서 등전자 계열을 찾고 반지름이 증가하는 순서대로 나열하시오.
$$K^+, Ne, Ar, Kr, P^{3-}, S^{2-}, Cl^-$$

전략 등전자 계열은 핵전하는 다르지만 동일한 전자 배치를 갖는 화학종이므로 먼저 전자의 수를 확인한다. 등전자 계열은 핵전하가 커질수록 반지름이 작아진다.

계획 각 화학종의 전자 수는 다음과 같다: $18(K^+)$, $10(Ne)$, $18(Ar)$, $36(Kr)$, $18(P^{3-})$, $18(S^{2-})$, $18(Cl^-)$. 이 중에서 18개의 전자를 갖는 것들이 등전자 계열이고 이들의 핵전하는 $+19(K^+)$, $+15(P^{3-})$, $+16(S^{2-})$, $+17(Cl^-)$이다.

풀이 등전자 계열은 K^+, Ar, P^{3-}, S^{2-}, Cl^-이고 반지름이 커지는 순서로 나열하면 $K^+ < Cl^- < S^{2-} < P^{3-}$이다.

> ### 생각해 보기
>
> 그림 7.12를 보면서 답을 확인하자. 전자 배치가 동일할 때는 원자가 전자와 핵 사이의 인력이 핵전하에 비례하여 증가한다. 그러므로 핵전하가 크면 원자가 전자들이 더 가깝게 당겨져서 반지름이 작아진다.

추가문제 1 다음 등전자 계열 화학종을 반지름이 커지는 순서대로 나열하시오.
$$Se^{2-}, Br^-, Rb^+$$

추가문제 2 Ne과 등전자인 일반적인 이온들을 모두 쓰시오.

추가문제 3 다음 중 주기율표의 색칠된 부분에 속한 원소들이 등전자 계열을 형성할 수 있는 것을 모두 고르시오.

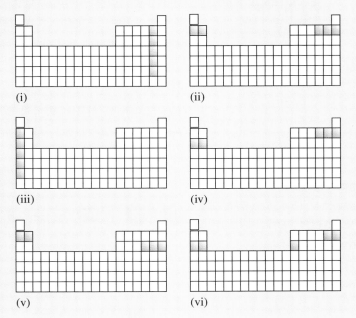

(i)　　　　(ii)

(iii)　　　　(iv)

(v)　　　　(vi)

7.7 주족 원소 화학적 성질의 주기적 경향

이온화 에너지와 전자 친화도는 그 원소가 하는 반응과 생성물의 종류를 이해하도록 도와준다. 이 두 척도는 비슷한 경향을 측정한다고 볼 수 있는데 이온화 에너지는 원자가 자신의 전자를 얼마나 세게 당기는지를, 전자 친화도는 원자가 주어지는 전자를 얼마나 세게 당기는지를 보여주는 값이다. 그림 7.13은 이 두 척도가 소듐 원자와 염소 원자 간의 화학 반응을 이해하는 데 도움이 된다는 것을 나타내는 간단한 예이다.

상대적으로 이온화 에너지가 작은 소듐은 원자가 전자를 약하게 당기고 전자 친화도가 큰 염소 원자는 주변의 전자를 세게 끌어당긴다. 이 경우 Na 원자에게 느슨하게 잡혀 있던 전자가 Cl 원자에게 당겨져서 Na에서 Cl로 전달되어 소듐 이온(Na^+)과 염화 이온(Cl^-)을 생성한다. Coulomb의 법칙에 의하여 반대 전하 입자들은 서로 당겨지므로 양전하를 띤 소듐 이온과 음전하를 띤 염화 이온이 정전기적 인력에 의해 고체 상태의 이온성 화합물인 염화 소듐($NaCl$)이 생성된다.

화학적 성질의 일반적인 경향

원소들을 족으로 나누어 살펴보기 전에 전체적인 경향을 살펴보자. 같은 족 원소들은 원자가 전자 배치가 비슷해서 화학적 행동이 비슷하다. 이러한 내용은 일반적으로는 맞지만 적용할 때는 주의를 기울여야 한다. 화학자들은 오래전부터 각 족의 첫 번째 원소들(Li, Be, B, C, N, O, F)이 나머지 원소들과 다르다는 사실을 알고 있다. 예를 들어, 리튬은 1A족(알칼리 금속) 원소의 성질을 많이 나타내지만 다른 1A족 원소들과는 다르게 공기 중의 산소(O_2), 질소(N_2)와 반응하여 각각 간단한 산화물(Li_2O)과 질화물(Li_3N)을 생성한다. 비슷하게 베릴륨은 2A족(알칼리 토금속) 원소들 중에서 이례적으로 공유성 화합물을 생성한다. 이러한 차이는 각 족의 첫 번째 원소들의 비정상적으로 작은 크기 때문에 생긴다(그림 7.6 참조).

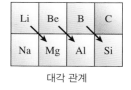

대각 관계

주족 원소의 화학적 행동에서 발견되는 또 다른 경향은 대각 관계이다. **대각 관계**(diagonal relationship)는 다른 족과 주기의 원소들이 쌍을 이루어 유사한 성질을 나타내는 현상이다. 구체적으로 살펴보면 2주기의 처음 세 원소(Li, Be, B)는 주기율표에서 대각선 아래 방향에 위치하는 세 원소(Mg, Al, Si)와 많은 유사성을 갖는다. 이런 현상의 이유는 이 원소들의 양이온의 전하 밀도(이온의 전하를 부피로 나눈 값)가 비슷하기 때문이다. 비슷한 전하 밀도를 갖는 양이온들은 음이온과 결합할 때 같은 종류의 화합물을 생성한다. 따라서 리튬의 화학적 성질은 마그네슘과, 베릴륨은 알루미늄과, 그리고 붕소는 규소와 유사할 때가 많다. 이런 관계의 원소쌍들을 이야기할 때 대각 관계라고 한다.

그림 7.13 구성 원소로부터의 NaCl 생성. 전하가 나타나 있지 않지만 고체는 반대 전하 이온들의 3차원 배열로 구성되어 있다.

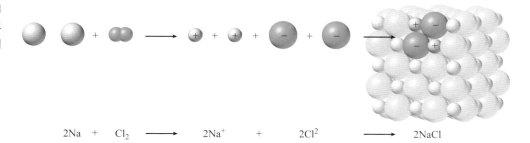

$$2Na \ + \ Cl_2 \longrightarrow 2Na^+ \ + \ 2Cl^2 \longrightarrow 2NaCl$$

같은 족 원소의 특성을 비교하는 것은 그 족에 속한 원소들이 모두 똑같이 금속이거나 비금속일 때만 유효하다. 1A족과 2A족 원소들은 모두 금속이고 7A족과 8A족 원소들은 모두 비금속이므로 같은 족 원소들의 특성을 단순하게 비교할 수 있으나, 3A족 원소부터 6A족 원소들까지는 각 족에 금속과 준금속, 그리고 비금속이 모두 포함되어 있으므로 주의해야 한다. 이런 족의 원소들은 모두 유사한 원자가 전자 배치를 가졌더라도 화학적 성질은 매우 다를 수 있다.

수소($1s^1$)

주기율표에는 수소에 완벽하게 들어맞는 위치가 없다.(수소는 사실 그 자체가 하나의 족이다.) 전통적으로 수소는 알칼리 금속처럼 하나의 s 전자를 갖고 전하가 $+1$(H^+)인 양이온을 형성하고 용액에서 수화되므로 1A족의 제일 위에 놓인다. 반면, 수소는 **수소화** 이온(hydride ion, H^-)을 형성하여 NaH와 CaH_2 같은 이온성 화합물을 생성한다. 이런 면에서 보면 수소는 모두 이온성 화합물에서 -1 음이온(F^-, Cl^-, Br^-, I^-)이 되는 7A족 할로젠 원소들과 유사하다.

$$2NaH(s)+2H_2O(l) \longrightarrow 2NaOH(aq)+2H_2(g)$$
$$CaH_2(s)+2H_2O(l) \longrightarrow Ca(OH)_2(aq)+2H_2(g)$$

수소로 만들어지는 가장 중요한 화합물은 물로, 수소를 공기 중에서 연소하면 생성된다.

$$2H_2(g)+O_2(g) \longrightarrow 2H_2O(l)$$

활성 금속의 특성

1A족 원소들(ns^1, $n \geq 2$)

그림 7.14는 1A족 원소들을 보여준다. 이 원소들은 모두 이온화 에너지가 작아서 M^+ 이온이 되기 쉽다. 사실 이 금속들은 워낙 반응성이 커서 자연에서 순수한 원소 상태로 발견되지 않고 물과 반응하면 수소 기체와 금속 수산화물을 생성한다.

$$2M(s)+2H_2O(l) \longrightarrow 2MOH(aq)+H_2(g)$$

여기서 M은 알칼리 금속이다. 공기와 접촉하면 광택을 잃고 산소와 결합한 금속 산화물이 된다. 리튬은 산화 리튬을 만든다(산화 이온, O^{2-} 포함).

$$4Li(s)+O_2(g) \longrightarrow 2Li_2O(s)$$

다른 알칼리 금속은 산화물과 **과산화물**(peroxide, 과산화 이온 O_2^{2-} 포함)을 만든다.

$$2Na(s)+O_2(g) \longrightarrow Na_2O_2(s)$$

포타슘, 루비듐 그리고 세슘은 또한 **초과산화물**(superoxide, 초과산화 이온 O_2^- 포함)을 만든다.

$$K(s)+O_2(g) \longrightarrow KO_2(s)$$

알칼리 금속과 산소가 반응할 때 생기는 산화물의 종류는 산화물의 안정성에 따라 달라진다. 이런 산화물은 모두 이온성 화합물이기 때문에 양이온과 음이온 사이의 인력에 의해 안정성이 결정되고, 리튬이 주로 산화 리튬의 형태로 생기는 이유는 과산화 리튬보다 더 안정하기 때문이다.

그림 7.14 1A족 원소들

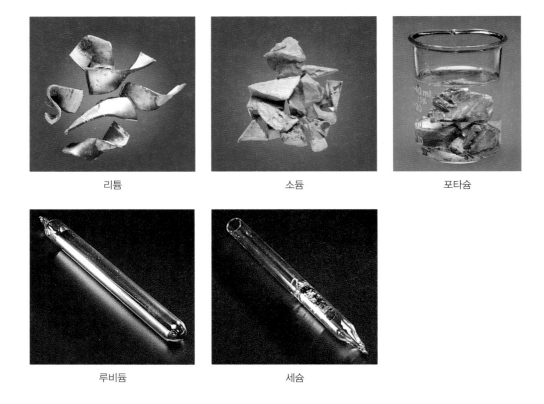

리튬

소듐

포타슘

루비듐

세슘

2A족 원소들(ns^2, $n \geq 2$)

그림 7.15는 2A족 원소들을 보여준다. 족끼리 비교하면 알칼리 토금속은 알칼리 금속보다 반응성이 좀 작다. 베릴륨에서 바륨으로 갈수록 1차, 2차 이온화 에너지는 모두 작아지고(금속성은 커지고), 모든 원소가 M^{2+} 이온을 생성하며 문자 M은 알칼리 토금속을 나타낸다.

알칼리 토금속과 물과의 반응은 매우 다양하다. 베릴륨은 물과 반응하지 않고 마그네슘은 수증기와 느리게 반응하고 칼슘, 스트론튬 그리고 바륨은 모두 찬물과 격렬하게 반응한다.

$$Ca(s) + 2H_2O(l) \longrightarrow Ca(OH)_2(s) + H_2(g)$$
$$Sr(s) + 2H_2O(l) \longrightarrow Sr(OH)_2(s) + H_2(g)$$
$$Ba(s) + 2H_2O(l) \longrightarrow Ba(OH)_2(aq) + H_2(g)$$

알칼리 토금속과 산소와의 반응성도 Be에서 Ba으로 갈수록 증가한다. 베릴륨과 마그네슘은 높은 온도에서만 산화물(BeO와 MgO)을 생성하는 반면 CaO, SrO 그리고 BaO는 상온에서도 생성된다.

마그네슘은 산 수용액과 반응하여 수소 기체를 생성한다.

$$Mg(s) + 2H^+(aq) \longrightarrow Mg^{2+}(aq) + H_2(g)$$

칼슘, 스트론튬 그리고 바륨도 산 수용액과 반응하여 수소 기체를 생성하지만 이 금속들은 물과도 반응하므로 정확하게는 두 가지 반응(H^+와의 반응과 H_2O와의 반응)이 동시에 일어난다.

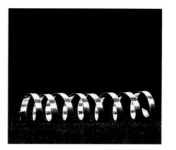

그림 7.15 2A족 원소들

| 베릴륨 | 마그네슘 |

칼슘   스트론튬   바륨

다른 주족 원소의 특성

3A족 원소들(ns^2np^1, $n \geq 2$)

그림 7.16은 3A족 원소들을 보여준다. 첫 번째 원소인 붕소는 준금속이고 나머지(Al, Ga, In, Tl)는 모두 금속이다. 붕소는 이성분 이온성 화합물을 만들지 않고 산소나 물과도 반응하지 않는다. 알루미늄은 공기에 노출되면 산화 알루미늄을 생성한다.

$$4Al(s) + 3O_2(g) \longrightarrow 2Al_2O_3(s)$$

산화 알루미늄은 속에 있는 금속이 반응하지 않도록 보호하는 산화 피막을 형성하기 때문에 알루미늄 외장재 같은 건설 관련 재료나 비행기 동체 재료로 사용한다. 보호용 피막이 없다면 알루미늄 원자층들이 점점 산화되어 구조물이 결국 부스러질 것이다.

알루미늄은 염산과 반응하여 Al^{3+}를 생성한다.

$$2Al(s) + 6H^+(aq) \longrightarrow 2Al^{3+}(aq) + 3H_2(g)$$

다른 3A족 금속들(Ga, In, Tl)은 M^+ 이온과 M^{3+} 이온을 생성하는데 족의 아래로 갈수록 M^+ 이온이 더 안정하다.

붕소   알루미늄   갈륨   인듐

그림 7.16 3A족 원소들

그림 7.17 4A족 원소들

| 탄소(흑연) | 탄소(다이아몬드) | 규소 |

| 저마늄 | 주석 | 납 |

3A족의 금속 원소들도 많은 분자 화합물을 생성한다. 예를 들어, 알루미늄은 수소와 AlH_3를 생성하는데 이 물질은 BeH_2와 유사한 성질을 갖는다. 주기율표의 2주기 원소들의 특징을 보면 점진적으로 금속성에서 비금속성이 커지는 것을 알 수 있다.

4A족 원소들(ns^2np^2, $n \geq 2$)

그림 7.17은 4A족 원소들을 보여준다. 첫 번째 원소인 탄소는 비금속, 그 아래 규소와 저마늄은 준금속 그리고 그 다음 두 원소, 주석과 납은 금속이다. 금속인 두 원소는 물과는 반응하지 않고 산 수용액과는 반응하여 수소를 생성한다.

$$Sn(s) + 2H^+(aq) \longrightarrow Sn^{2+}(aq) + H_2(g)$$
$$Pb(s) + 2H^+(aq) \longrightarrow Pb^{2+}(aq) + H_2(g)$$

4A족 원소들은 모두 산화수가 +2와 +4인 화합물을 생성한다. 탄소와 규소는 +4 산화 상태가 더 안정하다. 예를 들어, CO_2가 CO보다 안정하고 SiO_2는 매우 안정한 화합물이지만 SiO는 일반적인 상태에서는 존재하지 않는다. 그러나 족의 아래로 내려갈수록 두 산화 상태의 안정성은 반대가 된다. 주석은 +4 상태가 +2 상태보다 아주 약간 안정하지만 납화합물의 경우 +2 산화 상태가 훨씬 안정하다. 납의 최외각 전자 배치는 $6s^2 6p^2$이고 $6p$ 전자만 잃어서 Pb^{2+} 이온이 되는 것이 $6p$와 $6s$ 전자를 모두 잃고 Pb^{4+}가 되는 것보다 안정하다.

> **학생 노트**
> 비금속인 탄소는 4개의 전자를 잃는 데 필요한 에너지 비용이 너무 과하여서 실제로는 전자를 잃지 않고 +4 산화 상태가 된다. 같은 이유로 아주 높은 산화 상태의 금속을 포함하는 화합물은 이온성보다 분자성이 더 큰 경향이 있다.

5A족 원소들(ns^2np^3, $n \geq 2$)

그림 7.18은 5A족 원소들을 보여준다. 질소와 인은 비금속, 비소와 안티모니는 준금속, 비스무트는 금속이다. 5A족 원소들의 세 부류의 원소가 모두 있으므로 화학적 성질들이 매우 다를 것으로 예측할 수 있다.

원소 상태의 질소는 이원자 분자(N_2)로 존재한다. 질소는 산소와 결합하여 다양한 산화물(NO, N_2O, NO_2, N_2O_4, N_2O_5)을 생성하는데, 상온에서 고체로 존재하는 N_2O_5를 제외하고 모두 기체이다. 질소는 세 개의 전자를 받아들여 질화 이온(N^{3-})을 생성하여 Li_3N과 Mg_3N_2 같은 금속 질화물을 만드는데, 이들은 이온성 화합물이다. 인은 독립적인 P_4 분자(백린)나 사슬형 P_4 분자(적린)로 존재하고, 두 종류의 고체 산화물 P_4O_6와 P_4O_{10}을 생성

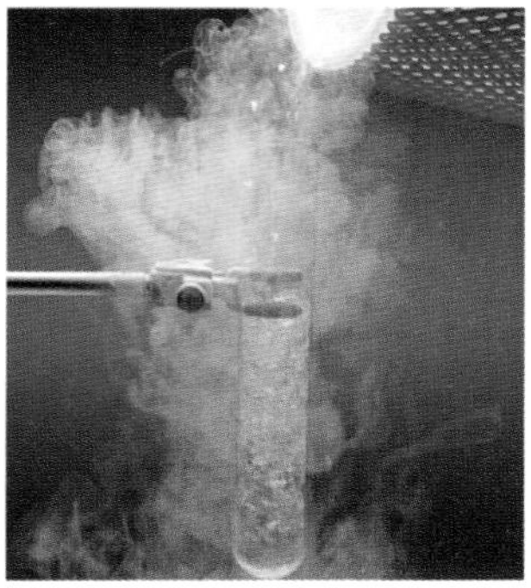

그림 7.18 5A족 원소들

질소

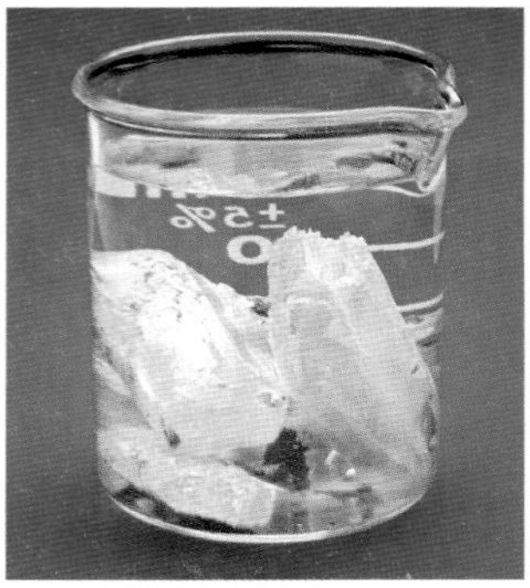

인(백린)

인(적린)

비소

안티모니

비스무트

한다. 공업적으로 매우 중요한 산소산인 질산과 인산은 N_2O_5와 P_4O_{10}을 물과 반응시켜 만든다.

$$N_2O_5(s) + H_2O(l) \longrightarrow 2HNO_3(aq)$$

$$P_4O_{10}(s) + 6H_2O(l) \longrightarrow 4H_3PO_4(aq)$$

비소와 안티모니 그리고 비스무트는 거대한 3차원 구조를 갖는다. 비스무트는 앞선 족들의 금속보다 반응성이 훨씬 작다.

6A족 원소들(ns^2np^4, $n \geq 2$)

그림 7.19는 6A족 원소들 중 처음 네 종류를 보여준다. 처음 세 원소(산소, 황, 셀레늄)는 비금속인 반면 나머지 두 원소(텔루륨과 폴로늄)은 준금속이다. 산소는 무색, 무취인 이원자 분자 기체이고 원소 상태의 황과 셀레늄은 S_8과 Se_8 분자로, 텔루륨과 폴로늄은 거대한 3차원 구조로 존재한다. (폴로늄은 방사성 원소이므로 실험실에서 연구하기 어렵다). 산소는 많은 화합물에서 두 개의 전자를 받은 산화 이온(O^{2-}) 형태로 나타난다. 황, 셀레늄 그리고 텔루륨도 두 개의 전자를 받아서 S^{2-}, Se^{2-} 그리고 Te^{2-} 이온을 생성한다. 6A족 원소들(특히 산소)은 비금속과 결합하여 여러 종류의 분자성 물질을 생성한다. 황 화합물 중에서 중요한 몇 가지는 SO_2, SO_3 그리고 H_2S인데, 이 중 삼산화 황은 물과 반응하여 황산을 생성한다.

$$SO_3(g) + H_2O(l) \longrightarrow H_2SO_4(aq)$$

7A족 원소들(ns^2np^5, $n \geq 2$)

그림 7.20은 7A족 원소들 중 처음 네 종류를 보여준다. 모든 할로겐 원소들은 비금속이고 일반식 X_2로 나타내는데, 여기서 X는 할로겐 원소이다. 1A족 금속과 마찬가지로 7A족 비금속도 반응성이 너무 커서 자연 상태에서 원소 형태로 발견하기 어렵다.(7A족의 마지막 원소인 아스타틴은 방사성 원소이고 성질에 대해 알려진 것이 거의 없다.)

학생 노트
비스무트 원소는 비스무트 산화물(Bi_2O_3)의 얇은 막 때문에 색이 나타난다.

산소

황

셀레늄

텔루륨

그림 7.19 6A족 원소들

플루오린

염소

브로민

아이오딘

그림 7.20 7A족 원소들

할로젠 원소는 높은 이온화 에너지와 큰 전자 친화도를 갖는다. 할로젠의 음이온(F^-, Cl^-, Br^-, I^-)은 **할로젠화물**(halide)이라고 부른다. 알칼리 금속 할로젠화물은 이온성 화합물의 많은 부분을 차지한다. 할로젠은 또한 같은 족 원소들끼리 ICl과 BrF_3 같은 분자성 화합물을 생성하기도 하고 다른 족 비금속들과 결합하여 NF_3, PCl_5 그리고 SF_6 등의 다양한 분자성 화합물을 생성한다. 할로젠이 수소와 반응하면 할로젠화 수소를 생성한다.

$$H_2(g) + X_2(g) \longrightarrow 2HX(g)$$

플루오린과 수소는 폭발적으로 반응하지만 염소, 브로민 그리고 아이오딘으로 갈수록 점점 반응이 약해진다. 할로젠화 수소는 물에 녹아서 할로젠화 수소산을 생성한다. 플루오린화 수소산(불산, HF)은 약산(약한 전해질)이지만 다른 할로젠화 수소산(HCl, HBr, HI)은 모두 강산(강한 전해질)이다.

8A족 원소들(ns^2np^6, $n \geq 2$)

그림 7.21은 8A족 원소들을 보여준다. 모든 비활성 기체들은 단원자 분자이고 전자 배치가 $1s^2$인 헬륨을 제외하곤 모두 완전하게 채워진 ns와 np 부껍질을 갖는다. 이러한 전자 배치가 비활성 기체의 큰 안정성의 원인이다. 8A족 원소의 이온화 에너지는 모든 원소들 중에 가장 높다(그림 7.8). 전자 친화도는 모두 0보다 작아서(그림 7.10) 추가로 전자를 받지 않는다.

오랜 시간 동안 8A족 원소들은 **불활성 기체**(inert gas)라고 불렸는데 그 이유는 다른 물질과의 반응이 알려지지 않았기 때문이다. 그러나 1963년을 시작으로 비활성 기체들 중 무거운 원소들은 강력한 산화제인 플루오린과 산소에 노출되었을 때 화합물을 형성한다는 사실이 밝혀졌다. 그중 몇몇 물질은 XeF_4, XeO_3, $XeOF_4$, KrF_2 등이고 가장 최근에 밝혀진 물질은 HArF이다. 비록 비활성 기체의 화학이 흥미롭기는 하지만 그들이 만드는 화합물들은 자연에서 어떤 생물학적인 반응과도 관련이 없어서 상업적으로 중요한 쓰임이 별로 없다.

헬륨

네온

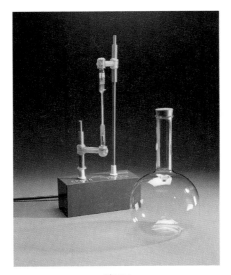
아르곤

크립톤

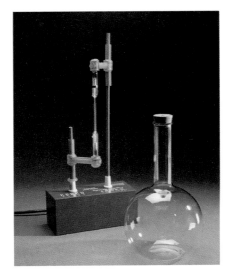
제논

그림 7.21 8A족 원소들이 있는 방전관

1A족과 1B족 원소의 비교

1A족 원소와 1B족 원소의 전자 배치가 유사하긴 하지만(두 족의 원소들 모두 s 오비탈에 한 개의 원자가 전자만 있다), 화학적 특성은 매우 다르다.

Cu, Ag, Au의 1차 이온화 에너지는 745, 731, 890 kJ/mol이다. 이 값들은 모두 알칼리 금속의 1차 이온화 에너지보다 커서 1B족 원소들의 반응성이 더 작다. 완전하게 채워진 비활성 기체 핵심부에 의해서 더 효과적으로 가려지는 1A족 원소들과 비교하였을 때 1B족 원소의 큰 이온화 에너지는 안에 있는 d 전자에 의해서 원자핵이 불완전하게 가려진 결과이다. 따라서 1B족 원소의 최외각 s 전자는 더 강하게 핵 쪽으로 당겨진다. 실제로 구리, 은 그리고 금은 반응성이 작아서 자연 상태에서 원소 상태로 자주 발견된다. 반응성이 없고, 희귀하며 매력적인 외형이 이들 금속들을 가치 있게 만들어서 동전이나 보석의 제조에 이용한다. 이러한 이유로 이들 금속들은 "화폐 금속"으로 알려져 있다. 2A족 원소와 2B족 원소의 화학적 차이도 비슷한 방법으로 설명할 수 있다.

생활 속의 화학

방사성 뼈

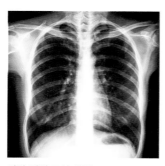

사람 뼈의 X선 사진

유사한 특성을 가진 두 화학종이 체내에 있을 때 인체는 생리학적으로 두 물질을 헷갈릴 수 있다. 건강한 뼈는 지속적으로 칼슘을 보충하는데, 우리가 섭취하는 칼슘은 주로 유제품에 많지만 시금치나 케일처럼 진한 녹색잎 채소에도 들어 있다. 방사성 동위 원소인 스트론튬-90은 원자 폭탄의 낙진이나 원자력 발전에서 생기는 폐기물의 성분이다. 스트론튬-90이 공기 중으로 방출되면 흙과 물에 들어가게 되고 식물을 섭취하거나 호흡하는 과정을 통해서 체내로 들어오게 된다. 칼슘과 스트론튬은 화학적으로 유사하므로 인체는 Sr^{2+} 이온을 Ca^{2+} 이온으로 착각하여 뼈 안으로 전달한다. 이렇게 뼈 안으로 들어온 스트론튬-90에서 방출되는 방사능에 계속적으로 노출되면 뼈와 주변의 조직뿐만 아니라 골수와 줄기세포까지 해를 입고 파괴되어 면역 체계가 무너진다. 이와 같은 현상이 계속되면 백혈병과 다른 암들에 걸릴 위험성이 매우 커진다.

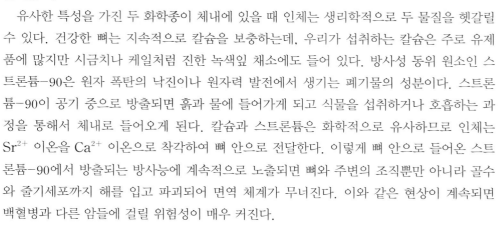

산화물 특성의 주기 내에서의 변화

주기를 가로지르며 주족 원소의 특징을 비교하는 방법 중 하나는 연속된 유사한 화합물의 특성을 조사하는 것이다. 산소는 거의 모든 원소와 결합하므로 3주기 원소의 산화물 특성을 조사하여 금속에서 준금속, 그리고 비금속이 어떻게 다른지 비교할 것이다. 몇몇 3주기 원소들(P, S, Cl)은 다양한 형태의 산화물을 만들지만 간단하게 비교하기 위하여 가장 산화수가 높은 산화물을 이용하여 비교할 것이다. 표 7.4는 3주기 산화물의 일반적인 특징과 몇 가지 중요한 물리적 성질을 나타낸 표이다.

산소가 작은 이온화 에너지를 갖는 1A족, 2A족 그리고 알루미늄 등의 금속과 결합할 때에는 산화 이온이 된다. 따라서 Na_2O, MgO 그리고 Al_2O_3는 높은 녹는점과 끓는점을 갖고 각 양이온을 특정 개수의 음이온이 둘러싸는 거대한 3차원 구조의 이온성 화합물이다. 왼쪽에서 오른쪽으로 갈수록 원소의 이온화 에너지가 증가하므로 분자성 산화물이 생성된다. 준금속인 규소의 산화물(SiO_2)도 거대한 3차원 구조이지만 이온성 화합물은 아니다. 인, 황 그리고 염소의 산화물은 독립된 작은 입자로 구성되는 분자성 화합물이다. 분자 간의 약한 인력 때문에 녹는점과 끓는점이 낮다.

대부분의 산화물은 물에 녹았을 때 산성 용액이 생기는지 아니면, 염기성 용액이 생기는지에 따라서(또는 산이나 염기로서 **반응**하는지에 따라서) 산성 또는 염기성으로 구분한다.

표 7.4	3주기 원소 산화물의 특성						
	Na₂O	**MgO**	**Al₂O₃**	**SiO₂**	**P₄O₁₀**	**SO₃**	**Cl₂O₇**
화합물의 종류	◄─────── 이온성 ───────►			◄─────── 분자성 ───────►			
구조	◄───── 거대한 3차원 구조 ─────►			◄───── 독립된 분자 단위 ─────►			
녹는점(℃)	1275	2800	2045	1610	580	16.8	−91.5
끓는점(℃)	?	3600	2980	2230	?	44.8	82
산−염기 성질	염기성	염기성	양쪽성	◄─────── 산성 ───────►			

몇몇 산화물은 **양쪽성**(amphoteric)인데 이 용어는 산과 염기의 특성을 모두 나타낸다는 의미이다. 3주기의 처음 두 산화물, Na₂O와 MgO는 염기성 산화물이다. 예를 들어, Na₂O는 물과 반응하여 염기인 수산화 소듐을 생성한다.

$$Na_2O(s) + H_2O(l) \longrightarrow 2NaOH(aq)$$

산화 마그네슘은 난용성으로 물에는 잘 녹지 않지만 다음과 같이 산과는 산−염기 반응과 비슷한 형태로 반응한다.

$$MgO(s) + 2HCl(aq) \longrightarrow MgCl_2(aq) + H_2O(l)$$

이 반응의 생성물은 염(MgCl₂)과 물이고, 이와 같은 생성물은 산−염기 중화 반응에서 얻을 수 있다.

산화 알루미늄은 심지어 산화 마그네슘보다 더 안 녹는다. 당연히 물과도 반응하지 않지만 산과 반응할 때에는 염기성을 나타낸다.

$$Al_2O_3(s) + 6HCl(aq) \longrightarrow 2AlCl_3(aq) + 3H_2O(l)$$

산화 알루미늄은 또한 염기와 반응할 때에는 산성을 나타낸다.

$$Al_2O_3(s) + 2NaOH(aq) + 3H_2O(l) \longrightarrow 2NaAl(OH)_4(aq)$$

그러므로, Al₂O₃는 양쪽성 산화물로 분류되고 산성과 염기성 모두를 갖는다. 다른 양쪽성 산화물로는 ZnO, BeO, Bi₂O₃가 있다.

이산화 규소도 난용성이고 물과 반응하지 않지만 아주 진한 염기성 수용액과 반응하므로 산의 성질이 있다.

$$SiO_2(s) + 2OH^-(aq) \longrightarrow SiO_3^{2-}(aq) + H_2O(l)$$

이런 이유 때문에 수산화 소듐(NaOH) 같은 진한 강염기 수용액은 SiO₂로 만들어진 유리병에 보관해서는 안된다.

3주기의 나머지 산화물들(P₄O₁₀, SO₃, Cl₂O₇)은 산성이고 물과 반응하여 인산, 황산 그리고 과염소산을 만든다.

$$P_4O_{10}(s) + 6H_2O(aq) \longrightarrow 4H_3PO_4(aq)$$
$$SO_3(g) + H_2O(l) \longrightarrow 2H_2SO_4(aq)$$
$$Cl_2O_7(l) + H_2O(l) \longrightarrow 2HClO_4(aq)$$

3주기 원소 산화물을 대략적으로 조사한 결과 주기의 오른쪽으로 갈수록 산화물이 염기성에서 중성 그리고 산성으로 변하고 원소의 금속성이 줄어든다. 금속 산화물은 주로 염기성이고 비금속 산화물은 대부분 산성이다. 양쪽성으로 표현되는 산화물의 중간적 성질은 주기의 가운데 위치한 원소의 산화물에서 나타난다. 원소의 금속성은 족의 아래로 갈수록 증가하므로 원자 번호가 큰 원소의 산화물이 더 염기성이다.

> **학생 노트**
> CO와 NO 같은 특정 산화물들은 중성이고 물하고 산성 또는 염기성 용액을 만드는 반응을 안 한다. 일반적으로 비금속 산화물은 산성이거나 중성이다.

원자 반지름, 이온화 에너지 그리고 전자 친화도의 주기적 경향

원소의 성질은 많은 부분은 원자나 이온의 **크기**, 즉 반지름과 원자가 껍질의 **전자 배치**(electron configuration)에 의해 결정된다. 주양자수(n), 유효 핵전하(Z_{eff}) 그리고 원자가 껍질의 전하(원자가 전자의 수)들이 모두 원자 반지름에 영향을 준다.

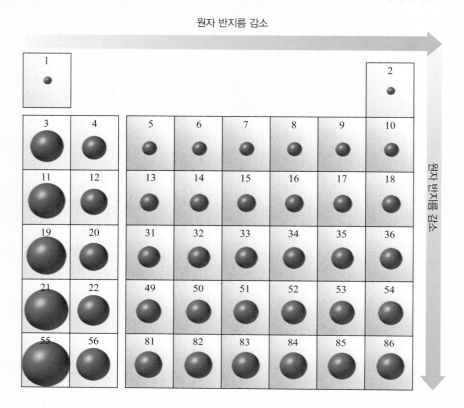

원자 반지름 감소

주기의 왼쪽에서 오른쪽으로 갈수록 Z_{eff}와 원자가 껍질의 전하가 모두 **증가**한다. 오른쪽으로 한 칸씩 갈수록 양성자가 하나씩 더해져서 Z가 증가하고 전자도 하나씩 더해진다. 더해진 각 전자들은 같은 껍질에 존재하므로 서로를 가리지 못한다. 그 결과 Z_{eff}가 거의 Z만큼 증가하고 반대 전하도 같이 증가하므로 Coulomb의 인력이 커져서 서로 가깝게 끌어당기므로 원자 반지름이 작아진다.

같은 족의 위에서 아래로 갈수록 원자가 전자가 있는 껍질의 n 값이 커지고 핵으로부터의 거리가 멀어져서 원자 반지름이 커진다. 아래로 갈수록 원자가 껍질은 크게 확장되는데 Z_{eff} 값은 큰 변화가 없다. d-블록 원소들의 원자 반지름은 주족 원소들과는 다르게 규칙적으로 변하지 않는다.

주기의 왼쪽에서 오른쪽으로 갈수록 Z_{eff}는 **증가**하고 원자 반지름은 **감소**한다. 두 요인 모두가 원자핵과 원자가 전자 사이의 Coulomb 인력을 강하게 하여 이온화 에너지(IE_1)는 **증가**한다. 같은 족의 아래로 갈수록 원자가 껍질은 크게 확장되는데 Z_{eff} 값은 큰 변화가 없으므로 반지름은 증가하고 핵과 원자가 전자 사이의 인력이 약해져서 전자를 제거하기 쉬워지므로 IE_1 값은 **감소**한다.

주기의 왼쪽에서 오른쪽으로 갈수록 Z_{eff}는 **증가**하고 원자 반지름은 **감소**하기 때문에 원자핵과 더해지는 전자 사이의 인력이 커지므로 전자가 들어가기 쉬워져서 전자 친화도(EA)가 **증가**한다. 같은 족의 아래로 갈수록 원자 반지름은 **증가**하는데 Z_{eff} 값은 거의 일정하여 핵과 더해지는 전자 사이의 인력이 약해져서 EA는 **감소**한다.

IE_1과 EA가 변칙적으로 변하는 구간은 원자가 전자 배치로 결정할 수 있다.

예를 들어, 같은 주기에서 오른쪽으로 갈수록 이온화 에너지도 증가할 것으로 생각되지만 3A족 원소의 IE_1은 2A족 원소보다 작다. 그 이유는 s 오비탈의 전자보다 에너지가 높은 p 오비탈의 전자를 제거하기 때문이다[|◀◀ 그림 7.9(a)]. 이와 비슷하게 6A족 원소의 IE_1도 5A족보다 작은데 이 경우는 p 오비탈의 쌍으로 존재하는 전자 중 하나를 제거하기 때문이다. 쌍으로 존재하는 전자의 반발력 때문에 홀전자보다 제거하기가 쉽다[|◀◀ 그림 7.9(b)].

이온화 에너지(IE_1) 증가 →

이온화 에너지(IE_1) 감소 ↓

1 1312							2 2372
3 520	4 899	5 800	6 1086	7 1402	8 1314	9 1681	10 2080
11 496	12 738	13 577	14 786	15 1012	16 999	17 1256	18 1520
19 419	20 590	31 579	32 761	33 947	34 941	35 1143	36 1351
21 403	22 549	49 558	50 708	51 834	52 869	53 1009	54 1170
55 376	56 503	81 589	82 715	83 703	84 813	85 (926)	86 1037

전자 친화도(EA) 증가 →

전자 친화도(EA) 감소 ↓

1 +72.8							2 (0.0)
3 +59.6	4 ≤0	5 +26.7	6 +122	7 −7	8 +141	9 +328	10 (−29)
11 +52.9	12 ≤0	13 +42.5	14 +134	15 +72.0	16 +200	17 +349	18 (−35)
19 +48.4	20 +2.37	31 +28.9	32 +119	33 +78.2	34 +195	35 +325	36 (−39)
21 +46.9	22 +5.03	49 +28.9	50 +107	51 +103	52 +190	53 +295	54 (−41)
55 +45.5	56 +13.95	81 +19.3	82 +35.1	83 +91.3	84 +183	85 +270	86 (−41)

비슷하게, 전자 친화도도 일반적인 경향과 다르게 2A의 EA가 1A족의 EA보다 작다. 이 경우는 s 부껍질보다 에너지가 큰 p 부껍질에 전자가 더해지기 때문이다[|◀◀ 그림 7.11(a)]. 그리고 5A족의 EA가 4A족보다 작은 이유는 더해지는 전자가 이미 전자가 채워진 p 오비탈로 들어가야 하기 때문이다[|◀◀ 그림 7.11(b)].

이러한 주기적 경향은 Coulomb의 법칙으로 이해하고 설명할 수 있다: $F \propto \dfrac{Q_1 \times Q_2}{d^2}$

주요 내용 문제

7.1
두 원소의 성질을 비교할 때 주기적 경향에만 의존하는 경우가 많다. 다음 쌍의 원소 중 더 큰 1차 이온화 에너지를 갖는 원소를 결정할 때 주기적 경향만으로는 부족한 쌍을 고르시오.
(a) C와 Si (b) Al과 Ga (c) Ga와 Si
(d) Tl과 Sn (e) B와 Si

7.2
주어진 색깔 공들은 Ca^{2+}, Cl^-, K^+, P^{3-}, S^{2-} 이온을 나타낸다. 크기와 주기율표를 이용하여 이온을 그림과 동일한 순서대로 나열한 것을 고르시오.
(a) Ca^{2+}, Cl^-, K^+, P^{3-}, S^{2-}
(b) Ca^{2+}, K^+, P^{3-}, S^{2-}, Cl^-
(c) P^{3-}, S^{2-}, Cl^-, K^+, Ca^{2+}
(d) Ca^{2+}, K^+, Cl^-, S^{2-}, P^{3-}
(e) P^{3-}, S^{2-}, Cl^-, Ca^{2+}, K^+

    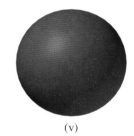

(i) (ii) (iii) (iv) (v)

7.3
8A족 원소들은 가장 높은 1차 이온화 에너지 값을 갖는다. 다음 중 가장 높은 2차 이온화 에너지를 가질 것으로 예상되는 족을 고르시오.
(a) 7A (b) 6A (c) 5A
(d) 2A (e) 1A

7.4
다음 중 같은 족의 아래로 갈수록 유효 핵전하가 크게 변하지 않는 이유를 가장 잘 설명한 것을 고르시오.
(a) 완전히 채워진 전자 껍질이 더 적다. (b) 원자가 전자가 더 적다.
(c) 원자가 전자가 더 많다. (d) 완전히 채워진 전자 껍질이 더 많다.
(e) 원자핵의 양성자 수가 별로 안 변한다.

연습문제

배운 것 적용하기

1949년 호주의 정신과 의사인 John Cade가 오늘날 조울증의 한 상태인 "조증"을 치료하는 데 리튬이 효과가 있다고 발표하였다. 비록 이 연구는 대단한 장래성을 보여줬지만 우연히도 이 발표가 심장병 환자들에게 소금 대용으로 염화 리튬을 사용한 결과 나타난 리튬의 독성과 사망 사고 소식과 같은 시기에 이루어졌다. 이 재앙이 알려지고 나서 의약 제조업자들은 시장에서 모든 리튬염을 회수하였고 리튬을 의학적으로 사용하는 것에 대한 고려조차도 위험한 것으로 여기게 되었다. 후속적으로 유럽과 미국에서 이루어진 연구 결과 정신과적인 치료에 리튬을 조금씩 사용하는 것이 매우 효과적이라는 것을 알게 되었다. FDA는 1970년에 탄산 리튬(Li_2CO_3)을 조울증 치료제로 승인하였고, 1974년에는 양극성 장애 치료제로 승인하였다.
(a) 주기율표를 보지 않고 리튬($Z=3$)의 전자 배치를 쓰시오[◀◀ 예제 7.2].
(b) 주기율표만 보고 Li와 다른 알칼리 금속(Fr은 제외)을 원자 반지름이 커지는 순서로 나열하시오[◀◀ 예제 7.3].
(c) 주기율표만 보고 알칼리 금속(Fr은 제외)을 1차 이온화 에너지(IE_1)가 커지는 순서로 나열하시오[◀◀ 예제 7.4].
(d) 각 알칼리 금속 양이온의 전자 배치를 쓰시오[◀◀ 예제 7.7].
(e) (d)에서 구한 양이온 각각에 대해 비활성 기체와 하나 이상의 일반적인 이온을 포함하는 등전자 계열을 찾으시오(그림 2.14 참조)[◀◀ 예제 7.8]. 각 등전자 계열을 반지름이 커지는 순서로 나열하시오[◀◀ 예제 7.9].

7.2절: 현대의 주기율표

7.1 어떤 원소의 중성 원자는 34개의 전자를 갖고 있다. 주기율표만을 참고해 원소를 규명하고 이것의 바닥상태의 전자 배열을 쓰시오.

7.2 다음의 전자 배치를 갖는 원소들을 유사한 화학적 성질을 갖는 쌍으로 묶으시오.
(a) $1s^2 2s^2 2p^5$ (b) $1s^2 2s^1$
(c) $1s^2 2s^2 2p^6$ (d) $1s^2 2s^2 2p^6 3s^2 3p^5$
(e) $1s^2 2s^2 2p^6 3s^2 3p^6 4s^1$
(f) $1s^2 2s^2 2p^6 3s^2 3p^6 4s^2 3d^{10} 4p^6$

7.3 다음의 원소에 해당하는 주기율표의 족을 지정하시오.
(a) $[Ne]3s^1$ (b) $[Ne]3s^2 3p^3$
(c) $[Ne]3s^2 3p^6$ (d) $[Ar]4s^2 3d^8$

7.3절: 유효 핵전하

7.4 C의 전자 배치는 $1s^2 2s^2 2p^2$이다.
(a) 각각의 핵심 부전자(core electron, 즉, $1s$ 전자)가 핵으로부터 원자가 전자(즉, $2s$ 및 $2p$ 전자)를 가리움하는 데 완전히 효과적이었고, 원자가 전자가 서로 가리움되지 않았다면, $2s$와 $2p$ 전자에 대한 가리움 상수(shielding constant, σ)와 핵전하(nuclear charge, Z_{eff})는 얼마인가?
(b) 실제로 C의 $2s$와 $2p$ 전자에 대한 가리움 상수는 2.78과 2.86으로 각각 약간 다르다. Z_{eff}를 계산하고, (a)에서 도출한 값과의 차이를 설명하시오.

7.4절: 원소 특성의 주기적 경향

7.5 플라스마(plasma)는 양성의 기체 이온과 전자로 구성된 물질의 상태이다. 플라스마 상태에서 수은 원자는 80개의 전자를 제거할 수 있으므로 Hg^{80+} 상태로 존재할 것이다. 다음 식을 사용하여 마지막 이온화 단계[$Hg^{79+}(g) \longrightarrow Hg^{80+}(g) + e^-$]에 필요한 에너지를 계산하시오.
$$E_n = -(2.18 \times 10^{-18}\,\text{J})Z^2\left(\frac{1}{n^2}\right)$$

7.6 원자 반지름이 증가하는 순서로 배열하시오.
Na, Al, P, Cl, Mg

7.7 7A족에서 가장 작은 원자는 무엇인가?

7.8 크기에 근거하여, K, Ca, S, Se로 나타내어진 구를 식별하시오.

7.9 주기율표의 두 번째 주기를 예로 들어 왼쪽에서 오른쪽으로 갈 때 원자의 크기가 감소하는 경향을 설명하시오.

7.10 첫 번째 이온화 에너지가 증가하는 순서로 배열하시오.
F, K, P, Ca, Ne

7.11 일반적으로 첫 번째 이온화 에너지는 주기 안에서 왼쪽에서 오른쪽으로 갈수록 증가한다. 그러나 알루미늄은 마그네슘보다 낮은 첫 번째 이온화 에너지를 가지는데 그 이유에 대해 설명하시오.

7.12 두 원자의 전자 배치는 $1s^2 2s^2 2p^6$와 $1s^2 2s^2 2p^6 3s^1$이다. 첫 번째 이온화 에너지 중 하나는 2080 kJ/mol, 다른 하나는 496 kJ/mol이다. 각각의 이온화 에너지를 주어진 전자 배치와 매치시키고 설명하시오.

7.13 전자 친화도가 가장 큰 원소는 어느 것인지 예상하시오.
He, K, Co, S, Cl

7.14 알칼리 금속이 알칼리 토금속보다 더 큰 전자 친화도 갖는 이유를 설명하시오.

7.5절: 이온의 전자 배치

7.15 알짜 전하가 +3인 금속 이온은 $3d$ 부껍질에 다섯 개의 전자를 가지고 있다. 이 금속은 무엇인가?

7.16 다음 중 등전자인 것들끼리 묶으시오.
Be^{2+}, F^-, Fe^{2+}, N^{3-}, He, S^{2-}, Co^{3+}, Ar

7.17 다음의 전자 배치를 갖는 3가의 이온을 명명하시오.
(a) $[Ar]3d^3$ (b) $[Ar]$
(c) $[Kr]4d^6$ (d) $[Xe]4f^{14}5d^6$

7.6절: 이온 반지름

7.18 다음 두 가지 보기 중 크기가 더 작은 것을 고르시오.
(a) Cl 또는 Cl^- (b) Na 또는 Na^+
(c) O^{2-} 또는 S^{2-} (d) Mg^{2+} 또는 Al^{3+}
(e) Au^+ 또는 Au^{3+}

7.19 다음 양이온 중 어느 것의 크기가 더 큰지 쓰고, 이유를 설명하시오. Cu^+ 또는 Cu^{2+}

7.7절: 주족 원소 화학적 성질의 주기적 경향

7.20 네온과 크립톤의 끓는점은 각각 $-246.1°C$와 $-153.2°C$이다. 이를 바탕으로 아르곤의 끓는점을 예측하시오.

7.21 알칼리 금속에 대한 지식을 이용해서, 족의 마지막 원소인 프란슘(francium)의 화학적 성질을 예측하시오.

7.22 1B족의 원소는 1A족의 원소와 같은 최외각 전자 배열을 가지고 있음에도 불구하고, 1B족의 원소가 화학적으로 더 안정한 이유는 무엇인가?

7.23 다음 주어지는 각각의 산화물과 물과의 반응을 균형 맞춤 반응식으로 나타내시오.
(a) Li_2O (b) CaO (c) SO_3

7.24 MgO와 BaO 중 어느 산화물이 더 염기성일지 쓰고 이유를 쓰시오.

추가문제

7.25 주기율표를 보고 (a) 4주기의 할로젠, (b) 인과 비슷한 화학적 성질을 가진 원소, (c) 5주기에서 가장 반응성이 큰 금속, (d) 원자 번호가 20보다 작고, 스트론튬과 비슷한 원소가 무엇인지 쓰시오.

7.26 다음 등전자인 화학종들을 이온화 에너지가 증가하는 순서
대로 나열하시오.

$$O^{2-}, F^-, Na^+, Mg^{2+}$$

7.27 다음의 화학종들을 등전자끼리 쌍으로 묶으시오.

$$O^+, Ar, S^{2-}, Ne, Zn, Cs^+, N^{3-}, As^{3+}, N, Xe$$

7.28 다음의 성질 중 분명한 주기적인 변화를 보이는 것은 무엇
인가?
(a) 1차 이온화 에너지   (b) 원소의 몰질량
(c) 원소의 동위 원소의 수   (d) 원자의 반지름

7.29 당신은 네 가지의 물질을 받았는데, 연기를 내는 붉은색의
액체, 어두운 금속처럼 보이는 고체, 창백한 노란빛 기체,
유리를 손상시키는 황녹색 기체이다. 그리고 이 물질들이
할로젠인 7A족의 처음 네 원소라는 것을 들었다. 각각의
이름을 쓰시오.

7.30 주기율표에서 가장 반응성이 좋은 원소는 무엇인가?

7.31 H^- 이온과 He 원자는 각각 두 개의 $1s$ 전자를 가지고 있다.
크기가 더 큰 화학종은 무엇인지와 그 이유를 서술하시오.

7.32 2주기 원소들(Li에서 N)의 산화물의 화학식과 이름을 쓰
시오. 산화물이 산성일지, 염기성일지, 양쪽성일지 밝히시
오. 각 원소의 가장 높은 산화 상태를 이용하시오.

7.33 수소 유사 이온에 있는 전자의 에너지를 계산하기 위한 식
은 다음과 같다.

$$E_n = -(2.18 \times 10^{-18} \text{ J})Z^2\left(\frac{1}{n^2}\right)$$

이 식은 오직 하나의 전자를 가진 원자나 이온에만 적용이
가능하다. 이를 더 복잡한 화학종에 적용하기 위해선 Z를
$Z-\sigma$나 Z_{eff}로 바꾸어야 한다. 헬륨의 1차 이온화 에너지
가 원자마다 3.94×10^{-18} J일 때, σ 값을 계산하시오. (주어
진 식에서 마이너스 기호는 무시한다.)

7.34 K의 원자 반지름은 227 pm이고, K^+의 원자 반지름은 138 pm
이다. $K(g)$가 $K^+(g)$로 바뀔 때 부피 감소비를 계산하시
오. (r이 구의 반지름이라 할 때, 구의 부피는 $4/3\pi r^3$이다.)

7.35 왼쪽의 설명에 맞는 원소를 오른쪽에서 골라 짝지으시오.
(a) 어두운 붉은색의 액체   칼슘(Ca)
(b) 산소 기체에서 타는 색이 없는 기체   금(Au)
(c) 물과 격렬하게 반응하는 금속   수소(H_2)
(d) 보석에 쓰이는 빛나는 금속   아르곤(Ar)
(e) 불활성 기체   브로민(Br_2)

7.36 한 학생이 세 개의 원소 시료 X, Y, Z를 받았다. 이 원소
들은 알칼리 금속, 4A족의 원소, 혹은 5A족의 원소일 수
있다. 이 학생은 다음과 같은 관찰을 하였다: 원소 X는 금
속 광택을 가지고 있고, 전기가 통한다. 염산과 천천히 반
응하여 수소 기체를 낸다. 원소 Y는 전기가 통하지 않는
노란색의 고체이다. 원소 Z는 금속 광택을 가지고 있고, 전
기가 통한다. 공기에 노출되었을 때, 천천히 하얀색 가루를
형성한다. 이 하얀색 가루의 수용액은 염기성이다. 이 원소
들은 무엇인가?

7.37 소듐의 1차부터 11차 이온화 에너지는(kJ/mol 단위) 각
각 496, 4562, 6910, 9543, 13,354, 16,613, 20,117,
25,496, 28,932, 141,362, 159,075이다. 이온화 에너지의

로그값을 y축으로, 이온화 에너지의 차수를 x축으로 한 그
래프를 그리시오. 예를 들어, $\log 496$은 1에 대하여 그래프
를 그리고(1차 이온화 에너지 IE_1이라고 이름을 붙인다.),
$\log 4562$는 2에 대하여 그래프를 그리고(2차 이온화 에너
지 IE_2라고 이름을 붙인다), 나머지도 동일하게 한다.
(a) IE_1부터 IE_{11}까지 $1s$, $2s$, $2p$, $3s$와 같은 오비탈의
전자를 표시하시오.
(b) 그래프상에서 차이가 많이 나는 구간들을 통하여 전자
껍질에 대해서 어떤 것을 추론해 볼 수 있는가?

7.38 다음 2주기 원소들의 수소화물의 이름과 화학식을 쓰시오:
Li, C, N, O, F. 이 수소화물들의 물과의 반응을 예상하
시오.

7.39 다음 화합물을 생성하는 균형 맞춤 반응식을 쓰시오. 각 화
학식에 반응물과 생성물의 물리적 상태를 표시하시오.
(a) 산소 분자   (b) 암모니아   (c) 이산화 탄소
(d) 수소 분자   (e) 산화 칼슘

7.40 대부분의 전이 금속은 색을 가지고 있다. 예를 들어, $CuSO_4$
용액은 파란색이다. 용액이 파란색인 이유가 SO_4^{2-} 이온이
아니라 수화된 Cu^{2+} 이온 때문인 이유를 설명하시오.

7.41 탄소와 산소의 전자 친화도는 상당히 큰 반면에, 질소의 전
자 친화도는 거의 0인 이유를 설명하시오.

7.42 원소의 2차, 3차, 4차, 그 이상의 이온화 에너지를 계산할
수 있더라도, 원소의 전자 친화도는 대부분의 경우 그렇게
할 수 없는 이유를 설명하시오.

7.43 어느 원소의 1차, 2차, 3차, 4차 이온화 에너지는 대략
738, 1450, 7.7×10^3, 1.1×10^4 kJ/mol이다. 이 원소는
어느 족에 속하는가? 이유를 설명하시오.

7.44 (a) 탄화수소의 가장 간단한 화학식은 CH_4(메테인)이다.
다음 원소들과 수소가 형성하는 가장 간단한 화합물의
화학식을 쓰시오: 규소, 저마늄, 주석, 납
(b) 수소화 소듐(NaH)은 이온성 화합물이다. 수소화 루
비듐(RbH)이 NaH보다 더 이온성일지, 덜 이온성일
지 쓰시오.
(c) 라듐(Ra)과 물의 반응식을 쓰시오.
(d) 공기에 노출되었을 때, 알루미늄은 부식으로부터 금속
을 보호하는 오래 지속되는 산화물(Al_2O_3) 코팅을 형
성한다. 2A족 중 어떤 금속이 이것과 비슷한 성질을
보이는지 쓰시오.

7.45 다전자 원자의 유효 전하(Z_{eff})를 추정하는 한 방법은 다
음 방정식을 사용하는 것이다. $IE_1 = (1312 \text{ kJ/mol})$
(Z^2_{eff}/n^2), 여기에서 IE_1은 1차 이온화 에너지이고, n은
전자가 존재하는 껍질의 주양자수이다. 이 방정식을 이용
하여 Li, Na, K의 유효 핵전하를 계산하시오. 또한 각 금
속의 Z_{eff}/n을 계산하시오.

7.46 산화물, 과산화물, 초과산화물의 형성을 막기 위해, 알칼리
금속은 때때로 불활성 기체에 보관된다. 다음 중 리튬을 저
장할 때 사용하면 안 되는 기체는 무엇인가? 그 이유를 설
명하시오.(힌트: 7장에서 설명했듯이, 리튬과 마그네슘은
대각 관계이다. 두 원소의 일반적인 화합물을 비교하시오.)

Ne, Ar, N_2, Kr

7.47 원소 X의 동소체의 종 무색의 결정성 고체이다. X 와 많은 양의 산화물은 산성이다. 다음 중 X는 무 기체는 물에 녹고 무색의 기체를 생성한다. 이 엇인가?
(a) 황 (c) 탄소
(d) 붕소 소

...정하기 위해서 사용하는 기술을
7.48 기체 상태의 시료에 자외선 빛을 원자의 전자가 방출되고, 방출된 전자들 광전다. UV 광자의 에너지와 방출된 있고 있기 때문에 $h\nu = IE + \frac{1}{2}mu^2$

m과 u는 각각 전자의 질량과 속 nm의 자외선을 이용하여 포타슘 의 운동 에너지를 가진 전자가 방 슘의 이온화 에너지를 구하시오. 이 껍질의 전자(가장 느슨하게 잡혀 있 는 것을 어떻게 알 수 있는가?
에서 일어나는 생화학 반응에서 매우 다음 이온들의 바닥상태에서의 전자
g^{2+} (c) Cl^- (d) K^+
e^{2+} (g) Cu^{2+} (h) Zn^{2+}
중요한 생물학적 이온이다. 이 이온들의 하나는 ATP 분자의 인산기나 단백질의

아미노산에 결합하는 것이다. 전반적으로 2A족 금속에서 음이온과의 결합은 $Ba^{2+} < Sr^{2+} < Ca^{2+} < Mg^{2+}$와 같은 순으로 증가한다. 이 경향성에 대해 설명하시오.

7.51 7장에서 언급했듯이, 아르곤의 원자 질량은 포타슘의 원자 질량보다 크다. 이것은 주기율표가 개발되던 초기에 문제 가 되었는데, 이것은 아르곤이 포타슘 다음에 위치되어야 한다는 의미였기 때문이다.
(a) 이 문제가 어떻게 해결이 되었는가?
(b) 다음 값으로부터 아르곤과 포타슘의 평균 원자 무게를 계산하시오.
Ar-36(35.9675 amu, 0.337%)
Ar-38(37.9627 amu, 0.063%)
Ar-40(39.9624 amu, 99.60%)
K-39(38.9637 amu, 93.258%)
K-40(39.9640 amu, 0.0117%)
K-41(40.9618 amu, 6.730%)

7.52 타이타늄의 전자 배치를 이용하여 다음의 타이타늄 화합물 중 어느 것이 존재하지 않는지 고르시오.
K_3TiF_6, $K_2Ti_2O_5$, $TiCl_3$, K_2TiO_4, K_2TiF_6

7.53 실험적으로 어떤 원소의 전자 친화도는 레이저를 이용하여 기체 상태 원소의 음이온을 이온화시켜서 알 수 있다.
$$X^-(g) + h\nu \longrightarrow X(g) + e^-$$
그림 7.10을 참조하여, 염소의 전자 친화도에 해당하는 광 자(photon)의 파장(nm)을 계산하시오. 어떤 전자기 스 펙트럼 영역이 이 파장에 속하는가?

과 생물학

할로젠의 원자가 전자는 어떤 오비탈에 있는가?
a) s b) s, p
c) p d) s, p, d

2. 주양자수 n의 껍질이 포함하고 있는 부껍질(subshell)의 수는?
a) n b) n^2
c) $n-1$ d) $2n-1$

3. 하나의 f 부껍질(subshell)을 가지는 전자 껍질에서, f 오비탈과 s 오비탈의 비율은 얼마인가?
a) 14:1 b) 7:1
c) 7:3 d) 7:5

4. $n=3$ 껍질에 있을 수 있는 전자의 최대 개수는?
a) 2 b) 6
c) 8 d) 18

예제 속 추가문제 정답

7.1.1 Ge **7.1.2** Bi<As<P **7.2.1** (a) $1s^2 2s^2 2p^6 3s^2 3p^3$, $p-$블록 (b) $1s^2 2s^2 2p^6 3s^2 3p^6 4s^2$, $s-$블록 (c) $1s^2 2s^2 2p^6 3s^2 3p^6 4s^2 3d^{10} 4p^5$, $p-$블록 **7.2.2** (a) Al (b) Zn (c) Sr **7.3.1** F< Se<Ge **7.3.2** P와 Se **7.4.1** Mg, Mg **7.4.2** Rb는 작은 Z_{eff}를 갖고, Rb의 IE_2는 내부 전자의 제거와 관련된다. **7.5.1** Al **7.5.2** As에 전자를 더하는 것은 짝지어짐을 포함한다.

7.6.1 거리가 1.5 pm인 +3.26과 -1.15 사이의 인력이 약간 더 크다. **7.6.2** 1.51 pm **7.7.1** (a) [Ne] (b) [Ar] (c) [Kr] **7.7.2** N^{3-}, O^{2-}, F^-, Ne, Na^+, Mg^{2+}, Al^{3+} **7.8.1** (a) [Ar] $3d^6$ (b) [Ar]$3d^9$ (c) [Kr]$4d^{10}$ **7.8.2** Cu^+ **7.9.1** $Rb^+ < Br^- < Se^{2-}$ **7.9.2** F^-, O^{2-}, N^{3-}, Na^+, Mg^{2+}, Al^{3+}

CHAPTER 8

화학 결합 I: 기본 개념

Chemical Bonding I: Basic Concepts

폭발성 나이트로글리세린의 안정한 형태인 다이너마이트는 단단한 바위
를 폭파시킬 때 사용된다.

이 장의 목표

이온 결합과 공유 결합으로 불리는 2개의 다른 종류의 화학 결합, Lewis 점 기호를 이용하여 원자와 원자 이온을 표현하는 방법과 Lewis 구조를 이용하여 분자와 다원자 이온을 표현하는 방법에 대해서도 배운다.

들어가기 전에 미리 알아둘 것

- 원자 반지름 [◀◀ 7.4절]
- 주족 원소들의 이온 [◀◀ 7.5절]

화학 결합과 폭발물과의 관련성

스웨덴 화학자 Alfred Nobel이 1896년에 생을 마감할 때, 상당한 재산을 그의 이름을 딴 상을 만들어 사용하라는 유언을 남겼다. 해마다 5개 영역(화학, 물리, 생리학 및 의학, 문학, 평화)에서 수여되는 이 상은 인류 발전에 중요한 공헌을 알아보기 위한 것이다. 생전에 Nobel은 왕성한 과학자이며 사업가였다. 그는 300개 이상의 특허를 보유하였고, 그중 하나는 폭발성 나이트로글리세린(nitroglycerin)의 안정한 형태인 다이너마이트(dynamite)였다. 폭발물의 개발과 제조에 관한 그의 폭넓은 연구는 그에게 "죽음의 장사꾼(merchant of death)"이라는 칭호를 안겨 주었고, 가족이 운영하는 여러 공장들 중 한 곳의 폭발 사고로 남동생이 죽게 되는 개인적 비극의 원인이 되었다.

얄궂게도 Nobel은 말년에 심장병으로 인한 가슴 통증이 생겨 의사로부터 나이트로글리세린을 섭취하라는 지시를 받았지만 거절하였다. 의사들이 환자들에게 폭발물을 처방한다는 인상을 피하기 위해 의학계에서 사용되었던 이름인 글리세릴 트리나이트레이트(glyceryl trinitrate)는 여전히 심장병 및 다른 질병 치료에 널리 사용되고 있다. 더 최근에 개발된 나이트로글리세린의 흥미로운 사용 예 중 하나는 발기를 자극하기 위해 콘돔 끝에 쓰인다는 것이다.

나이트로글리세린의 폭발성과 심장병 및 발기부전과 같은 질병 치료의 효험은 모두 **화학 결합(chemical bond)**에 대한 기본 개념을 이해함으로써 설명될 수 있다.

학생 노트
여섯 번째 상인 노벨 경제학상(Nobel Memorial Prize in Economics)은 다른 분야의 상들과 함께 수여되고 있지만, Nobel의 유언에는 나타나 있지 않기 때문에 실제적으로 노벨상은 아니다.

이 장의 끝에서 산화 질소(nitric oxide)와 나이트로글리세린에 관한 일련의 문제를 풀 수 있게 될 것이다 ▶▶ 배운 것 적용하기, 346쪽].

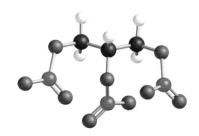

나이트로글리세린

8.1 Lewis 점 기호

학생 노트
등전자 관계에 있는 두 가지 화학종들은 반드시 똑같은 전자 배치를 가져야 한다는 것을 명심하자[◀◀7.5절].

주기율표의 발전과 전자 배치의 개념은 화학자들에게 화합물의 형성을 설명할 수 있는 방법을 제공하였다. Gilbert Lewis[1]가 만들어 낸 설명은 원자들이 더욱 안정한 전자 배치를 이루기 위해 결합한다는 것이다. 최대의 안정성은 원자가 비활성 기체의 **등전자** (isoelectronic) 구조를 가질 때 비롯된다.

원자들이 상호작용하여 화합물을 형성할 때, 실제로 상호작용하는 것은 그들의 **원자가 전자들**(valence electrons)이다. 따라서, 관련된 원자들의 원자가 전자를 표현하는 방법이 있다면 도움이 될 것이다. 이것은 Lewis 점 기호를 이용하면 가능하다. **Lewis 점 기호** (Lewis dot symbol)는 원소 기호 주위에 점들로 구성되며, 각 점은 1개의 원자가 전자를 의미한다. 주족 원소들에 대하여 Lewis 점 기호에서 점들의 수는 그림 8.1에서 보이는 것처럼 전통적인 족(1A~8A)의 수와 일치한다.(전이 금속은 불완전하게 채워진 내부 껍질을 갖기 때문에 전형적으로 Lewis 점 기호로 표현되지 않는다.)

그림 8.1은 점들이 원소 기호의 왼쪽과 오른쪽뿐만 아니라 위와 아래에도 놓인다는 것을 보여준다. 원소 기호 주위에 점들이 놓이는 정확한 순서가 중요한 것이 아니라 그 점들의 수가 중요하다. 그리하여, 다음에 보이는 그 어떤 것도 붕소의 Lewis 점 기호로 맞는 것이다.

$$\dot{B}\cdot \qquad \dot{B} \qquad \cdot\dot{B} \qquad \cdot\dot{B}$$

그렇지만 Lewis 점 기호를 쓸 때, 반드시 필요할 경우를 제외하고 점을 짝지워 그리지 않는다. 따라서, 붕소의 한쪽에는 한 쌍의 점으로, 다른 쪽에는 1개의 점으로 표현하지 않는다.

소듐 또는 마그네슘과 같은 주족 금속들의 경우, Lewis 점 기호에서 점들의 수는 앞서 있는 비활성 기체의 등전자 구조를 갖는 양이온을 형성하면서 잃게 되는 전자의 수와 같다. 붕소부터 플루오린까지 2주기 비금속 원소들의 경우, 짝을 이루지 못하는 점들의 수는 그 원자가 형성할 수 있는 결합의 수와 같다.(8.8절에서 곧 볼 수 있듯이, 3주기 그 이상의 더 큰 비금속 원자는 실제로 Lewis 점 기호에서 나타난 점들의 총 개수만큼 결합을 형성할 수 있다.)

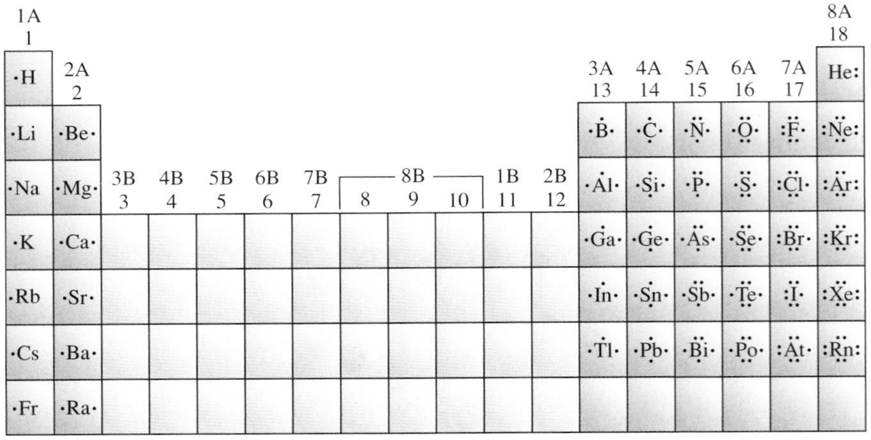

그림 8.1 주족 원소들의 Lewis 점 기호

---

1. Gilbert Newton Lewis(1875~1946). 미국의 화학자. 그는 화학 결합, 열역학, 산과 염기, 그리고 분광학의 연구 분야에 중요한 공헌을 많이 했다. 중요한 업적을 남겼음에도 불구하고, 노벨상을 받지는 못했다.

원자들뿐만 아니라, 원자 **이온들**(ions)도 Lewis 점 기호로 나타낼 수 있다. 그러기 위해서는 그 원자의 Lewis 점 기호를 기준으로 하여, 음이온의 경우는 적당한 수의 점들을 더하고 또 양이온의 경우는 적당한 수의 점들을 뺀 후에 그 이온의 전하를 포함시킨다.

예제 8.1은 Lewis 점 기호를 이용하여 원자 이온들을 표현하는 방법을 알려준다.

예제 8.1

다음에 대한 Lewis 점 기호를 쓰시오.
(a) 플루오린화 이온(F^-)　　　　　(b) 포타슘 이온(K^+)　　　　　(c) 황화 이온(S^{2-})

전략　각 원소의 Lewis 점 기호로부터 시작하여 각 이온에 올바른 전하가 놓이도록 필요에 따라 점을 더하거나(음이온의 경우), 점을 제거한다(양이온의 경우). Lewis 점 기호에 적절한 전하를 포함하는 것을 잊지 않도록 한다.

계획　F, K와 S에 대한 Lewis 점 기호는 각각 $:\!\ddot{F}\!\cdot$, $K\!\cdot$와 $\cdot\ddot{S}\cdot$이다.

풀이　(a) $\left[:\!\ddot{F}\!:\right]^-$　　　　　(b) K^+　　　　　(c) $\left[:\!\ddot{S}\!:\right]^{2-}$

생각해 보기

비활성 기체와 등전자 관계인 이온의 경우, 양이온은 원소 기호 주위에 남겨진 점들이 없어야 하는 반면, 음이온은 원소 기호 주위에 8개의 점들을 가져야 한다. 음이온에 대한 Lewis 점 기호 주위에 대괄호를 그린 다음 그 괄호 바깥쪽에 음전하를 배치한다는 것을 주의하자.

추가문제 1　다음에 대한 Lewis 점 기호를 쓰시오.
(a) Ca^{2+}　(b) N^{3-}　　　(c) I^-

추가문제 2　다음의 Lewis 점 기호로 표현된 각 이온의 전하를 표시하시오.
(a) $\left[:\!\ddot{O}\!:\right]^?$　(b) $H^?$　　　(c) $\left[:\!\ddot{P}\!\cdot\right]^?$

추가문제 3　주기율표에 표시된 위치의 각 원소에 대해서, 그 원소에 해당하는 원자와 그 원소가 만드는 일반적인 이온에 대한 Lewis 구조를 쓰시오. 각 원소에 대해서 일반 기호 X를 사용하시오. 예를 들어, 소듐과 소듐 이온에 대해서 $\cdot Na$와 $[Na]^+$를 쓰는 대신에 $\cdot X$와 $[X]^+$를 써야 한다.

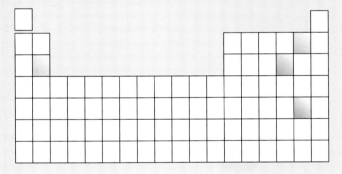

8.2 이온 결합

작은 이온화 에너지를 갖는 원소들의 원자는 양이온을 형성하는 경향이 있는 반면에, 높은 전자 친화도를 갖는 원소들의 경우는 음이온을 형성하려 한다는 7장의 내용을 기억하자. **이온 결합**(ionic bonding)은 아이오딘 첨가 소금에 있는 "아이오딘화" 성분인 아이오딘화 포타슘의 K^+와 I^-처럼, 서로 반대 전하를 띤 이온들을 이온성 화합물에 붙잡아 두는 정전기적 인력을 말한다. 포타슘의 전자 배치는 $[Ar]4s^1$이고 아이오딘의 전자 배치는 $[Kr]5s^2 4d^{10} 5p^5$이다. 포타슘과 아이오딘이 서로 가까이 접근하게 되면, 포타슘의 원자가 전자가 아이오딘 원자로 옮겨간다. 이러한 과정들이 따로 개별적으로 일어난다고 상상하면서 Lewis 점 기호를 이용하여 각 과정을 표현할 수 있다.

학생 노트
아이오딘 첨가 소금은 사산, 선천성 결손, 정신 지체 등과 같은 대단히 위험한 아이오딘 결핍증을 예방하기 위해 사용된다.

$$\cdot K \longrightarrow K^+ + e^-$$

$$\ddot{\ddot{I}}\cdot + e^- \longrightarrow [\ddot{\ddot{I}}\ddot{:}]^-$$

이들 두 식의 합은 $K\cdot + \ddot{\ddot{I}}\cdot \longrightarrow K^+ + [\ddot{\ddot{I}}\ddot{:}]^-$ 이다. 이때 만들어진 양이온과 음이온 사이에서의 정전기적 인력은 이 이온들을 끌어당겨 전기적으로 중성인 화합물 KI를 생성한다.

K^+ 이온과 I^- 이온의 형성과 관련된 순 에너지 변화는 흡열적이다. 즉, K로부터 I로의 전체 전자 이동을 위해서는 에너지가 공급되어야 한다. 포타슘의 이온화 과정은 419 kJ/mol의 에너지가 필요한데, 아이오딘의 전자 친화도는 295 kJ/mol에 불과하다[◀◀ 7.4절]. 언급한 대로 1 mol의 KI가 형성될 때, [419+(−295)]=124 kJ의 에너지가 필요하다. 그럼에도 불구하고, 이온성 화합물은 종종 격렬한 반응으로 만들어진다. 사실 이온 결합의 형성은 상당히 발열적인데, 이는 전자를 금속 원자로부터 비금속 원자로 이동하기 위해 필요한 에너지를 제공하고도 남는다. 이온 결합의 형성과 관련된 에너지의 양을 **격자 에너지**(lattice energy)로 나타낼 수 있다.

격자 에너지

격자 에너지(lattice energy)는 1 mol의 이온성 고체를 기체 상태의 구성 이온으로 변환시킬 때 필요한 에너지의 양이다. 예를 들어, KI의 격자 에너지는 632 kJ/mol이다. 따라서, 1 mol의 KI(s)를 각각 1 mol의 $K^+(g)$와 $I^-(g)$로 변환시킬 때 필요한 에너지는 632 kJ/mol이다.

$$KI(s) \longrightarrow K^+(g) + I^-(g) \qquad \Delta H = 632 \text{ kJ/mol}$$

격자 에너지의 크기는 이온성 화합물의 안정성에 대한 척도이다. 격자 에너지가 클수록 그 화합물은 더 안정하다. 표 8.1에 몇 가지 이온성 화합물에 대한 격자 에너지를 나타내었다.

격자 에너지는 전하들의 크기와 전하들 사이에서의 거리에 의존한다.

예를 들어, LiI, NaI와 KI는 동일한 음이온(I^-)을 가지며, 모두 똑같은 전하를 갖는 양이온을 갖는다. 격자 에너지 크기의 경향(LiI>NaI>KI)은 양이온의 반지름(그림 8.2)을 토대로 설명될 수 있다. 알칼리 금속 이온의 반지름은 주기율표에서 족 아래로 내려가면서 증가한다($r_{Li^+} < r_{Na^+} < r_{K^+}$)[◀◀ 7.6절]. 각 이온의 반지름을 안다면, Coulomb 법칙을 이용하여 이 화합물들에 존재하는 이온들 사이에서의 인력을 비교할 수 있다(그림 8.3).

이온들 사이에서 가장 짧은 거리를 가지는 LiI는 가장 강한 인력을 지닌다. 따라서, 가장 큰 격자 에너지를 갖게 된다. 이온들 사이의 거리가 가장 긴 KI는 가장 약한 인력을, 그

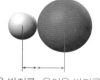

양이온 반지름 음이온 반지름

표 8.1	몇 가지 이온성 화합물들의 격자 에너지				
화합물	격자 에너지(kJ/mol)	녹는점(°C)	화합물	격자 에너지(kJ/mol)	녹는점(°C)
LiF	1017	845	KCl	699	772
LiCl	860	610	KBr	689	735
LiBr	787	550	KI	632	680
LiI	732	450	$MgCl_2$	2527	714
NaCl	787	801	Na_2O	2570	Sub*
NaBr	736	750	MgO	3890	2800
NaI	686	662			

*Na_2O는 1275°C에서 승화한다.

리고 가장 작은 격자 에너지를 갖게 된다. 이온들 사이의 거리가 중간 정도인 NaI는 중간 정도의 격자 에너지를 갖는다. 그러므로, Coulomb 법칙은 LiI, NaI와 KI에 대한 격자 에너지의 상대적 크기를 정확하게 예측한다.

Li^+ I^-
0.76 Å 2.20 Å
(a)
Na^+ I^-
1.02 Å 2.20 Å
(b)
K^+ I^-
1.38 Å 2.20 Å
(c)

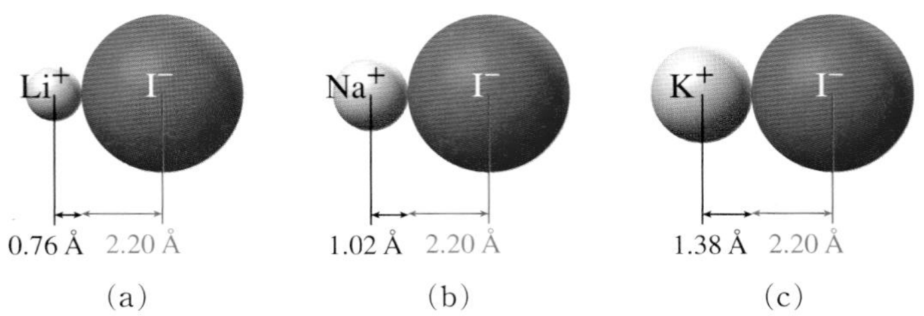

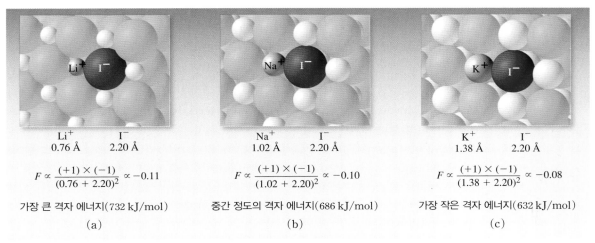

그림 8.2 이온성 화합물 LiI, NaI와 KI 모두 동일한 음이온 I^-를 갖는다. 이 화합물들의 상대적인 격자 에너지는 양이온 반지름에 의존한다.

이제 화합물 LiF와 MgO를 살펴보자. 이 화합물들에 대해서 이온들 사이에서의 거리(LiF의 경우는 0.76+1.33=2.09 Å, MgO의 경우는 0.72+1.40=2.12 Å)는 대략 비슷하고 MgO는 각 이온의 전하의 크기가 LiF에 비해서 2배 정도 크기 때문에, MgO의 격자 에너지는 LiF보다 약 4배 크다(그림 8.4).

Li^+ I^-
Li^+ 0.76 Å
I^- 2.20 Å
$F \propto \frac{(+1)\times(-1)}{(0.76+2.20)^2} \propto -0.11$
가장 큰 격자 에너지(732 kJ/mol)
(a)
Na^+ I^-
Na^+ 1.02 Å
I^- 2.20 Å
$F \propto \frac{(+1)\times(-1)}{(1.02+2.20)^2} \propto -0.10$
중간 정도의 격자 에너지(686 kJ/mol)
(b)
K^+ I^-
K^+ 1.38 Å
I^- 2.20 Å
$F \propto \frac{(+1)\times(-1)}{(1.38+2.20)^2} \propto -0.08$
가장 작은 격자 에너지(632 kJ/mol)
(c)

그림 8.3 Coulomb 법칙으로 계산된 아이오딘화 알칼리의 격자 에너지의 상대적 크기. (a) Li^+는 알칼리 금속 이온 중 가장 작은 반지름을 갖기 때문에 3개 중 가장 큰 격자 에너지를 보인다. (b) NaI는 Na^+의 반지름이 좀 더 크기 때문에 조금 낮은 격자 에너지를 갖는다. (c) KI는 반지름이 가장 큰 양이온 때문에 3개 중에서 가장 작은 격자 에너지를 갖는다.

Li^+ F^-
Li^+ 0.76 Å
F^- 1.33 Å
$F \propto \frac{(+1)\times(-1)}{(0.76+1.33)^2} \propto -0.23$
더 작은 격자 에너지(1017 kJ/mol)
(a)
Mg^{2+} O^{2-}
Mg^{2+} 0.72 Å
O^{2-} 1.40 Å
$F \propto \frac{(+2)\times(-2)}{(0.72+1.40)^2} \propto -0.89$
더 큰 격자 에너지(3890 kJ/mol)
(b)

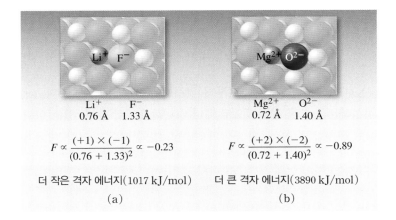

그림 8.4 (a) 전하들 사이의 거리는 양이온 반지름과 음이온 반지름의 합이다. (b) Coulomb 법칙으로 계산된 LiF와 MgO의 상대적인 격자 에너지

예제 8.2는 이온 반지름과 Coulomb 법칙을 이용하여 이온성 화합물의 격자 에너지를 비교하는 방법을 알려준다.

예제 8.2

MgO, CaO와 SrO를 격자 에너지가 증가하는 순서로 나열하시오.

전략 이온들의 전하와 이온들 사이의 거리를 고려한다. Coulomb 법칙을 적용하여 상대적인 격자 에너지를 결정한다.

계획 MgO, CaO와 SrO는 모두 동일한 음이온(O^{2-})과 모두 동일한 전하(+2)의 양이온을 갖는다. 이런 경우에, 이온들 사이의 거리가 상대적인 격자 에너지를 결정한다. 격자 에너지는 이온들 사이의 거리가 감소할수록 증가한다는 것을 명심하자.(왜냐하면 반대되는 전하 입자들 사이에서의 힘은 그 거리가 감소할수록 증가하기 때문이다.) 세 가지 화합물 모두 동일한 음이온을 갖고 있기 때문에, 이온들 사이의 거리를 결정할 때 양이온의 반지름만을 고려할 필요가 있다. 그림 7.12로부터, 그 이온들 반지름은 0.72 Å(Mg^{2+}), 1.00 Å(Ca^{2+}) 그리고 1.18 Å(Sr^{2+})이다.

풀이 MgO에서 이온들의 거리는 가장 가까운 반면, SrO에서는 그 거리가 가장 멀다. 따라서, 격자 에너지가 증가하는 순서는 SrO<CaO<MgO이다.

> ### 생각해 보기
>
> Mg, Ca과 Sr은 모두 2A족 금속이므로 그 반지름을 알지 못하더라도 그 결과를 예측할 수 있다. 이온 반지름은 주기율표에서 족 아래로 내려가면서 증가하고, 더 멀리 떨어져 있는 전하들 일수록 떼어내기 쉽다(격자 에너지가 작아진다는 것을 의미)는 것을 명심하자. SrO, CaO와 MgO의 격자 에너지는 각각 3217, 3414, 3890 kJ/mol이다.

추가문제 1 $MgCl_2$와 $SrCl_2$ 중에서 어떤 화합물이 더 큰 격자 에너지를 갖는지 결정하시오.

추가문제 2 화합물 NaF, MgO와 AlN을 격자 에너지가 증가하는 순서로 나열하시오.

추가문제 3 4개 가상 원소들의 이온들이 나노미터 단위로 반지름과 함께 주어져 있다. 이들 이온으로부터 만들어질 수 있는 이성분 이온성 화합물들을 격자 에너지가 증가하는 순서로 나열하시오.

A^{2+} 0.5 $\quad$ B^{+} 1.0 $\quad$ C^{-} 1.5 $\quad$ D^{2-} 2.0

격자 에너지가 이온성 화합물의 안정성을 알아보는 유용한 척도이지만, 그것은 직접적으로 측정할 수 있는 양이 아니다. 대신에, 측정 가능한 다양한 열역학적 자료들과 Hess의 법칙을 이용하여 격자 에너지를 계산할 수 있다[◀◀5.5절].

Born-Haber 순환

이온성 화합물의 형성을 마치 기체상 이온들이 뭉쳐서 고체로 되는 것처럼 설명하였다. 사실, 이온성 고체를 생성하는 반응은 일반적으로 이런 식으로 일어나지 않는다. 그림 8.5는 염화 소듐(NaCl)이 그 구성 원소로부터 형성되는 것을 설명한다. Na(s)와 Cl_2(g)가 NaCl(s)을 형성하는 반응은 직접적으로 에너지 변화를 측정할 수 있는 일련의 단계에 걸쳐서 일어난다고 가정할 수 있다(표 8.2 참조). NaCl에 대한 이러한 에너지 변화와 형성

그림 8.5 소듐 금속과 염소 기체는 상당한 발열 반응에 의해 합쳐져서 염화 소듐을 생성한다

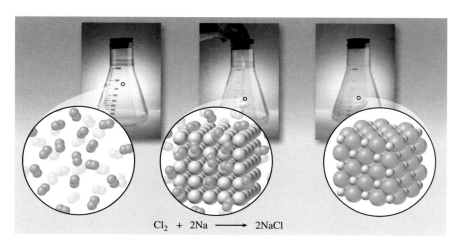

$Cl_2 + 2Na \longrightarrow 2NaCl$

엔탈피를 이용하고, Hess 법칙을 써서 격자 에너지를 계산할 수 있다. 격자 에너지를 결정하는 이러한 방법은 **Born-Haber 순환**(Born-Haber cycle)으로 알려져 있다.

표 8.2에 일련의 단계로부터 비롯되는 전체 반응은 다음과 같다.

$$Na(s) + \frac{1}{2}Cl_2(g) \longrightarrow Na^+(g) + Cl^-(g)$$

$NaCl(g)$ 형성에서 마지막 단계는 $Na^+(g) + Cl^-(g)$의 융합이다. 이 단계에서 에너지 변화를 직접적으로 측정하는 것은 불가능하다. 그런데, $NaCl(s)$에 대한 표준 생성열은 측정이 가능하다.(이 값은 -410.9 kJ/mol로 부록 2의 표에서 찾을 수 있다.) 그 구성 원소로부터 $NaCl(s)$의 형성이 실제로 우리가 상상하는 단일 단계 과정이 아님에도 불구하고, 그에 관한 값들을 알아야만 $NaCl$의 격자 에너지를 계산할 수 있다. 그림 8.6(318~319쪽)은 열역학적 자료와 Hess의 법칙을 이용하여 어떻게 계산이 되는지를 보여준다.

예제 8.3은 격자 에너지를 계산하기 위해서 Born-Haber 순환을 어떻게 사용하는지를 보여준다.

표 8.2	$Na(s)$와 $Cl_2(g)$로부터 $Na^+(g)$와 $Cl^-(g)$를 형성하는 가상적인 단계	
	화학식	**에너지 변화(kJ/mol)**
	$Na(s) \longrightarrow Na(g)$	107.7*
	$\frac{1}{2}Cl_2(g) \longrightarrow Cl(g)$	121.7†
	$Na(g) \longrightarrow Na^+(g) + e^-$	495.9‡
	$Cl(g) + e^- \longrightarrow Cl^-(g)$	-349§

* 부록 2로부터 $Na(g)$의 표준 생성열(ΔH_f°)

† 부록 2로부터 $Cl(g)$의 표준 생성열(ΔH_f°)

‡ 그림 7.8로부터 Na의 1차 이온화 에너지(IE_1)

§ 이 과정에 대한 ΔH°는 음수이다.(정의에 의해, EA는 빠져나가는 에너지라는 것을 기억하자[◀◀ 7.4절]. 이 ΔH는 $-EA$와 같다.)

예제 8.3

그림 7.8과 7.10 그리고 부록 2에 있는 자료를 이용하여 염화 세슘(CsCl)의 격자 에너지를 계산하시오.

전략 그림 8.6을 이용하여, 적절한 열역학적 자료를 결합하고 Hess의 법칙을 이용하여 격자 에너지를 계산한다.

계획 그림 7.8로부터 $IE_1(Cs) = 376$ kJ/mol이고, 그림 7.10으로부터 $EA_1(Cl) = 349.0$ kJ/mol이다. 부록 2로부터 $\Delta H_f^\circ[Cs(g)] = 76.50$ kJ/mol, $\Delta H_f^\circ[Cl(g)] = 121.7$ kJ/mol, $\Delta H_f^\circ[CsCl(s)] = -442.8$ kJ/mol이다. 값의 크기에만 관심이 있기 때문에, 열역학적 자료의 절댓값을 이용할 수 있다. $CsCl(s)$의 표준 생성열만이 음수이기 때문에 부호를 바꿔야 하는 유일한 값이다.

풀이
$$\{\Delta H_f^\circ[Cs(g)] + \Delta H_f^\circ[Cl(g)] + IE_1(Cs) + |\Delta H_f^\circ[CsCl(s)]|\} - EA_1(Cl) = 격자 에너지$$
$$= (76.50 \text{ kJ/mol} + 121.7 \text{ kJ/mol} + 376 \text{ kJ/mol} + 442.8 \text{ kJ/mol}) - 349.0 \text{ kJ/mol} = 668 \text{ kJ/mol}$$

생각해 보기

이 값을 그림 8.6에 있는 NaCl에 대한 값(787 kJ/mol)과 비교해 보자. 두 화합물은 동일한 음이온(Cl^-)을 포함하고 동일한 전하($+1$)의 양이온을 갖기 때문에 양이온의 상대적 크기가 격자 에너지의 상대적 세기를 결정할 것이다. Cs^+가 Na^+보다 크기 때문에, CsCl의 격자 에너지는 NaCl보다 작다.

추가문제 1 그림 7.8과 7.10 그리고 부록 2에 있는 자료를 이용하여, 아이오딘화 루비듐(RbI)의 격자 에너지를 계산하시오.

추가문제 2 MgO의 격자 에너지는 3890 kJ/mol이고, Mg의 2차 이온화 에너지(IE_2)는 1450.6 kJ/mol이다. 그림 7.8과 7.10과 부록 2에 있는 자료를 이용하여, 산소에 대한 2차 전자 친화도 $EA_2(O)$를 결정하시오.

추가문제 3 선 위에 5개의 점(A에서 E까지)이 있다. 점들의 알려진 거리는 주어져 있다. 점 A와 점 C 사이에서의 거리를 결정하시오.

A   B   C   D   E

AB = 5.05 cm   DE = 4.65 cm

BD = 7.65 cm   CE = 6.27 cm

그림 8.6 Born−Haber 순환

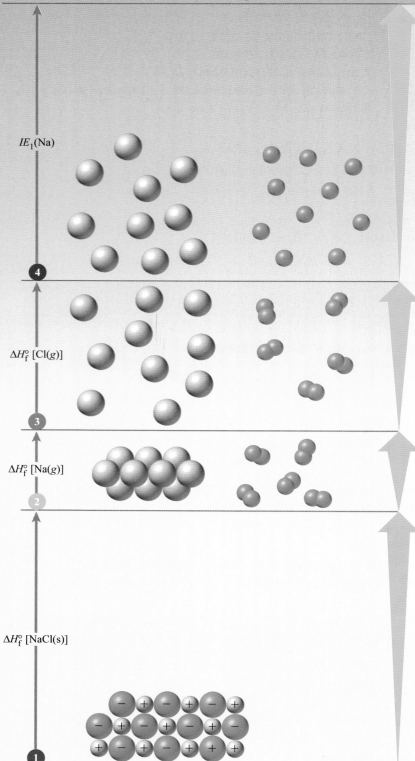

$IE_1(\mathrm{Na})$

$\Delta H_{\mathrm{f}}^{\circ}\,[\mathrm{Cl}(g)]$

$\Delta H_{\mathrm{f}}^{\circ}\,[\mathrm{Na}(g)]$

$\Delta H_{\mathrm{f}}^{\circ}\,[\mathrm{NaCl}(s)]$

4단계

소듐(Na)의 1차 이온화 에너지 IE_1는 1 mol의 Na(g)가
1 mol의 Na^{+}(g)로 변환하는 데 필요한 에너지의 양이다.

$$\mathrm{Na}(g) \longrightarrow \mathrm{Na}^{+}(g) + e^{-}$$

3단계

Cl(g)에 대해 표로 작성된 $\Delta H_{\mathrm{f}}^{\circ}$는 $\frac{1}{2}$ mol의 Cl$_2$(g)가

1 mol의 Cl(g)로 변환하는 데 필요한 에너지의 양이다.

$$\frac{1}{2}\mathrm{Cl}_2(g) \longrightarrow \mathrm{Cl}(g)$$

2단계

Na(g)에 대해 표로 작성된 $\Delta H_{\mathrm{f}}^{\circ}$는 1 mol의 Na($s$)가
1 mol의 Na(g)로 변환하는 데 필요한 에너지의 양이다.

$$\mathrm{Na}(s) \longrightarrow \mathrm{Na}(g)$$

1단계

NaCl(s)에 대해 표로 작성된 $\Delta H_{\mathrm{f}}^{\circ}$는 1 mol의 Na와 $\frac{1}{2}$ mol

의 Cl$_2$가 합쳐져서 1 mol의 NaCl을 형성할 때 생성되는
에너지이다.

$$\mathrm{Na}(s) + \frac{1}{2}\mathrm{Cl}_2(g) \longrightarrow \mathrm{NaCl}(s)$$

Born−Haber 순환의 1단계는 1 mol의 NaCl을 1 mol
의 Na와 $\frac{1}{2}$ mol의 Cl$_2$로 변환하는 과정이다($\Delta H_{\mathrm{f}}^{\circ}$ 반응의
역과정).

$$\mathrm{NaCl}(s) \longrightarrow \mathrm{Na}(s) + \frac{1}{2}\mathrm{Cl}_2(g)$$

따라서, 1단계에 대한 ΔH는 $-\Delta H_{\mathrm{f}}^{\circ}[\mathrm{NaCl}(s)]$

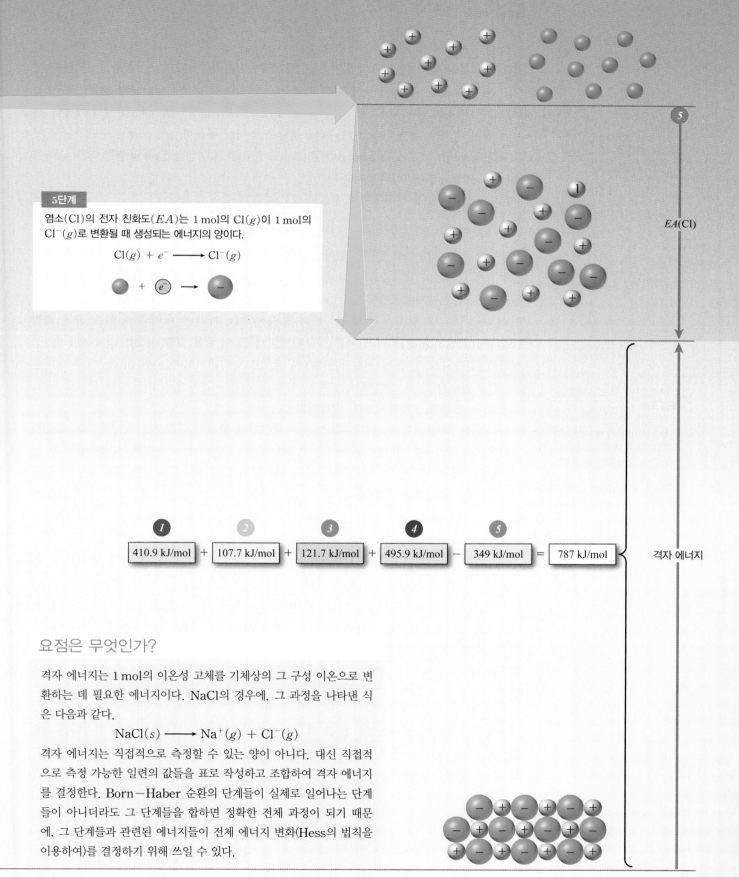

5단계

염소(Cl)의 전자 친화도(EA)는 1 mol의 Cl(g)이 1 mol의
Cl$^-$(g)로 변환될 때 생성되는 에너지의 양이다.

$$Cl(g) + e^- \longrightarrow Cl^-(g)$$

EA(Cl)

격자 에너지

1		**2**		**3**		**4**		**5**		
410.9 kJ/mol	+	107.7 kJ/mol	+	121.7 kJ/mol	+	495.9 kJ/mol	−	349 kJ/mol	=	787 kJ/mol

요점은 무엇인가?

격자 에너지는 1 mol의 이온성 고체를 기체상의 그 구성 이온으로 변
환하는 데 필요한 에너지이다. NaCl의 경우에, 그 과정을 나타낸 식
은 다음과 같다.

$$NaCl(s) \longrightarrow Na^+(g) + Cl^-(g)$$

격자 에너지는 직접적으로 측정할 수 있는 양이 아니다. 대신 직접적
으로 측정 가능한 일련의 값들을 표로 작성하고 조합하여 격자 에너지
를 결정한다. Born−Haber 순환의 단계들이 실제로 일어나는 단계
들이 아니더라도 그 단계들을 합하면 정확한 전체 과정이 되기 때문
에, 그 단계들과 관련된 에너지들이 전체 에너지 변화(Hess의 법칙을
이용하여)를 결정하기 위해 쓰일 수 있다.

8.3 공유 결합

8.2절에서 이온성 화합물들은 낮은 이온화 에너지를 갖는 원소(금속)로부터 높은 전자 친화도를 갖는 원소(비금속)로 전자가 이동하면서 금속과 비금속 사이에서 형성되려는 경향이 있다는 것을 배웠다. 유사한 성질을 갖는 원소들 사이에서 화합물이 만들어질 때는 전자들은 한 원소에서 다른 원소로 이동하지 않고, 대신에 공유되어 각 원자가 비활성 기체의 전자 배치를 갖게 된다. 어떤 화학 결합은 전자를 공유하는 원자들을 수반한다고 처음 제안한 사람이 Gilbert Lewis이다. 그리고 이러한 접근법을 **Lewis 결합 이론**(Lewis theory of bonding)이라고 부른다.

Lewis 이론은 H_2 사이에서의 결합 형성을 다음과 같이 묘사한다.

$$H\cdot \;+\; \cdot H \;\longrightarrow\; H:H$$

실질적으로, 2개의 수소 원자는 전자쌍을 공유할 정도로 서로 충분히 가까이 다가간다. 여전히 2개의 원자와 단지 2개의 전자만 있지만, 이러한 배열은 2개의 전자를 마치 각 수소 원자의 원래 전자처럼 간주하여 각 수소 원자가 헬륨의 비활성 기체 전자 배치를 갖는 것처럼 해준다. 두 원자가 한 쌍의 전자를 공유하는 이러한 배열의 유형을 **공유 결합**(covalent bonding)이라고 하고 공유된 전자쌍은 이 **공유 결합**(covalent bond)을 구성한다.[간단하게, 공유된 전자쌍은 2개의 점으로 나타내기보다는 선(dash)으로 나타낼 수 있다: H—H] 공유 결합에서, 공유된 쌍의 각 전자는 양쪽 원자핵에 의해 끌리게 된다. 이것이 두 원자를 결합하게 하는 인력이다.

Lewis는 화학 결합에 대한 그의 이론의 대부분을 팔전자 규칙으로 요약하였다. **팔전자 규칙**(octet rule)에 의하면, 원자들은 전자를 잃거나, 얻거나, 공유하면서 비활성 기체 전자 배치를 이루려고 할 것이다. 이 규칙을 이용하여 특정 원소들로 이루어진 화합물에 대한 많은 화학식을 예측할 수 있다. 이 규칙은 2주기 원소들로 만들어진 거의 모든 화합물에 대해서 적용되므로, 주로 탄소, 질소와 산소를 포함하는 유기 화합물의 연구에서 특히 중요하다.

이온 결합과 마찬가지로, 다전자 원자들의 공유 결합은 원자가 전자들만을 포함한다. 플루오린 분자(F_2)를 예로 들어보자. F의 전자 배치는 $1s^2 2s^2 2p^5$이다. $1s$ 전자들은 낮은 에너지를 가지며 거의 원자핵 주위에 머물기 때문에 그 전자들은 결합 형성에 참여하지 않는다. 그러므로 각 F 원자는 7개의 원자가 전자(2개의 $2s$와 5개의 $2p$ 전자들)를 갖는다. 그림 8.1에 따르면, F에는 유일하게 1개의 홑전자가 있으므로, F_2 분자의 형성은 다음과 같이 나타낼 수 있다.

$$:\ddot{F}\cdot \;+\; \cdot\ddot{F}: \;\longrightarrow\; :\ddot{F}:\ddot{F}: \;\;\text{또는}\;\; :\ddot{F}-\ddot{F}:$$

단지 2개의 원자가 전자들만이 F_2를 만드는 결합에 참여한다. 다른 비결합 전자들은 **고립 전자쌍**(lone pairs)—공유 결합 형성과 관련이 없는 원자가 전자쌍—으로 불린다. 그러므로, F_2에 각 F는 3개의 고립 전자쌍이 있다.

Lewis 구조

H_2와 F_2처럼, 공유 결합으로 만들어진 분자를 표현하기 위해 사용되는 구조를 **Lewis 구조**라고 부른다. **Lewis 구조**(Lewis structure)는 공유된 전자를 선 또는 점들의 쌍으로 나타내고, 고립 전자쌍을 각 원자에 점들의 쌍으로 나타내는 공유 결합의 표현이다. 원자가 전자들만을 Lewis 구조에 나타낸다.

물 분자의 Lewis 구조를 그리기 위해서 산소의 Lewis 점 기호는 2개의 홀전자를 가지며(그림 8.1), 그렇기 때문에 2개의 결합을 형성할 수 있다는 것을 기억하시오. 수소는 오로지 1개의 전자를 갖기 때문에 1개의 공유 결합만을 형성할 수 있다. 그러므로 물의 Lewis 구조는 다음과 같다.

$$H\!:\!\ddot{O}\!:\!H \quad \text{또는} \quad H\!-\!\ddot{O}\!-\!H$$

이 경우에, 산소 원자는 2개의 고립 전자쌍을 갖는다. 수소는 고립 전자쌍을 갖지 않는다. 왜냐하면 1개 밖에 없는 원자가 전자가 공유 결합 형성에 사용되기 때문이다.

F_2와 H_2O 분자의 경우에, F, H와 O 원자들은 전자를 공유하면서 안정한 비활성 기체 배치를 이루게 되고 팔전자 규칙을 만족한다.

팔전자 규칙은 주기율표 2주기 원소들에게 가장 잘 맞는다. 이들 원소는 오로지 $2s$와 $2p$ 원자가 껍질들만을 갖는데, 이것들이 총 8개의 전자를 포함할 수 있다. 이들 원소 중 한 원자가 공유성 화합물을 만들 때, 같은 화합물의 다른 원자들과 전자를 공유하면서 비활성 기체 전자 배치[Ne]를 이룰 수 있다. 8.8절에서 팔전자 규칙에 몇 가지 중요한 예외에 대해서 논할 것이다.

다중 결합

원자들은 단일 결합 및 다중 결합과 같은 다양한 유형의 공유 결합을 할 수 있다. **단일 결합**(single bond)에서 2개의 원자들이 하나의 전자쌍에 의해서 붙들려 있다. 반면에, **다중 결합**(multiple bond)은 2개의 원자들이 2개 혹은 그 이상의 전자쌍을 공유하면서 만들어진다. 2개의 전자쌍이 공유되는 다중 결합은 **이중 결합**(double bond)이라 불린다. 이중 결합은 이산화 탄소(CO_2)와 에틸렌(C_2H_4)과 같은 분자에서 발견된다.

삼중 결합(triple bond)은 질소(N_2)와 아세틸렌(C_2H_2)과 같은 분자에서와 같이 2개의 원자들이 3개의 전자쌍을 공유할 때 만들어진다.

학생 노트
Lewis 구조는 Lewis 점 구조로도 불린다. 이 책에서, Lewis 점 기호(Lewis dot symbol)와의 혼동을 피하기 위해서 Lewis 구조(Lewis structure)라는 표현을 쓸 것이다.

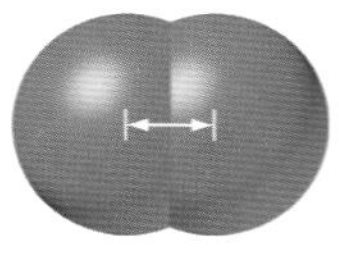

N₂
결합 길이 1.10 Å

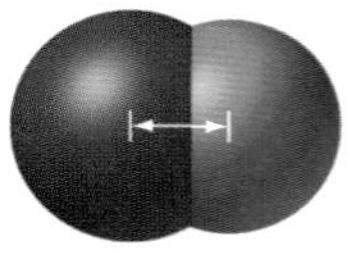

CO
결합 길이 1.13 Å

그림 8.7 결합된 두 원자의 핵 간 거리이다.

각 N은 8 전자를 가진다
:N⋮⋮N: 또는 :N≡N:

각 H는 2 전자를 가진다 H:C⋮⋮C:H 또는 H—C≡C—H
각 C는 8 전자를 가진다

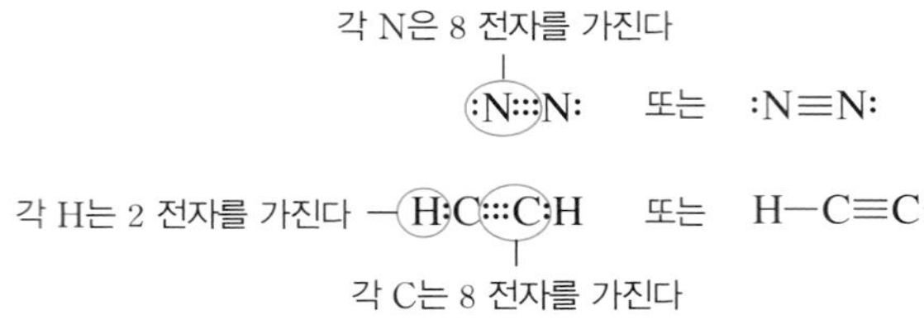

에틸렌과 아세틸렌에서 모든 원자가 전자들이 공유 결합에 사용된다. 탄소 원자에는 고립 전자쌍이 없게 된다. 일산화 탄소(CO)와 같은 중요한 예외는 있지만, 사실, 탄소를 포함하는 대부분의 안정한 분자들은 탄소 원자에 고립 전자쌍을 갖지 않는다.

다중 결합은 단일 결합보다 길이가 짧다. **결합 길이**(bond length)는 한 분자에서 공유 결합으로 연결된 2개의 원자핵 사이의 거리로 정의된다(그림 8.7). 표 8.3은 실험적으로 측정된 결합 길이를 보여준다. 탄소와 질소와 같이 주어진 한 쌍의 원자들에 대해서 삼중 결합은 이중 결합보다 짧고, 이중 결합은 단일 결합보다 짧다. 8.9절에서 볼 수 있듯이, 더 짧은 다중 결합이 단일 결합보다 더 강하다.

이온성 화합물과 공유성 화합물의 비교

이온성 화합물과 공유성 화합물은 그 결합의 본질적 차이 때문에 일반적인 물리적 성질면에서 현저한 차이를 보인다. 공유성 화합물에서는 두 종류의 인력—한 분자 내에서 원자들을 붙들고 있는 **분자 내**(intramolecular) 결합 힘과 분자들 사이에서의 **분자 간**(intermolecular) 힘—이 있다. 8.9절에서 논의될 결합 엔탈피는 분자 내 결합 힘을 정량하기 위해서 사용될 수 있다. 분자 간 힘은 한 분자 내에서 원자들을 붙들고 있는 힘에 비해서 일반적으로 상당히 약하기 때문에, 공유성 화합물 분자들은 서로에게 단단히 붙들려 있지 않다. 그 결과로, 공유성 화합물은 대개 기체, 액체, 혹은 낮은 녹는점을 갖는 고체로 존재한다.

반면, 이온성 화합물에서 이온들을 붙들고 있는 정전기적 인력은 일반적으로 매우 강하기 때문에 이온성 화합물들은 실온에서 고체이고 높은 녹는점을 갖는다. 많은 이온성 화합물들은 물에 잘 녹고 강한 전해질이기 때문에 그 수용액은 전기를 전도한다. 대부분의 공유성 화합물들은 물에 잘 녹지 않거나, 혹은 녹는다 해도 비전해질이기 때문에 그 수용액은 일반적으로 전기를 전도하지 않는다. 용융 이온성 화합물은 유동적인 양이온과 음이온을 포함하고 있기 때문에 전기를 전도한다. 액체 상태 또는 용융 공유성 화합물은 이온이 존재하지 않기 때문에 전기를 전도하지 않는다. 표 8.4는 전형적인 이온성 화합물 염화 소듐(NaCl)과 전형적인 공유성 화합물 사염화 탄소(CCl₄)의 성질을 비교한 것이다.

표 8.3	일반적인 단일, 이중, 삼중 결합의 평균 결합 길이
결합 유형	**결합 길이 (pm)**
C—H	107
O—H	96
C—O	143
C=O	121
C≡O	113
C—C	154
C=C	133
C≡C	120
C—N	143
C=N	138
C≡N	116
N—N	147
N=N	124
N≡N	110
N—O	136
N=O	122
O—O	148
O=O	121

8.4 전기 음성도와 극성

지금까지 화학 결합을 금속과 비금속 사이에서 일어나는 **이온성** 또는 비금속 사이에서 생기는 **공유**로 설명하였다. 사실, 이온성 그리고 공유 결합은 단순히 결합의 스펙트럼의 양 극단이다. 이들 극단 사이에 존재하는 결합은 **극성**(polar)이다. 즉, 전자들이 공유되지만 동등하게 공유되는 것이 아니라는 뜻이다. 그러한 결합을 **극성 공유 결합**(polar covalent bond)이라고 부른다. 다음은 상이한 유형의 결합들에 대한 비교를 보여준다. 여기에서 M과 X는 2개의 다른 원소를 의미한다.

표 8.4	이온성 화합물(NaCl)과 공유성 화합물(CCl_4)의 몇 가지 성질 비교	
성질	NaCl	CCl_4
겉모양	흰색 고체	무색 액체
녹는점(°C)	801	-23
용융열*(kJ/mol)	30.2	2.5
끓는점(°C)	1413	76.5
증발열*(kJ/mol)	600	30
밀도(g/cm³)	2.17	1.59
물에 대한 용해도	높음	매우 낮음
전기 전도도		
고체	나쁨	나쁨
액체	좋음	나쁨
수용액	좋음	나쁨

*용융열과 증발열은 1 mol의 고체를 녹일 때와 1 mol의 기체를 증발시킬 때 각각 필요한 열이다.

M:X	$\mathbf{M^{\delta^+} X^{\delta^-}}$	$\mathbf{M^+ X^-}$
순수 공유 결합	**극성 공유 결합**	**이온 결합**
동등하게 공유된 전자들에 의해 함께 붙들려 있는 중성 원자들	**불평등하게** 공유된 전자들에 의해 함께 붙들려 있는 부분적 전하를 띤 원자들	정전기적 인력에 의해서 함께 붙들려 있는 반대되는 전하를 띤 이온들

결합의 스펙트럼을 설명하기 위해서 세 가지 물질(H_2, HF, NaF)에 대해서 알아보자. 두 결합 원자들이 동일한 H_2 분자에서는 전자들이 동등하게 공유된다. 다시 말해, 공유 결합의 전자들은 각 수소 원자 부근에서 거의 동일한 시간을 머문다. 반면에, 두 결합 원자들이 서로 다른 HF 분자의 경우 전자들은 동등하게 공유되지 않는다. 이 전자들은 수소 원자 부근보다 플루오린 부근에서 더 오랜 시간 동안 머문다.(δ 기호는 원자의 부분 전하를 나타내기 위해 사용된다.) NaF에서는 전자들이 전혀 공유되는 것이 아니고 소듐으로부터 플루오린으로 옮겨진다.

H_2, HF와 NaF와 같은 화합물에서 전자의 분포를 시각화하는 한 가지 방법은 정전기 퍼텐셜 모델을 이용하는 것이다(그림 8.8). 이 모델은 전자들이 많은 시간 머무는 영역을 빨간색으로, 아주 잠깐 머무는 영역을 파란색으로 나타낸다.(전자들이 적당 시간 동안 머무는 영역은 초록색으로 나타낸다.)

학생 노트
사실, NaF에서 전자들의 이동은 거의(nearly) 완결된다. 이온 결합일지라도, 문제의 전자들은 양이온 주위에도 잠시 머물게 된다.

전기 음성도

전기 음성도(electronegativity)는 화합물에서 한 원자가 자기 쪽으로 전자를 끌어당기는 능력이다. 이것은 화합물에서 전자가 대부분의 시간을 어디에서 머무는지를 결정짓는다. 높은 전기 음성도를 갖는 원소들은 낮은 전기 음성도를 갖는 원소들보다 전자들을 더 끌어당기는 경향이 있다. 전기 음성도는 전자 친화도 그리고 이온화 에너지와 관련이 있

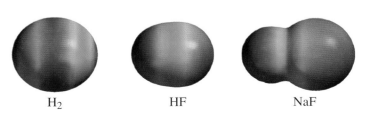

그림 8.8 전자 밀도 지도는 공유 화학종(H_2), 극성 공유 화학종(HF), 이온성 화학종(NaF)에서 전하의 분포를 보여준다. 가장 전자가 풍부한 영역은 빨간색이고 가장 전자가 부족한 영역은 파란색이다.

다. 높은 전자 친화도(전자를 받아들이려 함)와 높은 이온화 에너지(쉽게 전자를 잃지 않음)를 갖는 플루오린과 같은 원자는 높은 전기 음성도를 가진다. 반면에, 소듐은 낮은 전자 친화도, 낮은 이온화 에너지를 가지므로 낮은 전기 음성도를 가진다.

전기 음성도는 한 원소의 전기 음성도와 다른 원소들의 전기 음성도와의 관계로만 측정될 수 있기 때문에 상대적인 개념이다. Linus Pauling[2]은 대부분의 원소들의 상대적인 전기 음성도를 계산하는 방법을 고안하였다. 이 값들은 그림 8.9에 나타나 있다. 일반적으로, 주기율표의 왼쪽에서 오른쪽으로 가면서 원소들의 금속성이 감소하기 때문에 전기 음성도는 증가한다. 같은 족에서는 원자 번호와 금속성이 증가할수록 전기 음성도는 감소한다. 전이 금속은 이러한 경향을 따르지 않는다. 가장 전기 음성도가 큰 원소들(할로젠, 산소, 질소, 황)은 주기율표에서 오른쪽 상단 영역에서 발견되고 가장 전기 음성도가 작은 원소들(알칼리, 알칼리 토금속)은 거의 왼쪽 하단에 자리잡고 있다. 이러한 경향은 그림 8.10의 그래프에도 잘 나타나 있다.

그림 8.9 일반 원소들의 전기 음성도

그림 8.10 원자 번호에 따른 전기 음성도의 변화

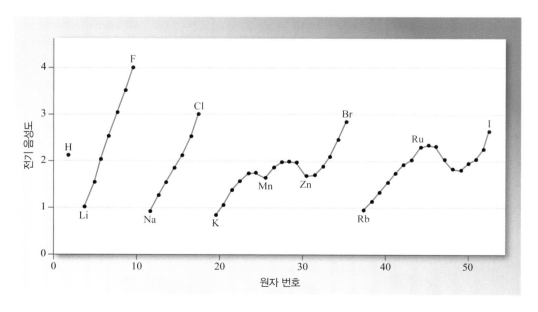

---

2. Linus Carl Pauling(1901~1994). 20세기 가장 영향력 있는 화학자로 여겨지는 미국의 화학자. 1954년에 단백질 구조에 관한 업적으로 노벨 화학상을 받았고, 1962년에는 핵무기 실험 및 확산을 반대하는 지칠 줄 모르는 운동으로 노벨 평화상을 받았다. 그는 지금까지 2개의 노벨상을 단독 수상한 유일한 사람이다.

전기 음성도와 전자 친화도는 관련이 있지만 별개의 개념이다. 두 가지 모두 한 원자가 전자를 끌어당기는 경향을 나타낸다. 그런데 전자 친화도는 고립된 원자가 기체상에서 추가된 전자를 끌어당기는 능력에 관한 것인 반면, 전기 음성도는 다른 원자와 화학 결합을 한 원자가 공유된 전자를 끌어당기는 능력에 관한 것이다. 더구나, 전자 친화도는 실험적으로 측정 가능한 값인 반면, 전기 음성도는 직접적으로 측정이 불가능한 추정 값이다.

전기 음성도가 크게 다른 원소들의 원자들은 이온성 화합물을 형성하려 한다. 왜냐하면 더 작은 전기 음성도의 원자가 더 큰 전기 음성도의 원자에게 전자를 넘겨 주기 때문이다. 전기 음성도가 비슷한 원소들은 한 원자로부터 다른 원자로 전자 밀도의 이동이 대부분 작기 때문에 극성 공유 결합(또는 단순히 극성 결합)을 만들려고 한다. 전기 음성도가 같은 동일한 원소들의 원자들만이 순수 공유 결합을 할 수 있다.

비극성 공유(nonpolar covalent)와 **극성 공유**(polar covalent) 또는 극성 공유와 이온성 사이에서의 뚜렷한 구분은 없지만, 다음과 같은 지침이 그것들을 구분하는 데 도움을 줄 수 있다.

- 전기 음성도의 차이가 0.5 미만인 원자들 사이의 결합은 일반적으로 순수 공유 또는 **비극성**(nonpolar)으로 간주한다.
- 전기 음성도의 차이가 0.5에서 2.0인 원자들 사이의 결합은 일반적으로 **극성 공유**(polar covalent)로 간주한다.
- 전기 음성도의 차이가 2.0 이상인 원자들 사이의 결합은 일반적으로 **이온성**(ionic)으로 간주한다.

때때로 화학자들은 **이온성 백분율**(percent ionic character)이란 말을 사용해서 결합을 설명한다[▶▶ 327쪽]. 순수한 이온 결합은 100% 이온성 백분율을 가진다.(하지만 그러한 결합은 알려져 있지 않다.) 순수 공유, 비극성 결합은 0% 이온성 백분율을 가진다.

예제 8.4는 전기 음성도를 이용해서 화학 결합이 비극성, 극성, 이온성인지를 결정하는 방법을 보여준다.

예제 8.4

다음 결합을 비극성, 극성, 또는 이온성으로 분류하시오.

(a) ClF에서 결합   (b) CsBr에서 결합   (c) C_2H_4에서 탄소−탄소 이중 결합

전략 그림 8.9에 있는 정보를 이용하여, 어떤 결합이 동일한, 유사한 그리고 상당히 다른 전기 음성도를 갖는지를 결정한다.

계획 그림 8.9에 의하면 전기 음성도 값은 다음과 같다. Cl(3.0), F(4.0), Cs(0.7), Br(2.8), C(2.5)

풀이 (a) F와 Cl의 전기 음성도 차이는 4.0−3.0=1.0이므로 ClF는 극성 결합이다.
(b) CsBr에서 전기 음성도 차이는 2.8−0.7=2.1이므로 결합은 이온성이다.
(c) C_2H_4에서 2개의 탄소 원자는 동일하다.(그들은 동일한 탄소일 뿐만 아니라, 각 탄소는 2개의 수소 원자와 결합되어 있다.) C_2H_4에서 이중 결합은 비극성이다.

생각해 보기
관례상, 전기 음성도의 차이는 항상 더 큰 값에서 더 작은 값을 빼서 계산하므로 결과는 항상 양의 값이다.

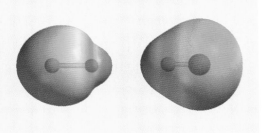

추가문제 1 다음 결합을 비극성, 극성, 또는 이온성으로 분류하시오.
(a) H_2S에서 결합   (b) H_2O_2에서 $H-O$ 결합   (c) H_2O_2에서 $O-O$ 결합

추가문제 2 극성이 증가하는 순서로 탄소와 6A족 원소 사이에서의 결합을 나열하시오.

추가문제 3 다음 그림은 HCl과 LiH에 대한 정전기 퍼텐셜 지도를 나타낸다. 어떤 그림이 무엇인지 결정하시오.(수소 원자는 양쪽 모두 왼쪽에 보여진다.)

쌍극자 모멘트, 부분 전하 및 이온성 백분율

극성 결합에서 전자 밀도의 이동은 그 이동의 방향을 나타내는 십자 화살(쌍극자 화살)을 Lewis 구조 위에 놓으면서 형상화한다. 예를 들면, 다음과 같다.

$$\overset{\longmapsto}{H-\ddot{F}}:$$

그 결과로 만들어진 전하 분리는 다음과 같이 나타낼 수 있다.

$$\overset{\delta^+}{H}-\overset{\delta^-}{\ddot{F}}:$$

결합 극성의 정량적인 측정값은 **쌍극자 모멘트**(dipole moment)인데, 이것은 전하(Q)와 전하 간 거리(r)를 곱하여 계산되는 값이다.

$$\mu = Q \times r \qquad \text{[◀◀ 식 8.1]}$$

극성 이원자 분자에서 부분 전하 사이의 거리 r은 미터(m)로 표현되는 결합 길이이다. 결합 길이는 일반적으로 옹스트롬(Å) 또는 피코미터(pm)로 주어지기 때문에 m로 전환하는 것이 필요하다. 극성 결합을 포함하고 있는 이원자 분자가 전기적으로 중성이 되기 위해서는 부분 양전하와 부분 음전하가 같은 크기여야 한다. 따라서, 식 8.1에서 Q는 부분 전하의 크기를 말하고 계산된 μ 값은 항상 양수이다. 쌍극자 모멘트는 항상 Peter Debye[3]의 이름을 따라 디바이(debye, D) 단위로 표현된다. 좀 더 친숙한 SI 단위로 나타내면 다음과 같다.

$$1 \text{ D} = 3.336 \times 10^{-30} \text{ C} \cdot \text{m}$$

여기서 C는 쿨롬이고 m은 미터이다. 표 8.5는 몇 가지 극성 이원자 분자들과 그 결합 길이, 그리고 실험적으로 측정된 쌍극자 모멘트를 보여준다.

예제 8.5는 결합 길이와 쌍극자 모멘트를 이용하여 극성 이원자 분자에서 부분 전하의 크기를 결정하는 방법을 보이고 있다.

> **학생 노트**
> 대개 전자의 전하를 -1로 나타낸다. 이것은 전자 전하의 단위(units of electronic charge)를 일컫는다. 그런데, 전하의 전하를 쿨롬(coulomb)으로도 표현할 수 있다는 것을 기억하자[◀◀ 2.2절]. 둘 사이에서 그 변환 인자는 쌍극자 모멘트를 계산하기 위해서 필요하다.
> $1 e^- = 1.6022 \times 10^{-19} \text{ C}$

표 8.5	할로젠화 수소의 결합 길이와 쌍극자 모멘트	
분자	결합 길이(Å)	쌍극자 모멘트(D)
HF	0.92	1.82
HCl	1.27	1.08
HBr	1.41	0.82
HI	1.61	0.44

3. Peter Joseph William Debye(1884~1966). 네덜란드 출신의 미국 화학자이자 물리학자. 분자 구조, 고분자 화학 X 선 분석, 전해질 용액 연구에 중요한 공헌을 하였다. 1936년에 노벨상을 수상하였다.

예제 8.5

플루오린화 수소산[HF(aq)]은 유리의 에칭과 전자 부품의 제조를 포함한 몇 가지 중요한 산업에서 이용된다. 플루오린화 수소산에 의한 화상은 다른 산에 의한 화상과 다르게 독특한 의학적인 복잡함이 있다. HF 용액은 일반적으로 피부 속으로 침투하여, 종종 표면은 최소의 상처를 입히면서 뼈를 포함한 내부 조직을 손상시킨다. 농도가 낮은 용액이 농도가 높은 용액보다 손상 전에 더 깊이 침투하여, 증상의 시작을 늦추고 시기 적절한 치료를 방해함으로써 실제로 더 큰 손상을 일으킬 수 있다. HF 분자의 부분 양전하와 부분 음전하의 크기를 결정하시오.

전략 식 8.1을 재배열하여 Q를 계산한다. 결과로 나온 쿨롬 전하를 전자 전하의 단위로 변환한다.

계획 표 8.5에 의하면, HF의 $\mu = 1.82$ D이고 $r = 0.92$ Å이다. 쌍극자 모멘트는 디바이(debye)에서 C·m로 변환되어야 하고, 이 온들 사이의 거리는 m로 바꿔야 한다.

$$\mu = 1.82 \text{ D} \times \frac{3.336 \times 10^{-30} \text{ C·m}}{1 \text{ D}} = 6.07 \times 10^{-30} \text{ C·m}$$

$$r = 0.92 \text{ Å} \times \frac{1 \times 10^{-10} \text{ m}}{1 \text{ Å}} = 9.2 \times 10^{-11} \text{ m}$$

풀이 쿨롬 단위로

$$Q = \frac{\mu}{r} = \frac{6.07 \times 10^{-30} \text{ C·m}}{9.2 \times 10^{-11} \text{ m}} = 6.598 \times 10^{-20} \text{ C}$$

이고, 전자 전하 단위로

$$6.598 \times 10^{-20} \text{ C} \times \frac{1\, e^-}{1.6022 \times 10^{-19} \text{ C}} = 0.41\, e^-$$

이다. 따라서, HF에서 H와 F의 부분 전하는 각각 +0.41과 −0.41이다.

$$^{+0.41}\text{H}—\ddot{\ddot{\text{F}}}:^{-0.41}$$

생각해 보기

계산된 부분 전하는 항상 1보다 작아야 한다. "부분" 전하가 1보다 크거나 같다면 최소 1개의 전자가 한 원자에서 다른 원자로 이동했다는 것을 말한다. 극성 결합은 전자들의 완전한 이동이 아닌, 전자의 불공평한 배분과 연관이 있다는 것을 기억하자.

추가문제 1 표 8.5의 자료를 이용하여 HBr에서 부분 전하의 크기를 정하시오.

추가문제 2 일산화 탄소에서 탄소와 산소의 부분 전하는 각각 +0.020와 −0.020이다. CO의 쌍극자 모멘트를 계산하시오.(부분 전하 사이의 거리 r은 113 pm이다.)

추가문제 3 예제 8.5와 추가문제 1을 근거로 하여, HCl에서 부분 전하의 크기를 추정하시오.

"극성", "극성 공유" 그리고 "이온성"이란 명칭이 유용하지만, 때때로 화학자들은 화학 결합을 좀 더 자세하게 묘사하고 비교하려 한다. 이러한 목적을 위해 원자들의 전하가 부분적이라기보다는 불연속적인 개별적인 값이라면, 즉, 전자가 실제로 한 원자에서 다른 원자로 이동한 것으로 가정하고, 식 8.1을 이용하여 우리가 기대하는 쌍극자 모멘트를 계산할 수 있다. 이런 식으로 계산된 쌍극자 모멘트와 측정된 값과의 비교는 **이온성 백분율**(percent ionic character), 즉, 관측된 μ를 계산된 μ로 나눈 값의 백분율을 이용하여 결합의 특성을 설명할 수 있는 정량적인 방법이 된다.

$$\text{이온성 백분율} = \frac{\mu(\text{관측된})}{\mu(\text{계산된})} \times 100\%$$ [◀◀ 식 8.2]

그림 8.11 이온성 백분율과 전기 음성도 차이의 관계

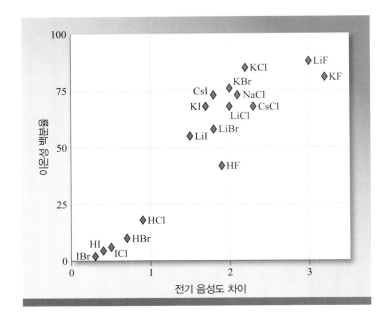

그림 8.11은 이종핵을 가진 이원자 분자에 대한 이온성 백분율과 전기 음성도 차이에서의 관계를 나타낸다.

예제 8.6은 식 8.2를 이용하여 이온성 백분율을 계산하는 방법을 보여준다.

예제 8.6

표 8.5의 자료를 이용하여 HI 결합의 이온성 백분율을 계산하시오.

전략 H와 I의 전하를 각각 +1과 −1로 가정하고 식 8.1을 이용하여 HI의 쌍극자 모멘트를 계산한다. 식 8.2를 이용하여 이온성 백분율을 계산한다. 전하의 크기는 쿨롬($1\,e^- = 1.6022 \times 10^{-19}$ C)으로, 그리고 결합 길이(r)는 미터($1\,\text{Å} = 1 \times 10^{-10}$ m)로 표현되어야 한다. 그리고 계산된 쌍극자 모멘트는 디바이($1\,\text{D} = 3.336 \times 10^{-30}$ C·m)로 표현되어야 한다.

계획 표 8.5로부터, HI의 결합 길이는 1.61 Å(1.61×10^{-10} m)이고, 측정된 쌍극자 모멘트는 0.44 D이다.

풀이 전하의 크기가 1.6022×10^{-19} C일 경우에 예측되는 쌍극자 모멘트는

$$\mu = Q \times r = (1.6022 \times 10^{-19}\,\text{C}) \times (1.61 \times 10^{-10}\,\text{m}) = 2.58 \times 10^{-29}\,\text{C·m}$$

이다. 디바이로 변환하면 다음과 같다.

$$2.58 \times 10^{-29}\,\text{C·m} \times \frac{1\,\text{D}}{3.336 \times 10^{-30}\,\text{C·m}} = 7.73\,\text{D}$$

H−I 결합의 이온성 백분율은 다음과 같다.

$$\frac{0.44\,\text{D}}{7.73\,\text{D}} \times 100\% = 5.7\%$$

생각해 보기

H_2와 같은 동종핵의 이원자 분자에서 순수 공유 결합은 0%의 이온성 백분율을 보인다. 이론상으로 순수 이온 결합은(실제로 그러한 결합은 알려진 것이 없지만) 100% 이온성 백분율로 본다.

추가문제 1 표 8.5의 자료를 이용하여, HF 결합의 이온성 백분율을 계산하시오.

추가문제 2 NaI 결합이 59.7% 이온성 백분율이라면, 그림 7.12의 정보를 이용하여 NaI의 측정된 쌍극자 모멘트를 결정하시오.

추가문제 3 1개의 금속과 3개의 비금속 원소들이 다음 주기율표에 표시되어 있다. 각 비금속 원소가 표시된 금속과 결합을 이룰 때 결합의 이온성이 커지는 순서로 비금속을 나열하시오.

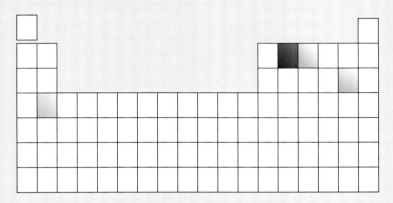

8.5 Lewis 구조 그리기

팔전자 규칙과 Lewis 구조만으로 공유 결합의 완벽한 그림을 제시할 수는 없지만, 그것들을 이용하여 분자 성질 중 몇 가지에 대해서는 설명이 가능하다. 더불어, Lewis 구조는 9장에서 배우게 될 결합 이론에 대한 출발점을 제공해 준다. 그러므로, 분자 다원자 이온들에 대해 정확한 Lewis 구조를 그리는 방법을 배우는 것은 중요하다. 그림 8.12에서 설명된 기본 단계들은 다음과 같다.

1. 분자식으로부터 화학 기호를 이용하고 결합되어 있는 원자들을 서로 옆에 놓으면서 화합물의 골격 구조를 그린다. 간단한 화합물일 경우 이 단계는 상당히 쉽다. 때로는 동일한 원자들의 그룹에 의해서 둘러싸인 특유의 중심 원자가 있을 수도 있다. 일반적으로 전기 음성도가 가장 작은 원자가 중심 원자가 된다.(H는 오로지 1개의 공유 결합을 형성하기 때문에 중심 원자가 될 수 없다.) 중심 원자와 주변 원자들 사이에 단일 공유 결합(선, dash)을 그린다.(구조가 분명하지 않은 더 복잡한 화합물의 경우, 분자식과 함께 추가적인 정보가 제공될 필요가 있다.)

2. 원자가 전자들의 총 수를 센다. 원소의 족 수(1A~8A)가 그 원소의 원자가 전자 수와 같으므로, 총 원자가 전자 수를 셀 때 이용될 수 있다. 다원자 이온에 대해서 음의 전하는 총 수에 전자들을 더하여 설명하고, 양의 전하는 총 수에서 전자들을 빼서 설명한다.

3. 골격 구조에서 각 결합(선)에 대해서는(2단계에서 결정된) 총 원자가 전자들로부터 2개의 전자를 빼서 남아 있는 전자들의 수를 결정한다.

4. 남아 있는 전자들을 이용해서 각 끝에 놓인 원자(중심 원자와 결합을 이루고 있는)에 전자쌍을 배치하여 팔전자를 완성한다.(수소 원자는 원자가 껍질을 채우기 위해서 단지 2개의 전자를 필요로 한다는 것을 기억하자.) 끝에 놓인 원자의 종류가 한 가지보다 많은 경우라면, 가장 전기 음성도가 큰 원자 먼저 팔전자를 완성한다.

5. 4단계 이후에도 남는 전자가 있다면, 중심 원자에 쌍을 이루게 하며 배치한다.

6. 1~5단계를 완성한 후에도 중심 원자가 8개보다 적은 수의 전자를 갖는다면, 끝에 놓인 원자로부터 한두 쌍의 전자를 옮겨서 중심 원자와 끝에 놓인 원자 사이에 다중 결

학생 노트

Lewis 구조를 그리는 과정의 요약

1. 골격 구조를 그린다.
2. 원자가 전자를 센다.
3. 각 결합에 대해서 전자 2개를 뺀다.
4. 남은 전자들을 배분한다.
5. 모든 원자들의 팔전자를 완성한다.
6. 필요한 경우에는 다중 결합을 이용한다.

Lewis 구조를 그리기 위한 단계

단계	CH_4	CCl_4	H_2O	O_2	CN^-
1	H | H—C—H | H	Cl | Cl—C—Cl | Cl	H—O—H	O—O	C—N
2	8	32	8	12	10
3	8 − 8 = 0	32 − 8 = 24	8 − 4 = 4	12 − 2 = 10	10 − 2 = 8
4	H | H—C—H | H	:C̤̈l: | :C̤̈l—C—C̤̈l: | :C̤̈l:	H—O—H	:Ö̤—Ö̤:	:C—N̤̈:
5	—	—	H—Ö̤—H	—	—
6	—	—	—	:O=O:	[:C≡N:]⁻

그림 8.12 Lewis 구조 그리기

합을 만든다(중심 원자가 3A족 원소가 아닌 경우에 한해서). 단원자 이온에 대한 Lewis 점 기호와 마찬가지로 다원자 이온에 대한 Lewis 구조도 대괄호로 에워싼다.

예제 8.7은 Lewis 구조 그리는 방법을 보여준다.

예제 8.7

이황화 탄소(CS_2)에 대한 Lewis 구조를 그리시오.

전략 329쪽의 Lewis 구조를 그리기 위한 1~6단계에 설명된 과정을 이용한다.

계획

1단계: 탄소와 황은 동일한 전기 음성도를 갖는다. 탄소 원자를 중심에 두고 골격 구조를 그릴 것이다.

S—C—S

2단계: 원자가 전자의 총 수는 16인데, 각 황 원자로부터 6개 그리고 탄소 원자로부터 4개이다[$2(6)+4=16$].

3단계: 골격 구조에서 결합에 해당하는 4개의 전자를 빼고 나면 배분되어 할 전자가 12개 남는다.

4단계: 남아 있는 12개의 전자를 각 황 원자에 3개의 고립 전자쌍으로 배분한다.

:S̤̈—C—S̤̈:

5단계: 4단계 이후에 남는 전자가 없으므로 5단계는 적용하지 않는다.

6단계: 탄소 원자의 팔전자를 완성하기 위해, 각 황 원자로부터 한 쌍의 고립 전자쌍을 이용하여 탄소와 이중 결합을 만든다.

풀이 :S=C=S:

생각해 보기

총 원자가 전자의 수를 세는 것은 비교적 단순해야 한다. 그러나 종종 급하게 이루어져 이런 종류의 문제에서 실수를 일으키는 잠재적 요인이 된다. 각 원소의 원자가 전자 수는 그 원소의 족 수와 같다는 것을 명심하자.

추가문제 1   NF₃에 대해서 Lewis 구조를 그리시오.

추가문제 2   ClO₃⁻에 대해서 Lewis 구조를 그리시오.

추가문제 3   다음에 있는 3가지 Lewis 구조 중에서, 옳지 않은 것을 찾고 무엇이 잘못됐는지 밝히시오.

$$[:C{=}N:]^-\qquad :O{=}\ddot{C}{=}O:\qquad :\ddot{O}{-}\ddot{S}{-}\ddot{O}:$$

(i)   (ii)   (iii)

8.6 Lewis 구조와 형식 전하

지금까지 전자의 기록 관리에 대한 2개의 다른 방법에 대해서 배웠다. 4장에서 산화수에 관해서 배웠고[◀◀ 4.4절], 8.4절에서 부분 전하를 계산하는 방법을 배웠다. 전자의 기록 관리에 관하여 한 가지 추가적으로 흔히 사용되는 방법은 **형식 전하**(formal charge)인데, 이것은 어떤 화합물에 대해 가능한 Lewis 구조가 1개보다 많은 경우 가장 타당한 구조를 결정하는 데 유용하게 쓰일 수 있다. 형식 전하는 Lewis 구조에서 어떤 원자와 관련된 전자들의 수와 고립되어 있는 그 원자와 관련된 전자들의 수를 비교함으로써 결정된다. 고립된 원자에서 그 원자와 관련된 전자들의 수는 단순히 원자가 전자들의 수이다.(일반적으로, 내부 전자들은 고려하지 않는다.)

Lewis 구조의 한 원자와 관련된 전자들의 수를 결정하기 위해, 다음과 같은 사항들을 명심해야 한다.

- 모든 비결합(비공유) 전자들은 그 원자와 관련이 있다.
- 결합 전자들의 절반이 그 원자와 관련이 있다.

형식 전하＝원자가 전자들－관련된 전자들 [◀◀ 식 8.3]

한 원자의 형식 전하는 다음과 같이 계산된다. 오존(O₃)을 이용하여 형식 전하의 개념을 설명할 것이다. 오존의 Lewis 구조를 그리기 위해서 Lewis 구조 그리는 단계별 방법을 이용하고, 원자가 전자 수에서 관련된 전자 수를 뺀 다음 각 산소 원자의 형식 전하를 결정한다.

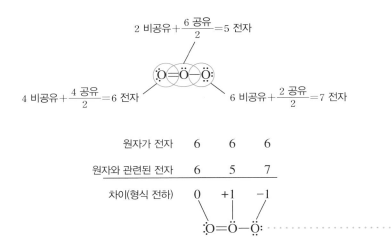

학생 노트

형식 전하를 결정하는 문제를 처음 접한다면, Lewis 구조를 선보다는 모두 점을 이용해서 그리자. 이렇게 하면 각 원자와 관련된 전자들이 얼마나 많은지를 쉽게 볼 수 있다.

:Ö::Ö:Ö:

관련된 전자들의 수를 세기 위해서, 두 원자들에 의해서 공유된 전자들을 그 원자들 사이에서 공평하게 배분한다는 것을 기억하자.

산화수와 마찬가지로, 형식 전하의 합은 그 화학종의 전체 전하와 같아야 한다[◀◀ 4.4 절]. O_3는 분자이기 때문에 그 형식 전하의 합은 0이어야 한다. 이온의 경우, 형식 전하의 합은 그 이온이 지닌 전체 전하이다.

형식 전하가 분자에서 원자들의 실제 전하를 나타내는 것은 아니다. 예를 들어, O_3 분자에서 중심 원자가 +1의 전하를 갖는다든가 또는 끝에 놓인 원자들이 −1의 전하를 갖는다는 증거는 없다. Lewis 구조에서 원자들에게 형식 전하를 배정하는 것이 분자에서 결합과 연관된 전자들을 추적하는 데 도움이 된다.

예제 8.8은 형식 전하를 결정하는 연습 문제이다.

예제 8.8

비료의 광범위한 사용으로 인해 지하수가 해로운 질산염으로 오염되는 결과를 낳았다. 질산염의 독성은 몸에서 산소를 운반하는 헤모글로빈의 능력을 방해하는 아질산염(NO_2^-)으로 변환되는 것에 주로 기인한다. 질산염(NO_3^-)에 있는 각 원자의 형식 전하를 결정하시오.

전략 Lewis 구조를 그리기 위해 329쪽에 있는 1~6단계를 이용하여 NO_3^-의 Lewis 구조를 그린다. 각 원자에 대해서 원자가 전자들로부터 관련된 전자들을 뺀다.

계획

$$\left[\begin{array}{c} :\ddot{O}: \\ | \\ :\ddot{O}-N=\ddot{O}: \end{array}\right]^{-}$$

질소 원자는 5개 원자가 전자와 4개의 관련된 전자(각 단일 결합으로부터 1개와 이중 결합으로부터 2개)를 갖는다. 각 단일 결합된 산소는 6개의 원자가 전자와 7개의 관련된 전자(3개의 고립 전자쌍으로부터 6개와 단일 결합으로부터 1개)를 갖는다. 이중 결합된 산소는 6개의 원자가 전자와 6개의 관련된 전자(2개의 고립 전자쌍으로부터 2개와 이중 결합으로부터 2개)를 갖는다.

풀이 형식 전하는 다음과 같다. +1(질소 원자), −1(단일 결합된 산소 원자들), 0(이중 결합된 산소 원자)

생각해 보기
형식 전하의 합 $(+1)+(-1)+(-1)+(0)=-1$은 질산 음이온의 전체 전하와 같다.

추가문제 1 탄산 이온(CO_3^{2-})에서 각 원자의 형식 전하를 결정하시오.

추가문제 2 다음 Lewis 구조로 제시된 화학종에 대해서 형식 전하를 결정하고 그것을 이용해서 전체 전하를 결정하시오.

$$\left[\begin{array}{c} :\ddot{O}: \\ | \\ :\ddot{O}-S-\ddot{O}: \end{array}\right]^{?}$$

추가문제 3 가상 원소 A가 3개의 다른 Lewis 구조의 일부분으로 다음에 보여진다. 각 구조에 대해서, 다음의 조건하에서 A의 형식 전하를 결정하시오.

(a) A가 7A족 원소일 경우   (b) A가 5A족 원소일 경우   (c) A가 3A족 원소일 경우

$$-\ddot{A}: \qquad -\ddot{A}- \qquad -\ddot{A}-$$
$$\text{(i)} \qquad\quad \text{(ii)} \qquad\quad\ \text{(iii)}$$

때때로, 주어진 화학종에 대한 Lewis 구조에 대해서 원자들의 가능한 골격 배열이 1개 이상일 수 있다. 그런 경우에는, 형식 전하와 다음의 지침을 이용하여 가장 좋은 골격 배열을 선택할 수 있다.

- 분자들에 대해서 모든 형식 전하가 0인 Lewis 구조가 0인 아닌 형식 전하가 있는 Lewis 구조보다 선호된다.
- 작은 형식 전하(0과 ±1)를 갖는 Lewis 구조가 큰 형식 전하(±2, ±3 등)를 갖는 Lewis 구조보다 선호된다.
- 원자들의 가장 좋은 골격 배열은 전기 음성도와 일관된 형식 전하를 갖는 Lewis 구조를 만드는 것이다. 예를 들어, 전기 음성도가 더 큰 원자가 더 큰 음의 형식 전하를 가져야 한다.

예제 8.9는 형식 전하를 이용하여 분자나 다원자 이온의 Lewis 구조에 대한 원자들의 가장 좋은 골격 배열을 결정하는 방법을 보여준다.

예제 8.9

생물학적 표본을 보존하는 데 쓰이는 폼알데하이드(CH_2O)는 대개 37% 수용액으로 판매된다. 형식 전하를 이용하여 여기에서 보여주는 원자들의 골격 배열 중 어떤 것이 CH_2O의 Lewis 구조를 위한 가장 좋은 선택인지 결정하시오.

$$H-C-O-H \qquad H-\overset{\displaystyle O}{\underset{\displaystyle |}{C}}-H$$

전략 보여진 CH_2O 골격 각각에 대한 Lewis 구조를 완성하고, 각 구조의 원자들의 형식 전하를 결정한다.

계획 골격에 대해 완성된 Lewis 구조는 다음과 같다.

$$H-\ddot{C}=\ddot{O}-H \qquad H-\overset{\displaystyle \ddot{O}}{\underset{\displaystyle ||}{C}}-H$$

왼쪽 구조에서 형식 전하는 다음과 같다.

2개 수소 원자: 1개의 원자가 전자−1개의 관련된 전자(단일 결합으로부터)=0

탄소 원자: 4개의 원자가 전자−5개의 관련된 전자(고립 전자쌍으로부터 2개, 단일 결합으로부터 1개, 이중 결합으로부터 2개)=−1

산소 원자: 6개의 원자가 전자−5개의 관련된 전자(고립 전자쌍으로부터 2개, 단일 결합으로부터 1개, 이중 결합으로부터 2개)=+1

$$H-\ddot{C}=\ddot{O}-H$$
형식 전하   0   −1 +1   0

오른쪽 구조에서 형식 전하는 다음과 같다.

2개 수소 원자: 1개의 원자가 전자−1개의 관련된 전자(단일 결합으로부터)=0

탄소 원자: 4개의 원자가 전자−4개의 관련된 전자(각 단일 결합으로부터 1개씩, 이중 결합으로부터 2개)=0

산소 원자: 6개의 원자가 전자−6개의 관련된 전자(2개의 고립 전자쌍으로부터 4개, 이중 결합으로부터 2개)=0

형식 전하가 모두 0이다. $$H-\overset{\displaystyle \ddot{O}}{\underset{\displaystyle ||}{C}}-H$$

풀이 2개의 가능한 배열 중에서 왼쪽 구조는 양의 형식 전하를 갖는 산소를 가지는데, 이것은 산소의 높은 전기 음성도와 일관성이 없다. 따라서, 오른쪽 구조 즉, 2개의 H 원자가 바로 C에 결합되어 있고 모든 원자가 0의 형식 전하를 갖는 구조가 CH_2O의 Lewis 구조에 대해서 더 좋은 선택이다.

> **생각해 보기**
>
> 분자의 경우, 0의 형식 전하가 선호된다. 0이 아닌 형식 전하들이 있을 때는 그것들이 분자에 있는 원자들의 전기 음성도와 일관성이 있어야 한다. 예를 들어, 산소 원자에 양의 형식 전하가 있다면 그것은 산소의 높은 전기 음성도와 일치하지 않는다.

추가문제 1 카복실기 —COOH의 Lewis 구조에 대해서 2개 가능한 배열이 있다. 형식 전하를 이용하여 2개 배열 중에 어느 것이 더 좋은지 결정하시오.

$$\overset{\displaystyle \ddot{O}}{\underset{}{-\overset{\|}{C}-\ddot{O}-H}} \qquad -\ddot{C}-\ddot{O}=\ddot{O}-H$$

추가문제 2 Lewis 구조와 형식 전하를 이용하여 NCl_2^- 에 대해 원자들의 가장 좋은 골격 배열을 결정하시오.

추가문제 3 다음의 부분 Lewis 구조에 대해서, 원소 A의 형식 전하가 0이 되기 위해서 A는 어느 족에 속해야 하는가?

$$-\overset{\|}{A}- \qquad -\ddot{A}- \qquad -\overset{}{\underset{|}{\ddot{A}}}- \qquad =A=$$
$$\text{(i)} \qquad \text{(ii)} \qquad \text{(iii)} \qquad \text{(iv)}$$

8.7 공명

우리가 그린 오존(O_3)에 대한 Lewis 구조는 중심 산소 원자에 대해서 팔전자 규칙을 만족했다. 왜냐하면 그 중심 원자와 양 끝에 있는 산소 원자들 중 하나 사이에 이중 결합을 놓았기 때문이다. 사실 아래 2개의 동등한 Lewis 구조에서 보는 것처럼, 그 분자의 어느 쪽이든 한 쪽 끝에 이중 결합을 놓을 수 있다.

$$\ddot{O}=\ddot{O}-\ddot{O}: \quad\longleftrightarrow\quad :\ddot{O}-\ddot{O}=\ddot{O}$$

산소 원자들 사이에서의 단일 결합은 산소 원자들 사이에서의 이중 결합보다 길다. 그러나 실험적 증거가 보여준 것은 O_3에서 2개 결합 길이(128 pm)가 같다는 것이다. 2개의 Lewis 구조 중 그 어느 것도 O_3의 알려진 결합 길이를 설명할 수 없기 때문에, 우리는 오존 분자를 표현하기 위해 2개의 Lewis 구조 모두를 사용한다.

각각의 Lewis 구조를 공명 구조라고 부른다. **공명 구조**(resonance structure)는 오로지 1개의 Lewis 구조로는 표현될 수 없는 분자를 위한 2개 이상의 Lewis 구조 중 하나를 말한다. 이중 방향의 화살표는 이 구조들이 공명 구조라는 것을 나타낸다. 아프리카로 여행하던 중세 유럽의 여행가가 코뿔소를 그리핀과 유니콘(2개 모두 친숙할 수 있지만 상상의 동물임) 사이에 있다고 묘사한 것처럼, 실제 존재하는 분자인 오존을 2개의 친숙하지만 실제로 존재하지 않는 구조로 설명한다.

공명에 대해서 흔히 하는 오해는 오존과 같은 분자가 한 공명 구조에서 다른 공명 구조로 빨리 앞뒤로 이동한다는 것이다. 그러나 어떠한 공명 구조도 특유의 안정한 구조를 갖는 실제 분자를 적절하게 표현할 수 없다. "공명"은 단순한 결합 모델의 한계를 나타내기 위해 만들어진 인간의 창작물이다. 동물 비유를 더 해보면, 코뿔소는 신화적인 그리핀과 유니콘 사이에서 어떤 진동체가 아니라 실제의 분명한 생명체이다.

$$:\ddot{F}:$$
$$:F - S - F:$$
$$:F \quad F:$$
$$:\ddot{F}:$$

9장에서 이 12개의 전자들, 즉 6개의 결합 전자쌍들이 6개의 오비탈에 수용되는데, 이들 6개의 오비탈은 1개의 $3s$ 오비탈, 3개의 $3p$ 오비탈과 5개의 $3d$ 오비탈 중 2개에 해당된다는 것을 다룰 것이다. 황은 팔전자 규칙을 만족하는 화합물들도 많이 형성한다. 예를 들어, 이염화 황에서 황은 단지 8개의 전자에 의해서 둘러싸인다.

$$:\ddot{C}l - \ddot{S} - \ddot{C}l:$$

3주기 이상의 원자를 중심 원자로 포함하는 화합물의 Lewis 구조를 그릴 때, 모든 원자가 전자가 사용되기도 전에 모든 원자들이 팔전자 규칙을 만족할 수도 있다. 이러한 경우가 생기면 여분의 전자는 중심 원자의 고립 전자쌍으로 쓰여야 한다.

예제 8.12는 팔전자 규칙을 따르지 않는 화합물들에 대한 것이다.

예제 8.12

다음 화합물에 대해서 Lewis 구조를 그리시오.
(a) 삼아이오딘화 붕소(BI_3)   (b) 오플루오린화 비소(AsF_5)   (c) 사플루오린화 제논(XeF_4)

전략 Lewis 구조 그리기에 대한 단계별 순서를 따른다. 골격 구조들은 다음과 같다.

$$\begin{array}{c} I \\ | \\ (a)\ I - B - I \end{array} \qquad \begin{array}{c} F \quad F \\ \diagdown | \\ (b)\ \quad As - F \\ \diagup | \\ F \quad F \end{array} \qquad \begin{array}{c} F \\ | \\ (c)\ F - Xe - F \\ | \\ F \end{array}$$

As 원자 주위에 이미 팔전자보다 더 많은 전자를 갖고 있는 골격 구조를 확인한다.

계획 (a) BI_3에 총 24개의 원자가 전자가 있다(B 원자에서 3개와 I 원자 3개에서 각 7개씩). 골격 구조에 있는 3개의 결합에 해당하는 6개의 전자를 빼고 나면 18개의 전자가 남게 되는데, 이것들은 각 I 원자에게 3개의 고립 전자쌍으로 배분된다. (b) 총 40개의 원자가 전자가 있다(5A족인 As 원자에서 5개, 7A족인 F 원자 5개에서 각 7개씩). 골격 구조의 5개 결합에 해당하는 10개의 전자를 빼고 나면, 배분될 30개의 전자가 남게 된다. 그 다음 순서로 각 F 원자에 3개의 고립 전자쌍을 배치하면 팔전자를 이루게 되고, 모든 전자들이 사용되어 남지 않게 된다. (c) 총 36개의 원자가 전자가 있다(Xe 원자에서 8개, F 원자 4개에서 각 7개씩). 골격 구조의 결합에 해당하는 8개의 전자를 빼고 나면, 배분될 28개의 전자들이 남는다. 먼저 모든 4개의 F 원자의 팔전자를 이루게 한다. 그런 다음 4개의 전자들이 남게 되는데 2개의 고립 전자쌍을 Xe 원자에 배치한다.

풀이

$$\begin{array}{c} :\ddot{I}: \\ | \\ (a)\ :\ddot{I} - B - \ddot{I}: \end{array} \qquad \begin{array}{c} :\ddot{F}: \\ :\ddot{F} \quad | \\ (b)\ \quad As - \ddot{F}: \\ :\ddot{F} \quad | \\ :\ddot{F}: \end{array} \qquad \begin{array}{c} :\ddot{F}: \\ | \\ (c)\ :\ddot{F} - \ddot{X}e - \ddot{F}: \\ | \\ :\ddot{F}: \end{array}$$

생각해 보기

붕소는 팔전자 규칙을 항상 따르는 것은 아닌 원소들 중 하나이다. 그런데 BF_3처럼 BI_3를 이중 결합을 이용하여 붕소가 팔전자를 만족할 수 있도록 그릴 수 있다. 이것은 총 4개의 공명 구조를 만든다.

$$\begin{array}{c} :\ddot{I}: \\ | \\ :\ddot{I} - B - \ddot{I}: \end{array} \longleftrightarrow \begin{array}{c} :\ddot{I}: \\ | \\ :\ddot{I} = B - \ddot{I}: \end{array} \longleftrightarrow \begin{array}{c} I \\ | \\ :\ddot{I} - B - \ddot{I}: \end{array} \longleftrightarrow \begin{array}{c} :\ddot{I}: \\ | \\ :\ddot{I} - B = \ddot{I}: \end{array}$$

2주기를 넘는 원소들은 전자들을 결합에 사용하든 혹은 고립 전자쌍으로 중심에 배치하든 팔전자보다 더 많은 전자들을 수용할 수 있다.

추가문제 1   다음 화합물에 대해서 Lewis 구조를 그리시오.
(a) 플루오린화 베릴륨(BeF_2)   (b) 오염화 인(PCl_5)   (c) 사염화 아이오딘 이온(ICl_4^-)

추가문제 2   다음 화합물에 대해서 Lewis 구조를 그리시오.
(a) 삼염화 붕소(BCl_3)   (b) 오플루오린화 안티몬(SbF_5)   (c) 이플루오린화 크립톤(KrF_2)

추가문제 3   같은 족에 속하는 원소들은 비슷한 화학 현상을 보이며, 때때로 유사한 화학종을 만들기도 한다. 예를 들어, 5A족 원소들인 질소와 인은 모두 염소와 1:3의 비율로 결합하여 각각 NCl_3와 PCl_3를 형성할 수 있다. 인은 또한 염소와 1:5의 비율로 결합할 수도 있다. 왜 질소는 그렇게 할 수 없는지 설명하시오.

8.9 결합 엔탈피

한 분자가 얼마나 안정한가에 대한 한 가지 척도는 1 mol의 기체상 분자에 있는 특정 결합을 끊을 때 수반되는 엔탈피 변화인 **결합 엔탈피**(bond enthalpy)이다.(고체상과 액체상에서 결합 엔탈피는 주변 분자들에 의해 영향을 받는다.) 예를 들어, 이원자 수소 분자에 대해서 실험적으로 결정된 결합 엔탈피는 다음과 같다.

$$H_2(g) \longrightarrow H(g) + H(g) \qquad \Delta H° = 436.4 \text{ kJ/mol}$$

이 반응식에 의하면, 1 mol의 수소 기체 분자의 공유 결합을 깨는 데 필요한 에너지는 436.4 kJ이다. 좀 덜 안정한 염소 분자의 경우는 다음과 같다.

$$Cl_2(g) \longrightarrow Cl(g) + Cl(g) \qquad \Delta H° = 242.7 \text{ kJ/mol}$$

HCl과 같은 이종 이원자 분자에 대한 결합 엔탈피도 직접적으로 측정될 수 있다.

$$HCl(g) \longrightarrow H(g) + Cl(g) \qquad \Delta H° = 431.9 \text{ kJ/mol}$$

뿐만 아니라, 다중 결합을 포함하는 분자들에 대해서도 가능하다.

$$O_2(g) \longrightarrow O(g) + O(g) \qquad \Delta H° = 498.7 \text{ kJ/mol}$$

$$N_2(g) \longrightarrow N(g) + N(g) \qquad \Delta H° = 941.4 \text{ kJ/mol}$$

다원자 분자에서 공유 결합의 세기를 측정하는 것은 더욱 복잡하다. 예를 들어, 실험이 보여주는 것은 H_2O에서 첫 번째 O-H 결합을 끊기 위해 필요한 에너지와 두 번째 O-H 결합을 끊기 위한 에너지가 다르다는 것이다.

$$H_2O(g) \longrightarrow H(g) + OH(g) \qquad \Delta H° = 502 \text{ kJ/mol}$$

$$OH(g) \longrightarrow H(g) + O(g) \qquad \Delta H° = 427 \text{ kJ/mol}$$

각 경우에 있어서, 1개의 O-H 결합을 끊는 것이지만 첫 번째 단계는 두 번째보다 더 많은 에너지를 필요로 한다. 두 $\Delta H°$ 값의 차이로 알 수 있는 것은, 두 번째 O-H 결합은 주변의 화학적 환경 변화로 기인한 변화를 겪는다는 것이다.

이제 왜 메탄올(CH_3OH)과 물(H_2O)처럼 서로 다른 2개 분자들이 가지는 동일한 O-H 결합의 결합 엔탈피가 같지 않은지 이해할 수 있다. 그들의 환경이 다르기 때문이다. 따라서 다원자 분자에 대해 특정 결합의 **평균** 결합 엔탈피에 대해 언급할 것이다. 예를

표 8.6	결합 엔탈피				
결합	**결합 엔탈피(kJ/mol)**	**결합**	**결합 엔탈피(kJ/mol)**	**결합**	**결합 엔탈피(kJ/mol)**
H−H*	436.4	C≡O	1070	O−O	142
H−N	393	C−P	263	O=O	498.7
H−O	460	C−S	255	O−P	502
H−S	368	C=S	477	O=S	469
H−P	326	C−F	453	O−F	190
H−F	568.2	C−Cl	339	O−Cl	203
H−Cl	431.9	C−Br	276	O−Br	234
H−Br	366.1	C−I	216	O−I	234
H−I	298.3	N−N	193	P−P	197
C−H	414	N=N	418	P=P	489
C−C	347	N≡N	941.4	S−S	268
C=C	620	N−O	176	S=S	352
C≡C	812	N=O	607	F−F	156.9
C−N	276	N−F	272	Cl−Cl	242.7
C=N	615	N−Cl	200	Cl−F	193
C≡N	891	N−Br	243	Br−Br	192.5
C−O	351	N−I	159	I−I	151.0
C=O†	745				

*붉은색으로 표시된 결합 엔탈피는 이원자 분자에 대한 것이다.
†CO_2에서 C=O 결합 엔탈피는 799 kJ/mol이다.

> **학생 노트**
> 이원자 분자에 대한 결합 엔탈피는 다원자 분자에 대한 값들보다 더 많은 유효숫자를 가진다. 다원자 분자에 대한 결합 엔탈피는 1개보다 많은 화합물에 있는 결합들을 근거로 한 평균값이다.

들어, 10개의 다원자 분자들에 존재하는 O−H 결합의 결합 엔탈피를 측정하고 결합 엔탈피의 합을 10으로 나눠서 평균 O−H 결합 엔탈피를 얻는다. 표 8.6에서는 여러 이원자 분자와 다원자 분자들의 평균 결합 엔탈피를 보이고 있다. 앞서 언급했듯이, 삼중 결합은 이중 결합보다 강하고, 이중 결합은 단일 결합보다 강하다.

여러 많은 반응에서 일어나는 열화학적 변화에 대한 비교를 통하여 다른 반응들의 엔탈피는 놀라울 정도의 다양성을 보인다는 것을 알 수 있다. 예를 들어, 산소 기체 존재하에 수소 기체의 연소는 상당히 **발열적**(exothermic)이다.

$$H_2(g) + \frac{1}{2}O_2(g) \longrightarrow H_2O(l) \qquad \Delta H° = -285.8 \text{ kJ/mol}$$

반면에, 광합성에 의해 가장 잘 일어나는 이산화 탄소와 물로부터 글루코스를 생성하는 과정은 **흡열적**(endothermic)이다.

$$6CO_2(g) + 6H_2O(l) \longrightarrow C_6H_{12}O_6(s) + 6O_2(g) \qquad \Delta H° = 2801 \text{ kJ/mol}$$

우리는 반응물 분자와 생성물 분자의 개별적인 안정성을 살펴봄으로써 그러한 다양함을 설명할 수 있다. 결국 대부분의 화학 반응은 결합의 형성과 깨짐을 수반한다. 따라서 분자들의 결합 엔탈피와 안정성을 알면 그 분자들이 참여하는 반응들의 열화학적 성질에 대해 어느 정도 밝힐 수 있다.

많은 경우에 있어서 평균 결합 엔탈피를 이용하여 한 반응의 대략적인 엔탈피를 예측할 수 있다. 화학 결합을 끊을 때는 항상 에너지를 필요로 하고 화학 결합이 형성될 때는 항상 에너지가 방출되기 때문에, 반응 중에 끊어지고 생성되는 결합의 수를 세고 해당 엔탈피 변화를 기록하여 반응 엔탈피를 어림잡을 수 있다. 기체상에서 반응 엔탈피는 다음과 같이 주어진다.

$$\Delta H^\circ = \sum BE(반응물) - \sum BE(생성물) \qquad \text{[◀◀ 식 8.4]}$$
$$= 총 \text{ 투입된 } 에너지(결합을 끊기 위한) - 총 \text{ 방출된 } 에너지(결합을 형성하기 위한)$$

여기에서 BE는 평균 결합 엔탈피를 말하고, $\sum$는 덧셈 부호이다. 쓰여진 그대로, 식 8.4는 ΔH°에 대한 부호 관계까지 고려한 것이다. 그리하여 반응물의 결합을 끊기 위해 필요한 총 투입된 에너지가 생성물의 결합 생성을 위해 총 방출된 에너지보다 작다면, ΔH°는 음의 값이고 그 반응은 발열이다[그림 8.13(a)]. 반면에, (결합을 끊기 위해) 흡수된 에너지보다(결합 형성을 위해) 방출된 에너지가 더 작다면, ΔH°는 양의 값이 되고 그 반응은 흡열적이다[그림 8.13(b)].

만일 반응물과 생성물이 모두 이원자 분자라면, 이원자 분자의 결합 엔탈피는 비교적 정확한 값으로 알려져 있기 때문에 반응 엔탈피에 대한 식은 정확한 결과를 낼 것이다. 만일 반응물이나 생성물 중 하나라도 다원자 분자라면, 결합 엔탈피는 평균값이므로 그 식은 단지 근사치의 결과를 줄 것이다.

그림 8.13 (a) 발열 반응과 (b) 흡열 반응에서의 엔탈피 변화. ΔH° 값은 식 5.19와 부록 2의 표로 만들어진 ΔH_f°를 이용하여 계산된다.

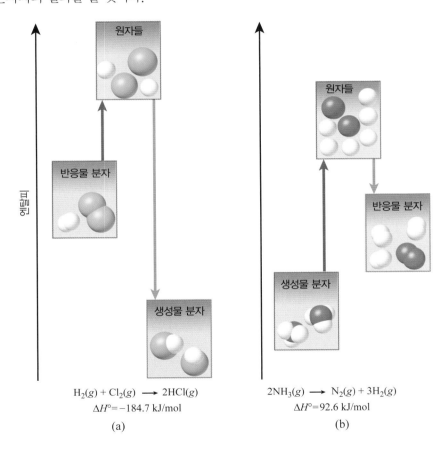

$$H_2(g) + Cl_2(g) \longrightarrow 2HCl(g)$$
$$\Delta H^\circ = -184.7 \text{ kJ/mol}$$
(a)

$$2NH_3(g) \longrightarrow N_2(g) + 3H_2(g)$$
$$\Delta H^\circ = 92.6 \text{ kJ/mol}$$
(b)

예제 8.13은 결합 엔탈피를 이용하여 반응 엔탈피를 계산하는 방법을 보여준다.

예제 8.13

표 8.6의 결합 엔탈피를 이용하여 메테인의 연소 반응에 대한 반응 엔탈피를 구하시오.
$$CH_4(g) + 2O_2(g) \longrightarrow CO_2(g) + 2H_2O(l)$$

전략 어떤 결합이 끊어지고 어떤 결합이 형성되는지 결정하기 위해 Lewis 구조를 그린다.(Lewis 구조 그리는 단계를 생략하지 마시오. 이것이 어떤 유형의 결합이, 그리고 몇 개의 결합이 깨지고 형성되는지를 알 수 있는 유일한 방법이다.)

계획

$$\underset{\substack{|\\H}}{\overset{\substack{H\\|}}{H-C-H}} \;+\; \begin{matrix}\ddot{O}=\ddot{O}\\ \ddot{O}=\ddot{O}\end{matrix} \;\longrightarrow\; \ddot{O}=C=\ddot{O} \;+\; \begin{matrix}H-\ddot{O}-H\\ H-\ddot{O}-H\end{matrix}$$

끊어질 결합: 4 C—H와 2 O=O
형성될 결합: 2 C=O와 4 H—O
표 8.6으로부터 결합 엔탈피: 414 kJ/mol(C—H), 498.7 kJ/mol(O=O), 799 kJ/mol(CO₂에서 C=O), 460 kJ/mol(H—O).

풀이 $$[4(414\,kJ/mol)+2(498.7\,kJ/mol)]-[2(799\,kJ/mol)+4(460\,kJ/mol)]=-785\,kJ/mol$$

반응열은 kJ/mol로 나타낸다. 여기서 "per mol"은 쓰여진 대로 "반응 1 mol당"을 말한다[◀◀ 5.3절].

생각해 보기

식 5.19[◀◀ 5.6절]와 부록 2의 자료를 이용하여 반응 엔탈피를 다시 계산한 후 두 가지 방법의 결과를 비교한다. 이 경우 생겨난 차이는 두 가지 이유에서 비롯된다. 표에 있는 대부분의 결합 엔탈피 값은 평균값이고, 관례상 연소 반응의 생성물은 액체 상태의 물이지만, 평균 결합 엔탈피는 주변 분자들에 의해 영향을 거의 또는 전혀 받지 않는 기체 상태에서 적용되는 것이다.

추가문제 1 표 8.6의 결합 엔탈피를 이용하여 일산화 탄소와 산소가 반응하여 이산화 탄소를 생성하는 연소 반응의 엔탈피를 구하시오.
$$2CO(g)+O_2(g) \longrightarrow 2CO_2(g)$$

추가문제 2 다음의 화학 반응식, 표 8.6의 자료, 부록 2의 자료를 이용하여 P—Cl의 결합 엔탈피를 구하시오.
$$PH_3(g)+3HCl(g) \longrightarrow PCl_3(g)+3H_2(g)$$

추가문제 3 4개의 다른 화학 반응이 있다. 각 반응에 대해서 그것이 흡열인지, 발열인지 또는 그것을 결정하기에 충분한 정보가 있는지 보이시오.

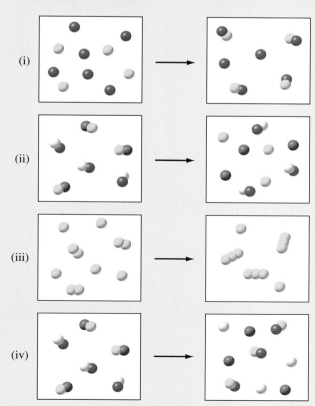

Lewis 구조 그리기

많은 문제들을 푸는 첫 단계는 정확한 Lewis 구조를 그리는 것이다. Lewis 구조를 그리는 과정에 대해서는 앞서 329쪽에 설명되어 있다. 그 단계들이 다음 흐름도로 요약된다.

1. 총 원자가 전자 수를 센다. 각 원자는 그 원자가 속하는 족 수와 같은 수의 원자가 전자를 가진다. 다원자 이온의 전하를 설명하기 위해 원자가 전자를 더하거나 빼는 것을 기억한다.

2. 화학식을 이용하여 골격 구조를 그린다. 대개는 중심 원자의 전기 음성도는 끝에 놓인 원자들보다 낮다. 수소는 오로지 1개의 결합을 형성할 수 있기 때문에 중심 원자가 될 수 없다.

3. 골격 구조의 각 결합에 대해서, 총 원자가 전자 수에서 2를 뺀다.

4. 남은 전자들을 배분하여, 전기 음성도가 큰 원자들(일반적으로 끝에 있는)의 팔전자를 먼저 완성한다.

5. 끝에 있는 모든 원자들이 팔전자를 만족하고도 여전히 배분할 전자들이 남는다면, 그 전자들을 중심 원자의 고립 전자쌍으로 배치한다.

6. 원자가 전자들이 모든 팔전자가 만족되기 전에 고갈되면 다중 결합을 이용하여 모든 원자들의 팔전자를 완성한다.

7. 전하를 띤 화학종의 경우, 대괄호 안에 Lewis 구조를 그리고 위 첨자로 전하를 추가한다.

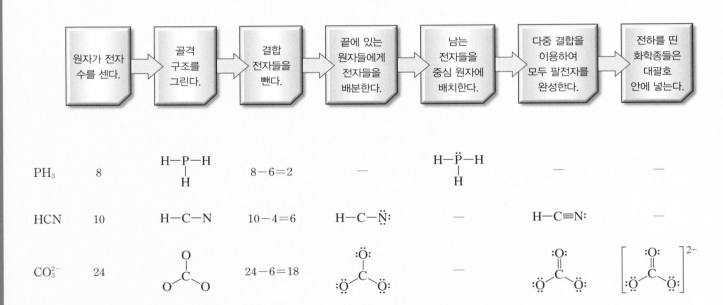

팔전자 규칙의 예외는 다음과 같다.

- 낮은 전기 음성도를 갖는 Be와 B 같은 작은 원자들은 팔전자 규칙을 따를 필요가 없다.
- 홀수 개의 원자가 전자를 갖는 화학종들은 팔전자 규칙을 따를 수가 없다.
- 3주기와 그 이상의 원소들은 팔전자 규칙을 반드시 지켜야 할 필요가 없다.
- 큰 중심 원자들(3주기 혹은 그 이상으로부터)은 8개보다 더 많은 전자를 수용할 수 있어서 "확장된" 팔전자를 가질 수 있다.

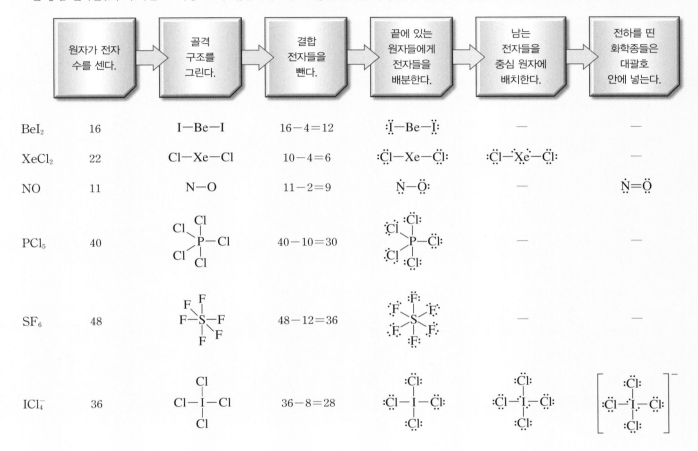

주요 내용 문제

8.1
다음 원자들 중 어느 것이 항상 팔전자 규칙을 따라야 하는가?(해당되는 것은 모두 고르시오.)

(a) C (b) N (c) S

(d) Br (e) Xe

8.2
다음 화학종들 중 어느 것이 홀수 개의 전자를 갖는가?(해당되는 것은 모두 고르시오.)

(a) N_2O (b) NO_2 (c) NO_2^-

(d) NO_3^- (e) NS

8.3
$XeOF_2$의 중심 원자에는 얼마나 많은 고립 전자쌍이 있는가?

(a) 0 (b) 1 (c) 2

(d) 3 (e) 4

8.4
과염소산 이온의 중심 원자에는 얼마나 많은 고립 전자쌍이 있는가?

(a) 0 (b) 1 (c) 2

(d) 3 (e) 4

연습문제

배운 것 적용하기

1990년대 초반에 연구자들은 공해 물질의 하나로만 인식되었던 일산화 질소(NO)가 인체 생리학에서 중요한 역할을 한다는 놀라운 발표를 했다. 그들은 NO가 생체 내(*in vivo*)에서 생성되어 심혈관, 신경, 면역 기관을 비롯한 체내의 매우 다양한 세포 작용을 조절하는 **신호**(signal) 분자로서 역할을 한다는 것을 알아내었다.

NO의 생물학적 역할에 대한 발견은 나이트로글리세린(nitroglycerin)이 약으로서 어떻게 작용하는지를 알아내는 데 도움을 주었다. 여러 해 동안, 나이트로글리세린 알약은 그것이 어떻게 작용하는지 이해하지도 못한 채, 심장으로 향하는 혈류의 일시적 중단으로 생기는 심장병 환자의 고통을 완화하기 위해 처방되어 왔다. 지금은 나이트로글리세린이 체내에서 일산화 질소를 생성하고 그것이 근육을 이완하고 동맥을 확장한다는 것을 알고 있다.

생물학적 과정에서 일산화 질소의 역할을 밝히기 위한 연구는 계속되고 있으며, 의학계에서도 이 분자에 대한 새로운 쓰임새를 계속해서 찾고 있다.

문제

(a) 그림 8.1을 참고하지 않고, N과 O에 대한 Lewis 점 기호를 쓰시오[◀◀ 예제 8.1].

(b) NO의 결합을 비극성, 극성, 또는 이온성으로 분류하시오[◀◀ 예제 8.4].

(c) 실험적으로 결정된 쌍극자 모멘트(0.16 D)와 결합 길이(1.15 Å)가 주어졌다면, NO 분자에서 부분 전하들의 크기를 결정하시오[◀◀ 예제 8.5].

(d) NO와 나이트로글리세린($C_3H_5N_3O_9$)에 대한 Lewis 구조를 그리시오[◀◀ 예제 8.7].

(e) NO와 나이트로글리세린에 있는 각 원자의 형식 전하를 결정하시오[◀◀ 예제 8.8].

(f) 나이트로글리세린은 폭발적으로 분해되어 이산화 탄소, 물, 질소와 산소를 생성한다. 이 반응에 대한 균형 맞춤 반응식은 다음과 같다.

$$C_3H_5(NO_3)_3 \longrightarrow 3CO_2 + 2.5H_2O + 1.5N_2 + 0.25O_2$$

결합 엔탈피를 이용하여 이 반응에 대한 $\Delta H°$를 구하시오[◀◀ 예제 8.13].

8.1절: Lewis 점 기호

8.1 그림 8.1을 참고하지 않고, 다음 원소들에 해당하는 원자들의 Lewis 점 기호를 쓰시오.

(a) Be　　　(b) K　　　(c) Ca
(d) Ga　　　(e) O　　　(f) Br
(g) N　　　(h) I　　　(i) As
(j) F

8.2 다음 원자들과 이온들에 대한 Lewis 점 기호를 쓰시오.

(a) I　　　(b) I^-　　　(c) S
(d) S^{2-}　　　(e) P　　　(f) P^{3-}
(g) Na　　　(h) Na^+　　　(i) Mg
(j) Mg^{2+}　　　(k) Al　　　(l) As^{3+}
(m) Pb　　　(n) Pb^{2+}

8.2절: 이온 결합

8.3 NaCl에 대해서 8.2절에 서술된 Born−Haber 순환 개요

를 이용하여 LiCl의 격자 에너지를 계산하시오. 그림 7.8과 7.10 그리고 부록 2의 자료를 이용하시오.

8.4 이온 결합이 양이온 A^+와 음이온 B^- 사이에서 형성된다. Coulomb 법칙 $E \propto \dfrac{Q_1 \times Q_2}{d}$에 근거하여, 다음의 변화들이 이온 결합의 에너지에 어떠한 영향을 끼치겠는가?

(a) A^+의 반지름을 2배로 하는 것
(b) A^+의 전하를 3배로 하는 것
(c) A^+와 B^-의 전하를 2배로 하는 것
(d) A^+와 B^-의 반지름을 반으로 줄이는 것

8.5 Lewis 점 기호를 이용하여 다음의 원자들 사이에서 양이온과 음이온을 형성하기 위한 전자 이동을 보이시오.

(a) Na와 F　　　　　(b) K와 S
(c) Ba와 O　　　　　(d) Al과 N

8.3절: 공유 결합

8.6 다음 원소들의 각 쌍에 대해서, 그것들이 형성하는 이원 화

합물이 이온성인지 공유성인지 말하시오. 그 화합물의 실험식과 이름을 쓰시오.

(a) B와 F　　　　　　　　(b) K와 Br

8.4절: 전기 음성도와 극성

8.7 표 8.5의 정보를 이용하여, HI에서 원자들의 부분 전하의 크기를 계산하시오.

8.8 다음의 결합들을 이온성이 증가하는 순서로 나열하시오. 세슘과 플루오린, 염소와 염소, 브로민과 염소, 규소와 탄소

8.9 다음 결합들을 공유, 극성 공유, 이온성으로 분류하고 설명하시오.

(a) $Cl_3SiSiCl_3$에서 Si−Si 결합

(b) $Cl_3SiSiCl_3$에서 Si−Cl 결합

(c) CaF_2에서 Ca−F 결합

(d) NH_3에서 N−H 결합

8.10 다음의 결합들을 이온성이 증가하는 순서로 나열하시오. 탄소−수소, 플루오린−수소, 브로민−수소, 소듐−염소, 포타슘−플루오린, 리튬−염소

8.11 다음 주기율표에 표시되어 있는 4개의 원자들을 고려하여, 그 원소들의 어떤 짝이 가장 큰 이온성 백분율을 갖는 결합의 이성분 화합물을 생성하는가?(이성분 화합물은 2개 노란색 원소들, 2개의 파란색 원소들, 또는 각 색깔의 원소들로 구성될 수 있다.) 설명하시오.

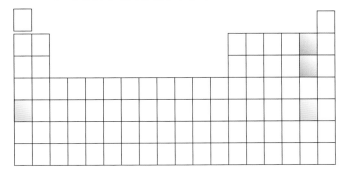

8.5절: Lewis 구조 그리기

8.12 다음 분자와 이온에 대한 Lewis 구조를 그리시오.

(a) OF_2

(b) N_2F_2

(c) Si_2H_6

(d) OH^-

(e) CH_2ClCOO^-

(f) $CH_3NH_3^+$

8.13 다음 분자에 대한 Lewis 구조를 그리시오.

(a) $COBr_2$(C는 O와 Br 원자에 결합되어 있다.)

(b) H_2Se

(c) NH_2OH

(d) CH_3NH_2

(e) CH_3CH_2Br

(f) NCl_3

8.6절: Lewis 구조와 형식 전하

8.14 다음 이온에 대한 Lewis 구조를 그리고, 형식 전하들을 보이시오.

(a) NO_2^+　　　　　　(b) SCN^-

(c) S_2^{2-}　　　　　　(d) ClF_2^+

8.15 다음에 보이는 아세트산의 골격은 맞지만, 일부 결합은 틀렸다.

(a) 부적절한 결합을 밝히고 무엇이 잘못됐는지 설명하시오.

(b) 아세트산의 올바른 Lewis 구조를 쓰시오.

$$H=C-C-O-H$$

8.7절: 공명

8.16 다음 화학종들에 대해 공명 구조를 포함한 Lewis 구조를 그리고, 형식 전하를 보이시오.

(a) HCO_2^-　　　　　　(b) $CH_2NO_2^-$

원자들의 상대적인 위치는 다음과 같다.

```
      O              H  O
  H C            C  N
      O              H  O
```

8.17 아지드화 수소산(hydrazoic acid, HN_3)에 대한 3개의 공명 구조를 그리시오. 원자의 배열은 HNNN이다. 형식 전하를 보이시오.

8.18 OCN^- 이온에 대한 3개의 공명 구조를 그리고, 형식 전하를 보이시오. 그들의 중요 순위를 정하시오.

8.19 다음에 있는 아데닌 분자의 공명 구조를 그리시오. 이 분자는 DNA 구조의 한 부분이다. 모든 고립 전자쌍을 보이고 형식 전하를 쓰시오.

8.8절: 팔전자 규칙의 예외

8.20 증기 상태에서 염화 베릴륨은 개별적인 $BeCl_2$ 분자로 구성된다. 이 화합물에서 Be는 팔전자 규칙을 만족하는가? 그렇지 않다면 또 다른 공명 구조를 그려서 Be 주위에 팔전자를 만들 수 있는가? 이 구조는 얼마나 타당한가?

8.21 $SbCl_5$에 대한 Lewis 구조를 쓰시오. 이 분자는 팔전자 규칙을 따르는가?

8.22 다음 반응에 대한 Lewis 구조를 그리시오.

$$AlCl_3 + Cl^- \longrightarrow AlCl_4^-$$

생성물에서 어떤 유형의 결합이 Al과 Cl 사이에 존재하는가?

8.23 아황산 이온(SO_3^{2-})에 대한 2개의 공명 구조를 그리시오. 하나는 팔전자 규칙을 따르는 것이고, 다른 하나는 중심 원자의 형식 전하가 0인 구조이다.

8.9절: 결합 엔탈피

8.24 다음 반응을 고려하여,
$$O(g) + O_2(g) \longrightarrow O_3(g) \qquad \Delta H° = -107.2 \text{ kJ/mol}$$
O_3에서 평균 결합 엔탈피를 계산하시오.

8.25 다음 반응을 고려하여,
$$2C_2H_6(g) + 7O_2(g) \longrightarrow 4CO_2(g) + 6H_2O(g)$$
(a) 표 8.6의 평균 결합 엔탈피로부터 반응 엔탈피를 예측하시오.
(b) 반응물과 생성물의 표준 생성 엔탈피(부록 2)로부터 반응 엔탈피를 계산하고 (a)에서의 답과 비교하시오.

8.26 표 8.6의 평균 결합 엔탈피를 이용하여 다음 반응의 $\Delta H_{반응}$를 구하시오.

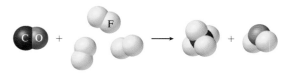

추가 문제

8.27 다음 중 어느 것이 이온성 화합물이고 어느 것이 공유성 화합물인가?
$$RbCl, PF_5, BrF_3, KO_2, CI_4$$

8.28 3주기 원소들의 플루오린 화합물의 화학식은 NaF, MgF_2, AlF_3, SiF_4, PF_5, SF_6와 ClF_3이다. 이들 화합물을 공유 또는 이온성으로 분류하시오.

8.29 벤젠(C_6H_6)과 같은 공유성 화합물과 구별되는 KF와 같은 이온성 화합물의 특징을 설명하시오.

8.30 아자이드 이온(N_3^-)에서 원자들의 배열은 NNN이다. 이 이온에 대한 3개의 공명 구조를 쓰시오. 형식 전하를 보이시오.

8.31 다음 조건을 만족하면서 Al을 포함하는 이온이나 분자의 예를 보이시오.
(a) 팔전자 규칙에 따른다.
(b) 확장된 팔전자를 가진다.
(c) 불완전한 팔전자를 가진다.

8.32 화합물들 CF_2, LiO_2, $CsCl_2$, PI_5를 대기압 조건에서 안정한 상태로 만드는 시도가 실패로 돌아갔다. 실패에 대한 가능한 이유들을 제시하시오.

8.33 다음의 서술은 참인가 거짓인가?
(a) 형식 전하는 실질적인 전하의 분리를 말한다.
(b) $\Delta H_{반응}$는 반응물과 생성물의 결합 엔탈피로부터 추정될 수 있다.
(c) 모든 2주기 원소들은 화합물에서 팔전자 규칙을 따른다.

(d) 실험실에서 한 분자의 공명 구조는 다른 공명 구조로부터 분리가 가능하다.

8.34 다음 자료와 평균 C—H 결합 엔탈피가 414 kJ/mol이라는 것을 이용하여, 메테인(CH_4)의 표준 생성 엔탈피를 구하시오.
$$C(s) \longrightarrow C(g) \qquad \Delta H°_{반응} = 716 \text{ kJ/mol}$$
$$2H_2(g) \longrightarrow 4H(g) \qquad \Delta H°_{반응} = 872.8 \text{ kJ/mol}$$

8.35 다음 중 어느 분자가 가장 짧은 N—N 결합을 가지는가? 설명하시오.
$$N_2H_4, N_2O, N_2, N_2O_4$$

8.36 다음 중에서 어느 화학종이 등전자 관계인가?
$$NH_4^+, C_6H_6, CO, CH_4, N_2, B_3N_3H_6$$

8.37 다음 각 화학종에 대해서 2개의 공명 구조를 그리시오. 하나는 팔전자 규칙을 따르고, 다른 하나는 중심 원자의 형식 전하가 0인 구조이다.
$$PO_4^{3-}, HClO_3, SO_3, SO_2$$

8.38 아마이드 이온(NH_2^-)은 Brønsted 염기이다. Lewis 구조를 이용하여 아마이드 이온과 물 사이에서의 반응을 나타내시오.

8.39 삼요오드화 이온(I_3^-)에서 I 원자들은 일렬로 배열되어 있으며 안정하지만, 같은 유형의 F_3^- 이온은 존재하지 않는다. 이유를 설명하시오.

8.40 1999년에 질소만을 포함하는 특이한 양이온(N_5^+)이 만들어졌다. 이 이온에 대한 공명 구조를 그리고 형식 전하도 보이시오.(힌트: 질소 원자들은 일렬로 배열되어 있다.)

8.41 CO_2 분자에 대한 몇 가지 공명 구조가 여기에 주어졌다. 이들 중 어떤 것이 이 분자의 결합을 설명하기에 가장 덜 중요한지 이유를 설명하시오.
(a) $\ddot{O}=C=\ddot{O}$
(c) $:O\equiv\ddot{C}-\ddot{O}:$
(b) $:O\equiv C-\ddot{O}:$
(d) $:\ddot{O}-C-\ddot{O}:$

8.42 기체상에서, 염화 알루미늄은 화학식 Al_2Cl_6를 가지는 이합체(2개로 이루어진 단위)로 존재한다. 그 골격 구조는 다음과 같다.

$$\begin{array}{ccccc} Cl & & Cl & & Cl \\ & Al & & Al & \\ Cl & & Cl & & Cl \end{array}$$

Lewis 구조를 완성하고 그 분자에서 배위 공유 결합을 보이시오. 이 이합체는 쌍극자 모멘트가 있는가? 설명하시오.

8.43 $I_2(g)$에 대한 $\Delta H_f°$가 61.0 kJ/mol로 주어질 때, 다음 반응에 대한 $\Delta H°$를 계산하시오.
(a) 식 8.4를 이용한다.
(b) 식 5.19를 이용한다.
$$H_2(g) + I_2(g) \longrightarrow 2HI(g)$$

8.44 다음 4가지 등전자 화학종들에 대한 Lewis 구조를 쓰시오. 형식 전하를 보이시오.
(a) CO   (b) NO^+

연습문제 **349**

(c) CN^- (d) N_2

8.45 다음 문장이 옳은지 의견을 제시하시오. "비활성 기체를 포함하는 모든 화합물들은 팔전자 규칙을 위반한다."

8.46 (a) 다음 자료를 이용하여, F_2^- 이온의 결합 엔탈피를 계산하시오.

$$F_2(g) \longrightarrow 2F(g) \qquad \Delta H^\circ_{반응} = 156.9\,kJ/mol$$

$$F^-(g) \longrightarrow F(g) + e^- \qquad \Delta H^\circ_{반응} = 333\,kJ/mol$$

$$F_2^-(g) \longrightarrow F_2(g) + e^- \qquad \Delta H^\circ_{반응} = 290\,kJ/mol$$

(b) F_2와 F_2^-의 결합 엔탈피에서 차이점을 설명하시오.

8.47 일산화 질소에서 $N-O$ 결합 길이는 115 pm이고, 이것은 삼중 결합(106 pm)과 이중 결합(120 pm)의 중간이다.

(a) NO에 대한 2개의 공명 구조를 그리고 그 구조들의 상대적인 중요성에 대해서 의견을 제시하시오.

(b) 그 원자들 사이에 삼중 결합을 가지는 공명 구조를 그리는 것이 가능한가?

8.48 실험은 메테인(CH_4)의 모든 결합을 끊는 데는 1656 kJ/mol이 필요하고 프로페인(C_3H_8)의 경우는 4006 kJ/mol이 필요하다는 것을 보여준다. 이러한 자료를 토대로, $C-C$ 결합의 평균 결합 엔탈피를 계산하시오.

8.49 미국 화학자 Robert S. Mulliken은 한 원소의 전기 음성도(EN)에 대해서 아래와 같이 다른 정의를 제시했다.

$$EN = \frac{IE_1 \times EA}{2}$$

여기서 IE_1는 1차 이온화 에너지이고, EA는 원소의 전자 친화도이다. 이 식을 이용하여 O, F와 Cl의 전기 음성도를 계산하시오. Mulliken 척도와 Pauling 척도로 구한 이들 원소의 전기 음성도를 비교하시오.(Pauling 척도로 변환하기 위해서는 각 EN을 230 kJ/mol로 나눈다.)

8.50 표 8.6을 이용하여 다음의 결합 엔탈피를 비교하시오. C_2H_6에서 $C-C$ 결합, N_2H_4에서 $N-N$ 결합, H_2O_2에서 $O-O$ 결합. 인접한 원자의 고립 전자쌍이 결합 엔탈피에 어떤 영향을 끼치는 것으로 보이는가?

8.51 1998년에, 특별한 형태의 전자 현미경을 썼던 과학자들은 하나의 화학 결합을 끊는 데 필요한 힘을 측정할 수 있었다. $C-Si$ 결합을 끊기 위해 2.0×10^{-9} N이 필요하다면, 그 결합 엔탈피를 kJ/mol의 단위로 구하시오. 그 결합은 끊어지기 전까지 $2Å(2 \times 10^{-10}\,m)$ 길이까지 늘어나야 하는 것을 전제하시오.

8.52 학급의 한 학생이 산화 마그네슘은 실제로 Mg^{2+} 이온과 O^{2-} 이온이 아닌, Mg^+ 이온과 O^- 이온으로 구성되어 있다고 주장한다. 그 학생이 틀렸다는 것을 보일 만한 몇 가지 실험들을 제시하시오.

8.53 다음은 아미노산 트립토판(tryptophan)의 간략한 골격(skeletal) 구조이다. 이 분자의 Lewis 구조를 완성하시오.

8.54 아이소사이안화 메틸(CH_3NCO)은 살충제를 만드는 데 사용된다. 1984년 2월, 인도 Bhopal의 한 공장에서 이 물질을 담고 있던 탱크로 물이 새어 들어가 수천 명의 사람을 죽인 독성 구름을 만들어냈다. CH_3NCO에 대한 Lewis 구조를 그리고 형식 전하도 보이시오.

8.55 성층권에서의 오존 고갈에 대해서 부분적인 책임이 있는 클로로플루오로탄소(CFCs)에 대한 Lewis 구조를 그리시오.

(a) $CFCl_3$

(b) CF_2Cl_2

(c) CHF_2Cl

(d) CF_3CHF_2

8.56 아질산 염소($ClONO_2$) 분자는 남극 성층권에서 오존을 파괴한다고 믿어진다. 이 분자에 대한 타당한 Lewis 구조를 그리시오.

8.57 화학종 H_3^+는 가장 간단한 다원자 이온이다. 그 이온의 기하학적 구조는 이등변 삼각형과 같다.

(a) 이 이온에 대한 3개의 공명 구조를 그리시오.

(b) 주어진 다음 정보를 이용하여 반응 $H^+ + H_2 \longrightarrow H_3^+$에 대한 ΔH°를 계산하시오.

$$2H + H^+ \longrightarrow H_3^+ \qquad \Delta H^\circ = -849\,kJ/mol$$

$$H_2 \longrightarrow 2H \qquad \Delta H^\circ = 436.4\,kJ/mol$$

종합 연습문제

물리학과 생물학

일산화 이질소(N_2O)는 치과 치료에 흔히 사용되는 마취제이다. 그것을 흡입할 때 생기는 행복감 때문에 일반적으로 "웃음 가스"로도 알려져 있다. 이것은 음식 첨가물로도 쓰이고 에어로졸 추진제로도 사용할 수 있도록 허가되어 있다. 이것은 유통 기한 연장을 위해서 감자칩의 공기를 대신해서 쓰이기도 하고, 거품 크림 통에서 추진제로도 쓰인다. 최근 몇 년 동안, N_2O는 기분 전환 약으로 사용되었는데, 일부 이유로는 소비자들이 쉽게 구할 수 있기 때문이었다. N_2O는 합법적이지만, 이것은 FDA의 통제를 받는다. 사람의 식용을 목적으로 하는 N_2O의 판매와 유통은 허락되어 있지 않다.

결합	결합 엔탈피(kJ/mol)
N—O	176
N=O	607
N—N	193
N=N	418
N≡N	941.4
O=O	498.7

1. 다음 Lewis 구조 중 어떤 것이 N_2O에 대해서 가능한가?

$$:N≡N-\ddot{O}: \qquad :\ddot{N}=N=\ddot{O} \qquad :\ddot{N}=O=\ddot{N}: \qquad :\ddot{N}-O-\ddot{N}:$$
$$\text{I} \qquad\qquad \text{II} \qquad\qquad \text{III} \qquad\qquad \text{IV}$$

   a) I만

   b) I와 II

   c) I, II와 III

   d) I, II, III와 IV

2. 형식 전하를 써서 위에서 보여준 공명 구조 중에서 가장 좋은 것을 고르시오.

   a) I   b) II   c) III   d) IV

3. 가장 좋은 공명 구조와 주어진 평균 결합 엔탈피를 이용하여, N_2O에 대한 ΔH_f°를 결정하시오.

   a) 73 kJ/mol

   b) -73 kJ/mol

   c) 166 kJ/mol

   d) -166 kJ/mol

4. 왜 계산된 ΔH_f° 값이 표에 있는 값 81.56 kJ/mol과 다른가?

   a) 표에 있는 값이 틀리다.

   b) 공명 구조 중 어느 것도 현실적으로 결합을 나타내지 못한다.

   c) 유효숫자의 합리적인 숫자를 근거로 본다면, 계산된 값과 표에 있는 값은 같다.

   d) 결합 엔탈피를 이용하는 것은 $\Delta H_{반응}^\circ$의 추정값만을 준다.

예제 속 추가문제 정답

8.1.1 (a) Ca^{2+} (b) $\left[:\ddot{N}:\right]^{3-}$ (c) $\left[:\ddot{\ddot{I}}:\right]^{-}$

8.1.2 (a) $2-$ (b) $+$ (c) $3-$

8.2.1 $MgCl_2$

8.2.2 $NaF < MgO < AlN$

8.3.1 $629\ kJ/mol$

8.3.2 $-841\ kJ/mol$

8.4.1 (a) 비극성 (b) 극성 (c) 비극성

8.4.2 $C-S < C-Se < C-Te < C-Po < C-O$

8.5.1 0.12

8.5.2 $0.11\ D$

8.6.1 41%

8.6.2 $9.23\ D$

8.7.1

8.7.2

8.8.1 C 원자$=0$, 이중 결합의 O 원자$=0$, 단일 결합의 O 원자들$=-1$

8.8.2 S 원자$=+1$, O 원자$=-1$, 전체 전하$=-2$

8.9.1

8.9.2 $Cl-N-Cl$

8.10.1

8.10.2

8.11.1 $\cdot\ddot{O}-H$

8.11.2 $:\dot{S}=\dot{N}-\ddot{S}:$

8.12.1

8.12.2 (a) (b) (c)

8.13.1 $-557\ kJ/mol$

8.13.2 $328\ kJ/mol$

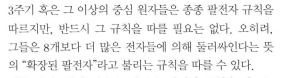

어느 것이 더 중요한가: 형식 전하 또는 팔전자 규칙?

F
A
Q

3주기 혹은 그 이상의 중심 원자들은 종종 팔전자 규칙을 따르지만, 반드시 그 규칙을 따를 필요는 없다. 오히려, 그들은 8개보다 더 많은 전자들에 의해 둘러싸인다는 뜻의 "확장된 팔전자"라고 불리는 규칙을 따를 수 있다.

예를 들어, 황산 이온(SO_4^{2-})은 팔전자 규칙을 따르는 공명 구조(구조 I)나 또는 팔전자 규칙을 따르지 않는 공명 구조(구조 II)로 나타내어질 수 있다.

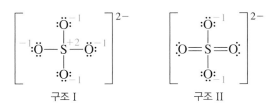

구조 I의 경우, 중심 원자가 팔전자 규칙을 따르고 있지만 모든 원자

들이 0이 아닌 형식 전하(파란색으로 표시)를 갖는다. 구조 II의 경우는 2개의 산소 원자 각각으로부터 고립 전자쌍을 재배치하여 이중 결합을 만들어 3개의 형식 전하를 0으로 바꾼다.

황산 이온을 비롯한 몇몇의 화학종에서는 매우 많은 이중 결합을 포함하는 것이 가능하다. 황에 3개나 4개의 이중 결합을 갖는 구조는 황과 산소에 이들의 전기 음성도와 일관성이 없는 형식 전하를 줄 수도 있다. 일반적으로 중심 원자의 확장된 팔전자를 이용하여 형식 전하를 최소화하려 한다면, 중심 원자의 형식 전하를 0으로 만들 만큼 이중 결합을 추가하기만 하면 된다.

구조 I과 구조 II 중에 어느 것이 더 좋은(혹은 "더 중요한") 구조인가는 교육자들 사이에서 지난 20년 동안 논란거리였다. 일부 화학자들은 어느 한 구조에 대해서 강한 선호도를 보일 수도 있지만, 양쪽 모두 정당한 Lewis 구조라는 것을 이해하는 것이 중요하며 더불어 양쪽 구조 모두 그릴 수 있어야 한다.

CHAPTER 9

화학 결합 II: 분자 기하 구조와 결합 이론

Chemical Bonding II: Molecular Geometry and Bonding Theories

방금 볶은 커피와 같은 물질의 향기를 담당하는 분자는 특유한 모양을 갖고 있다. 그 모양은 분자가 우리의 후각을 자극할 수 있게 한다.

이 장의 목표

분자의 3차원 모양을 어떻게 결정하는지와 원자 오비탈의 상호 작용이 어떻게 화학 결합을 생기게 하는지에 대해 배운다.

들어가기 전에 미리 알아둘 것

- 원자 오비탈의 모양 [|◀◀ 6.7절]
- 원자의 전자 배치 [|◀◀ 6.8절]
- Lewis 구조 그리기 [|◀◀ 8.5절]

분자 모양이 어떻게 우리의 세계 인식에 영향을 미치는가

연구에 따르면 분자의 기하 구조 또는 **모양**(shape)이 중요한 특성을 결정한다는 것이 밝혀졌다. 2004년 노벨 생리 의학상은 냄새 수용체와 후각 기관 조직을 발견한 Richard Axel과 Linda Buck에게 수여되었다. 그들의 업적은 우리의 후각이 어떻게 작용하는지에 대해 재조명하였다. 비록 여기에서 자세히 설명할 수 있는 것보다 다소 복잡하지만, 분자의 냄새는 그것이 자극하는 후각 수용체에 대부분 달려 있다. **후각 수용체**(olfactory receptor)는 특화된 단백질이며, 코 뒤쪽의 머리카락 모양의 섬모에 위치한다. 수용체의 자극은 신경 섬유를 따라 뇌로 향하는 전기 신호로 촉발되며, 뇌에서 향기가 확인된다. 분자가 자극하는 후각 수용체는 분자의 모양에 따라 다르다.

적어도 7개의 다른 기본적인 향기: 꽃향, 박하향, 사향, 쏘는 향, 장뇌향, 에터 향, 악취에 대한 수용체가 있다고 생각된다. 더 큰 분자의 각기 다른 부분은 구분되게 다른 모양을 가질 수 있어 한 유형 이상의 후각 수용체를 자극할 수 있다. 이는 냄새 조합의 인식을 가져온다. 예를 들어, 벤즈알데하이드 분자의 일부는 장뇌향, 꽃향 및 박하향 수용체를 자극하는 모양을 갖고 있다. 이것은 아몬드의 냄새처럼 인식하는 조합이다. 이러한 조합은 수천 가지의 다른 냄새를 인식할 수 있게 한다.

이 논의는 우리의 가장 불가사의한 감각인 후각에 대한 **분자 기하 구조**(molecular geometry)의 중요성을 설명한다. 많은 생화학적 과정은 관련된 분자의 모양에 의존한다는 점에서 특이하다. **화학 결합 이론**(chemical bonding theories)은 이러한 모양을 예측하고 또는 설명하는 데 도움이 된다.

벤즈알데하이드

이 장의 끝에서 독특한 사향이 나는 분자의 기하구조에 대한 몇 가지 질문에 대해 답할 수 있게 될 것이다[▶▶| 배운 것 적용하기, 398쪽].

9.1 분자 기하 구조

많은 익숙한 화학적 및 생화학적 과정은 관련된 분자 및/또는 이온의 3차원 모양에 크게 의존한다. 후각은 한 가지 예이고, 특정 약물의 효과는 또 다른 것이다. 비록 분자 또는 다원자 이온의 모양은 실험적으로 결정되어야 하지만, Lewis 구조[◀◀ 8.5절]와 **원자가 껍질 전자쌍 반발**(valence-shell electron-pair repulsion, VSEPR) 모델을 이용하여 그들의 모양을 합리적으로 잘 예측할 수 있다. 이 절에서는 일반적인 유형 AB_x의 분자 모양을 결정하는 데 주로 초점을 맞춘다. 여기서 A는 x개의 B 원자로 둘러싸인 중심 원자이고, x는 2~6의 정수값을 가질 수 있다.(두 개 또는 이상의 다른 원자에 결합된 모든 원자는 "중심" 원자로 간주될 수 있다.) 예를 들어, NH_3는 A가 질소이고, B가 수소이고, $x=3$인 AB_3 분자이다. 그것의 Lewis 구조는 왼쪽 여백에 있다.

표 9.1은 우리가 고려할 AB_x 유형의 분자 및 다원자 이온의 예를 나열한다. 이 장을 통해 우리는 분자와 다원자 이온 모두에 적용되는 개념을 논의할 것이지만, 보통 이들을 통틀어서 "분자"라고 부를 것이다.

분자식만으로는 분자의 모양을 예측하기에는 불충분하다. 예를 들어, AB_2 분자는 선형 또는 굽은형이 될 수 있다.

NH₃의 Lewis 구조

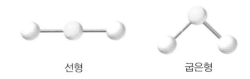

선형   굽은형

게다가, AB_3 분자는 평면형, 피라미드형 또는 T자형일 수 있다.

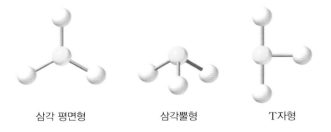

삼각 평면형   삼각뿔형   T자형

모양을 결정하기 위해서 반드시 올바른 Lewis 구조로 시작하고 VSEPR 모델을 적용해야 한다.

표 9.1	AB_x 분자와 다원자 이온의 예
AB_2	$BeCl_2$, SO_2, H_2O, NO_2^-
AB_3	BF_3, NH_3, ClF_3, SO_3^{2-}
AB_4	CCl_4, NH_4^+, SF_4, XeF_4, ClO_4^-
AB_5	PCl_5, IF_5, SbF_5, BrF_5
AB_6	SF_6, UF_6, $TiCl_6^{3-}$

CO_2	O_3	NH_3	PCl_5	XeF_4
$:\!O\!=\!C\!=\!O\!:$	$:\!O\!=\!\ddot{O}\!-\!\ddot{O}\!:$	$H\!-\!\ddot{N}\!-\!H$ 에 H	(PCl₅ 구조)	(XeF₄ 구조)
2 이중 결합	1 단일 결합 1 이중 결합 +1 고립 전자쌍	3 단일 결합 +1 고립 전자쌍	5 단일 결합	4 단일 결합 +2 고립 전자쌍
중심 원자의 모든 전자 영역의 수	2 전자 영역	3 전자 영역	4 전자 영역	5 전자 영역	6 전자 영역

VSEPR 모델

원자가 껍질에 있는 전자는 화학 결합에 관여하는 전자임을 기억하자[◀◀ 8.1절]. VSEPR 모델의 기본은 원자의 원자가 껍질에 있는 전자쌍이 서로 **반발한다**(repel)는 것이다. 이미 8장에서 배웠듯이 두 종류의 전자쌍, 즉 결합 전자쌍과 비결합 전자쌍(고립 전자쌍으로도 알려짐)이 있다. 또한, 결합 전자쌍은 단일 결합 또는 다중 결합으로 발견될 수 있다. 명확하게 하기 위해, VSEPR 모델을 사용할 때 전자쌍 대신에 전자 **영역**(domain)을 언급할 것이다. 여기에서 **전자 영역**(electron domain)은 결합이 단일, 이중 또는 삼중 결합인지에 관계없이 고립 전자쌍 또는 결합이다. 다음 예들을 고려해 보자.

각 분자의 중심 원자에 전자 영역의 수를 주목하자. VSEPR 모델은 이러한 전자 영역이 서로 반발하기 때문에 가능하면 멀리 떨어지게 배치되어 서로 간의 반발 작용을 최소화한다는 것을 예측한다. 분자식으로부터 분자 또는 이온의 모양을 말할 수 없다는 것을 이해하는 것은 중요하다.(반드시 VSEPR 이론을 적용해야 한다.)

그림 9.1에 보이는 것처럼 풍선을 사용하여 전자 영역의 배열을 시각화할 수 있다. AB_x 분자의 B 원자처럼 풍선은 중심 원자(A)를 나타내는 중심 고정 점에 모두 연결된다. 그들이 가능한 한 멀리 떨어질 때, 그림에 표시된 5가지 기하 구조를 갖는다. 두 개의 풍선만 있을 때, 그들은 스스로 반대 방향으로 향하게 된다[그림 9.1(a)]. 세 개의 풍선을 갖는 경우 배열은 삼각 평면형이다[그림 9.1(b)]. 네 개의 풍선을 갖는 경우 배열은 사면체형이다[그림 9.1(c)]. 다섯 개의 풍선을 갖는 경우 3개는 삼각 평면형에서 위치를 갖고 다른 두 개는 서로 마주하여 삼각 평면에 수직인 축을 형성한다[그림 9.1(d)]. 이 기하 구조를 삼각 쌍뿔형이라 한다. 마지막으로, 여섯 개의 풍선을 갖는 경우 배열은 팔면체형으로, 이는 근본적으로 정사면체 쌍뿔형이다[그림 9.1(e)]. 각각의 AB_x 분자는 선형, 삼각 평면형, 사면체형, 삼각 쌍뿔형 또는 팔면체형의 5가지 전자 영역 구조 중 하나를 가질 것이다.

전자 영역 기하 구조 및 분자 기하 구조

중심 원자 주위의 전자 영역(결합과 고립 전자쌍)의 배열인 **전자 영역 기하 구조**(electron-domain geometry)와 결합된 **원자**(atom)의 배열인 **분자 기하 구조**(molecular geometry)를 구별하는 것은 중요하다. 그림 9.2는 모든 전자 영역이 결합인(즉, 어느 중심 원자에도 고립 전자쌍이 없는) AB_x 분자의 분자 기하 구조를 보여준다. 이 경우 분자 기하 구조는 전자 영역 기하 구조와 동일하다.

AB_x 분자에서 **결합각**(bond angle)은 두 개의 인접한 A−B 결합 사이의 각도이다. 오직 2개의 결합만이 존재하여 하나의 결합각이 있으며 중심 원자에 고립 전자쌍이 없는

그림 9.1 풍선 (a) 두 개 (b) 세 개
(c) 네 개 (d) 다섯 개 (e) 여섯 개
가 결합된 배열

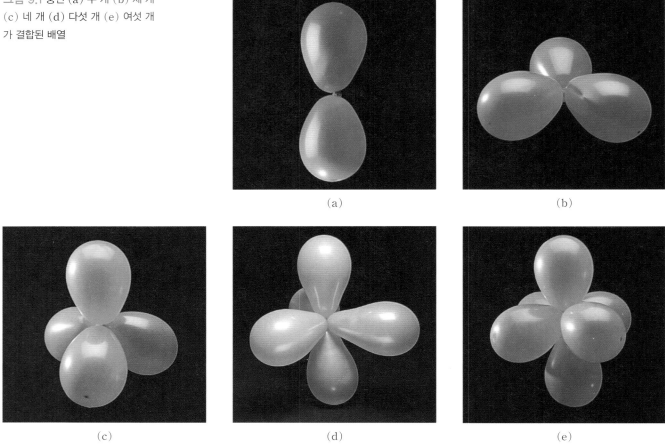

(a)   (b)

(c)   (d)   (e)

AB_2 분자에서는 결합각은 $180°$이다. AB_3 및 AB_4 분자는 각각 3개 및 4개의 결합을 갖는다. 그러나 각각의 경우에 임의의 2개의 $A-B$ 결합 사이에 가능한 하나의 결합각만 존재한다. AB_3 분자에서 결합각은 $120°$이고, AB_4 분자에서 결합각은 $109.5°$이다(다시 말하지만, 중심 원자에 고립 전자쌍이 없다면). 마찬가지로 AB_6 분자에서 인접한 결합 사이의 결합각은 모두 $90°$이다.(반대 방향으로 향하는 임의의 두 개의 $A-B$ 결합 사이의 각도는 $180°$이다.)

AB_5 분자는 인접한 결합 사이에 두 개의 다른 결합각을 갖고 있다. 그 이유는 다른 AB_x 분자의 것과는 달리, 삼각 쌍뿔형에서 결합이 차지하는 위치가 모두 동일하지 않기 때문이

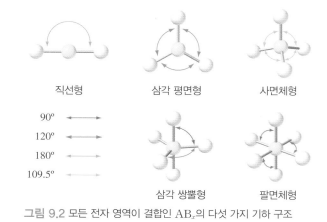

직선형   삼각 평면형   사면체형

$90°$ ⟷
$120°$ ⟷
$180°$ ⟷
$109.5°$ ⟷

삼각 쌍뿔형   팔면체형

그림 9.2 모든 전자 영역이 결합인 AB_x의 다섯 가지 기하 구조

다. 삼각 평면에 배열된 세 개의 결합은 **적도의**(equatorial)라고 한다. 3개의 적도의 결합 중 임의의 두 개의 결합 사이의 결합각은 120°이다. 삼각 평면에 수직인 축을 형성하는 두 개의 결합을 **축의**(axial)라고 한다. 임의의 축 방향 결합과 적도 결합 사이의 결합각은 90° 이다(AB_6 분자의 경우와 같이 반대 방향으로 향하는 두 개의 $A-B$ 결합 사이의 각도는 180°인 것처럼). 그림 9.2는 이 모든 결합 각도를 보여준다. 그림에 표시된 각도는 중심 원자의 모든 전자 영역이 동일할 때 관찰되는 결합각이다. 이 절의 뒷부분에서 볼 것처럼, 많은 분자의 결합각은 이러한 **이상적인**(ideal) 값과 약간 다를 수 있다.

AB_x 분자의 중심 원자가 하나 이상의 고립 전자쌍을 지니고 있을 때, 전자 영역 기하 구조와 분자 기하 구조는 더 이상 동일하지 않다. 그러나 여전히 분자 기하 구조를 결정하는 첫 단계로 전자 영역 기하 구조를 사용한다. 예를 들어, O_3(또는 어떤 종)의 분자 구조를 결정하는 첫 번째 단계는 그것의 Lewis 구조를 그리는 것이다. O_3에 대해 두 가지 다른 공명 구조를 그릴 수 있다.

$$:\ddot{O}=\ddot{O}-\ddot{O}: \quad \longleftrightarrow \quad :\ddot{O}-\ddot{O}=\ddot{O}:$$

기하 구조를 결정하기 위해 둘 중 어느 것이라도 사용할 수 있다.

다음 단계는 중심 원자에 있는 전자 영역을 세는 것이다. 이 경우 단일 결합 1개, 이중 결합 1개 및 고립 전자쌍 1개로 세 가지가 있다. VSEPR 모델을 사용하여, 먼저 전자 영역 기하 구조를 결정한다. 그림 9.2의 정보에 따르면, 중심 원자의 세 전자 영역은 삼각 평면에 배열될 것이다. 그러나 분자 기하 구조는 **원자**(atom) 배열에 의해 영향을 받는다. 만일 우리가 이 분자에서 3개의 원자의 위치만 고려하면, 분자의 기하 구조(분자의 모양)는 **굽은형**(bent)이다.

전자 영역 기하 구조:
삼각 평면형

분자 기하 구조:
굽은형

그림 9.2에서 묘사되는 다섯 가지의 기본적 기하 구조에 덧붙여, 어떻게 분자 기하 구조가 전자 영역 기하 구조와 다를 수 있는지에 익숙해져야 한다. 표 9.2는 중심 원자에 하나 이상의 고립 전자쌍이 있는 일반적인 분자 기하 구조를 보여준다. 삼각 쌍뿔형의 전자 영역 기하 구조에서 고립 전자쌍이 차지하는 위치에 주의하자. 삼각 쌍뿔형의 중심 원자에 고립 전자쌍이 있을 때, 고립 전자쌍은 우선적으로 적도의 방향을 차지한다. 왜냐하면 전자 영역 간의 각이 90° 또는 그보다 작을 때, 반발이 강하기 때문이다. 고립 전자쌍을 **축의**(axial) 방향 위치에 두는 것은 그것을 다른 세 전자 영역과 90°인 위치에 두는 것이다. 고립 전자쌍을 **적도의**(equatorial) 방향 위치에 두는 것은 그것을 두 개의 다른 영역에만 90°인 위치에 두는 것으로 강한 반발 영향의 수를 최소화한다.

팔면체형의 기하 구조에서는 모든 위치가 동일하다. 그래서 중심 원자에 있는 하나의 고립 전자쌍은 아무 위치나 차지할 수 있다. 그러나 이 기하 구조에 두 번째 고립 전자쌍이 있는 경우, 두 번째 고립 전자쌍은 첫 번째 고립 전자쌍의 반대 위치를 차지해야 한다. 이런 배열은 두 개의 고립 전자쌍 간(90° 간격이 아닌 180° 간격) 반발력을 최소화한다.

표 9.2	중심 원자에 고립 전자쌍을 지닌 분자의 전자 영역 기하 구조와 분자 기하 구조					
전자 영역의 전체 수	분자의 유형	전자 영역 기하 구조	고립 전자쌍 수	고립 전자쌍 위치	분자 기하 구조	예
3	AB_2	삼각 평면형	1		굽은형	SO_2
4	AB_3	사면체형	1		삼각뿔형	NH_3
4	AB_2	사면체형	2		굽은형	H_2O
5	AB_4	삼각 쌍뿔형	1		시소형	SF_4
5	AB_3	삼각 쌍뿔형	2		T자형	ClF_3
5	AB_2	삼각 쌍뿔형	3		직선형	IF_2^-
6	AB_5	팔면체형	1		사각뿔형	BrF_5
6	AB_4	팔면체형	2		사각 평면형	XeF_4

요약하면, 전자 영역 및 분자 기하 구조를 결정하는 단계는 다음과 같다.

1. 분자 또는 다원자 이온의 Lewis 구조를 그린다.

2. 중심 원자의 전자 영역의 수를 센다.

3. VSEPR 모델을 적용하여 전자 영역 기하 구조를 결정한다.

4. 원자의 위치만을 고려하여 분자 기하 구조를 결정한다.

예제 9.1은 어떻게 분자 또는 다원자 이온의 모양을 결정할지를 보여준다.

예제   9.1

(a) SO_3와 (b) ICl_4^-의 모양을 결정하시오.

전략   먼저 전자 영역 기하 구조와 다음으로 분자 기하 구조(모양)를 결정하기 위해 Lewis 구조와 VSEPR 모델을 사용한다.

계획   (a) SO_3의 Lewis 구조는 다음과 같다.

중심 원자에는 3개의 전자 영역이 있다: 하나의 이중 결합과 두 개의 단일 결합

(b) ICl_4^-의 Lewis 구조는 다음과 같다.

ICl_4^-의 중심 원자에는 6개의 전자 영역이 있다: 4개의 단일 결합과 2개의 고립 전자쌍

풀이   (a) VSEPR 모델에 따르면, 3개의 전자 영역은 삼각 평면에 배열될 것이다. SO_3의 중심 원자에는 고립 전자쌍이 없기 때문에 분자 기하 구조는 전자 영역 기하 구조와 동일하다. 따라서, SO_3의 모양은 삼각 평면형이다.

전자 영역 기하 구조: 삼각 평면형 ⟶ 분자 기하 구조: 삼각 평면형

(b) 6개의 전자 영역이 팔면체로 배열될 것이다. 팔면체에 있는 두 개의 고립 전자쌍은 중심 원자의 반대쪽에 위치하여 ICl_4^-의 모양을 사각 평면형으로 만든다.

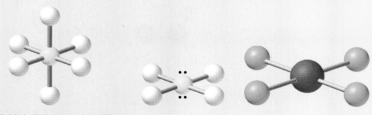

전자 영역 기하 구조: 팔면체형 ⟶ 분자 기하 구조: 사각 평면형

생각해 보기

이 결과들을 그림 9.2 및 표 9.2의 정보와 비교한다. Lewis 구조를 올바르게 그릴 수 있는지 확인한다. 올바른 Lewis 구조가 없으면 분자의 모양을 결정할 수 없다.

추가문제 1   (a) CO_2 및 (b) SCl_2의 모양을 결정하시오.

추가문제 2   (a) 중심 원자가 6A족인 AB_x 분자에서, 전자 영역 기하 구조와 분자 기하 구조 모두가 삼각 평면형이 되려면 말단 원소는 어느 족에서 나와야 하는가?

(b) 중심 원자가 7A족인 AB_x 분자에서, 전자 영역 기하 구조가 팔면체형이고 분자 기하 구조가 사각뿔형이 되려면, 말단 원소는 어느 족에서 나와야 하는가?

추가문제 3   다음 네 가지 모델은 분자 또는 다원자 이온을 나타낸다. 중심 원자의 고립 전자쌍이 있더라도 표시되지 않았다. 이들 중 어느 것이 중심 원자에 고립 전자쌍이 있는 종을 나타낼 수 있는가? 어느 것이 중심 원자에 고립 전자쌍이 없는 종을 나타낼 수 있는가?

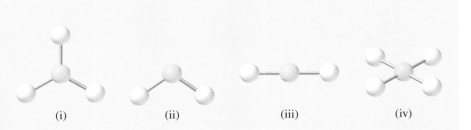

(i)　　　　(ii)　　　　(iii)　　　　(iv)

이상적인 결합각으로부터의 편차

일부 전자 영역은 다른 전자 영역보다 이웃 영역과 더 잘 반발한다. 결과적으로 결합각은 그림 9.2에서 보이는 것과 약간 다를 수 있다. 예를 들어, 암모니아(NH_3)의 전자 영역의 기하 구조는 사면체이므로, H−N−H 결합각이 109.5°가 될 것으로 예측할 수 있다. 실제로 그 결합각은 약 107°이며, 예상보다 약간 작다. 질소 원자의 고립 전자쌍은 결합끼리 서로를 밀어내는 것보다 N−H 결합을 더 강력하게 밀어낸다. 따라서 고립 전자쌍은 N−H 결합들을 109.5°의 이상적인 사면체 각도보다 더 가깝게 "압축"시킨다.

실제로 고립 전자쌍은 결합 전자쌍보다 더 많은 **공간**(space)을 차지한다. 이것은 전자쌍의 위치를 결정하는 데 관련된 인력을 고려함으로써 이해될 수 있다. 중심 원자의 고립 전자쌍은 그 원자의 핵에만 끌린다. 반면에 결합 전자쌍은 두 결합 원자의 핵에 의해 동시에 끌어당겨진다. 결과적으로 고립 전자쌍은 퍼질 수 있는 더 많은 자유도와 다른 전자 영역과 반발하는 더 큰 능력을 갖고 있다. 또한 고립 전자쌍은 전자 밀도가 더 높기 때문에 다중 결합은 단일 결합보다 더 강하게 반발한다. 다음의 각 예에서 결합각을 고려해 보자.

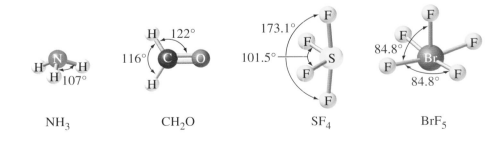

NH_3　　　　CH_2O　　　　SF_4　　　　BrF_5

둘 이상의 중심 원자를 갖는 분자의 기하 구조

지금까지는 오직 하나의 중심 원자를 갖는 분자의 기하 구조를 고려했다. 더 복잡한 분자의 전반적인 기하 구조는 다수의 중심 원자를 가진 것처럼 취급함으로써 결정할 수 있다. 예를 들어, 메탄올(CH_3OH)은 다음의 Lewis 구조에서 보여지듯 중심 C 원자와 중심

O 원자를 가지고 있다.

$$H-\overset{\overset{\displaystyle H}{|}}{\underset{\underset{\displaystyle H}{|}}{C}}-\overset{..}{\underset{..}{O}}-H$$

C 원자와 O 원자는 모두 네 개의 전자 영역으로 둘러싸여 있다. C의 경우, 이들은 3개의 C−H 결합과 1개의 C−O 결합이다. O의 경우, 하나의 O−C 결합, 하나의 O−H 결합, 두 개의 고립 전자쌍이다. 각각의 경우에 전자 영역 기하 구조는 사면체이다. 그러나 분자의 O 부분의 분자 기하 구조는 **굽은형**(bent)인 반면, 분자의 C 부분의 분자 기하 구조는 **사면체**(tetrahedron)이다. 비록 Lewis 구조가 O−C와 O−H 결합 사이에 180°의 각이 있는 것처럼 보이게 하지만, 그 각은 실제로 전자 영역의 사면체 배열에서의 각인 약 109.5°이다.

예제 9.2는 결합각이 이상적인 값과 다른 경우 어떻게 결정하는지를 보여준다.

학생 노트
분자의 특정 부분의 기하 구조를 정할 때, 이를 특정 원자에 "대한" 기하 구조라 한다. 예를 들어, 메탄올에서 기하 구조가 C 원자에 대해서는 사면체형 (tetrahedral about the C atom)이고 O 원자에 대해서는 굽은형(bent about the O atom)이라고 말한다.

예제 9.2

식초의 독특한 냄새와 신맛을 내는 물질인 아세트산은 때로는 특정 유형의 귀 감염을 치료하기 위해 부신피질호르몬과 함께 사용된다. Lewis 구조는 다음과 같다.

$$H-\overset{\overset{\displaystyle H}{|}}{\underset{\underset{\displaystyle H}{|}}{C}}-\overset{\overset{\displaystyle ..\\ \displaystyle O\\ \displaystyle \|}{}}{C}-\overset{..}{\underset{..}{O}}-H$$

각 중심 원자에 대해 분자 기하 구조를 결정하고, 분자의 각 결합각의 대략적인 값을 결정하시오. 어떤 결합각이 이상적인 각보다 작을 것으로 예상되는가?

전략 중심 원자들을 확인하고 각각의 전자 영역의 개수를 센다. 각 전자 영역 기하 구조를 결정하기 위해 VSEPR 모델을 사용하고, 각 중심 원자에 대한 분자 기하 구조를 결정하기 위해 표 9.2의 정보를 사용한다.

계획 가장 왼쪽의 C 원자는 하나의 C−C 결합과 3개의 C−H 결합의 총 4개의 전자 영역으로 둘러싸여 있다. 중간의 C 원자는 하나의 C−C 결합, 하나의 C−O 결합 및 하나의 C=O(이중) 결합의 총 세 전자 영역으로 둘러싸여 있다. O 원자는 하나의 O−C 결합, 하나의 O−H 결합, 및 두 개의 고립 전자쌍의 총 4개의 전자 영역으로 둘러싸여 있다.

풀이 가장 왼쪽의 C의 전자 영역 기하 구조는 사면체이다. 4개의 전자 영역 모두가 결합이기 때문에 이 부분의 분자 기하 구조도 또한 사면체이다. 중간 C의 전자 영역 기하 구조는 삼각 평면형이다. 모든 영역이 결합이기 때문에 분자 기하 구조 또한 삼각 평면형이다. O 원자의 전자 영역 기하 구조는 사면체이다. 두 개의 영역이 고립 전자쌍이므로 O 원자에 관한 분자 기하 구조는 굽은형이다.

결합각은 전자 영역 기하 구조를 이용하여 결정된다. 그러므로 가장 왼쪽의 C의 대략적인 결합각은 109.5°이고, 중간 C에 대한 결합각은 120°이며, O에 대한 결합각은 109.5°이다. 단일 결합이 서로 반발하는 것보다 이중 결합이 더 강하게 단일 결합과 반발하기 때문에, 중간 탄소에 있는 두 개의 단일 결합 사이의 각도는 120°보다 **작을** 것이다. 마찬가지로, 단일 결합이 서로 반발하는 것보다 O에 있는 고립 전자쌍이 더 강하게 단일 결합과 반발하고 두 결합 전자쌍을 가깝게 밀기 때문에, O에 있는 두 개의 결합 사이의 결합각은 109.5°보다 작을 것이다. 각도는 다음과 같이 표시된다.

생각해 보기

이 답을 그림 9.2 및 표 9.2의 정보와 비교하자.

추가문제 1   에탄올 아민($HOCH_2CH_2NH_2$)은 암모니아와 비슷한 냄새를 가지고 있으며, 생물학적 조직에서 흔히 발견된다. 그것의 Lewis 구조는 다음과 같다.

$$H-\ddot{O}-\overset{\overset{\displaystyle H}{|}}{\underset{\underset{\displaystyle H}{|}}{C}}-\overset{\overset{\displaystyle H}{|}}{\underset{\underset{\displaystyle H}{|}}{C}}-\overset{\overset{\displaystyle H}{|}}{\ddot{N}}-H$$

각 중심 원자에 대한 분자 기하 구조를 결정하고 모든 결합각을 표시하시오. 이상적인 결합 각도로부터 예상되는 편차를 참고하시오.

추가문제 2 NH_3의 결합각은 중심 원자의 고립 전자쌍 때문에 이상적인 결합각 109.5°보다 현저히 작다. 중심 원자에 고립 전자쌍이 있음에도 불구하고 SO_2의 결합각이 120°에 매우 근접한 이유를 설명하시오.

추가문제 3   다음 모델 중 어느 것이 이상적인 결합 각도로부터 편차가 있는 종을 나타내는가?

(i)   (ii)   (iii)   (iv)

9.2   분자 기하 구조와 극성

분자 기하 구조는 물질의 물리적 및 화학적 행동을 이해하는 데 대단히 중요하다. 예를 들어, **분자 극성**(molecular polarity)은 분자 기하 구조의 가장 중요한 결과 중 하나인데, 이는 분자 극성이 물리적, 화학적 및 생물학적 특성에 영향을 미치기 때문이다. 서로 다른 전기 음성도를 갖는 두 원자 사이의 결합은 극성이고, 극성 결합을 포함하는 이원자 분자는 **극성 분자**(polar molecule)라는 8.4절의 내용을 기억하자. 3개 이상의 원자로 구성된 분자가 극성인지 여부는 개별 결합의 극성뿐 아니라 분자 구조에 따라 달라진다.

CO_2와 H_2O 분자 각각은 중심 원자에 결합된 두 개의 동일한 원자와 두개의 극성 결합을 갖고 있다. 그러나 이들 분자 중 하나만 극성이다. 이유를 이해하려면 각각의 결합 쌍극자를 벡터로 생각하자. 분자의 전반적인 쌍극자 모멘트는 각각의 결합 쌍극자들의 벡터 합에 의해 결정된다.

CO_2의 경우, 반대 방향을 가리키는 두 개의 동일한 벡터를 갖고 있다. 벡터가 Cartesian 좌표계에 놓이면 벡터는 y축 성분을 가지지 않으며, x축 성분의 크기는 같지만 부호는 반대이다. 이 두 벡터의 합은 x축과 y축 방향 모두 0이다. 따라서 이산화 탄소의 **결합**(bond)은 극성이지만 **분자**(molecule)는 비극성이다.

학생 노트
더 전기 음성도가 큰 원자를 향하는 교차 화살표를 이용하여 각각의 결합 쌍극자를 나타낼 수 있음을 기억하자[◀◀ 8.4절].

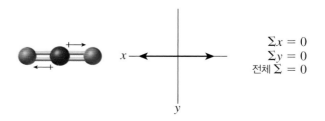

$\Sigma x = 0$
$\Sigma y = 0$
전체 $\Sigma = 0$

비록 크기가 동일하고 x축 방향으로 반대이지만 물에서 결합 쌍극자를 나타내는 벡터는 y축 방향에서 반대가 아니다. 따라서 x축 구성 요소의 합이 0이더라도 y축 구성 요소는 0 이 아니다. 이것은 전체 결과 쌍극자가 존재하고 물은 **극성**(polar)임을 의미한다.

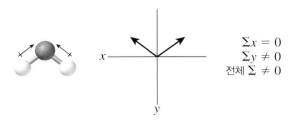

쌍극자 모멘트는 동일한 화학식을 갖지만 원자 배열이 다른 분자를 구별하는 데 사용될 수 있다. 이러한 화합물을 **구조 이성질체**(structural isomer)라고 한다. 예를 들어, 다이 클로로에틸렌($C_2H_2Cl_2$)의 두 가지 구조 이성질체가 있다. 트랜스–다이클로로에틸렌에서 개별 결합 쌍극자의 합은 0이 되기 때문에 **트랜스**(trans) 이성질체는 비극성이다.

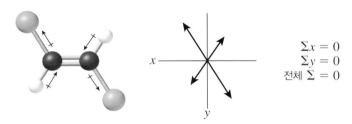

시스 이성질체의 결합 쌍극자는 서로 상쇄되지 않으므로 시스–다이클로로에틸렌은 극성 이다.

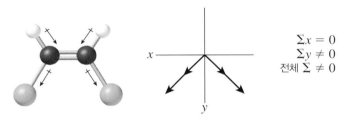

극성의 차이 때문에 이 두 이성질체는 쌍극자 모멘트를 측정함으로써 실험적으로 구별될 수 있다.

9.3 원자가 결합 이론

화학 결합의 Lewis 이론은 분자에서 전자의 배열을 시각화하는 비교적 간단한 방법을 제공한다. 그러나 오른쪽 여백에 표시된 H_2, F_2 및 HF와 같은 화합물의 공유 결합 사이의 차이점을 설명하는 것에는 불충분하다. 비록 Lewis 이론은 이 세 분자의 결합을 정확히 같은 방법으로 묘사하지만, 표 9.3에 열거된 결합 길이와 결합 엔탈피에 의해 입증된 것처럼 실제로는 서로 다르다. 이러한 차이점과 왜 공유 결합이 처음에 형성되는지를 이해하는 것은 전자쌍을 공유하는 원자의 Lewis 개념과 원자 오비탈의 양자 역학 기술이 결합된 결합 모델이 요구된다.

H—H

:F̈—F̈:

H—F̈:

H_2, F_2 및 HF의 Lewis 점 구조

표 9.3	H_2, F_2 및 HF의 결합 길이와 결합 엔탈피	
	결합 길이(Å)	**결합 엔탈피(kJ/mol)**
H_2	0.74	436.4
F_2	1.42	150.6
HF	0.92	568.2

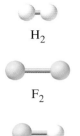

H_2

F_2

HF
공−막대 모형

원자가 결합 이론(valence bond theory)에 따르면, 한 원자에 있는 원자 오비탈이 다른 원자의 원자 오비탈과 겹칠 때 원자는 전자를 공유한다. 각각의 겹치는 원자 오비탈은 홀로 있는 홀전자를 포함해야 한다. 게다가, 결합된 원자들에 의해 공유되는 두 개의 전자는 반대 방향의 스핀을 가져야만 한다[◀◀ 6.6절]. 두 원자의 핵은 전자의 공유된 쌍에 끌어당겨진다. 이것이 원자들을 하나로 묶어주는 공유 전자에 대한 상호 인력이다.

원자 오비탈에서 전자 나타내기

6장에서 비록 전자가 질량이 알려진 입자임에도 불구하고 파동 특성을 나타냄을 배웠다. 원자의 양자 역학 모델은 s와 p 원자 오비탈의 익숙한 모양을 만들어내며, 원자 내의 전자를 입자가 아닌 파동으로 취급한다. 그러므로 전자의 위치와 스핀을 나타내는 화살표를 사용하는 대신, 단독 점유된 오비탈은 밝은 색으로 나타내고 이중 점유된 오비탈은 동일한 색의 더 어두운 색으로 나타내는 관례를 채택할 것이다(그림 9.3). 다음에 오는 오비탈의 표현에서는 원자 s 오비탈은 노란색으로 표시되고 원자 p 오비탈은 파란색으로 표현될 것이다.(빈 p 오비탈은 흰색으로 표현될 것이다.) 2개의 전자가 바닥상태에서 동일한 원자 오비탈을 차지할 때, 그들의 스핀은 쌍을 이룬다−이는 그들이 반대 스핀을 가짐을 의미한다[◀◀ 6.6절].

H_2에서 H−H 결합은 두 개의 H 원자가 단독 점유된 $1s$ 오비탈이 겹칠 때 형성된다.

> **학생 노트**
> 비록 여전히 두 개의 전자가 있다고 하더라도 각각의 원자는 두 전자 모두를 소유하고 있다고 "생각하기" 때문에, 단독 점유된 오비탈이 겹쳐지면 두 오비탈 모두 이중 점유된 오비탈이 된다.

유사하게 F_2의 F−F 결합은 두 개의 F 원자의 단독 점유된 $2p$ 오비탈이 겹칠 때 형성된다.

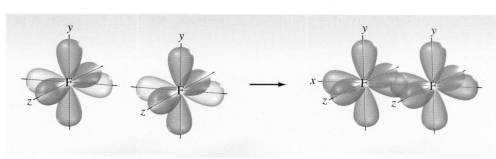

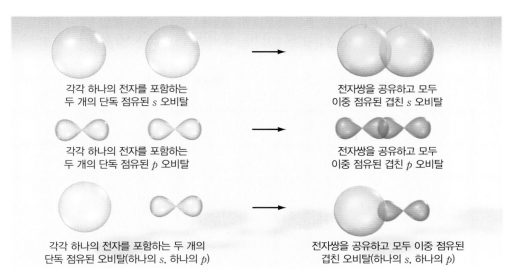

그림 9.3 원자 오비탈의 표현. 단독 점유된 s 오비탈은 밝은 노란색으로 보인다. 이중 점유된 s 오비탈은 더 어두운 노란색으로 보인다. 단독 및 이중 점유된 p 오비탈은 각각 밝은 파란색 및 어두운 파란색으로 나타난다.

F 원자의 바닥상태 전자 배열은 $[\text{He}]2s^2 2p^5$임을 기억하자[◀◀ 6.8절].(F의 바닥상태 오비탈 도표는 오른쪽 여백에 있다.)

또한 원자가 결합 모델을 사용하여 H−F 결합의 형성을 묘사할 수 있다. 이 경우, H 원자의 단독 점유된 $1s$ 오비탈은 F 원자의 단독 점유된 $2p$ 오비탈과 중첩된다.

F의 오비탈 도표

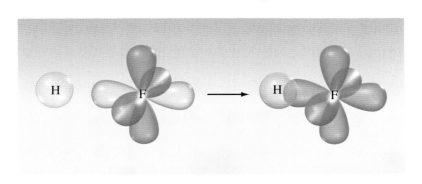

양자 역학 모델에 따르면, H의 $1s$ 오비탈과 F의 $2p$ 오비탈의 크기, 모양 및 에너지는 다르다. 따라서 H_2, F_2 및 HF의 결합이 강도와 길이면에서 다양하다는 것이 놀라운 일은 아니다.

결합의 에너지학 및 방향성

왜 공유 결합이 형성되는가? 원자가 결합 이론에 따르면, 생성된 분자의 퍼텐셜 에너지가 고립된 원자의 퍼텐셜 에너지보다 낮으면 두 원자 사이에 공유 결합이 형성될 것이다. 간단히 말해서 공유 결합의 형성은 발열 반응을 의미한다. 이 사실은 직관적으로 명백하게 보일 수 없지만, 공유 결합을 **끊기** 위해 분자에 에너지가 공급되어야 한다는 것을 알고 있다[◀◀ 8.9절]. 결합의 형성은 역과정이므로, 에너지가 나가야 한다는 것을 예상할 수 있다.(정방향 과정의 엔탈피 변화와 역방향 과정의 엔탈피 변화는 부호만 다르다: ΔH 정방향 $= -\Delta H$ 역방향[◀◀ 5.3절]) 그림 9.4는 두 개의 수소 원자의 퍼텐셜 에너지가 원자핵 간의 거리에 따라 어떻게 변하는지를 보여준다.

원자가 결합 이론은 또한 화학 결합에 대한 **방향성**(directionality)의 개념을 도입한다. 예를 들어, p 오비탈이 있는 축을 따라 일치하는 p 오비탈의 겹칩에 의해 형성된 결합

그림 9.4 핵간 거리의 함수로서 2개의 수소 원자의 퍼텐셜 에너지의 변화. 핵간의 거리가 74 pm일 때 최소 퍼텐셜 에너지(-436 kJ/mol)가 발생한다. 노란색 구는 수소의 $1s$ 오비탈을 나타낸다.

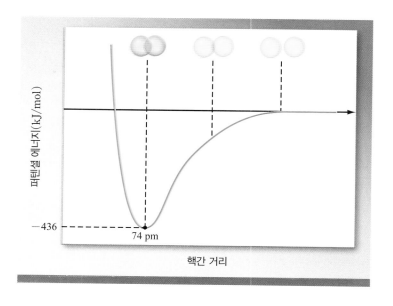

을 기대한다. 왼쪽 여백에 있는 H_2S를 고려해 보자. 다른 분자들과 달리, H_2S는 Lewis 이론과 VSEPR 모델로 예측할 수 있는 결합 각도를 가지고 있지 않다.(중심 원자에 4개의 전자 영역이 있는 경우, 결합각이 $109.5°$ 정도가 될 것으로 예상한다.) 실제로, $H-S-H$ 결합각은 $92°$이다. 원자가 결합 이론의 관점에서 볼 때, 중심 원자(S)는 2개의 홀전자를 가지며, 각각은 $3p$ 오비탈에 존재한다. S 원자의 바닥상태 전자 배열에 대한 오비탈 도표는 다음과 같다.

H₂S

학생 노트
이 절과 9.4절의 내용을 이해하려면, 바닥상태 전자 배열에 대한 오비탈 도표를 그릴 수 있어야 한다[◀◀ 6.8절].

$$S \quad [Ne] \quad \boxed{\uparrow\downarrow} \qquad \boxed{\uparrow\downarrow \;|\; \uparrow \;|\; \uparrow}$$
$$\qquad\qquad\qquad 3s^2 \qquad\qquad\quad 3p^4$$

p 오비탈은 x, y, z축을 따라 서로 수직으로 놓여 있음을 기억하자[◀◀ 6.7절]. 수소 원자의 $1s$ 오비탈과 단독 점유된 $3p$ 오비탈의 겹침을 상상함으로써 관찰된 결합각을 합리화할 수 있다.

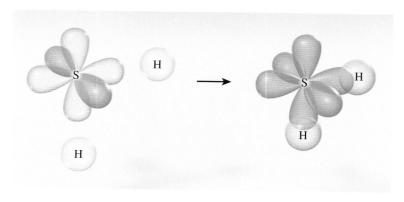

요약하면, 원자가 결합 이론의 중요한 특징은 다음과 같다.
• 두 개의 원자에서 단독 점유된 원자 오비탈이 겹칠 때 결합이 형성된다.
• 오비탈 겹침 영역에서 공유되는 두 개의 전자는 반대 스핀이어야 한다.
• 결합을 형성하면 계의 퍼텐셜 에너지가 낮아진다.

예제 9.3은 분자의 결합을 설명하기 위해 원자가 결합 이론을 사용하는 법을 보여준다.

예제 9.3

셀렌화 수소(H_2Se)는 눈과 호흡기 염증을 일으킬 수 있는 악취가 많은 기체이다. H_2Se에서의 H−Se−H 결합 각도는 약 92°이다. 이 분자의 결합을 묘사하기 위해 원자가 결합 이론을 사용하시오.

전략 중심 원자의 바닥상태 전자 배치를 고려하고, 결합 형성에 사용할 수 있는 오비탈을 결정한다.

계획 Se의 바닥상태 전자 배치는 $[Ar]4s^23d^{10}4p^4$이다. 그것의 오비탈 도표($4p$ 오비탈만 보여주는)는 다음과 같다.

$$\boxed{\uparrow\downarrow}\ \boxed{\uparrow}\ \boxed{\uparrow}$$
$$4p^4$$

풀이 $4p$ 오비탈 중 2개가 단독으로 점유되었기 때문에 결합에 사용할 수 있다. H_2Se의 결합은 수소 $1s$ 오비탈과 Se 원자의 오비탈들과의 겹침의 결과로 형성된다.

> **생각해 보기**
>
> Se 원자의 $4p$ 오비탈은 모두 서로 수직이기 때문에 겹침으로 생기는 결합 사이의 각이 약 $90°$가 된다는 것을 기대할 수 있다.

추가문제 1 약 94°의 H−P−H 결합각을 갖는 포스핀(PH_3)의 결합을 묘사하기 위해 원자가 결합 이론을 이용하시오.

추가문제 2 결합을 설명하기 위해 원자가 결합 이론을 사용할 수 없는 분자는 다음의 분자들 중 어느 것인가? 설명하시오. SO_2(O−S−O 결합 각도~120°), CH_4(H−C−H 결합 각도=109.5°), AsH_3(H−As−H 결합 각도=92°)

추가문제 3 원자가 결합 이론이 관찰된 결합각을 설명하기에 충분한 종은 다음 모델 중 어떤 것인가? 설명하시오.

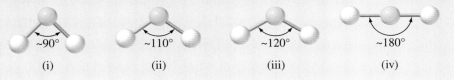

~90°	~110°	~120°	~180°
(i)	(ii)	(iii)	(iv)

9.4 원자 오비탈의 혼성화

비록 원자가 결합 이론이 유용하고 Lewis 결합 이론보다 실험 관측의 더 많은 부분을 설명할 수 있지만, 원자가 결합 이론은 많은 분자들의 결합을 설명하지 못한다. 예를 들어, 원자가 결합 이론에 따르면 원자는 다른 원자와 결합을 형성하기 위해 단독 점유된 원자 오비탈을 가져야 한다. 그렇다면 어떻게 $BeCl_2$에서 결합을 설명할 수 있는가? 중심 원자, Be는 $[He]2s^2$의 바닥상태 전자 배열을 가지므로 홀전자가 없다. 바닥상태에서 단독 점유된 원자 오비탈이 없이 어떻게 두 개의 결합을 형성하는가?

게다가, 중심 원자의 바닥상태 전자 배열이 필요한 수의 홀전자가 있는 경우, 관찰된 결합각을 어떻게 설명하는가? 탄소는 황처럼 바닥상태에서 두 개의 홀전자를 가지고 있다. 원자가 결합 이론을 지침으로 사용하여, CO_2와 같이 산소와의 두 가지 공유 결합 형성을 상상할 수 있다. 하지만, 만일 C상의 2개의 홀전자(각각 $2p$ 오비탈에 존재함)가 결합

:$\ddot{C}l$−Be−$\ddot{C}l$:
$BeCl_2$

> **학생 노트**
> C의 바닥상태 오비탈 도표는 다음과 같다.
>
> $$\boxed{\uparrow\downarrow}\quad\boxed{\uparrow\downarrow}\quad\boxed{\uparrow}\ \boxed{\uparrow}\ \boxed{\ }$$
> $$1s^2\qquad 2s^2\qquad\quad 2p^2$$

을 형성한다면, O−C−O 결합 각도는 H_2S에서의 결합 각도처럼 $90°$ 정도여야 한다. 실제로 이산화 탄소의 결합 각도는 $180°$이다.

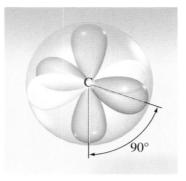

180°

실제 결합 각도는 180°이다.

결합 각도는 90°여야 한다.

이러한 관측과 다른 관측을 설명하기 위해, **혼성화**(hybridization) 또는 원자 오비탈의 **혼합**(mixing)을 포함하도록 오비탈 겹침에 대한 논의를 확장해야 한다.

원자 오비탈의 혼성화에 대한 아이디어는 분자 기하 구조와 분자의 결합과 관찰된 결합 각을 설명하기 위한 일로 시작한다. 오비탈 겹침에 대한 논의를 확장하고 원자 오비탈의 혼성화 개념을 도입하기 위해, 먼저 중심 원자에 2개의 전자 영역을 가지고 있는 **염화 베릴륨**($BeCl_2$)을 고려해 보자. 그것의 Lewis 구조(여백에 표시)와 VSEPR 모델을 사용하여, $BeCl_2$가 $180°$의 Cl−Be−Cl 결합각을 가질 것으로 예측된다. 하지만 만일 이것이 사실이라면, 어떻게 홀전자가 없는 Be가 두 개의 결합을 형성할 수 있으며, 왜 두 결합 사이의 각도는 $180°$인가?

질문의 첫 부분에 답하기 위해, $2s$ 오비탈에 있는 전자 중 하나가 비어 있는 $2p$ 오비탈로 **승위**(promotion)되는 것을 상상한다. 전자는 낮은 원자 오비탈에서 높은 원자 오비탈로 승위될 수 있음을 기억하자[◀◀ 6.3절]. 바닥상태의 전자 배열은 모든 전자가 가능한 가장 낮은 에너지의 오비탈을 차지하는 것이다. 하나 이상의 전자가 더 **높은**(higher) 에너지 오비탈을 차지하는 배열을 **들뜬**(excited)상태라고 부른다. 들뜬상태는 일반적으로 별표(예: 들뜬상태의 Be 원자에 대해서는 Be*)로 표시된다. 원자가 오비탈을 보여주면, 베릴륨의 원자가 전자 중 하나의 승위를 다음과 같이 나타낼 수 있다.

$3s^2$ $3p^5$

Cl의 오비탈 도표

Be ⇅ $2s^2$ ☐☐☐ $2p$ —승위→ Be* ↑ $2s^1$ ↑☐☐ $2p^1$

원자가 전자 중 하나가 $2p$ 부껍질로 승위되면, Be 원자는 이제 2개의 홀전자를 가지므로 2개의 결합을 형성할 수 있다. 그러나 두 개의 홀전자가 존재하는 오비탈은 서로 다르므로 이 두 오비탈(각각 Cl 원자의 $3p$ 오비탈과)의 겹침의 결과로 형성된 결합이 다를 것으로 예상할 수 있다.

$2s$ $3p$ ≠ $2p$ $3p$

그러나 실험적으로 $BeCl_2$의 결합은 길이와 결합력이 동일하다.

s 오비탈과 p 오비탈의 혼성화

베릴륨이 두 개의 동일한 결합을 형성하는 방법을 설명하기 위해, 홀전자가 존재하는 오비탈을 섞어서 두 개의 동등한 오비탈을 만들어야 한다. **혼성화**(hybridization)로 알려진 과정인 베릴륨의 2s 오비탈과 2p 오비탈 중 하나의 오비탈의 혼합은 s도 p도 아니지만 각각의 일부 특성이 있는 두 개의 **혼성 오비탈**(hybrid orbital)을 만든다. 혼성 오비탈은 2sp 또는 단순히 sp라고 한다.

> **학생 노트**
> 혼성 오비탈은 전자 영역(electron domain)의 다른 유형이다.

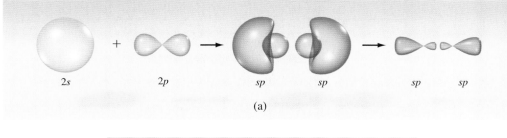

하나의 s 오비탈과 하나의 p 오비탈을 혼합하여 두 개의 sp 오비탈을 만든다.

s 오비탈과 p 오비탈에 대한 양자 역학 파동 함수의 수학적 조합은 두 개의 새롭고 동등한 파동 함수를 발생시킨다. 그림 9.5(a)에서 볼 수 있듯이, 각 sp 혼성 오비탈은 하나의 작은 로브와 하나의 큰 로브를 가지고 있으며, 한 원자의 두 전자 영역과 마찬가지로, 그들은 서로 180° 각도를 가지고 반대 방향으로 배향되어 있다. 이 그림은 명확성을 위해 원자와 혼성 오비탈을 따로따로 보여준다. 혼성 오비탈은 두 가지 방식으로 표현됨을 주의하자. 첫 번째는 보다 사실적인 모양인 반면 두 번째는 그림을 명확하게 하고 오비탈의 시각

> **학생 노트**
> 혼성 오비탈의 모양을 그릴때, 오비탈은 파동처럼 건설적으로 또는 파괴적으로 결합될 수 있음을 기억하는 것이 도움을 줄 수 있다. 각각의 sp 혼성 오비탈의 큰 로브를 건설적인(constructive) 조합의 결과로 생각할 수 있고, 작은 로브를 파괴적인(destructive) 조합의 결과로 생각할 수 있다.

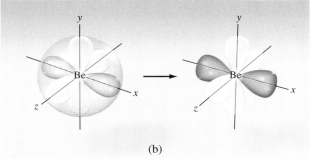

(a)

(b)

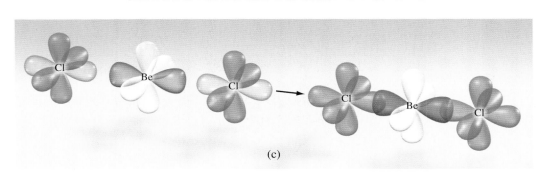

(c)

그림 9.5 (a) 하나의 s 원자 오비탈(노란색)과 하나의 p 원자 오비탈(파란색)은 결합하여 두 개의 sp 혼성 오비탈(초록색)을 형성한다. 실제적인 혼성 오비탈의 모양은 왼쪽의 초록색 모양이다. 더 가는 모양인 오른쪽 초록색 모양은 그림을 명확하게 그리는 데 사용된다. (b) Be의 2s 오비탈과 2p 오비탈 중 하나가 결합되어 두 개의 sp 혼성 오비탈을 형성한다. 비어 있는 오비탈은 흰색으로 표시하였다. 임의의 두 전자 영역과 마찬가지로 Be의 혼성 오비탈은 180° 떨어져 있다. (c) Be의 혼성 오비탈은 각각 Cl 원자의 단독 점유된 3p 오비탈과 겹친다

화를 쉽게 하기 위해 이용하는 단순한 모양이다. 혼성 오비탈의 표현은 초록색임도 주의하자. 그림 9.5(b)는 베릴륨 핵에 대한 원자 오비탈과 혼성 오비탈의 위치를 각각 나타낸다.

각각 하나의 홀전자를 포함하는 2개의 sp 혼성 오비탈을 통해 어떻게 Be 원자가 2개의 Cl 원자와 2개의 동일한 결합을 형성할 수 있는지 볼 수 있다[그림 9.5(c)]. Be 원자에 있는 각각의 단독 점유된 sp 혼성 오비탈은 각각 Cl 원자의 단독 점유된 $3p$ 원자 오비탈과 겹친다. 원자에서 전자를 승위시키는 데 필요한 에너지는 결합이 형성될 때 방출되는 에너지로 보상된다.

삼플루오린화 붕소(BF_3)의 결합과 삼각 평면형 기하 구조에 대해 유사한 분석을 할 수 있다. B 원자의 바닥상태 전자 배열은 $[He]2s^2 2p^1$이며, 단 하나의 홀전자를 포함한다. $2s$ 전자 중 하나의 빈 $2p$ 오비탈로의 승위는 3개의 결합의 형성을 설명하는 데 필요한 3개의 홀전자를 가져다 준다. 바닥상태와 들뜬상태의 전자 배열은 다음과 같이 표현될 수 있다.

BF_3

BF_3의 3개의 결합이 동일하기 때문에 3개의 단독 점유된 **혼성 오비탈**을 만들기 위해 3개의 단독 점유된 원자 오비탈(하나의 s와 두 개의 p 오비탈)을 혼성하여야 한다.

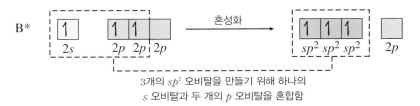

3개의 sp^2 오비탈을 만들기 위해 하나의 s 오비탈과 두 개의 p 오비탈을 혼합함

그림 9.6은 BF_3에서의 혼성화와 결합 형성을 보여준다.

두 경우 모두(즉, $BeCl_2$ 및 BF_3에 대해) 모든 p 오비탈이 아닌 일부 p 오비탈은 혼성화된다. BF_3의 경우처럼 나머지 혼성되지 않은 원자 p 오비탈이 같이 전자를 포함하지 않을 때, 그것들은 이 장에서 결합에 대한 논의의 대상이 아닐 것이다. 그러나 9.5절에서 보게 되겠지만, 전자를 포함하고 있는 혼성화되지 않은 원자 오비탈은 분자에서의 결합을 설명할 때 중요하다.

이제 메테인 분자(CH_4)에 같은 종류의 분석을 적용할 수 있다. CH_4의 Lewis 구조는 중심 탄소 원자 주위에 4개의 전자 영역을 갖는다. 이것은 4개의 혼성 오비탈이 필요하다는 것을 의미하며, 이는 4개의 원자 오비탈이 혼성화되어야 함을 의미한다. C 원자의 바닥상태 전자 배열은 2개의 홀전자를 포함한다. $2s$ 오비탈에서 한 전자가 빈 $2p$ 오비탈로 승위하면 4개의 결합을 형성하는 데 필요한 4개의 홀전자가 생성된다.

하나의 s 오비탈과 3개의 p 오비탈의 혼성화는 sp^3로 지정된 4개의 혼성 오비탈을 만든다. 그런 다음 원래 s 및 p 원자 오비탈에 있던 전자를 sp^3 혼성 오비탈에 배치할 수 있다.

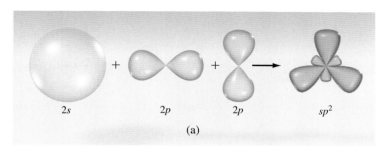

그림 9.6 (a) 1개의 s 원자 오비탈과 2개의 p 원자 오비탈은 결합하여 3개의 sp^2 혼성 오비탈을 이룬다. (b) B의 3개의 sp^2 혼성 오비탈은 삼각 평면에 배열된다.(빈 원자 오비탈은 흰색으로 표시된다.) (c) B의 혼성 오비탈은 F의 $2p$ 오비탈과 겹친다.

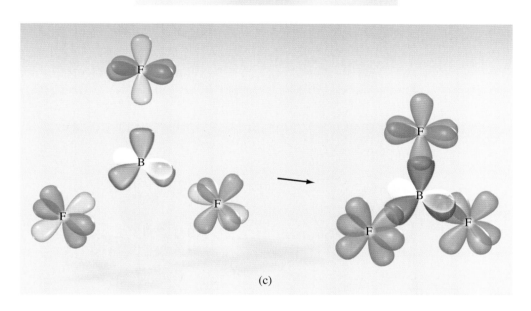

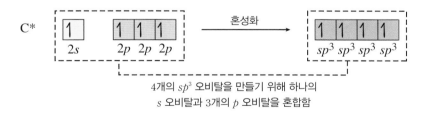

4개의 sp^3 오비탈을 만들기 위해 하나의 s 오비탈과 3개의 p 오비탈을 혼합함

중앙 원자의 임의의 4개의 전자 영역처럼 탄소상의 4개의 sp^3 혼성 오비탈 집합은 사면체 배열을 가정한다. 그림 9.7은 C 원자의 혼성화가 어떻게 CH_4에서 관찰되는 4개의 결합과 $109.5°$ 결합각을 형성하는지를 보여준다.

s, p, d 오비탈의 혼성화

주기율표의 세 번째 주기와 그 이후의 원소들은 추가 전자를 보유할 수 있는 d 오비탈을 가지고 있기 때문에 필연적으로 팔전자 규칙을 따르지는 않는다는 것을 기억하자[◀◀ 8.5절].

PCl_5

그림 9.7 (a) 1개의 s 원자 오비탈과 3개의 p 원자 오비탈이 결합하여 4개의 sp^3 혼성 오비탈을 형성한다. (b) C의 4개의 sp^3 혼성 오비탈은 정사면체형으로 배열된다. (c) C의 혼성 오비탈은 H상의 $1s$ 오비탈과 겹친다. 명확하게 하기 위해, 혼성 오비탈의 작은 로브는 나타내지 않는다.

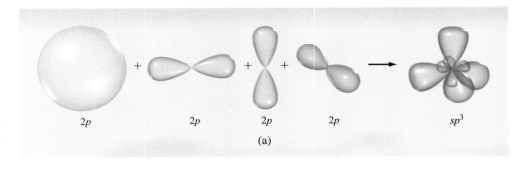

(a)

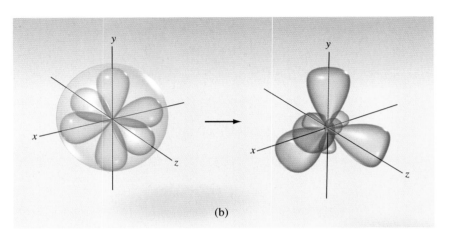

(b)

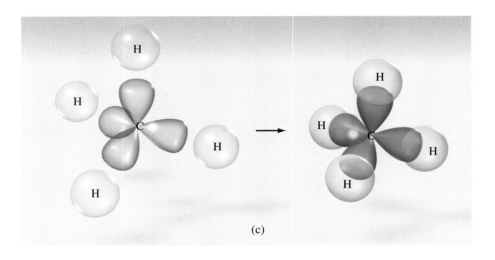

(c)

중심 원자에 4개 이상의 전자 영역이 있는 분자들의 결합과 기하 구조를 설명하기 위해, 혼성화 계획에 d 오비탈을 포함시켜야 한다. 예를 들어, PCl_5는 P 원자 주위에 5개의 전자 영역을 갖는다. 이 분자에서 5개의 결합을 설명하기 위해, 5개의 단독 점유된 혼성 오비탈이 필요할 것이다. P 원자의 바닥상태 전자 배열은 $[Ne]3s^2 3p^3$이며, 3개의 홀전자를 포함하고 있다. 하지만 이 경우 3개의 p 오비탈이 모두 점유되었기 때문에, $3s$ 오비탈에서 $3p$ 오비탈로의 전자의 승위는 추가적인 홀전자를 초래하지 않을 것이다. 그러나 $3s$ 오비탈의 전자를 빈 $3d$ 오비탈로 승위시켜 필요한 5개의 홀전자를 형성할 수 있다.

하나의 s 오비탈, 3개의 p 오비탈 및 하나의 d 오비탈의 혼성은 sp^3d로 표현되는 혼성 오비탈을 만든다. 5개의 전자를 5개의 혼성 오비탈에 놓은 후에 분자의 5개의 결합 형성을 합리화할 수 있다.

5개의 sp^3d 오비탈을 만들기 위해 1개의 s 오비탈,
3개의 p 오비탈, 1개의 d 오비탈을 혼합함

sp^3d 오비탈은 sp, sp^2 및 sp^3 혼성 오비탈(즉, 하나의 큰 로브와 하나의 작은 로브)에서 본 것과 비슷한 모양을 가진다. 또한, 5개의 혼성 오비탈은 삼각 쌍뿔형의 배열을 채택하여 PCl_5의 기하 구조 및 결합각을 설명할 수 있게 한다.

학생 노트
혼성 오비탈 표기법의 위 첨자 숫자는 혼성화에 참여한 원자 오비탈 수를 나타내는 데 사용된다. 위 첨자가 1일 때는 표시되지 않는다(화학식의 아래 첨자와 유사).

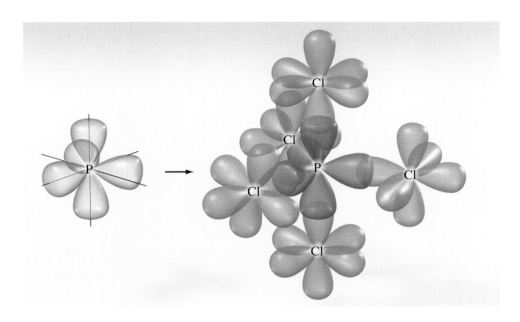

유사한 분석이 SF_6 분자로 수행될 수 있다. S 원자의 바닥상태의 전자 배열은 [Ne] $3s^2 3p^4$이며, 2개의 홑전자만을 제공한다. 6개의 S−F 결합을 형성하는 데 필요한 6개의 홑전자를 얻기 위해서는 두 개의 전자를 비어 있는 d 오비탈로 승위시켜야 한다(하나는 $3s$ 오비탈에서, 하나는 이중 점유된 $3p$ 오비탈에서). 그 결과 혼성 오비탈은 sp^3d^2로 지정된다.

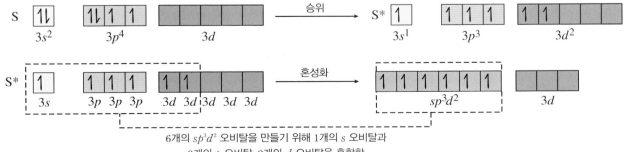

6개의 sp^3d^2 오비탈을 만들기 위해 1개의 s 오비탈과
3개의 p 오비탈, 2개의 d 오비탈을 혼합함

그러므로 S 원자의 각 sp^3d^2 혼성 오비탈이 F 원자의 단독 점유된 $2p$ 오비탈과 겹칠 때, SF_6의 6개 결합이 형성된다.

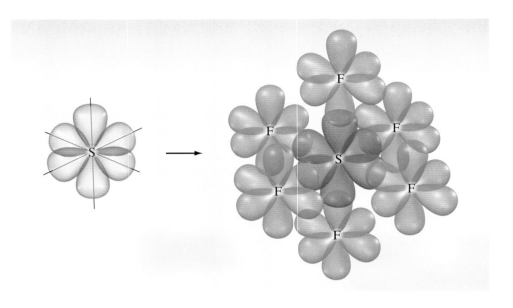

표 9.4는 중심 원자의 전자 영역 수가 혼성 오비탈 집합에 어떻게 대응하는지를 보여준다. 일반적으로 분자의 혼성화된 결합은 다음의 단계를 사용하여 묘사될 수 있다.

1. Lewis 구조를 그리시오.
2. 중심 원자의 전자 영역의 수를 세시오. 이것은 분자의 기하 구조를 설명하는 데 필요한 혼성 오비탈 수이다.[이것은 또한 혼성화를 거쳐야 하는 **원자**(atomic) 오비탈의 수이다.]
3. 중심 원자에 대한 바닥상태 오비탈 도표를 그리시오.
4. 승위에 의해 원자가 홀전자의 수를 최대화하시오.
5. 필요한 수의 혼성 오비탈을 생성하기 위해 필요한 수의 원자 오비탈을 결합하시오.
6. 전자를 쌍으로 만들기 전에 각 오비탈에 하나의 전자를 두면서 혼성 오비탈에 전자를 놓으시오.

> **학생 노트**
> 혼성 오비탈에 두는 전자들은 원래 혼성화를 겪는 원자 오비탈에서 있던 것들이다.

분자 기하 구조를 **예측하기**(predict) 위한 것이 아니라 이미 알려진 기하 구조를 **설명하기**(explain) 위해 혼성 오비탈을 사용한다는 것을 아는 것이 중요하다. 9.3절에서 보았듯이, 많은 분자에서의 결합은 혼성 오비탈 사용 없이 설명될 수 있다. 예를 들어, 황화 수소(H_2S)는 결합각이 92°이다. 이 결합각은 혼성 오비탈을 사용하지 않고 설명하는 것이 가장 좋다.

표 9.4	중심 원자의 전자 영역의 수와 혼성 오비탈				
중심 원자의 전자 영역의 수	2	3	4	5	6
혼성 오비탈	sp	sp^2	sp^3	sp^3d	sp^3d^2
기하 구조	직선형	삼각 평면형	사면체형	삼각 쌍뿔형	팔면체형

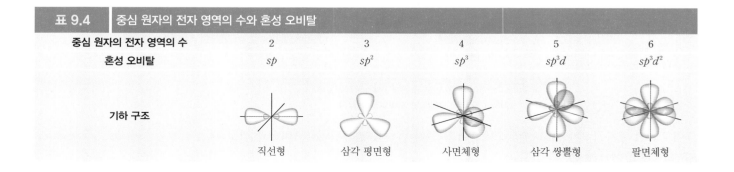

예제 9.4는 분자의 결합과 기하 구조를 설명하기 위해 어떻게 혼성을 이용하는지를 보여준다.

예제 9.4

암모니아(NH_3)는 약 107°의 H−N−H 결합각을 갖는 삼각뿔형 분자이다. 3개의 동등한 N−H 결합의 형성을 묘사하고 그 사이의 각도를 설명하시오.

전략 Lewis 구조로 시작하여 NH_3의 결합을 합리화하는 데 필요한 혼성 오비탈의 수와 유형을 결정한다.

계획 NH_3의 Lewis 구조는 다음과 같다.

$$H-\ddot{N}-H$$
$$\overset{|}{H} \nearrow 107°$$

N 원자의 바닥상태의 전자 배열은 $[He]2s^2 2p^3$이다. 원자가 오비탈 도표는 다음과 같다.

$$N \quad \boxed{\uparrow\downarrow}_{2s^2} \quad \boxed{\uparrow | \uparrow | \uparrow}_{2p^3}$$

풀이 N 원자는 3개의 N−H 결합을 형성하는 데 필요한 3개의 홀전자를 가지고 있지만, 3개의 서로 수직인 $2p$ 오비탈의 겹침으로부터 형성되는 ∼90°(107°가 아님)의 결합각을 예상할 것이다. 그러므로 혼성화는 NH_3에서 결합을 설명하는 데 필요하다.(9.3절에서 결합각이 ∼90°인 H_2S의 결합을 설명하는 데 원자가 결합 이론 혼자서도 이용될 수 있었다는 것을 기억하자−혼성이 불필요하다.) 비록 홀전자의 수를 최대화하기 위해 종종 전자를 승위해야 하지만, NH_3의 질소에 대해서는 승위가 필요하지 않다. 이미 필요한 3개의 홀전자를 갖고 있으며, $2s$ 오비탈에서 $2p$ 오비탈 중 하나로의 전자의 승인은 추가적인 홀전자를 초래하지 않을 것이다. 또한 두 번째 껍질에는 빈 d 오비탈이 없다. Lewis 구조에 따르면, 중심 원자(세 개의 결합과 하나의 고립 전자쌍)에 4개의 전자 영역이 있다. 중심 원자의 4개의 전자 영역은 4개의 혼성 오비탈을 필요로 하며, 4개의 혼성 오비탈은 4개의 원자 오비탈의 혼성을 필요로 한다(1개의 s 오비탈 및 3개의 p 오비탈). 이것은 sp^3 혼성에 해당한다. 혼성화에 관련된 원자 오비탈은 총 5개의 전자를 포함하기 때문에 결과 혼성 오비탈에 5개의 전자를 배치한다. 이것은 혼성 오비탈 중 하나에 하나의 고립 전자쌍이 포함된다는 것을 의미한다.

각 N−H 결합은 N 원자의 sp^3 혼성 오비탈과 H 원자의 $1s$ 원자 오비탈 사이의 겹침에 의해 형성된다. 중심 원자에는 4개의 전자 영역이 있기 때문에 그들이 사면체형으로 배열될 것으로 보인다. 또한, 전자 영역 중 하나가 고립 전자쌍이기 때문에 H−N−H 결합각이 이상적인 사면체형의 결합각인 109.5°보다 약간 작을 것으로 예측된다.

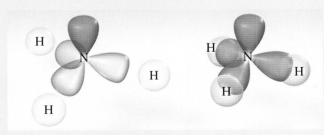

생각해 보기

이 분석은 실험적으로 관찰된 NH_3의 기하 구조와 107°의 결합각과 일치한다.

추가문제 1 오플루오린화 브로민(BrF_5)의 결합을 묘사하고, 결합각을 설명하기 위해 혼성 오비탈 이론을 이용하시오.

추가문제 2 BeF_2의 결합을 묘사하고 결합각을 설명하기 위해 혼성 오비탈 이론을 이용하시오.

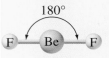

추가문제 3 다음 화합물 중 기하 구조를 설명하기 위해 혼성 오비탈이 반드시 사용되어야 하는 종을 표시하시오.
CCl_4, Cl_2, SO_3^{2-}, ClF

9.5 다중 결합을 포함하는 분자의 혼성화

원자가 결합 이론과 혼성화의 개념은 또한 에틸렌(C_2H_4)과 아세틸렌(C_2H_2)과 같은 이중 결합과 삼중 결합을 포함하는 분자에서의 결합을 묘사하는 데 사용될 수 있다. 에틸렌의 Lewis 구조는 다음과 같다.

각 탄소 원자는 세 개의 전자 영역(두 개의 단일 결합과 하나의 이중 결합)에 의해 둘러싸여 있다. 따라서 BF_3의 B 원자와 마찬가지로 각 C 원자에 대한 혼성이 sp^2가 될 것으로 예측할 수 있다. 9.4절에 설명된 절차를 적용하여, 먼저 $2s$ 오비탈에서 빈 $2p$ 오비탈로 전자를 승위시켜 홀전자의 수를 최대화한다.

그런 다음 필요한 수의 원자 오비탈을 혼성화한다. 이 경우 3개이다(C 원자의 각 전자 영역에 대해 1개씩).

삼각 평면에 배열된 3개의 동등한 sp^2 혼성 오비탈은 각 C 원자에 대한 3개의 결합을 설명할 수 있게 해준다. 그러나 이 경우 각 C 원자는 단독으로 점유되고 **혼성되지 않은**(unhybridized) 원자 오비탈로 남게 된다. 앞으로 보게 되겠지만, 그것이 분자에서 다중 결합을 일으키는 혼성에 관여하지 않는 단독 점유된 p 오비탈이다.

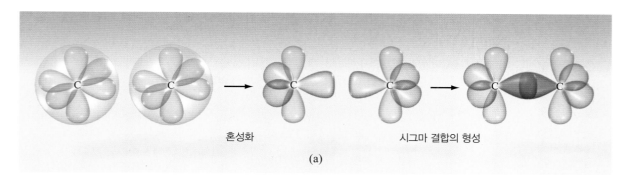

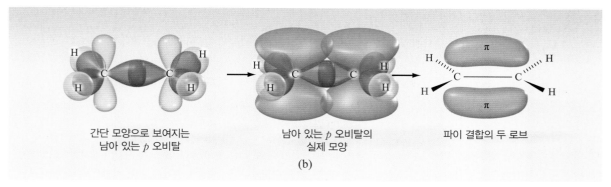

그림 9.8 (a) 시그마 결합은 C 원자상의 sp^2 혼성 오비탈이 겹칠 때 형성된다. 각 C 원자는 하나의 남아 있는 혼성화되지 않은 p 오비탈을 갖는다. (b) 남아 있는 p 오비탈은 파이 결합을 형성하기 위해 겹친다.

지금까지 설명한 결합 방식에서 원자 오비탈 또는 혼성 오비탈의 겹침은 결합에 관련된 두 핵 사이에서 직접적으로 일어난다. 공유하는 전자 밀도가 직접적으로 핵간의 축을 따라 집중되어 있는 결합을 **시그마 결합**[sigma(σ) bond]이라고 부른다. 에틸렌 분자[**에텐**(ethene)으로도 알려짐]는 5개의 시그마 결합을 포함한다[2개의 C 원자 사이의 결합 하나와(각각의 C 원자에서 sp^2 혼성 오비탈 중 하나의 겹침의 결과) C와 H 원자 사이의 4개(각 C 원자의 sp^2 혼성 오비탈과 H 원자에 있는 $1s$ 오비탈의 겹침의 결과)]. 남아 있는 혼성되지 않은 p 오비탈은 분자의 원자가 놓여있는 평면에 수직이다. 그림 9.8(a)는 sp^2 혼성 오비탈의 형성과 겹침을 보여주며, 각 C 원자의 남아 있는 p 오비탈의 위치를 보여준다.

원자와 혼성 오비탈을 나타내는 데 사용되는 모양은 분자를 쉽게 시각화하기 위해 단순화됨을 기억하자. 원자 및 혼성 오비탈의 실제 모양은 sp^2 혼성 오비탈이 2개의 C 원자 사이에 시그마 결합을 형성하기 위해 겹칠 때, 남아 있는 혼성화되지 않은 p 오비탈 또한 작은 정도이지만 겹치는 것이다. 그림 9.8(b)는 에틸렌에서 2개의 C 원자에 있는 혼성되지 않은 p 오비탈의 겹침을 보여준다. 전자 밀도가 직접적으로 핵간의 축을 따라 집중되어 있는 시그마 결합과는 대조적으로, 전자 밀도의 결과적인 영역은 분자 평면 위 및 아래에 집중된다. p 오비탈의 측면 겹침으로부터 형성된 결합은 **파이 결합**[pi(π) bond]이라 불린다. 그림 9.8(b)에 나타난 두 개의 겹침 영역이 함께 하나의 파이 결합을 구성한다. 그것이 에틸렌 분자를 평면으로 만드는 파이 결합의 형성이다.

시그마 결합과 파이 결합은 함께 **이중**(double) 결합을 구성한다. p 오비탈의 측면 겹침은 서로에게 직접 향하는 혼성 오비탈의 겹침만큼 효과적이지 않으므로, 결합의 전체 강도에 대한 파이 결합의 기여는 시그마 결합보다는 작다. 탄소-탄소 이중 결합의 결합 엔탈피(620 kJ/mol)는 탄소-탄소 단일 결합(347 kJ/mol)의 크기보다 크지만 두 배만큼 크지는 않다[◀◀ 8.9절].

예제 9.5는 분자에서 시그마 결합과 파이 결합의 수를 결정하기 위해 어떻게 Lewis 구조를 사용해야 하는지를 보여준다.

예제　9.5

탈리도마이드($C_{13}H_{10}N_2O_4$)는 미국에서는 아니지만 1950년대에 입덧으로 고통받는 임산부에게 널리 처방된 진정제 겸 항염제이다. 이것이 수많은 치명적인 선천적 결함을 유발한다고 밝혀졌을 때 사용이 중단되었다. 탈리도마이드에서 탄소−탄소 시그마 결합의 수와 파이 결합의 총 수를 결정하시오.

학생 노트
탈리도마이드의 역사에 관한 더 많은 이야기는 20장의 단원 소개와 종합 연습 문제를 보자.

탈리도마이드

전략 단일 및 이중 결합의 수를 결정하기 위해 Lewis 구조를 사용한다. 그런 다음 단일 및 이중 결합 수를 시그마 및 파이 결합 수로 변환하려면 단일 결합은 일반적으로 시그마 결합으로 구성되는 반면, 이중 결합은 보통 시그마 결합과 파이 결합으로 구성된다는 것을 기억한다.

계획 9개의 탄소−탄소 단일 결합과 3개의 탄소−탄소 이중 결합이 있다. 전체적으로 분자 내에 7개의 이중 결합이 있다(3개의 C=C와 4개의 C=O).

풀이 탈리도마이드는 12개의 탄소−탄소 시그마 결합과 총 7개의 파이 결합(탄소−탄소 이중 결합에 3개, 탄소−산소 이중 결합에 4개)을 포함한다.

생각해 보기

탈리도마이드에 주어진 Lewis 구조는 가능한 두 가지 공명 구조 중 하나이다. 다른 공명 구조를 그리고 시그마 결합과 파이 결합을 다시 세시오. 두 답이 같아야 한다.

추가문제 1 타이레놀과 다수의 다른 처방전 없이 구입할 수 있는 진통제의 활성 성분은 아세트아미노펜($C_8H_9NO_2$)이다. 아세트아미노펜 분자에서 시그마 결합과 파이 결합의 총 수를 결정하시오.

아세트아미노펜

추가문제 2 아스피린 분자($C_9H_8O_4$)에서 시그마 결합과 파이 결합의 총 수를 결정하시오.

아스피린

추가문제 3 원자가 결합 이론과 혼성 오비탈의 관점에서 왜 C_2H_2와 C_2H_4는 파이 결합을 포함하고, 반면 C_2H_6는 왜 파이 결합이 없는지 그 이유를 설명하시오.

각 파이 결합을 형성하는 p 오비탈은 서로 평행해야 하므로, 파이 결합은 시그마 결합이 하지 않는 방식으로 분자의 회전을 제한한다. 예를 들어, 분자 1,2-다이클로로에테인은 단일 이성질체로 존재한다. 그림 9.9(a)에 보이는 두 가지 방법을 포함하여 여러 가지 방법으로 분자를 그릴 수 있지만, 분자는 두 탄소 원자 사이의 시그마 결합에 대해 자유롭게 회전할 수 있기 때문에 그들 모두 동일하다.

한편, 1,2-다이클로로에틸렌은 그림 9.9(b)에서 보는 바와 같이 **시스(cis)**와 **트랜스(trans)**의 두 가지 별개의 이성질체로 존재한다. 탄소 원자 사이의 이중 결합은 하나의 시그마 결합과 하나의 파이 결합으로 구성된다. 파이 결합은 시그마 결합에 대한 회전을 제한하여 분자를 단단하고 평면으로 만들며 상호 교환할 수 없도록 만든다. 하나의 이성질체를 다른 것으로 바꾸려면 파이 결합이 깨져야 하고, 시그마 결합과 파이 결합에 대해 회전이 발생해야 한다. 이 과정에는 상당한 에너지의 투입이 필요하다.

아세틸렌 분자(C_2H_2)는 선형이다. Lewis 구조에서 각 탄소 원자는 그 주위에 두 개의 전자 영역을 갖기 때문에, 탄소 원자는 sp 혼성화되었다. 이전과 마찬가지로 전자의 승위는 먼저 홀전자의 수를 최대화한다.

학생 노트
이성질체(isomer)는 동일한 화학식이지만 다른 원자의 구조 배열을 지닌 분자이다[◀◀ 9.2절].

$$H-C\equiv C-H$$
$$C_2H_2$$

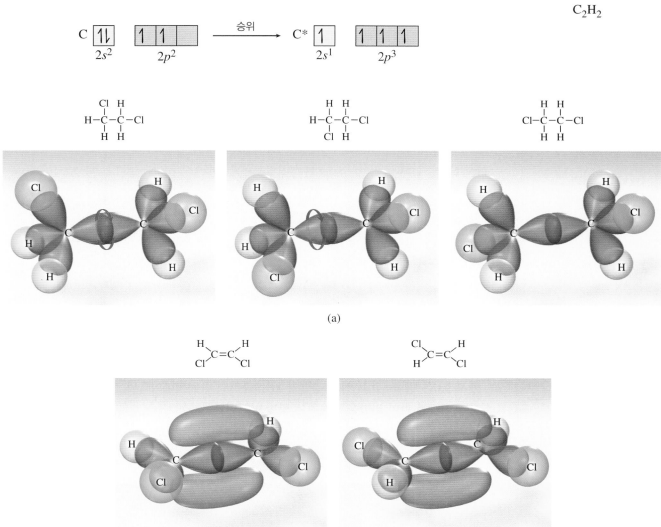

그림 9.9 (a) C−C 단일 결합에 대해 자유 회전이 있다. 3개의 Lewis 구조는 모두 동일한 분자를 나타낸다. (b) C−C 이중 결합에 대해서는 회전이 없다. CHClCHCl의 두 가지 이성질체가 있다.

그 다음 2개의 sp 혼성 오비탈을 형성하기 위해 $2s$ 오비탈과 $2p$ 오비탈 중 하나가 혼합된다.

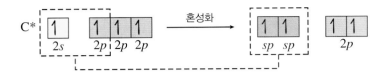

이것은 각 C 원자에 2개의 혼성되지 않은 p 오비탈(각 하나의 전자를 포함하는)을 남긴다. 그림 9.10은 아세틸렌 분자[**에타인**(ethyne)이라고도 알려짐] 시그마 결합과 파이 결합을 보여준다. 하나의 시그마 결합과 하나의 파이 결합이 **이중**(double) 결합을 구성하는 것처럼, 하나의 시그마 결합과 2개의 파이 결합이 **삼중**(triple) 결합을 구성한다. 그림 9.11 (382~383쪽)은 에테인, 에틸렌 및 아세틸렌의 결합 형성을 요약한 것이다.

그림 9.10 (a) 아세틸렌에서 시그마 결합의 형성 (b) 아세틸렌에서 파이 결합의 형성

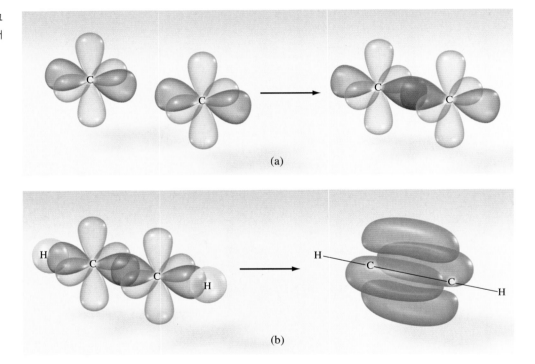

예제 9.6은 탄소−산소 이중 결합이 있는 분자인 폼알데하이드의 결합을 설명하기 위해 혼성 오비탈과 파이 결합을 사용하는 방법을 보여준다.

예제 9.6

폼알데하이드 가스는 실험실 표본의 방부제로서 수용액에서 사용되는 것 외에도 항박테리아 훈증제로 사용된다. 폼알데하이드 (CH_2O)의 결합을 설명하기 위해 혼성화를 사용하시오.

전략   폼알데하이드 Lewis 구조를 그리고, C와 O 원자의 혼성화를 결정하고 분자 내에 시그마와 파이 결합의 형성을 묘사한다.

계획   폼알데하이드 Lewis 구조는 다음과 같다.

$$\overset{\overset{\displaystyle \cdot\cdot}{\underset{\displaystyle \cdot\cdot}{O}}}{\underset{\displaystyle}{\text{H}-\text{C}-\text{H}}}$$

C 원자와 O 원자는 각각 주위에 세 개의 전자 영역을 가지고 있다.[탄소에는 두 개의 단일 결합(C−H)과 하나의 이중 결합(C=O) 이 있다. 산소에는 하나의 이중 결합(O=C)과 두 개의 고립 전자쌍이 있다.]

풀이   세 전자 영역은 sp^2 혼성화에 해당한다. 탄소의 경우, $2s$ 오비탈에서 빈 $2p$ 오비탈로의 한 전자의 승위는 홀전자의 수를 최대 화하기 위해 필요하다. 산소의 경우, 승위는 필요하지 않다. 각각은 sp^2 혼성 오비탈을 만들기 위해 혼성화를 거친다. 그리고 각각은 단독으로 점유되고, 혼성되지 않은 p 오비탈로 남겨진다.

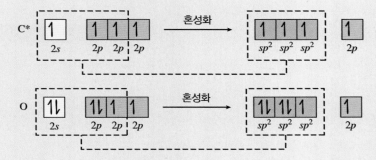

시그마 결합은 각각의 sp^2 혼성 오비탈 중 하나의 겹침에 의해 C와 O 원자 사이에 형성된다. 각 H 원자의 $1s$ 오비탈과 탄소의 남아 있는 sp^2 혼성 오비탈의 겹침으로 인해 두 개의 시그마 결합이 C 원자와 H 원자 사이에 형성된다. 마지막으로 파이 결합을 형성하기 위해 C와 O에 남아 있는 p 오비탈은 겹쳐진다.

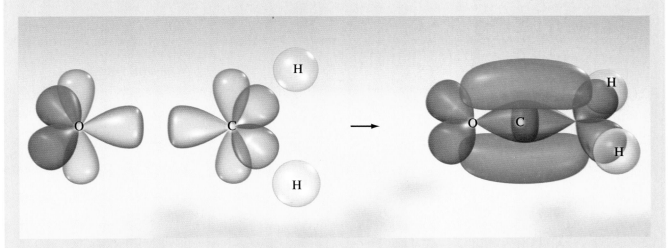

> ### 생각해 보기
> 우리의 분석은 C와 O 원자 사이의 시그마 결합과 파이 결합의 형성을 설명한다. 이것은 Lewis 구조에 의해 예측된 이중 결합과 정확하게 일치한다.(O 원자의 2개의 고립 전자쌍은 이중 점유된 sp^2 혼성 오비탈의 전자이다.)

추가문제 1   사이안화 수소(HCN)의 결합을 설명하기 위해 원자가 결합 이론과 혼성 오비탈을 사용하시오.

추가문제 2   이원자 질소(N_2)의 결합을 설명하기 위해 원자가 결합 이론과 혼성 오비탈을 사용하시오.

추가문제 3   왜 혼성 오비탈이 N_2와 O_2의 결합을 설명하기 위해서는 필요하지만 H_2 또는 Br_2의 결합을 설명하기 위해서는 필요하지 않은지 설명하시오.

그림 9.11
에틸렌과 아세틸렌에서 파이 결합의 형성

두 C 원자에 $2s$ 및 $2p$ 원자 오비탈

에테인(C_2H_6)에서 C 원자들은 sp^3 혼성화이다.

에틸렌(C_2H_4)에서 탄소 원자들은 sp^2 혼성화이다.

sp^2 혼성 오비탈들의 겹침이 두 C 원자 사이의 시그마 결합을 형성한다.

아세틸렌(C_2H_2)에서 탄소 원자들은 sp 혼성화이다.

sp 혼성 오비탈들의 겹침이 두 C 원자 사이의 시그마 결합을 형성한다.

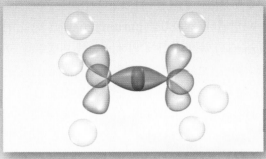

sp^3 혼성 오비탈의 겹침이 두 개의 C 원자 사이에
하나의 시그마 결합을 형성한다.

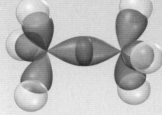

각 C 원자는 H 원자와 3개의
시그마 결합을 형성한다.

각 C 원자는 H 원자와 두 개의 시그마 결합을
형성한다. 각 C 원자는 하나의 남겨진
혼성화되지 않은 p 오비탈을 갖는다.

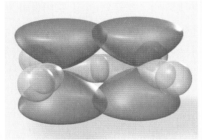

실제에 더 가까운 모양을 이용하게 되면
p 오비탈이 어떻게 겹치게 되는지 알 수 있다.

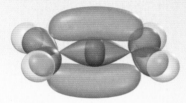

평행하고 혼성화되지 않은 p 오비탈은
겹쳐서 두 개의 로브를 갖는
파이 결합을 형성한다.

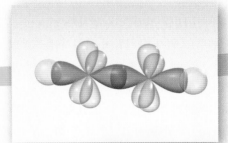

각 C 원자는 하나의 H 원자와 하나의
시그마 결합을 형성한다. 각 C 원자는 두 개의
남겨진 혼성화되지 않은 p 오비탈을 갖는다.

각 쌍의 평행하고 혼성화되지 않은
p 오비탈은 겹쳐서 두 개의 로브를 갖는
파이 결합을 형성한다.

요점은 무엇인가?

탄소가 sp^2 또는 sp 혼성화될 때, 평행하고, 혼성화되지 않은 p 오비탈은 상호 작용하여 파이 결합을 형성한다. 각 파이 결합은 겹침의 결과로 두 개의 로브로 구성된다.

9.6 분자 오비탈 이론

지금까지 보았던 결합 이론은 분자를 시각화하고 그 모양과 결합각을 예측하도록 간단하고 효과적인 방법을 제공하지만, Lewis 구조와 원자가 결합 이론은 분자의 중요한 특성을 묘사하거나 예측하는 것을 가능하게 하지 못한다. 예를 들어, 이원자 산소는 **상자기성**(paramagnetism)이라고 불리는 특성을 나타낸다. **상자기성**(paramagnetic) 종은 자기장에 의해 끌리는 반면, **반자기성**(diamagnetic) 종은 그들에 의해 약하게 반발된다. 이러한 자기적 성질은 분자의 전자 배열의 결과이다. 모든 전자가 **짝을 지은**(paired) 종은 반자기성인 반면 하나 이상의 **홑**(unpaired)전자를 포함하는 종은 상자기성이다. O_2는 상자기성을 나타내기 때문에, 홑전자를 포함해야 한다. 그러나 O_2의 Lewis 구조(왼쪽 여백에 표시)와 O_2의 원자가 결합 이론 설명에 따르면 O_2의 모든 전자가 쌍을 이루고 있다. 분자 오비탈 이론이라 불리는 또 다른 결합 이론이 산소의 반자기성과 다른 중요한 분자 특징을 설명하기 위해 필요하다.

:O=O:

O_2

분자 오비탈 이론(molecular orbital theory)에 따르면, 결합에 관여하는 원자 오비탈은 결합되어 결합을 형성하는 원자보다는 전체 분자의 "특성"인 새로운 오비탈을 형성한다. 이 새로운 오비탈은 **분자 오비탈**(molecular orbital)이라고 부른다. 분자 오비탈 이론에서 분자 내의 원자에 의해 공유되는 전자는 분자 오비탈에 존재한다.

분자 오비탈은 여러 가지 방법으로 원자 오비탈과 같다.(그들은 특정 모양과 에너지를 가지며, 그들은 각각 최대 두 개의 전자를 수용할 수 있다.) 원자 오비탈의 경우처럼, 같은 분자 오비탈에 있는 두 개의 전자는 Pauli 배타 원리에 의해 요구되는 것처럼 반대 방향의 스핀을 가져야 한다. 그리고 혼성 오비탈과 마찬가지로 우리가 얻는 분자 오비탈의 수는 결합하는 원자 오비탈의 수와 같다.

이 책에서는 분자 오비탈 이론에 대해 주기율표의 첫 두 주기(H부터 Ne까지)의 원소로 구성된 이원자 분자의 결합에 대해서만 설명할 것이다.

결합성 및 반결합성 분자 오비탈

토론을 시작하기 위해, 가장 단순한 동핵 이원자 분자인 H_2를 고려한다. **원자가**(valence) 결합 이론에 따르면 H_2 분자는 2개의 H 원자가 그들의 $1s$ 원자 오비탈이 겹치기에 충분할 만큼 가까울 때 형성된다. **분자**(molecular) 오비탈 이론에 따르면, $1s$ 원자 오비탈이 결합하여 분자 오비탈을 만들 때 2개의 H 원자가 함께 모여 H_2를 형성한다. 그림 9.12는 격리된 H 원자의 $1s$ 원자 오비탈과 그것의 건설적이고 파괴적인 조합으로 인한 분자 오비탈을 보여준다. 2개의 $1s$ 오비탈의 **건설적**(constructive) 조합은 직접적으로 두 H 핵 사이의 핵간 축을 따라 위치하는 분자 오비탈을 만든다[그림 9.12(b)]. 겹치는 원자 오비탈에서 두 핵 사이에 공유되는 전자 밀도가 핵을 함께 당기는 것처럼, 두 핵 사이에 있는 분자 오비탈의 전자 밀도도 그들을 함께 당길 것이다. 따라서, 이 분자 오비탈은 **결합성 분자 오비탈**(bonding molecular orbital)로 불린다.

$1s$ 원자 오비탈의 **파괴적인**(destructive) 조합은 또한 핵간 축을 따라 놓이는 분자 오비탈을 야기하지만, 그림 9.12(c)와 같이 두 개의 로브로 구성된 이 분자 오비탈은 두 개의 핵 사이에 놓이지 않는다. 이 분자 오비탈의 전자 밀도는 실제로 두 핵을 서로의 쪽이 아닌

학생 노트
양자 역학적 접근법은 원자 오비탈을 파동 함수(wave function)로 다루고[◀◀ 6.5절]. 파동의 성질 중 하나는 건설적인 결합과 파괴적인 결합 모두에 대한 능력이라는 것을 기억하자[◀◀ 6.1절].

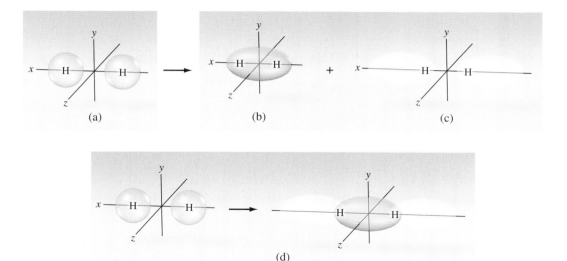

그림 9.12 (a) 두 개의 s 원자 오비탈이 결합되어 두 개의 시그마 분자 오비탈을 만든다. (b) 분자 오비탈 중 하나는 원래 원자 오비탈(어두운)보다 에너지가 낮고, (c) 하나는 에너지가 더 높다(밝은). 두 개의 밝은 노란색 로브가 하나의 분자 오비탈을 구성한다. (d) H 핵에 관련되어 보여지는 원자 및 분자 오비탈

반대 방향으로 민다. 이것을 **반결합성 분자 오비탈**(antibonding molecular orbital)이라고 한다.

σ 분자 오비탈

핵간 축을 따라 존재하는 분자 오비탈(H_2의 결합성 및 반결합성 분자 오비탈과 같은)은 σ 분자 오비탈이라고 부른다. 구체적으로, 2개의 $1s$ 원자 오비탈의 조합에 의해 형성된 **결합성**(bonding) 분자 오비탈은 σ_{1s}로 지정되고, **반결합성**(antibonding) 오비탈은 σ^*_{1s}로 지정되며, 별표는 결합성 오비탈과 반결합성 오비탈을 구별한다. 그림 9.12(d)는 두 개의 분자 오비탈을 만들기 위한 두 개의 $1s$ 원자 오비탈의 결합을 요약한 것이다(하나의 결합성과 하나의 반결합성).

원자 오비탈과 마찬가지로 분자 오비탈은 특정한 에너지를 가지고 있다. 두 개의 H 원자에 두 개의 $1s$ 오비탈처럼 같은 에너지를 갖는 두 개의 원자 오비탈의 조합은 원래의 원자 오비탈들보다 에너지가 낮은 분자 오비탈 한 개(결합성)와, 원래의 원자 오비탈들보다 에너지가 높은 분자 오비탈 한 개(반결합성)가 생성된다. H_2에서 결합성 분자 오비탈은 핵간 축을 따라 핵 사이에 집중되어 있다. 이 분자 오비탈의 전자 밀도는 핵을 끌어당기고 서로를 보호하여 분자를 안정화시킨다. 따라서 결합성 분자 오비탈은 고립된 원자 오비탈보다 에너지가 낮다. 대조적으로, 반결합성 분자 오비탈은 핵간 영역 밖에 전자 밀도의 대부분을 가지고 있다. 이 오비탈의 전자 밀도는 하나의 핵을 다른 핵으로부터 보호하지 못하여 핵 반발력을 증가시키고, 고립된 원자 오비탈보다 반결합성 분자 오비탈의 에너지를 높게 만든다.

분자의 모든 분자 오비탈을 보여주는 것은 매우 복잡한 그림을 만들 수 있다. 분자 오비탈의 그림으로 분자를 나타내지 않고, 분자 오비탈이 적절한 상대 에너지 준위에 배치된 상자로 표현되는 도표를 일반적으로 사용한다. 그림 9.13은 두 개의 고립된 H 원자에서 원

학생 노트

σ와 π의 표시는 분자 오비탈 이론에서도 원자가 결합 이론에서와 같이 사용된다. σ는 핵간 축을 따라 있는 전자 밀도를 의미하고, σ는 두 핵 모두에 영향을 주지만 핵간 축을 따라 직접적으로 놓이지 않는 전자 밀도를 의미한다.

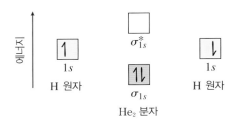

그림 9.13 H의 원자 오비탈과 H_2의 분자 오비탈의 상대 에너지

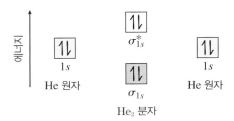

그림 9.14 He의 원자 오비탈과 He_2의 분자 오비탈의 상대 에너지

래의 $1s$ 오비탈의 에너지에 대한 H_2의 σ_{1s} 및 σ^*_{1s} 분자 오비탈의 에너지를 보여준다. 원자 오비탈과 마찬가지로 분자 오비탈은 에너지가 증가하는 순서로 채워진다. 원자 오비탈에 원래 있었던 전자는 서로 반대 방향으로 가장 낮은 에너지의 분자 오비탈 σ_{1s}를 차지한다.

가상의 분자 He_2에 대하여 비슷한 분자 오비탈 도표를 만들 수 있다. H 원자와 마찬가지로, He 원자는 $1s$ 오비탈을 가지고 있다.(하지만 H와는 달리, He의 $1s$ 오비탈은 하나가 아닌 두 개의 전자를 가지고 있다.) He_2의 분자 오비탈을 형성하기 위한 $1s$ 오비탈의 조합은 H_2에 대해 설명한 것과 본질적으로 동일하다. 전자의 위치는 그림 9.14에서 보여진다.

결합 차수

H_2와 He_2와 같은 분자 오비탈 도표로 분자 오비탈 이론의 힘을 볼 수 있다. 분자 오비탈 이론을 사용하여 묘사된 이원자 분자의 경우, **결합 차수**(bond order)를 계산할 수 있다. 결합 차수의 값은 분자가 얼마나 **안정한지**(stable)를 정성적으로 나타낸다. 결합 차수가 높을수록 분자가 더 안정적이다. 결합 차수는 다음과 같이 계산된다.

$$\text{결합 차수} = \frac{\text{결합성 분자 오비탈에 있는 전자의 수} - \text{반결합성 분자 오비탈에 있는 전자의 수}}{2} \qquad [\blacktriangleleft\blacktriangleleft \text{식 9.1}]$$

σ_{1s} 오비탈에 두 전자가 있는 H_2의 경우, 결합 차수는 $[(2-0)/2]=1$이다. σ^*_{1s} 오비탈에 두 개의 추가 전자가 있는 He_2의 경우, 결합 차수는 $[(2-2)/2]=0$이다. 분자 오비탈 이론은 0의 결합 차수를 가진 분자는 존재하지 않는다는 것을 예측하며, 실제로 He_2는 보통의 조건하에서 존재하지 않는다.

분자 Li_2와 Be_2에 대해서도 비슷한 분석을 할 수 있다.(Li와 Be 원자는 각각 $[He]2s^1$과 $[He]2s^2$의 바닥상태 전자 배열을 가지고 있다.) $2s$ 원자 오비탈은 결합하여 상응하는 σ와 σ^* 분자 오비탈을 형성한다. 그림 9.15는 Li_2와 Be_2에 대한 분자 오비탈 도표와 결합 차수를 보여준다.

분자 오비탈 이론에 의해 예측된 바와 같이, 1의 결합 차수를 갖는 Li_2는 안정한 분자인 반면, 0의 결합 차수를 갖는 Be_2는 존재하지 않는다.

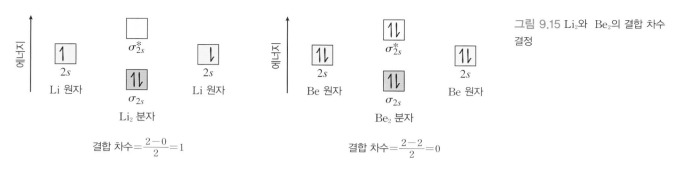

그림 9.15 Li_2와 Be_2의 결합 차수 결정

π 분자 오비탈

Be_2를 넘어서는 이원자 분자를 고려하기 위해서 p 원자 오비탈의 조합도 고려해야만 한다. s 오비탈처럼 p 오비탈은 원래의 원자 오비탈보다 에너지가 더 낮은 결합성 분자 오비탈을 형성하도록 건설적으로 결합되고, 원래의 원자 오비탈보다 높은 에너지의 반결합성 분자 오비탈을 형성하도록 파괴적으로 결합된다. 그러나 p_x, p_y 및 p_z 오비탈의 방향은 분자 오비탈의 다른 두 가지 유형을 발생시킨다(결합성 및 반결합성 분자 오비탈에서 전자 밀도의 영역이 핵간 축을 따라 놓여 있는 σ 분자 오비탈과, 전자 밀도의 영역이 두 핵에 영향을 주지만 핵간 축을 따라 놓여 있지 않은 σ 분자 오비탈).

그림 9.16(a)에서의 $2p_x$ 오비탈처럼 핵간 축을 따라 위치하는 오비탈은 서로를 향해 직접 가리키고 결합하여 σ 분자 오비탈을 형성한다. 그림 9.16(b)는 σ_{2p_x}와 $\sigma^*_{2p_x}$로 표시된 두 개의 분자 오비탈을 제공하기 위한 두 개의 $2p_x$ 원자 오비탈의 결합을 보여준다. 그림 9.16(c)는 이러한 분자 오비탈의 상대 에너지를 보여준다.

그림 9.16(a)에 보이는 $2p_y$ 및 $2p_z$ 오비탈과 같이 서로 평행하게 정렬된 오비탈은 결합되어 π 분자 오비탈을 형성한다. 이런 결합성 분자 오비탈은 π_{2p_y} 및 π_{2p_z}로 나타내진다. 해당 반결합성 분자 오비탈은 $\pi^*_{2p_y}$ 및 $\pi^*_{2p_z}$로 표시된다. 종종 $\pi_{2p_{y,z}}$와 $\pi^*_{2p_{y,z}}$라는 명칭을 사용하여 분자 오비탈을 집합적으로 지칭한다. 그림 9.17(a)는 평행 p 오비탈의 건설적이고 파괴적인 결합을 보여준다. 그림 9.17(b)는 두 개의 원자핵에 대한 p_y와 p_z 오비탈의 결합으로 인한 분자 오비탈의 위치를 보여준다. 다시 말하면, **결합성**(bonding) 분자 오비탈의 전자 밀도는 핵을 함께 잡는 역할을 하는 반면, **반결합성**(antibonding) 분자 오비탈의 전자 밀도는 그렇게 하지 않는다.

특정 껍질 내의 p 원자 오비탈이 동일한 껍질의 s 오비탈보다 에너지가 높은 것처럼, p 원자 오비탈의 조합으로 인해 생성되는 모든 분자 오비탈은 s 원자 오비탈의 조합으로 생성되는 분자 오비탈보다 에너지가 높다. p 오비탈 결합으로 인한 분자 오비탈의 상대 에너지 준위보다 잘 이해하려면 플루오린 분자(F_2)를 고려해 보자.

일반적으로 분자 오비탈 이론은 원자 오비탈의 상호 작용이나 겹침이 더 효과적일수록 에너지가 낮아지는 것은 생성된 결합성 분자 오비탈일 것이고, 에너지가 높아지는 것은 생성된 반결합성 분자 오비탈일 것이라 예측한다. 따라서 F_2의 분자 오비탈의 상대 에너지 준위는 그림 9.18(a)의 도표로 나타낼 수 있다. 핵간 축을 따라 존재하는 p_x 오비탈은 가장 효과적으로 겹쳐서 가장 낮은 에너지의 결합성 분자 오비탈과 가장 높은 에너지의 반결합성 분자 오비탈을 생성한다.

그림 9.18(a)에 보여지는 오비탈 에너지의 순서는 p 오비탈이 오직 다른 p 오비탈과 상호 작용하고, s 오비탈이 오직 다른 s 오비탈과 상호 작용한다는 것을 가정한다—s와 p 오

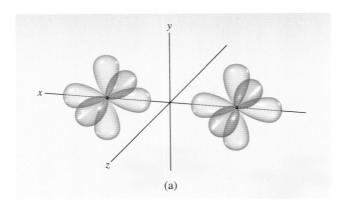

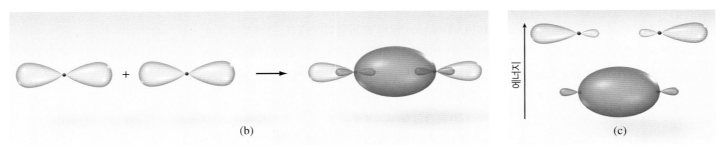

그림 9.16 (a) $2p$ 오비탈의 두 조 (b) 서로를 향해 가리키는 p 원자 오비탈(p_x)은 결합하여 결합성 및 반결합성 σ 분자 오비탈을 야기한다. (c) 반결합성 σ 분자 오비탈은 해당 결합성 σ 분자 오비탈보다 높은 에너지에 있다.

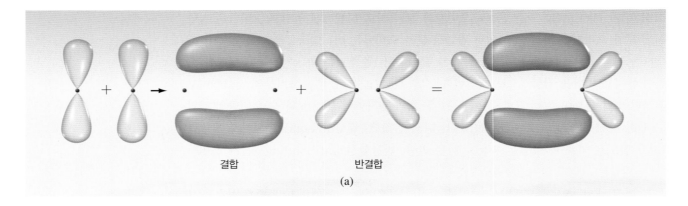

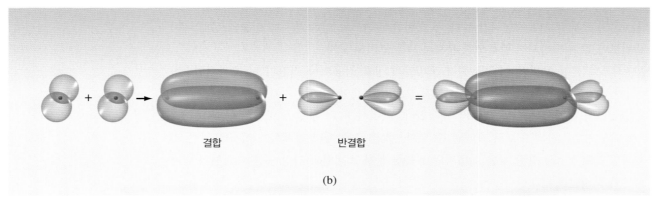

그림 9.17 평행한 p 원자 오비탈은 결합하여 π 분자 오비탈을 제공한다. (a) 따로따로 나타낸 결합성 및 반결합성 분자 오비탈 (b) 두 핵에 관련하여 함께 나타낸 결합성 및 반결합성 분자 오비탈

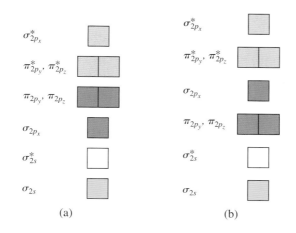

그림 9.18 (a) O_2와 F_2에 대한 분자 오비탈 에너지의 순서 (b) Li_2, B_2, C_2 및 N_2에 대한 분자 오비탈 에너지의 순서. 결합성 오비탈은 어둡고, 반결합성 오비탈은 밝다.

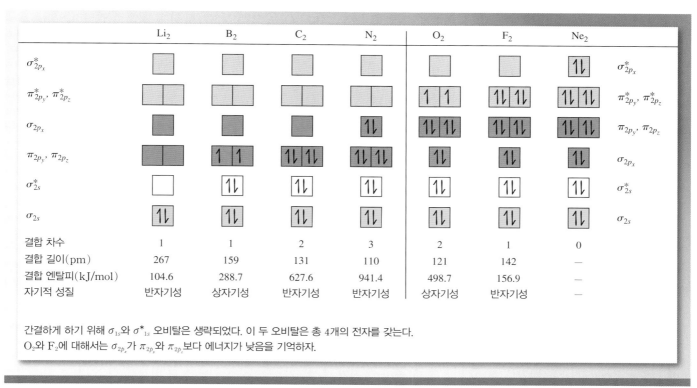

	Li_2	B_2	C_2	N_2	O_2	F_2	Ne_2	
결합 차수	1	1	2	3	2	1	0	
결합 길이(pm)	267	159	131	110	121	142	—	
결합 엔탈피(kJ/mol)	104.6	288.7	627.6	941.4	498.7	156.9	—	
자기적 성질	반자기성	상자기성	반자기성	반자기성	상자기성	반자기성	—	

간결하게 하기 위해 σ_{1s}와 σ^*_{1s} 오비탈은 생략되었다. 이 두 오비탈은 총 4개의 전자를 갖는다.
O_2와 F_2에 대해서는 σ_{2p_x}가 π_{2p_y}와 π_{2p_z}보다 에너지가 낮음을 기억하자.

그림 9.19 2주기 동핵 이원자 분자에 대한 분자 오비탈 도표

비탈 간의 중요한 상호 작용이 없다고 가정한다. 사실, 붕소, 탄소 및 질소 원자의 상대적으로 작은 핵 전하는 더 큰 핵 전하를 갖는 원자보다 그들의 원자 오비탈이 덜 단단하게 유지되고 일부 $s-p$ 상호 작용이 발생한다. 이것은 σ_{2p_x}와 $\pi_{2p_{y,z}}$ 분자 오비탈의 상대 에너지 변화를 가져온다. 생성된 분자 오비탈의 몇 가지 에너지가 변하지만 이러한 변화 중 가장 중요한 것은 σ_{2p} 오비탈의 에너지이며, $\pi_{2p_{y,z}}$ 오비탈의 에너지보다 높게 된다. B_2, C_2 및 N_2 분자에서 분자 오비탈의 상대 에너지 준위는 그림 9.18(b)의 도표로 나타낼 수 있다.

분자 오비탈 도표

산소로 시작하여, 핵 전하는 s와 p 오비탈의 상호 작용을 방지하기에 충분히 크다. 따라서 O_2와 Ne_2의 경우, 분자 오비탈 에너지의 순서는 그림 9.18(a)에 나와 있는 F_2의 순서

O_2는 상자기성이기 때문에 액체 산소는 자석의 극에 끌린다.

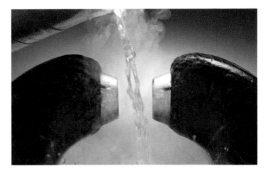

N_2는 반자기성이기 때문에 액체 질소는 자석의 극에 끌리지 않는다.

와 동일하다. 그림 9.19는 Li_2, B_2, C_2, N_2, O_2, F_2 및 Ne_2에 대한 분자 오비탈 도표, 자기적 성질, 결합 차수 및 결합 엔탈피를 제공한다. 분자 오비탈의 채우기는 원자 오비탈의 채우기와 같은 규칙을 따른다는 점을 주의하자[◀◀ 6.8절].

- 낮은 에너지 오비탈이 먼저 채워진다.
- 각 오비탈은 반대 스핀으로 최대 두 개의 전자를 수용할 수 있다.
- Hund의 규칙을 따른다.

그림 9.19의 분자 오비탈 도표에 의해 생기는 몇 가지 중요한 예측이 있다. 첫째, 분자 오비탈 이론은 0의 결합 차수를 갖는 Ne_2가 존재하지 않는다고 올바르게 예측한다. 둘째, 존재하는 분자의 자기적 성질을 정확하게 예측한다. B_2와 O_2는 모두 상자기성을 띤 것으로 알려져 있다. 셋째, 결합 차수는 결합 강도의 정량적 측정일 뿐이지만 계산된 분자의 결합 차수는 측정된 결합 엔탈피와 잘 연관되어 있다. 결합 차수가 3인 N_2 분자는 5개 분자 중 가장 큰 결합 엔탈피를 갖는다. 결합 차수가 각각 1인 B_2 및 F_2 분자는 가장 작은 결합 엔탈피를 갖는다. 분자의 성질을 정확하게 예측하는 능력은 분자 오비탈 이론을 화학 결합의 연구에서 강력한 도구로 만든다.

이핵 이원자 분자의 분자 오비탈

분자 오비탈 이론에 대한 묘사는 NO처럼 두 원자가 다른 이핵 이원자 분자에도 적용될 수 있다. 이와 같은 경우 결합에 관련된 분자 오비탈에 대한 설명은 약간 수정되어야 한다.

더 전기 음성도가 큰 원자의 원자 오비탈은 전기 음성도가 작은 원자의 원자 오비탈보다 에너지가 낮다. $2s$ 및 $2p$ 원자 오비탈은 전기 음성도가 질소보다 더 큰 산소에서 에너지가 낮다(그림 8.9 참조). 서로 다른 에너지의 원자 오비탈이 상호 작용하여 분자 오비탈을 형성할 때, 낮은 에너지 오비탈은 **결합성**(bonding) 분자 오비탈에 더 많이 기여하고 높은 에너지 오비탈은 **반결합성**(antibonding) 분자 오비탈에 더 기여한다. 결과는 결합성 분자 오비탈은 **더**(more) 전기 음성도가 큰 원자 오비탈과 더 밀접하게 유사하고, 반결합성 분자 오비탈은 **덜**(less) 전기 음성도가 큰 원자의 오비탈과 더 밀접하게 유사하다는 것이다. 이 결과는 생성된 결합성 분자 오비탈의 전자 밀도가 **더**(more) 전기 음성도가 큰 원자 근처에서 **더 크다**(greater)는 것이다.

그림 9.20 (a) NO의 분자 오비탈 도표 (b) NO 분자의 분자 오비탈 표현

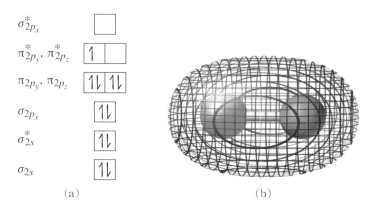

$$\sigma^*_{2p_x}$$
$$\pi^*_{2p_y},\ \pi^*_{2p_z}$$
$$\pi_{2p_y},\ \pi_{2p_z}$$
$$\sigma_{2p_x}$$
$$\sigma^*_{2s}$$
$$\sigma_{2s}$$

(a)   (b)

두 번째 주기 동핵 이원자 분자의 분자 오비탈의 에너지 순서는 B_2, C_2, N_2와 O_2, F_2, Ne_2가 다르다는 것을 기억하자(그림 9.19). NO와 CO와 같은 각 그룹으로부터 하나의 원자를 포함하는 2주기 이핵 이원자 분자의 경우, 분자 오비탈이 어느 순서를 따르는지 말해주는 간단한 규칙은 없다. NO에서의 분자 오비탈은 O_2에서의 분자 오비탈과 같은 순서를 따른다는 것을 기억하자.

종종 분자 오비탈 도표에서 결정되는 결합 차수는 분자의 Lewis 구조에 있는 결합의 수와 일치한다. 그러나 NO의 경우, Lewis 구조는 이중 결합을 포함하는 반면, 분자 오비탈 접근법은 2.5의 결합 차수를 가져다 준다. 사실, 분자 오비탈 접근법은 실험적 결과에 더 일관된 결합 차수를 제공한다. 실험적으로 결정된 NO의 결합력(631 kJ/mol)은 질소−산소 이중 결합의 평균 결합력(607 kJ/mol)보다 크다[◀◀ 표 8.6].

예제 9.7 초과산화 이온의 자기적 성질과 결합 차수를 결정하기 위해 분자 오비탈 도표를 어떻게 사용하는지를 보여준다.

예제 9.7

초과산화물 이온(O_2^-)은 노화 및 Alzheimer 병을 비롯한 많은 퇴행성 질환과 관련되어 있다. 분자 오비탈 이론을 사용하여 O_2^-가 상자기성인지 반자기성인지를 결정한 다음 그것의 결합 차수를 계산하시오.

전략 O_2에 대한 분자 오비탈 도표로 시작하여 전자를 추가하고, 자기적 특성 및 결합 차수를 결정하기 위해 생성된 도표를 사용한다.

계획 O_2에 대한 분자 오비탈 도표는 그림 9.19에 보여진다. 추가 전자는 가능한 가장 낮은 에너지의 분자 오비탈에 추가되어야 한다.

O_2^-의 분자 오비탈 도표

풀이 이 경우, 두 개의 단독으로 점유된 π^*_{2p} 오비탈 중 하나가 추가 전자를 수용할 수 있다. 이것은 하나의 홀전자가 존재하는 분자 오비탈 도표를 제공하여 O_2^- 상자기성을 만든다. 새로운 도표에는 결합성 분자 오비탈에 6개의 전자가 있고, 반결합성 분자 오비탈에 3개가 있다. σ_{2s}와 σ^*_{2s} 오비탈의 전자는 무시할 수 있다. 왜냐하면 결합 차수에 대한 그들의 기여가 서로 상쇄되기 때문이다. 결합 차수는 $(6-3)/2 = 1.5$이다.

생각해 보기

실험들은 초과산화물 이온이 상자기성임을 확인해 준다. 또한, 이 문제에서 했던 것처럼 반결합성 분자 오비탈에 하나 이상의 전자를 추가할 때마다 결합 차수가 감소할 것으로 예상해야 한다. 반결합성 오비탈의 전자는 결합을 덜 안정하게 만든다.

추가문제 1 N_2^{2-}가 상자기성인지 또는 반자기성인지를 결정하기 위해 분자 오비탈 이론을 사용하고, 그 결합 차수를 계산하시오.

추가문제 2 F_2^{2+}가 상자기성인지 또는 반자기성인지를 결정하기 위해 분자 오비탈 이론을 사용하고, 그 결합 차수를 계산하시오.

추가문제 3   그림 9.19에서 보여지는 동핵 이원자 분자의 대부분은 하나 이상의 전자의 **첨가와 제거**(다원자 이온을 형성하기 위해)는 결합 차수에 정반대의 영향을 미친다. 일부 분자의 경우, 전자의 첨가 및 제거는 결합 차수에 **동일한** 영향을 미친다. 이것이 사실인 분자를 확인하고 어떻게 될 수 있는지 설명하시오.

9.7   비편재화된 결합을 가진 분자의 결합 이론과 설명

이 장에서 결합 이론의 진행은 모델 개발의 중요성을 보여준다. 과학자들은 실험 결과를 이해하기 위해 그리고 미래 관찰을 예측하기 위해 모델을 이용한다. 모델은 관찰과 동일한 한 유용하다. 만일 관찰과 동일하지 않다면, 그것은 새 모델로 교체되어야 한다. 다음은 8장과 9장에서 제시된 결합 이론의 강점과 약점의 개요이다.

• Lewis 이론

강점: 결합의 Lewis 이론은 결합 강도와 결합 길이에 대해 질적인 예측을 가능하게 해준다. Lewis 구조는 그리기 쉽고 화학자들에 의해 널리 사용된다[◀◀ 8.9절].

약점: Lewis 구조는 2차원이지만 분자는 3차원이다. 또한, Lewis 이론은 H_2, F_2 및 HF와 같은 화합물의 결합의 차이를 설명하지 못한다. 결합이 형성되는 이유를 설명하지도 못한다.

• 원자가 껍질 전자쌍 반발 모델

강점: VSEPR 모델은 많은 분자와 다원자 이온의 모양을 예측할 수 있게 한다.

약점: VSEPR 모델은 결합의 Lewis 이론을 기반으로 하기 때문에 결합이 왜 생성되는지 설명하지 못한다.

• 원자가 결합 이론

강점: 원자가 결합 이론은 원자 오비탈의 겹침으로 공유 결합의 형성을 설명한다. 결합은 생성된 분자가 원래의 고립된 원자보다 낮은 퍼텐셜 에너지를 가지기 때문에 형성된다.

약점: 원자가 결합 이론만으로는 $BeCl_2$, BF_3, CH_4와 같이 바닥상태의 중심 원자가 관찰되는 결합 수를 형성할 만큼 충분한 홀전자를 갖고 있지 않은 분자의 결합을 설명하지 못한다.

• 원자 오비탈의 혼성화

강점: 원자 오비탈의 혼성화는 별도의 결합 이론이 아니다. 오히려 그것은 원자가 결합 이론의 확장이다. 혼성 오비탈을 사용하여 $BeCl_2$, BF_3 및 CH_4를 비롯한 더 많은 분자의 결합 및 기하 구조를 이해할 수 있다.

약점: 원자가 결합 이론과 혼성 오비탈은 O_2의 반자기성과 같은 분자의 중요한 특성 중 일부를 예측하지 못한다.

• 분자 오비탈 이론

강점: 분자 오비탈 이론은 분자와 이온의 자기적 및 다른 특성을 정확하게 예측할 수 있
    게 한다.

약점: 분자 오비탈의 그림은 매우 복잡할 수 있다.

분자 오비탈 이론은 여러 면에서 가장 강력한 결합 모델이지만 가장 복잡하기 때문에,
다른 모델이 분자의 성질을 설명하거나 예측하는 적절한 작업을 할 때 다른 모델을 계속
사용한다. 예를 들어, 시험에서 AB_x 분자의 3차원 모양을 예측해야 하는 경우, Lewis 구
조를 그리고 VSEPR 모델을 적용해야 한다. 그것의 분자 오비탈 도표를 그리려 하지 마
시오. 반면, 만일 이원자 분자 또는 이온의 결합 차수를 결정해야 한다면, 분자 오비탈 도
표를 그려야 한다. 일반 화학에서는 특정 질문에 대답할 수 있는 가장 **간단한**(simplest)
이론을 사용하는 것이 가장 좋다.

새로운 것을 개발할 때에도 이전 모델이 여전히 유용하므로 버리지 않는다. 사실, 벤젠
(C_6H_6)과 같은 일부 분자의 결합은 모델의 조합을 사용하여 가장 잘 묘사된다. 벤젠은 두
개의 공명 구조로 표현될 수 있다[◀◀ 8.7절].

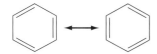

Lewis 구조와 원자가 결합 이론에 따르면 벤젠 분자는 12개의 π 결합(6개의 탄소–탄
소, 6개의 탄소–수소)과 3개의 π 결합을 포함하고 있다. 그러나 실험적 증거를 통해 벤젠
이 탄소 원자 사이에 3개의 단일 결합과 3개의 이중 결합을 가지고 있지 않음을 안다. 오히
려 6개의 동등한 탄소–탄소 결합이 있다. 이것은 정확히 분자를 나타내기 위해 두 개의 다
른 Lewis 구조가 필요하다는 이유이다. 어느 것도 홀로 탄소–탄소 결합의 본질을 정확하
게 묘사하지 않는다. 사실, 벤젠의 π 결합은 **비편재화**(delocalized)되어 있는데, 두 개의
특정 원자 사이에 한정되어 있는 것이 아니라 분자 전체에 퍼져 있음을 의미한다.[두 개의
특정 원자 사이에 한정된 결합을 **편재화된**(localized) 결합이라고 한다.] 원자가 결합 이
론은 벤젠의 편재화된 π 결합을 묘사하는 훌륭한 역할을 하지만, 분자 오비탈 이론은 벤젠
의 결합 체계를 묘사하기 위해 비편재화된 파이 결합을 사용하는 더 훌륭한 역할을 한다.

벤젠의 σ 결합을 묘사하려면, Lewis 구조로 시작하여 탄소 원자의 전자 영역을 계산하
시오.(공명 구조는 같은 결과를 줄 것이다.) 각 C 원자는 그 주위에 세 개의 전자 영역을
가지고 있다(두 개의 단일 결합과 하나의 이중 결합). 표 9.4에서 3개의 전자 영역을 갖는
원자가 sp^2로 혼성화되어 있음을 기억하자. 각 C 원자에서 필요한 3개의 홀전자를 얻으려
면 각 C 원자에서 하나의 전자가 이중 점유된 $2s$ 오비탈에서 빈 $2p$ 오비탈로 승위되어야
한다.

C [↑↓] [↑][↑][ ]   —승위→   C* [↑]   [↑][↑][↑]
  $2s^2$ $2p^2$ $2s^1$ $2p^3$

이것은 실제로 4개의 홀전자를 생성한다. 다음으로 오비탈은 sp^2로 혼성화되어 각 C 원자
에 단독 점유된 혼성화되지 않은 $2p$ 오비탈을 남긴다.

sp^2 혼성 오비탈은 삼각 평면형 배열을 채택하고 분자에 σ 결합을 형성하기 위해 서로 겹친다.(그리고 H 원자에서 $1s$ 오비탈과 겹친다.)

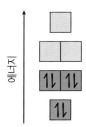

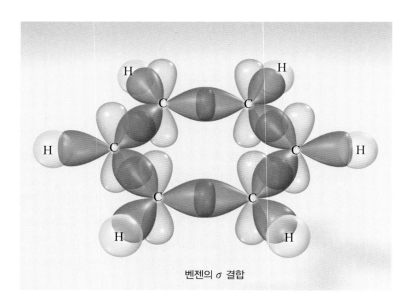

벤젠의 σ 결합

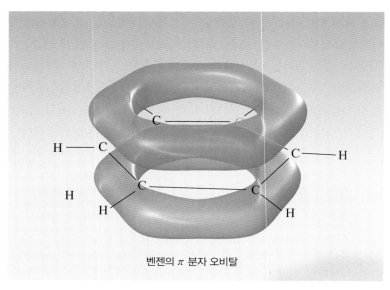

벤젠의 π 분자 오비탈

나머지 혼성되지 않은 $2p$ 오비탈(각 C 원자에 하나씩)은 결합하여 분자 오비탈을 형성한다. p 오비탈은 모두 서로 **평행하기**(parallel) 때문에, 오직 π_{2p}와 π^*_{2p} 분자 오비탈만 형성된다. 이 6개의 $2p$ 원자 오비탈의 조합은 6개의 분자 오비탈을 형성한다(3개의 결합성 분자 오비탈과 3개의 반결합성 분자 오비탈). 이러한 분자 오비탈은 전체 벤젠 분자에 걸쳐 비편재화된다.

바닥상태에서 낮은 에너지의 **결합성**(bonding) 분자 오비탈은 모든 6개의 전자를 포함한다. 비편재화된 σ 분자 오비탈의 전자 밀도는 분자 내의 모든 원자와 π 결합을 포함하는 평면의 위아래에 놓여 있다.

예제 9.8은 탄산염 이온의 결합을 설명하기 위해 원자가 결합 이론과 분자 오비탈 이론을 어떻게 결합시키는지를 보여준다.

예제   9.8

탄산 이온(CO_3^{2-})을 나타내기 위해 3개의 공명 구조가 필요하다.

그러나 이 세 가지 중 어느 것도 완전히 정확한 묘사는 아니다. 벤젠과 마찬가지로, Lewis 구조에서 하나의 이중 결합 및 두 개의 단일 결합으로 보여지는 결합은 실제로는 3개의 동등한 결합이다. CO_3^{2-}의 결합을 설명하기 위해 원자가 결합 이론과 분자 오비탈 이론의 조합을 이용하시오.

전략   Lewis 구조에서 출발하여, σ 결합을 묘사하기 위해 원자가 결합 이론과 혼성 오비탈을 이용한다. 그리고 나서 비편재화된 π 결합을 묘사하기 위해 분자 오비탈 이론을 이용한다.

계획   탄산염 이온의 Lewis 구조는 중심 C 원자 주위에 3개의 전자 영역을 보여주므로 탄소는 sp^2 혼성화되어야 한다.

풀이   C 원자의 각 sp^2 혼성 오비탈은 O 원자의 단독 점유된 p 오비탈과 겹침되어 3개의 σ 결합을 형성한다. 각각의 O 원자는 σ 결합에 연루된 것과 수직인 추가의 단독 점유된 p 오비탈을 갖고 있다. C의 혼성되지 않은 p 오비탈은 O의 p 오비탈과 겹쳐서 π 결합을 형성하며, 이는 분자의 평면 위아래로 전자 밀도를 갖는다. 분자는 공명 구조로 나타낼 수 있기 때문에 π 결합이 편재화되어 있음을 안다.

생각해 보기
서로 다른 공명 구조에서 다른 장소에서 나타나는 이중 결합은 비편재화된 π 결합을 나타낸다.

추가문제 1   오존(O_3)의 결합을 묘사하기 위해 원자가 결합 이론과 분자 오비탈 이론의 결합을 이용하시오.

추가문제 2   아질산 이온(NO_2^-)의 결합을 묘사하기 위해 원자가 결합 이론과 분자 오비탈 이론의 조합을 이용하시오.

추가문제 3   다음 분자 중 어떤 물질이 비편재화된 것으로 가장 잘 묘사된 결합인가?

$$SO_3 \qquad SO_3^{2-} \qquad S_8 \qquad O_2$$

분자 모양과 극성

분자 극성은 물질의 물리적 및 화학적 특성을 결정하는 데 대단히 중요하다. 실제로 분자 극성은 분자 기하 구조의 가장 중요한 결과 중 하나이다. 분자 또는 다원자 이온의 기하 구조 또는 모양을 결정하기 위해 단계별 절차를 이용한다.

1. 올바른 Lewis 구조를 그리시오[|◀◀ 8장 주요 내용].
2. 전자 영역 수를 세시오. 전자 영역은 고립 전자쌍 또는 결합인 것을 기억하자. 결합은 단일 결합, 이중 결합 또는 삼중 결합일 수 있다.
3. 전자 영역 기하 구조를 결정하기 위해 VSEPR 모델을 적용하시오.
4. 분자 기하 구조(모양)를 결정하기 위해 원자의 위치를 고려한다. 이는 전자 영역 기하 구조와 동일하거나 다를 수 있다.

SF_6, SF_4 및 CH_2Cl_2의 예를 고려하시오. 분자 기하 구조를 다음과 같이 결정한다.

Lewis 구조를 그리시오.	(SF_6 Lewis 구조)	(SF_4 Lewis 구조)	(CH_2Cl_2 Lewis 구조)
중심 원자의 전자 영역을 세시오.	6 전자 영역: • 6 결합	5 전자 영역: • 4 결합 • 1 고립 전자쌍	4 전자 영역: • 4 결합
전자 영역 기하 구조를 결정하기 위해 VSEPR을 적용하시오.	6 전자 영역은 스스로 팔면체형으로 배열한다.	5 전자 영역은 스스로 삼각 쌍뿔형으로 배열한다.	4 전자 영역은 스스로 사면체형으로 배열한다.
분자 기하 구조를 결정하기 위해 원자의 위치를 고려하시오.	중심 원자에 고립 전자쌍이 없기 때문에, 분자 기하 구조는 전자 영역 기하 구조와 동일하다: 팔면체형	고립 전자쌍이 적도 위치 중 하나를 차지하여 분자 기하 구조를 만든다: 시소 형태	중심 원자에 고립 전자쌍이 없기 때문에, 분자 기하 구조는 전자 영역 기하 구조와 동일하다: 사면체형

분자 기하 구조를 결정한 후, 3차원 공간에서 개별 결합 쌍극자와 그들의 배열을 조사하여 각 분자의
전체 극성을 결정한다.

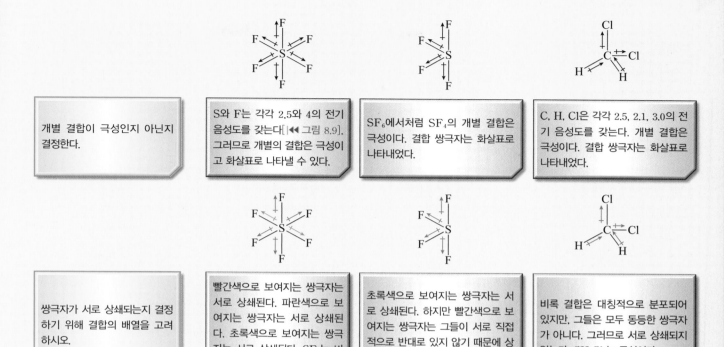

| 개별 결합이 극성인지 아닌지 결정한다. | S와 F는 각각 2.5와 4의 전기 음성도를 갖는다[◀◀ 그림 8.9]. 그러므로 개별의 결합은 극성이고 화살표로 나타낼 수 있다. | SF_6에서처럼 SF_4의 개별 결합은 극성이다. 결합 쌍극자는 화살표로 나타내었다. | C, H, Cl은 각각 2.5, 2.1, 3.0의 전기 음성도를 갖는다. 개별 결합은 극성이다. 결합 쌍극자는 화살표로 나타내었다. |

| 쌍극자가 서로 상쇄되는지 결정하기 위해 결합의 배열을 고려하시오. | 빨간색으로 보여지는 쌍극자는 서로 상쇄된다. 파란색으로 보여지는 쌍극자는 서로 상쇄된다. 초록색으로 보여지는 쌍극자는 서로 상쇄된다. SF_6는 비극성이다. | 초록색으로 보여지는 쌍극자는 서로 상쇄된다. 하지만 빨간색으로 보여지는 쌍극자는 그들이 서로 직접적으로 반대로 있지 않기 때문에 상쇄되지 않는다. SF_4는 극성이다. | 비록 결합은 대칭적으로 분포되어 있지만, 그들은 모두 동등한 쌍극자가 아니다. 그러므로 서로 상쇄되지 않는다. CH_2Cl_2는 극성이다. |

극성 결합이라 할지라도, 분자는 대칭적으로 분포된 동등한 결합으로 이루어져 있다면 비극성일 수 있다. 대칭적으로 분포되어 있지 않은 동등한 결합을 갖는 분자 또는 동등하지 않은 결합을 갖는 분자는 일반적으로 극성이다.

주요 내용 문제

9.1
PBr_3의 분자 기하 구조는 무엇인가?
(a) 삼각 평면형　　(b) 사면체형　　　(c) 삼각뿔형
(d) 굽은형　　　　(e) T자형

9.3
다음 분자 중 어느 것이 극성인가?
(a) CF_4　　　　　(b) ClF_3　　　　(c) PF_5
(d) AlF_3　　　　(e) XeF_2

9.2
다음 분자 중 어느 것이 사면체형 분자 기하 구조를 가지고 있지 않는가?
(a) CCl_4　　　　(b) SnH_4　　　　(c) $AlCl_4^-$
(d) XeF_4　　　　(e) PH_4^+

9.4
다음 분자 중 어느 것이 비극성인가?
(a) ICl_2^-　　　　(b) SCl_4　　　　(c) $SeCl_2$
(d) NCl_3　　　　(e) $GeCl_4$

연습문제

배운 것 적용하기

장의 시작 부분에서 후각 수용체를 가진 근본적인 향기 중 하나가 사향이라고 했던 것을 기억해 보자. 사향은 수천 년 동안 사람이 접한 친숙하고 도발적인 향기이다. 주요 냄새 분자는 무스콘(muscone)이며, 큰 고리형의 유기 분자이다. 사향의 자연적인 원천은 히말라야 토종 사슴의 작은 종인 사향 사슴의 성숙한 수컷의 복부에 있는 동맥이다. 사향을 수확하는 관행으로 인해 사향 사슴의 개체는 거의 사라졌다.

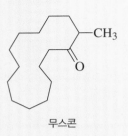

무스콘

1888년 Albert Baur는 폭발물 실험을 하면서 사향 냄새가 나는 합성 화합물을 발견했다. 이들 화합물 중 두 가지가 다음에 나와 있다.(사향 Baur 및 TNT의 구조 사이의 유사성에 주의하자.) 사향 케톤은 무스콘에 가장 가까운 냄새가 나는 물질로, 자연 사향보다 훨씬 저렴하지만 준비하기에 독성이 있고 위험하다. 1950년대에는 NO₂ 그룹이 없는 일련의 합성 사향 화합물로 대체되었다. 이 새로운 화합물은 향기 산업에서 널리 사용된다.

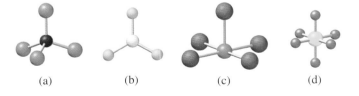

TNT   사향 Baur   사향 케톤

(a) 사향 케톤에는 얼마나 많은 탄소–탄소 시그마 결합이 존재하는가? 얼마나 많은 탄소–탄소 또는 탄소–산소 파이 결합이 존재하는가[◀◀ 예제 9.5]?

(b) 사향 케톤 분자에서 빨간색으로 동그라미 친 탄소 원자의 혼성화를 결정하고, 이들의 기하 구조를 설명하시오[◀◀ 예제 9.4].

(c) 사향 케톤 분자의 파이 결합 중 어느 것이 편재화되어 있고 어느 것이 비편재화되어 있는가?

(d) 원자가 결합 이론과 분자 오비탈 이론의 조합을 사용하여 사향 케톤 분자의 6-원자 고리 부분에 결합을 묘사하시오[◀◀ 예제 9.8].

9.1절: 분자 기하 구조

9.1   VSEPR 방법을 사용하여 다음과 같은 분자의 기하 구조를 예측하시오.
   (a) PCl_3 (b) $CHCl_3$
   (c) SiH_4 (d) $TeCl_4$

9.2   VSEPR 모델을 사용하여 다음 분자와 이온의 기하 구조를 예측하시오.
   (a) CBr_4 (b) BCl_3
   (c) NF_3 (d) H_2Se
   (e) NO_2^-

9.3   VSEPR 방법을 사용하여 다음 이온의 기하 구조를 예측하시오.
   (a) SCN^- (원자 배열은 SCN)
   (b) AlH_4^- (c) $SnCl_5^-$
   (d) H_3O^+ (e) BeF_4^{2-}

9.4 CH_3COOH 분자의 각각의 세 중심 원자 주위의 기하 구조를 묘사하시오.

9.2절: 분자 기하 구조와 극성

9.5   (a) BrF_5와 (b) BCl_3가 극성인지를 결정하시오.

9.6   다음 분자 중 어느 것이 극성인가?

   (a)   (b)   (c)   (d)

9.4절: 원자 오비탈의 혼성화

9.7   (a) SiH_4와 (b) $H_3Si-SiH_3$에서의 Si의 혼성화 상태는 무엇인가?

9.8   다음 반응을 고려하시오.

$$BF_3 + NH_3 \longrightarrow F_3B-NH_3$$

이 반응의 결과로서 B와 N 원자의 혼성의 변화를(있을 경우) 묘사하시오.

9.9 PF_5의 인의 혼성화를 묘사하시오.

9.5절: 다중 결합을 포함하는 분자의 혼성화

9.10   다음 분자에서 탄소 원자에 의해 사용되는 혼성 오비탈이 무엇인지 명시하시오.

(a) CO   (b) CO_2 (c) CN^-

9.11   아자이드 이온(N_3^-)의 중심 N 원자의 혼성화는 무엇인가?(원자 배열은 NNN이다.)

9.12   테트라사이아노에틸렌 분자에는 몇 개의 시그마 결합과 파이 결합이 존재하는가?

N≡C   C≡N
    \   /
     C = C
    /   \
N≡C   C≡N

9.13   벤조(a)피렌은 석탄 및 담배 연기에서 발견되는 강력한 발암 물질이다. 분자에서 시그마 및 파이 결합의 수를 결정하시오.

9.6절: 분자 오비탈 이론

9.14   두 개의 H 원자로부터 H_2의 생성은 에너지적으로 유리한 과정이다. 그러나 통계적으로 두 개의 H 원자가 반응을 겪을 확률은 100% 미만이다. 에너지 고려 사항과 별도로, 여러분은 두 H 원자의 전자 스핀을 기반으로 한 이 관찰을 어떻게 설명하겠는가?

9.15   안정성이 증가하는 순서로 다음의 분자들을 배열하시오.

$$Li_2, Li_2^+, Li_2^-$$

분자 오비탈 에너지 준위 도표로 증명하시오.

9.16 B_2 또는 B_2^+ 중 어느 분자가 더 긴 결합을 갖는가? 분자 오비탈 이론의 관점에서 설명하시오.

9.17   산소 분자에 대해 Lewis 방법과 분자 오비탈 방법을 비교하시오.

9.18   다음 분자의 상대적 결합 차수를 비교하고 자기적 성질을 표시하시오(즉, 반자기성 또는 상자기성).

O_2, O_2^+, O_2^- (초과산화물 이온), O_2^{2-} (과산화물 이온)

9.19   단일 결합은 거의 항상 시그마 결합이며, 이중 결합은 거의 항상 시그마 결합과 파이 결합으로 구성된다. 이 규칙에는 거의 예외가 없다. B_2와 C_2 분자가 예외의 예임을 보이시오.

9.7절: 비편재화된 결합을 가진 분자의 결합 이론과 설명

9.20   왜 왼쪽의 모양이 오른쪽의 모양보다 벤젠 분자를 더 잘 표현하는지 설명하시오.

9.21   플루오린화 나이트릴(FNO_2)은 화학적으로 매우 반응성이 있다. 플루오린 및 산소 원자는 질소 원자에 결합되어 있다.

(a) FNO_2에 대한 Lewis 구조를 적으시오.

(b) 질소 원자의 혼성화를 나타내시오.

(c) 분자 오비탈 이론의 관점에서 결합을 설명하시오. 어디에서 비편재화된 분자 오비탈이 형성될 것으로 기대하는가?

9.22 O_3의 중심 O 원자의 혼성화 상태는 무엇인가? 비편재화된 분자 오비탈의 관점에서 O_3의 결합을 설명하시오.

추가 문제

9.23   브로민화 수은(II)의 Lewis 구조를 그리시오. 이 분자는 선형인가? 또는 굽은형인가? 어떻게 그것의 기하 구조를 확립하겠는가?

9.24   이염화황(SCl_2)의 기하 구조와 황 원자의 혼성화를 예측하시오.

9.25   질소가 N_2를 형성하는 것과 유사한 방식으로 3주기 원소인 인이 이원자 분자 P_2를 형성한다고 가정하시오.

(a) P_2에 대한 전자 배치를 적으시오. 처음 두 주기의 전자 배치를 나타내기 위해 $[Ne_2]$를 이용하시오.

(b) 결합 차수를 계산하시오.

(c) 그것의 자기적 성질은 무엇인가(반자기성 또는 상자기성)?

9.26   다음 분자에 대한 결합 각도를 예측하시오.

(a) $BeCl_2$ (b) BCl_3

(c) CCl_4 (d) CH_3Cl

(e) Hg_2Cl_2(원자 배열: $ClHgHgCl$)

(f) $SnCl_2$ (g) H_2O_2

(h) SnH_4

9.27   Lewis 구조를 그리고, 다음 분자에 대해 요구되는 다른 정보를 제공하시오.

(a) BF_3, 모양이 평면인가? 또는 비평면인가?

(b) ClO_3^-, 모양이 평면인가? 또는 비평면인가?

(c) HCN, 극성인가? 또는 비극성인가?

(d) OF_2, 극성인가? 또는 비극성인가?

(e) NO_2, ONO 결합 각도를 추정하시오.

9.28   (a) PCl_5와 (b) H_2CO(O에 이중 결합된 C)가 극성인지 아닌지 결정하시오.

9.29   다음 분자 중 선형인 것은?

$$ICl_2^-, IF_2^+, OF_2, SnI_2, CdBr_2$$

9.30 N_2F_2 분자는 다음 두 가지 형태로 존재할 수 있다.

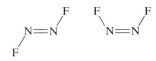

(a) 분자 내 N의 혼성은 무엇인가?

(b) 어느 구조가 극성인가?

9.31 (a) CH_2Cl_2와 (b) XeF_4가 극성인지 아닌지 결정하시오.

9.32 어느 분자 기하 구조(선형, 굽은형, 삼각 평면형, 삼각뿔형, 사면체형, 사각 평면형, T자형, 시소형, 삼각 쌍뿔형, 사각뿔형, 팔면체형)가 AB_x 분자를 비극성이 되게 할 수 있는가?

(a) 두 개의 서로 다른 유형의 말단 원자가 있다.

(b) 세 가지 다른 유형의 말단 원자가 있다.

9.33 아산화 탄소(C_3O_2)는 무색의 자극적인 기체이다. 이 분자는 쌍극자 모멘트를 가지고 있는가? 설명하시오.

9.34 사염화 탄소(CCl_4)와 사염화 규소($SiCl_4$)의 화합물은 기하 구조와 혼성화면에서 유사하다. 그러나 CCl_4는 물과 반응하지 않지만 $SiCl_4$는 물과 반응한다. 화학 반응성의 차이를 설명하시오.(힌트: 반응의 첫 단계는 $SiCl_4$의 Si 원자에 물 분자가 첨가되는 것으로 생각된다.)

9.35 이 분자에서 C와 N의 혼성화는 무엇인가?

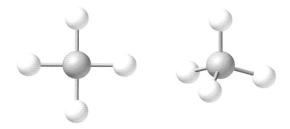

9.36 F_2와 F_2^-의 결합 엔탈피 사이의 차이를 설명하기 위해 분자 오비탈 이론을 사용하시오.(문제 8.46을 보시오.)

9.37 이산화 탄소는 선형 기하 구조이며 비극성이다. 그러나 우리는 분자가 쌍극자 모멘트를 만드는 굴곡 운동과 신축 운동을 보임을 알고 있다. 이처럼 겉으로 보기에는 상충되는 이산화 탄소에 대해 어떻게 설명하겠는가?

9.38 사이안화 이온(CN^-)의 전자 배치를 쓰시오. 이온과 등전자인 안정한 분자를 명명하시오.

9.39 O_2에 대한 Lewis 구조는 다음과 같다.

$$:\ddot{O}=\ddot{O}:$$

구조가 실제적으로 산소 분자의 들뜬 상태에 해당함을 보여주기 위해 분자 오비탈 이론을 사용하시오.

9.40 주석(IV) 수소화물(SnH_4)의 안정성이 더 우수한 것은 다음의 기하 구조 중 어느 것인가?

9.41 비타민 C의 분자 모델이 다음과 같다.

(a) 화합물의 분자식을 적으시오.

(b) 각 C와 O 원자의 혼성화는 무엇인가?

(c) 각 C와 O 원자에 대한 기하 구조를 묘사하시오.

9.42 화합물 TCDD, 즉 2,3,7,8-테트라클로로디벤조다이옥신은 매우 독성이 있다.

이 물질은 우크라이나 정치인의 살해 미수에 연루된 2004년에 상당히 주목받았다.

(a) 그 기하 구조를 묘사하고, 분자가 쌍극자 모멘트를 갖는지 여부를 언급하시오.

(b) 얼마나 많은 파이 결합과 시그마 결합이 분자 내에 있는가?

9.43 일산화 탄소(CO)는 헤모글로빈 분자에서 Fe^{2+}에 강하게 결합하는 능력 때문에 독성 화합물이다. CO의 분자 오비탈은 N_2 분자의 분자 오비탈과 동일한 에너지 준위를 갖는다.

(a) CO의 Lewis 구조를 그리고, 형식 전하를 표시하시오. CO가 0.12 D의 다소 작은 쌍극자 모멘트를 갖는 이유를 설명하시오.

(b) CO의 결합 차수와 분자 오비탈 이론의 결합 차수를 비교하시오.

(c) 헤모글로빈에서 어느 원자(C 또는 O)가 Fe^{2+}와 결합을 더 잘 형성하는가?

9.44 이황화 결합인 $-S-S-$는 단백질의 3차원 구조를 결정하는 데 중요한 역할을 한다. 결합의 본질과 S 원자의 혼성화 상태를 묘사하시오.

9.45 화합물 1,2-다이클로로에테인($C_2H_4Cl_2$)은 비극성인 반면 시스-다이클로로에틸렌($C_2H_2Cl_2$)은 쌍극자 모멘트를 갖는다. 차이의 이유는 단일 결합으로 연결된 그룹이 서로에 대해 회전할 수 있지만 이중 결합이 그룹을 연결할 때 회전이 발생하지 않기 때문이다. 결합 고려 사항에 근거하여, 회전이 1,2-다이클로로에테인에서는 발생하지만 시스-다이클로로에틸렌에서는 발생하지 않는 이유를 설명하시오.

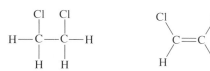

1,2-다이클로로에테인   시스-다이클로로에틸렌

9.46 이산화 황은 원소 황(S_8)과 삼산화 황을 결합하여 만들 수 있다고 상상해 보시오. 이 가상의 반응에 대한 균형 맞춤 반응식을 작성하고 각 분자에서 황의 산화 상태와 혼성화를 결정하시오. 1.00 kg의 원소 황과 결합하기 위해 요구되는 삼산화 황의 질량은 얼마인가? 그리고 반응이 완료된다고 가정할 때, 이산화 황의 총 질량은 얼마인가?

종합 연습문제

물리학

1. ICl_3 분자의 모양은 무엇인가?

   a) 삼각 평면형 　　　　b) 삼각뿔형
   c) T자형 　　　　　　　d) 사면체형

2. 다음 분자 중 비극성인 것은 무엇인가?

   a) NCl_3 　　　　　　b) BCl_3
   c) PCl_3 　　　　　　d) $BrCl_3$

3. 다음 분자 중 결합 차수가 2인 것은?

   $$N_2^{2-} \qquad N_2 \qquad N_2^{2+}$$
   $$I \qquad\quad II \qquad\quad III$$

   a) I만 　　　　　　　　b) II만
   c) III만 　　　　　　　d) I과 III

4. 다음 중 상자기성인 것은 무엇인가?

   $$O_2^{2-} \qquad O_2^{-} \qquad O_2^{+} \qquad O_2^{2+}$$
   $$I \qquad\quad II \qquad\quad III \qquad\quad IV$$

   a) I과 II 　　　　　　　b) II과 III
   c) III과 IV 　　　　　　d) I과 III

예제 속 추가문제 정답

9.1.1 (a) 선형 (b) 굽은형 **9.1.2** (a) 6A족 (b) 7A족 **9.2.1** O에 대해 굽은형, 각 C에 대해 사면체형, N에 대해 삼각뿔형이다. 모든 결합각은 ~109.5°이고, 파란색으로 표시된 각은 <109.5°이다.

$$H-\overset{\cdot\cdot}{\underset{\cdot\cdot}{O}}-\overset{\underset{H}{H}}{\underset{H}{C}}-\overset{\underset{H}{H}}{\underset{H}{C}}-\overset{H}{\underset{H}{N}}-H$$

9.2.2 SO_2는 NH_3의 단일 결합처럼 중심 원자의 고립 전자쌍에 의해 함께 밀리지 않는 이중 결합을 포함한다. **9.3.1** P 원자에서 단독 점유된 3p 오비탈이 H 원자의 s 오비탈과 겹친다.
9.3.2 SO_2나 CH_4의 결합을 설명하기 위해 원자가 결합 이론을 사용할 수 없다. SO_2의 경우 중심 원자가 2개의 홀전자를 가지고 2개의 결합을 형성할 수 있지만, S의 홀전자는 3p 오비탈에 있다. S에 두 개의 3p 오비탈 겹침에 의한 두 개의 결합의 형성은 약 90°의 결합각을 가져올 것으로 예상된다. CH_4의 경우, 중심 원자는 4개의 결합을 형성하기에 충분한 홀전자가 없다.
9.4.1 Br의 4p 전자 중 2개는 빈 d 오비탈로 승위된다. s 오비탈, 3개의 p 오비탈 및 d 오비탈 중 2개가 혼성되어 6개의 sp^3d^2 혼성 오비탈을 형성한다. 혼성 오비탈 중 하나는 고립 전자쌍을 포함한다. 각각의 남아 있는 혼성 오비탈은 하나의 전자를 포함하고, F 원자에서 단독 점유된 2p 오비탈과 겹친다. 혼성 오비탈의 배열은 팔면체이며 결합각은 ~90°이다. **9.4.2** Be의 2s 전자 중 하나가 빈 p 오비탈로 승위된다. s 오비탈과 하나의 p 오비탈은 혼성화되어 두 개의 sp 혼성 오비탈을 형성한다.

각각의 혼성 오비탈은 하나의 전자를 포함하고 F 원자에서 단독 점유된 2p 오비탈과 겹친다. 배열은 ~180°의 결합각을 갖는 선형이다. **9.5.1** 16 σ 결합과 4 π 결합 **9.5.2** 17 σ 결합과 5 π 결합 **9.6.1** C 및 N 원자는 sp 혼성화된다. C와 N 사이의 삼중 결합은 하나의 시그마 결합(혼성 오비탈의 겹침으로부터)과 두 개의 파이 결합(남아 있는 p 오비탈의 상호 작용으로부터)로 구성된다. H와 C 사이의 단일 결합은 H의 s 오비탈과 겹치는 C로부터의 sp 오비탈의 결과이다. **9.6.2** 각 N 원자는 sp 혼성화된다. 각각 하나의 sp 오비탈이 단독으로 점유되고 하나는 고립 전자쌍을 포함한다. 단독 점유된 sp 오비탈은 겹쳐서 N 원자 사이에 시그마 결합을 형성한다. 남아 있는 혼성되지 않은 p 오비탈은 상호 작용하여 두 개의 파이 결합을 형성한다.
9.7.1 상자기성, 결합 차수=2 **9.7.2** 상자기성, 결합 차수=2
9.8.1 두 개의 다른 공명 구조가 가능하다. 그러므로 우리는 세 원자가 모두 sp^2 혼성화된 것으로 간주한다. 중심 O 원자의 혼성 오비탈 중 하나는 고립 전자쌍을 포함하고, 나머지 둘은 말단 O 원자에 시그마 결합을 형성한다. 각 원자는 하나의 남아 있는 혼성화되지 않은 p 오비탈을 갖는다. 그 p 오비탈은 결합하여 π 분자 오비탈을 형성한다. **9.8.2** 두 가지 다른 공명 구조가 가능하다. 그러므로 세 원자가 모두 sp^2 혼성화된 것으로 간주한다. 중심 N 원자의 혼성 오비탈 중 하나는 고립 전자쌍을 포함하고, 나머지 둘은 말단 O 원자에 시그마 결합을 형성한다. 각 원자는 하나의 남아 있는 혼성되지 않은 p 오비탈을 갖는다. 그 p 오비탈은 결합하여 π 분자 오비탈을 형성한다.

CHAPTER 10

기체

Gases

스쿠버 다이버는 압축 혼합 기체로 호흡한다. 얕은 바다에서 하는 여가 생활의 다이빙에는 일반적으로 압축 공기가 이용된다. 더 깊은 곳에서의 다이빙을 위해서는 헬륨, 질소, 산소 등 다양한 기체 혼합물이 이용된다.

이 장의 목표

기체의 성질과 행동에 대해 배운다.

들어가기 전에 미리 알아둘 것

- 단위 추적하기 [◀◀ 1.6절]
- 화학량론 [◀◀ 3.3절]

어떻게 기체의 성질이 스쿠버 다이빙의 위험에 영향을 주는가

스쿠버 자격 과정에서 가르치는 첫 번째 수업 중 하나는 다이버가 수면으로 올라오는 도중 절대로 숨을 참지 말라는 것이다. 이 경고에 주의를 기울이지 않으면 심각한 부상 또는 죽음을 초래할 수 있다. 물속에서 올라오는 도중 다이버의 폐에 있는 공기는 팽창한다. 만일 공기가 배출되지 않으면, 공기의 과팽창과 폐포(흡입 시 보통 공기로 채워지는 작은 주머니)의 파열이 초래된다. "폐 파열"로 알려진 이 상태는 더한 팽창이 파열된 폐를 붕괴시킬 수 있는 흉강으로의 공기 이동을 초래한다. 이러한 비극적인 부상의 가능성은 깊은 바다 다이버에만 국한되지 않는다. 수영장에서 일반적 깊이인 3 m에서의 급격한 상승 과정에서도 폐 파열은 발생할 수 있다. 만약 다이버의 폐에 공기로 채워진 낭종이 있거나 호흡기관계의 감염 때문에 생긴 가래로 막힌 폐 조직 영역이 있다면 날숨에 실패하지 않더라도 이 부상에 관한 의학 용어인 **자연기흉**(spontaneous pneumothorax)은 일어날 수 있다. 자연기흉의 위험에 더하여, 폐 파열은 공기 방울이 혈류에 들어가는 결과를 초래할 수 있다. 빠른 수중 상승 도중 이 방울들의 팽창은 순환을 막게 되는데 이를 **공기색전증**(gas embolism)이라 하고, 공기색전증은 심장마비 또는 뇌졸중을 유발할 수 있다.

다이버의 폐 파열의 원인은 급격한 **압력 감소**(decompression)이기 때문에, 이러한 상태, 특별히 공기색전증을 대비하기 위한 조치는 대개 고압산소실에서의 **재압축**(recompression)을 포함한다. 고압산소실은 대기압 이상의 기압을 견딜 수 있게 지어진 원통형의 밀폐공간이다. 보통 급격한 압력 감소에 의한 환자와 의료진이 안에 있는 상태에서 문을 봉하고 환자 몸속의 기체 방울을 다시 압축할 수 있을 정도의 압력이 생길 때까지 높은 압력의 공기를 넣어준다. 환자는 치료 도중 원하지 않는 기체의 제거를 돕기 위해 마스크를 통해 공급되는 순수한 산소로 호흡한다. 일반적인 의학용 고압산소실의 압력은 대기압의 6배까지 올라갈 수 있다.

스쿠버 다이빙과 관련된 위험에 대한 이해와 관련된 부상을 막고 치료하는 노력은 **기체**(gas)의 행동에 대한 지식을 요구한다.

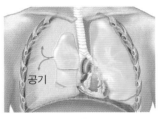

기흉

1인용 고압산소실

학생 노트
오직 한 명을 수용하기에 충분히 큰 "1인용" 고압산소실은 급격한 압력 감소에 의한 부상을 치료하기 위해 이용되지는 않지만, 전형적으로 순수한 산소로 압력이 가해진다.

이 장의 끝에서 운동선수들의 안전과 관련되어 있는 기체의 성질로 인한 일련의 문제점들을 해결할 수 있게 된다[▶▶ 배운 것 적용하기, 448쪽].

10.1 기체의 성질

물질들은 고체, 액체, 기체의 세 가지 상태 중 하나로 존재한다는 1장의 내용을 기억하자. 사실, 상온(25°C)에서 고체나 액체로 존재하는 대부분의 물질들은 적절한 조건하에서는 기체로 존재할 수 있다. 예를 들어, 물은 알맞은 조건하에서 **증발한다**(evaporate). 수증기는 기체이다.[일반적으로 **증기**(vapor)란 용어는 상온에서 액체나 기체인 물질의 기체 상태를 지칭하기 위해 이용된다.] 이 장에서는 기체의 본질과 어떻게 기체의 분자 수준에서의 성질이 우리가 관찰하는 거시적인 성질을 야기하는지 탐구할 것이다. 그림 10.1은 거시 수준과 분자 수준에서의 물질의 세 가지 상태를 보여준다.

상대적으로 상온에서 기체로 존재하는 원소는 거의 없다. 기체로 존재하는 원소들은 수소, 질소, 산소, 플루오린, 염소, 비활성 기체들이다. 물론 비활성 기체들은 고립된 원소들로 존재하는 반면, 다른 것들은 이원자 분자로 존재한다[|◀◀ 2.7절]. 그림 10.2는 기체상의 원소들이 주기율표 어디에서 나타나는지 보여준다.

학생 노트
산소 또한 삼원자 분자인 오존(O_3)으로 존재함을 기억하자[|◀◀ 2.7절]. 하지만 이원자 분자인 O_2가 상온에서 가장 안정한 동소체이다.

그림 10.1 물질의 고체, 액체, 기체 상태

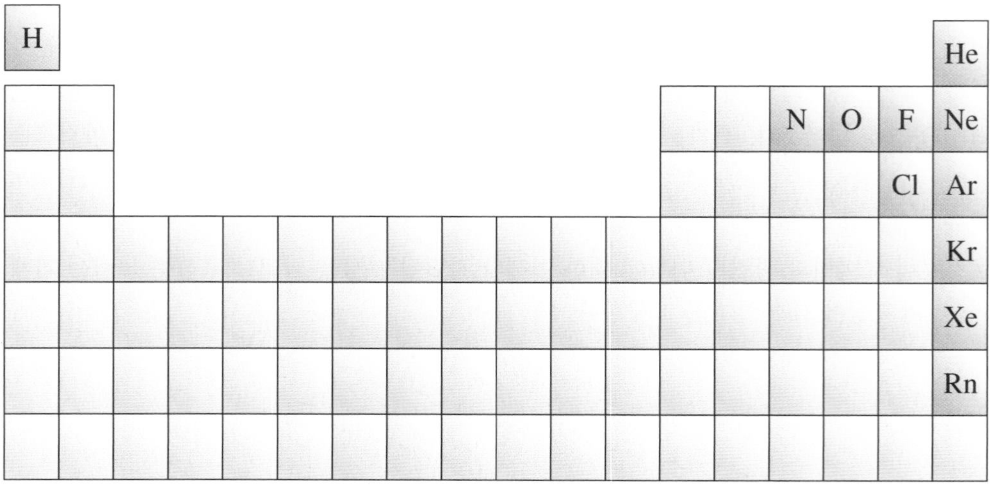

고체   액체   기체

그림 10.2 상온에서 기체로 존재하는 원소

H																	He
													N	O	F		Ne
																Cl	Ar
																	Kr
																	Xe
																	Rn

표 10.1	상온에서 기체인 분자 화합물
분자식	**화합물 이름**
HCl	염화 수소(hydrogen chloride)
NH_3	암모니아(ammonia)
CO_2	이산화 탄소(carbon dioxide)
N_2O	아산화 질소(dinitrogen monoxide or nitrous oxide)
CH_4	메테인(methane)
HCN	사이안화 수소(hydrogen cyanide)

대부분 낮은 분자량을 갖는 많은 분자 화합물은 상온에서 기체 상태로 존재한다. 표 10.1은 익숙할 만한 기체 상태 화합물의 목록이다.

기체의 특징

기체는 다음과 같은 중요한 요인들이 응축상(고체와 액체)과는 다르다.

1. **기체 시료는 용기의 모양과 부피를 따른다.** 액체처럼 기체는 시료 안에서 고정된 위치를 갖고 있지 않은 입자(분자 또는 원자)로 구성된다[◀◀ 1.2절]. 결과적으로, 액체와 기체는 **흐를**(flow) 수 있다.[1장에서 액체와 기체를 총괄하여 **유체**(fluid)로 나타냈던 것을 기억하자.] 액체 시료는 액체가 들어 있는 용기의 일부분만의 모양을 따를 것임에 비해, **기체** 시료는 기체 용기의 전체 **부피**(volume)를 채우기 위해 팽창할 것이다.

2. **기체는 압축할 수 있다.** 고체 또는 액체와 달리, 기체는 입자 간 거리가 상대적으로 먼 입자들로 구성되어 있다. 즉, 기체 안에서 임의의 두 입자 사이의 거리는 분자나 원자의 크기보다 매우 크다. 기체 입자들이 서로 멀리 떨어져 있기 때문에, 작은 부피에 국한시켜 서로 가깝게 이동시키는 것이 가능하다.

3. **기체의 밀도는 액체와 고체의 밀도보다 매우 작으며, 온도와 압력에 의존하여 크게 변화한다.** 액체와 고체의 밀도는 일반적으로 g/mL 또는 g/cm^3로 표현되는 반면, 기체의 밀도는 일반적으로 g/L로 표현된다.

    기체 시료를 압축하면 그것의 부피를 감소시키게 된다. 기체 시료의 질량은 동일하기 때문에 기체의 질량 대 부피의 비(밀도)는 증가하게 된다. 반대로, 좁은 곳에 갇힌 기체 시료의 부피를 증가시키면 기체의 밀도를 감소시키게 된다.

    만일 열기구를 본 적이 있다면, 기체의 밀도가 온도에 의해 얼마나 달라지는가에 대한 증거를 본 것이다. 뜨거운 공기는 차가운 공기보다 덜 무거우며, 그래서 뜨거운 공기는 찬 공기 위에, 기름이 물 위에 뜨는 것처럼 "뜨게 된다."

4. **기체는 어느 부분에서든지 서로 균일한 혼합물(용액)을 형성한다.** 어떤 액체는(예를 들어, 기름과 물) 서로 섞이지 않는다. 반면 기체는 입자가 매우 멀리 떨어져 있기 때문에 그들 사이에서 화학 반응이 일어나지 않는 한 어느 정도는 상호 작용을 하지 않는다. 이는 다른 기체 분자들이 균일하게 섞일 수 있게 해준다. 즉, 서로 반응하지 않는 기체들은 서로 **섞일 수 있다**(miscible).

각각의 4개의 특징은 분자 수준에서 기체 성질의 결과이다.

> **학생 노트**
> $1\,mL = 1\,cm^3$ [◀◀ 1.3절]

그림 10.3 (a) 비어 있는 금속 캔 (b) 진공 펌프로 공기를 제거하면 대기압이 캔을 찌그러트린다.

(a)   (b)

연필 모양의 타이어 압력계

기체 압력: 정의와 단위

용기에 채워진 기체 시료는 기체 용기의 벽에 압력을 가한다. 예를 들어, 자동차 타이어의 공기는 타이어의 내벽에 압력을 가하게 된다. 사실, 기체는 기체가 닿는 모든 것에 압력을 가한다. 그리하여 타이어 압력이 32 pound per square inch(psi)에 도달하도록 충분한 공기를 넣는 동안, **대기압**(atmospheric pressure)이라고 불리는 대략 14.7 psi의 압력이 타이어 밖과 몸을 포함한 모든 다른 것에 있다. 몸 밖에서 미는 대기압을 못 느끼는 이유는 동일한 압력이 몸 안에 존재해서 몸에 전체 압력이 없기 때문이다.

지구의 대기가 가하는 압력인 대기압은 그림 10.3(a)에서 보이는 빈 금속 용기를 이용해서 증명될 수 있다. 용기가 대기에 열려 있기 때문에 대기압은 용기 벽의 내부와 외부 모두에 작용한다. 하지만 진공 펌프를 용기의 입구에 연결하고 공기를 용기 밖으로 빼내면, 용기 내부의 압력을 감소시키게 된다. 내부에서 벽을 미는 힘이 감소하게 되면, 대기압이 용기를 찌그러트리게 된다[그림 10.3(b)].

압력(pressure)은 단위 면적에 가해지는 힘으로 정의된다.

$$압력 = \frac{힘}{면적}$$

힘의 SI 단위는 **뉴턴**(newton, N)이라 한다.

$$1\,N = 1\,kg \cdot m/s^2$$

압력의 SI 단위는 **파스칼**(pascal, Pa)이고, $1\,m^2$에 가해지는 $1\,N$으로 정의된다.

$$1\,Pa = 1\,N/m^2$$

SI 기본 단위로는 $1\,Pa = 1\,kg/m \cdot s^2$이다. 비록 파스칼이 압력의 SI 단위이지만, 더 보편적으로 이용되는 다른 압력의 단위가 있다. 표 10.2는 화학에서 가장 일반적으로 표현되는 단위와 그 단위들을 파스칼로 정의한 목록이다. 이 단위 중 자주 접하게 되는 단위는 특정 학문 분야에 따라 달라질 것이다. 비록 bar의 이용이 증가하고 있지만, 화학에서는 atm이

표 10.2	화학에서 일반적으로 사용되는 압력의 단위	
단위	기원	정의
표준 대기압 (atm)	해수면에서의 압력	$1\,atm = 101,325\,Pa$
mmHg	기압계 측정	$1\,mmHg = 133.322\,Pa$
torr	기압계를 발명한 Torricelli를 기리기 위해 mmHg 단위에 붙인 단위	$1\,torr = 133.322\,Pa$
bar	atm과 같은 자릿수지만 Pa의 10^5의 배수	$1\,bar = 1 \times 10^5\,Pa$

일반적이다. 의학과 기상학에서는 mmHg가 일반적이다. 이 책에서는 이 모든 단위를 사용할 것이다.

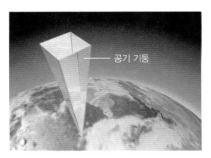

그림 10.4 지표면에서 대기권의 끝까지에 해당하는 1 cm × 1 cm 면적의 공기의 기둥은 대략적으로 1 kg의 질량을 갖는다.

압력의 계산

지구의 대기에 노출된 면적에 가해지는 힘은 그 면적 위에 있는 공기 기둥의 무게와 같다. 예를 들어, 해수면 높이에 가까운 땅의 1 cm² 면적 위의 공기 질량은 대략 1 kg이다(그림 10.4).

지구의 중력에 의해 당겨지는 물체의 무게는 물체의 질량에 중력 가속도 9.80665 m/s²을 곱한 값과 동일하다. 즉 공기 기둥에 의해 가해지는 힘은 다음과 같다.

$$1 \text{ kg} \times \frac{9.80665 \text{ m}}{\text{s}^2} \approx 10 \text{ kg} \cdot \text{m/s}^2 = 10 \text{ N}$$

압력은 단위 면적당 힘이다. 특별히 **파스칼**(pascal) 압력은 **제곱미터**(square meter)당 **뉴턴**(newton)의 힘과 같다. 우선 cm²를 m²로 바꾸어야 한다.

$$1 \text{ cm}^2 \times \left(\frac{1 \text{ m}}{100 \text{ cm}}\right)^2 = 0.0001 \text{ m}^2$$

그리고 나서 면적으로 힘을 나누면 다음과 같다.

$$\frac{10 \text{ N}}{0.0001 \text{ m}^2} = 1 \times 10^5 \text{ Pa}$$

이 압력은 대략적으로 1 atm(~1×10^5 Pa)과 같고, 이는 해수면에서 기대할 수 있는 수치이다.

같은 방법으로 어떤 유체(기체 또는 액체) 기둥이 가하는 압력을 계산할 수 있다. 사실 이 방법이 대기가 지탱하는 수은 기둥의 높이를 결정하여 대기압을 측정하는 일반적인 방법이다.

학생 노트
단위에 지수가 있으면 환산 인자도 같은 지수로 만들어야 함을 기억하자[◀◀ 1.6절].

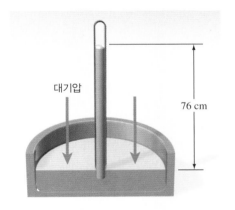

대기압

76 cm

그림 10.5 기압계

압력의 측정

대기압을 측정하기 위해 사용되는 도구인 간단한 **기압계**(barometer)는 끝이 막히고 수은으로 채워져 있는 긴 유리관으로 구성되어 있다. 그 관은 공기가 안으로 들어가지 못하도록 수은 용기 안에서 조심스럽게 뒤집어져 있다. 관이 뒤집어지고 관의 열린 끝이 수은 용기에 잠기게 되면 관에 있던 수은 일부가 용기로 흘러 나오면서 관의 윗부분(닫힌 끝)에 빈 공간을 만들게 될 것이다(그림 10.5). 관 안에 남아 있는 수은의 무게는 용기에서 수은의 표면을 누르는 대기압에 의해 지지된다. 달리 말하면, 수은 기둥이 가하는 힘은 대기압이 가하는 힘과 **동일하다**(equal). **표준 대기압**(standard atmospheric pressure, 1 atm)은 본래 0°C의 해수면에서 정확히 760 mmHg의 수은 기둥이 지지하는 압력으로 정의된다. mmHg 단위는 또한 기압계를 발명한 이탈리아 과학자 Evangelista Torricelli[1]를 기리기 위해 torr로도 불린다. 모든 압력의 일반적인 단위에서의 표준 대기압을 여백에 표현해 두었다.

압력계(manometer)는 대기압 이외의 압력을 측정할 때 이용되는 장치이다. 압력계의 작동 원리는 기압계의 작동 원리와 유사하다. 그림 10.6에 보여지듯이 두 가지 종류의 압

학생 노트
1 atm*
101,325 Pa
760 mmHg*
760 torr*
1.01325 bar
14.7 psi
*이들은 정확한 수이다.

---

1. Evangelista Torricelli(1608~1647). 이탈리아의 수학자. 그는 대기압의 존재를 인식한 최초의 사람일 것이다.

력계가 있다. 닫힌관 압력계[그림 10.6(a)]는 보통 대기압 이하의 압력을 측정할 때 이용되는 반면, 열린관 압력계[그림 10.6(b)]는 일반적으로 대기압과 같거나 이상의 압력을 측정할 때 이용된다.

기압계(그림 10.5)처럼 유체의 기둥이 가하는 압력은 식 10.1로 표현된다.

$$P = hdg$$

[◀◀ 식 10.1]

h는 m 단위의 기둥의 높이이고, d는 kg/m^3 단위의 유체의 밀도, g는 중력 가속도 9.80665 m/s^{2}이다. 이 식은 왜 기압계가 역사적으로 수은을 이용하여 만들어졌는지를 설명한다. 주어진 압력에 의해 지지되는 유체 기둥의 높이는 유체의 밀도에 반비례한다.(주어진 P에서 d가 커지면 h는 반드시 내려간다. 그 역도 또한 같다.) 수은의 높은 밀도는 조작 가능한 크기의 기압계와 압력계를 만들 수 있게 한다. 예를 들어, 1 m로 서 있는 수은으로 채워진 기압계가 만일 물로 채워졌다면 13 m 이상의 높이가 될 것이다.

그림 10.6 (a) 닫힌관 압력계. "진공"이라 표현된 공간에는 실제로 적은 양의 수은 증기가 포함되어 있다. (b) 열린관 압력계

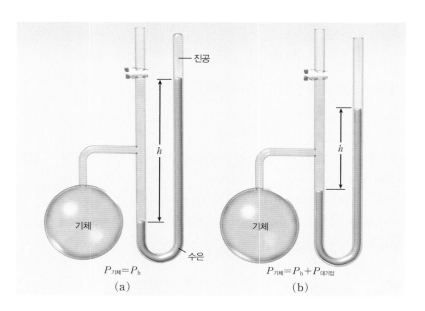

예제 10.1은 유체의 기둥에 의해 가해지는 압력을 어떻게 계산하는지를 보여준다.

예제 10.1

70.0 cm 높이의 수은 기둥에 의해 가해지는 압력을 계산하시오. 압력을 Pa 단위 그리고 atm 단위로 표현하시오. 수은의 밀도는 13.5951 g/cm^{3}이다.

전략   압력을 계산하기 위해 식 10.1을 이용한다. 높이는 m로, 밀도는 kg/m^{3}로 나타내야 됨을 기억한다.

계획

$$h = 70.0 \text{ cm} \times \frac{1 \text{ m}}{100 \text{ cm}} = 0.700 \text{ m}$$

$$d = \frac{13.5951 \text{ g}}{\text{cm}^3} \times \frac{1 \text{ kg}}{1000 \text{ g}} \times \left(\frac{100 \text{ cm}}{1 \text{ m}}\right)^3 = 1.35951 \times 10^4 \text{ kg/m}^3$$

$$g = 9.80665 \text{ m/s}^2$$

풀이

$$압력 = 0.700 \text{ m} \times \frac{1.35951 \times 10^4 \text{ kg}}{\text{m}^3} \times \frac{9.80665 \text{ m}}{\text{s}^2} = 9.33 \times 10^4 \text{ kg/m} \cdot \text{s}^2 = 9.33 \times 10^4 \text{ Pa}$$

$$9.33 \times 10^4 \text{ Pa} \times \frac{1 \text{ atm}}{101,325 \text{ Pa}} = 0.921 \text{ atm}$$

생각해 보기

이런 종류의 문제에서는 단위를 적절하게 생략했는지 확인하자. 일반적인 오류는 높이를 m로, 밀도를 kg/m^3 단위로 표현하는 것을 잊는 것이다. 다양한 단위에서의 대기압의 값에 익숙해 짐으로써 이러한 오류를 피할 수 있다. 760 mm보다 약간 낮은 수은의 기둥은 101,325 Pa보다 약간 적은 것 그리고 1 atm보다 약간 적은 것과 동일하다.

추가문제 1 정확하게 1 m 높이의 수은 기둥에 의해 가해지는 압력은 atm 단위로 얼마인가?

추가문제 2 예제 10.1에서 계산된 압력을 지지하기 위한 물 기둥의 높이는 얼마인가? 물의 밀도는 1.00 g/cm^3라 가정한다.

추가문제 3 기둥이 가하는 압력이 증가하는 순서대로 네 기둥을 정렬하시오.

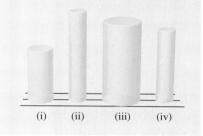

(i) (ii) (iii) (iv)

10.2 기체 법칙

응축상과는 대조적으로 모든 기체는 화학적 구성 요소가 크게 다르더라도 상당히 유사한 물리적 운동을 보여준다. 17세기와 18세기에 진행된 많은 실험들은 기체 시료의 물리적 상태가 네 가지 변수로 완벽하게 묘사될 수 있다는 것을 보여준다. 온도(T), 압력(P), 부피(V), mol(n). 이 변수들 중 세 가지를 안다면 나머지 네 번째 변수를 계산할 수 있다. 이 변수들 간의 관계는 **기체 법칙**(gas laws)으로 알려져 있다.

> **학생 노트**
> 기체 법칙들은 실험으로부터 발생하였기 때문에 이 법칙들을 실험적 기체 법칙이라 칭한다.

Boyle의 법칙: 압력—부피 관계

여러분이 공기로 채워진 플라스틱 주사기를 갖고 있다고 상상해 보자. 만약 손가락으로 주사기의 끝을 꽉 쥐고 다른 손으로 피스톤을 누르면, 공기의 부피를 감소시킴과 동시에 주사기의 압력을 증가시킬 것이다. 17세기 동안, Robert Boyle[2]은 그림 10.7에 보이는 것처럼 간단한 기구를 이용해서 기체 부피와 압력 간의 관계에 대한 체계적인 연구를 수행하였다. J자 모양의 관은 수은 기둥에 의해 가두어진 기체 시료를 담고 있다. 이 기구의 한쪽 끝이 열려 있는 압력계의 역할을 한다. 양쪽 수은의 높이가 동일할 때[그림 10.7(a)], 가두어진 기체의 압력은 대기압과 동일하다. 더 많은 수은이 열린 끝을 통해 더해지면, 가두어진 기체의 압력은 더해진 수은의 높이만큼 비례해서 증가하게 된다.(기체의 부피는 감소한다.) 예를 들어, 그림 10.7(b)에서 보이는 것처럼 만일 왼쪽과 오른쪽의 수은 높이의 차이가 760 mm(1 atm과 동일한 압력을 가하는 수은 기둥의 높이)가 될 수 있을 정도로 충분

---

2. Robert Boyle(1627~1691). 영국의 화학자이자 자연과학자. 일반적으로 그의 이름을 딴 기체 법칙이 연상되지만, 화학과 물리학 분야에서도 많은 중요한 기여를 했다.

한 양의 수은을 더해서 가두어진 기체의 압력이 **두 배**가 되게 하면, 기체의 부피는 **반**으로 감소하게 된다. 만일 더 많은 수은을 추가하여 가두어진 기체의 압력이 세 배가 되게 하면, 기체의 부피는 처음 부피의 삼분의 일로 줄어들게 된다[그림 10.7(c)].

표 10.3은 일반적인 Boyle의 일련의 실험 결과를 보여준다. 그림 10.8은 압력 변화에 따른 부피의 변화(a)와 압력 역수 변화에 따른 부피의 변화(b)를 각각 나타낸다. 이 결과들은 일정한 온도에서 고정된 양의 기체의 압력은 기체의 부피에 반비례한다는 **Boyle의 법칙**(Boyle's law)을 보여준다. 이 압력과 부피 간의 반비례 관계는 수학적으로 다음과 같이 표현될 수 있다.

$$V \propto \frac{1}{P}$$

> **학생 노트**
> 기호 $\propto$는 "비례한다"를 의미 한다는 것을 기억하자.

그림 10.7 Boyle의 법칙에 대한 증거. 기체 시료의 부피는 그것의 압력에 반비례한다. (a) $P=760$ mmHg, $V=100$ mL (b) $P=1520$ mmHg, $V=50$ mL (c) $P=2280$ mmHg, $V=33$ mL. 기체에 가해지는 전체 압력은 대기압(760 mmHg)과 수은의 높이 차이의 합임을 주의하자.

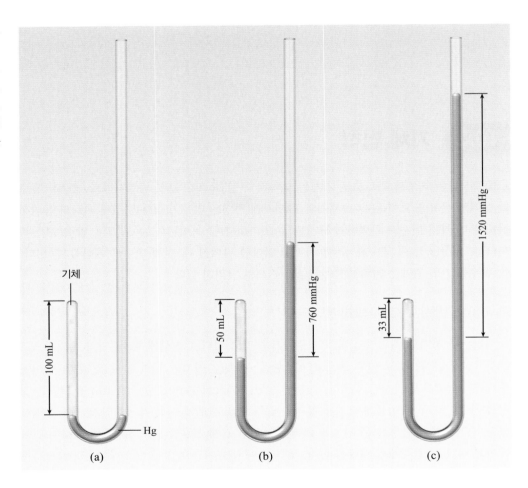

표 10.3	그림 10.7의 기구를 이용한 실험에서 얻어지는 일반적인 결과								
P(mmHg)	760	855	950	1045	1140	1235	1330	1425	1520	2280
V(mL)	100	89	78	72	66	59	55	54	50	33
	그림 10.7(a)에 나타냄								그림 10.7(b)에 나타냄	그림 10.7(c)에 나타냄

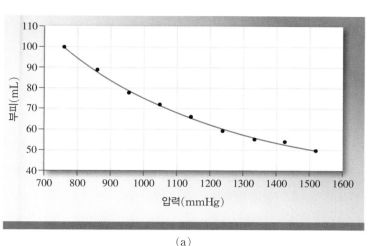

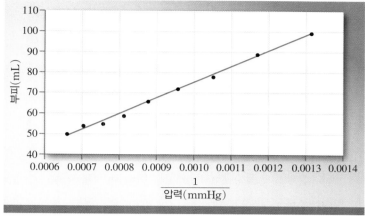

그림 10.8 압력에 따른 부피의 변화 그래프(a)와 압력의 역수에 따른 부피의 변화 그래프(b)

또는

$$V = k_1 \frac{1}{P} \text{ (일정한 온도에서)} \qquad [|\blacktriangleleft\blacktriangleleft \text{식 } 10.2(a)]$$

k_1이 **비례상수**(proportionality constant)이다. 식 10.2(a)를 재배열하여 다음 식을 얻을 수 있다.

$$PV = k_1 \text{ (일정한 온도에서)} \qquad [|\blacktriangleleft\blacktriangleleft \text{식 } 10.2(b)]$$

Boyle의 법칙의 이러한 식에 의해(일정한 온도에서) 기체 시료의 압력과 부피의 **곱**(product)은 **일정하다**(constant).

비록 각각의 압력과 부피의 값은 주어진 기체 시료에 따라 크게 달라지지만, 온도가 일정하게 유지되고 기체의 양이 변하지 않는 한 P와 V의 곱은 항상 같은 상수로 동일하다. 그러므로, 일정한 온도에서 다른 두 가지 조건하에서의 기체 시료에 대해서는 다음과 같이 쓸 수 있다.

$$P_1 V_1 = k_1 = P_2 V_2$$

또는 다음과 같다.

$$P_1 V_1 = P_2 V_2 \text{ (일정한 온도에서)} \qquad [|\blacktriangleleft\blacktriangleleft \text{식 } 10.3]$$

V_1은 압력 P_1에서의 부피이고, V_2는 압력 P_2에서의 부피이다.

예제 10.2는 Boyle의 법칙의 이용을 보여준다.

예제 (10.2)

스쿠버 다이버가 수면에서 5.82 L의 공기로 그의 폐를 채우고 있다. 그가 물속으로 들어가 1.92 atm이 되는 곳에 도달했을 때, 그의 폐에서 공기가 차지하는 부피는 얼마가 되겠는가?(온도는 일정하고 수면에서의 압력은 정확하게 1 atm이라고 가정하자.)

전략 V_2를 구하기 위해 식 10.3을 이용한다.

계획 $P_1 = 1.00 \text{ atm}$, $V_1 = 5.82 \text{ L}$, $P_2 = 1.92 \text{ atm}$

풀이

$$V_2 = \frac{P_1 \times V_1}{P_2} = \frac{1.00 \text{ atm} \times 5.82 \text{ L}}{1.92 \text{ atm}} = 3.03 \text{ L}$$

> **생각해 보기**
>
> 높은 압력에서 부피는 작아진다. 그러므로 답은 타당하다.

추가문제 1 2.49 atm에서 5.14 L를 차지하는 기체 시료의 5.75 atm에서의 부피를 계산하시오.(온도는 일정하다고 가정한다.)

추가문제 2 4.11 atm에서 3.44 L를 차지하는 기체 시료는 얼마의 압력에서 7.86 L의 부피가 되겠는가?(온도는 일정하다고 가정한다.)

추가문제 3 다음 그림 중 어느 것이 일정한 온도에서 외부 압력이 증가하기 전후의 풍선 안의 기체 시료를 나타내는가?

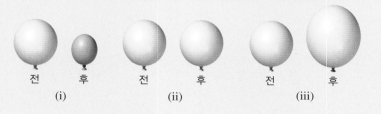

전   후   전   후   전   후
(i)   (ii)   (iii)

(a)

(b)

그림 10.9 (a) 공기가 채워진 풍선 (b) 액체 질소를 이용하여 온도를 낮추면 부피가 감소한다. 대략적으로 외부 압력과 동일한 풍선 내부의 압력은 이러한 과정 동안 일정하게 유지된다.

Charles의 법칙과 Gay−Lussac의 법칙: 온도−부피 관계

만일 추운 날 헬륨으로 채워진 풍선을 밖으로 가져간다면, 그 풍선은 차가운 공기와 접하는 순간 작아질 것이다. 이런 현상은 기체 시료의 부피가 온도에 의존하기 때문에 발생한다. 더 극적인 예는 액체 질소를 공기가 채워진 풍선에 붓는 그림 10.9에 보여진다. 풍선 속 공기 온도의 급격한 저하는(끓는 액체 질소의 온도는 −196°C이다) 공기 부피를 현저히 줄어들게 만들고, 이는 풍선을 수축시킨다. 풍선 안의 압력은 대략적으로 풍선 외부의 압력과 동일함을 기억하자.

기체의 부피와 온도 사이의 관계를 연구한 첫 번째 사람은 프랑스의 과학자 Jacques Charles[3]과 Joseph Gay-Lussac[4]이다. 그들의 연구는 일정한 압력에서 기체 시료의 부피가 온도가 올라가면 증가하고, 온도가 내려가면 감소한다는 것을 보여준다. 그림 10.10(a)는 Charles과 Gay-Lussac의 일반적인 실험 결과의 그래프를 보여준다. 압력을 일정하게 고정시킨 상태에서 온도 변화에 따른 기체 시료의 부피 변화가 직선으로 나타남을 기억하자. 이 실험들은 몇몇 다른 온도에서 수행되었고 각각 다른 직선을 나타낸다[그림 10.10(b)]. 흥미롭게도 만일 부피가 0이 될 때까지 직선을 추론하면, 그 직선은 x축의 −273.15°C에서 만난다. 이것은 기체 시료가 −273.15°C에서 부피가 0이라는 의미이다. 하지만 모든 기체들은 −273.15°C가 되기 전에 액체나 고체로 응축되기 때문에 이는 실험적으로 관찰되지 않았다.

---

3. Jacques Alexandre Cesar Charles(1746~1823). 프랑스의 물리학자. 그는 재능이 있는 강사, 과학기구 발명가이며, 수소를 이용하여 풍선을 분 최초의 사람이었다.

4. Joseph Louis Gay−Lussac(1778~1850). 프랑스의 화학자이자 물리학자. 그는 Charles처럼 풍선에 열광적인 사람이었다. 분석을 위한 공기 자료를 수집하기 위해 20,000 ft의 고도에까지 오른 적이 있었다.

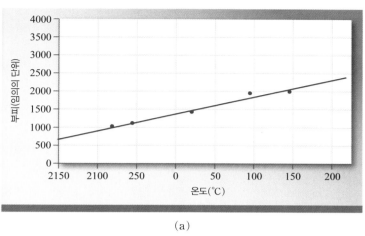

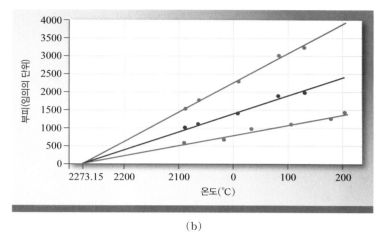

(a) (b)

그림 10.10 (a) 온도 변화에 따른 기체 시료의 부피 그래프 (b) 세 가지 다른 압력에서 온도 변화에 따른 기체 시료의 부피 그래프

1848년 Lord Kelvin[5]은 −273.15 °C에서 만나는 추론된 선들의 중요성을 깨달았다. 그는 −273.15°C를 이론적으로 만들 수 있는 가장 낮은 온도인 **절대 영도**(absolute zero)라고 정의했다. 그리고 나서 절대 영도를 가장 낮은 점으로 하여 이제는 **켈빈 온도 단위**(Kelvin temperature scale)라 불리는 **절대 온도 단위**(absolute temperature scale)를 만들었다[◀◀ 1.3절]. 켈빈 단위에서 1켈빈(K)은 섭씨 1°C와 단위 크기가 동일하다. 이 두 단위 사이에는 간단하게 273.15의 차이가 있다. 비록 종종 273.15 대신 273을 이용하지만, 섭씨로 표현된 온도에 273.15를 더해서 절대 온도를 구할 수 있다. 두 단위에서 몇 가지 중요한 온도는 다음과 같이 맞출 수 있다.

	켈빈 단위(K)	섭씨 단위(°C)
절대 영도	0 K	−273.15 °C
물의 어는점	273.15 K	0 °C
물의 끓는점	373.15 K	100 °C

온도에 따른 기체 시료의 부피 의존도는 다음과 같다.

$$V \propto T$$

또는

$$V = k_2 T \text{ (일정한 압력에서)}$$ [◀◀ 식 10.4(a)]

k_2는 비례상수이다. 식 10.4(a)를 재배열하면 다음 식을 얻을 수 있다.

$$\frac{V}{T} = k_2 \text{ (일정한 압력에서)}$$ [◀◀ 식 10.4(b)]

식 10.4(a)와 (b)는 종종 간단하게 **Charles의 법칙**(Charles's law)이라고 불리는 **Charles과 Gay-Lussac의 법칙**(Charles's and Gay-Lussac's law)의 표현이고, 이 법칙은 압력이 일정하게 유지되는 고정된 양의 기체 부피는 기체의 절대 온도에 정비례한다는 것을 말해준다.

학생 노트
켈빈과 섭씨는 같은 단위 규모를 갖고 있음을 기억하자. 그리하여, 켈빈 온도를 구하기 위해서는 섭씨온도에 273.15를 더하지만 섭씨에서의 온도의 변화는 켈빈에서의 온도 변화와 동일하다. 20°C의 온도는 293.15 K와 같다. 하지만, 20°C만큼의 온도 변화(change)는 20 K만큼의 온도 변화(change)와 동일하다.

학생 노트
부피는 절대 온도에 비례한다는 것을 잊지 말자. 만일 온도가 100 K에서 200 K로 증가한다면(100°C에서 200°C로 증가하는 것이 아니라) 일정한 압력에서 기체 시료의 부피는 두 배가 된다.

---

5. William Thomson, Lord Kelvin(1824~1907). 스코틀랜드의 수학자이자 물리학자. 그는 물리학의 다양한 분야에서 중요한 일을 했다.

일정한 온도에서의 압력−부피 관계에서 했던 것과 동일하게 일정한 압력에서 주어진 기체 시료의 두 가지 부피−온도 조건을 비교할 수 있다. 식 10.4로부터 다음과 같이 적을 수 있다.

$$\frac{V_1}{T_1} = k_2 = \frac{V_2}{T_2}$$

또는

$$\frac{V_1}{T_1} = \frac{V_2}{T_2} \text{ (일정한 압력에서)} \qquad [\blacktriangleleft\blacktriangleleft \text{식 10.5}]$$

V_1은 T_1에서 기체의 부피 그리고 V_2는 T_2에서 기체의 부피이다.

예제 10.3은 어떻게 Charles의 법칙을 이용하는지를 보여준다.

예제 10.3

25.0℃에서 14.6 L의 부피를 차지하는 아르곤 기체 시료를 일정한 압력에서 50.0℃로 가열하였다. 새로운 부피는 어떻게 되는가?

전략 V_2를 구하기 위해 식 10.5를 이용한다. 온도는 켈빈으로 표현되어야 함을 기억한다.

계획 $T_1 = 298.15$ K, $V_1 = 14.6$ L, $T_2 = 323.15$ K

풀이

$$V_2 = \frac{V_1 \times T_2}{T_1} = \frac{14.6 \text{ L} \times 323.15 \text{ K}}{298.15 \text{ K}} = 15.8 \text{ L}$$

> **생각해 보기**
> 일정한 압력에서 온도가 증가할 때 기체 시료의 부피는 증가한다.

추가문제 1 기체 시료가 0.0℃에서 29.1 L를 차지한다. 기체 시료를 15℃로 가열하였을 때 새로운 부피는 얼마인가?(압력을 일정하다고 가정한다.)

추가문제 2 만일 기체 시료가 75.0℃에서 50.0 L를 차지한다면, 어떤 온도(℃)에서 기체 시료가 82.3 L를 차지하겠는가?(압력은 일정하다고 가정한다.)

추가문제 3 50℃의 기체 시료가 다음에 보이는 움직일 수 있는 피스톤이 있는 용기(가장 왼쪽)에 들어 있다. 어떤 그림[(i)~(iv)]이 시료의 온도를 100℃로 증가시켰을 때의 모습을 잘 나타내는가?

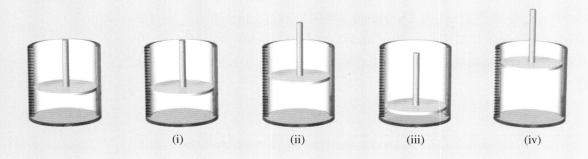

(i)   (ii)   (iii)   (iv)

Avogadro의 법칙: 양−부피 관계

1811년 이탈리아의 과학자 Amedeo Avogadro는 동일한 온도와 압력에서 같은 부피의 다른 기체는 같은 수의 입자(분자 또는 원자)를 포함한다고 제안했다. 이 가설은 **Avogadro 의 법칙**(Avogadro's law)이라 하고, 이는 일정한 온도와 압력에서 기체 시료의 부피가 시료의 mol에 정비례한다는 것이다.

$$V \propto n$$

또는

$$V = k_3 n \text{ (일정한 온도와 압력에서)} \qquad [|◀◀ \text{식 } 10.6(\text{a})]$$

식 10.6(a)를 재배열하면 다음과 같은 식이 얻어진다.

$$\frac{V}{n} = k_3 \qquad [|◀◀ \text{식 } 10.6(\text{b})]$$

식 10.6(a)와 (b)는 Avogadro의 법칙을 표현한 것이다.

다른 기체 법칙과 마찬가지로 Avogadro의 법칙을 이용하여 일정한 압력과 온도에서 n 과 V가 변하는 두 개의 조건을 비교할 수 있다.

$$\frac{V_1}{n_1} = k_3 = \frac{V_2}{n_2}$$

또는 다음과 같다.

$$\frac{V_1}{n_1} = \frac{V_2}{n_2} \text{ (일정한 온도와 압력에서)} \qquad [|◀◀ \text{식 } 10.7]$$

V_1은 n_1 mol로 구성된 기체 시료의 부피이고, V_2는 n_2 mol로 구성된 기체 시료의 부피이다(일정한 온도와 압력 조건하에서). 균형 맞춤 반응식과 함께 생각하면 Avogadro의 법칙은 기체 상태의 반응물과 생성물의 부피를 예측할 수 있게 해준다. 암모니아를 생성하는 수소와 질소의 반응을 고려해 보자.

$$3H_2(g) + N_2(g) \longrightarrow 2NH_3(g)$$

균형 맞춤 반응식은 반응물의 조합비를 **몰**(mole)로 보여준다[|◀◀ 3.4절]. 하지만 기체 의 부피는(일정한 온도와 압력에서) mol에 정비례하기 때문에, 균형 맞춤 반응식은 조합 비를 **부피**(volume)로도 보여준다. 그리하여 만일 3 부피(L, mL 등)의 수소 기체와 1 부 피의 질소 기체를 섞는다면, 균형 맞춤 반응식에 의해 완전히 반응한다고 가정할 때, 2 부 피의 암모니아 기체가 생성될 것을 기대할 수 있다(그림 10.11). 수소와 질소 조합의 비(그

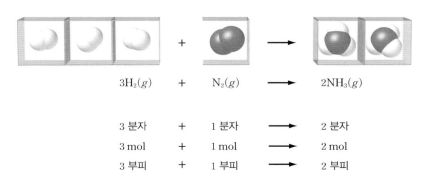

그림 10.11 Avogadro의 법칙의 실례. 기체 시료의 부피는 mol에 정 비례한다.

$3H_2(g)$	+	$N_2(g)$	$\longrightarrow$	$2NH_3(g)$	
3 분자	+	1 분자	$\longrightarrow$	2 분자	
3 mol	+	1 mol	$\longrightarrow$	2 mol	
3 부피	+	1 부피	$\longrightarrow$	2 부피	

리고 암모니아 생성)는 mol로 표현하거나 아니면 부피의 단위로 표현해도 3 : 1 : 2이다.

예제 10.4는 어떻게 Avogadro의 법칙이 적용되는지를 보여준다.

예제 (10.4)

만일 3.0 L의 NO와 1.5 L의 O_2를 섞고 균형 맞춤 반응식 $2NO(g) + O_2(g) \longrightarrow 2NO_2(g)$에 의해 반응한다면, 생성된 NO_2의 부피는 얼마인가?(반응물과 생성물 모두 같은 온도와 압력에 있다고 가정하시오.)

전략 기체 생성물의 부피를 결정하기 위해 Avogadro의 법칙을 적용한다.

계획 부피는 mol에 비례하기 때문에 균형 맞춤 반응식이 반응물이 어떤 부피비로 섞이는지, 반응 부피에 대한 생성물의 부피비는 어떤지 결정한다. 주어진 반응물의 양은 화학량론적 양이다[◀◀ 3.6절].

풀이 균형 맞춤 반응식에 의해서 생성된 NO_2의 부피는 반응하는 NO의 양과 동일할 것이다. 그러므로 3.0 L의 NO_2가 생성될 것이다.

> ### 생각해 보기
> 균형 맞춤 화학 반응식에서 계수는 분자 또는 몰의 비를 나타낸다는 것을 기억하자. 일정한 온도와 압력 조건하에서 기체의 부피는 mol에 비례한다. 그러므로 일정한 온도와 압력에서 반응이 일어난다면 기체만을 포함하는 균형 맞춤 반응식에서의 계수는 리터(liter) 단위의 비를 나타낸다. 모든 반응물과 생성물이 기체인 균형 맞춤 반응식에서만 계수가 L 단위의 비를 나타낸다는 것을 아는 것은 중요하다. 같은 접근법을 고체, 액체, 또는 수용액상 물질이 있는 반응에 적용할 수 없다.

추가문제 1 34 L의 H_2와 17 L의 O_2가 식 $2H_2(g) + O_2(g) \longrightarrow 2H_2O(g)$에 의해 반응할 때, 얼마(L 단위)의 수증기가 생성되겠는가?

추가문제 2 식 $2CO(g) + O_2(g) \longrightarrow 2CO_2(g)$를 통해 3.16 L의 이산화 탄소를 만들기 위해서는 얼마(L 단위)의 일산화 탄소와 산소 기체가 반응해야 하는가?

추가문제 3 여기 가상의 기체 반응이 분자 모델로 묘사되어 있다. 이 반응이 일정한 온도와 압력에서 움직일 수 있는 피스톤이 있는 용기 안에서 일어나고 맨 왼쪽 그림이 반응 전의 혼합물을 나타낸다고 상상하시오. 어느 그림[(i)~(iv)]이 반응이 끝난 상태의 모습을 가장 잘 묘사하였는가?(반응물은 같은 당량으로 섞여 있다고 가정하시오. 묘사된 반응은 균형 잡혀 있지 않음을 주의하시오.)

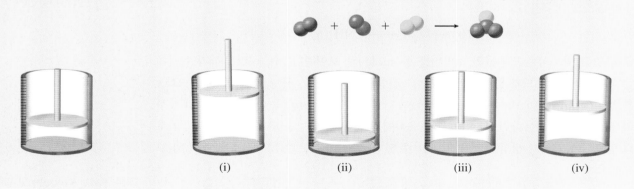

결합된 기체 법칙: 압력−온도−부피 관계

지금까지 논의한 기체 법칙들은 유용하지만, 각각의 법칙들은 두 가지 변수가 고정되는 것이 요구된다.

문제 유형	관계	요구되는 상수
Boyle의 법칙	P와 V	n과 T
Charles의 법칙	T와 V	n과 P
Avogadro의 법칙	n과 V	P와 T

우리가 만나게 될 많은 문제들은 P, T, V 때때로 n의 변화를 수반한다. 이런 문제를 해결하기 위해서 모든 변수가 관련된 기체 법칙이 필요하다. 식 10.3, 10.5, 10.7을 결합하여 **결합된 기체 법칙**(combined gas law)을 얻을 수 있다.

$$\frac{P_1 V_1}{n_1 T_1} = \frac{P_2 V_2}{n_2 T_2} \qquad [|◀◀ \text{식} \ 10.8(a)]$$

결합된 기체 법칙은 일부 또는 모든 변수가 변하는 문제를 푸는 것에 이용될 수 있다. 문제가 고정된 양의 기체를 수반할 때, 식 10.8(a)는 결합된 기체 법칙의 더 일반적인 형태로 줄일 수 있음을 주의하자.

$$\frac{P_1 V_1}{T_1} = \frac{P_2 V_2}{T_2} \qquad [|◀◀ \text{식} \ 10.8(b)]$$

예제 10.5는 결합된 기체 법칙의 이용을 설명한다.

예제 10.5

만일 어린아이가 온도가 28.50℃ 이고 대기압이 757.2 mmHg인 놀이 공원의 주차장에서 6.25 L의 헬륨 풍선을 놓쳤다면, 그 풍선이 온도가 −34.35℃이고 대기압이 366.4 mmHg인 고도에 도달했을 때 풍선의 부피는 얼마가 되겠는가?

전략 이 경우 고정된 기체의 양이 있으므로 식 10.8(b)를 이용한다. 모르는 하나의 값은 V_2이다. 온도는 반드시 켈빈으로 표현되어야 한다. 일관되게 쓴다면 압력의 아무 단위나 사용할 수 있다.

계획 $T_1 = 301.65$ K, $T_2 = 238.80$ K이다. V_2를 구하기 위해 식 10.8(b)를 정리하면 다음과 같다.

$$V_2 = \frac{P_1 T_2 V_1}{P_2 T_1}$$

풀이

$$V_2 = \frac{757.2 \ \text{mmHg} \times 238.80 \ \text{K} \times 6.25 \ \text{L}}{366.4 \ \text{mmHg} \times 301.65 \ \text{K}} = 10.2 \ \text{L}$$

> ### 생각해 보기
> 답은 근본적으로 처음 부피에 P_1 대 P_2의 비와 T_2 대 T_1의 비를 곱하는 것임을 주의하자. 외부 압력 감소의 효과는 풍선 부피의 증가를 만든다. 온도(temperature) 감소의 효과는 부피의 감소(decrease)를 만든다. 이 경우에, 압력 감소의 효과가 우세하여 풍선 부피는 상당히 증가한다.

추가문제 1 만일 풍선이 공중으로 올라가도록 놓친 것이 아니라 압력이 922.3 mmHg이고 온도가 26.35℃인 수영장에 가라앉았다면, 예제 10.5의 풍선 부피는 얼마가 되겠는가?

추가문제 2 4.55℃인 호수 바닥에서 출발한 공기 방울의 부피가 온도가 18.45℃이고 대기압이 0.965 atm인 수면에 도달했을 때 10배 증가했다. 호수 물의 밀도는 1.00 g/cm³라고 가정할 때, 호수의 깊이를 결정하시오.(힌트: 식 10.1이 필요할 것이다.)

추가문제 3 다음 그림 중 어느 것이 온도와 외부 압력의 증가 전후의 풍선의 기체 시료를 표현할 수 있는가?

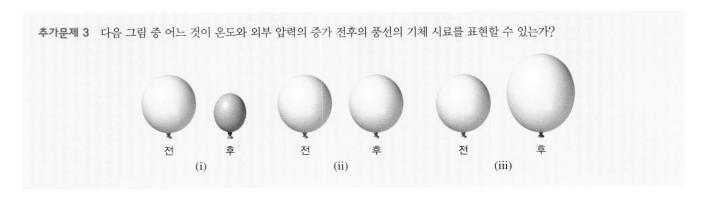

10.3 이상 기체 방정식

기체 시료의 상태는 네 가지 변수 T, P, V와 n을 이용하여 완벽하게 묘사할 수 있음을 기억하자. 10.2절에서 소개된 기체 법칙들은 **다른** 두 개의 변수가 고정되었을 때 기체 시료 하나의 변수에 대한 나머지 변수에 관계되었다. 하지만 기체를 이용한 실험에서는 보통 두 개의 변수 이상의 변화가 있다. 그러므로 기체 법칙을 표현한 식들을 하나의 식으로 결합하는 것은 매우 유용하며, 그 식은 네 가지 변수의 일부 또는 모든 변화를 설명할 수 있게 해준다.

실험적인 기체 법칙들에서 이상 기체 방정식 유도하기

10.2절로부터 기체 법칙 식들을 요약하면 다음과 같다.

$$\text{Boyle의 법칙: } V \propto \frac{1}{P}$$

$$\text{Charles의 법칙: } V \propto T$$

$$\text{Avogadro의 법칙: } V \propto n$$

이 식들을 결합하여 모든 기체의 물리적 행동을 묘사하는 다음과 같은 일반적인 식을 도출할 수 있다.

$$V \propto \frac{nT}{P}$$

또는

$$V = R\frac{nT}{P}$$

R은 비례상수이다. 이 식을 재배열하면 다음과 같다.

$$PV = nRT \tag{◀◀ 식 10.9}$$

식 10.9는 P, V, n 및 T의 네 가지 변수 사이의 관계를 설명하는 **이상 기체 방정식**(ideal gas equation)의 가장 보편적으로 사용되는 형태이다. **이상 기체**(ideal gas)는 압력-부피-온도 행동이 이상 기체 방정식에 의해 정확하게 예측되는 가상의 기체 시료이다. **실제 기체**(real gas)의 행동은 일반적으로 식 10.9에 의해 예측된 것과 약간 다르지만, 대부분

표 10.4	기체 상수 R의 다양한 표현들
숫자	**단위**
0.08206	L·atm/K·mol
62.36	L·torr/K·mol
0.08314	L·bar/K·mol
8.314	m^3·Pa/K·mol
8.314	J/K·mol
1.987	cal/K·mol

부피와 압력의 곱은 에너지(energy) 단위임을 주의하자(예: J과 cal).

의 경우 그 차이는 기체의 행동에 대해 합리적으로 적절한 예측을 하기 위해 이상 기체 방정식을 사용해도 될 수 있을 정도로 작다.

식 10.9의 비례상수 R을 **기체 상수**(gas constant)라고 한다. 값과 단위는 P와 V가 표현되는 단위에 의존한다.(변수 n과 T는 항상 각각 mol과 K로 표시된다.) 압력은 일반적으로 atm, mmHg(torr), pascal 또는 bar로 표현된다는 10.1절을 기억하자. 부피는 일반적으로 L 또는 mL로 표현되지만 m^3과 같은 다른 단위로 표현될 수도 있다. 표 10.4는 기체 상수 R의 몇 가지 다른 표현을 보여준다.

R의 이러한 모든 표현은 서로 동일하다는 것을 명심하자. 그들은 서로 다른 단위로 간단히 표현된다.

이상 기체 방정식의 가장 간단한 사용법 중 하나는 다른 3개가 이미 알려진 경우 변수 중 하나를 계산하는 것이다. 예를 들어, **표준 온도 및 압력**(standard temperature and pressure, STP)으로 알려진 0°C와 1 atm에서 이상 기체 1mol의 부피를 계산할 수 있다. 이 경우, n, T 및 P가 주어진다. R은 상수이며 V는 유일한 미지수로 남게 된다. V를 구하기 위해 식 10.9를 재배열할 수 있다.

$$V = \frac{nRT}{P}$$

주어진 정보를 입력하고 V를 계산하시오. 이상 기체 방정식을 사용하는 계산에서 온도는 **항상** 켈빈으로 표현되어야 함을 기억하자.

$$V = \frac{(1\,mol)(0.08206\,L·atm/K·mol)(273.15\,K)}{1\,atm} = 22.41\,L$$

따라서, STP에서 1 mol의 이상 기체가 차지하는 부피는 22.41 L이다.

예제 10.6은 0 °C 이외의 온도에서 기체의 몰 부피를 계산하는 방법을 보여준다.

학생 노트
10.7절에서 이상적인 행동으로부터 편차를 야기하는 조건에 대해 논의할 것이다.

학생 노트
열화학에서 종종 25°C를 "표준" 온도로 이용한다[비록 온도가 실제로 표준 상태(standard state)의 정의의 일부분은 아니지만][◀◀ 5.6절]. 기체에 대한 표준 온도는 특별하게 0°C로 정의된다.

학생 노트
이 문제에서, 0°C, 1 mol, 1 atm들은 측정값이 아닌 명시된 값이기 때문에, 정확한 값이고 결과값의 유효숫자에 영향을 주지 않는다[◀◀ 1.5절].

예제 10.6

실온(25°C) 및 1 atm에서 1 mol의 이상 기체의 부피를 계산하시오.

전략 °C의 온도를 켈빈 온도로 변환하고, 미지의 부피를 구하기 위해 이상 기체 방정식을 이용한다.

계획 주어진 데이터는 $n=1$ mol, $T=298.15$ K, 및 $P=1$ atm이다. 압력이 atm으로 표현되어 있기 때문에 L 단위의 부피를 구하기 위해서 기체 상수 $R=0.08206$ L·atm/K·mol을 사용해야 한다.

풀이

$$V = \frac{(1\,\text{mol})(0.08206\,\text{L}\cdot\text{atm/K}\cdot\text{mol})(298.15\,\text{K})}{1\,\text{atm}} = 24.5\,\text{L}$$

생각해 보기

압력을 일정하게 유지하면 온도가 상승함에 따라 부피는 증가할 것으로 예상된다. 실온은 기체의 표준 온도($0°C$)보다 높기 때문에 실온($25°C$)에서의 몰 부피는 $0°C$에서의 부피보다 커야 한다.

추가문제 1 $32°C$ 및 $1.00\,\text{atm}$에서 $5.12\,\text{mol}$의 이상 기체의 부피는 얼마인가?

추가문제 2 몇 $°C$에서 $1\,\text{mol}$의 이상 기체가 $50.0\,\text{L}$의 부피를 차지하겠는가($P = 1.00\,\text{atm}$)?

추가문제 3 다음에 보이는 그림은 STP에서 부피가 고정되지 않은 용기 안의 이상 기체 시료를 나타낸다. 어느 그림[(i)~(iv)]이 절대 온도가 두 배가 되고 외부 압력이 3배 증가한 후의 시료를 잘 나타내는가?

    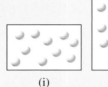   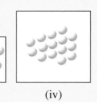

　　　　　　　　　(i)　　　　　(ii)　　　　(iii)　　　　(iv)

이상 기체 방정식의 응용

간단한 대수 조작을 사용하여 이상 기체 방정식에 명시적으로 나타나는 변수 이외의 변수를 풀 수 있다. 예를 들어, 만일 기체의 몰질량(g/mol)을 알면, 주어진 온도와 압력에서 그 기체의 밀도를 결정할 수 있다. 10.1절에서 기체의 밀도는 일반적으로 g/L 단위로 표현된다는 것을 기억하자. mol/L를 풀기 위해 이상 기체 방정식을 재정렬할 수 있다.

$$\frac{n}{V} = \frac{P}{RT}$$

만약 그 다음 양변에 몰질량 $\mathcal{M}$을 곱하면, 다음 식을 얻는다.

$$\mathcal{M} \times \frac{n}{V} = \frac{P}{RT} \times \mathcal{M}$$

> **학생 노트**
> $n \times \mathcal{M} = m$, 여기서 m은 g 단위의 질량이다.

여기서 $\mathcal{M} \times n/V$는 g/L 또는 밀도 d이다. 그러므로,

$$d = \frac{P\mathcal{M}}{RT} \qquad [\,|\!\blacktriangleleft\!\blacktriangleleft \text{식 } 10.10]$$

반대로 기체의 밀도를 안다면, 그 기체의 몰질량을 결정할 수 있다.

$$\mathcal{M} = \frac{dRT}{P} \qquad [\,|\!\blacktriangleleft\!\blacktriangleleft \text{식 } 10.11]$$

> **학생 노트**
> 식 10.10에 도달하는 또 다른 방법은 이상 기체 방정식에서 n을 $m/\mathcal{M}$로 바꾸고 m/V(밀도)을 풀기 위해 재배열하는 것이다.
> $$PV = \frac{m}{\mathcal{M}}RT \text{ 그리고}$$
> $$\frac{m}{V} = d = \frac{P\mathcal{M}}{RT}$$

기체의 몰질량이 결정되는 일반적인 실험에서, 부피를 아는 플라스크를 진공 상태로 만들고 무게를 측정한다[그림 10.12(a)]. 그 다음 몰질량을 아는 기체로 가득 채우고(아는 압력까지) 다시 무게를 측정한다[그림 10.12(b)]. 무게의 차이는 기체 시료의 질량이다. 플라스크의 알려진 부피로 나누면 기체의 밀도가 얻어지며, 몰질량은 식 10.11을 사용하여 결정할 수 있다.

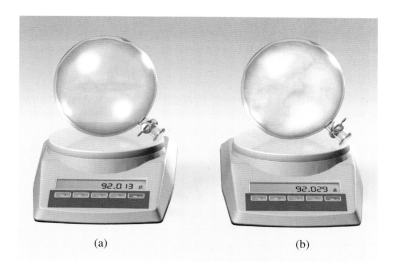

그림 10.12 (a) 진공 상태의 플라스크 (b) 기체로 채워진 플라스크. 기체의 질량은 두 무게의 차이이다. 기체의 밀도는 질량을 부피로 나눔으로써 결정된다.

이와 유사하게 휘발성 액체의 몰질량은 질량 및 부피가 알려진 플라스크의 바닥에 적은 양의 액체를 두어 결정할 수 있다. 그런 다음 플라스크를 온탕에 담그면 휘발성 액체가 완전히 증발하고, 증기가 플라스크를 채우게 된다. 플라스크가 열려 있기 때문에, 일부의 넘치는 증기가 빠져 나간다. 증기가 더 이상 배출되지 않을 때, 플라스크를 닫고 수조에서 빼낸다. 그런 다음 기체의 질량을 측정하기 위해 플라스크의 무게를 측정한다.(이때, 기체의 일부 또는 전부는 응축되지만 질량은 동일하게 유지된다.) 증기의 밀도는 증기의 질량을 플라스크의 부피로 나눔으로써 결정된다. 휘발성 액체의 몰질량을 계산하기 위해 식 10.11이 사용된다.

예제 10.7과 10.8은 식 10.10과 10.11의 사용법을 보여준다.

> **학생 노트**
> 휘발성 액체가 기화되는 동안 플라스크는 대기에 개방되어 있기 때문에 대기압을 P로 사용할 수 있다. 또한 플라스크는 수조 온도에서 고정되어 있으므로, T로 수조 온도를 사용할 수 있다.

예제 10.7

이산화 탄소는 밀도가 공기의 밀도보다 크기 때문에 부분적으로 소화기에 효과적이다. 따라서, 이산화 탄소는 산소를 빼앗아 불을 억제시킬 수 있다.(공기는 실온과 1 atm에서 약 1.2 g/L의 밀도를 가진다.) 실온(25℃)과 1.0 atm에서 이산화 탄소의 밀도를 계산하시오.

전략 밀도를 계산하기 위해 식 10.10을 사용한다. 압력은 atm으로 표시되었기 때문에, $R = 0.08206 \, \text{L} \cdot \text{atm/K} \cdot \text{mol}$을 사용해야 한다. 온도는 켈빈으로 표현됨을 기억한다.

계획 이산화 탄소의 분자량은 44.01 g/mol이다.

풀이

$$d = \frac{P\mathscr{M}}{RT} = \frac{(1 \, \text{atm})\left(\dfrac{44.01 \, \text{g}}{\text{mol}}\right)}{\left(\dfrac{0.08206 \, \text{L} \cdot \text{atm}}{\text{K} \cdot \text{mol}}\right)(298.15 \, \text{K})} = 1.8 \, \text{g/L}$$

생각해 보기

계산된 이산화 탄소의 밀도는(예상대로) 같은 조건하에서 공기의 밀도보다 크다. 지루한 일처럼 보일 수도 있지만, 이와 같은 문제에서 각각의 모든 항목에 대한 단위를 쓰는 것이 좋은 생각이다. 단위를 소거하는 것은 추론이나 해답 풀이에서 오류를 찾아내는 데 매우 유용하다.

추가문제 1 0℃ 및 1 atm에서의 공기 밀도를 계산하시오.(공기는 N_2 80%, O_2 20%라고 가정하자.)

추가문제 2 헬륨이 25℃ 및 1 atm에서의 이산화 탄소와 동일한 밀도를 가지려면 25℃에서 얼마의 압력이 필요한가?

추가문제 3 동일한 온도와 압력의 두 개의 기체 시료가 있다. 어느 시료가 더 큰 밀도를 갖는가? 어느 시료가 더 큰 압력을 가하는가?

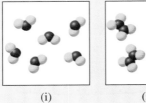 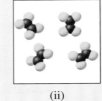

(i)   (ii)

예제 10.8

한 회사가 알코올 음료를 위해 새로운 합성 알코올을 특허를 출원했다. 이 신제품은 에탄올과 관련된 모든 좋은 성질을 가지고 있지만 숙취, 운동 기능 장애 및 중독 위험과 같은 바람직하지 않은 영향은 없다고 한다. 화학식은 재산권이 있다. 511.0 mL의 부피와 131.918 g의 진공 질량을 지닌 둥근 바닥 플라스크에 작은 부피를 넣어 신제품의 시료를 분석했다. 플라스크를 100.0℃의 수조에 담그고 휘발성 액체가 기화하도록 했다. 그런 다음 플라스크를 뚜껑으로 막고 수조에서 꺼냈다. 무게를 측정하고 플라스크 안에 있는 증기 질량을 0.768 g으로 결정했다. 휘발성 액체의 몰질량은 얼마이며, 신제품과 관련하여 무엇을 의미하는가?(실험실의 압력은 1 atm이라고 가정하자.)

전략 1 atm 및 100.0℃에서의 증기의 밀도를 결정하기 위해 측정된 증기의 무게와 플라스크의 부피를 이용한다. 그 다음 분자량을 결정하기 위해 식 10.8을 이용한다.

계획 $P = 1\,\text{atm}$, $V = 0.5110\,\text{L}$, $R = 0.8206\,\text{L} \cdot \text{atm/K} \cdot \text{mol}$, 그리고 $T = 373.15\,\text{K}$이다.

풀이

$$d = \frac{0.768\,\text{g}}{0.5110\,\text{L}} = 1.5029\,\text{g/L}$$

$$\mathcal{M} = \frac{\left(\dfrac{1.5029\,\text{g}}{\cancel{\text{L}}}\right)\left(\dfrac{0.08206\,\cancel{\text{L}} \cdot \cancel{\text{atm}}}{\text{K} \cdot \text{mol}}\right)(373.15\,\text{K})}{1\,\cancel{\text{atm}}} = 46.02\,\text{g/mol}$$

그 결과는 에탄올의 몰질량에 의심스럽게 가깝다.

> ### 생각해 보기
>
> 하나 이상의 화합물이 특정한 몰질량을 가질 수 있기 때문에, 이 방법은 확인에 결정적이지 않다. 그러나 저작권이 있는 화학식을 확실히 하기 위한 추가 테스트가 반드시 이루어져야 한다.

추가문제 1 80.0℃ 및 1.00 atm에서 1.905 g/L의 밀도를 갖는 기체의 몰질량을 결정하시오.

추가문제 2 휘발성 액체 프로필 아세테이트($C_5H_{10}O_2$) 시료를 예제 10.8에 설명된 절차 및 장비를 사용하여 분석하였다. 프로필 아세테이트가 증발한 후 511.0 mL 플라스크의 질량은 얼마이겠는가?

추가문제 3 이 모델은 동일한 양의 두 원소를 포함하는 두 가지 화합물을 나타낸다. 두 화합물 모두 실온에서 액체이다. 왼쪽에 표시된 화합물을 예제 10.8에 설명된 방법으로 분석하였더니 진공 플라스크의 질량에 0.412 g이 더해졌다. 동일한 실험 조건하에서 오른쪽에 표현되어 있는 화합물을 분석하면 플라스크의 질량에 얼마의 무게가 더해지겠는가?

기체상의 반응물과 생성물의 반응

3장에서는 화학 반응에서 반응물 및/또는 생성물의 양을 계산하기 위해 균형 맞춤 화학 반응식을 사용하였다(그 양을 질량으로 표현하면서—일반적으로 g). 그러나 기체인 반응물 및 생성물의 경우에는 부피(L 또는 mL) 양을 측정하고 표현하는 것이 더 실용적이다. 이것은 기체가 연루되는 화학 반응의 화학량론적 분석에 이상 기체 방정식을 유용하게 만든다.

요구되는 기체상 반응물의 부피 계산하기

Avogadro의 법칙에 따르면, 주어진 온도와 압력에서 기체의 부피는 mol에 비례한다. 또한, 균형 맞춤 화학 반응식은 기체 반응물의 조합 비율을 몰과 부피로 제공한다.(그림 10.11을 보자.) 그러므로 기체 반응에서 하나의 반응물의 부피를 알면, (같은 온도와 압력에서) 요구되는 다른 반응물의 양을 결정할 수 있다. 예를 들어, 일산화 탄소와 산소가 이산화 탄소를 생성하는 반응을 생각해 보자.

$$2CO(g) + O_2(g) \longrightarrow 2CO_2(g)$$

mol에 대해 언급하든 또는 부피 단위에 대해 언급하든, CO와 O_2의 조합 비율은 2 : 1이다. 따라서 특정한 부피의 CO와 결합하기 위해 요구되는 O_2의 화학량론적 양[◀◀ 3.6절]을 결정하길 원한다면, 다음 중 하나로 표현될 수 있는 균형 맞춤 반응식에 의해 제공되는 환산 계수를 간단하게 사용한다.

$$\frac{1 \text{ mol } O_2}{2 \text{ mol CO}} \quad \text{또는} \quad \frac{1 \text{ L } O_2}{2 \text{ L CO}} \quad \text{또는} \quad \frac{1 \text{ mL } O_2}{2 \text{ mL CO}}$$

STP에서 65.8 mL의 CO와 완전히 반응하기 위해 요구되는 O_2의 부피를 결정하길 원한다고 해 보자. CO의 부피를 mol로 바꾸기 위해서 이상 기체 방정식을 사용하고, O_2의 mol로 바꾸기 위해 화학량론적 환산 계수를 사용하고, 그리고 나서 O_2의 mol을 부피로 전환시키기 위해 이상 기체 방정식을 다시 사용할 수 있다. 하지만 이 방법은 몇가지 불필요한 과정이 포함된다. mL 단위로 표현된 환산 계수를 사용하여 같은 결과를 간단하게 얻을 수 있다.

$$65.8 \text{ mL CO} \times \frac{1 \text{ mL } O_2}{2 \text{ mL CO}} = 32.9 \text{ mL } O_2$$

반응물 중 하나만 기체인 경우, 분석에 이상 기체 방정식을 사용해야 한다. 예를 들어, Born—Haber 순환을 설명하기 위해 사용된 소듐 금속과 염소 기체의 반응을 생각해 보자[◀◀ 8.2절].

$$2Na(s) + Cl_2(g) \longrightarrow 2NaCl(s)$$

Na의 mol(또는 보다 일반적으로 질량)과 온도 및 압력에 대한 정보를 감안할 때, 완전히 반응하기 위해 요구되는 Cl_2의 부피를 결정할 수 있다.

$$\times \frac{1 \text{ mol Na}}{22.99 \text{ g Na}} = \qquad \times \frac{1 \text{ mol } Cl_2}{2 \text{ mol Na}} = \qquad \times \frac{RT}{P} =$$

| Na의 g | → | Na의 mol | → | Cl_2의 mol | → | Cl_2의 L |

예제 10.9는 화학량론적 분석에서 이상 기체 방정식을 사용하는 방법을 보여준다.

예제 10.9

과산화 소듐(Na_2O_2)은 우주선의 공기 공급 장치에서 이산화 탄소를 제거하는(그리고 산소를 제공하는) 데 사용된다. 그것은 공기 중의 CO_2와 반응하여 탄산 소듐(Na_2CO_3)과 O_2를 생산한다.

$$2Na_2O_2(s)+2CO_2(g) \longrightarrow 2Na_2CO_3(s)+O_2(g)$$

얼마의 부피(L)의 이산화 탄소(STP에서)가 1 kg의 Na_2O_2와 반응하는가?

전략 주어진 Na_2O_2의 질량을 mol로 변환하고, CO_2의 화학량론적 양을 결정하기 위해 균형 맞춤 반응식을 사용하고, CO_2의 mol을 L로 변환시키기 위해 이상 기체 방정식을 사용한다.

계획 Na_2O_2의 몰질량은 77.98 g/mol(1 kg = 1000 g)이다.(명시된 Na_2O_2의 질량을 정확한 수로 취급하자.)

풀이

$$1000 \text{ g Na}_2O_2 = \frac{1 \text{ mol Na}_2O_2}{77.98 \text{ g Na}_2O_2} = 12.82 \text{ mol Na}_2O_2$$

$$12.82 \text{ mol Na}_2O_2 = \frac{2 \text{ mol CO}_2}{2 \text{ mol Na}_2O_2} = 12.82 \text{ mol CO}_2$$

$$V_{CO_2} = \frac{(12.82 \text{ mol CO}_2)(0.08206 \text{ L} \cdot \text{atm/K} \cdot \text{mol})(273.15 \text{ K})}{1 \text{ atm}} = 287.4 \text{ L CO}_2$$

생각해 보기

답이 엄청난 양의 이산화 탄소처럼 보일 수 있다. 그러나 이상 기체 방정식 문제에서 단위의 제거를 신중하게 확인하면, 연습을 통해 계산된 부피가 합리적인지에 대한 감각을 기르게 될 것이다.

추가문제 1 STP에서 525 g의 Na_2O_2에 의해 소모될 수 있는 CO_2의 부피는 얼마인가(L 단위)?

추가문제 2 STP에서 1.00 L의 CO_2를 소비하기 위해 몇 g의 Na_2O_2가 필요한가?

추가문제 3 두 개의 고체 화합물의 분해 반응이 다음에 표시된다.

만일 각 고체 반응물의 mol이 같다면, 첫 번째 분해의 생성물 부피에 견주어 두 번째 분해의 생성물 부피는 어떻게 되겠는가?

압력 변화를 사용하여 소모된 반응물의 양 결정

실증적 기체 법칙 중 어느 것도 n과 P의 관계에 명쾌하게 초점을 맞추지는 않지만, 이상 기체 방정식을 재배열하여 n이 일정한 V와 T에서 P에 직접 비례함을 나타낼 수 있다.

$$n = P \times \frac{V}{RT} \quad \text{(일정한 } V \text{와 } T \text{에서)}$$

[◀◀ 식 10.12(a)]

그러므로 화학 반응에서 얼마나 많은 mol의 기체 반응물이 소모되는지를 결정하기 위해 반응 용기의 압력 변화를 이용할 수 있다.

$$\Delta n = \Delta P \times \left(\frac{V}{RT} \right) \text{ (일정한 } V \text{와 } T \text{에서)} \qquad [\blacktriangleleft\blacktriangleleft \text{ 식 } 10.12(\text{b})]$$

여기서 Δn은 소모된 기체의 mol이고 ΔP는 반응 용기의 압력 변화이다.
  예제 10.10은 식 10.12(b)를 이용하는 방법을 보여준다.

학생 노트
이것은 예제 10.10에서 묘사된 반응처럼, 하나의 기체 반응물이 있고 생성물 중 어느 것도 기체가 아닌 반응을 나타낸다. 다중 기체종을 포함하는 반응에서 Δn은 기체 mol의 알짜(net) 변화를 의미하며, 분석은 다소 복잡해진다.

예제 10.10

밀폐 공간의 공기를 정화하는 또 다른 방법은 탄산 리튬과 물을 생성하기 위해 이산화 탄소와 반응하는 수용성 수산화 리튬을 포함하는 "세정기"를 이용하는 것이다.

$$2\text{LiOH}(aq) + \text{CO}_2(g) \longrightarrow \text{Li}_2\text{CO}_3(s) + \text{H}_2\text{O}(l)$$

잠수함에서 전체 부피가 2.5×10^5 L인 공기 공급 장치를 고려하시오. 압력은 0.9970 atm이고 기온은 25°C이다. 수산화 리튬 수용액 세정기에 의해 소모된 이산화 탄소의 결과로 잠수함의 압력이 0.9891 atm으로 떨어졌다면 얼마나 많은 mol의 CO_2가 소모되었는가?

전략 소모된 CO_2의 mol인 Δn을 결정하기 위해 식 10.12(b)를 이용한다.

계획 $\Delta P = 0.9970$ atm $- 0.9891$ atm $= 7.9 \times 10^{-3}$ atm이다. 문제에 따르면, $V = 2.5 \times 10^5$ L이고 $T = 298.15$ K이다. P가 atm, V가 L로 표현된 식에 대해서는 $R = 0.08206$ L·atm/K·mol을 이용하시오.

풀이

$$\Delta n_{\text{CO}_2} = 7.9 \times 10^{-3} \text{ atm} \times \frac{2.5 \times 10^5 \text{ L}}{(0.08206 \text{ L·atm/K·mol}) \times (298.15 \text{ K})} = 81 \text{ mol의 CO}_2\text{가 소모되었다.}$$

생각해 보기

단위를 조심스럽게 없애는 것은 필수적이다. 이 CO_2 양은 162 mol 또는 3.9 kg의 LiOH에 해당한다.(직접 확인하는 것이 좋다.)

추가문제 1 예제 10.10에 설명된 조건과 동일한 모든 조건을 이용하여 압력이 0.010 atm 낮아진 경우 소모되는 CO_2의 mol을 계산하시오.

추가문제 2 LiOH 2.55 kg이 CO_2와의 반응에 의해 완전히 소모되었다면, 잠수함의 압력은 얼마나 떨어지겠는가?(예제 10.10에서와 동일한 출발 P, V 및 T를 가정하시오.)

추가문제 3 그림은 모든 종(반응물 및 생성물)이 기체인 반응을 나타낸다. 화학량론적 양의 반응물을 일정한 용량의 반응 용기에 합치면, 반응 전의 압력과 비교하여 반응 후의 압력은 어떻게 되겠는가?(온도가 일정하다고 가정하시오.)

기체 생성물의 부피 예측

  화학량론과 이상 기체 방정식의 조합을 이용하여, 화학 반응에서 생성될 것으로 기대하는 기체의 부피를 계산할 수 있다. 먼저 생성된 mol을 결정하기 위해 화학량론을 이용하고, 특정 조건하에서 그 mol이 차지하는 양을 결정하기 위해 이상 기체 방정식을 적용한다.

예제 10.11은 기체 생성물의 부피를 예측하는 방법을 보여준다.

예제 (10.11)

자동차의 에어백은 충돌로 인해 소듐 아자이드(NaN_3)의 폭발적이고 고발열성 분해가 일어날 때 팽창된다.

$$2NaN_3(s) \longrightarrow 2Na(s) + 3N_2(g)$$

일반적인 운전자 쪽 에어백에는 약 50 g의 NaN_3가 들어 있다. 85.0°C 및 1.00 atm에서 소듐 아자이드 50.0 g의 분해에 의해 발생되는 N_2 기체의 부피를 결정하시오.

전략 NaN_3의 주어진 질량을 mol로 변환하고 생성된 N_2의 해당 mol을 결정하기 위해 균형 맞춤 화학 반응식의 계수 비를 이용한다. 그리고 나서 특정 온도와 압력에서 mol의 부피를 결정하기 위해 이상 기체 방정식을 이용한다.

풀이

$$\text{mol } NaN_3 = \frac{50.0 \text{ g } NaN_3}{65.02 \text{ g/mol}} = 0.769 \text{ mol } NaN_3$$

$$0.769 \text{ mol } NaN_3 \times \left(\frac{3 \text{ mol } N_2}{2 \text{ mol } NaN_3}\right) = 1.15 \text{ mol } N_2$$

$$V_{N_2} = \frac{(1.15 \text{ mol } N_2)(0.08206 \text{ L·atm/K·mol})(358.15 \text{ K})}{1 \text{ atm}} = 33.9 \text{ L } N_2$$

> **생각해 보기**
>
> 계산된 부피는 운전자와 부상을 방지하기 위해 에어백으로 채워져야 하는 대시 보드 및 휠 사이의 공간을 나타낸다. 에어백은 또한 반응에서 생성된 소듐 금속을 소모하는 산화제를 포함한다.

추가문제 1 포도당($C_6H_{12}O_6$)의 대사 분해에 대한 화학 반응식은 포도당의 연소와 동일하다[◀◀ 3.3절−생활 속의 화학].

$$C_6H_{12}O_6(aq) + 6O_2(g) \longrightarrow 6CO_2(g) + 6H_2O(l)$$

반응에서 포도당 10.0 g이 소모될 때, 정상적인 인체 온도(37 °C)와 1.00 atm에서 생성되는 CO_2의 부피를 계산하시오.

추가문제 2 일반적인 자동차의 조수석 에어백은 운전석 에어백의 약 4배 크기의 공간을 채워야 효과적이다. 85.0°C 및 1.00 atm에서 125 L 에어백을 채우는 데 요구되는 소듐 아자이드의 질량을 계산하시오.

추가문제 3 두 고체 화합물의 불균형 분해 반응이 여기에 표현되었다. 둘 다 분해되어 동일한 기체 생성물을 다른 양으로 생성한다. 같은 수의 mol이 분해될 때, 어느 화합물이 더 많은 부피의 생성물을 생성하는가? 같은 수의 g이 분해될 때 어느 화합물이 더 많은 부피의 생성물을 생산하는가?

(i)   (ii)

10.5 기체 혼합물

모든 기체 법칙들이 **혼합**(mixture) 기체인 공기 시료의 관찰을 기반으로 개발되었지만, 지금까지 기체의 물리적 특성에 대한 논의는 **순수한**(pure) 기체 물질의 거동에 초점을 두었다. 이 절에서 기체 혼합물과 그 물리적 거동을 고려할 것이다. 이 절에서의 논의는 이상적으로 행동하고 서로 반응하지 않는 기체로 제한할 것이다.

Dalton의 부분 압력 법칙

두 개 이상의 기체 물질이 용기에 담겨 있을 때, 각 기체는 용기를 홀로 차지하는 것처럼 행동한다. 예를 들어, 0°C에서 5.00 L 용기에 1.00 mol의 N_2 기체를 넣으면 그것이 가하는 압력은 다음과 같다.

$$P = \frac{(1.00 \text{ mol})(0.08206 \text{ L} \cdot \text{atm/K} \cdot \text{mol})(273.15 \text{ K})}{5.00 \text{ L}} = 4.48 \text{ atm}$$

그런 다음 O_2와 같은 다른 기체의 1 mol을 추가해도 N_2에 의한 압력은 변하지 않는다. 그것은 여전히 4.48 atm이다. O_2 기체는 자체 압력인 4.48 atm을 가한다. 어느 기체도 다른 기체의 존재에 영향을 받지 않는다. 기체 혼합물에서 각 기체에 의해 가해지는 압력은 기체의 **부분 압력**(partial pressure, P_i)으로 알려져 있다. 부분 압력을 나타내기 위해 아래 첨자를 이용한다.

$$P_{N_2} = \frac{(1.00 \text{ mol})(0.08206 \text{ L} \cdot \text{atm/K} \cdot \text{mol})(273.15 \text{ K})}{5.00 \text{ L}} = 4.48 \text{ atm}$$

$$P_{O_2} = \frac{(1.00 \text{ mol})(0.08206 \text{ L} \cdot \text{atm/K} \cdot \text{mol})(273.15 \text{ K})}{5.00 \text{ L}} = 4.48 \text{ atm}$$

모든 기체 혼합물의 각 성분에 대한 이상 기체 방정식을 풀 수 있다.

$$P_i = \frac{n_i RT}{V}$$

Dalton의 부분 압력 법칙(Dalton's law of partial pressure)은 기체 혼합물에 의해 가해지는 전체 압력은 혼합물의 각 성분에 의해 가해지는 분분 압력의 합이라고 말한다.

$$P_{전체} = \sum P_i$$

따라서, 0°C에서 5.00 L 용기 내에서 1.00 mol N_2와 1.00 mol O_2의 혼합물에 의해 가해지는 총 압력은 다음과 같다.

$$P_{전체} = P_{N_2} + P_{O_2} = 4.48 \text{ atm} + 4.48 \text{ atm} = 8.96 \text{ atm}$$

그림 10.13은 Dalton의 부분 압력 법칙을 보여준다.

그림 10.13 Dalton의 분압 법칙의 도식적 그림. 전체 압력은 부분 압력의 합과 같다.

예제 10.12는 Dalton의 부분 압력 법칙을 적용하는 법을 보여준다.

예제 (10.12)

1.00 L 용기는 25.5°C에서 0.215 mol의 N_2 기체와 0.0118 mol의 H_2 기체를 포함한다. 각 구성 요소의 부분 압력과 용기의 전체 압력을 결정하시오.

전략 혼합물의 각 성분의 부분 압력을 구하기 위해 이상 기체 방정식을 이용한다. 그리고 전체 압력을 구하기 위해 두 부분의 압력을 합한다.

계획 $T = 298.65$ K이다.

풀이

$$P_{N_2} = \frac{(0.215 \text{ mol})\left(\frac{0.08206 \text{ L} \cdot \text{atm}}{\text{K} \cdot \text{mol}}\right)(298.65 \text{ K})}{1.00 \text{ L}} = 5.27 \text{ atm}$$

$$P_{H_2} = \frac{(0.0118 \text{ mol})\left(\frac{0.08206 \text{ L} \cdot \text{atm}}{\text{K} \cdot \text{mol}}\right)(298.65 \text{ K})}{1.00 \text{ L}} = 0.289 \text{ atm}$$

$$P_{전체} = P_{N_2} + P_{H_2} = 5.27 \text{ atm} + 0.289 \text{ atm} = 5.56 \text{ atm}$$

> **생각해 보기**
>
> 용기의 전체 압력은 혼합 성분들의 mol을 합하고 $(0.215 + 0.0118 = 0.227 \text{ mol})$, $P_{전체}$에 대한 이상 기체 방정식을 풀어서 구할 수 있다.
>
> $$P_{전체} = \frac{(0.227 \text{ mol})\left(\frac{0.08206 \text{ L} \cdot \text{atm}}{\text{K} \cdot \text{mol}}\right)(298.65 \text{ K})}{1.00 \text{ L}} = 5.56 \text{ atm}$$

추가문제 1 15.8°C에서 0.0194 mol He, 0.0411 mol H_2 및 0.169 mol Ne의 기체 혼합물이 들어 있는 2.50 L 용기에서 부분 압력 및 전체 압력을 결정하시오.

추가문제 2 CH_4의 부분 압력이 0.39 atm인 경우, 25.0°C 및 1.50 atm에서 2.00 L 용기에 CH_4와 C_2H_6의 혼합물에 존재하는 각 기체의 mol을 결정하시오.

추가문제 3 다음 그림은 3가지 다른 기체의 혼합물을 나타낸다. 빨간색 구로 표현되는 기체의 부분 압력은 1.25 atm이다. 다른 기체의 부분 압력을 결정하시오. 전체 압력을 결정하시오.

학생 노트
몰분율은 기체 혼합물만을 의미하지는 않는다. 그것들은 어떤 상에서 혼합물의 성분 농도를 특성화하는 데 사용될 수 있다. 몰분율은 12장에서 광범위하게 사용된다.

몰분율

기체 혼합물의 성분의 상대적 양은 **몰분율**(mole franction)을 이용하여 규정될 수 있다. 혼합물의 성분의 **몰분율**(mole fraction, χ_i)은 혼합물의 전체 mol로 나눈 성분의 mol이다.

$$\chi_i = \frac{n_i}{n_{전체}} \qquad [\text{◀◀ 식 10.13}]$$

몰분율에 대해 기억해야 할 세 가지가 있다.

1. 혼합물에서 각 성분의 몰분율은 항상 1보다 작다.
2. 혼합물의 모든 성분에 대한 몰분율의 합은 항상 1이다.
3. 몰분율은 무차원이다.

또한 n과 P는 특정 T와 V에서 비례하므로[식 10.12(a)], 구성 요소의 부분 압력을 전체 압력으로 나누어 몰분율을 결정할 수 있다.

$$\chi_i = \frac{P_i}{P_{전체}}$$ [◀◀ 식 10.14]

식 10.13과 10.14를 재배열하면

$$\chi_i \times n_{전체} = n_i$$ [◀◀ 식 10.15]

그리고 다음과 같다.

$$\chi_i \times P_{전체} = P_i$$ [◀◀ 식 10.16]

예제 10.13을 통해 몰분율, 부분 압력 및 전체 압력과 관련된 계산을 연습할 수 있다.

예제 10.13

1999년 FDA는 미숙아에서 흔히 발생하는 폐 질환을 치료하고 예방하기 위해 일산화 질소(NO) 사용을 승인했다. 이 치료에 이용되는 일산화 질소는 N_2/NO 혼합물의 형태로 병원에 공급된다. 실온(25℃)에서 6.022 mol의 N_2가 포함되고, 전체 압력이 14.75 atm인 10.00 L 기체 실린더에서 NO의 몰분율을 계산하시오.

전략 실린더의 전체 mol을 계산하기 위해 이상 기체 방정식을 이용한다. NO의 mol을 결정하기 위해 전체에서 N_2의 mol을 뺀다. 몰분율을 구하기 위해 NO의 mol을 전체 mol로 나눈다(식 10.14).

계획 온도는 298.15 K이다.

풀이

$$전체\ mol = \frac{PV}{RT} = \frac{(14.75\ atm)(10.00\ L)}{\left(\dfrac{0.08206\ L \cdot atm}{K \cdot mol}\right)(298.15\ K)} = 6.029\ atm$$

$$NO의\ mol = 전체\ mol - N_2의\ mol = 6.029 - 6.022 = 0.007\ mol\ NO$$

$$\chi_{NO} = \frac{n_{NO}}{n_{전체}} = \frac{0.007\ mol\ NO}{6.029\ mol} = 0.001$$

> **생각해 보기**
> 작업을 확인하기 위해 1에서 χ_{NO}를 빼어 χ_{N_2} 값을 구하시오. 각 몰분율과 전체 압력을 이용하고, 식 10.16을 이용하여 각 구성 요소의 부분 압력을 계산하고, 그들의 합이 전체 압력이 됨을 증명하시오.

추가문제 1 0.250 mol의 CO_2, 1.29 mol의 CH_4 및 3.51 mol의 He가 들어 있고 전체 압력이 5.78 atm인 기체 시료에서 CO_2, CH_4 및 He의 몰분율 및 부분 압력을 결정하시오.

추가문제 2 제논과 네온 기체만의 혼합물을 포함한 30.0℃의 15.75 L 용기에서 각 기체의 부분 압력과 mol을 결정하시오. 용기의 전체 압력은 6.50 atm이고, 제논의 몰분율은 0.761이다.

추가문제 3 기체의 혼합물은 빨간색, 노란색 및 초록색 구로 나타낼 수 있다. 그림은 이러한 혼합물을 보여 주지만 초록색 구는 빠져 있다. 빨간색의 몰분율이 0.28인 경우, 빠진 초록색 구의 수와 노란색의 몰분율 및 초록색의 몰분율을 결정하시오.

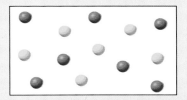

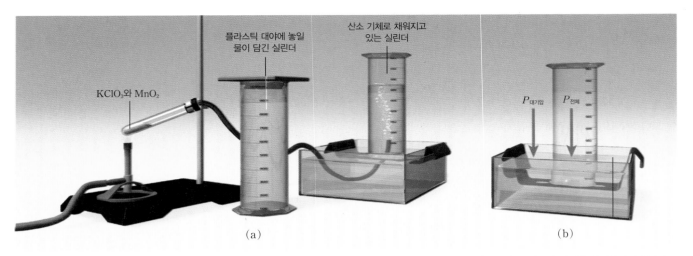

그림 10.14 (a) 화학 반응에서 생성된 기체의 양을 측정하는 장치 (b) 수집 용기의 내부 및 외부의 수위가 같을 때, 용기 내부의 압력은 대기압과 동일하다.

부분 압력을 이용하여 문제 해결하기

화학 반응에 의해 생성된 기체의 부피는 그림 10.14에서 보여지는 것과 같은 장치를 이용하여 측정할 수 있다. Dalton의 부분 압력 법칙은 이러한 종류의 실험 결과 분석에 유용하다. 예를 들어, 항공기에서 비상 산소 공급을 위한 반응인 염소산 포타슘($KClO_3$)의 분해는 염화 포타슘과 산소를 생성한다.

$$2KClO_3(s) \longrightarrow 2KCl(s) + 3O_2(g)$$

산소 기체는 그림 10.14(a)와 같이 물 위에 모인다. 기체에 의해 대체된 물의 부피는 생성된 기체의 부피와 동일하다.(기체의 부피를 읽기 전에, 매스실린더의 수위는 실린더의 내부와 외부의 수위가 **같도록** 조정되어야 한다. 이것은 매스실린더 내부의 **압력**이 대기압과 동일함을 의미한다[그림 10.14(b)]. 그러나 측정된 부피는 반응에 의해 생성된 산소와 수증기를 모두 포함하기 때문에 매스실린더 내부에 가해지는 압력은 두 기체가 가지는 부분 압력의 합이다.

$$P_{\text{전체}} = P_{O_2} + P_{H_2O}$$

대기압과 같은 전체 압력에서 물의 부분 압력을 빼냄으로써 산소의 부분 압력을 결정할 수 있으며, 얼마나 많은 mol이 반응에 의해 생성되는지 결정할 수 있다. 온도에 의존하는 물의 부분 압력을 표의 값으로부터 얻는다. 표 10.5에는 다양한 온도에서의 물의 부분 압력[**증기압**(vapor pressure)이라고도 알려진]이 열거되어 있다.

표 10.5	온도에 따른 물의 증기압(P_{H_2O})				
T(℃)	**P(torr)**	**T(℃)**	**P(torr)**	**T(℃)**	**P(torr)**
0	4.6	35	42.2	70	233.7
5	6.5	40	55.3	75	289.1
10	9.2	45	71.9	80	355.1
15	12.8	50	92.5	85	433.6
20	17.5	55	118.0	90	525.8
25	23.8	60	149.4	95	633.9
30	31.8	65	187.5	100	760.0

예제 10.14는 수상 포집을 통해 화학 반응에서 생성된 기체의 양을 결정하기 위해 Dalton 의 부분 압력 법칙을 사용하는 방법을 보여준다.

예제 (10.14)

칼슘 금속은 물과 반응하여 수소 기체를 생성한다[|◀◀ 7.7절].

$$Ca(s) + 2H_2O(l) \longrightarrow Ca(OH)_2(aq) + H_2(g)$$

그림 10.14에서 보여지는 것처럼 525 mL의 기체가 수상 포집될 때, 25°C 및 0.967 atm에서 생성된 H_2의 질량을 결정하시오.

전략 H_2의 부분 압력을 결정하기 위해, Dalton의 부분 압력 법칙을 이용한다. H_2의 mol을 결정하기 위해 이상 기체 방정식을 이용한 다음, 질량으로 변환하기 위해 H_2의 몰질량을 이용한다.(단위에 주의하자. 대기압은 atm으로 주어지는 반면, 물의 증기압은 torr로 표에 나타낸다.)

계획 $V = 0.525$ L 그리고 $T = 298.15$ K이다. 25°C에서의 물의 부분 압력은 23.8 torr(표 10.5) 또는 23.8 torr(1 atm/760 torr) $= 0.0313$ atm이다. H_2의 몰질량은 2.016 g/mol이다.

풀이

$$P_{H_2} = P_{전체} - P_{H_2O} = 0.967\text{ atm} - 0.0313\text{ atm} = 0.936\text{ atm}$$

$$H_2\text{의 mol} = \frac{(0.9357\text{ atm})(0.525\text{ L})}{\left(\dfrac{0.08206\text{ L} \cdot \text{atm}}{\text{K} \cdot \text{mol}}\right)(298.15\text{ K})} = 2.01 \times 10^{-2}\text{ mol}$$

$$H_2\text{의 질량} = (2.008 \times 10^{-2}\text{ mol})(2.016\text{ g/mol}) = 0.0405\text{ g } H_2$$

생각해 보기

신중하게 단위를 생략하고 기체 밀도가 상대적으로 낮다는 것을 기억하자. 실온 및 1 atm과 또는 그 부근에서 약 0.5 L의 수소 질량은 매우 작아야 한다.

추가문제 1 821 mL의 O_2가 30.0°C 및 1.015 atm에서 수상 포집되었을 때, $KClO_3$의 분해에 의해 생성된 O_2의 질량을 계산하시오.

추가문제 2 35.0°C 및 1.08 atm에서 0.501 g의 O_2가 $KClO_3$의 분해로 생성될 때, 수상 포집되는 기체의 부피를 결정하시오.

추가문제 3 첫 번째 그림(오른쪽 위)은 화학 반응에 의해 생성된 산소 기체가 일반적인 실온에서 수상 포집된 실험 결과를 나타낸다. 어떤 그림[(ⅰ)~(ⅳ)]이 실험실의 온도가 상당히 따뜻한 날에 같은 실험의 결과를 가장 잘 나타내는가?

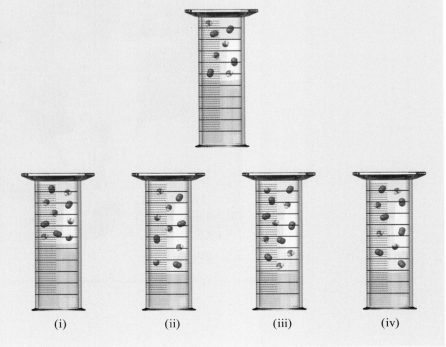

(ⅰ)   (ⅱ)   (ⅲ)   (ⅳ)

수상 포집은 그림 10.15(434~435쪽)에서 보여지는 것처럼 화학 반응에서 발생되는 기체의 몰 부피를 결정하는 데 이용될 수 있다.

생활 속의 화학

고압 산소 치료법

1918년에 의사 Orville Cunningham은 스페인 독감의 유행으로 전 세계의 수천만 명이 죽었을 때 저지대에 살고 있는 사람들이 고지대에 살고 있는 사람보다 더 잘 살아남았음에 주목했다. 이것이 공기 압력 증가의 결과라고 믿었기 때문에, 독감 희생자를 치료하기 위한 고압 챔버를 개발했다. 초기 Cunningham의 가장 주목할 만한 성공 중 하나는 사망에 가까운 독감에 걸린 동료를 회복시킨 일이었다. 그 뒤 Cunningham은 수십 명의 환자를 수용할 수 있을 만큼 큰 고압 챔버를 만들었으며, 수많은 독감 희생자를 대부분 성공적으로 치료했다.

스페인 독감 유행 후 수십 년간, 고압 산소 요법은 의료계에 선호되지 않았고 대부분 중단되었다. 1940년대에 미군이 수중 활동을 강화하고 고압 챔버가 "the bends"라고 불리는 감압병(decompression sickness, DCS)으로 고통받는 군사 잠수부를 치료하기 위해 만들어지면서, 이에 대한 관심이 되살아났다. 고압법의 현저한 발전은 1970년대 해저의학협회(1976년에 해저 및 고압의학협회로 변경)가 고압 챔버를 임상적으로 사용하면서 시작되었다. 오늘날 고압 산소 요법(hyperbaric oxygen therapy, HBOT)은 일산화 탄소 중독, 심각한 출혈로 인한 빈혈, 심한 화상 및 생명을 위협하는 세균 감염을 비롯한 다양한 상태를 치료하는 데 이용된다. 한때는 "대안"요법으로 간주되고 회의적으로 보는 시선도 있었지만, 현재는 대부분의 보험에 HBOT가 포함되어 있다.

> **학생 노트**
> 챔버의 전원이 우연히 차단되었을 때 치료를 받고 있던 환자 그룹은 불행히도 전원 사망했다. 그들의 사망 원인은 인플루엔자였으나, 그들은 의도되지 않은 빠른 감압으로 인해 거의 다 죽었다.

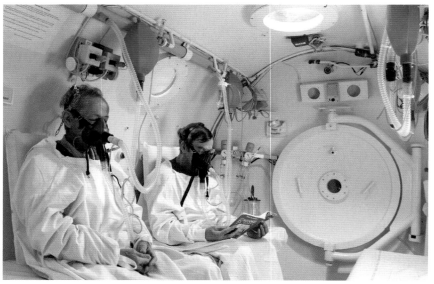

고압 챔버

예제 10.15는 고압 산소 치료에서 몰분율과 부분 압력의 중요성을 설명한다.

예제 (10.15)

대형 고압 챔버는 주로 다이빙 사고의 희생자를 치료하는 데 이용된다. 일반적인 시설의 한 치료 과정에서, 챔버는 압축 공기로 6.0 atm으로 가압되고 환자는 부피로 47% O₂의 기체 혼합물을 흡입한다. 다른 과정에서는 챔버가 압축 공기로 2.8 atm으로 가압되고 환자는 순수한 산소를 흡입한다. 각 치료 과정에서 O_2의 부분 압력을 결정하고 결과를 비교하시오.

전략 환자가 호흡하는 기체는 고압 챔버 내부에 있기 때문에, 전체 압력은 챔버 압력과 동일하다. O_2 부분 압력을 얻으려면 각 과정에서 호흡 기체 O_2 몰분율에 전체 압력을 곱한다(식 10.16).

계획 첫 번째 과정에서 호흡 기체는 47% O_2이므로 O_2의 몰분율은 0.47이다. 순수한 O_2가 이용되는 두 번째 과정에서는 O_2의 몰분율이 1이다. 각 과정에서 O_2 부분 압력을 계산하기 위해 식 10.16을 이용하시오.

$$\chi_i \times P_{\text{전체}} = P_i$$

풀이

첫 번째 과정에서 O_2의 압력은

$$0.47 \times 6.0 \text{ atm} = 2.8 \text{ atm}$$

이고, 두 번째 과정에서 O_2의 압력은

$$1 \times 2.8 \text{ atm} = 2.8 \text{ atm}$$

이다. 두 과정 모두 동일한 압력의 O_2를 생성한다.

> **생각해 보기**
> 오직 한 사람을 수용하기 충분한 일인용 고압 챔버는 일반적으로 순수한 O_2를 이용하여 2.8 atm으로 가압된다.

추가문제 1 전체 압력이 4.6 atm일 때, O_2의 부분 압력이 2.8 atm이 되기 위해서 필요한 O_2의 몰분율은 얼마인가?

추가문제 2 환자가 마스크를 통해 특별한 기체 혼합물을 흡입하지 않고 부분 압력의 O_2(2.8 atm) 치료를 받기에 요구되는 챔버 압력은 얼마인가? 챔버를 가압하는 데 이용되는 공기는 부피 기준으로 21% O_2라고 가정한다.

추가문제 3 왼쪽의 그림은 특정 온도의 기체 혼합물을 보여준다. 다음 중 어느 그림[(i)~(iv)]이 빨간색의 몰분율이 같은 혼합물을 나타내는가? 어느 것이 빨간색의 부분 압력이 같은 혼합물을 나타내는가? 어느 것이 전체 압력이 같은 혼합물을 나타내는가?

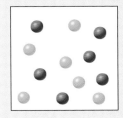  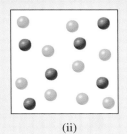 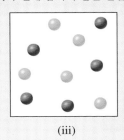 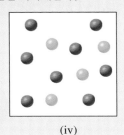

| (i) | (ii) | (iii) | (iv) |

그림 10.15

기체의 몰 부피

아연과 염산 간의 반응은 수소 기체를 발생시킨다. 그 반응의 전체 이온 반응식은 다음과 같다.

$$Zn(s) + 2H^+(aq) \longrightarrow Zn^{2+}(aq) + H_2(g)$$

반응에 관계된 H_2 기체는 뒤집어진 매스실린더에 모아진다. 균형 맞춤 반응식을 이용해서 얼마나 많은 H_2가 생성될지 결정할 수 있다.

$$0.072\,\text{g Zn} \times \frac{1\,\text{mol Zn}}{65.41\,\text{g Zn}} = 0.0011\,\text{mol Zn}$$

$$0.0011\,\text{mol Zn} \times \frac{1\,\text{mol H}_2}{1\,\text{mol Zn}} = 0.0011\,\text{mol H}_2$$

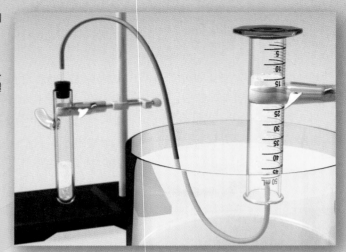

아연이 들어 있던 저장고는 뒤집어지고 아연은 $1.0\ M$ HCl로 떨어진다.

0.072 g의 아연 시료를 저장고에 두었다. 용기에는 $1.0\ M$ HCl 약 5 mL가 담겨 있다. 매스실린더는 물로 채워져 있고, 아연과 산의 반응으로 인해 생성되는 기체를 수집하기 위해 관이 위에 뒤집어져 있다. 물의 온도는 25.0℃이고 방의 압력은 748.0 torr이다.

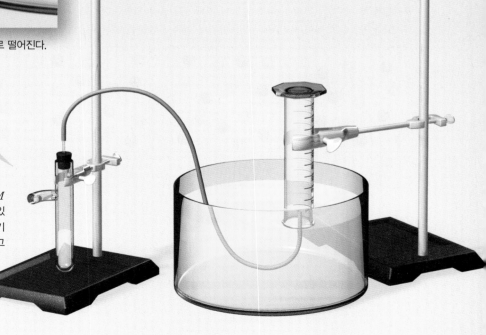

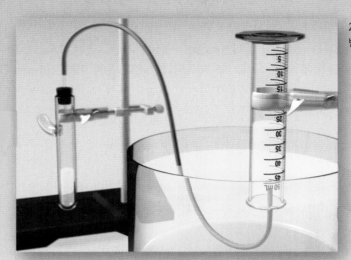

Zn은 한계 반응물이다. 모든 아연이 소모될 때,
반응은 종결되고 더 이상 기체가 발생하지 않는다.

실린더의 안과 밖의 수위를 같게 하기 위해 매스실린더의
높이를 조절한다. 이것은 실린더 내부의 압력이 방의 압
력과 동일하다는 것을 알게 해준다. 수위가 같을 때, 모아
진 기체의 부피를 읽을 수 있고 그것은 26.5 mL이다.

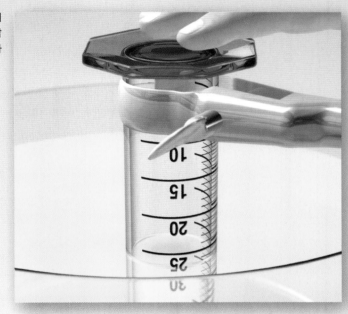

실린더 내부의 압력은 두 개의 부분 압력의 합이다: 모아진 H_2의 부분
압력과 수증기의 부분 압력. 원하는 H_2의 부분 압력을 결정하기 위해 반
드시 전체 압력에서 수증기의 압력을 빼야 한다. 표 10.5는 25.0℃에서
물의 증기압이 23.8 torr라고 보여준다. 그러므로, H_2의 압력은 748.0−
23.8＝724.2 torr이다. 식 10.8(b)를 이용하면,

$$\frac{P_1 V_1}{T_1} = \frac{P_2 V_2}{T_2}$$

STP에서 H_2 기체가 차지하는 부피를 계산한다.

$$\frac{(724.2 \text{ torr})(26.5 \text{ mL})}{298.15 \text{ K}} = \frac{(760 \text{ torr}) V_2}{273.15 \text{ K}}$$

$$V_2 = \frac{(724.2 \text{ torr})(26.5 \text{ mL})(273.15 \text{ K})}{(760 \text{ torr})(298.15 \text{ K})} = 23.13 \text{ mL}$$

이것은 0.0011 mol H_2의 부피이다. 몰 부피는 다음과 같다.

$$\frac{23.13 \text{ mL}}{0.0011 \text{ mol}} = 2.1 \times 10^4 \text{ mL/mol 또는 } 21 \text{ L/mol}$$

요점은 무엇인가?

매스실린더에서 수집된 가스는 반응에 의해 생성된 기체와 수증기의
혼합물이다. 전체 압력에서 표에 보여지는 물의 부분 압력을 뺌으로
써 반응에 의해 생성된 기체의 압력을 결정한다. H_2 기체의 경우, 기
체 시료의 부피, 압력 및 온도를 알기 때문에 STP에서 같은 기체 표
본이 차지하는 부피의 양을 결정할 수 있다. 이것은 실험적으로 STP
에서 H_2의 몰 부피를 결정할 수 있게 해준다. 이는 22.4 L의 용인되
는 값과 매우 가까운 것으로 밝혀졌다. 수집된 기체 부피의 불확실성
을 포함하는 몇몇의 오류의 인자들은 그 결과가 정확하게 22.4 L가
되지 않게 한다.

기체의 분자 운동 이론

기체 법칙은 경험적으로 도출되었으며, 거시적인 기체의 행동을 예측할 수 있게 하였다. 그러나 기체가 왜 그렇게 되는지는 설명하지 않는다. 많은 물리학자들, 특히, Ludwig Boltzmann[6]과 James Maxwell[7]에 의해 19세기에 제시되었던 **분자 운동 이론**(kinetic molecular theory)은 기체의 분자적 본질이 어떻게 거시적 성질을 발생시키는지 설명한다. 분자 운동 이론의 기본 가정은 다음과 같다.

1. 기체는 상대적으로 멀리 떨어진 입자로 구성된다. 개별 분자가 차지하는 부피는 무시해도 된다.
2. 기체 분자는 끊임없이 무작위로 움직이며, 직선 경로를 따라 움직이거나 용기 벽 또는 서로 완전 탄성으로 충돌한다.[충돌 시 에너지는 **전환되지만**(transferred) **손실되지**(lost) 않는다.]
3. 기체 분자는 서로 서로 당기거나 반발하는 힘을 가하지 않는다.
4. 시료에서 기체 분자의 평균 운동 에너지, $\overline{E_k}$는 절대 온도에 비례한다.

$$\overline{E_k} \propto T$$

운동 에너지는 운동과 관련된 에너지임을 상기하자[◀◀ 5.1절].

$$E_k = \frac{1}{2}mu^2$$

따라서 개별 기체 분자의 운동 에너지는 그것의 질량과 속도 제곱에 비례한다. 기체 분자 그룹에 관해 이야기할 때, 시료의 모든 분자에 대한 속도 제곱의 평균인 **평균 제곱 속도** (mean square speed, $\overline{u^2}$)를 이용하여 평균 운동 에너지를 결정한다.

$$\overline{u^2} = \frac{u_1^2 + u_2^2 + u_3^2 + \cdots + u_N^2}{N}$$

여기서 N은 시료의 분자 수이다.

기체 법칙에의 적용

분자 운동 이론은 다음과 같은 방법으로 기체의 특성과 행동의 일부를 이해할 수 있게 해준다.

압축성

기체 상태의 분자는 멀리 떨어져 있고(가정 1) 기체 시료가 차지하는 부피를 줄임으로써 함께 가깝게 움직여질 수 있기 때문에 기체는 압축이 가능하다(그림 10.16).

Boyle의 법칙($V \propto 1/P$)

기체에 의해 가해지는 압력은 기체 분자와 용기 벽과의 충돌 결과이다(가정 2). 압력의 크기는 충돌 빈도와 분자가 벽과 충돌할 때의 속도에 따라 달라진다. 기체 시료가 차지하는 부피를 줄임으로써 충돌의 빈도가 증가하여 압력이 증가한다(그림 10.16).

---

6. Ludwig Eduard Boltzmann(1844~1906). 오스트리아의 물리학자. 가장 위대한 이론 물리학자 중 한 명이지만, 그의 연구는 생전에 다른 과학자들에게 인정되지 않았다. 그는 좋지 않은 건강과 심한 우울증으로 고통받았고 1906년에 자살했다.
7. James Clerk Maxwell(1831~1879). 스코틀랜드의 물리학자. 19세기의 위대한 이론 물리학자 중 한 명이다. 그는 기체의 분자 운동 이론, 열역학, 전기 및 자력을 포함하는 물리학의 여러 분야를 다루었다.

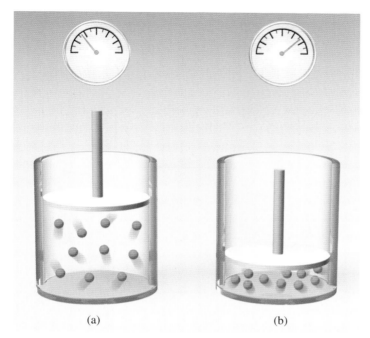

그림 10.16 기체는 부피가 작아짐으로써 압축될 수 있다. (a) 부피가 줄어들기 전 (b) 부피가 줄어들고 나서 증가된 분자와 그들 용기 벽 사이의 충돌 빈도는 높은 압력이 된다.

Charles의 법칙($V \propto T$)

기체 시료를 가열하면 평균 운동 에너지가 증가한다(가정 4). 분자의 질량이 변하지 않기 때문에 평균 운동 에너지의 증가는 분자의 평균 제곱 속도의 증가를 동반한다. 즉, 기체 시료를 가열하면 기체 분자가 더 빨리 움직인다. 보다 빠르게 움직이는 분자는 충돌 시 더 자주 그리고 빠른 속도로 충돌하므로 압력이 증가한다. 용기가 팽창할 수 있는 경우(풍선이나 움직일 수 있는 피스톤이 있는 실린더의 경우처럼) 기체 시료의 부피가 증가하여 용기 내부 압력과 외부 압력이 다시 같아질 때까지 충돌 빈도가 감소한다(그림 10.17).

Avogadro의 법칙($V \propto n$)

기체 시료에 의해 가해지는 압력의 크기는 용기 벽과의 충돌 빈도에 따라 달라지기 때문에, 더 많은 분자가 존재하면 압력이 증가한다. 다시 말하면, 가능한 경우 용기가 팽창한다. 용기의 팽창은 용기 안과 밖의 압력이 다시 같아질 때까지 충돌 빈도를 감소시킬 것이다(그림 10.18).

Dalton의 부분 압력 법칙($P_{전체} = \sum P_i$)

기체 분자는 서로 끌어당기거나 반발하지 않는다(가정 3). 그래서 하나의 기체에 의해 가해지는 압력은 다른 기체의 존재에 의해 영향을 받지 않는다. 결과적으로 기체 혼합물에 의해 가해지는 전체 압력은 단순히 혼합물 내의 개별 성분의 부분 압력의 합이다(그림 10.19).

분자 속도

분자 운동 이론의 중요한 결과 중 하나는 기체(어느 기체라도) 1 mol의 전체 운동 에너지는 $\frac{3}{2}RT$와 동일하다는 것이다. 가정 4를 통해, 한 분자의 평균 운동 에너지가 $\frac{1}{2}m\overline{u^2}$ 라는 것을 보았다. 기체 1 mol에 대해서는 다음과 같이 쓸 수 있다.

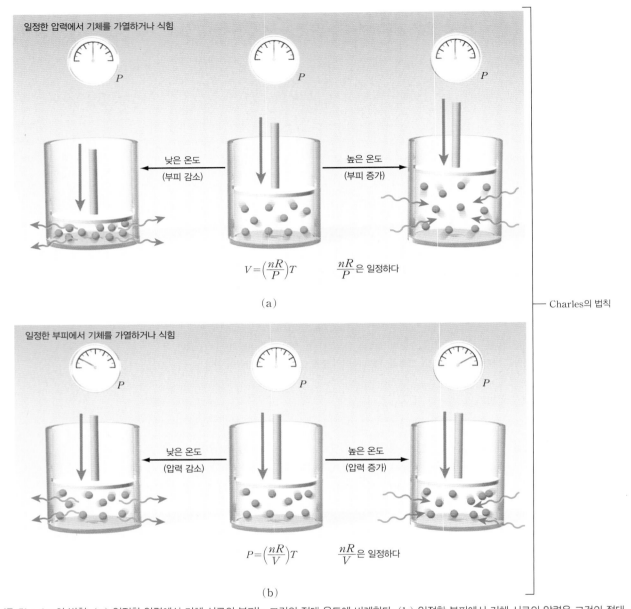

그림 10.17 Charles의 법칙. (a) 일정한 압력에서 기체 시료의 부피는 그것의 절대 온도에 비례한다. (b) 일정한 부피에서 기체 시료의 압력은 그것의 절대 온도에 비례한다.

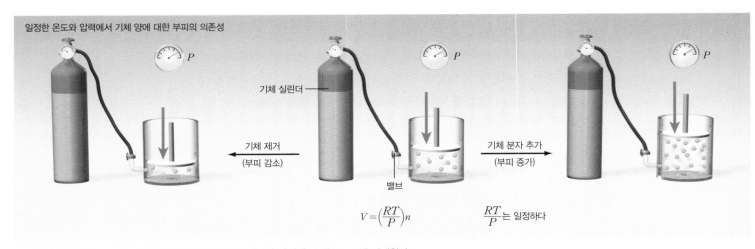

그림 10.18 Avogadro의 법칙. 일정한 온도와 압력에서 기체의 부피는 mol에 비례한다.

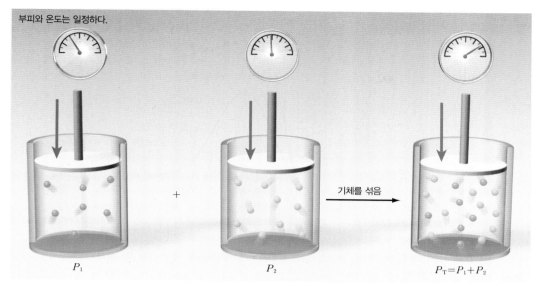

부피와 온도는 일정하다.

P_1

P_2

기체를 섞음

$P_T = P_1 + P_2$

그림 10.19 기체 혼합물의 각 성분은 다른 성분에 독립적으로 압력을 가한다. 전체 압력은 개별 성분의 부분 압력의 합이다.

$$N_A\left(\frac{1}{2}m\overline{u^2}\right) = \frac{3}{2}RT$$

여기서 N_A은 Avogadro 수이고, R은 기체 상수 8.314 J/K·mol이다. $m \times N_A = \mathcal{M}$이기 때문에, 위의 식을 다음과 같이 재배열할 수 있다.

$$\overline{u^2} = \frac{3RT}{\mathcal{M}}$$

양변에 제곱근을 취하면

$$\sqrt{\overline{u^2}} = \sqrt{\frac{3RT}{\mathcal{M}}}$$

여기서 $\sqrt{\overline{u^2}}$는 **제곱 평균근 속도**[root-mean-square(rms) speed, u_{rms}]이다.

$$u_{rms} = \sqrt{\frac{3RT}{\mathcal{M}}}$$ [◀◀ 식 10.17]

결과는 기체 시료에서 평균 운동 에너지를 갖는 분자의 속도인 제곱 평균근 속도를 가져다준다. 반응식 10.17은 두 가지 중요한 사항을 나타낸다. (1) 제곱 평균근 속도는 절대 온도의 제곱근에 직접 비례하며, (2) 제곱 평균근 속도는 $\mathcal{M}$의 제곱근에 반비례한다. 따라서 동일한 온도에서 기체의 두 시료에 대해, 더 큰 몰질량을 갖는 기체는 작은 제곱 평균근 속도 u_{rms}를 가질 것이다. 기체의 평균 운동 에너지는 절대 온도에 의존한다는 것을 기억하자. 그러므로 동일한 온도에서의 두 기체 시료는 동일한 평균 운동 에너지를 갖는다.

대부분의 분자는 u_{rms}보다 높거나 낮은 속도를 가지며, u_{rms}는 온도에 의존한다는 것을 명심하자. James Maxwell은 다양한 온도에서 기체 분자의 행동을 광범위하게 연구했다. 그림 10.20(a)는 다른 세 가지 온도에서의 질소 기체의 전형적인 Maxwell 속도 분포 곡선을 보여준다. 주어진 온도에서 분포 곡선은 특정 속도로 움직이는 분자의 수를 알려준다. 각 곡선의 최댓값은 가장 가능성이 있는 속도, 즉 가장 많은 분자의 속도를 나타낸다. 가장 가능성이 있는 속도는 온도가 증가함에 따라 증가한다는 점에 유의하자(그림 10.20(a)의 오른쪽으로의 최대 이동). 또한 커브는 온도가 증가함에 따라 평탄해지기 시작하여 많

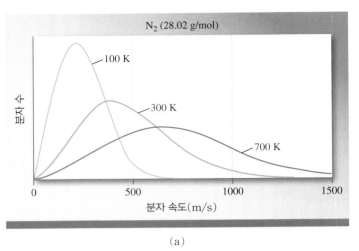

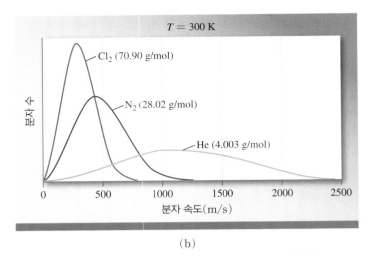

그림 10.20 (a) 다른 세 가지 온도에서 질소 기체의 속도 분포. 높은 온도에서는 더 많은 분자가 더 빨리 움직인다. (b) 같은 온도에서 다른 세 기체의 속도 분포. 평균적으로 가벼운 분자가 무거운 분자보다 빨리 움직인다.

은 수의 분자가 더 빠르게 움직이는 것을 나타낸다.

그림 10.20(b)는 동일한 온도(300 K)에서 세 가지 다른 기체(Cl_2, N_2 및 He)의 속도 분포를 보여준다. 이 곡선의 차이는 더 가벼운 분자가 평균적으로 더 무거운 분자보다 빠르게 이동한다는 것으로 설명할 수 있다.

특정 시료에서 분자의 u_{rms}를 계산하기 위해 식 10.18을 이용할 수 있지만 일반적으로 다른 기체 시료 분자의 u_{rms} 값을 비교하는 것이 더 유용하다는 것을 발견하게 될 것이다. 예를 들어, 두 개의 다른 기체에 대해 식 10.18을 쓸 수 있다.

$$u_{rms}(1) = \sqrt{\frac{3RT}{\mathscr{M}_1}} \text{ 그리고 } u_{rms}(2) = \sqrt{\frac{3RT}{\mathscr{M}_2}}$$

그런 다음 다른 기체에서 분자의 u_{rms}와 관계된 어떤 기체 분자의 u_{rms}를 결정할 수 있다.

$$\frac{u_{rms}(1)}{u_{rms}(2)} = \frac{\sqrt{\dfrac{3RT}{\mathscr{M}_1}}}{\sqrt{\dfrac{3RT}{\mathscr{M}_2}}}$$

두 기체가 같은 온도에 있을때 동일한 부분을 생략하면, 다음과 같이 쓸 수 있다.

$$\frac{u_{rms}(1)}{u_{rms}(2)} = \sqrt{\frac{\mathscr{M}_2}{\mathscr{M}_1}} \qquad [\blacktriangleleft\blacktriangleleft \text{식 } 10.18]$$

학생 노트
식 10.18이 두 몰질량의 비를 포함하기 때문에, 몰질량을 g/mol 또는 kg/mol로 표현할 수 있음을 기억하자.(식 10.17에서 적절히 생략된 단위를 위해 몰질량을 kg/mol로 표현했어야만 했다.)

식 10.18을 이용하여 다른 몰질량을 갖는 분자의 u_{rms} 값을 비교할 수 있다(주어진 온도에서).

확산과 분출

기체 분자의 무작위 운동은 확산과 분출이라는 쉽게 관찰할 수 있는 두 가지 현상을 일으킨다. **확산**(diffusion)은 무작위 운동과 빈번한 충돌의 결과인 기체 혼합(그림 10.21)인 반면, **분출**(effusion)은 용기에서 진공 영역으로의 기체 분자의 탈출이다(그림 10.22). 분자 운동 이론의 초기 성공 중 하나는 확산과 분출을 설명하는 능력이었다.

Graham 법칙(Graham's law)에 따르면 기체의 확산 또는 분출 속도는 그것의 몰질량의 제곱근에 반비례한다.

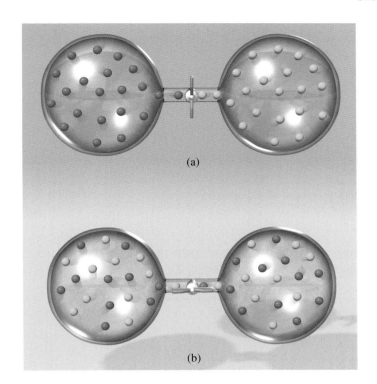

그림 10.21 확산은 기체의 혼합이다. (a) 분리된 용기에 있는 두 개의 다른 기체 (b) 중간 밸브가 열렸을 때, 기체는 확산에 의해 섞인다.

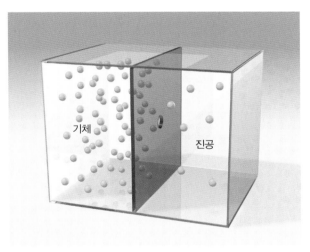

그림 10.22 분출은 기체의 진공으로의 탈출이다.

$$속도 \propto \frac{1}{\sqrt{M}}$$

이것은 본질적으로 식 10.18의 재언급이다. 따라서, 더 가벼운 기체는 더 무거운 기체보다 빠르게 확산되고 분출된다.

예제 10.16은 질량을 아는 분자의 속도를 비교하는 방법을 보여준다.

예제 **10.16**

동일한 온도에서 헬륨 원자가 평균적으로 이산화 탄소 분자보다 얼마나 빨리 이동하는지 결정하시오.

전략 He와 CO_2의 제곱 평균근 속도의 비율을 결정하기 위해 식 10.18과 He와 CO_2의 몰질량을 이용한다. 이와 같은 문제를 풀 때는 두 분자 중 가벼운 것을 분자 1로 표시하고 무거운 분자를 분자 2로 표시하는 것이 일반적으로 가장 좋다. 이렇게 하면 결과가 1보다 커지기 때문에 비교적 쉽게 해석할 수 있다.

계획   He과 CO_2의 몰질량은 각각 4.003과 44.01 g/mol이다.

풀이

$$\frac{u_{\text{rms}}(\text{He})}{u_{\text{rms}}(\text{CO}_2)} = \frac{\sqrt{\dfrac{44.01\ \text{g}}{\text{mol}}}}{\sqrt{\dfrac{4.003\ \text{g}}{\text{mol}}}} = 3.316$$

평균적으로 He 원자는 같은 온도에서 CO_2 분자보다 3.316배 더 빠르게 움직인다.

> **생각해 보기**
> 몰질량과 분자 속도(식 10.18) 사이의 관계는 역수라는 것을 기억하자. CO_2 분자의 질량은 He 원자 질량의 약 10배이다. 그러므로 평균적으로 He 원자가 CO_2 분자보다 약 $\sqrt{10}$배($\sim$3.2배) 빠르게 움직일 것으로 기대해야 한다.

추가문제 1   주어진 온도에서 O_2와 SF_6의 상대 제곱 평균근 속도를 결정하시오.

추가문제 2 CO_2보다 4.67배 빠르게 움직이는 기체의 몰질량과 정체를 결정하시오.

추가문제 3   위쪽의 그림은 인접한 진공 챔버로 분출되기 전 두 기체의 동일한 mol로 혼합된 혼합물을 나타낸다. 갈색 기체의 몰질량은 황색 기체의 몰질량보다 상당히 크다. 그림[(i)~(iii)] 중 어느 것이 일정 기간이 경과한 후 두 챔버의 내용물을 가장 잘 표현하는가?

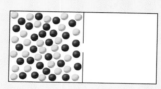

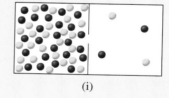
(i)

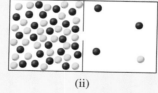
(ii)

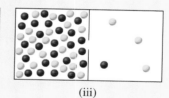
(iii)

10.7 이상 행동과의 편차

기체 법칙과 분자 운동 이론은 기체상의 분자가 무시할 수 있는 부피를 차지하고 있으며(가정 1), 그들은 서로에게 끄는 힘 또는 반발하는 힘을 가하지 않는다고 가정한다(가정 3). 마치 이러한 가정이 엄격히 적용되는 것처럼 행동하는 기체는 **이상 행동**(ideal behavior)을 나타낸다. 많은 기체는 일반적인 조건에서 이상적이거나 거의 이상적인 행동을 보인다. 그림 10.23은 STP에서 일부 일반적인 기체의 몰 부피를 보여준다. 모두 22.41 L의 이상적인 값에 상당히 가깝다. 일반적으로 실제 기체가 이상적으로 행동한다고 가정하지만 실제 기체의 행동이 이상에서 벗어난 조건, 즉, 고압과 저온 조건이 있다.

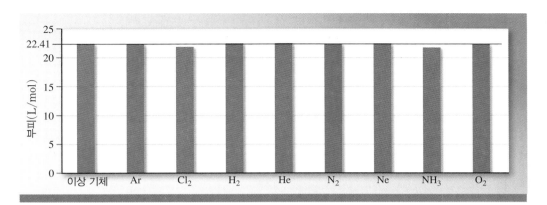

그림 10.23 STP에서 일부 일반적인 기체의 몰 부피

이상 행동과의 편차를 야기하는 요인

고압에서 기체 분자는 상대적으로 가깝다. 분자 사이의 거리가 큰 경우에만 기체 분자가 부피를 차지하지 않는다고 가정할 수 있다. 분자 사이의 거리가 줄어들면, 각 개별 분자가 차지하는 부피가 더 중요하게 된다.

저온에서 기체 분자는 더 천천히 움직인다. 기체 분자가 매우 빠르게 움직이고 그들의 운동 에너지의 크기가 분자 간 힘의 크기보다 훨씬 클 때, 기체 분자 사이에 분자 간 힘이 없다는 것을 가정할 수 있다. 분자가 더 천천히 움직일 때 그들은 낮은 운동 에너지를 갖고, 분자 사이의 힘의 크기는 더 중요하게 된다.

Van der Waals 식

이상 기체 방정식의 이용이 큰 오차를 야기하는 조건(즉, 고압 및/또는 저온)이 있기 때문에, 기체가 이상적으로 행동하지 않으면 약간 다른 접근법을 이용해야 한다. 분자 부피와 분자 간 힘이 0이 아닌 것을 고려한 실제 기체의 분석은 1873년 J. D. van der Waals[8]에 의해 처음 수행되었다. Van der Waals의 방법은 분자 수준에서 실제 기체의 행동에 대한 해석을 제공한다.

용기의 벽을 향한 특정 분자의 접근을 고려하자(그림 10.24). 이웃 분자에 의해 가해지는 분자 간 끌림은 분자 간 끌림이 없을 때만큼 단단하게 벽을 치는 것을 막는다. 이것은 실제 기체에 의해 가해지는 압력이 이상 기체 방정식에 의해 예측된 것보다 낮아지게 한다. Van der Waals는 이상 기체에 의해 가해지는 압력 $P_{이상}$이 실험적으로 측정된 압력 $P_{실제}$와 다음 식에 의해 연관성이 있다고 제안했다.

$$P_{이상} = P_{실제} + \frac{an^2}{V^2}$$

여기서 a는 상수이고, n과 V는 각각 기체의 mol과 부피이다. 압력 보정항(an^2/V^2)은 다음과 같이 이해될 수 있다. 비이상 행동을 야기하는 분자 간 상호 작용은 두 분자가 얼마나 자주 서로 마주치느냐에 달려 있다. 그러한 만남의 수는 단위 부피당 분자 수(n/V)의 제곱에 따라 증가하며, a는 비례상수이다. $P_{이상}$의 양은 분자 간의 끌림이 없다면 우리가 측정할 압력이다.

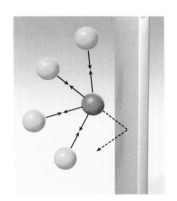

그림 10.24 기체에 의해 가해지는 압력에 대한 분자 간 끌림의 영향

---

8. Johannes Diderik van der Waals(1837~1923). 네덜란드의 물리학자. 그는 기체와 액체의 성질에 대한 연구로 1910년에 노벨 물리학상을 받았다.

표 10.6	일부 일반적인 기체에 대한 Van der Waals 상수					
기체	$a\left(\dfrac{atm \cdot L^2}{mol^2}\right)$	$b\left(\dfrac{L}{mol}\right)$		기체	$a\left(\dfrac{atm \cdot L^2}{mol^2}\right)$	$b\left(\dfrac{L}{mol}\right)$
He	0.034	0.0237		O_2	1.36	0.0318
Ne	0.211	0.0171		Cl_2	6.49	0.0562
Ar	1.34	0.0322		CO_2	3.59	0.0427
Kr	2.32	0.0398		CH_4	2.25	0.0428
Xe	4.19	0.0510		CCl_4	20.4	0.138
H_2	0.244	0.0266		NH_3	4.17	0.0371
N_2	1.39	0.0391		H_2O	5.46	0.0305

다른 보정은 기체 분자가 차지하는 부피와 관련이 있다. 이상 기체 방정식에서 V는 용기의 부피를 나타낸다. 그러나 각 분자는 실제로 작지만 0이 아닌 부피를 차지한다. 용기의 부피에서 nb 항을 빼서 기체 분자가 차지하는 부피를 보정할 수 있다.

$$V_{실제} = V_{이상} - nb$$

여기서 n과 b는 각각 mol과 비례상수이다.

이상 기체 방정식에 두 가지 보정을 포함하면 이상적인 행동이 예상되지 않는 조건에서 기체를 분석할 수 있는 **van der Waals 식**(van der Waals equation)을 얻을 수 있다.

실험적으로 측정된 압력 ↓   용기 부피 ↓

$$\left(P + \frac{an^2}{V^2}\right)(V - nb) = nRT$$ [◀◀ 식 10.19]

수정된 압력 항   수정된 부피 항

많은 기체에 대한 van der Waals 상수 a와 b가 표 10.6에 나와 있다. a의 크기는 특정 유형의 기체 분자가 얼마나 강하게 서로를 끌어 당기는지를 나타낸다. 관계가 단순하지 않지만 b의 크기는 분자(또는 원자) 크기와 관련이 있다.

예제 10.17은 van der Waals 식을 이용하는 방법을 보여준다.

예제 10.17

3.50 mol의 NH_3 기체의 시료가 47℃에서 5.20 L를 차지한다. (a) 이상 기체 방정식과 (b) van der Waals 반응식을 이용하여 기체의 압력(atm)을 계산하시오.

전략 (a) 이상 기체 방정식 $PV = nRT$를 이용한다.
(b) 식 10.19와 표 10.6의 NH_3에 대한 a 및 b 값을 이용한다.

계획 $T = 320.15$ K, $a = 4.17$ atm·L/mol², 그리고 $b = 0.0371$ L/mol이다.

풀이 (a) $P = \dfrac{nRT}{V} = \dfrac{(3.50\ \text{mol})\left(\dfrac{0.08206\ \text{L} \cdot \text{atm}}{\text{K} \cdot \text{mol}}\right)(320.15\ \text{K})}{5.20\ \text{L}} = 17.7$ atm

(b) Van der Waals 식의 보정항을 계산하면, 다음 식을 얻는다.

$$\frac{an^2}{V^2} = \frac{\left(\dfrac{4.17\ \text{atm} \cdot \text{L}^2}{\text{mol}^2}\right)(3.50\ \text{mol})^2}{(5.20\ \text{L})^2} = 1.89\ \text{atm}$$

$$nb = (3.50 \text{ mol})\left(\frac{0.0371 \text{ L}}{\text{mol}}\right) = 0.130 \text{ L}$$

마지막으로, 이 결과를 식 10.19에 치환하면 다음의 결과를 얻는다.

$$(P + 1.89 \text{ atm})(5.20 \text{ L} - 0.130 \text{ L}) = (3.50 \text{ mol})\left(\frac{0.08206 \text{ L} \cdot \text{atm}}{\text{K} \cdot \text{mol}}\right)(320.15 \text{ K})$$

$$P = 16.2 \text{ atm}$$

생각해 보기
종종 실제 기체 시료에 의해 가해지는 압력은 이상 기체 방정식에 의해 예측된 것보다 낮다.

추가문제 1 표 10.6의 자료를 이용하여 (a) 이상 기체 방정식과 (b) van der Waals 식(식 10.19)을 이용하여 25°C에서 5.75 L 부피의 네온 기체 11.9 mol에 의해 가해지는 압력을 계산하시오. 결과를 비교하시오.

추가문제 2 (a) 이상 기체 방정식과 (b) van der Waals 식을 이용하여 32.0°C에서 6.50 L 부피의 산소 기체 0.350 mol에 의해 가해지는 압력을 계산하시오.

추가문제 3 실제 기체의 어떤 성질이 이상적인 행동을 나타내지 못하게 하는가? 기체가 매우 높은 온도 및/또는 매우 낮은 압력에서 보다 큰 정도의 이상 행동을 나타내는 이유를 설명하시오.

이상 행동으로부터 기체의 편차를 측정하는 한 가지 방법은 기체의 압축 계수 Z, $Z = PV/RT$를 결정하는 것이다. 1 mol의 이상 기체의 경우, Z는 모든 압력과 온도에서 1과 동일하다. 실제 기체의 경우 비이상 행동에 영향을 미치는 요인은 Z의 값이 1에서 편차가 생기게 한다. 분자 간 힘은 그림 10.25(a)의 그래프를 설명하는 데 도움이 된다. 분자들은 서로 인력과 척력을 가한다. 큰 분리(낮은 압력)에서는 인력이 우세하다. 이 영역에서 기체는 이상 기체보다 압축 가능하며, 곡선은 수평선($Z < 1$) 아래로 떨어진다. 분자가 압력을 받으면 더 가까이 다가가면서 반발이 중요한 역할을 하기 시작한다. 압력이 계속 증가하면 분자가 서로 반발하기 때문에 기체가 이상 기체보다 덜 압축 가능한 시점에 도달하게 되고, 곡선이 수평선($Z > 1$) 위로 올라간다. 그림 10.25(b)는 다른 온도에서 압력에 따른 Z의 그래프를 보여준다. 온도가 증가함에 따라 기체가 더욱 이상 기체처럼 행동한다는 것을 볼 수 있다.(곡선이 수평선에 더 가깝게 된다.) 분자 운동 에너지의 증가는 분자의 인력을 덜 중요하게 만든다.

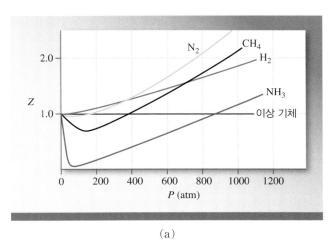

(a)

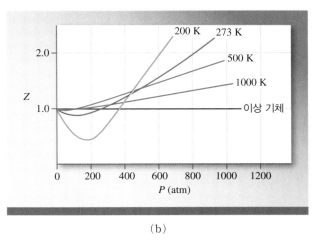

(b)

그림 10.25 (a) 0°C에서 몇몇 기체에 대한 압력의 변화에 따른 압축 계수(Z) (b) 몇몇의 다른 온도에서 N_2 기체 압력의 변화에 따른 압축 계수

기체의 대부분은 둘 이상의 다른 기체의 혼합물이다. 혼합물 내의 기체 농도는 일반적으로 식 10.13을 이용하여 계산되는 몰분율을 이용하여 표시된다.

$$\chi_i = \frac{n_i}{n_{전체}}$$

문제에 주어진 정보에 의존하여 몰분율을 계산하는 것은 몰질량을 결정하고 질량 대 mol 전환을 수행해야 함을 요구한다[|◀◀ 3.4절].

예를 들어, 다른 세 가지 기체의 알려진 질량으로 구성되어 있는 혼합물을 고려하시오: 5.50 g He, 7.75 g N$_2$O 및 10.00 g SF$_6$. 구성 요소의 몰질량은 다음과 같다.

He: 4.003 = 4.003 g/mol　　　N$_2$O: 2(14.01) + (16.00) = 44.02 g/mol　　　SF$_6$: 32.07 + 6(19.00) = 146.1 g/mol

문제에서 주어진 각 질량을 각각 해당 몰질량으로 나누어 mol로 변환한다.

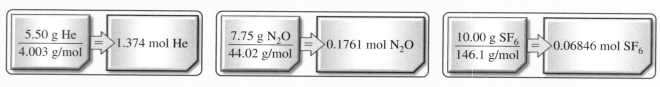

$$\frac{5.50\ g\ He}{4.003\ g/mol} = 1.374\ mol\ He \qquad \frac{7.75\ g\ N_2O}{44.02\ g/mol} = 0.1761\ mol\ N_2O \qquad \frac{10.00\ g\ SF_6}{146.1\ g/mol} = 0.06846\ mol\ SF_6$$

그런 다음 혼합물의 전체 mol을 결정한다.

$$1.374\ mol\ He + 0.1761\ mol\ N_2O + 0.06846\ mol\ SF_6 = 1.619\ moles$$

각 구성 요소의 몰분율을 구하기 위해 각 구성 요소의 mol을 전체 mol로 나눈다.

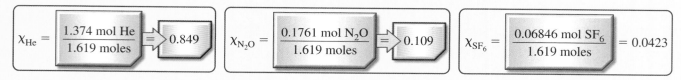

$$\chi_{He} = \frac{1.374\ mol\ He}{1.619\ moles} = 0.849 \qquad \chi_{N_2O} = \frac{0.1761\ mol\ N_2O}{1.619\ moles} = 0.109 \qquad \chi_{SF_6} = \frac{0.06846\ mol\ SF_6}{1.619\ moles} = 0.0423$$

생성된 몰분율에는 단위가 없다. 임의의 혼합물에 대해 모든 성분의 몰분율의 합은 1이다. 반올림 오류로 인해 몰분율의 전체 합계가 정확히 1이 되지 않을 수 있다. 이 경우 적절한 숫자의 유효숫자[|◀◀ 1.5절]까지 합계는 1.00이다.(계산 전반에 걸쳐 추가 자릿수를 유지했음을 주의하자.)

주어진 온도에서 압력은 mol에 비례하기 때문에, 몰분율은 식 10.14를 이용한 기체 성분의 부분 압력을 이용하여 계산될 수 있다.

$$\chi_i = \frac{P_i}{P_{전체}}$$

서로 반응하지 않는 기체는 모두 서로 혼합될 수 있기 때문에[|◀◀ 10.1절], 기체 혼합물은 균일하며 용액이라고도 할 수 있다. 그리고 처음 기체의 맥락에서 몰분율을 접했을지라도, 몰분율은 수용액을 포함한 다른 용액의 맥락에서 광범위하게 이용된다[|◀◀ 12.5절]. 몰분율의 결정은 용액의 특성에 관계없이 동일한 방식으로 수행된다. 액체가 포함되어 있는 경우, 때때로 액체의 밀도를 이용하여 부피를 질량으로 변환할 필요가 있다[|◀◀ 1.3절].

액체의 부피(mL) × 액체의 밀도(g/mL) = 액체의 질량(g)

다음의 예를 고려하자. 5.75 g의 설탕(자당, $C_{12}H_{22}O_{11}$)이 25°C에서 물 100.0 mL에 용해되었다.
먼저 자당과 물의 몰질량을 결정한다.

H_2O: 2(1.008) + 16.00 = $\boxed{\dfrac{18.02\ g}{mol}}$ $C_{12}H_{22}O_{11}$: 12(12.01) + 22(1.008) + 11(16.00) = $\boxed{\dfrac{342.3\ g}{mol}}$

그런 다음 주어진 부피를 질량으로 변환하기 위해 물의 밀도를 이용한다. 25°C에서 물의 밀도는 0.9970 g/mL이다.

$$100.0\ mL\ H_2O \times \dfrac{0.9970\ g}{mL} = 99.70\ g\ H_2O$$

두 가지 용액 성분의 질량을 mol로 변환한다.

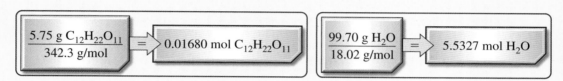

$$\dfrac{5.75\ g\ C_{12}H_{22}O_{11}}{342.3\ g/mol} = 0.01680\ mol\ C_{12}H_{22}O_{11} \qquad \dfrac{99.70\ g\ H_2O}{18.02\ g/mol} = 5.5327\ mol\ H_2O$$

mol을 합하고 각 개별 성분의 mol을 전체로 나눈다.

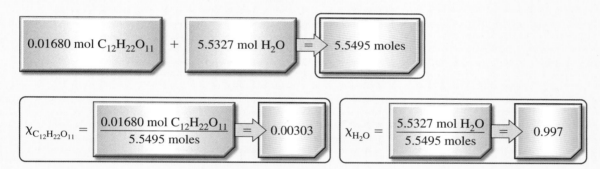

$$0.01680\ mol\ C_{12}H_{22}O_{11} + 5.5327\ mol\ H_2O = 5.5495\ moles$$

$$\chi_{C_{12}H_{22}O_{11}} = \dfrac{0.01680\ mol\ C_{12}H_{22}O_{11}}{5.5495\ moles} = 0.00303 \qquad \chi_{H_2O} = \dfrac{5.5327\ mol\ H_2O}{5.5495\ moles} = 0.997$$

유효숫자의 적절한 수까지 몰분율의 합은 1이 된다.

주요 내용 문제

10.1
0.524 g He, 0.275 g Ar 및 2.05 g CH_4로 구성된 기체 혼합물에서 헬륨의 몰분율을 결정하시오.
(a) 0.0069   (b) 0.0259   (c) 0.481
(d) 0.493   (e) 0.131

10.3
포도당($C_6H_{12}O_6$) 5.00 g과 물 250.0 g으로 구성된 용액에서 물의 몰분율을 결정하시오.
(a) 0.00200   (b) 0.998   (c) 0.0278
(d) 1.00   (e) 0.907

10.2
H_2, N_2 및 Ar의 부분 압력이 각각 0.01887 atm, 0.3105 atm 및 1.027 atm인 기체 혼합물에서 아르곤의 몰분율을 결정하시오.
(a) 0.01391   (b) 0.2289   (c) 0.7572
(d) 0.01887   (e) 1.027

10.4
에탄올(C_2H_5OH) 15.50 mL와 물 110.0 mL를 포함한 용액에서 에탄올의 몰분율을 결정하시오. (에탄올의 밀도는 0.789 g/mL이고, 물의 밀도는 0.997 g/mL이다.)
(a) 0.0436   (b) 6.08   (c) 0.265
(d) 0.958   (e) 0.0418

연습문제

배운 것 적용하기

스쿠버 다이버만이 갑작스런 압력 변화의 악영향으로 고통받을 수 있는 운동선수는 아니다. 등산가들도 급격한 상승의 위험에 취약하다. 높은 고도에서의 대기압은 해수면보다 상당히 낮다. 전체 압력이 낮을수록 산소의 부분 압력이 낮아지고, 산소가 부족하거나 **저산소증**(hypoxia)이 발생하면 고산병이 야기될 수 있다. 고산병의 초기 증상으로는 두통, 현기증, 메스꺼움이 있다. 심한 경우 등산가는 환각, 발작, 혼수 상태, 심지어 죽음까지 겪을 수 있다.

Gamow Bag

1990년 Colorado 대학교의 미생물학 교수인 Igor Gamow는 고산병의 높은 고도 치료를 위한 휴대용 장치에 대한 특허를 획득했다. Gamow Bag은 성인 등산가를 수용할 만큼 충분히 큰 팽창식 실린더이다. Gamow Bag은 발 펌프로 팽창되고 가압되며, 고통을 겪은 등산가는 증상이 완화될 때까지 가압 주머니 안에 밀봉되어 있다. 이 Gamow Bag은 대기압보다 0.14 atm 정도 더 가압되지만, 고도가 높은 곳에서 이것은 10,000 ft 정도 아래에 있는 효과가 있다.

문제

(a) Gamow Bag이 대기압이 0.37 atm인 고도 25,000 ft에서 대기압보다 0.14 atm 높은 압력으로 가압되는 경우, 가압된 Bag 내부의 압력에 의해 지지되는 수은 기둥의 높이는 얼마가 되겠는가[◀◀ 예제 10.1]?

(b) Gamow Bag은 4.80×10^2 L의 부피로 팽창한다. 표준 대기압에서 (a)의 압축 Bag의 공기가 차지하는 부피는 얼마인가?(온도 변화가 없다고 가정한다.)[◀◀ 예제 10.2]

(c) 0°C에서 (a)의 압축 Bag의 공기 밀도를 계산하시오.(공기는 부피로 80% N_2이고 20% O_2라고 가정하시오.)[◀◀ 예제 10.7]

(d) LiOH 세정기는 때로는 Bag 이용 중에 이산화 탄소 축적을 방지하기 위해 이용된다. (a)의 압축된 Bag에서 0.50 kg의 LiOH에 의해 제거되는 CO_2의 양은 얼마인가(0°C에서)[◀◀ 예제 10.9]?

(e) 0°C에서 (a)의 압축 Bag의 각 기체 mol을 계산하시오[◀◀ 예제 10.13].

10.1절: 기체의 성질

10.1 375 mmHg를 atm, bar, torr 및 Pascal로 전환하시오.

10.2 대기압에 의해 지지되는 메탄올(CH_3OH)의 기둥 높이를 계산하시오. 메탄올의 밀도는 0.787 g/cm³이다.

10.3 87 m 높이의 톨루엔(C_7H_8) 기둥이 가하는 압력은 얼마인가(atm으로)? 톨루엔의 밀도는 0.867 g/cm³이다.

10.2절: 기체 법칙

10.4 0.970 atm의 압력에서 25.6 mL의 부피를 차지하는 기체 시료는 일정한 온도에서 압력이 0.541 atm에 도달할 때까지 팽창하게 두었다. 최종 부피는 얼마인가?

10.5 1.00 atm에서 측정된 기체의 부피는 7.15 L이다. 부피이 9.25 L로 변경되었다면 기체의 압력은 몇 mmHg인가? (온도는 일정하게 유지된다.)

10.6 메테인 기체 28.4 L를 일정한 압력에서 35°C에서 72°C까지 가열한다. 기체의 최종 부피는 얼마인가?

10.7 암모니아는 산소 조건에서 연소되어 산화 질소(NO)와 수증기를 형성한다. 같은 온도와 압력에서 한 부피의 암모니아로부터 얼마나 많은 부피의 NO가 얻어지는가?

10.8 일정한 압력에서 물질의 기체 시료를 냉각시킨다. 다음 그림 중에서 어느 것이 최종 온도가 (a) 물질의 끓는점보다 높을 때 (b) 물질의 끓는점보다 낮지만 물질의 어는점보다 높을 때를 잘 나타내는가?

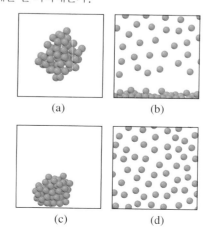

(a)   (b)

(c)   (d)

10.3절: 이상 기체 방정식

10.9 6.9 mol의 일산화 탄소 기체가 30.4 L의 용기에 존재한다고 가정하면, 온도가 82℃일 때 기체의 압력은 얼마인가(atm 단위로)?

10.10 초기에 STP에서의 2.5 L 기체의 온도가 일정한 부피에서 210℃로 올려졌다. 기체의 최종 압력을 계산하시오.

10.11 포도당의 발효 과정(와인 제조)에서 발생하는 기체는 22.5℃ 및 1.00 atm에서 0.67 L의 부피를 갖는다. 36.5℃ 및 1.00 atm의 발효에서 이 기체의 부피는 얼마인가?

10.12 STP에서 124.3 g CO_2의 부피(L로)를 계산하시오.

10.13 드라이아이스는 고체 이산화 탄소이다. 0.050 g의 드라이아이스 시료를 30℃에서 진공인 4.6 L 용기에 두었다. 모든 드라이아이스가 CO_2 기체로 전환된 후 용기 내부의 압력을 계산하시오.

10.14 741 torr 및 44℃에서 7.10 g의 기체가 5.40 L를 차지한다. 기체의 몰질량은 얼마인가?

10.15 공기는 부피의 비 78%의 N_2, 21%의 O_2 및 1.0%의 Ar을 포함한다고 가정하면, STP에서 1.0 L의 공기 중에 각 종류별 얼마나 많은 분자의 기체가 존재하는가?

10.16 733 mmHg 및 46℃에서 브로민화 수소(HBr) 기체의 밀도를 g/L로 계산하시오.

10.17 화합물은 실험식 SF_4를 갖는다. 20℃에서 0.100 g의 기체 화합물은 22.1 mL의 부피를 차지하며 1.02 atm의 압력을 가한다. 기체의 분자식은 무엇인가?

10.18 25℃ 및 0.800 atm 압력에서 특정 양의 기체가 용기에 담겨 있다. 용기가 5.00 atm 이하의 압력을 견딜 수 있다고 가정하시오. 용기를 파열시키지 않으면서 기체의 온도를 얼마나 높이 올릴 수 있는가?

10.4절: 기체상의 반응물과 생성물의 반응

10.19 천연가스의 주성분인 메테인은 난방과 요리에 이용된다. 연소 과정은 다음과 같다.
$$CH_4(g) + 2O_2(g) \longrightarrow CO_2(g) + 2H_2O(l)$$
15.0 mol의 CH_4가 산소와 반응하면, 23.0℃와 0.985 atm에서 생성되는 CO_2의 부피(L 단위)는 얼마인가?

10.20 알코올 발효에서 효모는 포도당을 에탄올과 이산화 탄소로 전환한다.
$$C_6H_{12}O_6(s) \longrightarrow 2C_2H_5OH(l) + 2CO_2(g)$$
293 K와 0.984 atm에서 포도당 5.97 g이 반응하고 1.44 L의 CO_2 기체가 수집되면 반응의 수율은 얼마인가?

10.21 0.225 g의 금속 M(몰질량=27.0 g/mol)의 양은 과량의 염산으로부터 수소 분자 0.303 L(17℃ 및 741 mmHg에서 측정됨)를 발생시켰다. 이 데이터에서 해당 반응식을 추론하고 M의 산화물과 황산염에 대한 화학식을 적으시오.

10.22 탄산 칼슘의 불순한 시료 3.00 g을 염산에 용해시켰더니 0.656 L의 이산화 탄소(20.0℃ 및 792 mmHg에서 측정)가 생성되었다. 시료에서 탄산 칼슘의 질량 %를 계산하시오. 가정에 대해 언급하시오.

10.23 STP에서 측정된 5.6 L의 수소 분자가 과량의 염소 분자 기체와 반응할 때 생성되는 염화 수소의 g 단위의 질량을 계산하시오.

10.24 에탄올(C_2H_5OH)은 공기 중에서 연소한다.
$$C_2H_5OH(l) + O_2(g) \longrightarrow CO_2(g) + H_2O(l)$$
반응식의 균형을 맞추고 185 g의 에탄올을 태우기 위해 요구되는 45.0℃ 및 793 mmHg의 공기 부피를 L 단위로 결정하시오. 공기는 부피비로 21.0% O_2라고 가정한다.

10.5절: 기체 혼합물

10.25 15℃의 2.5 L 플라스크는 N_2에 대해 0.32 atm, He에 대해 0.15 atm, Ne에 대해 0.42 atm의 부분 압력을 갖는 N_2, He 및 Ne의 혼합물을 포함한다.
(a) 혼합물의 전체 압력을 계산하시오.
(b) N_2가 선택적으로 제거되면 He와 Ne가 차지하는 STP에서 L 단위로 부피를 계산하시오.

10.26 헬륨과 네온 기체의 혼합물은 28.0℃ 및 745 mmHg에서 수상 포집된다. 헬륨의 부분 압력이 368 mmHg이면, 네온의 부분 압력은 얼마인가(28℃에서의 물의 증기압=28.3 mmHg)?

10.27 아연 금속의 시료는 과량의 염산과 완전히 반응한다.
$$Zn(s) + 2HCl(aq) \longrightarrow ZnCl_2(aq) + H_2(g)$$
생성된 수소 기체는 그림 10.14(a)에서 보여지는 것과 비슷한 배열을 이용하여 25.0℃에서 수상 포집된다. 기체의 부피는 7.80 L이고, 압력은 0.980 atm이다. 반응에서 소모된 아연 금속의 양을 g 단위로 계산하시오(25℃에서의 물의 증기압=23.8 mmHg).

10.28 암모니아(NH_3) 기체 시료는 가열된 강모를 통해 질소 및 수소 기체로 완전히 분해된다. 반응 후 전체 압력이 866 mmHg이면 N_2와 H_2의 부분 압력을 계산하시오.

10.29 오른쪽 상자의 부피는 왼쪽 상자의 부피의 두 배이다. 상자에는 같은 온도에서 헬륨 원자(빨간색)와 수소 분자(초록색)가 포함되어 있다.
(a) 어떤 상자가 전체 압력이 더 큰가?
(b) 어느 상자가 더 높은 헬륨의 부분 압력을 갖는가?

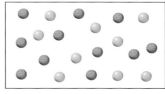

10.6절: 기체의 분자 운동 이론

10.30 성층권의 온도는 −23℃이다. 이 영역에서 N_2, O_2 및 O_3 분자의 평균 제곱근 속도를 계산하시오.

10.31 특정 온도에서 용기 내의 여섯 개 기체 분자의 속도는 2.0, 2.2, 2.6, 2.7, 3.3 및 3.5 m/s이다. 평균 제곱근 속도와 분자의 평균 속도를 계산하시오. 이 두 평균값은 서로 가깝지만 평균 제곱근 값은 항상 둘 중 큰 값이다. 왜 그런가?

10.32 포도당의 발효로부터 발생되는 미지 기체는 15.0분이 지나서 다공성 장벽을 통해 분출되는 것으로 밝혀졌다. 동일한 온도 및 압력 조건하에서 동일한 부피의 N_2가 동일한 장벽을 통해 분출되는 데 12.0분이 걸린다. 미지 기체의 몰질량을 계산하고 기체가 무엇인지를 제안하시오.

10.33 그림의 각 쌍은 분출 전과 후의 기체 혼합물을 나타낸다. 각각의 경우에 두 기체의 몰질량을 비교하는 방법을 결정하시오.

(a)
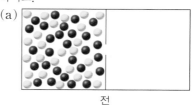
전
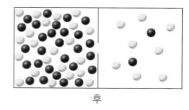
후

(b)
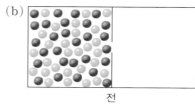
전
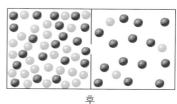
후

10.7절: 이상 행동과의 편차

10.34 27°C에서 1.50 L 용기의 기체 10.0 mol은 130 atm의 압력을 가한다. 이것은 이상 기체인가?

추가 문제

10.35 동일한 온도 및 압력 조건에서, 다음 기체 중 가장 이상적으로 작용하는 기체는 어떤 것인가? 설명하시오.
Ne, N_2 또는 CH_4

10.36 어떤 화합물의 실험식은 CH이다. 200°C에서 이 화합물 0.145 g은 0.74 atm의 압력에서 97.2 mL를 차지한다. 이 화합물의 분자식은 무엇인가?

10.37 기체 A(빨간색)와 기체 B(파란색)를 포함한 세 개의 플라스크가 여기에 보여진다.
(a) (i)의 전체 압력이 2.0 atm이면 (ii)와 (iii)의 압력은 얼마인가?

(b) 밸브를 연 후 전체 압력과 각 기체의 부분 압력을 계산하시오. (i) 및 (iii)의 부피는 각각 2.0 L이고 (ii)의 부피는 1.0 L이다. 온도는 모두 동일하다.

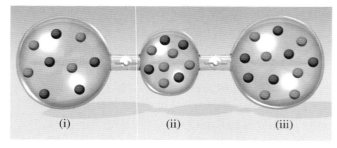
(i)　　　(ii)　　　(iii)

10.38 가열 시 염소산 포타슘($KClO_3$)은 분해되어 염화 포타슘 및 산소 기체를 생성한다. 한 실험에서 학생은 20.4 g의 $KClO_3$를 분해가 완료될 때까지 가열했다.
(a) 반응에 대해 균형 맞춤 반응식을 쓰시오.
(b) 만일 산소가 0.962 atm및 18.3°C에서 포집되었다면 산소의 부피(L 단위)를 계산하시오.

10.39 프로페인(C_3H_8)은 산소를 연소시켜 이산화 탄소 기체와 수증기를 생성한다.
(a) 이 반응에 대해 균형 맞춤 반응식을 쓰시오.
(b) STP에서 7.45 g의 프로페인으로부터 생성될 수 있는 이산화 탄소의 L를 계산하시오.

10.40 일산화 질소(NO)는 다음과 같이 분자 산소와 반응한다.
$$2NO(g)+O_2(g) \longrightarrow 2NO_2(g)$$
처음에는 NO와 O_2가 여기에 보여지는 것처럼 분리되어 있다. 밸브가 열리면 신속하게 반응이 완료된다. 어떤 기체가 마지막에 남아 있는지 결정하고 그 부분 압력을 계산하시오. 온도는 25°C에서 일정하게 유지된다고 가정하시오.

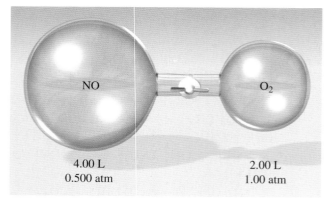
NO　　　O_2
4.00 L　　　2.00 L
0.500 atm　　　1.00 atm

10.41 화학적 또는 물리적 수단으로 다음의 조성을 가진 혼합 기체의 부분 압력을 측정하는 방법을 설명하시오.
(a) CO_2와 H_2　　　(b) He와 N_2

10.42 질량이 7.63 g인 Na_2CO_3 및 $MgCO_3$의 혼합물을 과량의 염산과 혼합한다. 생성된 CO_2 기체는 1.24 atm과 26°C에서 1.67 L의 부피를 차지한다. 이 데이터로부터, 혼합물 중의 Na_2CO_3의 질량 조성비를 계산하시오.

10.43 물 10.00 g을 65°C에서 2.500 L 부피의 진공 상태의 플라스크에 넣은 경우, 증발된 물의 질량을 계산하시오.(힌트: 남아 있는 액체 물의 양은 무시할 만하다고 가정하시오.

65℃의 물의 증기압은 187.5 mmHg이다.)

10.44 다음 분자 중 가장 큰 a 값을 갖는 분자는 어느 것인가?

$$CH_4, \ F_2, \ C_6H_6, \ Ne$$

10.45 반지름이 r인 분자로 구성된 기체 시료를 고려하시오.

(a) 두 분자에 의해 정의된 배제 부피를 결정하고 (b) 기체에 대한 mol당 배제된 부피(b)를 계산하시오. mol당 배제 부피를 분자 1 mol에 의해 실제로 차지되는 부피와 비교하시오.

10.46 van der Waals 상수 b는 기체의 mol당 배제 부피이기 때문에, 분자 또는 원자의 반지름을 추정하기 위해 b의 값을 이용할 수 있다. van der Waals 상수 b가 0.0315 L/mol인 분자로 구성된 기체를 고려하시오. 분자 반지름을 pm 단위로 계산하시오. 분자는 구형이라고 가정하시오.

10.47 이산화 탄소의 부분 압력은 계절에 따라 다르다. 여름이나 겨울에 북반구의 부분 압력이 더 높아질 것이라고 기대하는가? 설명하시오.

10.48 He 원자는 어떤 온도에서 25℃에서 N_2 분자와 동일한 u_{rms} 값을 가지겠는가?

10.49 어느 비활성 기체가 어떤 상황에서 이상적으로 행동하지 않을 것인가? 왜인가?

10.50 Cu–Zn 합금의 6.11 g 시료는 HCl 산과 반응하여 수소 기체를 생성한다. 수소 기체의 부피가 22℃ 및 728 mmHg에서 1.26 L라면, 합금에서 Zn 비율은 얼마인가? (힌트 : Cu는 HCl과 반응하지 않는다.)

10.51 이산화 질소(NO_2)는 NO_2와 N_2O_4의 혼합물로 존재하기 때문에 기체 상태의 순수한 형태로 얻을 수 없다. 25℃ 및 0.98 atm에서 이 기체 혼합물의 밀도는 2.7 g/L이다. 각 기체의 부분 압력은 얼마인가?

10.52 이상 행동을 가정하면, 다음 기체 중 STP에서 가장 큰 부피를 갖는 기체는 무엇인가?

(a) 0.82 mol의 He

(b) 24 g의 N_2

(c) 5.0×10^{23}분자의 Cl_2

10.53 상온에서 밀폐된 용기의 헬륨 원자는 서로 그리고 용기의 벽과 끊임없이 충돌한다. 이 "끊임없는 운동"이 에너지 보전 법칙을 위반하는가? 설명하시오.

10.54 그림 10.23에 표시된 몰 부피를 고려하시오.

(a) Cl_2와 NH_3의 몰 부피가 이상 기체의 몰부피보다 현저히 작은 이유를 설명하시오.

(b) H_2, He 및 Ne가 이상 기체보다 큰 몰 부피를 갖는 이유를 설명하시오.(힌트: 그림에 표시된 기체의 끓는점을 보시오.)

10.55 2.00분이 지나면, 29.7 mL의 He가 작은 구멍을 통해 분출한다. 동일한 압력 및 온도 조건에서 CO와 CO_2의 혼합물 10.0 mL가 동일한 시간에 구멍을 통해 빠져 나온다. 혼합물의 부피로 % 구성을 계산하시오.

10.56 뜨거운 공기가 상승하는 이유를 설명하기 위해 기체의 운동 이론을 이용하시오.

10.57 자동차의 엔진은 독성 기체인 일산화 탄소(CO)를 시간당

약 188 g의 속도로 생산한다. 차는 길이 6.0 m, 너비 4.0 m, 높이 2.2 m의 환기가 잘 안되는 20℃의 차고에 공회전 상태로 두었다.

(a) CO 생산 속도를 mol/min 단위로 계산하시오.

(b) CO의 치명적인 농도인 1000 ppmv(ppmv=부피비로 백만 분의 일)에 도달하기까지는 얼마나 걸릴 것인가?

10.58 약 8.0×10^6 ton의 요소[$(NH_2)_2CO$]는 매년 비료로 이용된다. 요소는 200℃에서 고압 조건에서 이산화 탄소와 암모니아(생성물은 요소와 증기이다)로부터 만들어진다. 150 atm에서 1.0 ton의 요소를 만들기 위해 필요한 암모니아의 부피(L 단위)를 계산하시오.

10.59 한 학생이 온도계를 깨고 대부분의 수은(Hg)을 길이 15.2 m, 너비 6.6 m, 높이 2.4 m인 실험실 바닥에 쏟았다.

(a) 20℃의 공간에서 수은 증기의 질량(g 단위)을 계산하시오. 20℃에서의 수은 증기압은 1.7×10^{-6} atm이다.

(b) 수은 증기의 농도는 공기의 0.050 mg Hg/m³의 공기 품질 규정을 초과하는가?

(c) 쏟은 수은의 적은 양을 처리하는 한 방법은 유황 분말을 금속 위에 뿌리는 것이다. 이 처리에 대한 물리적 및 화학적 이유를 제안하시오.

10.60 학생은 그림 10.12에서 보여지는 것과 같은 구의 부피를 결정하려고 노력한다. 다음은 학생의 결과이다: 23℃ 및 744 mmHg에서 건조한 공기로 채워진 구의 질량= 91.6843 g, 진공된 구의 질량=91.4715 g. 공기의 조성을 부피비로 N_2 78%, O_2 21%, Ar 1%로 가정한다. 구의 부피(mL 단위)는 얼마인가?(힌트: 문제 3.55에 나타난 것처럼 공기의 평균 몰질량을 먼저 계산하시오.)

10.61 NH_3 기체의 5.00 mol 시료가 300 K에서 1.92 L 용기에 보관되어 있다. Van der Waals 식이 기체의 압력에 대한 정답을 제시한다고 가정하면, 압력을 계산하기 위해 이상 기체 방정식을 이용했을 때 발생하는 오차 백분율을 계산하시오.

10.62 일부 상업용 배수구 세척제에는 수산화 소듐과 알루미늄 가루가 혼합되어 있다. 혼합물을 막힌 배수구에 부으면 다음과 같은 반응이 일어난다.

$$2NaOH(aq) + 2Al(s) + 6H_2O(l) \longrightarrow$$
$$2NaAl(OH)_4(aq) + 3H_2(g)$$

이 반응에서 생성된 열은 그리스(grease)와 같은 장애물을 녹이는 데 도움을 주며, 방출된 수소 기체는 배수구를 막은 고체를 움직이게 한다. 3.12 g의 Al을 과량의 NaOH로 처리하면 23℃ 및 1.00 atm에서 형성된 H_2의 부피를 계산하시오.

10.63 상업적으로 압축 산소는 금속 실린더에 담겨 판매된다. 120 L 실린더가 22℃에서 132 atm의 산소로 채워지는 경우, 존재하는 O_2의 질량은 얼마인가? 1.00 atm과 22℃에서 몇 L의 산소 기체가 실린더를 생산할 수 있는가?(이상 행동을 가정하시오.)

10.64 그림 10.20을 보면 각 속도 분포 그래프의 최댓값이 가장 많은 수의 분자가 가지고 있는 속도이기 때문에 최빈 속도

(u_{mp})라고 한다. $u_{mp} = \sqrt{2RT/\mathcal{M}}$에 의해 주어진다.

(a) 25 °C에서 질소에 대한 u_{mp}와 u_{rms}를 비교하시오.

(b) 다음 그림은 두 가지 다른 온도 T_1 및 T_2에서 이상 기체의 Maxwell 속도 분포 곡선을 보여준다. T_2 값을 계산하시오.

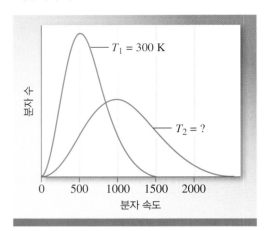

10.65 삶은 계란의 껍질은 때때로 고온에서 껍질의 빠른 열 팽창으로 인해 부서진다. 껍질이 부서질 수 있는 또 다른 이유를 제안하시오.

10.66 기체 법칙들은 스쿠버 다이버에게 매우 중요하다. 해수 33 ft가 가하는 압력은 1 atm과 같다.

(a) 잠수부는 폐에서 기체를 배출하지 않고 36 ft 깊이에서 수면으로 빠르게 올라간다. 그가 수면에 도달할 때 어떤 요인에 의해 그의 폐 부피가 증가할 것인가? 온도는 일정하다고 가정한다.

(b) 공기 중 산소의 부분 압력은 약 0.20 atm이다.(공기는 부피비로 20 % 산소이다.) 심해 다이빙에서는 이 부분 압력을 유지하기 위해 다이버가 호흡하는 공기의 구성을 변경해야 한다. 잠수부에 가해지는 전체 압력이 4.0 atm일 때 산소 함량(부피비의 % 단위로)은 얼마가 되어야 하는가?(일정한 온도와 압력에서 기체의 부피는 기체의 mol에 정비례한다.)

10.67 특정 Alka−Seltzer 제품의 중탄산염(HCO_3^-)의 질량 퍼센트는 32.5 %이다. 사람이 3.29 g 정제를 섭취했을 때 37 °C 및 1.00 atm에서 생성된 CO_2의 양(mL)을 계산하시오.(힌트: 반응은 위장에서 HCO_3^-와 HCl 산 사이에 일어난다.)

10.68 중탄산 소듐($NaHCO_3$)은 가열하면 이산화 탄소가 방출되어 쿠키, 일부 도넛, 케익의 부풀음을 일으키기 때문에, 베이킹소다라 불린다.

(a) $NaHCO_3$ 5.0 g을 180 °C 및 1.3 atm으로 가열하여 생성된 CO_2의 부피(L 단위)를 계산하시오.

(b) 중탄산 암모늄(NH_4HCO_3)도 같은 목적으로 이용되어 왔다. 빵을 만들기에 있어 $NaHCO_3$ 대신 NH_4HCO_3를 이용할 때의 장점과 단점을 제안하시오.

10.69 Everest 산 꼭대기에서 대기압은 210 mmHg이고 공기 밀도는 0.426 kg/m³이다.

(a) 공기의 몰질량이 29.0 g/mol이라면 대기 온도를 계산하시오.

(b) 대기 조성에서 변화가 없다고 가정하면, 해수면에서 Everest 산 정상까지의 산소 기체의 % 감소를 계산하시오.

10.70 화성의 대기는 주로 이산화 탄소로 이루어져 있다. 표면 온도는 220 K이고 대기압은 약 6.0 mmHg이다. 이 값을 Martian "STP"라 하면, 화성에서 이상 기체의 몰 부피를 L 단위로 계산하시오.

10.71 이산화 탄소와 같은 산성 산화물은 산화 칼슘(CaO) 및 산화 바륨(BaO)과 같은 염기성 산화물과 반응하여 염(금속 탄산염)을 형성한다.

(a) 이 두 반응을 나타내는 반응식을 쓰시오.

(b) 한 학생이 혼합 질량이 4.88 g인 BaO와 CaO의 혼합물을 35 °C와 746 mmHg에서 이산화 탄소가 포함된 1.46 L 플라스크에 넣었다. 반응이 완료된 후, 이산화 탄소 압력이 252 mmHg로 떨어졌다는 것을 발견했다. 혼합물의 질량 백분율을 계산하시오. 고체의 부피는 무시할 수 있다고 가정하시오.

10.72 정압 열량 측정 실험에서 아연 금속 2.675 g을 가동 피스톤이 있는 밀폐 용기에 있는 1.75 M 염산 100.0 mL에 떨어트렸다. 실험실의 압력과 온도는 각각 769 torr와 23.8 °C이다. 시스템에 의해 수행된 일을 계산하시오.

종합 연습문제

물리학과 생물학

우리가 들이마시는 매 숨은 평균적으로 Wolfgang Amadeus Mozart(1756~1791)가 한 번 내쉰 분자를 포함한다.

1. 대기의 전체 분자 수를 계산하시오.(대기의 전체 질량은 6×10^{18} kg, 공기의 평균 몰질량은 29.0 g/mol이라고 가정하시오.)

a) 1×10^{23} b) 1×10^{26}

c) 1×10^{29} d) 1×10^{18}

2. 매 숨(들숨 또는 날숨)의 부피가 0.5 L라고 가정할 때, 체온($37℃$) 및 1 atm에서 각 숨의 내쉬는 분자의 수를 계산하시오.

   a) 1×10^{22} b) 1×10^{21}

   c) 1×10^{23} d) 6×10^{23}

3. 각 숨의 내쉬는 공기의 질량을 계산하시오.

   a) $0.02\,g$ b) $0.6\,g$

   c) $0.2\,g$ d) $6\,g$

4. Mozart의 수명이 정확하게 35년이었다면, 그가 일생 동안 내쉰 분자의 수는 얼마인가?(사람은 평균적으로 1분에 12번 숨을 쉰다.)

   a) 2×10^{8} b) 2×10^{29}

   c) 1×10^{29} d) 3×10^{30}

예제 속 추가문제 정답

10.1.1 1.32 atm   **10.1.2** 9.52 m   **10.2.1** 2.23 L

10.2.2 1.80 atm   **10.3.1** 30.7 L   **10.3.2** $300℃$

10.4.1 34 L   **10.4.2** 3.16 L CO, 1.58 L O_2 **10.5.1** 5.09 L

10.5.2 85.0 m. 이 문제에서 일반적인 실수는 호수 바닥의 전체 기압(9.19 atm)에서 대기압(0.965 atm)을 빼는 것을 안 하는 것이다. 물로 인한 압력은 오직 8.23 atm이다.

10.6.1 128 L   **10.6.2** $336℃$ **10.7.1** 1.29 g/L

10.7.2 11 atm   **10.8.1** 55.2 g/mol   **10.8.2** 133.622 g

10.9.1 151 L   **10.9.2** 3.48 g   **10.10.1** 1.0×10^{2} mol

10.10.2 0.0052 atm   **10.11.1** 8.48 L   **10.11.2** 184 g

10.12.1 $P_{He} = 0.184$ atm, $P_{H_2} = 0.390$ atm, $P_{Ne} = 1.60$ atm, $P_{전체} = 2.18$ atm

10.12.2 0.032 mol CH_4, 0.091 mol C_2H_6, 0.123 mol 전체

10.13.1 $\chi_{CO_2} = 0.0495$, $\chi_{CH_4} = 0.255$, $\chi_{He} = 0.695$, $P_{CO_2} = 0.286$ atm, $P_{CH_4} = 1.47$ atm, $P_{He} = 4.02$ atm

10.13.2 $P_{Xe} = 4.95$ atm, $P_{Ne} = 1.55$ atm, $n_{Xe} = 3.13$, $n_{Ne} = 0.984$

10.14.1 1.03 g   **10.14.2** 0.386 L   **10.15.1** 0.61

10.15.2 13 atm   **10.16.1** 2.137 **10.16.2** 2.02 g/mol, H_2

10.17.1 50.6 atm, 51.6 atm   **10.17.2** 1.3 atm, 1.3 atm

실제 기체와 이상 기체의 차이점은 정말 무엇인가?

그림 10.23의 몰 부피에 의해 예시된 바와 같이, 이상 기체 방정식은 STP에서 또는 근처에서 일반적인 기체에 대해 상당히 정확하다. 그러나 저온 및 고압에서 기체를 이상 기체로 취급할 수 있게 하는 가정은 더 이상 유효하지 않다. 이 경우 분자들 간의 인력과 분자들이 차지하는 0이 아닌 부피의 영향을 고려해야 한다.

기체가 냉각 및/또는 압축될 때, 그것은 액체로 응축되어 분자들 사이에 인력이 있음을 나타낸다[◀◀ 11장]. 기체 상태에서도 분자 사이의 인력은 물질의 관찰된 행동에 영향을 줄 수 있다. 그림 10.24에서 볼 수 있듯이 기체 표본에서 다른 분자에 끌리는 분자는 분자 간의 인력이 없을 때의 빠른 속도로 용기의 벽에 부딪히지 않을 것이다. Van der Waals 식에서 압력 $P + a(n/V)^2$ 항은 실험적으로 결정된 압력 P에 기체 분자 사이의 인력으로 인해 관찰하지 못하는 압력에 대한 보정을 더한 것이다. 보정 계수는 단위 부피당 mol(n/V)의 제곱에 따라 달라진다. 상수 a의 값은 특정 기체에 따라 특정적이다.

두 개의 기체 분자(구형이라고 가정)가 서로 접근할 때, 가장 가까운 접근 거리는 반지름($2r$)의 합이다. 다른 분자의 중심이 관통할 수 없는 각 분자 주변의 부피를 배제 부피(excluded volume)라 부른다. 배제 부피의 효과는 기체 표본에서 분자가 움직일 수 있게 실제로 이용할 수 있는 용기 부피의 비율에 제한된다. 따라서 van der Waals 식의 부피 항 $V - nb$는 용기의 부피 V에서 배제 부피 nb의 보정을 뺀 값이다. 여기서 n은 기체의 mol이고 b는 기체의 mol당 배제 부피이다.

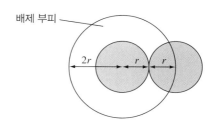

분자 간 힘, 액체와 고체의 물리적 성질

Intermolecular Forces and the Physical Properties of
Liquids and Solids

2007년 말, 중국에서 아기들이 멜라민에 오염된 분유를 먹고 병에 걸렸
다는 것이 알려졌다. 이 멜라민 오염은 범죄 행위의 결과였다.

이 장의 목표

물질 내에서 원자, 이온 혹은 분자들이 서로를 붙들고 있는 힘의 종류에 관해 배운다. 또 이들 힘에 의해 나타나는 성질에 대해서 배운다.

들어가기 전에 미리 알아둘 것

- 분자 기하 구조와 극성 [◀◀9.2절]
- 기본 삼각법 [◀◀부록 1]

중국의 분유 오염 참사와 분자 간 힘이 어떤 연관이 있는가

우리의 삶은 분자 간 힘에 아주 크게 영향을 받는다. 인력은 분자들이 모여 있도록 한다. 인력이 없이는 (아마도 생명체에 있어서 가장 중요한 성분인) 물은 액체로 존재하지 못했을 것이다. 그렇지만 분자 간 힘에 의해 (각각은 그다지 유해하지 않은) 분유 속에 있던 두 오염 물질이 결합하여 매우 유독한 착물이 형성되었고, 이로 인해 중국에서 수천 명의 아기에게 급성 신부전이 발생했다.

이 오염은 부정 행위의 결과임이 드러났다. 부도덕한 유제품 회사가 이윤을 높이기 위해서 우유를 희석했다. 하지만 그 희석된 우유는 단백질 함량이 너무 낮아서 품질관리 테스트를 통과하지 못할 것으로 보였다. 단백질 함량이 높은 것처럼 보이게 하려고 희석된 우유에다 멜라민(melamine, $C_3H_6N_6$)을 섞었다. 멜라민은 단백질이 아니지만 질소 함량이 질량의 66.6%로 높기 때문에, 단백질을 충분히 포함하고 있는 우유처럼 만들 수 있었다. 단백질 테스트는 특별히 단백질만을 측정하는 것이 아니라 질소 함량을 측정하는 것이었고, 순수한 우유가 단백질 함량의 기준이 되었다. 설상가상으로 이렇게 불법적으로 첨가된 멜라민 그 자체가 이미 시아누르 산(cyanuric acid, $C_3H_3N_3O_3$)이라는 또 다른 화합물에 의해 오염되어 있었다. 충분한 농도에서 이 두 오염 물질은 독특한 형태로 석화되어 침전하는 불용성 착물을 형성하며, 신장에 심각한 피해를 준다. 이 불용성 착물을 구성하는 두 분자는 **수소 결합**(hydrogen bond)이라고 하는 강력한 인력에 의해 서로 결합해 있다. 수소 결합은 다음 그림에 빨간 점선으로 표시되어 있다.

이 스캔들은 베일에 가려져서 얼마나 많은 아기가 중독되었고 얼마나 많이 사망했는지 확실히 알아내는 것이 불가능하다. 유독성의 멜라민—시아누르산 착물이 형성된 이유는 멜라민과 시아누르 산 분자 간에 존재하는 유난히 강한 인력 때문이다. 분자들 사이의 인력(분자 간 힘) 그리고 분자 내부의 인력(분자 내 힘)은 액체와 고체의 많은 물리적 성질을 결정한다.

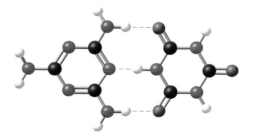

이 장의 끝에서 신장 결석을 치료하고 예방하는 데에 사용되는 물질의 물리적인 성질에 관한 물음에 답할 수 있게 될 것이다[▶▶ 배운 것 적용하기, 491쪽].

11.1 분자 간 힘

기체는 비교적 멀리 떨어져서 빠르게 움직이는 입자들(분자 또는 원자들)로 이루어져 있음을 10장에서 공부했다. **응축상**(condensed phase)인 액체와 고체[|◀◀ 1.2절]는 서로 맞닿아 있는 입자들(분자, 원자 또는 이온들)로 구성되어 있다. 응축상에서 입자들이 서로 붙들려 있게 만드는 인력을 **분자 간 힘**(intermolecular force)이라고 한다. 물질을 이루는 입자들이 기체, 액체, 또는 고체 중 어떤 상태가 될지는 분자 간 힘의 **크기**(magnitude)에 의해 결정된다.

기체

기체를 구성하는 입자들은 서로가 멀리 떨어져서 완전히 독립적으로 자유롭게 움직인다.

액체

액체를 구성하는 입자들은 서로 맞닿아 있지만 비교적 자유롭게 움직일 수 있다.

고체

고체를 구성하는 입자들은 기본적으로 상대 입자에 대하여 고정된 위치에 있다.

> **학생 노트**
> 분자 간(intermolecular)이라는 용어는 분자, 원자, 또는 이온 간의 인력을 나타내는 데에 사용한다.

이온 결합의 형성[|◀◀ 8.2절]에서 이미 "분자 간" 힘의 예를 이미 접해 보았다. 서로 상반된 전하를 가지는 입자들 사이의 인력의 크기는 Coulomb 법칙에 의해 지배된다[|◀◀ 7.3절]. 이온성 화합물을 구성하는 입자들은 별개의 (완전한) 전하를 가지고 있기 때문에, 그들을 붙잡아두는 인력은 특히 강력하다. 이것이 상온에서 이온성 화합물이 고체인 이유이다. 이 장에서 접하게 될 분자 간 힘도 역시 Coulomb 인력에 기인하지만, 완전히 분리된 전하가 아니라 부분적인 전하에 의한 인력[|◀◀ 8.4절]이기 때문에 이온 결합에서의 힘보다 약하다.

순물질 내의 원자나 분자들 간에 작용하는 인력에서부터 논의를 시작할 것이다. 이 힘들은 뭉뚱그려 **van der Waals 힘**(van der Waals force)이라고 하며, **수소 결합**(hydrogen bonding)을 포함하는 **쌍극자−쌍극자 상호 작용**(dipole−dipole interaction)과 **분산력**(dispersion force)이 이에 해당한다.

쌍극자−쌍극자 상호 작용

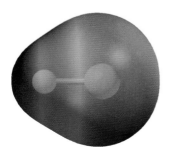

HCl

쌍극자−쌍극자 상호 작용(dipole−dipole interaction)은 **극성 분자들**(polar molecules) 사이에 작용하는 인력이다. HCl과 같이 전기 음성도가 상당히 다른 원자들로 이루어진 이원자 분자를 기억하자. 이런 분자는 전자 밀도가 다르게 분포되어 있기 때문에 한쪽 끝은 양성(δ^+)이고 다른 쪽은 음성(δ^-)인 부분 전하를 가진다.

한 분자의 부분 양전하는 이웃한 분자의 부분 음전하에 이끌린다. 그림 11.1에 고체와 액체에서 극성 분자들의 배향을 나타냈다. 액체에서 배열이 고체보다 다소 덜 규칙적이다.

그림 11.1 액체(왼쪽)와 고체(오른쪽)에서 극성 분자들의 배열

액체   고체

표 11.1	비슷한 분자량을 가지는 화합물의 쌍극자 모멘트와 끓는점		
화합물	구조식	쌍극자 모멘트(D)	끓는점(℃)
프로페인(propane)	$CH_3CH_2CH_3$	0.1	−42
다이메틸 에터(dimethyl ether)	CH_3OCH_3	1.3	−25
염화 메틸(methyl chloride)	CH_3Cl	1.9	−24
아세트알데하이드(acetaldehyde)	CH_3CHO	2.7	21
아세토나이트릴(acetonitrile)	CH_3CN	2.9	82

극성 분자들 사이의 인력은 Coulomb 상호 작용이므로, 인력의 크기는 쌍극자의 크기에 의존한다. 일반적으로 쌍극자가 클수록 인력도 커진다. 끓는점과 같은 어떤 물리적인 성질들은 분자 간 힘의 크기를 **반영한다**(reflect). 입자들이 서로 간에 더 강한 분자 간 인력으로 붙잡고 있는 물질은 입자들을 **분리**(separate)시키는 데 더 많은 에너지가 필요할 것이고, 따라서 더 높은 온도에서 끓을 것이다. 비슷한 분자량을 가지는 몇몇 화합물의 쌍극자 모멘트와 끓는점을 표 11.1에 나열해 놓았다.

수소 결합

수소 결합(hydrogen bonding)은 쌍극자−쌍극자 상호 작용의 특수한 형태이다. 그러나 쌍극자−쌍극자 상호 작용이 모든 극성 분자 사이에서 작용하는 데 반해, 수소 결합은 N, O 또는 F 등과 같이 크기가 작지만 전기 음성도가 매우 큰 원자에 붙어 있는 H를 포함하는 분자에서만 일어난다. 그림 11.2에 나타냈듯이, HF 같은 분자에서 H가 결합된 F는 자신 쪽으로 전자 밀도를 끌어당긴다. 크기가 작고 전기 음성도가 매우 큰 F 원자는 H로부터 아주 효과적으로 전자 밀도를 끌어올 수 있다. 이로 인해 전자를 한 개밖에 갖고 있지 않은 수소 원자의 원자핵은 사실상 가려지지 않은 채로 존재하여, H는 매우 큰 부분 양전하를 갖게 된다. 이렇게 생긴 큰 부분 양전하는 이웃한 HF 분자의 크기가 작고 전기 음성도가 매우 큰 F 원자에 존재하는 큰 음의 부분 전하 쪽으로 강력하게 끌린다. 결과적으로 특별히 강한 쌍극자−쌍극자 인력이 된다.

> **학생 노트**
> 수소를 포함하는 모든 분자들이 수소 결합을 한다고 흔히 잘못 생각하곤 한다. 수소 결합은 N−H, O−H 또는 F−H 결합을 갖고 있는 분자들에서만 두드러지게 나타난다.

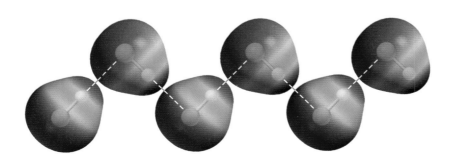

그림 11.2 HF 분자들 간의 수소 결합

그림 11.3 4A족부터 7A족까지 수소 화합물의 끓는점. 일반적으로 끓는점은 같은 족 내에서 분자량이 증가할수록 커지지만, 5A족부터 7A족까지는 가장 가벼운(lightest) 화합물이 가장 높은(highest) 끓는점을 보인다. 이런 벗어남은 수소 결합 때문이다.

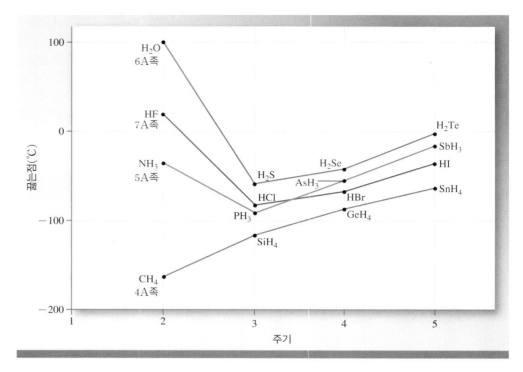

예제 8.5에서 H와 F의 부분 전하가 각각 +0.41, −0.41임을 계산해 보았다. 반면, H와 Cl의 부분 전하는 각각 +0.18, −0.18밖에 안된다. HCl의 부분 전하가 더 작은 이유는 Cl이 F에 비해 크기가 더 크고 전기 음성도가 더 작기 때문이다. F의 매우 큰 전기 음성도와 그로 인한 큰 양의 부분 전하 때문에 HF는 두드러지는 수소 결합을 나타내지만, HCl은 그렇지 않다.(HCl은 매우 작은 수준의 수소 결합을 하기는 한다. 하지만 수소 결합을 두드러지게 하는 분자들은 N−H, O−H 또는 F−H 결합을 갖고 있는 분자들뿐이다.)

4A족부터 7A족까지 이성분 수소 화합물의 끓는점을 그림 11.3에 나타내었다. 4A족 수소 화합물에서는 분자량이 증가함에 따라 끓는점이 증가한다. 5A족부터 7A족에서는 모두 동일한 경향이 나타나지만, 각 족의 가장 작은 화합물의 끓는점이 예상 외로 아주 높다. 이러한 벗어남은 수소 결합이 얼마나 강한지를 분명히 보여준다. 강한 수소 결합을 하는 NH_3(5A족), HF(7A족), H_2O(6A족)은 변칙적으로 높은 끓는점을 가진다. CH_4(4A족 중 가장 작은 화합물)는 N−H, O−H 또는 F−H 결합을 갖고 있지 않기 때문에 수소 결합을 하지 못하며, 따라서 자신의 족 중에서 가장 낮은 끓는점을 보인다.

학생 노트
수소 결합은 N−H, O−H, 또는 F−H를 갖고 있는 용매와 용질 분자 사이에서도 나타난다.

생활 속의 화학

겸상적혈구증

아미노산은 단백질의 구성 요소이다. 개별 아미노산은 아미노(amino, −NH₂) 작용기와 카복시(carboxy, −COOH) 작용기를 모두 가지고 있으며, 극성 또는 무극성일수도 있는 사이드 그룹(side group) 또한 가지고 있다. 발린(valine, Val), 히스티딘(histidine, His), 루신(leucine, Leu), 트레오닌(threonine, Thr), 프롤린(proline, Pro), 글루탐산(glutamic acid, Glu)은 인간 단백질을 구성하는 20개의 아미노산[◀◀ 20.6절]에 속한다. 각 아미노산의 특징적인 사이드 그룹은 다음 그림에 어둡게 표시하였다.

발린(Val)   히스티딘(His)   루신(Leu)   트레오닌(Thr)   프롤린(Pro)   글루탐산(Glu)

아마이드 결합(amide linkage)이라고도 알려진 펩타이드 결합(peptide bond)을 통해 아미노산이 서로 이어져 단백질이 될 때, 한 아미노산에 있는 카복시기는 다음 아미노산의 아미노기에 연결된다. 두 번째 아미노산의 카복시기는 또 다른 아미노산의 아미노기와 연결되고 이 현상이 계속 일어난다. 펩타이드 결합이 형성될 때마다 물 분자가 하나씩 빠져나간다. 물 분자가 빠져나가면서 펩타이드 결합이 만들어지고 난 이후에 각 아미노산에 남아 있는 부분은 **아미노산 잔기**(amino acid residue), 또는 간단하게 **잔기**(residue)라고 부른다.(펩타이드 결합은 다음에 푸른색으로 나타냈다.)

단백질의 1차 구조란 단백질 사슬을 형성하는 아미노산들의 순차적 배열을 의미한다.

| Val | His | Leu | Thr | Pro | Glu |

2차 구조란 근처에 있는 아미노산 잔기들 간의 수소 결합을 통해 만들어진 단백질 사슬의 모양을 의미한다. 나선 형태는 2차 구조 중 하나이다.

3차 구조란 특유의 모양으로 단백질이 접힌 형태를 뜻하며, 좀 더 멀리 떨어진 아미노산 잔기들 간의 인력에 의해 안정화된다.

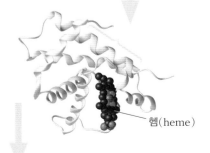

헴(heme)

4차 구조는 둘이나 그 이상의 단백질(이것을 소단위체, subunit이라 한다)이 조립되어 만들어진 더 큰 단백질 복합체를 의미한다. 헤모글로빈은 네 개의 소단위체가 큰 복합체를 구성하고 있다.(보라색으로 표시된 α 소단위체 두 개는 각각 아미노산 141개로, 분홍색으로 표시된 β 소단위체 두 개는 각각 아미노산 146개로 이루어져 있다.)

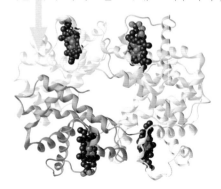

헤모글로빈은 **구형**(globular)의 단백질이다. 극성 아미노산 잔기는 구의 표면 대부분을 덮고 있고, 무극성 아미노산 잔기는 복합체의 안쪽에 갇혀있다. 극성 잔기가 구의 바깥쪽에 분포하여 이 구형 단백질의 물에 대한 용해도를 높인다.

정상적인 헤모글로빈은 각 β 소단위체의 146개 아미노산 잔기 중 여섯 번째가 극성 글루탐산 잔기이다. 겸상적혈구증과 연관된 헤모글로빈 S는 이 여섯 번째 위치에 글루탐산 잔기가 아니라 무극성 발린 잔기가 있다. 이로 인해 원래 극성 그룹이 있어야 할 단백질 복합체 표면에 무극성 그룹이 자리하게 된다.

산소가 공급되지 않았을 때, 구형 헤모글로빈 복합체 표면의 대부분은 극성이지만 β 소단위체 중 하나는 복합체 바깥쪽에 작은 무극성 영역을 가진다. 정상적인 경우 이것은 별로 중요하지 않다.

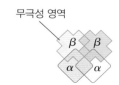

그러나 헤모글로빈 S에서는 복합체 표면의 무극성 발린 잔기가 근처 복합체의 무극성 영역에 이끌린다.

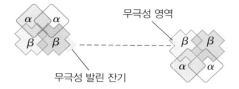

결과적으로 헤모글로빈이 긴 사슬을 형성하여 용액에서 침전하며 이로 인해 적혈구의 변형이 일어나는데, 이것이 겸상적혈구증의 특징이다.

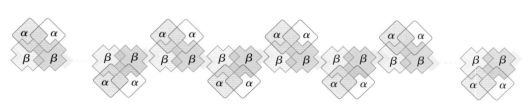

변형된 혈구는 좁은 모세혈관을 막아서 신체 장기로 흘러가는 혈류를 방해한다. 감소된 혈류는 빈혈, 쇠약성 통증, 감염에의 민감성, 뇌졸중을 일으키며, 결국 일찍 사망한다.

분산력

N_2나 O_2 등과 같이 무극성 기체는 적절한 온도와 압력 조건에서 액화된다. 따라서 무극성 분자들 역시 서로 이끌리는 분자 간 힘을 분명히 보여준다. 다른 모든 분자 간 힘과 마찬가지로 이 분자 간 힘도 본질적으로는 Coulomb 상호 작용이지만, 무극성 분자 내 전자들의 움직임에 의해 유발되는 상호 작용이므로 다른 상호 작용과는 차이가 있다.

평균적으로 무극성 분자 내의 전자 밀도 분포는 균일하고 대칭적이며, 따라서 쌍극자 모멘트가 없다. 하지만 분자 내의 전자들도 어느 정도 자유롭게 돌아다닐 수 있기 때문에 어떤 특정한 순간에는 전자 밀도 분포가 균일하지 않을 수 있다. 이로 인해 **순간 쌍극자**(instantaneous dipole)라고 하는 순간적이고 일시적인 쌍극자가 생겨난다. 한 분자 내의 순간 쌍극자는 이웃한 분자에 쌍극자를 유발할 수 있다. 예를 들어, 한 분자의 일시적 부분 음전하는 옆 분자의 전자를 밀어낸다. 이 반발이 두 번째 분자를 편극시켜 일시적 쌍극자를 갖게 한다. 계속해서 옆의 분자를 차례차례 편극시키고, 이에 따라 그림 11.4에 나타낸 것과 같이 부분 양전하, 부분 음전하 사이의 Coulomb 인력에 의해 무극성 분자들이 무리를 이룬다. 이 인력을 **London**[1] **분산력**(London dispersion force) 혹은 간단하게 **분산력**(dispersion force)이라고 한다.

분산력의 크기는 분자 내에서 전자들이 얼마나 유동적인가에 의존한다. F_2와 같이 크기가 작은 분자에서는 전자들이 핵에 상대적으로 가깝게 있어서 아주 자유롭게 움직이지는 못한다. 따라서 F_2 내에서 전자 분포는 쉽게 **편극되지**(polarized) 않는다. Cl_2와 같이 더 큰 분자에서는 전자들이 핵으로부터 좀 더 멀리 떨어져 있기 때문에 더 자유롭게 돌아다닐 수 있다. Cl_2의 전자 밀도는 F_2에 비해서 더 쉽게 편극될 수 있고, 결과적으로 더 큰 순간 쌍극자, 유발 쌍극자를 가지며 전체적으로 더 큰 분자 간 인력을 나타낸다. 분자의 크기와 분산력의 크기 경향을 표 11.2에 나타냈다.(분자량과 끓는점 간의 연관성은 그림 11.3에 나타내었다.) 분산력은 무극성 분자들 사이에만 작용하는 것이 아니라, **모든** 분자들 사이에 작용한다.

> **학생 노트**
> 순간 쌍극자를 더 쉽게 획득하는 분자들은 편극성이 있다(polarizable)고 한다. 일반적으로 큰 분자들은 작은 분자들에 비해 더 큰 편극성(polarizability)을 가진다.

무극성 분자 ⬭   순간 쌍극자 ⬬   유발 쌍극자 δ^-⬭δ^+

그림 11.4 무극성 분자의 순간 쌍극자는 이웃한 분자들에 일시적인 쌍극자를 유발할 수 있고, 이 결과 분자들이 서로 이끌린다. 무극성 기체들이 응축될 수 있는 것은 이 상호 작용 때문이다.

---

1. Fritz London(1900~1954). 독일의 물리학자. 그는 이론 물리학자였고, 액체 헬륨의 초전도성을 주로 연구했다.

표 11.2	상온에서 할로겐의 분자량, 끓는점, 물질의 상태		
분자	분자량(g/mol)	끓는점(℃)	물질의 상태(상온에서)
F_2	38.0	−188	기체
Cl_2	70.9	−34	기체
Br_2	159.8	59	액체
I_2	253.8	184	고체

예제 11.1에서 액체와 고체 속 입자 사이에 존재하는 힘의 종류를 결정해 보자.

예제 11.1

다음 물질에 어떤 분자 간 힘(들)이 존재하는가?
(a) $CCl_4(l)$　　　　　　(b) $CH_3COOH(l)$　　　　(c) $CH_3COCH_3(l)$　　　(d) $H_2S(l)$

전략　Lewis 점 구조식을 그리고 VSEPR 이론[◀◀ 9.2절]을 적용하여 각 분자가 극성인지 무극성인지를 결정한다. 무극성 분자들은 분산력만을 나타낸다. 극성 분자들은 쌍극자−쌍극자 상호 작용과 분산력을 모두 나타낸다. N−H, F−H, O−H 결합을 갖는 극성 분자들은(수소 결합을 포함하는) 쌍극자−쌍극자 상호 작용과 분산력을 나타낸다.

계획　(a)∼(d) 분자들의 Lewis 점 구조식은 다음과 같다.

(a)　　　　　　　　　　(b)　　　　　　　　　　(c)　　　　　　　　　(d)

풀이　(a) CCl_4는 무극성이므로 분자 간 상호 작용은 분산력밖에 없다.
(b) CH_3COOH는 극성이며 O−H 결합을 갖고 있으므로, (수소 결합을 포함하는) 쌍극자−쌍극자 상호 작용과 분산력을 나타낸다.
(c) CH_3COCH_3는 극성이지만 N−H, O−H 또는 F−H 결합을 갖고 있지 않으므로, 쌍극자−쌍극자 상호 작용과 분산력을 나타낸다.
(d) H_2S는 극성이지만 N−H, O−H 또는 F−H 결합을 갖고 있지 않으므로, 쌍극자−쌍극자 상호 작용과 분산력을 나타낸다.

> ### 생각해 보기
> 다시 한 번 강조하지만, 올바른 Lewis 구조를 그리는 것은 굉장히 중요하다. 필요하면 Lewis 구조 그리는 과정을 복습하자[◀◀ 8.5절].

추가문제 1　다음 물질에 어떤 분자 간 힘(들)이 존재하는가?
(a) $CH_3CH_2CH_2CH_2CH_3(l)$　(b) $CH_3CH_2OH(l)$　　(c) $H_2CO(l)$　　　(d) $O_2(l)$

추가문제 2　다음 물질에 어떤 분자 간 힘(들)이 존재하는가?
(a) $CH_2Cl_2(l)$　　　　　　(b) $CH_3CH_2CH_2OH(l)$　　(c) $H_2O_2(l)$　　　(d) $N_2(l)$

추가문제 3　분자식 C_2H_6O를 이용해서 다른 분자 간 힘을 나타내는 두 Lewis 구조를 그리시오. 각 구조에서 나타나는 분자 간 힘(들)을 나열하시오.

이온−쌍극자 상호 작용

이온−쌍극자 상호 작용(ion−dipole interaction)은 (양이거나 음인) 이온과 극성 분자들 사이의 Coulomb 인력이다. 이 상호 작용은 소금물과 같이 이온성 화학종과 극성 화학종의 혼합물에서 존재한다. 이온-쌍극자 상호 작용은 이온의 크기와 전하량, 그리고 극성 분자의 크기와 쌍극자 모멘트에도 의존한다. 일반적으로 전하량이 같은 양이온이 음이온에 비해 쌍극자와 더 강하게 상호 작용하는데, 이것은 보통 양이온이 음이온보다 크기가 작기 때문이다.

그림 11.5에 Na^+, Mg^{2+}와 물 분자 간의 이온-쌍극자 상호 작용을 나타냈다. 물 분자는 1.87 D의 큰 쌍극자 모멘트를 가진다. Mg^{2+}가 Na^+에 비해 **전하량이 더 크고**(higher charge), **크기가 더 작으므로**(smaller size)[[◀◀ 7.6절] 물 분자와 더 강하게 상호 작용한다.(Mg^{2+}와 Na^+의 이온 반지름은 각각 78, 98 pm이다.) 용액의 성질들은 12장에서 논의한다.

지금까지 논의한 분자 간 힘은 모두 **인력**(attractive force)이지만, 분자는 서로 간에 척력 역시 행사한다(**비슷한** 전하들이 서로 접근할 때). 두 분자가 서로 가깝게 접근할 때 전자들 사이의 반발과 핵 사이의 반발력이 중요해진다. 응축상에서 분자들의 간격이 줄어듦에 따라서 반발력의 크기는 매우 급격하게 증가한다. 때문에 액체나 고체는 압축시키기가 매우 어렵다. 액체나 고체에서는 이미 분자들이 서로 가깝게 접하고 있으며, 더 이상 압축시키는 데 큰 저항이 따른다.

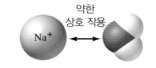

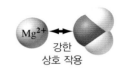

그림 11.5 이온과 물 분자 사이의 이온-쌍극자 상호 작용. 이온의 양 전하가 물 분자의 산소가 갖는 부분 음전하에 이끌린다. 두 화학종 간의 거리가 가까우면 인력은 더 강하다.

11.2 액체의 성질

액체의 몇 가지 물리적 성질들은 분자 간 상호 작용의 크기에 의존한다. 이 절에서는 표면 장력, 점성도, 증기압의 세 가지 성질에 대해서 고려해 본다.

표면 장력

액체 안쪽의 분자는 자신을 둘러싼 주변의 다른 분자들과의 분자 간 상호 작용에 의해 모든 방향으로 끌림을 받는다. 특정 방향으로의 어떠한 **실질적인**(net) 끌림도 없다. 마찬가지로 액체의 표면에 있는 분자는 이웃한 분자들에 의해서 아래쪽으로 끌림을 받는다. 하지만 그림 11.6에 나타낸 것과 같이, 아래쪽 혹은 액체 본체 안쪽으로의 끌림과 균형을 이루는 위쪽 방향의 끌림이 없다. 결과적으로 표면에 있는 분자들은 안쪽 방향으로 실질적인 끌림을 받으며, 표면은 탄성이 있는 막처럼 조여져서 표면적을 최소화한다. 식물의 잎에 맺힌 물의 "구슬"(그림 11.7)은 이 현상의 한 예이다.

표면 장력(surface tension)은 액체 표면의 탄성력을 나타내는 정량적 척도이며, 액체 표면을 단위 면적만큼(예를 들어, 1 cm²) 잡아당기거나 늘리는 데 필요한 에너지의 양이다. 액체의 분자 간 힘이 강하면 표면 장력은 더 크다. 예를 들어, 물은 강한 수소 결합으로 인하여 매우 큰 표면 장력을 나타낸다.

표면 장력의 또다른 예는 **메니스커스**(meniscus)로, 이는 좁은 관에 담긴 액체의 굴곡진 표면을 의미한다. 그림 11.8(a)는 눈금 실린더에 담긴 물의 오목한 표면을 보여준다. (실험 수업을 통해서, 부피를 측정할 때 메니스커스의 아랫면을 읽어야 함을 아마 알고 있을 것이다.) 이는 유리로 된 실린더 벽에 부착된 물의 얇은 막 때문에 생기는 현상이다. 물의 표면 장력이 이 막을 수축시키고 물을 실린더 위쪽으로 끌어올린다. **모세관 작용**(capillary action)으로 알려진 이 효과는, 적은 양의 혈액을 채취할 때 쓰이는 혈액용 모세관과 같이 실린더의 지름이 아주 작을 때 더 확실하게 나타난다. 두 종류의 힘이 모세관 현상을 유발한

그림 11.6 액체 표면층과 내부에 있는 분자에 작용하는 분자 간 힘

그림 11.7 표면 장력은 잎에 빗방울이 구슬 모양으로 맺히게 한다.

그림 11.8 (a) 물을 유리 눈금 실린더에 담을 때는 부착력이 응집력에 비해 강해서 메니스커스가 오목해진다. (b) 수은을 유리 눈금 실린더에 담을 때는 응집력이 부착력에 비해 강해서 메니스커스가 볼록해진다.

손가락의 혈액이 혈액용 모세관 안쪽으로 들어오고 있다.

학생 노트
응집(cohesion)을 응집력(cohesive force), 부착(adhesion)을 부착력(adhesive force)이라고 부르기도 한다.

다. 하나는 **유사한**(like) 분자들 사이(이 경우는 물 분자들 사이)의 인력인 **응집**(cohesion)이다. 다른 하나는 서로 **다른**(unlike) 분자들 사이(이 경우는 물 분자와 눈금 실린더 내면을 구성하는 분자들 사이)의 인력인 **부착**(adhesion)이다. 부착이 응집보다 강하다면 그림 11.8(a)에서 보는 바와 같이 관 속의 액체는 위쪽으로 당겨진다. 그림 11.8(b)에서 보는 바와 같이 수은의 경우에는 응집력이 부착력보다 강해서 유리벽 쪽의 높이가 중앙보다 더 낮은 볼록한 메니스커스를 나타낸다.

점성도

분자 간 힘의 크기에 의해 결정되는 또 다른 성질은 점성도이다. **점성도**(viscosity)는 흐름에 대한 유체의 저항을 나타내는 척도이며, $N \cdot s/m^2$의 단위로 나타낸다. 점성도가 클수록 액체는 느리게 흐른다. 보통 점성도는 온도가 증가함에 따라 감소한다. "겨울에 당밀(molasses)이 느린만큼"이라는 문구는 추운 날씨에 당밀이 더 높은 점성도를 가져서 더 느리게 흐른다는 사실과 관련이 있다. 아마 꿀이나 메이플 시럽을 가열하면 좀 더 묽어진 것처럼 보인다는 것을 알고 있을 것이다.

강한 분자 간 힘을 가지는 액체는 그렇지 않은 것보다 더 높은 점성도를 가진다. 표 11.3에 몇몇 친숙한 액체들의 점성도를 나열했다. 물은 표면 장력이 큰 것과 마찬가지로 높은 점성도를 가지는데, 이것은 수소 결합 때문이다. 표에 나열된 다른 액체와 비교했

표 11.3	20°C에서 몇 가지 친숙한 액체들의 점성도
액체	**점성도($N \cdot s/m^2$)**
아세톤(C_3H_6O)	3.16×10^{-4}
물(H_2O)	1.01×10^{-3}
에탄올(C_2H_5OH)	1.20×10^{-3}
수은(Hg)	1.55×10^{-3}
혈액	4×10^{-3}
글리세롤($C_3H_8O_3$)	1.49

을 때 글리세롤(glycerol)의 점성도가 얼마나 큰지를 주목하자. 단맛이 나는 시럽같은 액체인 글리세롤은 사탕이나 항생제를 제조하는 등 다양한 상품에 사용된다. 그 구조는 다음과 같다.

H
|
H—C—O—H
|
H—C—O—H
|
H—C—O—H
|
H

글리세롤

물과 유사하게 글리세롤은 수소 결합을 할 수 있다. 각 글리세롤 분자는 수소 결합에 참여할 수 있는 —OH 그룹을 세 개 갖고 있다. 게다가 글리세롤의 모양으로 인해서, 점성이 약한 액체 분자들처럼 분자들이 서로 미끄러지려 하기보다는 엉켜 있으려는 경향을 강하게 보여준다. 이들 상호 작용이 높은 점성도에 기여한다.

증기압

10장에서 물의 온도 의존성 부분압과 관련지어 **증기압**(vapor pressure)이라는 용어를 접했다[|◀◀ 10.5절]. 증기압은 사실 분자 간 힘의 크기에 의존하는 액체의 또다른 성질이다. 상온에서 높은 증기압을 갖는 물질들을 **휘발성이 있다**(volatile)고 한다.(이것은 물질이 높은 증기압을 가지고 있다는 의미일 뿐 폭발성이 있다는 뜻이 아님에 유의하자.) 액체 내 분자들은 서로 접촉해서 움직이고 있으므로, 기체 분자와 유사하게 운동 에너지의 분포를 갖고 있다. 그림 11.9에 나타냈듯이 온도가 증가함에 따라 액체 시료에서 분자의 최빈 운동 에너지는 증가한다. 액체 표면의 어떤 분자가 충분한 운동 에너지를 가지면 액체상에서 기체상으로 탈출할 수 있다. 이 현상을 **증발**(evaporation) 또는 **기화**(vaporization)라고 한다. 그림 11.10에 나타낸 장치를 생각해 보자. 액체가 증발하기 시작할 때 분자들은 액체상을 떠나서 액체 위쪽 공간을 채우고 있는 기체상의 일부가 된다. 기체상의 분자들이 액체 표면에 부딪혀서 분자 간 힘에 의해 또다시 붙잡히게 되면 액체로 돌아올 수 있으며, 이 과정을 **응축**(condensation)이라고 한다. 초기에는 증발이 응축보다 더 빠르게 일어난다. 하지만 기체상에 존재하는 분자의 수가 많아짐에 따라 응축 속도도 증가한

> **학생 노트**
> 기화와 응축 과정은 상변화(phase change)의 예이다. 기화와 응축, 그리고 다른 상변화는 11.6절에서 논의한다.

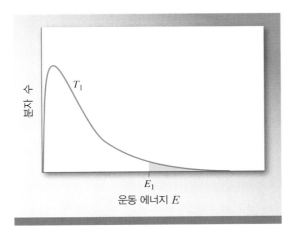
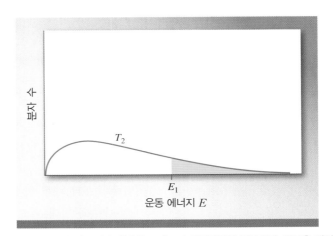

그림 11.9 온도 T_1(a)와 더 높은 온도 T_2(b)에서 액체 내 분자들의 운동 에너지 분포 곡선. 온도가 높을수록 그래프가 평평해짐을 주목하자. 어두운 영역의 넓이는 어떤 특정한 운동 에너지 E_1과 같거나 큰 운동 에너지를 갖는 분자의 수를 나타낸다. 온도가 높을수록 큰 운동 에너지를 갖는 분자 수가 많다.

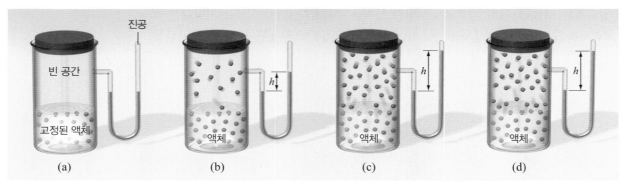

그림 11.10 평형 증기압의 형성. (a) 초기에 기체상에는 분자가 존재하지 않는다. (b) 분자들이 기체 상태로 되어 액체 위의 전체 압력을 증가시킨다. (c) 액체의 부분 압력은 기화 속도와 응축 속도가 같아질 때까지 계속해서 증가한다. (d) 기화와 응축이 동일한 속도로 일어나고 있으므로 실질적으로 압력은 더 이상 변하지 않는다.

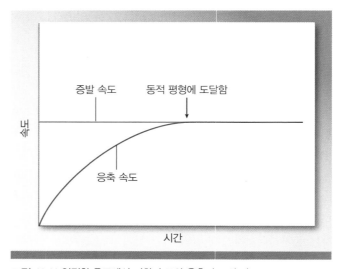

그림 11.11 일정한 온도에서 기화 속도와 응축 속도의 비교

다. 응축 속도가 증발 속도와 같아질 ＝＝＝때까지 액체 위쪽의 증기압은 증가하는데, 이 증기압은 어떤 주어진 온도에서 일정하다(그림 11.11). 정과정과 역과정이 서로 같은 속도로 일어나는 이 현상(혹은 다른 모든 현상)을 **동적 평형**(dynamic equilibrium)이라고 한다. 양쪽 과정이 모두 일어나고 있지만(dynamic) 어떤 주어진 순간에서 기체 상태상의 분자 수는 변하지 않는다(equilibrium). 기체 상태로 탈출한 분자들에 의해 가해지는 압력이 더 이상 증가하지 않을 때의 압력을 **평형 증기압**(equilibrium vapor pressure) 또는 간단히 **증기압**(vapor pressure)이라고 한다.

온도가 증가함에 따라 액체 내 분자들의 평균 운동 에너지는 증가한다(그림 11.9 참조). 따라서 기체 상태로 탈출할 수 있는 충분한 운동 에너지를 갖는 표면 분자의 비율은 온도가 높을수록 커진다. 그 결과, 이미 표 10.5에서 물에 대해서 살펴보았듯이 온도가 올라가면 증기압은 높아진다. 그림 11.12에 세 가지 액체에 대해서 증기압과 온도의 관계 그래프를 나타냈다.

증기압을 온도에 대한 함수로 나타낸 그래프(그림 11.12)는 선형이 아니다. 하지만 증기압의 자연 대수와 절대 온도의 역수 간에는 선형 관계가 존재한다. 이 관계를 **Clausius**[2]−

---

2. Rudolf Julius Emanuel Clausius(1822∼1888). 독일의 물리학자. 그는 전기, 기체의 운동 이론, 열역학을 주로 연구했다.

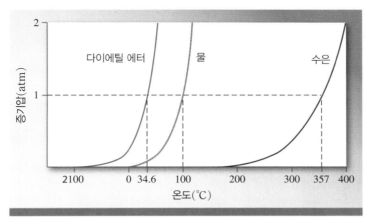

그림 11.12 세 가지 액체의 증기압이 온도에 따라 증가하는 모습. 1 atm에서 액체의 정상 끓는점을 가로축에 표시했다. 상온에서 수은의 증기압이 매우 낮은 이유는 강한 금속 결합 때문이다.

Clapeyron[3] **식**(Clausius−Clapeyron equation)이라 한다.

$$\ln P = -\frac{\Delta H_{vap}}{RT} + C \qquad \text{[◀◀ 식 11.1]}$$

이때 $\ln P$는 증기압의 자연 대수, ΔH_{vap}는 mol당 기화열(kJ/mol), R은 기체 상수 $(8.314\,\text{J/K}\cdot\text{mol})$, 그리고 C는 각기 다른 화합물에 대해서 실험적으로만 결정되는 상수이다. Clausius−Clapeyron 식은 일반적인 선형식 $y = mx + b$의 형태이다.

$$\ln P = \left(-\frac{\Delta H_{vap}}{R}\right)\left(\frac{1}{T}\right) + C$$
$$y = \qquad mx \qquad + b$$

> **학생 노트**
> R의 단위는 ΔH_{vap}의 단위와 상쇄시킬 수 있는 단위인 J/mol(또는 kJ/mol)이다[◀◀ 10.3절, 표 10.4].

몇몇 다른 온도에서 액체의 증기압을 측정하고, 그것을 $\ln P$와 $1/T$의 그래프로 나타내면 기울기$(-\Delta H_{vap}/R)$를 결정할 수 있다.$(\Delta H_{vap}$는 온도와 무관하다고 가정한다.)

만일 한 온도에서의 증기압과 ΔH_{vap}를 알고 있다면, Clausius−Clapeyron 식을 이용해서 다른 온도에서의 증기압을 계산할 수 있다. 온도 T_1, T_2에서 증기압은 각각 P_1, P_2이다. 식 11.1로부터 다음과 같이 쓸 수 있다.

$$\ln P_1 = -\frac{\Delta H_{vap}}{RT_1} + C \qquad \text{[◀◀ 식 11.2]}$$

$$\ln P_2 = -\frac{\Delta H_{vap}}{RT_2} + C \qquad \text{[◀◀ 식 11.3]}$$

식 11.2에서 식 11.3을 빼면

$$\ln P_1 - \ln P_2 = -\frac{\Delta H_{vap}}{RT_1} - \left(-\frac{\Delta H_{vap}}{RT_2}\right)$$
$$= \frac{\Delta H_{vap}}{R}\left(\frac{1}{T_2} - \frac{1}{T_1}\right)$$

결과적으로 다음과 같다.

---

3. Benoit Paul Emile Clapeyron(1799~1864). 프랑스의 공학자. 그는 증기 에너지의 열역학에 공헌했다.

$$\ln \frac{P_1}{P_2} = \frac{\Delta H_{vap}}{R}\left(\frac{1}{T_2} - \frac{1}{T_1}\right)$$

[◀◀ 식 11.4]

예제 11.2에서 식 11.4를 어떻게 이용하는지 알아보자.

예제 11.2

다이에틸 에터는 휘발성이 있고 인화성이 매우 큰 유기 액체로, 요즘에는 주로 용매로 사용한다.(19세기에는 마취제로, 20세기 초에는 금지되기 전까지 오락용 도취제로서 사용되었다.) 다이에틸 에터의 증기압은 18°C에서 401 mmHg이고 몰 기화열은 26 kJ/mol이다. 32°C에서 증기압을 계산하시오.

전략   한 온도에서 주어진 증기압 P_1을 식 11.4에 대입하여 두 번째 온도에서의 증기압 P_2를 계산한다.

$$\ln \frac{P_1}{P_2} = \frac{\Delta H_{vap}}{R}\left(\frac{1}{T_2} - \frac{1}{T_1}\right)$$

계획   온도는 반드시 K의 단위 $T_1 = 291.15$ K, $T_2 = 305.15$ K로 나타내야 한다. 몰 기화열이 kJ/mol로 주어졌으므로 R의 단위인 J/mol과 상쇄될 수 있도록 적절히 바꿔준다: $\Delta H_{vap} = 2.6 \times 10^4$ J/mol. $\ln x$의 역함수는 e^x이다.

풀이

$$\ln \frac{P_1}{P_2} = \frac{2.6 \times 10^4 \text{ J/mol}}{8.314 \text{ J/K} \cdot \text{mol}}\left(\frac{1}{305.15 \text{ K}} - \frac{1}{291.15 \text{ K}}\right) = -0.4928$$

$$\frac{P_1}{P_2} = e^{-0.4928} = 0.6109$$

$$\frac{P_1}{0.6109} = P_2$$

$$P_2 = \frac{401 \text{ mmHg}}{0.6109} = 6.6 \times 10^2 \text{ mmHg}$$

생각해 보기

이와 같은 문제에서는 P_1과 P_2 또는 T_1과 T_2를 실수로 바꿔서 계산하여 잘못된 답을 얻기 쉽다. 높은 온도에서 증기압이 더 높은지 확인해 보면 이런 흔한 실수를 막을 수 있다.

추가문제 1   34.9°C에서 에탄올의 증기압은 1.00×10^2 mmHg이다. 55.8°C에서 증기압은 얼마인가?(에탄올의 ΔH_{vap}는 39.3 kJ/mol이다.)

추가문제 2   온도를 85°C에서 95°C까지 올렸더니 어떤 액체의 증기압이 두 배가 되었다. 이 액체의 몰 기화열을 추정하시오. 85°C에서 증기압의 5배가 되는 온도는 얼마인가?

추가문제 3   다음 그림 중 가장 왼쪽은 상온에서 어떤 계를 나타냈다.(액체 위의 공간에는 공기와 이 물질의 증기가 채워져 있다. 움직일 수 있는 피스톤에 의해 용기 내부 압력은 대기압과 같게 유지된다.) 더 높은 온도에서 이 계의 모습을 나타낸 것은 그림 [(i)~(v)] 중에서 어느 것인가?

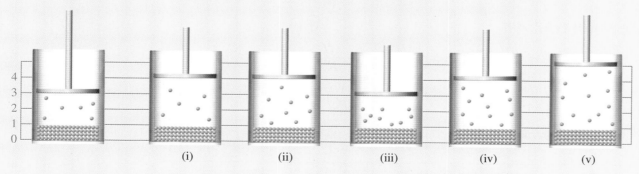

(i)   (ii)   (iii)   (iv)   (v)

11.3 결정 구조

고체는 결정질 혹은 비결정질로 분류할 수 있다. **결정성 고체**(crystalline solid)는 엄격한 장거리 질서를 가진다. 원자나 분자 혹은 이온들이 특정한 위치를 차지하고 있다. 결정성 고체의 입자 배열을 **격자 구조**(lattice structure)라고 하는데, 이는 입자의 크기나 성질에 의존한다. 이온 간 힘, 공유 결합, van der Waals 힘, 수소 결합에 의해 또는 이 힘들의 복합 작용에 의해 결정이 안정화될 수 있다. 비결정질 고체에는 분자들의 명확한 배열과 장거리 질서가 없다. 이 절에서는 결정성 고체의 성질에 대해서 집중적으로 살펴본다.(비결정질 고체는 11.5절에서 논의한다.)

학생 노트
얼음은 결정성 고체이다. 유리는 비결정성 고체이다.

단위 격자

단위 격자(unit cell)는 결정성 고체의 반복되는 기본 구조 단위이다. 그림 11.13에 3차원 단위 격자와 확장된 격자를 나타내었다. 각각의 구는 원자, 이온 또는 분자를 나타내며, 이를 **격자점**(lattice point)이라고 한다. 논의를 명확하게 하기 위해서 이 절에서는 각 격자점에 원자가 위치하고 있는 금속 결정에 대해서만 살펴본다.

모든 결정성 고체는 그림 11.14에 나타낸 7종류의 단위 격자 중 하나로 설명할 수 있다. 입방 단위 격자는 모든 변과 모든 각이 동일하기 때문에 기하학적 구조가 특히 간단하다. 모든 단위 격자는 3차원 공간으로 반복되어 결정성 고체의 격자 구조를 형성한다.

구 충전하기

동일한 원자가 정렬된 3차원 구조를 만드는 서로 다른 충전 방식을 고려해 보면, 결정 형성을 위한 기하학적 요구 조건을 이해할 수 있다. 원자가 층층이 배열되는 방식에 따라서 단위 격자의 종류가 결정된다.

한 층의 원자가 그림 11.15(a)에 나타낸 것처럼 배열되는 것이 가장 단순한 방식이다. 한 층의 원자가 아래층의 원자 바로 위에 위치하는 방법으로, 층들을 위아래로 쌓아서 3차원 구조를 만들 수 있다. 이 과정이 반복되어 결정에서 볼 수 있는 매우 많은 층을 형성한다. "x" 표시가 된 원자를 보면, 동일한 층에 4개, 위층에 1개, 아래층에 1개의 원자와 접하고 있음을 알 수 있다. 각 원자는 바로 옆에 이웃한 원자가 6개이므로 배위수 6을 갖는다고 한다. **배위수**(coordination number)는 결정 격자에서 한 원자를 둘러싼 원자들의 개수로 정의한다. 배위수의 값은 원자가 서로 얼마나 빽빽히 충전되어 있는지를 보여주며, 배위수가 클수록 원자들은 서로 더 가깝다. 이 배열에서 반복되는 기본 단위를 **단순 입방 격자**(simple cubic cell, scc)라 한다[그림 11.15(b)].[단순 입방 격자는 **원시**(primitive)

학생 노트
고체를 구성하는 입자의 종류에 따라서 배위수 역시 둘러싸는 분자 혹은 이온의 수를 가리킨다.

그림 11.13 (a) 단위 격자 하나와 (b) 많은 단위 격자들이 3차원으로 배열된 격자. 각각의 구는 격자점을 나타내며, 이는 원자, 분자 혹은 이온일 수 있다.

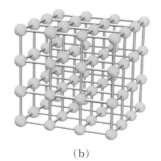

(a)　　　　　　(b)

그림 11.14 7종류의 단위 격자. 각 α는 변 b와 c, 각 β는 변 a와 c, 각 γ는 변 a와 b 사이로 정의한다.

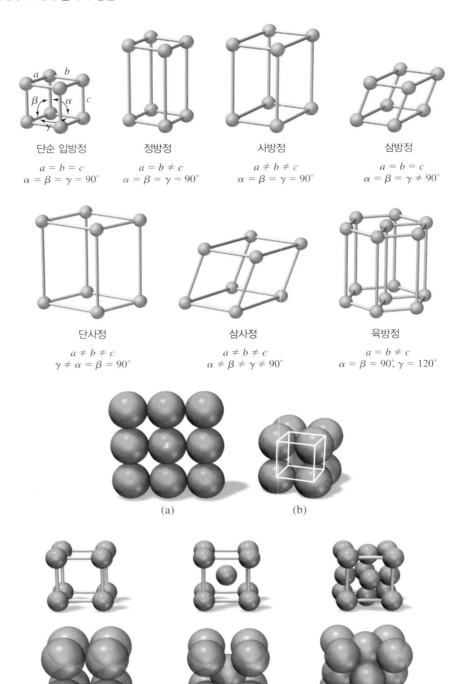

단순 입방정

$a = b = c$
$\alpha = \beta = \gamma = 90°$

정방정

$a = b \neq c$
$\alpha = \beta = \gamma = 90°$

사방정

$a \neq b \neq c$
$\alpha = \beta = \gamma = 90°$

삼방정

$a = b = c$
$\alpha = \beta = \gamma \neq 90°$

단사정

$a \neq b \neq c$
$\gamma \neq \alpha = \beta = 90°$

삼사정

$a \neq b \neq c$
$\alpha \neq \beta \neq \gamma \neq 90°$

육방정

$a = b \neq c$
$\alpha = \beta = 90°, \gamma = 120°$

그림 11.15 단순 입방 격자에서 동일한 구의 배열. (a) 한 층을 위에서 본 모습 (b) 단순 입방 격자

(a)   (b)

그림 11.16 세 종류의 입방 격자. 위쪽 그림에서는 격자점의 위치를 알기 쉽게 보여준다. 아래 그림에는 구들이 서로 접하고 있는 모습을 좀 더 실제적으로 나타내었다.

원시 입방   체심 입방   면심 입방

입방 격자라고도 한다.]

그림 11.16에 나타낸 다른 입방 격자의 유형은 **체심 입방 격자**(body-centered cubic cell, bcc)와 **면심 입방 격자**(face-centered cubic cell, fcc)이다. bcc 구조의 각 원자는 배위수가 8이다.(각 구는 위층의 4개 원자, 아래층의 4개 원자와 접한다.) 면심 입방 격자에는 꼭짓점 원자가 8개 있고, 거기에 6면의 중심에 위치한 원자가 더 있다. 면심 입방 격자의 배위수는 12이다.(각 구는 자신이 위치한 층에 4개, 위층에 4개, 아래층에 4개 원자와 접한다.)

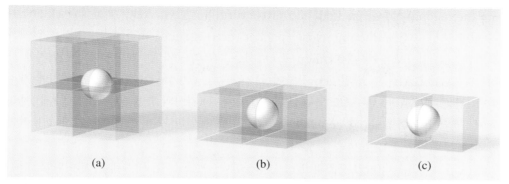

그림 11.17 (a) 8개의 단위 격자가 꼭짓점에 있는 원자를 공유한다. (b) 4개의 격자가 변에 있는 원자를 공유한다. (c) 2개의 격자가 입방 격자의 면심 원자를 공유한다.

결정성 고체의 모든 단위 격자는 다른 단위 격자와 인접해 있으므로, 한 격자의 원자 대부분은 이웃한 격자와 공유된다(면심 입방 격자의 중심에 있는 원자는 예외). 예를 들면, 모든 종류의 입방 격자에서 각 꼭짓점 원자는 그 꼭짓점에 맞닿아 있는 단위 격자 8개에 속해 있다[그림 11.17(a)]. 한편, 4개의 단위 격자가 변에 자리한 한 원자를 공유하고[그림 11.17(b)], 2개의 단위 격자가 면심 원자를 공유한다 [그림 11.17(c)]. 단순 입방 격자에는 여덟 꼭짓점 각각에만 격자점이 있고, 8개 단위 격자가 각 꼭짓점 원자를 공유하므로, 단순 입방 격자 내에는 완전한 원자 **한 개**만 들어 있다(그림 11.18). 체심 입방 격자는 중심에 하나, 꼭짓점에 8개 원자가 위치하여 완전한 원자 2개를 포함한다. 면심 입방 격자는 완전한 원자 4개(면심 원자 6개로부터 3개, 꼭짓점 원자 8개로부터 1개)를 포함한다.

그림 11.18 입방체 내에 꼭짓점이 8개 있고, 각 구는 8개의 단위 격자가 공유한다. 따라서 단순 입방 단위 격자 내에는 1개의 완전한 구가 있다고 볼 수 있다.

조밀 충전

단순 입방 격자와 체심 입방 격자는 면심 입방 격자보다 빈 공간이 더 많다. 가장 효율적인 원자 배열인 조밀 충전은 그림 11.19(a)에 나타낸 구조(층 A라 하자)이다. 다른 원자에 의해 완전히 둘러싸인 원자에만 초점을 맞추어 보면, 같은 층에서 최인접 원자가 6개임을 알 수 있다. 두 번째 층(층 B라 하자)에는 원자들이 첫 번째 층 원자들 사이의 오목한 부분에 원자들이 충전된다. 따라서 모든 원자들이 서로 최대한 가까이 놓여 있다[그림 11.19(b)].

세 번째 원자층을 놓을 수 있는 방법은 두 가지이다. 첫째 층 원자의 바로 위쪽에 있는 둘째 층 원자의 오목한 부분에 셋째 층 원자를 놓을 수 있다[그림 11.19(c)]. 이 경우는 셋째 층 역시 층 A라고 한다. 다른 방법으로는, 첫째 층 원자의 바로 위쪽이 아닌 다른 오목한 부분에 셋째 층을 놓을 수도 있다[그림 11.19(d)]. 이 경우에는 셋째 층을 층 C라고 한다.

그림 11.20은 두 가지 배열의 분해도이다. ABA 배열[그림 11.20(a)]은 **육방 조밀 충전**

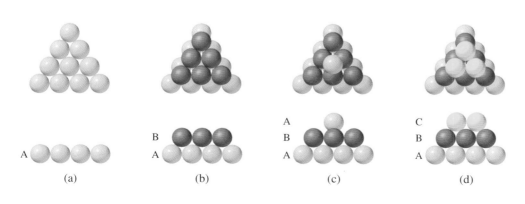

그림 11.19 (a) 조밀 충전된 층에는 각 구가 다른 구 6개와 접하고 있다. (b) 둘째 층의 구는 첫째 층 구 사이의 오목한 부분에 들어맞게 놓인다. (c) 육방 조밀 충전 구조에서는 셋째 층 구가 첫째 층 구의 바로 위쪽에 있다. (d) 입방 조밀 충전 구조에서는 셋째 층 구가 첫째 층의 오목한 부분 바로 위쪽에 있다.

구조[hexagonal close-packed(hcp) structure]라고 한다. ABC 배열[그림 11.20(b)]은 **입방 조밀 충전 구조**[cubic close-packed(ccp) structure]라 하며, 이것은 앞에서 설명한 면심 입방체에 해당한다. hcp 구조에서는 각각의 구가 두 층마다 동일한 위치에 자리한다(ABABAB…). 반면 ccp 구조에서는 각각의 구가 네 층마다 동일한 위치에 자리한다(ABCABCA…). 두 구조 모두 배위수가 12이다.(자신의 층에 6개, 위층에 3개, 아래층에 3개와 접한다.) hcp와 ccp 모두, 단위 격자에 동일한 구가 충전되는 가장 효율적인 방법이며, 배위수는 12를 넘을 수 없다.

많은 금속은 hcp나 ccp 구조의 결정을 형성한다. 예를 들어, 마그네슘, 타이타늄, 아연은 원자들이 hcp 배열로, 알루미늄, 니켈, 은은 ccp 배열로 결정화된다. 물질은 **고체의 안**정성을 극대화하는 배열로 결정화된다.

그림 11.21에 단순 입방 격자, 체심 입방 격자, 면심 입방 격자의 변의 길이 a와 원자 반지름 r의 관계를 정리했다. 결정의 밀도를 알고 있을 때, 이 관계를 이용하여 원자 반지름을 구할 수 있다.

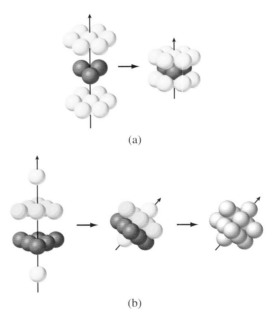

(a)

(b)

그림 11.20 (a) 육방 조밀 충전 구조의 분해도 (b) 입방 조밀 충전 구조의 분해도. 면심 입방 단위 격자를 좀 더 명확하게 나타내기 위해 그림을 기울여 그렸다. 입방 조밀 충전 배열은 면심 단위 격자와 같음을 주목하자.

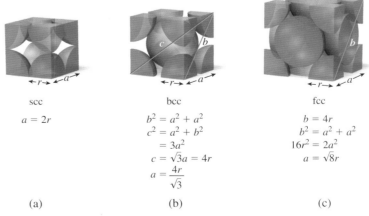

scc	bcc	fcc
$a = 2r$	$b^2 = a^2 + a^2$	$b = 4r$
	$c^2 = a^2 + b^2$	$b^2 = a^2 + a^2$
	$\quad = 3a^2$	$16r^2 = 2a^2$
	$c = \sqrt{3}a = 4r$	$a = \sqrt{8}r$
	$a = \dfrac{4r}{\sqrt{3}}$	
(a)	(b)	(c)

그림 11.21 변의 길이(a)와 원자 반지름(r) 간의 관계. (a) 단순 입방 격자 (b) 체심 입방 격자 (c) 면심 입방 격자

예제 11.3은 금속의 격자 종류, 격자 크기, 밀도 간의 관계를 보여준다.

예제 11.3

금은 입방 조밀 충전 구조(면심 입방 격자)로 결정을 이루며 밀도는 $19.3\,\text{g/cm}^3$이다. 금(Au) 원자의 반지름을 옹스트롬(Å) 단위로 계산하시오.

전략 한 면심 입방 단위 격자 안에 들어있는 금의 질량과 주어진 밀도를 이용하여, 단위 격자의 부피를 구한다. 그 후 부피를 이용하여 a 값을 구하고 그림 11.21(c)에 제시된 식을 이용하여 r을 구한다. 질량, 길이, 부피에 단위를 반드시 일관성 있게 사용해야 한다.

계획 면심 입방 단위 격자는 총 4개의 원자를 포함한다[각각 2개의 단위 격자가 공유하는 6개의 면, 각각 8개의 단위 격자가 공유하는 8개의 꼭짓점—그림 11.21(c)]. $D=m/V$이고 $V=a^3$이다.

풀이 먼저 단위 격자 내에 들어 있는 금의 질량(g 단위로)을 구한다.

$$m = \frac{4\ \text{원자}}{\text{단위 격자}} \times \frac{1\ \text{mol}}{6.022 \times 10^{23}\ \text{원자}} \times \frac{197.0\ \text{g Au}}{1\ \text{mol Au}} = 1.31 \times 10^{-21}\ \text{g/단위 격자}$$

단위 격자의 부피를 cm^3 단위로 계산한다.

$$V = \frac{m}{d} = \frac{1.31 \times 10^{-21}\ \text{g}}{19.3\ \text{g/cm}^3} = 6.78 \times 10^{-23}\ \text{cm}^3$$

부피와의 관계 $V=a^3$을 이용하여 단위 격자의 한 변 길이를 구한다.

$$a = \sqrt[3]{V} = \sqrt[3]{6.78 \times 10^{-23}\ \text{cm}^3} = 4.08 \times 10^{-8}\ \text{cm}$$

그림 11.21(c)에 제시된 관계를 이용하여 금 원자의 반지름을 cm 단위로 구한다.

$$r = \frac{a}{\sqrt{8}} = \frac{4.08 \times 10^{-8}\ \text{cm}}{\sqrt{8}} = 1.44 \times 10^{-8}\ \text{cm}$$

마지막으로 cm를 Å으로 바꿔준다.

$$1.44 \times 10^{-8}\ \text{cm} \times \frac{1 \times 10^{-2}\ \text{m}}{1\ \text{cm}} \times \frac{1\ \text{Å}}{1 \times 10^{-10}\ \text{m}} = 1.44\ \text{Å}$$

생각해 보기
원자 반지름은 대략 1 Å과 비슷한 수준이다. 따라서 이 결과는 합리적이다.

추가문제 1 은은 면심 입방 격자로 결정을 이룬다. 단위 격자 한 변의 길이는 4.087 Å이다. 은의 밀도를 계산하시오.

추가문제 2 금속 소듐의 밀도는 $0.971\,\text{g/cm}^3$이고, 단위 격자 한 변 길이는 4.285 Å이다. 금속 소듐의 단위 격자는 단순, 체심, 면심 입방 중 어느 것인지 밝히시오.

추가문제 3 다음 그림에 원의 두 가지 다른 배열을 나타내었다. 빨간색 사각형으로 나타낸 영역을 이용하여 각 배열에서 2차원 "밀도"(전체 면적에 대하여 원으로 채워진 면적의 비율)를 구하시오. 그리고 두 배열에서 밀도의 비를 유효숫자 두 자리까지 구하시오.

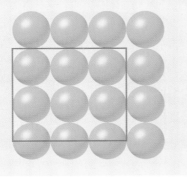 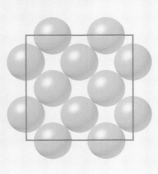

11.4 결정의 종류

녹는점, 밀도, 경도 등 결정성 고체의 구조와 성질은 입자를 서로 붙들고 있는 힘의 종류에 의해 결정된다. 결정은 이온성, 공유성, 분자성, 금속성 이렇게 네 종류로 구분할 수 있다.

이온성 결정

양이온과 음이온이 Coulomb 인력에 의해 서로 붙들려 이온성 결정을 이룬다. 음이온은 보통 양이온보다 상당히 크다[◀◀ 7.6절]. 따라서 고체 격자 내에 이온이 어떻게 배열되어 있는지는 화합물을 구성하는 이온의 상대적인 크기와 상대적인 개수에 의해 결정된다. NaCl은 그림 11.22에 나타낸 것과 같이 면심 입방 배열을 가진다. 단위 격자, 그리고 전체 격자 내 이온들의 위치에 주목하자. Na^+와 Cl^- 이온 모두 면심 입방 배열을 하고 있으며, 따라서 양이온의 배열로 정의되는 단위 격자는 음이온의 배열로 정의되는 단위 격자와 겹쳐진다. 그림 11.22(a)에 나타낸 단위 격자를 자세히 들여다 보자. 이 격자는 Cl^- 이온의 위치에 의해 fcc로 정의된다. fcc 단위 격자는 4개의 구를 포함하고 있음을 기억하자(6면에 반구, 8 꼭짓점에 1/8구). 따라서 NaCl 단위 격자에는 Cl^- 이온이 4개 들어 있다. 이번에는 Na^+ 이온의 위치를 살펴보자. 각 변의 중심에 Na^+가 하나씩 있고, 정육면체 중앙에 Na^+가 하나 더 있다. 단위 격자 4개가 각 변에 있는 구를 공유하고 있고 변은 12개이다. 따라서 그림 11.22(a)의 단위 격자에는 Na^+ 역시 4개 들어 있다.(12변에 1/4구가 있으므로 3개의 구가 있고, 1개는 중앙에 있다.) 이온성 화합물의 단위 격자에는 항상 그 실험식과 동일한 비율의 양이온과 음이온이 들어 있다.

그림 11.23에 CsCl, ZnS, CaF_2 세 이온성 화합물의 결정 구조를 나타냈다. 염화 세슘(cesium chloride)[그림 11.23(a)]은 **단순 입방 격자**(simple cubic lattice)이다. CsCl은 NaCl과 화학식은 분명히 유사하지만, Cs^+ 이온이 Na^+ 이온보다 훨씬 크기 때문

학생 노트
단위 격자를 정의하는 데 사용하는 격자점은 반드시 모두 동일해야 한다. Na^+ 이온의 위치나 Cl^-의 위치에 근거하여 NaCl의 단위 격자를 정의할 수 있다.

학생 노트
CsCl 구조를 면심 입방이라고 흔히 잘못 말하곤 한다. 단위 격자를 정의하는 데 사용하는 격자점은 반드시 모두 동일해야 한다는 점을 기억하자. 이 경우에는 격자점이 모두 Cl^- 이온이다. CsCl은 단순 입방 격자이다.

그림 11.22 (a) 음이온의 위치 또는 (b) 양이온의 위치 중 어느 하나에 기반하여 이온성 화합물의 단위 격자를 정의할 수 있다.

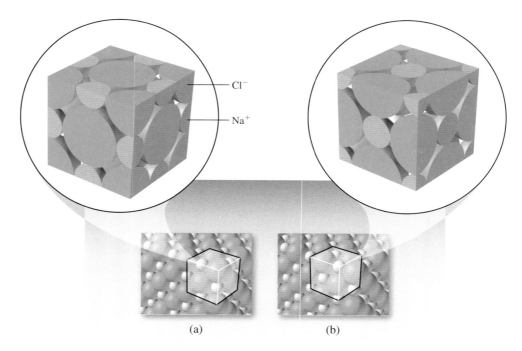

(a)　　　　　(b)

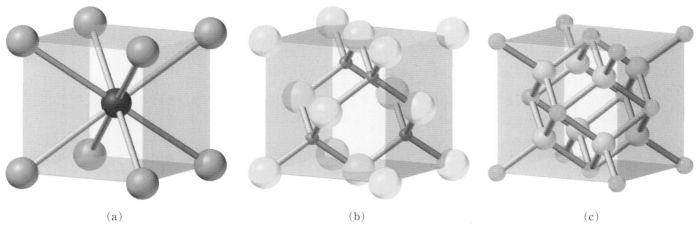

(a)   (b)   (c)

그림 11.23 (a) CsCl (b) ZnS (c) CaF_2의 결정 구조. 작은 구가 양이온을 나타낸다.

에 다른 배열을 갖는다. 황화 아연(zinc sulfide)[그림 11.23(b)]은 면심 입방 격자에 기반한 **섬아연광**(zincblende) 구조이다. S^{2-} 이온이 격자점을 차지한다고 볼 때, 더 작은 Zn^{2+} 이온은 각 S^{2-} 이온에 정사면체 방향으로 배열되어 있다. 섬아연광 구조를 갖는 다른 이온성 화합물에는 CuCl, BeS, CdS, HgS 등이 있다. 플루오린화 칼슘(calcium fluoride)[그림 11.23(c)]은 **형석**(fluorite) 구조이다. 그림 11.23(c)에 나타낸 단위 격자는 음이온이 아니라 양이온의 위치를 기반으로 그렸다. Ca^{2+} 이온이 격자점에 놓여 있고, 각 F^- 이온은 4개의 Ca^{2+}가 정사면체 모양으로 둘러싸고 있다. SrF_2, BaF_2, $BaCl_2$, PbF_2 등의 화합물도 형석 구조이다.

예제 11.4와 11.5에서는 각각 단위 격자 내 이온 개수와 이온 결정의 밀도를 어떻게 구하는지에 대해서 다룬다.

예제 11.4

ZnS 단위 격자에 각 이온이 몇 개 있는가?

전략 각 이온의 위치에 근거하여 한 단위 격자에 얼만큼 기여하는지 결정한다.

계획 그림 11.23을 보면, 단위 격자 안에 Zn^{2+} 4개가 완전히 들어 있다. 또, 8 꼭짓점과 6 면에 각각 S^{2-}가 있다. 내부(단위 격자 안쪽에 완전히 들어 있는) 이온은 1, 꼭짓점 이온은 각각 1/8, 면심 이온은 각각 1/2만큼 기여한다.

풀이 ZnS 단위 격자에는 Zn^{2+} 이온 4개(내부)와 S^{2-} 이온 4개$[8 \times \frac{1}{8}(\text{꼭짓점}) + 6 \times \frac{1}{2}(\text{면})]$가 있다.

생각해 보기
한 단위 격자당 양이온과 음이온의 비가 그 화합물의 실험식에 나타난 비와 일치하는지 확인하자.

추가문제 1 그림 11.23을 보고 CaF_2 단위 격자에 각 이온이 몇 개인지 구하시오.

추가문제 2 그림 11.23을 보고 CsCl 단위 격자에 각 이온이 몇 개인지 구하시오.

추가문제 3 CsCl 구조[그림 11.23(a)]가 면심 입방이 아닌 이유를 설명하시오.

예제 (11.5)

NaCl 단위 격자의 한 변 길이가 564 pm이다. NaCl의 밀도를 g/cm³ 단위로 구하시오.

전략 단위 격자 하나에 들어 있는 Na^+와 Cl^-의 개수(각각 4개씩)를 이용하여 단위 격자의 질량을 구한다. 문제에서 준 한 변 길이를 이용하여 부피를 계산한다. 밀도는 부피 분의 질량($d=m/V$)이다. 단위에 주의하여 일관되게 사용한다.

계획 Na^+와 Cl^- 이온의 질량은 각각 22.99, 35.45 amu이다. amu를 g으로 바꿔주는 환산 계수는 다음과 같다.

> **학생 노트**
> 일원자 이온의 질량은 그 원자의 질량과 같게 처리한다. 여기서 전자의 질량은 중요하지 않다[|◀◀ 2.2절, 표 2.1].

$$\frac{1\,g}{6.022 \times 10^{23}\,amu}$$

따라서 Na^+와 Cl^-의 질량은 각각 $3.818 \times 10^{-23}\,g$, $5.887 \times 10^{-23}\,g$이다. 단위 격자 길이는 다음과 같다.

$$564\,\cancel{pm} \times \frac{1 \times 10^{-12}\,\cancel{m}}{1\,\cancel{pm}} \times \frac{1\,cm}{1 \times 10^{-2}\,\cancel{m}} = 5.64 \times 10^{-8}\,cm$$

풀이 단위 격자의 질량은 $3.882 \times 10^{-22}\,g(4 \times 3.818 \times 10^{-23}\,g + 4 \times 5.887 \times 10^{-23}\,g)$이다. 단위 격자의 부피는 $1.794 \times 10^{-22}\,cm^3$ $[(5.64 \times 10^{-8}\,cm)^3]$이다. 따라서 밀도는 다음과 같다.

$$d = \frac{3.882 \times 10^{-22}\,g}{1.794 \times 10^{-22}\,cm^3} = 2.16\,g/cm^3$$

생각해 보기

만약 $1\,cm^3$의 소금을 들고 있다면, 그 소금은 얼마나 무거울까? 이 유형의 문제에서 흔히 하는 실수는 (특히 길이와 부피에 관련된) 단위 환산이다. 이런 실수를 하면 결과값의 차수가 크게 달라진다. 상식적으로 판단해 보면 계산한 답이 합리적인지 아닌지 추정할 수 있다. 예를 들어, 단순히 cm와 m를 거꾸로 환산했을 때는 밀도가 $2.16 \times 10^{12}\,g/cm^3$이 나올 것이다. $1\,cm^3$의 소금이 그렇게까지 무거울 리가 없다는 것을 알고 있다.(수십 억 kg씩이나!) 결과값의 크기가 합리적이지 않다면 다시 되짚어서 점검해 보자.

추가문제 1 LiF는 NaCl과 동일한 단위 격자(fcc)이고, 한 변 길이는 402 pm이다. LiF의 밀도를 g/cm³ 단위로 구하시오.

추가문제 2 NiO 또한 면심 입방 배열을 하고 있다. NiO의 밀도가 6.67 g/cm³일 때, 단위 격자의 한 변 길이를 pm 단위로 계산하시오.

추가문제 3 그림 11.23(a)에 있는 염화 세슘 구조와 동일한 단위 격자를 갖는 어떤 가상적인 이온성 화합물의 밀도를 구하시오. 음이온과 양이온의 반지름이 각각 150 pm, 92 pm이고, 질량이 각각 98 amu, 192 amu이다.

대부분의 이온성 결정은 녹는점이 높고, 이것은 이온들을 서로 붙들고 있게 하는 힘이 강하다는 것을 의미한다. 이온성 결정의 안정성을 나타내는 척도는 격자 에너지[|◀◀ 8.2절]이다. 격자 에너지가 클수록 화합물은 더 안정하다. 이온성 고체는 이온들이 제자리에 고정되어 있기 때문에 전기를 통하게 하지 못한다. 하지만 용융된(녹은) 상태이거나 또는 물에 용해되어 있을 때는 이온들이 자유롭게 움직일 수 있고 따라서 전기를 통하게 한다.

공유성 결정

공유성 결정에서 원자들은 완전한 공유 결합을 통해 서로 붙잡고 광범위한 3차원 네트워크를 구성한다. 대표적인 예로 탄소의 두 가지 동소체인 다이아몬드와 흑연이 있다. 다이아몬드의 탄소 원자는 각각 sp^3 혼성화되어 다른 탄소 4개와 결합한다[그림 11.24(a)]. 다이아몬드는 3차원 전체에 걸쳐 강한 공유 결합을 하기 때문에 경도(알려진 물질 중에서 가장 단단하다)와 녹는점(3550℃)이 매우 높다. 흑연의 탄소 원자는 육각 고리로 배열되어

그림 11.24 (a) 다이아몬드와 (b) 흑연의 구조. 다이아몬드의 각 탄소 원자는 다른 탄소 원자 4개와 정사면체 방향으로 결합함에 있음에 주목하자. 흑연의 각 탄소 원자는 다른 탄소 원자 3개와 삼각 평면 형태로 결합한다. 흑연의 층간 거리는 335 pm이다.

있다[그림 11.24(b)]. 원자는 모두 sp^2 혼성화되어 각 원자는 다른 원자 3개와 결합한다. 각 탄소 원자에서 혼성화되지 않고 남은 $2p$ 오비탈은 파이 결합에 이용된다. 사실 흑연의 각 층은 벤젠에서 보이는 것과 비슷한 비편재화된 분자 오비탈을 갖고 있다[◀◀ 9.7절]. 층 전체에 걸쳐 비편재화된 분자 오비탈을 전자들이 자유롭게 돌아다닐 수 있기 때문에, 탄소 원자층이 늘어선 방향으로 전기가 아주 잘 통한다. 층들은 약한 van der Waals 힘으로 서로 붙잡고 있다. 흑연도 공유 결합 때문에 매우 단단할 것 같지만, 층들이 서로 미끄러질 수 있기 때문에 흑연은 미끈거리며 윤활제로서도 효과적이다. 흑연은 또한 연필의 "심"으로도 사용된다.

석영(SiO_2)도 공유성 결정이다. 규소 원자는 다이아몬드의 탄소 원자와 비슷한 배열을 하고 있고, 산소 원자 하나가 규소 원자 2개 사이에 놓여 있다. Si와 O는 전기 음성도가 서로 다르므로 Si―O 결합은 극성이다. 그렇지만 SiO_2는 매우 딱딱하고 녹는점이 높은 (1610℃) 등 다이아몬드와 많은 유사성을 보인다.

분자성 결정

분자성 결정에서는 분자가 격자점에 자리하며, 따라서 분자들 사이의 인력은 van der Waals 힘이나 수소 결합이며, 둘 다일 수도 있다. 분자성 고체 중 하나인 고체 이산화 황(SO_2)에서는 쌍극자-쌍극자 상호 작용이 주된 인력이다. 얼음이 3차원 격자(그림 11.25)를 유지할 수 있는 주된 힘은 분자 간 수소 결합이다. 분자성 결정의 다른 예로는 I_2, P_4, S_8 등이 있다.

얼음을 제외하고는, 일반적으로 분자성 결정 내 분자들은 분자의 크기와 모양이 허용하는 한 가까이 충전된다. 공유 결합과 이온 결합에 비하면 van der Waals 힘과 수소 결합

그림 11.25 물의 3차원 구조. 공유 결합은 짧은 실선으로, 상대적으로 약한 수소 결합은 O와 H 사이에 긴 점선으로 나타냈다. 액체 물보다 얼음의 밀도가 낮은 이유는 얼음 구조의 빈 공간 때문이다.

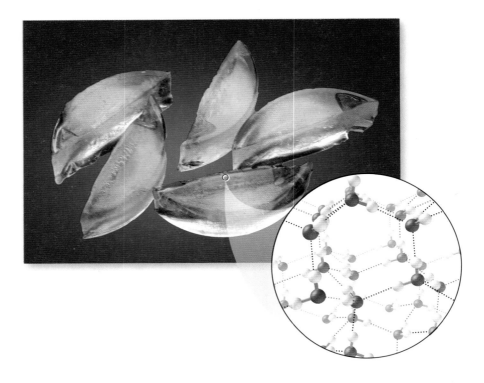

은 보통 매우 약하기 때문에, 분자 결정은 이온성 결정과 공유성 결정보다 쉽게 분리된다. 실제로 대부분의 분자성 고체들은 100℃ 이하에서 녹는다.

금속성 결정

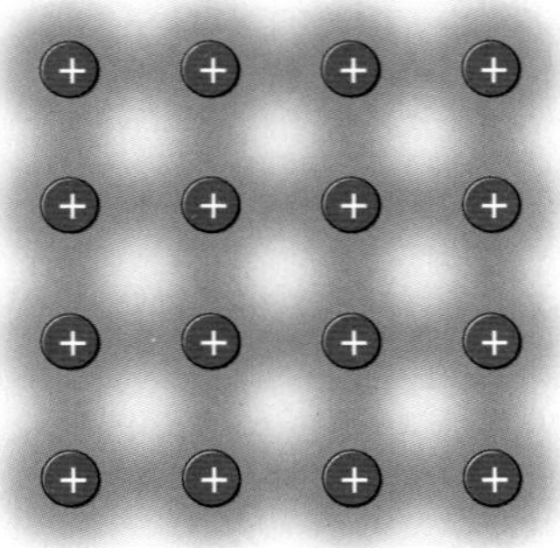

금속성 결정의 모든 격자점에는 그 금속의 원자가 자리한다. 금속성 결정은 일반적으로 체심 입방, 면심 입방, 또는 육방 조밀 충전이기 때문에 밀도가 매우 높다.

금속 내 결합은 다른 종류의 결정과는 크게 다르다. 금속 내 결합 전자들은 결정 전체에 걸쳐 비편재화되어 있다. 사실 결정 내 금속 원자들은 비편재화된 원자가 전자들의 바다 속에 양이온이 배열되어 있는 것처럼 생각할 수 있다(그림 11.26). 비편재화에 의한 강한 응집력은 금속의 강도를 설명해 준다. 반면 비편재화된 전자의 이동도 때문에 금속은 높은 전기 전도성과 열전도성을 갖는다. 표 11.4에 지금까지 논의한 네 종류 결정의 성질들을 정리했다. 표 11.4는 각 물질의 고체 상태에 관한 것임에 유의하자.

예제 11.6에서 고체 격자 크기를 밀도와 연관 짓는 연습을 해 보자.

그림 11.26 금속성 결정의 단면. 원형 양전하는 금속 원자의 핵과 내부 전자들을 나타낸다. 금속 양이온을 둘러싼 회색 부분은 이동성 있는 전자의 "바다"를 의미한다.

표 11.4	결정의 종류와 일반적인 성질		
결정의 종류	점착력	일반적 성질	예
이온성	Coulomb 인력과 분산력	딱딱함, 깨지기 쉬움, 녹는점이 높음, 열과 전기 전도성이 나쁨	NaCl, LiF, MgO, $CaCO_3$
공유성	공유 결합	딱딱함, 깨지기 쉬움, 녹는점이 높음, 열과 전기 전도성이 나쁨	C(다이아몬드)*, SiO_2(석영)
분자성	분산력, 쌍극자−쌍극자 힘, 수소 결합	무름, 녹는점이 낮음, 열과 전기 전도성이 나쁨	Ar, CO_2, I_2, H_2O, $C_{12}H_{22}O_{11}$
금속성	금속 결합	다양한 경도와 녹는점, 열과 전기 전도성이 좋음	Na, Mg, Fe, Cu 등과 같은 모든 금속

*다이아몬드는 열을 잘 전도한다.

예제 **11.6**

금속 이리듐(Ir)은 면심 입방 단위 격자로 결정화한다. 단위 격자 한 변의 길이가 383 pm일 때, 밀도를 g/cm³ 단위로 구하시오.

전략 면심 입방 금속 결정에는 단위 격자당 4개의 원자가 들어 있다[8×1/8(꼭짓점)+6×1/2(면)]. 격자당 원자 개수, 원자량을 이용해서 단위 격자의 질량을 구한다. 문제에서 주어진 변의 길이를 이용하여 부피를 구한다. 밀도는 부피 분의 질량이다($d=m/V$). 모든 단위 환산을 확인한다.

계획 Ir 원자의 질량은 192.2 amu이다. amu를 g으로 환산하는 환산 계수는 다음과 같다.

$$\frac{1\,g}{6.022\times10^{23}\,amu}$$

따라서 Ir 금속의 질량은 $3.192\times10^{-22}\,g$이다. 격자 한 변의 길이는 다음과 같다.

$$383\,pm\times\frac{1\times10^{-12}}{1\,pm}\times\frac{1\,cm}{1\times10^{-2}\,m}=3.83\times10^{-8}\,cm$$

풀이 단위 격자의 질량은 $1.277\times10^{-21}\,g(4\times3.192\times10^{-22}\,g)$이다. 단위 격자의 부피는 $5.618\times10^{-23}\,cm^3[(3.83\times10^{-8}\,cm)^3]$이다. 따라서 밀도는 다음과 같다.

$$d=\frac{1.277\times10^{-21}\,g}{5.62\times10^{-23}\,cm^3}=22.7\,g/cm^3$$

> **생각해 보기**
> 금속은 보통 밀도가 높다. 따라서 상식선에서 생각해 보면 계산 결과가 합리적인지 판단할 수 있다.

추가문제 1 금속 알루미늄은 면심 입방 단위 격자로 결정화한다. 격자 한 변의 길이가 404 pm일 때, 밀도는 g/cm³ 단위로 얼마인가?

추가문제 2 구리는 면심 입방 격자이다. 밀도가 8.96 g/cm³일 때 단위 격자 한 변의 길이는 pm 단위로 얼마인가?

추가문제 3 당구공의 지름이 5.72 cm, 평균 질량이 165 g일 때 당구공의 밀도를 구하시오. 이 당구공이 금속 내 원자처럼 충전될 수 있다고 가정하고, 단순 입방 단위 격자와 면심 입방 단위 격자로 충전되었을 때 밀도를 구하시오. 모두 같은 당구공임에도 불구하고 위에서 구한 밀도 셋이 다른 이유를 설명하시오.

11.5 비결정성 고체

고체는 결정을 형성할 때 가장 안정하다. 하지만 만일 액체가 급속히 냉각되어 고체가 빠르게 만들어진다면, 원자나 분자가 정렬된 시간을 갖지 못하여 결정에서의 규칙적인 자리가 아닌 다른 위치에 고정될 것이다. 이렇게 만들어진 고체를 비결정이라고 한다. 유리 등과 같은 **비결정성 고체**(amorphous solid)는 원자들의 3차원 배열이 규칙적이지 않다. 이 절에서는 유리의 성질에 대해 간단하게 논의한다.

유리는 가장 유용하고 다양하게 사용하는 물질 중 하나이다. 또한 유리로 만든 물건이 기원전 1000년에도 있었을 만큼 오래된 물질이기도 하다. 보통 **유리**(glass)란 무기 물질들을 섞어 만든 광학적으로 투명한 물체를 가리키며, 결정화 과정 없이 딱딱한 상태로 냉각되어 만들어진다. 유리는 이산화 규소(silicon dioxide, SiO_2) 용융액을 주성분으로 하여, 색깔 또는 다른 성질을 얻기 위해서 산화 소듐(sodium oxide, Na_2O), 산화 붕소(boron oxide, B_2O_3), 특정 전이 금속의 산화물 등을 섞어서 만든다. 어떤 관점에서 보면, 유리는 고체보다는 액체와 더 비슷한 거동을 보인다.

그림 11.27 (a) 결정성 석영과 (b) 무결정성(비결정성) 석영 유리의 2차원 모식도. 작은 구는 규소를 나타낸다. 석영의 구조는 실제로는 3차원이다. 각 Si 원자는 정사면체 방향으로 O 원자 4개와 결합한다.

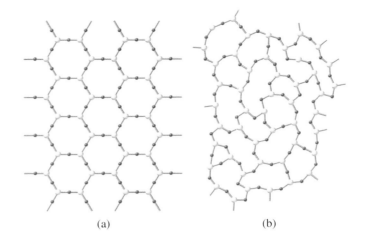

(a)   (b)

표 11.5	세 종류 유리의 조성과 성질	
순수한 석영 유리	100% SiO_2	낮은 열 팽창률, 넓은 범위의 파장을 투과시킴 광학적 연구에 사용됨
Pyrex 유리	60~80% SiO_2, 10~25% B_2O_3, 약간의 Al_2O_3	낮은 열 팽창률, 가시광선과 적외선을 투과시키나 자외선은 투과시키지 못함 취사 용기나 실험실용 유리 기구로 사용됨
소다석회 유리	75% SiO_2, 15% Na_2O, 10% CaO	화학 물질에 쉽게 반응하며 열 충격에 민감함. 가시광선을 투과시키나 자외선은 흡수함. 유리창이나 병으로 사용됨

오늘날 통상적인 용도로 사용되는 유리는 800종류 정도 된다. 결정성 석영과 비결정성 석영 유리의 2차원 모식도를 그림 11.27에 나타냈다. 표 11.5에는 석영, 파이렉스 (Pyrex), 소다석회 유리의 조성과 성질을 나열했다. 금속 이온(주로 전이 금속)의 산화물이 들어있느냐에 따라 유리의 색깔이 크게 달라진다. 예를 들면, 초록색 유리에는 산화 철(III)[iron(III) oxide, Fe_2O_3] 또는 산화 구리(II)[copper(II) oxide, CuO]가, 노란색 유리에는 산화 우라늄(IV)[uranium(IV) oxide, UO_2]이, 파란색 유리에는 산화 코발트(II)[cobalt(II) oxide, CoO]와 산화 구리(II)가, 빨간색 유리에는 금과 구리의 작은 입자가 들어 있다.

11.6 상변화

상(phase)이란 계의 균일한 부분이며, 계의 나머지 부분과는 명확한 경계로 구분된다. 예를 들어, 물 위에 떠 있는 얼음 조각을 보면, 액체 물은 하나의 상이고 고체 물(얼음 조각)은 또 다른 상이다. 물의 화학적인 성질은 두 상에서 모두 같지만, 고체와 액체의 물리적인 성질은 다르다.

어떤 물질이 한 상에서 다른 상으로 바뀔 때, **상변화**(phase change)가 일어난다고 한다. 계에서 일어나는 상변화는 일반적으로 에너지(일반적으로 열의 형태)의 첨가나 제거에 의해 일어난다. 친숙한 상변화에는 다음과 같은 것들이 있다.

> **학생 노트**
> 상변화는 물리적인(physical) 변화이다[◀◀ 1.4절].

예	상변화
물의 얼음	$H_2O(l) \longrightarrow H_2O(s)$
물의 증발(또는 기화)	$H_2O(l) \longrightarrow H_2O(g)$
얼음의 녹음(용융)	$H_2O(s) \longrightarrow H_2O(l)$
수증기의 응축	$H_2O(g) \longrightarrow H_2O(l)$
드라이아이스의 승화	$CO_2(s) \longrightarrow CO_2(g)$

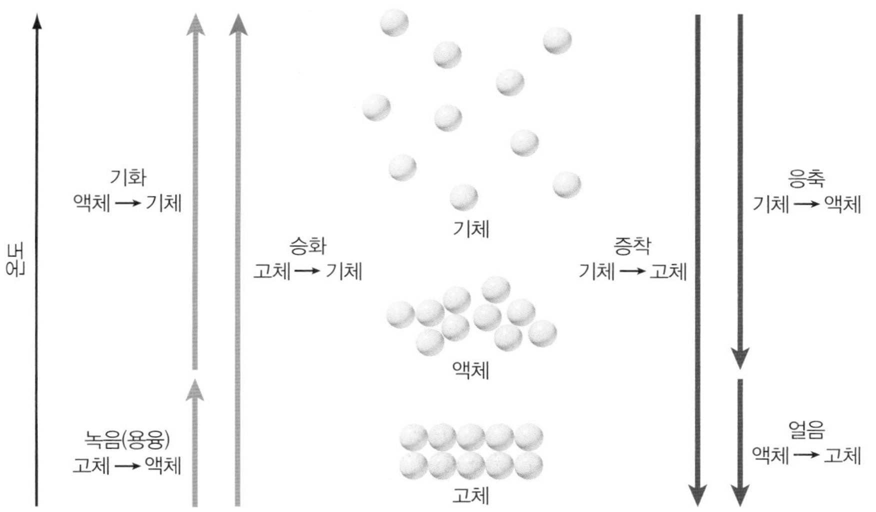

그림 11.28 여섯 가지 상변화: 녹음(용융), 기화, 승화, 증착, 응축, 얼음

11.2절에서 설명한 것처럼, 기화와 응축 두 가지 상변화에 의해 평형 증기압이 결정된다. 그림 11.28에 다양한 종류의 상변화를 정리했다.

액체−기체 상전이

11.2절에서 온도가 증가함에 따라 액체의 증기압이 증가함을 알아보았다. 증기압이 외부 압력에 도달하면 액체는 끓는다. 실제로 물질의 **끓는점**(boiling point)은 증기압이 외부압, 대기압과 같아지는 온도로 정의한다. 따라서 물질의 끓는점은 외부 압력에 따라서 달라진다. 예를 들어, 대기압이 해수면에서보다 낮은 산 꼭대기에서는 더 낮은 온도에서 물(또는 다른 어떤 액체)의 증기압이 외부 압력과 같아진다. 그러므로 끓는점이 해수면에서보다 낮아진다. 액체의 증기압이 1 atm인 온도를 **정상 끓는점**(normal boiling point)이라 한다.

액체의 증기압으로 끓는점을 정의하기 때문에, 끓는점은 **몰 기화열**(molar heat of vaporization, ΔH_{vap})과 연관이 있다. 몰 기화열은 어떤 물질 1 mol이 그 물질의 끓는점에서 증발하는 데 필요한 열이다. 실제로 표 11.6은 ΔH_{vap}가 클수록 일반적으로 끓는점이 높음을 보여준다. 근본적으로는 끓는점과 ΔH_{vap} 모두 분자 간 힘의 세기에 의해 결정된다. 예를 들면, 상대적으로 약한 분산력만 존재하는 아르곤(Ar)과 메테인(CH$_4$)은 끓는점이 낮고 몰 기화열이 작다. 다이에틸 에터(C$_2$H$_5$OC$_2$H$_5$)에는 쌍극자가 있고, 쌍극자−쌍극자 힘에 의해 끓는점과 ΔH_{vap}가 어느 정도 높다. 에탄올(C$_2$H$_5$OH)과 물은 강한 수소 결합을 하기 때문에 끓는점이 높고 ΔH_{vap}가 크다. 수은은 강한 금속 결합 때문에 표 11.6

표 11.6	액체의 몰 기화열	
물질	끓는점(°C)	ΔH_{vap}(kJ/mol)
아르곤(Ar)	−186	6.3
벤젠(C$_6$H$_6$)	80.1	31.0
에탄올(C$_2$H$_5$OH)	78.3	39.3
다이에틸 에터(C$_2$H$_5$OC$_2$H$_5$)	34.6	26.0
수은(Hg)	357	59.0
메테인(CH$_4$)	−164	9.2
물(H$_2$O)	100	40.79

표 11.7	물질의 임계 온도와 임계 압력	
물질	$T_c(°C)$	$P_c(atm)$
암모니아(NH_3)	132.4	111.5
아르곤(Ar)	−122.2	6.3
벤젠(C_6H_6)	288.9	47.9
이산화 탄소(CO_2)	31.0	73.0
에탄올(C_2H_5OH)	243	63.0
다이에틸 에터($C_2H_5OC_2H_5$)	192.6	35.6
수은(Hg)	1462	1036
메테인(CH_4)	−83.0	45.6
수소(H_2)	−239.9	12.8
질소(N_2)	−147.1	33.5
산소(O_2)	−118.8	49.7
육플루오린화 황(SF_6)	45.5	37.6
물(H_2O)	374.4	219.5

에 나타낸 액체 중에서 끓는점과 ΔH_{vap}가 가장 높다. 흥미롭게도 벤젠(C_6H_6)은 무극성이지만, 비편재화된 분자 오비탈에 전자들이 분포하기 때문에 **편극성**(polarizability)이 높다. 그 결과로 분산력이 쌍극자−쌍극자 힘이나 수소 결합과 비슷하게 강할 수 있다.(혹은 더 강할 수도 있다.)

증발의 반대 과정은 응축이다. 원칙적으로 기체는 냉각시키거나 압력을 가해서 액화(응축)시킬 수 있다. 기체 시료를 냉각시키면 분자들의 운동 에너지가 감소하고, 결국 작은 액체 방울을 만들면서 분자들이 응집한다. 한편 기체에 압력을 가하면(압축), 분자 간의 거리가 감소하기 때문에 분자 간 인력으로 서로를 끌어당길 수 있다. 많은 액화 공정에서 냉각과 압축을 조합해서 사용한다.

모든 물질에는 **임계 온도**(critical temperature, T_c)가 있다. 이 온도 이상에서는 아무리 높은 압력을 가해주어도 기체가 액화될 수 없다. **임계 압력**(critical pressure, P_c)은 그 물질의 임계 온도에서 기체를 액화시키기 위해 가해주어야 하는 최소의 압력이다. 임계 온도보다 높은 온도에서는 액체와 기체의 근본적인 차이가 없고, 단순히 유체라고 보면 된다. 유체가 T_c와 P_c보다 높은 온도와 압력 조건에 있을 때, 이를 **초임계 유체**(supercritical fluid)라고 한다. 초임계 유체는 몇 가지 주목할 만한 성질이 있고, 다양한 산업적 용도의 용매로 사용된다. 대규모의 산업적 용도로 처음 사용된 것은 초임계 CO_2를 이용해서 커피로부터 카페인을 제거하기 위해서였다.

표 11.7에 몇 가지 일반적인 물질의 임계 온도와 임계 압력을 나열했다. 어떤 물질의 임계 온도는 분자 간 힘의 크기를 반영한다. 강한 분자 간 힘이 존재하는 벤젠, 에탄올, 수은, 물은 표에 나열한 다른 물질에 비해서 임계 온도가 높다.

고체−액체 상전이

액체에서 고체로 변하는 과정을 **얼음**(freezing), 그 반대 과정을 **녹음**(melting) 또는 **용융**(fusion)이라 한다. 고체의 **녹는점**(melting point) 또는 액체의 **어는점**(freezing point)은 고체상과 액체상이 평형을 이루며 공존하는 온도이다. 물질의 정상 녹는점 또는 어는점은 1 atm에서 녹거나 어는 온도이다.

가장 친숙한 액체–고체 평형은 물과 얼음의 평형이다. 0°C, 1 atm에서 동적 표현은 다음과 같이 표현된다.

$$얼음 \rightleftharpoons 물$$

또는 다음과 같다.

$$H_2O(s) \rightleftharpoons H_2O(l)$$

0°C의 얼음물에서 이 동적 평형을 실제로 볼 수 있다. 얼음 조각이 녹아서 물이 될 때, 얼음 조각 사이의 물이 얼어서 얼음이 서로 붙는다. 동적 평형에서는 정과정과 역과정이 같은 속도로 일어남을 기억하자[◀◀ 4.1절].

분자와 분자는 액체상에서보다 고체상에서 더 강하게 붙잡고 있기 때문에, 고체를 액체로 녹이려면 열이 필요하다. 그림 11.29에 가열 곡선을 나타냈다. 고체를 가열할 때, 점 A에 도달할 때까지는 온도가 점차 상승한다. 이 온도에서 고체가 녹기 시작한다. 녹는 동안 (A ⟶ B)에 곡선의 편평한 부분이 처음 나타난다. 계는 열을 흡수하고 있지만 온도는 일정하게 유지된다. 고체상에 존재하는 분자 간 인력을 극복하는 데 이 열을 이용한다. 시료가 완전히 녹으면(점 B), 흡수된 열은 액체 분자의 평균 운동 에너지를 증가시키고 액체의 온도는 올라간다(B ⟶ C). 기화 과정(C ⟶ D)도 비슷하게 설명할 수 있다. 액체 내 응집력을 극복하는 데 증가된 운동 에너지를 사용하기 때문에 이 구간의 온도는 일정하게 유지된다. 모든 분자가 기체 상태가 되면 온도는 다시 올라간다.

몰 용융열(molar heat of fusion, ΔH_{fus})은 1 mol의 고체를 녹이는 데 필요한 에너지로, 보통 kJ/mol로 표현한다. 표 11.8에는 표 11.6에 나열한 물질의 몰 용융열을 정리했다. 두 표에 나온 데이터를 비교해 보면, 각 물질의 ΔH_{fus}가 ΔH_{vap}보다 작다는 것을 알 수 있다. 이는 액체 내 분자들은 아직도 꽤 가깝게 충전되어 있어서, 고체에서 액체로 분자가 재배열될 때는 약간의 에너지(상대적으로 볼 때 그리 크지 않은 에너지)가 필요하다는 사실과도 일맥상통한다. 반면 액체가 기화할 때는 분자들이 서로 완전히 분리되므로, 분자 간 인력을 극복하기 위해서는 상당히 많은 에너지가 필요하다.

물질을 냉각할 때는 가열할 때와 반대의 효과가 나타난다. 기체 시료에서 일정한 속도로 열을 제거하면 온도가 내려간다. 액체가 생성되는 동안에는 계의 퍼텐셜 에너지가 감소하

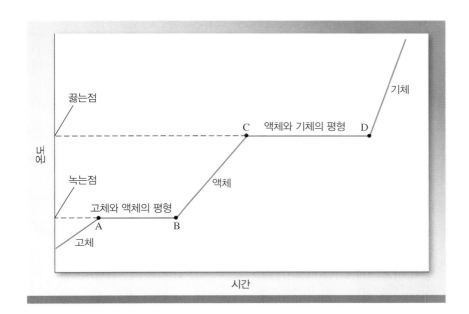

그림 11.29 고체상에서 액체상을 거쳐 기체상이 되는 전형적인 가열 곡선. ΔH_{fus}가 ΔH_{vap}보다 작기 때문에 물질이 끓일 때보다 녹일 때 시간이 더 적게 걸린다. 이것이 AB가 CD보다 짧은 이유이다. 고체, 액체, 기체의 가열 곡선 기울기는 각 상태의 비열에 의해 결정된다.

표 11.8	물질의 몰 용융열	
물질	녹는점(°C)	ΔH_{fus}(kJ/mol)
아르곤(Ar)	−190	1.3
벤젠(C_6H_6)	5.5	10.9
에탄올(C_2H_5OH)	−117.3	7.61
다이에틸 에터($C_2H_5OC_2H_5$)	−116.2	6.90
수은(Hg)	−39	23.4
메테인(CH_4)	−183	0.84
물(H_2O)	0	6.01

므로 열을 방출한다. 따라서 응축 구간(D ⟶ C)에 걸쳐 계의 온도는 일정하게 유지된다. 모든 증기가 응축되고 나면 액체의 온도는 다시 내려가기 시작한다. 계속 냉각시키면 결국 얼게 된다(B ⟶ A).

과냉각(supercooling)은 액체가 어는점 이하까지 일시적으로 냉각될 수 있는 현상이다. 열이 너무 빠르게 제거되어서 분자들이 고체의 정렬된 구조가 될 시간이 없는 경우에 과냉각이 발생한다. 과냉각 액체는 불안정하다. 서서히 저어주거나 동일한 물질의 작은 결정 "씨앗"을 넣어주면 빠르게 고체화된다.

고체−기체 상전이

고체 아이오딘이 기체와 평형 상태에 있다.

고체도 증발할 수 있고, 따라서 증기압이 있다. **승화**(sublimation)는 분자가 고체상에서 증기상으로 바로 이동하는 과정이다. 그 역과정, 분자가 증기상에서 고체상으로 바로 이동하는 과정은 **증착**(deposition)이라 한다. 좀약에 사용되는 물질인 나프탈렌(naphthalene)은 증기압이 상당히 높기 때문에(53°C에서 1 mmHg), 자극적인 증기가 빠르게 퍼져나간다. 아이오딘 역시 승화한다. 밀폐된 용기에 담아놓으면 보라색 아이오딘 증기를 상온에서도 쉽게 볼 수 있다.

대체로 고체의 증기압이 액체보다 훨씬 낮은데, 이는 고체 내에서 분자들이 서로 더 강하게 붙들고 있기 때문이다. 물질의 **몰 승화 엔탈피**(molar enthalpy of sublimation, ΔH_{sub})는 고체 1 mol이 승화할 때 필요한 에너지이다. 이는 몰 용융 엔탈피와 몰 증발 엔탈피의 합과 같다.

학생 노트
식 11.6은 일반적으로 ΔH_{sub}를 근사적으로 구할 때 사용한다. 엄밀하게는 모든 상변화가 동일한 온도에서 일어날 때에만 유효하다.

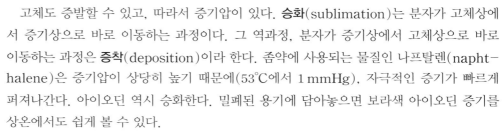

$$\Delta H_{sub} = \Delta H_{fus} + \Delta H_{vap}$$ [◀◀ 식 11.6]

식 **11.6**은 Hess의 법칙을 보여준다[◀◀ 5.5절]. 고체에서 바로 기체가 되든, 고체에서 액체를 거쳐 기체로 변하든 전체 과정의 엔탈피, 혹은 열 변화는 동일하다.

생활 속의 화학

상변화의 위험성

증기 화상을 경험해 본 사람이라면, 단순히 끓는 물에 덴 것보다 훨씬 더 심각할 수도 있다는 것을 알고 있을 것이다. 수증기와 끓는 물의 온도가 같더라도 말이다. 가열 곡선을 보면 왜 그런지 이해할 수 있다(그림 11.30). 끓는 물이 피부에 닿으면 갖고 있던 열을 피부로 내놓으면서 체온까지 냉각된다. 100°C의 끓는 물이 피부로 방출하는 열은 곡선 아래쪽

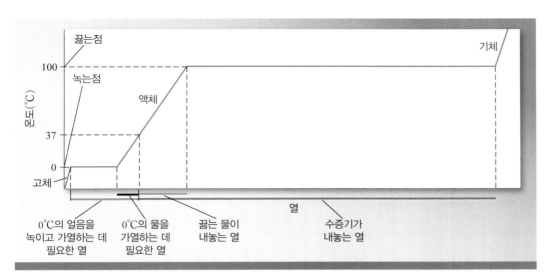

그림 11.30 물의 가열 곡선

의 주황색 선으로 나타낼 수 있다. 동일한 질량의 수증기가 피부에 닿으면, 먼저 응축되면 서 열을 방출하고 그 다음에 체온까지 냉각된다. 수증기가 피부로 내놓는 열은 곡선 아래 의 빨간색 선으로 나타낼 수 있다. 동일한 온도의 수증기와 액체 물이 방출하는 열이 얼마 나 크게 다른지에 주목하자. 수증기는 가열되었을 뿐 아니라 기화까지 되었으므로 더 많은 열을 포함하고 있다. 증기 화상이 더 심각할 수 있는 이유는 바로 물이 기화하면서 추가로 흡수한 열 때문이다.

눈보라에 발이 묶인 여행자들에게 수분을 보충할 목적으로 눈을 먹지 말라고 경고하는 이유 역시 가열 곡선을 보면 알 수 있다. 찬물을 마시면 신체는 그 물을 체온까지 올리기 위해서 에너지를 사용한다. 만약 눈을 먹으면 신체는 먼저 눈을 녹이는 데 에너지를 써야 만 하고, 그 다음에야 체온까지 올릴 수 있다. 상변화가 개입하기 때문에, 눈을 체내로 흡 수하기 위해서 필요한 에너지는 동일한 질량의 물을 흡수할 때보다 훨씬 많다. 심지어 엄 청나게 차가운 물을 마실 때보다도 말이다. 때문에 체온이 위험한 수준까지 떨어지는 **저체 온증**(hypothermia)이 올 수도 있다.

예제 11.7에서 계와 주위 간에 이동한 에너지를 계산해 보자.

예제 11.7

(a) 어떤 사람이 100.0°C의 물 1.00 g에 의해 화상을 입었을 때 피부에 전달되는 열을 계산하시오.

(b) 100.0°C의 수증기 1.00 g에 의해 전달되는 열을 계산하시오.

(c) 0.0°C의 물 100.0 g을 체온까지 올리는 데 필요한 에너지를 계산하시오.

(d) 0.0°C의 얼음 100.0 g을 녹이고 체온까지 올리는 데 필요한 열을 계산하시오.(체온은 37.0°C라 가정한다.) 필요하면 온도 변화 와 상변화가 일어날 때 계와 주위가 교환하는 열을 계산하는 법을 복습하시오[◀◀ 5.3절과 5.4절].

전략 물을 **계**(system), 신체를 **주위**(surroundings)로 설정하여 부호 관례를 따른다.

(a) 뜨거운 물에서 피부로 열이 이동하는 과정은 온도 변화의 한 과정이다.

(b) 수증기로부터 피부로 열이 이동할 때는 상변화와 온도 변화, 두 단계로 일어난다.

(c) 찬물이 체온까지 올라가는 과정은 온도 변화의 한 과정이다.

(d) 얼음이 녹은 다음 그 물이 데워지는 과정은 상변화와 온도 변화 두 단계로 일어난다. 온도가 변하는 동안 이동하는 열은 물의 질량, 물의 비열, 온도의 변화량에 의존한다. 상변화에서 이동한 열은 물의 양과 몰 중발열(ΔH_{vap}) 또는 몰 용융열(ΔH_{fus})에 의존한다. 이동하는(혹은 필요한) 전체 에너지는 개별 단계에서 일어나는 에너지 변화의 합이다.

계획 필요한 비열(s)는 물 4.184 J/g·℃와 수증기 1.99 J/g·℃이다.(문제 내 온도 범위에서는 비열이 변하지 않는다고 가정한다.) 표 11.6으로부터 물의 몰 기화열은 40.79 kJ/mol, 표 11.8로부터 물의 몰 용융열은 6.01 kJ/mol임을 알 수 있다. 물의 분자량은 18.02 g/mol이다. 주의: 물의 ΔH_{vap}는 물 1 mol을 기화시키는 데 필요한 열이다. 하지만 이 문제에서는 수증기가 **응축**(condense)할 때 열을 얼마나 내놓는지를 구해야 하므로 음의 부호인 -40.79 kJ/mol을 사용해야 한다.

풀이 (a) $\Delta T = 37.0\,℃ - 100.0\,℃ = -63.0\,℃$

식 5.13으로부터,

$$q = ms\Delta T = 1.00\,\text{g} \times \frac{4.184\,\text{J}}{\text{g}\cdot℃} \times -63.0\,℃ = -2.64 \times 10^2\,\text{J} = -0.264\,\text{kJ}$$

따라서 100.0℃의 물 1.00 g은 0.264 kJ의 열을 피부로 전달한다.(음의 부호는 계가 열을 방출하고 주위가 열을 흡수함을 나타낸다.)

(b) $\dfrac{1.00\,\text{g}}{18.02\,\text{g/mol}} = 0.0555\,\text{mol}$ 물

$$q_1 = n\Delta H_{vap} = 0.0555\,\text{mol} \times \frac{-40.79\,\text{kJ}}{\text{mol}} = -2.26\,\text{kJ}$$

$$q_2 = ms\Delta T = 1.00\,\text{g} \times \frac{4.184\,\text{J}}{\text{g}\cdot℃} \times -63.0\,℃ = -2.64 \times 10^2\,\text{J} = -0.264\,\text{kJ}$$

수증기 1.00 g으로부터 피부로 전달된 전체 에너지는 q_1과 q_2의 합이다.

$$-2.26\,\text{kJ} + (-0.264\,\text{kJ}) = -2.53\,\text{kJ}$$

음의 부호는 계(수증기)가 에너지를 방출함을 의미한다.

(c) $\Delta T = 37.0\,℃ - 0.0\,℃ = 37.0\,℃$

$$q = ms\Delta T = 100.0\,\text{g} \times \frac{4.184\,\text{J}}{\text{g}\cdot℃} \times 37.0\,℃ = 1.55 \times 10^4\,\text{J} = 15.5\,\text{kJ}$$

물 100.0 g을 0.0℃부터 37.0℃까지 데우는 데 필요한 에너지는 15.5 kJ이다.

(d) $\dfrac{100.0\,\text{g}}{18.02\,\text{g/mol}} = 5.55\,\text{mol}$

$$q_1 = n\Delta H_{fus} = 5.55\,\text{mol} \times \frac{6.01\,\text{kJ}}{\text{mol}} = 33.4\,\text{kJ}$$

$$q_2 = ms\Delta T = 100.0\,\text{g} \times \frac{4.184\,\text{J}}{\text{g}\cdot℃} \times 37.0\,℃ = 1.55 \times 10^4\,\text{J} = 15.5\,\text{kJ}$$

0.0℃의 얼음 100.0 g을 녹이고 37.0℃로 데우는 데 필요한 에너지는 q_1과 q_2의 합이다.

$$33.4\,\text{kJ} + 15.5\,\text{kJ} = 48.9\,\text{kJ}$$

생각해 보기

상변화를 포함하는 문제에서는 상변화 과정에 해당하는 q가 전체에서 가장 큰 비중을 차지한다. 만약 그렇지 않은 결과가 나왔다면, 실수를 하지 않았는지 확인해 보자. 온도 변화에 해당하는 q를 J에서 kJ로 환산하지 않아서 흔히들 실수한다.

추가문제 1 0℃의 액체 물 346 g을 182℃의 수증기로 만들기 위해 필요한 에너지를 kJ 단위로 계산하시오.

추가문제 2 처음에 25.0℃였던 물 100 g에 50.0 kJ의 열을 가했을 때, 마지막 상태와 온도를 구하시오.

추가문제 3 동일한 순수한 액체 시료 두 개가 있다. 왼쪽 시료에 753 J을 가했을 때, 온도가 41.2℃ 상승했다. 오른쪽 시료에도 같은 양의 에너지를 가했을 때 온도가 얼마나 올라가겠는가?

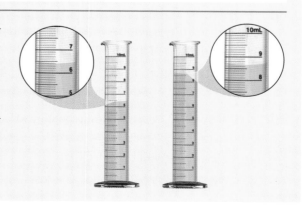

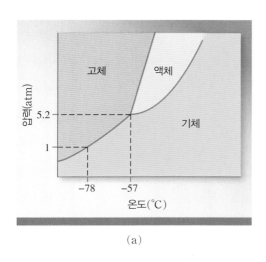

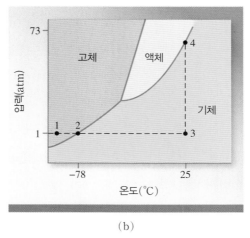

그림 11.31 (a) 이산화 탄소의 상도표. 고체–액체상 경계선의 기울기가 양임을 주목하자. 5.2 atm 이하에서 액체상은 존재하지 않으며, 일반적인 대기압 조건에서는 고체와 기체만이 존재할 수 있다. (b) $-100°C$, 1 atm 하의 고체 CO_2(점 1)를 가열하면 $-78°C$(점 2)에서 승화한다. 25°C에서 1 atm(점 3)부터 약 70 atm(점 4)까지 압력을 높이면 액체로 응축한다.

11.7 상도표

물질의 상태들 간의 관계는 상도표라고 하는 하나의 그래프로 표현할 수 있다. **상도표**(phase diagram)는 물질이 고체, 액체, 또는 기체로 존재하는 온도와 압력 조건을 담고 있다. 그림 11.31(a)에는 CO_2의 상도표를 나타내었고, 많은 물질들이 비슷한 형태의 상도표를 보인다. 그래프는 각각 순수한 상태를 나타내는 세 영역으로 나뉜다. 두 영역을 나누는 곡선은 **상 경계선**(phase boundary line)이라고 하는데, 두 상이 평형을 이루면서 존재할 수 있는 조건을 나타낸다. 세 개의 상 경계가 모두 만나는 점을 **삼중점**(triple point)이라고 한다. 삼중점은 물질의 세 상이 모두 평형을 이루며 존재할 수 있는 단 하나의 온도, 압력의 조합이다. 액체–기체상 경계선이 끝나는 점은 임계점이며, 임계 온도(T_c)와 임계 압력(P_c)에 해당한다.

상도표의 정보를 이해하기 위해서 그림 11.31(b)의 점선을 생각하자. 1 atm, $-100°C$의 CO_2 시료는 초기에 고체이다(점 1). 1 atm을 유지한 채 여기에 열을 가해 보자. 1 atm에서 CO_2의 승화점(점 2, $-78°C$)에 도달할 때까지 온도가 올라간다. $-78°C$에서 모든 시료가 승화하면, 그 결과 생긴 증기의 온도는 다시 올라가기 시작한다. 증기의 온도가 25°C(점 3)가 될 때까지 계속 가열한다. 점 3에 도달한 이후에는 온도를 25°C를 유지한 채 압력을 높인다. 압력이 70 atm 정도 되는 점 4에 도달하면 기체가 응축한다. 상도표를 통해 우리는 주어진 온도와 압력에서 어떤 상이 존재할지 알 수 있다. 또한, 온도와 압력을 높이거나 낮출 때 어떤 상변화가 일어날 것인지도 알 수 있다.

CO_2 상도표에서 흥미로운 점은 삼중점이 $-57°C$, 5.2 atm으로 대기압보다 높은 압력이라는 점이다. 이는 대기압에서 액상이 존재하지 않는다는 것을 뜻하고, 따라서 드라이아이스는 "건조(dry)"하다. 더 높은 압력에서 고체 CO_2는 분명히 녹는다. 실제로 액체 CO_2는 많은 드라이클리닝 작업에서 용매로 사용된다.

물의 상도표(그림 11.32)는 고체–액체상 경계선이 음의 기울기를 갖는다는 점에서 <mark>일반적이지 않다</mark>.(그림 11.31의 고체–액체상 경계선과 비교해 보자.) 따라서 좁은 온도 범위 내에서는 얼음에 압력을 가하면 액체가 될 수 있다.

예제 11.8에서 상도표의 정보를 해석하는 연습을 해 보자.

학생 노트
일상적인 대기압 조건하에서 비스무트 또한 고체–액체상 경계의 기울기가 음이다. 비스무트도 물처럼 액체의 밀도(상온에서 $1.005 \, g/cm^3$)가 고체의 밀도(녹는점 271°C에서 $0.9780 \, g/cm^3$)보다 크다.

그림 11.32 물의 상도표. 실선은 두 상이 평형을 이루며 공존할 수 있는 압력과 온도 조건을 나타낸다. 세 상이 모두 평형을 이루며 존재하는 점 $(0.01℃, 0.006\,\text{atm})$는 삼중점이라고 한다.

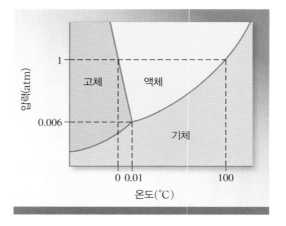

예제 11.8

다음 상도표를 이용하여 답하시오.
(a) 정상 끓는점과 정상 녹는점을 구하시오.
(b) 2 atm, 110℃에서 이 물질의 물리적 상태를 말하시오.
(c) 삼중점의 온도와 압력을 말하시오.

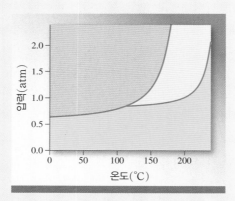

전략 상도표 위의 각 점은 압력−온도 조합에 해당한다. 정상 끓는점과 녹는점은 물질의 상이 변하는 온도이며, 이 점들은 상 경계선 위에 있다. 삼중점은 상 경계 세 개가 만나는 점이다.

계획 주어진 압력과 온도에 해당하는 선을 그려보면 상변화가 일어나는 온도와 각 조건에서 물리적 상태를 결정할 수 있다.

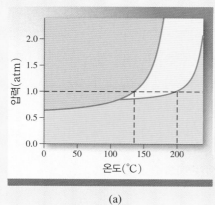

(a)

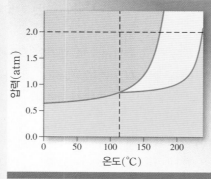

(b)

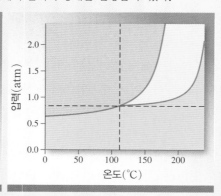

(c)

풀이 (a) 정상 끓는점은 ~205°C, 정상 녹는점은 ~140°C이다.

(b) 2 atm, 110°C에서 이 물질은 고체이다.

(c) 삼중점은 ~0.8 atm, ~115°C이다.

생각해 보기

이 물질의 삼중점은 대기압보다 낮은 위치에 있다. 따라서 일상적인 조건에서 가열하면 승화하지 않고 녹을 것이다.

추가문제 1 다음 상도표를 이용하여 답하시오.

(a) 정상 끓는점과 녹는점

(b) 1.2 atm, 100°C에서 물리적 상태

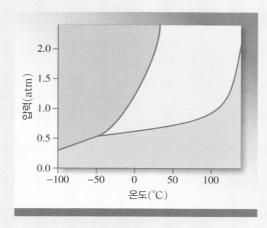

추가문제 2 다음 데이터를 이용하여 상도표를 그리시오.

압력(atm)	녹는점(°C)	끓는점(°C)	승화점(°C)
0.5	—	—	0
1.0	60	110	—
1.5	75	200	—
2.0	105	250	—
2.5	125	275	—

삼중점은 0.75 atm, 45°C이다.

추가문제 3 다음 상도표 중에서 다음 변화를 순서대로 나타낸 것은 어느 것인가? 다른 두 상도표의 화살표에 온도, 압력, 상변화를 번호로 나타내시오.

1. 상변화 없이 온도가 올라간다.
3. 상변화 없이 온도가 올라간다.
5. 온도가 올라가서 고체가 액체로 변한다.

2. 압력이 감소하여 고체에서 기체로 변한다.
4. 기체가 액체로 변하고 액체가 고체로 변한다.
6. 압력이 감소하여 액체가 기체로 변한다.

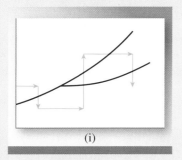

(i)

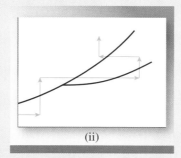

(ii)

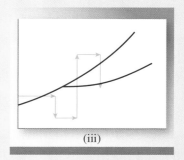

(iii)

분자 간 힘

11장에서 논의한 대부분의 분자 간 힘은 순물질 내의 입자들(원자, 분자 또는 이온) 간의 힘이다. 하지만 두 개의 서로 **다른** 물질의 입자 간 힘을 이해하면, 어떤 물질이 특정한 용매에 얼마나 잘 녹을지를 예상할 수 있다. "비슷한 것끼리 녹는다"는 말은 **극성**(polar) 또는 이온성 물질은 **극성** 용매에, **무극성**(nonpolar) 물질은 **무극성** 용매에 더 잘 녹는다는 사실을 의미한다. 물질의 용해도를 가늠하기 위해서는 그 물질이 이온성인지, 극성인지, 무극성인지를 먼저 확인해야 한다. 아래 순서도에 과정과 결과를 나타냈다.

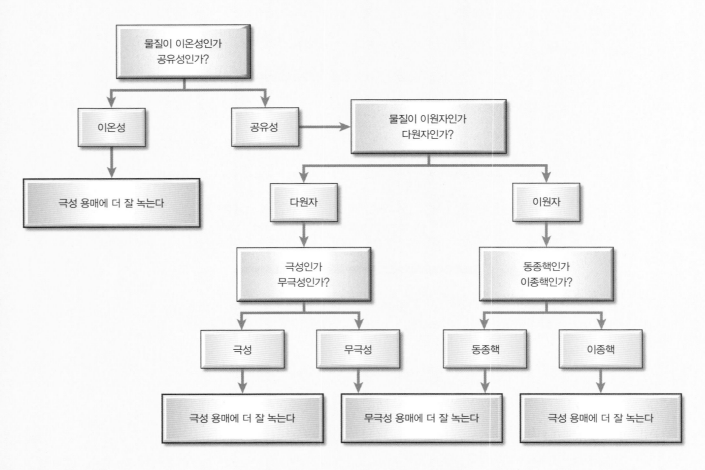

물질이 이온성인지 아닌지를 결정하기 위해서는 화학식을 봐야 한다. 화학식에 금속 양이온이나 암모늄 이온(ammonium ion, NH_4^+)이 있으면 이온성이다. 물에 거의 녹지 않는 이온성 화합물도 있다는 것을 기억하자[◀◀ 표 4.3]. 하지만 이들 화합물도 **무극성** 용매보다는 **물**에 더 잘 녹는다.

물질은 이온성이 아니라면 공유성이다. 공유성 물질은 구성 원자의 전기 음성도나 분자의 기하 구조에 따라 극성일 수도, 무극성일 수도 있다[◀◀ 9장 주요 내용]. 극성 화학종은 물과 같은 극성 용매에, 무극성 화학종은 벤젠과 같은 무극성 용매에 더 잘 녹을 것이다.

어떤 물질이 극성 용매에 잘 녹느냐, 무극성 용매에 잘 녹느냐를 결정할 수도 있지만, 같은 용매에 용해되는 서로 다른 두 물질의 **상대적인**(relative) 용해도를 가늠할 수도 있다. 예를 들어, 물이나 벤젠에 서로 다른 두 분자가 얼만큼 녹는지 비교해야 할 때가 있다. 한 분자는 극성이고 다른 분자는 무극성이라면, 무극성 분자보다는 **극성** 분자가 **물**에 더 잘 녹을 것, 반대로 극성 분자보다는 **무극성** 분자가 벤젠에 더 잘 녹을 것이라 예상할 수 있다.

또한, 어떤 무극성 물질들은 물에 분명히 용해되는데, 이는 분산력 때문이다. 분자의 크기가 크면 **편극성**(polarizability)이 크므로 분산력이 더 강하다[◀◀ 11.1절]. 따라서 무극성 분자 중에서 크기가 더 큰 것이 물에 더 잘 녹을 것이라 예상된다.

주요 내용 문제

11.1

다음 중 벤젠보다 물에 더 잘 녹을 것이라 예상하는 것은 어느 것인가?

(a) CH_3OH
(b) CCl_4
(c) NH_3
(d) Br_2
(e) KBr

11.2

다음 중 벤젠에 가장 많이 녹을 것이라고 예상하는 것은 어느 것인가?

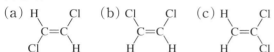

11.3

Kr, O_2, N_2를 물에 대한 용해도가 작아지는 순서대로 나열한 것은 어느 것인가?

(a) $Kr \approx O_2 > N_2$
(b) $Kr > O_2 \approx N_2$
(c) $Kr \approx N_2 > O_2$
(d) $Kr > N_2 > O_2$
(e) $Kr \approx N_2 \approx O_2$

11.4

C_2H_5OH, CO_2, N_2O를 물에 대한 용해도가 커지는 순서대로 나열한 것은 어느 것인가?

(a) $C_2H_5OH < CO_2 < N_2O$
(b) $CO_2 < N_2O < C_2H_5OH$
(c) $N_2O < C_2H_5OH < CO_2$
(d) $CO_2 \approx N_2O < C_2H_5OH$
(e) $CO_2 < C_2H_5OH < N_2O$

연습문제

배운 것 적용하기

유아들에게는 극히 드물게 일어나는 특이한 신장 결석이 중국에서는 멜라민 오염으로 인해 급속히 확산되었다. 하지만 성인에게 있어서 신장 결석은 상대적으로 흔하게 일어나며, 대략 10% 정도의 성인이 일생 동안 신장 결석 증상을 경험한다. 가장 흔한 신장 결석은 옥살산 칼슘(calcium oxalate, CaC_2O_4)으로 이루어지고, 이를 치료 또는 예방하기 위해 몇 가지 다른 방법을 사용한다. 치료하는 한 가지 방법은 소변의 형태로 체내의 물을 제거하는 약인 이뇨제를 사용하는 것이다. 신장을 통과하는 액체의 부피를 증가시키면 잠재적으로 결석을 만들 수 있는 칼슘을 감소시키는 데 도움을 줄 수 있다. 또한 이미 만들어진 결석을 제거해 줄 수도 있다. 신장 결석을 치료하고 예방하기 위해 처방하는 약에는 하이드로클로로타이아자이드(hydrochlorothiazide)와 클로르탈리돈(chlorthalidone)이 있다.

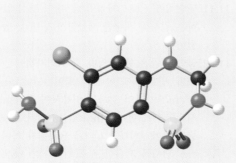

하이드로클로로타이아자이드

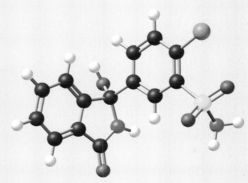

클로르탈리돈

문제

(a) 클로르탈리돈 분자들 사이, 그리고 하이드로클로로타이아자이드 분자들 사이에 존재하는 분자 간 힘의 종류는 무엇인가[◀◀ 예제 11.1]?

(b) 칼슘은 신장 결석의 가장 흔한 성분 중 하나이다. 칼슘 금속은 한 변의 길이가 558.84 pm인 면심 입방 단위 격자로 결정화한다. 칼슘의 원자 반지름을 Å 단위로 계산하시오[◀◀ 예제 11.3].

(c) 단위 격자 안에 Ca 원자가 몇 개 들어 있는가[◀◀ 예제 11.4]?

(d) 칼슘 금속의 밀도를 g/cm³ 단위로 계산하시오[◀◀ 예제 11.5].

(e) 신장 결석을 앓아봤던 사람들은 물을 더 많이 마셔서 결석이 더 생기는 것을 예방하라는 조언을 받는다. WebMD.com의 한 기사는 건강한 성인 남성보다 50 % 더 많은 양의 물, 적어도 2.84 L를 매일 마시라고 권장한다. 10°C의 물을 이만큼 마셨을 때, 체온을 37°C까지 데우는 데 얼만큼의 에너지를 소모하겠는가? 동일한 양의 물을 0°C의 얼음으로 섭취했을 때는 얼마나 더 많은 에너지가 소모되는가? 물의 ΔH_{fus}는 6.01 kJ/mol이다. 물의 밀도와 비열은 각각 1.00 g/cm³, 4.184 J/g·°C이며, 이 값은 온도와 무관하다고 하자[◀◀ 예제 11.6].

11.1절: 분자 간 힘

11.1 여러분이 Alaska에 살고 있다고 했을 때, 다음 천연가스들 중 겨울에 실외 저장 탱크에 보관할 수 있는 것은 어느 것인가? 이유를 설명하시오.

   메테인(CH_4), 프로페인(C_3H_8), 뷰테인(C_4H_{10})

11.2 다음 분자들(또는 원자나 이온들) 사이에 존재하는 분자 간 힘들을 나열하시오.

   (a) 벤젠(C_6H_6)   (b) CH_3Cl (c) PF_3

   (d) NaCl   (e) CS_2

11.3 다음 중 자신과 동일한 분자와 수소 결합이 가능한 것은 어느 것인가?

   (a) C_2H_6 (b) HI   (c) KF

   (d) BeH_2 (e) CH_3COOH

11.4 다이에틸 에터의 끓는점은 34.5°C, 1-뷰탄올의 끓는점은 117°C이다.

   다이에틸 에터   1-뷰탄올

   두 화합물은 같은 종류, 같은 수의 원자로 이루어져 있다. 끓는점이 다른 이유를 설명하시오.

11.5 어느 물질이 끓는점이 더 높으리라 예상하는가? 이유를 설명하시오.

   (a) Ne과 Xe   (b) CO_2와 CS_2 (c) CH_4와 Cl_2

   (d) F_2와 LiF   (e) NH_3와 PH_3

11.6 각 과정에서 어떤 인력을 극복해야 하는가?

   (a) 얼음이 녹는다.   (b) 브로민이 끓는다.

   (c) 고체 아이오딘이 녹는다.

   (d) F_2를 F 원자로 해리시킨다.

11.7 다음 화합물의 녹는점이 차이나는 이유를 설명하시오.

   (힌트: 둘 중 하나는 분자 내(intramolecular) 수소 결합을 형성할 수 있다.)

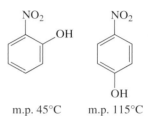

m.p. 45°C   m.p. 115°C

11.2절: 액체의 성질

11.8 온도가 75°C에서 100°C로 올라갈 때, 증기압이 두 배가 되는 액체의 몰 기화열을 구하시오.

11.9 에틸렌 글라이콜의 점성도는 에탄올과 글리세롤(표 11.3 참조)에 비해 어떠할지 예측하시오.

$$CH_2-OH$$
$$|$$
$$CH_2-OH$$

에틸렌 글라이콜

11.10 액체 X의 증기압이 20°C에서 액체 Y보다 더 낮았지만 60°C에서는 더 높았다. X와 Y의 몰 기화열의 상대적인 크기에 대해서 어떤 추론을 할 수 있겠는가?

11.3절: 결정 구조

11.11 단순 입방 격자, 체심 입방 격자, 면심 입방 격자 내에 존재하는 원자의 개수를 계산하시오. 모두 동일한 원자를 가정한다.

11.12 금속 바륨은 체심 입방 격자(격자점에는 Ba 원자만 있다)이다. 단위 격자 한 변의 길이는 502 pm이고 밀도는 3.50 g/cm³이다. 이 정보를 이용하여 Avogadro 수를 계산하시오.[힌트: 먼저 1 mol의 Ba 원자로 채워진 부피를 cm³ 단위로 계산한다. 그 다음 Ba 원자 하나로 채워진 부피를 cm³ 단위로 계산한다. 단위 격자의 68 %가 Ba 원자로 채워져 있다고 가정하시오.]

11.13 유로퓸은 체심 입방 격자(격자점에는 Eu 원자만 있다)이고, Eu의 밀도는 $5.26\ g/cm^3$이다. 단위 격자의 한 변 길이를 pm 단위로 계산하시오.

11.14 어떤 입방형 단위 격자의 꼭짓점에는 X 원자, 각 면에는 Y 원자가 위치해 있다. 이 고체의 실험식은 무엇인가?

11.15 산화 아연의 단위 격자가 다음과 같다. 산화 아연의 화학식은 무엇인가?

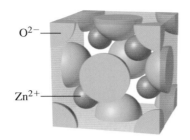

11.4절: 결정의 종류

11.16 어떤 고체가 무르고, 녹는점이 $100°C$ 이하로 낮다. 이 물질의 고체 상태, 용융액, 그리고 이 물질을 녹인 수용액은 모두 전기를 전도하지 못한다. 고체를 분류하시오.

11.17 다음 중 어느 것이 분자성 고체이고 어느 것이 공유성 고체인가?

$$Se_8,\ HBr,\ Si,\ CO_2,\ C,\ P_4O_6,\ SiH_4$$

11.18 다이아몬드가 흑연보다 딱딱한 이유를 설명하시오. 다이아몬드는 전기 전도체가 아닌 데 반해 흑연은 왜 전기를 통하게 하는가?

11.6절: 상변화

11.19 $-15°C$의 얼음 866 g을 $146°C$의 수증기로 만들기 위해 필요한 열은 kJ 단위로 얼마인가? 얼음과 수증기의 비열은 각각 2.03, $1.99\ J/g·°C$이다.

11.20 액체의 증발 속도는 (a) 온도, (b) 액체가 공기에 노출된 면적, (c) 분자 간 힘에 어떻게 영향을 받는가?

11.21 동결 건조 커피는 커피를 우려낸 후 얼리고 그 다음 진공 펌프로 얼음 성분을 제거해서 만든다. 이 과정에서 일어나는 상변화를 설명하시오.

11.22 $100°C$의 물보다 $100°C$의 수증기에 입은 화상이 더 심각한 이유를 설명하시오.

11.7절: 상도표

11.23 얼음 블록 위에 끈이 올려져 있다. 끈의 길이는 얼음 블록 변의 길이보다는 길고, 끈의 양쪽에 무거운 추를 달려 있다. 끈 아래의 얼음이 점차 녹아서 얼음을 천천히 통과한다. 이와 동시에 위쪽의 물은 다시 언다. 이와 연관된 상변화를 설명하시오.

11.24 물의 상도표에 각 영역이 이 무엇인지 표시하시오. 다음 변화에 따라 어떤 일이 일어날지 예측하시오.
(a) A에서 시작하여 일정한 압력에서 온도를 올린다.

(b) B에서 시작하여 일정한 온도에서 압력을 낮춘다.
(c) C에서 시작하여 일정한 압력에서 온도를 낮춘다.

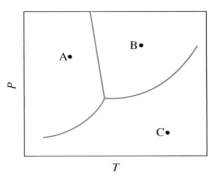

추가문제

11.25 액체에서 분자 간 힘이 매우 강함을 의미하는 성질은 어느 것인가?
(a) 매우 낮은 표면 장력　(b) 매우 낮은 임계점
(c) 매우 낮은 끓는점　(d) 매우 낮은 증기압

11.26 붕소의 다음과 같은 성질을 바탕으로 하여 11.4절에서 논의한 대로 결정의 종류를 분류하시오.
녹는점이 높다($2300°C$), 열과 전기 전도성이 나쁘다, 물에 녹지 않는다, 매우 딱딱하다.

11.27 다음 중에서 편극성이 가장 큰 물질은 어느 것인가?
$$CH_4,\ H_2,\ CCl_4,\ SF_6,\ H_2S$$

11.28 끓는점 $357°C$에서 수은의 증기압은 얼마인가?

11.29 물질의 상도표에서 액체-기체 경계선은 어떤 점에서 갑자기 끝난다. 왜 그러한가?

11.30 결정성 SiO_2와 비결정성 SiO_2 중 밀도가 큰 것은 어느 것인가? 왜 그러한가?

11.31 다음 서술 중에서 틀린 것은 어느 것인가?
(a) 분자들이 순간 쌍극자 모멘트만을 갖고 있을 때 분자 간 쌍극자-쌍극자 상호 작용이 최대이다.
(b) 수소 원자를 포함하는 모든 화합물이 수소 결합을 형성할 수 있다.
(c) 분산력은 모든 원자, 분자, 이온들 사이에 존재한다.

11.32 끓는점이 더 높은 물질을 고르시오. 주된 분자 간 힘을 밝히고, 끓는점이 더 높은 이유를 설명하시오.
(a) K_2S 또는 $(CH_3)_3N$
(b) Br_2 또는 $CH_3CH_2CH_2CH_3$

11.33 온도와 밀도가 동일한 조건에서 CH_4와 SO_2 중 어느 것이 덜 이상적인 거동을 보이리라 예상하는가? 이유를 설명하시오.

11.34 기체 상태 아이오딘의 표준 생성 엔탈피는 $62.4\ kJ/mol$이다. 이를 이용하여 $25°C$에서 아이오딘의 몰 승화열을 계산하시오.

11.35 수화열은 이온이 용액에서 수화될 때 수반되는 열의 변화이고, 이온-쌍극자 상호 작용에 크게 의존한다. 알칼리 금속 이온의 수화열은 Li^+ $-520\ kJ/mol$, Na^+ $-405\ kJ/mol$, K^+ $-321\ kJ/mol$이다. 이 경향성을 설명하시오.

11.36 25℃에서 다음 과정의 $\Delta H°$를 계산하시오. 각 과정에 관련된 힘의 관점에서 $\Delta H°$ 값의 상대적인 크기를 논하시오.(힌트: 표 8.6 참조)

(a) $Br_2(l) \longrightarrow Br_2(g)$

(b) $Br_2(g) \longrightarrow 2Br(g)$

11.37 밀폐된 용기에 물이 담긴 비커가 들어 있다. 다음과 같은 처리를 했을 때 물의 증기압에 어떤 영향이 있을지 예측하시오.

(a) 온도를 낮췄다.

(b) 용기의 부피를 두 배로 늘렸다.

(c) 비커에 물을 더 채워 넣었다.

11.38 석회석($CaCO_3$) 시료를 밀폐된 용기 내에서 가열하여 일부가 분해되었다. 반응식을 적고, 상이 몇 개 존재하는지 말하시오.

11.39 다음 현상을 설명하시오.

(a) 아르곤 기체가 든 플라스크를 액체 질소(b.p. −195.8℃)에 담가 액화시키고 진공 펌프에 연결하면 고체 아르곤(m.p. −189.2℃, b.p. −185.7℃)이 생성된다.

(b) 고체 사이클로헥세인(C_6H_{12})에 가해지는 압력이 커질수록 사이클로헥세인의 녹는점이 증가한다.

(c) 높은 고도에 떠 있는 구름에는 −10℃에서도 물방울이 존재한다.

(d) 물이 담긴 비커에 드라이아이스 조각을 넣으면 물 위에 안개가 생긴다.

11.40 압력솥은 정해진 압력을 초과할 때 수증기가 방출되도록 만들어진 밀폐 용기이다. 이것이 요리 시간을 어떻게 단축시킬 수 있는가?

11.41 브로콜리를 끓는 물 대신에 수증기로 조리할 때 장점은 무엇인가?

11.42 찬물이 담긴 비커를 삼발이 위에 올려놓고 분젠 버너로 가열한다. 버너에 불을 붙이고 나서, 비커 바깥쪽에 물이 맺힌 것을 보았다. 무슨 일이 일어났는지 설명하시오.

11.43 철은 체심 입방 격자로 결정화한다. X선 회절을 통해 격자의 한 변 길이가 286.7 pm임을 알았다. 철의 밀도가 7.874 g/cm³임을 이용하여 Avogadro 수를 계산하시오.

11.44 메탄올의 끓는점은 65.0℃이고, 메탄올 증기의 표준 생성 엔탈피는 −201.2 kJ/mol이다. 25℃에서 메탄올의 증기압을 mmHg 단위로 계산하시오.(힌트: 메탄올의 다른 열역학 데이터가 필요하면 부록 2를 참고하시오.)

11.45 9.6 L 부피의 밀폐된 용기에 물이 2.0 g 들어 있다. 질량의 절반만이 액체 물로 존재할 때 온도를 ℃ 단위로 계산하시오.(온도에 따른 물의 증기압은 표 10.5를 참고하시오.)

11.46 이상적 거동을 가정하여 정상 끓는점 19.5℃에서 기체 HF의 밀도를 계산하시오. 동일한 조건에서 실험적으로 측정된 밀도는 3.10 g/L이다. 계산 결과와 실험값의 차이를 설명하시오.

11.47 다음 화합물 중에서 상온에서 액체로 존재할 가능성이 가장 높은 것은 어느 것인지 고르고 설명하시오.
에테인(C_2H_6), 하이드라진(N_2H_4), 플루오로메테인(CH_3F)

11.48 탄소의 상도표를 보고 물음에 답하시오.

(a) 삼중점은 몇 개이고, 각 삼중점에 공존하는 상은 무엇인가?

(b) 흑연과 다이아몬드 중 어느 것이 밀도가 더 높은가?

(c) 흑연으로부터 인조 다이아몬드를 만들 수 있다. 상도표를 이용하여 어떻게 만들 수 있는지 말하시오.

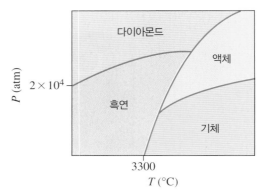

11.49 헬륨의 상도표이다. 헬륨은 서로 다른 두 액체 상태(헬륨−I과 헬륨−II)가 존재하는 유일한 물질로 알려져 있다.

(a) 헬륨−II가 존재할 수 있는 가장 높은 온도는 얼마인가?

(b) 고체 헬륨이 존재할 수 있는 가장 낮은 압력은 얼마인가?

(c) 헬륨−I의 정상 끓는점은 얼마인가?

(d) 고체 헬륨은 승화할 수 있는가?

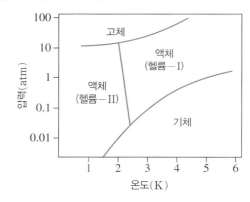

11.50 수영 코치는 물이 들어간 귀에 알코올(에탄올) 한 방울을 넣으면 물을 끌고 나온다고 조언한다. 분자적 관점에서 이 작용 원리를 설명하시오.

11.51 어떤 DNA의 상보적 가닥 두 개가 있고, 각각 100개의 염기쌍을 갖고 있다. 300 K의 수용액에서 두 가닥이 수소 결합을 통해 이중 나선을 형성할 수 있는 비율(분리된 가닥에 대한 이중 나선의 비율)을 계산하시오.(힌트: 이 비율을 계산하는 공식은 $e^{-\Delta E/RT}$이다. 여기서 ΔE는 수소 결합을 이룬 DNA 이중 가닥과 단일 가닥 간의 에너지 차이를 의미하고, R은 기체 상수이다.) 염기쌍당 수소 결합 에너지는 10 kJ/mol로 가정하시오.

11.52 기체 상태 또는 휘발성이 매우 높은 액체 상태의 마취제는 외과 수술에서 종종 사용한다. 들이마셨을 때 증기가 폐포를 통해 혈류로 빠르게 흡수되어 뇌로 들어간다. 마취제 몇 종류를 끓는점과 함께 나타냈다.

할로테인
50°C

아이소플루레인
48.5°C

엔플루레인
56.5°C

분자 간 힘을 고려하여, 이들 마취제를 사용했을 때 장점을 설명하시오.(힌트: 뇌 관문은 내부가 무극성인 막들로 이루어져 있다.)

11.53 굴을 재배할 때 매우 추운 날에는 어는 것을 방지하기 위해서 나무에 물을 뿌린다. 왜 그럴까?

종합 연습문제

물리학과 생물학

컴퓨터 칩에 이용되는 실리콘은 불순물 농도가 10^{-9} 이하여야 한다.(즉, Si 원자 10^9개당 불순물 원자가 하나 이하여야 한다.) 실리콘은 약 2000°C에서 코크스(석탄을 분해 증류해서 만든 탄소의 한 형태)를 이용해서 석영(SiO_2)을 환원시켜 만든다.

$$SiO_2(s) + 2C(s) \xrightarrow{\Delta} Si(l) + 2CO(g)$$

다음으로 350°C에서 염화 수소로 처리하여 고체 실리콘을 다른 불순물로부터 분리한다. 이때 기체 상태의 삼염화실레인(trichlorosilane, $SiCl_3H$)이 만들어진다.

$$Si(s) + 3HCl(g) \xrightarrow{\Delta} SiCl_3H(g) + H_2(g)$$

마지막으로 1000°C에서 다음 반응을 통해 초고순도 Si를 얻는다.

$$SiCl_3H(g) + H_2(g) \xrightarrow{\Delta} Si(s) + 3HCl(g)$$

1. 삼염화 실레인의 몰 기화열이 28.8 kJ/mol이다. 다음 식을 이용하여 삼염화 수소의 정상 끓는점을 구하시오.

$$\ln \frac{P_1}{P_2} = \frac{\Delta H_{vap}}{R}\left(\frac{1}{T_2} - \frac{1}{T_1}\right)$$

a) −28.0°C

b) −276°C

c) 30.1°C

d) 275°C

2. 삼염화 실레인 분자들 사이에 존재하는 분자 간 힘은 무엇인가?

a) 분산력, 쌍극자−쌍극자, 수소 결합

b) 분산력, 쌍극자−쌍극자

c) 이온−이온

d) 쌍극자−쌍극자

3. 한 변의 길이가 543 pm인 입방 단위 격자는 각각 Si 원자를 8개 포함한다. 순수한 실리콘 시료 1 cm^3당 1.0×10^{13}개의 붕소 원자가 존재한다면, 이 시료에서 B 원자 하나당 Si 원자는 몇 개인가?

a) 5×10^{22}

b) 2×10^{-10}

c) 2×10^{-22}

d) 5×10^9

4. 순수 실리콘의 밀도를 계산하시오.

a) 2.33 g/cm^3

b) 0.292 g/cm^3

c) 4.67 g/cm^3

d) 3.72×10^{-22} g/cm^3

예제 속 추가문제 정답

11.1.1 (a) 분산력 (b) 쌍극자−쌍극자 힘, 수소 결합, 분산력, (c) 쌍극자−쌍극자 힘과 분산력 (d) 분산력 **11.1.2** (a) 쌍극자−쌍극자 힘과 분산력 (b) 쌍극자−쌍극자 힘, 수소 결합, 분산력 (c) 쌍극자−쌍극자 힘, 수소 결합, 분산력 (d) 분산력 **11.2.1** 265 mmHg **11.2.2** 75.9 kJ/mol, 109°C **11.3.1** 10.5 g/cm^3 **11.3.2** 체심 입방 **11.4.1** 4 Ca, 8 F **11.4.2** 1 Cs, 1 Cl **11.5.1** 2.65 g/cm^3 **11.5.2** 421 pm **11.6.1** 2.72 g/cm^3 **11.6.2** 361 pm **11.7.1** 984 kJ **11.7.2** 100°C, 액체와 기체의 평형 **11.8.1** (a) ∼110°C, ∼−10°C (b) 액체

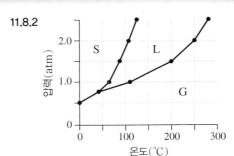

11.8.2

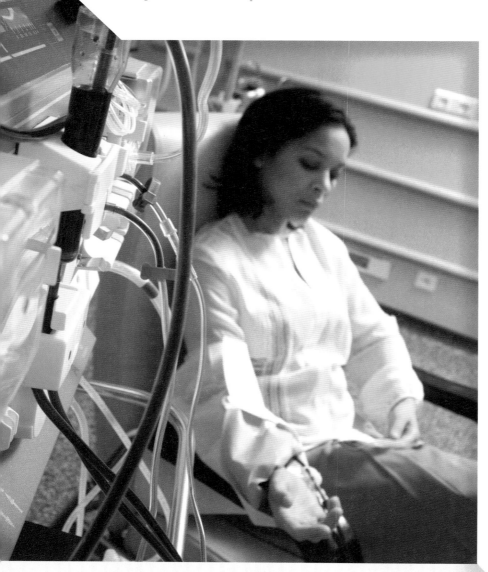

CHAPTER

12

용액의 물리적 성질

Physical Properties of Solutions

혈액으로부터 해로운 물질을 제거하기 위해 용액의 성질을 이용한 투석

이 장의 목표

용액 형성과 관련된 에너지 변화, 용액에 대한 농도 표현 방법, 그리고 그 농도가 용액의 성질을 어떻게 결정하는지를 배운다.

들어가기 전에 미리 알아둘 것

- 분자 간 힘 [|◀◀ 11.1절]
- 분자 기하 구조와 극성 [|◀◀ 9.2절]
- 용액의 화학량론 [|◀◀ 4.5절]

용액의 일반적인 유익한 성질이 어떻게 투석 환자를 위험에 처하게 할 수 있을까

1993년에 Chicago 대학 병원에서 일상적인 혈액 투석 치료를 받아왔던 9명의 환자들의 상태가 심각해져 그중 3명이 죽게 되었다. 이 질병과 죽음의 원인은 물로부터 플루오린화 (fluoride) 이온을 제거하기 위한 목적으로 사용된 장비의 작동 실패로 생겨난 플루오린 중독이었다. 혈액 투석이 혈액으로부터 불순물을 제거할 것으로 생각되지만, 그 과정에서 이미 사용된 플루오린화 물은 실제로 환자의 혈액에 독을 첨가한 셈이었다.

종종 간단히 **투석**(dialysis)으로도 불리는 혈액 투석은 신장이 제대로 기능하지 않는 환자들의 혈액으로부터 독소를 제거하는 것이다. 이것은 일시적으로 환자의 혈액을 **투석기**(dialyzer)라고 불리는 특수 필터로 통과시키는 일이다. 투석기 내에서 혈액은 **투석액** (dialysate)이라 불리는 수용액으로부터 분리된다(인공 다공성 막에 의해서). 투석액은 일반적으로 염화 소듐(sodium chloride), 탄산수소 소듐(sodium bicarbonate) 또는 아세트산 소듐(sodium acetate), 염화 칼슘(calcium chloride), 염화 포타슘 (potassium chloride), 염화 마그네슘(magnesium chloride), 종종 포도당(glucose) 과 같은 다양한 종류의 용해된 물질을 담고 있다. 그 용액의 조성은 혈장의 조성을 흉내 낸 것이다. 혈액과 투석액, 이 두 용액은 다공성 막에 의해서 분리되면, 용해된 용질 입자 중에서 가장 작은 입자는 농도가 높은 쪽으로부터 농도가 낮은 쪽으로 통과한다. 투석액에는 혈액과 같은 농도로 혈액의 중요 성분들이 포함되어 있기 때문에, 그 막을 통해 일어나는 물질들의 알짜 이동은 없다. 그러나, 신장이 제대로 기능하지 않는 환자들의 혈액에 축적되는 해로운 물질들은 막을 통과하여 그 물질의 초기 농도가 거의 0인 투석액으로 이동하게 되어 결국 혈액으로부터 제거된다. 제대로 시행된다면, 혈액 투석 요법은 신부전증을 갖고 있는 환자들의 수명을 몇 년 더 연장할 수 있다.

혈액 투석과 같은 의료 절차의 개발과 개선을 위해서는 **용액의 성질**(properties of solutions)을 이해해야 한다.

이 장의 끝에서 여러분들은 수용성 플루오린화 용액과 관련된 일련의 문제를 풀 수 있게 될 것이다[▶▶ 배운 것 적용하기, 530쪽].

12.1 용액의 종류

이미 2.1절에서 언급했듯이, 용액은 두 종류 또는 그 이상의 물질들의 균일한 혼합물이다. 용액은 **용매**(solvent)와 하나 이상의 **용질**(solute)로 구성되어 있다는 것을 기억하자[◀◀ 4.1절]. 가장 친숙한 용액들 중 대부분은 고체가 액체에 녹아 있는 것들(예를 들면, 소금물 또는 설탕물)이지만, 용액은 구성 성분이 고체, 액체 또는 기체 중 어느 것도 가능하다. 이러한 조합을 이용하여 용액 조성의 원래 상태로 분류하면 분명하게 7가지 종류의 용액이 만들어 진다. 표 12.1에서 각 종류의 용액의 예를 찾아볼 수 있다.

이 장에서는 용매가 액체인 용액에 초점을 둘 것이고 여기서 다루게 될 액체 용매는 거의 물이 될 것이다. 물이 용매인 용액이 **수용액**(aqueous solution)으로 불리는 것을 기억하자[◀◀ 4.1절].

용액은 최대로 녹을 수 있는 용질의 양에 대해 상대적으로 녹아 있는 용질의 양에 의해서 분류될 수도 있다. **포화 용액**(saturated solution)은 특정 온도에서 용매에 최대로 녹을 수 있는 양의 용질을 포함한 용액이다. 포화 용액의 주어진 부피에서 녹아 있는 용질의 양은 **용해도**(solubility)라 불리운다. 용해도는 특정 용질, 특정 용매, 특정 **온도**(temperature)를 함께 언급해야 한다는 것이 중요하다. 예를 들어, 20°C에서 NaCl의 물에 대한 용해도는 물 100 mL당 36 g이다. 다른 온도 또는 다른 용매에서는 NaCl의 용해도가 달라질 것이다. **불포화 용액**(unsaturated solution)은 녹을 수 있는 최대량보다 적은 양의 용질이 용해되어 있는 용액이다. 반면에, **과포화 용액**(supersaturated solution)은 포화 용액보다 더 많은 양의 용질이 녹아 있는 용액이다(그림 12.1). 이것은 일반적으로 불안정하며 결국에는 녹아 있는 용질이 용액으로부터 나오게 된다. 이러한 현상의 예가 그림 12.2에 보여진다.

> **학생 노트**
> 용해도란 용어는 4.1절에도 정의되어 있다

12.2 용액 과정

4장에서 이온성 고체가 물에서 녹을지 또는 그렇지 않을지를 예측할 수 있는 규칙에 대해서 배웠다. 이제 일반적으로 용해도를 결정하는 요인들에 대해서 알아볼 것이다. 이러한 논의가 왜 그렇게 많은 이온성 물질들이 극성 용매인 물에 녹는지를 이해하는 데 도움을 줄 뿐 아니라, 이온성 화합물과 공유 화합물의 극성과 비극성 용매에 대한 용해도를 예측하는데도 도움을 줄 것이다.

표 12.1	용액의 종류		
용질	용매	용액의 상태	예
기체	기체	기체*	공기
기체	액체	액체	탄산수
기체	고체	고체	Pd의 수소(H_2) 기체
액체	액체	액체	물의 에탄올
액체	고체	고체	은의 수은
고체	액체	액체	소금물
고체	고체	고체	놋쇠(Cu/Zn)

*기체 상태의 용액은 기체 상태의 용질만을 포함한다.

그림 12.1 (a) 많은 용액들은 물에 용해된 고체로 구성되어 있다. (b) 용질이 모두 녹았을 경우, 그 용액은 불포화 용액이다. (c) 녹을 수 있는 양보다 더 많은 고체가 첨가될 경우, 그 용액은 포화 용액이다. (d) 정의에 의하면, 포화 용액은 용해되지 않은 고체와 접촉한다. (e) 어떤 포화 용액은 더 많은 고체를 녹이기 위해 가열하고 결정화를 방지하기 위해 주의 깊게 식히게 되면 과포화 용액으로 될 수 있다.

그림 12.2 과포화 용액에서 (a) 작은 종자 결정을 첨가하면 과량의 용질이 결정화된다. (b)~(e) 결정화는 급속히 진행되어 포화 용액과 결정 고체를 만든다.

분자 간 힘과 용해도

액체와 고체에서 분자들을 서로 붙들어 놓는 분자 간 힘은 용액 과정에서 중요한 역할을 한다. 용질이 용매에 녹을 때, 용질 분자는 용매 전체에 퍼지게 된다. 사실 용질 분자는 다른 용질 분자들로부터 **분리**(separated)되고 용매 분자들로 **둘러싸이게**(surrounded) 되는데, 이러한 과정은 **용매화**(solvation)로 알려져 있다. 용질 분자가 얼마나 쉽게 다른 용질 분자들로부터 분리되어 용매 분자들에 의해 둘러싸이는지는 3종류의 상호 작용의 상대적인 세기에 달려 있다.

1. 용질-용질 상호 작용
2. 용매-용매 상호 작용
3. 용질-용매 상호 작용

11장에서 배웠던 분자 간 힘의 대부분이 순수 물질의 분자들, 원자들, 또는 이온들 사이에서 존재했던 것과는 달리, 용질-용매 상호 작용은 서로 다른 물질들의 혼합물에서 존재한다. 혼합물의 구성분들이 다른 성질을 갖기 때문에, 다양한 분자 간의 힘을 고려해야 한다. 모든 물질들 사이에서 존재하는 분산력, 극성 분자들 사이에서의 쌍극자-쌍극자 힘, 그리고 이온들 사이에서의 이온-이온 힘뿐만 아니라, 용액은 다음과 같은 분자 간 힘을 보일 수 있다.

분자 간 힘	예	모형
이온-쌍극자(ion-dipole): 한 이온의 전하가 극성 분자의 부분 전하에 끌려 당겨진다.	물에서 NaCl 또는 KI	
쌍극자-유도 쌍극자(dipole-induced dipole): 극성 분자의 부분 전하가 주위의 비극성 분자나 원자의 순간적인 부분 전하를 유도한다.	물에서 He 또는 CO_2	
이온-유도 쌍극자(ion-induced dipole): 한 이온의 전하가 주위의 비극성 분자나 원자의 순간적인 부분 전하를 유도한다.	Fe^{2+}와 O_2	

그림 12.3에서처럼, 간단하게 용액 과정이 3개의 뚜렷한 단계에 걸쳐서 일어난다고 가정할 수 있다. 1단계는 용질 분자들이 서로 분리되는 단계이고, 2단계는 용매 분자들이 분리되는 단계이다. 이들 단계는 분자 간 인력을 극복해야 하기 때문에 에너지의 주입을 필요로 하는 흡열 과정이다. 3단계는 용매와 용질 분자들이 섞이는 단계이다. 이 과정은 일반적으로 **발열**(exothermic) 과정이다. 전체 과정에 대한 엔탈피 변화($\Delta H_{용액}$)는 다음과 같다.

$$\Delta H_{용액} = \Delta H_1 + \Delta H_2 + \Delta H_3$$

1단계와 2단계에서 필요한 에너지보다 더 많은 양의 에너지가 3단계에서 방출되면 전체 용액-형성 과정은 발열 과정이다($\Delta H_{용액} < 0$). 1단계와 2단계에서 필요한 에너지보다 더 적은 양의 에너지가 3단계에서 방출되면 전체 용액-형성 과정은 흡열 과정이다($\Delta H_{용액} > 0$). (그림 12.3은 전체적으로 흡열 과정의 용액 형성에 관한 것을 보이고 있다.)

"비슷한 것끼리 녹인다(like dissolves like)"란 말은 주어진 용매에서 어떤 물질의 용해도를 예측하는 데 유용하다. 이 말이 의미하는 것은 비슷한 유형과 크기의 분자 간 힘을 갖는 두 물질이 서로에게서 잘 녹을 수 있다는 것이다. 예를 들어, CCl_4와 C_6H_6은 모두 비극성 액체이다. 이 물질들 사이에서 존재하는 유일한 분자 간 힘은 분산력이다[|◄◄11.1절].

그림 12.3 세 단계에 걸쳐서 일어나는 용액 과정의 분자적 관점: 먼저 용질과 용매 분자들은 분리된다(1단계와 2단계-각각 모두 흡열 과정). 그 다음으로 용매와 용질 분자들은 혼합된다(3단계-발열 과정).

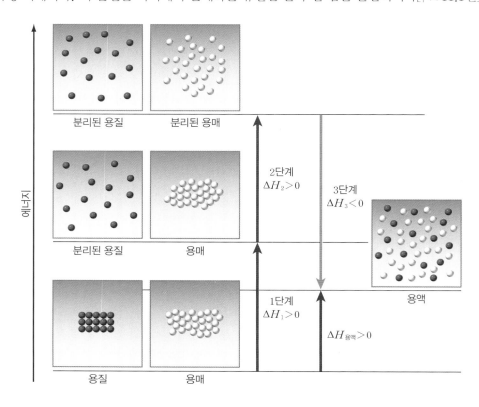

CCl_4와 C_6H_6 사이에서의 인력의 크기가 각 액체의 순수한 상태에서의 인력의 크기와 비슷하기 때문에 이 두 액체는 섞이게 되면 서로 잘 녹는다. 이러한 두 액체는 서로 어떠한 비율로도 완전히 녹기 때문에 **혼합성**(miscible)이라고 불린다. 메탄올, 에탄올, 1,2-에틸렌 글리콜과 같은 알코올은 물과 수소 결합을 형성할 수 있기 때문에 물과 혼합성이다.

메탄올   에탄올   1,2-에틸렌 글리콜

표 4.2와 4.3에 제시된 지침은 특정한 이온성 화합물의 물에서 용해도를 예측할 수 있게 한다. 염화 소듐이 물에 녹으면, 그 이온들은 이온-쌍극자 상호 작용을 수반하는 **수화** (hydration)에 의해서 용액 내에서 안정화된다. 일반적으로 이온성 화합물들은 비극성 용매보다 물, 액체 암모니아, 액체 플루오린화 수소와 같은 극성 용매에서 더 잘 녹는다. 벤젠과 사염화 탄소와 같은 비극성 용매 분자들은 쌍극자 모멘트를 갖지 않기 때문에 Na^+와 Cl^-를 효과적으로 용매화할 수 없다. 이온과 비극성 화합물 사이에서의 주된 분자 간 상호 작용은 일반적으로 이온-쌍극자 상호 작용보다 훨씬 약한 이온-유도 쌍극자 상호 작용이다. 결과적으로, 이온성 화합물은 비극성 용매에서 매우 낮은 용해도를 갖는다.

예제 12.1은 "비슷한 것끼리 녹인다"의 원리를 이용하여 상대적인 용해도를 예측하는 연습을 하게 한다.

> **학생 노트**
> 용매화는 용매 분자에 의해서 용질 입자가 둘러싸이는 일반적인 방법을 의미한다. 용매가 물인 경우, 좀 더 구체적인 용어인 **수화**를 사용한다[◀◀ 4.1절].

예제 (12.1)

다음 각 용질이 극성인 물에서 용해도가 클지 또는 비극성인 벤젠(C_6H_6)에서 용해도가 클지를 결정하시오.
(a) 브로민(Br_2)   (b) 아이오딘화 소듐(NaI)   (c) 사염화 탄소(CCl_4)   (d) 폼알데하이드(CH_2O)

전략 각 용질이 극성인지 아닌지를 결정하기 위해서 각 용질의 구조를 생각한다. 분자 용질에 대해서, Lewis 구조 그리는 것을 시작으로 하여 VSEPR 이론을 적용시킨다[◀◀ 9.1절]. 이온성 화합물을 포함한 극성 용질들은 물에 더욱 잘 녹을 것이다. 비극성 용질들은 벤젠에 더 잘 녹을 것이다.

계획
(a) 브로민은 동종핵의 이원자 분자이며 비극성이다.
(b) 아이오딘화 소듐은 이온성이다.
(c) 사염화 탄소는 다음과 같은 Lewis 구조를 가진다.

중심 원자 주위에 4개의 전자 영역을 가지고 있으므로 사면체 배열로 생각된다. 동일한 결합의 대칭적 배열은 비극성 분자를 만든다.
(d) 폼알데하이드는 다음과 같은 Lewis 구조를 가진다.

십자 화살표는 각 결합을 쌍극자를 나타내기 위해서 사용된다[◀◀ 9.2절]. 이 분자는 극성이며 물과 수소 결합을 형성할 수 있다.

풀이
(a) 브로민은 벤젠에 더 잘 녹는다.
(b) 아이오딘화 소듐은 물에 더 잘 녹는다.
(c) 사염화 탄소는 벤젠에 더 잘 녹는다.
(d) 폼알데하이드는 물에 더 잘 녹는다.

생각해 보기

분자식 하나로 다원자 분자의 모양이나 극성을 결정하기에는 충분하지 않다는 것을 기억하자. 반드시 올바른 Lewis 구조로 시작하여 VSEPR 이론을 적용시켜 결정해야만 한다[◀◀ 9.2절].

추가문제 1 아이오딘(I_2)은 액체 암모니아(NH_3)와 이황화 탄소(CS_2) 중 어디에서 더 잘 녹는지 예측하시오.

추가문제 2 다음 중 어느 것이 물에서보다 벤젠에서 더 잘 녹을 것으로 기대되는가?

$$C_3H_8, \ HCl, \ I_2, \ CS_2$$

추가문제 3 첫 번째 그림은 움직일 수 있는 피스톤을 장착한 용기에 물과 수용성 기체로 구성된 닫힌계를 나타내고 있다. 나머지 다른 그림들 중 어느 것이 피스톤이 아래로 움직일 때의 계를 가장 잘 표현했는가?(각 그림은 그 계의 온도를 나타내는 온도계를 포함한다.)

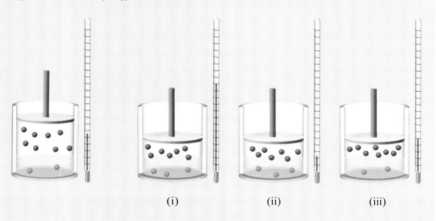

(i)   (ii)   (iii)

용해의 원동력

과거에는 어떤 과정에 대한 원동력이 그 계의 퍼텐셜 에너지를 낮추는 것으로 배웠다. 2개의 수소 원자가 74 pm 거리로 떨어져 있을 때 퍼텐셜 에너지가 최소가 된다는 것을 기억하자[◀◀ 9.3절]. 그러나 계의 퍼텐셜 에너지를 증가시키는 흡열 과정으로 용해되는 물질들이 있기 때문에, 물질의 용해 여부를 결정하는 데 또 다른 것이 관여해야만 한다. 그 다른 것이 **엔트로피**이다.

어떤 계의 **엔트로피**(entropy)는 에너지가 **분산**되거나 **퍼져 나가는** 방법의 척도이다. 물리적 장벽으로 분리되어 있는 서로 다른 기체들을 고려해 보자. 그 장벽이 제거되면, 그 기체들은 혼합되어 용액을 형성한다. 보통 조건에서 기체들을 이상적으로 취급할 수 있다. 즉, 어느 기체에서든지 혼합되기 전에도 분자들 사이에 인력이 없고(깨어져야 할 용질−용질 간 또는 용매−용매 간 인력이 없음) 그리고 혼합물의 분자들 사이에 인력이 없다(용질−용매 간 인력의 형성 없음)고 가정할 수 있다. 계의 에너지는 변하지 않으면서 기체들은 자발적으로 섞이게 된다. 그러한 용액이 형성되는 이유는 원래 기체 시료의 에너지 변화가 없더라도 각 기체 시료가 소유한 에너지가 더 큰 공간으로 퍼져 나가기 때문이다. 이러한 계의 에너지 증가된 분산이 계의 **엔트로피**의 증가이다. 엔트로피가 증가하는 것은 자연스러운 경향이다. 즉, 에너지 분산을 막는 것이 존재하지 않는다면 계의 에너지는 더욱 분산될 수 있기 때문이다. 처음에는 두 기체 사이의 물리적 장벽이 에너지가 더 큰 부피로 퍼지는 것을 막았다. 이런 용액의 형성을 이끌어 내는 것이 엔트로피의 증가이다.

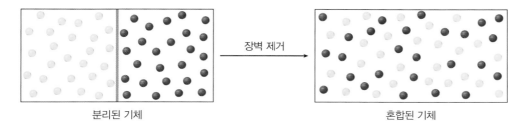

분리된 기체　　　　　　　　　　　　　　혼합된 기체

이제 물에서 **흡열**(endothermic) 과정으로 용해하는 질산 암모늄(NH_4NO_3)의 경우를 고려해 보자. 이 경우에, 용해는 계의 퍼텐셜 에너지를 **증가**시킨다. 그러나 질산 암모늄 고체가 갖는 에너지는 생성된 용액의 부피를 차지하기 위해서 퍼지게 되고 계의 엔트로피를 증가시킨다. 질산 암모늄은 물에 용해되는데, 그 이유는 계의 엔트로피의 호의적인 증가가 퍼텐셜 에너지의 비호의적인 증가를 능가하기 때문이다. 흡열 과정이 용액 형성에 장벽임에도 불구하고 그것은 용액 형성을 막을 만큼의 장벽으로는 충분하지 않다.

경우에 따라서, 어떤 과정이 너무 흡열적이라 엔트로피의 증가가 있더라도 자발적으로 진행되지 않는 경우도 있다. 예를 들어, 염화 소듐(NaCl)은 벤젠과 같은 비극성 용매에 용해되지 않는데, 그 이유는 생겨나는 용질−용매 상호 작용이 너무 약하여 염화 소듐의 양이온과 음이온의 결합을 분리하는 데 필요한 에너지를 충당할 수 없기 때문이다. 용액 형성에서 발열 단계(ΔH_3)의 크기는 흡열 과정(ΔH_1과 ΔH_2)의 합쳐진 크기와 비교할 때 너무 작아서, 결과적으로 엔트로피의 증가에도 불구하고 전체 과정은 매우 흡열적이고 중요한 정도로 발생하지 않게 된다.

12.3 농도 단위

4장에서 화학자들이 종종 **몰농도**(molarity) 단위로 용액의 농도를 표현한다는 것을 배웠다. 몰농도(M)는 용질의 mol을 용액의 부피로 나눈 값으로 정의된다는 것을 기억하자 [|◀◀ 4.5절].

$$몰농도 = M = \frac{용질의 \ mol}{용액의 \ L}$$

용질의 mol을 용액의 총 mol로 나눈 값으로 정의되는 몰분율(χ)도 역시 농도의 한 가지 표현이다[|◀◀ 10.5절].

$$A \ 성분의 \ 몰분율 = \chi_A = \frac{A의 \ mol}{모든 \ 성분의 \ mol의 \ 합}$$

이 절에서 하나의 혼합 성분의 농도를 나타내는 두 가지 추가적인 방법, **몰랄농도**(molality)와 **질량 백분율**(percent by mass)에 대해서 배울 것이다. 화학자가 농도를 어떻게 표현하느냐는 해결하려는 문제의 유형에 달려 있다.

> **학생 노트**
> 이미 순수한 물질의 조성을 나타내기 위해서 질량 백분율을 사용했다[|◀◀ 3.2절]. 이 장에서, 용액(solution)을 표현하기 위해 질량 백분율을 사용할 것이다.

몰랄농도

몰랄농도(molality, m)는 1 kg의 용매에 녹아 있는 용질의 mol이다.

$$몰랄농도 = m = \frac{용질의 \ mol}{용매의 \ 질량(kg)} \qquad [|◀◀ 식 \ 12.1]$$

예를 들어, 1 몰랄농도(1 m) 황산 소듐 수용액을 준비하기 위해서는 1 kg(1000 g)의 물에 Na_2SO_4 1 mol(142.0 g)을 녹여야 한다.

질량 백분율

무게 백분율로도 불리는 **질량 백분율**(percent by mass)은 용액의 질량에 대한 용질의 질량의 비율에 100을 곱한 값이다. 분수의 위와 아래 값에 의해서 질량의 단위는 제거되기 때문에 그 어떤 질량 단위도 일관성 있게 쓰여진다면 사용될 수 있다.

$$질량\ 백분율 = \frac{용질의\ 질량}{용질의\ 질량 + 용매의\ 질량} \times 100\%$$ [◀◀ 식 12.2]

예를 들어, 1 m 황산 소듐 수용액의 농도를 다음과 같이 나타낼 수 있다.

$$Na_2SO_4의\ 질량\ 백분율 = \frac{Na_2SO_4의\ 질량}{Na_2SO_4의\ 질량 + 물의\ 질량} \times 100\%$$

$$= \frac{142.0\ g}{1142.0\ g} \times 100\% = 12.4\%$$

백분율(percent)이라는 말은 말 그대로 "백분의 일"을 의미한다. 만약, 식 12.2를 이용하면서 100 대신 1000을 곱한다면 "1000분의 1"을 얻는 것이고, 1,000,000을 곱한다면 "백만분의 1" 또는 ppm이 된다. 일반적으로 대기 중 일부 오염 물질이나 수증기처럼 매우 낮은 농도를 나타내기 위해 백만분의 일, 십억분의 일, 1조분의 일 등이 사용된다. 예를 들어, 1 kg의 물 시료에 3 μg(3×10^{-6} g)의 비소가 포함되어 있는 경우, 그 농도는 다음과 같은 십억분의 일(ppb) 단위로 표현될 수 있다.

$$\frac{3 \times 10^{-6}\ g}{1000\ g} \times 10^9 = 3\ ppb$$

예제 12.2는 몰농도와 질량 백분율로 농도를 계산하는 방법을 보여준다.

예제 12.2

170.1 g의 포도당($C_6H_{12}O_6$)을 충분한 양의 물에 녹여 1 L의 용액이 만들어졌다. 이 용액의 농도를 (a) 몰랄농도 (b) 질량 백분율 (c) 백만분율로 표현하시오.

전략 포도당의 몰질량을 이용하여 용액 1 L에 있는 포도당의 mol을 결정한다. 밀도를 이용하여 1 L 용액의 질량을 계산한다. 물의 질량을 결정하기 위해 용액의 질량에서 포도당의 질량을 뺀다. 식 12.1을 이용하여 몰랄농도를 결정한다. 포도당의 질량과 1 L 용액의 총 질량을 알고 나면 식 12.2를 이용하여 질량 백분율을 계산한다.

계획 포도당의 몰질량은 180.2 g/mol이고 용액의 밀도는 1.062 g/mL이다.

풀이

(a) $\dfrac{170.1\ g}{180.2\ g/mol} = 0.9440$ mol 포도당(용액 1 L당)

$1\ L\ 용액 \times \dfrac{1062\ g}{L} = 1062\ g$

$1062\ g\ 용액 - 170.1\ g\ 포도당 = 892\ g\ 물 = 0.892\ kg\ 물$

$\dfrac{0.9440\ mol\ 포도당}{0.892\ kg\ 물} = 1.06\ m$

(b) $\dfrac{170.1\,\text{g 포도당}}{1062\,\text{g 용액}}\times100\%=16.02\%$ 포도당 질량 백분율　　(c) $\dfrac{170.1\,\text{g 포도당}}{1062\,\text{g 용액}}\times1,000,000=1.602\times10^{5}$ ppm 포도당

생각해 보기

이와 같은 문제에서는 단위에 주의를 기울여야 한다. 대부분의 경우에 그램(g)과 킬로그램(kg) 그리고(또는) 리터(L)와 밀리리터(mL) 사이의 전환이 필요하다.

추가문제 1 215 g의 물에 5.46 g의 요소[$(NH_2)_2CO$]를 녹인 용액에 대해서 요소의 (a) 몰랄농도와 (b) 질량 백분율을 구하시오.

추가문제 2 질량 백분율이 4.5%인 요소 용액의 몰랄농도를 구하시오.

추가문제 3 특정 온도의 특정 용질/용매 쌍에 대해서, 어떤 그래프가 용질의 질량 조성 백분율과 몰랄농도 사이의 관계를 가장 잘 묘사하는가?

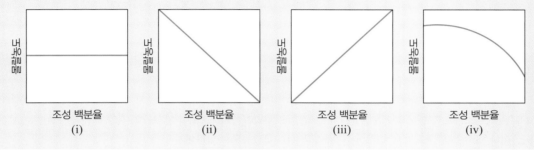

농도 단위의 비교

　농도 단위의 선택은 실험의 목적에 의존한다. 예를 들어, 적정과 중력 분석을 위한 용액의 농도를 나타내기 위해서는 몰농도를 전형적으로 사용한다. **몰분율**(mole fraction)은 12.5절에서 논의할 증기압에 대해서 다룰 때 기체의 농도와 용액의 농도를 나타내기 위해 사용된다.

　몰농도의 장점은 용매의 무게를 재는 것보다 정확하게 눈금 보정된 부피 블라스크를 사용해서 용액의 부피를 측정하는 것이 일반적으로 더 용이하다는 것이다. 반면에, 몰랄농도는 온도에 의존하지 않는다는 장점이 있다. 용액의 부피는 일반적으로 온도 상승에 따라서 약간 증가하게 되는데, 이는 몰농도를 변화시킬 수 있다. 그러나 용액에서 용매의 질량은 온도에 따라 변하지 않는다.

　질량 백분율은 온도와 무관하다는 점에서 몰랄농도와 유사하다. 또한, 그것은 용액의 질량에 대한 용질의 질량의 비율로 정의되기 때문에 질량 백분율을 계산하기 위해서 용질의 몰질량을 알 필요가 없다.

　종종 한 단위에서 다른 단위로의 용액의 농도를 변환할 필요가 있다. 예를 들어, 똑같은 용액을 사용해서 계산에 서로 다른 농도 단위를 필요로 하는 다른 실험들을 할 수 있다. 0.396 m 포도당 수용액(25℃)을 몰농도로 표현하고자 한다고 가정하자. 우리는 1000 g의 용매에 0.396 mol의 포도당이 있는 것을 알고 있다. 몰농도를 계산하기 위해서 용액의 부피를 결정할 필요가 있다. 부피를 결정하기 위해서는 먼저 질량을 계산해야 한다.

$$0.396\ \text{mol}\ \cancel{C_6H_{12}O_6}\times\frac{180.2\ \text{g}}{1\ \text{mol}\ \cancel{C_6H_{12}O_6}}=71.4\ \text{g}\ C_6H_{12}O_6$$

$$71.4\ \text{g}\ C_6H_{12}O_6+1000\ \text{g}\ H_2O=1071\ \text{g 용액}$$

학생 노트
매우 묽은 용액에 대해서 몰농도와 몰랄농도는 같은 값을 갖는다. 1 L의 물의 질량은 1 kg이고 매우 묽은 용액에서 용질의 질량은 용매의 질량에 비해서 무시할 정도로 작다.

용액의 질량을 결정하게 되면, 일반적으로 실험에 의해서 결정된 **용액의 밀도**를 이용하여 부피를 결정한다. 0.396 m의 포도당 용액의 밀도는 25°C에서 1.16 g/mL이다. 따라서, 부피는 다음과 같다.

$$부피 = \frac{질량}{밀도} = \frac{1071\,\text{g}}{1.16\,\text{g/mL}} \times \frac{1\,\text{L}}{1000\,\text{mL}}$$
$$= 0.923\,\text{L}$$

용액의 부피가 결정되면, 몰농도는 다음과 같이 주어진다.

$$몰농도 = \frac{용질의\ \text{mol}}{용액의\ \text{L}} = \frac{0.396\,\text{mol}}{0.923\,\text{L}}$$
$$= 0.429\,\text{mol/L} = 0.429\,M$$

예제 12.3은 농도의 한 단위에서 다른 단위로 전환하는 방법을 보여주고 있다.

예제 12.3

"소독용 알코올"은 아이소프로필 알코올(C_3H_7OH)과 물의 혼합액이고 아이소프로필 알코올의 질량 백분율이 70%(20°C에서 밀도는 0.79 g/mL)이다. 소독용 알코올의 농도를 (a) 몰농도와 (b) 몰랄농도로 나타내시오.

전략 (a) 용액 1 L의 총 질량을 결정하기 위해서는 밀도를 이용하고 용액 1 L에 있는 아이소프로필 알코올의 질량을 구하기 위해서는 질량 백분율을 이용한다. 아이소프로필 알코올의 질량을 mol로 전환하고 몰농도를 구하기 위해 용액의 L 값으로 mol을 나눈다. 이와 같은 문제에서는 어떤 양의 부피로 시작해도 무방하다. 1 L를 선택하는 것이 연산을 간단하게 한다.
(b) 물의 질량을 얻기 위해서 용액의 질량에서 C_3H_7OH의 질량을 뺀다. 몰랄농도를 구하기 위해서 C_3H_7OH의 mol을 물의 질량(kg)으로 나눈다.

계획 소독용 알코올 1 L의 질량은 790 g이고 아이소프로필 알코올의 몰질량은 60.09 g/mol이다.

풀이

(a) $\dfrac{790\,\text{g 용액}}{용액의\ \text{L}} \times \dfrac{70\,\text{g}\,C_3H_7OH}{100\,\text{g 용액}} = \dfrac{553\,\text{g}\,C_3H_7OH}{용액의\ \text{L}}$

$\dfrac{553\,\text{g}\,C_3H_7OH}{용액의\ \text{L}} \times \dfrac{1\,\text{mol}}{60.09\,\text{g}\,C_3H_7OH} = \dfrac{9.20\,\text{mol}\,C_3H_7OH}{용액의\ \text{L}} = 9.2\,M$

(b) 790 g 용액 − 553 g C_3H_7OH = 237 g 물 = 0.237 kg 물

$\dfrac{9.20\,\text{mol}\,C_3H_7OH}{0.237\,\text{kg 물}} = 39\,m$

아이소프로필 알코올에 대한 소독용 알코올의 농도는 9.2 M이고 39 m이다.

> **생각해 보기**
> 이 경우에 있어서 몰농도와 몰랄농도의 큰 차이에 주목하자. 몰농도와 몰랄농도는 매우 묽은 용액에서만 같거나 유사하다.

추가문제 1 황산(H_2SO_4)의 질량 백분율이 16%인 수용액의 밀도는 25°C에서 1.109 g/mL이다. 25°C에서 이 용액의 (a) 몰농도와 (b) 몰랄농도를 구하시오.

추가문제 2 1.49 m 황산(H_2SO_4) 수용액에 대해서 황산의 질량 백분율을 구하시오.

추가문제 3 다음 그림은 물(밀도: 1 g/cm³)과 클로로폼(밀도: 1.5 g/cm³)에 모두 녹은 고체 물질의 용액을 나타낸다. 이들 용액 중 어느 것이 몰랄농도와 가장 비슷한 몰농도를 갖는가? 어느 것의 몰농도와 몰랄농도의 값의 차이가 가장 큰가?

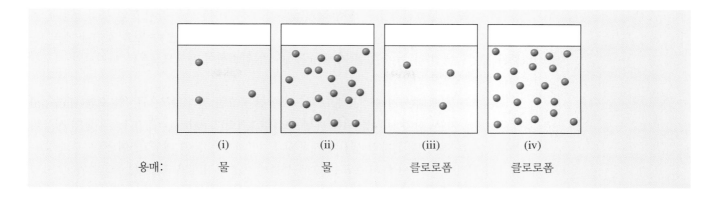

	(i)	(ii)	(iii)	(iv)
용매:	물	물	클로로폼	클로로폼

12.4 용해도에 영향을 주는 인자들

용해도는 특정 **온도**(temperature)에서 주어진 양의 용매에 녹을 수 있는 용질의 최대 양으로 정의된다는 것을 기억하자. 온도는 대부분의 물질의 용해도에 영향을 준다. 이 절에서 물에 대한 고체와 기체의 용해도에 미치는 온도 영향과 물에 대한 기체의 용해도에 미치는 **압력**(pressure)의 영향을 고려할 것이다.

온도

대부분의 고체 물질과 마찬가지로 물에 대한 설탕의 용해도도 온도가 높아짐에 따라 증가하기 때문에 설탕은 냉차보다는 뜨거운 차에서 더 많이 녹는다. 그림 12.4는 물에 대한 몇 가지 일반적인 고체의 용해도를 온도의 함수로 보이고 있다. 고체의 용해도와 특정 온도 영역에서의 용해도의 **변화**(change)가 얼마나 눈에 띄는지 인식하자. 온도와 용해도의 사이에서의 관계는 복잡하고 종종 비선형적이다.

온도와 물에 대한 기체의 용해도와의 관계는 고체보다 비교적 단순하다. 대부분의 기체

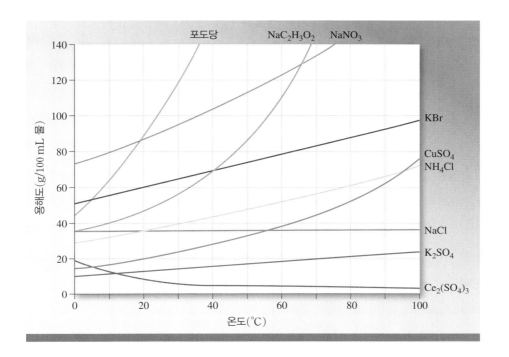

그림 12.4 포도당과 몇 가지 이온성 화합물의 물에 대한 용해도의 온도 의존성

용질은 온도가 높아질수록 물에 잘 녹지 않는다. 수돗물 한 잔을 잠시 동안 부엌 조리대 위에 두면 상온으로 따뜻해져 물속에서 기포가 만들어지는 것을 볼 수 있을 것이다. 물의 온도가 증가함에 따라 녹아 있던 기체는 용해도가 감소하여 용액으로부터 **빠져나와** 기포가 형성된다.

고온에서 물에 대한 기체의 용해도 감소로 인한 중요한 결과 중 하나는 **열 오염**(thermal pollution)이다. 산업 냉각을 위해 매년 수십억 1갤런(1 gallon=3.75 L)의 물이 사용되는데 대부분 전력 및 원자력 생산에 사용된다. 이 과정은 물을 데우고, 이 물은 강과 호수로 되돌려진다. 상승된 물의 온도는 수생 생물에 이중의 영향을 끼친다. 물고기와 같은 냉혈종의 신진 대사는 온도가 상승함에 따라 증가하여 산소에 대한 요구를 증가시킨다. 동시에 증가된 수온은 산소의 용해도를 감소시켜 사용할 수 있는 산소의 양이 적게 된다. 이러한 결과는 어류에게 재앙이 될 수 있다.

압력

압력이 액체나 고체의 용해도에 중요한 영향을 미치지는 못하지만 기체의 용해도에는 큰 영향을 미친다. 기체 용해도와 압력 사이의 정량적 관계는 기체의 용해도가 용액 위의 기체의 압력에 **비례한다**는 **Henry**[1]**의 법칙**(Henry's law)으로 설명된다.

$$c \propto P$$

이 관계는 다음과 같이 나타낼 수 있다.

$$c = kP \qquad \text{[◀◀ 식 12.3]}$$

여기서 c는 용해된 기체의 몰농도(mol/L), P는 용액 위에 있는 기체의 압력(기압)이고, k는 **Henry의 법칙 상수**(Henry's law constant)라고 불리는 비례상수이다. Henry의 법칙 상수는 기체−용매 조합에 따라 다르고 온도에 따라서도 다르다. k의 단위는 mol/L·atm이다. 만약에 용액 위에 기체 혼합물이 있다면 식 12.3의 P는 기체의 분압이다.

Henry의 법칙은 기체 분자 운동론의 관점에서 정성적으로 이해될 수 있다[◀◀ 10.6절]. 용매에 용해될 기체의 양은 기체 분자가 액체 표면과 얼마나 자주 충돌하여 응축상에 갇히게 되는가에 달려 있다. 그림 12.5(a)에서처럼, 기체가 용액과 동적 평형[◀◀ 11.2절]에 있

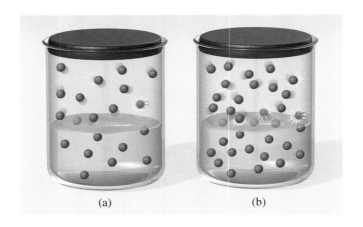

그림 12.5 Henry의 법칙의 분자적 관점. 용액 위 기체의 분압이 (a)에서 (b)로 증가하면 용해된 기체의 농도도 식 12.3에 따라서 역시 증가한다.

---

1. William Henry(1775~1836). 영국의 화학자. 과학에 대한 그의 주요한 공헌은 기체의 용해도를 설명하는, 이제는 그의 이름을 따라서 부르는 법칙의 발견이었다.

다고 가정하자. 임의의 어느 시점에서도 용액으로 들어가는 기체 분자의 수는 용액을 떠나 증기상으로 들어가는 용해된 기체 분자의 수와 동일하다. 기체의 분압이 증가하면[그림 12.5(b)], 더 많은 분자가 액체 표면에 부딪혀 더 많이 용해된다. 용해된 기체의 농도가 증가함에 따라 용액을 떠나는 기체 분자의 수도 증가한다. 이러한 과정은 용액에 녹아 있는 기체의 농도가 초당 용액을 떠난 분자의 수와 초당 용액에 들어가는 분자의 수가 같아지는 지점에 도달할 때까지 계속된다.

Henry의 법칙을 이용한 한 가지 흥미로운 예는 탄산 음료의 생산이다. 제조업체는 가압된 이산화 탄소를 이용하여 청량 음료에 "피츠(fizz)"를 넣는다. CO_2의 압력(일반적으로 5 atm)은 공기 중의 CO_2 분압보다 수천 배나 크다. 따라서, 캔이나 병이 열리면 고압하에 녹아 있던 CO_2가 용액으로부터 나오게 되어 탄산 음료를 매력적으로 만드는 거품이 생기게 된다.

예제 12.4는 Henry의 법칙의 이용을 설명한다.

예제 12.4

다음 조건 25°C에서 CO_2의 분압이 5.0 atm인 병에 담겨 있는 청량 음료에 있는 이산화 탄소의 농도를 계산하시오.
(a) 병이 열리기 전   (b) 25°C에서 김이 다 빠진 후
물에서 CO_2에 대한 Henry의 법칙 상수는 3.1×10^{-2} mol/L·atm(25°C)이다. 공기 중 CO_2의 분압을 0.0003 atm으로 가정하고 청량 음료에 대한 Henry의 법칙 상수는 물에 대한 값과 같다고 가정한다.

전략 식 12.3과 Henry의 법칙 상수를 이용하여 25°C에서 주어진 2개의 CO_2 압력에 대한 몰농도(mol/L)를 구한다.

계획 25°C에서 물에서 CO_2에 대한 Henry의 법칙 상수는 3.1×10^{-2} mol/L·atm이다.

풀이 (a) $c = (3.1 \times 10^{-2}$ mol/L·atm$)(5.0$ atm$) = 1.6 \times 10^{-1}$ mol/L
(b) $c = (3.1 \times 10^{-2}$ mol/L·atm$)(0.0003$ atm$) = 9 \times 10^{-6}$ mol/L

> **생각해 보기**
> (b)에서보다 (a)에서 압력이 대략 15,000배 작기 때문에 CO_2의 농도도 약 15,000배 작을 것으로 기대할 수 있다. 사실 또한 그렇다.

추가문제 1 수용액 위 CO_2의 압력이 4.0 atm일 때, 25°C에서 CO_2의 농도를 계산하시오.

추가문제 2 25°C에서 O_2의 농도가 3.4×10^{-2} M인 수용액을 만들기 위해 필요한 O_2의 압력을 계산하시오. 25°C에서 물에 대한 O_2의 Henry의 법칙 상수는 1.3×10^{-3} mol/L·atm이다.

추가문제 3 왼쪽 끝에 있는 그림은 2개의 다른 기체가 물에 용해되어 있는 닫힌계를 나타낸다. 나머지 다른 그림 중 어느 것이 동일한 온도에서 동일한 2개의 기체로 구성된 닫힌계를 나타내는가?

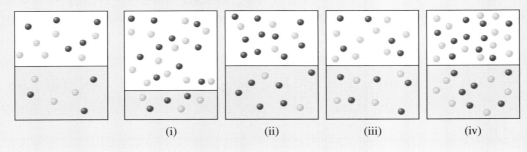

(i)   (ii)   (iii)   (iv)

12.5 총괄성

총괄성(colligative properties)은 용액에 있는 용질 입자들의 성질에 의존하는 것이 아니라 용질 입자들의 수에 의존하는 성질이다. 즉, 총괄성은 용질 입자들이 원자, 분자, 혹은 이온인지 여부에 관계없이 용질 입자의 농도에 의존한다. 총괄성에는 증기압 내림, 끓는점 오름, 어는점 내림, 그리고 삼투압이 있다. 상대적으로 묽은(≤0.2 M) 비전해질 용액의 총괄성을 고려하는 것으로 시작한다.

증기압 내림

기체가 고유의 증기압을 만들어낸다는 것을 보았다[◀◀ 11.2절]. **비휘발성**(nonvolatile) 용질(증기압을 만들지 않는 용질)이 액체에 녹게 되면 액체에 의해 만들어지는 증기압은 감소한다. 순수한 용매와 용액에서의 증기압 차이는 용액에 있는 용질의 농도에 달려 있다. 이에 대한 관계는 **Raoult[2]의 법칙**(Raoult's law)으로 표현된다. 이 법칙에 의하면 용액에서의 용매의 분압(P_1)은 순수한 용매의 증기압(P_1°)에 용액 중의 용매의 몰분율(χ_1)을 곱한 값이다.

학생 노트
표 10.5는 다양한 온도에서 물의 증기압을 보이고 있다.

$$P_1 = \chi_1 P_1^\circ \qquad [◀◀ 식 12.4]$$

하나의 용질만을 포함하는 용액에서, $\chi_1 = 1 - \chi_2$이다. 여기서, χ_2는 용질의 몰분율이다. 식 12.4을 다음과 같이 다시 쓸 수 있다.

$$P_1 = (1 - \chi_2) P_1^\circ$$

또는

$$P_1 = P_1^\circ - \chi_2 P_1^\circ$$

따라서

$$P_1^\circ - P_1 = \Delta P = \chi_2 P_1^\circ \qquad [◀◀ 식 12.5]$$

그러므로 증기압의 감소(ΔP)는 **몰분율**(mole fraction)로 표현된 용질의 농도에 정비례한다.

증기압 내림 현상을 이해하기 위해서, 물질의 상태와 관련된 질서의 정도를 이해해야 한다. 12.2절에서 보았듯이, 액체 상태의 분자들은 상당히 질서가 있다. 즉, 액체 분자들은 낮은 엔트로피를 가진다. 기체 상태의 분자들을 현저하게 질서가 떨어진다. 즉, 기체 분자들은 높은 엔트로피를 가진다. 증가된 엔트로피는 자연스러운 경향이기 때문에 분자들은 낮은 엔트로피 영역을 떠나 높은 엔트로피의 영역으로 들어가려는 분명한 경향이 있다. 이것은 액체를 떠나 기체로 들어가는 분자들에 해당된다. 이미 보았듯이, 용질이 액체에 첨가되면 액체의 질서는 무너진다. 그리하여 용액은 순수한 액체보다 높은 엔트로피를 갖는다. 엔트로피의 차이는 순수한 액체와 기체상 사이보다 용액과 기체상 사이에서 더 작기 때문에, 분자가 용액을 떠나 기체상으로 들어가는 경향이 감소되어 용매에 의한 증기압이 낮아지게 된다. 증기압 내림에 대한 설명이 그림 12.6에 그려져 있다. 순수한 액체와 기체상 사이와 비교하여 용액과 기체상 사이의 엔트로피가 더 작기 때문에 용매 분자가 기체상

---

2. François Marie Raoult(1839~1901). 프랑스의 화학자. 그의 연구는 주로 용액의 성질과 전기 화학에 관한 것이다.

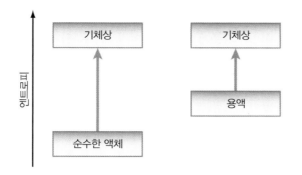

으로 들어가는 경향이 감소된다. 그 결과 증기압은 낮아진다. 용액에서의 용매는 항상 순수한 용매보다 더 낮은 증기압을 만들어낸다.

예제 12.5는 Raoult의 법칙을 이용하는 방법을 보인다.

예제 **12.5**

35°C에서 225 g의 포도당을 575 g의 물에 녹여 만든 용액에서 물의 증기압을 계산하시오(35°C에서 $P°_{H_2O}=42.2\ mmHg$).

전략 포도당과 물의 질량을 mol로 변환하고, 물의 몰분율을 구하고, 식 12.4을 이용하여 용액의 증기압을 구한다.

계획 포도당과 물의 몰질량은 각각 180.2와 18.02 g/mol이다.

풀이

$$\frac{255\ g\ 포도당}{180.2\ g/mol}=(1.25\ mol\ 포도당)\qquad\frac{575\ g\ 물}{18.02\ g/mol}=31.9\ mol\ 물$$

$$\chi_물=\frac{31.9\ mol\ 물}{1.25\ mol\ 포도당+31.9\ mol\ 물}=0.962$$

$$P_{H_2O}=\chi_물\times P°_{H_2O}=0.962\times42.2\ mmHg=40.6\ mmHg$$

용액에서 물의 증기압은 40.6 mmHg이다.

> ### 생각해 보기
> 이 문제는 증기압 내림(ΔP)을 계산하기 위해 식 12.5을 이용하여 풀 수도 있다.

추가문제 1 25°C에서 115 g의 요소[$(NH_2)_2CO$, 몰질량=60.06 g/mol]를 485 g의 물에 녹여 만든 용액의 증기압을 계산하시오 (25°C에서, $P°_{H_2O}=23.8\ mmHg$).

추가문제 2 35°C에서 37.1 mmHg의 증기압을 갖는 용액을 만들기 위해 225 g의 물에 녹여야 할 요소의 질량을 계산하시오(35°C 에서, $P°_{H_2O}=42.2\ mmHg$).

추가문제 3 다음 그림은 같은 온도에서 동일한 비휘발성 용질의 수용액을 포함하고 있는 4개의 닫힌계를 나타낸다. 어느 용액에서 물의 증기압이 가장 높겠는가? 증기압이 같은 두 용액은 어느 것인가?

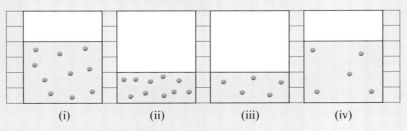

용액의 두 성분이 **휘발성**(volatile)이면, 즉, 두 성분이 측정할 만한 증기압을 가진다면, 용액의 증기압은 용액의 성분에 의해 만들어진 개별 분압의 합이 된다. Raoult의 법칙은 이 경우에도 똑같이 적용된다.

$$P_A = \chi_A P_A^\circ$$

$$P_B = \chi_B P_B^\circ$$

여기서, P_A와 P_B는 용액에서 성분 A와 성분 B의 분압, P_A°와 P_B°는 순물질 A와 순물질 B의 증기압, χ_A와 χ_B는 각각 A와 B의 몰분율이다. 총 압력은 Dalton의 부분 압력 법칙 [|◀◀ 10.5절]으로 주어진다.

$$P_T = P_A + P_B$$

또는

$$P_T = \chi_A P_A^\circ + \chi_B P_B^\circ$$

예를 들어, 벤젠과 톨루엔은 비슷한 구조의 유사한 분자 간 힘을 갖는 휘발성 성분이다.

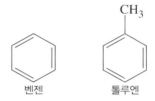

벤젠   톨루엔

벤젠과 톨루엔의 용액에서 각 성분의 증기압은 Raoult의 법칙을 따른다. 그림 12.7은 벤젠−톨루엔 용액에서 전체 증기압(P_T)의 용액 조성에 대한 의존성을 보여준다. 용액에서는 두 성분만 있기 때문에 용액의 조성을 한 성분의 몰분율로 나타내면 된다. $\chi_{벤젠}$의 어떤 값에 대해서, $\chi_{톨루엔}$의 몰분율은 $(1-\chi_{벤젠})$으로 주어진다. 벤젠−톨루엔 용액은 Raoult의 법칙을 따르는 단순한 용액인 **이상 용액**(ideal solution)의 한 예이다.

벤젠과 톨루엔의 몰분율이 모두 0.5인 혼합물에 대해서, 액체 혼합물이 같은 비의 mol로 되어 있지만 용액의 증기압은 그렇지 않다. 순수한 벤젠의 증기압(20°C에서, 75 mmHg)이 순수한 톨루엔의 증기압(20°C에서, 22 mmHg)보다 높기 때문에 혼합물의 증기상은 휘발

그림 12.7 80°C에서 벤젠−톨루엔 용액에서의 몰분율에 대한 벤젠과 톨루엔의 분압의 의존성($\chi_{톨루엔}=1-\chi_{벤젠}$). 이 용액은 증기압이 Raoult의 법칙을 따르기 때문에 이상 용액으로 불린다.

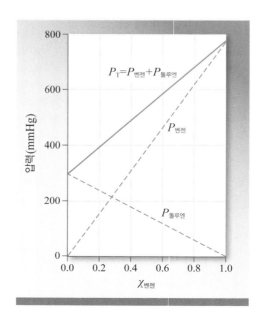

성이 낮은 톨루엔 분자보다 휘발성이 큰 벤젠 분자가 고농도로 포함될 것이다.

끓는점 오름

어떤 물질의 **끓는점**(boiling point)은 그 물질의 증기압이 외부 기압과 같은 지점에서의 온도라는 것을 기억해 보자[◀◀ 11.6절]. 비휘발성 용질의 존재는 용액의 증기압을 낮추기 때문에, 이것은 순수한 액체와 비교하여 용액의 끓는점에도 영향을 미친다. 그림 12.8은 물의 상도표와 비휘발성 용질이 물에 첨가될 때 일어나는 변화를 보여준다. 어떤 온도에서든 용액의 증기압은 순수한 액체의 증기압보다 낮으므로 용액의 액체-증기 곡선은 순수한 용매의 곡선 밑에 놓인다. 결과적으로, 용액의 점선 곡선은 순수한 용매의 표준 끓는점보다 더 높은 온도에서 $P=1$ atm을 나타내는 수평선과 교차한다. 즉, 용매의 증기압을 대기압과 같게 하기 위해서는 더 높은 온도가 필요하다.

끓는점 오름(ΔT_b)은 용액의 끓는점(T_b)과 순수한 용매의 끓는점(T_b°)의 차이로 정의된다.

$$\Delta T_b = T_b - T_b^{\circ}$$

$T_b > T_b^{\circ}$이므로 ΔT_b는 항상 양의 값이다.

ΔT_b의 값은 용액 내 용질의 몰랄농도에 비례한다.

$$\Delta T_b \propto m$$

또는 다음과 같다.

$$\Delta T_b = K_b m \qquad \text{[◀◀ 식 12.6]}$$

여기서 m은 용액의 몰랄농도이고 K_b는 끓는점 오름 상수이다. K_b의 단위는 ℃/m이다. 표 12.2는 몇 가지 일반적인 용매에 대한 K_b 값을 보이고 있다. 물에 대한 끓는점 오름 상수와 식 12.6을 이용하여, 비휘발성, 비전해질의 1.00 m 수용액의 끓는점이 100.5℃라는 것을 알 수 있다.

$$\Delta T_b = K_b m = (0.52 ℃/m)(1.00\ m) = 0.52 ℃$$
$$T_b = T_b^{\circ} + \Delta T_b = 100.0 ℃ + 0.52 ℃ = 100.5 ℃$$

> **학생 노트**
> 이 식을 다시 정리하면, 순수한 용매의 끓는점에 ΔT_b를 더하여 용액의 끓는점을 얻는다:
> $T_b = T_b^{\circ} + \Delta T_b$

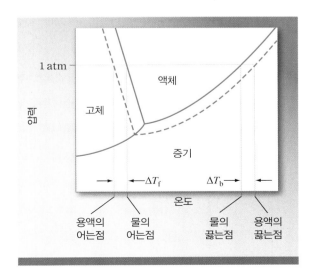

그림 12.8 수용액의 끓는점 오름과 어는점 내림을 보여 주는 상도표. 점선은 용액을, 실선은 순수 용매를 나타낸다. 이 도표에서 보듯이, 용액의 끓는점은 물의 끓는점보다 높고 용액의 어는점은 물의 어는점보다 낮다.

어는점 내림

추운 기후에서 살아본 적이 있다면, 겨울에 "소금에 절여진" 찻길과 인도를 보았을 것이다. NaCl 또는 $CaCl_2$와 같은 염을 사용하면 물의 어는점이 낮아지게 되어 얼음을 녹일 수 있다(또는 얼음의 형성을 막을 수 있다.)

그림 12.8의 상도표는 비휘발성 용질의 첨가로 인해 액체−증기상 경계가 아래로 이동하는 것뿐만 아니라 고체−액체상 경계가 왼쪽으로 이동하는 것을 보여준다. 결과적으로, 이 점선은 순수한 물의 어는점보다 더 낮은 온도에서 1 atm을 나타내는 수평선과 교차한다. 결과적으로, 어는점 내림(ΔT_f)은 순수한 용매의 어는점과 용액의 어는점의 차이로 정의된다.

학생 노트
순수한 용매의 어는점에서 ΔT_f를 빼서 용액의 어는점을 얻는다: $T_f = T_f° - \Delta T_f$

$$\Delta T_f = T_f° - T_f$$

$T_f° > T_f$이므로 ΔT_f는 항상 양의 값이다. 역시, 온도의 변화는 용액의 몰랄농도에 비례한다.

$$\Delta T_f \propto m$$

또는 다음과 같다.

$$\Delta T_f = K_f m \qquad [|\blacktriangleleft\blacktriangleleft 식 12.7]$$

여기서, m은 용질의 몰랄농도이고 K_f는 어는점 내림 상수(표 12.2 참조)이다. K_b와 마찬가지로, K_f의 단위는 $°C/m$이다.

끓는점 오름과 같이 어는점 내림도 엔트로피의 차이로 설명될 수 있다. 언다는 것은 더 무질서한 액체 상태로부터 더 질서 있는 고체 상태로의 전이를 의미한다. 이러한 것이 일어나기 위해서는 계로부터 에너지를 제거해야 한다. 용액은 용매보다 더 무질서하기 때문에 순수한 용매와 고체 사이에서보다 용액과 고체 사이에서 더 큰 엔트로피 차이가 있다(그림 12.9). 엔트로피 차이가 더 크다는 것은 액체−고체상 전이가 일어나기 위해 더 많은 에너지가 제거되어야 한다는 것이다. 따라서, 순수한 용매보다 낮은 온도에서 용액은 언다. 끓는점 오름은 용질이 비휘발성일 때만 일어난다. 어는점 내림은 용질의 휘발성과

학생 노트
용액이 얼게 될 때, 분리되어 나오는 고체는 사실상 순수한 용매이다. 용질은 액체 용액에 그대로 남게 된다.

표 12.2	몇 가지 일반적인 용매의 끓는점 오름 상수와 끓는점 내림 상수			
용매	표준 끓는점($°C$)	$K_b(°C/m)$	표준 어는점($°C$)	$K_f(°C/m)$
물	100.0	0.52	0.0	1.86
벤젠	80.1	2.53	5.5	5.12
에탄올	78.4	1.22	−117.3	1.99
아세트산	117.9	2.93	16.6	3.90
사이클로헥세인	80.7	2.79	6.6	20.0

그림 12.9 용액은 순수한 용매보다 더 큰 엔트로피를 가진다. 용액과 고체 사이에서의 엔트로피의 더 큰 차이는 용액이 얼게 하기 위해 더 많은 에너지가 제거되어야 한다는 뜻이다. 따라서 용액은 순수한 용매보다 더 낮은 온도에서 언다.

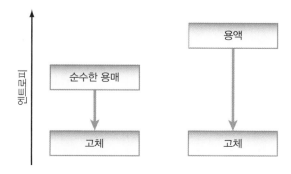

무관하게 일어난다.

예제 12.6은 어는점 내림과 끓는점 오름의 실제적인 적용을 보여준다.

예제 12.6

에틸렌 글리콜[$CH_2(OH)CH_2(OH)$]은 흔히 사용되는 자동차 부동액이다. 이것은 수용성이고 상당히 비휘발성이다(b.p. 197℃). 685 g의 에틸렌 글리콜을 2075 g의 물에 녹인 용액의 (a) 어는점과 (b) 끓는점을 계산하시오.

전략 에틸렌 글리콜의 질량을 mol로 변환하고 몰랄농도를 구하기 위해 물의 질량(kg)으로 나눈다. 식 12.7과 12.6에 있는 몰랄농도를 이용하여 ΔT_f와 ΔT_b를 각각 구한다.

계획 에틸렌 글리콜($C_2H_6O_2$)의 몰질량은 62.07 g/mol이다. 물에 대한 K_f와 K_b는 각각 1.86℃/m과 0.52℃/m이다.

풀이

$$\frac{685\ g\ C_2H_6O_2}{62.07\ g/mol} = 11.04\ mol\ C_2H_6O_2 \quad 그리고 \quad \frac{11.04\ mol\ C_2H_6O_2}{2.075\ kg\ H_2O} = 5.32\ m\ C_2H_6O_2$$

(a) $\Delta T_f = K_f m = (1.86℃/m)(5.32\ m) = 9.89℃$

용액의 어는점은 $(0 - 9.89)℃ = -9.89℃$이다.

(b) $\Delta T_b = K_b m = (0.52℃/m)(5.32\ m) = 2.8℃$

용액의 끓는점은 $(100.0 + 2.8)℃ = 102.8℃$이다.

생각해 보기
부동액은 어는점을 낮추고 끓는점을 높이기 때문에 극단적인 두 온도에서 모두 유용하다.

추가문제 1 268 g의 에틸렌 글리콜과 1015 g의 물을 담고 있는 용액의 어는점과 끓는점을 계산하시오.

추가문제 2 끓는점을 103.9℃로 올리기 위해 1525 g의 물에 첨가되어야 할 에틸렌 글리콜의 질량은 얼마인가?

추가문제 3 다음 그림은 동일한 용질의 4개의 서로 다른 용액을 나타낸다. 어느 용액의 어는점이 가장 낮은가? 어느 용액의 끓는점이 가장 높은가?

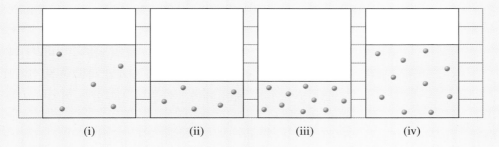

(i)   (ii)   (iii)   (iv)

삼투압

많은 화학적 및 생물학적 과정들은 묽은 용액에서 진한 용액으로의 다공성 막을 통한 용매 분자의 선택적 통과라는 **삼투**(osmosis)에 의존한다. 그림 12.10은 삼투압을 설명하고 있다. 실험 도구의 왼쪽 칸에는 순수한 용매가 있고 오른쪽 칸에는 동일한 용매로 만들어진 용액이 담겨져 있다. 용질 분자의 이동은 불가하지만 용매 분자의 이동은 허용하는 **반투막**(semipermeable membrane)에 의해 두 구획으로 나눠져 있다. 초기에 양쪽 튜브의

그림 12.10 삼투압. (a) 순수한 용매(왼쪽)와 용액(오른쪽)의 높이는 처음에 같다. (b) 삼투 현상이 일어나는 동안, 용매가 왼쪽에서 오른쪽으로 알짜 이동하는 결과로 용액의 높이가 올라간다.

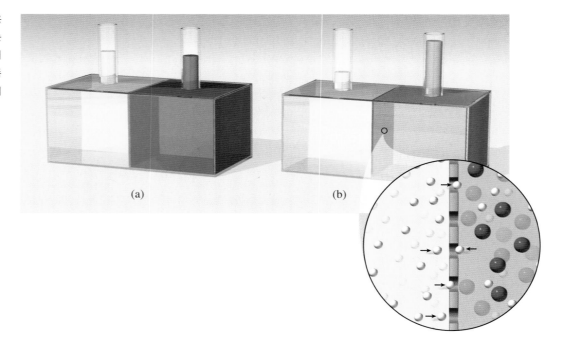

(a)

(b)

높이는 같다[그림 12.10(a)]. 시간이 지나면서, 오른쪽 튜브의 높이가 올라간다. 이 높이는 평형에 도달할 때까지 계속 올라가고, 그 이후에 더 이상의 변화는 관찰되지 않는다. 용액의 **삼투압**(osmotic pressure, π)은 삼투 현상을 멈추는 데 필요한 압력이다. 그림 12.10(b)에서 볼 수 있듯이, 이 압력은 마지막 액체 높이의 차이로부터 직접 측정될 수 있다.

용액의 삼투압은 용액에서 용질의 농도(**몰농도**)에 정비례한다.

$$\pi \propto M$$

다음과 같은 식이 주어진다.

$$\pi = MRT \qquad \text{[◀◀ 식 12.8]}$$

여기서, M은 용액의 몰농도, R은 기체 상수($0.08206 \, \text{L} \cdot \text{atm/K} \cdot \text{mol}$), T는 절대 온도이다. 삼투압(π)은 전형적으로 기압으로 표시한다.

끓는점 오름과 어는점 내림과 같이 삼투압은 용액의 농도에 정비례한다. 이것은 기대했던 바이다. 왜냐하면 모든 총괄성이 용질 입자의 정체가 아닌 용질 입자의 수에 의존하기 때문이다. 동일한 농도의 두 개의 용액은 동일한 삼투압을 가지며 서로에 대해 **등장성**(isotonic)이라 한다.

전해질 용액

지금까지는 비전해질 용액의 총괄성에 대해서 논의를 했다. 전해질은 물에 녹으면 **해리**(dissociation)되기 때문에[◀◀ 4.1절], 따로 구분해서 고려해야 한다. 예를 들어, NaCl이 물에 용해될 때 $\text{Na}^+(aq)$와 $\text{Cl}^-(aq)$로 해리된다는 것을 기억하자. 용해된 NaCl 1 mol 마다 용액에 2 mol의 이온을 얻는다. 유사하게, CaCl_2 화학식 단위 1개가 녹으면 용액에 3 mol의 이온을 얻는다. 총괄성은 입자의 유형에 의존하는 것이 아니라 용해된 입자의 수에만 의존한다. 이것은 $0.1 \, m$ NaCl 용액이 설탕과 같은 $0.1 \, m$ 비전해질 용액의 2배에 해당하는 어는점 내림을 보인다는 것을 의미한다. 유사하게, $0.1 \, m$ CaCl_2 용액은 $0.1 \, m$ 설탕 용액의 3배에 달하는 어는점 내림을 보일 것으로 기대한다. 이러한 효과를 설명하기 위해서, 다음과 같이 정의되는 **van't Hoff**[3] **인자**(van't Hoff factor, i)의 값을 도입한다.

$$i = \frac{\text{해리 이후에 용액에 존재하는 실제 입자의 수}}{\text{용액에 처음에 용해된 화학식 단위의 수}}$$

따라서, i는 비전해질의 경우에 1이다. NaCl과 KNO$_3$와 같은 강전해질의 경우에 i는 2이고, Na$_2$SO$_4$와 CaCl$_2$와 같은 강전해질의 경우 i는 3이다. 결과적으로 총괄성에 대한 식은 다음과 같이 수정되어야 한다.

$$\Delta T_b = iK_b m \qquad\qquad [\text{◀◀ 식 12.9}]$$

$$\Delta T_f = iK_f m \qquad\qquad [\text{◀◀ 식 12.10}]$$

$$\pi = = iMRT \qquad\qquad [\text{◀◀ 식 12.11}]$$

증기압 내림의 크기 역시 전해질의 해리에 의해 영향을 받는다. 용질과 용매의 몰분율을 계산할 때, 용질의 mol에 적절한 van't Hoff 인자를 곱해야 한다.

　실제로, 전해질의 총괄성은 **이온쌍**(ion pair)의 형성으로 인하여 식 12.9에서 12.11로부터 예측된 값보다 일반적으로, 특히 고농도일 경우, 작다. **이온쌍**(ion pair)은 정전기적 인력으로 서로 붙들려 있는 1개 이상의 양이온과 1개 이상의 음이온으로 이루어진다(그림 12.11). 이온쌍이 존재하면 용액 내 입자의 수를 줄이고 관찰되는 총괄성도 감소하게 된다. 표 12.3과 12.4는 실험적으로 측정된 i와 van't Hoff 인자를 이용해서 계산된 i를 보이고 있다.

학생 노트
계산된 van't Hoff 인자는 정확한(exact) 수이다[◀◀ 1.5절].

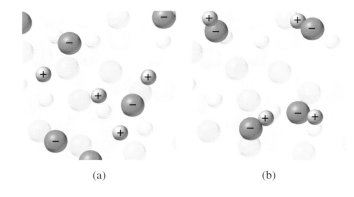
(a)　　　　　　　　　　(b)

그림 12.11 용액에서 (a) 자유 이온과 (b) 이온쌍. 이온쌍은 용액에서 용해된 입자 수를 줄여 관측된 총괄성의 감소를 유발한다. 또한, 이온쌍은 알짜 전하를 띠지 않아 용액에서 전기를 전도할 수 없다.

표 12.3	25°C에서 0.0500 *M* 전해질 용액에 대해서 van't Hoff 인자의 계산된 값과 측정된 값	
전해질	**i(계산된)**	**i(측정된)**
설탕*	1	1.0
HCl	2	1.9
NaCl	2	1.9
MgSO$_4$	2	1.3
MgCl$_2$	3	2.7
FeCl$_3$	4	3.4

*설탕은 비전해질이고 단지 비교를 위해서 여기에 포함되었다.

---

3. Jacobus Henricus van't Hoff(1852~1911). 네덜란드의 화학자. 당대 가장 저명한 화학자 중 한 명이었던 그는 열역학, 분자 구조 및 광학, 용액 화학에 대한 중요한 연구를 했다. 1901년에 첫 노벨 화학상을 수상했다.

표 12.4	25°C에서 설탕과 NaCl 용액에 대해서 실험적으로 측정된 van't Hoff 인자		
화합물	농도		
	0.100 *m*	0.00100 *m*	0.000100 *m*
설탕	1.00	1.00	1.00
NaCl	1.87	1.94	1.97

예제 12.7은 van't Hoff 인자를 실험적으로 결정하는 방법을 보여준다.

예제 12.7

0.0100 *M* 아이오딘화 포타슘(KI) 용액의 삼투압은 25°C에서 0.465 atm이다. 이 농도에서 KI에 대한 실험적인 van't Hoff 인자를 결정하시오.

전략 삼투압을 이용해서 KI 용액의 몰농도를 계산하여 원래의 농도 0.0100 *M*로 나눈다.

계획 $R = 0.08206 \, \text{L·atm/K·mol}$ 및 $T = 298 \, \text{K}$이다.

풀이 식 12.8을 *M*에 대해 풀면 다음과 같다.

$$M = \frac{\pi}{RT} = \frac{0.465 \, \text{atm}}{(0.08206 \, \text{L·atm/K·mol})(298 \, \text{K})} = 0.0190 \, M$$

$$i = \frac{0.0190 \, M}{0.0100 \, M} = 1.90$$

이 농도에서 KI에 대한 실험값의 van't Hoff 인자는 1.90이다.

생각해 보기

KI에 대해서 계산된 van't Hoff 인자는 2이다. 실험적으로 결정된 van't Hoff 인자는 계산값보다 적거나 같아야 한다.

추가문제 1 0.100 *m* MgSO₄ 용액의 어는점 내림은 0.225°C이다. 이 농도에서 MgSO₄의 실험적인 van't Hoff 인자를 구하시오.

추가문제 2 표 12.4의 실험적 van't Hoff 인자를 이용하여, 0.100 *m* NaCl 수용액의 어는점을 구하시오. (van't Hoff 인자는 온도와 무관하다고 가정한다.)

추가문제 3 다음 그림은 전해질의 수용액을 나타낸다. 용질에 대한 실험적인 van't Hoff 인자를 결정하시오.

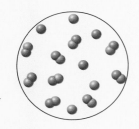

생활 속의 화학

정맥 주사액

인간의 혈액은 적혈구(erythrocyte), 백혈구(leukocyte) 및 혈장 내 혈소판(thrombocyte)으로 구성되어 있으며 염과 단백질을 비롯한 다양한 용질을 포함하고 있는 수용액이다. 각 적혈구는 보호를 위한 반투막으로 둘러싸여 있다. 이 막 내부에서 용해된 물질의 농도는 약 0.3 *M*이다. 마찬가지로, 혈장 내 용해된 물질의 농도도 약 0.3 *M*이다. 적혈구의 내부와 외부에 동일한 농도(그리고 37°C에서 ~7.6 atm의 동일한 삼투압)를 가지므로 보호 반투막을 통해 세포 안팎으로 물의 알짜 이동을 방지한다[그림 12.12(b)].

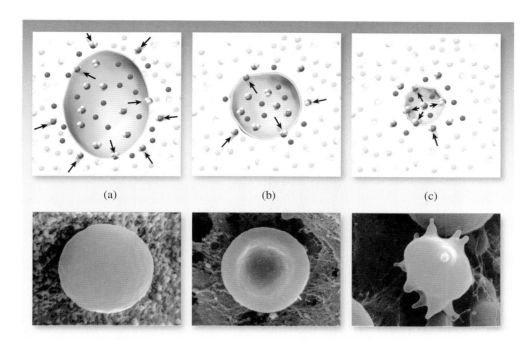

그림 12.12 (a) 저장액, (b) 등장액과 (c) 고장액에서의 세포. (a)에서 세포는 부풀어 마침내 터질 수도 있다. (c)에서 세포는 수축된다.

이러한 삼투압의 균형을 유지하기 위해, 정맥 내 투여되는 액체는 혈장에 **등장 용액**(isotonic)이어야 한다. 5% 덱스트로스(설탕)와 0.9% 소금물인 생리 식염수는 가장 일반적으로 사용되는 등장성 액체들 중 두 가지이다.

혈장보다 용해된 물질의 농도가 낮은 용액은 혈장의 **저장액**(hypotonic solution)이라고 한다. 상당량의 순수한 물이 정맥 내 투여되면 혈장을 희석시켜 농도를 낮추고 적혈구 내부의 용액이 저장액이 되게 한다. 이러한 일이 일어나면 물은 삼투 현상을 통해 적혈구 세포로 들어간다[그림 12.12(a)]. 적혈구 세포가 팽창하여 잠재적으로 파열될 수 있는데 이것이 **용혈**(hemolysis)이라고 불리는 과정이다. 반면, 적혈구 세포가 혈장보다 더 높은 농도의 용해 물질을 포함한 용액에 놓이게 되면, 그 용액은 혈장의 **고장액**(hypertonic solution)이 되고 물이 삼투를 통해 세포를 떠나게 된다[그림 12.12(c)]. 이때 세포가 **수축되는 과정**(crenation)이 일어나고 이 과정 역시 잠재적으로 위험할 수 있다. 인간 혈장의 삼투압은 적혈구의 손상을 방지하기 위해서 매우 좁은 범위 내에서 유지되어야 한다. 저장액과 고장액은 특정 의학적 상태를 치료하기 위해서 정맥 투여될 수 있지만 치료를 통해 주의 깊게 환자를 관찰해야 한다. 흥미롭게도, 인간은 수 세기 동안 세포의 삼투압에 대한 반응을 이용했다. 고기를 소금이나 설탕으로 "절이는(curing)" 과정은 부패를 일으킬 수 있는 박테리아의 세포를 위축시킨다.

예제 12.8은 농도와 삼투압 사이의 관계를 탐구한다.

예제 12.8

몇 가지 서로 다른 염들을 포함하고 있는 링거 젖산염(Ringer's lactate)은 종종 외상 환자의 초기 치료를 위해 정맥 내 투여된다. 링거 젖산염 1 L에는 0.102 mol의 염화 소듐, 4×10^{-3} mol의 염화 포타슘, 1.5×10^{-3} mol의 염화 칼슘 및 2.8×10^{-2} mol의 젖산

소듐이 포함되어 있다. 정상 체온(37℃)에서 이 용액의 삼투압을 구하시오. 단, 이온쌍이 없다고 가정한다.(젖산 이온의 화학식은 $CH_3CH_2COO^-$이다.)

전략 용질이 모두 이온이기 때문에 각각의 용질의 농도는 적절한 van't Hoff 인자에 의해 곱해져야 한다.(이온쌍이 없다고 가정하기 때문에 계산된 van't Hoff 인자를 사용할 수 있다.) 모든 용질들의 농도를 합하여 용해된 입자들의 총 농도를 결정하고 식 12.8을 이용하여 삼투압을 계산한다.

계획 용액의 부피가 1 L이기 때문에, 각 용질의 mol은 몰농도라 할 수 있다. $R = 0.08206\ \text{L·atm/K·mol}$, $T = 310\ \text{K}$, 그리고 링거 젖산염에 있는 용질들의 van't Hoff 인자는 다음과 같다.

$$NaCl(s) \longrightarrow Na^+(aq) + Cl^-(aq) \qquad i = 2$$

$$KCl(s) \longrightarrow K^+(aq) + Cl^-(aq) \qquad i = 2$$

$$CaCl_2(s) \longrightarrow Ca^{2+}(aq) + 2Cl^-(aq) \qquad i = 3$$

$$NaCH_3CH_2COO(s) \longrightarrow Na^+(aq) + CH_3CH_2COO^-(aq) \qquad i = 2$$

풀이 용액에 있는 이온들의 총 농도는 개별 농도의 합이다.

$$\text{총 농도} = 2[NaCl] + 2[KCl] + 3[CaCl_2] + 2[NaCH_3CH_2COO]$$
$$= 2(0.102\ M) + 2(4 \times 10^{-3}\ M) + 3(1.5 \times 10^{-3}\ M) + 2(2.8 \times 10^{-2}\ M)$$
$$= 2.73 \times 10^{-1}\ M$$
$$\pi = MRT = (0.273\ M)(0.08206\ \text{L·atm/K·mol})(310\ \text{K}) = 6.93\ \text{atm}$$

생각해 보기

링거 젖산염은 인체 혈장과 등장액이며 정맥 주사로 투여되는 경우가 많다.

추가문제 1 37.0℃에서 0.200 M의 포도당과 0.100 M의 염화 소듐이 있는 용액의 삼투압을 구하시오.

추가문제 2 다음 조건하에 37.0℃에서 삼투압이 5.6 atm인 수용액의 농도를 구하시오.

(a) 용질이 포도당인 경우 (b) 용질이 염화 소듐인 경우(이온쌍은 없다고 가정한다.)

추가문제 3 왼쪽 끝의 그림은 수용액을 나타낸다. 나머지 그림 중 어느 것이 첫 번째와 등장액인가?

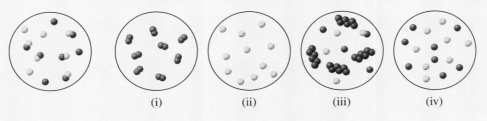

(i) (ii) (iii) (iv)

복습:
- 증기압 내림은 **몰분율**(mole fraction, χ)로 표현된 농도에 의존한다.
- 끓는점 오름은 **몰랄농도**(molality, m)로 표현된 농도에 의존한다.
- 어는점 내림은 **몰랄농도**(molality, m)로 표현된 농도에 의존한다.
- 삼투압은 **몰농도**(molarity, M)로 표현된 농도에 의존한다.

생활 속의 화학

혈액 투석

삼투는 용질의 농도가 낮은 쪽으로부터 용질의 농도가 높은 쪽으로 막을 통해 용매가 이

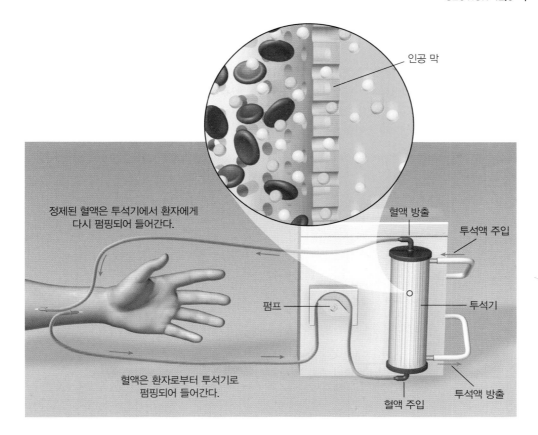

동하는 것을 말한다. 혈액 투석은 용매(물)와 작은 용질 입자가 통과할 수 있는 다공성 막을 포함한다. 막의 기공 크기는 매우 작기 때문에 과량의 포타슘 이온, 크레아티닌(creatinine), 요소 및 여분의 액체와 같은 작은 노폐물만 통과할 수 있다. 혈구와 단백질과 같은 혈액 속의 큰 성분은 너무 커서 막을 통과할 수 없다. 어떤 용질은 농도가 높은 쪽에서 농도가 낮은 쪽으로 그 막을 통과한다. 투석액의 조성은 혈액 중의 필요한 용질(소듐과 칼슘 이온)이 제거되지 않도록 확실히 해야 한다.

일반적으로 플루오린화 이온(F^-)은 혈액에서 발견되지 않기 때문에, 만일 투석액에 존재한다면 플루오린화 이온은 막을 통해 혈액으로 흐르게 된다. 사실, 이것은 일반적으로 혈액에서 발견되지 않는 충분히 작은 용질에 해당되므로 투석액을 준비할 때는 식수보다 훨씬 높은 물의 순도 조건을 필요로 한다.

12.6 총괄성을 이용한 계산

비전해질 용액의 총괄성은 용질의 몰질량을 결정하는 수단을 제공한다. 4가지 총괄성 중 어느 것이든 이 목적을 위해 이론적으로 이용될 수 있지만, 가장 잘 알려져 있고 가장 쉽게 변화를 측정할 수 있는 어는점 내림 및 삼투압만 실제적으로 사용된다. 실험적으로 결정된 어는점 내림 또는 삼투압으로부터, 용액의 몰랄농도 또는 몰농도를 각각 계산할 수 있다. 용액에 용해된 용질의 양을 알면 쉽게 몰질량을 결정할 수 있다.

예제 12.9와 12.10은 이러한 기술을 설명한다.

학생 노트
이들 계산은 각각 식 12.7과 식 12.8을 필요로 한다.

예제 **12.9**

퀴닌(quinine)은 말라리아를 치료하기 위해 널리 사용된 최초의 약물이었고, 여전히 심한 경우에 대해서 선택적 치료 방법으로 사용된다. 10.0 g의 퀴닌을 50.0 mL의 에탄올에 녹여 만든 용액의 어는점은 순수한 에탄올보다 1.55°C 낮았다. 퀴닌의 몰질량을 구하시오.(에탄올의 밀도는 0.789 g/mL이다.) 퀴닌은 비전해질이라고 가정한다.

전략 식 12.7을 이용하여 용액의 몰랄농도를 결정한다. 에탄올의 밀도를 이용하여 용매의 질량을 결정한다. 퀴닌의 몰랄농도에 에탄올의 질량(kg)을 곱하면 퀴닌의 mol이 된다. 퀴닌의 질량(g)을 퀴닌의 mol로 나누면 몰질량이 된다.

계획 에탄올의 질량 $= 50.0\text{ mL} \times 0.789\text{ g/mL} = 39.5\text{ g}$ 또는 $3.95 \times 10^{-2}\text{ kg}$

표 12.2로부터 에탄올의 K_f는 1.99°C/m이다.

풀이 몰랄농도를 구하기 위해 식 12.7을 푼다.

$$m = \frac{\Delta T_f}{K_f} = \frac{1.55°C}{1.99°C/m} = 0.779\,m$$

퀴닌 용액의 농도는 0.779 m이다.(즉, 0.779 mol 퀴닌/에탄올의 kg)

$$\left(\frac{0.779\text{ mol 퀴닌}}{\text{에탄올의 kg}}\right)(3.95 \times 10^{-2}\text{ kg 에탄올}) = 0.0308\text{ mol 퀴닌}$$

$$\text{퀴닌의 몰질량} = \frac{10.0\text{ g 퀴닌}}{0.0308\text{ mol 퀴닌}} = 325\text{ g/mol}$$

> **생각해 보기**
>
> 퀴닌($C_{20}H_{24}N_2O_2$, 몰질량 $= 324.4$ g/mol)의 분자식을 이용해서 결과를 확인하자. 이와 같이 여러 단계의 문제는 각 단계에서 신중하게 단위를 추적해야 한다.

추가문제 1 좀약에 쓰이는 유기 화합물인 나프탈렌 5.00 g을 정확히 벤젠 100 g에 녹여 만든 용액의 어는점이 순수한 벤젠보다 2.00°C 낮았다면 나프탈렌의 몰질량을 계산하시오.

추가문제 2 2.00×10^2 g의 벤젠에 나프탈렌 몇 g을 녹이면 그 용액의 어는점이 순수한 벤젠보다 2.50°C 낮겠는가?

추가문제 3 왼쪽 끝의 그림은 어는점이 -3.5°C인 용액을 나타낸다. 나머지 그림들 중 어느 것이 그 온도를 -4.0°C로 낮춘 후의 계를 나타내는가? 액체 물은 파란색으로, 얼음은 하얀색으로 나타낸다.(그림을 깔끔하게 하기 위해 개별적인 물 분자는 나타내지 않았다.)

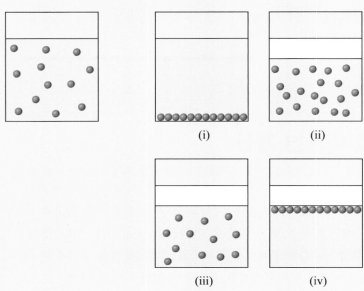

예제 **12.10**

충분한 양의 물에 50.0 g의 헤모글로빈(Hb)을 녹여 1.00 L의 용액이 만들어졌다. 이 용액의 삼투압은 25℃에서 14.3 mmHg이다. 헤모글로빈의 몰질량을 계산하시오.(헤모글로빈이 물에 첨가될 때 부피 변화는 없었다고 가정한다.)

전략 식 12.8을 이용하여 용액의 몰농도를 계산한다. 용액의 부피가 1 L이기 때문에 몰농도는 헤모글로빈의 mol과 같다. 문제에 제시된 헤모글로빈의 질량을 mol로 나누면 몰질량이 된다.

계획 $R = 0.08206 \, \text{L} \cdot \text{atm/K} \cdot \text{mol}$, $T = 298 \, \text{K}$ 및 $\pi = 14.3 \, \text{mmHg}/(760 \, \text{mmHg/atm}) = 1.88 \times 10^{-2} \, \text{atm}$이다.

풀이 몰농도를 구하기 위해 식 12.8을 다시 정리하면 다음을 얻는다.

$$M = \frac{\pi}{RT} = \frac{1.88 \times 10^{-2} \, \text{atm}}{(0.08206 \, \text{L} \cdot \text{atm/K} \cdot \text{mol})(298 \, \text{K})} = 7.69 \times 10^{-4} \, M$$

따라서, 용액은 7.69×10^{-4} mol의 헤모글로빈을 포함한다.

$$\text{헤모글로빈의 몰질량} = \frac{50.0 \, \text{g}}{7.69 \times 10^{-4} \, \text{mol}} = 6.50 \times 10^4 \, \text{g/mol}$$

생각해 보기

생물학적 분자들은 매우 높은 몰질량을 가질 수 있다.

추가문제 1 25 mg의 인슐린을 5.0 mL의 물에 녹여 만든 수용액의 삼투압은 25℃에서 15.5 mmHg이다. 인슐린의 몰질량을 계산하시오.(인슐린이 물에 첨가될 때 부피 변화는 없다고 가정한다.)

추가문제 2 50.0 mL의 물에 인슐린 몇 g을 녹여야 용액이 25℃에서 16.8 mmHg의 삼투압을 가지는가?

추가문제 3 왼쪽 끝의 그림은 반투막에 의해서 서로 분리된 수용액을 나타낸다. 나머지 그림 중 어느 것이 일정 시간이 흐른 뒤에 동일한 계를 나타내는가?

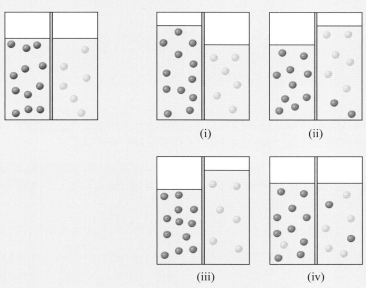

전해질 용액의 총괄성은 해리 백분율을 결정하기 위해서 이용될 수 있다. **해리 백분율** (percent dissociation)은 용액에서 이온으로 분리되는 용해된 분자들(혹은 이온성 화합물의 경우에는 화학식 단위)의 백분율이다. NaCl과 같은 강전해질의 경우, **완결**되므로 100% 해리된다. 그러나 표 12.4의 자료를 보면 반드시 그럴 필요는 없다는 것을 알 수 있

학생 노트
해리(dissociation)라는 용어는 이온성 전해질에 사용되고, 이온화(ionization)라는 용어는 분자 전해질에 사용된다. 이 문맥에서 이것들은 본질적으로 동일한 것이다.

다. 실험적으로 결정된 van't Hoff 인자가 계산된 값보다 작다는 것은 100%보다 적게 해리되었다는 것을 의미한다. NaCl에 대한 실험적으로 결정된 van't Hoff 인자는 강전해질이 묽은 용액에서 해리가 더 잘 일어난다는 것을 보이고 있다. 약산과 같은 약전해질의 **이온화 백분율**(percent ionization)도 역시 용액의 농도에 의존한다.

예제 12.11은 총괄성을 이용하여 약전해질의 해리 백분율을 결정하는 방법을 보이고 있다.

예제 12.11

0.100 M의 플루오린화 수소산(HF) 용액의 삼투압은 25°C에서 2.64 atm이다. 이 농도에서 HF의 이온화 백분율을 계산하시오.

전략 삼투압과 식 12.8을 이용하여 용액의 입자들의 몰농도를 결정한다. 입자들의 농도와 명목상 주어진 농도(0.100 M)를 비교하여 원래 HF 분자들 중 몇 %가 이온화되었는지 결정한다.

계획 $R = 0.08206 \, \text{L} \cdot \text{atm/K} \cdot \text{mol}$ 그리고 $T = 298 \, \text{K}$이다.

풀이 식 12.8을 다시 정리하여 몰농도를 계산한다.

$$M = \frac{\pi}{RT} = \frac{2.64 \, \text{atm}}{(0.08206 \, \text{L} \cdot \text{atm/K} \cdot \text{mol})(298 \, \text{K})} = 0.108 \, M$$

용해된 입자들의 농도는 0.108 M이다. HF의 이온화를 고려하자[◀◀ 4.3절].

$$HF(aq) \rightleftharpoons H^+(aq) + F^-(aq)$$

이 반응식에 의하면, x mol의 HF 분자가 이온화하면 x mol의 H^+ 이온과 x mol의 F^- 이온을 얻는다. 따라서, 용액 내 입자들의 총 농도는 HF의 원래 농도에서 x를 뺀 값이다. 즉, 이것은 반응하지 않은 HF 분자들의 농도에 이온들(H^+와 F^-)의 농도를 합한 것이다.

$$(0.100 - x) + 2x = 0.100 + x$$

따라서, $0.108 = 0.100 + x$이고 $x = 0.008$이다. 앞에서 x를 이온화된 HF의 양으로 정의했기 때문에 이온화 백분율은 다음과 같이 주어진다.

$$\text{이온화 백분율} = \frac{0.008 \, M}{0.100 \, M} \times 100\% = 8\%$$

이 농도에서 HF는 8% 이온화된다.

생각해 보기

약산의 경우, 농도가 낮을수록 이온화 백분율은 더 커진다. 0.010 M HF 용액의 삼투압은 0.30 atm이고 이것은 23% 이온화에 해당된다. 0.0010 M HF 용액의 삼투압은 3.8×10^{-2} atm이고, 이것은 56% 이온화에 해당된다.

추가문제 1 0.0100 M 아세트산($HC_2H_3O_2$) 수용액의 삼투압은 25°C에서 0.255 atm이다. 이 농도에서 아세트산의 이온화 백분율을 계산하시오.

추가문제 2 0.015 M 아세트산($HC_2H_3O_2$) 수용액은 25°C에서 3.5% 이온화된다. 이 용액의 삼투압을 계산하시오.

추가문제 3 다음 그림은 약전해질의 수용액을 나타낸다. 이온화 백분율이 증가하는 순서대로 용액을 나열하시오.

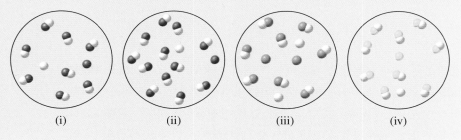

(i)   (ii)   (iii)   (iv)

12.7 콜로이드

지금까지 이 장에서 논의한 용액은 모두 균일 혼합물이다. 이제 만일 물이 담겨져 있는 비커에 고운 모래를 첨가하고 저으면 무슨 일이 일어나는지 생각해 보자. 모래 입자는 처음에는 부유하지만 점차적으로 비커 바닥에 가라앉는다. 이것이 불균일 혼합물의 한 가지 예이다. 균일과 불균일 혼합물의 두 극단 사이에 콜로이드 현탁액 또는 간단히 콜로이드라는 중간 상태가 있다. **콜로이드**(colloid)는 한 물질이 다른 물질에 분산되는 것을 말한다. 콜로이드 입자는 정상 용질 입자보다 훨씬 크고, 그 크기는 1×10^3 pm에서 1×10^6 pm까지 다양하다. 또한 콜로이드 현탁액은 용액의 균일성이 부족하다.

콜로이드는 에어로졸(기체에 분산된 액체나 고체), 거품(액체나 고체에 분산된 기체), 유탁액(다른 액체에 분산된 액체), 졸(액체 또는 다른 고체에 분산된 고체) 및 겔(고체에 분산된 액체)로 나눌 수 있다. 표 12.5는 콜로이드의 여러 유형을 나열하고 각각에 대해서 하나 이상의 예를 보이고 있다.

콜로이드와 용액을 구별하는 한 가지 방법은 **Tyndall**[4] **효과**(Tyndall effect)이다. 광선이 콜로이드를 통과할 때, 분산된 상에 의해 산란된다(그림 12.13). 실제 용액에서는 용질 분자들이 너무 작아서 광선과 상호 작용을 하지 못하기 때문에 이와 같은 산란이 관찰되지 않는다. Tyndall 효과에 대한 또 다른 시연은 안개 속에서 자동차 헤드라이트 빛의 산란이다(그림 12.14).

가장 중요한 콜로이드 중에 분산 매질이 물인 것들도 있다. 이러한 콜로이드는 **친수성**(hydrophilic, 물을 좋아하는) 또는 **소수성**(hydrophobic, 물을 싫어하는)으로 분류될 수 있다. 친수성 콜로이드는 단백질과 같은 매우 큰 분자를 포함한다. 수용액 상에서 헤모글로빈과 같은 단백질은 분자의 친수성 부분, 즉, 이온-쌍극자 힘 또는 수소 결합에 의해서 물 분자들과 용이하게 상호 작용할 수 있는 부분이 바깥 표면에 놓이는 방식으로 접힌다(그림 12.15).

소수성 콜로이드는 일반적으로 물에서는 안정하지 못하여 물 표면에 막을 형성하기 위해 모여드는 물에서의 기름 방울처럼 입자들이 서로 덩어리질 것이다. 그러나 이 소수성 콜로이드는 표면 위의 이온 흡착으로 안정화될 수 있다(그림 12.16). 표면 위에 모인 물질

> **학생 노트**
> 분산된 물질을 분산상(dispersed phase)이라고 한다. 분산이 일어나는 물질은 분산 매질(dispersing medium)이라고 한다.

> **학생 노트**
> 소수성 콜로이드는 물에 현탁된 상태로 남아 있기 위해서는 안정화(stabilized)되어야 한다.

표 12.5	콜로이드의 종류		
분산 매질	**분산상**	**이름**	**예**
기체	액체	에어로졸	안개, 박무
기체	고체	에어로졸	연기
액체	기체	거품	거품 크림, 머랭
액체	액체	유탁액	마요네즈
액체	고체	졸	Milk of magnesia
고체	기체	거품	스티로폼*
고체	액체	겔	젤리, 버터
고체	고체	고체 졸	강철과 같은 합금, 원석 (분산된 금속이 있는 유리)

*스티로폼은 Dow Chemical Company의 등록 상표이다. 특히, 가정용 단열재에 사용되는 압출 폴리스티렌을 의미한다. "스티로폼" 컵, 쿨러 및 땅콩 모양의 포장 완충제는 실제로 스티로폼으로 만들어지지 않는다.

---

4. John Tyndall(1820~1893). 아일랜드의 물리학자. 자기력에 관한 중요한 연구를 하였고 빙하의 움직임을 설명하였다.

그림 12.13 Tyndall 효과. 빛은 콜로이드 입자(왼쪽)에 의해 흩어지지만 용해된 입자(오른쪽)에서는 흩어지지 않는다.

그림 12.14 Tyndall 효과의 친숙한 예: 안개를 비추는 헤드라이트

은 흡착이 되는 반면 내부로 전달된 물질은 **흡수**된다. 흡착된 이온은 친수성이며, 물과 상호 작용하여 콜로이드를 안정화시킬 수 있다. 또한 이온의 흡착으로 콜로이드 입자가 **대전되기** 때문에, 전정기적 반발력은 이들이 서로 응집되는 것을 막는다. 강과 하천의 토양 입자들은 이러한 방식으로 안정화된 소수성 입자들이다. 강물이 바다로 들어갈 때, 분산된 입자들의 전하는 고염 분산 매질에 의해서 중화된다. 표면의 전하가 중화됨에 따라, 입자들은 더 이상 서로 밀어내지 않고 함께 덩어리져 강 어귀에서 보이는 토사를 형성한다.

소수성 콜로이드가 안정화될 수 있는 또 다른 방법은 그 표면에 있는 다른 친수기에 의해서이다. 종종 "머리"라고 불리는 한쪽 끝에 극성기를 가지며 비극성의 긴 탄화수소의 "꼬리"를 갖는 비누 분자인 스테아르산 소듐을 고려해 보자(그림 12.17). 비누의 세정 작용

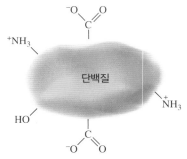

그림 12.15 단백질과 같은 큰 분자의 표면에 있는 친수기는 물에서 분자를 안정화시킨다. 모든 친수기는 물과 수소 결합을 형성할 수 있다는 것을 주목하자.

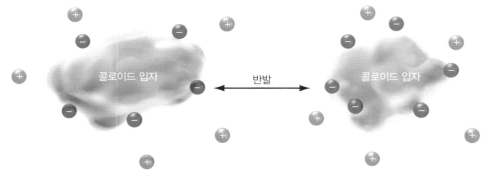

그림 12.16 소수성 콜로이드의 안정화를 보여주는 그림. 음이온이 표면에 흡착되고 같은 전하들 사이의 반발은 입자들의 응집을 방지한다.

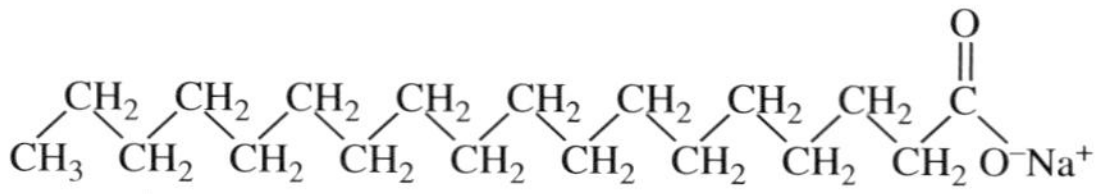

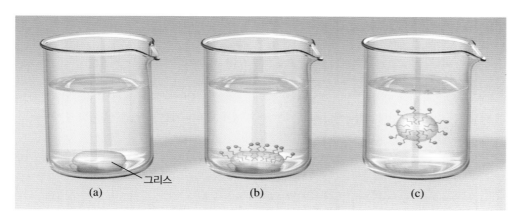

스테아르산 소듐 ($C_{17}H_{35}COO^-Na^+$)

(a)

친수성 머리

소수성 꼬리

(b)

그림 12.17 (a) 스테아르산 소듐 분자 (b) 친수성 머리와 소수성 꼬리를 보이는 분자의 단순화된 표현

그림 12.18 비누가 그리스(grease)를 제거하는 메커니즘. (a) 그리스(기름 물질)는 물에 녹지 않는다. (b) 비누가 물에 첨가되면 비누 분자의 비극성 꼬리가 그리스에 녹는다. (c) 비누 분자의 극성 머리가 물에서 그리스를 안정화시키면 그리스는 씻겨 나갈 수 있다.

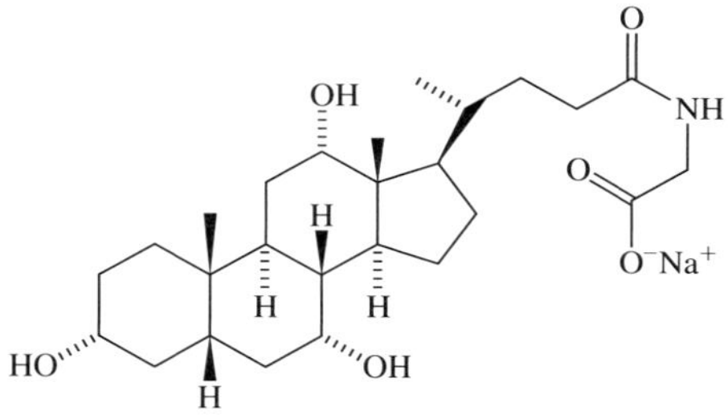

그리스

(a)   (b)   (c)

그림 12.19 글리코콜산 소듐(sodium glycocholate)의 구조. 글리코콜산 소듐의 소수성 꼬리는 섭취된 지방에서 녹으며 소화계의 수용성 매질에서 지방을 안정화시킨다.

은 소수성 꼬리 및 친수성 머리의 이중 성질에 기인한다. 탄화수소 꼬리는 비극성인 기름 물질에 잘 녹는 반면, 이온성 $-COO^-$기는 기름 물질 표면 바깥쪽에 남아 있다. 그림 12.18에서 보듯이, 충분한 비누 분자가 기름 방울을 둘러쌌을 때, 바깥쪽 영역이 주로 친수성이 되므로 전체 계는 물에서 안정화된다. 이것이 기름기 있는 물질이 비누의 작용으로 제거되는 방법이다. 일반적으로, 분산되어 있지 않은 콜로이드를 안정화하는 과정을 **유화**(emulsification)라고 하며, 이러한 안정화에서 사용되는 물질을 **유화제**(emulsifier 또는 emulsifying agent)라고 한다.

　스테아르산 소듐과 관련된 메커니즘과 유사하게 식이성 지방을 소화할 수 있다. 지방을 섭취하면 담낭은 담즙으로 알려진 물질을 분비한다. 담즙에는 담즙 염을 포함하여 다양한 물질이 포함되어 있다. **담즙 염**(bile salt)은 결합된 아미노산을 가진 콜레스테롤의 유도체이다. 스테아르산 소듐과 마찬가지로, 담즙 염은 소수성 말단과 친수성 말단을 갖는다.(그림 12.19는 담즙 염 글리코콜산 소듐을 보여준다.) 담즙 염은 지방 쪽을 향하고 있는 소수성 말단과 물과 접하고 있는 친수성 말단으로 지방 입자를 둘러 싸고 소화계의 수용성 매질에서 지방을 유화시킨다. 이 과정을 통해 지방이 소화되고 지용성 비타민과 같은 다른 비극성 물질이 소장 벽을 통해 흡수될 수 있다.

학생 노트
일부 비타민이 지방에서 녹는 것은 비극성 때문이다. "비슷한 것끼리 녹인다(like dissolves like)"란 당연한 이치를 기억하자.

원동력으로서 엔트로피

계의 에너지의 감소가 어떤 과정의 원동력이 될 수 있지만[◀◀ 9.3절], 엔트로피는 과정이 일어날지 여부를 결정하는 데에도 중요한 역할을 한다는 것을 알았다. 엔트로피는 한 계의 에너지가 얼마나 퍼져 나가는가에 대한 척도이다. 이것을 해석하는 가장 간단한 방법은 계의 에너지가 우주에서 어떻게 퍼져 나가는지를 고려하는 것이다. 분할된 용기의 한쪽 면에 있는 압축된 기체의 예를 들어 보자. 두 구획 사이의 장벽이 제거되면, 압축된 기체는 팽창되어 새롭고 더 큰 부피를 채울 것이다.

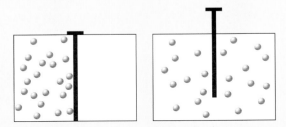

기체 분자가 가지고 있는 에너지는 원래 더 작은 부피 안에 담겨 있었다. 팽창 후에 분자가 가지고 있던 에너지는 더 큰 부피를 차지하게 되는데, 이는 에너지가 우주에서 더 퍼져 나간다는 것을 의미한다. 계의 에너지가 우주에서 이렇게 퍼져 나가는 것이 엔트로피의 증가이다.

엔트로피의 이러한 해석을 용액 형성과 기체 팽창에 적용하는 것 외에[◀◀ 12.2절], 드라이아이스[$CO_2(s)$]의 승화 같은 상변화에도 적용할 수 있다.

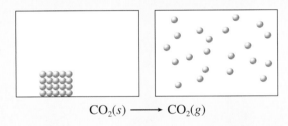

$$CO_2(s) \longrightarrow CO_2(g)$$

드라이아이스 시료의 CO_2 분자는 고체의 부피에 국한된 에너지를 가진다. 시료의 승화는 더 큰 부피를 차지하는 분자들(그리고 분자들이 소유하는 에너지)을 만든다. 이것은 엔트로피 증가에 해당된다. 이러한 엔트로피 증가 때문에(비록 흡열적이라 해도) 드라이아이스의 승화는 자발적으로 일어난다.

어떤 과정이 일어나기 위해서는 그 과정이 발열적이거나 엔트로피의 증가를 동반하거나 또는 두 가지 모두여야 한다. 계의 엔트로피가 충분히 증가한다면 흡열 과정(계의 에너지가 증가하는 과정)이라도 일어날 수도 있다. 예를 들어, 설탕($C_{12}H_{22}O_{11}$)의 용해는 흡열 과정이지만 결과적으로 엔트로피가 증가하기 때문에 설탕은 물에 녹는다.

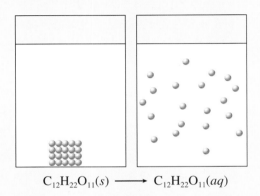

$$C_{12}H_{22}O_{11}(s) \longrightarrow C_{12}H_{22}O_{11}(aq)$$

마찬가지로, 엔트로피 **감소(decrease)**를 초래하는 과정이 충분히 발열적이라면 일어날 수도 있다. 이것의 예가 찬 표면에서 수증기의 응축이다. 응축되면 물 분자의 에너지가 덜 퍼져 나가지만 응축 과정은 엔트로피의 감소를 보상할 정도로 충분히 발열적이라서 이 과정은 일어난다.

> **학생 노트**
> 응축은 증발의 반대이다. 물의 증발에 대한 몰엔탈피(ΔH_{vap})는 40.79 kJ/mol이다[◀◀ 11.6절]. 따라서, 응축의 몰엔탈피는 −40.79 kJ/mol이다.

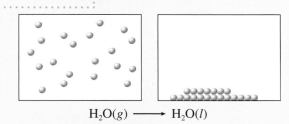

$$H_2O(g) \longrightarrow H_2O(l)$$

발열 과정도 아니고 엔트로피의 증가도 수반하지 않는 과정은 일어나지 않는다.

과정과 관련된 엔트로피의 변화를 정성적으로 판단할 수 있고 과정이 발열인지 또는 흡열인지를 결정할 수 있다면, 그 과정이 발생할지 여부를 예측하는 데 도움이 될 수 있다.

주요 내용 문제

12.1

다음 중 엔트로피가 증가하는 과정은 어느 것인가?(해당되는 것을 모두 고르시오.)

(a) $Br_2(l) \longrightarrow Br_2(g)$

(b) $NH_3(g) + HCl(g) \longrightarrow NH_4Cl(s)$

(c) $NaCl(s) \longrightarrow Na^+(g) + Cl^-(g)$

(d) $H_2(g) + O_2(g) \longrightarrow 2H_2O(l)$

12.2

여기 그려진 각 과정에 대해, 그것이 흡열인지 발열인지를 결정하거나 또는 결정할 만한 정보가 충분하지 않은지 결정하시오.

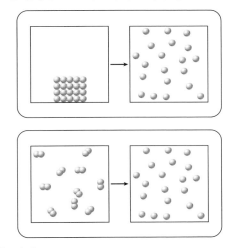

(a) 흡열, 발열
(b) 발열, 흡열
(c) 흡열, 결정하기에 불충분한 정보
(d) 흡열, 흡열
(e) 발열, 결정하기에 불충분한 정보

12.3

여기 그려진 각 과정에 대해, 그것이 흡열인지 발열인지를 결정하거나 또는 결정할 만한 정보가 충분하지 않은지 결정하시오.

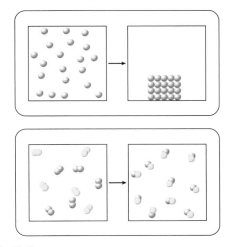

(a) 흡열, 발열
(b) 발열, 흡열
(c) 흡열, 결정하기에 불충분한 정보
(d) 흡열, 흡열
(e) 발열, 결정하기에 불충분한 정보

12.4

몇몇의 이온성 용질의 경우, 용해는 실제로 엔트로피의 전반적인 감소를 일으킨다. 그러한 용해가 자발적으로 일어나기 위해서, 그 과정은 _____.

(a) 발열이어야 한다.
(b) 흡열이어야 한다.
(c) 결정하기에 정보가 충분하지 않다.

연습문제

배운 것 적용하기

도시 용수 공급과 많은 국소 치과 제품에 플루오린이 사용됨에도 불구하고, 급성 플루오린 중독은 비교적 드물게 발생한다. 투석액을 만들기 위해 사용되는 물에서 플루오린은 이제 일상적으로 제거된다. 그러나 급수 플루오린화는 투석이 환자들에게 처음으로 널리 제공된 1960년대와 1970년대에는 흔한 일이었다. 투석을 통한 플루오린의 위험성이 인지되기 전에, 이러한 우연한 불행으로 인해 플루오린 중독 때문에 고생하는 많은 투석 환자들이 생겨났다. 플루오린의 상승 정도는 뼈 통증과 근육 약화로 쇠약하게 만드는 골연화증과 연관이 있다. 음료수에서 안전하게 여겨지는 플루오린의 수준은 건강한 사람이 일주일에 14 L의 물을 섭취한다는 가정에 근거한다. 많은 투석 환자들은 일상적으로 그 부피의 50배나 많이 노출되어 있어서, 유독한 양의 플루오린을 흡수할 위험이 매우 높아진다.

(a) 도시 용수 공급의 초기 플루오린화는 1 ppm 플루오린화 이온을 얻기 위해 충분한 양의 플루오린화 소듐을 용해시켜 이뤄졌다. 1.0 ppm F^-를 F^-의 질량 백분율 그리고 NaF의 몰랄농도로 변환하시오[◀◀ 예제 12.2].

(b) 4.10 g의 NaF를 100 mL H_2O ($d=1$ g/mL)에 녹여 만든 용액의 끓는점과 어는점을 계산하시오[◀◀ 예제 12.6].

(c) 현재 많은 플루오린화 시설에서 플루오린화 소듐 대신에 플루오린화 규소산이 사용된다. 플루오린화 규소산은 일반적으로 23%($1.596\,m$) 수용액으로 유통된다. 23% 플루오린화 규소산 용액의 어는점이 $-15.5°C$인 경우, 플루오린화 규소산의 van't Hoff 인자를 계산하시오[◀◀ 예제 12.7].

(d) 23% 플루오린화 규소산 용액의 밀도는 1.19 g/mL이다. 이 용액의 삼투압이 25°C에서 242 atm인 경우, 플루오린화 규소산의 몰질량을 계산하시오[◀◀ 예제 12.8과 12.9].

(e) 플루오린화 수소산(HF)은 물의 플루오린화에 사용될 수 있는 또 다른 화합물이다. HF는 용액에서 부분적으로만 이온화하는 약산이다. 0.15 M의 HF 수용액의 삼투압이 25°C에서 3.9 atm이라면, 이 농도에서 HF의 이온화 백분율은 얼마인가[◀◀ 예제 12.11]?

12.2절: 용액 과정

12.1 왜 나프탈렌($C_{10}H_8$)은 벤젠에서 CsF보다 더 잘 녹는가?

12.2 물에 대한 용해도가 증가하는 순서로 다음 화합물들을 나열하시오.

$$O_2,\ LiCl,\ Br_2,\ 메탄올(CH_3OH)$$

12.3절: 농도 단위

12.3 다음의 각 수용액에서 용질의 질량 백분율을 계산하시오.
  (a) 67.9 g의 용액에서 5.75 g의 NaBr
  (b) 114 g의 물에서 24.6 g의 KCl
  (c) 39 g의 벤젠에서 4.8 g의 톨루엔

12.4 다음 각 용액의 몰랄농도를 계산하시오.
  (a) 685 g의 물에 14.3 g의 설탕($C_{12}H_{22}O_{11}$)
  (b) 3505 g의 물에 7.15 mol의 에틸렌 글리콜($C_2H_6O_2$)

12.5 다음 수용액의 몰랄농도를 계산하시오.
  (a) 1.22 M 설탕($C_{12}H_{22}O_{11}$) 용액
    (용액의 밀도=1.12 g/mL)
  (b) 0.87 M NaOH 용액(용액의 밀도=1.04 g/mL)
  (c) 5.24 M $NaHCO_3$ 용액(용액의 밀도=1.19 g/mL)

12.6 독주의 알코올 함량은 일반적으로 존재하는 에탄올(CH_3CH_2OH) 부피의 2배로 정의되는 "proof"라는 말로 주어진다. 1.00 L의 75-proof 진에 있는 알코올의 g 수를 계산하시오. 에탄올의 밀도는 0.798 g/mL이다.

12.7 75.0 g의 물에 35.0 g의 NH_3로 만들어진 NH_3 용액의 몰농도와 몰랄농도를 계산하시오. 이 용액의 밀도는 0.982 g/mL이다.

12.8 물고기는 아가미를 통해 물에 녹은 공기를 마신다. 공기 중 산소와 질소의 분압을 각각 0.20과 0.80 atm으로 가정하여, 298 K에서 물에 용해된 공기 중 산소와 질소의 몰분율을 계산하시오. 298 K에서 물에 대한 O_2와 N_2의 용해도는 각각 1.3×10^{-3} mol/L·atm와 6.8×10^{-4} mol/L·atm이다. 결과에 대해서 설명하시오.

12.4절: 용해도에 영향을 주는 인자들

12.9 KNO_3의 용해도는 물 100 g당 75°C에서 155 g이고, 25°C에서는 38.0 g이다. 75°C의 포화 용액 100 g을 정확히 25°C로 냉각하면 몇 g의 KNO_3가 용액으로부터 결정화되겠는가?

12.10 $25^{\circ}C$와 1 atm에서 CO_2의 물에 대한 용해도는 0.034 mol/L이다. 대기 조건에서 용해도는 얼마인가?(공기 중 CO_2의 분압은 0.0003 atm이다.) CO_2는 Henry의 법칙을 따른다고 가정한다.

12.11 해수면 밑으로 260 m에서 일하던 광부가 점심 시간에 탄산 음료를 열었다. 놀랍게도, 탄산 음료는 맛이 밋밋했다. 잠시 후에, 광부는 엘리베이터를 타고 표면으로 올라왔다. 이러는 중에 광부는 트림을 멈출 수가 없었다. 왜일까?

12.12 한 학생이 병에 있는 탄산 음료 위 공간에 있는 이산화 탄소의 압력을 측정하기 위해 다음의 실험을 수행하였다. 먼저, 그녀는 병의 무게(853.5 g)를 측정했다. 다음으로, 조심스럽게 뚜껑을 제거하여 CO_2 기체가 빠져나가도록 했다. 그리고 나서, 뚜껑과 함께 병의 무게(851.3 g)를 다시 측정했다. 마지막으로, 탄산 음료의 부피(452.4 mL)를 측정했다. $25^{\circ}C$ 물에서 CO_2의 Henry의 법칙 상수가 3.4×10^{-2} mol/L·atm으로 주어진다면 병이 열리기 전 병 속 탄산 음료의 CO_2 압력을 계산하시오. 왜 이 압력이 단지 참값의 추정값인지 설명하시오.

12.13 다음 그림은 2개의 서로 다른 온도에 있는 어떤 수용액을 나타낸다. 두 그림에서 용액은 각각 다른 색으로 표시되어 있는 두 종류의 용질로 포화되어 있다. 그림을 이용하여 각 용액에 대해서 용해 과정이 흡열인지 발열인지 결정하시오. 어떤 용질의 $\Delta H_{용액}$ 값이 더 크다고 생각되는가? 설명하시오.

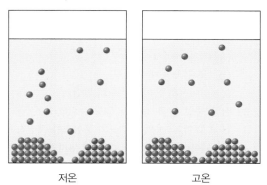

저온   고온

12.5절: 총괄성

12.14 396 g의 설탕($C_{12}H_{22}O_{11}$)을 624 g의 물에 녹여 용액을 만든다. $30^{\circ}C$에서 이 용액의 증기압은 얼마인가?($30^{\circ}C$에서 물의 증기압은 31.8 mmHg이다.)

12.15 벤젠의 증기압은 $26.1^{\circ}C$에서 100.0 mmHg이다. 98.5 g의 벤젠에 24.6 g의 장뇌(camphor)가 녹아 있는 용액의 증기압을 계산하시오.(장뇌는 휘발성이 낮은 고체이다.)

12.16 $30^{\circ}C$에서 순수한 물의 증기압보다 2.50 mmHg 낮은 증기압을 갖는 용액을 만들기 위해 658 g의 물에 몇 g의 요소[$(NH_2)_2CO$]를 첨가해야 하는가?($30^{\circ}C$에서 물의 증기압은 31.8 mmHg이다.)

12.17 어떤 수용액은 아미노산 글리신(NH_2CH_2COOH)을 포함한다. 이 산이 물에서 이온화되지 않는다고 가정할 때 어는점이 $-1.1^{\circ}C$라면, 이 용액의 몰랄농도를 계산하시오.

12.18 $27^{\circ}C$와 748 mmHg 압력에서 측정된 4.00 L의 기체를 75.0 g의 벤젠에 응축시켜 용액을 만든다. 이 용액의 어는점을 계산하시오.

12.19 다음 용액의 정상 어는점과 끓는점은 얼마인가?
(a) 135 mL의 물에 21.2 g의 NaCl
(b) 66.7 mL의 물에 15.4 g의 요소

12.20 NaCl과 $CaCl_2$는 겨울에 도로와 인도에 있는 얼음을 녹이기 위해 사용된다. 물의 어는점을 낮추는 데 설탕이나 요소에 비해서 이 물질들의 장점은 무엇인가?

12.21 $25^{\circ}C$에서 0.010 M의 $CaCl_2$ 용액과 요소 용액의 삼투압은 각각 0.605와 0.245이다. $CaCl_2$ 용액의 van't Hoff 인자를 계산하시오.

12.22 California에서 가장 크다고 알려진 나무는 레드우드(redwoods)이다. 레드우드의 높이가 105 m(약 350 ft)라고 가정할 때, 물을 나무 꼭대기까지 밀어 올리기 위해 필요한 삼투압을 계산하시오.

12.23 0.35 m $CaCl_2$ 수용액과 0.90 m 요소 수용액 중 다음 조건에 해당하는 것을 고르시오. 해리가 완결된다고 가정하고 설명하시오.
(a) 더 높은 끓는점의 용액
(b) 더 높은 어는점의 용액
(c) 더 낮은 증기압의 용액

12.24 다음 용액을 어는점이 감소하는 순서대로 나열하시오.
0.10 m Na_3PO_4, 0.35 m NaCl, 0.20 m $MgCl_2$, 0.15 m $C_6H_{12}O_6$, 0.15 m CH_3COOH

12.25 다음의 쌍에서 어떤 화합물이 물에서 이온쌍을 더 잘 형성하는지 보이시오.
(a) NaCl 또는 Na_2SO_4
(b) $MgCl_2$ 또는 $MgSO_4$
(c) LiBr 또는 KBr

12.26 오른쪽 그림은 반투막에 의해서 순수한 물과 수용액이 분리된 계를 나타낸다. 나머지 그림들 (a)~(d) 중에서 어느 것이 일정 시간이 지난 후의 계를 나타내는가?

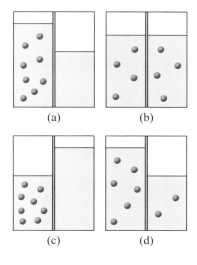

(a)   (b)

(c)   (d)

12.6절: 총괄성을 이용한 계산

12.27 벤젠 25.0 g에 실험식 C_6H_5P의 화합물 2.50 g을 녹인 용액이 4.3°C에서 어는 것으로 관찰된다. 용질의 몰질량과 분자식을 계산하시오.

12.28 170.0 mL의 유기 용매에 구조가 알려져 있는 고분자 0.8330 g을 포함하는 용액은 25°C에서 5.20 mmHg의 삼투압을 갖는 것으로 밝혀졌다. 이 고분자의 분자량을 결정하시오.

12.29 100.0 g의 물에 6.85 g의 탄수화물을 포함한 용액은 20.0°C에서 1.024 g/mL의 밀도와 4.61 atm의 삼투압을 갖는다. 탄수화물의 몰질량을 계산하시오.

12.30 염기 HB의 0.100 M 수용액은 25°C에서 2.83 atm의 삼투압을 갖는다. 이 염기의 이온화 백분율을 계산하시오.

추가 문제

12.31 각 비타민이 수용성인지 지용성인지 예측하시오.

(a)

비타민 D

(b)

비타민 B₂ (리보플라빈)

12.32 아세트산은 극성 분자이며 물 분자와 수소 결합을 형성할 수 있다. 따라서 물에 대한 용해도가 높다. 그러나 아세트산은 수소 결합을 형성할 수 없는 비극성 용매인 벤젠(C_6H_6)에서도 녹는다. 80 g의 C_6H_6에 3.8 g의 CH_3COOH를 녹인 용액의 어는점은 3.5°C이다. 용질의 몰질량을 계산하고 그 구조가 무엇인지 제시하시오.(힌트: 아세트산 분자는 그들 사이에 수소 결합을 형성할 수 있다.)

12.33 왜 얼음 조각(예를 들어, 냉장고의 냉동실에 있는 얼음)은 흐린가?

12.34 어는점이 −2.6°C인 0.40 m Na_3PO_4 용액에서 Na_3PO_4의 van't Hoff 인자를 결정하시오.

12.35 피리독신으로도 알려진 비타민 B₆가 수용성인지 지용성인지를 예측하시오.

비타민 B₆

12.36 비타민 A가 수용성인지 지용성인지를 예측하시오.

비타민 A

12.37 왜 역삼투가 증류 또는 동결보다 담수화 방법으로(이론적으로) 더 바람직한지 이유를 설명하시오. 역삼투가 일어나기 위해 25°C의 바닷물에 가해야 할 최소의 압력은 얼마인가?(바닷물을 0.70 M NaCl 용액으로 처리한다.)

12.38 다음의 각 항목이 이온성 화합물의 용해도에 어떻게 영향을 미치는가?
(a) 격자 에너지
(b) 용매(극성 대 비극성)
(c) 양이온과 음이온의 수화 엔탈피

12.39 시판 중인 농축 질산의 농도는 70.0% 질량 백분율 또는 15.9 M이다. 용액의 밀도와 몰농도를 계산하시오.

12.40 암모니아(NH_3)는 물에 매우 잘 녹지만 삼염화 질소(NCl_3)는 잘 녹지 않는다. 설명하시오.

12.41 아세트산은 다음과 같이 용액에서 이온화하는 약산이다.
$$CH_3COOH(aq) \rightleftharpoons CH_3COO^-(aq) + H^+(aq)$$
0.106 m의 CH_3COOH 용액의 어는점이 −0.203°C인 경우, 산의 이온화 백분율을 계산하시오.

12.42 진한 염산은 일반적으로 37.7% 질량 백분율의 농도로 이용 가능하다. 이 용액의 몰농도는 얼마인가? (이 용액의 밀도는 1.19 g/mL이다.)

12.43 NaCl과 설탕($C_{12}H_{22}O_{12}$)의 혼합물 10.2 g을 충분한 양의 물에 녹여 250 mL의 용액을 만든다. 이 용액의 삼투압은 23°C에서 7.32 atm이다. 그 혼합물에서 NaCl의 질량 백분율을 계산하시오.

12.44 27°C에서, 순수한 물의 증기압은 23.76 mmHg이고 요소 수용액의 증기압은 22.98 mmHg이다. 이 용액에서 요소의 몰랄농도를 계산하시오.

12.45 다음 그림은 다양한 용질의 수용액을 나타낸다. 끓는점이 증가하는 순서대로, 어는점이 증가하는 순서대로, 그리고 van't Hoff 인자가 증가하는 순서대로 나열하시오.

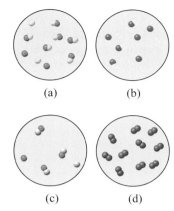

(a)   (b)

(c)   (d)

12.46 3.0% 농도의 과산화 수소(용액 100 mL 중 H_2O_2 3.0 g)는 약국에서 소독제로 사용하기 위해 판매된다. 3.0% H_2O_2 용액 10.0 mL에 대해서, 다음을 계산하시오.

(a) 화합물이 완전히 분해될 때 STP에서 생성된 산소 기체(L 단위)

(b) H_2O_2 용액의 초기 부피에 대한 수집된 O_2의 부피 비율

12.47 다음 그림은 순수한 벤젠과 비휘발성 용질의 벤젠 용액의 증기압 곡선을 보여준다. 이 용액의 몰랄농도를 계산하시오.

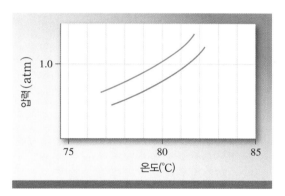

12.48 Henry의 법칙과 이상 기체 방정식을 이용하여 주어진 양의 용매에 용해되는 기체의 부피가 기체의 압력과 **무관하다**는 것을 증명하시오.(힌트: Henry의 법칙은 $n = kP$로 수정될 수 있고, n은 용매에 용해된 기체의 mol이다.)

12.49 두 개의 비커가 밀폐된 용기에 놓여 있다. 비커 A는 처음에 100 g의 벤젠(C_6H_6)에 0.15 mol의 나프탈렌($C_{10}H_8$)을 포함하고, 비커 B는 처음에 벤젠 100 g에 용해된 미지 화합물 31 g을 포함한다. 평형에서 비커 A는 7.0 g의 벤젠을 잃어버린 것으로 밝혀진다. 이상적인 행동을 가정하여, 미지 화합물의 몰질량을 계산하시오. 어떤 가정이라도 있다면 기술하시오.

12.50 탄산 음료 병이 밀봉되기 전에 공기와 이산화 탄소의 혼합물로 가압된다.

(a) 병 뚜껑을 제거할 때 거품이 생기는 현상을 설명하시오.

(b) 뚜껑이 제거된 직후에 병 입구 근처에 안개가 생기는 이유는 무엇인가?

12.51 2개의 비커 중 하나에는 1.0 M의 글루코스 수용액 50 mL가 담겨 있고, 다른 하나에는 2.0 M의 글루코스 수용액 50 mL가 담겨 있다. 이것들을 실온에서 단단히 밀봉된 유리 용기에 둔다. 평형에서 이 두 비커의 부피는 얼마인가?

12.52 마요네즈를 만드는 것은 계란 노른자 존재하에 기름을 물의 작은 물방울로 두드리는 것이다. 계란 노른자의 목적은 무엇인가?(힌트: 계란 노른자는 극성 머리와 비극성의 긴 탄화수소 꼬리가 있는 분자, 즉 레시틴을 포함한다.)

12.53 라이소자임(lysozyme)은 박테리아 세포벽을 절단하는 효소이다. 달걀 흰자위에서 추출한 라이소자임 시료는 13,930 g의 몰질량을 갖는다. 이 효소 0.100 g을 25°C의 물 150 g에 용해시킨다. 이 용액의 증기압 내림, 어는점의 내림, 끓는점의 오름 및 삼투압을 계산하시오.(25°C에서의 물의 증기압은 23.76 mmHg이다.)

12.54 추운 기후의 나무는 −60°C 정도로 낮은 온도에 노출될 수 있다. 이 온도에서 얼지 않은 채로 있는 나무의 수용액 농도를 계산하시오. 이것은 합리적인 농도인가? 결과를 설명하시오.

12.55 "지속적으로 방출되는(time-release)" 약물은 일정한 속도로 약물을 체내로 방출하여 항상 약물 농도가 너무 높아 유해한 부작용이 있거나 너무 낮아 비효율적이게 되지 않도록 하는 장점이 있다. 다음은 이 기준에 따라 작용하는 알약에 대한 계략도이다. 이것이 어떻게 작용하는지 설명하시오.

12.56 (a) 식물의 뿌리 세포는 토양의 물에 비해 고장성 용액을 포함한다. 따라서 물은 삼투에 의해 뿌리로 이동할 수 있다. 왜 얼음을 녹이기 위해 $NaCl$과 $CaCl_2$와 같은 염을 도로에 뿌리는 것이 근처의 나무에 해를 끼칠 수 있는지 이유를 설명하시오.

(b) 소변이 인체를 떠나기 직전에, 신장(소변이 들어 있는)의 수집관은 혈액 및 조직에서 발견되는 소금 농도보다 훨씬 높은 소금 농도를 갖는 액체를 통과한다. 이 작용이 신체의 물을 보존하는 데 어떻게 도움이 되는지 설명하시오.

12.57 혈장의 삼투압은 37°C에서 약 7.5 atm이다. 용해된 종의 총 농도와 혈액의 어는점을 예측하시오.

12.58 어떤 단백질이 화학식 $Na_{20}P$(이 표기법은 음으로 하전된 단백질 P^{20-}와 함께 20개의 Na^+ 이온이 있음을 의미한다.)의 염의 형태로 분리되었다. 0.225 g의 단백질을 포함하는 10.0 mL 용액의 삼투압은 25.0°C에서 0.257 atm이다.

(a) 이 자료로부터 단백질의 몰질량을 계산하시오.

(b) 단백질의 실제 몰질량을 계산하시오.

12.59 페로몬은 수컷을 유인하기 위해 많은 곤충종들의 암컷이 분비하는 화합물이다. 이들 화합물 중 하나는 80.78%의 C, 13.56%의 H 및 5.66%의 O를 포함한다. 이 페로몬 1.00 g을 벤젠 8.50 g에 녹인 용액은 3.37°C에서 언다. 이

화합물의 분자식과 몰질량은 얼마인가?(순수한 벤젠의 정상 어는점은 5.50℃이다.)

12.60 매우 긴 파이프의 한쪽 끝이 반투막으로 덮여 있다. 신선한 물이 그 막을 통과하기 시작하려면 파이프가 바다에 얼마나 깊이 잠겨 있어야 하는가? 물은 20℃로 가정하고 0.70 M NaCl 용액으로 간주한다. 해수의 밀도는 1.03 g/cm³이고, 중력 가속도는 9.81 m/s²이다.

종합 연습문제

물리학과 생물학

두 가지 휘발성 액체의 혼합물은 각 구성 요소가 Raoult의 법칙을 따르는 경우에 이상적이라고 한다.

$$P_i = \chi_i P_i°$$

2개의 휘발성 액체 A(몰질량＝100 g/mol) 및 B(몰질량＝110 g/mol)가 이상 용액을 형성한다. 55℃에서 A의 증기압은 98 mmHg이고, B의 증기압은 42 mmHg이다. 용액은 A와 B의 동질량을 혼합하여 준비한다.

1. 용액에서 각 성분의 몰분율을 계산하시오.
   a) $\chi_A=0.50, \chi_B=0.50$
   b) $\chi_A=0.52, \chi_B=0.48$
   c) $\chi_A=1.0, \chi_B=0.91$
   d) $\chi_A=0.09, \chi_B=0.91$

2. 55℃에서 용액 위에 A와 B의 분압을 계산하시오.
   a) $P_A=98$ mmHg, $P_B=42$ mmHg
   b) $P_A=49$ mmHg, $P_B=21$ mmHg
   c) $P_A=70$ mmHg, $P_B=70$ mmHg
   d) $P_A=51$ mmHg, $P_B=20$ mmHg

3. 55℃에서 용액 상의 일부 증기가 액체로 응축된다고 가정하자. 응축된 액체에서 각 성분의 몰분율을 계산하시오.
   a) $\chi_A=0.50, \chi_B=0.50$
   b) $\chi_A=0.52, \chi_B=0.48$
   c) $\chi_A=0.72, \chi_B=0.28$
   d) $\chi_A=1.0, \chi_B=0.86$

4. 55℃에서 응축된 액체 위의 성분의 분압을 계산하시오.
   a) $P_A=98$ mmHg, $P_B=42$ mmHg
   b) $P_A=30$ mmHg, $P_B=27$ mmHg
   c) $P_A=71$ mmHg, $P_B=12$ mmHg
   d) $P_A=72$ mmHg, $P_B=28$ mmHg

예제 속 추가문제 정답

12.1.1 CS₂ **12.1.2** C₃H₈, I₂, CS₂ **12.2.1** (a) $0.423\,m$ (b) 2.48% **12.2.2** $0.78\,m$ **12.3.1** (a) $1.8\,M$ (b) $1.9\,m$ **12.3.2** 12.8% **12.4.1** $0.12\,M$ **12.4.2** 26 atm **12.5.1** 22.2 mmHg **12.5.2** 103 g **12.6.1** f.p.＝－7.91℃, b.p.＝102.2℃ **12.6.2** 710 g **12.7.1** $i=1.21$ **12.7.2** f.p.＝－0.35℃ **12.8.1** 10.2 atm **12.8.2** (a) $0.22\,M$ (b) $0.11\,M$ **12.9.1** 128 g/mol **12.9.2** 12.5 g **12.10.1** 6.0×10^3 g/mol **12.10.2** 0.27 g **12.11.1** 4% **12.11.2** 0.38 atm

어떻게 용액의 농도를 측정하는가?

알다시피 백색광은 무지개의 모든 색이 합쳐진 색으로 구성되어 있다. 사실 무지개는 백색광이 물방울에 의해 가시광선을 구성하는 색상 또는 파장으로 분리되는 결과이다[◀◀ 6.1절]. 선택적인 흡수란 어떤 용액이 가시광선에 의해 색을 띠게 만드는 것이다. 그리고 색을 띠는 용액에 대해서 색의 강도는 용액의 농도와 관련이 있다(그림 4.9 참조). 이러한 효과는 가시광선 광도법(visible spectrophotometry)이라는 분석 종류가 생기도록 하였다. 가시광선 광도법은 시료를 지나가기 전 빛의 세기[입사(incident)복사선이라 부른다] I_0와 투과된 복사선의 세기 I를 비교한다. 투광도(transmittance, T)는 I와 I_0의 비율이다.

$$T = \frac{I}{I_0} \qquad [◀◀ \text{식 } 12.12]$$

흡광도(absorbance, A)는 용액으로부터 빛을 얼마나 흡수하는지를 측정하는 것과 투광도의 음의 대수로 정의된다.

$$A = -\log T = -\log \frac{I}{I_0} \qquad [◀◀ \text{식 } 12.13]$$

파장의 함수로서 흡광도를 도시하는 것은 흡수 스펙트럼(absorption spectrum) 정보를 준다. 파장 범위에 걸친 흡수 특성, 즉 흡수 스펙트럼은 용액에서 화합물의 정성을 위한 일종의 지문의 역할로 사용될 수 있다.

흡광도와 용액의 농도의 정량적인 관계는 **Beer−Lambert의 법칙**(Beer−Lambert law)으로 불리며 다음 식으로 표현한다.

$$A = \varepsilon b c \qquad [◀◀ \text{식 } 12.14]$$

여기서 ε = 비례상수는 **몰 흡광계수**(molar absorptivity)
　　　b = 빛이 용액이 들어 있는 곳을 통과하는 길이(cm)
　　　c = 용액의 몰농도

이다. 식 12.14의 y는 흡광도, m(기울기)은 물질의 mol 흡광계수와 통과 길이, x는 몰농도, b(y절편)는 0인 $y = mx + b$ 형태의 일차 함수를 나타낸다. 몰 흡광계수는 화학종에 따라 선택적인 상수이며, 특정 파장에서 얼마나 빛을 잘 흡수하는지의 정도를 측정하는 요소이다. 그림 12.20은 흡광도가 빛의 통과 길이와 용액의 농도에 얼마나 의존하는지를 보여준다. 가시광선 광도계를 이용한 정량 분석은 일반적으로 분석을 위한 적절한 파장 선택(보통 흡광도가 가장 높은 파장), 아는 농도를 가진 용액에 대한 흡광도 측정(표준 물질), 검량 곡선 작성(그림 12.21), 검량 곡선을 사용한 미지 농도의 계산을 필요로 한다.

흡광도는 시료로부터 얻은 빛의 흡수의 규모를 나타낸다. 농도와 투광도(transmittance) 사이의 관계가 선형이 아니기 때문에 농도의 함수로서 투광도를 사용한다면, 미지 시료의 농도를 결정하는 것이 훨씬 더 어려울 것이다.

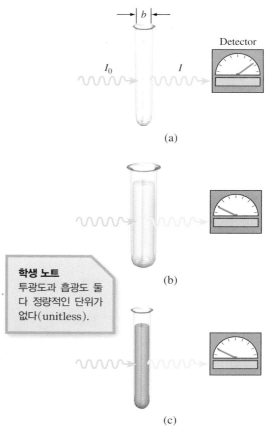

학생 노트
투광도과 흡광도 둘 다 정량적인 단위가 없다(unitless).

그림 12.20 (a) 색을 띠는 용액은 입사 복사선의 세기 I_0를 I로 감소시켜 흡수한다. (b) 빛의 세기가 감소되는 경우는 같은 용액에서 빛이 통과하는 길이가 늘어날 때 또는 (c) 같은 통과 길이를 지나도 좀 더 농도가 높은 용액을 통과할 때이다.

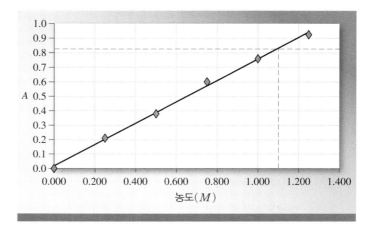

그림 12.21 검량 곡선 y축의 흡광도(A)와 x의 몰농도. 선형 회귀는 스프레드 시트 또는 그래프 계산기를 사용하여 모든 교정 데이터에 가장 잘 맞는 선을 생성한다. 미지 시료의 농도는 보여지는 바와 같이, 측정된 흡광도에 대응하는 검량 곡선상의 점으로부터 x축까지의 점선을 그려서 결정될 수 있다. 이 경우에선 측정된 흡광도인 0.83은 농도 1.1 M에 해당한다.

화학 반응 속도론

Chemical Kinetics

메탄올은 부동액을 포함하는 여러 일반적인 가정용 제품의 한 가지 성분이다. 메탄올은 섭취했을 때, 잠재적으로 치명적인 독성을 일으키는 물질인 폼산으로 바뀐다.

어떻게 화학 반응 속도론이 의학에서 유용할 수 있을까

특별한 생의학 반응들이 일어나는 다른 반응 속도들은 메탄올과 같은 독성 물질을 섭취한 환자들의 생명을 구하기 위해 활용될 수 있다. 의도하지 않거나 또는 의도적으로 메탄올을 섭취하게 되면, 이는 두통, 메스꺼움, 실명, 발작, 심지어 사망까지 일으킬 수 있다. 간에서 메탄올은 폼알데하이드를 만들기 위해 알코올 탈수소 효소(ADH)에 의해 대사된다.

$$CH_3OH + NAD^+ \longrightarrow HCHO + NADH + H^+$$
메탄올   폼알데하이드

폼알데하이드는 연속해서 다른 효소인 알데하이드 탈수소 효소(ALDH)에 의해 폼산으로 바뀐다.

$$HCHO + NADP^+ + H_2O \longrightarrow HCOOH + NADPH + H^+$$
폼알데하이드   폼산

폼알데하이드와 폼산은 혈액이 위험할 정도로 산성화되는 대사산증을 포함한 메탄올 중독의 독성 영향을 담당하는 특정 물질이다.

이런 종류의 중독을 치료하기 위해서는 ADH가 더 이상 메탄올을 대사하지 못하게 해야 한다. 이런 경우 과거에는 에탄올이 ADH에 대하여 메탄올보다 대략 100배 정도 더 친화력이 높아서 메탄올과의 반응보다 에탄올과 ADH의 반응이 상당히 빠르기 때문에, 에탄올을 대량 투여하여 치료하였다. 이 치료에서는 체내의 ADH가 바쁘게 에탄올을 아세트알데하이드로 바꾸는 동안(메탄올을 폼알데하이드로 전환하는 것과 유사한 반응이다), 메탄올은 투석에 의해 제거되었다. 그러나 치료에 요구된 에탄올의 양이 전형적으로 심한 음주 상태나 중추 신경계(CNS)의 우울증과 같은 합병증을 야기한다. 에탄올의 대사 산물인 아세트알데하이드 또는 아세트산 또한 독성을 가지고 있으나 일반적으로 메탄올보다 낮다. 사실 아세트알데하이드는 숙취와 같은 전체적으로 알려진 여러 징후를 일으키는 화학종이다.

2000년에 미국 식품의약국(FDA)은 'Antizol'이라는 이름으로 판매되는 'fomepizole'을 메탄올 중독 치료제로 승인하였다. 'Fomepizole($C_4H_6N_2$)'은 메탄올보다 ADH에 대하여 8000배 높은 친화도를 가지고, 에탄올에 의한 중독 및 중추 신경계의 우울증을 야기하지 않고 메탄올 독성을 치료하는 데 사용된다. 이후에는 이전과 마찬가지로 투석을 통해 혈액으로부터 메탄올을 제거한다.

화학 반응 속도론을 이해하면, 원치 않은 반응으로 인한 손상을 최소화하고, 바람직한 반응의 속도를 높일 수 있다.

이 장의 끝에서 메탄올 생산과 관련된 일련의 문제들을 해결할 수 있게 될 것이다[▶▶ 배운 것 적용하기, 582쪽].

13.1 반응 속도

화학 반응 속도론은 반응이 얼마나 빨리 일어나는지에 대한 연구이다. 눈에 보이는 것과 광합성의 초기 반응들처럼 많은 익숙한 반응들은 거의 순간적으로 일어나지만, 철의 부식이나 다이아몬드가 흑연으로 전환되는 것과 같은 반응들은 며칠 또는 수백만 년의 시간에 걸쳐 일어난다.

동역학에 대한 지식은 약물 설계, 오염 제어 및 음식 가공을 포함한 많은 과학적 노력에 중요하다. 산업체의 화학자들은 수득률을 극대화하거나 새로운 공정을 개발하기보다는 반응 속도를 높이기 위해 노력하는 경우가 종종 있다.

화학 반응은 일반적으로 다음의 식에 의해 표현될 수 있다.

$$반응물 \longrightarrow 생성물$$

이 식은 반응이 진행되는 동안 반응물은 소비되고, 생성물이 생성된다는 것을 말한다. 반응물 농도의 감소 또는 생성물 농도의 증가를 모니터링함으로써 반응의 진행을 추적할 수 있다. 반응물 또는 생성물 농도의 변화를 모니터링하는 데 사용되는 방법은 특정 반응에 따라 다르다. 색깔을 가지는 화학종을 소비하거나 만들어내는 반응에서 분광계를 사용하여 시간 경과에 따른 색의 강도를 측정할 수 있다. 가스를 소비하거나 만들어내는 반응에서는 압력계를 사용하여 시간 경과에 따른 부피 변화를 측정할 수 있다. 전기 전도도의 측정은 이온 형태의 화학종을 소비하거나 생성하는 경우에 진행 상황을 모니터링하는 데 사용할 수 있다.

평균 반응 속도

다음과 같이 표현되는 가상적인 반응을 고려해 보자.

$$A \longrightarrow B$$

여기서 A 분자는 B 분자로 변환된다. 그림 13.1은 이 반응에 대한 진행 과정을 시간의 함수로 보여준다.

시간에 따른 A 분자 수의 감소와 B 분자 수의 증가를 그림 13.2에서 그래프로 보여준다. 이것은 시간에 따라 농도 변화의 비율로 표현하는 것이 편하다. 따라서 A $\longrightarrow$ B 반응에 대한 속도를 다음과 같이 나타낼 수 있다.

$$속도 = -\frac{\Delta[A]}{\Delta t} \quad 또는 \quad 속도 = \frac{\Delta[B]}{\Delta t}$$

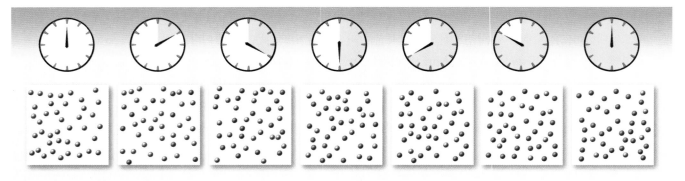

그림 13.1 반응 A $\longrightarrow$ B에 대한 과정. 처음에는 A 분자(회색 구)만 존재한다. 시간이 갈수록 B 분자(빨간색 구)가 점점 더 많아진다.

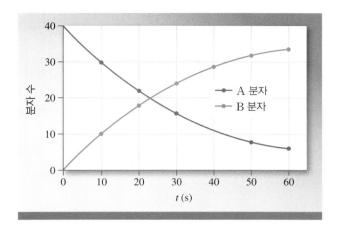

여기서 $\Delta[A]$와 $\Delta[B]$는 시간 변화, Δt에 따른 농도(몰농도)의 변화이다. 여기서 $\Delta[A]$를 포함하고 있는 속도의 표현은 음의 부호를 가지고 있는데, 이는 A의 농도가 시간에 따라 감소하기 때문이다. 즉, $\Delta[A]$은 음의 값이다. $\Delta[B]$를 포함하고 있는 속도 표현은 음의 부호를 가지고 있지 않는데, 이는 B의 농도가 시간에 따라 증가하기 때문이다. 속도는 항상 양의 값이다. 따라서 속도를 반응물 농도의 변화로 표현할 때에는 양의 속도값을 만들기 위해 속도 표현에 음의 부호가 필요하다. 시간에 따른 생성물의 농도는 증가하기 때문에 속도를 생성물 농도의 변화로 표현할 때에는, 양의 속도값을 만들기 위해 음의 부호가 필요하지 않다. 이렇게 계산된 속도는 시간의 변화, Δt에 따른 평균 속도이다.

화학 반응에 대한 속도와 이들이 어떻게 결정되는지를 이해하기 위해서는 몇 가지 특정 반응들을 고려하는 것이 유용하다. 먼저 브로민 분자(Br_2)와 폼산($HCOOH$)의 수용액 반응을 고려해 보자.

$$Br_2(aq) + HCOOH(aq) \longrightarrow 2Br^-(aq) + 2H^+(aq) + CO_2(g)$$

위의 반응에서 브로민 분자는 적갈색이지만 다른 종들은 모두 무색이다. 반응이 진행됨에 따라 브로민의 농도는 감소하고 색은 희미해진다(그림 13.3). 색이 희미해지는 것은(따라서 브로민의 농도는 감소한다) 브로민에 의해 흡수된 가시광선의 양을 기록하는 분광계를 사용하여 모니터할 수 있다(그림 13.4).

일부 초기 시간에서 브로민의 농도를 측정하고 마지막 시간에 브로민의 농도를 측정하면, 해당 시간 간격 동안 반응의 평균 속도를 결정할 수 있다.

$$평균\ 속도 = -\frac{\Delta[Br_2]}{\Delta t} = -\frac{[Br_2]_{최종} - [Br_2]_{초기}}{t_{최종} - t_{초기}}$$

그림 13.3 시간이 경과함에 따라 브로민의 농도가 감소하는 것은 색이 옅어지는 것(왼쪽으로부터 오른쪽으로)으로 나타난다.

그림 13.4 파장에 따른 브로민의 흡광도 그래프. 브로민에 의한 가시광선의 최대 흡광도는 393 nm에서 발생한다. 반응이 진행됨에 따라(t_1에서 t_3로), Br_2의 농도에 비례하여 흡수가 감소한다.([Br_2]는 Br_2의 몰 농도를 의미한다.)

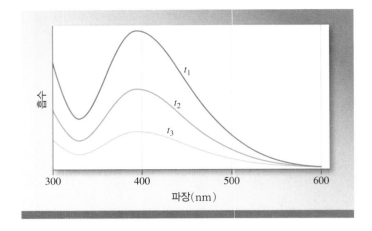

표 13.1	25℃에서 브로민 분자와 폼산의 반응에 대한 속도	
시간(s)	[Br_2](M)	속도(M/s)
0.0	0.0120	4.20×10^{-5}
50.0	0.0101	3.52×10^{-5}
100.0	0.00846	2.96×10^{-5}
150.0	0.00710	2.49×10^{-5}
200.0	0.00596	2.09×10^{-5}
250.0	0.00500	1.75×10^{-5}
300.0	0.00420	1.48×10^{-5}
350.0	0.00353	1.23×10^{-5}
400.0	0.00296	1.04×10^{-5}

표 13.1의 데이터를 사용하여 처음 50초 간격의 평균 속도를 계산할 수 있다.

$$\text{평균 속도} = -\frac{(0.0101 - 0.0120)M}{50.0} = 3.80 \times 10^{-5} \, M/s$$

처음 100초를 시간 간격으로 선택하게 되면, 평균 속도는 다음과 같이 주어진다.

$$\text{평균 속도} = -\frac{(0.00846 - 0.0120)M}{100.0 \, s} = 3.54 \times 10^{-5} \, M/s$$

이 계산은 선택한 시간 간격에 따라서 이 반응에 대한 평균 속도가 다르게 계산됨을 보여 준다. 다시 말해서, 속도는 시간에 따라서 변한다. 이는 시간의 함수로서 반응물 또는 생성물의 농도에 대한 그래프가 직선이 아닌 곡선인 이유이다[그림 13.5(a)].

그림 13.5 (a) 시간에 대한 [Br_2]의 그래프는 [Br_2]가 시간에 따라 변화함에 따라서 반응 속도가 변하기 때문에 곡선이다. (b) [Br_2]에 대한 반응 속도의 그래프는 [Br_2]에 비례하기 때문에 직선이다.

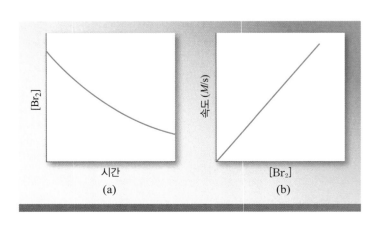

순간 속도

점점 더 짧은 시간 간격에 따른 평균 속도를 계산하면, 이는 특정 순간의 속도인 **순간 속도**(instantaneous rate)가 얻어진다. 그림 13.6은 표 13.1의 데이터를 기반으로, $[Br_2]$ 대 시간의 그래프를 보여준다. 순간 속도는 어떤 특정 시간에서 곡선에 대한 접선의 기울기와 같다. 기울기를 계산하기 위해 접선을 따라 두 점을 선택할 수 있다. 화학자의 경우 순간 속도는 일반적으로 평균 속도보다 훨씬 더 유용하다. 그러므로 이 장의 나머지 부분에서 **속도**라는 단어는 또 다른 언급이 없는 한 "순간 속도"를 의미한다.

시간의 경과에 따라 브로민의 농도는 감소하기 때문에 접선의 기울기, 즉 반응 속도는 시간에 따라 감소한다[그림 13.5(a)]. 표 13.1의 데이터는 이 반응의 속도가 브로민의 농도에 어떻게 의존하는지를 보여준다. 50.0초에서 브로민의 농도가 0.0101 M인 경우, 속도는 3.52×10^{-5} M/s이다. 250초에서 브로민의 농도가 반으로 감소되면(즉, 0.00500 M로 감소), 속도도 반으로 감소된다(즉, 1.75×10^{-5} M/s로 감소됨).

$$\frac{[Br_2]_{50\,s}}{[Br_2]_{250\,s}} \approx 2 \quad \text{그리고} \quad \frac{50.0초에서의\ 속도}{250.0초에서의\ 속도} = \frac{3.52 \times 10^{-5}\ M/s}{1.75 \times 10^{-5}\ M/s} \approx 2$$

따라서 속도는 브로민의 농도에 직접 비례한다.

$$속도 \propto [Br_2]$$
$$속도 = k[Br_2]$$

여기서 k는 **속도 상수**(rate constant)라고 불리는 비례상수이다.

위의 방정식을 다시 정리하면 다음과 같다.

$$k = \frac{속도}{[Br_2]}$$

표 13.1에서 얻은 농도와 속도 데이터를 이용해 어느 시간에서나 k 값을 구할 수 있다. 예를 들어, $t = 50.0$ s에서의 데이터를 이용하면 k 값은 다음과 같다.

$$k = \frac{3.52 \times 10^{-5}\ M/s}{0.0101\ M} = 3.49 \times 10^{-3}\ s^{-1} \qquad (t = 50.0\ s에서)$$

비슷하게, $t = 300.0$ s에서 k 값은 다음과 같다.

$$k = \frac{1.48 \times 10^{-5}\ M/s}{0.00420\ M} = 3.52 \times 10^{-3}\ s^{-1} \qquad (t = 300.0\ s에서)$$

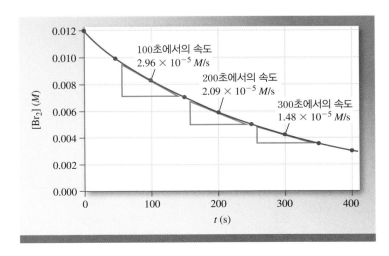

그림 13.6 시간이 100초, 200초, 300초일 때, 브로민 분자와 폼산 사이에 진행되는 반응에 대한 순간 속도는 이들 시간에서 접선의 기울기에 의해 주어진다.

계산된 k 값의 약간의 차이는 실험에서의 오차 때문에 발생했다. 표 13.1에서의 어느 데이터를 이용하든 $k = 3.5 \times 10^{-3}\,\text{s}^{-1}$라는 값을 얻게 된다. 이를 통해 k 값은 브로민의 농도에 의존하지 않는다는 중요한 사실을 알 수 있다. 속도 상수는 일정한 온도에서 동일한 값을 가진다.(13.4절에서 k 값이 온도에 따라 어떻게 변하는지 알아볼 것이다.)

이제 또 다른 구체적인 반응에 대해 알아볼 것인데, 바로 과산화 수소의 분해이다.

$$2H_2O_2(aq) \longrightarrow 2H_2O(l) + O_2(g)$$

생성물 중 산소는 기체이므로, 압력계를 이용하여 압력을 측정함으로써 반응의 정도를 확인할 수 있다. 이상 기체 방정식을 이용하면 압력은 농도로 변환된다.

$$PV = nRT$$

또는

$$P_{O_2} = \frac{n}{V}RT = [O_2]RT$$

여기서 n/V는 산소 기체의 몰농도를 의미한다. 이 식을 산소 기체에 대한 식으로 바꾸면 다음과 같다.

$$[O_2] = \frac{1}{RT}P_{O_2}$$

산소의 생성 속도로 표현된 반응 속도는 다음과 같다.

$$\text{속도} = \frac{\Delta[O_2]}{\Delta t} = \frac{1}{RT}\frac{\Delta P_{O_2}}{\Delta t}$$

학생 노트
많은 학생들은 이상 기체 방정식[◀◀ 10.3절]을 사용하여 압력을 농도로 간단히 변환한 다음 익숙한 방정식 형태인 속도 $= \Delta[O_2]/\Delta t$를 사용하여 속도를 결정하기를 선호한다.

압력 데이터를 이용하여 속도를 산출하는 것은 오직 반응이 일어나는 온도(켈빈)를 알 때만 가능하다. 그림 13.7(a)는 과산화 수소의 분해에서 일어나는 압력의 변화를 측정하는 기구를 보여준다. 그림 13.7(b)는 시간에 따른 P_{O_2} 즉, 산소 기체의 압력의 기울기를 보여준다. 그림 13.6에서 했듯이, 곡선 위의 어느 점에서 순간 속도를 결정하기 위해서 탄젠트를 이용할 수 있다.

화학량론과 반응 속도

A에서 B로 가는 화학량론적으로 간단한 반응의 경우, 속도는 시간에 따른 반응물 농도

그림 13.7 (a) 과산화 수소 분해 속도는 압력계를 사용하여 측정할 수 있으며, (b)는 시간에 따른 산소 가스 압력의 증가를 나타낸다.

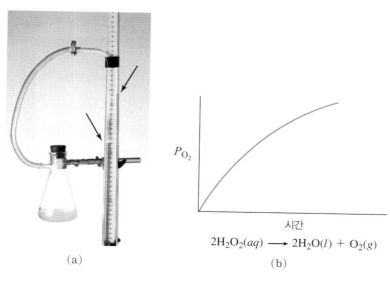

(a)

P_{O_2}

시간

$$2H_2O_2(aq) \longrightarrow 2H_2O(l) + O_2(g)$$

(b)

의 감소 $-\Delta[A]/\Delta t$, 또는 시간에 따른 생성물 농도의 증가 $\Delta[B]/\Delta t$로 표현할 수 있다. 두 표현 모두 같은 결과를 가져온다. 하나 또는 그 이상의 화학량론적 계수가 1이 아닌 반응의 경우, 속도로 표현하는 데 특별한 주의를 기울여야 한다. 예를 들어, 브로민 분자와 폼산의 반응을 다시 고려해 보자.

$$Br_2(aq) + HCOOH(aq) \longrightarrow 2Br^-(aq) + 2H^+(aq) + CO_2(g)$$

반응 속도를 브로민의 소멸이라는 측면에서 설명했다. 그러나 만약 브로민의 생성이라는 측면에서 속도를 설명하면 어떻게 되었을까? 균형 맞춤 반응식에 따르면, 소비된 Br_2 1 mol당 2 mol의 Br^- 이온이 생성된다. 따라서 Br^-는 Br_2 기체가 사라지는 속도의 두 배로 생성된다. 특정 화학종의 소멸 혹은 생성 속도를 나타냄에 있어 명확하게 하기 위해, **반응 속도**(rate of reaction)를 이용한다. 관찰하는 화학종에 상관없이 같은 결과가 나오도록 반응 속도를 결정한다. 다음과 같은 반응에서

$$A \longrightarrow 2B$$

반응 속도는 다음과 같이 두 가지 방법으로 쓰일 수 있다.

$$속도 = -\frac{\Delta[A]}{\Delta t} \quad 또는 \quad 속도 = \frac{1}{2}\frac{\Delta[B]}{\Delta t}$$

두 경우 모두 같은 결과를 가져온다. 브로민과 폼산 반응에서 반응 속도를 다음과 같이 두 가지로 쓸 수 있다.

$$속도 = -\frac{\Delta[Br_2]}{\Delta t}$$

또는 앞서 했던 것처럼

$$속도 = \frac{1}{2}\frac{\Delta[Br^-]}{\Delta t}$$

일반적으로, 다음과 같은 반응에서

$$aA + bB \longrightarrow cC + dD$$

반응 속도는 다음과 같이 된다.

$$속도 = -\frac{1}{a}\frac{\Delta[A]}{\Delta t} = -\frac{1}{b}\frac{\Delta[B]}{\Delta t} = \frac{1}{c}\frac{\Delta[C]}{\Delta t} = \frac{1}{d}\frac{\Delta[D]}{\Delta t} \qquad [\blacktriangleleft\!\blacktriangleleft 식 13.1]$$

이런 방법으로 속도를 측정하면 반응 과정을 관찰하기 위해 측정하는 화학종에 관계없이 반응 속도가 일정하게 측정된다.

> **학생 노트**
> 각 종의 농도 변화 속도는 균형 맞춤 반응식에서 그 종의 계수로 나누어진다.

예제 13.1과 13.2는 반응 속도를 표현하는 방법과 속도를 표현할 때 어떻게 화학량론을 고려해야 하는지 보여준다.

예제 13.1

다음 각각의 반응에 대한 속도 표현식을 쓰시오.
(a) $I^-(aq) + OCl^-(aq) \longrightarrow Cl^-(aq) + OI^-(aq)$
(b) $2O_3(g) \longrightarrow 3O_2(g)$

(c) $4NH_3(g) + 5O_2(g) \longrightarrow 4NO(g) + 6H_2O(g)$

전략 각각의 반응에 대한 표현식을 쓰려면 식 13.1을 이용한다.

계획 기체 상태의 화학종을 포함한 반응의 경우, 반응은 압력에 의해 조절된다. 이상 기체 방정식에서 압력은 몰농도로 변환되고, 속도 표현식은 몰농도의 관점에서 표현된다.

풀이 (a) 모든 계수는 1이다. 따라서 다음과 같다.

$$속도 = -\frac{\Delta[I^-]}{\Delta t} = -\frac{\Delta[OCl^-]}{\Delta t} = \frac{\Delta[Cl^-]}{\Delta t} = \frac{\Delta[OI^-]}{\Delta t}$$

(b) $속도 = -\frac{1}{2}\frac{\Delta[O_3]}{\Delta t} = \frac{1}{3}\frac{\Delta[O_2]}{\Delta t}$

(c) $속도 = -\frac{1}{4}\frac{\Delta[NH_3]}{\Delta t} = -\frac{1}{5}\frac{\Delta[O_2]}{\Delta t} = \frac{1}{4}\frac{\Delta[NO]}{\Delta t} = \frac{1}{6}\frac{\Delta[H_2O]}{\Delta t}$

생각해 보기

각 종의 농도 변화가 균형 맞춤 방정식의 해당 계수로 나누어져 있는지 확인한다. 또한 반응물 농도의 관점에서 쓰여진 비례식이 음수가 되게 하여 생성 속도가 양수가 되게 한다.

추가문제 1 각각의 반응에 대한 반응식을 쓰시오.
(a) $CO_2(g) + 2H_2O(g) \longrightarrow CH_4(g) + 2O_2(g)$
(b) $3O_2(g) \longrightarrow 2O_3(g)$
(c) $2NO(g) + O_2(g) \longrightarrow 2NO_2(g)$

추가문제 2 다음과 같이 주어진 반응식에서 균형 맞춤 반응식을 쓰시오.
(a) $속도 = -\frac{1}{3}\frac{\Delta[CH_4]}{\Delta t} = -\frac{1}{2}\frac{\Delta[H_2O]}{\Delta t} = -\frac{\Delta[CO_2]}{\Delta t} = \frac{1}{4}\frac{\Delta[CH_3OH]}{\Delta t}$
(b) $속도 = -\frac{1}{2}\frac{\Delta[N_2O_5]}{\Delta t} = \frac{1}{2}\frac{\Delta[N_2]}{\Delta t} = \frac{1}{5}\frac{\Delta[O_2]}{\Delta t}$
(c) $속도 = -\frac{\Delta[H_2]}{\Delta t} = -\frac{\Delta[CO]}{\Delta t} = -\frac{\Delta[O_2]}{\Delta t} = \frac{\Delta[H_2CO_3]}{\Delta t}$

추가문제 3 다음 그림은 반응물 A(빨간색) 와 B(파란색)가 반응하여 생성물 C(보라색) 를 만드는 시스템이다. 반응이 일어나는 균형 맞춤 반응식을 쓰시오.

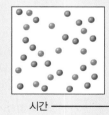 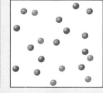 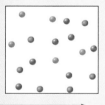

시간 ⟶

예제 13.2

다음 반응을 생각해 보자.

$$4NO_2(g) + O_2(g) \longrightarrow 2N_2O_5(g)$$

반응 중 특정 시간대에 이산화 질소가 $0.00130\ M/s$의 속도로 소비되었다.
(a) 산소 분자는 어느 정도의 속도로 소비되는가?   (b) 어느 정도의 속도로 오산화 이질소가 생성되는가?

전략 식 13.1을 사용해서 반응 속도를 결정하고, 반응에서의 화학량론을 사용해서 각 화학종의 변화 속도로 바꾼다.

계획

$$속도 = -\frac{1}{4}\frac{\Delta[NO_2]}{\Delta t} = -\frac{\Delta[O_2]}{\Delta t} = \frac{1}{2}\frac{\Delta[N_2O_5]}{\Delta t}$$

다음이 주어졌다.

$$\frac{\Delta[NO_2]}{\Delta t} = -0.00130\ M/s$$

NO_2 농도의 음수값은 시간에 따라 NO_2 농도가 감소함을 의미한다. 따라서 반응 속도는 다음과 같다.

$$속도 = -\frac{1}{4}\frac{\Delta[NO_2]}{\Delta t} = -\frac{1}{4}(-0.00130\ M/s) = 3.25 \times 10^{-4}\ M/s$$

풀이   (a) $3.25 \times 10^{-4}\ M/s = -\frac{\Delta[O_2]}{\Delta t}$

$$\frac{\Delta[O_2]}{\Delta t} = -3.25 \times 10^{-4}\ M/s$$

산소 분자는 $3.25 \times 10^{-4}\ M/s$의 속도로 소비된다.

(b) $3.25 \times 10^{-4}\ M/s = \frac{1}{2}\frac{\Delta[N_2O_5]}{\Delta t}$

$$2(3.25 \times 10^{-4}\ M/s) = \frac{\Delta[N_2O_5]}{\Delta t}$$

$$\frac{\Delta[N_2O_5]}{\Delta t} = 6.50 \times 10^{-4}\ M/s$$

오산화 이질소는 $6.50 \times 10^{-4}\ M/s$의 속도로 생성된다.

생각해 보기

속도 표현식에서 음의 값을 가지는 것은 화학종이 대개 소비된다는 것을 기억하자. 속도는 항상 양수 값으로 표현된다.

추가문제 1   다음 반응을 보자.

$$4PH_3(g) \longrightarrow P_4(g) + 6H_2(g)$$

반응 중 어느 지점에서 수소 분자가 $0.168\ M/s$의 속도로 생성된다.

(a) P_4의 생성 속도는 어떻게 되는가?　　　　　　　　(b) PH_3의 소비 속도는 어떻게 되는가?

추가문제 2   다음과 같은 불균일 반응식을 고려해 보자.

$$A + B \longrightarrow C$$

C가 $0.086\ M/s$의 속도로 형성될 때, A는 $0.172\ M/s$의 속도로 소비되고, B는 $0.258\ M/s$의 속도로 소비된다. 생성물과 반응물의 생성 및 반응의 상대적인 비율을 기반으로 반응식의 균형을 맞추시오.

추가문제 3 $2A + B \longrightarrow 2C$의 반응을 고려해 보자. 어떤 그래프가 $t = 0\ s$에서 A, B 그리고 C의 농도를 나타내는 것인가?

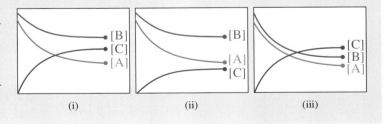

(i)　　　　　　(ii)　　　　　　(iii)

13.2 반응물 농도에 대한 반응 속도의 의존성

13.1절에서 브로민과 폼산의 반응 속도가 브로민의 농도에 비례하고 비례상수 k가 속도 상수라는 것을 알게 되었다. 이제 속도, 속도 상수 그리고 반응물의 농도가 어떻게 관련되는지를 알아보도록 한다.

속도 법칙

브로민 분자의 농도에 있어서 반응 속도와 연관된 식은 다음과 같다.

$$속도 = k[\text{Br}_2]$$

위 식은 **속도 법칙**(rate law)의 예이다. 속도 법칙은 반응 속도를 반응물의 농도와 관련시키는 수식이다. 일반적으로 반응에서

$$a\text{A} + b\text{B} \longrightarrow c\text{C} + d\text{D}$$

속도 법칙은 다음과 같다.

$$속도 = k[\text{A}]^x[\text{B}]^y \qquad [\blacktriangleleft\blacktriangleleft \text{식 13.2}]$$

학생 노트
속도 법칙의 지수는 실험 데이터로부터 결정되어야 하며, 일반적으로 화학 반응식의 계수와 같지 않다는 점을 강조하는 것이 중요하다.

k는 속도 상수이고 **변수** x와 y는 반드시 실험적으로 고려해 주어야 하는 값이다. k, x, y 값을 알게 되면, 식 13.2를 이용해서 주어진 A와 B의 농도를 통해 반응 속도를 계산할 수 있다.

브로민 분자와 폼산의 경우, 반응 속도 법칙은 다음과 같다.

$$속도 = k[\text{Br}_2]^x[\text{HCOOH}]^y$$

여기서 $x=1$이고 $y=0$이다

속도 법칙에서 지수들의 값은 반응물에 대한 반응 **차수**(order)를 나타낸다. 예를 들어, 브로민과 폼산의 반응에서 브로민 농도에 대한 지수 $x=1$은 반응이 브로민에 대해 **일차**(first order)임을 의미한다. 폼산 농도에 대한 $y=0$인 지수는 반응이 폼산에 대하여 **영차**(zeroth order)임을 나타낸다. x와 y의 합을 전체 **반응 차수**(reaction order)라고 한다. 따라서 브로민과 폼산의 반응은 브로민에서 일차, 폼산에서 영차, 전체적으로 일차 ($1+0=1$)이다.

속도 법칙의 실험적 결정

실험 데이터로부터 속도 법칙이 어떻게 결정되는지 확인하려면, 플루오린과 이산화 염소 사이의 다음 반응을 고려해 보자.

$$\text{F}_2(g) + 2\text{ClO}_2(g) \longrightarrow 2\text{FClO}_2(g)$$

속도 법칙은 일반적으로 반응물 농도와 초기 속도표를 이용하여 결정된다. 초기 속도는 반응이 시작할 때의 순간 속도이다. 반응물의 처음 농도를 변화시키고, **초기 속도**(initial rate)의 변화를 관찰함으로써, 반응 속도가 각 반응물 농도에 어떻게 의존하는지를 결정할 수 있다.

표 13.2는 플루오린과 이산화 염소의 반응을 세 번의 다른 시간대에 걸쳐서 초기 속도값을 구한 것이다. 매번 반응물 농도의 조합은 다르며, 매번 초기 속도 또한 다르다.

속도 법칙에서 지수 x와 y의 값을 결정하기 위해 다음 공식을 이용한다.

$$속도 = k[\text{F}_2]^x[\text{ClO}_2]^y$$

표 13.2	플루오린과 이산화 염소의 반응에 대한 초기 데이터		
실험	$[\textbf{F}_2](\textbf{\textit{M}})$	$[\textbf{ClO}_2](\textbf{\textit{M}})$	**초기 속도**($\textbf{\textit{M}}$/s)
1	0.10	0.010	1.2×10^{-3}
2	0.10	0.040	4.8×10^{-3}
3	0.20	0.010	2.4×10^{-3}

하나는 반응물 농도가 **변하고**(change) 다른 하나는 일정한 두 실험을 비교해야 한다. 예를 들어, 실험 1과 3의 데이터를 비교할 것이다.

실험	$[F_2](M)$	$[ClO_2](M)$	초기 속도(M/s)
1	0.10	0.010	1.2×10^{-3}
2	[F₂] 2배 $\{$ 0.10	[ClO₂] 유지 $\{$ 0.040	속도 2배 $\{$ 4.8×10^{-3}
3	0.20	0.010	2.4×10^{-3}

이산화 염소의 농도는 그대로 유지하고 플루오린의 농도를 2배로 한다면, 속도는 2배가 된다.

$$\frac{[F_2]_3}{[F_2]_1} = \frac{0.20\ M}{0.10\ M} = 2 \qquad \frac{속도_3}{속도_1} = \frac{2.4 \times 10^{-3}\ M/s}{1.2 \times 10^{-3}\ M/s} = 2$$

이는 속도가 플루오린의 농도에 직접적으로 비례함을 의미하며, x의 값이 1임을 알려준다.

$$속도 = k[F_2][ClO_2]^y$$

이와 유사하게 실험 1과 2를 비교할 수 있다.

학생 노트
지수가 1일 때, 그것을 표시할 필요는 없다는 것을 기억하자[◀◀ 3.3절].

실험	$[F_2](M)$	$[ClO_2](M)$	초기 속도(M/s)
1	[F₂] 유지 $\{$ 0.10	[ClO₂] 4배 $\{$ 0.010	속도 4배 $\{$ 1.2×10^{-3}
2	0.10	0.040	4.8×10^{-3}
3	0.20	0.010	2.4×10^{-3}

이산화 염소 농도가 4배 차이가 나고, 플루오린의 농도는 그대로일 때, 속도 차이가 4배임을 알 수 있다.

$$\frac{[ClO_2]_2}{[ClO_2]_1} = \frac{0.040\ M}{0.010\ M} = 4 \qquad \frac{속도_2}{속도_1} = \frac{4.8 \times 10^{-3}\ M/s}{1.2 \times 10^{-3}\ M/s} = 4$$

이는 속도 또한 이산화 염소의 농도에 직접적으로 비례한다는 것을 의미하며, y 값 또한 1이 됨을 알 수 있다. 따라서, 속도 법칙을 다음과 같이 쓸 수 있다.

$$속도 = k[F_2][ClO_2]$$

플루오린과 이산화 염소가 각각 1차로 확인되었으므로, 이 반응을 플루오린에 대해 일차, 그리고 이산화 염소에 대해 일차라고 정의한다. 반응은 전체적으로 이차이다.

속도 법칙을 알게 되면 어떤 실험의 데이터든 속도 상수를 구하는 데 이용할 수 있다. 표 13.2의 첫 번째 실험의 데이터를 이용하여 다음과 같이 쓸 수 있다.

$$k = \frac{속도}{[F_2][ClO_2]} = \frac{1.2 \times 10^{-3}\ M/s}{(0.10\ M)(0.010\ M)} = 1.2\ M^{-1} \cdot s^{-1}$$

표 13.3은 가상의 반응에 대한 첫 번째 속도 데이터를 포함한다.

$$aA + bB \longrightarrow cC + dD$$

일반적인 속도 법칙은 다음과 같다.

$$속도 = k[A]^x[B]^y$$

표 13.3	**A와 B의 반응에 대한 초기 데이터**		
실험	$[A](M)$	$[B](M)$	초기 속도(M/s)
1	0.10	0.015	2.1×10^{-4}
2	0.20	0.015	4.2×10^{-4}
3	0.10	0.030	8.4×10^{-4}

실험 1과 2를 비교하면, [A] 농도가 2배이고 [B]의 농도는 변하지 않는 조건에서 속도가 2배임을 알 수 있다.

실험		[A](M)		[B](M)		초기 속도(M/s)
1	[A] 2배 {	0.10	[B] 유지 {	0.015	속도 2배 {	2.1×10^{-4}
2		0.20		0.015		4.2×10^{-4}
3		0.10		0.030		8.4×10^{-4}

그러므로 $x=1$이다.

실험 1과 3을 비교하면, [B]가 2배이고 [A]가 변하지 않을 때 속도가 4배임을 알 수 있다.

실험		[A](M)		[B](M)		초기 속도(M/s)
1	[A] 유지 {	0.10	[B] 2배 {	0.015	속도 4배 {	2.1×10^{-4}
2		0.20		0.015		4.2×10^{-4}
3		0.10		0.030		8.4×10^{-4}

따라서 속도는 [B]에 직접적으로 비례하지 **않고** 오히려 [B]의 제곱에 직접적으로 비례한다고 할 수 있다($y=2$).

$$속도 \propto [B]^2$$

전체 속도 법칙은 다음과 같다.

$$속도 = k[A][B]^2$$

따라서 이 반응은 A에 대해서는 일차, B에 대해서는 이차, 그리고 전체적으로 삼차 반응이다.

다시 강조하지만, 속도 법칙을 통해 실험에서의 어떤 데이터든 사용하여 속도 상수를 구할 수 있다. 실험 1에서의 데이터를 이용하여 다음을 얻게 된다.

$$k = \frac{속도}{[A][B]^2} = \frac{2.1 \times 10^{-4}\,M/s}{(0.10\,M)(0.015\,M)^2} = 9.3\,M^{-2} \cdot s^{-1}$$

$F_2 - ClO_2$ 반응과 브로민의 반응에서 구한 속도 상수를 볼 때 단위가 서로 다른 것을 주목하자. 사실, 속도 상수의 단위는 반응의 **전체**(overall) 차수에 의존한다. 표 13.4는 반응이 영차, 일차, 이차, 그리고 삼차 반응일 때의 속도 상수의 단위를 비교해 놓았다.

속도 법칙과 관련해 기억해야 할 세 가지 중요한 것들이 있다.

1. 속도 법칙의 지수는 실험 데이터의 표에서 결정되어야 하며 일반적으로 균형 맞춤 화학 반응식의 화학량론 계수와는 관련이 없다.
2. 각각의 반응물 농도의 변화를 속도 변화와 비교하면 각 반응물 농도에 따라 속도가 어떻게 달라지는지 알 수 있다.
3. 반응 차수는 일반적으로 생성물 농도보다는 반응물 농도로 정의된다.

표 13.4	반응에서 여러 전체 차수에 따른 속도 상수의 단위	
전체 차수	**반응 속도**	**k의 단위**
0	속도 $= k$	$M \cdot s^{-1}$
1	속도 $= k[A]$ 또는 속도 $= k[B]$	s^{-1}
2	속도 $= k[A]^2$, 속도 $= k[B]^2$ 또는 속도 $= k[A][B]$	$M^{-1} \cdot s^{-1}$
3*	속도 $= k[A]^2[B]$ 또는 속도 $= k[A][B]^2$	$M^{-2} \cdot s^{-1}$

*삼차 반응의 또 다른 가능성은 속도 $= k[A][B][C]$인데, 이러한 반응은 매우 드물다.

예제 13.3은 초기 속도 데이터를 사용하여 반응 속도를 결정하는 방법을 보여준다.

예제 13.3

1280°C에서 수소와 산화 질소의 기체 상태에서의 반응은 다음과 같다.

$$2NO(g) + 2H_2(g) \longrightarrow N_2(g) + 2H_2O(g)$$

1280°C에서 수집된 다음 데이터에서 (a) 속도 법칙, (b) 단위를 포함한 속도 상수, (c) $[NO] = 4.8 \times 10^{-3}\ M$ 및 $[H_2] = 6.2 \times 10^{-3}\ M$일 때의 반응 속도를 구하시오.

실험	$[NO](M)$	$[H_2](M)$	초기 속도(M/s)
1	5.0×10^{-3}	2.0×10^{-3}	1.3×10^{-5}
2	1.0×10^{-2}	2.0×10^{-3}	5.0×10^{-5}
3	1.0×10^{-2}	4.0×10^{-3}	1.0×10^{-4}

전략 속도가 각 반응물의 농도에 어떻게 의존하는지 결정하기 위해 한 번에 두 실험을 비교한다.

계획 속도 법칙은 속도 $= k[NO]^x[H_2]^y$이다. 실험 1과 실험 2를 비교하면, $[NO]$가 2배가 되지만 $[H_2]$가 일정하게 유지되면 속도는 약 4배 증가함을 알 수 있다. 실험 2와 실험 3을 비교하면, $[H_2]$가 2배이지만 $[NO]$가 일정하게 유지될 때 속도가 2배가 된다는 것을 알 수 있다.

풀이 (a) 실험 2의 속도를 실험 1의 속도로 나누면, 다음이 얻어진다.

$$\frac{\text{속도}_2}{\text{속도}_1} = \frac{5.0 \times 10^{-5}\ M \cdot s^{-1}}{1.3 \times 10^{-5}\ M \cdot s^{-1}} \approx 4 = \frac{k(1.0 \times 10^{-2}\ M)^x(2.0 \times 10^{-3}\ M)^y}{k(5.0 \times 10^{-3}\ M)^x(2.0 \times 10^{-3}\ M)^y}$$

같은 지수의 값이 분자 및 분모에 있으면, 그 지수는 분수 전체의 지수가 된다. $x^n/y^n = (x/y)^n$
분자와 분모의 동일한 항을 취소하면 다음과 같다.

$$\frac{(1.0 \times 10^{-2}\ M)^x}{(5.0 \times 10^{-3}\ M)^x} = 2^x = 4$$

따라서, $x = 2$이다. 반응은 NO에 대해서 이차이다.
실험 3에서 얻어진 속도를 실험 2에서 얻은 속도로 나누면, 다음과 같다.

$$\frac{\text{속도}_3}{\text{속도}_2} = \frac{1.0 \times 10^{-4}\ M \cdot s^{-1}}{5.0 \times 10^{-5}\ M \cdot s^{-1}} = 2 = \frac{k(1.0 \times 10^{-2}\ M)^x(4.0 \times 10^{-3}\ M)^y}{k(1.0 \times 10^{-2}\ M)^x(2.0 \times 10^{-3}\ M)^y}$$

분자와 분모의 동일한 항을 취소하면 다음과 같다.

$$\frac{(4.0 \times 10^{-3}\ M)^y}{(2.0 \times 10^{-3}\ M)^y} = 2^y = 2$$

따라서 y는 1이다. 반응은 H_2에 있어서 일차이다. 전체적인 속도 법칙은 다음과 같다.

$$\text{속도} = k[NO]^2[H_2]$$

(b) 실험에서 얻어진 데이터를 가지고 k의 값과 단위를 계산할 수 있다. 실험 1의 데이터를 이용하면 다음과 같다.

$$k = \frac{\text{속도}}{[NO]^2[H_2]} = \frac{1.3 \times 10^{-5}\ M/s}{(5.0 \times 10^{-3}\ M)^2(2.0 \times 10^{-3}\ M)} = 2.6 \times 10^2\ M^{-2} \cdot s^{-1}$$

(c) (b)에서 얻은 속도 상수 값 그리고 문제에서 주어진 NO와 H_2의 농도를 이용해, 다음과 같은 반응 속도를 구할 수 있다.

$$\text{속도} = (2.6 \times 10^2\ M^{-2} \cdot s^{-1})(4.8 \times 10^{-3}\ M)^2(6.2 \times 10^{-3}\ M) = 3.7 \times 10^{-5}\ M/s$$

생각해 보기

속도 법칙에서 H_2의 농도에 대한 지수는 1이며, 균형 맞춤 반응식에서 H_2에 대한 계수는 2이다. 화학량론 계수를 이용해서 속도 법칙을 풀려고 하는 것은 흔히 하는 실수이다. 일반적으로 속도 법칙의 지수는 균형 맞춤 반응식의 계수와 연관이 없다는 것을 기억하자. 속도 법칙은 실험 데이터의 표를 이용해서 결정해야 한다.

추가문제 1 퍼옥시 다이설페이트 이온($S_2O_8^{2-}$)과 아이오딘화 이온(I^-)의 반응은 다음과 같다.

$$S_2O_8^{2-}(aq) + 3I^-(aq) \longrightarrow 2SO_4^{2-}(aq) + I_3^-(aq)$$

일정 온도에서 측정된 다음의 데이터를 가지고 속도 법칙을 결정하고, 속도 상수와 그 단위를 결정하시오.

실험	$[S_2O_8^{2-}](M)$	$[I^-](M)$	초기 속도(M/s)
1	0.080	0.034	2.2×10^{-4}
2	0.080	0.017	1.1×10^{-4}
3	0.16	0.017	2.2×10^{-4}

추가문제 2 다음 일반적인 반응에서 속도$=k[A]^2$이고, $k=1.3\times10^{-2}\ M^{-1}\cdot s^{-1}$이다.

$$A + B \longrightarrow 2C$$

주어진 정보를 이용하여 표의 빈 칸을 채우시오.

실험	$[A](M)$	$[B](M)$	초기 속도(M/s)
1	0.13	0.250	2.20×10^{-6}
2	0.026	0.250	_____
3	_____	0.500	2.20×10^{-6}

추가문제 3 오른쪽에 X(빨간색), Y(노란색), Z(초록색)의 반응을 나타내는 세 가지 초기 속도 실험이 있다. 그림을 이용하여 다음 반응의 속도 법칙을 결정하시오.

$$X + Y \longrightarrow Z$$

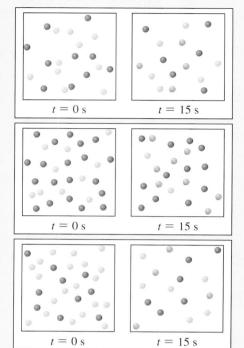

$t = 0\ s \quad\quad t = 15\ s$

$t = 0\ s \quad\quad t = 15\ s$

$t = 0\ s \quad\quad t = 15\ s$

13.3 시간에 대한 반응물 농도의 의존성

반응물의 농도와 속도 상수를 이용하여 반응 속도를 결정하기 위한 속도 법칙을 이용할 수 있다.

속도 법칙

$$속도 = k[A]^x[B]^y$$

속도 속도 상수

속도 법칙은 또한 반응 중 특정 시간에서의 반응물의 잔여 농도를 결정하는 데 사용할 수 있다. 이에 대하여 전체 차수가 일차인 반응과 이차인 반응의 속도 법칙을 이용하여 설명할 것이다.

일차 반응

일차 반응(first−order reaction)은 속도가 반응물 농도의 제곱에 비례하여 증가하는 반응이다. 다음에 에테인(C_2H_6)이 반응성이 높은 메틸 라디칼($\cdot CH_3$)로 분해되는 반응, 그리고 오산화 이질소(N_2O_5)가 분해되어 이산화 질소(NO_2)와 산소 분자(O_2)가 되는 두 가지 예시가 있다.

$$C_2H_6 \longrightarrow 2 \cdot CH_3 \quad\quad\quad 속도 = k[C_2H_6]$$

$$2N_2O_5(g) \longrightarrow 4NO_2(g) + O_2(g) \quad\quad\quad 속도 = k[N_2O_5]$$

일차 반응의 종류는 다음과 같다.

$$A \longrightarrow 생성물$$

속도는 반응물의 농도 변화에 대한 속도로 표현된다.

$$속도 = -\frac{\Delta[A]}{\Delta t}$$

속도 법칙 또한 마찬가지이다.

$$속도 = k[A]$$

이 두 식을 같다고 놓으면, 다음을 얻게 된다.

$$-\frac{\Delta[A]}{\Delta t} = k[A]$$

방정식을 푸는 계산을 통해, 다음 결과를 얻을 수 있다.

$$\ln\frac{[A]_t}{[A]_0} = -kt \qquad [\text{◀◀ 식 13.3}]$$

여기서 ln은 자연 로그이고 $[A]_0$와 $[A]_t$는 **각각** 0과 t 시점에서 A의 농도이다. 일반적으로 시간 0은 반응 중 특정 시간을 가리킨다. 반드시 반응의 시작이 아닐 수도 있다. 시간 t는 시간 0 **이후**(after)에 지정된 시간을 나타낸다. 식 13.3은 때로는 **통합된 속도 법칙**(integrated rate law)이라고도 한다.

　　예제 13.4에서 식 13.3을 특정 반응에 적용한다.

> **학생 노트**
> 식 13.3에 도달하는 데 필요한 계산을 수행할 필요는 없지만 식 13.3을 사용하는 방법은 알고 있어야 한다.

예제 13.4

과산화 수소(H_2O_2)의 분해는 일차 반응이다.

$$2H_2O_2(aq) \longrightarrow 2H_2O(l) + O_2(g)$$

이 반응의 속도 상수는 20℃에서 $1.8 \times 10^{-5}\,s^{-1}$이다. H_2O_2의 시작 농도가 $0.75\,M$이라면, (a) 3시간 후에 남은 H_2O_2의 농도와 (b) H_2O_2 농도가 $0.10\,M$까지 감소하는 데 걸리는 시간을 결정하시오.

전략 식 13.3을 사용하여 $[H_2O_2]_t$(여기서 $t=3$시간)를 찾은 다음, t에 대해 식 13.3을 풀어 얼마나 많은 시간이 지나야 하는지를 결정한다.

계획 $[H_2O_2]_0 = 0.75\,M$이다. (a)의 시간 t는 $(3\,h)(60\,min/h)(60\,s/min) = 10{,}800\,s$이다.

풀이 (a) $\ln\dfrac{[H_2O_2]_t}{[H_2O_2]_0} = -kt$

$$\ln\frac{[H_2O_2]_t}{0.75\,M} = -(1.8 \times 10^{-5}\,s^{-1})(10{,}800\,s) = -0.1944$$

방정식의 양변에 대한 역의 자연로그를 취한다.($\ln x$의 역수인 e^x는 [◀◀ 부록 1] 참조)

$$\frac{[H_2O_2]_t}{0.75\,M} = e^{-0.1944} = 0.823$$

$$[H_2O_2]_t = (0.823)(0.75\,M) = 0.62\,M$$

3시간 후 H_2O_2의 농도는 $0.62\,M$이다.

(b) $\ln\left(\dfrac{0.10\,M}{0.75\,M}\right) = -2.015 = -(1.8 \times 10^{-5}\,s^{-1})t$

$$\frac{2.015}{1.8 \times 10^{-5}\,s^{-1}} = t = 1.12 \times 10^5\,s$$

과산화물 농도가 0.10 M까지 감소하는 데 필요한 시간은 $1.1 \times 10^5\,s$ 또는 약 31시간이다.

> ## 생각해 보기
>
> 식 13.3의 마이너스 기호를 잊지 말자. 시간 0에서의 농도보다 큰 시간 t에서 반응물 농도를 계산하는 경우(또는 농도가 지정된 수준으로 감소하는 데 필요한 음의 시간이 얻어지는 경우), 이 일반적인 오류에 대해 풀이를 확인하자.

추가문제 1 반응 2A ⟶ B의 속도 상수는 110°C에서 $7.5 \times 10^{-3}\,s^{-1}$이다. 반응은 A에 대하여 일차이다. [A]가 1.25 M에서 0.71 M로 감소하는 데 걸리는 시간(초)은 얼마인가?

추가문제 2 110°C에서 $k = 7.5 \times 10^{-3}\,s^{-1}$의 반응 2A ⟶ B를 다시 참조하시오. [A] = 2.25 M의 시작 농도에서 [A]는 2.0분 후에 어떻게 되는가?

추가문제 3 다음 그림들은 C(노란색)를 형성하는 B(파란색)의 일차 반응을 보여준다. 첫 번째 그림에 제공된 정보를 사용하여 두 번째 그림의 반응을 위해 필요한 시간을 확인하시오.

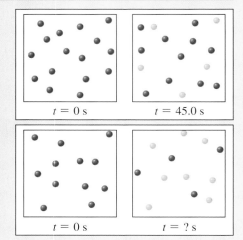

식 13.3은 다음과 같이 재배열될 수 있다.

$$\ln [A]_t = -kt + \ln [A]_0 \qquad [\text{◀◀ 식 } 13.4]$$

식 13.4는 **선형 방정식**(linear equation) $y = mx + b$의 형태를 취한다.

$$\ln [A]_t = (-k)(t) + \ln [A]_0$$
$$y \quad = \quad m \quad x + \quad b$$

그림 13.8(a)는 반응 과정 중 반응물 A의 농도 감소를 보여준다. 13.1절에서 보았듯이 시간의 함수로서 반응물 농도의 그래프는 직선이 아니다. 그러나 일차 반응의 경우 반응물 농도의 자연 로그($\ln [A]_t$) 대 시간(y 대 x)의 그래프를 그리면 직선을 얻는다. 선의 기울기는 $-k$와 같으며[그림 13.8(b)], 이 그림의 기울기로부터 속도 상수를 결정할 수 있다.

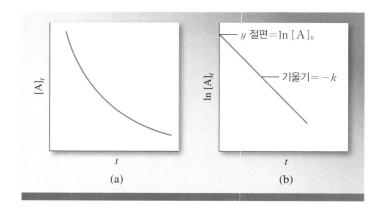

그림 13.8 일차 반응 특성. (a) 시간에 따른 반응물 농도의 감소. (b) $\ln [A]_t$ 대 t의 그래프. 선의 기울기는 $-k$와 같고 y 절편은 $\ln [A]_0$와 같다.

예제 13.5는 속도 상수가 실험 데이터로부터 어떻게 결정되는지를 보여준다.

예제 13.5

아조메테인의 분해 속도는 시간의 함수로서 반응물의 분압을 모니터링함으로써 연구된다.

$$CH_3-N=N-CH_3(g) \longrightarrow N_2(g) + C_2H_6(g)$$

300℃에서 얻은 데이터는 다음 표에 나열되어 있다.

시간(s)	$P_{\text{아조메테인}}$(mmHg)
0	284
100	220
150	193
200	170
250	150
300	132

이 온도에서 반응의 속도 상수를 결정하시오.

전략 일차 반응에 대해서만 식 13.3을 사용할 수 있으므로 먼저 아조메테인의 분해가 일차인지를 결정해야 한다. 시간에 대해 $\ln P$를 그려서 이 작업을 수행해야 한다. 반응이 일차일 경우, 표 13.3과 표 속의 두 개의 다른 시간에 해당하는 데이터를 사용하여 속도 상수를 결정할 수 있다.

계획 $\ln P$로 나타낸 표는 다음과 같다.

시간(s)	$\ln P$
0	5.469
100	5.394
150	5.263
200	5.136
250	5.011
300	4.883

이 데이터를 그래프로 그리면 직선이 나타나며(오른쪽 그림 참조) 반응이 실제로 일차 반응임을 나타낸다. 따라서 압력의 관점에서 표현된 식 13.3을 사용할 수 있다.

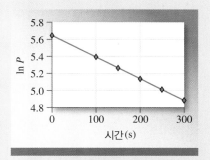

$$\ln \frac{P_t}{P_0} = -kt$$

P_t와 P_0는 실험 중 두 다른 시간에서의 압력이다. P_0는 0초에서의 압력일 필요는 없으며, 두 다른 시간 중 빠른 시간이어야만 한다.

풀이 ($P_{\text{아조메테인}}$ 대 t)의 100초와 250초의 데이터를 사용하면 다음과 같이 나타난다.

$$\ln \frac{150\,\text{mmHg}}{220\,\text{mmHg}} = -k(150\,\text{s})$$

$$\ln 0.682 = -k(150\,\text{s})$$

$$k = 2.55 \times 10^{-3}\,\text{s}^{-1}$$

생각해 보기

$\ln P$와 t의 그래프의 기울기를 계산하여 속도 상수를 잘 결정할 수 있다. 그래프에 표시된 두 점을 사용하여 다음을 얻을 수 있다.

$$\text{기울기} = \frac{5.011 - 5.394}{250 - 100} = -2.55 \times 10^{-3}\,\text{s}^{-1}$$

기울기는 $-k$이므로, $k = 2.55 \times 10^{-3}\,\text{s}^{-1}$임을 기억하자.

추가문제 1 아이오딘화 에테인(C_2H_5I)은 다음과 같이 특정 온도에서 분해된다.

$$C_2H_5I(g) \longrightarrow C_2H_4(g) + HI(g)$$

다음 데이터에서 이 반응의 속도 상수를 결정하시오. 반응이 일차인지 확인하기 위한 그래프를 작성하여 시작하시오.

시간(분)	$[C_2H_5I]$(M)
0	0.36
15	0.30
30	0.25
48	0.19
75	0.13

추가문제 2 추가문제 1에서 계산된 k를 사용하여 다음 표의 누락된 값을 채우시오.

시간(분)	$[C_2H_5I]$(M)
0	0.45
10	_____
20	_____
30	_____
40	_____

추가문제 3 예제 13.5의 계획 부분에 있는 그래프를 사용하여 $t = 50$초에서 아조메테인의 압력(mmHg)을 예측하시오.

때때로 반감기를 사용하여 반응 속도를 표현한다. **반감기**(half–life, $t_{1/2}$)는 반응물 농도가 원래 값의 **절반**(half)으로 떨어지는 데 필요한 시간이다. 다음과 같이 일차 반응에 대한 $t_{1/2}$에 대한 식을 얻을 수 있다.

$$t = \frac{1}{k} \ln \frac{[A]_0}{[A]_t}$$

t 반감기의 정의에 따르면, $[A]_t = \frac{1}{2}[A]_0$일 때 $t = t_{1/2}$이므로,

$$t_{1/2} = \frac{1}{k} \ln \frac{[A]_0}{\frac{1}{2}[A]_0}$$

$\frac{[A]_0}{\frac{1}{2}[A]_0} = 2$이고, $\ln 2 = 0.693$이기 때문에, $t_{1/2}$에 대한 표현은 다음과 같이 단순화된다.

$$t_{1/2} = \frac{0.693}{k} \qquad [◀◀ \text{식 } 13.5]$$

식 13.5에 따르면, 일차 반응의 반감기는 반응물의 초기 농도와 무관하다. 따라서 농도가 0.10 M에서 0.050 M으로 감소하기 때문에 반응물 농도가 1.0 M에서 0.50 M으로 감소하는 데 동일한 시간이 걸린다(그림 13.9). 반응의 반감기를 측정하는 것은 일차 반응의 속도 상수를 결정하는 한 가지 방법이다.

일차 반응의 반감기는 속도 상수에 반비례하므로 짧은 반감기는 큰 속도 상수에 해당한다. 예를 들어, 핵의학에 사용되는 두 개의 방사성 동위 원소, 즉 $^{24}\text{Na}(t_{1/2} = 14.7 \text{ h})$와 $^{60}\text{Co}(t_{1/2} = 5.3 \text{ yr})$를 고려해 보자. 반감기가 짧은 소듐-24는 더 빨리 분해된다. 동위 원소의 각 mol로 시작한다면, 대부분의 코발트-60이 변하지 않는 반면, 소듐-24의 대부분은 일주일 안에 사라질 것이다.

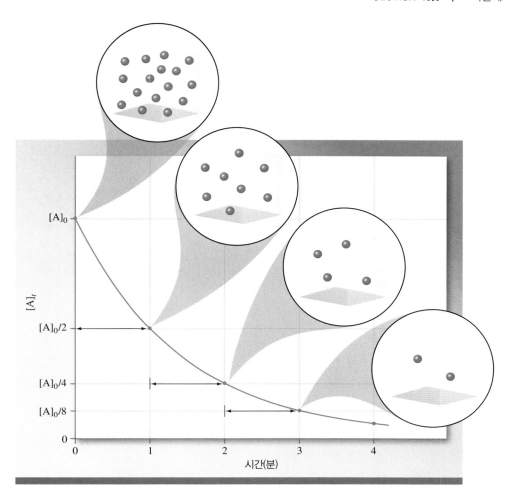

그림 13.9 일차 반응, A ⟶ 생성물에 대한 [A] 대 시간의 그래프. 반응의 반감기는 1분이다. A의 농도는 반감기마다 반으로 줄어든다.

예제 13.6은 속도 상수가 주어진 경우 일차 반응의 반감기를 계산하는 방법을 보여준다.

예제 13.6

에테인(C_2H_6)의 메틸 라디칼($\cdot CH_3$)로의 분해는 700℃에서 $5.36 \times 10^{-4} \text{ s}^{-1}$의 속도 상수를 갖는 일차 반응이다.

$$C_2H_6 \longrightarrow 2CH_3$$

반응의 반감기를 분 단위로 계산하시오.

전략 식 13.5를 사용하여 초 단위로 $t_{1/2}$를 계산한 다음 분으로 변환한다.

계획

$$초 \times \left(\frac{1분}{60초} \right) = 분$$

풀이

$$t_{1/2} = \frac{0.639}{k} = \frac{0.639}{5.36 \times 10^{-4} \text{ s}^{-1}} = 1293 \text{ s}$$

$$1293 \text{ s} \times \frac{1 \text{ min}}{60 \text{ s}} = 21.5 \text{ min}$$

700℃에서 에테인 분해의 반감기는 21.6분이다.

생각해 보기

반감기 및 속도 상수는 각각 시간 및 역 시간의 단위를 사용하여 나타낼 수 있다. 한 단위 시간에서 다른 단위 시간으로 변환할 때 조심스럽게 단위를 추적하자.

추가문제 1 예제 13.5에서 논의된 아조메테인 분해의 반감기를 계산하시오.

추가문제 2 ^{24}Na ($t_{1/2} = 14.7\,h$)의 일차 붕괴에 대한 속도 상수를 계산하시오.

추가문제 3 다음 그림은 시간 경과에 따라 A(빨간색)가 B(파란색)와 반응하는 것을 보여준다. 그림의 정보를 사용하여 반응의 반감기를 결정하시오.

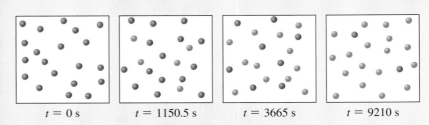

$t = 0\,s$ $\quad$ $t = 1150.5\,s$ $\quad$ $t = 3665\,s$ $\quad$ $t = 9210\,s$

이차 반응

이차 반응(second−order reaction)은 이차 반응으로 생성된 하나의 반응물의 농도 또는 두 개의 다른 반응물(각각이 일차 반응으로 생성된)의 농도에 따라 반응 속도가 달라지는 반응이다. 간단히 하기 위해, 첫 번째 유형의 반응만을 고려할 것이다.

$$A \longrightarrow 생성물$$

여기서 속도는 다음과 같이 표현될 수 있다.

$$속도 = -\frac{\Delta[A]}{\Delta t}$$

또는

$$속도 = k[A]^2$$

이전처럼, 속도의 두 표현을 결합할 수 있다.

$$-\frac{\Delta[A]}{\Delta t} = k[A]^2$$

다시 미적분을 사용하여, 다음의 통합된 속도 법칙을 얻을 수 있다.

$$\frac{1}{[A]_t} = kt + \frac{1}{[A]_0} \qquad \text{[◀◀ 식 13.6]}$$

따라서 이차 반응의 경우, 시간에 대해 농도의 역수($1/[A]_t$)를 그릴 때 직선을 얻고(그림 13.10), 선의 기울기는 속도 상수 k와 같다. 이전과 같이 식 13.6에서 $[A]_t = \frac{1}{2}[A]_0$으로 설정하여 반감기에 대한 식을 얻을 수 있다.

$$\frac{1}{\frac{1}{2}[A]_0} = kt_{1/2} + \frac{1}{[A]_0}$$

$t_{1/2}$에 대해 풀면 다음 식을 얻을 수 있다.

$$t_{1/2} = \frac{1}{k[A]_0} \qquad \text{[◀◀ 식 13.7]}$$

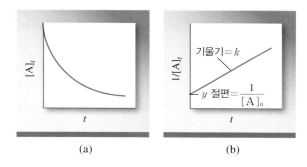

그림 13.10 이차 반응에 대한 특성은 왼쪽 그래프에 표시되어 있다. (a) 반응물 농도가 시간에 따라 감소한다. (b) $\frac{1}{[A]_t}$ 대 t의 그래프. 선의 기울기는 k로 동일하고, y 절편은 $\frac{1}{[A]_0}$과 동일하다.

출발 농도와 무관한 일차 반응의 반감기와는 달리, 이차 반응의 반감기는 초기 반응물의 농도에 반비례한다는 것을 유의해야 한다. 여러 다른 초기 농도에서 반감기를 결정하는 것은 일차 반응과 이차 반응을 구분하는 한 가지 방법이다.

예제 13.7은 이차 반응에 대한 반응물 농도와 반감기를 계산하기 위해 식 13.6과 13.7을 사용하는 법을 보여준다.

예제 13.7

아이오딘 원자가 결합하여 기체상의 아이오딘 분자를 형성한다.

$$I(g) + I(g) \longrightarrow I_2(g)$$

이 반응식은 $2I(g) \longrightarrow I_2(g)$로도 쓸 수 있다. 반응은 이차이며, 23°C에서 $7.0 \times 10^9 \ M^{-1} \ s^{-1}$의 속도 상수를 갖는다.

(a) I의 초기 농도가 0.086 M일 때 2.0분 후의 농도를 계산하시오.

(b) I의 초기 농도가 0.60 M일 때와 I의 초기 농도가 0.42 M일 때 각각의 반응에 대한 반감기를 계산하시오.

전략 식 13.6을 사용하여 $t = 2.0$분에서 $[I]_t$를 결정한다. 식 13.7을 사용하여 $[I]_0 = 0.60 \ M$일 때와 $[I]_0$가 0.42 M일 때 $t_{1/2}$를 결정한다.

계획
$$t = (2.0 \text{ min})(60 \text{ s/min}) = 120 \text{ s}$$

풀이 (a)
$$\frac{1}{[A]_t} = kt + \frac{1}{[A]_0}$$
$$= (7.0 \times 10^9 \ M^{-1} \cdot s^{-1})(120 \text{ s}) + \frac{1}{0.086 \ M}$$
$$= 8.4 \times 10^{11} \ M^{-1}$$
$$[A]_t = \frac{1}{8.4 \times 10^{11} \ M^{-1}} = 1.2 \times 10^{-12} \ M$$

2.0분 후 아이오딘 원자의 농도는 $1.2 \times 10^{-12} \ M$이다.

(b) $[I]_0 = 0.60 \ M$일 때, 다음과 같다.
$$t_{1/2} = \frac{1}{k[A]_0} = \frac{1}{(7.0 \times 10^9 \ M^{-1} \cdot s^{-1})(0.60 \ M)} = 2.4 \times 10^{-10} \text{ s}$$

$[I]_0 = 0.42 \ M$일 때, 다음과 같다.
$$t_{1/2} = \frac{1}{k[A]_0} = \frac{1}{(7.0 \times 10^9 \ M^{-1} \cdot s^{-1})(0.42 \ M)} = 3.4 \times 10^{-10} \text{ s}$$

생각해 보기

(a) 아이오딘은 다른 할로젠과 마찬가지로 실온에서 이원자 분자로 존재한다. 따라서 원자 아이오딘이 실온에서 I_2를 형성하기 위해 신속하고 실질적으로 완전하게 반응한다는 것은 의미가 있다. 2.0분 후에는 I가 매우 적게 남아 있다. (b) 예상대로 이 이차 반응의 반감기는 일정하지 않다.(일정한 반감기는 일차 반응의 특징이다.)

추가문제 1 반응 2A $\longrightarrow$ B는 25.0°C에서 32.0 $M^{-1} \cdot s^{-1}$의 속도 상수를 가지며 A에 대하여 이차이다.

(a) $[A]_0 = 0.0075\ M$에서 시작하여 A의 농도가 0.0018 M로 감소하려면 얼마나 걸리는가?

(b) $[A]_0 = 0.0075\ M$ 및 $[A]_0 = 0.0025\ M$에 대한 반응의 반감기를 계산하시오.

추가문제 2 반감기가 (a) 1.50초, (b) 25.0초, (c) 175초가 되는 데 필요한 추가문제 1의 반응에 대한 초기 농도 $[A]_0$를 결정하시오.

추가문제 3 다음 그림은 A(빨간색)와 B(파란색)가 C(보라색)를 생성하는 세 가지 실험을 보여준다. 반응 A + B $\longrightarrow$ C는 A에 대하여 이차이다. 마지막 실험에서 $t = 0$에서 빨간색 구는 표시되지 않는다. 그림이 맞기 위해 얼마나 많은 빨간색 구가 포함되어야 하는지 결정하시오.

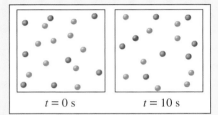 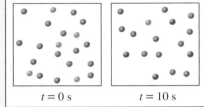 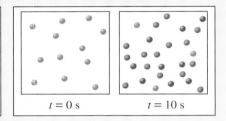

일차 및 이차 반응이 가장 일반적인 반응 유형이다. 전체적으로 영차의 반응은 존재하지만 비교적 드물다.

$$A \longrightarrow 생성물$$

속도 법칙은 다음에 의해 주어진다.

$$속도 = k[A]^0 = k$$

따라서, **영차 반응**(zeroth-order reaction)의 속도는 반응물 농도와 무관하게 일정하다. 삼차 이상의 반응 또한 매우 드물고, 이 책에서 다루기에는 너무 복잡하다. 표 13.5는 A $\longrightarrow$ 생성물의 일차 및 이차 반응에 대한 반응 속도를 요약한 것이다.

표 13.5	영차, 일차 및 이차 반응의 동역학 요약		
차수	**속도 법칙**	**적분 속도식**	**반감기**
0	속도 $= k$	$[A]_t = -kt + [A]_0$	$\dfrac{[A]_0}{2k}$
1	속도 $= k[A]$	$\ln \dfrac{[A]_t}{[A]_0} = -kt$	$\dfrac{0.693}{k}$
2	속도 $= k[A]^2$	$\dfrac{1}{[A]_t} = kt + \dfrac{1}{[A]_0}$	$\dfrac{1}{k[A]_0}$

13.4 온도에 대한 반응 속도의 의존성

거의 모든 반응은 고온에서 더 빠르게 일어난다. 예를 들어, 음식을 조리하는 데 필요한 시간은 주로 물의 끓는점에 달려 있다. 고지대에서는 기압이 낮아서 낮은 온도에서 물이 끓게 되므로 요리책들 중에는 고지대에서의 요리를 위한 대안책도 나와 있다[◀◀ 11.6절]. 계란을 단단하게 삶는 것은 80°C(약 30분 소요)보다 100°C(약 10분 소요)에서 더 빠르다. 온도에 대한 반응 속도의 의존성은 음식을 냉장고에 보관하는 이유이며, 음식이 냉동실에서 더 오래 유지되는 이유이다. 온도가 낮을수록 음식이 상하는 과정이 느려지는 것이다.

충돌 이론

화학 반응은 일반적으로 반응하는 분자 사이의 충돌로 발생한다. 충돌 횟수가 많을수록 반응 속도는 빨라진다. 화학 동역학의 **충돌 이론**(collision theory)에 따르면, 반응 속도는 초당 분자 충돌 수에 직접 비례한다.

$$속도 \propto \frac{충돌\ 횟수}{초(s)}$$

일부 생성물을 형성하기 위해 A 분자와 B 분자의 반응을 고려하자. 각각의 생성물 분자가 A 분자와 B 분자의 직접 결합에 의해 형성된다고 가정하자. A의 농도를 2배로 하면 어떤 주어진 양에서 B 분자와 충돌할 수 있는 A 분자의 수가 2배가 되기 때문에 A−B 충돌의 수는 2배가 될 것이다. 따라서 속도는 2배 증가할 것이다. 마찬가지로, B 분자의 농도를 2배로 하면 속도도 2배로 증가할 것이다. 따라서 속도 법칙은 다음과 같이 표현할 수 있다.

$$속도 = k[\text{A}][\text{B}]$$

반응은 A와 B에서 모두 일차이며 전체적으로 이차 반응이다.

그러나 분자 간의 모든 충돌이 반응을 일으키지는 않기 때문에 충돌 이론에 대한 이러한 견해는 단순화된 것이다. 반응을 **일으키는** 충돌을 **유효 충돌**(effective collision)이라고 한다. 운동 중인 분자는 운동 에너지를 가지고 있다. 움직이는 속도가 빠를수록 운동 에너지가 커진다. 분자가 충돌하면 운동 에너지의 일부가 **진동**(vibrational) 에너지로 변환된다. 초기 운동 에너지가 크면 충돌하는 분자가 진동하여 일부 화학 결합을 파괴한다. 이 결합이 끊어지는 것은 생성물 형성을 향한 첫 번째 단계이다. 만약 초기 운동 에너지가 작으면, 분자들은 단지 서로 온전하게 튕겨 나올 것이다. 화학 반응을 시작하는 데 필요한 최소한의 양의 에너지, 즉 **활성화 에너지**(activation energy, E_a)가 있다. 충돌 시 최소량의 에너지가 없으면 충돌이 **비효율적**(ineffective)이다. 즉, 반응을 일으키지 않는다.

분자가 반응할 때(**원자**가 반응할 때와 반대로) 충분한 운동 에너지를 갖는 것이 충돌이 효과적일 수 있는 유일한 요건은 아니다. 분자는 또한 반응에 유리한 방향으로 배향되어야 한다. 염소 원자와 염화 나이트로실(NOCl) 사이의 반응은 이 점을 보여준다.

$$\text{Cl} + \text{NOCl} \longrightarrow \text{Cl}_2 + \text{NO}$$

이 반응은 자유 Cl 원자가 NOCl 분자의 Cl 원자와 직접 충돌할 때 가장 유리하다[그림 13.11 (a)]. 그렇지 않은 경우, 반응물은 서로 튕겨져 반응이 일어나지 않는다[그림 13.11(b)].

> **학생 노트**
> 운동 에너지는 주변 환경에 비례하여 전체 분자가 움직이는 결과이다. 진동 에너지는 분자에 있는 원자들의 서로에 대한 운동의 결과이다.

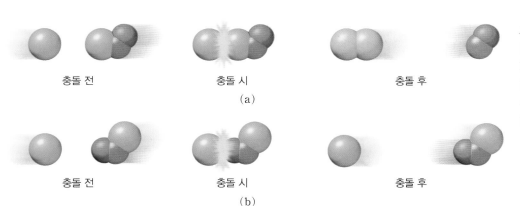

충돌 전 　 충돌 시 　 충돌 후
(a)

충돌 전 　 충돌 시 　 충돌 후
(b)

그림 13.11 (a) 효과적인 충돌이 발생하기 위해서는 자유 Cl 원자가 NOCl의 Cl 원자와 직접 충돌해야 한다. (b) 그렇지 않으면 반응물이 서로 튕겨 나오고, 충돌이 유효하지 않으며 반응이 일어나지 않는다.

그림 13.12 Cl과 NOCl의 반응에 대한 에너지 프로파일. 적절하게 배향된 것 이외에, 반응 분자는 활성화 에너지를 극복하기에 충분한 에너지를 가져야만 한다.

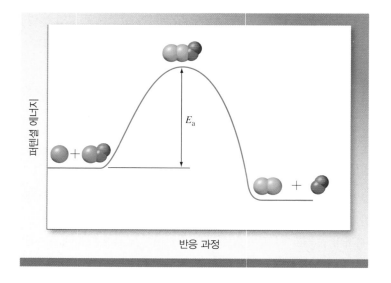

분자가 충돌할 때(효과적인 충돌 시), 이들은 충돌의 결과로 반응 분자에 의해 형성된 일시적인 화학종인 **활성화물**[activated complex, **전이 상태**(transition state)라고도 함]을 형성한다. 그림 13.12는 Cl과 NOCl 사이의 반응에 대한 운동 에너지 프로파일을 보여준다.

활성화 에너지는 충분하지 않은 에너지를 가진 분자가 반응하는 것을 막는 에너지 **장벽**(barrier)으로 생각할 수 있다. 보통 반응에서 반응물 분자의 수는 매우 많기 때문에 속도와 분자의 운동 에너지가 크게 달라진다. 일반적으로 가장 빠른 속도로 움직이는 충돌 분자의 작은 부분만이 활성화 에너지를 초과할 만큼 충분한 운동 에너지를 가지고 있다. 따라서 이 분자들은 반응에 참여할 수 있다. 동역학 분자 이론에 따르면, 분자 시료의 평균 운동 에너지는 온도가 증가함에 따라 증가한다[◀◀ 10.6절, 그림 10.20]. 따라서 시료 내의 분자 중 높은 비율은 활성화 에너지를 초과할 만큼 충분한 운동 에너지를 가지며(그림 13.13), 반응 속도는 증가한다.

충돌 이론은 반응물 농도와 온도가 반응 속도에 어떻게 영향을 주는지 시각화할 수 있는 방법을 제공한다. 그림 13.14와 13.15는 이런 효과들을 분자적 관점에서 보여주고 있다.

그림 13.13 동역학 분자 이론은 온도의 증가에 따라 분자 집합의 평균 속도와 평균 운동 에너지가 증가함을 보여준다. 파란색 선은 더 낮은 온도에서 분자의 집합을 대표한다. 빨간색 선은 더 높은 온도에서 분자 집합을 나타낸다. 온도가 높을수록 더 많은 분자가 활성화 에너지를 초과하고 효과적인 충돌을 하기에 충분한 운동 에너지를 갖는다.

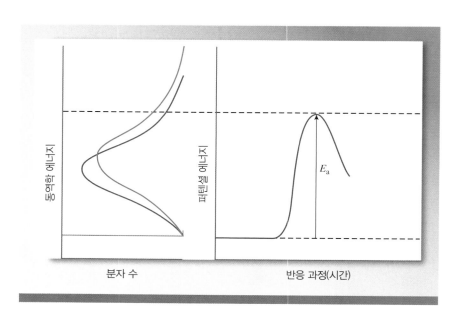

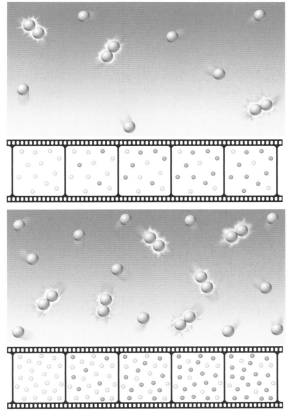

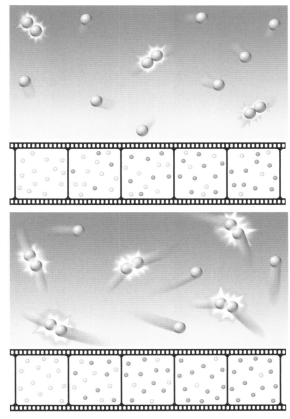

그림 13.14 농도가 높을수록 반응물 분자가 더 자주 충돌하여 전체 충돌 횟수가 증가하고, 유효 충돌 횟수가 증가한다. 유효 충돌 횟수가 증가하면 반응 속도가 증가한다.

그림 13.15 온도가 상승하면 반응 분자가 더 빨리 움직인다. 이로 인해 충돌이 더 자주 발생하고 충돌 시 더 큰 에너지가 발생한다. 두 요인 모두 유효 충돌 횟수를 증가시키고 반응 속도를 증가시킨다.

Arrhenius 식

온도에 대한 반응 속도 상수의 의존성은 **Arrhenius 식**(Arrhenius equation)으로 표현할 수 있다.

$$k = Ae^{-E_a/RT}$$ [|◀◀ 식 13.8]

여기서 E_a는 반응의 활성화 에너지(단위는 kJ/mol), R은 기체 상수(8.314 J/K·mol), T는 절대 온도, e는 자연 로그의 근원이다[|◀◀ 부록 1]. A의 양은 충돌 빈도를 나타내며 잦음률이라고 부른다. 그것은 합리적으로 넓은 온도 범위에서 주어진 반응에 대해 상수로 취급될 수 있다. 식 13.8은 속도 상수가 활성화 에너지가 증가함에 따라 감소하고, 온도가 증가함에 따라 증가함을 보여준다. 이 방정식은 양측에 자연 로그를 취해서 보다 유용한 형태로 표현될 수 있다.

$$\ln k = \ln \left(Ae^{-E_a/RT} \right)$$

또는

$$\ln k = \ln A - \frac{E_a}{RT}$$ [|◀◀ 식 13.9]

이는 다음의 선형 방정식을 제공하도록 재배열될 수 있다.

> **학생 노트**
> 절대 온도는 켈빈(kelvin)으로 표현된다[|◀◀ 1.3절].

$$\ln k = \left(-\frac{E_a}{R}\right)\left(\frac{1}{T}\right) + \ln A \qquad [\blacktriangleleft\blacktriangleleft \text{식 } 13.10]$$
$$y = \quad m \quad x \ + \ b$$

따라서 $\ln k$ 대 $1/T$의 그래프는 기울기가 $-E_a/R$과 같고 y 절편(b)가 $\ln A$와 동일한 직선을 제공한다.

예제 13.8은 반응의 활성화 에너지를 그림을 그려 결정할 수 있는 방법을 보여준다.

예제 13.8

다음 반응을 생각해 보자.

$$CO(g) + NO_2(g) \longrightarrow CO_2(g) + NO(g)$$

네 가지 다른 온도에서 측정되었다. 데이터가 표에 나와 있다. $1/T$에 대해 $\ln k$의 그래프를 그리고, 반응에 대한 활성화 에너지(kJ/mol 단위)를 결정하시오.

$k(M^{-1}\cdot s^{-1})$	$T(K)$
0.0521	288
0.101	298
0.184	308
0.332	318

전략 $1/T$에 대해 $\ln k$의 그래프를 그리고, 결과 선의 기울기를 결정한다. 식 13.10에 따르면 기울기는 $-E_a/R$이다.

계획 $R = 8.314\,\text{J/K}\cdot\text{mol}$이다. k의 각 값과 T의 각 값의 역의 자연로그를 취하면 다음과 같다.

$\ln k$	$1/T(K^{-1})$
-2.95	3.47×10^{-3}
-2.29	3.36×10^{-3}
-1.69	3.25×10^{-3}
-1.10	3.14×10^{-3}

풀이 이러한 데이터는 다음 그래프를 생성한다.

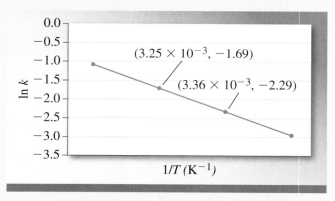

기울기는 선상의 두 점의 x 및 y 좌표를 사용하여 결정된다. 그래프에 표시된 점을 사용하면 다음을 얻을 수 있다.

$$\text{기울기} = \frac{-1.69 - (-2.29)}{3.25 \times 10^{-3}\,K^{-1} - 3.36 \times 10^{-3}\,K^{-1}} = -5.5 \times 10^3\,K$$

기울기의 값은 $-5.5 \times 10^3\,K$이다. 기울기 $= -E_a/R$이기 때문이다.

$$E_a = -(기울기)(R)$$
$$= -(-5.5 \times 10^3 \, K)(8.314 \, J/K \cdot mol)$$
$$= 4.6 \times 10^4 \, J/mol \; 또는 \; 46 \, kJ/mol$$

활성화 에너지는 46 kJ/mol이다.

생각해 보기

k는 $M^{-1} \cdot s^{-1}$의 단위를 가지고 있지만, $\ln k$는 단위가 없다.

추가문제 1 아산화 질소를 질소 분자와 산소 원자로 분해하기 위한 이차 속도 상수는 다양한 온도에서 결정되었다.

$k(M^{-1} \cdot s^{-1})$	$T(°C)$
1.87×10^{-3}	600
0.0113	650
0.0569	700
0.244	750

활성화 에너지를 그래프를 그려 결정하시오.

추가문제 2 다음 그래프를 사용하여 475 K에서 속도 상수 k의 값을 결정하시오.

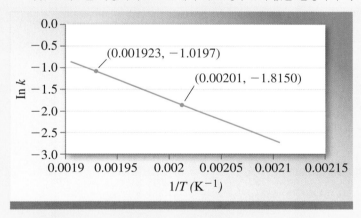

추가문제 3 다음 그래프의 각 선은 다른 반응을 나타낸다. 활성화 에너지가 증가하는 순서대로 반응을 나열하시오.

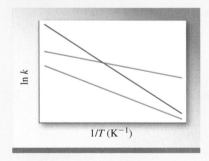

식 13.9의 두 가지 다른 온도 T_1과 T_2를 사용하여 Arrhenius 식의 더 유용한 형태를 유도할 수 있다.

$$\ln k_1 = \ln A - \frac{E_a}{RT_1}$$

$$\ln k_2 = \ln A - \frac{E_a}{RT_2}$$

학생 노트
두 개의 다른 온도에 대해 식 13.9에서 변경되는 것은 k이다. 다른 변수인 A와 E_a(그리고 물론 R도)는 일정하다.

$\ln k_1$에서 $\ln k_2$를 빼면

$$\ln k_1 - \ln k_2 = \left(\ln A - \frac{E_a}{RT_1}\right) - \left(\ln A - \frac{E_a}{RT_2}\right)$$

$$\ln \frac{k_1}{k_2} = \frac{E_a}{R}\left(-\frac{1}{T_1} + \frac{1}{T_2}\right)$$

$$\ln \frac{k_1}{k_2} = \frac{E_a}{R}\left(\frac{1}{T_2} - \frac{1}{T_1}\right) \qquad [\blacktriangleleft\blacktriangleleft \text{식 } 13.11]$$

식 13.8부터 13.11은 모두 "Arrhenius 식"이지만 식 13.11은 동역학 문제를 풀기 위해 가장 자주 사용하는 형태이다.

1. 두 개의 다른 온도에서 속도 상수를 알면 활성화 에너지를 계산할 수 있다.
2. 한 온도에서 활성화 에너지와 속도 상수를 알면 다른 온도에서의 속도 상수 값을 결정할 수 있다.

예제 13.9와 13.10은 식 13.11을 사용하는 방법을 보여준다.

예제 13.9

특정 일차 반응에 대한 속도 상수가 세 가지 다른 온도에 대해 주어진다.

$T(\mathrm{K})$	$k(\mathrm{s}^{-1})$
400	2.9×10^{-3}
450	6.1×10^{-2}
500	7.0×10^{-1}

이 데이터를 사용하여 반응에 대한 활성화 에너지를 계산하시오.

전략 식 13.11을 사용하여 E_a를 구한다.

계획 E_a에 대한 식 13.11을 풀면 다음을 얻을 수 있다.

$$E_a = R\left(-\frac{\ln \dfrac{k_1}{k_2}}{\dfrac{1}{T_2} - \dfrac{1}{T_1}}\right)$$

풀이 400 K(T_1) 및 450 K(T_2)의 속도 상수를 사용하면 다음과 같이 나타난다.

$$E_a = \frac{8.314 \text{ J}}{\text{K} \cdot \text{mol}}\left(\frac{\ln \dfrac{2.9 \times 10^{-3} \text{ s}^{-1}}{6.1 \times 10^{-2} \text{ s}^{-1}}}{\dfrac{1}{450 \text{ K}} - \dfrac{1}{400 \text{ K}}}\right)$$

$$= 91{,}173 \text{ J/mol} = 91 \text{ kJ/mol}$$

반응의 활성화 에너지는 91 kJ/mol이다.

생각해 보기

이 과정이 맞는지 확인하는 좋은 방법은 500 K에서 속도 상수를 결정하기 위해 계산한 E_a 값(및 식 13.11)을 사용하는 것이다. 표의 값과 일치하는지 확인해 보자.

추가문제 1 다음 표의 데이터를 사용하여 반응의 활성화 에너지를 결정하시오.

$T(\text{K})$	$k(\text{s}^{-1})$
625	1.1×10^{-4}
635	1.5×10^{-4}
645	2.0×10^{-4}

추가문제 2 추가문제 1에 표시된 데이터를 기반으로 655 K에서 k의 값은 얼마인가?

추가문제 3 Arrhenius 식에 따르면 어떤 그래프가 온도와 속도 상수 사이의 관계를 가장 잘 나타내는가?

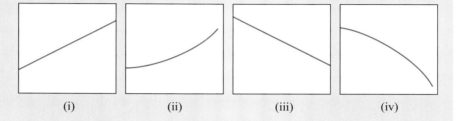

(i)   (ii)   (iii)   (iv)

예제 13.10

특정 일차 반응은 83 kJ/mol의 활성화 에너지를 갖는다. 이 반응에 대한 속도 상수가 150℃에서 $2.1 \times 10^{-2}\,\text{s}^{-1}$이면 300℃에서 속도 상수는 얼마인가?

전략 식 13.11을 사용하여 k_2를 푼다. 이러한 유형의 문제에 있는 단위에 특히 주의한다.

계획 k_2에 대한 식 13.11을 다음과 같이 나타낸다.

$$k_2 = \frac{k_1}{e^{\left(\frac{E_a}{R}\right)\left(\frac{1}{T_2} - \frac{1}{T_1}\right)}}$$

$E_a = 8.3 \times 10^4\,\text{J}$, $T_1 = 423\,\text{K}$, $T_2 = 573\,\text{K}$, $R = 8.314\,\text{J/K·mol}$ 그리고 $k_1 = 2.1 \times 10^{-2}\,\text{s}^{-1}$이다.

> **학생 노트**
> E_a는 J로 변환된다. 따라서 적절히 단위가 지워져야 한다. 반대로 R이 0.008314 kJ/K·mol로 표현될 수 있다. 다시 언급하지만 T는 K로 표현된다.

풀이

$$k_2 = \frac{2.1 \times 10^{-2}\,\text{s}^{-1}}{e^{\left(\frac{8.3 \times 10^4\,\text{J/mol}}{8.314\,\text{J/K·mol}}\right)\left(\frac{1}{573\,\text{K}} - \frac{1}{423\,\text{K}}\right)}} = 1.0 \times 10^1\,\text{s}^{-1}$$

300℃에서의 속도 상수는 $10\,\text{s}^{-1}$이다.

생각해 보기

더 높은 온도에서 계산한 속도 상수가 원래의 속도 상수보다 실제로 더 높아야 한다. Arrhenius 식에 따르면, 속도 상수는 항상 온도가 증가함에 따라 증가한다. 더 높은 온도에서 더 작은 k를 얻으면, 답을 수학적 오류의 관점에서 다시 확인해야 한다.

추가문제 1 90℃에서 $8.1 \times 10^{-4}\,\text{s}^{-1}$의 속도 상수와 99 kJ/mol의 활성화 에너지를 갖는 반응의 경우, 200℃에서 속도 상수를 계산하시오.

추가문제 2 90℃에서 $8.1 \times 10^{-4}\,\text{s}^{-1}$의 속도 상수와 59 kJ/mol의 활성화 에너지를 갖는 반응의 경우, 200℃에서 속도 상수를 계산하시오.

추가문제 3 Arrhenius 식에 따르면 온도와 활성화 에너지의 관계를 가장 잘 나타내는 그래프는 어느 것인가?

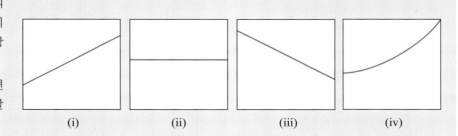

(i)   (ii)   (iii)   (iv)

13.5 반응 메커니즘

균형 맞춤 화학 반응식은 반응이 실제로 **어떻게** 일어나는지에 관하여 우리에게 많은 것들을 알려주지 않는다. 많은 경우에 균형 맞춤 반응식은 단순히 일련의 여러 단계들을 합해 놓은 것이다. 다음의 가상의 예를 생각해 보자. 반응의 첫 번째 단계에서, 반응물 A 분자는 C 분자를 만들기 위해 반응물 B와 결합한다.

$$A + B \longrightarrow C$$

두 번째 단계에서 C 분자는 D 분자를 만들기 위해 또 다른 B 분자와 결합한다.

$$C + B \longrightarrow D$$

전체적으로 균형 맞춤 반응식은 이 두 반응식의 합이다.

$$
\begin{array}{ll}
\text{1단계:} & A + B \longrightarrow \cancel{C} \\
\text{2단계:} & \underline{\cancel{C} + B \longrightarrow D} \\
& A + 2B \longrightarrow D
\end{array}
$$

전체 반응식을 얻기 위해 합한 순차적인 단계들을 **반응 메커니즘**(reaction mechanism)이라고 부른다. 반응 메커니즘은 여행 중에 이동한 **경로**(route)와 비슷하지만, 전반적인 균형 맞춤 반응식은 단지 처음의 **출발 물질**(origin)과 **마지막 물질**(destination)만을 보여준다.

반응 메커니즘의 한 예로, 산화 질소(nitric oxide)와 산소 사이의 반응을 고려해 보자.

$$2NO(g) + O_2(g) \longrightarrow 2NO_2(g)$$

반응 과정에서 N_2O_2가 검출되기 때문에 두 개의 NO 분자와 하나의 O_2 분자 사이의 단일 충돌의 결과로 NO_2가 형성되지 않는다는 것을 알고 있다. 다음 두 단계를 거쳐 반응이 일어날 것을 상상할 수 있다.

$$2NO(g) \longrightarrow N_2O_2(g)$$
$$N_2O_2(g) + O_2(g) \longrightarrow 2NO_2(g)$$

첫 번째 단계에서 두 개의 NO 분자가 충돌하여 N_2O_2 분자를 형성한다. 그 다음에 N_2O_2와 O_2가 합쳐져서 2개의 NO_2 분자를 생성하는 단계가 이어진다. 전반적인 변화를 나타내는 전체 화학식은 첫 번째 단계와 두 번째 단계의 합으로 나타난다.

$$
\begin{array}{lll}
\text{1단계:} & NO + NO \longrightarrow & N_2O_2 \\
\text{2단계:} & \underline{N_2O_2 + O_2 \longrightarrow 2NO_2} \\
\text{전체 반응:} & 2NO(g) + O_2(g) \longrightarrow & 2NO_2(g)
\end{array}
$$

N_2O_2(위쪽 가상 방정식의 C)와 같은 화학종은 반응 메커니즘에서는 나타나지만 전반적인 균형 맞춤 반응식에서는 나타나지 않기 때문에 **중간체**(intermediate)라고 부른다. 중간체는 반응의 초기 단계에서 생성되고 이후 단계에서 소비된다.

단일 단계 반응

반응 메커니즘의 각 단계는 반응 분자들의 단일 충돌에서 발생하는 **단일 단계 반응**(elementary reaction)을 나타낸다. 단일 단계 반응의 **분자도**(molecularity)는 근본적으로 충돌에 관련된 반응 분자들의 **수**(number)이다. 단일 단계 반응은 **단분자**(unimolecular, 하나의 반응 분자), **이분자**(bimolecular, 두 개의 반응 분자), 또는 **삼분자**(termolecular, 세 개의 반응 분자)일 수 있다. 이 분자들은 동일하거나 상이한 유형일 수 있다. NO와 O_2로부터 NO_2를 형성하는 각각의 단일 단계 반응들은 이분자이다. 왜냐하면 각각의 단계에 **두** 개의 반응 분자가 있기 때문이다. 마찬가지로 가상의 $A + 2B \longrightarrow D$ 반응의 각 단계는 이분자이다. 전체 반응식에는 세 개의 반응 분자가 있다. 하지만 그것은 단일 단계 반응이 아니기 때문에 그것을 삼분자 반응으로 분류하지 않는다. 오히려 그것은 두 개의 이분자 반응(1단계과 2단계)의 조합이다.

반응의 단계를 알면 속도 법칙을 추론할 수 있다. 다음과 같은 단일 단계 반응이 있다고 가정해 보자.

$$A \longrightarrow 생성물$$

이 반응에서는 분자가 하나밖에 없기 때문에 단분자 반응이다. A 분자의 수가 많을수록 생성물 생성 속도는 빨라진다. 따라서, 단분자 반응의 속도는 A의 농도에 직접 비례한다. 반응은 A에 대하여 일차이다.

$$속도 = k[A]$$

A와 B 분자를 포함하는 이분자 단일 단계 반응에 대해서는

$$A + B \longrightarrow 생성물$$

생성물의 생성 속도는 A와 B가 얼마나 자주 충돌하는지에 달려 있으며, A와 B의 농도에 따라 달라진다. 따라서 다음과 같이 속도를 표현할 수 있다.

$$속도 = k[A][B]$$

따라서 이것은 이차 반응이다. 유사하게 이 분자 단일 단계 반응에 대해서는

$$A + A \longrightarrow 생성물$$

또는

$$2A \longrightarrow 생성물$$

속도는 다음과 같다.

$$속도 = k[A]^2$$

이것은 이차 반응이다. 앞의 예는 단일 단계 반응에서 각 반응물의 반응 순서가 그 단계에 대한 화학 반응식의 화학량론적 계수와 동일함을 보여준다. 일반적으로 반응이 위에서 보여준 것처럼 또는 일련의 단계로 일어나는지는 균형 맞춤 반응식을 보는 것만으로는 알 수 없다. 이 결정은 실험적으로 얻은 데이터를 사용하여 이루어져야 한다.

속도 결정 단계

두 개 이상의 단일 단계로 구성된 반응 메커니즘에서 전체 과정에 대한 속도 법칙은 **속도 결정 단계**(rate-determining step)에 의해 주어지는데, 이는 각 단계에서 **가장 느린**(slowest) 단계이다. 속도 결정 단계가 있는 과정을 비유하자면, 고객들이 길게 줄 서서 우체국에서 우표를 사는 데 필요한 시간이다. 이 과정은 여러 단계로 이루어져 있다: 줄을 서서 기다리고, 우표를 요청하고, 우표를 받고, 우표값을 내는 것이다. 고객들의 줄이 매우 길 때, 기다리는 데 걸리는 시간(1단계)은 전체 과정에 소요되는 시간을 크게 결정한다.

그림 13.16 과산화 수소의 분해는 아이오딘화 염을 첨가함으로써 촉진된다. 아이오딘화 이온은 분자 아이오딘으로 산화되고, 아이오딘화 이온과 반응하여 갈색 삼아이오딘화 이온(I_3^-)을 생성한다.

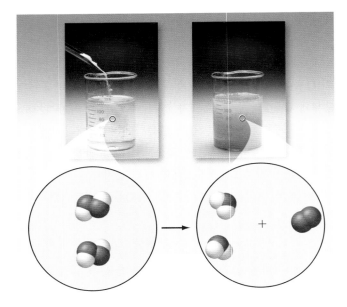

반응 메커니즘을 연구하기 위해서는 먼저 다양한 반응물 농도에서 초기 속도를 결정하기 위한 일련의 실험을 수행한다. 그런 다음 데이터를 분석하여 속도 상수와 반응의 전체 순서를 결정하고 속도 법칙을 작성한다. 마지막으로 논리적인 단일 단계의 관점에서 그 반응에 대한 그럴듯한 메커니즘을 제안한다. 제안된 메커니즘의 단계는 두 가지 요구 사항을 충족해야 한다.

1. 단일 단계 반응들의 합은 전체 반응에 대한 균형 맞춤 반응식이어야 한다.
2. 속도 결정 단계는 실험 데이터에서 결정된 것과 동일한 속도 법칙을 가져야 한다.

과산화 수소의 분해는 아이오딘화 이온에 의해 촉진될 수 있다(그림 13.16). 전체 반응은 다음과 같다.

$$2H_2O_2(aq) \longrightarrow 2H_2O(l) + O_2(g)$$

실험을 통해 속도 법칙을 다음과 같이 찾는다.

$$\text{속도} = k[H_2O_2][I^-]$$

따라서, 반응은 H_2O_2 및 I^- 둘 모두에 대해 일차이다.

H_2O_2의 분해는 하나의 단계로 일어나지 않기 때문에 단일 단계 반응이 아니다. 만약 단일 단계 반응이라면, 반응은 H_2O_2에 대하여 이차(2개의 H_2O_2 분자가 충돌한 결과)일 것이다. 게다가, 전체 반응식의 일부조차도 아닌 I^- 이온은 속도식 표현에 나타나지 않을 것이다. 이러한 사실들을 어떻게 해결할 수 있을까? 첫째, 반응이 두 개의 분리된 단일 단계로 일어난다는 가정에 의해 관측된 속도 법칙을 설명할 수 있는데, 각각의 단계는 이분자이다.

$$\text{1단계:} \quad H_2O_2 + I^- \xrightarrow{\ k_1\ } H_2O + IO^-$$
$$\text{2단계:} \quad H_2O_2 + IO^- \xrightarrow{\ k_1\ } H_2O + O_2 + I^-$$

또한 1단계가 속도 결정 단계라고 가정하면, 반응 속도는 첫 번째 단계만으로 결정될 수 있다.

$$\text{속도} = k_1[H_2O_2][I^-]$$

여기서, $k_1 = k$이다. IO^- 이온은 첫 번째 단계에서 생성되고, 두 번째 단계에서 소비되므로 중간체이다. 전체 균형 맞춤 반응식에는 나타나지 않는다. 또한 I^- 이온은 전체 반응식에 나타나지 않고, 첫 번째 단계에서 소비된 다음 두 번째 단계에서 생성된다. 다시 말하면, 그것은 반응의 시작에 존재하며, 마지막에 존재한다. I⁻ 이온은 **촉매**(catalyst)이고, 그 기능은 반응 **속도를 높이는**(speed up) 것이다. 촉매는 13.6절에서 더 자세히 논의된다. 그림 13.17은 H_2O_2의 분해와 같은 반응에 대한 퍼텐셜 에너지에 대한 프로파일을 보여준다. 속도 결정 단계인 첫 번째 단계는 두 번째 단계보다 더 큰 활성화 에너지를 갖는다. 중간체는 관찰하기에 충분히 안정하지만 생성물을 만들기 위해 빠르게 반응한다. 중간체는 금방 지나간다.

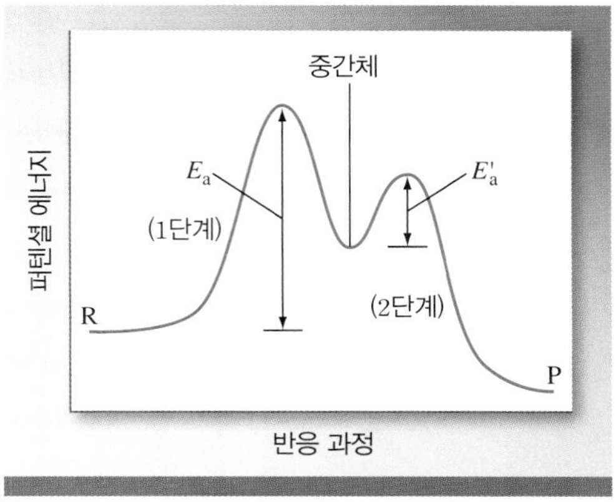

그림 13.17 첫 번째 단계가 속도 결정 단계인 두 단계 반응에 대한 퍼텐셜 에너지 프로파일. R과 P는 각각 반응물과 생성물을 나타낸다

반응 메커니즘에 대한 실험적 지원

실험적인 속도 데이터를 기반으로 한 메커니즘을 제안하고, 메커니즘이 이전에 제안된 요구 사항들을 충족할 때[(1) 개별 단계가 올바른 전체 반응식으로 합쳐져야 하고, (2) 속도 결정 단계의 속도 법칙이 실험적으로 결정된 속도 법칙과 동일], 제안된 메커니즘이 **그럴듯하다**(plausible)고 말할 수 있으나 **정확하다**(correct)고는 말할 수 없다. 속도 데이터만 사용하여 메커니즘이 올바른지 입증할 수는 없다. 제안된 반응 메커니즘이 실제로 올바른지를 결정하려면 다른 실험을 수행해야 한다. 과산화 수소 분해의 경우에, IO⁻ 이온의 존재를 검출하려고 노력할 수도 있다. 그것들을 발견할 수 있다면, 제안된 메커니즘을 지원할 것이다. 유사하게 아이오딘화 수소 반응에 대하여 아이오딘 원자의 검출은 제안된 두 단계 메커니즘을 뒷받침할 것이다. 예를 들어, I_2는 가시광선으로 조사될 때 원자로 분리된다. 따라서, H_2와 I_2로부터의 HI의 형성은 빛의 강도가 증가함에 따라 속도가 빨라질 것이라고 예측할 수 있는데, 이는 I 원자의 농도를 증가시키기 때문이다. 사실 이것은 관찰된 것이다.

어느 한 경우, 화학자들은 반응을 더 잘 이해하기 위해 메틸 아세테이트와 물 사이의 반응에서 어떤 C−O 결합이 깨졌는지 알고 싶어했다.

$$CH_3-\overset{\overset{O}{\|}}{C}-O-CH_3 \ + \ H_2O \ \longrightarrow \ CH_3-\overset{\overset{O}{\|}}{C}-OH \ + \ CH_3OH$$

결합 깨짐의 두 가지 가능성은 다음과 같다.

$$\underset{(a)}{CH_3-\overset{\overset{O}{\|}}{C}{\text -}\overset{\downarrow}{}{\text -}O-CH_3} \quad \text{그리고} \quad \underset{(b)}{CH_3-\overset{\overset{O}{\|}}{C}-O{\text -}\overset{\downarrow}{}{\text -}CH_3}$$

(a)와 (b)의 구별을 위해 화학자들은 산소−16 동위 원소가 들어 있는 일반 물 대신에 산소−18 동위 원소를 함유한 물을 사용했다. ^{18}O의 물이 사용되었을 때, 아세트산만이 ^{18}O를 포함하여 생성되었다.

$$CH_3-\overset{\overset{O}{\|}}{C}-{}^{18}O-H$$

따라서, 반응은 반응식 (b)를 통해 형성된 생성물이 본래의 산소 원자를 유지하고 ^{18}O를 함유하지 않기 때문에 결합 분해 방식 (a)를 통해 일어나야만 한다.

또 다른 예는 녹색 식물이 이산화 탄소와 물에서 포도당을 생산하는 과정인 광합성이다.

$$6CO_2 + 6H_2O \longrightarrow C_6H_{12}O_6 + 6O_2$$

광합성에 관한 연구에서 초기에 제기된 질문은 생산된 산소 분자가 물, 이산화 탄소 또는 둘 다에서 나온 것인지 여부였다. 산소−18 동위 원소만을 포함한 물을 사용함으로써 광합성에 의해 생성된 모든 산소는 물에서 나온 것이며, 생성된 산소는 ^{18}O만 포함되어 있기 때문에 이산화 탄소에서 온 것은 없다고 결론지었다.

이 예들은 창조적인 화학자가 반응 메커니즘을 어떻게 연구하는가를 설명하고 있다.

가능한 반응 메커니즘의 확인

반응 메커니즘의 타당성을 평가할 때, 메커니즘을 제안할 때 사용한 것과 동일한 두 가지 조건을 적용한다.

> **학생 노트**
> 단일 단계 과정에서 속도 법칙의 지수는 단순히 균형 맞춤 반응식의 계수라는 것을 상기하자.

1. 개별 단계(단일 단계 과정)들은 정확한 전체 반응으로 합해져야 한다.
2. 속도 결정 단계(느린 단계)는 실험적으로 결정된 속도 법칙과 동일한 속도 법칙을 제공해야 한다.

염화 수소와 아이오딘을 형성하기 위해 염화 아이오딘(I)과 수소의 기체 상태 반응을 고려해 보자.

$$H_2 + 2ICl \longrightarrow 2HCl + I_2$$

이 반응에 대해 실험적으로 결정된 속도 법칙은 '속도$=k[H_2][ICl]$'이다. 우리는 네 가지 제안된 메커니즘을 제시한다.

메커니즘 1

1단계: $ICl + ICl \longrightarrow I_2 + Cl_2$ (느림)
2단계: $Cl_2 + H_2 \longrightarrow 2HCl$

메커니즘 1에서의 단계들은 정확한 전체 반응으로 합쳐진다.

$$\begin{array}{rl} ICl + ICl \longrightarrow & I_2 + \cancel{Cl_2} \text{ (느림)} \\ \cancel{Cl_2} + H_2 \longrightarrow & 2HCl \\ \hline \text{합: } H_2 + 2ICl \longrightarrow & 2HCl + I_2 \end{array}$$

그러나 속도 결정 단계의 속도 법칙은 '속도$=k[ICl]^2$'이다. 따라서 메커니즘 1은 그럴듯한 것이 아니다. 조건 1을 만족하지만, 조건 2를 만족하지 않는다.

메커니즘 2

1단계: $H_2 + ICl \longrightarrow HI + HCl$ (느림)
2단계: $ICl + HCl \longrightarrow HI + Cl_2$

메커니즘 2의 속도 법칙은 정확한 속도 법칙이다.

$$속도 = k[H_2][ICl]$$

그러나 단계들은 정확한 전체 반응식으로 합쳐지지 않는다.

$$\begin{array}{rl} H_2 + ICl \longrightarrow & HI + \cancel{HCl} \text{ (느림)} \\ ICl + \cancel{HCl} \longrightarrow & HI + Cl_2 \\ \hline \text{합: } H_2 + 2ICl \longrightarrow & 2HI + Cl_2 \end{array}$$

따라서 메커니즘 2는 그럴듯한 것이 아니다. 조건 2를 만족하지만 조건 1을 만족하지 않는다.

메커니즘 3

1단계: $H_2 \longrightarrow 2H$ (느림)

2단계: $ICl + H \longrightarrow HCl + I$

3단계: $H + I \longrightarrow HI$

메커니즘 3(속도$=k[H_2]$)의 속도 결정 단계에 대한 속도 법칙은 정확하지 않다.

또한 단계들이 정확한 전체 반응으로 합쳐지지 않는다.

$$H_2 \longrightarrow 2\cancel{H} \text{ (느림)}$$
$$ICl + \cancel{H} \longrightarrow HCl + \cancel{I}$$
$$\underline{\cancel{H} + \cancel{I} \longrightarrow HI \qquad}$$
$$\text{합: } H_2 + ICl \longrightarrow HCl + HI$$

따라서 메커니즘 3은 그럴듯한 것이 아니다. 그것은 조건 1이나 조건 2를 만족시키지 못한다.

메커니즘 4

1단계: $H_2 + ICl \longrightarrow HCl + HI$ (느림)

2단계: $HI + ICl \longrightarrow HCl + I_2$

메커니즘 4의 속도 결정 단계에는 올바른 속도 법칙이 있다.

$$속도 = k[H_2][ICl]$$

또한, 메커니즘 4의 단계들은 정확한 전체 반응으로 합쳐진다.

$$H_2 + ICl \longrightarrow HCl + \cancel{HI} \text{ (느림)}$$
$$\underline{\cancel{HI} + ICl \longrightarrow HCl + I_2 \qquad}$$
$$\text{합: } H_2 + 2ICl \longrightarrow 2HCl + I_2$$

그러므로 메커니즘 4가 그럴듯하다. 두 가지 기준을 모두 충족한다.

예제 13.11에서는 제안된 반응 메커니즘이 그럴듯한지 판단하는 연습을 할 수 있다.

예제 13.11

아산화 질소(N_2O)의 기체상 분해는 두 단계로 발생한다.

$$1단계: N_2O \xrightarrow{k_1} N_2 + O$$
$$2단계: N_2O + O \xrightarrow{k_2} N_2 + O_2$$

실험적으로 속도 법칙은 속도$=k[N_2O]$인 것으로 밝혀졌다.

(a) 전체 반응에 대한 반응식을 쓰시오.

(b) 중간체를 확인하시오.

(c) 속도 결정 단계를 확인하시오.

전략 전체 반응을 얻으려면 두 반응식을 더하여 화살표의 반대쪽에 있는 동일한 항을 지운다. 지운 항들은 처음 생성되어 소비된 경우 중간체가 된다. 각 단일 단계에 대한 속도 법칙을 작성한다. 실험적 속도 법칙과 일치하는 것은 속도 결정 단계가 될 것이다.

계획 중간체는 이전 단계에서 생성되어 이후 단계에서 소비되는 종이다. 속도 법칙의 지수로서 각 종의 화학량론적 계수를 사용함으로써 간단히 단일 단계 반응에 대한 속도 법칙을 작성할 수 있다.

$$1단계: N_2O \xrightarrow{k_1} N_2+O \qquad 속도=k[N_2O]$$

$$2단계: N_2O+O \xrightarrow{k_2} N_2+O_2 \qquad 속도=k[N_2O][O]$$

풀이 (a) $2N_2O \longrightarrow 2N_2+O_2$

(b) O(산소 원자)가 중간체이다.

(c) 1단계는 속도 법칙이 실험적 속도 법칙과 같기 때문에 속도 결정 단계이다: 속도$=k[N_2O]$

생각해 보기

단일 단계가 추가될 때 지워지는 화학종은 중간체 또는 촉매일 수 있다. 이 경우 지워진 화학종은 처음 생성되어 나중에 소비되었기 때문에 중간체이다. 먼저 소비되고 나중에 생성된 화학종은 전체 반응식에 나타나지 않지만 촉매이다.

추가문제 1 NO와 CO_2를 생산하는 NO_2와 CO의 반응은 두 단계로 발생한다고 생각된다.

$$1단계: NO_2+NO_2 \xrightarrow{k_1} NO+NO_3$$

$$2단계: NO_3+CO \xrightarrow{k_2} NO_2+CO_2$$

실험적 속도 법칙은 속도$=k[NO_2]^2$이다.

(a) 전체 반응에 대한 반응식을 쓰시오. (b) 중간체를 확인하시오.

(c) 속도 결정 단계를 확인하시오.

추가문제 2 반응에 대한 속도 법칙이 속도$=k[F_2][ClO_2]$인 경우,
$F_2+2ClO_2 \longrightarrow 2FClO_2$ 반응에 대한 그럴듯한 메커니즘을 제안하시오.

추가문제 3 오른쪽에 퍼텐셜 에너지 프로파일이 나타내는 반응에 몇 개의 단일 단계가 있는가? 속도 결정 단계는 어느 단계인가? 얼마나 많은 중간체가 반응 메커니즘에 존재하는가?

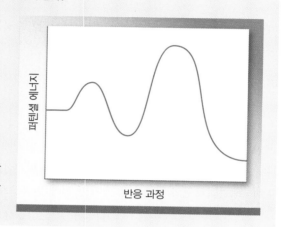

반응 과정

빠른 초기 단계를 가진 메커니즘

일차 및 이차 반응에 대해 그럴듯한 메커니즘을 제안하는 것이 합리적이다. 실험적으로 결정된 속도 법칙을 사용하여 속도 결정 단계를 첫 번째 단계로 작성한 다음, 하나 이상의 추가 단계를 작성하여 해당 화학종을 취소하여 올바른 전체 반응식을 제공한다. 그러나 때로는 가능성이 없는 시나리오를 제안하게 되는 실험적으로 결정된 속도 법칙을 가진 반응에 직면하게 된다. 예를 들어, 염화 나이트로실(NOCl)을 생산하기 위해 염소와 산화 질소의 기체 반응을 고려해 보자.

$$2NO(g)+Cl_2(g) \longrightarrow 2NOCl(g)$$

실험적으로 결정된 속도 법칙은 속도$=k[NO]^2[Cl_2]$이다. 속도 법칙의 지수는 균형 맞춤 반응식의 계수와 동일하므로 전체적으로 이 반응은 **삼차**(third order) 반응이 된다. 하나의 가능성은, 반응이 단일 단계 과정이지만, 이것은 세 개의 분자가 동시에 충돌할 것을 요구하게 된다. 이전에 언급했듯이, 그러한 삼분자 반응은 있을 것 같지 않다. 보다 합리적인 메커니즘은 빠른 첫 단계 다음에 더 느린 속도 결정 단계가 뒤따라야 한다.

$$1단계: NO(g)+Cl_2(g) \xrightarrow{k_1} NOCl_2(g) \text{ (빠름)}$$

$$2단계: NOCl_2(g)+NO(g) \xrightarrow{k_2} 2NOCl(g) \text{ (느림)}$$

그러나 이전에 했던 것처럼 속도 결정 단계에 대한 반응식을 사용하여 전체 속도 법칙을

작성할 때, 결과적으로 속도 법칙은 다음과 같고

$$속도 = k_2[NOCl_2][NO]$$

중간체($NOCl_2$)의 농도를 포함한다. 이 속도 법칙은 제안된 메커니즘에 맞지만, 이 형식에서는 실험적으로 결정된 속도 법칙과 비교하여 메커니즘의 타당성을 결정할 수는 없다. 이를 위해서는 전체 반응식의 반응물만 나타나는 속도 법칙을 유도해야 한다.

중간체($NOCl_2$)가 1단계에 의해 생성된 만큼 빠른 2단계에 의해 소비되지 않으면, 그 농도가 상승하여 1단계의 역반응이 일어난다. 즉, $NOCl_2$가 반응하여 NO와 Cl_2가 생성된다. 이것은 1단계의 정반응과 역반응이 같은 비율로 발생하는 동적 평형[|◀◀ 4.1절]을 만든다. 1단계에서 단일 반응 화살표를 평형 화살표로 변경하여 이를 나타낸다.

$$NO(g) + Cl_2(g) \underset{k_{-1}}{\overset{k_1}{\rightleftharpoons}} NOCl_2(g)$$

1단계의 정반응 및 역반응에 대한 속도 법칙을 다음과 같이 작성할 수 있다.

$$속도_{정반응} = k_1[NO][Cl_2] \quad 그리고 \quad 속도_{역반응} = k_{-1}[NOCl_2]$$

여기서 k_1과 k_{-1}은 정반응 및 역반응 과정에 대한 개별적인 속도 상수이다. 두 속도가 동일하기 때문에 다음과 같이 쓸 수 있다.

$$k_1[NO][Cl_2] = k_{-1}[NOCl_2]$$

$NOCl_2$의 농도에 대하여 이 식을 재배열하면 다음과 같다.

$$\underbrace{\frac{k_1}{k_{-1}}[NO][Cl_2]} = [NOCl_2]$$

위의 결과를 $NOCl_2$의 농도에 대하여 원래의 속도 법칙에 대입할 때, 다음과 같은 식을 얻는다.

$$속도 = k_2[NOCl_2][NO] = k_2\frac{k_1}{k_{-1}}[NO]^2[Cl_2]$$

이것은 실험적으로 결정된 속도 법칙인 속도 $= k[NO]^2[Cl_2]$와 일치하는데, 여기서 k는 $\frac{k_2k_1}{k_{-1}}$과 같다.

예제 13.12는 실험적으로 결정된 속도 법칙을 빠른 첫 번째 단계 다음에 느린 속도 결정 단계가 뒤따르는 반응 메커니즘과 관련시키는 연습을 가능하게 한다.

예제 13.12

13.5절의 시작 부분에서 설명한 산화 질소와 산소의 기체 상태 반응을 고려하시오.

$$2NO(g) + O_2(g) \longrightarrow 2NO_2(g)$$

다음과 같은 메커니즘이 그럴듯하다는 것을 보여준다. 실험적으로 결정된 속도 법칙은 속도 $= k[NO]^2[O_2]$이다.

1단계: $NO(g) + NO(g) \underset{k_{-1}}{\overset{k_1}{\rightleftharpoons}} N_2O_2(g)$ (빠름)

2단계: $N_2O_2(g) + O_2(g) \overset{k_2}{\longrightarrow} 2NO_2(g)$ (느림)

전략 메커니즘의 타당성을 입증하기 위해, 속도 결정 단계의 속도 법칙과 실험적으로 결정된 속도 법칙을 비교해야 한다. 이 경우,

속도 결정 단계는 반응물 중 하나인 중간체(N_2O_2)를 가지므로 속도$=k_2[N_2O_2][O_2]$의 속도 법칙을 얻게 된다. 이것을 실험 속도 법칙과 직접 비교할 수 없기 때문에 중간체의 농도를 반응물의 농도로 풀어야 한다.

계획　첫 번째 단계는 빠르게 성립된 평형이다. 1단계의 정반응 및 역반응, 모두 단일 단계 과정이므로 균형 맞춤 반응식으로부터 속도 법칙을 작성할 수 있다.

$$속도_{정반응}=k_1[NO]^2 \quad 그리고 \quad 속도_{역반응}=k_{-1}[N_2O_2]$$

풀이　평형 상태에서는 정반응과 역반응 과정이 같은 속도로 발생하기 때문에 서로 같은 속도를 설정하고 중간체의 농도를 구할 수 있다.

$$k_1[NO]^2=k_{-1}[N_2O_2]$$

$$[N_2O_2]=\frac{k_1[NO]^2}{k_{-1}}$$

얻어진 결과를 원래의 속도 법칙(속도$=k[N_2O_2][O_2]$)에 대입하면 다음과 같다.

$$속도=k_2=\frac{k_1[NO]^2}{k_{-1}}[O_2]=k[NO]^2[O_2] \quad 여기서\ k=\frac{k_2 k_1}{k_{-1}}$$

> **생각해 보기**
>
> 모든 반응에 하나의 속도 결정 단계가 있는 것은 아니다. 비교적 느린 두 개 이상의 단계로 반응의 동역학을 분석하는 것은 이 책에서 다루지 않는다.

추가문제 1　다음의 두 단계 메커니즘은 산화 질소(NO)와 브로민(Br_2)의 반응에 대한 실험적으로 결정된 속도는 $k[NO]^2[Br_2]$의 속도 법칙과 일치함을 보이시오: $2NO(g)+Br_2(g) \longrightarrow 2NOBr(g)$

　　1단계: $NO(g)+Br_2(g) \underset{k_{-1}}{\overset{k_1}{\rightleftharpoons}} NOBr_2(g)$ (빠름)

　　2단계: $NOBr_2(g)+NO(g) \overset{k_2}{\longrightarrow} 2NOBr(g)$ (느림)

추가문제 2　$H_2(g)+I_2(g) \longrightarrow 2HI(g)$ 반응은 속도 결정 단계의 속도 법칙이 속도$=k[H_2][I]^2$인 두 단계 메커니즘을 통해 진행된다. 메커니즘을 작성하고 반응물의 농도만을 사용하여 속도 법칙을 다시 작성하시오.

추가문제 3　$A+B \longrightarrow C+D$의 반응은 두 번째 단계가 속도를 제한하고 첫 번째 단계가 중간체(I)를 만드는 두 단계 메커니즘을 통해 진행되는 것으로 생각된다. 어떤 그래프가 반응이 진행됨에 따라 반응물과 중간체의 농도를 나타낼 수 있는가?

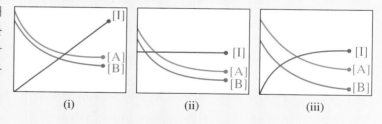

13.6 촉매 반응

　　13.5절에서 과산화 수소(H_2O_2)의 분해 반응에 대한 속도는 아이오딘화 음이온(I^-)이 전체 반응식에 나타나지 않지만 아이오딘화 음이온의 농도에 의존한다는 것을 기억하자. 대신에 아이오딘화 음이온은 반응을 위한 촉매 역할을 한다. **촉매**(catalyst)는 그 자체가 소비되지 않고 화학 반응의 속도를 증가시키는 물질이다. 촉매는 반응하여 중간체를 형성할 수 있지만, 반응의 후속 단계에서 재생성된다.

　　산소 분자는 염소산 포타슘($KClO_3$)을 가열하여 실험실에서 만들어진다. 반응은 다음과 같다.

$$2KClO_3(s) \longrightarrow 2KCl(s) + 3O_2(g)$$

그러나 이 열분해 과정은 촉매가 없는 경우 매우 느리다. 흑색 분말 물질인 소량의 이산화망가니즈(MnO_2)를 첨가하여 분해 속도를 크게 높일 수 있다. 모든 MnO_2는 H_2O_2의 분해 후에 모든 I^- 이온이 잔류하는 것처럼 반응이 끝나면 회수될 수 있다.

촉매는 반응하지 않을 때 존재하는 것보다 더 유리한 동역학을 갖는 일련의 단일 단계들을 제공함으로써 반응을 가속화시킨다. 식 13.8로부터 반응에 대한 속도 상수 k(따라서 반응 속도)가 빈도 인자(A)와 활성화 에너지(E_a)에 의존한다는 것을 알고 있다. A의 값이 클수록(또는 E_a의 값이 작을수록) 반응 속도는 더 커진다. 많은 경우, 촉매는 반응에 대한 활성화 에너지를 낮춤으로써 속도를 증가시킨다.

다음의 반응은 일정한 속도 상수 k와 활성화 에너지 E_a를 가지고 있다고 가정한다.

$$A + B \xrightarrow{k} C + D$$

그러나 촉매가 있는 경우, 속도 상수는 **촉매 속도 상수**(catalytic rate constant)라고 하는 k_c이다.

촉매의 정의에 의해

$$속도_{촉매} > 속도_{무촉매}$$

그림 13.18은 두 반응의 퍼텐셜 에너지 프로파일을 보여준다. 반응물(A와 B) 및 생성물(C와 D)의 총 에너지는 촉매에 의해 영향을 받지 않는다. 이 둘의 유일한 차이점은 E_a에서 E'_a으로의 활성화 에너지가 낮아진다는 것이다. 역반응에 대한 활성화 에너지가 또한 낮아지기 때문에, 촉매는 정반응 및 역반응의 속도를 동등하게 향상시킨다.

속도를 증가시키는 물질의 특성에 따라 세 가지 일반적인 유형의 촉매인 불균일 촉매 반응, 균일 촉매 반응 및 효소 촉매 작용이 있다.

불균일 촉매 반응

불균일 촉매 반응(heterogeneous catalysis)에서, 반응물과 촉매는 다른 상(phase)으로 존재한다. 촉매는 일반적으로 고체이며, 반응물은 기체 또는 액체이다. 불균일 촉매 반응은 화학 산업에서 촉매 작용의 가장 중요한 유형이며, 특히 암모니아를 포함한 많은 중요한 화학 물질의 합성에서 특히 중요하다. Gerhard Ertl의 분균일 촉매 반응 메커니즘은 네 단계로 나타났다. **흡착**(adsorption): 반응물 분자가 고체 촉매의 표면에 결합한

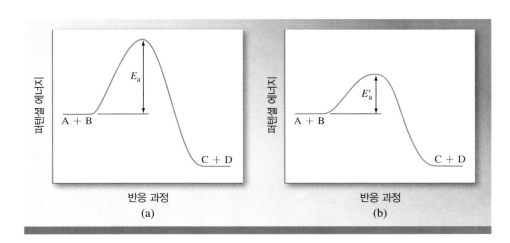

그림 13.18 (a) 촉매가 없는 반응 및 (b) 촉매가 포함된 동일한 반응의 활성화 에너지 장벽 비교. 촉매는 에너지 장벽을 낮추지만 반응물 또는 생성물의 에너지에는 영향을 주지 않는다. 반응물과 생성물은 두 경우 모두 동일하지만 반응 메커니즘과 속도 법칙은 (a)와 (b)에서 다르다.

그림 13.19 (a) N_2와 H_2 분자가 고체 촉매의 표면에 부착하게 된다 (흡착). (b) 분자들은 방향성을 갖게 되어(활성화), 원자들 사이의 거리가 가까워져 새로운 결합의 형성을 촉진한다. (c) 반응은 NH_3 분자를 생성한다. (d) NH_3 분자는 고체 표면을 떠나(탈착) 새로운 반응물 분자의 흡착을 위해 금속 표면을 노출시킨다.

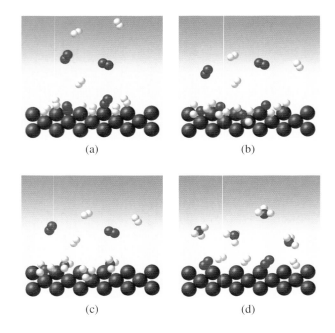

(a)　　　　(b)

(c)　　　　(d)

다. **활성화**(activation): 여기서 반응 분자는 반응이 가능하도록 배향된다. **반응**(reaction)과 **탈착**(desorption): 여기서 생성물은 고체 표면을 떠나고, 이 반응의 순환은 새로운 반응물로 다시 시작될 수 있다. 그림 13.19는 Haber-Bosch 반응에 대한 이 과정을 보여준다.

불균일 촉매 반응은 자동차의 촉매 변환기에서도 사용된다. 자동차 엔진 내부의 고온에서 질소와 산소 기체가 반응하여 질소 산화물을 형성한다.

$$N_2(g) + O_2(g) \longrightarrow 2NO(g)$$

대기로 방출될 때, NO는 O_2와 빠르게 결합하여 NO_2를 형성한다. 자동차로부터 배출된 이산화 질소(NO_2)와 일산화 탄소(CO) 및 다양한 불완전히 연소된 탄화수소와 같은 기체들은 자동차 배기가스를 대기 오염의 주요 원천으로 만든다.

새 차에는 촉매 변환기가 장착되어 있다[그림 13.20(a)]. 효율적인 촉매 변환기는 CO

그림 13.20 (a) 자동차용 2단 촉매 변환기. (b) 두 번째 단계에서, NO 분자는 촉매의 표면에 결합한다. N 원자끼리 서로 결합하고 O 원자끼리 서로 결합하여 각각 N_2와 O_2를 생성한다.

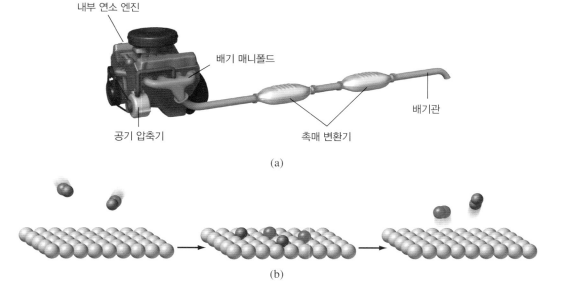

(a)

(b)

와 불완전 연소된 탄화수소를 CO_2와 H_2O로 산화시키고, NO와 NO_2를 N_2와 O_2로 전환시키는 두 가지 용도로 사용된다. 공기가 주입된 고온의 배기가스는 촉매 변환기의 제1챔버를 통과하여 탄화수소의 완전 연소를 촉진시키고 CO 배출을 감소시킨다. 그러나 고온은 NO 생성을 증가시키기 때문에, 다른 촉매(전이 금속 또는 CuO 또는 Cr_2O_3와 같은 전이 금속 산화물)를 함유하고 더 낮은 온도에서 작동하는 제2챔버는 배기가스가 배기관을 통해 방출되기 전에 NO를 N_2 및 O_2로 해리하는 데 필요하다[그림 13.20(b)].

균일 촉매 반응

균일 촉매 반응(homogeneous catalysis)에서 반응물과 촉매는 하나의 상, 보통 액체에 분산되어 있다. 산성 및 염기성 촉매 반응은 액체 용액에서 가장 중요한 균일 촉매 유형이다. 예를 들어, 아세트산과 에탄올을 형성하기 위한 에틸 아세테이트와 물의 반응은 일반적으로 측정하기에 너무 느리게 반응한다.

$$CH_3COOC_2H_5 + H_2O \longrightarrow CH_3COOH + C_2H_5OH$$

촉매가 없다면 반응 속도는 다음과 같이 주어진다.

$$속도 = k[CH_3COOC_2H_5]$$

그러나 이 반응은 산에 의해 촉매될 수 있다. 종종 촉매가 화학 반응식의 화살표 위에 표시된다.

$$CH_3COOC_2H_5 + H_2O \xrightarrow{H^+} CH_3COOH + C_2H_5OH$$

산이 있으면 속도는 더 빨라지며 속도 법칙은 다음과 같이 주어진다.

$$속도 = k_c[CH_3COOC_2H_5][H^+]$$

위에서 속도 상수들의 크기는 $k_c > k$이기 때문에, 속도는 반응에서 촉매화된 부분에 의해서만 결정된다.

균일 촉매 반응은 불균일 촉매 반응보다 몇 가지 장점이 있다. 그중 한 가지로, 반응은 대기 조건하에서 수행될 수 있으므로 생산 비용을 줄이고 고온에서 생성물의 분해를 최소화한다. 또한, 균일 촉매는 특정 유형의 반응에 대해 선택적으로 기능하도록 설계될 수 있고, 균일 촉매는 불균일 촉매에 사용되는 고가의 금속(예: 백금 및 금)보다 비용이 저렴하다.

효소: 생물학적 촉매

살아 있는 시스템에서 진화한 모든 복잡한 과정 중에서 어떤 것도 효소 촉매 작용보다 더 두드러지거나 더 중요하지 않다. **효소**(enzyme)는 **생물학적**(biological) 촉매이다. 효소에 대한 놀라운 사실은 10^6배에서 10^{18}배까지 생화학 반응의 속도를 증가시킬 수 있지만, 이는 매우 특이한 것이다. 효소는 **기질**(substrate)이라고 불리는 특정 반응물 분자에만 작용하며 나머지 시스템에는 영향을 받지 않는다. 보통 살아 있는 세포에는 약 3000개의 다른 효소가 포함될 수 있으며, 각각의 효소는 기질이 적절한 생성물로 변환되는 특정 반응을 촉매화하는 것으로 추정된다. 기질과 효소가 모두 수용액 속에 존재하기 때문에 효소 촉매 작용은 일반적으로 균일하다.

효소는 전형적으로 기질과의 상호 작용이 일어나는 하나 이상의 활성 자리를 함유하는 큰 단백질 분자이다. 이러한 자리는 열쇠가 특정 자물쇠에 꼭 맞는 것과 같은 방식으로 특정 기질 분자와 구조적으로 호환된다. 사실, 활성 자리와 정확히 일치하는 모양의 분자에만 결합하는 고정된 효소 구조의 개념은 1894년 Emil Fischer[1]에 의해 개발된 소위 자물 쇠 및 열쇠 이론인 효소 촉매 작용의 초기 이론이 기초였다(그림 13.21). Fischer의 가설 은 효소의 특이성을 설명하지만 단일 효소가 다른 크기와 모양의 기질에 결합한다는 연구 증거와 모순된다. 화학자들은 이제 효소 분자(또는 적어도 활성 자리)가 상당한 정도의 구 조적 유연성을 가지며 둘 이상의 유형의 기질을 수용할 수 있도록 모양을 변형할 수 있음 을 알고 있다. 그림 13.22는 효소의 분자 모델을 보여준다.

그림 13.21 기질 분자에 대한 효소 의 특이성에 대한 자물쇠 및 열쇠 모 델

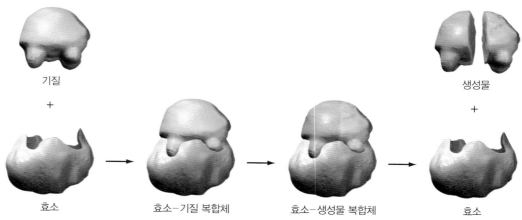

그림 13.22 왼쪽에서 오른쪽으로: 포도당 분자(빨간색)와 헥소키네이 스(대사 경로의 효소)의 결합. 활성 자리의 영역이 결합 후 포도당 주위 에서 어떻게 닫히는지 주목하자. 종 종, 기질과 활성 자리 모두의 기하학 적 구조가 서로 맞도록 변경된다.

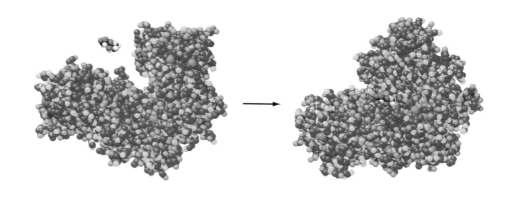

그림 13.23 (a) 촉매가 없는 반응 과 (b) 효소에 의해 촉매화된 동일 한 반응의 비교. (b)의 그림은 촉매 반응이 두 단계 메커니즘을 가지고 있다고 가정하며, 두 번째 단계(ES $\longrightarrow$ E+P)는 속도 결정 단계이 다.

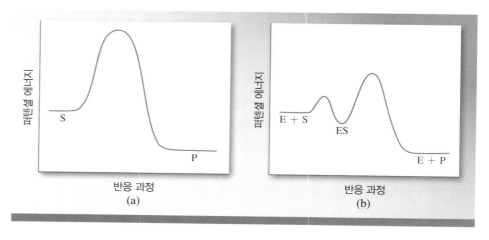

---

1. Emil Fischer(1852~1919). 독일의 화학자. 많은 사람들이 19세기의 가장 위대한 유기 화학자로 생각한다. 그는 설탕과 다른 중 요한 분자의 합성에 많은 기여를 했다. 1902년 노벨 화학상을 수상하였다.

반응과 관련된 기본 단계를 알고 있을 때에도, 효소 동역학의 수학적 처리는 매우 복잡하다. 단순화된 체계는 다음의 기본 단계에 의해 주어진다.

$$E + S \underset{k_{-1}}{\overset{k_1}{\rightleftharpoons}} ES$$

$$ES \xrightarrow{k_2} E + P$$

여기서 E, S 및 P는 각각 효소, 기질 및 생성물을 나타내고, ES는 효소−기질 중간체이다. ES의 생성과 효소와 기질 분자로의 분해가 빠르게 일어나고 속도 결정 단계가 생성물의 형성이라고 종종 가정한다. 그림 13.23은 반응에 대한 퍼텐셜 에너지 프로파일을 보여준다.

일반적으로 이런 반응의 속도는 다음의 식에 의해 주어진다.

$$속도 = \frac{\Delta[P]}{\Delta t} = k[ES]$$

ES 중간체의 농도는 존재하는 기질의 양에 비례하며, 기질의 농도 대 속도는 일반적으로 그림 13.24와 같은 곡선을 보여준다. 처음에는 기질의 농도가 증가함에 따라 속도가 급격히 상승한다. 그러나 일정 농도 이상에서는 모든 활성 자리가 점령되고 반응은 기질 내에서 영차가 된다. 즉, 기질 농도가 증가하더라도 속도는 동일하게 유지된다. 이 지점에서 그리고 그 이상으로, 생성물의 형성 속도는 존재하는 기질 분자의 수에 의해서가 아니라 ES 중간체가 얼마나 빨리 파괴되는지에 달려 있다.

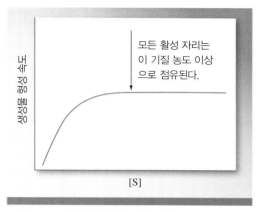

그림 13.24 촉매 반응에서 생성물 형성 속도 대 기질 농도의 그래프

생활 속의 화학

촉매 반응과 숙취

알코올 탈수소 효소(ADH)와 알데하이드 탈수소 효소(ALDH)는 메탄올의 대사를 촉매화한다. 유사한 반응에서 ADH와 ALDH는 알코올성 음료의 알코올인 **에탄올**(ethanol)의 대사를 촉매화한다.

첫 번째 반응은 에탄올을 에탄올보다 훨씬 더 독성이 강한 아세트 알데하이드로 전환시킨다.

$$CH_3CH_2OH + NAD^+ \longrightarrow CH_3CHO + NADH + H^+$$

두통, 메스꺼움, 구토를 포함하여 숙취와 관련된 불행을 유발하는 것은 아세트 알데하이드(CH_3CHO)이다.

두 번째 반응에서 아세트 알데하이드는 무해한 아세트산으로 전환된다.

$$CH_3CHO + NADP^+ + H_2O \longrightarrow CH_3COOH + NADPH + H^+$$

알코올 남용 치료의 효과적이지만 고통스런 부분은 'Antabuse'라는 이름으로 판매되는 **디설피람**(disulfiram)을 투여하는 것이다. 디설피람은 ALDH의 작용을 차단하여 아세트 알데하이드가 아세트산으로 전환되는 것을 막는다. 결과적으로 아세트 알데하이드가 축적됨으로써 환자는 바로 아프다고 느끼게 되어 다음번의 칵테일을 훨씬 덜 매력적으로 만들게 된다. 디설피람의 작용은 기생충 질환에 대한 실험적 치료제를 복용하고 있던 덴마크 제약 연구원들이 술을 마실 때마다 매우 아프게 되면서 우연히 발견되었다.

일차 반응 속도론

동역학의 중요한 응용 중 하나는 일차 반응인 방사성 붕괴의 분석이다. 방정식이 일차 반응에 대해 이미 유도된 방정식과 같지만 용어와 기호는 지금까지 본 것과 약간 다르다. 예를 들어, 방사성 물질의 양은 전형적으로 농도 단위가 아닌 **초당 붕괴**(disintegrations per second, dps) 또는 핵의 수(N)의 **활동도**(A)를 사용하여 표시한다. 따라서, 식 13.3은 다음과 같다.

$$\ln \frac{A_t}{A_0} = -kt$$

또는

$$\ln \frac{N_t}{N_0} = -kt$$

활동도의 사용은 농도의 사용과 매우 유사하다. 다른 동역학 문제와 마찬가지로 초기 활동도(A_0), 속도 상수(k) 및 경과 시간(t)이 주어질 수 있으며, 새로운 활동도(A_t)를 결정하도록 요청받을 수 있다. 또는 다른 방정식 중 하나를 풀도록 요청받을 수 있다. 이 방정식은 원래의 방정식을 조작하기만 하면 된다. 예를 들어, A_0, A_t, t를 주고 속도 상수 또는 반감기를 결정하도록 요청받을 수 있다.(모든 일차 과정에서 반감기는 일정하며 식 13.5에 의해 속도 상수와 관련이 있음을 상기하자.) 이 경우, k, $t_{1/2}$, 또는 찾아야 할 변수에 대하여 식 13.3을 푼다.

누락된 변수가 A_0 또는 A_t일 때, 로그 조작에 특별한 주의를 기울여야 한다[◀◀ 부록 1]. 예를 들어, A_t에 대한 식 13.3의 활동도 버전을 풀면 다음과 같이 된다.

$$A_t = A_0(e^{-kt})$$

핵의 수(N)를 사용하여 방사성 붕괴를 정량화할 때 "알려진" 변수를 결정하기 위한 몇 가지 추가적인 고려가 필요하다. 예를 들어, 우라늄을 함유한 암석은 포함된 우라늄-238과 납-206의 양을 측정함으로써 연대를 측정할 수 있다. ^{238}U는 불안정하고 일련의 방사성 붕괴 단계를 거치고[◀◀ 19.3절], 궁극적으로 붕괴되는 ^{238}U 핵마다 ^{206}Pb 핵을 생성한다. 암석은 다른 동위 원소의 납을 함유하고 있을지라도, ^{206}Pb는 ^{238}U의 붕괴로부터 나온 것이다. 그러므로 ^{206}Pb 핵이 원래 ^{238}U 핵이라고 가정할 수 있다. 암석에서 $^{238}U(N_t)$의 질량과 ^{206}Pb의 질량을 알면 다음과 같이 N_0를 결정할 수 있다.

> **학생 노트**
> 질량은 주어진 동위 원소에 대한 핵의 수에 비례하기 때문에 동일한 핵의 질량일 경우, 식 13.3에서 핵의 수에 대한 질량을 사용할 수 있다.

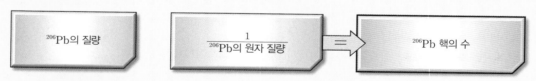

모든 ^{206}Pb의 핵은 원래 ^{238}U의 핵이었기 때문에

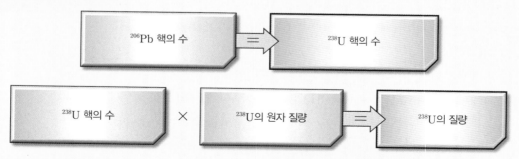

이러한 과정은 다음과 같이 요약된다.

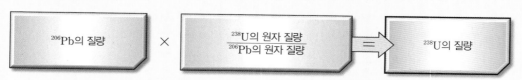

이것은 암석에서 발견된 ^{238}U 질량에서 차지하지 않은 ^{238}U의 질량을 제공한다. 이 질량을 암석의 ^{238}U 질량에 더하면 **원래** 존재하는 ^{238}U의 질량(N_0)이 된다. N_t와 N_0를 둘 다 가지고 있고 ^{238}U의 붕괴 속도 상수(1.54×10^{-10} yr^{-1})를 알고 있을 때, 암석의 나이(t)를 결정할 수 있다.

다음의 예를 고려해 보자.

어떤 암석은 23.17 g의 ^{238}U와 2.02 g의 ^{206}Pb를 함유하고 있는 것으로 밝혀졌다. 이 암석의 연령은 다음과 같이 결정된다.

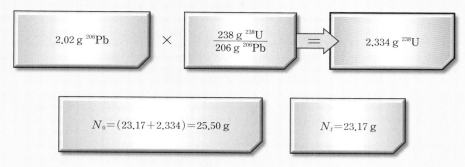

$$2.02 \text{ g } ^{206}Pb \times \frac{238 \text{ g } ^{238}U}{206 \text{ g } ^{206}Pb} = 2.334 \text{ g } ^{238}U$$

$$N_0 = (23.17 + 2.334) = 25.50 \text{ g}$$

$$N_t = 23.17 \text{ g}$$

식 13.3을 t에 대해 풀면 다음과 같이 된다.

$$t = -\left(\frac{\ln \frac{N_t}{N_0}}{k} \right)$$

그리고

$$t = -\left(\frac{\ln \frac{23.17 \text{ g}}{25.50 \text{ g}}}{1.54 \times 10^{-10} \text{ yr}^{-1}} \right) = 6.22 \times 10^8 \text{ yr}$$

이다. 따라서 이 암석은 6억 2천 2백만 살이다.

주요 내용 문제

13.1
특정 방사성 동위 원소의 활동이 원래 값의 10분의 1로 감소하려면 218시간이 걸린다. 동위 원소의 반감기를 계산하시오.
(a) 3.18×10^{-4} h (b) 21.8 h   (c) 0.0152 h
(d) 65.6 h   (e) 0.0106 h

13.2
^{61}Cu는 3.35시간의 반감기로 붕괴된다. 정확히 24시간 후에 612.8 mg이 남아 있다면 ^{61}Cu 시료의 원래 질량을 결정하시오.
(a) 85.5 mg   (b) 4.39×10^3 mg
(c) 736 mg   (d) 6.40×10^3 mg
(e) 8.78×10^4 mg

13.3
아이오딘-126의 방사능 붕괴 속도 상수는 0.0533 d^{-1}이다. ^{126}I 시료 2.55 g은 정확히 126시간 후에 얼마가 남아 있는가?
(a) 0.948 g   (b) 2.42 g   (c) 0.136 g
(d) 0.710 g   (e) 0.873 g

13.4
45.7 mg의 ^{238}U와 1.02 mg의 ^{206}Pb를 함유하고 있는 암석의 나이를 결정하시오.
(a) 1억 6천 5백만 살   (b) 20억 5천만 살
(c) 1억 4천 3백만 살   (d) 60억 4천 9백만 살
(e) 6천 3백 7십만 살

연습문제

배운 것 적용하기

영구적인 실명이나 사망을 유발하는 메탄올의 양은 최소 5 mL(1 tsp, 1티스푼) 정도 밖에 되지 않는다. 에탄올과 달리 메탄올은 섭취뿐만 아니라 증기 흡입이나 피부 흡수를 통해 유독한 양이 흡수될 수 있다. 그럼에도 불구하고, 메탄올은 부동액, 유리 세정액 및 페인트 제거제를 비롯한 여러 일반 가정 용품에 존재한다. 그러한 제품이 다수 존재하기 때문에 중요한 산업 물질이 된다.

메탄올을 합성하는 데 사용되는 한 가지 방법은 100°C에서 일산화 탄소와 수소 가스의 조합이다.

$$CO(g) + 2H_2(g) \longrightarrow CH_3OH(g)$$

이 반응은 니켈 화합물에 의해 촉매화된다.

문제

(a) 이 반응의 속도에 대한 표현을 [CO] [|◀◀ 예제 13.1]로 쓰시오.

(b) 이 반응의 속도에 대한 표현을 $[H_2]$와 $[CH_3OH]$로 표시하시오[|◀◀ 예제 13.2].

(c) 100°C에서의 실험 데이터에 대한 다음 표가 주어지면, 반응에 대한 속도 법칙 및 속도 상수를 결정하시오. 그런 다음, CO의 출발 농도가 16.5 M일 때 반응 초기 속도를 결정하시오[|◀◀ 예제 13.3].

실험	[CO](M)	$[H_2]$(M)	초기 속도(M/s)
1	5.60	11.2	0.952
2	5.60	22.4	0.952
3	11.2	11.2	1.90

(d) CO 농도를 16.5 M에서 1.91 M로 낮추는 데 필요한 시간을 계산하시오[|◀◀ 예제 13.4].

(e) 반응의 $t_{1/2}$를 계산하시오[|◀◀ 예제 13.6].

(f) 200°C에서 k가 3.0 s^{-1}이라면 반응의 E_a를 계산하시오[|◀◀ 예제 13.9].

(g) 계산된 E_a의 값을 사용하여 180°C에서의 k 값을 결정하시오[|◀◀ 예제 13.10].

13.1절: 반응 속도

13.1 다음 반응에 대한 반응 속도 표현을 반응물의 소멸 및 생성물의 생성 관점에서 작성하시오.

(a) $H_2(g) + I_2(g) \longrightarrow 2HI(g)$

(b) $5Br^-(aq) + BrO_3^-(aq) + 6H^+(aq) \longrightarrow$
$3Br_2(aq) + 3H_2O(l)$

13.2 다음 반응을 고려하시오.

$$2NO(g) + O_2(g) \longrightarrow 2NO_2(g)$$

반응 중 특정 순간에 산화 질소(NO)가 0.066 M/s의 속도로 반응한다고 가정하시오.

(a) NO_2는 얼마의 속도로 생성되는가?

(b) 산소 분자는 얼마의 속도로 반응하는가?

13.2절: 반응물 농도에 대한 반응 속도의 의존성

13.3 다음 반응에 대한 속도 법칙은 다음과 같다.

$$NH_4^+(aq) + NO_2^-(aq) \longrightarrow N_2(g) + 2H_2O(l)$$

속도$=k[NH_4^+][NO_2^-]$에 의해 주어진다. 25°C에서 속도 상수는 $3.0 \times 10^{-4}/M \cdot s$이다. $[NH_4^+] = 0.36\ M$ 및

$[NO_2^-] = 0.075\ M$인 경우, 이 온도에서 반응 속도를 계산하시오.

13.4 다음 반응을 고려하시오.

$$A + B \longrightarrow 생성물$$

특정 온도에서 얻은 다음의 데이터에서 반응 차수를 결정하고 속도 상수를 계산하시오.

[A](M)	[B](M)	속도(M/s)
1.50	1.50	3.20×10^{-1}
1.50	2.50	3.20×10^{-1}
3.00	1.50	6.40×10^{-1}

13.5 다음 반응 속도 법칙들의 전체 반응 차수를 결정하시오.

(a) 속도$=k[NO_2]^2$　　　(b) 속도$=k$

(c) 속도$=k[H_2]^2[Br_2]^{1/2}$

(d) 속도$=k[NO]^2[O_2]$

13.6 사이클로 뷰테인은 다음 식에 따라 에틸렌으로 분해된다.

$$C_4H_8(g) \longrightarrow 2C_2H_4(g)$$

일정한 부피를 가지는 용기와 430°C에서 반응을 수행할 때 기록된 다음 압력을 기초로 하여 반응 차수와 속도 상수를 결정하시오.

시간(s)	$P_{C_4H_8}$(mmHg)
0	400
2,000	316
4,000	248
6,000	196
8,000	155
10,000	122

13.3절: 시간에 대한 반응물 농도의 의존성

13.7 주어진 화합물 시료의 75%가 60분 이내에 분해되는 경우, 화합물의 반감기는 얼마인가? 이 반응은 일차 반응 속도식을 따른다고 가정하시오.

13.8 다음 이차 반응에 대한 속도 상수는 10℃에서 0.80 M·s 이다.
$$2NOBr(g) \longrightarrow 2NO(g)+Br_2(g)$$
(a) 0.086 M의 농도에서 시작하여 22초 후에 NOBr의 농도를 계산하시오.
(b) $[NOBr]_0=0.072\,M$ 및 $[NOBr]_0=0.054\,M$일 때의 반감기를 계산하시오.

13.9 단백질(P)의 이합체화(dimerization)에 대한 이차 속도 상수는 25℃에서 $6.2\times10^{-3}/M\cdot s$이다.
$$P+P \longrightarrow P_2$$
단백질 농도가 $2.7\times10^{-4}\,M$이면 P_2의 초기 생성 속도(M/s)를 계산하시오. P의 농도를 $2.7\times10^{-5}\,M$으로 낮추려면 얼마나 걸리는가?

13.10 다음에 나타낸 반응 A ⟶ B는 일차 반응 속도식을 따른다. 처음에는 같은 온도와 같은 부피의 3개 용기에 서로 다른 양의 A 분자를 넣는다.
(a) 세 용기에서 반응에 대한 상대적 속도는 얼마인가?
(b) 각 용기의 부피가 두 배로 증가한다면, 상대적 속도는 어떤 영향을 받을 것인가?
(c) (i)~(iii)의 반응에 대한 상대적인 반감기는 얼마인가?

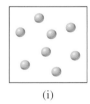 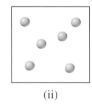 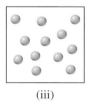

(i)　　　　(ii)　　　　(iii)

13.4절: 온도에 대한 반응 속도의 의존성

13.11 다음 반응에 대하여 잦음률(A)은 $8.7\times10^{12}\,s^{-1}$이고, 활성화 에너지는 63 kJ/mol이다.
$$NO(g)+O_3(g) \longrightarrow NO_2(g)+O_2(g)$$
75℃에서 이 반응에 대한 속도 상수는 무엇인가?

13.12 일부 반응의 속도 상수는 온도가 10℃ 상승할 때마다 두 배가 된다. 반응은 295 K와 305 K에서 일어난다고 가정하시오. 설명한 것처럼 속도 상수가 두 배가 되는 반응에 대한 활성화 에너지는 얼마인가?

13.13 물고기 근육 속의 박테리아 가수 분해(hydrolysis) 속도는 −1.1℃에서보다 2.2℃에서 두 배가 크다. 이 반응의 E_a 값을 예측하시오. 이는 음식으로 사용하기 위해 물고기를 저장하는 문제와 관련이 있는가?

13.14 다음 반응에서 동일한 반응물 농도가 주어지면 250℃에서의 반응은 150℃에서 동일한 반응보다 1.50×10^3배 빠르다.
$$CO(g)+Cl_2(g) \longrightarrow COCl_2(g)$$
이 반응에 대한 활성화 에너지를 계산하시오. 잦음률은 일정하다고 가정한다.

13.15 다음 그림 A는 반응의 초기 상태를 설명한다.
$$H_2+Cl_2 \longrightarrow 2HCl$$

그림 A

그림 B와 같이 두 가지 온도에서 반응을 수행한다고 가정하시오. 더 높은 온도에서의 결과를 나타내는 그림은 어느 것인가?(반응은 두 온도에서 같은 양의 시간 동안 진행된다.)

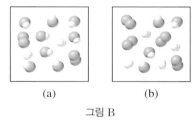

(a)　　　　(b)

그림 B

13.5절: 반응 메커니즘

13.16 다음 반응의 속도 법칙은 속도$=k[NO][Cl_2]$로 주어진다.
$$2NO(g)+Cl_2(g) \longrightarrow 2NOCl(g)$$
(a) 위 반응의 차수는 얼마인가?
(b) 반응에 대하여 다음 단계들을 포함하는 메커니즘이 제안되었다.
$$NO(g)+Cl_2(g) \longrightarrow NOCl_2(g)$$
$$NOCl_2(g)+NO(g) \longrightarrow 2NOCl(g)$$
이 메커니즘이 맞다면, 이 두 단계에 대한 상대적 속도는 무엇을 의미하는가?

13.17 다음 반응에 대한 속도 법칙은 속도$=k[H_2][NO]^2$이다.
$$2H_2(g)+2NO(g) \longrightarrow N_2(g)+2H_2O(g)$$
다음 중 관찰된 속도 표현에 근거하여 배제될 수 있는 메커니즘은 무엇인가?

메커니즘 1
$$H_2+NO \longrightarrow H_2O+N \quad (느림)$$
$$N+NO \longrightarrow N_2+O \quad (빠름)$$
$$O+H_2 \longrightarrow H_2O \quad (빠름)$$

메커니즘 2
$$H_2+2NO \longrightarrow N_2O+H_2O \quad (느림)$$
$$N_2O+H_2 \longrightarrow N_2+H_2O \quad (빠름)$$

메커니즘 3

$$2NO \rightleftharpoons N_2O_2 \qquad \text{(빠른 평형)}$$
$$N_2O_2+H_2 \longrightarrow N_2O+H_2O \qquad \text{(느림)}$$
$$N_2O+H_2 \longrightarrow N_2+H_2O \qquad \text{(빠름)}$$

13.6절: 촉매 반응

13.18 어떤 두 개의 퍼텐셜 에너지 프로파일이 촉매 작용과 촉매 작용이 없는 동일한 반응을 나타내는가?

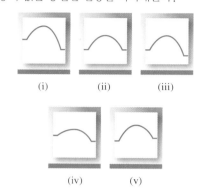

(i) (ii) (iii)

(iv) (v)

추가 문제

13.19 반응 속도에 영향을 미치는 네 가지 요인을 나열하시오.

13.20 다음 반응에 대한 속도 상수는 $1.64 \times 10^{-6}/M \cdot s$이다.

$$NO_2(g)+CO(g) \longrightarrow NO(g)+CO_2(g)$$

이 설명에 대해 불완전한 것은 무엇인가?

13.21 다음 그림은 빨간색 구가 A 분자를 나타내고, 초록색 구가 B 분자를 나타내는 반응 A $\longrightarrow$ B의 진행을 나타낸다. 이 반응의 속도 상수를 계산하시오.

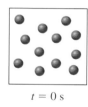 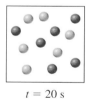 

$t = 0$ s $t = 20$ s $t = 40$ s

13.22 예제 13.5의 데이터를 사용하여 반감기를 그림으로 그려서 확인하시오.

13.23 700℃에서 수소와 산화 질소 사이의 반응에 대해 다음과 같은 결과가 수집되었다.

$$2H_2(g)+2NO(g) \longrightarrow 2H_2O(g)+N_2(g)$$

실험	$[H_2](M)$	$[NO](M)$	초기 속도(M/s)
1	0.010	0.025	2.4×10^{-6}
2	0.0050	0.025	1.2×10^{-6}
3	0.010	0.0125	0.60×10^{-6}

(a) 위 반응의 차수를 결정하시오.

(b) 속도 상수를 계산하시오.

(c) 속도 법칙과 일치하는 그럴듯한 메커니즘을 제안하시오.(힌트: 산소 원자가 중간체라고 가정하시오.)

13.24 인산 메틸은 산성 용액에서 가열되면 물과 반응한다.

$$CH_3OPO_3H_2+H_2O \longrightarrow CH_3OH+H_3PO_4$$

위 반응이 ^{18}O가 풍부한 물속에서 진행된다면, 산소−18 동위 원소는 인산 생성물에서는 발견되지만 메탄올에서는 발견되지 않는다. 이것은 반응의 메커니즘에 대해 우리에게 무엇을 말해 주는가?

13.25 촉매 반응에 사용되는 대부분의 금속이 전이 금속인 이유를 설명하시오.

13.26 아세톤의 브로민화 반응은 산−촉매 반응을 한다.

$$CH_3COCH_3+Br_2 \xrightarrow{\text{촉매}\ H^+} CH_3COCH_2Br+H^++Br^-$$

브로민의 소멸 속도는 특정 온도에서 여러 가지 농도의 아세톤, 브로민 및 H^+ 이온에 대해 측정되었다.

	$[CH_3COCH_3]$ (M)	$[Br_2]$ (M)	$[H^+]$ (M)	Br_2의 소멸 속도
(1)	0.30	0.050	0.050	5.7×10^{-5}
(2)	0.30	0.10	0.050	5.7×10^{-5}
(3)	0.30	0.050	0.10	1.2×10^{-4}
(4)	0.40	0.050	0.20	3.1×10^{-4}
(5)	0.40	0.050	0.050	7.6×10^{-5}

(a) 반응에 대한 속도 법칙은 무엇인가?

(b) 속도 상수를 결정하시오.

(c) 반응에 대해 다음과 같은 메커니즘이 제안되었다.

$$CH_3-\overset{O}{\overset{\|}{C}}-CH_3+H_3O^+ \rightleftharpoons CH_3-\overset{+OH}{\overset{\|}{C}}-CH_3+H_2O \quad \text{(빠른 평형)}$$

$$CH_3-\overset{+OH}{\overset{\|}{C}}-CH_3+H_2O \longrightarrow CH_3-\overset{OH}{\overset{|}{C}}=CH_2+H_3O^+ \quad \text{(느림)}$$

$$CH_3-\overset{OH}{\overset{|}{C}}=CH_2+Br_2 \longrightarrow CH_3-\overset{O}{\overset{\|}{C}}-CH_2Br+HBr \quad \text{(빠름)}$$

메커니즘으로부터 추론된 속도 법칙이 (a) 부분에 나타난 속도 법칙과 일치함을 보이시오.

13.27 반응 $S_2O_8^{2-}+2I^- \longrightarrow 2SO_4^{2-}+I_2$는 수용액에서 천천히 진행하지만, Fe^{3+} 이온에 의해 촉매화될 수 있다. Fe^{3+}가 I^-와 Fe^{2+}를 산화시켜 $S_2O_8^{2-}$를 감소시킬 수 있다고 가정할 때, 이 반응에 대해 가능한 두 단계 메커니즘을 작성하시오. 무촉매 반응이 왜 느린지 설명하시오.

13.28 영차 반응 A $\longrightarrow$ B에 대한 적분 속도 법칙은 $[A]_t=[A]_0-kt$이다.

(a) 다음에 대한 그림을 그리시오.
   (i) 속도 대 $[A]_t$, 그리고 (ii) $[A]_t$ 대 t

(b) 반응의 반감기에 대한 표현을 유도하시오.

(c) 통합된 속도 법칙이 더 이상 유효하지 않을 때, 즉 $[A]_t=0$일 때의 반감기에 대한 시간을 계산하시오.

13.29 예제 13.5를 참조하여 시간의 함수로서 실험적으로 아조 메테인(azomethane)의 분압을 측정하는 방법을 설명하시오.

13.30 2EG를 형성하기 위한 G_2와 E_2의 반응은 발열 반응이며, 2XG를 형성하기 위한 G_2와 X_2의 반응은 흡열 반응이다.

발열 반응의 활성화 에너지는 흡열 반응의 활성화 에너지보다 크다. 이 두 반응에 대한 퍼텐셜 에너지 프로파일 같은 그래프에 그리시오.

13.31 (a) 활성화 에너지, (b) 반응 메커니즘, (c) 반응 엔탈피, (d) 정반응 속도, (e) 역반응 속도에 대한 촉매 효과에 대해 간략하게 설명하시오.

13.32 엄밀히 말하자면, 문제 13.23에서 반응에 대해 유도된 속도 법칙은 특정 농도의 H_2에만 적용된다. 반응에 대한 일반적인 속도 법칙은 k_1과 k_2가 상수 형태를 취한다.

$$속도 = \frac{k_1[NO]^2[H_2]}{1 + k_2[H_2]}$$

수소의 농도가 매우 높거나 매우 낮은 조건에서 속도 법칙의 표현을 유도하시오. 문제 13.23의 결과가 여기의 속도 표현 중 하나와 일치하는가?

13.33 오산화 이질소(N_2O_5)의 분해 반응이 특정 온도에서 사염화 탄소 용매(CCl_4)에서 연구되었다.

$$2N_2O_5 \longrightarrow 4NO_2 + O_2$$

$[N_2O_5](M)$	초기 속도(M/s)
0.92	0.95×10^{-5}
1.23	1.20×10^{-5}
1.79	1.93×10^{-5}
2.00	2.10×10^{-5}
2.21	2.26×10^{-5}

이 반응에 대한 속도 법칙을 그래프를 그려 결정하고, 속도 상수를 계산하시오.

13.34 메테인과 브로민의 혼합물이 빛에 노출되면 다음과 같은 반응이 천천히 일어난다.

$$CH_4(g) + Br_2(g) \longrightarrow CH_3Br(g) + HBr(g)$$

이 반응에 대한 합리적인 메커니즘을 제안하시오.(힌트: 브로민 증기는 진한 붉은색이며, 메테인은 무색이다.)

13.35 다음과 같은 기체 반응에 대한 속도 상수는 400℃에서 $2.42 \times 10^{-2}/M \cdot s$이다.

$$H_2(g) + I_2(g) \longrightarrow 2HI(g)$$

초기에 같은 mol의 H_2와 I_2의 시료를 400℃의 용기에 넣었더니 전체 압력은 1658 mmHg였다.
(a) HI 생성 초기 속도(M/min)는 얼마인가?
(b) 10.0분 후에 HI의 생성 속도와 HI의 농도(몰농도)를 결정하시오.

13.36 다음의 단일 단계를 고려하시오.

$$X + 2Y \longrightarrow XY_2$$

(a) 이 반응에 대한 속도 법칙을 쓰시오.
(b) XY_2의 초기 생성 속도가 $3.8 \times 10^{-3} M/s$이고 X와 Y의 초기 농도가 각각 $0.26 M$과 $0.88 M$일 때, 이 반응의 속도 상수는 얼마인가?

13.37 (a) 두 개의 반응 A와 B를 고려하시오. 온도가 T_1에서 T_2로 증가할 때 반응 B의 속도 상수가 반응 A의 속도 상수보다 더 크게 증가하면 활성화 에너지의 상대적인 값에 대해 어떻게 결론을 내릴 수 있는가? (b) A 분자와 B 분자가 충돌할 때마다 이분자 반응이 일어난다면, 반응의 방향 인자와 활성화 에너지에 대해 무엇을

말할 수 있는가?

13.38 어떤 연속 반응에 대한 다음의 단일 단계를 고려하시오.

$$A \xrightarrow{k_1} B \xrightarrow{k_2} C$$

(a) B의 변화 속도에 대한 식을 쓰시오. (b) "정상 상태" 조건하에서 B의 농도에 대한 식을 유도하시오. 즉, B가 A에서 생성된 것과 같은 속도로 B가 C로 분해될 때이다.

13.39 A $\longrightarrow$ D 반응에 대한 다음의 퍼텐셜 에너지 프로파일을 고려하시오.
(a) 몇 개의 단일 단계가 있는가?
(b) 몇 개의 중간체가 생성되었는가?
(c) 어느 단계가 속도 결정 단계인가?
(d) 전체적인 반응은 발열 반응인가 또는 흡열 반응인가?

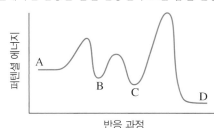

13.40 디메틸 에터의 분해 반응에 대한 일차 반응 속도 상수는 450℃에서 $3.2 \times 10^{-4} s^{-1}$이다.

$$(CH_3)_2O(g) \longrightarrow CH_4(g) + H_2(g) + CO(g)$$

반응은 일정한 부피의 플라스크에서 진행된다. 처음에는 디메틸 에터만 존재하고 압력은 0.350 atm이다. 8.0분 후에 시스템의 압력은 얼마인가? 기체들은 이상적인 행동을 한다고 가정하시오.

13.41 탈륨(I)은 다음과 같이 세륨(IV)에 의해 산화된다.

$$Tl^+ + 2Ce^{4+} \longrightarrow Tl^{3+} + 2Ce^{3+}$$

망가니즈(II)의 존재하에 단일 단계는 다음과 같다.

$$Ce^{4+} + Mn^{2+} \longrightarrow Ce^{3+} + Mn^{3+}$$
$$Ce^{4+} + Mn^{3+} \longrightarrow Ce^{3+} + Mn^{4+}$$
$$Tl^+ + Mn^{4+} \longrightarrow Tl^{3+} + Mn^{2+}$$

(a) 속도 법칙이 속도 = $k[Ce^{4+}][Mn^{2+}]$인 경우 촉매, 중간체 및 속도 결정 단계를 확인하시오.
(b) 촉매가 없으면 반응이 왜 느린지 설명하시오.
(c) 촉매의 유형을 균일 또는 불균일로 분류하시오.

13.42 다음 반응의 활성화 에너지는 600 K에서 $2.4 \times 10^2 kJ/mol$이다.

$$N_2O(g) \longrightarrow N_2(g) + O(g)$$

600 K에서 606 K까지의 속도 증가 비율을 계산하시오. 결과에 대해 설명하시오.

13.43 문제 13.42에서의 반응에 대한 $\Delta H°$는 $-164 kJ/mol$이다. 역반응의 활성화 에너지(E_a)는 얼마인가?

13.44 다음 식은 반응의 반감기($t_{1/2}$)가 초기 반응물 농도$[A]_0$에 대한 의존성을 보여준다.

$$t_{1/2} \propto \frac{1}{[A]_0^{n-1}}$$

여기서 n은 반응의 차수이다. 영차, 일차 및 이차 반응에 대한 의존성을 검증하시오.

13.45 방사성 동위 원소인 스트론튬-90은 원자 폭탄 폭발의 주요 산물이다. 반감기는 28.1년이다.
  (a) 핵 붕괴에 대한 일차 속도 상수를 계산하시오.
  (b) 10회 반감기 후에 남은 ^{90}Sr의 분율을 계산하시오.
  (c) ^{90}Sr의 99.0%가 사라지는 데 몇 년이 필요한지 계산하시오.

13.46 방사성 플루토늄-239($t_{1/2} = 2.44 \times 10^5$년)는 원자로와 원폭에 사용된다. 소규모 원자 폭탄에 동위 원소가 $5.0 \times 10^2\,g$이라면, 이 동위 원소가 $1.0 \times 10^2\,g$까지 붕괴되기 위해 얼마나 오래 걸릴 것인가? 이 양은 효과적인 폭탄의 양으로는 너무 적은 양인가?

13.47 반응 A ⟶ B에서 A의 농도가 $1.20\,M$에서 $0.60\,M$로 변경되었을 때, 반감기는 25°C에서 2.0분에서 4.0분으로 증가했다. 반응의 차수와 속도 상수를 계산하시오. (힌트: 문제 13.44의 식을 사용하시오.)

13.48 신진 대사를 수행하기 위해, 산소는 헤모글로빈(Hb)에 의해 흡수되어 단순화된 반응식에 따라 산소 헤모글로빈(HbO$_2$)을 형성한다.
$$Hb(aq) + O_2(aq) \xrightarrow{k} HbO_2(aq)$$
이차 속도 상수는 37°C에서 $2.1 \times 10^6 / M \cdot s$이다. 보통 성인의 경우 폐의 혈액에서 Hb와 O$_2$의 농도는 각각 $8.0 \times 10^{-6}\,M$과 $1.5 \times 10^{-6}\,M$이다.
  (a) HbO$_2$의 생성 속도를 계산하시오.
  (b) O$_2$의 소비 속도를 계산하시오.
  (c) 증가된 신진 대사율의 요구를 충족시키기 위해 운동 중 HbO$_2$의 생성 속도는 $1.4 \times 10^{-4}\,M$/s로 증가한다. Hb 농도가 동일하게 유지된다고 가정할 때, 산소 농도가 이 HbO$_2$ 생성 속도를 유지하기 위해서는 무엇이 필요한가?

13.49 뇌 손상을 방지하기 위한 표준 절차는 심장 마비를 앓고 나서 소생한 사람의 체온을 낮추는 것이다. 이 시술의 물리화학적 기초는 무엇인가?

13.50 몰질량 $\mathscr{M}$의 단백질 분자 P는 실온에서 용액에 방치될 때 이합체화(dimerize)된다. 그럴듯한 메커니즘은 이합체화되기 전에 단백질 분자가 먼저 변성(즉, 전체 구조의 변화로 인해 그의 활성을 잃음)한다는 것이다.
$$P \xrightarrow{k} P^* \text{ (변성)} \quad \text{(느림)}$$
$$2P^* \longrightarrow P_2 \quad \text{(빠름)}$$
여기서 별표는 변성된 단백질 분자를 나타낸다. 초기 단백질 농도 $[P]_0$와 시간 t에서의 농도, $[P]_t$, 및 $\mathscr{M}$에 대한 평균 몰질량($\overline{\mathscr{M}}$, P와 P$_2$)에 대한 식을 유도하시오. 몰질량 측정에서 k를 결정하는 방법을 설명하시오.

13.51 오존 붕괴에 중요한 역할을 하는 염소 산화물(ClO)은 반응식에 따라 실온에서 급속하게 붕괴된다.
$$2ClO(g) \longrightarrow Cl_2(g) + O_2(g)$$
다음 데이터에서 반응 차수를 결정하고 반응의 속도 상수를 계산하시오.

시간(s)	[ClO](M)
0.12×10^{-3}	8.49×10^{-6}
0.96×10^{-3}	7.10×10^{-6}
2.24×10^{-3}	5.79×10^{-6}
3.20×10^{-3}	5.20×10^{-6}
4.00×10^{-3}	4.77×10^{-6}

13.52 폴리에틸렌은 수도관, 병, 전기 절연재, 장난감 및 우편 봉투와 같은 많은 품목에 사용된다. 그것은 많은 에틸렌 분자들을 함께 결합시킴으로써 매우 높은 몰질량을 갖는 분자인 중합체이다.(에틸렌은 폴리에틸렌의 기본 단위 또는 단량체이다.) 개시 단계는 다음과 같다.
$$R_2 \xrightarrow{k_1} 2R\cdot \quad \text{(개시)}$$
R·종(라디칼이라고도 함)은 에틸렌 분자(M)와 반응하여 다른 라디칼을 생성한다.
$$R\cdot + M \longrightarrow M_1\cdot$$
M$_1$·의 다른 단량체와의 반응은 중합체 사슬의 성장 또는 증식을 유도한다.
$$M_1\cdot + M \xrightarrow{k_p} M_2\cdot \quad \text{(성장)}$$
이 단계는 수백 개의 단량체로 반복될 수 있다. 성장 단계는 두 개의 라디칼이 결합할 때 끝난다.
$$M'\cdot + M''\cdot \xrightarrow{k_t} M'-M'' \quad \text{(정지)}$$
에틸렌의 중합에 자주 사용되는 개시제는 벤조일 퍼옥사이드[(C$_6$H$_5$COO)$_2$]이다.
$$(C_6H_5COO)_2 \longrightarrow 2C_6H_5COO$$
이것은 일차 반응이다. 100°C에서 벤조일 퍼옥사이드의 반감기는 19.8분이다.
  (a) 반응의 속도 상수(min^{-1})를 계산하시오.
  (b) 벤조일 퍼옥사이드의 반감기가 7.30시간, 또는 438분인 경우, 70°C에서 벤조일 퍼옥사이드의 분해를 위한 활성화 에너지(kJ/mol)는 얼마인가?
  (c) 앞선 중합 공정의 단일 단계에 대한 속도 법칙을 작성하고 반응물, 생성물 및 중간체를 확인하시오.
  (d) 길게 자라고 높은 몰질량의 폴리에틸렌의 성장을 촉진하는 조건은 무엇인가?

종합 연습문제

물리학과 생물학

$^{89}SrCl_2$의 수용액인 Metastron은 전이성 암과 관련된 심한 뼈 통증을 완화시키는 약물이다. 그것은 방사능 동위 원소 ^{89}Sr을 함유하고 있는데, 이것은 β 방사선을 방출하고 50.5일의 일정한 반감기를 갖는다. 스트론튬 이온은 화학적으로 칼슘 이온과 유사하기 때문에 ^{89}Sr은 뼈 조직으로, 특히 확산된 암으로 인한 뼈의 병변에 포함된다. Metastron을 사용한 치료는 일반적으로 약 2분에 걸쳐 4 mL의 정맥 주사를 필요로 한다.

1. ^{89}Sr의 붕괴에 대한 속도 상수(k)를 계산하시오.

   a) 0.0137   b) 0.0127

   c) 0.693   d) 0.0198

2. ^{89}Sr의 붕괴에 대한 속도 상수의 단위는 무엇인가?

   a) 일

   b) 일의 역수

   c) 초의 역수

   d) 속도 상수는 단위를 가지고 있지 않다.

3. Metastron 주입 후, 101일 동안 ^{89}Sr의 원래 활동도의 몇 %가 남아 있는가?

   a) 75%   b) 50%

   c) 25%   d) 12%

4. β 방사선의 방출량이 원래 값의 10%로 떨어지려면 Metastron 주입 후 며칠이 지나야 하는가?

   a) 182   b) 168

   c) 505   d) 455

예제 속 추가문제 정답

13.1.1 (a) 속도$=-\dfrac{\Delta[CO_2]}{\Delta t}=-\dfrac{1}{2}\dfrac{\Delta[H_2O]}{\Delta t}=\dfrac{\Delta[CH_4]}{\Delta t}$

$=\dfrac{1}{2}\dfrac{\Delta[O_2]}{\Delta t}$ (b) 속도$=-\dfrac{1}{3}\dfrac{\Delta[O_2]}{\Delta t}=\dfrac{1}{2}\dfrac{\Delta[O_3]}{\Delta t}$

(c) 속도$=-\dfrac{1}{2}\dfrac{\Delta[NO]}{\Delta t}=-\dfrac{\Delta[O_2]}{\Delta t}=\dfrac{1}{2}\dfrac{\Delta[NO_2]}{\Delta t}$

13.1.2 (a) $3CH_4+2H_2O+CO_2 \longrightarrow 4CH_3OH$

(b) $2N_2O_5 \longrightarrow 2N_2+5O_2$

(c) $H_2+CO+O_2 \longrightarrow H_2CO_3$

13.2.1 (a) 0.0280 M/s (b) 0.112 M/s

13.2.2 $2A+3B \longrightarrow$ C   **13.3.1** 속도$=k[S_2O_8^{2-}][I^-]$,

$k=8.1\times10^{-2}/M\cdot s$ **13.3.2** 0.013 M, 8.8×10^{-6} M/s

13.4.1 75 s   **13.4.2** 0.91 M

13.5.1

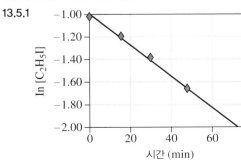

$k=1.4\times10^{-2}$/min   **13.5.2** 0.39 M, 0.34 M, 0.30 M, 0.26 M

13.6.1 $t_{1/2}=272$ s   **13.6.2** $k=4.71\times10^{-2}$/h   **13.7.1** (a) 13.2 s

(b) $t_{1/2}=4.2$ s, 13 s   **13.7.2** (a) 0.0208 M (b) 1.25×10^{-3} M

(c) 1.79×10^{-4} M **13.8.1** 241 kJ/mol   **13.8.2** 0.0655 s^{-1}

13.9.1 1.0×10^2 kJ/mol   **13.9.2** 2.7×10^{-4}/s   **13.10.1** 1.7/s

13.10.2 7.6×10^{-2}/s

13.11.1 (a) $NO_2+CO \longrightarrow NO+ CO_2$ (b) NO_3

(c) 1단계가 속도 결정 단계이다.   **13.11.2** F_2+ClO_2

$\longrightarrow FClO_2+F$ (느림), $ClO_2+F \longrightarrow FClO_2$ (빠름), 위의 메커니즘만이 가능하다. 느린 단계에 대한 적절한 속도 법칙이 있고, 모든 단계를 거쳐 전체 방정식이 얻어지는 위의 메커니즘은 그럴듯하다.

13.12.1 첫 번째 단계는 빠르게 도달한 평형이다. 정반응과 역반응의 속도를 같게 설정하면 $k_1[NO][Br_2]=k_{-1}[NOBr_2]$가 된다. $[NOBr_2]$에 대하여 풀면 $k_1[NO][Br_2]/k_{-1}$이 나온다. 속도$=k_2[NOBr_2][NO]$를 속도 결정 단계의 속도 법칙에 대입하면 속도$=(k_1k_2/k_{-1})[NO]^2[Br_2]$ 또는 $k[NO]^2[Br_2]$가 된다.

13.12.2 1단계: $I_2(g) \underset{k_{-1}}{\overset{k_1}{\rightleftharpoons}} 2I(g)$,

2단계: $H_2(g)+2I(g) \longrightarrow 2HI(g)$, 속도$=k[H_2][I_2]$

화학 평형

Chemical Equilibrium

등산가들은 종종 높은 고도에서 낮은 산소 농도로 인한 병에 걸린다. 산소 부족 환경에 오래 노출되면 더 많은 헤모글로빈이 생성된다. 추가 적혈구는 몸으로 산소 운반을 원활히 한다.

이 장의 목표

화학 평형의 구성 요소, 평형에 영향을 미치는 인자들과 다양한 문제를 풀기 위해 화학 평형의 지식을 어떻게 활용하는지를 배운다.

들어가기 전에 미리 알아둘 것

- 기본 반응의 속도 법칙 [◀◀13.5절]
- 이차 방정식 [◀◀부록 1]

평형의 원리는 "고지대에 살며 저산소 훈련"을 하는 운동선수에게 얼마나 유익한가

화학과 생물학에서 어떤 과정을 위해 필수적 요소가 부족하다면, 자연은 가끔 부족함을 보충하는 방법으로 대응한다. 예를 들면, 한 종류의 성으로 구성된 물고기나 개구리 집단을 고립시킨다면, 집단을 유지하기 위해 개체의 몇몇은 성을 바꿀 것이다.

부족함에 대한 자연이 대응하는 주요한 예시로서 고지대 거주자들은 기준 이하의 낮은 산소 농도로 인해 추가적인 적혈구를 만들어 갖는다는 것이다. 이 여분의 적혈구는 낮은 산소 농도에도 폐로부터 몸의 여러 곳으로 충분한 산소를 공급한다. 혈액의 향상된 산소 운반 능력은 운동선수의 체력과 폐활량을 증가시킨다. 이로부터 몇몇 운동선수들은 인위적으로 적혈구 수(RBC)를 늘리고자 하였고, 이 과정은 "혈액 도핑"으로 알려져 있다.

역사적으로 혈액 도핑은 혈액 주입이나 **에리트로포이에틴**(erythropoietin) 약물로 행해져 왔는데, 이 두 과정은 세계 반도핑 기구(WADA)에 의해 금지되어 있다. 그러나 최근 저산소 수면 텐트의 사용이 늘고 있다. 이 텐트는 질소와 산소의 혼합 기체로 채워져 있는데, 산소의 농도가 자연 상태의 공기보다 낮은 상태이다. 고층에서 거주하는 사람들의 몸이 공기 중의 낮은 산소 분압에 대한 보상 차원에서 추가적인 적혈구 생산을 하는 것이 자연스러운 것처럼, 저산소 텐트에서 수면하는 운동선수의 몸은 같은 방식으로 운동선수의 RBC를 상승시킨다. "고지대에 살고 저산소 훈련한" 사람은 해수면 근처의 산소 환경에 익숙한 운동선수들보다 이점이 있다고 여겨진다. 이것이 자연스런 현상이고 실제로 혈액 도핑에 해당되지 않음에도 WADA는 이러한 효과의 인위적 유도는 "스포츠 정신에 위배"된다는 견해를 보였다. 2009년 판 WADA 조항은 저산소 텐트의 사용을 금지하지 않았으나 앞으로 재논의될 것으로 보인다.

저산소 수면 텐트에서 자는 사람이나 고지대에 사는 사람들의 RBC 값의 상승은 **화학 평형**의 원리를 이용하여 설명할 수 있다.

학생 노트
Michael Crichton의 1990년 소설 쥬라기공원(Jurassic Park)에서는 멸종된 동물을 복원하기 위한 목적으로 개구리 DNA를 사용하여 고대 공룡의 DNA를 복구하였다. 이 이야기에서 과학자들은 완전히 암컷으로만 설계되었기에 번식되지 않을 것으로 믿었다. 그러나 공룡의 몇몇은 수컷으로 변하였고 공룡의 개체수는 조절할 수 없었다. 이것은 DNA 조작을 위해 사용된 개구리에서 발생된 문제로 해석되었다.

이 장의 끝에서 학생들은 저산소 RBC 상승과 관련된 일련의 문제를 풀 수 있게 될 것이다[▶▶ 배운 것 적용하기, 628쪽].

저산소 수면 텐트

14.1 평형의 개념

이제까지 대부분의 경우 화학 반응은 완전히 진행되는 과정으로 취급했다. 즉, **반응물** (reactant)로 반응을 시작하면 마지막에는 **생성물**(product)만 유일하게 얻을 것으로 생각하였다. 실제로 이것은 대부분의 화학 반응에서 일어나지 않는다. 반면, 반응물만을 가지고 반응이 시작되면 반응은 진행할 것이고 물질이 소모되기 때문에 반응물의 농도가 줄어들고 생성물이 생성되기 때문에 생성물의 농도가 증가할 것이다. 반응물과 생성물 농도 변화가 멈춘다면 결국 반응계는 반응물과 생성물의 **혼합물**(mixture)로 남게 된다. 반응물과 생성물의 농도가 일정하게 유지되는 계는 **평형 상태**(at eqilibrium)에 있다고 볼 수 있다.

고립된 계[|◀◀ 11.2절]에서 액체 위에 증기압 형성과 포화 용액 형성[|◀◀ 12.2절]에서 평형을 포함하는 **물리적**(physical) 과정의 여러 예제를 이미 보았다. 아이오딘화 은(AgI) 포화 용액[그림 14.1]에서, 평형의 개념을 조사해 보자. 녹는 과정은 화학 반응식 $AgI(s)$ $\rightleftharpoons Ag^+(aq)+I^-(aq)$와 같이 표현될 수 있다. 이때 이중화살표[|◀◀ 4.1절]는 **가역 과정**(reversible process)을 표시하고 정반응과 역반응 모두 일어남을 의미한다. 이 과정에서 **정**(forward)반응은 AgI의 용해이고, **역**(reverse)반응은 고체 AgI를 형성하기 위한 수용성 Ag^+와 I^-의 이온의 재결합이다. 고체 AgI를 물에 넣었을 때 초기에는 용액에 Ag^+와 I^- 이온이 없기 때문에 정반응만 일어날 수 있다. 약간의 AgI가 녹았을 때 비로소 역반응이 일어날 수 있다. 초기에는 정반응이 역반응보다 더 큰 속도로 진행되는데, 이는 단순히 용액에서 낮은 이온 숫자 때문이다. 일정 시간이 지나면 정반응과 같은 속도의 역반응이 진행될 만큼 용액에 이온이 생성된다. 그리고 녹은 AgI의 농도 변화는 멈추게 된다. 정반응과 역반응으로 일어나는 과정의 속도가 동일한 계는 **평형 상태**(equilibrium)에 있다.

사산화 이질소(N_2O_4)가 분해되어 이산화 질소(NO_2)가 되는 평형의 **화학적**(chemical) 실례를 보자. 이 과정은 대부분의 화학 반응처럼 가역적이다.

$$N_2O_4(g) \rightleftharpoons 2NO_2(g)$$

N_2O_4는 무색의 기체이고, NO_2는 갈색이다.(NO_2는 오염된 공기가 갈색을 나타내는 원인이 된다.) 순수 N_2O_4를 진공 플라스크에 넣었을 때 분해 반응이 진행됨에 따라 NO_2가 생성되고 플라스크 내용물은 무색에서 갈색으로 변한다(그림 14.2). 처음에는 NO_2의 농도가 증가함에 따라 갈색의 정도가 짙어지다가 결국 색 변화가 더 이상 일어나지 않게 되는데,

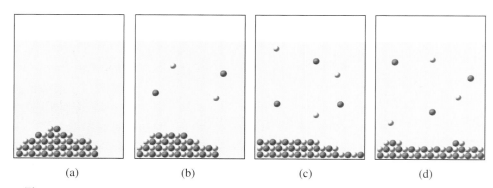

(a)   (b)   (c)   (d)

그림 14.1 AgI의 포화 용액 제조: $AgI(s) \rightleftharpoons Ag^+(aq)+I^-(aq)$ (a) 고체 AgI를 물에 넣는다. (b) 초기에 정반응(고체 AgI의 용해)이 일어나고 AgI가 녹기 시작한다. (c) 용액에 Ag^+와 I^- 이온이 있을 때 역반응(고체 AgI의 형성)이 일어난다. (d) 평형은 두 과정이 평형 상태에 도달할 때까지 진행되어 일어난다. 이것은 두 반응이 같은 속도로 진행되기 때문이고, 녹은 AgI의 농도가 일정하게 유지된다.

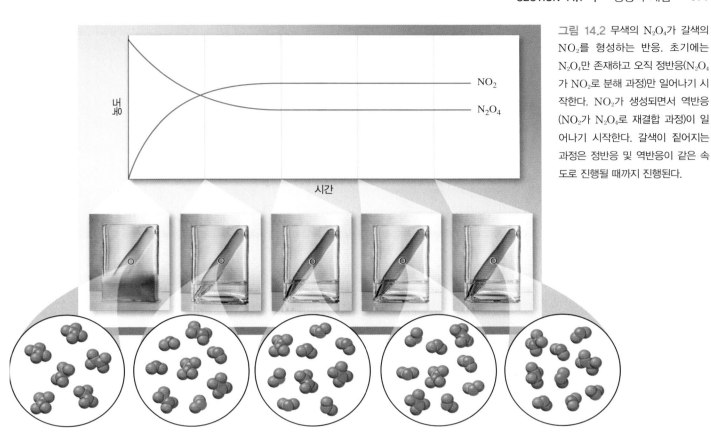

그림 14.2 무색의 N_2O_4가 갈색의 NO_2를 형성하는 반응. 초기에는 N_2O_4만 존재하고 오직 정반응(N_2O_4가 NO_2로 분해 과정)만 일어나기 시작한다. NO_2가 생성되면서 역반응(NO_2가 N_2O_4로 재결합 과정)이 일어나기 시작한다. 갈색이 짙어지는 과정은 정반응 및 역반응이 같은 속도로 진행될 때까지 진행된다.

이것은 NO_2의 농도 변화가 멈췄음을 뜻한다. 이때는 정반응과 역반응이 동일한 속도가 되고 계가 평형에 도달하게 된다.

이 평형을 이해하기 위해 각 과정에 포함된 속도론적 측면을 살펴보자. N_2O_4 분해에서 두 과정, 정반응과 역반응은 단일 단계 반응(elementary reaction)이며 균형 맞춤 반응식으로부터 각각의 속도 법칙을 다음과 같이 쓸 수 있다.

$$\text{속도}_{\text{반응}} = k_f[N_2O_4] \quad \text{그리고} \quad \text{속도}_{\text{반응}} = k_r[NO_2]^2$$

k_f와 k_r은 각각 정반응과 역반응의 속도 상수이다[◀◀ 13.5절]. 항상 대괄호는 **몰농도**(molar concentration)를 나타낸다. 그림 14.2에서 보인 실험에서 초기에는 다음과 같다.

- N_2O_4 농도가 높고, 정반응에 대한 반응 속도가 높다.
- NO_2 농도가 0이고, 역반응에 대한 반응 속도는 0이다.

반응이 진행됨에 따라 다음과 같다.

- N_2O_4 농도는 감소하고, 정반응에 대한 반응 속도가 줄어든다.
- NO_2 농도는 증가하고, 역반응에 대한 반응 속도가 증가한다.

그림 14.3(a)는 정반응과 역반응의 속도가 시간에 따라 어떻게 변화하는지를 보여주고, 결국 평형이 형성됨에 따라 속도가 같아진다는 것을 보여준다.

$N_2O_4 - NO_2$ 실험을 플라스크에 순수한 NO_2를 넣어 동일하게 수행할 수 있다. 그림 14.4는 NO_2가 결합하여 N_2O_4를 형성함으로써 초기의 갈색이 어떻게 옅어지는지 보여주고 있다. 이전과 같이 일정 시간이 지남에 따라 색의 강도 변화는 멈춘다. 순수한 NO_2로 실험을 시작할 때 초기에는 다음과 같다.

그림 14.3 (a) N_2O_4만으로 반응 시작. 역반응(N_2O_4 형성 반응)에 대한 반응 속도는 초기에 0이다. 역반응의 반응 속도는 증가하고 정반응에 대한 반응 속도는 두 속도가 같아질 때까지 감소한다. (b) NO_2만으로 반응 시작. 정반응에 대한 반응 속도는 초기에 0이다.

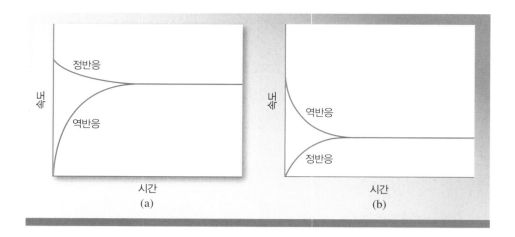

그림 14.4 초기 NO_2만 존재하고 역반응(NO_2가 N_2O_4로 재결합 과정)이 진행한다. N_2O_4가 생성되면서 정반응(N_2O_4 분해)이 시작된다. 갈색은 점점 옅어지고 정반응과 역반응의 속도가 같아질 때까지 진행된다.

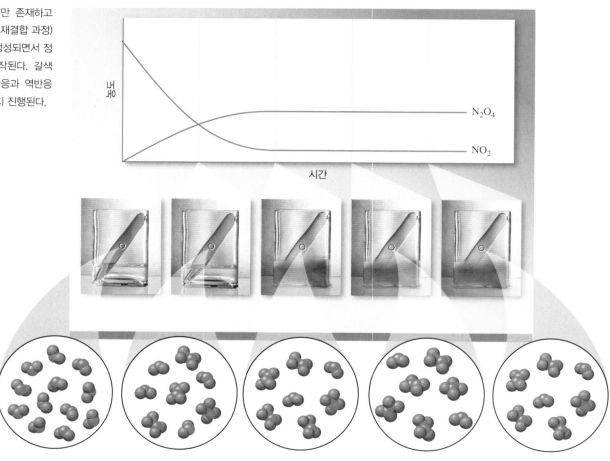

- NO_2 농도가 높고, 역반응에 대한 반응 속도가 높다.
- N_2O_4 농도가 0이고, 정반응에 대한 반응 속도는 0이다.

반응이 진행됨에 따라 다음과 같다.

- NO_2 농도는 감소하고, 역반응에 대한 반응 속도는 줄어든다.
- N_2O_4 농도는 증가하고, 정반응에 대한 반응 속도는 증가한다.

그림 14.3(b)는 N_2O_4 대신에 NO_2로 시작할 때 정반응과 역반응의 속도가 시간에 따라 어떻게 변화하는지를 보여준다. 이러한 형태의 실험을 NO_2와 N_2O_4의 혼합물을 사용하여 진

행할 수도 있다. 이때, 정반응과 역반응이 일어날 수 있다. 각각의 반응 속도는 초기 농도에 따라 결정되고, 두 반응의 속도가 동일하게 될 때 평형이 만들어진다.

평형에 관해 기억해야 하는 몇 가지 중요한 것은 다음과 같다.

- 평형은 **동적**(dynamic) 상태이다—시간에 따라 반응물과 생성물의 농도에 있어 알짜 변화가 없어도 정반응과 역반응 두 과정은 계속해서 진행되고 있다.
- 평형에서는 정반응과 역반응의 반응 속도는 동일하다.
- 평형은 **반응물**만으로도 **생성물**만으로도, 혹은 반응물과 생성물의 **혼합물**로 시작해서도 완성될 수 있다.

이후 이 장의 논의는 **화학** 평형(chemical equilibria)에만 국한시킨다. 상변화와 같은 가역적 **물리**과정(physical process)은 17장에서 더 자세히 다룬다.

> **학생 노트**
> 평형은 반응물과 생성물이 같은 농도(concentration)를 갖는다고 생각할 수 있다. 이것은 잘못된 생각이다. 평형은 정반응과 역반응이 동일한 반응 속도로 일어나는 상태를 의미한다.

14.2 평형 상수

평형을 정반응과 역반응의 반응 속도가 동일한 상태로 정의하였다.

$$속도_{정반응} = 속도_{역반응}$$

$$k_f[N_2O_4]_{eq} = k_r[NO_2]^2_{eq}$$

아래 첨자 "eq"는 평형에서의 농도를 뜻한다. 이 표현을 재배열하면

$$\frac{k_f}{k_r} = \frac{[NO_2]^2_{eq}}{[N_2O_4]_{eq}}$$

가 되고 두 속도 상수의 비(k_f/k_r)가 역시 상수라면 다음과 같이 표현된다.

$$K_c = \frac{[NO_2]^2_{eq}}{[N_2O_4]_{eq}}$$

여기에서 K_c는 **평형 상수**(equilibrium constant)이고 **평형식**(equilibrium expression)으로 표현된다.[아래 첨자 "c"는 **농도**(concentration) 표현이고 평형식에서는 몰농도를 사용한다.] 균형 맞춤 화학 반응식과 평형식 사이의 관계를 주의하자. 분자는 생성물 농도로 표시되고 제곱 값은 균형 맞춤 반응식에서 생성물의 화학량론 계수에 해당되는 값으로, 생성물 농도의 제곱으로 사용된다.

> **학생 노트**
> 평형식에서 농도는 평형(equilibrium)에 도달했을 때의 각 물질의 몰농도를 뜻하지만, 농도 표시를 위해 더 이상 첨자 "eq"를 사용하지 않을 것이다.

$$K_c = \frac{[NO_2]^2_{eq}}{[N_2O_4]_{eq}} \qquad N_2O_4(g) \rightleftharpoons 2NO_2(g)$$

마찬가지로, 분모는 반응물의 농도로 표시되고 제곱 값은 균형 맞춤 반응식에서 생성물의 화학량론 계수에 해당되는 값이다.(이 식에서 N_2O_4의 계수는 1이고 지수나 혹은 계수로 1은 쓰지 않는다.) 표 14.1에는 25°C에서 수행된 실험에서 N_2O_4와 NO_2의 시작과 평형 농도가 기록되어 있다. 표에서 각 실험의 평형 농도를 사용하여 계산된 평형식 $[NO_2]^2/[N_2O_4]$ 값은 실제로 실험오차 범위 내에서 상수(평균 4.63×10^{-3}) 값으로 나타난다.

표 14.1	25°C에서 N_2O_4와 NO_2의 초기 농도와 평형 농도				
	초기 농도(M)		평형 농도(M)		
실험	$[N_2O_4]_i$	$[NO_2]_i$	$[N_2O_4]$	$[NO_2]$	$\dfrac{[NO_2]^2}{[N_2O_4]}$
1	0.670	0.00	0.643	0.0547	4.65×10^{-3}
2	0.446	0.0500	0.448	0.0457	4.66×10^{-3}
3	0.500	0.0300	0.491	0.0475	4.60×10^{-3}
4	0.600	0.0400	0.594	0.0523	4.60×10^{-3}
5	0.000	0.200	0.0898	0.0204	4.63×10^{-3}

평형 상수 계산

19세기 중반, Cato Guldburg[1]와 Peter Waage[2]는 광범위한 화학 반응들의 평형 혼합물을 연구하였다. 이들은 일정 온도 조건에서 형성된 평형 혼합물로부터 **반응 지수**(reaction quotient)는 반응물과 생성물의 초기 농도에 상관없이 일정한 값을 가진다는 것을 발견하였다. **반응 지수**(Q_c)는 분모에 반응물들과 분자에 생성물들의 농도를 사용한 비로 나타내고 각 농도는 균형 맞춤 반응식의 화학량론적 계수를 사용하여 지수로 나타내었다. 평형에 도달한 다음의 반응에 대해, 반응 지수 Q_c는 평형 상수 K_c와 동일하다.

$$a\text{A} + b\text{B} \rightleftharpoons c\text{C} + d\text{D}$$

[◀◀ 식 14.1]

$$Q_c = \frac{[\text{C}]^c[\text{D}]^d}{[\text{A}]^a[\text{B}]^b} = K_c \text{ (평형 상태)}$$

> **학생 노트**
> 첫 예제에서 하나의 반응물과 하나의 생성물로 구성되었다. 반응식의 전후에 여러 개의 물질이 포함될 때 분자는 생성물 농도의 곱이고, 분모는 반응물 농도의 곱이다. 각 농도는 화학량론적 계수를 지수로 사용하여 표현한다.

이 표현은 **질량 작용의 법칙**(law of mass action)으로 알려져 있다. 평형 상수 K처럼 Q의 아래 첨자 "c"는 **농도**(concentration)항으로 정의된다는 것을 뜻한다. $N_2O_4 - NO_2$계에 대해서 이것은 속도론적 접근으로 얻은 평형 표현식 $[NO_2]^2_{eq}/[N_2O_4]_{eq}$와 같은 표현이다. 그러나 질량 작용의 법칙은 여러 다른 반응의 수많은 관찰 결과로부터 실험적으로 개발되었고, 이는 반응 속도론의 원리가 개발되기 오래전의 일이다. 또한 이것은 단일 단계의 반응뿐 아니라 다단계로 진행되는 더 복잡한 반응에도 적용된다. 더욱이, 질량 작용의 법칙은 균형 맞춤 반응식의 평형식을 쓸 수 있게 해준다. 반응에 대한 평형식을 알고 있기에 평형 농도를 사용하여 평형 상수를 계산할 수 있다.

예제 14.1은 질량 작용의 법칙과 평형 농도를 사용하여 평형 상수를 계산하는 방법을 보여준다.

예제 14.1

포스젠으로 알려진 염화 카보닐($COCl_2$)은 제2차 세계대전에서 사용된 맹독성 기체이다. 이 물질은 일산화 탄소와 염소 기체의 반응으로 생성된다.

$$CO(g) + Cl_2(g) \rightleftharpoons COCl_2(g)$$

---

1. Cato Maximilian Guldberg(1836~1902). 노르웨이의 화학자이자 수학자. 열역학을 주로 연구했다.
2. Peter Waage(1833~1900). 노르웨이의 화학자. 그의 동료 Guldberg처럼 열역학을 연구했다.

74°C에서 진행된 실험에서 반응에 포함된 화학종의 평형 농도는 다음과 같다.

$[CO] = 1.2 \times 10^{-2} M$, $[Cl_2] = 0.054 M$, $[COCl_2] = 0.14 M$

(a) 평형식을 쓰시오.

(b) 74°C에서 이 반응의 평형 상수 값을 결정하시오.

전략 평형식을 쓰기 위해 질량 작용의 법칙을 사용하고, K_c를 계산하기 위해 세 가지 화학종의 평형 농도를 적용한다.

계획 평형식은 반응물의 농도에 대한 생성물의 농도를 가지고 각각 적절한 지수를 갖는다. 이 경우 모든 계수는 1이기 때문에 지수는 모두 1이 된다.

풀이 (a) $K_c = \dfrac{[COCl_2]}{[CO][Cl_2]}$

(b) $K_c = \dfrac{(0.14)}{(1.2 \times 10^{-2})(0.054)} = 216$ 또는 2.2×10^2

74°C에서 이 반응의 K_c는 2.2×10^2이다.

생각해 보기

평형 농도를 평형식에 도입할 때 단위를 버린다. 이것은 단위를 갖지 않는 평형 상수를 표현하는 공통된 과정이다. 14.5절에서 이러한 이유를 살펴볼 것이다.

추가문제 1 100°C에서 진행된 다음 반응을 분석하였더니 평형 농도가 $[Br_2] = 2.3 \times 10^{-3} M$, $[Cl_2] = 1.2 \times 10^{-2} M$, $[BrCl] = 1.4 \times 10^{-2} M$이었다.

$$Br_2(g) + Cl_2(g) \rightleftharpoons 2BrCl(g)$$

평형식을 쓰고 이 온도에서의 평형 상수를 계산하시오.

추가문제 2 100°C에서 진행된 위 반응에서 평형 농도가 $[Br_2] = 4.1 \times 10^{-3} M$ 그리고 $[Cl_2] = 8.3 \times 10^{-3} M$이었다. $[BrCl]$의 값을 구하시오.

추가문제 3 반응 $2A \rightleftharpoons B$를 고려하시오. 다음 중 첫 그림은 평형에 도달한 계를 나타낸다. 다음 그림[(i)~(iv)]에서 평형에 도달한 계는 어느 것인지 모두 고르시오.

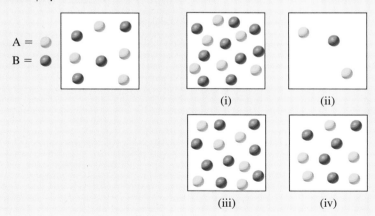

Guldberg와 Waage의 방법은 평형에서 반응 지수의 계산을 포함한다. 그러나 반응 지수 값은 출발 농도나 최종(평형) 농도, 혹은 반응 동안 어떤 주어진 시간에서(농도를 알고 있다면) 각 물질들의 농도를 이용하여 결정할 수 있다. Q_c는 반응이 진행됨에 따라(그림 14.5) 변화한다. 그리고 Q_c는 계가 평형에 도달할 때 K_c와 유일하게 일치한다. 그러나 평형에 도달하지 않은 계의 Q_c 값을 계산하는 것이 유용할 때가 종종 있다. 반응이 진행되는 어떤 한 지점에서 Q_c는 다음과 같다.

그림 14.5 반응 지수 Q_c는 반응이 진행됨에 따라 변화한다(표 14.1의 실험 5). 계가 평형에 도달하면 Q는 평형 상수와 동일하다.

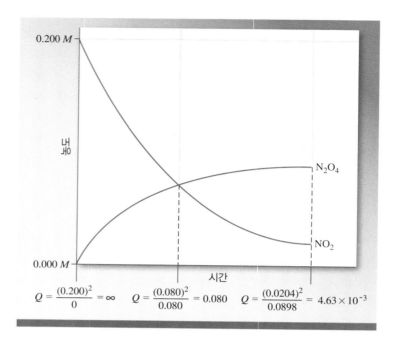

$$Q = \frac{(0.200)^2}{0} = \infty \qquad Q = \frac{(0.080)^2}{0.080} = 0.080 \qquad Q = \frac{(0.0204)^2}{0.0898} = 4.63 \times 10^{-3}$$

$$Q_c = \frac{[C]^c[D]^d}{[A]^a[B]^b} \qquad\qquad [\blacktriangleleft\blacktriangleleft \text{ 식 } 14.2]$$

예제 14.2에서는 다양한 종류의 균형 맞춤 반응식에 대해 반응 지수를 쓰는 연습을 한다.

예제 14.2

다음 반응에 대한 반응 지수를 적으시오.

(a) $N_2(g) + 3H_2(g) \rightleftharpoons 2NH_3(g)$

(b) $H_2(g) + I_2(g) \rightleftharpoons 2HI(g)$

(c) $Ag^+(aq) + 2NH_3(aq) \rightleftharpoons Ag(NH_3)_2^+(aq)$

(d) $2O_3(g) \rightleftharpoons 3O_2(g)$

(e) $Cd^{2+}(aq) + 4Br^-(aq) \rightleftharpoons CdBr_4^{2-}(aq)$

(f) $2NO(g) + O_2(g) \rightleftharpoons 2NO_2(g)$

전략 반응 지수를 쓰기 위하여 질량 작용의 법칙을 사용한다.

계획 각 반응에 대한 반응 지수는 반응물의 농도에 대한 생성물들의 농도로 표현되고, 각 농도는 균형 맞춤 반응식의 화학량론적 계수를 사용하여 지수로 나타낸다.

풀이   (a) $Q_c = \dfrac{[NH_3]^2}{[N_2][H_2]^3}$ (b) $Q_c = \dfrac{[HI]^2}{[H_2][I_2]}$ (c) $Q_c = \dfrac{[Ag(NH_3)_2^+]}{[Ag^+][NH_3]^2}$ (d) $Q_c = \dfrac{[O_2]^3}{[O_3]^2}$

(e) $Q_c = \dfrac{[CdBr_4^{2-}]}{[Cd^{2+}][Br^-]^4}$ (f) $Q_c = \dfrac{[NO_2]^2}{[NO]^2[O_2]}$

생각해 보기

연습을 통해 반응 지수를 쓰기가 익숙해진다. 충분한 연습 없이는 매우 어려울 수 있다. 숙달되는 것이 중요하다. 매우 자주 이것은 평형 문제를 해결하기 위한 첫 단계이다.

추가문제 1 다음 반응의 반응 지수를 쓰시오.

(a) $2N_2O(g) \rightleftharpoons 2N_2(g) + O_2(g)$

(b) $2NOBr(g) \rightleftharpoons 2NO(g) + Br_2(g)$

(c) $HF(aq) \rightleftharpoons H^+(aq) + F^-(aq)$

(d) $CO(g) + H_2O(g) \rightleftharpoons CO_2(g) + H_2(g)$

(e) $CH_4(g) + 2H_2S(g) \rightleftharpoons CS_2(g) + 4H_2(g)$ (f) $H_2C_2O_4(aq) \rightleftharpoons 2H^+(aq) + C_2O_4^{2-}(aq)$

추가문제 2 다음 반응 지수에 해당하는 평형식을 적으시오.

(a) $Q_c = \dfrac{[HCl]^2}{[H_2][Cl_2]}$ (b) $Q_c = \dfrac{[HF]}{[H^+][F^-]}$ (c) $Q_c = \dfrac{[Cr(OH)_4^-]}{[Cr^{3+}][OH^-]^4}$

(d) $Q_c = \dfrac{[H^+][ClO^-]}{[HClO]}$ (e) $Q_c = \dfrac{[H^+][HSO_3^-]}{[H_2SO_3]}$ (f) $Q_c = \dfrac{[NOBr]^2}{[NO]^2[Br_2]}$

추가문제 3 A와 B가 반응하여 C를 형성하는 $A(g) + B(g) \rightleftharpoons C(g)$ 반응에서, 평형은 A와 B 혼합물, 혹은 C만으로 또는 A/B/C 혼합물로부터 출발하여도 얻을 수 있다. 다음 각 그래프는 평형에 도달하면서 반응 지수의 변화를 보여준다(x축은 시간). 그 래프에 해당하는 출발 조건을 기술하시오.

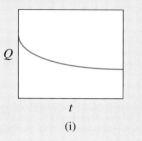 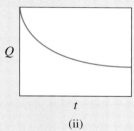 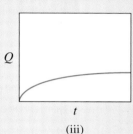

(i)   (ii)   (iii)

평형 상수의 크기

평형 상수가 말해주는 것들 중 하나는 반응이 특정 온도에서 어느 정도 진행하는가이다. 화학량론적 값을 갖는 반응물들로 구성된 반응에서는 세 가지 결과가 가능하다.

1. 반응은 본질적으로 완전히 진행할 것이고, 평형 혼합물은 주로 생성물로 구성된다.
2. 반응이 유효한 정도로 진행되지 않을 경우, 평형 혼합물은 주로 반응물로 구성된다.
3. 반응이 상당히 진행되었으나 완전하지 않을 경우 평형 혼합물은 반응물과 생성물 두 가지가 대등한 비율로 구성된다.

K_c의 크기가 매우 큰 경우는 첫 번째 결과가 예상된다. 다음의 $Ag(NH_3)_2^+$ 이온 형성이 이 것의 예가 된다.

$$Ag^+(aq) + 2NH_3(aq) \rightleftharpoons Ag(NH_3)_2^+(aq) \qquad K_c = 1.5 \times 10^7 \text{ (25°C일 때)}$$

수용성 Ag^+과 수용성 NH_3가 몰비로 1:2일 때, 결과가 되는 평형 혼합물은 대부분 $Ag(NH_3)_2^+$로 구성되며 매우 소량의 반응물이 남을 것이다. 매우 큰 평형 상수를 갖는 반응은 흔히 "오른쪽으로 기욺" 혹은 "생성물 우세"라고 말한다.

K_c의 크기가 매우 작은 경우는 두 번째 결과가 예상된다. 질소와 산소 기체가 반응하여 일산화 질소가 형성되는 반응이 이것의 예가 된다.

$$N_2(g) + O_2(g) \rightleftharpoons 2NO(g) \qquad K_c = 4.3 \times 10^{-25} \text{ (25°C일 때)}$$

질소 기체와 산소 기체는 상온에서 의미 있을 정도로 반응하지 않는다. 압력 용기에 N_2와 O_2 혼합 기체를 넣고 평형 상태에 이르게 될 경우 최종 혼합물은 매우 적은 양의 NO를 포함하고, 대부분 N_2와 O_2로 구성된다. 매우 작은 평형 상수를 갖는 반응은 "왼쪽으로 기욺" 혹은 "반응물 우세"라고 말한다.

용어 **매우 큰**(very large) 혹은 **매우 작은**(very small)이 평형 상수에 적용될 때는 다소 임의적 표현이다. 보통 평형 상수 크기가 1×10^2 이상이면 큰 것으로 보고, 약 1×10^{-2} 이하이면 작다고 본다.

평형 상수가 1×10^2와 1×10^{-2} 사이 값이라면 반응물 우세도 생성물 우세도 아닌 것을 의미한다. 이 경우 평형계는 반응물과 생성물로 구성된 혼합물이 되고, 정확한 혼합물 조성은 반응의 화학량론적 특성에 의존한다.

14.3 평형식

지금까지 다뤘던 평형은 모두 **균일**(homogeneous)하다. 즉 반응물과 생성물 모두 기체이거나 모두 수용액으로 같은 상이다. 이 경우 평형식은 평형 상태에 있는 생성물 농도들의 곱을 분자에 넣고 평형 상태에 있는 반응물 농도들의 곱을 분모에 넣어 분수식을 만든 후 균형 맞춤 반응식에서 화학량론적 계수를 각 농도의 지수값으로 사용하여 적었다(식 14.2). 가역적 화학 반응에서 화학종이 모두 같은 상이 아니라면 평형은 **불균일**(heterogeneous)하다.

불균일 평형

불균일 평형의 평형식을 쓰는 것은 역시 쉽다. 그러나 지금까지의 균일 평형과는 약간 다른 점이 있다. 예를 들면, 이산화 탄소는 원소 상태의 탄소와 결합하여 일산화 탄소를 생성한다.

$$CO_2(g) + C(s) \rightleftharpoons 2CO(g)$$

두 개의 기체와 한 개의 고체는 두 개의 분리된 상을 구성한다. 이전의 균일 반응에 대한 평형식처럼 이 반응에 대한 평형식은 분자에 생성물들의 농도의 곱, 분모에 반응물들의 농도의 곱을 사용하여 다음과 같이 쓸 수 있다.

$$K_c{}^* = \frac{[CO]^2}{[CO_2][C]}$$

($K_c{}^*$에서 별표는 이제 구하고자 하는 평형 상수와 구별하기 위함이다.) 그러나 고체의 "농도"는 상수 값이다. 만약 위 반응식에서 원소 상태의 탄소(C)의 mol을 두 배하면 부피도 두 배가 된다. 부피에 대한 mol의 비로 정의되는 농도는 같게 된다. 고체 탄소의 농도가 상수이기에 그것을 평형 상수의 값에 포함시킬 수 있고 평형식에는 분명하게 나타나지 않는다.

$$K_c{}^* \times [C] = \frac{[CO]^2}{[CO_2]}$$

$K_c{}^*$와 $[C]_{eq}$의 곱이 이 반응에 대한 **실제** 평형 상수가 된다. 올바른 평형식은 다음과 같다.

$$K_c = \frac{[CO]^2}{[CO_2]}$$

같은 논의는 불균일 평형에 있는 순수 액체의 농도에도 적용된다. 오직 기체 상태와 수용액 상태의 화학종들만이 평형식에 나타난다.

예제 14.3에서 불균일 평형에 대한 평형식을 쓰는 연습을 하게 된다.

예제 (14.3)

다음 각 반응에 대한 평형식을 쓰시오.

(a) $CaCO_3(s) \rightleftharpoons CaO(s) + CO_2(g)$

(b) $Hg(l) + Hg^{2+}(aq) \rightleftharpoons Hg_2^{2+}(aq)$

(c) $2Fe(s) + 3H_2O(l) \rightleftharpoons Fe_2O_3(s) + 2H_2(g)$

(d) $O_2(g) + 2H_2(g) \rightleftharpoons 2H_2O(l)$

전략 각 반응에 대한 평형식을 쓰기 위해 질량 작용의 법칙을 사용한다. 평형식에는 기체 상태와 수용액 상태의 화학종만 나타난다.

계획 (a) CO_2만이 식에 나타난다.

(b) Hg^{2+}와 Hg_2^{2+}가 식에 나타난다.

(c) H_2만이 식에 나타난다.

(d) O_2, H_2가 식에 나타난다.

풀이 (a) $K_c = [CO_2]$　(b) $K_c = \dfrac{[Hg_2^{2+}]}{[Hg^{2+}]}$　(c) $K_c = [H_2]^2$　(d) $K_c = \dfrac{1}{[O_2][H_2]^2}$

> ### 생각해 보기
>
> 균일 평형의 평형식과 같이 불균일 평형의 평형식은 연습을 통해 익숙해진다. 이 기술을 익히는 것에 대한 중요성은 말할 필요가 없다. 원리를 이해하는 능력과 이 장에서 많은 문제를 푸는 능력은 평형식을 얼마나 정확히 그리고 쉽게 쓰는가에 달려 있다

추가문제 1 다음 각 반응의 평형식을 쓰시오.

(a) $SiCl_4(g) + 2H_2(g) \rightleftharpoons Si(s) + 4HCl(g)$

(b) $Hg^{2+}(aq) + 2Cl^-(aq) \rightleftharpoons HgCl_2(s)$

(c) $Ni(s) + 4CO(g) \rightleftharpoons Ni(CO)_4(g)$

(d) $Zn(s) + Fe^{2+}(aq) \rightleftharpoons Zn^{2+}(aq) + Fe(s)$

추가문제 2 다음 평형식 중에서 불균일 평형에 해당하는 것은 어느 것인가? 근거를 말하시오.

(a) $K_c = [NH_3][HCl]$

(b) $K_c = \dfrac{[H^+][C_2H_3O_2^-]}{[HC_2H_3O_2]}$

(c) $K_c = \dfrac{[Ag(NH_3)_2^+][Cl^-]}{[NH_3]^2}$

(d) $K_c = [Ba^{2+}][F^-]^2$

추가문제 3 반응 $A(g) + B(g) \rightleftharpoons C(s)$를 고려하시오. 다음 그림 중 평형에 도달한 계를 표현하는 것을 모두 고르시오. $A = $⬤, $B = $⬤, $C = $●

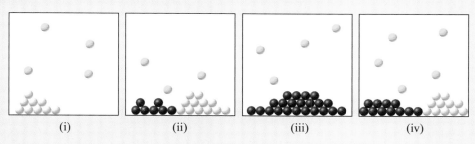

(i)　　　(ii)　　　(iii)　　　(iv)

평형식 조작

엔탈피를 학습할 때, 열화학 문제[◀◀ 5.3절]를 풀기 위해 화학 반응식을 조작하는 것이 가능하다는 것을 배웠다. 열화학식 변형을 시킬 때 반응에 관련된 ΔH를 변화시켰다. 예를 들면, 반응을 반대로 진행시키면 ΔH의 부호가 변경되었다. 평형 반응이 표현되는 방법에 대한 변화가 있을 때는 평형식과 평형 상수에 대한 타당한 변화가 있어야 된다. 일산화 질소와 산소의 반응으로 이산화 질소가 생성되는 반응을 보자.

$$2NO(g) + O_2(g) \rightleftharpoons 2NO_2(g)$$

평형식은

$$K_c = \frac{[NO_2]^2}{[NO]^2[O_2]}$$

이고, 평형 상수는 500 K에서 6.9×10^5이다. 이 반응식을 반대로 하면 NO_2가 NO와 O_2로 분해되는 것에 대한 반응은 $2NO_2(g) \rightleftharpoons 2NO(g) + O_2(g)$이고, 새로운 평형식은 원래 평형식의 역의 표현이 된다.

$$K_c' = \frac{[NO]^2[O_2]}{[NO_2]^2}$$

평형식이 원래 식의 역이라면 평형 상수 역시 역수가 된다. 그러므로 500 K에서 새로운 평형에 대한 평형 상수는 $1/(6.9 \times 10^5)$ 혹은 1.5×10^{-6}이다.

또, 원래 반응을 반대로 하는 대신에 2에 의해 배수가 되면 $4NO(g) + 2O_2(g) \rightleftharpoons 4NO_2(g)$이고, 새로운 평형식은

$$K_c'' = \frac{[NO_2]^4}{[NO]^4[O_2]^2}$$

이며 원래 평형식을 제곱한 것과 같다. 새로운 평형식이 원래 평형식의 제곱이기 때문에 새로운 평형 상수는 원래 상수의 제곱이 된다. $K_c = (6.9 \times 10^5)^2$ 혹은 4.8×10^{11}

원래 반응의 역반응 $2NO_2(g) \rightleftharpoons 2NO(g) + O_2(g)$ ($K_c = 1.6 \times 10^{-6}$, 500 K일 때)를 반응

$$2H_2(g) + O_2(g) \rightleftharpoons 2H_2O(g)$$

($K_c = 2.4 \times 10^{47}$, 500 K일 때)에 첨가하면 반응

$$2NO_2(g) + 2H_2(g) + O_2(g) \rightleftharpoons 2NO(g) + O_2(g) + 2H_2O(g)$$

와 같고 평형 상수는 다음과 같다.

$$K_c = \frac{[NO]^2[O_2][H_2O]^2}{[NO_2]^2[H_2]^2[O_2]}$$

두 평형 반응을 더하였기 때문에 평형식은 두 평형식의 곱으로 나타나며 같은 항을 제거하지 않고 보는 것이 더 쉽다.

$$\frac{[NO]^2[O_2][H_2O]^2}{[NO_2]^2[H_2]^2[O_2]} = \frac{[NO]^2[\cancel{O_2}]}{[NO_2]^2} \times \frac{[H_2O]^2}{[H_2]^2[\cancel{O_2}]}$$

반응식의 왼쪽과 오른쪽, 평형식의 위와 아래에서 동일한 항을 제거하면 다음과 같다.

$$2NO_2(g) + 2H_2(g) \rightleftharpoons 2NO(g) + 2H_2O(g) \quad \text{그리고} \quad K_c = \frac{[NO]^2[H_2O]^2}{[NO_2]^2[H_2]^2}$$

그리고 새로운 평형식은 각반응의 평형식의 곱이기 때문에 새로운 평형 상수는 두 반응에 대한 평형 상수의 곱이다. 그러므로 반응은 다음과 같다.

$$2NO_2(g) + 2H_2(g) \rightleftharpoons 2NO(g) + 2H_2O(g)$$

$$[500 \text{ K에서 } K_c = (1.6 \times 10^{-6})(2.4 \times 10^{47}) = 3.8 \times 10^{41}]$$

가상적 평형을 이용하여 화학 평형을 다양하게 조작하는 방법을 표 14.2에 정리하고, 이에 따른 평형식과 평형 상수 변화를 정리하였다.

예제 14.4는 평형식을 처리하는 방법과 이에 따른 평형 상수 변화를 보여준다.

표 14.2	평형 상수식의 조작*

$$A(g) + B(g) \rightleftharpoons 2C(g) \qquad K_{c_1} = 4.39 \times 10^{-3}$$
$$2C(g) \rightleftharpoons D(g) + E(g) \qquad K_{c_2} = 1.15 \times 10^4$$

식	평형식	K_c와 관련 식	평형 상수
$2C(g) \rightleftharpoons A(g) + B(g)$ 원래 식의 역반응	$K_{c_1}' = \dfrac{[A][B]}{[C]^2}$	$\dfrac{1}{K_{c_1}}$	2.28×10^2 새로운 상수는 원래 상수 값의 역수
$2A(g) + 2B(g) \rightleftharpoons 4C(g)$ 반응식이 배수로 곱해진다.	$K_{c_1}'' = \dfrac{[C]^4}{[A]^2[B]^2}$	$(K_{c_1})^2$	1.93×10^{-5} 새로운 평형 상수는 원래 상수의 제곱 값이다.
$\frac{1}{2}A(g) + \frac{1}{2}B(g) \rightleftharpoons C(g)$ 반응식이 2로 나눠진다.	$K_{c_1}''' = \dfrac{[C]}{[A]^{1/2}[B]^{1/2}}$	$\sqrt{K_{c_1}}$	6.63×10^{-2} 새로운 평형 상수는 원래 상수의 제곱근 값이다.
$A(g) + B(g) \rightleftharpoons D(g) + E(g)$ 두 반응식을 더한다.	$K_{c_3} = \dfrac{[D][E]}{[A][B]}$	$K_{c_1} \times K_{c_2}$	50.5 새로운 평형 상수는 원래 두 상수의 곱이다.

*온도는 모든 반응에서 동일하다.

예제 14.4

다음 반응들의 100℃에서의 평형 상수를 표시하였다.

(1) $2NOBr(g) \rightleftharpoons 2NO(g) + Br_2(g) \qquad K_c = 0.014$
(2) $Br_2(g) + Cl_2(g) \rightleftharpoons 2BrCl(g) \qquad K_c = 7.2$

다음 반응들이 100℃에서 갖는 평형 상수를 계산하시오.

(a) $2NO(g) + Br_2(g) \rightleftharpoons 2NOBr(g)$ 　　　　　(b) $4NOBr(g) \rightleftharpoons 4NO(g) + 2Br_2(g)$

(c) $NOBr(g) \rightleftharpoons NO(g) + \frac{1}{2}Br_2(g)$ 　　　　(d) $2NOBr(g) + Cl_2(g) \rightleftharpoons 2NO(g) + 2BrCl(g)$

(e) $NO(g) + BrCl(g) \rightleftharpoons NOBr(g) + \frac{1}{2}Cl_2(g)$

전략 먼저 각 반응들의 평형식을 적는다. 각 반응의 평형식이 원래 반응식의 평형식과 어떤 관계가 있는지 밝히고, 평형 상수에 대한 변화를 시킨다.

계획 반응에 대한 평형식은 다음과 같다.

$$K_c = \frac{[NO]^2[Br_2]}{[NOBr]^2} \text{ 그리고 } K_c = \frac{[BrCl]^2}{[Br_2][Cl_2]}$$

(a) 이것은 원래 반응식 (1)의 역이다.

$$2NO(g) + Br_2(g) \rightleftharpoons 2NOBr(g) \qquad K_c = \frac{[NOBr]^2}{[NO]^2[Br_2]}$$

(b) 원래 반응식 (1)에 2를 곱한 것이다. 평형식은 원래 식의 제곱이다.

$$4NOBr(g) \rightleftharpoons 4NO(g) + 2Br_2(g) \qquad K_c = \left(\frac{[NO]^2[Br_2]}{[NOBr]^2}\right)^2$$

(c) 원래 반응식 (1)에 $\frac{1}{2}$을 곱한 것이다. 평형식은 원래 식의 제곱근이다.

$$NOBr(g) \rightleftharpoons NO(g) + \frac{1}{2}Br_2(g) \qquad K_c = \sqrt{\frac{[NO]^2[Br_2]}{[NOBr]^2}} \text{ 또는 } K_c = \left(\frac{[NO]^2[Br_2]}{[NOBr]^2}\right)^{1/2}$$

(d) 원래 반응식 (1)과 (2)를 합한 것이다.

$$2NOBr(g) + Cl_2(g) \rightleftharpoons 2NO(g) + 2BrCl(g) \qquad K_c = \frac{[NO]^2[BrCl]^2}{[NOBr]^2[Cl_2]}$$

(e) 이 반응은 $\frac{1}{2}$이 곱해진 (d)의 역반응이다. 평형식은 (d)에서의 평형식을 역으로 하고, 이를 제곱근한 것이다.

$$NO(g) + BrCl(g) \rightleftharpoons NOBr(g) + \frac{1}{2}Cl_2(g) \qquad K_c = \sqrt{\frac{[NOBr]^2[Cl_2]}{[NO]^2[BrCl]^2}} \text{ 또는 } K_c = \left(\frac{[NOBr]^2[Cl_2]}{[NO]^2[BrCl]^2}\right)^{1/2}$$

각 평형 상수는 각 반응의 평형식이 원래 반응에 대한 평형식과 갖는 관계와 동일한 관계를 가진다.

풀이 (a) $K_c = 1/0.014 = 71$ (b) $K_c = (0.014)^2 = 2.0 \times 10^{-4}$ (c) $K_c = (0.014)^{1/2} = 0.12$
(d) $K_c = (0.014)(7.2) = 0.10$ (e) $K_c = (1/0.10)^{1/2} = 3.2$

생각해 보기

평형 상수의 크기는 반응물이나 혹은 생성물이 우세한지를 보여준다. 그래서 정반응과 역반응의 K_c가 역수의 관계가 있다는 사실을 이해해야 한다. 매우 큰 K_c 값은 생성물이 우세하다는 것을 의미한다. 수소 이온과 수산화 이온이 반응하여 물을 형성하는 반응에서 K_c 값은 매우 크고, 이것은 생성물인 물이 우세하다는 것을 의미한다.

$$\text{H}^+(aq) + \text{OH}^-(aq) \rightleftharpoons \text{H}_2\text{O}(l) \qquad K_c = 1.0 \times 10^{14} (25°\text{C일 때})$$

단순히 반응식을 거꾸로 쓰는 것은 물이 지배적 화학종이라는 사실을 변화시키지는 않는다. 그러므로 반대로 된 반응에서 우세한 화학종은 왼쪽에 위치한다.

$$\text{H}_2\text{O}(l) \rightleftharpoons \text{H}^+(aq) + \text{OH}^-(aq) \qquad K_c = 1.0 \times 10^{-14} (25°\text{C일 때})$$

결과적으로, 이 K_c의 크기는 반응물이 우세하다는 것에 해당된다. 즉 매우 작아야 한다.

추가문제 1 다음 반응들은 특정 온도에서 평형 상수를 갖는다.

$$\text{N}_2(g) + \text{O}_2(g) \rightleftharpoons 2\text{NO}(g) \qquad K_c = 4.3 \times 10^{-25}$$
$$2\text{NO}(g) + \text{O}_2(g) \rightleftharpoons 2\text{NO}_2(g) \qquad K_c = 6.4 \times 10^9$$

같은 온도에서 다음 반응의 평형 상수 값을 구하시오.

(a) $2\text{NO}(g) \rightleftharpoons \text{N}_2(g) + \text{O}_2(g)$ (b) $\frac{1}{2}\text{N}_2(g) + \frac{1}{2}\text{O}_2(g) \rightleftharpoons \text{NO}(g)$ (c) $\text{N}_2(g) + 2\text{O}_2(g) \rightleftharpoons 2\text{NO}_2(g)$

추가문제 2 반응식 $\text{A}(g) + \text{B}(g) \rightleftharpoons \text{C}(g) + \text{D}(g)$는 25°C에서 $K_c = 8$인 반응이다. 25°C에서 다음의 각 K_c와 관련된 반응식을 적으시오.

(a) 64 (b) 0.125 (c) 2 (d) 0.3536

추가문제 3 반응식 $\text{A}(g) + \text{B}(g) \rightleftharpoons \text{C}(g)$의 K_c는 100이다. 반응식이 2배가 된다면 $2\text{A}(g) + 2\text{B}(g) \rightleftharpoons 2\text{C}(g)$이고 K_c는 10,000이 된다. 더 큰 평형 상수는 같은 출발 농도 조건에서 더 많은 생성물 [$\text{C}(g)$]가 형성되는 것을 설명하시오.

기체만을 포함하는 평형식

평형식이 기체만을 포함할 때 기체의 농도를 부분압(atm)으로 표시하는 평형식의 다른 형태를 적을 수 있다. 그리하여 평형 $\text{N}_2\text{O}_4(g) \rightleftharpoons 2\text{NO}_2(g)$에서 평형식은 다음 두 가지로 표현할 수 있다.

$$K_c = \frac{[\text{NO}_2]^2}{[\text{N}_2\text{O}_4]} \quad \text{혹은} \quad K_P = \frac{(P_{\text{NO}_2})^2}{P_{\text{N}_2\text{O}_4}}$$

K_P에서 아래 첨자 "P"는 **압력**을 나타내고, P_{NO_2}와 $P_{\text{N}_2\text{O}_4}$는 각각 NO_2와 N_2O_4의 평형 부분 압력이다. 일반적으로 K_c와 K_P는 동일하지 않은데, 이는 기압으로 표시된 반응물과 생성물의 부분압이 mol/L로 표시된 농도와 동일하지 않기 때문이다. 그러나 K_P와 K_c 사이의 간단한 관계를 다음 평형을 사용하여 유도할 수 있다.

$$a\text{A}(g) \rightleftharpoons b\text{B}(g)$$

a, b는 화학량론적 계수이다. 평형 상수 K_c와 K_P 표현은 다음과 같다.

$$K_c = \frac{[\text{B}]^b}{[\text{A}]^a} \quad \text{혹은} \quad K_P = \frac{(P_\text{B})^b}{(P_\text{A})^a}$$

P_A와 P_B는 A와 B의 부분압이다. 이상 기체의 거동을 가정하여

$$P_A V = n_A RT$$

$$P_A = \frac{n_A RT}{V} = \left(\frac{n_A}{V}\right) RT$$

그리고

$$P_A = [A] RT$$

이다. $[A]$는 A의 몰농도이다. 같은 방식으로

$$P_B V = n_B RT$$

$$P_B = \frac{n_B RT}{V} = \left(\frac{n_B}{V}\right) RT$$

$$P_B = [B] RT$$

P_A와 P_B 식을 K_P 식에 대입하면 다음과 같다.

$$K_P = \frac{(P_B)^b}{(P_A)^a} = \frac{[B]^b}{[A]^a}(RT)^{b-a}$$

$$K_P = K_c (RT)^{\Delta n}$$

여기서, $\Delta n = b - a$이다.

$$\Delta n = \text{기체 생성물의 mol} - \text{기체 반응물의 mol} \qquad \text{[◀◀식 14.3]}$$

압력은 보통 기압으로 표시되기 때문에 기체 상수 R은 $0.08206 \, \text{L} \cdot \text{atm/K} \cdot \text{mol}$이고, K_P와 K_c의 관계는 다음과 같다.

$$K_P = K_c [(0.08206 \, \text{L} \cdot \text{atm/K} \cdot \text{mol}) \times T]^{\Delta n} \qquad \text{[◀◀식 14.4]}$$

$\Delta n = 0$일 때, K_P는 K_c와 동일하고, 다음 평형 반응에서 볼 수 있다.

$$H_2(g) + Br_2(g) \rightleftharpoons 2HBr(g)$$

이 경우, 식 14.4는 다음과 같이 쓸 수 있다.

$$K_P = K_c [(0.08206 \, \text{L} \cdot \text{atm/K} \cdot \text{mol}) \times T]^0 = K_c$$

K_P 식은 평형 반응에서 모든 화학종이 기체인 반응에서만 적을 수 있음을 명심하자.(순수 고체와 순수한 액체는 평형식에 나타나지 않음을 기억하자.)

예제 14.5와 14.6은 K_P를 적는 연습과 K_c와 K_P 사이의 상호 변환에 관한 연습을 하게 한다.

예제 14.5

K_P 식을 적으시오.

(a) $PCl_3(g) + Cl_2(g) \rightleftharpoons PCl_5(g)$ (b) $O_2(g) + 2H_2(g) \rightleftharpoons 2H_2O(l)$ (c) $F_2(g) + H_2(g) \rightleftharpoons 2HF(g)$

전략 각 반응식에 대한 평형식을 부분압으로 표시된 기체의 농도를 사용하여 적는다.

계획 (a) 이 반응식에 있는 모든 화학종은 기체이고, 이들은 K_P 식에 모두 나타난다.
(b) 오직 반응물만이 기체이다.
(c) 모든 화학종이 기체이다.

풀이 (a) $K_P = \dfrac{(P_{PCl_5})}{(P_{PCl_3})(P_{Cl_2})}$ (b) $K_P = \dfrac{1}{(P_{O_2})(P_{H_2})^2}$ (c) $K_P = \dfrac{(P_{HF})^2}{(P_{F_2})(P_{H_2})}$

> **생각해 보기**
>
> 반응식에 있는 모든 화학종이 기체일 필요는 없다. 평형식에 나타나는 화학종들만 기체이다.

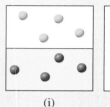 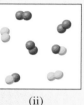

(i)　　　　(ii)

추가문제 1 다음 반응에 대한 K_P 식을 쓰시오.

(a) $2CO(g) + O_2(g) \rightleftharpoons 2CO_2(g)$

(b) $CaCO_3(s) \rightleftharpoons CaO(s) + CO_2(g)$

(c) $N_2(g) + 3H_2(g) \rightleftharpoons 2NH_3(g)$

추가문제 2 다음 K_P에 해당되는 기체 평형식을 쓰시오.

(a) $K_P = \dfrac{(P_{NO_2})^2}{(P_{NO_2})^2(P_{O_2})}$ (b) $K_P = \dfrac{(P_{CO_2})(P_{H_2})^4}{(P_{CH_4})(P_{H_2O})^2}$ (c) $K_P = \dfrac{(P_{HI})^2}{(P_{I_2})(P_{H_2})}$

추가문제 3 오른쪽 그림은 평형에 도달한 고립계를 나타내며, 빨간색과 노란색 구는 반응물 혹은 생성물을 나타낸다. K_c와 K_P 식을 쓸 수 있는 각각의 계를 모두 고르시오.

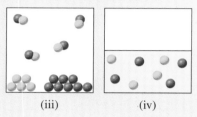

(iii)　　　　(iv)

예제 14.6

반응 $N_2O_4(g) \rightleftharpoons 2NO_2(g)$의 평형 상수, K_c는 4.63×10^{-3}(25°C일 때)이다. 이 온도에서 K_P 값을 구하시오.

전략 식 14.4를 사용하여 K_c를 K_P로 변환한다. 섭씨온도를 켈빈 온도로 확실히 변환한다.

계획 식 14.3을 사용하여 $\Delta n = 2(NO_2) - 1(N_2O_4) = 1$이고 $T = 298$ K이다.

풀이 $K_P = \left[K_c \left(\dfrac{0.08206\,\text{L}\cdot\text{atm}}{\text{K}\cdot\text{mol}} \right) \times T \right] = (4.63 \times 10^{-3})(0.08206 \times 298) = 0.113$

> **생각해 보기**
>
> R과 T의 단위를 무시했기 때문에 평형 상수 K_P도 단위가 없다. 흔히 평형 상수는 무차원(무단위)의 양으로 다뤄진다.

추가문제 1 반응 $N_2(g) + 3H_2(g) \rightleftharpoons 2NH_3(g)$의 K_c는 0.31(425°C일 때)이다. 이 온도에서 K_P를 계산하시오.

추가문제 2 추가문제 1의 반응이 472°C에서 $K_P = 2.79 \times 10^{-5}$이다. 이 온도에서 K_c를 구하시오.

추가문제 3 상온 반응 $2A(l) \rightleftharpoons 2B(g)$를 보자. K_c와 K_P가 동일한 값을 갖는가? 이 답이 어떤 조건에서 다를 수 있는가?

14.4 문제 풀이를 위한 평형식 사용

평형 농도를 사용하여 평형 상수 값을 결정하기 위해 평형식을 사용하였다. 이 절에서는 반응의 방향을 예측하고 평형 농도를 계산하기 위하여 평형식을 어떻게 사용하는지에 대해 배울 것이다.

반응의 방향 예측

반응물만 가지고 시작된 실험에서는 반응물의 농도는 줄어들고 생성물의 농도는 늘어난다는 것을 알고 있다. 즉, 반응은 평형을 향해 **정**방향(forward direction)으로 진행된다. 같은 방법으로 생성물만 가지고 시작된 실험에서는 생성물의 농도는 줄어들고 반응물의 농도는 증가한다. 이 경우 반응은 **역**방향(reverse direction)으로 진행해서 평형을 이룬다. 그러나 가끔 반응이 반응물과 생성물의 혼합된 상태로 시작할 때 반응의 진행 방향을 예측해야 한다. 이러한 상황에서는 반응 지수, Q_c 값을 계산하고 평형 상수 K_c 값과 비교한다.

수소 분자와 아이오딘 분자로부터 아이오딘화 수소가 생성되는 기체 반응의 평형 상수 K_c는 54.3(430℃일 때)이다.

$$H_2(g) + I_2(g) \rightleftharpoons 2HI(g)$$

1.00 L의 용기(430℃일 때)에 $H_2(0.243\,mol)$, $I_2(0.146\,mol)$, $HI(1.98\,mol)$가 혼합되어 있는 상태에서 반응을 시작한다면 더 많은 HI가 생성될까? 혹은 HI가 소비되고 H_2와 I_2가 더 생길 것인가? 출발 농도를 사용하여 다음과 같이 반응 지수를 계산할 수 있다.

$$Q_c = \frac{[HI]_i^2}{[H_2]_i[I_2]_i} = \frac{(1.98)^2}{(0.243)(0.146)} = 111$$

여기서 아래 첨자 "i"는 초기(initial) 농도를 나타낸다. 반응 지수가 K_c와 동일하지 않기 때문에 ($Q_c=111$, $K_c=54.3$) 반응은 평형 상태에 있지 않다. 평형을 형성하기 위해서 반응은 HI를 소모하고 H_2와 I_2를 생성시키는 왼쪽으로 진행할 것이다. 분자 값은 작아지고 분모 값은 커져 반응 지수 값이 평형 상수 값과 같아질 것이다. 그래서 반응은 평형에 도달하기 위해 역방향(오른쪽에서 왼쪽)으로 진행한다.

Q와 K를 비교할 때 세 가지의 가능성이 있다.

$Q<K$ 반응물에 대한 생성물의 초기 농도 비는 매우 작다. 평형에 도달하기 위해 반응물은 생성물로 전환되어야 한다. 이 계는 정방향으로(왼쪽에서 오른쪽) 진행한다.

$Q=K$ 초기 농도는 평형 농도이다. 계는 이미 평형 상태에 있고 어느 방향이든지 알짜 반응은 없다.

$Q>K$ 반응물에 대한 생성물의 초기 농도 비는 매우 크다. 평형에 도달하기 위해 생성물은 반응물로 전환되어야 한다. 이 계는 역방향으로(오른쪽에서 왼쪽) 진행한다.

Q와 K의 비교는 Q_c와 K_c 혹은 Q_P와 K_P의 비교를 의미한다.

예제 14.7은 평형에 있지 않은 반응의 방향을 결정하기 위해 Q 값을 사용하는 방법을 보여준다.

학생 노트
Q_c는 반응물과 생성물의 초기 농도(concentration)를 사용하여 계산한다. 유사하게 Q_P는 반응물과 생성물의 초기 부분압(pressure)을 사용하여 계산할 수 있다.

학생 노트
Q_c를 계산하는 것은 K_c를 계산하는 것과 거의 같다. 반응물에 대한 생성물 그리고 적당한 지수값을 사용하지만 Q_c의 경우 출발 농도를 사용하는 것이 다르다. K_c를 계산하기 위해서는 평형(equilibrium) 농도를 사용해야 한다.

예제 14.7

375℃에서 진행되는 반응 $N_2(g) + 3H_2(g) \rightleftharpoons 2NH_3(g)$의 평형 상수는 1.2이다. 반응의 시작에서 N_2, H_2, NH_3는 각각 0.071 M, $9.2 \times 10^{-3}\,M$, $1.83 \times 10^{-4}\,M$의 농도를 갖는다. 이 반응이 평형 상태에 있는지, 만약 그렇지 않다면 평형을 위해 어느 방향으로 진행되어야 하는지를 결정하시오.

전략 Q_c를 계산하기 위해 초기 농도를 사용하고 그 다음 Q_c를 K_c와 비교한다.

계획

$$Q_c = \frac{[NH_3]_i^2}{[N_2]_i[H_2]_i^3} = \frac{(1.83 \times 10^{-4})^2}{(0.071)(9.2 \times 10^{-3})^3} = 0.61$$

풀이 계산된 Q_c 값은 K_c보다 작다. 따라서 반응은 평형에 있지 않고 평형에 도달하기 위해 오른쪽으로 진행해야 한다.

> ## 생각해 보기
>
> 오른쪽으로 진행하는 경우 반응은 반응물을 소모하고 더 많은 생성물을 생산한다. 이것은 반응 지수의 분자를 증가시키고 분모를 감소시킨다. 결과적으로 Q_c의 증가는 K_c와 같을 때까지 진행되고 평형이 완성된다.

추가문제 1 산화 질소와 염소로부터 염화 나이트로실 생성 반응 $2NO(g) + Cl_2(g) \rightleftharpoons 2NOCl(g)$의 평형 상수, K_c는 6.5×10^4 (35℃)이다. NO, Cl$_2$, NOCl의 출발 농도가 각각 $1.1 \times 10^{-3}\,M$, $3.5 \times 10^{-4}\,M$, $1.9\,M$일 때, 평형에 도달하기 위한 반응의 방향을 결정하시오.

추가문제 2 산화 질소와 염소로부터 염화 나이트로실 생성 반응이 35℃에서 진행될 때 K_P를 구하시오. 출발 압력이 $P_{NO} = 1.01$ atm, $P_{Cl_2} = 0.42$ atm, $P_{NOCl} = 1.76$ atm일 때, 평형에 도달하기 위한 반응의 방향을 결정하시오.

추가문제 3 반응 $2A \rightleftharpoons B$를 고려하시오. 다음의 가장 왼쪽 그림의 계는 평형에 있다. 다음 각 그림[(i)~(iv)]에서 반응이 평형에 도달하기 위해 오른쪽으로 움직일지, 왼쪽으로 움직일지, 혹은 어느 쪽으로도 움직이지 않을 것인지를 나타내시오.

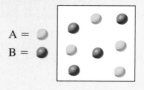

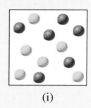
(i)

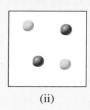
(ii)

(iii)

(iv)

평형 농도 계산

반응의 평형 상수를 알면 초기 반응물 농도로부터 평형 혼합물의 농도를 계산할 수 있다. 두 유기 화합물 시스−와 트랜스−스틸벤을 포함하는 계를 고려하자.

시스−스틸벤   트랜스−스틸벤

이 반응의 평형 상수(K_c)는 200℃에서 24.0이다. 시스−스틸벤의 출발 농도가 $0.850\,M$이면 두 화학종의 평형에서 농도를 결정하기 위해 평형식을 사용할 수 있다. 반응의 화학량론으로부터 1 mol의 시스−스틸벤의 변화로 1 mol의 트랜스−스틸벤이 생성된다는 것을 알 수 있다. 트랜스−스틸벤의 평형 농도를 mol/L 단위를 갖는 x라 두면, 시스−스틸벤의 평형 농도는 $(0.850 - x)$ mol/L가 된다. 평형표에 이 농도 변화를 정리하면 유용하다.

	시스–스틸벤 $\rightleftharpoons$ 트랜스–스틸벤	
초기 농도(M):	0.850	0
농도 변화(M):	$-x$	$+x$
평형 농도(M):	$0.850-x$	x

평형식에 x로 표기된 평형 농도를 사용한다.

$$K_c = \frac{[트랜스–스틸벤]}{[시스–스틸벤]}$$

$$24.0 = \frac{x}{0.850-x}$$

$$x = 0.816\ M$$

x를 얻으므로 시스–스틸벤과 트랜스–스틸벤의 평형 농도를 다음과 같이 계산할 수 있다.

$$[시스–스틸벤] = (0.850-x)\ M = 0.034\ M$$

$$[트랜스–스틸벤] = x\ M = 0.816\ M$$

이와 같은 문제에 대한 답을 검정하는 좋은 방법은 계산된 평형 농도를 평형식에 사용하는 것이고, 올바른 K_c 값을 얻었는지 확신할 수 있다.

$$K_c = \frac{0.816}{0.034} = 24$$

그림 14.6(610~611쪽)은 "ICE" 테이블로 알려진 평형표를 만드는 방법과 사용하는 법을 자세히 보여준다. 예제 14.8부터 14.10을 통해서 ICE테이블을 만들고 사용하는 연습을 한다.

예제 14.8

수소와 아이오딘이 반응하여 아이오딘화 수소가 생성되는 반응 $H_2(g) + I_2(g) \rightleftharpoons 2HI(g)$의 K_c는 430℃에서 54.3이다. H_2와 I_2가 모두 0.240 M로 반응을 시작한다면 평형에서 농도는 얼마인가?

전략 미지수(x)로 각 화학종의 평형 농도를 결정하기 위해 평형표를 만든다. x를 구한 다음 평형 몰농도를 계산하기 위해 x를 사용한다.

계획 알고 있는 출발 농도를 평형표에 넣으시오.

	$H_2(g)$	$+$	$I_2(g)$	$\rightleftharpoons$	$2HI(g)$
초기 농도(M):	0.240		0.240		0
농도 변화(M):					
평형 농도(M):					

풀이 반응물 중 하나의 농도 변화를 x로 정의한다. 반응 출발에는 생성물이 없기 때문에 반응물 농도는 감소해야 한다. 즉, 이 반응은 평형에 도달하기 위해 정반응으로 진행한다. 화학 반응의 화학량론에 따라 반응물 농도는 둘 모두 같은 양(x)만큼 감소하고 생성물 농도는 두 배 양($2x$)만큼 증가한다. 각 화학종의 초기 농도와 농도 변화를 합쳐 평형 농도를 x로 표현할 수 있다.

	$H_2(g)$	$+$	$I_2(g)$	$\rightleftharpoons$	$2HI(g)$
초기 농도(M):	0.240		0.240		0
농도 변화(M):	$-x$		$-x$		$+2x$
평형 농도(M):	$0.240-x$		$0.240-x$		$2x$

평형식에 평형 농도를 위한 이들 표현 값을 대입하고 x에 대해 풀 수 있다.

$$K_c = \frac{[HI]^2}{[H_2][I_2]^3}$$

$$54.3 = \frac{(2x)^2}{(0.240-x)(0.240-x)} = \frac{(2x)^2}{(0.240-x)^2}$$

$$\sqrt{54.3} = \frac{2x}{0.240-x}$$

$$x = 0.189$$

계산된 x 값을 사용하여 다음과 같이 각 화학종의 평형 농도를 계산할 수 있다.

$$[H_2] = (0.240-x)\ M = 0.051\ M$$

$$[I_2] = (0.240-x)\ M = 0.051\ M$$

$$[HI] = 2x = 0.378\ M$$

생각해 보기

항상 계산된 농도를 평형식에 대입하여 답을 확인하자.

$$\frac{[HI]^2}{[H_2][I_2]} = \frac{(0.378)^2}{(0.051)^2} = 54.9 \approx K_c$$

계산된 K_c와 문제 해설에서 언급된 것 사이에 약간의 차이는 반올림 때문이다.

추가문제 1 반응 초기의 농도가 $[H_2] = [I_2] = 0\ M$, $[HI] = 0.525\ M$일 때 430°C에서 H_2, I_2, HI의 평형 농도를 계산하시오.

추가문제 2 H_2, I_2의 초기 농도가 모두 $0.10\ M$이고 430°C에서 평형 농도가 모두 $0.043\ M$일 때, HI의 초기 농도를 결정하시오.

추가문제 3 반응 $A(g) + B(g) \rightleftharpoons C(g)$을 보자. 위쪽의 그림은 계의 출발 조건을 나타낸다. K_c 값을 모르는 상태에서 다음 그림 [(i)~(iv)] 중에서 평형에 있는 계를 나타내는 것은 어느 것인지 모두 찾아보시오.

A =
B =
C =

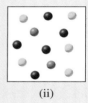
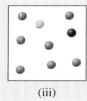

(i)   (ii)   (iii)   (iv)

예제 14.9

예제 14.8과 같은 반응과 온도에 대해 출발 물질의 농도가 $[H_2] = 0.00623\ M$, $[I_2] = 0.00414\ M$, $[HI] = 0.0424\ M$이라 할 때, 세 가지 화학종의 평형 농도를 계산하시오.

전략 초기 농도를 사용하여 반응 지수 Q_c를 계산하고, K_c(예제 14.8의 해설에서 제시) 값과 비교하여 평형을 위해 반응이 어느 방향으로 진행될지 결정한다. 평형 농도를 결정하기 위해 평형표를 만든다.

계획
$$\frac{[HI]^2}{[H_2][I_2]} = \frac{(0.0424)^2}{(0.00623)(0.00414)} = 69.7$$

그러므로 $Q_c > K$이고, 계는 평형에 도달하기 위해 왼쪽(역방향)으로 진행한다. 평형표는 다음과 같다.

	$H_2(g)$	$+$	$I_2(g)$	$\rightleftharpoons$	$2HI(g)$
초기 농도(M):	0.00623		0.00414		0.0424
농도 변화(M):					
평형 농도(M):					

풀이 반응이 오른쪽에서 왼쪽으로 진행되어야 한다는 것을 알기에 HI의 농도는 감소하고 H_2와 I_2의 농도는 증가할 것이다. 그러므로 표는 다음과 같이 채워진다.

	$H_2(g)$	$+$	$I_2(g)$	$\rightleftharpoons$	$2HI(g)$
초기 농도(M):	0.00623		0.00414		0.0424
농도 변화(M):	$+x$		$+x$		$-2x$
평형 농도(M):	$0.00623+x$		$0.00414+x$		$0.0424-2x$

다음으로 이 평형 농도를 평형식에 대입하고 x에 대해 풀면 다음과 같다.

$$K_c = \frac{[\text{HI}]^2}{[\text{H}_2][\text{I}_2]}$$

$$54.3 = \frac{(0.0424-2x)^2}{(0.00623+x)(0.00414+x)}$$

H_2와 I_2의 농도가 같지 않기 때문에 예제 14.8(양변에 제곱근을 도입하여 풀이)에서 했던 방법대로 이 식을 푸는 것은 불가능하다. 대신에, 이 식을 전개하면

$$54.3(2.58\times10^{-5}+1.04\times10^{-2}x+x^2)=1.80\times10^{-3}-1.70\times10^{-1}x+4x^2$$

같은 항을 모아서 정리하면 다음과 같다.

$$50.3x^2+0.735x-4.00\times10^{-4}=0$$

이것은 이차방정식의 형태 $ax^2+bx+c=0$이다. 이차방정식 해(부록 1 참조)는

$$x=\frac{-b\pm\sqrt{b^2-4ac}}{2a}$$

이때, $a=50.3$, $b=0.735$, $c=-4.00\times10^{-4}$을 대입하면 다음과 같다.

$$x=\frac{-0.735\pm\sqrt{(0.735)^2-4(50.3)(-4.00\times10^{-4})}}{2(50.3)}$$

$$x=5.25\times10^{-4} \text{ 또는 } x=-0.0151$$

농도는 음수가 될 수 없기 때문에 이들 값 중에서 5.25×10^{-4}이 타당하다. 계산된 x 값을 사용하여 다음과 같이 각 화학종의 평형 농도를 다음과 같이 결정할 수 있다.

$$[\text{H}_2]=(0.00623+x)\,M=0.00676\,M$$
$$[\text{I}_2]=(0.00414+x)\,M=0.00467\,M$$
$$[\text{HI}]=(0.0424-2x)\,M=0.0414\,M$$

생각해 보기

이 결과의 검정은 다음과 같다.

$$K_c=\frac{[\text{HI}]^2}{[\text{H}_2][\text{I}_2]}=\frac{(0.0414)^2}{(0.00676)(0.00467)}=54.3$$

추가문제 1 반응 초기의 농도가 $[\text{H}_2]=[\text{I}_2]=0.378\,M$, $[\text{HI}]=0\,M$일 때 430°C에서 H_2, I_2, HI의 평형 농도를 계산하시오.

추가문제 2 1280°C에서 반응 $Br_2(g) \rightleftharpoons 2Br(g)$의 평형 상수 K_c는 1.1×10^{-3}이다. 초기 농도가 $[\text{Br}_2]=6.3\times10^{-2}\,M$이고 $[\text{Br}]=1.2\times10^{-2}\,M$일 때, 평형에서 이 두 화학종의 농도를 계산하시오.

추가문제 3 수소와 아이오딘 기체가 반응하여 아이오딘화 수소가 형성되는 반응에서 다음 중 어느 그림이 평형에 도달하는 출발 조건을 나타내는지 찾으시오.

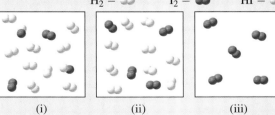

(i)	(ii)	(iii)	(iv)

그림 14.6
평형 문제를 풀기 위한 ICE테이블 만들기

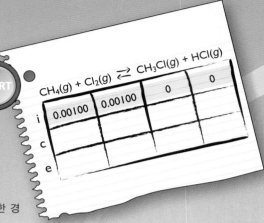

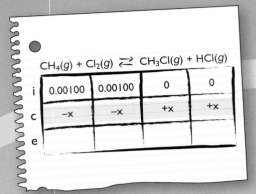

이와 같은 표의 사용을 설명하기 위해 염화메테인 (CH_3Cl)의 형성을 고려하자. 1500°C에서 이 물질의 K_c는 4.5×10^3이다. 이 실험에서 반응물들의 초기 농도는 동일하다.

$$[CH_4] = [Cl_2] = 0.0010\,M$$

반응물만으로 시작하는 가장 간단한 경우로서 초기 생성물의 농도는 0이다. 표의 첫 행에 이들 농도를 채워 넣는다.

이 반응의 화학량론은 각 반응 농도가 동일한 미지량 x만큼 감소하고 각 생성물 농도는 동일한 양 x만큼 증가한다. 이 정보를 중간 열에 채워넣는다.

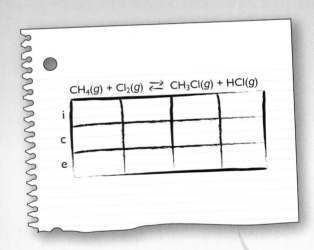

균형 맞춤 화학 반응식으로 시작한다. 반응식 아래에 표를 그리고 각 화학물을 열에 맞춘다. 표는 세 개의 행을 가져야 한다: 초기 농도를 위한 첫 행("i" 표기), 농도 변화를 위한 행("c" 표기), 최종 혹은 평형 농도를 위한 행("e" 표기)

ICE테이블은 평형 상수 값을 계산하기 위해 사용될 수 있다. 다른 온도, 2000°C (2273 K)에서 염화 메테인의 형성을 보자. 이전과 같은 출발 농도를 사용하여 염화 메테인의 평형 농도는 $9.7 \times 10^{-4}\,M$이다. 알고 있는 정보를 채워 넣고 모르는 정보를 위해 화학량론을 사용한다. HCl의 평형 농도는 CH_3Cl의 농도와 동일하게 $9.7 \times 10^{-4}\,M$이다. 또한, 감소된 각 반응물 농도의 양은 역시 $9.7 \times 10^{-4}\,M$이다.

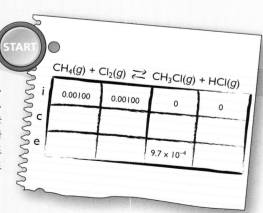

$$CH_4(g) + Cl_2(g) \rightleftarrows CH_3Cl(g) + HCl(g)$$

	CH_4	Cl_2	CH_3Cl	HCl
i	0.00100	0.00100	0	0
c	−x	−x	+x	+x
e	0.00100−x	0.00100−x	x	x

각 열에서 꼭대기와 중간 행을 넣음으로써 바닥 행 (평형 농도)을 넣는다. 이때 평형식을 사용한다.

$$K_c = \frac{[CH_3Cl][HCl]}{[CH_4][Cl_2]}$$

이 경우 완전히 채워진 바닥 행의 평형값과 K_c 값을 사용하여 x를 구할 수 있다.

$$4.50 \times 10^3 = \frac{(x)(x)}{(0.00100-x)(0.00100-x)} = \frac{x^2}{(0.00100-x)^2}$$

이 식의 양변에 제곱근을 취하면

$$\sqrt{4.50 \times 10^3} = \sqrt{\frac{x^2}{(0.00100-x)^2}}$$

$$67.08 = \frac{x}{0.00100-x}$$

그리고 x에 대해 풀면

$$0.06708 - 67.08x = x$$
$$0.06708 = 68.08x$$
$$x = 9.85 \times 10^{-4}$$

평형에서 두 생성물의 농도와 감소된 반응물의 농도값을 표현하기 위해 x를 사용하였다. 따라서 평형 농도는

$$[CH_4] = [Cl_2] = (0.00100 - 9.85 \times 10^{-4})\ M = 1.5 \times 10^{-5}\ M$$

이고

$$[CH_3Cl] = [HCl] = 9.85 \times 10^{-4}\ M$$

이다. 평형 농도를 평형식에 다시 넣어 결과를 검증할 수 있다. 원래의 평형 상수에 매우 가까운 수를 얻는다.

$$K_c = \frac{[CH_3Cl][HCl]}{[CH_4][Cl_2]} = \frac{(9.85 \times 10^{-4})^2}{(1.5 \times 10^{-5})^2} = 4.3 \times 10^3$$

이 경우, 결과와 원래 $K_c(4.5 \times 10^3)$ 사이에 약간의 차이가 발생하는 것은 반올림 때문이다.

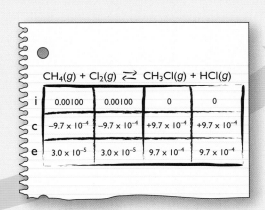

$$CH_4(g) + Cl_2(g) \rightleftarrows CH_3Cl(g) + HCl(g)$$

	CH_4	Cl_2	CH_3Cl	HCl
i	0.00100	0.00100	0	0
c	−9.7 × 10⁻⁴	−9.7 × 10⁻⁴	+9.7 × 10⁻⁴	+9.7 × 10⁻⁴
e	3.0 × 10⁻⁵	3.0 × 10⁻⁵	9.7 × 10⁻⁴	9.7 × 10⁻⁴

HCl의 평형 농도는 CH_3Cl의 값과 같은 $9.7 \times 10^{-4}\ M$이다. 또한 감소된 각 반응물 농도의 값은 역시 $9.7 \times 10^{-4}\ M$이다. 따라서 평형 농도는 $[CH_4] = [Cl_2] = 3.0 \times 10^{-5}\ M$이고 $[CH_3Cl] = [HCl] = 9.7 \times 10^{-4}\ M$이다. 이들 평형 농도를 평형식에 도입하면

$$K_c = \frac{[CH_3Cl][HCl]}{[CH_4][Cl_2]} = \frac{(9.7 \times 10^{-4})^2}{(3.0 \times 10^{-5})^2} = 1.0 \times 10^3$$

따라서 2000°C에서 이 반응의 K_c는 1.0×10^3이다.

요점은 무엇인가?

평형 혹은 ICE테이블은 다양한 평형 문제를 풀기 위해 사용될 수 있다. 미지의 농도를 첨가하는 것으로 시작하고 표를 완성하기 위해 반응의 화학량론을 사용한다. ICE테이블의 바닥 행이 완성되면 평형식을 사용하여 평형 농도를 계산할 수 있고 평형 상수 값을 얻을 수 있다.

$K(K_c$ 혹은 $K_P)$의 크기가 매우 작을 때 평형 문제에 대한 해는 단순화될 수 있다. 이차방정식의 사용이 필요치 않다. 예제 14.10은 이것을 설명한다.

예제 14.10

고온에서 아이오딘 분자는 다음 반응식에 따라 아이오딘 원자로 쪼개진다.

$$I_2(g) \rightleftharpoons 2I(g)$$

반응에 대한 K_c는 205°C에서 3.39×10^{-13}이다. 0.00155 mol의 아이오딘 분자를 1.00 L의 용기에 채워 넣고 이 온도에서 평형에 도달하게 하였을 때, 아이오딘 원자의 농도를 결정하시오.

전략 평형표를 만들고 초기 농도와 K_c를 사용하여 농도 변화와 평형 농도를 구한다.

계획 $I_2(g)$의 초기 농도는 0.00155 M이고 $I(g)$의 초기 농도는 0이다. $K_c = 3.39 \times 10^{-12}$이다.

풀이 반응물 농도는 미지량 x만큼 줄어든다. 반응의 화학량론으로 생성물 농도는 두 배인 $2x$만큼 증가한다.

	$I_2(g)$	$\rightleftharpoons$	$2I(g)$
초기 농도(M):	0.00155		0
농도 변화(M):	$-x$		$+2x$
평형 농도(M):	$0.00155 - x$		$2x$

평형 농도를 반응의 평형식에 대입하면 다음과 같다.

$$3.39 \times 10^{-12} = \frac{[I]^2}{[I_2]} = \frac{(2x)^2}{(0.00155 - x)}$$

예제 14.9에서 했던 것처럼 이차방정식을 이용하여 x에 대해 풀 수 있다. 그러나 K_c가 매우 작기 때문에 이 평형은 왼쪽으로 치우쳐져 있다. 이것은 매우 작은 양의 아이오딘 분자가 분해되어 아이오딘 원자가 생성됨을 의미하고, 반응하는 $I_2(g)$의 양인 x 값은 매우 작을 것이다. 실제 x는 초기 $I_2(g)$ 농도에 비해 무시할 만큼 적을 것이다. 따라서 $0.00155 - x \approx 0.00155$이고, 풀이는 다음처럼 간단해진다.

$$3.39 \times 10^{-12} = \frac{(2x)^2}{0.00155} = \frac{4x^2}{0.00155}$$

$$\frac{3.39 \times 10^{-12}(0.00155)}{4} = 1.31 \times 10^{-15} = x^2$$

$$x = \sqrt{1.31 \times 10^{-15}} = 3.62 \times 10^{-8} \, M$$

ICE테이블에 따르면 아이오딘 원자의 평형 농도는 $2x$이고, $[I(g)] = 2 \times 3.62 \times 10^{-8} = 7.24 \times 10^{-8} \, M$이다.

생각해 보기

이 방법에 따라 x를 얻음으로써 아이오딘의 초기 농도에 비해 x가 실제로 중요한 정도가 아니라는 것을 볼 수 있다. 적합한 유효숫자의 자릿수를 넣어 $0.00155 - 3.62 \times 10^{-8} = 0.00155$이다.

추가문제 1 사이안화 수소(HCN)는 다음 반응식에 따라 이온화한다.

$$HCN(aq) \rightleftharpoons H^+(g) + CN^-(aq)$$

이 반응에 대한 K_c는 25°C에서 4.9×10^{-10}이다. 0.100 M의 HCN 수용액에 존재하는 모든 화학종의 평형 농도를 구하시오.

추가문제 2 약산 HA는 다음과 같이 이온화한다.

$$HA(aq) \rightleftharpoons H^+(aq) + A^-(aq)$$

25°C에서 0.145 M의 HA 수용액은 $2.2 \times 10^{-5} \, M$의 수소 이온을 갖는 것으로 밝혀졌다. 25°C에서 이 반응의 K_c를 결정하시오.

추가문제 3 다음 그림은 평형 전후의 계를 보여 준다. 예제 14.10에서 했던 것처럼 용액에서 x를 무시할 수 있는 계를 가장 잘 표현한 것을 고르시오.

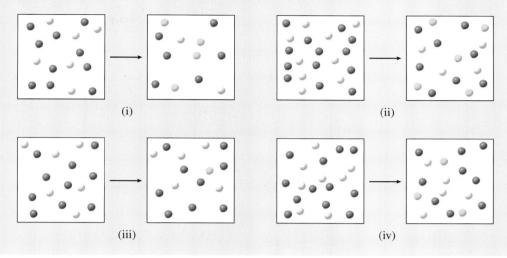

(i)

(ii)

(iii)

(iv)

평형 농도를 결정하기 위해 초기 반응물 농도를 사용하는 것은 다음과 같이 요약된다.

1. 평형표를 만들고 초기 농도를 채워 넣으시오(농도가 0인 것도 표시).
2. 반응 지수 Q를 계산하기 위해 초기 농도를 사용하고 Q를 K와 비교하여 반응이 진행되는 방향을 정하시오.
3. 소모되는 특정 화학종의 양을 x로 두고 반응의 화학량론을 사용하여 소모되거나 생성될 다른 화학종의 양을 x를 사용하여 표시하시오.
4. 평형에 있는 각 화학종의 평형 농도를 구하기 위해 이들의 초기 농도와 농도의 변화량을 채워 넣으시오.
5. x를 구하기 위해 평형 농도와 평형식을 사용하시오.
6. 계산된 x 값을 이용하여 평형에 존재하는 모든 화학종의 농도를 결정하시오.
7. 계산된 평형 농도를 평형식에 대입하여 이 풀이 작업을 체크하시오. 결과값은 문제에서 언급된 K_c과 매우 유사할 것이다.

> **학생 노트**
> 만약 $Q < K$라면 반응은 쓰인 것처럼 진행된다. 만약 $Q > K$라면 반대 방향으로 진행된다.

같은 과정이 K_P에도 적용된다.

예제 14.11은 부분압을 사용하여 평형 문제를 해결하는 것을 보여준다.

예제 14.11

5.75 atm의 H_2와 5.75 atm의 I_2 혼합물이 430℃에서 1.0 L의 용기에 담겨 있다. 이 반응에 대한 평형 상수(K_P)는 이 온도에서 54.3이다. 평형에서 H_2, I_2, HI의 부분압을 구하시오.

$$H_2(g) + I_2(g) \rightleftharpoons 2HI(g)$$

전략 평형 부분압을 구하기 위해 평형표를 만든다.

계획 평형표는 다음과 같다.

	$H_2(g)$	$+$	$I_2(g)$	$\rightleftharpoons$	$2HI(g)$
초기 농도(M):	5.75		5.75		0
농도 변화(M):	$-x$		$-x$		$+2x$
평형 농도(M):	$5.75-x$		$5.75-x$		$2x$

풀이 K_P에 해당하는 평형식을 쓰면

$$54.3 = \frac{(2x)^2}{(5.75-x)^2}$$

식의 양변에 제곱근하면 다음과 같다.

$$\sqrt{54.3} = \frac{2x}{5.75-x}$$

$$7.369 = \frac{2x}{5.75-x}$$

$$7.369(5.75-x) = 2x$$

$$42.37 - 7.369x = 2x$$

$$42.37 = 9.369x$$

$$x = 4.52$$

평형 부분압은 $P_{H_2} = P_{I_2} = 5.75 - 4.52 = 1.23 \, atm$ 그리고 $P_{HI} = 9.04 \, atm$이다.

생각해 보기

평형식에 계산된 평형 부분압을 대입하면 다음과 같다.

$$\frac{(P_{HI})^2}{(P_{H_2})(P_{I_2})} = \frac{(9.04)^2}{(1.23)^2} = 54.0$$

이 결과와 문제에서 언급된 평형 상수 사이에 존재하는 작은 차이는 반올림 때문이다.

추가문제 1 H_2와 I_2가 각각 $1.75 \, atm$이고 430°C에서 실험을 할 때, H_2, I_2, HI의 평형 부분압을 구하시오.

추가문제 2 반응 조건이 $P_{H_2} = 0.25 \, atm$, $P_{I_2} = 0.050 \, atm$, $P_{HI} = 2.5 \, atm$인 상태로 실험할 때, 430°C에서 H_2, I_2, HI의 평형 부분압을 구하시오.

추가문제 3 반응 $A(g) + B(g) \rightleftharpoons C(s) + D(s)$를 보자. 첫 그림은 평형에서 계가 왼쪽에 치우쳐 있는 것을 나타낸다. 다음 그림[(i)~(iv)]은 특정 색상의 구를 포함하고 있지 않다. 평형에 있는 계를 표현하기 위해 각 그림에 포함되어야 하는 사라진 색상의 구의 개수를 구하시오.

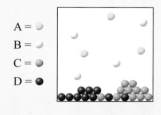

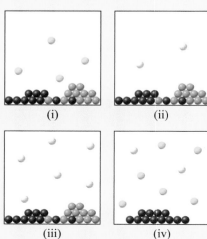

14.5 화학 평형에 영향을 주는 요소들

화학 평형의 흥미롭고 유용한 특징 중 하나는 원하는 물질의 생성을 최대로 하기 위해 특정한 방법으로 조절할 수 있다는 것이다. 예를 들면, 구성 원소들로부터 암모니아를 생산하는 Haber 공정의 공업적 생산을 보자.

$$N_2(g) + 3H_2(g) \rightleftharpoons 2NH_3(g)$$

이 반응에 의해 매년 수억 톤 이상의 암모니아 생산되고 대부분은 곡물 생산을 향상시키기 위한 비료로 사용된다. 이는 분명히 NH_3의 수득률을 최대로 하기 위한 공업의 최대 관심사일 것이다. 이 절에서는 이런 목적을 달성하기 위하여 평형을 조절하는 다양한 방법에 대해 배운다.

Le Châtelier의 원리(Le Châtelier's principle)는 평형에 도달한 계에 자극을 가하면 계는 자극의 효과를 최소화하는 방향으로 이동함으로써 응답한다고 한다. 이 표현에서 "자극"은 다음의 방법에 따라 평형에 있는 계를 교란하는 것을 말한다.

- 반응물 혹은 생성물의 첨가
- 반응물 혹은 생성물의 제거
- 계의 부피 변화, 이것은 반응물과 생성물의 농도 혹은 분압을 변화시킨다.
- 온도 변화

"이동"은 정방향이나 역방향으로 반응이 진행되는 것을 말하며 계는 평형을 되찾게 됨으로써 자극의 효과가 부분적으로 완화된다. 평형이 오른쪽으로 이동하는 것은 정방향의 반응에 의해 더 많은 생성물이 생성되는 것을 말한다. Le Châtelier의 원리를 이용하여 가해준 자극에 대해 평형이 이동하는 방향을 예측할 수 있다.

물질의 첨가와 제거

Haber 공정을 예로 해서 700 K에 있는 한 계 $N_2(g) + 3H_2(g) \rightleftharpoons 2NH_3(g)$는 다음의 평형 농도를 갖는다.

$$[N_2] = 2.05\, M \qquad [H_2] = 1.56\, M \qquad [NH_3] = 1.52\, M$$

반응 지수 식에 이들 농도를 대입하고 이 온도에서 K_c 값을 계산할 수 있다.

$$Q_c = \frac{[NH_3]^2}{[N_2][H_2]^3} = \frac{(1.52)^2}{(2.05)(1.56)^3} = 0.297 = K_c$$

학생 노트
평형 상태에서 반응 지수 Q_c는 평형 상수 K_c와 동일하다는 것을 기억하자.

이 계에 더 많은 N_2를 넣는 자극을 가하면 즉, 질소의 농도를 2.05 M에서 3.51 M로 증가시키면 계는 더 이상 평형 상태에 있지 않게 된다. 이것이 사실이라는 것을 알기 위해 반응 지수 식에 질소의 새로운 농도를 넣어보자. 새로 계산된 $Q_c(0.173)$는 $K_c(0.297)$와 같지 않다.

$$Q_c = \frac{[NH_3]^2}{[N_2][H_2]^3} = \frac{(1.52)^2}{(3.51)(1.56)^3} = 0.173 \neq K_c$$

이 계가 평형을 되찾기 위해 Q_c가 K_c(일정 온도에서 상수)와 일치되게 알짜 반응의 이동이 일어나야 한다. Q가 K보다 작을 때 반응은 평형에 도달하기 위해 오른쪽으로 진행한다는 내용의 14.4절을 기억하자. 같은 방법으로 Q가 K보다 작아지게 하는 자극은 반응을 오른쪽으로 이동시켜 평형을 되찾게 한다. 이것은 정방향 반응, N_2와 H_2가 소비되고 NH_3가 생성되는 것을 의미한다. 이 결과는 N_2와 H_2 농도의 알짜 감소(반응 인자의 분모를 작게 함)와 NH_3 농도의 알짜 증가(반응 인자의 분자를 크게 함)이다. 모든 화학종의 농도에 의해 Q_c가 다시 K_c와 동일하게 될 때 계는 다시 새로운 **평형 위치**(equilibrium position)를 가질 것이다. 이것은 반응이 한 방향 혹은 다른 방향으로 이동하여 결과적으로 각각의 새로운 평형 농도가 나타난다는 것을 의미한다. 그림 14.7은 초기 평형 혼합물에 N_2가 첨가될 때 N_2, H_2, NH_3의 농도가 어떻게 변화되는지 보여준다.

반대로, 원래 평형 혼합물로부터 질소를 제거하면 반응 지수의 분모에서 낮은 농도는 Q_c가 K_c보다 크게 만들 것이다. 이 경우 반응은 왼쪽으로 이동할 것이다. 즉, 역방향의 반응이 일어나 Q_c가 K_c와 다시 같아질 때까지 N_2와 H_2의 농도가 증가하고 NH_3의 농도가 감소할 것이다.

NH_3의 첨가나 제거 역시 평형을 이동시킨다. NH_3 첨가는 왼쪽으로 이동시키고 NH_3 제거는 오른쪽으로 이동시킨다. 그림 14.8(a)는 첨가나 제거가 평형을 오른쪽으로 이동시키는 것을 보여주고, 그림 14.8(b)는 왼쪽으로 이동시키는 것을 보여주고 있다.

근본적으로 평형에 있는 계는 화학종의 첨가에 의해 그것의 일부를 소모하는 대응을 보이고 화학종의 제거에 대해서는 더 많은 그 화학종을 생성시키는 대응을 할 것이다. 평형 혼합물에 화학종의 첨가나 제거가 평형 상수 K를 변화시키지 않는다는 것을 기억해야 한다. 오히려 그것은 일시적으로 반응 지수 Q 값을 변화시킨다. 그러므로 평형을 이동시키기 위해 첨가되거나 제거된 화학종은 반응 지수 식에 나타나는 것이 되어야 한다. 불균일 평

그림 14.7 평형 상태에 있는 계에 반응물을 더 첨가하는 것은 평형의 위치를 생성물 쪽으로 이동시킨다. N_2 첨가에 대해 계는 첨가된 N_2의 일부를 소모하고(다른 반응물, H_2의 일부를 같이 소모) 더 많은 NH_3를 생성시키는 대응을 보인다.

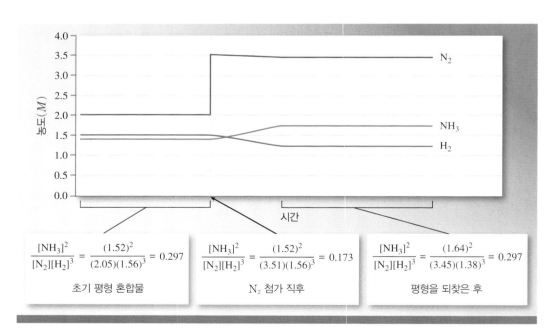

$$\frac{[NH_3]^2}{[N_2][H_2]^3} = \frac{(1.52)^2}{(2.05)(1.56)^3} = 0.297$$

초기 평형 혼합물

$$\frac{[NH_3]^2}{[N_2][H_2]^3} = \frac{(1.52)^2}{(3.51)(1.56)^3} = 0.173$$

N_2 첨가 직후

$$\frac{[NH_3]^2}{[N_2][H_2]^3} = \frac{(1.64)^2}{(3.45)(1.38)^3} = 0.297$$

평형을 되찾은 후

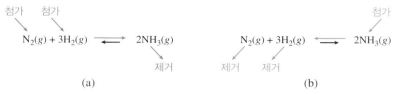

그림 14.8 (a) 반응물 첨가 혹은 생성물 제거는 평형을 오른쪽으로 이동시킨다. (b) 생성물 첨가 혹은 반응물 제거는 평형을 왼쪽으로 이동시킨다.

형의 경우 고체나 액체 화학종의 양을 변화시키는 것은 평형의 위치를 변화시키지 못한다.

이것은 이 변화가 Q 값을 변화시키지 못하기 때문이다.

예제 14.12는 평형 상태에 있는 계에 자극의 효과를 보여준다.

예제 14.12

황화 수소(H_2S)는 천연가스에서 발견되는 흔한 오염 물질이다. 이것을 산소와 반응시켜 원소 황을 생성하게 함으로써 제거된다.

$$2H_2S(g) + O_2(g) \rightleftharpoons 2S(s) + 2H_2O(g)$$

다음 각각의 시나리오에 대해 평형을 오른쪽으로 이동, 왼쪽으로 이동 혹은 어느 쪽으로도 이동하지 않는지를 결정하시오.

(a) $O_2(g)$ 첨가 (b) $H_2S(g)$ 제거 (c) $H_2O(g)$ 제거 (d) $S(s)$ 첨가

전략 각 경우 이동 방향을 예측하기 위해 Le Châtelier의 원리를 사용한다. 평형의 위치는 오직 반응 지수 식에 나타나는 화학종의 첨가나 제거에 의해 변화될 수 있다는 것을 기억한다.

계획 반응 지수 식을 쓰는 것으로 시작하자.

$$Q_c = \frac{[H_2O]^2}{[H_2S]^2[O_2]}$$

황은 고체이기 때문에 식에 나타나지 않는다. 다른 화학종들의 농도 변화는 평형 위치를 변화시킨다. Q_c 식에 나타나는 반응물의 첨가와 생성물의 제거는 평형을 오른쪽으로 이동시킨다.

Q_c 식에 나타나는 반응물의 제거와 생성물의 첨가는 평형을 왼쪽으로 이동시킨다.

풀이 (a) 오른쪽으로 이동 (b) 왼쪽으로 이동 (c) 오른쪽으로 이동 (d) 이동하지 않음

생각해 보기

각 경우 Q_c 값을 변화시키는 효과를 분석하자. 예를 들어, (a)에서 O_2 첨가로 O_2 농도가 증가한다. 반응 지수 식을 보면 더 큰 산소 농도는 분모를 증가시키는 결과를 가져오고 전체 분수 값을 작게 한다. 그래서 Q는 일시적으로 K보다 작게 되고 반응은 오른쪽으로 이동해야 할 것이다. 평형을 되찾기 위해 첨가된 O_2의 일부가 소모된다.(혼합물에서 H_2S의 일부가 함께 소모된다.)

추가문제 1 다음의 각 변화에 대해 평형이 왼쪽으로 이동, 오른쪽으로 이동 혹은 어느 쪽으로도 이동하지 않을지를 결정하시오.

$$PCl_3(g) + Cl_2(g) \rightleftharpoons PCl_5(g)$$

(a) $PCl_3(g)$ 첨가 (b) $PCl_3(g)$ 제거 (c) $PCl_5(g)$ 제거 (d) $Cl_2(g)$ 제거

추가문제 2 요구에 맞게 다음 평형을 이동시키기 위해 첨가될 것은 무엇인가?

$$AgCl(s) + 2NH_3(aq) \rightleftharpoons Ag(NH_3)_2^+(aq) + Cl^-(aq)$$

(a) 왼쪽으로 이동 (b) 오른쪽으로 이동 (c) 어느 쪽으로도 이동하지 않음

추가문제 3 반응 $A(g) + B(g) \rightleftharpoons C(s) + D(s)$를 보자. 왼쪽에서 첫째 그림은 평형 상태에 있는 계를 나타낸다. 두 번째 그림은 평형을 자극하기 위해 더 많은 A를 첨가한 직후 계를 나타낸다. 오른쪽 그림[(i)~(iv)] 중에 어느 것이 평형을 되찾은 후의 계를 나타내는가? 모두 찾으시오.

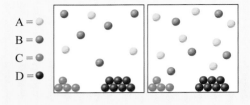

A =
B =
C =
D =

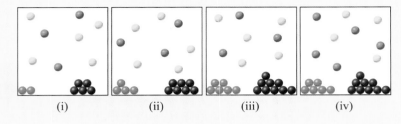

(i)   (ii)   (iii)   (iv)

부피와 압력의 변화

움직일 수 있는 피스톤을 가진 실린더 안에 평형 상태의 기체 계가 있을 때 계의 부피를 변화시켜 반응물과 생성물의 농도를 변화시킬 수 있다.

N_2O_4와 NO_2 사이의 평형 반응을 생각하자.

$$N_2O_4(g) \rightleftharpoons 2NO_2(g)$$

25°C에서 이 반응의 평형 상수는 4.63×10^{-3}이다. 피스톤으로 고정된 실린더 안에 0.643 M N_2O_4와 0.0547 M NO_2 평형 혼합물이 있다. 피스톤을 아래로 밀어 평형이 교란되면 이 교란 효과를 최소화하기 위해 평형은 이동할 것이다. 실린더의 부피를 반으로 줄이면 두 화학종의 농도에 어떤 일이 일어나는지 생각해 보자. 두 농도는 초기보다 **두 배** (doubled)가 되었다. $[N_2O_4] = 1.286$ M과 $[NO_2] = 0.1094$ M이다. 이 농도값을 반응 지수 식에 넣으면

$$Q_c = \frac{[NO_2]_{eq}^2}{[N_2O_4]_{eq}} = \frac{(0.1094)^2}{1.286} = 9.31 \times 10^{-3}$$

이고, 이 값은 K_c와 같지 않다. 따라서 계는 평형에 있지 않다. Q_c가 K_c보다 크기 때문에 계는 왼쪽으로 이동해 평형에 도달한다(그림 14.9).

일반적으로, 반응 용기의 부피가 감소할 때 전체 기체의 mol을 최소화시키는 방향으로 평형이 이동한다. 역으로 부피가 증가할 때 전체 기체의 mol을 최대로 하는 방향으로 평형이 이동한다.

예제 14.13은 부피 변화에 따라 평형 이동을 예측하는 방법을 보여준다.

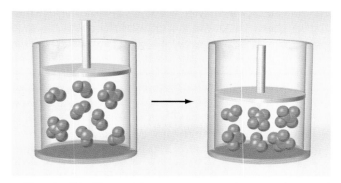

그림 14.9 평형 반응 $N_2O_4(g) \rightleftharpoons 2NO_2(g)$의 부피 감소(압력 증가) 효과. 부피가 감소하면 평형은 기체의 mol이 더 작은 쪽으로 이동한다.

예제 (14.13)

각 반응에 대해 반응 용기의 부피가 감소할 때 어느 방향으로 평형이 이동하는지 예측하시오.

(a) $PCl_5(g) \rightleftharpoons PCl_3(g) + Cl_2(g)$

(b) $2PbS(s) + 3O_2(g) \rightleftharpoons 2PbO(s) + 2SO_2(g)$

(c) $H_2(g) + I_2(g) \rightleftharpoons 2HI(g)$

전략 반응에서 기체의 mol을 최소화하는 방향을 결정한다. 기체만의 mol을 계산한다.

계획 (a) 반응물 쪽은 기체 1 mol, 생성물 쪽은 기체 2 mol

(b) 반응물 쪽은 기체 3 mol, 생성물 쪽은 기체 2 mol

(c) 양쪽 모두 기체 2 mol

풀이 (a) 왼쪽으로 이동   (b) 오른쪽으로 이동   (c) 이동하지 않음

> ### 생각해 보기
> 어느 쪽이 더 적은 mol을 갖는지 결정하기 위해 반응에서 모든 화학종을 세는 흔한 실수를 할 수 있다. 부피 변화에 따른 이동 방향을 알기 위해서는 단지 문제가 되는 기체의 mol을 고려하자. 기체의 mol에서 차이가 없을 경우 반응 용기의 부피 변화는 반응물들과 생성물들의 농도를 변화시킬 것이다. 그러나 계는 평형 상태를 유지할 것이다. (Q는 K와 동일하게 유지된다.)

추가문제 1 반응 용기의 부피를 증가시킬 때 평형 이동 방향을 정하시오.

(a) $2NOCl(g) \rightleftharpoons 2NO(g) + Cl_2(g)$

(b) $CaCO_3(s) \rightleftharpoons CaO(s) + CO_2(g)$

(c) $Zn(s) + 2H^+(aq) \rightleftharpoons Zn^{2+}(aq) + H_2(g)$

추가문제 2 다음 반응을 왼쪽과 오른쪽으로 평형 이동을 유도할 자극의 예를 들고, 이동시키지 않을 자극의 예를 들어보시오.

$$H_2(g) + F_2(g) \rightleftharpoons 2HF(g)$$

추가문제 3 반응 $A(g) + B(g) \rightleftharpoons AB(g)$에서 다음 그림 중 위쪽 그림은 평형 상태에 있는 계를 나타낸다. 반응의 부피를 50% 증가시킨 후 다시 평형에 도달한 계를 표현한 것을 다음 그림[(i)~(iii)]에서 찾으시오.

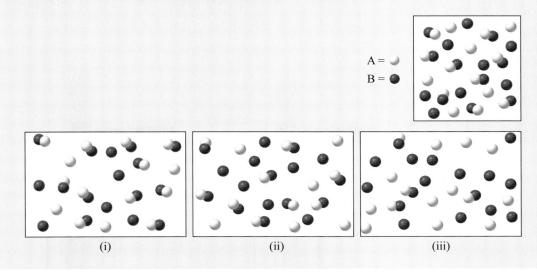

부피의 변화 없이 계의 전체 압력을 변화시키는 것이 가능하다. 즉, 반응 용기 내부로 헬륨과 같은 비활성 기체를 첨가하는 것이다. 전체 부피는 같기 때문에 반응물과 생성물의 농도는 변화되지 않는다. 그러므로 평형은 교란되지 않고 평형 이동도 일어나지 않는다.

온도 변화

부피나 농도 변화는 평형의 위치(즉, 반응물과 생성물의 상대적 양)를 변화시킬 수 있으나 평형 상수 값은 변화하지 않는다. 온도의 변화만이 평형 상수를 변화시킬 수 있다. 왜 그런지 다음 반응을 고려해 보자.

$$N_2O_4(g) \rightleftharpoons 2NO_2(g)$$

정반응은 흡열이다(열 흡수, $\Delta H > 0$).

$$\text{열} + N_2O_4(g) \rightleftharpoons 2NO_2(g) \qquad \Delta H° = 58.0 \text{ kJ/mol}$$

만약 열을 반응물이라고 취급하면 Le Châtelier의 원리를 사용하여 열을 첨가하거나 제거했을 때 발생되는 것을 예측할 수 있다. 온도를 높이는 것(열을 첨가)은 반응을 정반향으로 이동시킨다. 이것은 열이 반응물 쪽에 나타나기 때문이다. 온도를 낮추는 것(열을 제거)은 반응을 역방향으로 이동시킨다. 결과적으로 평형 상수는 계가 가열되었을 때 증가하고 계가 식혀질 때 감소한다(그림 14.10).

$$K_c = \frac{[NO_2]^2}{[N_2O_4]}$$

발열 반응에서도 유사한 논의를 할 수 있다. 열이 생성물이라고 보면 된다. 발열 반응의 온도를 증가시키면 평형 상수는 감소하고 평형은 반응물 쪽으로 이동한다.

이 현상에 대한 예로 이온들 사이에 일어난 평형 반응이 있다.

$$\underset{\text{파란색}}{CoCl_4^{2-}} + 6H_2O \rightleftharpoons \underset{\text{분홍색}}{Co(H_2O)_6^{2+}} + 4Cl^- + \text{열}$$

$Co(H_2O)_6^{2+}$의 형성 반응은 발열이다. 역반응으로 $CoCl_4^{2-}$가 형성되는 반응은 흡열이다. 가열했을 때 평형은 왼쪽으로 이동하고, 용액은 파란색으로 변화된다. 반응을 식힐 때는 흡열 반응을 선호[$Co(H_2O)_6^{2+}$ 형성]하고, 용액은 분홍색으로 변한다(그림 14.11).

정리하면, 온도 증가는 흡열 반응을 선호하고 온도 감소는 발열 과정을 선호한다. 온도는 평형 상수를 변화시켜 평형의 위치에 영향을 준다. 그림 14.12(622~623쪽)와 14.13(624~625쪽)은 평형 상태의 계에 다양한 자극의 효과를 설명한다.

그림 14.10 (a) N_2O_4-NO_2 평형 (b) 반응이 흡열이면 고온에서 N_2O_4 $(g) \rightleftharpoons 2NO_2(g)$ 평형 반응은 생성물 쪽으로 이동하고 반응 혼합물은 짙어지게 만든다.

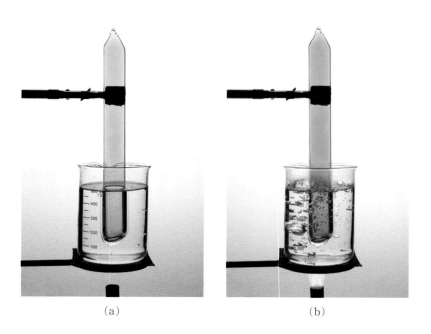

(a)　　　　　　　(b)

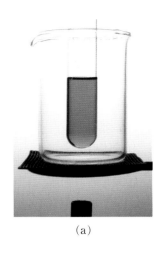

(a)   (b)   (c)

그림 14.11 (a) $Co(H_2O)_6^{2+}$와 $CoCl_4^{2-}$ 이온들의 평형 혼합물은 보라색을 보인다. (b) 분젠 버너로 가열하면 $CoCl_4^{2-}$의 형성을 선호하고 용액은 더 파랗게 된다. (c) 얼음물로 식히면 $Co(H_2O)_6^{2+}$ 형성을 선호하고 용액은 더 분홍빛으로 보인다.

예제 14.14

암모니아를 공업적으로 생산하는 데 사용되는 Haber 공정은(비료 생산에 많이 사용) $N_2(g) + 3H_2(g) \rightleftharpoons 2NH_3(g)$ 반응식으로 표시된다. 자료(부록 2)를 사용하여 이 과정의 $\Delta H°_{반응}$를 계산하고 온도 상승에 따른 평형 이동의 방향을 지적하시오. 온도가 감소되면 어느 방향으로 이동하는가?

전략 부록 2의 자료로부터 ΔH_f와 식 5.19를 사용하여 $\Delta H°_{반응}$을 계산한다. 온도 변화에 따른 이동 방향을 결정하기 위해 $\Delta H°_{반응}$의 부호를 사용한다. 흡열 반응($\Delta H°_{반응} > 0$)이면 온도가 증가함에 따라 **오른쪽**으로 이동할 것이다. 발열 반응($\Delta H°_{반응} < 0$)이면 온도가 증가함에 따라 **왼쪽**으로 이동할 것이다.

계획 부록 2의 자료로부터 $\Delta H_f°[NH_3(g)] = -46.3\ kJ/mol$이다. 반응물들은 둘 다 표준 상태에 있는 원소들이며 정의에 따라 $\Delta H_f°$ 값은 0이다. 식 5.19는

$$\Delta H°_{반응} = \sum n\Delta H_f°(생성물) - \sum n\Delta H_f°(반응물)$$

풀이 $\Delta H°_{반응} = 2\Delta H_f°[NH_3(g)] - \{\Delta H_f°[N_2(g)] + 3\Delta H_f°[H_2(g)]\}$

$= 2(-46.3\ kJ/mol) - (0\ kJ/mol + 3 \times 0\ kJ/mol) = -92.6\ kJ/mol$

발열 반응이기 때문에 온도가 증가할 때 평형은 왼쪽으로 이동하고, 온도가 감소할 때 오른쪽으로 이동한다.

생각해 보기
Haber 공정은 발열이기 때문에 평형은 더 낮은 온도에서 오른쪽으로 치우쳐 있지만 공업적 과정은 보통 약 400°C에서 가동된다.

추가문제 1 이산화 탄소와 수산화 칼슘의 반응으로 탄산칼슘과 물이 형성되는 반응은 반응식 $CO_2(g) + Ca(OH)_2(s) \rightleftharpoons CaCO_3(s) + H_2O(l)$로 표현된다. 이 반응의 $\Delta H°$는 $-113\ kJ/mol$이다. 온도 증가 혹은 감소에 따른 평형 이동의 방향을 결정하시오.

추가문제 2 가상적 반응 $A(g) + B(g) \rightleftharpoons C(g)$의 평형 상수 K_c는 100°C에서 9.86×10^3이고 200°C에서 $K_P = 1.05 \times 10^3$이다. 흡열 반응인지 발열 반응인지 결정하시오.

추가문제 3 A_2의 분해 반응 $A_2(g) \rightleftharpoons 2A(g)$에서, 온도가 증가할 때 평형 이동을 가장 잘 나타낸 그림을 다음 중에서 찾으시오.

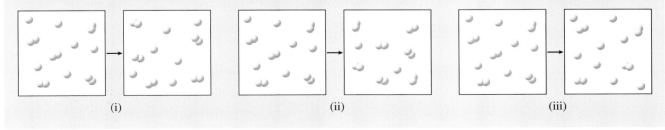

(i)   (ii)   (iii)

그림 14.12 **Le Châtelier의 원리**

평형 혼합물에 첨가되는 효과

$$H_2(g) + I_2(g) \rightleftharpoons 2HI(g)$$

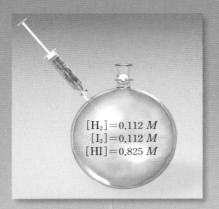

$$[H_2] = 0.112\,M$$
$$[I_2] = 0.112\,M$$
$$[HI] = 0.825\,M$$

$$Q_c = \frac{[HI]^2}{[H_2][I_2]} = \frac{(0.825)^2}{(0.112)(0.112)} = 54.3$$

$$Q_c = K_c$$

$$[H_2] = 0.112\,M$$
$$[I_2] = 0.112\,M$$
$$[HI] = 0.825\,M$$

$$Q_c = \frac{[HI]^2}{[H_2][I_2]} = \frac{(0.825)^2}{(0.112)(0.112)} = 54.3$$

$$Q_c = K_c$$

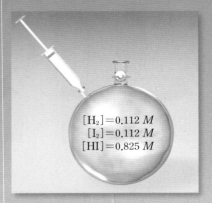

$$[H_2] = 0.112\,M$$
$$[I_2] = 0.112\,M$$
$$[HI] = 0.825\,M$$

$$Q_c = \frac{[HI]^2}{[H_2][I_2]} = \frac{(0.825)^2}{(0.112)(0.112)} = 54.3$$

$$Q_c = K_c$$

반응물 첨가: $I_2(g)$

$$[H_2] = 0.112\,M$$
$$[I_2] = 0.499\,M$$
$$[HI] = 0.825\,M$$

$$Q_c = \frac{(0.825)^2}{(0.112)(0.499)} = 12$$

$$Q_c \neq K_c$$

생성물 첨가: $HI(g)$

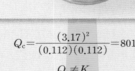
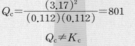

$$[H_2] = 0.112\,M$$
$$[I_2] = 0.112\,M$$
$$[HI] = 3.17\,M$$

$$Q_c = \frac{(3.17)^2}{(0.112)(0.112)} = 801$$

$$Q_c \neq K_c$$

평형에 참가하지 않는
화학종 첨가: $H(g)$

$$[H_2] = 0.112\,M$$
$$[I_2] = 0.112\,M$$
$$[HI] = 0.825\,M$$
$$[He] = 0.565\,M$$

$$Q_c = \frac{(0.825)^2}{(0.112)(0.112)} = 54.3$$

$$Q_c = K_c$$

평형은 생성물 쪽으로 이동한다.

$$[H_2] = 0.0404\,M$$
$$[I_2] = 0.427\,M$$
$$[HI] = 0.968\,M$$

$$Q_c = \frac{(0.968)^2}{(0.0404)(0.427)} = 54.3$$

$$Q_c = K_c$$

평형은 반응물 쪽으로 이동한다.

$$[H_2] = 0.362\,M$$
$$[I_2] = 0.362\,M$$
$$[HI] = 2.67\,M$$

$$Q_c = \frac{(2.67)^2}{(0.362)(0.362)} = 54.4$$

$$Q_c = K_c$$

평형은 어느 쪽으로도 이동하지 않는다.

$$[H_2] = 0.112\,M$$
$$[I_2] = 0.112\,M$$
$$[HI] = 0.825\,M$$
$$[He] = 0.565\,M$$

요점은 무엇인가?

평형 혼합물에 반응물을 첨가하면 평형은 반응식에서 생성물 쪽으로 이동한다. 생성물을 첨가하면 평형은 반응물 쪽으로 이동한다. 반응물도 생성물도 아닌 화학종을 첨가하면 평형 이동을 하지 않는다.

온도 변화 효과

$$N_2O_4(g) \rightleftharpoons 2NO_2(g) \qquad \Delta H° = 58.04 \text{ kJ/mol}$$

온도 감소는 흡열 반응을
반응물 쪽으로 유도한다.

온도 증가는 흡열 반응을
생성물 쪽으로 유도한다.

$$H_2(g) + I_2(g) \rightleftharpoons 2HI(g) \qquad \Delta H° = -9.4 \text{ kJ/mol}$$

온도 증가는 발열 반응을
반응물 쪽으로 유도한다.

온도 감소는 발열 반응을
생성물 쪽으로 유도한다.

요점은 무엇인가?

평형 혼합물의 온도를 증가시키면 흡열 반응의 경우
생성물 쪽으로 이동시키고 발열 반응의 경우 반응물
쪽으로 이동시킨다.

그림 14.13 Le Châtelier의 원리

부피 변화 효과

$$[\text{N}_2\text{O}_4] = 1.08 \ M$$
$$[\text{NO}_2] = 0.0707 \ M$$

$$Q_c = \frac{[\text{NO}_2]^2}{[\text{N}_2\text{O}_4]} = \frac{(0.0707)^2}{1.08} = 4.63 \times 10^{-3}$$

$$Q_c = K_c$$

$$[\text{N}_2\text{O}_4] = 0.540 \ M$$
$$[\text{NO}_2] = 0.0354 \ M$$

$$Q_c = \frac{(0.0354)^2}{0.540} = 2.3 \times 10^{-3}$$

$$Q_c \neq K_c$$

$$[\text{N}_2\text{O}_4] = 2.16 \ M$$
$$[\text{NO}_2] = 0.141 \ M$$

$$Q_c = \frac{(0.141)^2}{2.16} = 9.2 \times 10^{-3}$$

$$Q_c \neq K_c$$

요점은 무엇인가?

부피의 증가는 기체의 mol이 더 큰 방향으로 이동
시킨다.
평형 혼합물의 부피를 감소시키는 것은 기체의 mol
이 작은 방향으로 이동시킨다.

$$[\text{N}_2\text{O}_4] = 0.533 \ M$$
$$[\text{NO}_2] = 0.0497 \ M$$

$$Q_c = \frac{(0.0497)^2}{0.533} = 4.6 \times 10^{-3}$$

$$Q_c = K_c$$

$$[\text{N}_2\text{O}_4] = 2.18 \ M$$
$$[\text{NO}_2] = 0.100 \ M$$

$$Q_c = \frac{(0.100)^2}{2.18} = 4.6 \times 10^{-3}$$

$$Q_c = K_c$$

$$[\text{H}_2]=0.112 \ M$$
$$[\text{I}_2]=0.112 \ M$$
$$[\text{HI}]=0.825 \ M$$

$$Q_c=\frac{[\text{HI}]^2}{[\text{H}_2][\text{I}_2]}=\frac{(0.825)^2}{(0.112)(0.112)}=54.3$$

$$Q_c=K_c$$

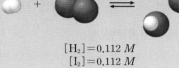

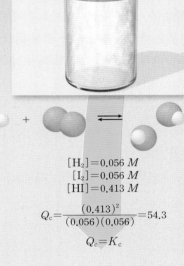

$$[\text{H}_2]=0.056 \ M$$
$$[\text{I}_2]=0.056 \ M$$
$$[\text{HI}]=0.413 \ M$$

$$Q_c=\frac{(0.413)^2}{(0.056)(0.056)}=54.3$$

$$Q_c=K_c$$

$$[\text{H}_2]=0.224 \ M$$
$$[\text{I}_2]=0.224 \ M$$
$$[\text{HI}]=1.65 \ M$$

$$Q_c=\frac{(1.65)^2}{(0.224)(0.224)}=54.3$$

$$Q_c=K_c$$

요점은 무엇인가?

양쪽 기체의 mol이 동일한 평형 반응에서 부피의
변화는 평형을 어느 쪽으로도 이동시키지 않는다.

$$[\text{H}_2]=0.056 \ M$$
$$[\text{I}_2]=0.056 \ M$$
$$[\text{HI}]=0.413 \ M$$

$$Q_c=\frac{(0.413)^2}{(0.056)(0.056)}=54.3$$

$$Q_c=K_c$$

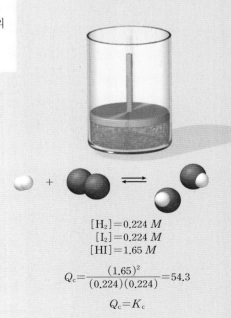

$$[\text{H}_2]=0.224 \ M$$
$$[\text{I}_2]=0.224 \ M$$
$$[\text{HI}]=1.65 \ M$$

$$Q_c=\frac{(1.65)^2}{(0.224)(0.224)}=54.3$$

$$Q_c=K_c$$

촉매 작용

촉매는 반응의 활성화 에너지를 낮춰서 반응을 빠르게 한다[◀◀ 13.6절]. 그러나 촉매는 정방향과 역방향 반응의 활성화 에너지를 같은 정도로 낮춘다(그림 13.15). 그러므로 촉매의 존재는 평형 상수를 바꾸지도 못하고 평형의 위치도 이동시키지 못한다. 평형에 있지 않는 반응 혼합물에 촉매를 넣으면 단순히 혼합물이 평형에 더 빠르게 도달할 수 있게 한다. 같은 평형 혼합물은 촉매 없이도 얻어지지만 훨씬 더 긴 시간이 걸릴 것이다.

생활 속의 화학

고지대에서 헤모글로빈 생산

10장의 끝부분에서 배웠듯이 고지대로 빠른 등반은 고산병의 원인이 된다. 현기증, 두통, 메스꺼움을 포함하는 고산병 증상은 신체 조직에 불충분한 산소 공급인 저산소증 때문이다. 심한 경우 즉각적으로 치료를 받지 않으면 환자는 혼수 상태에 빠지거나 죽게 된다. 오랫 동안 고지대에 머문 사람은 점차적으로 고산병으로부터 회복될 수 있고 대기의 낮은 산소 함량에 대해 적응하고 생활하며 정상적 기능을 한다.

헤모글로빈(Hb) 분자와 산소의 결합은 피를 통해 산소를 운반하는 매우 복잡한 반응이지만 다음과 같이 단순화된 반응식으로 표현할 수 있다.*

$$Hb(aq) + O_2(aq) \rightleftharpoons HbO_2(aq)$$

HbO$_2$는 산소 헤모글로빈으로서 조직으로 산소를 실제로 운반하는 역할을 하는 헤모글로빈-산소 화합물이다. 이 과정의 평형식은 다음과 같다.

$$K_c = \frac{[HbO_2]}{[Hb][O_2]}$$

3 km의 고도에서 산소의 분압은 약 0.14 atm으로 해수면의 0.20 atm과 비교된다. Le Châtelier의 원리에 따라 산소 농도의 감소는 헤모글로빈-산소 헤모글로빈 평형을 오른쪽에서 왼쪽으로 이동시킬 것이다. 이 변화는 산소 헤모글로빈의 공급을 감소시키고 저산소증을 발생시킨다. 시간이 지남에 따라 몸은 더 많은 헤모글로빈 분자를 생성시켜 이 문제를 극복한다. Hb 농도가 증가함에 따라 평형은 점차적으로 오른쪽으로 되돌아간다(산소 헤모글로빈 형성 방향). 몸의 산소 요구를 충족시키기 위한 헤모글로빈 생성 증가에는 여러 주가 걸릴 수 있다. 충분한 용량으로 환원되기 위해서는 여러 해가 필요할 수도 있다. 고지대에서 오래 거주한 사람들은 해수면 고도에서 생활하는 사람보다 50% 이상 높은 헤모글로빈 준위를 가지는 것으로 조사되었다. 더 많은 헤모글로빈의 생성과 결과적으로 혈액이 몸으로 운반하는 산소 용량의 증가는 운동선수들에게 고지대 훈련과 저산소 텐트를 유행하게 했다.

---

* 이와 같은 생물학적 과정은 실제 평형이 아니고 오히려 동적 상태(steady-state)의 상황이다. 동적 상태에서 반응물과 생성물의 일정한 농도는 같은 속도로 진행되는 정방향과 역방향의 반응 결과가 아니다. 대신 반응물 농도는 이전 반응에 의해 채워지고 생성물 농도는 연이은 반응에 의해 유지된다. 그럼에도 Le Châtelier의 원리를 포함하는 많은 평형의 원리는 여전히 적용된다.

평형 문제

평형의 원리는 14장에서 나왔고 기체를 포함하는 예제를 통해 많이 다뤘다. 그러나 모든 유형의 평형에 적용되는 이 원리들을 인지하는 것은 매우 중요하고 평형 문제를 풀기 위한 접근 방식은 항상 같다. 많은 중요한 반응과 배우게 될 과정은 물에서 진행된다(즉, 수용액 평형). 수용액 평형의 흔한 예는 플루오린화 수소산과 같은 약산의 이온화와 염화 납(II)과 같은 난용성 염의 용해가 있다.

$$HF(aq) \rightleftharpoons H^+(aq) + F^-(aq) \qquad K_a = 7.1 \times 10^{-4}$$
$$PbCl_2(s) \rightleftharpoons Pb^{2+}(aq) + 2Cl^-(aq) \qquad K_{sp} = 2.4 \times 10^{-4}$$

평형은 각각 K_a와 K_{sp}로 표기되었지만 관련된 평형 상수(K_c)를 갖고 있다. 아래 첨자 a, sp는 간단히 평형 상수가 언급하는 특이한 평형 유형을 나타내고 **약산**(weak acid)의 이온화와 난용성 염의 **용해도곱**(solubility product)에서 유래되었다.

평형 문제를 풀 때 먼저 균형 맞춤 화학 반응식을 쓰고, 그것을 이용해 평형식을 쓴다. 이후 평형표를 만들고 알려진 농도를 채워 넣는다. 이 값은 **초기** 농도일 수도 있고 **평형** 농도일 수도 있으며 문제에서 제시된 정보에 의존한다. 화학량론을 사용해서 반응물과 생성물의 농도 변화를 결정하고 평형식과 평형 **상수**를 사용해서 미지의 농도를 계산한다.

$0.15\ M$의 HF 용액을 보자. 평형 상태에서 H^+의 농도를 알고자 한다. 평형표와 평형식을 작성한다.

$$HF(aq) \rightleftharpoons H^+(aq) + F^-(aq)$$

	HF	H^+	F^-
i	0.15	0	0
c			
e			

$$7.1 \times 10^{-4} = \frac{[H^+][F^-]}{[HF]}$$

> **학생 노트**
> i, c, e는 initial, change, equilibrium의 첫 글자이다.

15장에서 볼 수 있듯이 이 같은 문제에서 H^+의 초기 농도는 0이 아니며 매우 작고 대부분의 경우 무시할 수 있다. 균형 맞춤 반응식의 화학량론으로부터 HF의 농도는 x로 표기된 미지의 양만큼 줄어든다. 그리고 H^+와 F^-는 모두 같은 양만큼 증가할 것이다.

$$HF(aq) \rightleftharpoons H^+(aq) + F^-(aq)$$

	HF	H^+	F^-
i	0.15	0	0
c	$-x$	$+x$	$+x$
e	$0.15 - x$	x	x

$$7.1 \times 10^{-4} = \frac{[H^+][F^-]}{[HF]}$$

x의 항으로 표현된 평형 농도를 평형식에 대입하고 평형 상수와 같다고 두면, 다음과 같다.

$$7.1 \times 10^{-4} = \frac{x \cdot x}{0.15 - x}$$

이 경우 평형 상수가 매우 작기 때문에 분모의 x를 무시할 수 있고 x에 대해 풀면 $0.010\ M$을 얻는다. 이 값은 H^+와 F^- 두 이온 농도이다. 다음으로 $PbCl_2$로 포화된 용액을 보자. 용액에서 Pb^{2+}와 Cl^- 이온 농도를 알고 싶을 것이다. 이 경우 평형표를 만들고 평형식을 쓰는 같은 방법으로 진행할 수 있다. $PbCl_2$와 같은 고체는 평형식에 나타나지 않는다는 것을 상기하자. $PbCl_2$가 녹기 전에는 납(II)과 염소 이온의 농도는 0이다.

$$PbCl_2(s) \rightleftharpoons Pb^{2+}(aq) + 2Cl^-(aq)$$

	$PbCl_2$	Pb^{2+}	Cl^-
i	—	0	0
c	—		
e	—		

$$2.4 \times 10^{-4} = [Pb^{2+}][Cl^-]^2$$

화학량론은 $[Pb^{2+}]$는 증가하고 $[Cl^-]$는 두 배만큼 증가한다는 것을 보여준다. 용해도 평형의 경우 x 대신에 s를 사용하여 결과가 염의 "용해도"라는 것을 상기시킬 수 있다.

$$PbCl_2(s) \rightleftharpoons Pb^{2+}(aq) + 2Cl^-(aq)$$

i	—	0	0
c	—	$+s$	$+2s$
e	—	s	$2s$

$$2.4 \times 10^{-4} = [Pb^{2+}][Cl^-]^2$$

미지수 s로 표현된 평형 농도를 평형식에 대입하고 평형 상수와 같다고 두자.

$$2.4 \times 10^{-4} = (s) \cdot (2s)^2$$

s에 대해 풀면 s는 0.039 M이다. 이것은 Pb^{2+} 이온의 농도이고 Cl^- 이온의 농도 $2s = 0.078$ M이다.

주요 내용 문제

14.1
사이안화 수소산(HCN)의 K_a는 4.9×10^{-10}이다. 0.25 M의 HCN 용액에서 H^+ 농도를 구하시오.
(a) 1.2×10^{-10} M　(b) 5.0×10^{-4} M　(c) 2.2×10^{-5} M
(d) 2.5×10^{-5} M　(e) 1.1×10^{-5} M

14.2
PbI_2의 포화 용액에서 Pb^{2+}와 I^-의 농도를 결정하시오. (PbI_2의 K_{sp}는 1.4×10^{-8}이다.)
(a) 0.0015 M과 0.0030 M　(b) 0.0015 M과 0.0015 M
(c) 0.0015 M과 0.00075 M (d) 0.0019 M과 0.0019 M
(e) 0.0019 M과 0.0038 M

14.3
0.10 M의 산 용액이 $[H^+] = 4.6 \times 10^{-4}$ M일 때 이 산의 K_a를 구하시오.
(a) 2.1×10^{-7}　(b) 2.1×10^{-6}　(c) 0.32
(d) 4.6×10^{-2}　(e) 0.046

14.4
난용성 염 A_2X의 포화 용액에서 $[A^+] = 0.019$ M라면 K_{sp}를 구하시오.
(a) 9.5×10^{-3}　(b) 3.6×10^{-4}　(c) 1.8×10^{-4}
(d) 3.4×10^{-6}　(e) 6.9×10^{-5}

연습문제

배운 것 적용하기

세계 반도핑 기구는 현재 운동선수가 가정 이외의 장소에서 저산소 수면 텐트를 사용하는 것을 적발할 방법을 갖고 있지 않다. 그러나 생화학 분석회사는 운동선수의 혈액에서 상승한 적혈구 수가 이러한 것의 사용 결과인지 판단하는 방법을 개발하고 있다고 상상해 보자. 검출 과정에서 주요한 물질은 상품명 OD17X이다. 이것은 상품명이 OD1A와 OF2A인 두 물질의 결합으로 제조된다. 수용액 반응은 다음 반응식으로 표현된다.

$$OD1A(aq) + OF2A(aq) \rightleftharpoons OD17X(aq) \qquad \Delta H = 29 \text{ kJ/mol}$$

문제
(a) 주어진 반응의 평형식을 쓰시오[◀◀ 예제 14.2].
(b) 상온에서의 평형 농도가 $[OD1A] = 2.12$ M, $[OF2A] = 1.56$ M과 $[OD17X] = 1.01 \times 10^{-4}$ M이라 할 때 상온에서 평형 상수 K_c를 구하시오[◀◀ 예제 14.1].
(c) 생성된 OD17X는 다음 식과 같이 다른 물질과 반응하여 침전된다.

$$OD17X(aq) + A771A(aq) \rightleftharpoons OD17X-A77(s)$$

　침전 반응의 K_c는 상온에서 1.00×10^6이다. 두 반응의 결합에 대한 평형식을 쓰고 전체 평형 상수를 결정하시오[◀◀ 예제 14.4].
(d) 혼합물의 농도가 $[OD1A] = 3.00$ M, $[OF2A] = 2.50$ M, $[OD17X] = 2.7 \times 10^{-4}$ M일 때 평형에 도달했는지 아니면 평형에 도달하기 위해 어느 방향으로 이동할 것인지 결정하시오[◀◀ 예제 14.7].

(e) OD17X의 생산은 발열 반응이므로 온도를 증가시키면 향상된다. 250℃에서 반응

$$OD1A(aq) + OF2A(aq) \rightleftharpoons OD17X(aq)$$

이 반응의 평형 상수는 3.8×10^2이다. 만약 250℃에서 각 반응물의 농도가 $1.00 M$로 시작해서 합성을 한다면 평형에서 생성물과 반응물의 농도는 얼마인가[◀◀ 예제 14.8]?

14.2절: 평형 상수

14.1 다음 반응을 보자.

$$2NO(g) + 2H_2(g) \rightleftharpoons N_2(g) + 2H_2O(g)$$

특정 온도에서 평형 농도는 $[NO] = 0.31 M$, $[H_2] = 0.16 M$, $[N_2] = 0.082 M$, $[H_2O] = 4.64 M$이다.

(a) 반응의 평형식을 쓰시오.

(b) 평형 상수를 계산하시오.

14.2 700℃에서 다음 평형 반응을 고려하시오.

$$2H_2(g) + S_2(g) \rightleftharpoons 2H_2S(g)$$

분석으로 12.0 L의 플라스크에 H_2가 2.50 mol, S_2가 1.35×10^{-5} mol, H_2S가 8.70 mol 있다는 것을 알았다. 이 반응의 평형 상수 K_c를 계산하시오.

14.3 다음의 첫 번째 그림은 평형 상태에 있고, 이때 A = ○, B = ● 이다. 두 번째 그림이 평형에 도달하기 위해 추가해야 할 빨간색 구의 수를 구하시오. 관련된 화학 반응은 (a) 2A ⇌ 2B (b) A ⇌ B (c) 2A ⇌ B이다.

14.3절: 평형식

14.4 25℃에서 반응의 평형 상수 K_c는 4.17×10^{-34}이다

$$2HCl(g) \rightleftharpoons H_2(g) + Cl_2(g)$$

같은 온도에서 다음 반응에 대한 평형 상수를 구하시오.

$$H_2(g) + Cl_2(g) \rightleftharpoons 2HCl(g)$$

14.5 다음 반응의 350℃에서 K_P가 1.8×10^{-5}일 때, 같은 온도에서 K_c를 구하시오.

$$2SO_3(g) \rightleftharpoons 2SO_2(g) + O_2(g)$$

14.6 특정 온도에서 N_2, H_2, NH_3가 평형에 있다. 평형 농도는 $[N_2] = 0.11 M$, $[H_2] = 1.91 M$, $[NH_3] = 0.25 M$이다. 반응이 다음과 같이 표시될 때 암모니아 합성의 평형 상수 K_c를 구하시오.

(a) $N_2(g) + 3H_2(g) \rightleftharpoons 2NH_3(g)$

(b) $\frac{1}{2}N_2(g) + \frac{3}{2}H_2(g) \rightleftharpoons NH_3(g)$

14.7 평형에 있는 반응 혼합물의 압력은 350℃에서 0.105 atm 이다. K_P와 K_c를 구하시오.

$$CaCO_3(s) \rightleftharpoons CaO(s) + CO_2(g)$$

14.8 암모늄 카바메이트($NH_4CO_2NH_2$)는 다음 반응처럼 분해

된다.

$$NH_4CO_2NH_2(s) \rightleftharpoons 2NH_3(g) + CO_2(g)$$

고체만을 가지고 반응을 시작해서 40℃에서 계가 평형에 도달하고 전체 압력(NH_3와 CO_2)은 0.363 atm인 것을 발견했다. 평형 상수 K_P를 구하시오.

14.9 어떤 온도에서 다음 반응의 평형 상수가 주어졌다.

$$S(s) + O_2(g) \rightleftharpoons SO_2(g) \qquad K_c' = 4.2 \times 10^{52}$$
$$2S(s) + 3O_2(g) \rightleftharpoons 2SO_3(g) \qquad K_c'' = 9.8 \times 10^{128}$$

같은 온도에서 다음 반응의 평형 상수 K_c를 계산하시오.

$$2SO_2(g) + O_2(g) \rightleftharpoons 2SO_3(g)$$

14.10 다음 평형 반응을 보자.

$$2NOBr(g) \rightleftharpoons 2NO(g) + Br_2(g)$$

브로민화 나이트로실($NOBr$)이 25℃에서 34% 분해되어 전체 압력이 0.25 atm이라면 이 온도에서 분해 반응에 대한 K_P와 K_c를 구하시오.

14.11 다음 평형 상수는 25℃에서 옥살산에 대해 측정된 것이다.

$$H_2C_2O_4(aq) \rightleftharpoons H^+(aq) + HC_2O_4^-(aq)$$
$$K_c' = 6.5 \times 10^{-2}$$
$$HC_2O_4^-(aq) \rightleftharpoons H^+(aq) + C_2O_4^{2-}(aq)$$
$$K_c'' = 6.1 \times 10^{-5}$$

같은 온도에서 다음 반응의 평형 상수를 계산하시오.

$$H_2C_2O_4(aq) \rightleftharpoons 2H^+(aq) + C_2O_4^{2-}(aq)$$

14.12 다음 그림은 세 가지 다른 유형의 반응에 대한 평형을 나타낸다.

$$A + X \rightleftharpoons AX \quad (X = B, C, D)$$

A + B ⇌ AB   A + C ⇌ AC   A + D ⇌ AD

(a) 가장 큰 평형 상수를 가지고 있는 반응은 어느 것인가?

(b) 가장 작은 평형 상수를 가지고 있는 반응은 어느 것인가?

14.4절: 문제 풀이를 위한 평형식 사용

14.13 다음 반응의 평형 상수 K_P는 350℃에서 5.60×10^4이다.

$$2SO_2(g) + O_2(g) \rightleftharpoons 2SO_3(g)$$

혼합물 SO_2, O_2, SO_3의 초기 압력이 각각 0.350, 0.762, 0 atm이다. 같은 온도에서 평형에 도달했을 때 전체 압력은 초기 압력보다 큰지 작은지 결정하시오.

14.14 다음 반응의 K_c는 700℃에서 0.534이다.

$$H_2(g) + CO_2(g) \rightleftharpoons H_2O(g) + CO(g)$$

CO 0.300 mol과 H_2O 0.300 mol을 10.0 L 용기에 넣고 700°C로 가열하여 평형에 도달하였을 때 존재하는 수소의 mol을 계산하시오.

14.15 다음 반응의 평형 상수 K_c는 730°C에서 2.18×10^6이다.

$$H_2(g) + Br_2(g) \rightleftharpoons 2HBr(g)$$

12.0 L의 반응 용기에 HBr 3.20 mol을 넣어 반응을 시작할 때 평형에서 세 가지 기체의 농도를 계산하시오.

14.16 포스겐($COCl_2$)의 분해 반응에 대한 평형 상수 K_c는 527°C에서 4.63×10^{-3}이다.

$$COCl_2(g) \rightleftharpoons CO(g) + Cl_2(g)$$

순수한 포스겐 0.760 atm으로 반응을 시작할 때 평형에서 모든 기체의 분압을 구하시오.

14.17 불균일 평형은 다음 반응을 보자.

$$C(s) + CO_2(g) \rightleftharpoons 2CO(g)$$

700°C에서 계의 전체 압력은 4.50 atm이다. 평형 상수 K_P가 1.52라면 CO_2와 CO의 평형 분압은 얼마인가?

14.18 수용액 반응 L−글루탐산+피루빈산 $\rightleftharpoons$ α−케토글루타르산염+L−알라닌은 효소(L−글루탐산−피루빈산 아미노트랜스퍼레이스)에 의해 촉매 반응이 진행된다. 300 K에서 평형 상수는 1.11이다. 반응물과 생성물 농도가 [L−글루탐산]$=3.0 \times 10^{-5}$ M, [피루빈산]$=3.3 \times 10^{-4}$ M, [α−케토글루타르산염]$=1.6 \times 10^{-2}$ M, [L−알라닌]$=6.25 \times 10^{-3}$ M일 때, 정반응으로 진행될지 예측하시오.

14.5절: 화학 평형에 영향을 주는 요소들

14.19 고립된 용기에 탄산수소 소듐 고체를 넣고 가열하여 다음과 같은 평형을 만들었다.

$$2NaHCO_3(s) \rightleftharpoons Na_2CO_3(s) + H_2O(g) + CO_2(g)$$

평형의 위치에 어떤 일이 일어날지 예측하시오. 모든 경우 온도는 모두 동일하다.
(a) 계로부터 CO_2의 일부를 제거
(b) 약간의 고체 Na_2CO_3를 계에 첨가
(c) 약간의 고체 $NaHCO_3$를 계로부터 제거

14.20 평형에 있는 다음 각각의 계에 압력 증가는 어떤 영향을 주는가? 온도는 일정하게 유지되고 각 경우 반응물들은 움직일 수 있는 피스톤으로 채워진 실린더에 들어 있다.
(a) $A(s) \rightleftharpoons 2B(s)$ (b) $2A(l) \rightleftharpoons B(l)$
(c) $A(s) \rightleftharpoons B(g)$ (d) $A(g) \rightleftharpoons B(g)$
(e) $A(g) \rightleftharpoons 2B(g)$

14.21 다음 평형에서 $PCl_5(g) \rightleftharpoons PCl_3(g) + Cl_2(g)$ $\Delta H° = 92.5$ kJ/mol이다. 다음의 경우에서 평형 이동 방향을 예측하시오.
(a) 온도를 증가시킬 때
(b) 더 많은 염소를 반응계에 넣으면
(c) 계로부터 PCl_3의 일부를 제거하면
(d) 기체들의 압력을 높이면
(e) 반응계에 촉매를 넣을 때

14.22 촉매를 사용하지 않는 다음 반응

$$N_2O_4(g) \rightleftharpoons 2NO_2(g)$$

평형 상태에 있는 기체의 압력은 100°C에 $P_{N_2O_4} = 0.377$ atm, $P_{NO_2} = 1.56$ atm이다. 촉매를 혼합물 속에 넣으면 이들 압력에 무슨 일이 일어나겠는가?

14.23 고립된 용기에 일어나는 다음 평형을 보자.

$$CaCO_3(s) \rightleftharpoons CaO(s) + CO_2(g)$$

다음 각 상황에서 어떤 일이 일어날 것인가?
(a) 부피가 증가할 때
(b) CaO를 계에 더 넣으면
(c) 약간의 $CaCO_3$를 첨가하면
(d) 약간의 CO_2를 혼합물에 넣으면
(e) 몇 방울의 NaOH 용액을 계에 넣으면
(f) 몇 방울의 HCl 용액을 계에 넣으면
(g) 온도를 높이면

14.24 다음 그림은 온도 T_1, $T_2(T_2 > T_1)$에서 O_2와 O_3의 평형 혼합물을 보여준다.
(a) 발열 반응인 정반응을 진행하는 반응식을 쓰시오.
(b) 일정 온도에서 부피가 감소될 때 O_2와 O_3 분자 수가 어떻게 변할지 예측하시오.

T_1 T_2

추가 문제

14.25 순수한 염화 나이트로실(NOCl) 기체가 담겨 있는 1.00 L 용기를 240°C로 가열하였다. 이 온도에서 평형에 도달한 계의 전체 압력은 1.00 atm이고 NOCl 압력은 0.64 atm이다.

$$2NOCl(g) \rightleftharpoons 2NO(g) + Cl_2(g)$$

(a) 계에 존재하는 NO와 Cl_2의 분압을 구하시오.
(b) 평형 상수 K_P를 계산하시오.

14.26 베이킹 소다(탄산수소 소듐)는 다음과 같이 열분해한다.

$$2NaHCO_3(s) \rightleftharpoons Na_2CO_3(s) + CO_2(g) + H_2O(g)$$

다음 반응 조건에서 혼합물에 여분의 베이킹 소다를 추가하면 CO_2와 H_2O를 더 얻을 수 있는가?
(a) 밀폐된 용기   (b) 열린 용기

14.27 다음 평형 반응의 평형 상수 K_P는 25°C에서 2×10^{-42}이다.

$$2H_2O(g) \rightleftharpoons 2H_2(g) + O_2(g)$$

(a) 이 온도에서 반응의 K_c는 얼마인가?
(b) 매우 작은 평형 상수 값은 반응이 물 분자 형성을 극히 선호한다는 것을 지적한다. 이러한 사실에도 불구하고 어떤 변화 없이도 수소와 산소 기체 혼합물이 상온에서 존재하는 이유를 설명하시오.

14.28 어떤 온도에서 전체 압력이 1.2 atm인 평형 혼합물의 부분압이 $P_A = 0.60$ atm, $P_B = 0.60$ atm이다.

$$2A(g) \rightleftharpoons B(g)$$

(a) 이 온도에서 반응의 K_P를 계산하시오.

(b) 전체 압력을 1.5 atm으로 증가시키면 평형에서 A, B의 분압은 어떻게 될 것인지 설명하시오.

14.29 특정 온도에서 다음 반응을 보자.

$$A_2 + B_2 \rightleftharpoons 2AB$$

1 mol의 A_2와 3 mol의 B_2 혼합물은 평형에서 x mol의 AB를 준다. A_2를 2 mol 더 첨가하면 AB가 x mol만큼 더 생성된다. 이 반응의 평형 상수를 계산하시오.

14.30 H_2 0.47 mol과 HCl 3.59 mol의 혼합물을 2800℃로 가열한다. 전체 압력이 2.00 atm이라면 H_2, Cl_2, HCl의 평형 분압을 구하시오. 이 반응의 K_P는 2800℃에서 193이다.

$$H_2(g) + Cl_2(g) \rightleftharpoons 2HCl(g)$$

14.31 질소 1 mol과 수소 3 mol을 375℃에서 플라스크에 담았다. 평형에서 NH_3의 몰분율이 0.21일 때 계의 전체 압력을 구하시오. 이 반응의 K_P는 4.31×10^{-4}이다.

14.32 식 14.4를 사용해서 K_P를 구하는 과정에서 다음 반응의 Δn은 얼마인가?

$$C_3H_8(g) + 5O_2(g) \rightleftharpoons 3CO_2(g) + 4H_2O(l)$$

14.33 반응이 1600℃에서 진행된다.

$$Br_2(g) \rightleftharpoons 2Br(g)$$

Br_2 1.05 mol을 0.980 L의 플라스크에 넣었더니 1.20%의 Br_2가 분해되었다. 이 반응의 K_c를 구하시오.

14.34 글루코스(콘 슈가)와 프럭토스(과당)는 물에서 다음과 같은 평형을 이룬다.

$$프럭토스 \rightleftharpoons 글루코스$$

화학자가 25℃에서 0.244 M의 과당 용액을 제조하였다. 평형에서 과당의 농도가 0.113 M로 감소했다는 것을 발견했다.

(a) 이 반응의 평형 상수를 구하시오.

(b) 평형에서 과당의 몇 %가 글루코스로 변환되었는가?

14.35 학생이 물로 채워진 물잔에 얼음 몇 개를 넣었다. 몇 분 후 얼음 조각 몇 개가 녹았다는 것을 관찰했다. 무슨 일이 일어났는지 설명하시오.

14.36 다음 반응의 평형 상수 K_c는 430℃에서 54.3이다.

$$H_2(g) + I_2(g) \rightleftharpoons 2HI(g)$$

반응 시작에서 수소 0.714 mol과 아이오딘 0.984 mol, HI 0.886 mol이 2.40 L의 용기에 담겨 있었다. 평형에서 기체들의 농도를 구하시오.

14.37 기체를 대기압력하에서 가열했을 때 색상이 짙어졌다. 150℃ 이상 가열하면 색이 옅어지고 550℃에서 색은 거의 없어졌다. 그러나 550℃에서 계의 압력을 증가시킬 때 색이 다시 나타났다면 이것을 가장 잘 설명하는 것은 다음 중 어느 것인지 고르고, 선택한 이유를 설명하시오.

(a) 수소와 브로민 혼합물 (b) 순수한 브로민

(c) 이산화 질소와 사산화 이질소(힌트: 브로민은 붉은색, 이산화 질소는 갈색을 띠고 다른 기체는 무색)

14.38 NO_2와 N_2O_4 기체 혼합물을 포함하는 닫힌 유리관을 보자. 이 관을 20℃에서 40℃로 가열할 때 변화되는 기체에 어떤 변화가 일어났는지를 설명하시오. 부피는 일정하게 유지된다

고 가정하시오.(힌트: NO_2는 갈색 기체, N_2O_4는 무색 기체)

(a) 색상   (b) 압력

(c) 평균 몰질량   (d) 밀도

14.39 초기 NOCl 시료 2.50 mol을 400℃의 1.50 L의 용기에 넣었다. 평형에 도달한 후 NOCl의 28.0%가 분해되었다.

$$2NOCl(g) \rightleftharpoons 2NO(g) + Cl_2(g)$$

이 반응의 평형 상수 K_c를 구하시오.

14.40 물은 다음과 같은 자동 이온화(autoionization)로 진행되는 매우 약한 전해질이다.

$$H_2O(l) \underset{k_{-1}}{\overset{k_1}{\rightleftharpoons}} H^+(aq) + OH^-(aq)$$

(a) $k_1 = 2.4 \times 10^{-5}$ s^{-1}과 $k_{-1} = 1.3 \times 10^{11}/M \cdot$s라면 평형 상수 K를 계산하시오. $K = [H^+][OH^-]/[H_2O]$

(b) $[H^+][OH^-]$, $[H^+]$, $[OH^-]$를 계산하시오.(힌트: 물의 농도는 밀도 1.0 g/mL를 사용하여 계산할 수 있다)

14.41 다음 반응의 평형 상수 K_c는 375℃에서 0.83이다.

$$2NH_3(g) \rightleftharpoons N_2(g) + 3H_2(g)$$

4.00 L의 용기에 14.6 g의 암모니아 시료를 넣었을 때 평형에서 모든 기체의 농도를 구하시오.

14.42 밀폐된 용기에서 NO_2와 N_2O_4 사이의 반응을 보자.

$$N_2O_4(g) \rightleftharpoons 2NO_2(g)$$

초기에 1 mol의 N_2O_4가 존재한다. 평형에서 x mol의 N_2O_4가 쪼개져서 NO_2를 생성시킨다.

(a) K_P를 위한 평형식을 x와 전체 압력 P를 사용하여 유도하시오.

(b) (a)에서 식은 압력 P의 증가에 따른 평형 이동을 예측하는 데 어떻게 도움을 주는가? 예측이 Le Châtelier의 원리와 일치하는가?

14.43 다음 반응 중 어느 것에서 K_c와 K_P가 동일한지 찾으시오. K_P 식을 쓸 수 없는 것을 찾으시오

(a) $4NH_3(g) + 5O_2(g) \rightleftharpoons 4NO(g) + 6H_2O(g)$

(b) $CaCO_3(s) \rightleftharpoons CaO(s) + CO_2(g)$

(c) $Zn(s) + 2H^+(aq) \rightleftharpoons Zn^{2+}(aq) + H_2(g)$

(d) $PCl_3(g) + 3NH_3(g) \rightleftharpoons$
$$3HCl(g) + P(NH_2)_3(g)$$

(e) $NH_3(g) + HCl(g) \rightleftharpoons NH_4Cl(s)$

(f) $NaHCO_3(s) + H^+(aq) \rightleftharpoons$
$$H_2O(l) + CO_2(g) + Na^+(aq)$$

(g) $H_2(g) + F_2(g) \rightleftharpoons 2HF(g)$

(h) $C(흑연) + CO_2(g) \rightleftharpoons 2CO(g)$

14.44 온도 1024℃에서 산화 구리(II) 분해로 생성된 산소의 압력은 0.49 atm이다.

$$4CuO(s) \rightleftharpoons 2Cu_2O(s) + O_2(g)$$

(a) 이 반응의 K_P를 구하시오.

(b) 1024℃에서 0.16 mol의 CuO를 2.0 L의 플라스크에 넣을 때 분해된 CuO의 분율을 구하시오.

(c) 1.0 mol의 CuO를 사용한다면 분율은 얼마인가?

(d) 평형을 만들 수 있는 가장 작은 양의 CuO(mol)를 구하시오.

14.45 공업적으로 금속 소듐은 용융 염화 소듐의 전기 분해로 얻는

다. 환원전극(cathode)에서 반응은 $Na^+ + e^- \longrightarrow Na$
이다. 포타슘 금속 역시 용융된 염화 포타슘으로부터 얻을
수 있을 것으로 보인다. 그러나 포타슘 금속은 용융 KCl에
녹기 때문에 회수가 어렵다. 또한, 포타슘은 공정 온도에서
쉽게 증발하기에 위험한 상황을 만들 수 있다. 대신에 포타
슘은 892℃에서 소듐 증기 존재하에서 용융 KCl의 증류를
통해 만들어진다.

$$Na(g) + KCl(l) \rightleftharpoons NaCl(l) + K(g)$$

포타슘이 소듐보다 더 강한 환원제라는 사실로 이러한 과정
이 왜 진행되는지 설명하시오.(Na와 K의 끓는점은 각각
892℃, 770℃이다.)

14.46 다음 반응의 K_P는 648 K에서 2.05이다.

$$SO_2Cl_2(g) \rightleftharpoons SO_2(g) + Cl_2(g)$$

SO_2Cl_2 시료를 용기에 담고 648 K로 가열할 때 전체 압력
은 9.00 atm을 유지했다. 평형에서 기체들의 분압을 계산
하시오.

14.47 6.75 g의 SO_2Cl_2 시료를 2.00 L의 플라스크에 담았다.
648 K에서 존재하는 SO_2는 0.0345 mol이라면 반응의 평
형 상수 K_c를 계산하시오.

$$SO_2Cl_2(g) \rightleftharpoons SO_2(g) + Cl_2(g)$$

14.48 자동차 엔진으로부터 공기 오염 물질인 일산화 질소(NO)의
형성에 대한 평형 상수 K_P는 530℃에서 2.9×10^{-11} 이다.

$$N_2(g) + O_2(g) \rightleftharpoons 2NO(g)$$

(a) 질소와 산소의 분압이 각각 3.0, 0.012 atm일 때 이
조건에서 NO의 분압을 구하시오.

(b) 25℃에서 질소와 산소의 분압이 각각 0.78과 0.21인
대기조건에서 NO의 분압을 구하시오(25℃에서 K_P
는 4.0×10^{-31}).

(c) NO 형성은 발열인지 흡열인지 결정하시오.

(d) 어떤 자연 현상이 NO 형성을 가속시키는가? 이유를
설명하시오.

14.49 SO_2와 O_2로부터 SO_3의 형성은 황산의 제조의 중간 과정이
고 산성비 현상의 원인이 되는 물질이다. 830℃에서 이 반
응의 평형 상수 K_P는 0.13이다.

$$2SO_2(g) + O_2(g) \rightleftharpoons 2SO_3(g)$$

실험의 초기에 플라스크에 SO_2 2.00 mol, O_2 2.00 mol을
넣고 실험을 하였다. SO_3의 수율이 80.0%가 되기 위해서
평형 상태 혼합물의 전체 압력을 계산하시오.

14.50 수은의 증기압은 26℃에서 0.0020 mmHg이다.

(a) 이 $Hg(l) \rightleftharpoons Hg(g)$ 과정의 K_c와 K_P를 계산하
시오.

(b) 화학자가 온도계를 깨서 수은이 실험실 바닥으로 흘렀
다. 실험실은 길이 6.1 m, 너비 5.3 m, 높이 3.1 m의
공간이다. 평형에 있는 기체 수은의 농도(mg/m^3)와
수은의 질량(g)을 계산하시오. 이 농도는 0.05 mg/m^3
의 안전 기준을 초과하는가?(실험실 가구와 다른 물체
의 부피는 무시하시오.)

14.51 광합성을 다음과 같이 표현할 수 있다.

$$6CO_2(g) + 6H_2O(l) \rightleftharpoons C_6H_{12}O_6(s) + 6O_2(g)$$
$$\Delta H° = 2801 \text{ kJ/mol}$$

다음의 변화에 따라 평형이 어떻게 영향을 받는지 설명하시
오.

(a) CO_2의 분압 증가 (b) 혼합물로부터 O_2 제거

(c) 글루코스($C_6H_{12}O_6$)를 계로부터 제거

(d) 물을 더 첨가 (e) 촉매 첨가

(f) 온도 상승

14.52 달걀 껍질은 다음과 같은 반응에 의해 대부분 탄산칼슘
($CaCO_3$)으로 구성되어 있다.

$$Ca^{2+}(aq) + CO_3^{2-}(aq) \rightleftharpoons CaCO_3(s)$$

탄산 이온들은 대사의 결과로 생성된 이산화 탄소에 의해
공급된다. 닭이 더 많이 헐떡이는 여름에 달걀 껍질이 더
얇은 이유를 설명하시오. 이러한 상황에 대한 해결 방법을
제시하시오.

14.53 두 형태의 반응 $A \rightleftharpoons B$에 대한 퍼텐셜 에너지 그림을
보자. 각 경우 평형에 있는 계에 대해 다음의 질문에 대해
답하시오.

(a) 촉매는 어떻게 정반응과 역반응의 반응 속도에 영향을
주는지 설명하시오.

(b) 촉매는 어떻게 반응물과 생성물의 에너지에 영향을 주
는지 설명하시오.

(c) 온도 증가가 어떻게 평형 상수에 영향을 주는지 설명
하시오.

(d) 촉매의 유일한 효과가 정반응과 역반응의 활성화 에너
지를 낮추는 것이라면, 촉매가 반응 혼합물에 첨가될
때 평형 상수는 변화하지 않는다는 것을 보이시오.

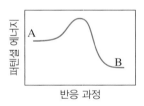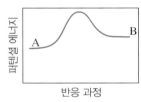

14.54 평형 상수의 온도 의존성은 van't Hoff 식에 의해 주어진다.

$$\ln K = \frac{-\Delta H°}{RT} + C$$

여기서 C는 상수이다. 다음 표는 다양한 온도에서 진행된
반응의 평형 상수 K_P를 제공한다.

$$2NO(g) + O_2(g) \rightleftharpoons 2NO_2(g)$$

K_P	138	5.12	0.436	0.0626	0.0130
$T(K)$	600	700	800	900	1000

(a) 반응의 $\Delta H°$를 그림으로 결정하시오.

(b) 두 개의 다른 온도에서 평형 상수를 연결하는 다음 식
을 유도하기 위해 van't Hoff 식을 사용하시오.

$$\ln \frac{K_1}{K_2} = \frac{\Delta H°}{R}\left(\frac{1}{T_2} - \frac{1}{T_1}\right)$$

온도에 대한 평형 이동을 설명하는 Le Châtelier의
원리에 기초한 예측을 이 식으로 어떻게 지지할 수 있
겠는지 설명하시오.

(c) 물의 증기압은 30℃에서 31.82 mmHg이고 50℃에서
92.51 mmHg이다. 물의 몰 증발열을 계산하시오.

종합 연습문제

물리학과 생물학

생석회(CaO)는 석탄 화력 발전소의 굴뚝에서 나오는 SO_2를 석고($CaSO_4 \cdot 2H_2O$) 형성을 통해 제거하기 위해 사용된다. 전체 과정에서 중요한 하나의 반응은 $CaCO_3$ 분해 반응이다.

$$CaCO_3(s) \rightleftharpoons CaO(s) + CO_2(g)$$

이 반응의 평형 상수 K_c는 $725°C$에서 3.0×10^{-6}이다.

1. $725°C$에서 $CaCO_3$ 분해 반응의 K_P를 계산하시오.

   a) 3.0×10^{-6} b) 2.5×10^{-4}
   c) 2.0×10^{-2} d) 3.7×10^{-8}

2. $CaCO_3$ 시료 $12.0\,g$을 $725°C$의 압력 용기에 넣은 뒤 반응이 평형에 도달했을 때 CO_2 압력이 얼마인지 계산하시오.

   a) $3.0 \times 10^{-6}\,atm$ b) $3.3 \times 10^5\,atm$
   c) $1.7 \times 10^{-3}\,atm$ d) $1.0\,atm$

3. 다음의 어떤 작용이 문제 2에 기술한 용기에 있는 CO_2 압력을 상승시킬 것인지 찾으시오.

   a) He 기체의 첨가
   b) SO_2 기체의 첨가
   c) 더 많은 고체 $CaCO_3$의 주입
   d) 반응 용기의 부피 증가

4. $12.0\,g$의 $CaCO_3$ 고체 시료를 $725°C$의 압력 용기에 넣었을 때 CO_2 압력이 $2.5\,atm$을 유지한다면 형성된 CaO의 질량을 구하시오.

   a) $6.72\,g$ b) $12.0\,g$
   c) $6.00\,g$ d) 없다.

예제 속 추가문제 정답

14.1.1 $K_c = \dfrac{[BrCl^2]}{[Br_2][Cl_2]}$, $K_c = 7.1$ **14.1.2** $0.016\,M$

14.2.1 (a) $Q_c = \dfrac{[N_2]^2[O_2]}{[N_2O]^2}$ (b) $Q_c = \dfrac{[NO]^2[Br_2]}{[NOBr]^2}$

(c) $Q_c = \dfrac{[H^+][F^-]}{[HF]}$ (d) $Q_c = \dfrac{[CO_2][H_2]}{[CO][H_2O]}$

(e) $Q_c = \dfrac{[Cs_2][H_2]^4}{[CH_4][H_2S]^2}$ (f) $Q_c = \dfrac{[H^+]^2[C_2O_4^{2-}]}{[H_2C_2O_4]}$

14.2.2 (a) $H_2 + Cl_2 \rightleftharpoons 2HCl$ (b) $H^+ + F^- \rightleftharpoons HF$

(c) $Cr^{3+} + 4OH^- \rightleftharpoons Cr(OH)_4^-$

(d) $HCl \rightleftharpoons H^+ + ClO^-$

(e) $H_2SO_3 \rightleftharpoons H^+ + HSO_3^-$

(f) $2NO + Br_2 \rightleftharpoons 2NOBr$

14.3.1 (a) $K_c = \dfrac{[HCl]^4}{[SiCl_4][H_2]^2}$

(b) $K_c = \dfrac{1}{[Hg^{2+}][Cl^-]^2}$ (c) $K_c = \dfrac{[Ni(CO)_4]}{[CO]^4}$

(d) $K_c = \dfrac{[Zn^{2+}]}{[Fe^{2+}]}$ **14.3.2** (a), (c), (d)에 있는 식은 불균일 평형이다. 각각의 식에 나타나는 화학종만을 사용해서 균형된 화학 반응식을 적는 것은 불가능하다. 즉, 평형식에 나타나지 않는 화학종(액체 혹은 고체)이 있다는 것을 의미한다.

14.4.1 (a) 2.3×10^{24} (b) 6.6×10^{-13} (c) 2.8×10^{-15}

14.4.2 (a) $2A(g) + 2B(g) \rightleftharpoons 2C(g) + 2D(g)$

(b) $C(g) + D(g) \rightleftharpoons A(g) + B(g)$

(c) $\frac{1}{3}A(g) + \frac{1}{3}B(g) \rightleftharpoons \frac{1}{3}C(g) + \frac{1}{3}D(g)$

(d) $\frac{1}{2}C(g) + \frac{1}{2}D(g) \rightleftharpoons \frac{1}{2}A(g) + \frac{1}{2}B(g)$

14.5.1 (a) $K_P = \dfrac{(P_{CO_2})^2}{(P_{CO})^2(P_{O_2})}$ (b) $K_P = P_{CO_2}$

(c) $K_P = \dfrac{(P_{NH_3})^2}{(P_{N_2})(P_{H_2})^3}$ **14.5.2** (a) $2NO_2 + O_2 \rightleftharpoons 2NO_3$

(b) $CH_4 + 2H_2O \rightleftharpoons CO_2 + 4H_2$ (c) $I_2 + H_2 \rightleftharpoons 2HI$

14.6.1 9.4×10^{-5} **14.6.2** 0.104 **14.7.1** 왼쪽 **14.7.2** 오른쪽

14.8.1 $[H_2] = [I_2] = 0.056\,M$, $[HI] = 0.413\,M$

14.8.2 $0.20\,M$

14.9.1 $[H_2] = [I_2] = 0.081\,M$, $[HI] = 0.594\,M$

14.9.2 $[Br] = 8.4 \times 10^{-3}\,M$, $[Br_2] = 6.5 \times 10^{-2}\,M$

14.10.1 $[H^+] = [CN^-] = 7.0 \times 10^{-6}\,M$, $[HCN] \approx 0.100\,M$

14.10.2 $K_c = 3.3 \times 10^{-9}$

14.11.1 $[P_{H_2}] = [P_{I_2}] = 0.37\,atm$, $P_{HI} = 2.75\,atm$

14.11.2 $P_{H_2} = 0.41\,atm$, $P_{I_2} = 0.21\,atm$, $P_{HI} = 2.2\,atm$

14.12.1 (a) 오른쪽 (b) 왼쪽 (c) 오른쪽 (d) 왼쪽

14.12.2 (a) $Ag(NH_3)_2^+(aq)$ 또는 $Cl^-(aq)$ (b) $NH_3(aq)$

(c) $AgCl(s)$ **14.13.1** (a) 오른쪽 (b) 오른쪽 (c) 오른쪽

14.13.2 오른쪽 이동, HF 제거; 왼쪽 이동, H_2 제거; 이동 없음, 용기의 부피 감소 **14.14.1** 온도 상승은 평형을 왼쪽으로 이동시킬 것이다. 온도 감소는 평형을 오른쪽으로 이동시킬 것이다.

14.14.2 흡열

CHAPTER 15

산과 염기

Acids and Bases

한 헬리콥터가 수십 년간의 산성비로 인해 산성화된 호수의 pH를 증가 시키기 위해 석회를 뿌리고 있다.

인간의 활동이 비의 산성도에 어떻게 영향을 주는가

오염되지 않은 지역의 빗물은 약간 산성이다. 공기 중의 이산화 탄소가 빗방울에 용해된 후 반응해서 약산인 **탄산**(H_2CO_3)을 형성하기 때문이다. 화석 연료의 연소에 의해 공기가 오염되는 지역에서는 비가 매우 산성일 수 있다. **산성비**(acid rain)로 알려진 이 현상은 1852년 영국 Manchester의 스코틀랜드(Scottish) 화학자 Robert Angus Smith (1817~1884)에 의해 처음 발견됐다. 당시에는 산업 혁명이 진행 중이었고, 영국 경제는 석탄을 사용하여 증기를 발생시키는 것에 크게 의존했다. 산성비의 산성도에 중요한 기여를 하는 두 가지 주요 원인은 매우 강한(strong) 산인 황산(H_2SO_4)과 질산(HNO_3)을 만들어내는 이산화 황(SO_2)과 질소 산화물(NO_x)이다. SO_2와 NO_x는 모두 유황 석탄의 연소에 의해 생성된다.

산성비는 1852년에 처음 발견되었지만, 그 원인을 이해하고 치료하려는 과학적, 사회적 노력은 그 당시 나타나지 않았다. 1960년대 후반에 미국 과학자들에 의해 산성비의 원인과 결과가 광범위하게 연구되기 시작했다. New Hampshire의 Hubbard Brook Experimental Forest 연구 결과가 발표된 1970년대에는 이 현상에 대한 대중의 인식이 높아지면서, 산성비가 이 지역의 생태계에 미치는 영향이 자세히 설명되었다.

20세기 후반 대기 과학자들(atmospheric scientists)과 생태 학자들이 산성비에 의해 무서운 재앙이 닥칠 것이라고 예측했음에도 불구하고 이에 대한 낙관적인 움직임도 있었다. Clean Air Act(1963년에 제정된)에 대한 1990년 개정안의 일부인 산성비 프로그램 (the Acid Rain Program)은 1960년대에 비해 미국 공업지역의 빗물 산성도를 낮추는 데에 기여했다. 석탄을 태우는 발전소에서 나오는 황의 배출을 줄이기 위해서는 SO_2를 제거하고 대체 에너지 원을 개발하기 위한 화학 세정기와 황 함량이 적은 석탄을 사용하는 것이 포함된다. NO_x 배출량을 대폭 감소시키는 방법으로는 1970년대 중반 이후 미국 자동차의 표준 장비였던 촉매 변환기의 사용이 효과가 있었다.

산성비의 원인을 이해하고 예방과 치료를 하기 위해서는 **산**(acid)과 **염기**(base)의 특성을 이해해야 한다.

학생 노트
"NO_x"는 NO와 NO_2를 이르는 총칭이다.

이 장의 끝에서 빗물의 산성도와 관련된 일련의 문제를 해결할 수 있을 것이다[▶▶ 배운 것 적용하기. 686쪽].

15.1 Brønsted 산과 염기

4장에서 Brønsted 산은 양성자를 줄 수 있는 물질이며, Brønsted 염기는 양성자를 받아들일 수 있는 물질이라는 것을 알았다[|◀◀ 4.3절]. 이제 이 장에서 Brønsted 산−염기 이론에 짝산과 짝염기가 포함되도록 논제를 확장해 보자.

Brønsted 산이 양성자를 줄 때, 산의 잔류물은 **짝염기**(conjugate base)로 알려져 있다. 예를 들어, 물속 HCl의 이온화(해리) 반응에서는 다음과 같다.

$$\underset{\text{산}}{HCl(aq)} + H_2O(l) \rightleftharpoons H_3O^+(aq) + \underset{\text{짝염기}}{Cl^-(aq)}$$

표 15.1	흔한 화학종 몇 가지의 짝염기
화학종	**짝염기**
CH_3COOH	CH_3COO^-
H_2O	OH^-
NH_3	NH_2^-
H_2SO_4	HSO_4^-

HCl은 양성자를 물 분자에 주고, 하이드로늄 이온(H_3O^+)과 HCl의 짝염기인 염소 이온(Cl^-)을 생성한다. HCl과 Cl^-, 두 화학종은 **짝산−염기 쌍**(conjugate acid−base pair) 또는 간단하게 **짝쌍**(conjugate pair)으로 알려져 있다. 표 15.1은 몇 가지 친숙한 화학종의 짝염기 목록이다.

반대로 Brønsted 염기가 양성자를 받았을 때, 새로 형성된 **양성자를 가진**(protonated) 화학종들은 **짝산**(conjugate acid)으로 알려져 있다. 물속에서 암모니아(NH_3)가 이온화될 때 다음과 같다.

$$\underset{\text{염기}}{NH_3(aq)} + H_2O(l) \rightleftharpoons \underset{\text{짝산}}{NH_4^+(aq)} + OH^-(aq)$$

표 15.2	흔한 화학종 몇 가지의 짝산
화학종	**짝산**
NH_3	NH_4^+
H_2O	H_3O^+
OH^-	H_2O
H_2NCONH_2 (요소)	$H_2NCONH_3^+$

NH_3는 물에서 양성자를 받아 암모늄 이온(NH_4^+)이 된다. 그 암모늄 이온은 암모니아의 짝산이다. 표 15.2는 몇 가지 흔한 종들의 짝산 목록이다.

Brønsted 산−염기 이론을 사용하여 설명하는 어떤 반응도 산과 염기를 포함한다. 그 산은 양성자를 주고, 그 염기는 그것을 받아들인다. 또한, 이러한 반응의 생성물은 항상 짝염기와 짝산이다. 그래서 Brønsted 산−염기 반응에서 각 화학종을 확인하고 분류하는 것이 유용하다. 물에서 HCl의 이온화를 위해 화학종들은 다음과 같이 분류된다.

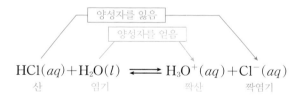

그리고 물에서 NH_3의 이온화(해리) 반응은 다음과 같다.

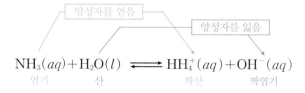

예제 15.1과 15.2를 통해 Brønsted 산−염기 반응에서 짝쌍과 화학종을 확인할 수 있도록 연습해 보자.

예제   15.1

(a) HNO_3의 짝염기, (b) O^{2-}의 짝산, (c) HSO_4^-의 짝염기, (d) HCO_3^-의 짝산은 무엇인가?

전략 화학종들의 짝염기를 찾기 위해, 분자식에서 양성자를 **제거한다**. 화학종들의 짝산을 찾으려면, 분자식에 양성자를 **더한다**.

계획 이 문맥에서 **양성자**(proton)라는 단어는 H^+를 가리킨다. 그러므로 분자식 및 전하 모두 H^+의 추가 또는 제거의 영향을 받는다.

풀이 (a) NO_3^- (b) OH^- (c) SO_4^{2-} (d) H_2CO_3

> **생각해 보기**
>
> 어떤 화학종이 그것의 짝염기를 가지기 위해 산으로 생각할 필요는 없다. 예를 들어, 수산화 이온(OH^-)이 산화 이온(O^{2-})을 짝염기로 가지기 위해서 그것을 산으로 생각할 필요는 없다. 또한 HCO_3^-와 같이 양성자를 잃거나 얻을 수 있는 종에는 짝산(CO_3^{2-})과 짝염기(H_2CO_3)가 모두 존재한다.

추가문제 1 (a) ClO_4^-의 짝산, (b) S^{2-}의 짝산, (c) H_2S의 짝염기, (d) $H_2C_2O_4$의 짝염기는 무엇인가?

추가문제 2 HSO_3^-는 어떤 화학종의 짝산인가? HSO_3^-는 어떤 화학종의 짝염기인가?

추가문제 3 다음 중 짝염기가 있는 화학종은 무엇인가? 또 다른 화학종의 짝염기인 화학종들은 무엇을 나타내는가?

(i)   (ii)   (iii)   (iv)

예제   15.2

다음 반응식의 화학종들에 각각 산, 염기, 짝산 또는 짝염기를 표시하시오.

(a) $HF(aq) + NH_3(aq) \rightleftharpoons F^-(aq) + NH_4^+(aq)$

(b) $CH_3COO^-(aq) + H_2O(l) \rightleftharpoons CH_3COOH(aq) + OH^-(aq)$

전략 각 반응식에서 양성자를 잃는 반응물은 산이고, 양성자를 얻는 반응물은 염기이다. 각 생성물은 반응물 중 하나의 짝이다. 양성자만 다른 두 화학종은 짝쌍을 구성한다.

계획 (a) HF는 양성자를 잃고 F^-가 된다. NH_3는 양성자를 얻어 NH_4^+가 된다.

(b) CH_3COO^-는 양성자를 얻어 CH_3COOH가 된다. H_2O는 양성자를 잃고 OH^-가 된다.

풀이 (a) $HF(aq) + NH_3(aq) \rightleftharpoons F^-(aq) + NH_4^+(aq)$
                  산   염기   짝염기   짝산

(b) $CH_3COO^-(aq) + H_2O(l) \rightleftharpoons CH_3COOH(aq) + OH^-(aq)$
          염기   산   짝산   짝염기

> **생각해 보기**
>
> Brønsted 산-염기 반응에는 항상 산과 염기가 존재하며, 물질이 산 또는 염기 중 어떻게 작용하는지의 여부는 그것이 무엇과 함께 있는지에 영향을 받는다. 예를 들어, 물은 HCl과 결합할 때 염기로 작용하지만, NH_3와 결합할 때는 산으로 작용한다.

추가문제 1 각 반응의 화학종을 확인하고 표시하시오.

(a) $NH_4^+(aq) + H_2O(l) \rightleftharpoons NH_3(aq) + H_3O^+(aq)$

(b) $CN^-(aq) + H_2O(l) \rightleftharpoons HCN(aq) + OH^-(aq)$

추가문제 2 (a) HSO_4^-가 물과 반응하여 짝염기를 형성하는 반응식을 쓰시오.

(b) HSO_4^-가 물과 반응하여 짝산을 형성하는 반응식을 쓰시오.

추가문제 3 이 반응에서 각 종에 대한 화학식과 전하를 쓰고 각각 산, 염기, 짝산, 또는 짝염기를 표시하시오.

15.2 물의 산성–염기성

물은 흔히 "보편적 용매(universal solvent)"라고 불린다. 왜냐하면 그것이 지구상의 일상 생활에서 너무 흔하면서도 중요하기 때문이다. 또한 가능한 산–염기 화학의 대부분은 수용액에서 일어난다. 이 절에서는 Brønsted 산(NH_3의 이온화에서처럼) 또는 Brønsted 염기(HCl의 이온화에서처럼)로 작용하는 물의 능력에 대해 자세히 살펴볼 것이다. Brønsted 산 또는 Brønsted 염기로 작용할 수 있는 종을 **양쪽성**(amphoteric)이라고 한다.

물은 매우 약한 전해질이기 때문에 적은 양의 이온화를 한다.

$$H_2O(l) \rightleftharpoons H^+(aq) + OH^-(aq)$$

이 반응은 **물의 자동 이온화**(autoionization of water)라고 알려져 있다. 왜냐하면 물속에 존재하는 양성자를 H^+ 또는 H_3O^+로 표현할 수 있기 때문이고[◀◀ 4.3절], 또한 물의 자동 이온화를 다음과 같이 쓸 수 있다.

$$2H_2O(l) \rightleftharpoons H_3O^+(aq) + OH^-(aq)$$

산　　　　염기　　　　　짝산　　　　　짝염기

하나의 물 분자는 산으로 작용하고 다른 하나는 염기로 작용한다.

반응식의 이중 화살표로 표시된 바와 같이, 이 반응은 평형이다. 물의 자동 이온화에 대한 평형식은 다음과 같다.

$$K_w = [H_3O^+][OH^-] \text{ 또는 } K_w = [H^+][OH^-]$$

이와 같은 불균일 평형에서 액체와 고체는 평형식에 나타나지 않는다는 것을 상기하자[◀◀ 14.3절]. 물의 자동 이온화는 산과 염기의 연구에서 자주 다룰 중요한 평형이므로, **물**(water)의 자동 이온화를 특별히 나타내기 위해 평형 상수에 아래 첨자 "w"를 사용한다. 그러나 **이온곱 상수**(ion–product constant)라고도 하는 K_w는 **특정 반응**(specific reaction)에 대한 K_c라는 것을 깨닫는 것이 중요하다. 종종 K_c 표현의 c를 문자 또는 일련의 문자로 대체하여 K_c가 언급하는 특정 유형의 반응을 나타낸다. 예를 들어, 약산

(weak acid)의 이온화를 위한 K_c는 K_a이고, 약염기(weak base)의 이온화를 위한 K_c는 K_b이다. 16장에서 우리는 K_{sp}를 만나게 될 것이다. 여기서 "sp"는 "용해도 곱(solubility product)"을 나타낸다. 특별히 첨자를 가진 K는 특정 반응 유형에 대한 K_c이다.

순수한 물에서의 자동 이온화는 H_3O^+와 OH^-에서만 기인한 것이며, 반응에 대한 화학량론은 이들의 농도가 동일하다는 것을 말한다. 25°C의 순수한 물에 대하여 하이드로늄과 수산화 이온의 농도는 $[H_3O^+]=[OH^-]=1.0\times10^{-7}\,M$이다. 평형식을 사용하여 25°C에서의 K_w 값을 다음과 같이 계산할 수 있다.

$$K_w=[H_3O^+][OH^-]=(1.0\times10^{-7})(1.0\times10^{-7})=1.0\times10^{-14}$$

학생 노트
평형식에 농도를 대입할 때 단위를 무시한다는 것을 기억하자 [◀◀ 14.5절].

또한, 25°C의 수용액에서 H_3O^+ 및 OH^-의 농도의 곱은 1.0×10^{-14}와 같다.

$$K_w=[H_3O^+][OH^-]=1.0\times10^{-14}\ (25°C에서)\qquad [◀◀ 식 15.1]$$

그들의 생성물은 일정하지만, 하이드로늄과 수산화 이온들의 개별 농도는 산 또는 염기의 첨가에 의해 영향을 받을 수 있다. 그러나 H_3O^+와 OH^- 농도의 곱은 상수이므로, 농도가 독립적으로 변할 수는 없다. 하나가 변경되면 다른 것도 영향을 받는다. H_3O^+와 OH^-의 상대적인 양은 용액이 중성, 산성 또는 염기성인지의 여부를 결정한다.

- $[H_3O^+]=[OH^-]$일 때, 용액은 중성이다.
- $[H_3O^+]>[OH^-]$일 때, 용액은 산성이다.
- $[H_3O^+]<[OH^-]$일 때, 용액은 염기성이다.

예제 15.3은 식 15.1을 사용하는 방법을 보여준다.

예제 15.3

위산의 하이드로늄 이온의 농도는 0.10 M이다. 25°C에서 위산의 수산화 이온의 농도를 계산하시오.

전략 $[H_3O^+]=1.0\,M$일 때 $[OH^-]$를 K_w 값을 사용하여 결정한다.

계획 25°C에서 $K_w=[H_3O^+][OH^-]=1.0\times10^{-14}$이다. $[OH^-]$ 값을 구하기 위해 식 15.1을 재배열하면 다음과 같다.

$$[OH^-]=\frac{1.0\times10^{-14}}{[H_3O^+]}$$

풀이

$$[OH^-]=\frac{1.0\times10^{-14}}{0.10}=1.0\times10^{-13}\,M$$

생각해 보기
평형 상수는 온도에 의존한다는 것을 기억하자. K_w의 값은 오직 25°C에서 1.0×10^{-14}이다.

추가문제 1 Milk of magnesia(제산제)의 수산화 이온 농도는 $5.0\times10^{-4}\,M$이다. 25°C에서 하이드로늄 이온의 농도를 계산하시오.

추가문제 2 정상 체온(37°C)에서 K_w의 값은 2.8×10^{-14}이다. 체온에서 위산의 수산화 이온 농도를 계산하시오($[H_3O^+]=0.10\,M$).

추가문제 3 첫 번째 그림은 약전해질 AB(l)로 구성된 시스템을 나타낸다. 액체 AB는 물처럼 자동 이온화되어 A^+ 이온(빨간색)과 B^- 이온(파란색)을 형성할 수 있다. 상온에서 생성물의 이온 농도 $[A^+][B^-]$는 여기에 표시된 부피에 대해 항상 16이다. 또한 이온화하는 모든 AB 분자는 순수한 AB(l) 시료에서 하나의 A^+ 이온과 B^- 이온을 생성하기 때문에 $[A^+]$와 $[B^-]$는 서로 동일하다. 그림[(i)~(iii)] 중 B^- 이온의 수를 8개로 늘리기 위해 NaB를 용해시킨 후의 시스템을 가장 잘 나타내는 것은 어느 것인가? (AB는 액체임에도 불구하고 분자들이 멀리 떨어져 있어 그림이 너무 **빽빽하게** 보이지 않는다. 또한 그림을 깨끗하게 나타내기 위해 Na^+ 이온도 표시되어 있지 않다.)

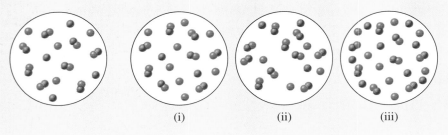

(i)　　　　　(ii)　　　　　(iii)

15.3　pH 척도

수용액의 산성도는 하이드로늄 이온$[H_3O^+]$의 농도에 의존한다. 이 농도는 수십~수십억($10^1 \sim 10^{14}$)배 이상의 범위에 걸쳐 분포를 나타낼 수 있기 때문에 숫자를 기록하기가 번거로울 수 있다. 그래서 일반적으로 하이드로늄 이온의 몰농도를 기록하기보다는 용액의 산성도를 설명하기 위해서 보다 편리한 pH 척도를 사용한다. 용액의 **pH**는 하이드로늄 이온 농도(mol/L)를 식 15.2에 넣어 구한다.

$$pH = -\log[H_3O^+] \text{ 또는 } pH = -\log[H^+] \qquad [\blacktriangleleft\blacktriangleleft \text{식 15.2}]$$

식 15.2는 엄청난 범위(10^{-1}부터 10^{-14})에 걸친 수를 일반적인 범위인 1에서 14까지의 수로 변환한다. 용액의 pH는 무한한 수량이므로 농도 단위를 로그를 취하기 전인 $[H_3O^+]$에서 제거해야 한다. 25°C의 순수한 물에서 $[H_3O^+] = [OH^-] = 1.0 \times 10^{-7} M$이기 때문에, 25°C의 순수한 물의 pH는 다음과 같다.

$$-\log(1.0 \times 10^{-7}) = 7.00$$

$[H_3O^+] = [OH^-]$인 용액이 중성이라는 것을 기억하자. 그러므로 25°C에서 중성 용액의 pH는 7.00이다. $[H_3O^+] > [OH^-]$인 산성 용액에서는 pH < 7.00이고, 반면에 $[H_3O^+] < [OH^-]$인 염기성 용액에서는 pH > 7.00이다. 표 15.3은 0.10 M에서 $1.0 \times 10^{-14} M$ 범위의 용액에 대한 pH 계산을 보여준다.

실험실에서 pH는 pH 미터(그림 15.1)로 측정한다. 표 15.4는 일반적인 액체의 pH 값을 보여준다. 체액의 pH는 액체의 위치와 기능에 따라 크게 달라진다. 위액의 낮은 pH(높은 산성도)는 음식의 소화에 필수적이며, 반면에 높은 pH의 산도는 산소 운반을 촉진하는 데 필요하다.

측정된 pH는 용액에서 하이드로늄 이온(hydronium ion)의 농도를 실험적으로 결정하는 데 사용될 수 있다. $[H_3O^+]$에 대한 식 15.2를 풀면 다음과 같다.

$$[H_3O^+] = 10^{-pH} \qquad [\blacktriangleleft\blacktriangleleft \text{식 15.3}]$$

표 15.3	25°C에서 하이드로늄 이온(hydronium ion) 농도의 범위에 대한 기준 pH 값		
$[H_3O^+]$ (M)	$-\log[H_3O^+]$	pH	
0.10	$-\log(1.0 \times 10^{-1})$	1.00	
0.010	$-\log(1.0 \times 10^{-2})$	2.00	
1.0×10^{-3}	$-\log(1.0 \times 10^{-3})$	3.00	
1.0×10^{-4}	$-\log(1.0 \times 10^{-4})$	4.00	
1.0×10^{-5}	$-\log(1.0 \times 10^{-5})$	5.00	
1.0×10^{-6}	$-\log(1.0 \times 10^{-6})$	6.00	산성
1.0×10^{-7}	$-\log(1.0 \times 10^{-7})$	7.00	중성
1.0×10^{-8}	$-\log(1.0 \times 10^{-8})$	8.00	염기성
1.0×10^{-9}	$-\log(1.0 \times 10^{-9})$	9.00	
1.0×10^{-10}	$-\log(1.0 \times 10^{-10})$	10.00	
1.0×10^{-11}	$-\log(1.0 \times 10^{-11})$	11.00	
1.0×10^{-12}	$-\log(1.0 \times 10^{-12})$	12.00	
1.0×10^{-13}	$-\log(1.0 \times 10^{-13})$	13.00	
1.0×10^{-14}	$-\log(1.0 \times 10^{-14})$	14.00	

그림 15.1 pH 미터는 흔히 실험실에서 용액의 pH를 측정하기 위해 사용된다. 비록 많은 pH 미터들이 1에서 14까지의 범위를 가지고 있지만, pH 값은 실제로 1보다 작고 14보다 클 수 있다.

표 15.4	일부 일반적인 액체의 pH 값		
액체	pH	액체	pH
위산	1.5	타액	6.4~6.9
레몬 주스	2.0	우유	6.5
식초	3.0	순수한 물	7.0
자몽 주스	3.2	혈액	7.35~7.45
오렌지 주스	3.5	눈물	7.4
소변	4.8~7.5	Milk of magnesia	10.6
빗물(깨끗한 공기 중)	5.5	가정용 암모니아	11.5

예제 15.4와 15.5는 pH와 관련된 계산을 보여준다.

예제 15.4

25°C에서의 하이드로늄 이온의 농도가 (a) 3.5×10^{-4} M, (b) 1.7×10^{-7} M, (c) 8.8×10^{-11} M인 용액의 pH를 결정하시오.

전략 $[H_3O^+]$가 주어졌을 때, 식 15.2를 사용하여 pH를 구한다.

계획 (a) $pH = -\log(3.5 \times 10^{-4})$
(b) $pH = -\log(1.7 \times 10^{-7})$
(c) $pH = -\log(8.8 \times 10^{-11})$

풀이 (a) $pH = 3.46$
(b) $pH = 6.77$
(c) $pH = 10.06$

생각해 보기

하이드로늄 이온(hydronium ion) 농도가 표 15.3의 두 "기준" 농도 사이에 있을 때, pH는 두 pH 값 사이에 들어간다. 예를 들어,

(c)에서 하이드로늄 이온 농도($8.8 \times 10^{-11}\,M$)는 $1.0 \times 10^{-11}\,M$보다 크고, $1.0 \times 10^{-10}\,M$보다 작다. 따라서 pH는 11.00과 10.00 사이로 예상된다.

$[\mathrm{H_3O^+}]\,(M)$	$-\log\,[\mathrm{H_3O^+}]$	pH
1.0×10^{-10}	$-\log\,(1.0 \times 10^{-10})$	10.00
$8.8 \times 10^{-11*}$	$-\log\,(8.8 \times 10^{-11})$	10.06†
1.0×10^{-11}	$-\log\,(1.0 \times 10^{-11})$	11.00

* 두 기준값 사이의 $[\mathrm{H_3O^+}]$
† 두 기준값 사이의 pH

기준 농도와 해당 pH 값을 알아보는 것은 계산 결과가 합리적인지 여부를 판단하는 좋은 방법이다.

추가문제 1 25°C에서 하이드로늄 이온의 농도가 (a) $3.2 \times 10^{-9}\,M$, (b) $4.0 \times 10^{-8}\,M$ 및 (c) $5.6 \times 10^{-2}\,M$인 용액의 pH를 결정하시오.

추가문제 2 25°C에서의 수산화 이온의 농도가 (a) $8.3 \times 10^{-15}\,M$, (b) $3.3 \times 10^{-4}\,M$ 및 (c) $1.2 \times 10^{-3}\,M$인 용액의 pH를 결정하시오.

추가문제 3 강산 용액이 25°C의 물에 1 mL 단위로 첨가된다. 다음 그래프 중 산의 첨가에 따른 하이드로늄 이온 농도의 변화를 나타낸 것에 가장 근접한 그래프는 어느 것인가? 어느 그래프가 산의 첨가에 따른 pH의 변화를 나타낸 그래프로 가장 근접한 것인가?

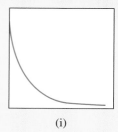 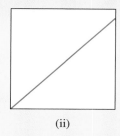  

(i) (ii) (iii) (iv)

예제 15.5

25°C에서 pH가 (a) 4.76, (b) 11.95, (c) 8.01인 용액에서 하이드로늄 이온 농도를 계산하시오.

전략 주어진 pH에서 식 15.3을 사용하여 $[\mathrm{H_3O^+}]$를 계산한다.

계획
(a) $[\mathrm{H_3O^+}] = 10^{-4.76}$
(b) $[\mathrm{H_3O^+}] = 10^{-11.95}$
(c) $[\mathrm{H_3O^+}] = 10^{-8.01}$

풀이
(a) $[\mathrm{H_3O^+}] = 1.7 \times 10^{-5}\,M$
(b) $[\mathrm{H_3O^+}] = 1.1 \times 10^{-12}\,M$
(c) $[\mathrm{H_3O^+}] = 9.8 \times 10^{-9}\,M$

생각해 보기
계산된 하이드로늄 이온(hydronium ion) 농도를 사용하여 pH를 다시 계산하면 문제에서 주어진 수치와 약간 다른 수치를 얻게 된다.

예를 들어, (a)에서 $-\log(1.7 \times 10^{-5})=4.77$이다. 이 값과 4.76(문제의 pH 값)의 작은 차이는 반올림 오류로 인한 것이다. 소수점 오른쪽에 두 자리 숫자가 있는 pH에서 파생된 농도는 두 개의 유효숫자만 가질 수 있다. 이 상황에서도 기준이 똑같이 잘 사용될 수 있음에 유의하자. pH 4 또는 5는 $1 \times 10^{-4}\,M$ 또는 $1 \times 10^{-5}\,M$ 사이의 하이드로늄 이온의 농도에 상응한다.

추가문제 1 25°C에서 pH가 (a) 9.90, (b) 1.45 및 (c) 7.01인 용액에서 하이드로늄 이온의 농도를 계산하시오.

추가문제 2 pH가 (a) 11.89, (b) 2.41 및 (c) 7.13인 25°C 용액에서 수산화 이온의 농도를 계산하시오.

추가문제 3 5.90, 10.11 및 1.25의 pH 값을 갖는 용액에 대한 하이드로늄 이온 농도의 지수값은 얼마인가?

pH 척도와 유사한 **pOH** 척도는 다음 식 15.4를 이용하여 구한 용액의 **수산화**(hydroxide) 이온의 농도로 구할 수 있다.

$$pOH = -\log[OH^-] \qquad \text{[|◀◀ 식 15.4]}$$

수산화 이온 농도를 구하기 위해 식 15.4를 다시 정리하면 다음과 같다.

$$[OH^-] = 10^{-pOH} \qquad \text{[|◀◀ 식 15.5]}$$

이제 25°C에서 물에 대한 K_w 평형식을 다시 고려해 보면,

$$[H_3O^+][OH^-] = 1.0 \times 10^{-14}$$

양변에 음의 로그를 취하면 다음과 같다.

$$-\log([H_3O^+][OH^-]) = -\log(1.0 \times 10^{-14})$$
$$-(\log[H_3O^+] + \log[OH^-]) = 14.00$$
$$-\log[H_3O^+] - \log[OH^-] = 14.00$$
$$(-\log[H_3O^+]) + (-\log[OH^-]) = 14.00$$

그리고 pH와 pOH의 정의로부터 25°C에서 다음 식과 같다는 것을 알 수 있다.

$$pH + pOH = 14.00 \qquad \text{[|◀◀ 식 15.6]}$$

식 15.6은 하이드로늄 이온 농도와 수산화 이온 농도 사이의 관계를 표현하는 또 다른 방법을 제공한다. pOH 척도에서 7.00은 중성이며, 7.00보다 큰 수는 용액이 산성임을 나타내고, 7.00보다 작은 수는 용액이 염기성이라는 것을 나타낸다. 표 15.5는 25°C에서 수산화 이온 농도의 범위에 대한 pOH 값을 보여준다.

표 15.5	25°C에서 수산화 이온 농도의 범위에 대한 기준 pOH 값	
$[OH^-](M)$	pOH	
0.10	1.00	↑
1.0×10^{-3}	3.00	
1.0×10^{-5}	5.00	염기성
1.0×10^{-7}	7.00	중성
1.0×10^{-9}	9.00	산성
1.0×10^{-11}	11.00	
1.0×10^{-13}	13.00	↓

예제 15.6과 15.7은 pOH와 관련된 계산이다.

예제 15.6

수산화 이온의 농도가 (a) 3.7×10^{-5} M, (b) 4.1×10^{-7} M, (c) 8.3×10^{-2} M인 용액의 pOH를 결정하시오.

전략 [OH^-]가 주어졌을 때, pOH를 계산하기 위해 식 15.4를 사용한다.

계획

(a) $pOH = -\log(3.7 \times 10^{-5})$

(b) $pOH = -\log(4.1 \times 10^{-7})$

(c) $pOH = -\log(8.3 \times 10^{-2})$

풀이

(a) $pOH = 4.43$

(b) $pOH = 6.39$

(c) $pOH = 1.08$

생각해 보기

pOH 척도는 본질적으로 pH 척도의 역순(reverse)임을 기억하자. pOH 등급에서 7 이하의 숫자는 염기성 용액을 나타내는 반면, 7 이상의 숫자는 산성 용액을 나타낸다. pOH 기준(표 15.5)은 pH 기준과 동일한 방식으로 적용된다. 예를 들어, (a)에서 1×10^{-4} M 및 1×10^{-5} M 사이의 수산화 이온 농도는 4와 5 사이의 pOH에 해당한다.

[OH^-] (M)	pOH
1.0×10^{-4}	4.00
$3.7 \times 10^{-5*}$	4.43†
1.0×10^{-5}	5.00

* 두 기준값 사이의 [OH^-]
† 두 기준값 사이의 pOH

추가문제 1 25°C에서 수산화 이온 농도가 (a) 5.7×10^{-12} M, (b) 7.3×10^{-3} M 및 (c) 8.5×10^{-6} M인 용액의 pOH를 결정하시오.

추가문제 2 25°C에서 수산화 이온 농도가 (a) 2.8×10^{-8} M, (b) 9.9×10^{-9} M 및 (c) 1.0×10^{-11} M인 용액의 pH를 결정하시오.

추가문제 3 OH^-의 농도가 4.71×10^{-5} M, 2.9×10^{-12} M 및 7.15×10^{-3} M인 용액에 대해 계산을 하지 않고 pOH를 두 개의 정수 사이에서 결정하시오.

예제 15.7

pOH가 (a) 4.91, (b) 9.03, (c) 10.55인 용액의 수산화 이온 농도를 계산하시오.

전략 pOH가 주어지면, 식 15.5를 사용하여 [OH^-]를 계산한다.

계획

(a) [OH^-] $= 10^{-4.91}$

(b) [OH^-] $= 10^{-9.03}$

(c) [OH^-] $= 10^{-10.55}$

풀이

(a) $[OH^-]=1.2\times10^{-5}\,M$

(b) $[OH^-]=9.3\times10^{-10}\,M$

(c) $[OH^-]=2.8\times10^{-11}\,M$

생각해 보기

기준 pOH 값을 사용하여 이러한 풀이가 합리적인지 판단하자. 예를 들어, (a)에서 4와 5 사이의 pOH는 $1\times10^{-4}\,M$과 $1\times10^{-5}\,M$ 사이의 $[OH^-]$에 해당된다.

추가문제 1 25℃에서 pOH가 (a) 13.02, (b) 5.14 및 (c) 6.98인 용액의 수산화 이온의 농도를 계산하시오.

추가문제 2 25℃에서 pOH가 (a) 2.74, (b) 10.31 및 (c) 12.40인 용액의 하이드로늄 이온의 농도를 계산하시오.

추가문제 3 2.90, 8.75 및 11.86의 pOH 값을 갖는 용액에 대한 하이드로늄 이온 농도의 지수값은 얼마인가?

생활 속의 화학

제산제와 위장의 pH 균형

성인은 하루 평균 2~3 L의 위액을 생성한다. 위액은 위를 감싸는 점막의 샘에서 분비되는 산성 소화액이다. 위액은 특히 염산(HCl)을 포함한다. pH는 약 1.5이며, 염산의 농도는 0.03 M이다.

위의 안쪽은 **벽**(parietal) 세포로 구성되며, 융합되어 단단한 접합점을 형성한다. 세포의 내부는 세포막에 의해 주변으로부터 보호된다. 이 기관은 물과 중성 분자가 위장을 통과할 수 있도록 해주지만, H_3O^+, Na^+, K^+ 그리고 Cl^- 등의 이온 이동은 차단한다. H_3O^+ 이온은 신진 대사의 최종 생성물인 CO_2의 수화 결과로 형성된 탄산(H_2CO_3)에서 비롯된다.

$$CO_2(g)+H_2O(l) \rightleftharpoons H_2CO_3(aq)$$
$$H_2CO_3(aq)+H_2O(l) \rightleftharpoons H_3O^+(aq)+HCO_3^-(aq)$$

이러한 반응은 점막 안의 세포를 둘러싸는 혈장에서 일어난다. **능동 수송**(active transport)으로 알려진 과정에 의해 H_3O^+ 이온은 막을 통해 위 내부로 이동한다.(능동 수송 과정은 효소의 도움을 받는다.) 전기적 균형을 유지하기 위해 동일한 수의 Cl^- 이온이 또한 혈장에서 배 속으로 이동한다. 위장에 들어간 후에는 대부분의 이온이 세포막에 의해 혈장 내로 확산되는 것을 막는다.

위장 안쪽이 강한 산성을 띠는 것은 음식을 소화시키고 특정 소화 효소를 활성화시키기 위함이다. 식사는 H_3O^+ 이온의 분비를 자극한다. 이 이온들 중 일부는 점막에 의해 재흡수되어 많은 작은 출혈을 일으킨다. 약 50만 개의 세포가 매분마다 내벽(lining)에서 탈락되며, 며칠마다 건강한 위장으로 완전히 바뀐다. 그러나 산 함량이 너무 높으면 H_3O^+ 이온이 세포막을 통해 혈장에 지속적으로 유입되어 근육 수축, 통증, 부기, 염증 및 출혈을 유발할 수 있다.

위장에서 일시적으로 H_3O^+ 이온 농도를 낮추는 한 가지 방법은 제산제를 복용하는 것이다. 제산제의 주요 기능은 위액에서 과량의 HCl을 중화시키는 것이다. 다음 표는 일부

인기 있는 제산제의 활성 성분을 나열한 것이다. 이들 제산제가 위산을 중화시키는 반응은 다음과 같다.

$$NaHCO_3(aq) + HCl(aq) \longrightarrow NaCl(aq) + H_2O(l) + CO_2(g)$$
$$CaCO_3(aq) + 2HCl(aq) \longrightarrow CaCl_2(aq) + H_2O(l) + CO_2(g)$$
$$MgCO_3(aq) + 2HCl(aq) \longrightarrow MgCl_2(aq) + H_2O(l) + CO_2(g)$$
$$Mg(OH)_2(s) + 2HCl(aq) \longrightarrow MgCl_2(aq) + 2H_2O(l)$$
$$Al(OH)_2NaCO_3(s) + 4HCl(aq) \longrightarrow AlCl_3(aq) + NaCl(aq) + 3H_2O(l) + CO_2(g)$$

일반적인 제산제의 활성 성분

제품명	활성 성분
Alka-Seltzer	아스피린, 중탄산 소듐, 시트르산
Milk of magnesia	수산화 마그네슘
Rolaids	디하이드록시 알루미늄 탄산 소듐 (dihydroxy aluminum sodium carbonate)
TUMS	탄산 마그네슘
Maalox	중탄산 소듐, 탄산 마그네슘

이러한 반응의 대부분에 의해 방출된 CO_2는 위장의 가스 압력을 증가시켜 트림이 나오게 만든다. Alka-Seltzer가 물에 녹을 때 일어나는 발포 현상은 구연산과 중탄산 소듐 사이의 반응에 따라 방출되는 이산화 탄소에 의해 발생한다.

$$3NaHCO_3(aq) + H_3C_6H_5O_7(aq) \longrightarrow 3CO_2(g) + 3H_2O(l) + Na_3C_6H_5O_7(aq)$$

이 거품을 만드는 반응은 재료를 분산시키는 데 도움이 되며, 용액의 기호성을 향상시킨다.

15.4 강산과 강염기

이 장과 16장의 대부분은 평형과 다양한 반응 유형에 대한 평형 원칙의 적용을 다룬다. 그러나 산과 염기에 대한 논의의 맥락에서 강산의 이온화(해리)와 강염기의 이온화(해리)를 재검토할 필요가 있다. 이러한 반응은 일반적으로 **평형**(equilibria)으로 취급되지 않고 오히려 완료될 반응으로 취급된다. 이 반응은 강산 또는 강염기의 용액에 대한 pH를 비교적 간단하게 결정하게 한다.

학생 노트
식에서 양방향의 평형 화살표 (⟶⟵)가 아닌 한쪽 방향 화살표(⟶)를 이용해 강산의 이온화가 완전히 일어난다는 것을 나타낸다.

강산

많은 다른 산들이 있지만 4장에서 배웠듯이 상대적으로 몇몇 산들은 **강**(strong)하다.

강산	이온화(해리) 반응
염산	$HCl(aq) + H_2O(l) \longrightarrow H_3O^+(aq) + Cl^-(aq)$
브로민화 수소산	$HBr(aq) + H_2O(l) \longrightarrow H_3O^+(aq) + Br^-(aq)$
아이오딘화 수소산	$HI(aq) + H_2O(l) \longrightarrow H_3O^+(aq) + I^-(aq)$
질산	$HNO_3(aq) + H_2O(l) \longrightarrow H_3O^+(aq) + NO_3^-(aq)$
염소산	$HClO_3(aq) + H_2O(l) \longrightarrow H_3O^+(aq) + ClO_3^-(aq)$
과염소산	$HClO_4(aq) + H_2O(l) \longrightarrow H_3O^+(aq) + ClO_4^-(aq)$
황산	$H_2SO_4(aq) + H_2O(l) \longrightarrow H_3O^+(aq) + HSO_4^-(aq)$

황산에는 이온화가 가능한 두 개의 양성자가 있지만, 첫 번째 이온화만 완료됨을 기억하자. 강산들은 기억해 두는 것이 좋다.

강산의 이온화가 완료되었기 때문에 평형 상태에서의 하이드로늄 이온의 농도는 강산의 시작 농도와 동일하다. 예를 들어, 우리가 0.10 M의 HCl 용액을 준비한다면, 용액 중 하이드로늄 이온의 농도는 0.10 M이다. 모든 HCl은 이온화하고 HCl 분자는 남아 있지 않다. 따라서(이온화가 완료되면) 평형 상태에서 [HCl]=0 M 및 [H_3O^+]=[Cl^-]=0.10 M이다. 따라서 용액의 pH는 25°C에서 다음과 같다.

$$pH = -\log(0.10) = 1.00$$

이것은 매우 낮은 pH로, 비교적 농축된 강산 용액의 값과 비슷하다. 15.5절에서 고려하겠지만, 같은 농도에도 약산을 함유한 용액은 더 높은 pH를 갖는다.

예제 15.8과 15.9에서 강산의 농도를 수용액의 pH와 관련지어 연습하도록 한다.

예제 15.8

(a) 25°C에서 HI 0.035 M, (b) HNO₃ 1.2×10⁻⁴ M, (c) HClO₄ 6.7×10⁻⁵ M인 수용액의 pH를 계산하시오.

전략 HI, HNO₃, HClO₄는 모두 강산이므로 각 용액에서 하이드로늄 이온의 농도는 문제에 명시된 산의 농도와 동일하다. 식 15.2를 사용하여 pH를 계산한다.

계획

(a) [H_3O^+]=0.035 M

(b) [H_3O^+]=1.2×10⁻⁴ M

(c) [H_3O^+]=6.7×10⁻⁵ M

풀이

(a) pH $= -\log(0.035) = 1.46$

(b) pH $= -\log(1.2 \times 10^{-4}) = 3.92$

(c) pH $= -\log(6.7 \times 10^{-5}) = 4.17$

생각해 보기

다시 말하지만, 하이드로늄 이온 농도가 두 pH 값 사이에 있을 때 주의하자. 예를 들어, (b)에서, 1.2×10⁻⁴ M의 하이드로늄 이온 농도는 1.0×10⁻⁴ M보다는 크고, 1.0×10⁻³ M보다는 작다. 따라서 pH는 4.00에서 3.00 사이가 될 것으로 예상된다.

[H_3O^+] (M)	$-\log$ [H_3O^+]	pH
1.0×10⁻³	$-\log(1.0 \times 10^{-3})$	3.00
1.2×10⁻⁴*	$-\log(1.2 \times 10^{-3})$	3.92†
1.0×10⁻⁴	$-\log(1.0 \times 10^{-4})$	4.00

* 두 기준값 사이의 [H_3O^+]
† 두 기준값 사이의 pH

하이드로늄 이온 농도와 상응하는 pH 값 기준에 익숙하면, pH 계산의 일반적인 오류를 방지하는 데 도움이 된다.

추가문제 1 25°C에서 (a) HI 0.081 M, (b) HNO₃ 8.2×10⁻⁶ M, (c) HClO₄ 5.4×10⁻³ M인 수용액의 pH를 계산하시오.

추가문제 2 25°C에서 (a) HNO₃ 0.011 M, (b) HBr 3.5×10⁻³ M, (c) HCl 9.3×10⁻⁶ M인 수용액의 pOH를 계산하시오.

추가문제 3 25°C에서 1.0×10⁻¹⁰ mol의 강산을 1 L의 물에 용해시켜 제조한 용액의 pH를 계산하시오.

예제 **15.9**

25°C에서 pH가 (a) 4.95, (b) 3.45, (c) 2.78인 용액의 HCl 농도를 계산하시오.

전략 식 15.3을 사용하여 pH로부터 하이드로늄 이온의 몰농도를 계산한다. 강산 용액에서 하이드로늄 이온의 몰농도는 산의 농도와 같다.

계획

(a) $[HCl] = [H_3O^+] = 10^{-4.95}$

(b) $[HCl] = [H_3O^+] = 10^{-3.45}$

(c) $[HCl] = [H_3O^+] = 10^{-2.78}$

풀이

(a) $1.1 \times 10^{-5}\,M$

(b) $3.5 \times 10^{-4}\,M$

(c) $1.7 \times 10^{-3}\,M$

생각해 보기

pH가 감소함에 따라 산의 농도는 증가한다. 소수점 오른쪽에 두 자리 숫자의 역로그를 취하면 결과로 두 개의 유효숫자가 있음에 유의하자.

추가문제 1 25°C에서 pH 값을 (a) 2.06, (b) 1.77, (c) 6.01로 갖는 HNO_3 용액의 농도를 계산하시오.

추가문제 2 25°C에서 pOH 값을 (a) 9.19, (b) 12.18, (c) 10.96으로 갖는 HBr 용액의 농도를 계산하시오.

추가문제 3 pH가 하이드로늄 이온 농도의 함수로 그려지면, 그 결과에 가장 근접한 그래프는 어느 것인가?

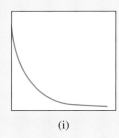

(i)

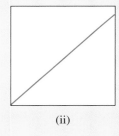

(ii)

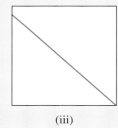

(iii)

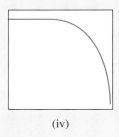

(iv)

강염기

강염기의 목록도 상당히 짧다. 이는 알칼리 금속의 수산화물(1A족)과 가장 무거운 알칼리 토금속의 수산화물(2A족)로 구성된다. 강염기의 분리는 실제적인 목적을 위해 완료된다. 강염기의 해리(이온화)를 나타내는 반응식은 다음과 같다.

1A족 수산화물	2A족 수산화물
$LiOH(aq) \longrightarrow Li^+(aq) + OH^-(aq)$	$Ca(OH)_2(aq) \longrightarrow Ca^{2+}(aq) + 2OH^-(aq)$
$NaOH(aq) \longrightarrow Na^+(aq) + OH^-(aq)$	$Sr(OH)_2(aq) \longrightarrow Sr^{2+}(aq) + 2OH^-(aq)$
$KOH(aq) \longrightarrow K^+(aq) + OH^-(aq)$	$Ba(OH)_2(aq) \longrightarrow Ba^{2+}(aq) + 2OH^-(aq)$
$RbOH(aq) \longrightarrow Rb^+(aq) + OH^-(aq)$	
$CsOH(aq) \longrightarrow Cs^+(aq) + OH^-(aq)$	

다시 말하면, 반응이 완료되기 때문에 그러한 용액의 pH는 비교적 계산하기 쉽다. 1A족 수산화물의 경우, 수산화 이온 농도는 단순히 강염기의 출발 농도이다. 예를 들어, NaOH

가 $0.018\,M$인 용액에서 $[OH^-]=0.018\,M$이다. pH는 두 가지 방법으로 계산할 수 있다. 하이드로늄 이온 농도를 결정하기 위해 식 15.1을 사용할 수 있다.

$$[H_3O^+][OH^-]=1.0\times10^{-14}$$

$$[H_3O^+]=\frac{1.0\times10^{-14}}{[OH^-]}=\frac{1.0\times10^{-14}}{0.018}=5.56\times10^{-13}\,M$$

식 15.2를 이용하여 pH를 계산하면 다음과 같다.

$$pH=-\log\,(5.56\times10^{-13}\,M)=12.25$$

또는 식 15.3을 이용하여 pOH를 계산하면 다음과 같다.

$$pOH=-\log\,(0.018)=1.75$$

그리고 식 15.6을 이용하여 pH로 계산하면 다음과 같다.

$$pH+pOH=14.00$$

$$pH=14.00-1.75=12.25$$

두 방법 모두 동일한 결과를 얻을 수 있다.

2A족 금속 수산화물의 경우, 반응 화학량론을 고려해야 한다. 예를 들어, 수산화 바륨에서 $1.9\times10^{-4}\,M$의 용액을 준비하면 평형 상태(완전 해리 후)에서 수산화 이온의 농도는 $1.9\times10^{-4}\,M$의 두 배, 또는 $3.8\times10^{-4}\,M$로서 원래 $Ba(OH)_2$ 농도의 두 배이다. 일단 수산화 이온 농도를 결정하면 pH를 이전과 같이 결정할 수 있다.

$$[H_3O^+]=\frac{1.0\times10^{-14}}{[OH^-]}=\frac{1.0\times10^{-14}}{3.8\times10^{-4}}=2.63\times10^{-11}\,M$$

그리고

$$pH=-\log\,(2.63\times10^{-11}\,M)=10.58$$

또는 다음과 같다.

$$pOH=-\log\,(3.8\times10^{-4})=3.42$$

$$pH+pOH=14.00$$

$$pH=14.00-3.42=10.58$$

예제 15.10과 15.11은 수산화 이온 농도, pOH 및 pH와 관련된 계산을 보여준다.

예제 15.10

$25°C$에서 다음 수용액의 pOH 값을 계산하시오.

(a) $0.013\,M$ LiOH (b) $0.013\,M$ $Ba(OH)_2$ (c) $9.2\times10^{-5}\,M$ KOH

전략 LiOH, $Ba(OH)_2$ 및 KOH는 모두 강염기이다. 수산화 이온 농도를 결정하기 위해 반응 화학량론을 고려하고, pOH를 결정하기 위해 식 15.4를 사용한다.

계획 (a) 수산화 이온 농도는 단순히 염기 농도와 같다. 따라서 $[OH^-]=[LiOH]=0.013\,M$이다.

(b) 수산화 이온 농도는 염기 이온 농도의 두 배이다.

$$Ba(OH)_2(aq)\longrightarrow Ba^{2+}(aq)+2OH^-(aq)$$

그러므로, $[OH^-]=2\times[Ba(OH)_2]=2(0.013\,M)=0.026\,M$이다.

(c) 수산화 이온 농도는 염기 농도와 동일하다. 따라서, $[OH^-]=[KOH]=9.2\times10^{-5}\,M$이다.

풀이 (a) pOH$=-\log(0.013)=1.89$

(b) pOH$=-\log(0.026)=1.59$

(c) pOH$=-\log(9.2\times10^{-5})=4.04$

생각해 보기

이것들은 기본적인 pOH 값이다. 이 값은 문제에서 설명한 방법대로 예측해야 한다. (a)와 (b)의 용액은 동일한 염기 농도를 가지지만, 동일한 수산화 이온의 농도를 가지지 않으므로 동일한 pOH를 갖지 않는다는 점에 유의하자.

추가문제 1 25°C에서 다음 수용액의 pOH 값을 계산하시오.

(a) 0.15 M NaOH (b) 8.4×10^{-3} M RbOH (c) 1.7×10^{-5} M CsOH

추가문제 2 25°C에서 다음 수용액의 pH 값을 계산하시오.

(a) 9.5×10^{-8} M NaOH (b) 6.1×10^{-2} M LiOH (c) 6.1×10^{-2} M Ba(OH)$_2$

추가문제 3 다음 중 어느 것이 pH와 pOH 사이의 관계를 가장 잘 나타내는가?

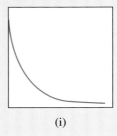 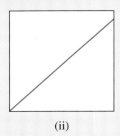 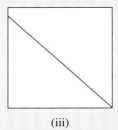 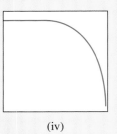

(i) (ii) (iii) (iv)

예제 15.11

어떤 강염기의 수용액은 25°C에서 pH가 8.15이다. 이 용액에서 다음의 경우 염기의 원래 농도를 계산하시오.

(a) 염기가 NaOH인 경우 (b) 염기가 Ba(OH)$_2$인 경우

전략 식 15.6을 사용하여 pH를 pOH로 변환하고, 식 15.5를 이용하여 수산화 이온 농도를 결정한다. 염기 자체의 농도를 결정하기 위해 각각의 경우에 해리의 화학량론을 고려한다.

계획

$$\text{pOH}=14.00-8.15=5.85$$

(a) NaOH 1 mol의 해리는 1 mol의 OH$^-$를 생성한다. 따라서, 염기의 농도는 수산화 이온의 농도와 **동일**(equal)하다.

(b) 1 mol의 Ba(OH)$_2$의 해리는 2 mol의 OH$^-$를 생성한다. 따라서, 염기의 농도는 수산화 이온의 1/2에 불과하다.

풀이

$$[\text{OH}^-]=10^{-5.85}=1.41\times10^{-6}\ M$$

(a) $[\text{NaOH}]=[\text{OH}^-]=1.4\times10^{-6}\ M$

(b) $[\text{Ba(OH)}_2]=\dfrac{1}{2}[\text{OH}^-]=7.1\times10^{-7}\ M$

생각해 보기

또 다른 방법으로, 식 15.3을 사용하여 수산화 이온의 농도를 결정할 수 있다.

$$[\text{H}_3\text{O}^+]=10^{-8.15}=7.1\times10^{-9}\ M$$

그리고 식 15.1을 사용하면 다음과 같다.

$$[OH^-] = \frac{1.0 \times 10^{-14}}{7.1 \times 10^{-9}\,M} = 1.4 \times 10^{-6}\,M$$

$[OH^-]$가 알려지면, 그 방법은 이전에 나타낸 것과 같다. 반올림 오류(rounding error)를 피하기 위해 문제가 끝날 때까지 추가로 유효숫자를 두 개 이상 유지해야 한다[◀◀ 1.5절].

추가문제 1 어떤 강염기의 수용액은 25°C에서 pH 8.98을 갖는다. 이 용액에서 다음의 경우 염기의 농도를 계산하시오.
(a) 염기가 LiOH인 경우   (b) 염기가 $Ba(OH)_2$인 경우

추가문제 2 강염기의 수용액이 25°C에서 pOH 1.76을 갖는다. 이 용액에서 다음의 경우 염기의 농도를 계산하시오.
(a) 염기가 NaOH인 경우   (b) 염기가 $Ba(OH)_2$인 경우

추가문제 3 다음 중 어느 그래프가 동일한 농도의 1염기성 및 2염기성 염기에 대해 농도의 함수로서 pH를 잘 나타낸 것인가?

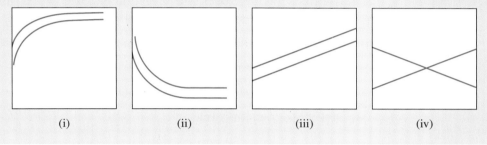

                (i)   (ii)   (iii)   (iv)

15.5 약산과 산 이온화 상수

대부분의 산은 **약산**(weak acid)으로, 물에서 제한된 정도로만 이온화한다. 평형 상태에서 약산의 수용액은 산 분자, 하이드로늄 이온 및 상응하는 짝염기의 혼합물을 함유한다. 약산이 이온화하는 정도는 산의 **농도**(concentration)와 이온화에 대한 **평형 상수**(equilibrium constant)에 의존한다.

이온화 상수 K_a

약한 일양성자 산 HA를 고려해 보자. 물에서 이 산의 이온화는 다음과 같이 표현된다.

$$HA(aq) + H_2O(l) \rightleftharpoons H_3O^+(aq) + A^-(aq)$$

또는,

$$HA(aq) \rightleftharpoons H^+(aq) + A^-(aq)$$

이 반응에 대한 평형식은 다음과 같다.

$$K_a = \frac{[H_3O^+][A^-]}{[HA]} \quad \text{또는} \quad K_a = \frac{[H^+][A^-]}{[HA]}$$

K_a는 반응에 대한 평형 상수이다. 보다 구체적으로 K_a는 **산 이온화(해리) 상수**(acid ionization constant)라고 불린다. 모든 약산은 이온화가 100% 미만이고 세기도 모두 다르다. K_a의 크기는 약산이 얼마나 강한지를 나타낸다. 큰 K_a 값은 강한 산성을 나타내는 반면, 작은 K_a 값은 약한 산성을 나타낸다. 예를 들어, 아세트산(CH_3COOH)과 플루오린화수소산(HF)은 모두 약한 산이지만, HF는 더 큰 K_a 값에 의해 입증된 것처럼 이 둘 중 강

> **학생 노트**
> H_3O^+와 H^+는 동일한 의미로 사용될 수 있다는 것을 기억하자.

> **학생 노트**
> K_a는 K_c라는 것을 기억하자. 아래 첨자 "a"는 단순히 "산(acid)"을 의미한다.

한 산이다. 동일한 농도의 두 개의 다른 산 용액은 동일한 pH를 갖지 않는다. HF 용액의 pH는 더 낮다.

용액(25°C에서)	K_a	pH
0.10 M HF	7.1×10^{-4}	2.09
0.10 M CH₃COOH	1.8×10^{-5}	2.87

비교를 위해, HCl 또는 HNO₃와 같은 강산의 0.1 M 용액의 pH는 1.0이다. 표 15.6은 여러 약산들과 25°C에서 그들의 K_a 값을 산의 세기가 감소하는 순서로 나열한 것이다.

K_a로부터 pH 계산

약산 용액의 pH를 계산하는 것은 평형 문제이며, 14장에서 소개한 방법을 사용하여 해결한다. 그림 15.2(654~655쪽)는 약산의 pH를 결정하기 위해 평형표를 사용하는 방법을 자세히 보여준다. 25°C에서 0.05 M HF 용액의 pH를 결정한다고 가정해 보자. HF의 이온화는 다음과 같이 나타낼 수 있다.

$$HF(aq) + H_2O(l) \rightleftharpoons H_3O^+(aq) + F^-(aq)$$

이 반응에 대한 평형식은 다음과 같다.

$$K_a = \frac{[H_3O^+][F^-]}{[HF]} = 7.1 \times 10^{-4}$$

> **학생 노트**
> 고체와 순수한 액체는 평형식에 표기하지 않는다는 것을 기억하자[◀◀ 14.3절].

평형표를 만들고 모든 화학종의 초기 농도를 평형식에 입력한다.

	$HF(aq)$	$+ H_2O(l)$	$\rightleftharpoons H_3O^+(aq)$	$+ F^-(aq)$
초기 농도(M):	0.50	—	0	0
농도 변화(M):		—		
평형 농도(M):		—		

반응 화학량론을 사용하여 모든 화학종의 변화를 결정한다.

표 15.6	25°C에서 약산의 이온화 상수		
산의 명칭	분자식	구조식	K_a
플루오린화 수소산(hydrofluoric acid)	HF	H—F	7.1×10^{-4}
아질산(nitrous acid)	HNO₂	O=N—O—H	4.5×10^{-4}
폼산(formic acid)	HCOOH	H—C(=O)—O—H	1.7×10^{-4}
벤조산(benzoic acid)	C₆H₅COOH	C₆H₅—C(=O)—O—H	6.5×10^{-5}
아세트산(acetic acid)	CH₃COOH	CH₃—C(=O)—O—H	1.8×10^{-5}
사이안화 수소산(hydrocyanic acid)	HCN	H—C≡N	4.9×10^{-10}
페놀(phenol)	C₆H₅OH	C₆H₅—O—H	1.3×10^{-10}

$$HF(aq) + H_2O(l) \rightleftharpoons H_3O^+(aq) + F^-(aq)$$

	HF	H₂O	H₃O⁺	F⁻
초기 농도(M):	0.50	—	0	0
농도 변화(M):	$-x$	—	$+x$	$+x$
평형 농도(M):		—		

마지막으로 각 화학종의 평형 농도를 x로 표현한다.

$$HF(aq) + H_2O(l) \rightleftharpoons H_3O^+(aq) + F^-(aq)$$

	HF	H₂O	H₃O⁺	F⁻
초기 농도(M):	0.50	—	0	0
농도 변화(M):	$-x$	—	$+x$	$+x$
평형 농도(M):	$0.50-x$	—	x	x

이 평형 농도는 다음과 같은 평형식에 입력된다.

$$K_a = \frac{(x)(x)}{0.50-x} = 7.1 \times 10^{-4}$$

이 표현식을 재배열하면 다음과 같이 된다.

$$x^2 + 7.1 \times 10^{-4}x - 3.55 \times 10^{-4} = 0$$

이것은 이차방정식으로, 부록 1에 있는 이차방정식을 사용하여 풀 수 있다. 그러나 약산의 경우에는 계산을 단순화하기 위해 근사법을 사용할 수 있는 경우가 많다. HF는 약산이고, 약산은 단지 약간만 이온화하기 때문에 x는 0.50에 비해 작아야 한다. 따라서 다음과 같은 근사식을 만들 수 있다.

$$0.50 - x \approx 0.50$$

이제 평형식은 다음과 같다.

$$\frac{x^2}{0.50-x} \approx \frac{x^2}{0.50} = 7.1 \times 10^{-4}$$

재배열하면 다음과 같다.

$$x^2 = (0.50)(7.1 \times 10^{-4}) = 3.55 \times 10^{-4}$$
$$x = \sqrt{3.55 \times 10^{-4}} = 1.9 \times 10^{-2} \, M$$

따라서 이차방정식을 사용할 필요 없이 x에 대해 해결했다. 평형 상태에서의 각 화학종의 농도는 다음과 같다.

$$[HF] = (0.50 - 0.019) \, M = 0.48 \, M$$
$$[H_3O^+] = 0.019 \, M$$
$$[F^-] = 0.019 \, M$$

용액의 pH는 다음 수식에 의해 구해진다.

$$pH = -\log(0.019) = 1.72$$

이 근사법은 x의 크기가 초기에 넣어준 산의 농도보다 상당히 작으면 좋은 근삿값을 제공한다. 원칙적으로 x의 계산된 값이 초기 산 농도의 5%보다 작으면, 이 근사법을 사용하는 것이 좋다. 이 경우 다음과 같은 이유로 근사가 허용된다.

$$\frac{0.019 \, M}{0.50 \, M} \times 100\% = 3.8\%$$

그림 15.2

평형표를 사용하여 문제 해결하기

K_a와 농도를 이용하여 약산의 pH 결정

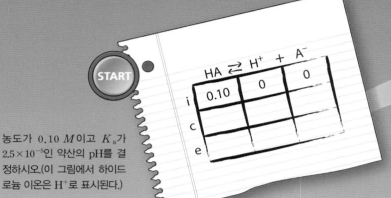

농도가 0.10 M이고 K_a가 2.5×10^{-5}인 약산의 pH를 결정하시오.(이 그림에서 하이드로늄 이온은 H$^+$로 표시된다.)

농도는 미지의 양 x에 따라 변할 것이다.
- [HA]는 x만큼 감소한다.
- [H$^+$]와 [A$^-$]는 x만큼 증가한다.

표의 중간 행에 예상 농도를 입력한다.

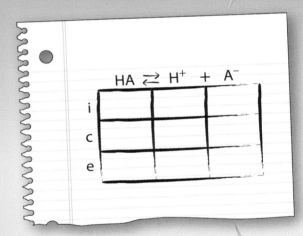

많은 pH 문제는 평형표를 사용하여 해결할 수 있다. 표는 평형 반응식에서 각 화학종 아래의 열과 i(initial, 초기), c(change, 변경) 및 e(equilibrium, 평형)로 표시된 세 개의 행으로 구성된다.(이러한 이유로 이 표를 "얼음(ice)"테이블이라고도 한다.)

pH를 사용하여 H$^+$의 평형 농도를 결정한다.

$$[H^+]=10^{-pH}=10^{-3.82}=1.5\times10^{-4}\ M$$

HA의 이온화는 같은 양의 H$^+$와 A$^-$를 생성하기 때문에, A$^-$의 평형 농도 또한 1.5×10^{-4} M이다. 표 마지막에 이 농도를 입력한다.

pH 및 농도를 사용하여 약산의 K_a 결정

0.12 M 용액의 pH가 3.82일 때, 이 약산의 K_a를 결정하시오.

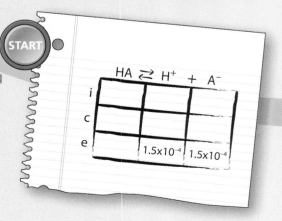

표의 마지막 줄에 입력하는 평형 농도는 미지의 x로 표현된다. 반응에 대한 평형식을 쓰고,

$$K_a = \frac{[H^+][A^-]}{[HA]}$$

표의 마지막 행에서 K_a 값과 평형 농도를 입력하시오.

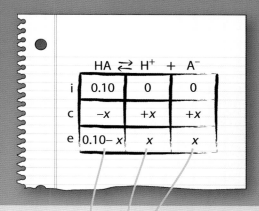

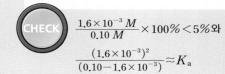

$$2.5 \times 10^{-5} = \frac{(x)(x)}{(0.10-x)} = \frac{x^2}{(0.10-x)}$$

K_a의 크기가 작기 때문에, HA로부터 이온화된 양(x)은 0.10에 비해 작을 것으로 예상된다. 그러므로 $0.10-x \approx 0.10$이다. 따라서,

$$2.5 \times 10^{-5} = \frac{x^2}{0.10}$$

x에 대해 풀면 다음과 같다.

$$(2.5 \times 10^{-5})(0.10) = x^2$$
$$2.5 \times 10^{-6} = x^2$$
$$\sqrt{2.5 \times 10^{-6}} = x^2$$
$$x = 1.6 \times 10^{-3}\ M$$

평형에서 $[H^+]$를 표현하기 위해 x를 사용했다.(x는 평형에서 $[A^-]$와 같고 $[HA]$에서의 변화와 동일하다.) 따라서 x의 음의 로그를 취하여 pH를 결정한다.

$$pH = -\log[H^+] = -\log(1.6 \times 10^{-3}) = 2.80$$

CHECK $\dfrac{1.6 \times 10^{-3}\ M}{0.10\ M} \times 100\% < 5\%$와

$$\frac{(1.6 \times 10^{-3})^2}{(0.10 - 1.6 \times 10^{-3})} \approx K_a$$

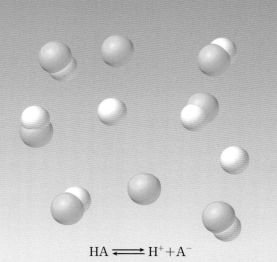

$$HA \rightleftharpoons H^+ + A^-$$

표의 마지막 행을 완료하려면, $[HA]$의 평형값도 필요하다. 이온화에 의해 생성된 H^+의 양은 이온화된 약산의 양과 동일하다. 따라서, 평형 상태에서는

$$[HA] = 0.12\ M - 1.5 \times 10^{-4}\ M \approx 0.12\ M$$

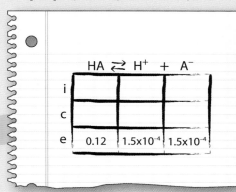

표의 맨 아래 줄이 완성되면 이 평형 농도를 사용하여 K_a 값을 계산할 수 있다.

$$K_a = \frac{[H^+][A^-]}{[HA]} = \frac{(1.5 \times 10^{-4})(1.5 \times 10^{-4})}{(0.12)} = 1.9 \times 10^{-7}$$

CHECK $[HA] = 0.12\ M$과 $K_a = 1.9 \times 10^{-7}$,
$[H^+] = \sqrt{(1.9 \times 10^{-7})(0.12)} = 1.5 \times 10^{-4}\ M$과 pH=3.82

요점은 무엇인가?

- 약한 일양성자 산(monoprotic acid)의 몰농도와 K_a부터 시작하여 pH를 결정하기 위해 평형표를 사용할 수 있다.
- pH와 몰농도에서 시작하여 약한 일양성자 산의 K_a를 결정하기 위해 평형표를 사용할 수 있다.

이것은 산의 **이온화 백분율**(percent ionization)에 대한 식이다[◀◀ 12.6절]. 약산과 같은 약한 전해질의 이온화 비율은 농도에 따라 달라진다는 것을 상기하자. 0.050 M인 HF 보다 낮은 농도의 용액을 고려해 보자. 앞의 절차를 사용하여 x를 풀면 6.0×10^{-3} M이 된다. 그러나 이 테스트는 0.050 M의 5%보다 크기 때문에 이 답이 유효하지 않다는 것을 보여 준다.

> **학생 노트**
> 많은 경우, 이차방정식의 사용은 부록 1에 제시된 연속 근사법(successive approximation)이라고 불리는 방법으로 피할 수 있다.

$$\frac{6.0 \times 10^{-3} \ M}{0.050 \ M} \times 100\% = 12\%$$

이 경우, 이차방정식[◀◀ 예제 14.9]을 사용하여 x에 대해 풀어야 한다.

예제 15.12는 K_a를 사용하여 약산 용액의 pH를 결정하는 방법을 보여준다.

예제 15.12

하이포아염소산(HClO)의 K_a는 3.5×10^{-8}이다. 25°C에서 0.0075 M인 HClO 용액의 pH를 계산하시오.

전략 평형표를 만들고, x의 관점에서 각 화학종의 평형 농도를 표현한다. 근사법을 사용하여 x에 대해 풀고, 근사가 유효한지 평가한다. pH를 결정하기 위해 식 15.2를 사용한다.

계획

$$HClO(aq) + H_2O(l) \rightleftharpoons H_3O^+(aq) + ClO^-(aq)$$

	$HClO$	H_2O	H_3O^+	ClO^-
초기 농도(M):	0.0075	—	0	0
농도 변화(M):	$-x$	—	$+x$	$+x$
평형 농도(M):	$0.0075 - x$	—	x	x

풀이 이 평형 농도는 다음과 같은 평형식으로 대체된다.

$$K_a = \frac{(x)(x)}{0.0075 - x} = 3.5 \times 10^{-8}$$

그것을 가정하면, $0.0075 - x \approx 0.0075$이다.

$$\frac{x^2}{0.0075} = 3.5 \times 10^{-8}$$

$$x^2 = (3.5 \times 10^{-8})(0.0075)$$

x에 대해 다음을 얻는다.

$$x = \sqrt{2.625 \times 10^{-10}} = 1.62 \times 10^{-5} \ M$$

5% 테스트를 적용하면 이 경우에 근사법이 유효하다: $(1.62 \times 10^{-5}/0.0075) \times 100\% < 5\%$. 평형표에 따르면, $x = [H_3O^+]$이다. 따라서 pH는 다음과 같이 얻어진다.

$$pH = -\log(1.62 \times 10^{-5}) = 4.79$$

> ### 생각해 보기
>
> 15.2절에서 25°C의 순수한 물에서의 하이드로늄 이온의 농도는 1.0×10^{-7} M이지만 약산 용액의 pH를 풀기 위한 초기 농도는 0 M이다.
>
> $$HA(aq) + H_2O(l) \rightleftharpoons H_3O^+(aq) + A^-(aq)$$
>
> | | HA | H_2O | H_3O^+ | A^- |
> |---|---|---|---|---|
> | 초기 농도(M): | | — | 0 | 0 |
> | 농도 변화(M): | | — | | |
> | 평형 농도(M): | | — | | |

그 이유는 순수한 물에서 하이드로늄 이온의 실제 농도가 약산의 이온화에 의해 생성되는 양에 비해 중요하지 않기 때문이다. 초기 농도는 하이드로늄의 실제 농도를 사용할 수 있지만, 이렇게 하면 $(x+1.0\times10^{-7})\ M \approx xM$이므로 결과를 변경하지는 않는다. 이 유형의 문제를 해결할 때, 물의 자동 이온화로 인해 생기는 H_3O^+의 작은 농도를 무시한다.

추가문제 1 25°C에서 $0.18\ M$의 어떤 약산($K_a = 9.2\times10^{-6}$) 용액의 pH를 계산하시오.

추가문제 2 25°C에서 $0.065\ M$의 어떤 약산($K_a = 1.2\times10^{-5}$) 용액의 pH를 계산하시오.

추가문제 3 다음의 그림은 네 가지 다른 약산 용액을 보여준다. 어느 용액에서 약산의 농도가 가장 높은가? 어떤 용액이 가장 높은 pH 값을 가지는가?

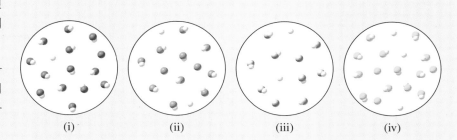

(i)　　(ii)　　(iii)　　(iv)

이온화 백분율

이 책에서 산을 처음 접했을 때[◀◀ 4.1절], 강산이 완전히 이온화되는 것을 배웠다. 약산은 부분적으로만 이온화한다. 이온화 상수(K_a)의 크기가 산 세기의 척도인 것처럼, 약산이 이온화하는 정도는 약산이 가지는 세기의 척도이다. 이온화 정도의 정량적 측정은 약한 일양성자 산(HA)에 대해 다음과 같이 계산되는 **이온화 백분율**(percent ionization)이다.

$$\text{이온화 백분율} = \frac{[H_3O^+]_{eq}}{[HA]_0} \times 100\% \qquad [\blacktriangleleft\blacktriangleleft \text{식 } 15.7]$$

$[H_3O^+]_{eq}$와 동일한 하이드로늄 이온 농도는 평형에서의 농도이고, 약산 농도 $[HA]_0$는 산의 **원래**(original) 농도이며, 이는 평형 상태에서의 농도와 반드시 동일하지는 않다.

이전에 약산과 같은 약전해질의 이온화 비율을 결정하기 위해 총괄성 속성을 사용하는 방법을 배웠다[◀◀ 12.6절]. 이제 평형과 이온화 상수에 대해 이해했으므로 약산의 이온화 백분율을 예측할 수 있다. 또한, 주어진 이온화가 주어진 약산에 대해 일정하지는 않지만, 사실 산의 농도에 의존한다는 것을 발견할 수 있다.

이온화 상수(K_a)가 6.5×10^{-5}인 벤조산의 $0.10\ M$ 용액을 생각해 보자. 예제 15.12에 설명된 절차를 사용하여 벤조산, H_3O^+ 및 벤조산 이온의 평형 농도를 결정할 수 있다.

	$C_6H_5COOH(aq) + H_2O(l)$	$\rightleftharpoons$	$H_3O^+(aq) +$	$C_6H_5COO^-(aq)$
초기 농도(M):	0.100	—	0	0
농도 변화(M):	$-x$	—	$+x$	$+x$
평형 농도(M):	$0.100-x$	—	x	x

x에 대한 해답은 $0.0025\ M$이다. 그러므로 평형에서 $[C_6H_5COOH] = 0.097\ M$ 및 $[H_3O^+] = [C_6H_5COO^-] = 0.0025\ M$이다. 이 농도에서 벤조산의 이온화 백분율은 다음과 같다.

> **학생 노트**
> 사실, 약산의 원래 농도는 평형 농도와 정확히 같지 않다. 그러나 때로는 이온화되는 양이 원래의 농도와 비교했을 때 너무 적어서 적절한 숫자의 유효숫자에 대해 약산의 농도는 변하지 않고, $[HA]_0 \approx [HA]_{eq}$이다.

그림 15.3 약산의 이온화 백분율은 원래 산의 농도에 의존한다. 농도가 0에 가까워지면, 이온화는 100%에 가까워진다. 점선으로 표시된 회색 선은 100% 이온화를 나타내며, 이 것은 강산의 특징이다.

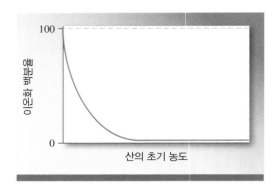

$$\frac{0.0025\ M}{0.100\ M} \times 100\% = 2.5\%$$

이제 부피를 두 배로 늘리기에 충분한 물을 추가하여 이 평형 혼합물을 희석할 때, 어떤 일이 일어나는지 생각해 보자. $[C_6H_5COOH] = 0.049\ M$, $[H_3O^+] = 0.0013\ M$ 및 $[C_6H_5COO^-] = 0.0013\ M$의 세 가지 화학종 모두의 농도가 반으로 나뉜다. 이러한 새로운 농도를 평형식에 대입하고 반응 지수(Q)를 계산하면, K_a와 다른 결과를 얻는다. 사실 $(0.0013^2/0.049) = 3.4 \times 10^{-5}$로, K_a보다 **더 작은**(smaller) 값이다. Q가 K보다 작으면, 반응은 평형을 회복할 수 있는 오른쪽으로 진행되어야 한다[◀◀ 14.4절]. 오른쪽으로 진행하면 약산의 이온화 반응의 경우 더 많은 양의 산이 이온화된다. 이는 이온화 백분율이 증가한다는 의미이다.

벤조산의 원래 농도의 절반으로 시작하는 이온화 백분율에 대해 다시 해결할 수 있다.

학생 노트

Le Châtelier의 원리[|◀◀ 14.5절]에 따르면, 희석에 의한 입자 농도의 감소는 평형을 강조한다. 평형은 더 많은 용해된 입자가 있는 쪽을 향해 이동하여 압력의 영향을 최소화하여 약산을 더 많이 이온화 시킨다.

	$CH_3COOH(aq)$	$+ H_2O(l)$	$\rightleftharpoons$	$H_3O^+(aq)$	$+ CH_3COO^-(aq)$
초기 농도(M):	0.050	—		0	0
농도 변화(M):	$-x$	—		$+x$	$+x$
평형 농도(M):	$0.050-x$	—		x	x

따라서 x에 대한 해는 $0.0018\ M$이 된다. 그러므로 $[C_6H_5COOH] = 0.048\ M$, $[H_3O^+] = [C_6H_5COO^-] = 0.0018\ M$의 평형 농도에서 벤조산의 이온화 백분율은 다음과 같다.

$$\frac{0.0018\ M}{0.0050\ M} \times 100\% = 3.6\%$$

그림 15.3은 농도에 따른 약산 이온화의 의존성을 보여준다. 농도가 0에 가까워지면 이온화 백분율은 100에 가까워진다.

예제 15.13에서는 약산 용액의 이온화 백분율 계산을 연습할 수 있다.

예제 15.13

25°C에서 (a) 0.15 M, (b) 0.015 M 및 (c) 0.0015 M 농도의 아세트산 용액의 pH와 이온화 백분율을 결정하시오.

전략 예제 15.12에 설명된 과정을 사용하여 평형표를 만들고, 아세트산의 각 농도에 대해 H_3O^+의 평형 농도를 계산한다. pH를 구하기 위해 식 15.2를 사용하고 이온화 백분율을 찾기 위해 식 15.7을 사용한다.

계획 표 15.6에서 아세트산의 이온화 상수 K_a는 1.8×10^{-5}이다.

풀이

(a)
$$CH_3COOH(aq) + H_2O(l) \rightleftharpoons H_3O^+(aq) + CH_3COO^-(aq)$$

	CH_3COOH	H_2O	H_3O^+	CH_3COO^-
초기 농도(M):	0.15	—	0	0
농도 변화(M):	$-x$	—	$+x$	$+x$
평형 농도(M):	$0.15-x$	—	x	x

x에 대한 해는 $[H_3O^+]=0.0016\ M$이고 pH$=-\log(0.0016)=2.78$이다.

$$이온화\ 백분율 = \frac{0.0016\ M}{0.15\ M} \times 100\% = 1.1\%$$

(b) (a)와 같은 방법으로 해석하면 $[H_3O^+]=5.2\times10^{-4}\ M$ 및 pH$=3.28$이 된다.

$$이온화\ 백분율 = \frac{5.2\times10^{-4}\ M}{0.015\ M} \times 100\% = 3.5\%$$

(c) 이차방정식을 풀거나 근사법을 사용하면[◀◀ 부록 1], $[H_3O^+]=1.6\times10^{-4}\ M$ 및 pH$=3.78$이 된다.

$$이온화\ 백분율 = \frac{1.6\times10^{-4}\ M}{0.0015\ M} \times 100\% = 11\%$$

> **생각해 보기**
>
> 이온화 백분율은 약염기에 대한 농도가 감소함에 따라 또한 증가한다[◀◀ 15.6절].

추가문제 1 농도 (a) $0.25\ M$, (b) $0.0075\ M$ 및 (c) $8.3\times10^{-5}\ M$의 사이안화 수소산(HCN) 용액에 대한 pH 및 이온화 백분율을 결정하시오.

추가문제 2 사이안화 수소산은 어느 농도에서 (a) 0.05% 이온화, (b) 0.10% 이온화, (c) 0.15% 이온화를 나타내는가?

추가문제 3 어느 그림이 가장 높은 이온화 백분율을 가진 약산을 나타내는가? 여기에 표시된 다른 약산들 중 하나가 당신이 선택한 이온보다 더 높은 이온화 백분율을 가질 수 있는가? 설명하시오.

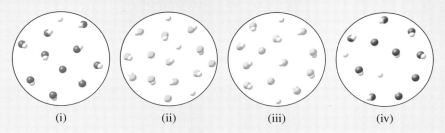

(i)	(ii)	(iii)	(iv)

pH를 사용하여 K_a 결정

14장에서는 평형 농도를 사용하여 평형 상수의 값을 결정할 수 있다는 것을 배웠다[◀◀ 14.2절]. 유사한 방법을 사용하면, 약산 용액의 pH를 사용하여 K_a의 값을 결정할 수 있다. 약산의 K_a(HA)를 결정하기 원한다고 가정해 보면, $0.25\ M$ 용액의 pH는 25°C에서 3.47이다. 첫 번째 단계는 pH를 사용하여 하이드로늄 이온의 평형 농도를 결정하는 것이다. 식 15.3을 이용하면 다음을 얻는다.

$$[H_3O^+] = 10^{-3.47} = 3.39\times10^{-4}\ M$$

약산의 초기 농도와 하이드로늄 이온의 평형 농도를 사용하여 평형표를 만들고, 세 가지 화학종 모두의 평형 농도를 결정한다.

> **학생 노트**
> 반올림 오류를 최소화하기 위해 여러 단계인 문제가 끝날 때까지 추가의 유효숫자를 남겨둔다는 것을 기억하자[◀◀ 1.5절].

	HA(aq)+H$_2$O(l) $\rightleftharpoons$		H$_3$O$^+(aq)$+	A$^-(aq)$
초기 농도(M):	0.25	—	0	0
농도 변화(M):	-3.39×10^{-4}	—	$+3.39\times10^{-4}$	$+3.39\times10^{-4}$
평형 농도(M):	0.2497	—	3.39×10^{-4}	3.39×10^{-4}

이 평형 농도는 다음과 같은 평형식으로 대체된다.

$$K_a=\frac{(3.39\times10^{-4})^2}{0.2497}=4.6\times10^{-7}$$

그러므로, 이 약산의 K_a는 4.6×10^{-7}이다.

예제 15.14는 pH를 사용하여 K_a를 결정하는 방법을 보여준다.

예제 15.14

아스피린(acetylsalicylic acid, HC$_9$H$_7$O$_4$)은 약산이다. 다음 반응식에 따라 물에서 이온화한다.

$$HC_9H_7O_4(aq)+H_2O(l) \rightleftharpoons H_3O^+(aq)+C_9H_7O_4^-(aq)$$

아스피린의 0.10 M 수용액은 25°C에서 pH가 2.27이다. 아스피린의 K_a를 결정하시오.

전략 pH에서 하이드로늄 이온 농도를 결정한다. 하이드로늄 이온의 농도를 사용하여 다른 화학종의 평형 농도를 결정하고 평형 농도를 평형식에 대입하여 K_a를 계산한다.

계획 식 15.3을 사용하면 다음과 같다.

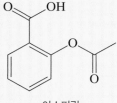
아스피린

$$[H_3O^+]=10^{-2.27}=5.37\times10^{-3}\ M$$

K_a를 계산하기 위해서는 C$_9$H$_7$O$_4^-$와 HC$_9$H$_7$O$_4$의 평형 농도가 필요하다. 반응의 화학량론은 $[C_9H_7O_4^-]$ $=[H_3O^+]$임을 알려준다. 또한, **이온화된**(ionized) 아스피린의 양은 용액 중의 하이드로늄 이온의 양과 동일하다. 따라서 아스피린의 평형 농도는 $(0.10-5.37\times10^{-3})\ M=0.095\ M$이다.

	HC$_9$H$_7$O$_4(aq)$+H$_2$O(l) $\rightleftharpoons$		H$_3$O$^+(aq)$+	C$_9$H$_7$C$_4^-(aq)$
초기 농도(M):	0.10	—	0	0
농도 변화(M):	-0.005	—	$+5.37\times10^{-3}$	$+5.37\times10^{-3}$
평형 농도(M):	0.095	—	5.37×10^{-3}	5.37×10^{-3}

풀이 평형 농도를 다음과 같이 평형식에 대입하시오.

$$K_a=\frac{[H_3O^+][C_9H_7O_4^-]}{[HC_9H_7O_4]}=\frac{(5.37\times10^{-3})^2}{0.095}=3.0\times10^{-4}$$

아스피린의 K_a는 3.0×10^{-4}이다.

생각해 보기

아스피린 0.10 M 용액의 pH를 계산하기 위해, 계산된 K_a의 값을 사용하여 계산 과정을 확인하자.

추가문제 1 산의 농도가 0.065 M인 용액이 25°C에서 2.96의 pH를 갖는 경우, 이 약산의 K_a를 계산하시오.

추가문제 2 산의 농도가 0.015 M인 용액이 25°C에서 5.03의 pH를 갖는 경우, 이 약산의 K_a를 계산하시오.

추가문제 3 그림으로 나타낸 약산에 대한 K_a 값(두 개의 유효숫자)을 계산하시오.

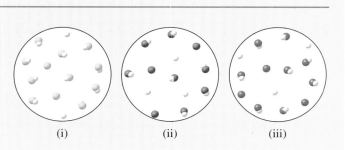

(i)　　　　(ii)　　　　(iii)

예제 (15.16)

커피와 차의 자극제인 카페인은 다음 식에 따라 물에서 이온화하는 염기이다.

$$C_8H_{10}N_4O_2(aq) + H_2O(l) \rightleftharpoons HC_8H_{10}N_4O_2^+(aq) + OH^-(aq)$$

25°C에서 카페인이 0.15 M인 용액이 pH를 8.45를 가진다. 카페인의 K_b를 구하시오.

전략 pH를 사용하여 pOH를 결정하고, 이 pOH를 사용하여 수산화 이온 농도를 결정한다. 수산화 이온의 농도에 대한 반응 화학량론을 사용하여 다른 화학종의 평형 농도를 결정하고, K_b를 계산하기 위해 평형식에 해당 농도를 넣는다.

계획

$$pOH = 14.00 - 8.45 = 5.55$$
$$[OH^-] = 10^{-5.55} = 2.82 \times 10^{-6}\ M$$

반응 화학량론에 따라 $[HC_8H_{10}N_4O_2^+] = [OH^-]$이며, 평형 상태에서 용액 내의 수산화 이온의 양은 이온화된 카페인의 양과 같다. 따라서 평형 상태에서 다음과 같다.

$$[C_8H_{10}N_4O_2] = (0.15 - 2.82 \times 10^{-6})\ M \approx 0.15\ M$$

$$C_8H_{10}N_4O_2(aq) + H_2O(l) \rightleftharpoons HC_8H_{10}N_4O_2^+(aq) + OH^-(aq)$$

	C$_8$H$_{10}$N$_4$O$_2$	H$_2$O	HC$_8$H$_{10}$N$_4$O$_2^+$	OH$^-$
초기 농도(M):	0.15	—	0	0
농도 변화(M):	-2.82×10^{-6}	—	$+2.82 \times 10^{-6}$	$+2.82 \times 10^{-6}$
평형 농도(M):	0.15	—	2.82×10^{-6}	2.82×10^{-6}

풀이 평형 농도를 평형식에 대입하면 다음과 같다.

$$K_b = \frac{[HC_8H_{10}N_4O_2^+][OH^-]}{[C_8H_{10}N_4O_2]} = \frac{(2.82 \times 10^{-6})^2}{0.15} = 5.3 \times 10^{-11}$$

카페인

생각해 보기

계산된 K_b를 사용하여 0.15 M 용액의 pH를 결정하여 위의 답을 확인하자.

추가문제 1 25°C에서 0.50 M 용액이 9.59의 pH를 갖는 경우, 약염기의 K_b를 결정하시오.

추가문제 2 25°C에서 0.35 M의 염기 용액이 11.84의 pH를 갖는 경우, 약염기의 K_b를 결정하시오.

추가문제 3 예제 15.15의 추가문제 3에 나타난 각 염기에 대한 K_b의 값을 결정하시오(유효숫자 두 개까지).

15.7 짝산−염기 쌍

이 장의 시작에서 짝산과 짝염기의 개념을 도입했다. 이 절에서는 모체 화합물과는 별개로 짝산과 짝염기의 특성을 조사한다.

짝산 또는 짝염기의 세기

HCl과 같은 강산이 물에 녹을 때, 용액의 H_3O^+ 이온에 대한 짝염기(Cl^-)가 본질적으로 친화력이 **없으므로** 완전히 이온화한다.

$$HCl(aq) + H_2O(l) \longrightarrow H_3O^+(aq) + Cl^-(aq)$$

염화 이온은 H_3O^+ 이온에 대한 친화력이 없으므로, 물에서 Brønsted 염기로 작용하지 않는다. 예를 들어, NaCl과 같은 염화 염을 물에 녹이면, 용액 속의 Cl^- 이온은 물에서 양성자를 받아들이지 않을 것이다.

$$Cl^-(aq) + H_2O(l) \xrightarrow{\quad\times\quad} HCl(aq) + OH^-(aq)$$

학생 노트
생성물인 HCl과 OH^-는 Cl^-와 H_2O가 결합될 때 실제로 형성되지 않는다.

강산의 짝염기인 염소 이온은 **약한 짝염기**(weak conjugate base)의 예이다.

이제 약산의 경우를 고려해 보자. HF가 물에 용해될 때, 짝염기 F^-가 H_3O^+ 이온에 대해 강한 친화력을 가지기 때문에 이온화는 **제한된** 정도로만 발생한다.

$$HF(aq) + H_2O(l) \rightleftharpoons H_3O^+(aq) + F^-(aq)$$

이 평형은 왼쪽에 있다($K_a = 7.1 \times 10^{-4}$). 플루오린화 이온은 H_3O^+ 이온에 대해 강한 친화력을 가지고 있기 때문에, 물에서 Brønsted 염기 역할을 한다. NaF와 같은 플루오린화 염을 물에 녹이면 용액의 F^- 이온은 물에서 양성자를 어느 정도 받아들일 것이다.

학생 노트
짝염기와 물의 반응에 의해 만들어지는 생성물들 중 하나는 항상 이 짝염기에 상응하는 약산이다.

$$F^-(aq) + H_2O(l) \rightleftharpoons HF(aq) + OH^-(aq)$$

약산의 짝염기인 플루오린화 이온은 **강한 짝염기**(strong conjugate base)의 예이다.

반대의 원리로, 강염기는 **약한 짝산**(weak conjugate acid)을 가지고, 약염기는 **강한 짝산**(strong conjugate acid)을 갖는다. 예를 들어, H_2O는 강염기 OH^-의 약한 짝산이고 암모늄 이온(NH_4^+)은 약염기인 암모니아(NH_3)의 강한 짝산이다. 암모늄 염이 물에 용해되면 암모늄 이온은 양성자를 물 분자에 제공한다.

학생 노트
1A족 및 2A족 중금속의 수산화물은 강염기(strong base)로 분류된다. 그러나 수산화 이온 자체는 양성자를 받아들이므로 Brønsted 염기이다. 가용성 금속 수산화물들은 간단히 수산화 이온의 원천이다.

$$NH_4^+(aq) + H_2O(l) \rightleftharpoons NH_3(aq) + H_3O^+(aq)$$

일반적으로 산이나 염기의 세기와 그의 짝염기나 짝산의 세기 사이에는 상호 관계가 있다.

산	예	짝염기	화학식	염기	예	짝산	화학식
강함	HNO_3	약함	NO_3^-	강함	OH^-	약함	H_2O
약함	HCN	강함	CN^-	약함	NH_3	강함	NH_4^+

짝산과 **짝염기**에서 **강함**과 **약함**이라는 단어가 의미하는 것이 일반적인 산과 염기에서의 그 의미와 다름을 아는 것이 것이 중요하다. 강한 짝은 작지만 측정 가능한 정도로 물과 반응한다(양성자를 받거나 줌). 강한 짝산은 물에서 약한 Brønsted 산으로 작용한다. 강한 짝염기는 물에서 약한 Brønsted 염기로 작용한다. 산 또는 염기에 관계없이 **약한** 짝은, 물과 측정 가능한 정도로 반응하지 **않는다**.

짝산-염기 쌍의 K_a와 K_b의 관계

물에서 양성자를 받아들이기 때문에 "강한 짝염기"라고 부르는 것은 실제로 약한 Brønsted 염기이다. 따라서 모든 강한 짝염기에는 이온화 상수 K_b가 있다. 마찬가지로, 강한 짝산은 약한 Brønsted 산으로 작용하기 때문에 이온화 상수 K_a를 갖는다.

약산의 이온화 상수(K_a)와 이의 짝염기의 이온화 상수(K_b) 사이의 단순한 관계는 아세트산을 예로 들면 다음과 같이 유도될 수 있다.

$$CH_3COOH(aq) + H_2O(l) \rightleftharpoons H_3O^+(aq) + CH_3COO^-(aq)$$
산 짝염기

$$K_a = \frac{[H_3O^+][CH_3COO^-]}{[CH_3COOH]}$$

짝염기 CH_3COO^-는 다음 식에 따라 물과 반응한다.

$$CH_3COO^-(aq) + H_2O(l) \rightleftharpoons CH_3COOH(aq) + OH^-(aq)$$

그리고 염기 이온화 평형식은 다음과 같이 쓰여진다.

$$K_b = \frac{[CH_3COOH][OH^-]}{[CH_3COO^-]}$$

학생 노트
아세트산 이온과 같은 짝염기는 아세트산 이온을 포함하는 용해성 염을 용해시킴으로써 용액으로 들어간다. 예를 들어, 아세트산 소듐은 아세트산 이온을 공급하는 데 사용될 수 있다. 소듐 이온은 반응에 참여하지 않는다.(구경꾼 이온이다.)[◀◀ 4.2절]

어떤 화학식에 대해서도 이 두 평형을 더하고 동일한 항을 없앨 수 있다.

$$\underline{CH_3COOH}(aq) + H_2O(l) \rightleftharpoons H_3O^+(aq) + \underline{CH_3COO^-}(aq)$$
$$\underline{+CH_3COO^-}(aq) + H_2O(l) \rightleftharpoons \underline{CH_3COOH}(aq) + OH^-(aq)$$
$$2H_2O(l) \rightleftharpoons H_3O^+(aq) + OH^-(aq)$$

그 합계는 물의 자동 이온화이다. 실제로 이것은 약산과 그 짝염기의 경우이다.

$$\underline{HA} + H_2O \rightleftharpoons H_3O^+ + \underline{A^-}$$
$$+\underline{A^-} + H_2O \rightleftharpoons \underline{HA} + OH^-$$
$$2H_2O \rightleftharpoons H_3O^+ + OH^-$$

또는 약염기와 그 짝산의 경우에는 다음과 같다.

$$\underline{B} + H_2O \rightleftharpoons \underline{HB^+} + OH^-$$
$$+\underline{HB^+} + H_2O \rightleftharpoons \underline{B} + H_3O^+$$
$$2H_2O \rightleftharpoons H_3O^+ + OH^-$$

다음 두 개의 평형을 추가할 때, 알짜(net) 반응을 위한 평형 상수는 각 반응식에 대한 평형 상수의 곱임을 상기하자[◀◀ 14.3절]. 따라서 모든 짝산-염기 쌍의 경우에는 다음과 같다.

$$K_a \times K_b = K_w \qquad \text{[◀◀ 식 15.8]}$$

식 15.8은 산과 그것의 짝염기의 세기 사이(또는 염기와 짝산의 세기 사이)의 상호 관계에 대한 정량적 기초를 제공한다. K_w는 상수이기 때문에 K_a가 증가하면 K_b는 감소해야 하며, 그 반대도 마찬가지이다.

예제 15.17은 짝산 또는 짝염기의 이온화 상수를 결정하는 방법을 보여준다.

예제 15.17

(a) 아세트산 이온(CH_3COO^-)의 K_b, (b) 메틸 암모늄 이온($CH_3NH_3^+$)의 K_a, (c) 플루오린화 이온(F^-)의 K_b 및 (d) 암모늄 이온(NH_4^+)의 K_a를 결정하시오.

전략 나열된 각 화학종은 짝염기 또는 짝산 중 하나이다. 각각의 짝염기에 상응하는 원래의 산 및 각 짝산에 상응하는 원래의 염기를 결정한다. 이온화 상수에 대해서는 표 15.6과 15.7을 참조한다. 표로 만들어진 이온화 상수와 식 15.8을 사용하여 각각의 표시된 K 값을 계산한다.

계획 (a) 아세트산 이온이 짝염기임을 나타내는 K_b 값이 요구된다. 해당 Brønsted 산을 확인하려면 양성자를 화학식에 첨가하여 CH_3COOH(아세트산)를 얻는다. 아세트산의 K_a(표 15.6)는 1.8×10^{-5}이다.

(b) 메틸 암모늄 이온이 짝산인 것을 나타내는 K_a 값이 요구된다. 화학식에서 양성자를 제거하여 원래 Brønsted 염기를 확인하고 CH_3NH_2(메틸 아민)를 얻는다. 메틸 아민의 K_b(표 15.7)는 4.4×10^{-4}이다.

(c) F^-는 HF의 짝염기이고, $K_a = 7.1 \times 10^{-4}$이다.

(d) NH_4^+는 NH_3의 짝산이다. $K_b = 1.8 \times 10^{-5}$이다. K_a와 K_b에 대해 개별적으로 식 15.8을 풀면 각각 다음과 같다.

$$K_a = \frac{K_w}{K_b} \text{ 그리고 } K_b = \frac{K_w}{K_a}$$

풀이 (a) 짝염기 CH_3COO^-: $K_b = \dfrac{1.0 \times 10^{-14}}{1.8 \times 10^{-5}} = 5.6 \times 10^{-10}$

(b) 짝산 $CH_3NH_3^+$: $K_a = \dfrac{1.0 \times 10^{-14}}{4.4 \times 10^{-4}} = 2.3 \times 10^{-11}$

(c) 짝염기 F^-: $K_b = \dfrac{1.0 \times 10^{-14}}{7.1 \times 10^{-4}} = 1.4 \times 10^{-11}$

(d) 짝산 NH_4^+: $K_a = \dfrac{1.0 \times 10^{-14}}{1.8 \times 10^{-5}} = 5.6 \times 10^{-10}$

생각해 보기

약산과 약염기의 짝염기와 짝산에는 이온화 상수가 있기 때문에 이들 이온을 포함한 염은 용액의 pH에 영향을 미친다. 15.10절에서는 용해된 염을 포함한 용액의 pH를 계산하기 위해 짝산과 짝염기의 이온화 상수를 사용할 것이다.

추가문제 1 (a) 벤조산 이온($C_6H_5COO^-$)의 K_b, (b) 아스코브르산 이온($HC_6H_6O_6^-$, 표 15.8 참조), 및 (c) 에틸 암모늄 이온($C_2H_5NH_3^+$)의 K_a를 결정하시오.

추가문제 2 (a) 짝산 HB^+가 $K_a = 8.9 \times 10^{-4}$인 약염기 B의 K_b와 (b) $K_b = 2.1 \times 10^{-8}$인 짝염기의 약산 HA의 K_a를 결정하시오.

추가문제 3 윗줄에 있는 각 약산 용액[(i)~(iii)]에 대하여 아래[(iv)~(vi)]에 해당하는 짝염기 용액을 구분하시오.(물 분자와 수산화 이온은 표시하지 않았다.)

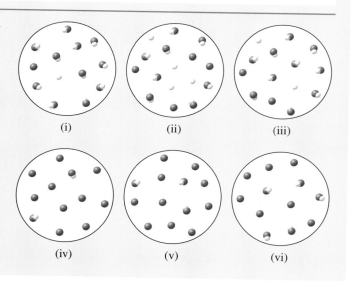

(i) (ii) (iii)

(iv) (v) (vi)

15.8 이양성자 산과 다양성자 산

이양성자 산과 다양성자 산은 연속적인 이온화를 만드는데, 한 번에 한 개의 양성자를 잃고[◀◀ 4.3절], 각 이온화는 K_a와 관련된다. 이양성자 산의 이온화 상수는 K_{a_1} 및 K_{a_2}로 명명된다. 각 이온화에 대해 별도의 평형식을 작성하고, 평형 용액에서 화학종의 농도를 계산하기 위해 두 개 이상의 평형식이 필요할 수 있다. 예를 들어, 탄산(H_2CO_3)의 경우 다음과 같이 쓴다.

$$H_2CO_3(aq) + H_2O(l) \rightleftharpoons H_3O^+(aq) + HCO_3^-(aq) \qquad K_{a_1} = \frac{[H_3O^+][HCO_3^-]}{[H_2CO_3]}$$

$$HCO_3^-(aq) + H_2O(l) \rightleftharpoons H_3O^+(aq) + CO_3^{2-}(aq) \qquad K_{a_2} = \frac{[H_3O^+][CO_3^{2-}]}{[HCO_3^-]}$$

첫 번째 이온화의 짝염기는 두 번째 이온화의 산이다. 표 15.8은 몇 가지 이양성자 산과 하나의 다양성자 산의 이온화 상수를 보여준다. 주어진 산에 대해, 첫 번째 이온화 상수는 두 번째 이온화 상수보다 훨씬 더 크다. 중성 화학종에서 음전하를 띠는 것보다 양성자를 제거하는 것이 더 쉽고, 이중 음전하를 갖는 화학종에서의 것보다 단일 음전하를 갖는 화학종에서 양성자를 제거하는 것이 더 쉽기 때문에 이러한 경향이 이해가 된다.

예제 15.18은 이양성자 산의 수용액에 대한 용액 중 모든 화학종의 평형 농도를 계산하는 방법을 보여준다.

표 15.8	25℃에서 일부 이양성자 산과 다양성자 산의 이온화 상수				
산의 명칭	화학식	구조식	K_{a_1}	K_{a_2}	K_{a_3}
황산	H_2SO_4		매우 큼	1.3×10^{-2}	
옥살산	$H_2C_2O_4$		6.5×10^{-2}	6.1×10^{-5}	
아황산	H_2SO_3		1.3×10^{-2}	6.3×10^{-8}	
아스코르브 산(비타민 C)	$H_2C_6H_6O_6$		8.0×10^{-5}	1.6×10^{-12}	
탄산	H_2CO_3		4.2×10^{-7}	4.8×10^{-11}	
황화 수소산*	H_2S		9.5×10^{-8}	1×10^{-19}	
인산	H_3PO_4		7.5×10^{-3}	6.2×10^{-8}	4.8×10^{-13}

*H_2S의 두 번째 이온화 상수는 매우 낮으며 측정하기 어렵다. 이 표의 값은 추정치이다.

예제 **15.18**

옥살산($H_2C_2O_4$)은 주로 표백제로 사용되는 유독 물질이다. 25℃에서 0.10 M 용액의 평형 상태에 있는 모든 화학종의 농도를 계산하시오.

전략 일양성자 산의 평형 농도를 결정할 때와 마찬가지로 각 이온화에 대해 동일한 절차를 따른다. 첫 번째 이온화로부터 생성된 짝염기는 두 번째 이온화를 위한 산이고, 그것의 초기 농도는 첫 번째 이온화로부터 얻어진 평형 농도이다.

계획 옥살산의 이온화 및 이에 상응하는 이온화 상수는 다음과 같다.

$$H_2C_2O_4(aq) + H_2O(l) \rightleftharpoons H_3O^+(aq) + HC_2O_4^-(aq) \qquad K_{a_1} = 6.5 \times 10^{-2}$$
$$HC_2O_4^-(aq) + H_2O(l) \rightleftharpoons H_3O^+(aq) + C_2O_4^{2-}(aq) \qquad K_{a_2} = 6.1 \times 10^{-5}$$

첫 번째 이온화에서 x를 미지수로, 두 번째 이온화에서 y를 미지수로 사용하여 각 이온화에 대한 평형표를 만든다.

$$H_2C_2O_4(aq) + H_2O(l) \rightleftharpoons H_3O^+(aq) + HC_2O_4^-(aq)$$

	$H_2C_2O_4$	H_2O	H_3O^+	$HC_2O_4^-$
초기 농도(M):	0.10	—	0	0
농도 변화(M):	$-x$	—	$+x$	$+x$
평형 농도(M):	$0.10 - x$	—	x	x

첫 번째 이온화 후 옥살산수소 이온(hydrogen oxalate ion, $HC_2O_4^-$)의 평형 농도는 두 번째 이온화의 시작 농도가 된다. 또한 H_3O^+의 평형 농도는 두 번째 이온화의 시작 농도이다.

$$HC_2O_4^-(aq) + H_2O(l) \rightleftharpoons H_3O^+(aq) + C_2O_4^{2-}(aq)$$

	$HC_2O_4^-$	H_2O	H_3O^+	$C_2O_4^{2-}$
초기 농도(M):	x	—	x	0
농도 변화(M):	$-y$	—	$+y$	$+y$
평형 농도(M):	$x - y$	—	$x + y$	y

풀이

$$K_{a_1} = \frac{[H_3O^+][HC_2O_4^-]}{[H_2C_2O_4]}$$

$$6.5 \times 10^{-2} = \frac{x^2}{0.10 - x}$$

근삿값을 적용하고 표현식의 분모에 있는 x를 무시하면 다음과 같다.

$$6.5 \times 10^{-2} \approx \frac{x^2}{0.10}$$

$$x^2 = 6.5 \times 10^{-3}$$

$$x = 8.1 \times 10^{-2} \ M$$

근삿값 테스트는 다음과 같다.

$$\frac{8.1 \times 10^{-2} \ M}{0.10 \ M} \times 100\% = 81\%$$

분명히 근삿값이 유효하지 않으므로, 다음 이차방정식을 풀어야 한다.

$$x^2 + 6.5 \times 10^{-2}x - 6.5 \times 10^{-3} = 0$$

그 결과는 $x = 0.054 \ M$이다. 그러므로 첫 번째 이온화 이후에, 용액에서 화학종들의 농도는 다음과 같다.

$$[H_3O^+] = 0.054 \ M$$
$$[HC_2O_4^-] = 0.054 \ M$$
$$[H_2C_2O_4] = (0.10 - 0.054) \ M = 0.046 \ M$$

x의 계산된 값을 사용하여 두 번째 이온화에 대한 평형표를 다시 작성하면 다음과 같이 표시된다.

$$HC_2O_4^-(aq) + H_2O(l) \rightleftharpoons H_3O^+(aq) + C_2O_4^{2-}(aq)$$

	$HC_2O_4^-$	H_2O	H_3O^+	$C_2O_4^{2-}$
초기 농도(M):	0.054	—	0.054	0
농도 변화(M):	$-y$	—	$+y$	$+y$
평형 농도(M):	$0.054-y$	—	$0.054+y$	y

$$K_{a_2} = \frac{[H_3O^+][C_2O_4^{2-}]}{[HC_2O_4^-]}$$

$$6.1 \times 10^{-5} = \frac{(0.054+y)(y)}{0.054-y}$$

y가 매우 작다고 가정하고 근삿값 $0.054+y \approx 0.054$ 및 $0.054-y \approx 0.054$를 적용하면 다음을 얻을 수 있다.

$$\frac{(0.054)(y)}{0.054} = y = 6.1 \times 10^{-5}\ M$$

근삿값이 유효한지 알아보기 위해 다음과 같이 근삿값을 테스트해야 한다.

$$\frac{6.1 \times 10^{-5}\ M}{0.054\ M} \times 100\% = 0.11\%$$

이번에는 이온화 상수가 훨씬 작기 때문에 근삿값이 유효하다. 평형 상태에서 모든 화학종의 농도는 다음과 같다.

$$[H_2C_2O_4] = 0.046\ M$$
$$[HC_2O_4^-] = (0.054 - 6.1 \times 10^{-5}) \quad M \approx 0.054\ M$$
$$[H_3O^+] = (0.054 + 6.1 \times 10^{-5}) \quad M \approx 0.054\ M$$
$$[C_2O_4^{2-}] = 6.1 \times 10^{-5}\ M$$

생각해 보기

두 번째 이온화는 H_3O^+의 농도에 크게 기여하지 않았다는 점에 유의하자. 따라서 첫 번째 이온화만을 고려하여 이 용액의 pH를 결정할 수 있다. K_{a_1}이 적어도 $1000 \times K_{a_2}$인 다양성자 산에 대해서는 일반적으로 사실이다. [옥살산 이온(oxalate ion, $C_2O_4^{2-}$)의 농도를 결정하기 위해서는 두 번째 이온화를 고려할 필요가 있다.]

추가문제 1 25°C에서 0.20 M 옥살산 용액의 $H_2C_2O_4$, $HC_2O_4^-$, $C_2O_4^{2-}$ 및 H_3O^+ 이온 농도를 계산하시오.

추가문제 2 25°C에서 0.14 M 황산(H_2SO_4) 용액에서 HSO_4^-, SO_4^{2-} 및 H_3O^+ 이온의 농도를 계산하시오.

추가문제 3 다양성자 산의 수용액을 나타낼 수 있는 그림은 어느 것인가? 어떤 그림이 다염기성 염기의 용액을 나타내는가?(물 분자는 표시되지 않았다.)

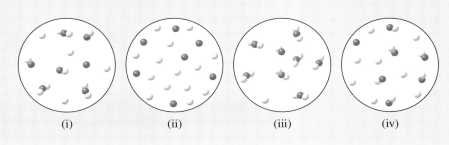

(i)   (ii)   (iii)   (iv)

15.9 분자 구조와 산의 세기

산의 세기는 이온화 경향에 따라 측정된다.

$$HX \longrightarrow H^+ + X^-$$

산이 이온화되는 정도에 영향을 미치는 두 가지 요소가 있다. 하나는 $H-X$ 결합의 세기이다. 결합이 강할수록 HX 분자가 분해되기 어렵고 이런 이유로 더 약한 산이 된다. 다른 요인은 $H-X$ 결합의 극성이다. H와 X 사이의 전기 음성도 차이는 극성 결합을 유도한다.

$$\overset{\delta^+ \quad \delta^-}{H-X}$$

결합의 극성이 높으면(즉, H 원자 및 X 원자에 각각 양전하 및 음전하가 대량 축적되는 경우), HX는 H^+ 및 X^- 이온으로 분해되는 경향이 있다. 따라서 극성이 높으면 산이 더 강해진다. 이 절에서는 산의 강도를 결정할 때 결합 세기와 결합 극성의 역할을 고려한다.

할로젠화 수소산

할로젠은 할로젠화 수소산(HF, HCl, HBr 및 HI)이라고 불리는 일련의 이원자산을 형성한다. 표 15.9는 이 산들 중 HF만이 약산($K_a = 7.1 \times 10^{-4}$)임을 보여준다. 표의 자료는 할로젠화 수소산의 세기를 결정할 때 주된 요인은 결합 세기라는 것을 나타낸다. HF는 가장 큰 결합 엔탈피를 가지므로 결합을 가장 강하게 만든다. 이 이원자산들 중에서는 결합 세기가 감소함에 따라 산의 세기가 증가한다. 산의 세기는 다음과 같이 증가한다.

$$HF \ll HCl < HBr < HI$$

산소산

2장에서 배웠듯이 산소산은 수소, 산소 그리고 중심에 비금속 원자를 포함하고 있다[◀◀ 2.7절]. 그림 15.4의 Lewis 구조가 보여주듯이, 산소산에는 하나 이상의 O 결합이 포함되어 있다. 중심 원자가 전기 음성도가 높은 원소이거나 높은 산화 상태에 있으면 전자를 끌어당겨 O−H 결합이 보다 극성을 갖게 된다. 이렇게 하면 수소가 H^+로 손실되어 산이 더 강해진다.

그들의 세기를 비교하기 위해서, 산소산을 두 그룹으로 나누는 것이 편리하다.

1. **주기율표의 동일한 족으로부터 다른 중심 원자를 가지면서 같은 산화수를 가지는 산소산.** 두 가지 예는 다음과 같다.

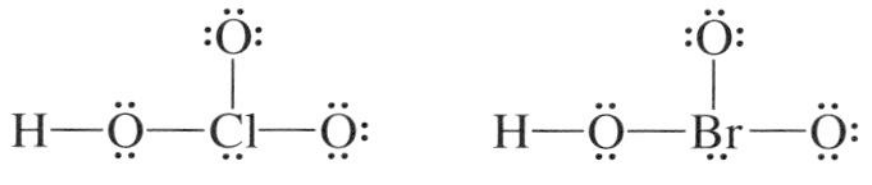

HClO₃ 와 HBrO₃

학생 노트
H−X 결합의 극성은 실제로 H−F에서 H−I로 감소하는데, 이는 F가 가장 전기적으로 전기 음성도가 큰 원소이기 때문이다. 이것은 HF가 할로젠화 수소산(hydrohalic acid) 중에서 가장 강할 것임을 보여준다. 그러나 표 15.9의 자료에 근거하여, 결합 엔탈피가 이러한 산들의 강도를 결정하는 데 더 중요한 요인이다.

표 15.9 할로젠화 수소의 결합 엔탈피와 할로젠화 수소산의 산의 세기

결합	결합 엔탈피(kJ/mol)	산의 세기
H−F	562.8	약함
H−Cl	431.9	강함
H−Br	366.1	강함
H−I	298.3	강함

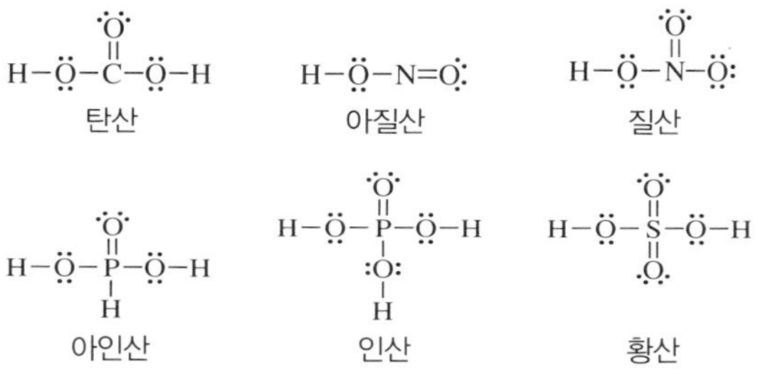

그림 15.4 일반적인 산소산(oxo-acid)의 Lewis 구조. 주기율표에서 3주기 이하의 원자를 중심 원자로 가진 산소산에 대해서는 하나 이상의 가능한 Lewis 구조가 존재한다는 것을 상기하자[◀◀ 8.8절].

탄산   아질산   질산

아인산   인산   황산

이들 중에서 산의 세기는 중심 원자의 전기 음성도가 증가함에 따라 증가한다. 그러나 Cl 및 Br은 이들 산에서 +5의 동일한 산화수를 가지는데, 이는 Cl이 Br보다 더 비금속이기 때문에 Br(Br−O−H에서)보다 더 큰 정도로 (Cl−O−H에서) 산소와 공유하는 전자쌍을 끌어당긴다. 결과적으로, O−H 결합은 브로민산(bromic acid)보다 염소산(chloric acid)에서 더 극성을 가지며 보다 쉽게 이온화된다. 상대적인 산의 세기는 다음과 같다.

$$HClO_3 > HBrO_3$$

2. **동일한 중심 원자를 가지지만 산소 원자의 수가 다른 산소산.** 이 그룹 내에서 산의 세기는 중심 원자의 산화수가 증가함에 따라 증가한다. 그림 15.5에 나타난 염소의 산소산을 생각해 보자. 이들 중에서 멀리 있는 OH 기로부터 전자를 당기는 염소의 능력은(따라서 더 극성인 O−H 결합을 만든다) Cl에 붙어 있는 O 원자의 수에 따라 증가한다. 따라서 $HClO_4$는 Cl에 붙는 산소 원자의 최대 개수를 가지고 있기 때문에, 강한 산이다. 산의 세기는 다음과 같이 감소한다.

$$HClO_4 > HClO_3 > HClO_2 > HClO$$

예제 15.19는 분자 구조에 기초한 산의 세기를 비교한다.

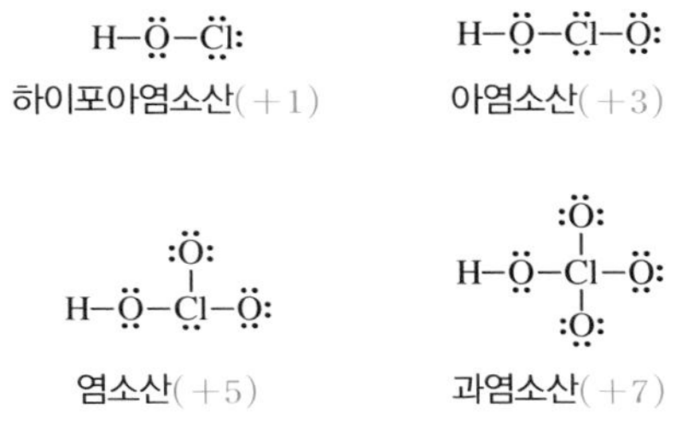

> **학생 노트**
> 붙어 있는 산소 원자의 수가 증가할수록 중심 원자의 산화수 또한 증가한다[◀◀ 4.4절].

H−Ö−Cl:
하이포아염소산(+1)

H−Ö−Cl−Ö:
아염소산(+3)

:Ö:
|
H−Ö−Cl−Ö:
염소산(+5)

:Ö:
|
H−Ö−Cl−Ö:
|
:Ö:
과염소산(+7)

그림 15.5 염소의 산소산의 Lewis 구조. Cl 원자의 산화수는 괄호 안에 표시되어 있다. 이러한 산들의 화학식은 H가 먼저 쓰여 있지만, 각 산의 H 원자는 Cl 원자에 직접적으로 결합된 것이 아니라 O 원자에 결합되어 있다는 것에 주목하자.

예제 15.19

다음 각 그룹들의 산소산의 상대적 세기를 예측하시오.
(a) HClO, HBrO 및 HIO
(b) HNO_3 및 HNO_2

전략 각 그룹에서 중심 원자의 전기 음성도 또는 산화수를 비교하여 어느 O−H 결합이 가장 극성인지를 결정한다. O−H 결합의 극성이 높을수록 깨지기 쉽고 산이 강해진다.

계획 (a) 중심 원자가 다른 그룹에서 전기 음성도를 반드시 비교해야 한다. 이 그룹에서 중심 원자의 전기 음성도는 다음 순서로 감소한다: Cl > Br > I

(b) 이 두 산은 같은 중심 원자를 가지지만 결합하는 산소 원자의 수가 다르다. 이와 같은 그룹에서 결합하는 산소 원자의 수가 많을수록 중심 원자가 더 높은 산화수를 가지며, 더 강한 산이다.

풀이 (a) 산의 세기는 다음 순서로 감소한다: HClO > HBrO > HIO

(b) HNO_3는 HNO_2보다 강한 산이다.

> **생각해 보기**
> 이 둘의 세기를 비교하는 또 다른 방법은 HNO_3가 7가지 강산 중 하나임을 기억하는 것이다. HNO_2는 그렇지 않다. 강산 중 네 가지가 산소산이다: HNO_3, $HClO_4$, $HClO_3$, H_2SO_4

추가문제 1 더 강한 산이 무엇인지 나타내시오.

(a) $HBrO_3$ 또는 $HBrO_4$ (b) H_2SeO_4 또는 H_2SO_4

추가문제 2 이 절의 정보에 근거해 봤을 때, 산소산의 세기를 결정하는 주된 요소가 중심 원자의 전기 음성도 또는 중심 원자의 산화 상태인가?

추가문제 3 다음 모형들은 일반적인 화학식 XOH를 갖는 두 가지 화합물의 화학식 단위를 보여준다. 왼쪽 모형에서 X는 금속이다. 오른쪽의 모형에서 X는 비금속이다. 이 화합물 중 하나는 약산이고 다른 하나는 강염기이다. 산과 염기를 밝히고 그들의 화학식이 비슷함에도 성질이 왜 다른지 설명하시오.

카복실산

지금까지 우리는 무기산에 초점을 맞추었다. 유기산의 특히 중요한 그룹은 **카복실산**(carboxylic acid)이며, Lewis 구조는 다음과 같이 나타낼 수 있다.

$$R-C(=\overset{..}{\underset{..}{O}})-\overset{..}{\underset{..}{O}}-H$$

여기서 R은 산 분자의 일부이고, 음영 부분은 카복실기인 —COOH를 나타낸다. 4장[◀◀ 4.1절]에서 카복실산의 화학식은 작용기를 함께 유지하기 위해 종종 이온화 가능한 H 원자를 마지막에 같이 쓴다는 것을 배웠다. 어느 쪽이든 쓰여진 유기산의 화학식을 인식해야 한다. 예를 들어, 아세트산은 $HC_2H_3O_2$ 또는 CH_3COOH로 쓰여질 수 있다.

카복실 음이온이라고 불리는 카복실산의 짝염기 $RCOO^-$는 하나 이상의 공명 구조로 나타낼 수 있다.

$$R-C(=\overset{..}{O})-\overset{..}{\underset{..}{O}}{}^- \longleftrightarrow R-C(-\overset{..}{\underset{..}{O}}{}^-)=\overset{..}{O}$$

분자 오비탈 이론[◀◀ 9.6절]에서, 음이온의 안정성이 여러 원자에 걸쳐 전자 밀도를 퍼지거나 한 곳에 모여있지 않게 하는 능력에 영향을 미친다고 배웠다. 전자 비편재화의 정도가 클수록 음이온이 안정되고, 산이 이온화되는 경향이 커지며 이는 더 강한 산이다.

카복실산의 세기는 R 그룹의 성질에 의존한다. 예를 들어, 아세트산 및 클로로아세트산을 고려해 보자.

아세트산($K_a = 1.8 \times 10^{-5}$)   클로로아세트산($K_a = 1.4 \times 10^{-3}$)

클로로아세트산에 있는 전기 음성도가 큰 Cl 원자의 존재는 전자 밀도를 R 그룹 쪽으로 이동시켜서 O—H 결합을 보다 극성으로 만든다. 결과적으로, 클로로아세트산이 이온화하는 경향이 더 커진다.

클로로아세트산은 두 가지 산 중에서 더 강하다.

15.10 염 용액의 산-염기 특성

15.7절에서, 약산의 짝염기가 약한 Brønsted 염기로 작용한다는 것을 보았다. 플루오린화 소듐(NaF) 염의 용액을 고려해 보자.[**염**(salt)은 산과 염기 사이의 반응에 의해 형성된 이온성 화합물이다[◀◀ 4.3절]. 염은 강한 전해질이므로 이온으로 완전히 해리된다.] NaF는 강전해질이기 때문에 물에서 완전히 해리된다. 소듐 양이온(Na^+) 및 플루오린화물 음이온(F^-)을 가진 용액을 만든다. 플루오린화 수소산의 짝염기인 플루오린화 이온은 물과 반응하여 플루오린화 수소산 및 수산화 이온을 생성한다.

$$F^-(aq) + H_2O(l) \rightleftharpoons HF(aq) + OH^-(aq)$$

이것은 **염의 가수 분해**(salt hydrolysis)의 특정 예로서, 염의 해리에 의해 생성된 이온이 물과 반응하여 수산화 이온 또는 하이드로늄 이온을 생성하여 pH에 영향을 준다. 용해된 염의 이온이 물과 어떻게 상호 작용하는지에 대한 지식을 사용하여 용액이 중성, 염기성 또는 산성인지 결정할 수 있다(용해된 염의 정체를 기반으로). 앞의 예에서 소듐 이온(Na^+)은 가수 분해되지 않으므로 용액의 pH에 영향을 미치지 않는다.

염기성 염 용액

플루오린화 소듐은 염기성 용액을 만들기 위해 용해되는 염이다. 일반적으로 약산의 짝염기인 음이온은 물과 반응하여 수산화 이온을 생성한다. 다른 예로 아세트산 이온(CH_3COO^-), 아질산 이온(NO_2^-), 아황산 이온(SO_3^{2-}) 및 탄산수소 이온(HCO_3^-)이 있다. 이들 각각의 음이온은 가수 분해되어 상응하는 약산 및 수산화 이온을 생성한다.

$$A^-(aq) + H_2O(l) \rightleftharpoons HA(aq) + OH^-(aq)$$

그러므로 약산의 짝염기인 음이온을 포함한 염의 용액이 염기성이 될 것이라는 정성적 예측을 할 수 있다. 음이온의 K_b 값을 사용하여 약염기 용액의 pH를 계산하는 것과 같은 방식으로 염기성 염 용액의 pH를 계산한다. 필요한 K_b 값은 해당 약산의 표 K_a 값을 사용하여 계산한다(표 15.6 참조). 모든 짝산-염기 쌍(식 15.8)에 대해 다음을 기억하자.

$$K_a \times K_b = K_w$$

예제 15.20은 어떻게 염기성 염 용액의 pH를 계산하는지를 보여준다.

> **학생 노트**
> HCO_3^-는 이온화할 수 있는 양성자를 가지고 있기 때문에 Brønsted 산으로 작용할 수 있다. 그러나 이 화학종은 양성자를 받아들이는 경향은 양성자를 내놓는 경향보다 더 강하다.
> $HCO_3^- + H_2O \rightleftharpoons$
> $\qquad H_2CO_3 + OH^-$
> $\qquad\qquad K_b \approx 10^{-8}$
> $HCO_3^- + H_2O \rightleftharpoons$
> $\qquad CO_3^{2-} + H_3O^+$
> $\qquad\qquad K_a \approx 10^{-11}$

예제 15.20

25°C에서 0.10 M의 플루오린화 소듐(NaF) 용액의 pH를 계산하시오.

전략   NaF의 용액은 Na^+ 이온과 F^- 이온을 포함한다. F^- 이온은 약산인 HF의 짝염기이다. HF에 대한 K_a 값(표 15.6의 7.1×10^{-4})과 식 15.8을 사용하여 F^-에 대한 K_b 값을 결정한다.

$$K_b = \frac{K_w}{K_a} = \frac{1.0 \times 10^{-14}}{7.1 \times 10^{-4}} = 1.4 \times 10^{-11}$$

그런 다음 평형표를 사용하여 평형 문제와 같이 pH 문제를 계산한다.

계획   평형식과 함께 일어나는 반응에 해당하는 평형식을 쓰는 것은 항상 좋은 생각이다.

$$F^-(aq) + H_2O(l) \rightleftharpoons HF(aq) + OH^-(aq) \qquad K_b = \frac{[HF][OH^-]}{[F^-]}$$

평형표를 작성하고 미지의 x를 사용하여 평형식에 있는 화학종들의 평형 농도를 결정한다.

$$F^-(aq) + H_2O(l) \rightleftharpoons HF(aq) + OH^-(aq)$$

	$F^-(aq)$	$H_2O(l)$	$HF(aq)$	$OH^-(aq)$
초기 농도(M):	0.10	—	0	0
농도 변화(M):	$-x$	—	$+x$	$+x$
평형 농도(M):	$0.10 - x$	—	x	x

풀이   평형 농도를 평형식으로 대체하고 해결을 위한 근사법을 사용하면 다음과 같이 된다.

$$1.4 \times 10^{-11} = \frac{x^2}{0.10 - x} \approx \frac{x^2}{0.10}$$

$$x = \sqrt{(1.4 \times 10^{-11})(0.10)} = 1.2 \times 10^{-6}\ M$$

평형표에 따르면 $x = [OH^-]$이다. 이 경우, 물의 자동 이온화는 수산화 이온의 농도에 중요한 기여를 하므로 총 농도는 $1.2 \times 10^{-6}\ M$(F^-의 이온화로부터)와 $1.0 \times 10^{-7}\ M$(물의 자동 이온화로부터)의 합일 것이다. 그러므로 우선 pOH를 다음과 같이 계산한다.

$$pOH = -\log(1.2 \times 10^{-6} + 1.0 \times 10^{-7}) = 5.95$$

그리고 그 다음에 pH는 다음과 같다.

$$pH = 14.00 - pOH = 14.00 - 5.95 = 8.05$$

25°C에서 NaF 0.10 M 용액의 pH는 8.05이다.

생각해 보기

이런 종류의 문제에서 pH와 pOH를 혼합하는 것은 쉽다. 먼저 염 용액의 pH와 관련하여 질적인 예측을 하고, 계산된 pH가 예측과 일치하는지 확인하자. 이 경우, 염(F^-)의 음이온이 약산(HF)의 짝염기이기 때문에 염기성 pH를 예측할 수 있다. 계산된 pH 8.05는 실제로 염기성이다.

추가문제 1   25°C에서 아세트산 소듐(CH_3COONa) 0.15 M 용액의 pH를 계산하시오.

추가문제 2   25°C에서 pH 8.51인 플루오린화 소듐(NaF) 용액의 농도를 결정하시오.

추가문제 3   다음 그래프 중 0.10 M 염기성 염 용액의 pH와 염이 생성된 산의 K_a 값 사이의 관계를 가장 잘 나타내는 것은 어느 것인가?

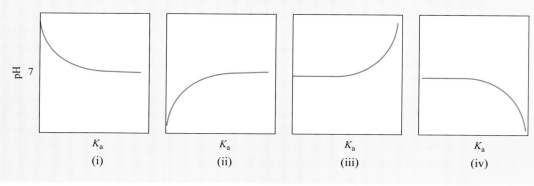

(i)　　　　(ii)　　　　(iii)　　　　(iv)

산성 염 용액

염의 양이온이 약염기의 짝산일 경우, 염 용액은 산성일 것이다. 예를 들어, 염화 암모늄이 물에 용해되면, 암모늄 이온과 염소 이온의 용액으로 해리된다.

$$NH_4Cl(s) \xrightarrow{H_2O} NH_4^+(aq) + Cl^-(aq)$$

암모늄 이온은 약염기 암모니아(NH_3)의 짝산이다. 그것은 물과 반응하여 하이드로늄 이온을 생성하는 약한 Brønsted 산으로서의 역할을 한다.

$$NH_4^+(aq) + H_2O(l) \rightleftharpoons NH_3(aq) + H_3O^+(aq)$$

그러므로 암모늄 이온을 함유한 용액이 산성이라고 예측할 것이다. pH를 계산하기 위해서는, NH_3에 대한 K_b 값과 식 15.8을 사용하여 NH_4^+에 대한 K_a를 결정해야 한다. Cl^-는 강산 HCl의 약한 짝염기이기 때문에 가수 분해하지 않으므로 용액의 pH에는 영향을 주지 않는다.

예제 15.21은 산성 염 용액의 pH를 어떻게 계산하는지 보여준다.

예제 15.21

25°C에서 염화 암모늄(NH_4Cl) 0.10 M 용액의 pH를 계산하시오.

전략 NH_4Cl의 용액은 NH_4^+ 양이온과 Cl^- 음이온을 포함한다. NH_4^+ 이온은 약염기 NH_3의 짝산이다. NH_3에 대한 K_b 값(표 15.7의 1.8×10^{-5})과 식 15.8을 사용하여 NH_4^+에 대한 K_a를 결정한다.

$$K_a = \frac{K_w}{K_b} = \frac{1.0 \times 10^{-14}}{1.8 \times 10^{-5}} = 5.6 \times 10^{-10}$$

계획 다시 균형 맞춤 화학 반응식과 평형식을 작성한다.

$$NH_4^+(aq) + H_2O(l) \rightleftharpoons NH_3(aq) + H_3O^+(aq) \qquad K_a = \frac{[NH_3][H_3O^+]}{[NH_4^+]}$$

다음으로, 평형식에서 화학종들의 평형 농도를 결정하기 위한 표를 작성하시오.

	$NH_4^+(aq)$	$+ H_2O(l)$	$\rightleftharpoons$	$NH_3(aq)$	$+ H_3O^+(aq)$
초기 농도(M):	0.10	−		0	0
농도 변화(M):	$-x$	−		$+x$	$+x$
평형 농도(M):	$0.10-x$	−		x	x

풀이 평형 농도를 평형식에 대입하고 x를 풀기 위해 근사법을 사용하면 다음과 같이 된다.

$$5.6 \times 10^{-10} = \frac{x^2}{0.10-x} \approx \frac{x^2}{0.10}$$

$$x = \sqrt{(5.6 \times 10^{-10})(0.10)} = 7.5 \times 10^{-6} \, M$$

평형표에 따르면, $x = [H_3O^+]$이다. pH는 다음과 같이 계산할 수 있다.

$$pH = -\log(7.5 \times 10^{-6}) = 5.12$$

25°C에서 염화 암모늄(NH_4Cl) 0.10 M 용액의 pH는 5.12이다.

생각해 보기

이런 경우, 염의 양이온(NH_4^+)이 약염기(NH_3)의 짝산이므로 산성 pH를 예측할 수 있다. 계산된 pH는 산성이다.

추가문제 1 25°C에서 질산 피리디늄(pyridinium nitrate, $C_5H_6NNO_3$)의 0.25 M 용액의 pH를 결정하시오.[질산 피리디늄은 물에서 해리되어 피리디늄 이온($C_5H_6N^+$), **피리디늄**(pyridinium)의 짝산(표 15.7 참조) 및 질산 이온(NO_3^-)을 생성한다.]

추가문제 2 25°C에서 pH 5.37인 염화 암모늄(NH_4Cl) 용액의 농도를 측정하시오.

추가문제 3 다음 그래프 중 0.10 M의 pH와 산성 염 용액 및 염이 생성되는 염기의 K_b 사이의 관계를 가장 잘 나타내는 그래프는 어느 것인가?

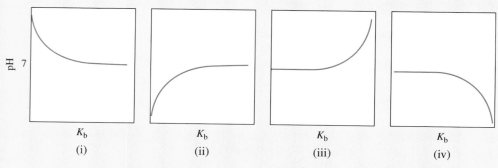

또한 용해된 염의 금속 이온은 물과 반응하여 산성 용액을 생성할 수 있다. 가수 분해의 정도는 Al^{3+}, Cr^{3+}, Fe^{3+}, Bi^{3+} 그리고 Be^{2+}와 같이 작고 높은 전하를 띤 금속 양이온에서 가장 크다. 예를 들어, 염화 알루미늄이 물에 용해되면, 각 Al^{3+} 이온은 여섯 개의 물 분자와 결합하게 된다(그림 15.6).

$Al(H_2O)_6^{3+}$에서 여섯 개의 물 분자 중 하나의 금속 이온과 산소 원자 사이에 형성되는 결합 중 하나를 고려해 보자.

$$Al \leftarrow O \begin{smallmatrix} H \\ \\ H \end{smallmatrix}$$

양전하를 띠는 Al^{3+} 이온은 전자 밀도를 그 자체로 끌어당겨서 O 결합의 극성을 증가시킨다. 결과적으로, H 원자는 Al^{3+} 이온과 관련되지 않은 물 분자에서보다 더 많이 이온화하는 경향이 있다. 최종 이온화 과정은 다음과 같이 작성할 수 있다.

$$Al(H_2O)_6^{3+}(aq) + H_2O(l) \rightleftharpoons Al(OH)(H_2O)_5^{2+}(aq) + H_3O^+(aq)$$

그림 15.6 6개의 H_2O 분자는 팔면체 배열의 Al^{3+} 이온을 둘러싸고 있다. 산소 원자의 비공유 전자쌍에 대한 작은 Al^{3+} 이온의 인력이 너무 커서 금속 양이온에 붙어 있는 H_2O 분자의 O−H 결합이 약화되어 들어오는 H_2O 분자의 양성자(H^+)가 손실될 수 있다. 금속 양이온의 이런 가수 분해는 용액을 산성으로 만든다.

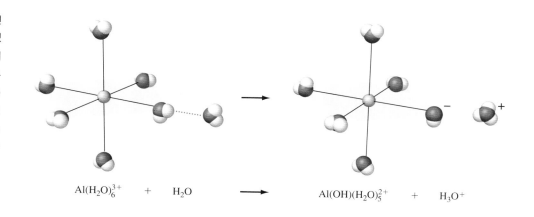

$Al(H_2O)_6^{3+}$ + H_2O $\longrightarrow$ $Al(OH)(H_2O)_5^{2+}$ + H_3O^+

금속 양이온의 가수 분해에 대한 평형 상수는 다음과 같다.

$$K_a = \frac{[Al(OH)(H_2O)_5^{2+}][H_3O^+]}{[Al(H_2O)_6^{3+}]} = 1.3 \times 10^{-5}$$

$Al(OH)(H_2O)_5^{2+}$는 추가적인 이온화를 만들 수 있다.

$$Al(OH)(H_2O)_5^{2+}(aq) + H_2O(l) \rightleftharpoons Al(OH)_2(H_2O)_4^+(aq) + H_3O^+(aq)$$

그러나 일반적으로 금속 이온을 포함하는 용액의 pH를 결정할 때, 가수 분해의 첫 번째 단계만 고려하면 충분하다.

중성 염 용액

가수 분해의 정도는 가장 작으면서 가장 높은 전하를 띤 금속 이온에 대해 가장 크다. 왜냐하면, 작고 높이 대전된 이온은 O−H 결합을 분극화하고 이온화를 촉진하는 데 더 효과적이기 때문이다. 이것이 1A 및 2A족 금속 양이온(강염기의 양이온)을 포함하여 비교적 낮은 전하이면서 큰 이온이 중요한 가수 분해(Be^{2+}는 예외이다)를 거치지 않는 이유이다. 따라서 1A 및 2A족 대부분의 금속 양이온은 용액의 pH에 영향을 미치지 않는다.

이와 유사하게, 강산의 짝염기인 음이온은 상당한 정도로 가수 분해되지 않는다. 결과적으로, 강염기의 양이온과 NaCl과 같은 강산의 음이온으로 구성된 염은 중성 용액을 생성한다.

요약하면, 염 용액의 pH는 용액 속 이온들을 구분하고, 중요한 가수 분해가 진행된다면 이 반응이 어떤 반응인지 결정하여 질적으로 예측할 수 있다.

> **학생 노트**
> 강염기의 금속 양이온들은 알칼리 금속(Li^+, Na^+, K^+, Rb^+, Cs^+)의 금속 양이온과 중금속 알칼리 토금속(Sr^{2+}, Ba^{2+})의 금속 양이온이다.

	예
용액을 산성으로 만드는 양이온은	
• 약한 염기의 짝산	NH_4^+, $CH_3NH_3^+$, $C_2H_5NH_3^+$
• 작고 대전도가 높은 금속 이온(1A 또는 2A족 제외)	Al^{3+}, Cr^{3+}, Fe^{3+}, Bi^{3+}
용액을 염기성으로 만드는 음이온은	
• 약산의 짝염기	CN^-, NO_2^-, CH_3COO^-
용액의 pH에 영향을 미치지 않는 양이온은	
• 1A족 또는 무거운 2A족 양이온(Be^{2+}는 예외)	Li^+, Na^+, Ba^{2+}
용액의 pH에 영향을 미치지 않는 음이온은	
• 강산의 짝염기	Cl^-, NO_3^-, ClO_4^-

예제 15.22는 염 용액의 pH를 결정하는 것을 보여준다.

예제 15.22

다음 염의 0.10 M 용액이 염기성, 산성 또는 중성이 될지 예상하시오.

(a) LiI   (b) NH_4NO_3 (c) $Sr(NO_3)_2$

(d) KNO_2 (e) NaCN

전략 각 용액에 존재하는 이온을 확인하고, 용액의 pH에 영향을 줄 수 있는 이온을 결정한다.

계획 (a) 용액 중의 이온: Li^+ 및 I^-. Li^+는 1A족 양이온이다. I^-는 강산 HI의 짝염기이다. 따라서 이온은 중요할 만큼 가수 분해되지 않는다.

(b) 용액의 이온들: NH_4^+ 및 NO_3^-. NH_4^+는 약염기 NH_3의 짝산이다. NO_3^-는 강산 HNO_3의 짝염기이다. 이 경우 양이온이 가수 분해되어 pH가 산성이 된다.

$$NH_4^+(aq) + H_2O(l) \rightleftharpoons NH_3(aq) + H_3O^+(aq)$$

(c) 용액의 이온들: Sr^{2+} 및 NO_3^-. Sr^{2+}는 무거운 2A족 양이온이다. NO_3^-는 강산 HNO_3의 짝염기이다. 어느 이온도 중요할 정도로 가수 분해되지 않는다.

(d) 용액의 이온들: K^+ 및 NO_2^-. K^+는 1A족의 양이온이다. NO_2^-는 약산 HNO_2의 짝염기이다. 이 경우, 음이온은 가수 분해되어 pH를 염기성으로 만든다.

$$NO_2^-(aq) + H_2O(l) \rightleftharpoons HNO_2(aq) + OH^-(aq)$$

(e) 용액의 이온들: Na^+와 CN^-. Na^+는 1A족 양이온이다. CN^-는 약산 HCN의 짝염기이다. 이 경우에도 음이온을 가수 분해하여 pH를 염기성으로 만든다.

$$CN^-(aq) + H_2O(l) \rightleftharpoons HCN(aq) + OH^-(aq)$$

풀이

(a) 중성   (b) 산성   (c) 중성

(d) 염기성   (e) 염기성

생각해 보기

용액에서 이온을 정확하게 식별할 수 있는 것은 매우 중요하다. 필요하다면, 일반적인 다원자 이온의 공식과 전하를 복습해 보자[◀◀ 2.6 절, 표 2.3].

추가문제 1 다음 각 염의 $0.10\,M$ 용액이 염기성, 산성 또는 중성 중 어느 것이 될지 예상하시오.

(a) CH_3COOLi (b) C_5H_5NHCl

(c) KF   (d) KNO_3

(e) $KClO_4$

추가문제 2 예제 15.22와 추가문제 1에 주어진 것 이외에, (a) 산성 용액, (b) 염기성 용액, 그리고 (c) 중성 용액을 만들기 위해 용해될 두 가지 염을 쓰시오.

추가문제 3 다음의 반응 (i)~(iv) 중 어떤 것이 염 용액의 pH에 영향을 미치는 과정을 정확하게 설명하고 있는 것인가?

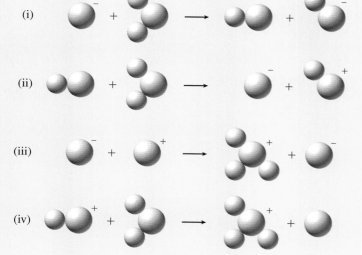

양이온과 음이온 모두가 가수 분해하는 염

지금까지 오직 하나의 이온만 가수 분해되는 염을 고려했다. 일부 염에서는 양이온과 음이온 모두 가수 분해된다. 그러한 염 용액의 염기성, 산성 또는 중성 여부는 약산과 약염기의 상대적 세기에 의존한다. 이 경우 pH를 계산하는 과정은 단 하나의 이온만 가수 분해하는 경우보다 복잡하지만 K_b(염의 음이온)와 K_a(염의 양이온)의 값을 사용하여 pH에 관한

질적인 예측을 할 수 있다.

- $K_b > K_a$일 때, 용액은 염기성이다.
- $K_b < K_a$일 때, 용액은 산성이다.
- $K_b \approx K_a$일 때, 용액은 중성 또는 거의 중성이다.

예를 들어, 염 NH_4NO_2는 용액에서 해리되어 NH_4^+ ($K_a = 5.6 \times 10^{-10}$) 및 NO_2^- ($K_b = 2.2 \times 10^{-11}$)를 생성한다. 암모늄 이온에 대한 K_a가 아질산염 이온에 대한 K_b보다 크기 때문에, 아질산염 암모늄 용액의 pH는 약간 산성일 것으로 예상된다.

15.11 산화물과 수산화물의 산−염기 특성

7장에서 보았듯이, 산화물은 산성, 염기성 또는 양쪽성으로 분류될 수 있다. 따라서 이러한 화합물의 성질을 조사하지 않는다면, 산−염기 반응에 대한 논의는 불완전할 것이다.

금속 산화물과 비금속 산화물

그림 15.7은 가장 높은 산화 상태에 있는 주족 원소의 여러 산화물의 분자식을 보여준다. 모든 알칼리 금속 산화물 및 BeO를 제외한 모든 알칼리 토금속 산화물은 염기성이다. 3A 및 4A족의 산화 베릴륨 및 여러 금속 산화물은 양쪽성이다. 주족 원소의 산화수가 높은 비금속 산화물은 산성(예: N_2O_5, SO_3 및 Cl_2O_7)이지만, 주족 원소의 산화수가 낮은(예: CO 및 NO) 것은 측정할 수 없을 정도의 산의 특징을 나타낸다. 비금속 산화물은 염기성의 특징을 가지고 있다고 알려져 있지 않다.

염기성 금속 산화물은 금속 수산화물을 형성하기 위해 물과 반응한다.

$$Na_2O(s) + H_2O(l) \longrightarrow 2NaOH(aq)$$
$$BaO(s) + H_2O(l) \longrightarrow Ba(OH)_2(aq)$$

산성 산화물과 물과의 반응은 다음과 같다.

$$CO_2(g) + H_2O(l) \rightleftharpoons H_2CO_3(aq)$$
$$SO_3(g) + H_2O(l) \rightleftharpoons H_2SO_4(aq)$$
$$N_2O_5(g) + H_2O(l) \rightleftharpoons 2HNO_3(aq)$$
$$P_4O_{10}(g) + 6H_2O(l) \rightleftharpoons 4H_3PO_4(aq)$$
$$Cl_2O_7(g) + H_2O(l) \rightleftharpoons 2HClO_4(aq)$$

CO_2와 H_2O의 반응은 순수한 물이 CO_2를 포함한 공기에 노출되었을 때, 점차 산성이 되는 이유를 설명한다. 오염되지 않은 공기에 노출된 비의 pH는 약간 산성이다. SO_3와 H_2O의 반응은 산성비를 만드는 주요 요인이다.

산성 산화물과 염기 그리고 염기성 산화물과 산 사이의 반응은 생성물이 염과 물이라는 점에서 정상적인 산−염기 반응과 유사하다.

$$CO_2(g) + 2NaOH(aq) \longrightarrow Na_2CO_3(aq) + H_2O(l)$$
$$BaO(s) + 2HNO_3(aq) \longrightarrow Ba(NO_3)_2(aq) + H_2O(l)$$

산화 알루미늄(Al_2O_3)은 양쪽성이다. 반응 조건에 따라서, 산화 알루미늄은 산성 산화물

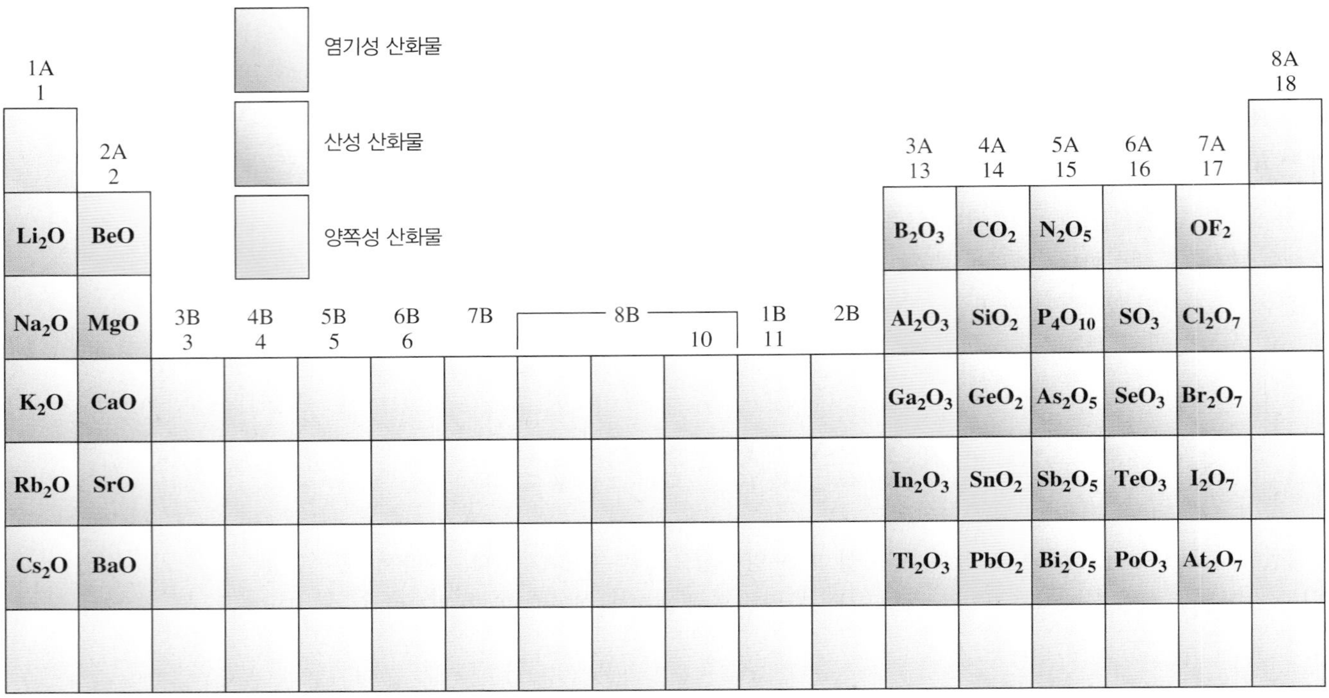

1A 1																	8A 18
	2A 2											3A 13	4A 14	5A 15	6A 16	7A 17	
Li₂O	BeO											B₂O₃	CO₂	N₂O₅		OF₂	
Na₂O	MgO	3B 3	4B 4	5B 5	6B 6	7B		8B	10	1B 11	2B	Al₂O₃	SiO₂	P₄O₁₀	SO₃	Cl₂O₇	
K₂O	CaO											Ga₂O₃	GeO₂	As₂O₅	SeO₃	Br₂O₇	
Rb₂O	SrO											In₂O₃	SnO₂	Sb₂O₅	TeO₃	I₂O₇	
Cs₂O	BaO											Tl₂O₃	PbO₂	Bi₂O₅	PoO₃	At₂O₇	

염기성 산화물
산성 산화물
양쪽성 산화물

그림 15.7 가장 높은 산화 상태에 있는 주족 원소의 산화물들

또는 염기성 산화물이 될 수 있다. 예를 들어, Al_2O_3는 염($AlCl_3$)과 물을 만들기 위한 염산(HCl)과의 반응에서 염기로 작용한다.

$$Al_2O_3(s) + 6HCl(aq) \longrightarrow 2AlCl_3(aq) + 3H_2O(l)$$

그리고 수산화 소듐(NaOH)과의 반응에서는 산으로 작용한다.

$$Al_2O_3(s) + 2NaOH(aq) + 3H_2O(l) \longrightarrow 2NaAl(OH)_4(aq)$$

수산화 소듐과의 반응에서 수산화 소듐 알루미늄[$NaAl(OH)_4$, Na^+ 및 $Al(OH)_4^-$ 이온을 포함하고 있는]만이 형성되며 물이 생성되지 않는다. 그럼에도 불구하고, Al_2O_3가 NaOH를 중화하기 때문에 반응은 여전히 산-염기 반응으로 분류된다.

높은 산화수를 갖는 일부 전이 금속 산화물은 산성 산화물로서 작용한다. 두 가지 예는 산화 망가니즈(VII)(Mn_2O_7)와 산화 크로뮴(VI)(CrO_3)이며, 둘 다 물과 반응하여 산을 생성한다.

$$Mn_2O_7(l) + H_2O(l) \longrightarrow 2HMnO_4(aq)$$
과망가니즈산

$$CrO_3(s) + H_2O(l) \longrightarrow H_2CrO_4(aq)$$
크로뮴산

염기성 및 양쪽성 수산화물

$Be(OH)_2$를 제외한 모든 알칼리 및 알칼리 토금속 수산화물은 염기성이다. $Be(OH)_2$, $Al(OH)_3$, $Sn(OH)_2$, $Pb(OH)_2$, $Cr(OH)_3$, $Cu(OH)_2$, $Zn(OH)_2$ 및 $Cd(OH)_2$는 양쪽성이다. 모든 양쪽성 수산화물은 불용성이지만 베릴륨 수산화물은 다음과 같이 산과 염기

와 반응한다.

$$Be(OH)_2(s) + 2H_3O^+(aq) \longrightarrow Be^{2+}(aq) + 4H_2O(l)$$
$$Be(OH)_2(s) + 2OH^-(aq) \longrightarrow Be(OH)_4^{2-}(aq)$$

수산화 알루미늄은 유사한 방식으로 산 또는 염기와 반응한다.

$$Al(OH)_3(s) + 3H_3O^+(aq) \longrightarrow Al^{3+}(aq) + 6H_2O(l)$$
$$Al(OH)_3(s) + OH^-(aq) \longrightarrow Al(OH)_4^-(aq)$$

15.12 Lewis 산과 염기

지금까지 Brønsted 이론의 관점에서 산−염기 특성을 논의했다. 예를 들어, Brønsted 염기는 양성자를 받아들일 수 있어야 하는 물질이다. 이 정의에 의해 수산화 이온과 암모니아는 모두 염기이다.

각각의 경우에, 양성자를 받아들이는 원자는 적어도 하나의 비공유 전자쌍을 보유한다. OH^-, NH_3 및 기타 Brønsted 염기의 이러한 특성은 산과 염기의 보다 일반적인 정의를 제시한다.

1932년 G. N. Lewis는 한 쌍의 전자를 줄 수 있는 물질을 **Lewis 염기**(Lewis base)라고 정의했다. **Lewis 산**(Lewis acid)은 한 쌍의 전자를 받아들일 수 있는 물질이다. 예를 들어, 암모니아의 양성자화 반응에서 NH_3는 양성자 H^+에 한 쌍의 전자를 제공하기 때문에 Lewis 염기의 역할을 한다. 양성자 H^+는 한 쌍의 전자를 받아들여 Lewis 산으로 작용한다. 따라서 Lewis 산−염기 반응은 한 종에서 다른 종으로의 한 쌍의 전자의 전달을 포함하는 반응이다.

Lewis 개념의 중요성은 다른 정의보다 더 일반적이라는 것이다. Lewis 산−염기 반응은 Brønsted 산을 포함하지 않는 많은 반응을 포함한다. 예를 들어, 첨가 화합물을 형성하기 위한 삼플루오린화 붕소(BF_3)와 암모니아 사이의 반응을 고려해 보자.

BF_3의 B 원자는 sp^2 혼성화되어 있다[◀◀ 9.4절]. 비어 있는 혼성되지 않은 $2p_z$ 궤도는 NH_3로부터 전자쌍을 받아들인다. 따라서 BF_3는 이온화 가능한 양성자를 포함하지 않더라도 Lewis 정의에 따라 산으로 작용한다. B와 N 원자 사이에는 **배위 공유 결합**(coordinate covalent)이 형성되어 있다[◀◀ 8.8절]. 사실, 모든 Lewis 산-염기 반응은 배위 공유 결합을 형성한다.

붕산(boric acid)은 붕소(boron)를 함유한 또 다른 Lewis 산이다. 붕산(눈 세척에 사용되는 약산)은 다음과 같은 구조의 산소산이다.

$$
\begin{array}{c}
\text{H} \\
| \\
:\ddot{\text{O}}: \\
| \\
\text{H}-\ddot{\text{O}}-\text{B}-\ddot{\text{O}}-\text{H}
\end{array}
$$

붕산 자체는 물에서 이온화되어 H_3O^+를 생성하지 않는다. 대신, 그것은 물 분자로부터 수산화 이온을 제거함으로써 용액에서 H_3O^+를 생성한다.

$$B(OH)_3(aq) + 2H_2O(l) \rightleftharpoons B(OH)_4^-(aq) + H_3O^+(aq)$$

이 Lewis 산-염기 반응에서, 붕산은 물 분자로부터 유도된 수산화 이온으로부터 한 쌍의 전자를 받아들여 하이드로늄 이온을 남긴다.

탄산을 만들기 위한 이산화 탄소의 수화 반응은 Lewis 산-염기 이론으로 설명될 수 있다.

$$CO_2(g) + H_2O(l) \rightleftharpoons H_2CO_3(aq)$$

첫 번째 단계에서는 H_2O의 O 원자가 CO_2의 C 원자에 비공유 전자쌍을 준다. 이 단계를 위해 CO_2 분자가 가지고 있는 두 개의 C−O 파이(π) 결합 중 하나에서 전자쌍의 재배치가 일어나고 비공유 전자쌍을 받아들이기 위해 C 원자의 전자 오비탈이 비워진다. 이 결과로 산소 원자의 혼성 오비탈은 sp^2에서 sp^3로 변화된다.

결과적으로, H_2O는 Lewis 염기이고 CO_2는 Lewis 산이다. 마지막으로 H_2CO_3를 만들기 위해 양성자가 음전하를 띤 O 원자 위로 이동한다.

Lewis 산-염기 반응의 다른 예는 다음과 같다.

$$Ag^+(aq) + 2NH_3(aq) \rightleftharpoons Ag(NH_3)_2^+(aq)$$
$$Cd^{2+}(aq) + 4I^-(aq) \rightleftharpoons CdI_4^{2-}(aq)$$
$$Ni(s) + 4CO(g) \rightleftharpoons Ni(CO)_4(g)$$

금속 이온의 수화 반응 자체는 Lewis 산-염기 반응이다. 황산구리(II)($CuSO_4$)가 물에 용해되면, 각 Cu^{2+} 이온은 $Cu(H_2O)_6^{2+}$와 같이 여섯 개의 물 분자와 결합하게 된다. 이 경우, Cu^{2+}는 산으로 작용하여 전자를 받아들이는 반면, H_2O는 전자를 제공하는 염기로 작용한다.

예제 15.23은 Lewis 산과 염기를 어떻게 분류하는지 보여준다.

예제 15.23

다음 각 반응에서 Lewis 산 및 Lewis 염기를 구분하시오.
(a) $C_2H_5OC_2H_5 + AlCl_3 \rightleftharpoons (C_2H_5)_2OAlCl_3$
(b) $Hg^{2+}(aq) + 4CN^-(aq) \rightleftharpoons Hg(CN)_4^{2-}(aq)$

전략 각각의 반응에서 어떤 화학종이 한 쌍의 전자를 받아들이는지(Lewis 산)와 한 쌍의 전자를 제공하는지(Lewis 염기)를 결정한다.

계획 (a) 관련된 화학종들의 Lewis 구조를 그리는 것이 도움이 된다.

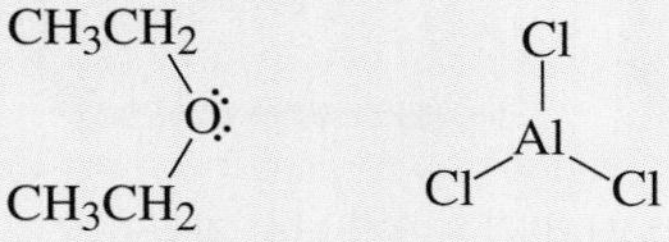

(b) 금속 이온은 Lewis 산으로 작용하여, 비공유 전자쌍을 가지고 있는 음이온 또는 분자들을 받아들인다.

풀이 (a) 알루미늄(Al)은 빈 $2p_z$ 궤도를 갖는 염화 알루미늄($AlCl_3$)에서 sp^2 혼성화된다. 이것은 전자가 불완전하고 오직 여섯 개의 전자만 공유한다. 그러므로, Al 원자는 그의 팔전자 규칙(octet rule)을 완성하기 위해 두 개의 전자를 얻을 수 있는 능력을 가진다. 이 특성은 $AlCl_3$를 Lewis 산으로 만든다. 다른 한편, $C_2H_5OC_2H_5$의 산소 원자가 가진 비공유 전자쌍은 이 화합물을 Lewis 염기로 만든다.

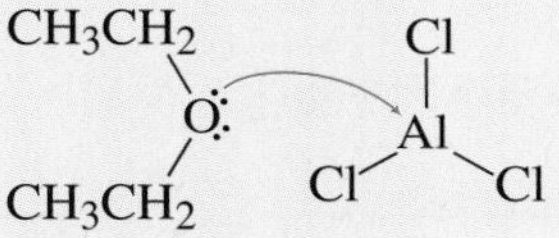

(b) Hg^{2+}는 CN^- 이온들로부터 네 쌍의 전자를 받아들인다.
따라서, Hg^{2+}는 Lewis 산이고 CN^-는 Lewis 염기이다.

생각해 보기
Lewis 산-염기 반응에서 산은 일반적으로 양이온 또는 전자가 충분하지 않은 분자이지만, 염기는 음이온 또는 비공유 전자쌍을 갖는 원자를 포함한 분자이다.

추가문제 1 다음 반응에서 Lewis 산 및 Lewis 염기를 확인하시오.
$$CO^{3+}(aq) + 6NH_3(aq) \rightleftharpoons Co(NH_3)_6^{3+}(aq)$$

추가문제 2 H_3NAlBr_3를 형성하기 위해 반응하는 Lewis 산 및 Lewis 염기에 대한 반응식을 작성하시오.

추가문제 3 다음 그림 (i)~(iii)에서 어느 그림이 Lewis 산-염기 반응으로서 HCl과 물의 조합을 가장 잘 묘사하는가? Brønsted 산-염기 반응으로 그 조합을 가장 잘 묘사한 것은 어느 것인가?

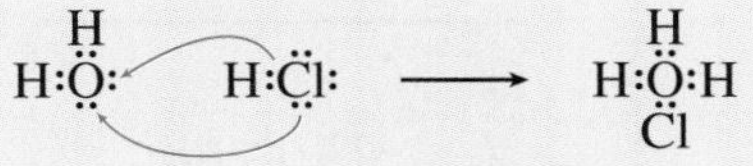

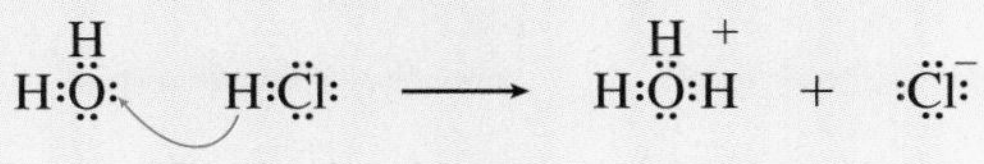

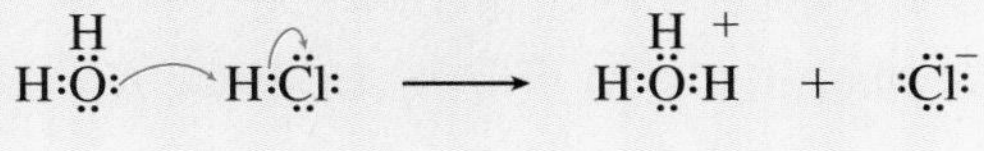

염의 가수 분해는 특정 산–염기 적정을 이해하는 데 중요하다. 약산이 강염기로 적정될 때, 중화 생성물은 약산의 짝염기이다.

$$HA(aq) + OH^-(aq) \longrightarrow A^-(aq) + H_2O(l)$$

약산의 짝염기는 물에서 약한 Brønsted 염기처럼 행동한다.

$$A^-(aq) + H_2O(l) \rightleftharpoons HA(aq) + OH^-(aq)$$

약산과 강염기의 농도를 알면 약산–강염기 적정의 당량점에서 다음과 같이 pH를 결정할 수 있다.

아세트산($HC_2H_2O_2$)과 같은 일양성자 약산 및 NaOH와 같은 일염기성 강염기의 경우, 염기의 밀리몰(mmol)의 수는 당량점에서 산의 mmol과 동일하다.

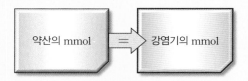

이를 통해 당량점에 도달하는 데 필요한 강염기의 양을 결정할 수 있다.

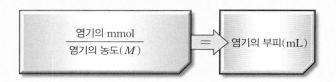

원래의 약산 부피와 당량점에 도달하기 위해 첨가된 염기의 부피의 조합은 당량점에서 총 부피를 제공한다. 또한, 생성된 짝염기의 mmol은 적정 시작 시 존재하는 약산의 mmol과 동일하다.

이 정보를 이용하여 짝염기의 농도를 구한다. K_b를 얻으려면 약산과 식 15.8에 대해 표로 작성된 K_a를 사용하자.

짝염기에 대한 농도와 이온화 상수가 모두 확보되면 초기, 변화, 평형표를 만들고 수산화 이온의 평형 농도와 pH를 계산한다. 이 과정을 설명하기 위해, 25°C에서 0.12 M NaOH로 30.0 mL 0.15 M 아세트산($HC_2H_3O_2$, $K_a = 1.8 \times 10^{-5}$)의 적정점에서 pH를 결정해 보자.

중화 반응의 알짜 이온 반응식은 다음과 같다.

$$HC_2H_3O_2(aq)+OH^-(aq) \longrightarrow C_2H_3O_2^-(aq)+H_2O(l)$$

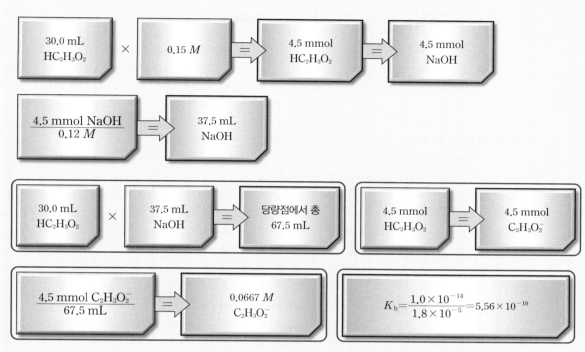

이제 평형표를 만들고 $[OH^-]$를 결정한다. 아세테이트 이온과 물의 반응은 다음과 같다.

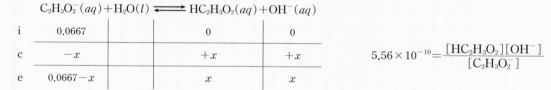

$$C_2H_3O_2^-(aq)+H_2O(l) \rightleftharpoons HC_2H_3O_2(aq)+OH^-(aq)$$

i	0.0667	0	0
c	$-x$	$+x$	$+x$
e	$0.0667-x$	x	x

$$5.56 \times 10^{-10} = \frac{[HC_2H_3O_2][OH^-]}{[C_2H_3O_2^-]}$$

미지수 x에 대한 해는 $6.09 \times 10^{-6}\ M$이다. 이것은 OH^- 이온의 농도이다.

$$pOH = -\log[OH^-] = -\log(6.09 \times 10^{-6}) = 5.22$$

그리고 $pH = 14.00 - pOH$이며, 이는 최종 답을 다음과 같이 제공한다.

$$pH = 8.78$$

주요 내용 문제

15.1

25°C에서 아질산 이온(NO_2^-)의 농도가 $0.22\ M$인 용액의 pH를 계산하시오. 아질산(HNO_2)에 대한 K_a는 4.5×10^{-4}이다.

(a) 11.79 (b) 8.34 (c) 5.65

(d) 7.00 (e) 2.21

15.2

25°C에서 41.0 mL의 0.096 M 폼산(formic acid)을 0.108 M NaOH로 적정하는 실험에 대한 당량점에서의 pH를 결정하시오.

(a) 12.94 (b) 7.00 (c) 5.76

(d) 8.24 (e) 1.06

15.3

25℃에서 피리디늄 이온($C_5H_5NH^+$)의 농도가 0.22 M인 용액의 pH를 계산하시오. 피리딘(C_5H_5N)의 K_b는 1.7×10^{-9}이다.

(a) 11.06   (b) 7.00   (c) 7.51

(d) 2.94   (e) 4.19

15.4

25℃에서 0.93 M HCl 용액을 사용하여 26.0 mL의 1.12 M 피리딘 용액을 적정할 때, 당량점에서의 pH를 결정하시오.

(a) 7.00   (b) 2.76   (c) 11.24

(d) 1.73   (e) 12.27

연습문제

배운 것 적용하기

이 장의 시작 부분에서 언급했듯이 오염되지 않은 지역의 비는 탄산(H_2CO_3)을 함유하고 있기 때문에 약한 산성이다. 탄산은 이온화되어 H_3O^+와 탄산수소 이온(HCO_3^-)을 생성하는 약한 이양성자 산이다.

$$H_2CO_3(aq) + H_2O(l) \rightleftharpoons H_3O^+(aq) + HCO_3^-(aq)$$

(a) 탄산수소 이온(중탄산염 이온이라고도 함)의 짝산과 짝염기에 대한 공식을 구하시오[◀◀ 예제 15.11].

(b) 탄산의 농도가 1.8×10^{-5} M인 빗방울에 대해 $[H_3O^+]$와 pH를 구하시오. 빗방울에서 탄산이 유일한 산이고 두 번째 이온화가 무시할 만하다고 가정한다[◀◀ 예제 15.12].

(c) (b)의 빗방울의 $[OH^-]$와 pOH를 계산한다[◀◀ 예제 15.3과 15.6].

(d) (b)의 빗방울과 동일한 pH를 갖는 HCl의 농도는 얼마인가[◀◀ 예제 15.9]?

(e) 탄산수소 이온(HCO_3^-)에 대한 K_b와 0.10 M NaHCO$_3$ 용액의 pH를 구하시오[◀◀ 예제 15.17과 15.21].

(f) 탄산은 추가적인 H_3O^+와 탄산염 이온을 생성하기 위해 두 번째 이온화를 거친다.

$$HCO_3^-(aq) + H_2O(l) \rightleftharpoons H_3O^+(aq) + CO_3^{2-}(aq)$$

빗방울에서 모든 화학종(H_2CO_3, H_3O^+, HCO_3^-, CO_3^{2-})의 농도를 계산하시오[◀◀ 예제 15.18].

(g) 산성비의 황산(H_2SO_4)은 산의 80%를 차지한다. 첫 번째 이온화가 일어나서 H_3O^+와 황산수소(HSO_4^-) 이온이 생성된다.

$$H_2SO_4(aq) + H_2O(l) \rightleftharpoons H_3O^+(aq) + HSO_4^-(aq)$$

추가적인 H_3O^+와 황산 이온(SO_4^{2-})을 생성하는 두 번째 이온화는 이온화 상수(K_{a_2})가 1.3×10^{-2}이다.

$$HSO_4^-(aq) + H_2O(l) \rightleftharpoons H_3O^+(aq) + SO_4^{2-}(aq)$$

황산의 농도가 4.00×10^{-5} M인 빗방울에 있는 모든 종의 농도를 계산하시오. 황산만이 존재하는 산이라고 가정하시오[◀◀ 예제 15.18].

(h) 낮은 농도에서, 황산수소 이온과 같은 약한 산의 이온화 백분율은 상당히 높을 수 있다. (g)에서 계산된 농도에서 황산수소 이온의 이온화 백분율은 얼마인가[◀◀ 예제 15.13]?

15.1절: Brønsted 산과 염기

15.1 다음의 각 화학종들이 Brønsted 산인지 염기인지 또는 둘 다인지 구분하시오.

(a) H_2O (b) OH^- (c) H_3O^+

(d) NH_3 (e) NH_4^+ (f) NH_2^-

(g) NO_3^- (h) CO_3^{2-} (i) HBr

(j) HCN

15.2 다음 보기의 산의 짝염기의 화학식을 쓰시오.

(a) HNO_2 (b) H_2SO_4 (c) H_2S

(d) HCN   (e) HCOOH (폼산)

15.3 다음 중 Brønsted 산−염기 반응을 나타내고 있는 것은?

15.2절: 물의 산성–염기성

15.4 다음의 OH^- 농도를 사용하여 $25°C$에서 수용액 중의 H_3O^+ 농도를 계산하시오.

(a) $2.50 \times 10^{-2} M$ (b) $1.67 \times 10^{-5} M$

(c) $8.62 \times 10^{-3} M$ (d) $1.75 \times 10^{-12} M$

15.5 $100°C$에서의 K_w 값은 5.13×10^{-13}이다. 문제 15.4의 각 수용액 $100°C$에서 H_3O^+ 농도를 계산하시오.

15.6 다음 보기의 화학종들 중 이론적으로 어느 것이 자동 이온화 반응을 할 수 있는지 구분하시오.

(a) NH_3 (b) NH_4^+ (c) OH^-

(d) O^{2-} (e) HF (f) F^-

15.3절: pH 척도

15.7 $1.4 \times 10^{-3} M$의 HCl 용액 속에 들어 있는 OH^- 이온의 농도를 계산하시오.

15.8 다음 각 용액의 pH를 계산하시오.

(a) $0.0010 M$ HCl

(b) $0.76 M$ KOH

15.9 다음의 pH 값을 갖는 용액에 대하여 mol/L 단위로 하이드로늄 이온의 농도를 계산하시오.

(a) 2.42 (b) 11.21

(c) 6.96 (d) 15.00

15.10 어떤 용액의 pOH는 $25°C$에서 9.40이다. 이 용액의 하이드로늄 이온 농도를 계산하시오.

15.11 $25°C$에서 pH가 10.00인 용액 546 mL를 준비하려면 NaOH 몇 g이 필요한가?

15.12 $25°C$에서 어떤 용액에 대하여 다음의 표를 완성하시오.

pH	$[H_3O^+]$	용액은
<7		
	$<1.0 \times 10^{-7} M$	
		중성

15.4절: 강산과 강염기

15.13 본문을 참고하지 말고, 네 개의 강산과 네 개의 강염기의 분자식을 쓰시오.

15.14 강산과 강염기의 이온화가 평형으로 취급되지 않는 이유는 무엇인가?

15.15 $25°C$에서 다음 수용액의 pH를 계산하시오.

(a) $1.02 M$ HI 용액

(b) $0.035 M$ $HClO_4$ 용액

(c) $1.5 \times 10^{-6} M$ HCl 용액

15.16 pH가 (a) 4.21, (b) 3.55, (c) 0.98인 $25°C$ 용액에서 HNO_3의 농도를 계산하시오.

15.17 $25°C$에서 다음 수용액의 pOH와 pH를 계산하시오.

(a) $1.24 M$ LiOH

(b) $0.22 M$ $Ba(OH)_2$

(c) $0.085 M$ NaOH

15.18 어떤 강염기의 수용액은 $25°C$에서 pH가 11.04이다. 염기가 (a) KOH 및 (b) $Ba(OH)_2$인 경우 각 염기의 농도를 계산하시오.

15.5절: 약산과 산 이온화 상수

15.19 벤조산의 K_a는 6.5×10^{-5}이다. $25°C$에서 벤조산 $0.10 M$ 수용액의 pH를 계산하시오.

15.20 $25°C$에서 $0.095 M$ 사이안화 수소산(HCN) 수용액의 pH를 계산하시오(사이안화 수소산에 대한 $K_a = 4.9 \times 10^{-10}$).

15.21 $25°C$에서 다음의 폼산(HCOOH) 용액의 이온화 백분율을 계산하시오.

(a) $0.016 M$ (b) $5.7 \times 10^{-4} M$

(c) $1.75 M$

15.22 일양성자 산의 $0.015 M$ 용액은 이온화 백분율이 0.92%이다. 산 이온화(해리) 상수를 계산하시오.

15.23 어떤 약산의 $0.19 M$ 수용액이 $25°C$에서 pH가 4.52인 경우, 이 약산의 K_a를 계산하시오.

15.24 $25°C$에서 pH가 3.26인 폼산(HCOOH) 용액의 원래 몰농도는 얼마인가(폼산의 $K_a = 1.7 \times 10^{-4}$)?

15.25 다음 중 $0.10 M$의 약산 HA 용액에 해당되는 것은 무엇인가?(해당되는 항목을 모두 선택하시오.)

(a) pH가 1.00이다.   (b) $[H_3O^+] \gg [A^-]$

(c) $[H_3O^+] = [A^-]$ (d) pH가 1 미만이다.

15.26 다음 각 화학종을 약염기 또는 강염기로 분류하시오.

(a) LiOH   (b) CN^- (c) H_2O

(d) ClO_4^- (e) NH_2^-

15.6절: 약염기와 염기 이온화 상수

15.27 어떤 약염기의 $0.30 M$ 용액의 pH는 $25°C$에서 10.66이다. 이 염기의 K_b는 얼마인가?

15.28 K_b가 1.5×10^{-4}인 약염기 B의 $0.61 M$ 수용액의 pH를 $25°C$에서 계산하시오.

15.29 다음 그림은 세 개의 다른 약염기의 수용액을 보여준다. K_b 값이 가장 높은 염기와 K_b 값이 가장 낮은 염기를 표시하시오.(물 분자는 표시되지 않는다.)

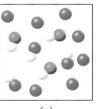

(a)

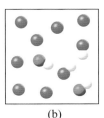

(b)

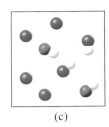

(c)

15.7절: 짝산—염기 쌍

15.30 다음의 각 이온에 대해 K_b를 계산하시오(표 15.6 참조).

$$CN^-, \ F^-, \ CH_3COO^-, \ HCO_3^-$$

15.31 다음 그림들은 HA, HB 및 HC 세 가지 다른 일양성자 산의 수용액을 나타낸다.
(a) 어느 짝염기(A^-, B^- 또는 C^-)가 가장 작은 K_b 값을 갖는가?
(b) 어느 음이온이 가장 강한 염기인가? 명확성을 위해 물 분자는 생략되었다.

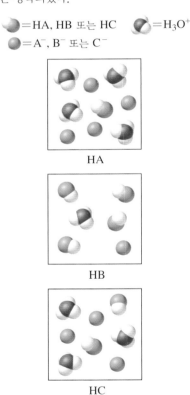

=HA, HB 또는 HC =H_3O^+
=A^-, B^- 또는 C^-

HA

HB

HC

15.8절: 이양성자 산과 다양성자 산

15.32 0.040 M HCl 용액의 pH와 0.040 M H_2SO_4 용액의 pH를 비교하시오.(힌트: H_2SO_4는 강산이며, HSO_4^-의 $K_a = 1.3 \times 10^{-2}$이다.)

15.33 0.025 M H_2CO_3 용액에서 H_3O^+, HCO_3^- 및 CO_3^{2-}의 농도를 계산하시오.

15.34 25°C에서 옥살산($H_2C_2O_4$) 0.25 M 수용액의 pH를 계산

하시오.(옥살산의 K_{a_1} 및 K_{a_2}는 각각 6.5×10^{-2} 및 6.1×10^{-5}이다.)

15.35 (a) 다음 중 약한 이양성자 산 용액을 나타내는 그림은 어느 것인가?
(b) 어느 그림이 화학적으로 불가능한 상황을 나타내는가?(수화된 양성자는 하이드로늄 이온으로 표시되며, 물 분자는 명확히 하기 위해 생략되었다.)

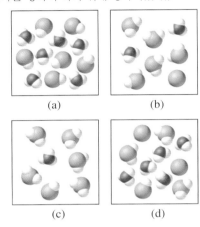

(a)   (b)

(c)   (d)

15.9절: 분자 구조와 산의 세기

15.36 다음 두 개의 산 중 산의 세기를 비교하시오.
(a) H_2SO_4와 H_2SeO_4
(b) H_3PO_4와 H_3AsO_4

15.37 다음 화합물을 고려해 보자.

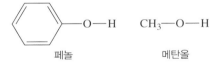

페놀   메탄올

실험적으로 페놀은 메탄올보다 강산으로 밝혀졌다. 이 차이점을 짝염기의 구조를 이용하여 설명하시오.(힌트: 보다 안정한 짝염기는 이온화를 선호한다. 짝염기들 중 하나만 공명에 의해 안정화될 수 있다.)

15.10절: 염 용액의 산—염기 특성

15.38 0.42 M NH_4Cl 용액의 pH를 계산하시오.
(암모니아의 $K_b = 1.8 \times 10^{-5}$)

15.39 0.91 M $C_2H_5NH_3I$ 용액의 pH를 계산하시오.
($C_2H_5NH_2$의 $K_b = 5.6 \times 10^{-4}$)

15.40 다음 용액이 산성, 염기성 또는 거의 중성인지 예측하시오.
(a) NaBr
(b) K_2SO_3
(c) NH_4NO_2
(d) $Cr(NO_3)_3$

15.41 어떤 실험에서 학생은 세 가지 포타슘 염 KX, KY 및 KZ의 0.10 M 용액의 pH가 각각 7.0, 9.0 및 11.0임을 확인했다. 산성 물질인 HX, HY 및 HZ를 산의 세기가 증가하는 순서로 나열하시오.

15.42 $NaHCO_3$ 용액의 pH(>7, <7, 또는 ≈ 7)를 예측하시오.

15.11절: 산화물과 수산화물의 산−염기 특성

15.43 다음 보기의 산화물들을 염기성이 증가하는 순서로 배열하시오.

(a) K_2O, Al_2O_3, BaO (b) CrO_3, CrO, Cr_2O_3

15.44 $Al(OH)_3$는 물에 불용성이다. 그것은 농축된 $NaOH$ 용액에 용해된다. 이 반응에 대해 균형 맞춤 이온 방정식을 작성하시오. 어떤 유형의 반응인가?

15.12절: Lewis 산과 염기

15.45 산과 염기에 대한 Lewis 이론에 따라 다음 반응을 설명하시오.

$$AlCl_3(s) + Cl^-(aq) \longrightarrow AlCl_4^-(aq)$$

15.46 모든 Brønsted 산은 Lewis 산이지만 그 반대는 사실이 아니다. Brønsted 산이 아닌 Lewis 산의 두 가지 예를 보이시오.

15.47 다음 보기의 반응에서 Lewis 산 및 Lewis 염기를 표시하시오.

(a) $AlBr_3(s) + Br^-(aq) \longrightarrow AlBr_4^-(aq)$
(b) $6CO(g) + Cr(s) \longrightarrow Cr(CO)_6(s)$
(c) $Cu^{2+}(aq) + 4CN^-(aq) \longrightarrow Cu(CN)_4^{2-}(aq)$

추가 문제

15.48 생성물을 예측하고 이 반응이 측정 가능한 정도까지 진행될 것인지 말하시오.

$$CH_3COOH(aq) + Cl^-(aq) \longrightarrow$$

15.49 물과 마찬가지로 액체 암모니아는 다음과 같이 자동 이온화된다.

$$NH_3 + NH_3 \rightleftharpoons NH_4^+ + NH_2^-$$

(a) 이 반응에서 Brønsted 산과 Brønsted 염기를 표시하시오.
(b) H_3O^+와 OH^-에 해당하는 종은 무엇이며 중성 용액의 조건은 무엇인가?

15.50 어떤 용액은 약 $0.1\ M$ 농도의 약한 일양성자 산 HA 및 그것의 소듐 염 NaA를 포함한다. 그 용액에 대하여 $[OH^-] = K_w/K_a$를 보이시오.

15.51 표 15.6의 자료를 사용하여 다음 반응에 대한 평형 상수를 계산하시오.

$$HCOOH(aq) + OH^-(aq) \rightleftharpoons$$
$$HCOO^-(aq) + H_2O(l)$$

15.52 1A족 및 2A족 금속의 수소화물의 대부분은 이온성이다. (공유성 화합물인 BeH_2와 MgH_2는 예외이다.)

(a) 수소화 이온(H^-)과 물의 반응을 Brønsted 산−염기 반응으로 설명하시오.
(b) 같은 반응을 산화−환원 반응으로 분류할 수도 있다. 산화제 및 환원제를 표시하시오.

15.53 van't Hoff 방정식(문제 14.54 참조)과 부록 2의 자료를 사용하여 정상 끓는점에서 물의 pH를 계산하시오.

15.54 다음 NH_3 또는 PH_3 중 강한 염기는 어느 것인가?(힌트: N−H 결합은 P−H 결합보다 강하다.)

15.55 다음 모든 경우의 예를 제시하시오.

(a) 산소 원자를 포함하는 약산
(b) 산소 원자를 포함하지 않는 약산
(c) Lewis 산으로 작용하는 중성 분자
(d) Lewis 염기로 작용하는 중성 분자
(e) 두 개의 이온화가 가능한 H 원자를 함유하는 약산
(f) 짝산−염기 쌍, 이는 모두 HCl과 반응하여 이산화 탄소 기체를 생성한다.

15.56 다음 그림 중 HCl과 같은 강산이 물에 녹아 있는 것을 가장 잘 나타내는 것은 어느 것인가? 약산을 나타내는 것은 어느 것인가? 매우 약한 산을 나타내는 것은 어느 것인가? (수화된 양성자는 하이드로늄 이온으로 표시되며 물 분자는 명확히 하기 위해 생략되었다.)

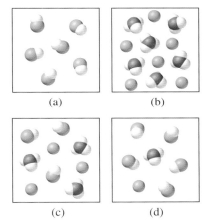

(a)　　　　(b)

(c)　　　　(d)

15.57 염소가 물과 반응할 때 생성된 용액은 약산성이고, $AgNO_3$와 반응하여 백색 침전물을 생성한다. 이러한 반응을 나타내기 위해 균형 맞춤 반응식을 작성하시오. 왜 가정용 표백제 제조사가 NaOH와 같은 염기를 첨가하여 효과를 높일 수 있는지 설명하시오.

15.58 $2.00\ M$ NH_4CN 용액의 pH를 계산하시오.

15.59 H_2SO_4는 강산이지만 HSO_4^-는 약산이다. 이 두 화학종의 산의 세기 차이를 설명하시오.

15.60 $20.27\ g$의 금속 탄산염(MCO_3) 시료를 $500\ mL$의 $1.00\ M$ HCl 용액과 혼합한다. 그런 다음 과량의 HCl 산을 $32.80\ mL$의 $0.588\ M$ NaOH로 중화시킨다. M은 어떤 원자인가?

15.61 pH가 10.00인 용액 $250\ mL$를 만들기 위해 NaCN 몇 g이 필요한가?

15.62 $0.150\ mol$의 CH_3COOH와 $0.100\ mol$의 HCl을 포함한 $1\ L$ 용액의 pH를 계산하시오.

15.63 두 개의 비커를 받는다. 하나는 강산(HA) 수용액을 포함하고 다른 하나는 같은 농도의 약산 수용액(HB)을 포함한다. (a) pH를 측정하고, (b) 전기 전도도를 측정하고, (c) 이러한 용액을 Mg 또는 Zn과 같은 활성 금속과 결합시킬 때

의 수소 기체 발생 속도를 연구하는 방법을 사용하여 두 산의 세기를 어떻게 비교할 수 있는지 설명하시오.

15.64 $0.400\,M$ 폼산($HCOOH$) 용액은 $-0.758°C$에서 언다. 그 온도에서 산의 K_a를 계산하시오.(힌트: 몰농도가 몰랄농도와 같다고 가정하시오. 계산을 세 개의 유효숫자로 수행하고 K_a에 대해서는 유효숫자 두 개로 반올림하시오.)

15.65 메틸 아민(CH_3NH_2)의 용액은 10.64의 pH를 갖는다. 이 용액 100.0 mL 중에 몇 g의 메틸 아민이 포함되어 있는가?

15.66 아마이드 이온(NH_2^-)과 질소화 이온(N^{3-})은 모두 수산화 이온보다 강한 염기이므로 수용액에는 존재하지 않는다.
   (a) 이 이온과 물의 반응을 보여주는 반응식을 쓰고 각각의 경우 Brønsted 산과 염기를 표시하시오.
   (b) 둘 중 더 강한 염기는 어느 것인가?

15.67 어떤 강산 용액 528 mL의 pH는 5.76이다. 이 용액의 pH를 5.34로 바꾸려면, pH가 4.12인 같은 강산 용액을 얼마나 첨가해야 하는가? 다른 요인에 의해 용액의 부피는 변하지 않는다고 가정하시오.

15.68 탄산 암모늄[$(NH_4)_2CO_3$] 염이 냄새가 나는 현상을 설명하시오.(힌트: 비강을 감싼 수용액의 박막은 약한 염기이다.)

15.69 치과 의사가 국소 마취제로 사용한 노보케인(Novocaine)은 약염기이다($K_b=8.91\times10^{-6}$). 환자의 혈장(pH=7.40)에서의 산 농도에 대한 염기 농도의 비율은 얼마인가?(근사치로, 25°C에서 K_a 값을 사용하시오.)

15.70 치아 법랑질은 주로 수산화 인회석[$Ca_5(PO_4)_3OH$]이다. 그것이 물에 용해되면[**탈염**(demineralization)이라고 하는 과정], 다음과 같이 해리된다.

$$Ca_5(PO_4)_3OH \longrightarrow 5Ca^{2+}+3PO_4^{3-}+OH^-$$

탈염의 **역과정**(remineralization)은 신체의 자연적 충치 퇴치 과정이다. 음식에서 생산된 산은 OH^- 이온을 제거하여 에나멜 층을 약화시킨다. 대부분의 치약은 NaF 또는 SnF_2와 같은 불소 화합물을 함유하고 있다. 충치 예방에 있어 이들 화합물의 기능은 무엇인가?

15.71 특정 지역에 걸친 대기 중 이산화 황(SO_2) 농도는 0.12 ppm이다. 이 오염 물질로 인한 빗물의 pH를 계산하시오. SO_2의 용해가 압력에 영향을 미치지 않는다고 가정하시오(H_2SO_3의 $K_a=1.3\times10^{-2}$).

15.72 28°C 및 0.982 atm에서 기체 화합물 HA는 1.16 g/L의 밀도를 갖는다. 이 화합물 2.03 g을 물에 녹여 정확하게 1 L로 희석한다. 25°C에서 용액의 pH가 5.22(HA의 이온화로 인해)인 경우 산의 K_a를 계산하시오.

15.73 38°C에서 CO_2에 대한 Henry의 법칙 상수는 2.28×10^{-3} mol/L·atm이다. 3.20 atm의 분압에서 기체와 평형을 이루는 38°C인 CO_2 용액의 pH를 계산하시오.

종합 연습문제

물리학과 생물학

1. 다음 중 강염기를 이용한 약산의 적정을 가장 잘 설명하는 것은 어느 것인가?
   a) 낮은 시작 pH 및 당량점에서의 pH≈7
   b) 높은 시작 pH 및 당량점에서의 pH≈7
   c) 높은 시작 pH 및 당량점에서의 pH<7
   d) 낮은 시작 pH 및 당량점에서의 pH>7

2. 25°C에서 $0.125\,M$ HCl 150 mL와 $0.120\,M$ $Ba(OH)_2$ 150 mL를 혼합하여 만든 용액의 pH는 얼마인가?
   a) 1.240
   b) 12.760
   c) 2.602
   d) 11.398

3. 25°C에서 $0.15\,M$ HCN 25.0 mL를 당량점까지 적정하는 데 필요한 $0.085\,M$ NaOH의 부피는 얼마인가?
   a) 44 mL
   b) 88 mL
   c) 22 mL
   d) 25 mL

4. 문제 3에서 적정이 완료된 당량점에서의 pH를 계산하시오.
   a) 2.98
   b) 11.02
   c) 8.71
   d) 5.29

예제 속 추가문제 정답

15.1.1 (a) $HClO_4$ (b) HS^- (c) HS^- (d) $HC_2O_4^-$

15.1.2 SO_3^{2-}, H_2SO_3 **15.2.1** (a) NH_4^+ 산, H_2O 염기, NH_3 짝염기, H_3O^+ 짝산 (b) CN^- 염기, H_2O 산, HCN 짝산, OH^- 짝염기 **15.2.2** (a) $HSO_4^- + H_2O \longrightarrow H_3O^+ + SO_4^{2-}$

(b) $HSO_4^- + H_2O \longrightarrow H_2SO_4 + OH^-$

15.3.1 2.0×10^{-11} M **15.3.2** 2.8×10^{-13} M

15.4.1 (a) 8.49 (b) 7.40 (c) 1.25 **15.4.2** (a) -0.08

(b) 10.52 (c) 11.08 **15.5.1** (a) 1.3×10^{-10} M

(b) 3.5×10^{-2} M (c) 9.8×10^{-8} M

15.5.2 (a) 7.8×10^{-3} M (b) 2.6×10^{-12} M (c) 1.3×10^{-7} M

15.6.1 (a) 11.24 (b) 2.14 (c) 5.07 **15.6.2** (a) 6.45

(b) 6.00 (c) 3.00 **15.7.1** (a) 9.5×10^{-14} M (b) 7.2×10^{-6} M (c) 1.0×10^{-7} M **15.7.2** (a) 5.5×10^{-12} M (b) 2.0×10^{-4} M (c) 2.5×10^{-2} M **15.8.1** (a) 1.09 (b) 5.09

(c) 2.27 **15.8.2** (a) 12.04 (b) 11.54 (c) 5.03

15.9.1 (a) 8.7×10^{-3} M (b) 1.7×10^{-2} M (c) 9.8×10^{-7} M

15.9.2 (a) 1.5×10^{-5} M (b) 1.5×10^{-2} M (c) 9.1×10^{-4} M

15.10.1 (a) 0.82 (b) 2.08 (c) 4.77 **15.10.2** (a) 7.29

(b) 12.79 (c) 13.09 **15.11.1** (a) 9.5×10^{-6} M

(b) 4.8×10^{-6} M **15.11.2** (a) 1.7×10^{-2} M

(b) 8.7×10^{-3} M **15.12.1** 2.89 **15.12.2** 3.05

15.13.1 (a) 4.96, 0.0044% (b) 5.72, 0.026% (c) 6.70, 0.24% **15.13.2** (a) 2.0×10^{-3} M (b) 4.9×10^{-4} M

(c) 2.2×10^{-4} M **15.14.1** 1.9×10^{-5} **15.14.2** 5.8×10^{-9}

15.15.1 9.14 **15.15.2** 8.33 **15.16.1** 3.0×10^{-9}

15.16.2 1.4×10^{-4} **15.17.1** (a) 1.5×10^{-10} (b) 1.2×10^{-10}

(c) 1.8×10^{-11} **15.17.2** (a) 1.1×10^{-11} (b) 4.8×10^{-7}

15.18.1 $[H_2C_2O_4] = 0.11$ M, $[HC_2O_4^-] = 0.086$ M, $[C_2O_4^{2-}]$ $= 6.1 \times 10^{-5}$ M, $[H_3O^+] = 0.086$ M **15.18.2** $[H_2SO_4]$ $= 0$ M, $[HSO_4^-] = 0.13$ M, $[SO_4^{2-}] = 0.011$ M, $[H_3O^+] = 0.15$ M **15.19.1** (a) $HBrO_4$ (b) H_2SO_4

15.19.2 전기 음성도 **15.20.1** 8.96 **15.20.2** 0.75 M

15.21.1 2.92 **15.21.2** 0.032 M **15.22.1** (a) 염기성 (b) 산성 (c) 염기성 (d) 중성 (e) 중성 **15.22.2** (a) NH_4Br과 CH_3NH_3I (b) $NaHPO_4$와 $KOBr$ (c) NaI와 KBr

15.23.1 Lewis 산: Co^{3+}, Lewis 염기: NH_3

15.23.2 NH_3와 $AlBr_3$

왜 비타민은 수용성이면서 지용성으로 불리는가?

비타민은 수용성 또는 지용성으로 분류될 수 있다. 과잉의 지용성 비타민은 체내에 저장될 수 있는 반면 대부분 과다한 수용성 비타민은 소변으로 제거된다.

수용성과 지용성 비타민의 차이는 분자 구조에 있다. 비타민 $C(C_6H_8O_6)$와 같은 수용성 비타민에는 물과 상호 작용하여 수소 결합을 형성할 수 있는 여러 개의 극성기가 있다.

비타민 C

일반적으로 지방은 탄화수소 사슬의 비극성 분자이다. 비타민 E와 같은 지용성 비타민은 상당히 탄화수소와 비슷한 경향이 있다. 이것은 하나 혹은 두 개 정도의 극성기를 가질 수도 있지만, 그 분자는 주로 비극성이다.

비타민 E

비타민 C를 제거하면 소변은 더 산성으로 되어 요로 감염의 원인이 되는 일부 박테리아의 성장을 억제할 수 있다. 공식 권장 일일 용량인 60 mg보다 많은 용량을 복용하는 것을 의료진들이 권장하는 것은 그러한 감염의 발생을 낮추기 위한 것이다. 지용성 비타민은 이와 같은 방법으로 제거될 수 없기 때문에 과량을 복용하는 것은 비타민 독성을 유발할 수 있다.

CHAPTER 16

산-염기의 평형과 용해도 평형

Acid-Base Equilibria and Solubility Equilibria

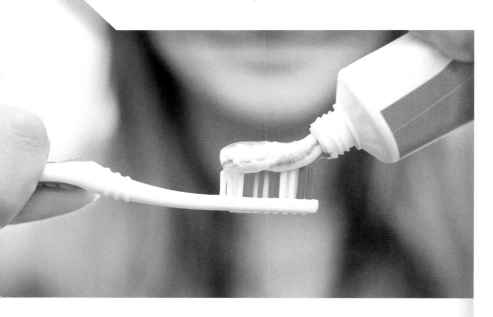

당이 많은 음식을 먹었을 때 침은 더욱 산성이 된다. 불소 치약으로 규칙적으로 양치를 하는 것은 치아의 법랑질을 산에 덜 녹게 함으로써 충치를 예방한다.

평형과 치아 부식

치아는 대략 2 mm 두께의 **수산화 인회석**(hydroxyapatite)[$Ca_5(PO_4)_3OH$]이라고 불리는 미네랄로 구성된 단단한 법랑질 층에 의해 보호받는다. **탈염**(Demineralization)은 수산화 인회석이 침에 용해되는 과정이다. 칼슘과 같은 알칼리 토금속의 인산염(phosphate)은 용해되지 않기 때문에[|◀◀ 4.2절, 표 4.3], 이 과정은 아주 작은 정도만 발생한다.

$$Ca_5(PO_4)_3OH(s) \longleftrightarrow 5Ca^{2+}(aq) + 3PO_4^{3-}(aq) + OH^-(aq)$$

(정반응도 일어나지만 역반응이 더 우세)

재광화(remineralization)라고 불리는 역반응은 치아 부식에 대한 몸의 자연스러운 방어이다.

$$5Ca^{2+}(aq) + 3PO_4^{3-}(aq) + OH^-(aq) \longleftrightarrow Ca_5(PO_4)_3OH(s) \text{ (정반응이 더 우세)}$$

입에 사는 박테리아는 아세트산(acetic acid)과 락트산(lactic acid)과 같은 유기산들을 생성하기 위해 섭취한 음식물 소량을 분해한다. 산 생성은 당이 많은 음식에서 가장 많다. 따라서 달콤한 간식을 먹은 후 입 속에서는 H^+ 농도가 증가하게 되고, 이는 침 속의 OH^- 이온을 소모한다.

$$H^+(aq) + OH^-(aq) \longrightarrow H_2O(l)$$

침에서 OH^-를 제거하는 것은 $Ca_5(PO_4)_3OH$의 용해 평형이 오른쪽으로 치우치도록 하고 탈염을 촉진한다. 일단 보호하는 법랑질 층이 약해지면, 치아 부식이 시작된다. 치아 부식을 막는 가장 좋은 방법은 당이 적은 음식을 먹고 식사 후에 즉시 이를 닦는 것이다.

학생 노트
아이들의 경우, 법랑질 층의 성장(mineralization)이 탈염보다 빨리 일어난다. 어른들의 경우, 탈염과 재광화가 거의 비슷한 속도로 일어난다.

이 장의 끝에서 치아 법랑질의 기본 구성요소인 수산화 인회석의 용해도를 포함한 일련의 문제를 풀 수 있게 될 것이다 [▶▶ 배운 것 적용하기, 738쪽].

16.1 공통 이온 효과

지금까지는 하나의 용질을 가지는 용액들의 특성을 논의해 왔다. 이 절에서 두 번째 용질이 용액에 투입될 때 어떻게 용액의 특성이 변화하는지 확인할 것이다.

평형 상태에서 계(system)는 자극을 받는 반응 쪽으로 움직일 것이라는 것과 그 자극은 반응물이나 생성물의 첨가를 포함한 다양한 방법으로 적용될 수 있다는 것을 기억하자[◀◀ 14.5절]. 아세트산 0.10 mol을 포함하는 1 L의 용액을 생각해 보자. 아세트산의 K_a(1.8×10^{-5})와 평형표[◀◀ 15.5절]를 이용해서, 25°C에서의 용액의 pH를 측정할 수 있다.

$$CH_3COOH(aq) + H_2O(l) \rightleftharpoons H_3O^+(aq) + CH_3COO^-(aq)$$

초기 농도(M):	0.10	—	0	0
농도 변화(M):	$-x$	—	$+x$	$+x$
평형 농도(M):	$0.10-x$	—	x	x

$(0.10-x)\,M \approx 0.10\,M$이라고 가정하고 x에 대해 계산하면, 1.34×10^{-3}라는 값을 얻을 수 있다. 그러므로 $[CH_3COOH] = 0.09866\,M$, $[H_3O^+] = [CH_3COO^-] = 1.34 \times 10^{-3}\,M$ 그리고 pH=2.87이다. 아세트산의 이온화 백분율은 아래와 같다.

$$\frac{1.34 \times 10^{-3}\,M}{0.10\,M} \times 100\% = 1.3\%$$

이제 그 용액에 아세트산 소듐(CH_3COONa) 0.050 mol을 더했을 때 일어날 일을 생각해 보자. 아세트산 소듐은 소듐 이온(sodium ion)과 아세트산 이온(acetate ion)을 만들기 위해 완전히 수용액에서 분리된다.

$$CH_3COONa(aq) \xrightarrow{H_2O} Na^+(aq) + CH_3COO^-(aq)$$

학생 노트
아세트산 소듐을 첨가함으로써, 소듐 이온 또한 용액에 첨가하는 것이다. 그러나 소듐 이온은 물이나 존재하는 다른 화합물들과 상호 작용하지 않는다[◀◀ 15.10절].

따라서, 아세트산 소듐을 첨가함으로써 아세트산 이온의 농도를 증가시켜 왔다. 아세트산 이온이 아세트산의 이온화의 생성물이기 때문에, 아세트산 이온의 첨가는 평형이 왼쪽으로 이동하게 한다. 최종적인 결과는 아세트산의 이온화 백분율의 감소이다.

첨가

$$CH_3COOH(aq) + H_2O(l) \longleftarrow H_3O^+(aq) + CH_3COO^-(aq)$$
평형은 반응물 쪽으로 치우친다.

왼쪽으로 평형이 치우치는 것은 첨가된 약간의 아세트산 이온뿐만 아니라 약간의 하이드로늄 이온(hydronium ion)도 소모한다. 이것은 pH를 변하게 한다.(이 경우는 pH가 증가했다.)

예제 16.1은 아세트산 소듐이 첨가된 후에 평형표가 어떻게 아세트산 용액의 pH 계산에 이용될 수 있는지 보여준다.

예제 16.1

25°C에서 0.10 M의 아세트산 1.0 L에 아세트산 소듐 0.050 mol을 더해 만든 용액의 pH를 구하시오.(아세트산 소듐의 첨가가 용액의 부피를 변하게 하지 않는다고 가정하시오.)

전략 하이드로늄 이온의 농도에 대해 풀기 위해 새로운 평형표를 그린다. 약산의 이온화에 앞서, 25 °C에서 물에서의 하이드로늄 이온의 농도가 1.0×10^{-7} M이라는 것을 기억한다. 그러나 이 농도가 이온화에서 기인한 농도에 비해서는 사소하기 때문에 평형표에서 그것을 무시할 수 있다.

계획 정해진 아세트산의 농도인 0.10 M와 $[H_3O^+] \approx 0$ M을 표의 초기 농도로 사용한다.

$$CH_3COOH(aq) + H_2O(l) \rightleftharpoons H_3O^+(aq) + CH_3COO^-(aq)$$

초기 농도(M):	0.10	—	0	0.050
농도 변화(M):	$-x$	—	$+x$	$+x$
평형 농도(M):	$0.10 - x$	—	x	$0.050 + x$

풀이 평형 농도를 알려지지 않은 x를 이용해서 평형식으로 대체하는 것은 다음과 같다.

$$1.8 \times 10^{-5} = \frac{(x)(0.050 + x)}{0.10 - x}$$

CH_3COOH의 이온화가 아세트산 이온(CH_3COO^-)의 존재에 의해 억제되기 때문에 x가 아주 작다.(0.10 M의 아세트산에 있는 아세트산 이온과 하이드로늄 이온의 농도인 1.34×10^{-3} M보다 훨씬 작다.)고 예측한다. 그러므로 다음과 같이 가정할 수 있다.

$$(0.10 - x)\ M \approx 0.10\ M \quad \text{그리고} \quad (0.050 + x)\ M \approx 0.050\ M$$

평형식은 다음 식으로 단순화될 수 있다.

$$1.8 \times 10^{-5} = \frac{(x)(0.050)}{0.10}$$

그리고 $x = 3.6 \times 10^{-5}$ M이다. 평형표에 따르면, $[H_3O^+] = x$이다. 따라서 $pH = -\log(3.6 \times 10^{-5}) = 4.44$이다. 이 경우에 아세트산의 이온화 백분율은 다음과 같다.

$$\frac{3.6 \times 10^{-5}\ M}{0.10\ M} \times 100\% = 0.036\%$$

이것은 아세트산 소듐을 추가하기 전의 이온화 백분율보다 상당히 작은 값이다.

생각해 보기

CH_3COOH, CH_3COO^-, 그리고 H_3O^+의 평형 농도는 아세트산 소듐을 아세트산 용액에 넣든지, 아세트산 소듐 용액에 아세트산을 넣든지, 또는 동시에 두 화학종(아세트산소듐과 아세트산)을 용해시키든지 관계없이 같다. 0.10 M의 아세트산 용액의 평형 농도로 시작하는 평형표를 구성할 수 있다.

$$CH_3COOH(aq) + H_2O(l) \rightleftharpoons H_3O^+(aq) + CH_3COO^-(aq)$$

초기 농도(M):	0.09866	—	1.34×10^{-3}	5.134×10^{-2}
농도 변화(M):	$+y$	—	$-y$	$-y$
평형 농도(M):	$0.09866 + y$	—	$1.34 \times 10^{-3} - y$	$5.134 \times 10^{-2} - y$

> **학생 노트**
> 이것은 0.10 M 아세트산 용액에 있는 아세트산의 평형 농도(1.34×10^{-3} M)와 첨가된 아세트산 이온(0.050 M)의 합계이다.

이 경우에는, 반응이 왼쪽으로 진행된다.(아세트산 농도가 증가하고, 하이드로늄 이온과 아세트산 이온의 농도는 감소한다.) y에 대해 푼 값은 1.304×10^{-3} M이다. $[H_3O^+] = 1.34 \times 10^{-3} - y = 3.6 \times 10^{-5}$ M이고 $pH = 4.44$이다. 마치 두 CH_3COOH와 CH_3COO^-를 동시에 넣고 반응이 오른쪽으로 진행되는 것처럼 문제를 처리하는 것이 용액을 단순화하기는 하지만, 둘 중 어느 쪽이든 같은 pH를 얻을 수 있다.

추가문제 1 25°C에서 0.25 M의 아세트산 1.0 L에 아세트산 소듐 0.075 mol을 녹여 만든 용액의 pH를 구하시오.(아세트산 소듐의 추가가 용액의 부피를 변하게 하지 않는다고 가정하시오.)

추가문제 2 25°C에서 0.25 M의 암모니아(ammonia) 수용액 1.0 L에 염화 암모늄(ammonium chloride) 0.35 mol을 녹여 만든 용액의 pH를 구하시오.

추가문제 3 다음의 화합물 중 어떤 화합물이 플로오린화 수소(HF)의 수용액에 더해졌을 때 pH를 증가시키는가? 어떤 화합물이 pH를 감소시키는가? 어떤 화합물이 pH에 영향을 끼치지 않는가?

NaF	SnF$_2$	HCl
(i)	(ii)	(iii)
NaCl	NaOH	H$_2$O
(iv)	(v)	(vi)

약전해질의 수용액은 약전해질과 그것의 이온화 생성물인 이온 둘 모두를 포함한다. 만약 그러한 이온들 중 하나를 포함하는 용해성이 있는 염이 첨가된다면, 평형은 왼쪽으로 이동하고 그것 때문에 약전해질의 이온화가 **억제된다**(suppressing). 일반적으로 용해된 물질들과 마찬가지로 이온을 포함하는 화합물들이 평형 상태의 용액에 첨가될 때, 평형은 왼쪽으로 이동한다. 이 현상은 **공통 이온 효과**(common ion effect)로 알려져 있다. **공통 이온**(common ion)은 또한 H$_3$O$^+$나 OH$^-$일 수 있다. 예를 들어, 약산 용액에 강산을 넣는 것은 약산의 이온화를 억제한다. 마찬가지로, 약염기 용액에 강염기를 넣는 것은 약염기의 이온화를 억제한다.

16.2 완충 용액

약산과 그것의 짝염기(또는 약염기와 그것의 짝산)를 포함하는 용액을 **완충 용액**(buffer solution) 또는 간단하게 **버퍼**(buffer)라고 한다. 약산을 포함하는 어떤 용액이든 약간의 짝염기를 포함한다. 그러나 완충 용액에서 약산과 짝염기의 양은 **비슷**(comparable)해야만 하는데, 이것은 짝염기가 용해된 염으로부터 공급되어야만 한다는 것을 의미한다. 완충 용액은 성분의 장점에 의해 산이나 염기의 적은 양의 첨가에 의한 pH 변화에 **저항한다**(resist). pH 변화에 저항하는 능력은 사람의 몸을 포함한 화학적, 생물학적 시스템에 매우 중요하다. 혈액의 pH는 대략 7.4인 반면에 위액의 pH는 대략 1.5이다. 이러한 pH 값 각각은 적절한 효소 기능과 삼투압의 균형에 매우 중요하고, 각각은 완충 용액에 의해 아주 좁은 pH 범위 내에서 유지된다.

학생 노트
아세트산 소듐이 강전해질이어서[◀◀ 4.1절], 그것은 물에서 완전히 소듐 이온과 아세트산 이온으로 분리된다는 것을 기억하자.
CH$_3$COONa ⟶
Na$^+$(aq)+CH$_3$COO$^-$(aq)

완충 용액의 pH 계산

아세트산이 1.0 M이고 아세트산 소듐이 1.0 M인 용액을 생각해 보자. 만약에 적은 양의 산이 이 용액에 더해진다면, 강산(H$_3$O$^+$)이 약산(CH$_3$COOH)으로 전환되면서 아세트산 이온에 의해 완전히 소모된다.

$$H_3O^+(aq)+CH_3COO^-(aq) \longrightarrow CH_3COOH(aq)+H_2O(l)$$

강산을 넣는 것은 용액의 pH를 낮춘다. 그러나 강산을 약산으로 전환하는 완충 용액의 능력은 pH에 대한 첨가의 효과를 최소화한다.

마찬가지로, 만약 적은 양의 염기가 더해진다면 강염기(OH^-)가 약염기(CH_3COO^-)로 전환되면서 아세트산에 의해 완전히 소모될 것이다.

$$CH_3COOH(aq) + OH^-(aq) \longrightarrow CH_3COO^-(aq) + H_2O(l)$$

이와 같이 강염기를 넣는 것은 용액의 pH를 증가시킨다. 다시 한번 말하지만, 강염기를 약염기로 전환하는 완충 용액의 능력은 pH에 대한 첨가의 효과를 최소화한다.

완충 용액의 기능을 설명하기 위해, 이전에 설명했던 아세트산-아세트산 소듐 용액 1 L를 가지고 있다고 가정해 보자. 16.1절의 과정에 사용한 완충 용액의 pH를 계산할 수 있다.

	$CH_3COOH(aq)$	$+ H_2O(l)$	$\rightleftharpoons$	$H_3O^+(aq)$	$+ CH_3COO^-(aq)$
초기 농도(M):	1.0	—		0	1.0
농도 변화(M):	$-x$	—		$+x$	$+x$
평형 농도(M):	$1.0 - x$	—		x	$1.0 + x$

평형식은 다음과 같다.

$$K_a = \frac{(x)(1.0+x)}{1.0-x}$$

정반응이 공통 이온인 CH_3COO^-가 존재함으로써 억제되고, 역반응이 CH_3COOH이 존재함으로써 억제되기 때문에, x가 아주 적은 양일 것이라고 가정하는 것은 합리적이다.

$$(1.0-x)M \approx 1.0\ M \quad \text{그리고} \quad (1.0+x)\ M \approx 1.0\ M$$

따라서 평형식은 다음과 같이 단순화될 수 있다.

$$1.8 \times 10^{-5} = \frac{(x)(1.0)}{1.0} = x$$

그러므로 평형 상태에서 $[H_3O^+] = 1.8 \times 10^{-5}\ M$이고 pH $= 4.74$이다.

이제 염산(HCl) 0.10 mol을 완충 용액에 더했을 때 어떤 일이 일어나는지 생각해 보자. (염산을 더 넣는 것이 용액의 부피를 변하게 하지 않는다고 가정한다.) 강산을 넣었을 때 일어나는 반응은 H_3O^+에서 CH_3COOH로 바뀌는 반응이다. 동일한 양의 아세트산 이온과 함께 더해진 산은 모두 소모된다. 식 위에 시작할 때의 양을 쓰고 최종 양을 식 아래에 기록함으로써 강산(또는 염기)이 더해질 때 아세트산 이온과 아세트산의 양을 계속 파악한다.

학생 노트
완충 용액에 더해진 강산의 양이 원래 존재하는 짝염기의 양을 초과하지 않는 한, 더해지는 모든 강산은 소모되고 약산으로 바뀔 것이다.

H_3O^+의 첨가 시:	1.0 mol		0.1 mol		1.0 mol
	$CH_3COO^-(aq)$	$+ H_3O^+(aq)$	$\longrightarrow$	$CH_3COOH(aq)$	$+ H_2O(l)$
H_3O^+이 소모된 후:	0.9 mol		0 mol		1.1 mol

아세트산과 아세트산 이온의 결과량을 새로운 평형표를 구성하는 데 사용할 수 있다.

	$CH_3COOH(aq)$	$+ H_2O(l)$	$\rightleftharpoons$	$H_3O^+(aq)$	$+ CH_3COO^-(aq)$
초기 농도(M):	1.1	—		0	0.9
농도 변화(M):	$-x$	—		$+x$	$+x$
평형 농도(M):	$1.1 - x$	—		x	$0.9 + x$

전에 했던 것처럼 x가 충분히 작아서 무시할 수 있다고 가정하고 pH를 구할 수 있다.

$$1.8 \times 10^{-5} = \frac{(x)(0.9+x)}{1.1-x} \simeq \frac{(x)(0.9)}{1.1}$$

$$x = 2.2 \times 10^{-5} \, M$$

따라서, 평형이 다시 성립될 때 $[\mathrm{H_3O^+}] = 2.2 \times 10^{-5} \, M$이고 pH$=4.66$이다.(0.08 pH만 변했다.) 순수한 물 1 L에 HCl 0.10 mol을 첨가했다면, pH는 7.00에서 1.00까지 변했을 것이다.

바로 전에 설명했던 것처럼 완충 용액의 pH의 결정에서, 공통 이온이 존재함으로써 이온화가 억제되기 때문에 항상 이온화되는 적은 양의 약산(x)을 무시한다. 마찬가지로, 아세트산이 존재하기 때문에 아세트산 이온의 가수 분해를 무시한다. 이것은 완충 용액의 pH를 결정하는 식을 유도할 수 있게 한다. 그 평형식으로부터 시작한다.

$$K_\mathrm{a} = \frac{[\mathrm{H_3O^+}][\mathrm{A^-}]}{[\mathrm{HA}]}$$

$[\mathrm{H_3O^+}]$에 대해 풀어서 재배열하는 것은 다음과 같다.

$$[\mathrm{H_3O^+}] = \frac{K_\mathrm{a}[\mathrm{HA}]}{[\mathrm{A^-}]}$$

양변에 음의 로그를 취하면, 다음과 같은 결과를 얻는다.

$$-\log [\mathrm{H_3O^+}] = -\log K_\mathrm{a} - \log \frac{[\mathrm{HA}]}{[\mathrm{A^-}]}$$

또는

$$-\log [\mathrm{H_3O^+}] = -\log K_\mathrm{a} + \log \frac{[\mathrm{A^-}]}{[\mathrm{HA}]}$$

따라서 다음과 같다.

$$\mathrm{pH} = \mathrm{p}K_\mathrm{a} + \log \frac{[\mathrm{A^-}]}{[\mathrm{AH}]} \qquad [\text{◀◀ 식 16.1}]$$

완충 용액 속 산과 염기의 농도가 같으면 식 16.1은 다음과 같이 된다.

$$\mathrm{p}K_\mathrm{a} = -\log K_\mathrm{a} \qquad [\text{◀◀ 식 16.2}]$$

식 16.1은 **Henderson-Hasselbalch 식**(Henderson-Hasselbalch equation)이라고 알려져 있다. 그것의 좀 더 일반적인 형태는 다음과 같다.

$$\mathrm{pH} = \mathrm{p}K_\mathrm{a} + \log \frac{[\text{짝염기}]}{[\text{약산}]} \qquad [\text{◀◀ 식 16.3}]$$

아세트산($1.0 \, M$)과 아세트산 소듐($1.0 \, M$) 완충 용액의 경우에는, 약산과 짝염기의 농도가 동일하다. 이것이 사실일 때, Henderson-Hasselbalch 식의 로그 값은 0이고, pH는 숫자상으로 $\mathrm{p}K_\mathrm{a}$와 동일하다. 아세트산-아세트산 이온 완충 용액의 경우에는, $\mathrm{p}K_\mathrm{a} = -\log 1.8 \times 10^{-5} = 4.74$이다.

염산 0.10 mol을 넣은 후에, 아세트산과 아세트산 이온의 농도를 각각 $1.1 \, M$과 $0.9 \, M$로 결정했다. Henderson-Hasselbalch 식에서 이 농도들을 사용하는 것은 다음과 같은 식을 준다.

$$pH = 4.74 + \log \frac{[CH_3COO^-]}{[CH_3COOH]}$$

$$= 4.74 + \log \frac{0.9\ M}{1.1\ M}$$

$$= 4.74 + (-0.087) = 4.65$$

이 pH와 평형표를 이용해 계산된 4.66 사이의 작은 차이는 반올림의 차이 때문이다. 그림 16.1(700~701쪽)은 어떻게 완충 용액이 급격한 pH 변화에 저항하는지에 대해 설명한다.

예제 16.2는 어떻게 Henderson-Hasselbalch 식이 강염기를 넣은 후에 완충 용액의 pH를 결정하는지를 보여준다.

예제 **16.2**

아세트산의 농도는 1.00 M이고, 아세트산 소듐의 농도도 1.00 M인 완충 용액 1.00 L로 반응을 시작할 때, NaOH 0.100 mol을 첨가한 후의 pH를 계산하시오.(반응이 용액의 부피를 변하게 하지 않는다고 가정하시오.)

전략 더해진 염기는 OH$^-$에서 CH$_3$COO$^-$로 전환되면서 완충 용액의 구성 성분인 아세트산과 반응할 것이다.

$$CH_3COOH(aq) + OH^-(aq) \longrightarrow H_2O(l) + CH_3COO^-(aq)$$

식 위에 각 화학종들의 처음 양을 쓰고 식 아래에 각 화학종들의 최종 양을 쓴다. 최종 양을 식 16.1의 농도로 사용한다. 완충 용액의 부피는 이 예시에서 1 L이고, 그래서 물질의 mol은 몰농도와 같다. 그러나 완충 용액의 부피가 1 L 이외에 다른 값일 경우에는, 로그의 분모와 분자에서 부피가 약분되기 때문에 여전히 Henderson-Hasselbalch 식에 몰농도를 사용할 수 있다.

계획

OH$^-$의 첨가 시: 1.00 mol   0.10 mol   1.00 mol

$$CH_3COOH(aq) + OH^-(aq) \longrightarrow H_2O(l) + CH_3COO^-(aq)$$

OH$^-$가 소모된 후: 0.90 mol   0 mol   1.10 mol

풀이

$$pH = 4.74 + \log \frac{1.10\ M}{0.90\ M}$$

$$= 4.74 + \log \frac{1.10\ M}{0.90\ M} = 4.83$$

따라서, NaOH 0.10 mol을 넣은 후 완충 용액의 pH는 4.83이다.

> **생각해 보기**
>
> pH 계산 시에는 항상 현실 점검(reality check)을 한다. 비록 완충 용액이 첨가되는 염기의 영향을 최소화하지만, pH는 증가한다. 만약 염기를 더한 후에 더 낮은 pH를 계산했다는 것을 발견하게 된다면, 약산과 짝염기의 농도를 혼동하거나 마이너스 부호를 놓치는 것과 같은 실수를 확인해야 한다.

추가문제 1 아세트산이 1.0 M이고 아세트산 소듐이 1.0 M인 완충 용액 1 L에 NaOH 0.25 mol을 넣은 후 pH를 계산하시오.

추가문제 2 pH 4.10인 완충 용액을 만들기 위해 아세트산이 1.5 M이고 아세트산 소듐이 0.75 M인 완충 용액 1 L에 얼마나 많은 염산을 넣어야 하는가?

그림 16.1

완충 용액

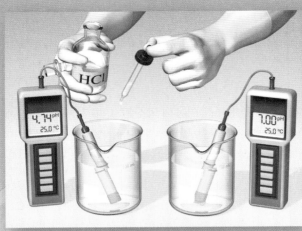

강산 0.001 mol을 넣을 때, 그것은 완충 용액 속의 아세트산 이온에 의해 완전히 소모된다.

반응 전 :　0.001 mol　　0.010 mol　　　　0.010 mol

$$H_3O^+(aq) + CH_3COO^-(aq) \longrightarrow CH_3COOH(aq) + H_2O(l)$$

반응 후 :　0 mol　　0.009 mol　　　　0.011 mol

0.100 M CH_3COOH
0.100 M CH_3COO^-

$$pH = 4.74 + \log \frac{[CH_3COO^-]}{[CH_3COOH]} = 4.74$$

물
pH = 7.00

완충 용액에서 아세트산의 농도는 0.100 M이고, 아세트산 소듐의 농도도 0.100 M이다. 이 완충 용액 100 mL는 아세트산과 아세트산 이온을 각 각 $(0.100 \text{ mol/L})(0.10\text{L}) = 0.010$ mol씩 포함한다.

강염기 0.001 mol을 넣었을 때, 그것은 완충 용액 속의 아세트산에 의해 완전히 소모된다.

반응 전 :　0.001 mol　　　0.010 mol　　　　　　0.010 mol

$$OH^-(aq) + CH_3COOH(aq) \longrightarrow H_2O(l) + CH_3COO^-(aq)$$

반응 후 :　0 mol　　　0.009 mol　　　　　　0.011 mol

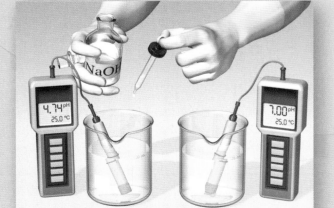

Henderson—Hasselbalch 식을 이용해 새로운 pH를 계산할 수 있다.

$$pH = 4.74 + \log \frac{0.009}{0.011} = 4.65$$

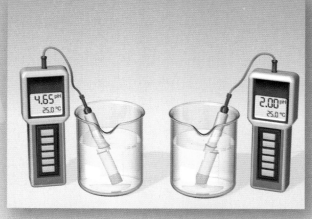

순수한 물에는 강산을 소모할 수 있는 어떤 물질도 없다. 그러므로 pH는 급격하게 감소한다.

$$pH = -\log \frac{0.001\,\text{mol}}{0.10\,\text{L}} = 2.00$$

순수한 물에는 강염기를 소모할 수 있는 어떤 물질도 없다. 그러므로 pH는 급격하게 증가한다.

$$pH = -\log \frac{0.001\,\text{mol}}{0.10\,\text{L}} = 2.00,\ pH = 12.00$$

Henderson—Hasselbalch 식을 이용해 새로운 pH를 계산할 수 있다.

$$pH = 4.74 + \log \frac{0.011}{0.009} = 4.83$$

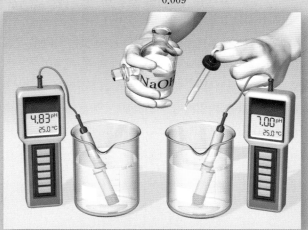

요점은 무엇인가?

완충 용액은 약산과 그것의 짝염기 둘 모두를 포함한다.* 강산이나 강염기의 적은 양은 완충 용액의 구성 성분에 의해 소모되고, 그렇게 함으로써 pH의 급격한 변화를 막는다. 순수한 물은 산이나 염기를 소모할 수 있는 화학종들을 포함하지 않는다. 심지어 아주 적은 양의 산이나 염기의 첨가도 큰 pH 변화를 만들 수 있다.

* 완충 용액은 약염기와 그것의 짝산을 이용해서도 만들 수 있다.

추가문제 3 첫 번째 그림은 완충 용액을 나타낸다. 다음 그림[(ⅰ)~(ⅳ)] 중 어느 것이 강산을 첨가한 후의 완충 용액을 가장 잘 나타내는가?

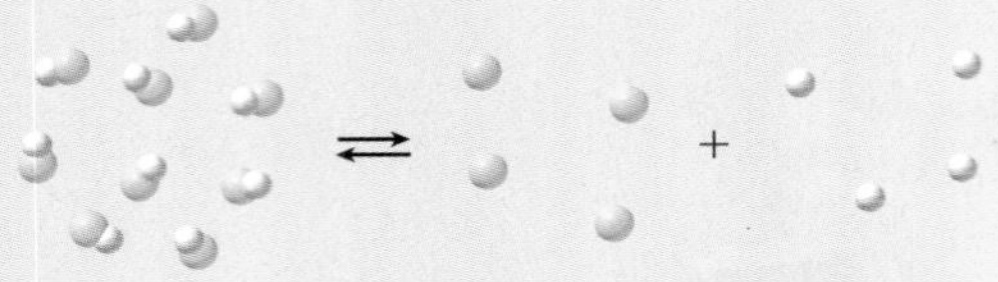

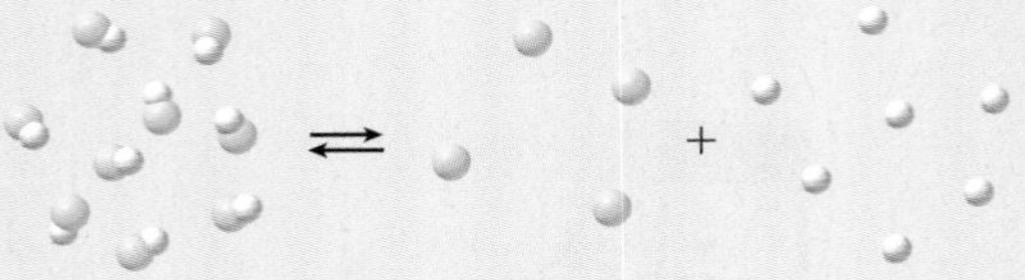

(ⅰ) 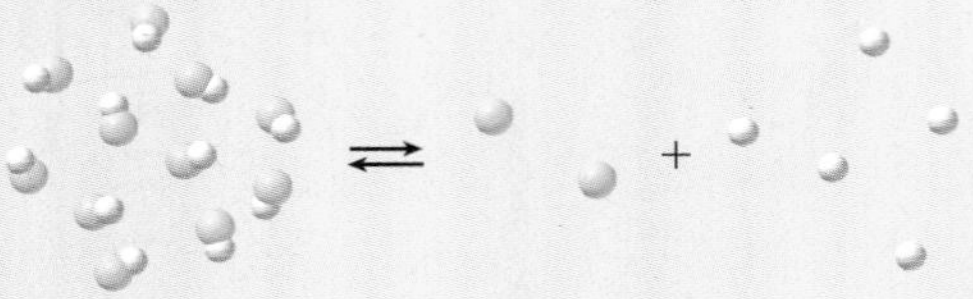   (ⅱ)

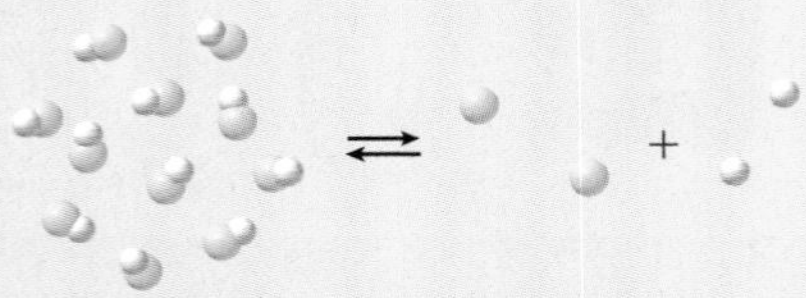

(ⅲ) 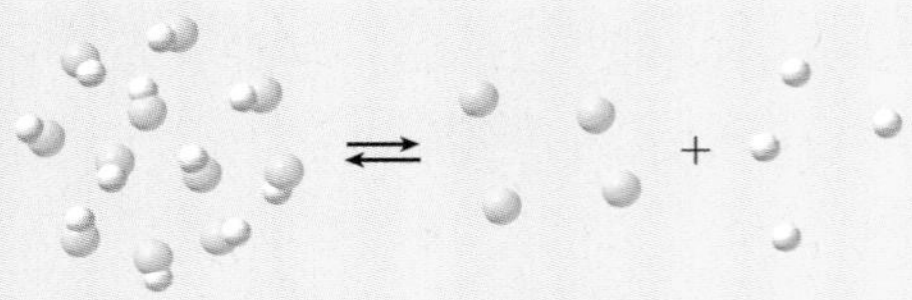   (ⅳ)

특정 pH를 가진 완충 용액의 준비

산이나 염기 중 하나를 첨가할 때 pH 변화에 저항하는 능력을 가진 경우의 용액만 완충 용액이다. 만약 약산과 짝염기의 농도가 10배 이상 차이가 난다면, 그 용액은 이 능력을 가지지 않는다. 그러므로 오직 다음의 조건을 충족할 경우에만 용액을 완충 용액으로 생각하고, pH를 계산하기 위해 식 16.1을 사용할 수 있다.

$$10 \geq \frac{[짝염기]}{[약산]} \geq 0.1$$

그 결과, 식 16.1의 log는 −1부터 1까지의 값만 가질 수 있고, 완충 용액의 pH는 그것이 포함하는 약산의 pK_a와 차이가 한 pH 단위(1 pH)보다 많을 수 없다. 이것은 완충 용액의 **범위**(range)라고 알려져 있는데 그 범위에서 pH=pK_a±1이다. 이것은 원하는 특정 pH를 가지는 완충 용액을 만들기 위해 적절한 짝쌍을 선택할 수 있게 한다.

첫째, pK_a가 원하는 pH와 가까운 약산을 선택한다. 다음으로, 필요한 [짝염기]/[약산]의 비율을 얻기 위해 식 16.1에 pH와 pK_a 값을 대입한다. 이 비율은 완충 용액을 만들기 위한 mol의 양으로 전환될 수 있다.

예제 16.3은 이 과정을 입증한다.

약산	K_a	pK_a
HF	7.1×10^{-4}	3.15
HNO$_2$	4.5×10^{-4}	3.35
HCOOH	1.7×10^{-4}	3.77
C$_6$H$_5$COOH	6.5×10^{-5}	4.19
CH$_3$COOH	1.8×10^{-5}	4.74
HCN	4.9×10^{-10}	9.31
C$_6$H$_5$OH	1.3×10^{-10}	9.89

예제 16.3

여백의 표에서 적절한 약산을 고르고, 어떻게 9.5의 pH를 가지는 완충 용액을 만들지 설명하시오.

전략 9.50의 한 pH 단위 이내(9.50과 pH 1 이내로 차이 있음)의 pK_a를 가지는 약산을 고른다. 약산의 pK_a와 식 16.1을 필요한 [짝염기]/[약산]의 비율을 계산하기 위해 이용한다. 계산된 비율을 산출한 완충 용액의 구성 성분의 농도를 선택한다.

표 16.1	강산-강염기 적정에서 몇몇 다른 지점에서의 pH 결정						
더해진 OH^-의 부피 (mL)	더해진 OH^- (mmol)	남아 있는 H_3O^+ (mmol)	전체 부피 (mL)	$[H_3O^+]$ (mol/L)		pH	
0	0	2.5	25.0	0.100		1.000	
5.0	0.50	2.0	30.0	0.0667		1.176	
10.0	1.0	1.5	35.0	0.0429		1.364	
15.0	1.5	1.0	40.0	0.0250		1.602	
20.0	2.0	0.5	45.0	0.0111		1.955	
25.0	2.5	0	50.0	1.00×10^{-7}		7.000	
더해진 OH^-의 부피 (mL)	더해진 OH^- (mmol)	OH^- 초과량 (mmol)	전체 부피 (mL)	$[OH^-]$ (mol/L)	pOH	pH	
30.0	3.0	0.5	55.0	0.0091	2.04	11.96	
35.0	3.5	1.0	60.0	0.0167	1.78	12.223	

약산-강염기 적정

아세트산(약산)과 수산화 소듐(sodium hydroxide, 강염기) 사이의 중화 반응을 생각해 보자.

$$CH_3COOH(aq) + NaOH(aq) \longrightarrow CH_3COONa(aq) + H_2O(l)$$

이 식은 다음 식과 같이 단순화될 수 있다.

$$CH_3COOH(aq) + OH^-(aq) \longrightarrow CH_3COO^-(aq) + H_2O(l)$$

이 중화 반응의 결과로 생긴 아세트산 이온은 다음과 같이 가수 분해[◀◀ 15.10절]를 겪는다.

$$CH_3COO^-(aq) + H_2O(l) \rightleftharpoons CH_3OOH(aq) + OH^-(aq)$$

그러므로 당량점에서 용액 속에 아세트산 소듐을 가질 때만, 아세트산의 가수 분해에 의해 형성된 OH^-의 결과로 pH는 7보다 커질 것이다.

0.1 M 아세트산 25.0 mL와 0.1 M 수산화 소듐의 적정 곡선은 그림 16.4에서 보여진다. 곡선의 모양이 그림 16.3의 모양과 어떻게 다른지에 주목하자. 강산과 강염기의 적정 곡선과 비교했을 때, 약산과 강염기의 적정 곡선은 더 높은 초기 pH, 염기의 첨가에 따른 더 많은 점진적 변화, 당량점 근처의 더 짧은 수직 부분을 가진다.

다시 한번 말하지만, 적정의 모든 단계에서의 pH 계산은 가능하다. 다음에 계산 예시 네가지가 있다.

1. 어떤 염기를 넣기 전 pH는 아세트산의 이온화에 의해 결정된다. 평형표를 사용해 H_3O^+의 농도를 계산하기 위해 그 농도(0.10 M)와 K_a(1.8×10^{-5})를 사용한다.

	$CH_3COOH(aq) + H_2O(l) \rightleftharpoons H_3O^+(aq) + CH_3COO^-(aq)$			
초기 농도(M):	0.10	—	0	0
농도 변화(M):	$-x$	—	$+x$	$+x$
평형 농도(M):	$0.10-x$	—	x	x

$$K_a = \frac{[H_3O^+][CH_3COO^-]}{[CH_3COOH]} = \frac{x^2}{0.10-x} = 1.8 \times 10^{-5}$$

다음 식 [◀◀ 15.5절]에서 x를 무시할 수 있다. x에 대해 푸는 것은

그림 16.4 약산−강염기 적정의 적정 곡선. 0.100 M의 수산화 소듐 용액이 뷰렛에서 삼각 플라스크(Erlenmeyer flask) 속의 25.0 mL의 0.100 M 아세트산 용액에 더해진다. 형성된 염의 가수 분해 때문에 당량점에서의 pH는 7보다 크다.

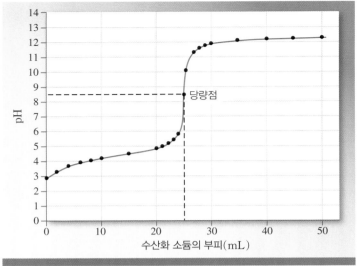

$$\frac{x^2}{0.10}=1.8\times10^{-5}$$

$$x^2=(1.8\times10^{-5})(0.10)=1.8\times10^{-6}$$

$$x=\sqrt{1.8\times10^{-6}}=1.34\times10^{-3}\ M$$

$[H_3O^+]=1.34\times10^{-3}\ M$과 pH$=2.87$이라는 결과가 나온다.

2. 처음 염기를 첨가한 후에 약간의 아세트산은 반응을 통해 아세트산 이온으로 전환된다.

$$CH_3COOH(aq)+OH^-(aq)\longrightarrow CH_3COO^-(aq)+H_2O(l)$$

용액 속에 상당한 양의 아세트산과 아세트산 이온이 있으면, 그 용액을 완충 용액으로 고려하고 pH를 계산하기 위해 Henderson−Hasselbalch 식을 사용한다.

10.0 mL의 염기를 첨가한 후에, 그 용액은 1.5 mmol의 아세트산과 1.0 mmol의 아세트산 이온을 포함한다(표 16.2 참조).

$$pH=4.74+\log\frac{1.0\ mmol}{1.5\ mmol}=4.56$$

적정의 시작점과 당량점 사이의 각 지점은 이런 방식으로 계산될 수 있다.

3. 당량점에서는 모든 아세트산은 중화되고 아세트산 이온만 용액 속에 남아 있다.(가수 분해가 되지 않고, 용액의 pH에 영향을 주지 않는 소듐 이온 또한 존재한다.) 이 지점에서 pH는 평형 상태에 있는 화학종들의 농도와 K_b에 의해 결정된다. 그 당량점은 25.0 mL의 염기가 더해지면서 총 부피를 50.0 mL로 만들 때 발생한다. 2.5 mmol의 아세트산(표 16.2 참조)이 모두 아세트산 이온으로 전환된다. 그러므로 아세트산 이온의 농도는 다음과 같다.

$$[CH_3COO^-]=\frac{2.5\ mmol}{50.0\ mL}=0.050\ M$$

적정의 시작에서 했던 것처럼 평형표를 그릴 수 있다.

	$CH_3COO^-(aq)+H_2O(l)\rightleftharpoons OH^-(aq)+CH_3COOH(aq)$			
초기 농도(M):	0.050	−	0	0
농도 변화(M):	$-x$	−	$+x$	$+x$
평형 농도(M):	$0.050-x$	−	x	x

아세트산 이온의 K_b는 5.6×10^{-10}이다.

표 16.2	아세트산−수산화 소듐 적정의 여러 다른 지점에서 pH 결정			
더해진 OH^-의 부피(mL)	더해진 OH^- (mmol)	CH_3COOH (mmol)	생성된 CH_3COO^-	pH
0	0	2.5		2.87*
5.0	0.50	2.0		4.14
10.0	1.0	1.5		4.56
15.0	1.5	1.0		4.92
20.0	2.0	0.5		5.34
25.0	2.5	0.0		8.72†

더해진 OH^-의 부피(mL)	더해진 OH^- (mmol)	OH^- 초과량 (mmol)	전체 부피 (mL)	$[OH^-]$ (mol/L)	pOH	pH
30.0	3.0	0.5	55.0	0.0091	2.04	11.96
35.0	3.5	1.0	60.0	0.0167	1.78	12.22

*$[CH_3COOH]=0.10\ M$, $K_a=1.8\times10^{-5}$
†$[CH_3COO^-]=0.050\ M$, $K_b=5.6\times10^{-10}$

학생 노트
어떤 염기도 첨가하기 전, 그리고 당량점 이전에, 이것은 농도(concentration), 이온화 상수(ionization constant) 그리고 평형표(equilibrium table)를 이용해 푸는 평형(equilibrium) 문제이다.

학생 노트
당량점 이전(prior)에 pH는 Henderson−Hasselbalch 식을 이용해 결정된다.
$$pH=pK_a+\log\frac{[짝염기]}{[약산]}$$

학생 노트
당량점 이후에 약산의 적정 곡선은 강산의 적정 곡선과 동일하다.

$$K_b=\frac{[OH^-][CH_3COOH]}{[CH_3COO^-]}=\frac{x^2}{0.050-x}=5.6\times10^{-10}$$

전처럼, 식의 분모에 있는 x를 무시할 수 있다. x에 대해 푸는 것은

$$\frac{x^2}{0.050}=5.6\times10^{-10}$$

$$x^2=(5.6\times10^{-10})(0.050)=2.8\times10^{-11}$$

$$x=\sqrt{2.78\times10^{-11}}=5.3\times10^{-6}\ M$$

$[OH^-]=5.3\times10^{-6}\ M$, pOH$=5.28$이고, pH$=8.72$라는 결과가 나온다.

4. 당량점 후에 강염기로 하는 약산의 적정 곡선은 강염기로 하는 강산의 적정 곡선과 동일하다. 모든 아세트산은 소모되기 때문에 용액 속에 첨가된 OH^-를 소모할 어떤 것도 존재하지 않고, pH는 12와 13 사이에서 안정된다.

표 16.2는 25.0 mL의 0.10 M 아세트산과 0.10 M 수산화 소듐의 적정에 대한 자료를 열거한다.

예제 16.4는 강염기로 하는 약산의 적정에 대한 pH를 어떻게 계산하는지 보여준다.

예제 16.4

0.240 M 수산화 소듐으로 0.120 M 아세트산 50.0 mL의 적정에서 (a) 수산화 소듐 10.0 mL를 첨가한 후, (b) 수산화 소듐 25.0 mL를 첨가한 후, (c) 수산화 소듐 35.0 mL를 첨가한 후 각각의 pH를 계산하시오.

전략 아세트산과 수산화 소듐 사이의 반응은 다음과 같다.

$$CH_3COOH(aq)+OH^-(aq)\longrightarrow H_2O(l)+CH_3COO^-(aq)$$

당량점 이전인 (a)에서, 그 용액은 완충 용액으로 만드는 아세트산과 아세트산 이온 둘 다를 포함한다. (a)를 식 16.1인 Henderson−Hasselbalch 식을 이용해 해결할 수 있다. 당량점인 (b)에서, 모든 아세트산은 중화되고, 아세트산 이온만 용액 속에 가지게 된다. 아세트산 이온의 농도를 결정해야만 하고 (b)를 아세트산 이온의 K_b를 이용해 평형 문제로 풀어야 한다. 당량점 이후인 (c)에서는, 모든 아세트산이 중화되어 추가된 염기를 소모할 어떤 물질도 없다. 용액에 있는 초과된 수산화 이온의 농도를 결정해야만 하고 식 15.4와 15.6을 이용해 pH를 구해야 한다.

계획 M이 mol/L 또는 mmol/mL로 정의될 수 있다는 것을 기억하자[◀◀ 4.5절]. 이런 유형의 문제는 mol보다 mmol을 이용하

는 것이 계산을 단순화한다. 아세트산의 K_a는 1.8×10^{-5}이고, 그래서 $pK_a = 4.74$이다. 이온의 K_b는 5.6×10^{-10}이다.

(a) 용액은 원래 $(0.120 \, mmol/mL)(50.0 \, mL) = 6.00 \, mmol$의 아세트산을 포함한다. $10.0 \, mL$의 염기는 $(0.240 \, mmol/mL)$ $(10.0 \, mL) = 2.40 \, mmol$의 염기를 포함한다. $10.0 \, mL$의 염기를 첨가한 후에, OH^- $2.40 \, mmol$은 아세트산 $2.40 \, mmol$을 중화하고 아세트산 $3.60 \, mmol$과 아세트산 이온 $2.40 \, mmol$을 용액 속에 남긴다.

$$OH^- \text{의 첨가 시:} \qquad 6.00 \, mmol \qquad 2.40 \, mmol \qquad\qquad 0 \, mmol$$
$$CH_3COOH(aq) + OH^-(aq) \Longleftrightarrow H_2O(l) + CH_3COO^-(aq)$$
$$OH^- \text{가 소모된 후:} \qquad 3.60 \, mmol \qquad 0 \, mmol \qquad\qquad 2.40 \, mmol$$

(b) $25.0 \, mL$의 염기를 첨가한 후에 적정은 당량점에 도달한다. 아세트산 이온의 K_b와 농도를 이용해서 pH를 계산한다.

(c) $35.0 \, mL$의 염기를 첨가한 후에 적정은 당량점을 지나고, 초과한 수산화 이온의 농도를 결정해 pH를 구한다.

풀이 (a) $pH = pK_a + \log \dfrac{2.40}{3.60} = 4.74 - 0.18 = 4.56$

(b) 당량점에서는 전체 부피에서 $6.0 \, mmol$의 아세트산 이온을 가진다. $0.24 \, M$ 염기의 어느 정도 부피가 $6.0 \, mmol$을 포함하는지를 계산해 결정한다.

$$(\text{부피})(0.240 \, mmol/mL) = 6.00 \, mmol$$
$$\text{부피} = \frac{6.00 \, mmol}{0.240 \, mmol/mL} = 25.0 \, mL$$

따라서, $25.0 \, mL$의 염기가 첨가될 때 전체 부피를 $50.0 \, mL + 25.0 \, mL = 75.0 \, mL$로 만들면서 당량점에 도달한다. 그러므로 당량점에서의 아세트산 이온의 농도는 다음과 같다.

$$\frac{6.00 \, mmol \; CH_3COO^-}{75.0 \, mL} = 0.0800 \, M$$

이 농도를 사용하여 평형표를 만들고 CH_3COO^-의 이온화 상수 ($K_b = 5.6 \times 10^{-10}$)를 사용하여 pH를 구할 수 있다.

$$CH_3COO^-(aq) + H_2O(l) \Longleftrightarrow OH^-(aq) + CH_3COOH(aq)$$

	CH_3COO^-	H_2O	OH^-	CH_3COOH
초기 농도(M):	0.0800	—	0	0
농도 변화(M):	$-x$	—	$+x$	$+x$
평형 농도(M):	$0.0800 - x$	—	x	x

평형식을 사용하고 x가 무시될 정도로 충분히 작다고 가정하면 다음과 같다.

$$K_b = \frac{[CH_3COOH][OH^-]}{[CH_3COO^-]} = \frac{(x)(x)}{0.0800 - x} \approx \frac{x^2}{0.0800} = 5.6 \times 10^{-10}$$
$$x = \sqrt{4.48 \times 10^{-11}} = 6.7 \times 10^{-6} \, M$$

평형표에 따르면, $x = [OH^-]$이므로 $[OH^-] = 6.7 \times 10^{-6} \, M$이다. 따라서, 평형 상태에서 $pOH = -\log(6.7 \times 10^{-6}) = 5.17$이고 $pH = 14.00 - 5.17 = 8.83$이다.

(c) 당량점 이후에 초과된 염기의 농도를 결정하고 식 15.4와 15.6을 사용하여 pOH와 pH를 계산해야 한다. $35.0 \, mL$의 염기는 $(0.240 \, mmol/mL)(35.0 \, mL) = 8.40 \, mmol$의 OH^-이다. 원래 용액에 존재하던 $6.00 \, mmol$의 아세트산이 중화된 후에, 이 용액에는 $8.40 - 6.00 = 2.40 \, mmol$의 초과된 OH^-가 남는다. 총 부피는 $50.0 + 35.0 = 85.0 \, mL$이다. 따라서, $[OH^-] = 2.40 \, mmol / 85.0 \, mL = 0.0280 \, M$, $pOH = -\log(0.0280) = 1.553$ 그리고 $pH = 14.000 - 1.553 = 12.447$이다.

요약하면, (a) $pH = 4.56$, (b) $pH = 8.83$이고 (c) $pH = 12.447$이다.

생각해 보기

적정의 각 지점에서, 먼저 어떤 화학종이 용액에 존재하는지 그리고 어떤 유형의 문제인지를 결정하자. 어떤 적정제가 첨가되기 전에 그 용액이 약산(또는 약염기)만 포함하거나 당량점에서 pH가 염의 가수 분해에 의해 결정될 때 짝염기(또는 짝산)만 포함한다면, 그것은 농도, 이온화 상수, 그리고 평형표를 필요로 하는 평형(equilibrium) 문제이다. 만약 그 용액이 당량점 이전에 존재하는 짝쌍의 두 화합물의 비교 가능한 농도를 포함한다면, 그것은 완충 용액(buffer) 문제이고 Henderson–Hasselbalch 식을 사용하여 해결된다. 만약 그 용액이 강염기나 강산 중 하나인 과량의 적정제를 포함한다면, 그것은 농도만을 필요로 하는 pH 문제이다.

추가문제 1 0.10 M 수산화 소듐을 사용한 0.15 M 아세트산 10.0 mL의 적정에서 (a) 10.0 mL의 염기가 첨가된 경우, (b) 15.0 mL의 염기가 첨가된 경우 (c) 20.0 mL의 염기가 첨가된 경우의 pH를 결정하시오.

추가문제 2 0.20 M 플루오린화 수소 25.0 mL를 0.20 M 수산화 소듐으로 적정할 때, pH가 (a) 2.85, (b) 3.15, (c) 11.89일 때 첨가된 염기의 부피를 결정하시오. [(c)를 해결하기 위해, 예제 4.9의 접근 방식을 복습하는 것이 도움이 된다.]

추가문제 3 다음 그래프 중 어느 것이 약산의 적정에 첨가된 강염기의 부피에 대한 pH의 그래프를 가장 잘 나타내는가?

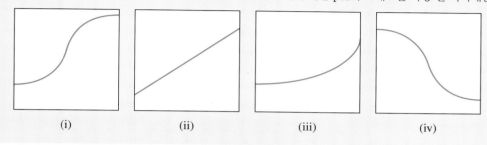

강염기로 한 다양성자 산(대부분 약산)의 적정에 대한 적정 곡선은 이론상으로는 각 양성자에 대해 하나의 당량점을 나타낸다. 그림 16.5는 0.100 M NaOH로 한 0.100 M H_2SO_3 20.0 mL의 적정에 대한 곡선을 보여준다.

강산−약염기 적정

약염기인 NH_3로 한 강산인 HCl의 적정을 생각해 보자.

$$HCl(aq) + NH_3(aq) \longrightarrow NH_4Cl(aq)$$

또는 다음과 같다.

$$H_3O^+(aq) + NH_3(aq) \longrightarrow NH_4^+(aq) + H_2O(l)$$

당량점에서의 pH는 암모늄 이온이 약한 Brønsted 산(Brønsted acid)처럼 행동하기 때문에 7보다 작다.

$$NH_4^+(aq) + H_2O(l) \rightleftharpoons NH_3(aq) + H_3O^+(aq)$$

암모니아 수용액의 휘발성 때문에 적정제로 염산을 사용하는 것이 더 편리하다(즉, 뷰렛으

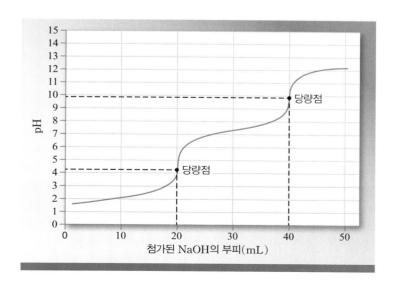

그림 16.5 다양성자 산−강염기 적정의 적정 곡선. 0.100 M NaOH 용액을 뷰렛에서 삼각 플라스크(Erlenmeyer flask)의 0.100 M H_2SO_3 용액 20.0 mL에 첨가했다.

그림 16.6 강산-약염기 적정의 적정 곡선. 0.100 M HCl 용액을 뷰렛에서 삼각 플라스크의 0.100 M NH$_3$ 25.0 mL에 첨가했다. 염의 가수 분해 결과, 당량점에서의 pH는 7보다 낮다.

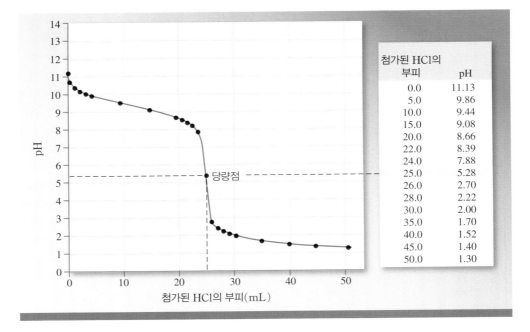

첨가된 HCl의 부피	pH
0.0	11.13
5.0	9.86
10.0	9.44
15.0	9.08
20.0	8.66
22.0	8.39
24.0	7.88
25.0	5.28
26.0	2.70
28.0	2.22
30.0	2.00
35.0	1.70
40.0	1.52
45.0	1.40
50.0	1.30

로 HCl 용액을 첨가). 그림 16.6은 이 실험의 적정 곡선을 보여준다.

강염기로 하는 약산의 적정과 유사하게, 초기 pH는 암모니아의 농도와 K_b에 의해 결정된다.

$$NH_3(aq) + H_2O(l) \rightleftharpoons NH_4^+(aq) + OH^-(aq)$$

0.10 M HCl로 한 0.10 M NH$_3$ 25.0 mL의 적정을 생각해 보자. 평형표를 그리고 x에 대해 풀어서 초기 pH를 계산한다.

	$NH_3(aq) + H_2O(l) \rightleftharpoons NH_4^+(aq) + OH^-(aq)$			
초기 농도(M):	0.10	—	0	0
농도 변화(M):	$-x$	—	$+x$	$+x$
평형 농도(M):	$0.10-x$	—	x	x

평형식을 사용하고 x가 무시될 정도로 작다고 가정하면 다음과 같다.

$$K_b = \frac{[NH_4^+][OH^-]}{[NH_3]} = \frac{(x)(x)}{0.10-x} \approx \frac{x^2}{0.10} = 1.8 \times 10^{-5}$$

$$x^2 = 1.8 \times 10^{-6}$$

$$x = \sqrt{1.8 \times 10^{-6}} = 1.3 \times 10^{-3}$$

$$pH = 11.11$$

당량점에서의 pH는 NH$_3$의 짝염기의 K_a와 NH$_4^+$ 이온의 농도, 그리고 평형표를 사용하여 계산된다.

예제 16.5는 이것이 어떻게 되는지 보여준다.

예제 16.5

0.100 M NH$_3$ 25.0 mL가 0.100 M HCl로 적정될 때 당량점에서의 pH를 계산하시오.

전략 NH₃와 HCl 사이의 반응은 다음과 같다.

$$\text{NH}_3(aq) + \text{H}_3\text{O}^+(aq) \longrightarrow \text{NH}_4^+(aq) + \text{H}_2\text{O}(l)$$

당량점에서 모든 NH_3는 NH_4^+로 전환되었다. 그러므로 당량점에서 NH_4^+의 농도를 결정해야 하고, 평형표를 이용해 pH를 구하기 위해 NH_4^+의 K_a를 이용해야 한다.

계획 용액은 원래 $(0.100\ \text{mmol/mL})(25.0\ \text{mL}) = 2.50\ \text{mmol}$ NH_4^+를 포함한다. 당량점에서 2.50 mmol의 HCl이 첨가된다. 2.50 mmol을 함유하는 0.100 M HCl의 부피는 다음과 같다.

$$(\text{부피})(0.100\ \text{mmol/mL}) = 2.50\ \text{mmol}$$

$$\text{부피} = \frac{2.50\ \text{mmol}}{0.100\ \text{mmol/mL}} = 25.0\ \text{mL}$$

당량점에 도달하기 위해서는 25.0 mL의 적정 용액이 들어가고, 그래서 총 용액 부피는 $25.0 + 25.0 = 50.0\ \text{mL}$이다. 당량점에서 원래 존재하는 NH_3는 NH_4^+로 전환되었다. NH_4^+의 농도는 $(2.50\ \text{mmol})/(50.0\ \text{mL}) = 0.0500\ M$이다. 평형표에서 이 농도를 암모늄 이온의 농도의 시작 농도로 사용해야만 한다.

풀이

	$\text{NH}_4^+(aq)$	$+\ \text{H}_2\text{O}(l)$	$\rightleftharpoons\ \text{NH}_3(aq)$	$+\ \text{H}_3\text{O}^+(aq)$
초기 농도(M):	0.0500	—	0	0
농도 변화(M):	$-x$	—	$+x$	$+x$
평형 농도(M):	$0.0500 - x$	—	x	x

$$K_a = \frac{[\text{NH}_3][\text{H}_3\text{O}^+]}{[\text{NH}_4^+]} = \frac{(x)(x)}{0.0500 - x} \approx \frac{x^2}{0.0500} = 5.6 \times 10^{-10}$$

$$x^2 = 2.8 \times 10^{-11}$$

$$x = \sqrt{2.8 \times 10^{-11}} = 5.3 \times 10^{-6}\ M$$

$[\text{H}_3\text{O}^+] = x = 5.3 \times 10^{-6}\ M$이다. 따라서 평형 상태에서 $\text{pH} = -\log(5.3 \times 10^{-6}) = 5.28$이다.

생각해 보기

강산을 사용한 약염기의 적정에서 당량점에서 용액 속에 존재하는 화학종은 짝산이다. 따라서 산성 pH를 예상해야 한다. 일단 모든 NH_3가 NH_4^+로 전환되면, 첨가된 산을 소모할 그 용액에는 더 이상 어떤 것도 없다. 따라서 당량점 이후의 pH는 증감되지 않은 추가된 새로운 양의 H_3O^+의 mmol에 의존한다.

추가문제 1 0.20 M HCl로 한 0.10 M 메틸아민(methylamine, 표 15.7 참조) 50.0 mL의 적정에서 당량점에서의 pH를 계산하시오.

추가문제 2 표 15.7에 있는 약염기 중 하나의 0.20 M 용액 50.0 mL를 0.050 M HCl으로 적정했다. 당량점에서 pH는 2.99이다. 어떤 약염기인지 확인하시오.

추가문제 3 다음 그래프 중 약염기의 적정에서 첨가된 강산의 부피에 대한 pH를 가장 잘 나타낸 것은 무엇인가?

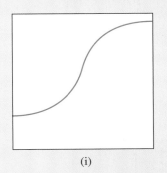

(i)

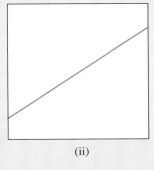

(ii)

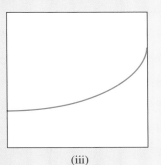

(iii)

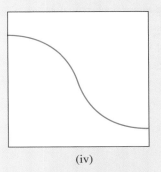

(iv)

산-염기 지시약

당량점은 첨가된 염기에 의해 산이 완전히 중화된 지점이다. 적정에서 당량점은 적정의 전반적인 과정의 pH를 모니터링하여 결정되거나 **산-염기 지시약**(acid-base indicator) 을 이용해 결정된다. 산-염기 지시약은 보통 이온화된 형태 및 비이온화된 형태가 다른 색을 가지는 약한 유기산 또는 염기이다.

HIn이라고 언급할 약유기산을 주목하자. 효과적인 산-염기 지시약이 되려면, HIn과 그의 짝염기인 In⁻가 분명히 다른 색상을 가져야만 한다. 용액에서 그 산은 약간만 이온화 한다.

$$HIn(aq) + H_2O(l) \rightleftharpoons H_3O^+(aq) + In^-(aq)$$

충분히 산성인 용액에서 HIn의 이온화는 Le Châtelier의 원칙에 따라 제한되고, 그 이전의 평형은 왼쪽으로 이동한다. 이 경우 용액의 색상은 HIn의 색이다. 반면에 염기성의 용액에서는 평형이 오른쪽으로 이동하고 용액의 색은 짝염기인 In⁻의 색이 될 것이다.

적정의 **종말점**(endpoint)은 지시약의 색이 변하는 지점이다. 그러나 모든 지시약이 동일한 pH에서 색을 변경하는 것은 아니다. 그래서 특정 적정에서 지시약의 선택은 적정에 사용된 산(그리고 염기)의 세기에 의존한다. 적정의 당량점을 결정하기 위해 종말점을 사용하려면, 적절한 지시약을 선택해야 한다.

지시약의 종말점은 특정 pH에서 나타나지 않는다. 오히려 색상 변화가 일어나는 pH의 범위에 있다. 실제로 색 변화가 적정 곡선의 가장 가파른 부분과 일치하는 pH 범위에서 발생하는 지시약을 선택한다. 각각 수산화 소듐으로 적정된 염산과 아세트산의 적정 곡선을 보여주는 그림 16.7의 정보를 주목하자. 보이는 지시약들 중 하나는 두 종말점이 HCl-NaOH 적정 곡선의 가장 가파른 부분과 일치하기 때문에 강염기로 하는 강산의 적정에 사용될 수 있다. 그러나 메틸 레드(methyl red)는 4.2 내지 6.3의 pH 범위에서 빨간색에서 노란색으로 바뀐다. 이 종말점은 대략 pH 8.7에서 일어나는 아세트산의 적정에서의 당량점보다 훨씬 이전에 나타난다. 따라서 메틸 레드는 수산화 소듐으로 하는 아세트산의 적정에 이용하기 위한 적합한 지시약이 아니다. 반면에 페놀프탈레인(phenolphthalein)은

그림 16.7 강염기를 사용한 강산의 적정 곡선(파란색)과 강염기를 사용한 약산의 적정 곡선(빨간색). 지시약 페놀프탈레인(phenolphthalein) 은 적정의 당량점을 결정하는 데 이용될 수 있다. 메틸 레드(methyl red) 는 색 변화가 적정 곡선의 가장 가파른 부분과 일치하지 않기 때문에 강산-강염기 적정에는 이용될 수 있으나 약산-강염기 적정에는 이용될 수 없다.

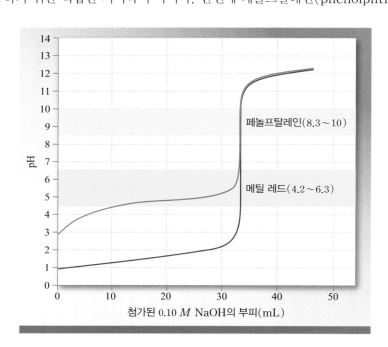

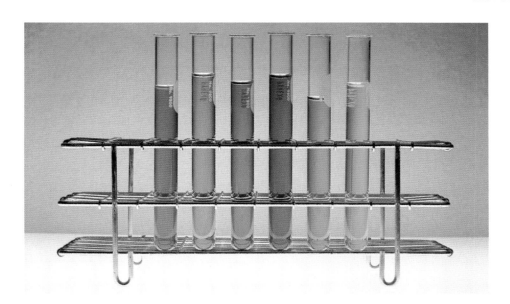

그림 16.8 붉은 양배추 추출물(양배추를 물에 끓여서 얻은)들을 포함하는 용액들은 산과 염기로 처리될 때 다른 색을 나타낸다. 그 용액들의 pH는 왼쪽에서 오른쪽으로 증가한다.

표 16.3	여러 가지 흔한 산-염기 지시약들		
지시약	색		변색 범위(pH)
	산에서	염기에서	
티몰 블루(thymol blue)	빨간색	노란색	1.2~2.8
브로모페놀 블루(bromophenol blue)	노란색	푸른빛을 띠는 보라색	3.0~4.6
메틸 오렌지(methyl orange)	주황색	노란색	3.1~4.4
메틸 레드(methyl red)	빨간색	노란색	4.2~6.3
클로로페놀 블루(chlorophenol blue)	노란색	빨간색	4.8~6.4
브로모티몰 블루(bromothymol blue)	노란색	푸른색	6.0~7.6
크레졸 레드(cresol red)	노란색	빨간색	7.2~8.8
페놀프탈레인(phenolphthalein)	무색	붉은빛을 띠는 분홍색	8.3~10.0

CH_3COOH-NaOH 적정에 대한 적절한 지시약이다.

많은 산-염기 지시약은 식물 색소이다. 예를 들어, 붉은 양배추를 물에 끓이는 것은 다른 pH 값에서 다양한 색상을 나타내는 색소를 추출한다(그림 16.8).

표 16.3은 산-염기 적정에 일반적으로 사용되는 많은 지시약을 나열한다. 특정 적정을 위한 지시약의 선택은 적정되는 산과 염기의 세기에 의존한다.

예제 16.6은 이 지점을 설명한다.

예제 16.6

표 16.3에 나열된 지시약(들) 중 어느 것이 (a) 그림 16.3, (b) 그림 16.4, (c) 그림 16.6에서 보이는 산-염기 적정에 사용되는가?

전략 각 적정 곡선의 가장 가파른 부분에 해당하는 pH 범위를 결정하고, 해당 범위 내에서 색이 변하는 지시약(들)을 선택한다.

계획 (a) 그림 16.3의 적정 곡선은 강염기를 사용하는 강산의 적정이다. 곡선의 가파른 부분은 대략 4에서 10의 범위의 pH에 걸친다.
(b) 그림 16.4는 강염기를 사용하는 약산의 적정 곡선을 보여준다. 곡선의 가파른 부분은 약 7에서 10의 pH 범위에 걸쳐 있다.
(c) 그림 16.6은 강산을 사용하는 약염기의 적정을 보여준다. 곡선의 가파른 부분은 약 7에서 3의 pH 범위에 걸쳐 있다.

풀이 (a) 표 16.3에 나와 있는 대부분의 지시약은 티몰 블루(thymol blue), 브로모페놀 블루(bromophenol blue) 그리고 메틸 오렌지(methyl orange)를 제외하고는 강염기로 하는 강산의 적정에 적합하다.

(b) 크레졸 레드(cresol red) 및 페놀프탈레인이 적절한 지시약이다.

(c) 브로모페놀 블루, 메틸 오렌지, 메틸 레드 및 클로로페놀 블루(chlorophenol blue)가 모두 적절한 지시약이다.

> **생각해 보기**
> 적절한 지시약을 선택하지 않으면, 종말점(색이 변하기 시작하는 지점)이 당량점과 일치하지 않는다.

추가문제 1 표 16.3을 참조하여, 다음의 적정에 적합한 하나 이상의 지시약을 선택하시오.

(a) HBr로 CH_3NH_2 적정   (b) NaOH로 HNO_3 적정   (c) KOH로 HNO_2 적정

추가문제 2 표 15.7의 염기 중 어느 것이 티몰 블루 지시약을 사용해서 $0.1\ M$ 질산 용액으로 $0.1\ M$ 염기 용액을 적정할 수 있는가?

추가문제 3 다음 그림은 어떤 강염기를 사용하여 약산을 적정할 때 얻어진 그림이다. 또한 이 적정 실험에 적합하지 않은 지시약의 변색 범위도 나타내었다. 시료인 이 약산의 농도를 결정하기 위해 알고 있는 농도의 염기로 적정했다고 가정하자. 이 지시약의 사용은 산의 농도를 결정하는 데 어떤 영향을 주는지 설명하시오.

16.4   용해도 평형

이온성 화합물의 용해도는 산업, 의학 및 일상 생활에서 중요하다. 예를 들어, 불투명한 불용성 화합물인 황산 바륨(barium, sulfate, $BaSO_4$)을 마시고 X선을 투과해 보는 것은 소화관의 질병을 진단하는 데 사용된다. 치아 부식은 주로 수산화 인회석[$Ca_5(PO_4)_3OH$]으로 만들어진 치아 법랑질이 산이 존재함으로써 타액에 더 잘 녹을 때 시작된다.

이온성 화합물의 물에 대한 용해도를 예측하기 위한 일반적인 규칙은 4.2절에서 소개되었다. 4장[◀◀ 4.2절, 표 4.3]에서 "불용성"이라고 서술된 화합물들은 실제로 매우 **약간** 용해되는데, 각각 다른 정도로 용해된다. 이 가이드 라인은 유용하지만, 주어진 이온성 화합물이 물에 얼마나 많이 용해되는지에 대한 양적 예측을 하는 것을 허용하지 않는다. 양적 접근법을 개발하기 위해서는 화학 평형의 원리부터 시작해야 한다. 달리 언급하지 않는 한, 용매는 물이며 온도는 25°C이다.

용해도곱 표현과 K_{sp}

용해되지 않은 고체 염화 은(silver chloride)이 아래에 가라앉아 있는 염화 은의 포화 용액을 생각해 보자. 평형은 다음과 같이 나타낼 수 있다.

$$AgCl(s) \rightleftharpoons Ag^+(aq) + Cl^-(aq)$$

AgCl은 잘 용해되지 않지만, 물에 용해되는 모든 AgCl은 Ag^+와 Cl^- 이온으로 완전히 해리된다. AgCl의 해리에 대한 평형식을 다음과 같이 쓸 수 있다.

$$K_{sp} = [Ag^+][Cl^-]$$

여기서 K_{sp}는 **용해도곱 상수**(solubility product constant)라 불린다. (K_{sp}는 단지 K_c

에 특별히 또 다른 아래 첨자를 붙인 것으로, "sp"는 "용해도곱"을 의미한다.)

각 AgCl 분자에는 Ag^+와 Cl^- 이온을 하나씩만 포함하기 때문에, 용해도곱 표현은 특히 쓰기 쉽다. 많은 이온성 화합물은 2개 이상의 이온으로 해리된다. 표 16.4는 용해도 평형과 용해도곱 상수를 나타내는 식과 함께 약간의 용해성이 있는 수많은 이온성 화합물을 나열한다.(4장의 용해도 규칙에 의해 "용해성"으로 간주되는 화합물은 표 15.6의 강산에 대한 K_a 값을 열거하지 않은 것과 같은 이유로 나열되지 않았다.) 일반적으로, K_{sp}의 크기는 이온 화합물의 용해도를 나타내며, K_{sp} 값이 작을수록 화합물의 용해성이 낮다. 그러나 K_{sp} 값을 직접 비교하기 위해서는 AgCl과 ZnS(양이온 하나, 음이온 하나) 또는 CaF_2와 $Fe(OH)_2$(양이온 하나, 음이온 둘)와 같은 유사한 화학식의 염을 비교해야만 한다.

K_{sp}와 용해도를 포함한 계산

물질의 용해도를 표현하는 두 가지 방법이 있다: 1 L의 포화 용액(mol/L) 속에 들어 있는 용질의 mol인 **몰 용해도**(molar solubility)와 1 L의 포화 용액(g/L) 속에 들어 있는 용질의 그램수인 **용해도**(solubility). 이 두 가지 표현은 특정 온도(일반적으로 25℃)에서 포화 용액의 농도를 나타낸다.

종종 화합물에 대한 K_{sp} 값을 알고, 화합물의 몰 용해도를 계산해야 한다. 이러한 문제를 해결하기 위한 절차는 약산 또는 약염기 평형 문제를 푸는 절차와 본질적으로 동일하다.

1. 평형표를 그리시오.
2. 알고 있는 것을 채워 넣으시오.
3. 모르는 것을 파악하시오.

예를 들어, 브로민화 은(silver bromide, AgBr)의 K_{sp}는 7.7×10^{-13}이다. 평형표를 그리고 Ag^+와 Br^- 이온의 시작 농도를 채울 수 있다.

	$AgBr(s)$	$\rightleftharpoons$	$Ag^+(aq)$	$+$	$Br^-(aq)$
초기 농도(M):	—		0		0
농도 변화(M):	—				
평형 농도(M):	—				

s를 AgBr의 몰 용해도(mol/L)로 두시오. AgBr의 한 분자는 하나의 Ag^+ 양이온과 하나의 Br^- 음이온을 생성하기 때문에 $[Ag^+]$와 $[Br^-]$는 모두 평형 상태에서 s와 같다.

	$AgBr(s)$	$\rightleftharpoons$	$Ag^+(aq)$	$+$	$Br^-(aq)$
초기 농도(M):	—		0		0
농도 변화(M):	—		$+s$		$+s$
평형 농도(M):	—		s		s

평형식은 다음과 같다.

$$K_{sp} = [Ag^+][Br^-]$$

그러므로 다음의 결과가 나온다.

$$7.7 \times 10^{-13} = (s)(s)$$

그리고 s의 값은 다음과 같다.

학생 노트
평형식의 용해도곱 상수는 다른 평형식과 같다. K는 반응물의 농도에 대한 생성물의 농도와 같으며, 각각은 평형을 이룬 화학식에서 계수로 증가한다.
따라서, 다음과 같은 과정에서
$$MX_n(s) \rightleftharpoons M^{n+}(aq)$$
$$+ nX^-(aq)$$
이고, K_{sp} 식은 다음과 같다.
$$K_{sp} = [M^{n+}][X^-]^n$$
MX_n은 임의의 이질적인 평형에 관해서는 평형식이 순수한 액체나 고체를 포함하지 않기 때문에 그 식에서 나타나지 않는다[◀◀ 14.3절].

학생 노트
용해도(solubility)와 K_{sp}를 헷갈리지 않도록 주의하자. 용해도는 포화 용액의 농도이고, K_{sp}는 평형 상수이다.

$$s=\sqrt{7.7\times10^{-13}}=8.8\times10^{-7}\,M$$

따라서 AgBr의 몰 용해도는 $8.8\times10^{-7}\,M$이다. 게다가, 몰 용해도에 AgBr의 몰질량을 곱하여 g/L 단위로 이 용해도를 표현할 수 있다.

$$\frac{8.8\times10^{-7}\,\text{mol AgBr}}{1\,\text{L}}\times\frac{187.8\,\text{g}}{1\,\text{mol AgBr}}=1.7\times10^{-4}\,\text{g/L}$$

표 16.4	25℃에서 용해도가 낮은 여러 이온성 화합물의 용해도곱	
화합물	**용해 평형**	K_{sp}
수산화 알루미늄	$Al(OH)_3(s) \rightleftharpoons Al^{3+}(aq)+3OH^-(aq)$	1.8×10^{-33}
탄산 바륨	$BaCO_3(s) \rightleftharpoons Ba^{2+}(aq)+CO_3^{2-}(aq)$	8.1×10^{-9}
플루오린화 바륨	$BaF_2(s) \rightleftharpoons Ba^{2+}(aq)+2F^-(aq)$	1.7×10^{-6}
황산 바륨	$BaSO_4(s) \rightleftharpoons Ba^{2+}(aq)+SO_4^{2-}(aq)$	1.1×10^{-10}
황화 비스무트	$Bi_2S_3(s) \rightleftharpoons 2Bi^{3+}(aq)+3S^{2-}(aq)$	1.6×10^{-72}
황화 카드뮴	$CdS(s) \rightleftharpoons Cd^{2+}(aq)+S^{2-}(aq)$	8.0×10^{-28}
탄산 칼슘	$CaCO_3(s) \rightleftharpoons Ca^{2+}(aq)+CO_3^{2-}(aq)$	8.7×10^{-9}
플루오린화 칼슘	$CaF_2(s) \rightleftharpoons Ca^{2+}(aq)+2F^-(aq)$	4.0×10^{-11}
수산화 칼슘	$Ca(OH)_2(s) \rightleftharpoons Ca^{2+}(aq)+2OH^-(aq)$	8.0×10^{-6}
인산 칼슘	$Ca_3(PO_4)_2(s) \rightleftharpoons 3Ca^{2+}(aq)+2PO_4^{3-}(aq)$	1.2×10^{-26}
황산 칼슘	$CaSO_4(s) \rightleftharpoons Ca^{2+}(aq)+SO_4^{2-}(aq)$	2.4×10^{-5}
수산화 크로뮴(Ⅲ)	$Cr(OH)_3(s) \rightleftharpoons Cr^{3+}(aq)+3OH^-(aq)$	3.0×10^{-29}
황화 코발트(Ⅱ)	$CoS(s) \rightleftharpoons Co^{2+}(aq)+S^{2-}(aq)$	4.0×10^{-21}
브로민화 구리(Ⅰ)	$CuBr(s) \rightleftharpoons Cu^+(aq)+Br^-(aq)$	4.2×10^{-8}
아이오딘화 구리(Ⅰ)	$CuI(s) \rightleftharpoons Cu^+(aq)+I^-(aq)$	5.1×10^{-12}
수산화 구리(Ⅱ)	$Cu(OH)_2(s) \rightleftharpoons Cu^{2+}(aq)+2OH^-(aq)$	2.2×10^{-20}
황화 구리(Ⅱ)	$CuS(s) \rightleftharpoons Cu^{2+}(aq)+S^{2-}(aq)$	6.0×10^{-37}
수산화 철(Ⅱ)	$Fe(OH)_2(s) \rightleftharpoons Fe^{2+}(aq)+2OH^-(aq)$	1.6×10^{-14}
수산화 철(Ⅲ)	$Fe(OH)_3(s) \rightleftharpoons Fe^{3+}(aq)+3OH^-(aq)$	1.1×10^{-36}
인산화 철(Ⅲ)	$FePO_4(s) \rightleftharpoons Fe^{3+}(aq)+PO_4^{3-}(aq)$	1.3×10^{-22}
황화 철(Ⅱ)	$FeS(s) \rightleftharpoons Fe^{2+}(aq)+S^{2-}(aq)$	6.0×10^{-19}
브로민화 납(Ⅱ)	$PbBr_2(s) \rightleftharpoons Pb^{2+}(aq)+2Br^-(aq)$	6.6×10^{-6}
탄산 납(Ⅱ)	$PbCO_3(s) \rightleftharpoons Pb^{2+}(aq)+CO_3^{2-}(aq)$	3.3×10^{-14}
염화 납(Ⅱ)	$PbCl_2(s) \rightleftharpoons Pb^{2+}(aq)+2Cl^-(aq)$	2.4×10^{-4}
크로뮴산 납(Ⅱ)	$PbCrO_4(s) \rightleftharpoons Pb^{2+}(aq)+CrO_4^{2-}(aq)$	2.0×10^{-14}
플루오린화 납(Ⅱ)	$PbF_2(s) \rightleftharpoons Pb^{2+}(aq)+2F^-(aq)$	4.0×10^{-8}
아이오딘화 납(Ⅱ)	$PbI_2(s) \rightleftharpoons Pb^{2+}(aq)+2I^-(aq)$	1.4×10^{-8}
황산 납(Ⅱ)	$PbSO_4(s) \rightleftharpoons Pb^{2+}(aq)+SO_4^-(aq)$	1.8×10^{-8}
황화 납(Ⅱ)	$PbS(s) \rightleftharpoons Pb^{2+}(aq)+S^{2-}(aq)$	3.4×10^{-28}
탄산 마그네슘	$MgCO_3(s) \rightleftharpoons Mg^{2+}(aq)+CO_3^{2-}(aq)$	4.0×10^{-5}
수산화 마그네슘	$Mg(OH)_2(s) \rightleftharpoons Mg^{2+}(aq)+2OH^-(aq)$	1.2×10^{-11}
황화 망가니즈(Ⅱ)	$MnS(s) \rightleftharpoons Mn^{2+}(aq)+S^{2-}(aq)$	3.0×10^{-14}
브로민화 수은(Ⅰ)	$Hg_2Br_2(s) \rightleftharpoons Hg_2^{2+}(aq)+2Br^-(aq)$	6.4×10^{-23}
염화 수은(Ⅰ)	$Hg_2Cl_2(s) \rightleftharpoons Hg_2^{2+}(aq)+2Cl^-(aq)$	3.5×10^{-18}
황산 수은(Ⅰ)	$Hg_2SO_4(s) \rightleftharpoons Hg_2^{2+}(aq)+SO_4^{2-}(aq)$	6.5×10^{-7}
황화 수은(Ⅱ)	$HgS(s) \rightleftharpoons Hg^{2+}(aq)+S^{2-}(aq)$	4.0×10^{-54}
황화 니켈(Ⅱ)	$NiS(s) \rightleftharpoons Ni^{2+}(aq)+S^{2-}(aq)$	1.4×10^{-24}
브로민화 은	$AgBr(s) \rightleftharpoons Ag^+(aq)+Br^-(aq)$	7.7×10^{-13}
탄산 은	$Ag_2CO_3(s) \rightleftharpoons 2Ag^+(aq)+CO_3^{2-}(aq)$	8.1×10^{-12}

표 16.4	25℃에서 용해도가 낮은 여러 이온성 화합물의 용해도곱(계속)	
화합물	**용해 평형**	K_{sp}
염화 은	$AgCl(s) \rightleftharpoons Ag^+(aq) + Cl^-(aq)$	1.6×10^{-10}
크로뮴산 은	$Ag_2CrO_4(s) \rightleftharpoons 2Ag^+(aq) + CrO_4^{2-}(aq)$	1.2×10^{-12}
아이오딘화 은	$AgI(s) \rightleftharpoons Ag^+(aq) + I^-(aq)$	8.3×10^{-17}
황산 은	$Ag_2SO_4(s) \rightleftharpoons 2Ag^+(aq) + SO_4^{2-}(aq)$	1.5×10^{-5}
황화 은	$Ag_2S(s) \rightleftharpoons 2Ag^+(aq) + S^{2-}(aq)$	6.0×10^{-51}
탄산 스트론튬	$SrCO_3(s) \rightleftharpoons Sr^{2+}(aq) + CO_3^{2-}(aq)$	1.6×10^{-9}
수산화 스트론튬	$Sr(OH)_2(s) \rightleftharpoons Sr^{2+}(aq) + 2OH^-(aq)$	3.2×10^{-4}
황산 스트론튬	$SrSO_4(s) \rightleftharpoons Sr^{2+}(aq) + SO_4^{2-}(aq)$	3.8×10^{-7}
황화 주석(II)	$SnS(s) \rightleftharpoons Sn^{2+}(aq) + S^{2-}(aq)$	1.0×10^{-26}
수산화 아연	$Zn(OH)_2(s) \rightleftharpoons Zn^{2+}(aq) + 2OH^-(aq)$	1.8×10^{-14}
황화 아연	$ZnS(s) \rightleftharpoons Zn^{2+}(aq) + S^{2-}(aq)$	3.0×10^{-23}

예제 16.7은 이러한 방법을 보여준다.

예제 16.7

수산화 구리(II)$[Cu(OH)_2]$의 용해도를 g/L로 계산하시오.

전략 $Cu(OH)_2$에 대한 해리식을 쓰고 표 16.4에서 수산화 구리의 K_{sp} 값을 찾는다. 평형식을 사용하여 몰 용해도를 구한다. $Cu(OH)_2$의 몰질량을 사용하여 몰 용해도를 용해도(g/L)로 변환한다.

계획 $Cu(OH)_2$의 해리에 대한 식은 다음과 같다.
$$Cu(OH)_2(s) \rightleftharpoons Cu^{2+}(aq) + 2OH^-(aq)$$
그리고 평형식은 $K_{sp} = [Cu^{2+}][OH^-]^2$이다. 표 16.4에 따르면, $Cu(OH)_2$에 대한 K_{sp}는 2.2×10^{-20}이다. $Cu(OH)_2$의 몰질량은 97.57 g/mol이다.

풀이 균형을 맞춘 해리식의 화학량론은 OH^-의 농도가 Cu^{2+}의 농도의 2배만큼 증가했다는 것을 나타낸다.

	$Cu(OH)_2(s) \rightleftharpoons$	$Cu^{2+}(aq) +$	$2OH^-(aq)$
초기 농도(M):	−	0	0
농도 변화(M):	−	$+s$	$+2s$
평형 농도(M):	−	s	$2s$

그러므로 다음과 같다.
$$2.2 \times 10^{-20} = (s)(2s)^2 = 4s^3$$
$$s = \sqrt[3]{\frac{2.2 \times 10^{-20}}{4}} = 1.8 \times 10^{-7} \, M$$

$Cu(OH)_2$의 몰 용해도는 $1.8 \times 10^{-7} \, M$이다. 수산화 구리의 몰질량을 곱하는 것은 다음과 같은 결과를 준다.
$$Cu(OH)_2 의\ 용해도 = \frac{1.8 \times 10^{-7} \, mol \, Cu(OH)_2}{1 \, L} \times \frac{97.57 \, g \, Cu(OH)_2}{1 \, mol \, Cu(OH)_2}$$
$$= 1.7 \times 10^{-5} \, g/L$$

생각해 보기

학생들이 전체의 항들에 적절한 지수를 적용하지 않을 때에 이와 같은 흔한 실수를 할 수 있다. 예를 들어, $(2s)^2$은 $4s^2$와 같다($2s^2$가 아님).

추가문제 1 25℃에서 각 염의 몰 용해도와 g/L 단위의 용해도를 계산하시오.
(a) AgCl　　　　　　　　(b) SnS　　　　　　　　(c) SrCO₃

추가문제 2 25℃에서의 각 염의 몰 용해도와 g/L 단위의 용해도를 계산하시오.
(a) PbF₂　　　　　　　　(b) Ag₂CO₃　　　　　　　(c) Bi₂S₃

추가문제 3 다음 그림은 다른 세 가지 용해도가 낮은 이온성 화합물의 포화 용액을 나타낸다. 가장 큰 몰 용해도를 갖는 화합물은 어느 것인가?

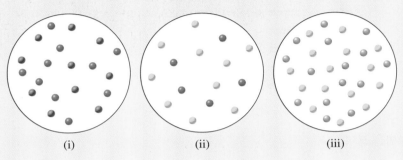

(i)　　　　　　　　(ii)　　　　　　　　(iii)

또한 K_{sp}의 값을 결정하기 위해 몰 용해도를 사용할 수 있다. 예제 16.8이 이러한 절차를 설명한다.

예제 16.8

황산 칼슘(calcium sulfate, CaSO₄)의 용해도는 실험적으로 측정되었으며 0.67 g/L로 밝혀졌다. 황산 칼슘의 K_{sp} 값을 계산하시오.

전략 CaSO₄의 몰질량을 사용하여 용해도를 몰 용해도로 변환하고, K_{sp}를 결정하기 위해 몰 용해도를 평형식으로 대체한다.

계획 CaSO₄의 몰질량은 136.2 g/mol이다. CaSO₄의 몰 용해도는 다음과 같다.

$$\text{CaSO}_4\text{의 몰 용해도} = \frac{0.67\ \text{g CaSO}_4}{1\ \text{L}} \times \frac{1\ \text{mol CaSO}_2}{136.2\ \text{g CaSO}_4}$$

$$s = 4.9 \times 10^{-3}\ \text{mol/L}$$

CaSO₄의 해리에 대한 평형식과 K_{sp}를 구하는 식은 다음과 같다.

$$\text{CaSO}_4(s) \rightleftharpoons \text{Ca}^{2+}(aq) + \text{SO}_4^{2-}(aq) \quad \text{그리고} \quad K_{sp} = [\text{Ca}^{2+}][\text{SO}_4^{2-}]$$

풀이 몰 용해도를 평형식에 대입하는 것은 다음과 같은 결과를 가져온다.

$$K_{sp} = (s)(s) = (4.9 \times 10^{-3})^2 = 2.4 \times 10^{-5}$$

생각해 보기

CaSO₄에 대한 K_{sp}는 비교적 크다(표 16.4에서 많은 K_{sp} 값들과 비교). 실제로 황산염은 표 4.2에서 가용성 화합물로 기재되어 있지만 황산 칼슘은 불용성인 예외로 기재되어 있다. 불용성이라는 용어는 실제로 약간 용해성인 화합물을 지칭하며, 다른 자료들이 어느 정도의 용해성을 가진 화합물이 "용해성"으로 간주되어야 하는지에 대해서는 다를 수 있음을 기억하자.

추가문제 1 용해도가 주어지면, 25℃에서 각 염의 용해도곱 상수(K_{sp})를 계산하시오.
(a) PbCrO₄, $s = 4.0 \times 10^{-5}$ g/L　　(b) BaC₂O₄, $s = 0.29$ g/L　　(c) MnCO₃, $s = 4.2 \times 10^{-6}$ g/L

추가문제 2 용해도가 주어지면, 25°C에서 각 염의 용해도곱 상수(K_{sp})를 계산하시오.

(a) Ag_2SO_3, $s = 4.6 \times 10^{-3}$ g/L

(b) Hg_2I_2, $s = 1.5 \times 10^{-7}$ g/L

(c) $Zn_3(PO_4)_2$, $s = 5.9 \times 10^{-5}$ g/L

추가문제 3 예제 16.3의 추가문제 3에서 가장 큰 K_{sp}를 가진 화합물은 무엇인가?

침전 반응의 예측

이온성 고체가 물에 해리된 경우 다음 조건 중 하나의 형태로 존재할 수 있다. (1) 용액이 불포화되어 있거나, (2) 용액이 포화되어 있거나, 또는 (3) 용액이 과포화 상태이다. 평형 상태에 해당하지 않는 이온의 농도에 대해서는 반응 지수(Q)[◀◀ 14.2절]를 사용하여 언제 침전물이 형성될지 예측한다. 이온들의 농도가 평형 농도가 아닐 때를 제외하고 Q가 K_{sp}와 동일한 형태라는 것에 주목하자. 예를 들어, Ag^+ 이온을 포함하는 용액과 Cl^- 이온을 포함하는 용액을 혼합하면, 다음과 같이 쓴다.

$$Q = [Ag^+]_i [Cl^-]_i$$

아래 첨자 "i"는 이것들이 **초기** 농도이고 반드시 평형 상태에 있는 것들과 일치하지 않음을 나타낸다. Q가 K_{sp}보다 작거나 같으면, 침전물이 형성되지 않는다. Q가 K_{sp}보다 크면, AgCl이 침전될 것이다.(이온 농도의 곱이 K_{sp}와 같아질 때까지 침전이 계속된다.)

침전물의 발생 여부를 예측하는 능력은 종종 실용적인 가치가 있다. 산업 및 실험실 조제품에서 이온곱이 K_{sp}를 초과하여 원하는 이온성 화합물(침전물의 형태로)을 얻을 때까지 이온의 농도를 조절할 수 있다. 침전 반응을 예측하는 능력은 의학에서도 유용하다. 극심한 통증을 일으킬 수 있는 신장 결석은 주로 옥살산칼슘(calcium oxalate, CaC_2O_4; $K_{sp} = 2.3 \times 10^{-9}$)으로 구성된다. 혈장 내 칼슘 이온의 정상적인 생리적 농도는 약 5×10^{-3} M이다. 대황과 시금치와 같은 채소에 들어있는 옥살산(oxalic acid)에서 만들어진 옥살산 이온(oxalate ion, $C_2O_4^{2-}$)은 칼슘 이온과 반응하여 불용성 옥살산칼슘을 형성하며, 옥살산칼슘은 신장에 점진적으로 축적될 수 있다. 환자의 식단을 적절히 조절하는 것이 침전물 형성을 줄이는 것을 도울 수 있다.

예제 16.9는 침전 반응을 예측하는 단계를 보여준다.

예제 **16.9**

다음을 각각 0.0080 M K_2SO_4 650 mL에 넣을 때 침전물이 형성될지 예측하시오.(부피가 증가한다고 가정하시오.)

(a) 0.0040 M $BaCl_2$ 250 mL

(b) 0.15 M $AgNO_3$ 175 mL

(c) 0.25 M $Sr(NO_3)_2$ 325 mL

전략 각 부분에서 침전될 수 있는 화합물을 확인하고, 표 16.4 또는 부록 3에서 K_{sp} 값을 찾아본다. 화합물을 구성하고 있는 이온 농도를 결정하고 반응 지수 Q_{sp} 값을 결정하기 위해 이온들의 농도를 사용한다. 각 반응 지수값에 상응하는 K_{sp} 값과 비교한다. 반응 지수가 K_{sp}보다 크면, 침전이 형성된다.

계획 침전될 수 있는 화합물들과 이들의 K_{sp} 값은 다음과 같다.

(a) $BaSO_4$, $K_{sp} = 1.1 \times 10^{-10}$

(b) Ag_2SO_4, $K_{sp} = 1.5 \times 10^{-5}$

(c) $SrSO_4$, $K_{sp} = 3.8 \times 10^{-7}$

풀이 (a) $BaSO_4$를 구성하고 있는 이온의 농도는 다음과 같다.

$$[Ba^{2+}] = \frac{250 \text{ mL} \times 0.0040 \, M}{650 \text{ mL} + 250 \text{ mL}} = 0.0011 \, M \quad \text{그리고} \quad [SO_4^{2-}] = \frac{650 \text{ mL} \times 0.0080 \, M}{650 \text{ mL} + 250 \text{ mL}} = 0.0058 \, M$$

평형식에 $[Ba^{2+}][SO_4^{2-}]$와 같은 농도를 이용하는 것은 $(0.0011)(0.0058) = 6.4 \times 10^{-6}$이라는 반응 지수를 얻을 수 있게 하고, $BaSO_4$의 $K_{sp}(1.1 \times 10^{-10})$보다 크다. 따라서 $BaSO_4$는 침전될 것이다.

(b) Ag_2SO_4를 구성하고 있는 이온의 농도는 다음과 같다.

$$[Ag^+] = \frac{175 \text{ mL} \times 0.15 \, M}{650 \text{ mL} + 175 \text{ mL}} = 0.0032 \, M \quad \text{그리고} \quad [SO_4^{2-}] = \frac{650 \text{ mL} \times 0.0080 \, M}{650 \text{ mL} + 175 \text{ mL}} = 0.0063 \, M$$

평형식에 $[Ag^+]^2[SO_4^{2-}]$와 같은 농도를 이용하는 것은 $(0.032)^2(0.0063) = 6.5 \times 10^{-6}$이라는 반응 지수를 얻을 수 있게 하고, Ag_2SO_4의 $K_{sp}(1.5 \times 10^{-5})$보다 작다. 따라서 Ag_2SO_4는 침전되지 않을 것이다.

(c) $SrSO_4$를 구성하고 있는 이온의 농도는 다음과 같다.

$$[Sr^{2+}] = \frac{325 \text{ mL} \times 0.25 \, M}{650 \text{ mL} + 325 \text{ mL}} = 0.083 \, M \quad \text{그리고} \quad [SO_4^{2-}] = \frac{650 \text{ mL} \times 0.0080 \, M}{650 \text{ mL} + 325 \text{ mL}} = 0.0053 \, M$$

평형식에 $[Sr^{2+}][SO_4^{2-}]$와 같은 농도를 이용하는 것은 $(0.083)(0.0053) = 4.4 \times 10^{-4}$이라는 반응 지수를 얻을 수 있게 하고, $SrSO_4$의 $K_{sp}(3.8 \times 10^{-7})$보다 크다. 따라서, $SrSO_4$는 침전될 것이다.

생각해 보기

학생들은 때로 어떤 화합물이 침전될지 결정하는 데 어려움을 겪는다. 각 화합물을 구성하고 있는 이온들이 결합하기 전에 두 용액에 존재하는 이온들을 쓰는 것으로 시작하자. 가능한 두 가지 조합을 생각해 보자: 첫 번째 용액의 양이온과 두 번째 용액의 음이온, 또는 그 반대. 그 조합들 중 하나가 용해되지 않는지 판단하기 위해 표 4.2와 4.3의 정보를 참조할 수 있다. 또한 오직 **불용성** 염들만 표에 있는 K_{sp} 값을 가질 것이라는 점을 명심하자.

추가문제 1 침전이 다음 조합들 각각으로부터 형성될 것인지를 예측하시오.

(a) 25 mL의 $1 \times 10^{-5} \, M$ $Co(NO_3)_2$와 75 mL의 $5 \times 10^{-4} \, M$ Na_2S

(b) 500 mL의 $7.5 \times 10^{-4} \, M$ $AlCl_3$와 100 mL의 $1.7 \times 10^{-5} \, M$ $Hg_2(NO_3)_2$

(c) 1.5 L의 $0.025 \, M$ $BaCl_2$와 1.25 L의 $0.014 \, M$ $Pb(NO_3)_2$

추가문제 2 침전을 형성하지 않고 150 mL 0.050 M $BaCl_2$에 첨가할 수 있는 다음의 가용성 염 각각의 최대 질량(g)은 얼마인가?(고체의 첨가가 부피의 변화를 일으키지 않는다고 가정하시오.)

(a) $(NH_4)_2SO_4$ (b) $Pb(NO_3)_2$ (c) NaF

추가문제 3 처음의 두 그림은 각각 약간 용해성인 염 MA의 포화 용액과 용해성 염 NH_4A의 용액을 나타낸다. 용해성 염 MNO_3의 용액[(i)~(iv)] 중 어느 것이 침전을 형성시키지 않고 NH_4A의 용액에 첨가될 수 있는가? 모든 용액의 부피가 같고, 결합될 때 첨가된 양이라고 가정하시오.(명확성을 위해 물 분자, 암모늄 이온 및 질산 이온은 표시되지 않는다.)

$\bullet = M^+$ $\bullet = A^-$

 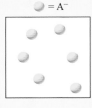 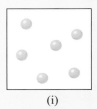 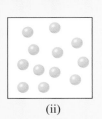  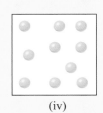

                                       (i)   (ii)   (iii)   (iv)

16.5 용해도에 영향을 미치는 요소들

이 절에서는 공통 이온 효과, pH 및 착이온의 형성을 포함한 몇 가지 요인이 용해도에 미치는 영향을 살펴볼 것이다.

공통 이온 효과

용해도곱은 평형 상수이며 이온곱이 그 물질의 K_{sp}를 초과할 때마다 용액으로부터 이온 화합물의 침전이 발생한다. 예를 들어, AgCl의 포화 용액에서, 이온곱 $[Ag^+][Cl^-]$은 K_{sp}와 동일하다. 물에서 AgCl의 용해도는 16.4절에서 소개된 절차를 이용하여 다음과 같이 계산될 수 있다.

$$1.6\times 10^{-10}=[Ag^+][Cl^-]$$

AgCl이 유일한 용질인 용액에서 $[Ag^+]=[Cl^-]$이다. 따라서

$$1.6\times 10^{-10}=s^2$$

이고, $s=1.3\times 10^{-5}\,M$이다. 따라서 25°C의 물에서 AgCl의 용해도는 $1.3\times 10^{-5}\,M$이다.

이제는 AgCl과 공통된 이온을 가진 용질을 이미 포함한 용액에서 AgCl의 용해도를 결정하고자 한다고 가정해 보자. 예를 들어, $AgNO_3$의 $0.10\,M$ 용액에 AgCl을 용해시키는 것을 생각해 보자. 이 경우, 평형에서 Ag^+와 Cl^- 농도는 동일하지 않을 것이다. 실제로, Ag^+ 이온 농도는 AgCl에 의해 제공된 농도에 $0.10\,M$을 **더한** 값과 같을 것이다. 평형식은 다음과 같다.

$$1.6\times 10^{-10}=[Ag^+][Cl^-]=(0.10+s)(s)$$

s는 여전히 평형 상태에서의 Cl^- 이온 농도와 AgCl의 **용해도**를 나타낸다는 것에 주목하자. s가 매우 작다고 예상하기 때문에 이 계산을 다음과 같이 단순화할 수 있다.

$$(0.10+s)\,M\approx 0.10\,M$$

따라서

$$1.6\times 10^{-10}=0.10s$$

> **학생 노트**
> 공통 이온 효과는 Le Châtelier 원리의 예시이다[◀◀ 14.5절].

이고 $s=1.6\times 10^{-9}\,M$이다. 따라서 AgCl은 공통 이온 효과로 인해 순수한 물보다 $0.10\,M$ $AgNO_3$에서 **현저히** 덜 녹는다. 그림 16.9(726~727쪽)는 공통 이온 효과를 보여준다.

예제 16.10은 공통 이온 효과가 용해도에 어떤 영향을 미치는지 보여준다.

예제 16.10

질산은 $6.5\times 10^{-3}\,M$ 용액에서 염화 은의 몰 용해도를 계산하시오.

전략 질산은은 물에서 완전히 해리되는 강한 전해질이다. 따라서 AgCl이 녹기 전의 Ag^+의 농도는 $6.5\times 10^{-3}\,M$이다. AgCl이 얼마나 녹는지 결정하기 위해 AgCl의 평형식, K_{sp} 및 평형표를 사용한다.

계획 용해 평형과 평형식은 다음과 같다.

$$AgCl(s)\rightleftharpoons Ag^+(aq)+Cl^-(aq)\qquad 1.6\times 10^{-10}=[Ag^+][Cl^-]$$

풀이

$$AgCl(s) \rightleftharpoons Ag^+(aq) + Cl^-(aq)$$

	AgCl(s)	Ag⁺(aq)	Cl⁻(aq)
초기 농도(M):	−	6.5×10^{-3}	0
농도 변화(M):	−	$+s$	$+s$
평형 농도(M):	−	$6.5 \times 10^{-3} + s$	s

이들 농도를 평형식에 대입하면 다음과 같다.

$$1.6 \times 10^{-10} = (6.5 \times 10^{-3} + s)(s)$$

s가 아주 작다고 가정하면 다음과 같다.

$$6.5 \times 10^{-3} + s \approx 6.5 \times 10^{-3}$$

그리고

$$1.6 \times 10^{-10} = (6.5 \times 10^{-3})(s)$$

이다. 따라서 다음과 같다.

$$s = \frac{1.6 \times 10^{-10}}{6.5 \times 10^{-3}} = 2.5 \times 10^{-8} \, M$$

따라서 $6.5 \times 10^{-3} \, M$ AgNO₃에 대한 AgCl의 용해도는 $2.5 \times 10^{-8} \, M$이다.

> ### 생각해 보기
> 물에서 AgCl의 몰 용해도는 $\sqrt{1.6 \times 10^{-10}} = 1.3 \times 10^{-5} \, M$이다. $6.5 \times 10^{-3} \, M$ AgNO₃의 존재가 AgCl의 용해도를 약 500배까지 감소시킨다.

추가문제 1 (a) 순수한 물 (b) 0.0010 M NaI에서 AgI의 몰 용해도를 계산하시오.

추가문제 2 다음 염들을 0.0010 M AgNO₃에서의 몰 용해도의 증가 순서대로 정렬하시오.
AgBr, Ag₂CO₃, AgCl, AgI, Ag₂S

추가문제 3 왼쪽의 그림은 약간 용해성인 이온 화합물의 포화 용액을 보여준다. 오른쪽 그림에서 충분한 양이온의 질산염이 첨가되어 양이온(노란색) 농도가 증가되었다. 첨가 후의 용액을 정확하게 나타내기 위해 얼마나 많은 음이온(파란색)이 두 번째 그림에 포함되어야 하는가?

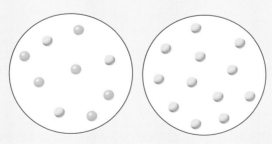

pH

물질의 용해도는 용액의 pH에 따라 달라질 수 있다. 수산화 마그네슘(magnesium hydroxide)의 용해도 평형을 생각해 보자.

$$Mg(OH)_2(s) \rightleftharpoons Mg^{2+}(aq) + 2OH^-(aq)$$

Le Châtelier의 원리에 따르면 OH⁻ 이온을 첨가하는 것(pH 증가)은 평형을 오른쪽에서 왼쪽으로 이동시키고, 그렇게 함으로써 Mg(OH)₂의 용해도가 감소한다.(이것은 실제로 공통 이온 효과의 또 다른 예시이다.) 반대로, H^+ 이온을 첨가하는 것(pH 감소)은 평형을 왼쪽에서 오른쪽으로 이동시키고, $Mg(OH)_2$의 용해도는 **증가한다**. 따라서 불용성 염기는 산성 용액에서 용해되는 경향이 있다. 유사하게, 불용성 산은 염기성 용액에 용해되는 경향이 있다.

$Mg(OH)_2$의 용해도에 대한 pH의 영향을 조사하기 위해 먼저 $Mg(OH)_2$ 포화 용액의 pH를 계산한다.

$$K_{sp} = (s)(2s)^2 = 4s^3$$
$$4s^3 = 1.2 \times 10^{-11}$$
$$s^3 = 3.0 \times 10^{-12}$$
$$s = 1.4 \times 10^{-4}\,M$$

따라서, 평형 상태에서 각각은 다음과 같다.

$$[OH^-] = 2(1.4 \times 10^{-4}\,M) = 2.8 \times 10^{-4}\,M$$
$$pOH = -\log(2.8 \times 10^{-4}) = 3.55$$
$$pH = 14.00 - 3.55 = 10.45$$

pH가 10.45 미만인 용액에서 $Mg(OH)_2$의 용해도는 증가할 것이다. 용해 과정 및 추가적인 H_3O^+ 이온의 영향은 다음과 같이 요약된다.

$$Mg(OH)_2(s) \rightleftharpoons Mg^{2+}(aq) + 2\cancel{OH^-}(aq)$$
$$2H_3O^+(aq) + 2\cancel{OH^-}(aq) \longrightarrow 4H_2O(l)$$
$$\text{전체: } Mg(OH)_2(s) + 2H_3O^+(aq) \rightleftharpoons Mg^{2+}(aq) + 4H_2O(l)$$

만약 매질의 pH가 10.45보다 높으면, $[OH^-]$가 높아지고 공통 이온(OH^-) 효과 때문에 $Mg(OH)_2$의 용해도가 감소한다.

pH는 또한 염기성 음이온을 함유하는 염의 용해도에 영향을 미친다. 예를 들어, BaF_2에 대한 용해도 평형은 다음과 같다.

$$BaF_2(s) \rightleftharpoons Ba^{2+}(aq) + 2F^-(aq)$$

그리고

$$K_{sp} = [Ba^{2+}][F^-]^2$$

이다. 산성 매질에서 높은 $[H_3O^+]$는 다음의 평형을 왼쪽으로 이동시켜 F^-를 소비할 것이다.

$$HF(aq) + H_2O(l) \rightleftharpoons H_3O^+(aq) + F^-(aq)$$

F^-의 농도가 감소함에 따라, Ba^{2+}의 농도는 $K_{sp} = [Ba^{2+}][F^-]^2$의 등식을 만족시키고 평형 상태를 유지하기 위해 증가해야 한다. 따라서 더 많은 BaF_2가 용해된다. BaF_2의 용해도에 대한 pH의 과정 및 효과는 다음과 같이 요약될 수 있다.

$$BaF_2(s) \rightleftharpoons Ba^{2+}(aq) + 2\cancel{F^-}(aq)$$
$$2H_3O^+(aq) + 2\cancel{F^-}(aq) \longrightarrow 2HF(aq) + 2H_2O(l)$$
$$\text{전체: } BaF_2(s) + 2H_3O^+(aq) \rightleftharpoons Ba^{2+}(aq) + 2HF(aq) + 2H_2O(l)$$

Cl^-, Br^-, NO_3^-와 같이 가수 분해하지 않는 음이온을 포함하는 염의 용해도는 pH에 영향을 받지 않는다.

그림 16.9

공통 이온 효과

물에 AgCl을 넣고 휘저어서
포화 용액을 만든다.

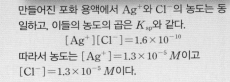

만들어진 포화 용액에서 Ag^+와 Cl^-의 농도는 동
일하고, 이들의 농도의 곱은 K_{sp}와 같다.
$$[Ag^+][Cl^-] = 1.6 \times 10^{-10}$$
따라서 농도는 $[Ag^+] = 1.3 \times 10^{-5}\ M$이고
$[Cl^-] = 1.3 \times 10^{-5}\ M$이다.

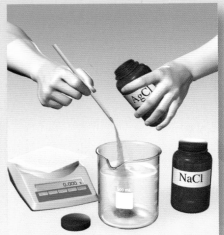

AgCl 고체 시료 및 AgCl 포화 용액
모두 보라색이 아니다. 보라색은 이 그
림에서 과정을 명확히 하기 위해서 사
용되었다.

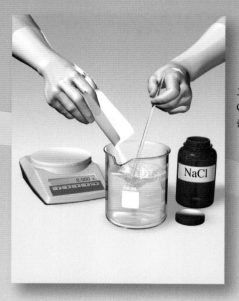

고체 AgCl을 여과해 제거한 후,
$Cl^-=1.0\ M$의 농도가 되도록
충분한 NaCl을 용해시킨다.

Cl^-의 농도가 이제 더 크기 때문에 $[Ag^+]$와 $[Cl^-]$의 곱은 더이상
K_{sp}와 동일하지 않다.

$$[Ag^+][Cl^-]=(1.3\times10^{-5}\ M)(1.0\ M)>1.6\times10^{-10}$$

25°C에서 어떤 AgCl의 포화 용액에서나 $[Ag^+]$와 $[Cl^-]$의 곱은
AgCl의 K_{sp}와 같아야 한다. 따라서 AgCl은 이온 농도의 곱이 다
시 1.6×10^{-10}이 될 때까지 침전될 것이다.

이로 인해 거의 모든 용해된 AgCl이 침전된다는
것에 주목하자. Cl^- 농도가 $1.0\ M$인 경우, Ag^+
의 가능한 가장 높은 농도는 $1.6\times10^{-10}\ M$이다.

$$[Ag^+](1.0\ M)=1.6\times10^{-10}$$

그러므로, $[Ag^+]=1.6\times10^{-10}\ M$이다.

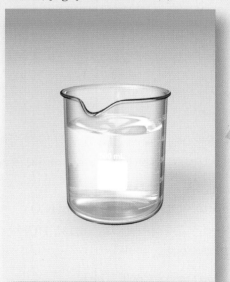

침전된 AgCl의 양은 강조하기 위해 과장되었다.
AgCl의 실제 양은 극히 적을 것이다.

요점은 무엇인가?

두 개의 염이 같은 이온을 포함하고 있을 때, 두 이온이 모두
포함하는 이온을 "공통 이온"이라고 한다. AgCl과 같은 약간
용해성이 있는 염의 용해도는 공통 이온이 있는 가용성 염을
첨가하면 감소할 수 있다. 이 예시에서, AgCl은 NaCl을 첨
가하여 침전된다. AgCl은 또한 $AgNO_3$와 같은 Ag^+ 이온을
포함하는 가용성 염을 첨가함으로써 침전될 수 있다.

예제 16.11은 용해도에 대한 pH의 영향을 보여준다.

예제 16.11

다음 화합물 중 물에 비해 산성 용액에 더 잘 녹는 화합물은 어느 것인가?

(a) CuS   (b) AgCl   (c) $PbSO_4$

전략 각각의 염에 대해, 이온화(해리) 평형 반응식을 쓰고 H_3O^+와 반응할 음이온을 생성하는지 결정한다. 약산의 짝염기인 음이온만이 H_3O^+와 반응한다.

계획 (a) $CuS(s) \rightleftharpoons Cu^{2+}(aq) + S^{2-}(aq)$

S^{2-}는 약산 HS^-의 짝염기이다. S^{2-}는 다음과 같이 H_3O^+와 반응한다.

$$S^{2-}(aq) + H_3O^+(aq) \longrightarrow HS^-(aq) + H_2O(l)$$

(b) $AgCl(s) \rightleftharpoons Ag^+(aq) + Cl^-(aq)$

Cl^-은 강산 HCl의 짝염기이다. Cl^-은 H_3O^+와 반응하지 않는다.

(c) $PbSO_4(s) \rightleftharpoons Pb^{2+}(aq) + SO_4^{2-}(aq)$

SO_4^{2-}는 약산 HSO_4^-의 짝염기이다. 그것은 H_3O^+와 다음과 같이 반응한다.

$$SO_4^{2-}(aq) + H_3O^+(aq) \longrightarrow HSO_4^-(aq) + H_2O(l)$$

H_3O^+와 반응하는 음이온을 생성하는 염은 물보다 산에 더 잘 녹는다.

풀이 CuS와 $PbSO_4$는 물보다 산에 더 잘 녹는다.(AgCl은 물보다 산에 덜 녹는다.)

생각해 보기

염이 해리되어 약산의 짝염기를 내놓을 때, 산성 용액 중의 H_3O^+ 이온은 용해된 생성물(염기)을 소비한다. 이는 Le Châtelier의 원리에 따라 평형을 오른쪽으로 이동시킨다.(더 많은 고체가 녹는다.)

추가문제 1 다음 화합물들이 순수한 물보다 산성 용액에 더 잘 녹는지 결정하시오.

(a) $Ca(OH)_2$ (b) $Mg_3(PO_4)_2$ (c) $PbBr_2$

추가문제 2 예제 16.11과 추가문제에 있는 것들 외에, 순수한 물보다 산성 용액에 더 잘 녹는 세 가지 염을 나열하시오.

추가문제 3 이온성 화합물의 용해도가 용액에 있는 산의 존재에 의해 영향을 받는다면, 그것의 용해도는 또한 반드시 염기의 존재에 의해 영향을 받을 것인가? 설명하시오.

착이온의 형성

학생 노트
양이온이 Lewis 염기와 결합하는 Lewis 산-염기 반응은 착이온을 형성한다.

착이온(complex ion)은 하나 이상의 분자 또는 이온에 결합된 중심 금속 양이온을 포함하는 이온이다. 착이온은 많은 화학적, 생물학적 과정에 중요하다. 여기서 용해도에 대한 착이온 형성의 영향을 고려할 것이다.

전이 금속은 착이온을 형성하는 특별한 경향이 있다. 예를 들어, $Co(H_2O)_6^{2+}$ 이온이 존재하기 때문에 염화 코발트(II) $CoCl_2$의 용액은 분홍색이다(그림 16.10). HCl을 첨가하면, 착이온 $CoCl_4^{2-}$가 형성되기 때문에 용액은 푸른색으로 변한다.

$$Co^{2+}(aq) + 4Cl^-(aq) \rightleftharpoons CoCl_4^{2-}(aq)$$

황산구리(II)($CuSO_4$)는 물에 용해되어 푸른색 용액을 생성한다. 수화된 구리(II) 이온은 이 색의 원인이다. 많은 다른 황산염(예: Na_2SO_4)은 무색이다. $CuSO_4$ 용액에 진한 암모니아 용액 몇 방울을 첨가하면 밝은 푸른색의 침전물인 수산화 구리(II)가 형성된다.

$$Cu^{2+}(aq)+2OH^-(aq) \longrightarrow Cu(OH)_2(s)$$

OH^- 이온은 암모니아 용액에 의해 공급된다. 더 많은 NH_3가 첨가되면, 푸른색 침전물은 다시 녹아 이번에는 착이온 $Cu(NH_3)_4^{2+}$의 형성으로 인해 아름다운 짙은 푸른색 용액을 생성한다(그림 16.11).

$$Cu(OH)_2(s)+4NH_3(aq) \rightleftharpoons Cu(NH_3)_4^{2+}(aq)+2OH^-(aq)$$

따라서 착이온 $Cu(NH_3)_4^{2+}$의 형성은 $Cu(OH)_2$의 용해도를 증가시킨다.

특정 착이온을 형성하기 위한 금속 이온의 경향 측정은 착이온 형성에 대한 평형 상수인 **형성 상수**(formation constant, K_f; 안정 상수라고도 함)에 의해 이루어진다. K_f가 클수록 착이온이 안정하다. 표 16.5는 수많은 착이온의 형성 상수를 나열한 것이다.

$Cu(NH_3)_4^{2+}$ 이온의 형성은 다음과 같이 표현될 수 있다.

$$Cu^{2+}(aq)+4NH_3(aq) \rightleftharpoons Cu(NH_3)_4^{2+}(aq)$$

해당 형성 상수는 다음과 같다.

$$K_f = \frac{[Cu(NH_3)_4^{2+}]}{[Cu^{2+}][NH_3]^4} = 5.0 \times 10^{13}$$

이 경우의 K_f의 큰 값은 착이온이 용액에서 매우 안정하고 평형에서 구리(II) 이온의 농도가 매우 낮다는 것을 나타낸다.

두 반응의 합에 대한 K는 각각의 K 값의 곱이다[|◀◀ 14.3절]. 염화 은의 용해는 다음 반응식으로 표시된다.

$$AgCl(s) \rightleftharpoons Ag^+(aq)+Cl^-(aq)$$

그림 16.10 (왼쪽) 염화 코발트(II) 수용액. $Co(H_2O)_6^{2+}$ 이온이 존재하기 때문에 분홍색이 나타난다. (오른쪽) HCl을 첨가한 후에, 그 용액은 착이온 $CoCl_4^{2-}$가 형성되어서 푸른색으로 변한다.

그림 16.11 (왼쪽) 황산 구리(II) 수용액. (가운데) 몇 방울의 농축된 암모니아 수용액을 첨가한 후에, 밝은 푸른색의 $Cu(OH)_2$가 형성된다. (오른쪽) 더 많은 농축된 암모니아 수용액을 첨가하면, $Cu(OH)_2$ 침전물은 용해되어 짙은 푸른색의 착이온 $Cu(NH_3)_4^{2+}$를 형성한다.

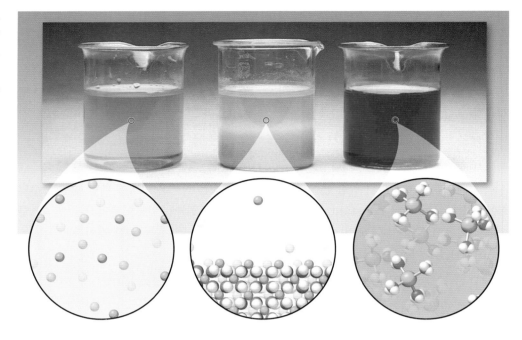

표 16.5	25°C의 물에서 선택된 착이온들의 형성 상수	
착이온	**평형식**	**형성 상수(K_f)**
$Ag(NH_3)_2^+$	$Ag^+ + 2NH_3 \rightleftharpoons Ag(NH_3)_2^+$	1.5×10^7
$Ag(CN)_2^-$	$Ag^+ + 2CN^- \rightleftharpoons Ag(CN)_2^-$	1.0×10^{21}
$Cu(CN)_4^{2-}$	$Cu^{2+} + 4CN^- \rightleftharpoons Cu(CN)_4^{2-}$	1.0×10^{25}
$Cu(NH_3)_4^{2+}$	$Cu^{2+} + 4NH_3 \rightleftharpoons Cu(NH_3)_4^{2+}$	5.0×10^{13}
$Cd(CN)_4^{2-}$	$Cd^{2+} + 4CN^- \rightleftharpoons Cd(CN)_4^{2-}$	7.1×10^{16}
CdI_4^{2-}	$Cd^{2+} + 4I^- \rightleftharpoons CdI_4^{2-}$	2.0×10^6
$HgCl_4^{2-}$	$Hg^{2+} + 4Cl^- \rightleftharpoons HgCl_4^{2-}$	1.7×10^{16}
HgI_4^{2-}	$Hg^{2+} + 4I^- \rightleftharpoons HgI_4^{2-}$	2.0×10^{30}
$Hg(CN)_4^{2-}$	$Hg^{2+} + 4CN^- \rightleftharpoons Hg(CN)_4^{2-}$	2.5×10^{41}
$Co(NH_3)_6^{3+}$	$Co^{3+} + 6NH_3 \rightleftharpoons Co(NH_3)_6^{3+}$	5.0×10^{31}
$Zn(NH_3)_4^{2+}$	$Zn^{2+} + 4NH_3 \rightleftharpoons Zn(NH_3)_4^{2+}$	2.9×10^9
$Cr(OH)_4^-$	$Cr^{3+} + 4OH^- \rightleftharpoons Cr(OH)_4^-$	8×10^{29}

이 반응식과 $Ag(NH_3)_2^+$의 형성을 나타내는 반응식의 합은 다음과 같다.

$$AgCl(s) \rightleftharpoons Ag^+(aq) + Cl^-(aq) \qquad K_{sp} = 1.6 \times 10^{-10}$$
$$\underline{Ag^+(aq) + 2NH_3(aq) \rightleftharpoons Ag(NH_3)_2^+(aq)} \qquad K_f = 1.5 \times 10^7$$
$$AgCl(s) + 2NH_3(aq) \rightleftharpoons Ag(NH_3)_2^+(aq) + Cl^-(aq)$$

그리고 해당하는 평형 상수는 $(1.6 \times 10^{-10})(1.5 \times 10^7) = 2.4 \times 10^{-3}$이다. 이것은 K_{sp} 값보다 훨씬 더 크다. 이는 순수한 물보다 암모니아 수용액에서 훨씬 더 많은 $AgCl$이 용해된다는 것을 나타낸다. 일반적으로, 착이온 형성의 효과는 대개 물질의 용해도를 **증가**시키는 것이다.

마지막으로 양쪽성 수산화물이라고 하는 수산화물의 부류가 있는데, 이는 산과 염기 모두와 반응할 수 있다. 예를 들어, $Al(OH)_3$, $Pb(OH)_2$, $Cr(OH)_3$, $Zn(OH)_2$, $Cd(OH)_2$가 있다. $Al(OH)_3$는 산, 염기와 다음과 같이 반응한다.

학생 노트
착이온의 형성은 염이 용해되어 생성된 금속 이온을 소모하여 Le Châtelier의 원리에 의한 염의 용해도를 단순히 증가시킨다[◀◀ 14.5절].

$$Al(OH)_3(s) + 3H_3O^+(aq) \longrightarrow Al^{3+}(aq) + 6H_2O(l)$$

$$Al(OH)_3(s) + OH^-(aq) \rightleftharpoons Al(OH)_4^-(aq)$$

염기성 용액에서의 $Al(OH)_3$의 용해도 증가는 $Al(OH)_3$가 Lewis 산으로 작용하고 OH^-가 Lewis 염기로 작용한 반응에 의한 착이온 $Al(OH)_4^-$의 형성의 결과이다. 다른 양쪽성 수산화물들은 산, 염기와 유사하게 반응한다.

직면하는 평형 문제의 대부분은 매우 작은 K_a, K_b 그리고 K_{sp}와 같은 평형 상수를 포함한다. 흔히, 이것은 평형식의 분모에 있는 미지의 x를 무시할 수 있게 하고, 이는 계산 문제를 쉽게 해결할 수 있도록 단순화한다[◀◀ 15.5절]. 착이온 형성을 포함하는 평형 문제의 해법은 K_f의 크기와 반응의 화학량론, 둘 모두로 인해 복잡해진다. 착이온 $Cu(NH_3)_4^{2+}$를 형성하기 위해 물에 녹아 있는 구리(II) 이온과 암모니아의 조합을 생각해 보자.

$$Cu^{2+}(aq) + 4NH_3(aq) \rightleftharpoons Cu(NH_3)_4^{2+}(aq) \qquad K_f = 5.0 \times 10^{14}$$

0.10 mol의 $Cu(NO_3)_2$가 3.0 M NH_3 1 L에 용해될 때 용액의 자유로운 구리(II) 이온의 몰농도를 결정하고자 한다고 가정해 보자. 약산 용액의 pH를 결정하는 데 사용한 것과 동일한 접근법으로 이를 해결할 수 없다. 반응에서 소비된 구리(II) 이온의 양인 x를 무시할 수 없을 뿐만 아니라 평형식에서 암모니아 농도를 네제곱 증가시키는 것은 방정식이 쉽게 풀리게 하지 않는다. 또 다른 접근법이 필요하다.

K_f의 크기가 너무 크기 때문에, 모든 구리(II) 이온이 착이온을 형성하는 데 소비된다고 가정하는 것으로 시작한다. 그런 다음 우리는 역반응의 관점에서 평형을 고려한다. 즉, 평형 상수가 K_f의 역수인 $Cu(NH_3)_4^{2+}$의 해리의 관점에서 평형을 고려한다.

$$Cu(NH_3)_4^{2+}(aq) \rightleftharpoons Cu^{2+}(aq) + 4NH_3(aq) \qquad K = 2.0 \times 10^{-15}$$

그 다음 평형표를 그리고, K가 너무 작기 때문에 x(해리된 착이온의 양)가 착이온의 농도와 암모니아의 농도와 비교했을 때 중요하지 않다고 가정할 수 있다. [3.0 M이었던 암모니아는 0.10 mol의 구리(II) 이온과 착물을 만들기 위해 필요한 양 때문에 4×0.10 M만큼 감소했다는 것에 주목하자.]

학생 노트
자유로운(free)이라는 용어는 착이온의 일부가 아닌 금속 이온을 가리키는 데 사용된다.

	$Cu(NH_3)_4^{2+}(aq) \rightleftharpoons$	$Cu^{2+}(aq) +$	$4NH_3(aq)$
초기 농도(M):	0.10	0	2.6
농도 변화(M):	$-x$	$+x$	$+4x$
평형 농도(M):	$0.10-x$	x	$2.6+4x$

$Cu(NH_3)_4^{2+}$와 NH_3($0.10 - x \approx 0.10$ 및 $2.6 + 4x \approx 2.6$)의 농도와 관련하여 x를 무시할 수 있으며, 그 해는 다음과 같다.

$$\frac{[Cu^{2+}][NH_3]^4}{[Cu(NH_3)_4^{2+}]} = \frac{x(2.6)^4}{0.10} = 2.0 \times 10^{-15}$$

이 결과는 $x = 4.4 \times 10^{-18}$ M이다. 형성 상수가 너무 크기 때문에 착물을 만들지 않은 상태로 남아 있는 구리의 양은 매우 적다는 것에 주목하자. 항상 그렇듯이, 평형식을 이용해 해답을 확인하는 것이 좋다.

$$\frac{(4.4 \times 10^{-18})[2.6 + 4(4.4 \times 10^{-18})]^4}{0.10 - 4.4 \times 10^{-18}} = 2.0 \times 10^{-15}$$

예제 16.12는 착이온 형성 평형 문제에 이런 접근법을 적용하는 것을 연습할 수 있게 한다.

예제 16.12

사이안화 이온을 포함한 수용액(aqueous cyanide)에서, 카드뮴(II)(cadmium) 이온은 착이온 $Cd(CN)_4^{2-}$를 형성한다. 2.0 M 사이안화 소듐(NaCN) 1 L에 $Cd(NO_3)_2$ 0.20 mol을 녹였을 때 용액 안의 자유로운(착물을 형성하지 않은) 카드뮴(II) 이온의 몰 농도를 결정하시오.

전략 형성 상수는 일반적으로 매우 크기 때문에, 모든 Cd^{2+} 이온이 소비되어 착이온으로 전환된다고 가정하면서 시작한다. 다음으로 이어지는 착이온의 해리에 의해 얼마나 많은 Cd^{2+}가 생성되는지를 결정한다. 그리고 이 과정은 평형 상수가 K_f의 역수이다.

계획 표 16.5로부터, 착이온 $Cd(CN)_4^{2-}$의 형성 상수(K_f)는 7.1×10^{16}이다. 그 역반응은 다음과 같다.

$$Cd(CN)_4^{2-}(aq) \rightleftharpoons Cd^{2+}(aq) + 4CN^-(aq)$$

그 역반응의 평형 상수는 $1/K_f = 1.4 \times 10^{-17}$이다. 해리에 대한 평형식은 다음과 같다.

$$1.4 \times 10^{-17} = \frac{[Cd^{2+}][CN^-]^4}{[Cd(CN)_4^{2-}]}$$

착이온의 형성은 원래 존재하는 사이안화물의 일부를 소비할 것이다. 화학량론은 4개의 CN^- 이온이 반응하기 위해서는 하나의 Cd^{2+} 이온이 필요하다는 것을 나타낸다. 따라서 평형표의 가장 윗줄에 쓰는 CN^-의 농도는 $[2.0\,M - 4(0.20\,M)] = 1.2\,M$이 될 것이다.

풀이 평형표를 그린다.

	$Cd(CN)_4^{2-}(aq)$	$\rightleftharpoons$	$Cd^{2+}(aq) +$	$4CN^-(aq)$
초기 농도(M):	0.20		0	1.2
농도 변화(M):	$-x$		$+x$	$+4x$
평형 농도(M):	$0.20-x$		x	$1.2+4x$

그리고 K의 크기가 너무 **작기** 때문에 $Cd(CN)_4^{2-}$와 CN^-($0.20-x \approx 0.20$이고 $1.2+4x \approx 1.2$)의 초기 농도와 관련해 x를 무시할 수 있으므로 해답은 다음과 같다.

$$\frac{[Cd^{2+}][CN^-]^4}{[Cd(CN)_4^{2-}]} = \frac{x(1.2)^4}{0.20} = 1.4 \times 10^{-17}$$

그리고 $x = 1.4 \times 10^{-18}\,M$이다.

생각해 보기

모든 금속 이온이 소비되어 착이온으로 전환된다고 가정하면, 착화제(이 경우, CN^- 이온)의 일부가 과정에서 소비된다는 것을 기억하는 것이 중요하다. 평형표의 가장 윗줄에 그것을 쓰기 전에 그에 따라 농도를 조정하는 것을 잊지 말자.

추가문제 1 암모니아를 포함한 수용액에서 코발트(III)(cobalt) 이온은 착이온 $Co(NH_3)_6^{3+}$를 형성한다. $Co(NO_3)_3$ 0.15 mol을 2.5 M 암모니아수에 녹일 때 용액의 자유 코발트(III) 이온의 몰농도를 결정하시오.

추가문제 2 표 16.4와 16.5의 정보를 사용하여 pH=11.45의 완충 용액에서 수산화 크로뮴(III)(chromium hydroxide)의 몰 용해도를 결정하시오.

추가문제 3 다음 그래프 중 AgCl의 포화 용액으로 시작하여 NH_3가 용액에 첨가될 때 자유로운 은 이온과 자유로운 염화 이온의 농도가 어떻게 변하는지 가장 잘 나타낸 것은 무엇인가?

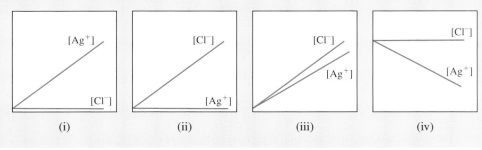

(i)　　　　　(ii)　　　　　(iii)　　　　　(iv)

16.6 용해도의 차이를 이용한 이온의 분리

화학적 분석에서 용액에 다른 이온들을 남기면서 침전에 의해 한 종류의 이온을 용액에서 제거하는 것이 필요한 경우가 있다. 예를 들어, 포타슘 이온과 바륨 이온을 모두 포함하는 용액에 황산 이온을 첨가하면 $BaSO_4$가 침전되어 용액에서 대부분의 Ba^{2+} 이온을 제거한다. 다른 "생성물"인 K_2SO_4는 가용성이고 용액 속에 남을 것이다. $BaSO_4$ 침전물은 여과에 의해 용액으로부터 분리될 수 있다.

분별 침전

심지어 두 생성물 모두 불용성인 경우에도, 침전을 일으키는 적절한 시약을 선택하여 여전히 어느 정도 분리를 할 수 있다. Cl^-, Br^-, I^- 이온을 포함하는 용액을 생각해 보자. 이 이온들을 분리하는 한 가지 방법은 그 이온들을 불용성인 할로젠화 은으로 전환하는 것이다. 그들의 K_{sp} 값에 따라 할로젠화 은의 용해도는 AgCl에서 AgI로 감소한다. 따라서 이 용액에 질산 은과 같은 가용성 화합물을 천천히 첨가하면, AgI가 먼저 침전되기 시작하고, 이어서 AgBr, 다음으로 AgCl이 침전되기 시작한다. 이러한 관행은 **분별 침전**(fractional precipitation)이라고 알려져 있다.

예제 16.13은 단 두 개의 이온(Cl^-과 Br^-)의 분리를 설명하지만, 이 절차는 두 종류 이상의 이온을 포함하는 용액에도 적용될 수 있다.

학생 노트

화합물	K_{sp}
AgCl	1.6×10^{-10}
AgBr	7.7×10^{-13}
AgI	8.3×10^{-17}

예제 16.13

질산 은을 Cl^- 이온이 0.020 M이고 Br^- 이온이 0.020 M인 용액에 천천히 첨가한다. AgCl을 침전시키지 않고 AgBr의 침전을 시작하는 데 필요한 Ag^+ 이온의 농도(mol/L 단위)를 계산하시오.

전략 질산 은은 용액 내에서 해리되어 Ag^+ 및 NO_3^- 이온을 생성한다. 충분한 양의 Ag^+ 이온을 첨가하면 약간의 용해성이 있는 이온성 화합물 AgCl과 AgBr이 용액으로부터 침전될 것이다. AgCl과 AgBr의 K_{sp} 값(그리고 이미 용액에 있는 Cl^-과 Br^-의 농도)을 알면, 각 화합물의 K_{sp}를 초과하지 않고 용액에 존재할 수 있는 Ag^+의 최대 농도를 평형식으로 계산할 수 있다.

계획 용해도 평형, K_{sp} 값, 그리고 AgCl 및 AgBr에 대한 평형식은 다음과 같다.

$$AgCl(s) \rightleftharpoons Ag^+(aq) + Cl^-(aq) \qquad K_{sp} = 1.6 \times 10^{-10} = [Ag^+][Cl^-]$$
$$AgBr(s) \rightleftharpoons Ag^+(aq) + Br^-(aq) \qquad K_{sp} = 7.7 \times 10^{-13} = [Ag^+][Br^-]$$

AgBr의 K_{sp}가 더 작기 때문에(200배 이상) AgBr이 먼저 침전되어야 한다. 즉, 침전을 시작하기 위해서는 첨가되는 Ag^+의 더 낮은 농도를 필요로 할 것이다. 그러므로 AgBr의 침전을 시작하는 데 필요한 최소 Ag^+ 농도를 결정하기 위해 AgBr에 대한 평형식을 사용하여 $[Ag^+]$를 먼저 구한다. 그 다음에 AgCl의 침전을 시작하지 않고 용액에 존재할 수 있는 최대 Ag^+ 농도를 결정하기 위해 AgCl에 대한 평형식을 사용하여 $[Ag^+]$를 다시 구한다.

풀이 Ag^+ 농도에 대한 AgBr 평형식을 풀면 다음과 같다.

$$[Ag^+] = \frac{K_{sp}}{[Br^-]} \quad \text{그리고} \quad [Ag^+] = \frac{7.7 \times 10^{-13}}{0.020} = 3.9 \times 10^{-11}\ M$$

AgBr이 용액에서 침전되기 위해서 은 이온 농도가 $3.9 \times 10^{-11}\ M$을 초과해야 한다. Ag^+ 농도에 대한 AgCl 평형식을 풀면 다음과 같다.

$$[Ag^+] = \frac{K_{sp}}{[Cl^-]}$$

이고

$$[Ag^+] = \frac{1.6 \times 10^{-10}}{0.020} = 8.0 \times 10^{-9} \, M$$

AgCl이 용액에서 침전되지 않게 하려면, 은 이온 농도가 $8.0 \times 10^{-9} \, M$ 이하로 유지되어야 한다. 그러므로 이 용액에서 Cl^-를 침전시키지 않고 Br^- 이온을 침전시키기 위해서는, Ag^+ 농도가 $3.9 \times 10^{-11} \, M$보다 크고 $8.0 \times 10^{-9} \, M$보다 작아야 한다.

> ### 생각해 보기
>
> Ag^+ 농도가 AgCl의 침전을 시작하기에 충분히 높을 때까지 $AgNO_3$를 계속해서 첨가한다면, 용액에 남아 있는 Br^-의 농도는 또한 K_{sp} 식을 사용하여 결정될 수 있다.
>
> $$[Br^-] = \frac{K_{sp}}{[Ag^+]} = \frac{7.7 \times 10^{-13}}{8.0 \times 10^{-9}} = 9.6 \times 10^{-5} \, M$$
>
> 따라서, AgCl이 침전되기 시작할 때까지 $(9.6 \times 10^{-5} \, M) \div (0.020 \, M) = 0.0048$이므로 원래의 브로민화 이온의 0.5% 미만이 용액에 남아 있게 된다.

추가문제 1 질산 납(II)이 $0.020 \, M$의 Cl^- 이온을 포함하고 있는 용액에 서서히 첨가된다. $PbCl_2$의 침전을 시작하기 위해 필요한 Pb^{2+} 이온의 농도(mol/L)를 계산하시오. ($PbCl_2$의 K_{sp}는 2.4×10^{-4}이다.)

추가문제 2 $[Cl^-]$와 $[PO_4^{3-}]$가 각각 $0.10 \, M$인 용액에서 (a) AgCl과 (b) Ag_3PO_4의 침전을 시작하는 데 필요한 Ag^+의 농도 (mol/L)를 계산하시오. (Ag_3PO_4의 K_{sp}는 1.8×10^{-18}이다.)

추가문제 3 처음의 두 그림은 용해성이 낮은 이온성 화합물 AX와 BX_2의 포화 용액을 보여준다. 세 번째 그림은 양이온 A^+와 B^{2+}를 포함하는 염의 용액을 보여준다 (용해성 염의 음이온은 표시하지 않음). NaX가 세 번째 용액에 첨가될 때, 용해성이 낮은 화합물 중 어느 것이 처음으로 침전될 것인가?

 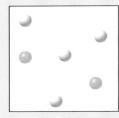 

용액의 금속 이온의 정성 분석

선택적 침전의 원리는 용액에 존재하는 이온의 종류를 확인하는 데 사용될 수 있다. 이러한 관행을 **정성 분석**(qualitative analysis)이라고 한다. 수용액에서 쉽게 분석될 수 있는 약 20가지의 흔한 양이온이 있다. 이러한 양이온들은 불용성 염의 용해도 곱에 따라 5개의 그룹으로 나눌 수 있다(표 16.4). 알려지지 않은 용액에는 1개에서 20개의 이온이 포함될 수 있으므로 어떤 분석이든 그룹 1에서 그룹 5까지 체계적으로 수행해야 한다. 이러한 20개의 이온을 분리하는 일반적인 절차는 다음과 같다.

> **학생 노트**
> 이러한 그룹 번호는 주기율표의 그룹과 일치하지 않는다.

- **그룹 1 양이온.** 미지 용액에 묽은 HCl을 첨가하면 Ag^+, Hg_2^{2+}, Pb^{2+} 이온만 불용성 염화물로 침전된다. 염화물이 용해되는 다른 이온은 용액에 남아 있다.
- **그룹 2 양이온.** 염화물 침전을 여과에 의해 제거한 후, 황화 수소를 미지 용액에 첨가하는데, 그 용액은 HCl의 첨가로 인해 산성이다. 그룹 2의 금속 이온이 반응하여 금속 황화물을 생성한다.

$$M^{2+}(aq) + H_2S(aq) + 2H_2O(l) \Longleftrightarrow MS(s) + 2H_3O^+(aq)$$

H^+가 존재할 때, 이 평형은 **왼쪽**으로 이동한다. 따라서, 산성 조건하에서 K_{sp} 값이 **가장 작은** 금속 황화물만이 침전된다. 이들은 Bi_2S_3, CdS, CuS, SnS이다(표 16.4 참조). 그 용액을 여과하여 불용성 황화물을 제거한다.

- **그룹 3 양이온.** 이 단계에서 수산화 소듐을 용액에 첨가하여 염기성으로 만든다. 염기성 용액에서 금속 황화물 평형이 오른쪽으로 이동하고 용해도가 더 높은 황화물 (CoS, FeS, MnS, NiS, ZnS)이 용액에서 침전된다. Al^{3+}과 Cr^{3+} 이온은 실제로 수산화물이 덜 용해되기 때문에 황화물이 아닌 수산화물 $Al(OH)_3$와 $Cr(OH)_3$로 침전된다. 그 용액을 다시 여과하여 불용성 황화물 및 수산화물을 제거한다.

- **그룹 4 양이온.** 그룹 1, 2, 3 양이온 모두가 용액에서 제거된 후, 탄산 소듐을 염기성 용액에 첨가하여 Ba^{2+}, Ca^{2+}, Sr^{2+}를 $BaCO_3$, $CaCO_3$, $SrCO_3$로 침전시킨다. 이들 침전물 또한 여과에 의해 용액에서 제거된다.

- **그룹 5 양이온.** 이 단계에서 용액에 남아 있을 수 있는 유일한 양이온은 Na^+, K^+, NH_4^+이다. NH_4^+ 이온의 존재는 수산화 소듐을 첨가함으로써 결정될 수 있다.

$$NaOH(aq) + NH_4^+(aq) \longrightarrow Na^+(aq) + H_2O(l) + NH_3(g)$$

암모니아 기체는 특징적인 냄새 또는 용액 위에서 파란색으로 변하는 젖은 붉은 리트머스 종이를 관찰하여 감지된다. Na^+와 K^+ 이온의 존재를 확인하기 위해 백금 철사(백금이 비활성이기 때문에 선택됨)를 원래의 용액에 담근 다음 분젠 버너 불꽃 위에 올려 놓는 불꽃 반응이 일반적으로 사용된다. Na^+ 이온은 이러한 방식으로 가열되면 노란색 불꽃을 방출하는 반면, K^+ 이온은 보라색 불꽃을 방출한다(그림 16.12). 그림 16.13은 금속 이온을 분리하기 위한 계획을 요약한 것이다.

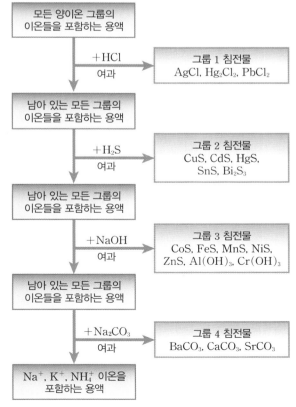

모든 양이온 그룹의 이온들을 포함하는 용액

+HCl
여과
→ 그룹 1 침전물
$AgCl$, Hg_2Cl_2, $PbCl_2$

남아 있는 모든 그룹의 이온들을 포함하는 용액

+H_2S
여과
→ 그룹 2 침전물
CuS, CdS, HgS, SnS, Bi_2S_3

남아 있는 모든 그룹의 이온들을 포함하는 용액

+NaOH
여과
→ 그룹 3 침전물
CoS, FeS, MnS, NiS, ZnS, $Al(OH)_3$, $Cr(OH)_3$

남아 있는 모든 그룹의 이온들을 포함하는 용액

+Na_2CO_3
여과
→ 그룹 4 침전물
$BaCO_3$, $CaCO_3$, $SrCO_3$

Na^+, K^+, NH_4^+ 이온을 포함하는 용액

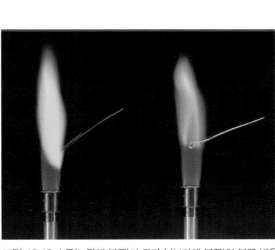

그림 16.12 소듐(노란색 불꽃)과 포타슘(보라색 불꽃)의 불꽃 반응

그림 16.13 정성 분석에서 양이온의 분리를 위한 순서도

Henderson–Hasselbalch 식(식 16.3)은 약산과 짝염기(또는 약염기 또는 짝산)의 농도를 안다면 완충 용액의 pH를 계산할 수 있게 하고 강산 또는 강염기를 첨가한 후의 완충 용액의 pH를 결정할 수 있게 한다. 그 식은 또한 특정 pH의 완충 용액을 만드는 데 필요한 짝쌍의 두 구성 성분의 양 또는 **상대적**인 양을 결정하는 데 사용될 수 있다.

Henderson–Hasselbalch 식의 가장 친숙한 형태는 다음과 같다.

$$pH = pK_a + \log \frac{[\text{짝염기}]}{[\text{약산}]}$$

식이 짝염기와 약산의 **몰농도**의 비율을 포함하고 있지만, 둘 모두 같은 부피에 포함되어 있기 때문에 부피는 로그의 분자와 분모에서 약분된다. 그러므로 또한 짝염기와 짝산의 mmol 또는 mol을 이용할 수 있고, 그리고 그것은 많은 경우에 더 편리하다.

$$pH = pK_a + \log \frac{\text{mol 짝염기}}{\text{mol 약산}} \quad \text{또는} \quad pH = pK_a + \log \frac{\text{mmol 짝염기}}{\text{mmol 약산}}$$

특정 pH 범위의 완충 용액을 만들고 싶다면, 적합한 짝쌍을 먼저 골라야만 한다. 약산과 짝염기의 농도가 10배 이상 차이가 나지 않아야 하기 때문에 Henderson–Hasselbalch 식의 로그는 오직 −1에서 1까지만 값을 가질 수 있다.

$$pH = pK_a \pm 1$$

그러므로 원하는 완충 용액의 pH의 한 pH 단위 내의 pK_a를 가진 약산을 선택해야만 한다. 예를 들어, 4에서 5 사이의 pH를 가진 완충 용액을 만들기 위해서, 아세트산(CH_3COOH)을 이용할 수 있다.[표 15.6에서 아세트산의 K_a는 1.8×10^{-5}이고, 그러므로 pK_a는 $-\log(1.8 \times 10^{-5}) = 4.74$이다.]

특정 pH를 가지는 완충 용액을 만들기 위해 Henderson–Hasselbalch 식을 풀어 약산과 짝염기의 상대적인 양을 결정한다. 다음의 흐름도는 아세트산($pK_a = 4.74$)과 아세트산 소듐($NaC_2H_3O_2$)을 사용하여 pH = 4.15인 완충 용액을 만드는 과정을 설명한다.

$$4.15 \quad = \quad 4.74 \quad + \log \left[\frac{[NaC_2H_3O_2]}{[HC_2H_3O_2]} \right]$$

$$-0.59 \quad = \log \left[\frac{[NaC_2H_3O_2]}{[HC_2H_3O_2]} \right]$$

로그항을 제거하려면 방정식의 양변 모두에 대해 로그의 역수(10^x)를 취해야 한다.

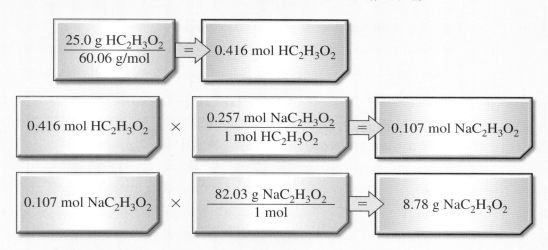

이것은 다음과 같은 결과를 가져온다.

이것은 아세트산 1 mol당 0.257 mol의 아세트산 소듐이 필요하다는 것을 의미한다. 짝쌍 중 한 구성 성분의 양이 지정되면, 이 비율로 다른 구성 성분의 양을 계산할 수 있다. 예를 들어, 완충 용액이 25.0 g의 아세트산을 포함한다는 것을 알면, 원하는 pH를 만족하는 데 필요한 아세트산 소듐의 양을 결정할 수 있다. 짝쌍의 두 구성 성분의 몰질량이 필요할 것이다[◀◀ 3.4절].

그러므로 8.78 g의 아세트산 소듐이 필요하다. 완충 용액의 pH가 부피에 의존하지 않기 때문에 이러한 양의 아세트산과 아세트산 소듐을 편리한 어느 부피에서든 조합할 수 있다.

주요 내용 문제

16.1
표 15.6의 산 중에서 어느 것이 pH 6.5인 완충 용액을 만드는 데 사용될 수 있는가?(해당하는 것 모두를 고르시오.)
(a) 플루오린화 수소산 (b) 벤조산
(c) 사이안화 수소산 (d) 페놀
(e) 없다.

16.2
pH＝9.72인 완충 용액을 만드는 데 필요한 사이안화 수소에 대한 사이안화 소듐의 mol 비는 무엇인가?
(a) 0.39 : 1 (b) 0.41 : 1 (c) 2.3 : 1
(d) 2.6 : 1 (e) 1 : 1

16.3
pH＝5.05인 완충 용액을 만들기 위해 0.955 M의 벤조산 175 mL에 몇 mol의 벤조산 소듐을 첨가해야 하는가?
(a) 0.18 (b) 0.15 (c) 6.8
(d) 7.2 (e) 1.2

16.4
pH가 3.50인 완충 용액을 만들기 위해 0.98 M HF 250 mL에 얼마나 많은 플루오린화 소듐을 녹여야 하는가?
(a) 23 g (b) 2.2 g (c) 15 g
(d) 92 g (e) 0.98 g

연습문제

배운 것 적용하기

대부분의 치약은 플루오린을 포함하고 있고, 그것은 치아 부식을 감소시키는 것을 도와준다. 치약의 F^- 이온이 탈염 과정 중에 OH^- 를 대체한다.

$$5Ca^{2+}(aq) + 3PO_4^{3-}(aq) + F^-(aq) \rightleftharpoons Ca_5(PO_4)_3F(s)$$

F^-가 OH^-보다 약한 염기이기 때문에, 플루오린화 인회석이라고 불리는 변형된 법랑질이 세균에 의해 생성되는 산에 더 저항성이 있다.

문제
(a) K_{sp}가 2×10^{-59}인 경우 수산화 인회석의 몰 용해도를 계산하시오[◀◀예제 16.7].
(b) 몰 용해도가 $7 \times 10^{-8} M$인 경우 플루오린화 인회석의 K_{sp}를 계산하시오[◀◀예제 16.8].
(c) 플루오린화 이온의 농도가 $0.10 M$인 수용액의 플루오린화 인회석의 몰 용해도를 계산하시오[◀◀예제 16.10].
(d) pH=4.0인 완충 수용액의 수산화 인회석의 몰 용해도를 계산하시오[◀◀예제 16.10].

16.1절: 공통 이온 효과

16.1 (a) $0.40 M$ CH_3COOH 용액 및 (b) $0.40 M$ CH_3COOH 와 $0.20 M$ CH_3COONa를 포함한 용액의 pH를 결정하시오.

16.2절: 완충 용액

16.2 $0.15 M$ $NH_3/0.35 M$ NH_4Cl로 구성된 완충 용액의 pH를 계산하시오.

16.3 중탄산-탄산 완충액의 pH는 8.00이다. 중탄산 이온(HCO_3^-)의 농도에 대한 탄산(H_2CO_3) 농도의 비를 계산하시오.

16.4 어떤 아세트산 나트륨-아세트산 완충액의 pH가 4.50이다. $[CH_3COO^-]/[CH_3COOH]$의 비를 계산하시오.

16.5 $0.20 M$ $NH_3/0.20 M$ NH_4Cl 완충 용액의 pH를 계산하시오. 완충 용액 $65.0 mL$에 $0.10 M$ HCl $10.0 mL$를 넣은 후 완충 용액의 pH는 얼마인가?

16.6 다음 보기 중 어떤 용액이 완충 용액으로 작용할 수 있는가?
(a) KCl/HCl　　　　　　(b) $KHSO_4/H_2SO_4$
(c) Na_2HPO_4/NaH_2PO_4　(d) KNO_2/HNO_2

16.7 이양성자 산 H_2A는 다음의 이온화(해리) 상수를 갖는다: $K_{a_1}=1.1 \times 10^{-3}$ 및 $K_{a_2}=2.5 \times 10^{-6}$. $NaHA/H_2A$ 또는 $Na_2A/NaHA$ 중 어떤 것을 선택하면 pH 5.80의 완충 용액을 만들 수 있는가?

16.8 다음 그림은 하나 이상의 화합물 H_2A, $NaHA$, Na_2A를 포함하며 H_2A는 약한 이양성자 산이다. (1) 어느 용액이 완충 용액으로 작용할 수 있는가? (2) 어느 용액이 가장 효과적인 완충 용액인가? 명확성을 위해 물 분자와 Na^+ 이온은 생략되었다.

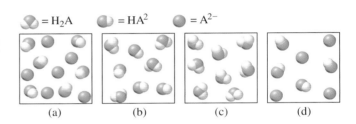

○○ $= H_2A$　 ○● $= HA^2$　 ● $= A^{2-}$

(a)　　(b)　　(c)　　(d)

16.3절: 산-염기 적정

16.9 $0.2688 g$의 일양성자 산의 시료는 $16.4 mL$의 $0.08133 M$ KOH 용액을 중화한다. 이 산의 몰질량을 계산하시오.

16.10 적정 실험에서 $0.500 M$ H_2SO_4 $12.5 mL$는 $NaOH$ $50.0 mL$를 중화한다. $NaOH$ 용액의 농도는 얼마인가?

16.11 미지의 일양성자 산 $0.1276 g$ 시료를 물 $25.0 mL$에 용해시키고 $0.0633 M$ $NaOH$ 용액으로 적정하였다. 당량점에 도달하기 위해 필요한 염기의 부피는 $18.4 mL$였다.
(a) 산의 몰질량을 계산하시오.
(b) 적정 중에 $10.0 mL$의 염기를 첨가한 후, 이때 적정 중인 용액의 pH가 5.87로 측정되었다. 미지의 산의 K_a는 얼마인가?

16.12 다음 적정 실험에서 당량점에서의 pH를 계산하시오.
$0.20 M$ HCl vs. $0.20 M$ 메틸 아민(CH_3NH_2)

16.13 $0.100 M$ CH_3COOH의 $25.0 mL$ 용액을 $0.200 M$ KOH 용액으로 적정하려고 한다. 다음의 KOH 용액 첨가 후 pH를 계산하시오.
(a) $0.0 mL$　　(b) $5.0 mL$　　(c) $10.0 mL$
(d) $12.5 mL$　　(e) $15.0 mL$

16.14 표 16.3을 참조하여 다음의 적정에 사용할 수 있는 지시약을 지정하시오.

(a) HCOOH vs. NaOH   (b) HCl vs. KOH

(c) HNO_3 vs. CH_3NH_2

16.15 지시약(HIn)의 이온화(해리) 상수(K_a)는 1.0×10^{-6}이다. 이 지시약은 이온화되지 않은 형태의 색깔은 빨간색이고 이온화된 형태의 색깔은 노란색이다. pH가 4.00인 용액에서 이 지시약의 색은 무엇인가?

16.16 다음 그림은 HCl로 약염기 B(예: NH_3)를 적정할 때 여러 단계의 용액 상태를 나타낸다. (1) HCl 첨가 전 초기 단계, (2) 당량점과의 중간 단계, (3) 당량점 지점, (4) 당량점을 넘어선 상태를 구분하시오. 당량점에서 pH가 7보다 크거나 작거나 같은가? 명확성을 위해 물과 Cl^- 이온이 생략되었다.

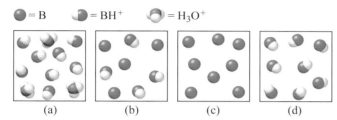

$\bullet = B$ $= BH^+$ $= H_3O^+$

(a)   (b)   (c)   (d)

16.4절: 용해도 평형

16.17 다음의 포화 용액에서 이온의 농도를 계산하시오.

(a) $[Ag^+] = 9.1 \times 10^{-9} M$을 포함한 AgI 용액에서 $[I^-]$의 농도

(b) $[OH^-] = 2.9 \times 10^{-9} M$을 포함한 $Al(OH)_3$ 용액에서 $[Al^{3+}]$의 농도

16.18 $MnCO_3$의 몰 용해도는 $4.2 \times 10^{-6} M$이다. 이 화합물에 대한 K_{sp}는 무엇인가?

16.19 이온성 화합물 M_2X_3(몰질량$=288 g$)의 용해도는 $3.6 \times 10^{-17} g/L$이다. 이 화합물에 대한 K_{sp}는 무엇인가?

16.20 포화 수산화 아연 용액의 pH는 얼마인가?

16.21 $0.10 M$ Na_2CO_3 $50.0 mL$에 $0.10 M$ $Ba(NO_3)_2$ $20.0 mL$를 가하면 $BaCO_3$가 침전될 것인가?

16.5절: 용해도에 영향을 미치는 요소들

16.22 $PbBr_2$의 용해도 곱은 8.9×10^{-6}이다. 다음의 몰 용해도를 결정하시오.

(a) 순수한 물   (b) $0.20 M$ KBr 용액

(c) $0.20 M$ $Pb(NO_3)_2$ 용액

16.23 (a) 물 또는 (b) $1.0 M$ SO_4^{2-} 이온을 포함한 용액에서의 $BaSO_4$의 몰 용해도를 계산하시오.

16.24 다음 중 순수한 물보다 산성 용액에 더 잘 녹는 것은 어느 것인가?

(a) CuI   (b) Ag_2SO_4 (c) $Zn(OH)_2$

(d) BaC_2O_4 (e) $Ca_3(PO_4)_2$

16.25 (a) pH 8.00 및 (b) pH 10.00에서 완충된 용액에서 $Fe(OH)_2$의 몰 용해도를 계산하시오.

16.26 $1.0 \times 10^{-3} M$ $FeSO_4$ 용액에 $0.60 M$ NH_3 용액 $2.00 mL$를 넣으면 침전이 생길지 여부를 계산하시오.

16.27 $0.50 g$의 $Cd(NO_3)_2$가 $5.0 \times 10^2 mL$의 $0.50 M$ NaCN 용액에 녹을 때, 평형 상태에서 Cd^{2+}, $Cd(CN)_4^{2-}$, CN^-의 농도를 계산하시오.

16.28 $1.0 M$ NH_3 용액에서 AgI의 몰 용해도를 계산하시오.

16.29 (a) CuI_2가 암모니아 용액에 용해되고, (b) AgBr이 NaCN 용액에 용해되며, (c) $HgCl_2$가 KCl 용액에 용해되는 이유를 균형 맞춤 이온 반응식으로 설명하시오.

16.6절: 용해도의 차이를 이용한 이온의 분리

16.30 처음에 Fe^{3+} 및 Zn^{2+}의 농도가 $0.010 M$인 용액으로부터 $Fe(OH)_3$의 침전에 의해 Fe^{3+} 및 Zn^{2+} 이온의 분리에 적합한 대략의 pH 범위를 찾으시오.

16.31 그룹 1 분석에서 학생은 미지 용액에 HCl 산을 가하여 $[Cl^-] = 0.15 M$로 만들었다. 일부 $PbCl_2$가 침전했다면, 용액에 남아 있는 Pb^{2+}의 농도를 계산하시오.

16.32 $AgNO_3(s)$와 $Cu(NO_3)(s)$와를 구별할 수 있는 간단한 테스트를 설명하시오.

추가문제

16.33 지시약 메틸 오렌지의 pK_a는 3.46이다. 어떤 pH 범위에서 HIn의 농도 90%에서 In^-의 농도 90%로 변화하는가?

16.34 어떤 농도를 가진 $200 mL$의 NaOH 용액을 $400 mL$의 $2.00 M$ HNO_2 용액에 첨가하였다. 이 혼합 용액의 pH는 원래의 산 용액의 pH보다 1.50 정도 높았다. 원래 NaOH 용액의 몰농도를 계산하시오.

16.35 어떤 용액은 정확히 $500 mL$의 $0.167 M$ NaOH 용액과 정확히 $500 mL$의 $0.100 M$ HCOOH 용액을 혼합하여 만든다. 이 용액 속의 H_3O^+, HCOOH, $HCOO^-$, OH^-, Na^+의 평형 농도를 계산하시오.

16.36 $Cd(OH)_2$는 불용성 화합물이다. 이 화합물은 과량의 NaOH를 포함한 용액에 녹는다. 이 반응에 대해 균형 맞춤 이온 반응식을 작성하시오. 이 반응은 어떤 종류의 반응인가?

16.37 다음 반응들 중 어느 것이 용해도곱이라고 불리는 평형 상수인가?

(a) $Zn(OH)_2(s) + 2OH^-(aq) \rightleftharpoons Zn(OH)_4^{2-}(aq)$

(b) $3Ca^{2+}(aq) + 2PO_4^{3-}(aq) \rightleftharpoons Ca_3(PO_4)_2(s)$

(c) $CaCO_3(s) + 2H^+(aq) \rightleftharpoons$
$$Ca^{2+}(aq) + H_2O(l) + CO_2(g)$$

(d) $PbI_2(s) \rightleftharpoons Pb^{2+}(aq) + 2I^-(aq)$

16.38 같은 양의 $0.12 M$ $AgNO_3$ 및 $0.14 M$ $ZnCl_2$ 용액을 혼합한다. Ag^+, Cl^-, Zn^{2+}, NO_3^-의 평형 농도를 계산하시오.

16.39 Ag_2CO_3의 용해도(g/L)를 계산하시오.

16.40 $0.10 M$ $NaIO_3$ 용액에서 $Pb(IO_3)_2$의 몰 용해도는 $2.4 \times 10^{-11} mol/L$이다. $Pb(IO_3)_2$에 대한 K_{sp}는 무엇인가?

16.41 다음 화합물 중 어느 것이 물에 첨가될 때 CdS의 용해도를 증가시킬 것인가?

(a) $LiNO_3$ (b) Na_2SO_4

(c) KCN   (d) $NaClO_3$

16.42 0.010 M의 Cu^+ 및 0.010 M Ag^+를 포함한 용액에 고체 NaBr을 서서히 첨가한다.

(a) 어느 화합물이 먼저 침전되기 시작할 것인가?

(b) CuBr이 바로 침전되기 시작할 때의 $[Ag^+]$를 계산하시오.

(c) 이때 Ag^+의 몇 %가 현재 용액에 남아 있는가?

16.43 용액에서 다음 쌍의 이온을 분리하기 위해 어떤 시약을 사용해야 하는가?

(a) Na^+와 Ba^{2+} (b) K^+와 Pb^{2+} (c) Zn^{2+}와 Hg^{2+}

16.44 Al_2O_3와 BeO와 같은 양성 산화물은 원칙적으로 산성과 염기성을 모두 가지고 있기 때문에 완충 용액을 제조하는 데 사용할 수 있다(15.11절 참조). 하지만 이러한 화합물이 완충 성분으로 실용적이지 않은 이유를 설명하시오.

16.45 1 L의 0.20 M CH_3COONa/0.20 M CH_3COOH 완충 용액을 제조하기 위하여 다음의 용액을 어떻게 혼합하여야 하는지 설명하시오.

(a) CH_3COOH 용액과 CH_3COONa 용액의 혼합

(b) CH_3COOH 용액과 NaOH 용액의 혼합

(c) CH_3COONa 용액과 HCl 용액의 혼합

16.46 (a) 강산이 완충 용액에 첨가될 때 무엇이 발생하는가?

(b) 강염기가 완충 용액에 첨가될 때 무엇이 발생하는가? 위의 질문을 가장 잘 표현한 보기는 다음 중 무엇인가?

● = HA   ● = A⁻   ● = H_3O^+ ● = OH^- ○ = H_2O

(a) ● + ● → ● + ●

(b) ● + ○ → ● + ●

(c) ● + ○ ⇌ ● + ○

(d) ● + ○ ⇌ ● + ●

16.47 다음의 산-염기 지시약의 이온화를 고려하시오.

$$HIn(aq) + H_2O(l) \rightleftharpoons H_3O^+(aq) + In^-(aq)$$

지시약은 산의 짝염기 농도에 대한 비율에 따라 색상이 바뀐다. $[HIn]/[In^-] \geq 10$일 때, 산(HIn)의 색이 우세하다. $[HIn]/[In^-] \leq 0.1$이면 짝염기(In^-)의 색이 우세하다. 지시약이 산성 색상에서 염기 색상으로 변하는 pH 범위는 pH = $pK_a \pm 1$임을 설명하시오. 여기서 K_a는 산 HIn의 이온화 상수이다.

16.48 (a) 그림 16.4를 참조하여 염기의 pK_b를 결정하는 방법을 설명하시오.

(b) pOH와 약한 염기 B와 그의 짝산 HB^+의 pK_b를 관련시켜 유사한 Henderson-Hasselbalch 식을 유도하시오. 뷰렛에서 첨가된 강산의 부피 vs. 염기 용액의 pOH의 변화를 보여주는 적정 곡선을 그리시오. 이 곡선으로부터 pK_b를 결정하는 방법을 설명하시오.

16.49 다음 그림들은 가용성 염, MNO_3 및 NaX 중 하나 또는 모두를 포함할 수 있는 MX 용액을 나타낸다.(Na^+와 NO_3^- 이온은 나타내지 않는다.) (a)가 MX의 포화 용액을 나타내는 경우, 다른 용액 각각을 불포화, 포화 또는 과포화로 분류하시오.

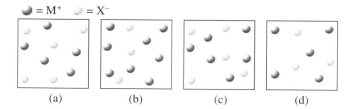

= M^+ = X^-

(a)   (b)   (c)   (d)

16.50 방사 화학 기술은 많은 화합물의 용해도곱을 산정하는 데 유용하다. 어떤 실험에서, mL당 분당 74,025카운트의 방사능을 갖는 은 원자의 동위 원소를 포함한 0.010 M $AgNO_3$ 용액 50.0 mL를 0.030 M $NaIO_3$ 용액 100 mL와 혼합하였다. 혼합된 용액을 500 mL로 희석하고 여과하여 모든 $AgIO_3$ 침전물을 제거하였다. 나머지 용액은 mL당 분당 44.4카운트의 방사능을 갖는 것으로 밝혀졌다. $AgIO_3$의 K_{sp}는 무엇인가?

16.51 바륨은 심장 기능을 심각하게 손상시킬 수 있는 독성 물질이다. 위장 기관의 X선의 경우, 환자는 20 g $BaSO_4$의 수용성 현탁액을 마신다. 이 물질이 환자 몸의 혈액 5.0 L와 평형을 이룰 경우, $[Ba^{2+}]$는 얼마인가? 좋은 추정을 위해, 체온에서 $BaSO_4$의 K_{sp}가 25°C에서의 값과 같다고 가정할 수 있다. 왜 이 과정에서 $Ba(NO_3)_2$가 선택되지 않았는가?

16.52 옥살산 칼슘은 신장 결석의 주성분이다. 신장에 존재하는 액체의 pH를 높이거나 낮추면 신장 결석의 형성을 최소화할 수 있는지 예측하시오. 정상 신장액의 pH는 약 8.2이다.[옥살산($H_2C_2O_4$)의 제1 및 제2 이온화(해리) 상수는 각각 6.5×10^{-2} 및 6.1×10^{-5}이다. 옥살산 칼슘의 용해도곱은 3.0×10^{-9}이다.]

16.53 아미노산은 단백질의 구성 단위 분자이다. 이들 화합물은 적어도 하나의 아미노기($-NH_2$) 및 하나의 카복실기($-COOH$)를 포함한다. 글리신(NH_2CH_2COOH)을 고려하시오. 용액의 pH에 따라 글리신은 다음 세 가지 형태 중 하나로 존재할 수 있다.

완전히 수소화된: $^+NH_3-CH_2-COOH$

양극 이온: $^+NH_3-CH_2-COO^-$

완전히 이온화된: $NH_2-CH_2-COO^-$

pH 1.0, 7.0, 12.0에서 글리신의 우세한 형태를 예측하시오. 카복실기의 pK_a는 2.3이고 암모늄기(NH_4^+)의 pK_a는 9.6이다.

16.54 음용수 중 Pb^{2+} 이온의 최대 허용 농도는 0.05 ppm(즉, 1백만 g의 물에서 0.05 g의 Pb^{2+})이다. 지하수 공급이 광물 각석(mineral anglesite, $PbSO_4$, $K_{sp} = 1.6 \times 10^{-8}$)과 평형을 이룬다면 이 기준치를 초과하는가?

16.55 레몬 주스를 차에 넣으면 색이 밝아진다. 부분적으로 색의 변화는 희석에 기인하지만 변화의 주요 원인은 산-염기 반응이다. 반응은 무엇인가?(힌트: 차에는 약산인 "폴리 페놀"이 들어 있으며, 레몬 주스에는 구연산이 들어 있다.)

16.56 가장 높은 $[H_3O^+]$를 갖는 용액은 다음 중 어느 것인가?

(a) 0.10 M HF 용액

(b) 0.10 M HF를 포함한 0.10 M NaF 용액

(c) 0.10 M HF를 포함한 0.10 M SbF_5 용액(힌트: SbF_5

는 F^-와 반응하여 착물 이온 SbF_6^-를 형성한다.)

16.57 5℃에서 1.0 L 포화 탄산 포타슘 용액을 여과하여 용해되지 않은 고체를 제거하고 용해된 화합물을 충분히 분해하기 위해 염산으로 처리한다. 생성된 이산화 탄소는 19 mL 바이알(vial)에 수집되어 25℃에서 114 mmHg의 압력을 나타낸다. 5℃에서 은 탄산염(silver carbonate)의 K_{sp}는 얼마인가?

16.58 산-염기 반응은 일반적으로 완전히 진행된다. 다음의 각경우에 대한 평형 상수를 계산하여 이 진술을 확인하시오. (힌트: 강산은 H_3O^+ 이온으로 존재하며, 용액에 OH^- 이온으로 강한 염기가 존재하므로 K_a, K_b 및 K_w를 찾아야 한다.)

(a) 강염기와 반응하는 강산

(b) 약염기(NH_3)와 반응하는 강산

(c) 강염기와 반응하는 약산(CH_3COOH)

(d) 약염기(NH_3)와 반응하는 약산(CH_3COOH)

종합 연습문제

물리학과 생물학

수용성 산은 탄산 이온과 반응하여 이산화 탄소를 생성하는 탄산을 생성한다. 5℃에서 1.0 L 포화 탄산은 용액을 충분한 염산으로 처리하여 용액 중의 모든 탄산염을 소비한다. 생성된 이산화 탄소는 19 mL 바이알에 수집되어 25℃에서 114 mmHg의 압력을 나타낸다.

1. 다음 반응 중 이산화 탄소를 생성하기 위해 반응하는 산과 탄산염의 전반적인 과정을 나타내는 것은 무엇인가?

   a) $CO_3^{2-} + 2H^+ \longrightarrow H_2CO_3$

   b) $H_2CO_3 \rightleftharpoons H_2O + CO_2$

   c) $CO_3^{2-} + 2H^+ \longrightarrow H_2O + CO_2$

   d) $Ag_2CO_3 + 2H^+ \longrightarrow 2Ag^+ + CO_2 + H_2O$

2. 5℃에서 탄산 은(silver carbonate)의 K_{sp}는 얼마인가?

   a) 2.5×10^{-11} b) 5.4×10^{-8}

   c) 6.3×10^{-12} d) 2.7×10^{-8}

3. 25℃에서 탄산 은의 K_{sp}는 8.1×10^{-12}이다. 이것과 문제 1의 답을 바탕으로 탄산 은의 용해에 대해 무엇을 말할 수 있는가?

   a) 흡열 반응이다.   b) 발열 반응이다.

   c) 발열도 흡열도 아니다.   d) 수소 기체를 생성한다.

4. 다음 보기의 화합물들 중 어느 것을 Ag_2CO_3의 포화 용액에 첨가하면 Ag_2CO_3의 용해도가 증가 할 것인가?

   a) Na_2CO_3 b) $NaHCO_3$

   c) $AgNO_3$ d) HNO_3

예제 속 추가문제 정답

16.1.1 4.22 **16.1.2** 9.11 **16.2.1** 5.0 **16.2.2** 0.33 mol **16.3.1** 0.6 mol의 CH_3COONa와 1 mol의 CH_3COOH를 충분한 물에 녹여 1 L의 용액을 만든다. **16.3.2** 2.35~4.35 **16.4.1** (a) 5.04 (b) 8.76 (c) 12.2 **16.4.2** (a) 8.3 mL (b) 12.5 mL (c) 27.0 mL **16.5.1** 5.91 **16.5.2** 아닐린 **16.6.1** (a) 브로모페놀 블루, 메틸 오렌지, 메틸 레드 또는 클로로페놀 (b) 티몰 블루, 브로모페놀 블루 또는 메틸 오렌지를 제외한 지시약 (c) 크레졸 레드, 페놀프탈레인 **16.6.2** 요소 **16.7.1** (a) 1.3×10^{-5} M, 1.8×10^{-3} g/L (b) 1.0×10^{-3} M, 1.5×10^{-11} g/L (c) 4.0×10^{-5} M, 5.9×10^{-3} g/L **16.7.2** (a) 2.2×10^{-3} M, 0.53 g/L (b) 1.3×10^{-4} M, 3.5×10^{-2} g/L (c) 1.7×10^{-15} M,

8.8×10^{-13} g/L **16.8.1** (a) 1.5×10^{-14} (b) 1.7×10^{-6} (c) 1.3×10^{-15} **16.8.2** (a) 1.5×10^{-14} (b) 4.8×10^{-29} (c) 9.0×10^{-33} **16.9.1** (a) 네 (b) 네 (c) 아니오 **16.9.2** (a) 4.4×10^{-8} g (b) 1.2 g (c) 0.037 g **16.10.1** (a) 9.1×10^{-9} M (b) 8.3×10^{-14} M **16.10.2** $Ag_2S < AgI < AgBr < AgCl < Ag_2CO_3$ **16.11.1** (a) 네 (b) 네 (c) 아니오 **16.11.2** CO_3^{2-} 이온, OH^- 이온, S^{2-} 이온 또는 SO_3^{2-} 이온 또는 F^- 이온과 같이 약산의 음이온을 포함하고 있는 염들 **16.12.1** 1.8×10^{-34} M **16.12.2** 6.8×10^{-2} M **16.13.1** 0.60 M **16.13.2** (a) 1.6×10^{-9} M (b) 2.6×10^{-6} M

CHAPTER 17

엔트로피, 자유 에너지 및 평형

Entropy, Free Energy, and Equilibrium

"Plotkin의 엔트로피" Laurel Latto의 작품

생물계는 어떻게 열역학 법칙을 준수해야 하는가

예술가인 Laurel Latto가 그린 "Plotkin의 엔트로피" 그림은 생물 세포에서 합성되는
긴 모양의 폴리펩타이드 사슬을 추상적으로 묘사한 것이다. 정상적인 생리적 조건하에서,
자발적으로 폴리펩타이드는 다양한 기능을 수행하는 고유 단백질(native protein)이라
불리는 독특한 3차원 구조로 접힌다. 본래 사슬은 취할 수 있는 형태가 다양할 수 있지만
고유 단백질은 단지 하나의 특정 배열을 가질 수 있기 때문에, 접힘 과정은 계의 엔트로피
감소를 동반한다.(이 경우 용매 분자인 물 또한 엔트로피 변화에 영향을 미칠 수 있다는 것
을 주목하자.) 열역학의 두 번째 법칙에 따라 임의의 자발적 과정은 우주의 엔트로피를 증
가시켜야 한다. 그러므로 위의 과정이 자발적으로 일어나기 위해서는 계의 엔트로피 감소
를 능가하는 주위의 엔트로피의 증가가 있어야 한다. 아미노산 사이에서 분자 내 인력이
폴리펩타이드 사슬이 접히는 것을 발열 과정으로 만든다. 이 과정에서 생성된 에너지가 퍼
지게 되고 주변의 분자 운동이 증가하게 되어 주변의 엔트로피가 증가한다.

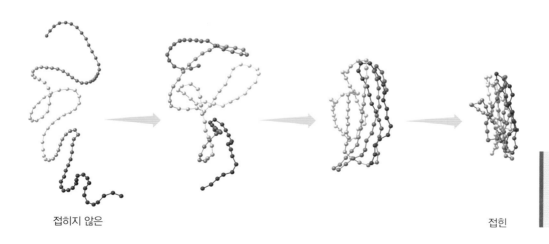

접히지 않은   접힌

이 장의 끝에서 엔트로피의 변
화에 관한 몇 가지 질문에 답
을 할 수 있게 될 것이다[▶▶]
배운 것 적용하기, 777쪽].

17.1 자발적인 과정

열역학에 대한 이해는 반응물이 결합될 때 반응이 일어날지 여부를 예측할 수 있게 해준다. 이것은 실험실에서 새로운 화합물을 합성하고, 산업 규모로 화학 물질을 제조하고, 세포 기능과 같은 자연적 과정을 이해하는 데 중요하다. 특정 조건하에서 **일어나는** 과정을 **자발적 과정**(spontaneous process)이라고 한다. 특정 조건하에서 **일어나지 않는** 과정을 **비자발적**(nonspontaneous)이라고 한다. 표 17.1은 익숙한 자발적 과정과 그에 대응하는 비자발적인 과정의 예를 보이고 있다. 이러한 예는 우리가 직관적으로 아는 것이다. 주어진 조건에서, 어느 한 방향에 대해서 자발적으로 일어나는 과정은 반대 방향으로는 자발적으로 일어나지 않는다.

계의 에너지를 감소시키는 과정은 종종 자발적이다. 예를 들면, 메테인의 연소는 발열 반응이다.

$$CH_4(g) + 2O_2(g) \longrightarrow CO_2(g) + 2H_2O(l) \qquad \Delta H° = -890.4 \text{ kJ/mol}$$

따라서, 반응 과정에서 열이 방출되기 때문에 계의 에너지는 낮아진다. 마찬가지로, 산−염기 중화 반응에서 열은 방출되고 계의 에너지를 낮춘다.

$$H^+(aq) + OH^-(aq) \longrightarrow H_2O(l) \qquad \Delta H° = -56.2 \text{ kJ/mol}$$

이러한 각 과정은 자발적이면서 계의 에너지를 감소시킨다.

이제 얼음이 녹는 것을 생각해 보자.

$$H_2O(s) \longrightarrow H_2O(l) \qquad \Delta H° = 6.01 \text{ kJ/mol}$$

이 과정은 흡열 과정이면서 0°C보다 높은 온도에서는 자발적이기도 하다. 반대로 물이 어는 것은 **발열** 과정이다.

$$H_2O(l) \longrightarrow H_2O(s) \qquad \Delta H° = -6.01 \text{ kJ/mol}$$

그러나 0°C보다 높은 온도에서는 자발적이지 않다.

첫 두 가지 예와 비슷한 많은 예를 근거로 하면, 발열 과정이 자발적으로 진행되는 경향이 있으며 실제로 음수의 ΔH가 자발성에 유리하다는 결론을 내릴 수도 있다. 그러나 마지막 두 가지 예는 모든 상황에서 자발성을 예측하는 데 ΔH의 부호만으로는 충분하지 않다는 것을 분명히 한다. 이 장의 남은 부분에서 한 과정이 주어진 조건에서 자발적인지 여부를 결정하는 두 가지 요소를 검토할 것이다.

표 17.1	익숙한 자발적 및 비자발적 과정
자발적	**비자발적**
실온에서 얼음이 녹는 것	실온에서 물이 어는 것
소듐 금속이 물과 격렬하게 반응하여 수산화 소듐과 수소 기체를 생성하는 것[◀◀ 7.7절]	수산화 소듐과 수소 기체가 반응하여 소듐 금속과 물을 생성하는 것
공이 굴러 내려가는 것	공이 굴러 올라가는 것
실온에서 철이 녹스는 것	실온에서 녹슨 철이 다시 철 금속으로 되돌아가는 것
−10°C에서 물이 어는 것	−10°C에서 물이 녹는 것

17.2 엔트로피

화학적 또는 물리적 과정의 자발성을 예측하기 위해서는 **엔탈피**(enthalpy)의 변화 [◀◀ 5.3절]와 그 과정과 관련된 **엔트로피**(entropy)의 변화를 알아야 한다. 이전에 용액 형성[◀◀ 12.2절]에 대한 논의에서 엔트로피의 개념을 접했다. 이제 엔트로피가 무엇인지 그리고 왜 중요한지에 대해 자세히 살펴볼 것이다.

엔트로피의 정성적인 설명

정성적으로 계의 **엔트로피**(entropy, S)란 계의 에너지가 어떻게 **퍼져 나가고**(spread out) 또는 어떻게 **분산**(dispersed)되는지를 측정하는 것이다. 이의 가장 간단한 해석은 계의 에너지가 어떻게 **우주**(space)로 퍼져 나가는가 하는 것이다. 즉, 주어진 계에 대해서, 계가 차지하는 부피가 커질수록 그 엔트로피는 커진다. 이러한 해석은 그림 17.1에서 있는 과정이 엔탈피 변화가 없음에도 불구하고 어떻게 자발적으로 일어나는지를 설명한다. 원래 용기의 한쪽에 갇혀 있던 기체 분자들은 움직이기 때문에 **운동 에너지**(motional energy)를 갖는다. 운동 에너지는 분자 전체가 공간을 통해 이동하는 **병진**(translational) 에너지[◀◀ 5.1절], 분자의 무게 중심을 통과하는 축을 중심으로 분자가 회전하는 **회전 에너지**(rotational energy), 분자 중 원자들이 다른 원자들에 대해 상대적으로 움직이는 **진동 에너지**(vibrational energy)를 포함한다. 분자들의 움직임을 방해하는 장벽이 없다면, 분자의 운동 에너지는 더 큰 부피를 차지하기 위해 퍼질 것이다. 장벽이 제거되면 더 큰 부피를 차지하기 위해 계의 운동 에너지는 분산되고 계의 엔트로피가 증가된다. 자발성이 발열 반응에 의해서 선호되는 것과 마찬가지로, 엔트로피의 증가에 의해서도 자발성은 선호된다. 엔탈피의 변화이든, 엔트로피의 변화이든, 또는 둘 다이든 자발적 과정이 되기 위해서는 **무엇**(something)인가가 자발성을 선호해야 한다.

엔트로피의 정량적인 정의

이 시점에서 Ludwig Boltzmann이 제안한 엔트로피의 수학적 정의를 소개하는 것이 유용하다.

$$S = k \ln W \qquad \text{[◀◀ 식 17.1]}$$

여기서 k는 Boltzmann 상수(1.38×10^{-23} J/K)이고, W는 계에서 분자가 에너지 면에서

> **학생 노트**
> Boltzmann 상수는 기체 상수[R(J/K·mol)]를 Avogadro 수(N_A)로 나눈 것과 같다.

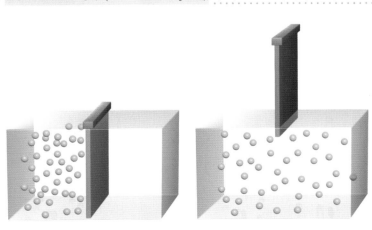

그림 17.1 자발적인 과정. 처음 용기 한쪽에 갇혀 빠르게 움직이던 기체 분자들은 장벽이 제거되면 용기 전체를 채우기 위해 퍼져 나간다.

동등하게 배열될 수 있는 서로 다른 방식의 수이다. 이것이 의미하는 바를 설명하기 위해, 그림 17.1에 나타낸 과정을 단순화시켜 고려해 보자. 용기의 왼쪽과 오른쪽 사이의 장벽을 제거하기 전, 임의의 순간에 각 분자는 용기의 왼쪽 어딘가에 특정한 위치를 갖는다. 분자들의 가능한 위치를 세분화하기 위해 우리는 용기의 각 부분이 **방**(cell)이라고 불리는 많고 작으면서 동일한 부피들로 나눠져 있다고 상상할 수 있다. 가장 단순한 시나리오에서, 계에 단지 1개의 분자가 있을 경우, 분자의 가능한 위치의 수는 방의 수와 같다. 계가 **2개**의 분자를 포함한다면, 가능한 배열의 수는 방의 수를 **제곱**한 수와 같다.(하나의 방은 1개보다 더 많은 수의 분자를 포함할 수 있다는 것을 인식하자.) 분자의 수를 하나씩 늘릴 때마다, 가능한 배열의 수는 방의 수와 같은 인자로 증가한다. 일반적으로 X개의 방과 N개의 분자로 이루어진 공간의 경우에, 가능한 배열의 수(W)는 다음 식으로 주어진다.

학생 노트
가능한 배열의 수는 종종 미시 상태(microstate)의 수로 불린다.

$$W = X^N \qquad [\blacktriangleleft\blacktriangleleft \text{식 } 17.2]$$

그림 17.2는 단지 2개의 분자에 대한 간단한 경우를 보여준다. 용기가 4개의 방으로 나뉘어 있고 각 방은 v라는 부피를 갖는다고 하자. 초기에 2개의 분자가 왼쪽 2개의 방에 갇혀 있다. 2개의 방에 2개의 분자가 있는 경우, 분자의 가능한 배열은 $2^2 = 4$개가 된다[그림 17.2(a)]. 장벽이 제거되면 분자가 이용할 수 있는 부피가 두 배가 되고 방의 수 또한 두 배가 된다. 4개의 방을 사용할 수 있는 경우, 분자의 배열은 $4^2 = 16$개가 된다. 16개의 배열 중 8개는 용기의 양쪽에 분자를 가지고 있다[그림 17.2(b)]. 나머지 8개의 배열 중 4개는 왼쪽에 2개 분자를 가지고 있으며[그림 17.2(a)와 같이], 4개는 오른쪽에 2개의 분자를 가

그림 17.2 (a) 장벽이 제거되기 전에 2개 분자는 모두 용기의 왼쪽에 있게 되는데, 이 부분이 동일한 부피를 갖는 2개의 방으로 나눠진 것으로 가정한다. 2개의 방에 2개 분자에 대해서 4개의 가능한 배열이 있다. (b) 용기의 양쪽을 가르던 장벽이 제거되면, 분자들에게 허용되는 부피와 방의 수는 2배가 된다. 가능한 배열의 수는 $4^2 = 16$이고 그중에 8개는 분자들이 용기의 반대 양쪽에 있는 것이며, 이것이 가장 있을 법한 상태이다.

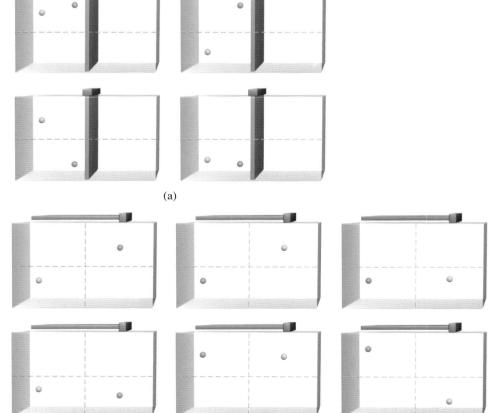

(a)

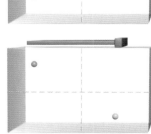

(b)

지게 된다(표시되지 않음). 이 계에는 세 가지 상태가 가능하다.

1. 양쪽에 분자 하나씩(8개 가능한 배열)
2. 왼쪽에 두 분자(4개의 가능한 배열)
3. 오른쪽에 두 분자(4개의 가능한 배열)

가장 **있을 법한**(probable) 상태는 가능한 배열의 수가 **가장 큰**(largest) 상태이다. 이 경우, 가장 있을 법한 상태는 용기의 양쪽에 분자가 하나씩 있는 상태이다. 같은 원리가 많은 수의 분자를 갖는 계에도 적용된다. 분자의 수를 늘리면 가능한 배열의 수도 늘어난다. 하지만, 가장 있을 법한 상태는 기체 분자들이 용기의 양쪽에 골고루 나눠져 있는 상태일 것이다.

> **학생 노트**
> 가능한 배열의 수가 가장 큰 상태는 가장 높은 엔트로피를 가진다.

17.3 계의 엔트로피 변화

$\Delta S_{계}$의 계산

계의 엔트로피 변화는 최종 상태의 엔트로피와 초기 상태의 엔트로피의 차이이다.

$$\Delta S_{계} = S_{최종} - S_{초기} \qquad [\blacktriangleleft\blacktriangleleft 식\ 17.3]$$

식 17.1을 이용하여, 각 상태의 엔트로피에 대한 표현을 쓸 수 있다.

$$\Delta S_{계} = k \ln W_{최종} - k \ln W_{초기} = k \ln \frac{W_{최종}}{W_{초기}}$$

> **학생 노트**
> 두 로그에서의 차이는 그 몫의 로그와 같다.
> $$\ln A - \ln B = \ln \frac{A}{B}$$
> 그리고 $\ln A^x = x \ln A [\blacktriangleleft$ 부록 1]

이 결과를 식 17.2와 결합하면 다음과 같다.

$$\Delta S_{계} = k \ln \frac{(X_{최종})^N}{(X_{초기})^N} = k \ln \left(\frac{X_{최종}}{X_{초기}}\right)^N = kN \ln \left(\frac{X_{최종}}{X_{초기}}\right)$$

X는 방의 수이고 각 방의 부피는 v이므로, 총 부피는 방의 개수와 관련 있다.

$$V = Xv \quad 또는 \quad X = \frac{V}{v}$$

$X_{최종}$ 대신에 $V_{최종}/v$를, 그리고 $X_{초기}$ 대신에 $V_{초기}/v$를 대입하면, 다음을 얻는다.

$$\Delta S_{계} = kN \ln \frac{V_{최종}/v}{V_{초기}/v} = kN \ln \frac{V_{최종}}{V_{초기}}$$

마지막으로, Boltzmann 상수(k)는 기체 상수(R)를 Avogadro 수(N_A)로 나눈 것이기 때문에 $k = \dfrac{R}{N_A}$이다.

그리고 분자 수(N)는 mol의 n과 Avogadro 수(N_A)를 곱한 것이기 때문에

$$N = n \times N_A$$

$$kN = \left(\frac{R}{N_A} \times n \times N_A\right) = nR$$

이다. 식은 다음과 같이 정리된다.

$$\Delta S_{계} = nR \ln \frac{V_{최종}}{V_{초기}} \qquad [\blacktriangleleft\blacktriangleleft 식\ 17.4]$$

예제 17.1은 식 17.4를 이용하여 일정한 온도에서 이상 기체의 팽창, 즉 그림 17.1과 같은 과정에 대한 엔트로피 변화를 계산하는 방법을 보여준다.

예제 17.1

일정한 온도에서 처음에 5.0 L 용기의 절반에 갇혀 있던 이상 기체 1.0 mol이 전체 용기를 채우기 위해 팽창할 때 일어나는 엔트로피의 변화를 결정하시오.

전략 이것은 이상 기체의 등온 팽창이다. 분자가 더 큰 부피를 차지하기 위해 퍼지기 때문에 계의 엔트로피가 증가할 것으로 예상된다. 식 17.3을 이용해서 $\Delta S_{계}$를 계산한다.

계획 $R = 8.314$ J/K · mol, $n = 1.0$ mol, $V_{최종} = 5.0$ L, 그리고 $V_{초기} = 2.5$ L이다.

풀이

$$\Delta S_{계} = nR \ln \frac{V_{최종}}{V_{초기}} = 1.0 \text{ mol} \times \frac{8.314 \text{ J}}{\text{K} \cdot \text{mol}} \times \ln \frac{5.0 \text{ L}}{2.5 \text{ L}} = 5.8 \text{ J/K}$$

생각해 보기

어떤 과정이 자발적이기 위해서는 무엇인가가 자발성을 선호해야만 한다는 것을 기억하자. 과정이 자발적이면서 발열이 아니라면(이 예에서는 엔탈피 변화가 없었다), $\Delta S_{계}$가 양의 값이 될 것으로 생각해야 한다.

추가문제 1 일정 온도에서 이상 기체 0.10 mol이 2.0 L에서 3.0 L로 팽창할 때 엔트로피의 변화($\Delta S_{계}$)를 결정하시오.

추가문제 2 일정 온도에서 0.50 mol의 이상 기체 시료가 몇 배로 압축되어야 $\Delta S_{계}$ 값이 -6.7 J/K이겠는가?

추가문제 3 다음 중 어느 식이 일정 부피에서 일어나는 기체 반응에 대한 $\Delta S_{계}$를 계산하기에 맞는가?

$$\Delta S_{계} = nR \qquad \Delta S_{계} = nRT \ln \frac{P_{초기}}{P_{최종}} \qquad \Delta S_{계} = nR \ln \frac{P_{초기}}{P_{최종}} \qquad \Delta S_{계} = \frac{nR}{T} \ln \frac{P_{최종}}{P_{초기}}$$
$$(\text{i}) \qquad\qquad (\text{ii}) \qquad\qquad\qquad (\text{iii}) \qquad\qquad\qquad (\text{iv})$$

표준 엔트로피 $S°$

학생 노트
분자들의 위치가 단지 2개만 가능한 가장 단순한 가상의 계 ($X=2$)에 대해서도, 500개 분자 정도로 적은 수에 대해서도 식 17.2를 이용한 결과값이 크기 때문에 대부분의 계산기는 그 값을 표시할 수 없다. 500개는 실제 시료에 있는 분자의 엄청난 수에 비하면 훨씬 작은 수이다.(만일, 계산기가 $X=2$는 가능할 것 같다면, $N \leq 332$분자에 한해서 가능한 배열의 수를 계산할 수 있을 것이다. 다음을 시도해 보시오: $2^{332}=?$ 그리고 $2^{333}=?$)

식 17.1은 엔트로피의 양적 정의를 제공하지만, 실제로 일어나는 과정에 대한 엔트로피 변화를 계산하기 위해 식 17.1이나 식 17.3을 사용하는 경우는 거의 없다. 이는 거시적인 계에서 서로 다른 가능한 배열(식 17.2)의 수(W)를 결정하는 데 어려움이 있기 때문이다. 대신에 등온 팽창이나 이상 기체의 수축(이런 경우에는 식 17.4를 이용할 수 있다) 이외의 과정에 대해서, 일상적으로 표로 나타낸 값들을 이용해서 엔트로피 변화를 구한다.

열량계[◀◀ 5.4절]를 이용하여 물질의 엔트로피(S)의 절댓값을 결정할 수 있다. 이것은 에너지나 엔탈피에 대해서는 할 수 없는 일이다.(계가 겪는 과정에 대해 ΔU와 ΔH를 결정할 수 있지만, 계에 대해 U 또는 H의 절댓값을 결정할 수 없다는 것을 기억하자[◀◀ 5.2절과 5.3절].) **표준 엔트로피**(standard entropy, $S°$)는 1 atm에서 한 물질의 절대 엔트로피이다.(많은 과정들이 실온에서 수행되므로 표준 엔트로피의 표에 있는 값들은 전형적으로 25°C에서의 값이다. 온도는 표준 상태에 대한 정의의 일부가 아니므로 지정되어야 한다.) 표 17.2는 몇 가지 원소와 화합물의 표준 엔트로피를 보이고 있다. 부록 2는 보다 광범위한 목록을 제공한다. 엔트로피의 단위는 J/K · mol이다. 엔트로피의 값이 전형적으로 상당히 작기 때문에 kJ보다는 J을 사용한다. 물질(원소와 화합물)의 엔트로피는 항상 양의 값이다(예를 들어, $S > 0$). 심지어, 표준 상태에 있는 원소의 경우에도 그렇다.(표준 상태에 있는 원소에 관한 표준 생성 **엔탈피** ΔH_f°는 임의로 0으로 정의되고, 화합물의 경우는 양의 값이 될 수도 또는 음의 값이 될 수도 있다[◀◀ 5.6절].) 부록 2를 비롯한 표에서 몇 가지 수용성 이온에 대해서 **음**의 값의 절대 엔트로피인 것을 볼 수 있다. 물질과 달리, 개별 이온은 실험적으로 연구될 수 없다. 따라서 이온의 표준 엔트로피는 실제로 상대적인 값이며, 수화된 수소 이온(하이드로늄 이온)에 0의 표준 엔트로피 값이 임의로 할당된다. 한 이온의 수화 정도에 따라서 그 표준 엔트로피는 수소 이온의 값에 상대적인 음의 값이나 양의 값이 될 수 있다.

표 17.2를 보면 몇 가지 중요한 경향을 확인할 수 있다.

- 어떤 주어진 물질에 대한 표준 엔트로피는 고체상보다 액체상에서 더 크다.[$Na(s)$와 $Na(l)$의 표준 엔트로피를 비교해 보자.] 이것은 액체에서 더 큰 분자 운동을 하고 때문에 원자들에 대한 많은 수의 가능한 배열을 초래하는 반면에 고체에서 원자들의 위치는 고정되어 있다.

- 어떤 주어진 물질에 대해 표준 엔트로피는 액체상보다 기체상에서 더 크다.[$Na(l)$과 $Na(g)$ 그리고 $H_2O(l)$와 $H_2O(g)$의 표준 엔트로피를 비교해 보자.] 이것은 기체상의 더 큰 분자 운동으로 인해, 액체상보다 기체상 원자들의 더 많은 수의 가능한 배열을 초래하기 때문이다. 이것은 부분적으로 기체상이 응축상보다 훨씬 더 큰 부피를 차지하기 때문이기도 하다.

- 2개의 단원자 종의 경우, 더 큰 몰질량을 갖는 것이 더 큰 표준 엔트로피를 갖는다. [$He(g)$와 $Ne(g)$의 표준 엔트로피를 비교해 보자.]

- 동일한 상에 있으면서 유사한 몰질량을 갖는 2개의 물질의 경우, 더 복잡한 분자 구조를 갖는 물질이 더 큰 표준 엔트로피를 갖는다.[$O_3(g)$와 $F_2(g)$의 표준 엔트로피를 비교해 보자.] 분자 구조가 복잡할수록 분자는 더 많은 다른 유형의 움직임을 보인다. 예를 들어, F_2와 같은 이원자 분자는 오직 한 종류의 진동을 나타내는 반면, O_3와 같이 구부러진 삼원자 분자는 세 가지 다른 유형의 진동을 나타낸다. 각 움직임의 양식은 계의 에너지가 분산될 수 있는 유용한 총 에너지 준위의 수에 기여한다. 그림 17.3은 F_2와 O_3 분자가 회전하고 진동할 수 있는 방식을 보여준다.

- 원소가 2개 이상의 동소체로 존재하는 경우, 원자들의 유동성이 더욱 큰 동소체가 더 큰 엔트로피를 갖는다.[C(다이아몬드)와 C(흑연)의 표준 엔트로피를 비교해 보자. 다이아몬드의 경우, 탄소 원자는 3차원 배열에서 고정된 위치를 차지한다. 흑연에서 탄소 원자는 2차원 판 내의 고정된 위치를 점유하지만(그림 11.27 참조), 판은 서로에 대

표 17.2	25°C에서 몇 가지 물질의 표준 엔트로피 값($S°$)		
물질	**$S°$(J/K·mol)**	**물질**	**$S°$(J/K·mol)**
$H_2O(l)$	69.9	C(다이아몬드)	2.4
$H_2O(g)$	188.7	C(흑연)	5.69
$Na(s)$	51.05	$O_2(g)$	205.0
$Na(l)$	57.56	$O_3(g)$	237.6
$Na(g)$	153.7	$F_2(g)$	203.34
$He(g)$	126.1	$Au(s)$	47.7
$Ne(g)$	146.2	$Hg(l)$	77.4

그림 17.3 분자는 병진 운동 외에도, 서로의 상대적인 원자의 위치가 변화하는 진동 운동(vibration)과 분자가 질량의 중심에 대해서 회전하는 회전 운동(rotation)을 한다.
(a) 플루오린과 같은 이원자 분자는 한 가지 유형의 진동만을 보인다. 오존과 같은 굽은 삼원자 분자는 세 가지 유형의 진동을 보인다. (b) 이원자 분자는 2개의 다른 회전을 보이지만 굽은 삼원자 분자는 3개의 다른 회전을 보인다.(x축에 대한 F_2의 회전은 분자 내의 어느 원자의 위치도 변화를 일으키지 않는다는 것에 주목하자.)

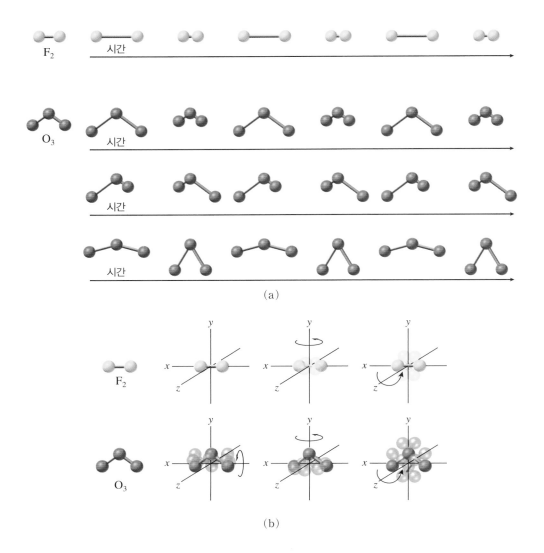

해 자유롭게 움직일 수 있어서 유동성을 증가시키고, 따라서 고체 내에서 가능한 원자 배열의 총 수를 증가시킨다.]

이제 다음의 화학 반응식으로 표현되는 과정을 고려해 보자.

$$a\mathrm{A}+b\mathrm{B} \longrightarrow c\mathrm{C}+d\mathrm{D}$$

반응의 엔탈피 변화가 생성물과 반응물에서의 엔탈피의 차이(식 5.12)인 것처럼, 엔트로피 변화도 생성물과 반응물에서의 엔트로피 차이이다.

$$\Delta S^{\circ}_{\text{반응}}=[cS^{\circ}(\mathrm{C})+dS^{\circ}(\mathrm{D})]-[aS^{\circ}(\mathrm{A})+bS^{\circ}(\mathrm{B})] \qquad [\blacktriangleleft\blacktriangleleft \text{식 } 17.5]$$

또는 $\sum$를 이용해서 합을 나타내고 m과 n을 이용해서 각각 반응물과 생성물의 화학량론적 계수를 나타내면 식 17.5가 다음과 같이 일반화될 수 있다.

$$\Delta S^{\circ}_{\text{반응}}=\sum nS^{\circ}(\text{생성물})-\sum mS^{\circ}(\text{반응물}) \qquad [\blacktriangleleft\blacktriangleleft \text{식 } 17.6]$$

학생 노트
반응이 일반적으로 계(system)이다. 따라서 $\Delta S^{\circ}_{\text{반응}}$이 $\Delta S^{\circ}_{\text{계}}$이다.

대부분 물질의 표준 엔트로피 값이 J/K·mol로 측정된다. 반응에 관한 표준 엔트로피 변화($\Delta S^{\circ}_{\text{반응}}$)를 계산하기 위해서, 생성물과 반응물의 표준 엔트로피를 찾아서 식 17.5를 이용한다.

예제 17.2는 이러한 방법을 설명한다.

예제 17.2

부록 2의 표준 엔트로피 값으로부터 25°C에서의 다음 반응에 대한 표준 엔트로피 변화를 계산하시오.

(a) $CaCO_3(s) \longrightarrow CaO(s) + CO_2(g)$

(b) $N_2(g) + 3H_2(g) \longrightarrow 2NH_3(g)$

(c) $H_2(g) + Cl_2(g) \longrightarrow 2HCl(g)$

전략 표준 엔트로피 값을 찾고 식 17.5를 이용하여 $\Delta S°_{반응}$을 계산한다. 반응의 표준 엔탈피를 계산할 때와 마찬가지로, 화학량론적 계수는 차원이 없는 것으로 간주하고, $\Delta S°_{반응}$의 단위는 $J/K \cdot mol$로 한다. 여기에 1 mol당(per mole)은 반응 1 mol당을 의미하는 것을 기억하자[◀◀ 5.6절].

계획 부록 2로부터, $S°[CaCO_3(s)] = 92.9\ J/K \cdot mol$, $S°[CaO(s)] = 39.8\ J/K \cdot mol$, $S°[CO_2(g)] = 213.6\ J/K \cdot mol$, $S°[N_2(g)] = 191.5\ J/K \cdot mol$, $S°[H_2(g)] = 131.0\ J/K \cdot mol$, $S°[NH_3(g)] = 193.0\ J/K \cdot mol$, $S°[Cl_2(g)] = 223.0\ J/K \cdot mol$ 그리고 $S°[HCl(g)] = 187.0\ J/K \cdot mol$이다.

풀이 (a) $\Delta S°_{반응} = [S°(CaO) + S°(CO_2)] - [S°(CaCO_3)]$
$$= [(39.8\ J/K \cdot mol) + (213.6\ J/K \cdot mol)] - (92.9\ J/K \cdot mol)$$
$$= 160.5\ J/K \cdot mol$$

(b) $\Delta S°_{반응} = [2S°(NH_3)] - [S°(N_2) + 3S°(H_2)]$
$$= (2)(193.0\ J/K \cdot mol) - [(191.5\ J/K \cdot mol) + (3)(131.0\ J/K \cdot mol)]$$
$$= -198.5\ J/K \cdot mol$$

(c) $\Delta S°_{반응} = [2S°(HCl)] - [S°(H_2) + S°(Cl_2)]$
$$= (2)(187.0\ J/K \cdot mol) - [(131.0\ J/K \cdot mol) + (223.0\ J/K \cdot mol)]$$
$$= 20.0\ J/K \cdot mol$$

생각해 보기

각 표준 엔트로피 값에 정확한 화학량론 계수를 곱하는 것을 기억하자. 식 5.19와 마찬가지로 식 17.5는 균형 맞춤 화학 반응식에만 사용할 수 있다.

추가문제 1 25°C에서 다음 반응에 대한 표준 엔트로피 변화를 계산하시오. 먼저 각 변화가 양의 값이 될지, 음의 값이 될지, 또는 예측하기 어려운지 말하시오.

(a) $2CO_2(g) \longrightarrow 2CO(g) + O_2(g)$

(b) $3O_2(g) \longrightarrow 2O_3(g)$

(c) $2NaHCO_3(s) \longrightarrow Na_2CO_3(s) + H_2O(l) + CO_2(g)$

추가문제 2 다음의 각 반응에는 부록 2에 열거되지 않은 화학종이 있다. 각 경우에 있어서, 부록 2의 값들과 주어진 $\Delta S°_{반응}$을 이용하여, 25°C에서 누락된 화학종에 대한 표준 엔트로피 값을 결정하시오.

(a) $K(s) \longrightarrow K(l)$, $\Delta S°_{반응} = 7.9\ J/K \cdot mol$

(b) $2S(사방) + Cl_2(g) \longrightarrow S_2Cl_2(g)$,
$\Delta S°_{반응} = 44.74\ J/K \cdot mol$

(c) $O_2(g) + 2MgF_2(s) \longrightarrow 2MgO(s) + 2F_2(g)$,
$\Delta S°_{반응} = 140.76\ J/K \cdot mol$

추가문제 3 그림에 나타낸 각 반응에 대하여, $\Delta S°_{반응}$이 양의 값인지, 음의 값인지 또는 예측하기 어려운지 밝히시오.

(i)

(ii)

(iii)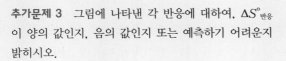

$\Delta S°_{계}$의 부호를 정성적으로 예측하기

생성물과 반응물의 표준 엔트로피가 알려져 있을 때 식 17.5를 이용하여 어떤 과정에 대한 $\Delta S°_{반응}$을 계산할 수 있다. 그러나 때로는 $\Delta S°_{반응}$의 **부호**(sign)를 아는 것만으로도 유용하다. 여러 요인이 $\Delta S°_{반응}$의 부호에 영향을 미칠 수 있지만 단일 요인에 의해 결과가 좌우될 수 있는데, 이 요인이 종종 질적 예측을 하는 데 사용될 수 있다. 엔트로피의 증가를 유발하는 과정들은 다음과 같다.

- 용융
- 증발 또는 승화
- 온도 증가
- 많은 수의 기체 분자를 발생하는 반응

고체가 녹을 때 분자들은 더 큰 에너지를 가지며 더 유동적이게 된다. 분자들은 고체에서 고정된 위치에 있다가 액체에서 자유롭게 이동할 수 있게 된다. 표준 엔트로피의 논의에서 보았듯이, 이것은 분자들의 보다 많은 가능한 배열을 만들고 더 큰 엔트로피를 유도한다. 같은 논리가 물질의 기화 또는 승화에 대해서도 적용된다. 분자들이 응축상으로부터 기체상으로 갈 때, 에너지와 유동성 그리고 계의 분자들의 가능한 배열 수에 있어서 극적인 증가가 있다. 따라서, 고체-액체 전이에 비해 계의 엔트로피의 증가가 훨씬 크다.

계의 온도가 증가하면 계의 분자들의 에너지가 증가한다. 이를 시각화하기 위해 기체의 온도를 증가시키면 기체의 평균 운동 에너지가 증가한다는 분자 운동론에 대한 논의를 상기하자. 이것은 기체 분자의 평균 속력이 증가하고 분자 속력의 범위가 넓어지게 한다[그림 10.20(a) 참조]. 범위 내 가능한 각 분자의 속력을 불연속적 에너지 준위로 생각해 보면 더 높은 온도에서 더 많은 가능한 분자 속력이 있으며, 더 많은 수의 에너지 준위가 계의 분자들에게 가능해진다. 이용 가능한 에너지 준위의 수가 더 많을수록, 그 준위 내에서 더 많은 수의 분자 배열이 가능해져 엔트로피가 커진다.

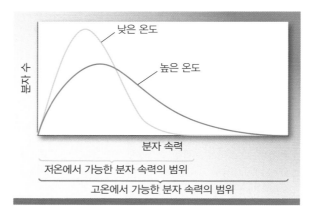

기체 상태에서 물질의 엔트로피는 액체상 또는 고체상에서의 엔트로피보다 훨씬 크기 때문에, 기체 분자의 수를 증가시키는 반응은 계의 엔트로피를 증가시킨다. 기체를 포함하지 않는 반응의 경우, 고체상, 액체상 또는 수용액 분자의 수 증가 역시 일반적으로 엔트로피를 증가시킨다.

이러한 요인을 고려하여, 관련된 화학종들에 대한 절대 엔트로피 값을 찾아보지 않고도 물리적 또는 화학적 과정에 대하여 $\Delta S°_{반응}$의 부호에 대한 합리적인 예측을 일반적으로 할 수 있다. 그림 17.4(754~755쪽)는 엔트로피를 비교하는 데 사용할 수 있는 요인을 요약하

표 17.3	25°C에서 몇 가지 이온성 고체의 용해에 대한 엔트로피 변화($\Delta S°_\text{용액}$)*	
	용해 반응식	$\Delta S°_\text{용액}$(**J/K·mol**)
	$NH_4NO_3(s) \longrightarrow NH_4^+(aq) + NO_3^-(aq)$	108.1
	$AlCl_3(s) \longrightarrow Al^{3+}(aq) + 3Cl^-(aq)$	−253.2
	$FeCl_3(s) \longrightarrow Fe^{3+}(aq) + 3Cl^-(aq)$	−266.1

*$\Delta S°_\text{반응}$에서 아래 첨자 "반응"은 용액 과정에 대해서 구체적으로 나타내기 위해 "용액"으로 바꾼다.

고 몇 가지 비교를 보여준다.

　용융, 증발/승화, 온도 증가 그리고 기체 분자의 수를 증가시키는 반응은 항상 엔트로피의 증가를 일으키는 과정인데, 이것 말고도 물질을 **용해시키는**(dissolving) 과정도 종종 엔트로피를 증가시킨다. 설탕과 같은 분자성 용질의 경우, 용해는 더 큰 부피로 분자의 확산(결과적으로 계의 에너지)을 일으켜 엔트로피를 증가시킨다. 이온성 용질의 경우, 분석은 약간 더 복잡하다. 이온성 용액의 형성에 대한 논의[|◀◀ 12.2절]에서, 질산 암모늄(NH_4NO_3)의 용해는 흡열 과정임에도 불구하고 이온성 고체가 해리되어 용액으로 분산될 때 계의 엔트로피가 증가하기 때문에 자발적이라는 것을 알았다. 이것은 일반적으로 이온들의 전하가 작은 이온성 용질의 경우에 관한 경우이다.(NH_4NO_3의 경우에 이온들의 전하는 +1과 −1이다.) 그런데 이온들은 물에 흩어지면 수화된다.(특정 배열로 물 분자에 둘러싸이게 된다[|◀◀ 그림 4.4].) 이것은 수화라는 현상이 일부 물 분자를 용해된 이온 주위의 위치에 고정시키면서 유동성을 감소시키기 때문에 **물**의 엔트로피를 **감소**(decrease)시킨다. 이온들의 전하가 낮을 경우, 용질의 엔트로피 증가가 물의 엔트로피 감소를 압도하기 때문에 NH_4NO_3의 경우처럼 계의 엔트로피는 전체적으로 **증가**(increase)하게 된다. 대조적으로, Al^{3+}와 Fe^{3+}처럼 높은 전하값의 이온들이 수화되면, 물의 엔트로피 감소가 실제로 용질의 엔트로피 증가를 압도할 수 있어서 계의 엔트로피는 전체적으로 **감소**(decrease)하게 된다. 표 17.3은 몇 가지 이온성 고체의 자발적 용해와 관련된 엔트로피의 변화를 보여준다.

　예제 17.3에서 $\Delta S°_\text{반응}$의 부호를 정량적으로 예측하는 연습을 할 수 있다.

예제　17.3

각 과정에 대해서 계에 대한 ΔS의 부호를 결정하시오.
(a) $CaCO_3(s)$가 분해되어 $CaO(s)$와 $CO_2(g)$를 생성하는 반응
(b) 45°C에서 80°C로 브로민 기체의 가열
(c) 차가운 표면에서 수증기의 응축
(d) $NH_3(g)$와 $HCl(g)$이 $NH_4Cl(s)$을 생성하는 반응
(e) 물에서 설탕의 용해

전략　원자들의 에너지/유동성의 변화와 각 경우에 각 입자가 차지할 수 있는 가능한 위치의 수의 변화를 고려한다. 배열 수의 증가는 엔트로피의 증가이며 양의 ΔS에 해당된다.

계획　엔트로피의 증가는 일반적으로 고체−액체, 액체−기체, 고체−기체 전이, 한 물질의 다른 물질에서의 용해, 온도 증가, 기체 알짜 mol을 증가시키는 반응에 의해 일어난다.

그림 17.4
계의 엔트로피에 영향을 미치는 요인들

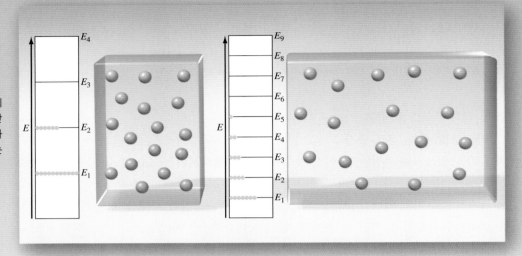

부피 변화

양자 역학적 분석은 병진 운동 에너지 준위 사이의 간격이 용기의 부피에 반비례함을 보인다. 따라서 부피가 증가되면 계의 에너지가 분산될 수 있는 더 많은 에너지 준위가 생겨난다.

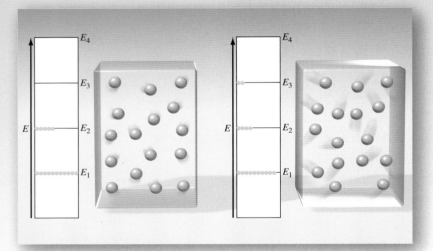

온도 변화

고온에서 분자는 더 큰 운동 에너지를 가지므로 더 많은 에너지 준위를 가질 수 있게 된다. 이것은 계의 에너지가 분산될 수 있는 에너지 준위의 수를 증가시켜 엔트로피를 증가시킨다.

분자의 복잡성

병진 운동만을 보이는 원자들과는 달리, 분자는 회전 운동과 진동 운동도 할 수 있다. 분자의 복잡성이 클수록 회전 및 진동할 수 있는 방법의 수가 많아진다. 예를 들어, 오존 분자(O_3)는 플루오린 분자(F_2)보다 더 복잡하며 더 많은 종류의 진동과 회전을 나타낸다(그림 17.3 참조). 그 결과 계의 에너지가 분산될 수 있는 더 많은 에너지 준위가 발생한다. 추가적인 에너지 준위들의 수와 간격을 단순화해서 명확한 그림을 보이고 있다.

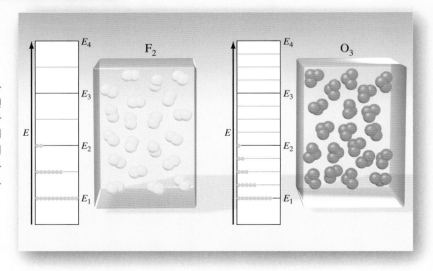

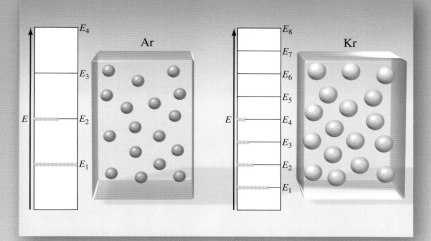

몰질량

더 큰 몰질량을 갖는 물질의 에너지 준위들은 서로 가깝게 위치한다. 예를 들어, Kr 몰질량은 대략 Ar의 몰질량의 2배 이다. 따라서, Kr은 계의 에너지가 분산되는 에너지의 준위 도 대략 2배 많다.

상변화

분자들은 고체상에서보다 액체상에서 더 큰 유동성을 갖기 때문에 더 많은 서로 다른 분자 배열(W)이 가능하다. 그리고 액체상에서 보다 기체상에서 훨씬 더 많은 배열이 가능하다. 물질이 녹을 때($s \to \ell$), 증발할 때($\ell \to g$) 또는 승화할 때($s \to g$), 물질의 엔트로피 는 증가한다.

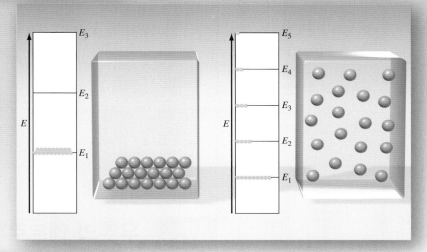

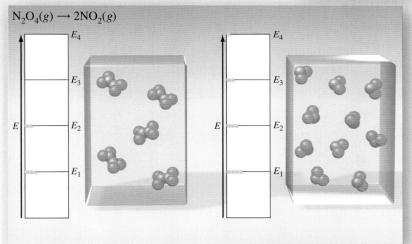

화학 반응

화학 반응에서 소비되는 것보다 더 많은 기체 분자가 생성 될 때, 분자들의 가능한 서로 다른 배열의 수(W)가 증가하 고 엔트로피도 증가한다.

요점은 무엇인가?

여러 요인이 계의 엔트로피 또는 한 과정과 관련된 엔트로피 변화에 영향을 미 칠 수 있지만 종종 한 가지 요인이 결과에 지배적인 영향을 준다. 이러한 각각의 비교를 이용하면 중요한 요인들 중 하나에 대한 정성적인 설명을 할 수 있다.

풀이 (a) ΔS는 양의 값이다.　　　(b) ΔS는 양의 값이다.　　　(c) ΔS는 음의 값이다.
(d) ΔS는 음의 값이다.　　　(e) ΔS는 양의 값이다.

생각해 보기

액체와 고체만을 포함하는 반응의 경우, $\Delta S°$의 부호를 예측하는 것이 더 어려울 수 있다. 그러나 많은 경우에 있어서 총 분자 혹은 이온 수의 증가는 엔트로피의 증가를 수반한다.

추가문제 1 다음의 각 과정에 대해 ΔS의 부호를 결정하시오.

(a) 과포화 용액으로부터 설탕의 결정화　　　　　(b) 150℃에서 110℃까지의 수증기의 냉각

(c) 드라이아이스의 승화

추가문제 2 $AlCl_3(s)$와 $FeCl_3(s)$의 용해에 대한 $\Delta H°_{용액}$의 부호를 정성적으로 예측하시오. 앞에 있는 표 17.3을 참조하시오. 이유를 설명하시오.

추가문제 3 A_2(파란색)와 B_2(오렌지색)가 AB_3를 형성하는 기체상 반응을 고려하시오. 정확한 균형 맞춤 반응식은 무엇이고 이 반응에 대한 ΔS의 부호는 무엇인가?

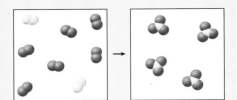

(a) $A_2 + B_2 \longrightarrow AB_3$, 음
(b) $2A_2 + 3B_2 \longrightarrow 4AB_3$, 양
(c) $2A_2 + 3B_2 \longrightarrow 4AB_3$, 음
(d) $A_2 + 3B_2 \longrightarrow 2AB_3$, 음
(e) $A_2 + 3B_2 \longrightarrow 2AB_3$, 양

17.4 우주의 엔트로피 변화

계(system)는 전형적으로 탐구하고 있는 우주의 일부분이다(예를 들어, 화학 반응에서 반응물과 생성물). **주위**(surroundings)는 그 밖의 모든 것이다[◀◀ 5.1절]. 계와 주위가 함께 **우주**(universe)를 구성한다. 이전에 계의 에너지 **분산**(dispersal) 또는 **확산**(spreading out)이 계의 엔트로피 증가에 해당된다는 것을 알았다. 더불어, 계의 엔트로피 증가는 어떤 과정이 자발적인지 여부를 결정하는 요소 중 하나이다. 그러나 과정의 자발성을 정확하게 예측하려면 계와 주위 모두에서 엔트로피 변화를 고려해야 한다.

다음의 과정들을 고려해 보자.

• 얼음 조각은 온도가 25℃인 방에서 자발적으로 녹는다. 이 경우, 25℃에서 공기 분자의 운동 에너지가 얼음 조각으로 전달되어 얼음(0℃)이 녹는다. 상변화가 일어나는 동안에는 온도 변화가 없다. 그러나 분자가 더 유동적으로 되고 얼음에서보다 **액체**(liquid) 물에서 더 많은 다른 가능한 배열이 있기 때문에 계의 엔트로피가 증가한다. 이 경우 용융 과정이 흡열 과정이기 때문에 주위로부터 계로 열이 전달되어 주변 온도는 낮아진다. 약간의 온도 감소로 인해 분자의 운동이 약간 감소하고 주위의 엔트로피도 감소한다.

$\Delta S_{계}$는 양의 값이다.

$\Delta S_{주위}$는 음의 값이다.

- 뜨거운 물 한 컵은 물 분자의 운동 에너지가 더 시원한 주위 공기로 퍼지기 때문에 실내 온도로 자발적으로 냉각된다. 계의 에너지 손실과 그에 상응하는 온도 감소는 **계**(system)의 엔트로피를 **감소**(decrease)시키지만 주위 공기의 증가된 온도는 **주위**(surroundings)의 엔트로피를 **증가**(increase)시킨다.

$\Delta S_{계}$는 음의 값이다.

$\Delta S_{주위}$는 양의 값이다.

따라서 어떤 과정이 자발적인지 아닌지를 결정하는 것은 **계**(system)의 엔트로피일 뿐만 아니라 **주위**(surroundings)의 엔트로피도 중요하다. $\Delta S_{계}$와 $\Delta S_{주위}$가 모두 양의 값인 자발적 과정의 예도 있다. 과산화 수소의 분해는 물과 산소 기체를 생성한다: $2H_2O_2(l)$ $\longrightarrow 2H_2O(l) + O_2(g)$. 이 반응으로 인해 기체 분자 수가 증가하기 때문에 계의 엔트로피가 증가한다는 것을 알 수 있다. 그런데 이것은 발열 반응으로 주위에 열을 방출한다. 주위의 온도가 상승하면 주위의 엔트로피도 증가한다.($\Delta S_{계}$와 $\Delta S_{주위}$가 모두 음의 값인 자발적인 과정은 없다는 것을 명심하자.)

$\Delta S_{주위}$의 계산

발열 과정이 발생하면 계에서 주위로 전달되는 열은 주위 분자의 온도를 증가시킨다. 결과적으로 주위 분자들이 접근할 수 있는 에너지 준위의 수가 증가하고 주위의 엔트로피가 증가한다. 반대로 흡열 과정에서는 열이 주위로부터 계로 전달되어 주위의 엔트로피를 감소시킨다. 일정한 압력 과정에서 방출되거나 흡수되는 열 q는 계의 엔탈피 변화 $\Delta H_{계}$와 같다는 것을 기억하자[◀◀ 5.3절]. 주위의 엔트로피 변화 $\Delta S_{주위}$는 $\Delta H_{계}$에 정비례한다.

$$\Delta S_{주위} \propto -\Delta H_{계}$$

음의 부호는 계에서 음의 엔탈피 변화[**발열**(exothermic) 과정]가 주위의 양의 엔트로피 변화에 해당된다는 것을 나타낸다. **흡열**(endothermic) 과정의 경우, 계에서 엔탈피 변화는 양수이며 주위에서는 음의 엔트로피 변화에 해당된다.

$\Delta S_{주위}$는 $\Delta H_{계}$에 정비례할 뿐만 아니라 온도에 반비례한다.

$$\Delta S_{주위} \propto \frac{1}{T}$$

두 식을 결합하면 다음을 얻는다.

$$\Delta S_{주위} = \frac{-\Delta H_{계}}{T} \qquad [\text{◀◀ 식 17.7}]$$

열역학 제2법칙

어떤 과정이 진행되는 동안 계와 주위 모두가 엔트로피의 변화를 일으킬 수 있다는 것을 보았다. 계와 주위에 대한 엔트로피 변화의 합은 우주 전반에 대한 엔트로피 변화이다.

$$\Delta S_{우주} = \Delta S_{계} + \Delta S_{주위} \qquad [\text{◀◀ 식 17.8}]$$

열역학 제2법칙(the second law of thermodynamics)은 어떤 과정이(정방향으로) 자발적이기 위해서 $\Delta S_{우주}$는 양의 값이어야 한다는 것이다. 따라서, 주위의 엔트로피가 크게 **증가**(increase)한다면 계의 엔트로피는 **감소**(decrease)할 수 있으며, 그 반대의 경우도 마찬가지이다. $\Delta S_{우주}$가 음의 값인 과정은 자발적이지 않다.

어떤 경우에는 $\Delta S_{우주}$는 양의 값도 아니고 음의 값도 아닌 0과 같다. 이것은 계와 주변의 엔트로피 변화가 크기는 같고 부호가 반대일 때 일어나며 **평형**(equilibrium) 과정으로 알려진 특정 유형의 과정을 말한다. **평형 과정**(equilibrium process)은 정방향으로든 또는 역방향으로든 자발적으로 일어나지 않는 과정이지만 평형 상태에서 계에 에너지를 추가하거나 제거하여 생길 수 있는 과정이다. 평형 과정의 예는 0°C에서 얼음이 녹는 것이다.(0°C에서 얼음과 액체 물은 서로 평형을 이룬다는 것을 기억하자[◀◀ 11.6절].)

식 17.6과 17.7을 이용하여 어떤 과정에 대해서 계와 주위 모두에 대한 엔트로피 변화를 계산할 수 있다. 그런 후에, 열역학 제2법칙(식 17.8)을 이용하여 과정이 자발적인지 또는 비자발적인지 또는 평형 과정인지 여부를 결정할 수 있다.

25°C에서 암모니아의 합성을 고려하자.

$$N_2(g) + 3H_2(g) \longrightarrow 2NH_3(g) \qquad \Delta H^{\circ}_{반응} = -92.6 \, kJ/mol$$

예제 17.2(b)로부터, $\Delta S^{\circ}_{계} = -199 \, J/K \cdot mol$과 $\Delta H^{\circ}_{계}$(−92.6 kJ/mol)를 식 17.7에 대입하면 다음을 얻는다.

$$\Delta S^{\circ}_{주위} = \frac{-(-92.6 \times 1000) \, J/mol}{298 \, K} = 311 \, J/K \cdot mol$$

우주에 대한 엔트로피의 변화는 다음과 같다.

$$\Delta S^{\circ}_{우주} = \Delta S^{\circ}_{계} + \Delta S^{\circ}_{주위}$$
$$= -199 \, J/K \cdot mol + 311 \, J/K \cdot mol$$
$$= 112 \, J/K \cdot mol$$

$\Delta S^{\circ}_{우주}$가 양수이기 때문에 이 반응은 25°C에서 자발적이다. 그러나 반응이 자발적이라고 해서 그것이 관측될 수 있는 속도로 일어난다는 것을 의미하지는 않는다는 것을 명심하자. 실제로 암모니아의 합성은 실온에서 매우 느리다. 열역학은 특정한 조건하에서 반응이 자발적으로 일어나는지 여부를 알려주지만, 그것이 얼마나 **빨리** 일어나는지 알려주지는 않는다.

발열 과정에 의해 선호되는 것처럼 보이는 자발성은 계로부터 주위로의 에너지 확산에 의한 것이다. 따라서 음의 $\Delta H_{계}$는 양의 $\Delta S_{주위}$에 해당된다. 실제로 이것은 자발성을 선호하는 전반적인 $\Delta S_{주위}$에 유리한 기여를 한다.

예제 17.4에서 자발적, 비자발적 그리고 평형 과정을 식별하는 연습을 한다.

학생 노트
다루게 될 대부분의 평형 과정은 상변화이다.

예제 17.4

다음 중 각 과정이 특정 온도에서 자발적 과정, 비자발적 과정 또는 평형 과정인지 결정하시오.
(a) 0°C에서 $H_2(g) + I_2(g) \longrightarrow 2HI(g)$
(b) 200°C에서 $CaCO_3(s) \longrightarrow CaO(s) + CO_2(g)$
(c) 1000°C에서 $CaCO_3(s) \longrightarrow CaO(s) + CO_2(g)$
(d) 98°C에서 $Na(s) \longrightarrow Na(l)$
(부록 2의 열역학 자료는 온도에 따라 변하지 않는다고 가정한다.)

전략 각 과정에 대해 식 17.6을 이용하여 $\Delta S^{\circ}_{계}$를 결정하고, 식 5.19와 17.7을 이용하여 $\Delta H^{\circ}_{계}$와 $\Delta S^{\circ}_{주위}$를 결정한다. 특정 온도에서 $\Delta S_{계}$와 $\Delta S_{주위}$의 합이 양수이면 그 과정은 **자발적**이고, 그 합이 음수이면 **비자발적**이고, 그 합이 0이면 **평형 과정**이다. 반응은 계이므로 $\Delta S_{반응}$과 $\Delta S_{계}$는 서로 바꿔 사용할 수 있다.

계획 부록 2로부터

(a) $S^{\circ}[H_2(g)]=131.0\,J/K\cdot mol$, $S^{\circ}[I_2(g)]=260.57\,J/K\cdot mol$, $S^{\circ}[HI(g)]=206.3\,J/K\cdot mol$; $[H_2(g)]=0\,kJ/mol$, $\Delta H^{\circ}_f[I_2(g)]=62.25\,kJ/mol$, $\Delta H^{\circ}_f[HI(g)]=25.9\,kJ/mol$

(b), (c) 예제 17.2(a)로부터, $\Delta S^{\circ}_{반응}=160.5\,J/K\cdot mol$, $\Delta H^{\circ}_f[CaCO_3(s)]=-1206.9\,kJ/mol$, $\Delta H^{\circ}_f[CaO(s)]=-635.6\,kJ/mol$, $\Delta H^{\circ}_f[CO_2(g)]=-393.5\,kJ/mol$

(d) $S^{\circ}[Na(s)]=51.05\,J/K\cdot mol$, $S^{\circ}[Na(l)]=57.56\,J/K\cdot mol$; $\Delta H^{\circ}_f[Na(s)]=0\,kJ/mol$, $\Delta H^{\circ}_f[Na(l)]=2.41\,kJ/mol$

풀이

(a) $\Delta S^{\circ}_{반응}=[2S^{\circ}(HI)]-[S^{\circ}(H_2)+S^{\circ}(I_2)]$
$$=(2)(206.3\,J/K\cdot mol)-[131.0\,J/K\cdot mol+260.57\,J/K\cdot mol]=21.03\,J/K\cdot mol$$

$\Delta H^{\circ}_{반응}=[2\Delta H^{\circ}_f(HI)]-[\Delta H^{\circ}_f(H_2)+\Delta H^{\circ}_f(I_2)]$
$$=(2)(25.9\,kJ/mol)-[0\,kJ/mol+62.25\,kJ/mol]=-10.5\,kJ/mol$$

$$\Delta S_{주위}=\frac{-\Delta H_{반응}}{T}=\frac{-(-10.5\,kJ/mol)}{273\,K}=0.0385\,kJ/K\cdot mol=38.5\,J/K\cdot mol$$

$$\Delta S_{우주}=\Delta S_{계}+\Delta S_{주위}=21.03\,J/K\cdot mol+38.5\,J/K\cdot mol=59.5\,J/K\cdot mol$$

$\Delta S_{우주}$는 양의 값이다. 따라서, 0°C에서 반응은 자발적이다.

(b), (c) $\Delta S^{\circ}_{반응}=160.5\,J/K\cdot mol$

$\Delta H^{\circ}_{반응}=[\Delta H^{\circ}_f(CaO)+\Delta H^{\circ}_f(CO_2)]-[\Delta H^{\circ}_f(CaCO_3)]$
$$=[-635.6\,kJ/mol+(-393.5\,kJ/mol)]-(-1206.9\,kJ/mol)=177.8\,kJ/mol$$

(b) $T=200°C$에서

$$\Delta S_{주위}=\frac{-\Delta H_{계}}{T}=\frac{-(177.8\,kJ/mol)}{473\,K}=-0.376\,kJ/K\cdot mol=-376\,J/K\cdot mol$$

$$\Delta S_{우주}=\Delta S_{계}+\Delta S_{주위}=160.5\,J/K\cdot mol+(-376\,J/K\cdot mol)=-216\,J/K\cdot mol$$

$\Delta S_{우주}$는 음의 값이고, 반응은 200°C에서 비자발적이다.

(c) $T=1000°C$에서

$$\Delta S_{주위}=\frac{-\Delta H_{계}}{T}=\frac{-(177.8\,kJ/mol)}{1273\,K}=-0.1397\,kJ/K\cdot mol=-139.7\,J/K\cdot mol$$

$$\Delta S_{우주}=\Delta S_{계}+\Delta S_{주위}=160.5\,J/K\cdot mol+(-139.7\,J/K\cdot mol)=20.8\,J/K\cdot mol$$

이 경우는, $\Delta S_{우주}$가 양의 값이다. 따라서, 반응은 1000°C에서 자발적이다.

(d) $\Delta S^{\circ}_{반응}=S^{\circ}[Na(l)]-S^{\circ}[Na(s)]=57.56\,J/K\cdot mol-51.05\,J/K\cdot mol=6.51\,J/K\cdot mol$

$\Delta H^{\circ}_{반응}=\Delta H^{\circ}_f[Na(l)]-\Delta H^{\circ}_f[Na(s)]=2.41\,kJ/mol-0\,kJ/mol=2.41\,kJ/mol$

$$\Delta S_{주위}=\frac{-\Delta H_{반응}}{T}=\frac{-(2.41\,kJ/mol)}{371\,K}=-0.0650\,kJ/K\cdot mol=-6.50\,J/K\cdot mol$$

$$\Delta S_{우주}=\Delta S_{계}+\Delta S_{주위}=6.51\,J/K\cdot mol+(-6.50\,J/K\cdot mol)=0.01\,J/K\cdot mol\approx0$$

$\Delta S_{우주}$는 0이다. 따라서, 반응은 98°C에서 평형 과정이다. 사실 이것은 소듐의 녹는점이다.

생각해 보기

표준 생성 엔탈피의 단위는 kJ/mol이며, 표준 절대 엔트로피의 단위는 J/K·mol이다. 그 항들을 결합하기 전에 kJ을 J로, 또는 J을 kJ로 변환해야 한다. (d)에서 $\Delta S_{계}$와 $\Delta S_{주위}$의 작은 차이는 열역학적인 값들이 전체적으로 온도와 무관하지 않은 결과에서 비롯된다. 표에 있는 S°와 ΔH°_f에 대한 값들은 25°C에 대한 것이다.

추가문제 1 다음 각각에 대해 $\Delta S_{우주}$를 계산하고 그 과정이 자발적, 비자발적 또는 지정된 온도에서의 평형 과정인지 결정하시오.(부록 2의 열역학적 자료는 온도에 따라 변하지 않는다고 가정한다.)

(a) 25°C에서 $CO_2(g) \longrightarrow CO_2(aq)$

(b) 10.4°C에서 $N_2O_4(g) \longrightarrow 2NO_2(g)$

(c) 61.2°C에서 $PCl_3(l) \longrightarrow PCl_3(g)$

추가문제 2 (a) $\Delta S_{우주}$를 계산하고 163°C에서 반응 $H_2O_2(l) \longrightarrow H_2O_2(g)$가 자발적인지, 비자발적인지 또는 평형 과정인지를 결정하시오.

(b) 반응 $NH_3(g)+HCl(g) \longrightarrow NH_4Cl(s)$은 실온에서 정방향으로 자발적이지만 발열 과정이기 때문에 온도가 증가함에 따라 덜 자발적이게 된다. 정방향으로 더 이상 자발적이지 않은 온도를 결정하시오.

(c) Br_2의 끓는점을 결정하시오.(부록 2의 열역학 자료는 온도에 따라 변하지 않는다고 가정한다.)

추가문제 3 다음 표는 네 가지 과정에 대한 $\Delta S_{계}$, $\Delta S_{주위}$ 그리고 $\Delta S_{우주}$의 부호를 보여준다. 빈 칸을 채우시오. 부호를 결정할 수 없는 빈 칸을 찾고 이유를 설명하시오.

과정	$\Delta S_{계}$	$\Delta S_{주위}$	$\Delta S_{우주}$
1	−	−	
2	+		+
3	−	+	
4		−	+

열역학 제3법칙

마지막으로 표준 엔트로피의 결정과 관련하여 열역학 제3법칙을 간략하게 고려해 보자. 앞에서 계의 엔트로피를 계의 분자들의 가능한 배열 수와 연관시켰다. 가능한 배열의 수가 많을수록 엔트로피가 커진다. 절대 0도($0\,K$)에서 순수하고 완전한 결정 물질을 상상해 보자. 이러한 조건에서는 본질적으로 분자 운동이 없으며, 분자들은 고체에서 고정된 위치를 차지하기 때문에 분자를 배열하는 방법은 유일하게 한 가지이다. 식 17.1에 의하면 다음과 같다.

$$S = k \ln W = k \ln 1 = 0$$

열역학 제3법칙(the third law of thermodynamics)에 따르면, 완전한 결정 물질의 엔트로피는 절대 0에서 0(zero)이다. 온도가 증가함에 따라 분자 운동이 증가하여, 분자의 가능한 배열 수를 증가시키고 계의 에너지가 분산되면서 접근 가능한 에너지 준위의 수를 증가시킨다(그림 17.4 참조). 이것이 계의 엔트로피를 증가시킨다. 따라서, $0\,K$ 이상의 온도에서 어떤 물질이든 엔트로피는 0보다 크다. 결정 물질이 어떤 방식으로든 순수하지 않거나 완전하지 않은 경우, 완전한 결정의 질서가 없이는 분자들의 가능한 배열이 1개보다 많기 때문에 $0\,K$라도 엔트로피는 0보다 크다.

열역학 제3법칙의 중요성은 물질의 **절대**(absolute) 엔트로피를 실험적으로 결정할 수 있다는 것이다. $0\,K$에서 순수 결정 물질의 엔트로피가 0이라는 것으로 시작하여, 물질이 가열됨에 따라 엔트로피의 증가를 측정할 수 있다. 물질의 엔트로피 변화 ΔS는 최종 엔트로피 값과 초기 엔트로피 값의 차이이다.

$$\Delta S = S_{최종} - S_{초기}$$

여기서, $S_{초기}$는 물질이 $0\,K$에서 시작한다면 0이다. 따라서, 측정된 엔트로피 변화는 최종 온도에서 물질의 절대 엔트로피와 동일하다.

$$\Delta S = S_{최종}$$

이러한 방식으로 구한 엔트로피 값을 **절대**(absolute) 엔트로피라고 부른다. 왜냐하면 임

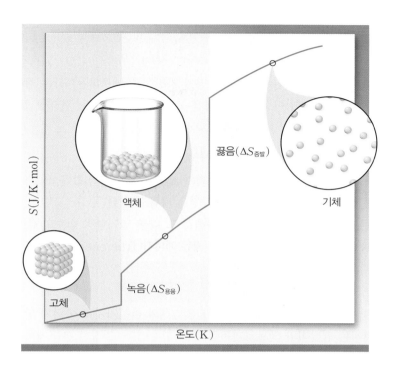

그림 17.5 온도가 절대 0도부터 증가하면서 물질의 엔트로피도 증가한다.

의의 기준값을 이용해서 유도한 표준 생성 엔탈피와는 달리 절대 엔트로피는 **참**(true)값이기 때문이다. 표에 있는 값들은 1 atm에서 결정되기 때문에 절대 엔트로피를 **표준**(standard) 엔트로피($S°$)라고 부른다. 그림 17.5는 절대 0도로부터 온도가 상승함에 따라 물질의 엔트로피가 증가하는 것을 보여준다. 0 K에서 엔트로피 값은 0이다(완전한 결정 물질이라고 가정한 경우). 그것이 가열됨에 따라, 결정 내에서의 더 큰 분자 운동 때문에 엔트로피는 처음에는 점차적으로 증가한다. 녹는점에서 고체가 액체로 변할 때 엔트로피는 크게 증가한다. 더 가열하면 증가된 분자 운동으로 인해 액체의 엔트로피는 다시 증가한다. 끓는점에서 액체─증기 전이의 결과로 엔트로피가 크게 증가한다. 이 온도 이상으로 되면, 기체의 엔트로피는 온도 상승에 따라 계속해서 증가한다.

17.5 자발성의 예측

Gibbs 자유 에너지 변화 ΔG

열역학 제2법칙에 따르면 자발적인 과정에서 $\Delta S_{우주} > 0$이다. 그러나 일반적으로 관심을 가지고 **측정**(measure)하는 것은 주변 환경이나 우주 전체의 성질이 아닌 계의 성질이다. 따라서 계 자체만을 고려하여 과정의 자발성 여부를 결정할 수 있는 열역학적 함수를 갖는 것이 편리할 것이다.

식 17.8로 시작해 보자. 자발적 과정인 경우

$$\Delta S_{우주} = \Delta S_{계} + \Delta S_{주위} > 0$$

$\Delta S_{주위}$를 대신해서 $-\Delta H_{계}/T$를 대입해서 식을 쓰면

$$\Delta S_{우주} = \Delta S_{계} + \left(-\frac{\Delta H_{계}}{T} \right) > 0$$

식의 양변에 T를 곱하면

$$T\Delta S_{우주}=T\Delta S_{계}-\Delta H_{계}>0$$

이제 열역학 제2법칙을 표현하는(그리고 과정의 자발성을 예측하는) 식은 **계**(system)에 대한 항들만을 담고 있다. 더 이상 주변 환경을 고려할 필요가 없다. 편의상 앞의 식에 -1을 곱해서 다시 정리하고 $>$ 부호를 $<$ 부호로 바꾸면

$$-T\Delta S_{우주}=\Delta H_{계}-T\Delta S_{계}<0$$

이 식에 따르면, 계의 엔탈피와 엔트로피 변화가 $\Delta H_{계}-T\Delta S_{계}$의 값을 0보다 작게 만드는 경우라면, 일정 압력과 온도에서 수행되는 과정은 자발적이 된다.

과정의 자발성을 직접적으로 표현하기 위해서 또 다른 열역학적 함수인 **Gibbs**[1] **자유 에너지**(Gibbs free energy, G) 또는 단순히 **자유 에너지**(free energy)를 소개한다.

$$G=H-TS \qquad [\blacktriangleleft\blacktriangleleft \text{식 17.9}]$$

식 17.9의 각 항은 계와 관련이 있다. G는 H 및 TS와 마찬가지로 에너지 단위를 가진다. 또한 자유 에너지는 엔탈피와 엔트로피처럼 상태 함수이다. 일정한 온도에서 일어나는 과정에 대한 계의 자유 에너지 ΔG의 변화는 다음과 같다.

$$\Delta G=\Delta H-T\Delta S \qquad [\blacktriangleleft\blacktriangleleft \text{식 17.10}]$$

학생 노트
이런 맥락에서 자유 에너지(free energy)는 일을 할 수 있는 에너지이다. 따라서, 어떤 특정 과정이 사용 가능한 에너지의 방출을 동반한다면(즉, ΔG가 음인 경우), 이 사실만으로도 그것이 자발적이라는 것을 보장하고 우주의 나머지에 어떤 변화가 있는지 고려할 필요가 없다.

식 17.10은 엔탈피의 변화, 엔트로피의 변화 및 절대 온도를 이용하여 한 과정의 자발성을 예측할 수 있게 해준다. 일정 온도와 압력에서(정방향으로) 자발적으로 일어나는 과정의 경우, ΔG는 음의 값이다. 쓰여진 것처럼 정방향으로 자발적이지 않고 역방향으로 자발적인 과정에 대해서, ΔG는 양의 값이다. 평형 상태에 있는 계의 경우, ΔG는 0이다.

- $\Delta G<0$ 반응은 정방향으로 자발적이다(역방향으로는 비자발적).
- $\Delta G>0$ 반응은 정방향으로 비자발적이다(역방향으로는 자발적).
- $\Delta G=0$ 계는 평형에 있다.

때때로 ΔH와 ΔS의 부호를 알면 한 과정에 대한 ΔG의 부호를 예측할 수 있다. 표 17.4는 식 17.10을 사용하여 그러한 예측을 하는 방법을 보여준다.

표 17.4의 자료를 근거로 하여, "낮은 온도" 또는 "높은 온도"의 기준이 무엇인지 궁금할 수 있다. 표에 주어진 예를 들어, 0°C는 높음과 낮음을 가르는 온도이다. 물은 0°C 이하의 온도에서 자발적으로 얼고, 얼음은 0°C 이상의 온도에서 자발적으로 녹는다. 0°C에서 얼음과 물의 계는 평형에 있다. 그러나 일반적으로 "높음"과 "낮음"을 나누는 온도는 개별 반응에 따라 다르다. 그런 온도를 결정하기 위해 식 17.10에서 ΔG를 0과 같게 해야 한다(즉, 평형 조건).

$$0=\Delta H-T\Delta S$$

T를 풀기 위해 위 식을 재배열하면 다음의 식을 얻는다.

---

1. Josiah Willard Gibbs(1839~1903). 미국의 물리학자. 열역학의 창시자 중 한 명이다. 그는 예일대학교에서 커리어의 대부분을 보낸 겸손하고 개인적인 사람이었다. 그는 업적 중 대부분을 알려지지 않은 저널에 발표했기 때문에, 동시대를 살았으며 그가 존경했던 James Maxwell과 같은 명성을 얻지는 못했다. 오늘날에도 화학과 물리학과 관련되지 않은 사람들 중 극히 일부가 그의 이름을 들어봤을 뿐이다.

표 17.4	식 17.10과 ΔH 및 ΔS의 부호를 이용하여 ΔG의 부호 예측			
ΔH	ΔS	ΔG	과정	예
음수	양수	음수	항상 자발적	$2H_2O_2(aq) \longrightarrow 2H_2O(l)+O_2(g)$
양수	음수	양수	항상 비자발적	$3O_2(g) \longrightarrow 2O_3(g)$
음수	음수	$T\Delta S<\Delta H$이면 음수 $T\Delta S>\Delta H$이면 양수	낮은 T에서 자발적 높은 T에서 비자발적	$H_2O(l) \longrightarrow H_2O(s)$ (물의 동결)
양수	양수	$T\Delta S>\Delta H$이면 음수 $T\Delta S<\Delta H$이면 양수	높은 T에서 자발적 낮은 T에서 비자발적	$2HgO(s) \longrightarrow 2Hg(l)+O_2(g)$

$$T = \frac{\Delta H}{\Delta S}$$

ΔH와 ΔS가 알려져 있다면 특정 반응에 대해서 높음과 낮음을 나누는 온도를 계산할 수 있다.

예제 17.5는 이러한 접근법을 이용하는 것을 보여준다.

예제 17.5

표 17.4에 따르면, ΔH와 ΔS가 모두 양의 값이면 고온에서만 반응이 자발적일 것이다. $\Delta H = 199.5 \text{ kJ/mol}$ 및 $\Delta S = 476 \text{ J/K·mol}$인 반응의 경우, 반응이 자발적인 온도(℃)를 결정하시오.

전략 높은 온도와 낮은 온도로 나누는 온도는 $\Delta H = T\Delta S(\Delta G=0)$의 온도이다. 그러므로 식 17.10을 이용하여 ΔG를 0으로 대입하고 켈빈 온도를 결정하기 위해 T를 풀어 낸 다음에 섭씨온도로 변환한다.

계획
$$\Delta S = \left(\frac{476 \text{ J}}{\text{K·mol}}\right)\left(\frac{1 \text{ kJ}}{1000 \text{ J}}\right) = 0.476 \text{ kJ/K·mol}$$

풀이
$$T = \frac{\Delta H}{\Delta S} = \frac{199.5 \text{ kJ/mol}}{0.476 \text{ kJ/K·mol}} = 419 \text{ K} = (419-273) = 146℃$$

생각해 보기

자발성은 에너지의 방출(음수의 ΔH)과 엔트로피의 증가(양수의 ΔS)에 의해 선호된다. 이 예제의 경우처럼 두 값이 양수일 때, 엔트로피 변화만이 자발성을 선호한다. 이와 같이 열의 조달이 필요한 흡열 과정인 경우, 온도를 증가시켜 더 많은 열을 가하는 것이 평형을 오른쪽으로 옮길 것이고 과정을 "더 자발적으로" 만들 것이다.

추가문제 1 ΔH와 ΔS가 모두 음수이면 저온에서만 반응이 일어난다. $\Delta H = -380.1 \text{ kJ/mol}$ 및 $\Delta S = -95.00 \text{ J/K·mol}$인 반응의 경우, 반응이 자발적으로 일어나는 온도(℃)를 결정하시오.

추가문제 2 1950℃보다 낮은 온도에서 $4Fe(s)+3O_2(g)+6H_2O(l) \longrightarrow 4Fe(OH)_3(s)$의 반응이 자발적이라면 $Fe(OH)_3(s)$의 표준 엔트로피를 구하시오.

추가문제 3 다음 그래프 중 어느 것이 발열이면서 음의 ΔS를 갖는 과정에 대한 ΔG와 온도 사이의 관계를 가장 잘 나타내는가?

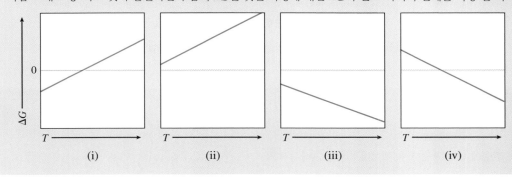

표준 자유 에너지 변화 $\Delta G°$

학생 노트
$\Delta G°$를 도입하여 식 17.10을 다음과 같이 쓸 수 있다:
$\Delta G° = \Delta H° - T\Delta S°$

반응의 표준 자유 에너지(standard free energy of reaction, $\Delta G°_{반응}$)는 표준 상태 조건에서 일어나는 반응, 즉 표준 상태의 반응물이 표준 상태의 생성물로 변환될 때의 반응에 대한 자유 에너지 변화이다. 순수한 물질 및 용액의 표준 상태를 정의하기 위해 화학자가 사용하는 규칙은 다음과 같다.

- 기체   1 atm의 압력
- 액체   순수한 액체
- 고체   순수한 고체
- 원소   1 atm, 25°C에서 가장 안정한 동소체
- 용액   1 M 용액

$\Delta G°_{반응}$을 계산하기 위해서 다음과 같은 일반 반응식으로 시작한다.

$$a\mathrm{A} + b\mathrm{B} \longrightarrow c\mathrm{C} + d\mathrm{D}$$

이 반응에 대한 표준 자유 에너지 변화는 다음과 같이 주어진다.

$$\Delta G°_{반응} = [c\Delta G°_f(\mathrm{C}) + d\Delta G°_f(\mathrm{D})] - [a\Delta G°_f(\mathrm{A}) + b\Delta G°_f(\mathrm{B})] \qquad [\blacktriangleleft\blacktriangleleft \text{식 17.11}]$$

식 17.11은 다음과 같이 일반화될 수 있다.

$$\Delta G°_{반응} = \sum n\Delta G°_f (생성물) - \sum m\Delta G°_f (반응물) \qquad [\blacktriangleleft\blacktriangleleft \text{식 17.12}]$$

여기서, m과 n은 화학량론적 계수이다. $\Delta G°_f$는 화합물의 **표준 생성 자유 에너지**(standard free energy of formation), 즉 1 mol의 화합물이 표준 상태에서 그 구성 원소로부터 합성될 때 발생하는 자유 에너지 변화이다. 흑연의 연소 반응의 경우

$$\mathrm{C}(흑연) + \mathrm{O}_2(g) \longrightarrow \mathrm{CO}_2(g)$$

(식 17.12로부터) 자유 에너지 변화는 다음과 같이 주어진다.

$$\Delta G°_{반응} = [\Delta G°_f(\mathrm{CO}_2, 기체)] - [\Delta G°_f(\mathrm{C}, 흑연) + \Delta G°_f(\mathrm{O}_2, 기체)]$$

표준 생성 엔탈피와 마찬가지로, (1 atm에서 가장 안정한 동소체로 존재하는) 원소의 표준 생성 자유 에너지는 0으로 정의된다. 따라서,

$$\Delta G°_f(\mathrm{C}, 흑연) = 0 \quad 그리고 \quad \Delta G°_f(\mathrm{O}_2, 기체) = 0$$

이다. 그러므로 이 반응의 경우 표준 자유 에너지 변화는 CO_2의 표준 생성 자유 에너지와 같다.

$$\Delta G°_{반응} = \Delta G°_f(\mathrm{CO}_2)$$

부록 2는 25°C에서 여러 화합물에 대한 $\Delta G°_f$ 값을 포함한다.

예제 17.6은 표준 자유 에너지 변화에 대한 계산을 보이고 있다.

예제 17.6

25°C에서 다음 반응에 대한 표준 자유 에너지 변화를 계산하시오.

(a) $CH_4(g) + 2O_2(g) \longrightarrow CO_2(g) + 2H_2O(l)$

(b) $2MgO(s) \longrightarrow 2Mg(s) + O_2(g)$

전략 각 반응식에서 반응물과 생성물에 대한 ΔG_f° 값을 찾고 식 17.12를 이용해서 $\Delta G_{반응}^\circ$을 구한다.

계획 부록 2로부터, $\Delta G_f^\circ[CH_4(g)] = -50.8\,kJ/mol$, $\Delta G_f^\circ[CO_2(g)] = -394.4\,kJ/mol$, $\Delta G_f^\circ[H_2O(l)] = -237.2\,kJ/mol$ 그리고 $\Delta G_f^\circ[MgO(s)] = -569.6\,kJ/mol$이다. 다른 모든 물질은 표준 상태의 원소이며 정의에 따라 $\Delta G_f^\circ = 0$이다.

풀이

(a) $\Delta G_{반응}^\circ = (\Delta G_f^\circ[CO_2(g)] + 2\Delta G_f^\circ[H_2O(l)]) - (\Delta G_f^\circ[CH_4(g)] + 2\Delta G_f^\circ[O_2(g)])$

$\qquad = [(-394.4\,kJ/mol) + (2)(-237.2\,kJ/mol)] - [(-50.8\,kJ/mol) + (2)(0\,kJ/mol)]$

$\qquad = -818.0\,kJ/mol$

(b) $\Delta G_{반응}^\circ = (2\Delta G_f^\circ[Mg(s)] + \Delta G_f^\circ[O_2(g)]) - (2\Delta G_f^\circ[MgO(s)])$

$\qquad = [(2)(0\,kJ/mol) + (0\,kJ/mol)] - [(2)(-569.6\,kJ/mol)]$

$\qquad = 1139\,kJ/mol$

생각해 보기

표준 생성 엔탈피(ΔH_f°)와 마찬가지로, 표준 생성 자유 에너지(ΔG_f°)는 물질의 상태에 따라 값이 다르다는 것을 주목하자. 물을 예로 들면, $\Delta G_f^\circ[H_2O(l)] = -237.2\,kJ/mol$ 및 $\Delta G_f^\circ[H_2O(g)] = -228.6\,kJ/mol$이다. 표에서 올바른 값을 선택했는지 항상 다시 확인해야 한다.

추가문제 1 25°C에서 다음 반응에 대한 표준 자유 에너지 변화를 계산하시오.

(a) $H_2(g) + Br_2(l) \longrightarrow 2HBr(g)$

(b) $2C_2H_6(g) + 7O_2(g) \longrightarrow 4CO_2(g) + 6H_2O(l)$

추가문제 2 각 반응에 대해 부록 2에 나와 있지 않은 ΔG_f° 값을 결정하시오.

(a) $Li_2O(s) + 2HCl(g) \longrightarrow 2LiCl(s) + H_2O(g)$ $\Delta G_{반응}^\circ = -244.88\,kJ/mol$

(b) $Na_2O(s) + 2HI(g) \longrightarrow 2NaI(s) + H_2O(l)$ $\Delta G_{반응}^\circ = -435.44\,kJ/mol$

추가문제 3 다음 중 어느 화학종이 $\Delta G_f^\circ = 0$인가?

$$Br_2(l) \qquad I_2(g) \qquad CO_2(g) \qquad Xe(g)$$

$$(i) \qquad\quad (ii) \qquad\quad (iii) \qquad\quad (iv)$$

ΔG와 ΔG°를 이용하여 문제 풀기

주어진 조건에서 어떤 과정이 자발적인지 아닌지 여부를 알려 주는 것은 표준 자유 에너지 변화(ΔG°)의 부호가 아닌 자유 에너지 변화(ΔG)의 부호이다. ΔG°의 **부호**(sign)가 말하는 것은 평형 상수(K)의 크기가 의미하는 것과 같다[◀◀ 14.2절]. 음의 ΔG° 값은 큰 K 값(평형에서 생성물이 선호됨)에 해당하는 반면, 양의 ΔG° 값은 작은 K 값(평형에서 반응물이 선호됨)에 해당한다.

평형 상수와 마찬가지로 ΔG° 값은 온도에 따라 변한다. 식 17.10의 사용법 중 하나는 어느 특정한 평형이 원하는 생성물을 선호하기 시작하는 온도를 결정하는 것이다. 예를 들어, 생석회라고도 불리는 산화 칼슘(CaO)은 수처리 및 공해 제어와 같은 다양한 산업적 용도로 매우 가치 있는 무기 물질이다. 이것은 고온에서 분해하는 석회석(CaCO₃)을 가열하여 제조된다.

> **학생 노트**
> ΔG°의 부호는 반응물과 생성물이 모두 표준 상태에 있을 때 과정이 자발적인지 여부를 나타낸다. 그러나 이것은 매우 드문 경우이다.

$$CaCO_3(s) \rightleftharpoons CaO(s) + CO_2(g)$$

이 반응은 가역적이어서 적당한 조건에서 CaO와 CO_2는 쉽게 재결합하여 $CaCO_3$를 다시 만든다. 산업 공정에서는 이러한 일이 일어나지 않게 하기 위해서, 계를 결코 평형에 두지 않는다. 오히려 CO_2는 형성되는 대로 계속 제거되어 평형을 왼쪽에서 오른쪽으로 이동시켜서 산화 칼슘의 형성을 촉진한다.

　　CaO의 최대 생산을 책임진 화학자에게 중요한 정보는 $CaCO_3$의 분해 평형이 생성물을 선호하기 시작하는 온도이다. 다음과 같이 그 온도에 대해 신뢰할 만한 추정을 할 수 있다. 먼저 부록 2의 자료를 이용하여, 25℃에서 반응에 대한 $\Delta H°$와 $\Delta S°$를 계산한다. $\Delta H°$를 결정하기 위해 식 5.19를 적용한다.

$$\Delta H° = [\Delta H_f°(CaO) + \Delta H_f°(CO_2)] - [\Delta H_f°(CaCO_3)]$$
$$= [(-635.6 \text{ kJ/mol}) + (-393.5 \text{ kJ/mol})] - (-1206.9 \text{ kJ/mol})$$
$$= 177.8 \text{ kJ/mol}$$

다음으로 식 17.6을 적용하여 $\Delta S°$를 구한다.

$$\Delta S° = [S°(CaO) + S°(CO_2)] - S°(CaCO_3)$$
$$= [(39.8 \text{ J/K·mol}) + (213.6 \text{ J/K·mol})] - (92.9 \text{ J/K·mol})$$
$$= 160.5 \text{ J/K·mol}$$

식 17.10으로부터 다음 식을 쓸 수 있다.

$$\Delta G° = \Delta H° - T\Delta S°$$
$$\Delta G° = (177.8 \text{ kJ/mol}) - (298 \text{ K})(0.1605 \text{ kJ/K·mol})$$
$$= 130.0 \text{ kJ/mol}$$

> **학생 노트**
> 이런 유형의 문제에서 단위를 조심해야 한다. 표에서 $S°$는 J 단위를 사용하지만 $\Delta H_f°$는 kJ 단위를 사용한다.

$\Delta G°$가 큰 양수이기 때문에 25℃(298 K)에서 반응은 생성물의 형성을 선호하지 않는다. 그리고 $\Delta H°$와 $\Delta S°$는 모두 양수이기 때문에 고온에서 $\Delta G°$가 음의 값(생성물 형성이 선호될 것임)이 된다는 것을 알고 있다. $\Delta G°$가 0이 되는 온도를 계산함으로써 이 반응에 대해 고온 값을 결정할 수 있다.

$$0 = \Delta H° - T\Delta S°$$

또는 다음과 같다.

$$T = \frac{\Delta H°}{\Delta S°}$$
$$= \frac{(177.8 \text{ kJ/mol})(1000 \text{ J/kJ})}{0.1605 \text{ kJ/K·mol}}$$
$$= 1108 \text{ K}(835℃)$$

835℃보다 높은 온도에서 $\Delta G°$는 음의 값이며, 이는 반응이 CaO와 CO_2의 형성을 선호한다는 것을 나타낸다. 840℃(1113 K)에서, 예를 들면 다음과 같다.

$$\Delta G° = \Delta H° - T\Delta S°$$
$$= 177.8 \text{ kJ/mol} - (1113 \text{ K})(0.1605 \text{ kJ/K·mol})\left(\frac{1 \text{ kJ}}{1000 \text{ J}}\right)$$
$$= -0.8 \text{ kJ/mol}$$

더 높은 온도에서 $\Delta G°$는 점점 더 음의 값이 되어 생성물 형성을 더욱 선호하게 된다. 이 예에서 훨씬 높은 온도에서 $\Delta G°$의 변화를 계산하기 위해 25℃에서의 $\Delta H°$ 및 $\Delta S°$ 값을 사용했다. $\Delta H°$와 $\Delta S°$는 모두 온도에 따라 실제로 변하기 때문에, 이 방법은 $\Delta G°$에 대한 정확한 값을 제공하지 못하지만 합리적으로 좋은 어림값을 제공한다.

식 17.10은 상변화를 수반되는 엔트로피의 변화를 계산하는 데 사용될 수도 있다. 상변화가 일어나는 온도(즉, 물질의 녹는점 또는 끓는점)에서, 계는 평형 상태에 있다 ($\Delta G = 0$). 따라서 식 17.10은 다음과 같이 된다.

$$0 = \Delta H - T\Delta S$$

또는 다음과 같다.

$$\Delta S = \frac{\Delta H}{T}$$

얼음–물 평형을 고려해 보자. 얼음–물 전이의 경우, ΔH는 용융열(molar heat of fusion, 표 11.8 참조)이고 T는 녹는점이다. 따라서, 엔트로피 변화는 다음과 같다.

$$\Delta S_{얼음 \to 물} = \frac{6010 \, \text{J/mol}}{273 \, \text{K}} = 22.0 \, \text{J/K} \cdot \text{mol}$$

따라서 0°C에서 1 mol의 얼음이 녹을 때 엔트로피는 22.0 J/K·mol 증가한다. 엔트로피의 증가는 고체에서 액체로의 가능한 배열의 증가와 일치한다. 반대로 물에서 얼음으로의 전이에 대한 엔트로피의 감소는 다음과 같이 주어진다.

$$\Delta S_{물 \to 얼음} = \frac{-6010 \, \text{J/mol}}{273 \, \text{K}} = -22.0 \, \text{J/K} \cdot \text{mol}$$

동일한 방법이 물–증기 전이에서 적용될 수 있다. 이런 경우 ΔH는 증발열이고 T는 끓는점이다.

예제 17.7은 벤젠에서의 상전이를 알아본다.

예제 17.7

벤젠의 용융열과 증발열은 각각 10.9 및 31.0 kJ/mol이다. 벤젠에 대한 고체–액체 및 액체–증기 전이에 대한 엔트로피 변화를 계산하시오. 1 atm에서 벤젠은 5.5°C에서 녹고 80.1°C에서 끓는다.

전략 녹는점에서의 고체–액체 전이 및 끓는점에서의 액체–증기 전이는 **평형**(equilibrium) 과정이다. 따라서 ΔG는 평형에서 0이기 때문에, 각각의 경우에 ΔG를 0으로 하고 ΔS를 풀고 식 17.10을 이용하여 과정들과 관련된 엔트로피 변화를 결정할 수 있다.

계획 벤젠의 녹는점은 5.5+273.15=278.7 K이고, 끓는점은 80.1+273.15=353.3 K이다.

풀이

$$\Delta S_{용융} = \frac{\Delta H_{용융}}{T_{녹음}} = \frac{10.9 \, \text{kJ/mol}}{278.7 \, \text{K}}$$
$$= 0.0391 \, \text{kJ/K} \cdot \text{mol} \quad 또는 \quad 39.1 \, \text{J/K} \cdot \text{mol}$$

$$\Delta S_{증발} = \frac{\Delta H_{증발}}{T_{끓음}} = \frac{31.0 \, \text{kJ/mol}}{353.3 \, \text{K}}$$
$$= 0.0877 \, \text{kJ/K} \cdot \text{mol} \quad 또는 \quad 87.7 \, \text{J/K} \cdot \text{mol}$$

생각해 보기

동일한 물질의 경우, $\Delta S_{증발}$는 항상 $\Delta S_{용융}$보다 훨씬 크다. 가능한 배열의 수의 변화는 고체–액체 전이에서보다 액체–기체 전이에서 항상 더 크다.

추가문제 1 Ar의 용융열 및 증발열은 각각 1.3과 6.3 kJ/mol이고, Ar의 녹는점 및 끓는점은 각각 $-190\,°C$ 및 $-186\,°C$이다. Ar의 용융 및 증발에 대한 엔트로피 변화를 계산하시오.

추가문제 2 부록 2의 자료를 이용하고 표에 있는 값이 온도에 따라 변하지 않는다고 가정하여 (a) 소듐 금속에 대한 $\Delta H°_{용융}$와 $\Delta S°_{용융}$를 계산하고 소듐의 녹는점을 결정하시오.
(b) 소듐 금속에 대한 $\Delta H°_{증발}$와 $\Delta S°_{증발}$를 계산하고 소듐의 끓는점을 결정하시오.

추가문제 3 일반적으로 화학 반응이 아닌 상변화에 대한 ΔS를 계산하기 위해 식 $\Delta S = \dfrac{\Delta H}{T}$를 사용할 수 있는 이유를 설명하시오.

17.6 자유 에너지와 화학 평형

학생 노트
표준 상태의 모든 반응물과 생성물이 표준 상태에서 반응이 시작하는 경우에도, 반응이 시작되자마자 모든 화학종들의 농도는 변화하여 표준 상태에 더 이상 존재하지 않는다.

　　화학 반응에서 반응물과 생성물은 항상 거의 표준 상태가 아닌 다른 상태에 있다. 즉, 용액은 일반적으로 1 M이 아닌 다른 농도를 가지며, 기체도 일반적으로 1 atm이 아닌 다른 압력을 갖는다. 따라서 반응이 자발적인지 아닌지를 결정하기 위해서는 관련된 화학종의 실제 농도 또는 압력을 고려해야 한다. 그리고 표로부터 $\Delta G°$를 결정할 수 있지만, 자발성을 결정하기 위해서는 ΔG를 알아야 한다.

ΔG와 $\Delta G°$의 관계

　　열역학으로부터 유도된 ΔG와 $\Delta G°$의 관계는 다음과 같다.

$$\Delta G = \Delta G° + RT \ln Q \qquad \text{[◀◀ 식 17.13]}$$

학생 노트
식 17.13에서 사용된 Q는 Q_c (용액에서 일어나는 반응의 경우) 또는 Q_P (기체상의 반응의 경우) 중 하나일 수 있다.

　　여기서, R은 기체 상수(8.314 J/K·mol 또는 8.314×10^{-3} kJ/K·mol), T는 반응이 일어나는 절대 온도, Q는 반응 지수[◀◀ 14.2절]이다. ΔG는 2개의 항($\Delta G°$와 $RT \ln Q$)에 달려 있다. 온도 T에서 주어진 반응에 대해 $\Delta G°$는 변하지 않는 값이지만, Q는 반응 혼합물의 조성에 따라 변하기 때문에 $RT \ln Q$의 값은 변할 수 있다.

　　다음 평형 반응에 대해서 고려해 보자.

$$H_2(g) + I_2(s) \rightleftharpoons 2HI(g)$$

　　식 17.12와 부록 2의 자료를 이용하여 25°C에서 이 반응에 대한 $\Delta G°$는 2.60 kJ/mol임을 알 수 있다. 그러나 ΔG의 값은 두 종의 기체의 압력에 달려 있다. 고체 I_2를 포함하는 반응 혼합물을 $P_{H_2} = 4.0$ atm과 $P_{HI} = 3.0$ atm으로 시작한다면, 반응 지수 Q_P는 다음과 같다.

$$Q_P = \frac{(P_{HI})^2}{(P_{H_2})} = \frac{(3.0)^2}{4.0} = \frac{9.0}{4.0}$$
$$= 2.25$$

　　이 값을 식 17.13에 이용하면 다음 값이 주어진다.

$$\Delta G = \frac{2.60 \text{ kJ}}{\text{mol}} + \left(\frac{8.314 \times 10^{-3} \text{kJ}}{\text{K} \cdot \text{mol}} \right) (298 \text{ K})(\ln 2.25)$$
$$= 4.3 \text{ kJ/mol}$$

ΔG가 양의 값이기 때문에 이러한 농도에서 시작한다면 정반응이 자발적으로 일어나지 않을 것이라고 결론 내릴 수 있다. 대신에, 역반응이 자발적으로 일어나서 초기에 존재한 HI의 일부를 소비하고 더 많은 H_2와 I_2를 생성함으로써 계는 평형에 도달할 것이다.

반면에, $P_{H_2} = 4.0$ atm과 $P_{HI} = 1.0$ atm의 기체 혼합물로 시작한다면, 반응 지수 Q_P는 다음과 같이 된다.

$$Q_P = \frac{(P_{HI})^2}{(P_{H_2})} = \frac{(1.0)^2}{(4.0)} = \frac{1}{4}$$
$$= 0.25$$

이 값을 식 17.13에 이용하면 다음 값이 주어진다.

$$\Delta G = \frac{2.60 \text{ kJ}}{\text{mol}} + \left(\frac{8.314 \times 10^{-3} \text{kJ}}{\text{K} \cdot \text{mol}} \right) (298 \text{ K})(\ln 0.25)$$
$$= -0.8 \text{ kJ/mol}$$

음의 값의 ΔG를 갖는 반응은 정방향으로 자발적일 것이다. 이 경우, 계는 H_2와 I_2의 일부를 소모하여 더 많은 HI를 생성함으로써 평형을 이룰 것이다.

예제 17.8은 $\Delta G°$와 반응 지수를 이용하여 반응이 어떤 방향으로 자발적인지를 결정한다.

예제 17.8

다음 반응에 대한 K_P는 298 K에서 0.113이다. 이것은 표준 자유 에너지 변화 5.4 kJ/mol에 해당된다.

$$N_2O_4(g) \Longleftrightarrow 2NO_2(g)$$

한 실험에서 초기 압력이 $P_{N_2O_4} = 0.453$ atm, $P_{NO_2} = 0.122$ atm이다. 이러한 압력에서 반응에 대한 ΔG를 계산하고 반응이 어느 방향으로 진행하여 평형에 도달할지 예측하시오.

전략 N_2O_4와 NO_2의 분압을 이용하여 반응 지수 Q_P를 계산한 후, 식 17.13을 이용하여 ΔG를 계산한다.

계획 반응 지수에 관한 표현은 다음과 같다.

$$Q_P = \frac{(P_{NO_2})^2}{P_{N_2O_4}} = \frac{(0.122)^2}{0.453} = 0.0329$$

풀이

$$\Delta G = \Delta G° + RT \ln Q_P$$
$$= \frac{5.4 \text{ kJ}}{\text{mol}} + \left(\frac{8.314 \times 10^{-3} \text{ kJ}}{\text{K} \cdot \text{mol}} \right) (298 \text{ K})(\ln 0.0329)$$
$$= 5.4 \text{ kJ/mol} - 8.46 \text{ kJ/mol}$$
$$= -3.1 \text{ kJ/mol}$$

ΔG가 음의 값이므로, 반응은 자발적으로 왼쪽에서 오른쪽으로 진행되어 평형에 도달한다

생각해 보기

반응물과 생성물의 초기 농도가 $Q < K$를 만족하는 경우, 양의 $\Delta G°$ 값을 갖는 반응도 자발적일 수 있다는 것을 기억하자.

추가문제 1 반응 $H_2(g) + I_2(s) \rightleftharpoons 2HI(g)$에 대한 $\Delta G°$는 25°C에서 2.60 kJ/mol이다. ΔG를 계산하고 초기 농도가 $P_{H_2} =$ 5.25 atm 및 $P_{HI} = 1.75$ atm인 경우 어느 방향이 자발적인지 예측하시오.

추가문제 2 HI의 분압이 0.94인 경우 25°C에서 반응이 정방향으로 자발적이기 위해 필요한 H_2의 최소 분압은 얼마인가?

추가문제 3 예제 17.8에서의 반응을 고려해 보자. 다음 그래프 중 어느 것이 N_2O_4의 분압이 증가함에 따라 ΔG에 일어나는 변화를 가장 잘 보여주는가?

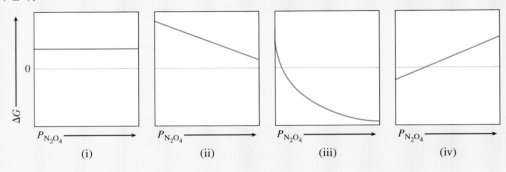

$\Delta G°$와 K의 관계

정의에 따르면, 평형 상태에서 $\Delta G = 0$ 및 $Q = K$이며, 여기서 K는 평형 상수이다. 따라서 $\Delta G = \Delta G° + RT \ln Q$(식 17.13)는 다음과 같이 된다.

$$0 = \Delta G° + RT \ln K$$

또는 다음과 같다.

$$\Delta G° = -RT \ln K \qquad [\blacktriangleleft\blacktriangleleft \text{식 } 17.14]$$

식 17.14에 따르면 K가 클수록 $\Delta G°$는 더 큰 음의 값을 갖는다. 화학자에게 있어서 식 17.14는 열역학에서 가장 중요한 방정식 중 하나이다. 왜냐하면, 표준 자유 에너지의 변화를 알면 반응의 평형 상수를 찾을 수 있고, 그 반대의 경우도 가능하기 때문이다.

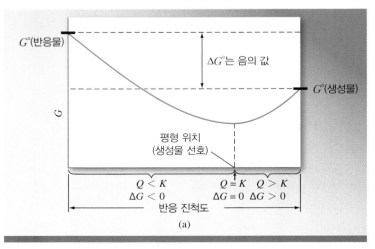

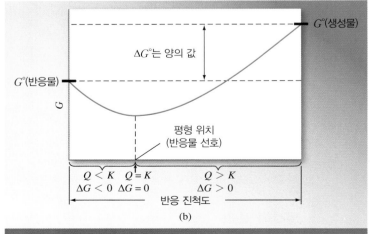

그림 17.6 (a) $\Delta G° < 0$. 평형에서 반응물에서 생성물로의 상당한 전환이 있다. (b) $\Delta G° > 0$. 평형에서 반응물이 생성물보다 선호된다. 두 경우 모두 평형을 향한 알짜 반응이 있다. $Q < K$이면 왼쪽에서 오른쪽으로(반응물에서 생성물로), $Q > K$이면 오른쪽에서 왼쪽으로(생성물에서 반응물로) 이동이 있다. 평형에서는 $Q = K$이다.

표 17.5	식 17.14에 의해서 예측된 K와 $\Delta G°$의 관계		
K	**ln K**	**$\Delta G°$**	**평형에서의 결과**
> 1	양의 값	음의 값	생성물이 선호된다.
= 1	0	0	생성물도 반응물도 선호되지 않는다.
< 1	음의 값	양의 값	반응물이 선호된다.

식 17.14를 통하여 평형 상수를 실제 자유 에너지 변화(ΔG)보다는 표준 자유 에너지 변화($\Delta G°$)에 관련시키는 것이 중요하다. 계의 실제 자유 에너지 변화는 반응이 진행됨에 따라 달라지며 평형 상태에서 0이 된다. 다른 한편, $\Delta G°$는 K와 같이 주어진 온도에서 특정 반응에 대해서 상수이다. 그림 17.6은 두 반응에 대한 반응계의 자유 에너지와 반응 정도에 대한 그래프를 보여준다. 표 17.5는 평형 상수의 **크기**(magnitude)와 그에 해당하는 $\Delta G°$의 **부호**(sign) 사이의 관계를 요약한 것이다. 여기에 중요한 구분이 있다는 것을 기억하자: 반응의 자발성의 방향을 결정하는 것은 $\Delta G°$의 부호가 아니라 ΔG의 부호이다. $\Delta G°$의 부호는 반응이 평형에 도달하기 위해 진행해야 할 방향이 아니라, 평형에 도달했을 때 생성물과 반응물의 상대적 양만을 알려준다.

학생 노트
$\Delta G°$의 부호는 K의 크기가 말하는 것과 동일한 것을 의미한다. ΔG의 부호는 Q와 K 값의 비교와 같은 것을 알려준다 [◀◀ 14.4절].

매우 크거나 매우 작은 평형 상수를 가진 반응의 경우, 반응물과 생성물의 농도를 측정하여 K 값을 결정하는 것이 매우 어려울 때도 있다. 예를 들어, 질소 분자와 산소 분자로부터 산화 질소를 형성하는 것을 고려해 보자.

$$N_2(g) + O_2(g) \rightleftharpoons 2NO(g)$$

25°C에서, 평형 상수 K_P는 다음과 같다.

$$K_P = \frac{(P_{NO})^2}{(P_{N_2})(P_{O_2})} = 4.0 \times 10^{-31}$$

아주 작은 값의 K_P는 평형에서 NO의 농도가 매우 낮을 것이고, 어떠한 목적을 위해서든 직접 측정하는 것이 불가능하다는 것을 의미한다. 그러한 경우에, 평형 상수는 표에 수록된 $\Delta G°_f$ 값 또는 $\Delta H°$ 및 $\Delta S°$로부터 계산될 수 있는 $\Delta G°$를 이용하여 훨씬 편리하게 결정된다.

예제 17.9와 17.10은 $\Delta G°$를 이용하여 K를 계산하는 방법과 K를 이용하여 $\Delta G°$를 계산하는 방법을 각각 보여준다.

예제 17.9

부록 2의 자료를 이용하여, 25°C에서 다음 반응의 평형 상수 K_P를 계산하시오.

$$2H_2O(l) \rightleftharpoons 2H_2(g) + O_2(g)$$

전략 부록 2의 자료와 식 17.12를 이용하여 반응에 대한 $\Delta G°$를 계산한다. 그리고 식 17.14를 이용하여 K_P를 구한다.

계획

$$\Delta G° = (2\Delta G°_f[H_2(g)] + \Delta G°_f[O_2(g)]) - (2\Delta G°_f[H_2O(l)])$$
$$= [(2)(0\ kJ/mol) + (2)(0\ kJ/mol)] - [(2)(-237.2\ kJ/mol)] = 474.4\ kJ/mol$$

풀이

$$\Delta G^\circ = -RT \ln K_P$$

$$\frac{474.4\,\text{kJ}}{\text{mol}} = -\left(\frac{8.314 \times 10^{-3}\,\text{kJ}}{\text{K}\cdot\text{mol}}\right)(298\,\text{K}) \ln K_P$$

$$-191.5 = \ln K_P$$

$$K_P = e^{-191.5} = 7 \times 10^{-84}$$

생각해 보기

이것은 매우 작은 평형 상수이고 ΔG°의 큰 양의 값과 일치한다. 우리는 물이 25°C에서 자발적으로 구성 원소로 분해되지 않는다는 것을 매일의 경험을 통해 알고 있다.

추가문제 1   부록 2의 자료를 이용하여, 25°C에서 다음 반응의 평형 상수 K_P를 계산하시오.

$$2O_3(g) \rightleftharpoons 3O_2(g)$$

추가문제 2   착이온 $Ag(NH_3)_2^+$에 대한 K_f는 25°C에서 1.5×10^7이다. 이것과 부록 2의 자료를 이용하여 $Ag(NH_3)_2^+(aq)$에 대한 ΔG_f° 값을 계산하시오.

추가문제 3   다음 그래프 중 어느 것이 ΔG°와 평형 상수(K)의 관계를 가장 잘 보여주는가?

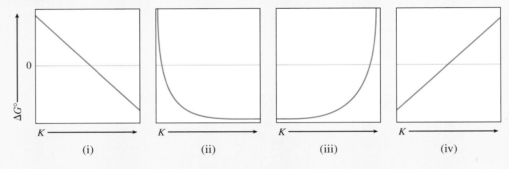

(i)　　　　(ii)　　　　(iii)　　　　(iv)

예제　**17.10**

25°C에서 염화 은의 해리에 대한 평형 상수(K_{sp})는 1.6×10^{-10}이다. 이 과정에 대한 ΔG°를 계산하시오.

$$AgCl(s) \rightleftharpoons Ag^+(aq) + Cl^-(aq)$$

전략   식 17.14를 이용하여 ΔG°를 계산한다.

계획 $R = 8.314 = 10^{-3}\,\text{kJ/K}\cdot\text{mol}$ 그리고 $T = (25 + 273) = 298\,\text{K}$이다.

풀이

$$\Delta G^\circ = -RT \ln K_{sp}$$

$$= -\left(\frac{8.314 \times 10^{-3}\,\text{kJ}}{\text{K}\cdot\text{mol}}\right)(298\,\text{K}) \ln\,(1.6 \times 10^{-10})$$

$$= 55.9\,\text{kJ/mol}$$

생각해 보기

아주 작은 K 값과 마찬가지로 비교적 큰 양의 ΔG° 값은 매우 멀리 왼쪽에 놓이는 과정에 해당한다. 식 17.14에서 K는 $K_c (K_a, K_b, K_{sp}$ 등) 또는 K_P 중 어떤 것이든 될 수 있다는 것에 주목한다.

추가문제 1 다음 과정에 대한 $\Delta G°$를 계산하시오.

$$BaF_2(s) \rightleftharpoons Ba^{2+}(aq) + 2F^-(aq)$$

BaF_2의 K_{sp}는 25°C에서 1.7×10^{-6}이다.

추가문제 2 25°C에서 $Co(OH)_2$에 대한 K_{sp}는 3.3×10^{-16}이다. 이것과 부록 2의 자료를 이용하여 $Co(OH)_2(s)$에 대한 $\Delta G°$ 값을 계산하시오.

추가문제 3 "양의 값(positive)", "음의 값(negative)", "0(zero)" 혹은 "결정하는 것이 불가능하다(impossible to determine)" 중에서 골라 빈 칸을 채우시오.

$Q = K$일 때, ΔG는 _____.

$Q < K$일 때, ΔG는 _____.

$Q > K$일 때, ΔG는 _____.

17.7 생물계에서 열역학

많은 생화학적 반응들은 양의 $\Delta G°$ 값을 가지면서도 생명 유지에 필수적인 것들이다. 생물계에서는 이러한 반응들이 음의 $\Delta G°$ 값을 갖는 에너지 면에서 유리한 과정과 짝을 이룬다. 짝반응의 원리는 단순한 개념을 근거로 한다: 열역학적으로 유리한 반응을 이용하여 불리한 반응을 일으킬 수 있다. 예를 들어, 황화 아연(ZnS)으로부터 아연을 추출한다고 가정하자. 다음 반응은 매우 큰 양의 $\Delta G°$ 값을 갖기 때문에 일어나지 않을 것이다.

$$ZnS(s) \longrightarrow Zn(s) + S(s) \qquad \Delta G° = 198.3 \text{ kJ/mol}$$

반면에 이산화 황을 만드는 황의 연소는 큰 음의 $\Delta G°$ 값 때문에 선호된다.

$$S(s) + O_2(g) \longrightarrow SO_2(g) \qquad \Delta G° = -300.1 \text{ kJ/mol}$$

두 과정이 짝을 이루면, 황화 아연으로부터 아연을 분리할 수 있다. 실제로 이것은 S가 SO_2를 형성하는 경향이 ZnS의 분해를 촉진할 수 있도록 공기 중의 ZnS를 가열하는 것을 의미한다.

$$
\begin{aligned}
ZnS(s) &\longrightarrow Zn(s) + S(s) & \Delta G° &= 198.3 \text{ kJ/mol} \\
S(s) + O_2(g) &\longrightarrow SO_2(g) & \Delta G° &= -300.1 \text{ kJ/mol} \\
\hline
ZnS(s) + O_2(g) &\longrightarrow Zn(s) + SO_2(g) & \Delta G° &= -101.8 \text{ kJ/mol}
\end{aligned}
$$

위의 짝반응은 인간의 생존에 결정적인 역할을 한다. 생물계에서 효소는 다양한 비자발적 반응을 활성화한다. 예를 들어, 인체에서 포도당($C_6H_{12}O_6$)으로 대표되는 음식 분자는 신진 대사 과정에서 이산화 탄소와 물로 변환되어 자유 에너지를 실질적으로 방출한다.

$$C_6H_{12}O_6(s) + 6O_2(g) \longrightarrow 6CO_2(g) + 6H_2O(l) \qquad \Delta G° = -2880 \text{ kJ/mol}$$

살아 있는 세포에서 이 반응은 한 단계로 일어나지 않는다. 오히려 포도당 분자는 일련의 단계로 효소의 도움을 받아 분해된다. 과정 중에 방출된 많은 자유 에너지는 아데노신 이

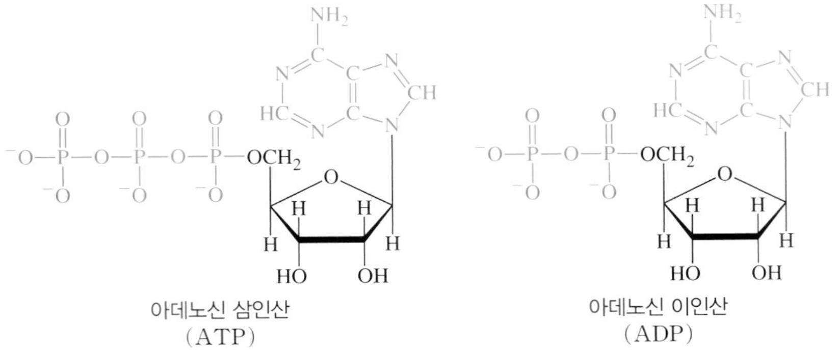

그림 17.7 ATP와 ADP의 구조

아데노신 삼인산
(ATP)

아데노신 이인산
(ADP)

인산(adenosine diphosphate, ADP)과 인산(phosphoric acid, 그림 17.7)으로부터 아데노신 삼인산(adenosine triphosphate, ATP)을 합성하는 데 사용된다.

$$ADP + H_3PO_4 \longrightarrow ATP + H_2O \qquad \Delta G° = 31 \text{ kJ/mol}$$

ATP의 기능은 세포가 필요로 할 때까지 자유 에너지를 저장하는 것이다. 적절한 조건하에서 ATP는 가수 분해되어 ADP 및 인산을 생성하고, 31 kJ/mol의 자유 에너지가 방출되며, 이는 단백질 합성과 같이 에너지 면에서 불리한 반응을 유도하는 데 사용될 수 있다.

단백질은 아미노산으로 만들어진 고분자이다. 단백질 분자의 단계별 합성은 개별 아미노산의 결합을 포함한다. 알라닌과 글리신으로부터 다이펩타이드(두 아미노산으로 구성된 단위) 알라닐글리신(alanylglycine)의 형성을 고려해 보자. 이 반응은 단백질 분자의 합성에서 첫 단계를 나타낸다.

$$알라닌 + 글리신 \longrightarrow 알라닐글리신 \qquad \Delta G° = 29 \text{ kJ/mol}$$

양의 $\Delta G°$ 값은 이 반응이 생성물 형성을 선호하지 않는다는 것을 의미하므로, 평형 상태에서 다이펩타이드가 거의 형성되지 않는다. 그러나 효소의 도움으로 반응은 다음과 같이 ATP의 가수 분해와 짝지어진다.

$$ATP + H_2O + 알라닌 + 글리신 \longrightarrow ADP + H_3PO_4 + 알라닐글리신$$

전체 자유 에너지 변화는 $\Delta G° = -31 \text{ kJ/mol} + 29 \text{ kJ/mol} = -2 \text{ kJ/mol}$에 의해 주어지는데, 이는 짝반응이 생성물의 형성을 선호하고 이러한 조건에서 상당한 양의 알라닐글리신이 형성됨을 의미한다. 그림 17.8은 필수 반응을 유도하기 위해 에너지 저장(신진 대사로부터)과 자유 에너지 방출(ATP 가수 분해로부터)로 작용하는 ATP-ADP 상호 전환을 보여준다.

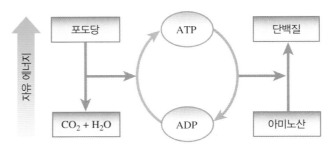

그림 17.8 생물계에서 ATP 합성과 짝반응의 도식적 표현. 신진대사 도중 포도당을 이산화 탄소와 물로 전환하면 자유 에너지가 방출된다. 방출된 자유 에너지는 ADP를 ATP로 전환시키는 데 사용된다. ATP 분자는 아미노산으로부터 단백질 합성과 같은 선호하지 않는 반응을 일으키는 에너지 원으로 사용된다.

자유 에너지와 평형

14장에서, 반응 지수(Q)를 계산하는 방법을 배웠고, 그리고 그 크기를 평형 상수(K)의 크기와 비교하여 반응이 평형에 도달하기 위해 오른쪽으로 진행되어야 하는지 왼쪽으로 진행되어야 하는지를 결정할 수 있다. 17장에서, 자유 에너지(ΔG)와 표준 자유 에너지($\Delta G°$)를 계산하는 방법을 배웠고, ΔG의 부호가 과정의 자발성 여부를 나타낸다는 것을 배웠다. 이러한 매개 변수들이 어떻게 관련되어 있고, 그 변수들이 본질적으로 동일한 정보를 제공하는지 고려하는 것이 유용하다. 식 17.14는 K와 $\Delta G°$의 관련성을 보여준다.

$$\Delta G° = -RT \ln K$$

이 식에 따르면 $\Delta G°$가 음수일 때 K의 값은 1보다 크다. $K > 1$은 평형이 **오른쪽으로 놓이는 것**을 기억하자. 이것은 오른쪽으로 **진행**할 것이라고 말하는 것과는 다르다. 출발 조건이 Q가 K보다 큰 경우에, 반응이 큰 평형 상수를 가지면서 평형에 도달하기 위해 **왼쪽**으로 진행할 수 있다. 예를 들어, 430℃에서 다음 반응에 대한 $K = 54.3$이다.

$$H_2(g) + I_2(g) \rightleftharpoons 2HI(g)$$

K가 1보다 크기 때문에 이 평형이 오른쪽에 있다고 말할 수 있다. 그러나 초기에 HI만 있고 H_2와 I_2 모두 없다면, 평형을 이루기 위해서는 **반응이 왼쪽으로 진행되어야**한다.

그렇다면 평형이 오른쪽에 있다는 것은 무엇을 의미하는가? 이것은 출발 조건이 표준 조건(모든 수용액 화학종들의 농도가 $1 \, M$이고 모든 기체종의 압력이 $1 \, atm$이다)인 경우, 생성물이 평형 상태에서 우위에 있음을 의미한다. 이것은 **표준**(standard) 초기 조건에서 오른쪽으로 진행하는 반응에 해당된다. 마찬가지로, **왼쪽**에 놓인 평형의 경우, 시작 조건이 표준 조건이면 반응물이 평형 상태에서 우위를 점하게 되어 반응은 표준 초기 조건에서 **왼쪽**으로 진행된다.

또한 자발성으로 이것을 설명할 수 있다. $\Delta G°$의 부호는 **표준** 조건하에서 과정 또는 반응이 자발적인지 여부를 알려준다. 이것은 간단히 평형이 오른쪽에 놓여 있다고 말하는 또 다른 방법일 뿐이다. 반면에, ΔG는 과정이 **실제**(actual) 조건에서 자발적인지 여부를 알려주며, 일반적으로 표준이 아니다. ΔG와 $\Delta G°$는 식 17.13에 의해서 서로 관련이 있다.

$$\Delta G = \Delta G° + RT \ln Q$$

ΔG의 부호는 $\Delta G°$의 부호뿐만 아니라 Q의 값에도 의존한다. ΔG의 부호에 의해 제공된 정보는 Q와 K의 비교에 의해 제공된 것과 동일하다.

식 17.13과 17.14를 결합하여, ΔG의 부호와 Q와 K의 상대적인 크기 사이의 관계를 한 눈에 나타내는 식을 쓸 수 있다.
식 17.13의 $\Delta G°$ 항을 대신해서 식 17.14의 우변을 대입하면

$$\Delta G = -RT \ln K + RT \ln Q$$

또는 다음과 같다.

$$\Delta G = RT \ln Q - RT \ln K$$

그리고 $\ln A - \ln B = \ln \dfrac{A}{B}$이기 때문에[◀◀ 부록 1], 다음이 얻어진다.

$$\Delta G = RT \ln \frac{Q}{K}$$

이것은 단순히 Q와 K를 비교할 수 있게 해준다. Q가 K보다 크면 최종식의 로그항은 양의 값을 가지며 ΔG는 양의 값을 갖는다. 즉, 반응은 평형을 이루기 위해 왼쪽으로 진행해야 한다. Q가 K보다 작으면 로그항과 ΔG가 모두 **음수**(negative)가 되어 반응이 **오른쪽**(right)으로 진행된다.

주요 내용 문제

17.1

어떤 과정이 자발적이기 위해서 다음 중 어느 것이 음의 값이어야 하는가?

(a) $\Delta G°$ (b) ΔG (c) K

(d) Q (e) R

(c)    (d)

17.2

다음 중 어느 조건에서 반응에 대한 ΔG가 항상 음의 값인가?

(a) $\Delta G°$가 음의 값인 경우   (b) $K < 1$

(c) $K > 1$ (d) $Q < K$

(e) $Q > K$

17.4

다음에 나타낸 반응은 $25°C$에서 $\Delta G° = -1.83 \text{ kJ/mol}$이다. 그림에 표시된 시작 조건에서 반응은 오른쪽으로 진행한다. 다음 중 어느 것이 그림에 묘사된 반응인가? 해당되는 것 모두를 고르시오.

17.3

다음 그림은 $A_2 + B_2 \rightleftharpoons 2AB$ 반응에 대한 평형에 놓인 계를 나타낸다.

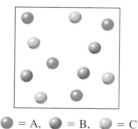

◯ = A, ◯ = B, ◯ = C

(a) $C \rightleftharpoons A + B$

(b) $2C \rightleftharpoons A + B$

● = A, ◐ = B

(c) $2C \rightleftharpoons 2A + B$

반응에 대한 $\Delta G°$는 -4.8 kJ/mol이다. 다음 그림 중 어느 것이 ΔG가 음의 값인 반응의 초기 조건을 나타내는가? 해당되는 것 모두를 고르시오.

(d) $2C \rightleftharpoons A + 2B$

(a)    (b)

연습문제

배운 것 적용하기

용액에서 접힌 단백질을 충분히 높은 온도로 가열하면, 폴리펩타이드 사슬은 풀어져 변성된 단백질이 되는데, 이것이 "변성 (denaturation)"으로 알려진 과정이다. 단백질의 대부분이 풀리는 이 온도를 "녹는(melting)" 온도라고 한다. 단백질의 녹는 온도는 63°C이며, 변성 엔탈피는 510 kJ/mol이다.

문제

(a) 변성이 단일 단계 평형 과정이라는 가정하에, 변성의 엔트로피를 예측하시오. 즉, 접힌 단백질 ⟷ 변성 단백질[|◀◀ 예제 17.7]. 이 하나의 폴리펩타이드 단백질 사슬에는 98개의 아미노산이 있다. 아미노산당 변성 엔트로피를 계산하시오.

(b) ΔH와 ΔS가 온도에 따라 변하지 않는다고 가정할 때, 20°C에서 변성에 대한 ΔG를 결정하시오[|◀◀ 예제 17.5].

(c) (b)에서 ΔG 값이 변성에 대한 $\Delta G°$라고 가정하면, 20°C에서 이 과정에 대한 평형 상수 값을 결정하시오[|◀◀ 예제 17.9].

17.2절: 엔트로피

17.1 다음에 보이는 장치에서, 용기는 8개의 방으로 분할되고 2개의 분자를 포함한다. 처음에는 두 분자 모두 용기의 왼쪽에 갇혀 있다.

(a) 중앙의 장벽을 제거하기 전과 후에 가능한 배열의 수를 결정하시오.

(b) 장벽을 제거한 후에, 얼마나 많은 배열이 두 분자가 용기의 왼쪽에 있는 상태에 해당하는가? 얼마나 많은 배열이 두 분자가 용기의 오른쪽에 있는 상태에 해당하는가? 얼마나 많은 배열이 두 분자가 용기의 서로 반대편에 있는 상태에 해당하는가? 각 상태에 대한 엔트로피를 계산하고 장벽 제거 후 가장 가능성이 높은 상태에 대해 설명하시오.

17.3절: 계의 엔트로피 변화

17.2 다음 과정에 대해서 $\Delta S_{계}$를 계산하시오.

(a) 112 mL에서 52.5 mL로 이상 기체 0.0050 mol의 등온 압축

(b) 225 mL에서 22.5 mL로 이상 기체 0.015 mol의 등온 압축

(c) 122 L에서 275 L로 이상 기체 22.1 mol의 등온 팽창

17.3 부록 2의 자료를 이용하여, 25°C에서 다음 반응에 대한 표준 엔트로피 변화를 계산하시오.

(a) $H_2(g) + CuO(s) \longrightarrow Cu(s) + H_2O(g)$

(b) $2Al(s) + 3ZnO(s) \longrightarrow Al_2O_3(s) + 3Zn(s)$

(c) $CH_4(g) + 2O_2(g) \longrightarrow CO_2(g) + 2H_2O(l)$

17.4 25°C에서 엔트로피가 증가하는 순서대로 다음 물질(각 1 mol)을 나열하고, 이유를 설명하시오.

(a) $Ne(g)$ (b) $SO_2(g)$ (c) $Na(s)$

(d) $NaCl(s)$ (e) $H_2(g)$

17.4절: 우주의 엔트로피 변화

17.5 문제 17.3에 있는 각 반응에 대한 $\Delta S_{주위}$를 계산하고, 각 반응이 25°C에서 자발적인지 결정하시오.

17.6 부록 2의 자료를 이용하여, 다음 각 반응에 대한 $\Delta S°_{반응}$과 $\Delta S_{주위}$를 계산하고 각 반응이 25°C에서 자발적인지 결정하시오.

(a) $PCl_3(l) + Cl_2(g) \longrightarrow PCl_5(g)$

(b) $2HgO(s) \longrightarrow 2Hg(l) + O_2(g)$

(c) $H_2(g) \longrightarrow 2H(g)$

(d) $U(s) + 3F_2(g) \longrightarrow UF_6(s)$

17.5절: 자발성의 예측

17.7 25°C에서 다음 반응에 대한 $\Delta G°$를 계산하시오.

(a) $2Mg(s) + O_2(g) \longrightarrow 2MgO(s)$

(b) $2SO_2(g) + O_2(g) \longrightarrow 2SO_3(g)$

(c) $2C_2H_6(g) + 7O_2(g) \longrightarrow 4CO_2(g) + 6H_2O(l)$

(부록 2에 있는 열역학 자료 참고)

17.8 다음의 ΔH와 ΔS 값을 갖는 반응이 자발적으로 되는 온도를 찾으시오.

(a) $\Delta H = -126\,kJ/mol$, $\Delta S = 84\,J/K \cdot mol$

(b) $\Delta H = -11.7\,kJ/mol$, $\Delta S = -105\,J/K \cdot mol$

17.9 수은의 몰 용융열과 증발열은 각각 23.4와 59.0 kJ/mol이다. 수은에 대해 고체–액체와 액체–기체 전이에 대한 몰 엔트로피 변화를 계산하시오. 1 atm에서 수은은 $-38.9°C$에서 녹고 357°C에서 끓는다.

17.10 부록 2에 수록된 값들을 이용하여 다음 알코올 발효 반응에 대한 $\Delta G°$를 계산하시오.

$$C_6H_{12}O_6(s) \longrightarrow 2C_2H_5OH(l) + 2CO_2(g)$$

17.11 토양의 특정 박테리아는 아질산염을 질산염으로 산화시켜 성장에 필요한 에너지를 얻는다.

$$2NO_2^- + O_2 \longrightarrow 2NO_3^-$$

NO_2^-와 NO_3^-의 표준 생성 Gibbs 자유 에너지는 각각 -34.6와 $-110.5\,kJ/mol$인 경우, 1 mol의 NO_2^-가 1 mol의 NO_3^-로 산화될 때 방출되는 Gibbs 자유 에너지를 계산하시오.

17.6절: 자유 에너지와 화학 평형

17.12 25°C에서 다음 반응에 대한 K_P를 계산하시오.

$$H_2(g) + I_2(g) \rightleftharpoons 2HI(g) \qquad \Delta G° = 2.60\,kJ/mol$$

17.13 25°C에서 다음 반응을 고려하시오.

$$Fe(OH)_2(s) \rightleftharpoons Fe^{2+}(aq) + 2OH^-(aq)$$

이 반응의 $\Delta G°$를 계산하시오. $Fe(OH)_2$에 대한 K_{sp}는 1.6×10^{-14}이다.

17.14 (a) 25°C에서 다음 평형 반응에 대한 $\Delta G°$와 K_P를 계산하시오.

$$PCl_5(g) \rightleftharpoons PCl_3(g) + Cl_2(g)$$

(b) 초기 혼합물의 분압이 $P_{PCl_5} = 0.0029\,atm$, $P_{PCl_3} = 0.27\,atm$ 및 $P_{Cl_2} = 0.40\,atm$일 때, 이 반응에 대한 ΔG를 계산하시오.

17.15 탄산 칼슘의 분해 반응을 고려해 보자.

$$CaCO_3(s) \rightleftharpoons CaO(s) + CO_2(g)$$

(a) 25°C에서 그리고 (b) 800°C에서 평형 상태에 있는 CO_2의 압력(기압)을 계산하시오. 이 온도 범위에서 $\Delta H° = 177.8\,kJ/mol$이고 $\Delta S° = 160.5\,J/K \cdot mol$이라고 가정한다.

17.16 25°C에서 다음 과정에 대한 $\Delta G°$는 8.6 kJ/mol이다.

$$H_2O(l) \rightleftharpoons H_2O(g)$$

이 온도에서 물의 증기압을 계산하시오.

17.7절: 생물계에서 열역학

17.17 17.7절에서 포도당을 포함하는 대사 과정을 참고하여, 1 mol의 포도당의 분해를 통해 ADP로부터 합성될 수 있는 ATP의 최대 mol을 계산하시오.

추가문제

17.18 1 atm에서 다음 과정에 대한 ΔH, ΔS 및 ΔG의 부호를 예측하시오.

(a) 암모니아는 $-60°C$에서 녹는다.

(b) 암모니아는 $-77.7°C$에서 녹는다.

(c) 암모니아는 $-100°C$에서 녹는다.(암모니아의 정상 녹는점은 $-77.7°C$이다.)

17.19 다음 열역학 함수 중 어느 것이 열역학 제1법칙과 관련된 것인가?

$$S, U, G\ 및\ H$$

17.20 298 K에서 다음 반응을 고려해 보자.

$$2H_2(g) + O_2(g) \longrightarrow 2H_2O(l)$$
$$\Delta H° = -571.6\,kJ/mol$$

이 반응에 대한 $\Delta S_{계}$, $\Delta S_{주위}$ 및 $\Delta S_{우주}$를 계산하시오.

17.21 질산 암모늄(NH_4NO_3)은 물에서 흡열이면서 자발적으로 녹는다. 용액 과정에 대한 ΔS의 부호를 어떻게 추론할 수 있는가?

17.22 (a) Trouton의 법칙에 따르면 액체의 끓는점(절대 온도)에 대한 몰 기화열($\Delta H_{증발}$)의 비율은 대략 90 J/K·mol이다. 다음 자료를 이용하여 이것이 사실임을 보이고 왜 Trouton의 규칙이 잘 맞는지 설명하시오.

	$T_{bp}(°C)$	$\Delta H_{증발}(kJ/mol)$
벤젠	80.1	31.0
헥세인	68.7	30.8
수은	357	59.0
톨루엔	110.6	35.2

(b) 표 11.6의 값을 이용하여 물과 에탄올에 대한 이 비율을 계산하시오. Trouton의 규칙이 다른 액체에는 잘 적용되는데 이 두 액체에는 적용되지 않는 이유를 설명하시오.

17.23 다음 중 상태 함수가 아닌 것은 어느 것인가?

$$S, H, q, w, T$$

17.24 $-78°C$에서 이산화 탄소의 승화는 다음과 같이 주어진다.

$$CO_2(s) \longrightarrow CO_2(g) \qquad \Delta H_{승화} = 25.2\,kJ/mol$$

이 온도에서 84.8 g의 CO_2가 승화될 때 $\Delta S_{승화}$를 계산하시오.

17.25 한 학생이 부록 2에서 CO_2의 $\Delta G_f°$, $\Delta H_f°$ 및 $\Delta S°$ 값을 찾아봤다. 이 값들을 식 17.10에 대입하여, 298 K에서 $\Delta G_f° \neq \Delta H_f° - T\Delta S°$임을 알아냈다. 이 접근 방식의 문제점은 무엇인가?

17.26 0 K에서, 일산화 탄소 결정의 엔트로피는 0이 아닌 잔여 엔트로피(residual entropy)라고 불리는 4.2 J/K·mol이다. 열역학 제3법칙에 따르면, 이것은 결정이 CO 분자의 완벽한 배열을 갖지 않는다는 것을 의미한다.

(a) 배열이 완전히 무작위인 경우, 잔여 엔트로피는 무엇인가?

(b) (a)의 결과와 4.2 J/K·mol 사이의 차이에 대한 의견을 제시하시오.(힌트: 각 CO 분자는 배향에 대해 두 가지 선택이 있다고 가정하고, 식 17.1을 이용해서 잔여 엔트로피를 계산한다.)

17.27 $CaCO_3$의 열분해에 대해서 고려하자.
$$CaCO_3(s) \rightleftharpoons CaO(s) + CO_2(g)$$
CO_2의 평형 증기압은 700°C에서 22.6 mmHg이고 950°C에서 1829 mmHg이다. 반응에 대한 표준 엔탈피를 계산하시오.

17.28 각 반응의 엔트로피 변화가 양수인지 또는 음수인지 예측하시오.
(a) $Zn(s) + 2HCl(aq) \rightleftharpoons ZnCl_2(aq) + H_2(g)$
(b) $O(g) + O(g) \rightleftharpoons O_2(g)$
(c) $NH_4NO_3(s) \rightleftharpoons N_2O(g) + 2H_2O(g)$
(d) $2H_2O_2(l) \rightleftharpoons 2H_2O(l) + O_2(g)$

17.29 다음 자료를 이용하여 수은의 정상 끓는점(켈빈 온도)을 결정하시오. 계산을 하기 위해 가정해야 할 사항은 무엇인가?
$Hg(l)$: $\Delta H_f^\circ = 0$ (정의에 의해)
$$S^\circ = 77.4 \text{ J/K} \cdot \text{mol}$$
$Hg(g)$: $\Delta H_f^\circ = 60.78 \text{ kJ/mol}$
$$S^\circ = 174.7 \text{ J/K} \cdot \text{mol}$$

17.30 어떤 반응은 -122 kJ/mol의 ΔG° 값을 갖는 것으로 알려져 있다. 반응물이 함께 혼합되면 반응이 반드시 일어나겠는가?

17.31 25°C에서 다음 과정에 대한 ΔG°와 K_P를 계산하시오.
(a) $H_2(g) + Br_2(l) \rightleftharpoons 2HBr(g)$
(b) $\frac{1}{2}H_2(g) + \frac{1}{2}Br_2(l) \rightleftharpoons HBr(g)$
(a)와 (b)에 대해 얻은 ΔG°와 K_P에서의 차이를 설명하시오.

17.32 "엔트로피에 관해 이야기하는 것만으로도 우주에서 그 값을 증가시킨다."라는 말에 의견을 제시하시오.

17.33 다음 반응을 고려하시오.
$$N_2(g) + O_2(g) \rightleftharpoons 2NO(g)$$
25°C에서 반응의 ΔG°가 173.4 kJ/mol이라면,
(a) NO의 표준 생성 자유 에너지를 계산하시오.
(b) 반응의 K_P를 계산하시오.
(c) 스모그 형성에 있어서 출발 물질 중 하나가 NO이다. 달리고 있는 자동차 엔진의 온도가 1100°C라면, 주어진 반응의 K_P를 추정하시오.
(d) 농부들은 다 알고 있는 얘기지만, 번개가 더 좋은 곡물을 수확하는 데 도움을 준다. 그 이유는 무엇인가?

17.34 탄산 마그네슘의 분해 반응을 고려하자.
$$MgCO_3(s) \rightleftharpoons MgO(s) + CO_2(g)$$
분해 반응이 생성물을 선호하기 시작하는 온도를 계산하시오. ΔH°와 ΔS°는 모두 온도와 무관하다고 가정한다.

17.35 표 4.6에 있는 활동도 서열에 의하면, 25°C에서 반응 (a)는 자발적이지만 반응 (b)는 비자발적이다.
(a) $Fe(s) + 2H^+(aq) \longrightarrow Fe^{2+}(aq) + H_2(g)$
(b) $Cu(s) + 2H^+(aq) \longrightarrow Cu^{2+}(aq) + H_2(g)$
부록 2의 자료를 이용하여 이 두 반응의 평형 상수를 계산하고, 이 활동도 서열이 맞는지 확인하시오.

17.36 74.6 g의 얼음 덩어리가 북극해에 떠 있다. 계와 주위의 압력과 온도는 1 atm이고 0°C이다. 얼음 덩어리가 녹기 위

17.27 ~ 17.36 (왼쪽 단) / 오른쪽 단:

한 $\Delta S_\text{계}$, $\Delta S_\text{주위}$ 및 $\Delta S_\text{우주}$를 계산하시오. $\Delta S_\text{우주}$의 값으로부터 이 과정의 본질을 어떻게 결론 내릴 수 있을까?(물의 몰 용융열은 6.01 kJ/mol이다.)

17.37 수소화 반응(예를 들어, 식품 산업에서 C=C 결합을 C−C 결합으로 전환시키는 공정)은 Ni 또는 Pt와 같은 전이 금속 촉매의 사용에 의해 촉진된다. 초기 단계는 수소 기체가 금속 표면에 흡착 또는 결합하는 것이다. 수소 기체가 Ni 금속 표면에 흡착될 때 ΔH, ΔS 및 ΔG의 부호를 예측하시오.

17.38 298 K에서 A_2(초록색)와 B_2(빨간색)의 기체상 반응이 AB를 형성하는 반응을 고려하자.
$$A_2(g) + B_2(g) \rightleftharpoons 2AB(g) \quad \Delta G^\circ = -3.43 \text{ kJ/mol}$$
(a) 다음 반응 혼합물 중 평형 상태에 있는 것은 어느 것인가?
(b) 다음 반응 혼합물 중 음의 ΔG 값을 갖는 것은 어느 것인가?
(c) 다음 반응 혼합물 중 양의 ΔG 값을 갖는 것은 어느 것인가?
각 용기에서 기체의 분압은 A_2, B_2 및 AB 분자의 수에 0.10 atm을 곱한 것과 같다. 결과를 두 개의 유효숫자로 반올림하시오.

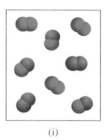

(i)

(ii)

(iii)

17.39 다음의 반응은 화산 지역에 형성된 유황 침적의 원인으로 설명되었다.
$$2H_2S(g) + SO_2(g) \rightleftharpoons 3S(s) + 2H_2O(g)$$
이것은 발전소 연도 기체로부터 SO_2를 제거하기 위해서도 사용될 수 있다.

(a) 산화−환원 반응의 유형을 확인하시오.

(b) 25°C에서 평형 상수(K_P)를 계산하고 이 방법이 SO_2를 제거하기에 적합한 반응인지 의견을 제시하시오.

(c) 더 높은 온도에서 이 방법이 더 효과가 있겠는가?

17.40 철광석(FeO)에서 철을 추출하는 단계 중 하나는 900°C에서 일산화 탄소에 의한 산화철(II)의 환원이다.

$$FeO(s) + CO(g) \rightleftharpoons Fe(s) + CO_2(g)$$

CO가 과량의 FeO와 반응하도록 허용되면, 평형 상태에서 CO와 CO_2의 몰분율을 계산하시오. 가정이 있다면 말하시오.

17.41 H_2와 CO의 혼합물인 수성 가스는 증기를 뜨거운 붉은색 코크스(석탄 증류의 부산물)와 혼합하여 만든 연료이다.

$$H_2O(g) + C(s) \rightleftharpoons CO(g) + H_2(g)$$

부록 2의 자료로부터, 반응이 생성물 형성을 선호하기 시작하는 온도를 추정하시오.

17.42 어떤 단백질의 변성 엔탈피 변화는 125 kJ/mol이다. 엔트로피 변화가 397 J/K·mol이라면 단백질이 자발적으로 변성하는 최저 온도를 계산하시오.

17.43 능동 수송이란 물질이 낮은 농도의 지역에서 높은 농도의 지역으로 이동하는 과정이다. 이것은 비자발적인 과정이며 ATP 분해와 같은 자발적인 과정과 짝지어져야 한다. 혈장과 신경 세포에서 K^+ 이온의 농도는 각각 15 mM과 400 mM이다(1 mM = 1×10^{-3} M). 식 17.13을 이용하여 37°C의 생리적 온도에서 이 과정에 대한 ΔG를 계산하시오.

$$K^+(15\,mM) \longrightarrow K^+(400\,mM)$$

이러한 계산에서 ΔG°를 0으로 놓을 수 있다. 이 단계의 정당성은 무엇인가?

17.44 위액의 pH는 약 1.00이고 혈장의 pH는 7.40이다. 37°C에서 혈장으로부터 위장에 H^+ 이온을 분비하는 데 필요한 Gibbs 자유 에너지를 계산하시오.

17.45 일산화 탄소(CO)와 일산화 질소(NO)는 자동차 배기가스에 함유된 오염 가스이다. 적절한 조건에서, 이들 가스는 반응하여 질소(N_2)와 유해한 이산화 탄소(CO_2)를 생성할 수 있다.

(a) 이 반응에 대한 반응식을 쓰시오.

(b) 산화제와 환원제를 찾으시오.

(c) 25°C에서 반응에 대한 K_P를 계산하시오.

(d) 정상 대기 조건에서, 분압은 $P_{N_2} = 0.80$ atm, $P_{CO_2} = 3.0 \times 10^{-4}$ atm, $P_{CO} = 5.0 \times 10^{-5}$ atm 및 $P_{NO} = 5.0 \times 10^{-7}$ atm이다. Q_P를 계산하고 반응이 진행될 방향을 예측하시오.

(e) 온도를 올리는 것이 N_2와 CO_2 형성에 유리한가?

17.46 2개의 카복실산(−COOH기를 포함한 산)을 고려해 보자.
CH_3COOH($K_a = 1.8 \times 10^{-5}$) 그리고
$CH_2ClCOOH$($K_a = 1.4 \times 10^{-3}$)

(a) 25°C에서 이들 산의 ΔG°를 계산하시오.

(b) 식 $\Delta G^{\circ} = \Delta H^{\circ} - T\Delta S^{\circ}$로부터, ΔG°에 기여하는 엔탈피(ΔH°) 항과 온도와 엔트로피 변화의 곱($T\Delta S^{\circ}$) 항이라는 것을 알 수 있다. 2개의 산에 대한 이들 값이 다음에 나열되어 있다.

	ΔH°(kJ/mol)	$T\Delta S^{\circ}$(kJ/mol)
CH_3COOH	−0.57	−27.6
$CH_2ClCOOH$	−4.7	−21.1

ΔG°(또한 산의 K_a의 값을 결정할 때 어떤 항이 더 지배적인가?

(c) 어떠한 과정이 ΔH°에 기여하는가?(산의 이온화 과정을 Brønsted 산−염기 반응으로 고려하시오.)

(d) $T\Delta S^{\circ}$가 CH_3COOH에 대해 더 부정적인 이유를 설명하시오.

종합 연습문제

물리학과 생물학

화학에서 용액의 표준 상태는 $1\,M$이다. 이것은 몰농도로 표시된 각 용질의 농도가 $1\,M$으로 나눠진다는 것을 의미한다. 그러나 생물계에서 H^+ 이온에 대한 표준 상태를 $1 \times 10^{-7}\,M$로 정의한다. 결과적으로 이 두 관례에 의하면, H^+ 이온을 흡수하거나 방출하는 과정을 포함하는 반응에 대한 표준 Gibbs 자유 에너지 변화는 어떤 관례를 사용했느냐에 따라 달라질 것이다. 그러므로 ΔG°를 $\Delta G^{\circ\prime}$으로 대체할 것인데, 여기서 프라임($\prime$)은 생물학적 과정에 대한 표준 Gibbs 자유 에너지 변화를 나타낸다.

1. H^+에 대한 표준 상태가 생물계에서 $1 \times 10^{-7}\,M$으로 정의되는 이유는 무엇인가?

    a) 임의적인 관습이다.
    b) 생리적 조건은 모든 농도를 10^7배 감소시킨다.
    c) 생리적 조건은 모든 농도를 10^7배 증가시킨다.
    d) 생물계의 pH는 약 7이다.

2. 다음 반응을 고려하시오.

$$A + B \longrightarrow C + xH^+$$

여기서 x는 화학량론 계수이다. 식 $\Delta G = \Delta G^\circ + RT \ln Q$를 이용하여 ΔG°과 $\Delta G^{\circ\prime}$ 사이의 관계를 결정하시오. ΔG는 어느 관례를 사용하든지 관계없이 한 과정에 대해 동일하다는 것을 명심하자.

    a) $\Delta G^{\circ\prime} = \Delta G^\circ + RT \ln (1 \times 10^7)$
    b) $\Delta G^{\circ\prime} = \Delta G^\circ + RT \ln (1 \times 10^{-7})^x$
    c) $\Delta G^{\circ\prime} = \Delta G^\circ + e^{-7/RT}$
    d) $\Delta G^{\circ\prime} = \Delta G^\circ + RT \times e^{-7}$

3. 역과정의 $\Delta G^{\circ\prime}$과 ΔG° 사이의 관계를 결정하시오.

$$C + xH^+ \longrightarrow A + B$$

    a) $\Delta G^{\circ\prime} = \Delta G^\circ + RT \ln (1 \times 10^7)^x$
    b) $\Delta G^{\circ\prime} = \Delta G^\circ + RT \ln (1 \times 10^{-7})$
    c) $\Delta G^{\circ\prime} = \Delta G^\circ + e^{7/RT}$
    d) $\Delta G^{\circ\prime} = \Delta G^\circ + RT \times e^7$

4. NAD^+와 NADH는 니코틴아마이드 아데닌 다이뉴클레오타이드(nicotinamide adenine dinucleotide)의 산화와 환원 형태로, 신진대사 경로의 두 가지 중요한 화합물이다. NADH의 산화 반응은 다음과 같다.

$$NADH + H^+ \longrightarrow NAD^+ + H_2$$

298 K에서 ΔG°는 $-21.8\,kJ/mol$이다. 이 과정에 대해 $\Delta G^{\circ\prime}$을 계산하고, $[NADH] = 1.5 \times 10^{-2}\,M$, $[H^+] = 3.0 \times 10^{-5}\,M$, $[NAD] = 4.6 \times 10^{-3}\,M$ 및 $P_{H_2} = 0.010$ atm일 때 화학적 또는 생물적 관례를 이용하여 ΔG를 계산하시오.

    a) $18.1\,kJ/mol$, $50.3\,kJ/mol$
    b) $21.8\,kJ/mol$, $29.6\,kJ/mol$
    c) $18.1\,kJ/mol$, $10.3\,kJ/mol$
    d) $21.8\,kJ/mol$, $10.3\,kJ/mol$

예제 속 추가문제 정답

17.1.1 $0.34\,J/K$ **17.1.2** $1/5$ **17.2.1** (a) $173.6\,J/K \cdot mol$ (b) $-139.8\,J/K \cdot mol$ (c) $215.3\,J/K \cdot mol$ **17.2.2** (a) $S^\circ[K(l)] = 71.5\,J/K \cdot mol$ (b) $S^\circ[S_2Cl_2(g)] = 331.5\,J/K \cdot mol$ (c) $S^\circ[MgF_2(s)] = 57.24\,J/K \cdot mol$ **17.3.1** (a) 음수 (b) 음수 (c) 양수 **17.3.2** 두 용해 과정에 대한 ΔH°의 부호는 음수이다. 무엇이든 자발성을 선호해야 한다; 엔트로피 변화가 아니라면 엔탈피여야 한다. 이들 과정은 모두 계의 엔트로피를 감소시키기 때문에, 발열 과정이어야 한다. 그렇지 않으면 자발적이 될 수 없다. **17.4.1** (a) $\Delta S_{우주} = -27.2\,J/K \cdot mol$, 비자발적 (b) $\Delta S_{우주} = -28.1\,J/K \cdot mol$, 비자발적 (c) $\Delta S_{우주} = 0\,J/K \cdot mol$, 평형 **17.4.2** (a) $\Delta S_{우주} = 5.2\,J/K \cdot mol$, 자발적 (b) $346^\circ C$ (c) $58^\circ C$ **17.5.1** $3728^\circ C$ **17.5.2** $108\,J/K \cdot mol$ **17.6.1** (a) $-106\,kJ/mol$ (b) $-2935\,kJ/mol$ **17.6.2** (a) $\Delta G^\circ_f[Li_2O(s)] = -561.2\,kJ/mol$ (b) $\Delta G_f^\circ[NaI(s)] = -286.1\,kJ/mol$ **17.7.1** $\Delta S_{용융} = 16\,J/K \cdot mol$, $\Delta S_{증발} = 72\,J/K \cdot mol$ **17.7.2** (a) $\Delta H^\circ_{용융} = 2.41\,kJ/mol$, $\Delta S^\circ_{용융} = 6.51\,J/K \cdot mol$, $T_{녹음} = 97^\circ C$ (b) $\Delta H^\circ_{증발} = 105.3\,kJ/mol$, $\Delta S^\circ_{증발} = 96.1\,J/K \cdot mol$, $T_{끓음} = 823^\circ C$ **17.8.1** $1.3\,kJ/mol$, 역반응은 자발적이다. **17.8.2** 2.5 atm **17.9.1** 2×10^{57} **17.9.2** $-16.8\,kJ/mol$ **17.10.1** $32.9\,kJ/mol$ **17.10.2** $-454.4\,kJ/mol$

CHAPTER 18

전기 화학

Electrochemistry

감자 시계는 매우 유명한 과학 시연 및 실험이다.

이 장의 목표

화학 반응을 통해 어떻게 전기 에너지가 생산되는지, 반응 조건이 어떻게 전기 생산에 영향을 주는지를 배운다. 또한 전기 에너지가 화학 반응을 일으키기도 혹은 제어하기도 한다는 사실을 배운다.

들어가기 전에 미리 알아둘 것

- 산화수 [◀◀ 4.4절]
- 반응 지수 Q [◀◀ 14.2절]
- Gibbs 자유 에너지 [◀◀ 17.5절]

음식으로 전지 만들기

감자를 이용하여 작은 전기 장치에 전원을 공급하는 실험은 매우 익숙하고 잘 알려진 과학 실험이다. 실제로 "감자 시계"는 Amazon.com에서 상당히 잘 팔릴 정도로 관심을 끌고 있다. 감자로부터 생산된 전기는 작은 전기 장치에 전원을 공급하기에 충분하기 때문에 감자 **전지**로 불리는 것이 더 타당할 것이다.

감자 전지는 아연과 구리로 되어 있는 전극을 하나의 감자에 두 개씩, 총 4개의 전극을 2개의 감자에 각각 꽂아 만들 수 있다. 사진에서 보이는 바와 같이 전기선을 통해 전극과 작은 디지털 시계를 연결한다. 전극 사이의 전기 퍼텐셜의 차이로 전기의 흐름이 생기게 된다.(감자 전지는 하나의 감자를 사용해서도 만들 수 있지만, 이 경우 생산된 에너지가 시계에 전원을 공급할 정도로 충분하지는 않다.) 감자 전지는 LED 전등에 불을 밝히는 데 사용되기도 한다. 이 프로젝트들은 레몬, 피클 등 다른 식료품을 이용해서도 만들 수 있다. 이러한 재료들의 핵심적 요소는 **산**(acid)이다. 감자의 경우 인산(phosphoric acid, H_3PO_4), 레몬의 경우 구연산(citric acid, $H_3C_6H_5O_7$), 그리고 피클인 경우 아세트산(acetic acid, $HC_2H_3O_2$)이 핵심적인 역할을 한다.

이렇게 감자나 과일과 같이 가정에서 흔히 볼 수 있는 일상용품을 이용해서 전지를 만들기 위해서는 **전기 화학**의 원리를 이해할 필요가 있다.

이 장의 끝에서 감자 전지의 전기 화학적 원리에 대한 다양한 문제를 풀 수 있게 될 것이다 [▶▶ 배운 것 적용하기, 820쪽].

18.1 산화–환원 반응의 완결

4장에서 우리는 한 화학종으로부터 다른 화학종으로 전자가 이동하는 반응인 산화–환원 반응(oxidation–reduction 또는 "redox" reaction)에 대해 간략하게 논하였다. 이 절에서는 어떤 반응이 산환–환원 반응이며, 어떻게 산화–환원 반응식의 균형을 맞추는지 좀 더 자세히 살펴보기로 하자.

학생 노트
산화수의 결정에 대해 복습한다[◀◀ 4.4절].

산환–환원 반응은 4장에서 소개한 바와 같이 산화 상태의 **변화**가 있는 반응을 의미한다. 산화–환원 반응의 예는 다음과 같다.

$$2KClO_3(s) \longrightarrow 2KCl(s) + 3O_2(g)$$
$$\text{(+1)(+5)(−2)} \qquad \text{(+1)(−1)} \qquad \text{(0)}$$

$$CH_4(g) + 2O_2(g) \longrightarrow CO_2(g) + 2H_2O(l)$$
$$\text{(−4)(+1)} \qquad \text{(0)} \qquad \text{(+4)(−2)} \qquad \text{(+1)(−2)}$$

$$Sn(s) + Cu^{2+}(aq) \longrightarrow Cu(s) + Sn^{2+}(aq)$$
$$\text{(0)} \qquad \text{(+2)} \qquad \text{(0)} \qquad \text{(+2)}$$

여기에 보여지는 산화–환원 반응식은 3장에서 소개된 반응식 완결법을 사용해서 완결할 수 있다[◀◀ 3.3절]. 여기서 기억할 것은 산화–환원 반응의 경우 질량(원자의 수) 균형뿐만 아니라 전하(전자의 수) 균형도 동시에 만족하여야 한다는 것이다[◀◀ 4.4절]. 이 절에서는 간단한 조사를 통해 완결할 수 없는 반응식을 **반쪽 반응법**(half–reaction method)을 통해 완결하는 방법을 소개하려 한다.

수용액에서 철(II) 이온(Fe^{2+})이 다이크로뮴산 이온($Cr_2O_7^{2-}$)과 반응하는 경우를 생각해 보자.

$$Fe^{2+} + Cr_2O_7^{2-} \longrightarrow Fe^{3+} + Cr^{3+}$$

생성물 쪽에 산소를 포함하는 화학종이 없기 때문에 반응물과 생성물의 계수를 조절해서 이 식을 완결할 수 없다. 하지만 화학 반응 그 자체에 변화를 주지 않으면서 화학식을 완결하기 위해서 **추가**할 수 있는 화학종이 2개가 있다.

- 반응이 수용액에서 일어날 경우 화학 반응식의 균형을 맞추기 위해 물(H_2O)을 추가할 수 있다.
- 산성 용액에서 반응이 일어나는 경우 반응식의 균형을 맞추기 위해 수소 이온(H^+)을 추가할 수 있다.[염기성 용액의 경우 수산화 이온(OH^-)을 추가할 수 있다.]

반응이 완결되지 않은 식을 쓴 뒤, 다음의 과정을 거쳐 반응을 완결 짓는다.

1. 반응이 완결되지 않은 식을 **반쪽 반응**(half–reaction)으로 나눈다. 반쪽 반응은 전체 산화–환원 반응의 일부로 일어나는 산화 또는 환원 반응이다.

산화: $$Fe^{2+} \longrightarrow Fe^{3+}$$
환원: $$Cr_2O_7^{2-} \longrightarrow Cr^{3+}$$

2. 반쪽 반응을 산소와 수소를 제외한 나머지 원소들에 대해 균형을 맞춘다. 위의 경우 산화 반쪽 반응은 변화가 없다. 크로뮴(III) 이온의 계수만 수정하여 환원 반쪽 반응의 식을 완결한다.

$$\text{산화:} \qquad Fe^{2+} \longrightarrow Fe^{3+}$$

$$\text{환원:} \qquad Cr_2O_7^{2-} \longrightarrow 2Cr^{3+}$$

3. 두 반쪽 반응식에 물(H_2O)을 추가하여 산소에 대한 균형을 맞춘다. 다시 한번 말하지만, 이 경우 각 물질의 각 물질의 산화 상태는 변화가 없다. 환원 반응의 생성물 쪽에 7개의 물 분자를 더한다.

$$\text{산화:} \qquad Fe^{2+} \longrightarrow Fe^{3+}$$

$$\text{환원:} \qquad Cr_2O_7^{2-} \longrightarrow 2Cr^{3+} + 7H_2O$$

4. 두 반쪽 반응식에 수소 이온(H^+)을 추가하여 수소에 대한 균형을 맞춘다. 다시 한번 말하지만, 이 경우 각 물질의 산화 상태는 변화가 없다. 환원 반응의 반응물 쪽에 14개의 수소 이온을 더한다.

$$\text{산화:} \qquad Fe^{2+} \longrightarrow Fe^{3+}$$

$$\text{환원:} \qquad 14H^+ + Cr_2O_7^{2-} \longrightarrow 2Cr^{3+} + 7H_2O$$

5. 두 반쪽 반응식에 전자를 더해 전하 균형을 맞춘다. 전자를 더해 양쪽의 전체 전하가 같도록 해준다. 산화 반쪽 반응의 경우 반응물 쪽에 +2의 전하가, 생성물 쪽에 +3의 전하가 있다. 생성물 쪽에 전자를 더해줌으로써 양쪽의 전하가 같게 만들 수 있다.

$$\text{산화:} \qquad \underline{Fe^{2+}} \longrightarrow \underline{Fe^{3+} + e^-}$$
$$\text{전체 전하:} \qquad +2 \longrightarrow +2$$

환원 반응의 경우, $[(14)(+1)+(1)(-2)] = +12$의 전하가 반응물 쪽에 있으며, $[(2)(+3)] = +6$의 전하가 생성물 쪽에 있다. 생성물 쪽에 6개의 전자를 더해서 전하 균형을 맞춰준다.

$$\text{환원:} \qquad \underbrace{6e^- + 14H^+ + Cr_2O_7^{2-}}_{+6} \longrightarrow \underbrace{2Cr^{3+} + 7H_2O}_{+6}$$
$$\text{전체 전하:} \qquad +6 \longrightarrow +6$$

6. 만약 산화 반쪽 반응의 전자 수와 환원 반쪽 반응의 전자 수가 서로 일치하지 않는 경우, 양쪽의 전자 수가 동일해지도록 하나 또는 모든 반쪽 반응에 정수를 곱해준다. 이 예의 경우 산화 반쪽 반응 쪽에 1개의 전자, 환원 반쪽 반응에 6개의 전자가 존재하므로 산화 반쪽 반응의 양쪽에 6을 곱해줘서 전자 수를 일치시킨다.

$$\text{산화:} \qquad 6(Fe^{2+} \longrightarrow Fe^{3+} + e^-)$$
$$6Fe^{2+} \longrightarrow 6Fe^{3+} + 6e^-$$
$$\text{환원:} \qquad 6e^- + 14H^+ + Cr_2O_7^{2-} \longrightarrow 2Cr^{3+} + 7H_2O$$

7. 마지막으로 균형된 반쪽 반응식을 더한 뒤 양쪽의 전자를 소거하고, 나머지 요소들을 표시한다.

$$6Fe^{2+} \longrightarrow 6Fe^{3+} + 6e^-$$
$$\underline{6e^- + 14H^+ + Cr_2O_7^{2-} \longrightarrow 2Cr^{3+} + 7H_2O}$$
$$6Fe^{2+} + 14H^+ + Cr_2O_7^{2-} \longrightarrow 6Fe^{3+} + 2Cr^{3+} + 7H_2O$$

최종적으로 얻어진 식은 질량 및 전하 균형이 모두 맞았음을 확인할 수 있다.

산화-환원 반응은 염기성 수용액에서 일어나기도 한다. 이 경우, 산성 용액에서 했던 것과 동일한 반쪽 반응법을 이용한다. 염기성 수용액의 경우 추가로 2단계가 필요하다.

8. 마지막으로 얻어진 균형 맞춤 반응식의 수소 이온(H^+)의 계수만큼 양쪽에 수산화 이온(OH^-)을 더해주고, 두 이온이 결합하여 물(H_2O)을 생성하도록 한다.

9. 새롭게 생긴 물 분자로 인해 상쇄되어야 하는 항을 상쇄하여 식을 완성한다.

예제 18.1을 통해 염기성 수용액에서 반쪽 반응법을 이용해 반응식을 완결하는 예를 볼 수 있다.

예제   18.1

과망가니즈(permanganate) 이온과 아이오딘(iodide) 이온은 염기성 용액에서 반응하여 산화 망가니즈(IV)[manganese(IV) oxide]와 아이오딘 분자(molecular iodine)를 생성한다. 반쪽 반응법을 이용하여 반응식을 완결하시오.

$$MnO_4^- + I^- \longrightarrow MnO_2 + I_2$$

전략   반응이 염기성 용액에서 일어나므로, 질량과 전하 균형을 맞추기 위해 1단계부터 9단계까지 적용한다.

계획   산화수 계산을 통해 산화 또는 환원 반응을 구별한다.

$$MnO_4^- + I^- \longrightarrow MnO_2 + I_2$$
$$\overset{+7\ -2}{}\quad \overset{-1}{} \qquad \overset{+4\ -2}{}\quad \overset{0}{}$$

풀이

1단계.   완결되지 않은 식을 두 반쪽 반응으로 분리한다.

$$\textbf{산화:} \qquad I^- \longrightarrow I_2$$
$$\textbf{환원:} \quad MnO_4^- \longrightarrow MnO_2$$

2단계.   각각의 반쪽 반응을 산소와 수소를 제외한 나머지 원소에 대해 균형을 맞춘다.

$$2I^- \longrightarrow I_2$$
$$MnO_4^- \longrightarrow MnO_2$$

3단계.   두 반쪽 반응에 물 분자(H_2O)를 추가해 산소에 대한 질량 균형을 맞춘다.

$$2I^- \longrightarrow I_2$$
$$MnO_4^- \longrightarrow MnO_2 + 2H_2O$$

4단계.   두 반쪽 반응에 수소 이온(H^+)을 더해 수소에 대해 질량 균형을 맞춘다.

$$2I^- \longrightarrow I_2$$
$$4H^+ + MnO_4^- \longrightarrow MnO_2 + 2H_2O$$

5단계.   전자를 더해 두 반쪽 반응의 전하 균형을 맞춘다.

$$2I^- \longrightarrow I_2 + 2e^-$$
$$3e^- + 4H^+ + MnO_4^- \longrightarrow MnO_2 + 2H_2O$$

6단계.   두 반쪽 반응의 전자 수가 같아지도록 반쪽 반응에 적절한 정수를 곱해준다.

$$3(2I^- \longrightarrow I_2 + 2e^-)$$
$$2(3e^- + 4H^+ + MnO_4^- \longrightarrow MnO_2 + 2H_2O)$$

7단계.   두 반쪽 반응을 더해, 각각의 전자를 상쇄시켜 소거한다.

$$6I^- \longrightarrow 3I_2 + \cancel{6e^-}$$
$$\underline{\cancel{6e^-} + 8H^+ + 2MnO_4^- \longrightarrow 2MnO_2 + 4H_2O}$$
$$8H^+ + 2MnO_4^- + 6I^- \longrightarrow 2MnO_2 + 3I_2 + 4H_2O$$

8단계. 최종식에 있는 수소 이온의 계수만큼 수산화 이온을 반응식의 양쪽에 더해주고, 수소 이온과 수산화 이온을 결합시켜 물 분자를 만든다.

$$8H^+ + 2MnO_4^- + 6I^- \longrightarrow 2MnO_2 + 3I_2 + 4H_2O$$
$$+8OH^- \qquad\qquad\qquad\qquad +8OH^-$$
$$\overline{\;(8H_2O) + 2MnO_4^- + 6I^- \longrightarrow 2MnO_2 + 3I_2 + (4H_2O) + 8OH^-\;}$$

9단계. 생성된 물 분자를 상쇄시키고, 반응식을 완결한다.

$$4H_2O + 2MnO_4^- + 6I^- \longrightarrow 2MnO_2 + 3I_2 + 8OH^-$$

생각해 보기

최종식이 질량과 전하 균형을 이루었는지 점검하자. 최종 균형 맞춤 반응식에는 전자가 나타나지 않음을 명심하자.

추가문제 1 반쪽 반응법을 이용하여 염기성 용액에서 다음 반응의 균형을 맞추시오.

$$CN^- + MnO_4^- \longrightarrow CNO^- + MnO_2$$

추가문제 2 반쪽 반응법을 이용하여 산성 용액에서 다음 반응의 균형을 맞추시오.

$$Fe_2^+ + MnO_4^- \longrightarrow Fe^{3+} + Mn^{2+}$$

추가문제 3 3장에서는 반응 계수를 이용하여 반응의 균형을 맞추는 방법에 대해 학습하였다. 단, 이때는 새로운 화학종을 더하는 것이 허락되지 않았다. 이 장에서 반응의 균형을 맞추기 위해 물 또는 수소 이온(또는 수산화 이온)을 추가하는 것이 가능한 이유에 대해 설명하시오.

18.2 갈바니 전지

아연 금속판을 구리 이온(Cu^{2+})이 있는 용액에 놓아두면, 아연(Zn)은 아연 이온(Zn^{2+})으로 산화되고, 구리 이온(Cu^{2+})은 구리(Cu) 금속으로 환원된다[◀◀ 4.4절].

$$Zn(s) + Cu^{2+}(aq) \longrightarrow Zn^{2+}(aq) + Cu(s)$$

전자는 용액 내에서 환원제(Zn)로부터 산화제(Cu^{2+})로 직접 이동한다. 하지만 반쪽 반응이 물리적으로 분리되어 있는 경우, 전선을 통해 전자가 아연으로부터 구리 이온으로 전달되도록 배치할 수 있다. 반응이 진행됨에 따라 전선에는 전자의 흐름이 형성되게 되고, 결국 전기가 생성된다.

자발적 반응을 통해 전기를 생성하는 실험 장치를 **갈바니 전지**(galvanic cell)라고 한다. 그림 18.1은 갈바니 전지를 만들기 위해 필요한 요소들을 보여주고 있다. 한쪽에는 황산아연($ZnSO_4$) 수용액에 아연 막대를, 다른 쪽에는 황산구리 수용액에 구리 막대를 꽂아둔다. 전지는 분리된 장소에서 각각 Zn이 Zn^{2+}로 산화되고, Cu^{2+}가 Cu로 환원이 일어나면서 외부의 전선을 통해 전자가 이동하여 작동한다. 이때 아연과 구리의 금속 막대를 **전극**(electrode)이라 부른다. **산화**(oxidation)가 일어나는 전극을 **산화전극**(anode), **환원**(reduction)이 일어나는 전극을 **환원전극**(cathode)으로 정의한다.[각각의 용기, 전극, 용액을 합쳐 **반쪽 전지**(half-cell)라고 한다.] 특별히 위와 같은 구성을 가진 전극과 전해질 용액을 가지고 있을 때 Daniell 전지라고 부른다.

그림 18.1(788~789쪽)의 갈바니 전지의 반쪽 반응은 다음과 같다.

> **학생 노트**
> 갈바니(galvanic) 전지는 볼타(voltaic) 전지로도 불린다. 두 용어 모두 자발적 화학 반응이 전자의 흐름을 만들어 내는 전지에 사용된다.

그림 18.1

갈바니 전지 만들기

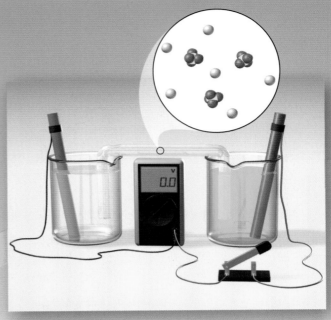

강한 전해질 용액을 담은 관. 이 경우 Na$_2$SO$_4$를 넣은 염다리를 설치한다. 이 용액이 두 비커에 있는 용액과 닿도록 하여 이온들이 전극 쪽으로 이동할 수 있도록 해준다. 아직 두 부분이 전기적으로 0 V인지 확인한다.

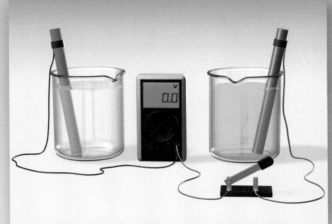

갈바니 전지에서 두 금속판은 전극으로 사용된다. 두 전극을 전선으로 전압계와 스위치에 연결하여 회로를 완성한다.

아연과 구리 사이의 반응을 활용하기 위해 갈바니 전지를 만들어 보자. 한 비커에는 1.00 M Zn^{2+} 이온 용액을 넣고 아연 금속판을 넣는다. 다른 비커에는 1.00 M Cu^{2+} 이온 용액을 넣고 구리 금속판을 넣는다.

그림 4.6에서 본 바와 같이 아연 금속(Zn)이 구리 이온(Cu^{2+}) 용액에 담겨 있는 경우, 아연은 산화되어 아연 이온(Zn^{2+})으로, 그리고 구리 이온은 환원되어 금속 구리(Cu)로 변한다.

$$Zn(s) + Cu^{2+}(aq) \longrightarrow Zn^{2+}(aq) + Cu(s)$$

이 반응은 금속 아연으로부터 구리 이온으로 전자가 자발적으로 이동하는 산화−환원 반응이다. 푸른색이 옅어지는 것이 구리 이온의 농도가 줄어들고 있다는 것을 보여준다. 금속 구리가 아연 금속판의 표면에 형성된다. 금속 아연 중 일부는 용액에 녹아 Zn^{2+} 이온이 되며, 이 이온은 무색이다.

반응 전　　　　　　반응 후

스위치를 닫으면, 회로를 완성한 것이다. 전지의 최초 전력인 1.10 V가 전압계에 표시된다.

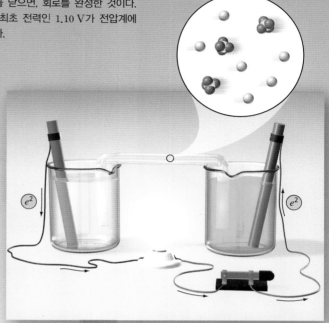

전압계를 전구로 바꾸면 전자가 아연 전극(산화전극)으로부터 구리 전극(환원전극)으로 흐른다. 전자의 흐름으로 인해 전구의 불이 켜진다. 염다리의 음이온은 산화전극 쪽 비커로 이동하고, 양이온은 환원전극 쪽 비커로 이동한다.

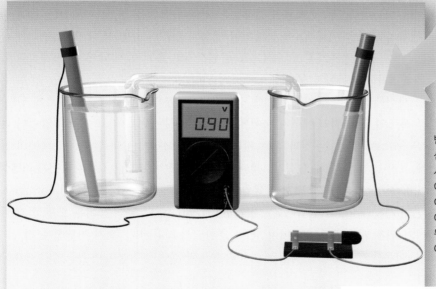

반응이 진행됨에 따라 산화전극의 아연 금속은 산화되어 왼쪽 비커의 Zn^{2+} 이온 농도를 증가시키고, 오른쪽 비커의 Cu^{2+} 이온의 농도는 줄어들면서 환원전극에 금속 구리가 생성된다. 두 이온의 농도가 변함에 따라 전지의 기전력도 줄어든다. 일정 시간 동안 반응이 일어나도록 한 뒤 전압계를 다시 연결하여 측정하면 전압이 줄어들어 있음을 확인할 수 있다.

요점은 무엇인가?

아연은 구리보다 강한 환원제이다. 따라서 자연스럽게 전자는 금속 아연으로부터 구리 이온으로 흐르려는 경향이 있다. 이러한 반응을 서로 분리된 곳에서 일어나도록 하여 반쪽 반응을 통제할 수 있다. 전자는 여전히 금속 아연으로부터 구리 이온으로 흐르지만, 두 전극을 연결한 도선을 통해서만 이동할 수 있다. 반응이 진행됨에 따라 전압계에서 보는 바와 같이 전지 기전력은 점점 줄어든다.

그림 18.2 그림 18.1에서 설명된 갈
바니 전지. 두 비커를 U자형 튜브(염
다리)가 연결하고 있는 것을 주목하
자. Zn^{2+}와 Cu^{2+}의 농도가 1 M일
경우 25°C에서 전지 전압은 1.10 V
이다.

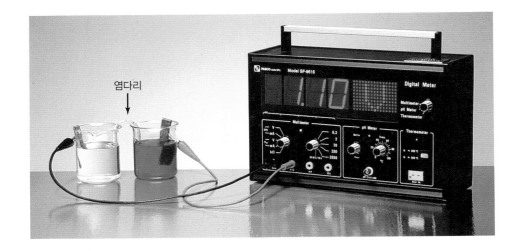

염다리

산화: $Zn(s) \longrightarrow Zn^{2+}(aq) + 2e^-$

환원: $Cu^{2+}(aq) + 2e^- \longrightarrow Cu(s)$

전기 회로를 완성하고 외부의 전선을 통해 전자가 흐르게 하기 위해서 용액은 반쪽 전지들 간에 양이온과 음이온이 서로 이동할 수 있는 장치로 연결되어야 한다. 이 통로를 **염다리** (salt bridge)라고 부르며, KCl 또는 NH_4NO_3와 같은 전해질 용액으로 차 있는 U자 관을 거꾸로 연결하여 쉽게 만들 수 있다. 염다리 내의 이온들은 전극이나 용액 중의 다른 이온들과 반응해서는 안 된다(그림 18.1 참조). 산화−환원 반응이 일어나는 동안, 전자는 산화전극(아연 전극)으로부터 환원전극(구리 전극)으로 외부의 전선을 따라 흐른다. 용액 내에서 양이온들(Zn^{2+}, Cu^{2+}, K^+)은 **환원전극** 쪽으로 이동하고, 음이온들(SO_4^{2-}, Cl^-)은 산화전극 쪽으로 이동한다. 두 용액을 연결해주는 염다리가 없을 경우, 산화전극 쪽에 누적된 양전하(전자의 이동을 위해 Zn이 산화되어 생성된 Zn^{2+})와 환원전극 쪽에 누적된 음전하(도선을 따라 이동한 전자가 Cu^{2+}를 Cu로 환원시키고 용액 속에 남게 된 전해질의 음이온)는 전지가 더 이상 작동하지 못하게 방해하게 된다.

전류는 전극 사이에 형성된 전위차에 의해 산화전극으로부터 환원전극으로 흐르게 된다. 전류의 흐름은 폭포의 물이 위치 에너지 차이에 의해 떨어지는 것, 그리고 기체가 압력이 높은 곳에서 낮은 곳으로 이동하는 것과 같은 원리로 생긴다. 산화전극과 환원전극 사이의 전위차는 전압계(그림 18.2)를 통해 실험적으로 측정할 수 있으며, 그 값(volt)을 **전지 퍼텐셜** (cell potential, E_{cell})이라 한다. **전지 퍼텐셜**(cell potential), **전지 전압**(cell voltage), **전지 기전력**(cell electromotive force), **전지 emf**(cell emf) 등의 용어는 모두 전지 퍼텐셜을 표현하기 위해 사용되는 용어이며, 서로 호환되어 사용된다. 전지 퍼텐셜은 전극의 종류와 용액 속 이온들의 특징뿐만 아니라 이온의 농도와 전지가 작동하는 온도에 의해서도 영향을 받는다.

갈바니 전지를 표현하기 위해 전지 표기법을 사용한다. 아연 이온과 구리 이온의 농도를 1 M로 가정하면, 그림 18.1에 표현된 전지는 다음과 같이 표현될 수 있다.

$$Zn(s) | Zn^{2+}(1\ M) \| Cu^{2+}(1\ M) | Cu(s)$$

한 줄 수직선은 상의 경계면을 나타낸다. 예를 들어, 아연 전극이 고체이고 아연 이온이 용액 상에 있는 경우 아연과 아연 이온 사이의 상 경계를 표시하기 위해 한 줄 수직선을 사용한다. 두 줄 수직선은 염다리를 나타낸다. 관례적으로 두 줄 수직선 왼쪽에 산화전극을 제일 처음에 적고, 다른 요소들은 차례로 오른쪽에 적는다(전지 그림에서 왼쪽으로부터 오른쪽으로).

18.3 표준 환원 전위

Cu^{2+}와 Zn^{2+}의 농도가 1.0 M일 때, 18.2절에서 설명한 전지의 전지 퍼텐셜은 25°C에서 1.10 V이다(그림 18.2 참조). 이 측정된 값은 산화전극과 환원전극에서 일어나는 반쪽 반응과 밀접한 관련이 있다. 전체 전지의 퍼텐셜은 아연과 구리 전극에서 발생하는 퍼텐셜(**반쪽 전지 퍼텐셜**)의 차이 값과 같다. 반쪽 반응이 독립적으로 일어날 수 없듯이, 반쪽 전지 퍼텐셜만을 측정하는 것 역시 불가능하다. 하지만 만약 인위적으로 특정 반쪽 전지의 퍼텐셜을 0으로 정하면, 다른 반쪽 전지의 **상대적**(relative)인 퍼텐셜을 결정할 수 있게 된다. 이렇게 결정된 상대적 퍼텐셜을 비교하여 전체 **전지**의 퍼텐셜을 결정할 수 있게 된다. 그림 18.3에 보여진 수소 전극이 이러한 목적으로 사용된다. 수소 기체가 25°C인 염산 용액(hydrochloric acid solution)에 버블링된다. 백금 전극은 여기서 두 가지 기능을 한다. 첫째, 백금 전극은 수소 분자가 분리될(산화) 수 있는 표면을 제공한다.

$$H_2 \longrightarrow 2H^+ + 2e^-$$

둘째, 외부 회로로 연결해 주는 전기 장치 역할을 한다.

표준 상태에서 [◀◀ 17.5절], 수소 기체의 압력이 1 atm이고, HCl 용액의 농도가 1 M일 경우, 25°C에서 수소 이온(H^+)이 환원되는 퍼텐셜은 정확히 0으로 정의된다.

$$2H^+(1\,M) + 2e^- \longrightarrow H_2(1\,atm) \qquad E° = 0\,V$$

전과 마찬가지로 위 첨자 °는 표준 상태를 나타내며, 따라서 $E°$은 **표준 환원 전위**(standard reduction potential)를 의미한다. 즉, $E°$은 이온 농도가 1 M이고 기체 압력이 1 atm일 때의 환원 반쪽 반응의 퍼텐셜이라는 의미이다. 수소 전극은 **표준 수소 전극**(standard hydrogen electrode, SHE)이라고도 불리는데, 왜냐하면 수소 전극이 모든 다른 전극에서의 퍼텐셜을 측정하는 데 사용되기 때문이다.

반쪽 전지 퍼텐셜은 한쪽 전극이 표준 수소 전극인 갈바니 전지를 만들어 측정할 수 있다. 그렇게 측정된 전압값은 다른 반쪽 전지의 퍼텐셜을 측정하는 데 사용된다. 그림 18.4(a)는 아연 전극과 수소 전극으로 이루어진 갈바니 전지를 보여주고 있다. 회로가 완

학생 노트
다른 반쪽 반응을 가진 전지는 다른 전지 기전력을 가지게 된다.

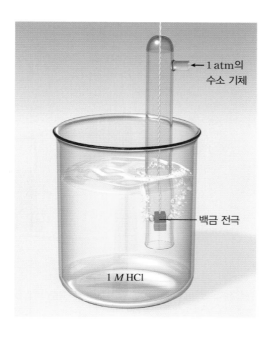

그림 18.3 표준 상태에서 작동하는 수소 전극. 1 atm의 수소 기체가 1 M HCl 용액으로 버블링된다. 전극은 백금으로 이루어져 있다.

1 atm의 수소 기체

백금 전극

1 M HCl

성되면, 전자는 아연 전극으로부터 수소 전극으로 흐르게 되고, Zn를 Zn^{2+}로 산화시키며 H^+ 이온을 수소 기체(H_2)로 환원시킨다. 이 경우, 아연 전극이 산화전극이 되며(산화가 일어나는) 수소 전극이 환원전극(환원이 일어나는)이 된다. 이를 전지 표기법으로 표현하면 다음과 같다.

$$Zn(s) \,|\, Zn^{2+}(1\,M) \,\|\, H^+(1\,M) \,|\, H_2(g)(1\,atm) \,|\, Pt(s)$$

측정된 값은 0.76 V이다(25°C에서). 반쪽 전지 반응은 다음과 같다.

산화전극(산화): $$Zn(s) \longrightarrow Zn^{2+}(1\,M) + 2e^-$$

환원전극(환원): $$2H^+(1\,M) + 2e^- \longrightarrow H_2(1\,atm)$$

전체 반응: $$Zn(s) + 2H^+(1\,M) \longrightarrow Zn^{2+}(1\,M) + H_2(1\,atm)$$

표준 전지 퍼텐셜 $E°_{cell}$은 산화전극과 환원전극에서 일어난 반응의 합이며, 다음과 같이 표현한다.

$$E°_{cell} = E°_{환원전극} - E°_{산화전극}$$ [◀◀ 식 18.1]

$E°_{환원전극}$과 $E°_{산화전극}$은 각각 환원전극과 산화전극의 표준 환원 전위이다. 아연-수소 전지의 경우 다음과 같다.

$$E°_{cell} = E°_{H^+/H_2} - E°_{Zn^{2+}/Zn}$$
$$0.76\,V = 0 - E°_{Zn^{2+}/Zn}$$

아래 첨자 "H^+/H_2"는 "$2H^+ + 2e^- \longrightarrow H_2$"를 의미하며, "$Zn^{2+}/Zn$"는 "$Zn^{2+} + 2e^- \longrightarrow Zn$"를 의미한다. 따라서 아연 전극의 표준 환원 전위($E_{Zn^{2+}/Zn}$)는 -0.76 V이다.

 구리의 표준 환원 전위도 구리 전극과 표준 수소 전극을 이용하여 같은 방법으로 구할 수 있다[그림 18.4(b)]. 이 경우 전자는 표준 수소 전극으로부터 구리 전극으로 흘러간다. 즉, **구리** 전극이 환원전극이고 표준 수소 전극이 **산화전극**이 된다. 구리 이온(Cu^{2+})의 환원으로 인해 구리 전극의 질량이 증가하게 된다. 이를 전지 표기법으로 표현하면 다음과 같다.

$$Pt(s) \,|\, H_2(1\,atm) \,|\, H^+(1\,M) \,\|\, Cu^{2+}(1\,M) \,|\, Cu(s)$$

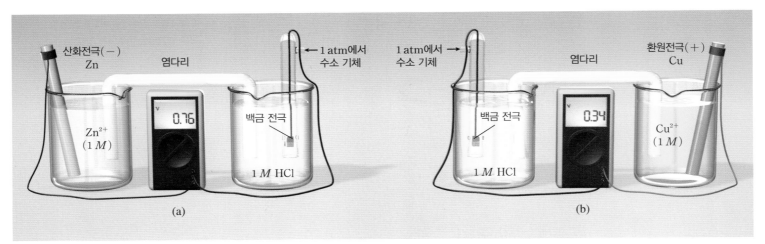

그림 18.4 (a) 아연 전극과 수소 전극으로 이루어진 전지 (b) 구리 전극과 수소 전극으로 이루어진 전지. 두 전지 모두 표준 상태에서 작동하고 있다. (a)에서는 SHE가 환원전극이지만 (b)에서는 SHE가 산화전극이다.

반쪽 전지 반응은 다음과 같다.

산화전극(산화): $\qquad H_2(1\,atm) \longrightarrow 2H^+(1\,M)+2e^-$

환원전극(환원): $\qquad Cu^{2+}(1\,M)+2e^- \longrightarrow Cu(s)$

전체 반응: $\qquad H_2(1\,atm)+Cu^{2+}(1\,M) \longrightarrow 2H^+(1\,M)+Cu(s)$

표준 상태 25°C에서 측정된 전지 퍼텐셜은 0.34 V이다.

$$E^\circ_{cell} = E^\circ_{환원전극} - E^\circ_{산화전극}$$
$$= E^\circ_{Cu^{2+}/Cu} - E^\circ_{H^+/H_2}$$
$$0.34\ V = E^\circ_{Cu^{2+}/Cu} - 0$$

따라서, 구리의 표준 환원 전위($E^\circ_{Cu^{2+}/Cu}$)는 0.34 V이다. 이때 아래 첨자 "Cu^{2+}/Cu"는 "$Cu^{2+}+2e^- \longrightarrow Cu$"를 의미한다.

아연과 구리의 표준 환원 전위를 구했으므로, 식 18.1을 활용하여 18.2절에 언급된 Daniell 전지의 전지 퍼텐셜을 구할 수 있다.

$$E^\circ_{cell} = E^\circ_{환원전극} - E^\circ_{산화전극}$$
$$= E^\circ_{Cu^{2+}/Cu} - E^\circ_{Zn^{2+}/Zn}$$
$$= 0.34\ V - (-0.76\ V)$$
$$= 1.10\ V$$

ΔG°와 관련해서[◀◀ 17.5절], 반응이 오른쪽으로 진행될지 왼쪽으로 진행될지 E°의 부호를 이용해서 예측할 수 있다. E° 값이 양수인 경우 산환–환원 반응은 평형에서 생성물 선호반응이며, E° 값이 음수인 경우 산환–환원 반응은 평형에서 반응물 선호 반응이다. 18.4절에서 E°_{cell}, ΔG°와 K가 어떻게 상호 연관되어 있는지 배우게 될 것이다.

표 18.1은 표준 환원 전위 값이 줄어드는 순서로 반쪽 반응들을 정렬하여 보여주고 있다. 혼동을 피하기 위해 모든 반쪽 전지 반응은 환원 반응으로 표시되었다. 갈바니 전지는 두 개의 반쪽 전지 반응으로 구성된다. 측정 반쪽 전지 반응이 환원 반응으로 일어나는지는 갈바니 전지의 다른 반쪽 반응의 환원 전위 값이 얼마이냐에 따라 결정된다. 만약 둘 중 표준 환원 전위 값이 더 큰 쪽(또는 더 **양**의 값을 가진 경우)이 환원 반응이 된다. 만약 둘 중 표준 환원 전위 값이 더 작은 쪽(또는 더 **음**의 값을 가진 경우)이 산화 반응이 일어난다.(표준 환원 전위가 더 큰 값을 가지는 반쪽 반응이 환원 반응이 일어날 수 있는 더 큰 퍼텐셜을 가진다.)

18.2절에서 언급된 전지를 생각해 보자. 두 반쪽 전지 반응과 표준 환원 전위는 다음과 같다.

$$Cu^{2+}+2e^- \longrightarrow Cu \qquad E^\circ = 0.34\ V$$
$$Zn^{2+}+2e^- \longrightarrow Zn \qquad E^\circ = -0.76\ V$$

구리의 반쪽 반응이 더 큰 환원 전위(더 양의 값)를 가지며, 따라서 환원 반응이 된다.

$$Cu^{2+}+2e^- \longrightarrow Cu$$

아연의 반쪽 반응이 더 작은 환원 전위(더 음의 값)를 가지며 따라서 산화 반응이 된다.

$$Zn \longrightarrow Zn^{2+}+2e^-$$

두 반쪽 반응을 더해 전체 전지 반응을 구한다.

$$Zn+Cu^{2+} \longrightarrow Zn^{2+}+Cu$$

학생 노트
환원전극은 환원이 일어나는 전극이다. 따라서 $E^\circ_{환원전극} = 0.34\ V$이다.

학생 노트
산화전극은 산화가 일어나는 전극이다. 따라서 $E^\circ_{산화전극} = -0.76\ V$이다.

표 18.1	25°C에서의 표준 환원 전위*

반쪽 반응	$E°(V)$
$F_2(g) + 2e^- \longrightarrow 2F^-(aq)$	+2.87
$O_3(g) + 2H^+(aq) + 2e^- \longrightarrow O_2(g) + H_2O(l)$	+2.07
$Co^{3+}(aq) + e^- \longrightarrow Co^{2+}(aq)$	+1.82
$H_2O_2(aq) + 2H^+(aq) + 2e^- \longrightarrow 2H_2O(l)$	+1.77
$PbO_2(s) + 4H^+(aq) + SO_4^{2-}(aq) + 2e^- \longrightarrow PbSO_4(s) + 2H_2O(l)$	+1.70
$Ce^{4+}(aq) + e^- \longrightarrow Ce^{3+}(aq)$	+1.61
$MnO_4^-(aq) + 8H^+(aq) + 5e^- \longrightarrow Mn^{2+}(aq) + 4H_2O(l)$	+1.51
$Au^{3+}(aq) + 3e^- \longrightarrow Au(s)$	+1.50
$Cl_2(g) + 2e^- \longrightarrow 2Cl^-(aq)$	+1.36
$Cr_2O_7^{2-}(aq) + 14H^+(aq) + 6e^- \longrightarrow 2Cr^{3+}(aq) + 7H_2O(l)$	+1.33
$MnO_2(s) + 4H^+(aq) + 2e^- \longrightarrow Mn^{2+}(aq) + 2H_2O(l)$	+1.23
$O_2(g) + 4H^+(aq) + 4e^- \longrightarrow 2H_2O(l)$	+1.23
$Br_2(l) + 2e^- \longrightarrow 2Br^-(aq)$	+1.07
$NO_3^-(aq) + 4H^+(aq) + 3e^- \longrightarrow NO(g) + 2H_2O(l)$	+0.96
$2Hg^{2+}(aq) + 2e^- \longrightarrow Hg_2^{2+}(aq)$	+0.92
$Hg_2^{2+}(aq) + 2e^- \longrightarrow 2Hg(l)$	+0.85
$Ag^+(aq) + e^- \longrightarrow Ag(s)$	+0.80
$Fe^{3+}(aq) + e^- \longrightarrow Fe^{2+}(aq)$	+0.77
$O_2(g) + 2H^+(aq) + 2e^- \longrightarrow H_2O_2(aq)$	+0.68
$MnO_4^-(aq) + 2H_2O(l) + 3e^- \longrightarrow MnO_2(s) + 4OH^-(aq)$	+0.59
$I_2(s) + 2e^- \longrightarrow 2I^-(aq)$	+0.53
$O_2(g) + 2H_2O(l) + 4e^- \longrightarrow 4OH^-(aq)$	+0.40
$Cu^{2+}(aq) + 2e^- \longrightarrow Cu(s)$	+0.34
$AgCl(s) + e^- \longrightarrow Ag(s) + Cl^-(aq)$	+0.22
$SO_4^{2-}(aq) + 4H^+(aq) + 2e^- \longrightarrow SO_2(g) + 2H_2O(l)$	+0.20
$Cu^{2+}(aq) + e^- \longrightarrow Cu^+(aq)$	+0.15
$Sn^{4+}(aq) + 2e^- \longrightarrow Sn^{2+}(aq)$	+0.13
$2H^+(aq) + 2e^- \longrightarrow H_2(g)$	0.00
$Pb^{2+}(aq) + 2e^- \longrightarrow Pb(s)$	−0.13
$Sn^{2+}(aq) + 2e^- \longrightarrow Sn(s)$	−0.14
$Ni^{2+}(aq) + 2e^- \longrightarrow Ni(s)$	−0.25
$Co^{2+}(aq) + 2e^- \longrightarrow Co(s)$	−0.28
$PbSO_4(s) + 2e^- \longrightarrow Pb(s) + SO_4^{2-}(aq)$	−0.31
$Cd^{2+}(aq) + 2e^- \longrightarrow Cd(s)$	−0.40
$Fe^{2+}(aq) + 2e^- \longrightarrow Fe(s)$	−0.44
$Cr^{3+}(aq) + 3e^- \longrightarrow Cr(s)$	−0.74
$Zn^{2+}(aq) + 2e^- \longrightarrow Zn(s)$	−0.76
$2H_2O(l) + 2e^- \longrightarrow H_2(g) + 2OH^-(aq)$	−0.83
$Mn^{2+}(aq) + 2e^- \longrightarrow Mn(s)$	−1.18
$Al^{3+}(aq) + 3e^- \longrightarrow Al(s)$	−1.66
$Be^{2+}(aq) + 2e^- \longrightarrow Be(s)$	−1.85
$Mg^{2+}(aq) + 2e^- \longrightarrow Mg(s)$	−2.37
$Na^+(aq) + e^- \longrightarrow Na(s)$	−2.71
$Ca^{2+}(aq) + 2e^- \longrightarrow Ca(s)$	−2.87
$Sr^{2+}(aq) + 2e^- \longrightarrow Sr(s)$	−2.89
$Ba^{2+}(aq) + 2e^- \longrightarrow Ba(s)$	−2.90
$K^+(aq) + e^- \longrightarrow K(s)$	−2.93
$Li^+(aq) + e^- \longrightarrow Li(s)$	−3.05

산화력이 증가

환원력이 증가

*모든 반쪽 반응에서 용해된 물질의 농도는 1 M이고, 모든 기체의 압력은 1 atm이다. 모든 값들은 표준 상태에서의 값이다.

아연과 망가니즈로 구성된 반쪽 전지를 결합하여 갈바니 전지를 만들었을 때 어떻게 될지 생각해 보자. 망가니즈의 표준 환원 전위는 -1.18 V이다.

$$Zn^{2+} + 2e^- \longrightarrow Zn \qquad E° = -0.76\text{ V}$$

$$Mn^{2+} + 2e^- \longrightarrow Mn \qquad E° = -1.18\text{ V}$$

이 경우 더 큰 표준 환원 전위를 가지는 쪽은 아연이고, 따라서 아연 반쪽 반응이 환원 반응이 될 것이며, 아연 전극이 환원전극이 된다. 망가니즈 전극은 산화전극이 되며, 전체 전지 퍼텐셜은 다음과 같다.

$$E°_{cell} = E°_{환원전극} - E°_{산화전극}$$
$$= E°_{Zn^{2+}/Zn} - E°_{Mn^{2+}/Mn}$$
$$= (-0.76\text{ V}) - (-1.18\text{ V})$$
$$= 0.42\text{ V}$$

전체 전지 반응은 다음과 같다.

$$Mn + Zn^{2+} \longrightarrow Mn^{2+} + Zn$$

식 18.1을 이용하여, 전체 전지 반응의 방향을 예측할 수 있다.

표준 환원 전위는 질량이나 부피처럼 **크기**(extensive) 성질이 아니라 온도나 밀도처럼 **세기**(intensive) 성질임을 알아야 한다[◀◀ 1.4절]. 표준 환원 전위 값은 물질의 양에 의해 변하지 않는다. 따라서 어떤 반쪽 반응을 전하 균형을 맞추기 위해 계수로 곱해야 하는 경우에도 $E°$ 값은 변하지 않는다. 아연과 은으로 이루어진 갈바니 전지를 살펴보자.

$$Zn(s) | Zn^{2+}(1\,M) \,\|\, Ag^+(1\,M) | Ag(s)$$

각각의 반쪽 전지 반응은 다음과 같다.

$$Ag^+ + e^- \longrightarrow Ag \qquad E° = 0.80\text{ V}$$

$$Zn^{2+} + 2e^- \longrightarrow Zn \qquad E° = -0.76\text{ V}$$

은의 반쪽 반응이 좀 더 양의 표준 환원 전위 값을 가지므로 환원 반응일 것이고, 아연의 반쪽 반응은 산화 반응일 것이다. 전체 전지 반응의 균형을 맞추기 위해서 환원 반응 쪽(은의 반쪽 반응)에 2를 곱해 주어야 한다.

$$2(Ag^+ + e^- \longrightarrow Ag)$$

그런 뒤 두 반쪽 반응을 더해 전자를 상쇄시켜 전체 반응의 균형식을 얻을 수 있다.

$$2Ag^+ + 2e^- \longrightarrow 2Ag$$
$$\underline{ + Zn \longrightarrow Zn^{2+} + 2e^-}$$
$$2Ag^+ + Zn \longrightarrow 2Ag + Zn^{2+}$$

식 18.1을 이용하여 표준 전지 퍼텐셜을 계산할 수 있다.

$$E°_{cell} = E°_{환원전극} - E°_{산화전극}$$
$$= E°_{Ag^+/Ag} - E°_{Zn^{2+}/Zn}$$
$$= 0.80\text{ V} - (-0.76\text{ V})$$
$$= 1.56\text{ V}$$

은 반쪽 반응에 2를 곱했지만, 은의 표준 환원 전위에는 2를 곱하지 않았다.

표 18.1은 궁극적으로 활동도의 확장된 버전이다[◀◀ 4.4절].

학생 노트
반쪽 반응식과 함께 $E°$ 값을 곱해주는 것은 학생들이 흔히 할 수 있는 실수이다. 환원 퍼텐셜을 폭포의 높이와 같다고 생각하자. 물이 높은 위치에서 낮은 위치로 떨어지는 것과 마찬가지로 전자도 높은 퍼텐셜을 가진 전극에서 낮은 퍼텐셜을 가진 전극으로 이동한다. 떨어지는 물의 양은 폭포의 높이에 영향을 미치지 않는다. 마찬가지로 높은 퍼텐셜에서 낮은 퍼텐셜로 이동하는 전자의 수는 퍼텐셜의 차이에 영향을 미치지 못한다.

예제 18.2는 갈바니 전지에서 전체 반응이 어떤 방향으로 진행되는지 예측하기 위해 표준 환원 전위가 어떻게 쓰이는지를 보여준다.

예제 18.2

1.0 M $Mg(NO_3)_2$ 용액에 마그네슘 전극, 1.0 M $Cd(NO_3)_2$ 용액에 카드뮴 전극을 연결한 갈바니 전지가 있다. 전체 전지 반응식을 구하고, 25℃에서의 표준 전지 퍼텐셜을 계산하시오.

전략 표의 값들을 이용하여 산화전극과 환원전극을 결정한 뒤, 전체 전지 반응을 구하기 위해 환원전극과 산화전극의 반쪽 반응을 더한다. 식 18.1을 사용하여 $E°_{cell}$을 구한다.

계획 반쪽 전지 반응과 표준 환원 전위는 다음과 같다.

$$Mg^{2+}+2e^- \longrightarrow Mg \qquad E° = -2.37\ V$$
$$Cd^{2+}+2e^- \longrightarrow Cd \qquad E° = -0.40\ V$$

카드뮴의 반쪽 전지 반응이 더 큰 표준 환원 전위 값을 가지기 때문에(더 양의 값이므로), 환원 반응이 일어난다. 마그네슘 반쪽 전지 반응은 따라서 산화 반응이 일어난다. 결과적으로 $E°_{환원전극} = -0.40\ V$이고 $E°_{산화전극} = -2.37\ V$이다.

풀이 전체 전지 반응식을 얻기 위해 두 반쪽 전지 반응을 더한다.

$$Mg \longrightarrow Mg^{2+}+2e^-$$
$$Cd^{2+}+2e^- \longrightarrow Cd$$
$$\overline{\text{전체 반응식: } Mg+Cd^{2+} \longrightarrow Mg^{2+}+Cd}$$

표준 전지 퍼텐셜은 다음과 같다.

$$E°_{cell} = E°_{환원전극} - E°_{산화전극} = E°_{Cd^{2+}/Cd} - E°_{Mg^{2+}/Mg}$$
$$= (-0.40\ V) - (-2.37\ V) = 1.97\ V$$

생각해 보기
만일 갈바니 전지의 퍼텐셜을 계산했을 때 음의 값이 나왔다면, 계산 과정에 오류가 있는 것이다. 표준 상태에서 전체 전지 반응은 $E°_{cell}$ 값이 양의 값이 나타나는 방향으로 진행한다.

추가문제 1 1.0 M $Cd(NO_3)_2$ 용액에 카드뮴 전극, 1.0 M $Pb(NO_3)_2$ 용액에 납 전극을 연결한 갈바니 전지의 전체 전지 반응식을 구하고, 25℃에서 표준 전지 퍼텐셜을 계산하시오.

추가문제 2 갈바니 전지의 한쪽 전극을 1.0 M $Fe(NO_3)_2$ 용액에 철 전극을 담가서 만들고, 다른 쪽 전극을 1.0 M $Sn(NO_3)_2$ 용액에 주석 전극 또는 1.0 M $Cr(NO_3)_3$ 용액에 크로뮴 전극을 연결한 반쪽 전지를 만들 경우, 어떤 경우든 상관없이 $E°_{cell} = 0.30\ V$인 전지를 만들 수 있다. 왜 그런지를 설명하고, 각각의 경우에 대한 전체 반응식을 제시하시오.

추가문제 3 0.10 M $Zn^{2+}(aq)$ 용액에 아연 전극, 0.10 M $Cu^{2+}(aq)$ 용액에 구리 전극을 연결한 갈바니 전지가 있다고 가정하자. 다음 중 시간에 따른 금속 이온의 농도를 가장 잘 나타낸 그래프는 무엇인가?

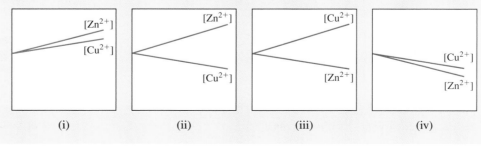

(i) (ii) (iii) (iv)

표준 환원 전위는 반응물이―반쪽 전지로 나누어진 것이 아니라―같은 비커 내에 섞여 있을 경우에 산화―환원 반응이 일어날 것인지를 결정하는 데에도 사용될 수 있다. 갈바니 전지의 경우 표준 환원 전위를 사용하여 반응이 정반응으로 진행될지 역반응으로 진행될지를 알 수 있는 반면에 반쪽 전지로 나누어지지 않는 반응에서는 반응이 일어날지 아닐지 여부를 결정할 수 있다.

예제 18.3은 이러한 예를 잘 보여주고 있다.

예제 18.3

만약 브로민 분자(Br_2)가 (a) 1 M NaI 용액과 (b) 1 M NaCl 용액에 첨가되었을 경우 어떤 쪽에서 산화―환원 반응이 일어날지 예측하시오.(이때 온도는 25°C로 가정한다.)

전략 양쪽 경우에 대한 산화―환원 반응식을 쓰고, $E°$ 값을 사용하여 반응이 일어날지의 여부를 결정한다.

계획 표 18.1로부터 다음과 같다.

$$Br_2(l) + 2e^- \longrightarrow 2Br^-(aq) \qquad E° = 1.07 \text{ V}$$
$$I_2(s) + 2e^- \longrightarrow 2I^-(aq) \qquad E° = 0.53 \text{ V}$$
$$Cl_2(g) + 2e^- \longrightarrow 2Cl^-(aq) \qquad E° = 1.36 \text{ V}$$

풀이 (a) 만약 산화―환원 반응이 일어난다면 브로민(Br_2)에 의해 아이오딘 이온(I^-)이 산화되는 반응이 일어날 것이다.

$$Br_2(l) + 2I^-(aq) \longrightarrow 2Br^-(aq) + I_2(s)$$

브로민의 표준 환원 전위가 아이오딘의 표준 환원 전위보다 크기 때문에 브로민이 환원되어 Br^-로 변하고, I^-가 산화되어 I_2로 변한다. 따라서 위의 반응이 이루어진다.

(b) 이 경우 제시된 반응은 염소(Cl^-) 이온에 의한 브로민(Br_2)의 환원이다.

$$Br_2(l) + 2Cl^-(aq) \longrightarrow 2Br^-(aq) + Cl_2(g)$$

하지만 브로민의 표준 환원 전위가 염소의 표준 환원 전위보다 작기 때문에, 이 반응은 일어나지 않는다. 염소가 브로민보다 더 쉽게 환원되기 때문에 브로민이 Cl^-에 의해 환원되는 반응은 일어나지 않는다.

> ### 생각해 보기
>
> 이런 형태의 갈바니 전지 문제를 풀기 위해 식 18.1을 사용할 수 있다. 제시된 산화―환원 반응식을 적고, "환원전극"과 "산화전극"을 구분한다. $E°_{cell}$ 계산값이 양수이면 반응은 일어나고, 음수이면 반응은 일어나지 않을 것이다

추가문제 1 (a) 1.0 M NiCl$_2$ 용액과 (b) 1.0 M HCl 용액에 납 금속 막대를 넣었을 경우 어디에서 산화―환원 반응이 일어날지를 결정하시오(25°C에서).

추가문제 2 염화 코발트[cobalt(II) chloride] 용액을 주석 용기 또는 철 용기에 보관하는 것이 안전하겠는가? 그 이유를 설명하시오.

추가문제 3 니켈 금속 조각이 1.0 M의 서로 다른 염화물 용액($CoCl_2$, $NiCl_2$, $SnCl_2$)에 첨가되었다. 다음 중 시간에 따른 금속 이온의 농도를 가장 잘 나타낸 그래프는 무엇인가?

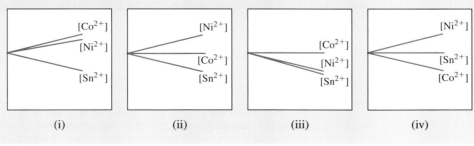

18.4   표준 상태에서 산화-환원 반응의 자발성

이제 E°_{cell}이 ΔG°과 K와 같은 열역학적 변수와 어떻게 서로 연결되어 있는지 살펴보고자 한다. 갈바니 전지를 통해 화학 에너지는 전기 에너지로 변환된다. 갈바니 전지에서 생성된 전기 에너지는 전지 퍼텐셜과 전지를 통과하는 전하(C)의 결과이다.

전기 에너지 = 전압(V) × 전하량(C) = 에너지(J)

전제 전하량은 회로를 통과한 전자의 mol(n)에 의해 결정된다. 정의에 따르면 다음과 같다.

전체 전하량 = nF

F는 Faraday[1] 상수이며, 1 mol 전자가 가지고 있는 전하량을 의미한다. 1 Faraday 상수는 96,485.3 C이지만 일반적으로 유효숫자 3자리까지 사용해서 $1\,F = 96,500\,C/mol\ e^{-}$를 통상 사용한다.

$$1\,J = 1\,C \times 1\,V$$

이므로, Faraday 상수의 단위를 다음과 같이 표현할 수 있다.

$$1\,F = 96,500\,J/V \cdot mol\ e^{-}$$

측정된 전지 퍼텐셜은 전지가 생산할 수 있는 최대 전압이다. 이 값은 화학 반응을 통해 획득할 수 있는 전기 에너지의 최댓값을 계산하는 데 사용된다. 이 에너지는 전기적 일($w_{electrical}$)을 하는 데 사용된다.

$$w_{max} = w_{electrical} = -nFE_{cell}$$

w_{max}는 할 수 있는 일의 최대량이다. 오른쪽 항의 (−) 부호는 계(system)가 주변(surroundings)에 전기적 일을 한다는 것을 나타내준다. 17장에서 **자유 에너지**(free energy)를 **일**(work)을 할 수 있는 에너지로 정의하였다. 자유 에너지의 변화량 ΔG는 반응을 통해 얻어질 수 있는 일의 최대량을 표시한다.

$$\Delta G = w_{max}$$

따라서 다음과 같이 쓸 수 있다.

$$\Delta G = -nFE_{cell} \qquad [\blacktriangleleft\blacktriangleleft 식\ 18.2]$$

n과 F가 양의 값을 가지고, ΔG는 자발적 반응에 대해 (−) 값을 가져야 하기 때문에, E_{cell}은 자발적 반응에 대해 (+) 값을 가져야 한다. 생성물과 반응물이 표준 상태에 있을 때, 식 18.2는 다음과 같이 된다.

$$\Delta G^{\circ} = -nFE^{\circ}_{cell} \qquad [\blacktriangleleft\blacktriangleleft 식\ 18.3]$$

식 18.3은 산화-환원 반응의 평형 상수 K를 E°_{cell}와 연관 지을 수 있도록 해준다. 17.6절에서 표준 자유 에너지 ΔG°가 평형 상수와 다음의 관계에 있다는 것을 배웠다[$\blacktriangleleft\blacktriangleleft$ 17.6절, 식 17.14].

$$\Delta G^{\circ} = -RT \ln K$$

---

1. Michael Faraday(1791~1867). 영국의 화학자이자 물리학자. 그는 19세기의 위대한 실험 과학자이다. 13세에 책 가공 일을 시작하였다가 화학과 관련된 책을 읽고 과학에 흥미를 가지게 되었다. 전기 모터를 발명하였고, 전기 발전기의 원리를 설명한 최초의 이론가이다. 전기와 자기 분야 연구에 지대한 공헌을 하였다. 이뿐만 아니라 벤젠을 명명하고, 그의 광학적 성질을 연구하기도 하였다.

따라서, 식 17.14와 18.3을 합쳐 다음 식을 얻는다.

$$-nFE^\circ_{cell} = -RT \ln K$$

이 식을 E°_{cell}에 대해 정리하면 다음과 같다.

$$E^\circ_{cell} = \frac{RT}{nF} \ln K \qquad \text{[◀◀ 식 18.4]}$$

이때 $T = 298$ K이고, n은 반응물 1 mol당 이동한 전자의 mol이다. 식 18.4는 R과 F 값을 넣어 다음과 같이 단순화할 수 있다.

$$E^\circ_{cell} = \frac{\left(8.314 \frac{\text{J}}{\text{K} \cdot \text{mol}}\right)(298 \text{ K})}{(n)\left(96{,}500 \frac{\text{J}}{\text{V} \cdot \text{mol}}\right)}$$

$$= \frac{0.0257 \text{ V}}{n} \ln K$$

자연로그를 상용로그로 치환하면, 다음 식을 얻는다.

$$E^\circ_{cell} = \frac{0.0592 \text{ V}}{n} \log K \qquad (25°\text{C에서}) \qquad \text{[◀◀ 식 18.5]}$$

만약 ΔG°, K 또는 E°_{cell} 중 하나의 값을 알 경우 식 17.14, 18.3, 18.5를 이용해서 다른 값으로 치환할 수 있다.

예제 18.4와 18.5는 ΔG°, K 또는 E°_{cell} 상호 간 변환의 예를 보여주고 있다.

예제 18.4

25°C에서 다음 반응의 표준 자유 에너지 변화량을 계산하시오.

$$2\text{Au}(s) + 3\text{Ca}^{2+}(1.0 \, M) \rightleftharpoons 2\text{Au}^{3+}(1.0 \, M) + 3\text{Ca}(s)$$

전략 위 반응의 E° 값을 구하기 위해서 표 18.1의 E° 값을 이용한다. 그리고 표준 자유 에너지 변화량을 계산하려면 식 18.3을 사용한다.

계획 반쪽 전지 반응은 다음과 같다.

환원전극(환원): $3\text{Ca}^{2+}(aq) + 6e^- \longrightarrow 3\text{Ca}(s)$

산화전극(산화): $2\text{Au}(s) \longrightarrow 2\text{Au}^{3+}(aq) + 6e^-$

표 18.1로부터, $E^\circ_{\text{Ca}^{2+}/\text{Ca}} = -2.87$ V이고 $E^\circ_{\text{Au}^{3+}/\text{Au}} = 1.50$ V인 것을 확인할 수 있다.

풀이

$$E^\circ_{cell} = E^\circ_{환원전극} - E^\circ_{산화전극}$$

$$= E^\circ_{\text{Ca}^{2+}/\text{Ca}} - E^\circ_{\text{Au}^{3+}/\text{Au}}$$

$$= -2.87 \text{ V} - 1.50 \text{ V}$$

$$= -4.37 \text{ V}$$

식 18.3을 이용하여 E° 값을 ΔG°로 변환한다.

$$\Delta G^\circ = -nFE^\circ$$

전체 반응식으로부터 $n = 6$임을 알았다. 따라서 다음과 같다.

$$\Delta G° = -(6e^-)(96,500 \text{ J/V} \cdot \text{mol } e^-)(-4.37 \text{ V})$$
$$= 2.53 \times 10^6 \text{ J/mol}$$
$$= 2.53 \times 10^3 \text{ kJ/mol}$$

생각해 보기

$\Delta G°$가 큰 양의 값인 경우 평형에서 반응물 선호 반응이며, 이는 이 반응의 $E°$ 값이 음수인 것과 일치하는 결과임을 보여준다.

추가문제 1　25°C에서 다음 반응의 $\Delta G°$를 계산하시오.

$$3Mg(s) + 2Al^{3+}(aq) \rightleftharpoons 3Mg^{2+}(aq) + 2Al(s)$$

추가문제 2　하이드라지늄(hydrazinium) 이온 $N_2H_5^+$는 산성 용액에서 브로민 분자와 반응하여 질소 기체와 브로민화 이온을 만든다. 이 반응의 $\Delta G°$ 값은 -5.02×10^5 J/mol이다. $N_2H_5^+$ 이온의 $E°_{red}$를 계산하고, 관련된 반쪽 반응식을 쓰시오.

추가문제 3　다음 그래프 중 $\Delta G°$와 $E°$의 관계를 가장 잘 나타내는 것은?

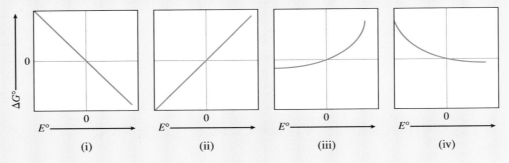

예제　**18.5**

25°C에서 다음 반응의 평형 상수를 계산하시오.

$$Sn(s) + 2Cu^{2+}(aq) \rightleftharpoons Sn^{2+}(aq) + 2Cu^+(aq)$$

전략　반응의 $E°$ 값을 구하기 위해서 표 18.1의 $E°$ 값을 이용한다. 그리고 식 18.5를 이용하여 평형 상수 값을 계산한다.(K 값을 구하기 위해서는 식을 재배열해야 한다.)

계획　반쪽 전지 반응은 다음과 같다.

환원전극(환원): $2Cu^{2+}(aq) + 2e^- \longrightarrow 2Cu^+(aq)$

산화전극(산화): $Sn(s) \longrightarrow Sn^{2+}(aq) + 2e^-$

표 18.1로부터 $E°_{Cu^{2+}/Cu^+} = 0.15$ V이고 $E°_{Sn^{2+}/Sn} = -0.14$ V인 것을 확인할 수 있다.

풀이

$$E°_{cell} = E°_{환원전극} - E°_{산화전극}$$
$$= E°_{Cu^{2+}/Cu^+} - E°_{Sn^{2+}/Sn}$$
$$= 0.15 \text{ V} - (-0.14 \text{ V})$$
$$= 0.29 \text{ V}$$

식 18.5를 K에 대해 정리하면 다음과 같다.

$$K = 10^{nE°/0.0592 \text{ V}}$$
$$= 10^{(2)(0.29)/0.0592 \text{ V}}$$
$$= 6 \times 10^9$$

> **생각해 보기**
>
> (+) 값의 표준 전지 퍼텐셜은 큰 평형 상수로 나타나게 된다.

추가문제 1 25°C에서 다음 반응의 평형 상수를 계산하시오.

$$2Ag(s)+Fe^{2+}(aq) \rightleftharpoons 2Ag^+(aq)+Fe(s)$$

추가문제 2 평형 상수처럼 $E°_{cell}$ 값은 온도 의존적이다. 80°C에서 주어진 전지 표기법의 $E°_{cell}$ 값은 0.18 V이다.

$$Pt|H_2(g)|HCl(aq) \| AgCl(s)|Ag(s)$$

전지 반응은 다음과 같다.

$$H_2(g)+2AgCl(s) \rightleftharpoons 2Ag(s)+2H^+(aq)+2Cl^-(aq)$$

80°C에서 이 반응의 평형 상수를 계산하시오.

추가문제 3 다음 그래프 중 화학 반응의 K와 $E°$의 관계를 가장 잘 나타내는 것은?

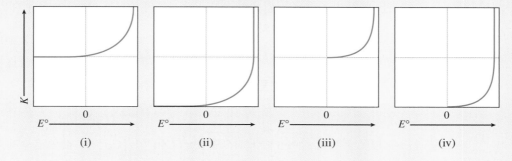

18.5 비표준 상태에서 산화–환원 반응의 자발성

지금까지 반응물과 생성물이 표준 상태에 있는 산화–환원 반응에 대해 학습하였다. 하지만 표준 상태는 잘 있지도 않을 뿐만 아니라 유지하기가 거의 불가능하다. $\Delta G°$ 항에 대응하는 ΔG가 있는 것처럼[◀◀ 17.6절, 식 17.13], $E°$에 대응하는 개념의 E도 존재한다. 이 식을 유도해 보도록 하자.

Nernst 식

다음의 산환–환원 반응을 살펴보자.

$$aA+bB \longrightarrow cC+dD$$

식 17.13으로부터

$$\Delta G=\Delta G°+RT \ln Q$$

$\Delta G=-nFE$이므로, $\Delta G°=-nFE°$이다. 식은 다음과 같이 표현될 수 있다.

$$-nFE=-nFE°+RT \ln Q$$

$-nF$로 양변을 나누면 다음과 같다.

$$E=E°-\frac{RT}{nF}\ln Q \qquad [◀◀ \text{식 18.6}]$$

여기서 Q는 반응 지수이다[|◀◀ 14.2절]. 식 18.6은 **Nernst[2] 식**(Nernst equation)으로 불린다. 298 K일 경우, 식 18.6은 다음과 같이 다시 정리할 수 있다.

$$E = E° - \frac{0.0257 \text{ V}}{n} \ln Q$$

자연로그를 상용로그로 치환하면 다음과 같다.

$$E = E° - \frac{0.0592 \text{ V}}{n} \log Q \qquad [|◀◀ \text{식 } 18.7]$$

갈바니 전지가 작동하는 동안 전자는 산화전극에서 환원전극으로 흐르고, 생성물의 농도는 증가하고, 반응물의 농도는 감소한다. 따라서 Q 값은 증가하게 되며, 결과적으로 E 값은 줄어들게 된다. 최종적으로 전지 반응은 평형에 이르게 된다. 평형 상태에서 전자의 흐름은 없으며, $E=0$, $Q=K$가 된다(K는 평형 상수).

산환-환원 반응에서 E 값은 반응물과 생성물의 농도를 Nernst 식에 대입해서 구할 수 있다. 예를 들어, 그림 18.1의 전지의 경우,

$$Zn(s) + Cu^{2+}(aq) \longrightarrow Zn^{2+}(aq) + Cu(s)$$

25°C에서 이 전지에 대한 Nernst 식은

$$E = 1.10 \text{ V} - \frac{0.0592 \text{ V}}{2} \log \frac{[Zn^{2+}]}{[Cu^{2+}]}$$

$[Zn^{2+}]/[Cu^{2+}]$의 값이 1보다 작으면 $\log([Zn^{2+}]/[Cu^{2+}])$ 값은 음수가 되고, 식의 두 번째 항이 결과적으로 양수가 된다. 이런 조건에서 E 값은 표준 전위 $E°$보다 더 큰 값을 가지게 된다. 만약 비율이 1보다 클 경우, E 값은 $E°$보다 더 작은 값을 가지게 된다.

예제 18.6은 Nernst 식을 어떻게 사용하는지 예를 보여준다.

예제 18.6

다음의 반응이 298 K에서 자발적으로 일어날지 예측하시오.

$$Co(s) + Fe^{2+}(aq) \rightleftharpoons Co^{2+}(aq) + Fe(s)$$

이때 $[Co^{2+}] = 0.15 \, M$ 그리고 $[Fe^{2+}] = 0.68 \, M$이라고 가정한다.

전략 반응의 $E°$ 값을 구하기 위해서 표 18.1의 $E°$ 값을 이용한다. E 값을 계산하는 데 식 18.7을 사용한다. 만일 E 값이 양수이면, 반응은 자발적으로 일어난다.

계획 표 18.1로부터

환원전극(환원): $Fe^{2+}(aq) + 2e^- \longrightarrow Fe(s)$

산화전극(산화): $Co(s) \longrightarrow Co^{2+}(aq) + 2e^-$

$$\begin{aligned} E°_{cell} &= E°_{환원전극} - E°_{산화전극} \\ &= E°_{Fe^{2+}/Fe} - E°_{Co^{2+}/Co} \\ &= -0.44 \text{ V} - (-0.28 \text{ V}) \\ &= -0.16 \text{ V} \end{aligned}$$

---

2. Walther Hermann Nernst(1864~1941). 독일의 화학자이자 물리학자. 주로 전해질 용액 및 열화학적인 특성에 대한 연구를 하였다. 또한 전자 피아노를 발명하기도 하였다. 그는 열역학에 대한 공적을 인정받아 1920년 노벨 화학상을 수상하였다.

반응 지수 Q는 $[Co^{2+}]/[Fe^{2+}]$이다. 따라서 $Q=(0.15/0.68)=0.22$이다.

풀이 식 18.7에서

$$E=E° - \frac{0.0592 \text{ V}}{n} \log Q$$

$$= -0.16 \text{ V} - \frac{0.0592 \text{ V}}{2} \log 0.22$$

$$= -0.14 \text{ V}$$

이다. E 값이 음수일 경우 반응은 지정된 조건에서 자발적으로 이루어지지 않는다.

생각해 보기

주어진 반응이 자발적이기 위해서는 $[Fe^{2+}]:[Co^{2+}]$ 비율이 매우 커야 한다. 필요한 비율은 E 값을 0으로 놓고 풀어 구할 수 있다.

$$0 \text{ V} = -0.16 \text{ V} - \frac{0.0592 \text{ V}}{2} \log Q$$

$$\frac{-(0.16 \text{ V})(2)}{0.0592 \text{ V}} = \log Q$$

$$\log Q = -5.4$$

$$Q = 10^{-5.4} = \frac{[Co^{2+}]}{[Fe^{2+}]} = 4 \times 10^{-6}$$

따라서 E 값이 양수가 되기 위해서는 $[Fe^{2+}]:[Co^{2+}]$ 비율, 즉 반응 지수 Q의 역수는 3×10^5보다 커야 한다.

추가문제 1 $[Fe^{2+}]=0.60 \, M$이고 $[Cd^{2+}]=0.010 \, M$인 경우 298 K에서 다음의 반응은 자발적으로 일어나겠는가?

$$Cd(s) + Fe^{2+}(aq) \longrightarrow Cd^{2+}(aq) + Fe(s)$$

추가문제 2 80°C에서 $E°_{cell}=0.18$ V인 예제 18.5의 추가문제 2의 전기 화학 전지를 생각해 보자.

$$H_2(g) + 2AgCl(s) \rightleftharpoons 2Ag(s) + 2H^+(aq) + 2Cl^-(aq)$$

만약 산화전극 부분의 pH=1.05이고 환원전극 부분의 $[Cl^-]=2.5 \, M$일 경우, 80°C에서 전지 퍼텐셜이 0.27 V가 되려면 산화전극에서 수소의 부분 압력은 몇 기압이 되어야 하는가?

추가문제 3 예제 18.5에 나오는 갈바니 전지를 생각해 보자. 다음의 그래프 중 Cu^{2+} 이온 농도가 증가할 경우 E 값의 변화를 가장 잘 나타낸 것은?

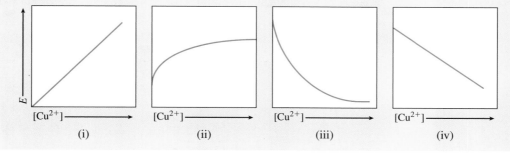

농도차 전지

전극 퍼텐셜이 이온의 농도에 의해서 결정되기 때문에 똑같은 재료를 사용하면서 이온의 농도를 달리한 두 개의 반쪽 전지를 이용해서 갈바니 전지를 만드는 것이 가능하다. 이러한 전지를 **농도차 전지**(concentration cell)라고 한다.

한쪽은 $0.10 \, M$ 황산 아연 용액에 아연 전극, 다른 쪽은 $1.0 \, M$ 황산 아연 용액에 아연 전극을 연결한 갈바니 전지를 생각해 보자(그림 18.5). Le Châtelier의 원리에 따라 환원이 어떤 방향으로 이루어질지 예측해 보면 다음과 같다.

$$Zn^{2+}(aq) + 2e^- \longrightarrow Zn(s)$$

Zn^{2+} 이온의 농도를 증가시키는 방향으로 반응이 일어날 것이다. 따라서 환원 반응은 농도가 높은 쪽에서, 산화 반응은 농도가 낮은 쪽에서 일어나게 된다. 전지 표기법으로 표현하면

$$Zn(s) \,|\, Zn^{2+}(0.10\,M) \,\|\, Zn^{2+}(1.0\,M) \,|\, Zn(s)$$

이고, 반쪽 전지 반응을 정리하면 다음과 같다.

산화: $Zn(s) \longrightarrow Zn^{2+}(0.10\,M) + 2e^-$

환원: $\underline{Zn^{2+}(1.0\,M) + 2e^- \longrightarrow Zn(s)}$

전체 반응: $Zn^{2+}(1.0\,M) \longrightarrow Zn^{2+}(0.10\,M)$

전지 퍼텐셜은

$$E = E^\circ - \frac{0.0592\,\text{V}}{2} \log \frac{[Zn^{2+}]_{\text{묽은}}}{[Zn^{2+}]_{\text{진한}}}$$

아래 첨자 "묽은"과 "진한"은 각각 $0.10\,M$과 $1.0\,M$ 농도를 의미한다. 이 전지의 E° 값은 0이다(왜냐하면, 양쪽 반쪽 전지에 같은 전극-이온 배치가 사용되었기 때문이다. 예를 들어, $E^\circ_{\text{환원전극}} = E^\circ_{\text{산화전극}}$). 따라서

$$E = 0 - \frac{0.0592\,\text{V}}{2} \log \frac{0.10}{1.0}$$

$$= 0.030\,\text{V}$$

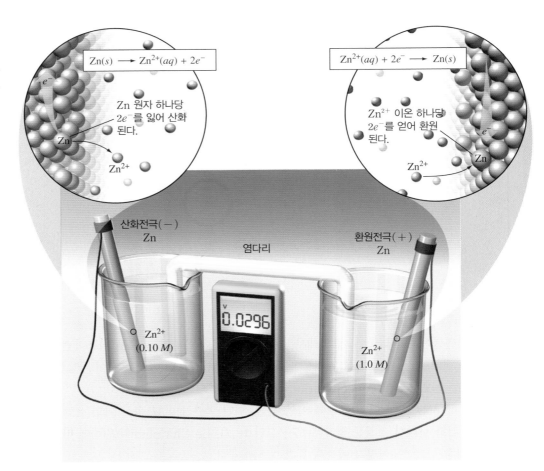

그림 18.5 농도차 전지. 낮은 Zn^{2+} 이온 농도를 가지고 있는 용기에서 산화 반응이 일어난다. 환원 반응은 높은 Zn^{2+} 이온 농도를 가지고 있는 용기에서 일어난다.

농도차 전지의 전지 퍼텐셜은 일반적으로 작으며, 시간이 지날수록 양측의 농도가 점점 같아지기 때문에 그 값이 점점 줄어든다. 양측 이온 농도가 같아지게 되면 E는 0이 되고, 더 이상 변화는 생기지 않는다.

생활 속의 화학

생물학적 농도차 전지

생화학 세포에는 세포막의 퍼텐셜이라는 것이 있는데, 이는 농도차 전지와 비슷한 특징이 있다. 세포막 퍼텐셜은 운동 세포, 신경 세포 등 다양한 종류의 세포의 세포막에 존재하는 전기적 퍼텐셜이다. 이 퍼텐셜은 신경 자극의 전달 및 심장 박동에 사용된다. 세포막 퍼텐셜은 같은 이온이 세포막을 사이에 두고 안쪽과 외부의 농도가 다를 경우 형성된다. 세포막은 이온에 대한 투과성을 가지고 있다. 예를 들어, 신경 세포의 내외부에 있는 Na^+ 이온 농도는 $1.5 \times 10^{-2} \, M$과 $1.5 \times 10^{-1} \, M$이다. 농도차 전지에 적용된 식을 그대로 적용하고 동일한 이온에 대한 Nernst 식을 적용하여 다음과 같이 쓸 수 있다.

$$E_{Na^+} = E^\circ_{Na^+} - \frac{0.0592 \, V}{1} \log \frac{[Na^+]_{외부}}{[Na^+]_{내부}}$$
$$= -(0.0592 \, V) \log \frac{1.5 \times 10^{-1}}{1.5 \times 10^{-2}}$$
$$= 0.059 \, V \quad 또는 \quad 59 \, mV$$

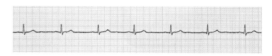

ECG 기록지

아래 첨자 "외부"와 "내부"는 각각 "세포 외부"와 "세포 내부"를 의미한다. 동일한 이온이 사용되기 때문에 $E^\circ_{Na^+} = 0$으로 설정한다. 결과적으로 Na^+ 이온의 농도차에 의해 59 mV의 전기 퍼텐셜이 세포막 사이에 생성된다.

신경 세포가 자극되면 세포막의 투과성에 큰 변화가 생기게 되고, 세포막의 퍼텐셜이 약 34 mV로 떨어지게 된다. 이런 급격한 퍼텐셜의 변화를 **활동 전위**(action potential)라 한다. 생성된 활동 전위는 신경 섬유를 따라 시냅스 접합부(신경 세포 사이의 연결부) 또는 신경–운동 세포 접합부(신경 세포와 운동 세포 사이의 연결부)에 도달할 때까지 전파된다. 심장의 운동 세포에서 활동 전위는 심장의 박동에 따라 형성된다. 이 퍼텐셜은 가슴에 연결한 전극을 통해 감지될 수 있을 만큼 충분한 전류를 만들어낸다. 이러한 신호는 증폭되어 오실로스코프를 통해 표시되거나 이동형 차트에 기록되는데, 이 기록을 **심전도**(electrocardiogram, ECG; 또한 EKG로도 부른다. K는 독일어로 심장을 의미하는 *kardio*의 첫 글자이다)라 부른다. 심전도는 심장 질환을 확인하는 데 매우 유용한 도구로 사용된다.

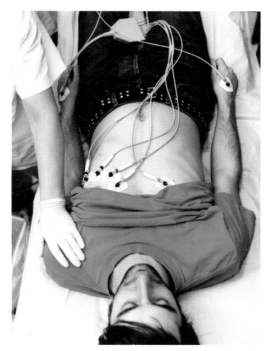

심전도 전극을 연결한 환자

16장에서 용해도곱과 K_{sp} 값을 이용해서 난용성 이온성 화합물의 용해도를 계산하는 방법을 학습하였다. K_{sp} 값은 포화 용액에 녹아 있는 이온의 농도를 측정하여 결정된다. 예를 들어, 브로민화 은(silver bromide, AgBr)의 K_{sp} 값을 구하기 위해서는 Ag^+ 또는

Br^-의 농도를 측정해야만 한다. 브로민화 은의 K_{sp} 값이 7.7×10^{-13}이므로 포화 용액 내의 각 이온의 농도는 8.8×10^{-7} M이다. 이런 낮은 농도를 어떻게 측정할 수 있는지 아마 의아할 것이다. 이런 농도는 4장에서 설명된 것과 같은 분광 광도법을 사용해서는 측정이 불가능하다. 농도가 너무 작은 것도 이유겠지만, 브로민화 은이 무색이라 가시광선 영역에서 빛을 흡수하지 않기 때문이기도 하다. 실제로 이런 경우 이온의 농도는 농도차 전지를 사용해 측정된다.

예제 18.7은 이 절차를 보여준다.

예제 18.7

사이안화 은(AgCN)의 25°C에서의 K_{sp} 값을 구하기 위해 전기 화학 전지가 구성되었다. 하나의 반쪽 전지는 1.00 M 질산은 용액에 은 전극을, 다른 반쪽 전지는 포화 사이안화 은 용액에 은 전극을 연결해 만들었다. 측정된 전지 퍼텐셜 값은 0.470 V이다. 포화 사이안화 은 용액에 있는 은 이온의 농도를 결정하고 AgCN의 K_{sp} 값을 계산하시오.

전략 은 이온의 미지 농도를 구하기 위해 식 18.7를 사용한다. 높은 Ag^+ 이온 농도(1.0 M AgNO$_3$)를 가진 반쪽 전지가 환원전극이 된다. 낮은 미지 농도의 Ag^+ 이온(포화 AgCN 용액)을 가진 반쪽 전지가 산화전극이 된다. 전체 반응은 $Ag^+(1.0\ M) \longrightarrow Ag^+(x\ M)$이다.

계획 이 전지는 농도차 전지이기 때문에 $E°_{cell}=0$ V이다. 반응 지수 Q는 $(x\ M)/(1.00\ M)$이고, n 값은 1이다.

풀이

$$E_{cell} = E°_{cell} - \frac{0.0592\ \text{V}}{n} \log Q$$

$$0.470\ \text{V} = 0 - \frac{0.0592\ \text{V}}{1} \log \frac{x}{1.00}$$

$$-7.939 = \log \frac{x}{1.00}$$

$$10^{-7.939} = 1.15 \times 10^{-8} = \log \frac{x}{1.00}$$

$$x = 1.15 \times 10^{-8}$$

따라서 $[Ag^+] = 1.15 \times 10^{-8}$ M이고 AgCN의 $K_{sp} = x^2 = 1.3 \times 10^{-16}$이다.

생각해 보기
두 이온으로 분해되는 염의 포화 용액에서 각 이온의 농도는 용해도곱(K_{sp})의 제곱근과 같다는 것을 기억하자[◀◀ 16.4절].

추가문제 1 25°C에서 염화 구리(I)(CuCl)의 K_{sp} 값을 구하기 위해 전기 화학 전지를 만들었다. 하나의 반쪽 전지는 1.00 M 질산 구리(I) 용액에 구리 전극을, 다른 반쪽 전지는 포화 염화 은 용액에 구리 전극을 연결해 만들었다. 측정된 전지 퍼텐셜 값은 0.175 V였다. 포화 염화 은 용액에 있는 구리(I) 이온의 농도를 결정하고 CuCl의 K_{sp} 값을 계산하시오.

추가문제 2 페로사이안화 구리(II)(Cu$_2$[Fe(CN)$_6$])의 K_{sp} 값은 25°C에서 1.3×10^{-16}이다. 하나의 반쪽 전지는 1.00 M 질산구리(II) 용액에 구리 전극을, 다른 반쪽 전지는 Cu$_2$[Fe(CN)$_6$] 용액에 구리 전극을 연결해 만들어진 농도차 전지의 퍼텐셜을 구하시오. 페로사이안화 이온(ferrocyanide, [Fe(CN)$_6$]$^{4-}$)은 **착이온**(complex ion)이다[◀◀ 16.5절].

추가문제 3 염화 은 농도차 전지를 만들면 환원전극의 은 이온의 농도가 산화전극의 은 이온의 농도보다 상당히 높아야 한다. 전지가 작동하면서 환원전극의 은 이온 농도는 감소하고 산화전극의 농도는 증가하여 서로 비슷해진다. 전지를 충분히 오랜 시간 작동하면 산화전극의 이온 농도가 결국 환원전극의 이온 농도보다 높아질 것인가? 설명하시오.

18.6 전지

전지(battery)는 휴대가 가능한 용기 안에 하나의 갈바니 전지 또는 여러 개의 갈바니 전지를 연결하여 직류를 생성하도록 만든 장치이다. 이 절에서는 여러 형태의 전지에 대해 알아보도록 하자.

건전지와 알칼리 전지

가장 흔한 형태의 전지는 플래시, 장난감, CD 플레이어. 같은 휴대용 전자기기에 사용되는 **건전지**(dry cell)와 **알칼리 전지**(alkaline cell)이다. 두 전지의 형태는 매우 유사하나 전압을 형성하는 자발적 화학 반응은 전혀 다르다. 실제 전지 내에서 일어나는 반응은 다소 복잡하지만, 여기에서 설명하는 반응으로 전체 과정을 간략하게 묘사할 수 있다.

건전지는 구성품에 액체가 없기 때문에 붙여진 이름이다. 건전지는 아연 용기(산화전극)가 이산화 망가니즈와 전해질과 접촉되어 구성된다(그림 18.6). 전해질은 염화 암모늄과 염화 아연 수용액으로 구성되어 있고, 새지 않도록 하기 위해 녹말 가루를 넣어 끈적하게 만들어져 있다. 탄소 막대는 전지 중심부 전해질 용액에 담겨 있으며, 환원전극 역할을 한다. 전지 반응은 다음과 같다.

산화전극:
$$Zn(s) \longrightarrow Zn^{2+}(aq) + 2e^-$$

환원전극:
$$2NH_4^+(aq) + 2MnO_2(s) + 2e^- \longrightarrow Mn_2O_3(s) + 2NH_3(aq) + H_2O(l)$$

전체 반응:
$$Zn(s) + 2NH_4^+(aq) + 2MnO_2(s) \longrightarrow Zn^{2+}(aq) + Mn_2O_3(s) + 2NH_3(aq) + H_2O(l)$$

건전지의 전압은 약 1.5 V이다.

알칼리 전지 역시 이산화 망가니즈의 환원과 아연의 산화에 의해 작동한다. 다만 반응이 **염기**(basic) 용액에서 일어나기 때문에 **알칼리 전지**(alkaline battery)로 불린다. 산화전극은 농축된 KOH 용액과 접촉하고 있는 아연 분말로 되어 있다. 환원전극은 이산화 망가니즈와 흑연의 혼합물로 되어 있다. 산화전극과 환원전극의 다공성의 막으로 구분되어 있다(그림 18.7).

산화전극:
$$Zn(s) + 2OH^-(aq) \longrightarrow Zn(OH)_2(s) + 2e^-$$

환원전극:
$$2MnO_2(s) + 2H_2O(l) + 2e^- \longrightarrow 2MnO(OH)(s) + 2OH^-(aq)$$

전체 반응:
$$Zn(s) + 2MnO_2(s) + 2H_2O(l) \longrightarrow Zn(OH)_2(s) + 2MnO(OH)(s)$$

알칼리 전지가 건전지보다 더 비싸고, 통상적으로 더 좋은 성능과 저장 수명을 가지고 있다.

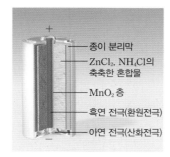

그림 18.6 플래시나 다른 소형 전자 기기에 사용되는 건전지의 내부 모습

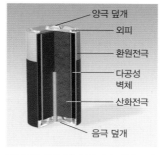

그림 18.7 알칼리 전지의 내부 모습

그림 18.8 납 축전지의 내부 모습. 정상 작동 조건하에서 황산 용액의 농도는 약 38질량%이다.

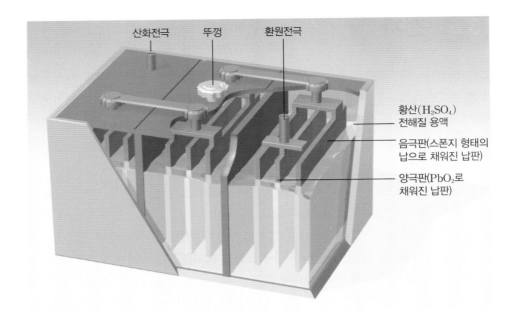

납 축전지

납 축전지는 자동차에 주로 사용되며 6개의 동일한 전지가 직렬로 연결된 형태를 가지고 있다. 각각의 전지는 납과 이산화 납(PbO_2)으로 가득 채운 금속판으로 된 산화전극과 환원전극을 가지고 있다(그림 18.8). 환원전극과 산화전극은 모두 황산 전해질 용액에 담겨져 있다. 전지 반응은 다음과 같다.

산화전극: $Pb(s) + SO_4^{2-}(aq) \longrightarrow PbSO_4(s) + 2e^-$

환원전극: $PbO_2(s) + 4H^+(aq) + SO_4^{2-}(aq) + 2e^- \longrightarrow PbSO_4(s) + 2H_2O(l)$

전체 반응: $Pb(s) + PbO_2(s) + 4H^+(aq) + 2SO_4^{2-}(aq) \longrightarrow 2PbSO_4(s) + 2H_2O(l)$

정상적인 작동 조건하에서 각 전지는 2 V를 생산하며, 6개의 전지가 직렬로 연결되어 12 V의 전압을 생산한다. 이 전력은 자동차의 시동, 그리고 다른 전기 시스템의 작동에 사용된다. 납 축전지는 엔진을 시동하는 것과 같이 짧은 시간에 큰 전류가 필요한 곳에 사용된다.

건전지나 알칼리 전지와는 다르게 납 축전지는 충전이 가능하다. 충전은 환원전극과 산화전극에 외부 전압을 가하며 보통의 전기 화학 반응을 반대로 돌리는 것을 의미한다.[이러한 과정은 **전기 분해**(electrolysis)라 하며, 18.7절에서 다룰 것이다.]

리튬 이온 전지

"미래의 전지"라고 불리기도 하는 리튬 이온 전지는 다른 형태의 전지와는 구분되는 여러 장점을 가지고 있다. 리튬 이온 전지에서 일어나는 전체 반응은 다음과 같다.

산화전극: $Li(s) \longrightarrow Li^+ + e^-$

환원전극: $Li^+ + CoO_2 + e^- \longrightarrow LiCoO_2(s)$

전체 반응: $Li(s) + CoO_2 \longrightarrow LiCoO_2(s)$

학생 노트
리튬은 모든 금속 중에서 가장 큰 음의 환원 퍼텐셜을 가지고 있어 가장 강력한 환원제이다.

리튬 이온 전지의 전지 퍼텐셜은 상대적으로 큰 값인 3.4 V이다. 리튬은 가장 가벼운 금속

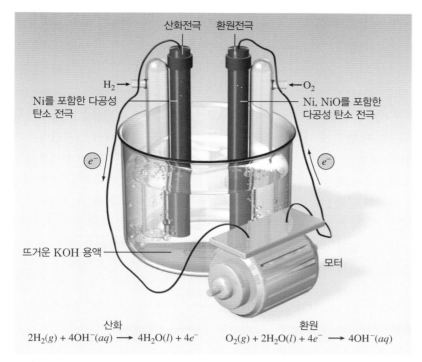

산화전극   환원전극

$H_2 \rightarrow$

Ni를 포함한 다공성
탄소 전극

Ni, NiO를 포함한
다공성 탄소 전극

$\leftarrow O_2$

e^- e^-

뜨거운 KOH 용액

모터

산화
$2H_2(g) + 4OH^-(aq) \longrightarrow 4H_2O(l) + 4e^-$

환원
$O_2(g) + 2H_2O(l) + 4e^- \longrightarrow 4OH^-(aq)$

그림 18.9 수소−산소 연료 전지. 다공성 탄소 전극에 연결된 Ni와 NiO는 촉매이다.

이다.(1 mol의 전자를 생산하는 데 6.941 g의 리튬만이 필요하다.) 게다가 리튬 이온 전지
는 수백 번 충전이 가능하다. 이런 특징으로 인해 리튬 이온 전지는 휴대폰, 디지털 카메
라, 노트북과 같은 휴대용 전자기기에 적합하다.

연료 전지

화석 연료는 에너지의 주요 생산원이다. 하지만 화석 연료를 전기 에너지로 바꾸는 과정
은 매우 비효율적인 과정이다. 메테인의 예를 들어보자.

$$CH_4(g) + 2O_2(g) \longrightarrow CO_2(g) + 2H_2O(l) + 에너지$$

전기를 생산하기 위해, 반응으로부터 생산된 열은 물을 수증기로 바꾸는 데 사용된다. 이
수증기는 발전기를 구동하는 터빈을 돌린다. 이 과정에서 상당한 비율의 에너지가 각 단계
에서 열에너지 형태로 손실된다.(가장 효율적으로 운영되는 화력 발전소조차 화학 에너지
의 약 40% 정도만을 전기로 변환할 수 있다.) 연소 반응 또한 산화−환원 반응이기 때문에
이 반응으로부터 직접 전기 화학적 방법을 통해 에너지를 생산하는 것이 바람직하며, 전기
생산 효율을 높일 수 있다. 이런 목적으로 개발된 것이 **연료 전지**(fuel cell)이다. 연료 전
지는 지속적인 반응이 일어나도록 반응물을 지속적으로 공급하는 형태의 갈바니 전지이다.
엄밀하게 말하면, 연료 전지는 용기에 담겨 있는 형태가 아니므로 전지라고 할 수는 없다.

가장 단순한 형태의 연료 전지는 수소−산소 연료 전지로 수산화 포타슘 전해질 용액과
두 개의 비활성 전극으로 구성되어 있다. 수소와 산소 기체는 산화전극과 환원전극에서 각
각 버블링되며(그림 18.9), 다음의 반응이 일어난다.

산화전극: $2H_2(g) + 4OH^-(aq) \longrightarrow 4H_2O(l) + 4e^-$

환원전극: $O_2(g) + 2H_2O(l) + 4e^- \longrightarrow 4OH^-(aq)$

전체 반응: $2H_2(g) + O_2(g) \longrightarrow 2H_2O(l)$

표 18.1의 $E°$ 값을 이용하여 표준 전지 퍼텐셜을 계산하면 다음과 같다.

$$E°_{cell} = E°_{환원전극} - E°_{산화전극}$$
$$= 0.40\text{ V} - (-0.83\text{ V})$$
$$= 1.23\text{ V}$$

따라서 전지 반응은 표준 조건에서 자발적으로 일어난다. 전체 반응은 수소의 연소 반응이지만 산화와 환원 반응이 각각 산화전극과 환원전극에서 분리되어 일어난다는 사실을 주목해야 한다. 표준 수소 전극에서의 백금처럼 여기서도 전극은 두 가지 역할을 수행한다. 우선 전기 도체로서 작동하며, 두 번째는 분자를 원자 상태로 분해하는 데 필요한 표면을 제공한다. 이러한 목적을 위해 사용되기 때문에 "전기 화학적 촉매"라고 불리며, 백금, 니켈, 로듐 등이 좋은 "전기 화학적 촉매"의 원료 물질로 사용된다.

H_2-O_2 시스템 말고도 다양한 연료 전지가 개발되었다. 프로페인–산소 연료 전지의 반쪽 전지 반응은 다음과 같다.

산화전극:	$C_3H_8(g) + 6H_2O(l) \longrightarrow 3CO_2(g) + 20H^+(aq) + 20e^-$
환원전극:	$5O_2(g) + 20H^+(aq) + 20e^- \longrightarrow 10H_2O(l)$
전체 반응:	$C_3H_8(g) + 5O_2(g) \longrightarrow 3CO_2(g) + 4H_2O(l)$

전체 반응은 프로페인을 산소로 태우는 것과 동일한 반응이다.

다른 전지들과는 다르게 연료 전지는 화학 에너지를 저장하지 않는다. 반응물은 소모됨과 동시에 지속적으로 다시 채워져야 하고 생성물은 생성되는 즉시 제거되어야 한다. 잘 디자인된 연료전지는 효율이 70%에 달하며, 이는 내연 기관 효율의 거의 두 배에 달한다. 또한 연료 전지 발전기는 무소음, 무진동, 열 손실, 열 공해 그리고 통상의 발전소가 가지고 있는 문제점들이 대부분 없다. 그럼에도 불구하고 연료 전지는 아직 활발히 사용되고 있지 못하다. 그중 가장 큰 문제는 오랜 시간 동안 오염되지 않고 사용할 수 있는 전기 화학적 촉매의 비용이다. 연료 전지가 활용될 수 있는 분야 중 주목할 만한 분야는 우주 비행선에 사용하는 것이다. 수소–산소 연료 전지 시스템은 우주 비행선에 전기와 물을 동시에 제공할 수 있다.

18.7 전기 분해

18.6절에서 납 축전지가 충전이 가능하고 그 의미는 전지가 일반적으로 작동하는 방식인 전기 화학적 과정을 외부에서 전압을 걸어 되돌리는 것이라고 설명하였다. 전기 에너지를 사용하여 비자발적인 화학 반응을 일으키는 과정은 **전기 분해**(electrolysis)라고 한다. **전해 전지**(electrolytic cell)는 전기 분해를 수행하는 전지이다. 갈바니 전지와 전해 전지는 동일한 원리에 의해 작동한다. 이 절에서 우리는 전기 분해의 세 가지 예를 살펴본다. 이후 전기 분해의 정량적인 면을 살펴보자.

학생 노트

전지 형태	화학 반응	전기 에너지
갈바니	자발적	생산됨
전해	비자발적	소모됨

용융 염화 소듐의 전기 분해

용융 상태에서 이온 물질인 염화 소듐은 전기 분해되어 구성 원소인 소듐과 염소로 분리된다. 그림 18.10(a)는 NaCl의 대량 전기 분해에 사용되는 Downs 전지의 그림이다.

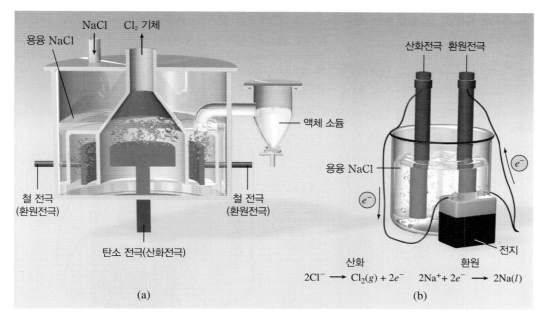

그림 18.10 (a) 용융 NaCl (m.p.=801℃)의 전기 분해에 사용되는 Downs 전지의 실제 배치 모습. 환원전극에서 생성되는 소듐 금속은 액체상이다. 액체 소듐 금속은 용융 NaCl보다 가볍기 때문에 소듐 금속은 그림에서 보는 바와 용액의 표면에 뜨게 되고, 표면에서 회수된다. 산화전극에서 생성된 염소 기체는 장치의 상부에서 회수된다. (b) 용융 NaCl의 전기 분해 과정에서 일어나는 반응을 단순화한 도식. 비자발적인 반응을 작동시키기 위해서는 전지가 필요하다.

NaCl이 용융 상태일 경우, 양이온과 음이온은 각각 Na^+와 Cl^- 이온이다. 그림 18.10(b)는 전극에서 일어나는 반응을 단순화하여 보여주고 있다. 전해 전지는 전지에 연결되어 있는 한 쌍의 전극을 포함하고 있다. 전지는 자발적으로는 흐르지 않는 방향으로 전자들이 이동하도록 한다. 이때 전자가 흐르도록 밀리는 방향의 전극이 환원전극, 즉 환원이 일어나는 곳이며, 전자가 빠져나가는 전극이 산화전극이며 산화 반응이 일어난다. 전극에서 일어나는 반응은 다음과 같다.

$$\text{산화전극(산화):} \qquad 2Cl^-(l) \longrightarrow Cl_2(g)+2e^-$$
$$\text{환원전극(환원):} \qquad 2Na^+(l)+2e^- \longrightarrow 2Na(l)$$
$$\text{전체 반응:} \qquad 2Na^+(l)+2Cl^-(l) \longrightarrow 2Na(l)+Cl_2(g)$$

이 과정을 통해 산업용 순수 소듐 금속과 염소 기체가 만들어진다.

표 18.1의 데이터를 이용하여 이 과정의 $E°_{cell}$이 $-4\,V$라는 것을 알 수 있다. (−) 표준 환원 전위는 이 반응이 일어나기 위해서는 최소한 4 V 전압이 걸려야 한다는 것을 보여준다. 실제로는 전기 분해 반응의 비효율성 그리고 이 절의 후반부에 배우게 될 과전압 현상으로 인해 더 높은 전압이 요구된다.

> **학생 노트**
> $E°_{cell}$ 값은 추측한 값이다. 왜냐하면 표 18.1의 값은 수용액에서의 값만을 나타내고 있기 때문이다.

물의 전기 분해

일상적인 대기압 조건에서(1 atm, 25 ℃) 물은 자발적으로 분해되어 수소와 산소 기체를 만들지 않는다. 왜냐하면 표준 자유 에너지 변화량이 매우 큰 양의 값이기 때문이다.

$$2H_2O(l) \longrightarrow 2H_2(g)+O_2(g) \qquad \Delta G° = 474.4\,kJ/mol$$

하지만, 이 반응도 그림 18.11에서 보이는 것과 같은 전해 전지에서는 일어날 수 있다. 전지는 물에 담근 백금으로 이루어진 비활성 금속 전극으로 구성되어 있다. 전극을 전지에

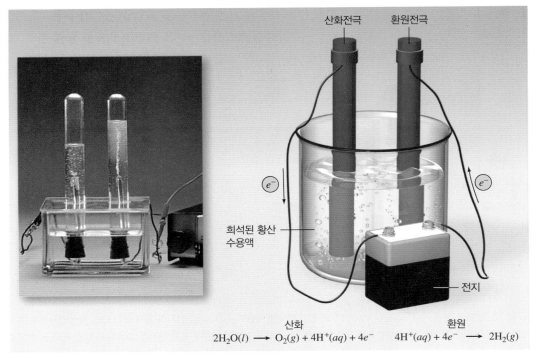

그림 18.11 작은 규모의 물 전기 분해 장치. 환원전극에서 생성된 수소 기체의 부피는 산화전극에서 생성된 산소 기체 부피의 2배이다.

연결해도 순수한 물에는 전류가 흐를 만한 전해질이 없기 때문에 아무런 현상도 일어나지 않는다. 하지만 이 반응은 $0.1\,M$ 황산 용액에서 매우 쉽게 일어나는데, 이는 전기를 흐르게 할 만한 충분한 이온이 존재하기 때문이다. 전지 연결 즉시 전극으로부터 기체가 생성되어 나오기 시작한다.

전극에서 일어나는 반응은 다음과 같다.

산화전극:	$2H_2O(l) \longrightarrow O_2(g)+4H^+(aq)+4e^-$
환원전극:	$4H^+(aq)+4e^- \longrightarrow 2H_2(g)$
전체 반응:	$2H_2O(l) \longrightarrow O_2(g)+2H_2(g)$

여기서 산이 소모되지 않는 것에 주목하자.

염화 소듐 수용액의 전기 분해

염화 소듐 수용액의 전기 분해는 이 절에서 예로 든 세 가지 경우 중 가장 복합한 예이다. 왜냐하면 염화 소듐 수용액 속에는 산화 또는 환원될 수 있는 화학종이 다양하게 존재하기 때문이다. 환원전극에서 일어날 수 있는 환원 반응은 다음과 같다.

$$2H^+(aq)+2e^- \longrightarrow H_2(g) \qquad E°=0.00\,V$$
$$2H_2O(l)+2e^- \longrightarrow H_2(g)+2OH^-(aq) \qquad E°=-0.83\,V$$

또는

$$Na^+(aq)+e^- \longrightarrow Na(s) \qquad E°=-2.71\,V$$

이다. 여기서 Na^+ 이온의 환원은 너무 큰 $(-)E°$ 값 때문에 일어나기 어려우므로 제외하도록 하자. 표준 상태에서 H^+ 이온의 환원 반응이 물(H_2O)의 환원 반응보다 일어나기 더 쉽다. 하지만 NaCl 수용액에서 H^+ 이온의 농도는 매우 낮아 환원전극에서 실제로는 물이 환원된다.

산화전극에서 일어날 수 있는 산화 반응은 다음과 같다.

$$2Cl^-(aq) \longrightarrow Cl_2(g) + 2e^-$$

또는

$$2H_2O(l) \longrightarrow O_2(g) + 4H^+(aq) + 4e^-$$

이다. 표 18.1을 참조하여 다음과 같은 값을 얻었다.

$$Cl_2(g) + 2e^- \longrightarrow 2Cl^-(aq) \quad E° = 1.36 \text{ V}$$
$$O_2(g) + 4H^+(aq) + 4e^- \longrightarrow 2H_2O(l) \quad E° = 1.23 \text{ V}$$

두 반응의 표준 환원 전위는 매우 다르지만, 값을 비교해 볼 때 물의 산화 반응이 더 잘 일어날 것으로 예측된다. 하지만 실험을 통해 알아낸 사실은 산화전극에서 산소가 아닌 염소 기체가 발생된다는 것이었다. 전기 분해 반응 관련 연구에서 때때로 실제로 필요한 전압이 전극 퍼텐셜 값보다 크다는 사실을 확인하였다. 이렇게 전기 분해를 위해 계산된 값과 실제 전압 값의 차이를 **과전압**(overvoltage)이라고 한다. 산소 형성에 필요한 과전압은 매우 크다. 일반 작동 조건에서는 그래서 산화전극에서 산소 대신 염소 기체가 생성된다.

염화 소듐 수용액에서 일어나는 반쪽 전지 반응은 다음과 같다.

산화전극(산화): $\quad 2Cl^-(aq) \longrightarrow Cl_2(g) + 2e^-$

환원전극(환원): $\quad 2H_2O(l) + 2e^- \longrightarrow H_2(g) + 2OH^-(aq)$

전체 반응: $\quad 2H_2O(l) + 2Cl^-(aq) \longrightarrow H_2(g) + Cl_2(g) + 2OH^-(aq)$

전체 반응이 보여주는 것처럼 Cl^- 이온의 농도는 전기 분해 과정을 통해 줄어들고, 수산화 이온(OH^-)의 농도는 증가한다. 따라서 수소, 염소 기체와 더불어 유용한 부산물인 NaOH가 전기 분해를 마치고, 용매를 증발시키고 난 뒤 회수될 수 있다. 전기 분해는 산업계에서 많이 응용되고 있다. 특히 금속의 추출 및 정제에 많이 활용되고 있다.

전기 분해의 정량적 응용

전기 분해를 정량적으로 이용한 최초의 사람은 Faraday이다. 그는 전극에서 생산된 생성물(또는 소모된 반응물)의 질량이 전극으로 이동된 전기의 양과 생성된(또는 소모된) 물질의 몰질량에 비례한다는 사실을 관찰하였다. 용융 염화 소듐의 전기 분해에서 환원전극에서 Na^+ 이온은 하나의 전자를 받고 Na 원자를 생산한다. 1 mol의 Na^+ 이온을 환원시키기 위해서는 Avogadro 수(6.02×10^{23})만큼의 전자를 환원전극에 공급해야 한다. 반면, 1 mol의 Mg^{2+} 이온을 환원시키기 위해서는 2 mol의 전자가, 1 mol의 Al^{3+} 이온을 환원시키기 위해서는 3 mol의 전자가 필요하다.

$$Na^+ + e^- \longrightarrow Na$$
$$Mg^{2+} + 2e^- \longrightarrow Mg$$
$$Al^{3+} + 3e^- \longrightarrow Al$$

전기 분해 실험에서 단위 시간 동안 전해 전지를 통과한 전류를 암페어(A) 단위로 측정한다. 전하(쿨롬, C)와 전류의 상관 관계는 다음과 같다.

$$1 \text{ C} = 1 \text{ A} \times 1 \text{ s}$$

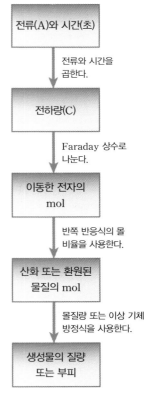

학생 노트
수용액을 전기 분해할 때, 물 그 자체는 산화 또는 환원될 수 있다는 것을 기억하자.

전류(A)와 시간(초)

↓ 전류와 시간을 곱한다.

전하량(C)

↓ Faraday 상수로 나눈다.

이동한 전자의 mol

↓ 반쪽 반응식의 몰 비율을 사용한다.

산화 또는 환원된 물질의 mol

↓ 몰질량 또는 이상 기체 방정식을 사용한다.

생성물의 질량 또는 부피

그림 18.12 전기 분해 과정에서 환원 또는 산화되는 물질의 양을 계산하기 위한 단계

즉, 1 C은 전류가 1 A일 때, 회로를 1초 동안 흐르는 전하의 양이다. 따라서, 만약 몇 A의 전류가 몇 초 동안 흐르는지를 알면, 몇 C의 전하가 흘렀는지 계산할 수 있다. 전하량을 알면 몇 mol의 전자가 통과했는지 알 수 있고, 이동한 전자의 mol을 알면 화학량론을 적용해서 몇 mol의 생성물이 생성될지 결정할 수 있게 된다. 그림 18.12는 전기 분해를 통해 생성될 수 있는 물질의 양을 구하는 단계를 보여준다.

이 접근 방식을 이해하기 쉽게 하기 위해서, 용융 $CaCl_2$가 구성 원소인 Ca와 Cl_2로 분리되는 전해 전지를 예로 들어보자. 0.452 A의 전류가 1.50시간 동안 전지에 흘렀다고 가정하자. 각각의 전극에서 얼마만큼의 생성물이 만들어질 것인가? 첫 번째 단계는 어떤 화학종이 각각 산화전극과 환원전극에서 생성될지를 결정하는 것이다. 단순히 Ca^{2+}와 Cl^- 이온이 존재하기 때문에 쉽게 정할 수 있다.

$$\text{산화전극(산화):} \qquad 2Cl^-(l) \longrightarrow Cl_2(g) + 2e^-$$

$$\text{환원전극(환원):} \qquad Ca^{2+}(l) + 2e^- \longrightarrow Ca(l)$$

$$\text{전체 반응:} \qquad Ca^{2+}(l) + 2Cl^-(l) \longrightarrow Ca(l) + Cl_2(g)$$

칼슘 금속과 염소 기체가 생성되는 양은 전해 전지를 통과하는 전자의 수에 달려 있다. 전자의 수는 **전하**(charge) 또는 전류와 시간의 곱에 의해 결정된다.

$$\text{전하량(C)} = 0.452\ \cancel{A} \times 1.50\ \cancel{h} \times \frac{3600\ s}{1\ \cancel{h}} \times \frac{1\ C}{1\ \cancel{A} \cdot s} = 2.441 \times 10^3\ C$$

1 mol $e^- = 96,500$ C이고 2 mol의 전자가 1 mol의 Ca^{2+} 이온을 환원시키는 데 필요하므로, 환원전극에서 생산되는 Ca 금속의 질량은 다음의 식으로 계산할 수 있다.

$$\text{Ca의 질량} = (2.441 \times 10^3\ \cancel{C}) \left(\frac{1\ \cancel{mol\ e^-}}{96,500\ \cancel{C}} \right) \left(\frac{1\ \cancel{mol\ Ca}}{2\ \cancel{mol\ e^-}} \right) \left(\frac{40.08\ g\ Ca}{1\ \cancel{mol\ Ca}} \right) = 0.507\ g\ Ca$$

산화전극 반응은 1 mol의 염소 기체가 2 mol의 전자에 의해 생성되는 것을 보여준다. 따라서, 생성된 염소 기체의 양은 다음과 같이 구할 수 있다.

$$Cl_2\text{의 질량} = (2.441 \times 10^3\ \cancel{C}) \left(\frac{1\ \cancel{mol\ e^-}}{96,500\ \cancel{C}} \right) \left(\frac{1\ \cancel{mol\ Cl_2}}{2\ \cancel{mol\ e^-}} \right) \left(\frac{70.90\ g\ Cl_2}{1\ \cancel{mol\ Cl_2}} \right) = 0.897\ g\ Cl_2$$

예제 18.8은 수용액에서 일어나는 전기 분해에 동일한 방법을 적용하여 보여준다.

예제 **18.8**

1.26 A의 전류가 묽은 황산 용액으로 구성된 전해 전지를 7.44시간 동안 흘렀다. 반쪽 전지 반응을 쓰고, 표준 상태에서 생성된 기체의 부피를 계산하시오.

전략 그림 18.12에서와 같이, 전하를 결정하기 위해 전류와 시간을 사용한다. 전하를 전자의 mol로 치환한 뒤, 균형된 반쪽 반응을 이용하여 각 전극에서 생성될 생성물의 mol을 결정한다. 마지막으로 mol을 부피로 치환한다.

계획 물 전기 분해의 반쪽 전지 반응은 다음과 같다.

$$\text{산화전극:} \qquad 2H_2O(l) \longrightarrow O_2(g) + 4H^+(aq) + 4e^-$$

$$\text{환원전극:} \qquad 4H^+(aq) + 4e^- \longrightarrow 2H_2(g)$$

$$\text{전체 반응:} \qquad 2H_2O(l) \longrightarrow O_2(g) + 2H_2(g)$$

기체의 표준 상태는 273 K, 1 atm임을 기억하자.

풀이

$$전하량 = (1.26\,A)(7.44\,h)\left(\frac{3600\,s}{1\,h}\right)\left(\frac{1\,C}{1\,A \cdot s}\right) = 3.375 \times 10^4\,C$$

산화전극에서

$$생성된 O_2의 mol = (3.375 \times 10^4\,C)\left(\frac{1\,mol\,e^-}{96,500\,C}\right)\left(\frac{1\,mol\,O_2}{4\,mol\,e^-}\right) = 0.0874\,mol\,O_2$$

표준 상태에서 0.0874 mol O_2의 부피는

$$V = \frac{nRT}{P}$$

$$= \frac{(0.0874\,mol)(0.08206\,L \cdot atm/K \cdot mol)(273.15\,K)}{1\,atm} = 1.96\,L\,O_2$$

마찬가지로 수소에 대해서는 다음과 같이 풀이한다.

$$생성된 H_2의 mol = (3.375 \times 10^4\,C)\left(\frac{1\,mol\,e^-}{96,500\,C}\right)\left(\frac{1\,mol\,H_2}{2\,mol\,e^-}\right) = 0.175\,mol\,H_2$$

표준 상태에서 0.175 mol H_2 부피는 다음과 같다.

$$V = \frac{nRT}{P}$$

$$= \frac{(0.175\,mol)(0.08206\,L \cdot atm/K \cdot mol)(273.15\,K)}{1\,atm} = 3.92\,L\,H_2$$

생각해 보기

H_2의 부피는 O_2 부피의 2배이다(그림 18.11 참조). 이 사실은 같은 온도와 압력에서 부피가 기체의 mol에 정비례한다는 Avogadro의 법칙으로부터 예측할 수 있다($V \propto n$)[◀◀ 10.2절].

추가문제 1 0.912 A의 전류가 용융 $MgCl_2$를 포함하고 있는 전해 전지를 18시간 동안 지속적으로 흘렸을 때, 생성되는 Mg의 질량은 얼마인가?

추가문제 2 일정한 전류가 용융 $MgCl_2$를 포함하고 있는 전해 전지를 12시간 동안 지속적으로 흘렸다. 만약 4.83 L의 염소 기체가 표준 상태에서 환원전극으로부터 생성되었다면, 이때 흘려준 전류는 몇 암페어(A)인가?

추가문제 3 그림 (i)는 염화 소듐을 포함하고 있는 수용액의 이온들을 보여주고 있다. 다음 그림[(ii)~(iv)] 중 전기 분해 이후의 상태를 보여주는 그림은 무엇인가?(단, 물 분자는 표시되지 않았다.)

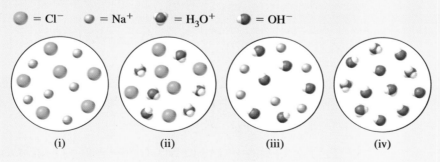

18.8 부식

부식(corrosion)은 일반적으로 전기 화학적 과정에 의해 금속이 약해지는 것을 의미한다. 철의 녹, 은의 변색, 구리와 청동에 형성되는 초록색 층 등이 부식의 예이다. 이 절에서

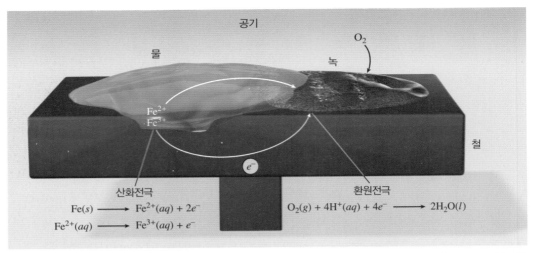

그림 18.13 녹이 스는 과정은 전기 화학적 과정이다. H^+ 이온은 공기 중의 CO_2가 물에 녹으면서 형성되는 H_2CO_3로부터 공급된다.

는 부식과 관련된 과정과 이를 방지하기 위한 방법들에 대해 논하고자 한다.

철이 부식되기 위해서는 산소와 물이 필요하다. 반응은 매우 복잡해서 완전하게 이해할 수 없지만, 주요 반응은 다음과 같은 것으로 알려졌다. 금속의 표면이 산화전극으로 작용하며 다음 산화 반응이 일어난다.

$$Fe(s) \longrightarrow Fe^{2+}(aq) + 2e^-$$

철에서 제공된 전자는 같은 금속의 또 다른 표면에 있는 환원전극에서 대기 중의 산소를 물로 환원시킨다.

$$O_2(g) + 4H^+(aq) + 4e^- \longrightarrow 2H_2O(l)$$

전체 산화–환원 반응은 다음과 같다.

$$2Fe(s) + O_2(g) + 4H^+(aq) \longrightarrow 2Fe^{2+}(g) + 2H_2O(l)$$

표 18.1의 데이터를 이용해서 이 과정의 표준 환원 전위를 구하면 다음과 같다.

$$E^\circ_{cell} = E^\circ_{환원전극} - E^\circ_{산화전극}$$
$$= 1.23\ V - (-0.44\ V)$$
$$= 1.67\ V$$

이 반응이 **산성**(acidic) 조건에서 일어남을 주목하자. H^+ 이온은 대기 중 이산화 탄소가 물과 반응하여 생성하는 탄산(H_2CO_3)으로부터 제공된다.

산화전극에서 생성된 Fe^{2+} 이온은 산소에 의해 더 산화되어서

$$4Fe^{2+}(aq) + O_2(g) + (4+2x)H_2O(l) \longrightarrow 2Fe_2O_3 \cdot xH_2O(s) + 8H^+(aq)$$

이다. 이렇게 생성된 수화된 형태의 산화 철(II)이 녹(rust)이다. 산화 철(III)과 결합되어 있는 물의 양은 다양하기 때문에 일반적으로 $Fe_2O_3 \cdot xH_2O$로 표현한다.

그림 18.13은 녹이 형성되는 과정을 보여준다. 전기 회로는 전자와 이온의 이동으로 완성된다. 이는 왜 녹이 염분이 있는 물에서 더 빨리 진행되는지를 설명해준다. 추운 지방에서 눈과 얼음을 녹이기 위해 뿌려진 염(NaCl 또는 $CaCl_2$)은 자동차 부식의 주요한 원인이다.

다른 금속 또한 산화 과정을 거친다. 예를 들어, 비행기, 음료수 캔, 알루미늄 호일 등을

만드는 데 사용되는 알루미늄은 철보다 더 쉽게 산화된다. 철의 부식과는 다르게 알루미늄의 부식은 난용성의 보호막(Al_2O_3)을 형성하여 추가적인 부식이 금속을 상하게 하는 것을 막는다.

동전에 쓰이는 구리와 은도 부식되지만 철과 알루미늄보다 그 속도가 훨씬 느리다.

$$Cu(s) \longrightarrow Cu^{2+}(aq) + 2e^-$$
$$Ag(s) \longrightarrow Ag^+(aq) + e^-$$

일반적으로 대기에 노출되는 경우 구리는 초록색 물질인 탄산구리($CuCO_3$) 막을 만든다. 이 막을 **녹청**(patina)이라고 하며, 이 녹청이 추가적으로 구리가 부식되는 것을 막아준다. 유사하게 음식과 접촉한 은 식기는 황화 은(Ag_2S) 막을 형성한다.

부식을 막기 위한 다양한 방법이 개발되었다. 대부분은 녹이 생기는 것을 방지하기 위한 방법이다. 가장 확실한 방법은 금속 표면에 칠을 하여 부식시키는 물질에 노출되지 않도록 하는 것이다. 하지만 도료가 흠집이 나거나 다른 방법으로 손상된 경우, 금속의 내부가 아주 작은 부분이 노출될지라도 페인트 막 아래에 녹이 형성되게 된다. 철의 표면은 **부동화**(passivation)라는 처리를 통해 반응성을 낮출 수 있다. 진한 질산과 같이 강한 산화제로 처리를 하면 금속의 표면에 얇은 산화막이 형성된다. 크로뮴화 소듐 용액은 냉각 시스템이나 라디에이터에 녹이 생기는 것을 방지하기 위해 첨가되곤 한다.

철이 산화되는 경향은 다른 금속과 합금을 만들면 현저하게 줄어든다. 예를 들어, 철과 크로뮴의 합금인 스테인레스강의 경우 산화 크로뮴 막이 형성되어 철이 부식되는 것을 막는다.

철제 컨테이너는 주석이나 아연과 같은 금속의 막으로 감싸지기도 한다. 주석 캔은 철판에 얇은 주석 막을 입힘으로써 만들어진다. 주석 막이 완전하게 보존되는 한 철 캔도 녹이 슬지 않는다. 하지만 만약 표면에 스크래치나 흠집이 생기게 되면 부식이 급속하게 진행된다. 표 18.1의 표준 환원 전위를 살펴보면, 철과 주석이 맞닿아 있을 때 훨씬 큰 환원 전위를 가지고 있는 주석이 환원전극으로 작용한다는 것을 알 수 있다. 철은 산화전극으로 작용하여 산화된다.

$$Sn^{2+}(aq) + 2e^- \longrightarrow Sn(s) \qquad E° = -0.14\,V$$
$$Fe^{2+}(aq) + 2e^- \longrightarrow Fe(s) \qquad E° = -0.44\,V$$

아연 도금(galvanization)은 다른 메커니즘을 통해 부식을 방지한다. 표 18.1을 보면

$$Zn^{2+}(aq) + 2e^- \longrightarrow Zn(s) \qquad E° = -0.76\,V$$

이다. 따라서 아연은 철보다 좀 더 쉽게 산화된다. 알루미늄처럼 아연은 산화되어 보호막을 형성한다. 아연 막이 손상되어 철이 노출이 되더라도 두 물질 중 아연이 더 쉽게 산화되기 때문에 산화전극으로 작용한다. 철은 환원전극으로 작용하여 환원이 일어난다.

아연 도금은 금속을 환원전극으로 만들어서 보호하는 방법인 **캐쏘드 보호**(cathodic protection)의 좋은 예이다. 또 다른 예로는 선박이나 지하 저장탱크 보호에 아연 또는 마그네슘 막대를 사용하는 것이다. 철제 탱크나 선박에 더 쉽게 산화되는 금속이 연결되어 있을 경우 철의 부식을 막을 수 있다.

금속의 전기 분해

전기 분해는 금속의 처리 과정과 정제 과정에서 매우 광범위하게 사용된다. 전류량(또는 적용된 시간)과 생산된 금속의 양 사이의 변환은 다차원적 분석 기법을 필요로 한다[◀◀ 1장 주요 내용]. 전류량이 암페어(A)로, 시간이 초(s)로 주어지면 우선적으로 전하량을 쿨롬(C)으로 변환한다.

다음은 사용된 전자의 mol을 구하도록 전하량을 Faraday 상수로 나누어준다.

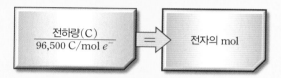

환원 반쪽 반응을 사용하여, 1 mol의 금속을 환원하기 위해 필요한 전자의 mol을 계산할 수 있다.

$$M^{n+} + ne^- \longrightarrow M$$

마지막으로 사용된 전자의 mol을 금속의 mol로 변환해준다.

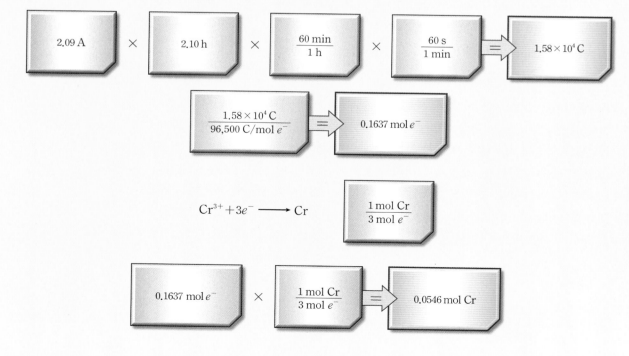

다음의 예를 생각해 보자. 2.09 A의 전류를 질산 크로뮴(III) 용액에 2.10시간 동안 가하였다. 침전되는 Cr의 양을 다음과 같이 계산할 수 있다.

$$Cr^{3+} + 3e^- \longrightarrow Cr$$

반대로 생산할 금속의 양과 가해줄 전류를 알고 있는 경우, 얼마만큼의 시간이 필요한지 결정할 수 있다. 만일 Zn^{2+} 이온을 포함하고 있는 용액으로부터 1.00 mol의 아연을 3.55 A의 전류를 가해서 얻어야 한다면, 얼마나 오랫동안 전류를 가해야 하는지 다음과 같이 구할 수 있다.

환원 반쪽 반응을 통해 1 mol의 아연을 환원시키기 위해 2 mol의 전자가 필요함을 알 수 있다.

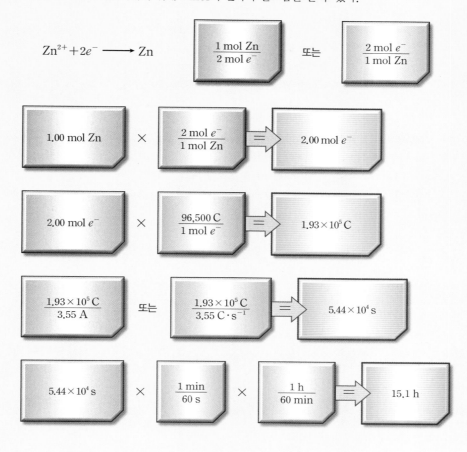

주요 내용 문제

18.1
Cu^{2+} 이온 용액에 1.85 A의 전류를 정확히 4시간 동안 흘려 전기 분해를 통해 얻을 수 있는 구리의 양은 얼마인가?
(a) 0.276 mol   (b) 0.138 mol
(c) 0.552 mol   (d) 5.14×10^9 mol
(e) 2.00 mol

18.2
$Cd(NO_3)_2$ 용액에 4.83 A의 전류를 정확히 6시간 15분 동안 흘려 전기 분해를 통해 얻을 수 있는 카드뮴의 양은 얼마인가?
(a) 63.3 g   (b) 127 g
(c) 253 g   (d) 31.6 g
(e) 57.2 g

18.3
다음의 수용액 중에서 2.00 A의 전류를 25분간 흘려주어 전기 분해했을 때, 가장 작은 양의 금속과 가장 많은 양의 금속을 생산해내는 항목을 고르시오.

$CuSO_4$ $AgNO_3$ $AuCl_3$ $ZnSO_4$ $Cr(NO_3)_3$

(a) $ZnSO_4$, $CuSO_4$ (b) $CuSO_4$, $ZnSO_4$
(c) $AgNO_3$, $Cr(NO_3)_3$ (d) $Cr(NO_3)_3$, $AuCl_3$
(e) $AuCl_3$, $AgNO_3$

18.4
5.22 A의 전류를 3.50시간 동안 금속 이온을 포함한 용액에 흘려 20.00 g의 금속이 생산되었다. 다음 중 어떤 금속 이온이 용액 중에 있었겠는가?
(a) Zn^{2+} (b) Au^{3+} (c) Ag^+
(d) Ni^{2+} (e) Cu^{2+}

연습문제

배운 것 적용하기

감자 전지에서 전기를 생산하는 반쪽 반응은 다음과 같다.

$$환원전극: 2H^+(aq) + 2e^- \longrightarrow H_2(g)$$
$$산화전극: Zn(s) \longrightarrow Zn^{2+}(aq) + 2e^-$$

문제

(a) 감자 전지에서 일어나는 반응의 균형 맞춤 반응식 완성하시오[|◀◀ 예제 18.1].
(b) 전체 반응식의 표준 전지 퍼텐셜을 계산하시오[|◀◀ 예제 18.2].
(c) 어떤 화학종이 산화되고 어떤 화학종이 환원되는가[|◀◀ 예제 18.3]?
(d) 전체 반응의 표준 자유 에너지 변화량을 계산하시오[|◀◀ 예제 18.4].
(e) 25°C에서 전체 반응의 평형 상수 값을 계산하시오[|◀◀ 예제 18.5].

18.1절: 산화−환원 반응의 완결

18.1 다음의 산화−환원 반응식을 반쪽 반응법을 이용하여 균형을 맞추시오.

(a) $H_2O_2 + Fe^{2+} \longrightarrow Fe^{3+} + H_2O$ (산성 용액에서)
(b) $Cu + HNO_3 \longrightarrow Cu^{2+} + NO + H_2O$ (산성 용액에서)
(c) $CN^- + MnO_4^- \longrightarrow$

$$CNO^- + MnO_2 \text{ (염기성 용액에서)}$$

(d) $Br_2 \longrightarrow BrO_3^- + Br^-$ (염기성 용액에서)
(e) $S_2O_3^{2-} + I_2 \longrightarrow I^- + S_4O_6^{2-}$ (산성 용액에서)

18.3절: 표준 환원 전위

18.2 25°C에서 Ag/Ag^+와 Al/Al^{3+} 반쪽 전지 반응을 사용하는 전지의 표준 기전력을 계산하시오. 표준 상태에서 일어나는 전지 반응식을 쓰시오.

18.3 다음 물질 중 표준 상태에서 H_2O를 산화시켜 $O_2(g)$로 만들 수 있는 것은 무엇인가?

$$H^+(aq), Cl^-(aq), Cl_2(g), Cu^{2+}(aq),$$
$$Pb^{2+}(aq), MnO_4^-(aq) \text{ (산성 조건에서)}$$

18.4 표준 상태의 25°C 수용액에서 다음 반응들이 일어나는지 여부를 예측하시오. 이때 용해된 화학종의 농도는 모두 1.0 M이라 가정한다.

(a) $Ca(s) + Cd^{2+}(aq) \longrightarrow Ca^{2+}(aq) + Cd(s)$
(b) $2Br^-(aq) + Sn^{2+}(aq) \longrightarrow Br_2(l) + Sn(s)$
(c) $2Ag(s) + Ni^{2+}(aq) \longrightarrow 2Ag^+(aq) + Ni(s)$
(d) $Cu^+(aq) + Fe^{3+}(aq) \longrightarrow Cu^{2+}(aq) + Fe^{2+}(aq)$

18.5 다음의 화학 물질 쌍 중에서 표준 상태에서 더 강한 환원제는 어떤 물질인가?

(a) Na 또는 Li
(b) H_2 또는 I_2
(c) Fe^{2+} 또는 Ag
(d) Br^- 또는 Co^{2+}

18.4절: 표준 상태에서 산화−환원 반응의 자발성

18.6 25°C에서 반응이 일어날 때 다음 반응의 평형 상수를 계산하시오.

$$Mg(s) + Zn^{2+}(aq) \rightleftharpoons Mg^{2+}(aq) + Zn(s)$$

18.7 25°C에서 다음 반응들의 표준 환원 전위를 사용하여 평형 상수 값을 계산하시오.

(a) $Br_2(l) + 2I^-(aq) \rightleftharpoons 2Br^-(aq) + I_2(s)$
(b) $2Ce^{4+}(aq) + 2Cl^-(aq) \rightleftharpoons$

$$Cl_2(g) + 2Ce^{3+}(aq)$$

(c) $5Fe^{2+}(aq) + MnO_4^-(aq) + 8H^+(aq) \rightleftharpoons$

$$Mn^{2+}(aq) + 4H_2O(l) + 5Fe^{3+}(aq)$$

18.8 표준 상태에서 Ce^{4+}, Ce^{3+}, Fe^{3+}, Fe^{2+} 중 어떤 물질 간의 반응이 자발적으로 일어나겠는가? 그리고 그 반응의 $\Delta G°$과 K_c를 계산하시오.

18.5절: 비표준 상태에서 산화−환원 반응의 자발성

18.9 $[Zn^{2+}] = 0.25\,M$ 그리고 $[Cu^{2+}] = 0.15\,M$인 Zn/Zn^{2+}와 Cu/Cu^{2+} 반쪽 전지로 이루어진 전지의 퍼텐셜은 얼마인가?

18.10 Zn/Zn^{2+} 반쪽 전지와 SHE로 구성된 전지의 표준 환원 전위를 구하시오. $[Zn^{2+}] = 0.45\,M$, $P_{H_2} = 2.0$ atm, $[H^+] = 1.8\,M$인 경우의 기전력은 얼마인가?

18.11 그림 18.1의 배치를 참조하여 25°C에서 다음 반응이 자발적으로 일어날 때 $[Cu^{2+}]/[Zn^{2+}]$의 비율을 구하시오.

$$Cu(s) + Zn^{2+}(aq) \longrightarrow Cu^{2+}(aq) + Zn(s)$$

18.6절: 전지

18.12 프로페인의 $\Delta G_f°$ 값이 −23.5 kJ/mol일 때, 25°C에서 프로페인 연료 전지(18.6절의 후반부에 언급)의 표준 전위를 계산하시오.

18.7절: 전기 분해

18.13 전극의 반쪽 반응이 다음과 같을 때,

$$Mg^{2+}(용융) + 2e^- \longrightarrow Mg(s)$$

$1.00\ F(faraday)$만큼을 전극에 가했을 때 생성되는 마그네슘의 질량을 계산하시오.

18.14 전기의 가격만을 고려한다면, 소듐 1 ton과 알루미늄 1 ton을 전기 분해로 생산할 때 어떤 것이 비용이 적게 들겠는가?

18.15 물의 전기 분해 반쪽 반응은 다음과 같다.

$$2H_2O(l) \longrightarrow O_2(g) + 4H^+(aq) + 4e^-$$

만약 0.076 L의 산소가 25 ℃, 755 mmHg 압력에서 모아졌다면 몇 faraday의 전류가 용액을 통과하였는가?

18.16 4.50 A의 전류를 $CuBr_2$ 용액의 비활성 전극에 1시간 동안 흘려 생산할 수 있는 Cu와 Br_2의 양을 계산하시오.

18.17 용융 $CoSO_4$에 일정한 전류를 흘려 2.35 g의 금속 코발트를 생산하였다. 사용된 전하량(C)을 계산하시오.

18.18 1.500×10^3 A를 NaCl 수용액에 흘려 만든 전해 전지에서 시간당 생산할 수 있는 염소 기체의 양은 몇 kg인가? 산화 전극에서의 Cl^-의 산화 효율은 93.0%이다.

18.19 0.750 A의 전류를 25.0분 동안 가했더니 $CuSO_4$ 용액에서 0.369 g의 구리가 침전되었다. 이 정보를 이용해서 구리의 몰질량을 계산하시오.

18.20 어떤 전기 분해 실험을 통해 $AgNO_3$ 수용액을 포함하고 있는 전지에서 1.44 g의 Ag가 침전되었고, XCl_3 수용액을 포함하고 있는 다른 전지에서 미지 금속 X가 0.120 g 침전되었다. 미지 금속 X의 몰질량을 계산하시오.

추가 문제

18.21 다음의 산화−환원 반응들에 대해, (i) 반쪽 반응식을 쓰시오. (ii) 전체 반응을 완결하시오. (iii) 표준 상태에서 반응이 어떤 방향으로 자발적으로 일어나게 될지 결정하시오.

(a) $H_2(g) + Ni^{2+}(aq) \longrightarrow H^+(aq) + Ni(s)$

(b) $MnO_4^-(aq) + Cl^-(aq) \longrightarrow$
$$Mn^{2+}(aq) + Cl_2(g)\ (산성\ 용액에서)$$

(c) $Cr(s) + Zn^{2+}(aq) \longrightarrow Cr^{3+}(aq) + Zn(s)$

18.22 18.5절에서 다룬 바와 같이, 농도차 전지의 전위는 전지가 작동하면서 줄어들기 시작하고 두 반쪽 전지의 농도는 비슷해진다. 두 반쪽 전지의 농도가 같아지면 전지는 작동을 멈춘다. 이 상태에서 농도를 변화시키지 않고 전지 퍼텐셜을 생성할 수 있는가? 설명하시오.

18.23 과산화 수소의 농도는 다음의 완결되지 않은 반응을 통해 산성 조건에서 표준 과망가니즈산 포타슘으로 적정하여 쉽게 구할 수 있다.

$$MnO_4^- + H_2O_2 \longrightarrow O_2 + Mn^{2+}$$

(a) 이 반응식의 균형을 맞추시오.

(b) 만일 0.01652 M $KMnO_4$ 용액 36.44 mL가 25.00 mL의 H_2O_2 용액을 완전히 산화시키는 데 필요하였다면, H_2O_2 용액의 농도는 얼마인지 계산하시오.

18.24 다음의 표준 환원 전위를 이용하여

$$Fe^{2+}(aq) + 2e^- \longrightarrow Fe(s) \qquad E_1^\circ = -0.44\ V$$

$$Fe^{3+}(aq) + e^- \longrightarrow Fe^{2+}(aq) \qquad E_2^\circ = 0.77\ V$$

다음 반쪽 반응의 표준 환원 전위를 계산하시오.

$$Fe^{3+}(aq) + 3e^- \longrightarrow Fe(s) \qquad E_3^\circ = ?$$

18.25 다음 정보를 이용하여 AgBr의 용해도곱(solubility product)을 구하시오.

$$Ag^+(aq) + e^- \longrightarrow Ag(s) \qquad E^\circ = 0.80\ V$$

$$AgBr(s) + e^- \longrightarrow Ag(s) + Br^-(aq) \qquad E^\circ = 0.07\ V$$

18.26 0.100 M $AgNO_3$ 용액 346 mL에 은 전극, 0.100 M $Mg(NO_3)_2$ 용액에 마그네슘 전극을 연결한 갈바니 전지가 있다.

(a) 25℃에서 전지의 E 값을 계산하시오.

(b) 1.20 g의 은이 석출될 때까지 전류를 계속 사용하였다. 이때의 E 값을 계산하시오.

18.27 25℃에서 다음 농도차 전지의 전지 기전력을 계산하시오.

$$Cu(s)\,|\,Cu^{2+}(0.080\ M)\,\|\,Cu^{2+}(1.2\ M)\,|\,Cu(s)$$

18.28 오랫동안 수은(I) 이온이 용액 중에서 Hg^+ 또는 Hg_2^{2+}로 존재하는지 여부가 정확하게 밝혀지지 않았다. 두 가지 가능성을 구분하기 위해 다음과 같은 시스템이 고안되었다.

$$Hg(l)\,|\,용액\ A\,\|\,용액\ B\,|\,Hg(l)$$

용액 A가 L당 0.263 g의 질산수은(I)을, 그리고 용액 B가 L당 2.63 g의 질산수은(I)을 포함하고 있다. 만약 측정된 전지 기전력이 18℃에서 0.0289 V라면, 수은(I) 이온은 어떤 상태로 존재하고 있다고 말할 수 있는가?

18.29 1.56 g의 마그네슘 조각을 25℃ 0.100 M $AgNO_3$ 용액 100.0 mL에 넣었다. 평형 상태에서 용액에 존재하는 $[Mg^{2+}]$와 $[Ag^+]$를 구하여라. 남은 마그네슘 조각의 질량은 얼마인가? 부피는 일정하게 유지된다고 가정한다.

18.30 산성 용액을 구리 전극을 이용하여 전기 분해하였다. 1.18 A의 전류를 일정하게 1.52×10^3 s 동안 흘려서 산화전극의 질량이 0.584 g 줄었다.

(a) 환원전극에서 생성된 기체는 무엇이며, 표준 상태(STP)에서 그 부피는 얼마인가?

(b) 전자의 전하량 1.6022×10^{-19} C을 이용하여 Avogadro의 수를 계산하시오. 이때 구리는 Cu^{2+} 이온으로 산화되었다고 가정한다.

18.31 암모니아의 산화를 생각해 보자.

$$4NH_3(g) + 3O_2(g) \longrightarrow 2N_2(g) + 6H_2O(l)$$

(a) 이 반응의 ΔG° 값을 구하여라.

(b) 만약 이 반응을 연료 전지 반응에 사용한다면, 표준 전지 퍼텐셜은 얼마이겠는가?

18.32 전기 분해 실험에서 학생이 두 개의 전해 전지에 같은 양의 전류를 흘려주었다. 한 전지는 음의 염, 다른 하나에는 금의 염이 들어 있다. 일정 시간이 지난 뒤 학생은 2.64 g의 은(Ag)과 1.61 g의 금(Au)이 각각의 환원전극에 침전된 것을 확인하였다. 이 경우 금의 염에 포함된 금의 산화수는 무엇인가?

18.33 다음의 식이 주어졌을 때

$$2Hg^{2+}(aq) + 2e^- \longrightarrow Hg_2^{2+}(aq) \qquad E^\circ = 0.92\ V$$

$$Hg_2^{2+}(aq) + 2e^- \longrightarrow 2Hg(l) \qquad E^\circ = 0.85\ V$$

다음 반응의 25℃에서의 ΔG°와 K 값을 계산하시오.

$$Hg_2^{2+}(aq) \longrightarrow Hg^{2+}(aq) + Hg(l)$$

[앞과 같이 하나의 산화 상태로 존재하는 물질이 동시에 산화, 환원되는 반응을 **불균등화 반응**(disproportionation reaction)이라 한다.]

18.34 300 mL NaCl 용액을 6.00분 동안 전기 분해하였다. 최종 용액의 pH가 12.24일 때 사용된 전류를 계산하시오.

18.35 백금의 염을 포함한 수용액을 2.50 A 전류로 2.00시간 동안 전기 분해하였더니 결과로 환원전극에 9.09 g의 금속 백금이 형성되었다. 이 용액에 들어있던 백금의 산화수는 무엇인가?

18.36 다음 H_2O_2의 분해 반응(불균등화 반응)이 25°C에서 자발적으로 일어난다는 사실을 표 18.1의 데이터를 사용하여 증명하시오.

$$2H_2O_2(aq) \longrightarrow 2H_2O(l) + O_2(g)$$

18.37 왜 가장 유용한 갈바니 전지의 전압이 1.5로부터 2.5 V를 넘을 수 없는지 설명하시오. 5 V 이상의 전압을 가진 갈바니 전지를 만드는 것이 실용적 관점에서 어떠한지 설명하시오.

18.38 아연은 양쪽성 금속이다. 다시 말해 아연은 산, 염기와 모두 반응한다. 다음 반응의 표준 환원 전위는 −1.36 V이다.

$$Zn(OH)_4^{2-}(aq) + 2e^- \longrightarrow Zn(s) + 4OH^-(aq)$$

다음 반응의 결합 상수(K_f) 값을 계산하시오.

$$Zn^{2+}(aq) + 4OH^-(aq) \rightleftharpoons Zn(OH)_4^{2-}(aq)$$

18.39 두 금속 X와 Y의 표준 환원 전위의 크기(부호는 표시되지 않음)는 다음과 같다.

$$Y^{2+} + 2e^- \longrightarrow Y \qquad |E°| = 0.34 \text{ V}$$
$$X^{2+} + 2e^- \longrightarrow X \qquad |E°| = 0.25 \text{ V}$$

‖ 표시는 주어진 $E°$ 값이 절댓값이라는 것을 의미한다. X와 Y의 반쪽 전지를 서로 연결하였을 때, 전류는 X로부터 Y로 흘러간다. X를 표준 수소 전극에 연결하였을 때, 전자는 X로부터 SHE로 흐른다.

(a) 두 양쪽 반응의 부호는 무엇인가?

(b) X와 Y로 구성된 전지의 표준 전지 기전력의 크기는 얼마인가?

18.40 Au^{3+}의 표준 환원 전위는 다음과 같다(표 18.1).

$$Au^+(aq) + e^- \longrightarrow Au(s) \qquad E° = 1.69 \text{ V}$$

다음 질문에 답하시오.

(a) 금은 공기 중에서 왜 변색되지 않는가?

(b) 다음 불균등화 반응은 자발적으로 일어나겠는가?

$$3Au^+(aq) \longrightarrow Au^{3+}(aq) + 2Au(s)$$

(c) 금과 플루오린 기체는 반응을 하겠는가?

18.41 모든 알칼리 금속은 물과 반응하기 때문에, 이러한 금속들의 표준 환원 전위를 직접 측정하는 것은 불가능하다. 간접적인 방법을 사용하기 위해서 다음과 같은 가상의 반응을 고려해 보기로 한다.

$$Li^+(aq) + \frac{1}{2}H_2(g) \longrightarrow Li(s) + H^+(aq)$$

이 장에서 학습한 적절한 수식과 부록 2에 있는 열화학적 데이터를 이용하여 $Li^+(aq) + e^- \longrightarrow Li(s)$ 반응의 298 K에서의 $E°$ 값을 계산하시오. Faraday 상수 값은 96,485.338 C/mol e^- 를 사용하시오. 계산값을 표 18.1의 값과 비교하시오.

18.42 다음 주어진 표준 환원 전위 값을 이용하여, 25°C에서 물의 이온곱(K_w)을 계산하시오.

$$2H^+(aq) + 2e^- \longrightarrow H_2(g) \qquad E° = 0.00 \text{ V}$$
$$2H_2O(l) + 2e^- \longrightarrow H_2(g) + 2OH^-(aq)$$
$$E° = -0.83 \text{ V}$$

18.43 비표준 상태에서 작동하는 Daniell 전지를 생각해 보자. 전지의 반응을 2배로 곱한다고 가정하면 Nernst 식의 어떤 부분이 영향을 받겠는가?

(a) E (b) $E°$ (c) Q

(d) $\ln Q$ (e) n

18.44 F_2가 H^+ 이온 농도를 증가시킴에 따라 더 강한 산화제가 될 것인지 논하시오.

18.45 25°C에서 다음 반응의 평형을 유지하기 위해 필요한 H_2의 압력은 몇 기압인가?

$$Pb(s) + 2H^+(aq) \rightleftharpoons Pb^{2+}(aq) + H_2(g)$$

$[Pb^{2+}] = 0.035 M$이고, 용액은 pH 1.60의 완충 용액이라고 가정한다.

18.46 금은 진한 질산 또는 진한 염산에 녹지 않는다. 하지만 금은 **왕수**(aqua regia)라 불리는 질산과 염산을 1 : 3으로 섞은 혼합 용액에는 녹는다.

(a) 이 반응에 대한 반응식을 완결하시오.(힌트: 이 반응의 생성물 중에 $HAuCl_4$와 NO_2가 포함되어 있다.)

(b) HCl의 역할은 무엇인가?

18.47 한 건설회사에서 지름이 0.900 m이고, 길이가 40.0 m인 철제 지하 배수로를 설치하였다. 부식 방지를 위해 이 지하 배수로는 아연 도금이 되어야 한다. 이를 위해 적절한 길이의 철판을 Zn^{2+} 이온이 포함된 용액과 흑연 환원전극, 그리고 철판을 산화전극으로 한 전해 전지에 넣었다. 만약 가해진 전압이 3.26 V이고 이 과정의 효율성이 95%라면, 0.200 mm 두께의 도금을 만드는 데 드는 전기 비용은 얼마이겠는가? 전기요금은 $0.12(kWh)이며, 1 W = 1 J/s이고, Zn의 밀도는 7.14 g/cm³이다.

18.48 납 축전지는 암페어시(Ah)로 등급이 매겨지는데, 이는 한 시간 동안 저장할 수 있는 암페어(A)를 의미한다.

(a) 1 Ah = 3,600 C이라는 사실을 증명하시오.

(b) 어떤 납 축전지의 납 산화전극은 406 g의 질량을 가지고 있다. 전지의 최대 이론적 충전 능력을 Ah 단위로 계산하시오. 왜 실제로는 절대 이러한 에너지를 전지로부터 끌어낼 수 없는지 설명하시오.(힌트: 모든 납이 전기 화학 반응을 통해 소모된다고 가정해 보자. 그리고 18.6절의 납 축전지 반응을 참고하시오.)

(c) 전지의 $E°_{cell}$과 $\Delta G°$ 값을 계산하시오.

18.49 옥살산($H_2C_2O_4$)은 많은 식물과 채소에 들어 있다.

(a) 산성 용액에서의 다음 반응식의 균형을 맞추시오.

$$MnO_4^- + C_2O_4^{2-} \longrightarrow Mn^{2+} + CO_2$$

(b) 만일 1.00 g의 식물 시료를 산화 적정하는 데 0.0100 M KMnO₄ 용액이 24.0 mL가 필요하다면, 시료 내 옥살산($H_2C_2O_4$)의 질량 백분율은 얼마인가?

18.50 옥살산 칼슘(CaC_2O_4)은 물에 잘 녹지 않는다. 이 성질을 이용하여 혈액 속의 Ca^{2+} 이온의 농도를 결정한다. 혈액에서 분리된 옥살산 칼슘은 산에서 녹인 뒤 표준 KMnO₄ 용

액으로 문제 18.49에 언급한 방법을 사용하여 적정한다. 한 검사에서 10.0 mL 혈액 시료로부터 분리된 옥살산 칼슘을 적정하기 위해 9.56×10^{-4} M $KMnO_4$ 용액 24.2 mL가 필요하였다. 혈액 1 mL에 들어 있는 칼슘의 양을 mg 단위로 계산하시오.

18.51 토양 속의 아질산 이온(NO_2^-)은 유산소 조건에서 *Nit-robacter agilis* 박테리아의 작용으로 질산 이온(NO_3^-)으로 산화된다. 반쪽 반응은 다음과 같다.

$$NO_3^- + 2H^+ + 2e^- \longrightarrow NO_2^- + H_2O \qquad E° = 0.42\,V$$
$$O_2 + 4H^+ + 4e^- \longrightarrow 2H_2O \qquad E° = 1.23\,V$$

1 mol 아질산이 산화될 때 생성되는 ATP의 양을 계산하시오(힌트: 17.7절 참조).

18.52 대기 중의 SO_2는 산성비의 주요 원인이다. SO_2의 농도는 표준 과망가니즈산 용액으로 적정을 하여 결정한다.

$$5SO_2 + 2MnO_4^- + 2H_2O \longrightarrow 5SO_4^{2-} + 2Mn^{2+} + 4H^+$$

적정에 0.00800 M $KMnO_4$ 용액 7.37 mL가 소모되었을 경우, 대기 시료 중에 들어 있는 SO_2 질량(g)을 계산하시오.

18.53 6.00 A의 전류를 묽은 황산을 포함한 전해 전지에 3.40시간 동안 통과시켰다. 환원전극에서 생성된 산소 기체의 부피가 4.26 L(STP에서)일 경우 전자의 전하를 쿨롬(C) 단위로 계산하시오.

18.54 Fe^{2+} 이온과 Fe^{3+} 이온을 포함하고 있는 용액 25.0 mL를 묽은 황산 용액 중의 0.0200 M $KMnO_4$ 용액 23.0 mL로 적정하였다. 모든 Fe^{2+} 이온은 Fe^{3+} 이온으로 산화되었다. 다음으로 이 용액을 아연 금속으로 처리하여 모든 Fe^{3+} 이온을 Fe^{2+}로 환원시켰다. 마지막으로 동일한 농도의 $KMnO_4$ 용액 40.0 mL로 적정하여 모든 Fe^{2+} 이온을 Fe^{3+} 이온으로 산화시켰다. 처음 용액에 있었던 Fe^{2+} 이온과 Fe^{3+} 이온의 농도를 계산하시오.

종합 연습문제

물리학과 생물학

0.20 M $CuSO_4$ 용액 25.0 mL에 구리도선을 담그고, 0.20 M $ZnSO_4$ 용액에 아연 조각을 넣어 갈바니 전지를 구성하였다. Cu^{2+} 이온은 수용액의 NH_3와 반응하여 $Cu(NH_3)_4^{2+}$ 착이온을 형성한다.

$$Cu^{2+}(aq) + 4NH_3(aq) \longrightarrow Cu(NH_3)_4^{2+}(aq)$$

1. 다음 식을 사용하여

$$E = E° - \frac{0.0592\,V}{n} \log Q$$

25°C에서 전지의 전지 기전력을 계산하시오.

   a) 0.0 V   b) 1.10 V
   c) 0.90 V   d) 1.30 V

2. 만일 미량의 고농도의 NH_3 용액을 $CuSO_4$ 용액에 첨가한다면 어떤 일이 벌어지겠는가?

   a) 아무일도 일어나지 않는다.   b) 전지 기전력이 증가한다.
   c) 전지 기전력이 감소한다.   d) 알 수가 없다.

3. 만일 미량의 고농도의 NH_3 용액을 $ZnSO_4$ 용액에 첨가한다면 어떤 일이 벌어지겠는가?

   a) 아무 일도 일어나지 않는다.   b) 전지 기전력이 증가한다.
   c) 전지 기전력이 감소한다.   d) 알 수가 없다.

4. 또 다른 실험에서 3.00 M NH_3 용액 25.0 mL를 $CuSO_4$ 용액에 첨가하였다. 만일 평형에서 전지 기전력이 0.68 V였다면, $Cu(NH_3)_4^{2+}$의 결합 상수(K_f)는 얼마인지 계산하시오.

   a) 9.4×10^{22} b) 1.1×10^{-23}
   c) 1.5×10^{-14} d) 1.5×10^{14}

예제 속 추가문제 정답

18.1.1 $2MnO_4^- + H_2O + 3CN^- \longrightarrow 2MnO_2 + 2OH^- + 3CNO^-$ **18.1.2** $MnO_4^- + 5Fe^{2+} + 8H^+ \longrightarrow Mn^{2+} + 5Fe^{3+} + 4H_2O$ **18.2.1** $Cd + Pb^{2+} \longrightarrow Cd^{2+} + Pb$, $E°_{cell} = 0.27\,V$ **18.2.2** 하나의 전지에서 철 전극이 산화전극이고, 전체 반응은 $Fe(s) + Sn^{2+}(aq) \longrightarrow Fe^{2+}(aq) + Sn(s)$이다. $E°_{cell} = E°_{Sn^{2+}/Sn} - E°_{Fe^{2+}/Fe} = (-0.14\,V) - (-0.44\,V) = 0.30\,V$이다. 다른 전지에서 철 전극은 환원전극이고, 전체 반응은 $3Fe^{2+}(aq) + 2Cr(s) \longrightarrow 3Fe(s) + 2Cr^{3+}(aq)$이다. $E°_{cell} = E°_{Fe^{2+}/Fe} - E°_{Cr^{3+}/Cr} = (-0.44\,V) - (-0.74\,V) = 0.30\,V$ **18.3.1** (a) 반응이 일어나지 않음 (b) $2H^+ + Pb \longrightarrow H_2 + Pb^{2+}$ **18.3.2** 코발트는 철보다 더 높은 환원 퍼텐셜을 가지고 있다. 따라서 코발트는 철이 존재하는 경우 환원될 것이다. 그리고 철 용기의 철은 Fe^{2+}로 산화된다. 산화되는 금속은 금속 상태에서 수용액으로 상태가 변하게 되며, 따라서 용기는 잘 녹게 된다. 코발트는 주석에 비해 낮은 환원 퍼텐셜을 가지고 있다. 주석 금속은 Co^{2+}에 의해 산화되지 않으며, 용기는 안전하다. 따라서 염화 코발트(II) 용액은 철 용기보다 주석 용기에 보관하는 것이 더 안전하다. **18.4.1** $-411\,kJ/mol$ **18.4.2** $-0.23\,V$ **18.5.1** 1×10^{-42} **18.5.2** 1.4×10^5 **18.6.1** 그렇다. 반응은 자발적으로 일어난다. **18.6.2** 18 atm **18.7.1** $[Cu^+] = 1.11 \times 10^{-3}\,M$, $K_{sp} = 1.2 \times 10^{-6}$ **18.7.2** 0.16 V **18.8.1** 7.44 g Mg **18.8.2** 0.96 A

CHAPTER 19

핵 화학

Nuclear Chemistry

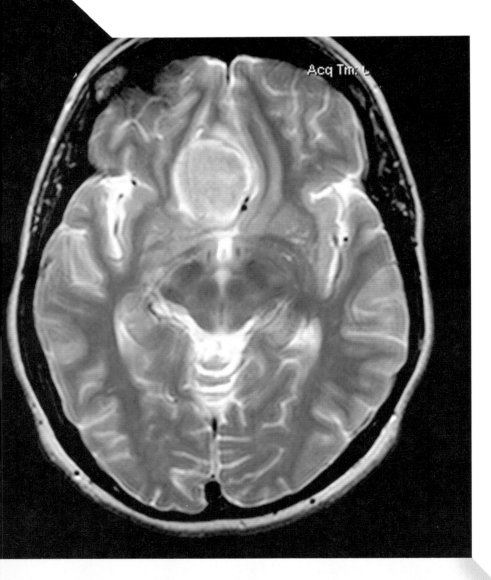

CT 스캔은 일반적인 외과적 방법으로 다루기 어렵거나 불가능한 뇌암을 보여준다. 붕소−중성자 포획 요법(boron neutron capture therapy, BNCT)을 포함한 핵 의학은 의사들이 이런 종류의 암을 다룰 수 있게 한다.

핵 화학이 어떻게 암 치료에 이용되는가

뇌암은 악성 종양의 위치가 외과적인 적출이 어렵거나 불가능하기 때문에 가장 어려운 암 중 하나이다. 또한 두개골 외부로부터 X선이나 γ선을 이용하는 전통적인 방사선 치료는 보통 효과적이지 않다. 이 문제에 대한 독창적인 접근이 **붕소-중성자 포획 요법**(boron neutron capture therapy, BNCT)이다. 이 기술은 우선 암 세포에 선택적으로 흡수될 수 있는 붕소-10 화합물을 투여한 다음 종양의 위치에 낮은 에너지를 갖는 중성자 빔을 조사한다. 중성자를 포획한 ^{10}B은 ^{11}B을 생성하고 다음 주어진 핵 반응에 의해 분해된다.

$$^{10}_{5}B + ^{1}_{0}n \longrightarrow ^{7}_{3}Li + ^{4}_{2}\alpha$$

^{10}B이 농축된 암 세포는 이 반응에 의해 생성된 높은 에너지 입자에 의해 파괴된다. 입자는 겨우 수마이크로미터로 제한되어 있기 때문에 주변에 있는 정상 세포에는 아무런 영향을 주지 않고 암 세포만을 우선적으로 파괴한다.

BNCT는 매우 유망한 치료법이고 연구가 활발히 진행되고 있는 영역이다. 이 연구의 주된 목표 중 하나는 원하는 위치에 ^{10}B을 운반할 수 있는 적당한 화합물을 개발하는 것이다. 화합물이 효과적이기 위해서는 몇 가지 기준을 충족시켜야 한다. 암 세포에 대한 높은 친화력, 종양 위치에 도달하기 위해 세포막 장벽을 통과할 수 있는 능력, 체내에서 최소한의 독성을 가져야만 한다.

이것이 **핵 화학**(nuclear chemistry)이 암을 치료하는 데 얼마나 중요한가를 보여주는 한 예이다.

이 장의 끝에서 핵 의학에서 동위 원소의 사용에 대한 질문들에 답할 수 있게 될 것이다. [▶▶] 배운 것 적용하기, 854쪽]

19.1 핵과 핵 반응

수소(^1_1H)를 제외하고 모든 핵은 양성자와 중성자를 포함한다. 일부 핵은 불안정하고 **방사성 붕괴**(radioactive decay)에 의해 입자 그리고(또는) 전자기선을 방출한다[◀◀ 2.2절]. 자발적인 입자 또는 전자기선 방출은 **방사성**(radioactivity)으로 알려져 있다. 원자 번호가 83보다 큰 원소는 불안정하고 방사성이다. 예를 들어, 폴로늄(polonium, Po)-210($^{210}_{84}Po$)은 자발적으로 붕괴되어 알파(α) 입자를 방출하면서 납(Pb)이 된다.

중성자, 양성자 또는 다른 핵에 의한 핵 충돌에 기인한 **핵 변환**(nuclear transmutation)은 핵 공정의 다른 유형으로 알려져 있다. 핵 변환의 예로 대기 중의 $^{14}_7N$인 질소 동위 원소가 태양으로부터 온 중성자들과 충돌했을 때 $^{14}_6C$와 ^1_1H로 변환되는 것이다. 어떤 경우에는 무거운 원소가 가벼운 원소들에 의해 합성되는 것이다. 이런 종류의 변환은 대기권 밖에서는 자연적으로 일어난다. 그러나 19.4절에서 볼 수 있는 것처럼 인공적으로도 얻어낼 수 있다.

방사성 붕괴와 핵 변환은 **핵 반응**(nuclear reaction)으로 일반적인 화학 반응과는 완전히 다르다. 표 19.1에 그 차이점을 요약하였다.

심도 있는 핵 반응을 논의하기 위해, 핵 반응식을 쓰고 균형을 맞추는 방법을 이해해야 한다. 핵 반응식을 쓴다는 것은 화학 반응에 대한 반응식을 쓰는 것과는 어떤 면에서 차이가 있다. 다양한 화학 원소에 대한 기호를 작성하는 것 이외에도, 반응에 관련된 모든 종의 아원자(subatomic) 입자의 수를 또한 함축적으로 나타내야 한다.

아원자 입자에 대한 기호는 다음과 같다.

$$^1_1H \text{ 또는 } ^1_1P \qquad ^1_0n \qquad ^0_{-1}e \text{ 또는 } ^0_{-1}\beta \qquad ^0_{+1}e \text{ 또는 } ^0_{+1}\beta \qquad ^4_2\alpha \text{ 또는 } ^4_2He$$

양성자   중성자   전자   양전자 α 입자

2.3절에서 소개한 표기법에 따라 각 경우의 위 첨자는 질량수(존재하는 양성자와 중성자의 총수)를 나타내며, 아래 첨자는 원자 번호(양성자 수)이다. 양성자의 "원자 번호"는 하나의 양성자가 존재하기 때문에 1이고 "질량수"는 중성자가 존재하지 않고 양성자 하나만 존재하므로 또한 1이다. 다시 말해, 중성자의 질량수는 1이고 양성자가 존재하기 않기 때문에 원자 번호는 0이다. 전자에 대해서는 질량수가 0이고(양성자와 중성자가 존재하기 않기 때문에), 전자는 음전하 단위를 포함하고 있기 때문에 원자 번호가 −1이다.

기호 $^0_{-1}e$는 원자 궤도 내의 전자를 나타낸다. 반면에 기호 $^0_{-1}\beta$는 다른 전자들과 물리적인 의미는 동일하지만 원자 궤도 함수가 아닌 핵으로부터(방사성 붕괴에 의해 중성자가 하

표 19.1	화학 반응과 핵 반응의 비교	
	화학 반응	**핵 반응**
	1. 원자들은 화학 결합의 분해와 형성에 의해 재배열된다.	1. 원소들은 다른 원소(또는 동위 원소)로 변환된다.
	2. 원자나 분자 궤도 함수 내에 있는 전자들만 반응에 참여한다.	2. 양성자, 중성자, 전자, α 입자와 같은 다른 아원자 입자들도 포함될 수 있다.
	3. 반응은 상대적으로 적은 양의 에너지의 방출 또는 흡수를 동반한다.	3. 반응은 엄청난 양의 에너지의 흡수 또는 방출을 동반한다.
	4. 반응 속도는 온도, 압력, 농도, 촉매에 의해 영향을 받는다.	4. 일반적으로 반응 속도는 온도, 압력 또는 촉매에 영향을 받지 않는다.

나의 양성자와 하나의 전자로 변환되어) 생성된 전자를 나타낸다. **양전자**(positron)는 전자와 같은 질량을 갖지만 +1의 전하를 나타낸다. α 입자는 두 개의 양성자와 두 개의 중성자를 갖고 있어 원자 번호는 2, 질량수는 4이다.

핵 반응식의 균형을 맞추기 위해 반응물과 생성물에 대한 모든 원자 번호의 총수와 모든 질량수의 총수에 대해 균형을 맞춰야 한다. 만일 핵 반응식에 있는 한 가지 종에 대한 원자 번호와 질량수를 알 수 있다면, 예제 19.1에서 보여지는 것과 같이 이 규칙을 적용하여 미지의 종을 확인할 수 있다.

학생 노트
α 입자는 헬륨-4 핵과 동일하며 ${}_2^4\alpha$ 또는 ${}_2^4\text{He}$와 같이 표현될 수 있다.

예제 19.1

주어진 핵 반응식에서 미지의 종 X를 결정하시오.

(a) ${}_{84}^{212}\text{Po} \longrightarrow {}_{82}^{208}\text{Pb} + \text{X}$

(b) ${}_{38}^{90}\text{Sr} \longrightarrow \text{X} + {}_{-1}^{0}\beta$

(c) $\text{X} \longrightarrow {}_{8}^{18}\text{O} + {}_{+1}^{0}\beta$

전략 미지의 종 X에 대한 질량수는 반응식의 양변의 질량수의 합에 의해 결정할 수 있다.

$$\sum \text{반응물의 질량수} = \sum \text{생성물의 질량수}$$

유사하게, 미지의 종에 대한 원자 번호는 다음과 같이 결정할 수 있다.

$$\sum \text{반응물의 원자 번호} = \sum \text{생성물의 원자 번호}$$

미지의 종을 확인하기 위해 질량수와 원자 번호를 사용한다.

계획 (a) 212=(208+X의 질량수), X의 질량수=4. 84=(82+X의 원자 번호), X의 원자 번호=2

(b) 90=(X의 질량수+0), X의 질량수=90. 38=[X의 원자 번호+(−1)], X의 원자 번호=39

(c) X의 질량수=(18+0), X의 질량수=18. X의 원자 번호=(8+1), X의 원자 번호=9

풀이 (a) $\text{X}={}_2^4\alpha$: ${}_{82}^{208}\text{Po} \longrightarrow {}_{82}^{208}\text{Pb} + {}_2^4\alpha$

(b) $\text{X}={}_{39}^{90}\text{Y}$: ${}_{38}^{90}\text{Sr} \longrightarrow {}_{39}^{90}\text{Y} + {}_{-1}^{0}\beta$

(c) $\text{X}={}_9^{18}\text{F}$: ${}_9^{18}\text{F} \longrightarrow {}_8^{18}\text{O} + {}_{+1}^{0}\beta$

생각해 보기

균형 맞춤 핵 반응식에 적용하는 요약의 규칙은 질량수의 보존(conservation of mass number)과 원자 번호의 보존(conservation of atomic number)으로 생각할 수 있다.

추가문제 1 주어진 핵 반응식에서 X를 결정하시오.

(a) ${}_{33}^{78}\text{As} \longrightarrow \text{X} + {}_{-1}^{0}\beta$

(b) ${}_1^1\text{H} + {}_2^4\text{He} \longrightarrow \text{X}$

(c) ${}_{100}^{258}\text{Fm} \longrightarrow {}_{100}^{257}\text{Fm} + \text{X}$

추가문제 2 주어진 핵 반응식에서 X를 결정하시오.

(a) $\text{X} + {}_{-1}^{0}\beta \longrightarrow {}_{94}^{244}\text{Pu}$

(b) ${}_{92}^{238}\text{U} \longrightarrow \text{X} + {}_2^4\text{He}$

(c) $\text{X} \longrightarrow {}_7^{14}\text{N} + {}_{-1}^{0}e$

추가문제 3 각 과정에서 생성물의 종을 결정하시오.

$$\xleftarrow{\text{전자 포획}} {}^{222}\text{Rn} \xrightarrow{\text{알파 방출}} \qquad \xleftarrow{\text{전자 포획}} {}^{132}\text{Cs} \xrightarrow{\text{베타 방출}}$$

19.2 핵 안정성

원자핵은 원자의 전체 부피에서 매우 작은 부분을 차지하지만 양성자와 중성자 모두가 그곳에 존재하기 때문에 대부분의 원자 질량을 포함한다. 원자핵의 안정성을 연구하는 것은 입자들이 얼마나 단단하게 함께 쌓여 있는가에 대한 정보를 제공해주기 때문에 핵의 밀도에 대해 아는 것에 도움을 준다. 계산의 한 가지 예로, 핵은 반지름이 5×10^{-3} pm이고 질량이 1×10^{-22} g이라고 가정하자. 이 수치는 대략 30개의 양성자와 30개의 중성자를 포함한 원자핵에 해당한다. 밀도는 질량/부피이며, 알려진 반경으로부터 부피를 계산할 수 있다.(구의 부피는 $\frac{4}{3}\pi r^3$이고, 여기서 r은 구의 반지름이다.) 먼저 pm를 cm 단위로 변환하고 밀도(g/cm^3)를 계산한다.

$$r = (5 \times 10^{-3} \text{ pm})\left(\frac{1 \times 10^{-12} \text{ m}}{1 \text{ pm}}\right)\left(\frac{100 \text{ cm}}{1 \text{ m}}\right) = 5 \times 10^{-13} \text{ cm}$$

$$\text{밀도} = \frac{\text{질량}}{\text{부피}} = \frac{1 \times 10^{-22} \text{ g}}{\frac{4}{3}\pi r^3} = \frac{1 \times 10^{-22} \text{ g}}{\frac{4}{3}\pi (5 \times 10^{-13} \text{ cm})^3}$$

$$= 2 \times 10^{14} \text{ g/cm}^3$$

이것은 밀도가 매우 높다. 원소 중 가장 높은 밀도를 갖는 원소는 이리듐(iridium, Ir)으로 22.65 g/cm^{3}이다. 따라서 평균 원자핵의 밀도는 알려진 원자의 가장 큰 밀도보다 대략 9×10^{12}[또는 9조(trillion)]배 정도 밀도가 높다.

원자핵의 엄청난 밀도는 입자들을 서로 강하게 붙잡고 있게 하기 위해 매우 강력한 힘이 필요하다는 것을 의미한다. **Coulomb의 법칙**(Coulomb's law)으로부터 같은 전하는 척력이, 서로 다른 전하는 인력이 작용한다는 것을 안다. 따라서 특히 양성자들이 서로에게 얼마나 가까이 접근했는가를 고려할 때 서로 강력하게 밀어낼 것인가에 대해 예상할 수 있다. 그러나 반발과 더불어 양성자와 양성자, 양성자와 중성자, 중성자와 중성자 사이의 단거리 인력 또한 존재한다. 모든 핵의 안정성은 coulomb 반발력과 단거리 인력의 차이에 의해 결정된다. 만일 반발력이 인력보다 강하다면, 핵은 분해되어 입자나 방사선을 방출한다. 만일 인력이 더 강하다면 핵은 안정하다.

핵 안정도

원자핵이 안정한지 여부를 결정하는 주된 인자는 **중성자 대 양성자 비율**(neutron-to-proton ratio, n/p)이다. 원자 번호가 낮은(≤20) 안정적인 원소의 경우 n/p 값이 1에 가깝다. 원자 번호가 증가함에 따라 안정한 원자핵의 중성자 대 양성자 비율 또한 증가한다. 높은 원자 번호를 갖는 원자핵에서의 이런 편차는 양성자 사이의 강한 척력에 대응하면서 핵을 안정시키기 위해 더 많은 중성자를 필요로 하기 때문이다. 다음에 나타난 규칙

표 19.2	양성자와 중성자의 수가 짝수와 홀수를 갖는 안정한 동위 원소 수	
양성자	**중성자**	**안정한 동위 원소 수**
홀수	홀수	4
홀수	짝수	50
짝수	홀수	53
짝수	짝수	164

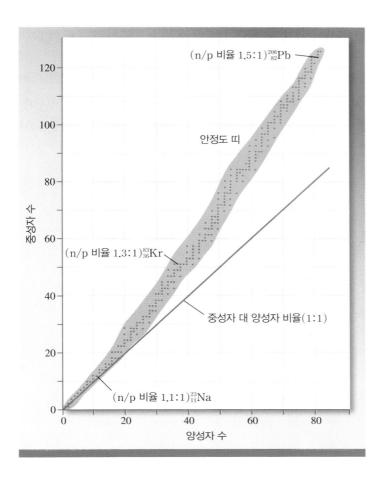

은 특정한 핵이 안정화될 것인지 여부를 측정하는 데 유용하다.

1. 양성자 또는 중성자가 2, 8, 20, 50, 82 또는 126개 있는 원자핵이 그렇지 않은 경우보다 안정하다. 예를 들어, 원자 번호가 50인 주석(Sn)은 10개의 안정한 동위 원소를 가지고 있고, 원자 번호가 51인 안티모니(Sb)는 단지 2개의 안정한 동위 원소를 가지고 있다. 2, 8, 20, 50, 82 그리고 126은 **마법수(magic number)**라 부른다.
2. 양성자와 중성자가 짝수인 경우가 홀수인 경우보다 안정한 원자핵이 훨씬 더 많다 (표 19.2).
3. 83보다 더 높은 원자 번호를 갖는 원소의 동위 원소는 모두 방사성이다.
4. 테크네튬(Tc, $Z = 43$)과 프로메튬(Pm, $Z = 61$)의 동위 원소는 모두 방사성이다.

> **학생 노트**
> 핵 안정도에 대한 이런 숫자의 중요성은 매우 안정한 비활성 기체들과 연관된 전자 수에 기인한다(2, 10, 18, 36, 54, 86 전자).

> **학생 노트**
> 규칙 1에 의해, 안티모니의 두 개의 안정한 동위 원소는 모두 짝수의 중성자를 가지고 있다: $^{121}_{51}$Sb와 $^{123}_{51}$Sb

그림 19.1은 다양한 동위 원소에서 중성자 개수와 양성자 개수를 나타낸 것을 보여준다. 안정한 핵은 **안정도 띠**(belt of stability)라고 알려진 영역 안에 위치한다. 대부분의 방사성 핵은 띠 외부에 놓여있다. 안정도 띠 위쪽에 위치한 핵은 띠 안에 위치한 것들보다 더 높은 중성자 대 양성자 비를 갖는다(동일한 양성자 수에 대해). 이 비율을 낮추기 위해(따라서 안정도 띠 안쪽으로 이동하기 위해 아래쪽으로) 이 핵들은 **β 입자 방출**(β-particle emission)이라는 과정이 진행된다.

$$^1_0\text{n} \longrightarrow {}^1_1\text{p} + {}^{\ 0}_{-1}\beta$$

β 입자 방출은 핵 내에서 양성자 수가 증가하는 동시에 중성자 수가 감소한다. 다음과 같이 몇 가지 예가 있다.

$$^{14}_{6}\text{C} \longrightarrow {}^{14}_{7}\text{N} + {}^{0}_{-1}\beta$$

$$^{40}_{19}\text{K} \longrightarrow {}^{40}_{20}\text{Ca} + {}^{0}_{-1}\beta$$

$$^{97}_{40}\text{Zr} \longrightarrow {}^{97}_{41}\text{Nb} + {}^{0}_{-1}\beta$$

안정도 띠 아래쪽에 위치한 핵은 띠 안쪽에 위치한 핵보다 중성자 대 양성자 비율이 더 낮다(동일한 양성자 수에 대해). 이 비율을 높이기 위해(따라서 안정도 띠 안쪽으로 이동하기 위해 위쪽으로) 이 핵들은 양전자를 방출할 것이다.

$$^{1}_{1}\text{p} \longrightarrow {}^{1}_{0}\text{n} + {}^{0}_{+1}\beta$$

양전자 방출의 한 예는 다음과 같다.

$$^{38}_{19}\text{K} \longrightarrow {}^{38}_{18}\text{Ar} + {}^{0}_{+1}\beta$$

그 대신 핵은 전자를 포획할 수 있다.

$$^{1}_{1}\text{p} + {}^{0}_{-1}e \longrightarrow {}^{1}_{0}\text{n}$$

전자 포획(electron capture)은 핵에 의해−주로 $1s$ 전자−전자가 포획되는 것이다. 포획된 전자는 핵에서 양성자와 결합하여 **중성자**를 형성하고 질량수는 동일하지만 원자 번호는 1만큼 감소한다. 전자 포획은 양전자 방출과 동일한 영향을 핵에 가한다. 전자 포획에 대한 예는 다음과 같다.

$$^{37}_{18}\text{Ar} + {}^{0}_{-1}e \longrightarrow {}^{37}_{17}\text{Cl}$$

$$^{55}_{26}\text{Fe} + {}^{0}_{-1}e \longrightarrow {}^{55}_{25}\text{Mn}$$

핵 결합 에너지

핵 안정성의 정량적인 측정은 핵을 구성하는 양성자와 중성자를 해체하는 데 요구되는 에너지인 **핵 결합 에너지**(nuclear binding energy)이다. 이 양은 발열 반응인 핵 반응이 일어나는 동안 발생하는 에너지에 대한 질량 변화를 나타낸다.

핵 결합 에너지의 개념은 원자핵의 질량이 핵 안에 들어 있는 양성자와 중성자에 대한 일반적인 용어인 **핵자**(nucleon)의 질량의 합보다 언제나 작다는 것을 보여주는 원자핵의 특성에 대한 연구로부터 발전했다. 예를 들면, $^{19}_{9}\text{F}$ 동위 원소는 18.99840 amu의 원자 질량을 갖는다. 원자핵은 9개의 양성자와 10개의 중성자를 가지고 있어 결과적으로 19개의 핵자를 가지고 있다. $^{1}_{1}\text{H}$ 원자(1.007825 amu)와 중성자(1.008665 amu)의 알려진 질량을 이용하여 다음과 같은 분석이 가능하다. $^{1}_{1}\text{H}$ 원자 9개의 질량(9개의 양성자와 9개의 전자의 질량)은

$$9 \times 1.007825 \text{ amu} = 9.070425 \text{ amu}$$

이다. 중성자 10개의 질량은

$$10 \times 1.008665 \text{ amu} = 10.08665 \text{ amu}$$

이다. 그러므로 $^{19}_{9}\text{F}$ 원자 하나의 질량은 알고 있는 전자, 양성자, 중성자 수로부터 계산할 수 있다.

$$9.070425 \text{ amu} + 10.08665 \text{ amu} = 19.15708 \text{ amu}$$

이 값은 18.99840 amu(측정된 $^{19}_{9}\text{F}$의 질량)보다 0.15868 amu만큼 크다.

원자 하나의 질량과 이것의 양성자, 중성자, 전자들의 질량의 합의 차이가 **질량 결손**

(mass defect)이다. 관련된 이론에 의하면 질량의 손실은 주위로 발산되는 에너지(열)로
보여진다. 따라서 $^{19}_{9}F$의 형성은 **발열 반응**(exothermic)이다. **Einstein의 질량-에너지
등가 원리**(Einstein's mass-energy equivalence relationship; $E=mc^2$, E는 에너지,
m은 질량, c는 빛의 속도)에 의하면 에너지에 연관된 양을 계산할 수 있다. 적어 보면 다음
과 같다.

$$\Delta E = (\Delta m)c^2 \qquad [\blacktriangleleft\blacktriangleleft 식 19.1]$$

여기서 ΔE와 Δm은 다음과 같이 정의된다.

$$\Delta E = 생성물의 에너지 - 반응물의 에너지$$
$$\Delta m = 생성물의 질량 - 반응물의 질량$$

따라서 질량 변화는 다음과 같다.

$$\Delta m = 18.99840\,amu - 19.15708\,amu$$
$$= -0.15868\,amu$$

또는

$$\Delta m = (-0.15868\,amu)\left(\frac{1\,kg}{6.0221418 \times 10^{26}\,amu}\right)$$
$$= 2.6349 \times 10^{-28}\,kg$$

$^{19}_{9}F$의 질량이 존재하는 전자와 핵자의 수로부터 계산된 질량보다 작기 때문에 Δm은 음의
양을 갖는다. 결과적으로 ΔE 또한 음의 양을 갖는다. 이것은 에너지가 플루오린-19 핵의
형성 결과로서 주위로 방출되었다는 것을 의미한다. ΔE는 다음과 같이 계산한다.

$$\Delta E = (-2.6349 \times 10^{-28}\,kg)(2.99792458 \times 10^8\,m/s)^2$$
$$= -2.3681 \times 10^{-11}\,kg \cdot m^2/s^2$$
$$= -2.3681 \times 10^{-11}\,J$$

이것은 9개의 양성자와 10개의 중성자로부터 하나의 플루오린-19 핵이 형성될 때 발생하
는 에너지의 양이다. 핵의 핵 결합 에너지는 2.3681×10^{-11} J로, 이것은 핵이 양성자와 중
성자로 분리되어 분해될 때 필요한 에너지의 양이다. 예를 들면, 플루오린 핵 1 mol이 형
성되면 방출되는 에너지는 다음과 같다.

$$\Delta E = (-2.3681 \times 10^{-11}\,J)(6.0221418 \times 10^{23}/mol)$$
$$= -1.4261 \times 10^{-13}\,J/mol$$
$$= -1.4261 \times 10^{-10}\,kJ/mol$$

그러므로 플루오린 핵 1 mol에 대한 핵 결합 에너지는 1.4261×10^{10} kJ이다. 이 값은 일반
적인 화학 반응의 엔탈피가 대략 200 kJ인 것을 고려할 때 상당히 큰 양인 것을 알 수 있
다. 위와 같은 과정은 어떤 핵의 핵 결합 에너지를 계산하는 데 사용할 수 있다.
  핵 결합 에너지는 핵의 안정성의 지표이다. 그러나 두 개의 핵의 안정성을 비교할 때, 각
각의 핵은 핵자의 수가 서로 다르다는 사실을 고려해야만 한다. 따라서 **핵자당 핵 결합 에
너지**(nuclear binding energy per nucleon)를 사용하여 핵을 비교하는 것이 보다 설
득력이 있다.

$$핵자당 핵 결합 에너지 = \frac{핵 결합 에너지}{핵자 수}$$

그림 19.2 핵자당 핵 결합 에너지
대 질량수 도표

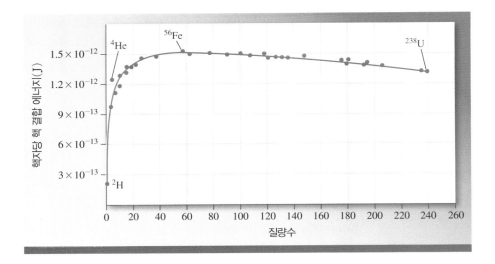

플루오린–19 핵에 대하여 핵자당 핵 결합 에너지는 다음과 같다.

$$핵자당 \ 핵 \ 결합 \ 에너지 = \frac{2.3681 \times 10^{-11} \ J}{19 \ 핵자}$$

$$= 1.2464 \times 10^{-12} \ J/핵자$$

핵자당 핵 결합 에너지는 일반적으로 모든 핵의 안정성을 비교하는 것을 가능하게 한다. 일반적으로 핵자당 핵 결합 에너지가 큰 핵이 더 안정하다. 그림 19.2는 핵자당 핵 결합 에너지의 변화를 질량수에 대해 나타내었다. 곡선이 매우 가파르게 상승하는 것을 알 수 있다. 핵자당 높은 결합 에너지는 질량수가 중간에(40과 100 사이) 위치하는 원소들이 속해 있고, 주기율표에서 철(Fe), 코발트(Co) 그리고 니켈(Ni) 영역(8B족 원소들) 원소들이 가장 크다. 이것은 입자들(양성자와 중성자) 사이의 인력의 합이 이들 원소의 핵에 대한 영향이 크다는 것을 알 수 있다.

핵 결합 에너지와 핵자당 핵 결합 에너지는 예제 19.2에서 아이오딘 핵에 대해 계산하였다.

예제 19.2

$^{127}_{53}I$의 원자 질량은 126.904473 amu이다. 이 핵의 핵 결합 에너지와 핵자당 핵 결합 에너지를 계산하시오.

전략 핵 결합 에너지를 계산하기 위해, 먼저 질량 결손으로 얻어지는 핵의 질량과 모든 양성자와 중성자의 질량의 차이를 결정한다. 그런 다음 Einstein의 질량–에너지 상관 관계$[\Delta E = (\Delta m)c^2]$를 적용한다.

계획 아이오딘 원자핵에는 53개의 양성자와 74개의 중성자가 있다. 53개의 ^1_1H의 질량은 다음과 같다.

$$53 \times 1.007825 \ amu = 53.41473 \ amu$$

그리고 74개 중성자의 질량은 다음과 같다.

$$74 \times 1.008665 \ amu = 74.64121 \ amu$$

따라서 예상되는 $^{127}_{53}I$의 질량은 53.41473 + 74.64121 = 128.05594 amu이고, 질량 결손은 다음과 같다.

$$\Delta m = 126.904473 \ amu - 128.05594 \ amu$$

$$= -1.15147 \ aum$$

$$= (-1.15147 \ aum)\left(\frac{1 \ kg}{6.0221418 \times 10^{26} \ amu}\right)$$

$$= -1.91206 \times 10^{-27} \ kg$$

에너지 방출은 다음과 같다.

$$\Delta E = (\Delta m)c^2$$
$$= (-1.91206 \times 10^{-27}\,\text{kg})(2.99792458 \times 10^8\,\text{m/s})^2$$
$$= 1.71847 \times 10^{-10}\,\text{kg} \cdot \text{m}^2/\text{s}^2$$
$$= 1.71847 \times 10^{-10}\,\text{J}$$

그러므로 핵 결합 에너지는 1.71847×10^{-10} J이다. 핵자당 핵 결합 에너지는 다음과 같이 주어진다.

$$\frac{1.71847 \times 10^{-10}\,\text{J}}{127\,\text{핵자}} = 1.35313 \times 10^{-12}\,\text{J/핵자}$$

추가문제 1 $^{209}_{83}\text{Bi}$(208.980374 amu)의 핵 결합 에너지와 핵자당 핵 결합 에너지를 J 단위로 계산하시오.

추가문제 2 $^{197}_{79}\text{Au}$의 핵 결합 에너지는 1.2683×10^{-12} J/핵자이다. $^{197}_{79}\text{Au}$의 질량을 결정하시오.

추가문제 3 주어진 그래프에서 에너지 방출(ΔE)과 질량 결손(Δm) 사이의 관계에 대해 가장 잘 표현한 것은 어느 것인가?

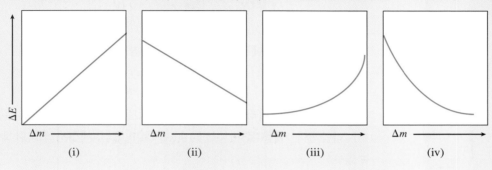

(i)   (ii)   (iii)   (iv)

19.3 천연 방사능

핵은 안정도 띠 영역 안에 들어있지 않거나 양성자가 83개보다 많을 경우 불안정한 경향이 있다. 불안정한 핵에 의한 입자 또는 전자기 방사선의 자발적인 방출 또는 두 가지 모두 방사능이라고 알려져 있다. 방사능의 주요 유형은 α 입자 방출(이중으로 하전된 헬륨 핵, He^{2+}), β 입자 방출(원자핵의 전자), 매우 짧은 파장(0.1 nm에서 104 nm)의 전자기 파장인 γ선 방출, 양전자 방출 그리고 전자 포획이다.

방사성 핵의 붕괴는 종종 **방사성 붕괴 계열**(radioactive decay series)의 시작으로, 궁극적으로 안정한 동위 원소 형성을 위한 일련의 핵 반응이다. 그림 19.3은 자연적으로 발생하는 우라늄(uranium, U)-238의 붕괴 계열을 보여주는데 14단계로 이루어져 있다. **우라늄의 붕괴 계열**(uranium decay series)이라고 알려진 붕괴 그림 또한 포함되어 있는 모든 핵의 반감기를 보여준다.

방사성 붕괴 계열의 각 단계에 대한 핵 반응이 균형을 이룰 수 있다는 것이 중요하다. 예를 들면, 우라늄 붕괴 계열의 첫 번째 단계는 우라늄-238이 토륨(thorium, Th)-234로 붕괴되는 것으로, 이때 α 입자를 방출한다. 따라서 반응은 다음과 같이 나타난다.

$$^{238}_{92}\text{U} \longrightarrow\ ^{234}_{90}\text{Th} + ^4_2\alpha$$

다음 단계는 다음과 같이 나타난다.

$$^{234}_{90}\text{Th} \longrightarrow\ ^{234}_{91}\text{Pa} + ^{\ 0}_{-1}\beta$$

방사성 붕괴 단계에 대해 논의하면 방사성 동위 원소의 시작은 **부모**(parent)라 하고 동위 원소 생성물은 **딸**(daughter)이라 부른다. 그러므로 $^{238}_{92}$U은 우라늄 붕괴 계열의 첫 번째 단계에서 부모이고 $^{234}_{90}$Th은 딸이 된다.

학생 노트
대부분의 핵 과학자들(과 몇몇 일반 화학 교재들)은 핵 반응의 속도 상수로 기호 k 대신에 λ를 사용한다.

방사성 붕괴의 속도론

모든 방사성 붕괴는 일차 속도 법칙을 따른다. 따라서 주어진 시간 t에서 방사성 붕괴의 속도는 다음과 같이 주어진다.

학생 노트
비록 식 13.3에서는 시간 t와 0에서 반응물의 농도를 사용하지만 그것은 두 개의 비가 중요하기 때문에 핵 반응식에서도 방사성 핵의 수를 사용할 수 있다.

$$\text{어떤 시간 } t \text{에서의 속도} = kN$$

여기서 k는 1차 속도 상수이고 N은 주어진 시간 t에 존재하는 방사성 핵의 수이다. 식 13.3에 의하면 방사성 핵의 수는 시간 0에서 (N_0)이고 시간 t에서 (N_t)이므로

$$\ln \frac{N_t}{N_0} = -kt$$

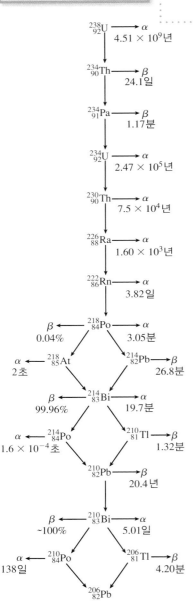

그림 19.3 우라늄-238의 붕괴 계열(시간은 반감기를 나타낸다.)

와 같이 주어지고 이에 상응하는 반응의 반감기는 식 13.5에 의해

$$t_{1/2} = \frac{0.693}{k}$$

과 같이 주어진다. 따라서 반감기와 방사성 동위 원소의 속도 상수는 핵에서 핵까지 매우 다양하다. 예를 들어, 그림 19.3을 보면 $^{238}_{92}$U과 $^{214}_{84}$Po의 극단적인 두 경우를 볼 수 있다.

$$^{238}_{92}\text{U} \longrightarrow {}^{234}_{90}\text{Th} + {}^{4}_{2}\alpha \qquad t_{1/2} = 4.51 \times 10^9 \text{년}$$
$$^{214}_{84}\text{Po} \longrightarrow {}^{210}_{82}\text{Pb} + {}^{4}_{2}\alpha \qquad t_{1/2} = 1.6 \times 10^{-4} \text{초}$$

동일한 시간 단위로 변환시키면, 두 개의 속도 상수는 많은 자릿수의 차이가 난다. 게다가 이들 속도 상수는 온도와 압력과 같은 환경 조건의 변화에 의해 영향을 받지 않는다. 이런 매우 특이한 특성들은 일반적인 화학 반응에서는 관찰되지 않는다(표 19.1 참조).

방사성 붕괴에 기초한 연대 결정

방사성 동위 원소의 반감기는 특정 물체의 연도를 결정하는 "원자 시계"로 사용되어 왔다. 방사성 붕괴 측정에 의한 연대 결정의 몇 가지 예가 여기에 설명되어 있다.

탄소-14 동위 원소는 우주선(cosmic ray)에 의해 대기 중의 질소가 폭발할 때 생성된다.

$$^{14}_{7}\text{N} + {}^{1}_{0}\text{n} \longrightarrow {}^{14}_{6}\text{C} + {}^{1}_{1}\text{H}$$

방사성 탄소(carbon, C)-14 동위 원소는 주어진 식에 의해 붕괴된다.

$$^{14}_{6}\text{C} \longrightarrow {}^{14}_{7}\text{N} + {}^{0}_{-1}\beta$$

이 반응은 방사성 탄소 또는 "탄소-14" 연대 결정의 근거가 된다. 어떤 물체의 연도를 측정하고자 할 때, ^{14}C의 **분해능**(activity, 초당 붕괴)을 측정하고 생명체의 ^{14}C의 분해능을 측정하여 비교한다.

예제 19.3은 방사성 탄소 연대 측정을 사용하여 유물의 연대를 결정하는 방법을 보여준다.

예제 19.3

목재 유물은 ^{14}C의 분해능이 초당 9.1붕괴임을 알았다. 동일한 질량의 금방 자른 나무는 ^{14}C의 분해능이 초당 15.2붕괴의 일정한 값을 가질 때, 유물의 연대를 결정하시오. 탄소-14의 반감기는 5715년이다.

전략 방사성 시료의 분해능은 방사성 핵의 수에 비례한다. 그러므로 농도 부분에 분해능을 대입하여 식 13.3을 사용할 수 있다.

$$\ln \frac{\text{유물의 } ^{14}C \text{ 분해능}}{\text{금방 자른 나무의 } ^{14}C \text{ 분해능}} = -kt$$

그러나 k를 결정하기 위해 문제에서 주어진 탄소-14의 반감기 값(5715년)을 이용하여 식 13.5를 풀어야 한다.

계획 k를 구하기 위해 식 13.5를 풀면 다음과 같다.

$$k = \frac{0.693}{5715\text{년}} = 1.21 \times 10^{-4}\text{ 년}^{-1}$$

풀이

$$\ln \frac{\text{초당 9.1붕괴}}{\text{초당 15.2붕괴}} = -1.21 \times 10^{-4}\text{년}^{-1}(t)$$

$$t = \frac{-0.513}{-1.21 \times 10^{-4}\text{년}^{-1}} = 4240\text{년}$$

따라서 유물의 나이는 4.2×10^3년이다.

생각해 보기
탄소 연대 측정은 6만 년 이상의(대략 10번의 반감기) 물체에 대해서는 사용할 수 없다. 너무 많은 시간이 지난 후에는 탄소-14의 분해능이 신뢰할 수 있게 측정할 정도의 수준보다 아래로 떨어지기 때문이다.

추가문제 1 고대 매장지에서 발견된 린넨 조각은 ^{14}C의 분해능이 분당 4.8붕괴임을 알았다. 이 섬유의 연대를 결정하시오. 같은 질량의 살아있는 아마(린넨을 만드는 식물)의 ^{14}C 분해능은 분당 14.8붕괴라고 가정한다.

추가문제 2 2500년된 목재 물체에서 ^{14}C의 분해능은 얼마인가? 같은 질량의 금방 자른 나무의 ^{14}C 분해능은 분당 13.9붕괴라고 가정한다.

추가문제 3 예제 19.3의 '생각해 보기'에서 왜 탄소 연대 측정이 6만 년 이상된 물체에 대한 연대 측정은 왜 사용될 수 없는지 그 이유에 대해 설명하시오. 또한 겨우 몇 년 지난 물체에 대한 연대 측정에 왜 사용될 수 없는지 그 이유를 설명하시오.

우라늄 붕괴 계열에서 일부 중간 생성물은 매우 긴 반감기를 가지고 있기 때문에(그림 19.3 참조) 이 계열은 특히 지표면과 외계 물체에서 발견되는 암석의 나이를 추정하는 데 적합하다. 첫 번째 단계($^{238}_{92}U$이 $^{234}_{90}Th$으로)에 대한 반감기는 4.51×10^9년이다. 이것은 두 번째로 큰 값을 갖는 $^{234}_{92}U$이 $^{230}_{90}Th$으로 붕괴되는 반감기(2.47×10^5년)의 약 2만 배이다. 따라서 좋은 근사로서 전체 과정에 대한 반감기($^{238}_{92}U$으로부터 $^{206}_{82}Pb$으로)가 첫 번째 단계의 반감기와 동일하다고 가정할 수 있다.

$$^{238}_{92}U \longrightarrow ^{206}_{82}Pb + 8\,^4_2\alpha + 6\,^0_{-1}\beta \qquad t_{1/2} = 4.51 \times 10^9\text{년}$$

우라늄 광물에서 자연적으로 발생하는 방사성 붕괴에 의해 형성된 납(lead, Pb)-206을 찾아야 한다. 광물이 형성되었을 때 납이 존재하지 않고 광물이 우라늄-238로부터 납-206 동위 원소가 분리되는 화학적 변화를 거치지 않았다고 가정하면 $^{238}_{92}U$ 대 $^{206}_{82}Pb$의 질량비로부터 암석의 나이를 추정하는 것이 가능하다. 선행된 핵 반응식에 따르면 완전 붕괴를 통해 모든 우라늄 1 mol(238 g)은 납 1 mol(206 g)이 된다. 만일 우라늄-238의 절

그림 19.4 한 번의 반감기 후 처음 우라늄−238의 절반이 납−206으로 변환된다.

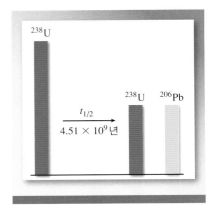

반만 붕괴가 진행되었다면 질량비 $^{206}Pb/^{238}U$은 다음과 같다.

$$\frac{206\ g/2}{238\ g/2} = 0.866$$

그리고 이 과정은 완료하는 데 약 4.51×10^9년의 반감기를 가졌을 것이다(그림 19.4). 비율이 0.866보다 낮으면 암석은 4.51×10^9년 미만이고 더 높은 비율은 더 많은 나이를 의미한다. 흥미롭게도 우라늄 계열뿐만 아니라 다른 붕괴 계열에 기초한 연구는 가장 오래된 암석의 나이, 아마도 지구 자체의 나이를 4.5×10^9년 또는 45억 년으로 추정했다.

지구 과학에서 가장 중요한 연대 측정 기술 중 하나는 포타슘(potassium, K)−40의 방사성 붕괴에 기초를 두고 있다. 방사성 포타슘−40은 여러 가지 다른 방식으로 붕괴되지만 연대 측정과 관련된 것은 전자 포획이다.

$$^{40}_{19}K + ^{0}_{-1}e \longrightarrow ^{40}_{18}Ar \qquad t_{1/2} = 1.2 \times 10^9 \text{년}$$

기체 상태의 아르곤(argon, Ar)−40의 축적은 표본의 연대를 측정하는 데 사용된다. 광물에서 포타슘−40 원자가 붕괴될 때, 아르곤−40은 광물의 격자 안에 갇히게 되고 광물이 용해될 경우에만 탈출할 수 있다. 따라서 녹이는 것은 실험실에서 광물 시료를 분석하는 과정이다. 존재하는 아르곤−40의 양은 질량 분석기를 이용하여 편리하게 측정할 수 있다. 광물에서 아르곤−40과 포타슘−40의 비율과 붕괴 반감기를 알면 수백만에서 수십억 년에 이르는 암석의 연대 추정이 가능하다.

예제 19.4는 표본의 연대를 결정하는 데 방사성 동위 원소를 어떻게 사용하는지 보여준다.

예제 19.4

암석에 5.51 mg의 ^{238}U과 1.63 mg의 ^{206}Pb이 포함되어 있는 것이 밝혀졌다. 암석의 연대를 결정하시오(^{238}U의 $t_{1/2} = 4.51 \times 10^9$년).

전략 먼저 생성된 ^{206}Pb의 양을 측정하여 붕괴된 ^{238}U의 질량을 결정하고 이것을 이용하여 처음 ^{238}U의 질량을 결정한다. 처음과 마지막 ^{238}U의 질량을 알고 있으므로 식 13.3을 이용하여 시간 t를 풀 수 있다.

계획

$$1.63 \text{ mg } ^{206}Pb \times \frac{238 \text{ mg } ^{238}U}{206 \text{ mg } ^{206}Pb} = 1.88 \text{ mg } ^{238}U$$

그러므로 ^{238}U의 처음 질량은 5.51 mg + 1.88 mg = 7.39 mg이다. 속도 상수 k는 식 13.5와 ^{238}U의 $t_{1/2}$을 이용하여 결정한다.

$$k = \frac{0.693}{4.51 \times 10^9} = 1.54 \times 10^{-10} \text{년}^{-1}$$

풀이

$$\ln \frac{5.51 \text{ mg}}{7.39 \text{ mg}} = -1.54 \times 10^{-10} \text{년}^{-1} \, (t)$$

$$t = \frac{-0.294}{-1.54 \times 10^{-10} \text{년}^{-1}} = 1.91 \times 10^9 \text{년}$$

암석의 나이는 19억 년이다.

> ### 생각해 보기
>
> 이것은 방사성 탄소 문제보다 약간 더 복잡하다. 식 13.3에서 두 동위 원소의 측정된 질량은 다른 원소의 질량이기 때문에 사용할 수 없다.

추가문제 1 12.75 mg의 ^{238}U과 1.19 mg 의 ^{206}Pb을 포함하는 암석의 연대를 결정하시오.

추가문제 2 3.25 mg의 ^{238}U을 포함하고 있고 1.3×10^8년된 암석 시료에는 얼마나 많은 ^{206}Pb이 들어 있겠는가?

추가문제 3 동위 원소 X가 붕괴되어 동위 원소 Y로 되는데 반감기가 45일이다. 어느 그림이 105일 후 X의 시료를 가장 잘 나타 내고 있는가?

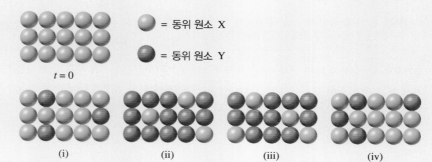

19.4 핵 변환

만일 연구가 자연 방사성 원소에만 제한적이라면 핵 화학의 범위는 조금 협소했을 것이다. 그러나 1919년 Rutherford에 의해 수행된 실험은 인공적으로 방사능을 생산할 수 있다는 가능성을 제시하였다. 그가 질소 시료와 α 입자를 함께 폭발시켰을 때 다음과 같은 반응이 진행되었다.

$$^{14}_{7}\text{N} + {}^{4}_{2}\alpha \longrightarrow {}^{17}_{8}\text{O} + {}^{1}_{1}\text{p}$$

산소(oxygen, O)−17 동위 원소는 양성자 방출과 함께 생성되었다. 이 반응은 핵 변환 과정에 의해 한 원소를 다른 원소로 변환시킬 수 있다는 가능성을 처음으로 증명하였다. 핵 변환은 두 입자의 **충돌**(collision)에 의해 변환이 일어난다는 것이 방사성 붕괴와 다르다.

앞선 반응은 $^{14}_{7}\text{N}(\alpha,\text{p})^{17}_{8}\text{O}$로 표기될 수 있다. 괄호 안에는 충격 입자가 먼저 쓰이며, 배출 입자가 나중에 쓰인다.

예제 19.5는 이 표기법을 사용하여 핵 변환을 나타내는 방법을 보여준다.

예제 19.5

$^{56}_{26}\text{Fe}(\text{d},\alpha)^{54}_{25}\text{Mn}$으로 표시되는 반응에 대한 균형 맞춤 핵 반응식을 작성하시오. 여기서 d는 중수소 핵을 나타낸다.

전략 먼저 쓰인 종은 반응물이고, 나중에 쓰인 종은 생성물이다. 괄호 안에는 충돌 입자(반응물)가 먼저 나타나며, 방출 입자(생성물)가 나중에 나타난다.

계획 충돌 입자와 방출 입자가 각각 ^2_1H와 $^4_2\alpha$로 표현되었다.

풀이

$$^{56}_{26}Fe + {}^2_1H \longrightarrow {}^{54}_{25}Mn + {}^4_2\alpha$$

생각해 보기
반응식의 양 변에 있는 질량수와 원자 번호를 합산하여 작업을 점검한다.

추가문제 1 $^{106}_{46}Pd(\alpha,p)^{109}_{47}Ag$으로 표시되는 반응에 대한 핵 반응식을 작성하시오.

추가문제 2 다음 주어진 과정의 축약된 형태를 작성하시오.

$$^{33}_{17}Cl + {}^1_0n \longrightarrow {}^{31}_{15}P + {}^3_2He$$

추가문제 3 화학에 대해 역사적으로 선구자 역할을 한 연금술의 주된 목표 중 하나는 일반 금속을 금으로 변환시키는 것이었지만 여기서 배운 것과 같이 변형이라는 것은 연금술사들에게 알려진 과정은 아니었다. 오늘날 수은의 변환 과정을 통해 금을 생산할 수 있음에도 불구하고 아직까지 금광에서 금을 채굴하고 있는 이유에 대해 설명하시오.

입자 가속기는 원자 번호가 92보다 큰 소위 **초우라늄 원소**(transuranium element)를 합성할 수 있게 한다. 넵투늄(neptunium, Np, $Z=93$)은 1940년에 처음 합성되었다. 그때 이후로 24개의 초우라늄 원소들이 합성되었다. 이 원소들의 동위 원소는 모두 방사성이다. 표 19.3은 보고된 초우라늄 원소와 이들을 생산하는 반응에 대해 나타내었다.

비록 가벼운 원소들은 일반적으로 방사성이 아니지만 그들은 핵을 적절한 입자로 충돌시킴으로써 만들 수 있다. 앞의 절에서 나타낸 것과 같이, 질소(nitrogen, N)-14와 중성자를 충돌시킴으로써 방사성 탄소-14 동위 원소를 만들 수 있다. 삼중수소(^3_1H)는 다음 주어진 충돌에 의해 만들 수 있다.

$$^6_3Li + {}^1_0n \longrightarrow {}^3_1H + {}^4_2\alpha$$

삼중수소는 β 입자 방출을 통해 붕괴된다.

$$^3_1H \longrightarrow {}^3_2He + {}^{\ \ 0}_{-1}\beta \qquad t_{1/2}=12.5년$$

수많은 합성 동위 원소는 발사체(projectile)로 중성자를 사용하여 합성된다. 이런 접근 방법은 중성자가 전하를 띠지 않아 표적(핵)과의 반발이 없어서 특히 유용하다. 반대로 발사체가 양으로 하전된 입자(예를 들어, 양성자 또는 α 입자)인 경우, 목표로 하는 핵과의 반발력을 극복하기 위해 상당한 운동 에너지를 가져야 한다. 한 예로, 알루미늄으로부터 인을 합성하는 것이다.

$$^{27}_{13}Al + {}^4_2\alpha \longrightarrow {}^{30}_{15}P + {}^1_0n$$

입자 가속기(particle accelerator)는 전자 및 자기장을 사용하여 하전된 입자의 운동 에너지를 증가시켜 반응이 일어나게 한다(그림 19.5). 특수하게 제작된 판에 교대로 극성(즉, +와 -)을 발생시키면 입자가 나선형 경로를 따라 가속되게 된다. 가속된 입자가 원하는 핵 반응을 일으키는 데 필요한 에너지를 갖게 되면 가속기 밖에서 목표 물질과 충돌하게 된다.

표 19.3	초우라늄 원소의 합성법		
원자 번호	**원자 번호**	**기호**	**합성법***
93	넵투늄(neptunium)	Np	$^{238}_{92}U + ^{1}_{0}n \longrightarrow ^{239}_{93}Np + ^{0}_{-1}\beta$
94	플루토늄(plutonium)	Pu	$^{239}_{93}Np \longrightarrow ^{239}_{94}Pu + ^{0}_{-1}\beta$
95	아메리슘(americium)	Am	$^{239}_{94}Pu + ^{1}_{0}n \longrightarrow ^{240}_{95}Am + ^{0}_{-1}\beta$
96	퀴륨(curium)	Cm	$^{239}_{94}Pu + ^{4}_{2}\alpha \longrightarrow ^{242}_{96}Cm + ^{1}_{0}n$
97	버클륨(berkelium)	Bk	$^{241}_{95}Am + ^{4}_{2}\alpha \longrightarrow ^{243}_{97}Bk + 2^{1}_{0}n$
98	캘리포늄(californium)	Cf	$^{242}_{96}Cm + ^{4}_{2}\alpha \longrightarrow ^{245}_{98}Cf + ^{1}_{0}n$
99	아인슈타이늄(einsteinium)	Es	$^{238}_{92}U + 15^{1}_{0}n \longrightarrow ^{253}_{99}Es + 7^{0}_{-1}\beta$
100	페르뮴(fermium)	Fm	$^{238}_{92}U + 17^{1}_{0}n \longrightarrow ^{255}_{100}Fm + 8^{0}_{-1}\beta$
101	멘델레븀(mendelevium)	Md	$^{253}_{99}Es + ^{4}_{2}\alpha \longrightarrow ^{256}_{101}Md + ^{1}_{0}n$
102	노벨륨(nobelium)	No	$^{246}_{96}Cm + ^{12}_{6}C \longrightarrow ^{254}_{102}No + 4^{1}_{0}n$
103	로렌슘(lawrencium)	Lr	$^{252}_{98}Cf + ^{10}_{5}B \longrightarrow ^{257}_{103}Lr + 5^{1}_{0}n$
104	러더포듐(rutherfordium)	Rf	$^{249}_{98}Cf + ^{12}_{6}C \longrightarrow ^{257}_{104}Rf + 4^{1}_{0}n$
105	두브늄(dubnium)	Db	$^{249}_{98}Cf + ^{15}_{7}N \longrightarrow ^{260}_{105}Db + 4^{1}_{0}n$
106	시보귬(seaborgium)	Sg	$^{249}_{98}Cf + ^{18}_{8}O \longrightarrow ^{263}_{106}Sg + 4^{1}_{0}n$
107	보륨(bohrium)	Bh	$^{209}_{83}Bi + ^{54}_{24}Cr \longrightarrow ^{262}_{107}Bh + ^{1}_{0}n$
108	하슘(hassium)	Hs	$^{208}_{82}Pb + ^{58}_{26}Fe \longrightarrow ^{265}_{108}Hs + ^{1}_{0}n$
109	마이트너륨(meitnerium)	Mt	$^{209}_{83}Bi + ^{58}_{26}Fe \longrightarrow ^{266}_{109}Mt + ^{1}_{0}n$
110	다름슈타튬(darmstadtium)	Ds	$^{208}_{82}Pb + ^{62}_{28}Ni \longrightarrow ^{269}_{110}Ds + ^{1}_{0}n$
111	뢴트게늄(roentgenium)	Rg	$^{209}_{83}Bi + ^{64}_{28}Ni \longrightarrow ^{272}_{111}Rg + ^{1}_{0}n$
112	코페르니슘(copernicium)	Cn	$^{208}_{82}Pb + ^{70}_{30}Zn \longrightarrow ^{277}_{112}Cn + ^{1}_{0}n$
113	우눈트륨(ununtrium)	Uut	$^{288}_{115}Uup \longrightarrow ^{284}_{113}Uut + ^{4}_{2}\alpha$
114	플레로븀(flerovium)	Fl	$^{244}_{94}Pu + ^{48}_{20}Ca \longrightarrow ^{289}_{114}Fl + 3^{1}_{0}n$
115	우눈펜튬(ununpentium)	Uup	$^{243}_{95}Am + ^{48}_{20}Ca \longrightarrow ^{288}_{115}Uup + 3^{1}_{0}n$
116	리버모륨(livermorium)	Lv	$^{248}_{96}Cm + ^{48}_{20}Ca \longrightarrow ^{292}_{116}Lv + 4^{1}_{0}n$
117	우눈셉튬(ununseptium)	Uus	$^{249}_{97}Bk + ^{48}_{20}Ca \longrightarrow ^{293}_{117}Uus + 4^{1}_{0}n$
118	우누녹튬(ununoctium)	Uuo	$^{249}_{98}Cf + ^{48}_{20}Ca \longrightarrow ^{294}_{118}Uuo + 3^{1}_{0}n$

*몇 가지 초우라늄 원소는 한 가지 이상의 방법으로 합성되었다.

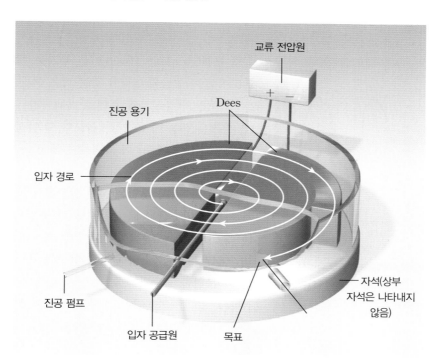

그림 19.5 사이클로트론 입자 가속기의 개략도. 가속되는 입자(이온)는 중심에서 시작하여 고속이 될 때까지 전기장 및 자기장의 영향을 받아 나선형 경로를 따라 움직인다. 자기장은 dees(D 모양의 전극)면에 수직이고 속이 빈 상태로 전극으로 작용한다.

그림 19.6 입자 가속기의 한 부분

입자 가속기에 대한 다양한 설계가 개발되었는데, 그중 하나는 약 3 km의 선형 경로를 따라 입자를 가속시킨다(그림 19.6). 입자 가속기는 입자 속도를 광속의 90% 이상까지 가속시킬 수 있다.(Einstein의 상대성 이론에 따르면 입자가 빛의 속도로 움직이는 것은 불가능하다고 한다. 유일한 예외가 0의 잔류 질량을 갖는 광자이다.) 가속기에서 생성된 매우 높은 에너지를 갖는 입자는 물리학자들이 원자핵을 조각으로 분쇄하는 데 사용된다. 이 과정을 통해 얻어진 파편을 연구하면 핵 구조와 이들의 구속력에 대한 유용한 정보를 얻을 수 있다.

19.5 핵 분열

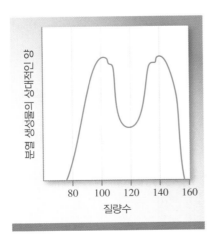

그림 19.8 질량수에 따라 ^{235}U의 핵 분열로부터 얻어진 생성물들의 상대적인 양

핵 분열(nuclear fission)은 무거운 핵(질량수 200 이상)이 중급의 질량을 갖는 작은 핵과 하나 또는 그 이상의 중성자의 형태로 나뉘어지는 과정이다. 무거운 핵은 이것의 생성물보다 덜 안정하기 때문에(그림 19.2 참조) 이 과정을 통해 많은 양의 에너지를 방출한다.

처음 연구된 핵 분열 반응은 상온에서 공기 분자의 속도와 비슷한 속도를 가진 느린 중성자와 우라늄-235의 충돌 실험이다. 이런 조건에서 그림 19.7(842~843쪽)에 나타낸 것과 같이 우라늄-235는 핵 분열이 진행된다. 실제로 이 반응은 매우 복잡하다. 30개 이상의 서로 다른 원소들이 분열 생성물들 사이에서 발견된다(그림 19.8). 대표적인 반응은 다음과 같다.

$$^{235}_{92}\text{U} + ^{1}_{0}\text{n} \longrightarrow ^{90}_{38}\text{Sr} + ^{143}_{54}\text{Xe} + 3^{1}_{0}\text{n}$$

비록 많은 무거운 핵은 분열 반응이 진행될 수 있지만 자연적으로 발생하는 우라늄−235와 인공 동위 원소인 플루토늄(plutonium, Pu)−239의 분열만이 실제적으로 중요하다. 표 19.4는 우라늄−235와 그것의 분열 생성물의 핵 결합 에너지를 나타내었다. 표에서 보여주는 것과 같이 우라늄−235에 대한 핵자당 결합 에너지는 스트론튬(strontium, Sr)−90과 제논(xenon, Xe)−143에 대한 결합 에너지의 합보다 작다. 따라서 우라늄−235 핵이 두 개의 작은 핵으로 나누어졌을 때 일정량의 에너지가 방출된다.

이 에너지의 크기를 추정해 보자. 반응물과 생성물의 결합 에너지의 차이는 $(1.23 \times 10^{-10} + 1.92 \times 10^{-10})$ J $- (2.82 \times 10^{-10})$ J 또는 우라늄−235의 핵당 3.3×10^{-11} J이다. 우라늄−235 1 mol에 대하여 방출 에너지는 $(3.3 \times 10^{-11})(6.02 \times 10^{23})$ 또는 2.0×10^{13} J이다. 이것은 1 ton의 석탄의 연소열이 약 5×10^{7} J인 것을 고려하면 극단적인 발열 반응임을 알 수 있다.

우라늄−235의 핵 분열의 중요한 특징은 엄청난 양의 에너지가 방출되는 것이 아니라 이 과정에서 처음 포획된 양보다 훨씬 더 많은 양의 중성자가 생산된다는 것이다. 이와 같은 특성이 핵 분열 반응의 지속적인 연속 반응인 **핵 연쇄 반응**(nuclear chain reaction)을 가능하게 한다. 핵 분열의 초기 단계에서 생성된 중성자는 다른 우라늄−235의 핵 분열을 유도할 수 있고 이것은 더 많은 중성자를 생산한다. 순식간에 그 반응은 통제할 수 없게 되고 주위로 엄청난 양의 열을 방출하게 된다. 그림 19.9는 두 가지 형태의 분열 반응을 보여준다. 연쇄 반응이 일어나기 위해서는 시료 내에 중성자를 포획할 수 있는 충분한 양의 우라늄−235가 존재해야 한다. 그렇지 않으면 많은 중성자가 시료에서 빠져 나와 연쇄 반응이 일어나지 않는다. 이런 상황에서 시료의 질량을 **임계치 이하**(subcritical)라고 한다. 그림 19.9는 핵 분열이 가능한 물질의 양이 **임계 질량**(critical mass)보다 더 크거나 같을 때 일어난다는 것을 보여준다. 임계 질량이란 지속적인 핵 연쇄 반응을 발생시키는 데 요구되는 핵 분열이 가능한 물질의 최소 질량이다. 이 경우 대부분의 중성자는 우라늄−235 핵에 의해 포획되어 연쇄 반응이 진행될 것이다.

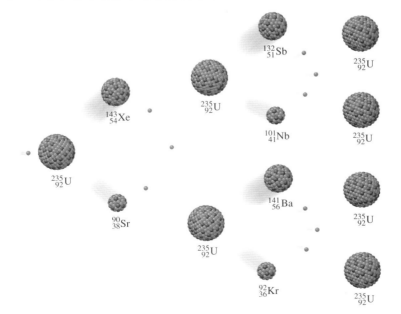

표 19.4	^{235}U과 분열 생성물의 핵 결합 에너지	
핵 결합 에너지		
^{235}U	2.82×10^{-10} J	
^{90}Sr	1.23×10^{-10} J	
^{143}Xe	1.92×10^{-10} J	

그림 19.9 만일 임계 질량이 존재하면 핵 분열 과정에서 방출되는 많은 양의 중성자는 다른 ^{235}U 핵에 의해 포획되고, 이로 인해 연쇄 반응이 일어나게 된다.

그림 19.7
핵 분열과 융합

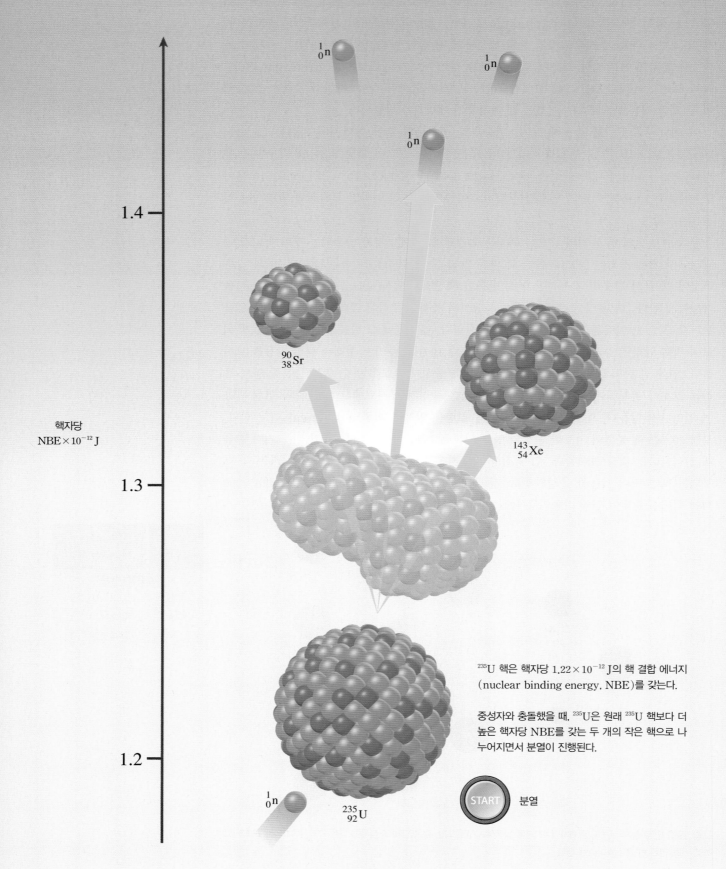

핵자당
NBE × 10^{-12} J

^{235}U 핵은 핵자당 1.22×10^{-12} J의 핵 결합 에너지 (nuclear binding energy, NBE)를 갖는다.

중성자와 충돌했을 때, ^{235}U은 원래 ^{235}U 핵보다 더 높은 핵자당 NBE를 갖는 두 개의 작은 핵으로 나누어지면서 분열이 진행된다.

START 분열

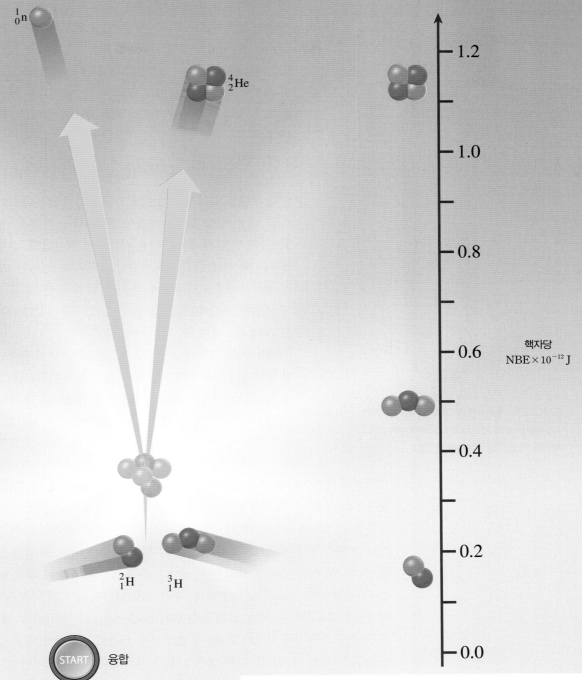

^{2}H와 ^{3}H 핵은 다음과 같은 핵자당 핵 결합 에너지를 갖는다.

$$^2\text{H: } 0.185 \times 10^{-12}\text{ J}$$
$$^3\text{H: } 0.451 \times 10^{-12}\text{ J}$$

아주 높은 온도에서 ^{2}H와 ^{3}H 핵은 융합이 진행되어 ^{4}He 핵과 중성자를 생성한다. ^{4}He 핵은 상당히 높은 핵자당 NBE를 갖는다: 1.13×10^{-12} J

요점은 무엇인가?

^{235}U과 같은 큰 핵은 핵자당 큰 NBE를 갖는 더 작은 핵으로 나누어짐으로써 상당한 핵 안정성을 갖게 된다. 작은 핵은 핵자당 큰 NBE를 갖는 더 큰 핵을 생산하는 융합 과정을 거침으로써 안정화된다. 두 과정에 대해 핵자당 NBE의 변화를 보여주기 위해 서로 다른 척도가 사용된다. 핵 분열 과정보다 핵 융합 과정에서 핵자당 NBE의 변화가 훨씬 더 크다. 화학 반응과 마찬가지로 핵 반응도 반응물보다 생성물이 더 안정적인 경우가 우선된다.

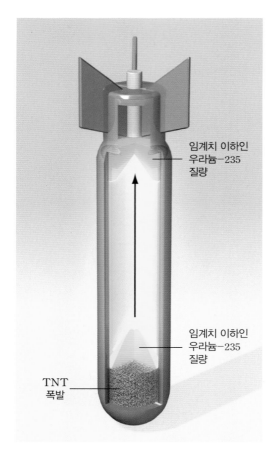

임계치 이하인
우라늄-235
질량

임계치 이하인
우라늄-235
질량

TNT
폭발

그림 19.10 원자 폭탄의 개략도. TNT 폭약이 먼저 터진다. 폭발은 분열 가능한 물질의 부분들이 합쳐져서 임계 질량보다 더 큰 양을 형성하도록 한다.

핵 분열의 첫 번째 적용은 원자 폭탄의 개발이었다. 그런 폭탄은 어떻게 만들어지고 폭발할까? 폭탄의 설계에서 중요한 요소는 폭탄의 임계 질량을 결정하는 것이다. 작은 원자 폭탄 하나는 TNT(trinitrotoluene) 2만 ton과 같다. 1 ton의 TNT가 4×10^9 J의 에너지를 방출하기 때문에 2만 ton은 8×10^{13} J을 생산한다. 우라늄-235 1 mol 또는 235 g이 분열할 때 2.0×10^{13} J의 에너지가 방출된다는 것을 상기하자. 그러므로 작은 원자 폭탄에 존재하는 동위 원소의 질량은 적어도 다음과 같아야 한다.

$$(235\,\mathrm{g})\left(\frac{8 \times 10^{13}\,\mathrm{J}}{2.0 \times 10^{13}\,\mathrm{J}}\right) \approx 1\,\mathrm{kg}$$

원자 폭탄은 미리 임계 질량으로 조립되지 않는다. 그 대신, 임계 질량은 그림 19.10에서 볼 수 있듯이 핵 분열성 부분을 함께 강제하기 위해 TNT와 같은 재래식 폭탄을 사용하여 형성된다. 장치의 중심에 있는 중성자는 핵 연쇄 반응을 유발시킨다. 우라늄-235는 1945년 8월 6일 일본의 히로시마에 투하된 폭탄의 핵 분열성 물질이었다. 3일 후 나가사키에서 폭발한 폭탄에는 플루토늄-239가 사용되었다. 발생된 핵 분열 반응은 파괴 정도에서 두 경우가 비슷했다.

평화적이지만 논란의 여지가 있는 핵 분열의 적용은 원자로에서 조절된 연쇄 반응으로부터 생성된 열을 이용하여 전기를 생산하는 것이다. 현재 원자로는 미국에서 사용되는 전기 에너지의 약 20%를 공급한다. 이것은 작지만 국가의 에너지 생산에 있어서 결코 무시할 수 없는 기여이다. 여러 가지 다른 종류의 원자로가 가동되고 있는 상황에서 원자로의 장점, 단점과 함께 세 가지 주요 특징에 대해서 간략하게 논의해 보자.

미국에 있는 대부분의 원자로는 **경수로**(light water reactor)이다. 그림 19.11은 이런 원자로의 개략도이며 그림 19.12는 원자로의 중심부에서 연료 교체 과정을 보여준다.

분열 과정에서 중요한 측면은 중성자의 속도이다. 느린 중성자는 빠른 중성자에 비해 우라늄-235를 보다 효과적으로 분열시킨다. 분열 반응은 매우 큰 발열 반응이기 때문에 보통 중성자는 빠른 속도로 움직인다. 효율을 높이기 위해서는 핵 분열을 유도하는 데 사용할 수 있기 전에 속도를 늦춰야 한다. 이 목표를 달성하기 위해 과학자들은 중성자의 운동 에너지를 감소시킬 수 있는 물질인 **감속재**(moderator)를 사용한다. 좋은 감속재는 몇 가지 요구 조건을 만족시켜야 한다. 독성이 낮고 가격이 저렴하여(매우 많은 양이 필요하기 때문에) 중성자 폭격으로 인한 방사성 물질로의 전환에 저항해야만 한다. 또한 감속재는 유체이기 때문에 냉각제로도 사용할 수 있다는 장점이 있다. 비록 물이 지금까지 고려된 많은 것들 중 가장 가깝지만 이런 모든 요구 조건을 충족시킬 수 있는 물질은 아직까지 없다. 원자로는 감속재로 가벼운 물을 사용하는 경우 **경**(light)수로라고 부르는 데, $^1_1\mathrm{H}$가 수소 원소 중 가장 가벼운 동위 원소이기 때문이다.

핵 연료는 우라늄으로 구성되어 있는데 일반적으로 우라늄의 산화된 형태(U_3O_8)이다. 자연적으로 발생하는 우라늄은 우라늄-235 동위 원소를 약 0.7% 정도 함유하고 있으며, 이 양은 소규모 연쇄 반응을 유지하기에는 너무 낮은 농도이다. 경수로의 효과적인 작동을 위해 우라늄-235가 반드시 3 내지 4%의 농도로 농축되어야 한다. 이론적으로, 원자 폭탄과 원자로의 주요 차이점은 원자로에서 일어나는 연쇄 반응이 항상 통제되어 유지되고 있

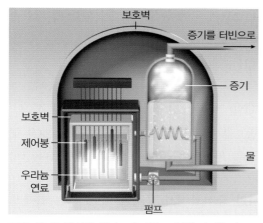

그림 19.11 핵 분열 원자로의 개략도. 분열 과정은 카드뮴 또는 붕소 막대에 의해 제어된다. 이 공정에서 발생된 열은 열 교환 시스템을 통해 전기를 생산하기 위한 증기를 발생시키는 데 사용된다.

그림 19.12 원자로 중심부에서의 연료 교체

다는 것이다. 반응 속도를 제한하는 요소는 존재하는 중성자의 수이다. 이것은 연료봉 사이에 카드뮴 또는 붕소 **제어봉**(control rod)을 낮춤으로써 제어할 수 있다. 이들 막대는 주어진 식에 의해 중성자를 포획한다.

$$^{113}_{48}\text{Cd} + ^{1}_{0}\text{n} \longrightarrow ^{114}_{48}\text{Cd} + \gamma$$

$$^{10}_{5}\text{B} + ^{1}_{0}\text{n} \longrightarrow ^{7}_{3}\text{Li} + ^{4}_{2}\alpha$$

여기서 γ는 감마선을 나타낸다. 제어봉이 없다면 원자로의 중심부는 발생될 열에 의해 녹게 되고 주변으로 방사성 물질을 방출하게 된다. 원자로는 핵 반응에 의해 방출된 열을 흡수하고 원자로 중심부의 외부로 전달하는 정교한 냉각 시스템을 가지고 있다. 이 시스템은 발전기를 작동시키기에 충분한 양의 증기를 생산하는 데 사용된다. 이와 관련하여 핵 발전소는 화석 연료를 연소시키는 기존의 발전소와 유사하다. 두 경우 모두 재사용을 위한 응축된 증기를 위해 많은 양의 냉각수가 필요하다. 따라서 대부분의 원자력 발전소는 강 또는 호수 근처에 건설된다. 불행하게도 이 냉각 방법은 열 공해를 유발한다.

또 다른 형태의 원자로는 감속재로 H_2O가 아닌 D_2O 또는 **중**(heavy)수를 사용한다. 중수소는 일반적인 수소에 비해 중성자를 흡수하는 것이 훨씬 덜 효율적이다. 더 적은 양의 중성자를 흡수하기 때문에 원자로는 보다 효율적이고 농축된 우라늄을 필요로 하지 않는다. 이것이 심각한 단점은 아니지만 더 많은 중성자가 원자로에서 유출된다.

중수로의 주요 장점은 값비싼 우라늄 농축 시설을 설치할 필요가 없다는 것이다. 그러나 D_2O는 분별 증류 또는 일반 물의 전기 분해에 의해 제조되어야 하는데, 이것은 원자로에서 사용되는 물의 양을 고려할 때 매우 비쌀 수 있다. 수력 발전이 풍부한 나라의 경우 전기 분해에 의해 D_2O 생산 비용을 합리적으로 낮출 수 있다. 현재, 캐나다는 중수로 원자로를 성공적으로 사용하고 있는 유일한 국가이다. 중수로에서 농축 우라늄이 요구되지 않는다는 사실은 핵 무기 기술과 밀접하게 관련된 일을 수행하지 않으면서 핵 발전의 혜택을 누릴 수 있게 한다.

증식로(breeder reactor)는 우라늄 원료를 사용하지만, 기존의 원자로와는 달리 사용되는 것보다 더 많은 핵 분열성 물질을 생성한다.

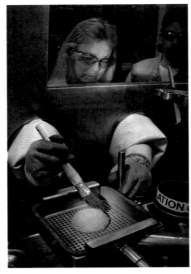

그림 19.13 방사성 플루토늄 산화물 (PuO$_2$)은 붉은 빛을 띤다.

우라늄−238이 고속 중성자와 충돌했을 때 다음과 같은 반응이 일어난다.

$$^{238}_{92}U + ^{1}_{0}n \longrightarrow ^{239}_{92}U$$

$$^{239}_{92}U \longrightarrow ^{239}_{93}Np + ^{0}_{-1}\beta \qquad t_{1/2} = 23.4분$$

$$^{239}_{93}Np \longrightarrow ^{239}_{94}Pu + ^{0}_{-1}\beta \qquad t_{1/2} = 2.35일$$

이런 방법으로 핵 분열이 불가능한 우라늄−238은 핵 분열성 동위 원소인 플루토늄−239로 변환된다(그림 19.13).

전형적인 증식로에서 우라늄−235 또는 플루토늄−239를 포함한 핵 연료는 우라늄−238과 혼합되어 원자로 중심 안에서 증식이 일어난다. 분열이 일어나는 모든 우라늄−235(또는 플루토늄−239) 핵에 대해 플루토늄−239를 생성하기 위해 1개 이상의 중성자가 우라늄−238에 포획된다. 따라서 원자력 연료가 소비되기 시작하면서 핵 분열성 물질의 비축량이 꾸준히 증가할 수 있다. 원래 원자로에 연료를 보충하고 비슷한 크기의 다른 원자로에 연료를 공급하는 데 필요한 상당량의 물질을 재생하는 데 7~10년 정도 걸린다. 이 간격은 **배가시간**(doubling time)이라 부른다.

또 다른 **핵 원료**(fertile) 물질은 $^{232}_{90}$Th이다. 느린 중성자를 포획하면 토륨(thorium, Th)은 우라늄−235와 같이 핵 분열성 동위 원소인 우라늄−233으로 변환된다.

$$^{232}_{90}Th + ^{1}_{0}n \longrightarrow ^{233}_{90}Th$$

$$^{233}_{90}Th \longrightarrow ^{233}_{91}Pa + ^{0}_{-1}\beta \qquad t_{1/2} = 22분$$

$$^{233}_{91}Pa \longrightarrow ^{233}_{92}U + ^{0}_{-1}\beta \qquad t_{1/2} = 27.4일$$

우라늄−233($t_{1/2} = 1.6 \times 10^5$년)은 오랜 기간 동안 보관하기에 충분히 안정하다.

비록 지표면에 우라늄−238과 토륨−232의 양은 상대적으로 풍부하지만(각각 질량으로 4 ppm과 12 ppm) 증식로의 개발은 매우 느리다. 지금까지 미국은 증식로는 보유한 것이 없고, 프랑스와 러시아 같은 다른 국가에서만 몇 기가 건설되었다. 한 가지 문제는 경제적인 것으로, 증식로는 기존 원자로보다 건설 비용이 더 비싸다. 또한 원자로의 건설과 관련하여 더 많은 기술적인 어려움이 있다. 결과적으로 최소한 미국에서는 증식로의 미래는 불확실하다.

환경론자들을 포함한 많은 사람들은 핵 분열을 매우 바람직하지 않은 에너지 생산 방법으로 보고 있다. 스트론튬−90과 같은 많은 분열 생성물은 반감기가 긴 위험한 방사성 동위 원소이다. 플루토늄−239는 핵 연료로 사용되고 증식로에서 생산되며, 가장 잘 알려진 독성 물질 중 하나이다. 그것은 24,400년의 반감기를 가지며 α−방출체이다.

사고 역시 많은 위험을 수반한다. 1979년 Pennsylvania의 Three Mile 섬 원자로에서 발생한 사고는 처음으로 원자력 발전의 잠재적 위험에 대한 대중적인 관심을 이끌어내었다. 이 경우 아주 적은 양의 방사능이 원자로로부터 유출되었지만 수리가 완료되고 안전 문제가 해결되는 동안 원자로는 10년 이상 폐쇄된 상태로 유지되었다. 불과 몇 년 후인 1986년 4월 26일 우크라이나의 체르노빌 원자력 발전소에서 원자로가 통제 불능 상태에 휩싸였다. 계속되는 화재와 폭발로 인해 많은 방사성 물질이 주변으로 방출되었다. 원자로 근처에서 일하던 사람들은 상당량의 방사선에 노출된 결과 몇 주 안에 사망하였다. 낙진에 의해 농업 및 낙농업이 피해를 입었음에도 불구하고 이 사고로 인한 방사능 낙진의 장기적인 영향은 아직까지 명확하게 평가되지 않았다. 방사선 오염으로 인한 잠재적인 암 사망자 수는 수천에서 수십만 명 이상으로 추산된다.

사고의 위험성 외에도 방사성 폐기물 처리 문제는 심지어 안전하게 가동되는 원자력 발전소에서도 만족스럽게 해결되지 못한다. 지하 매립, 해저 매장 및 심층 지질층 저장과 같은 핵 폐기물의 저장 또는 처리에 관한 많은 제안이 있었다. 그러나 이들 처리장 중 어느 것도 장기적으로 보면 절대적으로 안전하지 않다는 것이 입증되었다. 예를 들어, 방사성 폐기물이 지하수로 누출되면 인근 지역 사회를 위험하게 만들 수 있다. 이상적인 처리장은 방사능이 약간 더 많아진다고 해도 별 차이가 없을 태양일 것 같지만, 이런 종류의 작업에는 100% 신뢰할 수 있는 우주 기술이 필요하다.

위험성 때문에 원자로의 미래는 불투명하다. 21세기 세계의 에너지 요구에 대한 궁극적인 해결책으로 여겨졌던 것이 오늘날 과학 공동체와 일반 대중들에 의해 논의되고 의문이 제기되고 있다. 이와 같은 논란은 당분간 지속될 것으로 보인다.

19.6 핵 융합

핵 분열 과정과는 대조적으로 작은 핵이 결합하여 큰 핵으로 되는 **핵 융합**(nuclear fusion)은 폐기물 처리 문제로부터 크게 예외적일 수 있다.

그림 19.2는 가장 가벼운 원소의 경우 질량수가 증가함에 따라 핵 안정성이 증가하는 것을 보여준다. 이런 현상은 두 개의 가벼운 핵이 서로 결합하거나 융합되면 그 과정을 통해 상당한 양의 에너지를 방출하면서 더 크고 안정한 핵을 형성한다는 것을 암시한다. 이것은 에너지 생산을 위한 핵 융합 활용에 대한 지속적인 연구에 대한 기초가 된다.

핵 융합은 태양 속에서 끊임없이 발생한다. 태양은 주로 수소와 헬륨으로 이루어져 있다. 온도가 약 1500만°C에 달하는 태양의 내부에서는 다음과 같은 융합 반응이 일어날 것으로 믿어진다.

$$^2_1\text{H} + ^2_1\text{H} \longrightarrow ^3_2\text{He}$$
$$^3_2\text{He} + ^3_2\text{He} \longrightarrow ^4_2\text{He} + 2^1_1\text{H}$$
$$^1_1\text{H} + ^1_1\text{H} \longrightarrow ^2_1\text{H} + ^0_{-1}\beta$$

융합 반응은 오직 매우 높은 온도에서만 진행되기 때문에 그 반응은 종종 **열핵 반응**(thermonuclear reaction)이라 불린다.

에너지 생산을 위한 적절한 핵 융합 과정을 선택하는 데 있어 주요 관심사는 공정을 수행하는 데 필요한 온도이다. 일부 유용한 반응은 다음과 같다.

반응	에너지 방출
$^2_1\text{H} + ^2_1\text{H} \longrightarrow ^3_1\text{H} + ^1_1\text{H}$	6.3×10^{-13} J
$^2_1\text{H} + ^3_1\text{H} \longrightarrow ^4_2\text{He} + 2^1_0\text{n}$	2.8×10^{-12} J
$^6_3\text{Li} + ^2_1\text{H} \longrightarrow 2^4_2\text{He}$	3.6×10^{-12} J

이런 반응은 원자핵 사이의 반발력을 극복하기 위해 1억°C 정도의 매우 높은 온도에서 일어나야 한다. 첫 번째 반응은 세계의 중수소 공급이 사실상 무궁무진하기 때문에 특히 매

력적이다. 지구상의 총 물의 양은 약 1.5×10^{21} L이다. 중수소의 자연적인 존재량이 0.015%이기 때문에 존재하는 중수소의 총량은 대략 4.5×10^{21} g 또는 5.0×10^{15} ton이다. 비록 중수소를 생산하는 데 비용이 많이 들지만 그 비용은 반응에 의해 방출되는 에너지의 가치와 비교하면 최소화된다.

핵 분열 과정과는 대조적으로 핵 융합은 적어도 이론상으로는 매우 유망한 에너지 원처럼 보인다. 열 공해가 문제가 되더라도 융합은 다음과 같은 장점이 있다. (1) 연료가 싸고 거의 무궁무진하고 (2) 공정에서 방사성 폐기물이 거의 생성되지 않는다. 만일 융합 장비가 꺼진다면 붕괴의 위험 없이 완전하고 즉각적으로 종료된다.

핵 융합이 이렇게 대단하다면 왜 에너지를 생산하는 핵 융합 원자로가 하나도 없을까? 원자로를 설계하기 위한 과학적인 지식을 가지고 있음에도 불구하고 기술적인 어려움이 아직 해결되지 않았다. 근본적인 문제는 융합이 일어날 수 있도록 핵을 충분히 오랫동안 적당한 온도에서 유지하는 방법을 찾는 것이다. 약 1억°C의 온도에서 분자는 존재할 수 없고 대부분 또는 모든 원자들이 전자를 빼앗긴다. 양이온과 전자의 기체 혼합물과 같은 물질의 상태는 **플라스마**(plasma)라고 부른다. 이 플라스마를 포함하는 문제는 무시무시한 것이다. 플라스마의 양이 소량이 아니면 고체 용기는 그런 온도에서 존재할 수 없다. 고체 표면은 즉시 시료를 냉각시키고 융합 반응은 억제된다. 이 문제를 해결하기 위한 한 가지 방법은 **자기 밀폐**(magnetic confinement)를 사용하는 것이다. 플라스마는 고속으로 움직이는 하전된 입자로 구성되어 있기 때문에 자기장이 입자에 힘을 가하게 된다. 그림 19.14에서 볼 수 있듯이 플라스마는 복잡한 자기장에 의해 둘러싸인 도넛 모양의 터널을 통해 움직인다. 따라서 플라스마는 용기의 벽과 결코 충돌하지 않는다.

또 다른 유망한 설계는 융합 반응을 시작하기 위해 고전력 레이저를 사용한다. 시운전 과정에서 많은 레이저 광선이 작은 연료 알갱이에 에너지를 전달하여 그것을 가열하고 자체적인 **폭발**(implode)을 야기시킨다. 즉, 모든 면에서 안쪽으로 붕괴가 일어나고 작은 부피로 압축된다(그림 19.15). 결과적으로 융합이 일어난다. 자기 밀폐 접근법과 마찬가지로 레이저 융합 기술도 그것이 큰 규모로 실용적으로 활용되기 전에 극복해야 할 몇몇 기술적인 어려움이 있다.

핵 융합로의 설계에 내재된 기술적인 문제는 **열핵**(thermonuclear) 폭탄으로 불리는 **수소 폭탄**(hydrogen bomb)의 생산에는 아무런 영향을 미치지 않는다. 이 경우, 목적은 모든 에너지이지 제어가 아니다. 수소 폭탄은 기체 상태의 수소 또는 기체 상태의 중수소를 포함하지 않고, 매우 단단히 붙잡혀 있을 수 있는 고체 중수소화 리튬(LiD)에 포함되

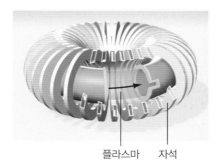

그림 19.14 Tokamak이라 불리는 자기 밀폐 설계

그림 19.15 이 소규모 융합 반응은 세계에서 가장 강력한 레이저 중 하나인 Nova를 사용하여 Lawrence Livermore 국립 연구소에서 수행되었다.

그림 19.16 열핵 폭탄의 폭발

어 있다. 수소 폭탄의 폭발은 두 단계로 진행된다. 먼저 핵 분열 반응이 일어나고 그런 다음 핵 융합 반응이 일어난다. 핵 융합에 필요한 온도는 원자 폭탄으로 얻어진다. 원자 폭탄이 폭발한 후 다음과 같은 핵 융합 반응이 일어나면서 엄청난 양의 에너지를 방출한다(그림 19.16).

$$^6_3\text{Li} + {}^2_1\text{H} \longrightarrow 2{}^4_2\alpha$$

$$^2_1\text{H} + {}^2_1\text{H} \longrightarrow {}^3_1\text{H} + {}^1_1\text{H}$$

핵 융합 폭탄은 임계 질량이 없으며 폭발력은 존재하는 반응물의 양에 의해서만 제한된다. 열핵 폭탄은 폭발로 인해 생성되는 방사성 동위 원소가 약한 β-입자 방출체($t_{1/2}=12.5$년)인 삼중수소와 분열 개시제의 생성물이기 때문에 원자 폭탄보다 "청정(cleaner)"하다고 기술되어 있다. 그러나 환경에 미치는 피해는 코발트와 같은 몇몇 비방사성 물질의 구조체를 결합시킴으로써 악화시킬 수 있다. 중성자와의 충돌에 의해 코발트(cobalt, Co)-59는 반감기가 5.2년인 매우 강한 γ선을 방출할 수 있는 코발트-60으로 전환된다. 열핵 폭발에 의한 잔해 또는 낙진에 포함되어 있는 방사성 코발트 동위 원소의 존재는 초기 폭발에서 살아 남은 생존자들에게 치명적이다.

19.7 동위 원소의 활용

방사성 동위 원소와 안정한 동위 원소들은 과학과 의학 분야에서 많이 응용되고 있다. 앞에서 반응 메커니즘[◀◀ 13.5절] 연구와 유물의 연대 측정[◀◀ 19.3절]에서 동위 원소의 사용에 대해 기술했다. 이 절에서는 몇 가지 예를 더 설명하고자 한다.

화학 분석

싸이오황산염(thiosulfate)의 화학식은 $S_2O_3^{2-}$이다. 몇 년 동안 화학자들은 두 개의 황 원자가 이온에서 동등한 위치를 점유하고 있는가에 대해 확신이 없었다. 싸이오황산염 이온은 다음과 같이 아황산염(sulfite) 이온을 황 원소로 처리하여 만들어진다.

$$SO_3^{2-}(aq) + S(s) \longrightarrow S_2O_3^{2-}(aq)$$

싸이오황산염은 묽은 산으로 처리하면 역반응이 진행된다. 아황산 이온이 다시 형성되고 황 원소는 침전된다.

$$S_2O_3^{2-}(aq) \xrightarrow{\text{H}^+} SO_3^{2-}(aq) + S(s)$$

만일 방사성인 황(sulfur, S)-35 동위 원소가 농축된 황 원소를 가지고 이 반응을 시작한다면 황 원자에 대해 동위 원소가 "표지(label)"로 작용한다. 모든 표지는 황 침전물에서 발견되고 최종 아황산염 이온에서는 발견되지 않는다. 그 결과로 $S_2O_3^{2-}$에 있는 두 개의 황 원자는 구조가 다음과 같지 않고 구조적으로 동등하지 않다.

$$\left[\ddot{\text{O}}-\ddot{\text{S}}-\ddot{\text{O}}-\ddot{\text{S}}-\ddot{\text{O}}\right]^{2-}$$

황 원자가 동등하다면 방사성 동위 원소는 황 원소 침전과 아황산 이온 모두에 존재할 것이다. 분광학적 연구를 기반으로 알려진 싸이오황산염 이온의 구조는 다음과 같다.

$$\left[\begin{array}{c} \ddot{S} \\ \| \\ :\ddot{O}-S-\ddot{O}: \\ \| \\ \ddot{O}. \end{array}\right]^{2-}$$

광합성에 대한 연구 또한 풍부한 동위 원소의 응용 분야이다. 전체적인 광합성 반응은 다음과 같이 나타낼 수 있다.

$$6CO_2 + 6H_2O \longrightarrow C_6H_{12}O_6 + 6O_2$$

13.5절에서 ^{18}O 동위 원소는 O_2의 근원을 결정하는 데 사용한다는 것에 대해 학습했다. 방사성 ^{14}C 동위 원소는 광합성에서 탄소의 경로를 결정하는 데 도움을 준다. $^{14}CO_2$는 광합성이 진행되는 동안 중간 생성물을 분리하는 것과 각각의 탄소를 포함하고 있는 화합물의 방사성 물질 양의 측정을 가능하게 한다. 이런 방식으로 다양한 중간 화합물을 통한 CO_2에서 탄수화물로의 경로가 명확하게 도식화될 수 있다. 동위 원소, 특히 화학적 또는 생물학적 과정에서 원소의 경로를 추적하는 데 사용되는 방사성 동위 원소를 **추적자**(tracer)라고 한다.

의학에서의 동위 원소

추적자는 또한 의학계에서 진단에 사용된다. 식염수로 혈류에 주입되는 소듐(sodium, Na)-24(반감기가 14.8시간인 β-방출체)는 혈액 순환을 추적하고 순환계에서 가능한 수축이나 장애를 감지하기 위해 관찰할 수 있다. 갑상선의 활동을 확인하기 위해 아이오딘(iodine, I)-131(반감기가 8일인 β-방출체)이 사용된다. 기능부전 갑상선은 $Na^{131}I$의 양을 알고 있는 용액을 마신 환자로부터 아이오딘이 정상 속도로 흡수되는지를 갑상선 바로 위에서 방사능을 측정함으로써 감지할 수 있다. 아이오딘의 또 다른 동위 원소인 아이오딘-123(γ선 방출체)은 뇌 영상화에 사용된다(그림 19.17). 그러나 이런 경우 고에너지 방사선에 의한 영구적인 손상으로부터 환자가 보호받을 수 있도록 방사성 동위 원소의 양을 최소량으로 유지해야 한다.

인공적으로 처음 합성된 원소인 테크네튬(technetium, Tc)은 핵 의학 분야에서 가장 유용한 원소 중 하나이다. 비록 테크네튬은 전이 금속이지만 모든 동위 원소는 방사성이다. 실험실에서는 다음과 같은 핵 반응에 의해 합성된다.

$$^{98}_{42}Mo + ^{1}_{0}n \longrightarrow ^{99}_{42}Mo$$

$$^{99}_{42}Mo \longrightarrow ^{99m}_{43}Tc + ^{0}_{-1}\beta$$

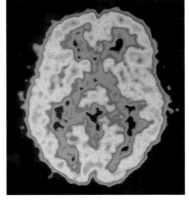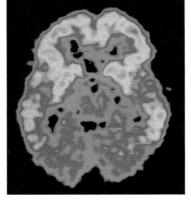

그림 19.17 정상 뇌(위)와 Alzheimer 병에 걸린 뇌(아래)의 ^{123}I 영상

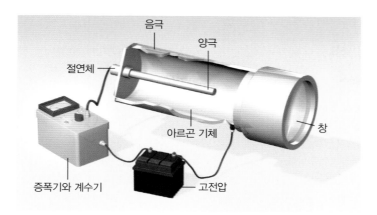

그림 19.18 Geiger 계측기의 개략도. 창을 통해 들어온 방사선(α, β 또는 γ선)은 아르곤 기체를 이온화하여 전극 사이에 작은 전류의 흐름을 발생시킨다. 이 전류는 증폭되어 빛을 깜박거리거나 찰칵 소리와 함께 계측기가 작동하는 데 사용된다.

여기서 위 첨자 "m"은 테크네튬−99 동위 원소가 **들뜬**(excited) 핵 상태에서 생성된다는 것을 의미한다. 이 동위 원소는 약 6시간의 반감기를 가지며 γ선에 의해 붕괴되어 자신의 핵 **바닥**(ground) 상태인 테크네튬−99로 된다. 따라서 그것은 귀중한 진단 도구가 된다. 환자는 ^{99m}Tc이 들어 있는 용액을 마시거나 주사된다. ^{99m}Tc에 의해 방출된 γ선을 감지함으로써 의사는 심장, 간, 폐와 같은 기관의 영상을 얻을 수 있다.

추적자로 방사성 동위 원소를 사용하는 주요 장점은 검출이 용이하다는 것이다. 매우 적은 양이 존재하더라도 사진 기술 또는 계측기라고 알려진 장비를 이용하여 검출할 수 있다. 그림 19.18은 방사선을 탐지하기 위해 과학적 연구와 의료 실험실에서 광범위하게 사용되는 Geiger 계측기이다.

19.8 방사선의 생물학적 영향

이 절에서는 생체 시스템에 대한 방사선의 영향을 간략하게 살펴보고자 한다. 그러나 먼저 방사선의 양적 측정을 정의해야 한다. 방사능의 기본 단위는 **퀴리**(curie, Ci)이다. 1 Ci는 정확하게 초당 3.70×10^{10} 핵 분열을 의미한다. 이 붕괴 속도는 라듐(Ra) 1 g의 붕괴 속도와 동일하다. **밀리퀴리**(millicurie, mCi)는 퀴리의 천분의 일이다. 따라서 탄소−14 시료의 10 mCi는 초당 $(10 \times 10^{-3})(3.70 \times 10^{10}) = 3.70 \times 10^{8}$이 붕괴되는 양이다.

방사선의 강도는 방출되는 방사선의 에너지 및 유형뿐만 아니라 분해 횟수와 관계가 있다. 흡수 선량에 대한 공통 단위 중 하나인 **rad**(radiation absorbed dose, 방사선 흡수 선량)이며, 이는 조사 물질 1 g당 1×10^{-5} J의 흡수를 초래하는 선량이다. 방사선의 생물학적 영향은 조사된 신체의 부분과 방사선의 유형에 의존한다. 이런 이유로 rad는 종종 **RBE**(relative biological effectiveness, 상대적 생물학적 효율성)라는 인자가 곱해진다. 이 결과물은 **rem**(roentgen equivalent for man, 사람에 대한 뢴트겐 당량)이라고 불린다.

$$\text{rem의 수} = \text{rad의 수} \times 1 \text{ RBE}$$

표 19.5	미국인의 연 평균 방사선량	
근원	**방사선량(mrem/년)***
우주선	20~50
지상 및 주변 환경	25
신체†	26
의료 및 치과용 X선	50~75
비행기 여행	5
무기 시험으로 인한 낙진	5
핵 폐기물	2
합계	133~188

*1 mrem＝millirem＝1×10^{-3} rem
† 신체 방사능은 음식과 공기로부터 유래된다.

세 종류의 핵 방사선 중 α 입자는 보통 최소 침투력을 가지고 있다. β 입자는 α 입자보다 더 많이 투과하지만 γ선보다는 덜 투과한다.

감마선은 매우 짧은 파장과 높은 에너지를 가지고 있다. 또한 감마선은 전하가 없기 때문에 α 및 β 입자와 같이 쉽게 물질과의 접촉을 차단함으로써 멈출 수 없다. 그러나 $\alpha-$ 또는 $\beta-$방출체를 섭취하거나 흡입하였다면 가까운 범위에서 장기가 끊임없이 손상을 입을 수 있기 때문에 손상 효과가 크게 악화된다. 예를 들어, $\beta-$방출체인 스트론튬-90은 가장 큰 손상을 줄 수 있는 뼈에서 칼슘을 대신할 수 있다.

표 19.5는 미국인 한 명이 매년 받는 방사선의 평균치를 나열하였다. 단기 방사선 노출의 경우 노출량이 50~200 rem이면 백혈구 수 및 기타 합병증을 감소시키지만, 노출량이 500 rem 이상인 경우에는 몇 주 이내에 사망할 수 있다. 현재 안전 기준은 핵 작업자가 1년에 5 rem 이하로 노출되는 것을 허용하고 있고, 일반 대중의 경우에는 인간이 만든 방사선의 최대 0.5 rem으로 명시하였다.

방사선 손상의 화학적 근거는 전리 방사선이다. 방사선(입자 또는 γ선 중 하나)은 경로에 존재하는 원자나 분자로부터 전자를 제거하여 이온과 라디칼을 형성한다. **라디칼**[radical, **자유 라디칼**(free radical)이라고도 함]은 하나 또는 그 이상의 짝짓지 않은 전자가 있는 분자 조각이다. 그들 대부분은 수명이 짧고 반응성이 매우 높다. 예를 들어, 물에 γ선을 조사하면 다음과 같은 반응이 일어난다.

$$H_2O \xrightarrow{\text{조사}} H_2O^+ + e^-$$

$$H_2O^+ + H_2O \longrightarrow H_3O^+ + \cdot OH$$
하이드록실 라디칼

전자(수화된 형태의)는 물 또는 수소 이온과 반응하여 수소 원자를 형성하고 산소와 반응하여 과산화물 이온(O_2^-)(라디칼)을 생성한다.

$$e^- + O_2 \longrightarrow \cdot O_2^-$$

조직 내에서 과산화물 이온과 기타 자유 라디칼은 세포막과 효소 및 DNA 분자와 같은 유기물을 공격한다. 유기물은 그들 자신이 직접 이온화되고 높은 에너지의 방사선에 의해 파괴될 수 있다.

높은 에너지의 방사선에 노출되면 사람이나 다른 동물들에게서 암을 유발할 수 있다는 것이 오래 전부터 알려져 왔다. 암은 조절되지 않는 세포 성장을 의미한다. 반면 암 세포는 적절한 방사선 치료로 파괴될 수 있다는 것도 잘 증명되어 있다. 방사선 요법에서는 타협

이 요구된다. 환자에게 노출된 방사선은 너무 많은 정상 세포를 죽이지 않으면서 암 세포를 파괴하는 데 충분해야 하며, 암의 다른 형태가 유발되지 않기를 기대한다.

살아있는 계에 대한 방사선 손상은 일반적으로 **신체적**(somatic) 또는 **유전적**(genetic)으로 분류된다. 신체적 상해는 살아 있는 동안 유기체에 영향을 미치는 것이다. 일광화상, 피부 발진, 암 및 백내장은 체세포 손상의 예이다. 유전적 손상은 유전 가능한 변화 또는 유전자 변이를 의미한다. 예를 들어, 염색체가 손상되었거나 방사선에 의해 변형된 사람은 기형아를 출산할 수도 있다.

생활 속의 화학

담배의 방사능

"경고: 흡연은 건강에 해롭습니다." 이와 같은 경고 표시는 미국에서 판매되는 모든 담배 포장용기에 나타나 있다. 담배 연기와 암 사이의 연관성은 오랜 시간 동안 확립되어 왔다. 그러나 흡연자에게는 또 다른 암 유발 메커니즘이 있다. 이 경우 범인은 담배가 만들어지는 담뱃잎에 있는 방사성 환경 오염 물질이다.

담배가 재배되는 토양은 우라늄과 그것의 붕괴 생성물이 풍부한 인산염 비료로 아주 많이 처리된다. 우라늄-238의 붕괴 계열의 특히 중요한 단계를 고려해 보자.

$$\ce{^{226}_{88}Ra} \longrightarrow \ce{^{222}_{86}Rn} + \ce{^{4}_{2}\alpha}$$

라돈(radon, Rn)-222의 형태인 생성물은 반응성이 없는 기체이다.(라돈은 우라늄-238의 붕괴 계열의 유일한 기체이다). 라돈-222는 라듐(radium, Ra)-226에서 발생하며, 토양 가스 및 담배를 재배하는 밭의 식물 외피 아래 공기층의 표면에서 고농축된 형태로 존재한다. 이 층에서 폴로늄-218과 납-214와 같은 라돈-222의 딸들이 담뱃잎의 표면과 내부에 단단히 부착된다. 그림 19.3에서 볼 수 있듯이 이후 몇 번의 붕괴 반응이 납-210의 형성을 **빠르게** 한다. 점차 방사성 납-210의 농도는 상당히 높아질 수 있다.

담배를 피우는 동안 작은 불용성 연기 입자가 흡입되어 흡연자의 호흡 기관에 고정되고 결국 간, 비장과 골수와 같은 곳으로 운반되고 저장된다. 측정치는 이런 입자들에서 납-210의 높은 함량을 나타낸다. 납-210의 함량은 화학적으로 위험할 정도로 높지는 않지만[**납 중독**(lead poisoning)을 일으키는 데 충분하지 않음] 방사성이기 때문에 위험하다. 반감기(20.4년)가 길기 때문에 납-210과 그것의 방사성 딸[비스무트(bismuth, Bi)-210과 폴로늄-210]은 수년 동안 흡연자의 몸속에 계속 축적된다. 기관과 골수를 α- 및 β-입자 방사선에 지속적으로 노출시키면 흡연자는 암이 발생할 확률이 높아진다. 건강에 미치는 전반적인 영향은 실내 라돈 기체로부터 기인한 영향과 유사하다.

연습문제

배운 것 적용하기

BNCT 이외에도 뇌 종양에 대한 또 다른 유망한 치료법은 아이오딘−125를 사용하는 근접 치료법이다. 근접 치료법에서는 ^{125}I를 포함하는 "씨앗(seed)"이 종양에 직접 이식된다. 방사성 동위 원소가 붕괴됨에 따라 γ선은 종양 세포를 파괴한다. 주의해서 이식하면 주변의 건강한 세포는 방사선에 의한 손상이 일어나지 않는다.

근접 치료법 씨앗(크기를 설명하기 위해 penny와 함께 나타냈다.)

문제

(a) ^{125}I는 두 단계 과정에 의해 생성된다. ^{124}Xe 핵이 중성자와의 충돌에 의해 ^{125}Xe를 생성시키는데, 이 과정을 중성자 **활성화**(neutron activation)라고 한다. 그런 다음 ^{125}Xe는 전자 포획에 의해 붕괴되어 ^{125}I를 생성하고, 또한 ^{125}I는 전자 포획에 의해 붕괴된다. ^{124}Xe로부터 ^{125}I가 생성되는 두 단계에 대한 핵 반응식을 쓰고, ^{125}I의 전자 포획 붕괴 생성물을 확인하시오[◀◀ 예제 19.1].

(b) ^{125}I 핵의 질량은 124.904624 amu이다. 핵 결합 에너지와 핵자당 핵 결합 에너지를 계산하시오[◀◀ 예제 19.2].

(c) ^{125}I 핵의 반감기는 59.4일이다. 이식된 ^{125}I 씨앗의 활성이 원래 값의 5.00%로 떨어지려면 얼마나 오래 걸릴까[◀◀ 예제 19.3]?

(d) 이리듐(iridium, Ir)−192는 근접 치료법에 사용되는 또 다른 하나의 동위 원소이다. 이것은 핵 변화에 의해 생성된다. 목표 핵 X를 확인하고, ^{191}X$(n,\gamma)^{192}$Ir로 표현되는 반응에 대한 균형 맞춤 핵 반응식을 쓰시오[◀◀ 예제 19.5].

19.1절: 핵과 핵 반응

19.1 다음에 주어진 핵 반응식을 완성하고 각 경우에서 X를 결정하시오.

(a) $^{26}_{12}\text{Mg} + ^1_1\text{p} \longrightarrow \alpha + \text{X}$

(b) $^{59}_{27}\text{Co} + ^2_1\text{H} \longrightarrow ^{60}_{27}\text{Co} + \text{X}$

(c) $^{235}_{92}\text{U} + ^1_0\text{n} \longrightarrow ^{94}_{36}\text{Kr} + ^{139}_{56}\text{Ba} + 3\text{X}$

(d) $^{53}_{24}\text{Cr} + ^4_2\alpha \longrightarrow ^1_0\text{n} + \text{X}$

(e) $^{20}_8\text{O} \longrightarrow ^{20}_9\text{F} + \text{X}$

19.2절: 핵 안정성

19.2 우라늄−235 핵의 반지름은 약 7.0×10^{-3} pm이다. 핵의 밀도를 g/cm^3 단위로 계산하시오.(원자량은 235 amu로 가정한다.)

19.3 각 원소 쌍에 대해 어느 것이 더 안정한 동위 원소인지 예상하시오.

(a) Co 또는 Ni

(b) F 또는 Se

(c) Ag 또는 Cd

19.4 다음 반응을 고려하여 H_2가 형성되었을 때, mol당 질량 변화를 kg 단위로 계산하시오.

$$\text{H}(g) + \text{H}(g) \longrightarrow \text{H}_2(g)$$
$$\Delta H° = -436.4 \text{ kJ/mol}$$

19.5 다음에 주어진 동위 원소의 핵자당 핵 결합 에너지와 결합 에너지를 J 단위로 계산하시오.

(a) $^7_3\text{Li}(7.01600 \text{ amu})$

(b) $^{35}_{17}\text{Cl}(34.96885 \text{ amu})$

19.6 ^{48}Cr의 핵 결합 에너지는 1.37340×10^{-12} J/핵자로 주어진다. ^{48}Cr 원자 하나의 질량을 계산하시오.

19.3절: 천연 방사능

19.7 다음 방사성 붕괴 계열의 공란을 채우시오.

(a) $^{232}\text{Th} \xrightarrow{\alpha} \underline{\quad} \xrightarrow{\beta} \underline{\quad} \xrightarrow{\beta} {}^{228}\text{Th}$

(b) $^{235}\text{U} \xrightarrow{\alpha} \underline{\quad} \xrightarrow{\beta} \underline{\quad} \xrightarrow{\alpha} {}^{227}\text{Ac}$

(c) $\underline{\quad} \xrightarrow{\alpha} {}^{233}\text{Pa} \xrightarrow{\beta} \underline{\quad} \xrightarrow{\alpha}$

19.8 Tl-206의 Pb-206에 대한 방사성 붕괴는 4.20분의 반감기를 갖는다. Tl-206의 5.00×10^{22}원자로 시작하여 42.0분 후 남은 원자 수를 계산하시오.

19.9 목조 공예품은 ^{14}C의 분해능이 분당 18.9붕괴이며 살아 있는 나무의 경우 분당 27.5붕괴이다. ^{14}C의 반감기가 5715년이라고 주어질 때, 공예품의 연대를 결정하시오.

19.10 A $\longrightarrow$ B $\longrightarrow$ C $\longrightarrow$ D와 같은 붕괴 계열을 고려할 때, 여기서 A, B, C는 방사성 동위 원소로 이들의 반감기는 각각 4.50초, 15.0일, 1.00초이다. 그리고 D는 비방사성이다. A는 1.00 mol, 그리고 B, C, D는 없는 상태에서 출발할 때, 30일 후 남아 있는 A, B, C, D의 mol을 계산하시오.

19.11 어떤 동물의 뼈의 연대가 탄소-14 연대 측정에 의해 8.4×10^3년되었다고 확인되었다. 원래 활동도가 1 g당 1분당 15.3붕괴라고 주어질 때, 뼈에 있는 탄소-14의 1 g당 1분당 붕괴 속도를 계산하시오.(탄소-14의 반감기는 5715년이다.)

19.12 1.7×10^8년된 암석에서 ^{238}U과 ^{206}Pb의 비를 결정하시오.(^{238}U의 반감기는 4.51×10^9년이다.)

19.4절: 핵 변환

19.13 다음에 주어진 반응에 대해 축약된 형태로 나타내시오.
(a) $^{14}_{7}\text{N} + ^{4}_{2}\alpha \longrightarrow ^{17}_{8}\text{O} + ^{1}_{1}\text{p}$
(b) $^{9}_{4}\text{Be} + ^{4}_{2}\alpha \longrightarrow ^{12}_{6}\text{C} + ^{1}_{0}\text{n}$
(c) $^{238}_{92}\text{U} + ^{2}_{1}\text{H} \longrightarrow ^{238}_{93}\text{Np} + 2^{1}_{0}\text{n}$

19.14 다음에 주어진 반응에 대해 축약된 형태로 나타내시오.
(a) $^{40}_{20}\text{Ca} + ^{2}_{1}\text{H} \longrightarrow ^{41}_{20}\text{Ca} + ^{1}_{1}\text{p}$
(b) $^{32}_{16}\text{S} + ^{1}_{0}\text{n} \longrightarrow ^{32}_{15}\text{P} + ^{1}_{1}\text{p}$
(c) $^{239}_{94}\text{Pu} + ^{4}_{2}\alpha \longrightarrow ^{242}_{96}\text{Cm} + ^{1}_{0}\text{n}$

19.15 연금술사들의 오랜 기간 동안 소중히 간직해 온 꿈은 값이 싸고 더 풍부한 요소들로부터 금을 생산하는 것이었다. 이 꿈은 $^{198}_{80}\text{Hg}$가 중성자 충돌에 의해 금으로 변환되었을 때 마침내 실현되었다. 이 반응에 대한 균형 맞춤 핵 반응식을 쓰시오.

19.7절: 동위 원소의 활용

19.16 다음과 같은 산화-환원 반응을 고려해 보자.
$$\text{IO}_4^-(aq) + 2\text{I}^-(aq) + \text{H}_2\text{O}(l) \longrightarrow$$
$$\text{I}_2(s) + \text{IO}_3^-(aq) + 2\text{OH}^-(aq)$$
방사성 아이오딘-128로 표지된 아이오딘 이온을 포함한 용액에 KIO_4가 첨가되었을 때, 모든 방사능은 I_2에서 나타나고 IO_3^- 이온에서는 나타나지 않았다. 산화-환원 과정에 대한 메커니즘을 통해 무엇을 추론할 수 있는가?

19.17 혈액 내에서 산소를 운반하는 헤모글로빈의 각 분자는 4개의 철(Fe) 원자를 포함하고 있다. 특정 식품에 포함되어 있는 철이 헤모글로빈으로 전환되었음을 보여주기 위해 방사성 $^{59}_{26}\text{Fe}(t_{1/2} = 46$일)을 어떻게 사용하는지 설명하시오.

추가 문제

19.18 스트론튬-90은 우라늄-235의 핵 분열 생성물 중 하나이

다. 이 스트론튬 동위 원소는 방사성이고 반감기는 28.1년이다. 1.00 g의 동위 원소가 붕괴에 의해 0.200 g으로 감소되는 데 걸리는 시간(년 단위)을 계산하시오.

19.19 삼중수소(^{3}H)는 방사성이고 전자 포획에 의해 붕괴된다. 이 물질의 반감기는 12.5년이다. 일반적인 물에서 ^{1}H와 ^{3}H의 비는 1.0×10^{17} 대 1이다.
(a) 삼중수소 붕괴에 대한 균형 맞춤 핵 반응식을 쓰시오.
(b) 물 시료 1.00 kg에서 분당 몇 번의 붕괴가 관찰될까?

19.20 다음 반응식은 원자 폭탄의 폭발에 기인한 것으로 알려진 핵 반응식이다. X를 확인하시오.
(a) $^{235}_{92}\text{U} + ^{1}_{0}\text{n} \longrightarrow ^{140}_{56}\text{Ba} + 3^{1}_{0}\text{n} + \text{X}$
(b) $^{235}_{92}\text{U} + ^{1}_{0}\text{n} \longrightarrow ^{144}_{55}\text{Cs} + ^{90}_{37}\text{Rb} + 2\text{X}$
(c) $^{235}_{92}\text{U} + ^{1}_{0}\text{n} \longrightarrow ^{87}_{35}\text{Br} + 3^{1}_{0}\text{n} + \text{X}$
(d) $^{235}_{92}\text{U} + ^{1}_{0}\text{n} \longrightarrow ^{160}_{62}\text{Sm} + ^{72}_{30}\text{Zn} + 4\text{X}$

19.21 다음 주어진 반응에 대한 완전한 핵 반응식을 쓰시오.
(a) 삼중수소(^{3}H)는 β 붕괴를 한다.
(b) ^{242}Pu는 α 입자를 방출한다.
(c) ^{131}I는 β 붕괴를 한다.
(d) ^{251}Cf는 α 입자를 방출한다.

19.22 7A족의 마지막 원소인 아스타틴(astatine, At)은 비스무트-209와 α 입자를 충돌시켜 얻을 수 있다.
(a) 반응에 대한 반응식을 쓰시오.
(b) 19.4절에서 논의된 것과 같이 반응식의 축약된 형태를 나타내시오.

19.23 (a) 핵이 구형의 형태라면 핵의 반지름(r)은 질량수(A)의 세제곱근에 비례한다는 것을 알 수 있다.
(b) 일반적으로 핵의 반지름은 $r = r_0 A^{1/3}$으로 주어지고 비례 상수 r_0는 1.2×10^{-15} m으로 주어진다. ^{238}U 핵의 부피를 계산하시오.

19.24 (a) U-238 동위 원소가 Th-234로 붕괴될 때 방출되는 에너지를 계산하시오. 원자 질량은 다음과 같다.
U-238: 238.05078 amu, Th-234: 234.03596 amu, He-4: 4.002603 amu
(b) 문제 (a)에서 방출된 에너지는 Th-234 핵과 α 입자의 반발에 의해 운동 에너지로 변환된다. 어느 것이 더 빨리 멀어질까? 설명하시오.

19.25 Curie의 정의에서 ^{226}Ra의 몰질량이 226.03 g/mol이고 반감기가 1.6×10^3년일 경우 Avogadro 수를 계산하시오.

19.26 방사성 탄소를 이용한 연대 측정의 유효성은 6만 년을 넘지 않는 것으로 제한되어 있다. 시료에 원래 존재하던 탄소-14의 몇 %가 기간 이후에 남아 있는가?

19.27 기존 잠수함에 비해 원자력 잠수함의 두 가지 장점을 제안하시오.

19.28 체르노빌 원전 사고로 방출된 방사선에 노출된 결과 인체의 아이오딘-131의 방사선량이 7.4 mC($1 \text{ mC} = 1 \times 10^{-3}$ Ci)이다. 속도$= \lambda N$ 관계를 이용하여 이 방사능에 상응하는 아이오딘-131의 원자 수를 계산하시오. (^{131}I의 반감기는 8.1일이다.)

19.29 1997년 러시아의 핵 연구소에서 어떤 과학자가 고농축 우

라듐-235 표면에 얇은 구리 조각을 올려 놓았다. 갑자기 엄청난 양의 방사능이 폭발해 공기가 파랗게 변했다. 3일 후 과학자는 방사선 피폭으로 사망했다. 사고의 원인을 설명하시오.(힌트: 구리는 중성자를 반사하는 데 효과적인 금속이다.)

19.30 반감기가 1.3×10^9년인 방사성 동위 원소 시료 0.0100 g은 분당 2.9×10^4붕괴로 감소한다. 이 동위 원소의 몰질량을 계산하시오.

19.31 지난 20년 동안 원소 110번부터 118번까지 합성되었다고 보고되었다. 110번 원소는 ^{62}Ni과 ^{208}Pb을 충돌시켜 합성하였고, 111번 원소는 ^{64}Ni과 ^{209}Bi를 충돌시켜 합성하였고, 112번 원소는 ^{66}Zn과 ^{208}Pb을 충돌시켜 합성하였고, 114번 원소는 ^{48}Ca과 ^{244}Pu을 충돌시켜 합성하였고, 115번 원소는 ^{48}Ca과 ^{243}Am을 충돌시켜 합성하였고, 116번 원소는 ^{48}Ca과 ^{248}Cm을 충돌시켜 합성하였고, 117번 원소는 ^{48}Ca과 ^{249}Bk을 충돌시켜 합성하였고, 118번 원소는 ^{48}Ca와 ^{249}Cf을 충돌시켜 합성하였다. 각 합성에 대한 반응식을 쓰고, 이들 원소의 화학적 성질을 예측하시오.

19.32 전자 및 양전자는 입자 가속기에서 충돌하기 전에 거의 빛의 속도로 가속된다. 충돌의 결과로 양성자의 몇 배의 질량을 갖는 화려한 입자가 생성된다. 이 결과가 질량 보존의 법칙에 위배되는지 설명하시오.

19.33 와인의 성분들 중 탄소, 수소 그리고 산소 원자가 포함되어 있다. 와인 한 병이 약 6년 전에 봉인되었다. 방사성 동위 원소 연대 측정 연구를 통해 연대를 확인하려면 어떤 원소를 선택해야 하는가? 각 동위 원소의 반감기는 ^{14}C: 5715년, ^{15}O: 124초, ^3H: 12.5년이다. 방사성 동위 원소의 활성은 병이 봉인되었을 때 알려졌다고 가정한다.

19.34 어린 나무에서 얻은 시료의 탄소-14의 붕괴 속도는 시료 1 g당 초당 0.260붕괴이다. 고고학적 발굴에서 얻은 대상으로부터 채취된 목재 시료의 붕괴 속도는 시료 1 g당 초당 0.186붕괴로 나타났다. 이 물체의 연대는 얼마인가?

19.35 체르노빌 사고 이후 원자로 현장 근처에서 사는 사람들은 안전 예방 조치로 다량의 아이오딘화 포타슘을 섭취해야만 했다. 이 조치의 화학적 근거는 무엇인가?

19.36 지구상에 존재하는 가장 풍부한 방사성 원소 중 두 가지를 확인하시오. 그 원소들이 아직까지 존재하는 이유를 설명하시오.(Sheffield 대학과 영국의 WebElements사의 webelements.com과 같은 웹 사이트를 참조할 수 있다.)

19.37 방사성 물질의 양은 대개 질량보다는 그것의 분해능(curie 또는 millicurie로 측정)에 의해 측정된다. 뇌 스캔 과정에서 70 kg의 환자는 반감기가 6.0시간이고 γ선 광자의 방출에 의해 붕괴되는 20.0 mCi의 ^{99m}Tc이 주사되었다. 이 광자의 RBE는 0.98이고 광자의 2/3만 체내에 흡수된다면 환자가 받은 rem 선량을 계산하시오. 모든 ^{99m}Tc 핵 붕괴는 체내에서 이루어진다고 가정한다. γ선 광자의 에너지는 2.29×10^{-14} J이다.

19.38 방사성 붕괴에 의해 생성된 알파 입자는 결국 주변으로부터 전자를 끌어들여 헬륨 원자를 형성한다. 순수한 ^{226}Ra 1.00 g이 125년 동안 밀폐된 용기 안에 보관되었을 때 STP 상태에서 수집된 He의 부피를 mL 단위로 계산하시오.(^{206}Pb으로 붕괴될 때 ^{226}Ra당 5개의 α 입자가 생성된다고 가정하시오.)

종합 연습문제

물리학과 생물학

심장 박동기에 사용되는 ^{238}Pu 방사성 동위 원소는 반감기가 86년이고 α 입자를 방출하면서 붕괴된다. 방출되는 α 입자의 에너지는 붕괴당 에너지인 9.0×10^{-13} J이다. 10년 후, 동위 원소의 활성은 8.0% 감소한다.(힘은 watts 또는 J/s로 측정한다.)

1. 붕괴에 대한 속도 상수는 얼마인가?

   a) 2.6×10^{-10}초$^{-1}$ b) 86년$^{-1}$

   c) 2.7×10^{-9}초$^{-1}$ d) 0.012년$^{-1}$

2. 붕괴 과정에 대한 반응식을 확인하시오.

   a) $^{238}Pu \longrightarrow {}^{236}Pu + \alpha$ b) $^{238}Pu + \alpha \longrightarrow {}^{234}U$

   c) $^{238}Pu \longrightarrow {}^{234}U + \alpha$ d) $^{238}Pu \longrightarrow {}^{234}Pu + \alpha$

3. 모든 α 입자의 에너지가 심장 박동기를 작동하는 데 사용되었다고 가정할 때 시간 $t = 0$과 $t = 10$년에서의 출력을 계산하시오. 초기에는 심장 박동기 안에 1.0 mg의 ^{238}Pu가 존재한다.

   a) 0.081 mW, 0.075 mW

   b) 2.6×10^{-10} mW, 2.4×10^{-10} mW

   c) 1.0 mW, 0.92 mW

   d) 0.58 mW, 0.53 mW

4. 출력이 초깃값의 80%로 떨어지려면 얼마나 걸리는가?

   a) 28년   b) 69년

   c) 86년   d) 43년

예제 속 추가문제 정답

19.1.1 (a) $^{78}_{34}\text{Se}$ (b) $^{5}_{3}\text{Li}$ (c) $^{1}_{0}\text{n}$

19.1.2 (a) $^{244}_{95}\text{Am}$ (b) $^{234}_{90}\text{Th}$ (c) $^{14}_{6}\text{C}$

19.2.1 2.6280×10^{-10} J, 1.2574×10^{-12} J/핵자

19.2.2 196.9665 amu

19.3.1 9.3×10^3년

19.3.2 1.0×10^1 dps

19.4.1 6.6×10^8년

19.4.2 5.7×10^{-2} mg

19.5.1 $^{106}_{46}\text{Pd} + ^{4}_{2}\text{He} \longrightarrow ^{1}_{1}\text{H} + ^{109}_{47}\text{Ag}$

19.5.2 $^{33}_{17}\text{Cl}(\text{n}, ^{3}_{2}\text{He})^{31}_{15}\text{P}$

어느 것이 더 중요한가: 형식 전하 또는 팔전자 규칙?

평형에 도달한 계에서 정방향과 역방향의 과정이 계속 진행되고 있는 것을 어떻게 알 수 있는가?

반응 물질과 생성 물질의 농도가 평형에 도달한 계에서는 일정하게 유지되기 때문에 반응이 간단히 멈춘 것으로 보일 수 있다. 사실, 평형은 정방향과 역방향이 계속 진행되고 있는 동역학적 상태이다. 이것을 설명하는 실험은 일반적인 아이오딘화 은 포화 용액에 방사성 동위 원소 I−131을 갖는 고체 아이오딘화 은을 첨가하는 것이다. 평형 상태가 녹는 과정이 중단된다면 용액은 이미 포화 상태이기 때문에 추가로 녹는 고체(Ag^{131}I)를 기대할 수 없다. 그러나 AgI의 포화 용액에 고체 Ag^{131}I을 첨가한 뒤 바로 방사성 동위 원소 아이오딘 이온($^{131}\text{I}^-$)이 용액에서 관찰된다. 더욱이 이들 이온은 용액과 고체 사이에서 분배가 진행된다.

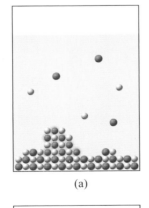
(a)

(b)

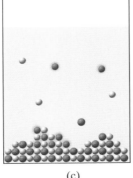
(c)

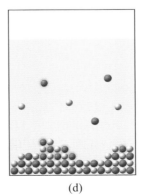
(d)

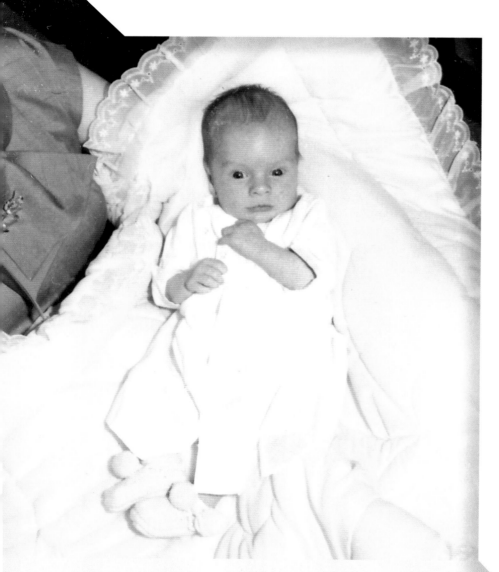

CHAPTER

20

유기 화학

Organic Chemistry

이 아기는 1950년대 말에서 1960년대 초에 미국에서 태어난 수백만 건강한 아기 중의 한 명으로서 1958년 생이다. 이 시기에 다른 나라에서 태어난 수천 명의 아기들은 탈리도마이드라는 약으로 인한 끔찍한 선천성 결함을 겪었다.

유기 화학의 중요성과 신약의 개발

1957년부터 탈리도마이드(thalidomide)는 입덧으로 고생하는 임신부들에게 수면제와 메스꺼움에 대한 약으로 전 세계적으로 48개국에 시판되었다. 하지만, 이후 1962년까지 이 약은 끔찍한 출산 기형과 수 많은 태아 사망의 원인으로 밝혀졌다. 탈리도마이드는 척추와 사지 발육에 관여하여 10,000명 이상의 유아가 심각한 척추 기형과 사지 변형이나 사지가 없는 형태로 태어났다. 대부분의 희생자들은 임신 초기 때 탈리도마이드 한 정만 복용했다고 보고된 임신부에게서 태어났다. 당시 탈리도마이드는 미국에서 사용이 승인되지 않았으나, 이와 같이 전 세계적으로 일어난 비극은 미 의회로 하여금 **FDA**가 신약의 시행이나 승인에 대해 더 많은 규제를 하도록 하는 새로운 법을 제정하도록 했다.

1998년 8월, FDA는 탈리도마이드를 한센병의 고통스러운 염증성 피부질환인 **나병 결절홍반**(erythema nodosum leprosum, ENL)의 치료제로서 승인하였다. 이 승인은 논쟁거리가 되었는데 왜냐하면 이 약의 불명예스러운 과거 때문이었다. 하지만 탈리도마이드는 특정 암의 합병증, AIDS, 루푸스나 류마티스 관절염과 같은 몇몇 자가면역질환을 포함한 고통스럽고 병세가 악화되는 여러 질환의 치료제로서는 매우 희망적이었다. 탈리도마이드와 관련된 위험성 때문에 연구자들은 화학적으로 구조가 충분히 비슷하여 같은 치료 효과를 갖는 반면, 동일한 구조는 아니라서 바람직하지 않거나 위험한 성질을 갖지 않도록 하는 **유사**(analogue) 신약을 개발하여 왔다. 이러한 두 가지 유사 신약으로는 현재 레날리도마이드(lenalidomide)와 CC-4047이 연구되고 있다. 구조는 다음과 같다.

> **학생 노트**
> 탈리도마이드는 FDA의 한 의사의 경계심으로 인해 미국에서는 승인되지 않았다. 그녀는 약의 안정성에 대한 부적절한 연구로 고생하였으며, 제약사의 승인 요구 압박에도 불구하고 신념 있게 승인을 거부하였다.

> 이 장의 끝에서 탈리도마이드, 레날리도마이드, CC-4047에 대한 질문에 답할 수 있게 될 것이다[▶▶ 배운 것 적용하기, 899쪽].

탈리도마이드　　　　레날리도마이드　　　　CC-4047

레날리도마이드와 CC-4047과 같은 신약을 연구하는 과학자들은 반드시 **유기 화학**의 원리와 개념을 이해해야만 한다.

20.1 탄소는 왜 다른가?

유기 화학은 보통 탄소를 포함하는 화합물에 대한 연구로 정의된다. 이 정의는 하지만 완전히 정확하지는 않다. 왜냐하면 이것들은 사이안화물(cyanide), 사이안화 착물들 (cyanate complexes), 그리고 금속 카보네이트(metal carbonate)들도 포함하지만 이것들은 **무기물**로 생각되기 때문이다. 좀 더 유용한 유기 화학의 정의는 탄소와 수소를 함유하는 화합물에 대한 연구이다. 비록 많은 유기 화합물들이 산소, 황, 질소, 인 또는 할로젠 원소들을 포함하고 대부분 수소는 포함하지 않는다. 대표적 유기 화합물들은 다음과 같은 것들이다.

$$CH_4 \qquad C_2H_5OH \qquad H_2C_5H_6O_6 \qquad CH_3NH_2 \qquad CCl_4$$
메테인   에탄올   아스코브르산   메틸아민   사염화 탄소

유기 화학의 연구 초기에는 식물, 동물 등 살아 있는 생명체를 구성하는 화합물들과 바위 같은 무생물들로부터 유래된 화합물들과 근본적인 차이가 있다고 생각됐다. 식물이나 동물들로부터 얻은 화합물들은 **유기물**(organic)이라고 불리는 반면에, 무생물에서 얻은 화합물은 **무기물**(inorganic)이라고 불렸다. 사실 19세기 초반기까지 과학자들은 오직 자연만이 유기 화합물을 만들어 낼 수 있다고 믿었다. 그러나 1829년에 Friedrich Wöhler가 사이안화 납과 암모니아 수를 결합시켜서 유명한 유기 물질인 요소를 합성하였다.

$$Pb(OCN)_2 + 2NH_3 + 2H_2O \xrightarrow{\Delta} 2NH_2CONH_2 + Pb(OH)_2$$
요소

Wöhler의 요소 합성은 유기 화합물이 무기 물질과 근본적으로 다르다는, 즉 자연만이 만들 수 있다는 개념을 몰아냈다. 이제 수많은 유기 화합물들이 실험실에서 합성될 수 있다는 것을 알게 되었다. 사실 매년 실험실에서 수천 종의 새로운 유기 화합물들이 만들어지고 있다. 이 장에서는 생물학적으로 중요한 여러 형태의 유기 화합물들을 다룰 것이다.

독특한 특성 때문에 탄소는 수백만 개의 서로 다른 화합물을 형성할 수 있다. 주기율표에서 탄소의 위치(4A족, 2주기)는 다음의 일련의 특징을 갖도록 하였다.

- 탄소의 전자 배치($[He]2s^2 2p^2$)는 효과적으로 <u>이온 형성</u>을 억제시킨다. 이것과 탄소의 전자 배치, 금속과 비금속 사이의 중간 정도인 탄소의 전기 음성도는 탄소로 하여금 거의 모든 화합물에서 전자들을 공유하여 팔전자계를 완성한다. 거의 모든 화합물에서 탄소는 4개의 공유 결합을 형성하여 최대 4개의 서로 다른 방향으로 정렬하도록 한다.

> **학생 노트**
> 비활성 기체와 같은 전자 배치의 이온을 형성하기 위해 탄소 원자는 4개의 전자를 얻거나 잃어야 한다[◀◀ 7.5절]. 하지만 이러한 현상은 보통의 조건에서는 에너지적으로 불가능하다. 이는 탄소가 이온을 형성할 수 없다는 말은 아니다. 하지만 대다수의 화합물에서 탄소는 전자들을 얻거나 잃는 대신 전자를 공유하여 완전한 팔전자계를 이룬다.

메테인
(4 σ 결합)

폼알데하이드
(3 σ 결합과 1 π 결합)

이산화 탄소
(2 σ 결합과 2 π 결합)

붕소와 질소는 각각 3A족과 5A족에 위치한 탄소의 이웃이지만 공유 결합을 또한 형성한다. 그러나 붕소와 질소는 탄소보다 더 쉽게 이온을 형성한다.

- 탄소의 작은 원자 반경은 원자들을 더욱 밀착하게 하여 짧고 **강한** 탄소−탄소 결합과 **안정한** 탄소 화합물을 만든다. 덧붙여서 sp나 sp^2 혼성된 탄소 원자들은 서로 밀착하여 홀로 채워진 비혼성화된 p 궤도들이 효과적으로 겹쳐져서 상대적으로 강한 π 결합을 형성하게 한다[◀◀ 9.5절]. 같은 그룹의 원소들은 일반적으로 비슷한 화학적 성질을 보인다는 것을 기억하자[◀◀ 2.4절]. 그러나 규소 원자들은 탄소 원자보다 크기 때문에 규소 원자들이 그들의 비혼성화된 p 궤도를 유효하게 겹칠 정도로 서로 접근할 수 없다. 그 결과, 매우 소수의 화합물들이 다음에 보듯 규소 원자들 사이에 유효한 π 결합을 이룬다.

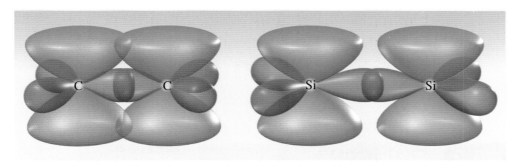

에테인

다이실레인

- 탄소의 최외각 전자들은 d 궤도가 없는 두 번째 껍질($n=2$)에 있다. 반면 규소의 최외각 전자들은 세 번째 껍질($n=3$)에 있고 거기에 d 궤도가 있다. 이 d 궤도들은 다른 물질의 비공유 전자쌍에 의해 채워지거나 공격을 받게 되어 반응이 일어나는 것이다. 이러한 반응성 때문에 규소 화합물들은 유사한 탄소 화합물보다 훨씬 덜 안정하게 된다. 예를 들면, 에테인(CH_3-CH_3)은 물과 공기 중에서 안정하지만 다이실레인(SiH_3-SiH_3)은 불안정해서 물에서 소멸되며 공기 중에서 자발적으로 불이 붙는다.

이 성질들은 탄소가 사슬(곧은 사슬, 굽은 사슬, 고리화)을 형성할 수 있도록 하여 단일, 이중, 삼중의 탄소−탄소 결합을 생성할 수 있게 한다. 탄소가 사슬을 형성하는 것을 **사슬화**(catenation)라고 한다. 따라서 탄소 원자들의 어떠한 수나 배열을 갖는 거의 무한한 유기 화합물의 배열을 낳는다. 각 화합물에서 탄소 원자는 결합한 다른 탄소 원자의 수에 의해 분류될 수 있다. 다른 한 개의 탄소 원자와 결합된 탄소 원자를 **1차**(primary) 탄소라 하고, 다른 두 개의 탄소 원자와 결합된 탄소 원자를 **2차**(secondary) 탄소, 다른 세 개의 탄소 원자와 결합된 탄소 원자를 **3차**(tertiary)탄소, 다른 네 개의 탄소 원자와 결합된 탄소를 **4차**(quaternary)탄소라고 한다. 이 네 가지 종류의 탄소 원자들을 각각 1°, 2°, 3°, 4°라고 구분한다. 각 네 종류의 탄소는 다음의 구조에서 보여진다.

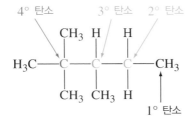

9장에서 나왔던 중요한 유기 분자들 중의 하나가 벤젠(C_6H_6)이다. 벤젠에 관련되어 있거나 하나 또는 둘 이상의 벤젠 고리를 포함하는 유기 화합물을 **방향족**(aromatic) 화합물이라고 한다. 방향족 화합물이 아닌 유기 분자들을 **지방족**(aliphatic) 화합물이라고 한다.

벤젠 페놀 신남알데하이드(cinnamaldehyde)

방향족 화합물들

에탄올 뷰티르산(butyric acid) 아세톤

지방족 화합물들

20.2 유기 화합물

유기 분자들은 거의 무한정이다. 2장에서 우리는 알케인(alkane)을 공부하였는데, 이는 유기 화합물들이 단일 결합만으로 구성되어 있으며 탄소와 수소로만 이루어진다. 수많은 종류의 유기 화합물들은 다음의 이유로 각각의 특징을 갖는다.

1. 스스로 결합을 통해 사슬을 형성하는 탄소의 능력
2. 탄소와 수소 이외의 원소들의 존재
3. 작용기
4. 다중 결합

학생 노트
작용기는 많은 분자의 성질을 규정 짓는 원자들의 그룹이다 [◀◀ 2.7절].

유기 화합물의 종류

이 절에서는 여러 종류의 유기 화합물들을 다룰 것이고 어떻게 표현하는지 다룰 것이다. C_3H_6O의 두 종류의 이성질체를 생각해 보자.

학생 노트
이성질체는 같은 화학식을 갖지만 다른 화합물임을 기억하자 [◀◀ 9.2절].

$$CH_3CH_2CH \quad \quad CH_3CCH_3$$

프로판알데하이드(propanaldehyde) 아세톤

두 개의 이성질체가 똑같은 원자들을 갖고 있지만, 원자들의 배열이 달라서 두 개의 다른 화합물이 된다. 첫 번째는 **알데하이드**(aldehyde)로서 프로판알이라고 불린다. 두 번째는 **케톤**(ketone)으로서 아세톤이라고 불린다. 알데하이드와 케톤은 유기 화합물의 두 가지 부류이다. 이 장에서 논의할 유기 화합물의 종류는 알코올(alcohol), 카복실산(carboxylic acid), 알데하이드(aldehyde), 케톤(ketone), 에스터(ester), 아민(amine), 아마이드(amide) 등이다.

일련의 유기 화합물들은 원자들의 작용기들을 정확하게 보여 주고 나머지 분자 부분은 하나 또는 이상의 R(여기서 R은 알킬기를 나타낸다)로 표현하는 일반식으로 종종 표기된다. **알킬기**(alkyl group)는 알케인과 공통점이 있는 분자의 일부분이다. 사실, 알킬기는 상응하는 알케인에서 하나의 수소 원자를 제거하여 형성된다. 예를 들어, **메틸기**(methyl group, $-CH_3$)는 메테인(CH_4)에서 수소 원자 하나를 제거하여 형성된 것으로서 가장 간단한 알케인이다. 메틸기는 많은 유기 분자들에서 발견된다. 표 20.1은 가장 간단한 알킬기들을 나열하였다. 표 20.2는 이 장에서 토론할 유기 화합물들의 각 종의 일반식과 각 작용기의 Lewis 구조를 나타내고 있다.

표 20.1	알킬기	
이름	**식**	**모델**
메틸(methyl)	$-CH_3$	
에틸(ethyl)	$-CH_2CH_3$	
프로필(propyl)	$-CH_2CH_2CH_3$	
아이소프로필 (isopropyl)	$-CH(CH_3)_2$	
뷰틸(butyl)	$-CH_2CH_2CH_2CH_3$	
삼차-뷰틸 (*tert*-butyl)	$-C(CH_3)_3$	
펜틸(pentyl)	$-CH_2CH_2CH_2CH_2CH_3$	
아이소펜틸 (isopentyl)	$-CH_2CH_2CH(CH_3)_2$	
헥실(hexyl)	$-CH_2CH_2CH_2CH_2CH_2CH_3$	
헵틸(heptyl)	$-CH_2CH_2CH_2CH_2CH_2CH_2CH_3$	
옥틸(octyl)	$-CH_2CH_2CH_2CH_2CH_2CH_2CH_2CH_3$	

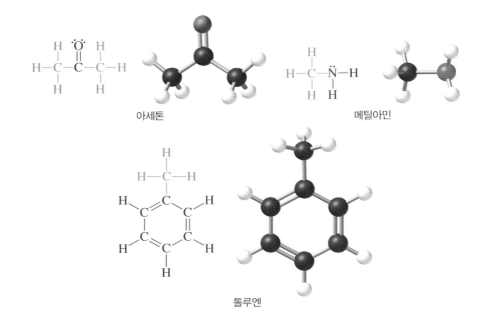

아세톤

메틸아민

톨루엔

표 20.2에 있는 화합물의 작용기들은 **하이드록시**(hydroxy)**기**(**알코올**), **카복시**(carboxy)**기**(**카복실산**), **−COOR기**(**에스터**), **카보닐**(carbonyl)**기**(**알데하이드, 케톤 등**), **아미노**(amino)**기**(**아민**), **아마이드**(amide)**기**(**아마이드**)이다. 이러한 작용기들은 어떤 형태의 반응이 일어날지를 포함한 화합물의 많은 성질을 결정한다. 그림 20.1은 볼과 스틱 모델 및 하이드록시, 카복시, 카보닐, 아미노, 아마이드 작용기의 정전기적 퍼텐셜을 나타낸다.

알킬기와 작용기 −OH로 구성되는 화합물을 **알코올**(alcohol)이라 한다. 각 알코올의 동일성은 알킬 R 그룹의 동일성에 달려 있다. 예를 들면, R이 **메틸**(methyl)기일 때 CH_3OH이다. 이것은 목재 알코올이라고 알려져 있는 메틸 알코올 또는 메탄올이다. 이것은 매우 유독하며 상대적으로 적은 양(낮은 농도)에도 눈이 멀거나 심지어 사망에 이르게 한다.

R이 **에틸**(ethyl) 그룹일 때 CH_3CH_2OH이다. 이것은 에틸 알코올 또는 에탄올이다. 에탄올은 알코올 음료의 알코올이다. R이 **아이소프로필**(isopropyl)기일 때 $(CH_3)_2CHOH$이다. 이것은 아이소프로필 알코올이다. 아이소프로필 알코올을 보통 "소독용 알코올(rubbing alcohol)"이라 부르며 소독제로서 널리 사용된다.

메탄올

에탄올

아이소프로필 알콜

표 20.2	유기 화합물들의 선택종의 일반식		
종류	**일반식**	**구조**	**작용기**
알코올(alcohol)	ROH	—Ö—H	하이드록시기 (hydroxy group)
카복실산 (carboxylic acid)	RCOOH	$\overset{\ddot{O}}{\underset{}{\|}}$ —C—Ö—H	카복시기 (carboxy group)
에스터(ester)	RCOOR′	$\overset{\ddot{O}}{\underset{}{\|}}$ —C—Ö—R′	에스터기 (ester group)
알데하이드(aldehyde)	RCHO	$\overset{\ddot{O}}{\underset{}{\|}}$ —C—H	카보닐기 (carbonyl group)
케톤(ketone)*	RCOR′	$\overset{\ddot{O}}{\underset{}{\|}}$ —C—R′	카보닐기 (carbonyl group)
아민(amine) †	RNH₂	—N̈—H | H	아미노기[amino group 1° (primary, 1차)]
아민(amine)	RNR′H	—N̈—R′ | H	아미노기[amino group 2° (secondary, 2차)]
아민(amine)	RNR′R″	—N̈—R′ | R″	아미노기[amino group 3° (tertiary, 3차)]
아마이드(amide)	RCONH₂	$\overset{\ddot{O}}{\underset{}{\|}}$ —C—N̈—H | H	아마이드기 [amide group 1° (primary, 1차]
아마이드(amide)	RCONR′H	$\overset{\ddot{O}}{\underset{}{\|}}$ —C—N̈—R′ | H	아마이드기 [amide group 2° (secondary, 2차)]
아마이드(amide)	RCONR′R″	$\overset{\ddot{O}}{\underset{}{\|}}$ —C—N̈—R′ | R″	아마이드기 [amide group 3° (tertiary, 3차)]

학생 노트
몇몇 작용기는 특정한 이름을 갖고, 어떤 것들은 갖지 않는다.

*R′은 두 번째 알킬기를 나타내는데 첫 번째 알킬기 R과 같을 수도 있고 다를 수도 있다. 비슷하게 R″은 세 번째 알킬기인데, R 또는 R′과 같거나 다를 수 있다.
†1°, 2°, 3°는 N 원자에 얼마나 많은 R 그룹이 연결되어 있는지를 말한다.

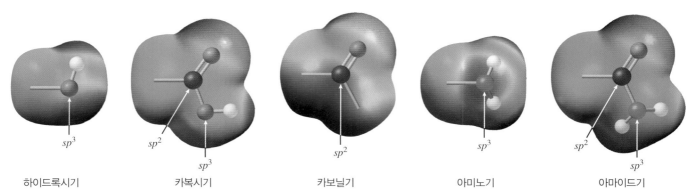

| 하이드록시기 | 카복시기 | 카보닐기 | 아미노기 | 아마이드기 |

그림 20.1 하이드록시, 카복시, 카보닐, 아미노, 아마이드 작용기의 모델과 정전기적 퍼텐셜 지도

유기 화합물의 명명법

유기 화합물은 국제순수·응용화학연합(International Union of Pure and Applied Chemistry, IUPAC) 규칙에 의해 체계적으로 명명된다.

알케인과 알킬기의 이름

탄소수	이름	탄소수	이름	탄소수	이름
1	Meth–	5	Pent–	8	Oct–
2	Eth–	6	Hex–	9	Non–
3	Prop–	7	Hept–	10	Dec–
4	But–				

할로젠 치환체들의 접두어

–F Fluoro   –Cl Chloro   –Br Bromo   –I Iodo

알케인

2장에서는 펜테인과 같은 단순한 곧은 가지 알케인의 이름을 학습하였다.

치환된 알케인의 이름[즉, 사슬의 탄소에 연결된 –H를 제외한 그룹들을 **치환체**(substit-uent)라고 한다]을 명명하기 위해 다음의 과정을 따른다.

1. **모체의 이름**(parent name)을 얻기 위해 가장 긴 연속적인 탄소 사슬을 찾는다.
2. 치환체에 가장 가까운 끝에서 시작하는 연속적인 사슬에서 탄소의 수를 센다. 일반적으로 사용되는 치환체는 알킬기와 할로젠을 포함한다.
3. 치환체를 찾고 **숫자** 다음에 –와 **접두어**를 사용하여 각각의 **위치**와 **이름**을 명시한다.

1단계: 가장 긴 연속적인 탄소 사슬은 다섯 개의 탄소(C) 원자를 포함한다.

2–메틸펜테인(2–methylpentane)

(또한 탄소 사슬을 다음과 같이 볼 수도 있다. 그러나 사슬의 탄소 원자의 수는 똑같다.)

다섯 개의 탄소 사슬의 모체의 이름은 **펜테인**이다.(그룹의 이름을 참조하자.)

2단계: (초록색으로 표기된)치환체에 가장 가까운 끝에서 시작하는 탄소 원자의 수를 센다.

3단계: 치환체는 메틸기($-CH_3$)이다. 그것은 2번 탄소에 붙어 있으므로 이름은 2-메틸펜테인이다.

예제 20.1을 통해 몇몇 간단한 유기 화합물들의 명명을 연습하자.

예제 20.1

다음 화합물을 체계적인 명명법에 따라 명명하시오.

(a)   (b)   (c)

전략 치환된 알케인의 이름을 명명하기 위해 3단계 절차를 사용한다. (1) 모체 알케인을 명명한다. (2) 탄소 수를 센다. (3) 치환체를 명명하고 수를 센다.(모체 알케인의 이름은 표 2.5를 참조한다.)

계획 (a) 5개의 탄소 사슬이 있다. 염소(Cl) 치환체는 양쪽 어느 탄소에서 수를 세어도 3번 탄소에 위치하므로 양쪽 끝에서 시작하는 탄소의 번호를 매길 수 있다.

(b) 이것은 치환된 펜테인처럼 보이지만 이 분자의 가장 긴 탄소 사슬은 7개의 탄소 원자이다.

비록 Lewis 구조가 평평하고 90° 각을 포함하는 것처럼 보이더라도, 이 분자의 탄소 원자는 모두 sp^3 혼성화(각 탄소 주위에 4개의 전자가 있다)되어 있고 탄소−탄소 결합이 자유롭게 회전한다[◀◀ 9.5절]. 따라서 분자는 다음처럼 그릴 수 있다.

치환체는 4번 탄소에 메틸기이다.

(c) 치환된 **헥세인**이다.

풀이 (a) 3−클로로펜테인 (b) 4−메틸헵테인 (c) 2−메틸헥세인

생각해 보기

흔한 실수는 기본 골격이 되는 모체 알케인을 잘못 보는 경우에 발생한다. 분자의 가장 길고 연속적인 탄소 사슬을 확인한다. 또한 치환체가 가장 낮은 번호를 갖도록 탄소 원자에 번호를 부여한다.

추가문제 1 다음의 체계적인 IUPAC 이름을 명명하시오.

추가문제 2 다음의 구조를 그리시오.

(a) 4−에틸옥테인

(b) 2−플루오로펜테인

(c) 3−메틸데케인

추가문제 3 이 분자에서 가장 긴 탄소 사슬에는 몇 개의 탄소가 존재하는가?

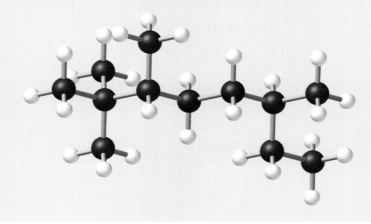

많은 화합물들은 하나 이상의 작용기를 갖는다. 예를 들면, **아미노산**(amino acid)은 아
미노기와 카복시기를 모두 갖고 있다.

알라닌

예제 20.2를 통해 각 분자의 작용기를 확인해 보자.

예제 20.2

많은 익숙한 물질들은 유기 화합물들이다. 일부 예로는 많은 다이어트 음료수의 설탕 대체물인 인공 감미료인 아스파탐, 몇몇 여드름
치료제 및 사마귀 퇴치 치료제에서 발견되는 살리실산, 기면 발작 치료와 주의력결핍과다활동장애(ADHD) 및 비만 치료에 사용되
는 암페타민 등이 포함되어 있다. 각 분자의 작용기를 확인하시오.

| 아스파탐 | 살리실산 | 암페타민 |
| (a) | (b) | (c) |

전략 표 20.2에 있는 원자들의 조합을 보고 확인한다.

계획 (a) 오른쪽에서 왼쪽으로 아스파탐은 카복시기($-COOH$), 아미노기($-NH_2$), 아마이드기($-CONHR$), 에스터기
($-COOR$)를 갖는다.

(b) 살리실산은 하이드록시기($-OH$)와 카복시기($-COOH$)를 갖는다.

(c) 암페타민은 아미노기($-NH_2$)를 갖는다.

풀이 (a) 오른쪽에서 왼쪽으로 아스파탐은 카복시기, 아미노기, 아마이드기, 에스터기를 갖는다.

(b) 살리실산은 하이드록시기와 카복시기를 갖는다.

(c) 암페타민은 아미노기를 갖는다.

생각해 보기

(b)에서 살리실산 분자는 벤젠 고리를 포함하므로 방향족이다. 하이드록시기가 벤젠 고리에 부착되었을 때 생성된 방향족 화합물은 알코올이 아니라 페놀이다. 암페타민은 몇몇 합법적인 의료 목적으로 사용되기도 하지만 미국에서 매우 많은 사람이 오용하는 약이기도 하다. ADHD 때문에 청소년에게 종종 처방되므로 고등학교에서 오용이 심각한 문제가 된다. 이와 관련해서 자주 뉴스에 나오는 물질이 **메스암페타민**이다.

2005년 8월에는 메스암페타민과 그 오용에 관한 것이 뉴스위크 지의 표지 기사가 되었다.

추가문제 1 다음 각 분자의 작용기를 확인하시오.

(a) 뷰티르산 에틸

(b) 아스피린

(c) 타타르산

추가문제 2 다음 각 고리 화합물의 작용기를 확인하시오.

(a) (b) (c)

추가문제 3 추가문제 2의 어떤 분자가 스스로 수소 결합을 형성할 수 있는가?

20.3 유기 분자의 표기법

분자식과 **구조식**[◀◀ 2.7절]뿐만 아니라 Lewis 구조식[◀◀ 8.3절]으로 분자를 나타내는 법을 배웠다. 이 절에서는 분자를 표현하는 몇 가지 추가적인 방법에 대하여 배울 예정인데, 특히 유기 화학의 연구에 유용하다.

유기 분자의 표현은 매우 중요한데, 이는 유기 분자 안의 원자들이 무기 분자들과는 달리 서로 다른 방법으로 무수히 많은 배열을 하기 때문이다. 예를 들어, 5개의 탄소 원자, 1개의 산소 원자를 포함하는 화합물은 수십 가지이고 필요한 수소 원자의 수는 각각이 독특한 유기 화합물이 되도록 배열될 수 있다. 여기 10가지 예가 있다.

> **학생 노트**
> 필요한 수소 원자의 수는 팔전자계(octet)를 완성하는 데 필요한 각 탄소와 산소 원자의 수이다[◀◀ 8.3절].

(페이지 상단에 여러 유기 분자의 구조식이 그려져 있다.)

축약 구조식

축약 구조식(condensed structural formula) 또는 단순히 **축약식**(condensed structure)은 **구조식**과 같은 정보를 주지만 **축소된** 형태이다. 예를 들어, 옥테인의 분자식, 구조식, 축약 구조식은 다음과 같다.

C_8H_{18}　　　$CH_3CH_2CH_2CH_2CH_2CH_2CH_2CH_3$　　　$CH_3(CH_2)_6CH_3$
분자식　　　　　　　　　구조식　　　　　　　　　　축약 구조식

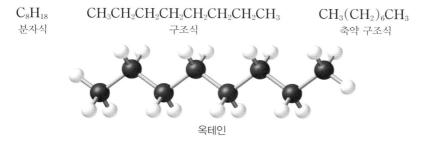

옥테인

축약 구조식에서는 같은 인접한 원자 그룹들(옥테인에서는 $-CH_2$기)을 괄호 안에 넣어서 그 숫자를 아래 첨자로 나타낸다.

탄소 원자들이 단일, 비가지 사슬을 형성하지 않는 분자의 축약 구조식에서는 별도의 괄호를 사용하여 가지를 나타낸다. 예를 들어, 2-메틸 헵테인은 옥테인과 같은 분자식(C_8H_{18})을 갖는다. 하지만 옥테인보다 탄소 원자 하나가 더 짧아서 두 번째 탄소 원자의 수소 원자들 중 하나는 메틸기로 대체된다. 2-메틸 헵테인의 분자식, 구조식, 축약 구조식은 다음과 같다.

$$\underset{\text{분자식}}{C_8H_{18}}\qquad \underset{\text{구조식}}{\overset{\displaystyle CH_3}{\overset{|}{CH_3CHCH_2CH_2CH_2CH_2CH_3}}}\qquad \underset{\text{축약 구조식}}{CH_3CH(CH_3)(CH_2)_4CH_3}$$

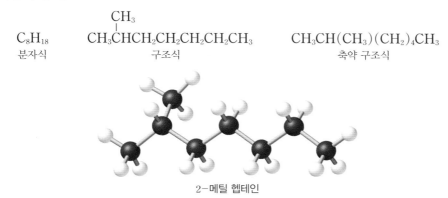

2-메틸 헵테인

Kekulé 구조식

Kekulé 구조식(Kekulé structure)은 비공유 전자쌍을 표시하지 않는 점을 제외하면 Lewis 구조식과 유사하다. 옥테인과 같이 비공유 전자쌍을 갖지 않는 분자는 Lewis 구조식과 Kekulé 구조식이 같다.

$$\underset{\displaystyle \text{옥테인}}{H-\overset{\displaystyle H}{\underset{\displaystyle H}{C}}-\overset{\displaystyle H}{\underset{\displaystyle H}{C}}-\overset{\displaystyle H}{\underset{\displaystyle H}{C}}-\overset{\displaystyle H}{\underset{\displaystyle H}{C}}-\overset{\displaystyle H}{\underset{\displaystyle H}{C}}-\overset{\displaystyle H}{\underset{\displaystyle H}{C}}-\overset{\displaystyle H}{\underset{\displaystyle H}{C}}-\overset{\displaystyle H}{\underset{\displaystyle H}{C}}-H}$$

(이 장에 나와 있는 구조식 중 대부분이 Kekulé 구조식이다.) 여러 익숙한 유기 분자들의 Kekulé 구조식은 다음과 같다.

에탄올   폼알데하이드   아세트산

골격 구조

골격 구조는 복잡한 유기 분자들을 표현하는 데 특히 유용하다. **골격 구조**(skeletal structure)는 탄소-탄소 결합을 직선으로 나타낸다. 탄소 원자 자체는(그리고 붙어 있는 수소 원자도) 구조에 나타나지 않지만, 그것들이 구조 내에 있다는 것을 알아야 한다. 몇몇 탄화수소들의 구조식과 골격 구조는[◀◀ 2.7절] 다음과 같다.

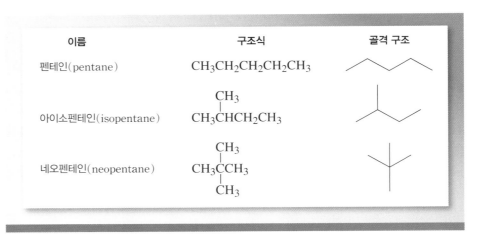

이름	구조식	골격 구조
펜테인(pentane)	$CH_3CH_2CH_2CH_2CH_3$	
아이소펜테인(isopentane)	$CH_3CHCH_2CH_3$ (with CH_3 above)	
네오펜테인(neopentane)	CH_3CCH_3 (with CH_3 above and below)	

골격 구조의 각 직선의 끝은 탄소 원자에 해당된다(다른 형태의 원자가 선의 끝에 명확하게 보이지 않는다면). 또한, 각 탄소 원자에 전체 4개의 결합을 주기에 필요한 최대로 많은 수소 원자들이 있다.

탄소나 수소 원자가 아닌 다른 원소를 갖는 분자는 **헤테로 원자**(heteroatom, 이종 핵 원자)라고 하며 골격 구조에 명확히 나타난다. 또한, 일반적으로 탄소 원자에 붙어 있는 수소들은 나타나지 않지만 헤테로 원자에 붙어 있는 수소들은 나타난다. 예를 들면, 다음의 에틸아민의 분자에서 보이는 것과 같다.

이름	구조식	골격 구조
프로파논 (propanone, 아세톤)	$\overset{\text{O}}{\underset{}{\text{CH}_3\text{CCH}_3}}$	
에틸아민(ethylamine)	$\text{CH}_3\text{CH}_2\text{NH}_2$	
테트라하이드로퓨란 (tetrahydrofuran)	$\text{H}_2\text{C}\overset{\text{O}}{\underset{\text{H}_2\text{C}-\text{CH}_2}{\text{CH}_2}}$	

학생 노트
앞에서 나온 구조식과 골격 구조를 학습하여 골격 구조를 확실히 이해하자.

탄소 원자와 수소 원자들은 골격 구조에서 나타낼 필요는 없지만, 몇몇 탄소와 수소 원자들은 분자의 특정 부분을 강조할 목적으로 나타낼 수 있다. 종종 화합물의 성질과 반응성에 주로 관여되는 **작용기**(functional group)를 강조하여 분자를 표현한다[◀◀ 2.7절].
예제 20.3은 골격 구조를 어떻게 해석하는지 나타낸다.

예제 20.3

다음의 분자식과 구조식(또는 축약 구조식)을 쓰시오.

(a) [구조 그림]

(b) [구조 그림]

전략 표시된 탄소 원자와 헤테로 원자를 센다. 팔전자 규칙을 사용하여 얼마나 많은 수소 원자가 존재하는지 결정한다.

계획 각 선은 결합을 나타낸다.(이중선은 이중 결합을 나타낸다.) 다른 원자가 없을 때 각 선의 끝의 탄소 원자를 센다. 각 탄소 원자의 팔전자 규칙을 완성하는 데 필요한 수소 원자의 수를 센다.

C 원자 + 1 H 원자   C 원자 + 3 H 원자

[구조 그림]

C 원자 + 3 H 원자   C 원자 + 1 H 원자

C 원자 + 3 H 원자

[구조 그림]

C 원자(H 원자 없음)

풀 (a) 분자식: C_4H_8, 구조식: $CH_3(CH)_2CH_3$
(b) 분자식: C_2H_5NO, 구조식: CH_3CONH_2

생각해 보기
각 탄소 원자는 4개의 전자쌍(4개의 단일 결합, 2개의 단일 결합과 1개의 이중 결합, 2개의 이중 결합)으로 둘러싸여 있음을 확실히 이해한다. 수소와의 단일 결합은 이 골격 구조에서는 일반적으로 나타나지 않지만 결합들이 있다는 것과 식에서 수소 원자의 수를 알아야 한다.

추가문제 1 다음 골격 구조로 나타난 화합물의 구조식을 쓰시오.

[구조 그림]

추가문제 2 $(CH_3)_2C{=}CHNH_2$의 골격 구조를 그리시오.

추가문제 3 다음과 같은 분자에서 수소 원자는 몇 개인가?

공명

8장에서 많은 분자와 이온들은 하나 이상의 Lewis 구조로 표현될 수 있다고 하였다[|◀ ◀ 8.7절]. 또한, Lewis 구조들은 단지 전자들의 위치만 다르고 둘 이상의 동등하고 유효한 Lewis 구조를 **공명 구조**(resonance structure)라고 하였다. 예를 들면, SO_3는 3개의 서로 다른 Lewis 구조식으로 표현된다[|◀◀ 예제 8.10].

SO_3 분자를 정확히 표현하는 Lewis 구조식은 없다. SO_3 결합들은 실제로 **동등**하다.(길이와 세기가 같다.) 즉, 2개의 단일 결합과 1개의 이중 결합이라고 예상하지 못하는 것이다. 각 개개의 공명 구조는 특정한 결합이나 특정한 원자에서는 전자쌍이 편재화되어 있다는 것을 암시한다. 공명의 개념은 어떤 전자쌍은 여러 원자들에 걸쳐 비편재화되어 있다는 생각을 갖게 한다[|◀◀ 9.7절]. 전자쌍의 비편재화는 분자(또는 다원자 이온)에 추가적인 안정성을 주어 2개 이상의 공명 구조로 표현되며, 이는 **공명 안정성**(resonance stabilized)이라고 부른다.

> **학생 노트**
> 분자의 실제 구조는 첫 번째 구조도 아니고 두 번째 구조도 아니고 단일 구조로 표현될 수 없는 둘 사이의 어떤 것임을 기억하자[|◀◀ 8.7절].

화학자들은 공명 구조에서 다른 전자의 배치를 나타낼 때 굽은 화살표를 사용한다. 예를 들면, SO_3의 공명 구조에서 전자의 재배치는 다음과 같이 나타낼 수 있다.

$$\ddot{O}{=}S\big({}^{\ddot{O}}_{\ddot{O}}\big) \longleftrightarrow \ddot{O}{=}S\big({}^{\ddot{O}}_{\ddot{O}}\big) \longleftrightarrow \ddot{O}{=}S\big({}^{\ddot{O}}_{\ddot{O}}\big)$$

공명 안정성은 많은 유기 분자에서 관측되며 보통 아세트산으로 알려진 에탄산(CH_3COOH)과 에탄올(CH_3CH_2OH)의 산성 성질과 같은 화학적 성질에 영향을 준다. 각 분자들은 하나의 **이온화가 가능한 수소 원자**(ionizable hydrogen atom)[|◀◀ 2.7절]를 가져서 Brønsted 산처럼[|◀◀ 4.3절] 반응을 보일 수 있다. 하지만, 에탄산의 용액 속 하이드로늄 이온의 농도는 그와 비슷한 에탄올 용액의 농도보다 100~1000배 높다. 이 큰 차이의 원인은 에탄산의 수소 원자가 에탄올보다 더 **쉽게** 이온화가 가능하기 때문이다. **공명**이 그 이유를 설명하는 데 도움을 준다.

한 물질이 이온화 가능한 수소 원자를 잃어버릴 때 음이온이 남는다. 에탄산과 에탄올의 경우 음이온이다.

$$\left[\begin{matrix} & H & \ddot{O} \\ H{-}&C{-}&C{-}\ddot{O}{:} \\ & H & \end{matrix}\right]^{-} \text{ 그리고 } \left[\begin{matrix} & H & H \\ H{-}&C{-}&C{-}\ddot{O}{:} \\ & H & H \end{matrix}\right]^{-}$$

에탄산의 이온화에 의해 형성된 음이온의 두 번째 공명 구조를 다음과 같은 전자쌍의 재배열로 그릴 수 있다.

음이온의 음전하는 산소 원자에 있다. 어떤 산소 원자가 전하를 띠는가는 공명 구조에 따라 다르다. 원칙적으로, 음전하의 가능한 위치의 수가 많을수록 음이온이 더 안정되어진다. 그리고 음이온이 더 안정될수록 이온화 가능한 수소 원자가 떨어져 나와 용액 속에 더 많은 H^+가 생성된다.

에탄올의 이온화에 의해 형성된 음이온의 추가적인 공명 구조는 그릴 수 없다. 왜냐하면 산소 원자의 비공유 전자쌍을 둘 수 있는 다른 곳이 없기 때문이다. 비공유 전자쌍들은 산소와 탄소 원자 사이를 이동할 수 없는데, 탄소 원자는 주위에 오직 4개의 비공유 전자쌍을 갖기 때문이다.(반면, CH_3COO^-는 가능한데 이미 탄소 주위의 다른 산소 원자에 전자쌍을 이동시킬 수 있기 때문이다. 공명 구조의 굽은 화살표를 보자.)

예제 20.4는 굽은 화살표 표기법의 사용과 공명 구조 결정을 보여주고 있다.

> **학생 노트**
> 각 원자의 형식 전하를 계산하여 다원자 음이온의 전하가 어디 있는지를 결정한다[|◀◀ 8.6절].

예제 20.4

아데노신 트라이포스페이트(adenosine triphosphate, ATP)는 "보편적 에너지 운반체" 또는 "분자 에너지 통화"라고 불린다. 이것은(붉은색으로 표시된) 두 개의 고에너지 결합을 갖고 있고, 가수 분해(물에 의해 분해)될 때 세포 활동에 필요한 에너지를 낸다. 하이드로젠 포스페이트(hydrogen phosphate) 이온의 공명 안정화는 ATP가 분해되어 에너지를 방출하는 이유들 중의 하나이다.

아데노신 트라이포스페이트   아데노신 다이포스페이트   무기 포스페이트

하이드로젠 포스페이트 이온(HPO_4^{2-})의 모든 가능한 공명 구조를 그리시오. 굽은 화살표를 사용하여 어떻게 전자가 재배치를 하는지 보이시오. 그리고 음이온의 위치를 결정하시오.

전략 HPO_4^{2-}의 가능한 Lewis 구조를 그리고 전자가 하나 이상의 부가적인 구조를 생성하도록 어떤 전자를 재배치할 수 있는지와 그 위치를 결정한다. 굽은 화살표로 전자의 움직임을 보이고 모든 가능한 공명 구조를 그린다. 각 원자의 형식 전하를 계산하고 전하의 배치를 결정한다.

계획 하이드로젠 포스페이트의 정확한 Lewis 구조이다.

형식 전하를 결정하기 위해 P와 O는 각각 최외각 전자가 5와 6이다.

풀이 전자쌍은 산소 원자들 중 하나에서 이동하여 인(phosphorus)과 이중 결합을 형성하고 원래 이중 결합으로부터 전자쌍을 산소 원자로 이동한다. 그 결과는 단순히 2개의 전자쌍을 이동하여 이중 결합을 재배치하는 것이다. 이것을 한 번 더 이동해서 HPO_4^{2-} 의 공명 구조는 총 3개가 된다. 각 공명 구조에서 인의 형식 전하는 $[5-(5)]=0$이다. 각 단일 결합 산소 원자의 형식 전하는 $[6-(1+6)]=-1$이고 각 이중 결합의 산소는 $[6-(2+4)]=0$이다.

생각해 보기

ATP는 AMP(adenosine monophosphate)와 파이로포스페이트($P_2O_7^{4-}$)로 가수 분해된다. 파이로포스페이트는 2개의 수소 포스페이트 이온을 갖는다. 음전하를 비편재화하는 데 도움이 되는 산소 원자가 강조되어 있다. 이 구조는 형식 전하를 최소화시키기 위해 각 인(P) 원자에 하나의 이중 결합으로 그려질 수도 있다[◀◀ 8.8절].

추가문제 1 굽은 화살표를 이용하여 $HCOO^-$의 두 번째 공명 구조를 그리시오.

추가문제 2 주어진 두 개의 공명 구조에 두 번째 구조가 되도록 첫 번째 구조에 굽은 화살표를 그리시오.

추가문제 3 다음 중 굽은 화살표가 표시된 공명 구조에 필요한 전자의 재배치에 해당되지 않는 것은?

(i)

(ii)

(iii)

20.4 이성질화

이성질체(isomer)라는 용어를 분자 기하학과 분자 극성의 맥락에서 처음 접했다[◀◀ 9.2절]. 이성질체는 같은 화학식을 갖는 서로 다른 화합물이다. 이 장에서 이성질체의 형태,

표 20.3	C_5H_{12}의 구조 이성질체				
이름	구조식	골격 구조	볼-스틱 모델		끓는점(℃)
펜테인 [pentane(*n*-pentane)]					36.1
메틸뷰테인 [methylbutane (isopentane)]					27.8
다이메틸프로페인 [2,2-dimethylpropane (neopentane)]					9.5

즉 구조 이성질화(constitutional isomerism) 및 입체 이성질화(stereoisomerism)와 이들이 미치는 유기 화학에서의 중요성에 대해 언급하고자 한다.

구조 이성질화

구조 이성질화(constitutional isomerism)는 같은 원자들이 둘 이상의 다른 방법으로 연결될 때 나타난다. 예를 들면, C_5H_{12}에는 세 가지 다른 원자의 결합이 있다. 구조 이성질체란 독특한 이름을 갖고 일반적으로 다른 물리적, 화학적 성질을 갖는다. 표 20.3에는 C_5H_{12}의 세 개의 구조 이성질체와 비교를 위해 그들의 끓는점이 나타나 있다.

입체 이성질화

입체 이성질체(stereoisomer)는 공간에서 동일한 결합을 갖지만 결합의 방향이 다르다. 2가지 형태의 입체 이성질체가 있는데, 기하 이성질체와 광학 이성질체이다. **기하 이성질체**(geometrical isomer)는 결합 주위의 회전이 제한된 화합물에서 나타난다. 예를 들면, C=C 이중 결합을 함유하는 화합물들은 기하 이성질체를 형성할 수 있다. 각 기하 이성질체는 동일한 이름을 갖지만 **시스**(cis) 또는 **트랜스**(trans)와 같은 접두사로 구별된다. 다이클로로에틸렌은 에틸렌의 2개의 수소 원자가(각 탄소에 하나씩 있는) 염소 원자들로 치환되어 있는데 2개의 기하 이성질체로 존재한다. 염소 원자들이 이중 결합의 같은 편에 있는(이 예에서 위 또는 아래로) 이성질체는 **시스**(cis) 이성질체라고 한다. 염소 원자들이 이중 결합의 반대편에 있는 이성질체를 **트랜스**(trans) 이성질체라고 한다.(각 염소 원자들이 같은 탄소 원자에 붙어 있는 화합물을 입체 이성질체보다는 **구조** 이성질체라고 한다.) 그림 20.2는 $C_2H_2Cl_2$의 이성질체들을 나타내고 있다.

그림 20.2 다이클로로에틸렌의 세 이성질체

시스-다이클로로에틸렌   트랜스-다이클로로에틸렌   1,1-다이클로로에틸렌

기하 이성질체는 서로 다른 물리적, 화학적 성질들을 갖는다. **트랜스** 이성질체는 **시스** 이성질체보다 더 안정하고 일반적으로 합성하기 더 쉽다. 생명체에서 **시스** 이성질체의 존재는 자연이 유기 합성에서 사람보다 더 우월하다는 것을 입증하는 증거이다. 이 절 마지막의 생활 속의 화학 부분에 따르면 기하 이성질체는 가끔 매우 중요한 생물학적 중요성을 나타낸다.

이성질체이지만 서로의 거울상이며 겹쳐지지 않을 때 **광학 이성질체**(optical isomer)라고 한다. 그림 20.3에 있는 가상의 유기 분자를 생각해 보자. 이 분자는 서로 다른 그룹에 붙어 있는 sp^3 혼성화된 탄소 원자로 되어 있다. 이들의 거울상은 오른손과 왼손이 서로 똑같이 나타나는 것처럼 동일하게 나타난다. 그러나 오른손 장갑을 왼손에 착용하려고 한다면(반대의 경우도 있지만) 손이 서로 같지 않다는 것을 알게 된다. 오른쪽에 있는 분자를 회전시켜서 왼쪽에 있는 분자와 초록색과 빨간색 구를 일치시킨다고 상상해 보자. 그렇게 얻어진 결과 한 분자의 노란색 구는 파란색 구와 일치한다. 이 두 분자는 서로 거울상이지만 같지는 않다.

학생 노트
카이랄(chiral)은 "hand"의 그리스어 *cheir*에서 유래되었다. 카이랄 분자는 오른손잡이나 왼손잡이일 수 있다.

거울상이 서로 겹쳐지지 않는 분자를 **카이랄**(chiral)이라 하고 그런 거울상 분자들의 쌍을 **거울상 이성질체**(enantiomer)라고 한다. 거울상 이성질체들은 대부분의 화학적 성질은 비슷하고 거의 모든 물리적 성질은 동일하다. 화학적 성질이 다른 경우는 카이랄 분자 또는 하나의 거울상 이성질체만이 들어맞는 모양의 수용체가 관여된 반응에서이다. 대부분의 생화학적 과정은 비대칭 수용체 영역을 사용하여 특정한 반응물만 적합시킴으로써 반응을 촉진시키는 일련의 화학적 특이한 반응으로 구성된다.(그래서 반응이 일어나는 것이다.)

유기 화학에서는 종종 사면체 분자들(3차원적 물체들)을 종이(2차원적인 표면)에 나타낼 필요가 있다. 관례적으로 실선은 종이의 평면에 있는 분자를 나타내며, 점선은 종이의 뒷면을 향하는 결합이고 쐐기는 종이의 앞으로 있는 결합을 나타낸다.

그림 20.3 (a) 겹쳐지지 않는 거울상 (b) 거울상은 서로 닮았음에도 불구하고 서로 다른 화합물이다.

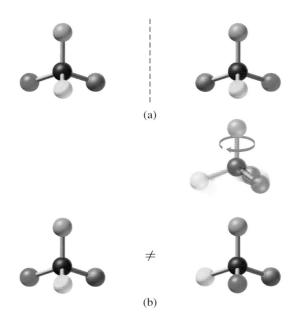

(a)

$\neq$

(b)

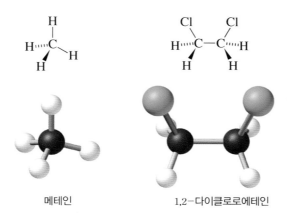

메테인   1,2-다이클로로에테인

카이랄 분자의 한 가지 특징은 두 개의 거울상 이성질체는 편광을 정반대 방향으로 회전시킨다는 것이다. 즉 **광학 활성**(optically active)이라는 것이다. 모든 방향으로 진동하는 보통의 빛과는 달리 편광된 빛은 한 평면에서만 진동한다. 그림 20.4와 같은 보여진 편광계를 사용하여 광학 이성질체들에 의해 편광된 빛의 회전을 측정한다. 편광되지 않은 빛의 빔이 폴라로이드 판(**편광자**)을 먼저 투과하고, 다음으로 카이랄 물질인 광학 활성의 용액이 담긴 샘플 튜브를 통과한다. 편광된 빛이 샘플 튜브를 통과하면서 편광면이 오른쪽이나 왼쪽으로 회전한다. 회전도는 최소의 광 투과가 도달될 때까지 적절한 방향으로 분석기를 회전시켜 측정된 각도를 측정한다.

분석기를 통과해 보이는 빛과 편광면의 빛이 수직일 때 최소의 투과가 일어난다. 이 효과는 그림 20.5에서 보이는 편광된 선글라스의 두 쌍을 사용하여 설명하고 있다. 만약 편광면이 빛의 오른쪽으로 회전하면 이성질체는 **우선광성**(dextrorotatory)이라 하며 d로 표기하고, 왼쪽으로 회전하면 이 이성질체를 **좌선광성**(levorotatory)이라 하며 l로 표기한다. 거울상 이성질체들은 빛을 항상 같은 크기의 반대 방향으로 회전시킨다. 따라서 똑같은 mol의 각 이성질체가 섞여 있을 때 **라셈 혼합물**(racemic mixture)이라 하며 실효 회전은 0이다.

> **학생 노트**
> 특정 거울상 이성질체를 지정하는 몇몇 규칙이 있다. 접두어 덱스트로-(dextro)와 레보-(levo)는 편광된 빛의 회전 방향을 말한다. *R*과 *S*는 가장 널리 사용되는 지칭법인데, 비대칭 탄소에 연결되어 있는 4개의 그룹을 '우선 규칙'에 의해 정할 수 있다. 이 내용은 추후 전공 과목에서 자세히 다루게 된다.

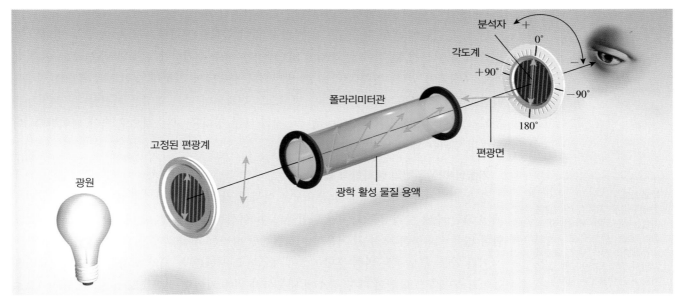

그림 20.4 편광계의 개략도

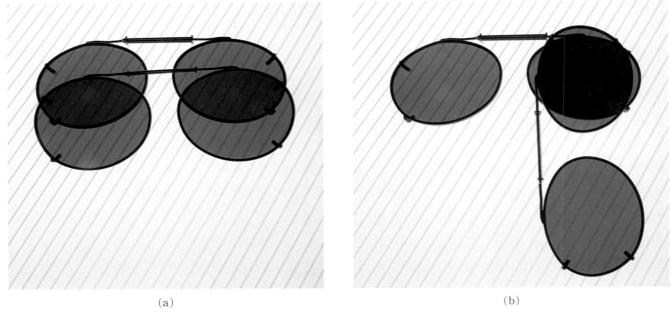

(a) (b)

그림 20.5 두 쌍의 편광 선글라스. (a) 서로 편광면이 평행하기 때문에 두 개의 편광 렌즈가 중첩될 때 빛이 투과된다. (b) 한 쌍이 회전하면 그 평면의 편광이 다른 편광에 수직하기 때문에 중첩된 렌즈를 통해 빛이 투과되지 않는다.

생활 속의 화학

편광과 3D 영화

사람의 두 눈은 서로 다른 방향을 보기 때문에 3차원으로 볼 수 있다. 두뇌는 눈이 보내온 두 개의 서로 다른 그림에 기초를 두어 3차원적 사진을 합성한다. 현대의 3D 영화들은 이 현상을 이용하여 화면의 물체가 실제로 관측자를 향해 움직이는 것처럼 보이게 한다.

3D 영화는 약간 다른 구도에서 촬영한 두 개의 서로 다른 카메라를 사용하여 촬영된다. 따라서 우리에게 동시에 보여 주어야 하는 두 개의 영화가 있는 것이다. 동시에 두 눈이 서로 다른 두 가지 시각을 갖도록 하기 위해 각 영화는 편광판을 통해 투사되며, 편광판은 서로 두 개의 투영을 수직하게 편광시키는 것이다(그림 20.6).

만약, 영화관에 의해 제공되는 특수 안경 없이 영화를 본다면 우리는 아마 두 영화의 흐릿한 조합을 보게 될 것이다. 하지만 3D 안경은 서로 수직하게 편광된 면을 갖는 편광 렌즈로 구성되어 있다. 왼쪽 렌즈는 한 방향으로 편광되어 그것에 수직으로 편광된 영상을 차단시킨다. 오른쪽 렌즈는 또 다른 방향으로 편광되어 다른 영상을 차단한다. 우리 눈은 두뇌가 하나의 3D 영화로 결합시킨 두 개의 다른 영화를 보는 것으로 속아 넘어간다. 이 과정의 결과는 꽤 인상적일 수 있다.

거울상 이성질체의 생화학적 활성

생명체의 거울상 이성질체의 중요성은 아무리 강조해도 지나치지 않다. 생물학적 기능에 중요한 수많은 과정은 카이랄 화합물의 한 이성질체에만 관여한다. 탈리도마이드를 포함한 많은 의약품은 오직 한 거울상 이성질체만 바라는 성질을 갖는 카이랄 화합물이다.

이런 약물 중 일부는 라셈 혼합물로서 제조되고 시판된다. 제약 회사들은 기존 치료법을 높이고 복제약으로 인한 매출 감소에 대응하기 위해 **카이랄 전환**(chiral switching)으로 원래 라셈 혼합물로 시판되던 의약품을 단일 이성질체화하여 제조하여 판매하는 것이 일

학생 노트
어떠한 경우, 서로 다른 거울상 이성질체는 전혀 생화학적 활성이 없는 반면, 다른 거울상 이성질체는 서로 다른 활성을 가져서 탈리도마이드의 경우처럼 치명적이거나 심지어 치사에 이르게 한다.

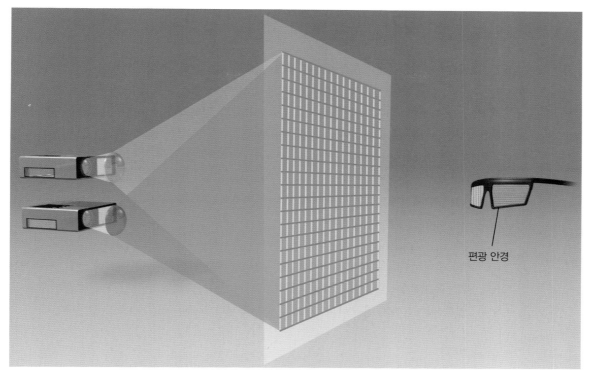

그림 20.6 같은 영화의 두 개의 다른 형태가 스크린에 투영된다. 편광 렌즈는 각 눈이 한 형태만 보게 한다. 그 결과 3차원적으로 인식하게 된다.

편광 안경

상이 되어 버렸다. 소위 보라색 알약인 Nexium의 단일 이성질체 의약품이 이 예이다. Nexium의 제조사인 AstraZeneca는 현재 약국에서 살 수 있는 가슴앓이 처방약이던 Prilosec의 특허권자이다. Prilosec은 카이랄 화합물 오메프라졸의 라셈 혼합물이다. AstraZeneca는 Prilosec의 특허가 만료되는 2002년 전에 **에소메프라졸**(esomepra-zole) 혹은 치료 효과가 있는 (S)-오메프라졸의 거울상 이성질체만을 갖는 Nexium을 생산, 시판하기 시작했다.

또 다른 카이랄 전환은 선택적 세로토닌 재흡수 억제제(SSRI)인 항우울제 Celexa로, Forest Laboratories에 의해 1998년에 시장에 나왔다. Celexa는 (R)-시트랄프램옥살레이트와 (S)-시트랄프램옥살레이트의 라셈 화합물이다. (S)-형만이 항우울증 치료 효과가 있고 다른 거울상 이성질체는 약의 부작용을 초래해서 효율성과 환자 내성에 제한적이다. 2002년 FDA는 새로운 항우울제인 Celexa에서 유래된 Lexapro를 승인했는데 이 것은 치료 효과가 없는 (R)-거울상 이성질체를 제거한 것이다. 활성 이성질체만을 분리하는 것의 장점은 적은 투여량, 감소된 부작용, 약물에 대한 더 빠르고 더 나은 환자의 반응 등이다.

비록 단일 이성질체 의약품 특허들에 관한 지적재산권 법들이 다소 모호하지만 카이랄 전환이 몇몇 제약 회사들에게 인기 있는 처방전을 독점적으로 판매할 수 있는 시간을 연장하고 있다. 엄밀히 말해 FDA는 이미 승인한 카이랄 의약품의 단일 거울상 이성질체를 한 화합물에 특허를 얻기 위한 조건인 "새로운 화학 물질"로 고려하지 않는다. 초창기의 카이랄 전환의 역사에 새로운 화학 물질의 구성에 대해 특허 심사관 사이에 불합치가 있어서 단일 이성질체 의약품에 부여되었던 특허들이 오늘날에는 승인이 안 될 수도 있다.

20.5 유기 반응

7.4절에서 처음 접한 Coulomb의 법칙은 반대되는 전하 사이의 인력을 측정한다. 인접하는 종의 반대 전하의 지역 사이의 인력과 그로 인한 전자의 운동은 많은 유기 반응을 이해하는 데 기초가 된다. **친전자체**(electrophile)와 **친핵체**(nucleophile)를 먼저 정의를 하는데 두 용어는 유기 화학에서 자주 사용된다.

친전자체(electrophile)는 양전하나 부분적인 양전하를 갖는 종이다. 글자 그대로 친전자체는 "전하를 좋아한다". 따라서 친전자체는 음전하나 부분 음전하에 이끌려진다. 친전자체는 H^+와 같은 양이온 또는 HCl의 수소 원자와 같은 극성 분자의 부분 양전하일 수도 있다. 친전자체는 **전자가 부족하다**.

친핵체(nucleophile)는 음전하나 부분적인 음전하를 갖는 종이다. 글자 그대로 친핵체는 "핵을 좋아한다". 친핵체는 양전하나 부분 양전하(친전자체)에 이끌려진다. 친핵체는 Cl^- 같은 음이온일 수도 있고, HCl의 염소 원자와 같은 극성 분자의 부분 음전하일 수도 있다. 친핵체는 **전자가 풍부하다**. 전자가 풍부하거나 부족한 곳은 서로를 끌어당긴다.

부가 반응

그림 20.7의 HCl과 C_2H_4의 정전기적 퍼텐셜 지도는 두 분자가 부분 양전하와 부분 음전하의 영역을 갖고 있음을 보여준다. 예를 들어, HCl은 극성 분자인데 수소와 염소 사이의 전기 음성도가 크기 때문에 H는 부분 양전하를 띤다. 게다가 C_2H_4의 C=C는 두 개의 채워진 전자쌍으로 구성되는데, 한 쌍은 시그마 결합이고 다른 쌍은 파이 결합이다[◀◀ 9.5절]. 따라서 이중 결합을 부분 음전하의 영역으로 만든다. HCl 분자에서 H의 부분 양전하는 친전자체이다. 에틸렌의 이중 결합은 상대적으로 높은 전자 밀도의 영역이고 친핵체이다.

HCl 분자의 양전하 끝이 에틸렌의 이중 결합에 접근 시 반응이 일어난다. 다음 식에서 굽은 화살표가 보여 지는 것처럼 파이 결합이 깨지며 파이 결합의 전자가 HCl 분자의 수소 원자와 다른 탄소 원자들 중 하나와 시그마 결합을 형성한다. 이에 따라 새로운 결합이 형성되면서 두 가지 반응이 발생한다.

1. H 원자에 결합이 하나 이상 있을 수 없으므로 H와 Cl의 원래 결합이 깨진다. 원래 H와 Cl에 의해 공유된 전자들은 Cl 원자 쪽으로 간다. 그에 따른 중간 물질은 다음 식의 대괄호 안에 표시되고 있다.(점선은 형성되는 결합을 나타낸다.)

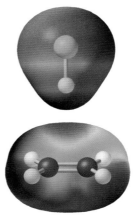

그림 20.7 HCl의 H의 부분 양전하는 에틸렌 이중 결합의 전자 밀도가 큰 영역으로 끌려간다.

오른쪽의 탄소 원자는 원래 공유되었던(다른 탄소 원자와 파이 결합일 때) 최외각 전자가 완전히 제거될 때 +전하를 띤다. 이런 종은 탄소가 오직 6개의 전자에 의해 둘러싸여 있는데, 이것을 **탄소 양이온**(carbocation)이라 한다.

탄소는 어떤 안정한 화합물에서도 반드시 팔전자계를 따라야 하지만, 몇몇 반응에서는 일시적으로 탄소 원자가 주변에 오직 3개의 전자쌍을 가진 전자가 부족한 **중간종**을 거친다.

2. 수소 원자에 대한 새로운 시그마 결합을 형성하는 탄소 원자는 sp^2 혼성화에서 sp^3 혼성화로 변한다.

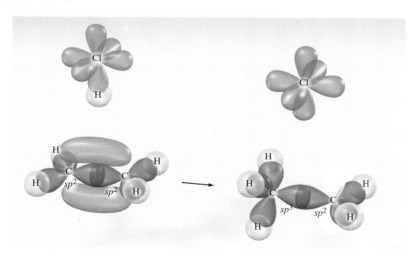

양전하를 띠는 탄소 원자는 이 시점에서 여전히 sp^2 혼성화되어 있다.

원래 H와 Cl에 공유되었던 전자들이 Cl로 갈 때 염소 이온이 생성되며, 이것은 **친핵체**(nucleophile)이다. 이것은 새롭게 형성된 양전하에 의해 이끌리며 두 개의 전자가 양으로 하전된 탄소 원자와 결합을 형성하는 것이 굽은 화살표로 표현되어 있다.

Cl과 C 원자 사이에 새로운 시그마 결합이 형성되면 두 번째 탄소가 sp^2에서 sp^3로 혼성화된다.

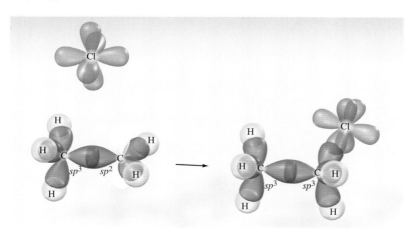

전체 반응을 **부가 반응**(addition reaction)이라 한다. 특히 이것은 **친전자적 부가** (electrophilic addition) 반응인데, 이중 결합의 전자 밀도에 의해서 HCl의 친전자적 공격으로 시작되기 때문이다.

부가 반응은 또한 친핵성 공격으로 시작될 수 있는데, 이 경우 반응을 **친핵성 부가** (nucleophilic addition)라 한다. 친핵성 부가 반응에서 친핵체가 전자가 부족한 원자에 전자쌍을 제공할 때 결합이 생성된다. 예를 들면, 물은 CO_2와 반응하여 탄산으로 반응한다. 비록 부가 반응이 본질적으로 한 번에 일어나지만 전자의 움직임을 다음의 단계적인 과정으로 생각하는 것이 유익하다.

1.

물이 가진 산소 원자의 비공유 전자쌍 중 하나가 탄소 원자를 공격하는데, 이것은 매우 전기 음성도가 큰 산소 원자가 결합을 형성했기 때문에 전자가 부족하다. 새로운 결합이 형성됨에 따라 원래 C−O 파이 결합 중 하나가 깨진다. 깨진 파이 결합으로부터 전자쌍은 해당 산소 원자에 재배치되어 산소 원자가 음전하를 갖게 된다.

2.

물의 O−H 결합 중 하나가 깨져서 전자들이 산소 원자에 남아 있다. 수소 원자는 양성자로서 물 분자에서 이탈된다.

3.

마지막으로 음으로 하전된 산소 원자는 친핵체로서 작용하는 물 분자에서 손실된 양성자 원자를 얻는다.

그림 20.8에 친전자성 및 친핵성 부가 반응의 구조가 요약되어 있다.

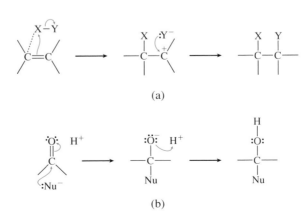

(a)

(b)

그림 20.8 (a) 친전자성 부가 반응 (b) 친핵성 부가 반응. 굽은 화살표는 전자의 움직임을 나타낸다.[Nu는 친핵체(nucleophile)를 나타낸다.]

치환 반응

친전자성 및 친핵성 공격은 한 그룹이 다른 그룹으로 치환되는 **치환 반응**(substitution reaction)이다. 친전자성 치환은 친전자체가 방향족 분자를 공격하여 수소 원자를 대체할 때 일어난다. 친핵성 치환은 친핵체가 탄소 원자의 다른 그룹을 치환할 때 일어난다. 그림 20.9는 치환 반응의 일반적인 구조를 보여준다.

벤젠의 나이트로화는 친전자성 치환 반응의 예이다.

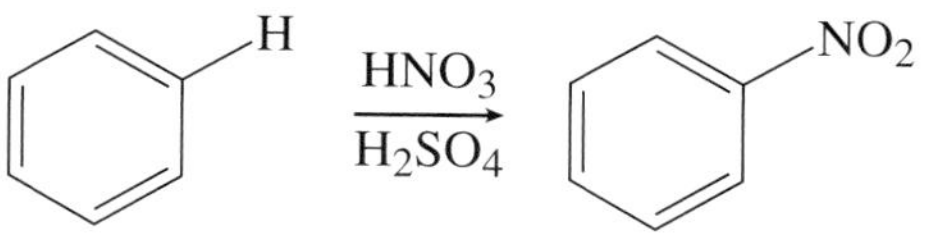

학생 노트
특히 이런 형태의 반응을 친전자성 방향족 치환(aromatic substitution) 반응이라 한다.

질산과 황산은 친핵체인 나이트로늄 이온($^+NO_2$)을 형성하는데, 그것은 친전자체로서 작용한다.

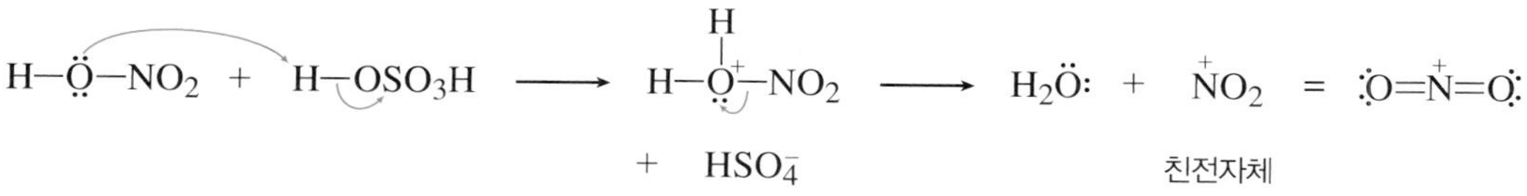

+로 하전된 나이트로늄 이온은 벤젠 고리의 전자가 많은 파이 결합에 의해 이끌려진다. 벤젠의 파이 결합 중 하나가 끊기고 탄소 원자와 나이트로늄 이온 사이에 결합이 형성된다.

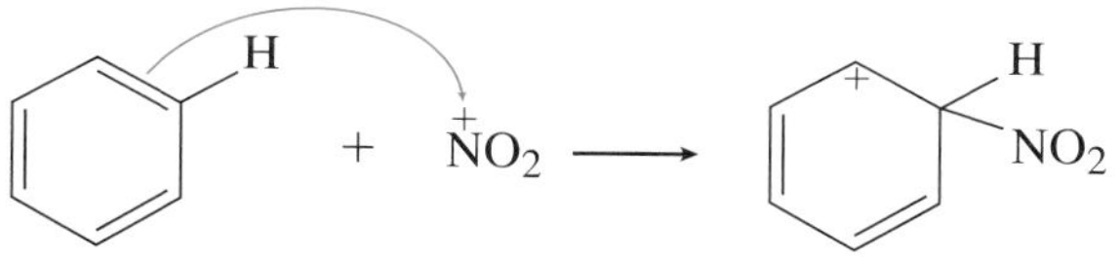

생성된 탄소 양이온은 공명에 의해 안정화된다.

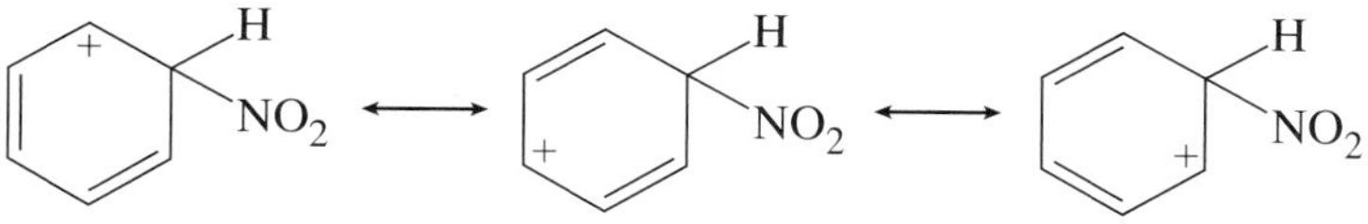

마지막으로 C−H 결합의 전자는 고리로 이동되어 원래의 파이 결합으로 돌아오고, 수소 원자는 양성자 H^+로 된다.

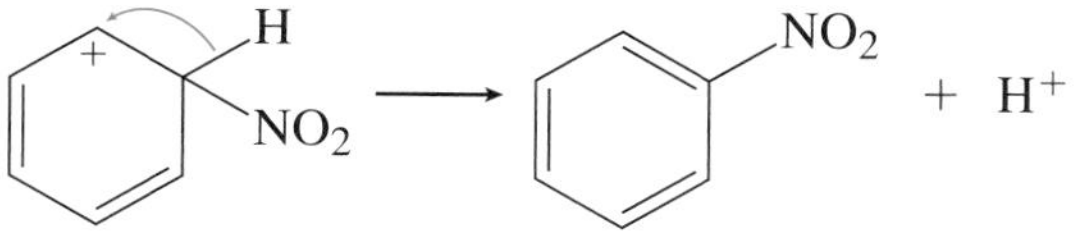

필요시 한 단계로 $-NO_2$기가 $-NH_2$기로 변환된다.

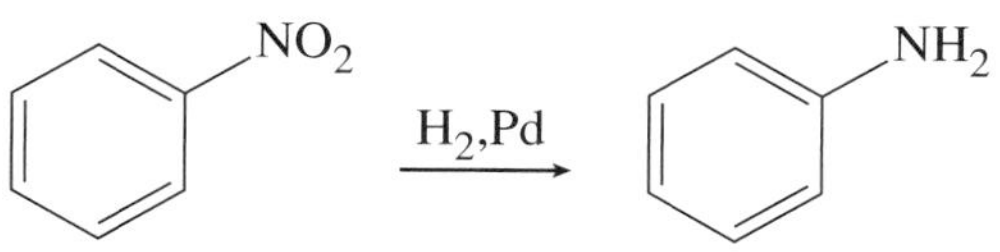

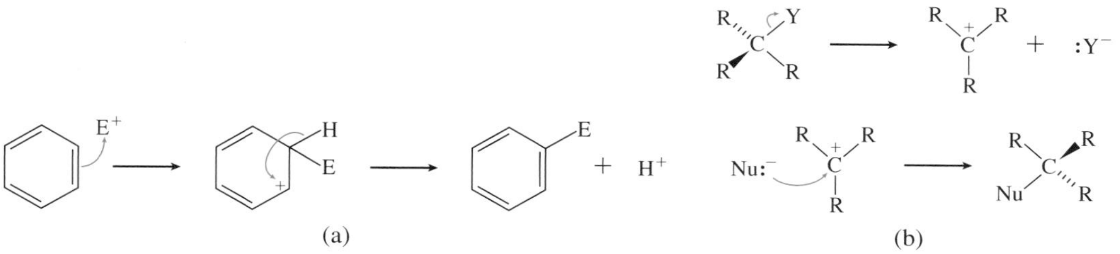

그림 20.9 (a) 친전자성 치환. 벤젠은 친전자체(E^+)를 공격한다. (b) 친핵성 치환 반응

(a)   (b)

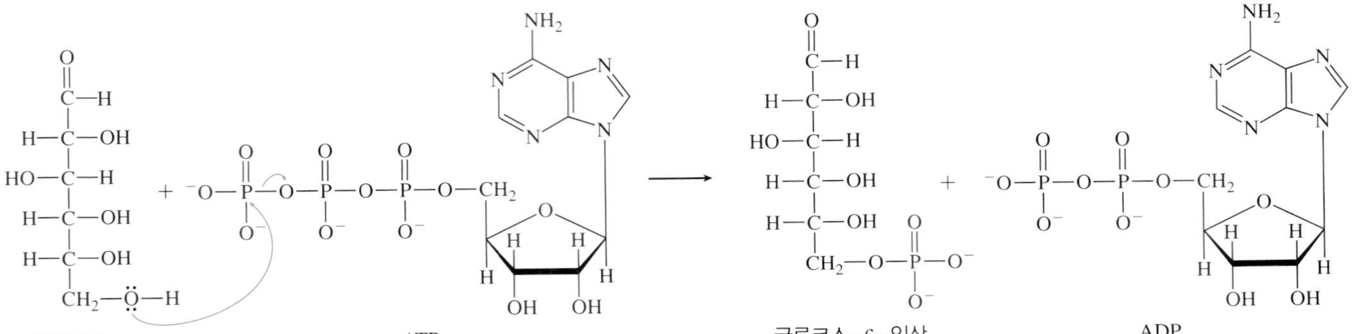

그림 20.10 글루코스와 ATP의 반응은 글루코스-6-인산과 ADP를 생성한다.

학생 노트
메틸브로마이드의 탄소 원자는 부분 양 전하를 갖는데 왜냐하면 약간 더 전기 음성도가 큰 브로민 원자에 결합되어 있기 때문이다[◀◀ 8.4절].

친핵성 치환의 간단한 예는 메틸브로마이드와 같은 알킬 할라이드와 염소 이온과 같은 친핵성 치환체와의 반응이다. 염소 이온은 메틸브로마이드의 탄소 원자의 부분적 양전하에 의해 이끌려진다. 염소 이온에 비공유 쌍의 이동은 염소 원자와 탄소 원자 사이에 시그마 결합을 형성한다. 탄소 원자는 주위에 4쌍 이상의 전자를 수용할 수 없으므로 원래 C–Br 결합이 깨지고 C와 Br 사이에 공유하였던 전자들이 Br 쪽으로 이동한다. 이 결과는 메틸클로라이드 분자와 브로민 이온이다.

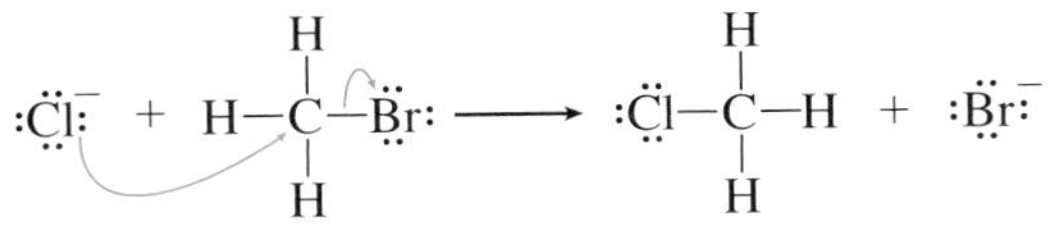

친핵성 치환 반응은 생명체에서 특히 중요하다. 20.3절의 ATP(adenosine triphosphate)의 가수 분해는 친핵성 치환의 예이다. 가수 분해에서 물의 산소 원자는 친핵체로 작용해서 전자가 부족한 인(P) 원자를 공격한다. 유사한 반응이 그림 20.10과 같이 글루코스와 ATP 사이에 일어난다. 공격받는 인 원자는 전자가 부족한데 4개의 전기 음성적인 산소 원자와 결합되어 있기 때문이다. 공격하는 O와 P 사이에 결합이 형성되며 원래 P–O 결합의 하나가 끊어진다. 그 결과 글루코스의 원래 –H 그룹이 –PO_4^{3-} 그룹이 되어 글루코스-6-인산과 ADP(adenosine diphosphate)가 된다.

학생 노트
단백질의 소화는 친핵성 치환 반응에서 시작된다.

생활 속의 화학

S_N1 반응

탈리도마이드는 카이랄 의약품이지만 거울상 이성질체 중 하나만 원하는 약리 효과를 갖는다. 반면 다른 거울상 이성질체는 심각한 선천성 결함을 낳는다. 탈리도마이드는 원래 라셈 혼합체로 제조되어 환자들에게 두 거울상 이성질체를 똑같이 투여한다. 몇몇 비대칭 의약품과 달리 탈리도마이드는 바람직하지 않은 거울상 이성질체를 피하기 위해 한 거울상 이성질체만 투여되면 안 된다. 탈리도마이드의 거울상 이성질체를 하나만 투약한 후 몇 시간 안에 혈액 안에서 거의 같은 양의 거울상 이성질체가 발견된다. 비록 탈리도마이드의 한 이성질체가 다른 이성질체로 변환되는 구조는 몇몇 논쟁의 주제이긴 하지만, 거울상 이성질체가 변환될 수 있는 한 가능성은 친핵성 치환 반응에 의한 것이다.

친핵성 치환 반응은 S_N1 반응과 S_N2 반응의 두 가지이다.(1, 2는 반응의 속도론을 참조하자[◀◀ 13장]). 한 거울상 이성질체를 혼합 이성질체화시키는 것이 S_N1 반응이다. S_N1 반응은 탄소에 결합된 그룹 중 하나가 이탈하여 탄소 양이온을 만들 때 시작된다[그림 20.9(b)]. 탄소 양이온이 형성될 때 탄소 원자의 혼성은 sp^3에서 sp^2로 바뀐다.

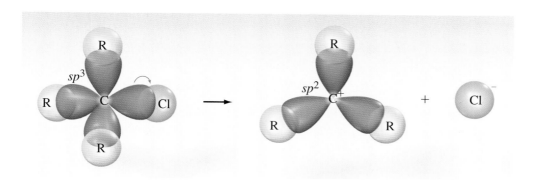

보통 나타나는 이탈기는 Cl^-, Br^-, I^- 등이다. 탄소 양이온은 양으로 하전되어 있으므로 불안정한 물질이고 친핵성 공격을 받기 쉽다. 탄소 양이온이 양전하를 띠는 탄소에 대해 **평면(planar)**이므로 탄소 양이온의 양면에서 친핵체의 공격이 똑같이 일어난다.

학생 노트
sp^2 혼성 오비탈은 평면(plane) 삼각형을 형성한다[◀◀ 표 9.2].

삼차−뷰틸
브로마이드   탄소 양이온   브로민화 이온

탄소 양이온   삼차−뷰틸
알코올   브로민화 수소

(CH$_3$)$_3$CBr과 물과의 반응에서 생성물은 친핵체(물)가 전면에서 공격하든 후면에서 공격하든 같다. 분자가 비대칭 탄소에서 이탈기를 잃어버리면 탈리도마이드 분자의 경우처럼 탄소 양이온의 한 면을 공격해서 한 거울상 이성질체가 생성되고 다른 면을 공격하면 다른 거울상 이성질체가 생성된다. 그 결과 라셈 혼합물이 생성된다. 하나의 거울상 이성질체가 거울상 이성질체의 혼합물로 되는 것을 **라셈화(racemization)**라고 한다.

친핵체는 탄소 양이온의 반대쪽을 공격하여 서로 거울상인 두 개의 다른 생성물을 형성한다.

예제 20.5는 부가 및 치환 반응의 구조를 어떻게 그리는지를 보여준다.

예제 20.5

굽은 화살표를 사용하여 전자의 움직임을 표시하고 다음 각 반응의 구조를 그리시오.(탄소 양이온 중간체의 모든 공명 구조를 그리시오.)

(a) CN^-에 CH_3CHO의 친핵성 부가 반응　　　　　(b) 벤젠에 $^+SO_3H$의 친전자성 치환 반응

전략 친핵성 부가 반응에 대해서는 공격이 일어나기 쉬운 전자 부족 원자에 가까운 친핵체의 Lewis 구조를 그린다. 친전자성 치환의 경우 벤젠 고리의 공격 위치에 가까운 친전자체의 Lewis 구조를 그린다. 친핵체는 전자가 부족한 원자에 끌려서 반응이 일어나는 반면, 친전자체는 분자의 전자가 풍부한 곳에 끌려서 반응이 일어나는 것을 명심한다. 이 정보와 팔전자 규칙에 따라서 어떤 전자가 반응이 일어날 것 같은지, 반응에 어떤 전자가 관여하게 될지 결정하여 굽은 화살표로 재배치하여 나타낸다.

계획 (a) CN^-는 친핵체이고 공격할 곳은 CH_3CHO의 카보닐 탄소인데, 이곳은 더 전기 음성적인 산소 원자에 결합되어 있어서 전자가 부족하다.

(b) 친전자체는 $^+SO_3H$이고 공격하는 곳은 전자가 많은 곳으로, 벤젠 고리의 비편재화된 파이 결합이다.

풀이

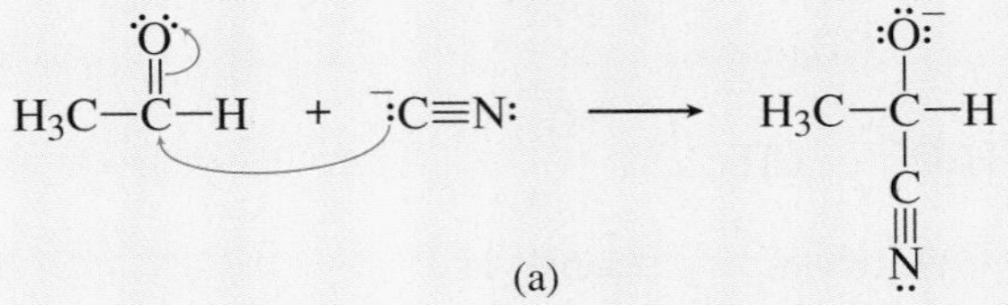

(a)

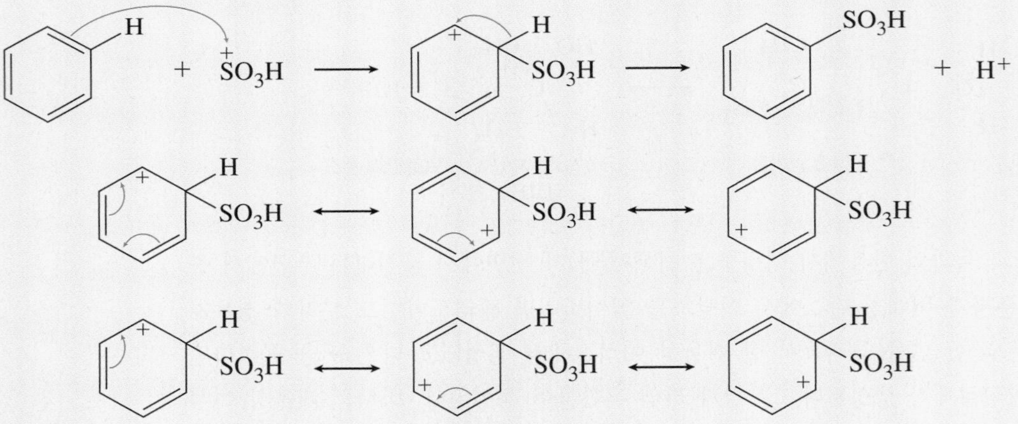

(b)

생각해 보기

벤젠 고리의 탄소 원자들은 모두 동등하여 어떤 탄소가 (b)에서 치환체를 가질지는 임의적이다. 다음은 모두 같은 생성물을 나타낸다.

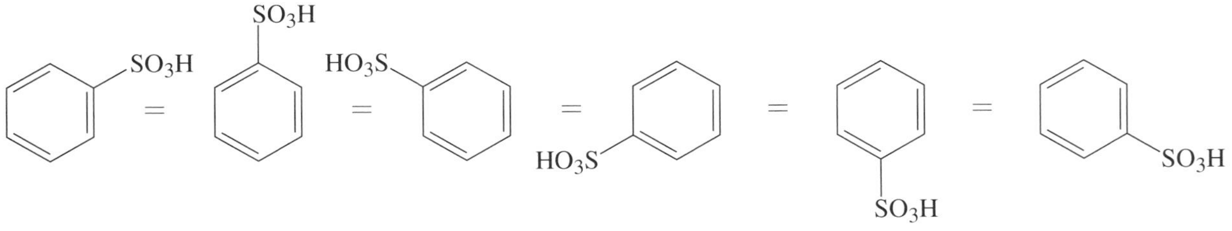

추가문제 1 다음 반응의 구조를 그리시오.
(a) H⁻가 CH₃COCH₃로 친핵성 부가
(b) 벤젠과 Cl⁺의 친전자성 치환

추가문제 2 다음의 친전자성 치환 반응으로부터 형성되는 가능한 생성물을 그리시오.

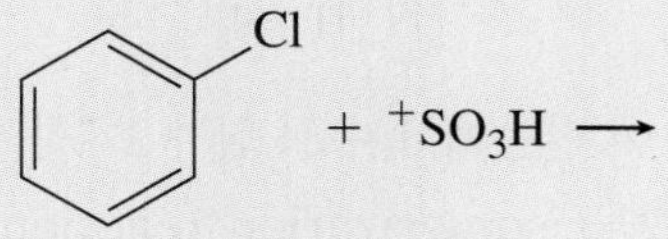

추가문제 3 다음 중 친전자성 부가 반응에 대한 적절한 전자의 움직임을 굽은 화살표로 그린 것은?

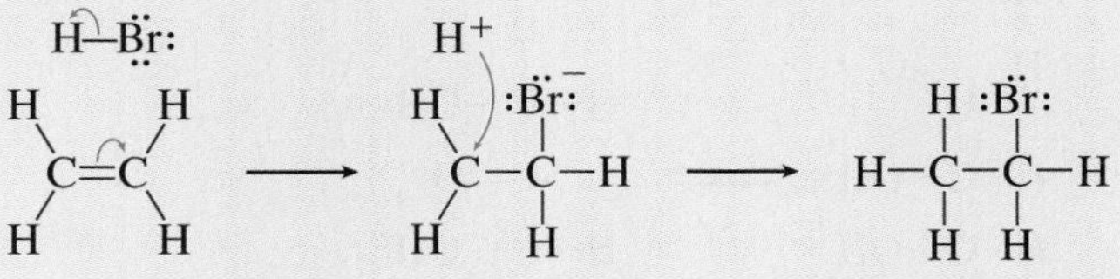

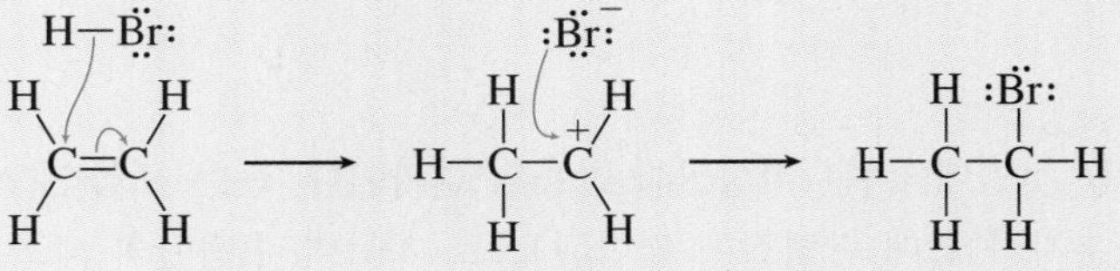

다른 유형의 유기 반응

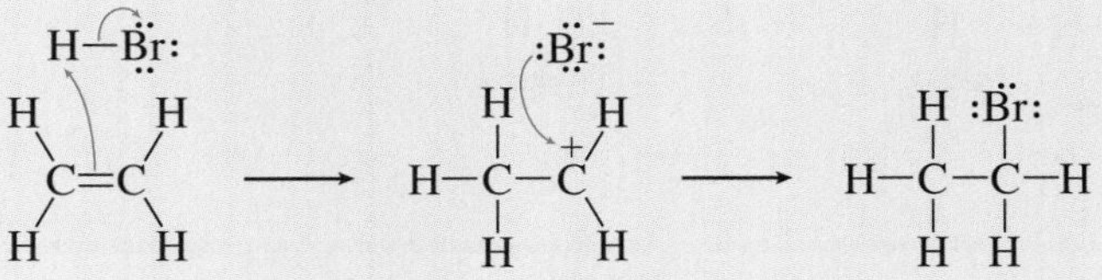

다른 중요한 유기 반응 형태는 제거 반응, 산화–환원 반응, 이성질체화 반응이다. **제거 반응**(elimination reaction)이란 이중 결합이 형성되어 물 같은 분자가 제거되는 반응이다. 2–포스포 글리세레이트가 포스포엔올피루베이트로 되는 탈수는(그림 20.11) 탄소 대사의 단계 중 하나인데 제거 반응의 한 예이다.

산화–환원 반응(oxidation–reduction reaction)은 이미 배운 것과 같이[◀◀ 4.4절] 각각 전자를 **잃고 얻는** 과정이다. 어떤 종이 전자를 잃거나 얻는 것을 결정하는 것은 일반적인 무기 반응보다 유기 반응에서 덜 직접적일지 모르지만 다음의 설명이 한 유기 분자가 산화되거나 환원될지 결정하는 데 도움을 줄 것이다.

1. 분자가 산소를 얻거나 수소를 잃을 때 **산화된다**.
2. 분자가 산소를 잃거나 수소를 얻을 때 **환원된다**.

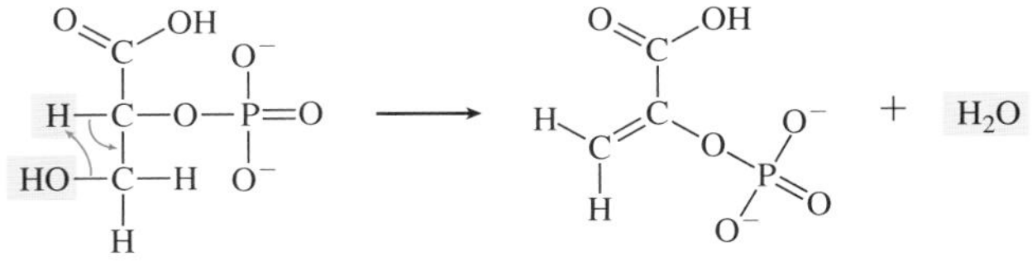

그림 20.11 강조된 원자들은 제거된 물 분자를 구성하는 부분이다.

에탄올이 간에서 아세트알데하이드로 변환되는 효소 촉매 반응은 중요한 생물학적 산화 반응의 예이다.

$$CH_3CH_2OH \longrightarrow CH_3CHO$$

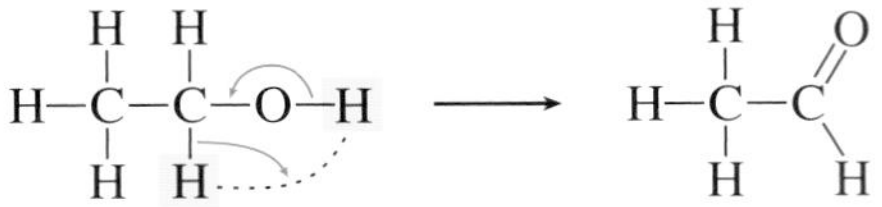

에탄올 분자는 이 반응에서 수소 원자 2개를 잃어서 **산화**되었다.

> **학생 노트**
> 생명체의 많은 유기 반응은 반응이 유용하도록 빨리 일어나게 하기 위해 천연 촉매(catalyst)인 효소(enzyme)가 필요하다[◀◀ 13장].

이성질체화 반응(isomerization reaction)은 한 이성질체가 다른 것으로 변환되는 반응이다. 알도스와 케토스 당 사이의 변환이 예이다.

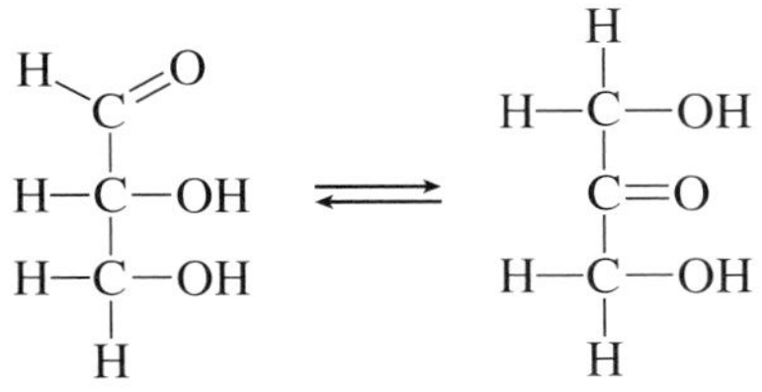

알도스 케토스

생활 속의 화학

시각의 화학

시력이란 빛을 인지하는 것인데, 이는 이성질화 반응의 결과이다. 눈은 **로돕신**(rhodopsin, 11-시스-레티날 분자가 거대 단백질에 결합된)으로 가득한 수백만의 세포로 구성되어 있다.

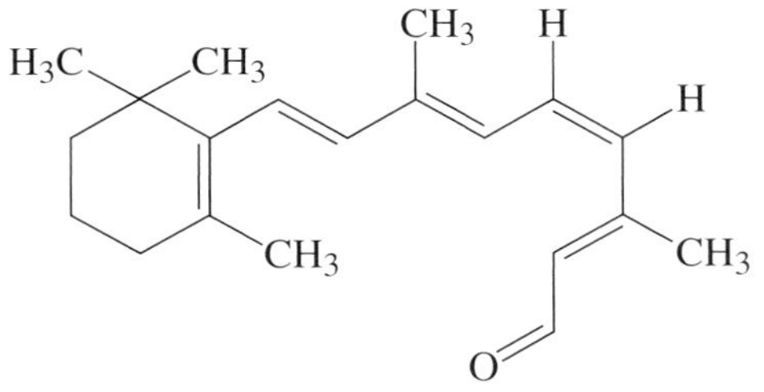

11-시스-레티날

가시광선이 로돕신에 닿으면 레티날 분자는 모두 트랜스 이성질체로 이성질화된다.

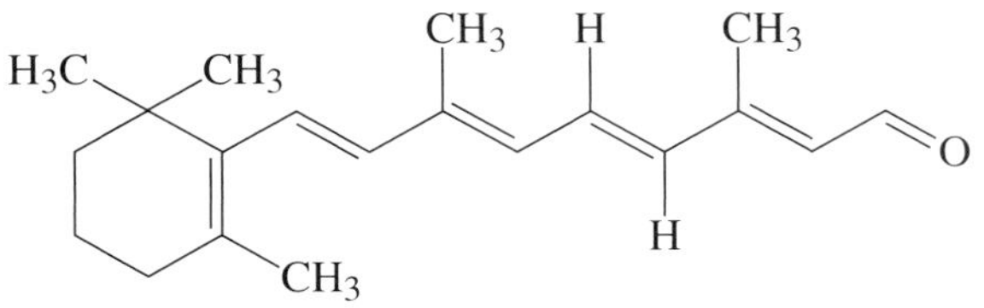

모든 트랜스 레티날

이 이성질화는 단백질에서 분리된 레티날의 구조를 변화시킨다. 이것은 시각 신경을 자극해서 시각이라고 알고 있는 신호를 뇌에서 받게 한다. 단백질에서 유래된 모든 트랜스-레티날은 단백질로 다시 돌아가고 다시 11-시스-레티날이 된다. 다시 재생된 11-시스-레티날은 단백질과 결합하게 된다. 재미있는 것은 빛에 의한 시스-에서 트랜스- 구조로의 변환보다 모든-트랜스 이성질체의 11-시스 이성질체로의 복귀가 느리다는 것이다.(이

것은 눈이 빛을 인지하기에 필요한 것이다.) 이것이 밝은 빛을 본 후 한 순간 눈이 멀게 되는 이유이다.

20.6 유기 고분자

고분자(polymer)는 자연적이든 또는 합성이든 **단량체**(monomer)로 부르는 많은 **반복되는 단위**(repeating unit)로 구성되어 있다. 이들 소위 거대 분자들의 물리적 성질들은 작고 일반적인 분자의 것과 크게 다르다.

고분자 화학의 발전은 1920년대에 목재, 젤라틴, 면, 고무 같은 몇몇 물질들의 수수께끼 같은 반응의 조사에서 시작되었다. 예를 들면, C_5H_8의 실험식을 갖는 고무를 유기 용매에 녹였을 때 점도가 일반적으로 높다는 사실을 포함해 녹여진 물질은 매우 높은 몰질량을 갖고 있음을 암시했다. 실험 증거에도 불구하고, 그 당시의 과학자들은 그런 거대한 분자가 존재할 수 있다는 생각을 받아들일 준비가 안 되어 있었다. 대신, 과학자들은 고무 같은 물질들은 분자 간 힘에 의해 유지된 C_5H_8이나 $C_{10}H_{16}$ 같은 작은 분자 단위의 응집으로 가정하였다. 이 잘못된 개념은 Hermann Staudinger[1]가 소위 각각이 수천 개의 공유 결합에 의해 결합된 굉장히 큰 분자가 응집체라는 사실을 확실히 보였을 때까지 수년간 이어졌다.

일단 이런 거대 분자 **구조**가 이해되면 현대 우리 일상생활에서 거의 모든 면에 퍼져 있는 고분자의 합성이 이해가 된다. 오늘날 약 90%의 화학자들이 화학 물질을 포함한 고분자와 함께 일하고 있다. 이 절에서는 고분자 형성을 일으키는 반응과 생물학에 중요한 천연 고분자에 대해 다루게 될 것이다.

첨가 중합체

첨가 중합체(addition polymer)라는 것은 에틸렌 같은 단량체가 끝과 끝으로 결합해 폴리에틸렌을 형성하는 것이다. 이런 형태의 반응은 쌍을 이루지 않은 홀전자인 **라디칼**(radical)로 개시된다[◀◀ 8.8절]. 첨가 중합 반응의 메커니즘은 다음과 같다.

1. 쌍을 이루지 않은 전자 때문에 불안한 라디칼이 에틸렌 분자의 탄소 원자를 공격한다. 이것이 반응의 **개시**(initiation)이다.
2. 이 공격은 문제의 탄소 원자가 8개 이상의 전자를 갖게 한다. 따라서 탄소 주위에 너무 많은 전자를 갖지 않도록 하기 위해 이중 결합이 깨진다.
3. 이중 결합의 전자 중 하나는 라디칼의 전자와 함께 에틸렌 분자와 라디칼 사이에 새로운 결합을 만든다.
4. 남은 전자 하나는 다른 탄소 원자에 남게 되어 새로운 라디칼을 형성한다.
5. 불안정한 새로운 라디칼은 또 다른 에틸렌 분자를 공격하여 또다시 반복되는 일련의 사건이 일어난다. 이와 같이 각 단계의 새로운 그리고 매우 반응성 강한 라디칼의 생성이 **전파**(propagation) 단계이다.
6. 각 시스템에서 탄소 원자의 사슬이 길어져서 반응의 전파를 계속시켜 새로운 라디칼

---

1. Hermann Staudinger(1881~1963). 독일의 화학자. 고분자 화학의 선구자 중 한 명이다. 1953년에 노벨 화학상을 수상하였다.

을 형성한다. 이런 종류의 반응들을 **사슬** 반응이라고 한다. 사슬 반응은 에틸렌 분자가 고갈되거나 라디칼이 또 다른 라디칼을 만나 소멸될 때까지 즉, 반응이 **종료**(termination)될 때까지 계속된다.

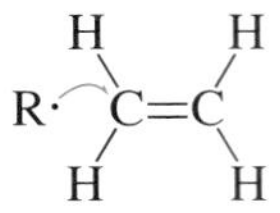

개시 단계

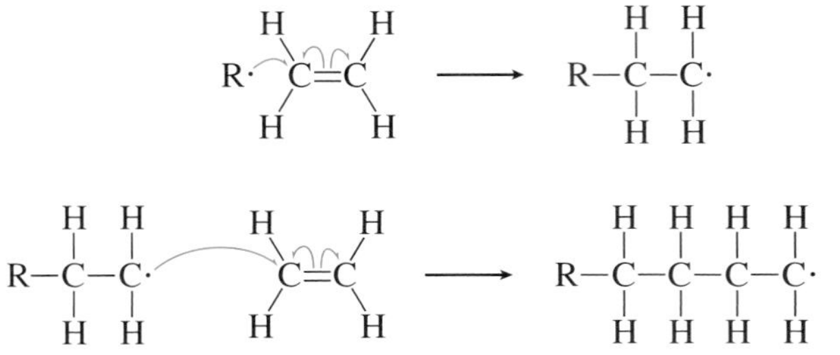

전파 단계

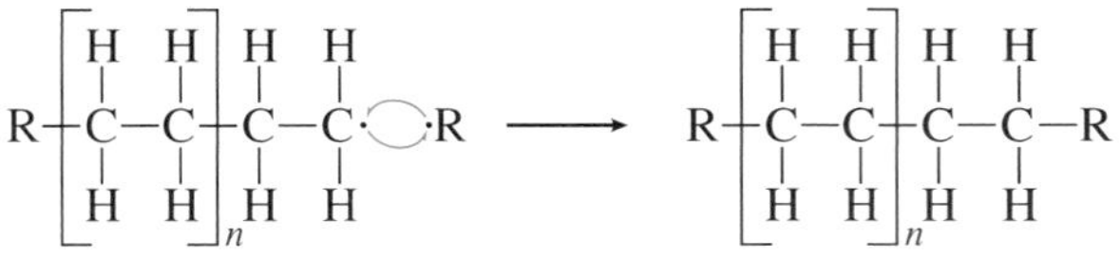

종료 단계

표 20.4에 익숙하고 중요한 첨가 중합체가 나열되어 있다.

축합 중합체

둘 이상의 분자가 물 같은 작은 분자의 제거와 함께 결합되는 반응을 **축합 반응**(condensation reaction)이라고 한다(그림 20.12). **축합 중합체**(condensation polymer)는 종종 물 같은 작은 분자의 제거로 서로 다른 작용기를 갖는 그룹이 서로 결합하여 형성된다. 많은 축합 중합체는 **공중합체**(copolymer)로서 둘 이상의 서로 **다른** 단량체들로 이루어졌다는 것을 의미한다.

나일론 66은 최초의 합성 섬유인데 두 분자의 축합 공중합체(condensation copolymer)이다. 즉, 각 단량체의 끝에 있는 카복시 그룹(아디프산)과 또 다른 단량체 끝의 아민 그룹(헥사메틸렌디아민)과의 반응이다.

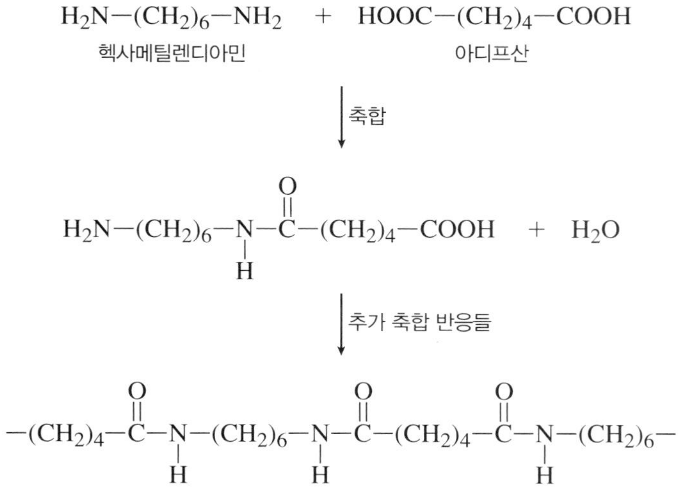

> **학생 노트**
> 숫자 66은 각 단량체에 탄소 6개가 있다는 것을 말한다. 나일론 610 같은 나일론들은 아디프산과 헥사메틸렌디아민 같은 여러 분자의 조합으로 만들어진다.

$$H_2N-(CH_2)_6-NH_2 \quad + \quad HOOC-(CH_2)_4-COOH$$

헥사메틸렌디아민 　　　　　　　　　 아디프산

↓ 축합

$$H_2N-(CH_2)_6-\overset{\underset{|}{H}}{N}-\overset{\overset{O}{\|}}{C}-(CH_2)_4-COOH \quad + \quad H_2O$$

↓ 추가 축합 반응들

$$-(CH_2)_4-\overset{\overset{O}{\|}}{C}-\overset{\underset{|}{H}}{N}-(CH_2)_6-\overset{\underset{|}{H}}{N}-\overset{\overset{O}{\|}}{C}-(CH_2)_4-\overset{\overset{O}{\|}}{C}-\overset{\underset{|}{H}}{N}-(CH_2)_6-$$

나일론은 1931년 듀퐁의 Wallace Carothers[2]에 의해 처음 만들어졌다. 나일론의 다양성은 매우 커서 나일론 및 관련 물질의 연간 생산량은 현재 수십억 파운드에 달한다.

표 20.4	첨가 중합체들		
이름	**단량체 단위**	**구조**	**용도**
폴리테트라플루오로에틸렌 (테플론)	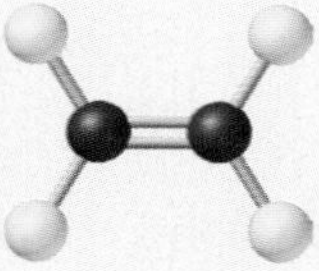	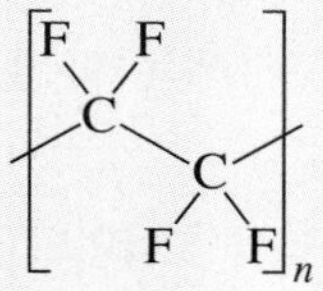	프라이팬 코팅
폴리에틸렌	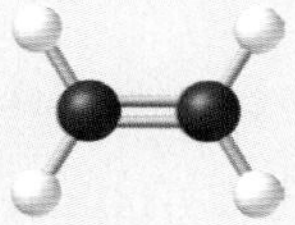	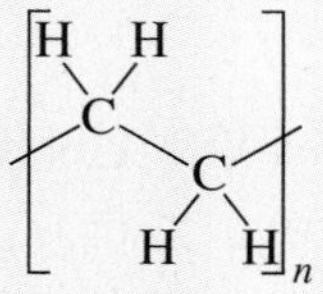	비닐봉지, 병, 장난감들
폴리프로필렌	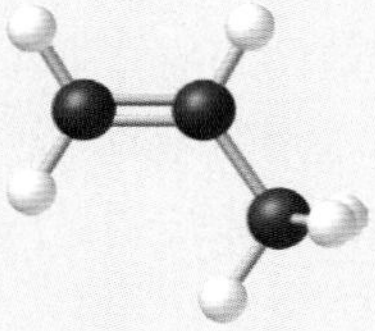	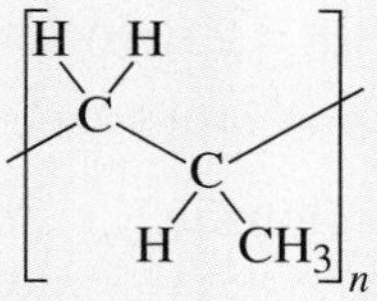	카펫, 병
폴리비닐클로라이드 (PVC)	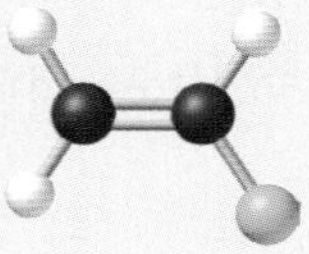	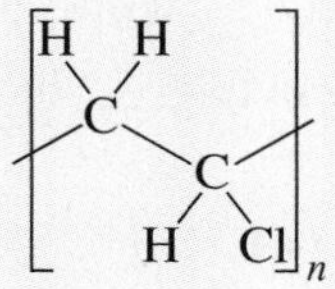	수관, 정원 호스, 플라스틱 랩
폴리스티렌	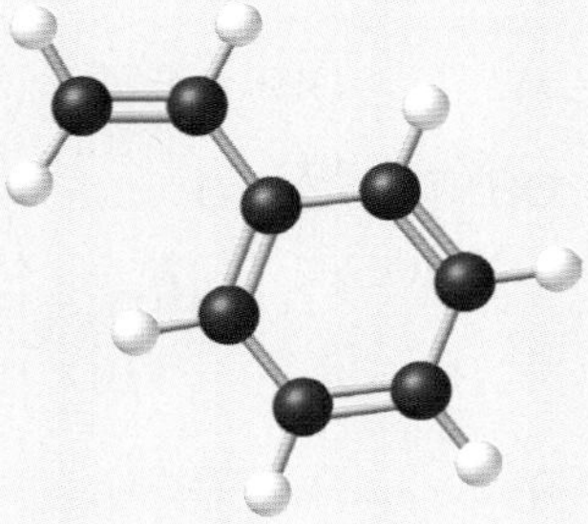	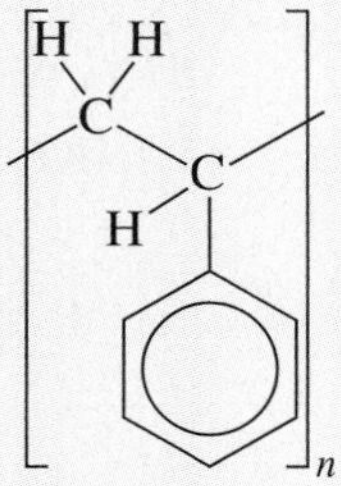	충전재, 절연체, 가구

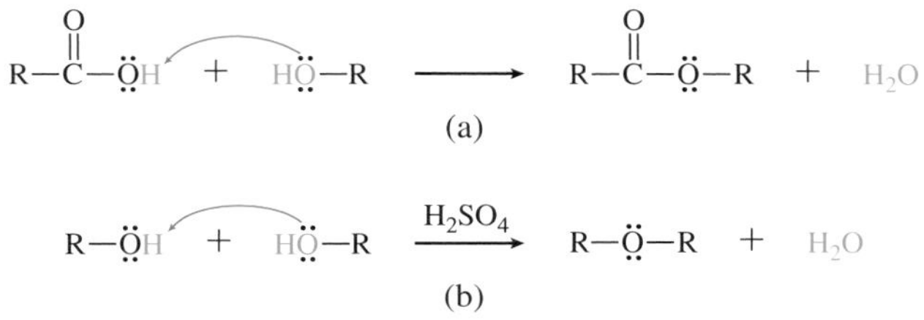

$$R-\overset{\overset{O}{\|}}{C}-\overset{..}{\overset{..}{O}}H \; + \; H\overset{..}{\overset{..}{O}}-R \longrightarrow R-\overset{\overset{O}{\|}}{C}-\overset{..}{\overset{..}{O}}-R \; + \; H_2O$$

(a)

$$R-\overset{..}{\overset{..}{O}}H \; + \; H\overset{..}{\overset{..}{O}}-R \xrightarrow{H_2SO_4} R-\overset{..}{\overset{..}{O}}-R \; + \; H_2O$$

(b)

그림 20.12 (a) 알코올과 카복실산이 반응하여 에스터가 되는 축합 반응
(b) 황산의 존재하에 두 알코올의 축합 반응으로 에터가 되는 반응

2. Wallace H. Carothers(1896~1937). 미국의 화학자. 큰 상업적 성공 외에도 나일론에 대한 업적은 거대 분자의 구조와 성질을 명백히 밝힌 Staudinger와 동등하다. 누이의 죽음으로 우울해져서 인생이 실패였다고 믿었던 그는 41세에 자살하였다.

생물 고분자

천연에 존재하는 고분자는 **단백질**(protein), **다당류**(polysaccharide), **핵산**(nucleic acid)이다.

단백질(protein)은 아미노산의 고분자로서 거의 모든 생리 과정에 중요한 역할을 한다. 인체는 약 10만 가지의 서로 다른 단백질이 있고 각각은 특정한 생리 작용을 갖고 있다. 아미노산은 카복실산 작용기와 아미노 작용기를 공유하고 있다. 아미노산은 한 분자에는 카복시 그룹, 다른 분자에는 아미노 그룹과 축합 반응이 일어날 때 서로 연결된다(그림 20.13).

아미노산과의 결합을 **펩타이드 결합**(peptide bond)이라고 한다. 매우 긴 아미노산의 사슬이 이런 방법으로 결합될 때 **단백질**이라 하며 더 짧은 사슬을 **폴리펩타이드**(polypeptide)라고 한다.

아미노산은 중심의 탄소 원자에 4개의 서로 다른 그룹이 결합되어 있다. 아미노기, 카복시기, 수소 원자 그리고 또 다른 그룹이다[그림 20.14(896~897쪽)의 강조된 부분]. 또 다른 그룹은 탄소, 수소 그리고 가끔은 질소나 유황 같은 다른 원소이다. 단백질은 그림 20.14에서 보듯 기본적으로 20개의 서로 다른 아미노산에서 만들어진다. 단백질의 정체성은 20개의 아미노산과 아미노산이 결합되는 순서에 달려 있다.

다당류(polysaccharide)는 글루코스와 프럭토스 같은 당의 고분자이다. 전분과 셀룰로스는 글루코스가 약간 다른 결합으로 된 두 고분자이다. 그리고 성질이 매우 다르다. 전분에서 글루코스 분자는 생화학자가 α 결합이라고 부르는 것으로 연결되어 있다. 이것은 인간을 포함한 동물이 옥수수, 밀, 감자, 쌀 같은 전분을 소화하게 한다.

전분

셀룰로스에서 글루코스 분자는 β 결합으로 연결되어 있다. 셀룰로스를 소화하기 위해서는 효소가 필요한데, 대부분의 동물들은 이를 갖고 있지 않다. 흰개미, 반추 동물(소, 양, 라마 등)들은 데 내장에 공생하는 효소를 생산하는 박테리아의 도움을 받아 셀룰로스를 소화하는 것이 가능하다.

셀룰로스

학생 노트
펩타이드 결합을 아마이드 결합(amide bond) 또는 아마이드 연결(amide linkage)이라고 하는데 이는 아마이드 작용기를 포함하기 때문이다.

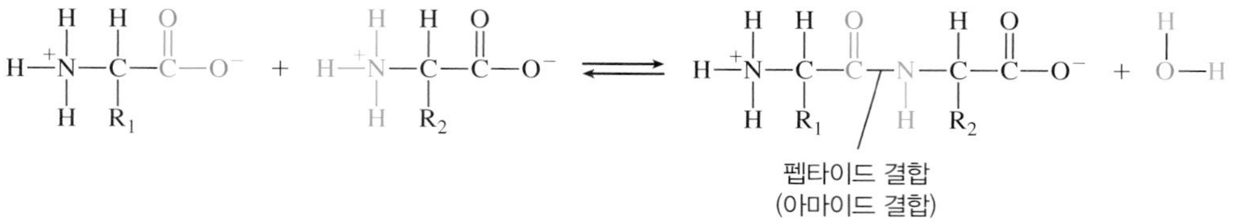

그림 20.13 물 제거에 의한 펩타이드 결합의 생성

펩타이드 결합
(아마이드 결합)

핵산(nucleic acid)은 **뉴클레오타이드**(nucleotide)의 고분자로서 단백질 합성에 중요한 역할을 한다. 두 종류의 핵산이 있는데, **DNA**(deoxyribonucleic acid, 데옥시리보핵산)와 **RNA**(ribonucleic acid, 리보핵산)이다. 핵산의 각 **뉴클레오타이드**(nucleotide)는 퓨린이나 피리미딘의 **염기**로 된 핵산과 5탄당(DNA의 경우 **데옥시리보스**, RNA의 경우 **리보스**) 그리고 포스페이트 그룹으로 구성되어 있다. 그림 20.15는 DNA와 RNA의 구성 단위를 보여준다. 뉴클레오타이드의 부분들은 그림 20.16에 나타나 있듯 서로 결합되어 있다. 이 분자들은 알려진 것 중 가장 큰 분자로서, 분자량이 g당 100억 몰질량에 이른다. 반면 RNA 분자들은 보통 몰질량이 g당 수만을 갖는다. 크기에도 불구하고 핵산의 성분들은 단백질에 비해 상대적으로 단순하다. 단백질들은 20개까지의 서로 다른 아미노산으로 구성되는 반면, DNA와 RNA는 4개의 다른 뉴클레오타이드로 각기 구성된다.

치환체는 하나 이상의 분자들을 어떻게 명명하는가?

체계적 이름에서는 화합물을 확실하게 구분하여야 한다. 따라서 하나 이상의 치환체를 갖는 분자를 명명할 때에는 특별한 규칙을 따라야 한다.

두 개 이상의 같은 치환체를 갖는 분자들에서는 di-, tri-, tetra-, penta- 등과 같은 접두어가 치환체 숫자를 나타내기 위해 사용된다. 또한, 숫자들은 치환체들의 위치를 나타내기 위해 종종 사용된다.(두 개의 치환체가 같은 탄소 원자에 결합된 경우를 보자. 이 경우 숫자 사이에 쉼표로, 탄소의 번호가 반복된다.)

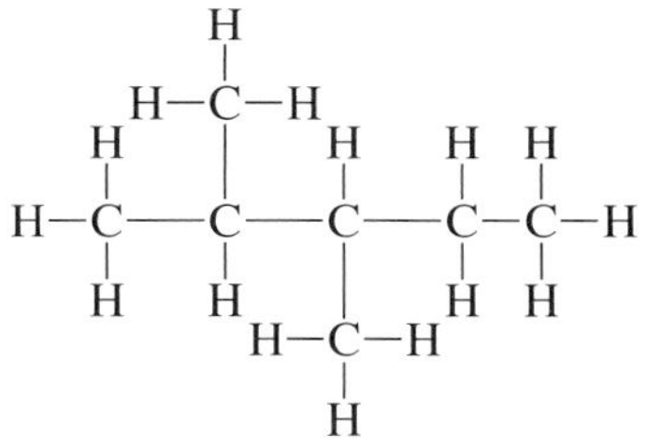

2,3-다이메틸 펜탄 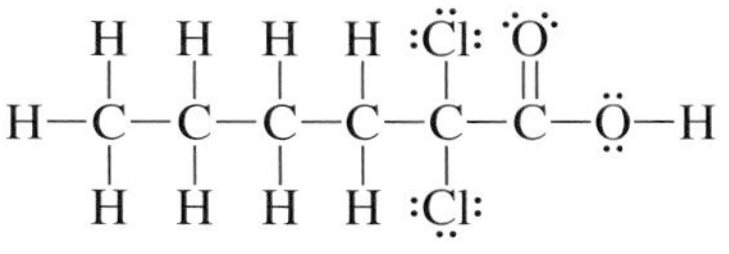   2,2-다이클로로헥산오익산

두 개 이상의 서로 다른 치환체가 존재할 때 치환체의 명명은 화합물의 체계적 명명법에 의하여 알파벳 순서를 따른다.(즉, 치환기의 알파벳 첫 글자가 빠른 것이 우선한다.) 또한 알파벳화된 치환체의 위치를 나타내기 위해 숫자가 사용된다. 접두어는 두 개 이상의 동등한 치환체를 나타내기 위해 사용되며 접두어는 알파벳화되지 않으며 오직 치환체의 이름만 나타낼 목적으로 사용된다.

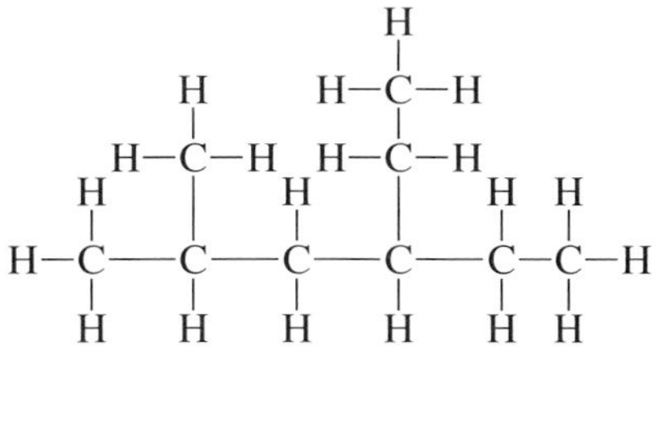

4-에틸-2-메틸헥세인 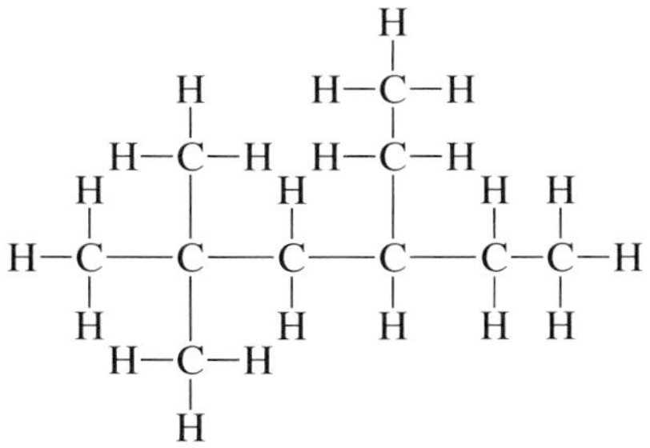   4-에틸-2,2-다이메틸헥세인

그림 20.14 생명체에 필수적인 20가지의 아미노산들. 색으로 표시된 부분은 R 그룹을 나타낸다.

이름	약어	구조
알라닌	Ala	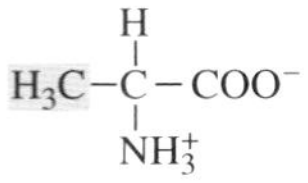
아르기닌	Arg	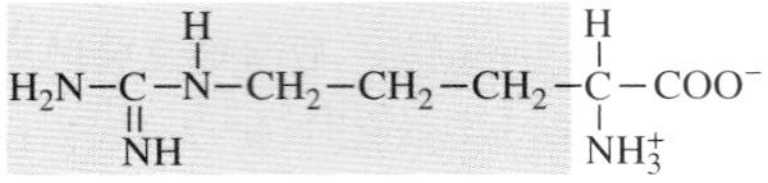
아스파라진	Asn	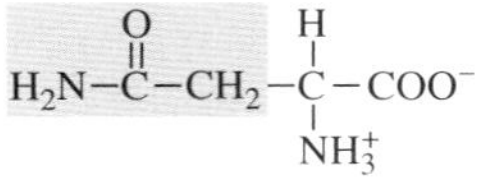
아스파트산	Asp	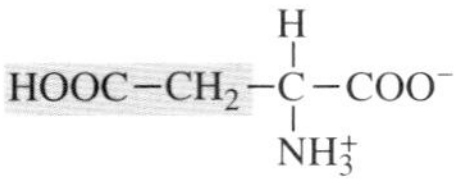
시스테인	Cys	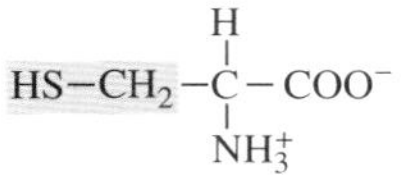
글루탐산	Glu	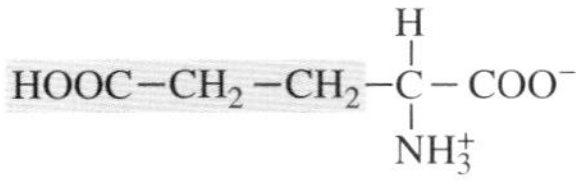
글루타민	Gln	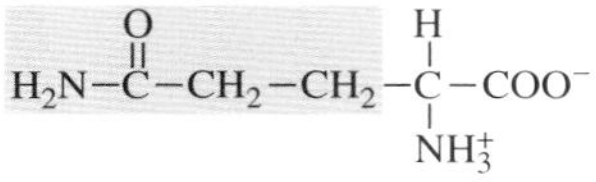
글리신	Gly	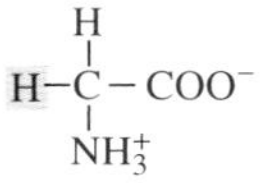
히스티딘	His	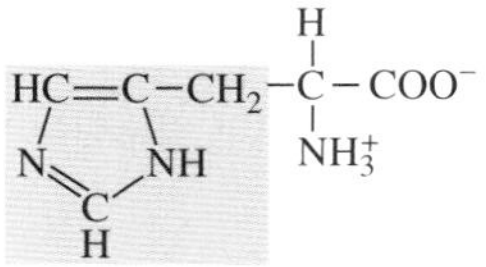
아이소루신	Ile	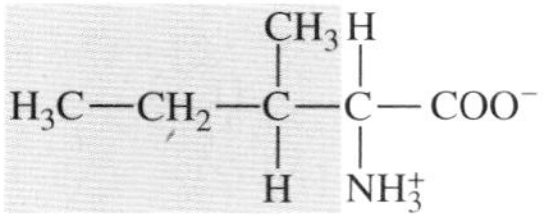

이름	약어	구조
루신	Leu	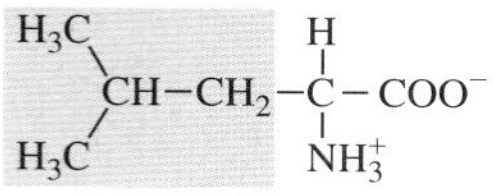 H_3C-CH-CH_2-$\overset{\underset{\mid}{H}}{\underset{NH_3^+}{C}}$-$COO^-$ (with H_3C branching)
라이신	Lys	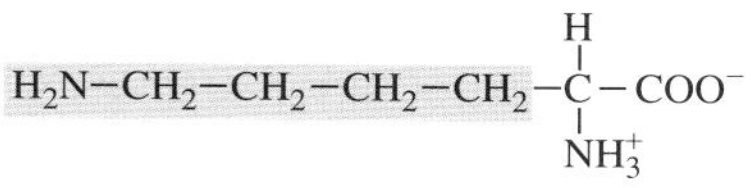 H_2N-CH_2-CH_2-CH_2-CH_2-$\overset{\underset{\mid}{H}}{\underset{NH_3^+}{C}}$-$COO^-$
메싸이오닌	Met	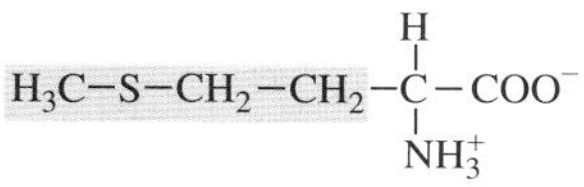 H_3C-S-CH_2-CH_2-$\overset{\underset{\mid}{H}}{\underset{NH_3^+}{C}}$-$COO^-$
페닐알라닌	Phe	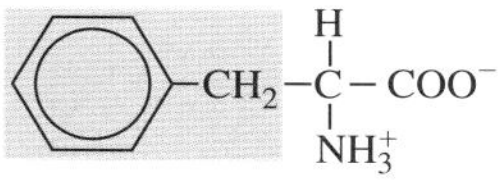 CH_2-$\overset{\underset{\mid}{H}}{\underset{NH_3^+}{C}}$-$COO^-$ (phenyl ring)
프롤린	Pro	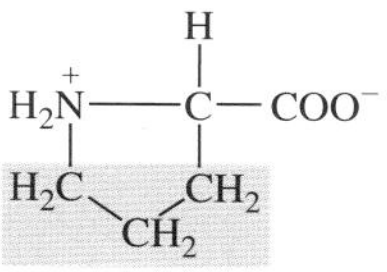 $H_2\overset{+}{N}$-$\overset{\underset{\mid}{H}}{C}$-$COO^-$, H_2C-CH_2-CH_2 ring
세린	Ser	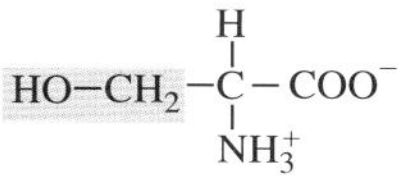 HO-CH_2-$\overset{\underset{\mid}{H}}{\underset{NH_3^+}{C}}$-$COO^-$
트레오닌	Thr	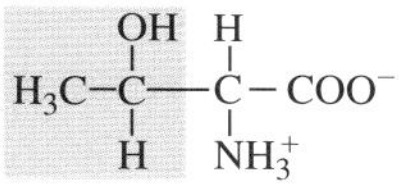 H_3C-$\overset{\underset{\mid}{OH}}{\underset{H}{C}}$-$\overset{\underset{\mid}{H}}{\underset{NH_3^+}{C}}$-$COO^-$
트립토판	Trp	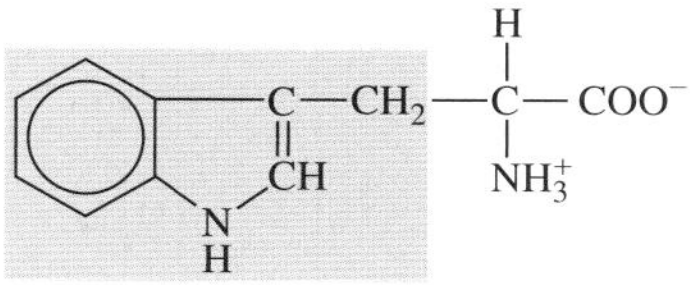 indole ring-CH_2-$\overset{\underset{\mid}{H}}{\underset{NH_3^+}{C}}$-$COO^-$
타이로신	Tyr	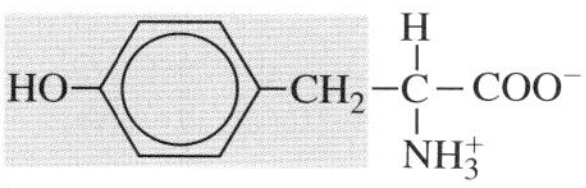 HO-ring-CH_2-$\overset{\underset{\mid}{H}}{\underset{NH_3^+}{C}}$-$COO^-$
발린	Val	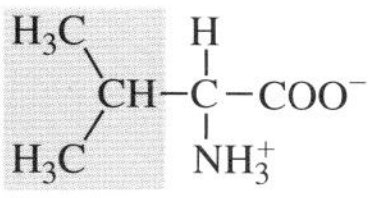 H_3C-CH-$\overset{\underset{\mid}{H}}{\underset{NH_3^+}{C}}$-$COO^-$ (with H_3C branching)

그림 20.14 (계속)

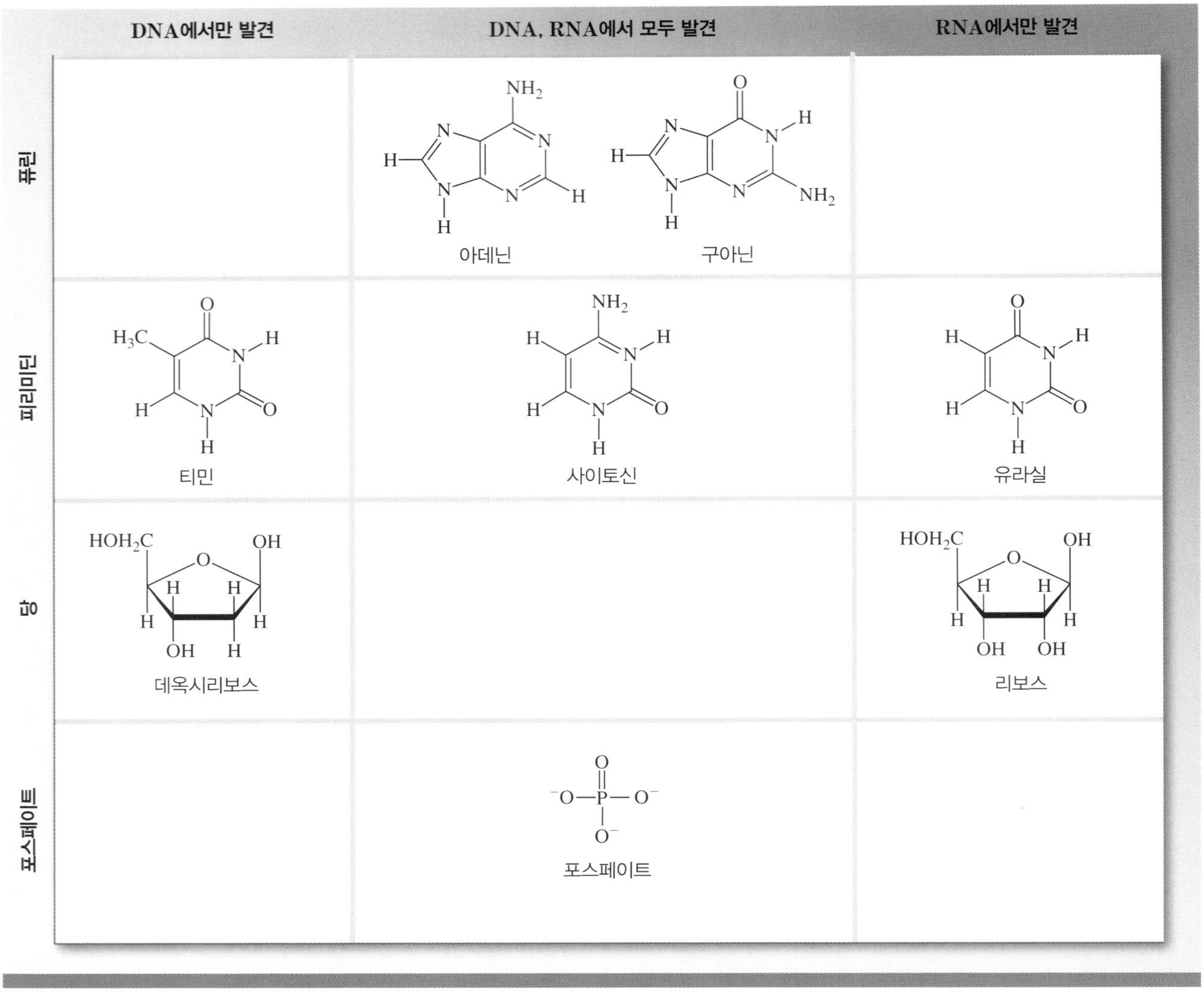

DNA에서만 발견	DNA, RNA에서 모두 발견		RNA에서만 발견
퓨린	아데닌	구아닌	
피리미딘	티민	사이토신	유라실
당	데옥시리보스		리보스
포스페이트		포스페이트	

그림 20.15 핵산 DNA와 RNA의 성분들

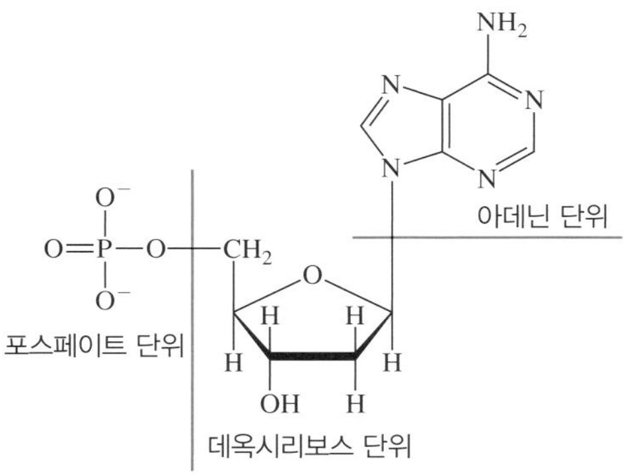

포스페이트 단위
아데닌 단위
데옥시리보스 단위

그림 20.16 DNA의 반복되는 구조의 하나인 뉴클레오타이드의 구조

연습문제

배운 것 적용하기

1998년 FDA에 의해 승인되었지만 탈리도마이드는 역사상 가장 제약을 받은 처방약이다. 왜냐하면 발생 단계의 태아를 해친다고 알려져 있기 때문이다. 이 의약품의 제조사인 Celgene Corporation은 탈리도마이드 교육 및 처방 안전(System for Thalidomide Education and Prescribing Safety, STEPS) 프로그램을 개발해 왔다. 이에 따라 내과 의사가 탈리도마이드를 환자에 처방하기 위해서는 STEPS 프로그램을 반드시 이수해야 한다. 여성 환자는 치료 24시간 전에 임신 검사에서 음성이 확인되어야 하며 반드시 치료 기간 동안 임신 테스트를 받아야 한다. 여성 및 남성 환자는 반드시 의무적인 피임 수단, 환자 등록 및 환자 설문 조사를 준수해야 한다. 게다가, 새로운 환자는 탈리도마이드 희생자가 약물의 잠재적인 위험성을 설명하는 정보 비디오를 보아야 한다.

문제
(a) 이 장의 처음에 나오는 구조에서 탈리도마이드의 작용기를 밝히시오[◀◀ 예제 20.2].
(b) 탈리도마이드, 레날리도마이드, CC-4047의 분자식을 쓰시오[◀◀ 예제 20.3].
(c) 탈리도마이드는 분자의 공명 부분의 수소 원자 하나를 아미노 그룹으로 치환하여 약물 CC-4047로 변환되었다. 굽은 화살표를 사용하여 이 반응의 구조를 그리고, 탄소 양이온 중간체의 공명 구조를 그리시오[◀◀ 예제 20.5].

20.2절: 유기 화합물

20.1 각 분자를 알코올, 알데하이드, 케톤, 카복실산 또는 아미노로 분류하시오.

(a) CH₃−CH₂−NH₂   (b) CH₃−CH₂−C(=O)H

(c) CH₃−C(=O)−CH₂−CH₃   (d) H−C(=O)−OH

(e) CH₃−CH₂CH₂−OH

20.2 다음 화합물들을 명명하시오.

(a)

(b) CH₃CCH₂CH₂CH₂CHCH₃ (CH₃, CH₃, OH)

(c) ClCHCH₂CH₂CH (=O) (CH₂CH₃)

20.3 다음 그림의 알케인의 이름을 쓰시오.

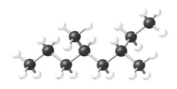

20.4 체계적 이름에 기초하여 각각의 구조식을 쓰시오. 괄호 안에 인용된 이름은 소위 일반명으로 체계적이지 않고 더욱 어렵다. 가끔은 독특한 구조를 연관 짓기가 불가능하다.
(a) 2,2,4−Trimethylpentane (“isooctane”)
(b) 3−Methyl−1−butanol (“isoamyl alcohol”)
(c) Hexanamide (“caproamide”)
(d) 2,2,2−Trichloroethanal (“chloral”)

20.5 식물 호르몬 압시식산(abscisic acid)의 산소를 함유하는 그룹을 분류하시오.

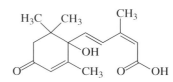

20.6 PABA는 초기 선크림의 자외선 흡수 화합물 성분이다. 어떤 작용기가 PABA에 존재하는가?

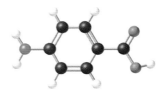

20.3절: 유기 분자의 표기법

20.7 다음 유기 화합물의 구조식을 쓰시오.
(a) 3−methylhexane
(b) 2,3−dimethylpentane
(c) 2−bromo−4−phenylpentane
(d) 3,4,5−trimethyloctane

20.8 (a) CH₃(CH₂)₄C(O)CH₂CO₂H를 Kekulé 식 및 골격
(선) 구조식으로 바꾸시오.

(b) 다음을 축약 구조식과 골격(선) 구조식으로 바꾸시오.

$$CH_3CH_2CHCH_2C\underset{CH_3CH_2}{\overset{O\quad CH_3}{\underset{}{\|}}}OCCH_3$$

(c) 다음을 축약 구조식과 Kekulé 구조식으로 바꾸시오.

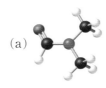

20.9 각 분자 모델을 축약 구조식, Kekulé 구조식, 그리고 골격
(선) 구조로 바꾸시오.

(a)  C₃H₇NO: DMF, 널리 사용되는
유기 용매

(b) C₆H₈O₇: 시트르산, 감귤
류의 신맛

(c) C₆H₈O₆: 일반적으로
"아이소아밀 아세테이
트"로 알려지고 바나
나의 독특한 향의 주
성분인 에스터

20.10 주어진 구조식 또는 골격(선) 구조식을 다른 형태의 식으로
다시 쓰시오.

(a) CH₃CH₂CHCH₂CH₂CH₂CH₃
　　　　　　OH

(b) 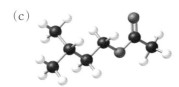 (c)

20.11 전자를 배치하는 안내로서 굽은 화살표를 사용하여 각각의
화합물의 공명 구조를 그리시오. 공명 구조에는 적절한 형
식 전하를 넣어야 한다.

(a) CH₃−C≡N:　　(b) :Ö−C⁺(CH₃)(CH₃)
　　　　　　　　　　　　　H

(c) :Ö−C(CH₃)=CH₂

20.12 굽은 화살표를 사용하여 왼쪽의 공명 구조가 어떻게 오른
쪽으로 바뀌는지 보이시오.

(a) 　H−C(:Ö⁻)=S:　　　H−C(=O)−S:⁻

(b) CH₃−Ö⁺=CH₂　　　CH₃−O⁺−CH₂

(c) (벤젠 고리에 ⁺CH₂)　　(벤젠 고리에 =CH₂, ⁺)

20.4절: 이성질화

20.13 C₇H₁₆의 모든 가능한 구조 이성질체를 그리시오.

20.14 C₃H₅Br의 모든 가능한 이성질체를 그리시오.

20.15 C₇H₇Cl 식을 갖는 분자의 모든 가능한 구조 이성질체를 그
리시오. 모든 이성질체는 벤젠 고리가 한 개 있다.

20.16 다음 화합물의 비대칭 탄소를 표시하시오.

(a) CH₃−CH₂−CH(CH₃)−CH(NH₂)−C(=O)−NH₂

(b) (삼각형 고리 구조에 Br, H)

20.17 아세톤의 구조 이성질체인 알데하이드의 구조식을 그리시오.

20.18 각각의 화합물의 구조를 입체 화학을 보여주는 쐐기
(wedge)와 점선(dash)을 사용하여 그리시오.

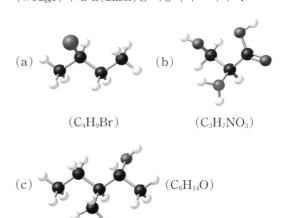

(a) (C₄H₉Br)　(b) (C₃H₇NO₃)

(c) (C₆H₁₄O)

(d)  (C₄H₇BrO₂)

20.5절: 유기 반응

20.19 탄수화물 생화학의 일반적 반응은 알도스가 케토스로의 변환하는 것이다. 글루코스가 과당으로 이성질화하는 것이 구체적 예이다. 이 식은 일반적인 경우를 설명하고 있다.

이 식의 첫 번째 단계는 다음의 식으로 보여진다. 효소는 이 반응을 촉진하지만 단순히 전체 변화는 물 분자와의 반응으로 요약될 수 있다. 굽은 화살표를 사용하여 이 식에서 전자들의 흐름을 보이시오.

20.20 (a) 아세틸라이드 이온은 알데하이드와 케톤에 친핵성 부가 반응을 하여 다음에 주어진 물질을 생성한다. 물의 추가적인 첨가는 아세틸렌 알코올을 낳는다. 굽은 화살표를 반응식에 넣어 어떻게 반응이 일어나는지 보이시오.

(b) 같은 분자의 다른 곳 할로젠에 분자의 친핵성 자리가 대체되어 고리를 형성할 수 있다. 굽은 화살표를 사용하여 다음의 고리화가 어떻게 일반적인 친핵성 치환과 연관이 되는지 보이시오.

20.21 클로로 벤젠과 소듐 아마이드(NaNH₂)의 반응 산물은 매우 반응성이 강한 벤자인(benzyne)을 생성한다. 이온식에 필요한 전자쌍과 형식 전하를 넣고, 굽은 화살표를 사용하여 어떻게 벤자인이 생성되는지 보이시오. 이것은 어떤 일반적인 반응 유형에 속하는가?

20.22 에스터는 카복실산과 알코올의 산−촉매 축합 반응에 의해 합성될 수 있다.

이것은 산화−환원 반응인가? 그렇다면 산화되는 물질과 환원되는 물질을 밝히시오.

20.23 아이소프로판올은 프로필렌(CH_3CHCH_2)과 황산을 반응 후 물 처리를 하여 합성된다.
  (a) 생성물에 이르는 단계를 보이시오. 황산의 역할은 무엇인가?
  (b) 아이소프로판올의 이성질체인 알코올의 구조를 그리시오.
  (c) 아이소프로판올은 카이랄 분자인가?

20.6절: 유기 고분자

20.24 염화 바이닐($H_2C=CHCl$)은 1,1−다이클로로에틸렌($H_2C=CCl_2$)과 공중합 반응을 하여 사란(Saran)이라는 상업적으로 알려진 고분자를 형성한다. 반복되는 단량체 구조를 보여서 고분자의 구조를 그리시오.

20.25 다음 반복되는 구조를 갖는 고분자의 가능한 단량체를 추론하시오.
  (a) $+CH_2-CH=CH-CH_2\}_n$
  (b) $+CO+CH_2\}_6NH\}_n$

20.26 글리신과 라이신 아미노산 사이의 반응에 의해 형성될 수 있는 다이펩타이드의 구조를 그리시오.

추가문제

20.27 C_4H_9 알킬 그룹의 모든 구조 이성질체의 구조식을 그리시오. 해답을 표 20.1에서 확인하고 이들 그룹의 이름을 쓰시오.

20.28 이산화 탄소는 다음의 식처럼 가성 소다(sodium hydroxide)와 반응한다.

$$CO_2 + 2NaOH \longrightarrow Na_2CO_3 + H_2O$$

전체 반응은 두 독립된 반응의 결과이다.

반응 I:

반응 II:

(a) 굽은 화살표를 사용하여 반응 I의 전자의 흐름을 추적하시오.

(b) 굽은 화살표를 사용하여 반응 II의 전자의 흐름을 추적하시오.

(c) 반응 I을 친전자성 부가, 친핵성 부가, 친전자성 치환 또는 산, 염기 반응으로 분류하시오.

(d) 반응 II를 (c)의 선택에 따라 분류하시오.

20.29 C_6H_{12} 분자식의 많은 알켄(alkene) 중 하나만 카이랄이다.

(a) 이 알켄의 구조식을 쓰시오.

(b) 이 알켄의 두 거울상 이성질체를 나타내도록 사면체 탄소에 치환체를 배열하시오.

20.30 다음 각 쌍에서 두 구조식이 구조 이성질체, 시스, 트랜스-입체 이성질체, 거울상 이성질체, 공명 구조 또는 단순히 같은 구조의 다른 표현을 나타내는 것을 표시하시오.

20.31 다음의 방향족 치환의 친전자체는 $(CH_3)_2CH^+$이고 구조는 다음의 중간체가 관여하고 있다. 이 중간체의 두 개의 다른 공명 구조를 그리시오.

20.32 HCl이 시스-2-뷰텐(cis-2-butene)에 친핵성 부가 반응을 하면 2-클로로뷰테인(2-chlorobutane)이 되는데 편광계로 검사했을 때 광학 비활성이었다.

이 반응에 의한 2-클로로뷰테인이 왜 광학 활성이 없는지 다음 중 맞는 말은?

(a) 2-클로로뷰테인은 광학 비활성이다.

(b) 2-클로로뷰테인의 2개의 거울상 이성질체가 같은 양만큼 생성되었다.

20.33 고리 화합물을 배제하고 C_4H_6의 분자식을 갖는 3개의 탄화수소가 있다. 그것의 구조식과 이 이성질체의 각 탄소의 혼성(hybridization)을 쓰시오.

20.34 에스터와 아마이드 두 화합물 중 어떤 것이 카보닐 그룹에 전자 주기가 더 뚜렷한가? 설명하시오.

20.35 케블라(Kevlar)는 방탄조끼에 사용되고 있는 공중합체이다. 이것은 다음의 두 단량체 사이의 축합 반응으로 생성된다.

몇 개의 단량체를 보여주는 고분자 사슬의 일부를 그리고 전체 축합 반응식을 쓰시오.

20.36 나일론은 강산에 쉽게 손상된다. 손상의 화학적 기초를 설명하시오.(힌트: 생성물은 고분자 반응의 출발 물질이다.)

20.37 단백질의 α-아미노산에서 발견되는 것은 다음의 구조식에 기반을 두고 있다.

$$\begin{array}{c} RCHCO_2H \\ | \\ NH_2 \end{array}$$

문제 20.27의 C_4H_9 알킬 그룹에서 그림 20.14에 나열된 아미노산 중 R에 해당하는 것을 찾으시오.

20.38 아미노산 글리신은 축합되어서 폴리글리신이라는 고분자로 형성될 수 있다. 이때 반복되는 단량체 구조를 그리시오.

20.39 알케인(alkane)은 공기 중에서 태워질 때 열을 낸다. 이런 알케인의 연소는 발열이고 $\Delta H°$의 부호는 -이다. 분자식 C_5H_{12}의 알케인의 연소의 일반식은

$$C_5H_{12} + 8O_2 \longrightarrow 5CO_2 + 6H_2O$$

이고, 3개의 펜테인(pentane) 이성질체의 연소의 $\Delta H°$ 값은 다음과 같다.

$$CH_3CH_2CH_2CH_2CH_3 = -3536\ kJ/mol$$
$$(CH_3)_2CHCH_2CH_3 = -3529\ kJ/mol$$
$$(CH_3)_4C = -3515\ kJ/mol$$

(a) 상대적인 퍼텐셜 에너지와 각 이성질체의 안정성에 대한 사슬 분기화 효과의 영향에 대해 이 데이터는 무엇을 말하는가?

(b) 이 효과가 일반적이라고 가정할 때 18개의 C_8H_{18} 이성질체 중 어떤 것이 가장 안정할지 예측하시오.

종합 연습문제

1960년 캐나다 태생의 의사이자 약리학자인 Frances Kelsey는 신약의 승인 신청을 검토하는 업무로 FDA에 채용되었다. 첫 과제는 입덧으로 고생하는 임산부의 진정제 및 제토제로 미국 Ohio주 Cincinnati의 William S. Merrell 회사의 탈리도마이드 승인 요청을 검토하는 것이었다. Kelsey는 제조사의 이 약의 안정성에 대한 입증 실패를 근거로 신청을 기각하고 추가 연구를 지시하였다. 회사는 처음에 그녀의 요구를 준수했지만 Kelsey는 여전히 자료에 불만족하여 두 번째 신청을 기각하였다. 결국 Merrell은 Kelsey의 상사에게 이 약품을 승인하라고 압력을 가해 왔다. 하지만 1961년 초까지 영국에서 수행된 연구에서 이 약품의 반복 사용이 중추 신경에 치명적인 부작용을 줄 수 있다고 보고하였다. 더불어 Kelsey의 초창기 약리적 연구가 태아의 약물에 대한 영향에 대해 의심이 가도록 만들었다. 그녀는 이 약의 승인에 대한 압력을 계속 거부했고, 독일 과학자인 Dr. Widukind Lenz가 후에 임산부에 의한 탈리도마이드의 사용이 독일의 신생아의 사지 기형인 해표성 기형(phocomelia)의 원인일지 모른다고 보고하였을 때인 1961년 후반에 그녀의 주장의 정당성이 입증되었다.

당시 미국의 법은 FDA에 승인받지 않은 약을 내과 의사들이 실험 약물로 배포하는 것을 허가하고 있었다. 그럼에도 단지 17명의 탈리도마이드 아기만이 미국에서 태어난 것으로 보고되었다. Dr. Frances Kelsey의 근면과 헌신이 없었다면 확실히 수천 또는 그 이상의 아기가 태어났을 것이다. 미국민에 대한 그녀의 무한한 봉사가 인정되어 Dr. Kelsey는 민간인에게 주어졌던 가장 큰 상인 "뛰어난 민간인 봉사상(Award for Distinguished Federal Civilian Service)"을 대통령으로부터 받았다. John F. Kennedy 대통령은 1962년 8월 백악관의 기념식에서 Kelsey에게 메달을 수여하였다. 탈리도마이드 비극의 결과로 신약 개발사에게 신약의 안정성과 효능을 입증하는 더 큰 부담을 주는 새로운 법안이 제정되었다. 더불어 의문을 제기하지 않는 환자에게 비공인 의약을 배포하는 것을 금지하는 "정보에 의한 동의"라는 개념이 도입되었다.

1. 이 글의 핵심은 Frances Kelsey가
   (a) 캐나다에서 출생하였다.
   (b) FDA에서 일을 하였다.
   (c) 미국에서 탈리도마이드의 비극을 막았다.
   (d) 뛰어난 민간인 봉사상을 수상하였다.

2. 이 글에 따르면 Dr. Kelsey는 미국에서 탈리도마이드의 승인을 거부하였다. 왜냐하면
   (a) 그녀의 상사가 그녀에게 승인하지 말라고 압력을 가했기 때문
   (b) 그녀는 유럽에서 수천의 신생아의 결함을 알았기 때문
   (c) 의약품으로 인해 17명의 아이들이 선천적 결함을 갖고 태어났기 때문
   (d) 그녀는 의약품에 대한 제약사의 연구가 마음에 들지 않았기 때문

3. 이 글에 따르면 미국에서 17명의 탈리도마이드 아기가 태어난 가능한 원인은?
   (a) 미국의 내과 의사들이 FDA 승인 없이 환자에게 의약품을 주었기 때문
   (b) 유럽으로부터 온 임산부들이 미국에서 출산을 하였기 때문
   (c) 미국 시민들이 해외로부터 의약품을 얻었기 때문
   (d) 미국의 몇몇 여성들이 임신 중 사용에 대한 제조사의 경고를 무시했기 때문

4. 이 글에 따르면 저자는 Kelsey에 대해 어떻게 생각하고 있을 가능성이 높은가?
   (a) 유명 인사 (b) 활동가   (c) 영웅   (d) 롤모델

예제 속 추가문제 정답

20.1.1 (a) 3-ethylpentane (b) 2-bromohexane (c) 2-chlorobutane

20.1.2 (a) $CH_3CH_2CH_2CHCH_2CH_2CH_3$ (b) $CH_3CHCH_2CH_2CH_3$ (c) $CH_3CH_2CHCH_2CH_2CH_2CH_2CH_2CH_3$

20.2.1 (a) 에스터 (b) 카복시 그룹, 에스터 (c) 2 하이드록시 그룹, 2 카복시 그룹 **20.2.2** (a) 케톤 (b) 3° 아마이드 (c) 에스터

20.3.1 CH_2BrCH_2COOH **20.3.2** **20.4.1** **20.4.2**

20.5.1 (a) (b)

20.5.2

부록 1

수학적 연산자

과학적 표기법

화학자들은 대단히 크거나 극단적인 숫자를 다루기도 한다. 예를 들어, 1 g의 원소 수소에는 대략 다음과 같은 수소 원자가 있다.

$$602,200,000,000,000,000,000,000$$

각 수소 원자 하나의 질량은 단지 다음과 같다.

$$0.00000000000000000000000016 \, g$$

이 숫자는 다루기가 번거롭고 산술 계산에서 이 숫자를 사용할 때 실수하기가 쉽다. 다음 곱셈을 고려해 보자.

$$0.0000000056 \times 0.00000000048 = 0.000000000000000002688$$

소수점 뒤에서 0을 하나 빼먹거나 0을 하나 더 더하는 것은 쉽다. 결과적으로, 매우 크고 아주 작은 숫자로 작업할 때 과학적 표기법을 사용한다. 크기에 상관없이 모든 숫자는 다음과 같은 형식으로 표현될 수 있다.

$$N \times 10^n$$

여기서 N은 1과 10 사이의 숫자이고 지수인 n은 양 또는 음의 정수이다. 이 방식으로 표현된 숫자는 과학적 표기법으로 작성되었다고 한다.

어떤 특정 수를 주고 그것을 과학적 표기법으로 표현하라고 요청받았다고 가정해 보자. 기본적으로 이 과제는 n을 찾을 것을 요구한다. 숫자 N(1과 10 사이)을 제공하기 위해 소수점을 이동해야 하는 위치의 수를 계산한다. 소수점을 왼쪽으로 이동해야 하는 경우 n은 양의 정수이다. 오른쪽으로 이동해야 하는 경우 n은 음의 정수이다. 다음 예제는 과학적 표기법을 사용하는 방법을 보여준다.

1. 568.762를 과학적 표기법으로 표현하자.

$$568.762 = 5.68762 \times 10^2$$

소수점은 왼쪽으로 두 자리만큼 이동되고 $n=2$이다.

2. 0.00000772를 과학적 표기법으로 표현하자.

$$0.00000772 = 7.72 \times 10^{-6}$$

여기서 소수점은 오른쪽으로 여섯 자리만큼 이동되고 $n = -6$이다.

다음 두 가지에 유의하자. 첫째, $n=0$은 과학적 표기법으로 표현되지 않은 숫자에 사용된다. 예를 들어, $74.6 \times 10^0 \, (n=0)$은 74.6과 같다. 둘째, $n=1$일 때 위 첨자를 생략하는 것이 일반적이다. 따라서 74.6에 대한 과학 표기법은 7.46×10^1이 아니라 7.46×10이다.

다음으로 산술 연산에서 과학적 표기법이 어떻게 처리되는지 고려한다.

덧셈과 뺄셈

과학적 표기법을 사용하여 더하거나 뺄 때, 먼저 지수 n을 같게 하여 각각의 N_1과 N_2를 쓴다. 그 다음 N_1과 N_2를 더한다. 지수는 동일하게 유지된다. 다음 예제를 고려해 보자.

$$(7.4 \times 10^3) + (2.1 \times 10^3) = 9.5 \times 10^3$$
$$(4.31 \times 10^4) + (3.9 \times 10^3) = (4.31 \times 10^4) + (0.39 \times 10^4)$$
$$= 4.70 \times 10^4$$
$$(2.22 \times 10^{-2}) - (4.10 \times 10^{-3}) = (2.22 \times 10^{-2}) - (0.41 \times 10^{-2})$$
$$= 1.81 \times 10^{-2}$$

곱셈과 나눗셈

과학적 표기법으로 표현된 숫자를 곱하기 위해서는 일반적인 방법으로 N_1과 N_2를 곱하지만 지수는 함께 더한다. 과학적 표기법을 사용하여 나누기 위해서는 N_1과 N_2를 평소와 같이 나누고 지수는 뺀다. 다음 예제는 이러한 작업이 수행되는 방법을 보여준다.

$$(8.0 \times 10^4) \times (5.0 \times 10^2) = (8.0 \times 5.0)(10^{4+2})$$
$$= 40 \times 10^6$$
$$= 4.0 \times 10^7$$
$$(4.0 \times 10^{-5}) \times (7.0 \times 10^3) = (4.0 \times 7.0)(10^{-5+3})$$
$$= 28 \times 10^{-2}$$
$$= 2.8 \times 10^{-1}$$
$$\frac{6.9 \times 10^7}{3.0 \times 10^{-5}} = \frac{6.9}{3.0} \times 10^{7-(-5)}$$
$$= 2.3 \times 10^{12}$$
$$\frac{8.5 \times 10^4}{5.0 \times 10^9} = \frac{8.5}{5.0} \times 10^{4-9}$$
$$= 1.7 \times 10^{-5}$$

기본 삼각함수

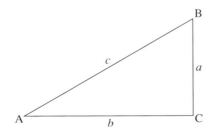

위 삼각형에서 A, B 및 C는 각도(C=90°)를 의미하고, a, b 및 c는 변의 길이이다. 알 수 없는 각도 또는 변의 길이를 계산하려면 다음 관계를 사용한다.

$$a^2+b^2=c^2$$

$$\sin A=\frac{a}{c}$$

$$\cos A=\frac{b}{c}$$

$$\tan A=\frac{a}{b}$$

로그 함수

상용로그 함수

로그 함수의 개념은 905쪽에서 논의한 지수의 개념을 확장한 것이다. 어떤 수의 상용로그 또는 10진수 로그 함수는 10의 지수이다. 다음 예는 이 관계를 설명하고 있다.

로그 함수	지수
$\log 1=0$	$10^0=1$
$\log 10=1$	$10^1=10$
$\log 100=2$	$10^2=100$
$\log 10^{-1}=-1$	$10^{-1}=0.1$
$\log 10^{-2}=-2$	$10^{-2}=0.01$

각각의 경우에, 수의 로그 함수는 검사(inspection)에 의해 얻어질 수 있다.

숫자의 로그 함수는 지수이므로 지수와 동일한 속성을 갖는다.

로그 함수	지수
$\log AB=\log A+\log B$	$10^A\times 10^B=10^{A+B}$
$\log \dfrac{A}{B}=\log A-\log B$	$\dfrac{10^A}{10^B}=10^{A-B}$

또한, $\log A^n=n\log A$이다.

이제 6.7×10^{-4}의 로그 함수를 찾고 싶다고 가정해 보자. 대부분의 전자 계산기에서는 숫자를 먼저 입력한 다음 로그 키를 누른다.(아시아 또는 한국의 계산기는 로그 키를 먼저 누르고 숫자를 입력한다.)

$$\log 6.7\times 10^{-4}=-3.17$$

원래 숫자에 있는 유효숫자 개수에 따라 로그 함수에 의해 얻어진 수의 소수점 이하에 숫자 개수가 결정된다는 것에 유의하자. 위에서 원래 숫자는 유효숫자가 두 자리(6.7)이며, -3.17의 "17"은 이 로그 함수 값에 두 개의 유효숫자가 있음을 알려준다. -3.17의 "3"은 6.7×10^{-4}의 소수점 위치를 나타낸다. 다른 예는 다음과 같다.

수	상용로그 함수 값
62	1.79
0.872	-0.0595
1.0×10^{-7}	-7.00

때로는 (pH 계산의 경우와 같이) 로그 함수가 알려진 수를 얻는 것이 필요하다. 이 과정은 역로그 함수 값을 취하는 것으로 알려져 있다. 단순히 수의 로그 함수를 취하는 것과 반대이다.

특정 계산에서 pH＝1.46이고 $[H^+]$를 계산하라는 요청을 받았다고 가정해 보자. pH의 정의로부터($pH=-\log[H^+]$) 다음과 같이 쓸 수 있다.

$$[H^+]=10^{-1.46}$$

많은 계산기에는 반올림을 얻기 위해 $\log^{-1}$ 또는 INV log라는 키가 있다. 다른 계산기에는 10^x 또는 y^x 키가 있다.(이 예에서 x는 -1.46에 해당하고 y는 10진수 대수의 10이다.) 따라서, $[H^+]=0.035\,M$임을 알게 된다.

자연로그 함수

10 대신 e를 취한 로그를 자연로그 함수(ln 또는 $\log_e$로 표시)라고 한다. e는 2.7183과 같다. 상용로그 함수와 자연로그 함수의 관계는 다음과 같다.

$$\log 10=1 \qquad 10^1=10$$
$$\ln 10=2.303 \qquad e^{2.303}=10$$

따라서, 다음과 같이 나타낼 수 있다.

$$\ln x=2.303\log x$$

2.27의 자연로그 함수 값을 찾으려면, ln 키를 사용하여 얻는다.

$$\ln 2.27=0.820$$

ln 키가 없는 계산기의 경우 다음과 같이 진행할 수 있다.

$$2.303\log 2.27=2.303\times 0.356$$
$$=0.820$$

때로는 자연로그 함수를 구할 수 있고, 또는 그것이 나타내는 수를 찾아야 할 수도 있다. 예를 들어, 다음과 같다.

$$\ln x=59.7$$

많은 계산기에서 e 키를 사용한다.

$$e^{59.7}=8\times 10^{25}$$

이차방정식

이차방정식은 다음과 같은 형태를 갖는다.

$$ax^2+bx+c=0$$

계수 a, b 및 c가 알려져 있는 경우, x는 다음 식에 의해 얻어진다.

$$x=\frac{-b\pm\sqrt{b^2-4ac}}{2a}$$

다음과 같은 이차방정식을 가지고 있다고 가정해 보자.

$$2x^2+5x-12=0$$

x에 대해 풀면 다음과 같이 쓸 수 있다.

$$x = \frac{-5 \pm \sqrt{(5)^2 - 4(2)(-12)}}{2(2)}$$

$$= \frac{-5 \pm \sqrt{25 + 96}}{4}$$

그러므로

$$x = \frac{-5 + 11}{4} = \frac{3}{2}$$

그리고 다음과 같다.

$$x = \frac{-5 - 11}{4} = -4$$

근사법

약산 용액에서 수소 이온 농도를 결정할 때 이차방정식의 사용은 가끔 근사법으로 알려진 방법을 사용하여 피할 수 있다. 플루오린화 수소산(HF)의 $0.0150\ M$ 용액의 예를 고려해 보자. HF에 대한 K_a는 7.10×10^{-4}이다. 이 용액에서 수소 이온 농도를 결정하기 위해 평형표를 만들고 모든 화학종에 대하여 초기 농도, 예상되는 변화 농도 및 평형 농도를 입력한다.

$$HF(aq) \rightleftharpoons H^+(aq) + F^-(aq)$$

	$HF(aq)$	$H^+(aq)$	$F^-(aq)$
초기 농도(initial concentration, M):	0.0150	0	0
변화 농도(change in concentration, M):	$-x$	$+x$	$+x$
평형 농도(equilibrium concentration, M):	$0.0150 - x$	x	x

초기 산의 농도를 K_a로 나눈 값이 100보다 크다면 x를 무시할 수 있다는 규칙을 사용하면 이 경우 x는 무시할 수 없다는 것을 알 수 있다($0.0150/7.1 \times 10^{-4} \approx 21$). 근사법은 초기 산의 농도에 대해 x를 처음에 무시한다.

$$\frac{x^2}{0.0150 - x} \approx \frac{x^2}{0.0150} = 7.10 \times 10^{-4}$$

x에 대하여 풀면 다음과 같다.

$$x^2 = (0.0150)(7.10 \times 10^{-4}) = 1.07 \times 10^{-5}$$
$$x = \sqrt{1.07 \times 10^{-5}} = 0.00326\ M$$

그 다음 분수의 맨 아래에 있는 x에 대하여 계산된 값을 사용하여 x를 다시 계산한다.

$$\frac{x^2}{0.0150 - x} = \frac{x^2}{0.0150 - 0.00326} = 7.10 \times 10^{-4}$$
$$x^2 = (0.0150 - 0.00326)(7.10 \times 10^{-4}) = 8.33 \times 10^{-6}$$
$$x = \sqrt{8.33 \times 10^{-6}} = 0.00289\ M$$

다시 계산된 x의 값은 0.00326에서 0.00289로 감소했다. 이제 분수의 분모에 있는 x의 새로운 계산된 값을 사용하고 x를 다시 해석한다.

$$\frac{x^2}{0.0150-x}=\frac{x^2}{0.0150-0.00289}=7.10\times10^{-4}$$

$$x^2=(0.0150-0.00289)(7.10\times10^{-4})=8.60\times10^{-6}$$

$$x=\sqrt{8.60\times10^{-6}}=0.00293\ M$$

이번에는 x의 값이 약간 증가했다. 새로운 계산된 값을 사용하고 x에 대해 다시 계산한다.

$$\frac{x^2}{0.0150-x}=\frac{x^2}{0.0150-0.00293}=7.10\times10^{-4}$$

$$x^2=(0.0150-0.00293)(7.10\times10^{-4})=8.57\times10^{-6}$$

$$x=\sqrt{8.57\times10^{-6}}=0.00293\ M$$

이번에는 답이 여전히 0.00293 M임을 알았기 때문에 이 과정을 반복할 필요가 없다. 일반적으로 x의 값이 이전 단계에서 얻은 값과 다르지 않을 때까지 근사법을 적용한다. 근사법을 사용하여 결정된 x의 값은 이차방정식을 사용한다면 얻을 수 있는 값과 같다.

부록 2

1 atm 및 25°C에서의 열역학적 데이터*

무기 물질			
물질	ΔH_f°(kJ/mol)	ΔG_f°(kJ/mol)	S°(J/K · mol)
$Ag(s)$	0	0	42.7
$Ag^+(aq)$	105.9	77.1	73.9
$AgCl(s)$	−127.0	−109.7	96.1
$AgBr(s)$	−99.5	−95.9	107.1
$AgI(s)$	−62.4	−66.3	114.2
$AgNO_3(s)$	−123.1	−32.2	140.9
$Al(s)$	0	0	28.3
$Al^{3+}(aq)$	−524.7	−481.2	−313.38
$Al_2O_3(s)$	−1669.8	−1576.4	50.99
$As(s)$	0	0	35.15
$AsO_4^{3-}(aq)$	−870.3	−635.97	−144.77
$AsH_3(g)$	171.5		
$H_3AsO_4(s)$	−900.4		
$Au(s)$	0	0	47.7
$Au_2O_3(s)$	80.8	163.2	125.5
$AuCl(s)$	−35.2		
$AuCl_3(s)$	−118.4		
$B(s)$	0	0	6.5
$B_2O_3(s)$	−1263.6	−1184.1	54.0
$H_3BO_3(s)$	−1087.9	−963.16	89.58
$H_3BO_3(aq)$	−1067.8	−963.3	159.8
$Ba(s)$	0	0	66.9
$Ba^{2+}(aq)$	−538.4	−560.66	12.55
$BaO(s)$	−558.2	−528.4	70.3
$BaCl_2(s)$	−860.1	−810.66	125.5
$BaSO_4(s)$	−1464.4	−1353.1	132.2
$BaCO_3(s)$	−1218.8	−1138.9	112.1
$Be(s)$	0	0	9.5
$BeO(s)$	−610.9	−581.58	14.1
$Br_2(l)$	0	0	152.3
$Br_2(g)$	30.7	3.14	245.13
$Br^-(aq)$	−120.9	−102.8	80.7

*이온의 열역학량은 $\Delta H_f^\circ[H^+(aq)]=0$, $\Delta G_f^\circ[H^+(aq)]=0$ 및 $S^\circ[H^+(aq)]=0$의 기준 상태를 기초로 한다. (계속)

물질	ΔH_f°(kJ/mol)	ΔG_f°(kJ/mol)	S°(J/K · mol)
HBr(g)	−36.2	−53.2	198.48
C(흑연)	0	0	5.69
C(다이아몬드)	1.90	2.87	2.4
CCl$_4$(g)	−95.7	−62.3	309.7
CCl$_4$(l)	−128.2	−66.4	216.4
CO(g)	−110.5	−137.3	197.9
CO$_2$(g)	−393.5	−394.4	213.6
CO$_2$(aq)	−412.9	−386.2	121.3
CO$_3^{2-}$(aq)	−676.3	−528.1	−53.1
HCO$_3^-$(aq)	−691.1	−587.1	94.98
H$_2$CO$_3$(aq)	−699.7	−623.2	187.4
CS$_2$(g)	115.3	65.1	237.8
CS$_2$(l)	87.3	63.6	151.0
HCN(aq)	105.4	112.1	128.9
CN$^-$(aq)	151.0	165.69	117.99
(NH$_2$)$_2$CO(s)	−333.19	−197.15	104.6
(NH$_2$)$_2$CO(aq)	−319.2	−203.84	173.85
Ca(s)	0	0	41.6
Ca(g)	179.3	145.5	154.8
Ca^{2+}(aq)	−542.96	−553.0	−55.2
CaO(s)	−635.6	−604.2	39.8
Ca(OH)$_2$(s)	−986.6	−896.8	83.4
CaF$_2$(s)	−1214.6	−1161.9	68.87
CaCl$_2$(s)	−794.96	−750.19	113.8
CaSO$_4$(s)	−1432.69	−1320.3	106.69
CaCO$_3$(s)	−1206.9	−1128.8	92.9
Cd(s)	0	0	51.46
Cd^{2+}(aq)	−72.38	−77.7	−61.09
CdO(s)	−254.6	−225.06	54.8
CdCl$_2$(s)	−389.1	−342.59	118.4
CdSO$_4$(s)	−926.17	−820.2	137.2
Cl$_2$(g)	0	0	223.0
Cl(g)	121.7	105.7	165.2
Cl$^-$(aq)	−167.2	−131.2	56.5
HCl(g)	−92.3	−95.27	187.0
Co(s)	0	0	28.45
Co^{2+}(aq)	−67.36	−51.46	155.2
CoO(s)	−239.3	−213.38	43.9
Cr(s)	0	0	23.77
Cr^{2+}(aq)	−138.9		
Cr$_2$O$_3$(s)	−1128.4	−1046.8	81.17
CrO$_4^{2-}$(aq)	−863.16	−706.26	38.49
Cr$_2$O$_7^{2-}$(aq)	−1460.6	−1257.29	213.8

물질	ΔH_f°(kJ/mol)	ΔG_f°(kJ/mol)	S°(J/K · mol)
$Cs(s)$	0	0	82.8
$Cs(g)$	76.50	49.53	175.6
$Cs^+(aq)$	−247.69	−282.0	133.05
$CsCl(s)$	−442.8	−414.4	101.2
$Cu(s)$	0	0	33.3
$Cu^+(aq)$	51.88	50.2	−26.4
$Cu^{2+}(aq)$	64.39	64.98	−99.6
$CuO(s)$	−155.2	−127.2	43.5
$Cu_2O(s)$	−166.69	−146.36	100.8
$CuCl(s)$	−134.7	−118.8	91.6
$CuCl_2(s)$	−205.85		
$CuS(s)$	−48.5	−49.0	66.5
$CuSO_4(s)$	−769.86	−661.9	113.39
$F_2(g)$	0	0	203.34
$F(g)$	80.0	61.9	158.7
$F^-(aq)$	−329.1	−276.48	−9.6
$HF(g)$	−271.6	−270.7	173.5
$Fe(s)$	0	0	27.2
$Fe^{2+}(aq)$	−87.86	−84.9	−113.39
$Fe^{3+}(aq)$	−47.7	−10.5	−293.3
$FeO(s)$	−272.0	−255.2	60.8
$Fe_2O_3(s)$	−822.2	−741.0	90.0
$Fe(OH)_2(s)$	−568.19	−483.55	79.5
$Fe(OH)_3(s)$	−824.25		
$H(g)$	218.2	203.2	114.6
$H_2(g)$	0	0	131.0
$H^+(aq)$	0	0	0
$OH^-(aq)$	−229.94	−157.30	−10.5
$H_2O(g)$	−241.8	−228.6	188.7
$H_2O(l)$	−285.8	−237.2	69.9
$H_2O_2(g)$	−136.1	−105.5	232.9
$H_2O_2(l)$	−187.6	−118.1	109.6
$Hg(l)$	0	0	77.4
$Hg^{2+}(aq)$		−164.38	
$HgO(s)$	−90.7	−58.5	72.0
$HgCl_2(s)$	−230.1		
$Hg_2Cl_2(s)$	−264.9	−210.66	196.2
$HgS(s)$	−58.16	−48.8	77.8
$HgSO_4(s)$	−704.17		
$Hg_2SO_4(s)$	−741.99	−623.92	200.75
$I_2(g)$	62.25	19.37	260.57
$I_2(s)$	0	0	116.7
$I(g)$	106.8	70.21	180.67
$I^-(aq)$	−55.9	−51.67	109.37

(계속)

물질	ΔH_f°(kJ/mol)	ΔG_f°(kJ/mol)	S°(J/K · mol)
HI(g)	25.9	1.30	206.3
K(s)	0	0	63.6
K$^+$(s)	−251.2	−282.28	102.5
KOH(s)	−425.85		
KCl(s)	−435.87	−408.3	82.68
KClO$_3$(s)	−391.20	−289.9	142.97
KClO$_4$(s)	−433.46	−304.18	151.0
KBr(s)	−392.17	−379.2	96.4
KI(s)	−327.65	−322.29	104.35
KNO$_3$(s)	−492.7	−393.1	132.9
Li(s)	0	0	28.0
Li(g)	159.3	126.6	138.8
Li$^+$(aq)	−278.46	−293.8	14.2
LiCl(s)	−408.3	−384.0	59.30
Li$_2$O(s)	−595.8		
LiOH(s)	−487.2	−443.9	50.2
Mg(s)	0	0	32.5
Mg(g)	150	115	148.55
Mg^{2+}(aq)	−461.96	−456.0	−117.99
MgO(s)	−601.8	−569.6	26.78
Mg(OH)$_2$(s)	−924.66	−833.75	63.1
MgCl$_2$(s)	−641.8	−592.3	89.5
MgSO$_4$(s)	−1278.2	−1173.6	91.6
MgCO$_3$(s)	−1112.9	−1029.3	65.69
Mn(s)	0	0	31.76
Mn^{2+}(aq)	−218.8	−223.4	−83.68
MnO$_2$(s)	−520.9	−466.1	53.1
N(g)	470.4	455.5	153.3
N$_2$(g)	0	0	191.5
N$_3^-$(aq)	245.18		
NH$_3$(g)	−46.3	−16.6	193.0
NH$_4^+$(aq)	−132.80	−79.5	112.8
NH$_4$Cl(s)	−315.39	−203.89	94.56
NH$_3$(aq)	−80.3	−26.5	111.3
N$_2$H$_4$(l)	50.4		
NO(g)	90.4	86.7	210.6
NO$_2$(g)	33.85	51.8	240.46
N$_2$O$_4$(g)	9.66	98.29	304.3
N$_2$O(g)	81.56	103.6	219.99
HNO$_2$(aq)	−118.8	−53.6	
HNO$_3$(l)	−173.2	−79.9	155.6
NO$_3^-$(aq)	−206.57	−110.5	146.4
Na(s)	0	0	51.05
Na(l)	2.41	0.50	57.56

물질	$\Delta H_f°$(kJ/mol)	$\Delta G_f°$(kJ/mol)	$S°$(J/K · mol)
Na(g)	107.7	77.3	153.7
Na$^+$(aq)	−239.66	−261.87	60.25
NaOH(aq)	−469.6	−419.2	49.8
Na$_2$O(s)	−415.9	−376.56	72.8
NaCl(s)	−410.9	−384.0	72.38
NaI(s)	−288.0		
Na$_2$SO$_4$(s)	−1384.49	−1266.8	149.49
NaNO$_3$(s)	−466.68	−365.89	116.3
Na$_2$CO$_3$(s)	−1130.9	−1047.67	135.98
NaHCO$_3$(s)	−947.68	−851.86	102.09
Ni(s)	0	0	30.1
Ni^{2+}(aq)	−64.0	−46.4	−159.4
NiO(s)	−244.35	−216.3	38.58
Ni(OH)$_2$(s)	−538.06	−453.1	79.5
O(g)	249.4	230.1	160.95
O$_2$(g)	0	0	205.0
O$_3$(aq)	−12.09	16.3	110.88
O$_3$(g)	142.2	163.4	237.6
P(white)	0	0	44.0
P(red)	−18.4	13.8	29.3
PCl$_3$(l)	−319.7	−272.3	217.1
PCl$_3$(g)	−288.07	−269.6	311.7
PCl$_5$(g)	−374.9	−305.0	364.5
PO$_4^{3-}$(aq)	−1284.07	−1025.59	−217.57
P$_4$O$_{10}$(s)	−3012.48		
PH$_3$(g)	9.25	18.2	210.0
HPO$_4^{2-}$(aq)	−1298.7	−1094.1	−35.98
H$_2$PO$_4^-$(aq)	−1302.48	−1135.1	89.1
Pb(s)	0	0	64.89
Pb^{2+}(aq)	1.6	−24.3	21.3
PbO(s)	−217.86	−188.49	69.45
PbO$_2$(s)	−276.65	−218.99	76.57
PbCl$_2$(s)	−359.2	−313.97	136.4
PbS(s)	−94.3	−92.68	91.2
PbSO$_4$(s)	−918.4	−811.2	147.28
Pt(s)	0	0	41.84
PtCl$_4^{2-}$(aq)	−516.3	−384.5	175.7
Rb(s)	0	0	69.45
Rb(g)	85.8	55.8	170.0
Rb$^+$(aq)	−246.4	−282.2	124.27
RbBr(s)	−389.2	−378.1	108.3
RbCl(s)	−435.35	−407.8	95.90
RbI(s)	−328	−326	118.0
S(사방정계)	0	0	31.88

(계속)

물질	ΔH_f°(kJ/mol)	ΔG_f°(kJ/mol)	S°(J/K · mol)
S(단사정계)	0.30	0.10	32.55
SO(g)	5.01	−19.9	221.8
SO_2(g)	−296.4	−300.4	248.5
SO_3(g)	−395.2	−370.4	256.2
SO_3^{2-}(aq)	−624.25	−497.06	43.5
SO_4^{2-}(aq)	−907.5	−741.99	17.15
H_2S(g)	−20.15	−33.0	205.64
HSO_3^-(aq)	−627.98	−527.3	132.38
HSO_4^-(aq)	−885.75	−752.87	126.86
H_2SO_4(l)	−811.3		
SF_6(g)	−1096.2		
Si(s)	0	0	18.70
SiO_2(s)	−859.3	−805.0	41.84
Sr(s)	0	0	54.39
Sr^{2+}(aq)	−545.5	−557.3	−39.33
$SrCl_2$(s)	−828.4	−781.15	117.15
$SrSO_4$(s)	−1444.74	−1334.28	121.75
$SrCO_3$(s)	−1218.38	−1137.6	97.07
U(s)	0	0	50.21
UF_6(g)	−2147	−2064	378
Zn(s)	0	0	41.6
Zn^{2+}(aq)	−152.4	−147.2	−106.48
ZnO(s)	−348.0	−318.2	43.9
$ZnCl_2$(s)	−415.89	−369.26	108.37
ZnS(s)	−202.9	−198.3	57.7
$ZnSO_4$(s)	−978.6	−871.6	124.7

유기 물질				
물질	분자식	ΔH_f°(kJ/mol)	ΔG_f°(kJ/mol)	S°(J/K · mol)
아세트산(l)	CH_3COOH	−484.2	−389.45	159.8
아세트알데하이드(g)	CH_3CHO	−166.35	−139.08	264.2
아세톤(l)	CH_3COCH_3	−246.8	−153.55	198.7
아세틸렌(g)	C_2H_2	226.6	209.2	200.8
벤젠(l)	C_6H_6	49.04	124.5	172.8
뷰테인(g)	C_4H_{10}	−124.7	−15.7	310.0
에탄올(l)	C_2H_5OH	−276.98	−174.18	161.0
에테인(g)	C_2H_6	−84.7	−32.89	229.5
에틸렌(g)	C_2H_4	52.3	68.1	219.5
폼산(l)	HCOOH	−409.2	−346.0	129.0
글루코스(s)	$C_6H_{12}O_6$	−1274.5	−910.56	212.1
메테인(g)	CH_4	−74.85	−50.8	186.2
메탄올(l)	CH_3OH	−238.7	−166.3	126.8
프로페인(g)	C_3H_8	−103.9	−23.5	269.9
설탕(s)	$C_{12}H_{22}O_{11}$	−2221.7	−1544.3	360.2

부록 3
25°C에서의 용해도곱 상수

화합물	용해 평형	K_{sp}
브로민화염		
브로민화 구리(I)	$CuBr(s) \rightleftharpoons Cu^+(aq) + Br^-(aq)$	4.2×10^{-8}
브로민화 납(II)	$PbBr_2(s) \rightleftharpoons Pb^{2+}(aq) + 2Br^-(aq)$	6.6×10^{-6}
브로민화 수은(I)	$Hg_2Br_2(s) \rightleftharpoons Hg_2^{2+}(aq) + 2Br^-(aq)$	6.4×10^{-23}
브로민화 은	$AgBr(s) \rightleftharpoons Ag^+(aq) + Br^-(aq)$	7.7×10^{-13}
탄산염		
탄산 바륨	$BaCO_3(s) \rightleftharpoons Ba^{2+}(aq) + CO_3^{2}(aq)$	8.1×10^{-9}
탄산 칼슘	$CaCO_3(s) \rightleftharpoons Ca^{2+}(aq) + CO_3^{2-}(aq)$	8.7×10^{-9}
탄산 납(II)	$PbCO_3(s) \rightleftharpoons Pb^{2+}(aq) + CO_3^{2-}(aq)$	3.3×10^{-14}
탄산 마그네슘	$MgCO_3(s) \rightleftharpoons Mg^{2+}(aq) + CO_3^{2-}(aq)$	4.0×10^{-5}
탄산 은	$Ag_2CO_3(s) \rightleftharpoons 2Ag^+(aq) + CO_3^{2-}(aq)$	8.1×10^{-12}
탄산 스트론튬	$SrCO_3(s) \rightleftharpoons Sr^{2+}(aq) + CO_3^{2-}(aq)$	1.6×10^{-9}
염화염		
염화 납(II)	$PbCl_2(s) \rightleftharpoons Pb^{2+}(aq) + 2Cl^-(aq)$	2.4×10^{-4}
염화 수은(I)	$Hg_2Cl_2(s) \rightleftharpoons Hg_2^{2+}(aq) + 2Cl^-(aq)$	3.5×10^{-18}
염화 은	$AgCl(s) \rightleftharpoons Ag^+(aq) + Cl^-(aq)$	1.6×10^{-10}
크로뮴산염		
크로뮴산 납(II)	$PbCrO_4(s) \rightleftharpoons Pb^{2+}(aq) + CrO_4^{2-}(aq)$	2.0×10^{-14}
크로뮴산 은(I)	$Ag_2CrO_4(s) \rightleftharpoons 2Ag^+(aq) + CrO_4^{2-}(aq)$	1.2×10^{-12}
플루오린화염		
플루오린화 바륨	$BaF_2(s) \rightleftharpoons Ba^{2+}(aq) + 2F^-(aq)$	1.7×10^{-6}
플루오린화 칼슘	$CaF_2(s) \rightleftharpoons Ca^{2+}(aq) + 2F^-(aq)$	4.0×10^{-11}
플루오린화 납(II)	$PbF_2(s) \rightleftharpoons Pb^{2+}(aq) + 2F^-(aq)$	4.0×10^{-8}

화합물	용해 평형	K_{sp}
수산화염		
수산화 알루미늄	$Al(OH)_3(s) \rightleftharpoons Al^{3+}(aq) + 3OH^-(aq)$	1.8×10^{-33}
수산화 칼슘	$Ca(OH)_2(s) \rightleftharpoons Ca^{2+}(aq) + 2OH^-(aq)$	8.0×10^{-6}
수산화 크로뮴(III)	$Cr(OH)_3(s) \rightleftharpoons Cr^{3+}(aq) + 3OH^-(aq)$	3.0×10^{-29}
수산화 구리(II)	$Cu(OH)_2(s) \rightleftharpoons Cu^{2+}(aq) + 2OH^-(aq)$	2.2×10^{-20}
수산화 철(II)	$Fe(OH)_2(s) \rightleftharpoons Fe^{2+}(aq) + 2OH^-(aq)$	1.6×10^{-14}
수산화 철(III)	$Fe(OH)_3(s) \rightleftharpoons Fe^{3+}(aq) + 3OH^-(aq)$	1.1×10^{-36}
수산화 마그네슘	$Mg(OH)_2(s) \rightleftharpoons Mg^{2+}(aq) + 2OH^-(aq)$	1.2×10^{-11}
수산화 스트론튬	$Sr(OH)_2(s) \rightleftharpoons Sr^{2+}(aq) + 2OH^-(aq)$	3.2×10^{-4}
수산화 아연	$Zn(OH)_2(s) \rightleftharpoons Zn^{2+}(aq) + 2OH^-(aq)$	1.8×10^{-14}
아이오딘화염		
아이오딘화 구리(I)	$CuI(s) \rightleftharpoons Cu^+(aq) + I^-(aq)$	5.1×10^{-12}
아이오딘화 납(II)	$PbI_2(s) \rightleftharpoons Pb^{2+}(aq) + 2I^-(aq)$	1.4×10^{-8}
아이오딘화 은	$AgI(s) \rightleftharpoons Ag^+(aq) + I^-(aq)$	8.3×10^{-17}
인산염		
인산 칼슘	$Ca_3(PO_4)_2(s) \rightleftharpoons 3Ca^{2+}(aq) + 2PO_4^{3-}(aq)$	1.2×10^{-26}
인산 철(III)	$FePO_4(s) \rightleftharpoons Fe^{3+}(aq) + PO_4^{3-}(aq)$	1.3×10^{-22}
황산염		
황산 바륨	$BaSO_4(s) \rightleftharpoons Ba^{2+}(aq) + SO_4^{2-}(aq)$	1.1×10^{-10}
황산 칼슘	$CaSO_4(s) \rightleftharpoons Ca^{2+}(aq) + SO_4^{2-}(aq)$	2.4×10^{-5}
황산 납(II)	$PbSO_4(s) \rightleftharpoons Pb^{2+}(aq) + SO_4^{2-}(aq)$	1.8×10^{-8}
황산 수은(I)	$Hg_2SO_4(s) \rightleftharpoons Hg_2^{2+}(aq) + SO_4^{2-}(aq)$	6.5×10^{-7}
황산 은	$Ag_2SO_4(s) \rightleftharpoons 2Ag^+(aq) + SO_4^{2-}(aq)$	1.5×10^{-5}
황산 스트론튬	$SrSO_4(s) \rightleftharpoons Sr^{2+}(aq) + SO_4^{2-}(aq)$	3.8×10^{-7}
아황산염		
아황산 비스무트	$Bi_2S_3(s) \rightleftharpoons 2Bi^{3+}(aq) + 3S^{2-}(aq)$	1.6×10^{-72}
아황산 카드뮴	$CdS(s) \rightleftharpoons Cd^{2+}(aq) + S^{2-}(aq)$	8.0×10^{-28}
아황산 코발트(II)	$CoS(s) \rightleftharpoons Co^{2+}(aq) + S^{2-}(aq)$	4.0×10^{-21}
아황산 구리(II)	$CuS(s) \rightleftharpoons Cu^{2+}(aq) + S^{2-}(aq)$	6.0×10^{-37}
아황산 철(II)	$FeS(s) \rightleftharpoons Fe^{2+}(aq) + S^{2-}(aq)$	6.0×10^{-19}
아황산 납(II)	$PbS(s) \rightleftharpoons Pb^{2+}(aq) + S^{2-}(aq)$	3.4×10^{-28}
아황산 망가니즈(II)	$MnS(s) \rightleftharpoons Mn^{2+}(aq) + S^{2-}(aq)$	3.0×10^{-14}
아황산 수은(II)	$HgS(s) \rightleftharpoons Hg^{2+}(aq) + S^{2-}(aq)$	4.0×10^{-54}
아황산 니켈(II)	$NiS(s) \rightleftharpoons Ni^{2+}(aq) + S^{2-}(aq)$	1.4×10^{-24}
아황산 은	$Ag_2S(s) \rightleftharpoons 2Ag^+(aq) + S^{2-}(aq)$	6.0×10^{-51}
아황산 주석(II)	$SnS(s) \rightleftharpoons Sn^{2+}(aq) + S^{2-}(aq)$	1.0×10^{-26}
아황산 아연	$ZnS(s) \rightleftharpoons Zn^{2+}(aq) + S^{2-}(aq)$	3.0×10^{-23}

부록 4

25°C에서의 약산 및 약염기에 대한 이온화(해리) 상수

약산

화학식명	화학식	K_{a_1}	K_{a_2}	K_{a_3}
아세트산	$HC_2H_3O_2$ (CH_3COOH)	1.8×10^{-5}		
아세틸살리실산 (아스피린)	$HC_9H_7O_4$	3.0×10^{-4}		
아스코브르산 (비타민 C)	$H_2C_6H_6O_6$	8.0×10^{-5}	1.6×10^{-12}	
벤조산	$HC_7H_5O_2$ (C_6H_5COOH)	6.5×10^{-5}		
탄산	H_2CO_3	4.2×10^{-7}	4.8×10^{-11}	
클로로아세트산	$HC_2H_2O_2Cl$ ($CH_2ClCOOH$)	1.4×10^{-3}		
아염소산	$HClO_2$	1.1×10^{-2}		
시트르산	$H_3C_6H_5O_7$	7.4×10^{-4}	1.7×10^{-5}	4.0×10^{-7}
다이클로로아세트산	$HC_2HO_2Cl_2$ ($CHCl_2COOH$)	5.5×10^{-2}		
폼산	$HCHO_2$ ($HCOOH$)	1.7×10^{-4}		
사이안화산	HCN	4.9×10^{-10}		
플루오르화산	HF	7.1×10^{-4}		
황화수소산	H_2S	9.5×10^{-8}	$\sim 1 \times 10^{-19}$	
아질산	HNO_2	4.5×10^{-4}		
옥살산	$H_2C_2O_4$	6.5×10^{-2}	6.1×10^{-5}	
페놀	C_6H_5OH	1.3×10^{-10}		
인산	H_3PO_4	7.5×10^{-3}	6.2×10^{-8}	4.8×10^{-13}
아인산	H_3PO_3	5×10^{-2}	2×10^{-7}	
황산	H_2SO_4	매우 큼	1.3×10^{-2}	
아황산	H_2SO_3	1.3×10^{-2}	6.3×10^{-8}	
트리클로로아세트산	$HC_2O_2Cl_3$ (CCl_3COOH)	2.2×10^{-1}		
트리플루오로아세트산	$HC_2O_2F_3$ (CF_3COOH)	3.0×10^{-1}		

약염기

화학식명	화학식	K_b
암모니아	NH_3	1.8×10^{-5}
아닐린	$C_6H_5NH_2$	3.8×10^{-10}
에틸아민	$C_2H_5NH_2$	5.6×10^{-4}
메틸아민	CH_3NH_2	4.4×10^{-4}
피리딘	C_5H_5N	1.7×10^{-9}
요소(urea)	H_2NCONH_2	1.5×10^{-14}

해답

Chapter 1

1.1 (a) Law. (b) Theory. (c) Hypothesis.
1.2 (a) K. (b) Sn. (c) Cr. (d) B. (e) Ba. (f) Pu.
(g) S. (h) Ar. (i) Hg. **1.3** (a) Homogeneous mixture. (b) Element.
(c) Compound. (d) Homogeneous mixture. (e) Heterogeneous mixture.
(f) Homogeneous mixture. (g) Heterogeneous mixture. **1.4** (a) Element.
(b) Compound. (c) Compound. (d) Element. **1.5** 3.12 g/mL.
1.6 (a) 35°C. (b) −11°C. (c) 39°C. (d) 1011°C. (e) −459.67°F.
1.7 27.2 mL. **1.8** (a) 388.36 K. (b) 3.10×10^2 K. (c) 6.30×10^2 K.
1.9 The picture on the right best illustrates the measurement of the boiling point of water using the Celsius and Kelvin sales. A temperature on the Kelvin scale is numerically equal to the temperature in Celsius plus 273.15. **1.10** (a) Quantitative. (b) Qualitative. (c) Qualitative. (d) Qualitative. (e) Qualitative. **1.11** (a) Physical change. (b) Chemical change. (c) Physical change. (d) Chemical change. (e) Physical change. **1.12** 99.9 g; 20°C; 11.35 g/cm³. **1.13** (a) 0.0152. (b) 0.0000000778. (c) 0.000001. (d) 1600.1. **1.14** (a) 1.8×10^{-2}. (b) 1.14×10^{10}. (c) -5×10^4. (d) 1.3×10^3.
1.15 (a) One. (b) Three. (c) Three. (d) Four. (e) Three. (f) One.
(g) One or two. **1.16** (a) 1.28. (b) 3.18×10^{-3} mg. (c) 8.14×10^7 dm.
1.17 Tailor Z's measurements are the most accurate. Tailor Y's measurements are the least accurate. Tailor X's measurements are the most precise. Tailor Y's measurements are the least precise.
1.18 (a) 1.10×10^8 mg. (b) 6.83×10^{-5} m³. (c) 7.2×10^3 L.
(d) 6.24×10^{-8} lb. **1.19** 5.2595×10^5 min. **1.20** (a) 81 in/s.
(b) 1.2×10^2 m/min. (c) 7.4 km/h. **1.21** 137 km/h. **1.22** 3.7×10^{-3} g Pb.
1.23 (a) 1.85×10^{-7} m. (b) 1.4×10^{17} s. (c) 7.12×10^{-5} m³. (d) 8.86×10^4 L.
1.24 6.25×10^{-4} g/cm³. **1.25** 0.88 s. **1.26** (a) 2.5 cm. (b) 2.55 cm.
1.27 (a) Chemical. (b) Chemical. (c) Physical. (d) Physical. (e) Chemical.
1.28 (a) 8.08×10^4 g. (b) 1.4×10^{-6} g. (c) 39.9 g. **1.29** 31.35 cm³.
1.30 10.50 g/cm³. **1.31** 11.4 g/cm³. **1.32** −40°F = −40°C. **1.33** 4.8×10^{19} kg NaCl = 5.3×10^{16} tons NaCl. **1.34** The density of the crucible is equal to the density of pure platinum. **1.35** (a) 75.0 g Au. (b) A troy ounce is heavier than an ounce. **1.36** (a) 0.5%. (b) 3.1%. **1.37** Gently heat the liquid to see if any solid remains after the liquid evaporates. Also, collect the vapor and then compare the densities of the condensed liquid with the original liquid. **1.38** The volume occupied by the ice is larger than the volume of the glass bottle. The glass bottle would break.
1.39 277.4 s = 4 min 37.35 s. **1.40** (a) homogeneous. (b) heterogeneous.
1.41 6.0×10^{12} g Au; 2.6×10^{14}. **1.42** 7.3×10^{21} kg Si.
1.43 Density = 7.20 g/cm³; r = 0.853 cm. **1.44** It would be more difficult to prove that the unknown substance is an element. Most compounds would decompose on heating, making them easy to identify. **1.45** 1.1×10^2 yr.
1.46 2.54×10^6 g Cu. **1.47** 9.5×10^{10} kg CO_2. **1.48** 2.3×10^4 kg NaF/yr; 99% NaF wasted. **1.49** 5×10^2 mL/breath. **1.50** %Error (°F) = 0.1%; %Error (°C) = 0.3%. **1.51** 4.0×10^{-19} g/L.

Chapter 2

2.1 $\dfrac{\text{ratio of S to O in compound 1}}{\text{ratio of S to O in compound 2}} = \dfrac{1.002}{0.668} \approx 1.5$

2.2 $\dfrac{\text{ratio of F to S in } S_2F_{10}}{\text{ratio of F to S in } SF_4} = \dfrac{2.962}{2.370} = 1.25:1 = 5:4;$

$\dfrac{\text{ratio of F to S in } SF_6}{\text{ratio of F to S in } SF_4} = \dfrac{3.555}{2.370} = 1.5:1 = 3:2.$ **2.3** 0.67:1 = 2:3.

2.4 0.12 mi. **2.5** 145. **2.6** $^{15}_{7}$N: protons = 7, electrons = 7, neutrons = 8; $^{33}_{16}$S: protons = 16, electrons = 16, neutrons = 17; $^{63}_{29}$Cu: protons = 29, electrons = 29, neutrons = 34; $^{84}_{38}$Sr: protons = 38, electrons = 38, neutrons = 46; $^{130}_{56}$Ba: protons = 56, electrons = 56, neutrons = 74; $^{186}_{74}$W: protons = 74, electrons = 74, neutrons = 112; $^{202}_{80}$Hg: protons = 80, electrons = 80, neutrons = 122. **2.7** (a) $^{186}_{74}$W. (b) $^{201}_{80}$Hg. (c) $^{76}_{34}$Se.
(d) $^{239}_{94}$Pu. **2.8** (a) 20. (b) 32. (c) 78. (d) 198. **2.9** Metallic character (a) increases as you progress down a group of the periodic table and (b) decreases from the left to right across the periodic table. **2.10** Na and K; N and P; F and Cl. **2.11** Iron: Fe, period 4, upper-left square of Group 8B; Iodine: I, period 5, Group 7A; Sodium: Na, period 3, Group 1A; Phosphorus: P, period 3, Group 5A; Sulfur: S, period 3, Group 6A; Magnesium: Mg, period 3, Group 2A. **2.12** 207.2 amu. **2.13** ^{6}Li = 7.5%, ^{7}Li = 92.5%. **2.14** 5.1×10^{24} amu. **2.15** Na⁺: 11 protons, 10 electrons; Ca²⁺: 20 protons, 18 electrons; Al³⁺: 13 protons, 10 electrons; Fe²⁺: 26 protons, 24 electrons; I⁻: 53 protons, 54 electrons; F⁻: 9 protons, 10 electrons; S²⁻: 16 protons, 18 electrons; O²⁻: 8 protons, 10 electrons; N³⁻: 7 protons, 10 electrons. **2.16** (a) Na_2O. (b) FeS. (c) $Co_2(SO_4)_3$.
(d) BaF_2. **2.17** Ionic: LiF, $BaCl_2$, KCl; Molecular: $SiCl_4$, B_2H_6, C_2H_4.
2.18 (a) Potassium dihydrogen phosphate. (b) Potassium hydrogen phosphate. (c) Hydrogen bromide. (d) Hydrobromic acid. (e) Lithium carbonate. (f) Potassium dichromate. (g) Ammonium nitrite. (h) Hydrogen iodide (in water, iodic acid). (i) Phosphorus pentafluoride. (j) Tetraphosphorus hexoxide. (k) Cadmium iodide. (l) Strontium sulfate.
(m) Aluminum hydroxide. **2.19** (a) $RbNO_2$. (b) K_2S. (c) NaHS.
(d) $Mg_3(PO_4)_2$. (e) $CaHPO_4$. (f) $PbCO_3$. (g) SnF_2. (h) $(NH_4)_2SO_4$.
(i) $AgClO_4$. (j) BCl_3. **2.20** (a) $Mg(NO_3)_2$. (b) Al_2O_3. (c) LiH. (d) Na_2S.
2.21 (a) Polyatomic, elemental form, not a compound. (b) Polyatomic, compound. (c) Diatomic, compound. **2.22** Elements: N_2, S_8, H_2; Compounds: NH_3, NO, CO, CO_2, SO_2. **2.23** (a) CN. (b) CH. (c) C_9H_{20}.
(d) P_2O_5. (e) BH_3. **2.24** $C_3H_7NO_2$. **2.25** (a) Nitrogen trichloride. (b) Iodine heptafluoride. (c) Tetraphosphorus hexoxide. (d) Disulfur dichloride.
2.26 (a) NF_3: nitrogen trifluoride. (b) PBr_5: phosphorus pentabromide.
(c) SCl_2: sulfur dichloride. **2.27** Acid: compound that produces H⁺; Base: compound that produces OH⁻; Oxoacids: acids that contain oxygen; Oxoanions: the anions that remain when oxoacids lose H⁺ ions; Hydrates: ionic solids that have water molecules in their formulas. **2.28** (c) Changing the electrical charge of an atom usually has a major effect on its chemical properties. The two electrically neutral carbon isotopes should have

nearly identical chemical properties. **2.29** P^{3-}. **2.30** NaCl is an ionic compound; it doesn't consist of molecules. **2.31** (a) Molecule and compound. (b) Element and molecule. (c) Element. (d) Molecule and compound. (e) Element. (f) Element and molecule. (g) Element and molecule. (h) Molecule and compound. (i) Compound, not molecule. (j) Element. (k) Element and molecule. (l) Compound, not molecule. **2.32** It establishes a standard mass unit that permits the measurement of masses of all other isotopes relative to carbon-12. **2.33** $^{11}_{5}B$, protons = 5, neutrons = 6, electrons = 5, net charge = 0; $^{54}_{26}Fe^{2+}$, protons = 26, neutrons = 28, electrons = 24, net charge = +2; $^{31}_{15}P^{3-}$, protons = 15, neutrons = 16, electrons = 18, net charge = −3; $^{196}_{79}Au$, protons = 79, neutrons = 117, electrons = 79, net charge = 0; $^{222}_{86}Rn$, protons = 86, neutrons = 136, electrons = 86, net charge = 0. **2.34** (a) Li^+. (b) S^{2-}. (c) I^-. (d) N^{3-}. (e) Al^{3+}. (f) Cs^+. (g) Mg^{2+}. **2.35** Group 7A, binary: HF, hydrofluoric acid; HCl, hydrochloric acid; HBr, hydrobromic acid; HI, hydroiodic acid. Group 7A, oxoacids: $HClO_4$, perchloric acid; $HClO_3$, chloric acid; $HClO_2$, chlorous acid; HClO, hypochlorous acid; $HBrO_3$, bromic acid; $HBrO_2$, bromous acid; HBrO, hypobromous acid; HIO_4, periodic acid; HIO_3, iodic acid; HIO, hypoiodous acid. Examples of oxoacids containing other Group A-block elements are: H_3BO_3, boric acid; H_2CO_3, carbonic acid; HNO_3, nitric acid; HNO_2, nitrous acid; H_3PO_4, phosphoric acid; H_3PO_3, phosphorous acid; H_3PO_2, hypophosphorous acid; H_2SO_4, sulfuric acid; H_2SO_3, sulfurous acid. Binary acids formed from other Group A-block elements other than Group 7A: H_2S, hydrosulfuric acid. **2.36** ^4_2He: protons = 2, neutrons = 2, neutrons/protons = 1.00; $^{20}_{10}Ne$: protons = 10, neutrons = 10, neutrons/protons = 1.00; $^{40}_{18}Ar$: protons = 18, neutrons = 22, neutrons/protons = 1.22; $^{84}_{36}Kr$: protons = 36, neutrons = 48, neutrons/protons = 1.33; $^{132}_{54}Xe$: protons = 54, neutrons = 78, neutrons/protons = 1.44. **2.37** Cu, Ag, and Au are fairly chemically unreactive. This makes them especially suitable for making coins and jewelry that you want to last a very long time. **2.38** MgO and SrO. **2.39** (a) 2:1. (b) 1:2. (c) 2:1. (d) 5:2. **2.40** The mass of fluorine reacting with hydrogen and deuterium would be the same. The ratio of F atoms to hydrogen (or deuterium) atoms is 1:1 in both compounds. This does not violate the law of definite proportions. When the law of definite proportions was formulated, scientists did not know of the existence of isotopes. **2.41** (a) Br. (b) Rn. (c) Se. (d) Pb. **2.42** Mg^{2+}, HCO_3^-, $Mg(HCO_3)_2$, Magnesium bicarbonate; Fe^{3+}, NO_2^-, $Fe(NO_2)_3$, Iron(III) nitrite; Mn^{2+}, ClO_3^-, $Mn(ClO_3)_2$, Manganese(II) chlorate; Co^{2+}, PO_4^{3-}, $Co_3(PO_4)_2$, Cobalt(II) phosphate; Hg_2^{2+}, I^-, Hg_2I_2, Mercury(I) iodide; Cu^+, CO_3^{2-}, Cu_2CO_3, Copper(I) carbonate. **2.43** 1.908×10^{-8} g. The predicted change (loss) in mass is too small a quantity to measure. Therefore, for all practical purposes, the law of conservation of mass is assumed to hold for ordinary chemical processes. **2.44** Chloric acid, nitrous acid, hydrocyanic acid, and sulfuric acid. **2.45** (a) Yes. (b) Acetylene: any formula with C:H = 1:1 (CH, C_2H_2, etc.); Ethane: any formula with C:H = 1:3 (CH_3, C_2H_6, etc.). **2.46** (a) $cA^{1/3} = r$ (c is a constant). (b) 5.1×10^{-44} m^3. (c) 3.4×10^{-15}; yes.

Chapter 3

3.1 (a) 50.48 amu. (b) 92.02 amu. (c) 64.07 amu. (d) 84.16 amu. (e) 34.02 amu. (f) 342.3 amu. (g) 17.03 amu. **3.2** (a) 16.04 amu. (b) 46.01 amu. (c) 80.07 amu. (d) 78.11 amu. (e) 149.9 amu. (f) 174.27 amu. (g) 310.2 amu. **3.3** 78.77% Sn; 21.23% O. **3.4** (d) Ammonia, NH_3. **3.5** 39.89% Ca, 18.50% P, 41.41% O, 0.20% H. **3.6** (a) 60; 14; 0.75. (b) 24; 1; 3.33. (c) 15; 1; 25. **3.7** (a) $KOH + H_3PO_4 \longrightarrow K_3PO_4 + H_2O$. (b) $Zn + AgCl \longrightarrow ZnCl_2 + Ag$. (c) $NaHCO_3 \longrightarrow Na_2CO_3 + H_2O + CO_2$. (d) $NH_4NO_2 \longrightarrow N_2 + H_2O$. (e) $CO_2 + KOH \longrightarrow K_2CO_3 + H_2O$. **3.8** (a) Potassium and water react to form potassium hydroxide and hydrogen. (b) Barium hydroxide and hydrochloric acid react to form barium chloride and water. (c) Copper and nitric acid react to form copper nitrate, nitrogen monoxide and water. (d) Aluminum and sulfuric acid react to form aluminum sulfate and hydrogen. (e) Hydrogen iodide reacts to form hydrogen and iodine. **3.9** (a) $2N_2O_5 \longrightarrow 2N_2O_4 + O_2$. (b) $2KNO_3 \longrightarrow 2KNO_2 + O_2$. (c) $NH_4NO_3 \longrightarrow N_2O + 2H_2O$. (d) $NH_4NO_2 \longrightarrow N_2 + 2H_2O$. (e) $2NaHCO_3 \longrightarrow Na_2CO_3 + H_2O + CO_2$. (f) $P_4O_{10} + 6H_2O \longrightarrow 4H_3PO_4$. (g) $2HCl + CaCO_3 \longrightarrow CaCl_2 + H_2O + CO_2$. (h) $2Al + 3H_2SO_4 \longrightarrow Al_2(SO_4)_3 + 3H_2$. (i) $CO_2 + 2KOH \longrightarrow K_2CO_3 + H_2O$. (j) $CH_4 + 2O_2 \longrightarrow CO_2 + 2H_2O$. (k) $Be_2C +$

$4H_2O \longrightarrow 2Be(OH)_2 + CH_4$. (l) $3Cu + 8HNO_3 \longrightarrow 3Cu(NO_3)_2 + 2NO + 4H_2O$. (m) $S + 6HNO_3 \longrightarrow H_2SO_4 + 6NO_2 + 2H_2O$. (n) $2NH_3 + 3CuO \longrightarrow 3Cu + N_2 + 3H_2O$. **3.10** (d) $3A + 2B \longrightarrow 2C + D$. **3.11** 5.8×10^3 light-yr. **3.12** 9.96×10^{-15} mol Co. **3.13** 3.01×10^3 g Au. **3.14** (a) 4.664×10^{-23} g/Si atom. (b) 9.273×10^{-23} g/Fe atom. **3.15** 2.450×10^{23} atoms Cu. **3.16** 2 atoms of lead. **3.17** 409 g/mol. **3.18** 3.01×10^{22} C atoms, 6.02×10^{22} H atoms, 3.01×10^{22} O atoms. **3.19** 39.3 g S. **3.20** 5.97 g F. **3.21** (a) CH_2O. (b) KCN. **3.22** $C_8H_{10}N_4O_2$. **3.23** 6.12×10^{21} molecules. **3.24** $C_9H_{16}O_4$; $C_9H_{16}O_4$; 57.43% C, 8.57% H, 34.00% O. **3.25** $C_{10}H_{20}O$. **3.26** $C_3H_7O_2NS$. **3.27** (a) Diagram (ii) (b) Diagram (i). **3.28** 1.01 mol Cl_2. **3.29** 2.0×10^1 mol CO_2. **3.30** (a) $2NaHCO_3 \longrightarrow Na_2CO_3 + CO_2 + H_2O$. (b) 78.3 g $NaHCO_3$. **3.31** 255.9 g C_2H_5OH; 0.324 L. **3.32** 0.294 mol KCN. **3.33** $NH_4NO_3(s) \longrightarrow N_2O(g) + 2H_2O(g)$. (b) 2.0×10^1 g N_2O. **3.34** 18.0 g O_2. **3.35** HCl is the limiting reactant; 23.4 g Cl_2 are produced. **3.36** 31.31 g $CO(NH_2)_2$ and 55.76 g NH_4Cl are produced; NH_3 is consumed completely; and 1.134 g $COCl_2$ remain. **3.37** The reaction produces 32.12 g H_2O. The resulting solution contains 155.3 g K_2SO_4 and 12.59 g unreacted H_2SO_4. **3.38** (a) 7.05 g O_2. (b) 92.9%. **3.39** 3.48×10^3 g C_6H_{14}. **3.40** 8.55 g S_2Cl_2; 76.6%. **3.41** $2O_2 + 4NO_2 \longrightarrow 2N_2O_5$. The limiting reagent is NO_2. **3.42** 6 mol NH_3 produced; 1 mol H_2 left. **3.43** (a) Combustion. (b) Combination. (c) Decomposition. **3.44** Diagram (b). **3.45** (a) 0.212 mol O. (b) 0.424 mol O. **3.46** Cl_2O_7. **3.47** 700 g. **3.48** (a) 4.3×10^{22} Mg atoms. (b) 1.6×10^2 pm. **3.49** 0.0011 mol chlorophyll. **3.50** (a) 4.24×10^{22} K^+ ions, 4.24×10^{22} Br^- ions. (b) 4.58×10^{22} Na^+ ions, 2.29×10^{22} SO_4^{2-} ions. (c) 4.34×10^{22} Ca^{2+} ions, 2.89×10^{22} PO_4^{3-} ions. **3.51** 6.022×10^{23} amu = 1 g. **3.52** 16.00 amu. **3.53** (e) 0.50 mol Cl_2. **3.54** $PtCl_2$ and $PtCl_4$. **3.55** (a) Compound X: MnO_2; Compound Y: Mn_3O_4. (b) $3MnO_2 \longrightarrow Mn_3O_4 + O_2$. **3.56** Mg_3N_2, magnesium nitride. **3.57** 28.97 g/mol. **3.58** $BaBr_2$. **3.59** 32.17% NaCl, 20.09% Na_2SO_4, 47.75% $NaNO_3$. **3.60** (a) $C_3H_8(g) + 5O_2(g) \longrightarrow 3CO_2(g) + 4H_2O(l)$. (b) 482 g CO_2 **3.61** (a) $Zn(s) + H_2SO_4(aq) \longrightarrow ZnSO_4(aq) + H_2(g)$. (b) 64.2%. (c) We assume that the impurities are inert and do not react with the sulfuric acid to produce hydrogen. **3.62** (a) $C_3H_8(g) + 3H_2O(g) \longrightarrow 3CO(g) + 7H_2(g)$. (b) 909 kg H_2. **3.63** 1.85×10^5 kg CaO. **3.64** CH_2O. **3.65** (a) C_3H_7NO. (b) $C_6H_{14}N_2O_2$. **3.66** 30.20% C, 5.069% H, 44.57% Cl, 20.16% S. **3.67** (a) 6.532×10^4 g. (b) 7.6×10^7 g HG. **3.68** $C_3H_2ClF_5O$; 184.50 g/mol. **3.69** 6.1×10^5 tons H_2SO_4. **3.70** $C_2H_3NO_5$. **3.71** (a) \$0.47/kg. (b) 0.631 kg K_2O. **3.72** 3.1×10^{23} molecules/mol.

Chapter 4

4.1 Diagram (c). **4.2** (a) Strong electrolyte. (b) Nonelectrolyte. (c) Weak electrolyte. (d) Strong electrolyte. **4.3** (a) Non-conducting. (b) Conducting. (c) Conducting. **4.4** Since HCl dissolved in water conducts electricity, $HCl(aq)$ must actually exist as $H^+(aq)$ cations and $Cl^-(aq)$ anions. Since HCl dissolved in benzene solvent does not conduct electricity, then we must assume that the HCl molecules in benzene solvent do not ionize, but rather exist as un-ionized molecules. **4.5** Diagram (c). **4.6** (a) Insoluble. (b) Insoluble. (c) Soluble. (d) Soluble. **4.7** (a) $2Ag^+(aq) + 2NO_3^-(aq) + 2Na^+(aq) + SO_4^{2-}(aq) \longrightarrow Ag_2SO_4(s) + 2Na^+(aq) + 2NO_3^-(aq)$; $2Ag^+(aq) + SO_4^{2-}(aq) \longrightarrow Ag_2SO_4(s)$. (b) $Ba^{2+}(aq) + 2Cl^-(aq) + Zn^{2+}(aq) + SO_4^{2-}(aq) \longrightarrow BaSO_4(s) + Zn^{2+}(aq) + 2Cl^-(aq)$; $Ba^{2+}(aq) + SO_4^{2-}(aq) \longrightarrow BaSO_4(s)$. (c) $2NH_4^+(aq) + CO_3^{2-}(aq) + Ca^{2+}(aq) + 2Cl^-(aq) \longrightarrow CaCO_3(s) + 2NH_4^+(aq) + 2Cl^-(aq)$; $Ca^{2+}(aq) + CO_3^{2-}(aq) \longrightarrow CaCO_3(s)$. **4.8** (a) No precipitate forms. (b) $Ba^{2+}(aq) + SO_4^{2-}(aq) \longrightarrow BaSO_4(s)$. **4.9** (a) Brønsted base. (b) Brønsted base. (c) Brønsted acid. (d) Brønsted acid and Brønsted base. **4.10** (a) $HC_2H_3O_2(aq) + KOH(aq) \longrightarrow KC_2H_3O_2(aq) + H_2O(l)$; *Ionic:* $HC_2H_3O_2(aq) + K^+(aq) + OH^-(aq) \longrightarrow C_2H_3O_2^-(aq) + K^+(aq) + H_2O(l)$; *Net ionic:* $HC_2H_3O_2(aq) + OH^-(aq) \longrightarrow C_2H_3O_2^-(aq) + H_2O(l)$. (b) $H_2CO_3(aq) + 2NaOH(aq) \longrightarrow Na_2CO_3(aq) + 2H_2O(l)$, *Ionic:* $H_2CO_3(aq) + 2Na^+(aq) + 2OH^-(aq) \longrightarrow 2Na^+(aq) + CO_3^{2-}(aq) + 2H_2O(l)$; *Net ionic:* $H_2CO_3(aq) + 2OH^-(aq) \longrightarrow CO_3^{2-}(aq) + 2H_2O(l)$. (c) $2HNO_3(aq) + Ba(OH)_2(aq) \longrightarrow Ba(NO_3)_2(aq) + 2H_2O(l)$, *Ionic:* $2H^+(aq) + 2NO_3^-(aq) + Ba^{2+}(aq) + 2OH^-(aq) \longrightarrow Ba^{2+}(aq) + 2NO_3^-(aq) + 2H_2O(l)$; $2H^+(aq) + 2OH^-(aq) \longrightarrow 2H_2O(l)$ or $H^+(aq) + OH^-(aq) \longrightarrow H_2O(l)$. **4.11** (a) $2Sr \longrightarrow 2Sr^{2+} + 4e^-$, Sr is the reducing agent; $O_2 + 4e^- \longrightarrow 2O^{2-}$, O_2 is the oxidizing agent. (b) 2Li the oxidizing agent. (c) $2Cs \longrightarrow 2Cs^+ + 2e^-$, Cs is the reducing agent; $Br_2 + 2e^- \longrightarrow 2Br^-$, Br_2 is the oxidizing agent. (d) $3Mg \longrightarrow 3Mg^{2+} + 6e^-$, Mg is the reducing agent; $N_2 + 6e^- \longrightarrow 2N^{3-}$, N_2 is the oxidizing agent. **4.12** H_2S (−2), S^{2-} (−2), HS^- (−2) < S_8 (0) < SO_2 (+4) < SO_3 (+6), H_2SO_4 (+6). **4.13** (a) +1. (b) +7. (c) −4. (d) −1. (e) −2. (f) +6. (g) +6. (h) +7. (i) +4. (j) 0. (k) +5. (l) −1/2. (m) +5. (n) +3. **4.14** (a) +1. (b) −1. (c) +3. (d) +3. (e) +4. (f) +6. (g) +2. (h) +4. (i) +2. (j) +3. (k) +5. **4.15** If nitric acid is a strong oxidizing agent and zinc is a strong reducing agent, then zinc metal will probably reduce nitric acid when the two react; that is, N will gain electrons and the oxidation number of N must decrease. Since the oxidation number of nitrogen in nitric acid is +5, then the nitrogen-containing product must have a smaller oxidation number for nitrogen. The only compound in the list that doesn't have a nitrogen oxidation number less than +5 is N_2O_5. This is never a product of the reduction of nitric acid. **4.16** Molecular oxygen is a powerful oxidizing agent. In SO_3, the oxidation number of the element bound to oxygen (S) is at its maximum value (+6); the sulfur cannot be oxidized further. The other elements bound to oxygen in this problem have less than their maximum oxidation number and can undergo further oxidation. Only SO_3 does not react with molecular oxygen. **4.17** (a) Decomposition. (b) Displacement. (c) Decomposition. (d) Combination. **4.18** 232 g KI. **4.19** 6.00×10^{-3} mol $MgCl_2$. **4.20** (a) 1.16 M. (b) 0.608 M. (c) 1.78 M. **4.21** (a) 136 mL. (b) 62.2 mL. (c) 47 mL. **4.22** Dilute 323 mL of the 2.00 M HCl solution to a final volume of 1.00 L. **4.23** Dilute 3.00 mL of the 4.00 M HNO_3 solution to a final volume of 60.0 mL. **4.24** (a) $BaCl_2$: 0.300 M Cl^-; NaCl: 0.566 M Cl^-; $AlCl_3$: 3.606 M Cl^-. (b) 1.28 M $Sr(NO_3)_2$. **4.25** 2.325 M. **4.26** 0.215 g AgCl. **4.27** 0.165 g NaCl; $Ag^+(aq) + Cl^-(aq) \longrightarrow AgCl(s)$. **4.28** (a) 42.78 mL. (b) 158.5 mL. (c) 79.23 mL. **4.29** 1.74 g. **4.30** 0 g (no insoluble product). **4.31** (a) first combination; (b) second combination; (c) second combination. **4.32** Diagram b = H_3PO_4; Diagram c = HCl; Diagram d = H_2SO_4. **4.33** (a) Redox. (b) Precipitation. (c) Acid-base. (d) Combination. (e) Redox. (f) Redox. (g) Precipitation. (h) Redox. (i) Redox. (j) Redox. **4.34** (d) 0.20 M $Mg(NO_3)_2$ (greatest concentration of ions). **4.35** 773 mL. **4.36** (a) Weak electrolyte. (b) Strong electrolyte. (c) Strong electrolyte. (d) Nonelectrolyte. **4.37** (a) $C_2H_5ONH_2$ molecules. (b) K^+ and F^- ions. (c) NH_4^+ and NO_3^- ions. (d) C_3H_7OH molecules. **4.38** 1146 g/mol. **4.39** 1.28 M. **4.40** 43.4 g $BaSO_4$. **4.41** 1.72 M. **4.42** (1) Electrolysis to ascertain if hydrogen and oxygen were produced, (2) The reaction with an alkali metal to see if a base and hydrogen gas were produced, and (3) The dissolution of a metal oxide to see if a base was produced (or a nonmetal oxide to see if an acid was produced). **4.43** 1.09 M $Ca(NO_3)_2$. **4.44** Diagram (a) showing Ag^+ and NO_3^- ions. The reaction is $AgOH(aq) + HNO_3(aq) \longrightarrow H_2O(l) + AgNO_3(aq)$. **4.45** (a) Check with litmus paper, combine with carbonate or bicarbonate to see if CO_2 gas is produced, combine with a base and check for neutralization with an indicator. (b) Titrate a known quantity of acid with a standard NaOH solution. (c) Visually compare the conductivity of the acid with a standard NaCl solution of the same molar concentration. **4.46** No. The oxidation number of all oxygen atoms is zero. **4.47** (a) $HI(aq) + KOH(aq) \longrightarrow KI(aq) + H_2O(l)$, evaporate to dryness. (b) $2HI(aq) + K_2CO_3(aq) \longrightarrow 2KI(aq) + CO_2(g) + H_2O(l)$, evaporate to dryness. **4.48** (a) Combine any soluble magnesium salt with a soluble hydroxide, filter the precipitate. (b) Combine any soluble silver salt with any soluble iodide salt, filter the precipitate. (c) Combine any soluble barium salt with any soluble phosphate salt, filter the precipitate. **4.49** (a) Add Na_2SO_4. (b) Add KOH. (c) Add $AgNO_3$. (d) Add $Ca(NO_3)_2$. (e) Add $Mg(NO_3)_2$. **4.50** Reaction 1: $SO_3^{2-}(aq) + H_2O(aq) \longrightarrow SO_4^{2-}(aq) + H_2O(l)$; Reaction 2: $SO_4^{2-}(aq) + Ba^{2+}(aq) \longrightarrow BaSO_4(s)$. **4.51** Cl_2O (+1), Cl_2O_3 (+3), ClO_2 (+4), Cl_2O_6 (+6), Cl_2O_7 (+7). **4.52** $[Na^+] = 0.5295$ M, $[NO_3^-] = 0.4298$ M, $[OH^-] = 0.09968$ M, $[Mg^{2+}] \approx 0$ M. **4.53** 1.41 M $KMnO_4$. **4.54** (a) The precipitate $CaSO_4$ formed over Ca preventing the Ca from reacting with the sulfuric acid. (b) Aluminum is protected by a tenacious oxide layer with the composition Al_2O_3. (c) These metals react more readily with water: $2Na(s) + 2H_2O(l) \longrightarrow 2NaOH(aq) + H_2(g)$. (d) The metal should be placed below Fe and above H. (e) Any metal above Al in the activity series will react with Al^{3+}. Metals from Mg to Li will work. **4.55** 56.2% NaBr. **4.56** (a) 1.40 M Cl^-. (b) 4.96 g Cl^-.

4.57 (a) Acid: H_3O^+, base: OH^-.

(b) Acid NH_4^+; base NH_2^-.

4.58 When a solid dissolves in solution, the volume of the solution usually changes. **4.59** Electric furnace method: $P_4(s) + 5O_2(g) \longrightarrow P_4O_{10}(s)$ (redox), $P_4O_{10}(s) + 6H_2O(l) \longrightarrow 4H_3PO_4(aq)$ (acid-base); Wet process: $Ca_5(PO_4)_3F(s) + 5H_2SO_4(aq) \longrightarrow HF(aq) + 3H_3PO_4(aq) + 5CaSO_4(s)$ (acid-base and precipitation). **4.60** (a) $CaF_2(s) + H_2SO_4(aq) \longrightarrow CaSO_4(s) + 2HF(g)$; $2NaCl(s) + H_2SO_4(aq) \longrightarrow Na_2SO_4(aq) + 2HCl(g)$. (b) The sulfuric acid would oxidize the Br^- and I^- ions to Br_2 and I_2. (c) $PBr_3(l) + 3H_2O(l) \longrightarrow 3HBr(g) + H_3PO_3(aq)$. **4.61** (a) $4KO_2(s) + 2CO_2(g) \longrightarrow 2K_2CO_3(s) + 3O_2(g)$. (b) −1/2. (c) 34.4 L air. **4.62** 4.99 grains. **4.63** (a) $Pb(NO_3)_2(aq) + Na_2SO_4(aq) \longrightarrow PbSO_4(s) + 2NaNO_3(aq)$; net ionic: $Pb^{2+}(aq) + SO_4^{2-}(aq) \longrightarrow PbSO_4(s)$. (b) 6.34×10^{-5} M. **4.64** $Cu^{2+}(aq) + S^{2-}(aq) \longrightarrow CuS(s)$, 2.31×10^{-4} M Cu^{2+}. **4.65** (a) nonelectrolytes: CH_3CH_2OH, H_2O; weak electrolyte: $HC_2H_3O_2$; strong electrolytes: $K_2Cr_2O_7$, H_2SO_4, $Cr_2(SO_4)_3$, K_2SO_4. (b) ionic equation: $3CH_3CH_2OH(g) + 4K^+(aq) + 2Cr_2O_7^{2-}(aq) + 8H^+(aq) + 2HSO_4^-(aq) \longrightarrow 3HC_2H_3O_2(aq) + 4Cr^{3+}(aq) + 8SO_4^{2-}(aq) + 4K^+(aq) + 11H_2O(aq)$; net ionic equation: $3CH_3CH_2OH(g) + 2Cr_2O_7^{2-}(aq) + 8H^+(aq) + 2HSO_4^-(aq) \longrightarrow 3HC_2H_3O_2(aq) + 4Cr^{3+}(aq) + 8SO_4^{2-}(aq) + 11H_2O(l)$.

(c)

(d) 8.5×10^{-4} M. (e) 15 mL. (f) $[K^+] = 1.7 \times 10^{-3}$ M; $[Cr_2O_7^{2-}] = 8.5 \times 10^{-4}$ M.

Chapter 5

5.1 Law of conservation of energy. **5.2** Energy is needed to break chemical bonds, while energy is released when bonds are formed. **5.3** −46 J. **5.4** 925 J (work done on the system). **5.5** (a) Diagram ii. (b) Diagram ii. () Diagram ii. **5.6** (a) 0 J. (b) −9.5 J. (c) −18 J. **5.7** 4.51 kJ/g. **5.8** 4.80×10^2 kJ. **5.9** 595.81 kJ/mol. **5.10** 728 kJ. **5.11** 50.7°C. **5.12** 26.3°C. **5.13** 2.36 J/g · °C. **5.14** Metal A. **5.15** (a) 150 kJ/mol, (b) 600 kJ/mol, (c) −150 kJ/mol, (d) 300 kJ/mol, (e) −300 kJ/mol. **5.16** 0.30 kJ/mol. **5.17** −238.7 kJ/mol. **5.18** −438.6 kJ/mol. **5.19** −300 kJ/mol. **5.20** −180 kJ/mol. **5.21** $CH_4(g)$ and $H(g)$. **5.22** $\Delta H_f^\circ[H_2O(l)]$. **5.23** (a) −571.6 kJ/mol. (b) −2599 kJ/mol. **5.24** (a) −724 kJ/mol. (b) -1.37×10^3 kJ/mol. (c) -2.01×10^3 kJ/mol. **5.25** −3924 kJ/mol. **5.26** −175.3 kJ. **5.27** −71.58 kJ/g B_5H_9. **5.28** (a) $\Delta H_f^\circ[Br_2(l)] \Delta 0$. $\Delta H_f^\circ[Br_2(g)] > 0$. (b) $\Delta H_f^\circ[I_2(s)] \Delta 0$. $\Delta H_f^\circ[I_2(g)] > 0$. **5.29** $2Ag(s) + \frac{1}{2}O_2(g) \longrightarrow Ag_2O(s)$, $\Delta H_f^\circ[Ag_2O] = \Delta H_{rxn}^\circ$; $Ca(s) + Cl_2(g) \longrightarrow CaCl_2(s)$, $\Delta H_f^\circ(CaCl_2) = \Delta H_{rxn}^\circ$; calorimetry can be used to measure the enthalpy changes. **5.30** In a chemical reaction, the same elements and the same numbers of atoms are always on both sides of the equation. This provides a consistent reference which allows the energy change in the reaction to be interpreted in terms of the chemical or physical changes that have occurred. In a nuclear reaction, the same elements are not always on both sides of the equation and no common reference point exists. **5.31** −44.35 kJ/mol. **5.32** 0.492 J/g · °C. **5.33** −350.7 kJ/mol. **5.34** $1.54/gal ethanol. **5.35** 5.60 kJ/mol. **5.36** Reaction a. **5.37** (a) 0 J. (b) −9.1 J. **5.38** 5.35 kJ/°C. **5.39** Burning graphite in oxygen will form both CO and CO_2. **5.40** −277.0 kJ/mol **5.41** 104 g. **5.42** $w = 0$, $\Delta U = -5153$ kJ/mol. **5.43** 96.21%. **5.44** 58.1°C. **5.45** (a) As heat is added to water at 25°C, the temperature increases until the boiling point is reached. (b) At 1 atm of pressure, water at 100°C will remain at that temperature until the added heat has converted all the liquid to a gas. (c) The temperature of a system can change without heat being added if a chemical reaction occurs.

	q	w	ΔU	ΔH
(a)	−	0	−	−
(b)	−	−	−	−
(c)	+	−	?	+
(d)	+	0	+	+
(e)	+	−	0	0

5.46 **5.47** 23.6°C. **5.48** The first reaction, which is exothermic, can be used to promote the second reaction, which is endothermic. Thus, the two gases are produced alternately. **5.49** -3.60×10^2 kJ/mol Zn or -3.60×10^2 kJ/2 mol Ag$^+$. **5.50** 4.1 cents. **5.51** -9.78 kJ/mol. **5.52** 3.0×10^9 atomic bombs. **5.53** (a) Although we cannot measure ΔH°_{rxn} for this reaction, the reverse process is the combustion of glucose. We could easily measure ΔH°_{rxn} for this combustion by burning a mole of glucose in a bomb calorimeter. (b) 1.1×10^{19} kJ. **5.54** 5.8×10^2 m. **5.55** Water has a larger specific heat than air. Thus cold, damp air can extract more heat from the body than cold, dry air. By the same token, hot, humid air can deliver more heat to the body. **5.56** (a) $2LiOH(aq) + CO_2(g) \longrightarrow Li_2CO_3(aq) + H_2O(l)$. (b) 1.1 kg CO_2, 1.2 kg LiOH. **5.57** (a) $CaC_2(s) + 2H_2O(l) \longrightarrow Ca(OH)_2(s) + C_2H_2(g)$. (b) 1.51×10^6 J. **5.58** (a) glucose: 31 kJ, sucrose: 33 kJ. (b) glucose: 15 m, sucrose: 16 m. **5.59** -5.2×10^6 kJ. **5.60** Since the humidity is very low in deserts, there is little water vapor in the air to trap and hold the heat radiated back from the ground during the day. Once the sun goes down, the temperature drops dramatically. 40°F temperature drops between day and night are common in desert climates. Coastal regions have much higher humidity levels compared to deserts. The water vapor in the air retains heat, which keeps the temperature at a more constant level during the night. In addition, sand and rocks in the desert have small specific heats compared with water in the ocean. The water absorbs much more heat during the day compared to sand and rocks, which keeps the temperature warmer at night. **5.61** (a) $3N_2H_4(l) \longrightarrow 4NH_3(g) + N_2(g)$. (b) -336.5 kJ/mol. (c) $N_2H_4(l) + O_2(g) \longrightarrow N_2(g) + 2H_2O(l)$, $\Delta H^\circ_{rxn} = -622.0$ kJ/mol; $4NH_3(g) + 3O_2(g) \longrightarrow 2N_2(g) + 6H_2O(l)$, $\Delta H^\circ_{rxn} = -1529.6$ kJ/mol. (d) ammonia. **5.62** 0.237 J/g · °C

Chapter 6

6.1 (a) 3.5×10^3 nm. (b) 5.30×10^{14} Hz. **6.2** 3.26×10^7 nm, microwave. **6.3** 7.0×10^2 s. **6.4** 2.82×10^{-19} J. **6.5** (a) 4.6×10^7 nm, not in the visible region. (b) 4.3×10^{-24} J/photon. (c) 2.6 J/mol. **6.6** 1.29×10^{-15} J. **6.7** (a) 1.2×10^2 photons. **6.8** Infrared photons have insufficient energy to cause the chemical changes. **6.9** A "blue" photon (shorter wavelength) is higher energy than a "yellow" photon. For the same amount of energy delivered to the metal surface, there must be fewer "blue" photons than "yellow" photons. Thus, the yellow light would eject more electrons since there are more "yellow" photons. Since the "blue" photons are of higher energy, blue light will eject electrons with greater kinetic energy. **6.10** 3.027×10^{-19} J. **6.11** $\nu = 1.60 \times 10^{14}$ Hz, $\lambda = 1.88 \times 10^3$ nm. **6.12** 5. **6.13** Analyze the emitted light by passing it through a prism. **6.14** Excited atoms of the chemical elements emit the same characteristic frequencies or lines in a terrestrial laboratory, in the Sun, or in a star many light-years distant from Earth. **6.15** 0.565 nm. **6.16** 9.96×10^{-32} cm. **6.17** 1.6×10^{-11} m. **6.18** $\Delta u \geq 4.38 \times 10^{-26}$ m/s. This uncertainty is far smaller than can be measured. **6.19** $\ell = 1$, $m_\ell = -1$, 0, and 1; $\ell = 0$, $m_\ell = 0$. **6.20** $4s$, $4p$, $4d$, and $4f$ subshells; 1, 3, 5, and 7 orbitals, respectively. **6.21** (a) $n = 2$, $\ell = 1$, $m_\ell = 1$, 0, or −1. (b) $n = 3$, $\ell = 0$, $m_\ell = 0$. (c) $n = 5$, $\ell = 2$, $m_\ell = 2$, 1, 0, −1, or −2. **6.22** A $2s$ orbital is larger than a $1s$ orbital and exhibits a node. Both have the same spherical shape. The $1s$ orbital is lower in energy than the $2s$. **6.23** In H, energy depends only on n, but for all other atoms, energy depends on n and ℓ. **6.24** (a) $2s$. (b) 3. (c) equal. (d) equal. (e) $5s$. **6.25** (a) orbital b. (b) orbitals a and d. (c) None. **6.26** (a) two. (b) six. (c) ten. (d) fourteen. **6.27** $3s$: two; $3d$: ten; $4p$: six; $4f$: fourteen; $5f$: fourteen. **6.28** (a) is wrong because the magnetic quantum number m_ℓ can have only whole number values. (b) is wrong because the magnetic quantum number m_ℓ can only have the value 0 when the angular momentum quantum number ℓ is 0. (c) is wrong because the magnetic quantum number m_ℓ can only have the value 0 when the angular momentum quantum number

ℓ is 0. (e) is wrong because the electron spin quantum number m_s can have only half-integral values. **6.29** B: 1; Ne: 0; P: 3; Sc: 1; Mn: 5; Se: 2; Kr: 0; Fe: 4; Cd: 0; I: 1; Pb: 2. **6.30** S$^+$. **6.31** [Kr]$5s^24d^5$. **6.32** Ge: [Ar]$4s^23d^{10}4p^2$; Fe: [Ar]$4s^23d^6$; Zn: [Ar]$4s^23d^{10}$; Ni: [Ar]$4s^23d^8$; W: [Xe]$6s^24f^{14}5d^4$; Tl: [Xe]$6s^24f^{14}5d^{10}6p^1$. **6.33** Part (b) is correct in the view of contemporary quantum theory. Bohr's explanation of emission and absorption line spectra appears to have universal validity. Parts (a) and (c) are artifacts of Bohr's early planetary model of the hydrogen atom and are *not* considered to be valid today. **6.34** (a) 4. (b) 6. (c) 10. (d) 1. (e) 2. **6.35** (a) Metal A: 3.4×10^{-19} J; metal B: 5.6×10^{-19} J; metal C: 6.6×10^{-19} J; metal C has the highest binding energy. (b) Electrons will be ejected from metals A and B. **6.36** He: $n = 3 \longrightarrow 2$: $\lambda = 164$ nm; $n = 4 \longrightarrow 2$: $\lambda = 121$ nm; $n = 5 \longrightarrow 2$: $\lambda = 108$ nm; $n = 6 \longrightarrow 2$: $\lambda = 103$ nm. H: $n = 3 \longrightarrow 2$: $\lambda = 656$ nm; $n = 4 \longrightarrow 2$: $\lambda = 486$ nm; $n = 5 \longrightarrow 2$: $\lambda = 434$ nm; $n = 6 \longrightarrow 2$: $\lambda = 410$ nm. All the Balmer transitions for He$^+$ are in the ultraviolet region; whereas, the transitions for H are all in the visible region. **6.37** (a) [diagram] $1s^2$ $2s^2$ $2p^5$. (b) [Ne] [diagram] $3s^2$ $3p^3$. (c) [Ar] [diagram] $4s^2$ $3d^7$. **6.38** (a) False. (b) False. (c) True. (d) False. (e) True. **6.39** (a) He, $1s^2$. (b) N, $1s^22s^22p^3$. (c) Na, $1s^22s^22p^63s^1$. (d) As, [Ar]$4s^23d^{10}4p^3$. (e) Cl, [Ne]$3s^23p^5$. **6.40** (b) and (d) are allowed transitions. Any of the transitions in Figure 6.11 is possible as long as ℓ for the final state differs from ℓ of the initial state by 1. **6.41** $\frac{1}{\lambda_1} = \frac{1}{\lambda_2} + \frac{1}{\lambda_3}$. **6.42** 1.06 nm. **6.43** (a) 2.29×10^{-6} nm. (b) 6.0×10^{-2} kg. **6.44** $\lambda = 0.382$ pm, $\nu = 7.86 \times 10^{20}$ s^{-1}. **6.45** In the photoelectric effect, light of sufficient energy shining on a metal surface causes electrons to be ejected (photoelectrons). Since the electrons are charged particles, the metal surface becomes positively charged as more electrons are lost. After a long enough period of time, the positive surface charge becomes large enough to start attracting the ejected electrons back toward the metal with the result that the kinetic energy of the departing electrons becomes smaller. **6.46** 17.4 pm. **6.47** $\lambda = 0.596$ m; Microwave/radio region. **6.48** 483 nm. **6.49** 2.2×10^5 J. **6.50** (a) We note that the maximum solar radiation centers around 500 nm. Thus, over billions of years, organisms have adjusted their development to capture energy at or near this wavelength. The two most notable cases are photosynthesis and vision. (b) Astronomers record blackbody radiation curves from stars and compare them with those obtained from objects at different temperatures in the laboratory. Because the shape of the curve and the wavelength corresponding to the maximum depend on the temperature of an object, astronomers can reliably determine the temperature at the surface of a star from the closest matching curve and wavelength. **6.51** 3.3×10^{28} photons. **6.52** 4.10×10^{23} photons.

Chapter 7

7.1 Selenium, $1s^22s^22p^63s^23p^64s^23d^{10}4p^4$. **7.2** (a) and (d); (b) and (e); (c) and (f). **7.3** (a) Group 1A or 1. (b) Group 5A or 15. (c) Group 8A or 18. (d) Group 8B or 10. **7.4** (a) $\sigma = 2$ and $Z_{eff} = +4$. (b) $2s$, $Z_{eff} = +3.22$; $2p$, $Z_{eff} = +3.14$. The values are lower than those in part (a) because the $2s$ and $2p$ electrons actually do shield each other somewhat. **7.5** 8.40×10^6 kJ/mol. **7.6** Na > Mg > Al > P > Cl. **7.7** Fluorine. **7.8** Left to right: S, Se, Ca, K. **7.9** The atomic radius is largely determined by how strongly the outer-shell electrons are held by the nucleus. The larger the effective nuclear charge, the more strongly the electrons are held and the smaller the atomic radius. For the second period, the atomic radius of Li is largest because the $2s$ electron is well shielded by the filled $1s$ shell. The effective nuclear charge that the outermost electrons feel increases across the period as a result of incomplete shielding by electrons in the same shell. Consequently, the orbital containing the electrons is compressed and the atomic radius decreases. **7.10** K < Ca < P < F < Ne. **7.11** The Group 3A elements (such as Al) all have a single electron in the outermost p subshell, which is well shielded from the nuclear charge by the inner electrons and the ns^2 electrons. Therefore, less energy is needed to remove a single p electron than to remove a paired s electron from the same principal energy level (such as for Mg). **7.12** 496 kJ/mol is paired with $1s^2 2s^2 2p^6 3s^1$. 2080 kJ/mol is paired with $1s^2 2s^2 2p^6$, a very stable noble gas configuration. **7.13** Cl. **7.14** Alkali metals have a valence electron configuration of ns^1 so they can accept another electron in the ns orbital. On the other hand, alkaline earth metals have a valence electron configuration of ns^2. Alkaline earth metals have little tendency to accept another electron, as it would have to go into a higher energy p orbital. **7.15** Fe. **7.16** Be^{2+} and He; N^{3-} and F^-; Fe^{2+} and Co^{3+}; S^{2-} and Ar. **7.17** (a) Cr^{3+}. (b) Sc^{3+}. (c) Rh^{3+}. (d) Ir^{3+}. **7.18** (a) Cl. (b) Na^+. (c) O^{2-}. (d) Al^{3+}. (e) Au^{3+}. **7.19** The Cu^+ ion is larger than Cu^{2+} because it has one more electron. **7.20** $-199.7°C$. **7.21** Since ionization energies decrease going down a column in the periodic table, francium should have the lowest first ionization energy of all the alkali metals. As a result, Fr should be the most reactive of all the Group 1A elements toward water and oxygen. The reaction with oxygen would probably be similar to that of K, Rb, or Cs. **7.22** The Group 1B elements are much less reactive than the Group 1A elements. The 1B elements are more stable because they have much higher ionization energies resulting from incomplete shielding of the nuclear charge by the inner d electrons. The ns^1 electron of a Group 1A element is shielded from the nucleus more effectively by the completely filled noble gas core. Consequently, the outer s electrons of 1B elements are more strongly attracted by the nucleus. **7.23** (a) $Li_2O(s) + H_2O(l) \longrightarrow 2LiOH(aq)$. (b) $CaO(s) + H_2O(l) \longrightarrow Ca(OH)_2(aq)$. (c) $SO_3(g) + H_2O(l) \longrightarrow H_2SO_4(aq)$. **7.24** BaO. As we move down a column, the metallic character of the elements increases. **7.25** (a) Br. (b) N. (c) Rb. (d) Mg. **7.26** $O^{2-} < F^- < Na^+ < Mg^{2+}$. **7.27** O^+ and Ne; S^{2-} and Ar; N^{3-} and Ne; As^{3+} and Zn; Cs^+ and Xe. **7.28** (a) and (d). **7.29** Fluorine is a yellow-green gas that attacks glass; chlorine is a pale yellow gas; bromine is a fuming red liquid; iodine is a dark, metallic-looking solid. **7.30** F. **7.31** H^-. Since H^- has only one proton compared to two protons for He, the nucleus of H^- will attract the two electrons less strongly compared to He. **7.32** Li_2O, lithium oxide, basic; BeO, beryllium oxide, amphoteric; B_2O_3, diboron trioxide, acidic; CO_2, carbon dioxide, acidic; N_2O_5, dinitrogen pentoxide, acidic. **7.33** 0.66. **7.34** 77.5%. **7.35** (a) matches bromine (Br_2). (b) matches hydrogen (H_2). (c) matches calcium (Ca). (d) matches gold (Au). (e) matches argon (Ar). **7.36** X must belong to Group 4A; it is probably Sn or Pb because it is not a very reactive metal (it is certainly not reactive like an alkali metal). Y is a nonmetal since it does *not* conduct electricity. Since it is a light yellow solid, it is probably phosphorus (Group 5A). Z is an alkali metal since it reacts with air to form a basic oxide or peroxide. **7.37** (a) $IE_1 = 3s^1$ electron, $IE_2 = 2p^6$ electron, $IE_3 = 2p^5$ electron, $IE_4 = 2p^4$ electron, $IE_5 = 2p^3$ electron, $IE_6 = 2p^2$ electron, $IE_7 = 2p^1$ electron, $IE_8 = 2s^2$ electron, $IE_9 = 2s^1$ electron, $IE_{10} = 1s^2$ electron, $IE_{11} = 1s^1$ electron. (b) Each break ($IE_1 \longrightarrow IE_2$ and $IE_9 \longrightarrow IE_{10}$) represents the transition to another shell ($n = 3 \longrightarrow 2$ and $n = 2 \longrightarrow 1$).

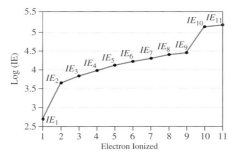

7.38 LiH (lithium hydride), CH_4 (methane), NH_3 (ammonia), H_2O (water), and HF (hydrogen fluoride); $LiH + H_2O \longrightarrow LiOH + H_2$; $CH_4 + H_2O \longrightarrow$ no reaction at room temperature; $NH_3 + H_2O \longrightarrow NH_4^+ + OH^-$; $H_2O + H_2O \longrightarrow H_3O^+ + OH^-$; $HF + H_2O \longrightarrow H_3O^+ + F^-$. **7.39** (a) $2KClO_3(s) \longrightarrow 2KCl(s) + 3O_2(g)$. (b) $N_2(g) + 3H_2(g) \longrightarrow 2NH_3(g)$ (industrial); $NH_4Cl(s) + NaOH(aq) \longrightarrow NH_3(g) + NaCl(aq) + H_2O(l)$. (c) $CaCO_3(s) \longrightarrow CaO(s) + CO_2(g)$ (industrial); $CaCO_3(s) + 2HCl(aq) \longrightarrow CaCl_2(aq) + H_2O(l) + CO_2(g)$. (d) $Zn(s) + H_2SO_4(aq) \longrightarrow ZnSO_4(aq) + H_2(g)$. (e) Same as (c), (first equation). **7.40** Examine a solution of Na_2SO_4, which is colorless. This shows that the SO_4^{2-} ion is

colorless. Thus the blue color is due to $Cu^{2+}(aq)$. **7.41** Z_{eff} increases from left to right across the table, so electrons are held more tightly. (This explains the electron affinity values of C and O.) Nitrogen has a zero value of electron affinity because of the stability of the half-filled $2p$ subshell (that is, N has little tendency to accept another electron). **7.42** Once an atom gains an electron forming a negative ion, adding additional electrons is typically an unfavorable process due to electron-electron repulsions. 2nd and 3rd electron affinities do not occur spontaneously and are therefore difficult to measure. **7.43** 2A. There is a large jump from the second to the third ionization energy, indicating a change in the principal quantum number n. **7.44** (a) SiH_4, GeH_4, SnH_4, PbH_4. (b) RbH should be more ionic than NaH. (c) $Ra(s) + 2H_2O(l) \longrightarrow Ra(OH)_2(aq) + H_2(g)$. (d) Be (diagonal relationship). **7.45** Li: $Z_{eff} = 1.26$, $Z_{eff}/n = 0.630$; Na: $Z_{eff} = 1.84$, $Z_{eff}/n = 0.613$; K: $Z_{eff} = 2.26$, $Z_{eff}/n = 0.565$. As we move down a group, Z_{eff} increases. This is what we would expect because shells with larger n values are less effective at shielding the outer electrons from the nuclear charge. The Z_{eff}/n values are fairly constant, meaning that the screening per shell is about the same. **7.46** Nitrogen. Lithium forms a stable nitride (Li_3N). **7.47** (c) Carbon. **7.48** 6.94×10^{-19} J/electron. If there are no other electrons with lower kinetic energy, then this is the electron from the valence shell. UV light of the *longest* wavelength (lowest energy) that can still eject electrons should be used. **7.49** (a) [Ne]. (b) [Ne]. (c) [Ar]. (d) [Ar]. (e) [Ar]. (f) $[Ar]3d^6$. (g) $[Ar]3d^9$. (h) $[Ar]3d^{10}$. **7.50** The binding of a cation to an anion results from electrostatic attraction. As the +2 cation gets smaller (from Ba^{2+} to Mg^{2+}), the distance between the opposite charges decreases and the electrostatic attraction increases. **7.51** (a) It was determined that the periodic table was based on atomic number, not atomic mass. (b) Argon: 39.95 amu; Potassium: 39.10 amu. **7.52** The electron configuration of titanium is: $[Ar]4s^2 3d^2$. K_2TiO_4 is unlikely to exist because of the oxidation state of Ti (+6). Ti in an oxidation state greater than +4 is unlikely because of the very high ionization energies needed to remove the fifth and sixth electrons. **7.53** 343 nm; ultraviolet.

Chapter 8

8.1 (a) $\cdot Be\cdot$ (b) $K\cdot$ (c) $\cdot Ca\cdot$ (d) $\cdot \dot{G}a\cdot$ (e) $\cdot \ddot{O}\cdot$ (f) $:\ddot{B}r\cdot$ (g) $\cdot \ddot{N}\cdot$ (h) $:\ddot{I}\cdot$ (i) $\cdot \ddot{A}s\cdot$ (j) $:\ddot{F}\cdot$

8.2 (a) $:\ddot{I}\cdot$ (b) $\left[:\ddot{I}:\right]^-$ (c) $\cdot \ddot{S}\cdot$ (d) $\left[:\ddot{S}:\right]^{2-}$ (e) $\cdot \ddot{P}\cdot$ (f) $\left[:\ddot{P}:\right]^{3-}$ (g) $\cdot Na$

(h) Na^+ (i) $\cdot Mg\cdot$ (j) Mg^{2+} (k) $\cdot \dot{Al}\cdot$ (l) $\left[:As\right]^{3+}$ (m) $\cdot \dot{Pb}\cdot$ (n) $\left[:Pb\right]^{2+}$

8.3 860 kJ/mol.
8.4 (a) Decreases the ionic bond energy. (b) Triples the ionic bond energy. (c) Increases the bond energy by a factor of 4. (d) Increases the bond energy by a factor of 2.
8.5

(a) $Na\cdot + :\ddot{F}\cdot \longrightarrow Na^+ :\ddot{F}:^-$ (b) $2K\cdot + \cdot \ddot{S}\cdot \longrightarrow 2K^+ :\ddot{S}:^{2-}$

(c) $\dot{Ba} + \cdot \ddot{O}\cdot \longrightarrow Ba^{2+} :\ddot{O}:^{2-}$ (d) $\dot{Al}\cdot + \cdot \ddot{N}\cdot \longrightarrow Al^{3+} :\ddot{N}:^{3-}$

8.6 (a) BF_3, boron trifluoride, covalent. (b) KBr, potassium bromide, ionic. **8.7** 0.057 **8.8** $Cl-Cl < Br-Cl < Si-C < Cs-F$. **8.9** (a) Covalent. (b) Polar covalent. (c) Ionic. (d) Polar covalent. **8.10** $C-H$ ($\Delta EN = 0.4$) < $Br-H$ ($\Delta EN = 0.7$) < $F-H$ ($\Delta EN = 1.9$) < $Li-Cl$ ($\Delta EN = 2.0$) < $Na-Cl$ ($\Delta EN = 2.1$) < $K-F$ ($\Delta EN = 3.2$).
8.11 Greatest percent ionic character will be in the compound consisting of the yellow element in period 5 and the blue element in period 2 because they have the greatest difference in electronegativities.
8.12

(a) $:\ddot{F}-\ddot{O}-\ddot{F}:$ (b) $:\ddot{F}-\ddot{N}=\ddot{N}-\ddot{F}:$ (c) $H-\underset{\underset{H}{|}}{\overset{\overset{H}{|}}{Si}}-\underset{\underset{H}{|}}{\overset{\overset{H}{|}}{Si}}-H$

(d) $\ddot{O}-H$ (e) $H-\underset{\underset{:\ddot{Cl}:}{|}}{\overset{\overset{H}{|}}{C}}-\overset{\overset{:O:}{||}}{C}-\ddot{O}:^-$ (f) $H-\underset{\underset{H}{|}}{\overset{\overset{H}{|}}{C}}-\underset{\underset{H}{|}}{\overset{\overset{H}{|}}{N^+}}-H$

8.13
(a) O=C with Br above and Br below (carbonyl bromide structure)
(b) H—Se—H
(c) H—N—H with O—H below

(d) Cl—P(=O)—Cl with Cl below
(e) H—C—C—Br with H's (ethyl bromide)
(f) Cl—N—Cl with Cl below

8.14 (a) O=N⁺=O (b) S=C=N⁻ or S—C≡N:
(c) ⁻S—S⁻ (d) F—Cl⁺—F

8.15 (a) Neither oxygen atom has a complete octet, and the left-most hydrogen atom shows two bonds (4 electrons). Hydrogen can hold only two electrons in its valence shell.

(b) H—C—C—O—H structure with H's and =O

8.16 (a) H—C with O⁻ and =O ⟷ H—C with =O and O⁻

(b) three resonance structures of H₂C—N with O groups

8.17 H—N—N=N⁻ ⟷ H—N—N≡N: ⟷ H—N=N—N²⁻

8.18 O=C=N⁻ ⟷ O—C≡N: ⟷ O≡C—N²⁻

8.19 (purine-type ring resonance structures with H—C, N, C, N—H)

8.20 No. Cl—Be—Cl: To make an octet on Be is not plausible,

8.21 No. Cl=Be=Cl structure (with charges). SbCl₅ structure with Cl—Sb—Cl and Cl, Cl.

8.22 Coordinate covalent bond,

Cl—Al—Cl: + :Cl:⁻ ⟶ Cl—Al—Cl: with Cl **8.23** Completed octet on

S: [O—S—O]²⁻ ; zero formal charge on S: [O—S—O]²⁻ with O

8.24 303.0 kJ/mol. **8.25** (a) −2759 kJ/mol. (b) −2855.4 kJ/mol.
8.26 −651 kJ/mol. **8.27** Ionic: RbCl, KO₂. Covalent: PF₅, BrF₃, CI₄.
8.28 Ionic: NaF, MgF₂, AlF₃. Covalent: SiF₄, PF₅, SF₆, ClF₃.
8.29 KF is an ionic compound. It is a solid at room temperature made up of K⁺ and F⁻ ions. It has a high melting point, and it is a strong electrolyte. Benzene, C₆H₆, is a covalent compound that exists as discrete molecules. It is a liquid at room temperature. It has a low melting point, is insoluble in water, and is a nonelectrolyte.
8.30 N—N=N⁻ ⟷ :N≡N—N²⁻ ⟷ ²⁻N—N≡N:

8.31 (a) AlCl₄⁻ (b) AlF₆³⁻ (c) AlCl₃. **8.32** CF₂ would be very unstable because carbon does not have an octet. LiO₂ would not be stable because the lattice energy between Li⁺ and superoxide O₂⁻ would be too low to stabilize the solid. CsCl₂ requires a Cs²⁺ cation. The second ionization energy is too large to be compensated by the increase in lattice energy. PI₅ appears to be a reasonable species. However, the iodine atoms are too large to have five of them "fit" around a single P atom. **8.33** (a) False. (b) True. (c) False. (d) False. **8.34** −67 kJ/mol. **8.35** N₂, since it has a triple bond. **8.36** CH₄ and NH₄⁺; N₂ and CO; C₆H₆ and B₃N₃H₆.

8.37 [O—P—O]³⁻ and [O—P—O]³⁻ with O groups

H—O—Cl—O: with O below and H—O—Cl=O: with O below

O—S—O: and O=S=O: structures

O=S—O: and O=S=O: structures

8.38 H—N⁻: + H—O: ⟶ H—N—H + :O—H (with H's)

8.39 The central iodine atom in I₃⁻ has *ten* electrons surrounding it: two bonding pairs and three lone pairs. The central iodine has an expanded octet. Elements in the second period such as fluorine cannot have an expanded octet as would be required for F₃⁻

8.40
:N≡N—N=N=N⁻ ⟷ ⁻N=N=N—N=N: ⟷ :N≡N—N—N≡N:

8.41 Form (a) is the most important structure with no formal charges and all satisfied octets. (b) is likely not as important as (a) because of the positive formal charge on O. Forms (c) and (d) do not satisfy the octet rule for all atoms and are likely not important.
8.42 The arrows indicate coordinate covalent bonds.

(Al₂Cl₆ dimer structure with Cl—Al—Cl bridging)

This dimer does not possess a dipole moment.
8.43 (a) −9.2 kJ/mol. (b) −9.2 kJ/mol.
8.44 (a) ⁻C≡O⁺ (b) :N≡O:⁺ (c) ⁻C≡N: (d) :N≡N:
8.45 True. Each noble gas atom already has completely filled *ns* and *np* subshells. **8.46** (a) 114 kJ/mol. (b) The bond in F₂⁻ is weaker.

8.47 (a) N=O ⟷ ⁻N=O⁺ The first structure is the most important. (b) No. **8.48** 347 kJ/mol. **8.49** EN(O) = 3.2 (Pauling 3.5); EN(F) = 4.4 (Pauling 4.0); EN(Cl) = 3.5 (Pauling 3.0). **8.50** C—C: 347 kJ/mol; N—N: 193 kJ/mol; O—O: 142 kJ/mol. Lone pairs appear to weaken the bond. **8.51** 2 × 10² kJ/mol. **8.52** (1) You could estimate the lattice energy of the solid by trying to measure its melting point. Mg⁺O⁻ would have a lattice energy (and, therefore, a melting point) similar to that of Na⁺Cl⁻. This lattice energy and melting point are much lower than those of Mg²⁺O²⁻. (2) You could determine the magnetic properties of the solid. An Mg⁺O⁻ solid would be paramagnetic while Mg²⁺O²⁻ solid is diamagnetic. See Chapter 9 of the text.
8.53
(tryptophan-like structure with H—N—C—C—O—H, H—C—H, indole ring)

8.54
H—C—N=C=O ⟷ H—C—N⁺=C—O⁻ (with H's)

8.55 (a) F—C—Cl with Cl (b) F—C—Cl with F (c) H—C—Cl with F (d) F—C—C—H with F's

8.56 Cl—O—N—O⁻ with =O

8.57
(a) H—H⁺ (bridged) ⟷ H⁺—H (bridged) ⟷ H—H (b) −413 kJ/mol.

Chapter 9

9.1 (a) Trigonal pyramidal. (b) Tetrahedral. (c) Tetrahedral. (d) See-saw. **9.2** (a) Tetrahedral. (b) Trigonal planar. (c) Trigonal pyramidal. (d) Bent. (e) Bent. **9.3** (a) Linear. (b) Tetrahedral. (c) Trigonal bipyramidal. (d) Trigonal pyramidal. (e) Tetrahedral. **9.4** Carbon at the center of H_3C-: electron domain geometry = tetrahedral, molecular geometry = tetrahedral; Carbon at center of $-CO-OH$: electron-domain geometry = trigonal planar, molecular geometry = trigonal planar; Oxygen in $-O-H$: electron-domain geometry = tetrahedral, molecular geometry = bent. **9.5** (a) Polar. (b) Nonpolar. **9.6** Only (c) is polar. **9.7** (a) sp^3. (b) sp^3. **9.8** In BF_3, B is sp^2 hybridized. In NH_3, N is sp^3 hybridized. In F_3B-NH_3, B and N are both sp^3 hybridized. **9.9** sp^3d. **9.10** (a) sp. (b) sp. (c) sp. **9.11** sp. **9.12** Nine σ bonds and nine π bonds. **9.13** 36 σ bonds and 10 π bonds. **9.14** In order for the two hydrogen atoms to combine to form a H_2 molecule, the electrons must have opposite spins. If two H atoms collide and their electron spins are parallel, no bond will form. **9.15** $Li_2 = Li_2^+ < Li_2^-$. (Both Li_2^+ and Li_2^- have bond order of ½. Li_2 has a bond order of 1.) **9.16** B_2^+, with a bond order of ½. (B_2 has a bond order of 1.) **9.17** The Lewis diagram has all electrons paired (incorrect) and a double bond (correct). The MO diagram has two unpaired electrons (correct), and a bond order of 2 (correct). **9.18** O_2: bond order = 2, paramagnetic; O_2^+: bond order = 2.5, paramagnetic; O_2^-: bond order = 1.5, paramagnetic; O_2^{2-}: bond order = 1, diamagnetic. **9.19** The two shared electrons that make up the single bond in B_2 both lie in pi molecular orbitals and constitute a pi bond. The four shared electrons that make up the double bond in C_2 all lie in pi molecular orbitals and constitute two pi bonds. **9.20** The left symbol shows three delocalized double bonds (correct). The right symbol shows three localized double bonds and three single bonds (incorrect).

9.21 (a) $\ddot{O}=N-\ddot{O}:^- \longleftrightarrow \;^-:\ddot{O}=N-\ddot{O}$

(b) sp^2. (c) Sigma bonds join the nitrogen atom to the fluorine and oxygen atoms. There is a pi molecular orbital delocalized over the N and O atoms. **9.22** The central oxygen atom is sp^2 hybridized. The unhybridized $2p_z$ orbital on the central oxygen overlaps with the $2p_z$ orbitals on the two terminal atoms. **9.23** $:\ddot{B}r-Hg-\ddot{B}r:$ Linear. You could establish the geometry of $HgBr_2$ by measuring its dipole moment. **9.24** Bent; sp^3. **9.25** (a) $[Ne_2](\sigma_{3s})^2(\sigma_{3s}^*)^2(\pi_{3p_y})^2(\pi_{3p_z})^2(\sigma_{3p_x})^2$. (b) 3. (c) Diamagnetic. **9.26** (a) 180°. (b) 120°. (c) 109.5°. (d) 109.5°. (e) 180°. (f) 120°. (g) 109.5°. (h) 109.5°. **9.27**

(a) [structure], planar. (b) [structure], nonplanar. (c) $H-C\equiv N:$; polar. (d) [structure], polar. (e) [structure], greater than 120°. Experimental value is around 135°. **9.28** (a) nonpolar. (b) polar. **9.29** Only ICl_2^- and $CdBr_2$ are linear. **9.30** (a) sp^2. (b) The molecule on the right is polar. **9.31** (a) polar. (b) nonpolar. **9.32** (a) trigonal bipyramidal, square planar, octahedral. (b) octahedral. **9.33** The molecule is linear and symmetric about the molecular axis, so we do not expect the molecule to possess a dipole moment. **9.34** C has no d orbitals but Si does ($3d$). Thus, H_2O molecules can add to Si in hydrolysis (valence-shell expansion). **9.35** The carbons are all sp^2 hybridized. The nitrogen double bonded to carbon in the ring is sp^2 hybridized. The other nitrogens are sp^3 hybridized. **9.36** F_2 has 8 electrons in bonding orbitals and 6 electrons in antibonding orbitals, giving it a bond order of 1. F_2^- has 8 electrons in bonding orbitals and 7 electrons in antibonding orbitals, giving it a bond order of 1/2. **9.37** As the molecule vibrates with one of its bending modes, it deviates from its equilibrium linear geometry, producing a transient dipole moment. The CO_2 molecule can also vibrate by an asymmetric shift in the positions of the atoms along the molecular axis, causing an asymmetric distribution of charge that also creates a transient dipole moment. In both cases, the transient dipole moments disappear as the molecule relaxes to its equilibrium geometry. **9.38** $[He_2](\sigma_{2s})^2(\sigma_{2s}^*)^2(\pi_{2p_y})^2(\pi_{2p_z})^2(\sigma_{2p_x})^2$; CO is isoelectronic with CN^-. **9.39** In the Lewis structure, all the electrons are paired. From molecular orbital theory, the electrons would be arranged as follows: $[He_2](\sigma_{2s})^2(\sigma_{2s}^*)^2(\sigma_{2p_x})^2(\pi_{2p_y})^2(\pi_{2p_z})^2(\pi_{2p_y}^*)^1(\pi_{2p_z}^*)^1$. This shows two unpaired electrons. To pair these electrons, energy is required to flip the spin of

one, thus making the Lewis structure an excited state. **9.40** Tetrahedral. **9.41** (a) $C_6H_8O_6$. (b) Five central O atoms sp^3; hybridization of the sixth (double bonded) peripheral O atom is sp^2. Three C atoms sp^2; three C atoms sp^3. (c) The five central O atoms bent. The three sp^2 C atoms are trigonal planar. The three sp^3 C atoms are tetrahedral. **9.42** (a) Although the O atoms are sp^3 hybridized, they are locked in a planar structure by the benzene rings. The molecule is symmetrical and therefore is not polar. (b) 20 σ bonds and 6 π bonds. **9.43** $:C\equiv\overset{+}{O}:$ (a) The electronegativity difference between O and C suggests that electron density should concentrate on the O atom, but assigning formal charges places a negative charge on the C atom. Therefore, we expect CO to have a small dipole moment. (b) CO is isoelectronic with N_2, bond order 3. This agrees with the triple bond in the Lewis structure. (c) Since C has a negative formal charge, it is more likely to form bonds with Fe^{2+}. ($OC-Fe^{2+}$ rather than $CO-Fe^{2+}$). **9.44** The $S-S$ bond is a normal 2-electron shared pair covalent bond. Each S is sp^3 hybridized, so the $X-S-S$ angle is about 109°. **9.45** Rotation about the sigma bond in 1,2-dichloroethane does not destroy the bond, so the bond is free to rotate. Thus, the molecule is nonpolar because the $C-Cl$ bond moments cancel each other because of the averaging effect brought about by rotation. The π bond between the C atoms in *cis*-dichloroethylene prevents rotation (in order to rotate, the π bond must be broken). Therefore, the molecule is polar. **9.46** $S_8(s) + 16SO_3(g) \longrightarrow 24SO_2(g)$. S_8: 0, sp^3; SO_3: +6, sp^2; SO_2: +4, sp^2. 4.99 kg SO_3. 5.99 kg SO_2.

Chapter 10

10.1 0.493 atm, 0.500 bar, 375 torr, 5.00×10^4 Pa. **10.2** 13.1 m. **10.3** 7.3 atm. **10.4** 45.9 mL. **10.5** 587 mmHg. **10.6** 31.8 L. **10.7** 1 volume of NO. **10.8** (a) Diagram (d). (b) Diagram (b). **10.9** 6.6 atm. **10.10** 1.8 atm. **10.11** 0.70 L. **10.12** 63.31 L. **10.13** 6.1×10^{-3} atm. **10.14** 35.0 g/mol. **10.15** 2.1×10^{22} N_2 molecules, 5.6×10^{22} O_2 molecules, 2.7×10^{20} O_2 molecules. **10.16** 2.98 g/L. **10.17** SF_4. **10.18** 1590°C. **10.19** 3.70×10^2 L. **10.20** 88.9%. **10.21** $M(s) + 3HCl(aq) \longrightarrow 1.5H_2(g) + MCl_3(aq)$, M_2O_3; $M_2(SO_4)_3$. **10.22** 94.7%. Assuming the impurity (or impurities) do not produce CO_2. **10.23** 18 g. **10.24** $C_2H_5OH(l) + 3O_2(g) \longrightarrow 2CO_2(g) + 3H_2O(l)$; 1.44×10^3 L air. **10.25** (a) 0.89 atm. (b) 1.4 L. **10.26** 349 mmHg. **10.27** 19.8 g Zn. **10.28** $P_{N_2} = 217$ mmHg, $P_{H_2} = 650$ mmHg. **10.29** (a) Box 2. (b) Box 2. **10.30** $u_{rms}(N_2) = 472$ m/s, $u_{rms}(O_2) = 441$ m/s, $u_{rms}(O_3) = 360$ m/s. **10.31** RMS = 2.8 m/s, Average speed = 2.7 m/s. The root-mean-square value is always greater than the average value, because squaring favors the larger values compared to just taking the average value. **10.32** 43.8 g/mol, CO_2. **10.33** (a) The molar mass of the yellow gas is less than the molar mass of the black gas. (b) The molar mass of the red gas is less than the molar mass of the blue gas. **10.34** No. **10.35** Ne. **10.36** C_6H_6. **10.37** (a) $P_{ii} = 4.0$ atm, $P_{iii} = 2.67$ atm. (b) 2.67 atm, $P_A = 1.33$ atm, $P_B = 1.33$ atm. **10.38** (a) $2KClO_3(s) \longrightarrow 2KCl(s) + 3O_2(g)$. (b) 6.21 L. **10.39** (a) $C_3H_8(g) + 5O_2(g) \longrightarrow 3CO_2(g) + 4H_2O(g)$. (b) 11.4 L CO_2. **10.40** 0.166 atm O_2, 0.333 atm NO_2. **10.41** (a) First, the total pressure (P_{Total}) of the mixture of carbon dioxide and hydrogen must be determined at a given temperature in a container of known volume. Next, the carbon dioxide can be removed by reaction with sodium hydroxide. The pressure of the hydrogen gas that remains can now be measured under the same conditions of temperature and volume. Finally, the partial pressure of CO_2 can be calculated. (b) The most direct way to measure the partial pressures would be to use a mass spectrometer to measure the mole fractions of the gases. The partial pressures could then be calculated from the mole fractions and the total pressure. Another way to measure the partial pressures would be to realize that helium has a much lower boiling point than nitrogen. Therefore, nitrogen gas can be removed by lowering the temperature until nitrogen liquefies. Helium will remain as a gas. As in part (a), the total pressure is measured first. Then, the pressure of helium can be measured after the nitrogen is removed. Finally, the pressure of nitrogen is simply the difference between the total pressure and the pressure of helium. **10.42** 33.1% Na_2CO_3. **10.43** 0.400 g H_2O. **10.44** C_6H_6.

10.45 (a) $8\left(\frac{4}{3}\pi r^3\right)$. (b) $\dfrac{4N_A\left(\frac{4}{3}\pi r^3\right)}{1\ \text{mole}}$. The volume actually

occupied by a mole of molecules with radius r is $N_A\left(\frac{4}{3}\pi r^3\right)$.

10.46 146 pm. **10.47** The partial pressure of carbon dioxide is higher in the winter because carbon dioxide is utilized less by photosynthesis in plants. **10.48** 42.6 K. **10.49** Radon, because it is radioactive so that its mass is constantly changing (decreasing). The number of radon atoms is not constant. **10.50** 53.4%. **10.51** $P_{NO_2} = 0.53$ atm, and $P_{N_2O_4} = 0.45$ atm. **10.52** The nitrogen sample will have the greatest volume. **10.53** The law of conservation of energy (or the first law of thermodynamics) states that energy cannot be created or destroyed. While individual gas particles constantly exchange energy with other particles and with the container walls, the overall energy remains constant. There is not violation of energy conservation. **10.54** (a) Of the substances listed in Figure 10.23, Cl_2 and NH_3 have normal boiling points that are significantly higher than the others, so we may conclude that the intermolecular attractions in these two substances are relatively large. These *strong attractions* lead to a measured molar volume that is less than the molar volume of an ideal gas. (b) For Ar, H_2, He, N_2, Ne, and O_2, the normal boiling points are relatively low, indicating relatively weak intermolecular attractions. Since the attractions are weak, it is the *excluded volume* that dominates the deviation from non-ideal behavior, and excluded volume causes the actual volume to be higher than expected ideally. **10.55** $\chi_{CO} = 0.544$. **10.56** Warm air rises because of its buoyancy. This buoyancy is a direct result of the decreased density of the warm air relative to the surrounding air. On a molecular level, the decreased density of the warm air can be accounted for by considering that the molecules in the warm air move with more speed and thus more kinetic energy at higher temperatures. These more-energetic molecules are able to open up a larger "bubble" of volume within the surrounding air than they would otherwise, thus making the density less than the surrounding air. **10.57** (a) 0.112 mol CO/min. (b) 2.0×10^1 min. **10.58** 7.8×10^3 L NH_3. **10.59** (a) 3.4 g Hg. (b) Yes. (c) *Physical:* The sulfur powder covers the Hg surface, thus retarding the rate of evaporation. *Chemical:* Sulfur reacts slowly with Hg to form HgS. HgS has no measurable vapor pressure. **10.60** 1.8×10^2 mL. **10.61** 50.1%. **10.62** 4.20 L. **1 10.63** 0.9 kg O_2; 1.58×10^4 L O_2. **1 10.64** a) $u_{mp} = 421$ m/s, $u_{rms} = 515$ m/s. The most probable speed (u_{mp}) will be 81.6% of the root-mean-square speed (u_{rms}) at a given temperature. (b) 1200 K. **10.65** The air inside the egg expands with increasing temperature. The increased pressure can cause the egg to crack. **10.66** (a) 2.1. (b) 5% by volume. **10.67** 445 mL. 10.163 (a) 0.86 L. (b) The advantage in using the ammonium salt is that more gas is produced per gram of reactant. The disadvantage is that one of the gases is ammonia. The strong odor of ammonia would *not* make the ammonium salt a good choice for baking. **10.68** a) 1.70 L. (b) Heating ammonium bicarbonate will also produce ammonia gas, adversely affecting the flavor of baked goods. **10.69** (a) 229 K = −44°C. (b) 72.4%. **10.70** 2.3×10^3 L. **10.71** (a) CaO(s) + CO_2(g) $\longrightarrow$ $CaCO_3$(s), BaO(s) + CO_2(g) $\longrightarrow$ $BaCO_3$(s). (b) 10.5% CaO, 89.5% BaO. **10.72** 101.0 J.

Chapter 11

11.1 Butane would be a liquid in winter (boiling point −44.5°C), and on the coldest days even propane would become a liquid (boiling point −0.5°C). Only methane would remain gaseous (boiling point −161.6°C). **11.2** (a) Dispersion. (b) Dispersion and dipole-dipole. (c) Dispersion and dipole-dipole. (d) Dispersion and ionic. (e) Dispersion. **11.3** (e) CH_3COOH. **11.4** 1-butanol has greater intermolecular forces because it can form hydrogen bonds. **11.5** (a) Xe, it is larger and therefore has stronger dispersion forces. (b) CS_2, it is larger and therefore has stronger dispersion forces. (c) Cl_2, it is larger and therefore has stronger dispersion forces. (d) LiF, it is an ionic compound, and the ion-ion attractions are much stronger than the dispersion forces between F_2 molecules. (e) NH_3, it can form hydrogen bonds and PH_3 cannot. **11.6** (a) Dispersion and dipole-dipole, including hydrogen bonding. (b) Dispersion only. (c) Dispersion only. (d) Covalent bonds. **11.7** The compound with $-NO_2$ and $-OH$ groups on adjacent carbons can form hydrogen bonds with

itself (*intra*molecular hydrogen bonds). Such bonds do not contribute to *inter*molecular attraction and do not help raise the melting point of the compound. The other compound, with the $-NO_2$ and $-OH$ groups on opposite sides of the ring, can form only *inter*molecular hydrogen bonds; therefore, it will take a higher temperature to escape into the gas phase. **11.8** 29.9 kJ/mol. **11.9** Ethylene glycol has two $-OH$ groups, allowing it to exert strong intermolecular forces through hydrogen bonding. Its viscosity should fall between ethanol (1 OH group) and glycerol (3 OH groups). **11.10** Liquid X has a larger ΔH_{vap} than does liquid Y. **11.11** Simple cubic: one sphere; body-centered cubic: two spheres; face-centered cubic: four spheres. **11.12** 6.20×10^{23} atoms/mol. **11.13** 458 pm. **11.14** XY_3. **11.15** ZnO. **11.16** Molecular solid. **11.17** Molecular: Se_8, HBr, CO_2, P_4O_6, and SiH_4; covalent: Si and C. **11.18** Diamond: each carbon atom is covalently bonded to four other carbon atoms. Because these bonds are strong and uniform, diamond is a very hard substance. Graphite: the carbon atoms in each layer are linked by strong bonds, but the layers are bound by weak dispersion forces. As a result, graphite may be cleaved easily between layers and is not hard. In graphite, all atoms are sp^2 hybridized; each atom is covalently bonded to three other atoms. The remaining unhybridized $2p$ orbital is used in pi bonding, forming a delocalized molecular orbital. The electrons are free to move around in this extensively delocalized molecular orbital, making graphite a good conductor of electricity in directions along the planes of carbon atoms. **11.19** 2.72×10^3 kJ. **11.20** (a) Other factors being equal, liquids evaporate faster at higher temperatures. (b) The greater the surface area, the greater the rate of evaporation. (c) Weak intermolecular forces imply a high vapor pressure and rapid evaporation. **11.21** Two phase changes occur in this process. First, the liquid is turned to solid (freezing), then the solid ice is turned to gas (sublimation). **11.22** When steam condenses to liquid water at 100°C, it releases a large amount of heat equal to the enthalpy of vaporization. Thus, steam at 100°C exposes one to more heat than an equal amount of water at 100°C. **11.23** Initially, the ice melts because of the increase in pressure. As the wire sinks into the ice, the water above the wire refreezes. Eventually the wire actually moves completely through the ice block without cutting it in half. **11.24** (a) Ice would melt. (If heating continues, the liquid water would eventually boil and become a vapor.) (b) Liquid water would vaporize. (c) Water vapor would solidify without becoming a liquid. **11.25** (d). **11.26** Covalent. **11.27** CCl_4. **11.28** 760 mmHg. **11.29** It has reached the critical point; the point of critical temperature (T_c) and critical pressure (P_c). **11.30** Crystalline SiO_2. Its regular structure results in a more efficient packing. **11.31** (a) and (b). **11.32** (a) K_2S. Ionic forces are much stronger than the dipole-dipole forces in $(CH_3)_3N$. (b) Br_2. Both molecules are nonpolar; but Br_2 has a larger mass. **11.33** SO_2 will behave less ideally because it is polar and has greater intermolecular forces. **11.34** 62.4 kJ/mol. **11.35** Smaller ions can approach polar water molecules more closely, resulting in larger ion-dipole interactions. The greater the ion-dipole interaction, the larger is the heat of hydration. **11.36** (a) 30.7 kJ/mol. (b) 192.5 kJ/mol. It requires more energy to break the bond than to vaporize the molecule. **11.37** (a) Decreases. (b) No change. (c) No change. **11.38** $CaCO_3$(s) $\longrightarrow$ CaO(s) + CO_2(g). Initial state: one solid phase, final state: two solid phase components and one gas phase component. **11.39** (a) Pumping allows Ar it sublimes. The cold CO_2 gas generated causes nearby water vapor to condense, hence the appearance of fog. **11.40** The time required to cook food depends on the boiling point of the water in which it is cooked. The boiling point of water increases when the pressure inside the cooker increases. **11.41** (a) Extra heat produced when steam condenses at 100°C. (b) Avoids extraction of ingredients by boiling in water. **11.42** The fuel source for the Bunsen burner is most likely methane gas. When methane burns in air, carbon dioxide and water are produced. The water vapor produced during the combustion condenses to liquid water when it comes in contact with the outside of the cold beaker. **11.43** 6.019×10^{23} **11.44** 127 mmHg. **11.45** 55°C. **11.46** 0.833 g/L. The hydrogen-bonding interactions in HF are relatively strong, and since the ideal gas equation ignores intermolecular forces, it underestimates significantly the density of HF gas near its boiling point. **11.47** Fluoromethane. Of the three compounds, only fluoromethane has a permanent dipole moment. **11.48** (a) Two triple points: Diamond/graphite/liquid and graphite/

liquid/vapor. (b) Diamond. (c) Apply high pressure at high temperature.
11.49 (a) ~2.3 K. (b) ~10 atm. (c) ~5 K. (d) No. **11.50** Ethanol mixes
well with water. The mixture has a lower surface tension and readily
flows out of the ear channel. **11.51** Ratio $= e^{-401} \approx 0$. **11.52** The
molecules are all polar. The F atoms can form H-bonds with water and
other $-OH$ and $-NH$ groups in the membrane, so water solubility plus
easy attachment to the membrane would allow these molecules to pass the
blood-brain barrier. **11.53** When water freezes it releases heat, helping
keep the fruit warm enough not to freeze. Also, a layer of ice is a thermal
insulator.

Chapter 12

12.1 "Like dissolves like." Naphthalene and benzene are nonpolar,
whereas CsF is ionic. **12.2** $O_2 < Br_2 < LiCl < CH_3OH$. **12.3** (a) 8.47%.
(b) 17.7%. (c) 11%. **12.4** (a) 0.0610 m. (b) 2.04 m. **12.5** (a) 1.7 m.
(b) 0.87 m. (c) 7.0 m. **12.6** 3.0×10^2 g. **12.7** 18.3 M; 27.4 m.
12.8 $\chi(N_2) = 0.677$, $\chi(O_2) = 0.323$. Due to the greater solubility of
oxygen, it has a larger mole fraction in solution than it does in the air.
12.9 45.9 g. **12.10** 1.0×10^{-5} mol/L. **12.11** According to Henry's law,
the solubility of a gas in a liquid increases as the pressure increases
($c = kP$). The soft drink tastes flat at the bottom of the mine because the
carbon dioxide pressure is greater and the dissolved gas is not released
from the solution. As the miner goes up in the elevator, the atmospheric
carbon dioxide pressure decreases and dissolved gas is released from his
stomach. **12.12** 3.3 atm. This pressure is only an estimate since we ignored
the amount of CO_2 that was present in the unopened container in the gas
phase. **12.13** The dissolution of the red solute is exothermic. The dissolution
of the green solute is endothermic. The numerical value of ΔH_{soln} is greater
for the red solute, since changing the temperature produces a greater
difference in solubility. **12.14** 30.8 mmHg. **12.15** 88.6 mmHg. **12.16** 187 g.
12.17 0.59 m. **12.18** −5.4°C. **12.19** Boiling point: 102.8°C, Freezing point:
−10.0°C. (b) Boiling point: 102.0°C, Freezing point: −7.14°C. **12.20** Both
NaCl and $CaCl_2$ are strong electrolytes. Urea and sucrose are nonelectrolytes.
The NaCl or $CaCl_2$ will yield more particles per mole of the solid dissolved,
resulting in greater freezing point depression. Also, sucrose and urea would
make a mess when the ice melts. **12.21** 2.47. **12.22** 9.16 atm. **12.23** (a) $CaCl_2$.
(b) Urea. (c) $CaCl_2$. $CaCl_2$ is an ionic compound and is therefore an
electrolyte in water. Assuming that $CaCl_2$ completely dissociates, the total
ion concentration will be $3 \times 0.35 = 1.05$ m, which is larger than the urea
(nonelectrolyte) concentration of 0.90 m. **12.24** 0.15 m $C_6H_{12}O_6 > 0.15$ m
$CH_3COOH > 0.10$ m $Na_3PO_4 > 0.20$ m $MgCl_2 > 0.35$ m NaCl.
12.25 (a) Na_2SO_4. (b) $MgSO_4$. (c) KBr. **12.26** a. **12.27** 4.3×10^2 g/mol;
$C_{24}H_{20}P_4$. **12.28** 1.75×10^4 g/mol. **12.29** 342 g/mol. **12.30** 15.7%.
12.31 (a) fat soluble. (b) water soluble.
12.32 1.2×10^2 g/mol; H$_3$C—C（O—H···O / O···H—O）C—CH$_3$

12.33 As the water freezes, dissolved minerals in the water precipitate from
solution. The minerals refract light and create an opaque appearance.
12.34 3.5. **12.35** water soluble. **12.36** fat soluble. **12.37** Reverse
osmosis involves no phase changes and is usually cheaper than distillation
or freezing. 34 atm. **12.38** (a) Solubility decreases with increasing
lattice energy. (b) Ionic compounds are more soluble in a polar solvent.
(c) Solubility increases with enthalpy of hydration of the cation and anion.
12.39 1.43 g/mL; 37.0 m. **12.40** NH_3 can form hydrogen bonds with water;
NCl_3 cannot. **12.41** 3%. **12.42** 12.3 M. **12.43** 14.2%. **12.44** 1.9 m.
12.45 Boiling point: c < a = d < b; freezing point: c < a = d < b; van't
Hoff factor: d < a = c < b **12.46** (a) 0.099 L. (b) 9.9. **12.47** About
0.4 molal. **12.48** $V = kRT$. This equation shows that the volume of a gas
that dissolves in a given amount of solvent is dependent on the temperature,
not the pressure of the gas. **12.49** 1.8×10^2 g/mol. **12.50** (a) At reduced
pressure, the solution is supersaturated with CO_2. (b) As the escaping
CO_2 expands it cools, condensing water vapor in the air to form fog.
12.51 33 mL, 67 mL. **12.52** Egg yolk contains lecithins that solubilize
oil in water (See Figure 13.18). The nonpolar oil becomes soluble in
water because the nonpolar tails of lecithin dissolve in the oil, and
the polar heads of the lecithin molecules dissolve in polar water (like

dissolves like). **12.53** $\Delta P = 2.05 \times 10^{-5}$ mmHg; $\Delta T_f = 8.9 \times 10^{-5}$ °C;
$\Delta T_b = 2.5 \times 10^{-5}$ °C; $\pi = 0.889$ mmHg. **12.54** 32 m. This is an extremely
high concentration. **12.55** The pill is in a hypotonic solution. Consequently,
by osmosis, water moves across the semipermeable membrane into the pill.
The increase in pressure pushes the elastic membrane to the right, causing
the drug to exit through the small holes at a constant rate. **12.56** (a) Runoff
of the salt solution into the soil increases the salinity of the soil. If the soil
becomes hypertonic relative to the tree cells, osmosis would reverse, and
the tree would lose water to the soil and eventually die of dehydration.
(b) Assuming the collecting duct acts as a semipermeable membrane, water
would flow from the urine into the hypertonic fluid, thus returning water
to the body. **12.57** 0.295 M; −0.55°C. **12.58** (a) 2.14×10^3 g/mol.
(b) 4.50×10^4 g/mol. **12.59** 282.5 g/mol; $C_{19}H_{38}O$. **12.60** 168 m.

Chapter 13

13.1 (a) rate $= \dfrac{\Delta[H_2]}{\Delta t} = -\dfrac{\Delta[I_2]}{\Delta t} = \dfrac{1}{2}\dfrac{\Delta[HI]}{\Delta t}$.

(b) rate $= -\dfrac{1}{5}\dfrac{\Delta[Br^-]}{\Delta t} = -\dfrac{\Delta[BrO_3^-]}{\Delta t} = -\dfrac{1}{6}\dfrac{\Delta[H^+]}{\Delta t} = \dfrac{1}{3}\dfrac{\Delta[Br_2]}{\Delta t}$.

13.2 (a) 0.066 M/s. (b) 0.033 M/s. **13.3** 8.1×10^{-6} M/s. **13.4** The reaction
is first order in A and first order overall; $k = 0.213$ s^{-1}. **13.5** (a) 2. (b) 0.
(c) 2.5. (d) 3. **13.6** First order; $k = 1.19 \times 10^{-4}$ s^{-1}. **13.7** 30 min.
13.8 (a) 0.034 M. (b) 17 s; 23 s. **13.9** 4.5×10^{-10} M/s; 5.4×10^6 s.
13.10 (a) 4:3:6. (b) The relative rates would be unaffected, each
absolute rate would decrease by 50%. (c) 1:1:1. **13.11** 3.0×10^3 s^{-1}.
13.12 51.8 kJ/mol. **13.13** 1.3×10^2 kJ/mol. For maximum freshness, fish
should be frozen immediately after capture and kept frozen until cooked.
13.14 1.3×10^2 kJ/mol. **13.15** Diagram (a). **13.16** (a) Second-order.
(b) The first step is the slower (rate-determining) step. **13.17** Mechanism I
can be discarded. Mechanisms II and III are possible. **13.18** (i) and (iv).
13.19 Temperature, energy of activation, concentration of reactants,
and a catalyst. **13.20** Temperature must be specified. **13.21** 0.035 s^{-1}.
13.22 272 s. **13.23** (a) Third order (b) 0.38 $M^{-2}\cdot s^{-1}$ (c) Step 1: $H_2 + 2NO \longrightarrow$
$N_2 + H_2O + O$ (slow); Step 2: $O + H_2 \longrightarrow H_2O$ (fast). **13.24** Since the methanol
contains no oxygen-18, the oxygen atom must come from the phosphate group
and not the water. The mechanism must involve a bond-breaking process like:

$$CH_3-O \; \substack{\text{\scriptsize}} P-O-H$$

with structure showing CH_3-O bonded to P (double-bonded to O, single-bonded to $O-H$)—$O-H$

13.25 Most transition metals have several stable oxidation states. This
allows the metal atoms to act as either a source or a receptor of electrons
in a broad range of reactions. **13.26** (a) rate $= k[CH_3COCH_3][H^+]$.
(b) 3.8×10^{-3} $M^{-1} \cdot s^{-1}$. (c) $k = k_1k_2/k_{-1}$. **13.27** (I) Fe^{3+} oxidizes I^-:
$2Fe^{3+} + 2I^- \longrightarrow 2Fe^{2+} + I_2$; (II) Fe^{2+} reduces $S_2O_8^{2-}$: $2Fe^{2+} + S_2O_8^{2-}$
$\longrightarrow 2Fe^{3+} + 2SO_4^{2-}$; Overall Reaction: $2I^- + S_2O_8^{2-} \longrightarrow I_2 + 2SO_4^{2-}$.
(Fe^{3+} undergoes a redox cycle: $Fe^{3+} \longrightarrow Fe^{2+} \longrightarrow Fe^{3+}$).
The uncatalyzed reaction is slow because both I^- and $S_2O_8^{2-}$ are
negatively charged, which makes their mutual approach unfavorable.
13.28 (a) (i) rate $= k[A]^0 = k$,

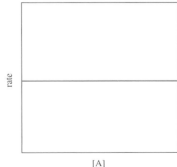

(ii) The integrated rate law is: $[A] = -kt + [A]_0$,

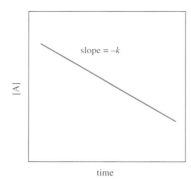

slope = $-k$

[A]

time

(b) $t_{1/2} = \dfrac{[A]_0}{2k}$. (c) $t = 2t_{1/2}$. **13.29** There are three gases present and we can measure only the total pressure of the gases. To measure the partial pressure of azomethane at a particular time, we must withdraw a sample of the mixture, analyze and determine the mole fractions. Then, $P_{azomethane} = P_T \chi_{azomethane}$.

13.30

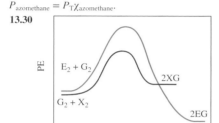

PE

$E_2 + G_2$

$G_2 + X_2$

2XG

2EG

reaction progress

13.31 (a) A catalyst works by changing the reaction mechanism, thus lowering the activation energy. (b) A catalyst changes the reaction mechanism. (c) A catalyst does not change the enthalpy of reaction. (d) A catalyst increases the forward rate of reaction. (e) A catalyst increases the reverse rate of reaction.

13.32 At very high $[H_2]$: $k_2[H_2] \gg 1$, rate $= \dfrac{k_1[NO]^2[H_2]}{k_2[H_2]} = \dfrac{k_1}{k_2}[NO]^2$.

At very low $[H_2]$: $k_2[H_2] \ll 1$, rate $= \dfrac{k_1[NO]^2[H_2]}{1} = k_1[NO]^2[H_2]$.

The result from Problem 14.80 agrees with the rate law determined for low $[H_2]$. **13.33** Rate $= k[N_2O_5]$; $k = 1.0 \times 10^{-5}$ s^{-1}. **13.34** The red bromine vapor absorbs photons of blue light and dissociates to form bromine atoms: $Br_2 \longrightarrow 2Br\cdot$. The bromine atoms collide with methane molecules and abstract hydrogen atoms: $Br\cdot + CH_4 \longrightarrow HBr + \cdot CH_3$. The methyl radical then reacts with Br_2, giving the observed product and regenerating a bromine atom to start the process over again: $\cdot CH_3 + Br_2 \longrightarrow CH_3Br + Br\cdot$, $Br\cdot + CH_4 \longrightarrow HBr + \cdot CH_3$, and so on. **13.35** (a) 1.13×10^{-3} M/min. (b) 6.83×10^{-4} M/min; 8.8×10^{-3} M. **13.36** (a) rate $= k[X][Y]^2$. (b) 0.019 M^{-2}s^{-1}. **13.37** (a) The activation energy of reaction B is larger than that of reaction A. (b) $E_a \approx 0$. Orientation factor is not important.

13.38 (a) $\dfrac{\Delta[B]}{\Delta t} = k_1[A] - k_2[B]$. (b) $[B] = \dfrac{k_1}{k_2}[A]$.

13.39 (a) Three. (b) Two. (c) The third step. (d) Exothermic.
13.40 0.45 atm. **13.41** (a) Catalyst: Mn^{2+}; intermediates: Mn^{3+}, Mn^{4+}; first step is rate-determining. (b) Without the catalyst, the reaction would be a termolecular one involving 3 cations! (Tl^+ and two Ce^{4+}). The reaction would be slow. (c) The catalyst is a homogeneous catalyst because it has the same phase (aqueous) as the reactants. **13.42** $k_2/k_1 = 1.6$; The reaction rate is increased 1.6 times as the temperature is elevated from 600 K to 606 K. **13.43** 4.1×10^2 kJ/mol.

13.44 $n = 0$, $t_{1/2} = C \dfrac{1}{[A]_0^{-1}} = C[A]_0$;

$n = 1$, $t_{1/2} = C \dfrac{1}{[A]_0^0} = C$;

$n = 2$, $t_{1/2} = C \dfrac{1}{[A]_0}$.

13.45 (a) $k = 0.0247$ yr^{-1}. (b) 9.8×10^{-4}. (c) 187 yr.
13.46 5.7×10^5 yr. **13.47** Second-order, $k = 0.42/M \cdot$ min.
13.48 (a) 2.5×10^{-5} M/s. (b) 2.5×10^{-5} M/s. (c) 8.3×10^{-6} M.
13.49 Lowering the temperature would slow all chemical reactions, which would be especially important for those that might damage the brain.

13.50 $\overline{M} = \dfrac{2M[P]_0}{[P]_0 + [P]_0 e^{-kt}} = \dfrac{2M}{1 + e^{-kt}}$. The rate constant, k, can be

determined by plotting $\left(\dfrac{2M - \overline{M}}{\overline{M}}\right)$ versus t. The plot will give a straight

line with a slope of $-k$. **13.51** Second-order; $k = 2.4 \times 10^7$ M^{-1}s^{-1}.
13.52 (a) 0.0350 min^{-1}. (b) 110 kJ/mol. (c) Since all the steps are elementary steps, we can deduce the rate law simply from the equations representing the steps. The rate laws are: Initiation: rate $= k_i[R_2]$; Propagation: rate $= k_p[M][M_1]$; Termination: rate $= k_t[M'][M'']$. The reactant molecules are the ethylene monomers, and the product is polyethylene. Recalling that intermediates are species that are formed in an early elementary step and consumed in a later step, we see that they are the radicals M'·, M''·, and so on. (The R· species also qualifies as an intermediate.)

Chapter 14

14.1 (a) $\dfrac{[N_2][H_2O]^2}{[NO]^2[H_2]^2}$. (b) 7.2×10^2. **14.2** 1.08×10^7. **14.3** (a) 6, (b) 6,

and (c) 9. **14.4** 2.40×10^{33}. **14.5** 3.5×10^{-7}. **14.6** (a) 8.2×10^{-2}.
(b) 0.29. **14.7** $K_P = 0.105$, $K_c = 2.05 \times 10^{-3}$. **14.8** 7.09×10^{-3}.
14.9 5.6×10^{23}. **14.10** $K_P = 9.6 \times 10^{-3}$, $K_c = 3.9 \times 10^{-4}$.
14.11 4.0×10^{-6}. **14.12** (a) $A + C \rightleftharpoons AC$. (b) $A + D \rightleftharpoons AD$.
14.13 The equilibrium pressure is less than the original pressure.
14.14 0.173 mol H_2. **14.15** $[H_2] = [Br_2] = 1.80 \times 10^{-4}$ M; $[HBr] = 0.267$ M.
14.16 $P_{COCl_2} = 0.408$ atm; $P_{CO} = P_{Cl_2} = 0.352$ atm. **14.17** $P_{CO} = 1.96$ atm;
$P_{CO_2} = 2.54$ atm. **14.18** The forward reaction will not occur. **14.19** (a) The equilibrium would shift to the right. (b) The equilibrium would be unaffected. (c) The equilibrium would be unaffected. **14.20** (a) No effect.
(b) No effect. (c) Shift to the left. (d) No effect. (e) Shift to the left.
14.21 (a) Shift to the right. (b) Shift to the left. (c) Shift to the right.
(d) Shift to the left. (e) A catalyst has no effect on equilibrium position.
14.22 No change. **14.23** (a) Shift to the right. (b) No effect. (c) No effect.
(d) Shift to the left. (e) Shift to the right. (f) Shift to the left. (g) Shift to the right. **14.24** (a) $2O_3(g) \rightleftharpoons 3O_2(g)$, $\Delta H^\circ_{rxn} = -284.4$ kJ/mol.
(b) Equilibrium would shift to the left. The number of O_3 molecules would increase and the number of O_2 molecules would decrease.
14.25 (a) $P_{NO} = 0.24$ atm; $P_{Cl_2} = 0.12$ atm. (b) $K_P = 0.017$. **14.26** (b).
14.27 (a) 8×10^{-44}. (b) A mixture of H_2 and O_2 can be kept at room temperature because of a very large activation energy. **14.28** (a) 1.7.
(b) $P_A = 0.69$ atm, $P_B = 0.81$ atm. **14.29** 4.0. **14.30** $P_{H_2} = 0.28$ atm;
$P_{Cl_2} = 0.051$ atm; $P_{HCl} = 1.67$ atm. **14.31** 5.0×10^1 atm. **14.32** -3.
14.33 6.28×10^{-4}. **14.34** (a) 1.16. (b) 53.7%. **14.35** There is a temporary dynamic equilibrium between the melting of ice cubes and the freezing of water between the ice cubes. **14.36** $[H_2]$: 0.07 M; $[I_2]$: 0.18 M; $[HI]$: 0.83 M.
14.37 (c); N_2O_4(colorless) $\longrightarrow$ $2NO_2$(brown) is consistent with the observations. The reaction is endothermic so heating darkens the color. Above 150°C, the NO_2 breaks up into colorless NO and O_2: $2NO_2(g) \longrightarrow 2NO(g) + O_2(g)$. An increase in pressure shifts the equilibrium back to the left, restoring the color by producing NO_2. **14.38** (a) Color deepens.
(b) Increases. (c) Decreases. (d) Increases. (e) Unchanged. **14.39** 3.5×10^{-2}.
14.40 (a) 1.8×10^{-16}. (b) $[H^+][OH^-]$: 1.0×10^{-14}; $[H^+] = [OH^-]$: 1.0×10^{-7} M. **14.41** $[NH_3]$: 0.042 M; $[N_2]$: 0.086 M; $[H_2]$: 0.26 M.

14.42 (a) $K_P = \dfrac{\left(\dfrac{4x^2}{1+x}\right)P}{1-x} = \dfrac{4x^2}{1-x^2}P$. (b) If P increases,

the fraction $\dfrac{4x^2}{1-x^2}$ (and therefore x) must decrease. Equilibrium shifts

to the left to produce less NO_2 and more N_2O_4 as predicted.
14.43 $K_P = K_c$: (d), (g); cannot write a K_P: (c), (f). **14.44** (a) 0.49 atm.
(b) 23%. (c) 3.7%. (d) Greater than 0.037 mol. **14.45** Potassium is more

volatile than sodium. Therefore, its removal shifts the equilibrium from left to right. **14.46** $P_{SO_2Cl_2} = 3.58$ atm, $P_{SO_2} = P_{Cl_2} = 2.71$ atm. **14.47** 0.038. **14.48** (a) 1.0×10^{-6} atm. (b) 2.6×10^{-16} atm. (c) Endothermic. (d) Lightening; The electrical energy promotes the endothermic reaction. **14.49** 3.3×10^2 atm. **14.50** (a) $K_P = 2.6 \times 10^{-6}$; $K_c = 1.1 \times 10^{-7}$. (b) 2.2 g; 22 mg/m³; yes. **14.51** (a) Shifts to the right. (b) Shifts to the right. (c) No change. (d) No change. (e) No change. (f) Shifts to the left. **14.52** Panting decreases the concentration of CO_2 because CO_2 is exhaled during respiration. This decreases the concentration of carbonate ions, shifting the equilibrium to the left. Less $CaCO_3$ is produced. Two possible solutions would be either to cool the chickens' environment or to feed them carbonated water. **14.53** (a) A catalyst speeds up the rates of the forward and reverse reactions to the same extent. (b) A catalyst would not change the energies of the reactant and product. (c) The first reaction is exothermic. Raising the temperature would favor the reverse reaction, increasing the amount of reactant and decreasing the amount of product at equilibrium. The equilibrium constant, K, would decrease. The second reaction is endothermic. Raising the temperature would favor the forward reaction, increasing the amount of product and decreasing the amount of reactant at equilibrium. The equilibrium constant, K, would increase. (d) A catalyst lowers the activation energy for the forward and reverse reactions to the same extent. Adding a catalyst to a reaction mixture will simply cause the mixture to reach equilibrium sooner. The same equilibrium mixture could be obtained without the catalyst, but we might have to wait longer for equilibrium to be reached. If the same equilibrium position is reached, with or without a catalyst, then the equilibrium constant is the same. **14.54** (a) −115 kJ/mol. (b) We start by writing the van't Hoff equation at two different temperatures.

$$\ln K_1 = \frac{\Delta H^\circ}{RT_1} + C, \quad \ln K_2 = \frac{\Delta H^\circ}{RT_2} + C, \quad \ln K_1 - \ln K_2 = \frac{-\Delta H^\circ}{RT_1} - \frac{-\Delta H^\circ}{RT_2},$$

$$\ln \frac{K_1}{K_2} = \frac{\Delta H^\circ}{R}\left(\frac{1}{T_2} - \frac{1}{T_1}\right).$$ Assuming an endothermic reaction, $\Delta H^\circ > 0$

and $T_2 > T_1$. Then, $\dfrac{\Delta H^\circ}{R}\left(\dfrac{1}{T_2} - \dfrac{1}{T_1}\right) < 0$, meaning that $\ln \dfrac{K_1}{K_2} < 0$ or

$K_1 < K_2$. A larger K_2 indicates that there are more products at equilibrium as the temperature is raised. This agrees with LeChatelier's principle that an increase in temperature favors the forward endothermic reaction. The opposite of the above discussion holds for an exothermic reaction. (c) 434 kJ/mol.

Chapter 15

15.1 (a) Both. (b) Base. (c) Acid. (d) Base. (e) Acid. (f) Base. (g) Base. (h) Base. (i) Acid. (j) Acid. **15.2** (a) NO_2^-. (b) HSO_4^-. (c) HS^-. (d) CN^-. (e) $HCOO^-$. **15.3** a, b. **15.4** (a) 4.0×10^{-13} M. (b) 6.0×10^{-10} M. (c) 1.2×10^{-12} M. (d) 5.7×10^{-3} M. **15.5** (a) 2.05×10^{-11} M. (b) 3.07×10^{-8} M. (c) 5.95×10^{-11} M. (d) 2.93×10^{-1} M. **15.6** (a), (c), and (e). **15.7** 7.1×10^{-12} M. **15.8** (a) 3.00. (b) 13.89. **15.9** (a) 3.8×10^{-3} M. (b) 6.2×10^{-12} M. (c) 1.1×10^{-7} M. (d) 1.0×10^{-15} M. **15.10** 2.5×10^{-5} M. **15.11** 2.2×10^{-3} g. **15.12** pH < 7, $[H^+] > 1.0 \times 10^{-7}$ M, solution is acid; pH > 7, $[H^+] < 1.0 \times 10^{-7}$ M, solution is basic; pH = 7, $[H^+] = 1.0 \times 10^{-7}$ M, solution is neutral. **15.13** Strong acids - any four of: HCl, HBr, HI, HNO_3, H_2SO_4, $HClO_3$, and $HClO_4$; Strong bases - any four of: LiOH, NaOH, $Ca(OH)_2$, $Sr(OH)_2$, KOH, RbOH, CsOH, and $Ba(OH)_2$. **15.14** Since the ionization of strong acids and bases is complete, these reactions are not treated as equilibria but rather as processes that go to completion. **15.15** (a) −0.009. (b) 1.46. (c) 5.82. **15.16** (a) 6.2×10^{-5} M. (b) 2.8×10^{-4} M. (c) 0.10 M. **15.17** (a) pOH = −0.093; pH = 14.09. (b) pOH = 0.36; pH = 13.64. (c) pOH = 1.07; pH = 12.93. **15.18** (a) 1.1×10^{-3} M. (b) 5.5×10^{-4} M. **15.19** 2.59. **15.20** 5.17. **15.21** (a) 10%. (b) 84%. (c) 0.97%. **15.22** 1.3×10^{-6}. **15.23** 4.8×10^{-9}. **15.24** 2.3×10^{-3} M. **15.25** c. **15.26** (a) Strong base. (b) Weak base. (c) Weak base. (d) Weak base. (e) Strong base. **15.27** 6.97×10^{-7}. **15.28** 11.98. **15.29** (a) has the highest K_b value, (b) has the lowest K_b value. **15.30** $K_b(CN^-) = 2.0 \times 10^{-5}$; $K_b(F^-) = 1.4 \times 10^{-11}$; $K_b(CH_3COO^-) = 5.6 \times 10^{-10}$; $K_b(HCO_3^-) = 2.4 \times 10^{-8}$. **15.31** (a) A^-. (b) B^-. **15.32** pH (0.040 M HCl) = 1.40; pH (0.040 M H_2SO_4) = 1.31. **15.33** $[H_3O^+] = [HCO_3^-] = 1.0 \times 10^{-4}$ M; $[CO_3^{2-}] = 4.8 \times 10^{-11}$ M. **15.34** 1.00. **15.35** (a) Diagram c. (b) Diagrams b and d. **15.36** (a) H_2SO_4

> H_2SeO_4. (b) $H_3PO_4 > H_3AsO_4$. **15.37** The conjugate bases are $C_6H_5O^-$ from phenol and CH_3O^- from methanol. The $C_6H_5O^-$ is stabilized by resonance:

The CH_3O^- ion has no such resonance stabilization. A more stable conjugate base means an increase in the strength of the acid. **15.38** 4.82. **15.39** 5.39. **15.40** (a) Neutral. (b) Basic. (c) Acidic. (d) Acidic. **15.41** HZ < HY < HX. **15.42** pH > 7. **15.43** (a) $Al_2O_3 <$ BaO < K_2O. (b) $CrO_3 < Cr_2O_3 <$ CrO. **15.44** $Al(OH)_3(s) + OH^-(aq) \longrightarrow Al(OH)_4^-(aq)$. This is a Lewis acid-base reaction. **15.45** $AlCl_3$ is a Lewis acid with an incomplete octet of electrons and Cl^- is the Lewis base donating a pair of electrons. **15.46** CO_2, SO_2, and BCl_3. **15.47** (a) $AlBr_3$ is the Lewis acid; Br^- is the Lewis base. (b) Cr is the Lewis acid; CO is the Lewis base. (c) Cu^{2+} is the Lewis acid; CN^- is the Lewis base. **15.48** $CH_3COO^-(aq)$ and $HCl(aq)$; This reaction will *not* occur to any measurable extent. **15.49** (a) For the forward reaction NH_4^+ and NH_3 are the acid and base, respectively. For the reverse reaction NH_3 and NH_2^- are the acid and base, respectively. (b) H^+ corresponds to NH_4^+; OH^- corresponds to. For the neutral solution, $[NH_4^+] = [NH_2^-]$.

15.50 $K_a = \dfrac{[H^+][A^-]}{[HA]}$; $[HA] \approx 0.1$ M, $[A^-] \approx 0.1$ M. Therefore,

$K_a = [H^+] = \dfrac{K_w}{[OH^-]}$ and $[OH^-] = \dfrac{K_w}{K_a}$. **15.51** 1.7×10^{10}. **15.52** (a) H^- (base₁) + H_2O (acid₂) $\longrightarrow$ OH^- (base₂) + H_2 (acid₁). (b) H^- is the reducing agent and H_2O is the oxidizing agent. **15.53** 6.02. **15.54** PH_3 is a weaker base than NH_3. **15.55** (a) HNO_2. (b) HF. (c) BF_3. (d) NH_3. (e) H_2SO_3. (f) HCO_3^- and CO_3^{2-}. **15.56** A strong acid: diagram (b); a weak acid: diagram (c); a very weak acid: diagram (d). **15.57** $Cl_2(g) + H_2O(l) \rightleftharpoons HCl(aq) + HClO(aq)$; $HCl(aq) + AgNO_3(aq) \rightleftharpoons AgCl(s) + HNO_3(aq)$. In the presence of OH^- ions, the first equation is shifted to the right: H^+ (from HCl) + $OH^- \longrightarrow H_2O$. Therefore, the concentration of HClO increases. (The "bleaching action" is due to ClO^- ions.) **15.58** 11.80. **15.59** Loss of the first proton from a polyprotic acid is always easier than the subsequent removal of additional protons. The ease with which a proton is lost (i.e., the strength of the acid) depends on the stability of the anion that remains. An anion with a single negative charge is more easily stabilized by resonance than one with two negative charges. **15.60** Magnesium. **15.61** 7.2×10^{-3} g. **15.62** 1.000. **15.63** (a) The pH of the solution of HA would be lower. (b) The electrical conductance of the HA solution would be greater. (c) The rate of hydrogen evolution from the HA solution would be greater. **15.64** 1.4×10^{-4}. **15.65** 2.7×10^{-3} g. **15.66** (a) NH_2^- (base) + H_2O (acid) $\longrightarrow NH_3 + OH^-$; N^{3-} (base) + $3H_2O$ (acid) $\longrightarrow NH_3 + 3OH^-$. (b) N^{3-}. **15.67** 21 mL. **15.68** When the smelling salt is inhaled, some of the powder dissolves in the basic solution. The ammonium ions react with the base as follows: $NH_4^+(aq) + OH^-(aq) \longrightarrow NH_3(aq) + H_2O$. It is the pungent odor of ammonia that prevents a person from fainting. **15.69** 2.8×10^{-2}. **15.70** The F^- ions replace OH^- ions during the remineralization process $5Ca^{2+} + 3PO_4^{3-} + F^- \longrightarrow Ca_5(PO_4)_3F$ (fluorapatite). Because F^- is a weaker base than OH^-, fluorapatite is more resistant to attacks by acids compared to hydroxyapatite. **15.71** 4.41. **15.72** 5.2×10^{-10}. **15.73** 4.26.

Chapter 16

16.1 (a) 2.57. (b) 4.44. **16.2** 8.89. **16.3** 0.024. **16.4** 0.58. **16.5** 9.25; 9.18. **16.6** (c) and (d). **16.7** $Na_2A/NaHA$. **16.8** (a) Solutions (a), (b), and (c). (b) Solution (a). **16.9** 202 g/mol. **16.10** 0.25 M. **16.11** (a) 1.10×10^2 g/mol. (b) 1.6×10^{-6}. **16.12** 5.82. **16.13** (a) 2.87. (b) 4.56. (c) 5.34. (d) 8.78. (e) 12.10. **16.14** (a) Cresol red or phenolphthalein. (b) Most of the indicators in Table 17.3, except thymol blue and, to a lesser extent, bromophenol blue and methyl orange. (c) Bromophenol blue, methyl orange, methyl red, or chlorophenol blue. **16.15** Red. **16.16** (a) Diagram (c). (b) Diagram (b). (c) Diagram (d). (d) Diagram (a). The pH at the equivalence point is below 7 (acidic). **16.17** (a) $[I^-] = 9.1 \times 10^{-9}$ M.

(b) $[Al^{3+}] = 7.4 \times 10^{-8}$ M. **16.18** 1.8×10^{-11}. **16.19** 3.3×10^{-93}.
16.20 9.52. **16.21** Yes. **16.22** (a) 0.013 M or 1.3×10^{-2} M. (b) 2.2×10^{-4} M.
(c) 3.3×10^{-3} M. **16.23** (a) 1.0×10^{-5} M. (b) 1.1×10^{-10} M. **16.24** (b),
(c), (d), and (e). **16.25** (a) 0.016 M or 1.6×10^{-2} M. (b) 1.6×10^{-6} M.
16.26 A precipitate of $Fe(OH)_2$ will form. **16.27** $[Cd^{2+}] = 1.1 \times 10^{-18}$ M,
$[Cd(CN)_4^{2-}] = 4.2 \times 10^{-3}$ $[CN^-] = 0.48$ M. **16.28** 3.5×10^{-5} M.
16.29 (a) $Cu^{2+}(aq) + 4NH_3(aq) \rightleftharpoons [Cu(NH_3)_4]^{2+}(aq)$. (b) $Ag^+(aq) +$
$2CN^-(aq) \rightleftharpoons [Ag(CN)_2]^-(aq)$. (c) $Hg^{2+}(aq) + 4Cl^-(aq) \rightleftharpoons$
$[HgCl_4]^{2-}(aq)$. **16.30** Greater than 2.68 but less than 8.11. **16.31** 0.011 M.
16.32 Chloride ion will precipitate Ag^+ but not Cu^{2+}. So, dissolve some
solid in H_2O and add HCl. If a precipitate forms, the salt was $AgNO_3$.
16.33 2.51 to 4.41. **16.34** 1.3 M. **16.35** $[H^+] = 3.0 \times 10^{-13}$ M; $[HCOOH] =$
8.8×10^{-11} M; $[HCOO^-] = 0.0500$ M; $[OH^-] = 0.0335$ M; $[Na^+] =$
0.0835 M. **16.36** $Cd(OH)_2(s) + 2OH^-(aq) \rightleftharpoons Cd(OH)_4^{2-}(aq)$; this
is a Lewis acid-base reaction. **16.37** (d). **16.38** $[Ag^+] = 2.0 \times 10^{-9}$ M;
$[Cl^-] = 0.080$ M; $[Zn^{2+}] = 0.070$ M; $[NO_3^-] = 0.060$ M. **16.39** 0.035 g/L.
16.40 2.4×10^{-13}. **16.41** (c). **16.42** AgBr. (b) 1.8×10^{-7} M.
(c) 0.0018%. **16.43** (a) Add sulfate. (b) Add sulfate. (c) Add iodide.
16.44 They are insoluble in water. **16.45** (a) Mix 500 mL of 0.40 M
CH_3COOH with 500 mL of 0.40 M CH_3COONa. (b) Mix 500 mL of
0.80 M CH_3COOH with 500 mL of 0.40 M NaOH. (c) Mix 500 mL of
0.80 M CH_3COONa with 500 mL of 0.40 M HCl. **16.46** (a) Figure (b).
(b) Figure (a). **16.47** pH = p$K_a \pm 1$. **16.48** (a) The pK_b value can be
determined at the half-equivalence point of the titration (half the volume
of added acid needed to reach the equivalence point). At this point in the
titration pH = pK_a, where K_a refers to the acid ionization constant of the
conjugate acid of the weak base. The Henderson-Hasselbalch equation
reduces to pH = pK_a when [acid] = [conjugate base]. Once the pK_a value is
determined, the pK_b value can be calculated as follows: pK_a + pK_b = 14.00.

(b) pOH = pK_b + log $\dfrac{[BH^+]}{[B]}$; The titration curve would look very much

like Figure 17.4 of the text, except the y-axis would be pOH and the x-axis
would be volume of strong acid added. The pK_b value can be determined
at the half-equivalence point of the titration (half the volume of added acid
needed to reach the equivalence point). At this point in the titration, the
concentrations of the buffer components, [B] and [BH$^+$], are equal, and
hence pOH = pK_b. **16.49** (a) Saturated. (b) Unsaturated. (c) Supersaturated.
(d) Unsaturated. **16.50** 3.0×10^{-8}. **16.51** $[Ba^{2+}] = 1.0 \times 10^{-5}$ M.
$Ba(NO_3)_2$ is too soluble to be used for this purpose. **16.52** Decreasing
the pH would increase the solubility of calcium oxalate and should help
minimize the formation of calcium oxalate kidney stones. **16.53** At pH =
1.0: $^+NH_3-CH_2-COOH$; at pH = 7.0: $^+NH_3-CH_2-COO^-$; at pH = 12.0:
$NH_2-CH_2-COO^-$. **16.54** Yes. **16.55** The ionized polyphenols have a
dark color. In the presence of citric acid from lemon juice, the anions are
converted to the lighter-colored acids. **16.56** (c). **16.57** 8.8×10^{-12}.
16.58 (a) 1.0×10^{14}. (b) 1.8×10^9. (c) 1.8×10^9. (d) 3.2×10^4.

Chapter 17

17.1 (a) With barrier: 16; without barrier: 64. (b) 16; 16; 32; both particles
on one side: $S = 3.83 \times 10^{-23}$ J/K; particles on opposite sides: $S = 4.78 \times$
10^{-23}; The most probable state is the one with the larger entropy; that is, the
state in which the particles are on opposite sides. **17.2** (a) -0.031 J/K.
(b) -0.29 J/K. (c) 1.5×10^2 J/K. **17.3** (a) 47.5 J/K · mol. (b) -12.5 J/K ·
mol. (c) -242.8 J/K · mol. **17.4** (c) < (d) < (e) < (a) < (b). **17.5** (a) 291
J/K · mol; spontaneous. (b) 2.10×10^3 J/K · mol; spontaneous. (c) $2.99 \times$
10^3 J/K · mol; spontaneous. **17.6** (a) $\Delta S_{sys} = -75.6$ J/K · mol; $\Delta S_{surr} =$
185 J/K · mol; spontaneous. (b) $\Delta S_{sys} = 215.8$ J/K · mol; $\Delta S_{surr} = -304$
J/K · mol; not spontaneous. (c) $\Delta S_{sys} = 98.2$ J/K · mol; $\Delta S_{surr} = -1.46 \times 10^3$
J/K · mol; not spontaneous. (d) $\Delta S_{sys} = -282$ J/K · mol; $\Delta S_{surr} = 7.20 \times 10^3$
J/K · mol; spontaneous. **17.7** (a) -1139 kJ/mol. (b) -140.0 kJ/mol.
(c) -2935 kJ/mol. **17.8** (a) All temperatures. (b) Below 111 K.
17.9 $\Delta S_{fus} = 99.9$ J/K · mol; $\Delta S_{vap} = 93.6$ J/K · mol. **17.10** -226.6 kJ/mol.
17.11 75.9 kJ. **17.12** 0.35. **17.13** 79 kJ/mol. **17.14** (a) $\Delta G_{rxn}^\circ = 35.4$ kJ/mol;
$K_P = 6.2 \times 10^{-7}$. (b) 44.6 kJ/mol. **17.15** (a) 1.6×10^{-23} atm. (b) 0.535 atm.
17.16 3.1×10^{-2} atm or 23.6 mmHg. **17.17** 93 ATP molecules.
17.18 $\Delta H_{fus} > 0$, $\Delta S_{fus} > 0$. (a) $\Delta G_{fus} < 0$. (b) $\Delta G_{fus} = 0$. (c) $\Delta G_{fus} > 0$.
17.19 U and H. **17.20** $\Delta S_{sys} = -327$ J/K · mol; $\Delta S_{surr} = 1918$ J/K · mol;
$\Delta S_{univ} = 1591$ J/K · mol. **17.21** ΔS must be positive ($\Delta S > 0$).

17.22 (a) Benzene: $\Delta S_{vap} = 87.8$ J/K · mol; hexane: $\Delta S_{vap} = 90.1$ J/K · mol;
mercury: $\Delta S_{vap} = 93.7$ J/K · mol; toluene: $\Delta S_{vap} = 91.8$ J/K · mol;
Trouton's rule is a statement about ΔS_{vap}°. In most substances, the
molecules are in constant and random motion in both the liquid and gas
phases, so $\Delta S_{vap}^\circ \approx 90$ J/K · mol. (b) Ethanol: $\Delta S_{vap} = 111.9$ J/K · mol;
water: $\Delta S_{vap} = 109.4$ J/K · mol. In ethanol and water, there are fewer
possible arrangements of the molecules due to the network of H-bonds,
so ΔS_{vap}° is greater. **17.23** q, w are *not* state functions. **17.24** 249 J/K.
17.25 Equation 18.10 represents the standard free-energy change for a
reaction, and not for a particular compound like CO_2. The correct form is:
$\Delta G^\circ = \Delta H^\circ - T\Delta S^\circ$. For a given reaction, ΔG° and ΔH° would need to
be calculated from standard formation values (graphite, oxygen, and
carbon dioxide) first, before plugging into the equation. Also, ΔS° would
need to be calculated from standard entropy values. C(graphite) + $O_2(g)$
$\longrightarrow CO_2(g)$. **17.26** (a) 5.76 J/K · mol. (b) The fact that the actual
residual entropy is 4.2 J/K · mol means that the orientation is not totally
random. **17.27** 174 kJ/mol. **17.28** (a) Positive. (b) Negative. (c) Positive.
(d) Positive. **17.29** 625 K. We assume that ΔH° and ΔS° do not depend
on temperature. **17.30** No; A negative ΔG° tells us that a reaction has the
potential to happen, but gives no indication of the rate. **17.31** (a) $\Delta G^\circ =$
-106.4 kJ/mol; $K_P = 4 \times 10^{18}$. (b) $\Delta G^\circ = -53.2$ kJ/mol; $K_P = 2 \times 10^9$.
The K_P in (a) is the square of the K_P in (b). Both ΔG° and K_P depend on
the number of moles of reactants and products specified in the balanced
equation. **17.32** Talking involves various biological processes (to provide the
necessary energy) that lead to an increase in the entropy of the universe.
Since the overall process (talking) is spontaneous, the entropy of the
universe must increase. **17.33** (a) 86.7 kJ/mol. (b) 4×10^{-31}. (c) 3×10^{-6}.
(d) Lightning supplies the energy necessary to drive this reaction, converting
the two most abundant gases in the atmosphere into $NO(g)$. The NO gas
dissolves in the rain, which carries it into the soil where it is converted
into nitrate and nitrite by bacterial action. This "fixed" nitrogen is a
necessary nutrient for plants. **17.34** $T > 673.2$ K. **17.35** (a) 7.6×10^{14}.
(b) 4.1×10^{-12}. The activity series is correct. The very large value of K
for reaction (a) indicates that *products* are highly favored; whereas, the
very small value of K for reaction (b) indicates that *reactants* are highly
favored. **17.36** $\Delta S_{sys} = 91.1$ J/K; $\Delta S_{surr} = -91.1$ J/K; $\Delta S_{univ} = 0$; the system is
at equilibrium. **17.37** ΔG must be negative; ΔS must be negative; ΔH must
be negative. **17.38** (a) (iii). (b) (i). (c) (ii). **17.39** (a) Disproportionation
redox reaction. (b) 8.2×10^{15}; this method is feasible for removing SO_2.
(c) Less effective. **17.40** $\chi_{CO} = 0.45$; $\chi_{CO_2} = 0.55$; We assumed that ΔG°
calculated from ΔG_f° values was temperature independent. **17.41** 976 K =
703°C. **17.42** 42°C. **17.43** 8.5 kJ/mol; Since we are dealing with the
same ion (K^+). **17.44** 38 kJ. **17.45** (a) $2CO + 2NO \longrightarrow 2CO_2 + N_2$.
(b) The oxidizing agent is NO; the reducing agent is CO. (c) $K_P = 3 \times 10^{120}$.
(d) $Q_P = 1.2 \times 10^{14}$; to the right. (e) No. **17.46** (a) CH_3COOH: 27 kJ/mol;
$CH_2ClCOOH$: 16 kJ/mol. (b) The *system's* entropy change dominates.
(c) The breaking and making of specific O–H bonds. Other contributions
include solvent separation and ion solvation. (d) The CH_3COO^- ion,
which is smaller than CH_2ClCOO^-, can participate in hydration to a
greater extent, leading to solutions with fewer possible arrangements.

Chapter 18

18.1 (a) $2H^+ + H_2O_2 + 2Fe^{2+} \longrightarrow 2Fe^{3+} + 2H_2O$. (b) $6H^+ + 2HNO_3 +$
$3Cu \longrightarrow 3Cu^{2+} + 2NO + 4H_2O$. (c) $3CN^- + 2MnO_4^- + H_2O \longrightarrow$
$3CNO^- + 2MnO_2 + 2OH^-$. (d) $6OH^- + 3Br_2 \longrightarrow BrO_3^- + 3H_2O +$
$5Br^-$. (e) $2S_2O_3^{2-} + I_2 \longrightarrow S_4O_6^{2-} + 2I^-$. **18.2** $Al(s) + 3Ag^+(1.0$ $M)$
$\longrightarrow Al^{3+}(1.0$ $M) + 3Ag(s)$; $E_{cell}^\circ = 2.46$ V. **18.3** $Cl_2(g)$ and $MnO_4^-(aq)$.
18.4 (a) Spontaneous. (b) Not spontaneous. (c) Not spontaneous.
(d) Spontaneous. **18.5** (a) Li. (b) H_2. (c) Fe^{2+}. (d) Br^-. **18.6** 3×10^{54}.
18.7 (a) 2×10^{18}. (b) 3×10^8. (c) 3×10^{62}. **18.8** $Ce^{4+}(aq) + Fe^{2+}(aq)$
$\longrightarrow Ce^{3+}(aq) + Fe^{3+}(aq)$; $\Delta G^\circ = -81$ kJ/mol; $K = 2 \times 10^{14}$.
18.9 1.09 V. **18.10** $E_{cell}^\circ = 0.76$ V; $E_{cell} = 0.78$ V. **18.11** 6.0×10^{-38}.
18.12 1.09 V. **18.13** 12.2 g. **18.14** Sodium. **18.15** 0.012 F. **18.16** 5.33 g Cu;
13.4 g Br_2. **18.17** 7.70×10^3 C. **18.18** 1.84 kg Cl_2/h. **18.19** 63.3 g/mol.
18.20 27.0 g/mol. **18.21** (a) Half-reactions: $H_2(g) \longrightarrow 2H^+(aq) + 2e^-$,
$Ni^{2+}(aq) + 2e^- \longrightarrow Ni(s)$; Balanced equation: $H_2(g) + Ni^{2+}(aq) \longrightarrow$
$2H^+(aq) + Ni(s)$. The reaction will proceed to the left. (b) Half-reactions:
$5e^- + 8H^+(aq) + MnO_4^-(aq) \longrightarrow Mn^{2+}(aq) + 4H_2O$; $2Cl^-(aq) \longrightarrow$

Cl$_2$(g) + 2e^-. Balanced equation: 16H$^+$(aq) + 2MnO$_4^-$(aq) + 10Cl$^-$(aq) $\longrightarrow$ 2Mn^{2+}(aq) + 8H$_2$O(l) + 5Cl$_2$(g). The reaction will proceed to the right. (c) Half-reactions: Cr(s) $\longrightarrow$ Cr^{3+}(aq) + 3e^-, Zn^{2+}(aq) + 2e^- $\longrightarrow$ Zn(s). Balanced equation: 2Cr(s) + 3Zn^{2+}(aq) $\longrightarrow$ 2Cr^{3+}(aq) + 3Zn(s). The reaction will proceed to the left. **18.22** A small non-zero emf will appear if the temperatures of the two half-cells are different. **18.23** (a) 2MnO$_4^-$ + 6H$^+$ + 5H$_2$O$_2$ $\longrightarrow$ 2Mn^{2+} + 8H$_2$O + 5O$_2$. (b) 0.0602 M. **18.24** −0.037 V. **18.25** 5 × 10^{-13}. **18.26** (a) 3.14 V. (b) 3.13 V. **18.27** 0.035 V. **18.28** Mercury(I) is Hg$_2^{2+}$. **18.29** 1.44 g Mg; [Ag$^+$] = 7 × 10^{-55}M; [Mg^{2+}] = 0.0500 M. **18.30** (a) H$_2$, 0.206 L. (b) 6.09 × 10^{23} e^-/mol e^-. **18.31** (a) −1356.8 kJ/mol. (b) 1.17 V. **18.32** +3. **18.33** ΔG° = 6.8 kJ/mol; K = 0.064. **18.34** 1.4 A. **18.35** +4. **18.36** H$_2$O$_2$(aq) + 2H$^+$(aq) + 2e^- $\longrightarrow$ 2H$_2$O(l), E°_{cathode} = 1.77 V. H$_2$O$_2$(aq) $\longrightarrow$ O$_2$(g) + 2H$^+$(aq) + 2e^-, E°_{anode} = 0.68 V. E°_{cell} = E°_{cathode} − E°_{anode} = 1.09 V. The decomposition is spontaneous. **18.37** Cells of higher voltage require very reactive oxidizing and reducing agents, which are difficult to handle. (From Table 18.1 of the text, we see that 5.92 V is the theoretical limit of a cell made up of Li$^+$/Li and F$_2$/F$^-$ electrodes under standard-state conditions.) Batteries made up of several cells in series are easier to use. **18.38** K_f = 2 × 10^{20}. **18.39** (a) E°_{red} for X is negative. E°_{red} for Y is positive. (b) 0.59 V. **18.40** (a) Gold does not tarnish in air because the reduction potential for oxygen is not sufficiently positive to result in the oxidation of gold. (b) Yes. (c) 2Au + 3F$_2$ $\longrightarrow$ 2AuF$_3$. **18.41** −3.05 V. **18.42** 1 × 10^{-14}. **18.43** (a) Unchanged. (b) Unchanged. (c) Squared. (d) Doubled. (e) Doubled. **18.44** As [H$^+$] increases, F$_2$ does become a stronger oxidizing agent. **18.45** 4.4 × 10^2 atm. **18.46** (a) Au(s) + 3HNO$_3$(aq) + 4HCl(aq) $\longrightarrow$ HAuCl$_4$(aq) + 3H$_2$O(l) + 3NO$_2$(g). (b) The function of HCl is to increase the acidity and to form the stable complex ion, AuCl$_4^-$. **18.47** $217. **18.48** (a) 1A·h = 1A × 3600s = 3600 C. (b) 105 A·h. This ampere·hour cannot be fully realized because the concentration of H$_2$SO$_4$ keeps decreasing. (c) E°_{cell} = 2.01 V; ΔG° = −388 kJ/mol. **18.49** (a) 2MnO$_4^-$(aq) + 16H$^+$(aq) + 5C$_2$O$_4^{2-}$(aq) $\longrightarrow$ 2Mn^{2+}(aq) + 10CO$_2$(g) + 8H$_2$O(l). (b) 5.40%. **18.50** 0.232 mg Ca^{2+}/mL blood. **18.51** 5 mol ATP/mol NO$_2^-$. **18.52** 0.00944 g SO$_2$. **18.53** 1.60 × 10^{-19} C/e^-. **18.54** [Fe^{2+}] = 0.0920 M. [Fe^{3+}] = 0.0680 M.

Chapter 19

19.1 (a) $^{23}_{11}$Na. (b) $^1_1$p or $^1_1$H. (c) $^1_0$n. (d) $^{56}_{26}$Fe. (e) $^0_{-1}\beta$. **19.2** 2.72 × 10^{14} g/cm^3. **19.3** (a) Ni. (b) Se. (c) Cd. **19.4** −4.85 × 10^{-12} kg/mol H$_2$. **19.5** (a) 6.30 × 10^{-12} J; 9.00 × 10^{-13} J/nucleon. (b) 4.78 × 10^{-11} J; 1.37 × 10^{-12} J/nucleon. **19.6** 7.963 × 10^{-26} kg.

19.7 (a) $^{232}_{90}$Th $\xrightarrow{\alpha}$ $^{228}_{88}$Ra $\xrightarrow{\beta}$ $^{228}_{89}$Ac $\xrightarrow{\beta}$ $^{228}_{90}$Th.

(b) $^{235}_{92}$U $\xrightarrow{\alpha}$ $^{231}_{90}$Th $\xrightarrow{\beta}$ $^{231}_{91}$Pa $\xrightarrow{\alpha}$ $^{227}_{89}$Ac.

(c) $^{237}_{93}$Np $\xrightarrow{\alpha}$ $^{233}_{91}$Pa $\xrightarrow{\beta}$ $^{233}_{92}$U $\xrightarrow{\alpha}$ $^{229}_{90}$Th.

19.8 4.88 × 10^{19} atoms. **19.9** 3.09 × 10^3 yr. **19.10** No A remains, 0.25 mole of B, no C is left, 0.75 mole of D. **19.11** 5.5 dpm. **19.12** 43:1. **19.13** (a) ^{14}N(α,p)^{17}O. (b) ^{9}Be(α,n)^{12}C. (c) ^{238}U(d,2n)^{238}Np. **19.14** (a) ^{40}Ca(d,p)^{41}Ca. (b) ^{32}S(n,p)^{32}P. (c) ^{239}Pu(α,n)^{242}Cm. **19.15** $^{198}_{80}$Hg + $^1_0$n $\longrightarrow$ $^{199}_{80}$Hg $\longrightarrow$ $^{198}_{79}$Au + $^1_1$p. **19.16** The fact that the radioisotope appears only in the I$_2$ shows that the IO$_3^-$ is formed only from the IO$_4^-$. **19.17** Add iron-59 to the person's diet, and allow a few days for the iron-59 isotope to be incorporated into the person's body. Isolate red blood cells from a blood sample and monitor radioactivity from the hemoglobin molecules present in the red blood cells. **19.18** 65.3 yr. **19.19** (a) $^3_1$H $\longrightarrow$ $^3_2$He + $^0_{-1}\beta$ (b) 70.5 dpm. **19.20** (a) $^{93}_{36}$Kr. (b) $^1_0$n. (c) $^{146}_{57}$La. (d) $^1_0$n. **19.21** (a) $^3_1$H $\longrightarrow$ $^3_2$He + $^0_{-1}\beta$. (b) $^{242}_{94}$Pu $\longrightarrow$ $^4_2\alpha$ + $^{238}_{92}$U. (c) $^{131}_{53}$I $\longrightarrow$ $^{131}_{54}$Xe + $^0_{-1}\beta$. (d) $^{251}_{98}$Cf $\longrightarrow$ $^{247}_{96}$Cm + $^4_2\alpha$. **19.22** (a) $^{209}_{83}$Bi + $^4_2\alpha$ $\longrightarrow$ $^{211}_{85}$At + 2$^1_0$n. (b) $^{209}_{83}$Bi(α, 2n)$^{211}_{85}$At. **19.23** (a) $r = r_0 A^{1/3}$, where r_0 is a proportionality constant. (b) 1.7 × 10^{-42} m^3. **19.24** (a) 1.83 × 10^{-12} J. (b) The α particle will move away faster because it is smaller. **19.25** 6.1 × 10^{23} atoms/mol. **19.26** 0.070%. **19.27** The nuclear submarine can be submerged for a long period without refueling; Conventional diesel engines receive an input of oxygen. A nuclear reactor does not. **19.28** 2.8 × 10^{14} iodine-131 atoms. **19.29** A small-scale chain reaction (fission of ^{235}U) took place. Copper played the crucial role of reflecting neutrons from the splitting uranium-235 atoms

back into the uranium sphere to trigger the chain reaction. Note that a sphere has the most appropriate geometry for such a chain reaction. In fact, during the implosion process prior to an atomic explosion, fragments of uranium-235 are pressed roughly into a sphere for the chain reaction to occur (see Section 20.5 of the text). **19.30** 2.1 × 10^2 g/mol. **19.31** Using A for element 110, D for element 111, E for element 112, G for element 114, J for element 115, L for element 116, M for element 117, and Q for element 118: $^{208}_{82}$Pb + $^{62}_{28}$Ni $\longrightarrow$ $^{270}_{110}$A; $^{209}_{83}$Bi + $^{64}_{28}$Ni $\longrightarrow$ $^{273}_{111}$D; $^{208}_{82}$Pb + $^{66}_{30}$Zn $\longrightarrow$ $^{274}_{112}$E; $^{244}_{94}$Pu + $^{48}_{20}$Ca $\longrightarrow$ $^{289}_{114}$G + 3$^1_0$n; $^{243}_{95}$Am + $^{48}_{20}$Ca $\longrightarrow$ $^{291}_{115}$J; $^{248}_{96}$Cm + $^{48}_{20}$Ca $\longrightarrow$ $^{296}_{116}$L; $^{249}_{97}$Bk + $^{48}_{20}$Ca $\longrightarrow$ $^{297}_{117}$M; $^{249}_{98}$Cf + $^{48}_{20}$Ca $\longrightarrow$ $^{297}_{118}$Q; A and D are transition metals. E resembles Zn, Cd, and Hg. G is in the carbon family, J is in the nitrogen family and L is in the oxygen family. M is a halide and Q is a noble gas and likely a metalloid. **19.32** Since the new particle's mass exceeds the sum of the masses of the electron and positron, the process violates the law of conservation of mass. But, it does not violate Einstein's more general law of mass-energy conservation, $\Delta E = \Delta mc^2$. The large mass of the new particle reflects that fact that the process is extremely endothermic. **19.33** Only ^{3}H has a suitable half-life. The other half-lives are either too long or too short to determine the time span of 6 years accurately. **19.34** 2.77 × 10^3 yr. **19.35** Normally the human body concentrates iodine in the thyroid gland. The purpose of the large doses of KI is to displace radioactive iodine from the thyroid and allow its excretion from the body. **19.36** U-238, $t_{1/2}$ = 4.5 × 10^9 yr and Th-232, $t_{1/2}$ = 1.4 × 10^{10} yr. They are still present because of their long half lives. **19.37** 0.49 rem. **19.38** 3.4 mL.

Chapter 20

20.1 (a) Amine. (b) Aldehyde. (c) Ketone. (d) Carboxylic acid. (e) Alcohol. **20.2** (a) 3-ethyl-2,4,4-trimethylhexane. (b) 6,6-dimethyl-2-heptanol. (c) 4-chlorohexanal. **20.3** 3,5-dimethyloctane. **20.4** (a) (CH$_3$)$_3$CCH$_2$CH(CH$_3$)$_2$. (b) HO(CH$_2$)$_2$CH(CH$_3$)$_2$. (c) CH$_3$(CH$_2$)$_4$C(O)NH$_2$. (d) Cl$_3$CCHO.

20.5

A = Carbonyl (Ketone)
B = Carboxy (Caroboxylic acid)
C = Hydroxy (Alcohol)

20.6

Primary amino; Carboxy

20.7 (a) CH$_3$CH$_2$CHCH$_2$CH$_2$CH$_3$ with CH$_3$ (b) CH$_3$CHCHCH$_2$CH$_3$ with CH$_3$

(c) CH$_3$CHCH$_2$CHCH$_3$ with Br and C$_6$H$_5$ (d) CH$_3$CH$_2$CHCHCH$_2$CH$_2$CH$_3$ with CH$_3$ CH$_3$

20.8 (a) Kekulé: H—C—C—C—C—C—C—C—C—O—H (with H and O substituents)

Skeletal (line):

(b) Condensed: (C$_2$H$_5$)$_2$CHCH$_2$CO$_2$C(CH$_3$)$_3$,

Skeletal line:

(c) Condensed: $(CH_3)_2CHCH_2NHCH(CH_3)_2$,

Kekule:

```
        H   H   H       H   H
        |   |   |       |   |
 H――C――C――C――N――C――C――H
        |   |   |       |   |
        H   |   H       |   H
        H――C――H     H――C――H
            |           |
            H           H
```

20.9 (a) Condensed structural: $(CH_3)_2NCHO$,

Kekule:

```
        H       O
        |       ||
 H――C――N――C――H
        |
        H
        |
     H――C――H
        |
        H
```

Line: (N,N-dimethylformamide line structure)

(b) Condensed structural: $(CH_2COOH)_2C(OH)COOH$,

Kekule:

```
        H   OH  H
        |   |   |
 H――C――C――C――H
        |   |   |
      O=C  C=O C=O
        |   |   |
       OH  OH  OH
```

Line: (citric acid line structure)

(c) Condensed structural: $(CH_3)_2CH(CH_2)_2OC(O)CH_3$,

Kekule:

```
        H   H   H   H       O   H
        |   |   |   |       ||  |
 H――C――C――C――C――O――C――C――H
        |   |   |   |           |
        H   |   H   H           H
        H――C――H
            |
            H
```

Line: (isoamyl acetate line structure)

20.10 (a) (cyclohexanol with OH, line structure) OH

(b) $(CH_3)_3CCH_2CHCH_2CH$ with Br and $=O$

```
                              O
                              ||
 (CH_3)_3CCH_2CHCH_2CH
                 |
                 Br
```

(c) O= (dihydropyranone with isopropyl group)

20.11 (a) $CH_3-C\equiv N: \longleftrightarrow CH_3-\overset{+}{C}=\overset{..}{\underset{..}{N}}{}^-$

(b)

```
     CH_3                  CH_3
      |                     |
 :Ö――C                 +Ö==C
 |    \                 |    \
 H    CH_3              H    CH_3
```
(acetone protonated resonance)

(c)

```
     CH_3                  CH_3
      |                     |
 :Ö――C            ⟷   :Ö==C
 ..   \\                ..   \
      CH_2                   CH_2⁻
```

20.12 (a)

```
     :Ö:⁻                 :Ö:
      |                    ||
 H――C           ⟷   H――C
      \                    \
      :S:                   :S:⁻
```

(b)

```
     :Ö:                  +:Ö:
      |                    ||
 CH_3  CH_2⁺         CH_3  CH_2
```

(c)

```
 H――(benzene ring)――CH_2⁺  ⟷  H――(benzene ring cation)==CH_2
```

20.13 (structures of octane isomers — line drawings)

20.14 $Br\diagup$ (bromopropenes and bromocyclopropane line structures)

20.15 Cl (benzyl chloride), (p-chlorotoluene), (m-chlorotoluene), (o-chlorotoluene)

20.16 (a) $CH_3-CH_2-\overset{*}{CH}-\overset{*}{CH}-\overset{O}{\overset{||}{C}}-NH_2$ with CH_3 on first starred carbon and NH_2 on starred carbon

(b) (bromocyclopropane with starred carbons, H, Br, H, Br)

20.17 $CH_3CH_2\overset{O}{\overset{||}{C}}-H$

20.18 (a) H_3C (Fischer-type: Br, H top; C; C; CH_3; H, H bottom)

(b) (HO, H, OH; C; H; H_2N, H)

(c) H_3C (H, H H, OH across; C–C; H_3C, H, CH_3)

(d) H_3C (Br, H; C–C; HO, H, O)

20.19

(aldol-type mechanism with arrows, H_2O, OH⁻)

20.20 (a)

$$CH_3CH_2\overset{\overset{..}{\overset{O}{||}}}{C}H + :\bar{C}\equiv CH \longrightarrow$$

$$CH_3CH_2\underset{:\ddot{O}:^-}{CHC}\equiv CH \xrightarrow{H-\ddot{O}:} CH_3CH_2\underset{:\ddot{O}H}{CHC}\equiv CH + {}^-\ddot{O}-H$$

(b) ${}^-:\ddot{S}-CH_2CH_2CH_2CH_2-\ddot{B}r: \longrightarrow$ (cyclic :S:) $+ :\ddot{B}r^-$

20.21

$$H_2\ddot{N}:^- + \text{(chlorobenzene)} \longrightarrow H_2\ddot{N}-H + \text{(benzyne)} + :\ddot{C}l^-;$$

elimination reaction. **20.22** No.
20.23 (a) Sulfuric acid is a catalyst.

(b) n-propanol: OH $\diagdown$ $\diagup$ $\diagdown$ (c) No.

20.24
$$\left[\begin{array}{cccc} H & H & H & Cl \\ | & | & | & | \\ -C-C-C-C- \\ | & | & | & | \\ H & Cl & H & Cl \end{array}\right]_n$$

20.25 (a) $CH_2{=}CHCH{=}CH_2$

(b)
$$\underset{HO}{\overset{O}{\|}}{C}-CH_2-CH_2-CH_2-CH_2-CH_2-CH_2-NH_2$$

20.26

GlyLys   LysGly

20.27

$CH_3CH_2CH_2CH_2{-}$ $CH_3CHCH_2CH_3$ $CH_3CHCH_2{-}$ $CH_3\overset{CH_3}{\underset{CH_3}{C}}{-}$
                          |CH_3 |CH_3

Butyl   sec-Butyl   Isobutyl   tert-Butyl

20.28 (a) $H{-}\ddot{\text{O}}{:}^- \; + \; {:}\ddot{\text{O}}{=}C{=}\ddot{\text{O}}{:} \longrightarrow$

(b)

(c) Nucleophilic addition. (d) Acid-base.

20.29 (a) $CH_3CH_2CHCH{=}CH_2$
                          |CH_3

(b)

20.30 (a) Cis/trans stereoisomers. (b) Constitutional isomers.
(c) Resonance structures. (d) Different representations of the
same structure.

20.31

20.32 (b).

20.33 $\overset{sp^3 \; sp^3}{CH_3CH_2}C{\equiv}CH$ $\overset{sp^3}{CH_3}C{\equiv}C\overset{sp^3}{CH_3}$ $H_2C{=}CHCH{=}CH_2$
           $\quad sp \; sp$ $\quad sp \; sp$ all sp^2

20.34 Since N is less electronegative than O, electron donation
in the amide would be more pronounced.

20.35

20.36 The N atom in the amide bond is protonated, then nucleophilic
addition of water to the carbonyl cleaves the amide bond to produce the
original acid and amine;

20.37 $CH_3\underset{NH_2}{\overset{CH_3}{CHCH_2CHCO_2H}}$ $CH_3CH_2\underset{NH_2}{\overset{CH_3}{CHCHCO_2H}}$
           Leucine   Isoleucine

20.38
$$\left[\begin{array}{cc} \overset{O}{\overset{\|}{C}} & \overset{H}{\underset{|}{N}}-\overset{H}{\underset{|}{C}} \\ | & | \\ H & H \end{array}\right]$$

20.39 (a) The more negative ΔH implies stronger alkane bonds; branching
decreases the total bond enthalpy (and overall stability) of the alkane.
(b) The least highly branched isomer (n-octane).

Index

A to Z

번역

강위경 · 고광윤 · 김동욱 · 김민경 · 김보미 · 김보혜 · 김승주 · 김종호
김진호 · 김태현 · 김혁한 · 도정윤 · 박경호 · 설지웅 · 이경림 · 이종대
이효성 · 전원용 · 전인엽 · 정동운 · 주용완 · 최영봉   (가나다 순)

감수

박경호

일반화학 4판
Chemistry Fourth Edition

2017년 11월 10일 4판 1쇄 펴냄
지은이 Julia Burdge ㅣ 옮긴이 박경호 외
펴낸이 류원식 ㅣ 펴낸곳 **청문각출판**

편집부장 김경수 ㅣ 책임진행 김보마 ㅣ 본문편집 다함 ㅣ 표지디자인 유선영
제작 김선형 ㅣ 홍보 김은주 ㅣ 영업 함승형 · 박현수 · 이훈섭

주소 (10881) 경기도 파주시 문발로 116(문발동 536-2) ㅣ 전화 1644-0965(대표)
팩스 070-8650-0965 ㅣ 등록 2015. 01. 08. 제406-2015-000005호
홈페이지 www.cmgpg.co.kr ㅣ E-mail cmg@cmgpg.co.kr
ISBN 978-89-6364-341-0 (93430) ㅣ 값 47,500원

Fundamental Constants

Avogadro's number (N_A)	6.0221418×10^{23}
Electron charge (e)	1.6022×10^{-19} C
Electron mass	9.109387×10^{-28} g
Faraday constant (F)	96,485.3 C/mol e^-
Gas constant (R)	0.08206 L · atm/K · mol
	8.314 J/K · mol
	62.36 L · torr/K · mol
	1.987 cal/K · mol
Planck's constant (h)	6.6256×10^{-34} J · s
Proton mass	1.672623×10^{-24} g
Neutron mass	1.674928×10^{-24} g
Speed of light in a vacuum	2.99792458×10^8 m/s

Some Prefixes Used with SI Units

tera (T)	10^{12}		centi (c)	10^{-2}
giga (G)	10^9		milli (m)	10^{-3}
mega (M)	10^6		micro (μ)	10^{-6}
kilo (k)	10^3		nano (n)	10^{-9}
deci (d)	10^{-1}		pico (p)	10^{-12}

Useful Conversion Factors and Relationships

1 lb = 453.6 g

1 in = 2.54 cm (exactly)

1 mi = 1.609 km

1 km = 0.6215 mi

1 pm = 1×10^{-12} m = 1×10^{-10} cm

1 atm = 760 mmHg = 760 torr = 101,325 N/m^2 = 101,325 Pa

1 cal = 4.184 J (exactly)

1 L · atm = 101.325 J

1 J = 1 C × 1 V

$$?°C = (°F - 32°F) \times \frac{5°C}{9°F}$$

$$?°F = \frac{9°F}{5°C} \times (°C) + 32°F$$

$$?K = (°C + 273.15°C)\left(\frac{1K}{1°C}\right)$$